铁路工程建设标准汇编

地 质 水 文

中 国 铁 道 出 版 社

2009 年·北 京

内 容 简 介

本汇编收录了铁路工程地质钻探规程、铁路工程岩石试验规程、铁路工程水文勘测设计规范、青藏铁路多年冻土区工程勘察暂行规定(试行)、铁路工程不良地质勘察规程、铁路工程特殊岩土勘察规程、铁路工程岩土分类标准、铁路工程地质遥感技术规程、铁路工程地质原位测试规程、铁路工程水质分析规程、铁路工程水文地质勘察规程、铁路工程物理勘探规程、铁路工程地质勘察监理规程、铁路天然建筑材料工程地质勘察规程、铁路工程地质勘察规范、铁路工程岩土化学分析规程等铁路工程地质水文相关标准,可供相关人员参考。

图书在版编目(CIP)数据

铁路工程建设标准汇编. 地质水文/铁路工程技术标准所编.—北京:中国铁道出版社,2009.8
ISBN 978-7-113-09329-7

Ⅰ.铁… Ⅱ.①铁…②铁… Ⅲ.①铁路工程-工程施工-标准-汇编-中国②铁路工程-水文地质-标准-汇编-中国 Ⅳ.U215-65

中国版本图书馆CIP数据核字(2008)第169748号

书　　名:铁路工程建设标准汇编
地质水文

作　　者:铁路工程技术标准所　编

策划编辑:江新锡　许士杰
责任编辑:许士杰　　**电话**:(010)51873065　　**电子信箱**:syxu99@163.com
封面设计:冯龙彬
责任校对:张玉华
责任印制:李　佳

出版发行:中国铁道出版社(100054,北京市宣武区右安门西街8号)
网　　址:http://www.tdpress.com
印　　刷:北京盛通印刷股份有限公司
版　　次:2009年9月第1版　2009年9月第1次印刷
开　　本:787 mm×1 092 mm　1/16　印张:101.25　字数:2 455千
书　　号:ISBN 978-7-113-09329-7/TU·972
定　　价:315.00元

前　　言

铁路工程建设标准是落实铁路建设总体技术路线和目标控制要求的综合体现，是确定工程实施方案和系统技术措施的基本依据，是实现铁路建设科学化、规范化管理的重要保障。制定和实施标准，对及时总结先进、成熟、可靠、有效的科技创新成果和工程实践经验，确保工程质量和安全，促进技术进步，提高社会效益和经济效益，全面提升铁路建设水平等具有重要意义。

铁路工程建设标准包括铁路线路、轨道、路基、桥涵、隧道、站场、机务设备、通信、信号、电力、电力牵引供电、给水排水、房建与暖通、环境保护等专业，分为综合、勘察、设计、施工、验收等类别。截至2009年8月，现行铁路工程建设标准共计204项，其中国家标准7项、行业标准109项、技术指南18项、具有标准性质而未编标准号的规章和技术规定70项。

近年来，为全面落实"以人为本、服务运输、强本简末、系统优化、着眼发展"的建设理念，适应又好又快推进大规模、高标准铁路建设的需要，铁路工程建设标准工作建立了灵活机动、迅速有效的动态管理机制，铁路工程建设标准不断吸收成功的先进技术，其技术先进性、经济合理性、安全可靠性、时效性和可操作性得到了全面提升，为现代化铁路建设提供了强大的技术支撑。

为了方便铁路工程建设者学习、掌握铁路工程建设标准，并在铁路工程建设过程中准确地执行、运用标准，保证标准的权威性、严肃性落到实处，我们对现行铁路工程建设标准进行了系统整理，现汇编出版，供各级领导干部、工程技术人员、管理人员和施工操作人员使用。

铁路工程建设标准汇编收集了截至2009年8月发布的现行铁路工程建设标准，按专业共分为：综合（上）、综合（下）、工程测量、地质水文、线路轨道工程、路基工程、桥涵工程、隧道工程、站场枢纽工程、房屋建筑及给水排水工程、混凝土工程。

在铁路工程建设标准汇编整理过程中，对原版本中的内容进行了勘误，并按历次发布的局部修订文件进行了条文修订。同时，对标准中容易产生歧义的编排做了调整，以便读者准确理解标准的涵义。

科学技术在不断进步，铁路工程建设标准也会不断地更新、提高和完善。因此，读者在使用本标准汇编过程中，应注意相关工程建设标准的变化情况，并及时更新相应内容。

铁路工程技术标准所

2009年8月

总　目　录

中华人民共和国行业标准

铁建函〔1998〕15号

铁路工程地质钻探规程

Code for geological drilling of railway engineering

TB 10014—98

1998—02—03　发布　　　　1998—07—01　实施

中华人民共和国铁道部　发布

目　　次

1 总 则

1.0.1 为统一铁路工程地质、水文地质钻探工作的技术要求,提高钻探质量,为工程设计提供可靠的依据,制定本规程。

1.0.2 本规程适用于铁路工程地质、水文地质钻探及物探测井、孔内测试钻孔的钻探工作。

1.0.3 钻探工作应选择合适的钻探机械类型,正确使用、保养机具设备,采用合理的钻探方法,安全操作,提高岩芯采取率,保证钻探质量。

1.0.4 钻探工作应与物探、试验、原位测试等工作密切配合,开展钻孔的综合利用。

1.0.5 铁路工程地质、水文地质钻探的安全工作,除应符合本规程附录 A 的规定外,尚必须遵守有关安全技术操作规定。

1.0.6 铁路工程地质、水文地质钻探工作,除应符合本规程外,尚应符合国家和铁道部现行有关标准的规定。

2　施钻前准备工作

2.1　钻探方法和设备的选择

2.1.1　钻探方法应根据工程要求、岩石的物理力学性质、地质构造特征、岩石的可钻性以及技术经济合理性等因素选择。

2.1.2　钻探设备应根据工程地质和水文地质勘探的目的、要求和地质条件、施钻方法、钻孔结构等因素选择，并应比较设备的经济效益。

2.2　场地、基台修建和设备安装、拆卸、搬迁

2.2.1　场地应根据钻孔位置、钻探设备、安装方法、地基面积、地形条件等因素确定。常用场地面积为8 m×4 m,10 m×7 m,11 m×8 m。

2.2.2　场地修建应符合下列规定：

1　场地必须避开高压线和影响塔架起落的障碍物。钻孔位置必须避开地下电缆、煤气和给排水管线等设施。

2　场地地基必须平整、稳固和适用。

3　在斜坡上修建场地填方面积不应大于整个场地面积的35%，原地面应挖成台阶，填土应分层夯实。

4　在松软地层上修建场地应采用抛片石、打桩、搭井字枕木架等方法。枕木架必须用扒钉钉牢，上铺木板的厚度不得小于4 cm。

5　在河滩或山谷中修建场地，基台纵向应与水流方向平行。在洪水、暴雨季节，应有防护措施。

6　在陡崖、陡坡下修建场地，必须清除上方的活动块石，确实危险而又无力处理时，应与地质人员研究，设法避开或采取安全措施。

7　场地应少占农田，保护农作物和树木。

2.2.3　基台修建应符合下列规定：

1　基台必须稳固、水平，能承受重载、动载和应急起重等全部荷载。

2　基台应设置卧枕，并用螺栓与机座连接。卧枕的规格和数量根据机型确定。

3　钻深300 m以上的钻机基台，应采用地梁木或混凝土浇注。混凝土基台应设置钻机机座、塔架脚及连接螺杆。地梁木、混凝土、机座及连接螺杆的规格、数量应根据机型、钻塔底宽度，承载量和基底条件确定。

2.2.4　安装、拆卸塔架应符合下列规定：

1　塔架配件齐全无损。各部连接的螺孔，必须用原规格螺栓拧紧。装后应进行检查。

2　安装、拆卸塔架时，严禁上下同时作业。塔上工作人员所用工具和零件应装入工

具袋或用绳索捆牢。塔下除接递料者外，严禁其他人员逗留。

3 安装或拆卸塔架如遇雷电及六级以上风力时必须停止工作。

4 安装四脚塔架时必须调平塔脚座，按安装要求进行。吊运料具时，必须用绳索捆牢。

5 安装A型塔架时应先将两脚与机座连接，然后按顺序安装各部件。用卷扬机竖立塔架时制动抱闸、钢丝绳、结扣应牢固可靠，钻机底座尾架必须附重，专人掌握后支撑，塔架起落范围内不得有人。当塔架起至80°时应即时停止，再用人力调整，将后支撑固牢。

6 塔架绷绳必须连接牢固，绷绳的规格和数量应根据塔架类型、高度确定。绷绳的仰角不得大于45°。

7 塔架上铺设的台板两端伸出塔架不得小于20 cm，并应与塔架连接牢固。台板厚度应根据塔架跨度选定，但不得小于4 cm。台板周围必须设1.0～1.2 m高的防护栏杆或绳网。

8 拆卸四脚塔架前必须先将机具、料具全部搬离场地。拆卸时应自上而下逐层进行。A型塔架整体倒放时操作应谨慎、缓慢、平稳，用卷扬机倒放时严禁猛放、急刹制动抱闸。

2.2.5 机械安装与拆卸应符合下列规定：

1 机械安装应使机座架水平、稳固。车装钻机的车身必须稳固地座落于基台上，车轮不得受力和转动。

2 安装和拆卸机件时不得用锤直接敲击。连接螺栓必须对称拧紧，管路连接必须密封可靠。各零部件应按规定安装齐全、完好。

3 钻孔中心、钻机立轴轴线和天车前轮轮缘切点三者必须在一直线上。

4 电器设备，照明设施应放在干燥、清洁的地方，严防油、水和杂物侵入；电器的引线必须绝缘，接地必须可靠。

5 装、拆机械时发现有损坏或磨损过限的零件，应更换。

6 拆卸机器时应按机器结构有顺序地进行，液压钻机的油路系统元件除连接油缸的接头外，不宜拆动。拆下的仪表、螺帽、销子等应妥善保管。拆卸后机器上露出的油孔、水孔必须保护好。

7 在斜坡上安装水管、风管应自下而上，拆卸应自上而下地进行。

2.2.6 机械搬迁应符合下列规定：

1 钻机塔架必须先拆卸后搬运。搬运机械时捆绑绳索必须牢固，受力应均衡，停放应平稳，对易损部件应妥善保护。

2 汽车搬运机械设备时必须捆绑牢固，并严格执行公路运输有关规定。

3 火车搬运机具设备时应装箱牢固，防止晃动。电瓶内的电解液必须倒净。

4 在搬运或装卸过程中严禁将机具或料具由高处向下投掷。

3　钻探方法与技术作业

3.1　硬质合金钻进

3.1.1　硬质合金钻头宜用于钻进Ⅰ～Ⅴ级及部分Ⅵ级研磨性弱的岩石。针状硬质合金钻头宜用于钻进Ⅴ级及Ⅵ级研磨性中等、裂隙发育的岩石。钻进时应根据岩石的性质选择合金类型。常用的硬质合金及适用范围可按表3.1.1选用。

表3.1.1　硬质合金适用范围

硬质合金名　称	斜角薄片菱形薄片	直角薄片矩形薄片	方柱状	八角柱状	针状硬质合金胎块
适用范围	Ⅰ～Ⅲ级岩石	Ⅰ～Ⅳ级岩石	Ⅰ～Ⅴ级岩石	Ⅳ～Ⅴ级及部分Ⅵ级非均质多裂隙岩石	Ⅴ级及部分Ⅳ级岩石

注：岩石可钻性分类见附录B的规定。

3.1.2　硬质合金钻头应符合下列要求：

1　钻头体用DZ40、DZ50号钢制作，长度不得小于45 mm（不包括丝扣部分）。内圆上端锥度，直径小于110 mm的钻头为3°25′；其余直径钻头为1°47′28″。

2　钻头水口高度应为10～25 mm，软弱岩石可增至30 mm。

3　硬质合金内、外出刃量不得大于2 mm，底出刃量为3～5 mm，出刃量应根据岩石软硬程度选定，硬质岩石应取小值，内、外出刃量应一致；软质岩石应取大值，外出刃量应大于内出刃量。每个钻头的内出刃量应一致，外出刃量也应一致，允许偏差为0～0.3 mm。

4　钻头切削具的刃尖角与切削角应根据岩石的可钻性按表3.1.2—1选用。

表3.1.2—1　切削具刃尖角与切削角

岩石可钻性等级	切削角 α(°)	刃尖角 β(°)
Ⅰ～Ⅲ	70～75	45～50
Ⅳ～Ⅴ	75～80	50～60
Ⅴ～Ⅵ	80～85	60～70
裂隙发育的非均质岩石	90～-10	80～90

5　钻头镶焊硬质合金块的数量与岩石可钻性和钻头直径有关，可按表3.3.1—2选用（不包括针状合金胎块）。

6　硬质合金块在钻头上的排列形式应根据岩石性质确定。软质岩石用单环排列，中硬以上岩石用多环排列，坚硬及裂隙性、非均质的岩石宜用密集排列。

3.1.3　硬质合金钻进的技术参数可按下列规定选用：

1　钻头压力可根据岩石性质和钻头上硬质合金块形状、数量、磨损程度与钻进是否安全等因素确定。钻头压力一般以施加在钻头上每块硬质合金的轴心压力确定。不同形状硬质合金能承受的压力,可按表3.1.3—1选用。

表3.1.2—2 钻头镶焊硬质合金块数量(块)

钻头直径(mm) / 岩石可钻性等级	75	91	110	130	150
Ⅰ~Ⅲ	4~6	6~8	8~10	10~12	12~14
Ⅳ~Ⅵ	5~6	6~8	8~10	12~14	14~16
卵石、砾石层	8~10	9~12	12~14	14~16	16~18

表3.1.3—1 硬质合金块能承受的压力

合金形状	承受压力(kN/块)	合金形状	承受压力(kN/块)
薄片状	0.5~0.6	八角柱状	0.9~1.5
方柱状	0.7~1.2	针状合金胎块	1.5~2.0

2 转速应根据岩石性质和钻头直径选定。软质岩石以轻压、快转为宜;料硬的、非均质的、研磨性中等的岩石以低、中速为宜。常用硬质合金钻头转速可按表3.1.3—2选用。

表3.1.3—2 转速(r/min)

钻头直径(mm) / 岩石性质	75	91	110	130	150
研磨性弱的岩石	300~350	250~300	210~250	180~210	150~180
研磨性中等的岩石	250~300	200~250	150~200	120~150	100~120

3 冲洗液量应根据岩石性质、钻孔直径、孔壁情况、设备条件等因素确定。冲洗液量用上返速度计算时清水以0.25 m/s,泥浆以0.2 m/s为宜。不同岩石各种口径钻进的冲洗液用量可按表3.1.3—3选用。

表3.1.3—3 冲洗液量(L/min)

钻头直径(mm) / 岩石性质	75~91	110	130~150
研磨性弱的、有裂隙的岩石	60~65	85~100	100~125
研磨性中等的岩石	75~85	100~135	130~150

注:钻进时的冲洗液不能满足上述要求时,应以水泵量最大有效输水量输送。

3.1.4 使用硬质合金钻进应符合下列规定:

1 新钻头下入孔内时应在钻头下至距孔底0.3~0.5 m时,待冲洗液返回孔口后,采用轻压、慢转扫孔到底,再逐渐增大压力,加快转速。

2 正常钻进中给进压力应均匀,不宜提动钻具。如遇破碎岩石、换径、扩孔或孔内有残留岩芯时则应适当减小压力和转速。

3 由钢粒钻进改换硬质合金钻进时,必须冲洗钻孔,捞取沉淀物,并先用旧硬质合金钻头钻进。

4 孔内应干净。当孔深岩粉不易排出孔外时应带取粉管。

5 卡取岩芯应符合本规程第9.3.4条第2款要求,并不得使用钢粒作卡料。严禁猛墩钻具。拧卸钻头时应防止管钳夹扁钻头或夹伤硬质合金。

3.1.5 针状硬质合金钻头镶焊应符合下列规定：

1 必须保证胎块在钻头体上平正，内、外及底出刃一致。

2 镶焊温度应控制在930 ℃～1 100 ℃，焊枪火焰不得直接对准胎块。

3 胎块应镶入钻头体约1/2长度，镶焊胎块的槽，两边应留有0.2～0.4 mm的间隙。

3.2 钢粒钻进

3.2.1 钢粒钻进宜用于Ⅴ～Ⅵ级岩石。完整、致密、硬度大的岩石可选用直径小的钢粒。反之，应用直径大的钢粒。当钻孔倾角小于75°时不得采用钢粒钻进。

3.2.2 钢粒钻头应符合下列要求：

1 钻头体材料应采用40～50号无缝钢管，或用经调质处理的DZ40～DZ50地质管制作。新钻头的规格应为：长度450～500 mm；壁厚9～11 mm；上部内圆锥度1:100。

2 钻头水口尺寸宜为：高度120～180 mm，上宽20～30 mm，底宽为钻头圆周长的25%～30%。水口切边形状可为单弧形、双斜边、斜弧形或双弧形。

3 磨损后长度短于200 mm（不包括丝扣部分）的钻头不得使用。外径上下相差3 mm或下部严重变形的钻头，必须切除或更换。

3.2.3 钢粒形状应为直径2.5～4.0 mm，长度与直径大致相等的圆柱体，热处理硬度HRC不得小于50，用质量为0.68 kg的手锤（即1.5磅锤）锤击时不碎不扁（或只碎成2～3瓣并冒火星）的占总数90%以上者为合格。

3.2.4 钢粒钻进的技术参数可按下列规定选用：

1 钻头压力应根据岩石的可钻性等级、钢粒的抗压强度、钻头直径和设备能力确定，并应为钻头的有效底唇面积乘以单位面积压力。钻头单位面积压力可按表3.2.4—1选用。

表3.2.4—1 钻头单位面积压力

岩石可钻性等级	Ⅴ	Ⅵ
钻头单位面积压力（MPa）	2.5～3.0	3.0～3.5

2 转速应根据岩石可钻性等级、孔深、孔径、机械设备负荷和管材质量等因素确定。不同直径钻头转速可按表3.2.4—2选用。

表3.2.4—2 钻头转速（r/min）

钻头直径（mm） 岩石可钻性等级	91	110	130	150
Ⅴ～Ⅵ	240～280	190～230	160～190	140～160

3 冲洗液量应根据岩石性质、钻头直径、冲洗液类型和投砂量确定，并应随孔底钢粒的消耗逐渐减小液量。冲洗液量可按表3.2.4—3选用。

4 投砂量应根据岩石可钻性等级、钻头直径及钢粒质量确定。投砂方法有一次投砂、结合投砂和连续投砂。一次投砂法的投砂量可按表3.2.4—4选用。

3.2.5 使用钢粒钻进应符合下列规定：

1　钢粒钻进必须带取粉管。孔内岩粉厚度超过 0.4 m 时，必须进行捞取。

表 3.2.4—3　冲洗液量（L/min）

钻头直径(mm) / 回次冲洗液量 / 冲洗液类型	91		110		130		150	
	回次初	回次末	回次初	回次末	回次初	回次末	回次初	回次末
泥　浆	18～27	14～18	22～33	17～22	26～39	20～26	30～45	23～30
清　水	27～36	18～27	33～44	22～33	39～52	26～39	45～60	30～45

表 3.2.4—4　一次投砂法的投砂量

钻头直径(mm)	91	110	130	150
投砂量(kg)	1.5～3.0	2.0～3.5	2.5～4.0	3.0～4.5

注：软质岩石用低值，硬质岩石用高值。

2　下孔壁管前应先用带有导向的小一级钻具钻进 2～3 m 后再下管。

3　钻进中在岩石可钻性和钻孔直径相同的条件下，钻进技术参数应基本一致。

4　在钻进过程中当水泵发生故障时应立即将钻具提到安全孔段后再修理水泵。

5　当采用结合投砂时，在投入钢粒前应开大泵量冲洗并将钻具提起 0.5 m 以上。

6　每个回次提钻后应严格检查岩芯管与钻头，观察钻头唇面的磨损情况及取出岩粉和岩芯的形态，以确定下一回次的钻进技术参数。

7　钻孔换径钻进或由硬质合金钻进改换钢粒钻进时，均应适量减小钻进技术参数和采用旧钻头。待钻进孔段长度超过粗径钻具长度后，再改用正常情况下的技术参数钻进。

8　投入钢粒后应由小到大调整冲洗液量，当钻具无阻力时方可钻进。

9　当孔底无钢粒时应适当提动钻具，使新的钢粒及时补入。当进尺效率正常时则不宜提动钻具。

3.3　金刚石钻进

3.3.1　金刚石钻进宜用于Ⅳ级及其以上岩石。

3.3.2　金刚石钻头和扩孔器应根据岩石的可钻性、研磨性和岩石的完整程度按表 3.3.2 的规定选择。

表 3.3.2　金刚石钻头和扩孔器

岩石可钻性等级			Ⅳ			Ⅴ～Ⅵ			Ⅶ～Ⅷ		
研　磨　性			弱	中	强	弱	中	强	弱	中	强
人造聚晶表镶钻头			√	√	√	—	—	—	—	—	—
天然金刚石表镶钻头	胎体硬度(HRC)	40～45	√	√	√	√	√	√	—	—	—
		>45	—	—	√	√	√	√	√	√	—
	粒度(粒/克拉)	15～25	√	√	—	—	—	—	—	—	—
		25～40	—	√	√	√	√	—	—	—	—
		40～60	—	—	—	√	√	√	—	—	—
		60～100	—	—	—	—	—	√	√	√	—

续上表

研磨性			弱	中	强	弱	中	强	弱	中	强
岩石可钻性等级				Ⅳ			Ⅴ~Ⅵ			Ⅶ~Ⅷ	
天然或人造孕镶金刚石钻头	胎体硬度(HRC)	20~30	V	—	—	V	—	—	V	V	—
		30~35	—	V	V	V	V	—	—	—	—
		35~40	—	V	V	V	V	—	—	—	—
		40~45	—	—	V	—	V	V	—	—	—
		>45	—	—	—	—	—	—	—	—	V
	粒度(目)	20~40	V	V	V	V	V	—	—	—	—
		40~60	—	V	V	V	V	V	—	—	—
		60~80	—	—	—	V	V	V	—	V	—
		80~100	—	—	—	—	V	V	V	V	V
扩孔器	表镶		V	V	V	V	V	—	—	—	—
	孕镶		—	V	V	V	V	V	V	V	V

注:"V"代表适合采用;"—"代表不适合采用。

3.3.3 金刚石钻进的技术参数可按下列规定选用:

1 钻头压力应根据岩石可钻性、研磨性、完整程度、钻头底唇面积、金刚石粒度、品级和数量等确定。钻头压力可按表3.3.3—1选用。

表3.3.3—1 金刚石钻头压力

钻头种类 \ 钻头压力(kN) \ 钻头直径(mm)		59	75	91
表镶钻头	初压力	1.0~1.3	1.5~2.0	2.0~2.7
	正常压力	4.0~7.5	6.0~11.0	8.0~15.0
孕镶钻头	正常压力	4.5~8.5	8.0~12.0	9.0~15.0

2 转速应根据岩石性质、金刚石钻头类型选择。表镶金刚石钻头的线速度用1~2 m/s;孕镶金刚石钻头的线速度用1.5~3.0 m/s;不同直径的金刚石钻头转速可按表3.3.3—2选用。孕镶钻头不宜在过低转速下钻进。当钻进强研磨性、粗颗粒、破碎的岩石以及钻孔弯曲、超径时,应适当降低转速。

表3.3.3—2 金刚石钻头转速(r/min)

钻头种类 \ 钻头直径(mm)	59	75	91
表镶钻头	300~650	200~500	170~450
孕镶钻头	500~1 000	400~800	350~700

3 冲洗液量应根据岩石可钻性、研磨性、完整程度、钻进速度和钻头直径选择。不同直径金刚石钻进冲洗量可按表3.3.3—3选用。

3.3.4 金刚石钻进应符合下列规定:

1 卡簧、扩孔器应与钻头配合,并每次下钻前应进行检查。卡簧的自由内径应比钻头内径小 0.3 ~ 0.4 mm；扩孔器的直径应比钻头直径大 0.3 ~ 0.5 mm，钻硬质岩石为 0.3 mm，钻软质岩石为 0.5 mm。

表 3.3.3—3 金刚石钻进冲洗液量

钻头直径（mm）	59	75	91
冲洗液量（L/min）	30 ~ 45	40 ~ 60	50 ~ 70

2 钻具水路必须畅通，钻杆丝扣等处不得漏水。钻头水口应及时修磨，水口高度不得小于 3 mm。

3 下钻具当钻头离孔底 1 m 左右时应开泵送水，然后缓慢下放，当距孔底 0.2 ~ 0.3 m时，采取慢转、轻压到底。新钻头必须进尺 0.2 ~ 0.3 m 后才逐渐采用正常参数钻进。下钻遇阻时不得猛墩强扭。

4 钻进时不得随意提动钻具。当发生岩芯堵塞时应及时提钻，不得加大钻压、高速空转处理。倒杆时应适当调小泵压。严禁不停钻倒杆。

5 在任何情况下严禁使用金刚石钻头进行干钻。

6 钻进过程中应随时观察冲洗液量大小和泵压的变化，当发现异常时应停钻，查明原因，及时处理。

7 岩芯必须用卡簧卡取。取芯时必须先停止回转，再将钻具提离孔底拉断岩芯。残留岩芯超过 0.2 m 时应采用岩芯捞取器捞取，严禁用金刚石钻头套扫。

8 提放钻具时钻头不得在地上拖拉。下钻具时应扶正钻具，放慢速度，避免钻头与孔口、孔壁碰撞。

9 改用金刚石钻头钻进前必须将残留孔底的钢粒或硬质合金打捞干净。

10 拧卸钻具应使用多触点钳或摩擦式钳，并且钳牙不得触及钻头或扩孔器的胎体部位。

11 退芯时应卸掉钻头、卡簧，采用水压退芯法，严禁用铁锤直接敲打管子。

12 钻头和扩孔器应按外径的大小分组排队使用，即先用外径大的，后用外径小的。同时亦应先用内径小的，后用内径大的。

13 换径和下套管前必须做好孔底的清理和修整工作。换径和下套管后应采用锥形钻头将换径台阶修成锥形，并取净孔底异物方可钻进。

3.4 冲击钻进

3.4.1 冲击钻进方法应根据岩层情况和钻孔要求选择，并应符合下列规定：

1 无阀管取芯钻进宜用于黏性土层、砂层和粒径小于 100 mm 的卵砾石层。钻进宜用孔内冲击，管钻长度不得大于 2.0 m。当孔壁坍塌时可用泥浆或套管护壁。当钻进深度距标贯和取扰动土样深度为 0.5 m 时，或距取原状土样深度为 1.0 m 时，应改用回转钻进。

2 有阀管钻宜用于流砂层、淤泥层等不分层鉴别的钻进。

3 冲击管钻（抽筒）宜用于不取柱状岩芯或为平整孔底、击碎孔内卵漂石。钻具规模应根据卵石最大粒径选择，当卵漂石粒径较大时应先采用冲击钻头击碎卵漂石后，再用管钻捞砟。

3.4.2 冲击钻进应符合下列规定：

1　松散地层开孔必须设置孔口管,保持垂直,周围用黏土捣实。

2　采用水压法或泥浆钻进时,孔内液柱应保持在最高位置;采用套管护壁时,钻头不应超过套管底靴0.5 m。

3　应随时检查钻头的外刃、阀门、钢丝绳卡和钢丝绳等磨损情况,当有损坏时必须及时修复或更换。

4　回次进尺不得大于管钻长度的65%,宜钻进0.5~1.0 m时提钻。当采用各种冲击钻头钻进时,回次进尺不得大于钻头本体长度。

5　在冲击过程中当孔内液柱突然下降时,应迅速将管钻提出孔口,并投黏土或灌泥浆。

6　冲击时钢丝绳应稍呈拉紧状态,在卷筒上的钢丝绳应不少于两圈绕绳。

7　钻进时应注意钢丝绳的测深标记,必须使测深标记与钻孔深度一致。

8　长时间停钻应加盖孔口板、平放钻具,并有专人观察孔内液柱,当液柱下降时应及时补充。

3.5　震动钻进

3.5.1　震动钻进宜用于一般黏性土、砂类土(粉细砂除外)及粒径小于50 mm的碎石土地层。使用震动器亦可从松软层或流砂层起下套管和处理卡钻事故。

3.5.2　用震动钻进时应采用长度为1.5~2.0 m并带1~2个轴向槽口的岩芯管,槽口长度为0.5~0.7 m,槽口宽度为岩芯管直径的0.3~0.6倍,取值大小由土层的黏性高低决定,黏性低用小值,反之则用大值。钻头为管靴,刃口锥度角为15°~20°,并经淬火处理,其外径应比岩芯管大2~4 mm,内径应小2~4 mm。

3.5.3　使用震动器时应符合下列规定:

1　震动前应检查钻具及震动器的各个部件。震动器内部应有足够的润滑油。

2　震动钻进宜在孔深1 m以下开始使用。

3　震动钻进时应使震动器与钻具连接牢固,焊接处无裂缝。

4　振动频率宜用(1 200~2 500)次/min,启动震动器时,应逐渐加高频率。震动器工作时最大振动力应比钻具重量大20%~30%。挂震动器的钢丝绳应少松勤放,一次放绳不得太长,以免导致震动器偏斜。

5　采用电动机带动震动器时电动机与电源之间连接线必须绝缘可靠,接地良好,电动机不得反向运转。

6　调整震动器偏心锤时偏心锤所张弧度应一致。

7　用震动器起拔孔内卡阻钻具时应采取边震动边提拉的方法,严禁强力提拉。

3.6　干钻及无泵反循环钻进

3.6.1　干钻宜用于钻进滑坡体、多年冻土、松散破碎岩层、软弱夹层以及了解地层天然含水等情况。

3.6.2　无泵反循环钻进宜用于第四系松软地层,以及Ⅳ级以下易碎、易坍、易熔岩层或供水困难,要求取芯率高的孔段。

3.6.3 干钻时转速不宜过高，加压不应太猛，宜勤活动钻具。回次进尺不应大于0.4 m，无进尺时应及时提钻。

3.6.4 无泵反循环钻进应符合下列规定：

1 孔内冲洗液面的高度，最低应高出粗径钻具球阀接头以上。冲洗液宜用清水。当用泥浆时黏度应小，失水量应低。

2 钻具应经常提动，提动钻具的高度应根据岩石软硬确定：软质岩石为80～100 mm；硬质岩石为50～80 mm。钻头压力宜为：软质岩石为1.5～2.0 kN，硬质岩石为2～4 kN。转速不宜过快，可采用100～200 r/min。

3 每回次提钻前不得提动钻具，应加压钻进几分钟，以利采取岩芯。

4 孔底岩粉沉淀较多时应将岩粉捞净。

3.7 活套闭水接头单管钻进

3.7.1 活套闭水接头单管钻进宜用于地下水位以下的粉、细砂土及软黏性土。

3.7.2 活套闭水接头单管钻进应符合下列规定：

1 岩芯管长为1.5～1.8 m，宜用阶梯式肋骨硬质合金钻头。

2 冲洗液应采用优质泥浆。泥浆黏度：黏性土为20～25 s，砂层为25～30 s，失水量应小于20 mL/30 min，密度为1.05～1.20 kg/L。涌砂地层应采用密度较大和含砂量小于4% 的泥浆。

3 钻具下到孔底卡盘将钻杆卡紧后，泵量宜为10～20 L/min，被压出清水应放出泥浆池外，当泥浆返出孔口后，应以低转速、小泵量（孔口排浆似流非流状态）加压钻进，钻压不宜过大，并保持均匀。在不憋泵的情况下，不得提动钻具。

4 回次终止前应停泵干钻0.3～0.5 m。提钻前应停止进尺钻进，松散土层可停止转动钻具1～2 min，硬土层应将钻具旋转数圈扭断岩芯。提升钻具应轻、稳，边提钻边向孔内加灌泥浆至孔口。

3.8 孔底液动冲击回转钻进

3.8.1 硬质合金冲击回转钻进宜用于Ⅴ～Ⅵ级粗粒不均质岩石，宜用频率小于40 Hz功率大于50 J的液动冲击器。钻头应符合下列规定：

1 钻头体应采用40Cr或DZ40、45号钢制造。钻头体的规格宜为：壁厚10～14 mm（可用肋骨片25 mm×20 mm×3 mm加厚普通钻头），长度140 mm，水口6～8个，高度10～20 mm，底宽10～1 5 mm。

2 硬质合金钻头可用YG_8和YG_8C大、中八角硬质合金块，合金刃角90°～100°，岩石越硬刃角越大。刃角应不对称，负前角10°～40°。

3 钻头硬质合金出刃量应均匀一致。不同形状硬质合金镶焊的钻头，其出刃量应符合表3.8.1的规定。

4 钻头镶焊硬质合金槽应大于硬质合金直径0.10～0.15 mm，焊料应为低熔点，焊缝必须有足够的强度。

3.8.2 金刚石冲击回转钻进宜用于Ⅴ级以上及裂隙发育、打滑等岩石，宜用频率大于

40 Hz、功率小于50 J的液动冲击器，并应安装稳压罐。钻头应用孕镶金刚石，人造金刚石的粒度为60～80目；天然金刚石的粒度为40～60目；胎体硬度为HRC35～40；钻头水口为8～12个。

表3.8.1　液动冲击钻头硬质合金出刃量(mm)

钻头出刃 / 钻头名称	底出刃	内出刃	外出刃
普通大八角硬质合金钻头	4～5	2.0～2.5	3.0～3.5
大八角肋骨硬质合金钻头	5～6	1.0～1.5	
圆柱状、楔形片硬质合金钻头	3～4	0.25～0.30	

3.8.3　孔底液动冲击回转钻进技术参数可按下列规定选用：

1　钻头压力应根据岩石性质和钻头类型选择，钻软质岩石应比硬质岩石大，常用钻压应符合表3.8.3的规定。

2　转速应根据岩石性质、钻头类型、冲击频率和冲击功等确定。常用转速应符合表3.8.3的规定。

3　在孔壁完整和水泵可能的情况下，泵量和泵压的大小除应满足冲击器所需外，尚应适当增加。一般阀式冲击器所需泵压为1.5～2.5 MPa，射流式冲击器所需泵压为2.5～4.0 MPa，随着钻孔深度增加，每百米深度宜增加泵压0.2～0.3 MPa。常用泵量应符合表3.8.3的规定。

表3.8.3　液动冲击回转钻进常用技术参数

钻头种类	钻压(kN)	转速(r/min)	泵量(L/min)
硬质合金	4～6	30～100	80～150
金刚石	8～10	300～800	60～150

3.8.4　孔底液动冲击回转钻进应符合下列规定：

1　冲洗液应采用清水或低固相泥浆，必须严格净化。

2　送水管应采用耐压、轻型的钢丝编织胶管；水泵性能应满足所用液动冲击器的技术参数，泵压表必须抗震、精确。

3　机上钻杆必须垂直、水龙头转动惯性小和钻具丝扣密封性能良好。

4　冲击器下入钻孔前必须检查各部件的配合安装，应符合使用说明书要求。

5　阀式双作用冲击器下入孔底后应先开泵送水，待孔口返水后再开动钻机慢速回转，缓慢调节水泵控制阀门，泵压从0.5～1.0 MPa逐渐升高。手摸送水管有明显震动时，应将泵压调至冲击器规定压力，并提高转速。

6　钻进中应随时观察水泵压力变化情况，当压力持续升高或下降时，应及时处理。

7　钻进过程中倒杆时，应用卷扬机钢丝绳将钻具拉紧，使冲击器处于停冲状态。

3.9　孔内爆破

3.9.1　孔内爆破宜用于大块石、大漂石地层钻进，亦可用于处理孔内事故，以及水文地质钻孔扩大孔内岩层裂隙，增加水量等。

3.9.2　孔内爆破装置的制作应符合下列规定：

1　爆破器可采用铁皮筒制作，其结构按图 3.9.2 的规定，亦可采用玻璃瓶或车内胎以胶水黏合密封制作。

2　用药量应根据炸药性质、岩性、爆破范围等因素确定。用药量及套管起拔高度应符合表 3.9.2 的规定。

表 3.9.2　用药量及套管起拔高度

漂卵石直径（mm）	炸药用量（kg）	套管起拔高度（m）
<400	0.25～0.4	0.5
400～600	0.4～0.8	0.5～0.7
600～800	0.8～1.25	0.7
800～1 200	1.25～2.0	0.7～1.0

注：本表适用于硝铵炸药。如用胶质炸药，数量应减少 25% 左右。

3　爆破器的直径应小于钻孔直径 20 mm。每个爆破器应装两个雷管。

4　受潮或过期的炸药、生锈的雷管以及破旧的电线均不得使用。

5　起爆电源可用蓄电池或 1.5 V干电池两节以上串联起爆。

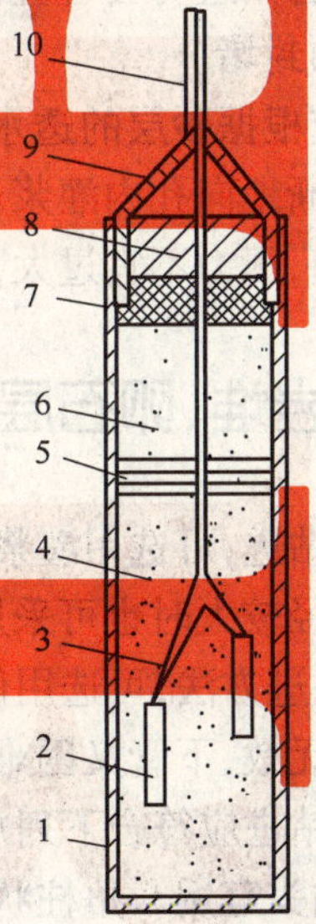

图 3.9.2　铁皮筒爆破器结构示意

3.9.3　孔内爆破必须符合下列规定：

1　操作人员必须由经过爆破和安全培训，并取得合格证书的人担任。非操作人员不得随意接触和动用爆破器材。

2　放破爆器前应将孔底残留岩芯、岩粉清除，准确测定炮位深度。爆破位置距孔口的距离不得小于 3 m。

3　爆破器应小心地放入预定爆破位置，防止导线脱落。

4　爆破器上部应投填砂或土，其厚度不得小于 0.8 m，边填边拔套管。当孔内水柱高度大于 2 m 时，可不回填。

5　起爆前应指定专人在危险区以外，作好警戒工作，起爆人员应事先找好隐蔽安全位置，其余人员必须撤到安全地点。

3.9.4　孔内瞎炮的处理必须符合下列规定：

1　应首先拆掉电源，检查确认电源及电线完好后，才能重新起爆。

2　严禁用冲击方法处理。提取爆破器，可先用水泵冲出回填的砂土；当提不出时，可另安放一个较小爆破器，按本规程第 3.9.3 条的规定进行爆破。

4 复杂地层与特殊条件钻进

4.1 砂层钻进

4.1.1 砂层钻进宜采用泥浆护壁钻进。对粉、细砂层可用活套闭水接头单管、阶梯式肋骨硬质合金钻头泥浆循环钻进;中、粗、砾砂层可用方柱状硬质合金钻头或阶梯式肋骨硬质合金钻头灌浆无泵反循环钻进。

4.1.2 砂层钻进应符合下列规定:

1 钻孔未见地下水时不得采用泥浆护壁钻进。

2 地下水位以上,采用跟管钻进时套管直径应比粗径钻具大1~2级,回次进尺可为0.3~0.5 m,套管外环间隙必须封堵。

3 采用泥浆护壁钻进时应根据砂层的透水性、颗粒大小、埋深、厚度等,选用不同性能的优质泥浆。提钻时应不间断地向孔内灌浆。

4 钻进砂层应采用低转速,压力不宜过大,并适当控制回次进尺和提升速度。

4.2 岩堆、卵石层和漂石层钻进

4.2.1 岩堆、卵石层和漂石层钻进,可选用灌浆无泵反循环的硬质合金、钢粒或硬质合金与钢粒混合钻进。当卵漂石粒径较大时也可采用冲击、爆破或金刚石钻进。

4.2.2 根据孔壁稳定程度和钻进方法,可选用优质泥浆护壁,并配以泥球、套管加固。当孔壁坍塌严重,泥球、泥浆护壁无效,下管又困难时,可采用水泥浆灌注护壁。

4.2.3 岩堆、卵石层或漂石层钻进应符合下列规定:

1 硬质合金回转钻进时钻头宜用八角柱状硬质合金,并采用中压力或大压力,低转速,中泵量。

2 钢粒钻进时投砂量应适当增加,提动钻具次数应相对减少。

3 当取芯困难时宜采用特制的钢丝钻头。

4 采用金刚石单动双管钻具钻进漂石或块石时,宜用低固相或无固相冲洗液,钻头水口应适当减少,胎体应有较强的韧性。无固相冲洗液钻进技术参数应符合表4.2.3的规定。

表4.2.3 无固相冲洗液钻进技术参数

孔径(mm)	钻压(kN)	转速(r/min)	泵量(L/min)	泵压(MPa)
91	6~10	400~700	47~52	<0.5
75	4~6	500~800	32~47	<0.5

4.3 破碎岩石钻进

4.3.1 易冲刷和松软的岩石可采用双管钻具或无泵反循环钻进；硬、脆、碎岩石应采用双管钻具或喷射式孔底反循环钻进。

4.3.2 破碎岩石钻进应符合下列规定：

1 当采用双动双管钻具钻进时岩芯管长度应为 1.5 ~ 2.0 m。钻头轴向差距应视岩石而定，可为 30 ~ 50 mm，软质岩石差距应大些，反之则小些。钻进中不宜提动钻具。回次进尺以 0.5 ~ 1.0 m 为宜。

2 无泵反循环钻进回次进尺视岩性而定，软质岩石应为 1.0 ~ 1.5 m，破碎岩石应为 0.5 ~ 0.7 m。

3 当采用喷射式孔底反循环钻进时应符合下列规定：

1）回次终止时应停钻冲除孔底岩粉，待停泵沉淀 3 ~ 5 min 后卡取岩芯。提钻时应轻、稳。

2）钢粒钻进时宜采用直径为 3.5 ~ 4.0 mm 的钢粒，钻头有效底唇面积的压力宜用 3.0 ~ 3.5 MPa，转速 120 ~ 180 r/min，泵量 40 ~ 80 L/min，一次投砂量 0.5 ~ 2.0 kg。

3）硬质合金钻进时钻进压力宜采用钻头上每块合金为 700 ~ 800 N，转速 150 ~ 180 r/min，泵量 60 ~ 100 L/min。

4）水泵运转必须正常，中途不得停泵。

5）泥浆黏度宜为 15 ~ 25 s，失水量控制在 10 ~ 15 L/30 min 以下。

4.4 软土层钻进

4.4.1 软土层钻进宜采用活套闭水接头单管钻具和硬质合金钻头泥浆循环钻进，或螺旋提土钻钻进。

4.4.2 软土层钻进应符合下列规定：

1 钻进时应采用优质泥浆作冲洗液，并根据孔壁坍塌、缩径情况，增加泥浆密度或配用套管护壁不得使用清水冲孔或注水钻进。

2 泥浆循环回转钻进应采用长肋骨式硬质合金钻头。钻具下至孔底 1 ~ 2 m 时，宜用大泵量回转扫孔到孔底再换正常泵量。

3 应注意孔内有害气体逸出，防止燃烧。

4 采取土样时应使用带样可靠的取土器，采取方法宜用压入法。取样直径应符合《铁路工程地质软土勘测规则》第 5.0.9 条规定。

4.5 膨胀性岩层钻进

4.5.1 在膨胀性岩层，如膨胀土、铝土、含水的页岩、泥岩等岩层中钻进，易引起缩孔、糊钻、憋泵等现象。钻进应符合下列规定：

1 钻头宜采用肋骨式或加大内外出刃的硬质合金钻头，水口高度不小于 20 mm，内壁可增设水槽,其宽度为 6 ~ 8 mm。

2　用优质泥浆护壁时泥浆性能指标应符合本规程表 6.1.1 的规定。

3　钻进时应降低钻压,提高转速和加大泵量,回次进尺控制在 0.5 ~ 1.0 m。

4　取芯宜采用双管钻具或无泵反循环钻进。

5　当发现孔壁严重收缩时应随钻随下套管,并详细记录。

4.6　含洞穴岩层钻进

4.6.1　含洞穴岩层钻进应符合下列规定:

1　孔径应根据地质条件和洞穴分布情况选择。

2　钻进时应采用低钻压、慢转速。当发现进尺突然加快、漏水、掉钻或有异声时,应立即检查钻具连接情况或用轻压、慢转速探索钻进。

3　当钻穿空洞或大裂隙顶部时应立即停钻,将钻具慢慢下落至底板,并应记录顶、底板的深度,洞内充填物及其性质、成分、水文地质情况等。

4　洞内有充填物时应采用干钻或双管钻具钻进,以利取芯。

5　当钻过空洞后应下导向管或接长岩芯管,其长度为空洞高度的 2 ~ 3 倍,并用轻压、慢速钻至空洞底板下 2 ~ 3 m 后,用套管隔离空洞。

6　倒杆时应吊住钻具,升降钻具应减速,并注意遇阻情况。

7　岩芯应采用卡簧或爪簧取芯钻具卡取。

4.7　涌水、含气岩层钻进

4.7.1　涌水岩层钻进应符合下列规定:

1　钻进涌水岩层应采用密度大、失水量小的泥浆。严重涌水时,泥浆中应加入加重剂、降失水剂,以调整泥浆性能。

2　每隔 1 ~ 2 h 应测定一次返升泥浆的密度及黏度。当泥浆性能指标改变时,应及时调整或更换新浆。

3　提升钻具时应不间断地向孔内灌注泥浆。

4　钻穿涌水层后需隔水时应及时下套管。

5　测定岩层涌水压力可从孔口接长套管至涌水静止水位,或用压力表直接测量。

4.7.2　含气岩层钻进应符合下列规定:

1　应随时观察孔中有无气体上升,有无口哨声或破裂声;当孔内有水时,应观察有无气泡。

2　发现孔内冒气应按要求取样,测定气量和气压。

3　含气层钻进时应及时调整泥浆密度。提升钻具时,必须向孔内灌满泥浆。

4　含可燃可爆气体岩层钻进时严禁采用爆破方法及明火与孔口接触。当遇二氧化碳、氮、硫化氢等含气层时,必须在孔口用三通将气体引出场地以外顺风一侧。

5　在含瓦斯岩层的洞内钻探时应符合《铁路瓦斯隧道技术暂行规定》的规定。

4.8　多年冻土地层钻进

4.8.1　多年冻土地层钻进应符合下列规定：

1　多年冻土地层钻进应采用干钻，并宜采用带孔的岩芯管接头。钻进中如发现孔底温度有明显升高时，可采用双层岩芯管冲洗液钻进。

2　采用硬质合金钻进时可用斜角形或菱形薄片硬质合金块，镶焊时应斜镶磨角。钻进不宜采用已磨钝的钻头。钻孔直径不得小于130 mm。

3　钻进宜采用大钻压、低转速，回次钻进时间不宜超过5 min，进尺不宜大于0.3 mm，当含冰量大的泥炭或黏性土时可进尺0.5 m。

4　采用冲洗液钻进时应加入适量食盐，以降低冲洗液冰点，需加食盐的量应根据表4.8.1的计算确定。

5　当遇地表水或地下水渗入钻孔时应下套管严密封闭。

6　详细记录冻土上限的深度和岩芯中的冰层或冰屑，并注明钻到上限的日期(月、日)。

7　进行热物理和冻土力学试验的冻土岩芯采取后必须放在冷藏瓶中，尽快送交试验室。

8　在卵石、碎石及基岩中钻进难以确定多年冻土时，应进行钻孔测温。测温工作应在终孔三天后进行。

表4.8.1　含盐溶液浓度与冰点关系

含盐溶液浓度(%)	冰　点
4.7	-4 ℃
9.4	-6 ℃
14.1	-8 ℃

4.9　黄土地层钻进

4.9.1　黄土地层钻进方法的选择应符合下列规定：

1　新黄土宜用螺旋钻头钻进，也可用硬质合金钻头或其肋骨式钻头回转钻进。当含水量在16% ~24%时，亦可采用冲击钻进。

2　老黄土或不需要了解湿陷程度时可采用肋骨式硬质合金钻头加水钻、无泵反循环或泥浆护壁钻进。

4.9.2　新黄土钻进和采取土样应符合下列规定：

1　新黄土钻进必须干钻，严禁向孔内加水，并控制回次进尺，应按“一米三钻”的操作程序(即取土间距1 m时，第一钻，进尺为0.5 ~0.6 m，第二钻，清孔进尺为0.2 ~0.3 m，第三钻，取样)进行。当取土间距大于1 m时，其下部1 m深度内应按上述方法操作。

2　清孔时不宜加压或少许加压慢速钻进，可用薄壁取土器压入清孔。小钻头钻进时不得使用大钻头清孔。

3　冲击钻进时应采用薄壁钻头(其规格为：直径不小于140 mm，壁厚不大于3 mm，刃口角度不大于10° ~12°)。并应采取分段进尺、逐次缩减和坚持清孔的钻进程序，每段进尺应小于回转钻进要求的进尺深度。

4　冲击钻进清孔时应采用薄壁钻头(亦可用薄壁取土器)一次击入，击入深度为12 ~15 cm，严禁多次击入。

5　取土样时应采用黄土薄壁取土器,可采用压入法,有经验时亦可用击入法,入土深度宜超过盛土段3~5 cm。压入取土应连续、均匀,中途不得停顿,钻杆应保持垂直和不摆动。击入取土应根据击入阻力,预估击入能量,一击完成,不得二次锤击。

4.9.3　当采用清水冲洗液钻进时,应快速钻透黄土层,并下套管护壁。

4.9.4　当采用冲击或震动钻进取芯时,应先将钻具回转1~2圈,以达到扭断岩芯。

4.9.5　当采用无泵反循环钻进时,下钻前应检查钻具回水和球阀是否完好。

4.9.6　当采用泥浆护壁钻进时,开孔口径应大,以备下入套管。

4.10　滑坡钻探

4.10.1　滑坡钻探应采用干钻、无泵反循环或双层岩芯管方法进行。

4.10.2　在活动的滑坡体上钻探时,应设专人监视滑动体位移情况,发现异常应及时采取措施,确保人身和设备安全。

4.10.3　滑坡钻探应结合岩层情况、滑坡体稳定程度、滑动面位置及滑床岩性等,确定下入套管的深度。

4.10.4　滑坡钻探应符合下列规定:

1　钻探中,当接近预计滑动面(带)以上约5 m或发现滑动面迹象(软弱面、地下水)时,必须采用干钻或空气钻进,并宜增大钻压、降低转速,提高岩芯采取率。回次进尺不得大于0.3 m,并应检查岩芯,确定滑动面位置。

2　钻进中应检查钻孔是否歪斜,当发现孔内不正常时应及时提钻检查。

3　钻进中应及时取样鉴定和进行水文地质观测工作。

5 水上钻探

5.1 钻场类型的选择及钻船拼装

5.1.1 水上钻场的选择应视水域情况(水深、流速、浪高)和材料进行,并应符合下列规定:

1 在流速不大水深小于2 m的水域或间歇性河流上钻探,可采用木桩、枕木垛或筑岛等方法修筑承台。

2 水深2~8 m、水流平缓的河流或湖泊,可采用木排、竹筏或汽油桶扎排。

3 在海滨、海湾外,当高潮水位6 m以内时,可采用三角架柱桩承台。

4 在较宽、水深、流速较大河流或在浅海(指靠近海岸、水深30 m以内的海域)上钻探时,可采用木船或铁船。

5 水流湍急、不能稳船的峡谷河流,可采用钢管架承台或钢丝绳架设索桥。

5.1.2 钻船拼装应符合下列规定:

1 内河水上钻船:钻深100 m钻机可采用12 t以上的船两只;钻深300 m钻机可采用30 t以上的船两只;钻深600 m钻机可采用50 t以上的船两只。当情况复杂时,应根据当地具体条件确定。

2 浅海水上钻船应根据钻孔要求、海水深度、风力、海浪、流速等因素确定。钻深100 m钻机可采用25 t以上的船两只;钻深300 m钻机可采用70 t以上的船两只。

3 两船拼装时,其几何尺寸、吨位和高低应相同,两船的间距可根据船只的大小及作业情况决定,以0.3~0.5 m为宜,浅海水上钻探以0.8~1.0 m为宜。钻船平台横梁木,可用梢径不得小于10 cm(浅海水上不得小于15 cm)的圆木11~14根,其长度应超出船体两侧各0.5 m。前、中、后三根横梁木应较粗。钻船平台横梁也可采用旧钢轨或槽钢进行拼装。

4 各横梁木应均匀分布,端头之间应垫木撑,前、中、后三根横梁木与船体必须用钢丝绳绞紧。钻场有效工作面积不得小于5 m×10 m。

5 平台板应严格固定。其接头应在横梁上,板厚不得小于4 cm。

6 钻船底舱应附重,一般可为钻船载重量的25%~40%。

5.2 钻船的锚泊定位

5.2.1 钻船定位应符合下列规定:

1 距岸50 m以内的钻孔可直接丈量定位,当距离较远时,可采用经纬仪视距定位。当孔位允许误差为±0.5 m时,可采用经纬仪交会法或者光电测距仪定位。

2 钻船定位后应进行复测,当超差时应重新校正孔位。

5.2.2 钻船用锚类型的选择应符合下列规定:

1 河床为卵石或岩石时宜用四齿锚或燕尾锚并加锚链。

2 河床为泥砂时宜用兔耳锚、海军锚、石锚或水泥锚，不宜用锚链。流速较大时，则可采用石笼锚。

5.2.3 抛锚作业应符合下列规定：

1 前后主锚的质量宜采用 40～80 kg，大型河流或浅海上可采用 200～600 kg，主锚应比边锚质量大 25%～65%；石笼锚视具体情况而定。锚的总质量，可为钻船承受水流阻力、冲击力、风力等外力之和的 8.5%～20%，视水情选定。

2 锚绳宜选用柔性、韧性好的钢丝绳，直径应根据流速、钻船吨位及漂浮物等确定，并应满足 5～8 倍安全系数的要求。锚绳长度应为水深的 7～9 倍，当流速过大时，可酌量增加。

3 抛锚时应先将前、后主锚抛定后再抛边锚。两前边锚绳与主锚绳的夹角宜为 35°～45°，无主锚时两前边锚绳应交叉布置，并与两船中心线的交角大致相等。

4 锚的数目根据具体情况而定，可为 4～8 只，并视具体情况可拴锚头捞绳，绳尾应系浮筒；有潮汐的河流或浅海捞绳长度应为水深的 1.3～1.5 倍，并应考虑锚头捞绳有足够的拉力。

5 抛锚时必须确认锚已稳定抛牢，符合稳船要求，否则应绞起重抛。

6 绞紧锚绳时工作人员应在绞车后部工作。

5.2.4 起锚作业应符合下列规定：

1 起锚应按钻船移动位置而确定起锚顺序，可先起左右边锚，再起后主锚。

2 起锚前必须检查绞车、滑轮，所有工作人员不得站在绞车前方。倒链时，必须先将绞车刹好。

3 当锚被淤埋时应间隔起拔或采用锚头捞绳使锚叶顺向退出，不得一次连续猛绞。

4 木船起锚时，锚绳拉紧后，人不宜乱动，保持木船稳定。

5 机动船起锚时应徐徐加力，不得用力过猛。

5.3 下保护管的规定

5.3.1 当水深大于 5 m 且流速大于 2 m/s 时，应安装保护管。

5.3.2 保护管的口径应根据覆盖层厚度、钻孔要求和流速确定，可采用外径 180～273 mm的套管。流速急、水情复杂水域，宜采用外接箍厚壁套管。

5.3.3 保护管的下部应采用长管，上部用短管，并准备 0.3、0.5、0.7、1.0 m 的短管数节，以便水位涨落时使用。在潮汐河流或浅海上钻探，可安装插入式活动孔口管。

5.3.4 在水流湍急的河流中安装保护管时，应在接头外另加保护夹板加固，夹板两翼方向应与水流方向平行。

5.3.5 保护管应根据流速设保险绳，拴于保护管的中、下部，绳与水平的夹角应小于 45°。钻船长度不足时应在船头安装牵引保险绳拉架，由专门绞车和专人操作。

5.3.6 在潮汐河流或浅海上钻探时应在低潮期水位较浅时安装保护管。

5.3.7 安装保护管前应探明河床情况，土质河床应采用筒状或齿状管靴，岩质河床应采用带钉管靴。保护管下入河床的深度，应根据河床石质及冲刷情况确定，宜为 1～5 m。

5.3.8 保护管安装后各定位绳及保险绳应均匀绞紧，保持护管垂直。

5.4 水上钻探的安全规定

5.4.1 在通航江河上进行水上钻探应首先与当地水上公安、航务管理部门取得联系，共同研究维护航行和钻探安全问题，并由航务部门将钻探地点、钻船上设置航标和信号等有关航行注意事项，通知有关单位。

5.4.2 水上钻探应与当地水文、水利、气象单位取得联系，并调查收集有关资料，随时观察气象、水情的变化，雨季汛期应特别注意安全。海上钻探应掌握每日、每月潮汐时间表指导钻探作业程序。

5.4.3 钻船上必须具备有足够的救生衣、救生圈和应急用的太平斧、钢凿等设备，并应放在明显易取处，不得随意移动。

5.4.4 钻船平台两侧必须设置牢固的防护栏杆，高度不得低于1.2 m。在孔口及易落水处，应设置安全网。

5.4.5 对钻船船身和平台的坚固性，锚绳及船舱积水情况应经常检查和处理。

5.4.6 在通航的江、河、海上钻探，钻船应按当地航动部门避碰规则悬挂号灯与号型，必要时应加设航标。在重雾或雨天视线不清时，钻船上应显示强烈灯光或声响信号。

5.4.7 在通航河海中，各锚位应在白天设红旗，夜间设红灯。对锚绳上停挂的漂流物，应及时清除。

5.4.8 当钻船上游河段弯曲、视线不良、流速过大时，应在上游适当地点设指挥站或指挥船，并由专人负责，警告航行船只及排筏。

5.4.9 水上钻探中，当遇有竹、木筏或失去控制的船只，巨大漂浮物对钻船安全有威胁时，应立即采取措施协助避让或砍断锚绳。

5.4.10 钻船应减少挡风面积，遇大风时钻船的围封帆布应及时卸下。遇台风时应停钻靠岸。

5.4.11 水上钻探应配备对讲机或其他通讯设备及交通运输船。交通船的大小应根据风浪、载重量及停靠钻船方便等因素确定。

6　冲洗液和护壁堵漏

6.1　钻孔冲洗液

6.1.1　钻孔冲洗液的选择应符合下列规定：

1　冲洗液类型应根据岩层岩性、技术要求、钻进方法、钻孔深度和设备条件选择，并确定其性能。

2　钻进致密、稳定岩层时，应选用清水作冲洗液。

3　水文地质钻探的试验孔段宜选用清水或易于洗孔的泥浆作冲洗液。

4　钻进松散、掉块、裂隙岩层或胶结较差的覆盖层（如卵砾石层、砂层等）时，宜选用不同性能的优质泥浆（如 PW 植物胶泥浆、聚丙烯酰胺泥浆等）作冲洗液。

5　钻进片岩、千枚岩、页岩、黏土等遇水膨胀岩层时，宜采用钙处理泥浆或不分散低固相泥浆。

6　钻进可溶性盐类岩层时，应采用与该岩层可溶性盐类相应的饱和盐水泥浆。

7　钻进高压含水层或极易坍塌的岩层时，应采用密度大、失水量少的泥浆。

8　金刚石钻进宜选用低固相或无固相泥浆、乳化泥浆。

9　钻进各类岩层所用冲洗液性能应符合表 6.1.1 的规定。

6.1.2　泥浆配制应符合下列规定：

1　大量配制泥浆前，应根据岩层情况进行造浆试验；有条件时可进行岩样浸泡试验，以确定合适的泥浆配方。

2　配制泥浆宜采用优质黏土或黏土粉作造浆基本材料，其造浆率应在 12 m^3/t 以上，基浆失水量在 20 mL/30 min 以下，并应优先选用钠土。

3　制浆用黏土应先水化。制浆应采用淡水，不得采用具有腐蚀性或受污染的水。

表 6.1.1　冲洗液性能

岩层性质	密度（kg/L）	黏度（s）	失水量（mL/30 min）	含砂量（%）
一般岩层	1.05 ~ 1.15	18 ~ 20	15 以下	4 以下
吸水膨胀岩层			8 以下	
坍塌、掉块岩层	1.2 以上	20 ~ 25	10 以下	
裂隙岩层	1.05 ~ 1.10		12 以下	
涌水岩层	1.2 以上	22 ~ 28		

4　为配制适用于岩石性质、孔内情况的各种性能泥浆，在原浆中可加入适量的处理剂。常用泥浆处理剂按表 6.1.2 选用。用优质钙土造浆，可加入土量 5% ~ 6% 的纯碱。

6.1.3　冲洗液的管理应符合下列规定：

1　使用泥浆的现场应备有测定泥浆性能的比重计、黏度计、含砂量计（杯）、失水量测定仪和 pH 试纸等简易测试用具。

表 6.1.2 泥浆处理剂

处理剂类型	处理剂名称及代号
加重剂	重晶石粉($BaSO_4$),方铅矿粉,(PbS),石灰石粉($CaCO_3$)
增黏剂	高黏度钠羧甲基纤维素(Na-CMC),石棉粉,水玻璃($Na_2O \cdot mSiO_2$),野生植物胶类:雷公蒿叶粉、瓜尔胶粉、海藻胶粉、PW 植物胶碱液
稀释剂(分散剂)	木质素、磺酸盐类:铁铬盐(FCLS)等,丹宁,栲胶类:丹宁碱液(NaT)、栲胶碱液(NaK),腐植酸类:腐蚀酸钠、钾(NaHm、KHm)、磺化褐煤
降失水剂	纤维素类:中、低黏度 Na-CMC,水解聚丙烯腈、聚丙烯、酸钠,野生植物胶类:PW 植物胶碱液、香叶粉、雷公蒿叶粉,腐植酸类:腐植酸钠、钾(NaHm、KHm)
絮凝剂、抑制剂	无机:石灰、石膏、氯化钙、氯化钾等,有机:聚丙烯酰胺(PAM)、部分水解聚丙烯酰胺(PHP)、醋酸乙烯脂与顺丁烯酸酐共聚物(Benex)
pH 值控制剂	提高 pH 值:烧碱(NaOH)、纯碱(Na_2CO_3)、多磷酸钠,石灰降低 pH 值:三氯化铁、三氯化铝、硫酸铝
架桥堵漏材料	云母屑、核桃壳、蛭石粉、棉子壳、碎纸屑、锯末粉等

2 泥浆性能应设专人负责检测,正常情况下,每班至少测定一次,并应记录。泥浆性能指标测定方法应符合本规程附录 C 的规定。

3 钻场应设置简易的泥浆循环系统,并及时清除循环系统的沉砂;深孔可配备除砂器、振动筛等净化设备。

4 根据岩层情况应及时调整泥浆性能,当添加处理剂时要缓慢、均匀,避免泥浆性能突变。钻进中应储备一定数量的泥浆。

5 应防止雨水或地面不浸进泥浆,不得随意向泥浆中加入清水。

6.2 护壁堵漏

6.2.1 钻孔护壁堵漏方法应根据岩层情况、堵漏工具、地下水情况和护堵材料进行选择。常用护壁堵漏方法及适用范围应符合表 6.2.1 的规定。

表 6.2.1 护壁堵漏方法及适用范围

护壁堵漏方法	适用范围
泥 浆	松散破碎岩层,吸水膨胀性岩层,节理裂隙较发育的漏失性岩层
黏 土	局部孔段的坍塌漏失岩层,钻孔浅部或覆盖层有裂隙,产生漏、涌水等情况的岩层
水泥浆	较厚的破碎带,坍塌较严重的岩层,特殊泥浆及黏土处理无效,漏失严重的裂隙岩层等
化学浆液	裂隙很发育的破碎、坍塌漏失岩层,一般用于短孔段的局部护孔堵漏
套 管	严重坍塌、缩孔、漏失、涌水性岩层,较大的溶洞,松散的覆盖层,其他护壁堵漏方法无效时,水文地质试验需封闭的孔段,水上钻探的水中孔段

6.2.2 泥浆护壁堵漏应符合下列规定:

1 根据岩层情况选用不同类型和性能的泥浆时,应符合本规程第 6.1.1 条的规定。当钻孔冲洗液漏失时,应降低泥浆密度,当孔壁坍塌时应增加密度。

2 轻微漏失的岩层宜选用低固相聚丙烯酰胺泥浆(PHP)或黏度为 30 ~ 60 s、切力大、密度为 1.08 ~ 1.15 kg/L 和失水量为 8 ~ 10 L/30 min 的优质泥浆。

3 中等漏失的岩层应根据孔内情况及现场条件选用石灰乳泥浆、堵漏泥浆、未水解聚丙烯酰胺(PAM)泥浆、冻胶泥浆(或其他形成结构的泥浆)或泡沫泥浆。

4　当岩层既塌又漏时应采用密度较大的泥浆，同时应严格控制泥浆失水量，防止坍塌。

6.2.3　黏土护壁堵漏应符合下列规定：

1　在黏土中应加入锯末、麦（稻）草或麻刀，与水搅拌均匀制成泥球，其大小为孔径的1/3～1/2。

2　向孔内投泥球时不宜过快，每次投泥球的厚度为0.5～1.0 m，然后用钻具（下部用木塞堵住）逐层捣实挤紧。

6.2.4　水泥浆护孔堵漏应符合下列规定：

1　护堵材料的选择应符合下列规定：

1）宜采用硫酸盐地勘水泥或B_1型早强水泥。当采用普通水泥时，应加入速凝剂。

2）配浆应采用清洁淡水，其温度不得超过30 ℃。

3）各种外加剂应根据水泥品种、护壁堵漏要求、货源情况，按试验配方合理加用。

2　灌注水泥浆前应掌握漏失深度、厚度和大致漏失量以及坍塌的深度、厚度和坍塌严重程度。漏失位置可用测漏仪测定。

3　配制水泥浆前应在地面做好试验（测定初凝和终凝时间、流动度、抗压强度等），选择水灰比。

4　配浆时应强力搅拌，水泥浆搅拌时间宜控制在10 min内，并不得在稠化过程中加水。当使用减水剂时，应先将减水剂溶于水，再加入水泥浆中。

5　灌注水泥浆时可采用水泵钻杆注入法、灌注器输送法、孔口钻杆灌入法和干料投入法。严禁从孔口直接倒入。

6　灌浆前应冲刷孔壁上的泥皮，做好灌浆各项准备工作；灌浆时动作应协调迅速，全部浆量必须一次灌完。

7　泵完水泥浆后必须立即泵入替水量，替出水泵、钻杆、送浆管中的水泥浆，并将水泵、钻杆、送浆管等冲洗干净。

6.2.5　套管护孔应符合下列规定：

1　下管前应作好以下准备工作：

1）应采用与套管相同直径的钻具扫孔，捞净钻屑岩粉，并测定孔深。

2）应检查套管，不符合本规程第10.8节规定的不得下入孔内，并应逐根丈量、依次登记。

3）下管前可向孔内投入适量的黏土球。

2　下管时套管丝扣处应清刷、涂润滑油。下管较深时应涂松香等防滑剂。套管丝扣必须拧紧到位。

3　套管下端应放置在稳定的岩层上，不得将套管悬空。

4　下套管后的要求应符合本规程第8.3.1条第2款的规定。

5　起拔孔内套管当阻力很大或卡塞较紧时，应先用吊锤、震动器或千斤顶起拔松动后再用卷扬机提升，不得直接用卷扬机强力起拔。当上述方法无效时，可用割管器将套管分段割开，分段起拔。

7　水文地质钻探与试验

7.1　水文地质钻探

7.1.1　水文地质钻探必须有技术任务书。其内容应包括：推测的地质及水文地质断面、钻孔深度、含水层层位、钻孔结构、孔口高程、钻进技术措施、滤水管类型、下管、填粒、止水、洗孔及试验要求等。

对深于 100 m 的水文地质孔，应有钻孔结构设计图及工艺说明。

7.1.2　水文地质孔的终孔孔径应根据出水量、抽水设备、过滤管类型及直径确定。松散层中孔径不宜小于 150 mm；基岩中不应小于 110 mm；观测孔的孔径不宜小于 91 mm。

7.1.3　水文地质钻进方法应根据地层岩性、钻孔结构、水文地质要求等条件选择。并应符合表 7.1.3 的规定。

表 7.1.3　水文地质钻进方法

钻进方法	适用范围
硬质合金钻进	基岩一次成孔：Ⅲ级岩石以内用常规口径；Ⅱ级岩石以内用大口径。砂、土、砾石层、小卵石层一次成孔或多级扩孔
钢粒钻进	基岩：Ⅳ～Ⅴ级岩石用常规口径；Ⅲ～Ⅴ级岩石用大口径。大漂石、卵石层一次成孔
大口径泵吸、气举或射流反循环钻进	第四系砂、土、砂砾层、基岩一次成孔
牙轮钻头钻进	Ⅲ～Ⅴ级岩石以内基岩、卵砾石层、漂石层用大口径钻铤加压一次成孔
冲击钻进	浅孔中的砂、土、砾石、小卵石用各种肋骨抽砂筒钻进；大卵石、漂石层、胶结层用冲击钻头钻进，配合抽砂筒捞砂

注：常规口径指 $\phi 91$～$\phi 172$ mm；大口径指 $\phi 225$～$\phi 385$ mm。

7.1.4　水文地质大口径钻探应符合下列规定：

1　硬质合金钻进的钻头宜采用壁厚为 10～12 mm 的钢管制成，长 300～400 mm，水口高 15～25 mm。在钻具强度允许条件下，钻头上每块合金钻压力应为 500～700 N。钻头线速度应为 1.5～2.5 m/s，孔壁稳定时宜用大泵量。

2　钢粒钻进的钻头宜采用壁厚 12～14 mm 的钢管或钢板卷焊管制成，内外加肋。钻头直径与硬质合金钻头相同，全长 500～600 mm，水口呈单弧形，底宽为钻头圆周长的 15%～25%，高度为 150～200 mm。钻头有效底唇面积压力宜用 2～4 MPa，并应采用钻铤调整压力。

3　冲击钻进应采用泥浆静压护孔。钻进参数选择的原则应为：岩石越硬，钻头底刃单位长度重量越大、冲程越高；冲程越高，所需冲击次数越少，并应符合下列规定：

1）钻具重量：冲击钻头应以底刃长度单位计算，宜采用 0.2～0.25 kN/cm；抽筒应以直径计算，宜采用 0.2 kN/cm。

2）冲击高度：黏性土、砂类土为 500～700 mm，碎石类土为 750～1 000 mm。

3) 冲击次数为 40 ~ 50 次/min。

7.1.5 小口径取芯后扩孔钻进适用于黏性土、松散的砂土、卵砾石土。扩孔钻进时应符合下列规定：

1 扩孔次数应按钻机能力、钻具强度、钻孔结构和岩层情况确定。岩层单一、松软，孔深在 100 m 以内，可一次扩孔。遇软硬不均、摩擦性大的岩层，可采用多级扩孔。

2 扩孔钻头可采用刮刀钻头、三翼钻头。

3 黏性土应采用中等压力、中转速和大泵量；砂类土应采用轻压、慢转速和大泵量。钻进参数可为：钻进压力 2 ~ 6 kN，转速 20 ~ 120 r/min，泵量 140 ~ 200 L/min。

4 应采用优质泥浆护孔，在塑性岩层应采用失水量小的低固相泥浆；在砂层、卵砾石层应适当增大泥浆固相含量。

5 扩孔时给进压力应均匀，不得使用弯曲钻具。在软硬不均地层扩孔时，带扩孔钻头的主体管长度不应短于 5 m。

7.2 水文地质孔

7.2.1 钻孔管（包括孔壁管、过滤管、沉砂管）应符合下列规定：

1 钻孔管应根据岩性、钻孔结构和技术要求选用符合质量标准的钢管、铸铁管、水泥管或塑料管。

2 过滤管类型可根据不同含水层的性质按表 7.2.1 选用。

表 7.2.1　过滤管类型

含水层		适用的过滤管类型
基岩	溶洞裂隙发育但不破碎的基岩	不安装过滤管
	比较破碎但不含泥砂的基岩	圆孔和条孔状骨架边滤管
	溶洞内含泥砂的基岩	粗砾贴砾过滤管、填粒过滤管
松散层	卵石层、砾石层	缠丝过滤管、填粒过滤管
	粗砂、中砂	缠丝过滤管、包网过滤管或填粒过滤管
	细砂	填粒过滤管
	粉砂	填粒过滤管、深井采用笼状填粒过滤管

注：①填粒过滤管的填粒规格、缠丝间距应符合本规程表 7.2.3 的规定；
②观测孔宜采用包网过滤管。

3 过滤管长度宜与含水层的厚度一致，当含水层厚度大于 30 m 时，过滤管长度可用 20 ~ 30 m。当含水层富水性差时，长度可适当增加。观测孔过滤管长度可用 2 ~ 3 m。

4 过滤管的下端宜有管底封闭的沉淀管，其长度为 2 ~ 4 m。

7.2.2 下管工作应符合下列规定：

1 钻孔结束后应采用探孔器或准备下管的套管柱探孔（管长 10 ~ 20 m），遇有阻力时应立即起钻，并换用比钻进时外径稍大的钻头进行扫孔，轻压慢转。扫孔后再进行探孔，直到预定深度为止。

2 经探孔确认孔内畅通无阻后，应向孔内注入稀泥浆，换浆排碴。换浆时不得直接向孔内注入清水。

3 下管前应记录套管排列顺序和长度，并检查卷扬设备、工具及管柱质量，确认符合要求后方可进行下管作业。

7.2.3 下管后应及时围填滤料，并应符合下列规定：

1 滤料应选择岩性坚硬、浑圆度较好的石英砂和硅化质砾石，严禁采用尖角碎石和炉渣、碎砖等易溶物质。滤料规格、缠丝间距的选用应符合表 7.2.3 的规定。

表 7.2.3 滤料规格和缠丝间距

含水层岩性		填粒规格(mm)	填粒厚度(mm)	缠丝间距(mm)
碎石类土	$d_{20} \geqslant 2$ mm	10 ~ 20	75	D_{10}
	$d_{20} < 2$ mm	$D_{50} = (6 \sim 8) d_{20}$		
砂类土 $\eta_1 < 10$	砾砂、粗砂	$D_{50} = (6 \sim 8) d_{50}$	75	
	中砂、细砂、粉砂	$D_{50} = (6 \sim 8) d_{50}$	100	

注：①η_1 为砂类土含水层的不均匀系数；当 $\eta_1 > 10$ 时，应除去筛分样中的部分粗颗粒后，重新筛分，直到 $\eta_1 < 10$ 为止，然后根据这时颗粒分布累积曲线确定 d_{50}；

②d_{20}、d_{50} 为含水层土样试验筛分中能通过网眼的颗粒，其累计质量占试样全重分别为 20%、50% 时的最大颗粒直径；

③D_{10}、D_{50} 为填粒试样筛分中能通过网眼的颗粒，其累计重量占试样全重分别为 10%、50% 时的最大颗粒直径。

2 填粒高度可高出含水层 3 ~ 5 m。当含水层靠近咸、淡水界面时，填粒应低于咸、淡水界面并大于 5 m。

3 常用填粒方法可根据情况采用边冲边填法、先冲后填法、边抽边填法。采用边冲边填法时不得停泵，当中途发生堵塞时，应及时处理。

7.2.4 分层抽水或封闭有害含水层时应进行钻孔止水，钻孔止水工作应符合下列规定：

1 止水部位应选择在隔水性较好、能准确分层、钻孔孔径较整齐的孔段。

2 临时性止水可采用止水器、托盘或管靴等方法。止水材料可采用胶囊、胶球、海带、桐油石灰或黏土等。永久性止水应采用黏土球或水泥灌浆。

3 采用黏土止水时，应将直径 30 ~ 50 mm 风干的黏土球，投放在止水部位。投放时不宜过快或大小直径掺混投放，每投 1 ~ 2 m 应夯实一次，压实的黏土球厚度不得小于 2 m。

4 采用海带止水时，应选择肉厚、叶宽、体长的海带编成辫，压缩后的长度不得小于 0.5 m。

5 采用桐油石灰止水时，桐油石灰应在临使用前加工。油灰比可为 1∶3 ~ 1∶5，并掺入麻刀、废棉纱或其他纤维。

6 采用止水器止水时，应在地表进行密封性能试验，止水器(物)入孔前，应先探孔和排除孔内杂物。套管上带有止水物时，严禁上下串动。

7 止水结束后应进行止水质量检查，可抬高或降低管内水位，并稳定半小时。当水位波动不超过 0.1 m 时，为止水有效。

7.2.5 下管、填粒、止水后应及时洗井。洗井方法可采用水泵冲洗、活塞洗井、风压洗井、二氧化碳洗井及化学洗井等。当孔壁泥皮较厚，活塞洗井效果不好时，可改用风压振荡洗井，进行间歇振荡，直到水清砂净为止，有条件时可优先采用焦磷酸钠、二氧化碳洗井。

7.3 钻孔简易水文地质观测

7.3.1 钻进过程中必须进行地下水位观测(包括初见水位与稳定水位)、钻孔涌水量观测、冲洗液消耗量观测及水温观测。

7.3.2 钻进潜水含水层时,第一次取得饱含水的样品后应进行水位观测。冲洗液钻进,当发现泥浆稀释或孔口回水增加时,应及时记录孔深,判别初见水位。当为承压水时,则含水层顶板埋深应为初见水位。

7.3.3 钻探过程中,在提钻后、下钻前应各观测一次水位。当中间停歇时间较长时应每隔 15 ~20 min 观测一次。如因其他原因停钻,应继续观测水位。

在硬质岩层或砂类土中,当最后四次测定(每 30 min 测定一次)水位波动小于 2 cm 时;软质岩层或黏性土中,当最后 6 ~8 次测定水位波动小于 2 cm 时,此时水位即为静止水位。

7.3.4 钻孔承压水涌水量观测可采用下列方法:

1 在孔口接长的套管上安装带控制阀门的三通管,并调节阀门使水位稳定,再用流量表、三角堰或其他容器测定涌水量。

2 当承压水涌水量大现场缺乏必要的设备时,可根据套管内径及涌水高度估算涌水量。

7.3.5 冲洗液消耗量每班至少测定一次,当变化大时应增加测定次数。冲洗液循环系统不得漏泄,向水源箱(或泥浆池)内加入的冲洗液,必须测定并记录。

7.3.6 水温应每班观测一次,缓变温度计在孔内停留时间不得少于 30 min,并记录测温深度。自流水钻孔可在孔口测定水温,并应同时观测和记录气温。

7.4 提 水 试 验

7.4.1 提水试验适用于浅孔、出水量少或为取得概略性水文地质资料的钻孔。试验方法应符合下列规定:

1 提水前应根据含水层的孔壁稳定情况,下入适当滤水管,然后洗孔排尽沉淀物。

2 当提水试验的延续时间无特殊要求时,应在水位、水量相对稳定后再提水 4 h。

3 水位和水量的稳定标准。每隔 30 min 测定一次水位,并计算出水量,当出水量波动范围在 ±10% ,水位波动范围在 10 ~20 cm 时,即为稳定。

4 作提水试验时宜采用固定动水位法或计算动水位法。单位时间内提水次数应均匀,单位时间内提出的水量大致相等并达到水位水量相对稳定。

5 恢复水位观测间隔时间可为 5 min,10 min,15 min,30 min,…。并应记录,直到接近稳定水位时停止。

7.5 抽 水 试 验

7.5.1 抽水设备的选用应符合下列条件:

1 设计动水位距水泵的距离不大于 6 m 时,可按水量大小选用单级离心泵或往复泵。

2 动水位距孔口距离大于离心泵或往复泵吸程时，可按涌水量大小、抽水延续时间、钻孔深度及孔径大小等，选用射流泵、空压机、潜水泵或深井泵。

7.5.2 分层抽水与混合抽水试验应符合下列规定：

1 分层抽水应自下而上进行，抽完一层，回填一层。当遇有下列情况时不宜进行分层抽水：

1）对含水层分布和富水性了解不清，且含水层上部岩性松软时；

2）岩石极其破碎，且下部有高压含水层时；

3）勘探孔管外止水失效时。

2 钻孔不深且含水层较多时可采用混合抽水。

7.5.3 空压机抽水时调和器（混合器）的安装应符合下列规定：

调和器长度为1～2 m，下端封闭，喷气孔不得大于ϕ6 mm，气孔总面积应大于风管截面积1～2倍。

调和器沉入钻孔的深度与动水位至出水管口距离的比值（沉没系数）不应小于1.5。

7.5.4 风管与出水管的安装型式有同心式或并列式。前者适用于小口径钻孔抽水，后者适用于大口径钻孔抽水。安装应符合下列规定：

1 出水管下放深度应大于动水位以下20 m，下端距沉淀后的孔底不得小于3 m。风管调和器离出水管底端不得小于2 m。

2 应安装气水分离器或气水分离三通。

3 测水管下入深度：当并列式抽水时，应为动水位以下并不小于3 m；当同心式抽水时，应超出测水管下端不小于3 m；测水管下端有测压装置时，下入深度应为动水位以下并不大于1 m。

4 除并列式、同心式外还可采用以下安装形式：

1）对口式——当上部井管不漏水时，可不另下出水管，在井管内直接下入风管与测管进行抽水。

2）接力式——当水位很深，无法将水扬至地面时，可下入两套不同深度的风管，用两台空压机同时送风抽水。

5 风管直径应与钻孔出水量、风量相适应。勘探孔抽水可采用ϕ20、ϕ25、ϕ30、ϕ38 mm的风管，出水管可采用ϕ89、ϕ108、ϕ127 mm的套管。风管与出水管面积比宜为1:5～1:10。

7.5.5 抽水试验的水位降深（落程）应符合下列规定：

1 正式抽水前应以机具的较大能力进行试验性抽水，以清孔排泥、检查设备安装是否正确，初步了解水位最大降深及相应的涌水量。延续试验抽水不得小于4 h，取得初步资料后即可停止。

当水文地质条件简单、无其他要求，抽出的水量已满足要求时，亦可将试验抽水转为正式抽水，延续时间可累计计算。

2 正式抽水应作三次降深，当钻孔出水量很小，试抽出水量达到钻孔极限出水能力时，或出水量很大，超过需用水量时，亦可适当减少降深次数。

3 需计算钻孔最大出水量时应作三次降深，最大降深应达到试抽时最大水位降深值，较小的两次降深，可分别为最大降深值的35%和65%，每次降深之差不宜小于1 m。

4 抽水试验:在砂类土中应从小降深开始,在基岩中应从大降深开始。

7.5.6 抽水试验每次降深稳定延续时间应符合下列规定:

1 稳定流抽水试验:

1)卵石、砾石或砾砂含水层为 8 h;

2)粗砂、中砂含水层为 16 h;

3)基岩含水层(带)或细、粉砂含水层为 24 h。

根据含水层类型、已有抽水试验资料、补给条件和试验目的,上述稳定延续时间可适当增加或减少。

2 非稳定流抽水试验:

抽水试验的延续时间应按水位下降与时间[S(或 Δh^2) $-\lg t$]关系曲线确定。当关系曲线有拐点时,延续时间宜至拐点后趋于水平的线段;当曲线无拐点时,延续时间宜根据试验目的确定,但不得小于一个对数周期。

7.5.7 稳定流抽水试验的水位、水量,应符合下列规定:

1 用离心泵或深井泵抽水时动水位允许波动范围为 3 ~ 5 cm;用空压机抽水时,动水位允许波动范围为 5 ~ 10 cm。

2 出水量波动范围不宜大于 5% 。在下列情况下,不得认为已经稳定,必须继续抽水。

1)单位出水量随降深的加大而增大;

2)水位下降,出水量减少;

3)抽水过程中,冲出的砂量逐渐增多;

4)水位出现连续上升或下降的趋势。

7.5.8 抽水试验中,水位和水量的观测时间应符合下列规定:

1 稳定流抽水试验:

1)抽水试验孔每次水位下降开始后,其动水位和出水量的观测时间,应在第 5、10、15、20、25、30 min 各测量一次,以后每隔 30 min 测量一次。每次记录水位时应同时观测水量并记录。观测孔的动水位观测时间,应与抽水试验孔相同。

2)每次抽水试验结束后抽水孔和观测孔宜按停泵后的第 1、2、3、4、6、8、10、15、20、25、30 min(以后每隔 30 min)各测量一次恢复水位,直至接近或达到稳定水位。

2 非稳定流抽水试验:

对动水位(包括观测孔)和出水量的观测应同时进行,宜按开始后第 1、2、3、4、6、8、10、15、25、30 min 观测,以后每隔 30 min 观测一次。恢复水位观测,并应按此规定进行。

7.5.9 抽水试验抽出的水应排至抽水影响范围以外。

7.5.10 试验性抽水前与每次降深水位稳定后,应按任务书采取水样。

在抽水过程中,每 4 h 应测定孔口气温、水温各一次,测水温的缓变温度计放置在水中的时间不得小于 30 min,读数精确到 0.5 ℃ 。

7.5.11 抽水过程中应及时绘制水量、水位曲线等综合图表。当发现曲线反常时应查明原因,及时纠正,必要时应重新进行抽水试验。

7.5.12 采用深井泵进行抽水时安装质量应符合下列规定:

1 下入钻孔内的钻孔管直径、孔深、水位情况必须记录清楚。钻孔垂直度应满足深井泵顺利下入孔内,并四周余有间隙。

2　输水管长度应比动水位深度大1～2 m（长轴井泵）。潜水电泵的沉没深度，自动水位至叶轮的垂直距离应为0.5～3 m。

7.6　压水试验

7.6.1　当需估算坚硬岩层的渗透性或研究在水力梯度大的条件下破碎岩层的特性时，可进行压水试验。其要求应符合下列规定：

1　压水试验钻孔直径可选用75、91、110、130 mm。小口径金刚石钻进，可采用直径小于75 mm的钻孔。

2　安装栓塞段的孔壁必须整齐、孔径大小一致。

3　在试验段以上各层地下水应进行止水，将含水层封闭以后，方可继续钻进。

4　钻进过程中应采用清水作冲洗液，不得采用泥浆钻进方法。

5　压水试验安装栓塞以前必须洗孔，排尽孔内岩粉等沉淀物。

7.6.2　压水试验段隔离方法与压水段的确定应符合下列规定：

1　压水试验宜采用自上而下分段压水方法。

2　试段长度按以下要求确定：

1）裂隙发育地段试段应短，宜采用5 m左右。

2）岩层完整、岩性一致地段，试段应长，宜用10 m左右。

3）不同岩性地段，厚度大于2 m的破碎带、断层带、溶洞发育地段，应单独进行压水试验。

4）同一试段不宜跨越透水性相差很大的不同岩层。

7.6.3　压水方法可按下列条件选用：

孔内水柱法：向孔内注水时用水位计控制水柱水位，观测消耗水量。适用于地下水位较深，注水后能符合压力阶段水头高度，流量（耗水量）不小于0.1 L/min的干燥岩层。

自流供水法：适用于耗水量大于0.01 L/min的岩层或干燥岩层。

水泵供水法：适用于地下水位不深，无条件采用自流供水法的钻孔。不宜采用单缸往复泵。

7.6.4　压力阶段与压力值的确定应符合下列规定：

1　压水试验应采用三个压力阶段。压力阶段可选用5、10、15 m或10、15、20 m（水柱）。其相应的压力值应为0.05、0.1、0.15 MPa或0.1、0.15 、0.2 MPa。各孔段压力值应一致，当需要改变压力值时应保持各压力阶段压力间距的均衡，避免第一阶段的压力值距计算零点太远。压力值允许波动范围应为 ±0.005 MPa。

2　压力计算零点应符合以下规定：

1）试段无地下水时试段长度的1/2处即为计算零点；

2）静止水位在试段内时试段内无水孔段长度的1/2处为计算零点；

3）静止水位在柱塞之上时孔内水位即为压力计算零点。

3　在硬质岩层中的压力值应采用由大到小的压力顺序；在松软岩层、破碎带中应采用由小到大的压力顺序。

7.6.5　压水试验应符合下列规定：

1　安装栓塞前应测定孔深，计算内外管（工作管、承压管）长度及栓塞位置，尺寸允许偏差为 10 cm。

2 管具丝扣连接处不得漏水。

3 下栓塞前应测定孔内稳定水位。栓塞下入孔内后，不论水位是否改变应以下栓塞前稳定水位为准。

4 设备安装后应进行试验性压水 15 min。检查各项设备符合要求后再进行正式压水。

5 试验中自始至终应压入水质一致的水(含砂量小于 2%)。每 10 min 应观测一次耗水量，及时绘制 $Q—t$ 曲线。每一压力阶段在流量达到稳定后延续 1.5～2.0 h 即可结束。

6 每一个压力阶段完成后应绘制 $S=f(Q)$ 曲线草图，并应及时检查压水试验的偏差。

7 任一耗水量与常见耗水量之差不应超过常见耗水量的 5%，即可视为流量稳定。

8 试验过程中发现问题应及时纠正，不得中断试验，试验中断达 30 min 以上时，必须重新进行试验。

7.7　注水试验

7.7.1 注水试验可在下列情况下使用：

1 无地下水的钻孔中需要测定干燥岩层的渗透系数时；

2 地下水埋藏很深，在抽水试验有困难的钻孔内需要测定岩层渗透系数时。

7.7.2 注水试验有固定水头法与变动水头法，宜采用固定水头法，试验工作应符合下列规定：

1 注水前应清洗钻孔，排除孔内泥皮、岩粉等沉淀物后再测定孔深，观测并记录孔内稳定水位。

2 向孔内注水应不间断地进行，使水位保持在设计动水位的高度。注水开始后应每隔 3、5、10、15 min 测一次水位和水量，当水位接近稳定时每隔 30 min 测一次，直到稳定后再延续 2～4 h，即可结束注水。

3 注水应进行三次水位升高，每次升高水位可采用 2、4、6 m 或更大一些，间距不宜小于 1 m。

4 注入孔内水量应均匀，稳定耗水量的允许偏差为 $(Q_{max}-Q_{min})/Q_{cp}<10\%$；稳定动水位的允许偏差为 ±5 cm。

5 注水结束后应立即观测钻孔中的下降水位，观测的时间间隔与注水升高水位的观测时间应相同。随着水位下降速度减慢，观测的时间间隔应改为 30 min 一次，直到孔内水位恢复到稳定水位时为止。

在水位下降距稳定水位 5～10 cm 且水位恢复很慢时，可停止观测。

8　孔内事故的预防和处理

8.1　钻具挤卡、埋钻、烧钻事故的预防和处理

8.1.1　预防孔内钻具挤卡事故应采取下列措施：

1　不得采用弯曲钻具；当新钻头下至距孔底0.3～0.5 m时，应扫孔慢下，钻具上下畅通后方可钻进。

2　钻进破碎岩石应符合本规程第4.3节的规定。

3　当孔内发现堵水、阻力增大或冲洗液停止循环时，应立即将钻具提离孔底1～3 m或提钻进行处理。

4　下钻距孔底1～2 m时应减速缓降，同时开泵冲孔，待冲洗液返回地面后方可钻进。

5　下管后当粗径钻具未出套管底以前，不得使用钢粒钻进。当钢粒钻进换硬质合金钻进时应捞净孔内钢粒。

6　钻进易膨胀缩孔的岩层，宜采用能抑制岩层水敏性的泥浆和能向上扫孔的粗径钻具。当缩孔严重时应采用肋骨钻头钻进及刮刀式钻头扩孔。

8.1.2　预防孔内埋钻事故应采取以下措施：

1　必须保持水泵有足够的排水量和运转良好，当发现冲洗液严重漏失或泵量、泵压不正常时应立即将钻具提离孔底，检查处理。

2　发现泥浆性能变化、岩屑颗粒大、岩粉多，应立即调配泥浆、换浆，或冲孔捞砟。

8.1.3　预防孔内烧钻事故应采取下列措施：

1　当钻进快而回水不畅时应多活动钻具，仍无回水且泵压增高时，应迅速提钻1～3 m检查处理。

2　用喷反钻具和无泵反循环钻进时必须使钻具水路畅通。

3　钻进软岩层时钻头硬质合金应采用大出刃或肋骨式钻头，且水口应相应增大，并应采用大泵量排除岩粉和冷却钻头。

4　预防金刚石钻进烧钻应按本规程第3.3.4条执行。

8.1.4　处理孔内钻具挤卡、埋钻、烧钻事故应符合下列规定：

1　必须先强力开泵冲孔，严禁无故停泵。

2　在孔壁不稳定情况下应先护壁，再进行处理事故。

3　处理事故时应先采用提、窜与回转方法处理，再用顶、打、震方法，当无效时应采用反、劈、磨、套、割、透方法处理。

8.2　钻具断脱事故的预防和处理

8.2.1　预防孔内钻具断脱事故应采取下列措施：

1 钻具应按新旧程度分孔、分组使用,较差的钻杆宜用于孔壁稳定的浅孔或钻孔上部。当钻具加工或钻具磨损后不符合本规程第10.8节的规定时,不得下入孔内。

2 扫孔、扩孔及钻进坚硬破碎岩石时应均匀加压并降低转速。

3 当发现孔内有不正常声音或蹩泵时应停钻检查,不得强行钻进。

4 深孔钻探时应采用润滑减阻的冲洗液和钻铤加压。

5 卷扬机制动装置、提引器、钢丝绳和垫叉的可靠性应经常检查,不得超负荷使用。

8.2.2 处理孔内钻具断脱事故可采用下列方法:

1 钻杆多头断脱时应先用打印器,探明情况后,再分别进行处理。

2 钻杆贴靠孔壁或贴靠孔壁并倒入空洞内,或贴卡在孔内键槽时,应采用有导向罩、捞钩的丝锥处理。

8.2.3 用丝锥打捞孔内钻具时应用人力回转钻具,拧紧丝锥后,立即提钻。严禁继续钻进或取芯。

8.3 套管事故的预防和处理

8.3.1 预防孔内套管事故应采取下列措施:

1 套管必须符合本规程第10.8.1条和第10.8.2条的规定。

2 套管露出孔口部分必须采用套管夹板夹牢,并封闭孔口管外周。多层套管时每层间的间隙必须封闭。

3 当套管与钻具同时旋转时应起钻检查钻具,并加固套管。严禁用链钳或其他工具夹住套管继续钻进。

4 用套管护孔必须符合本规程第6.2.5条的规定。

8.3.2 处理孔内套管事故可采用下列方法:

1 可采用提吊结合顶、打、震方法。

2 强力起拔套管时可采用卡管器,严禁用丝锥锥紧强力顶拔。

3 当用上述方法处理无效时可采用套、割、炸或旁侧钻孔方法处理,再用丝锥打捞。

8.4 孔内坠物事故的预防和处理

8.4.1 预防和处理孔内钻头磨削具脱落应符合下列规定:

1 预防钻头磨削具脱落可采用下列措施:

1) 下钻前应检查金刚石钻头、扩孔器、硬质合金块,当发现有明显缺陷或不适合岩石性质时不得使用。

2) 硬质合金钻头在扩孔、扫孔和扫磨脱落岩芯时,钻压和转速应控制适当。严禁用金刚石钻头扫孔或套取残留岩芯。

2 处理钻头磨削具脱落时应根据事故情况,采用黏取法、冲捞法、抓取法、磨灭法、钻取法或套钻等方法处理。

8.4.2 预防和处理钢丝绳及小物件坠入孔内应符合下列规定:

1 预防应采取下列措施:

1) 提吊用的钢丝绳、卡子,必须按标准选用,当发现破股、断头或磨损严重时,应立即更换。提升时当孔内遇阻或被卡时不得强力起吊。

2）冲击钻进时应调好冲程与松绳长度，防止拉损钢丝绳。

3）测井、潜水泵等所用的电缆必须完好，当有损坏时，应焊接、包扎或更换新线；下入孔内时应防止绳索与电缆交叉缠绕，并应避免电缆与孔壁摩擦或电缆受力。

4）提钻后孔口应加盖板。处理事故时千斤顶卡瓦必须绑扎牢固。常用的小件工具、材料等，不得放在孔口附近。

2 处理可采用下列方法：

1）应根据坠入孔内的物件形状和特点制作捞取工具，可采用抓、钩、磨、套等方法捞取。

2）钢丝绳、电缆坠入孔内后可采用捞钩或捞矛捞取。

8.5 处理孔内事故的规定

8.5.1 事故发生后必须记录下列情况：

1 孔深、孔内钻具（类型、规格、数量）、各部分长度、钻孔结构，岩石性质、孔壁稳定程度及孔内沉淀物数量等。

2 事故发生时，冲洗液循环情况，钻具回转阻力、动力机声音变化、操作感觉等异常征状。

3 事故类型、部位、钻具损坏变形程度。

8.5.2 处理事故前必须作以下准备工作：

1 分析事故原因、类型、制定处理方案、步骤和安全措施。

2 应选择和检查处理事故的钻具和用具，不符合规定的不得使用。

8.5.3 处理孔内事故应符合下列规定：

1 处理事故人员应技术熟练，分工明确，紧密配合。所有人员必须在安全区工作。

2 随时观察孔内变化，必要时应调整处理方案。应防止设备和用具超负荷作业。

3 下入孔内处理事故的钻具，在接近钻具断头时，应轻放、慢转。

4 必须将处理事故的用具及其易松、滑、脱件，丝扣拧紧到位、拴紧卡牢，用后妥善存放。

5 事故排除后应总结经验教训。

9 钻探质量基本规定

9.1 钻孔直径

9.1.1 钻孔直径应满足钻探取芯、取样和孔内测试的要求,并应符合表9.1.1的规定。

表9.1.1 钻孔直径(mm)

岩层 / 技术作业	第四系土类		基岩
采取原状土样孔	黏性土	≥110	—
	湿陷性黄土	≥150	
采取岩石试样孔	—		≥75
压、注水试验段孔	≥75		—
原位测试孔	比探头直径大一级以上		
鉴别、分层采芯的孔	≥33		
抽水试验的孔	≥150		≥110

9.2 地质钻探分层与钻具量测

9.2.1 岩层划分、钻具的尺寸量测应符合下列规定:

1 量测钻具长度时最小读数应为厘米。

2 岩层分层界线深度,允许偏差为 ± 5 cm。等于或大于5 cm厚的夹层不得漏层。

3 测量取样、标贯及地下水位深度的允许偏差为 ± 5 cm。

9.2.2 钻具量测与分层应符合下列规定:

1 量测用具应经常用钢尺校正,允许偏差为 ± 2‰。

2 水上钻探时水边应设观测标尺,以此推算孔位的水深和机上钻具的余长。

3 钻具下孔前应按顺序摆放、编号、逐根量测和记录。

4 钻进时应根据钻进快慢、声音变化、钻具跳动、回转阻力等情况,及时量测钻具余长、记录孔深。

9.3 岩芯采取与整理

9.3.1 岩芯采取应符合下列规定:

1 工程地质钻探岩芯采取率应符合表9.3.1的规定。

2 供水水文地质钻探,取样、取芯率应符合下列规定:

表 9.3.1　工程地质钻探岩芯采取率

岩　层		回次进尺采取率(%)
土类	黏 性 土	≥90
	砂 类 土	≥70
	碎石类土	≥50
基岩	滑动面及重要结构面上下 5 m 范围内	≥70
	风化轻微带(W_1)、风化颇重带(W_2)	≥70
	风化严重带(W_3)、风化极严重带(W_4),构造破碎带	≥50
	完整基层	≥80

注:①岩芯采取率:圆柱状、圆片状及可合成柱状岩芯长度与碎散岩芯装入同径岩芯管中高度之总和与该回次进尺的百分比;

②滑动面及重要结构面在第四系土中时,按土类相同岩层取岩芯率规定。

1)取出的土样应反映岩层的颗粒组成。

2)采取鉴别岩层的土样的非含水层中宜每 3～5 m 取一个,含水层中宜每 2～3 m 取一个,变层时,应加取一个。

3)采取试验用土样在厚度大于 4 m 的含水层中,宜每 4～6 m 取一个,当含水层厚度小于 4 m 时,应取一个。

4)试验用土样的取样质量应大于下列数值:

砂　1 kg

圆砾土、角砾土　3 kg

卵石土、碎石土　5 kg

5)基岩岩芯的采取率不得小于下列数值:

完整岩层　70%

构造破碎带、风化带、岩溶带　30%

当有测井和井下电视配合工作时,鉴别岩层的土样、岩样的数量可适当减少。

9.3.2　工程地质钻探回次进尺长度,应符合表 9.3.2 的规定。

9.3.3　取芯方法和钻具应根据岩石性质和技术因素选择,取芯钻具种类应按本规程附录 D 选用。

9.3.4　钻进取芯及退芯应符合下列规定:

1　钻进取芯应在不坍塌掉块和不混层孔段进行,并不得超过岩芯管长度。

2　卡岩芯应选用 8 号铁丝或石英等硬石质粒料,投放宜均匀、送水冲压试提,待卡牢后,回转扭断岩芯再提取。

3　从岩芯管退芯时土芯宜用水泵泵压,石芯宜轻击震动,防止过猛敲打。

9.3.5　岩芯整理应符合下列规定:

1　采取的岩芯应按上下顺序摆放,填写回次标签,在一个回次内采得两种不同岩层的岩芯时应注明变层深度。

2　当发现滑动面、软弱结构面或薄层时,应加填标签注明起止深度,放在岩芯相应位置上。

3　须保存的岩芯应装入分格式岩芯箱,填写标签,写明层次编号、岩层名称、起止深度。箱体侧面注明:工程名称、钻孔编号、里程和钻孔深度。

表 9.3.2　工程地质钻探回次进尺长度

岩　层	回　次　进　尺(m)
黏性土	1.0～1.5
薄层黏性土与薄层砂类土互层	1.0～1.5
砂类土	泥浆钻进1.0～1.5
	跟管回转钻进0.3～0.5
碎石类土	双管钻具钻进0.5～1.0
	无泵反循环钻软质岩石1.0～1.5
	无泵反循环钻破碎岩石0.5～0.7
冻土	0.3～0.5
软土	0.3～1.0
黄土	钻进取芯时1.0～1.5；取原状土时，1 m三钻，第一钻0.5～0.6 m，第二钻0.2～0.3 m，第三钻取样
膨胀性岩层	0.5～1.0
滑动面及重要结构面上下5 m	预计滑动面及其以上5 m范围小于或等于0.3
	重要结构面上下5 m为0.3～0.5
软硬互层、软硬不均风化带及硬、脆、碎基岩	0.5～1.0
较完整、轻微风化基岩	1.0～2.5
完整基岩	<3.5

9.4　土、岩石、水试样的采取、保管与运送

9.4.1　土试样的采取、保管与运送应符合下列规定：

1　采取土样应根据试验目的、允许的扰动程度，按表9.4.1—1选择土样直径和取土器类型。

表 9.4.1—1　土试样类别、直径和取土器类型

类别	扰动程度	试　验　目　的	土样直径(mm)		选用取土器类型
			黏性土	黄土	
原状土	不扰动	土类定名、含水量、密度、强度试验、固结试验	≥100	≥120	薄壁取土器、回转取土器、探坑取样
	轻微扰动	土类定名、含水量、密度	≥100	≥120	薄壁、厚壁、回转取土器
扰动土	显著扰动	土类定名、含水量	—	—	标准贯入器、回转取芯合金钻头、螺旋提土钻等采取
	完全扰动	土类定名	—	—	

注：不扰动土试样是指虽然原位应力状态改变，但土的结构，密度、含水量变化很小，能满足各项室内试验要求的土试样。

2　不同壁厚取土器及黄土薄壁取土器的技术参数应符合表9.4.1—2和表9.4.1—

3 的规定。

表 9.4.1—2　薄壁和厚壁取土器技术参数

取土器参数	薄壁取土器			厚壁取土器
	敞口自由活塞	水压固定活塞	固定活塞	
面积比(%)	≤10	>10	<13	13~20
内间距比(%)	0	0.5~1.0		0.5~1.5
外间距比(%)	0			0~2.0
刃口角度 α(°)	5~10			<10
长度 L(mm)	对砂土:(5~10)D_e 对黏性土:(10~15)D_e			400,550
外径 D_t(mm)	75,100			75~89,108
衬　管	无衬管,束节式取土器衬管同右			整圆或半合管,塑料、酚醛层压纸或镀锌铁皮制成

注:回转型取土器面积比不受本表限制。

表 9.4.1—3　黄土薄壁取土器技术参数

外　　径(mm)	<129
刃口内径(mm)	120
放置内衬后内径(mm)	122
盛土筒长(mm)	150~200
盛土筒厚(mm)	2.0~2.5
余(废)土筒长(mm)	200
面积比(%)	<15
切削刃刃口角度(°)	12

3　取土器必须完好,磨损后应及时修理或更换零件。当有下列情况之一时,不得使用。

1)技术参数不符合表 9.4.1—2 及表 9.4.1—3 的规定;

2)密封球阀或活阀失灵,出水不畅通;

3)滑动、滚动等活动件锈蚀或被卡;

4)取土管或取土筒(衬套)变形、不密贴光滑,或铁皮筒接缝不良;

5)刃口缺口或卷刃,一处长度大于 3 mm,或几处长度累计大于圆周长的 10%。

4　钻孔中采取原状土样的方法应符合下列规定:

1)连续压入法:用钢丝绳滑轮组或钻机液压装置时应将取土器快速均匀地一次压入取土层。此法对土样扰动最小,应优先采用。

2)断续压入法:用杠杆、千斤顶、钻机手把或手轮加压,将取土器不连续压入土层。操作时应加大压入行程。此法适用于浅层软土。

3)回转压入法:在半干硬或硬塑的黏性土中可用钻机回转压入式(双层单动岩芯管式)取土器采取原状土样。

4)击入法:在黏性土层中采用压入法取样有困难时,可采用击入法,并应重锤少击取土器。

5 取样操作、土样保管和运送必须符合下列规定：

1）当取样孔钻进至本规程第3.4.1条第1款规定的深度时，应采用回转钻进，并减小钻压，回次进尺小于应1 m。

2）取样孔孔壁应稳定、畅通。套管护壁时孔内水位应等于或稍高于地下水位，套管底部应高于取土位置0.5～1.0 m。泥浆护壁时应边提取土器边灌注泥浆，防止掉样。

3）取样前应采用大于取土器外径一级的钻具清孔。孔内残留物高度不得大于取土器余土管（筒）长度（活塞取土器除外）。清孔后应测量取土深度。

4）下放或提升取土器时不宜过快或晃动，入土深度不得大于取土器有效长度；当取土器压入预定深度后，若土质为硬土时应将取土器回转几圈，若土质为软土时则应将取土器停放2～3 min；断续压入法取土时应避免提动取土器。拆卸取土器时严禁用管钳或重锤敲击。

5）土样筒取出后应立即揩擦干净，观察土样外表，当发现扰动时必须立即清孔重取；当土样完整时削平加盖；当土样筒有空隙时用稠度状态接近的扰动土填满，然后加盖、缠胶布、封腊，贴标签标明土样的上、下。

6）保持天然含水量的扰动土样应及时装入土样筒内，用石蜡密封。作颗粒分析的砂类土应采用四分法对角取样，并装袋（筒）贴标签。

7）土样应放在阴凉干燥处，不得日晒、风吹、碰震、受热、被冻。土样应及时送试验室（站）。送样时应装箱、专人负责，防止碰撞、震动。

9.4.2 石试样的采取、保管与运送应符合下列规定：

1 钻孔中采取石样时岩芯直径不得小于50 mm，高度为直径的1.2～2.2倍，断口呈斜面时应以最低处计算高度。

2 石样应填写标签，标明上下。作密度、含水量试验的石样，应擦干净后立即蜡封。

3 作磨片鉴定的石样应标明名称、产状和结构构造；在断裂带上的石样应注明断裂方向。标记时不得用油漆。

9.4.3 水试样的采取，保管与运送应符合下列规定：

1 水样中不得含有泥、砂和油污等杂质。

2 钻孔中采取水样，当弱含水层时应先将水提干，待孔内水位上升后取样；当含水层涌水量较大时应先抽出两倍以上孔内水体积后取样。

3 取水样前盛水器皿应先用被取水洗涤2～3次后方可取样，器皿内应保留20%的空间。取样后应及时加盖、蜡封，并贴标签。

4 作侵蚀性测定的水样数量不得小于1 500 mL。

9.5 校正孔深

9.5.1 孔深偏差及修正应符合下列规定：

1 孔深最大允许偏差为±2‰，当大于此数时应查明原因，及时消除，将偏差值按比例分配至钻程内各岩层厚度值中。

2 校正孔深用的量具应与钻进时的量具相同。校正方法可采用直接测量孔深、复测钻具长度和记录，或重新钻孔验证等。

9.5.2 钻孔深度在下列情况下必须检查校正：

1 工程地质钻探每钻进 100 m，水文地质钻探每钻进 50 m；

2 钻过巨厚覆盖层至基岩时；

3 钻至滑动面、断层面等重要结构面时；

4 在孔内需要进行测试工作时；

5 换径下套管、过滤管时；

6 钻孔终孔时。

9.6 钻孔弯曲度与孔斜预防

9.6.1 钻孔弯曲度及测量应符合下列规定：

1 工程地质钻探孔每深 100 m 钻孔顶角允许偏差：垂直孔为 2°，斜孔为 3°，随钻孔加深递增计算。测量钻孔顶角：垂直孔深度大于 100 m 时，每 50 m 测量一次；斜孔深度大于 50 m 时，每 25 m 测量一次；覆盖层较厚下导向管孔段应增加测量次数。

2 水文地质孔深在 100 m 时，钻孔顶角的允许偏差为 1.5°随钻孔深度递增计算。钻孔顶角每 50 m 测量一次。

9.6.2 预防孔斜可采用下列措施：

1 钻机安装应稳定，立轴不得旷动，钻进时合箱螺丝应拧紧，并不得使用弯曲钻具。

2 孔口定向管应定位正确、牢固。开孔钻进时，应轻压、慢转，并随孔深加长粗径钻具。

3 当岩层由软变硬时应采用慢速、轻压钻进一定深度后，改用硬岩层的钻进参数。当钻进破碎带、软硬互层等岩石时，粗径钻具长度不得小于 4 m。

4 钻进中应减少换径次数，换径时可采用导向钻具导向，钻进深度为 1 ~ 2 m 后再正常换径钻进。深孔钻探时宜采用钻铤加压。

5 发现孔斜超过允许偏差时应根据孔斜程度、岩层特点，及时纠斜。

9.7 钻 探 记 录

9.7.1 钻探记录应按规定格式由记录员在现场及时填写。记录内容应准确、齐全，字迹清晰。当发现误记时应以横线划去错记部分后在旁重写；不得涂改、挖补、撕毁或重新抄写。

终孔后钻探记录应经机组长、地质人员核查签字后，才可作为使用资料。

9.7.2 钻探记录内容应符合表 9.7.2 的规定。

表 9.7.2 钻探记录内容

序号	项目	内 容
1	时间	各项作业起止时间
2	进尺与深度	钻具总长与余长、回次进尺、层深、层厚、累计深度
3	钻进情况	钻进工艺、钻具规格类型、孔径、护壁类型与深度
4	孔内情况	涌砂、涌水、漏失、坍塌、缩孔、掉块、空洞、震动、钻进快慢等深度
5	钻进参数	钻压、转数、冲洗液量、投砂量
6	地下水位	初见水位与稳定水位深度
7	岩芯记录	岩芯编号、采长、采芯率、岩芯描述、取样

9.7.3　岩芯描述内容应符合表 9.7.3 的规定。

表 9.7.3　岩芯描述内容

岩类	岩层	内　容
第四系土类	黏性土	名称、颜色、结构及构造、夹杂物性质及含量、潮湿程度
	砂类土	名称、颜色、结构及构造、颗粒成分、粒径、颗粒组成及形状、密实程度、潮湿程度
	碎石类土	名称、颜色、颗粒成分、粒径组成、颗粒风化程度、磨圆度、充填物成分及性质与含量、密实程度、潮湿程度
基岩	岩浆岩	名称、颜色、矿物成分、结构(结晶程度、晶粒大小与形状)与构造、节理与裂隙发育程度、风化程度
	沉积岩	名称、颜色、构成岩石主要成分与胶结物成分、结构(包括粒径、形状、含量、胶结程度)与构造、结核与包裹体、风化与裂隙程度
	变质岩	名称、颜色、矿物成分、晶体大小与形态、结构与构造(晶粒组织与排列)、风化与裂隙程度
含水地层		除描述含水层的岩性外应补充描述: 松散层夹杂黏土的粉粒含量;卵、砾石层夹砂含量;基岩破碎情况、裂隙、水锈等
断层、破碎带、挤压、软弱、结构面		除描述结构面的岩性外应补充描述: 块度、擦痕、夹杂物特征;岩芯碎裂、搓揉或挤压以及断层角砾和断层泥情况等

9.8　封孔回填

9.8.1　钻孔回填应符合下列规定:

1　钻孔在浅埋隧道的路肩设计标高以上 15 ~20 m 孔段,用水泥砂浆回填,其余用黏土或原土回填。深埋隧道在地表 20 m 以下孔段,用水泥砂浆回填,其余用黏土或原土回填。

2　水下隧道河床段的钻孔应全部用水玻璃砂浆回填。河岸地段可用黏土回填。

3　位于即有桥基及其他建筑物地基范围内钻孔,岩质地基应采用水泥砂浆回填,土质地基可用黏土或原土回填。

4　有自流水及不良地质工点的钻孔应及时回填,岩质的用水泥砂浆回填,土质的用黏土回填,并平整地表,排除地面积水。

5　可耕地、常有人畜往来的道路附近及居民区内的钻孔,应采用黏土或原土回填。水库、水利防护堤的钻孔回填应符合有关规定。

9.8.2　钻孔回填操作应符合下列规定:

1　套管护壁的钻孔应边起拔套管边回填。

2　向孔内投土回填时一次不得投入过多,每投入一次应捣实。

3　用水泥砂浆回填时如孔内无水,可将填料由孔口慢慢倒下;如孔内有水应采用小 1 ~2 级的套管下到底,从小径套管内灌入,边灌边提套管。

9.9　钻探质量的检查与验收

9.9.1　钻探前地质人员应进行技术、质量交底。

9.9.2　机组应按本规程制定工点钻探质量措施,并坚持逐孔班检、日检、组检工作制。

9.9.3　钻探驻机技术人员应随时检查、指导钻探质量，并对钻探资料验收和质量评定负责。

9.9.4　钻孔质量等级可划分为三级：

1　优良钻孔：钻孔质量全部达到技术要求，并符合本规程第9章的规定。

2　合格钻孔：钻探质量基本达到技术要求和本规程第9章的规定。

3　不合格钻孔：钻探主要质量指标未达到技术要求或不符合本规程第9章的规定。

10　钻探机具的使用与维护

10.1　基本要求

10.1.1　所有机器必须有专人负责,不得违章工作。

10.1.2　所有机器安装必须到位平稳,各部连接螺栓应紧固。

10.1.3　所有机器设备应经检查确认正常后方可开动,严禁设备带病工作。

10.1.4　机器应按规定性能使用。根据任务合理选择设备型号,不得超负荷运转。

10.1.5　按机器使用说明书的规定进行各项检查、保养和维护。应经常保持部件齐全、整洁、润滑、紧固、运转良好。

10.1.6　在气温0℃以下地区工作,对机具设备应进行保温,当停车时间长时,应将机器内积水放净。

10.2　钻　　机

10.2.1　钻机开动前的检查与维护应符合下列规定:

1　安装应正确牢固,润滑油或润滑脂适量,防护装置齐全。

2　各部传动机构应正常,制动装置、摩擦离合器的性能必须可靠。

3　变速手把及部件联动手把应灵活可靠。

4　钻机液压件及管路不得漏油。

5　以慢速进行试运转,当阻力过大或有杂音异常时,必须排除。

10.2.2　钻机运转中操作与维护应符合下列规定:

1　接合离合器或工作轮转动时应均匀、平稳。

2　变换各分动手把时必须将离合器置于分离位置。

3　操纵卷扬机时不得将两个制动带同时抱死。

4　液压钻机,应随时观察油压表和指示器,不得在仪表失灵的状态下作业。

5　孔底轴心压力应逐步调节,不得突然增减。液压操纵阀各操纵手把不得同时扳到工作位置。

6　前后移动式液压钻机,应将导轨擦净涂油,移动到位后必须锁紧开关。

7　钻机各部不得有冲击声。各部轴承、轴套的温度不得高于60℃,发现异常应立即消除。

10.3　柴　油　机

10.3.1　柴油机开动前的检查与维护应符合下列规定:

1　燃油及曲轴箱内润滑油应保持规定的数量,要加的油必须经沉淀和过滤,并排除燃油系统内的空气。

2 检查空气滤清器,向油浴式滤清器加注机油。

3 风扇皮带松紧应适当。冷却水不得使用含矿物质过多的硬水或混浊水。

4 寒冷季节必须向水套内加注热水,必要时预热曲轴箱润滑油。

5 检查蓄电池、发电机、起动机的连接情况。

6 用人力旋转曲轴数周,确认各部位正常后方可开动机器。

10.3.2 柴油机运转中的操作与维护应符合下列规定:

1 机器发动后应空载慢速运转,检查各部位机件无杂音异状,无漏油、漏水或漏气等现象和各部仪表指示正常后,方可负荷工作。

2 新的或经大中修后的柴油机初期工作时,转速和负荷应较额定数低,走合 50 h 后,停机检查并更换曲轴箱润滑油,然后逐渐提高转速和增加负荷运转 100 h,再换一次润滑油,方可按额定转速运转。

3 润滑系统和机油压力应经常检查。在额定转速时,机油压力宜为 0.15 ~0.3 MPa。

4 冷却水箱水温应为 50 ℃ ~60 ℃,机体出水温度应为 70 ℃ ~80 ℃,不得超过 90 ℃(蒸发型柴油机除外),缺水或超温时严禁骤加冷水。

5 精心听察各部有无杂音及观察排烟颜色,出现异状时应查明原因予以消除。

10.3.3 柴油机停车时的操作与维护应符合下列规定:

1 卸去柴油机负荷,低速空转几分钟后再停车。

2 当遇飞车不能正常停车时,可采用搬动减压手柄关闭油箱开关,迅速松脱高压油管,或取下空气滤清器,堵死进气管口等方法作紧急停车。

10.4 泥 浆 泵

10.4.1 泥浆泵开动前的检查与维护应符合下列规定:

1 各部衬垫、活阀座应紧密。

2 各管路应连接严密、通畅,安全阀、三通水门或压力表的性能应良好。

3 莲篷头底阀应清洁灵活,底阀距水源箱底不得小于 0.3 m。

4 拉杆塞线压盖应严密。

5 离合器应灵敏,必要时应进行调整。

6 打开回水阀,关闭送水阀。

10.4.2 泥浆泵运转时的操作与维护应符合下列规定:

1 保持泥浆泵各部无冲击声,排水均匀,无漏油、漏水现象,待运转正常后,应关闭回水阀,再向孔内送水。压力表的工作情况应灵敏正常。

2 停泵前应将三通水门或卸荷阀置于回水位置。钻孔结束或使用泥浆、化学浆液后必须立即用水清洗泵体和管路。

10.5 离 心 泵

10.5.1 离心泵开动前的检查与维护应符合下列规定:

1 吸水底阀应清洁灵活,管路无漏泄。

2　填料良好,转向正确。

3　打开水泵各级放气塞向水泵内注水,待各级水泵内空气全部排除后关闭放气塞,并将出水闸阀开小,方可开动水泵。

10.5.2　离心泵运转中的操作与维护应符合下列规定:

1　开动后应逐渐打开出水阀门使其达到正常的排水量,严禁泵内无水运转。

2　观察轴承滑环的转动及机器运转情况,轴承外壳温度不得超过烫手程度(60 ℃左右),如有振动、杂音、漏水、漏气等异常现象应立即消除。

3　停泵前应先将出水阀门关小,停泵后立即全部关闭。

10.6　电动机与照明发电机

10.6.1　电动机与照明发电机开动前的检查和维护应符合下列规定:

1　电机外壳必须接地,接地电阻不得大于 10 Ω。

2　电刷与滑环或换向器的接触应导电良好,保持接触面清洁、密贴。

3　线路无破损及短路情况,接线正确牢固。

4　配电盘上各断电保护装置应灵敏有效,一切信号装置可靠,保险丝应符合规定,各接头清洁。

5　联轴器或离合器的连接应良好、可靠。

6　电动机的起动调节装置应正常。观察电压表和指示灯,当电压过高或过低时,严禁启动。

7　发电机启动前必须把各分闸开关断开,不得载荷启动。

10.6.2　电动机与照明发电机运转中的操作与维护应符合下列规定:

1　检查和调试仪表,使发电机在额定频率和电压下送电,频率允许波动为 ±2%,电压允许波动为 ±5%,并保持电流平衡。三相电流严禁两相运转。

2　滑环或换向器应工作良好,当发生不正常火花时,应即时消除。

3　轴承和机身的温度不得大于 60 ℃,否则应检查处理。

4　保险丝(熔断器)必须按电机容量使用,当保险丝熔断时,必须查明原因,方可重新运转。

5　发电机停转前应逐步减去负荷,然后拉开隔断开关并降低电压后再停车。

6　电器设备应干燥、清洁,严防水分、油污或尘泥等杂物侵入。

10.7　空气压缩机

10.7.1　空气压缩机开动前的检查和维护应符合下列规定:

1　安装必须平稳牢固,各部螺栓无松动,风扇皮带松紧适度。

2　冷却水水量、各部润滑油量、燃油量及储气罐内的透平油量均应加足。

3　空气滤清器、安全阀应安装良好。

4　各种操作杆应置于安全位置。

5　电瓶、起动马达应状态良好。

6　打开中间冷却器和储气罐上的放水阀,排除其内部的油污和水分。

7 手摇发动机数转，确认各部灵活无异状方可开动。

10.7.2 空气压缩机运转中的操作与维护应符合下列规定：

1 动力机运转正常后才能平稳地接合离合器开动空气压缩机，待空转 3～5 min 后逐渐增加负荷，不得低速（1 000 r/min）带负荷运转。

2 新的或经大中修的空气压缩机应适当减少负荷和转速，走合 50 h 后，经检查并更换曲轴箱润滑油，曲轴、轴承才逐步正常运转。

3 应听察机器各部件有无杂音异状，各仪表指示是否正常，当发现症状应即时消除。

4 安全阀和负荷调节器的工作应灵敏可靠，储气罐的气压不得超过额定值。

5 一级压缩的机器，出气温度应在 180 ℃以下，两级压缩的机器，出气温度应在 165 ℃以下，通过中间冷却器的出气温度应在 40 ℃～80 ℃之间。当高于上述温度时，应停机检查。

6 应防止漏气、漏水、漏油。每 2 h 应将储气罐和中间冷却器内部的存水和油污放出一次。

7 停车后应将储气罐内压缩空气、残留的机油和水放净。

10.8 钻探管材和专用工具的使用和维护

10.8.1 钻杆的加厚部分、丝扣的长度、锥度及套管、岩芯管和接头应符合现行《地质勘探用钢管》（YB 235—70、YB 235—63）和《水文水井钻探用钢管》（GB 9808～9812—88）的标准规定。

10.8.2 弯曲的钻杆和岩芯管应校直。有裂纹的钻具，或丝扣严重磨损、变形、连接旷动的钻具，不得使用。不同钻进方法，管材弯曲和磨损的最大允许限度应符合表 10.8.2 的规定。

表 10.8.2 管材弯曲和磨损限度

钻进方法	钻杆			岩芯管	
	直径单边磨损（mm）	直径均匀磨损（mm）	每米弯曲（mm）	磨损量（mm）	每米弯曲（mm）
钢粒、硬质合金钻进	<2	<3	<3	$<\frac{1}{3}$壁厚	<2
金刚石钻进	<2	<3	<1	$<\frac{1}{3}$壁厚	<0.75

10.8.3 各种管材、接头、接箍，应按新旧程度分类存放和使用，较差的可用于地层稳定孔段或钻孔上部。

10.8.4 应将管材、丝扣擦净涂油，拧上护丝箍备用，并按直径分类，有次序堆放于木垫上。

10.8.5 长期停用的管材、打捞工具等，使用前应严格检查。

10.8.6 钻探管材在搬运中应轻拿轻放，严禁从山坡、车上推下或滚动。

10.8.7 钢丝绳断丝大于总丝数的 10% 或整股断丝者不得使用。

10.8.8 标准贯入设备，自动落锤、脱钩装置应灵活可靠。贯入器靴的刃口，当单个缺口（或卷刃）长度为 5 mm，或累计缺口（或卷刃）长度为 12 mm 时，不得使用。

10.8.9 活套闭水接头和无泵反循环接头应保持清洁、水眼畅通，用后涂油保护，密封圈磨损应及时更换。

附录 A 一般安全防护规定

A.1 场地安全防护

A.1.1 钻场人员应遵守下列安全防护规定：

1 钻探人员必须认真学习、执行钻探安全技术操作规定。新工人（含合同工、临时工）上岗前，必须经过安全生产教育，具有安全生产的基本知识，并应在班长或技术熟练工人的指导下工作。

2 进入钻场工作必须穿戴合体的工作服、劳保鞋和安全帽，严禁敞开衣襟工作。

3 在塔架上作业时应系安全带。凡患有高血压、心脏病等不适宜登高作业人员不得上塔作业。

4 严禁上班前和工作中饮酒。

5 不得跨越运转设备或从皮带上方传递物件。严禁攀登吊运物件或在吊运物件起落范围内通过或逗留。

6 在人烟稀少地区工作时不得单独处出。严禁擅自下江、河、湖、海游泳。

A.1.2 钻场应符合下列安全防护规定：

1 场地应整洁。钻具、工具等的摆放不得防碍钻场作业。所有传动机构应有安全防护设备。

2 场地内应配有外伤急救药箱，并指定专人保管。

3 场地应有防寒、防晒和夜间照明设备。场地照明电压不得高于 36 V。

4 钻场位于峭壁、陡坡崖脚时应有专人观察上方的稳定情况、及时清除崖壁上的危石。

5 在陡崖上钻探时钻场周围应设 1.0～1.5 m 高的栏杆。陡崖上、下不应同时布置作业，不可避免时应有安全设施。

A.1.3 铁路运营线上钻探应符合下列安全防护规定：

1 运营线上钻探必须取得运输部门同意，必要时应签定协议。

2 在运营线上钻探时不应使用红、绿、黄三种颜色的标志旗、衣服、雨伞或其他物件。

3 在路基两侧钻探时钻机场地必须在行车安全限界以外，钻塔不得围盖塔衣。

4 在路堑边坡上钻探时钻具及杂物不得向线路方向抛掷；弃土不得置于坡面上。钻探用水或冲洗液不得冲刷边坡。

5 穿越或沿线路搬移机具必须在行车间隙进行，并在两端派专人负责警戒。

6 严禁在钢轨、枕木上坐卧或堆放杂物。人员不得从停驶的列车底下穿过。

7 在自动闭塞区间严禁使用导电物品将两轨联通。

8 在电气化铁路附近钻探时应符合本规程附录 A.2.3 条第 5 款的规定。

A.2 自然灾害防护

A.2.1 钻场应符合下列防风、防洪和防寒规定：

1 根据气象部门预报，当风力大于六级时应及时卸下钻搭篷布，加固机房，检查绷绳牢固程度，必要时切断电源或将塔架放下，盖好机具设备。现场报表、易损零件等应装箱妥善保管。

2 在雨季汛期或融雪季节，易受洪水侵袭坍岸和泥石流地段不宜设置钻探场地。无法避开这种地段时应采取有效防护措施。

3 冬季在高寒地区钻探时不得赤手触及金属物件。钻机房必须围盖严密，并有取暖设备，场地周围应采取防滑措施。供水管路必须采用保温材料包扎，当停止供水时应及时将管内水放净。

A.2.2 钻场应符合下列防火规定：

1 严格遵守当地护林防火法令。

2 处于丛林杂草地区的钻场周围应修避火道，其宽度不得小于5 m；必须配备灭火器、砂箱等灭火器具。

3 内燃机排气管及取暖火炉烟囱不得冒火，并宜将顺季节风向排烟，烟囱应伸出场房0.5 m以上并应有隔热装置。火炉与周围物体应保持一定距离，炉座底应垫砖石或隔热板。

4 钻场内不得用明火照明和油料生火，不得在钻塔上吸烟。

5 钻场内的油料和其他易燃品必须盖严妥善存放。添加油料时严禁用明火照明或在附近吸烟。

6 预热机油时应采用文火，并由专人看管。

7 在含油地层钻进或可能有可燃性气体喷出的钻孔，钻场内严禁明火。

8 油料着火时应采用灭火器或砂土扑灭，严禁用水扑救。

A.2.3 钻场应符合下列防雷、防电规定：

1 在落雷区或雷雨季节钻探应了解当地情况，采取预防措施。高度在12 m以上钻塔顶端应安装高出塔顶1.5 m的避雷针，其钢质截面大于100 mm^2，并与钻塔绝缘良好。引下线必须采用绝缘导线，其钢质截面大于28 mm^2，铝质的大于16 mm^2。引下线与钻塔及绷绳的距离应大于1 m。

2 接地装置与电机接地体、孔口管、绷绳锚杆的距离应大于3 m，接地电阻不得大于4 Ω，接地极不得埋在有垃圾、灰砟等松散地带。否则应减少接地电阻或增加接地极。

3 防雷装置的各接点应采用焊接。

4 有防雷装置的钻塔不得接触接地引线。

5 在高压线附近钻探时钻塔或金属导体的机具、物件距高压线的距离不得小于表A.2.3的规定。

6 钻架整体搬运严禁在高压线下穿行。

7 所用的手持电力工具必须绝缘可靠，外壳接地装置必须良好。严禁将电线弯成裸钩挂在电线上通电使用。

表 A. 2. 3 钻塔与高压线最小距离

线路电压(kV)	20 以下	35 ~ 110	154 ~ 220
距离(m)	5	10	15

注:如不能达到上表距离时,应与供电部门取得联系,采取必要措施。

8 电动机的引入线不得随便放在地板上。电源开关应符合电流的安全限度,保险丝必须符合规格。所有开关、配电装置应有防雨水设施。

9 停电或电动机发生故障时必须及时将开关拉下,以防突然来电发生事故。

10 当发生触电事故时应先切断电源,使触电者脱离电源,不得用手直接去拉触电者,来不及时应采用干燥的绝缘物把电线拨离触电者。

A. 3 钻进中和升降钻具的安全防护

A. 3. 1 钻进过程中应遵守下列安全防护规定:

1 机器运转中不得进行检修或拆卸,发现异常情况需要停车时应将钻具提至安全孔段或孔外。

2 机器设备的仪表应保持正常运行,送水胶管和水龙头必须有防缠、防坠的安全装置。

3 开钻前必须将钻具提离孔底,在孔口返回冲洗液后再开车钻进。

4 扩孔、扫孔、扫脱落岩芯或钻进不正常孔段时必须由技术熟练的工人操作。

A. 3. 2 升降钻具应遵守下列安全防护规定:

1 升降前应检查卷扬机制动装置、离合器装置、提引器、拧卸工具等是否安全。天车应定期加油和检查。

2 经常检查钢丝绳质量,当钢丝绳出现压扁、严重毛刺或有一股断丝时应及时更换。

3 操作卷扬机应平稳,不得猛刹猛放,遇阻不得猛拉。应防止提引器碰撞台板和钻杆靠架和天车。

4 升降操作人员应与塔上和孔口的工作人员密切配合,必须听清口令、看准手势后进行操作。

5 孔口操作人员必须站在钻具起落范围以外。摘挂提引器时应防止回绳碰打,抽插垫叉防止砸手。严禁用手探摸管内岩芯或攀沿钻杆上下。

6 钻塔活动工作台上升前应锁门,人员离台前必须锁紧制动装置,挂好安全钩。活动工作台限一人使用,严禁装载重物。

7 拧管机拧卸钻具时应插牢上、下垫叉,拧钻杆必须扶正钻杆并对准丝扣。拧管机未停止转动时不得提升钻具,手离开垫叉前不得开动拧管机。

附录B　岩石可钻性分类

B.0.1　铁路工程地质钻探岩石可钻性分类应符合表B.0.1的规定。

表B.0.1　岩石可钻性分类

类别	硬　度	代表性岩土
Ⅰ	松软、松散的	软塑的黏性土、有机土(淤泥、泥炭、耕土),含硬杂质在10%以内的人工填土
Ⅱ	较松软、松散的	可塑的黏性土、粉土,软塑的粉土,新黄土,含硬杂质在10%~25%的人工填土,粉砂、细砂、中砂
Ⅲ	软的	硬塑、坚硬的黏性土,粉土,含硬杂质在25%以上的人工填土,老黄土,残积土,粗砂、砾砂、砾石、轻微胶结的砂土,石膏、褐煤、软烟煤、软白垩
Ⅳ	较软的、稍硬的	泥质页岩,砂质页岩、油页岩、炭质页岩、钙质页岩、泥质砂岩、软松散的砂岩,砂页岩互层,泥质板岩,滑石绿泥石片岩,云母片岩,泥灰岩,泥灰质白云岩,岩溶化石灰岩及大理岩,盐岩,结晶石膏,断层泥,无烟煤,硬烟煤,火山凝灰岩,强风化的岩浆岩及花岗片麻岩,冻土,冻结砂层,粒径20~40 mm含量大于50%的卵(碎)石土,金属矿砟
Ⅴ	中等硬度的	长石砂岩,钙质胶结的长石石英砂岩,钙质砂岩,钙质胶结的砾岩,灰岩及轻微硅化灰岩,大理岩,白云岩,橄榄岩,蛇纹岩,板岩,千枚岩,片岩,凝灰质砂岩,集块岩,弱风化岩浆岩及花岗片麻岩,冻结砾石土,粒径40~80 mm含量大于50%的卵(碎)石土,混凝土构件、砌块、路面
Ⅵ	硬的	中粒与粗粒的花岗岩、闪长岩、正长岩、辉长岩、花岗片麻岩,精面岩,安山岩,辉绿岩,玄武岩,伟晶岩,辉石岩,硅化板岩,千枚岩,砂岩,灰岩,硅质胶结的砾岩,硅化或角页化的凝灰岩,粒径80~130 mm含量大于50%的卵(碎)石土,半胶结卵石土
Ⅶ	坚硬的	细粒的花岗岩、花岗闪长岩、花岗片麻岩,流纹岩,微晶花岗岩,石英粗面岩,极致密的玄武岩,安山岩,角闪岩,粒径130~200 mm含量大于50%卵(碎)石土,胶结的卵石土
Ⅷ	最坚硬的	碧玉岩,刚玉岩,碧玉质硅化板岩,角页岩,石英岩,燧石岩,粒径大于200 mm超过50%的漂(块)石土

注:①基岩破碎带钻进取芯时,岩石类别可提高一级;

②Ⅳ、Ⅴ类的卵(碎)石土中大于100 mm的粒径含量大于20%,或卵(碎)石含有漂石时,岩石类别可提高一级。

B.0.2　铁路水文地质钻探,岩石可钻性分类应符合表B.0.2—1和表B.0.2—2的规定。

表B.0.2—1　松散层分类

类　别	松散层名称
Ⅰ	耕土,填土,淤泥,泥炭,可塑性黏性土、粉土,软矽藻土,粉砂,细砂,中砂,含圆砾(角砾)及硬杂质10%以内的黏性土、粉土,新黄土
Ⅱ	坚硬的黏性土,老黄土,粗砂,砾砂,含圆砾(角砾)、卵石(碎石)及硬杂质在10%~20%的黏性土、粉土和填土
Ⅲ	圆砾(角砾)土,含卵石(碎石)及硬杂质在20%~30%的黏性土、粉土
Ⅳ	冻土、粒径在20~50 mm含量超过50%的卵石(碎石)土,含卵石在30%~50%的黏性土、粉土
Ⅴ	粒径在50~150 mm含量超过50%的卵石(碎石)土,各类强风化岩石
Ⅵ	粒径在150~200 mm含量超过50%的卵石(碎石)土,各类中等风化岩石
Ⅶ	漂石(块石)土,各类微风化岩石

表 B. 0. 2—2　基岩分类

类　别	岩 石 名 称
Ⅰ	石膏,煤层,软白垩,残积土
Ⅱ	泥质页岩,砂质页岩,油页岩,炭质页岩,钙质页岩,泥质砂岩,泥质板岩滑石,绿泥石片岩,云母片岩,泥灰岩,铝矾土,岩盐,致密白垩、石膏,断层泥,风化严重的岩浆岩
Ⅲ	硅化片岩,角斑岩,橄榄岩,石灰质及铁质胶结的砂岩,蛇纹岩,细砂岩,钙质砂岩,方解石硅卡岩,辉岩,玢岩及辉长岩,风化颇重的岩浆岩
Ⅳ	硅化页岩,白云岩,石灰岩,大理岩,硅化板岩,辉绿岩,长石砂岩,闪长岩,正长岩,石英斑岩,安山岩,流纹岩,片麻岩,风化轻微的花岗岩
Ⅴ	硅化灰岩,花岗岩,硅质胶结砾岩,微晶花岗岩,刚玉岩,石英岩,碧玉状硅质页岩,燧石岩,角砾岩,玄武岩

注:破碎岩石钻进取芯时,岩石类别可提高一级。

附录 C　泥浆性能指标测定方法

C. 0. 1　泥浆密度的测定应采用 1002 型泥浆比重秤。测定前用纯净淡水校正仪器(读数在 1. 0 处),后将泥浆注满杯中,加盖擦净,将横梁主刃口放在支架主刀垫上,移动游码,使气泡居中,游码在横梁上刻度读数即为泥浆密度。

C. 0. 2　泥浆黏度的测定应采用 1006 型泥浆黏度计。置 700 mL 泥浆于漏斗中,经内径 5 mm的管子,放出 500 mL 所需时间(以秒计)即为泥浆黏度。

C. 0. 3　泥浆含砂量的测定应先注入 50 mL 泥浆及 450 mL 清水于泥浆量杯中,摇晃后竖直静置 3 min,按刻度上沉淀数乘以 2 即为含砂量的百分数。亦可用 ZNH 型泥浆含砂量计测定。

C. 0. 4　泥浆失水量的测定现场宜用 1009 型泥浆失水量测定仪。需更为真实反映孔内失水量时宜用 ZNS 型泥浆失水仪,以 CO_2 气瓶或打气筒作气源,保持气压为 0. 7 MPa,直至见到第一滴过滤液开始计时间,到 30 min 为止(当测量时间在 7. 5 min,失水量小于 8 mL时,可继续测到 30 min;当大于 8 mL 时,则用 7. 5 min 流入量筒的水量乘以 2),流入量筒中的液量即为该泥浆的失水量。

C. 0. 5　泥浆的 pH 值(酸度值)测定时应取一条 pH 值试纸,浸入泥浆或滤液,数秒钟后取出与标准色板相比较即可读出 pH 值。

附录 D 取芯钻具种类

D.0.1 取芯钻具应根据岩石的物理力学性质和结构构造不同，按表 D.0.1 选择。

表 D.0.1 取芯钻具种类

序号	取芯钻具名称	钻进方法	卡芯方法	适用岩石
1	活塞闭水接头单管钻具	硬质合金	干钻	黏性土，软土，中、细、粉砂及互层
2	普通单管钻具	硬质合金、钢粒	卡料干钻	完整基岩，黏性土
3	投球式单管钻具	硬质合金	干钻	黏性土，砂类土，松软至较软页岩、砂岩
4	活动分水投球接头单管钻具	硬质合金	干钻	高岭土，泥页岩，黏性土
5	普通双动双管钻具	硬质合金	干钻	松散、怕冲刷、易坍塌岩层
6	活塞式双动双管钻具	硬质合金	干钻	怕污染的岩盐、钾盐等岩层
7	441 双动双管钻具	硬质合金、钢粒	沉淀	中等硬度以上的硬、脆、极碎层、碎石类土
8	爪筒式双动双管钻具	硬质合金、钢粒	爪筒爪取	稍硬至中硬多裂隙、节理发育，硬、脆，碎无胶结性岩层，碎石类土
9	隔水单动双管钻具	硬质合金	岩芯提断器	软至中硬破碎，节理、层理发育，酥脆易流失，怕震，怕磨的岩层
10	活塞式单动双管钻具	硬质合金	干钻	软于中硬松散、粉状、节理发育、怕污染岩层，黏性土及软黏土
11	活塞压卡式单动双管钻具	硬质合金	卡簧	较软至中硬较完整，节理发育，呈纤维状的岩层，如白云岩，石棉等
12	球夹压卡式单动双管钻具	硬质合金	卡簧	较软至中硬较完整，节理发育，呈纤维状的岩矿层，如蛇纹石化白云岩，石棉等
13	爪簧式单动双管钻具	硬质合金	卡簧	软于中硬，软硬交替频繁薄互层，以硬为多，极软，塑性，易冲蚀的蛇纹岩等
14	YN-7 型单动双管钻具	硬质合金	岩芯提断器	软于稍硬，硬软交替频繁互层，以软为多，断层多的岩层
15	开口式无泵钻具	硬质合金	沉淀干钻	软于中硬，松、软、怕冲、溶蚀岩层，黏性土，砂类土，碎石类土
16	简易无泵钻具	硬质合金	沉淀干钻	软于中硬，松、软、怕冲、溶蚀岩层，黏性土，砂类土，碎石类土
17	弯管型喷射反循环单管钻具	硬质合金、钢粒	沉淀干钻	硬、脆、碎、节理发育的岩层
18	弯管型喷射反循环双动双管钻具	硬质合金	沉淀干钻	较软至中硬松散、碎、脆、易磨损岩层
19	分水接头型喷反单管钻具	硬质合金、钢粒	沉淀干钻	硬、脆、碎、节理发育的岩层
20	分水接头型喷反双动双管钻具	硬质合金	沉淀干钻	较软至中硬松散、脆、碎、易磨损岩层
21	分水接头型喷射单动双管钻具	硬质合金	沉淀干钻	片理发育、酥脆、易碎呈粉状岩层
22	金刚石单管或双管钻具	金钢石	卡簧	较软至最坚硬基岩，漂石，碎石类土

附录 E　本规程用词说明

执行本规程条文时,对于要求严格程度的用词说明如下,以便在执行中区别对待:

E. 0. 1　表示很严格,非这样做不可的用词:

正面词采用“必须”;

反面词采用“严禁”。

E. 0. 2　表示严格,在正常情况下均应这样做的用词:

正面词采用“应”;

反面词采用“不应”或“不得”。

E. 0. 3　表示允许稍有选择,在条件许可时首先应这样做的用词:

正面词采用“宜”或“可”;

反面词采用“不宜”。

附加说明

本规程主编单位、参加单位和主要起草人名单

主 编 单 位:铁道部第二勘测设计院

参 加 单 位:铁道部第一勘测设计院
铁道部第三勘测设计院
铁道部第四勘测设计院

主要起草人:何鹏林　屈直远　丁　宇　王金山　孙福堂

在执行本规程过程中,如发现需要修改和补充之处,请将意见及有关资料寄交铁道部第二勘测设计院(成都通锦路 3 号,邮政编码:610031),并抄送铁道部建设司标准科情所(北京市朝外大街 227 号,邮政编码:100020),供今后修订时参考。

《铁路工程地质钻探规程》
条 文 说 明

本条文说明系对重点条文的编制依据、存在的问题以及在执行中应注意的事项等予以说明。为了减少篇幅,只列条文号,未抄录原条文。

1.0.3 钻探机械类型系指钻机、水泵、钻塔、搅拌机、拧管机的类别和型号。选择合适的类型。并按照使用说明书的要求使用、保养,就能使其保持良好状态,充分发挥机具设备能力。

钻探质量的好坏直接影响到地质基础资料的完整准确。当前岩芯采取率低是普遍存在的问题,其关键在于钻进的方法。条文中指出的几点,只是原则性的,在实际工作中,还应采取具体措施,切实保证取得必要的地质资料。

1.0.4 钻探是地质勘探工作的手段之一,劳力和材料消耗大,成本较高。因此。应与其他勘探手段密切配合,在满足设计要求前提下,尽可能减少钻孔,以节省勘探费用。

1.0.5 安全技术操作规定主要指各种钻探机具设备,按照技术性能,在其使用说明中规定的操作、维修保养等内容。凡使用设备的人员,必须认真学习使用说明书,并严格按照执行,才能保证安全,达到机具设备能力的发挥。

钻探工作中的安全防护是多方面的,附录A规定了在一般情况下的安全防护内容,因此从事钻探人员,必须针对不同的钻探具体条件,认真研究安全问题,制定安全防护措施,达到钻探的每项工作都在安全的情况下进行。

1.0.6 国家和铁道部现行有关标准主要指:《铁路工程地质技术规范》、《铁路供水水文地质勘测规则》、《铁路物理勘探技术规则》、《动力触探技术规定》、《铁路工程地质岩溶勘测规则》、《铁路工程地质软土勘测规则》、《静力触探技术规则》、《铁路工程地质膨胀土勘测规则》、《铁路工程地质滑坡勘测规则》《铁路工程地质泥石流勘测规则》等。

2.1.1 钻探方法的选择指破碎岩石、取芯取样工具、护孔方法与工艺的选择和使用等。铁路地质钻探多为岩芯钻探,其破碎岩石主要是回转钻进(硬质合金钻进、钢粒钻进、金刚石钻进),少量用其他方法破碎岩石(冲击方法、震动钻进、冲击回转钻进)。在选择钻探方法时应首先满足工程要求,再结合条文中其他几个因素综合考虑,做到技术上可行,经济上合理。

2.1.2 钻探设备的类型较多,当按条文中指出因素进行设备选择时,应考虑设备来源、搬迁维修方便、燃料节省、经济效果好。

铁路工程地质钻探多为浅孔,并且孔径较大,目前主要推广使用钻机的孔径和可钻探度见说明表2.1.2。

2.2.1 常用场地面积,是常规口径(ϕ75~150 mm,以下相同)下,钻不同深度的钻机场地需要的最小面积。钻探100 m的机场为8 m×4 m,钻深300 m的机场为10 m×7 m,钻深600 m的机场为11 m×8 m。

说明表 2.1.2　钻机的孔径与可钻深度

钻头直径(mm) / 可钻深度(m) / 钻机类型	150	130	110	91	75
GX-50 型	20	30	50	70	100
XY-1T 型	30	50	70	100	150

2.2.2　近年来地下设施增多，一些地区地下管线已埋置成网状。在钻探中钻断地下管线事故时有发生，造成较大经济损失。为了避免此种情况发生，机组和地质人员必须注意钻孔位置。凡在地下设施地区，在钻探前应搜集地下设施施工图，找准其具体位置，钻孔采取避让，若不清楚位置，必须采用物探等仪器探测。或埋深浅时，可人工开挖，只有探明后才可确定钻孔位置进行钻探。

2.2.4　高度为 12 m 以上的四脚塔架其安装方法应按照该种塔架的使用说明书进行，一般情况下，在调平塔脚后按塔柱、横拉杆、斜支撑顺序自下而上逐层安装。

2.2.5　油压钻机的油路系统元件连接处为避免油液泄漏和空气进入油液，均装有橡胶“O”型等密封圈。油泵、多路操纵阀等组件的加工精度高，安装要求严格，故尽量少拆液压系统元件，以免损坏。拆回转器时必须拆卸给进油缸的油管接头，而该接头大多已用快换接头，拆装方便。

3.1.1　本规程所提岩石等级是按国家计委计设〔1984〕863 号文发布的《工程勘察取费标准》及其 1992 修定本中岩石分类划分的，下列各条文均如此。岩石对钻具的磨损能力受岩石本身结构组成和操作技术的影响，岩石的研磨性按其强弱分为三类：弱研磨性、中研磨性、强研磨性，参照地质出版社《钻探工程》和其他部的有关规定。

3.1.2　硬质合金钻头坯若短于 45 mm(不包括丝扣部分)，在敲打岩芯时丝扣易被损坏，而且自由钳拧卸钻头易夹住和损坏硬质合金块，常规口径钻头上端有内圆锥度后便于投放卡料卡取岩芯，减小冲洗液流通阻力，加工钻头不应忽视其内圆锥度。参照人民铁道出版社《铁路钻探技术手册》。

钻头硬质合金出刃量，根据岩石硬度在一定范围选择，否则出现崩刃、钻头通不过套管或加大了岩芯磨削量，减小岩芯直径。软质岩石指中硬以下弱、中研磨性岩石，硬质合金钻头出刃量应选用大值并且外出刃量大于内出刃量，以减小冲洗岩粉的阻力，保持孔底干净。硬质岩石指Ⅵ级中研磨性弱的岩石。

岩石的可钻性指在一定技术条件下钻进岩石的难易程度(即岩石的八级分类)。切削具的刃尖角 β(也称磨锐角，是切削具的前刃面与后刃面之间的夹角)越小，越有利于切入岩石，但也越容易磨损和崩刃。切削角 α(也称镶焊角，是刃尖角加切削具后刃面与岩石平面之间的夹角之和)有三种形式：直镶($\alpha = 90°$)、正斜镶($\alpha < 90°$)、负斜镶($\alpha > 90°$)。刃尖角和切削角对钻进效率和钻头耐用性有很大影响，其角度大小按岩石可钻性等级而定。

钻头镶焊硬质合金块的数量应保证每块硬质合金能承受一定压力。在一定范围内，增加硬质合金块数量等于增加同时工作的切削具，可以提高钻进效率。但数量过多，不仅会减少每块硬质合金的压力，使钻进效率下降，也受到镶焊硬质合金块的最小间距及水口布置的限制。卵石、砾石层的粒径大小不均、成分不同，其中有的硬度较大、研磨性高，钻头的硬质合金块数量增加，利于提高及保证钻头使用寿命。表 3.1.2—2 中，卵石、砾石层钻进的硬质合金块数量的依据是《水利水电工程钻探规程》。

硬质合金块在钻头上的排列形式有多种，根据岩石软硬、研磨性决定排列形式时，单环和多环排列须使硬质合金块在钻头上分布均匀对称，每块硬质合金能分别碎岩。密集排列的硬质合金切削具数目多，每组中切削具间距小，可以相互补强，增大了切削具承载能力和耐磨性，便于提高碎岩效果。

第3.1.2条第6款为这次修订新增加的内容，参见地质出版社《钻探工艺》。

3.1.3 硬质合金钻头总压力等于每块切削具上应加的压力乘以钻头上切削具的块数。每块切削具的压力，应按条文中的几个因素综合考虑，按表3.1.3—1选择。合理的压力，能保证钻头寿命长，获得最大的平均机械钻速。钻软岩石，可在一定范围内加大压力，以提高钻速。但轴心压力也不能过大，否则岩粉太多，造成重复破碎等，影响钻进效率。钻进较硬及研磨性强的岩石，应采用较大的压力。钻进非均质、裂隙发育的岩石应适当减小压力。参照地质出版社《钻探工艺》。

硬质合金钻头用在硬的、研磨性强的岩石中钻进，切削效果很差，硬质合金磨损很快，以致失去钻进能力。因此，经送审稿审查会讨论，删除原规则中硬质合金钻进研磨性强的、硬的裂隙岩石的有关钻进技术参数。

岩石颗粒粗、软时泵量应大；钻孔直径大或孔壁稳定泵量应大。冲洗液的理论计算：

$$Q=\frac{\pi}{4}(D^2-d^2)\times 60\times v$$

式中 Q——冲洗液量，m^3/min；

D——钻孔直径，m；

d——钻杆直径，m；

v——冲洗液上返速度，m/s。

上面计算参照地质矿产部《工程地质钻探规程》和地质出版社《钻探工艺》。

3.1.4 采取岩芯时，如果用钢粒作卡料，钢粒掉在孔底，会造成下回次硬质合金钻进硬质合金块损坏。猛墩钻具易造成孔底残留岩芯。

3.2.1 铁砂是用生铁铸成，硬度和韧性均小，不适宜钻进Ⅴ级及以上岩石，经协作会议商定，将原规则中铁砂钻进有关内容改成钢粒钻进。钢粒钻进超过Ⅵ级岩石，钻进效率比较低，因此，送审稿审查会讨论，删除原规则钢粒钻进Ⅵ级以上岩石的有关内容。钻孔倾角小于75°时，如用钢粒钻进，钢粒堆集在孔底下壁，易造成钻孔弯曲。

直径小的钢粒，重量轻，容易被水冲起，所以钢粒钻进较硬质合金钻进所用冲洗液量要相应减小，钢粒即不易被冲起。在完整、致密、硬度大的岩石中，冲洗液量小，使用小直径钢粒能充分发挥钢粒的作用。

3.2.2 钢粒钻头要有一定的硬度、韧性和弹性，增加其与钢粒的结合力。钻头用条文中指出的钢材制作，经过淬火再回火处理，就可达到要求的机械性能。钻头壁有一定的厚度，以增加"压砂"性能，提高钻速。钻头的内径上部100~150 mm处，作成上端微大下端微小的锥度1:100，便于起钻前投入卡料卡取岩芯和减小冲洗液的阻力。参照人民铁道出版社《铁路钻探技术手册》。

钢粒钻进需要的孔底压力大，钻头磨耗较快，增加水口高度，以保证过水断面和良好的导砂作用。参照人民铁道出版社《铁路钻探技术手册》。

钢粒钻头在钻进过程中钻头本身也逐渐磨耗，当磨耗短于200 mm时，就不能使用，因钻头过短，钢粒易被冲洗液冲至岩芯管下部，而将岩芯管丝扣磨损。当钻头磨损达下外径相差 3 mm 或严重变形时，不利于"压砂"，影响钻进效率或导致卡钻事故，因此必须切除或更换。

3.2.3 现场检验钢粒的方法将所用的钢粒随意取出 10 粒（或多于此粒数），先后放在铁砧土，用 0.68 kg（即 1.5 磅）手锤猛击，外形不扁不碎或只破成 2 ~ 3 瓣并冒火花的有 9 粒，则这一批钢粒可使用。参照冶金工业部《工程地质与水文地质钻探操作规程》。

3.2.4 钻头直径大，钻头底唇面积就大，为保证单位底唇面上足够的压力，轴向压力应增大。钻杆强度大，管材质量好，设备功率足，在较高压力下能保证钻具正常运转等情况，则可采用较大的钻进压力。钻头有效底唇面积可按下式计算：

$$F = K\frac{\pi}{4}(D_1^2 - D_2^2)$$

式中 F——钻头有效唇面积，cm^2；

D_1——钻头的外径，cm；

D_2——钻头的内径，cm；

K——钻头水口系数，水口宽度为圆周长度的$\frac{1}{3}$ ~ $\frac{1}{4}$时，K = 0.67 ~ 0.75。

参照地质出版社《钻探工艺》。

表 3.2.4—2 中不同直径钻头转速是按钻头的圆周速度计算的，当Ⅴ ~ Ⅵ级岩石为 1 ~ 2 m/s，依据原规则条文说明。近年来，各单位已基本不使用 ϕ75 mm 钻头钻进，因此送审稿审查会议决定，删除 75 口径钢粒钻进的有关内容。

表 3.2.4—3 冲洗液量，按说明表 3.2.4—3 计算而得。

依据是地质出版社《钻探工艺》和地质矿产部《岩芯钻探规程》。回次初、回次末的冲洗液量，比原规则减少，更为合理。

钢粒质量高，在孔底工作时间长，可适当减小投砂量。结合投砂法和连续投砂法，由于操作麻烦和投砂工作不可靠等，在生产中使用很少。表 3.2.4—4 投砂量比原规则减小，依据是地质出版社《钻探工艺学》和实践工作总结。

说明表 3.2.4—3 冲洗液用量计算

冲洗液类型	冲洗液量（L/min）	
	回次初	回次末
清水	(3 ~ 4)D	(2 ~ 3)D
泥浆	(2 ~ 3)D	(1.5 ~ 2)D

注：表中 D 为钻头外径（cm）。

3.2.5 下孔壁管换径后小一级粗径钻具与孔壁管间隙甚小，钢粒很容易被冲上而卡在两管之间，造成孔壁管下部反转脱落，或者两套管子同时回转而带来不少麻烦，先用有导向的小一级钻具钻进 2 ~ 3 m 后，即可避免这种情况。

刚投入钢粒后如水量掌握不当，钢粒会被冲洗液冲起挤夹岩芯管而造成事故。因此，开始时水量应由小到大进行调整。

3.3.1 金刚石钻进与硬质合金和钢粒钻进比较，具有钻进效率高、钻孔质量好等优点，参照地质出版社《钻探工艺》。

3.3.2 按金刚石镶嵌形式金刚石钻头有多种，铁路地质钻探一般用表镶钻头和孕镶钻头。扩孔器配合钻头，用于修正孔径、稳定钻具、延长钻头使用寿命等。

在中硬的、可钻性级别低的和均质完整岩石中，应选用粗粒表镶和粗目数孕镶的钻头和扩孔器。

在硬的、坚硬的、可钻性级别高和破碎的、裂隙发育的岩石中，应选用细粒表镶和细目数孕镶的钻头和扩孔器。

在弱研磨性的岩石中钻进时应选择不耐磨的和低硬度胎体的钻头和扩孔器。

表 3.3.2 的依据是地质出版社《金刚石钻探手册》和地质矿产部《工程地质钻探规程》。

3.3.3 经协作会议讨论采用地质矿产部新系列，即 ϕ91、ϕ75、ϕ59 mm 系列，废除 ϕ76、ϕ66、ϕ56 mm 系列。采用新系列具有下述优点：1. 与常规口径 150、130、110 mm 系列配套；2. 内管与外管和扩孔器之间的间隙增大，有利于冲洗液循环，有利于钻具结构而增加单动性能；3. 套管壁加厚，增大了承载能力，使孔内套管事故减少。

表 3.3.1—1 中的初压力是新钻头下到孔底开始钻进的压力，即磨合钻压力，为正常钻进压力低限值的 25% ~ 30%，同时要配合较低的转速（100 r/min）钻进一段深度，使金刚石钻头适应孔径后，逐渐加快转速进入正常压力。依据地质矿产部《工程地质钻探规程》和地质出版社《金刚石钻探手册》。

金刚石钻进的转速在一定范围内转速越高钻进速度越高。但是转速的提高又受到功率、钻具强度和振动的限制，当转速超过一定的限度，不但钻速不能增加，反而严重影响钻头的寿命。转速与圆周线速度的关系式为：

$$v = \frac{\pi D n}{60}$$

式中 v——圆周线速度，m/s；

D——钻头外径，m；

n——钻头转数，r/min。

冲洗液是金刚石钻进的重要参数之一，在确定泵量时要考虑的因素是条文中指出的。钻进紧硬、颗粒细的岩石时钻速较低，岩粉少而颗粒小，则泵量可小些。钻进软的、中硬、颗粒粗的岩石，泵量应大些。钻进裂隙、有轻微漏失的岩石，泵量要稍为多于正常情况。钻进弱研磨性的岩石，泵量应减少，钻进中、强研磨性岩石，泵量应大些。用孕镶钻头钻进比用表镶钻头的泵量要大。参照地质矿产部《工程地质钻探规程》和地质出版社《钻探工艺》。

3.3.4 扩孔器与钻头直径大小依据岩石软硬情况有配合范围，超出范围，将使扩孔量增加，钻进效率降低或起不到扩孔作用。当卡簧自由内径过大，则取不上或卡不牢岩芯，当卡簧内径过小，则易造成岩芯堵塞或顶死卡簧被迫提钻。因此每次下钻前要注意检查钻头与卡簧的配合尺寸。检查的简单方法：将卡簧套在相应钻出的岩芯上试验，用手可以轻轻推动者为合适。参照地质出版社《金刚石钻探手册》。

金刚石的特点是怕高温，加之金刚石钻进转速高进尺快，如钻进中冲洗液量不足或极短时间间断冲洗液，就会产生高温造成烧钻或严重的孔内事故。防止钻杆丝扣漏水，可涂丝扣油或缠棉线、垫尼龙圈。参照地质出版社《金刚石钻探手册》。

新钻头下到孔底，采用轻压、慢转钻进 0.2 ~ 0.3 m 后，以达钻头初磨，磨去虚伪尺寸和棱角，使孕镶金刚石出露等。参照地质出版社《金刚石钻探手册》。

金刚石钻进倒杆时如不适当调小水泵压力，将会产生钻具浮起造成岩芯堵塞。不停钻倒杆是钻具在回转和不加、减压力情况下进行的，浅孔时发生钻具浮起、晃动；深孔时钻压又过大，均容易造成岩芯堵塞或金刚石钻头损坏。参照地质出版社《金刚石钻探手册》。

卡簧取芯是提高岩芯采取率的方法之一，也是金刚石钻进的特点所决定的。由于金刚石钻头内壁与岩芯之间的间隙很小，卡料无法下去，即使卡料能下去，也由于金刚石性脆容易将金刚石损坏，故金刚石钻进都采用卡簧取芯。

金刚石钻进用的管材，特别是岩芯管、扩张器、钻头壁都薄，用普通管钳拧卸时容易将他们夹扁损坏，故金则石钻探用轻便、灵活、可靠的多触点自由钳。

用游标卡尺精确测量钻头和扩孔器的外径、内径及高度、并作好记录，以作为轮换选择钻头、扩张器的依据。在轮换过程中保证使排队的钻头、扩张器都能正常下到孔底，以避免扫孔、扫残留岩芯。参照地质出版社《钻探工艺》。

3.4.1　无底阀管多用于无地下水第四系土类钻进分为孔口击入法与孔内击入法，以孔内击入法较好，它用钢丝绳提动加重杆，打击取样筒钻进。其优点是辅助时间省，目前多用于浅孔，是工业与民用建筑勘探常用的钻进方法。

冲击钻进比回转钻进对土的结构影响程度大些，为了提高标贯和取样质量，依据国标《岩土工程勘察规范》的规定，冲击钻进深度距标贯和取扰动土样距离 0.5 m，距取原状土样在 1 m 时，冲击钻进改用回转钻进。

有阀管是取样筒底部装有阀门，它适应地下水位以下并能在流砂或流塑状的土层中钻进，达到通过，不作为取芯分层鉴定。在流砂及淤泥层中采用平底阀；在砂层中采用弹簧片阀（也称弹簧管），当压入或击入取样筒时，弹簧片张开，提取钻具时弹簧片合拢，从而防止岩芯中途脱落。

冲击钻头有各种不同型式，主要有：一字形钻头（用于劈开卵漂石）、十字形、工字形钻头（用于击碎卵漂石）等。

3.4.2　测深标记系指孔内冲击钻进，钢丝绳与加重杆、钻具连接后，在钢丝绳上作出尺寸标记，以便随时掌握进尺和孔的深度。

3.5.1　粉细砂用震动钻进会引起液化，影响分层鉴定，因此不用此方法钻进。

3.5.2　带轴向槽的岩芯管便于掏出砂、黏土，与敲打岩芯管相比，既省力又可明显看出变层位置。本条文的数据是参照铁一院的《铁路钻探技术作业细则》和地质矿产部《工程地质钻探规程》规定的。

3.5.3　钻探用偏心锤震动器，当偏心锤质量及其偏心距离不变的情况下，振动力大小取决于偏心锤的转速。钻机动力驱动的液压震动器（常为定量的油泵和马达）或软轴传动的机械震动器，刚启动震动器时柴油机油门开小些，让震动器振动后观看各连接处情况等，当正常后再将柴油机油门逐渐调大，震动器振动频率升高，振动力加大，依据石油工业出版社《钻井力学》和实践经验。偏心锤振动器的每个偏心锤的质量，偏心距不但相同，而且固定在两根轴上的位置也一样，才能使震动器工作时不偏斜和振动力大，因此调整震动器偏心锤时应达到每个偏心锤所张弧度一致。孔内坍塌掉块，从孔内提出钻具阻力大的时候，可将震动器调至振动或向上振，采取边振动边用卷扬机提升震动器，避免强力提拉发生事故。

3.6.1，3.6.2　干钻钻进能全部取出岩芯，便于鉴定岩芯，孔壁也不易坍塌，达到了解地下水等情况。无泵反循环钻进，只用少量的冲洗液，冲洗液流动速度不大，对岩芯冲蚀作用很小，岩芯采取率较高，且能保持岩芯的原状结构。缺点均是劳动强度大，钻进效率低。

3.6.3　干钻时由于钻头与孔壁、钻头与岩芯的干摩擦产生高温，很容易发生烧钻事故，条文中的几点规定是多年经验的总结。

3.6.4 当孔内无水时从孔口倒水，以保持孔内有足够的水循环。钻进松散无黏结性的岩层，采用黏度和失水量小的泥浆作冲洗液，既能实现孔底局部反循环，又增加孔底周围的稳定性。依据地质矿产部《工程地质钻探规程》。

岩石松软，钻进时岩粉多，需要孔底液体反循环强度大，则提动钻具高度应大些，反之则小些。依据地质出版社《钻探工艺学》。

3.7 活套闭水接头是一种特制接头，代替钻岩接头，与岩芯管连接，组成活套闭水接头单管钻具。在钻进时冲洗液经上接头径向孔流向岩芯管的内壁进入钻孔底，减小冲洗液直接冲向管内岩芯的力。回次提钻时套管接头位置相对移动，让出上接头的径向孔，此时，钻杆内剩余冲洗液从径向孔流出岩芯管外，避免钻杆内的液柱重量压掉管内岩芯。经铁四院、铁三院等单位钻探中证明，在地下水位以下应用活套闭水接头单管钻具，泥将循环钻进粉、细砂土及黏性土，可提高岩芯采取率。根据铁四院、铁三院等单位应用活套闭水接头单管钻进的总结。

3.7.2 用优质膨润土粉（即用 1 t 的膨润土粉，不加任何处理的情况下，能制成视黏度 15×10^{-3} Pa·s，失水量 20 mL/30 min 以下的泥浆量达 10 m^3 以上）制成基本泥浆，再用 PW 植物胶碱液或其他处理剂进行处理，使泥浆达到护壁要求。泥浆性能指标的依据是铁四院、铁三院的经验总结。

边提取岩芯边从孔口加灌泥浆，是为了增加对岩芯的浮力，避免掉芯。从孔内提出岩芯管后不用敲击法退岩芯，采用泵压退芯，即将岩芯管斜放地面，卸下钻头，将套管接头推到封住上接头的径向孔位置，装好蹩芯卡子，再将上接头与水泵出水管连接，开动水泵压出岩芯，可避免敲击损坏砂土岩芯。依据同上。

3.8.1 孔底液动冲击回钻钻进，是在常规钻具岩芯管的上端安装液动冲击器，利用压力冲洗液产生冲击，使钻头既有冲击作用，又有回转作用，是综合性破碎岩石的一种钻进方法。钻进Ⅴ～Ⅵ级岩石用冲击频率低，冲击功大的冲击器，经硬质合金冲击回转钻进证明，比硬质合金回转钻进和钢粒回转钻进效率高，孔内事故少等优点。

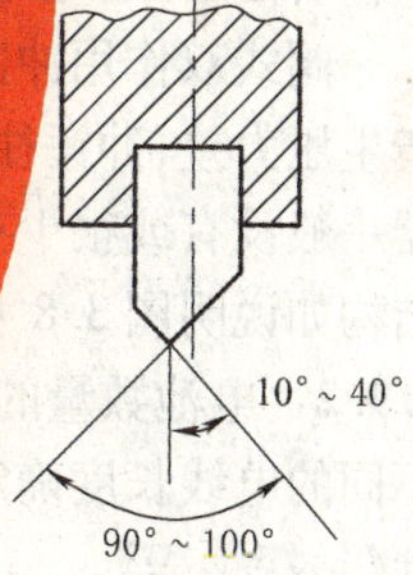

说明图 3.8.1 切削具刃角示意

液动冲击回转钻进时作用在钻头的力主要是冲击力和回转力，切削具承受着纵向和横向交变载荷的双重作用，因此钻头和硬质合金要用机械性能好的材料，达到抗弯强度和耐磨性大。一般用的硬质合金块硬度（HRA）要大于 86，抗弯强度不小于 1 400 MPa。钻头为了多次使用和便于拧卸，并配有卡岩芯的卡簧，钻头较长。

为了利于破碎岩石和提高切削具的抗冲击强度，硬度合金的刃角不对称，为负前角，见说明图 3.8.1 切削具刃角示意图。

液动冲击回转钻进的硬质合金钻头，其硬质合金出刃量规定，依据地质矿产部《液动冲击回转钻探技术规程》。

镶焊硬质合金保证焊缝有足够的强度，是为了避免产生掉块和破裂。常用低熔点的铜基焊料，以消除或降低焊缝内应力。镶焊后进行修磨，以使切刃表面光洁。依据是地质出版社《钻探工艺》。

3.8.2 金刚石冲击回转钻进与金刚石回转钻进比较，能提高钻进效率和钻头使用寿命。为了钻头通水面积大，降低泵压，钻头水口数 ϕ91 mm 为 10～12 个；ϕ75 mm 为 8～10 个；ϕ59 mm 为 6～8 个。稳压罐用金属制作，具有一定容积和承受压力，在罐内有空气，安装在水泵出水管路上，以起缓冲稳压作用，达到减小进入钻具液流的不均匀性和液压脉冲，以及水锤能量损失。依据地质出版社《金刚石钻探手册》和《钻探工艺》。

3.8.3 冲出回转钻进钻头的压力作用，是对岩石施加一定的预加应力和克服冲击所产生的反弹力，以便有效地传递冲击能量。当钻进较软的岩石时破碎岩石以回转剪切作用为主，要采用较大的钻头压力。钻进较硬的岩石时冲击破碎岩石起主导作用，钻头压力要减小，以免过早损坏切削具，造成钻速下降。依据地质出版社《钻探工艺》。

无论用硬质合金或金刚石钻头冲击回转钻进，岩石硬度大及研磨性强的，转速均要降低；液动冲击器冲击频率或冲击功大时，转速要适当增加。其目的是要避免冲击间距过大，防止产生切削具早期磨损或崩刃。依据地质出版社《钻探工艺》。

冲击回转钻进时冲洗液不仅具有冷却钻头和清洗钻孔的作用，还担负着传递能量推动冲击器工作。泵量、泵压大，液动冲击器的冲击功和冲击频率都大，钻进速度加快。实际工作中受地质条件、工艺要求和钻具泄漏等影响，要求泵量、泵压满足冲击器需要外，还应适当增加。目前阀式冲击器一般所需泵量为 80～150 L/min。依据地质出版社《钻探工艺》。

3.8.4 冲洗液含有砂或其他固相物质，当进入液动冲击器，会增加零件磨损或堵死液流通路，造成冲击器性能不正常，以致不能工作。液动冲击回转钻进，净化冲洗液尤为重要。

钢丝编织的送水胶管的耐压大小，是依据液动冲击器的工作性能而定，必须满足液动冲击器工作所需泵压。参照地质出版社《钻探工艺》。

阀式双作用冲击器通过阀的装置，使冲洗液产生压力差，冲锤往复运动而进行冲击。此冲击器一般没有或很少有易疲劳损坏的弹簧零件，其结构如说明图 3.8.4。

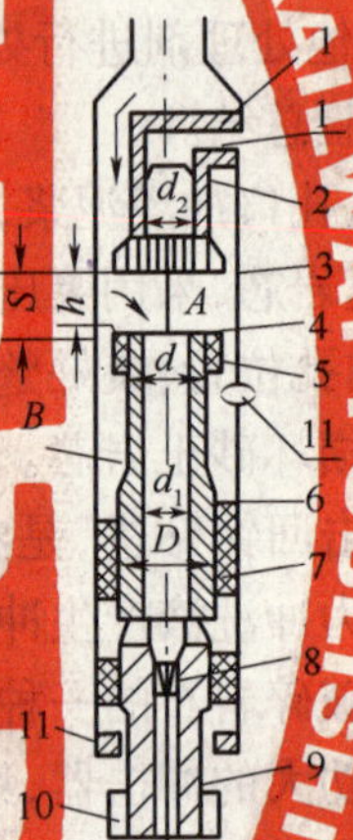

1—活阀座；
2—活阀；
3—外套；
4—支撑座；
5，7—导向密封件；
6—冲锤；
8—节流环；
9—铁砧；
10—活接头支座；
11—外壳支座

说明图 3.8.4 "双作用"冲击器结构原理示意

3.9.2 电池数量的多少，在实际使用时，应根据不同的电线长度确定。下表是用两个雷管时所需的电压、电流及电阻。依据是地质出版社《钻探工程》。

说明表 3.9.2　不同电线长度用两个雷管所需电压、电流、电阻

电线长(m)	电压(V)	电流(A)	电阻(Ω)
100	10.8	0.8	13.5
200	20.4	0.8	25.5
300	30.0	0.8	37.5
400	39.6	0.8	49.5
500	49.5	0.8	61.5

3.9.3 爆破工作要求严格，在技术操作上稍有差错会造成较大损失。因此，爆破工作人员必须经过当地公安部门办的爆破培训班培训，并经考核后领得准许进行爆破作业证书。依据公安部门对爆破工作的规定。

3.9.4 使用冲击法处理瞎炮容易造成冲击而引起爆炸。用水泵冲出砂土，目的是取出爆破器检查瞎炮原因，若因故取不出时则放入一个药量少的爆破器，使之与第一爆破器一同起爆。

4.1 砂层情况较复杂，有松散的、密实的；有含水的，不含水的；有夹泥的和不夹泥的等，砂层钻探在铁路工程勘探中较为普遍。近年来，铁四院在砂层钻探中根据砂层情况，配制不同性能的优质泥浆，采用活套闭水接头单管泥浆循环钻进和灌浆无泵反循环钻进，以平衡孔内砂层压力，抑制孔壁坍塌，使钻进砂层岩芯采取率提高，保持砂层原状结构。1991年铁路工程总公司决定推广该钻进方法，现将它纳入砂层钻进的条文中。

砂层钻探在地下水以下不能使用泥浆钻探时，可根据不同的情况采用不同的跟管钻进方法（如跟管回转、冲击、震动等钻进方法），控制回次进尺，可准确测定初见水位及稳定水位，又可取出试样，基本保护砂层原状结构。

对于流砂层，用泥浆钻进无效时可先用震动下管隔离流砂层，再用冲击或震动取芯。

4.2 岩堆、卵石层、漂石层的特点是结构松散，石块之间有砂、土等充填物，胶结差，孔隙较大，有的石质坚硬。钻探时钻孔易坍塌、掉块、冲洗液易漏失，取芯困难。条文中所提出的几种钻进方法可根据孔内情况选用。金刚石、单动双管钻具无固相冲洗液钻进方法及技术参数，是根据《水利水电工程钻探规程》的送审稿内容。用金刚石钻进卵漂石，水电部成都勘测院研究较早，研究成功SM胶黏弹性钻井液和SD系列钻具。使岩芯钻探取芯取样技术有了新的突破，能提高钻进效率、取芯质量，铁路工程地质钻探中，应予应用。

4.3 破碎岩石对铁路工程的基础稳定、隧道开挖等有一定危害，是铁路地质工作了解的重点。通过钻探要探明破碎程度、节理、裂隙特征、风化情况及其他物质侵入。由于岩石的石质软硬不均、破碎在钻进时，冲洗液漏失、孔壁坍垮，加之，在钻进压力和回转力作用下，碎块岩石滚动、互磨，使取芯率极低，给正确判识破碎岩层带来一定困难。在破碎岩层中钻进，为取得较高的岩芯采取率，新增了破碎岩石钻进内容。

条文中的三种钻具：岩芯管长度、回次进尺确定、钻进技术参数，是参照《电力工程地质钻探技术规定》和地质矿产部《工程地质钻探规程》。用双管钻具、喷反钻具钻进，可减少冲洗液对岩芯的冲蚀和冲洗液漏失。

4.4 用轻型钻机干钻软土层，近几年来，在实施中发现，取出的岩芯大部分已被破坏。是因粗径钻具极易黏结软土孔壁，并随时间增长，粗径钻具外壁黏结软土越多，而空气进不到孔底，当提钻时产生严重抽吸作用，形成重复钻进和取芯。下管时套管外壁与孔壁黏结阻力大，也使下管受到限制。因此删除用轻型钻机干钻软土层内容。参照铁路工程总公司在全路推广铁四院《松软地层工程地质取芯钻探规定》中，用活套闭水接头单管泥浆循环钻进软土层方法，使钻具不黏结孔壁和岩芯，岩芯表面被泥浆包裹不致破坏原状结构，孔壁不收缩，能够提高岩芯及试样质量。

4.4.2 在《铁路工程地质软土勘测规则》第5.0.9条，规定取样直径：孔深15 m以内，不得小于100 mm，孔深大于15 m时，不得小于80 mm。

4.5 膨胀性岩层钻进由于冲洗液的作用，钻孔易出现膨胀、缩孔、过水间隙堵塞、产生糊钻、蹩泵等现象。为了克服这些现象的生产，用优质泥浆作冲洗液钻进膨胀性岩层，是主要的技术措施。

原条文中六角形硬质合金钻头各单位未使用，现从条文中删除。硬质合金钻头用加大内外刃，其加工方便，也能满足钻膨胀性岩层的强度要求。用该硬质合金钻头钻孔间隙增大，减少了孔内阻力，能够加大泵量和转速。

4.6　含洞穴岩层中钻进，由于洞穴埋藏的位置和大小难以准确测定，故在条文中指出应轻钻压、慢转速钻进，并随时注意接近空洞的几种预兆，以保证机具人身安全。钻空洞底板用慢转、轻压钻进，是因空洞形状各异，底板不平等，钻进参数大了极易造成钻孔偏斜，甚至钻具断脱事故。

4.6.1　为了避免冲洗液从洞穴和裂隙中漏失，采用套管隔离空洞是常用的方法。因此，钻探前从地质了解钻探工点是采空区或是岩溶区，其空洞的大致分布范围、深度、大小、岩层稳定情况等，以考虑钻达予定深度时，下入孔内几层套管，以便确定开孔口径和换径深度。

4.7　钻探涌水、含气岩层，钻孔易产生坍垮、泥浆变质，甚至井喷。因此对钻探泥浆的性能要求更为严格，并按时测定泥浆性能。泥浆的密度、黏度、失水量的选用，根据孔内情况，参照本规程第6.1.1条确定。如涌水严重，泥浆不能抑制涌水时，应适量加大泥浆密度，采用重晶石粉、方铅矿粉、PW植物胶碱液等加重剂和降失水剂。

在新建铁路的施工隧道内进行岩溶等钻探，为确保钻探工作的安全，条文中指出了应符合《铁路瓦斯隧道技术暂行规定》中的有关规定。如机具设备的选用，防止瓦斯爆炸等。

4.7.2　测定含气岩层中压力，可用气压计在密闭的孔口进行；需要作喷气量试验时，可用黏土临时止水的办法与上层隔绝，再密封孔口进行试验；如需作气体分析采集气体，可用取气罐，将快速干钻取出的岩芯放入罐内密封，并填好取样位置、地点、编号、层位、气温、时间（也包括提钻时间和装样时间，时间精确到秒）等内容的标签。

4.8　多年冻土地层用单动双管钻具钻进，可减少岩芯管与岩芯的摩擦生热，达到更好地冷却钻头。

4.9　黄土与普通黏性土不同，其特性因垂直孔隙和裂隙使垂直渗透性大于水平渗透，用一般方法钻进，在冲洗液作用下孔壁严重坍垮，土质原状结构被破坏，特别是湿陷性黄土破坏极其严重。为确保铁路工程地质在黄土的钻探质量，现增加黄土地层钻探内容。

黄土分类各不相同，经协作会议讨论为达到铁路内部对黄土分类一致。采用《铁路特殊土路基设计规则》的黄土分类，即新黄土（包括：全新世坡积土；全新世冲积、洪积土；晚更新世风积黄土；晚更新世冲积、洪积黄土）和老黄土（包括：中更新世上部黄土；中更新世下部黄土；早更新世黄土）。新黄土即是GBJ 25—90规范的湿陷性黄土。条文中的新黄土钻探方法、取土样操作，均用《湿陷性黄土地区建筑规范》的内容。条文中的第4.9.3条、第4.9.5条和第4.9.6条的内容，指老黄土的钻进。

4.10　滑破钻探除了解一般工程地质、水文地质情况外，主要是查明滑动土（岩）体厚度、滑动面数量、深度、性质、特征。为了保证滑坡钻探的质量，当钻到接近预计滑动面或有滑动面迹象时，必须采用干钻，严格掌握钻进参数和控制回次进尺，以达到提高岩芯采取率，正确判定滑动面位置。

空气钻进是用空气压缩机向钻孔内送气，代替冲洗液冷却钻头，排除孔底岩粉，经使用证明，空气钻进能判别滑动面，且可根据吹出岩粉的岩性和含水状态的改变，判断岩层的变化，及时发现地下水，因此将空气钻进方法列入本节内容。

5.1.1　水上钻场种类繁多，根据条文中指出的因素选择不同钻场时，要相互比较，达到修建、拆卸方便、材料节省，坚固、实用。选择中可参考说明表5.1.1。

三角架柱桩承台，系指用89 mm钢管高4.5 m，下端留有丝扣，水深时可接长2 m，制成像三脚钻架一样的整体三角架，顶部用 300 mm × 300 mm × 10 mm 钢板作平面与架顶连接，共做四个这样的三角架，竖立后，两个架顶各架上 6 000 mm × 250 mm × 150 mm 方木做大梁，然后梁上架 6 000 mm × 200 mm × 150 mm 方木 8 根，均匀排列，上铺6 000 mm × 200 mm × 50 mm 木板，组成 6 m × 6 m 钻场平台。参照铁三院海滨、海湾上钻探经验。

说明表 5.1.1　水上钻场类型

<table>
<tr><th colspan="2" rowspan="2">水上钻场类型</th><th colspan="4">适用水域及钻探期间水文情况</th><th colspan="2">载重安全系数及吃水线</th></tr>
<tr><th>适用水域</th><th>最小水深(m)</th><th>流速(m/s)</th><th>浪高(m)</th><th>载重安全系数</th><th>全载时吃水线距平台工作面距离(m)</th></tr>
<tr><td rowspan="4">漂浮钻场</td><td>铁质钻探船</td><td>江、河、湖、海</td><td rowspan="2">1.5</td><td><4</td><td><0.4</td><td rowspan="4">>3</td><td rowspan="2">>0.5</td></tr>
<tr><td>木质钻探船</td><td>江、河、湖、海</td><td><3</td><td><0.2</td></tr>
<tr><td>油桶筏钻场</td><td>河、湖</td><td rowspan="2">0.5</td><td rowspan="2"><1</td><td rowspan="2"><0.1</td><td rowspan="2">不　限</td></tr>
<tr><td>竹木筏钻场</td><td>河、湖</td></tr>
<tr><td rowspan="2">架空钻场</td><td>钢索桥钻场</td><td>狭窄急流河谷</td><td>不限</td><td rowspan="2"><5</td><td rowspan="2">不限</td><td>8 ~ 10</td><td>钻场与水面相距 >3</td></tr>
<tr><td>桁架式钻场</td><td>间歇性河湖</td><td><0.5</td><td>>3</td><td>钻场与水面相距 >0.5</td></tr>
<tr><td colspan="2">水陆两用工程作业车</td><td colspan="6">适用沿海潮间带滩涂及湖泊沼泽地带</td></tr>
</table>

注：此表的依据是参照地质矿产部《工程地质钻探规程》。

5.1.2　本规程增加浅海水上钻探船选择和钻深 100 m、300 m 钻机应采用船只的吨位。参照铁二院海上钻探经验。

船只的几何尺寸和吨位不同，往往造成拼装困难，钻船平台倾斜和摇晃。在一般情况下，浅海上钻船用条文中的规定，如条件复杂，需进行钻船拼装设计。

拼装钻船的前、中、后三根横梁用旧钢轨或槽钢，拼装的钻船牢固，结实，一般钻深 300 m 钻机的钻船可用 20Q 槽钢作横梁。

钻船附重的比例是参照铁道部基建总局《实用工程地质勘探技术》确定的。

5.2.3　锚的质量与钻船受阻力的比例关系，参加地质矿产部《工程地质钻探规程》。

钻船所受阻力，可根据铁道部基建总局《实用工程地质勘探技术》及铁三院《钻工教材》(下册)，按下式检算：

$$R = 10fL(2T + 0.88\beta)v^2 + \phi\gamma F\frac{v^2}{2g} + K\Omega P$$

式中　R——阻力，N；

f——水流阻力系数(铁船为 0.17，木船为 0.2)；

v——水流速度，一般以 3 m/s 计；

L——船长，m；

T——吃水深度，m；

β——船底宽，m；

ϕ——水流冲击系数，方头船为 1，流线型船为 0.75；

γ——水比重，10 000 N/m^2；

g——标准重力加速度，9.81 m/s^2；

F——挡水面积，(宽 × 吃水深)，m^2；

K——挡风系数，流线型船为 0.2 ~ 1.0 方头船为 1；

P——风力，一般取挡风每平米受力为 500 ~ 1 000 N；

Ω——挡风面积,是迎风面积与背风面积之和(迎风面积等于钻船上设备的迎风面积加上钻塔的迎风面面积,背风面的面积是迎风面积的 0.75),m^2。

锚绳的安全系数为 5～8 倍是参照水利水电部《水利水电钻探规程》确定的。

浅海上钻探,钻船宜用 8 只锚,以达各方拉力平衡。有了锚头捞绳及其一定长度,一方面可以示意锚的位置,避免通航船只碰撞锚绳;另一方面捞绳在潮汐变化时不会淹没,而且起锚时,可以利用锚头捞绳协助起锚。捞绳长度为水深 1.3～1.5 倍,流速大时可酌情增加(据铁二院浅海上钻探经验)。

检查锚是否稳定抛牢,其简单方法:将锚抛下后摇动绞车,使锚绳达到受力,再用脚力踏锚绳,若有较小弹性,证明锚已稳定。如轻轻试踏,锚绳无受力感觉,再摇动绞车,仍无受力感觉,可以认定锚在跑动,需要起锚重抛(据铁二院浅海钻探经验)。

5.3.7 齿状管靴和带钉管靴,使保护管更为稳定。带钉管靴是钉子焊在管靴外壁,并伸出管口 50～100 mm,尖头略向外倾斜。依据是冶金工业部《工程地质与水文地质钻探操作规程》。

6.1.1 在致密、稳定岩层中钻进(钻进方法通常指硬质合金钻进或钢粒钻进),孔壁稳定,无渗漏,采用清水作冲洗液,经济简便,冷却效果好,钻进效率高。

水文地质钻探试验孔段的岩层,受污染和破坏的主要原因不是泥浆的黏度,而是泥浆中的固相含量。为了保证水文地质试验的质量,在试验孔段,宜采用清水或易于洗孔的泥浆(如聚丙烯酰胺低固相或无固相泥浆),这些冲洗液有利于提高洗井质量。

松散、掉块、裂隙地层及胶结差的覆盖层,可选用 PW 植物胶泥浆或聚丙烯酰胺低固相泥浆(固相含量不超过 10%),也可选用其他复配型化学泥浆。在砂、砾石、卵石层中钻进,应以提高泥浆黏度为主,这样可减少对孔壁的冲刷和泥浆的漏失;在坍塌掉块岩层,要适当提高泥浆密度,同时要控制失水量;在裂隙、渗漏岩层中应适当降低泥浆密度,同时提高泥浆黏度。

钻进遇水膨胀岩层根据岩性可选择含钙泥浆(如石灰泥浆、石膏泥浆、氯化钙泥浆)、含盐泥浆或不分散低固相泥浆(如聚丙烯酰胺低固相泥浆)。这些泥浆可以抑制岩层中黏土矿物的水化膨胀,保护孔壁,减少泥浆的失水量。

钻进中由于采用了与地层中相同的饱和盐水泥浆(含盐量为 30%～33%),使地层中的可溶盐不易进入冲洗液,从而达到孔壁稳定和冲洗液不受污染的目的。

金刚石钻进具有转速高、环状间隙小等特点,所以要求泥浆性能是低固相与低密度,具有良好的润滑性与流变性,且失水量较小。故可选用聚丙烯酰胺低固相(或无固相)泥浆,或乳化泥浆。

表 6.1.1 中所列冲洗液性能参数均以近几年路内各单位所用冲洗液性能参数及地质矿产部《工程地质钻探规程》为依据,结合原规则表 4.11.1 提出的。使用时应视岩层情况不同,参考使用。

6.1.2 由于目前各地泥浆材料(黏土、水甚至处理剂)的性质并不一定完全相同,如果生搬硬套他人经验数据,有可能达不到预期的目的,造成不必要的浪费。

泥浆配制中一般采用优质黏土或黏土粉制作造浆基本材料,其造浆率应在 12 m^3/t 以上。该指标是指优质钙土(含钙膨润土)加碱处理后的造浆率。基浆失水量指标的依据是地质矿产部《工程地质钻探规程》。因为优质造浆材料造浆率高,所制泥浆性能稳定,扩壁性好,最终核算经济成本大大低于劣质土,而且孔内事故率低。

用黏土配制泥浆时先用水将其浸泡1~24 h,使黏土颗粒充分水化,以提高分散度和造浆率,同时也有利于保持泥浆性能的稳定。对钙质膨润土,在使用前还应加入适量的纯碱进行预水化处理。

水是泥浆中的一个主要原料。水质的优劣对泥浆性能和成孔过程有着十分重要的影响。如水中矿物质多了,会使黏土颗粒的水化作用减弱,并容易发生聚沉。通常制浆用水是就地取水,如用生活用水、河水、湖水等淡水,只有配制盐水泥浆时,才可用咸水或海水。

为适应各种不同岩性的岩层对泥浆性能参数的要求,单靠黏土和水的加量是不够的,只有根据孔内具体情况,科学地运用各种处理剂来改善和控制泥浆性能参数,才能在各种复杂岩层中顺利钻进。目前常用的处理剂类型有多种。

许多处理剂本身都具有多种功能,如PW植物胶具有提黏和降失水作用,腐植酸钾(KHm)具有絮凝、降失水和稀释作用等。所以选择泥浆处理剂时,应以其主要功能来选用。表6.1.2是根据地质矿产部《岩芯钻探规程》的编制。

用优质钙土造浆时可加入土量5%~6%的纯碱Na_2CO_3,以提供的钠离子来置换黏土中的钙离子,使钙基土改型为钠基土,从而增加黏土的水化和分散,提高造浆率。

6.1.3 现场用于泥浆性能的测量仪器,可配置地质仪器厂生产的"NY-1"型泥浆试验箱,该箱配有:1002型泥浆比重秤、1006型泥浆黏度计、NS-1型泥浆失水仪(包括打气筒一个)、NA-1型泥浆含砂量计、PH值试纸等。该箱体积小、重量轻、便于携带,适合于野外使用。

钻进中若泥浆除砂不好,可能造成泥浆原有性能破坏,加速水泵零件磨损,影响孔底清洁,严重时,造成孔内事故。所以,使用泥浆现场,应根据场地实际情况,设置简易实用的泥浆循环系统,并派专人及时清除循环系统的沉砂。深孔应配备除砂器、振动筛等净化设备,从而可减轻劳动强度和减少泥浆替换次数,大幅度降低泥浆成本。

6.2.1 铁路工程地质钻探目前常用的护壁堵漏方法有:泥浆护壁堵漏、黏土护孔、水泥浆护孔堵漏和套管护孔。化学浆液堵漏虽有许多优点,但由于原料来源不广、成本过高或具有毒性等条件限制,目前很少使用。

进行钻孔护壁堵漏时应根据岩层坍塌或漏失的实际情况,结合护堵工具和材料,对"症"下"药"。也可将几种护壁堵漏方法,加以综合应用。

6.2.2 作为选用泥浆依据的岩层情况是指岩层岩性、钻孔坍塌和漏失程度。一般原则是:当钻孔发生冲洗液漏失时,降低泥浆密度,以减轻泥浆对孔壁、孔底的压力,达到减轻或消除漏失;当孔壁坍塌,增加泥浆密度,以平衡岩层压力,可有效的防止坍塌掉块或涌水等。

岩层轻微漏失性也叫小漏失或渗漏。其表现为孔内返出的冲洗液数量减少,水箱水位降低,冲洗液不断消耗,但尚能维持循环。对于这类岩层采用低固相聚丙烯酰胺泥浆(PHP),是因为该泥浆固相含量少,密度低,液柱压力小,加之又具有较理想的流型,因此,泥浆不易沿裂隙渗漏。另外该泥浆在孔壁形成的泥皮薄而坚韧,能封闭细小裂隙,阻止泥浆漏失。

岩层中等漏失性(又叫普通漏失)表现为循环中止,冲洗液面低于孔口。该岩层若用泥浆护壁堵漏用下列泥浆:

(1)堵漏泥浆:按漏失通道大小在泥浆中加入各种形状、尺寸的惰性堵漏材料,如锯末、纸屑、稻壳、云母片、花生壳、棉子壳、甘蔗渣等,制成堵漏泥浆,泵入孔内,达到护壁堵漏目的。

(2)石灰乳泥浆:在泥浆中加入密度为1.3～1.4 kg/L的石灰乳10%～25%,制成高黏度石灰乳泥浆,用泵送或孔口注入,静置1～2 h,即可堵漏。

(3)未水解聚丙烯酰胺(PAM)泥浆:将PAM加入泥浆中搅成粥状后泵入孔内,PAM使泥浆中固相完全絮凝,采用小泵量循环直至消除漏失为止。

(4)冻胶泥浆及其他形成结构的泥浆:以泥浆为主,加入水泥、氯化钙、水玻璃等结构形成剂,配制成高黏度冻胶状物,泵送或孔口注入后静置24 h,即可达到堵漏目的。

(5)泡沫泥浆:在泥浆中加入起泡剂和稳泡剂,搅拌或充气后制成密度为0.7～1.0 kg/L的泡沫泥浆,通过泥浆循环,达到护壁堵漏目的。

既塌又漏岩层选择泥浆的方法是根据塌、漏程度,全面权衡,抓住主要矛盾。当钻孔漏失时要降低泥浆密度,以减少泥浆对孔底、孔壁的压力;而孔壁坍塌要增加密度,以平衡地层压力。如果钻孔漏失、坍塌不严重时则要以治漏为主,相反,若漏失强度很小而孔壁岩石很不稳定,则要适当增加密度,以防塌为主,并兼顾治漏(调节泥浆其他性能)。

失水量是泥浆的重要性能,用失水量大的泥浆钻进不稳定岩层,易造成孔壁吸水膨胀、剥落、坍塌、缩径等不良后果,严重时会发生卡钻、埋钻等事故。另外,泥浆的失水量大,所形成的泥皮厚而疏松,这不仅起不到护壁作用,相反,还会导致泥皮脱落、糊钻或卡埋钻事故。所以,在使用泥浆护壁时,一定要严格控制失水量。

6.2.3　黏土堵漏时向孔内投黏土球不宜过快,以防止中途架桥,堵漏失败。

6.2.4　硫铝酸盐地勘水泥具有凝结快、早期强度高,初、终凝时间间隔短,水灰比可调幅度大,微膨胀和耐硫酸盐侵蚀等一系列优良性能。B_1型早强水泥也属于硫铝酸盐型快硬早强水泥。由于硫铝酸盐水泥具有上述优点,所以它已成为钻孔护壁堵漏有效地专用材料。现场有时难以准备到这类水泥,也可选用普通硅酸盐水泥,但要加入速凝剂,以加速水泥浆的凝结。

配浆用清洁淡水,其温度不超过30 ℃,这是因为温度过高将缩短水泥浆的可泵期,影响灌注工作。

钻探工作中使用的水泥外加剂要根据水泥品种,护堵要求及货源情况,经室内配制试验,确定其品种和加量,目的是弥补水泥性能的不足,改善水泥浆性能。水泥外加剂,可单独使用,也可复合使用。外加剂按作用不同,可分为:减水剂、促凝早强剂、速凝剂、缓凝剂、黏结剂、防冻剂及膨胀剂等,并各自有其适用范围。选用时,应根据水泥浆性能要求不同使用。

配制水泥浆前利用现有材料和以往配方,在地面做好小型试验,测定必须数据,以确定较为合理的配方,并决定出:水灰比、灌注量、水泥用量、加水量、外加剂加入百分数和用量、搅拌方法等。

普通水泥水灰比通常为0.45～0.5,若加减水剂可适当减小水灰比(0.35～0.4);地勘水泥水灰比为0.45～0.7,且随温度变化而变化(温度高,比值大)。

水泥浆仅在水化初期具有触变性,而地勘水泥比普通硅酸盐水泥的触变性时间更短,即地勘水泥的流动性差,可泵期短。为改进地勘水泥这种性能,使之满足灌注要求,可采用强力搅拌来改善流动度和增加可泵期。在配制水泥浆时,为了改善水泥浆的流动性,降低水灰比,都要加减水剂。加减水剂时,先将减水剂加水充分溶解,然后再加入水泥浆中,溶解减水剂的水量应计入水灰比之内。

常用的水泥浆灌注方法如下：

(1)水泵钻杆注入法(常用的基本方法)：用水泵输入钻杆将水泥浆压入孔内漏失或坍塌岩层。适用于注浆量大，水泥浆流动性好的情况，不受孔深、孔径和稳定水位高低的限制。

(2)灌注器注入法：用于灌注少量水泥浆及孔内复杂和较深的孔段。注浆时，将水泥浆装入盛浆管内，然后将灌注器用钻杆下至漏失层，开动水泵，利用水压将灌注器排水阀打开，水泥浆便流入孔内需要灌注的部位。

(3)孔口钻杆灌注法：将钻杆或小径套管下到需要灌注的孔段，从上接漏斗向孔内灌注。利用管柱内水泥浆自重，将水泥浆压入漏失或裂隙地层。此方法适用于浅孔，且孔内水位很低或干孔情况。

(4)干料投入法：将水泥及其他外掺剂按比例混合好，装入塑料袋或帆布袋内，用钻杆下入孔内(孔内有水)进行搅拌，达到护堵效果。此方法适用于玻璃、坍塌、严重漏失岩层。

注浆完毕立即将莲篷头放入准备好的替浆水箱中，开泵压水替浆。替浆量可参考下式计算：

$$Q = K(L - i)q + Q_{地}$$

式中 Q——替浆量，L；

L——钻杆柱长度，m；

i——孔内静水位至孔口高度，m；

K——压水系数，0～300 m，取 $K = 0.9$；300 m 以上取 $K = 0.95$；

q——每米钻杆内容积，ϕ50 钻杆为 1.2 L/m；ϕ42 钻杆为 0.8 L/m；

$Q_{地}$——地面管线及水泵容积，大口径取 50～60 L；小口径取 40～50 L。

6.2.5 铁路工程地质钻探中经常需要用套管护孔，如在裂隙、溶洞及强烈涌水、坍塌岩层，使用其他护壁堵漏方法无效或不经济时，水文地质试验孔段或供水井等，均使用套管护孔。

下管前向孔内投黏土球是封闭套管底部与孔壁之间缝隙，防止套管内外发生水力联系。

套管呈悬空状态是指套管没有放在孔底或孔内变径台阶上，在孔内呈悬空状态，这样易发生套管脱扣事故。

7.1.1 水文地质钻探通常较工程地质钻探工序复杂，无论人力、物力、时间均比工程地质钻探耗费多，因此，下达任务时必须提出钻孔的水文地质依据，深于 100 m 的水文地质孔，还应有钻孔结构设计图及工艺说明，其内容包括孔位，标高，钻孔预计地质剖面和水位深度，柱状图，钻进方法，冲洗液要求，岩芯采取率，试样采取，测井，止水，观测试验，封孔，关键孔段钻进注意事项，保证质量措施和安全注意事项等。

7.1.2 松散层中孔径不宜小于 150 mm；基岩中不宜小于 110 mm。是根据《铁路供水水文地质勘测规则》，考虑到松散层所下过滤器管必须包网、缠丝或填粒，因此，孔径应比过滤管至少大一级，即为 150 mm；基岩中多数情况只下圆孔或条孔状骨架过滤管，所以规定终孔直径不小于 110 mm。当溶洞中含有泥砂时应增大终孔孔径。

7.1.3 表 7.1.3 中的大口径泵吸、气举或射流反循环钻进，为目前较先进的钻进工艺，多用于第四系松散层大口径钻进。其特点是钻进速度快、费用低、成井质量好。三种反循环钻进方法，因其基本原理不同，所以孔深钻进效率也不同。泵吸反循环钻进，孔深在 50 m 以内钻进效率较高，随着孔深的增加，而效率逐渐下降；气举反循环钻进在开孔 10 m 以内不能使用，孔深在 50 m 以内效率低于泵吸或射流反循环钻进，50 m 以上效率较高。因此,三种反循环方式应互相配合使用,充分发挥其各自的特点,才能取得较好的经济效益。当一台设备配有不同的反循环方式,一般情况下,孔深不超过 50～70 m 采用泵吸或射流反循环钻进,孔深超过 70 m,采用气举反循环钻进。

硬质合金、钢粒、冲击等钻进方法,均为路内目前水文地质钻探常用方法。

7.1.4 本条第 1 款是参照原规则第 6.1.4 条和地质矿产部《水文地质钻探规程》制定。钻进参数中,将原规则的泵量,为定量值改为定性值,是考虑到,当孔壁稳定时,冲洗液量越大越有利于钻进。同时,泵量宜大,有利于现场实际操作。

钻压是根据原规则的条文说明内容制定的。

7.2.1 水文地质钻探所用钻孔管包括:在非含水层中使用的孔壁管,在含水层中使用的滤水管(或叫花管),并在其下部安装的沉砂管。

根据材质不同钻孔管有钢管、铸铁管、水泥管、塑料管。铁路水文地质钻探使用的钻孔管多数为钢管,因为钢管强度大、下管工艺较简单,发生问题也易处理。铸铁管与钢管相比其强度较低、重量较大、下管也不太方便,但其成本较钢管低,防腐能力较强。一般在钢管货源紧张时也可采用铸铁管。水泥管成本低,制造方便,但制造时质量不稳定,强度低,下管工艺复杂,一般适宜于孔深较浅的群孔采用。塑料管具有强的抗腐能力可用于各种水质,强度较钢管稍差,但重量轻(运输方便),因此,这适用于深井,若条件允许可推广应用。

过滤管的长度乃指过滤管进水部分的长度。钻孔下入过滤管长度取决于含水层厚度、颗粒组成、过滤管直径等因素,全孔下过滤管既不合理,也不经济。一般当含水层厚度在 15 m 以内,按各含水层累计厚度计算过滤管长度(或略短 1 m)。当含水层厚度超过 30 m时过滤管的长度采用 20～30 m,因为,富水性强的大厚度含水层,划分试验段的长度通常为 20～30 m,在透水性较好的含水层中,这一长度是足够的。由于含水层富水性判断不准,下过滤管不可能完全对应于最优含水层,因此,过滤管长度可按实际情况适当增减。选用直径大的过滤管时,长度可短些;过滤管直径小时,则长度可略增大。

7.2.3 将"砾料"改"滤料"、"填砾"改"填粒",是根据国家《供水水文地质勘察规范》。

填粒为增大孔壁透水性,增大出水量,防止含水层砂粒进入过滤管内。所以下管结束后,应立即进行填粒,否则会影响成井质量,造成孔内大量涌砂,出水量减少等现象,甚至造成钻孔报废。

表 7.2.3 主要参考国家《供水水文地质勘察规范》。使用时,只需根据含水层的颗粒分析资料 d_i,查该表,便可算出填粒粒径。含水层的不均匀系数为 $\eta = d_{60}/d_{10}$。表的形式简洁,使用方便。

常用填粒方法见说明表 7.2.3。

说明表 7.2.3　常用填粒方法

填粒方法	施工要点	适用条件与优缺点
边冲边填法	投粒的同时,在管内下入钻杆,井内稍加密封,进行冲孔填粒。含水层较稳固,可采取大泵量冲洗;不稳固时,采用小泵量,慢投粒方法	使用泥浆作冲洗液的钻孔,为防止由于稠泥浆沉淀,使填粒达不到预定的孔段,采用此法较好,滤料杂物可随时冲出
先冲后填法	在填粒前进行彻底换浆,然后停泵进行填粒。可从观测井返水时的水头形态,判断投粒有否堵塞	此法简单,适用于较稳固的地层。填粒比较密实
边抽边填法	将空压机排砂管下至过滤管底部,边抽水、边投粒,以扩大填粒层的厚度。排砂管可固定,也可随填粒厚度的增高,随时上提	采用"大肚皮"井结构增加出水量时,往往采用此法。填粒密实,可增加出水量。但操作较复杂,在过滤管上部一般需下保护管

7.2.4 水文地质勘探孔和观测孔可进行临时性止水，但在试验和观测的全过程内应保证止水的有效性。长期观测孔应进行永久性止水。止水材料不能影响水质。

止水器止水：是将止水物（海带、橡胶、桐油石灰等）包裹在心管上，连同止水器下入孔内止水部位，借助轴向压力使止水物横向膨胀，封闭管壁间的环状间隙，达到止水目的。此方法适用于钻进中的单层止水或若干含水层的分层止水。

托盘止水：分上、下托盘法两种。上托盘法是把止水材料包裹在变径接头下部，下入变径台阶处，利用套管自重或加压，压挤止水物于套管和孔壁环状间隙中；下托盘法是把止水托盘连接在止水套管上的相应止水孔段部位，下入孔内，投入黏土球或桐油石灰球，阻塞管壁间的环状间隙。此方法适用于松软地层及其基层钻进中的分层抽水或观测水位的分层止水。

管靴止水是利用孔内换径造成的台阶，充填或挤压止水材料于台阶处的环状间隙内，达到止水目的。此方法适用于松软地层及基岩孔换径处止水。

钻孔止水是水文地质钻探工作的主要质量指标之一，它的工作好坏，直接影响水文地质资料的准确性和对含水层的保护程度，所以止水工作结束后应进行止水质量检查。

7.2.5 洗井是提高成井质量很重要的一道工序，能消除钻孔内岩屑和泥浆对含水层的封闭，同时抽出过滤管周围含水层的泥土、粉砂、细砂，以疏通含水层，使过滤管周围形成良好的滤水层，使其达到应有的出水量和使用寿命。为防止泥皮硬化，在下管、填粒、止水后，应立即进行洗井。

对于洗井质量，目前尚无具体的检定标准，条文的“水清砂净”含义是：

(1)水清砂净，有时是相对的。当停歇一段时间或另换抽水设备时，原来已水清砂净的钻孔，可能重新出现浑浊。此时，可用其他对比办法检定洗井质量，如借鉴同一地区水文地质资料，单位涌水量 q 是否达到接近值。结合抽水试验，若认为 q 值无反常，即证明洗井效果好，否则，仍须重新洗井。

(2)洗井方法应与钻孔结构、含水层相适应。一般松散岩层，水量大，含水层渗透系数较大，多采用空压机配合活塞洗井，反复鳖洗（送气 5 ~ 10 min 后恢复水位 2 ~ 5 min）10 余次之后，测得动水位升值不大于落程 1%；孔口连续出水稳定达 1 ~ 2 h 无明显变化，返水虽有浑浊，但已无泥砂、岩粉等物，洗井即可结束。

(3)洗井时间的长短应根据多方面的因素统一考虑。岩层颗粒粗、泥浆固相含量多，钻进时间长，则孔内形成泥皮较厚，适宜较长时间的强力洗井；反之，洗井时间可短一些。“砂净”程度以参照孔井含砂量不超过二百万分之一（体积比）执行。

“二氧化碳洗井”和“焦磷酸钠洗井”，是目前洗井方法中较为先进的方法。

一、液态二氧化碳洗井

(1)原理：向孔内灌入液态二氧化碳（CO_2），液体在孔内遇水吸热汽水，体积膨胀，产生气体压力，向含水层的孔隙或裂隙深部冲击地下水。同时推动孔内水柱上升喷出地表，随着井喷，孔内水位降低，而形成孔内水位瞬时的负压，在地层压力作用下，地下水携带大量细颗粒岩屑和裂隙充填物及孔壁破碎物涌入孔内，并随着井喷后期被排出孔外，从而清除了岩层裂隙或孔隙中的沉积物或充填物，疏通了水流通道，增大了钻孔的出水量。

(2)操作方法：首先安装好孔内和地表输送管道，然后将装有液态 CO_2 的钢瓶通过高压软管连接在管汇上，管汇一端装压力表，另一端接孔内输送管道。液态 CO_2 是由钢瓶放出，经高压软管、管汇、管道输送到孔内如说明图 7.2.5。

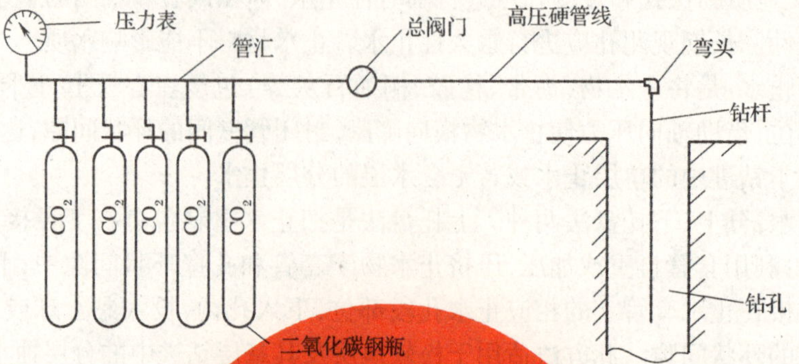

说明图 7.2.5　液态二氧化碳洗井

待一切安装完毕后，即可打开总阀门和钢瓶阀门，液态 CO_2 相继送入孔内，就能很快产生井喷；待井喷后立即关闭总阀门，这样可反复进行井喷 2～3 次后，即可开动空压机排除孔内杂物，进行试抽水。如果未达到预期效果，再向孔内灌入液态 CO_2，这样反复 2～3 次，即可达到洗井目的。

液态 CO_2 洗井不受岩层特性、井管材质、井身结构的限制，取材方便，操作简单，目前在多种洗井方法中是比较先进的一种方法。

二、焦磷酸钠洗井

(1)原理：焦磷酸钠($Na_4P_4O_7$)为无水白色粉末状(工业品)，它与泥浆中的黏土发生络合作用，形成水溶性络离子，其反应式为：

$$Na_4P_4O_7 + Ca^{2+} \rightarrow CaNa_4(P_2O_7)^{2+}$$

$$Na_4P_4O_7 + Mg^{2+} \rightarrow MgNa_4(P_2O_7)^{2+}$$

生成的络合离子为惰性离子，因此不发生可逆反应。络合离子本身不会聚结沉淀，也不再与别的离子化合沉淀，因此，它易于在洗井抽水过程中排出孔外，从而达到洗井目的。

(2)操作方法(勘探孔)：下管与一般下管方法相同，不同之处是，当止水物下至距止水位置 0.5～0.8 m 处，将止水管用夹板固定在孔中，从管内下入活塞，坐落在返浆托盘上，然后开泵送清水管外返浆(同托盘返浆法)，但返浆时间不宜过长，要保持止水物以上有优质泥浆护壁，以便抽水后起拔套管。返浆后紧接着用泥浆泵灌入焦磷酸钠水溶液，待洗井部位管外与孔壁环状间隙充满后，立即将管柱下至预定洗井深度，再将活塞提起 0.5～0.8 m，继续管内灌注。$Na_4P_2O_7$ 溶液灌完后，在管内拉动活塞半小时，加速泥皮破坏，最后将活塞起出，静置 5～6h，即可采用其他方法洗井。

(3)注意事项：

① 孔内钻进泥浆 pH 值要保持在 6～7，否则泥皮溶解速度就会减慢，影响洗井效果。

② 焦磷酸钠水溶液要按比例配制，水和焦磷酸钠的质量比为：100:(0.6～0.8)。若钻进周期长，井内泥浆密度大，固相含量高，其药量可适当增大，一般不超过1%。

③ 灌入井内焦磷酸钠溶液数量，以体积计算时，要考虑超径因素，一般超径系数为 0.3～0.5。

7.3.1　钻孔简易水文地质观测是钻进作业中一项重要工作，是了解含水层的最简便、经济、有效的方法，能为专门水文地质钻孔和铁路建筑物的设计提供必要的资料。

简易水文地质观测项目包括：

1. 钻孔中的水位变化；
2. 记录冲洗液的消耗量、冲洗液明显漏失位置、水色变化等；
3. 记录钻孔涌水位置、涌水量、涌水高度和孔口水温；
4. 观测记录钻具突然陷落的起止深度、涌砂、逸气等各种异常情况。

观测项目并非每孔每项都要进行，现场可按照钻探任务书的具体要求执行。

7.3.3 将原规则中"岩质岩"、"半岩质岩"改为"硬质岩"和"软质岩"，这与《铁路工程地质技术规范》中所用名词相同。

7.3.5 在钻进中发现泥浆被稀释或冲洗液大量消耗，说明岩层透水性能有了变化，可能遇到了新的含水层。因此，在使用泥浆钻进时，规定每班至少要测量一次冲洗液消耗量。如果泥浆突然发生变化，则必须增加测定次数。

为了准确观测冲洗液消耗量，要求钻场内冲洗液循环系统不得渗漏，必须防止雨水、地表水流入冲洗液内，并禁止向泥浆计量箱以外的循环系统中（如泥浆沉淀池、泥浆槽、钻孔中）直接添加或取走冲洗液。

7.4.1 提水试验是简易水文地质试验方法之一。试验时不易控制稳定落程和流量，其成果资料精度较差。所以提水试验有一定适用范围。

7.5.1 离心泵、往复泵的吸水高度通常为6～7 m，超过此高度就不能使用。

7.5.2 分层抽水时，应将试验段以外的含水层用止水器或其他止水物严密封闭。

7.5.3 风管调和器沉入钻孔的深度（H）与动水位至出水管口的高度（h）成正比关系。h 愈大，则 H 值也大，即 $H = Kh$。

在相同的扬程时，每抽1 m^3 的水所需压缩空气量与沉没系数有关，沉没系数愈大，耗气量愈少。目前所用的空气压缩机多为低压的（0.7 MPa），在水位较深的钻孔中，若要求过大的沉没系数则无法启动。考虑设备的现实情况和节省能源，所以沉没系数不得小于1.5。

7.5.5 抽水试验的水位降深次数、降深值、降深差，采用《铁路供水水文地质勘测规则》。

正式抽水要求作三次降深的原因是：可获得孔井的特征曲线，以便正确选择计算水文地质参数的公式；有可能推算出钻孔的出水量；有可能验证水文地质参数的计算是否准确。如用3次不同下降值计算，所得的渗透系数应比较一致。

砂类土从小降深开始抽水，可使细粒岩层形成天然过滤层，不致使过多的细小颗粒涌入井内；基岩中应从大降深开始抽水，其目的是：抽水开始即可获得所用抽水设备的最大抽降能力，以便设计小降深的数值，同时还可起到洗井作用。

7.5.12 深井泵安装，首先要求钻孔垂直。当钻孔不直，易使泵管与传动轴偏斜，轴承架受径向应力，增加震动而产生过早磨损。对钻井垂直度尚无统一规定，现场常以5 m长管柱（管直径大于或等于泵壳）吊放到预定深度，下降中若能顺利通过，就认为钻孔垂直。孔管是指套管和滤水管。

潜水电泵沉没深度：当试验抽水钻孔水位降深较小时，则取偏小值；若落程较大，则取较大值。

7.6.1 压水试验是测试岩层渗透性的常用方法之一。通过试验，可以定性地了解地下不同深度的坚硬和半坚硬岩层的相对透水性和裂隙发育的相对程度，为评价岩层的透水性，论证建筑物地基与其周围岩层的透水情况，提供和确定防渗与基础处理措施等的基本资料。

7.6.2　铁路钻探中，压水试验大多采用自上而下的分段压水法，即每钻进一段，用橡胶栓塞隔离进行试验。

试验段的确定除条文中提到的三点外，尚需结合具体情况考虑，如渗透性强的地段，试验段宜短，反之，则可延长。同一钻孔中靠近地表的试验段应短；较深部位的试验段则可延长。

试验段的底部，要选在较完整的地段上，以便下一试验段安装栓塞。如果试验段底部无法选在较完整的地段上，在试验后进行水泥封孔也可以，形成水泥孔壁，其长度不少于1 m。

7.6.4　压水试验一般在一个试验段内，采用三个压力阶段，但在实际工作中，如果岩层单位吸水量 $W<0.01$ L/min 时，只作一个阶段；当 $W>0.01$ L/min 时，方作三个压力阶段。

总压力是指作用于试验段的实际平均压力，单位为米水柱。压力试验的总压力值，一般采用 30 m 水柱。当试验总压力无法采用 30 m 水柱时，可用较大压力值并要求各孔段（试验段）采用的压力值尽量一致。

对于压力值大小和使用顺序，在坚硬岩层中，可由大到小，避免或减少裂隙被堵塞。在松软破碎岩层中，则采用由小到大的压力值顺序，避免因开始压力过大而破坏原来地层结构。

7.6.5　压水试验的试验段钻进结束后，按照洗孔、测定水位、试验段隔离、压水流量观测的顺序进行工作：

1. 洗孔：压水钻孔应采用清水钻进，覆盖层与基岩之间应用套管隔离并止水。试验设备下入孔内以前，用冲孔器、洗井刷、活塞提拉等方法进行洗孔。

2. 测定水位：孔内水位每 10 min 测一次，在工作管内外同时进行，当连续三次读数的水位变化小于 4 cm，即视为稳定。

水位在试验段以内或试验段以下，装塞后无法再测水位时，均以装塞以前所测的静止水位为准，并作为计算依据。

3. 试段隔离：根据孔径、试段位置确定栓塞直径和工作管长度。准确记录下管顺序、长度和接头数量。工作管应无弯曲、破裂，连接处应严格止水。管子下完后，检查栓塞位置，确认无误时，才可加压使胶塞膨胀，并检查止水效果。当试验段已被隔塞，立即测量工作管余长，求出塞底深度与试验段实际长度。

4. 压力与流量观测：设备安装齐全后，进行试验性压水，采用设计最大压力值以了解栓塞是否堵牢、管路畅通否、压力表指示的压力值能否稳定和达到设计要求。

正式压水时将压力调到规定数，并保持稳定后每 10 min 记录一次压力和流量，当试验成果符合规范标准时，即可结束，以最终流量读数作为计算流量。

压水试验成果是否正确主要从 $S=f(Q)$ 曲线判断。当钻孔压水的稳定流量 Q 与试验段总压力值 S 之间出现反比导常情况，说明试验工作有误，如地下水位不正确、1～2 个压力阶段流量值出现偏大或偏小（与栓塞漏水、工作管破损、地层裂隙扩展、流量计有误、洗孔不净而岩石裂隙受堵、受压后岩石裂隙逐渐封闭等因素有关），总之，现场遇到各种实际问题，应结合具体情况予以处理，尽可能不要中断试验。因为有 3 次或 3 次以上不能读出耗水量，绘制 $Q-t$ 曲线图有困难，无法判定流量稳定情况。

7.7　钻孔注水试验是野外测定岩层渗透性的一种比较简单方法，其原理同抽水试验，只是以注水代替抽水。

7.7.2 注水试验的变动水头法,是以一定的水量一次注入钻孔后,立即停止供水,观测其下降水位变化情况,一直观测到下降水位,达到钻孔内原来地下水的静止水位为止。该方法取得的资料精度差,一般不宜采用。

8.1.1 孔内钻具挤卡事故主要指:探头石挤卡、掉块挤卡、孔内键槽挤卡、钻粒挤卡、缩孔挤卡、岩芯挤卡、钻头与孔壁挤卡等。

新钻头出刃比旧钻头大,下钻前检查出刃只能看出是否合乎标准,能否通过套管。钻孔实际孔底以上的一段孔径,总是比新钻头的外出刃小,同时有岩粉、岩屑存在,会出现孔壁与新钻头挤卡情况,为了避免这种情况发生,新钻头下至距孔底0.3~0.5 m扫孔慢下。

有时即便将钻具提离孔底1~3 m,也并非能排除堵水、阻力增大或冲洗液停止循环等事故的征兆,因此新增加提钻进行处理的规定。

8.1.2 孔内埋钻事故系指岩粉埋钻、塌孔埋钻和悬挤埋钻。埋钻事故多发生在松散破碎岩层和深孔的钢粒钻进过程中。由于孔底岩屑积聚过多,钻粉捞取不及时,或因泥浆护壁失效而产生孔壁坍塌,陷埋钻具。条文中指出预防埋钻的措施,适用于冲洗液钻进。

8.1.3 烧钻事故多发生在钻头与孔壁及岩芯间隙小,转速高的金刚石钻进和硬质合金钻进过程中。从岩石因素考虑,则多发生在岩粉多,易糊钻的软质岩石中。施钻中若发现进尺慢、严重蹩水、回转阻力大、提钻困难时,要采取积极措施预防烧钻事故的发生。

烧钻事故的预防关键在于保证孔内循环冲洗液的畅通,同时要及时排除孔底岩粉。

预防喷反钻具和无泵反循环钻进烧钻的根本措施是下钻前、后检查钻具,钻进中观察回水,保持钻具水路畅通。

8.1.4 先强力开泵冲孔,使埋卡物松动,排除孔外,钻头冷却。凡是返水的情况下,应继续强力冲孔,以达到减轻事故或排除事故。

埋钻常与塌孔伴生存在,因此在孔壁不稳定的情况下,应先护壁后处理事故,否则可能造成重叠事故。

本条款是针对孔内钻具挤卡、埋钻、烧钻的事故特点及共性的处理方法,条文中指出了先简后繁的处理方法。

8.2 钻具断脱是指钻进过程中孔内钻杆、岩芯管和各种接头的折断,或其各连接部分丝扣滑扣。预防钻具断脱事故应该从提高管材加工质量,加强管材维护管理,遵守操作规程,改进工作稳定条件等方面着手。但管材加工质量与维护管理这两个环节,不完全取决于现场机组。条文中指出的预防措施,是在原规则基础上修改的,增加了对管材加工标准和磨损限度的要求,须符合本规程第10.8节的规定。其余为钻进操作方面要求。

条文中规定深孔钻探时,使用润滑减阻冲洗液和钻铤加压,目的在于降低回转阻力,改善钻杆在工作中的稳定条件,防止因阻力大和过度弯曲磨损而剪断钻杆。

8.2.2 条文指出了事故较复杂的多头断脱、贴靠孔壁、藏于孔内洞穴或键槽钻具断脱事故,丝锥捞取钻具的几种主要方法。为了判明钻杆多头断脱情况,先用打印器,以便选择适当的打捞工具。打印器是利用一段长0.1 m的短套管,装在异径接头上,把短套管外用薄铁皮裹上,而后注入熔化的蜡水或沥青,使蜡水或沥青高出套管口10~20 mm,待凝固后把铁皮拆掉即成。用钻杆下入孔内打印时,下放动作要轻慢,一接触到断头立即停止下放,切忌转动,起出后观察其印痕。如果一次不清可多打几次。

8.3 孔内套管事故主要指:套管折断、套管下跑、套管脱扣错位、套管挤卡等事故。

8.4 原"钻规"的第八章第三节为孔内坠物的预防,实际内容包括了钻头磨削具脱落和小物件坠入孔内两部分。由于两者发生原因和处理方法不同,因此分为两部分编写。

8.4.1 孔内钻头磨削具脱落主要指:硬质合金块、金刚石钻头胎体脱落和金刚石粒脱落。

孔内处理钻头磨削具脱落事故目前常用的方法如下:

1 黏取法:将孔内杂物冲净后,用带黄蜡或带黏胶物的黏取器下入孔内,黏取碎硬质合金块或胎体碎块等。

2 冲捞法:岩芯管上部接取粉管或开口取物管,岩芯管下部接宽刃十字冲击钻头或旧钻头,大泵量冲孔,边旋转边上下窜动钻具或边旋转边冲击孔底,使硬质合金或胎体碎块等物沉淀到取粉管或开口取物管内。

3 抓取法:下入抓筒,抓取脱落硬质合金、胎体和金刚石粒等物。

4 磨灭法:用钢粒钻头或磨铁钻头,将脱落的硬质合金磨成粉屑;用专用金刚石磨孔钻头磨细脱落的胎体或金刚石粒。同时,在磨细的过程中,用大泵量冲孔,使磨后粉屑沉淀到取粉管内。

5 钻取法:将喷反钻具的岩芯管下端接磨铁钻头,磨铁钻头内孔上口接一小取粉管使之伸入到岩芯管内,钻具下到孔底后边钻边冲,使磨细后的胎体等物沉淀在小取粉管四周的岩芯管内。

6 套钻法:先在孔底打一小孔,使脱落的硬质合金和胎体碎块等集沉在小孔内,再用粗径钻具将小孔套在中间钻进,钻至小孔底以下一定深度后,用取芯方法将其取出。

8.4.2 孔内坠物事故主要指:钢丝绳、电缆、垫叉、管钳等小工具和小物件坠入孔内。

8.5.2 弄清孔内情况后,组织机组人员,讨论分析事故发生的原因、类型。对事故处理办法,拟订出多种方案,一般从安全、简易、见效快的方法着手,并预先考虑处理无效后反而使事故复杂化的第二步办法。处理事故所用的打捞工具、材料,除检查外,还需将其用的类型规格钻具组合、数量逐一登记。

9.1.1 钻孔直径是保证钻探质量的必要条件。因为,完成不同的技术作业,都必须用相应的足够钻孔直径作保证,才能达到质量要求;达到技术作业质量要求的钻孔直径,必须用性能和技术条件适合的钻机和钻具,才能完成。

钻孔直径规定,主要根据如下:

1 《铁路工程土工试验方法》中,作渗透试验的原状土直径应大于或等于 100 mm 外,其他试验内容的原状土直径为 100 mm 或 80 mm。考虑取土器外径原因,黏性土采取原状土的钻孔直径则定为大于或等于 110 mm。

2 国际《湿陷性黄土地区建筑规范》中,黄土取土器内径不宜小于 120 mm,取土器外径不大于 129 mm。为保证取土质量,因此规定采取黄土原状土时,其钻孔直径应大于或等于 150 mm。

3 根据石样试验要求,岩芯试样直径不小于 50 mm。铁路工程地质钻探常用的最小钻孔直径为 75 mm,按硬质合金钻头计算,ϕ75 mm 的钻头体内径为 61 mm,硬质合金内出刃按 1.5 ~2 mm 计,则岩芯直径在 57 ~ 58 mm,因钻具摆动等因素,岩芯实际直径可达 55 mm左右。ϕ75 mm 单管金刚石钻头胎体内径一般为 59 mm,岩芯直径亦大于 ϕ50 mm。因此,规定采取送验岩石试样的钻孔直径应大于或等于 75 mm。

4 压水试验可选用 ϕ75 mm、ϕ91 mm 和 ϕ110 mm 三种孔径;在钻孔中作注水试验都利用工程地质钻孔,铁路地质钻探的最小孔径为 75 mm。因此压、注水试验的孔径应大于或等于 75 mm。

5 用于鉴别、划分地层的取芯钻探，钻孔直径可减小，但太小也容易出现鉴别和分层偏差，考虑个别情况下使用争光 10 型钻机和金刚石小口径钻探，因此将最小钻孔直径规定不小于 33 mm。

6 抽水试验时，是根据过滤管的直径确定钻孔直径。《铁路供水水文地质勘测规则》中，松散层中过滤管直径不宜小于 127 mm；基岩中过滤管直径不宜小于 108 mm。由于松散层孔壁不规则，过滤管外壁又要缠包网或填粒，所以规定松散层抽水试验的钻孔直径应大于或等于 150 mm，考虑深孔基岩中抽水时使用单层花管，因此对基岩抽水孔的直径规定为应大于或等于 110 mm。

7 在钻孔中进行原位测试时，测试孔段钻孔直径，应达到测试探头上下不能受阻，才能保证测试准确，所以定为钻孔直径大于探头直径一级以上。

9.2.1 孔内钻具长度是计算孔内各种深度的基础数据。下钻前每根钻具的量测，又关系到钻具总长或孔深的偏差。路内有的设计院规定钻具量测的允许偏差为 ±1 cm，中国统配煤矿总公司的《工程地质钻探质量标准》中规定为 ±1 cm，但都未明确该偏差是指多大长度的偏差。为明确量测偏差的准确程度，所以规定每根钻具的量测读数至厘米从而孔深允许偏差 ±2‰。

大于或等于 5 cm 厚的夹层（除滑动面外）影响地基稳定，常在分层时被忽略，因此本规程增加了 9.2.1.2 款内容。

取样、标贯和地下水位的深度，是钻探质量的重要组成部分，因此，本规程增加其允许偏差为 ±5 cm。

9.3.1 工程地质钻探各种岩芯采取率，是在原规则的基础上，参照各院已有规定，并根据目前铁路钻探工艺水平，综合分析制定的。

9.3.3 选用合适的取芯钻具是保证取芯质量的重要措施。为此，在原规则第 4.13.1 条内容基础上，选取路内外已用且可靠的取芯钻具，列于附录 D 中表 D.0.1，以供现场结合岩层等情况选用。

9.4 试样的采取、保管和运送质量，是钻探质量的重要部分，直接影响到试验质量和提供设计数据的准确性。现将原规则有关内容并入，并吸取路外新的内容。

9.4.1 表 9.4.1—1 中的试样扰动程度和试验内容的划分，是依据国家《岩土工程勘察规范》。类别仍保留了铁路沿用的原状土和扰动土两级划分法。黏性土和黄土的土样直径，分别依据国家现行《土工试验方法标准》和《湿陷性黄土地区建筑规范》。根据试验内容或土样质量类别选用的取土器类型，是结合铁路钻探现用的取土器，并参照国家《岩土工程勘察规范》内容，综合确定的。

各单位用的取土器，其技术参数各不相同，但取土质量与取土器参数密切相关，为了提高取土质量，取土器技术参数尤为重要。本规程采用国际《岩土工程勘察规范》的薄壁和厚壁取土器技术参数，及国际《湿陷性黄土地区建筑规范》的黄土薄壁取土器技术参数，以便选用取土器。

为了保证取样质量，加强对取土器的使用保养和管理，因此，针对铁路钻探使用取土器现状和存在问题，参照中国统配煤矿总公司《工程地质钻探质量标准》和地质矿产部《工程地质钻探规程》，新增加第 9.4.1 条第 3 款内容。

取土方法直接影响到土样质量，不同的方法，对土样质量影响程度相差甚大，应按条文中指出的土层条件，恰当选用取土方法。根据实践经验，连续压入取土的效果好。

对本条第 5 款说明如下：

1　根据实践经验和其他行业规程，回转钻进方法对孔底土层扰动最小，因此，规定取样前用回转钻进方法、钻压、进尺数。

2　孔壁稳定的前提下取样，是保证取样质量的最基本要求。提样时，套管护壁的向孔内灌水，泥浆护壁的向孔内灌浆，其目的是保持孔内外地层压力平衡，维护孔壁稳定不坍塌，增加对土样的浮力，减少掉样。套管底端距取土样位置的距离，是根据其他部标准综合后定为 0.5 ~ 1.0 m。

3　清孔钻具必须大于取土器外径一级，以便取土器顺利下入孔内，避免刮削孔壁。松软土用勺钻和螺旋提土钻清孔，或硬质合金钻头冲洗液清孔；较硬土用螺旋提土钻或鱼尾钻头冲洗液清孔。条文提出的是原则性的，需视岩层具体情况灵活应用。取土器入土超深造成土样被挤压，因此取土深度即从孔内残留物底面以下深度，不得大于取土器减去废土段部分的有效长度。

4　根据铁路地质钻探的取土经验和国内其他行业的有关规程，当取土器达到预定入土深度后，在硬土中，将取土器转动几圈，在软土中停留 2 ~ 3 min 后，再提升取土器，目的是防止土样滑脱。

9.5　校正孔深，尤其深孔钻进时更为重要。在钻探过程中，随着频繁地更换并加长钻具，钻孔累计深度往往与实际孔深存在一定的偏差。如果偏差太大，对孔内下管、控制深度、孔内观测作业和事故位置判断等均有影响，造成孔深记录与实际不符，其原因是在量测钻具、读数、记录和计算四个环节上出现了差错。为了保证孔深的准确性，不仅现场使用的量具经常按本规程第 9.2.2 条第 1 款的规定校核，并校正孔深用的量具同钻进使用量具。

9.6.2　孔斜不大时用一般纠斜方法，即不要特殊工具，只是操作上应用孔斜规律，利用自然增斜或减斜，或者反转钻进和回填老孔等方法纠斜。特殊纠斜方法是用专用纠斜工具纠斜，一般为楔铁导斜纠斜方法和万向接头纠斜方法两大类，每类中又有许多种方法，可参考有关资料选用。

9.7　钻探记录是一项重要的统计资料和原始资料，是钻探质量标准的主要内容之一。记录工作按表 9.7.2 内容进行。

9.7.2　钻探记录内容表 9.7.2 中：

1　时间记录：从钻探开始至终孔的全部工作时间称为总台时。其中包括生产时间与非生产时间。生产时间指纯钻进时间与辅助时间；非生产时间指事故与停钻时间。

(1)纯钻进时间：是指钻具在孔底开始工作到钻具离开孔底时的这一段时间。

(2)辅助时间：指在生产上必须的辅助时间，包括升降钻具、上下套管、滤管、更换钻具、扫孔、扩张、孔内观测、取样、测斜、设备保养及特殊作业如堵漏、止水、爆破以及短时间迁移孔位、安装拆卸等。

(3)事故时间：指由于孔内事故或机械事故造成现场停产的时间，即从事故发生到排除的全部时间。

(4)停钻时间：指由于劳动力、泥浆、水源、材料或配件不足而造成停工等待的时间。

总台时的时间是连续的，从开孔到终孔不应出现时间的中断。

2　进尺与深度：累计深度是根据上次孔深和本回次钻进终了，提升钻具以前，量得机上余尺求出回次进尺后而累计的深度。

3　钻进情况：钻进工艺是指采用的钻进方法及技术，如硬质合金钻进、针状合金钻进、表镶和孕镶金刚石回转钻进,金刚石冲击回转钻进、硬质合金冲击回转钻进、钢粒钻进、冲击钻进或震动钻进等。护壁类型是指采用泥浆、黏土、水泥浆、化学浆液或套管等。

4 孔内情况:根据孔内发生的情况实事求是地及时记录,有多少项记多少项,不得漏记。

9.7.3 根据铁路地质钻探的需要和《铁路工程地质技术规范》,将原规则的松散地层,改为黏性土、砂类土、碎石类土分类描述。

现场对岩芯鉴定描述,首先要区分是属于三大类岩石中的哪一类,然后根据三大类岩石主要鉴定标志,按下列内容进行描述:

1 岩浆岩

野外鉴定岩浆岩的步骤是:

1)估计颜色指数,从酸性岩——中性岩——基性岩——超基性岩的颜色由浅色过渡到深色,颜色指数是指岩石中含深色矿物的体积百分数,颜色指数小于10%为酸性岩,20%~30%左右为中性岩,大于50%则为基性岩石,从颜色特征大体可以判断为某一类岩石。

2)观察结构和构造。结构是指岩石中矿物的结晶程度、晶粒大小与形状。如全晶质结构、半晶质结构、玻璃质结构,晶粒大小有粗粒(大于5 mm)、中粒(2~5 mm)、细粒(0.2~2 mm)、微粒(小于0.2 mm)。构造指岩石中矿物颗粒互相间的位置及充填空间的方式,如气孔状构造、杏仁状构造、块状构造、流纹状构造等。根据结构与构造,可推知岩石属于深成、浅成或喷出的。

3)观察矿物成分,识别矿物主要成分是鉴定岩石的要素,如石英多,则为酸性岩;橄榄石多,则为超基性岩,然后观察浅色矿物长石类与深色矿物黑云母、角闪石、辉石的大致含量,则可较准确地确定岩石名称。

2 沉积岩

鉴别沉积岩时,首先从结构构造上观察,是碎屑结构还是泥质结构或生物结构、化学结构。如岩芯不是松散的,是坚硬并具有层理的泥质结构,则一般可定为黏土岩、页岩;若无层理,则为泥岩。如系碎屑物胶结的,则应从碎屑岩中去鉴别,如既非碎屑岩,也不是黏土岩,则可从沉积岩的化学岩、生物化学岩中去鉴定,以确定岩石名称。

3 变质岩

变质岩的特征是具有平滑、光泽的片理面。内力作用使岩石中片状、柱状矿物呈平行排列。鉴别时首先从构造特征上看是否具有麻状、片状、板状或块状构造,然后根据成分不同定不同的名称。变质岩与岩浆岩有时不易区分,特别是具有块状构造的云英岩、石英岩、硅卡岩、大理岩及混合岩等。

9.8.1 根据铁路有关单位的实践经验,为保证隧道的安全,将原规则第4.14.1条内容改为:浅埋隧道路肩设计标高以上15~20 m;深埋隧道地表20 m以下,用水泥砂浆回填。

9.9 根据钻探质量的检查与验收需要,及实施的可能,增加了该内容。其核心是负责钻探的技术人员与机组间的质量检查与验收。影响钻探质量的因素自上而下是多方面的,从全面质量管理的要求,现在内容仅是其中一部分,但这是钻探质量管理的基础环节,能对钻探质量起到重要作用。

9.9.1 每个钻探工点开工前,负责钻探的技术人员,都必须提出工点群孔或单孔的任务书,其中包括技术质量和其他要求,并向机组交底。机组则根据任务要求,从技术、机具、人力等方面为达到要求的质量,作好开工前的准备工作。

9.9.2　机组以任务书的技术和质量要求为依据,按本规程要求施钻,并按条文中的检查制度检查,当发现质量问题苗头时,要及时采取控制措施;对已造成的质量事故,要采取补救措施。

9.9.4　根据验收评定钻探质量的需要,将钻孔的质量等级划分为三级,条文中提出的是原则性的。

具体的评定内容、细目和细目标准及评定办法,在不违背本条各级标准下,由各单位根据具体情况制定实施。

10.1.6　本条文规定带有普遍性,各钻探机械均应遵守,以后各钻探机械的条文中不再另列。

10.2.2　钻机各部轴承、轴套的温度不得高于60 ℃。是因温度达到60 ℃时,机油中含有的少量轻馏油分会因高温而蒸发,使机油稀薄。同时机油与热金属接触发生一定的氧化作用,使机油中的酸值增加,这些都会使机油变稀、变质,组织不成油膜而失去润滑作用,若不及时消除,将会造成机器的咬轴、烧瓦等故障。温度达到60 ℃时,用手摸轴承、轴套有烫手感觉。

10.3.1　柴油机冷却水一般用雨水、自来水或清洁河水。有的井水含有较多杂质,易使柴油机水腔内产生较多的水垢,影响冷却效果,故不宜使用。

寒冷季节向水套内加注热水,预热机器,使机身温度提高至30 ℃以上,以手测温有温热的感觉。0 ℃以下的严寒天气,应将曲轴箱润滑油放出,预热至70 ℃,经过滤再注入曲轴箱。若用喷灯预热曲轴箱底壳时,应避开油管和水泵塑料件,以免受热变形。

10.3.2　本条款2款是原规则的内容。新的或经大中修后的机器,初期使用时,要较额定负荷降低30%,较额定转数降低25%进行走合。冷机器开动后,不要立即带负荷工作,并转速较额定转数降低30%运转几分钟,提高机身温度至40 ℃,以手测温有较热的感觉,然后逐渐提高转数和带负荷。

第5款柴油机正常排气颜色为淡灰色,非正常颜色为黑色、白色、蓝色。

10.8.1　《地质勘探用钢管》(YB 235—63和YB 235—70)是冶金部分别在1963年和1970年颁布的钻探用钻杆、套管、岩芯管、接头等用钢机械性能、尺寸、技术条件、试验方法及验收、包装和标志的标准。《水文水井钻探用钢管》(GB 9808～9812—88)为中华人民共和国水文水井钻探管材标准。

10.8.2　表10.8.2引自地质矿产部《岩芯钻探规程》。

10.8.8　标贯器刃口损伤数据,引自铁三院经验总结。

A.1.3　运营线上钻探安全防护,增加了电气化铁路附近钻探的规定,相对铁道部现行《电气化铁路有关人员电气安全规则》中,与接触网设备的带电部分的安全距离(2 m以上)大,这是考虑到钻探过程中,基本上使用金属物件,或遇下雨等情况,本规程增大与带电部分的最小距离,以确保安全。

A.2.3　防雷防电,对钻架安装避雷针的要求数据比原规则具体,以便应用。避雷针的避雷范围,视钻架、避雷针高度而定,高12.5 m以上钻架顶端装1.5 m高的避雷针时,其保护半径为8 m。本条数据,依据人民铁道出版社《铁路钻探手册》。

B.0.1　经协作会议讨论,在工程地质钻探岩石分类中,增加各级代表岩土的所属硬度,其参照水利水电部标准。工程地质钻探岩石可钻性8级与岩芯钻探岩石可钻性12级对照参见说明表 B. 0. 1。

说明表 B. 0. 1 岩石可钻性的级数对照

岩石可钻性 8 级	Ⅰ	Ⅱ	Ⅲ	Ⅳ	Ⅴ	Ⅵ	Ⅶ	Ⅷ
岩石可钻性 12 级	1	2	3	4 ~ 5	6 ~ 7	8 ~ 9	10 ~ 11	12

C. 0. 4 泥浆在钻孔内循环时，因受压力差作用，泥浆中有一部分水被迫渗入孔壁岩土中，即产生泥浆失水，同时泥浆在孔壁上形成泥皮，而保护孔壁。泥浆失水量小，形成泥皮致密，对保护孔壁和增加孔壁稳定性有利。失水量过大，易形成厚泥皮或岩土吸水膨胀，造成钻孔坍塌、掉块、缩径，严重时引起下钻遇阻、遇卡、造成孔内事故，因此岩芯钻探要求泥浆失水量在 15 mL/30 min 以下，所以增加测定泥浆失水量方法。野外现场用得多的是 1009 型（一个大气压力差）失水量测定仪，使用时，按其使用说明书进行。气压式失水仪（7 个大气压力差）测量的失水量更真实些，但设备需要气压瓶或打气筒。

C. 0. 5 泥浆的 pH 值（或酸度值）对泥浆性能影响大，也是泥浆进行化学处理的重要依据。因此，用泥浆钻进，每班测量泥浆性能指标时，增加了测定泥浆 pH 值。

中华人民共和国行业标准

铁建函〔1998〕15 号

铁路工程岩石试验规程

TB 10115—98

1998—02—03　发布　　　　1998—07—01　实施

中华人民共和国铁道部　发布

目　次

1 总　　则

1.0.1　为统一铁路工程岩石试验方法，给设计和施工提供岩石物理力学性质的参数和资料，制订本规程。

1.0.2　本规程适用于铁路工程地基、边坡、隧道及用作建筑材料时的岩石试验。

1.0.3　铁路工程岩石试验内容、试验方法、技术条件等应符合工程设计、施工的有关技术要求。对岩体应力、变形等特性的试验应按国家现行的有关标准的规定进行。

2　术语、符号

2.1　术　　语

2.1.1　岩样

是指未经加工的岩石样品。

2.1.2　试件(或试样)

试件是按试验目的加工成块状或一定形状的岩石样品；试样是按试验目的加工成某粒级的岩石样品。

2.1.3　量瓶

具有一定标准体积的测量容器。以前称比重瓶，容量有 50 mL、100 mL 两种。

2.1.4　密封法

是测定颗粒密度采用蜡封法或高分子树脂法的通称。在未采用高分子树脂涂料以前称蜡封法。

2.2　符　　号

w——含水率

m——试件(或试样)质量

V——试件体积

A——试件面积

$H(h)$——试件高(厚)度

ρ——密度

ρ_d——干密度

ρ_s——颗粒密度

ρ_w——4 ℃时水的密度

ρ_{wT}——T ℃时水的密度

w_a——吸水率

w_{sa}——饱和吸水率

K_w——饱水系数

K_Q——耐冻系数

K_P——软化系数

L——冻融损失率

Q——硫酸钠浸泡损失率

n——孔隙率

V_H——轴向自由膨胀率

V_D——径向自由膨胀率

V_{HP}——侧向约束膨胀率

P_s——膨胀压力

I_d——耐崩解指数

R——单轴抗压强度

E——弹性模量

μ——泊松比

I_s——未修正的点荷载强度指数

$I_{s(50)}$——修正后的点荷载强度指数

$I_{a(50)}$——点荷载强度各向异性指数

σ_t——抗拉强度

τ——剪应力

σ——法向应力

σ_1——三轴轴向应力

σ_3——三轴侧向应力

ε——应变

c——凝聚力

φ——摩擦角

d——颗粒粒径

η——水的动力黏滞系数

γ——容重(重度)

3 基本规定

3.0.1 岩石试验应符合工程实际，结合勘测设计阶段，在了解工程地质条件、设计意图、建筑物特点和施工方法的基础上进行。试验数据应保证准确可靠。

3.0.2 试验用岩样，必须体现工程实际要求，采用钻孔、平洞、槽探、竖井等采样方法，采取具有代表性的岩心或岩块。同组岩样的岩性应基本相同；岩样必须保持天然湿度，应有防止水分蒸发或侵入的密封措施；岩样应存放在阴凉及温度变化不大的地方。层状岩石应注明产状及岩样方位。

3.0.3 岩样的检查与验收主要应检查岩样是否完整无损、密封完好、数量足够，岩样标签与送样单填写内容（包括：送样单位、送样编号、工程名称、取样地点和里程、取样深度、岩样状态、地层年代、工地鉴定岩石名称、矿物成分、结构、构造、风化程度以及试验项目等）是否一致。并逐一登记编号，编号宜用红色磁漆标于岩样的醒目处。验收后的岩样应存放在干燥、阴凉、避免日晒及温差不大的样品室中。

3.0.4 试件加工应根据岩石性质和试验条件，采用不同方法：一般质地均匀较坚硬，又不要求保持天然湿度的试件，可用湿法加工（制备中所用冷却水应是洁净的自来水）；对于制备遇水易软化解体的试件，应采用干法加工；对于加工必须保持天然湿度的试件，在制备中应保证试件湿度与原天然湿度的数值相差不大于1%。

3.0.5 岩样规格与数量应满足表3.0.5的规定。

表3.0.5 岩样规格和数量

序号	试验项目		岩样状态	用途	岩心（节）		岩块（块）
					$\phi \geqslant 7$ cm		L15～25 cm W10～20 cm H10～15 cm
					$L>15$ cm	$L>25$ cm	
(1)	(2)		(3)	(4)	(5)		
1	物理性质	含水率、颗粒密度、岩石密度，吸水率饱和吸水率	不同含水状态	地基 边坡 隧道 石材	5 cm×5 cm×5 cm 或 ϕ5 cm×5 cm3 块/项（当同时作力学试验时，可用作力学试件，不需另行取样）		
2	抗冻性	直接冻融法硫酸钠法	干燥	地基 边坡 石材	5 cm×5 cm×5 cm 或 ϕ5 cm×5 cm6 块/项（当同时作力学试验时，可用作力学试件，不需另行取样）		
3	膨胀性	自由膨胀率	天然湿度	地基 边坡 隧道	1	1	1
		膨胀率			1	1	1
		膨胀压力			1	1	1
4	耐崩解指数		干燥	同上	1	1	1
5	单轴抗压强度		干燥	地基	4	3	2
			饱和		4	3	
			冻融		4	3	

续上表

序号	试验项目	岩样状态	用途	岩心(节) φ≥7 cm L>15 cm	岩心(节) φ≥7 cm L>25 cm	岩块(块) L15~25 cm W10~20 cm H10~15 cm
(1)	(2)	(3)	(4)	(5)		
5	单轴抗压强度	干燥	石材	3	2	2
		饱和		3	2	
		冻融		3	2	
6	单轴压缩变形参数	干燥	地基	4	3	3
7	点荷载	不同含水状态	地基 边坡 隧道 石材	岩心(直径) d≮3 cm	径向 L/d≮1 试件10~12个/组	
					轴向 D/d 为0.75~1.00 试件10~12个/组	
				岩块(最短边宽) W≮3 cm	D/L 为0.75~1.00 方块10~15个/组 不规则15~20个/组	
8	抗拉强度(劈裂法或拉伸法)	干燥	地基	2	1	2
		饱和			4	
9	抗剪断强度(角模剪)	干燥	地基	7	4	4
		饱和		7	4	
10	直剪 岩石	不同含水状态	地基 边坡 隧道	≮5 cm×5 cm×5 cm试件不少于15个/组		
	直剪 结构面			≮20 cm×20 cm×20 cm试件不少于15个/组		
	直剪 胶结面			≮10 cm×10 cm×10 cm试件不少于15个/组		
11	三轴		地基	5	3	3
12	声波速度	同单轴抗压强度试验				
13	薄片鉴定	2.5 cm×3 cm×0.3 cm试件2个/组				
14	黏粒与黏矿鉴定	代表性岩样约1 kg				

注：L—长度；W—宽度；H—高度；d—直径；D—加荷点间距。

4　含水率试验

4.0.1　岩石含水率是指试件在 105 ℃ ~110 ℃温度下烘至恒量时失去水的质量与干试件质量之比值，以百分数表示。但此烘干温度仅适用于不含结晶水矿物的岩石；对于含有结晶水矿物的岩石，烘干温度宜控制在(40 ±5)℃下进行测定或者采用真空干燥法。

4.0.2　仪器设备

1　天平：感重 0.01 g，称量大于 500 g。

2　烘箱：24 h 内温度能保持在 105 ℃ ~110 ℃范围；最低控温能满足在(40 ±5)℃。

3　真空干燥设备：最低控温能满足在(20 ~40)℃范围，真空压力能保持接近 1 atm (=101.325 kPa)。

4　称量盒：内径约 8 cm，高约 5 cm。

5　其他设备：手锤、干燥器等。

4.0.3　试件制备

1　除去岩样的密封材料，立即用手锤敲击选取具代表性岩块，每块不小于 40 g，每组不少于 5 块，一起放入称量盒内盖紧立即称量。

2　试件描述：

1)描述岩石名称、颜色、矿物成分、结构、构造、风化程度和胶结物等。

2)为保持试件含水状态所采取的措施。

4.0.4　试验步骤

1　一般岩石：将装有试件并已称量的称量盒盖打开，放入烘箱内，控制温度在 105 ℃ ~110 ℃下烘干保持 24 h，然后取出盖上盒盖放入干燥器内冷却至室温，称干试件质量，再打开盒盖，放入烘箱内于 105 ℃ ~110 ℃保持 24 h，取出盖上盒盖于干燥器内冷却至室温，称干试件质量，如此重复直至恒量为止。

2　含有结晶水矿物的岩石，可依设备能力选用低温烘干法或真空干燥法。

1)低温烘干法：将烘箱温度控制在(40 +5)℃，步骤均按本条第 1 款的规定进行操作。

2)真空干燥法：将装有试件并已称量的称量盒盖打开，放入真空干燥箱内，拧紧密封箱门，启动真空泵抽气，观察真空压力表使保持真空压力约 100 kPa，同时控制干燥箱温度使保持在 40 ℃以下干燥至恒量后，关闭真空泵，打开排气阀，待气压平衡(真空表指零)后，再打开箱门，取出称量盒，盖上盒盖，放入干燥器内冷却至室温，称干试件的质量。

3　本试验称量均精确至 0.01 g。

4.0.5　计算及记录格式

1　计算：

$$w = \frac{(m - m_s)}{m_s} \times 100 \qquad (4.0.5)$$

式中　w——岩石含水率(%)；

m——干燥前试件的质量(g)；

m_s——干试件的质量(g)。

2　本试验计算精确至0.1%。当采用低温或真空干燥时，试验条件应在成果报告中注明。

3　记录格式：按表4.0.5编制。

表4.0.5　岩石含水率试验记录

试验编号	试件描述	称量盒编号	烘干前质量 m(g)	烘干后质量 m_s(g)	称量盒质量 m_0(g)	水的质量(g)	干试件质量(g)	含水率 w(%)
(1)	(2)	(3)	(4)	(5)	(6)	(7)=(4)-(5)	(8)=(5)-(6)	(9)=$\frac{(7)}{(8)}\times100$

复核：　　年　月　日　　　　试验：　　年　月　日

5　颗粒密度试验

5.1　一 般 规 定

5.1.1　岩石的颗粒密度是指烘干颗粒的质量与颗粒体积之比值，单位为 g/cm^3。

5.1.2　本试验所用试液为纯水，当试样含有水溶性物质时，则试液应改用煤油。

5.1.3　本试验采用量瓶法，也可选用李氏量瓶法。

5.1.4　本试验适用于各类岩石。

5.2　量 瓶 法

5.2.1　仪器设备

1　天平：感量 0.001 g；称量 200 g。

2　烘箱：24 h 内能保持在 105 ℃ ~110 ℃范围内。

3　量瓶：容积 50 cm^3 或 100 cm^3。

4　煮沸设备或真空抽气设备，如图 5.2.1。

5　恒温水槽：精度 ±0.5 ℃。

6　其他设备：筛子（孔径 0.25 mm）、粉碎机、手锤、瓷研钵、磁铁块、干燥器、砂浴、漏斗、滴管、温度计（分度值 0.5 ℃）等。

7　试液：纯水或煤油。

图 5.2.1　真空抽气设备

5.2.2　试样制备

1　大块岩石先用手锤敲成约 5 mm 的角砾，再放入粉碎机内粉碎成岩粉，并使全部通过 0.25 mm 孔径的筛子，用磁铁块吸弃岩粉中铁屑。

2　对含有磁性矿物的岩样，应采用瓷研钵（或玻璃研钵）粉碎岩样，使全部通过 0.25 mm孔径的筛子。

3　试样描述：

1）粉碎前的描述同本规程第 4.0.3 条第 2 款第 1）项；

2）岩石的粉碎方法。

5.2.3　试验步骤

1　将制备好的岩粉，放入烘箱内，控制在 105 ℃ ~110 ℃温度下烘干 12 h，然后取出，放入干燥器中冷却至室温。

2　用四分法取岩粉两份，每份称取 15 g，分别装入干燥的量瓶内（如果用 50 mL 量瓶,则称取岩粉 10 g)。

3　分别注入试液(纯水或煤油)至量瓶容积的 1/2 处,摇动量瓶(勿溅出)使岩粉充分分散。

4　用纯水作试液时,可用煮沸法或真空抽气法排除气体;用煤油作试液时,必须用真空抽气法排除气体。

1)煮沸法:将量瓶置于砂浴上煮沸,自沸腾时算起,煮沸时间不得少于 1 h。

2)真空抽气法:抽气排除气体时,真空压力表读数宜为 100 kPa,抽气时间自达到 100 kPa时算起,不得少于 1 h,直至悬液内无气泡逸出为止。(供定容用试液,可放在烧杯中与试样同时进行排气)。

5　将经过排除气体的试液注入量瓶中近满,盖好瓶塞。使多余试液自瓶塞的毛细孔中溢出。然后置于恒温水槽内,使瓶内悬液澄清,温度稳定。

6　取出量瓶,擦干瓶外壁,称取量瓶,试液和岩粉的总质量,并测量瓶内悬液的温度,准确至 0.5 ℃。

7　洗净量瓶,注入经排除气体并与试验同温度的试液于量瓶内,按本条中第 5 款和第 6 款步骤操作,称取量瓶和试液的质量。

注:瓶、液质量,若事先从温度与瓶、液质量校正曲线中查得,则校正方法应符合本规程附录 A 第 A.1.2 条的规定。

8　本试验称量均精确至 0.001 g。

5.2.4　计算及记录格式

1　计算:

$$\rho_s = \frac{m_s}{m_1 + m_s - m_2} \cdot \rho_0 \qquad (5.2.4)$$

式中　ρ_s——岩石的颗粒密度(g/cm³);

m_s——岩粉的质量(g);

m_1——瓶、液(水或煤油)质量(g);

m_2——瓶、液、岩粉总质量(g);

ρ_0——与试验同温度试液的密度(g/cm³),水的密度由附录 C.2.3 查得;煤油密度校正应符合本规程附录 A.1.1 的规定。

2　本试验计算精确至 0.01 g/cm³。

3　本试验应进行平行测定,测定差值不得大于 0.02 g/cm³,取其平均值。

4　记录格式:按表 5.2.4 编制。

表 5.2.4　岩石颗粒密度试验记录(量瓶法)

试验编号	试样描述	量瓶编号	岩粉质量 m_s(g)	悬液温度 t(℃)	试液密度 ρ_0(g/cm³)	瓶+试液质量 m_1(g)	瓶+试液+岩粉质量 m_2(g)	与岩粉同体积的试液质量(g)	岩石颗粒密度 ρ_s(g/cm³)	平均值(g/cm³)
(1)	(2)	(3)	(4)	(5)	(6)	(7)	(8)	(9)=(4)+(7)−(8)	$(10)=\frac{(4)}{(9)}\times(6)$	

续上表

试验编号	试样描述	量瓶编号	岩粉质量 m_s(g)	悬液温度 t(℃)	试液密度 ρ_0 (g/cm³)	瓶＋试液质量 m_1(g)	瓶＋试液＋岩粉质量 m_2(g)	与岩粉同体积的试液质量(g)	岩石颗粒密度 ρ_s(g/cm³)	平均值(g/cm³)

复核：　　　　年　　月　　日　　　　　　　　　　　　试验：　　　　年　　月　　日

5.3　李氏量瓶法

5.3.1　仪器设备

1　李氏量瓶，如图 5.3.1。

2　天平：感量 0.01 g。

3　其他设备：烘箱、瓷皿、角勺、滴管、温度计、干燥器。

4　试液：经(煮沸或抽气)排除气体的纯水或煤油。

5.3.2　试样制备

应符合本规程第 5.2.2 条的规定。

5.3.3　试验步骤

1　取岩粉约 120 g 于瓷皿中，放入烘箱内，在 105 ℃ ~ 110 ℃温度下烘 12 h，取出移入干燥器内冷却至室温，称瓷皿和岩粉的总质量。

2　将经排除气体的试液注入李氏量瓶内，并用滴管调节试液至零刻度线(弯液面下缘)。

3　用角勺将瓷皿内岩粉徐徐灌入李氏量瓶内(注意岩粉勿撒失，也勿使岩粉粘附于液面以上瓶颈壁上)，直至液面上升体积约 20 cm³ 为止，轻轻摇动量瓶，排尽气泡，盖紧瓶塞、静置 2 h，测记液面读数，精确至 0.1 cm³，同时测记水温，准确至 0.5 ℃。

4　称取瓷皿和岩粉的剩余质量。

5　本试验称量精确至 0.01 g。

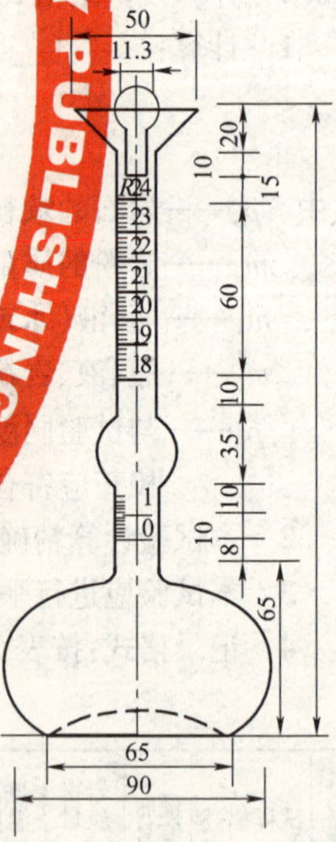

图 5.3.1　李氏量瓶(单位：mm)

5.3.4　计算及记录格式

1　计算：

$$\rho_s = \frac{(m_1 - m_2)}{(V_2 - V_1)\rho_0} \cdot \rho_{wT} \qquad (5.3.4)$$

式中 m_1——瓷皿和岩粉总质量(g)；

m_2——瓷皿和岩粉剩余质量(g)；

V_1——未加岩粉前量瓶读数(cm^3)；

V_2——加入岩粉后量瓶读数(cm^3)；

ρ_{wT}——T ℃时，纯水的密度(g/cm^3)由本规程附录 C.2.3 查得；

ρ_0——意义同公式(5.2.4)。

2 本试验计算精确至 0.01 g/cm^3。

3 本试验应进行平行测定，测定差值不得大于 0.02 g/cm^3，取其平均值。

4 记录格式：按表 5.3.4 编制。

表 5.3.4 岩石颗粒密度试验记录(李氏量瓶法)

试验编号	试样描述	瓷皿编号	岩粉与瓷皿总质量		液面读数		颗粒密度	平均值(g/cm^3)
			试验前 m_1(g)	试验后 m_2(g)	试验前 V_1(cm^3)	试验后 V_2(cm^3)	$\rho_s=\frac{m_1-m_2}{V_2-V_1}\cdot\frac{1}{\rho_0}\cdot\rho_{wT}$ (g/cm^3)	

复核： 年 月 日 试验： 年 月 日

6　密度试验

6.1　一般规定

6.1.1　岩石密度是指试件质量与试件体积之比值，单位为 g/cm^3。根据岩石含水状态，可分为干密度、饱和密度和天然密度。

6.1.2　岩石密度试验，本规程采用量积法、密封法和水中称量法。

1　凡能制成规矩试件的各类岩石，均可采用量积法。

2　除遇水崩解、溶解和干缩湿胀性岩石外，均可采用水中称量法。

3　不能用量积法或水中称量法进行试验的岩石，可采用密封法。

6.2　量积法

6.2.1　仪器设备

1　钻石机、切石机、磨石机、砂轮机等加工机械设备。

2　天平：感量 0.01 g，称量 1 000 g。

3　测量平台，角尺，百分表。

4　游标卡尺：精度 0.01 mm。

5　烘箱、干燥器。

6.2.2　试件制备

1　试件加工过程及对试件尺寸和精度要求，应符合本规程第 11.0.4 条第 1 款～第 3 款的规定。

2　同一含水状态的试件，每组试验不得少于 3 个。本试验测定后的试件，可作为单轴抗压强度试验用的试件。

3　试件描述：

1）同本规程第 4.0.3 条第 2 款第 1）项；

2）节理裂隙的发育程度及其分布；

3）试件的形态。

6.2.3　试验步骤

1　量测试件的直径或边长：用游标卡尺量测试件两端和中间三个断面上互相垂直的两个直径或边长，计算平均值。

2　量测试件的高度：用游标卡尺量测试件断面周围边对称的四个点（圆柱体试件为互相垂直的直径与圆周交点处；方柱体试件为边长的中点）和中心点的五个高度，计算平均值。

3　测定天然密度：应在岩样开封后，在保持天然湿度的条件下，立即加工试件和称量。测定后的试件，可作为天然状态的单轴抗压强度试验的试件。

4　测定饱和密度：试件的饱和过程和称量，应符合本规程第 7.0.6 条第 1～第 3 款的规定。测定后的试件,可作为饱和状态单轴抗压强度试验用的试件。

5 测定干密度:将试件放入烘箱内,控制在 105 ~ 110 ℃温度下烘 24 h,取出放入干燥器内冷却至室温,称干试件质量。测定后的试件,可作为干燥状态单轴抗压强度试验用的试件。

6 本试验称量精确至 0.01 g;量测精确至 0.01 mm。

6.2.4 计算及记录格式

1 计算:

1)按下式计算岩石密度:

$$\rho = \frac{m}{A \cdot H} \tag{6.2.4—1}$$

式中 ρ——岩石密度(g/cm^3);

m——试件质量(g);

A——试件平均面积(cm^2);

H——试件平均高度(cm)。

2)按下式计算岩石干密度:

$$\rho_d = \frac{m_s}{A \cdot H} \tag{6.2.4—2}$$

式中 ρ_d——岩石干密度(g/cm^3);

m_s——干试件质量(g);

其余符号意义同公式(6.2.4—1)。

2 本试验计算精确至 0.01 g/cm^3,三个试件平行试验,每个试件的试验结果全部列出,不求平均值。

3 记录格式:按表 6.2.4 编制。

表 6.2.4 岩石密度试验记录(量积法)

试验编号	试件描述	试件尺寸 mm			试件体积 V (cm^3)	试件质量 m(g)	岩石密度 ρ (g/cm^3)	备注
		长 L	宽 W	高 H				

复核: 年 月 日 试验: 年 月 日

6.3 密 封 法

6.3.1 仪器设备

1 浮称天平:感量 0.01 g,称量 500 g,其装置如图 6.3.1 所示。

2 密封材料:石蜡或高分子树脂涂料。

3 制样设备:手锤、刀、砂轮机等。

4 干燥设备:烘箱、干燥器。

5 其他设备:电炉、蜡锅、针、棉线等。

6.3.2 试件设备

1 将岩样制成边长约 4 ~6 cm 的立方体试件,并将尖锐棱角用砂轮打磨光滑。

2 测定天然密度的试件,应在岩样拆封后,在设法保持天然湿度的条件下,迅速制样、称量和密封。

3 试件数量,同一含水状态,每组不得少于 3 个。

4 试件描述同本规程第 6.2.2 条第 3 款。

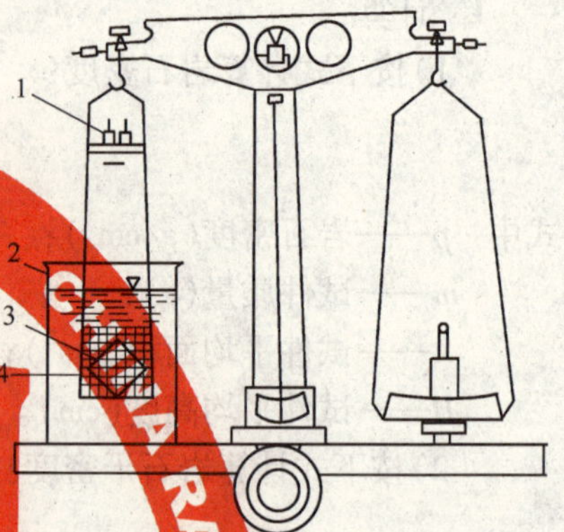

图 6.3.1 浮称天平

1—调平平衡砝码盘;2—盛水容器;3—试件;4—铁丝筐

6.3.3 试验步骤

1 测定岩石天然密度,应在试件制备过程中立即称量和密封;干燥状态岩石密度的测定,应先将试件置于 105 ℃ ~110 ℃温度下烘干 24 h,取出放入干燥器内冷却至室温温度,称干试件质量。

2 试件的密封,可根据试件状态选用石蜡或高分子树脂涂料作为防水密封材料。

1)采用蜡封时:将已称量的试件系上棉线,用手提棉线一端,将试件慢慢浸入预先在蜡锅加热至接近熔点的蜡液中,待全部浸入约 2 s 后,提出蜡锅,使试件表面蜡液凝固,即均匀涂上一层厚约 1 mm 的蜡膜。仔细检查试件表面蜡膜,如果腊膜分布不匀,应重新蜡封;或腊膜中有气泡,可用加热针刺破,再用蜡液涂平。然后称蜡封试件在空气中的质量。

2)采用高分子树脂涂料密封时,先以聚氯乙烯树脂和环已酮为(2+8)的质量比配制胶液(即置粉末状的树脂于磨口玻璃瓶中,再加入环已酮溶剂,用玻棒搅均匀,盖紧,待完全溶解呈透明胶液即可使用)。用毛笔将胶液均匀地涂在试件表面(一般涂刷两遍),待溶剂挥发后,试件表面则形成一层薄膜,然后称密封后试件在空气中的质量。

3 按图 6.3.1 浮称天平装置,先向烧杯中注水至标线,并使天平一臂的网框浸入烧杯水中(注意调整烧杯,使网框不得和烧杯底部及杯壁接触),再用平衡砝码调整天平,使其处于平衡状态。

4 将密封试件放入已调整平衡的浮称天平一侧的网框内摆正,并使试件全部浸没于水中,稍待水面稳定,称密封试件在水中的质量,并记下水温。

5 取出密封试件,擦干试件表面水分,重复本条第 4 款步骤,当称得密封试件在水中质量增加时,则说明密封不严,试件进水,应重新制备试件和试验。

6 本试验称量精确至 0.01 g。

6.3.4 计算及记录格式

1 计算:

1)按下式计算岩石密度:

$$\rho = \frac{m}{\dfrac{m_1 - m_2}{\rho_{wT}} - \dfrac{m_1 - m}{\rho_n}} \tag{6.3.4—1}$$

$$\rho_d = \frac{m_s}{\dfrac{m_1 - m_2}{\rho_{wT}} - \dfrac{m_1 - m_s}{\rho_n}} \tag{6.3.4—2}$$

式中 ρ——岩石密度(g/cm^3);

ρ_d——岩石干密度(g/cm^3);

m——试件质量(g);

m_s——干试件质量(g);

m_1——密封试件在空气中质量(g);

m_2——密封试件在水中质量(g);

ρ_{wT}——T ℃时水的密度(g/cm^3);

ρ_n——密封材料的密度(g/cm^3)。

注:①水的密度由本规程附录 C.2.3 查得;

②密封材料:石蜡的密度可用本规程第 6.4 节方法实测或按 0.92 g/cm^3 取值;聚氯乙烯树脂是白(或淡黄)色粉末,密度(比重)为 1.4 g/cm^3,易溶于酮类、酯类和氯化烃类等溶剂;氯乙烯-β-丙烯酸羟丙酯共聚物树脂,其性质与聚氯乙烯树脂接近,密度(比重)为 1.37 g/cm^3。

2)按下式计算岩石干密度:

$$\rho_d = \frac{\rho}{1 + w} \tag{6.3.4—3}$$

式中 w——岩石含水率(%);

其余符号意义同公式(6.3.4—1)。

2 本试验计算精确至 0.01 g/cm^3。三个试件平行试验,每个试件的试验结果全部列出,不求平均值。

3 记录格式:按表 6.3.4 编制。

表 6.3.4 岩石密度试验记录(密封法)

试验编号	试件描述	试件质量 m(g)	密封试件质量 m_1(g)	密封试件在水中质量 m_2(g)	密封试件体积(cm^3)	密封材料的体积(cm^3)	试件体积(cm^3)	岩石密度 ρ(g/cm^3)	备注
(1)	(2)	(3)	(4)	(5)	(6) $= \frac{(5)}{\rho_w}$	(7) $= \frac{(4)-(3)}{\rho_n}$	(8) = (6) − (7)	(9) = (3) ÷ (8)	

续上表

试验编号	试件描述	试件质量 m(g)	密封试件质量 m_1(g)	密封试件在水中质量 m_2(g)	密封试件体积(cm^3)	密封材料的体积(cm^3)	试件体积(cm^3)	岩石密度 ρ (g/cm^3)	备注

复核： 年 月 日 试验： 年 月 日

6.4 水中称量法

6.4.1 仪器设备

1 称量装置与干燥设备同本规程第6.3.1条。

2 试件饱和真空抽气设备，同本规程第5.2.1条第4款。

3 其他设备：电炉、水槽、毛巾等。

6.4.2 试件制备

同本规程第6.3.2条。

6.4.3 试验步骤

1 将试件置于烘箱内，在105 ℃～110 ℃温度下烘24 h，取出移入干燥器内冷却至室温后，称干试件质量。

2 将干试件浸入水中进行饱和，饱和方法可依岩石性质选用煮沸法或真空抽气法。具体操作步骤同本规程7.0.6条第4款。

3 取出浸水饱和试件，用湿毛巾沾去试件表面水分，称饱和试件在空气中的质量。

4 按本规程第6.3.3条第4款步骤要求向烧杯注水并调整浮称天平使处于平衡状态。

5 将饱和试件放入天平一臂网框内摆正，并使其全部浸没于水中，稍待水面稳定，称饱和试件在水中的质量，并记下水温。

6 本试验称量准确至0.01 g。

6.4.4 计算及记录格式

1 计算：

$$\rho_d = \frac{m_s}{m_0 - m_w} \cdot \rho_{wT} \tag{6.4.4}$$

式中 ρ_d——岩石干密度(g/cm^3)；

m_s——干试件质量(g)；

m_0——饱和试件在空气中质量(g)；

m_w——饱和试件在水中质量(g)；

ρ_{wT}——纯水密度(g/cm^3)，由附录C.2.3查得。

2 本试验计算精确至0.01 g/cm^3。三个试件平行试验，每个试件的试验结果全部列出，不求平均值。

3 记录格式：按表6.4.4编制。

表 6.4.4 岩石密度试验记录(水中称量法)

试验编号	试件描述	干试件质量 m_s(g)	饱和试件质量 m_1(g)	饱和试件在水中质量 m_2(g)	试件体积 V (cm^3)	岩石密度 ρ (g/cm^3)	备注
(1)	(2)	(3)	(4)	(5)	$(6)=\frac{(4)-(5)}{\rho_w}$	(7)=(1)/(6)	

复核: 年 月 日 试验: 年 月 日

7　吸水率及饱和吸水率试验

7.0.1　岩石吸水率是指试件在大气压力和室温条件下吸入水的质量与烘干试件质量之比值，以百分数表示。本规程采用自由浸水法测定岩石吸水率。

7.0.2　岩石饱和吸水率是试件在强制条件下的最大吸水量与烘干试件质量之比值，以百分数表示。本规程采用煮沸法或真空抽气法测定岩石饱和吸水率。

7.0.3　本试验适用于遇水不崩解的岩石。

7.0.4　仪器设备

1　水槽、电炉。

2　真空抽气设备：如图5.2.1所示。

3　其他设备同本规程第6.2.1条。

7.0.5　试件制备

1　规则试件应符合本规程第11.0.4条第1～2款的规定。

2　不规则试件边长为40～60 cm的浑圆形岩块。

3　每组试件数量不得少于3块。

4　试件描述同本规程第6.2.2条第3款。

7.0.6　试验步骤

1　将试件放入烘箱内，在105 ℃～110 ℃温度下烘24 h，取出放入干燥箱内冷却至室温，称量。

2　将试件放入水槽内，先注水至试件高度的1/4处，2 h后注水至试件高度的1/2处，4 h后注水至试件高度的3/4处，6 h后将水全部浸没试件。

3　试件在水中自由吸水48 h，取出后用拧干的湿毛巾拭去表面水分后称量。

4　试件强制饱和，任选如下一种方法：

1）用煮沸法饱和试件：将装有试件的水槽置于电炉上加热，水槽内水面应始终保持高于试件面，煮沸时间不得少于6 h。经煮沸的试件，取出后放入容器内冷却至室温，用拧干的湿毛巾拭去表面水分后称量。

2）用真空抽气法饱和试件，如图5.2.1所示，饱和容器内的水面应高出试件面20 mm以上，抽气时真空压力需达100 kPa，抽气时间不得少于4 h，直至悬液内无气泡逸出为止。经真空抽气的试件放入原容器中，在大气压力下静置4 h，用拧干的湿毛巾拭去表面水分后称量。

5　将经过煮沸或真空抽气饱和的试件置于水中，如图6.3.1所示，称试件在水中质量。

6　本试验称量精确至0.01 g。

7.0.7　计算及记录格式

1　计算：

按下式计算吸水率、饱和吸水率：

$$w_a = \frac{m_1 - m_s}{m_s} \times 100 \quad (7.0.7\text{—}1)$$

$$w_{sa} = \frac{m_2 - m_s}{m_s} \times 100 \quad (7.0.7\text{—}2)$$

式中 w_a——岩石吸水率(%);

w_{sa}——岩石饱和吸水率(%);

m_s——干试件质量(g);

m_1——试件自由浸水 48 h 的质量(g);

m_2——试件经强制饱和(煮沸或真空抽气)后的质量(g)。

按下式计算岩石干密度:

$$\rho_d = \frac{m_s}{m_2 - m_3} \cdot \rho_{wT} \quad (7.0.7\text{—}3)$$

式中 m_3——饱和试件在水中的质量(g);

ρ_{wT}——T ℃时纯水的密度(g/cm³)由本规程附录 C.2.3 查得。

按下式计算岩石孔隙率:

$$n = \left[1 - \frac{\rho}{\rho_s \cdot (1 + w)}\right] \times 100 \quad (7.0.7\text{—}4)$$

式中 n——岩石孔隙率(%);

ρ——岩石密度(g/cm³),$\rho = \rho_d(1 + w)$;

ρ_s——岩石颗粒密度(g/cm³);

w——岩石含水率(%)。

按下式计算饱水系数:

$$K_w = \frac{w_a}{w_{sa}} \quad (7.0.7\text{—}5)$$

式中 K_w——饱水系数;

其余符号意义同公式(7.0.7—1)和(7.0.7—2)。

2 本试验吸水率、饱和吸水率计算精确至 0.01%;干密度计算精确至 0.01 g/cm³,孔隙率计算精确至 0.1%;饱和系数计算精确至 0.01。三个试件平行试验,每个试件的试验结果全部列出,不求平均值。

3 记录格式:按表 7.0.7—1 和表 7.0.7—2 编制。

表 7.0.7—1 岩石吸水率试验记录

试验编号	试件描述	试件号	干试件质量 m_s(g)	试件自由浸水 48 h 后的质量 m_1(g)	吸水质量 $m_1 - m_s$(g)	吸水率 $\frac{m_1 - m_s}{m_s}$(%)	备 注

复核: 年 月 日 试验: 年 月 日

表 7.0.7—2　岩石饱和吸水率试验记录

试验编号	试件号	干试件质量 m_s(g)	试件强制饱和后质量 m_2(g)		吸水质量 m_2-m_s(g)	饱和吸水率 $\frac{m_2-m_s}{m_s}$(%)	饱和试件在水中的质量 m_3(g)	岩石干密度 $\rho_d=\frac{m_s}{m_2-m_3}\cdot\rho_{wT}$ (g/cm³)	备注
			煮沸法	真空抽气法					

复核:　　　　年　　月　　日　　　　　　　　　　试验:　　　　年　　月　　日

8 抗冻性试验

8.1 直接冻融法

8.1.1 直接冻融法是指试件在浸水条件下，经多次冻结与融化交替作用后测定试件的质量损失率和单轴抗压强度变化，据此说明岩石的抗冻能力。岩石的抗冻性试验应以直接冻融法为主，如果因设备能力所限也可采用硫酸钠浸泡法。

8.1.2 仪器设备

1 冰箱：最低温度可达 -25 ℃。

2 饱和吸水设备：同本规程第 7.0.4 条。

3 融解设备：恒温水浴、温度计、放大镜。

其他设备同本规程第 6.2.1 条。

8.1.3 试件制备

1 同本规程第 6.2.2 条。

2 试件数量，一般抗冻 3 个，抗压 3 个，已做抗压强度试验时，则需 3 个。

8.1.4 试验步骤

1 将试件放入烘箱内，在 105 ℃ ~110 ℃温度下烘 24 h，取出放入干燥器内冷却至室温，称试件干质量。

2 按本规程第 7.0.6 条第 4 款试验步骤对试件进行强制饱和。

3 用铁丝网垫将饱和试件放在瓷盘中，置于冰箱内在(-20 ±2)℃下冷冻 4 h，再取出放入温度为(20 ±2)℃的恒温水槽内融解 4 h，即为一次循环。如此反复进行，直至达到规定的冻融循环次数为止。

冻融循环次数应根据岩石产地或使用地区及工程性质来确定。按有关规范要求，一般可参考下列情况确定冻融循环次数：

严寒地区循环 25 次；

寒冷地区循环 15 次。

4 每隔一定冻融循环次数(或每次)用放大镜检查试件有无粒状或鳞片状剥落，有无裂缝及棱角掉块等现象，观察其破坏过程，试验结束后应作一次总的检查，详细记录检查结果。

5 将经冻融后的试件，放入烘箱内，在 105 ℃ ~110 ℃；恒温下烘 24 h，取出放入干燥器内冷却至室温，称干试件质量。

耐冻系数试验，应将此冻后干燥试件与干抗压试件一起按本规程 11.0.5 条试验步骤进行单轴抗压强度试验。

6 本试验称量精确至 0.01 g。

8.1.5 计算及记录格式

1 计算：

按下式计算岩石冻融损失率：

$$L=\frac{m_s-m_1}{m_s}\times 100 \qquad (8.1.5—1)$$

式中　L——岩石冻融损失率(%)；

m_s——冻融前干试件质量(g)；

m_1——冻融后干试件质量(g)。

按下式计算岩石耐冻系数：

$$K_Q=\frac{R_Q}{R_d} \qquad (8.1.5—2)$$

式中　K_Q——岩石耐冻系数；

R_Q——冻融后干试件抗压强度(MPa)；

R_d——干试件抗压强度(MPa)。

R_Q 和 R_d 的数值均按本规程第 11.0.6 中公式(11.0.6—1)进行计算。

2　本试验冻融损失率计算至 0.01%，耐冻系数计算至 0.01，3 个试件平行测定取平均值。误差标准同本规程第 11.0.6 条第 2 款。

3　记录格式：按表 8.1.5—1 及表 8.1.5—2 编制。

表 8.1.5—1　岩石冻融试验记录(一)

试验编号	试件描述	时间 月　日　时　分	冻或融	冻箱温度(℃)	受冻次数	受冻(或融)后试件变形描述

复核：　　　　年　　月　　日　　　　　　　　　　　　试验：　　　　年　　月　　日

表 8.1.5—2　岩石冻融试验记录(二)

试验编号	试件号	冻融前烘干试件质量 m_s(g)	冻融后烘干试件质量 m_1(g)	冻融后损失质量 m_s-m_1(g)	冻融损失率 $L=\frac{m_s-m_1}{m_s}\times 100(\%)$	平均值

复核：　　　　年　　月　　日　　　　　　　　　　　　试验：　　　　年　　月　　日

8.2 硫酸钠浸泡法

8.2.1 硫酸钠浸泡法是指试件经饱和硫酸钠溶液多次浸泡与烘干循环后，测定试件的质量损失率和单轴抗压强度变化，据此说明岩石抵抗破坏的能力。

8.2.2 仪器设备

1 玻璃容器：不会被硫酸钠溶液侵蚀，容积不小于5 L。

2 大瓷皿、橡皮手套、放大镜。

其他设备同本规程第6.2.1条。

8.2.3 试液配制

饱和硫酸钠溶液：称取约400 g的无水硫酸钠(或700~800 g的结晶硫酸钠)，溶解于温度30 ℃~50 ℃的1 000 mL纯水中，不断用玻璃棒搅拌溶液，待全部硫酸钠溶解并有部分结晶析出为止。使用时需将溶液充分搅拌，保持溶液比重在1.151~1.174(波美比重为18.9~21.4)之间。所配溶液总量约为试件体积的5倍。

8.2.4 试件制备

同本规程第6.2.2条。

8.2.5 试验步骤

1 将试件放入烘箱内，在105 ℃~110 ℃温度下烘24 h，取出放入干燥器内，冷却至室温，称量。

2 将试件浸入盛有饱和硫酸钠溶液的玻璃容器内，使溶液面高出试件2 cm以上，保持溶液温度在25 ℃~35 ℃，将试件浸泡20 h后取出，放入大瓷皿中置于烘箱内，在105 ℃~110 ℃温度下烘4 h取出，至此完成了第一次循环试验。

3 待试件冷却至室温后，再放入硫酸钠溶液中浸泡，开始第二次循环试验。从第二次循环试验开始浸泡时间和烘干时间均为4 h。如此重复上述过程达5次为止。每次循环后均用放大镜观察试件有无剥落，裂缝现象，详细描述记录。

4 试件在第5次循环试验从溶液中取出后，置于温度26 ℃~35 ℃的清水中，洗净硫酸钠，可用10% $BaCl_2$溶液检查，直至无白色$BaSO_4$沉淀析出为止。

5 将冲洗净的试件放大大瓷皿内，置入烘箱内在105 ℃~110 ℃温度下烘24 h，取出放入干燥器内冷却至室温，称量。

6 本试验称量精确至0.01 g。

8.2.6 计算及记录格式

1 计算：

按下式计算岩石硫酸钠浸泡损失率：

$$Q=\frac{m_s-m_2}{m_s}\times 100 \tag{8.2.6}$$

式中 Q——岩石硫酸钠浸泡损失率(%)；

m_s——干试件质量(g)；

m_2——经5次浸、烘循环后干试件质量(g)。

2 本试验计算精确至0.1%，三个试件平行测定。

3 记录格式：按表8.2.6编制。

表 8.2.6　岩石硫酸钠浸泡试验记录

试验编号	干试件质量 m_s(g)	试件经浸泡、烘干后的变形描述					试验后烘干干试件质量 m_2(g)	硫酸钠浸泡损失量 m_s-m_2(g)	损失率 $Q=\frac{m_s-m_2}{m_s}\times100(\%)$	平均值
		每一次	第二次	第三次	第四次	第五次				

复核：　　　　年　　月　　日　　　　　　　　　　　　　试验：　　　　年　　月　　日

9 膨胀试验

9.1 自由膨胀率试验

9.1.1 岩石自由膨胀率试验是指岩石试件在浸水后产生的径向和轴向变形,分别与该试件原直径和原高度之比,以百分数表示。本试验适用于在水中不易崩解的岩石。

9.1.2 仪器设备

1 钻石机、切石机、磨床等加工机具

2 试件检查设备:同本规程第 11.0.3 条图 11.0.3—1 所示。

3 温度计:量程 0~60 ℃,精度 1 ℃。

4 自由膨胀率仪,如图 9.1.2 所示。

5 量表:量程 5 mm、精度 0.001 mm 的千分表。

6 游标卡尺(精度 0.1 mm)、放大镜。

9.1.3 试件制备

1 现场取样,严禁用爆破法取岩块和用湿钻法取岩心。岩样应有良好包装和密封,保证结构不受损坏,天然湿度不发生变化。

2 必须采用干法加工试件。并使一个轴垂直于任何一个层理或片理,保持含水率与天然含水率相差不超过 1%。

3 试件尺寸:

1)圆柱体直径为 50~60 mm,高度约等于直径;正方体边长为 50~60 mm。两端面应平行,不平整度误差,不大于0.05 mm,按图 11.0.3—1 所示检查。

2)含大颗粒的岩石,试件直径或边长要大于最大粒径的 10 倍。

4 试件数量:3 块。

5 试件描述:

1)同本规程第 4.0.3 条第 2 款第 1)项。

2)膨胀变形和加荷方向分别与层理、片理、节理裂隙之间的关系。

3)试件加工的方法。

9.1.4 试验步骤

1 标志试件上下端面和四侧成直角对称的中心部位,再用游标卡尺测量其原高度和原平均直径。

2 将试件放入自由膨胀率仪内,如图 9.1.2 所示,在试件上下各放置一块透水板,顶部再放置一块金属板。

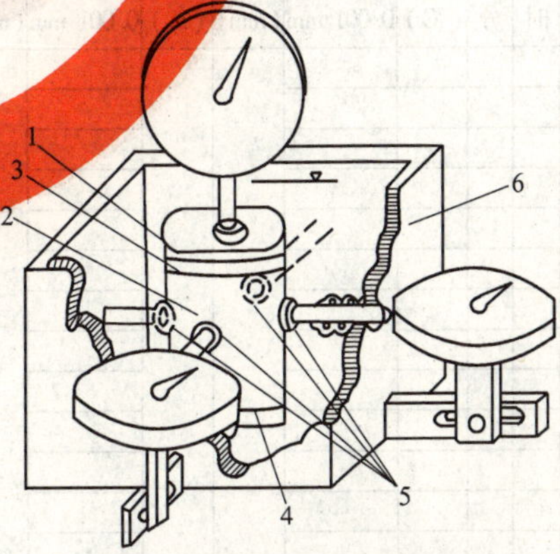

图 9.1.2 自由膨胀率试验容器及样品组件
1—金属板;2—试件;3—上透水板;
4—下透水板;5—薄铜片;6—有机玻璃盛水容器

3 在试件上部和标志的四侧直角对称的中

心部位分别安装好量表，四侧量表与试件接触处应垫上一块厚约 0.2 mm 的薄铜片。量表测杆浸水部分应涂有防水材料。

4　测记量表读数，精确至 0.001 mm，每 10 min 测记一次，直至三次读数不变。缓缓地向容器内注水，直至淹没上透水板。

5　在开始的第 1 小时内，每隔10 min测记量表变形一次，以后每隔 1 h 测记变形一次，直至三次读数差不大于 0.001 mm 为止，浸水后试验时间不得少于 48 h。

6　整个试验过程应保持水位不变，水温度变化不得大于 ±2 ℃。

7　试验过程中及试验结束后，应详细描述试件的崩解、掉块、表面泥化或软化等现象。

9.1.5　计算及记录格式

1　计算：

$$V_{\mathrm{H}} = \frac{\Delta H}{H} \times 100 \tag{9.1.5—1}$$

$$V_{\mathrm{D}} = \frac{\Delta D}{D} \times 100 \tag{9.1.5—2}$$

式中　V_{H}——岩石轴向自由膨胀率（%）；

ΔH——试件轴向变形（mm）；

H——试件原高度（mm）；

V_{D}——岩石径向自由膨胀率（%）；

ΔD——试件径向平均变形（mm）；

D——试件原平均直径或边长（mm）。

2　本试验计算精确至 0.01%。

3　记录格式：按表 9.1.5 编制。

表 9.1.5　岩石自由膨胀率试验记录

试验编号：　　　　试件原高度 H =　　　（mm）　　　试件原平均直径或边长 D =　　　（mm）

读数时间			水温	轴向			径向										试件描述
				量表读数	变形 ΔH	膨胀率 V_H	量表1读数	变形 ΔD_1	量表2读数	变形 ΔD_2	量表3读数	变形 ΔD_3	量表4读数	变形 ΔD_4	平均变形 ΔD	膨胀率 V_D	
日	时	分	（℃）	0.001 mm	（mm）	（%）	0.001 mm	（mm）	0.001 mm	（mm）	0.001 mm	（mm）	0.001 mm	（mm）	（mm）	（%）	

复核：　　　　　年　　月　　日　　　　　　　　　　　试验：　　　　　年　　月　　日

9.2 侧向约束膨胀率试验

9.2.1 岩石侧向约束膨胀率试验是指岩石试件在有侧限条件下,轴向受有限(或零)荷载时,浸水后产生的轴向变形与试件原高度之比,以百分数表示。

9.2.2 仪器设备

1 岩石膨胀率试验仪,如图9.2.2所示。

1)金属环:高40 mm,直径79.8 mm,厚5~7 mm。

2)多孔金属透水板(或透水石):厚10 mm,直径79.6 mm。

3)固定金属块(或利用杠杆系统,若其他重物):重5 N,即用它对试件施加1 kPa压力。

4)盛水容器:高40 mm,直径100 mm。

2 其他设备:同本规程第9.1.2条第1~第3款和第5款。

注:当没有岩石膨胀率试验仪时,也可用固结仪代替,但金属环高度等尺寸均应满足图9.2.2所标出的要求。

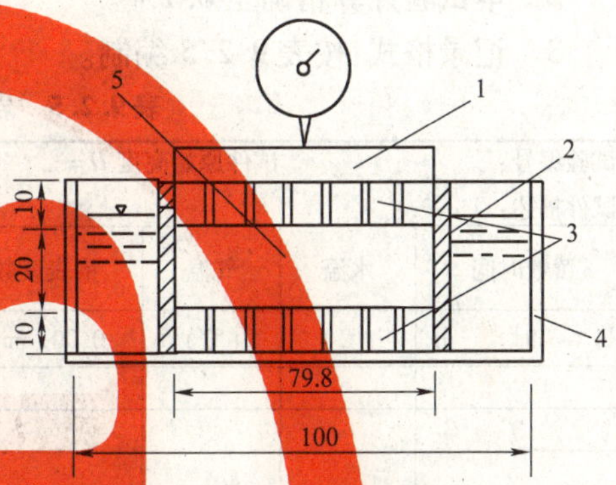

图9.2.2 岩石膨胀率仪(单位:mm)

1—固定金属块;2—金属环;3—多孔透水板;4—盛水容器;5—试件

9.2.3 试件制备

1 试件尺寸:

1)圆柱形试件:高20±0.2 mm,直径为79.8$^{0}_{-0.1}$ mm。

2)试件两端面应平行,不平整度误差不得大于0.05 mm。

2 其余的采样要求,岩样密封包装,制取试件数量以及岩样描述等均同本规程第9.1.3条。

9.2.4 试验步骤

1 用膨胀率仪试验时:

1)将制备好的试件放入内壁涂有凡士林的金属环内,于试件上下分别各放置一张滤纸和一块金属透水板(或透水石),透水板的大小应与试件一致,并装入金属环内,试件与透水板的总高度应与金属环高度一致,如图9.2.2所示。

2)将装好试件的金属环放入膨胀率仪容器中,于透水板顶部再加一块重5 N(相当1 kPa)荷载块,并安装垂直量表。

3)试验测记过程及稳定标准同本规程第9.1.4条第4~第7款各步骤要求测记轴向变形,精确至0.001 mm。

2 用固结仪试验时:

1)按照本规程第9.2.4条第1款第1)项安装试件。

2)将安装好的试件置于压缩容器中,并于透水板顶部放一传压板,再将加压框架置于传压板上,调节平衡加压杠杆后施加1 kPa压力,装好量表。

3)试验测记过程及稳定标准,均按本规程第9.1.4条第4~第7款各步骤要求测记轴向变形,精确至0.001 mm。

9.2.5　计算及记录格式

1　计算:

$$V_{\mathrm{HP}} = \frac{\Delta H'}{H} \times 100 \qquad (9.2.5)$$

式中　V_{HP}——岩石膨胀率(%);

$\Delta H'$——有侧限试件轴向变形(mm);

H——试件原高度(mm)。

2　本试验计算精确至0.1%。

3　记录格式:按表9.2.5编制。

表9.2.5　岩石膨胀率试验记录

试验编号:		试件原始高度 H =				
试件描述:						
读数时间	水温	气温	量表读数	变形 $\Delta H'$	岩石膨胀率 V_{HP}	膨胀变形后试件状态描述
日　时　分	(℃)	(℃)	0.001 mm	(mm)	(%)	

复核:　　　年　月　日　　　　　　　　试验:　　　年　月　日

9.3　膨胀压力试验

9.3.1　岩石膨胀压力是指试件在有侧限约束下,浸水后保持原形体积不变所需的轴向压力。本试验采用平衡法。

9.3.2　仪器设备

1　膨胀压力试验仪:本方法选用高压固结仪,并应预先按本规程附录A.2进行不同压力下的仪器变形校正。

2　其他设备同本规程第9.1.2条第1～第3款和第5款,第9.2.2条第2～第5款。

9.3.3　试件制备

取样要求,岩样包装,试件尺寸与加工数量及其精度和岩样描述等,同本规程第9.2.3条。

注:尺寸允许选用直径不小于高度2.5倍,高度不小于15 mm,但必须注意金属环和透水板应与试件配套。

9.3.4　试验步骤

1　按照本规程第9.2.4条第1款第1)项安装试件。

2 将安装好试件的金属环置于压缩容器中，并在透水板（或透水石）上部置一传压板，再将加压框架置于传压板上，调整平衡加压杠杆，使仪器各部位和试件应在同一轴线上，不得出现偏心荷载，然后施加 0.01 MPa 压力，装好垂直量表。

3 每隔 10 min 测读量表一次，直至连续测读三次读数不变为止，记下量表初读数，精确至 0.001 mm。

4 向容器内缓缓地注入纯水，直至淹没上透水板，观察量表的变化（若顺时针方向转动，表示试件膨胀），当变形量大于0.001 mm时，应立即施加砝码（小心轻放，勿冲击）使量表指针回到初读数位置。如此及时调节所施加砝码使量表读数在整个试验过程中始终保持不变。记下施加的平衡荷载。当施加平衡荷载足以产生仪器变形时，在施加下一级平衡荷载，量表指针向逆时针方向转动（试件被压缩），此时应扣除与该级平衡荷载相应的仪器变形量。

5 稳定标准为浸水后每隔 10 min 读数一次，连续三次读数差小于 0.001 mm 时，改为每隔 1 h 读数一次，当连续三次读数差小于 0.001 mm 时，则认为稳定，浸水后总试验时间不得少于 48 h。

6 试验过程中，应保持水位不变，水温变化不得大于 ±2 ℃。

7 在试验过程中及试验结束后，应描述试件的崩解、掉块、表面泥化或软化等现象。

9.3.5 计算及记录格式

1 计算：

$$P_s = \frac{F}{A} \times 10 \tag{9.3.5}$$

式中 P_s——岩石膨胀压力（MPa）；

F——轴向总平衡荷载（kN）；

A——试件面积（cm^2）。

2 本试验压力施加精确至 0.001 MPa，岩石膨胀压力计算值，取三位有效数字。

3 记录格式：按表 9.3.5 编制。

表 9.3.5 岩石膨胀压力试验记录

试验编号			试件原高度 H		仪器编号		
试件描述					杠杆比例		
					试件面积		
读数时间			平衡荷载（kN）	压力（MPa）	量表读数（mm）	仪器变形量（mm）	备注
日	时	分					
岩石膨胀压力 P_s = MPa							

复核： 年 月 日 试验： 年 月 日

10　耐崩解指数试验

10.0.1　岩石的耐崩解指数是指试件经过烘干与浸水两次标准循环后试件的残留质量与原质量之比,以百分数表示。

10.0.2　本试验适用于黏土类岩石和风化岩石,坚硬岩石不作此项试验。

10.0.3　仪器设备

1　手锤、钢锯、磨盘及砂布。

2　天平(称量 1 000 g,感量 0.1 g)。

3　烘箱、干燥器。

4　耐崩解试验仪,如图 10.0.3 所示。

1)传动装置:由马达、涡轮轴变速装置组成(带动两个筛筒,可同时作两组试件的试验)。

2)圆柱筛筒(两个):用标准孔径 2 mm 的金属丝筛布或筛孔板制成,直径 140 mm,长 100 mm 筛筒有一边盖子可以自由卸下,便于装入试件。

3)水槽(两个):用有机玻璃制成(尺寸为 230 mm × 170 mm × 150 mm)。

10.0.4　试件制备

1　取代表性岩块用手锤敲去尖锐棱角,用磨盘或砂布打磨成浑圆形试件,每块 40 ~ 60 g。共 10 块,总质量约 500 g。

2　试件描述同本规程第 9.1.3 条第 5 款。

10.0.5　试验步骤

1　卸下圆柱筛筒盖子,将 10 块试件全部装入圆柱筛筒内,放入烘箱,在 105 ℃ ~ 110 ℃ 温度下烘 24 h,取出放入干燥器内冷却至室温,称量。

2　将装有烘干试件的圆柱筛筒按图 10.0.3 所示安装放进水槽内,水槽内注放纯水,水位在转动轴以下 20 mm。

3　启动开关,使圆柱筛筒以 20 r/min 的转速转动 10 min,关闭开关。

4　卸下圆柱筛筒盖子,从水

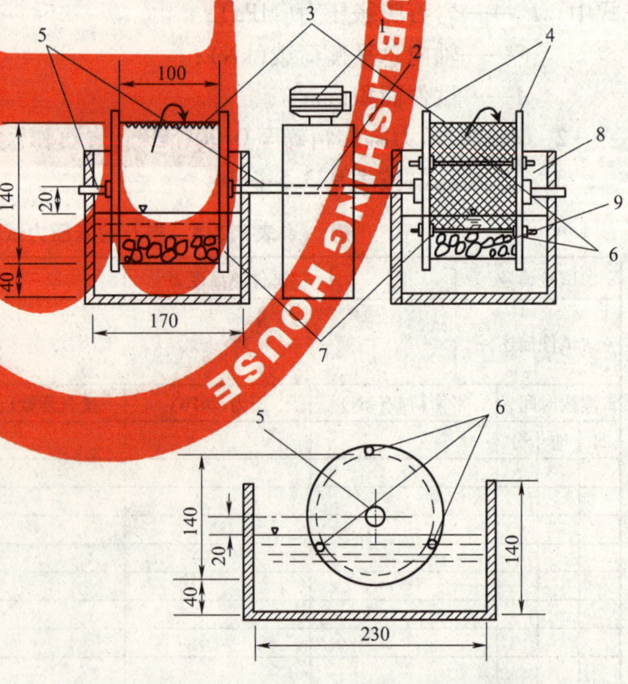

图 10.0.3　耐崩解试验仪(单位:mm)

1—马达;2—涡轮转动装置;3—2 mm 孔径筛筒;4—刚性基盘;5—转动轴;6—用于支撑圆柱筛筒的铁杆(共三根);7—可卸下的差子;8—水槽;9—试件

槽中取出圆柱筛筒，将圆柱筛筒和残留试件一并放入烘箱，在105 ℃~110 ℃温度下烘24 h，取出放入干燥器内冷却至室温，称量。

5 重复以上第2~第4款，求得第二次循环后的圆柱筛筒与残留试件质量。

6 如需要，可重复以上第2~第4款项做5次循环。

7 试验过程中，水温应保持在(20±2)℃。

8 试验结束后，对残留试件及水的颜色和水中沉积物进行描述，水中沉积物应做界限含水量测定，颗粒分析，必要时应做黏土矿物鉴定。

9 本试验称量精确至0.1 g。

10.0.6 计算及记录格式

1 计算：

按下式计算岩石耐崩解指数

$$I_{d2}=\frac{m_r-m_0}{m_s-m_0}\times 100 \tag{10.0.6}$$

式中 I_{d2}——岩石(二次循环)耐崩解指数(%)；

m_r——圆柱筛筒与残留试件烘干质量(g)；

m_s——圆柱筛筒与原试件烘干质量(g)；

m_0——圆柱筛筒质量(g)。

2 本试验计算精确至0.1%。

3 记录格式：按表10.0.6编制。

表10.0.6 岩石耐崩解指数试验记录

试件描述									
试验编号	圆柱筛筒与原试件烘干质量 m_s(g)	第一循环后圆柱筛筒与残留试件烘干质量 m_s(g)	第二循环后圆柱筛筒与残留试件烘干质量 m_r(g)	圆柱筛筒质量 m_0(g)	耐崩解指数 I_{d2}(%)	第三循环后圆柱筛筒与残留试件烘干质量 m_r(g)	第四循环后圆柱筛筒与残留试件烘干质量 m_r(g)	第五循环后圆柱筛筒与残留试件烘干质量 m_r(g)	耐崩解指数 I_{d5}(%)
残留试件及水中沉积物描述									

复核： 年 月 日 试验： 年 月 日

11　单轴抗压强度试验

11.0.1　单轴抗压强度是指岩石试件在无侧限条件下受轴向荷载作用出现压缩破坏时，单位面积上所承受的轴向作用力。

11.0.2　本试验适用于能制成规则试件的各类岩石。

11.0.3　仪器设备

1　钻石机、锯石机、磨石机等。

2　试件检查设备如图 11.0.3—1 所示。

3　游标卡尺(精度0.1 mm、量程 200 mm)、放大镜。

4　万能试验机(以下简称压力机)：规格有 100、300、600、1 000、2 000 kN，结构如图 11.0.3—2 所示。压力机性能应符合下列要求：

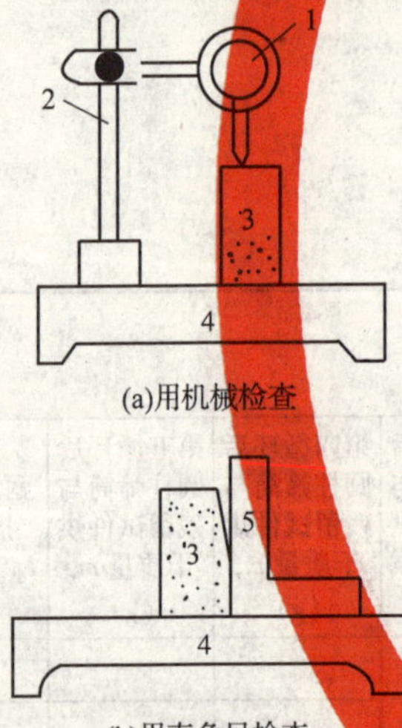

图 11.0.3—1　试件检查设备

1—百分表；2—表座；
3—试件；4—测量平台；
5—直角尺

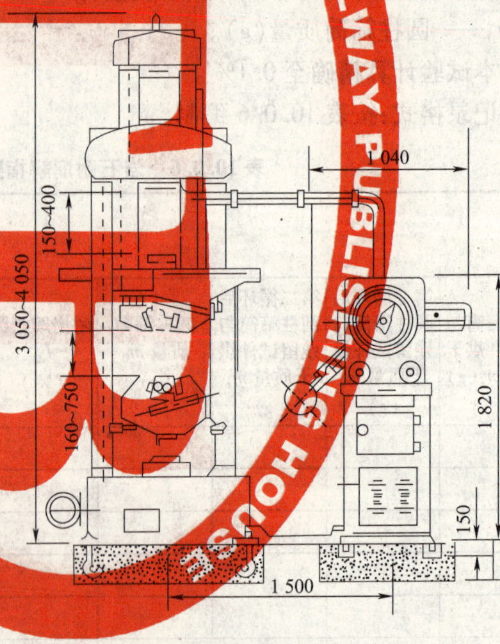

图 11.0.3—2　万能试验机(单位：mm)

1) 压力机应能连续加荷，不产生冲击力，并具有足够的压力，能在总压力的 10% ~ 90% 之间进行试验。

2) 压力机承压板必须具有足够的刚度，其中一块为球形支座，另一块为平整的刚性块。

3) 承压板的直径应不小于试件的直径，也不宜大于试件直径的两倍。当压力机承压板直径大于试件直径的两倍以上时，必须在试件的上下两端加辅助承压板，其刚度和不平度均应满足压力机承压板的要求。

4) 压力机的校正与检验应符合国家计量标准的规定。

5　天平：称量大于500 g，感量0.01 g。

6　烘箱和干燥器。

7　其他设备：水槽、煮沸设备或真空抽气设备。

11.0.4　试件制备

1　试件可用岩心或岩块加工制成。在采取岩样和制备试件时应避免产生人为裂隙。

2　试件尺寸：

1）作为建筑地基的岩石试验，采用圆柱体作为标准试件。其直径为50±2 mm，高度与直径（边长）之比值为2.0。

2）作为砌体工程的石材的试验，采用圆柱体或正方体试件。其直径或边长和高均为50±2 mm，高度和直径（边长）之比为1.0。

3）含有大颗粒的岩石，试件直径或边长应大于岩石最大颗粒尺寸的10倍。

3　试件精度：

1）用测量平台和百分表测量，如图11.0.3—1（a）试件两端面不平整度误差不得大于0.05 mm。

2）用游标卡尺测量试件高度、直径或边长的误差，不得大于0.3 mm。

3）用测量平台和直尺测量，如图11.0.3—1（b）端面应垂直于试件轴线，最大偏差不得大于0.25°。

4　试件的含水状态可根据需要选择烘干状态、天然状态、饱和状态、冻融循环后状态。烘干和饱和状态见本规程7.0.6条，冻融循环后状态见本规程8.1.3条或8.2.4条。

5　试件数量，视所要求含水状态或受力方向而定，每种情况下都应制备3个试件。

6　试件描述：

1）岩石名称、颜色、矿物成分、结构、构造、风化程度、胶结物性质。

2）加荷方向与层理、节理、裂隙的关系及试件加工中出现的问题。

3）含水状态及制样采取的方法。

11.0.5　试验步骤

1　按岩石强度性质，选定合适的压力机。

2　将试件置于压力机的承压板中央，对正上、下承压板，不得偏心。

3　开动压力机，使试件端面与上下承压板接触密合，然后在试件周围挂上铁丝网或有机玻璃防护罩，以防试件压裂时石碴飞溅。

4　调整压力对准零位，以0.5～1.0 MPa/s加荷速率进行加荷。

5　在加荷过程中应随时观察试件的变化情况，如一旦出现裂缝时，及时记录此时的压力表读数，直至试件完全破坏为止。

6　试验结束后，及时将石碴、碎屑清扫干净，不得使碎屑落入油泵活塞上，使压力机经常处于正常状态。

7　当试件有明显层理时，应酌情考虑平行和垂直层理的抗压强度试验。

11.0.6　计算及记录格式

1　计算：

1）按下式计算岩石单轴抗压强度：

$$R=\frac{P}{A}\times 10 \qquad (11.0.6\text{—}1)$$

式中　R——岩石单轴抗压强度(MPa)；

P——破坏时的最大荷载(kN)；

A——试件的承压面积(cm^2)。

2)按下式计算软化系数：

$$K_p=\frac{R_W}{R_d} \qquad (11.0.6\text{—}2)$$

式中　K_p——软化系数；

R_W——岩石饱和状态下的单轴抗压强度(MPa)；

R_d——岩石烘干状态下的单轴抗压强度(MPa)。

3)按本规程公式(8.1.5—2)计算岩石耐冻系数。

2　单轴抗压强度计算值取三位有效数字。软化系数计算至0.01,3个试件平行测定,取算术平均值。3个值中最大与最小之差不应超过平均值的20%,否则,应另取第4个试件,并在4个试件中取最接近的3个值的平均值作为试验结果,同时在报告中将4个值全部给出。

3　当制样困难试件直径(边长)不是50 mm或高径(边长)比不是2.0时,应用第B.1.2条第2款和第B.1.2条第3款中公式进行修正。

4　记录格式:按表11.0.6编制。

表11.0.6　岩石单轴抗压强度试验记录

岩石名称						试件描述							
试验编号													
试件号	试件状态	压力与层理关系(⊥、//)	试件尺寸(cm) 立方体或圆柱体			承压面积(cm^2)	油压表读数(kN)		总荷载(kN)		单位面积抗压强度(MPa)	平均值(MPa)	软化系数	抗冻系数
			W	d	H		初裂时	破坏时	初裂时	破坏时				

复核:　　　　年　月　日　　　　　　　　　　　　试验:　　　　年　月　日

12 单轴压缩变形试验

12.0.1 岩石单轴压缩变形试验是测定岩石试件在单轴压缩应力条件下的轴向及径向应变值,据此算出岩石的弹性模量和泊松比。

12.0.2 弹性模量是轴向应力与轴向应变之比;泊松比是在弹性模量相对应条件下的径向应变与轴向应变之比。

本规程采用两种方法计算试件的弹性模量和泊松比:(1)平均弹性模量和平均泊松比;(2)在抗压强度50%处的割线模量及相应的泊松比。根据需要也可以计算任何压力下的弹性模量和泊松比。

12.0.3 本试验适用于能制成规则试件的各种岩石。

12.0.4 仪器设备

1 惠斯顿电桥、万用表、兆欧表。

2 电阻应变仪。

3 电阻应变片及黏贴电阻应变片用的各种工具及粘结剂等。

4 其他设备同本规程第11.0.3条。

12.0.5 试件制备

同本规程第11.0.4条,试件数量不得少于6块。

12.0.6 试验步骤

1 用其中3块试件测定单轴抗压强度,试验步骤同本规程第11.0.5条。

2 黏贴电阻应变片:

1)在试件1/2高度处绕圆周画线。再从试件端部通过圆心作径向线,从端周引垂线与1/2高度的圆周线相交,其交点就是电阻应变片的位置。用零号砂纸打磨,面积大于电阻丝片面积,用纱布蘸上丙酮清洗至无污痕为止。贴片处应避开裂隙和斑晶。

2)选择电阻应变片,电阻栅长度应大于岩石颗粒的10倍、小于试件的半径;同一试件所选定的工作片与补偿片的规格,灵敏系数等均应相同,电阻值相差应不大于|±0.2| Ω。

3)在贴片部位涂上一层粘结剂,根据试件的含水状态,可用502胶水或环氧树脂。随即将电阻应变片牢固地黏贴在试件表面,用手指加压,排尽多余的胶液和气体。

4)纵、横向电阻应变片应贴在试件中部的对称位置上,纵向和横向电阻应变片的数量各不得少于2片。贴好后对大地的绝缘电阻应大于200 MΩ。

3 将试件置于试验机承压板中心,调整球形座,使试件受力均匀。

4 以0.5~1.0 MPa/s的速率进行加荷,逐级读记荷载与应变值直至破坏为止。测值不应少于10次,匀布于整个试验过程中。

12.0.7 计算及记录格式

1 计算

1）单轴抗压强度计算同本规程第 11. 0. 6 条。

2）按下式计算各级应力：

$$\sigma_i=\frac{P_i}{A}\times 10 \qquad (12.0.7\text{—}1)$$

式中 σ_i——第 i 级应力（MPa）；

P_i——与所测各组应变值相对应的第 i 级荷载（kN）；

A——试件的承压面积（cm^2）。

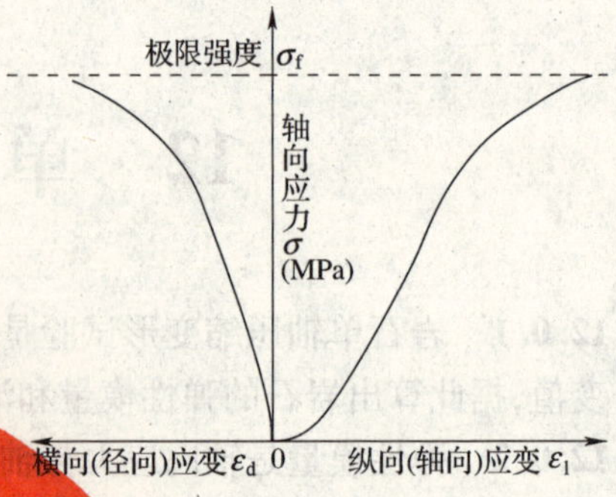

图 12. 0. 7—1　应力应变关系

3）绘制应力与纵向应变和横向应变关系曲线，如图12. 0. 7—1。

4）按下式计算平均弹性模量和平均泊松比，如图 12. 0. 7—2 所示。

$$E_{av}=\frac{\sigma_b-\sigma_a}{\varepsilon_{lb}-\varepsilon_{la}} \qquad (12.0.7\text{—}2)$$

$$\mu_{av}=\frac{-(\varepsilon_{db}-\varepsilon_{da})}{\varepsilon_{lb}-\varepsilon_{la}}=\frac{-\Delta\varepsilon_d}{\Delta\varepsilon_l}=\frac{E_{av}\cdot\Delta\varepsilon_d}{\Delta\sigma} \qquad (12.0.7\text{—}3)$$

式中 E_{av}——试件平均弹性模量（MPa）；

μ_{av}——试件平均泊松比；

σ_a——应力与纵向应变关系曲线上直线段始点的应力值（MPa）；

σ_b——应力与纵向应变关系曲线上直线段终点的应力值（MPa）；

ε_{la}——应力为 σ_a 时的纵向应变值；

ε_{lb}——应力为 σ_b 时的纵向应变值；

ε_{da}——应力为 σ_a 时的横向应变值；

ε_{db}——应力为 σ_b 时的横向应变值。

5）按下式计算割线模量及相应的泊松比，参看图 12. 0. 7—3。

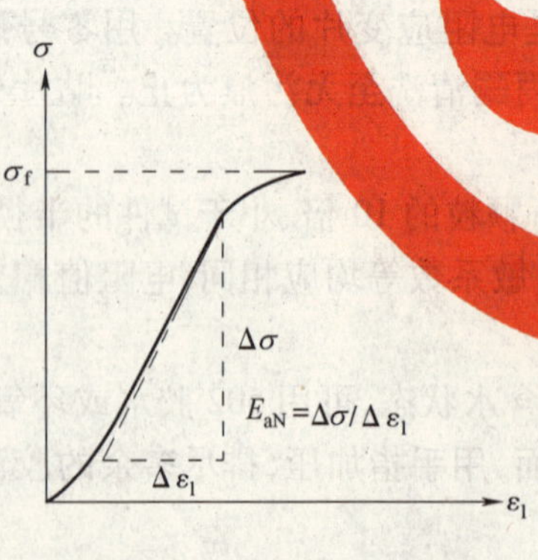

图 12. 0. 7—2　应力应变曲线直线段的平均弹性模量

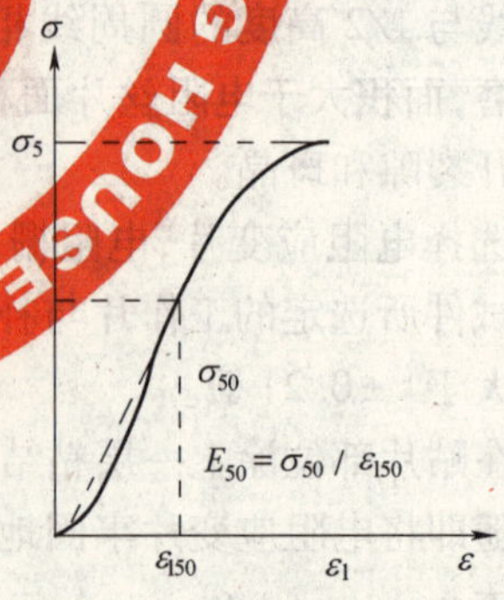

图 12. 0. 7—3　在极限强度某一百分率范围内测定的割线模量

$$E_{50}=\frac{\sigma_{50}}{\varepsilon_{l50}} \qquad (12.0.7\text{—}4)$$

$$\mu_{50}=\frac{-\varepsilon_{d50}}{\varepsilon_{l50}}=\frac{-E_{50}\cdot\varepsilon_{d50}}{\sigma_{50}} \qquad (12.0.7\text{—}5)$$

式中 E_{50}——试件割线模量(MPa);

μ_{50}——试件泊松比;

σ_{50}——相当于试件单轴抗压强度 50% 时的应力值(MPa);

ε_{l50}——应力为 σ_{50} 时的纵向应变值;

ε_{d50}——应力为 σ_{50} 时的横向应变值。

2 弹性模量取三位有效数字;泊松比计算精确至 0.01。

3 记录格式:按表 12.0.7 编制。

表 12.0.7 岩石单轴压缩变形试验记录

试验编号: 试件直径: 试件面积: 试件高度: 试件含水状态:

试件描述		试件号	纵向荷载 P (kN)	纵向应力 σ (MPa)	纵向应变 ε_l ($\mu\varepsilon \times 10^{-6}$)				横向应变 ε_d ($\mu\varepsilon \times 10^{-6}$)				体积应变 $\varepsilon_v = \varepsilon_l - 2\varepsilon_d$	备注
测定前	测定后				1 号片	2 号片	3 号片	平均	1 号片	2 号片	3 号片	平均		
		破坏荷载 P_f = kN 单轴平均抗压强度 P_{av} = MPa 割线 E_{50} = MPa μ_{50} = E_{av} = MPa μ_{av} =												

复核: 年 月 日 试验: 年 月 日

13　点荷载试验

13.0.1　岩石点荷载试验是将试件置于点荷载仪的上下两个球端圆锥之间,施加荷载直至破坏,根据试件破坏荷载和加荷点间距,计算点荷载强度指数。

13.0.2　本试验适用于除砾岩之外的各类岩石。

13.0.3　岩石点荷载试验,可分为径向试验、轴向试验、方块体试验和不规则块体试验等。各类试验的试件尺寸与数量要求,详见表13.0.7和图13.0.7。

表13.0.7　试件尺寸及数量

试验类别	试　件　尺　寸	试件数量(个/组)
径向试验	直径3.0~10 cm; 长度/直径为1.0~1.4; 如图13.0.7(a)所示	10~12
轴向试验	直径与加荷点间距为3.0~10 cm; 加荷点间距与直径之比为0.3~1.0,宜选用0.75~1.0; 如图13.0.7(b)所示	10~12
方块体与不规则块体试验	最短边长、加荷点间距均为3.0~10 cm; 加荷点间距与短边的平均宽度之比为0.3~1.0,宜选用0.75~1.0; 如图13.0.7(c)、(d)所示	方块: 10~15 不规则: 15~20

13.0.4　本试验取"尺寸"5.0 cm、"形状系数"为1的试件作为基准试件。不同规格试件的点荷载强度指数测试值:径向试验应进行试件尺寸效应校正;轴向试验、方块体试验和不规则块体试验应进行试件尺寸效应修正和形状系数效应修正。

13.0.5　由点荷载试验结果换算常规岩石试验强度指标,应以每组试验基准试件点荷载强度指数的平均值为依据。

13.0.6　仪器设备

1　点荷载仪,如图13.0.6所示,加荷锥锥端曲率半径应为5.0 mm、锥顶角为60°。点荷载仪的标定,按本规程附录B第B.2节的规定进行操作。

图13.0.6　PM—2型点荷载仪

1—加荷框架;2—顶镐;3—加荷锥头;4—标尺指针;5—压力表;6—三通体;7—高压胶管;8—快速接头;9—卧式液压泵;10—加荷锥

2 其他工具：地质锤、錾子、砍刀、板手、钢丝钳、解刀、游标卡尺、放大镜、钢卷尺和水桶等。

13.0.7 试件制备

1 试件尺寸及数量应符合表13.0.7的规定。

2 测定强度各向异性指数的试件：

1）岩心试件：轴向试验与径向试验的试件各加工一组。

2）岩块试件：加工垂直于软弱面施加荷载和平行于软弱面施加荷载的试件各一组。

3 试件制备精度：

1）径向试验：长度与直径之比为1.0～1.4。

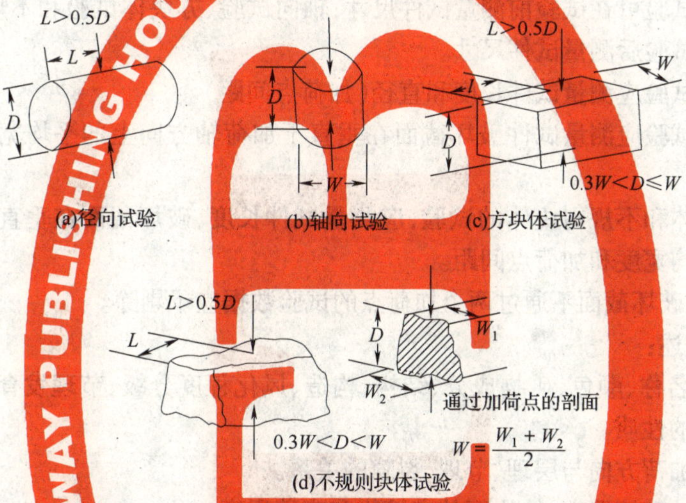

图13.0.7 点荷载试验分类及对试件形状的要求

2）轴向试验、方块体试验和不规则块体试验：加荷面的中部与加荷锥端点接触部位的平整度误差，不大于0.2 mm；加荷面中心与试件周边的高差应不大于5.0 mm。

4 试件加工：

1）岩样可用钻探岩心或天然露头、坑槽探、平洞、巷道中采取的岩块。

2）试件加工可用地质锤、錾子和砍刀等。

3）取样和加工均应避免产生人为裂隙。

5 试件的含水状态：

1）在室内试验时，宜采用烘干饱和试件，烘干饱和的方法同本规程第7.0.6条。

2）在工地试验时，宜采用天然饱和试件，即将天然含水状态的试件置于常温常压下浸水48 h。

3）遇水易崩解或开裂的岩石，宜采用天然含水状态试件或烘干的试件。

13.0.8 试验步骤

1 仪器工作准备：先将液压泵注满油；再将点荷载仪的加荷系统与荷载测量系统连结成整体；然后检查使上下加荷锥同轴。

2 试件安装：

1)径向试验:将圆柱状试件横向放入点荷载仪的上下球端圆锥之间,使锥端与试件长度一半之处的直径两端紧密接触。

2)轴向试验:将圆柱状试件竖向放入点荷载仪的上下球端圆锥之间,使锥端与试件的圆心处紧密接触。

3)方块体和不规则块体试验:将试件放入点荷载仪的上下球端圆锥之间,使锥端与试件中心处紧密接触。

3 对试件施加荷载:均匀用力操作液压泵,注意加荷速度不宜过快,使试件在 10 ~ 60 s 内破坏,记录试件的破坏荷载。

4 试件尺寸:

1)试件尺寸测量应精确至 0. 1 mm。

2)径向试验可在试验前测量试件尺寸;轴向试验、方块体试验和不规则块体试验,应在试验后测量试件尺寸。

3)径向试验应测量试件长度和直径(加荷点间距)。

4)轴向试验应测量试件破坏截面在垂直于加荷轴方向上的平均宽度和加荷点间距。

5)方块体和不规则块体的试验,应测量试件长度、破坏截面在垂直于加荷方向上的平均宽度和加荷点间距。

5 对试件破坏截面不通过两个加荷点的试验数据应予剔除。

6 试件描述:

1)岩石名称、颜色、矿物成分、结构、构造、风化程度分级、节理发育程度分级和胶结物的性质。

2)试件加荷方向与层理、节理、裂隙的关系。

3)试件的破坏形态、结构面的充填物和充填程度。

13. 0. 9 计算及记录格式

1 计算:

1)点荷载强度指数的计算应精确至 0. 01 MPa。

2)未经修正的岩石点荷载强度指数的计算:

$$I_s = 10P/D^2 \qquad (13.0.9\text{—}1)$$

式中 I_s——未经修正的点荷载强度指数(MPa);

P——试件破坏荷载(kN);

D——试件加荷点间距(cm);

10——单位换算因数。

3)径向试验的基准试件点荷载强度指数的计算:

$$I_{s(50)} = I_s \cdot K_d = 4.9050 \cdot \left(\frac{P}{D^2}\right) \cdot d^{0.4426} \qquad (13.0.9\text{—}2)$$

式中 $I_{s(50)}$——基准试件点荷载强度指数(MPa);

K_d——试件尺寸效应修正系数,$K_d = 0.4905 \cdot d^{0.4426}$;

d——试件直径(等于加荷点间距 D)(cm);

其余符号意义同公式(11. 0. 9—1)。

4)轴向试验、方块体和不规则块体试验的基准试件点荷载强度指数的计算:

$$I_{s(50)}=I_s\cdot K_w\cdot K_f=1.5505\left(\frac{P}{D^2}\right)W^{0.4426}\times e^{\left[2.3034\left(\frac{D}{W}+\lg\frac{D}{W}\right)/2\right]} \quad (13.0.9—3)$$

式中 K_f——试件形状效应修正系数，

$$K_f=0.3161e^{\left[2.3034\left(\frac{D}{W}+\lg\frac{D}{W}\right)/2\right]}$$

K_w——试件尺寸效应修正系数，

$$K_w=0.4905\cdot W^{0.4426};$$

e——自然对数的底(2.718 3)；

W——轴向试验、方块试验和不规则块体试验的试件平均宽度(cm)；

其余符号意义同公式(13.0.9—1)和公式(13.0.9—2)。

5)基准试件点荷载强度指数平均值的计算：

应先从一组有效试验数据中舍去两个(或一个)最高值和最低值：当有效试验数据多于10个,应舍去两个最高值和两个最低值；等于或少于10个,只舍去一个最高值和一个最低值,然后按下式计算。

$$I_{s(50)平}=\frac{1}{n}\sum_{i=1}^{n}I_{s(50)} \quad (13.0.9—4)$$

式中 $I_{s(50)平}$——每组点荷载试验的基准试件点荷载强度指数平均值(MPa)；

$\sum_{i=1}^{n}I_{s(50)}$——舍去后的有效基准试件点荷载强度指数之和(MPa)；

n——舍去后的有效试验数据个数。

6)不同含水状态试件点荷载强度指数的互换关系：

① 天然饱和与烘干饱和试件的点荷载强度指数的关系式：

$$I_{s(50)干饱}=0.9077\cdot I_{s(50)天饱}-0.0742\approx0.9077\cdot I_{s(50)天饱} \quad (13.0.9—5)$$

式中 $I_{s(50)干饱}$——烘干饱和的基准试件点荷载强度指数(MPa)；

$I_{s(50)天饱}$——天然饱和的基准试件点荷载强度指数(MPa)。

② 烘干与烘干饱和试件的点荷载强度指数的关系式：

$$I_{s(50)烘干}=0.8932+1.0276I_{s(50)干饱} \quad (13.0.9—6)$$

式中 $I_{s(50)烘干}$——烘干试件点荷载强度指数(MPa)；

$I_{s(50)干饱}$——意义同公式(13.0.9—5)。

7)岩石点荷载强度各向异性指数(具各向异性的岩石),按下式计算：

① 岩心试件点荷载强度各向异性指数的计算：

$$I_{a(50)}=K_j\cdot I_{s(50)轴}/I_{s(50)径} \quad (13.0.9—7)$$

式中 $I_{a(50)}$——岩石点荷载强度各向异性指数；

$I_{s(50)轴}$——轴向试验基准试件点荷载强度指数(MPa)；

$I_{s(50)径}$——径向试验基准试件点荷载强度指数(MPa)；

K_j——轴向试验强度指数的校正系数,当 $I_{s(50)轴}>6.87$ MPa 时,K_j 取 0.94；当 $I_{s(50)轴}\leqslant6.87$ MPa 时,K_j 取 0.90。

② 方块体和不规则块体试验点荷载强度各向异性指数的计算：

$$I_{s(50)}=I_{s(50)\perp}/I_{s(50)//} \quad (13.0.9—8)$$

式中 $I_{s(50)}$——岩石点荷载强度各向异性指数；

$I_{s(50)\perp}$——垂直于软弱面施加荷载的基准试件点荷载强度指数(MPa)；

$I_{s(50)//}$——平行于软弱面施加荷载的基准试件点荷载强度指数(MPa)。

2　点荷载试验成果换算常规岩石强度指标的依据和条件及其计算方法,应符合本规程附录 B 第 B.1 节的规定。

3　记录格式:按表 13.0.9 编制。

表 13.0.9　岩石点荷载试验记录

试验编号________试件含水状态(天然状态、天然饱和、烘干饱和)　　　加荷方向(径向、轴向)

试件号	三轴尺寸(cm)			压力表读数 X (MPa)	破坏荷载 P(kN)	未修正的强度指数 $I_s=\frac{10P}{D^2}$ (MPa)	尺寸效应修正系数 K_d	形状效应修正系数 K_f	基准试件强度指数 $I_{s(50)}=I_s\cdot K_d\cdot K_f$ (MPa)
	长	直径(宽)	加荷点间距						
	L	$d(b)$	D						
$I_{s(50)}$的平均值:　　(MPa)、标准差(S_x)　　(MPa)偏差系数　　(%)									
压力表编号:　　计算破坏荷载(P)的回归方程:									
试件描述	岩石名称:　　颜色:　　矿物成分:								
	结构:　　构造:　　胶结物性质:								
	风化程度分级:　　节理发育程度分级:								

复核:　　年　月　日　　计算:　　年　月　日　　试验:　　年　月　日

14 抗拉试验

14.1 劈裂法

14.1.1 劈裂法是在圆柱体试件的直径方向施加相对的线性荷载，使之沿试件直径方向破坏，间接测定岩石的抗拉强度。

14.1.2 本试验方法不同含水状态的试件；对于饱和状态的试件应按本规程第7.0.6条试验步骤规定处理。凡未说明含水状态的抗拉强度，即指烘干试件的抗拉强度。

14.1.3 仪器设备

1 劈裂法抗拉夹具如图14.1.3所示。

2 其他设备同本规程第11.0.3条。

14.1.4 试件制备

1 试件可用钻探岩心或岩块制作，需采取具有代表性的样品，在试件制备过程中，不允许出现人为裂隙。

2 圆柱状试件直径允许变化范围为50±2 mm，长度为直径的0.5~1.0倍，试件的直径不得小于岩石最大颗粒的10倍。

3 对于有特殊要求的试件(当用小岩心或各向异性的岩块进行试验时)也必须满足本规程第14.1.4条第1~第2款的要求。

4 试件数量每组不得少于3块。

5 试件制备

1)在试件的圆柱面上不得有明显的划痕。

2)其他试件精度同本规程第11.0.4条。

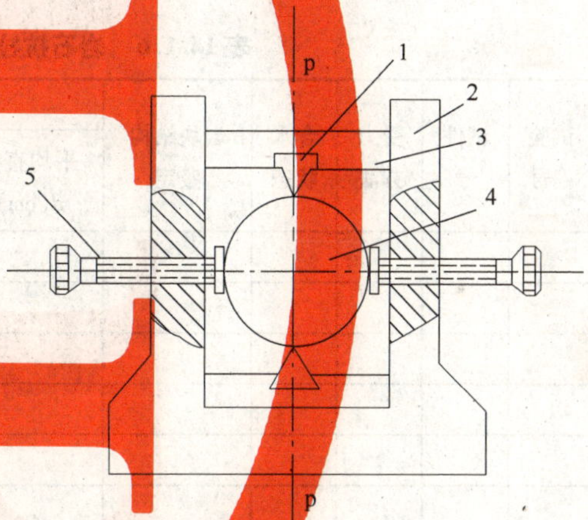

图14.1.3 劈裂法抗拉夹具

1—刀刃；2—夹具座；3—刀承；4—试件；5—夹持螺丝

14.1.5 试验步骤

1 将所制备好的试件置于105 ℃~110 ℃烘箱内烘干24 h，冷却后称量，准确至0.1 g必要时可采用天然含水量或饱和状态试件。

2 过试件直径的两端，沿轴线方向画两条相互平行的线作为加荷基线，置于抗拉夹具内，上下刀刃对准加荷基线，用两侧夹持螺丝固定试件如图14.1.3所示。

3 按岩石强度性质，选定总压力合适的压力机。压力机同本规程第11.0.3条第4款。

4 将装好试件的抗拉夹具置于压力机上下承压板中央，调整球形底座承压板，使试件均匀受荷。然后松开夹具两侧的夹持螺丝。

5 开动压力机，以0.3~0.5 MPa/s的加荷速率进行加荷，直至破坏，并记录最大破坏荷载。

6　观察试件在受荷过程中的破裂发展过程，并描述试件的破坏状态。

14. 1. 6　计算及记录格式

1　计算：

$$\sigma_t = \frac{2P}{\pi dh} \times 10 \qquad (14.1.6)$$

式中　σ_t——岩石抗拉强度（MPa）；

P——破坏时的最大荷载（kN）；

d——试件直径（cm）；

h——试件厚度（长度）（cm）。

2　计算值取三位有效数字，3 个试件平行测定，取其算术平均值。应注意：

1）沿裂隙、节理而破坏的试件，应舍去不用。

2）均匀介质的岩块，出现了特大值或特小值，必须进行岩块结构的鉴定，并在报告中加以注明。

3　记录格式：按表 14. 1. 6 编制。

表 14. 1. 6　岩石抗拉强度试验记录（劈裂法）

试验编号	试件号	受力方法	含水状态	岩块结构鉴定	试体尺寸			最大破坏荷载 P(kN)	岩石抗拉强度 σ_t(MPa)
					平均直径 d(cm)	平均厚度 h(cm)	劈裂面积 dh(cm^2)		

复核：　　年　月　日　　　　试验：　　年　月　日

14. 2　轴向拉伸法

14. 2. 1　轴向拉伸法是在圆柱体试件的两端施加相对的轴向拉力，使试件沿着弱面被拉断的一种试验。

14. 2. 2　本试验方法的适用范围，按本规程第 14. 1. 2 条规定办理。

14.2.3 仪器设备

1 胶接材料及配制设备;

2 夹具;

3 其他设备同本规程第11.1.3条。

14.2.4 试件制备

应符合本规程第14.1.4条的规定,但试件长度应为直径的2~2.5倍。

14.2.5 试验步骤

1 同本规程第14.1.5条第1款。

2 同本规程第14.1.5条第3款。

3 胶接夹具接头:

1)胶合剂可用634型二酚基丙烷环氧树脂(100份),乙二胺(8份)和邻苯二甲酸二丁脂(5份)配制。配制时,先将环氧树脂和二丁脂在常温下混合,然后倒入乙二胺,迅速搅拌均匀。配好的胶合剂宜在20 min内使用。

2)试件与夹具胶接前,应将试件端面与夹具面用丙酮洗净,然后将胶合剂均匀地涂在两者的面上。胶接时应严格对准中心,使用稍许压力使两者紧密结合,约1~2 h后,再置于温度为37 ℃的烘箱中烘20 h左右。

3)对于饱和状态的试件,在试件饱和后应再次检查胶接是否牢固,如发现与轴线不一致时,应重新胶接。

4 试件安装时,用压力机的夹头直接夹住,使它们处于一条直线上。

5 开动压力机,以0.3~0.5 MPa/s的加荷速度施加荷载,直至破坏。并记录最大破坏荷载值。

6 观察试件在受荷过程中的破裂发展过程,并描述试件的破坏形态。

14.2.6 计算及记录格式

1 计算:

$$\sigma_t = \frac{P}{A} \times 10 \tag{14.2.6}$$

式中 A——试件的截面积(cm^2);

其余符号意义同本规程公式(14.1.6)。

2 计算精度同本规程第14.1.6条第2款。

3 记录格式同表14.1.6,表中劈裂面积 dh 改为截面积 A。

15　抗剪断强度试验

15.0.1　抗剪断强度是试件的某一特定面与水平方向成一定角（即放置角度）α 时，平行于此特定面的切向分力作用所产生的最大剪应力。

15.0.2　对于不同含水状态的试件，有关规定同本规程第 14.1.2 条。

15.0.3　本试验得出试件沿剪断面的正应力与剪应力关系。

15.0.4　仪器设备

1　角模剪断装置见图 15.0.4，变角范围为 30°～70°。

2　其他设备同本规程第 11.0.3 条。

15.0.5　试件制备

试件规格为边长 5 cm 的正方体，每组不得少于 9 块，试件加工精度见本规程第 11.0.4 条。

15.0.6　试验步骤

1　按岩石强度性质，选定合适的压力机。

2　角模剪断装置 α 角通常选用 45°、50°、55°、60°、65°五种角度中的三种角度，每种角度至少有三个试件的试验数据。

3　将装好试件的角模剪断装置调整到需要的 α 角度，平置于压力机承压板中心，调整球形底座，使试件与上下承压板密合接触。

4　开动压力机，以 0.3～0.5 MPa/s 的加荷速率进行加荷，直至破坏。

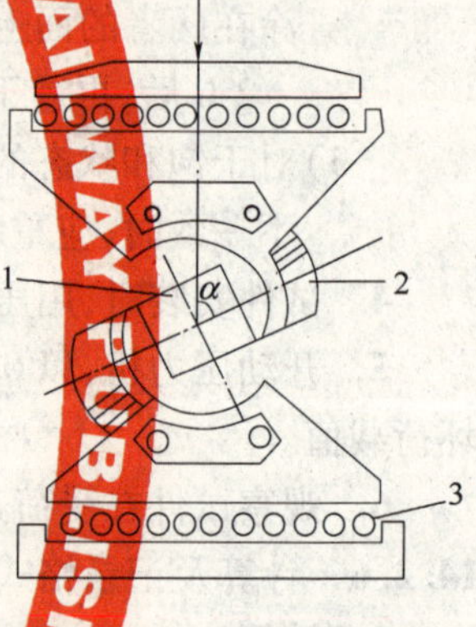

图 15.0.4　角模剪断装置

1—试件；2—滑动钢模；3—滚柱

5　在加荷过程中应随时观察试件变化情况，如一旦出现裂缝时，及时记录此时的压力表读数，并描述试件的破坏状态。

15.0.7　计算及记录格式

1　计算：

按图 15.0.7—1 列出下列方程：

$$\left.\begin{aligned}\sigma &= \frac{P}{A}(\cos\alpha + f\sin\alpha)\\ \tau &= \frac{P}{A}(\sin\alpha - f\cos\alpha)\end{aligned}\right\} \tag{15.0.7—1}$$

式中　σ——剪断面上的正应力（MPa）；

P——破裂时的极限荷载（N）；

A——试件的剪切面积（mm^2）；

α——加荷方向与剪断面法线方向的夹角（放置角度）（°）；

f——角模装置上的滚柱动摩擦系数，〔$f = 1/(nd)$，n 为滚柱根数，d 滚柱直径（mm）〕；

τ——剪断面上的剪应力(MPa)。

2 计算至0.01 MPa,每种角度三次平行测定。

3 绘制以剪应力为纵坐标,以正应力为横坐标的关系曲线,见图15.0.7—2。为了计算方便,可将图中的包络线简化为一直线或折线,再按库仑定律表达式求得抗剪断强度参数 c、ϕ 值,并注意相应的正应力区间。

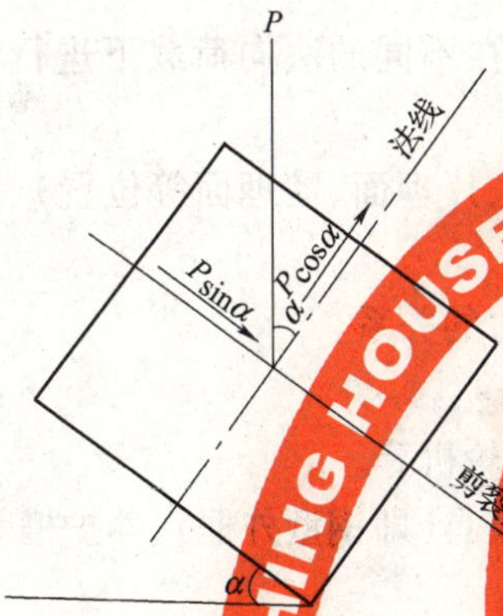

图 15.0.7—1 应力平衡示意图

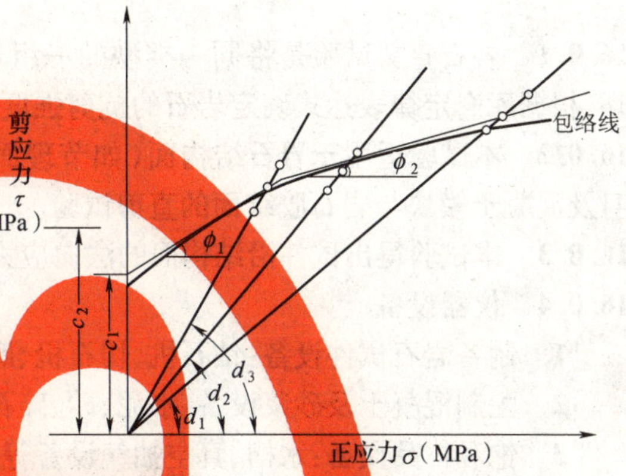

图 15.0.7—2 抗剪断强度包络线

$$\tau=\sigma\tan\phi+c \tag{15.0.7—2}$$

式中 ϕ——内摩擦角(°);

c——凝聚力(MPa);

其余符号意义同公式(15.0.7—1)。

4 记录格式:按表15.0.7编制。

表 15.0.7 岩石抗剪断强度试验记录

试验编号	试件描述									
试件号	试件尺寸长×宽(cm)	剪切面积 A (mm²)	极限荷载 P (N)	$\frac{P}{A}$ (N/mm²)	放置角度 α (°)	$\sin\alpha$	$\cos\alpha$	滚柱动摩擦系数 f	正应力 $\sigma=\frac{P}{A}(\cos\alpha+f\cdot\sin\alpha)$ (MPa)	剪应力 $\tau=\frac{P}{A}(\sin\alpha-f\cdot\cos\alpha)$ (MPa)
凝聚力 c = kPa 内摩擦角 ϕ = °										

复核: 年 月 日 试验: 年 月 日

16　抗剪强度(直剪)试验

16.0.1　岩石直剪试验是将同一类型的一组岩石试件在不同的法向荷载下进行水平剪切,根据库仑定律表达式确定岩石的抗剪强度参数。

16.0.2　本试验适用于岩石结构面(如节理面、层理面、片理面、劈理面等位置)、岩石本身及混凝土模块与岩石胶结面的直剪试验。

16.0.3　本试验得出试件沿结构面的法向应力与剪应力的关系。

16.0.4　仪器设备

1　制备岩石试件设备:钻石机、切石机、磨石机、砂轮机等。

2　配制混凝土及砂浆设备:水泥、砂、碎石、筛子、模具(即钢型外框)、养护槽等。

3　饱和样品设备:水槽、真空抽气设备等。

4　量测岩石表面起伏差仪表:试件检查设备见图10.0.4。

5　量测试件尺寸的仪表:精度为0.1 mm的游标卡尺。

6　包括法向和剪切向加压设备的直剪仪,见图16.0.4。

7　量测法向和剪切向位移的量表,精度0.01 mm。

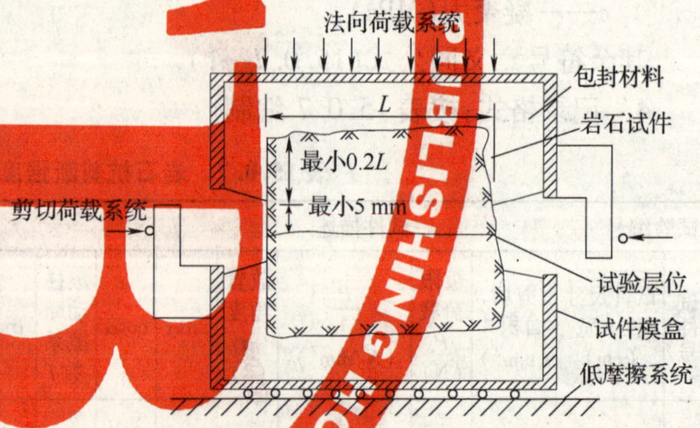

图16.0.4　试验室直剪试验布置图

16.0.5　试件制备

1　混凝土或砂浆与岩石胶结面试件:

1)岩石试件规格采用边长为10~15 cm的正方体,混凝土或砂浆与岩石的高度为边长的1/2。

2)拟浇注混凝土或砂浆的岩面起伏差,应控制在边长或直径的1%~2%以内。

3)在岩石上浇注的混凝土或砂浆尺寸与岩块相同,配制混凝土材料和配合比,参照设计要求确定。

4)在浇注混凝土或砂浆的同时,须制备3~6块混凝土或砂浆标号试件,以作为检查标号(抗压强度)之用。制备方法可参照现行水工混凝土试验方法的有关规定。

5)制备好的试件和标号试件应置于养护室内进行养护,标号试件按规定龄期进行试验。

2　具有结构面试件:

1)试件应尽量保持原状结构,防止结构面被扰动。

2)方块体试件边长采用20~30 cm正方体,结构面上下岩石的厚度约分别为断面尺寸的1/2左右。

3)对于加工困难的岩样允许采用不规则试件。节理裂隙发育的岩石须用铁丝捆扎并用水泥浆壳保护。

4)对天然含水量的试件,在制备样品的过程中,应尽量减少水份的损失。如试件须进行饱和时,可按本规程第7.0.6条规定进行饱和。

3　岩石试件:

1)试件尺寸的确定应考虑仪器的设备能力和岩石本身强度。用方块体试件,边长不小于5 cm。

2)试件须用高强度的钢筋混凝土或钢制外框包裹。在试件与外框之间必须填充密实。剪切缝宜控制在0.5~2.0 cm之间。

3)测定饱和抗剪强度时,须在事先将试件按本规程第7.0.6条规定进行饱和处理。

4)试件数量每组不得少于5个。

16.0.6　试件的描述

1　描述内容同本规程第4.0.3条第2款第1)项。

2　层理、片理、节理裂隙的发育程度及其与剪切方向的关系。

3　结构面的充填物性质,充填程度以及试件在采取和制备过程中受扰动的情况。

4　混凝土与岩石胶结面的试件,必须测定岩石面的起伏差,并绘制其沿剪切方向的高度变化曲线;混凝土的配合比,胶结质量及实测标号。

16.0.7　试验步骤

1　将试件置于直剪仪上,试件的受剪方向应与建筑物的受力方向大致相同。经论证后,确认剪切参数不受施力方向影响时,可不受此限制。

2　安装法向和剪切向的加荷系统时,应保证法向力和剪切力的合力通过剪切面的几何中心。

3　法向位移量表和水平位移量表应对称布置,各方向至少有一个量表。

4　所选择的法向应力,除充填夹泥的结构面试验外,一般应大于或等于设计应力。对于充填夹泥的结构面试验,法向应力的选择以不挤出夹泥为原则。

5　分4~5级施加法向荷载,每5 min加荷一次,加荷后立即测读法向变形,5 min后再测读一次。达到预定荷载以后,每5 min观测变形一次,直到固结稳定才能施加剪切荷载。

6　固结稳定标准:

1)对于混凝土(或砂浆)与岩石胶结面,不夹泥的结构面和岩石本身的抗剪强度试验,每5 min读数一次,连续两次读数差值不超过0.01 mm。

2)对于充填低塑性夹泥的结构面试验,每10 min读数一次,连续两次读数差值不超过0.01 mm。

3)对于充填高塑性夹泥的结构面试验,每15 min读数一次,连续两次读数差值不超过0.05 mm。

7　施加剪切荷载:

1)按预估最大剪切荷载分8~12级施加。施加每级荷载后,即测读剪切位移和法向位移,5 min后再测读一次即施加下一级剪切荷载直至破坏。当剪切位移量变大时,可适当加密剪切荷载的分级。

2）将剪切荷载退至零。根据需要，待试件充分回弹后，调整量表，按以上步骤，进行摩擦试验。

3）对于充填夹泥的结构面试验，要记述夹泥性质、厚度、组织结构，并取样测定含水量、密度、流塑性和进行颗粒分析试验，同时应取代表性样品作矿物化学分析鉴定。

16.0.8　计算及记录格式

1　计算：

各级法向荷载下的法向应力和剪应力：

$$\left.\begin{aligned}\sigma &= \frac{10P}{A}\\ \tau &= \frac{10Q}{A}\end{aligned}\right\} \qquad (16.0.8\text{—}1)$$

式中　σ——作用于剪切面上的法向应力（MPa）；

τ——作用于剪切面上的剪应力（MPa）；

P——作用于剪切面上的总法向荷载（包括施加的荷载和设备质量）（kN）；

Q——作用于剪切面上的剪切荷载（kN）；

A——剪切面积（cm^2）。

本试验至少用 3 个以上的试件作平行测定。

2　绘制各法向应力下的剪应力与剪切位移及剪应力与法向位移的关系曲线。其中法向位移和剪切位移均取所有量测仪表的平均值。再根据各剪切特征点绘制剪应力与法向应力关系曲线，如图 16.0.8 所示。用库仑表达式确定岩石抗剪强度参数。

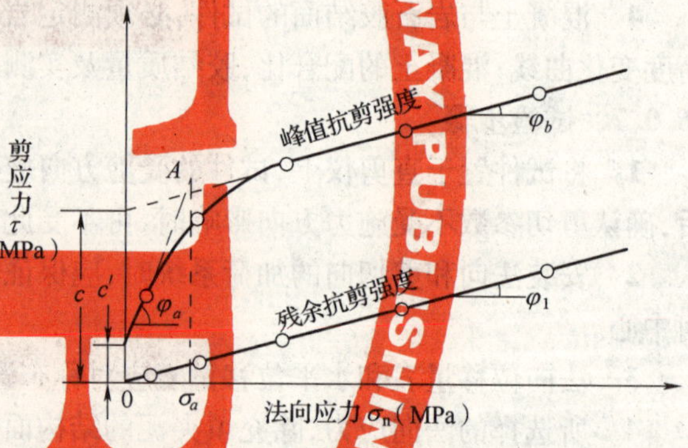

图 16.0.8　剪应力与法向应力关系曲线

3　由图16.0.8 中确定下列各值：

φ_a——在法向应力 σ_a 以下的视摩擦角，图中 A 点是说明遇到剪切面上主要粗糙物时在峰值抗剪强度曲线上出现的一个突变点；在 OA 之间，φ_a 是由大变小的一个角度；应在有实际意义的应力范围内确定 φ_a 值（°）；

φ_b——在法向应力大于 σ_a（A 点）以上的视摩擦角，φ_b 常稍大于或等于 φ_r，随应力大小稍有变化，应在有实际意义的应力范围内确定 φ_b 值（°）；

φ_r——残余摩擦角（°）；

c——相应 φ_b 的应力范围内的视凝聚力（MPa）；

c'——相应 φ_a 的应力范围内的视凝聚力（MPa）。

按库仑表达式计算摩擦系数 $\tan\varphi$ 和凝聚力 c。

$$\left.\begin{aligned}\tan\varphi &= \frac{\tau_n - \tau_1}{\sigma_n - \sigma_1}\\ c &= \tau_n - \sigma_n\tan\varphi\end{aligned}\right\} \qquad (16.0.8\text{—}2)$$

式中　$\tan\varphi$——摩擦系数；

c——凝聚力(MPa);

τ_n——σ_n 时的极限剪应力(MPa);

τ_1——σ_1 时的极限剪应力(MPa);

σ_n——大于 σ_1 时的法向应力(MPa);

σ_1——法向应力(MPa)。

4 记录格式,按表 16.0.8 编制。

表 16.0.8　岩石抗剪强度(直剪)试验记录

试验编号			岩石名称		试件号		剪切面积 A(cm²)	
试件描述								
垂直千斤顶活塞面积(cm²)		垂直压力表读数(MPa)		垂直荷载 P(kN)		附加垂直荷载(kN)		垂直应力 σ(MPa)
摩阻力(kN)		水平千斤顶活塞面积(cm²)						

观测时间	水平压力表读数(MPa)	水平荷载(kN)	剪应力 τ(MPa)	测微表读数(0.01 mm)		位移值(0.01 mm)		备注
				水平	垂直	水平	垂直	

复核　　　年　　月　　日　　　　　　　　　　试验　　　年　　月　　日

17　三轴抗压强度试验

17.0.1　岩石三轴抗压强度试验是在三轴向压力下测定试件的强度和变形的方法，据此计算试件在三轴压缩条件下的强度和变形参数。

17.0.2　本方法采用等侧压条件下的不固结排水、不测孔隙水压力的三轴抗压强度试验。

17.0.3　本试验适用于能制成规则试件的各类岩石。

17.0.4　仪器设备

1　三轴试验机包括主机、两个高性能伺服油缸、伺服液压源可系统提供稳压液流、伺服控制系统（主要包括电液伺服阀、控制器、传感器及相应二次仪表、数显装置、$X—Y$ 函数记录仪等）、计算机控制和数据处理系统（微机、A/D、D/A 数据采集板、屏幕显示等）。三轴试验示意图如图 17.0.4 所示。

当用电阻应变片量测试件的应变时，可按本规程第 12.0.6 条第 2 款规定黏贴应变片。

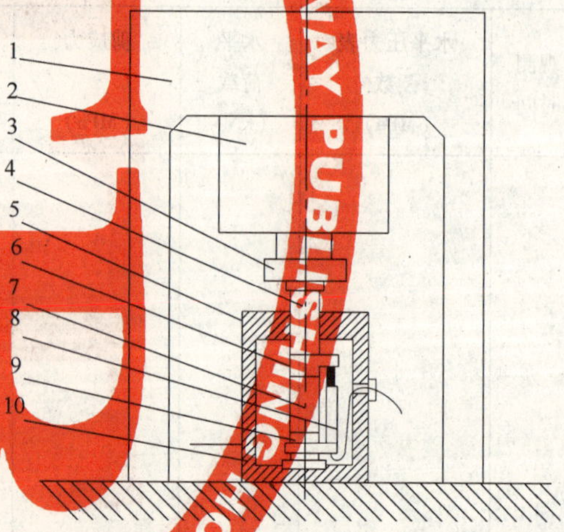

图 17.0.4　三轴试验示意图

1—机架；2—伺服液压缸；3—载荷传感器；4—加力活塞；5—三轴室；6—上垫块；7—试件；8—位移传感器；9—下垫块；10—底座

2　其他设备同本规程第 11.0.3 条。

17.0.5　试件制备

1　同一含水状态下，每组试件不少于 5 个。

2　其他同本规程第 11.0.4 条。

17.0.6　试验步骤

1　确定侧压力，按等差或等比级数进行选择。

2　根据三轴试验机要求安装试件。

3　以 0.05 MPa/s 的加荷速度施加预定侧压力和轴向压力，在侧压力达到预定值时，使侧压力在试验过程中保持为常数。变动范围规定在 ±2% 以内。

4　以 0.5 ~ 1.0 MPa/s 的加荷速度施加轴向荷载，直至试件完全破坏。要求在 5 ~ 15 min 内使试件发生破坏。记录破坏时荷载。每一侧压条件下，测读不得少于 10 组次。

5　描述试件破坏情况，绘制破坏示意图以及量出破裂面与最大主应力作用面的夹角。

17.0.7　计算及记录格式

1　计算：

1）按下式计算轴向应力：

$$\sigma_1 = \frac{P}{A} \times 10 \qquad (17.0.7—1)$$

式中 σ_1——轴向应力(MPa);

P——轴向荷载(kN);

A——试件截面积(cm^2)。

2)绘制各侧向应力下的应力应变关系曲线,如图 17.0.7—1。

3)以抗压强度为纵坐标,侧压力为横坐标,绘制抗压强度曲线,如图 17.0.7—2。并按下式计算库仑定律中的 c、φ 值:

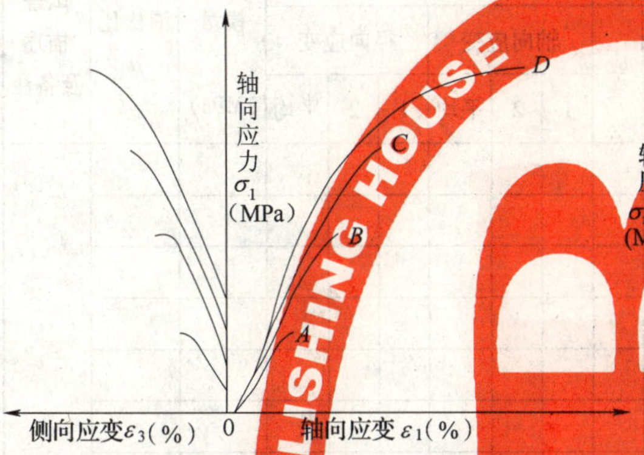

图 17.0.7—1 应力应变关系曲线
(A、B、C、D 代表不同的侧压力)

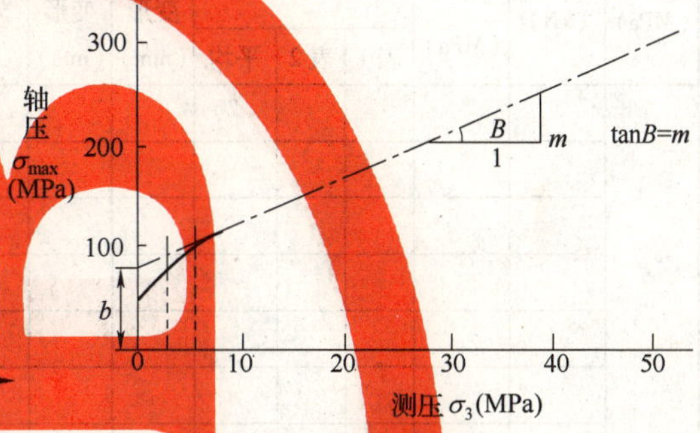

图 17.0.7—2 侧压力与抗压强度关系曲线

$$\left.\begin{aligned} \sin\varphi &= \frac{m-1}{m+1} \\ c &= \frac{b(1-\sin\varphi)}{2\cos\varphi} \end{aligned}\right\} \qquad (17.0.7—2)$$

式中 φ——内摩擦角(°);

m——某一曲线段内取最佳直线的斜率;

c——凝聚力(MPa);

b——最佳直线的纵轴截距(MPa)。

4)按下式计算三轴应力状态下试件弹性模量和泊松比:

$$\left.\begin{aligned} E &= \frac{(\Delta\sigma_1 + 2\Delta\sigma_3)(\Delta\sigma_1 - \Delta\sigma_3)}{\Delta\sigma_3(\Delta\varepsilon_1 - 2\Delta\varepsilon_3) + \Delta\sigma_1\Delta\varepsilon_1} \\ \text{或} \quad E &= \frac{\Delta\sigma_1 - 2\mu\Delta\sigma_3}{\Delta\varepsilon_1} \\ \text{其中} \quad \mu &= \frac{\Delta\sigma_3\Delta\varepsilon_1 - \Delta\sigma_1\Delta\varepsilon_3}{(\Delta\sigma_1 + \Delta\sigma_3)\Delta\varepsilon_1 - 2\Delta\sigma_3\Delta\varepsilon_3} \end{aligned}\right\} \qquad (17.0.7—3)$$

式中 E——三轴应力状态下试件弹性模量(MPa);

μ——泊松比;

$\Delta\sigma_1$——轴向应力增量(MPa);

$\Delta\sigma_3$——侧向应力增量(MPa);

$\Delta\varepsilon_1$——轴向应变增量;

$\Delta\varepsilon_3$——侧向应变增量。

5）弹性模量取三位有效数字；泊松比计算精确至 0.01。

2　记录格式：按表 17.0.7 编制。

表 17.0.7　岩石三轴试验记录

试验编号　试件直径 d_0 =　　mm，试件面积 A_0 =　　mm^2，试件高度 h_0 =　　mm，试样体积 V_0 =　　mm^3，

试件质量 { 试验前 =　　g；试验后 =　　g }

侧向应力 σ_3（MPa）	轴向荷载 P（kN）	轴向应力 σ_2（MPa）	轴向测微表读数 $\frac{1}{1\,000}$ mm			轴向			电阻应变仪读数（$\mu\varepsilon\times10^{-6}$）						弹性模量 E（MPa）	泊松比 μ	试件描述及备注
									轴向应变			径向应变					
			表1	表2	平均	仪器变形（mm）	试件变形（mm）	应变	1	2	平均	1	2	平均			

复核：　　　年　　月　　日　　　　　　　　试验：　　　年　　月　　日

18　声波速度试验

18.0.1　声波速度试验是测定超声波的纵波和横波在试件中所传播的时间，以此计算岩石的声波速度。

18.0.2　本试验适用于受力和不受力状态下的各类规则岩石试件。

18.0.3　仪器设备

1　超声波测定仪

如图18.0.3所示。

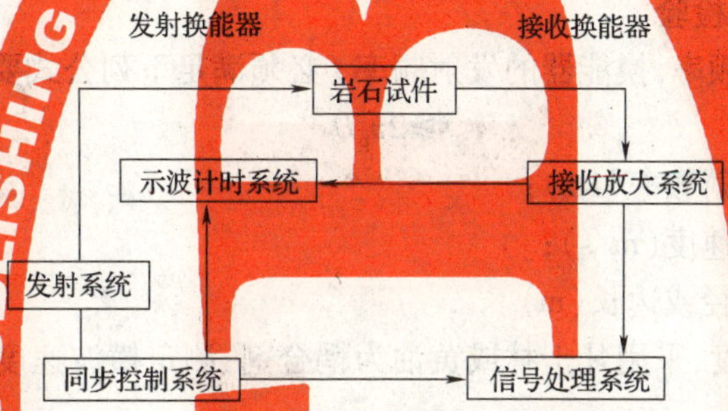

图18.0.3　超声波仪方框图

1）脉冲发射系统

发射输出形式，宽度为0.5～10 μs连续可调的方波或尖顶波。发射输出幅度一联为100～1 000 V。

2）接收放大系统

总增益为100～110 dB，并可连续调整。

频带宽度为10 kHz～2 MHz。

输入阻抗应大于2 kΩ。

噪声不得大于2 μV。

输入端一般分挡衰减，误差小于2%。

3）示波、计时系统

应同时具有波形显示和计时装置。示波荧光屏不小于6 cm×9 cm，波形显示1～4线。扫描速度在荧光屏上应达到0.5～1.0 μs/cm，有扫描延时装置。计时数码显示一般为3～4位，最小计时为0.1 μs。

4）同步控制系统

同步频率一般为50～200 Hz。

2　纵横波换能器

1）应配备50 kHz～1 MHz的各种规格换能器，以供不同尺寸的试件或不同测试方法所用。

2）为保证测试结果准确、收、发换能器的振动模式、结构型式必须相同，频率范围也应相近。

3）测试横波时，还需配置专用横波换能器。

4）换能器受力时，必须采用承压型换能器。

5）为了能与试件接触良好，换能器应光滑平整。

3　其他设备

万用电表、兆欧表、剥线钳、电工刀、电烙铁、游标卡尺、凡士林、试验架等。

18.0.4　试件制备和描述

应符合本规程 11.0.4 条中有关规定。

18.0.5　试验步骤

1　试验前准备

1）检查仪器各部位接头是否良好，工作状态是否正常。

2）测读仪器、换能器和耦合介质滞后延时 t_0 值。

2　试验开始时的检验

1）确定换能器频率，换能器的发射频率 f 必须满足下列公式要求：

$$f \geqslant 2v_pD^{-1} \tag{18.0.5}$$

式中　f——换能器发射频率（Hz）；

v_p——岩石纵波速度（m/s）；

D——试件的直径或边长（m）。

2）测定纵波速度，采用凡士林或黄油为耦合剂；测定横波速度，采用铝箔或铜箔作为耦合剂。

3）换能器布置形式分两种：①直透法是将换能器安放在试件的两个端面上，使换能器的中心在试件的轴线上。量测这两个换能器中的距离。②平透法要求两个换能器必须布置在试件的同一侧，并量测这两个换能器中心的距离。

3　进行试验

1）不受力状态下的试验，是先将试件安置于试验架上，对换能器施加约 50 kPa 的压力，测读超声波纵波、横波在试件中通过时间；受力状态下的试验，可与单轴压缩变形试验同时进行。

2）试验结束后，应测定超声波在不同长度的标准有机玻璃棒中的传播速度，绘制时距曲线（T—L 曲线），以确定仪器系统的零延时，或者将收、发换能器对接，测读零延时。

18.0.6　计算及记录格式

1　计算：

$$v_p = \frac{L}{t_p - t_0} \tag{18.0.6—1}$$

$$v_s = \frac{L}{t_s - t_0} \tag{18.0.6—2}$$

式中　v_p——纵波速度（m/s）；

v_s——横波速度（m/s）；

L——发、收换能器中心间的距离（m）；

t_p——纵波在试件中行走的时间（s）；

t_s——横波在试件中行走的时间(s)；

t_0——仪器系统的零延时(s)。

2 本试验计算精确至三位有效数字。

3 记录格式:按表 18.0.6 编制。

表 18.0.6 岩石声波速度测试记录

试验编号________ 仪器型号____________ 耦合剂________

试件描述________ 换能器频度(Hz)________ t_0(s)________

试件号	测线方向	岩石名称	试件规格			纵波						横波				备注
			长	宽	高	频率	振幅	t_{p1}	t_{p2}	t_{p3}	v_p	t_{s1}	t_{s2}	t_{s3}	v_s	
			(mm)			(kHz)	(mm)	(μs)			(m/s)	(μs)			(m/s)	

复核: 年 月 日 试验: 年 月 日

19 薄片鉴定

19.0.1 岩石薄片鉴定是利用晶体光学的原理，将岩石切割磨制成一定厚度的薄片，在偏光显微镜下观察鉴定组成岩石的矿物成分、矿物间排列组合、胶结类型、次生矿物变化数量及受力变形情况等，从而正确确定岩石名称。

19.0.2 本试验适用于鉴别主要由透明矿物组成的各类岩石。

19.0.3 仪器设备

1 偏光显微镜：目镜、物镜、上偏光镜、下偏光镜、勃氏镜及照相系统。

2 切片机：锯片直径 30 ~ 50 cm，转速 2 500 ~ 3 000 r/min。

3 磨片机：粗磨机和细磨机各一台。

4 调温电炉：600 ~ 1 000 W。

5 铝锅或烧杯：500 ~ 1 000 mL。

6 细磨毛玻璃板：300 mm × 400 mm，厚 5 mm。

7 载玻璃片：25 mm × 75 mm，厚 1 ~ 1.2 mm。

8 盖玻璃片：24 mm × 24 mm，24 mm × 32 mm，20 m × 20 mm。

9 酒精灯、石棉铁丝网或铁板、瓷盆、瓷盘、铁三角架。

10 金刚砂：100 号 ~ 150 号、400 号、800 号、1 200 号。

11 固体和液体冷杉胶：黏片和盖玻璃片用。

12 松香和松节油（3 + 1）配胶：煮胶用。

13 工业酒精。

19.0.4 试件制备

1 切片：从岩石标本上切取合乎制薄片方位要求的岩片，一般尺寸为 25 mm × 30 mm，厚3 mm。

2 煮胶：遇到疏松易掉粒或易碎裂的岩片，要放入配制好的胶锅中煮胶，煮胶时要调节电炉温度，掌握火候，不得过老或过嫩，以不黏手为宜。

3 磨平面：将煮好胶的岩片的一面，在磨片机上及毛玻璃板上用手工磨成光滑平面，将另一面再在磨片机上磨薄至 1 ~ 1.5 mm。

4 黏片：将岩片和载玻片置于铁三角支架的铁板上，岩片光滑面朝上，下面用酒精灯烧至固体冷杉胶在岩片和载玻片面上融熔时，快速在两面上涂匀胶，将两面黏合取下，两面摩擦移动，驱出气泡。

5 磨制薄片：粘附于载玻片上的岩片、首先在粗、细磨片机上用 100 号 ~ 150 号，400 号、800 号金刚砂磨至 0.07 ~ 0.09 mm 厚，然后放在毛玻璃板上用 1 200 号磨粉进行细磨，直到用偏光显微镜检查其厚度达 0.03 mm 时为止。

6 在磨制好的岩石薄片上用液体冷杉胶加盖上玻璃片。将盖片时挤压出的多余的液体冷杉胶，用工业酒精洗干净，以备观察。

7 具有层理和片理的岩石，每组应磨制两片，平行层理和垂直层理各一片。

8 薄片制备精度

1)薄片厚度要求均匀,各部位均满足0.03 mm。

2)薄片大小应满足20 mm×20 mm。

19.0.5 试验步骤

1 肉眼观察:首先观察组成岩石的矿物,其颜色、硬度、光泽、断口、晶形、解理、次生变化和共生组合,并了解其野外产状,初步确定岩石名称。

2 偏光显微镜焦距的调节。其步骤如下:

1)将欲观察的岩石薄片,盖玻璃朝上,置于载物台中心,用薄片夹夹紧。

2)用低倍物镜从侧面看着镜头,手动粗动螺旋,将镜头下降到最低位置(注意不要将镜头接触薄片)。

3)从目镜中观察,同时向上转动粗动螺旋,直至视域内物像较清楚后,再转动微动螺旋,直至物像完全清楚为止。

4)双筒目镜可从目镜中观察,同时移动两目镜间距离,直至两眼看见视域为一像为止。

3 偏光显微镜在使用前必须进行物镜中心的校正,其方法是使薄片上一个清楚的颗粒或物体位于十字丝中心,然后转动物台直到颗粒处于距中心最大的距离。调整物镜底座上两个互相垂直的校正螺丝,使颗粒向十字丝中心移动一半,多次重复这种操作,直到物台转动时,使到十字丝中心的颗粒不再发生偏离时为止。

4 单偏光镜下:

1)若发育有晶体,须观察晶形状态,如放射状、板状、针状、叶片状等。

2)解理、裂理:解理的数目及彼此间的角度关系、解理的完好性、裂理和解理的特征。

3)颜色、多色性及吸收性。

4)突起、糙面:正突起、负突起、糙面分级。

5)包裹体、交生。

6)次生变化程度、矿物受力变形情况。

5 正交偏光:

1)均质或非均质。

2)确定非均质矿物中的干涉色和双折射率。

3)消光性质和消光角。

4)测定延性符号。

5)观察双晶。

6)不透明矿物观察反射色。

6 锥光镜下:

1)确定一轴晶,二轴晶及光性符号。

2)若是二轴晶,确定光轴角,光性方位,色散等。

7 遇特殊矿物或结构时须进行显微镜下照相。

8 遇岩石中矿物颗粒太细而镜下无法鉴别时,则可借助X衍射或其他方法来完成。

9 关于主要造岩矿物的鉴定可参考有关光性矿物资料。

19.0.6 结果整理

1 根据观察确定的矿物种类、百分含量、次生变化、受力情况及矿物的排列组合情况，结合岩石构造、肉眼鉴定及野外产状描述等，写出岩石薄片鉴定报告。

2 报告格式：按表19.0.6编制。

表19.0.6　岩石薄片鉴定报告

工程名称　　　　取样地点　　　　报告编号

试验编号　　　　取样深度　　　　报告日期

野外鉴定描述定名
标本肉眼观察
显微镜下观察描述（岩石结构、构造、矿物成分含量及次生变化情况等） 偏光放大　　　倍 鉴定名称

试验：　　　复核：　　　试验室主任：　　　单位：

20　黏粒含量测定

20.1　黏粒含量测定(密度计法)

20.1.1　岩石黏粒含量是指在岩石颗粒组成中小于 2 μm(或小于 5 μm)黏粒所占百分率。

20.1.2　本试验适用于经水或酸液浸泡后,能够解体为天然基本颗粒的软岩、泥岩或碳酸盐胶结的岩石。

20.1.3　仪器设备

1　手锤或岩石破碎机。

2　试验筛:0.25 mm 筛孔和 0.074 mm 筛孔。

3　冲洗筛:由洗筛与玻璃漏斗配套组成(洗筛底直径应小于漏斗上口直径),筛孔直径为 0.074 mm。

4　量筒:应选用内径 6 cm,高约 45 cm,容积刻度为 1 L 的量筒。

5　密度计:有甲、乙两种,试验时可任选一种;密度计应按本规程的附录 C 第 C.1 节进行校正。

1)甲种:刻度自 −5 ~50,分度值为 0.5,刻度单位是以 20 ℃时每升悬液内所含干颗粒的质量。

2)乙种:刻度自 0.995 ~1.020,分度值为 0.001,刻度单位是以 20 ℃时悬液的颗粒密度表示。

6　搅拌器:由多孔底板与搅拌棍垂直焊接而成(底板直径 50 mm,底板细孔直径为 1 mm,搅拌棍长约 60 cm)。

7　棒状温度计:测量范围在 0 ~60 ℃,最小分度值为 0.5 ℃。

8　架盘天平:感量 0.1 g,称量为 100 g。

9　扭力天平:感量 0.01 g,称量为 200 g。

10　其他设备:烘箱、干燥器、加热煮沸设备,离心机,研磨设备,秒表,600 mL 烧杯,500 mL锥形瓶等。

20.1.4　试剂配剂:

1　纯水:电导率应小于 2 μs/cm(20 ℃)。

2　c(HCl)溶液:0.25 mol/L。

3　碳酸钠溶液:2% Na_2CO_3 水溶液。

4　六偏磷酸钠溶液:4% $(NaPO_3)_6$ 水溶液。

20.1.5　试样制备

1　取代表性岩样适量,用手锤或岩石破碎机,破碎成 0.25 mm 粒径,先通过 0.25 mm 筛孔,再通过 0.074 mm 筛孔的筛子。弃去 0.074 mm 筛下岩粉,保留 0.074 ~0.25 mm 间的颗粒。

2　碳酸盐检验:取少许岩样于玻璃板上,滴加 0.25 mol/Lc(HCl)溶液,如有气泡产生,表示有碳酸盐胶结,应除去碳酸盐;如果无气泡产生,则不需除碳酸盐,可直接用纯水浸泡并适当研揉使完全解体。

3　除去碳酸盐：用托盘天平称取本条第1款制得试样30 g，放入600 mL烧杯中，再加0.25 mol/Lc(HCl)溶液100 mL，用玻璃棒搅拌使之分解，如此反复加盐酸直至完全分解(无气泡产生)为止。静置待澄清后，倾弃上部清液(切勿倾出悬浮颗粒)，然后将底部悬浮颗粒用0.1 mmol/Lc(HCl)溶液($pH\approx4$)冲洗入离心管中，并反复用此稀盐酸离心洗涤，直至洗液中无Ca^{2+}为止(取适量滤液于锥瓶中，加氨缓冲溶液2 mL和铬黑T试剂少许，溶液呈蓝色，表示无Ca^{2+})，继续改用纯水离心洗涤，直至无Cl^-为止(取少量滤液于试管中，滴加1% $AgNO_3$两滴，若无白色浑浊或沉淀，表示无Cl^-)。

20.1.6　试验步骤

1　将除去碳酸盐的试样全部移入烧杯中，加2% Na_2CO_3溶液，至悬液pH为9～10(用pH试纸检验)，然后置于电炉上并用电动搅拌器搅拌加热煮沸5 min取下，待冷却后，离心分离，弃去清液。

2　将离心分离后沉淀物全部移入预先置于1 L量筒上的洗筛中，并用纯水筛洗入量筒中，筛洗后，将留于筛上的颗粒移入蒸发皿内置于105 ℃～110 ℃烘干1 h，移入干燥器冷却至室温，用扭力天平称其质量(精确至0.01 g)。

3　加4% $(NaPO_3)_6$溶液10 mL于量筒内悬液中，再加纯水至1 L刻度。放入搅拌器至量筒底部，用手上下反复搅拌各30次(用力要匀，勿溅出)，在停止搅拌的同时开动秒表，依次测读5、30、120、420、1 440 min各个时间密度计读数，并相应记录悬液的温度(每次测读，均应在预定时间前约20 s，将密度计小心地放入悬液中，尽量防止搅动悬液。并且应注意密度计浮泡必须处于量筒中心位置，不得贴近量筒壁。测读完毕，小心取出密度计放于另一有纯水的量筒中，再插入温度计测读悬液温度)。

4　读数均以弯月面上缘为准。甲种读至0.5，估读至0.01；乙种读至0.001，估读至0.0002；悬液温度读至0.5 ℃。

20.1.7　计算及记录格式

1　计算：

1)按下式计算某粒径在岩石中的百分率：

甲种密度计

$$X = 100 \cdot C_s \cdot (R + m_t + n)/m_s \qquad (20.1.7\text{—}1)$$

式中　X——小于某粒径在岩石中的百分率(%)；

m_s——试样干质量(g)；

R——甲种密度计读数；

m_t——温度校正值(由表C.2.2查得)；

n——弯液面校正值(按表C.1.2校正)；

C_s——颗粒密度校正系数(由表C.2.1查得)；

$$C_s = \frac{\rho_s}{\rho_s - \rho_{w20}} \cdot \frac{2.65 - \rho_{w20}}{2.65}$$

其中ρ_s为岩石颗粒密度(g/cm³)；ρ_{w20}为20 ℃时水的密度(由表C.2.3查得)。

乙种密度计

$$X = \frac{100 \cdot V \cdot C'_s \cdot \{(R' - 1) + m'_t + n'\} \cdot \rho_{w20}}{m_s} \qquad (20.1.7\text{—}2)$$

式中　V——悬液体积(1 000 mL);

R'——乙种密度计读数;

m'_t——温度校正值(由表 C. 2. 2 查得);

n'——弯液面校正值(按表 C. 1. 2 校正);

C'_s——颗粒密度校正系数(由表 C. 2. 1 查得);

$$C'_s=\rho_s/(\rho_s-\rho_{w20})$$

其余符号意义同公式(20. 1. 7—1)。

2)按司笃克公式计算颗粒粒径:

$$d=\sqrt{\frac{18\times\eta\times10^4}{(\rho_s-\rho_{wT})\gamma_{w0}}\cdot\frac{L}{t}} \tag{20. 1. 7—3}$$

式中　d——颗粒粒径(mm);

η——水的动力黏滞系数(kPa · s),由表 C. 2. 6 查得;

ρ_s——岩石颗粒密度(g/cm^3)

ρ_{wT}——T ℃时纯水密度(g/cm^3),表 C. 2. 3 查得;

γ_{w0}——4 ℃时水的容重(kN/m^3);

L——t 时间内颗粒沉降距离(cm),沉降距离校正按表 C. 1. 1 进行操作;

t——沉降时间(s)。

公式(20. 1. 7—3)可简化为

$$d=K\cdot\sqrt{\frac{L}{t}} \tag{20. 1. 7—4}$$

式中　K——粒径计算系数(查本规程附录 C. 2. 4),

$$K=\sqrt{\frac{18\times\eta\times10^4}{(\rho_s-\rho_{wT})\gamma_{w0}}}$$

可由本规程表 C. 2. 3 和表 C. 2. 6 给出 ρ_{wT} 和 η,计算不同 ρ_s 的 K 值。

3)绘制颗粒大小分配曲线,如图 20. 1. 7 所示,并由分配曲线确定小于 2 μm(小于 5 μm)颗粒在岩石中所占质量百分数。

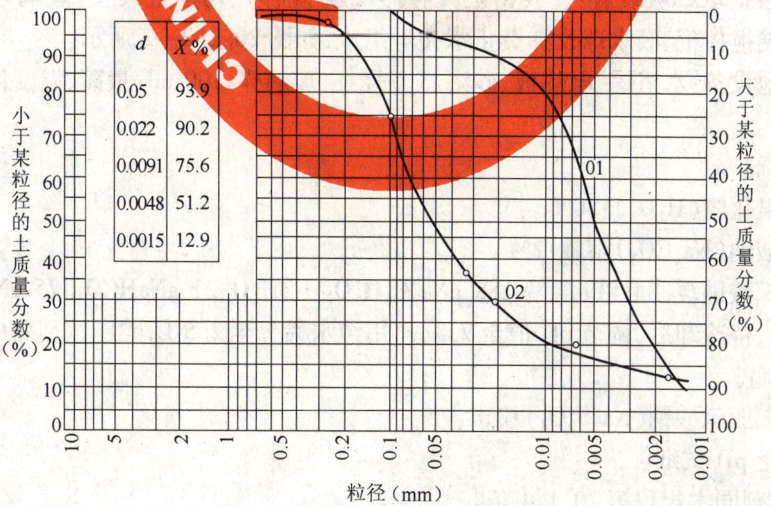

图 20. 1. 7　颗粒大小分配曲线

2　记录格式：按表 20. 1. 7 编制。

表 20. 1. 7　黏粒含量测定记录（密度计法）

试验编号										
密度计号			试样颗粒密度 ρ_s　(g/cm^3)							
量筒号			颗粒密度校正系数 C_s							
取样数量　(g)			小于 0. 074 mm 颗粒占总量的百分数（%）							
沉降时间 t (min)	悬液温度 T (℃)	密度计读数					颗粒沉降距离 L (cm)	计算粒径 d (mm)	小于某粒径质量百分数 X (%)	小于某粒径总的质量百分数 (%)
		密度计读数 R	弯液面校正 n	温度校正值 m_t	$R_M = R + n + m_t$	$R_H = R_M \cdot C_s$				
5										
30										
120										
420										
1 440										

复核：　　　年　月　日　　　　　　　　试验：　　　年　月　日

20. 2　黏粒（小于 2 μm）的提取

20. 2. 1　为鉴定黏土矿物提供黏粒试样，应按本试验提取足够供黏土矿物鉴定用的黏粒。

20. 2. 2　仪器设备

1　湿研磨制样装置：主要由电动研磨器和电动分散器组成，如图 20. 2. 2—1 所示。

2　离心机：4 000 r/min。

3　黏粒提取虹吸装置：主要由沉降容器（3 L 烧杯）、勾形虹吸管（玻璃弯管）、固定架、有机玻璃搅拌棍、吸水球及弹簧止水夹等组成，如图 20. 2. 2—2 所示。

4　其他设备：水浴锅、电热板、砂浴、3 L 烧杯、玻璃棒、100 mL 量筒、温度计、瓷勺、电动搅拌器等。

20. 2. 3　试剂

1　过氧化氢（H_2O_2）：30%。

2　碳酸钠（Na_2CO_3）溶液：2%。

3　柠檬酸钠缓冲溶液：溶解 188 g$Na_2C_6H_5O_7 \cdot 2H_2O$、21 g$NaHCO_3$、75 gNaCl 于 2 L 热的纯水中，待冷却后，调节 pH 值至 7. 3，再用纯水稀释至 2. 5 L，贮于试剂瓶中并加苯酚约 0. 2 g 防腐。

4　连二亚硫酸钠（$Na_2S_2O_4$）粉末。

5　广泛 pH 试纸。

其余试剂同本规程第 20. 1. 4 条。

20. 2. 4　试样制备

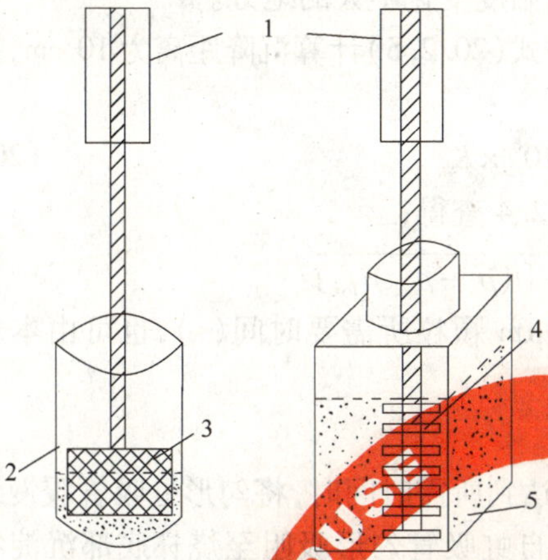

图 20.2.2—1　制样装置示意图

1—电动搅拌器;2—瓷容器;3—研磨器;

4—塑料分散器;5—金属容器

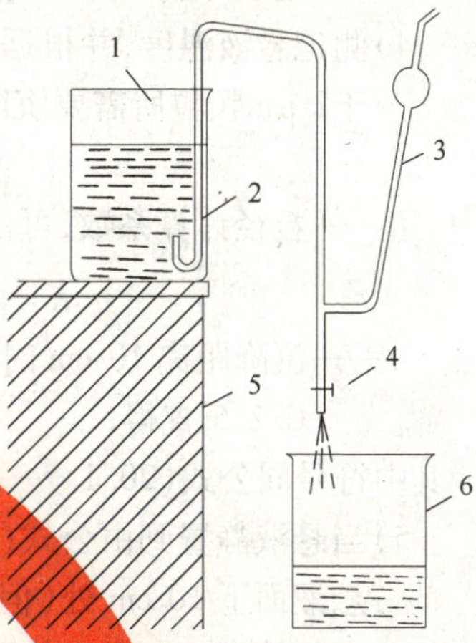

图 20.2.2—2　黏粒提取装置

1,6—烧杯;2—勾形虹吸管;3—吸液管;

4—弹簧夹;5—支座

同本规程第 20.1.5 条。

20.2.5　试验步骤

1　除去有机质(试样如无有机质,本步骤可略去):将试样置于 40 ℃水浴锅上加热,在不断搅拌下分次缓慢地加入 30% H_2O_2 20 ~ 50 mL(若反应剧烈,可用冷水浴冷却),待反应减弱后,放到 60 ℃ ~70 ℃的砂浴上加热并蒸发至糊状(切勿蒸干),取出冷却,再置于 40 ℃水浴锅上加热,并以每次加 30% H_2O_2 溶液 10 mL,重复上述操作处理 3 次,然后置于电热板上加热煮沸除尽过量 H_2O_2。

2　除去游离氧化铁(如无游离氧化铁,本步骤可略去):于除尽有机质试样中加入柠檬酸钠缓冲溶液约 200 ~ 400 mL,置于水浴锅上加热至 80 ℃,在不断搅拌下分次加入连二亚硫酸钠粉末 2 g,并在 80 ℃保持约 20 min(注意不时加以搅拌),待澄清后弃去上部清液(如果混浊,应离心分离),沉淀物中再加 10 mL 柠檬酸钠缓冲溶液,充分搅拌后,离心分离,弃去清液,沉淀改用纯水洗涤分离 2 ~ 3 次(此时沉淀应呈灰白,若呈红黄色,说明还有铁,应重复上述步骤处理)。

3　除去游离硅、铝氧化物:将除铁试样移入瓷勺中,加入 2% Na_2CO_3 溶液至 pH 为 9 ~ 10,在电动搅拌下加热煮沸 5 min,取下放冷,待澄清(或离心分离)后,弃去清液。

4　黏粒(小于 2 μm)的提取:

1)将除硅铝后试样移入湿研磨的研磨器中,如图 20.2.2—1(a),进行湿研磨约3 ~ 5 min。然后将湿研磨后的稠状物用纯水冲洗入分散器中,如图 20.2.2—1(b)进行分散悬浮,即得悬液。

2)将湿研磨后所得悬液通过 0.074 mm 孔径的洗筛并用纯水冲洗入 3 L 烧杯中,筛上颗粒再移入研磨器中进行湿研磨,湿研磨后再用纯水冲洗入分散器分散,分散所得悬液再通过 0.074 mm 孔径洗筛用纯水洗入 3 L 烧杯中,如此反复研磨,分散、过筛、冲洗,直至分散器中悬液澄清为止。

3)将装有悬液的 3 L 烧杯,按图 20.2.2—2 放于支座上,继续往悬液中加纯水至距烧杯上缘的约 5 cm 处,用有机玻璃棒反复搅拌悬液约 20 次,在停止搅拌的同时，记下开始沉降的时间悬液应放于温度变化不大的地方。

4）测记悬液温度，并根据悬液温度按公式（20.2.5）计算沉降距离为 10 cm，提取小于2 μm颗粒所需要沉降时间，即

$$t = 2.5 \times 10^6 \times K^2 \qquad (20.2.5)$$

式中　K——粒径计算系数，可由本规程表 C.2.4 查得；

$$K = \sqrt{18 \times \eta \times 10^4 / [(\rho_s - \rho_{wT})\gamma_w]}$$

t——沉降距离 10 cm 时，提取小于 2 μm 颗粒所需要时间（s），也可由本规程表 C.2.5 查得；

其中符号同公式（20.1.7—3）。

5）当悬液静置到由公式（20.2.5）计算达到所需时间时，将勾形虹吸管缓慢地插入悬液面下 10 cm 处（但是必须注意，自虹吸管勾形吸咀至烧杯底部沉淀物上面应保持有5 cm以上的距离，以防粗粒带入悬液中，并将虹吸管固定于固定架上，然后用吸水球缓慢地将悬液吸出，使形成虹吸自动流入另一预先准备好的 3 L 烧杯中，如图 20.2.2—2 所示。

6）待悬液流尽后，取出虹吸管，重复本款第 3）~第 5）两项操作，直至提取的黏粒能满足黏土矿物鉴定用为止。

7）随着分离次数的增加，悬液体积增大，因此应在大量悬液中加入适量（1+1）HCl 溶液（用 pH 试纸检验，pH≈4）使黏粒凝聚沉降下来，然后用倾泻法倾弃上部大量清液，即得为 H^+ 饱和的小于 2 μm 黏粒。

8）将为 H^+ 饱和的小于 2 μm 黏粒移入离心管中，先用纯水，后用95% 乙醇，反复洗涤分离直至清液中无 Cl^- 反应为止（用 1% $AgNO_3$ 溶液检验）。

9）将已洗至无 Cl^- 的黏粒从离心管中移出置于瓷盘（或塑料盘）中，摊开凉干（或置于 50 ℃以下烘干），即得小于 2 μm 黏粒试样可供黏土矿物鉴定用。

21　黏土矿物鉴定

21.1　X 射线衍射分析

21.1.1　X 射线衍射分析是利用黏土矿物的 X 射线衍射图谱对黏土矿物进行鉴定的一种方法。

21.1.2　本方法适用于膨胀岩中黏土矿物成分与含量的测定。

21.1.3　仪器设备

1　X 射线衍射仪。

2　载样玻片:平面的或开槽的硬质玻璃片、铝样品片。

3　干燥器两个:一个盛放饱和 $Ca(NO_3)_2$ 溶液;另一个盛放干燥剂 $CaCl_2$ 或硅胶。

4　离心机,4 000 r/min。

5　高温炉、温控烘箱。

6　其他:烧杯、移液管、研钵、玻璃板、塑料片、量筒、容量瓶、瓷板、样片盒、角勺等。

21.1.4　试剂及其配制

1　乙二醇。

2　6 mol/Lc(HCl)溶液:用移液管量取浓 HCl50 mL,放入 100 mL 容量瓶中,稀至刻度。

3　饱和 KCl 溶液。

21.1.5　试样制备

按 20.2 节提取小于 2 μm 的黏粒、制备 X 衍射的样片。

1　非定向样片的制备

将 20 mm×18 mm 铝样品框,如图 21.1.5—1 放在玻璃板上,将研细的小于 2 μm 的样品装入样品框的空洞中,填满且稍高些,然后垫一块干净纸,用另一块玻璃板或拇指从上面压实,使样品充满空洞。将铝样品框轻轻地竖起来加粉末样品不脱落,此样片即已制好。用此样片衍射,可得到 hkl 射图谱。

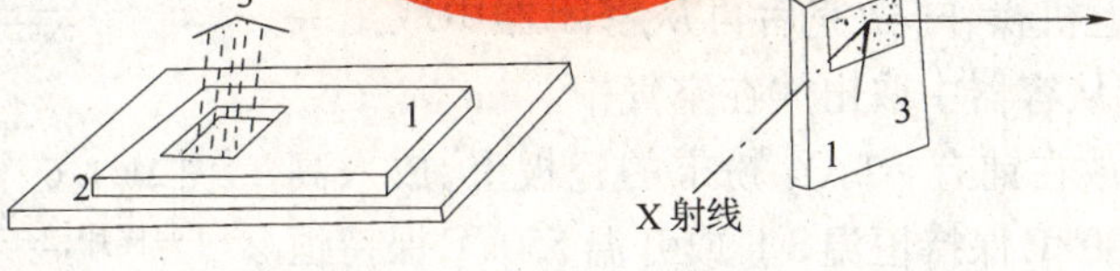

图 21.1.5—1　压片法

1—铝样品框;2—玻璃板;3—铝样品框空洞

2　定向样片的制备

按第 20.2 节提取小于 2 μm 的黏粒,用离心机离去水分后,用调泥板调匀使呈糊状。如图 21.1.5—2 将塑料框 1 放在载玻片 2 上,其间可浸少量水,以使贴紧,然后用厚 0.2 ~ 0.4 mm、长 40 mm、宽 15 mm 的塑料片,或用双面刀片做成刮子。

用调泥板将糊状样品放入塑料框空洞3中，然后用刮子4缓慢地均匀用力，使糊状样品从一边均匀地刮向另一边，形成均匀的样品膜，注意不可来回刮。

制好的样片经过编号后，放在水平玻璃板上自然晾干。

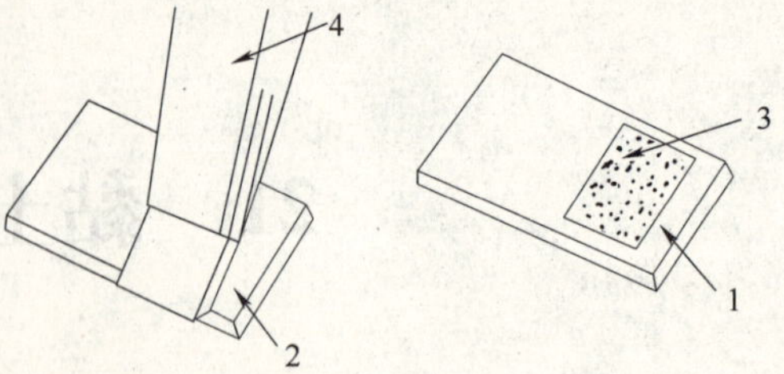

图 21.1.5—2　刮涂法

1—塑料柜；2—载玻片；3—塑料框空洞；4—刮子

21.1.6　试验步骤

1　将制好的样片，在试验前三天放入盛有 $Ca(NO_3)_2$ 饱和溶液的干燥器内，使RH（相对湿度）保持在50%左右。

2　在进行X射线衍射上机分析时，应严格按仪器操作说明书进行操作。经常使用的试验条件和参数见表21.1.6。

表 21.1.6　常用的试验条件和参数

靶	CuK_2	扫描方式	连续或步进	N片扫描范围30°~2.5°(2θ)
滤波片	Ni	扫描速度	2°/min(2θ)	EG片扫描范围30°(或15°)~2.5°(2θ)
管压	30~35 kV	走纸速度	2°/min(2θ)	△加热片15°~2.5°(2θ)
管流	15~20 mA	时间常数	1 s	盐酸处理片15°~2.5°(2θ)
狭缝	DS，SS均取1°或均取0.5°RS0.3 mm	满量程	1~4 kcps	KCl饱和片15°~2.5°(2θ)

注：表中DS发散狭缝，SS散射狭缝，RS接受狭缝，Cu铜，Ni镍，N原片，EG乙二醇饱和片，△加热片500 ℃保温3 h或550 ℃保温2 h。

3　在盛饱和 $Ca(NO_3)_2$ 溶液的干燥器中取出的样片即N片，放入X射线衍射仪样品架，按表21.1.6选定的条件，开机操作。

4　从X射线衍射仪样品架上取出原片，放入密闭良好的玻璃或铝制容器的隔板上，最好立放，如图21.1.6。

在容器隔板的下面盛有乙二醇溶液。盖严后将此容器放入烘箱，升温至80 ℃，保持恒温12~16 h。古老地层的样品饱和时间要长些，大约需100 h。饱和乙二醇蒸汽处理后的样片即EG片，按表21.1.6选定的试验条件开机操作。当有多个样片时，需边取边做，即从密闭容器中取出一个样片上机操作，做完后再从密闭器中取出一个样片，不能全部从容器中取出放在空气中。

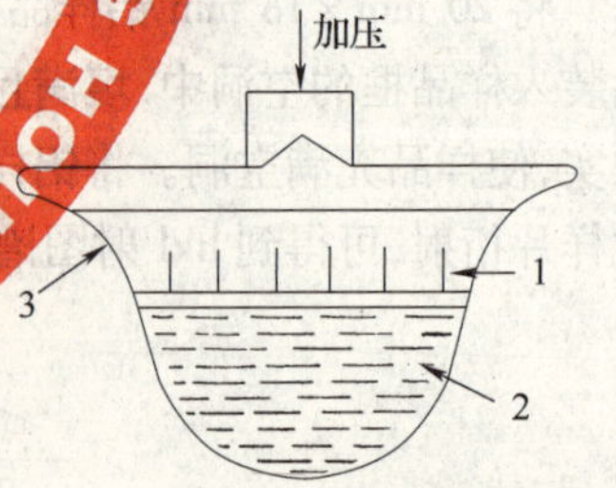

图 21.1.6　乙二醇饱和蒸汽装置

1—样片；2—乙二醇；3—密封干燥器

5　将EG片放在铺有 Al_2O_3 粉末的瓷板上，放入高温炉内，升温至500 ℃保持恒温3 h或升温550 ℃保持恒温2 h，样片在高温炉内要放平。待炉膛内温度降至80 ℃以下时，打开炉门把样片取出，以防止黏粒薄膜剥离。加热片取出高温炉后，应立即上机，或暂放入盛有 $CaCl_2$ 或硅胶的干燥器内，以避免重新吸水。按表21.1.6选用的试验条件上机操作。

21.1.7　定性分析

1　衍射图谱的判读

根据衍射的图谱可判定黏土矿物的类型。图谱的判读，主要是对 d 值、强度和峰形的识别。

2 d 值的计算

根据布拉格方程式：$2d\sin\theta = n\lambda$ 便可计算出 d 值；也可按本规程表 D. 1. 1 查出 d 值。

3 衍射强度(I)的计算

衍射强度的表示方法有数种，最常用的有峰巅法和衍射峰面积法。以图 21. 1. 7 中 C 衍射峰的衍射强度为例：

用峰巅法表示的衍射强度为

$$I_c = h$$

用峰面积法表示的衍射强度为

$$I_c = h \cdot v$$

4 峰形的判识

衍射峰形尖锐、对称、半高宽小则黏土矿物的结晶度高，反之结晶度低。

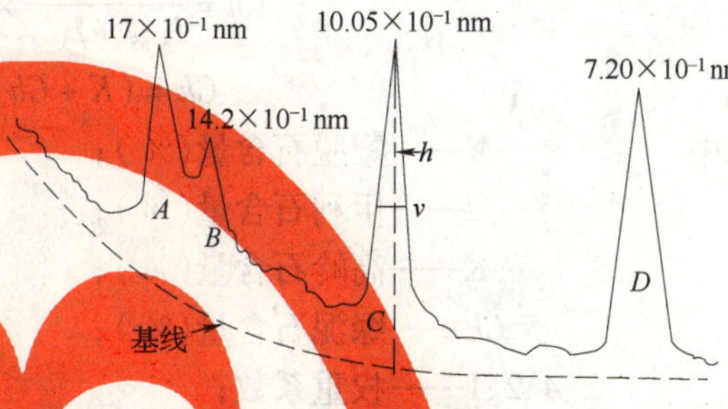

图 21. 1. 7 衍射强度和基线

A、B、C、D—衍射峰；h—C 峰的峰高；v—C 峰的半高宽

5 通过本规程第 21. 1. 6 条第 3 ~ 第 5 款步骤的操作可得到 3 张衍射图：N、EG、Δ 图。根据各图中衍射峰的 d 值强度及其变化，利用本规程图 D. 1. 1 顺序进行黏土矿物的定性分析。

6 当通过分析尚不能确定能否进行特殊处理和特殊分析时，可按本规程表 D. 2. 1 和表 D. 2. 2 判别。

试样的特殊处理方法主要用下列两种：

1)用盐酸处理后制成定向片。用此方法可以区别高岭石和含铁绿泥石。称取 40 mg粒径小于 2 μm 粉末试样，放入试管中。加入 5 mL 6 mol/Lc(HCl)溶液，在 80 ℃水浴上加热 15 min，冷却后用纯水调成糊状，用刮涂法制样，天然风干后，按表 21. 1. 6 选定的试验条件上机操作。若 7×10^{-1} nm 衍射峰消失，则含有铁绿泥石，反之则含有高岭石。

2)用饱和 KCl 处理定向片，区别绿泥石、蛭石和蒙脱石。KCl 定向片的制备方法是称取 40 mg 小于 2 μm 的粉末试样放入离心管中，加入饱和 KCl 溶液，用玻璃棒充分搅匀后放置一昼夜，用纯水清洗至无 Cl^- 离子，加纯水调成糊状，用刮涂法制备定向片。自然风干后，在盛有饱和 $Ca(NO_3)_2$ 溶液的干燥器中放置三天后，按表 21. 1. 6 选定的试验条件上机操作。如果 15×10^{-1} nm 左右的衍射峰收缩至 $12\times10^{-1} \sim 10\times10^{-1}$ nm 为蒙脱石，不变则为绿泥石或蛭石。

21. 1. 8 定量计算及记录格式

1 经验公式法(简称 4·2·1 法)：

质量相等的各种纯黏土矿物混合，特征衍射峰的强度有一定的比例关系，这个比例关系称为权重系数。将试样中各种黏土矿物的特征衍射峰强度乘以各自的权重系数后，即可计算出每种矿物的相对百分含量。

当试样经定性分析含有高岭石、绿泥石、蒙脱石、伊利石四组分时，可按以下计算

$$M = \frac{I_{17}(\mathrm{EG})}{I_{17}(\mathrm{EG}) + 2I_7(\mathrm{EG}) + 4I_{10}(\mathrm{EG})} \times 100 \qquad (21.1.8\text{—}1)$$

$$I=\frac{4I_{10}(\mathrm{EG})}{I_{17}(\mathrm{EG})+2I_{7}(\mathrm{EG})+4I_{10}(\mathrm{EG})}\times 100 \tag{21.1.8—2}$$

$$(K+Ch)=\frac{2I_{7}(\mathrm{EG})}{I_{17}(\mathrm{EG})+2I_{7}(\mathrm{EG})+4I_{10}(\mathrm{EG})}\times 100 \tag{21.1.8—3}$$

$$K=\frac{I_{3.58}(\mathrm{N})}{I_{3.58}(\mathrm{N})+I_{3.54}(\mathrm{N})}\times (K+Ch)\% \tag{21.1.8—4}$$

$$Ch=\frac{I_{3.54}}{I_{3.58}+I_{3.54}}\times (K+Ch)\% \tag{21.1.8—5}$$

或

$$Ch=(K+Ch)\%-K\% \tag{21.1.8—6}$$

式中　M——蒙脱石含量(%)；

I——伊利石含量(%)；

K——高岭石含量(%)；

Ch——绿泥石含量(%)；

4、2、1——权重系数；

I_{17}、I_{10}、I_{7}、$I_{3.58}$、$I_{3.54}$——分别为$d(17、10、7、3.58、3.54)\times 10^{-1}$ nm的衍射峰的强度，强度计算方法按第21.1.7条第3款进行。

2　修正许尔兹(Schultz)法：

1)当试样经定性分析，含有蒙脱石、伊利石、高岭石、绿泥石四组分时，可按以下计算：

$$(K+Ch)=\frac{I_{7}(\mathrm{N})}{I_{7}(\mathrm{N})+I_{10}(550\ ℃)\times 1.5}\times 100 \tag{21.1.8—7}$$

$$K=\frac{h_{3.58}(\mathrm{N})}{h_{3.58}(\mathrm{N})+h_{3.54}(\mathrm{N})}\times 100 \tag{21.1.8—8}$$

$$Ch=(K+Ch)\%-K\% \tag{21.1.8—9}$$

$$I=\frac{I_{10}(\mathrm{EG})}{I_{10}(550\ ℃)}\times[100-(K+Ch)] \tag{21.1.8—9}$$

$$M=100-(K+Ch+I) \tag{21.1.8—10}$$

式中　$h_{3.58}$、$h_{3.54}$——分别为$d(3.58、3.54)\times 10^{-1}$ nm衍射峰的峰高；

其余符号意义与公式(21.1.8—1)符号相同。

2)当试样经定性分析，含有伊利石/蒙脱石间层(I/M)、伊利石、高岭石、绿泥石时，计算方法与本款第1)项相同，但：

$$I/M(\%)=100-(K+Ch+I) \tag{21.1.8—11}$$

3　记录格式：按表21.1.8编制。

表21.1.8　黏土矿物X射线衍射试验记录

试验编号						衍射图号			
$d\times 10^{-1}$ nm						试样处理			
						辐　射		滤片	
								电流	

续上表

试验编号						衍射图号	
计算							
备注							

复核: 年 月 日 试验: 年 月 日

21.2 热 分 析

21.2.1 热分析是利用黏土矿物的热分析曲线对黏土矿物进行鉴定的一种方法。热分析可分脱水分析和差热分析两种,本规程采用差热分析法。

21.2.2 差热分析法(DTA)适用于鉴定膨胀岩中黏土矿物成分。

21.2.3 仪器设备

1 高温型差热分析仪或高温型热重分析仪。

2 盛放饱和 $Ca(NO_3)_2$ 溶液的干燥器,保持湿度在 50% 左右。

3 铝盒。

4 试样容器:铂坩埚、铝坩埚、瓷坩埚等。

5 其他:玛瑙研钵、0.1 mm 孔径筛、角勺、玻璃棒等。

21.2.4 试剂

1 氧化铝(Al_2O_3)中性体 置氧化铝于 1 200 ℃ ~1 350 ℃高温中煅烧,冷却后用玛瑙研钵研细,移入干燥器;此氧化铝在 0 ~1 350 ℃范围内无吸热反应也无放热反应;

2 标准物质 高纯度的硝酸钾(KNO_3)粉末、锡(Sn)、氯化钠(NaCl)等。用于试验前炉温的校正。

21.2.5 试样制备

1 一般试样的制备可先粉碎,再通过玛瑙研钵研细,使试样全部通过 0.1 mm 孔径的筛子、然后将此试样放入铝盒。

2 若需用小于 2 μm 的黏粒进行热分析,可按本规程第 19.2 节提取小于 2 μm 黏粒,并用玛瑙研钵研细呈粉末,再放入铝盒。

21.2.6 试验步骤

1 将铝盒于试验前三天放入盛有 $Ca(NO_3)_2$ 饱和溶液的干燥器内,使 RH(相对湿度)保持在 50% 左右。

2 差热(DTA)基线校正:

在两个铂坩埚中都装入 Al_2O_3 中性体,将坩埚放置在热重分析仪中,开始操作,由室温到达 1 000 ℃或 1 200 ℃时，进行差热分析，得到一条无电位变化的平直零线，即基线。当基线不平直时可通过仪器中的倾斜调整旋钮校正。

3　炉温校正：

将标准物质和氧化铝（Al_2O_3）中性体分别装入坩埚中，放入热重分析仪内，从室温升至该标准物所需温度，进行差热分析。标准物质的选择和校正结果，列于本规程表 D.2.3。

4　将干燥器中放置三天的铝盒内试样取出装入坩埚中，另一坩埚放 Al_2O_3 中性体。两者的粒径大小和装填密度等应当一致，必须使试样与底部有良好的接触，当样品数量少时，应放在坩埚的中央。在基线和炉温校正时也应按此要求装试样。

5　在进行热分析时，应严格按仪器操作说明书进行操作，试验条件和参数的选择见表 21.2.6。

表 21.2.6　热分析常用的试验条件和参数

速　　率	10 ℃～20 ℃/min
加热范围	室温～1 200 ℃
试样用量	0.1～1.0 g
走纸速度	20～40 mm/min

6　当炉温升至所需温度时，结束试验，将电炉盖打开并使冷却水继续流动，待炉温降至室温后，方可进行下一试样的试验。

21.2.7　定性分析

根据测得试样的差热曲线的特征，对照矿物标准差热分析曲线峰（谷）值鉴定表，可确定试样中黏土矿物的存在和种类。

21.2.8　记录格式：按表 21.2.8 编制。

表 21.2.8　黏土矿物热分析试验记录

试验编号			热分析图号		
RH50% 平衡时间			试样处理		
升温范围					
差热曲线			中性体		
温度(℃)	峰(强度)	谷(强度)	升温速率		
			程　序		
鉴定结果					
备 注					

复核：　　年　　月　　日　　　　　　　　试验：　　年　　月　　日

附录A　煤油密度、量瓶与膨胀压力试验仪的校正

A.1　煤油密度和量瓶的校正

A.1.1　煤油密度校正

1　将已称量的量瓶，装满经真空抽气的煤油，放入恒温水槽内，待瓶内温度保持稳定后取出，塞好瓶塞（使多余煤油从瓶塞的毛细孔中溢出），将瓶外擦干，称瓶和煤油的质量，并记录煤油温度。

2　用同一量瓶装满经真空抽气的纯水，控制同一温度，重复本条第1款步骤操作，称瓶和纯水的质量。

3　校正过程中称量均精确至0.001 g。

4　按下式计算煤油密度：

$$\rho_{m}=\frac{m_{3}-m_{0}}{m_{4}-m_{0}}\times\rho_{wT} \tag{A.1.1}$$

式中　ρ_m——煤油密度（g/cm^3）；

m_3——瓶和煤油的质量（g）；

m_4——瓶和纯水的质量（g）；

m_0——量瓶的质量（g）；

ρ_{wT}——纯水的密度（g/cm^3），由表C.2.3中查得。

5　计算精确至0.01 g/cm^3。应进行平行测定，平行差值不得大于0.02 g/cm^3。

A.1.2　量瓶校正

1　将量瓶洗净，置于105 ℃～110 ℃烘干1 h，移入干燥器中冷却至室温称量，再置于105 ℃～110 ℃烘干0.5 h，冷却称量，如此重复称量差值不得大于0.002 g，取平均值。

2　将已称量的量瓶，用经煮沸或真空抽气的纯水注入近满，放入恒温水槽中，待瓶内水温稳定后，取出塞上瓶塞（使多余水自瓶塞中毛细孔溢出），将瓶外擦干，称瓶和水的质量。如此重复操作，直至两次称量差值不大于0.002 g为止，取平均值。

3　调节恒温水槽水温，按本条第2款操作步骤分别测定10、15、20、25、30 ℃等各温度下的瓶和纯水的质量。

4　以温度为纵坐标，瓶、水质量为横坐标作图，绘制温度与瓶、水质量关系曲线，如图A.1.2所示。

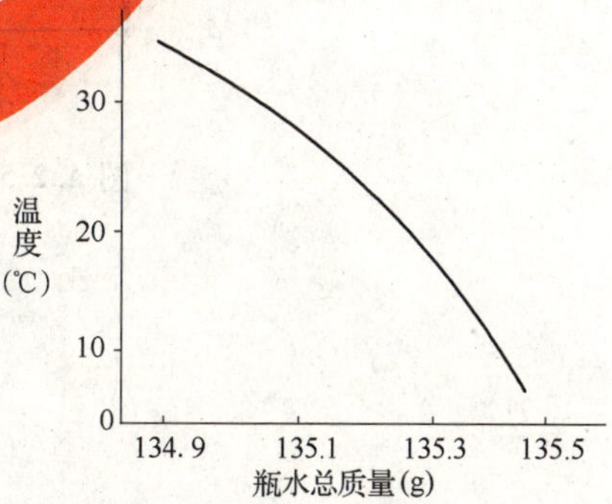

图A.1.2　瓶水质量与温度关系曲线

5　瓶和煤油质量的校正，只需将纯水换为经真空抽气的煤油（不能用煮沸法），一切操作均按本条第1～第4款校正步骤进行操作。

6 记录格式:按表 A. 1. 2 编制。

表 A. 1. 2 量瓶校正记录

瓶号	量瓶质量	(g)
温 度(℃)	量瓶与纯水(或煤油)总质量(g)	平均值(g)

复核: 年 月 日 校正: 年 月 日

A. 2 膨胀压力试验仪校正

A. 2. 1 用与试件尺寸大小相同的金属块代替岩石试件,将它放入金属环内。在金属板上下端放入金属透水板和滤纸(注意透水板要在金属环内升降自如),再放上传压板,将容器置于加压框架中,调好接触点和杠杆水平。施加 0. 01 MPa 压力,使仪器各部件接触密贴,调整量表初读数为零(或一整数)。

A. 2. 2 每 5 min 加压一次,测记各压力下量表读数,精确至 0. 001 mm。依次加压顺序为:0. 025、0. 05、0. 1、0. 2、0. 4、0. 8、1. 6、3. 2、4. 6 MPa。

A. 2. 3 按加压等级相反的顺序,每 5 min 退一级压力,测记量表读数,至压力卸完为止。卸最后一级压力前仍须将 0. 01 MPa 压力加上。

A. 2. 4 拆除仪器,重复第 A. 2. 1 条至第 A. 2. 3 条步骤再次进行校正,取其平均值作为各级压力下的仪器变形量,其平行误差不得大于 0. 005 mm。

A. 2. 5 以仪器变形量为纵坐标,压力为横坐标,绘制固结仪校正曲线,如图 A. 2. 5 所示。

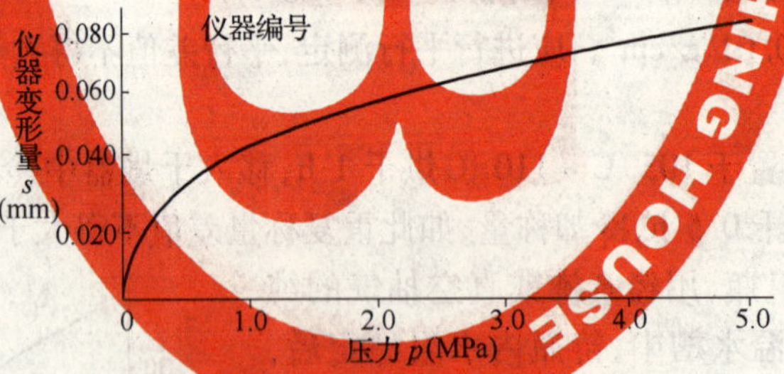

图 A. 2. 5 仪器变形量与压力关系曲线

附录 B　点荷载试验成果换算和点荷载仪的标定

B.1　点荷载试验成果换算为常规岩石强度指标

B.1.1　由点荷载强度指标换算为常规岩石强度指标的条件。

1　岩石单轴抗压、三轴抗压和弹性模量等试验，均是以直径或边长为 5.0 cm、高径(边)比为 2 的试件作为基准试件。

2　岩石三轴和弹性模量试验采用试件为烘干状态；中型直剪采用天然饱和状态的试件；单轴抗压和抗拉(劈裂法)试验采用天然、天然饱和、烘干和烘干饱和试件；点荷载强度试验试件的含水状态与常规岩石强度对比试验试件的含水状态相同。

B.1.2　岩石单轴抗压强度的计算

1　由点荷载计算单轴抗压强度

$$R = 24.3382 I_{s(50)}^{0.7333} \qquad \text{(B.1.2—1)}$$

式中　R——直径(边长)为 5.0cm，高径(边)比为 2.0 的岩石试件单轴抗压强度(MPa)；

$I_{s(50)}$——岩石基准试件点荷载强度指数(MPa)。

2　直径(边长)不等于 5.0 cm 时，单轴抗压强度的修正(按岩石强度分类)。

1)极硬岩

$$R = R'(0.7191 d^{0.2049}) \qquad \text{(B.1.2—2)}$$

2)非极硬岩

$$R = R'(0.9630 + 0.0074 d) \qquad \text{(B.1.2—3)}$$

式中　R'——试件直径(边长)不等于 5.0 cm 的单轴抗压强度(MPa)；

d——直径或边长(cm)；

其余符号意义同公式(B.1.2—1)。

3　高径(边长)比不等于 2.0 时，单轴抗压强度的修正。

$$R = R'[0.8221 (H/d)^{0.2826}] \qquad \text{(B.1.2—4)}$$

式中　R'——高径(边长)比不等于 2.0 时，单轴抗压强度(MPa)；

H——试件高(cm)；

其余符号意义同公式(B.1.2—3)。

B.1.3　岩石抗拉强度(劈裂法)的计算

$$\sigma_t = 0.9599 I_{s(50)}^{0.8562} \qquad \text{(B.1.3)}$$

式中　σ_t——岩石抗拉强度(MPa)；

$I_{s(50)}$——意义同公式(B.1.2—1)。

B.1.4　岩石抗剪强度参数(c,φ)的计算

1 岩石三轴试验抗剪强度参数

1)由垂直层面施加荷载的基准试件点荷载强度指数,按公式(B.1.2—1)、(B.1.3)分别计算岩石抗压强度和抗拉强度。

2)计算公切线与抗拉、抗压应力圆相切点的坐标。设公切线与抗拉应力圆相切点的坐标为(x_0,y_0),与抗压应力圆相切点的坐标为(x_1,y_1),按下式计算切点坐标

$$\begin{cases} x_0=\dfrac{-\sigma_t}{2}\left(1+\dfrac{R-\sigma_t}{R+R_t}\right) \\ y_0=\dfrac{\sigma_t}{2}\cdot\sqrt{1-\left(\dfrac{R-\sigma_t}{R-R_t}\right)^2} \end{cases} \tag{B.1.4—1}$$

$$\begin{cases} x_1=\dfrac{R}{2}\cdot\left(1-\dfrac{R-\sigma_t}{R+\sigma_t}\right) \\ y_1=\dfrac{R}{2}\cdot\sqrt{1-\left(\dfrac{R-\sigma_t}{R+\sigma_t}\right)^2} \end{cases} \tag{B.1.4—2}$$

式中 x_0——公切线与抗拉应力圆相切点的横坐标(MPa);

y_0——公切线与抗拉应力圆相切点的纵坐标(MPa);

x_1——公切线与抗压应力圆相切点的横坐标(MPa);

y_1——公切线与抗压应力圆相切点的纵坐标(MPa);

R,σ_t——分别为岩石的单轴抗压强度和抗拉强度(MPa)。

3)根据切点坐标计算岩石三轴试验抗剪强度参数

$$c=\frac{y_1(x_1-x_0)-x_1(y_1-y_0)}{x_1-x_0} \tag{B.1.4—3}$$

$$\varphi=\arctan\frac{(y_1-y_0)}{x_1-x_0} \tag{B.1.4—4}$$

式中 c——岩石凝聚力(MPa);

φ——岩石内摩擦角(°)。

2 中型剪切抗剪强度参数的计算

1)由平行层面施加荷载的基准试件点荷载强度指数,由下式计算岩石抗拉强度和抗压强度

$$\sigma_t=1.2429I_{s(50//)}^{0.8725} \tag{B.1.4—5}$$

$$R=9.3579I_{s(50//)}^{0.7460} \tag{B.1.4—6}$$

式中 R,σ_t——意义同公式(B.1.2—1)及公式(B.1.3)。

2)按照公式(B.1.4—1)及公式(B.1.4—2)计算(x_0,y_0)、(x_1,y_1)。

3)按照公式(B.1.4—3)及(B.1.4—4)计算c、φ。

B.1.5 弹性模量

1 静弹性模量

1)静弹性模量的计算:

不含石灰岩：

$$E_s = 0.3495 I_{s(50)}^{1.1680} \times 10^4 \quad (B.1.5—1)$$

石灰岩：

$$E_s = (5.0744 + 0.4796 I_{s(50)}) \times 10^4 \quad (B.1.5—2)$$

式中 E_s——静弹性模量(MPa)；

$I_{s(50)}$——基准试件点荷载强度指数(MPa)。

2)静泊松比(含石灰岩)的计算：

当 $I_{s(50)}$ 大于 0.45 MPa 时

$$\mu_s = 0.1293 \times e^{(2137/E_s)} \quad (B.1.5—3)$$

式中 μ_s——静泊松比；

e——自然对数的底(2.718 3)。

2 动弹性模量

1)岩石纵波速度

$$v_p = 1.6835 \times I_{s(50)}^{0.4756} \times 10^3 \quad (B.1.5—4)$$

式中 v_p——岩石纵波速度(m/s)；

$I_{s(50)}$——基准试件点荷载强度指数(MPa)。

2)动弹性模量的计算

$$E_d = 0.6084 \times I_{s(50)}^{1.0227} \times 10^4 \quad (B.1.5—5)$$

式中 E_d——岩石动弹性模量(MPa)；

$I_{s(50)}$——基准试件点荷载强度指数(MPa)。

B.1.6 岩石软化系数的计算

$$K_p = 0.5248 + 0.4353 \lg I_{s(50)天饱} \quad (B.1.6)$$

式中 K_p——岩石软化系数；

$I_{s(50)天饱}$——天然饱和基准试件点荷载强度指数(MPa)。

B.2 点荷载仪的标定

B.2.1 标定的目的是建立顶力与压力表读数的相关式，以达到根据压力表读数确定试件破坏荷载。

B.2.2 新仪器在使用前必须进行标定；使用中的仪器，应每年标定一次。

B.2.3 记录破坏荷载的压力表，必先送计量检定部门检定后方可用于仪器标定，每年检定一次。

B.2.4 仪器标定方法。

1 将点荷载仪的顶镐置于压力机的加荷平台上，然后将顶镐、压力表和卧式液压泵串连成整体；按压力表测试范围等分为 10～12 级；以压力机作反力，用点荷载仪的液压泵施加荷载，记录每级荷载的压力表和压力机顶力的读数。

2 每台点荷载仪的每个压力表，应按本条第 1 款的操作方法重复标定 2～3 次，最少取两次标定数据进行回归分析，建立回归方程式。

3 记录格式：按表 B.2.4 编制。

表 B.2.4　标定结果记录

压力表编号:89—10—4260　　　　　　　　压力表的应力范围:0 ~ 6 MPa

顺　序	压力表读　数(MPa)	顶　　力　（kN）				回归分析结果
		1	2	3	平均	
1	0.5	0.27	0.30	0.30	0.290	
2	1.0	1.00	1.00	1.00	1.000	
3	1.5	1.80	1.78	1.80	1.793	$r=0.9999$
4	2.0	2.60	2.55	2.60	2.583	$\alpha=-0.432$
5	2.5	3.26	3.30	3.26	3.273	$b=1.481$
6	3.0	4.05	4.10	4.05	4.067	$P=1.481X-0.432$
7	3.5	4.80	4.75	4.75	4.767	
8	4.0	5.45	5.50	5.45	5.467	P—试件破坏荷载(kN)；
9	4.5	6.30	6.25	6.20	6.250	X—压力表读数(MPa)
10	5.0	6.95	6.90	6.95	6.933	
11	5.5	7.72	7.72	7.70	7.713	

复核:　　　　年　　月　　日　　　　　　　　　　　　　标定:　　　年　　月　　日

附录 C 密度计校正及其有关计算参数

C.1 密度计校正

C.1.1 沉降距离校正

1 测定密度计浮泡体积：于 250 mL 量筒内加纯水约 130 mL 并保持水温为 20 ℃，记录量筒水面读数（以弯液面下缘为准）并划一记号。将密度计放入量筒中，使水面到密度计最低分度处（以弯液面下缘为准），同时记录水面在量筒上的读数（以弯液面下缘为准）并划一记号。两个记号之差，即为密度计浮泡体积，准确至 1 mL。

2 测定密度计浮泡体积中心：测记密度计浮泡体积后，将密度计缓缓垂直向上提起，使水面恰落在两个记号的正中间，此时水面与浮泡相切处（以弯液面上缘为准），即为浮泡体积中心，将密度计固定于三足架上，用直尺准确量出水面至密度计最低分度的垂直距离。

3 测定容积 1 000 mL 量筒的内径（精确至 1 mm）并计算其面积。

4 量出自密度计最低分度至玻璃杆上各分度处的距离（每 5 或 10 格量距离一次）。

5 按公式（C.1.1）计算有效沉降距离（图 C.1.1—1）。

$$L = L' - \frac{V_b}{2A} = L_1 + \left(L_0 - \frac{V_b}{2A}\right) \qquad (C.1.1)$$

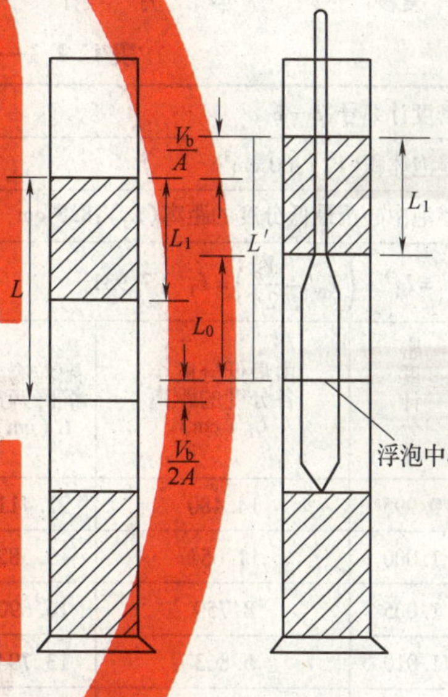

图 C.1.1—1 有效沉降距离校正图

式中 L——颗粒有效沉降距离（cm）；

L_1——密度计自最低刻度至杆上各分度的距离（cm）；

L_0——密度计浮泡体积中心至最低分度的距离（cm）；

V_b——密度计浮泡体积（cm^3）；

A——1 000 mL 量筒的面积（cm^2）。

6 以所量得的不同 L_1 代入式（C.1.1）计算出 L 值，列于表 C.1.1—1 和表 C.1.1—2 中。

7 绘制密度计读数与颗粒有效沉降距离的关系曲线，按表 C.1.1—1 和表 C.1.1—2 中插图绘制。

表 C.1.1—1 沉降距离校正计算（甲种密度计）

密度计编号：	量筒编号：1
浮泡体积（V_b）：86.00 cm^3	量筒内径（D）：6.79 cm
浮泡中心至最低分度的距离（L_0）：8.60 cm	量筒面积（A）：36.19 cm^2

续上表

$L=L_1+\left(L_0-\frac{V_b}{2A}\right)=L_1+7.41$				弯液面校正值(n) = −1.2
密度计分度	由最低分度至各分度的距离 L_1(cm)	颗粒有效沉降距离 L(cm)	密度计读数 R_H	L与R_H关系曲线
0	10.58	17.99	−1.2	
10	8.41	15.82	8.8	
20	6.35	13.76	18.8	
30	4.22	11.63	28.8	
40	2.02	9.43	38.8	
50	0	7.41	48.8	

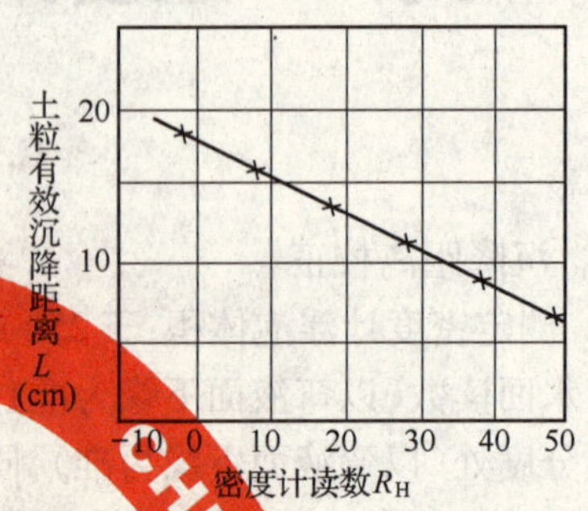

复核:　　　　年　　月　　日　　　　　　　　　　　　　　校正:　　　　年　　月　　日

表 C.1.1—2　沉降距离校正计算(乙种密度计)

密度计编号:2—1				量筒编号:9
浮泡体积(V_b):60 cm³				量筒内径(D):6.63 cm
浮泡中心至最低分度的距离(L_0):8.8 cm				量筒面积(A):34.52 cm²
$L'=L_1'+\left(L_0'-\frac{V_b}{2A}\right)=L_1'+7.931$				弯液面校正值(n') = 0.0004
密度计分度	由最低分度至各分度的距离 L_1'(cm)	颗粒有效沉降距离 L'(cm)	密度计读数 R_H'	L'与R_H'关系曲线
0.995	14.480	22.411	0.9946	
1.000	11.651	19.582	0.9996	
1.005	8.759	16.690	1.0046	
1.010	5.863	13.794	1.0096	
1.015	2.910	10.841	1.0146	
1.020	0	7.931	1.0196	

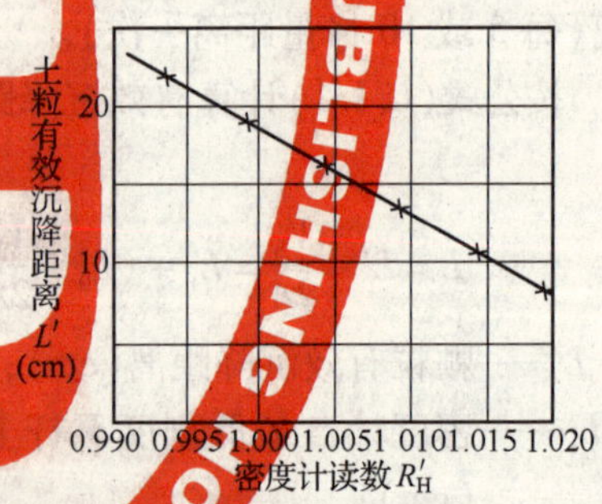

复核:　　　　年　　月　　日　　　　　　　　　　　　　　校正:　　　　年　　月　　日

C.1.2　弯液面校正

将密度计放于20 ℃纯水的量筒中,求出弯液面、下缘读数之差,如图C.1.2所出示之值即为弯液面校正值。

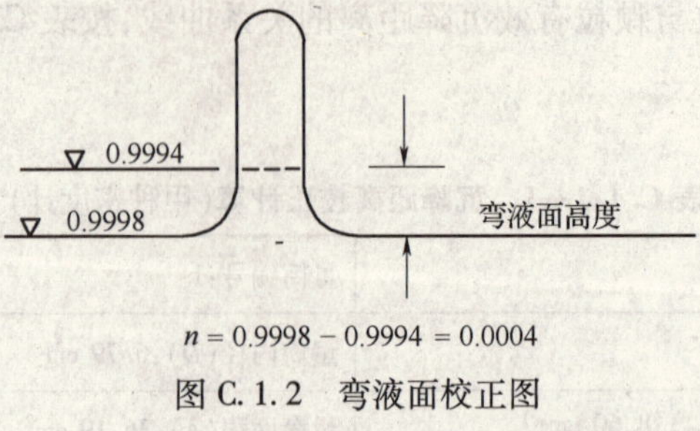

$n = 0.9998 - 0.9994 = 0.0004$

图 C.1.2　弯液面校正图

C.2　有关计算参数

C.2.1　岩石颗粒密度校正系数,列于表C.2.1中。

表C.2.1　岩石颗粒密度校正系数表

颗粒密度 ρ_s	颗粒密度校正系数		颗粒密度 ρ_s	颗粒密度校正系数	
	甲种密度计 C_s	乙种密度计 C_s'		甲种密度计 C_s	乙种密度计 C_s'
2.50	1.038	1.666	2.70	0.989	1.588
2.52	1.032	1.658	2.72	0.985	1.581
2.54	1.027	1.649	2.74	0.981	1.575
2.56	1.022	1.641	2.76	0.977	1.568
2.58	1.017	1.632	2.78	0.973	1.562
2.60	1.012	1.625	2.80	0.969	1.556
2.62	1.007	1.617	2.82	0.965	1.549
2.64	1.002	1.609	2.84	0.961	1.543
2.65	1.000	1.606	2.86	0.958	1.538
2.66	0.998	1.602	2.88	0.954	1.532
2.68	1.993	1.595	2.90	0.950	1.526

注:本表数值,也可由下式计算:

$$\text{甲种密度计:}C_s=\frac{\rho_s}{\rho_s-\rho_{w20}}\cdot\frac{2.65-\rho_{w20}}{2.65\rho_{w20}}$$

$$\text{乙种密度计:}C_s'=\frac{\rho_s}{\rho_s-\rho_{w20}}$$

C.2.2　温度校正值,列于表C.2.2中。

表C.2.2　温度校正值(m_t)表

悬液温度(℃)	甲种密度计校正值 m_t	乙种密度计校正值 m_t'	悬液温度(℃)	甲种密度计校正值 m_t	乙种密度计校正值 m_t'
10	-2.0	-0.001 2	20	0.0	0.000 0
10.5	-1.9	-0.001 2	20.5	0.1	0.000 1
11	-1.9	-0.001 2	21	0.3	0.000 2
11.5	-1.8	-0.001 1	21.5	0.5	0.000 3
12	-1.8	-0.001 1	22	0.6	0.000 4
12.5	-1.7	-0.001 0	22.5	0.8	0.000 5
13	-1.6	-0.001 0	23	0.9	0.000 6
13.5	-1.5	-0.000 9	23.5	1.1	0.000 7
14	-1.4	-0.000 9	24	1.3	0.000 8
14.5	-1.3	-0.000 8	24.5	1.5	0.000 9
15	-1.2	-0.000 8	25	1.7	0.001 0
15.5	-1.1	-0.000 7	25.5	1.9	0.001 1
16	-1.0	-0.000 6	26	2.1	0.001 3
16.5	-0.9	-0.000 6	26.5	2.2	0.001 4
17	-0.8	-0.000 5	27	2.5	0.001 5
17.5	-0.7	-0.000 4	27.5	2.6	0.001 6
18	-0.5	-0.000 3	28	2.9	0.001 8
18.5	-0.4	-0.000 3	28.5	3.1	0.001 9
19	-0.3	-0.000 2	29	3.3	0.002 1
19.5	-0.1	-0.000 1	29.5	3.5	0.002 2
20	0.0	-0.000 0	30	3.7	0.002 3

C.2.3　纯水在不同温度下的密度,列于表C.2.3中。

C.2.4　粒径计算系数K值,列于表C.2.4中。

表 C.2.3　纯水的密度 ρ_{wT}（g/cm^3）

	0.0	0.1	0.2	0.3	0.4	0.5	0.6	0.7	0.8	0.9
5	0.999 991 9	0.999 990 2	0.999 988 3	0.999 986 4	0.999 984 2	0.999 981 9	0.999 979 5	0.999 976 9	0.999 974 1	0.999 971 2
6	968 1	964 9	961 6	958 1	954 4	950 6	916 7	942 6	938 4	934 0
7	929 5	924 8	920 0	915 0	909 9	904 6	899 2	893 6	887 9	882 1
8	878 2	870 1	863 8	857 4	860 9	844 2	837 4	830 5	823 4	816 2
9	808 8	801 3	793 6	785 9	778 0	769 9	761 7	753 4	745 0	736 4
10	727 7	718 9	709 9	700 8	691 5	622 0	672 4	662 7	652 9	642 8
11	632 8	822 5	612 1	601 7	591 1	580 3	589 4	558 5	547 3	536 1
12	524 7	513 2	501 6	439 8	478 0	466 0	453 8	441 5	429 1	416 6
13	404 0	391 3	378 4	365 5	352 4	339 1	325 8	312 3	298 7	285 0
14	271 2	257 2	243 2	229 0	214 7	200 3	185 8	171 1	156 4	141 5
15	126 5	111 3	096 1	080 8	065 3	049 7	034 0	018 2	002 3	0.998 986 2
16	0.998 970 1	0.998 953 8	0.998 937 4	0.998 920 9	0.998 904 3	0.998 887 6	0.998 870 7	0.998 853 8	0.998 836 7	819 5
17	802 2	784 8	767 3	749 7	731 9	714 1	696 1	678 1	659 9	641 6
18	623 2	604 6	586 1	567 3	548 5	529 5	516 5	491 4	472 0	432 6
19	433 1	413 6	393 8	374 0	354 1	334 1	314 0	293 7	273 3	252 9
20	232 3	211 7	190 9	170 1	149 0	128 0	108 8	085 5	064 1	042 6
21	021 0	0.997 999 3	0.997 977 5	0.997 955 6	0.997 904 3	0.997 911 4	0.997 889 2	0.997 866 9	0.997 844 4	0.997 821 9
22	0.997 799 3	776 5	753 7	730 8	707 7	684 6	661 3	638 0	614 5	591 0
23	567 4	543 7	519 8	485 9	471 8	447 7	443 5	399 1	371 7	350 2
24	325 6	300 9	276 0	251 1	226 1	201 0	175 8	150 5	125 0	099 5
25	073 9	048 2	022 5	0.996 996 6	0.996 970 6	0.996 944 5	0.996 918 4	0.996 892 1	0.996 865 7	0.996 839 3
26	0.996 812 8	0.996 786 1	0.996 759 4	732 6	705 7	678 6	651 5	624 3	597 0	569 6
27	542 1	514 6	486 9	459 1	431 3	403 3	375 3	347 2	319 0	290 7
28	262 3	233 8	205 2	176 6	147 8	119 0	090 1	061 0	031 9	002 7
29	0.995 973 5	0.995 944 0	0.995 914 6	0.995 885 0	0.995 855 4	0.995 825 7	0.995 795 8	0.995 765 9	0.995 735 9	0.995 705 9
30	675 6	645 4	615 1	584 6	554 1	523 5	492 8	462 0	431 2	400 2

注：ρ_{wT}（1.000 00 g/cm^3）$=\gamma_{wT}$（9.806 65 kN/m^3）。

表 C.2.4　粒径计算系数 *K* 值表

温度(℃) \ *K* 值 \ 颗粒密度	2.45	2.50	2.55	2.60	2.65	2.70	2.75	2.80	2.85
5	0.137 1	0.134 8	0.132 6	0.130 6	0.128 6	0.126 7	0.124 8	0.123 1	0.121 4
6	0.135 1	0.132 8	0.130 7	0.128 6	0.126 6	0.124 8	0.123 0	0.121 2	0.119 6
7	0.133 1	0.130 9	0.128 7	0.126 7	0.124 8	0.122 9	0.121 2	0.119 5	0.117 8
8	0.131 2	0.129 0	0.126 9	0.124 9	0.123 0	0.121 1	0.119 4	0.117 7	0.116 1
9	0.129 3	0.127 1	0.125 0	0.123 0	0.121 2	0.119 4	0.117 7	0.116 0	0.114 4
10	0.125 7	0.125 3	0.123 3	0.121 3	0.119 5	0.117 7	0.116 0	0.114 4	0.112 8
11	0.125 7	0.123 6	0.121 6	0.119 7	0.117 8	0.116 1	0.114 0	0.112 8	0.111 3
12	0.124 0	0.121 9	0.119 9	0.118 0	0.116 2	0.114 5	0.112 9	0.111 3	0.109 8
13	0.122 3	0.120 3	0.118 3	0.116 5	0.114 7	0.113 0	0.111 4	0.109 8	0.108 3
14	0.120 7	0.118 7	0.116 7	0.114 9	0.113 1	0.111 5	0.109 9	0.108 3	0.106 9
15	0.119 1	0.117 1	0.115 2	0.113 4	0.111 7	0.110 0	0.108 4	0.106 9	0.105 5
16	0.117 6	0.115 6	0.113 8	0.112 0	0.110 3	0.108 6	0.107 1	0.105 6	0.104 1
17	0.116 1	0.114 2	0.112 3	0.110 5	0.108 9	0.107 2	0.105 7	0.104 2	0.102 8
18	0.114 7	0.112 7	0.110 9	0.109 2	0.107 5	0.105 9	0.104 4	0.102 9	0.101 5
19	0.113 3	0.111 4	0.109 6	0.107 9	0.106 2	0.104 6	0.103 1	0.101 7	0.100 3
20	0.111 9	0.110 0	0.108 2	0.106 5	0.104 9	0.103 4	0.101 9	0.100 4	0.099 1
21	0.110 6	0.108 7	0.106 9	0.105 3	0.103 7	0.102 1	0.100 6	0.099 2	0.097 9
22	0.109 3	0.107 4	0.105 7	0.104 0	0.102 4	0.100 9	0.099 5	0.098 1	0.096 7
23	0.107 9	0.106 1	0.104 4	0.102 8	0.101 2	0.099 3	0.098 3	0.096 9	0.095 6
24	0.106 7	0.104 9	0.103 2	0.101 6	0.100 0	0.098 6	0.097 2	0.095 8	0.094 5
25	0.105 5	0.103 7	0.102 0	0.100 4	0.098 9	0.097 4	0.096 0	0.094 7	0.093 4
26	0.104 3	0.102 6	0.100 9	0.099 3	0.097 8	0.096 4	0.095 0	0.093 7	0.092 4
27	0.103 1	0.101 4	0.099 8	0.098 2	0.096 7	0.095 3	0.093 9	0.092 6	0.091 3
28	0.102 0	0.100 3	0.098 6	0.097 1	0.095 6	0.094 2	0.092 9	0.091 6	0.090 3

C.2.5　提取黏粒所需沉降时间，列于表 C.2.5 中。

表 C.2.5　沉降距离 10 cm，提取黏粒所需时间

温度 (℃)	黏粒小于 (μm)	颗粒密度 (g/cm^3)																				
		2.50			2.55			2.60			2.65			2.70			2.75			2.80		
		h	min	s	h	min	s	h	min	s	h	min	s	h	min	s	h	min	s	h	min	s
5	2	12	37	8	12	12	37	11	50	41	11	29	5	11	8	52	10	48	58	10	31	24
	5	2	1	8	1	57	34	1	53	43	1	50	15	1	47	1	1	43	50	1	41	1
6	2	12	14	50	11	51	46	11	29	5	11	7	49	10	48	58	10	30	22	10	12	4
	5	1	57	54	1	53	53	1	50	15	1	46	51	1	43	50	1	40	52	1	37	56
7	2	11	53	57	11	30	9	11	8	52	10	48	58	10	29	21	10	12	4	9	55	1
	5	1	54	14	1	50	25	1	47	1	1	43	50	1	40	42	1	37	56	1	35	3

续上表

温度 (℃)	黏粒小于 (μm)	颗粒密度 (g/cm³) 2.50 h	2.50 min	2.50 s	2.55 h	2.55 min	2.55 s	2.60 h	2.60 min	2.60 s	2.65 h	2.65 min	2.65 s	2.70 h	2.70 min	2.70 s	2.75 h	2.75 min	2.75 s	2.80 h	2.80 min	2.80 s
8	2	11	33	22	11	10	59	10	50	0	10	30	22	10	11	3	9	54	1	9	37	12
	5	1	50	56	1	47	21	1	44	0	1	40	52	1	37	46	1	35	3	1	32	21
9	2	11	13	6	10	51	2	10	30	22	10	12	4	9	54	1	9	37	13	9	20	40
	5	1	47	42	1	44	10	1	40	52	1	37	56	1	35	3	1	32	21	1	29	42
10	2	10	54	10	10	33	27	10	13	4	9	55	1	9	37	13	9	20	40	9	5	18
	5	1	44	40	1	41	21	1	38	5	1	35	12	1	32	21	1	29	42	1	27	15
11	2	10	36	32	10	16	6	9	57	0	9	38	12	9	21	38	9	5	18	8	50	10
	5	1	41	51	1	38	35	1	35	31	1	32	31	1	29	52	1	26	38	1	24	50
12	2	10	19	9	9	59	0	9	40	10	9	22	36	9	6	16	8	51	6	8	36	9
	5	1	39	4	1	35	50	1	32	50	1	30	1	1	27	24	1	24	59	1	22	35
13	2	10	3	0	9	43	7	9	25	31	9	8	10	8	52	2	8	37	5	8	22	20
	5	1	36	29	1	33	18	1	30	29	1	27	42	1	25	8	1	22	44	1	20	22
14	2	9	47	4	9	27	27	9	10	5	8	52	59	8	38	1	8	23	15	8	8	42
	5	1	33	56	1	30	48	1	28	48	1	25	17	1	22	53	1	20	31	1	18	12
15	2	9	31	21	9	12	58	8	55	49	8	39	52	8	24	10	8	9	36	7	56	9
	5	1	31	25	1	28	28	1	25	44	1	23	11	1	20	40	1	18	20	1	16	11
16	2	9	16	48	8	59	36	8	42	40	8	26	55	8	11	25	7	57	56	7	44	38
	5	1	29	5	1	26	20	1	23	38	1	21	6	1	18	38	1	16	28	1	14	21
17	2	9	3	24	8	45	28	8	28	46	8	14	8	7	58	50	7	45	31	7	32	24
	5	1	26	57	1	24	5	1	21	24	1	19	4	1	16	37	1	14	29	1	12	23
18	2	8	49	13	8	32	27	8	16	52	8	1	31	7	47	17	7	34	8	7	21	11
	5	1	24	41	1	22	0	1	19	30	1	17	3	1	14	46	1	12	40	1	10	35
19	2	8	37	5	8	20	30	8	5	6	7	49	56	7	35	53	7	22	54	7	10	57
	5	1	22	44	1	20	5	1	17	37	1	15	11	1	12	48	1	10	52	1	8	57
20	2	8	24	10	8	7	48	7	52	36	7	38	30	7	25	29	7	12	39	7	0	0
	5	1	20	40	1	18	3	1	15	37	1	13	22	1	11	17	1	9	13	1	7	12
21	2	8	12	19	7	56	9	7	42	0	7	28	4	7	14	21	7	1	41	6	50	2
	5	1	18	46	1	16	11	1	13	55	1	11	41	1	9	30	1	7	28	1	5	36
22	2	8	0	37	7	45	31	7	30	40	7	16	54	7	4	12	6	52	31	6	49	12
	5	1	16	54	1	14	29	1	12	6	1	9	54	1	7	52	1	6	0	1	4	9
23	2	7	49	3	7	34	8	7	20	20	7	6	44	6	50	51	6	42	37	6	31	14
	5	1	15	3	1	12	40	1	10	27	1	8	17	1	5	44	1	4	25	1	2	36
24	2	7	38	30	7	23	46	7	10	6	6	56	40	6	45	5	6	33	40	6	22	24
	5	1	13	22	1	11	0	1	8	49	1	6	40	1	4	49	1	2	59	1	1	11

续上表

温度（℃）	黏粒小于（μm）	颗粒密度（g/cm³）																				
		2.50			2.55			2.60			2.65			2.70			2.75			2.80		
		h	min	s	h	min	s	h	min	s	h	min	s	h	min	s	h	min	s	h	min	s
25	2	7	28	4	7	13	30	7	0	0	6	47	33	6	35	17	6	24	0	6	13	40
	5	1	11	41	1	9	22	1	7	12	1	5	12	1	3	15	1	1	26	0	59	47
26	2	7	18	37	7	4	12	6	50	51	6	38	32	6	27	12	6	16	3	6	5	49
	5	1	10	11	1	7	52	1	5	44	1	3	46	1	1	57	1	0	10	0	58	32
27	2	7	8	25	6	55	0	6	41	48	6	29	37	6	18	25	6	7	23	5	57	17
	5	1	8	53	1	6	24	1	4	17	1	2	20	1	0	33	0	58	47	0	57	10
28	2	6	59	10	6	45	5	6	32	51	6	20	48	6	9	44	5	59	35	5	49	36
	5	1	7	4	1	4	49	1	2	51	1	0	56	0	59	9	0	57	32	0	55	56

注：表中h、min、s分别表示小时、分钟、秒；如果温度、颗粒密度、黏粒粒径等不在此表范围，可按公式（20.1.7—3）计算。

C.2.6　水的动力黏滞系数，列于表C.2.6中。

表C.2.6　水的动力黏滞系数η

温　度（℃）	η（10^{-6}kPa·s）	温　度（℃）	η（10^{-6}kPa·s）	温　度（℃）	η（10^{-6}kPa·s）
5.0	1.515	14.0	1.174	23.0	0.940
5.5	1.493	14.5	1.159	23.5	0.930
6.0	1.470	15.0	1.144	24.0	0.919
6.5	1.448	15.5	1.130	24.5	0.909
7.0	1.427	16.0	1.115	25.0	0.898
7.5	1.408	16.5	1.101	25.5	0.888
8.0	1.386	17.0	1.087	26.0	0.897
8.5	1.366	17.5	1.074	26.5	0.869
9.0	1.346	18.0	1.060	27.5	0.850
9.5	1.328	18.5	1.047	27.5	0.850
10.0	1.309	19.0	1.035	28.0	0.840
10.5	1.291	19.5	1.022	28.5	0.832
11.0	1.273	20.0	1.010	29.0	0.323
11.5	1.255	20.5	0.997	29.5	0.814
12.0	1.239	21.0	0.986	30.0	0.805
12.5	1.222	21.5	0.974	30.5	
13.0	1.206	22.0	0.963	31.0	
13.5	1.190	22.5	0.951	31.5	

附录 D　黏土矿物鉴定使用数据

D.1　粉晶面间距(d 值)与 X 射线分析程序

D.1.1　$2\theta(CuK_2)$与 d 值($\times10^{-1}$nm)的换算表,列于表 D.1.1 中。

表 D.1.1　$2\theta(CuK_2)$与 d($\times10^{-1}$nm)换算

2θ	0	1	2	3	4	5	6	7	8	9
2	44.171	42.068	40.156	38.410	36.180	35.338	33.979	32.721	31.552	30.464
3	29.449	28.499	27.609	26.773	25.985	25.243	24.542	23.897	23.251	22.655
4	22.089	21.550	21.037	20.548	20.082	19.636	19.209	18.800	18.409	18.034
5	17.673	17.327	16.994	16.673	16.365	16.068	15.781	15.504	15.237	14.979
6	14.730	14.488	14.255	14.029	13.810	13.598	13.392	13.192	12.998	12.810
7	12.628	12.450	12.277	12.109	11.946	11.787	11.632	11.482	11.334	11.191
8	11.051	10.915	10.782	10.652	10.526	10.402	10.281	10.163	10.048	9.935 5
9	9.825 4	9.717 6	9.612 2	9.509 1	9.408 2	9.309 3	9.212 6	9.117 8	9.925 0	8.934 1
10	8.845 0	8.757 6	8.672 0	8.588 0	8.505 7	8.424 9	8.345 6	8.267 8	8.191 5	8.116 6
11	8.043 0	7.970 8	7.899 8	7.830 2	7.761 7	7.694 4	7.628 3	7.563 4	7.499 5	7.436 7
12	7.375 0	7.314 2	7.254 5	7.195 7	7.137 9	7.081 0	7.025 1	6.969 9	6.915 7	6.862 4
13	6.809 8	6.758 0	6.707 1	6.656 9	6.607 4	6.558 7	6.510 7	6.463 4	6.416 8	6.370 8
14	6.325 6	6.280 9	6.236 9	6.193 5	6.150 7	6.108 5	6.066 9	6.025 9	5.985 4	5.945 4
15	5.906 0	5.867 1	5.828 8	5.790 9	5.758 5	5.716 6	5.680 2	5.644 2	5.608 8	5.573 7
16	5.539 1	5.504 9	5.471 1	5.437 8	5.404 9	5.372 3	5.340 2	5.308 4	5.277 1	5.246 1
17	5.215 4	5.185 2	5.155 2	5.125 7	5.096 4	5.067 5	5.039 0	5.010 7	4.982 8	4.955 2
18	4.927 9	4.900 9	4.874 2	4.847 8	4.821 6	4.795 8	4.770 2	4.745 0	4.719 9	4.695 2
19	4.670 7	4.646 5	4.622 5	4.598 8	4.575 3	4.552 1	4.529 1	4.506 3	4.483 8	4.461 5
20	4.439 4	4.417 5	4.395 9	4.374 4	4.358 2	4.332 2	4.311 4	4.290 8	4.270 4	4.250 2
21	4.230 2	4.210 4	4.190 7	4.171 3	4.152 0	4.132 9	4.114 0	4.095 3	4.076 7	4.058 3
22	4.040 1	4.022 0	4.004 2	3.986 4	3.964 9	3.951 5	3.934 2	3.917 1	3.900 1	3.883 3
23	3.866 7	3.850 2	3.833 8	3.817 6	3.801 5	3.785 5	3.767 9	3.754 0	3.738 5	3.723 1
24	3.707 8	3.692 6	3.677 6	3.662 7	3.647 9	3.633 2	3.618 7	3.604 3	3.590 0	3.575 8
25	3.561 7	3.547 7	3.533 9	3.520 1	3.506 5	3.493 0	3.479 6	3.466 2	3.453 0	3.439 9
26	3.426 9	3.414 0	3.401 2	3.388 5	3.375 9	3.363 4	3.351 0	3.338 6	3.326 4	3.314 3
27	3.302 0	3.290 3	3.278 4	3.266 6	3.254 9	3.243 3	3.231 8	3.220 3	3.209 0	3.197 7
28	3.186 5	3.175 4	3.164 4	3.153 4	3.142 6	3.131 8	3.121 0	3.110 4	3.099 8	3.089 3
29	3.078 9	3.068 5	3.058 2	3.048 0	3.037 9	3.027 8	3.017 8	3.007 9	2.998 0	2.988 2
30	2.978 5	2.968 8	2.959 2	2.949 7	2.940 2	2.930 8	2.921 4	2.912 2	2.902 9	2.893 8
31	2.884 7	2.875 6	2.866 6	2.857 7	2.848 8	2.840 0	2.831 2	2.822 5	2.813 9	2.805 3
32	2.796 8	2.788 3	2.779 8	2.771 3	2.763 1	2.754 9	2.746 6	2.738 5	2.730 3	2.722 3
33	2.714 3	2.706 3	2.698 4	2.690 5	2.682 7	2.674 9	2.661 1	2.659 5	2.651 8	2.644 2
34	2.636 7	2.629 2	2.621 7	2.614 3	2.608 9	2.599 6	2.592 3	2.585 1	2.577 9	2.570 7

续上表

2θ	0	1	2	3	4	5	6	7	8	9
35	2.563 6	2.556 5	2.549 5	2.542 5	2.535 5	2.528 6	2.521 8	2.514 9	2.508 1	2.501 4
36	2.494 7	2.488 0	2.481 3	2.474 7	2.468 2	2.451 6	2.455 1	2.448 7	2.442 2	2.435 8
37	2.429 5	2.423 2	2.416 9	2.410 6	2.401 4	2.398 2	2.392 1	2.386 0	2.379 9	2.373 8
38	2.367 8	2.361 8	2.355 9	2.350 0	2.344 1	2.338 2	2.332 4	2.326 6	2.320 8	2.315 1
39	2.309 4	2.303 7	2.298 1	2.292 4	2.286 9	2.281 3	2.275 8	2.270 3	2.264 8	2.259 3
40	2.253 9	2.248 5	2.243 2	2.237 8	2.232 5	2.227 3	2.222 0	2.216 8	2.211 6	2.206 4
41	2.201 2	2.196 1	2.191 0	2.185 9	2.180 9	2.175 9	2.170 9	2.165 9	2.160 9	2.156 0
42	2.151 1	2.146 2	2.141 4	2.136 5	2.131 7	2.127 0	2.122 2	2.117 5	2.112 7	2.108 0
43	2.103 4	2.098 7	2.094 1	2.089 5	2.084 9	2.080 4	2.075 8	2.071 3	2.066 8	2.062 3
44	2.057 9	2.053 4	2.049 0	2.044 6	2.040 2	2.035 9	2.031 6	2.027 3	2.023 0	2.018 7
45	2.014 4	2.010 2	2.006 0	2.001 8	1.997 6	1.993 5	1.989 3	1.985 2	1.981 1	1.977 0
46	1.972 9	1.968 9	1.964 9	1.960 9	1.956 9	1.952 9	1.948 9	1.945 0	1.941 1	1.937 2

D.1.2　主要黏土矿物 X 射线衍射分析程序，按图 D.1.2 操作。

D.2　黏土矿物 X 射线衍射特征与差热标准物质

D.2.1　主要黏土矿物的 *d*(001) 值和基面衍射强度，列于表 D.2.1 中。

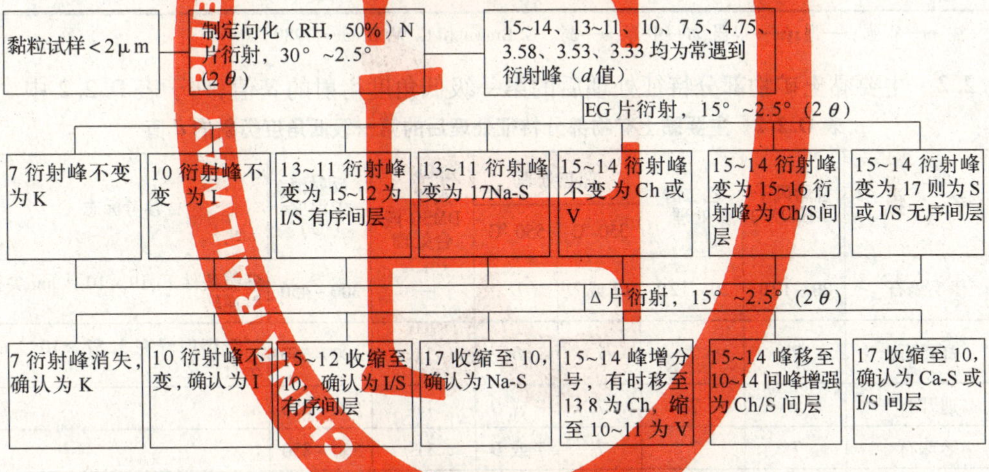

图 D.2.1　主要黏土矿物 X 射线分析程序框图

图中：RH 为相对湿度；N 为原片；EG 为乙二醇饱和片；Δ 为加热片；S 为蒙脱石；I 为伊利石；K 为高岭石；Ch 为绿泥石；V 为蛭石；I/S 为伊利石/蒙脱石；Ch/S 为绿泥石/蒙脱石；Na-S 为钠蒙脱石；Ca-S 为钙蒙脱石；衍射峰（*d* 值）单位为 $\times10^{-1}$nm。

表 D.2.1　主要黏土矿物 *d*(001) 值和基面衍射强度

矿　物	*d*(001) $\times10^{-1}$nm	(001)衍射峰强度					*d*(050) $\times10^{-1}$nm
		I=2	*I*=2	*I*=3	*I*=4	*I*=5	
高岭石族	7.15～7.20	100	90	15	10		41.489
Mg⁻蛇纹石	7.25～7.35	100	100		20	20	1.536～1.540
Fe⁻蛇纹石	7.04	100	100			5	1.555
铁铝蛇纹石							

续上表

矿物	d(001) $\times 10^{-1}$nm	(001)衍射峰强度 I=2	I=2	I=3	I=4	I=5	d(050) $\times 10^{-1}$nm
叶蜡石	9.20	80	30	100	5	10	1.493
滑石	9.35	*vs*	*w*	*s*	*vw*	*m*	1.527
蒙皂石 二八面体	不定						1.49~1.50
蒙皂石 三八面体	不定						1.52~1.54
蛭石	14.3	100	10	15	30	40	1.541
白云母	10.0~10.25	100	55	100	20	75	1.499
金云母	10.0~10.05	100	20	200	30	65	1.538
黑云母	10.0	100	20	90	10	65	1.530
绿鳞石	9.95	50		70		10	1.510
海鳞石	9.95	100		80		20	1.511
钠云母	9.62	30	20	100		30	1.481
绿泥石(Mg)	14.15~14.35	70	100	50	80	30	1.549
绿泥石(富 Fe)	14.10~14.25	20	100	20	50	10	1.560
海泡石	*d*(110)=12.1~12.3,I=100;*d*(131)=4.30,I=25~40						
坡缕石	*d*(110)=10.4~10.5,I=100;*d*(121)=4.25,I=10~30						

注:*vs*—很强;*s*—强;*vw*—很弱;*m*—中等;*w*—弱。G. Brown 和 G. W. Brndey,1980。

D.2.2 主要黏土矿物部分特征处理后的第一级低角度衍射的 *d* 值,列于表 D.2.2 中。

表 D.2.2 主要黏土矿物部分特征处理后的第一级低角度衍射的 *d* 值

矿物	自然风干(RH50%)	乙二醇处理	加热处理 350 ℃	加热处理 550 ℃	$CaCl_2$-水化-DMSO 嵌合处理	反射消失温度(℃)	参考标志
伊毛缟石	20~12B	20~12B	19 或 *D*	*D*	—	300~450	潮湿条件下,19 $\times 10^{-1}$ nm 尖衍射逆转
高岭石	7	7	7	*D*	11	500~550	二级衍射峰在 3.57 $\times 10^{-1}$ nm 左右
迪开石	7	7	7	7 或 *D*	11	500~850	
珍珠石	7	7	7	7 或 *D*	11	550~850	
埃洛石($4H_2O$)	7	7	7	*D*	11	450~520	4.43 $\times 10^{-1}$ nm 衍射呈楔形
埃洛石($4H_2O$)	11	10	7	*D*	11	450~520	
蛇纹石	7	7	7	7 或 *D*	7	575~700	
滑石	9.4	9.4	9.4	9.4	9.4	350~1 000	
叶蜡石	9.2	9.2	9.2	9.2	9.2	600~850	
云母(伊利石)	10	10	10	10	10	300~1 000	
蒙脱石(Mg,Ca)	15	17	10	10	18	700~1 000	
蒙脱石(K)	12	12~17	10	10	18		
蛭石(MgCa)	14	14	10	10	18		
蛭石(K)	10	10~14	10	10	18		

续上表

矿　物	自然风干（RH50%）	乙二醇处理	加热处理		$CaCl_2$－水化－DMSO 嵌合处理	反射消失温度（℃）	参考标志
			350 ℃	550 ℃			
绿泥石（富 Mg）	14	14	14	14	14	800	500 ℃量，14×10^{-1} nm 衍射峰强度增加，其他级次的衍射峰或强度降低或消失
绿泥石（富 Fe）	14	14	14	14	14	650	(004)衍射峰为 3.52×10^{-1} nm，有时与高岭石的(002)衍射峰分解：富 Mg 绿泥石的 $I(001)/I(002)$ 比值比富 Fe 绿泥石的大
坡缕石	10.5	10.5	0.5 + 9.2	9.2	10.5	700	150 ℃量，10.5×10^{-1} nm 衍射峰的强度明显增加
海泡石	12.2	12.2	12.2 +10.4	10.4	12.2	700	

注：*RH*—相对湿度；数值单位 $\times10^{-1}$ nm；*B*—宽衍射峰；*D*—衍射峰消失，*I*—衍射强度。表中的 *d* 值均为近似值。

D.2.3　差热分析标准物质，列于表 D.2.3 中。

表 D.2.3　差热分析标准物质

物　质	转变类型	温度（℃）	反应热（J/g）	熔融（J/mol）
镓 Ga	熔点	29.8		5 587.64
NH_4NO_3	结构转变	32		
$Na_2SO_4\cdot10H_2O$	结构转变	32.38		
萘 $C_{10}H_8$	熔点	80.1		
NH_4NO_3	结构转变	85		
NH_4NO_3	结构转变	125		
KNO_3	结构转变	127.8		
Na_2SO_4	结构转变	147		
AgI	结构转变	147		
$AgNO_3$	结构转变	160		
NH_4NO_3	熔点	170		
$AgNO_3$	熔点	212	69.9	
Na_2SO_4	结构转变	215		
锡 Sn	熔点	213.9 +0.001		7 031.64
铋 Bi	熔点	271.0		11 007.86
AgCl	熔点	307		
$NaNO_3$	熔点	314	189.6	
铅 Pb	熔点	327.4（还原气氛）		4 775.66
KNO_3	熔点	339	105.89	
AgI	熔点	552		
冰晶石 Na_3AIF_6	结构转变	562.7		
K_2SO_4、	结构转变	583.5		
Na_2MoO_4	结构转变	642		
Ag_2SO_4	熔点	652		
铝 Al	熔点	660.0 +0.2		10 756.74
Na_2MoO_4	熔点	687		
KCl	熔点	775		
NaCl	熔点	801		
银 Ag	熔点	961（还原气氛）	104.71	11 300.85
$BaCO_3$	结构转变	980		
金 Au	熔点	1 062.4 +0.8		
Li_2SiO_3	熔点	1 201		
$2CaO\cdot B_2O_3$	熔点	1 304		
镍 Ni	熔点	1 452.3 +2（在真空中）		
钯 Pd	熔点	15.49 +2		

附录 E 本规程用词说明

执行本规程条文时，对于要求严格程度的用词说明如下，以便在执行中区别对待。

E. 0. 1 表示很严格，非这样做不可的用词：

正面词采用“必须”；

反面词采用“严禁”。

E. 0. 2 表示严格，在正常情况下均应这样做的用词：

正面词采用“应”；

反面词采用“不应”或“不得”。

E. 0. 3 表示允许稍有选择，在条件许可时首先应这样做的用词：

正面词采用“宜”或“可”；

反面词采用“不宜”。

附加说明

本规程主编单位、参加单位和主要起草人名单

主 编 单 位：铁道部第一勘测设计院
参 加 单 位：铁道部第二勘测设计院
主要起草人：吴连荣　俞志英　强世杰　陈道斌　曹建春　李茂兰
　　　　　　　卜晓萍　常葆淳

在执行本规程过程中，如发现需要修改和补充之处，请将意见及有关资料寄交铁道部第一勘测设计院（兰州市和政路75号，邮政编码：730000），并抄送铁道部建设司标准科情所（北京市朝阳门外大街227号，邮政编码：100020），供今后修改时参考。

《铁路工程岩石试验规程》
条 文 说 明

本条文说明系对重点条文的编制依据、存在的问题以及在执行中应注意的事项等予以说明。为了减少篇幅,只列条文号,未抄录原条文。

1.0.1 编制《铁路工程岩石试验规程》(以下简称规程)的目的是使全路在进行室内岩石试验时有一个统一的方法,使所有的试验及试验成果具有一致性和可比性。

1.0.2 本规程的适用范围:一是要为勘测设计阶段的工程地质评价和各类建筑物的地基设计提供参数和资料;二是要为施工阶段的砌体工程选用符合质量要求的石料提供依据。

1.0.3 本规程包括18个试验项目31种方法。其中除了各行业通用的物理力学试验项目外,本规程还增加了岩石薄片鉴定,岩石黏粒含量测定,岩石黏土矿物鉴定等项目,以便为岩石的准确定名及膨胀岩的判定提供方法。全部试验项目的内容、试验方法、技术条件等都与《铁路工程地质技术规范》以及铁路工程的有关设计规范、施工规范的要求相一致。对岩体应力、变形特性的测试,路内各试验室开展的尚不普遍,故未编入本规程,如需开展岩体试验,可参照国家标准和国内现行的有关行业标准执行。

2.1.3 量瓶是本规程为贯彻国家法定计量单位而选用的称谓,目前国内市售商品仍称比重瓶。

2.1.4 密封法是测定岩石整体密度的一种方法的称呼,这种方法主要取决于所采用的防水密封材料,可用石蜡,也可用树脂或其他材料,故本规程把过去称蜡封法改为密封法。

2.2.1 本条所列量的符号仅是本规程所用基本符号,不包括一些量在不同状态时的表示符号(如质量,有干的、有湿的、有试验前、试验后的等),这些都在正文中临时赋予符号及其意义。

3.0.2 本条是对岩石采样的要求。在岩石试验中,应重视岩样采取工作,使之具有足够的代表性,能反映不同工程地质单元或不同风化程度岩石的性质。一组岩样必须属于同一岩层和同一岩性。对于干缩湿胀和易于风化的岩石,采样时要设法避免温度和湿度变化对它的影响,缩短在空气中暴露的时间,取出的岩样应立即用胶布包裹并用高分子涂料或石腊密封,置于不透风的阴凉环境中储藏。本规程对密封材料不作具体规定,只要能达到密封目的任何材料均可选用。如高分子树脂涂料、水泥砂浆、胶布、石蜡等。高分子涂料配制方法和用法详见本规程第6.3.3条第2款第2)项。

3.0.3 岩样的检查与验收是试验室的职责,其规定的内容是根据试验的质量要求和试验成果的立档以备查询的需要制订的。

3.0.5 表3.0.5规定应取岩样的大小和数量是根据本规程各项试验的试件制备所规定的尺寸和每组应制试件的数量的基本要求编制的。

4.0.1 本规程将岩石含水量的名称改为岩石含水率是根据国家标准《岩石试验方法标

准》审查会讨论确定的。

4.0.2 仪器设备

本试验对天平规定感量 0.01 g,而最大载荷应视称量岩样的数量来确定使用天平的等级。根据《天平检定规程》(JJG 98—72)的规定,按天平名义分度值与最大载荷的比值分为 10 级,如说明表 4.0.2。

说明表 4.0.2 天平精度级别

精度级别	1	2	3	4	5	6	7	8	9	10
名义分度值与最大载荷之比	1×10^{-7}	2×10^{-7}	5×10^{-7}	1×10^{-6}	2×10^{-6}	5×10^{-6}	1×10^{-5}	2×10^{-5}	5×10^{-5}	1×10^{-4}

例如,试验称岩样最大载荷为 1 000 g,感量(分度值)0.01 g,则应选用 7 级天平。

$$0.01/1\,000=1\times10^{-5}$$

如果最大载荷为 500 g,则可选用 8 级天平。

4.0.3 试件制备

根据 ISRM(国际岩石力学学会)建议方法和国家标准《岩石试验方法标准》要求保持天然湿度的试件,严禁用湿钻或爆炸采样,应妥善密封,从采样、运输、存放到试验,要求含水率的变化不应超过 1%,因此,制样前应检查密封是否完好;试验中应采取有效措施以达到控制含水率的目的。

试件大小与数量要求,ISRM 建议方法规定每块不小于 50 g,每组不少于 10 块,国家标准规定每块不小于 40 g,每组不少于 5 块。依此,前者应使用称量 1 kg,感量 0.01 g 天平;后者可选用称量 500 g,感量 0.01 g 天平。本方法选用后者,与国家标准是一致的。

4.0.4 试验步骤

本试验只规定烘干温度和每次烘干时间,而不规定烘干次数,允许试验者根据设备条件,岩石类别和试件大小采取达到烘至恒量的烘干过程。关于烘干标准,国内外有关规程有两种规定:一种是用时间控制,即在指定温度下烘干若干时间;另一种是用称量控制,即在指定温度下烘至恒量。本规程采用称量控制,以在烘干过程相邻 24 h 两次称量差不超过后一次称量的千分之一为恒量。当通过历次称量控制,取得烘干次数时间积累资料之后,亦可采用时间控制。

真空干燥温度视含结晶水矿物性质而定,烘干时间视试样大小、岩石性质而定,恒量标准考虑在真空抽气,以相邻 12 h 两次称量差不超过后一次称量的千分之一为恒量。

5.1.1 比重一词,在法定计量单位中已废除,故改用密度这个量的名称。但为了区别岩石密度,在 ISRM 建议方法中则称为颗粒密度(或固体密度)。1993 年 4 月在福州召开国家标准《岩石试验方法标准》审查会上已讨论通过废除比重一词,但是否改用颗粒密度还是固体密度,并没有确定,因此,本试验方法暂定为颗粒密度,名称符号为 ρ_s,单位为:g/cm^3。

5.1.3 由于已废除比重一词,因此本试验方法把比重瓶一词统一改称为量瓶。

5.2.1 仪器设备

量瓶有长颈和短颈量瓶两种,本试验方法采用短颈量瓶,与国家标准一致。

5.2.2 试样制备

1 作为测定颗粒密度的试样,可采用测定岩石密度后的试件进行破碎并制成岩粉。

岩粉不应含有闭合孔隙。国内外对岩粉粒径规定中，少数要求不应大于 0.125 mm，而大多数规定为小于 0.25 mm。因为，根据试验资料证实，当用最大粒径为 1 mm 岩粉作试验时，对测定结果影响很小，所以本规程规定岩粉应全部通过 0.25 mm 筛孔，这与国家标准完全一致。

2　粉碎含磁性矿物的岩样，不能使用铁制机械设备，以免磁性矿物在加工过程中因被铁吸引而损失，从而影响测定结果的可靠性。

5.2.3　试验步骤

本试验规定以烘干时间 12 h 控制恒量，同第 4.0.4 条说明。

本试验用的试液是纯水和煤油。当使用煤油时，必须用真空抽气法排气，严禁用煮沸法，以防因热挥发燃烧，污染环境，也达不到排气目的。

5.2.4　计算及记录格式

岩石颗粒密度单位是 g/cm³，计算公式应为

$$\rho_s = \frac{m_3}{V} \tag{说明 5.2.4—1}$$

由于体积 V 是通过测定试液的质量及其密度换算而得，即

$$V = \frac{m_1 + m_s - m_2}{\rho_0} \tag{说明 5.2.4—2}$$

将式（说明 5.2.4—2）代入式（说明 5.2.4—1）中得

$$\rho_s = \frac{m_s}{\dfrac{m_1 + m_s - m_2}{\rho_0}} \tag{说明 5.2.4—3}$$

所以

$$\rho_s = \frac{m_s}{m_1 + m_s - m_2} \cdot \rho_0 \tag{说明 5.2.4—4}$$

5.3.1　仪器设备

仪器原名称李氏比重瓶，现法定计量单位已废除比重，故本规程改称为李氏量瓶。

同第 5.2.3 条说明第 2 段。

5.3.3　试验步骤

岩粉烘干 12 h 的规定，同第 4.0.4 条说明第 2 段。

本试验是用差减称量法确定加入量瓶中岩粉质量。因此，操作规定，不管是皿内还是加入瓶中的岩粉都不得有任何撒失，以保证称量结果的正确性。另外还要求加入瓶内的岩粉，必须全部浸没于试液中，不得有飘浮于液面或黏附于瓶颈壁上的现象，以保证测读试液体积增量的正确性。

5.3.4　计算及记录格式

式（5.3.4）原来为计算比重，即岩粉质量与 4 ℃时同体积纯水的质量之比，属无量纲；现改称颗粒密度，则单位为 g/cm³，但因 4 ℃时纯水的密度是 1.00 g/cm³，所以计算颗粒密度的公式与前计算比重的公式是一致的。颗粒密度与颗粒比重的换算关系为

$$\rho_s = G_s \cdot \rho_w \tag{说明 5.3.4}$$

式中　ρ_s——颗粒密度（g/cm³）；

G_s——颗粒比重；

ρ_w——水的密度（g/cm³）。

6.1.2 岩石的密度试验应根据岩石性质和含水状态合理地选用试验方法。

6.2.1 仪器设备

量积法测定密度,其精度决定于试件加工与称量的精度,因此,试件加工机械应保证具有相当的精度。量测试件高、边长或直径的偏差不得大于0.3 mm;不平整度偏差不得大于0.05 mm;端面垂直于轴线的偏差不得大于0.25°;试件称量应精确至0.01 g。

根据本规程第6.2.1条第1款的称量精度要求,称量1 000 g天平,感量为0.01 g。

根据本规程第6.2.1条第1款的量积精度要求,游标卡尺的量测精度必须高于0.01 mm。

6.2.2 试件制备

本试验用的试件精度要求,完全与单轴抗压强度试验用的试件精度一致。另外量积法测密度又属非破坏性试验。所以两者试件加工可同用一组试件,则试验时,先测其密度,再作单轴抗压强度试验。

6.2.3 试验步骤

保持天然湿度的岩样具体要求同第4.0.3条说明第1段。岩样只有在采样过程立即密封包装,运送等得到保证,同时在加工制备和试验过程应有保持湿度的措施才有意义。据黄委会设计院介绍,试件加工可用快速干钻,并用压缩空气冷却钻头和吹出岩粉,可减少水分的损失。

本试验规定烘干时间24 h作为恒量标准,是根据历次试验统计的结果,也与国家标准规定相一致。

6.2.4 计算及记录格式

由于岩石是用原结构状态进行试验的,试验结果的差异,既反映岩石结构、矿物组成,风化程度及其微破裂等本身具有性质,也包括了试验技术的误差。若规定平行误差,并不能确定是岩石本身造成的,还是试验技术引起。实践证明,由于岩石本身性质的差异,可使同一组试件的试验结果差异很大,这不仅不能用平行误差来概括,而且要取平均值也是很难的,因此,本试验不作平行误差和求平均值的规定。

6.3.1 仪器设备

浮称(或称静水)天平,其精度必须满足感量0.01 g,最大荷载不低于500 g的分析天平。此天平如无市售产品,可用精度相当的天平改装,但必须经过计量检定合格方可使用。用架盘天平因精度不符合国家标准《岩石试验方法标准》要求,故未列入本规程。如果有托盘式电子天平能达到精度0.01 g,最大载荷1 kg时,也可以代替浮称天平,但测定和计算均与浮称有所不同,详见第6.3.3条说明第3款。

6.3.2 试件制备

1 制成边长约4~6 cm立方体是估计岩块的大小,可以用不规则的试件。但是试件表面如有明显棱角或缺陷应打磨加工成浑圆状,否则对测试质量有影响。

2 设法保持天然湿度的条件,同第6.2.3条说明第1段。

6.3.3 试验步骤

1 烘干时间控制24 h为恒量的依据同第4.0.4条说明第1段。

2 试件的密封,过去仅用石蜡作为密封材料,故称蜡封法,现又推荐采用高分子树脂作为密封材料,故本规程把使用不同密封材料的试验方法,统称为密封法。

1)蜡封具有因热引起试件湿度变化,从而影响干密度计算和体积缩小的缺点。因此,必须把握熔蜡温度,温度过高会使蜡侵入试件内部使湿度发生变化;温度过低又不易形成蜡膜,以致蜡封不严或不匀,本试验由此规定应采用加热稍过石蜡熔点(约 57 ℃)的蜡液。

2)用高分子树脂密封,可以克服蜡封的缺点,因为它是靠溶剂通过溶解与挥发过程来完成的,不用加热。同时它还具有耐水性,柔韧性,不导电,不燃烧以及抗化学腐蚀等性能。

胶液配制的稠度以树脂完全溶解于环己酮溶剂中且能在试件表面均匀涂抹又不过分流动为原则。由此所得配合(质量)比,聚氯乙烯树脂与环己酮为(2 +8),计算比重为 1. 037 6;氯乙烯—β - 炳烯酸羟丙酯共聚物树脂与环己酮在涂抹过程中挥发,容重应实测,如无资料可用树脂容重。

胶液在空气中容易干燥,用后应即盖好瓶盖密封,由于环己酮的挥发,对眼、喉、鼻等器官有刺激,因此,应适当配置防护用品,宜在通风处(通风柜内)操作。

用量积法,水中称量法,蜡封和高分子树脂密封的试验成果对比,可参见《水利水电工程岩石试验规程》(DL 5006—92)说明书。

3 本试验采用浮称天平,主要是对称量精度的要求,电子天平今已日趋普及,对于托盘(或台称)式的电子天平,如果精度能满足本规程要求,也可用来测定岩石密度。即将注有纯水的烧杯置于托盘上,调节天平至平衡状态;另将系有线绳的密封试件挂于支架上,调整支架位置和线绳长短,使试件完全浸没于杯水中,但不得与杯底壁相碰,称试件在水中质量,并记录水温。按下式计算岩石密度:

$$\rho = \frac{m}{\frac{m_3}{\rho_w} - \frac{m_1 - m}{\rho_n}} \tag{说明 6.3.3}$$

式中 ρ——岩石密度(g/cm^3);

m——试件在空气中质量(g);

m_1——密封试件在空气中质量(g);

m_3——密封试件在水中质量(g);

ρ_w——纯水的密度(g/cm^3);

ρ_n——密封材料的密度(g/cm^3)。

6. 3. 4 计算及记录格式

试验结果取值,同第 6. 2. 4 条说明。

6. 4. 1 仪器设备

同第 6. 3. 1 条说明。

6. 4. 2 试件制备

同第 6. 3. 2 条说明。

6. 4. 3 试验步骤

1 烘干时间控制 24 h 为恒量的依据同第 4. 0. 4 条说明第 1 段。

2 试件饱和为获得最大限度的吸水量,不能使用常温或常压的吸水饱和方法,必须采用煮沸法或真空抽气法进行饱和,故本试验可用第 7. 0. 6 条第 4 款 ~ 第 5 款测定饱和吸水率后的试件。

3 本条第 4 款说明见第 6. 3. 3 条说明第 3 款,如用托盘(或台称)电子天平称量法,

则按下式计算密度

$$\rho_d = \frac{m_s}{m_3} \times \rho_w \qquad (说明 6.4.3)$$

式中 ρ_d——岩石干密度(g/cm^3);

m_s——干试件质量(g);

m_3——饱和试件在水中的质量(g);

ρ_w——纯水的密度(g/cm^3)。

6.4.4 计算及记录格式

试验结果取值,同第6.2.4条说明。

7.0.5 试件制备

1 规则试件采用单轴抗压强度试验的试件,其原因是:一般抗压强度试验均需进行烘干和饱和两种状态的试验;岩石吸水性能对岩石的风化程度较为敏感,并能有效地反映岩石中微裂隙的发育程度;两项试验采用相同的试件,有利于资料成果的对比验证。

2 试件形态对岩石吸水率的试验结果有较大影响,不规则试件的吸水率可以为规则试件的两倍多。因此,本试验规定用单轴抗压强度试验的试件作为吸水试验的标准试件,只有在制备规则试件有困难时,才允许采用不规则试件,但必须用浑圆形试件。

7.0.6 试验步骤

试验资料证明:浸水24 h平均可以达到绝对吸水量的85%,48 h可达到94%,继续浸水的吸水量很小。因此,在大气压力下吸水的稳定标准规定采用48 h,完全能够反映岩石试样的吸水特征。

7.0.7 本试验不作平行误差和求平均值的规定的依据同第6.2.4条说明。

8.1.3 试验步骤

本条规定冷冻和融解温度分别为-20±2 ℃和20±2 ℃,其理由是:20 ℃是我国采用的标准温度,所以融解温度定为20±2 ℃;冷冻温度是根据对铁路工程影响的气候分区——严寒地区最冷月月平均气温低于-15 ℃,故定为-20±2 ℃。

冻融循环次数,严寒地区25次,寒冷地区15次是与《铁路混凝土及砌石工程施工规范》(TBJ 210—86)第2.10.4条规定相一致的。

8.1.4 计算及记录格式

损失率与耐冻系数的计算,水电工程规程(DL 5006—92)采用冻前冻后饱和试件质量差与干试件质量之比计算冻融损失率,目的是为冻后饱和单轴抗压强度试验提供试件。耐冻系数采用冻前与冻后饱和单轴抗压强度之比,因为烘干状态抗压强度一般情况下大于饱和抗压强度,因此,认为采用冻后饱和抗压强度比较合理。本规程考虑到与铁路有关规范、标准能取得一致,如铁路工程常用材料试验方法标准汇编,铁路碎石道碴试验方法等,故仍采用干试件做单轴抗压强度试验来计算冻融损失率和耐冻系数。

8.2.4 试验步骤

硫酸钠溶液的温度,试件在溶液中浸泡的时间,循环次数以及试件的烘干温度、燥干时间等均以铁路行业标准《铁路碎石道碴试验方法》(TB/T 2328.10—92)的要求为依据的。

9.1.1 自由膨胀率,本试验仅适用于浸水不易崩解的岩石,如果岩石浸水解体,仅能参照《铁路工程土工试验方法》(TBJ 102—87)测定自由膨胀率的综合指标。

9.1.2 仪器设备

自由膨胀率仪是按照国标送审稿《岩石试验方法标准》的要求设计的，尚无市售产品，安装时应注意量表穿过容器固定处不得漏水，另外量表测杆浸于水中必须涂防水材料（如硅油、凡士林等）以保证量表不受损坏。

9.1.3 试件制备

1 现场采样，应根据试验目的和要求及时对岩样进行密封和包装，以防湿度变化和运输中遭损坏。密封和包装材料本规程不作统一规定，一般有用胶布蜡封、树脂涂封、水泥砂浆包封等，包装可用木箱或岩芯箱，岩样周围用草、纸等固定。

2 保持天然湿度的岩样，本规程要求从采样到试验全过程其湿度变化不应超过1%。这一规定主要依据国家标准《岩石试验方法标准》送审稿和国际岩石力学学会《岩石力学试验建议方法》。但均未提出具体控制湿度变化的措施。本规程也未提出保持湿度的具体办法。根据调研所知黄委会、水利水电科研院等都有各自的具体办法，各单位也可自行选择有效的方法。

9.1.4 试验步骤

试件各部位安装的量表，均应采用千分表，只有这样才能测出岩石的微量变形，又能满足本试验测读误差的精度要求，且也符合国家标准精度要求。

9.1.5 计算及记录表格

由于岩石属不均质体，往往受节理、裂隙等结构面的影响，很难使同一组岩石的每块试件都能测得一致的试验成果，因此在试验成果中，应列出每块试件的试验值，不必计算平均值。

9.2.2 仪器设备

岩石侧向约束膨胀仪的金属套环高度应为试件高度和上下两透水板厚度之和，金属环必须保证有此足够高度，否则将因浸水引起试件饱和膨胀超过金属套环高度而可能出现三向变形。

1 金属环高度 40 mm，直径 $79.8^{+0}_{-0.1}$ mm 是按国家标准《岩石试验方法标准》（送审稿）制订的，即标准要求试件直径不小于高度的 4 倍，高度应大于 15 mm 或大于岩石最大颗粒的 10 倍。

2 透水板的直径规定 79.6 mm，应比金属套环小 0.2 mm，目的是为了防止与金属环内壁摩擦而影响试件变形量的测定。

9.2.3 试件制备

试件直径 $79.8^{+0}_{-0.1}$ mm，即要求试件直径应与仪器金属套环的直径一致，其误差值应小于 0.1 mm，但是不得大于金属套环的直径。

9.2.4 试验步骤

侧向约束膨胀率试验方法，本规程采用膨胀率仪和固结仪两种仪器以供任意选用。因为膨胀率仪对某些单位不一定配备，而固结仪是一般试验室必备仪器，因此列入两种方法，以便充分利用固结仪。

9.2.5 计算及记录格式

计算试验成果的处理同规程第 9.1.5 条第 1 款。

9.3.1 测试膨胀力的方法有：以外力平衡内力的方法（即平衡法）、图解法（即多试样法）：先膨胀后压回法（即胀压法）。三者，胀压法测试结果偏高，图解法虽然较切合实际，但操作烦琐,试样多,影响因素也多,目前国内外采用最多的是平衡法,故本规程也采用此法。

9.3.2 仪器设备

1 膨胀压力试验仪按调压方式可分杠杆式和螺杆式两种加压系统。本规程选用杠杆式,即可充分利用试验室的常规仪器高压固结仪。螺杆式膨胀压力试验仪在水电系统已采用,但是不管采用何种加压系统,均应进行不同压力下的仪器变形校正。

2 金属套环的大小尺寸和透水板的直径要求相等,均同第 9.2.2 条说明。

9.3.3 试件制备

同规程第 9.2.3 条。本条注,是国家标准《岩石试验方法标准》送审稿对试件尺寸的规定。

9.3.4 试验步骤

安装的量表应选用具有足够量程和分度足够精密的千分表。由于岩石浸水后吸水缓慢,变形量较小,如果量表精度不够,则观察不到试件变形。

9.3.5 计算及记录表格

试验成果计算,同规程第 9.1.5 条第 1 款。

耐崩解指数试验是根据国家标准《岩石试验方法标准》(送审稿)并参考《水利水电工程岩石试验建议方法》,经整理后编入本规程的,它是用来评价岩石在遭受干燥与润湿两个标准循环之后,对软化及崩解作用所表现的抵抗能力,是岩石膨胀性的一项试验指标。

10.0.3 仪器设备

耐崩解试验仪,此仪器尚无市售定型产品,有关部门都是根据本试验规定的仪器尺寸、标准筛孔和电动转速自行设计加工的。

11.0.3 仪器设备

压力机的承压板必须具有足够的刚度,此刚度是指洛氏硬度不低于 HRC58,并经油淬硬化。

11.0.4 试件制备

由于试件的形状、大小、加工的深度、尤其是上下加压面的加工精度、试件的干燥程度等使单轴抗压强度值有很大差异,因此对岩石的测定单轴抗压强度试件必须达到规定要求。

关于试件的尺寸国内外采用标准见说明表 11.0.4—1。

说明表 11.0.4—1 国内外标准采用岩石试件尺寸

标 准	试 件 尺 寸(mm)
国际岩石力学试验建议方法,1980	φ54(NX 钻具型号)高径比 2.5 ~ 3.0
国标岩石试验方法标准,1993 送审稿	圆柱体 φ48 ~ 54,方柱体边长 50,高径比 2.0 ~ 2.5
美国 ASTM,1982	用圆柱体试件,直径 φ 不小于 1.875 英寸(48 mm),高径比 2.0 ~ 2.5
水利水电工程岩石试验规程,1981	φ50,允许 φ48 ~ 52,高径比 2.0,高 100,允许 95 ~ 105
煤炭工业部和岩石物理力学性质测定方法,1987	圆柱体 ϕ^{+6}_{-2},方柱体 50 × 50 × 100,高径比大于 1.8;不能采用以上标准试件时,岩石试件尺寸可由主管部门另定
国家标准建筑地基基础设计规范, GBJ 7—89,附录九	圆柱体 φ50,高径比 2.0

本规程所列试件尺寸除符合国标外,与其他大多数标准均相符。

按照《铁路混凝土与砌体工程施工及验收规范》(TB 10210—97)规定:石料强度等级

应以边长为70 mm立方体试件的含水饱和极限抗压强度表示。当采用边长为200 mm、150 mm、100 mm或50 mm的立方体试件时,其抗压极限强度应分别乘以1.43、1.28、1.14或0.86的换算分数。试件如有明显层理时,受压方向应与层理方向平行。

关于试件精度,国际岩石力学试验和煤炭工业部较为严格,这次编制规程是符合国家标准和水电工程岩石试验规程所规定的精度要求,见说明表11.0.4—2。

说明表11.0.4—2 国内外采用岩石试件精度标准

标　准	不平整度误差(mm)	直径误差(mm)	端面垂直轴线的最大偏差
国标岩石试验方法标准,1993送审稿;水利机电工程岩石试验规程,1981;本标准	0.05	0.3	0.25°
国际岩石力学试验建议方法,1980	0.02	高度的测定1 mm,2个正交直径应小于0.1 mm	0.001 rad(0.06°)
煤炭工业部煤和岩石物理力学性质测定方法,1987	0.1	0.2	用直角尺紧贴试件垂直侧边,要求两者之间无明显缝隙
美国ASTM,1982	0.025	边线不直度应在0.51 mm以内	0.25°

11.0.5 试验步骤

关于加荷速率,国际标准和国家标准中加荷速率均采用0.5~1.0 MPa/s,国家标准《建筑地基基础设计规范》(GBJ 7—89)附录九中规定用0.5~0.8 MPa/s。本试验所订加荷速率与国家标准相符合。

11.0.6 计算及记录格式

单轴抗压强度的计算精度是根据国家标准《岩石试验方法标准》(送审稿)的要求给出的;试验结果的允许误差标准是根据铁道行业标准《铁道碎石道碴石料单轴抗压强度及饱水单轴抗压强度试验方法》(TB/T 2328.13—92)的要求给出的。

12.0.4 仪器设备

如果使用线性差动变换器(LVDT)或千分表量测轴向变形时,这些仪表的读值刻度至少应为0.002 mm。其精度为在任一0.02 mm范围以内为0.002 mm,在任一0.25 mm范围以内为0.005 mm。

12.0.5 试件制备

根据国际岩石力学学会介绍,岩石的湿度对试件的变形试验有很大影响,应在试验期间尽可能保持岩石的原来湿度。

试件数量不少于6块是指其中3块用来做单轴抗压强度试验,求出试件的平均抗压强度。作为单轴压缩变形试验加荷和测值次数的参考。另3块试件用来黏贴电阻应变片做单轴压缩变形试验。

12.0.6 试验步骤

1 黏贴电阻应变片

在黏贴电阻应变片时,纵、横电阻应变片如"1—"组合为1组。一般情况下在试件侧面对称部位贴2组就能满足测试要求。特殊情况也可沿圆周等距离贴3组电阻应变片。

2 加荷速率

水利水电工程岩石试验规程采用 0.5 ~ 0.8 MPa/s，据该部标准中介绍加荷速率可适当加快，在研究报告中表明，提高加荷速率对结果并无多大影响。国际岩石力学学会建议加荷后在 5 ~ 10 min 时间内试件发生破坏。本规程采用加荷速率为 0.5 ~ 1.0 MPa/s，与国标规定一致。

13.0.2 点荷载试验不宜用于测定砾岩强度。因点荷载仪的球端圆锥与试件加荷面的接触面积很小，可视为点接触，而砾岩是由卵砾石与充填物胶结而成，点荷载测试的结果往往不是砾岩的强度，而是卵砾石的强度。

13.0.4 岩石点荷载试验的基准试件

1 试件“尺寸”系指试件直径或平均宽度：径向试验系指试件直径；轴向试验、方块体试验和不规则块体试验的试件尺寸系指平均宽度。

2 试件“形状系数”系指试件加荷点间距对试件“尺寸”之比。

3 对于同一种岩样，点荷载强度指数是随着试件尺寸与形状系数的增大而减小的。不同规格试件，为了得到理应具有的数值一致的点荷载强度指数，应拟定基准试件规格，对不同规格试件点荷载强度指数的测试值进行试件尺寸效应修正和形状系数效应修正。

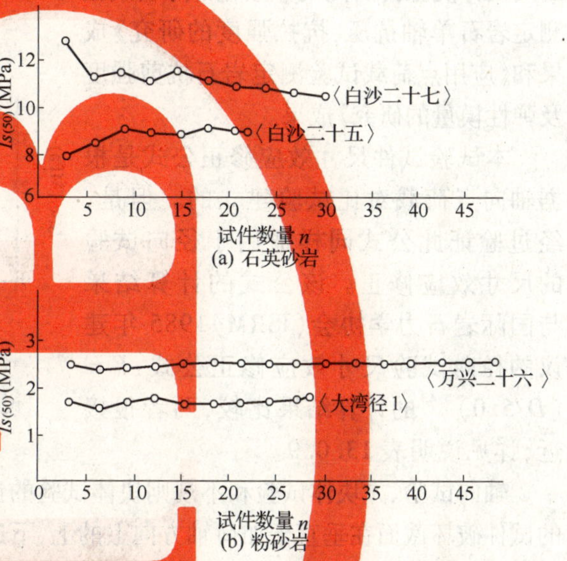

说明图 13.0.7—1 径向试验强度指数与试件数量关系图

4 本试验基准试件的选择原则：既于国内有些部门（如水电部、交通部等）在岩石试验规程中已规定常规岩石强度试验基准试件的尺寸为 5.0 cm；并且，国外的点荷载试验是以 5.0 cm 或 5.4 cm 作为“参考性直径”（基准试件的尺寸）。为了使测得的试验数据便于与国内其他部门（或国外的）试验资料进行对比，并考虑到小口径也是我国工程钻探今后的发展方向，故本试验以尺寸 5.0 cm，形状系数为 1 的试件作为点荷载试验的基准试件。

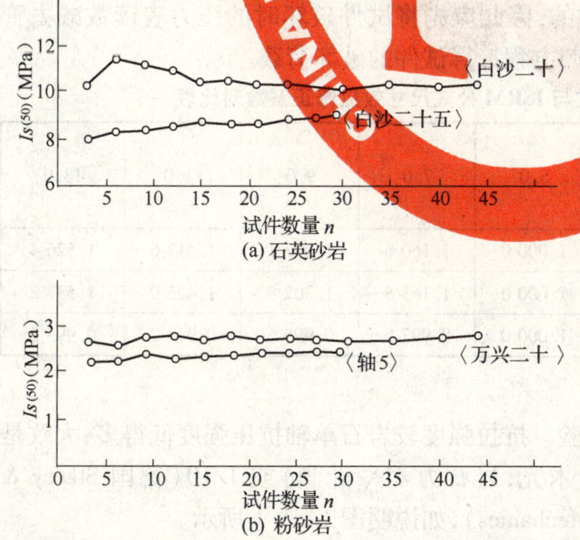

说明图 13.0.7—2 轴向试验强度指数与试件数量关系图

13.0.7 试件制备

点荷载试验的试件最小尺寸和形状系数的取值范围是根据铁道部第二勘测设计院主持研究的《应用点荷载试验测定岩石单轴抗压、抗拉强度的研究》成果。径向试验的试件长度与直径之比的取值范围是根据布劳奇和富兰克林的研究成果（见“点荷载强度试验”，工程地质水文地质选辑 12,1979 年)。每组点荷载试验的最低试件数量是根据铁道部第二勘测设计院的对比试验研究成果,如说明图 13.0.7—1、说明图 13.0.7—2 和说明图 13.0.7—3。

13.0.9　计算及记录格式

点荷载试验的尺寸效应修正公式、形状系数效应修正公式、基准试件点荷载强度指数计算公式和不同含水状态试件点荷载强度指数互换式是根据铁道部第二勘测设计院主持研究的《应用点荷载试验测定岩石单轴抗压、抗拉强度的研究》成果和《应用点荷载试验测定岩石抗剪强度及弹性模量的研究》成果。

本试验试件尺寸效应修正公式是根据轴向点荷载对比试验建立的。但是,经过验证此公式同样适用于径向试验的尺寸效应修正。该公式的计算结果与国际岩石力学协会(ISRM)1985 年建议的径向试验尺寸效应修正公式:$F=(D/5.0)^{0.45}$ 的计算结果比较,两者很接近,详见说明表 13.0.9。

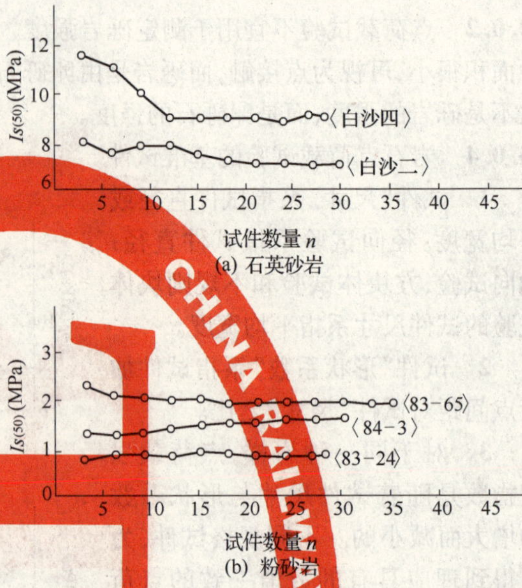

说明图 13.0.7—3　不规则块体试验强度指数与试件数量关系图

轴向试验、方块体试验和不规则块体试验的试件平均宽度系指包含两个加荷点在内的试件破坏截面在垂直于加荷轴方向上的上、下边宽度的算术平均值 W,如图 13.0.7(d)所示,$W=(W_1+W_2)/2$。轴向试验和方块体试验也用此方法求 W 值。

当采用 0 ~ 6 MPa 压力表进行测压时,因其测试范围小,灵敏度高,在给试件加压过程中,上下锥头尚未接触试件端面时,压力表指针已显示一定值的读数了,这是由于管路阻力(对于同一台仪器,此值为常数)引起的,因此应先将试件破坏时的压力表读数减去管路阻力后,才能代入点荷载仪的标定回归方程计算试件的破坏荷载。

说明表 13.0.9　铁二院公式与 ISRM 公式尺寸效应修正系数对比表

d(cm) / $K_w(F)$ / 公式	2.5	3.0	5.0	7.0	9.0	11.0	13.0
铁二院公式	0.735 8	0.797 7	1.000 0	1.160 6	1.297 1	1.417 6	1.526 4
ISRM 公式	0.732 0	0.794 6	1.000 0	1.163 5	1.302 8	1.425 9	1.537 2
铁二院/ISRM	1.005 2	1.003 9	1.000 0	0.997 5	0.995 6	0.994 2	0.993 0

14.1.1　劈裂法原理

本试验属间接拉伸法,也称巴西试验。抗拉强度较岩石单轴抗压强度低得多,大致是抗压强度的 1/10 ~ 1/30 左右(日本铃木光,岩石力学や計測)或 1/10(德国 Stacey & Page,Hand book for Underground Rock Mechanics),如说明图 14.1.1 所示。

劈裂法结果值较轴向拉伸略大一些,$\sigma_{t(轴)}/\sigma_{(劈)}\approx 0.97$。

14.1.3　仪器设备

本规程规定用抗拉夹具，如无此种夹具时，也可用垫条装置，但是垫条应采用 ϕ4 mm 左右的钢丝或胶木棍，其长度应大于试件长度，其硬度应与试件硬度相适应。如垫条硬度过硬，易对试件发生贯入现象；过低将会产生变形，两者均影响试验结果。

14.1.5 试验步骤

对试件的含水状态在公路试验标准中不加规定，可根据需要确定。国际实验室建议方法要求，尽量采用原来天然的含水状态；美国 ASTM D 3967—81所列标准试验方法规定在试验前必须保持天然湿度状态。本标准也不作强制规定。

关于加荷速率问题，日本曾用混凝土和砂浆的试件作实验后证实：岩块拉伸破坏强度的倒数值与破坏时间的对数值之间成直线关系，$1/\sigma_n = A + B\ \ln t_u$。式中 σ_n 为拉伸破坏强度，t_u 为破坏时间，A、B 为系数。也就是说破坏时间越短，强度越大；与破坏时的应变则无关，即 $\varepsilon_c \approx$ const。

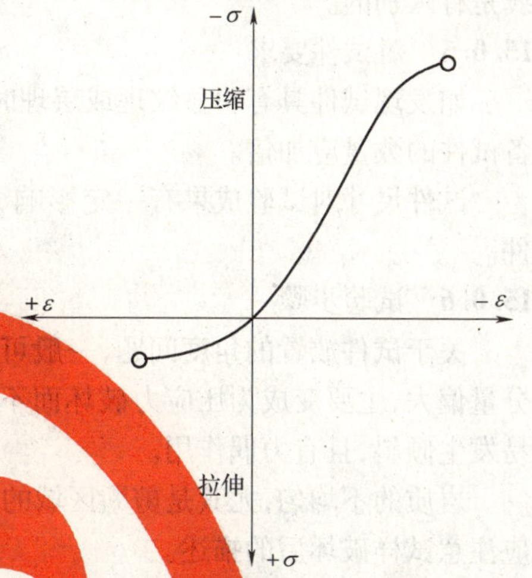

说明图 14.1.1　岩石的应力－应变关系图

假设试件 ϕ5 cm，则 $A = 19.635\ cm^2$。现将国内外加荷速率列于说明表 14.1.5：

说明表 14.1.5　国内外抗拉试验加荷速率

标　　准	加荷速率	换算成统一计量单位(MPa/s)
国标、本试验标准	0.3 ~ 0.5 MPa/s	0.3 ~ 0.5
水利水电工程岩石试验规程，1981	3 ~ 5 kg/ cm^{2}s	0.3 ~ 0.5
国际岩石力学试验建议方法，1980	0.2 kN/s	0.2 × 0.509 = 0.101 8
美国 ASTM，1982	500 ~ 3 000 lbf/in^2	1 min 内破坏　0.057 ~ 0.342 10 min 内破坏　0.005 7 ~ 0.034 2
公路试验规程，1984	50 ~ 70 N/s	0.025 45 ~ 0.035 63
张清，岩石力学基础，1984	200 N/s	0.101 8

本规程属于破坏时间较短，强度可能会偏大，现遵循国家标准所列加荷速率。

观察试件时凡试件最终破坏未贯穿整个试件的截面，而是局部脱落，应作为无效。

14.2.4 试件制备

镫长度与直径的比值在国际岩石力学测试建议方法中规定 2.5 ~ 3.0，而译者认为原文恐有误。如试件长度过低，会减少长度内最弱面上破坏自由度。美国 ASTM 规定作此项试验时试件直径为 ϕ2 in(50.8 mm)，不得小于 48 mm，偏离度应小于 0.01 in(0.3 mm)，L/D = 2.0 ~ 2.5。同样水电部部标 DLJ 204—81 中也已列出 L/D = 2.0 ~ 2.5。本试验轴向拉伸法也用 L/D = 2.0 ~ 2.5。

15.0.1 岩石强度包络线

改变角模剪断装置 α 角，可求得在不同 α 角度时的剪断面上正应力 σ_n 和剪应力 τ_n 从而绘出岩石强度包络线。破坏时试件内的应力分布较为复杂，不能简单地认为试件是垂直应力与剪应力作用下断裂，所以这种方法所取得的破坏极限曲线的含意与摩尔包络线是有区别的。

15. 0. 5 对试件要求

如发现试件具有明显纹理或层理时，必须了解其平行与垂直纹理时的抗剪断强度，制备试件的数量应加倍。

试件尺寸对试验成果有一定影响，为了试验成果的对比性，必须采用标准规格的试件。

15. 0. 6 试验步骤

关于试件放置的角度问题，一般可以在45°~65°之间选用。如果$\alpha<40°$，正应力的分量偏大，主要变成为压应力破坏而不能按预定的剪切面破坏。当$\alpha>65°$，角摸装置容易发生倾斜，且有力偶作用。

岩质的不均匀，尤其是剪断区域的不均匀，将会造成同一倾角试验数据的离散，所以应注意试样破坏后的描述。

15. 0. 7 计算及记录格式

本试验法所得的试验成果往往偏低，其影响因素有制备试件的误差、剪断面积的变化等。故在试验过程中应加以注意。

16. 0. 4 仪器设备

对图16. 0. 4说明：

法向荷载系统——根据Green G. E. 的介绍资料，在试验全过程中必须保持法向荷载稳定，其变动范围应在规定荷重值的2%以内。一般采用液压加荷，均匀分布在试件表面上，其合力应垂直作用于剪切面，并通过试件的中心位置。

包封材料——最好用高标号水泥、熟石膏或树脂等材料，其强度应超过试件的最大强度。

量测系统——施加法向力和剪切力的独立量测设备，其精度应高于试验中可达到的最大作用力的2%。

剪切缝宽度——规程16. 0. 5条第3款第2)项与国家标准相同，均规定为不小于5 mm。但是对于粗糙结构面，剪切缝可控制在10~20 mm之间。

剪切位移时的阻力——使用液压千斤顶施加水平剪切时，设备包括滚轴、钢索或类似的低摩擦装置；必须保证设备对剪切位移的阻力低于试验时施加的τ_{max}的1%。

16. 0. 5 试件制备

国际岩石力学学会推荐试件的剪切面最好采用正方形，可使剪应力分布较为均匀，其最小面积为50 mm×50 mm。此次送审稿所列试件尺寸与其他标准对比见说明表16. 0. 5。

考虑到混凝土或砂浆与岩石胶结面的抗剪强度较有结构面的岩样要高一些，故试件尺寸较原标准调整得小一些，而较具有结构面的岩样稍为大一些。

混凝土制备应符合现行有关标准，其骨料的最大粒径不得超过边长的1/6。

说明表16. 0. 5 岩石试件的制备尺寸

顺号	标 准	岩石试样	混凝土或砂浆与岩石胶结面	具有结构面的试样
1	国际岩石力学学会岩石力学试验建议方法(1980)	正方形面积，尺寸不得小于2 500 mm^2	(同左)	(同左)

续上表

顺号	标准	岩石试样	混凝土或砂浆与岩石胶结面	具有结构面的试样
2	国家标准,岩石试验方法标准(1993,送审稿)	立方体试件边长不小于5 cm,圆柱体试件 ϕ 不小于5 cm,高径比或高边比为1.0	边长或直径不小于5 cm,混凝土或砂浆与岩石的高度各为边长或直径的1/2	立方体试件边长不小于5 cm,圆柱体试件直径不小于5 cm,高径比或高边比为1.0
3	水电部岩石试验规程(试行,1981)	应考虑仪器设备能力和岩石本身强度而定。立方体或圆柱体,其高径比或高边比为1.0	方形15 cm×15 cm×10 cm～30 cm×30 cm×15 cm,圆形 ϕ15 cm×10 cm～ϕ30 cm×15 cm	方形15 cm×15 cm～30 cm×30 cm结面上下岩石的厚度约为断面尺寸的1/2左右
4	本标准(征求意见稿)	(同上)	(同上)	(同上)
5	本标准(送审稿)	不小于5 cm的立方体	10 cm×10 cm×10 cm～15 cm×15 cm×15 cm混凝土或砂浆与岩石的高度为边长的1/2	20 cm×20 cm×20 cm～30 cm×30 cm×30 cm结构面上下岩石的厚度约为断面尺寸的1/2左右

16.0.6 试件的描述

结构面的充填物性质除作必要的详细地质描述以外,应测出有关指标的试验数据。

16.0.7 试验步骤

1 关于法向和水平向位移量表的布置

位移量测设备有量表和电传感器,布置如说明图16.0.7,如试件尺寸较小,如50 mm×50 mm×50 mm立方体,也可用1个 N_1,2个对称 L_1,1个 S_1;N_1、L_1、S_1 均应置于试件中心。采用电传感器和自动记录系统,应将最近的校正数据附在报告中。

2 关于固结稳定

国际岩石力学试验方法规定法向位移变化小于0.05 mm/10 min,认为已完成了固结阶段。国标岩石试验方法标准(1993,送审稿)规定当法向位移小于0.05 mm/h,即认为固结已趋稳定。本条第5款最后所指"直到固结稳定"应采用小于0.05 mm/h,以符合国家标准。

3 关于固结稳定标准

对于混凝土或砂浆与岩石胶结面以及充填有塑性类泥的结构面试验,原则上在最大法向应力作用下,剪切面附近充填物内孔隙水压力消散掉。

4 关于施加剪切荷载

本款中"……使剪应力下降到接近某一常数值为止,即不断发生的最大剪切位移时,……",其最大剪切位移与试件大小有关,故本条第7款剪切位移可根据仪器操作说明自行确定。

16.0.8 计算及记录格式

A 值应该是重叠剪切面面积,是经过大位移后剪切面积逐渐减小后的剪切面。但是如何合理地校正此剪切面,尚待今后实践中去研究。剪切破坏准则主要分为比例极限强度、屈服极限强度和极限强度。大量剪切试验表明,剪应力与剪切位移关系曲线分为脆性破坏和塑性破坏。生产中一般采取极限强度又称峰值强度。

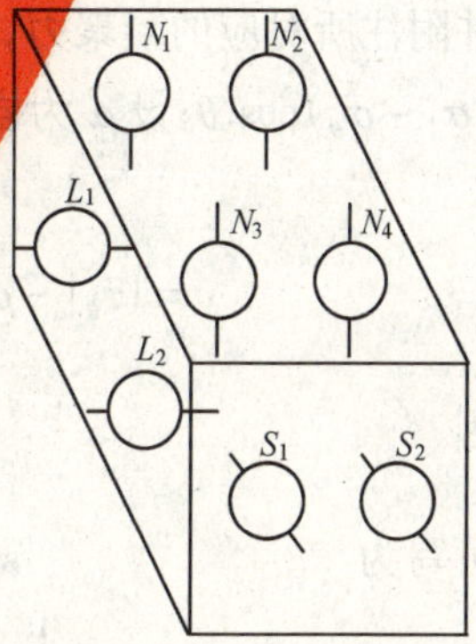

说明图16.0.7 量表布置图

N_1～N_4—法向位移;

S_1、S_2—剪切位移;

L_1、L_2—侧向位移

17.0.2 本标准是参照国家标准《岩石试验方法标准》(送审稿)编写的,最近收集到期刊《国际岩石力学及矿业科学》中登载的国际岩石力学测试建议方法(ISRM:Suggested Methods for Triaxial Compression Testing)(1983 年 12 月),但发现该方法与国标所列试验方法有较大差别,现将译文登载于第一勘测设计院《科技交流》期刊上,如使用单位有条件时,可以采用国际岩石力学测试建议方法。

17.0.5 试件制备

可选用烘干或饱和状态的试件,如果选用天然含水状态的试件,在采样、运送、制样过程中必须严格注意水分发生变化,更不允许出现任何人为裂隙。圆柱形试件的直径应为承压板直径的 0.98 ~1.00 倍。采取岩样后最好存放不要超过 30 d,制成后的试件应置于温度(20 ±2)℃和湿度(50 ±5)% 环境中 5 ~6 d。

17.0.6 试验步骤

1 关于侧压力原则上保持不变的规定,国标认为允许变动范围在 ±2% 以内。所选定的侧压力必须使所求的摩尔包线能明显的反映出所需的应力区间。除此以外,还应适当地照顾到包线的各个阶段。对于侧压力最小值的选定,应考虑到三轴试验机的精度。压力室构件的变形,应在试验之前预先率定,计算变形时予以扣除。

2 关于轴向加荷速率规定 0.5 ~1.0 MPa/s,这与国标符合的。水电部规定为 0.8 ~1.0 MPa/s。但国际岩石力学学会仅要求在 5 ~15 min 的加荷时间内使试件破坏,加荷速率尽量保持在 0.5 ~1.0 MPa/s 限度以内。同样美国 ASTM D 2664—80 也要求控制在 2 ~15 min内达到破坏。

3 岩石处于极限平衡状态时破裂面与最大主应力作用面间的夹角 α_t 并不等于 $(90°+\varphi)/2$。破裂面通常是沿着层理面、裂隙面或其他软弱面发生,所以与理论破裂角的假说前提是有出入的。

17.0.7 计算及记录格式

有关抗压强度的包线形状是一条近似于抛物线的函数关系。ASTM D 2664—80 中规定包络线是一条抛物线,φ 值应当用每个 σ_3 的应力圆与包络线的接触点作切线来确定,并附注所对应的凝聚力,公式(17.0.7—2)的破坏点 $\tau_\theta=(\sigma_1-\sigma_3)\sin\theta\cos\theta$ 和 $\sigma_\theta=\sigma_3+(\sigma_1-\sigma_\theta)\cos^2\theta$;设 μ 为岩石的内摩擦系数,则

$$|\tau_\theta|=c+\mu\sigma_\theta$$

$$c=|\tau_\theta|-\mu\sigma_\theta=\frac{1}{2}(\sigma_1-\sigma_3)(\sin2\theta-\mu\cos2\theta)-\frac{1}{2}\mu(\sigma_1+\sigma_3)$$

因
$$\tan2\theta=-\frac{l}{\mu}$$

可写为
$$\sin2\theta=(\mu^2+1)^{-\frac{1}{2}},\cos2\theta=-\mu(\mu^2+1)^{-\frac{1}{2}}$$

故
$$c=\frac{1}{2}y(\sin2\theta-\mu\cos2\theta-\mu)-\frac{1}{2}x(\sin2\theta-\mu\cos2\theta+\mu)$$

$$y=\frac{\sqrt{1+\mu^2}+\mu}{\sqrt{1-\mu^2}-\mu}\cdot x+\frac{c}{\frac{1}{2}(\sqrt{1+\mu^2}-\mu)}$$

斜率
$$m=\left(\frac{1+\sin\varphi}{\cos\varphi}\right)^2,令\ z=\sin\varphi$$

$$(1-z^2)m=(1-z)^2\overset{\text{求解}}{\Rightarrow}z=\frac{m-1}{m+1}\text{，则}$$

$$\left.\begin{aligned}\varphi&=\arcsin\frac{m-1}{m+1}\\ c&=b\cdot\frac{1-\sin\varphi}{2\cos\varphi}\end{aligned}\right\}\qquad\text{（说明 17. 0. 7—1）}$$

一个弹性体若受到所有应力分量的作用，由叠加原理可得到各个应变分量：

$$\left.\begin{aligned}\varepsilon_z&=\frac{1}{E}[\sigma_z-\mu(\sigma_y+\sigma_z)]\\ \varepsilon_y&=\frac{1}{E}[\sigma_y-\mu(\sigma_z+\sigma_z)]\\ \varepsilon_z&=\frac{1}{E}[\sigma_z-\mu(\sigma_z+\sigma_y)]\end{aligned}\right\}$$

在三轴抗压强度试验的情况下（$\sigma_2=\sigma_3$），不断增加压力增量 $\Delta\sigma_1$ 和 $\Delta\sigma_3$，由上式可得应变增量 $\Delta\varepsilon_1$ 和 $\Delta\varepsilon_3$。

$$E\Delta\varepsilon_3=\Delta\sigma_3-\mu(\Delta\sigma_1+\Delta\sigma_3)$$

或

$$E\Delta\varepsilon_1=\Delta\sigma_1-2\mu\Delta\sigma_3$$

经整理后即可求解得到

$$\mu=\frac{\Delta\sigma_3\Delta\varepsilon_1-\Delta\varepsilon_3\Delta\sigma_1}{\Delta\sigma_3(\Delta\varepsilon_1-2\Delta\varepsilon_3)+\Delta\sigma_1\Delta\varepsilon_1}$$

将 μ 值代入上式中，即得

$$\left.\begin{aligned}E&=\frac{(\Delta\sigma_1+2\Delta\sigma_3)(\Delta\sigma_1-\Delta\sigma_3)}{\Delta\sigma_3(\Delta\varepsilon_1-2\Delta\varepsilon_3)+\Delta\sigma_1\Delta\varepsilon_1}\\ \text{或}\quad E&=\frac{1}{\Delta\varepsilon_1}(\Delta\sigma_1-2\mu\Delta\sigma_3)\end{aligned}\right\}\qquad\text{（说明 17. 0. 7—2）}$$

以上 μ、E 两值并不是常数，它们不仅随主应力的大小而变化，而且还随着增量 $\Delta\sigma_1$ 和 $\Delta\sigma_3$ 而改变。故确定 μ、E 两值时必须与工程实际的应力条件相适应。另外，作岩块试验时，试件是按线弹性应力应变关系来考虑，所以没有必要测出加荷循环迴滞曲线来确定 E 值。

18. 0. 1 岩石声波速度试验有两种，即脉冲超声波法和共振法，本规程采用国家标准第 2. 13. 1 条规定的超声波法。

18. 0. 3 仪器设备

路内有些单位采用日本 OYO 公司生产的 5217A 型声波仪，换能器主频 33 kHz，用 4 号真空脂作耦合剂。

18. 0. 5 试验步骤

换能器有直透法和平透法两种，常用的是直透法。实测换能器滞后时间分别为：

纵波换能器，$t_0=0.2\ \mu s$；

横波换能器，$t_0=2.2\ \mu s$。

以上 t_0 值是由 OYO 公司 5217A 型声波仪测定的，供参考。

18. 0. 6 计算及记录格式

由于岩样的加工不能完全趋于规则性、试件的尺寸（尺寸越小，误差相对也越大）、节理、层理、矿物粒径的大小以及分布的不均匀性、试件各向异性等因素的影响，使同一组试件波速会有一定差异,必要时应将这些影响记入表格。

19.0.4 试件制备

1 在生产中往往会遇到结构疏松的岩石。如沉积岩中层理较发育的页岩、变质岩中的压碎岩类及片理较发育的千枚岩,片岩之类的岩石遇水易碎裂、不易切片,这时可取约4 cm^2 的岩块先进行煮胶。经煮胶后的岩块,即可切片。

2 岩石薄片的厚度约为0.03 mm,在磨片中检查薄片厚度的方法是采用在镜下观察石英颗粒磨至一级灰白到浅黄即可。

19.0.5 试验步骤

偏光显微镜聚焦时,必须使薄片的盖玻璃朝上,否则根本不能聚焦。在调节焦距时,严禁眼睛看着镜筒内而下降镜筒,以防发生压碎薄片及损坏镜头的事故。

19.0.6 结果整理

在岩石薄片中对矿物进行详细鉴定之后,还需要对矿物颗粒的大小及含量进行测定,以助于岩石的分类与定名。

1 岩石薄片中矿物颗粒大小的测定

岩石薄片中等轴矿物颗粒的大小,通常以颗粒的直径来表示,一般测其平均粒径。板柱状矿物颗粒则需测其长度和宽度。目前常用的测试方法大致有三种:人工测定、半自动测定和自动测定,目前均多采用人工测定,即用目镜分度尺测量。详细测定可参见成都地质学院岩石教研室编写的《晶体光学》中的附录。

2 岩石薄片中矿物含量的测定

岩石中矿物的含量是指矿物在岩石中所占的体积百分比。岩石薄片中某种矿物的含量为其占视野面积的百分比。测定方法有:人工测定法、半自动测定法、自动测定法和目测比较法。其中目测法比较简单,但结果粗略。在生产中较常用。详细测定可见《晶体光学》附录。

20.0.1 本试验的目的是为计算黏土矿物在岩石中的绝对含量提供换算的依据。鉴于岩石中的黏粒是胶结在一起的,它不同于松散的土,需要解体分散,故岩石试验尚无完善的标准测定方法,本规程是参照土的颗粒分析方法,并通过密度计法与虹吸管法进行对比再作选择的。由说明表20.0.1对比结果,用 F 检验表明,这两种方法并无显著差异。故本规程选用快速易掌握的密度计法。

表 20.0.1 小于 2 μm 黏粒含量测定方法对比试验

n	试验号	虹吸管法	密度计法	n	试验号	虹吸管法	密度计法
1	89P—18	14.6	15.2	9	89P—27	22.0	19.5
2	89P—19	27.9	29.5	10	87 土矿—07	28.2	26.7
3	89P—20	21.5	22.4	11	87 土矿—08	13.8	9.5
4	89P—21	31.1	34.6	12	87 土矿—09	15.1	10.1
5	89P—22	13.9	19.0	13	87 土矿—10	16.2	14.7
6	89P—23	28.7	24.8	14	87 土矿—11	18.5	18.9
7	89P—24	23.5	19.4	15	87 土矿—12	18.1	19.5
8	89P—26	27.0	28.2			320.1	312.0
$F(1.35) < F_{0.05(14.14)}(2.48)$,无显著差异							

20.1.2 岩石黏粒定量不同于土工试验之处是它具有坚硬、致密、胶结性质及其胶结程度不同的特性，测定前务必设法在不破坏其天然颗粒组成的条件下使岩石解体，并且能够充分分散。只有这样，才能测得较准确可靠的黏粒含量。因此，规定本方法的适用范围必须是经水或稀盐酸浸泡处理后，能够完全解体的并且能够充分分散为基本天然颗粒的岩石。

20.1.3 仪器设备

密度计是指土壤密度计，市售产品型号甚多，有的在生产中已为用户提供密度计的刻度、弯液面校正和沉降距离等参数（如 TM-85 型土壤密度计），使用前不必校正（如欲检验，可自检）；如果市售未提供以上校正参数，使用前必须对密度计进行编号，并按本规程附录 C 进行校正。

20.1.4 试剂配制

纯水是指蒸馏水或去离子水。

用于颗粒分散的分散试剂种类很多，其分散性能也各不相同，因此，对分散试剂种类及其配制浓度的选择是重要的，对此在土工试验中已有许多研究，本规程是选用土的颗粒分析广泛使用的偏磷酸钠作为分散剂，其浓度为 4%，用量以 10 mL 为宜。

20.1.5 试样制备

1 岩石试件破碎的目的是为增加岩石的表面积，浸泡时，以加速岩石解体、分散，但必须以不破坏岩石的天然颗粒为原则。

2 碳酸岩胶结的岩石必须预先用酸处理，酸可用稀盐酸（HCl），其浓度应以不大于 0.25 mol/L 为宜。因为，已有资料证明，酸度过高有可能破坏黏土矿物的结构，影响矿物鉴定，因此仅能用稀盐酸除去碳酸盐。

20.1.6 试验步骤

为了求得岩石中小于 2 μm 的颗粒含量，必须绘制颗粒分析曲线，而绘制的颗粒分析曲线上又必须反映小于 2 μm 粒径及其含量为原则，所以本试验对密度计的读数时间间隔最后 1 点推迟到 1 440 min，这样可以保证颗粒分析曲线能够覆盖小于 2 μm 粒径并求得其含量。

20.2.2 仪器设备

湿研磨装置，尚无定型产品，可按照研磨和分散效果的需求自行选配安装。湿研磨的技术要求是尽量避免破坏岩石的天然颗粒，同时又能达到充分分散的效果。因此图 20.2.2—1 的装置就是以此要求设计安装的，即以台钻作为研磨与搅拌分散的动力，以搪瓷杯为研钵。搅拌棍连接橡皮塞为杵组成研磨器；以方形塑料瓶（搅拌时可形成波浪）为容器，搅拌棍连接梳子（塑料或金属）为搅拌器组成分散器等，都是选用代用品组装的。对些曾用同一试样，采用（湿研磨、机械粉碎和玛瑙研钵研磨）三种处理方法，作矿物鉴定对照试验，试验结果如说明表 20.2.2。

说明表 20.2.2 说明湿研磨可以降低石英含量，从而提高黏土矿物的相对含量。

黏粒提取虹吸装置，不属市售定型产品，图 20.2.2—2 黏粒提取虹吸装置是试验者根据其技术要求，选用适当代用件组装的。组装的技术要求：(1) 虹吸管弯口端至悬液面间距离必须准确固定，在反复提取操作中不得有任何改变；(2) 虹吸管弯口端与容器底部必须保持适当距离，以防粗粒被吸入；(3) 容器的大小，虹吸管的固定与安放，只要符合 (1) 及 (2) 要求可自行选择。

说明表 20.2.2 同一试样不同处理方法对比

晶面间距 $d\times10^{-1}$ nm	X 射线衍射峰高(cps)		
	机械粉碎 <0.1 mm	玛瑙研钵研磨	湿研磨提取 <2 μm
15.5(蒙脱石)	—		4
10.0(伊利石)	43	35	51
4.3(石英)	70	72	56

20.2.5 试验步骤

黏粒提取,有关资料和某些方法标准规定必须在已定的沉降距离范围内反复提取至悬液澄清为止,方能保证测得黏粒中各种黏土矿物的真实含量。但是,如此提取,操作时间周期长,不能满足工程进度的需要。为此,进行了黏粒提取次数对矿物鉴定的影响试验,即以同一试样,不同提取次数所提黏粒,用 X 射线进行矿物鉴定,鉴定结果列于说明表 20.2.5。

说明表 20.2.5 黏粒提取次数对矿物鉴定影响

序号	黏粒提取(次)	用 X 射线衍射半定量主要黏土矿物含量(%)		
		伊利石(I)	蒙脱石(M)	高岭石(K)
1	2	81	6	13
2	4	80	6	14
3	6	81	5	14
4	8	79	6	15
5	10	80	6	14
6	12	83	6	11
7	黏粒完全提净	78	6	16

由说明表 20.2.5 可以看出黏粒提取次数对矿物鉴定影响不大,基本上没有什么规律性的变化,因此,黏粒提取不一定要完全提净,只要提取足够做矿物鉴定的黏粒数量,即可停止提取。这样可以缩短试验周期,满足工程进度,所以本试验对黏粒提取的次数及是否要完全提净,不作规定。

21.1.1 黏土矿物是自然界中分布最广的一种天然产物,约占岩石圈和风化壳总量的一半。黏土矿物的鉴定方法有很多种,但 X 射线衍射是最有效的分析方法之一。

21.1.5 试样制备

1 非定向粉末压片简称为压片,必须满足以下两条要求:(1)样品颗粒尽量地随机取向。(2)要求样品表面平整、不松、不裂、不掉。

2 定向样片的制备是黏土矿物分析中最常见的方法。制样有(1)干样法、悬浮液法。(2)素瓷片吸滤法。(3)微孔滤膜抽滤法。(4)刮涂法等。我们推荐的为刮涂法、可解决颗粒分异问题。将调为糊状的样品,在液体表面张力的作用下,层状黏土矿物就会底面平行玻璃样片排列,形成定向的黏土薄膜、产生 001 衍射图谱。所以在制样时与非定向粉末压片相反,应尽量避免随机取向。

21.1.6 试验步骤

试验步骤和条件的选定,是指常用的。对于一些特殊的样品,在鉴定发生困难时应采用其他手段进一步判定,不能一概而论。如:对于一些含铁高的样品(样品呈红色)用 Cu

靶测定时，应做除 Fe 处理，否则背景高、衍射峰弱、难以确定矿物成分。

21.1.7 定性分析

对黏土矿物的定性分析，可根据衍射图谱的特征判定，但往往在样品中不是只有一种矿物存在，而是几种矿物共存，某些衍射峰出现叠加，这就增加了定性分析的难度，所以要将矿物的特征衍射峰搞清楚，且通过几种手段处理，来判断何种矿物存在。在试验中最好用同一样片，在相同的试验条件下，光做原片的衍射图、然后做饱和试验，再做加热后的衍射，这样用基本的三张图进行分析鉴定效果好。

在进行黏土矿物的定性分析中，经常碰到间层矿物（混层矿物），近年来对间层矿物的研究已有新的进展。最常见的间层矿物是由两种单位构造层组成的。主要有规则间层矿物、无序间层矿物和有序间层矿物。具体判定可参考有关的手册和卡片。

21.1.8 定量计算及记录格式

黏土矿物的 X 衍射定量分析方法有许多种：经验公式法（4·2·1 法）、强度换算法许尔兹法（Schultz）、修正许尔兹法等。本规程中推荐精典的经验公式法和修正许尔兹法。

4·2·1 法是用质量相等的各种纯黏土矿物混合，经 X 射线衍射，所得衍射图谱的特征衍射峰强度有一定的比例关系，这个比例关系即称为权重系数。将样品中的各种黏土矿物的特征衍射强度乘以各自的权重系数后，便可计算出每种黏土矿物的相对百分含量。

21.2.1 热分析是程序控制温度的条件下测定试样性质和温度的变化关系。当逐渐加热时，试样将转变成具有更稳定的晶体结构或具有更低自由能的另一种状态。

21.2.7 矿物标准差热分析曲线峰（合）值鉴定表，在国内一般矿物分析的资料中均可查阅，故本规程不再列入。

由说明表 21.2.7 经数理统计结果得：

$$r = \left(\sum xy - \sum x \cdot \sum y/n\right) / \sqrt{\left\{\sum x^2 - \left(\sum x\right)^2/n\right\} \cdot \left\{\sum xy - \sum x \cdot \sum y/n\right\}}$$

$$= 0.865$$

$$s = \sqrt{\frac{\left\{\sum y^2 - \left(\sum y\right)^2/n\right\} - b \cdot \left\{\sum xy - \left(\sum x \cdot \sum y\right)/n\right\}}{n-2}}$$

$$= 1.3\%$$

$$b = 0.511 \qquad a = 1.2$$

则回归方程式为

$$\hat{y}_{xR} = 0.511 x_{MB} - 1.2 \pm 2s \tag{9}$$

式中 $\hat{y}_{xR}$——X 射线求得蒙脱石含量（%）；

x_{MB}——亚甲蓝法测得蒙脱石含量（%）；

s——剩余标准差（$s = 1.3\%$）。

说明表 21.2.7 X 射线半定量与亚甲蓝法测定蒙脱石对照表

试样编号	黏粒 X 射线半定量（4·2·1 法）			原样、亚甲蓝法
	<2 μm（%）	相对含量 M（%）	绝对含量 M（%）(y)	绝对含量 M（%）(x)
92P—1	14.5	26.0	3.8	13.0

续上表

试样编号	黏粒 X 射线半定量(4·2·1 法)			原样、亚甲蓝法
	<2 μm(%)	相对含量 M(%)	绝对含量 M(%)(y)	绝对含量 M(%)(x)
92P—1	14.5	26.0	3.8	11.7
92P—2	8.5	38	3.2	7.8
92P—2	8.5	38	3.2	6.0
92P—19	10.0	12	1.2	6.9
92P—19	10.0	12	1.2	4.5
92P—21	17.5	40	7.0	17.2
92P—21	17.5	40	7.0	15.5
92P—25	36.4	19	6.9	12.0
92P—25	36.4	19	6.9	12.1
92P—27	11.0	10	1.1	7.5
92P—27	11.0	10	1.1	4.8
92P—4	27.6	21	5.8	7.5
92P—4	27.6	21	5.8	6.3
92P—4	30.5	23	7.0	11.9
92P—4	30.5	23	7.0	9.7

中华人民共和国行业标准

铁建设函〔1999〕157 号

铁路工程水文勘测设计规范

TB 10017—99

1999—05—16 发布　　　　1999—09—01 实施

中华人民共和国铁道部　发布

前　　言

本规范是根据铁道部铁建函〔1997〕54号文要求，在对《铁路桥渡勘测设计规范》（TBJ 17—86，以下简称《桥渡规范》）进行全面修订的基础上，增加有关内容编制而成。

本规范包括总则、术语和符号、桥涵、路基及其他建筑物（隧道、站场、立交地道、房屋建筑）等五章，并有附录八个。

本规范根据《防洪标准》、《水法》、《铁路法》等国家有关法规，在《桥渡规范》的基础上，第3章增加了桥头河堤防护和海湾地区水文计算，增加了第4章滨河、滨海、水库等特殊条件下路基防洪的勘测设计和冲刷防护、排水设计的规定，以及第5章对隧道、站场、立交地道、房屋建筑等铁路工程在防洪方面的布设原则、流量计算和排水设施设计等内容的规定。

在执行本规范过程中，希望各单位结合工程实践，认真总结经验，积累资料。如发现需要修改和补充之处，请及时将意见和有关资料寄交铁道部第三勘测设计院（天津市中山路10号，邮政编码：300142），并抄送铁路工程技术标准所（北京市朝阳门外大街227号，邮政编码：100020），供今后修改时参考。

本规范由铁道部建设管理司负责解释。

本规范主编单位：铁道部第三勘测设计院。

本规范主要起草人：方根男、孙学祥、王槐青、杨连裕、李庆生、王学寅。

目 次

1 总　　则

1.0.1 为统一铁路工程水文勘测设计技术标准,使之符合防洪、水利、环保等方面的要求,保障铁路正常运行,制定本规范。

1.0.2 本规范适用于新建、改建铁路工程的水文勘测设计。

1.0.3 铁路工程设置应能防御设计洪水,使设计洪水顺畅排泄。铁路工程的排水设施应互相配合,组成一个完整的排水系统,同时还应和农田水利、水陆交通和周围环境保护等相互配合。当铁路工程设在城镇时,其排水设施还应与城镇排水设施相配合。

1.0.4 水文资料的搜集,应做好调查研究,并鉴别其可靠性。水文、水力计算成果,应与当地具体条件和地区水文特征进行分析核对。

1.0.5 铁路工程应按表1.0.5—1、表1.0.5—2、表1.0.5—3和表1.0.5—4的洪水频率标准进行设计或检算。

表1.0.5—1　桥涵、路基洪水频率标准

铁路等级	设计洪水频率			检算洪水频率
	桥梁	涵洞	路基	技术复杂、修复困难或重要的大桥和特大桥
Ⅰ、Ⅱ	1/100	1/50	1/100	1/300
Ⅲ	1/50	1/50	1/50	1/100

注:1　若观测洪水(包括调查洪水)频率小于表列的设计洪水频率标准时,应按观测洪水频率设计,但当观测洪水频率小于下列频率时,应按下列频率设计。

Ⅰ、Ⅱ级铁路的路基、特大桥和大中桥为1/300,小桥和涵洞为1/100;Ⅲ级铁路的路基、桥涵为1/100。

2　遇水位不随流量而定,如逆风、冰塞、潮汐、倒灌、河床变迁、水库蓄水及其他水工建筑物的壅水等,则流量与水位应分别确定。

3　有压和半有压涵洞的孔径应按设计路堤高度的洪水频率检算。

表1.0.5—2　隧道洪水频率标准

铁路等级	设计洪水频率
Ⅰ、Ⅱ	1/100
Ⅲ	1/50

表1.0.5—3　站场洪水频率标准

工程种类	设计洪水频率
车站、机务段、车辆段、客车整备所的路基	与表1.0.5—1路基标准相同
货　　场	1/50

表1.0.5—4　房屋建筑洪水频率标准

工　程　种　类	设计洪水频率
机务段、车辆段主要车库及有关行车作业房屋	与表1.0.5—1路基标准相同
1 000人及以上站房、铁路分局办公楼、通信站调度所、配电所、列检所等	1/50
一般生产、办公房屋及仓库	1/25～1/50
居住、公共服务、相关配套房屋	1/25～1/50

1.0.6 设在水库淹没范围内的铁路工程,应采用本规范第1.0.5条所列洪水频率标准。

设在水坝下游的铁路工程，当水库设计洪水频率标准高于铁路工程洪水频率标准时，应按本规范第 1.0.5 条所列标准的水库泄洪量加铁路工程与水坝之间的汇水量作为设计及检算流量；当水库校核洪水频率标准低于铁路工程洪水频率标准时，应与有关部门协商，提高水坝校核洪水频率标准，使其与铁路工程洪水频率标准相同，当有困难时，除按河流天然状况设计外，并应适当考虑溃坝可能对铁路工程造成的不利影响。溃坝流量计算办法可按附录 A 采用。

1.0.7　在水坝上下游影响范围内的铁路工程，应考虑水库淤积和清水冲刷等情况对铁路工程造成的不利影响。

1.0.8　铁路工程中需按流量设计的排水沟、管，其洪水频率标准或暴雨强度标准应符合本规范有关章节的规定。

1.0.9　改建铁路当既有工程不能满足设计洪水频率标准要求时，应根据多年运营和水害情况以及流域内水文特征的改变，确定该工程是否需要改建或废弃。

1.0.10　铁路工程水文勘测设计，除应符合本规范外，尚应符合国家现行的有关强制性标准的规定。

2 术语和符号

2.1 术 语

2.1.1 设计洪水频率 designed flood freguency

根据有关标准规定作为设计依据的洪水频率。

2.1.2 设计流量 designed discharge

与设计洪水频率相对应的洪水流量。

2.1.3 设计水位 designed water level

与设计流量相对应的水位。

2.1.4 冲刷系数 coefficient of scour

桥下需要的过水面积与建桥后不考虑冲刷的供给面积之比值。

2.1.5 壅水 back water

水流受到压缩或潮水水位、干流水位顶托而导致上游水位抬高的现象。

2.1.6 河槽 river channel

河床中在洪水期床面上有底沙运动的部分。包括主槽和边滩。

2.1.7 河滩 flood land

河床中在洪水期淹水,但床面上无底沙运动的部分。

2.1.8 一般冲刷 general scour

洪水时桥下流速增大,导致桥下河床普遍下降,包括河流的天然冲刷和建桥后压缩水流的冲刷。

2.1.9 局部冲刷 local scour

建桥后水流为桥墩、桥台所阻而对桥墩、桥台周围产生的冲刷。

2.2 符 号

A——单宽流量集中系数

b_g——坝体溃决口门平均宽度

B——设计洪水时的水面宽

B_1——桥墩计算宽度

B_c——桥下河槽部分桥孔过水净宽

B_d——造床流量时的河宽

B_g——坝长或坝址断面附近库区宽度

B_k——临界水深时的过水断面水面宽

B_t——桥下河滩部分桥孔过水净宽

C——谢才流速系数

C_c——桥下河槽部分的谢才流速系数

C_s——偏差系数

C_t——桥下河滩部分的谢才流速系数

C_v——变异系数

$\bar{d}$——河床土平均粒径

$\bar{d}_c$——河槽土平均粒径

D——浪程

D_c——泥石流堵塞系数

E——与汛期含沙量有关的系数

E'——桥孔偏置系数

h_b——桥墩局部冲刷坑深度

h_k——临界水深

h_m——桥下最大水深

h_0——天然水深

h_p——桥下一般冲刷后的最大水深

h_{mc}——桥下河槽最大水深

h_{mt}——桥下河滩最大水深

$\bar{h}_c$——桥下河槽部分平均水深

$\bar{h}_t$——桥下河滩部分平均水深

Δh——桥下水位应考虑的加高值

Δh_p——除桥前壅水高以外的水位附加高度

$\Delta h'_p$——自静止水面算起的波浪在边坡上侵袭的高度

H——水位高度；涵洞净高

H_0——桥(涵)前积水深

H_p——设计水位

$\mathrm{H}_{b_{1\%}}$——累积频率为 1% 的波浪高度

H_{min}——路堤路肩最低高程

$\bar{H}$——造床流量时的平均水深

$\bar{H}_b$——波浪的平均高度

ΔH_{sh}——受桥前壅水影响在河滩路堤上游侧形成的最大壅水高度

ΔH_x——河滩路堤计算端下游侧的沿堤水位，较天然河道设计水位的降低值

I——水面坡度

I_k——临界坡度

I_L——冲刷范围内黏性土样的液性指数

I_0——桥址河段天然水面坡度

K_p——模比系数

K_η——河床颗粒影响系数

K_ξ——墩形系数

L——河段长度

L'——由桥头路堤起点至路堤上游侧形成最大壅水处的距离

L_a——由桥头路堤起点至同一端岸边的距离

P——冲刷系数

Q——流量

Q_g——坝址断面溃坝最大流量

Q_p——设计流量

Q_t——桥下河滩部分通过的设计流量

R——水力半径

R_k——临界流的水力半径

S——由桥轴线至形成桥前最大壅水高度处的距离

v——一般冲刷后墩前行近流速

v_k——临界流速

v_p——设计流速

$\overline{v}$——断面平均流速

$\overline{v}_M$——桥下平均流速

ΔZ_M——桥前最大壅水高度

α——水流方向与桥梁轴线之法线间的夹角

β——水流方向与路堤边坡上水边线所成的平面夹角

ε——侧收缩系数

ζ——局部水头损失系数

σ——标准差

φ——流速系数

φ_p——离均系数

ω——过水断面积

ω_k——临界水深时的过水断面积

ω_g——桥下供给过水断面积

ω_x——桥下需要过水断面积

a_p、q——设计暴雨强度

ψ——径流系数

F——汇水面积

3 桥 涵

3.1 桥涵勘测

3.1.1 桥涵布设应根据不同河段的特点，结合地形、地质等自然条件进行。河段类别应按附录B的规定分类。

3.1.2 桥涵勘测资料的精度和施测要求，除符合本规范规定外，尚应符合铁道部现行的《新建铁路工程测量规范》的规定。

3.1.3 桥涵勘测期间的主要任务应包括以下内容：

1 编制预可行性研究报告前，应对控制线路的桥渡进行纸上研究或利用航摄像片进行水文判释，并去现场重点调查和核对。对线路可能通过地区的水文、大型水利设施、地形和地质特征等应进行了解。

2 初测期间应为桥涵可行性研究提供必要的资料。对特大桥和控制线路方案的大桥以及水文、地质复杂地区的大桥，应通过桥位和桥式方案的比选提出推荐方案；对一般大中桥，必要时也应适当进行上述比选工作；应通过现场水文勘测确定特大桥、大中桥的设计流量和小流域暴雨径流的计算办法；对增建第二线，应提出左右侧和并行或绕行的意见；对既有桥涵提出改建、加固和利用的原则。当水文因素特别复杂时，除汛期内必须进行实地水文观测外，必要时还应进行水工模型试验。

3 定测期间应根据可行性研究报告批复意见，对初测资料进行核对和补充。对初测后发生过的较大洪水应进行补测，对可行性研究报告中已确定的改建、加固或利用的既有桥涵，应进一步落实，并应考虑有关单位提出的合理要求。

3.1.4 桥涵勘测前应向有关部门调查、搜集以下资料：

1 地形资料

包括地形图，航摄像片，水准点的位置、高程及高程系统，三角点、导线点的坐标和方位角等资料。

2 水文资料

1）流域水系图，桥涵所在地的流域面积，桥址附近的河床及河岸变迁资料，流域内有关水文测站历年实测的最大流量及其相应的水位、流速、糙率、水面坡度、测流断面和水位流量、水位流速关系曲线等资料。

2）流域的勘察报告、水文调查和历史水灾分析报告，各种水文图集，暴雨洪水查算图表以及文献、地方志等资料。

3 降水资料

有关气象、水文台站历年长短历时和最大24 h降水量等资料。

4 流冰、流木资料

河流最高和最低流冰水位，封冻最高水位，冰厚，冰块最大尺寸，冰块的密度，流冰的速度，冰坝抬高水位的高度，流木最大长度和筏运资料，以及漂流物类型、大小尺寸等资料。

5 通航资料

桥址河道的通航等级、航道图、航行线位置，最高最低通航水位、封冻停航水位，通航净空、通航孔数，排筏最大宽度和长度，以及航道整治规划等资料。

6 既有桥涵资料

各种图表、台账、履历簿、鉴定书、检算资料，泄洪能力，冲淤情况，涵前积水位和水害、病害等方面的资料。对水害、病害桥涵尚应搜集运营单位历次改善措施，同时搜集邻近既有铁路和公路桥涵的档案和排洪情况等资料。

7 其他资料

沿线农田水利、灌溉排涝和城市交通、排水、规划等方面的资料。

3.1.5 桥涵勘测应测绘以下内容：

1 特大桥、大中桥

1）初测

（1）桥位方案平面图、桥址平面图：特大桥、水文复杂的大桥及控制线路方案的大桥均应测绘，地质复杂时还应有必要的工程地质资料。增建第二线与改建既有线的桥位方案平面图及桥址平面图还应测绘既有线路的中心线以及桥梁和导治建筑物位置。既有桥渡附近的斜流、涡流、死水和冲淤显著地段也宜一并测入图内。

（2）桥址纵断面图：特大桥、复杂大桥、墩高 50 m 以上的高桥均应测绘，并加绘工程地质资料。一般大中桥必要时测绘。既有桥梁桥址纵断面图（必要时应包括工程地质资料）还应测出既有墩台及其附属建筑物的位置、有关尺寸和高程。

（3）既有桥的丈量：主要应丈量桥长、跨度、桥高等尺寸。基础在必要时应作开挖或探测。

2）定测

（1）桥渡总平面图：特大桥必要时测绘，也可利用初测桥位方案平面图，进行核对、修正并加绘线路中心线而成。

（2）桥址平面图：特大桥及大中桥均应测绘（包括水上地形），地质复杂的还应有工程地质平面图。

（3）桥址纵断面图：大中桥两岸应设置中线控制桩测绘此图，并加绘工程地质资料。对于斜交桥尚应测绘桥址正交断面图。既有桥梁桥址纵断面图（包括工程地质资料）可利用初测资料进行核对补充。

（4）桥址辅助断面图：当地面坡度陡于 1∶3 或地质复杂的桥址，应在平行于线路中心线上、下游各 3～10 m 范围内测绘辅助纵断面图，在墩台基础范围内测绘辅助横断面图，且均应加绘工程地质资料。

（5）既有桥丈量图：应包括上、下部结构尺寸、桥长、跨度、梁宽、梁高、墩台及梁中心线与线路中心线的关系，以及各部位高程和结构病害部位等。当需要改建加固而无竣工资料时，应进行必要的开挖或探测。

2 小桥涵

1）初测

(1)汇水面积图：可利用既有地形图和航摄像片沿线路连续勾绘。定测时成图。

(2)泄水隧洞平面图：可利用线路平面图加宽，其范围应能满足确定泄水隧洞长度、出入口和附属建筑物的设置。

(3)既有小桥涵丈量图：可结合竣工图或工务台账，丈量其外露部分的主要尺寸。

2)定测

(1)桥(涵)址平面图：凡地形、水文或附属工程较复杂的工点均应测绘，测绘范围视实际需要确定。增建第二线的桥(涵)址平面图，还应测绘既有线路的中心线、既有桥涵和附属工程位置。改建既有线的桥(涵)址平面图，需要时测绘。

(2)泄水隧洞洞口平面图：测绘范围应能满足确定洞口位置和设置出入口附属建筑物的需要。

(3)桥址纵断面图：对既有可能改设涵洞的小桥，应同时测绘涵洞轴向断面。地质复杂时应加绘工程地质资料。

(4)桥址辅助断面图：当地面坡度陡于1∶3或地质复杂的小桥，应在平行于线路中心线上、下游各3～5 m处测绘辅助纵断面图，并在墩台基础范围内测绘辅助横断面图和加绘工程地质资料。

(5)涵洞轴向断面图：新建涵洞在洞身长度范围内可按直线施测，当测取足够长度后，即可转向与原沟沟心顺接。出口排水困难时，施测范围应予加长。地质复杂时应加绘工程地质资料。对于陡坡涵洞的轴向断面长度，应能满足陡坡建筑物的设置。增建第二线涵洞的轴向断面图，除按新建涵洞要求施测外，尚应测出其相应的既有涵洞轴向断面位置的关系。既有涵洞轴向断面图应注明与线路的平面关系、斜交角度、既有涵洞在线路上下游的长度、路肩宽度以及路肩、帽石顶、出入口流水面及沟底高程。

(6)泄水隧洞洞身纵断面图及出入口横断面图：在陡峻山坡及洞口地形复杂时，应测绘垂直于轴向断面的横断面图。

(7)既有小桥涵丈量图：可利用初测资料进行核对补充；既有涵洞接长时，应详细丈量其接长端结构细部尺寸；既有小桥改建时应按既有大中桥改建要求丈量各部尺寸。

(8)改河、改沟和灌溉渠平面、纵断面和横断面图：在平坦地区，断面图可在平面图上点绘。

3　水工模型试验时应测绘以下资料：

1)桥址平面图

施测范围应根据具体情况确定，桥址上游要包括一个洪水流向较为固定、水位流量关系较为稳定的控制断面；下游不应短于水流过桥后恢复到天然水位(或水深)的河段长度。测绘宽度必须达到河流两岸最高历史洪水位泛滥线以外，并酌加一定富余量。图上应绘出河床断面和调查洪水位的位置。

2)河床横断面图

在桥址地形施测范围内，每隔50～200 m测一河床横断面，河床形状显著变化处需加测断面。断面上应注明滩槽、各部分地貌、糙率和土的种类及粒径等。

3)洪水坡度图

可利用水文站的观测资料并调查历史最高洪水位和次高洪水位,绘出最高和次高洪水位的水面坡度图,同时在图上应绘出测量时顺洪水流向的水面坡度和河底坡度线。

3.1.6 水文调查应包括以下内容:

1 洪水调查

1)调查各次大洪水发生的时间(包括年、月、日)、大小和稀遇程度,以及洪水时的雨情、水情与灾情。调查洪水来源、发生原因、涨落幅度、洪水时的主流方向和有无漫流、分流、死水以及流域自然条件有无变化和人类活动影响等。除了实地调查洪水外,还应广泛搜集有关地方历史文献档案、水利河道专著。

2)调查各次大洪水的洪痕水位,同一次洪水至少要调查3个以上可靠或较可靠的有代表性的洪痕点。洪痕的可靠程度可按表3.1.6的规定评定。

表3.1.6 洪痕可靠程度评定标准

评定因素＼等级	可靠	较可靠	供参考
洪水痕迹	明显	不甚明显	无痕迹
洪水发生情况	确切	尚确切	不甚确切
旁证情况	有较多的旁证	有旁证资料	无旁证资料

2 河道调查

1)调查河道弯曲和滩槽情况,以及有无支流、分流、急滩、卡口、滑坡、塌岸和壅水现象等;调查既有桥涵、堤防等的所在位置、修建年代、使用情况、防洪标准及对河道水流的影响;调查水害破坏情况。

2)调查河道历史上边滩和沙洲的移动、支汊分流的变化、漫溢泛滥的宽度、河流稳定的程度、改道的原因、航道的变化等,并分析预估演变发展的趋势。

3)调查河床冲淤变化、上游泥沙来源、历史上淤积高度和下切深度。

4)调查河道规划与河底管线等埋设物的情况。

3 冰凌调查

调查历年封河及开河的时间、开河形势、流冰水位及时间、上下游是否形成冰坝,以及上下游水工建筑物对流冰的影响。

4 汇水区流域特征调查

1)土质种类及其分布;

2)农田、森林、沼泽和岩溶的情况;

3)流域的地形、地貌和植被情况;

4)人类活动的影响。

5 其他

1)调查濒临大河有无倒灌情况。

2)调查低水位、常水位及其持续时间。

3.1.7 水文测绘应包括以下内容:

1 水文断面

每个桥渡至少应施测两个水文断面。断面位置应根据河段特征、水文情况和洪水位的分布密度确定。

1）水文断面宜选在水流顺直、河床稳定、冲淤变化小、岸坡稳定的河段上且宜与主槽及河滩流向垂直。施测范围应高于最高历史洪水位 0.5 m 以上。漫滩较宽的河流可测至最大历史洪水边界。河槽与河滩的划分及相应的糙率应在现场确定。

2）对增建第二线和改建既有线的桥渡，应在桥渡附近选择一个水文断面，并在不受既有桥影响的河段上，再选一至两个水文断面作为流量计算断面。

2　水文平面关系

施测范围应包括调查的洪水位点、水文断面和桥位方案的位置，可利用桥位方案平面图进行补充。当水文断面专供推求流量使用时，可不测绘平面关系。

3　水面坡度图

在顺直河段上可沿一岸施测。在弯曲河段或当设计需要时，应在两岸同时施测。

4　小桥涵水文测量

1）汇水区流域特性调查应符合本规范第 3.1.6 条第 4 款的规定。

2）搜集沿线地区的雨量等有关资料，对选用的流量计算公式（包括地区性计算公式）进行验证。验证时采用水文调查或间接推算等办法，必要时可进行水文观测。

3）对于沟槽明显的河沟，有条件调查历史洪水位时，应实测沟床（或水面）坡度和沟床横断面，调查沟岸和岸壁情况，推算设计水位、流量和流速。

3.1.8　水文及冲刷观测：

1　水文观测的项目应包括水位、流速、流向、船筏走行和含沙量等。泥沙测验工作可按照水利部现行《水文测验规范》的规定办理，其余观测项目应符合铁道部现行《新建铁路工程测量规范》的规定。

2　增建第二线和改建既有线需探清既有桥冲刷情况，冲刷观测应符合铁道部现行《既有铁路测量技术规则》的规定。

3.1.9　泥石流地区除按一般要求进行水文测量外，尚应进行以下工作：

1　搜集资料

1）有关泥石流流域资料，可利用航摄像片以判释了解泥石流沟的地形、地貌、地质等特征；

2）泥石流沟的流域平面图和坍方地貌图，如搜集不到则需进行实测。

2　实地调查

1）形成区、流通区、堆积区的地貌；

2）松散固体物质的来源、分布、储量及容重；

3）水源及泥位痕迹，泥石流发生过程概况、灾情、堵塞、冲淤等的情况；

4）流域内不合理伐木、陡坡垦荒、开矿、筑路弃砟等人类活动的影响；

5）已成建筑物的情况。

3　观测与试验

对规模大、危害严重的泥石流沟，应进行泥石流龙头高度、运动速度、流动特征的现场观测和黏度、静切力等静力学试验，并可按附录 C 确定泥石流的分类。

3.1.10 岩溶地区除必须进行地质调绘勘探外，尚应进行以下工作：

1 调查测绘区域地表水系、汇水面积、地下水源及其与地表水的关系，判明其特征与性质。

2 调查施测汇水区封闭洼地及消水溶洞的位置、深度、控制面积、积水高度和消水能力等。对溶洞和溶泉还应调查其出水流量的变化幅度与规律、水的来源、出水流量与地区降水量的关系等。必要时还应进行观测，掌握降水、消水、积水、出流的关系和其他水文资料。

3 调查搜集沿线岩溶地区既有建筑物的破坏、变形、工作现状、历史情况以及工程措施和整治方法等。

4 当线路通过消水溶洞的边缘，消水溶洞又承接上游明河水流，洪水能形成积水时，应查明该地区最大积水高度。

3.1.11 当桥渡受潮汐水流影响时，应调查、搜集、测绘下列资料：

1 搜集测站历年最大潮流量、最大潮洪流量、最高潮位、最低潮位、最大潮差、潮型、涨落潮历时、潮流速、风暴潮等资料。

2 测绘桥址附近之河道地形图，对受潮汐影响区段的其他部分，可只测河道横断面图。当能搜集到桥址河段历年河道地形图、航道图或海图，以及桥址处河道断面等资料时，也可不测。

3 搜集桥址上下游水工建筑物的设计和现状、河段的航道标准、河口的整治及冲淤变化等资料。

4 封冻及流冰的感潮河段，应调查是否形成冰坝和搜集冰块尺寸、冰层双向移动及上下浮动资料。

5 调查海水碎浪高度。

6 当搜集不到实测资料缺乏时，应进行水位、流量现场观测，观测时间不应短于一整年。如时间和条件限制，可仅作洪枯水季节的观测，观测时间均不应短于一个月。观测时应有逐时(每小时)连续实测记录，其垂线数目不应少于3条。同时应作相应测点的盐度观测；必要时尚应进行洪水与高潮位顶托影响的水位和涨落潮流速的观测。

3.1.12 水利化地区的水文测量除按一般要求搜集有关资料外，尚应进行以下工作：

1 全面了解流域水利化历史、现状和近远期治理规划。搜集流域河道、堤防、泵站涵闸、防洪排涝等规划和设计资料以及大比例尺地形图和河道纵横断面资料。泵站和涵闸的实测水文资料也应搜集。

2 调查了解有关跨流域的规划以及河网、圩区的分布，各圩之间、各河汊之间及其与主河道的连系和水流调节方向，蓄洪、滞洪、分洪区和堤闸的设施及运用原则，以及历史上溃堤破圩和蓄洪、滞洪、分洪情况与各种特征水位。

3 调查多沙河流的行洪滩地有无放淤的可能，了解放淤引水的能力和淤积的影响。

4 调查水土流失严重地区的泥沙淤积、崩塌、滑坡等情况。

5 调查灌溉系统的分布、调节水流的方向、排灌方式及水源等资料，对大型灌渠还应向水利部门搜集最大灌溉流量资料，兼有排洪任务的渠道，尚应搜集渠道最大排洪流量。

3.1.13 位于水库地区的桥渡除按一般要求进行测量外，尚应调查搜集下列资料：

1 水坝上游库区建桥

1)搜集水库的性质、等级、设计标准、管理运用情况和主坝、副坝(包括自溃坝)、溢洪道等的工程设施；

2）搜集库区地形图、河床纵横断面图；

3）搜集水库的水位与容积关系曲线、水位与水面面积关系曲线，以及水位与总下泄流量关系曲线；

4）搜集建库前，在天然情况下桥址处河道的水位与流量关系曲线、水位与流速关系曲线、设计径流量、设计流量过程线和历史最大流量过程线等资料；

5）搜集水库各种特征的水位和库容、与桥梁设计洪水频率相同的壅水曲线，以及设计的淤积年限和淤积计算等资料；

6）搜集水库库岸稳定情况的资料；

7）调查库区最大波浪高度、波浪侵袭高度及其相应的库水位资料；

8）调查库区冰情；

9）了解桥梁施工时库区可能的高、低水位及持续时间。

2 水坝下游建桥

除按水坝上游库区建桥要求搜集的有关资料外，尚应调查搜集以下资料：

1）水库与桥梁相同设计频率的下泄流量资料；

2）在水坝海漫下游处，河底局部冲刷的最大深度及冲刷向下游扩展的情况；

3）水坝与桥址间汇入的各大支流设计流量和流域面积；

4）已成水库多年来下游河床水文测验和有关水文调查资料。

3.2 桥位选择

3.2.1 技术复杂、修复困难或重要特大桥的桥位，在已定线路大方向的前提下，应根据河流形态、地质特点、通航条件、地面设施、施工布局以及与地方工农业发展的关系，在较大范围内作全面比选确定。当方案比选结果相仿时，应优先采用水文及地质条件较好的桥位。

3.2.2 一般特大桥和大中桥的桥位，应配合线路走向，在适当范围内根据河段的水文、地形、地质、地物等特征，经综合比选确定。

3.2.3 地震区的桥位选择，应按现行的国家标准《铁路工程抗震设计规范》有关规定执行。

3.2.4 桥位选择在水文方面应符合下列要求：

1 桥位应选在河道顺直、槽深、主流稳定、河槽通过流量较集中的河段上，不宜选在不稳定的河汊、泥沙冲淤严重、水流汇合口、急弯卡口、旧河道和具有滞洪作用的河段或洼地上；

2 在水深流急的山区峡谷河段上，桥位宜选在可以一孔跨越处。否则，宜选在河谷比较开阔、水深较浅和流速较缓处；

3 桥位选择应注意河道的自然演变和修桥后对天然河道的影响；平原蜿蜒河段上的桥位，还应注意河湾的可能下移；

4 在平原分汊河段上，应了解沙洲消长范围，桥位宜选在深泓线分汊点以上或深泓线汇合点以下处；

5 桥梁轴线宜与中、高水位时的流向正交，如不能正交则应在孔径或墩台、基础设计中考虑其影响；

6 在城市和重要工业区有特殊防洪要求时，桥位宜选在其上游跨越；

7 在结冰河流上，桥位不宜选在容易发生冰塞、冰坝的河段上。

3.2.5 桥位选择在地形、地貌、地物等方面应符合下列要求：

1 应利用山嘴、高地等不易冲刷的稳定河岸作为桥头的依托；对公铁两用桥的桥位，宜选在两岸地形较高并便于和既有公路或规划公路网连接的地点；

2 应避开上下游有山嘴、石梁等干扰水流畅通的地形；

3 在冲积扇上宜选在上游狭窄河段或下游收缩河段，不宜跨越中游扩散河段。如必须通过扩散河段时，宜采取一河多桥，使各桥位大致位于同一等高线上；

4 应避免地面、地下既有设施的拆迁；较长桥梁的引桥可设在大半径的弯道上，但不宜设在反向曲线上；

5 应考虑施工场地、材料运输和施工架梁等方面的要求；

6 在城市范围内的桥位选择，尚应与城市规划相配合。

3.2.6 桥位选择在地质方面应符合下列要求：

1 应选在基岩或坚实土层埋藏较浅处；

2 不宜选在断层、滑坡、溶洞、盐渍土和泥沼等地质不良地段；

3 特大桥引桥很长时，应探明引桥范围内的地质条件。

3.2.7 桥位选择在通航方面应符合下列要求：

1 桥位应选在航道比较稳定的河段上；

2 桥位应远离滩险、弯道和汇流口；

3 桥位应选在船队编组或排筏编组场的上游，应离开既有水工设施、港口作业区和锚地有一定距离；

4 桥位处应有足够的通航水深，通航期内水的流向与桥轴法线的夹角不宜超过5°。

3.2.8 泥石流地区的桥位选择应符合下列规定：

1 桥位应选在沟床固定、主流较稳定、水流较顺直处，并宜与主流正交；

2 桥位不应选在沟床纵坡由陡变缓地段；

3 严禁开挖设桥，不得改沟并桥；

4 在泥石流发展强烈的形成区不应设桥；

5 线路跨越泥石流流通区时，桥位应选在流通区的直线段，并避开弯道的转折处；

6 线路通过泥石流堆积区时，桥位宜避开扇腰、扇顶部位，而宜选在扇缘或其尾间部位。线路应沿等高线定线，桥梁宜分散设置。如堆积扇濒临大河受到水流切割时，桥位选定应考虑切割的发展，留有安全的距离；

7 线路通过泥石流堆积扇高程与平面位置大致平顺的泥石流群时，宜在各沟的山口处跨越，或切各扇缘定线设桥。

3.2.9 岩溶地区的桥位选择应符合下列规定：

1 根据地质地貌特征，宜在岩溶发育轻微的区域内选择桥位；必须在岩溶严重地段设桥时，则应选在岩层完整、洞穴顶板较厚处。

2 当线路跨越岩溶地区的构造破碎带时，桥位选择：

1)应避开构造破碎带，当无法绕避时，应使桥位垂直或以较小斜交角度通过；

2）应避开巨大洞室和大竖井。

3　可溶岩层与非可溶岩层的接触带不宜设桥，宜设在非可溶岩层地带上。

4　线路跨越岩溶丘陵区峰间谷地时，桥位不宜选在漏斗、落水溶洞、溶泉、地下通道及暗河露头处。如经综合选线必须在该处设桥时，应探明岩溶的位置和水文条件，采取相应的工程措施。

5　岩溶坍陷区的桥位应选在下列位置：

1）工业或民用取水点所形成的地下水位下降漏斗范围以外处；

2）覆盖土层较厚、土层稳固、洞穴和地下水位稳定处。如坍陷范围小，可用单跨桥跨越。

6　暗河范围内不宜设桥，也不宜靠近或与暗河走向平行，当不能避开时，应使桥位垂直或以较小斜交角度通过。

3.2.10　感潮河段上的桥位选择应符合下列规定：

1　不宜选在涌潮区段；

2　应避开凹岸和滩岸消长多变地段；

3　不宜紧邻挡潮闸。

3.2.11　水利化地区的桥位选择应符合下列规定：

1　线路不宜在地势低洼的蓄洪、滞洪和分洪区通过，不然应考虑桥渡受淹后的影响。

2　桥位不宜选在水闸、引水或分洪口门等水利工程附近，当不可避免时，应考虑相互的影响。

3　河网地区必须与当地水利和航运规划相配合，桥位宜选在地形较高处，不宜选在淤泥或土质特殊松软的地段。

4　线路跨越灌溉渠网时，不应轻易破坏原有排灌系统和穿越大片良田耕地。当与大干渠相邻并行时，两者间应保持一定距离。在山坡地段，线路应在大干渠上坡侧通过。当必须在下坡侧通过时，应考虑干渠的渗漏及其对山洪流量的重分配作用，以及可能的溃决对铁路的影响。在平坦地区，线路与干渠不宜太近。

3.2.12　水库地区的桥位选择应符合下列规定：

1　在水坝上游库区内，桥位宜选在库面较窄、岸坡稳定、泥沙沉积较小的地段；在封冻地区，桥位不应选在回水末端、容易形成冰坝的地段。

2　在水坝下游，桥位应离开坝址有相当距离，并注意坝下局部冲刷的影响。

3.2.13　车站范围内的桥位选择应符合下列规定：

1　车站范围内的桥涵，必须与站房、股道、排洪系统密切配合，不宜将天然水流改至站外。站内改沟合并应全面规划，务使水流畅通。

2　在站内泥石流沟或流量较大的河沟上建桥时，桥上应尽量减少站房和股道的布置。

3　车站范围内应考虑当地交通的合理需要，适当设置农业机械，人畜车辆通行的立交桥。季节性的排洪桥涵有条件时，可兼做立交桥使用。

3.2.14　沿线小桥涵位置选择应符合下列规定：

1　小桥涵应根据排洪、灌溉和交通需要，结合地形、地质等自然特征合理选定。每个汇水区都应设置小桥涵，当汇水流量较小，可考虑改沟合并，但应避免长距离改沟和强行合并。

2 山区小桥涵应逢沟设置。当沟深弯曲又与线路斜交,且在水文、地形、地质和施工有利时,可修建泄水隧洞。在山区路堑地段,有条件时可考虑修建渡槽。

3 山口冲积扇上的小桥涵应在主沟处分散设置,不应强行改沟至低洼处;两冲积扇间洼地,也应布设桥涵。

4 山前漫流无显著沟槽地区,应采取分片泄洪原则,在主要水流处布设桥涵。

5 平原区排水桥涵应合理布设,避免农田积水内涝。

3.2.15 增建第二线上的桥位必须从整体出发,除应综合考虑施工、运营、航运、以及线路和站场等要求外,尚应考虑下列因素:

1 既有桥上游设置的导治建筑物、破冰棱、桥头河滩路堤等防护工程设施可资利用时,第二线宜选在下游侧;

2 水利工程或公路交通与铁路有干扰时,或河道内有残存障碍物干扰施工时,宜选在无干扰侧,或干扰较少的一侧;

3 既有建筑物,高压线等设备的位置,不宜轻易拆迁。

3.2.16 增建第二线与既有线的线间距,应考虑通航和城市防洪要求、既有桥工作情况、桥梁基础结构状态、地质条件、施工和行车干扰等因素,必要时尚应与有关部门协商后确定。第二线桥与既有线桥的桥墩,在水中部分宜相对应。

3.2.17 改建既有线时,若既有桥与既有线的平纵断面配合合理,且无显著缺陷,又无足够依据时,不宜轻易改移位置、封闭或缩孔。

3.3 设计洪水

3.3.1 桥涵设计洪水应包括符合本规范第1.0.5条规定的设计洪水频率流量及其相应的水位和洪水过程线。

3.3.2 对设计洪水的基本资料应审核其可靠性、独立性、一致性和系列代表性。

3.3.3 设计洪水可根据资料及地区特点,采用多种方法计算,经分析论证后,选用其合理者。

3.3.4 在桥址或其上、下游,具有20年及以上的实测流量资料,并调查到历史洪水时,可直接根据流量资料进行频率计算,推算设计流量。

3.3.5 流量资料的选择,应采用年最大法。当某些大水年份的资料缺测、漏测,应通过调查予以补全。

3.3.6 在插补延长洪水系列时,资料展延的年数不应超过实测年数,并不应使用辗转相关的方法。

3.3.7 经验频率可按以下办法估算:

1 连序系列

将 n 年各项洪水值按其大小顺序统一排位,其第 m 项的经验频率,可用下列公式估算:

$$P_m = \frac{m}{n+1} \tag{3.3.7—1}$$

式中 P_m——等于或大于某一流量变量 Q_m 的经验频率;

m——由大到小排位的顺序号;

n——系列的总年数。

2 不连序系列

其经验频率可根据资料条件按下述方法之一估算：

1)实测值和特大值分别在各自系列中进行排位，其中实测系列的各项经验频率仍按式(3.3.7—1)估算，而调查期 N 年中的前 a 项特大洪水(无遗漏时)序位为 M 的经验频率为

$$P_M = \frac{M}{N+1} \tag{3.3.7—2}$$

式中 M——历史特大洪水按递减次序排列的序位；

N——调查考证期。

2)将实测值和特大值共同组成一个不连序系列。不连序系列各项在调查期 N 年内统一排位，若 N 年中有特大洪水 a 项，其中有 l 项发生在 n_1 年实测系列之内，则 N 年中的 a 项特大洪水的经验频率仍可用式(3.3.7—2)估算，其余(n_1—l)项的经验频率可按下列公式估算：

$$P_{m_1} = \frac{a}{N+1} + \left(1 - \frac{a}{N+1}\right)\frac{m_1 - l}{n_1 - l + 1} \tag{3.3.7—3}$$

式中 a——在 N 年中连续顺位的特大洪水项数(包括发生在实测系列内的 l 项)；

n_1——实测洪水系列项数；

l——实测洪水系列中抽出作特大值处理的洪水项数；

m_1——实测洪水的序位；

P_{m_1}——实测系列第 m_1 项的经验频率；

其余符号意义同前。

3.3.8 频率曲线型可采用皮尔逊Ⅲ型。特殊情况经分析论证后也可采用其他线型。

3.3.9 用皮尔逊Ⅲ型曲线推算设计流量时，可先根据样本用矩法估算统计参数，并按适线法进行调整，再由调整后所确定的统计参数来推算设计流量。

1 统计参数估算

1)对于 n 年连序系列

流量均值：
$$\bar{Q} = \frac{1}{n}\sum_{i=1}^{n} Q_i \tag{3.3.9—1}$$

标准差：
$$\sigma = \sqrt{\frac{\sum_{i=1}^{n} Q_i^2 - \frac{1}{n}\left(\sum_{i=1}^{n} Q_i\right)^2}{n-1}} \tag{3.3.9—2}$$

变异系数：
$$C_v = \frac{\sigma}{\bar{Q}} \tag{3.3.9—3}$$

式中 Q_i——系列流量(m^3/s)，$i = 1, 2, 3, \cdots, n$；

其余符号意义同前。

2)对于 N 年不连序系列

流量均值：
$$\bar{Q} = \frac{1}{N}\left(\sum_{j=1}^{a} Q_j + \frac{N-a}{n_1 - l}\sum_{i=l+1}^{n_1} Q'_i\right) \tag{3.3.9—4}$$

变异系数：$$C_v=\frac{1}{\overline{Q}}\sqrt{\frac{1}{N-1}\left[\sum_{j=1}^{a}(Q_j-\overline{Q})^2+\frac{N-a}{n_1-l}\sum_{i=l+1}^{n_1}(Q'_i-\overline{Q})^2\right]}\qquad(3.3.9\text{—}5)$$

式中 Q_j——特大洪水流量(m^3/s)，$j=1,2,\cdots,a$；

Q'_i——一般洪水流量(m^3/s)，$i=L+1,L+2,\cdots,n_1$；

其余符号意义同前。

2 统计参数适线调整

流量均值$\overline{Q}$可不调整；变异系数 C_v 值可在 $\pm\sigma_{C_v}$ 范围内调整，σ_{C_v} 的近似算式为

$$\sigma_{C_v}=\frac{C_v}{\sqrt{2n}}\sqrt{1+2C_v^2+\frac{3}{4}C_s^2-2C_vC_s}\qquad(3.3.9\text{—}6)$$

式中偏差系数 C_s 值可直接参考相似流域的统计经验资料，选用的 C_s 值可为 2～5 倍 C_v 的数值。

根据统计参数估算值，查皮尔逊Ⅲ型曲线的离均系数 φ_p 值表或模比系数 K_p 值表，用以下公式计算各种频率流量 Q_p：

$$Q_p=\overline{Q}(1+\varphi_pC_v)\qquad(3.3.9\text{—}7)$$

或

$$Q_p=K_p\overline{Q}\qquad(3.3.9\text{—}8)$$

根据各种频率流量值点绘频率曲线，检查此曲线与经验频率点据的适合情况。当适合情况较差，可调整 C_v、C_s 值，直至二者吻合较好为止。适线时应照顾全部点据，不能全部照顾时，应注意照顾上、中部点据，但不应机械地通过最大点据。

3 设计流量计算

设计流量可根据适线调整后的统计参数，再按式(3.3.9—7)或式(3.3.9—8)计算。

3.3.10 根据雨量资料推算设计流量时，暴雨公式和暴雨参数的制定，应搜集水文气象台站及其他有关部门的自记资料，按不同成因选出不同时段的最大值进行统计计算，其经验频率可按本规范第 3.3.7 条有关公式计算。

3.3.11 小流域暴雨径流可采用铁路各设计单位根据地区特点制定的公式计算；水利部门和有关地区的成果亦可参照使用。计算时宜对所采用的公式进行验证。

3.3.12 有实测暴雨资料的流域，可根据实测资料分析出单位线推算设计流量。当流域面积很大或流域形状特殊，产流面积分布很不均匀时，可分区分别推算各区的单位线，叠加后推算设计流量。在短缺实测暴雨资料的流域，可移用邻近流域地理条件相似的单位线，或应用本地区的综合单位线推算设计流量。

3.3.13 采用地区性经验公式推算设计流量时，应了解编制公式的依据和参数概化的条件，并应按本地区已发生过的较大暴雨径流资料、历史洪水调查资料推算的设计流量进行对比分析，检验其合理性。

3.3.14 根据调查历史洪水推算设计流量时，调查洪水的河段宜选在桥渡附近或居民集中的老居民点处。河道应选较顺直、规整、稳定，没有较大的支流汇入，河段内无壅水、回水和分流等现象，以及河床质组成与岸边植被情况比较一致处。受有人工建筑物影响的地点宜避开。

3.3.15 推算历史洪水流量时所采用的过水断面，应垂直于水流方向，对断面内的死水、回流区面积应予扣除，冲淤变化应予更正。复式断面应按河槽和河滩分别计算。

3.3.16 推算流量所用的糙率，宜采用调查河段或其上、下游或其邻近地区水文站较大洪水实测资料分析求得的水位糙率关系曲线外延的数值。此时应注意外延部分断面特性有无变化和上、下游或邻近地区河段特征是否与调查河段相类似等因素；如无实测资料，则可按附录D选用。

3.3.17 推算流量所用的水面坡度，应以可靠或较可靠、代表性较好的洪痕点，参照测绘时的水面线、河底线及近期实测的大洪水或中、高水的水面线，从考虑河段地形影响而绘制的洪水水面线求得。

3.3.18 当调查河段有条件参照上、下游水文站的实测资料，建立河段水位流量关系时，可根据调查水位采用水位流量关系曲线外延来推算流量。

3.3.19 当调查河段顺直，段内各断面的组成基本一致，调查到的洪痕点分布比较均匀，左右岸洪痕不存在横向坡度时，流量可采用比降法推算，方法如下：

1 恒定均匀流

当河段内断面变化不大，可近似按下列公式计算：

$$Q=\frac{\omega}{n}R^{2/3}\cdot I^{1/2}=KI^{1/2}=K\sqrt{\frac{\Delta H}{L}} \tag{3.3.19—1}$$

式中 Q——流量（m^3/s）；

ω——过水断面积（m^2）；

n——糙率；

R——水力半径（m），$R=\frac{\omega}{p}$，其中 p 为过水断面湿周（m）；

ΔH——水面落差（m）；

L——河段长度（m）；

I——水面坡度；

K——输水率，当采用两个断面计算时，K 值应为上、下断面的算术平均或几何平均值。复式断面滩槽的 K 值应分别计算（m^3/s）。

2 恒定非均匀流

当河段为扩散河段或收缩河段，可采用下列公式计算：

$$Q=\bar{K}\sqrt{\frac{\Delta H}{L_d-\frac{1\pm\zeta}{2g_n}\left(\frac{\bar{K}^2}{\omega_1^2}-\frac{\bar{K}^2}{\omega_2^2}\right)}} \tag{3.3.19—2}$$

式中 $\bar{K}$——上、下断面输水率的平均值；

ω_1，ω_2——上、下断面的有效过水断面积（m^2）；

ζ——局部水头损失系数，收缩河段 $\zeta=0\sim0.1$；逐渐扩散河段 $\zeta=0.3\sim0.5$；突然扩散河段 $\zeta=0.5\sim1.0$，式中收缩河段用 $1+\zeta$，扩散河段用 $1-\zeta$；

L_d——上、下断面间距（m）；

g_n——标准自由落体加速度（m/s^2）；

其余符号意义同前。

3.3.20 当调查河段较长，可靠洪痕点较少；调查洪痕点虽多，但按点群趋势，水面线出现明显转折；河底坡度及横断面变化较大又无控制断面存在，当不受变动回水影响时，可采用水面曲线法推算流量。先假定一个流量值,根据选定的各河段糙率,自下游一已知(或估定)洪水位开始,向上游逐段推算水面线。经试算,使推算的水面线与调查的洪水痕迹多数符合为止,则假定的流量即为所推求的流量,其基本公式如下:

$$H_1+\frac{\alpha_1\bar{v}_1^2}{2g_n}=H_2+\frac{\alpha_2\bar{v}_2^2}{2g_n}+h_f+h_j \quad (3.3.20)$$

式中 H_1、H_2——上、下断面处的水位高度(m);

$\bar{v}_1$,$\bar{v}_2$——上、下断面处的平均流速(m/s);

h_f——摩阻损失,$h_f=\frac{Q^2}{K^2}L$;

h_j——扩散损失,$h_j=\zeta\left(\frac{\alpha_1\bar{v}_1^2}{2g_n}-\frac{\alpha_2\bar{v}_2^2}{2g_n}\right)$;

α_1,α_2——上、下断面处动能修正系数;

其余符号意义同前。

3.3.21 当调查河段下游有天然的或人工的控制断面,在控制断面与洪痕间无其他控制断面存在,也无支流汇入,在断面下游也无束窄断面产生壅水时,流量可根据不同类型的控制断面进行推算。

1 急滩

当断面以上河底坡小于临界坡,以下大于临界临时,则变坡点处将形成临界流。若临界水深为 h_k,则可按临界流公式推算流量,并由此向上推算水面线直至调查到的洪痕处,视二者是否相符。如不符应重新假设 h_k,重新推算至相符为止,即为所求的流量。临界流公式为

$$Q=\sqrt{\frac{g_n\omega_k^3}{B_k}} \quad (3.3.21—1)$$

临界坡公式为

$$I_k=\frac{n^2Q^2}{\omega_k^2R_k^{4/3}} \quad (3.3.21—2)$$

式中 ω_k——临界水深时的过水断面积(m^2);

B_k——临界水深时的过水断面水面宽(m);

I_k——临界坡度;

R_k——临界流的水力半径(m);

其余符号意义同前。

2 卡口

当断面束窄形成卡口,可根据卡口上、下游水位按下列公式推算流量:

$$Q=\omega_2\sqrt{\frac{2g_n(H_1-H_2)}{\left(1-\frac{\omega_2^2}{\omega_1^2}\right)+\frac{2g_nL\omega_2^2}{K_1K_2}}} \quad (3.3.21—3)$$

式中符号意义同前。

3 堰流

调查河段下游修有堰坝等水工建筑物时,洪水流量可利用堰流水力学公式推算,常用

的推算方法和经验系数可按附录 E 选用。

3.3.22 按历史洪水位推算的流量重现期,应根据当地老居民的记述或历史文献考证来确定历史洪水的时序,再按式(3.3.7—2)计算。

3.3.23 历史洪水流量资料可根据河段特性,选取相应的 C_v、C_s 值,再根据相应于历史洪水流量重现期的模比系数,按式(3.3.9—8)推算流量均值。然后再按与设计频率相应的模比系数及推算得的流量均值再次用式(3.3.9—8)推算设计流量。

3.3.24 桥址处设计水位可按下列办法确定:

1 桥址附近有水文站,且河段顺直时,可利用水文站测流断面计算设计水位,即用相关法或比降法采用可靠程度较高的大洪水年代的水面坡度,将水位推移至桥址处;当桥址处河底坡度及横断面变化较大时,可用水面曲线法推求;

2 在桥址处绘制水位流量关系曲线,利用已知桥址设计流量,反推桥址处的设计水位;

3 桥址附近河床断面规则并有多年历史洪水位资料时,可按本节有关频率计算规定直接推算设计水位;

4 桥址上下游有卡口、人工建筑等对水位有影响时,可用水面曲线等法计算桥址处设计水位。

3.3.25 桥址处设计水位应以正交断面计算。当桥位斜交时,应按斜交角度分别求出桥两端的设计水位。当桥址位于河湾处,也应分别计算桥两端的设计水位。河湾处水流受离心力的作用形成凹岸水位的增高和凸岸水位的降低,其值按下式计算:

$$\Delta h_w = \frac{\bar{v}^2}{2g_n} \cdot \frac{B}{\bar{R}} \tag{3.3.25}$$

式中 Δh_w——河岸凹岸水位增高值或凸岸水位降低值(m);

$\bar{v}$——断面平均流速(m/s);

B——设计洪水时的水面宽(m);

$\bar{R}$——河湾的平均曲率半径(m);

其余符号意义同前。

如河滩生有阻滞水流的密草、丛林或存在回流、死水时,应扣除该部水域计算 $\bar{v}$、B、$\bar{R}$ 值。

3.3.26 设计洪水过程线可采用放大典型洪水过程线的方法推求,应选资料可靠,洪水较大,对桥渡运营不利的洪水作为典型。将典型洪水过程线用设计洪峰控制,按同一倍比放大。倍比值应按下式计算:

$$K_g = Q_p / Q_n \tag{3.3.26}$$

式中 K_g——放大倍比值;

Q_n——典型洪水的洪峰流量(m^3/s);

Q_p——设计流量(m^3/s)。

3.3.27 设计洪水过程线用雨量资料推算时,可采用单位线法。由设计地面净雨过程通过单位线推流,得设计地面径流过程。将地面径流过程加上地下径流过程,即可求得设计洪水过程。

3.4 孔径设计

3.4.1 桥涵孔径设计必须保证设计洪水、流冰、流木、泥石流及其他漂流物的安全通过，保证桥头路堤不致漫决，并应考虑水陆交通和排灌的需要以及建桥后引起的流势变化对上下游农田房舍的影响。

3.4.2 天然河道不应轻易改移或开挖，仅在确有技术、经济依据和能改善桥涵工作状况时，方可考虑，但尚应考虑到由此产生的河流水力条件变化的影响。

3.4.3 涵洞应设计为无压的。涵洞可设计成单孔或双孔，当技术和经济均属适宜，亦可考虑设置多于两孔的涵洞。

3.4.4 桥涵的孔径式样，在同一区段内应力求简化。同一座桥，除通航或跨越深谷的桥梁外，宜用等跨，其桥式应经方案比选确定。

3.4.5 对既有桥涵的基础埋深与防护、净空高度和孔径检算，应符合铁道部现行的《铁路桥梁检定规范》有关规定。

3.4.6 桥涵孔径应根据过水条件、河道演变、地形和地质特征、桥台和桥头河滩路堤高度、填料来源、占用耕地以及便于养护等有关因素综合研究确定。桥式不宜采用高桥台、大锥体。

3.4.7 当河床容许冲刷时，桥梁的孔径计算不宜超过表 3.4.7 所列容许冲刷系数值；桥下河床不容许冲刷时，可采取铺砌防冲办法。大中桥不宜采取铺砌防冲办法。

表 3.4.7 容许冲刷系数

河段类别	冲刷系数
山区峡谷段	≤1.2
山前变迁段	按地区经验确定
其他各类河段	≤1.4

注：平原宽滩河流的平均水深小于或等于 1.0 m 时，容许冲刷系数可大于表列数值。

3.4.8 冲刷系数可按下列公式求算：

$$P=\frac{\omega_x}{\omega_g} \tag{3.4.8}$$

式中 P——冲刷系数；

ω_g——桥下供给过水断面积（m^2），当桥址上、下游有阻水山包或其他挡水建筑物时，桥下供给过水断面积应扣除其影响部分；

ω_x——桥下需要过水断面积（m^2），

$$\omega_x=\frac{Q_p}{v_p\cos\alpha}$$

v_p——设计流速（m/s），对河滩较小、压缩不多的河段，可采用通过设计流量时河槽（包括边滩）的天然平均流速；当河滩很大时，可按经验确定；渠道或运河上的桥，可采用设计渠道或运河时的设计流速；

α——水流方向与桥梁轴线之法线间的夹角（°）；

其余符号意义同前。

3.4.9　设有堤防的河道和平原宽滩河流，当桥前壅水影响堤防和农田房舍安全时，应与有关部门协商，确定桥前容许壅水高度，据以计算桥梁孔径。

3.4.10　桥下沟床设置防冲铺砌的小桥，其孔径应按桥下的不同过水状态，可选用下列有关公式计算：

1　临界流过水状态

1)桥下需要的净孔宽度 B

$$B=\frac{Q_p g_n}{\varepsilon v_p^3} \tag{3.4.10—1}$$

式中设计流速 v_p 可先根据河床铺砌类型选用相应的容许流速。

2)将桥下需要的净孔宽度进至标准梁跨的净孔宽度 b 后，桥下的临界流速 v_k

$$v_k=\sqrt[3]{\frac{Q_p g_n}{\varepsilon b}} \tag{3.4.10—2}$$

3)桥下临界水深 h_k

$$h_k=\frac{v_k^2}{g_n} \tag{3.4.10—3}$$

4)桥前积水后的水深 H_0

$$H_0=h_k+\frac{v_k^2}{2g_n\varphi^2}-\frac{v_0^2}{2g_n} \tag{3.4.10—4}$$

2　缓流过水状态

1)桥下需要的净孔宽度 B

$$B=\frac{Q_p}{\varepsilon v_p h_0} \tag{3.4.10—5}$$

2)桥前积水后的水深 H_0

$$H_0=h_0+\frac{v_p^2}{2g_n\varphi^2}-\frac{v_0^2}{2g_n} \tag{3.4.10—6}$$

式中　v_0——桥前水流行近流速(m/s)，可用桥前积水断面积去除设计流量求得，当 $v_0\leqslant$ 1.0 m/s 时，流速水头$\frac{v_0^2}{2g_n}$可忽略不计；

φ,ε——小桥流速系数和侧收缩系数，有锥体护坡的单孔桥 φ、ε 都可采用0.9，多孔桥时 φ 可采用0.85，ε 可采用0.8；

h_0——天然情况下河道水深(m)；

其余符号意义同前。

3　急流过水状态

急流过水状态下的小桥，其孔径宜按沟槽的天然宽度设置，桥前水深即为天然情况下的河道水深。当桥孔压缩沟槽时，其计算采用缓流过水状态公式。

3.4.11　无压状态下临界流时的涵洞孔径，可按下列有关公式计算：

1　孔径计算

1)曲线形流水断面时，可先假定洞内临界水深 h_k 值，并采用涵洞的标准孔径按以下公式试算，选其合适者。

$$\frac{Q_p^2}{g_n}=\frac{\varepsilon^2\omega_k^3}{B_k} \tag{3.4.11—1}$$

由于
$$v_k=\sqrt{g_n\frac{\omega_k}{B_k}}$$

上式又可写成：
$$Q_p=\varepsilon\omega_k v_k \tag{3.4.11—2}$$

2)矩形流水断面时,可直接用以下公式计算。

$$B_k=\frac{Q_p g_n}{\varepsilon v_k^3} \tag{3.4.11—3}$$

$$h_k=\sqrt[3]{\frac{Q_p^2}{\varepsilon^2 B_k^2 g_n}};或\ h_k=\frac{v_k^2}{g_n} \tag{3.4.11—4}$$

2 涵前积水深 H_0 按下式计算

$$H_0=h_c+\frac{v_c^2}{2g_n\varphi^2}-\frac{v_0^2}{2g_n} \tag{3.4.11—5}$$

式中 ε——侧收缩系数,可取 $\varepsilon=1.0$;

v_0——涵前水流行近流速(m/s),可用涵前积水断面积去除设计流量求得,当 $v_0\leq 1.0$ m/s 时,流速水头 $\frac{v_0^2}{2g_n}$ 可忽略不计;

h_c——洞口收缩断面处水深(m),可取 $h_c=0.9h_k$;

v_c——洞口收缩断面处流速(m/s),可取 $v_c=\frac{v_k}{0.9}$;

φ——流速系数,可按表 3.4.11 的规定取值;

其余符号意义同前。

表 3.4.11 流 速 系 数

入口情况	断面形状		流速系数 φ
涵前积水不淹没八字翼墙的前墙	矩形		0.90
	曲线形	圆形	0.85
		其他	
涵前积水淹没八字翼墙的前墙或端墙式进口	矩形		0.85
	曲线形	圆形	0.80
		其他	

3.4.12 排洪涵洞的最小孔径不应小于 1.25 m。各式涵洞的长度按其净高(或内径)H 限制如下,当超过以下限制时应加大孔径。

$H=1.0$ m,长度不宜超过 15 m;

$H=1.25$ m,长度不宜超过 25 m;

$H\geq1.5$ m,长度不受限制。

位于淤积较少的灌溉渠道上的涵洞,孔径不宜小于 0.75 m。当采用 0.75 m,且 $H<1.0$ m 时,长度不宜超过 10 m;当 $H\geq1.0$ m 时,长度不宜超过 15 m。

位于城市或车站范围内的涵洞,可根据需要酌予加大孔径。

改建既有线和增建第二线时，如需延长既有线上的涵洞，则涵洞孔径和长度可视具体情况确定。

3.4.13　山区河流上的桥孔布设应符合下列要求：

1　峡谷河段的桥台不得伸入河槽。

2　开阔河段桥头路堤可以伸入河滩，但不得伸入河槽。桥头河滩路堤与洪水流向斜交时，应增大该侧桥孔。

3.4.14　山前河流上的桥孔布设应符合下列要求：

1　在冲积扇上游狭窄河段和下游收缩河段布设桥孔时，应分别按照山区峡谷河段和开阔河段办理。在中游扩散河段应注意山口地形对流向的影响，并考虑河床摆动、分汊及其发展的趋势。

2　在变迁河段上，应根据河道的现状和演变趋势布设桥孔。

3.4.15　平原河流应根据河道的稳定状态布设桥孔，不应轻易封闭某些支汊而妨碍灌溉排涝。在各类河段上布设桥孔时，尚应符合下列要求：

1　在顺直微弯和蜿蜒河段上，应预估河湾的发展和深泓的摆动，在摆动范围内应布设桥孔。

2　在分汊河段上，水流的天然状态不宜改变，应在各汊流上分别设桥，并预估各汊流量分配比例的变化。

3　在游荡河段上，应在游荡范围内结合当地的治理规划，因地制宜地加以导治。在深泓线可能摆动的范围内均应布设桥孔。

3.4.16　通航和筏运的桥孔，应考虑河流的变迁和航道的变化，布设在稳定的航道上，必要时应适当预留通航孔。

3.4.17　桥梁墩台位置不宜布设在主流深泓线上或主航道上，并应避免设在断层、陷穴、溶洞、滑坡等不良地质地段。

3.4.18　不通航亦无筏运的桥孔，其桥下净空高度应符合表3.4.18的规定。

表3.4.18　桥下净空高度(m)

序号	桥的部位		高出设计水位加 Δh 后的最小高度	高出检算水位加 Δh 后的最小高度
1	梁底	一般情况	0.50	0.25
		洪水期有大漂流物	1.50	1.00
		有泥石流	1.00	—
2	支承垫石顶		0.25	—
3	拱肋和拱圈的拱脚		0.25	—

注：1　表列的“设计(或检算)水位”系指相应于本规范第1.0.5条表1.0.5—1中的设计(或检算)洪水频率的水位；“Δh”系表示根据河流具体情况，分别考虑桥下壅水，浪高、局部股流涌高、河床淤积等影响的高度。

2　洪水期无大漂流物通过的河流，实体无铰拱桥(拱圈或拱肋)的拱脚，允许被“设计水位加 Δh”后的水位淹没，但此水位不应超过矢高之半，且距拱顶的净高亦不应小于1.0 m。

3　有严重泥石流时，或钢桥下在洪水期有大漂流物通过时，可根据具体情况，采用大于表列的净空高度。

3.4.19　在水库、湖泊或设计洪水持续时间很长的河流上，应考虑波浪高度。此高度可根据调查取得，如调查有困难，也可近似采用以下各式计算，取计算值 $H_{b1\%}$ 的2/3。

$$\bar{H}_{\mathrm{b}}=\frac{0.13\tanh\left[0.7\left(\frac{g_{\mathrm{n}}\bar{h}_{\mathrm{D}}}{\bar{v}_{\omega}^{2}}\right)^{0.7}\right]\tanh\left\{\frac{0.0018\left(\frac{g_{\mathrm{n}}D}{\bar{v}_{\omega}^{2}}\right)^{0.45}}{0.13\tanh\left[0.7\left(\frac{g_{\mathrm{n}}\bar{h}_{\mathrm{D}}}{\bar{v}_{\omega}^{2}}\right)^{0.7}\right]}\right\}}{\frac{g_{\mathrm{n}}}{v_{\omega}^{2}}} \tag{3.4.19—1}$$

当浅水情况，即$\frac{\bar{H}_{\mathrm{b}}}{\bar{h}_{\mathrm{D}}}\geqslant 0.1$时：

$$\bar{H}_{\mathrm{b}_{1\%}}=2.3\,\bar{H}_{\mathrm{b}} \tag{3.4.19—2}$$

当深水情况，即$\frac{\bar{H}_{\mathrm{b}}}{\bar{h}_{\mathrm{D}}}<0.1$时：

$$H_{\mathrm{b}_{1\%}}=2.42\,\bar{H}_{\mathrm{b}} \tag{3.4.19—3}$$

式中 $\bar{H}_{\mathrm{b}}$——波浪的平均高度(m)；

D——浪程(m)；

$\bar{v}_{\omega}$——计算点设计水位以上 10 m 高度处，在洪水期间多年测得的自记 2 min 年平均最大风速的平均值(m/s)，也可由自记 10 min 风速按下式换算：

$$\bar{v}_{\omega}=\frac{\bar{v}_{\omega0}-0.8}{0.88}$$

$\bar{v}_{\omega0}$——计算点设计水位以上 10 m 高度处，在洪水期间多年测得的自记 10 min 年平均最大风速的平均值(m/s)；

$H_{\mathrm{b}_{1\%}}$——波列累积频率为 1% 的波浪高度(m)；

$\bar{h}_{\mathrm{D}}$——沿浪程的平均水深(m)；

其余符号意义同前。

3.4.20 山前河流的洪水主流有成股奔放现象，产生局部股流涌高，其值应根据调查确定。

3.4.21 河床淤积引起的水位抬高，应根据河流具体情况调查或实测确定。

3.4.22 通航与筏运桥孔的桥下净空和通航水位，应与航运及有关部门协商确定。当航线与桥梁轴线法线间的夹角超过5°时，通航净宽应适当加大。

3.4.23 流冰或流木的河流上，应按实际调查的流冰或流木情况，在确定桥下净空时酌留一定的富余量。在有冰塞冰坝现象的河段上，桥下净空应适当加大。

3.4.24 在水流无压状态下，涵洞洞内顶点高出洞内设计水位的净高，应符合表 3.4.24 的规定。

表 3.4.24 涵洞洞内净空高度(m)

净高 H \ 类型	圆 涵	拱 涵	矩形涵
≤3	$\geqslant\frac{1}{4}H$	$\geqslant\frac{1}{4}H$	$\geqslant\frac{1}{6}H$
>3	≥0.75	≥0.75	≥0.5

注：圆涵入口端部净空高度可不受表列数值限制。

3.5 壅水计算

3.5.1 桥前壅水可按下式计算：

$$\Delta Z_{\mathrm{M}} = \eta(\bar{v}_{\mathrm{M}}^2 - \bar{v}^2) \quad (3.5.1)$$

式中 ΔZ_{M}——桥前最大壅水高度(m)；

η——系数，应按表 3.5.1—1 的规定取值；

表 3.5.1—1 η 系数

河段特征	河滩路堤阻挡的流量和设计流量的比值(%)	η
河滩很小的山区河流	≤10	0.05
河滩较小的半山区河流	11～30	0.07
有中等河滩的平原河流	31～50	0.10
河滩较大的低洼地区河流	>50	0.15

$\bar{v}$——断面平均流速，为设计流量被全河过水断面(包括边滩和河滩)除得之商(m/s)；

$\bar{v}_{\mathrm{M}}$——桥下平均流速，应按表 3.5.1—2 规定计算求得(m/s)。

3.5.2 桥下壅水高度可采用桥前最大壅水高度的一半。对于山区和山前河流，洪水涨落急骤，历时短促，且河床质坚实不易冲刷时，桥下壅水高度可采用桥前最大壅水值。对于平原洪水涨落很缓慢的河流，且河床质松软，易于造成一般冲刷时，桥下壅水可不计。

表 3.5.1—2 桥下平均流速

土质	土的名称	颗粒直径(mm)	$\bar{v}_{\mathrm{M}}$
松软土	淤泥、细粒砂、中粒砂、松软的淤泥质砂黏土等	1 及以下	$\bar{v}_{\mathrm{M}} = v_{\mathrm{p}}$
中等土	砂砾、小卵石、圆砾、中等密实的砂黏土和黏土等	1～25	$\bar{v}_{\mathrm{M}} = v_{\mathrm{p}} \times \dfrac{2P}{P+1}$
密实土	大卵石、漂石、密实的黏土等	25 以上	$\bar{v}_{\mathrm{M}} = P \times v_{\mathrm{p}}$

注：逐年淤积上涨的河流，或水流中含沙量大、洪峰涨落迅速、历时短促、桥下不易造成一般冲刷的河流，均应比照密实土办理。

3.5.3 壅水曲线全长可按下列近似公式估算：

$$L_{\mathrm{y}} = \frac{2\Delta Z_{\mathrm{M}}}{I_0}$$

式中 L_{y}——壅水曲线全长(m)；

I_0——桥址河段天然水面坡度；

其余符号意义同前。

3.5.4 增建第二线上的桥梁与既有线桥平行，桥墩、台、孔跨相对应，且线间距很小，上下游桥台间又筑有河堤连接时，则上游桥之壅水值与单线桥同。其余情况当壅水起控制作用时，其壅水高可通过水工模型试验确定。

3.6 冲刷计算与防护

3.6.1 计算桥梁冲刷,对水位、断面、河床质颗粒直径等,应符合下列要求:

1 当桥梁位于天然冲淤或回水变化的河段时,应考虑水位的影响。

2 计算断面应为天然情况下桥址处计算冲刷不利的断面。

3 粒径应能代表河床质的平均粒径,当粒径分布很不均匀时,应考虑河床质粗化的影响。

3.6.2 非黏性土河床的桥下一般冲刷,可按以下公式计算:

1 河槽部分

$$h_p = \left[\frac{A\dfrac{Q_c}{B_c}\left(\dfrac{h_{mc}}{\bar{h}_c}\right)^{\frac{5}{3}}}{E\bar{d}_c^{\frac{1}{6}}}\right]^{\frac{3}{5}} \tag{3.6.2—1}$$

式中 h_p——桥下一般冲刷后的最大水深(m);

h_{mc}——桥下河槽部分最大水深(m);

$\bar{h}_c$——桥下河槽部分平均水深(m);

B_c——桥下河槽部分桥孔过水净宽(m),当桥下河槽扩宽至全桥时,B_c 即为全桥桥孔过水净宽;

Q_c——桥下河槽部分通过的设计流量(m^3/s),当桥下河槽能扩宽至全桥时,$Q_c = Q_P$;当桥下河槽不能扩宽至全桥时,则 Q_c 可按下式计算:

$$Q_c = \frac{\omega_c C_c \sqrt{\bar{h}_c}}{\omega_c C_c \sqrt{\bar{h}_c} + \sum \omega_t C_t \sqrt{\bar{h}_t}} Q_p \tag{3.6.2—2}$$

ω_c, C_c——桥下河槽部分的过水断面积(m^2)、谢才流速系数;

$\omega_t, C_t, \bar{h}_t$——桥下河滩部分的过水断面积(m^2)、谢才流速系数、平均水深(m);

E——与汛期含沙量有关的系数,可按表 3.6.2 的规定取值:

表 3.6.2 E 系 数

含沙量(kg/m^3)	<1.0	1~10	>10
E	0.46	0.66	0.86

注:表中含沙量是从历年汛期 6、7、8、9 月中,选出的年最大月平均值的算术平均值。

A——单宽流量集中系数,$A = \left(\dfrac{\sqrt{B_d}}{\bar{H}}\right)^{0.15}$,其中 B_d、$\bar{H}$ 为造床流量时的河宽和平均水深,可按平滩水位计算;对于河槽宽浅的游荡河段、变迁河段,当 B_d 值过大和平滩水位不易决定时,可采用 $\dfrac{\sqrt{B_d}}{\bar{H}} \leqslant 50$,即 $A \leqslant 1.8$;

$\bar{d}_c$——河槽土平均粒径(mm)。

2　河滩及人工渠道部分

$$h_p=\left[\frac{A_t\dfrac{Q_t}{B_t}\left(\dfrac{h_{mt}}{\bar{h}_t}\right)^{\frac{5}{3}}}{v_{H_1}}\right]^{\frac{5}{6}} \tag{3.6.2—3}$$

式中　Q_t——桥下河滩部分通过的设计流量(m^3/s),可按下式计算:

$$Q_t=\frac{\sum\omega_t C_t\sqrt{\bar{h}_t}}{\omega_c C_c\sqrt{\bar{h}_c}+\sum\omega_t C_t\sqrt{\bar{h}_t}}Q_p \tag{3.6.2—4}$$

h_{mt}——桥下河滩最大水深(m);

v_{H_1}——河滩水深 1 m 时非黏性土不冲刷流速,可按附录 F 的规定取值(m/s);

B_t——桥下河滩部分桥孔过水净宽(m);

A_t——河滩流量非均匀分配系数,$A_t=1.0\sim1.15$;

其余符号意义同前。

3.6.3　黏性土河床的桥下一般冲刷,可按下列公式计算:

1　河槽部分

$$h_p=\left[\frac{A\dfrac{Q_c}{B_c}\left(\dfrac{h_{mc}}{\bar{h}_c}\right)^{\frac{5}{3}}}{0.33\left(\dfrac{1}{I_L}\right)}\right]^{\frac{5}{8}} \tag{3.6.3—1}$$

式中　A——单宽流量集中系数,$A=1.0\sim1.2$;

I_L——冲刷范围内黏性土样的液性指数,在 I_L 的范围为 0.16 ~1.19;

其余符号意义同前。

2　河滩部分

$$h_p=\left[\frac{\dfrac{Q_t}{B_t}\left(\dfrac{h_{mt}}{\bar{h}_t}\right)^{\frac{5}{3}}}{0.33\left(\dfrac{1}{I_L}\right)}\right]^{\frac{6}{7}} \tag{3.6.3—2}$$

式中符号意义同前。

3.6.4　对于稳定河段,桥下河床的一般冲刷可按下式计算。

$$h_p=Ph_m \tag{3.6.4}$$

式中　h_m——桥下最大水深(m);

其余符号意义同前。

3.6.5　水文复杂的特大桥当有实测资料时,可根据洪水期可能产生的桥址上下游最不利断面,分析确定设计单宽流量;根据实测垂线流速资料,考虑桥孔压缩影响后确定河床土的冲止流速,据以确定该桥的一般冲刷值。

3.6.6　非黏性土河床的桥墩局部冲刷,可按下列公式计算:

当 $v\leqslant v_0$　$h_b=K_\xi K_\eta B_1^{0.6}(v-v'_0)$　(3.6.6—1)

当 $v>v_0$　$h_b=K_\xi K_\eta B_1^{0.6}(v-v'_0)\left(\dfrac{v-v'_0}{v_0-v'_0}\right)^n$　(3.6.6—2)

式中 h_b——桥墩局部冲刷坑深度(m);

B_1——桥墩计算宽度,可按附录 G 的规定取值(m);

v_0——河床泥沙起动流速(m/s),

$$v_0 = 0.0246\left(\frac{h_p}{\bar{d}}\right)^{0.14}\sqrt{332\bar{d} + \frac{10 + h_p}{\bar{d}^{0.72}}}$$

$\bar{d}$——河床土平均粒径(mm);

v——一般冲刷后墩前行近流速(m/s);

K_ξ——墩形系数,可按附录 G 的规定取值;

K_η——河床颗粒的影响系数,

$$K_\eta = 0.8\left(\frac{1}{\bar{d}^{0.45}} + \frac{1}{\bar{d}^{0.15}}\right)$$

v'_0——墩前始冲流速(m/s),

$$v'_0 = 0.462\left(\frac{\bar{d}}{B_1}\right)^{0.06} v_0$$

n——指数,$n = \left(\frac{v_0}{v}\right)^{0.25\bar{d}^{0.19}}$

3.6.7 黏性土河床桥墩局部冲刷可参照下式计算:

当 $\frac{h_p}{B_1} \geqslant 2.5$ $\quad h_b = 0.83K_\xi B_1^{0.6} I_L^{1.25} v$ (3.6.7—1)

当 $\frac{h_p}{B_1} < 2.5$ $\quad h_b = 0.55K_\xi B_1^{0.6} h_p^{0.1} I_L^{1.0} v$ (3.6.7—2)

式中 I_L——冲刷范围内黏性土样的液性指数,I_L 的范围为 0.16~1.48;

其余符号意义同前。

3.6.8 根据计算冲刷深度确定墩台基底埋置深度时,应符合下列规定:

1 在非岩石河床而无冲刷处或河床设有铺砌防冲处,基底埋在地面以下的深度不应小于 2.0 m,困难情况下不应小于 1.0 m;

2 在有冲刷处,基底埋在墩台局部冲刷线下不应小于下列安全值:对于一般桥梁,安全值为 2.0 m 加冲刷总深度的 10%;对于技术复杂、修复困难或重要的特大桥、大桥,安全值为 3.0 m 加冲刷总深度的 10%,如表 3.6.8 所示。

表 3.6.8 基底埋置安全值(m)

冲刷总深度			0	5	10	15	20
安全值	一般桥梁		2.0	2.5	3.0	3.5	4.0
	技术复杂、修复困难或重要的特大桥、大桥	设计流量	3.0	3.5	4.0	4.5	5.0
		检算流量	1.5	1.8	2.0	2.3	2.5

注:冲刷总深度为自河床面算起的一般冲刷深度与局部冲刷深度之和。

3.6.9 岩石河床上墩台基底埋入岩面的深度,应考虑岩石的可能冲刷,根据岩石的坚硬度,胶结物类别,风化程度,节理、裂隙、层理发育情况等分析确定。

3.6.10　增建第二线桥的冲刷计算，应考虑与既有桥水流相互干扰的不利影响。

3.6.11　小桥涵上下游一定范围内的沟床，可根据设计需要设置防冲铺砌，根据允许流速确定铺砌类型。铺砌形式随沟形而定，铺砌末端应设直立式垂裙。当出口流速小于土的容许不冲刷流速或沟床为岩石时，可不铺砌。当小桥基底埋置深度满足了冲刷要求时，也可不铺砌。

3.6.12　桥台锥体填方的坡面应全高进行铺砌防护，在水流作用部分的防护类型还应按水流流速、流冰、流木等冲击情况决定。铺砌坡脚埋入河床的深度应考虑冲刷的影响，坡脚顶面应在一般冲刷线以下至少 0.25 m。

旱桥锥体防护的标准，视边坡、填料和当地的具体情况决定。

3.7　桥头河滩路堤

3.7.1　桥头河滩路堤，应根据天然河道的形态和水文特征进行分析，计算沿堤的水位和流速，用以确定路堤最小高度与防护措施。

3.7.2　桥头河滩路堤的平面布设，应使河滩水流顺畅，不宜在河滩范围内设计成折向下游的路堤。

3.7.3　桥头河滩路堤的路肩高程应根据河流与桥渡的具体情况，分别考虑壅水、波浪侵袭、河床淤积等影响的高度。

3.7.4　桥头河滩路堤上、下游沿堤水位见图 3.7.4 所示。

1　上游侧因桥前壅水引起的水面变化，可参照下列办法计算：

1）当桥头无导流堤或有梨形导流堤时

（1）在桥头台尾河滩路堤起点处，比天然河道设计水位升高的桥前最大壅水值 ΔZ_M，其值可按本规范第 3.5 节有关公式计算。

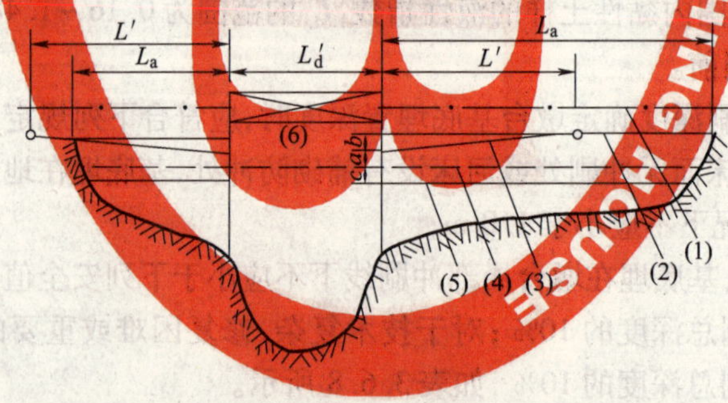

图 3.7.4　桥头河滩路堤上下游沿堤水位示意图

L_a，L'，L'_d，S 等符号所代表的意义可见式（3.7.4—1）和式（3.7.4—5），其余符号意义同前。

（1）路肩线；（2）上游设有非封闭式导流堤时的水位线；（3）上游无导流堤或有梨形导流堤时的水位线；（4）建桥前天然设计水位线；（5）下游水位线；（6）桥梁。

a——桥前最大壅水高 ΔZ_M；b——水面坡度增高值；

$$L_a > L'\text{时}, b = SI_0;\ L_a < L'\text{时}, b = \frac{SI_0}{L'} \times L_a;$$

c——路堤下游水位降低高度 ΔH_x。

距桥头路堤起点的距离 L'处，河滩路堤上游侧形成最大壅水高度 ΔH_{sh}。L'及 ΔH_{sh}可按下列公式计算：

$$L' = AS - 0.5L'_{\rm d} \qquad (3.7.4—1)$$

$$\Delta H_{\rm sh} = \Delta Z_{\rm M} + SI_0 \qquad (3.7.4—2)$$

式中 L'——由桥头路堤起点至路堤上游侧形成最大壅水处的距离(m);

$L'_{\rm d}$——桥梁两端桥台台尾间的距离(m);

S——由桥轴线至形成桥前最大壅水高度处的距离(m),S 可按下式计算:

$$S = K_{\rm s}(1 - M)B \qquad (3.7.4—3)$$

$K_{\rm s}$——系数,$M = 0.8$ 时,$K_{\rm s} = 0.45$;$M = 0.7$ 时,$K_{\rm s} = 0.48$;$M = 0.6$ 时,$K_{\rm s} = 0.53$;$M = 0.5$ 时,$K_{\rm s} = 0.59$;

M——天然情况下桥孔范围内通过的流量与设计流量之比;

A——系数,可按表 3.7.4—1 的规定取值;

$\Delta H_{\rm sh}$——受桥前壅水影响在河滩路堤上游侧形成的最大壅水高度(m);

其余符合意义同前。

表 3.7.4—1 A 系 数

A \ M / E′	0.5	0.6	0.7	0.8	A \ M / E′	0.5	0.6	0.7	0.8
0	1.43	1.93	2.80	4.60	0.5	1.73	2.20	3.03	4.87
0.1	1.44	1.94	2.81	4.64	0.6	1.85	2.35	3.23	5.16
0.2	1.48	1.95	2.82	4.68	0.7	1.98	2.52	3.47	5.57
0.3	1.55	2.00	2.83	4.72	0.8	2.14	2.73	3.79	6.16
0.4	1.63	2.09	2.90	4.77	0.9	2.31	2.97	4.16	6.92

注:表中 E' 为桥孔偏置系数,$E' = 1 - \frac{q_{\rm x}}{q_{\rm d}}$;$q_{\rm x}$ 及 $q_{\rm d}$ 分别为桥两端河滩路堤所阻挡的流量,其中阻挡流量较大者为 $q_{\rm d}$,阻挡流量较小者为 $q_{\rm x}$,当桥头只有一端有河滩路堤时,$q_{\rm x} = 0$。

(2)路堤上游侧,自桥头路堤起点至产生最大壅水高度间的水面横向坡度,可按下式计算:

$$I_{\rm h} = \frac{SI_0}{L'} \qquad (3.7.4—4)$$

式中 $I_{\rm h}$——桥头路堤起点至产生最大壅水高度间的水面横向坡度;

其余符号意义同前。

(3)路堤上游侧产生最大壅水高度处至同一端岸边间的水面,可按同一水平高度计。

(4)当计算的 L' 值大于计算端桥头河滩路堤长度时,该端岸边处路堤产生的壅水高度可按下式计算:

$$\Delta H'_{\rm sh} = \Delta Z_{\rm M} + L_{\rm a}\frac{SI_0}{L'} \qquad (3.7.4—5)$$

式中 $\Delta H'_{\rm sh}$——当 $L' > L_{\rm a}$ 时,路堤上游侧岸边处产生的壅水高度(m);

$L_{\rm a}$——由桥头路堤起点至同一端岸边的距离(m);

其余符号意义同前。

2)当桥头有非封闭式导流堤时

桥头路堤上游侧水面按同一水平高度计。当 $L' > L_{\rm a}$ 时,水面比天然水位高

出 ΔH_{sh}值；当 $L' > L_a$ 时，高出 $\Delta H'_{sh}$值。

2　下游侧沿堤水位按同一水平高度计。该水位较天然河道设计水位为低，其降低值可按下式估算。

$$\Delta H_x = K_j \bar{h}_{od} \tag{3.7.4—6}$$

式中　ΔH_x——河滩路堤计算端下游侧的沿堤水位，较天然河道设计水位降低值（m）；

$\bar{h}_{od}$——天然河道设计水位时，所计算端河滩路堤范围内的平均水深（m）；

K_j——水位降低系数可按表 3.7.4—2 及表 3.7.4—3 的规定取值。

表 3.7.4—2　河滩路堤阻挡流量较大一端 K_j 值

Q'_t/Q_p \ E'	0	0.2	0.4	0.6	0.8	1.0
0	0.00	0.00	0.00	0.00	0.00	0.00
0.1	0.07	0.08	0.10	0.12	0.13	0.14
0.2	0.13	0.17	0.20	0.23	0.25	0.26
0.3	0.19	0.25	0.29	0.33	0.35	0.36
0.4	0.25	0.33	0.38	0.41	0.43	0.44
0.5	0.30	0.40	0.44	0.46	0.48	0.48
0.6	0.33	0.42	0.47	0.49	0.51	0.51
0.7	0.36	0.44	0.49	0.51	0.52	0.52

注：1　中间值可内插求算；

2　表中 Q'_t为全桥河滩路堤所阻挡的流量（m^3/s），其余符号意义同前。

表 3.7.4—3　河滩路堤阻挡流量较大一端 K_j 值

Q'_t/Q_p \ E'	0	0.2	0.4	0.6	0.8	1.0
0	0.00	0.00	0.00	0.00	0.00	0.00
0.1	0.07	0.07	0.07	0.06	0.06	0.06
0.2	0.13	0.13	0.12	0.12	0.11	0.11
0.3	0.19	0.19	0.18	0.18	0.18	0.17
0.4	0.25	0.24	0.24	0.23	0.23	0.22
0.5	0.30	0.29	0.28	0.27	0.26	0.24
0.6	0.33	0.32	0.30	0.29	0.28	0.26
0.7	0.36	0.34	0.32	0.30	0.28	0.27

注：同表 3.7.4—2 的表注。

3.7.5　桥头河滩路堤上下游两侧水位差不宜过大，其最大水位差 ΔH_m 可按下列公式计算：

$$\Delta H_m = \Delta H_{sh} + \Delta H_x \tag{3.7.5—1}$$

或

$$\Delta H_m = \Delta H'_{sh} + \Delta H_x \tag{3.7.5—2}$$

式中符号意义同前。

3.7.6　波浪在路堤边坡上的侵袭高度，可根据本地区或相似地区的观测资料确定。当缺乏观测资料时,可按地区经验确定,也可按照式(3.7.6)计算确定。有下列情况之一时,可不考虑其侵袭影响。

1 洪峰历时短促的河流;

2 浪程短于 200 m 时;

3 水深小于 1.0 m 时;

4 靠近路堤的河滩上,长有高于水深加半个波浪高度的成片灌木丛时。

波浪侵袭高可按下式估算:

$$\Delta h'_{p}=K_{\Delta}\cdot K_{v}\cdot R_{\Delta}\cdot H_{b1\%} \tag{3.7.6}$$

式中 $\Delta h'_{p}$——自静止水面算起的波浪在边坡上侵袭的高度(m);

K_{Δ}——边坡糙渗系数,可按表 3.7.6—1 的规定取值;

表 3.7.6—1 糙渗系数 K_{Δ} 值

边坡护面类型	整片光滑不透水护面(沥青混凝土)	混凝土护面、浆砌片石护面、光滑土质边坡	干砌片石护面、植草皮	一、二层抛石加固	抛石组成的建筑物
K_{Δ}	1.0	0.9	0.75~0.80	0.60	0.50~0.55

K_{v}——与风速等有关的系数,可按表 3.7.6—2 的规定取值;

表 3.7.6—2 K_{v} 值

风速(m/s)	5~10	10~20	20~30	>30
K_{v}	1.0	1.2	1.4	1.6

R_{Δ}——相对波浪侵袭高度,即当 $K_{\Delta}=1.0$,$K_{v}=1.0$ 及 $H_{b1\%}=1.0$ m 时的波浪侵袭高度,可按表 3.7.6—3 的规定取值;

表 3.7.6—3 R_{Δ} 值

m(边坡横竖尺寸比)	1.0	1.25	1.5	1.75	2.0	2.5	3.0
R_{Δ}	2.16	2.45	2.52	2.40	2.22	1.82	1.50

其余符号意义同前。

波浪斜向冲击边坡时,侵袭高有所降低。当边坡横竖尺寸比 m 大于 1 和路堤边坡上水边线与波射线的夹角 $\beta \geqslant 30°$ 时,侵袭高应乘以折减系数 K_{β},其值按下式计算:

$$K_{\beta}=\frac{1+2\sin\beta}{3}$$

3.7.7 桥涵附近路堤的路肩最低高程,应高出按第 3.7.3 条所规定的各项影响后的水位至少 0.5 m;大中桥桥头河滩路堤沿堤高程,尚应根据不同形式导流堤的布设,分别按以下办法计算:

1 当上游无导流堤或有梨形导流堤时

路堤任意点处路肩最低高程可按下列公式计算:

当 $L_{x}<L'$ 时,

$$H_{min}=H_{p}+\Delta Z_{M}+L_{x}\frac{SI_{0}}{L'}+\Delta h_{p}+0.5 \tag{3.7.7—1}$$

当 $L_{x}\geqslant L'$ 时,

$$H_{\min}=H_p+\Delta Z_M+SI_0+\Delta h_p+0.5 \qquad (3.7.7—2)$$

式中　$H_{\min}$——路堤路肩最低高程(m)；

L_x——路堤计算点距桥头台尾的距离(m)；

Δh_p——除桥前壅水高以外的水位附加高度(m),包括波浪侵袭高度和河床淤积等；

其余符号意义同前。

2　当上游有非封闭式导流堤时

路堤任意点处路肩的最低高程作为同一高度,可按下列公式计算:

当 $L_a \geqslant L'$ 时,$H_{\min}$ 可按式(3.7.7—2)计算。

当 $L_a < L'$ 时,

$$H_{\min}=H_p+\Delta Z_M+L_a\frac{SI_0}{L'}+\Delta h_p+0.5 \qquad (3.7.7—3)$$

式中符号意义同前。

3　当上游有封闭式导流堤时

桥头河滩路堤的路肩高程受下游水位控制,对封闭式导流堤的坚固程度,应分析其遭受洪水破坏的可能性。必要时应按上游有非封闭式导流堤的有关公式计算确定。

3.7.8　桥头路堤的路肩最低高程,应满足桥下净空高度的要求,可按下列两式中的较大值来确定:

$$H_{\min}=H_{1d}+C_g-h_g \qquad (3.7.8—1)$$

或

$$H_{\min}=H_{dd}+C'_g-h_g \qquad (3.7.8—2)$$

式中　H_{1d}——根据通航、排洪要求的梁底高程,可按本规范第 3.4 节有关规定确定(m);

H_{dd}——根据水位要求的桥墩台支承垫石预高程,可按本规范第 3.4 节有关规定确定(m);

C_g——轨底至梁底高度(m);

C'_g——轨底至桥墩台支承垫石顶高度(m);

h_g——轨底至路肩高度(m)。

3.7.9　桥头河滩路堤筑有不没水的护道时,上游侧护道顶面的最低高程应与本规范第 3.7.7 条对路肩最低高程的规定相同。下游侧按下式计算确定:

$$H'_{\min}=H_p-\Delta H_x+\Delta h'_p+0.5 \qquad (3.7.9)$$

式中　$H'_{\min}$——河滩路堤下游护道顶面的最低高程(m);

其余符号意义同前。

3.7.10　桥头河滩路堤的坡面防护,应根据河段特性、河道地形、水文条件等情况计算沿堤的水流流速,据以确定防护标准。

3.7.11　河滩路堤上下游两侧沿堤的水流流速,均可按下式计算。靠近桥台部分的路堤应采用桥下流速。

$$v_t=0.7\,\bar{v}_{0t} \qquad (3.7.11)$$

式中　v_t——桥头河滩路堤上下游两侧的沿堤水流流速(m/s);

$\bar{v}_{0t}$——天然河道在设计水位时,河滩路堤范围内的平均流速(m/s)。

3.8 桥头河堤防护

3.8.1 桥梁跨越设有堤防的河道时,其梁底高程应高出河道规划设计堤顶高程。在特殊困难条件下,亦必须高于河道设计洪水位与现有堤顶高程,并留有一定超高,墩台及基础按将来梁底能抬高的条件设计。

3.8.2 桥孔布设应避免扰动现有河堤。当墩台布置有困难须扰动河堤时,应在施工中作好防洪措施,墩台竣工后及时回填夯实,恢复原状;现有河堤如有铺砌,应按铺砌原状恢复,桥墩台附近适当加强,现有河堤无铺砌时,恢复后的河堤迎水面应增加铺砌防护,铺砌长度一般为上下游各 30 ~ 50 m,铺砌标准比照桥台锥体铺砌标准办理。

3.8.3 铁路与堤防交叉处应留有防汛抢险通道。防汛通道及其引道的位置、标准,应根据地形条件、现有河堤状况以及防汛时交通情况同河道主管部门协商确定。

3.9 导治建筑物

3.9.1 桥位附近河段上,根据需要可布设导治建筑物,以引导洪水或泥石流在桥孔范围内顺畅通过。

3.9.2 河流上导治建筑物的布设应结合河段特性,水文、地形和地质等自然条件,桥头河滩路堤位置,通航要求,水利设施等因素,根据导治的目的,兼顾左右岸、上下游、洪中枯水位,确定其总体布设。必要时,可作水工模型试验确定。设计桥孔不应借导治建筑物的布设而压缩。

3.9.3 泥石流地区导治建筑物的布设应从防护、排导或拦挡等措施中选取一种或数种,与铁路主体工程配套,组成一个整体。

3.9.4 长大导治建筑物不宜设置。

3.9.5 挑水丁坝的布设宜审慎,在泥石流沟上严禁设置。

3.9.6 在山区开阔河段上,当桥头路堤伸入河滩,或桥址上游有支汊汇入而引起水流紊乱时,应根据流向和地形、地质等条件,设置导流堤。

当河滩路堤向下游弯曲与洪水流向斜交形成水袋时,可布设封闭式导流堤。当河滩路堤向上游弯曲,则桥头宜布设梨形导流堤。

3.9.7 山前冲积扇下游收缩河段上布设导流堤时,可参照山区开阔河段办理。中游扩散河段不宜布设长大的封闭式导流堤。当一河多桥时,两桥间可布设挑形导流堤、分水堤或加固路堤。不论布设何种导流堤,均应与当地的防护堤坝、灌溉设施及其他水利工程相配合。对支汊的演变,应布设导治建筑物加以控制。不宜利用长大导流堤强行约束水流,集中设桥。

3.9.8 山前变迁河段可布设封闭式导流堤。在摆动河段与稳定河段之间的过渡段上,若河槽比较明显集中,岸坎较高,洪水不致漫溢两岸,且桥头有足够的高度时,宜采用梨形导流堤。

3.9.9 平原河流游荡河段上宜布设封闭式导流堤。其他各类河段应按河滩路堤阻挡的流量,结合地形、地质、水利设施和滩上水流流速等因素,布设非封闭式导流堤或梨形导流堤。当河滩部分流量较小,流速又小于 1 m/s 或地形有利于汇水时,也可不设导流堤。

3.9.10 丁坝的布设应符合以下规定:

1 山区河流流速较大,不宜布设丁坝。山前河流可按导治线布设短丁坝群,以束狭水流。单个长丁坝不宜布设。

2 桥址上游附近宜导不宜挑,不得布设丁坝。在距桥梁轴线以外一定距离处,才可布设丁坝。

3 靠近封闭式导流堤的边缘处如有强大集中股流顶冲时,可在堤身适当部位布设丁坝,坝头应向下游倾斜,坝根嵌入堤身。

3.9.11 顺坝和格坝的布设应符合以下规定:

1 顺坝应与水流平行,沿导治线布设。

2 弯曲河段上布设的顺坝,应随流势设成弯曲状。

3 顺坝较长且距河岸较远时,可在坝岸间设置格坝。格坝一端与顺坝正交或略倾斜,一端嵌入河岸。格坝间距宜在 20 ~ 100 m 间。

3.9.12 挡水坝的布设应符合以下规定:

1 为合并、改移天然沟渠或截断支流等需要时,可布设挡水坝。坝址应避开汊口,选在汊沟内最窄、河岸稳定和地质良好处。

2 为阻挡水流在线路下坡侧漫溢路堤,可在地形较高或受水流冲击轻微处,利用地形布设挡水坝。

3.9.13 不没水的导治建筑物顶面,应高出桥梁设计水位至少 0.25 m,尚应考虑桥前壅水、局部股流、波浪侵袭、斜水流局部冲击、河床淤积等的影响。部分导治建筑物的高度,还应考虑水面坡度的影响。波浪侵袭高度与斜水流局部冲高不叠加,取两者之较大者。没水的导治建筑物顶面应略高出常水位。常水位系指常年有水河流的每年大部分时间所保持的水位。

3.9.14 导治建筑物的平面形状应根据当地地形、地貌、地质、水流流向、流速、股流位置等情况确定。导治建筑物的断面一般为梯形。断面尺寸应根据其用途、堤坝部位、填筑材料等因素确定。土质堤坝的顶宽与边坡坡度可按照表 3.9.14 的规定确定。

表 3.9.14 土质堤坝顶宽与边坡坡度

<table>
<tr><th rowspan="3">堤坝类别</th><th colspan="2">顶 宽 (m)</th><th colspan="4">边 坡 坡 度</th></tr>
<tr><th rowspan="2">头</th><th rowspan="2">身</th><th rowspan="2">头</th><th colspan="3">身</th></tr>
<tr><th colspan="2">迎水面</th><th>背水面</th></tr>
<tr><td rowspan="2">堤丁坝</td><td rowspan="2">3 ~ 6</td><td rowspan="2">2 ~ 4</td><td rowspan="2">1:2 ~ 1:3</td><td>不经常浸水</td><td>1:1.5</td><td rowspan="2">1:1.5 ~ 1:2.0</td></tr>
<tr><td>经常浸水</td><td>1:2.0</td></tr>
<tr><td>挡水坝</td><td colspan="2">2 ~ 4</td><td colspan="4">1:1.5 ~ 1:3.0</td></tr>
</table>

3.9.15 封闭式导流堤应按水流和地形条件而确定为对称或不对称布设。堤与桥头的衔接部分可作成曲线形,在上游可用直线与岸边衔接,堤端应嵌入稳定河岸。下游可作成曲线短堤。

封闭式导流堤应设计为不没水的,其上游侧堤顶高程可按下式计算:

$$H_d = H_p + \Delta Z_M + \Delta h_p + L'_x I_0 + 0.25 \quad (3.9.15\text{—}1)$$

下游侧堤顶应设计为水平的,堤顶高程可按下式计算:

$$H_d = H_p + \Delta h_p + 0.25 \quad (3.9.15\text{—}2)$$

式中 H_d——距桥头 L'_x 距离处的上游侧导流堤堤顶高程(m);

L'_x——导流堤计算点到桥头的距离在水流轴线上的投影(m);

其余符号意义同前。

3.9.16 非封闭式导流堤可设计为曲线形，当需要挑导水流时可采用直线形。

非封闭式导流堤应设计为不没水的，上下游侧堤顶纵断面均应设计为水平的，上游侧堤顶高程可按下列公式计算：

1 当桥头台尾处至沿路堤上游侧形成最大壅水处的距离，小于同一端台尾至岸边的距离时（$L' < L_a$）：

$$H_d = H_p + \Delta H_{sh} + \Delta h_p + 0.25 \quad (3.9.16\text{—}1)$$

2 当桥头台尾处至沿路堤上游侧形成最大壅水处的距离，大于同一端台尾至岸边的距离时（$L' > L_a$）：

$$H_d = H_p + \Delta H'_{sh} + \Delta h_p + 0.25 \quad (3.9.16\text{—}2)$$

以上各式中符号意义同前。

3.9.17 桃形导流堤是由两相邻桥相邻端的封闭式导流堤组合而成，其堤顶高程、平面形状和尺寸与封闭式导流堤相同。两相邻封闭式导流堤相交处应以圆弧连接。

3.9.18 分水堤应设计为不没水的，可结合水流、地形条件，在两相邻桥之间布设。分水堤应设在两桥之间的地形最高处，可布设成直线形。

3.9.19 梨形导流堤上游侧的堤顶高程、平面形状和尺寸可与非封闭式曲线形导流堤相同。以反向圆曲线与河滩路堤相连形成的半梨状堤，可结合地形、地貌和桥台锥体大小等情况进行布设。下游侧堤亦可设计成半梨状或曲线形短堤。

3.9.20 丁坝可设计为没水的或不没水的。为加速丁坝群间的淤积使形成新的水边线时，应设计为没水的；为挑离水流避免水流直接冲击建筑物时，应设计为不没水的。丁坝坝身宜短而坚固，在平面上可与水流斜交。没水丁坝应向上挑与水流成95°～105°交角；不没水丁坝应向下挑与水流成60°～75°交角。凹岸丁坝间距约为上一个丁坝长的1.5～3.0倍；直河段间距可适当加大。不没水丁坝坝顶可修成向河心下倾的坡度，使坝根在水面以上有较大的安全值。在感潮河段上的涨潮流速较大或有涌潮的地段，修建丁坝不宜与水流正交，以采用垂直向上游偏约15°为宜；在涨落潮流速约略相等的地段，应使丁坝与水流正交。

3.9.21 顺坝和格坝均宜设计为没水的。当用干砌或浆砌块石修筑成挡土墙式的顺坝时，可修成顶宽约1.0 m，边坡为1∶0.3～1∶0.5，顶面的轴向坡度大致与所在河段的水流坡度相同，上游端嵌入河岸，下游端开口以泄坝后水流。在感潮河段上，顺坝应间隔适当距离开口，以泄水流。格坝用卵石垒砌时，顶宽应为0.6～0.8 m，边坡1∶0.2～1∶0.5，两侧边坡的坡度宜采用一致，坝顶应与顺坝同高。顺坝和格坝均可在前期修筑低矮坝体，以后随坝后淤积情况逐渐加高。

3.9.22 挡水坝宜修成直线形，如为适应天然地形和水流流向也可修成曲线形。

3.9.23 修筑导治建筑物应就地取材。如两侧临水可用土或砂石填筑；一侧临水宜以土填筑，必要时应采取防渗措施。导治建筑物边坡，应视水深、流速的大小和流冰、流木、波浪的冲击程度，当地材料供应情况，施工条件以及气候、地形和地质等因素适当加固。一般的分水堤可不防护加固。

3.9.24 防护加固类型可按照表3.9.24的规定使用。

表 3.9.24 防护加固类型

序号	加固类型	容许最大流速(m/s)	适用条件
1	平铺草皮	≤1.5	适用于草皮易于成活的环境,淹没时间不长处
2	干砌片石	1.5~2.5	适用于不受水流作用的部位或临时性防护,最小厚度为0.25 m。当用栽砌漂石代替时厚度不得小于0.35 m,如漂石形状为扁平时,不得小于0.30 m。干砌片石铺设时,底部应铺设厚度不小于0.15 m的反滤层。栽砌漂石下设反滤层的厚度应与干砌片石者同
3	浆砌片石	2.5~6	采用最低强度等级 MU20 不风化的片石,用 M5 号水泥砂浆砌筑。最小砌筑厚度为0.35 m,下设垫层最小厚度为0.1 m
4	C15 混凝土板	4~8	板厚宜为0.1~0.2 m,板块宜大勿小,可在缺乏石料地区代替片石使用。可预制或就地灌注,预制板铺设时要靠紧并用沥青麻筋塞缝。垫层厚度对于干燥边坡用0.1~0.15 m,对于潮湿边坡用0.2~0.3 m
5	钢筋混凝土块排	3.5~5.0	用于平原河流,可防护浅埋边坡基础,块排与基础及块排间宜用环套连接,末端块应视流速大小加厚加重
6	铁丝石笼	2.5~3.5	为半永久性防护工程,不宜用于水流中有滚石的河段,可用作堤坝身,也可用作防护浅埋基础。当用钢筋桩锚固加强时,容许流速可达5.0 m/s
7	柴排	2~3	适用于堤坝边坡坡脚浅埋防护,可设在常水位以下,并用抛石等办法使之固定

3.9.25 各种不没水的堤坝,除了非封闭式导流堤头部防护需延伸至背水面并适当增加富余量外,其余只需对迎水面及坝头进行全高防护。没水堤坝两侧及顶面均应防护,河岸的防护高度按具体情况确定。当河岸较低且允许漫水时,应铺砌至河岸顶。

3.9.26 封闭式导流堤上游堤端部、丁坝和挡水坝根部与土质河岸接触部分,应根据河岸稳定程度嵌入岸坎3~5 m。并对嵌入部位上下游河岸进行适当防护加固。

3.9.27 导治建筑物边坡防护的护脚顶面,宜置于一般冲刷线以下。在下切严重的河流上,还应考虑河床降低的影响。当边坡防护护脚顶面埋入一般冲刷线以下施工有困难时,可采用铁丝石笼、钢筋混凝土块排等柔性结构进行平面防护。

3.9.28 在季节性河滩上可单独或配合其他导治工程种植防护林带。

3.9.29 泥石流地区导流和急流槽设计应符合下列要求:

1 导流设计应顺导,不得硬挑;宜沿岸防护。

2 急流槽设计应以不淤不冲为原则。槽头应与上游沟床稳定、冲淤基本平衡的流通区或山口相接,以逐渐收缩形状引入水槽。平面应顺直,避免急转弯及宽窄相间的形式。为避免大河顶托而导致溯源淤积,槽尾设计高程应有利于泥石流的顺畅排泄。急流槽纵坡宜参照流通区沟槽多年冲淤相对平衡的坡度设计。纵坡<15%的急流槽槽底宜作成仰拱形或钝角三角形,槽宽不应小于泥石流最大粒径的2.5~3.0倍,其转弯半径宜大于槽宽8倍。

3.9.30 泥石流地区拦挡坝和停淤场的设计应符合下列要求:

1 拦挡坝

1)拦挡坝位置的选择应由地形条件决定,宜修建在形成区及流通区,或储淤条件及地质条件较好处,或用于需要固定沟床、稳定山坡处;

2)拦挡坝形式有实体坝、格栅坝、铁丝石笼坝。实体坝适用于各型泥石流沟。格栅坝适用于稀性泥石流沟或水石流沟。铁丝石笼坝为临时性措施适用于颗粒小的稀性泥石流沟;

3)拦挡坝宜成群建筑,坝间距离应按下游坝体回淤的泥沙能对上一道坝起到防冲护基的作用为准;

4)桥址上游沟形明显,沟槽较深时,可在沟内设拦挡坝,下游紧接急流槽。

2 停淤场

停淤场可设在堆积区中下部的扇面宽阔处,或设在两扇间的低洼处。

3.10 特殊情况水文计算

3.10.1 泥石流地区水文计算应符合下列规定:

1 小流域泥石流流量可按雨洪修正法计算。能调查到泥痕的较大河沟也可用泥痕调查法计算。必要时兼用两法相互校核。

1)雨洪修正法

$$Q_c = Q_p(1+\phi_c)D_c \tag{3.10.1—1}$$

式中 Q_c——泥石流流量(m^3/s);

Q_p——按一般河流计算,符合本规范第1.0.5条规定的设计流量,(m^3/s);

D_c——泥石流堵塞系数,应按附录H的规定取值;

ϕ_c——泥石流修正系数,$\phi_c = \dfrac{\gamma_c - \gamma_s}{\gamma_H - \gamma_c}$

γ_c——泥石流流体容重(kN/m^3);

γ_H——泥石流流体中固体物质(泥,砂、石各个个体)容重的平均值,可取26~27 kN/m^3;

γ_s——水的容重,$\gamma_c = 10\ kN/m^3$。

2)泥痕调查法

$$Q_c = \omega_c v_c \tag{3.10.1—2}$$

式中 ω_c——泥石流过流断面积(m^2);

v_c——泥石流流速(m/s),黏性泥石流按地区公式计算;稀性泥石流按下式计算:

$$v_c = \sqrt{\frac{\gamma_s}{\gamma_H\phi_c + \gamma_s}} \cdot \frac{1}{n} \cdot R^{\frac{2}{3}} \cdot I_c^{\frac{1}{2}}$$

n——一般河流的河槽糙率,可按附录D的规定取值;

I_c——泥石流水面(或沟底)坡度;

其余符号意义同前。

2 泥石流沟宜采用桥梁通过,桥梁孔径不能单凭流量确定,应按其所在区段,结合地形条件、沟槽宽度、泥石流性质、流势及其发展变化的规律,综合考虑确定。

1)流通区

桥孔不得压缩沟床,不宜在沟中设墩。

2)山区泥石流堆积区

桥孔宜跨越泥石流的主要活动范围。

3)山前泥石流堆积区

对稀性泥石流,在溢槽漫流的流量及流速不大的边缘地带,桥孔可适当压缩,压缩量不宜超过10%~20%,并应作一定的排导工程;对黏性泥石流,不宜压缩桥孔。

3　桥下净空应在合理的沟床基准面及符合设计频率泥位的基础上，分别考虑在设计年限内沟床基准面以上的总淤积高度、巨大石块超出设计泥位的高度、高大树木随山体块体运动拥出的超高值、泥石流遇阻冲高等因素，再按本规范第 3.4.18 条的规定留足安全值。

4　泥石流沟桥下的一般冲刷和桥墩局部冲刷除按一般河流的冲刷公式计算外，还应结合现场调查、分析确定。桥下床面高程在一般堆积区可采用勘测断面的最低点，位于大河切割范围内的堆积区，则还应考虑桥下床面下切的影响。在流通区应采用桥址附近调查到的最低点。

5　当修建明洞或渡槽使泥石流在铁路上方通过时，明洞或渡槽必须有足够的排泄坡度和宽度，并在平面和剖面上能平顺地与上下游沟床相连接。

3.10.2　岩溶地区水文计算应符合下列规定：

1　岩溶地区的流量计算，应按本规范第 3.3 节无岩溶存在的天然情况下有关规定进行，并按以下情况考虑增减。

1）当流域内有消水溶洞，且洪水时消水溶洞截流面积的水量可全部引入地下时，计算流量所用的汇水面积应扣除截流面积；

2）当流域内有出水溶洞、泉水、暗河出口等来自其他汇水区的水量时，可在出水口作矩形堰或三角堰测定。通常来自出水溶洞等的水量应与流域流量直接相加。

2　坡立谷、大型溶蚀洼地以及封闭洼地宜设桥。

3　桥孔设计应根据溶洞、溶槽、漏斗和暗河的分布、发育情况确定，墩台位置宜避开岩溶点，严重的岩溶地区应绕避。

3.10.3　感潮河段水文计算应符合下列规定：

1　位于感潮河段上桥渡的洪水设计频率与一般无潮汐影响的河段同，但设计流量、设计水位和设计流速应视河段的具体情况，考虑潮汐及洪水对桥渡所在区段的不同影响而分别计算确定。

2　设计中应对感潮河段上的潮汐现象及桥渡所在区段的特点进行调查，根据不同的区段特点作不同的考虑。位于感潮河段的上游段，其设计流量、设计流速可按一般无潮汐影响河段的办法计算确定，但设计水位应考虑潮汐的顶托影响；下游段应选择典型潮型以确定设计潮位过程线，并在潮区界以上选择可能发生的不利频率组合的流量过程线，计算出桥址处的各设计值。介于两者之间的河段，按本河洪水与潮流可能相遇的不利组合，组合成设计频率的计算条件，计算出桥址处的各设计值。

3　桥址处具有不少于 20 年实测资料时，设计流量、设计水位的频率计算可按本规范第 3.3 节有关规定办理。根据计算得出的符合设计频率的高低潮位值、涨落潮流量值和典型年过程线再推求出各设计值的设计过程线，从而利用桥址断面推求流速过程线和流速设计值。

4　桥址处具有不足 20 年，但具有不少于连续 5 年以上的实测资料时，其水位、流量值可与附近具有不少于连续 20 年实测资料的测站建立关系，按极值同步差比法进行推算。桥址与该测站除应符合地理位置邻近外，尚应具有潮汐性质、受河流径流（包括汛期）的影响、增减水的影响皆相似等条件。

极值同步差比法计算应采用下列公式：

$$X_{SY}=A_{NY}+\frac{R_Y}{R_X}(X_{SX}-A_{NX}) \tag{3.10.3—1}$$

式中 X_{SY}——桥址处设计高(低)潮位值(m)或设计潮洪流量(潮流量)值(m^3/s);

X_{SX}——测站处设计高(低)潮位值(m)或设计潮洪流量(潮流量)值(m^3/s);

A_{NY},A_{NX}——分别为桥址及测站的同期平均潮水位或同期平均潮洪流量(平均潮流量);

R_Y,R_X——分别为桥址及测站同步潮差(m)或同步潮洪流量(潮流量)差(m^3/s),其比值 R_Y/R_X 可取两处每日潮差或流量差比值的平均值。

若桥址处无流量资料,仅有水位资料时,除按式(3.10.3—1)推求水位设计值外,尚需选择以典型潮型确定的设计潮位过程线与利用本规范第3.3节有关规定推求出的桥址上游潮区界以上某处的设计或相应频率的流量过程线,按本条第6款的规定推求桥址处的流量、流速设计值。

5 桥址处无实测资料,桥址下游河口潮位站又不具备用极值同步差比法计算出设计高(低)潮位时,则应在河口潮位站(或设临时站)按本规范第3.1.11条规定进行观测,按式(3.10.3—2)近似计算设计高(低)潮位值,并按设计值及观测资料选定设计潮位过程线。若潮区界上游亦无水文资料,可按本规范第3.3节有关规定近似确定设计流量过程线,再按本条第6款所列方法得出两设计过程线再推求设计流量、设计水位和设计流速过程线。

近似计算设计高(低)潮位可按下式计算:

$$H_S = H'_S \pm k \tag{3.10.3—2}$$

式中 H_S——设计高(低)潮位值(m);

H'_S——按短期观测资料推求的设计高(低)潮位值(m),可按下式计算:

$$H'_S = A_N \pm (0.6r + k') \tag{3.10.3—3}$$

A_N——年平均海平面,$A_N = A + \Delta A$,式中 A 为短期观测资料的月平均海平面;ΔA 为桥址下游河口所在地区(或附近港口)海平面的月份订正值;

r——短期(一个月以上)观测资料中的平均潮差(北方港口不应应用冬季潮差);

k'——常数,可采用0.4 m;

k——常数,可采用表3.10.3中与潮汐性质、潮差大小、河流影响以及增减水影响都较相似的附近港口相应的数值,高潮用正,低潮用负。

表3.10.3 k 值

水位	k(m)	所在地区		
		黄渤海地区	东海地区	南海地区
高潮位	2.2			湛 江
	2.1			汕 头
	1.8		温 州	
	1.7		镇海、宁波	
	1.6		吴 淞	秀 英
	1.5	塘沽新港	连云港、厦门	
	1.4		海门(浙江)、马尾	
	1.3		上 海	
	1.2	青 岛		黄 埔
	1.1	大连、营口		
	1.0	秦皇岛		
	0.8	烟 台		

续上表

水位	k(m)	所在地区		
		黄渤海地区	东海地区	南海地区
低潮位	1.9	塘沽新港		
	1.6	大连、秦皇岛		
	1.3	烟台、青岛		
	1.2		连云港	
	1.1		马尾	
	1.0		宁波、厦门	
	0.9		吴淞	湛江
	0.8		温州	
	0.7		上海、海门(浙江)	汕头、黄埔、八所
	0.6			秀英

6 桥址处无实测资料,而桥址下游河口验潮站和桥址上游潮区界以上的水文站皆有不少于20年的大潮和与其相应的洪水观测资料以及年最大洪水期与同期的潮位观测资料,可分别按非恒定流方法推算至桥址,然后按本条第3款规定推求桥址各设计值,并选其不利者。

桥址处无实测资料,但桥址上下游有可能获得设计频率的量值,而无法获得设计过程线时,可按恒定流方法近似推求出桥址处设计值。

7 桥梁位于挡潮闸附近或围垦影响区段内时,应搜集建闸或围垦前后历年河道变化资料及水文资料,特别是对关闸时水位局部突然壅高和落低的数值或围垦后对水位变化过程的影响,桥孔设计时应予计及并从中找出变化规律。

8 不受洪水控制感潮河段上的桥长,可依据渔业和航运的要求、工程基础施工的条件、经济和环境要求等因素,综合考虑确定。

9 在有封冻及流冰的感潮河段上,应注意水流往复流的作用。桥渡布设不应阻碍冰块的排泄。当有大型冰块浮动时,桥墩应具有防冰或破冰设施。

10 通航感潮河段的最高通航水位,可依资料情况按下述方法推算:

1)具有不少于20年大潮期的逐时潮位资料时,宜选取10年一遇的实测全年潮位记录,以小时为单位作时潮位频率统计,采取通航保证率为98%的相应潮位作为最高通航水位;

2)资料不足10年时,宜采用实测最高潮位年的全年潮位记录,作时潮位频率统计,保证率亦采取为98%的相应潮位作为最高通航水位。

3)仅有年最高潮位资料,而无逐时潮位记录时,通航水位的最高值,可采用到历年高潮位的平均值。

11 感潮河段上不通航桥孔的桥下净空高度,应根据桥梁设计频率的最高潮位,按本规范第3.4.18条规定确定。浪高和壅水高应按本规范第3.4节和第3.5节有关规定估算。

12 海水碎浪对钢结构或支座的溅蚀作用应予考虑。碎浪高度可调查确定,必要时应对溅蚀部分采取防护设施。

13 桥梁的一般冲刷和局部冲刷可按本规范第3.6节有关公式计算,但还应考虑设计条件下各种情况组合所求得的最不利的水文、水力、泥沙等因素以及潮汐水流和泥沙运动对冲刷的影响。当水文条件复杂时,可通过水工模型试验确定。

3.10.4 水利化地区水文计算应符合下列规定:

1 水利化地区桥渡设计洪水可采用雨量资料推算,并以流域治理后实测较大洪水和相应雨量资料进行校核。当采用上下游水文站实测成果推求桥渡设计洪水时,应考虑站桥间分洪、蓄洪、滞洪、溃堤、破圩等的影响。必要时应先将资料还原到同一基础上,然后进行频率分析。

2 凡流域经过治理或有人工控制设施的河段,应利用有关水利部门的设计计算资料,并了解其推算方法及其考虑的因素是否与铁路桥渡设计要求相符,再结合铁路桥渡特点进行水文分析。

3 应用当地排涝公式推算桥渡设计流量时,应考虑桥渡设计洪水与防洪排涝设计洪水在汇流及槽蓄方面的差异。当此项差异较大时,应考虑流域或行洪滩地蓄洪、滞洪以及分洪的影响。

4 水文分析应考虑因溃堤、破圩造成相邻流域和各汇水区的串通,并应注意下坡端或低洼处水流集中对铁路桥渡的影响,必要时应将洪水时各串通流域进行统一水文分析计算。

5 内涝积水位计算可按下列方法进行:

1)当圩内无设备和能力向外江外海抽排时,可根据外江水位的封圩期,求算设计总净雨量,然后根据圩内起始水位由内涝区库容曲线查算出设计内涝积水位。

2)当圩内有泵站或水闸向外江外海抽排时,可按下列方法和原则确定设计内涝积水位:

考虑人工抽排计算内涝积水位时,降雨过程应选择历时长、总量大或强度大且集中的降雨。设计降雨过程可采用同频率分段控制的典型年放大方法。净雨量计算可根据具体情况选用径流系数法、降雨径流相关图、地区经验等方法。无论用何种方法,应能和用闸站实测水位过程、抽排水量和库容曲线由水量平衡原理反求的净雨量相验证。

内涝积水位可采用水量平衡原理计算。有泵站抽排时,按安机台数和能力计算排水量。开机利用系数可根据调查确定,还可考虑连续开机。同时有排水闸和泵站时,当外江水位低于圩内水位时,仅考虑闸排不计泵排;当外江水位高于圩内水位时可考虑泵站抽排,抽排计算中应考虑停止抽排的可能因素和影响。

选择近年圩堤内与较高积水年份相应的实际降雨和抽排能力,用拟定的方法和原则求算其计算积水位,并应与实际调查的积水位相验证,而后在此基础上推算内涝积水位。

6 河网地区若无完整的水文、气象和流域、河道资料时,可调查历史洪水成因和最高水位,据以计算桥渡设计水位和流量;当有较完整的流域降雨及河道断面资料时,可由雨量资料推求入流过程,应用河道洪水演进的办法求算河网圩区调蓄后的出流过程。

7 跨越大型灌渠的桥梁,其设计流量可采用主管部门提供的最大灌溉流量或最大排洪流量。一般中小型渠道则可根据其水源和灌溉方式的不同而选择相应的流量计算办法。

8 桥梁跨越两岸建有防洪堤的河道，当堤防内河道最大安全泄洪量等于或大于归槽情况下桥梁设计流量时，桥梁可按归槽流量及水位设计。否则，应分别按堤防内河道上及堤防外河滩上两种不同情况进行设计。

1）堤防内河道上桥孔设计

位于重要工矿区、重要城市附近或河道堤防近期可落实规划加高至铁路桥梁设计洪水频率标准时，大中桥应采用与桥梁设计频率标准相应的归槽流量和水位设计。

位于一般地区或城市附近的大中桥，若其对防洪标准及堤防加高尚无规划，桥渡设计流量宜与当地有关部门协商解决。

桥孔大小的确定应考虑桥前壅水对上游村镇、农田的影响。桥孔布设时不应更动现有堤防。

2）堤防外河滩上桥孔设计

可根据桥址上游堤防在遭遇桥梁设计频率标准洪水时漫堤、溃堤的流量和水位以及滩槽的具体情况分析确定。漫滩洪水不易归槽，可根据具体情况在行洪洼地或历史上行洪道处集中或分散设置桥涵，其孔径应按漫堤、溃堤后桥址处实际水位和滩地分配流量确定，各桥流量分配应按一河多桥原则酌量加大。

9 跨经蓄洪、滞洪和分洪区的桥渡，应了解淹没情况及主流的位置，桥孔不应压缩主流区，并应检算对蓄洪、滞洪和分洪区通过能力和对堤防的影响。长期蓄洪区除因灌溉需要外，流水面高程不宜设置过低，桥下净空高度还应加算桥下壅水和波浪高度的影响。

10 当桥渡受下游人工建筑物或江河湖泊的固水顶托时，应按回水顶托情况检算桥孔，并应充分考虑泥沙淤积的影响。

11 桥下冲刷计算和基础的埋置深度，应考虑有关部门排除盐碱和防洪排涝、开挖河道造成沟底高程降低的因素。

12 河网区桥涵类型以采用桥梁为宜，桥孔不宜压缩河道，跨越灌区的桥涵亦不宜压缩渠底宽，并应减少中墩。灌溉桥涵的流水面高程，除应考虑上下游山塘、水库、渠道的联接和清淤要求，与当地有关部门协商取得依据外，尚应与铁路排水系统及上下游取土坑高程综合考虑，协调一致。当灌溉渠道上采用圆涵时，应将流水面稍予放低，并适当加大孔径。

3.10.5 水库地区水文计算应符合下列规定：

1 水库地区的桥梁设计，应考虑水库修建时河道水文要素、岸坡稳定和河道泥沙改变的影响。

2 位于水坝上游库区的桥梁，其设计流量的确定可为：

1）水库设计洪水频率标准高于桥梁时

可采用相应于桥梁设计标准的水库计算流量。

2）水库设计洪水频率标准低于桥梁时

桥梁设计尚应以溃坝时通过桥下最大流量进行检算。

3 位于水坝下游的桥梁，其设计流量的确定可为：

1）水库设计洪水频率标准高于桥梁时

当坝桥间径流量较小,可直接采用与桥梁设计频率标准相应的水库下泄流量。当有较大支流汇入,区间流量较大,桥址距水坝又较远时,除应计及区间流量外,并应考虑河槽调蓄对下泄流量的影响,求算桥址处的设计流量。当受水库下泄流量控制设计时,尚应考虑水库有效库容逐年减少和下泄流量逐年增大的可能因素对桥梁的影响。

2)水库校核洪水频率标准低于桥梁时

应按本规范第1.0.6条的规定采取措施,并应适当考虑溃坝可能对桥涵造成的不利影响。

4 在库区内或沿水库修建的桥梁,其设计水位应考虑水库淤积对水位抬高的影响,水库淤积后的回水曲线一般可向有关部门搜集,也可应用能量平衡原理或简易法推求,据以确定桥下设计水位。

5 位于水坝上游库区的桥梁孔径设计:

1)桥梁跨越水库时,桥梁长度可按建库前天然河宽设置。当库内修建长路堤在技术经济上属于不利时,应延长桥长。

2)位于结冰河流水库变动回水区的桥梁,应考虑冰坝和冰塞可能造成水位抬高的影响。

3)桥下冲刷采用与天然河流相同的计算方法,但应考虑下列因素:

汛期水库最低蓄水位和设计洪水相遭遇的影响;

水库溯源冲刷的影响;

建库后水沙条件变化所引起河道改变的影响;

梯级水库上游水库泄洪冲刷的影响。

6 位于水坝下游的桥梁孔径设计:

1)应按本条第3款所确定的设计流量进行孔径设计;

2)墩台基础埋深除按本规范第3.6节规定的有关公式计算外,尚应考虑水库下泄清水冲刷的影响;

3)桥位无法避开坝下局部冲刷范围时,应搜集水库设计部门的水库运行条件及经验公式进行分析计算,必要时可进行水工模型试验确定。

3.10.6 一河多桥水文计算应符合下列规定:

1 一河多桥的布设,应结合河段的特点,地形、地质的因素,排洪、排涝和交通的要求,综合考虑比较确定。山区开阔河段和山前变迁河段均应考虑一河多桥与一河一桥方案的比选;对山前冲积扇扩散河段和平原分汊河段,则宜采用一河多桥;对平原顺直微弯河段和蜿蜒河段,当泛滥宽广,河滩流量所占比重较大时,可考虑增设河滩桥。采用一河多桥时应布设必要的导治建筑物。

2 一河多桥的布设,应使各桥桥址中线与洪水流向正交。

3 一河多桥的各桥流量,不能单凭桥址断面来分配,应根据地形、地貌,主流分布的情况,河槽变化的可能,水流摆动的趋势以及历年实测洪水资料酌予加大。必要时,可通过水工模型试验取得数据。

4 增建第二线的一河多桥,应利用既有线一河多桥历史洪水调查资料。当既有线桥历经多次洪水考验,流量分配比例已基本固定又无严重水害时,增建第二线各桥流量即可按既有桥历次洪水时相应的最大流量分配率确定。

5　一河多桥的各桥孔径，可按各桥的最不利分配流量进行计算。增建第二线一河多桥尚应结合既有线桥的运用情况考虑。

6　一河多桥的河滩桥桥孔在通过设计流量时，桥下流速不宜高于滩地面的不冲刷流速。若桥下流速超过滩地面不冲刷流速且增加桥孔收效又不大时，需考虑桥下冲刷防护措施。当河滩较长，冲刷防护有困难时，应将基础深置，并采取措施防止桥下冲刷后引起主流的改道。

河滩上灌溉渠道和道路与铁路立交需设置桥涵时，应采取冲刷防护措施。

3.10.7　海湾地区水文计算应符合下列规定：

1　海湾地区桥渡的设计水位，Ⅰ、Ⅱ级铁路采用重现期为100年一遇的高潮位，Ⅲ级铁路采用重现期为50年一遇的高潮位。推算潮位时，应搜集附近测站历年的最高潮位值与各基准面间的相对高差值，不同重现期的高潮位值可采用耿贝尔方法即第Ⅰ型极值分布律推算。

2　设计波浪的重现期标准，Ⅰ、Ⅱ级铁路采用50年一遇，Ⅲ级铁路采用25年一遇。设计波浪的波列累积频率，按计算内容选定。计算设计波浪时应搜集：每年实测的最大大波平均波高 $H_{\frac{1}{10}}$；测波浮筒处的水深；海图。

3　设计波浪的波向应采用垂直于桥渡方向左右各30°以内风区最长的来波方向。桥渡处的计算波高大于浅水极限波高时，采用极限波高。

4　桥下不通航的桥梁梁底高程应不低于设计重现期高潮位加设计重现期波列累积频率为1%的波高值再加0.5 m安全值。

4 路 基

4.1 滨河路基

4.1.1 当滨河路堤的路肩高程受设计水位控制或滨河路堤受水流冲刷需设置防护工程时，应进行水文勘测。施测时可利用线路平面图和水文站的水文资料，并测绘以下内容：

1 水文断面

布设水文断面的间距，应根据需要和现场实际情况确定。在紧贴河滨受设计水位控制的线路紧坡地段、重要工点、重大防护工程处、有较大支流汇入处、河道平纵断面有突变处及河湾处均应加设水文断面。

2 水文平面关系

关系图中应绘出河段简易地貌、最高洪水泛滥线、水准点、线路中线（车站应绘出车站范围）及水工建筑物的位置等。

3 水面坡度图

施测内容应符合本规范第3.1.7条第3款的规定。

4.1.2 受洪水影响的滨河路堤，应根据天然河道的形态和水文特征进行分析，计算沿堤的水位和流速，用以确定路堤最小高度与防护措施。

4.1.3 滨河路堤宜避开洪水泛滥区，对位于洪水泛滥区的路堤应减小路堤与水流的交角。当路堤必须侵入洪水河槽时，应有足够依据，但山区河流的河槽不得侵入。站场范围内的滨河路堤，还应根据站场股道与建筑物的布设，考虑其今后的发展，检查侵入的程度。

4.1.4 滨河路堤的水文计算，应考虑河道弯曲、卡口、扩散、山嘴及人工建筑物等不同的平面形态，以及河床由陡变缓、由缓变陡、险滩急流、深坑跌水等纵坡变化和路堤侵占河道的行洪断面等对水位、流速的影响。

4.1.5 滨河路堤的路肩高程，应根据河流的具体情况，分别考虑壅水（包括河道卡口或建筑物造成的壅水、河湾水面超高）、波浪侵袭、斜水流局部冲高、河床淤积等影响的高度。其最低高程应高出设计水位（设计水位的洪水频率应符合本规范第1.0.5条的规定）加上述所规定的各项影响后至少0.5 m。波浪侵袭高度与斜水流局部冲高取两者之较大者。

4.1.6 波浪在路堤边坡上的侵袭高度，可按本规范第3.7.6条的规定确定。

4.1.7 山区或山前河流上滨河路堤轴线与水流流向不平行时，斜水流在路堤边坡上的局部冲高可按下式计算：

$$\Delta h_{cp} = \frac{\bar{v}_g^2 \sin^2 \beta}{g_n \sqrt{1 + m^2}} \tag{4.1.7}$$

式中 Δh_{cp}——斜水流在路堤边坡上的局部冲高值（m）；

$\bar{v}_g$——冲向路堤的水流或股流的平均流速（m/s）；

β——水流流向与路堤边坡上水边线所成的平面夹角（°）；

其余符号意义同前。

4.2 滨海路基

4.2.1 靠近或通过海峡、海湾在滨海范围的铁路,应选择在海面最短和水深不大及海底地势较为平坦与地质良好的地段。

4.2.2 滨海路堤类型的选择应考虑到所在地区的海岸形势、水深、设计水位、波浪高度、冰凌、淤砂、海流情况和当地的工程材料、海上施工的条件以及对海堤的使用要求等因素。

4.2.3 滨海路堤的路肩高程受潮位、波浪、海流影响时,应调查、搜集、测绘下列资料:

1 搜集测站历年潮位、波浪、海流等资料;

2 测绘滨海路堤范围的地形图及路基设计需要的横断面。当能搜集到历年滨海地形图或海图,以及断面等资料时,也可不测;

3 封冻及流冰的滨海地段,应调查、搜集冰凌资料;

4 调查海水碎波高度。

4.2.4 滨海路堤未设防浪胸墙时,路肩设计高程应不低于设计水位加波浪侵袭高(波浪爬高),并加不小于0.5 m 的安全高度;当路堤顶设有防浪胸墙时,路肩设计高程应不低于设计水位高程以上至少0.5 m。

4.2.5 滨海路堤的设计水位,Ⅰ、Ⅱ级铁路采用重现期为100年一遇的高潮位,Ⅲ级铁路采用重现期为50年一遇的高潮位。如滨海路堤兼做水运码头时,尚应按水运码头设计要求确定设计最低潮位。

4.2.6 设计波浪的标准应包括设计波浪的重现期与设计波浪的波列累积频率。

设计波浪的重现期标准,Ⅰ、Ⅱ级铁路采用50年一遇,Ⅲ级铁路采用25年一遇。

在进行斜坡式或直墙式滨海路堤的强度和稳定性计算时,设计波高H的波列累积频率标准应按表4.2.6的规定采用。

表4.2.6　波列累积频率标准

滨海路堤形式	部　　位	计算内容	波列累积频率F(%)
斜坡式	胸墙、堤顶方块	强度和稳定性	1
	护坡块石、护坡块体	稳定性	13*
	护底块石	稳定性	13
直墙式	上部结构、墙身、桩基	强度和稳定性	1
	基床、护底块石	稳定性	5

注:* 当平均浪高水深的比值$\bar{H}/d<0.3$时,F宜采用5%。

当推算的波高大于浅水极限波高时,均应按极限波高采用。

4.2.7 不同重现期的设计潮位、波浪的推算,波浪侵袭高度(波浪爬高)与波浪作用力的计算,可按国家现行标准《港口工程技术规范·海港水文》(JTJ 213)的规定执行。

4.3 水库路基

4.3.1 沿水库边缘或跨越水库库湾修筑的受水浸泡的路基,设计时应根据水库的特点和要求,考虑水位升降、波浪侵袭、水流冲刷、坍岸、淤积和地下水壅升而引起大孔性土湿陷等影响,以及采取相应的防护、加固措施。

4.3.2 水库路基除按要求进行测量外,尚应调查、搜集水库各种特征的水位、水库坍岸与淤积情况、库区最大波浪高度及其相应的水位、库区冰情等资料。

4.3.3 水库路基的路肩设计高程,应高出路基设计洪水频率的洪水位加波浪侵袭高加壅水高(包括水库回水及边岸壅水),加安全高度0.5 m。若水库设计洪水频率标准较高,其正常蓄水位高于铁路设计水位时,路肩设计高程应按水库正常蓄水位确定。在跨越水库边缘,填挖交界处的路肩高程不应低于水库的坝顶高程。

4.3.4 在库区内或沿水库修建的路堤,尚应考虑水库淤积对水位抬高的影响,水库淤积后的回水曲线可向有关部门搜集,也可应用平衡原理或简易法推求。

4.3.5 对水库岸坡的坍岸影响,应根据线路位置、库岸土质、库岸高度与陡度、浸水深度、水库淤积等情况,采取适当防护措施。如距线路较远,亦可考虑分期投资或后期再予防护。

水库岸坡的防护顶面高程应为水库正常高水位加波浪侵袭高加0.5 m,底面高程为水库设计低水位减波浪影响深度。

对淤积严重地段,可采用简易防护或不设防护。

4.4 路基冲刷防护

4.4.1 当滨河、滨海和水库路基受经常的或周期性的水流冲刷作用时,应采取冲刷防护措施。

4.4.2 滨河路堤的坡面防护,应根据河段特性、河道地形、水文条件等情况计算沿堤的水流流速,据以确定防护标准。

4.4.3 滨河路堤沿堤的水流流速可采用靠近路堤的河槽或河滩的平均流速,但应考虑可能的河床变迁所造成的影响。当路堤受斜水流冲击时,沿堤水流流速应考虑流速不均匀分布的影响,可按下式计算:

$$v_x = \bar{v}' \frac{2\varepsilon_g}{1+\varepsilon_g} \tag{4.4.3}$$

式中 v_x——斜流流速(m/s);

$\bar{v}'$——沿堤河槽或河滩的平均流速(m/s);

ε_g——流速不均匀分布系数,可根据水流流向与路堤的夹角β,按表4.4.3的规定取值:

表4.4.3 ε_g 值

β(°)	ε_g	β(°)	ε_g	β(°)	ε_g
90	3.00	60	2.25	30	1.50
80	2.75	50	2.00	20	1.25
70	2.50	40	1.75	15及以下	1.00

4.4.4 滨河路堤防护顶面高程,应为设计水位加波浪侵袭高(或斜水流冲高)加壅水高加0.5 m。

4.4.5 滨海路堤根据波浪对路堤的作用特点和堤前水深、波浪高度、最大波浪底流速及地基情况等因素，确定路堤护坡与护底的形式。

4.4.6 水库路堤边坡防护，以考虑波浪作用对边坡的破坏为主。在封冰和流冰严重地区，还应考虑冰荷载的作用。在水库的上游地段，若流速较大，还应考虑按水流的冲刷作用进行防护。

4.4.7 水库路堤防护顶面高程应为设计水位加波浪侵袭高加壅水高加 0.5 m；底面高程应为水库设计低水位减波浪影响深度（可采用 2.0～2.5 倍低水位时的波浪高）；防护底面至路堤坡脚之间的坡面，当蓄水初期由于浸水或水流的作用，影响边坡稳定时，应适当进行防护。

4.4.8 冲刷防护工程应加强基础处理。基础冲刷深度可根据计算、河床地层冲淤分析和类似工程的实践资料，综合分析确定。防护基础应埋置在冲刷深度以下不小于 1 m，或嵌入基岩内，当冲刷深度较深，水下施工有困难时，可采用桩基、沉井基础或适宜的平面防护。

4.5 路基排水

4.5.1 路基应有良好的排水设备。尤其是对受水浸泡易于松软的特殊土或易于软化的岩石路基排水工程应保证路基边坡和基底的稳固。

4.5.2 路基排水设备，应布置合理，与桥涵、隧道、车站等排水设备衔接配合，并有足够的过水能力。

4.5.3 路基排水设计时，应考虑农田水利综合利用，不使农田失灌或冲毁。

4.5.4 需按流量设计的侧沟、天沟、排水沟，其横断面应按 1/25 洪水频率的流量进行计算，沟顶应高出设计水位 0.2 m。

4.5.5 天沟不应向路堑侧沟排水。当受地形限制可修建急流槽向侧沟排水，急流槽下游的侧沟应加大断面，按 1/50 洪水频率流量计算确定。

4.5.6 在深长路堑和反坡排水困难的地段，宜增设桥涵建筑物，将侧沟水尽快引排至路基外。

5 其他建筑物

5.1 隧 道

5.1.1 新建和改建隧道,应对隧道和辅助坑道洞口的地表水作妥善处理,洞外应有完整的排水设施,保证结构物和设备的正常使用和行车安全。

5.1.2 隧道洞口不宜设在排水困难的沟谷低洼处。

5.1.3 当隧道洞口位于滨河可能被洪水淹没地段、水库回水影响范围或受山洪威胁地段,其路肩高程应高出设计水位加波浪侵袭高和壅水高不小于0.5 m。设计水位的洪水频率标准应符合表1.0.5—2的规定。

若水库设计洪水频率标准高于铁路设计洪水频率标准时,在水库边缘,填挖交界处的隧道洞口高程不应低于水库的坝顶高程。

当辅助坑道作为永久性工程使用时,辅助坑道口设计高程应按上述标准设计。

5.1.4 隧道和辅助坑道的洞口应设置截水沟和排水沟。需按流量设计的截、排水沟横断面应按1/25洪水频率的流量设计。

5.1.5 在多雨地区,应根据具体情况采取防止洞门仰坡范围地表水下渗和冲刷的措施。

5.1.6 洞外路堑的水不宜流入隧道。当出洞方向路堑为上坡时,宜将洞外侧沟做成与线路坡度相反且不小于2‰的坡度。当隧道全长小于300 m、路堑水量较小,且含泥量少、不易淤积、修建反向侧沟将增加大量工程等条件下,路堑侧沟的水可经隧道流出,但应验算隧道水沟断面,不够时应予扩大,并在高端洞口设置沉淀井。

5.1.7 明洞的防水与排水措施应符合下列规定:

1 明洞顶部应设置必要的截、排水系统;

2 靠山侧边墙顶或边墙后,应设置纵向和竖向盲沟,将水引至边墙泄水孔排除;

3 衬砌外缘应敷设外贴式防水层,明洞与隧道接头处,应做好防水处理;

4 回填土表面宜铺设黏性土隔水层,并与边坡搭接良好。

5.1.8 隧道弃砟处理应符合下列规定:

1 在勘测阶段应注意调查弃砟场地附近的河流特性,收集隧道弃砟设计必要的资料;

2 弃砟设计时,应选择好弃砟场地,防止弃砟挤压河道,影响河流泄洪。在河滩弃砟,必须遵守国家有关规定,并取得当地河道主管部门的同意;

3 弃砟场地应作好防洪与排水。根据所在地区降水及地形、地质情况,设置排水管、纵横盲沟、截排水沟。弃砟堆坡脚应有防止洪水冲刷的措施。

5.2 站 场

5.2.1 站场的路堤高度受洪水控制时,站内正线的路肩高程。应符合本规范第4.1.5条的规定。

临河站场最外侧站线路基面边缘的高程应按本规范第 4.1.5 条的规定确定，困难时可不计波浪及壅水高度，按不低于设计水位加 0.5 m 设计。

车站内的排水沟沟顶及正线外包的车场路基边缘或排水沟顶的高程，可不计波浪及壅水高度，按设计水位加 0.5 m，困难时加 0.2 m；调车场最低处的路基边缘或沟顶高程宜按上述设计水位加 0.2 m，困难时亦不应低于该处设计水位高程。

站场靠河一侧筑有防洪堤时，站场路基边缘的高程应按内涝水位加 0.5 m。

5.2.2 站场应有良好的排水设施，排除雨水、融化雪水、客车上水时的漏水、机车废汽水等地面水，确保站场路基稳定、可靠、安全。

5.2.3 站场排水系统设计，应在勘测调查的基础上进行总体规划，并与当地的排灌系统密切配合，做到纵、横向排水及场内、外截排水等设备紧密结合，选型合理，水流经路最短而顺直。改扩建车站应尽量利用既有的排水设施。

5.2.4 排水设备的布设、尺寸、数量，应根据地区降雨量、汇水面积、建筑物及设备布置、路基土的种类、路基纵横断面和出水口等因素综合考虑确定。

5.2.5 站场范围内需按流量设计的排水沟、槽等，其设计标准按 4.5 的有关规定办理。

5.2.6 站场暴雨径流地面汇水流量可按下列公式计算。也可采用适合的地区公式。

$$Q_p = 16.7\psi a_p KF \tag{5.2.6}$$

式中 Q_p——设计流量（m^3/s）；

a_p——设计暴雨强度（mm/min）；

K——气候系数（无资料时可采用 $K=1$）；

ψ——径流系数；

F——汇水面积（km^2）。

5.2.7 站场内下列部位，应加强路基排水：

1 客运站和办理客车上水作业车站的到发线及客车整备所的洗车机线和整备线；

2 蒸汽机车机务段内上煤水的整备线、待班线、机车出入段线的站段分界处附近、库前线和洗车机线；

3 货场内设有站台的装卸线、车辆洗刷线、加冰线和牲畜装卸线；

4 车辆减速器和设有轨道电路的大站咽喉区；

5 立交桥下的线路或道路路基和进出站线路布置所形成的低洼处（必要时可设单独的抽水设备）；

6 改、扩建车站改建部分排水不良的路基。

5.2.8 车站路基面应设有倾向排水系统的横向坡度。根据车站路基宽度、排水要求和路基填挖情况，可设计为一面坡、两面坡或锯齿形坡的横断面。

5.2.9 横向排水设备宜利用站内桥涵，无桥涵利用时，可采用横向排水槽或排水管。

5.2.10 在排水沟（槽）穿越站内道路或位于道路侧及场地通行汽车的地段，宜采用公路排水槽或公路涵洞。

5.2.11 纵向排水设备的坡度不应小于 2‰，困难条件下不应小于 1‰。穿越线路的横向排水设备的坡度不应小于 5‰。特别困难条件下可根据具体情况设置。

5.2.12 排水沟、槽的断面除需按流量计算外，其底部宽度不应小于 0.4 m，深度不应小于 0.6 m，干旱少雨地区或岩石路基的纵向排水槽深度可减少至 0.4 m，当纵向排水槽出口有困难时,其分水点或起点槽深可减少至0.2 m。当槽的底宽0.4 m时,深度不宜大于1.2 m,槽深大于1.2 m时,槽的底宽应加宽至0.5~0.6 m。

5.2.13 纵、横向排水槽与管或管与管的交汇点,排水管的转弯处和高程改变处,应设检查井或集水井。

5.3 立交地道

5.3.1 道路下穿铁路,桥下出现凹形坡的立交地道,应设置排水系统,排除桥下雨水。

5.3.2 立交地道排水应利用地形条件尽量采用自流排水方式,不得已时设立泵站,采用机械抽升排水方式。排水出路,宜将汇集的水量直接送往天然水体;如经比较必须排入市政排水干管时,应调查分析既有市政排水干管的使用情况,采取措施,避免相互干扰。

5.3.3 立交地道排水一般仅考虑排除引道范围内的雨水,引道两端与两侧地面应设反坡,防止引道范围外的雨水流入。

5.3.4 雨水设计流量应按下列公式计算:

$$Q = q\psi F \tag{5.3.4}$$

式中 Q——雨水设计流量(L/s);

q——设计暴雨强度〔L/(s·ha)〕,设计重现期 P 采用3~5年,降雨历时 t 采用5~10 min;

ψ——径流系数,采用0.8~1.0;

F——汇水面积(km^2)。

5.3.5 立交地道雨水口的设置与形式,应符合以下规定:

1 雨水口的设置,必须适应立交地道汇水快、排流急、流量集中的特点和要求。雨水口的形式,宜采用大型平箅,组装串联,同时应设置沉泥槽。

2 雨水口的数量应以立交地道的汇水流量和选用的雨水口泄水能力确定。一般雨水口的设置数量应较计算大1.2~1.5倍。

3 雨水口设置地点,可位于立交地道洞身的一端,即引道竖曲线最低处。慢车道和人行道也应于相应的位置安设,并用雨水支管与雨水口连通,雨水最后汇集至汇流井,并由排水总管引出。排水总管承受立交地道内各个雨水口所排来的水量,应径直引向水体或排水泵站,沿线不应再汇入其他水量或接入支管。

5.3.6 当立交地道洞身位于地下水位以下时,宜采用渗水暗沟排水方法,降低地下水位。

5.4 房屋建筑

5.4.1 房屋选址应避开洪水淹没地段,如因受条件限制无法避开时,基地地面应采用全面填土法填高至比设计水位高出0.5 m;或采用筑堤的办法避免洪水侵入。

山区房屋选址应避开有可能产生泥石流的地段,必要时应采取泥石流防治措施。

5.4.2 在建筑场地背后为山地、坡地时,应设置排洪沟、截水沟,排除山洪与坡面径流。排洪沟、截水沟的断面应按1/25~1/50洪水频率的流量设计。

5.4.3 排洪沟设计,应结合地形,遵循山洪宜顺不宜挡,宜分散不宜集中排除的原则。

排洪沟一般可不铺砌,但在弯道、凹岸、跌水、陡坡、水流速度超过土壤不冲刷流速等的沟段和房屋周围、公路侧边，应采用干砌或浆砌片石加固。

截水沟应在坡地上选择地形较为平坦、地质稳定的地段设置。

5.4.4　集中建设的铁路生产、生活房屋，应有排除屋面、广场、绿地、道路雨水的完整、有效的排水系统。排水系统可自成体系或与所在城镇的排水系统衔接。

5.4.5　建筑场地的雨水设计流量与排水系统应符合现行国家标准《室外排水设计规范》的规定。

5.4.6　建筑场地排水应以自然排水为主，适当采用明沟或暗管排水。

附录A　溃坝流量计算

A.1　坝址断面溃坝最大流量

A.1.1　根据水库溃决条件可采用下列公式之一进行计算；或分别按下列两公式计算，经分析比较后，确定采用值。

1　理论公式

适用于坝体全溃或横向局部溃决（$b_g < B_g$），计算公式如下：

$$Q_g = K_0 \sqrt{g_n} b_g \cdot H_s^{\frac{3}{2}} \tag{A.1.1}$$

式中　Q_g——坝址断面溃坝最大流量（m^3/s）；

H_s——溃坝时坝体上游水深（m），对未溃水库检算时，可采用坝高值；

K_0——系数，按表A.1.1查取；

b_g——坝体溃决口门平均宽度（m），对一般土坝和堆石坝，当水库库容大于 $10^6\ m^3$ 时，按

$$b_g = K_1 \cdot K_2 (W^{\frac{1}{4}} \cdot B_g^{\frac{1}{7}} \cdot H_g^{\frac{1}{2}})$$

计算；当水库库容小于 $10^6\ m^3$ 时，按

$$b_g = K_1 \cdot K_3 (W \cdot H_g)^{\frac{1}{4}}$$

计算；如计算得的 b_g 值大于坝长 B_g 时，则按 $b_g = B_g$ 计算；混凝土重力坝溃坝口门宽等于坝长；

K_1——安全系数，取 $K_1 = 1.1 \sim 1.3$，按线路等级及坝体质量选定；

K_2——坝体建材系数，对黏土类、黏土心墙或斜墙和土、石、混凝土，$K_2 = 1.2$；对均质壤土，$K_2 = 2.0$；

K_3——材质系数，质量好的用6.6，质量差的用9.1；

W——水库库容（$10^4\ m^3$）；

H_g——坝高（m）；

其余符号意义同前。

表A.1.1　K_0 值

$\frac{B_g}{b_g}$	$\frac{b_g}{B_g}$	K_0	$\frac{B_g}{b_g}$	$\frac{b_g}{B_g}$	K_0	$\frac{B_g}{b_g}$	$\frac{b_g}{B_g}$	K_0
1	1.000	0.2963	5	0.200	0.4603	9	0.111	0.5105
2	0.500	0.3687	6	0.167	0.4759	10	0.100	0.5206
3	0.333	0.4101	7	0.143	0.4895	11	0.091	0.5266
4	0.250	0.4382	8	0.125	0.5008	12	0.083	0.5331

续上表

$\frac{B_g}{b_g}$	$\frac{b_g}{B_g}$	K_0	$\frac{B_g}{b_g}$	$\frac{b_g}{B_g}$	K_0	$\frac{B_g}{b_g}$	$\frac{b_g}{B_g}$	K_0
13	0.077	0.5410	18	0.056	0.5625	24	0.042	0.5810
14	0.071	0.5445	19	0.053	0.5660	26	0.038	0.5874
15	0.067	0.5498	20	0.050	0.5692	28	0.036	0.5924
16	0.063	0.5541	21	0.048	0.5726	30	0.033	0.5960
17	0.059	0.5584	22	0.045	0.5750			

注：表中 B_g 系指坝长或坝址断面附近库区宽度（m）。

2 经验公式

适用于坝体全溃（$b_g=B_g, h'_b=0$）、横向局部溃决（$b_g<B_g, h'_b=0$）、竖向局部溃决（$b_g=B_g, h'_b>0$）；横、竖向都局部溃决（$b_g<B_g, h'_b>0$）等各种情况，计算公式如下：

$$Q_g=0.27\sqrt{g_n}\left(\frac{L_k}{B_g}\right)^{\frac{1}{10}}\left(\frac{B_g}{b_g}\right)^{\frac{1}{3}}b_g(H_s-K'_0h'_b)^{\frac{3}{2}} \tag{A.1.2}$$

式中 L_k——水库库区长（m），可采用坝址断面至库区上游端部淹没宽度突然缩小处的距离，或近似地按 $L_k=\frac{W}{H_s\cdot B_g}$ 计算；当 $\frac{L_k}{B_g}>5$ 时，则按 $\frac{L_k}{B_g}=5$ 计算；

h'_b——溃坝后坝体残留高度（m），由于坝体系分层建筑，当某一高程以下坝体质量良好，该高程以上质量较差并有可能沿该高程溃决时，则取质量良好部分之高度为 h'_b；当无法确切估算时，可假定 $h'_b=0$，以策安全；

K'_0——修正系数，可按 $K'_0=1.4\left(\frac{b_g\cdot h'_b}{B_g\cdot H_s}\right)^{\frac{1}{3}}$ 式计算；当 $\frac{b_g\cdot h'_b}{B_g\cdot H_s}>0.3$ 时，则按 $K'_0=0.92$ 计算；

其余符号意义同前。

A.2 桥址断面溃坝最大流量

A.2.1 当桥址在坝址下游，泛区的洪水调蓄作用影响不大时，桥址处的溃坝最大流量可直接采用坝址的溃坝最大流量；泛区的洪水调蓄作用影响较大时，则桥址处的溃坝最大流量可按下式计算：

$$Q'_g=\frac{W_C}{\frac{W_C}{Q_g}+\frac{L_{OM}}{\bar{v}\cdot K''_0}} \tag{A.2.1}$$

式中 Q'_g——桥址断面溃坝最大流量（m^3/s）；

L_{OM}——坝址至桥址间距离（m）；

$\bar{v}$——断面平均流速（m/s），在有资料地区，可采用实测最大值；无资料地区，山区用 3～5 m/s；山前用 2～3 m/s；平原用 1～2 m/s；

W_C——水库溃坝后下泄的水量体积（m^3），如无资料时可按 $W_C=\dfrac{B_g(H_s-h'_b)L_k}{4}$式估算；

K''_0——调整系数、山区用 1.1～1.5；山前用 1.0；平原用 0.8～0.9；

其余符号意义同前。

附录 B 河段类别

表 B—1 河段类别

河流类型	河段类别		稳定程度 序号	稳定程度 分类
山区河流	峡谷河段		Ⅰ	稳定
	开阔河段		Ⅱ、Ⅲ	稳定
平原河流	顺直微弯河段		Ⅱ、Ⅲ	稳定
	分汊河段(主要指分两汊)		Ⅲ、Ⅳ	次稳定
	弯曲河段	强制弯曲	Ⅲ	次稳定
		自由弯曲(蜿蜒)	Ⅳ	次稳定
山前河流	游荡河段(包括游荡弯曲)		Ⅴ	不稳定
	山前变迁河段		Ⅴ	不稳定
	山麓冲积扇		Ⅵ	不稳定
河口	三角港河口		Ⅴ	不稳定
	三角洲河口		Ⅵ	不稳定

注:1 稳定河段指岸线稳定的河段;次稳定河段指岸线基本稳定,深泓线多年有明显摆动的河段;不稳定河段指主流迁徙、岸线不稳的河段。

2 表中序号表示河段的稳定程序,序号愈小,河段愈稳定;反之,愈不稳定。

3 各类河段自然特征的指标如表 B—2 所示。

表 B—2 各类河段特征指标

河流 / 范围 / 指标	山区河流		平原河流			山前河流			河口
	峡谷段	开阔段	顺直段	分汊段	弯曲段	游荡段	变迁段	冲积段	河口段
	Ⅰ	Ⅱ、Ⅲ	Ⅱ、Ⅲ	Ⅲ、Ⅳ	Ⅲ、Ⅳ	Ⅴ	Ⅴ	Ⅵ	Ⅴ、Ⅵ
I(‰)	2~4		0.15~0.73	0.2~1.7	0.2~1.7	1.2~2.3	1~3		
d_c(mm)	30~200	5~200	0.09~2.0	0.1~25.0	0.1~25.0	0.1~2.0	3~100	25~200	
$\overline{d}_c/I$	14~90	4.9~55	0.37~2.2		0.25~19.2	0.17~1.3	1~24.4		
$\sqrt{B_d}/\overline{H}$	2~4	3~5	3~4	6	6~17	20~40	5~12	15~32	

注:表中符号意义同前。

附录 C　泥石流分类简表

表 C　泥石流分类

类　别	分　类	内　容　及　特　征
流体性质	黏　性	容重大于 16 kN/m³，黏度大于 0.3 Pa·s，层流，有阵流，浆体浓稠，承浮和悬托力大，流体直进性强，补给量大
	稀　性	容量 12～18 kN/m³，黏度小于 0.3 Pa·s，有股流及散流现象，浆体混浊，悬托力弱，堆积物松散，补给量小
物质组成	泥　流	颗粒均匀，由粒径小于 0.005 mm 的黏粒和小于 0.05 mm 的粉粒组成，偶夹砂和圆砾，有稀性和黏性
	泥石流	颗粒差异性大，由黏粒、粉粒、砂粒、圆砾、碎块石等大小不同的粒径混杂组成，有黏性和稀性
	水石流	堆积物分选性强，由圆砾、碎块石及砂粒组成，夹少量黏粒和粉粒，为稀性
危害程度	严重的	松散固体物质丰富，植被破坏，水土流失严重，河滩堆积和堵塞现象严重，坍方面积率大于 10%
	中等的	松散固体物质较丰富，植被部分遭到破坏，水土流失较严重，在河床局部地段形成较严重的坍塌堆积，坍方面积率为 5%～10%
	轻微的	流域内侵蚀情况明显减弱，河槽堆积物质甚少，冲刷下切为主，植被良好，坍方面积率小于 5%

附录 D　天然河道洪水糙率系数表

表 D—1　河槽糙率系数

河段平面及水流状态	河床质的组成及起伏情况	岸壁及植被情况	$1/n$
河段顺直或下游略有扩散，断面宽敞、规则、水流通畅的河段	砂质或土质河床，河底平顺	平顺的土岸或人工堤防	55(45～65)
		略有坍塌的土岸或长稀疏杂草的平顺土岸	50(40～60)
	卵石、圆砾河床，河底较平顺	砂、圆砾河岸或平整的岩岸	45(36～54)
		不够平整的岩岸或长中密灌丛的河岸	40(32～48)
	卵石、块石河床；生长水生植物的河床	不平顺的砂砾河岸；风化剥蚀的岩岸	35(28～42)
		不平顺的岩岸或长中密灌丛的河岸	30(24～26)
河段上、下游接弯道或下游有卡口、支流汇入等束水影响；复式断面河段；水流不够通畅的河段	砂、圆砾河床，边滩交错	有坍塌的土岸或砂砾河岸；风化岩岸	45(36～54)
		不平顺的岩岸或长中密灌丛的河岸	40(32～48)
	卵石、圆砾河床，不够平顺；长中密水生植物的河床	岩岸或不平顺的卵石、圆砾河岸	35(28～42)
		不平顺的岩岸或长中密灌丛的河岸	30(24～36)
	卵石、块石、漂石河床，间有深坑、石梁或生长水生植物的河床	参差不齐的卵石、圆砾河岸或土岸；略有凹凸的岩岸	25(20～30)
		参差不齐的岩岸或灌木丛生的河岸	20(16～24)
山区峡谷河段；急弯间的河段或弯曲河段；阻塞的复式断面河段；水流曲折不畅、流向紊乱的河段	砂、圆砾河床，边滩、沙洲犬牙交错	人工堤防强制弯曲者	35(28～42)
		有机石或丁坝挑流者	30(24～36)
	卵石、圆砾河床，起伏不平，或长水生植物河床	参差不齐的卵石、圆砾河岸或长中密灌丛的河岸	25(20～30)
		参差不齐的岩岸或灌木丛生的河岸	20(16～24)
	卵石、块石、大漂石河床，石梁、跌水、孤石交错，或水生植物稠密，阻水严重的河床	参差不齐的岩岸或满木丛生的河岸	15(12～18)
		两岸时有岩嘴突出，很不平顺，形成强烈斜流、回水、死水的河岸	12(10～14)

注：1　采用满宁糙率 n 的倒数 $1/n$ 作为统计分析值。因此，从本表查得的 $1/n$ 值，必须用满宁公式计算断面流速系数，即 $C=\frac{1}{n}R^{\frac{1}{6}}$；断面平均流速用 $\bar{v}=C\sqrt{RI}$ 式计算。

2　表中描述的河段长度，一般为 4～8 倍高水时的河宽，但不应小于 300 m。

3　河床质组成分类及其平均粒径变幅为：砂(0.05～2.00 mm)；圆砾(2～20 mm)；卵石(20～200 mm)；块石、漂石(200 mm 以上)。

4　表中 $1/n$ 值当洪水坡度变化在千分之一以上者，可采用括号内较低的数值；洪水坡度变化在万分之一以下者，可采用括号内较大的数值。

5　测流河段的形态是千变万化的，可以形成各种各样的组合。应用时，首先弄清调查工点的河段平面和水流状态属于表列三类中的哪一类，其次才是河床质的组成和起伏情况，岸壁及植被情况是第三位的。调查工点的河段特性若与表列的组合方式不尽相同，可以根据实际情况，对表列数值适当调整。

表 D—2 河滩糙率系数

滩地植被情况	平面及水流状态	$1/n$
基本无植物或仅生稀疏草丛的河滩	平面顺直,纵向平坦,水流通畅,没有串流且滩宽不大者	25(20~30)
	下游有束水影响,水流不够通畅;水流虽通畅但河滩甚宽者(滩宽在槽宽的3倍以上)	20(15~25)
长有中等密度植物或垦为耕地的河滩	下游无束水影响,河滩甚宽或有束水影响,滩宽较窄	15(12~18)
	平面不够顺直,下游有束水影响,河滩甚宽	10~13
长有稠密灌木丛或杂草林木丛生,阻水严重的河滩		7~10

注:1 稀疏杂草或灌丛:人行其中无阻碍;

中密灌丛或农作物:人行其中多受阻碍;

稠密灌丛:人难入其中。

2 其余同表 D—1 注。

附录 E　堰流公式表

表 E　堰 流 公 式

图形示意及流态判别		形　态	建筑物类型	公　式	有关系数取用说明
闸口水位高于闸下水位,成两级水头 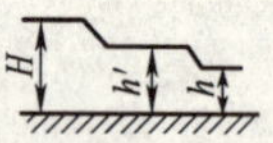	堰下水位低于堰顶临界水深的水位 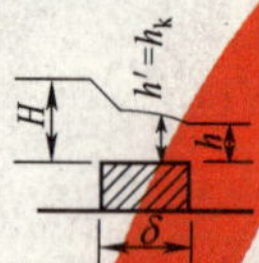	自由堰流	平底闸,宽顶堰闸	$Q=\varepsilon' mb\cdot\sqrt{2g_n}H^{3/2}$ $(Q=MbH^{3/2})$	m—流量系数,与堰坎入口边缘和堰顶的性质有关,宽顶堰为 0.30 ~ 0.39,跌水壁为 0.39,平底闸为 0.32; ε'—水流过堰系数,与闸墩和侧墙的迎水面形状有关,可近似采用 0.85 ~ 0.95; M—系数,$M=\varepsilon'\cdot m\sqrt{2g_n}$,一般变化于 1.33 ~ 1.70 之间; b—堰的净宽
下游水位低于堰顶或 $\frac{Z}{P}>0.7$ 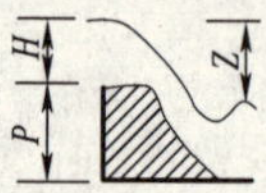	下游水位低于堰顶 		实用堰闸,跌水壁		
闸口水位低于或等于闸下水位 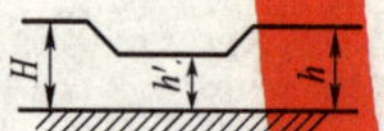		淹没堰流	平底闸	$Q=\varepsilon'\varphi bh\cdot\sqrt{2g_n(H-h)}$ $(Q=C_2 b\cdot h\sqrt{Z})$	φ—流速系数,锐缘宽顶堰 $\varphi=0.85$;入口弧形宽顶堰 $\varphi=0.92$;平底闸 $\varphi=0.95$; ε'—与自由堰流相同
堰下水位高于堰顶临界水深的水位 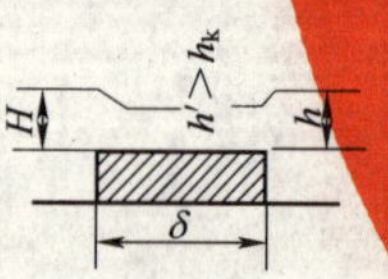			宽顶堰闸		
下游水位高于堰顶 $\frac{Z}{P}<0.7$ 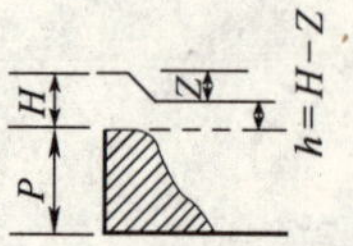			实用堰闸	$Q=\varepsilon'\sigma_s mb\cdot\sqrt{2g_n}H^{3/2}$ $(Q=\sigma_s C_1 b\cdot H^{3/2})$	σ_s—淹没系数,决定于相对的淹没度 h/H,变化于 0 ~ 1 之间; m—流量系数,实用堰的变化范围较大,视堰壁首部外形、水头以及堰坎高度而异,可用下列平均数值: 曲线型断面堰,$m=0.45\sim0.49$; 矩形多边形断面堰;$m=0.40\sim0.43$; ε'—与自由堰流相同
下游水位高于堰顶 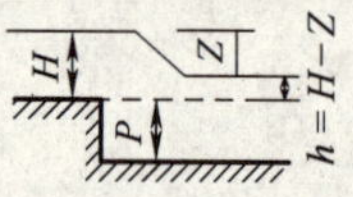			跌水壁		

附录F　水深1 m时非黏性土不冲刷流速 v_{H_1} 表

表F　水深1 m时非黏性土不冲刷流速 v_{H_1}

河床质名	类　别	$\bar{d}$(mm)	v_{H_1}(m/s)
砂	细　砂	0.05～0.25	0.35～0.32
砂	中　砂	0.25～0.50	0.32～0.40
砂	粗　砂	0.50～2.00	0.40～0.60
圆　砾	小圆砾	2.00～5.00	0.60～0.90
圆　砾	中圆砾	5.00～10.00	0.90～1.20
圆　砾	大圆砾	10～20	1.20～1.50
卵　石	小卵石	20～40	1.50～2.00
卵　石	中卵石	40～60	2.00～2.30
卵　石	大卵石	60～200	2.30～3.60
漂　石	小漂石	200～400	3.60～4.70
漂　石	中漂石	400～800	4.70～6.00
漂　石	大漂石	大于800	大于6.00

附录 G　墩形系数表

表 G　墩形系数

<table>
<tr><th>序号</th><th>墩形示意图</th><th>墩形系数 K_ξ</th><th>桥墩计算宽度 B_1</th></tr>
<tr><td>1</td><td>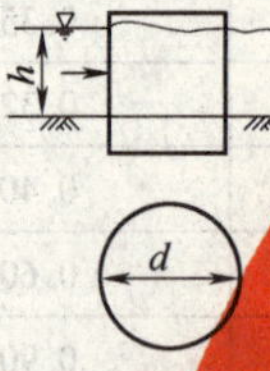
</td><td>1.00</td><td>$B_1=d$</td></tr>
<tr><td>2</td><td>
</td><td>不带联系梁：$K_\xi=1.00$
带联系梁：<table><tr><td>α</td><td>0°</td><td>15°</td><td>30°</td><td>45°</td></tr><tr><td>K_ξ</td><td>1.00</td><td>1.05</td><td>1.10</td><td>1.15</td></tr></table></td><td>$B_1=d$</td></tr>
<tr><td>3</td><td>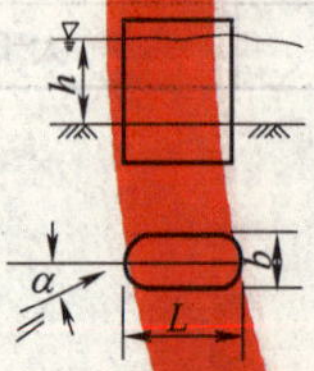
</td><td>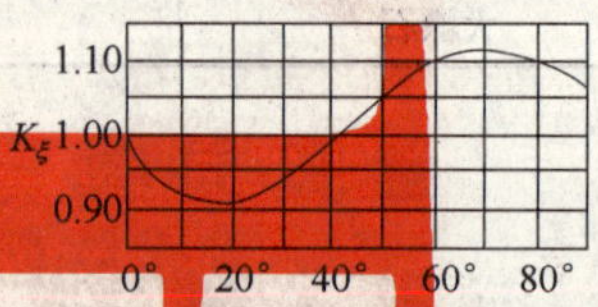
</td><td>$B_1=(L-b)\sin\alpha+b$</td></tr>
<tr><td>4</td><td>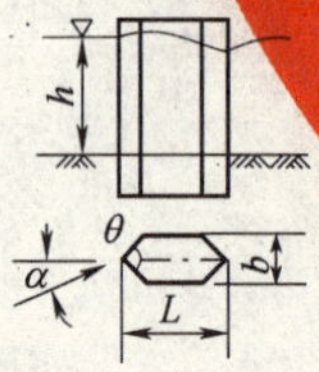
</td><td>与水流正交时各种迎水角系数<table><tr><td>θ</td><td>45°</td><td>60°</td><td>75°</td><td>90°</td><td>120°</td></tr><tr><td>K_ξ</td><td>0.70</td><td>0.84</td><td>0.90</td><td>0.95</td><td>1.10</td></tr></table>迎水角 $\theta=90°$ 与水流斜交时的系数 K_ξ
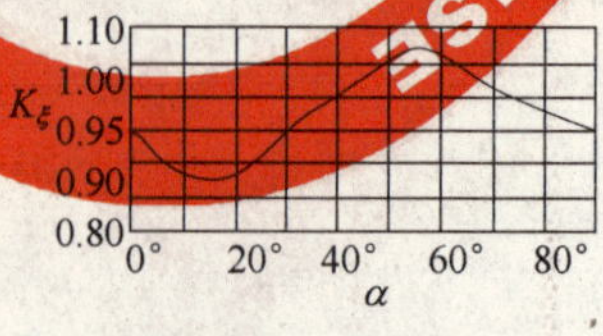
</td><td>$B_1=(L-b)\sin\alpha+b$
（为了简化可按圆端墩计算）</td></tr>
<tr><td>5</td><td>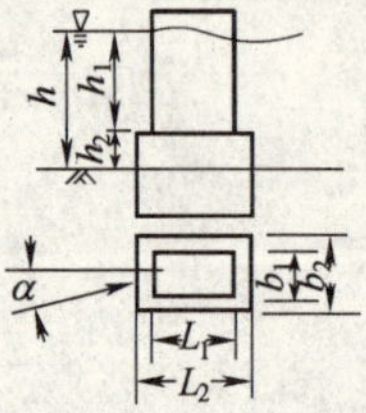
</td><td>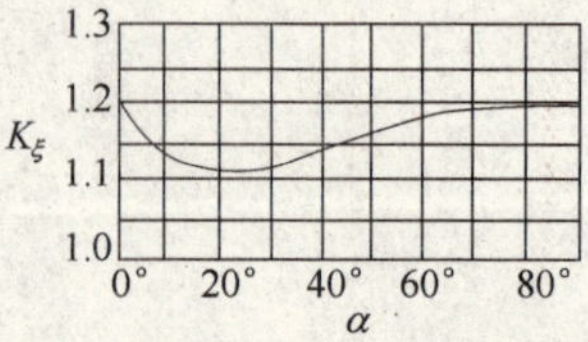
</td><td>与水流正交时：
$B_1=\dfrac{b_1h_1+b_2h_2}{h}$
与水流斜交时：
$B_1=\dfrac{B'_1h_1+B'_2h_2}{h}$
$B'_1=L_1\sin\alpha+b_1\cos\alpha$
$B'_2=L_2\sin\alpha+b_2\cos\alpha$</td></tr>
</table>

续上表

序号	墩形示意图	墩形系数 K_ξ	桥墩计算宽度 B_1
6	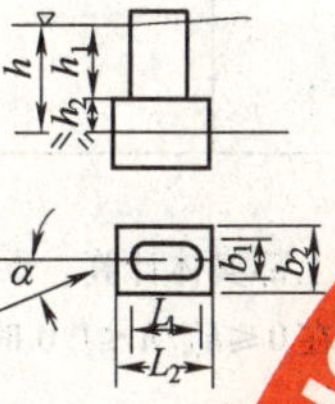	$K_\xi = K_{\xi_1} \cdot K_{\xi_2}$ 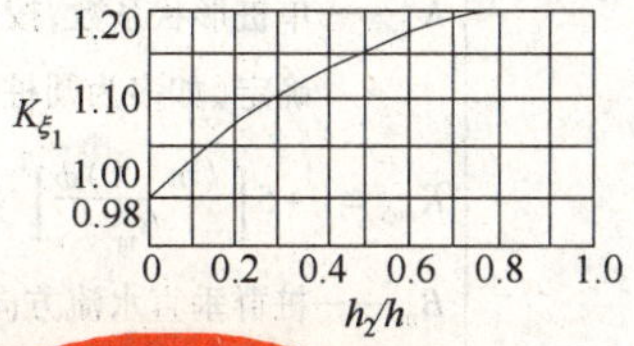 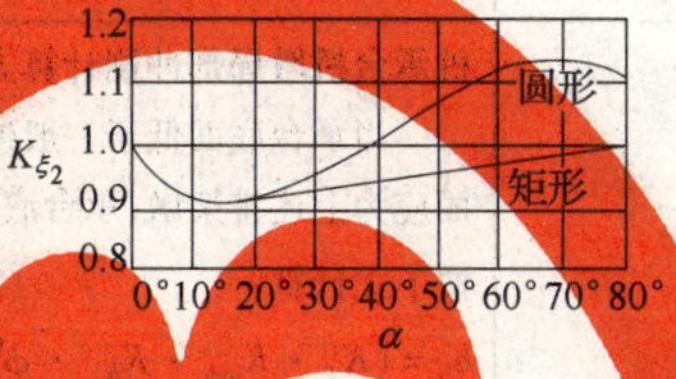 注：沉井与墩身的 K_{ξ_2} 相差较大时，根据 h_1、h_2 的大小，在两线间按比例定点取值	与水流正交时： $B_1 = \frac{b_1 h_1 + b_2 h_2}{h}$ 与水流斜交时： $B_1 = \frac{B'_1 h_1 + B'_2 h_2}{h}$ $B'_1 = (L_1 - b_1) \times \sin\alpha + b_1$ $B'_2 = L_2 \sin\alpha + b_2 \cos\alpha$
7	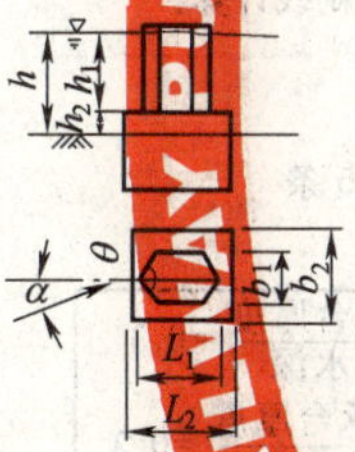	与水流正交时的 $K_\xi = K_{\xi_1}$ 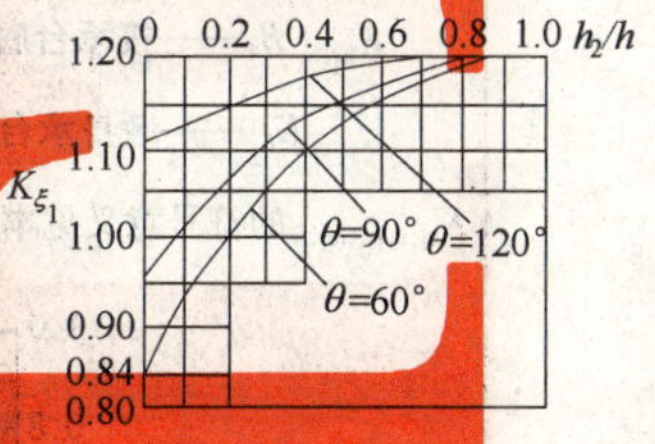 注：其他角度可补插取值 迎水角 $\theta = 90°$ 与水流斜交时的 $K_\xi = K_{\xi_1} \cdot K_{\xi_2}$ 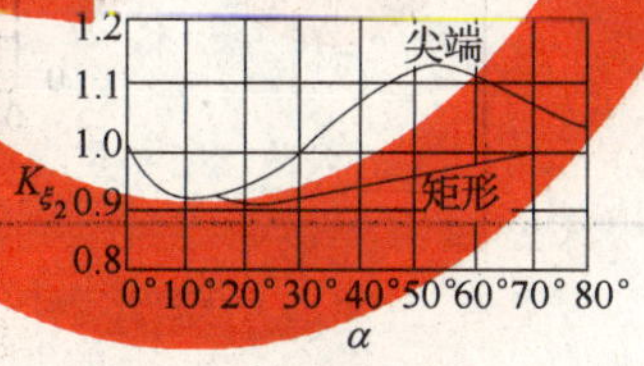 注：沉井与墩身的 K_{ξ_2} 相差较大时，根据 h_1、h_2 的大小，在两线间按比例定点取值	与水流正交时： $B_1 = \frac{b_1 h_1 + b_2 h_2}{h}$ 与水流斜交时： $B_1 = \frac{B'_1 h_1 + B'_2 h_2}{h}$ $B'_1 = (L_1 - b_1) \cdot \sin\alpha + b_1$ $B'_2 = L_2 \sin\alpha + b_2 \cos\alpha$
8	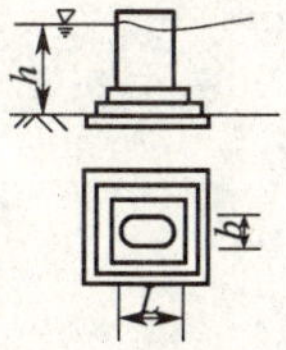	扩大基础采用与水流正交时的墩身形状系数	与水流正交时： $B_1 = b$ 与水流斜交时： $B_1 = (L - b) \cdot \sin\alpha + b$

续上表

序号	墩形示意图	墩形系数 K_ξ	桥墩计算宽度 B_1
9	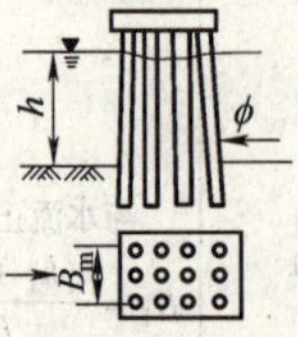	$K_\xi = K'_\xi \cdot K_{m\phi}$ K'_ξ——单桩形状系数，按序号1、2、3、5墩形确定（如多为圆桩 $K'_\xi = 1.0$ 可省略）； $K_{m\phi} = 1 + 5\left[\frac{(m-1)\phi}{B_m}\right]^2$ 桩群系数； B_m——桩群垂直水流方向的分布宽度； m——桩的排数（垂直水流方向）	$B_1 = \phi$
10	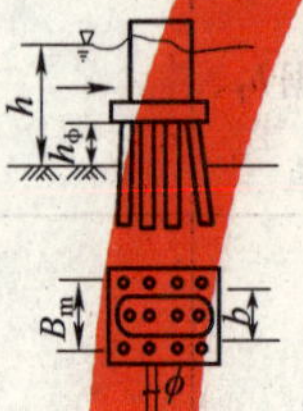	桩承台桥墩局部冲刷计算方法： 当承台底面低于一般冲刷线时，按上部实体计算。承台底面高于水面应为上述排架墩，承台底面相对高度在 $0 \leq h_\phi/h \leq 1.0$ 时，冲刷深度 h_b 按下式计算： $h_b = (K'_\xi \cdot K_{m\phi} \cdot K_{h_\phi} \cdot \phi^{0.6} + 0.85K_{\xi1} \cdot K_{h_2} \cdot B_1^{0.6}) \cdot K(v_0 - v'_0) \cdot \left(\frac{v - v'_0}{v_0 - v'_0}\right)^n$ 式中 K_{h_ϕ}——淹没桩体折减系数， $K_{h_\phi} = 1.0 - \frac{0.001}{(h_\phi/h + 0.1)^2}$ $K_{\xi_1} \cdot B_1$——按承台底处于一般冲刷线计算； K_{h_2}——墩身承台减少系数； $K_{\eta, v, v_0, v'_0, n}$ 的符号意义见本规范第3.6.6条 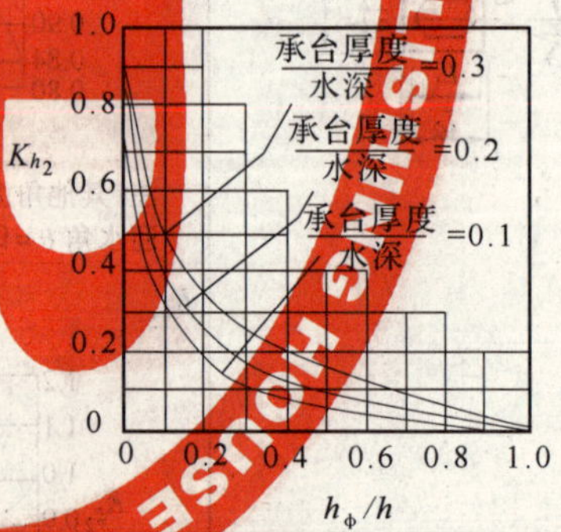	

附录 H　泥石流堵塞系数表

表 H　泥石流堵塞系数

堵塞程度	特　征	堵塞系数 D_c
严　重	沟槽弯曲，河段宽窄不均，卡口、陡坎多。大部分支沟交汇角度大。形成区集中，物质组成黏性大，稠度高，沟槽堵塞严重，阵流间隔时间长	>2.5
中　等	沟槽较顺直、河段宽窄较均匀，陡坎、卡口不多。主支沟交角多数小于60°。形成区不太集中，河床堵塞情况一般，流体多稠浆，稀粥状	1.5～2.5
轻　微	沟槽顺直均匀，主支沟交汇角小，基本无卡口、陡坎。形成区分散，物质组成黏稠度小，阵流间隔时间短而少	<1.5

本规范用词说明

执行本规范条文时，对于要求严格程度的用词说明如下，以便在执行中区别对待。

(1)表示很严格，非这样做不可的用词：

正面词采用“必须”；

反面词采用“严禁”。

(2)表示严格，在正常情况均应这样做的用词：

正面词采用“应”；

反面词采用“不应”或“不得”。

(3)表示允许稍有选择，在条件许可时首先应这样做的用词：

正面词采用“宜”；

反面词采用“不宜”。

表示允许有选择，在一定条件下可以这样做的，采用“可”。

《铁路工程水文勘测设计规范》条文说明

本条文说明系对重点条文的编制依据、存在的问题以及在执行中应注意的事项等予以说明。为了减少篇幅,只列条文号,未抄录原条文。

1.0.2 铁路工程水文勘测设计,主要是指铁路工程为防洪、排洪需要所进行的勘测设计工作。《中国大百科全书·大气科学 海洋科学 水文科学》中指出:“水文科学是关于地球水的起源、存在、分布、循环、运动等变化规律和运用这些规律为人类服务的知识体系。”该书在“应用水文学”条中解释:“工程水文学,主要包括水文计算、水文预报和水利计算三个组成部分。”而在“水利计算”条中提到:“水利计算还包括由于水利工程的建设而引起的一些派生现象或后果的分析计算,如水库的回水淹没、水库淤积、水库蒸发、坝下冲刷、库区生态影响等分析计算。”又如在“河流水文学”条目释文中指出:河水运动、河流泥沙运动等是主要的河流水文现象。而河水运动等是属于水力学的问题。《港口工程技术规范》中的海港水文篇,包括了波浪对建筑物的作用和泥沙运动的调查和分析以及减淤整治措施。从上述这些说明可以看出,“水文”的含义是比较宽广的,不仅包含水文学的内容,也包含水力学等学科的内容。本规范名称中所称的“水文”,其含义也是属于广义的。洪水是铁路工程有关的主要水文现象,铁路工程水文勘测设计,包括搜集资料、调查勘测、设计洪水计算、有关壅水与冲刷的水力计算以及建筑物为防洪、排洪所采取的相应措施。

1.0.3 铁路工程设置应能防御设计洪水,使洪水顺畅排泄,既保证铁路的安全,又使铁路上下游免遭水害。

铁路工程的排水设施应统一规划、布局合理。桥涵设置必须与站场、隧道的排水建筑物和路堑地段的天沟、侧沟、吊沟,路堤地段的取土坑、排水沟,以及桥涵上下游的截水沟、改沟等工程密切配合,组成一个完整的排水系统。桥涵的设置还要注意农田水利,避免大量的改沟合并使水流过分集中,冲刷下游农田房舍,或因设置不当造成水流宣泄不畅,或造成上游水位壅高,淹没农田房舍。设置时还要考虑农业灌溉上的合理需要,对农业机械、人畜、车辆等穿越铁路,要根据既有农村道路分布情况及人畜车辆通行密度,结合路堤高度等条件,选择适当地点设置立交桥涵或排、灌及通行兼用的桥涵。铁路工程设置时还应注意周围环境,要避免对农田,森林、植被和排灌系统的破坏。

铁路工程设在城镇时,其排水系统可自成体系也可与所在城镇的排水系统衔接。当衔接时,双方的排水设备应考虑互相增加来水的影响。

1.0.4 水文资料是推求设计洪水的基础,是决定成果精度的关键,因此必须给以充分的重视。水文资料的搜集必须深入现场,做好调查研究,除向水文站及水利部门搜集资料外,尚需向其他有关单位例如公路、航运、城建、林业和大的工矿企业广泛搜集。对搜集来的水文资料，应参照以下要求鉴别它的可靠性。

(1)鉴别的重点应放在对设计洪水影响较大的大水年份的资料上。

(2)对水文站的观测资料，应注意因水尺位置、零点高程、水准基面的变动，及浮标系统选用不当所引起的系统差值和误差。必要时可通过上下游站、干支流站水量平衡的分析比较进行鉴别。当发现问题时应与有关部门洽商改正。

(3)对战争或动乱年代的观测资料，应仔细分析，必要时进行实地调查验证。

(4)对历史洪水调查资料，应采用可靠和较可靠的数据。年代久远，精度不高的资料，在频率计算中也可适当考虑，但只能作为参考。对调查洪水特别是最大的几个洪水，要从流域今昔的植被、开垦情况、暴雨大小及流向等方面进行分析论证。

由于水文现象和河流演变都是很复杂的自然现象，人们对其认识还是很有限的。为了工程的需要，本规范规定了一些计算公式和图表来描述这些现象。一般说，这些公式和图表是建立在有限的认识和经验的基础之上。规定得愈细、愈具体，则包含的合理因素愈多，适应性可能要好一点，但计算一般就较繁琐，规范得粗一点，计算可简化，但对具体情况的贴切程度就可能要差一点。就本规范内容来说，大多数的公式是按全路使用的情况考虑的，也有些是分地区制订的。但总的来说，覆盖面较大是其主要特点。因此，计算成果需要根据当地具体条件进行分析核对，使其能更切合于具体情况。好在目前除少数边远地区外都有不少当地的经验可供参考和借鉴，有条件使计算成果更符合客观实际情况。

1.0.5 有关铁路工程设计洪水频率标准，作如下几点说明：

(1)一般特大桥虽然桥长较长，但从设计、施工、养护方面来讲与一般大桥没有什么特殊的区别，故规范只对技术复杂、修复困难或重要的特大桥、大桥提出了洪水检算的要求。有些大桥虽然桥不长但在政治上、国防上需要给予较大的保证，因此，在抗洪标准上也就提出了较高的要求。

(2)观测最高洪水位包括调查可靠的历史最高洪水位。频率标准高于规定的设计洪水频率标准时，规范考虑到工程投资及频率标准重现的机遇因素，在采用上作了一些限制。

(3)Ⅰ、Ⅱ级铁路小桥设计不考虑观测的最高洪水频率标准，主要原因为：

① 小桥一般都设有防护铺砌，有一定的抗洪潜力；

② 小桥遭受水害破坏后，较易抢修与修复。

(4)为防止洪水淹没站场或流入隧道，设计时需要控制站场临河侧的路肩或隧道洞口的高度，因此受洪水控制的站场或隧道洞口采用与路基相同的设计洪水频率标准。

(5)房屋建筑防洪设计的洪水频率标准，是根据铁路运营需要，视建筑物的规模、重要性、所在位置，结合地形、汇水面积大小等因素确定的。决定铁路运输作业房屋室外地面设计高程应同时满足防洪及铁路运输作业需要两个条件。

1.0.6 若水库校核洪水频率标准低于铁路工程的洪水频率标准，且提高水坝校核洪水频率标准又有困难时，应适当考虑溃坝可能对水坝下游铁路工程造成的不利影响。这时桥梁设计要适当加深基础的埋置深度，适当加大桥孔和桥下净高，有条件时还应将基础嵌入基岩内。路基亦应适当加强边坡防护、加深防护基础的埋置深度。本规范附录 A 所列《溃坝流量计算》系铁道部科学研究院等单位经调查研究及水工模型试验于 1985 年又经铁道部科技局评审的研究成果。

1.0.7 在水库大坝上下游的铁路工程，若水库对其有不利影响时，铁路工程应采取有效的对策。例如有些水库由于淤积严重，有可能在今后采取提高坝身的措施来延长其使用年限，设计库区内路基、桥梁，可预估淤积量，作适当抬高。

1.0.9 对既有建筑物应尽量利用，避免浪费，以节约投资。如既有建筑物不能满足设计洪水频率标准的要求而须废弃，必须有足够的根据。应从多年运营情况、历年防洪抢险、水害修复加固、设备完好程度，以及流域内的水文特征的改变等方面综合分析、全面权衡，确定是否需要改建或废弃。

3.1.1 桥涵布设除需符合当地地形、地质等自然条件外，还要适应河段的特点、河段的演变和其他水文水力因素变化的特点等。

3.1.3 根据铁道部铁建函〔1998〕82号“关于印发《铁路基本建设工程设计程序改革实施方案》的通知”，新建铁路、改建铁路和增建第二线等建设项目在设计前期工作增加预可行性研究和加深可行性研究，设计阶段由现行的初步设计、技术设计、施工图三阶段调整为初步设计、施工图两阶段；工程简单，设计明确的小型项目经主管部门同意可一阶段设计，即施工设计。

预可行性研究，按照国家和铁路建设长远规划的要求，在铁路运量规划的基础上调查研究，收集资料，现场踏勘，用1:50 000地形图进行方案研究，分析论证。从宏观上论证项目建设的必要性，为编制项目建议书提供必要的基础资料。可行性研究应按批准的项目建议书意见和初测资料编制。初步设计应按批准的可行性研究报告批复意见和定测资料编制。施工图应按批准的初步设计批复意见和补充定测资料编制。

本条就是根据上述各阶段对勘测资料的要求而提出的。

3.1.4 勘测前向有关部门调查搜集资料是进行水文计算与正确设计桥涵所必需的，同时利用这些资料，可以减少现场勘测工作量。资料包含有地形、水文、降水、流冰、流木、通航、既有桥涵资料及其他资料。其中地形资料、重点在于搞清水准点的位置和高程，三角点、导线点的位置和坐标，并查明其系统、设置单位和时间以及与铁路的换算关系等。既有桥涵资料的各种图表系指桥涵设计图、施工图、竣工图、防护加固图和开挖丈量图等。

3.1.5

1 特大桥、大中桥

(1)桥位方案平面图又名桥渡位置图、桥渡总平面图、桥渡地貌平面图或桥址地貌平面图，为选择桥位，决定导治建筑物的布设方案，判明桥渡范围内河流通过地段的起伏情况和地貌情况，选择水文断面位置之用。施测范围一般横向应包括河流全宽，并在最高历史洪水泛滥线以外200 m或高出最高历史洪水位0.5~1.0 m，顺水流方向测至最外侧桥渡方案的桥址中心线以外，向上游约为泛滥宽度的1.5倍，下游为0.75倍，应能满足选定桥位、桥头河滩路堤、导治建筑物和施工场地的轮廓布置。

(2)桥址平面图又名桥址地形图、桥址地形平面图或桥址详细地形平面图，为判明桥址上、下游河流通过地段的地势起伏，地形和地貌情况，用以布设桥梁孔跨、导治建筑物、桥头河滩路堤和水工模型试验及计算工程数量等的需要。

(3)桥址纵断面图又名桥址线路纵断面图，为推求桥址设计水位和流量，布设桥孔，计算冲刷，确定墩台高度和基础埋置深度等之用。一般大、中桥的孔跨布设和基础情况均较简单，故规定仅在必要时测绘。

(4)桥址辅助断面的测绘，主要是当线路行经陡峻山坡，坡度陡于1:3时，如单一的桥址纵断面可能会发生墩台基础或锥体护坡落空，因此需加测桥址辅助纵横断面。这可根据实际需要，在平行于桥址纵断面的上下游一定距离，一般为 3 ~ 5 m 加测纵断面，墩台基础范围内加测横断面。

2　小桥涵

(1)当线路通过弯曲河道的峡谷地段，采用泄水隧洞方案时，应测绘洞口平面图，以满足确定洞口位置及上、下游消力建筑物的需要。测绘内容与桥(涵)址平面图相同。

(2)初测期间既有涵洞的丈量主要丈量上、下游涵长、孔径、净空和路肩、帽石顶及出入口流水面高程。既有小桥的丈量主要丈量桥长、跨度、梁宽、墩台中心线与线路中心线的关系、支承垫石顶及挡砟墙顶等高程和结构病害的部位等。

(3)陡坡、深沟、河道弯曲、流向斜交和水流紊乱的小桥涵以及改沟、并沟等工程，均属附属工程较复杂的工点，均须测绘桥(涵)址平面图。

(4)涵洞洞身长度一般为直线，以利水流顺畅通过。当地形复杂，经研究经济上又有利时，可结合现场的勘测在洞身范围内转向。对于涵洞出入口径直连于沟心者，直线方向的轴向断面测至沟心后，即可顺沟方向酌测 2 ~ 3 点。若出入口不径直连于沟心者，当测取洞身足够长度后，即可转向与原沟心顺坡相接。

3　为水工模型试验而测绘的桥址平面图的等高线间距，可为 0.5 ~ 2.0 m。平面图的比例尺当河槽宽小于 100 m 时，可为 1∶1 000 ~ 1∶5 000；河槽宽为 100 ~ 500 m 时，可为 1∶5 000 ~ 1∶10 000；河槽宽大于 500 m 时，可为 1∶10 000 ~ 1∶25 000。平面图与断面图的主要作用是据以将原型复制成模型。在能制作模型的前提下，可根据具体情况适当增减勘测工作量。

3.1.6

1　洪水调查

(1)历史洪水发生时间的调查，可在沿河居住的一些老人中进行。由于农业生产与洪水关系密切，长年从事农业生产的老人一定会关心水情，往往会提供出洪水发生的准确日期，从而可推求出洪水的周期。当一时说不清洪水发生的具体时间时，可引导生活上印象较深的事件来追忆，例如年龄、属相、结婚、生育、死亡、搬家、外出、自然灾害和战争等。洪水发生的时间亦可从传说、文物记载、账本、日记、历史文献资料中进行调查考证。

(2)雨情调查资料往往对洪水调查成果起旁证作用。此外，洪水过程线的绘制、洪水地区组成，都需要结合面上的雨情资料进行分析。因此，在进行洪水调查时，都需要调查雨情。雨情调查的基本内容，有降雨成因、降雨量、降雨起讫时间、降雨变化过程及前期降雨情况；其次，还要了解暴雨的走向、降雨期间的主要风向、风力变化。

(3)洪水来源调查，可通过访问、查考文献资料，更主要的是综合面上的资料进行分析。一般而言流域面积愈大，洪水地区分布不均匀程度就愈明显，因此需要通过调查，以便分析洪水在地区上的分布规律。

(4)洪水痕迹是确定最高洪水位、绘制洪水水面线和计算洪水流量最直接的依据。如果调查的洪水痕迹不准，洪水调查成果的质量就难以保证。因此，洪水痕迹调查，在洪水调查中具有特别重要的地位。调查洪水痕迹应该是调查洪峰时最高水位的洪痕，但洪峰历时一般很短，最高水位的洪痕不一定十分明显，调查时要仔细访问考证。洪水时有无漫流、分流、死水以及流域自然条件的变化和人类的活动都会对洪痕产生影响，调查时应加以注意。

2　河道调查

河道调查在条文中所列的内容主要都是一些影响过水断面积、水面曲线及河床糙率等的基本因素。河道变化很大时，不能作为洪水调查河段。另外，为了考虑河道人为因素，对桥梁布设的影响，要调查河道规划与河底埋设物。

3　冰凌调查

冰凌调查中开河形势的调查，主要调查河段解冻是“武开”还是“文开”。当结冰河流流向是由南向北，则遇到天气突变，上游解冻较早，有大量流冰涌下，而下游尚未开冻，则将有冰坝出现。此时河水陡涨，上下游压差甚大，冲开冰坝，流水汹涌而下，这种以动力作用为主的解冻谓之“武开”，对下游桥梁危害较大。反之，若上下游解冻时间差别不大，或者由北向南流向的河流，沿河就没有卡冰结坝的可能，是以热力作用为主的解冻谓之“文开”，一般危害较小。

4　汇水区流域特征调查

汇水区流域特征调查主要是调查汇水区内的土质种类及其分布，农田、森林、沼泽、岩溶所占面积，地形、地貌、植被等的自然特征，以及人类活动等，这些因素将起到调洪和径流重分配的作用。对流域内水工建筑物的结构可靠性和抗洪强度亦需调查清楚。在确定径流量的大小时，需要上述特征资料。

5　其他

1）濒临大河有倒灌情况时，应分别调查大河与支流的历史洪水、普通洪水、常水位、涨落水的时间及其滩槽糙率、水面坡、泛滥影响等资料。

2）低水位、常水位及其持续时间的调查，能为施工水位与方案比选提供依据。一般可向附近水文站搜集。

3.1.7　每个桥渡至少施测两个水文断面的目的，是便于将计算得的流量互相印证。影响流量计算精度的因素很多，例如洪水调查、洪水坡度、水深勘测等的误差。两个断面所计得的流量值，其允许误差可为25%。

3.1.8　船筏走行的观测主要测出在航行水位范围内上、下行船筏走行线。桥址中线附近必须有测点。

3.1.9

（1）形成区调查

调查内容包括地势高低，流域最高处的高程，山坡稳定性，沟谷发育程度，冲沟切割深度、宽度和密度，流域内植被情况、水土流失情况等。

（2）流通区调查

调查内容包括流通区的长度、宽度、坡度、沟床形态、切割情况、平剖面变化，沟槽不冲不淤坡度，以及跌水、卡口等。

（3）堆积区调查

调查内容包括堆积区形态、面积，堆积过程、速度、厚度、长度、层次、结构、颗粒级配，堆积扇的纵横坡度、扇顶、扇腰、扇缘位置等。

（4）松散固体物质的调查

应调查流域内地质构造、物理地质作用、水文地质条件、地震情况、岩层风化情况、流域特征情况从而确定松散固体物质的来源、分布和储量。

（5）泥痕调查

在无人烟地区可根据泥石流运动及堆积特征留下的痕迹以确定泥位。

(6)人类活动的影响

人类活动对形成泥石流会产生影响。例如在流域内乱伐森林、山坡溜木、陡坡垦荒、顺坡耕作、任意放牧、开矿、修建铁路和公路弃砟不当等,都会破坏水土保持,失去生态平衡,都有可能引起泥石流的复发或导致新泥石流的产生。

(7)已成建筑物情况的调查

主要调查已成建筑物的使用情况及遭受泥石流破坏情况。

3.1.10　岩溶地区应加强地质调绘及勘测工作,因为岩溶一般独立性强,在地面上不容易看清地貌,所以应加强调绘。如贵昆线天生桥跨越暗河,又处于断层破碎带上,溶蚀剧烈、溶洞发育、地质极为复杂。1958年开始勘测期间,作了大量的勘测方案比较和地质调查测绘工作,钻探近20孔,并采用了电探等手段,查明了溶洞的空洞大小,陷穴漏斗和竖井位置与分布,覆盖层的厚度,暗河大小和高程与方向,并做了水文观测,测出暗河进出口流速、流量。在搞清地质、水文情况下,结合线路选线,桥位选出了较好的位置,桥墩台采用轻型结构浅基础,至今未发现问题。

3.1.11

(1)最大潮流量

由于潮波海水的水质点系进行波动运动,潮波的振幅比波长小得多,水质点的水平运动比垂直运动要大得多,这样的水质点在水平方向的流动,叫做潮流。涨潮时的潮流称为涨潮流,落潮时的潮流称为落潮流。在半日潮明显地区,一天要发生4次转流,但在特殊情况下,亦有一天转流2次。最大流速的日变化大潮时最强,小潮时最弱,因此选择每年的最大潮流量,可在年内大潮时挑选。

(2)最大潮洪流量

主要指历年本河洪水与潮流相遇的不同组合,它随着外海的潮差大小和内河径流大小的变化而不同。

(3)最高、最低潮位,最大潮差

潮汐是由月球和太阳的引力作用引起的海面升降运动,在一般情况下每昼夜有2次涨落。海面涨至最高水位称为高潮,落至最低水位称为低潮。从低潮至高潮叫涨潮,从高潮至低潮叫落潮。相邻高低潮的潮位差叫潮差。

(4)潮型

潮水位随时间变化的曲线叫潮型,每天的两个高潮中较高的高潮称为高高潮,较低的高潮称为低高潮,同样有高低潮和低低潮之分。在一天中两次高潮、两次低潮相接的潮型称为半日潮。在日潮不等很显著的地区。低高潮及高低潮几乎消失,变成一日只有一次高潮及低潮,此潮型称为全日潮,介于半日潮和全日潮之间的潮型称为混合潮。

(5)涨落潮历时

应选取每年最高潮位时的涨潮历时和落潮历时,计算全潮历时和潮差,以便求得多年平均全潮历时和平均潮差,借以放大潮型为设计频率的潮位过程线,并推算设计频率的流量过程线和流速过程线。

(6)潮流速

潮流速是指潮流从海面高的地方流向低处时的流速,一般在实测资料中每年选取一个较大的变化过程;无实测资料可采用一般经验公式估算。

(7)风暴潮

风暴潮包括台风风暴潮及连续风增水引起的风暴潮两类。由于从台风中心向海岸推进时所造成的涌浪而引起的平均水位开始上升，继而进入台风区内，就出现水位上升速度大的风暴潮的主体部分。包括潮峰在内的水位变化速度大的部分，叫做风暴潮。

由于连续刮风在海面产生切线应力，随之引起海水的质量输送，如海水向着海岸并在那里堆积而形成的风暴潮。

根据我国近年沿海城市的观测资料，风暴潮与气象潮相遇加上河道适当涨水，是灾害性大破坏性强的最不利条件。如1985年9号、11号台风，从上海到大连都接近历史最高潮位，这样的例子很多。由于风暴潮和气象潮从观测资料中不易划分，故仍以年内最高潮位作为样品。

3.1.12

1 规范要求除搜集一般资料外，还特别提出搜集大比例尺地形图和河道纵横断面资料，这是由于水利化地区洪水变化大，一般以采用间接法推求流量为主，并用河道流量计算方法推求河道改变后的桥址设计水位和流速。对于搜集泵站和涵闸的实测资料是由于平原地区水文测站较少，但修建的泵站和涵闸很多，大量分布在无资料的中小河流上，有一定的管理人员和观测资料，很有参考价值，故条文中予以提出。

2 了解蓄洪、滞洪、分洪区和堤闸的设施和运用原则是水利化地区勘测的一项重要内容。因为蓄洪、滞洪、分洪区的布置及口门位置，将会直接影响桥梁设计洪水的大小。堤闸的设施和运用原则往往会改变流域水文要素，给铁路桥涵带来控制性影响。

3 在多沙河流上为了减轻河槽内淤积，往往利用大面积滩地作为放淤区，于入口处修建引水闸将上游挟带的大量泥沙沉积在放淤区内，以解决下游河道的淤积问题。在这种放淤滩地内修桥，应了解引水渠及其引水能力，考虑淤积造成的水位抬高，桥梁设计时应预留这项高度。

3.2.1 跨越大江大河的特大桥，往往工程巨大，战时目标显著，是铁路运输线上的要害所在。选择一个水文、地质条件较好，战略上和经济发展上都比较优越的桥位，对保证建桥质量，节约投资，发展经济和交通运输，具有决定性的作用。因此有必要在已定线路大方向的前提下，在较大范围内全面综合比较，择优选定。如枝城长江大桥及九江长江大桥的桥位都是在几十公里范围内比较选定的。所有的特大桥不一定都是如此，如工程技术上或其他因素都没有特殊困难和要求，则不必一定要在大范围内作比较研究。如武汉和南京长江大桥的桥位，根据线路的来路去向、城市布局、河流形势及地形条件，基本上已经定局，只需要在小范围内作水文和地质上的比较即可。

3.2.2 一条铁路线路的走向，通常是根据国家拟定的某些控制点来进行定线的。线路上的一般桥梁，原则上可按逢水修桥加以定位，至于具体位置应在适当范围内加以比选，择优确定。

3.2.4

(1)选在山区峡谷段的桥位，由于水深流急，槽中修建桥墩施工困难，基础也易被冲，故不宜在槽中修建桥墩。礼茶支线115+999茶陵河大桥就是峡谷段槽中桥墩被冲的例子。1982年6月17日茶陵河发生洪水，大桥基础被冲，洪后，经潜水员摸探，槽中二个桥墩，基础冲空，险遭危害，经压浆加固才恢复正常。故位于峡谷段的桥梁宜用一跨跨过，避免槽中修建桥墩。太焦线丹河桥、丰沙线永定河七号桥都是用一孔大跨度拱桥，跨过峡谷的例子。

(2)平原蜿蜒河段非常弯曲,河湾经常在演变,威胁路基、墩台和导流堤的安全,故应予注意。

(3)桥梁轴线要求与水流方向正交,目的是提高泄洪能力、减轻基础冲刷、改善航行条件。实际上高、中、低水位的流向常不一致,所以要求与各种水位的流向正交是不可能的,但与中、高水位流向不宜偏斜过多,一般在孔径及基础设计中要考虑不能正交的影响,必要时应加大孔跨或将基础轴线设计成与水流流向平行,以减轻局部冲刷。

(4)有防洪要求的地区,桥位一般选在城镇或重要厂矿企业的上游,不然需要通过协商征得有关方面的同意。如涉及到两省、市管辖的河道还应三方或多方协商解决。松花江第三江桥原计划在哈尔滨市下游已成的2座江桥的下游方修建,并做了水工模型试验,但哈市坚决不同意,提出的理由是修建了第三江桥后,要抬高上游壅水,增加了城市防洪压力。在当前我国各大城市防洪标准都不高的情况下,桥位选择尤应与当地有关部门协商解决。有的较大城市,江堤防洪标准只相当于50年一遇。更有的城市无所谓防洪标准,亦未有完整的堤防,甚至洪水时可以淹没一部分。为了使城市免遭洪水灾害,选择桥位时必须了解城市防洪规划和防洪标准,加以认真研究。

(5)我国北方河流有些是在严寒地区,冬季封冻,冰层较厚。在开冻过程中,上游冰块流下,在河的狭窄处将要被堵,形成冰塞,或下游河道尚未开冻,上游冰块流下后相互叠砌形成冰坝。我国黄河自宁夏至内蒙一段,冰塞、冰坝现象严重,影响排水,危及桥梁。在这种容易发生冰塞,冰坝河段上,桥位应予避开。

3.2.5

(1)山前冲积扇上的三个不同河段,由于各有其独特的河床形态和水流特征,因此铁路通过时,无论对铁路运营或养护维修均有影响,现分述如下:

①上游狭窄河段:河床较窄且基本稳定,水流顺畅集中,河床质多为卵石或圆砾层,是桥渡水文和地质条件最优越的河段。线路跨越时,只需设置一河一桥,桥长最短,桥孔易于确定,线路高度受两岸地形控制,桥下净空高度较高,河滩路堤最短,基础工程简单,导流及防护工程很少,造价低,养护维修工作简便。例如兰新线张玉段洪水河、北太河、丰乐川等大桥通过上游狭窄河段,建桥以来桥渡工作状况一直保持良好。

② 下游收缩河段:下游河道收缩成一股或数股稳定的河槽,变形较小,水流平稳。线路跨越时需要在各大分支河槽内设桥,各桥流量分配和桥孔布设较易确定,不需要设置长大导流工程。河床质多系细砂、粉砂、淤泥的互层,河滩地带又往往有沼化地和盐碱地出现,桥梁基础工程一般比较复杂,河滩路堤有时需要特殊处理,但还能减少大量导流工程和养护工作,所以下游收缩河段仍是桥渡工作条件较好的河段。兰新线张玉段的黑河和大沙河大桥,最初选在中游扩散河段,使黑河分支达10余股,河床摆动泛滥宽达6.3 km,大沙河宽达3.5 km。后将线路改移至下游收缩河段后,线路仅跨越黑河大小五股稳定的分支河槽,分别修建了大桥1座、中小桥各2座。大沙河则收缩成一股仅宽160 m的稳定河槽,修建了大桥1座。建桥以来各桥通过的流量均未发现有显著的不均衡变化,桥下河床变形也很微弱,桥渡工作及运营使用情况都保持良好。

③ 中游扩散河段:河道宽阔,河床极不稳定,局部变形剧烈,洪水时水流紊乱湍急,携带大量砂石,河床逐年淤积抬高,水流摆动扩散,常产生局部集中冲刷和水面涌高。在这种河段上的桥位布设、桥孔长度、桥下净高和导流工程等都很难正确确定。桥渡处都得设长大的导流堤,因此受冲面大,养护十分困难,工程造价昂贵,是桥渡工作条件最差的河

段。修建在这种河段上的桥渡几乎没有一座不发生水害的。兰新线张清段马营河大桥跨越宽达 5 km 的扩散河段。据当地居民介绍自 1926 ~ 1955 年天然河床普遍淤高 0.4 ~ 1.0 m。铁路建桥后，1957 年和 1958 年均因洪水冲毁导流堤及河滩路堤而发生中断行车事故，几次补强加固和经常防洪维修费用都很大，桥下净空因河床淤高已由 2.7 ~ 3.0 m 减小至 1.4 ~ 2.2 m，泄洪能力深感不足，水害威胁很大。

（2）较长桥梁的引桥往往与地面及地下的设施发生干扰，故在确定引桥走向时，必须审慎，以避免或减少拆迁，地下设施也应避免与之发生干扰，以免增加工程投资。为了减少拆迁与其他干扰因素，引桥可考虑设在大半径的曲线上，但不宜设在反向曲线上，以免行车时产生不良影响。

（3）桥位选择中要考虑施工场地、材料运输等因素，桥位方案如缺乏施工场地或材料运输存在困难，这个方案就不宜采纳。我国东北通让线上的嫩江大桥，原先选定的 4 个桥位方案，均选在河槽泛滥宽达 10 km 的中部，桥头两端都有 5 km 左右的河滩，洪水季节没有施工场地，不便施工。砂石材料也均需在 5 km 以外的岸地上运至桥头，显然很不合理，因此这些方案都没有被采纳。最后选用的桥位方案是一端桥头紧接一高坎，另一端也有高地一片。由于一岸为高坎，洪水时不淹没，施工场地比较开阔，不影响洪水季节施工，是一个比较好的桥渡位置。

3.2.6 特大桥的引桥，例如南京长江大桥和九江长江大桥，铁路引桥均长达 5 km 以上。公路引桥前者长达 3 km 多后者长达 2 km 多。铁路、公路引桥本身都已属于特大桥梁范畴，其经过地段地质条件的好坏，与工程费用关系密切，因此地质必须摸清，不容忽视。九江长江大桥铁路引桥设在弯道上，是根据地质较好拟定的，但公路引桥为配合城市规划，没有探明地质，以致施工后多处发现溶洞，造成基础施工困难，应引以为诫。

3.2.7 通航河流上的桥位应选在航道比较稳定的河道上。从长江上已建成的几座大桥情况来看，建桥前后由于河道自然演变，航道发生变化影响通航的情况，如武汉长江大桥上游汉阳东门滩逐年增大，枯水期已影响船舶通航，大桥下游主航道本来在左岸湛家矶一边，现已变到右岸青山夹，因此在选择桥位时，应充分估计到这种情况。

在通航河流上，桥轴线与水流方向斜交，容易因水流推压船舶，不易控制船位航向而发生撞击桥墩的事故。如重庆白沙沱长江大桥因桥墩轴线与流向偏差太大，经常发生船队、排筏碰撞桥墩，虽设有专门工作组来引航，但仍不能确保船队的安全过桥。据航运部门意见，桥墩轴线与水流方向的夹角，不宜超过 5°，以利通航。

3.2.8

（1）桥位不应选在沟床纵坡由陡变缓地段。桥位应有利于泥石流排泄，应防止泥石流在桥下淤积。成昆线上格达大桥桥位选在上缓下陡有利于排泄的位置，效果较好。

（2）桥渡设计采用挖方的办法颇多失败。如宝天段石浪沟、冯家川沟、元龙镇车站附近四大泥石流沟和天兰段的鸳鸯桥至谢家坡间的简家沟等，都采取了压低线路高度，下挖改沟设桥。正式通车后，淤积严重，虽在上游增加了一系列的拦挡坝，现在每年还都有很大的清淤工作，造成了养护的困难。

（3）流通区直线段是线路通过最好部位，因为它具有河床固定、冲或淤变化较小、桥渡工程量小等优点。桥位应避开“S”弯的转折处。如成昆线利子依达紧接上游“S”弯道上，1981 年 7 月暴发泥石流，河湾处超高达 5.1 m，龙头爬高达 12 m 左右，由于桥下净高不够，桥位布置不当，流势不顺，造成桥毁车覆的严重事故。

(4)线路通过泥石流堆积区的桥位,宜避开扇腰、扇顶部位,因为扇腰、扇顶泥石流漫流范围广,各沟槽流势多变,淤积速度快,桥梁布局、净高、孔跨等都较难掌握。如成昆线线路通过瓦洪沟泥石流堆积扇扇顶部,原认为是停歇期,但近年来受人为活动影响,坍塌、滑坡严重,可能会产生强大的黏性泥石流,对净空不够高的瓦洪沟桥是很大的威胁。又如东川支线的多牛一号及多牛二号隧道之间的多牛泥石流扇腰部位,建造一孔小桥跨越,由于施工弃砟不当及在沟内滚溜石料,多牛沟泥石流复活,掩埋小桥并灌入两端隧道,不能不废弃小桥改建成明洞与两端隧道接通,将多牛隧道变成长 1 612 m 及有 4 个半弯道的隧道,运营、养护均很困难。又如成昆线漫水湾至西昌段是选在扇缘或尾闾通过,采用了沿等高线定线,以满足于桥位与主流正交的要求,并分散设桥,净空也已考虑淤积量,通车至今未出问题。而东川线拖沓沟、法窝两大桥是在泥石流堆积扇扇尾靠大河被经常切蚀和堆积的陡坎处通过,要求桥梁墩台基础既要埋深,而桥下净空又要抬高,危害不浅。

(5)当各堆积扇高程相差悬殊,平面位置又参差不齐处,定线时应考虑三种可能的通过方案以资比选。一是沿扇缘外移,切最凸出的扇缘定线。这个方案在山前小型泥石流群地段是成立的,对山区则受地形及大河制约,困难不小;二是线路提坡,以地势最高堆积扇的扇顶控制定线,这个方案桥梁工程量大;三是底部穿过或过河绕避。

3.2.9

(1)岩溶地区的地质构造破碎带,岩石断裂破碎,地下水富集,地表径流和地下水循环交替频繁,岩溶极其发育,常分布有岩溶大厅、巨大洞穴和竖井,多层溶洞,暗河或暗藏沟谷等,桥位应避开构造破碎带。贵昆线艾家坪隧道穿越构造破碎带,该处溶洞为空洞,漏斗竖井极其发育,勘测期间没有探明,隧道选线没有足够的重视,施工进洞后遇到溶洞大厅,隧道悬空,处理十分困难,不得已在施工后又局部改线,采用绕避地下大厅的办法处理。

(2)可溶岩层与非可溶岩层的接触带,是地表水与地下水滞流、溶蚀强烈,地质动力现象最为活跃的地带。常有落水洞、坍陷漏斗和网状洞穴分布,也有与接触带走向一致的暗河,或者有地下通道与横向暗河相连而形成纵横交错的地下沟谷,桥位应避开接触带。如宜拱支线鱼洞桥,位于石灰岩与玄武岩接触带上,接触带是断层带,长约 50 m,深 22 m 均未到底,可能与鱼洞暗河相连通。断层带上石灰岩层内溶洞发育。该桥在接触带上作桩基础钻 10 m 深尚不到底,下部岩层也不稳定。结果采用钢筋混凝土拉杆斜墩,锚固于右侧稳定的玄武岩上,虽然施工困难,终算跨越了接触带。又如成昆线大渡河沿河线土坟包 2 号 ~4 号隧道和二座桥梁的一段线路是玄武岩和石灰岩的接触带,线路靠在石灰岩一侧,岩溶发育多为竖井,溶洞和支洞并连,层次较多,工程复杂。若将线路内移则可远离接触带,或者外移几十米,即可在稳定的玄武岩层上避开岩溶,线路和桥隧建筑将得到大大改善。

(3)岩溶坍陷区地势平缓,覆盖层薄,土层松散,地下水位高,不稳定,且因洞穴、漏斗、溶槽(沟)内未被填充而有空洞,或者填充不密,洞穴和顶板岩石不稳,经洼地积水渗水。地下水陡变,岩溶水侵蚀而形成地表坍陷。广西黎湛线 148 km 玉林附近,因天旱抽水,一夜之间稻田里发生上百个坍陷;四川宜拱支线塘坝桥,因洞穴和覆盖层不稳,河床地表坍陷,地面牵动范围直径达 66 m,造成桥墩台倾斜下沉,坍陷对铁路建筑物危害很大。根据坍陷的成因,经地质测探和调查分析,预测地表坍陷是可能的,而且是重要的。因此对地表积水、排水特性,对于天然或人为的改变地下水位的情况,对覆盖土层、洞穴和顶板岩层是否稳定，是坍陷区桥位选择值得注意的问题。

（4）暗河范围内的桥位，应详细测探暗河出入口、走向、大小、高程和形状，以及顶板岩石的厚度、完整性和稳定性等，以期在可靠的地基基础上建桥。

在暗河出入口附近设桥，除考虑特殊水文条件影响外，还应注意出入口侵蚀基准面是否稳定。暗河地质构造作用和岩溶水不断强烈侵蚀而形成的过程中，有的侵蚀基准面尚未稳定，尚在溶蚀变化，有的虽已稳定但基准面下又潜伏有岩溶，同样对基准面和建筑物有影响。

3.2.10

1 涌潮区段由于涌潮压力和涌潮过后的高速水流对桥墩的影响较大，故在涌潮区设桥宜慎重。

2 受潮汐影响的凹岸和滩岸消长多变地段不应布设桥渡的理由是，泥沙运动在沙质海岸和淤泥质海岸比较显著，尤其是泥沙强的河口段和海湾凹岸和滩岸消长多变地段，如杭州湾等地区。该地区除受外海的波浪和海流作用外，河流的部分下泄泥沙也会进入这个宽阔地区，因此在这个区设桥，径流和潮流等的相互作用，常形成拦门沙。加上盐淡水交汇造成淤泥颗粒的絮凝现象，促进了泥沙淤积。因此桥址应选在基本垂直天然深槽上，并与涨落潮潮流方向和波浪主要作用方向呈最小角度；如果两者方向不一致，也应与当地泥沙运移的主要方向一致。

3 桥位不宜选在挡潮闸的近侧，因关闸而引起的动能或位能的转换影响，导致挡潮闸附近的关闸壅高或落低。同时由于涨潮流时所挟带的大量海相泥沙遇关闸，必然会在闸下河段沉积；同理，陆相泥沙遇高潮关闸也会产生淤积。再加上开闸水流的集中和扰乱，或开闸不均匀等，都能造成闸下河道极其复杂的冲淤。以上这些剧烈的变化，对桥梁都会产生不利的影响。

3.2.11

1 铁路通过地势低洼的蓄洪、滞洪和分洪区时将经常造成水害，淹没站舍设备，引起路堤下沉。蓄洪区蓄水较长时，更会影响桥涵的维修工作，遭遇风浪侵袭的机会也较高，故定线时，线路宜绕避。

2 桥位选在水闸、引水或分洪口门等水利工程附近时，应考虑彼此的影响。一般水闸高度较低、基础较浅，在其近侧修建桥梁后，列车的振动会引起水流条件的改变，如在分洪口门处水位和河道冲淤会有显著变化，对桥梁安全不利，故桥位不宜选在其附近。

3 河网地区地势较低，为满足通航净空要求，往往使桥梁和桥头路堤抬高很多，因此选择桥位时应充分利用局部地形，选在两岸地势较高处，从而减低墩台和路堤高度。

4 铁路与大干渠相邻而行，往往会互相干扰甚至产生危害，如包兰铁路枣园堡至迎水桥间数十公里内，铁路与干渠上下交错或平行，近者并肩紧连，自运营以来，连年水害，铁路与渠道间串流冲刷，铁路路堤被积水浸泡下沉，故提出两者间应保持一定距离。位于干渠上坡侧的铁路，危害相对而言较小。

3.2.13 车站范围内股道众多，特别是区段站或编组站，都是大面积长距离的修建站场，影响水流的自然排泄，如何设置桥涵使水流尽快排泄，是一个必须引起重视的问题。车站内修建桥涵，在确保运营安全的基础上与站场布置密切有关，应全面安排，选择适当地点布设必要的桥涵，也可改移、合并天然水流，但不宜将天然水流改至站外，也不应将水流在站内来回穿越，影响快速排洪。南京尧化门编组站常年水患，就是由于水沟来回穿越站坪,造成水淹站坪停运事故。泥石流或流量较大的河沟改移或合并,往往会产生不良影响,应与变更站房和股道布置作方案比选确定;在靠近城镇的车站,由于车站修建往往堵塞通道,影响城市交通,所以除考虑排洪桥涵的布设外,还应考虑立交桥涵的设置。

3.2.14

2　山区以逢沟设置桥涵为原则,主要是尽量保持天然水流状态,避免通过导流堤、挡水坝等设施,以免过分集中水流,对桥涵下游不利。

3　山口冲积扇上不得强行改沟至低洼处,主要是改沟开挖工程量大,沟床沟壁容易冲刷,边坡容易坍塌,造成淤积。布设桥涵改沟过多不易成功,应保持天然水系和天然水流状态,避免改沟合并。

5　平原区桥涵应十分重视桥涵前积水和水位壅高问题。60年代初成昆线成峨段水害,有一部分是桥涵布设和孔径设计不当,涵前积水和淹没时间过长所引起的,所以平原地区应调查本地区作物生长所允许的淹没深度、耐淹时间和上游村庄房舍不淹没的高程,作为桥涵布设和设计的依据。一般桥涵分布不宜过稀。

3.2.15　增建第二线上的桥位,设在既有桥左右侧的选择,原则上应为:第一,应利用既有建筑物减少拆迁工程,以节约投资;第二,应避免与当地已有设施干扰或减小干扰,同时要方便施工;第三,应减小对既有桥的影响,以保持正常的运营。从上述三点原则出发,经技术经济比较后,整体考虑研究确定。

3.2.16　增建第二线桥与既有桥间的距离,重要桥梁对国防应满足战略上的要求。通航河流上的桥梁,为避免水流在新旧桥墩间的干扰,要根据航道等级按照规定的通航标准与有关部门协商确定。在城市附近的大江大河上修桥,要考虑新桥修建后桥前壅水对城市防洪方面的影响,同时要不影响既有桥的工作情况、施工情况、通车运营情况等方面的干扰。

3.2.17　既有桥经多年使用已形成历史上的自然状态,故原来的位置在线路平面及纵断面的配合上均属合理时,在多年实际洪水考验而又未发生水害如上游被淹、下游被冲、路堤或桥梁漫水等情况,水流条件无缺陷时,应充分利用既有路基、轨道、导流建筑物及其他防护工程,以节约投资,桥位不宜轻易更动。既有桥经过调查确属不能利用,例如线路平面需要更动以满足运营要求,纵断面需要变更,桥梁需要抬高,河道发生变迁难以整治等等情况,则需要另找桥位修建新桥。桥位更动后,由于对上下游城镇交通、洪水的影响等利害关系较密切,故更动后的桥位应征得上下游有关部门的同意。其他如封闭或缩孔等都应取得足够的依据。

3.3.2　设计洪水是一种必须性的随机事件,可以运用概率理论以及数理统计的方法进行估算,推断其在大量现象中的一般规律。对其基本资料应按以下几方面进行审查。

(1)可靠性:见本规范第1.0.4条说明。

(2)独立性:一事件的出现不受其他事件影响的才有独立性,例如从流域外引入洪水或从流域内引出洪水的洪水资料,无独立性,不能和独立性资料一起统计计算。

(3)一致性:如流域在乱垦乱伐之前,同样暴雨,洪峰流量要小得多,洪水过程线要矮胖得多;之后,洪峰流量要大得多,洪水过程线尖瘦得多,这是由于流域下垫面的改变,使洪水发生条件不一致所产生。因此在数理统计中,只有发生条件有一致性,代表这种条件所发生的事件,才能放在一起进行统计。

(4)系列代表性:水文现象的统计规律,只能通过若干年实测资料而得,是一个有限的短暂的系列。这个从总体资料分割出来的系列应能代表总体分布,越接近总体分布其误差就越小,系列就具有较好的代表性。一般可与邻近水文站较长期的系列进行比较从而判断其代表性。

3.3.3 由于影响设计洪水的因素很多,如流域的地理位置、气候条件、流域特征、植被、湖泊调节、河道演变及人类活动等影响,使得计算中的不确定性也随之增加,加上水文分析和计算还是一门发展中的学科,虽然已经有了一定的理论基础和积累了一些经验,但是分析方法还不够完善,计算公式还有相当的局限性,这就使计算成果不能完全适应自然界复杂水文现象的变化规律。因此,水文计算应根据资料条件及地区特点,采用多种方法进行计算核对,论证其合理性。

3.3.4 水文计算中所依据的资料是样本,这就存在着抽样误差,此误差的大小与设计频率、系列长度、总体分布及其统计参数、频率计算方法等因素有关。根据单站短期资料推求稀遇的设计洪水时,抽样误差比较大,这是频率分析法存在的主要问题。为此要求样本系列具有一定的长度,才能使抽样误差限制在一定的范围内。从我国当前资料条件出发,采用频率计算时,要求实测洪水年数为20年及以上。即使如此,频率计算的成果仍然可能有相当大的误差,因此应进行历史洪水的调查和考证工作,使外延设计洪水受到一定的控制作用,达到提高精度的目的。

3.3.5 洪水资料的选样,必须满足涉率计算关于独立随机取样的要求。所以规范条文规定采用年最大法,即每年选取一个瞬时最大值作为频率计算的样本。如洪水特性在一年内随季节和成因有显著差别时,可分别选样统计,但季节和成因的划分不宜过细。

3.3.6 插补延长洪水系列的方法有:

(1)利用上(或下)游站的流量资料进行插补延长

当设计断面的上(或下)游站有较长观测系列的水文站时,可以此作为参证站,根据本站与参证站的同期资料,点绘相应的洪水相关图。如区间面积不大,且无较大支流汇入,两站相关关系较好,点据密集分布呈带状,则可通过直接相关,利用参证站的资料进行插补延长。

(2)利用本站洪峰与水位(或洪量)关系进行插补延长

洪峰、水位(或洪量)关系线的绘制应根据较多的点据,为此每年可选择几次较大的洪水资料,来分析它们之间的相关关系。当相关线受到暴雨特性和河网调蓄等影响时,应考虑这些因素确定其外延趋势。

(3)利用本流域暴雨资料插补延长

利用暴雨观测资料,通过降雨径流关系,插补缺测年份的洪水值。

进行上述插补延长时,应结合气象、地理等自然条件,通过合理分析,对于偏高较大的大水点据,不应机械地通过,也不应任意舍弃。

3.3.7 由实测和插补延长资料组成的系列,可看作是从总体分布中独立随机选择得到的。如果通过历史洪水的调查考证,在实测和插补延长的资料系列中,没有特大洪水值需提出作单独处理,而就各项洪水值直接按其大小顺序统一排位,这样的样本称为连序系列。反之,通过历史洪水的调查和文献资料考证后,实测或调查的特大洪水值需在更长的时期内进行排位,这样的样本称为不连序系列。

3.3.8 根据实测洪水资料所组成的样本,采用理论频率曲线外延推求指定频率下的设计洪水,是目前通用的方法之一。外推设计洪水可靠性的重要因素,是理论频率曲线的线型是否合理和统计参数的估算是否恰当。由于水文系列的总体是未知数,用资料的小样本来估算统计参数,会存在较大误差。

我国长期采用皮尔逊Ⅲ型(P—Ⅲ)作为洪水特征的频率曲线,它是一种概括性较强,适应性较大的概率分布线型。根据实测资料分析也说明,P—Ⅲ型曲线尚能适合我国南、北方不同类型河流的洪水峰量的概率分布特征。P—Ⅲ型曲线的参数选用比较容易,曲线外延部分在进行比较时矛盾较小。这样就构成了我国长期采用P—Ⅲ曲线作为洪水概率分布的主要理由。但从P—Ⅲ型频率曲线的数学特性来看,其上端随频率的减小迅速递增,以至趋向无穷大,下端在 $C_s>2$ 时过于平坦,越接近下限,洪水出现的可能性越大,这些与洪水变化的特性并不相符。特别是干旱、半干旱地区的中小河流,洪水分布的偏态程度十分突出,稀遇洪水数值有时可达到几十年记录中最大值的几倍。此外P—Ⅲ型分布不仅在曲线的下半部(即频率大于50%)与点据显著脱离,而且为了使某次稀遇洪水的重现期不致过大(如频率比0.01%小很多),造成曲线上半部(如频率小于10%)较点群偏高较多,结果整条曲线与点群分布趋势不符。此外,这种线型不便于数学处理。因此本规范虽规定采用P—Ⅲ型曲线,但也规定特殊情况经分析论证后也可采用其他线型。其他线型包括克里茨基—门凯里曲线、耿贝尔曲线等。

3.3.9 采用矩法估算统计参数,其优点是估算简便,计算公式与总体分布无关,缺点是 C_v、C_s 的抽样误差较大。用适线法对估算的统计参数进行调整,是将观测样本自大至小排列后,求出其相应的经验频率,点绘在几率格纸上,再按矩法估算的统计参数值作为初始值,在一定范围内调整 C_v、C_s 值,得到相应的理论频率曲线,选出与经验频率点据吻合较好的一根曲线,此曲线的 C_v、C_s 值,即为用来推算设计流量的统计参数。

调整统计参数进行适线时,宜照顾点群趋势,主要考虑中、上部分较大洪水点据。对于调查历史洪水应靠近精度较高者,不应机械地通过最大洪水点据。

3.3.11 铁路各设计单位对小流域暴雨径流计算,通过多年实践和洪水考验已逐步地建立起各自地区的半理论、半经验公式。现行的公式内容可分述之如下:

(1)铁道部第一勘测设计院公式

$$Q_p=\left[\frac{k_1\cdot(1-k_2)\cdot k_3}{x^{n'}}\right]^{\frac{1}{1-n'y}} \qquad \text{(说明 3.3.11—1)}$$

式中 Q_p——设计流量(m^3/s);

k_1——产流因子,按下式计算:

$$k_1=0.278\eta S_p F \qquad \text{(说明 3.3.11—2)}$$

η——暴雨点面折减系数,从说明表3.3.11—1查取;

S_p——设计暴雨参数(mm/h);

F——汇水面积(km^2);

k_2——损失因子,按下式计算:

说明表 3.3.11—1 η 值

$F(km^2)$	η	$F(km^2)$	η	$F(km^2)$	η
<10	1.00	25	0.90	60	0.84
10	0.94	30	0.89	70	0.83

续上表

$F(km^2)$	η	$F(km^2)$	η	$F(km^2)$	η
12.5	0.93	35	0.88	80	0.82
15	0.92	40	0.87	90	0.81
20	0.91	50	0.86	100	0.80

$$k_2 = R \cdot (\eta \cdot S_p)^{r_1 - 1} \quad \text{(说明 3.3.11—3)}$$

R——损失系数，从说明表 3.3.11—2 查取；

r_1——损失指数，从说明表 3.3.11—2 查取；

k_3——造峰因子，按下式计算：

$$k_3 = \frac{(1-n')^{1-n'}}{(1-0.5n')^{2-n'}} \quad \text{(说明 3.3.11—4)}$$

n'——随暴雨衰减指数 n 而变的指数，即

说明表 3.3.11—2　R、r_1　值

损失等级	特　　征	R	r_1
Ⅱ	黏土；地下水位较高（0.3～0.5 m）盐碱土地面；土层较薄的岩石地区；植被差、风化轻微的岩石地区	0.93	0.63
Ⅲ	植被差的砂黏土；戈壁滩；土层较厚的岩石山区；植被中等、风化中等岩石地区；北方地区坡度不大的山间草地；黄土（Q_2）区	1.02	0.69
Ⅳ	植被差的黏砂土；风化严重、土层厚的土石山区；杂草灌木较密的山丘区或草地；人工幼林或土层较薄中等密度的林区；黄土（Q_3、Q_4）地区	1.10	0.76
Ⅴ	植被差的一般砂土地面；土层较厚森林较密的地区；有大面积水土保持措施、治理较好的土层山区	1.18	0.83
Ⅵ	无植被的松散的砂土地面；茂密的并有枯枝落叶层的原始森林区	1.25	0.90

注：若土内有钙质胶结，流域内有沼泽以及地下水位较高，损失等级应降低 1～2 级，如Ⅲ类降为Ⅱ类；若流域内土疏松、坑洼不平及有较多虫穴时，损失等级应提高一级；当流域内有两种以上土类，应分别按各自的损失等级计算流量后，用面积作加权平均求得。

$$n' = C_n \cdot n = \frac{1 - r_1 \cdot k_2}{1 - k_2} \cdot n \quad \text{(说明 3.3.11—5)}$$

x——河槽和山坡综合汇流因子，由河槽汇流因子 K_1 和山坡汇流因子 K_2 而定，即

$$x = K_1 + K_2 \quad \text{(说明 3.3.11—6)}$$

$$K_1 = \frac{0.278L_1}{A_1 \cdot I_1^{0.35}} \quad \text{(说明 3.3.11—7)}$$

$$K_2 = \frac{0.278K_2^{0.5} \cdot F^{0.5}}{A_2 I_2^{0.333}} \quad \text{(说明 3.3.11—8)}$$

L_1——主河槽长度，由显著河槽起点到出口断面的距离（km）；

A_1——主河槽流速系数，根据断面扩散系数 α_0 和系数 m_1 值从说明表 3.3.11—3 查取；α_0 可在出口断面附近选取有代表性的断面，量取其 1 m 水深时相应河宽之半值；m_1 为主河槽沿程平均糙率系数；

说明表 3.3.11—3 河槽流速系数 A_1 值

m_1 \ α_0	1	2	3	4	5	7	10	15	20	30	50	主河槽形态特征
5	0.095	0.084	0.077	0.071	0.068	0.062	0.057	0.050	0.047	0.041	0.036	丛林郁闭度占75%以上的河沟,有大量漂石堵塞的山区弯曲大的河床;杂草灌木密生的河滩
7	0.120	0.106	0.098	0.092	0.087	0.079	0.072	0.064	0.060	0.053	0.046	丛林郁闭度占60%以上的河沟;有较多漂石堵塞的山区弯曲河床;有杂草死水的沼泽河沟;平坦地区的梯田、漫滩地
10	0.154	0.137	0.126	0.117	0.111	0.102	0.092	0.083	0.076	0.068	0.059	植物覆盖度50%以上有漂石堵塞的河床;河床弯曲有漂石及跌水的山区河槽;山丘区的冲田、滩地
15	0.205	0.181	0.167	0.155	0.147	0.135	0.123	0.110	0.102	0.090	0.078	植物覆盖度占50%以下,有少量堵塞物的河床
20	0.251	0.223	0.204	0.190	0.180	0.165	0.150	0.134	0.124	0.111	0.096	弯曲或生长杂草的河床
25	0.294	0.260	0.239	0.223	0.211	0.193	0.176	0.158	0.145	0.130	0.120	杂草稀疏,较为平坦、顺直的河床
30	0.335	0.297	0.273	0.254	0.241	0.221	0.200	0.180	0.165	0.148	0.127	平坦、通畅、顺直的河床

注:表中 A_1 值系数按断面为二次抛物线的计算结果。当断面为复式河槽时,应按设计洪水时的大致水深 h(m)及水面宽 B(m),用下式推求 α_0,即 $\alpha_0 = B/2h^{\frac{1}{2}}$,用此 α_0 值在表中查 A_1 值。若 m_1 与 α_0 超过表中数值,可用下式计算 A_1 值。

$$A_1 = 0.0368 m_1^{0.705} \frac{\alpha_0^{0.175}}{(\alpha_0 + 0.5)^{0.47}}$$

I_1——主河槽平均坡度,相当于显著河槽起点到出口断面的平均坡度(‰);

L_2——流域坡面平均长度(km),按下式计算:

$$L_2 = \frac{F}{1.8(L_1 + \sum L_i)} \qquad \text{(说明 3.3.11—9)}$$

上式中 $\sum L_i$ 系流域中支汊河沟的总长(km),其中每条支沟的长度要大于流域平均宽宽的 0.75 倍,流域平均宽度 B_0 的算式为 $B_0 = \frac{F}{2L_0}$,L_0 为流域分水岭最远一点至桥涵处的距离(km);

A_2——坡面流速系数,从说明表 3.3.11—4 查取;

I_2——流域坡面平均坡度(‰),可取若干有代表性的坡面求算坡度,取其算术平均值;

y——反映流域汇流特征的指数,按下式计算:

$$y = 0.5 - 0.5\lg \frac{3.12\frac{K_1}{K_2} + 1}{1.246\frac{K_1}{K_2} + 1} \qquad \text{(说明 3.3.11—10)}$$

采用式(说明 3.3.11—1)计算流量时,设计暴雨强度公式 α_p 采用 $\alpha_p = \frac{S_p}{t_Q^n}$ 计算,式中的暴雨衰减指数 n,其长短历时一般固定为 1 h,故 $t_Q \leqslant 1$ h 时 $n = n_1$;$t_Q > 1$ h 时 $n = n_2$。当用式(说明 3.3.11—5)计算 n' 时,应与 n_1 或 n_2 计算出来的造峰历时 t_Q 相适应,是否相适

应,可用下式来检验:

$$t_Q = P_1 \cdot x \cdot Q_p^{-y} \qquad \text{(说明 3.3.11—11)}$$

式中 t_Q——造峰历时(h);

P_1——形成洪峰流量的同时汇水的时间系数,可按 $P_1=\dfrac{1-n'}{1-0.5n'}$ 计算,或从说明表 3.3.11—5 查取。

说明表 3.3.11—4 坡面流速系数 A_2 值

类别	地表特征	举例	变化范围	一般情况
森林地区	郁闭度大于70%的森林,林下有密草或落叶层	原始森林地区	0.002~0.003	0.0025
密草地、一般林区、平坦水田、治理过的坡地	覆盖度大于50%的茂密草地;郁闭度大于30%的林区;地形平坦的水田区;水土保持措施较好的坡地区(密草中杂生有树木及灌木丛;带田埂及管理得较好的水田区等取较小值)	宝天线宝鸡至拓石段;森林区、宝略段灌木密草山坡、陕北黄龙林区、峨眉径流站伏虎山区和+豆山平坦区等植被良好的地区	0.003~0.0075	0.005
中密草地、疏林地、水平梯田	覆盖度小于50%的中等密度的草地;人工幼林;带田埂的梯田(草地中杂生有灌林丛、人工幼林较密或梯田的坡度较平缓者取较小值)	宝天线拓石至天水段;宝安阳涉等线植被一般的地区;峨眉径流站保宁丘陵区	0.0075~0.015	0.01
疏草地、戈壁滩、旱地	覆盖稀疏的草地,戈壁滩;种有旱作物的坡地	兰新、兰青、天兰等线植被较差的地区;新疆、青海的戈壁滩地区;太原径流站	0.015~0.025	0.02
土石山坡	无草的或有很稀疏小草的坡地	南疆线巴仑台地区;黄土高原水土流失区	0.025~0.035	0.03
路面	平整密实的路面	沥青或混凝土路面	0.035~0.055	0.045

在 $t_Q=1$ h 附近的流量与时间可能出现不定的情况,此时可取 n_1 与 n_2 算出的流量中的较小值作为采用值。

当流域内有森林、水稻田、带田埂的梯田面积为 F'(km^2)时,所求得的流量应折减,在无资料地区可从说明表 3.3.11—6 查取折减系数。

说明表 3.3.11—5 P_1 值

n'	P_1	n'	P_1	n'	P_1	n'	P_1
0.45	0.71	0.57	0.601	0.69	0.473	0.81	0.319
0.46	0.701	0.58	0.592	0.70	0.462	0.82	0.305
0.47	0.693	0.59	0.582	0.71	0.450	0.83	0.291
0.48	0.684	0.60	0.571	0.72	0.438	0.84	0.276
0.49	0.675	0.61	0.561	0.73	0.425	0.85	0.261
0.50	0.667	0.62	0.551	0.74	0.413	0.86	0.246
0.51	0.658	0.63	0.540	0.75	0.400	0.87	0.230
0.52	0.649	0.64	0.529	0.76	0.387	0.88	0.214
0.53	0.639	0.65	0.519	0.77	0.374	0.89	0.198
0.54	0.630	0.66	0.507	0.78	0.361	0.90	0.182
0.55	0.621	0.67	0.496	0.79	0.347	—	—
0.56	0.611	0.68	0.485	0.80	0.333	—	—

注:当 n' 为中间值时,P_1 值可以内插取得。

说明表 3.3.11—6 折 减 系 数

F′/F(%)	5	10	15	20	25	30	35	
稀疏的森林或带田埂的梯田	0.99	0.97	0.96	0.94	0.93	0.91	0.90	
稠密的森林或水稻田	0.98	0.95	0.93	0.90	0.88	0.85	0.83	
F′/F(%)	40	45	50	60	70	80	90	100
稀疏的森林或带田埂的梯田	0.88	0.87	0.85	0.82	0.79	0.76	0.73	0.70
稠密的森林或水稻田	0.80	0.78	0.75	0.70	0.65	0.60	0.55	0.50

(2)铁道部第二勘测设计院公式

$$Q_p = 0.278FC_1\alpha_p y_m \qquad \text{(说明 3.3.11—12)}$$

式中 C_1——产流系数,从说明表 3.3.11—7 查取;

说明表 3.3.11—7 产 流 系 数

前期雨情 \ 土的类别	Ⅱ	Ⅲ	Ⅳ	Ⅴ	Ⅵ
前期大雨(年径流系数大于 0.5)	0.9	0.85	0.80	0.60	0.45
前期中雨(年径流系数 0.5~0.3)	0.8	0.75	0.65	0.50	0.35
前期小雨(年径流系数小于 0.3 和年径流深 300 mm 以下)	0.6	0.55	0.50	0.40	0.25

注:土的类别可根据说明表 3.3.11—8 确定。

说明表 3.3.11—8 土 的 类 别

土 的 名 称	含沙量(%)	土的类别
黏土、肥沃黏壤土	5~15	Ⅱ
灰化土、森林型黏壤土	15~35	Ⅲ
黑土、栗色土、生草砂壤土	35~65	Ⅳ
砂壤土	65~85	Ⅴ
砂	85~100	Ⅵ

α_p——设计暴雨强度(mm/h),当 $F \leqslant 10\ \text{km}^2$ 时按 $\alpha_p = 6^{n_1}S_p$ 计算,当 $F > 10\ \text{km}^2$ 时按 $\alpha_p = 1.413F^{-0.15} \times 6^{n_1}S_p$ 计算,式中 n_1 为短历时暴雨衰减指数;

y_m——径流函数,根据径流因子 r 从说明表 3.3.11—9 查取;

其余符号意义同前。

说明表 3.3.11—9 y_m 值

r	y_m	r	y_m	r	y_m
1	0.665	3	0.468	5	0.374
2	0.530	4	0.418	6	0.362

续上表

r	y_m	r	y_m	r	y_m
7	0.342	9	0.294	20	0.142
8	0.318	10	0.270	30	0.096

注:表中 r 按下式计算。

$$r = 0.036\alpha_p^{0.4}\tau$$

式中 τ——流域汇流时间(h),按下式计算:

$$\tau = \frac{L_3^{0.72}}{1.2A_3^{0.8} \cdot I_3^{0.21} \cdot F^{0.24} \cdot \alpha_p^{0.24}}$$

A_3——阻力系数,从说明表3.3.11—10查取;

L_3——流域分水岭沿流程至桥涵处之距离(km);

I_3——流域平均坡度,可从出口断面至最远点分水岭处,沿流程绘制纵断面图,按面积补偿法计算,也可按 I_3 =(流域平均高程 - 出口断面处高程)/L'_3,其中 L'_3 为流域平均高程的等高线与主槽相交处到出口断面间的距离(km)。

说明表 3.3.11—10 A_3 值

流域植被、坡面、地貌、河(沟)槽情况	A_3
流域内山坡陡峻,植被茂密,河谷多旱地,河槽内乱石交错,河槽陡峻	1.0
流域内坡面上有中等密度的竹林或树木,坡面多旱地,沟谷有稻田,河床为大卵石间有圆砾	1.0~1.5
坡面有灌木杂草和旱地,河谷中有少量稻田,河槽中等弯曲,河床为砂质或卵石	1.5~2.0
坡面平缓,有少量小树,坡面多为稻田、旱地。河沟较顺直,且为砂质夹有卵石河槽	2.0~2.5
坡面光秃,杂草稀少,多为稻田,有少量旱地,河槽为细砂或明显泥质河槽,河沟顺直	2.5~3.0

(3)铁道部第三勘测设计院公式

① 山丘区

a. 当 $\alpha_p = \dfrac{S_p}{t^n}$ 时

$$Q_p = \frac{C_2 F^{G_0} I_4^{P_0}}{L_4^{P_0}} \cdot \eta^{\frac{1+r_0}{1-m_0 \cdot n}} \quad \text{(说明 3.3.11—13)}$$

式中 C_2——参数,可按下式计算:

$$C_2 = 16.7\beta_0 \frac{S_p^{\frac{1+r_0}{1-m_0 \cdot n}}}{A_4^{\frac{(1+r_0)n}{1-m_0 \cdot n}}} \quad \text{(说明 3.3.11—14)}$$

β_0, r_0, m_0, A_4——参数,可从说明表3.3.11—11查取;

p_0——参数,可按下式计算:

$$p_0 = \frac{N_0 \cdot n(1+r_0)}{1-m_0 \cdot n} \quad \text{(说明 3.3.11—15)}$$

N_0——参数,可从说明表3.3.11—11查取;

说明表 3.3.11—11　参　数　值

土质类别	分类号	参数					流域概况
		A_4	m_0	N_0	β_0	r_0	
土质或土石区	1	7	0.25	0.30	1.04	0.45	冲沟多而深(可达数十米)且宽,遇水易松散的黄土,坡面草木稀疏,耕地大部为斜坡式,水土流失非常严重
	2	7	0.25	0.30	0.68	0.45	岩石露头,风化严重成粗粒状,占流域面积30%以上,沟壑较多(沟深在10~20 m以内),坡面草木稀,耕地大部分为斜坡式土质沙性大
	3	7	0.25	0.30	0.52	0.45	流域有下列情况之一,或下列综合情况,用本参数 ① 流域内大部分为斜坡耕地,冲沟不深,地形为丘陵区; ② 岩石露头,风化严重:占流域面积20%~30%以内,坡面草木稀疏,沟形为下切式的窄深状态; ③ 第一类流域,在较宽沟道内筑有多级坝式耕地
	4	10	0.25	0.30	0.52	0.45	流域有下列情况之一,或下列综合情况,用本参数 ① 岩石露头,风化轻微,占流域面积20%~50%之间,耕地及树、草坡地均有; ② 坡地上虽然草很矮,但能盘根错节,保护地表,坡面上冲沟较少; ③ 黑土丘陵区,大部分斜坡耕地的流域; ④ 植被差的石山区,其中有20%左右风化较严重
	5	12	0.40	0.37	0.32	0.30	流域有下列情况之一,或下列综合情况,用本参数 ① 全流域基本为灌木草丛所被覆; ② 较稀的乔木林与草地相间; ③ 较密的乔木林,与密草丛的流域,但其中有30%左右垦为斜坡耕地; ④ 冲沟少而较平坦的流域;或冲积扇上与等高线相平行之有埂台地
	6	12	0.40	0.37	0.27	0.30	乔木成林,或草丛高而密(在人高以上),地表有厚腐植层
	7	17	0.40	0.37	0.22	0.30	腐植层厚的森林区;或塔头草区;或较好植被之下为松散易入渗入土质
石山区	8	12	0.40	0.37	0.48	0.23	岩石露头,风化轻微,占流域面积50%以上,植被较差;或表层土极薄,只能长稀草,下为岩石的石山区
	9	17	0.40	0.37	0.48	0.23	岩石露头,风化轻微,占流域面积50%以上,植被较好(夏季在非悬崖部分,大部分能为植物被覆)
梯地	10	7	0.25	0.30	0.40	0	山坡较陡,梯地块小,冲沟切入梯地较多(限用于10 km^2以内)
	11	10	0.25	0.30	0.40	0	梯地虽然块小,但层层规整(限于10 km^2以内)
	12	12	0.40	0.37	0.40	0	地势较缓梯地块大,或带地埂的梯地(限于10 km^2以内)

注:1　本表使用范围:1~3类用于50 km^2以内,4~9类用于300 km^2以内,少雨地区使用范围小一些,多雨地区可大一些。

2　关于草原与干旱地区,洪峰流量需乘折减系数0.3~0.6。愈近沙漠干旱区,洪峰流量折减系数愈小。

3　流域概况介乎两类之间,可取两类之平均参数计算,或用两类计算结果的平均值。

g_0——参数,可按下式计算:

$$g_0 = 1 + m_0 \cdot p_0 \qquad \text{(说明 3.3.11—16)}$$

L_4——流域长度,从分水岭算起(km);

I_4——流域坡度,从分水岭算起,用加权法计算;

基余符号意义同前。

b. 当 $a_p = \dfrac{S_p}{(t+b)^n}$ 时

$$Q_p = 16.7\beta_0 \cdot a_p^{1+r_0} \cdot F \qquad \text{(说明 3.3.11—17)}$$

式中 a_p 值可用图解求得,即为 $a_p = \dfrac{\eta S_p}{(t+b)^n}$ 及 $\tau = A_4\left(\dfrac{L_4}{I_4 \cdot F^{m_0}}\right)^{N_0} \cdot \dfrac{1}{a_p^{m_0}}$ 两曲线的交点,其中 τ 为流域汇流时间,式中符号意义同前。

对具有山区和平地（或渗透性较强的冲积扇）两种情况的流域，流量计算可分别山区部分流量（用山区部分的汇水面积及全流域的河沟长度与河沟坡度）及平地部分流量（用平地或冲积扇的汇水面积及平地部分河沟长度与河沟坡度），最后两种计算结果叠加，即得全流域的流量。

② 平原区

流域的大部分面积均在平原地区内时，设计流量可按下述办法计算，暴雨雨量公式为 $H_p = m'_0 t^{N'_0}$（用 $a_p = \frac{S_p}{t^n}$ 时，$H_p = S_p \cdot t^{(1-n)} = S_p \cdot t^{N'_0}$）。

a. 治理河道（$F > 30\ km^2$ 以上）

当 $H_p = 1.56^{N'_0} m'_0 \cdot F^{0.3N'_0} > 90$ mm 时

$$Q_p = 0.189 m_0'^{0.813} \cdot (1.56)^{0.813N'_0} \cdot F^{(0.244N'_0 + 0.571)} \cdot \eta^{0.813} \quad (说明 3.3.11—18)$$

当 $H_p \leqslant 90$ mm 时

$$Q_p = 0.0118 \cdot (1.56)^{1.43N'_0} m_0'^{1.43} \cdot F^{(0.429N'_0 + 0.571)} \cdot \eta^{1.43} \quad (说明 3.3.11—19)$$

b. 治理标准低的大小河道

当 $H_p = 2.53^{N'_0} \cdot m'_0 \cdot F^{0.3N'_0} > 90$ mm 时

$$Q_p = 0.095 m_0'^{0.813} \cdot (2.53)^{0.813N'_0} \cdot F^{(0.244N'_0 + 0.571)} \cdot \eta^{0.813} \quad (说明 3.3.11—20)$$

当 $H_p \leqslant 90$ mm 时

$$Q_p = 0.00589 \cdot (2.53)^{1.43N'_0} \cdot m_0'^{1.43} \cdot F^{(0.429N'_0 + 0.571)} \cdot \eta^{1.43} \quad (说明 3.3.11—21)$$

式中 H_p——设计暴雨雨量（mm）；

m'_0——参数，可按下式计算：

$$m'_0 = S_p \cdot 60^{1-n}$$

N'_0——参数，可按下式计算：

$$N'_0 = 1 - n$$

其余符号意义同前。

（4）铁道部第四勘测设计院公式

$$Q_p = 0.278 \cdot A_5 \cdot B_5 \frac{R_p}{t_0} F \quad (说明 3.3.11—22)$$

式中 R_p——设计净雨深（mm），净雨历时 t_0 取 6 h 或 24 h，若采用径流系数法，则 $R_p = C_3 \cdot H_p$；H_p 为 6 h 或 24 h 设计暴雨量（mm），也可采用水利部门资料；C_3 为洪峰径流系数，可从说明表 3.3.11—12 查取；

说明表 3.3.11—12 C_3 值

土质特征	C_3 值	
	范围	一般采用
多石山区，黏土	0.85～0.95	0.90
砂黏土	0.75～0.85	0.80
黏砂土	0.65～0.75	0.70

B_5——雨型系数，从说明表 3.3.11—13 查取；

说明表 3.3.11—13　B_5　值

n_2		0.50	0.55	0.60	0.65	0.70	0.75
n_1		0.35 ~ 0.45		0.40 ~ 0.50			
B_5	6 h	4.50	5.08	5.78	6.38	7.02	7.82
	24 h	9.00	10.89	13.28	15.71	18.52	22.11

A_5——洪峰削减系数，随 E、D 而变，可从说明图 3.3.11—1 或说明图 3.3.11—2 查取，其中 E 为与坡面自然特征及产流条件有关的参数，D 为反映河槽与山坡

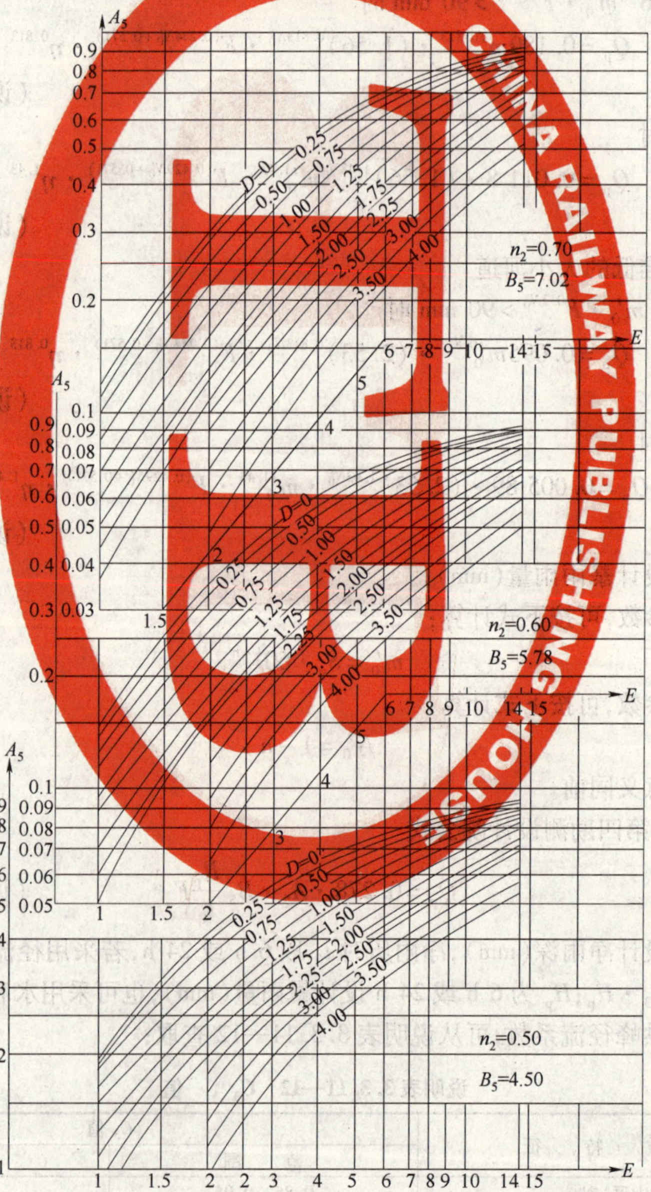

说明图 3.3.11—1(a)　$t_0 = 6$ h、$A_5 = f(E、D)$ 洪峰削减系数

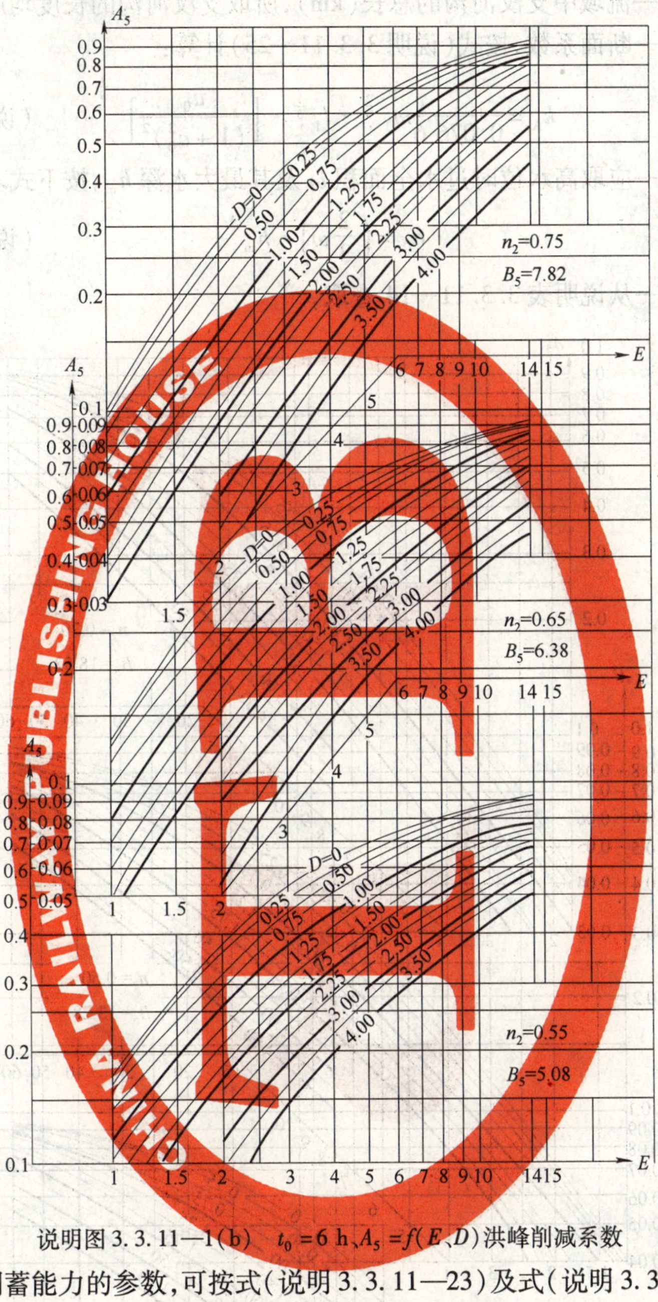

说明图 3.3.11—1(b) $t_0=6$ h、$A_5=f(E、D)$洪峰削减系数

调蓄能力的参数,可按式(说明 3.3.11—23)及式(说明 3.3.11—24)计算。

$$E=27\cdot k_0 I_2^{\frac{1}{3}}\left(\frac{B_5\cdot R_p\cdot t_0}{b_c}\right)^{0.5} \qquad (说明\ 3.3.11—23)$$

$$D=0.851\cdot k_A\cdot L_1(B_5 R_p\cdot F)^{-\frac{1}{3}}t_0^{-\frac{2}{3}}\cdot E \qquad (说明\ 3.3.11—24)$$

式中 I_2——流域坡面平均坡度(‰),当 $I_2>300$‰时用 300;

b_c——坡面平均长度(m),

$$双侧坡\quad b_c=\frac{1\,000F}{1.8(L_1+\sum l_i)}$$

$$单侧坡\quad b_c=\frac{1\,000F}{0.9L_1}$$

$\sum l_i$——流域中支汊河沟的总长(km),所取支汊河沟的长度均应大于 $0.4L_1$;

k_A——断面系数,按式(说明 3.3.11—25)计算:

$$k_A=\frac{1}{0.0766}m_1^{-\frac{2}{3}}\cdot I_1^{-\frac{1}{3}}\cdot\left[\frac{a_0}{(1+a_0^2)^2}\right]^{-\frac{1}{9}}\qquad(说明 3.3.11—25)$$

a_0——应取高水位时过水全面积 ω 及其最大水深 h_m,按下式求算:

$$a_0=\left(\frac{2}{3}\omega\right)\cdot h_m^{-\frac{4}{3}}\qquad(说明 3.3.11—26)$$

m_1——从说明表 3.3.11—14 查取,

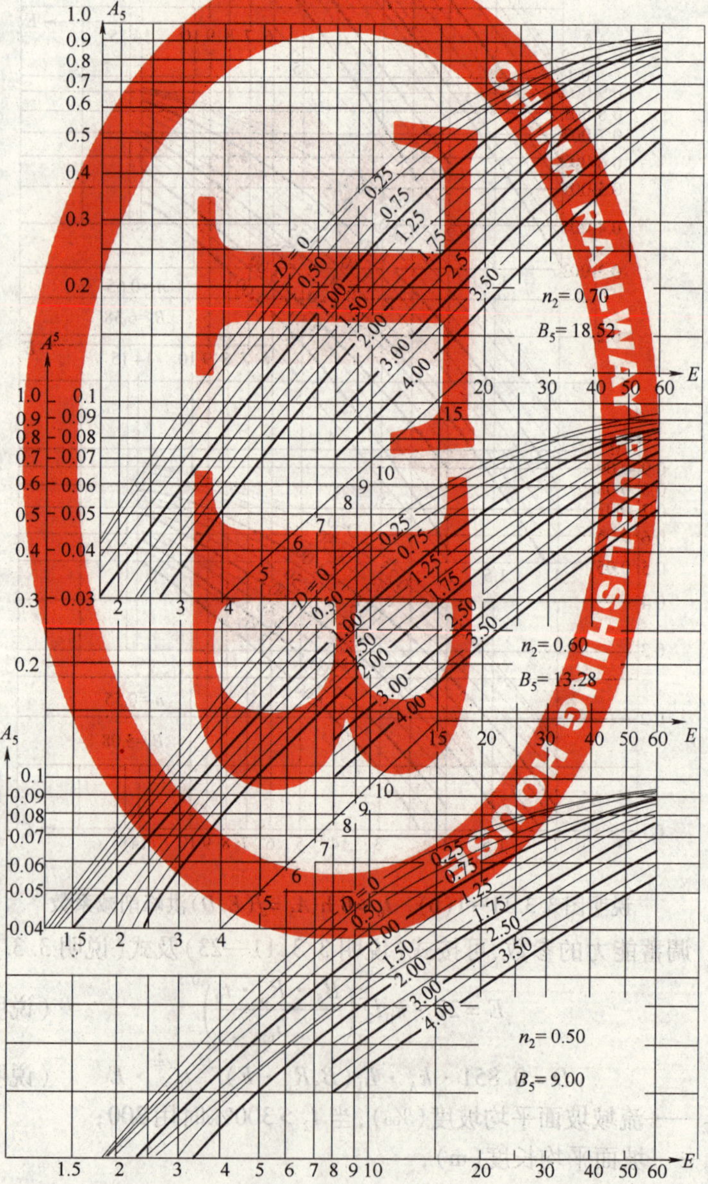

说明图 3.3.11—2(a)　t_0 = 24 h、$A_5 = f(E、D)$ 洪峰削减系数

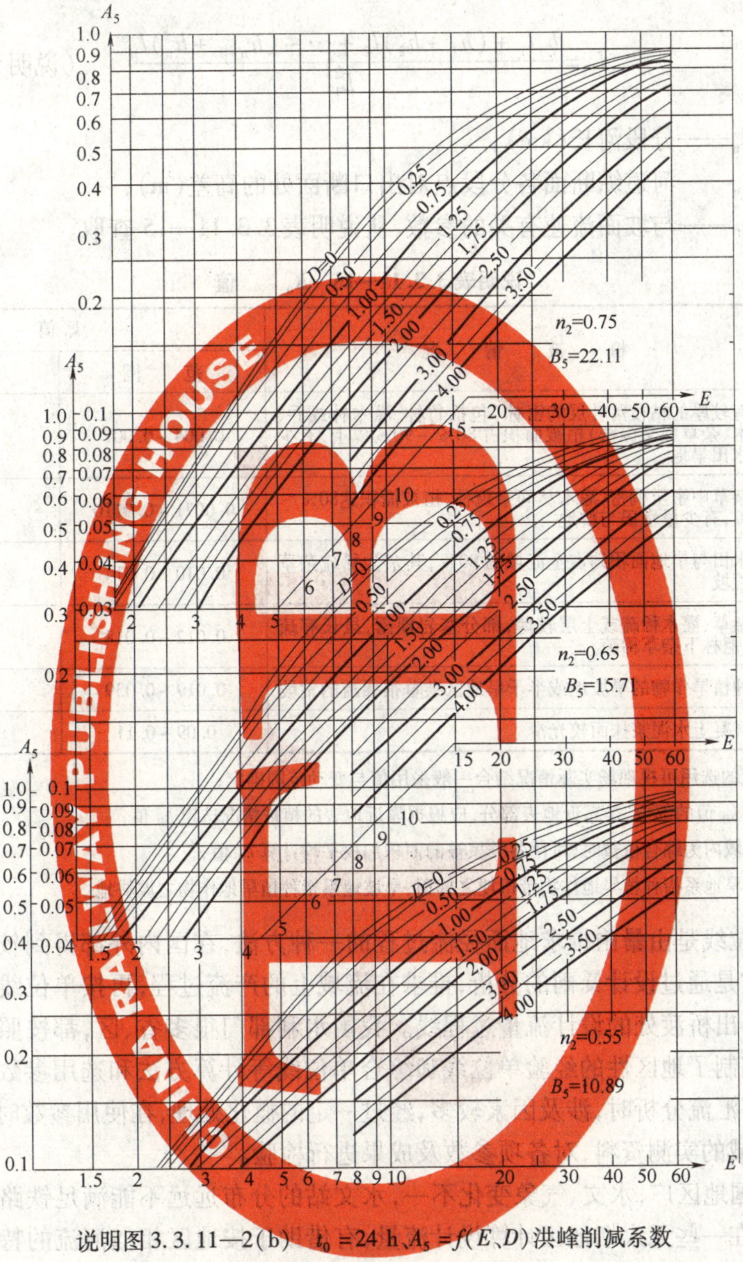

说明图 3.3.11—2(b) t_0 =24 h、$A_5=f(E、D)$洪峰削减系数

说明表 3.3.11—14 m_1 值

河床特征	m_1
平坦顺直的河床	30
无杂草生长，较为平坦顺直的河床	25
弯曲或生有杂草的河床	20
植物覆盖度占 50% 以下，有少量堵塞物的河床	15
植物覆盖度占 75% 以下，有漂石堵塞的河床	10

I_1——主河槽平均坡度(‰),可按下式计算:

$$I_1 = \frac{h_1 l_1 + (h_1 + h_2) l_2 + \cdots + (h_{n-1} + h_n) l_n}{L_1^2} \quad \text{(说明 3.3.11—27)}$$

$l_1, l_2, \cdots, l_n$——分段河长(km);

$h_1, h_2, \cdots, h_n$——河道纵断面各分段点对出口断面处的高差(m);

k_0——与坡面流速有关的参数,从说明表 3.3.11—15 查取。

说明表 3.3.11—15　K_0　值

类型	植被情况	k_0 值	
		范围	一般采用
Ⅰ	有较厚的枯枝落叶层的密林(包括竹林、灌木林或乔、灌木、杂草混交深密)植被面积占 80% ~90% 以上,有少量水田旱地	0.004 ~ 0.007	0.0055
Ⅱ	杂草中密至稠密,灌木丛间杂疏林,植被面积达80% ~90%,有少量水田与耕地	0.0071 ~ 0.0110	0.0095
Ⅲ	水田与旱地面积约占全流域的 80%,其余为稀疏杂草的荒坡	0.010 ~ 0.014	0.0120
Ⅳ	杂草、灌木稀疏或土层较薄,部分基岩裸露,虽长有疏林,但林下杂草稀疏	0.012 ~ 0.018	0.0160
Ⅴ	种植旱作物的旱坡地或半干旱地区杂草很稀疏的荒坡	0.019 ~ 0.039	0.0250
Ⅵ	混凝土水泥浆抹面较光滑	0.09 ~ 0.11	0.1000

注:1　k_0 值的选用可视现场实际情况结合一般采用值与变动范围确定;

2　影响 k_0 值的部位,是靠近地表部分,应根据靠近地表的植被情况选定 k_0 值;

3　如流域内为综合植被时,可用各类植被的面积加权平均计算 k_0 值;

4　表中旱地系指种植旱地作物带田埂之梯田,旱坡地系指种植旱地作物之坡耕地。

3.3.12　单位线是由暴雨推求地面径流过程的一种方法,在国内外都得到较为广泛的应用和发展,它是通过设计暴雨的分析,推求在流域上的产流过程,再按单位线的方法进行汇流计算,得出桥渡处的设计流量过程线。我国水利部门很多省、区,都按照实测的暴雨径流资料,编制了地区性的经验单位线和综合单位线等计算方法和选用参数的图表。此方法在产流、汇流分析时,涉及因素较多,经过一定的概化处理,在使用参数时要利用本流域或相似流域的实测资料,对各项参数及成果进行检验。

3.3.13　我国地区广,水文、气象变化不一,水文站的分布远远不能满足铁路桥涵水文计算的需要。在一些无人烟地区计算设计流量,有借助于按地区相似河流的特性及水文站资料统计分析,制定经验公式。地区公式制定应与当地水利、交通部门公式比较、验证。应用时应符合原制定公式时所规定的条件,不得盲目搬用。

3.3.17　要求代表性较好的洪痕点,是指顺直河段调查的洪痕点位置合适,能绘出高洪水或中、小洪水坡度的洪痕点。

3.3.18　当河段均匀顺直,河床比较稳定,不受下游变动回水影响,其水位 ~ 流量关系呈单一关系时,可建立水位流量关系,调查得的水位即可按此关系外延推算流量。

3.3.20　式(3.3.20)中动能修正系数是用来修正以断面平均流速来表达实际动能所引起的误差,它的大小决定于断面上流速分布的均匀性。流速分布愈不均匀,α 值愈大,α 将是大于 1.0 的数。如采用 α 值不当,对流速很大的山区河流,其计算结果将会影响很大。山区河流 α 值较平原河流大，特别是河流断面发生突变的地方，α 值可达 2.1，一般山区河流 $\alpha = 1.5 \sim 2.0$。比较顺直的河段 α 值也可小于 1.5。

3.3.24 桥址处的设计水位，当利用桥址附近水文站测流断面计算得的设计水位推移至桥址时，只能在桥址与水文站的流域面积相差不超过 5% 的情况下，才能采用，不然桥址处设计流量应利用其他办法予以调整；当利用桥址处 $Q = f(H)$ 曲线推求水位时，推得的水位应与上下游调查得的历史洪水位按其坡度来进行校正；位于潮汐、倒灌、河床严重淤积或水库壅水范围内的桥梁设计水位，按可能发生的最不利情况考虑；位于逆风、冰塞等地段的桥梁设计水位，应根据调查分析确定。

3.3.25 河湾处设计水位增高与降低值，由于河湾一般均非理想曲线，水位在急湾处干扰很大，流向紊乱，计算数值应与现场调查资料进行核对。

3.3.26 放大典型过程线中的典型选择，应考虑以下条件：

(1)应选择资料较完整和精度较高的实测洪水过程线；

(2)应选择在设计条件下可能发生的洪水过程，即洪水出现的季节、洪峰的次数、洪水历时、主峰位置等，要能概括地代表大洪水的一般特性；

(3)应能满足工程设计要求，即选择对工程安全较为不利的典型，如选择峰高、量大、峰型集中、主峰发生时间偏后的洪水过程作为典型。

3.4.1 桥梁孔径不仅应满足洪水畅通，还应有适当的跨度，能使流水、流木及泥石流通过，以免冰块、筏木、石块堵塞桥孔，撞击桥墩。净空高低应考虑漂流物高出水面之高度，不能造成桥孔堵塞。壅水会扩大上游的淹设范围，应检查有无危害。建桥后由于墩台和桥头路堤阻水影响会改变水流的天然状态，尤其斜交桥渡压缩河道时更易造成流向之变化，使本来不受冲的岸滩变为受冲，危害农田房舍，设计时均应采取相应措施。

3.4.2 天然河道经过多年水流与泥沙的相互作用而形成平衡。改移河道破坏了原河道的平衡，必须考虑改河后河床坡度能否保持稳定，水流方向是否会造成对河岸的冲刷。并应预估将来的变化，采取适当的措施。

3.4.3 有压涵洞水压力较大，沉陷缝处容易漏水，危害基础及路堤，所以涵洞应设计为无压的。多孔涵洞流量分配不均匀，个别涵孔通过的流量及流速可能超过设计标准，所以一般采用单孔或双孔，只有个别情况在技术和经济上均属适宜时，方可采用多孔。

3.4.4 桥涵孔径式样在同一区段内，应力求简化，以便于施工及养护维修。

3.4.6 桥梁长度不能只考虑设计流量的通过，不顾桥头路堤。如上鹰线由于单纯追求降低造价，压缩桥孔，造成洪水时多处桥头路堤冲决，损失很大。所以必须将桥梁主体、桥头河滩路堤、导治建筑物等综合整体考虑，求得经济合理的设计方案。高桥台大锥体施工维修均较困难，不宜采用。

3.4.7 冲刷系数是表示桥下设计需要过水断面面积与桥下实有供给过水断面面积之比，不足部分靠冲刷扩大过水面积来解决。冲刷系数愈大，即桥梁对河流的压缩愈大，为决定桥孔大小的指标之一。根据多年的实践经验，山区峡谷段的冲刷系数不宜大于 1.2，除山前变迁段以外的其他各类河段不宜大于 1.4。

山前变迁段大多滩槽不明显，甚至无河滩，岸线不稳多变，洪水时此淤彼冲，最大深泓变迁迅速，河槽有扩宽甚至改道的可能。因此这类河流桥长的决定，不宜受冲刷系数控制，可按地区经验确定。平原宽滩河流，水深小于或等于 1.0 m 时，不会冲得很深，可加大冲刷系数。

3.4.8 当桥下有部分河床冲不动时，势必加剧其他部分的冲刷，使其局部冲刷系数超过规定，造成某一部分桥墩冲刷过深。桥孔设计时应考虑加大孔径，使该部分桥孔的冲刷系数符合规定。

桥址上下游有阻水山包或其他挡水建筑物时，桥下供给过水面积应扣除其影响部分。

3.4.10 不设铺砌的小桥，孔径计算与中桥同。当桥址天然水深较浅，桥前又有积水条件时，可选用适当的沟床铺砌以提高设计流速，压缩桥孔，使水流以临界状态通过桥孔是经济合理的。如果造成临界流时桥前积水过高，或天然状态已属急流状态时，则不应按临界流设计。

3.4.11 涵洞按临界流设计，要比同样孔径下缓流状态通过的流量多。当沟床的天然坡度接近临界坡度时，按临界流设计涵洞是合理的。如沟床天然坡度比较平缓，勉强局部开挖成临界坡则易造成淤积，不宜再按临界流设计。如天然状态已属急流状态，按临界流设计需增设缓流设备，是否经济应与按急流通过涵洞的设计作技术经济比较决定。

3.4.12 涵洞孔径为考虑维修养护的要求，对孔径与长度在本规范中做了一些规定。

养护单位普遍反映排洪涵洞为了便于维修与清淤，孔径不应小于1 m；考虑维修养护的工作条件和维修养护人员的实践经验，各式涵洞依其净空高度或内径，规定其长度为15 m、25 m。净空高度或内径等于或大于1.5 m时，维修养护人员在其内工作时基本上可以站立，因而对其长度不加限制。

灌溉渠道上的涵洞，淤积轻微，清淤工作量不大，可以采用0.75 m的涵洞，净空高度或内径小于1.0 m时，长度不宜超过10 m。大于或等于1.0 m时，长度不宜超过15 m。

铁路穿越城市或大型车站（如枢纽、区段站）的涵洞，一般人口比较集中，涵洞除排洪外，尚有污水、垃圾杂物等流入，清淤的通风条件应比一般排洪涵洞要好一些，因此孔径应酌予加大。

3.4.13 山区河流水流湍急，冲刷力强，过去常有压缩桥孔，桥头路堤伸入河槽，势如丁坝，使桥台及锥体遭受严重冲刷，造成水害，因此本条规定，桥台不得伸入河槽。

山区由于地形限制，大部分桥梁位于曲线上，且多斜交。如桥孔设计不当，常发生水害，后患无穷。如对上鹰线的调查，其中11座大桥有9座发生水害，而当时流量并未超过设计流量。由于桥孔压缩较多，有7座桥台后的路堤冲成缺口，如柳河8号桥（说明图3.4.13），桥头水袋处虽作了封闭式导流堤，但是桥头路堤还是被冲断。该桥为6孔20 m上承板梁板，于1956年建成通车，1958年洪水就冲断右岸上游封闭式导流堤和桥头路堤，左岸上游锥体也遭破坏，1962年桥下游右岸回流淘刷上下游锥体，桥头路堤又遭破坏，左岸上游锥体也被淘刷，台后路堤也遭破坏。从桥位布设上看，斜交过甚，右岸线路又折向下游形成水袋。同时上游有河湾，洪水时水流有趋直现象、顶冲右岸桥头路堤。下游为向右的急转弯，再加上桥孔压缩过甚，桥头路堤伸入河槽，下游形成旋涡，淘刷力甚强，1962年洪水将锥体防护石笼冲至旋涡深坑中，而使锥体和桥头路堤遭到破坏。在该线桥头上游形成水袋者计有6座，1958年洪水时沟遭到破坏，经过修复加强，1962年又有大部遭到破坏，足见这一问题之严重性。

3.4.14 山前河流的特点是河道不断改道，必须根据历史上的变化规律，推断将来的变化。布设桥孔时一方面应适合现状，一方面要适应发展的需要，并加以适当的控制以减缓其变化，必要时桥孔应留有余地。

3.4.15 平原河流情况比较复杂，有的支汊较多，有的泛滥较宽，设置一河一桥还是一河

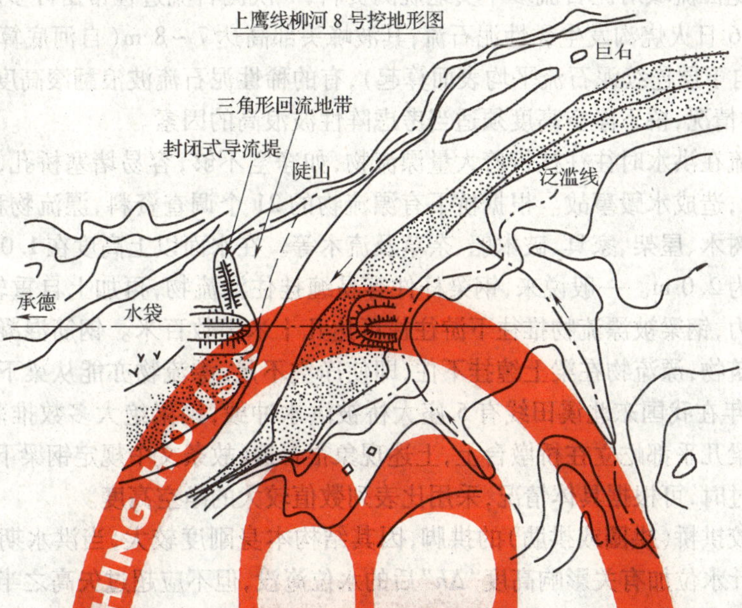

说明图 3.4.13　柳河 8 号桥桥址平面示意图

多桥都有成功的经验和失败的教训。如东北地区几座嫩江大桥采用一桥方案情况较好，而平齐线洮儿河于破堤处增设河滩桥也是合适的。因此对这类地区设桥必须深入调查，分析历年河道演变情况，结合地方治理规划确定设置一桥或多桥，必要时可进行水工模型试验验证其情况。

3.4.18～3.4.21　本规范条文中表 3.4.18 所列的桥下净空最小高度，主要是考虑了以下三方面的因素，即推算周期流量由于抽样误差引起的水位误差；天然水流受外力及受桥梁建筑物影响后的水面变化和水流挟带的突出水面的漂流物高度。

"设计（或检算）水位"系指相应于本规范第 1.0.5 条表 1.0.5—1 中的设计（或检算）洪水频率的水位，它是进行桥梁孔径、冲刷计算的主要依据。河流的壅水，浪高、局部股流涌高、河床淤积等高度，不计入设计（或检算）水位之内，但在确定桥下净空高度时，应根据河流具体情况，在设计（或检算）水位以上，再分别考虑壅水、浪高、局部股流涌高、河床淤积等的有关影响高度。其中浪高除在洪峰历时短促、涨落迅速河流上的桥梁外，一般均应计入。

浪高可根据调查取得，当调查有困难时也可采用本规范式（3.4.19）计算。该式为南京水利科学研究所与华东水利学院提出的。由于波浪摆动中心线高于静止水位线，故应参照交通部现行的《公路桥位勘测设计规程》的规定，浪高取式（3.4.19）计算值的 2/3。

在我国西北山前河流上，洪水主流多股奔放，在集中处水流恒较两侧为高的一种现象，谓局部股流涌高。其成因很复杂，须在勘测时通过调查加以考虑。在河床逐年淤积抬高的河流上，桥下净空高度尚需考虑淤积的可能性而适当的加大。泥石流的河流上，除应考虑设计年限内淤积厚度的总和外，在有严重的泥石流时，一次淤积厚度最大值竟有达 3～5 m 的，因此，桥下净空高度应取设计年限内，河床淤积厚度总和或一次淤积厚度的较大值，另按本规范表 3.4.18 规定加安全值 1.0 m。若为黏性泥石流，泥石流常浮悬着直径达 1～2 m 的大孤石，考虑到孤石一般呈半浮半沉状态，遇此情况，桥下净空高度还应再加大孤石直径之半值。泥石流阵性波浪高的因素也不能忽视，根据甘肃省交通科研所在甘肃武都白龙江流域对泥石流多年实地观测资料，一次泥石流过程常由许多阵性波组成，1972年8月6日火烧沟发生黏性泥石流；其波峰头部高达7～8 m（自河底算起），一般波高1～2 m（自下层连续泥石流平均表面算起），有的稀性泥石流波浪翻滚高度也有1 m以上，遇有此种情况，桥下净空高度须适当考虑阵性波浪高的因素。

有些河流在洪水时往往挟带着大量漂流物，如净空不够，容易堵塞桥孔，甚至推走桥梁，挤倒墩台，造成水毁事故。根据桥下有漂流物的21个调查资料，漂流物种类很多，有连根带枝的树木、屋架、家具、破木船、杂草及流木等。在水面以上高度在1.0 m以内的占90%。最高为2.0 m。一般说来，钢梁杆件容易缠挂住漂流物，再加上自重较轻，梁上的木枕又有浮力，钢梁被漂流物推往下游往往可达几十米至数百米。钢筋混凝土梁是自重大的实体建筑物，漂流物在梁上缠挂不住，即使净空不足，漂流物亦能从梁下挤过或梁上跃过。1960年在我国东北溪田线有5座大桥被洪水冲毁，钢梁绝大多数推落在河中，而钢筋混凝土梁几乎都屹立在桥墩台上，上述现象很普遍，故条文中规定钢梁下在洪水期有大漂流物通过时，可根据具体情况，采用比表列数值较大的净空高度。

实体无铰拱桥（拱圈或拱肋）的拱脚，因其结构本身刚度较大，当洪水期无大漂流物时允许被设计水位加有关影响高度“Δh”后的水位淹没，但不应超过矢高之半。由于拱桥较梁桥阻水影响较大，为维持拱桥与梁桥下大致具有相同的净空面积，故规定净空高度不应少于1.0 m。

关于最高流冰水位从我国东北、内蒙严寒地区已成铁路桥梁的实际资料来看，均低于洪水时的设计水位，对净空高度不控制，故本规范条文中未列流冰水位对净空高度的要求。

3.4.24 为保证涵洞与路堤的安全稳定，在无压涵洞过水断面上，留有一定的富余高度，以免因流量计算不准确，使无压涵洞变成有压的，也可以防止水流中携带树枝、柴草等漂流物堵塞涵洞。

圆涵因孔径较小，入口处均无提高节，根据多年实践经验，入口端部净空高度可不受本规范表3.4.24所列数值限制。

3.5.1 桥前壅水可根据地区特点选用有关公式计算。本规范中所列式（3.5.1）为多年来常用之公式。由于该式形式简单，资料易于取得，系数η包含了河流类型、桥渡压缩条件和考虑了冲刷的影响，计算方便，经多年使用，一般尚能比较切合实际。

3.5.2 最大壅水高度发生在桥前。桥下壅水高度不易精确计算。多年来的经验桥下壅水高度可采用桥前最大壅水高度的一半。对于山区和山前河流，由于洪水涨落急骤，历时短促，且河床质坚实，不易冲刷时为安全计桥下壅水高度采用桥前最大壅水值。对于平原洪水涨落很缓慢的河流，如河床质松软，洪水随涨随冲，易于造成一般冲刷时，桥下壅水可不计。

3.5.3 考虑到桥前壅水曲线长度，只需要一个粗略的数值，故本规范采用了一个近似计算公式。如需要精确计算壅水曲线时，则需按比能平衡方程逐河段计算。

3.5.4 两座平行桥的墩、台、孔跨对应，线间距不大，上下游两桥间有河堤联接的复线桥例如京山线滦河桥、沈大线熊岳河桥、沈山线小凌河桥、津浦线南排河桥等，经铁道部第三勘测设计院实测资料验证，其洪水水面线在下游桥出入口处不存在水位差。美国运输部联邦公路局J. N. 布拉德利1973年所著《桥梁河道水力学》中也指出：当两桥靠得很近时，水流图形类似单座桥梁。

3.6.1 在计算冲刷选取资料时应注意：

(1)对冲淤变化的河段，涨水时河槽全面冲深，落水时又回淤。水位流量关系曲线呈绳套形，即同样的流量，对应不同的水位。如果采用对应的高水位计算冲刷，则一般冲刷和局部冲刷都将有所减小，其冲刷线高程将偏高，导致不安全的后果。为此计算冲刷深度时，应采用与设计流量对应的下限水位，如说明图3.6.1所示。当桥位受潮汐、水库、湖泊及大河等变动回水的影响时，也应搜集水位流量关系资料，采用下限水位，作为计算冲刷的依据。

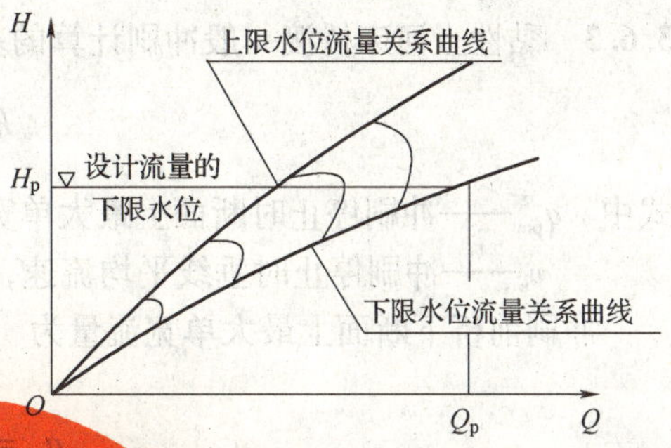

说明图3.6.1 实测洪水的绳套形水位流量关系曲线

(2)一般冲刷计算公式(3.6.2—1)中所使用的原始断面的特征值为$(h_{mc}/\bar{h}_c)$，系一无因次比值。$h_{mc}/\bar{h}_c$比值愈大，算出的一般冲刷深度愈大；反之则算出的冲刷深度小。规范条文中所说的“计算冲刷不利的断面”指的是$h_{mc}/\bar{h}_c$比值大的断面。由于一般冲刷深度与$h_{mc}/\bar{h}_c$比值有关，与原始床面的绝对高低无关，这使得在选择原始断面时，注意力应放在$h_{mc}/\bar{h}_c$大小合理性的分析判断，而不宜过分强调原始床面高程的高低。

(3)河床颗粒直径因取样位置不同，可能得出许多种不同的粒径，有时甚至相差悬殊。勘测时应找大颗粒密集部位取样。这个部位在平面上需找桥址附近坡度较陡，断面较窄，流速和颗粒较大之处，在横断面上，大颗粒大都位于深槽边和边滩交界处或深泓中。

3.6.2 式(3.6.2—1)是1960～1964年铁路和公路两个系统大协作制定的一般冲刷计算公式，即式(64—1)。它是根据52座桥118个站年的观测资料制定的，经过20多年来的使用和考验，证明符合实际较好。但对于比降小、细沙的深水河段、回水和倒灌河段等，使用式(3.6.2—1)前宜用天然资料进行检验。公式的建立详见铁道部科学研究院《桥渡一般冲刷计算式(64—1)使用说明》。

当桥下河滩宽度与桥下河床宽度之比小于20%时，一般冲刷计算可不分滩、槽，可将全桥下的各部分合并计算；当桥下河滩宽度与桥下河床宽度之比大于20%时，则需将桥下滩、槽分别来计算一般冲刷深度。

河滩部分一般冲刷式(3.6.2—3)中v_{H1}为水深1 m时不冲刷流速可从本规范附录F中查取。附录F中的不冲刷流速值表是铁道部科学研究院经过分析比较，选用沙玉清提出的不冲刷流速公式制定的。

式(3.6.2—3)中A_t为河滩流量非均匀系数，是采纳铁道部科学研究院的意见，根据试验室试验和天然过流资料，在原《铁路桥渡勘测设计规范》第5.6.2条非黏性土河床桥下一般冲刷计算河滩及人工渠道部分式(5.6.2—3)的基础上增加的一个系数。主要考虑在桥头路堤侵占部分河滩的场合，根据试验观测，被截断的流量挤向桥孔时，也不是均匀分布的，紧邻桥头路基的河滩要多占一些。故计算河滩桥孔的一般冲刷时，也要列入一个流量非均匀分配的增大系数，以策安全。但河滩毕竟水浅，且床面一般不易冲动，故增大比例有限，不宜超过15%；如压缩很小时，这种增大更微不足道，故采用$A_t=1.0\sim1.15$

就可以了。

3.6.3 黏性土河床桥渡一般冲刷计算的基本概念为

$$h_p = \frac{q_{pm}}{v_s}$$

式中 q_{pm}——冲刷停止时断面上最大单宽流量[$m^3/(s \cdot m)$];

v_s——冲刷停止时垂线平均流速,简称冲止流速(m/s)。

冲刷前桥下断面上最大单宽流量为

$$q_m = \frac{Q_p}{B}\left(\frac{h_m}{\bar{h}}\right)^{\frac{5}{3}}$$

式中 B——桥孔净长(m);

$\bar{h}$——设计断面上桥孔部分的平均水深(m)。

由于河床在冲刷过程中变形,桥下断面上的单宽流量要进行重新分配,在进行重新分配的过程中有集中的趋势,愈不稳定的河段,集中的趋势愈强烈,可写出:

$$q_{pm} = Aq_m^n$$

根据既有桥洪水冲刷时的实测资料得 $n = 1.0$,故

$$h_p = \frac{A\left(\frac{Q_p}{B}\right)\left(\frac{h_m}{\bar{h}}\right)^{\frac{5}{3}}}{v_s}$$

由于黏性土河床都较稳定,用河北省漳河蔡小庄水文站黏性土河床的实测资料验证,A 值不大,可用 1.0~1.2。

在分析黏性土既有桥调查资料的冲止流速 v_s 时,曾引入黏性土的干容重 γ_d,孔隙比 e,塑性指数 I_p 和液性指数 I_L 等多种物理力学指标,作为反映黏性土的抗冲能力,结果以 I_L 的关系为最好,最后得

$$v_s = 0.33\left(\frac{1}{I_L}\right)h_p^{\frac{3}{5}}$$

整理上述诸公式即为本规范中所推荐的公式。调查所依据的黏土资料多属黄、淮、海河流域的黄土质黏性土和少量的长江中游淤泥质黏性土。这些资料中,液性指数 I_L 的变化范围为 0.16~1.19。上述黏土冲刷计算公式说明详见铁道部黏土桥渡冲刷研究专题组提出的《黏土桥渡冲刷天然资料分析报告》。

以上公式中符号未注明其意义者,见本规范第 3.6.3 条。

当钻孔资料采用冲刷部位处土的液性指数 I_L 为负值时,则可选用附近或上层同类土中干容量和塑性指数相接近土层的 I_L 值。

3.6.4 本规范中式(3.6.4)系在有底沙运动的河段上,当桥下流速恢复到建桥以前的天然流速时,冲刷即行停止的假定而建立的,未考虑水流集中冲刷的因素,也未考虑河槽土质情况。但实际在一些发生集中冲刷的河流上,冲深往往不是和水深成正比,而是冲刷集中在某一部分特别深,其他部分甚至有淤高现象,因此本公式只适用于平原及山区稳定河段。过去使用这个公式在某些河段上还是比较合适的,故予采用列入本规范。

3.6.5 水文复杂的特大桥附近有水文站或有洪水时实测断面流速分布和水深的资料时,可分析计算桥下河床最大单宽流量和冲止流速,从而计算桥下一般冲刷。分析计算方法

可参阅铁道部科学研究院《桥渡一般冲刷计算式(64—1)使用说明》一文。

3.6.6 桥墩周围的局部冲刷是很复杂的自然现象,国内外的研究报告和提出的计算公式很多。本规范所列式(3.6.6—1)和式(3.6.6—2)是我国使用多年的式(65—1)的改进。

式(65—1)是以我国自己进行的大量室内试验资料和洪水期实桥观测资料为依据而建立的。

由试验和观测资料得知,决定局部冲刷深度的主要因素有:墩前水流行近流速,桥墩宽度,河床质粒径和组成,墩周开始冲刷时流速,河床泥沙的起动流速,水深和桥墩形状等因素。

根据试验资料绘出的局部冲刷深度 h_b 和行近流速 v 的曲线关系如说明图 3.6.6 所示。图中的直线段和曲线段可分别用以下两式描述。

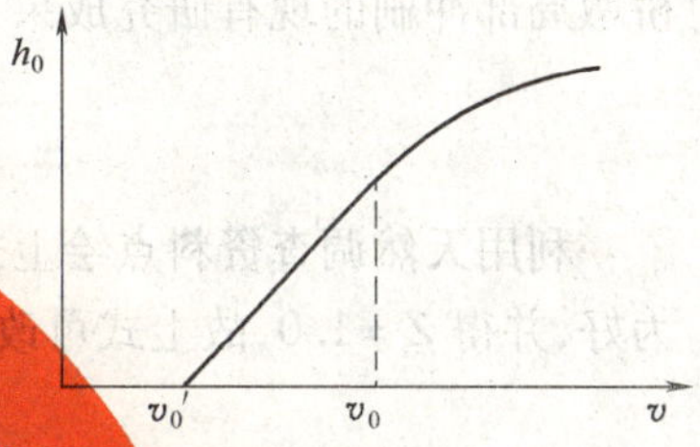

说明图 3.6.6

当 $v \leqslant v_0$ 时(直线段):

$$h_b = K_\xi K_\eta B_1^x (v - v_0')$$

当 $v > v_0$ 时(曲线段):

$$h_b = K_\xi K_\eta B_1^x (v - v_0') \left(\frac{v}{v_0}\right)^n$$

以上两式即为式(65—1)的基本形式。用大量的试验资料和实测资料决定两式中系数和参数,即得式(65—1)的实用形式。当年制定时,囿于天然观测资料中之最大粒径没有超过 150 mm 者,故该式未推广用于大颗粒河床。为此有必要对式(65—1)进行补充并适当修改。修改时采用下列公式描述说明图 3.6.6 之曲线段,从而使曲线段和直线段的衔接更为合理,即

当 $v > v_0$ 时

$$h_b = K_\xi K_\eta B_1^x (v_0 - v_0') \left(\frac{v - v_0'}{v_0 - v_0'}\right)^n$$

与此同时引入大颗粒河床局部冲刷的试验资料和天然观测资料,制定公式中的系数和参数得:

$$x = 0.6$$

$$K_\eta = 0.8\left(\frac{1}{\bar{d}^{0.45}} + \frac{1}{\bar{d}^{0.15}}\right)$$

$$n = \left(\frac{v_0}{v}\right)^{0.25\bar{d}^{-0.19}}$$

$$v_0' = 0.462\left(\frac{\bar{d}}{B_1}\right)^{0.06} v_0$$

以上公式符号意义见本规范第 3.6.6 条。

3.6.7 根据《黏土桥渡冲刷天然资料分析报告》,黏性土河床桥墩局部冲刷深度一般关系式可写成:

$$h_b = K_\xi B_1^x h^y v^z f(I)$$

式中 h——水深;

I——代表黏性土抗冲能力的某一个或某几个物理力学参量，如干容重、孔隙比、塑性指数或液性指数等；

x,y,z——指数。

考虑到黏性土桥墩局部冲刷不同于非黏性土桥墩局部冲刷的原因在于，受冲土质和上游补给的泥沙不同，桥墩自身因素和水流的作用力并无不同之处。因此，参照非黏性土桥墩局部冲刷的现有研究成果，采用 $y=0$，$x=0.6$，上式就可改写成：

$$\frac{h_b}{K_\xi B_1^{0.6}}=f(v,I)$$

利用天然调查资料点绘上式，所得结果一如黏性土一般冲刷，以采用液性指数 I_L 者为好，并得 $Z=1.0$，故上式可改写成：

$$\frac{h_b}{K_\xi B_1^{0.6}v}=f(I_L)$$

再用调查资料点图，并根据桥墩宽很大水深较浅，墩周局部冲刷略有减小的概念，按 $\frac{h_b}{B_1}\geqslant 2.5$ 及 $\frac{h_b}{B_1}<2.5$ 两部分点图，就得规范中的式(3.6.7—1)及式(3.6.7—2)两式。

以上诸式中符号意义未注明部分见本规范第 3.6.7 条。

3.6.8　桥墩台基底的埋置深度，是桥梁建设中的关键问题。超过需要深度将造成浪费，深度不足将会发生病害，危及运营安全，修复加固也不易。因此准确且略偏安全的决定基底埋置深度是至关重要的。

1　在非岩石河床且无冲刷处或河床设有铺砌防冲处，由于离地面较近范围内的土，随着气温和湿度的变化，体积会产生较显著的膨胀和收缩，且有些地下动物多在此范围内活动，土的结构易受扰动。另外为防止基础承受横向力使地基土被挤出，均要求基础具有一定的埋置深度。为了满足这些要求，本规范规定基底埋在地面以下的深度不应小于 2.0 m，困难情况下不应小于 1.0 m。所谓困难情况，是指施工困难，继续下挖可能影响附近既有建筑物的安全；或根据地基土层变化，如增加埋置深度将会引起基础类型的变更增加投资和施工难度。

2　在有冲刷处，墩台基底应埋置在最大冲刷线以下，其最小埋置深度 1959 年桥规规定为 2.5 m。70 年代改规时曾对此进行了调查，听取了铁路、公路系统 15 个设计、运营单位的意见，认为最小埋置深度不应是一个定值，而应根据河流类型、河床质的抗冲能力、计算设计流量的可靠性、计算冲刷深度的方法、桥梁的重要性及修复难易等因素来确定。根据上述意见，提出了用冲刷总深度作为选定最小埋置深度值的主要依据。河流类型、河床质的抗冲能力都可概括反映在冲刷总深度中，因河床稳定、土的抗冲能力强，冲刷总深度就小。若河床演变剧烈、土的抗冲能力弱，冲刷总深度就大。计算设计流量的可靠性，在一定程度上影响基础的安全，这主要在加强调查研究来解决。如在资料非常匮乏，设计流量确定无把握的个别情况下，在确定最小埋置深度时应考虑这个因素，留有一定的富余量。对于技术复杂、修复困难或重要的特大桥、大桥，如因基础埋置深度不够，一旦水毁，修复困难，影响面广，损失较大，故确定埋置深度时应较一般桥梁为深。

本规范提出的基底埋置深度值是考虑了上述种种因素，并用我国现行制定的冲刷公式计算，除极个别桥外，所有搜集到的运营的桥和水毁的桥的资料，经验证都在规定的基底埋置深度值范围之内。对于技术复杂、修复困难或重要的特大桥、大桥，基底埋置深度较一般桥梁增深了 1.0 m，对这类桥梁还规定用检算洪水流量进行检算，以策安全。

桥墩台基底埋置深度设计得合理，不仅涉及到结构本身与水文、地质的关系，有时还涉及到其他很多问题而无法包罗到规范之内，如桥址附近挖取工业用砂，使河底高程降低或上下游水库溃坝等，这些对基础都将造成威胁，设计时应结合具体情况加强调查分析，研究确定合理的埋置深度。

3.6.9 由路内外有关单位所组成的桥梁基础岩石冲刷调查组，曾在 70 年代初调查了 64 座桥渡，其中属于岩石冲刷的有 31 座，共 51 个墩台。在 1974 年提出了《桥梁基础岩石冲刷调查小结》，并提出了《岩石上桥墩基础冲刷及埋置深度参考数据表》。

岩石冲刷的特点是单方向浸蚀，没有回填的补偿作用。因此，时间的积累是决定岩石冲刷深度的重要因素。岩石抗冲能力的大小决定于岩石的质地及其风化程度，软质岩易冲刷，硬质岩难冲刷；风化剧烈的岩石如砂砾那样易冲刷，新鲜的硬质岩可不计其冲刷。墩台施工时，如打板桩围堰等临时工程，将对岩石结构造成破坏，往往会导致严重的冲刷。

上述的参考数据表已经过十多年来的使用，原参加调查组的人员又于 1984 年对该表进行了局部修正，现修正后的表列在《铁路工程设计技术手册 · 桥渡水文》第六章第七节中，可供参考。表中建议埋置深度按施工枯水季平均水位至岩面的距离来分级，分为 3 级，其意义主要是水深大的墩台基础在维修和修复工作时比较困难，宜给予较多的安全考虑。另外，水深作为一个主要的水力因素，在决定冲刷深度时，是一个起作用的因素。该表是参照调查的实有冲刷深度经分析拟定的，一般偏向于选用可能的较大值。

3.6.10 增建第二线桥的冲刷计算，应考虑与既有桥水流相互干扰的不利影响。第二线桥位于既有桥的上游或下游，距离的远近，墩台的对应与水流的斜交程度以及既有桥的防护等均将使水流产生不同程度的干扰。应根据计算的结果与调查情况分析判断，确定基础埋置深度。

3.6.11 小桥涵的设计流速一般均大于天然流速，所以要根据设计需要设置防冲铺砌。铺砌类型可根据流速大小选用，铺砌的范围以不致造成铺砌下游发生严重冲刷，危及农田村舍为原则。

3.6.12 桥台锥体填土的坡度均较路堤边坡为陡，一般均应进行全面防护。在水流作用部分常受水流冲击，尤其当孔径有压缩时或水流斜交时更甚，由于水流的冲击淘刷会造成锥体的坍塌而中断行车。所以对锥体的防护应视流速之大小及顶冲之程度决定。为防止其淘刷，必须设置适当的反滤层。

3.7.2 为了避免在河滩路堤与河岸间形成水袋，在路堤前形成回流或长期积水，影响路堤稳定，故应避免在河滩范围内设计折向下游的路堤。如必须设计折向下游的路堤时，可根据技术经济条件增长桥孔或增设导流工程，以消除水袋。山区河流流速湍急，宜采用增长桥孔的措施。

3.7.4

1 桥头河滩路堤上游沿堤水位

河道中修建了桥梁压缩天然水面后，桥前水位壅高，并在桥孔泻泄洪水的过程中形成近似半椭圆形的水漏斗。水漏斗的水面等高线交至河滩路堤上构成上游侧沿堤水位的变化如说明图 3.7.4 所示。由图中可看出，通过桥前最大壅水处（点④）的水面等高线，交至河滩路堤上（点⑤）产生最大堤前最高壅水位。当路堤长度 L_a 大于 L' 时，路堤上形成最高壅水位。当 L_a 小于 L' 时，则路堤上不能形成最高壅水位，只在河岸处形成较高的壅水位。该处水位可按沿堤水面坡度用式(3.7.4—5)推求。

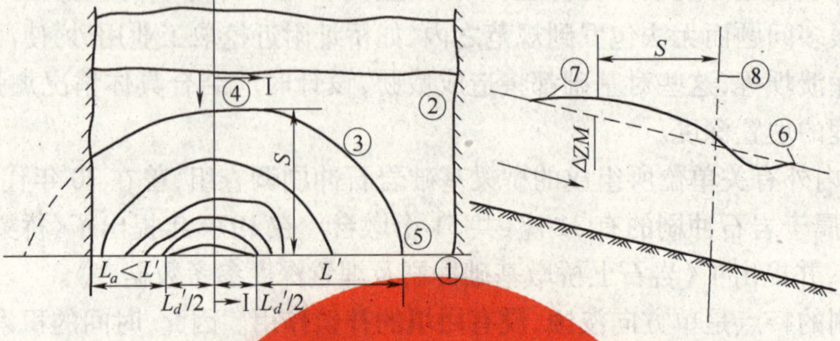

水面示意　　　　I—I断面

说明图 3.7.4　桥前壅水图

①河滩路堤中心线；②河岸线；③水面等高线；④桥前最大壅水点；⑤路堤最大壅水点；⑥天然水面线；⑦建桥压缩水流后水面线；⑧桥梁轴线

L'及S值采用铁道部科学研究院研究的式(3.7.4—1)及式(3.7.4—3)计算，该公式系根据水工模型试验而来，并已利用部分实测资料进行验证。

为了偏于安全地确定桥头路堤高度，本条规定在桥台台尾路堤起点处的堤前水位比设计水位升高ΔZ_M值。

当桥头修建有非封闭式导流堤时，由于堤后积水，水位趋平，沿堤水位可认为是水平的，可按堤前最大壅水(H_{sh}或H'_{sh})的水平面确定。

2　桥头河滩路堤下游沿堤水位

河滩路堤下游侧沿堤水位较天然水位为低，降低值可采用铁道部科学研究院试验确定的ΔH_x公式即式(3.7.4—6)计算。下游侧沿堤水位在洪水涨水过程中自桥头向泛滥边缘降低，洪水退水过程则相反，在洪峰持续时间内，沿堤水位基本是水平的，故下游侧沿堤水位可按同一水平高度设计。

3.7.6　水域风浪受到路堤阻挡时，波浪将在路堤边坡上侵袭爬高，在静水位以上形成附加高度，路堤的设计高度应考虑波浪侵袭爬高的影响，但对本条列举的四种情况，风浪不易形成，或风浪很低，可以不考虑风浪侵袭爬高影响。

风浪高度与风速、浪程、水深等因素有关。波浪在路堤上侵袭爬高又与边坡坡度、边坡糙渗度、风力有关。国内外关于浪高与侵袭爬高计算方法繁多，都与具体水域特定条件相关，但观测场都为海域，对内河风浪研究极少。国内对波浪研究成果有南京水利科学研究所与华东水利学院共同制定的莆田试验站公式与山东海洋学院制定的公式等。此外官厅水库、青海湖、鹤地水库、鄱阳湖、宿鸭湖水库等都通过观测建立了各自区域性的公式，但国内对内河风浪尚无研究资料。

铁路桥梁跨越或濒临的水域大都为内河或湖泊、水库，确定这些水域的风浪爬高目前尚无成熟的统一公式。本条强调可根据本地区或相似地区的观测资料确定或按地区经验确定，因搬用某些特定条件制定的公式可能会造成较大误差。规范中所列办法可供估算之用。

3.7.7　见第3.7.4条说明。

3.7.11　河滩路堤沿堤水流是转变流向并受桥前壅水阻滞的水流，其流速比天然河滩流速为小。沿堤流速的大小主要与河流天然流速、桥孔挤压程度等有关，并在一次洪水行洪过程中有所变化。一般在退水过程中随着桥前壅水降低，上游沿堤流向桥孔的流速逐渐增大；涨水过程中随着桥孔泄洪量增加，下游沿堤流向岸边的流速逐渐增大。

上下游沿堤流速值，以前习惯用下列计算公式：

上游沿堤流速 $$v_{sh}=0.7\left(\frac{\bar{h}_{0t}}{\bar{h}_{0t}+\Delta Z_M}\right)\cdot\bar{v}_{0t}$$

下游沿堤流速 $$v_x=0.7\bar{v}_{0t}$$

式中 v_{sh}，v_x——分别为上、下游沿堤流速(m/s)；

$\bar{h}_{0t}$，$\bar{v}_{0t}$——分别为河滩天然平均水深(m)、天然平均流速(m/s)。

考虑洪水涨落等情况，本条对上、下游沿堤流速均简化按下式计算：

$$v_t=0.7\bar{v}_{0t}$$

当桥头未设导流堤时，靠近桥台的上游沿堤水流由于受桥头水流流束向桥孔挤压的影响，其流速显著提高。此流速值与影响范围的定量尚待研究，故规定在靠近桥台部分应采用桥下流速作为沿堤流速。

3.8.1 堤防由于河道的形态、水文特性及防护对象的重要程度和受灾害后损失的大小，以及江河流域规则或流域防洪规划等方面的要求，有一定的标准。根据这些要求桥梁跨越设有堤防的河道时，其梁底高程应高于河道的设计洪水位与现有堤顶高程；对有规划的河道应高出规划设计堤顶高程。一般情况下，河道设计标准，低于桥梁的设计洪水频率标准，设计时梁底高程能够满足高于河道设计洪水位和现有堤顶高程的要求。但一些河道，如人工开挖的河道和蓄、滞洪区等，由于防洪、蓄水、通航等方面的要求和发展都有规划，而且标准较高。还有一些河道设计标准高于铁路桥梁的设计洪水频率标准，如京九线跨越滏阳新河特大桥，滏阳新河按1963年洪水型校核标准设计，铁路桥按1/100设计水位计算路基最小高度所确定的梁底高程比堤顶还低，为了满足防洪要求，不能将河堤拉槽，避免大洪水时沿缺口跑水，必须将桥抬高。因此，设计时对于有规划的河道或设计标准高于桥梁的河道都应该将梁底高程按高于规划或现状堤顶高程设计。当然，规划应该切实可行，符合国家有关法规，并且是经过上级主管部门批准的。

另外在困难条件下，设计梁底高程不能满足堤防规划要求时，墩台结构及基础要考虑预留抬高梁底的条件。如京九铁路津霸联络线永定新河桥，因受天津市有关规划的限制，设计梁底高程最低点为6.58 m，比规划堤顶高程7.27 m，低0.69 m。但仍比既有河堤高程6.55 m，校核洪水位6.01 m为高。经国家有关部、委磋商决定，维持设计桥梁高程，但要考虑将来桥梁能抬高的措施。

3.8.2 堤防是保持河道顺利行洪防止水害发生的重要设施，在桥孔布设时应尽量将墩台避开河堤，避免由于墩台设在河堤上施工时扰动河堤。但由于桥头附近的地形、河道的水力特征等方面的原因，往往桥孔布设困难，不得已将墩台设在河堤上。在这种情况下，为防止洪水发生时，造成冲刷，使墩台处的河堤形成薄弱点，沿此处破堤，必须在施工时作好防洪措施，当墩台施工后及时回填夯实，使回填土的密实度达到开挖前的程度，并按河堤断面恢复原状，对原有铺砌的河堤，亦应按原铺砌断面恢复，原河堤无铺砌者，应在墩台附近为加强河堤的防冲能力，对恢复后的河堤迎水面增加铺砌防护。铺砌长度一般是根据墩台、基础施工时基坑开挖的范围上、下游再增加一定长度。在京九线刚刚建成即将开通运营之际,1996 年 8 月海河流域出现了 1963 年 8 月以来的最大一次洪水,这次大洪水三五十年周期才可能出现一次,我院对海河流域 1996 年 8 月的洪水情况进行了一次较全面的调查,从调查结果来看,以滹沱河特大桥为例,在洪峰流量达到该桥设计洪水情况下,河道、堤防出现了险情,一些地区发生洪涝,而铁路没有发生水害,洪水退后,从现场实地考查,两端桥头上、下游各 30 m 长的河堤边坡铺砌完好无损,伸入河床的铺砌末端,没出现冲刷坑及垂裙损坏情况。根据京九线及以往各线大中桥河堤边坡防护设计和使用情况,墩台竣工后恢复河堤原状并加强,采取在河堤迎水面按照桥台锥体铺砌标准,上、下游铺砌 30 ~50 m 的范围是合适的。

3.8.3 对于行洪河道,以及行洪、蓄、滞洪区,为了确保汛期,抗洪抢险人员、物资、、设备及时到位,车辆畅通无阻,满足防洪运用和安全,铁路与堤防交叉时,应根据防护区内各类防护对象的重要性和规划,堤防工程的级别和堤防工程在防洪体系中所起的作用,同河道主管部门协商,留有防汛抢险通道。一般在台后设置平交道口,重要的通道在设平交道口的同时,在台前、台后设置立交通道。

3.9.2 导治建筑物的布设,与水流情况、河床演变等自然条件密切有关。因此应结合河段特性、水文、地形和地质等不同情况来布设,按导治的目的设计出一条能兼顾左、右岸,上下游与洪中枯水位的导治线,经多方案比较,确定其总体布设。

导治线应顺应水势,根据水流的弯曲情况设置不同半径的导流堤、丁坝、顺坝、格坝等。平原蜿蜒河段由于中水位期间较长,按中水位设计的导治线可控制中水位时河床的演变,有利于防洪、护岸和通航;山区砂质河床段也宜按中水位导治,这有利于较大流量通过桥孔;山区卵石河床段宜按洪水位导治,有利于防止洪水期卵石在桥渡附近的落淤。

在水情复杂,导治工程规模较大时,修建费用较巨。若设置不当反而增剧了水流对桥渡的危害,故宜通过水工模型试验并宜分期投资,逐步验证,不断加强完善。

借导治建筑物的布设而压缩桥孔,历史教训证明不足效法。宝略段 1981 年洪水,使清姜 1 号桥,嘉陵江 7 号、9 号桥(流速分别为 6,4.6,5.7 m/s)导流堤和桥头均遭到严重的破坏。总结了教训可认为:河槽范围内不宜设导流堤束水过桥,这不但造价昂贵,且易遭水害,防护和维修费用常远远超过扩孔的费用。

3.9.3 泥石流地区由于选线考虑不周,桥渡存在缺陷时,必须从防护、排导、拦挡等导治措施中选取一种或数种,与铁路主体工程配套,组成一个整体。若投资较大在经济上不尽合理,在运营上也不能确保安全时,应考虑另选线路方案。

3.9.4 长大导治建筑物造价高,养护维修费工、费料,易遭破坏,故不宜设置。

3.9.5 在泥石流沟上布设丁坝,从既有铁路上修筑的经验来看,都是失败的。如 1958 年后在东川支线上修了 585 个丁坝,至 1964 年丁坝全部失效,其中多数被冲毁、撞坏或切去坝头,有的被河床上涨淤埋,故规范规定严禁设备。

3.9.6 山区河流峡谷段一般均无河滩,桥孔原则上满布全河,无需设置导流堤。山区开阔段一侧或两侧有较开阔的台地,桥头路堤伸入河滩,或上游有支汊汇入,使水流紊乱,此时应设置坚强的导流堤。

当河滩路堤折向下游,修建封闭式导流堤以堵截水流时见第 3.7.2 条说明。当河滩路堤向上游弯曲一般应修建梨形导流堤,见说明图 3.9.6 所示。

3.9.7 山前冲积扇中游扩散河段上,宜布设一河多桥,不宜布设长大的封闭式导流堤,强行约束水流在一座桥中排泄。一河多桥的两桥间,宜采用桃形堤、分水堤或加固路堤的措施，以保护桥头路堤免遭水流冲坏。

3.9.8 山前变迁河段上桥梁的导流堤，实质上是整治河道的导治建筑物，可修建封闭式导流堤以固定天然情况下摆动不定的河道，减小泛滥范围，约束漫溢的水流归槽，使全部水流逐渐而均匀顺畅地导入桥孔，对桥头路堤和两岸农田房舍起到保护作用。在摆动与稳定河段间的过渡段上，宜采用梨形导流堤。梨形导流堤在铁路桥渡上采用比较普遍，成功例子很多，其优点是便于施工和养护。

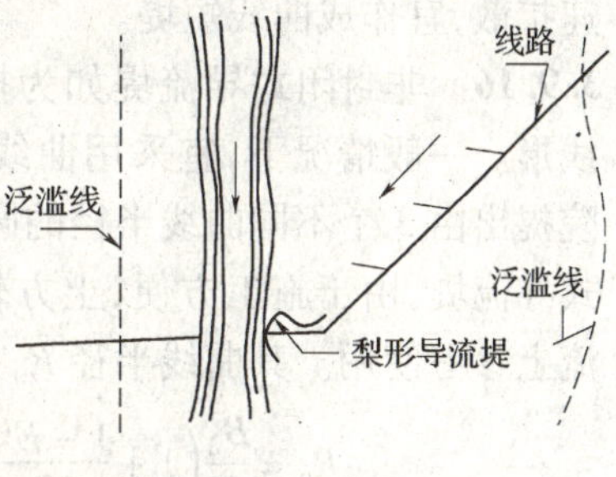

说明图 3.9.6　梨形导流提示意

3.9.9 平原游荡河段上布设封闭式导流堤，主要为稳定河段，约束水流。其他各类河段可按河滩被压缩部分的流量与总设计流量的比例来确定。一般情况，若河滩被压缩部分的流量大于总设计流量的15%，则应考虑布设导流堤；若小于15%且水流比较稳定，流速小于1 m/s，地形上也无必要修建导流堤时，可利用桥头锥体导流，不再设导流堤。

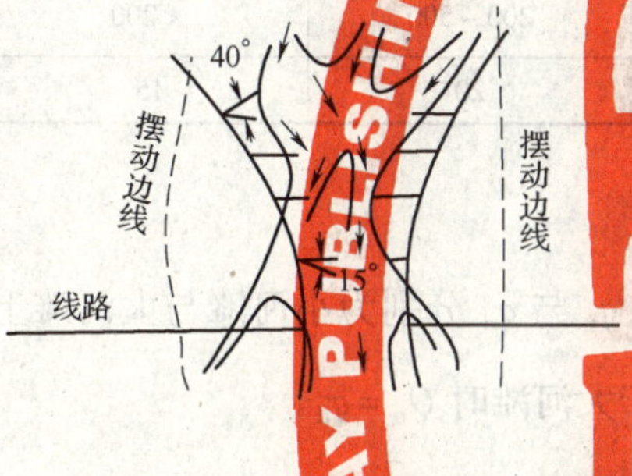

说明图 3.9.10　封闭式导流堤带有丁坝的平面示意图

3.9.10

1　单个长丁坝挑流能力强，水流不易控制，养护困难，不宜布设。

2　桥址上游附近不得布设丁坝，以免使水流紊乱，冲刷墩台基础。一般当上游距桥梁轴线200 m或两倍桥长以外，才可考虑设置。

3　封闭式导流堤带有丁坝的平面形式见说明图3.9.10。

丁坝的倾斜角系按导流堤中线的垂线与丁坝中心线的夹角计算，近桥端一般采用15°，远桥端一般采用40°。

3.9.11

1　顺坝常与水流平行修建，直接布设在导治线上，起到控制河势，束窄河道，约束水流的作用，是防护河岸的导治建筑物。顺坝旁水流平稳，利于通航，故顺坝常布设在通航河流上。

2　弯曲河段上布设顺坝，坝线亦应随水流流势设成弯曲形状以利导流，并应有足够长度，一般弯顶下段长于上段。

3　顺坝与河岸之间设置几道格坝的目的，是防止沉积泥沙的冲走，促进坝田淤积，保护边坡或河岸免受冲刷。

3.9.12 挡水坝的作用是截住股流，受水流之直接冲击，故选择坝址时应避开汊口，应选在地形、地质有利之处，或受水流冲击轻微处。河床地质容易透水渗流的地段，不宜设置挡水坝。

3.9.14 各种导治建筑物的布设，必须符合外界客观条件，不能硬套公式计算。

3.9.15 封闭式导流堤的布设，是将全部洪水顺畅地导入桥孔，因此应使堤身曲线平顺，避免有过大折角。桥址附近上游段的曲线，其半径宜采用桥孔总长的3～4倍，圆心角采用25°～30°；下游段曲线的半径，宜采用桥孔总长的1.5～2.0倍，圆心角采用15°～20°，上游宜与岸边衔接部分作成直线，直线与曲线相切连接，以求平顺。下游为使水流得到迅速扩散，宜作成曲线短堤。

3.9.16　非封闭式导流堤如为挑导水流时，可采用直线形。一般情况下，宜采用曲线形。铁道部科学研究院提出由3个不同曲线半径的圆曲线所组成的非封闭式导流堤，由于施工方便，土方较少，可在平原宽滩河流上参考使用。其曲线半径 R_0 可按下式计算：

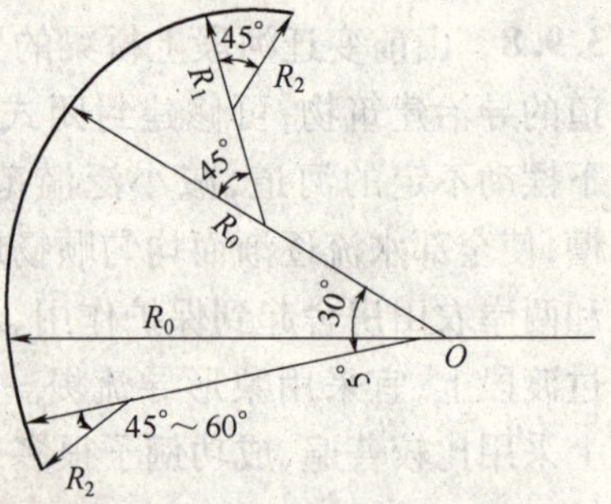

说明图 3.9.16　曲线形导流堤平面图

$$R_0=\frac{B_d}{K}\left(1+\frac{1-E'}{10}\right)\left(\frac{Q_e}{Q_d}\right)^{7/8}$$

式中　B_d——修建导流堤一侧的河滩宽度(m)；

Q_e——修建导流堤一侧的路堤拦阻流量(m^3/s)；

Q_d——修建导流堤一侧的河滩流量(m^3/s)；

K——与桥址天然情况下断面宽深比有关的系数，可从说明表3.9.16查取；

说明表 3.9.16　**K 值**

$B/\bar{h}$	>1 000	500～1 000	200～500	<200
K	30	25	20	15

注：表中 B 为设计洪水时水面宽度，$\bar{h}$ 为设计洪水时断面平均水深。

E'——桥孔偏置系数，按 $E'=1-\frac{q_x}{q_d}$ 计算，式中 q_x 与 q_d 分别为小河滩与大河滩上路堤拦阻的流量；当导流堤位于小河滩时 $Q_e=q_x$，位于大河滩时 $Q_e=q_d$。

R_1 和 R_2 与 R_0 的关系如下：

$$R_1=\frac{1}{2}R_0$$

$$R_2=\frac{1}{4}R_0$$

导流堤的平面形状如说明图3.9.16所示。

3.9.18　分水堤常用于一河多桥河段上。可在两相邻桥之间布设，分别向两桥导流。以免集中到某一个桥上。

3.9.19　梨形导流堤的曲度变换力求缓和平顺，以不产生涡流为原则。上游梨形导流堤宜为一封闭曲线，一般宜与路堤之间全部以土填实。

3.9.28　防护林带在中小水时可起到缓流回淤作用，高水时可起到减缓水势，防护路堤免遭水流冲刷的作用，具有一定效果。郑州局曾在丁坝内外种植防护林带促成了坝间淤积，保护了堤岸。1954年与1956年郑州局在陇海线共植树51 000棵，形成淤积达30～40 cm，最厚达100 cm，增强了丁坝的稳定。哈局在滨北线K17～K19处线路两侧栽植柳林，1959年洪水时起到了缓流作用，收到良好效果；相反在K10～K15处，因未植林带就遭到了洪水危害。

3.9.29

1　导流堤的作用主要是改善泥石流的流向及流速。如成昆线伊巴里和白沙沟二号泥石流沟均在山口，顺流势修建导流堤，将泥石流导至左翼天然洼地，经伊马里和白沙沟二号大桥桥下排走，效果良好。

2 急流槽的作用,主要是提高桥位附近沟槽的输移泥石流能力,防止桥下淤积。如陇海线宝天段冯家川泥石流沟1孔48.29 m钢桁梁桥,常年淤积。淤积的主要原因是下游受渭河顶托,桥下至渭河一段坡度急骤变缓,且由于下挖设桥,坡度无法改善。因受渭河河床高程的限制,急流槽未起到作用。因此急流槽设计时主要关键在于不冲不淤的坡度。此坡度应按流通区不冲不淤坡度为准,还应上、下游衔接好,使泥石流顺畅排泄。

3.9.30

1 拦挡工程的作用是护岸、固坡、拦截固体物质和降低河床坡度,最终目的是削弱泥石流。泥石流沟中设拦挡坝应注意坝的稳定性,坝高一般在10 m以下,并要有泄水洞。拦挡坝最好成群建筑,坝之间的距离目前可用比拟法决定,计算公式如下:

$$i_0 = ci$$

式中 i_0——拦挡坝修建后的回淤坡度;

i——沟口附近冲积扇顶部的沟床坡度;

c——比例系数,可从说明表3.9.30查取,在泥石流衰退期及坝高较大的情况下采用表中较小的数值;在泥石流处于旺盛期及坝高较小的情况下采用表中较大的数值。

说明表3.9.30 *C*值

泥石流危害程度	严 重 的	中 等 的	轻 微 的
C	0.9~0.7	0.7~0.6	0.6~0.5

桥前设坝下接急流槽是拦排结合较好的措施。如成昆线石膏箐二号桥,原设1孔10 m斜交桥,跨泥石流沟槽,由于上游灌溉渠弃砟及山坡坍塌,泥石流经常淤塞桥孔。处理时在桥址上游22 m处修一浆砌片石拦挡坝,坝高4.7 m,坝基嵌入岩层。坝顶主流部位设梯形溢流口,底宽为4 m、深0.7 m,坝前以1∶0.5跌水坡紧接坝下泄洪槽。坝下设急流槽,底宽4.0 m,高2.2 m,边坡1∶0.25,桥下净空为3.1 m,急流槽下游以150‰的底坡开挖至江边,断面宽度逐渐收缩成3 m,至今使用正常。

2 停淤场是使泥石流停淤的一块平坦而宽阔的场地,可设在堆积区中下部的扇面宽阔处,一般是在扇上修筑浆砌片石低坝、干砌片石坝、石笼坝、土坝等。1972年在云南东川蒋家沟排导沟进口段上部,以0.36 km^2 的平坦地段作停淤场,3年就停淤了 19.8×10^4 m^3的泥石,从而使排导沟淤积大为减轻,清淤工作逐年减少。

3.10.1

1 小流域泥石流流量计算

(1)雨洪修正法(又名小径流计算法),建国初期曾广泛采用如下苏联公式:

$$Q_c = Q_p(1+\phi_c) + q$$

式中 q——因泥石流堵塞而增加的附加流量(m^3/s)。

上式是假定泥石流流量等于雨洪清水流量与固体泥沙流量之和的基础上建立的。铁道部第一勘测设计院和第二勘测设计院在使用上述公式过程中,曾结合我国实际情况进行了一些调查研究工作,第二勘测设计院又与铁道部科学研究院共同分析了东川泥石流观测资料,从而提出了当泥石流堵塞后,由于堵塞物的溃决所产生的泥石流洪峰流量,是设计的最危险情况。此时流量与原来的流量并非简单的相加,而应将堵塞后附加流量 q 的相加关系改为相乘关系,即本规范之式(3.10.1—1)。此公式后来在成昆线等泥石流地区勘测设计中广泛应用。公式中的堵塞系数是根据东川观测资料及第一勘测设计院在西北勘测中的经验汇总而成。

(2)泥痕调查法与洪水调查方法相同。由于泥石流冲淤变化大,在选择断面时,最好选在冲淤变化较小的河段,选在流通段最宜。泥痕调查法中的流速计算公式较多,有理论公式,有经验及半经验公式和实验公式。根据西北、西南多年勘测运用情况,选用了建立在动能平衡基础上的半理论公式,即假设清水动能与挟泥沙水流(泥石流)的动能相等的条件下推导而得。规范中所列的稀性泥石流流速公式系采用32个实测资料产生的,效果较好。对于黏性泥石流公式由于研究较少,不很成熟。西北、西南地区在勘测中曾制定如下的黏性泥石流经验公式,可资参考。

$$\text{西北公式}\quad v_c = 45.5 h_c^{1/4} I_c^{1/5}$$

$$\text{西南公式}\quad v_c = K_c h_c^{2/3} I_c^{1/5}$$

式中 v_c——泥石流流速(m/s);

h_c——泥石流流深(或泥石流水力半径 R_c)(m);

I_c——泥石流水面(或沟底)坡度;

K_c——黏性泥石流流速系数,见说明表3.10.1。

说明表 3.10.1 K_c 值

流速系数	流深 h_c(m)			
	<2.5	3	4	5
K_c	10	9	7	5

2 根据成昆线的实践经验,桥梁孔径,宜以较大跨度跨越泥石流沟,如上格达一号桥为避免在黏性泥石流中设桥墩,主孔采用1孔64 m钢梁;又如金沙江白沙沟大桥考虑到该沟内储备有大量坍塌体物质,历史上该沟泥石流曾堵断金沙江,因此在跨越主槽时采用1孔80 m下承式栓焊桁梁。

在山前泥石流堆积区,当稀性泥石流在流速不大的边缘地带通过时,桥孔可适当压缩10%~20%。如成昆线跨羲农河堆积扇,由于当地引百挑河清水冲沙,扇缘一带泥石流性质有所改变,故三座桥梁均适当压缩了孔径。

3 桥下净空是泥石流地区桥梁设计的主要控制条件,特别要注意逐年的淤积、泥石流巨大石块悬托于泥位以上的高度、巨大的爬高。青藏线西海段调查了20条沟,大都因净空不足而遭受泥石流的灾害。1982年曾调查统计过历年造成铁路设备遭受破坏、车站股道和桥梁被淤埋、行车中断等灾害较大的泥石流,达173起。宝天段1978年7月在伯阳地区的一次暴雨,使附近多处发生严重泥石流,如K1391+635处1孔10 m钢筋混凝土梁桥发生泥石流达$180\times10^4\ m^3$,随暴雨流下约$120\times10^4\ m^3$,切断桥台、冲走桥梁、淤埋线路长150 m,最高处淤高8 m,中断行车300 h,是历史上少见的。

4 目前对泥石流冲刷桥基的机理尚不清楚,仍采用一般河流的冲刷公式计算,如成昆线北段西昌一带泥石流沟达30多个工点,基本上都采用了本规范第3.6.2、第3.6.4、第3.6.6等条所规定的计算办法计算冲刷深度,结合现场调查确定了埋置深度。经过多年运营,埋置深度尚未发现偏小现象。

山区桥位跨过泥石流流通区时,基础埋置深度应考虑冲淤交替,分析其一次最大下切深度。桥位跨过泥石流堆积扇扇尾时,经常遭受大河切割搬运,引起泥石流沟沟床高程的不稳定，并以溯源侵蚀的形式造成一次冲淤变幅较大的特点，如迤布苦 1966 年一次最大冲刷达 13 m。当桥墩直接受大河水流切割影响时，还应以大河水流的局部冲刷深度作为控制，考虑桥墩基础埋置深度。

山前区桥位跨过泥石流堆积扇时，埋置深度一般都以泥石流沟的沟床现状作控制，并考虑在一定时限内可淤积的高度。

3.10.2

1 岩溶流量计算一般采用小径流计算方法，对一些影响工程较大的溶洞，应进行调查研究和必要的水文观测工作。一般出水溶洞可采用矩形薄壁堰或三角堰测流公式计算。

2 峰林间较大的谷地和串珠状的洼地称为坡立谷，它和大型溶蚀洼地以及封闭洼地都是地下暗河发育，地表排水极为不畅之处。漏斗、落水洞容易堵塞，雨季积水成塘，又有间歇性，上升泉经常改变着水位和流量，水文条件极其复杂，宜修桥，不宜设置涵洞。如川黔线桐梓车站附近、息峰车站、贵昆线乌速龙车站等，由于洼内的漏斗落水洞被堵塞，而溶泉、溶洞潜伏的暗流水又急剧上拥，水位猛增，涵洞不能排水，车站路基浸泡，农田淹没，造成水害。

3.10.3

1 受潮汐影响河段的设计频率的水位、流量和流速，一般不是发生在同一时间，故要求分别求算。

感潮河段是受径流和潮流互相影响，互相消长的两向流河段，由于两者在不同区段具有不同的作用，故将感潮河段分为上、中、下 3 个区段。上段主要受陆地的径流作用，潮流对本区段的作用极为微弱，从上游来的径流大小为决定本区段的主要因素。中段是径流和潮流两种力量强弱交替变化的区段。随着不同的水文年度或年内洪、中、枯水季节及大、小潮汛的变化，这两种力量相互消长，某些时间以潮水作用为主，另一些时间则又以径流作用为主。下段主要受制于海滨的条件，潮流的强弱为决定本区段水力条件的主要因素，因此在感潮河段建桥时，首先要弄清其所处区段的性质，视河段的具体情况从而考虑潮汐的影响。

2 感潮河段上的桥渡，由于桥位在其上、中、下 3 个区段的不同，两向来水中以何者为主也将不同，可能是洪水，也可能是潮水，其组合属于既非物理成因相同的关系，又非纯粹的随机，但它们之间还是存在着一定的相关关系。当桥址处水流发生的频率为 $P=1\%$ 时，桥址上游或下游的主要来水侧可能是 $P=1\%$，另一侧既不会是 $P=1\%$，也不会是 $P=100\%$，而是 $P=i\%$，$1<i<100$；另一种条件也可使桥址产生 $P=1\%$ 频率的水流，即主要来水侧 $P=y\%\neq1\%$，y 是略大于 1 的某一数值，而另一侧 $P=z\%$，并存在 $1\%<z\%<i\%$ 的关系，为简化计，计算时可按桥渡河段主要来水（潮水或洪水）侧采用设计频率，另一侧采用可能与其遭遇的水流频率，两者组合后形成桥址处相当于一般无潮汐影响河段要求的设计频率。

桥渡位于感潮河段的上游段，即在洪水期桥址处已不产生负流速，仅受水流顶托影响的区段。该段来水基本上是河川迳流，为洪峰流量控制。因此设计流量、流速可按一般无潮汐影响河流的办法计算确定。设计水位则应依上游来的设计流量与下游的高潮位相遇推求之。至于断面上各水深处的垂线平均流速可按下式计算：

$$v_i = \bar{v}\left(\frac{h_i}{\bar{h}}\right)^n$$

式中　v_i——设计流量时最大或某一水深相应的垂线平均流速(m/s)；

$\bar{v}$——设计流量时断面平均流速(m/s)；

h_i——设计流量相应水位时的最大或某一垂线水深(m)；

$\bar{h}$——设计流量相应水位时的断面平均水深(m)；

n——指数；可根据实测资料统计分析求得，若无资料时，视具体情况在 1/6～2/3 之间采用；对于有涌潮和潮差大的河段，根据浙江省河口海岸研究所利用钱塘江河口的实测资料分析，可采用 $n \approx 1.0$。

注：水深计算时，宜用设计流量时可能发生的最低水位。在此处要按一般无潮汐影响河段的办法来计算设计流量的相应水位。

位于感潮河段的下游段，系指河口潮流段。有下列两种情况：

(1)位于由潮流所控制的靠近河口的下游段，其水位、流量主要为潮流控制，因此典型潮型的选择至关重要。根据统计求得的设计值放大，求出设计潮位过程线后，需再与上游可能与设计潮位遭遇的流量过程线组合，求出桥址处各设计值。

(2)位于由潮流或径流所控制的靠近河口的下游段，除进行上述计算外，尚需用上游来的设计流量过程线与河口可能与之遭遇的潮位过程线组合，求出各设计值，两者比较，采用其不利者。

介于两者之间的中游段，桥址处发生设计频率水流时，潮水或洪水谁占主导地位较难确定，因此两种组合都要计算。

主要来水侧和另一侧各选择多大的频率才能组成桥址处的设计频率的问题，目前还未完全解决。如按上、下游来水频率的组合仍有着相关关系的原则，提出下述处理方式，供使用时参考：

假如桥址处调查到相当于 100 年一遇周期的历史水位，同时还调查到在该历史水位时桥址上游来的洪水频率为 P_y，下游涌来的潮水频率为 P_z。计算时可采用两组频率组合条件进行，然后选择两组结果中的控制值作为设计值。一组频率的组合是以原来调查到的上、下游来水频率(即上游为 P_y，下游为 P_z)的水流过程线，采用非恒定流方法计算桥址处各水力因素设计值，另一组组合，在主要来水侧采用 $P=1\%$ 的水流过程线，另一侧采用频率为 P_x 的水流过程线进行两向来水组合计算，P_x 可按下式计算：

$$P_x = P_y \cdot P_z / P_{1\%}$$

式中　P_y,P_z——分别为实测或调查到的桥址上游洪水及其相应下游潮水的频率。

若桥址处调查到的历史最高水位不是 100 年一遇周期，而是 70 年一遇，则按上述方法求出的桥址各水力因素只相当于 $P_{1/70}$，因此需换算到桥址处 $P_{1\%}$ 的设计值。需将按上述方法求得的各水力因素值乘以大于 1.00 的系数。这里提出两种将 $P_a > 1\%$ 放大到 $P_{1\%}$ 的计算方法，以供比较和选用。这两种方法都首先要求调查到本河段或与桥址区段类似河段的 C_v 值及 C_s 与 C_v 的关系值，再根据调查到的或推算出的 C_v 及 C_s/C_v 值，按皮尔逊Ⅲ型曲线中 $P_{1\%}$ 及 $P_{1/70}$ 的模比系数 K_p 值，计算出 $K_{p1\%}$ $K_{p1/70}$ 的比值，该比值即为放大系数。下边分述两种放大方法：

第一种方法有两种组合方式。一种以桥址处调查到的历史最高水位为 70 年一遇时，其上、下游所发生的相应频率的 K_p 值，乘以放大系数，得出各自新的 K_p 值，反求出桥址上、下游可组成桥址处 $P_{1\%}$ 的新的频率。以桥址上、下游计算放大后的新的频率水流过程线，推求桥址处 $P_{1\%}$ 的各水力因素设计值；另一种组合方式，则以前一种放大后的桥址上、下游新的频率，在主要来水侧采用水流频率为 $P_{1\%}$，按照上式计算另一侧 P_x 频率，再以两种频率组合计算桥址处 $P_{1\%}$ 的各设计值。

第二种方法也有两种组合方式。该方法与第一种方法不同点在于：放大系数不是放大频率级别，而是放大在调查频率组合条件下求得的各水力因素值，具体做法是：一种以桥址处调查到的历史最高水位为70年一遇相应时的桥址上、下游边界站的频率，直接组合计算桥址处的各水力因素值，然后将这些数值乘以放大系数，则求得桥址处 $P_{1\%}$ 的各设计值；另一种，仍是在主要来水侧采用 $P=1\%$ 的水流过程线，另一侧依调查到的桥址处70年一遇相应的桥址上、下游实际发生的频率，按上式计算其应采用的频率 P_x 并制定其过程线，然后求出桥址处各水力因素值。在此基础上，乘以放大系数，即得桥址处各水力因素设计值。

上述的处理方式反映了洪水与潮水的遭遇条件，既非两者频率相乘后等于1%，也非两者皆为1%，而是两者频率相乘后为1%至0.01%之间的某一数值。该值恰是桥址处 $P=1\%$ 的频率。

举例如下：桥址河段调查到历史最高水位的周期为100年，该年同期相应上游洪峰流量的频率为 $P=2\%$，下游与之遭遇的潮水位频率为 $P=3.33\%$，采用第一种计算方式时，直接采用上游 $P=2\%$ 及下游 $P=3.33\%$ 的水流过程线，组合推求桥址处各水力因素设计值。第二种方式的主要来水侧（本例为上游侧）采用 $P=1\%$ 流量过程线，则下游潮水位过程应采用的频率为：

$$P_x=\frac{2\% \times 3.33\%}{1\%}=6.66\%$$

然后按上述两个频率的水流过程线进行组合计算，求得桥址处各设计值。由于上述两种组合计算皆属桥址处 $P=1\%$ 的同等级的频率，因此要将两种计算结果进行比较，选其控制者作为设计值。

若桥址河段调查的历史最高水位的周期不是100年，而是70年，该年相应的上、下游来水的频率仍同前所述，还调查到桥址河段或相似河段的 $C_v=0.10$，$C_s=2C_v$，查 K_p 值表，$P_{1\%}$ 时 $K_p=1.25$，$P_{1/70}$ 时，$K_p=1.223$，放大系数 $K=1.25/1.223=1.014$。$P=2\%$ 时，$K_p=1.21$；$P=3.33\%$ 时，$K_p=1.192$。

按照第一种方法的第一种放大方式，将桥址上、下游频率 $P=2\%$ 及 $P=3,33\%$ 的级别放大，即 $P=2\%$ 放大为：$K_p=1.21\times1.014=1.227$，求得新频率 $P=1.575\%$；$P=3.33\%$ 放大为：$K_p=1.192\times1.014=1.209$，相应新频率 $P=2.025\%$。以此新求得的上、下游的新 P 值过程线，组合计算桥址处的各水力因素设计值；第一种方法的第二种方式，即主要来水侧（本例为上游侧）采用 $P_{1\%}$ 的水流过程线，另一侧采用 $P_x=\frac{1.575\% \times 2.025\%}{1\%}=3.189\%$ 频率的水流过程线，组合求得桥址处 $P=1\%$ 的各设计值。

第二种方法的第一种放大方式，直接采用上、下游调查的 $P_{1\%}$ 值过程线，先推求出70年一遇的水力因素值，再将求得的值乘以放大系数 $K=1.014$，得到桥址处各设计值。假定70年一遇时求出的桥址水位为：高潮位 $H_p=3.50$ m，低潮位 $H'_p=1.50$ m，换算桥址处

$P=1\%$ 时，$H_{P1\%}=3.50\times1.014=3.55$ m，$H'_{P1\%}=-1.50\times1.014=-1.52$ m，该值即桥址处设计频率的水位，流量的换算也同样处理。第二种方法的第二种方式，主要来水侧仍采用 $P=1\%$ 的水流过程线，另一侧采用 $P_x=\dfrac{2\%\times3.33\%}{1\%}=6.66\%$ 频率的水流过程线，组合求得相当于 70 年一遇的各水力因素值，然后在此数值上乘以放大系数 K（本例 $K=1.014$），即得出桥址处的各设计值。由于上述四种方式都属于同一频率等级，因此需将此结果加以比较后，选用其控制者作为桥址的设计值。

如调查确定历史洪水频率有困难时，可一侧采用 $P=1\%$，另一侧采用 $P=5\%$ 进行组合，两侧皆算，选其不利者作为设计值。除了确定桥址上、下游两侧选用频率的水流设计过程线外，尚需对潮区界上边界至河口入海处下边界之间的河势流路的变化，长河段各断面的冲淤进行分析研究，决定采用的流路和各断面的形态。若不这样做，推求出的设计流量和设计水位可能与将来实际发生的数值有较大的差距。糙率的选用须慎重，以用实测资料为宜。

3 在交通部现行的《港口工程技术规范 · 海港水文》说明中，提出了我国沿海有 50 年以上验潮资料的大连、秦皇岛、吴淞、上海、马尾、厦门等几个港口，分别采用 15 年、20 年、30 年的资料进行分组计算，并与按全部资料年数的计算结果对比，用 20 年资料计算与用全部年数的计算结果对比，相差一般在 20 cm 范围以内，加之我国有 30 年以上潮位资料的港口很少。因此规定在频率分析时，资料年数不少于 20 年。

按本规范第 3.3 节有关规定计算出各水力因素的设计值后，采用峰值倍比放大可推求出各水力因素的设计过程线。

流速设计值包括设计条件下断面平均流速和各水深垂线平均流速，垂线平均流速参照本条第 2 款说明中的公式计算。

4～5 本规范中这两款是对缺少资料和无资料地区计算桥址或河口站的水力因素设计值的计算办法，是参照交通部现行的《港口工程技术规范 · 海港水文》中的计算公式，结合感潮河段桥渡的要求综合编制而定。

鉴于桥址或河口站缺少或无实测资料，不得不采用相似河段或附近位置的资料推算到桥址处，故算得的设计值精度是较差的，在确定设计值时，宜慎审选用。

6 本款是利用间接资料，将各年的水力因素推算到桥址后，再进行统计计算求得桥址处各设计值的一种计算方法。这种方法是在上、下游应采用什么频率才能组成桥址处的设计频率的问题还未完全得到解决之前的比较适用的一种方法。该方法分成两步计算，先运用非恒定流计算，将上、下游各年主要时段的水力因素推算到桥址，再将推算到桥址的各时段的水力因素进行统计计算，推求出设计频率的水位和流量。其中非恒定流计算可采用数值解法的特征线法、直接差分法或有限元法，目前许多单位已编有电算程序可资利用。此外，也可用简化计算、水工模型试验、电拟模型和经验法等非恒定流的方法进行求解。

7 在挡潮闸附近或受围垦影响区段内的桥渡，由于建闸或围垦前后河道的水流和泥沙运动都发生了较大变化，分属于有人工建筑物与天然条件两个不同的状况，因此建闸或围垦前后的资料要分别对待，找出各自的规律。一般来讲，当桥渡建在挡潮闸附近，大多数情况是：挡潮闸已经建好或即将兴建，因此可向建闸或闸的管理单位索取有关闸的设计和运用资料，作为桥渡设计的重要依据。若无该项资料，或者闸的标准较桥渡设计标准为低时，要调查关闭和提升挡潮闸时各有关水力、泥沙因素的变化，同时还要考虑建闸前较长年代中出现的不利情况是否可能重演及其在建闸后的变化，这些因素都需在桥渡设计时予以计及。若在桥址下游河口处，有上级机关批准的大片围垦缩窄河口的规划，并已着手进行初步设计时，则桥渡设计对围垦缩窄后河床的再调整和对桥渡的影响应予考虑。

8 在不受洪水控制的感潮河段或无径流的海湾建桥，桥长除根据通航条件考虑外，还要了解流速变化对该河段鱼群往返等生态关系和可能修建路堤与两侧水位差的情况以及环境污染等因素，经综合研究比较后确定。

9 感潮河段上有封冻及流冰时，应注意水流往复双向流动的作用。当有大型冰块流动时，应考虑桥墩是否需设双向防冰或破冰设施；其桥孔布设应以不阻碍冰块的宣泄为原则。如京山线永定新河大桥距河口 8 km，平时流速 2 m/s 左右，该桥原设计修建跨度 20 孔 23.8 m 的预应力混凝土梁桥，建桥后 3 年内，即发生严重流冰撞击桥墩事件。据调查最大流冰块达 200 m×300 m。冰厚达 0.5 m，来回浮动，撞击桥墩，梁部结构也受到剧烈振动，影响正常运营，养护部门防冰破冰极度紧张，后不得不另建新桥，采用主跨 3 孔 144 m的钢梁桥代替原桥。

10 感潮河段水位的变化是周期性的，每日高潮位的滞留时间比较短暂，瞬来即去，与一般河流不同，因此，不宜象一般河流那样以年极值水位统计频率的作法来确定通航水位。由于天体的运行是有规律的，且又是复杂的，潮汐有日周期变化、半月周期变化、月周期变化、年周期变化、8.85 年和 18.61 年的长周期变化。为了使国家避免增大基建投资，同时又能满足通航要求，宜采用以全年 98% 的小时通航保证率的相应水位值作为通航水位。如潮位资料较多时，可用长周期变化的 8.85 年～18.61 年间的 10 年一遇周期的全年逐时潮位资料进行小时通航保证率的水位计算；天然情况 10 年一遇的潮水位，实际上已经包含了风暴潮增水的数值，较正常天文潮位为高；而在风暴期间船是不宜航行的，所以该数值实质上已接近 18.61 年长周期变化的天文大潮潮位值。在这种情况下，每天 24 h中平均仅有 29 min 不能通过本河最大的船只，而其他船只仍可照常通行。潮位资料较少时，则采用实测最高潮位年的全年逐时潮位资料，统计计算出小时通航保证率的相应水位。若仅有年极值的潮位资料时，由于无法作小时通航保证率的水位计算，最高只能采用历年高潮潮位的平均值作为通航水位。

12 潮汐波在行进中，往往在冲击桥墩后变成碎波。碎波高度比波浪高度要高得多，但目前对碎波冲击高度尚无计算办法，一般应根据调查资料确定。根据资料，海水中的钢管，其腐蚀最严重的部位即在碎波冲击处(飞沫带)，每年达 0.3～0.5 mm。因此对钢梁桥及钢支座的碎浪溅蚀部位，应采取防护设施。

13 加拿大《桥梁水力学指南》及苏联 1972 年桥渡规程指出，感潮河段上桥梁的冲刷，应按非感潮一般河段桥梁冲刷公式计算，但由于潮汐水流的影响，计算值应予加大。究竟如何加大，规程中没有明确指出。我国对感潮河段桥梁冲刷计算问题，迄未展开有效的研究，也无资料积累可资参考，尚无确切的办法。一般除按非感潮河段的桥梁冲刷公式计算外，还应对桥渡河段历年的冲淤变化进行调查，分析既有建筑物的冲淤情况，同时尚需考虑往复流不同于一般单向河流，其洪水和泥沙运动对河道的冲淤影响，以及海水入侵后，盐水对泥沙的絮凝作用所引起的影响。根据调查分析结果，再行确定潮汐河段上桥梁的冲刷数值。必要时，须进行水工模型试验确定。

3.10.4

1　水利化地区往往不能直接采用水文站实测洪水资料推求设计洪水流量，这是由于水利化以后，每年发生的最大流量条件可能不一致，造成其差异的主要影响因素为：

（1）水利实施：如流域内有蓄洪作用较大的水库，当水库拦蓄影响较大时，下游河道流量则与水库下泄流量大小密切相关，而水库下泄流量已非天然情况，其流量系列不是一个随机系列，而是由人工控制的人造流量系列。因此不仅建库后的流量与建库前的流量产生条件不一致，不能一并统计计算，而且建库后的流量系列也不能排队进行统计计算。

（2）河道开挖治理：平原河道开挖治理之前，往往淤浅曲折，稍大的洪水即到处漫溢，大量注入洼地，使洪峰流量大为削减；当河道开挖治理后，由于河道加深拓宽，裁弯取直，使水流排泄通畅，减少了漫溢情况，所以汇流速度加快，洪峰流量增大。因此河道开挖治理前后的流量将可能产生显著的变化。显然，由开挖前后组成的历年最大流量系列，其产生条件不一致，不能直接用数理统计法进行计算。

（3）漫滩影响较大：平原河流主槽窄浅，滩地辽阔时，洪水出槽或漫滩前后的流量变化较大。洪水在出槽或漫滩之前，流量随净雨量增大而增大，但当洪水漫滩以后，由于地面迳流有很大一部分漫坡流动不归槽，或调蓄于辽阔的河滩及洼地，造成净雨量即使增大，但流量增值反而显著减小的情况。淮委曾在分析坡水区流量公式 $Q=KRF^n$ 中 R 与 K 的关系中发现，随着净雨深 R 的增大，系数 K 值逐渐减小，而且出现一个明显转折点。转折点以上部分，随着 R 的增大，K 值迅速减小，曲线的转折点相当于平槽水位的情况。这说明在平槽水位以上，当迳流深增加时，流量反而减小较快。

因此平原地区漫滩前后的流量，其条件有较显著的差异，也不宜应用数理统计法对漫滩前后洪水直接进行分析计算。尤其是如应用未漫滩洪水流量推算稀遇的漫滩后洪水流量，其成果将可能偏大很多。

（4）溃堤分洪：平原地区为了两岸防洪的需要，地方往往筑堤束水，使一般中小洪水时在堤内行洪。但当较大洪水时将产生溃堤或分洪，部分洪水分流至其他流域或调蓄于河滩洼地，使溃堤、分洪口门上下游水文站实测洪水流量历年发生条件不一致，即有些年分最大流量没有溃堤分洪影响，有些年分则产生溃堤分洪。而且溃堤分洪的情况也不相同。

由于上述各种因素使水利化地区应用流量资料推求设计洪水会有较大的困难。推算的成果可靠性也较差，因此条文规定采用雨量资料推算。考虑到设计流量和各种参数选择的误差可能会使推算的设计流量和水位与实际出入较大，因而要求以流域治理后的实测较大洪水资料和相应降雨量资料进行验证校对。其作法是：选择流域和河道治理后与现状相近的较大洪水，由该次洪水相应的流域降雨资料，按采用的暴雨洪水计算方法推求相应洪峰流量和过程，并与实测的洪峰流量和过程进行校对，若二者相差稍大但经分析尚属合理时，可适当调整有关参数使计算值与实测值相近，然后再按调整后的参数推求设计水位。

水利化地区，由于溃堤、分洪后滩地巨大调蓄的影响，使得桥址和上下游水文站的最大洪峰流量常常相差很悬殊。甚至流域面积大很多的桥址洪峰流量，要比上游水文站洪峰流量小很多。如京广铁路漯河大桥，跨越淮河上游最大支流之一的沙河。上游平顶山水文站实测 1956 年最大洪峰流量为 9 470 m^3/s。但经沿途溃堤天然滞洪及泥河洼蓄洪区蓄洪，到漯河水文站测得该年最大洪峰流量仅 3 170 m^3/s。沙河上游叶县水文站 1957

年测得最大洪峰流量为 10 500 m^3/s，同样经沿途溃堤天然滞洪及泥河洼蓄洪，在漯河水文站处测得的最大洪峰流量仅 3 300m^3/s。因此，在应用桥址上下游水文站实测成果时，应考虑分洪、蓄洪、滞洪、溃堤以及破圩等的巨大影响。

应用上述因素影响的实测资料推求设计洪水时，应先将观测资料换算为同一条件或统一基础上的随机变量，如将溃堤分洪影响的流量还原为归槽流量；水库下泄流量还原为坝址天然流量等，而后才能进行统计分析。

2 凡流域经过治理或有人工控制的河段，当地水利部门一般均有详细的水利规划和水文分析计算资料。在这种情况下，为了使铁路桥涵的水文计算成果与水利部门相一致，应利用水利部门的勘测和分析资料，但水利部门一般是作为流域和河道防洪需要进行，其设计洪水标准与铁路不同，当需采用当地水利部门分析的成果时，尤其是对于直接控制桥涵设计的数据，应了解其推算方法是否合理，考虑因素是否与铁路桥涵设计要求相符，否则很可能会造成后患或浪费。

3 当地水利部门制定的排涝公式，由于排涝设计洪水标准较低，一般仅为 3～5 年一遇，故其统计的实测资料，基本是不出槽的洪水，超过此标准的大洪水，由于平原地区漫滩槽蓄的巨大影响，将使流量增值显著减小。

由于平原漫滩槽蓄的巨大影响并未在排涝公式中予以反映，因此直接应用当地水利部门排涝公式推求稀遇洪水往往会偏大很大。如淮委和安徽省在制定淮北坡水区排涝流量公式时，所依据的实测洪水资料都是平槽以下的中小洪水。考虑到当上游来较大洪水时，两岸涵闸将关闭，堤外坡水积蓄于滩地或顺坡而下，控制断面附近的水流不能进入河道，减少了洪峰流量。所以规定应用淮北坡水区的排涝流量公式计算 10 年一遇流量时打九折，20 年一遇流量打八折或八五折。对于更稀遇洪水，由于折减系数更小，且无较多资料印证，故未予规定。据淮委分析，百年一遇流量折减系数为 0.6～0.7，甚至更小。

4 平原地区由于地势平坦，洪水时因溃堤、破圩的相互影响，往往使各汇水区相互串通。如津浦铁路符离集至宿县的淮北大平原，濉河、唐河、沱河已筑堤防，洪水特大时互相溃决。1910、1930 年洪水时除濉河在桥址未破堤外，其余各河洪水串通，泛滥一片。此时往往会加重下坡端桥涵泄洪的负担。因此要调查了解水流患集的情况。布设桥涵时应根据地形、地势、各桥沟底高程和上游分水线的明显程度，调查有无串集于沟底最低或地面下坡端桥涵的可能。如××铁路有三座小桥，中间 K351 + 428 桥沟底最低，大水时另外两侧流域的水流大部串集于该桥，而两侧桥的通过流量甚少，只起了分洪桥的作用。1956 年洪水时，该桥孔径太小无法通过，桥前积水很高，形成上下游水头差近 1 m，造成出口流速很大。加之下游 20 m 左右处有急湾，由于高速水流加急湾，在弯道外侧形成漩涡回流，强烈淘刷沟西岸，使西岸桥台基础下被淘空而下沉，抛片石近一列车进行抢险。因此，对地势最低或沟底最低的桥涵，宜按串集水流的几个流域做统一汇流分析计算。否则，对下坡端或地势最低的桥涵应酌予增大孔径。如津浦铁路宿县至固镇复线勘测设计时，上游以沱河堤为界，中间每一条主要河沟为一个天然汇水区，铁路上游有平行铁路的运河将各汇水区串通。水文分析时将每个汇水面积的入流，均由桥孔及运河两处出流，而运河水面坡度影响其出流。考虑桥前积水和下游浍河倒灌顶托，按水量平衡计算。桥前蓄水体积按等高线图圈出。

5 影响内涝积水高度的因素除流域的降雨和损失外。还直接与流域内水利设施和泵闸抽排能力、遭遇外江外海水位过程等因素有关。内涝区一般都有主要蓄水区，多为在低洼湖塘蓄水区边沿筑以圩堤，以防护圩堤以内围垦之土地在常年洪水时不被淹没。围垦区内往往还有各乡村自行修筑的封闭圩堤保护各自的耕地。因此这些蓄水区和圩堤工程将直接影响内涝积水的高度。近年来大量小型泵站群和大型泵站、排水闸相继修建，对人为控制和降低内涝积水位，以及防护圩内村镇农田起了很大作用。外江外海水位的高程和过程，不仅影响排水闸的启闭和排洪量，而且当外江水位达到一定高程后，由于泵闸设备和站址稳定性的要求将停止抽排或关闸。了解泵闸的启闭条件和运用情况主要是为了确定内涝积水计算的原则，以确定在什么情况下可以考虑或不应考虑泵站或排水闸的排水能力，并根据实际使用情况予以印证。有些围垦地区，由于还在继续进行围垦，以致蓄水区有减小的可能，设计计算时就不能完全按现状考虑，而应考虑蓄水区减小后内涝积水位可能增高的影响。

(1)当圩内无设备和能力向外江外海抽排时

内涝积水高度完全取决于关闭封圩期间相应总净雨量的大小。因为这期间圩区径流量除蒸发、渗漏损失之外别无其他出路。因而关闭时间愈长，相应历时的总净雨量愈大，内涝水位就愈高。此时由总净雨量乘以流域面积得总来水量，再由蓄水区的库容曲线和死水位即可查出相应内涝积水位。

(2)当圩内有泵站或水闸向外江外海抽排时

① 考虑人工抽排计算内涝积水位与天然情况内涝积水位最主要区别就在于后者是以汛期关闸期间总净雨量为控制，而与其间的净雨过程无关；前者并不取决于某一期间总净雨量的大小，而是取决于其间某一强度大而雨量集中的暴雨。这是由于有泵闸抽排时，即使总雨量很大，但只要降雨均匀分散，雨强小于抽排能力时，则来水量完全可以逐时段被排除，不可能形成较高积水；反之若总雨量虽然不很大，但雨强大而集中，大于抽排能力时，则将形成较高积水位。因此计算时要注意选择较短历时（数天内）雨量大而集中的情况。以此为基本条件选择一年或数年的实测降雨过程作为典型年资料，根据推算的各时段（1、3、5、7、15 和 30 天及整个关闸期间）设计降雨量，由典型年资料分段按设计降雨量放大即可得出设计的降雨过程。再由产流常用方法求算净雨过程。然后即可根据流域面积换算为来水量过程。但无论用何种产流计算方法，由于内涝区损失量计算的误差常会影响计算成果的精度。故在有较完整的实测资料时，可根据某年闸站实测水位过程、抽排水量和库容曲线由水量平衡原理反求净雨量，与按产流方法分析计算的净雨量相印证。

② 根据对已建泵站的调查表明，泵站抽排可连续进行，如大沙铁路在 1980 年长江高水位和流域内大暴雨情况下，大冶湖泵站连续开机最长 23 天，阳新湖泵站连续开机 1 个月以上。使用台数均为实际安装已正式投入运用的台数，每日开机数为 20 ~ 22 h，开机利用系数为 0.85 ~ 0.90。根据实际使用情况并考虑偏于安全，在同时有排水闸和泵站的地区，当外江水位低于圩内水位时仅考虑闸排，不计泵站抽排。

本规范条文还规定在计算中应考虑停止抽排的可能因素和影响。如内涝区内的主要蓄水区周边圩堤标准一般远低于内涝区江河堤防的标准，而主要蓄水区的库容又往往有限，因此当内涝积水位达到和超过蓄水区圩堤堤顶高程时，由于溃堤破圩的影响，淹没损失将迅速扩大发展，甚至波及整个内涝区。地方设置泵闸的目的主要是使积水限于蓄水区内和保护围垦的田地和村镇，若遭遇特大洪水使蓄水区外的圩区也遭淹没，而抽排能力又不足以在短期内抢排圩内积水时，则在已经造成不可避免的淹没损失情况下，继续抽排的效益已不显著，此时有可能停止抽排，为安全计，应考虑其后的来水量全部积蓄于圩内。

又如大型倒虹吸排水管的泵，当外江水位超过倒虹吸管驼峰高程以后将停止抽排。大冶湖泵站在 1980 年洪水时，当 8 月 30 日长江水位达 23.46 m（排水管驼峰高程为 23.50 m）时即关机堵塞排水口。再如当外江水位超过泵站的设计外江水位以后，为了闸室的稳定和安全要求可能停止工作等等，这些因素都必须进行调查了解和适当予以考虑。

③ 为了校核和修正内涝积水计算中所确定的方法、原则及产流分析中概化所带来的误差，故条文要求选择近年较高积水年份的资料进行验证以后再推求设计积水位。

6 河网地区由于河道纵横，几何形态和水流状态都异常复杂，为了各种目的，在河流上还建有各种建筑物，如排涝闸、挡潮闸、桥涵等。再加上边界条件的影响，如江河湖泊和潮汐的影响，而各条河流的水流总是互相沟通，形成整体，任何一条河流上改变原来的水流状态都将影响与它联结的其他河流，以致在各种条件的综合作用下，难以准确计算。过去都根据现场调查，与当地有关部门协商拟定桥涵孔径，而未作水文分析计算。如 50 年代初期肖穿铁路肖甬段旧线修复时，铁路大部穿过河网地区，桥涵孔径类型及布置，一般系按调查既有建筑物使用情况，并与当地政府和群众按通航、灌溉及其他水利规划要求协议决定。随着水文分析计算方法的发展和电子计算机的普遍应用，对复杂的河网计算目前已经初步得到解决，并在逐步完善。但计算时需要较齐全完整的流域降雨和河道断面资料。因此在某些流域尚不具备这些条件时，仍拟着重深入调查历史洪水成因和最高水位，桥涵孔径和设置可按河道宽度或堤距结合调查与地方协商确定。由于河网地区地势平缓，如压缩河道宽度或堤距，往往会形成过高的桥前壅水，造成严重内涝。

当流域内有较完整的降雨及河道断面资料时，可采用河网水文分析计算方法。

河网圩区目前所采用的水文分析计算方法归纳主要之点，就是应用由暴雨推求设计洪水的方法去解决河网圩区的入流过程；应用河道洪水演进的方法去处理河网圩区调蓄后的过程，现简略介绍如下：

（1）入流过程：采用暴雨推求设计洪水的方法，即由流域的设计暴雨、产流和汇流分析确定，有条件时可利用流域实测资料进行分析，否则可采用当地水利部门的手册和查算图表求算。

根据河网圩区的水文特点，当洪水期上游来水或当地大面积降雨不能及时排出，积蓄在河网中的水漫过圩堤或田埂，那么约束水流运动的就不再是河槽，而是较高的道路。堤防等障碍物组成的网格单元，水流在该单元内成平面流动，单元间通过河流、涵闸或电排站连结，加以流域内山丘区、蓄洪、分洪区和平原排涝区的产、汇流情况均有较大的差异，因此采用单元汇流计算方法较为合适，即将流域根据不同的产、汇流特点划分为若干个单元面积，分别进行产、汇流计算，求算各单元的入流过程。

（2）河网圩区的调蓄演算：河网的水流状态，一方面受河网几何形态的影响，另方面也受上下游边界条件如湖泊潮汐的影响，水力因素随时随地在变化，属典型的非恒定流运动。围圩内部的河道，水流一般变化较小，可以近似看成为恒定流。因此河网圩区的调蓄演算是以边界条件为控制（上边界一般是山丘区的入流过程，下边界是江河湖泊或潮汐的水位过程）的河段调蓄演算。对于河网中的骨干河道，一般应采用非恒定流的数值解法，如瞬态法、特征线法、差分法等方法求解；对于较小的圩内河网和次要河道，可采用简化方程进行计算。

7 灌溉流量主要依据所在地区的土壤、种植类别，降雨量及灌溉面积大小等因素而定。跨越大型渠道或当地进行过灌溉计算的灌溉系统，应予以搜集利用。当需自行分析计算时，可参阅长江流域规划办公室水文处所编《水利工程实用水文水利计算》第四章和当地编制的水文或灌溉设计计算手册及有关资料进行。

8　平原地区由于河滩辽阔，滩槽高差较小，因此在天然情况下，稍遇较大洪水即漫槽四溢，或流串至邻近流域另夺出路，或积蓄于河滩洼地。在实施水利化以后，为了减少两岸大片土地和村镇被淹和损失，常在河道两岸修筑坚固的堤防，束洪水于堤内，改变了洪水的天然状态，原先河滩调蓄的巨大影响消失，在相同的洪水情况下，河道通过流量将较天然情况增大，并称此为归槽流量。但两岸堤防由于各种经济和技术原因，只能达到一定的防洪标准，即堤防内河道仅能达到一定排洪能力，相应于不危及堤防安全的最大可能排洪能力称为河道安全泄量。若桥梁设计洪水流量小于此流量，即堤防的防洪标准高于铁路桥梁设计洪水标准，此时全部洪水将从堤防内河道通过，因此可以直接按归槽流量和相应水位设计，桥孔也仅需在堤防内设置即可。但若堤防防洪标准低于桥梁设计洪水标准，当洪水流量超过河道安全泄量时，则两岸堤防将有溃堤的可能，堤内河道和堤外河滩将同时行洪，故此时存在如何分别确定堤内和堤外桥孔的设计问题。

（1）堤防内河道上桥孔设计

① 重要工矿区和重要城市附近，由于堤防的保护对象在国民经济中占较重要地位，一旦溃堤失事，损失巨大，故一般防洪标准较高，多已达到或较易达到铁路桥梁设计洪水标准。如黄河堤防一旦溃决，将造成两岸亿万人民生命财产和许多大中城镇的巨大损失，因此目前堤防系按 1958 年花园口出现的最大流量 22 000 m^3/s（相当于 100 年一遇）设防。又如辽河沿岸主要城市防洪规划目标都有所提高或在不断提高，因此规定了本条。

② 位于一般地区或城市附近的大中桥，由于目前堤防标准均较低，如按铁路设计洪水标准相应的归槽流量和水位设计桥梁，则不仅会造成铁路和桥梁的巨大投资，而且也脱离当前当地的实际。为此考虑到两方面情况：一方面是目前我国大多数堤防的现状；另方面是考虑到堤防逐年加高的现实。桥渡设计流量宜与当地有关部门协商解决。目前中小河流堤防标准一般为 10～20 年一遇。考虑到堤防加高的因素，可采用 20 年一遇洪水标准并加安全高作为设计堤顶高程，相应通过的流量为河槽桥孔的设计流量，因此实际标准在 20～100 年一遇之间。这较符合当前一般地区的实际情况，又预留了一定的安全储备。

③ 当桥头路堤或梁部结构穿越堤防时，若路肩低于堤顶，则堤防在该处成为一凹槽，将成为防洪之薄弱点，一旦洪水位较高时，影响防洪，也将造成人为断道。如洛口黄河桥和京广铁路漯河大桥，因低于堤防，当地多次要求抬高，两桥的新建桥梁均已抬高。

多沙河流在修筑防洪堤以后，由于一般洪水漫滩的机会大大减小，改变了原来洪水期河槽和滩地普遍淤积的情况，而集中在防洪堤内形成较为显著的淤积，从而造成了淤积河段的水位升高和堤防的不断加高，产生河段洪水比降减缓，从而又加重了河道淤积的恶性循环。如黄河在解放以前由于三年两决口，决口时犹如“泻肚子”，将大量泥沙冲至河滩，使河槽的抬高较为缓慢，每年约 3～5 cm。但解放后堤防逐年培修加高，基本上没有产生决口，使河槽淤积速度成倍增加。又如位于黄泛区内的涡河，历史上为黄河南下的主要河道，久经黄泛冲击形成沿岸高亢，河槽深阔，一般洪水不易漫滩，亳县群众有“水不逾涡”之说。但自 1946 年黄水复归原道入海之后，上游河南省引黄淤灌尾水排入涡河，年输沙率达 495 万 t，致使河床大量淤积，排水能力大大减低。从 1953 年至 1981 年，涡阳至大寺闸河底淤高达 4～6 m，河道断面减少 32%。亳县大桥通过 20 年一遇流量 2 000 m^3/s 时，按 1953 年淤积前断面，水位为 36.60 m；而按 1981 年淤积断面，水位增高至 39.54 m。

因此位于多沙河流上堤防内的桥梁，为了考虑淤积造成的水位抬高，一般应在桥梁设计时预留此项高度。但在有些情况下，由于预留的高度很大，将可能造成桥梁和桥头路堤工程量和造价的巨大增长，此时则应在墩台结构与线路设计中考虑将来抬高铁路和桥梁的可能和措施。

(2)堤防外河滩上桥孔设计

① 若堤防标准较低，遭遇较大洪水溃堤后，堤外滩地将开始行洪。若历史上溃堤分洪的几率极小，堤外可不设桥而采取其他措施；若历史上溃堤频现，且分洪量较大时，则以集中设置分洪桥为宜；若分洪量较小，可考虑分散设置一定数量的小桥涵分洪。

滩地分洪桥孔的设计流量应考虑分洪后滩地调蓄的折减，设计水位的确定应考虑分洪后水位的降低。考虑到在某些情况下滩地分配流量较困难，按桥梁设计洪水标准拟定河滩桥孔可能与实际要求出入较大，故要求满足当地排涝设计标准洪水的排涝要求，即按照当地排涝标准和相应流量检算桥孔的大小。

② 在某些情况下不宜设置河滩分洪桥涵时，如河滩不稳定，河流易于改道等原因，则主槽桥孔应能满足桥梁设计标准洪水的实际流量安全通过的要求。所谓实际通过流量是指河滩调蓄折减后的流量，而不应按归槽流量设计。

9 铁路通过地势低洼的行洪或蓄洪区将经常造成水害，淹没站舍设备，引起路堤下沉。如淮南铁路合肥车站附近一段线路跨经地势低洼地带，1980 年洪水时火车站明光路一带一片汪洋，淹没 30 多个工厂，使 7 500 多户路内外群众遭受损失。合肥市为确保市区的安全，在明光路沿板桥河、南淝河加高堤防，当南淝河水位超过 14.5 m，火车站和明光路一带将作为行洪区。又如津浦铁路蚌埠至临淮关约 30 km 铁路，位于淮河的方丘湖行洪区和临北退建行洪区内，1982 年在临淮关处扒口行洪，路堤浸水一个多月，造成长期下沉。跨经蓄洪区时，由于蓄水宽度较宽，且大部分流速极低甚至接近于零，桥孔不必也往往不可能沿整个宽度设置，故应了解主流区位置并布设桥孔。主流区一般为原河道和排洪道。如京广铁路跨越的老王坡蓄洪区，宽度达 15 km。蓄洪区内除污泥河为主要排洪河道，设置中桥外，区内还分散设置一定数量桥涵，1962 年并按上下游水位差不大于 0.2 m 检查和扩大桥孔，以减少上游的淹没范围。

蓄洪区蓄水时间较长，桥涵流水面高程设置过低会影响正常维修工作的进行。由于洪水期间高水位持续时间也较长，故遭遇风浪侵击的机会也较多。

10 当桥渡受下游人工建筑物或江河湖泊的回水顶托时，由于壅水区的水流减缓，上游挟带的大量泥沙将部分沉积于其附近，造成床面和水位的抬升。如成渝铁路油溪大桥，位于油溪与长江汇合口上游约 300 m 处，受长江倒灌远达数公里，桥址是淤积多于冲刷。当溪水与江水洪峰重叠时，汇合口水平如镜，河身淤浅甚多，仅当江水退后，本溪水流才慢慢在淤积的河床上冲出一条小沟来。再如渭河口因黄河洪水倒灌顶托，使下游河段造成严重淤积。当黄河来水大，渭河水小时，汇合口潼关的水位迅速招升，汇流区发生壅水，对渭河引起顶托倒灌，长度一般超过华阴(位于河口上游约 30 km)。河口段则成为黄、渭河滞洪、滞沙的消能地带和泥沙堆积的沉积环境。每当黄河大水倒灌时，水面多形成倒比降，如 1971 年 7 月 25 日倒比降达 1.4‰。黄、渭两河来水顶托结果，形成拦门沙。拦门沙河段形成壅水，顶托渭河来水来沙，引起沿程河床水位抬升，河床淤积。1967 年汛后河口段河床抬升了 1.36 ~ 3.51 m，河口上游 80 余 km 的华县，河床抬升了 0.59 m。壅水对洛河顶托倒灌，迫使洛河口西移至仓西，华县赤水以东滩槽淤积抬高，造成南山支流河口淤塞,影响支流的排泄能力。

从上述事例说明,当桥渡受下游人工建筑物或江河湖泊的回水顶托时,要充分考虑泥沙淤积使床面和水位抬升的影响。由于回水顶托和泥砂淤积的影响,将改变桥址天然的水流和输沙条件,因此桥孔要按顶托出流计算。

11 平原,特别是近海平原地区,由于地下水位较高,水质矿化度高和含盐碱多,春末夏初气候干燥,地面蒸发大,地下水由毛细管作用,携带盐碱向干燥地面加以蒸发。水分蒸发后盐碱留在地表,成为盐碱化,使农作物减产甚至不能生长。因此这些地区水利化的一个重要项目就是排除盐碱。其根本的有效措施就是降低地下水位。即采用深沟排碱,使在旱季时不致引起土质盐碱化。农作物不受盐害的最浅深度,称为地下水临界深度。地下水矿化度愈高,临界深度也愈大。一般地区地下水临界深度为 1.0 ~ 3.0 m 之间。故位于盐碱化地区的桥涵流水面高程,要考虑由于开挖排水沟而适当降低沟底高程,否则将会影响桥涵的排涝和地方治碱的要求。如津浦铁路沧州工务段,由于桥涵流水面高程不适于排除盐碱的要求,已有 40 多座改建。陇海铁路开封工务段因水利化要求改建的桥涵有 30 座,流水面大部都降低了。津浦铁路 K726 + 956 三山河桥基底高程为 25.29 m,宿县水利局要求开挖河道高程降低至 24.37 m。因而 1978 年在桥下做浆砌河床和 2 m × 2.5 m × 4.5 m 排水槽,槽底高程比基底低约 1 m,使桥梁成为浅基。陇海铁路徐州至商丘段,凡地下水位较高有碱害的地段,为了防止田地盐碱化,根据当地治碱要求,新建排洪桥涵的流水面高程均比原地面或原渠底适当降低,以利排碱防渍。

12 河网地区由于通航要求,以采用桥梁为主,涵洞少用为宜。根据上海铁路局对沪宁铁路的调查,表明该地区设桥多设涵少,因而基本能满足当地需要,当地要求改建者较小。但杭甬铁路肖曹段,由于孔径类型选择不当,桥少涵多,当地要求扩孔者较多。曹娥至穿山段,多处涵洞原系与当地协议设置,后因农业发展及运输需要,当地纷纷要求改涵为桥。因此河网地区以采用梁式桥为宜,这对通航、排灌以及维修均属有利。

灌溉渠道的纵坡一般小于涵洞标准设计的临界坡度,如汉丹铁路大多数渠道的纵坡只有 1/3 000,使实际通过能力减小,因此一般应按原渠道实际纵坡计算通过能力。当渠道为新设计断面时可按不冲不淤纵坡确定通过能力。

由于渠道的有效高度一般较小,要求在固定水深情况下通过所需流量而不容许涵前过高的积水和水流能量的过多消耗,以免造成水流漫溢渠顶或使下游水位降低过多,影响灌溉能力,故要求桥涵一般不宜压缩渠道宽。

渠道在放水过程中由于上游的来沙及渠道自身的泥砂常使渠底淤高,人工渠道几乎每年需清淤一次,因此在桥涵设计中根据现有渠道高程确定流水面高程时,应考虑清淤的要求。否则,按放水后尚未清淤前之实际渠底高程作为桥涵流水面高程时,就会产生偏高的情况。如汉丹铁路 K217 + 934 圆涵勘测时,渠道已放水且淤高了 0.4 m,致使按实测渠底高程确定之流水面在渠道清淤后就偏高了,影响过水,造成当地要求降低流水面高程的被动局面。

灌溉涵渠的流水面高程应与当地协商研究拟定。汉丹铁路 K202 + 924 涵,因对渠道的设计要求了解不够,未与当地协商即按原地面高程设置,致使流水高程高了 0.43 m,当地要求降低。

流水面高程的确定若与排水系统及上下游取土坑不能配合一致,也常造成无法灌溉。如杭甬铁路肖曹段 K15 + 840、K16 + 617、K16 + 920 等处均为 1 孔 1.0 m 圆涵,设计时仅考虑最低排洪要求，将流水面高程定为 6.1 m，而 1953 年最低水位为5.46 m，农民不能引水灌溉，喻为通风洞，最后不得不在附近另设 1 孔 0.6 m 圆涵进行灌溉。

灌溉过水不同洪水宣泄，其特点是水位较低，要求桥涵孔径类型不致形成过高的涵前积水，在低水位时仍具有足够的过水能力，采用圆涵时往往达不到上述要求。如汉丹铁路 K179 + 805 圆涵，由于干渠截面和水位的限制，通过圆涵的水位较低，稍有积水则使上游水漫渠顶，由于此涵系圆形，孔径又偏小，因此低水位时过水能力很小，不能满足灌溉要求。故采用圆涵时应将流水面稍予放低，并适当加大孔径。由于渠道截面多为梯形，小型渠道甚至近于矩形，且水深一般较小，因此宜采用矩形涵。

3.10.5

1 当铁路沿库区通过或跨越库区及坝址下游河道时，由于水库修建引起的水流和泥沙条件的改变将对铁路及桥涵造成下述几方面的影响：

(1)由于大坝修建抬高水位，造成铁路和桥梁改建提高

修建水库以后，由于坝址水位将较天然水位抬高很多，造成库内铁路及桥梁被淹没，必须改建提高。50 年代修建官厅水库而使丰沙铁路改线并提高 6 m。同时造成京包铁路康狼段的改线提高。黎湛铁路因鹤地水库的修建，造成淹没路堤、桥涵，因而改线 21.3 km，增加国家投资约 2 230 万元。近年铁道部第四勘测设计院勘测设计范围内因闽江及其支流将修建水口和沙溪口水电站，要求外福和鹰厦铁路部分改建提高。珠江支流北江拟建飞来峡水库，而造成京广铁路韶广段部分改线提高。

(2)水库淤积抬高水位，造成铁路和桥梁改建提高

在河流上尤其是多沙河流修建水库以后，由于泥沙的淤积，往往会显著抬高库区水位，而这种影响又往往预测不够。如 50 年代修建的官厅水库，经过 20 多年的使用，目前库区淤积量已占设计库容的四分之一，位于水库内的丰沙铁路上行 8 号桥，河底淤积厚达 10 m 多，使同频率洪水时的库水位较原设计水位增高很多。为了保证足够的防洪库容和工农业用水，近年北京市和水利部正研究将官厅水库大坝抬高 7 m 左右，为此又必然造成丰沙铁路要部分再次改线提高。

(3)冰塞壅高水位和冰压力的影响

建库后由于库区流速显著减小，在严寒地区，水库回水末端附近容易形成冰塞，其相应水位的抬高远比天然河道严重。水库静回水区极易发生冰冻，墩台由于冰冻胀力的挤压和剪切及流冰的撞击而常遭破坏。

(4)河型的改变和冲淤的变化

由于建库后水沙条件的改变，在库区和坝址下游都可能造成河型的转化和剧烈的冲淤变化。一般而言，水坝上游库区由于淤积为主的影响，河型是向宽浅和变迁性发展；而坝址下游由于以冲刷为主，因此河型是向窄深和稳定方向发展。当水库采取底流泄洪或排沙措施时，水库上游也会发生冲刷，如溯源冲刷和沿程冲刷，下游也会产生淤积甚至使河床回升和抬高。修建水库后，由于泥沙拦蓄而下泄清水，以及坝下消能的不足，在建库初期坝下的清水冲刷，不仅会造成局部河床的显著降低，而且会造成下游河道长距离(有时可达数百公里)的普遍下切，影响桥梁墩台的稳定和基础埋深。

(5)水库坍岸和库岸再造

建库后由于库内水深远较天然情况为大，且浸泡时间显著增长，将使库内岸坡的稳定性降低，再加上波浪的切割和磨蚀，岸坡的土层和半岩质岩层将产生坍岸，直至达到新的

平衡稳定条件下的岸坡为止。因此坍岸将造成建于岸坡上的桥梁墩台和涵洞的稳定性，尤其是在岸坡较陡的桥隧相连处，将可能造成桥位的失败而改线。

(6)通航要求的变化

建库后由于库内水位抬高，提供了通航条件或改善了航道，使原来不通航的河流有了通航要求，或要求提高航道等级。成昆铁路的泉水河，原为徒步可涉的小河，谈不上行舟。但建库后水深增至十几米，经常有汽船、木船往来于泉水河大桥之下。

(7)水库的溃坝失事

水库的溃坝事例很多，不仅低标准水库经常失事，大中型水库失事也时有发生。由于水库坝高蓄水量大，一旦失事，产生的溃坝流量及其对下游的危害远较天然洪水为大。

此外，建库后由于库水长期浸泡，引起地基承载强度降低，墩台不均匀沉陷增大，以及加剧对下游河道导治和防护建筑物的冲刷。位于水库地区的铁路和桥涵，都必须进行缜密的调查研究，并在设计中予以适当的考虑。

2 当水库建成蓄水后，形成了一个水面宽广、比降平缓的人工湖泊，水库末端至坝址沿程水深急剧增加，产流、汇流条件有所变化，使得相应的洪水在建成前后可能有显著的差异。水库计算流量有两种：即坝址处的天然洪水流量为坝址洪水流量，相应于建库后的洪水流量为入库洪水流量。两者主要有下述差异：

(1)河槽调蓄方面：坝址洪水实际已包括了入库断面至坝址间天然河道的槽蓄影响。但建库后由于预先充水，入库洪水则已消失了这一影响，因而将加大入库洪水与洪峰流量。若原有的天然河道，调蓄作用大，则入库洪水与坝址洪水的差别也大。

(2)洪水传播速度的改变：洪水进入水库，由于库区形成了一个人工湖泊，水深流缓，边界辽阔，原河道中的洪水波不可能再维持原来的稳定前进波的形成，入库洪水波波形迅速发生变化。因此，原在河道中属于运动波性质的洪水波，入库后由于边界条件的变化，改变为动力波性质的洪水波，因而传播速度较在天然河道中大大加快。

(3)水量平衡方面：水库建成后，在水库淹没范围内，原来的陆地成为水面，产流条件发生了变化。原来的陆面蒸发变为水面蒸发，原来的陆地降雨径流关系改变为水库水面直接承受降雨。一般来说，陆面蒸发同水面蒸发相差不大，可以忽略，而降雨径流关系的改变影响较大，使入库洪水的一次总量有所增加。

(4)汇流条件的改变：建库前，坝址以上流域汇流时间为河槽汇流时间与坡地汇流时间之和。建库后，一部分河段被淹没成水库，汇流时间缩短。水库周边以上流域的河槽汇流时间即为建库前坝址以上河槽汇流时间减去水库淹没河段的河槽汇流时间。水库周边至原河槽周边之间的坡地已成为水面，直接承受降雨，这部分坡地汇流时间已消失。故建库后流域总汇流时间缩短了。

由于存在上述差异，一般情况下，入库洪水与天然洪水比较，洪峰增高，涨水段水量集中，洪水历时缩短，峰现时间提前。这些特性的改变，与库区水深、水库回水长度占坝址以上河道长度之比例、库区水面面积占坝址以上流域面积的比例成正比关系。即一般情况下，湖泊型水库的入库洪水与天然洪水的差异较大，而河谷型水库的差异较小。因此当桥梁跨越河谷型水库时仍可按天然流量设计，而跨越湖泊型水库时，则应考虑按入库洪水设计。

入库洪水计算方法可分为根据暴雨资料推求和根据流量资料推求两大类。前者与一般方法相同，唯需考虑建库后产、汇流条件的改变；后者常用的方法有：

① 合成流量法：该法系将入库断面洪水与入库区间洪水考虑建库后的洪水传播时间，迭加得到入库洪水。

② 反演法：其方法是将流量演算方法（如马斯京根法）进行反时序演算，由时段末的出流推求时段初的入流。

③ 水量平衡法：利用建库后实测坝址水位和相应的出库流量，采用水量平衡方程反推入库洪水。

入库洪水具体计算方法可参见有关资料。

若水库调洪作用较大时，则洪水入库后除了因预先充水引起前述产流条件变化使洪峰流量增大外，由于入库后水库的调蓄又将使洪峰流量减小、过程线塌平。故此时还必须根据蓄水位和桥址以上库容进行调蓄计算，从而求出桥址设计洪水流量。

勘测时应对上述各种情况调查清楚，充分利用水利部门提供的资料。一般情况下，水库设计洪水频率高于桥梁时，可采用上述相应于桥梁标准的水库计算流量。水库校核洪水频率标准低于桥梁时，则在桥梁使用期间水库可能产生溃坝情况，故尚须按本规范附录A计算溃坝流量。

3

（1）水库设计洪水频率标准高于桥梁时

当区间流量较小、坝桥间河道槽蓄量不大时，为了计算简便，桥址设计流量可直接采用水库设计下泄流量。有些水库下游附近有水文站观测资料，但即使其流量观测系列较长也不能直接进行数理统计推求设计流量，因水库下泄流量完全制约于水库的运用条件，在相同入库洪水条件下，水库调蓄的情况并不一定相同，出库流量已非随机变量，故此时也仍应采用水库设计下泄量值。

当坝桥间有较大支流汇入且相距较远时，水坝下泄流量经过坝桥间河道的传播作用可能会减小很多。由于下泄流量一般较天然流量小，因此洪水传播速度和时间也可能会有变化。在计算桥址设计流量时除计及区间流量外，尚应考虑这些因素的影响。

洪水组合方法：当桥址发生设计洪水时，应采用坝址洪水频率和区间洪水频率。若坝址及区间均有实测洪水资料时，组合洪水应采用同频率相应洪水组合法，即按下述两种情况分析比较择其控制者：

① 桥址与坝址发生同频率洪水，区间发生相应洪水；

② 桥址与区间发生同频率洪水，坝址发生相应洪水。

若区间或桥址无实测洪水资料时，为安全计，可采用同频率洪水进行组合，即桥址发生设计洪水时，坝址与区间同时发生设计洪水。

当桥址有水文站实测洪水资料时，若坝址洪水所占比重较大时，不宜直接进行数理统计推求桥址设计流量，此时可将坝址洪水演算至桥址，并在桥址洪水中予以扣除，得出区间洪水过程，而后仍可采用同频率相应洪水组合方法；若坝址洪水所占比重较小，为简化计，可考虑按数理统计法直接推求桥址设计流量。

坝桥间区间流量的计算：当区间支流有水文站实测流量资料，且能控制区间主要流域面积时，可根据实测流量系列推求区间设计洪水；若区间控制支流无实测洪水资料，但有条件进行洪水调查和计算时，可根据洪水调查推求设计洪水；若上述条件均不具备时，可用暴雨推求设计洪水的间接方法推求。

某些水库为了保证主坝的安全，除了主坝正常下泄洪水以外，在较大洪水时尚通过非常溢洪道排泄部分洪水。在这种情况下，下游桥梁除应按铁路设计标准洪水正常下泄流量设计，并考虑坝桥间的洪水外，尚应考虑非常溢洪道下泄洪水的影响。

水库下泄流量随着水库有效库容被泥沙逐年淤积减小而加大。如官厅水库设计下泄流量从原来的600 m^3/s 加大到1 630 m^3/s，主要就是因库容逐年淤积减小所致，部分为设计流量的增大影响。因此，为安全计，应按水库考虑泥沙淤积的终极库容相应的下泄流量设计。

平原水库下游的桥渡，应考虑非汛期人造洪峰和调水调沙的影响。如黄河规划在温孟滩利用滩地修建平原水库，南部主槽仍保留，形成南槽北库，汛期洪水仍走主槽，非汛期用温孟滩蓄清水，在12月末搞人造洪峰，下泄流量5 000 m^3/s。到汛期遇洪水时，温孟滩向黄河补给清水，加大洪峰流量，稀释黄河，冲刷下游河道。又如东平湖水库每年11月起蓄水至次年6月人造洪峰1～2次，洪峰流量2 500 m^3/s，历时4天，冲刷下游河道。

(2)水库校核洪水频率标准低于桥梁时

应与有关部门协商采用增设加固溢洪道或大坝等措施，提高水坝校核洪水频率标准，使与铁路桥涵洪水频率标准相同。如有困难，应适当考虑溃坝可能对桥涵造成的不利影响。

5

(1)水库蓄水深度一般远较天然水深为大，库内行洪道宽度一般比天然河道为窄，但为避免造成库内修筑路堤的困难和因路堤的阻隔而加剧桥梁和桥头路堤的冲刷和桥址附近河道的冲淤变形，一般宜按天然河宽设置桥孔。如跨越官厅水库主流库区和支流妫水河库区的丰沙铁路永定河8号桥和京包铁路妫水河桥分别为18孔28 m和20孔32 m上承板梁桥，均基本按天然河宽布设桥孔。

(2)严寒地区在水库回水末端附近往往容易形成冰塞，使其上游水位相应的抬高远比天然河道严重。这是由于建库后水面比降变缓，流速减小，尤其是回水末端，在库内稳定封冻冰层下面，由于上游有一定流速，使冰花和碎冰潜入冰盖以下，形成冰塞，堵塞部分河道，使上游水位抬高。如盐锅峡水库1961年～1962年水库末端所形成的冰塞，据小川水位站的观测资料，最高壅水达9.35 m，已超过汛期千年一遇洪水位，给上游造成严重危害。刘家峡专用线2号黄河大桥也险遭淹没。东北丰满水库回水末端每年也发生冰塞壅水现象，据观测记录，抬高水位也达数米以上。

在严寒地区当水温降至0 ℃时，往往先在平静的小湾或水流平缓流速接近于零的河段沿岸结成冰带。气温降至一定程度后，在水流排泄不畅的河段，如狭窄、陡弯、浅滩、水库回水末端、过水建筑物附近等处冰凌壅塞，开始封冻。河段封冻后由于冰盖下面凹凸不平，对水流产生较大摩阻力，使水流速度急剧减小，因而使河槽蓄水量增加，水位上涨。在冰凌解冻时，若上游解冻早，来水量大，沿途形成水鼓冰，冰阻水节节卡冰结坝，尤其是流向由南向北的河流，遇到天气突变，上游解冻较早，有大量流冰涌下，而下游尚未开冻，则有冰坝出现。此时河水陡涨，上下游压差甚大，如冲开冰坝，流冰汹涌而下，常毁坏下游桥梁和过水建筑物。形成以动力作用为主的解冻，称为“武开”，对桥梁建筑物危害较大。反之若上下游解冻时间差别不大，沿河没有卡冰结坝，而是以热力作用为主的解冻，称为“文开”，一般危害较小。1958年黄河王元弟冰坝高达5～6 m，坝长约500 m，造成很大危害，最后用大炮和飞机投弹轰炸，水位才恢复正常。冰坝的性质和大小，是由河槽蓄水量的多少及冰盖遇热分解的特性决定的，其水位变化与雨洪春汛不同，它呈齿形上涨，涨率大,峰型尖瘦,落热急陡。松花江近三江口汇合处依兰站,经分析发现,当12月平均水位在92 m以上时可能出现冰坝。

(3)水库范围内桥孔计算一般不受控制。但有时桥址位于平坦开阔河段,而桥孔长度较河宽为小或位于平原水库内,则尚应通过计算拟定桥孔。由于库内水流属非恒定流状态,水位与流量并不相应出现,因此需要分别按设计流量与相应回水位(此水位低于设计回水位)及设计回水位与相应流量(此流量小于设计流量)两种情况检算择其控制者。桥孔计算同一般方法。但上述情况下的流速均较低,因此桥渡冲刷尚应按可能的最不利低蓄水位、高流速情况进行检算。

在水库造成壅水淤积以后,若库水位下降,使库区某一断面处的水深减少,水面比降变陡,流速加大到足以发生冲刷,则库水位的进一步下降就会使这种冲刷逆流向上发展。这种自下向上发展的冲刷叫溯源冲刷。开始发生冲刷的位置大多在三角洲顶点附近,但也与地形特点、淤积物的形态及其抗冲能力等因素有关。如三门峡水库1964年汛后打开底孔后,库水位骤然下降,使库区发生溯源冲刷。在坝址上游附近,床面冲刷下降约8 m,向上游逐渐递减,至坝址上游80 km附近,溯源冲刷平均为2.8 m。溯源冲刷过程中,水流总是趋于集中,因而冲刷作用总是只限于主槽以内,这是和淤积不同的一个特点。

沿程冲刷和溯源冲刷不一样,不是因为库水位的升降,不是外界条件的改变而引起的,而是来水来沙条件的变化,使与现有河床不相适应而引起的。但其剧烈程度比不上库水位升降所引起的变化,因而沿程冲刷的强度较溯源冲刷为低。但沿程冲刷的时间较长,所以沿程冲刷的冲刷总量不比溯源冲刷总量为小。水库中的沿程冲刷和溯源冲刷的作用是不一样的,但又是互相影响,相辅相成的。溯源冲刷起主要作用的部位偏于靠近坝前的库段,沿程冲刷起主要作用的部位偏于上游库段,即回水末端附近的库尾。如三门峡水库1970年8月3日,在潼关发生洪峰流量达8 420 m^3/s的洪水,使该河段发生范围较大的强烈的沿程冲刷,使潼关在流量为1 000 m^3/s时的水位,峰后比峰前下降1.9 m。

水库内溯源冲刷也将对桥梁带来危害。如南同蒲铁路K449+927中桥,1977年8月17日因下游拦河坝溃决,造成该桥河床产生溯源冲刷,而使木排架桥基下沉,中断行车16 h35 min。因此位于既有水库内的桥渡,如水坝有溃决可能时,必须考虑溯源冲刷的影响。

建库后由于水沙条件的变化往往会造成河型的改变。如成昆铁路鸭子池河湾的冲淤演变:下游25 km的龚嘴水库于1971年开始蓄水后,至1957年河湾已显示出巨大的变化,主流由蓄水前紧靠左(凹)岸而逐渐向右(凸)岸,并产生一强大反时针方向的环流,螺旋状沿河湾下游流去;而紧靠左岸则有一微弱回流,产生一微弱横向环流,也以反时针方向螺旋状沿河湾向上游而来,在这两股横向环流之间,则为不大流动的"死水"区域,水库蓄水四年,"死水"区淤积已露出水面形成沙洲,其高程、长度和宽度不断发展增加,使上下游凹岸形成一较圆顺的新边岸。

梯级水库的设置一般是在下一级水坝的回水尾部附近连接上一级水坝,处于梯级水库内的桥梁除应考虑下一级水库的回水和淤积影响外,尚应考虑上一级水坝的泄洪冲刷。由于上一级水坝位于下一级水坝回水范围内,尾水受下一梯级回水的顶托,因此其冲刷是非自由冲刷。下面以黄河上修建的刘家峡、盐锅峡、八盘峡三座梯级电站的冲刷情况为例说明梯级水库的非自由冲刷特点。

盐锅峡水库正常高水位时回水末端抵刘家峡坝下。由于盐锅峡水库迅速淤积,水位抬高，盐锅峡回水末端的小川水文站（上距刘家峡大坝约 3 km）的水位抬高 3 m 多。刘家峡蓄水后对盐锅峡水库的来水来沙条件影响较大，汛期平均含沙量蓄水前为 3.13 kg/m^3，蓄水后仅为 0.41 kg/m^3，形成对下游盐锅峡水库的清水冲刷，其情况如下：

（1）冲刷深度：随着盐锅峡水库淤积的发展，水位逐渐抬高，至 1968 年刘家峡水库蓄水前，小川站水位抬高了 3.8 m，自 1969 年以后，刘家峡水库下泄清水冲刷盐库，小川站水位显著下降，水面比降变缓，河床粗化，使河床向冲刷平衡方向发展，至 1973 年冲刷到最低值，但仍比建库前高出 1.4 m（其中包括堆砟的影响）。

（2）冲刷距离：水坝下游的自由冲刷距离是可以很长的。在非自由冲刷的情况下，由于受下游侵蚀基面的控制，冲刷能力自由发展及冲刷距离受到限制。经冲刷后河床粗化影响显著，刘家峡坝下游约 6.5 km 处，1967 年河床质为盐锅峡水库的淤积物，中值粒径仅为 0.1 mm，经过冲刷到 1976 年已变为中值粒径 34 mm 的小圆砾。经分析刘家峡水库下泄清水对盐锅峡水库的冲刷范围，约为距刘家峡坝下 20 km 的库段上。

3.10.6

1　一河多桥桥渡，尤其是其河滩桥孔的导流设施，往往因为河滩流速较小而被忽视。但是从一些既有桥调查资料及水工模型试验结果来看，一河多桥适当布设导流堤是有益的。

焦枝线刁湍河泛滥区的水工模型试验，发现湍河、草场、石河、西盛家四座大桥桥下流向偏角甚大，尤其是泄洪量占总流量几乎近一半的湍河大桥，受桥址附近滩地地形影响，桥址上游滩地水流顺路堤自北向南汇入湍河主槽，使大桥北端数孔桥下水流斜交为 45°~90°，且水流流速甚大，故桥头附近路堤及北端若干桥墩有被冲毁的危险。当在模型上于湍河北端设置了一长约 200 m（原型）之导流堤后，试验表明桥下水流情况显著改善，桥下各孔水流交角皆在 0°~15°之间，流速也大为减小。

这种现象也可由滩流逐渐收拢通过桥孔时，在桥上游侧产生“水漏斗”的过水状态得到解释，水漏斗沿路堤产生局部横向水面坡，其水流必定以较大的斜交角进入桥孔，引起水流挤压、流速分布不均匀。

另从宽滩河流调查资料也可看出类似的问题，如东北努敏河桥（11 孔 20 m 上承板梁桥）漫滩很宽，1961 年洪水时，北端 7、8、9 孔河底普遍刷深，冲刷坑深达 4.8 m，距沉井底仅 1.5 m，其后在北岸上游设 139 m 长的非封闭式导流堤，冲刷始有改善。南岸上游有旧路堤掩护，但滩流进入桥下仍冲刷成一道深槽，过桥后消失。这和前述刁湍河泛区水工模型试验的结论是相同的。

因此一河多桥应视具体情况考虑布设必要的导治建筑物。

2　斜交角度过大的一河多桥桥渡，将产生沿路堤方向的横向水面坡度与横向水流，使桥渡过水状态恶化，这已为以往的勘测、既有桥渡运用以及水工模型试验所证实。对于横向水流对流量分配、桥孔确定的影响，目前尚无妥善的计算办法，重要的一河多桥桥渡可借水工模型试验来解决。从改善桥孔过水状态着眼，一河多桥的桥渡布设应使与洪水水流正交。

京广线石（家庄）安（阳）段所跨沙河水系（沙河县境内）自一沙河至干河沿线泛滥宽度约 5.7 km，影响一~七沙河及干河。1963 年水害前计有大桥 3 座、中桥、2 座、小桥 3 座，干河以南尚有小桥涵 4 座。桥址河道属山前变迁河段。铁路穿过泛区除线路不顺直外并与水流斜交。1963 年 8 月 4 日洪峰通过时（桥梁与路堤尚未冲毁）泛区各桥调查水位如说明表 3.10.6—1。

说明表 3.10.6—1　水　位

桥　名		一沙河	二沙河	三沙河	干　河
里　程		K393+110	K394+328	K394+924	K397+811
1963 年 8 月 4 日水位	调　查	71.77	69.97	69.86	65.36
	模型试验	72.21	69.62	69.98	64.93

从说明表 3.10.6—1 可看出，沿路堤方向泛区水位北端比南端高 6.41 m，相应横向水面坡度为 1.12‰。另从水害调查资料：路堤上游侧树木向南冲倒，桥址上游侧的通讯支架向南冲歪，都说明存在着较强的横向水流。

水害修复设计时，利用 8 月 4 日第一次洪峰时各桥上下游水位差计算原有各桥流量及其分配(未考虑横向水流作用)，如说明表 3.10.6—2 第一行。

说明表 3.10.6—2　流　量

桥　名		一沙河	二沙河	三沙河	四沙河	五沙河	六沙河	七沙河	干　河	干河以南小桥
按水位差计算流量		8 730*	2 240	354	226	78	24	52	1 130	
模型试验	原有各桥流量	7 335	955	422	271	123	135	202	1 955	402
	加导流堤后各桥流量	8 628	1 732	142	157	96	24	36	692	293

注：*一沙河采用了流量相关法的成果。

由于验算结果发现原有各桥孔径不适合，因此铁道部第四勘测设计院会同铁道部科学研究院对该桥进行水工模型试验，各桥水位及分配流量试验结果见说明表 3.10.6—1 和说明表 3.10.6—2。试验的水流现象表明，一沙河溢洪形成一股顺路堤由北向南的横向水流及横向水面坡度，横向水流使二沙河桥未能充分发挥泄洪能力，而南端各桥尤其是干河桥的过桥流量过大。经在二、三沙河间上游加设封闭式导流堤，拦截部分横向水流导入二沙河桥孔，以减轻干河桥的泄洪负担等设施后，各桥流量始与未考虑横向水流的设计流量相近。

由表列的分配流量也可看出，仅按各桥上下游水位差，而未考虑横向水流作用推算的各桥设计流量，与反映横向水流作用的试验数据是有出入的，尤其是在横向水流较强的二沙河及处于水位较低的干河差别更为显著，二沙河采用设计流量偏大，干河则偏小。经采取拦截横向水流的措施后，采用设计流量方与试验数据相近。

焦枝线南(阳)襄(阳)段跨过刁湍河泛滥区，泛区宽达 12 km，一片汪洋，属多河多桥性质。勘测时为了确实查明洪水漫槽情况，洪水主流流向；洪水纵向、横向坡度；泛滥区内各处洪水深度；洪水时天然分水线等有关数据，以便为平原水害地区选线提供可靠资料。当时采用了大面积(约 400 km^2)洪水调查的方法。绘制出泛区的等水位线及等水深线图，作为定线及定桥位的依据，使线路尽可能做到通过水深较小地区，并与洪水等水位线平行而垂直流向，避免形成水袋，确保路堤安全，将桥渡布设在排洪能力最强地点。这种作法收到了较好的效果。

铁道部第四勘测设计院与铁道部科学研究院曾对刁湍河泛区桥渡进行了水工模型试验，按三种不同壅水高(ΔZ_M=0.5、0.7 和 1.0 m)测得各桥流量分配率及原计算的各桥流量分配率如说明表 3.10.6—3。

由说明表 3.10.6—3 所列数据来看，除西盛家大桥模型实测与计算的分配率相差较大外，其他诸桥分配率两者均较为接近，亦可看出一河多桥布设成与水流正交，才能使计算的流量分配与各桥实际分配的流量相近，达到均衡泄洪的目的。

3　河道及流量在断面上的分布是变化的，因此各桥的流量分配也是变化的，各桥设计流量应按可能出现的最大流量分配比例确定。注意不能仅仅从桥址断面来分配流量，应着眼于桥址河段内全局的水流形势。至于各桥流量分配的方法，应视河道具体情况选用。以往曾经使用过的流量分配办法有：

说明表 3.10.6—3　流量分配率

桥名 ＼ 流量 (m^3/s) ＼ 设计壅水值(m)	0.5		0.7		1.0		原计算值
	6 800	8 700	6 800	8 700	6 800	8 700	Q = 8 700
湍河大河　分配百分比	44.4	41.6	46.4	43.0	47.3	43.9	48.0
草场大桥　分配百分比	10.1	11.9	11.4	11.8	9.3	10.4	9.5
石河大河　分配百分比	35.8	35.9	33.2	35.3	35.9	36.7	36.2
西盛家大桥　分配百分比	9.9	10.6	8.5	9.9	7.5	8.9	6.3

注：表中流量 $Q_{1/100}$ = 6 800 m^3/s；Q_{1919} = 8 700 m^3/s。

（1）断面分配：首先根据桥址河段地形图及断面图，寻找地形凸起的天然分水线，如天然分水线不明显可在两桥间适当划分分水线，而后将流量在断面上分配，具体作法又可分为：

① 根据桥址断面，按设计频率的天然洪水位计算各桥通过流量 Q_{M1i}，并得各桥流量分配率 P_{1i}：

$$P_{1i} = \frac{Q_{M1i}}{\sum_{1}^{n} Q_{M1i}}$$

再分别用上游及下游辅助断面，按设计频率的天然洪水位计算各桥通过流量 Q_{M2i} 及 Q_{M3i}，并得上游及下游断面各桥流量分配率 P_{2i} 及 P_{3i} 为：

$$P_{2i} = \frac{Q_{M2i}}{\sum_{1}^{n} Q_{M2i}}$$

$$P_{3i} = \frac{Q_{M3i}}{\sum_{1}^{n} Q_{M3i}}$$

若桥址附近（上下游各一倍泛滥宽度的范围内）有实测流量资料，可由大洪水时实测资料确定各桥的分配率 P_{4i}：

$$P_{4i} = \frac{Q_{M4i}}{\sum_{1}^{n} Q_{M4i}}$$

在以上流量分配率中，分别找出各桥的最大分配率，并据以计算各桥采用的设计流量，示例如说明表 3.10.6—4 所示。

说明表 3.10.6—4 流量分配

分配方法	各桥占总流量的百分数				共计(%)
	一号桥	二号桥	三号桥	四号桥	
桥址断面流量分配率 P_{1i}	31	18	43	8	100
上游辅助断面流量分配 P_{2i}	30	26	35	9	100
下游辅助断面流量分配 P_{3i}	32	20	38	10	100
历年实测最大流量分配率 P_{4i}	36	24	40	17	117
采用流量分配率	36	26	43	17	122
采用设计流量	$0.36Q_p$	$0.26Q_p$	$0.43Q_p$	$0.17Q_p$	

总流量加强系数 $A=1.22$。

② 当天然分水线的位置难于保证时，出于加强考虑，可重复计算一部分断面流量，以此重复部分流量作为加强流量，说明图 3.10.6 所示双槽复式断面：

计算 1 号桥流量 Q_1 时用分水线 1，计算 2 号桥流量 Q_2 时用分水线 2，分水线 1、2 之间流量为重复计算部分，则总流量加强系数

$$A=\frac{Q_1+Q_2}{Q_p}$$

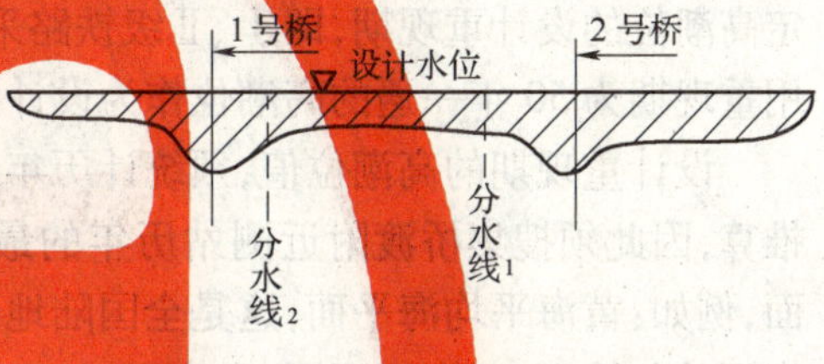

说明图 3.10.6 双槽复式断面示意图

③ 提高洪水频率标准的方法：其一用不同频率的水位如 $H_{1/100}$、$H_{1/300}$、$H_{实测}$ 或 $H_{历史}$ 及相应流量 $Q_{1/100}$、$Q_{1/300}$、$Q_{实测}$ 或 $Q_{历史}$，类似于上述 1 的作法，求得各流量的最大流量分配率及总流量加强系数 A，亦可得出各桥设计流量。其二是将设计流量提高到 $Q_{1/300}$，将 $Q_{1/300}$ 直接分配到各桥，得各桥设计流量，该法中 $A=\frac{Q_{1/300}}{Q_p}$。本法目前较少采用。

④ 铁道部第一勘测设计院曾结合西北地区的具体情况和特点规定：各桥的流量应根据现地调查的地形特征，主流的分布情况，现有支汊流量的分配，河槽变化的可能和水流摆动趋势等进行分配。对于变迁河段，若为一河二桥时，各桥设计流量之和一般约为河流总流量的 1.5 倍，若为一河三桥时，各桥设计流量之和一般约为河流总流量的 2 倍。对于比较稳定的河流，具体倍数应视不同情况确定。

(2)水工模型试验：水工模型试验可以演示各种桥渡布设方案，通过设计流量时的过水状态、流量分配、水位高低和桥下流速等。因此一河多桥的桥位布设、流量分配、桥孔选定、导治建筑物的布设均可通过水工模型试验来提供必要的数据。以往通过水工模型试验的一河多桥桥渡有：长江芜湖大桥，京广线南沙河桥，焦枝线刁湍河泛滥区等。

4 增建第二线一河多桥设计可由既有线一河多桥历史洪水调查资料计算各桥流量分配率，各桥皆取该桥历史上最大的分配率 P_i，得各桥设计流量 $Q_i=P_i\cdot Q_p$，总流量加强系数为

$$A=\sum_{1}^{n}P_i$$

6 河滩床面一般无推移质泥沙运动，因此河滩桥孔的桥下冲刷通常无泥沙补给，而且也不能形成汛后的泥沙回淤。河滩桥孔的冲刷在多次洪水期内一直增长，往往形成较大的冲刷坑。例如东北平齐线洮儿河桥的河滩桥，原建有 9 孔 4.0 m 钢筋混凝土板涵于

1948 年冲毁,1952 年改建成 5 孔 20 m 上承板梁大桥,经 1957 年洪水冲刷,2 号墩向上游倾斜 3.2 m,桥下冲刷坑上游长 90 m、下游长 120 m,最深处 9 ~ 11 m(一说 18 m),冲刷坑至今仍存在。

河滩桥孔的冲刷往往会引起流量重分配及河床的剧烈变化,并常因此而造成水害。故对河滩桥孔桥下流速、冲刷防护(一般都用全桥铺砌)等必须注意。

确需在河滩上设置灌溉渠道或道路立交的桥涵时,须注意采取冲刷防护措施。这类桥涵以往曾采取过涵洞入口或桥梁上游侧设置闸门,作为枯水期开闸灌溉或交通、洪水期关闸止水的运用措施。但从运营情况来看,往往闸门无人管理,设计需慎重对待。

3.10.7

1　海湾桥渡的设计水位应由海潮潮位来确定。不同建筑物应采用不同的潮位进行设计,港口工程用累积频率 10% 的高潮位及累积频率 90% 的低潮位作为作业水位,并以重现期 50 年一遇的高潮位作为校核水位。铁路工程应按铁路等级及其洪水频率标准确定高潮位的设计重现期,即Ⅰ、Ⅱ级铁路采用重现期为 100 年一遇的高潮位,Ⅲ级铁路采用重现期为 50 年一遇的高潮位作为设计水位。

设计重现期的高潮位值,须统计历年最高潮位使用耿贝尔方法即第Ⅰ型极值分布律推算,因此须搜集桥渡附近测站历年的最高潮位值。在潮位的计算中,有几种起算基准面,例如:黄海平均海平面,这是全国陆地高程的起算基准面;理论深度基准面,是海图中水深的起算面,各海区不同;潮高基准面,是观测潮位用的基准面,等等。必须了解它们之间的关系值,以便在潮位计算时换算成统一的基准面。

在设计重现期高潮位值推算中,起算面不同,数值不同,如用皮尔逊Ⅲ型曲线会造成不应有的误差,而耿贝尔方法可避免这一问题。例如说明图 3.10.7—1 所示,黄海平均海平面与潮高基准面,两者的高差值为常数 a。如以潮高基准面为起算面,每年的最高潮位值为 $h_i + a$,n 年的平均值为 $\bar{h}_i + a$。采用皮尔逊Ⅲ型曲线推求设计重现期高潮位时,得 $h_p + a = K_p(\bar{h}_i + a) = K_p\bar{h}_i + K_p a$,换算为黄海平均海平面,式中两侧均减 a,得 $h_p = K_p\bar{h}_i + a(K_p - 1)$,等式右侧的第二项 $a(K_p - 1)$ 是多余的,给计算造成误差。用耿贝尔方法推算可减免这种误差。

说明图 3.10.7—1

2　设计波浪的标准包括:设计波浪的重现期和设计波浪的波列累积频率。对于不同的设计内容,应采用不同的设计波浪标准。Ⅰ、Ⅱ级铁路采用 100 年一遇的高潮位加 50 年一遇的波高,Ⅲ级铁路采用 50 年一遇的高潮位加 25 年一遇的波高,这种设计组合遭遇的机会是比较小的,因此具有足够的安全度。这是本规范选用波高的重现期标准。波高还有波列累积频率标准。如计算墩柱结构的强度和稳定性时应用累积频率 1% 的波高,计算斜坡式护面块体稳定性时用累积频率 13% 的波高。根据有关规范,在一定时间的波浪观测中,测得 15 到 20 个大波的波高,从中选出 10 个较大的波高加以平均,由此得出的波高值叫做 $H_{\frac{1}{10}}$。根据换算关系可由 $H_{\frac{1}{10}}$ 求得波列中的平均波高和各种累积频率的波高,统计某一累积频率历年的最大值,用皮尔逊Ⅲ型曲线可推求设计重现期波列中该累积频率的波高。搜集每年实测的最大 $H_{\frac{1}{10}}$ 值是计算设计波浪时所必需的。

波高的计算，都与波浪发生处的水深有关，因此必须搜集测波浮筒处的水深和海图资料。

3 波高的大小是由风速、风区长度、风吹时间以及水深等几种主要因素形成的。如说明图 3.10.7—2 所示，垂直于桥渡方向左右向30°以内来自外海方向的风区最长，当风吹时间越长，产生的波高也越大。因此以这个范围内风区最长的来波方向作为设计波浪的波向。

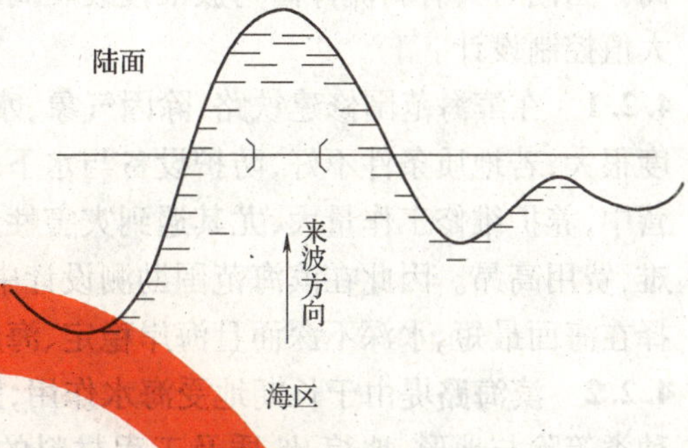

说明图 3.10.7—2

波浪传播至一定深度的浅水区时，会发生破碎。所以桥渡处的计算波高大于浅水极限波高（即破碎波高）时，设计波高应采用极限波高。极限波高可按《港口工程技术规范·海港水文》确定。

4 桥下不通航的桥梁梁底高程，按设计重现期的高潮位和波高考虑。波高中的累积频率采用1%，是按墩柱式结构考虑的。

当潮位达最高时，潮流呈憩流状态，流速为零，因此按高潮位计算梁底与桥头路肩高程时可不计桥前壅水。

4.1.1 滨河路堤水文勘测时，应对河流变迁趋势，水库回水影响、水利规划进行全面了解。所谓河道平纵断面有突变处系指有扩散、卡口、跌水、急滩及其他人工建筑物挤压、侵占河道、弃渣的堵塞处等。此处均应加设水文断面，以便控制水面曲线的变化。

4.1.3 滨河路堤侵入洪水泛滥区内时，路堤受洪水浸泡冲刷，需修建防护加固工程，从而提高工程造价，养护工作量也随之增大，还会威胁行车安全。路堤侵入河道后，压缩了河道流水断面，必然改变天然河道的水力因素，使水位壅高，流速增大，加剧对路堤的危害。同时，局部河床形态与水力因素的变化，将影响上、下游较长河段的水流状态，引起对沿河建筑物、农田、房舍的危害。因此要求铁路定线时，滨河路堤宜避开洪水泛滥区。侵入泛滥区河滩范围内的路堤，应减小其与水流的交角以减轻冲刷。路堤侵入洪水河槽，必须有全面的技术经济比较，采取完善的工程措施。路堤侵入山区河流的河槽，难以保证工程安全，吸取既成铁路的教训，本条规定路堤不得侵入山区河流的河槽。近年来我国在修建山区铁路时，通过技术经济比较，曾采用在河道内修建桥梁以代替侵水滨河路堤的措施。

站场范围内的路堤宽度应根据站场股道与附属建筑物而定。因站场往往分期修建，因此勘测期间应按站场股道与建筑物的布设，并考虑发展情况，检查站场范围内路堤侵入河道的程度。

4.1.4 计算滨河路堤的沿堤洪水位和流速时，应对有影响的河段进行调查分析。河床平、纵、横断面的变化均可能引起较长河段内水流状态的变化。如下游天然卡口或人工建筑物所形成的壅水会使上游回水区内的水流成为恒定非均匀流；河床纵断面的突变也会使水流形成恒定非均匀流；路堤对水流断面的挤缩会使水位抬高等。这些因素均应充分考虑，不能一律按恒定均匀流计算，山区河段河床形态变化剧烈，尤应注意。

4.1.5 见第 3.7.4 条说明。

4.1.6 见第 3.7.6 条说明。

4.1.7 水流与路堤不平行时，水流在堤坡上形成斜流冲高，其值可按式(4.1.7)计算。

桥头河滩路堤受桥前壅水影响，水位壅高，流速减小，不致再形成显著的水流冲高。当遇山区或山前河流，其河汊集中股流流速大，需考虑水流冲高影响。对平原河流可不考虑冲高。当同时具有斜流冲高与波浪侵袭爬高时，由于两者相互干扰，不予叠加，可取两者较大值控制设计。

4.2.1　在滨海范围修建铁路，除因气象、水文条件影响外，海上施工作业技术上复杂、难度很大；若地质条件不好，防护设备与水下基础工程的施工更加困难；而且在今后铁路运营中，养护维修工作量大，尤其遇到灾害性天气，铁路出现险情影响行车安全，抢建修复困难，费用高昂。因此在滨海范围勘测设计中，应注意尽量缩短海中铁路长度，选线时应选择在海面最短、水深不深而且海岸稳定、海底地势平坦、地质良好的地段。

4.2.2　滨海路堤由于长期地受海水作用，路堤的填筑材料、断面形式、坡面防护和基础的种类等除与地形、地貌、地质及工程材料的来源和海上施工条件有关外，主要与水深、水位、波浪高度、冰凌、淤砂、海流等水文和气象因素有关。

滨海路堤的类型，在海水不深（几米至十几米）且波浪高度不太大时，按其断面形式可分为：斜坡式路堤和直墙式路堤。按填筑材料不同可分为：填石路堤、填石填砂混合路堤及填石填土混合路堤。按堤身的透水性质可分为：透水路堤和不透水路堤。按其所处的地理环境可分为：跨海峡路堤、跨海湾路堤和突入海中的路堤。

4.2.3

（1）潮位

海水受引潮力作用而产生长周期波动现象，它在铅直方向表现为潮位升降。当潮位上升到最高点时，称为高潮或满潮；在此刻前后的一段时间，潮位不升也不降，称此阶段为平潮；接着潮位开始降落，当它降到最低点时，称为低潮或干潮；在此刻前后的一段时间，潮位又不升不降，称此阶段为停潮。停潮之后，潮位又开始上升。平潮和停潮的时间长短都因地而异。规定平潮的中间时刻为高潮时，当时的潮位高度为高潮高；停潮的中间时刻为低潮时，当时的潮位高度为低潮高。相邻的高潮和低潮的潮位高度差，称为潮差。从低潮至高潮的过程，称为涨潮；从高潮至低潮的过程，称为落潮。涨潮阶段的潮差为涨潮差，时间间隔为涨潮时；落潮阶段的潮差为落潮差；时间间隔为落潮时。

潮位的变化特征是确定滨海路堤各部分高程的重要依据，勘测设计时应根据铁路等级、建筑物的要求以及对潮位的统计分析，采用其有一定保证率的潮位作为设计水位。

（2）波浪

在滨海路基设计中所需的波浪资料均系风成浪。在海洋中由风产生的波浪称为海浪。在不同的风速、风向和地形条件下，海浪的尺寸变化很大，通常周期为 0.5～25 s，波长为几十厘米至几百米，波高为几厘米至 20 余 m，在罕见的情况下，波高可达 30 m 以上。

水的深度对波浪的性质也有影响，在水深大于半个波长（$d>L/2$）的深水中所发生的波浪称为深水波，水深小于半个波长（$d<L/2$）时，称为浅水波。当波峰水质点的前进速度超过波浪本身的传播速度时，波浪于是破碎。不破碎波是一种振荡波（进行坡），它甚至在深水中破碎后，仍将重新形成波高减少的振荡波，只有当波浪进入到浅水，破碎后不能再形成振荡波时，它才变为前移波，这是沿岸边破碎波的形成中所常见的现象。

波浪的资料是滨海路基工程设计的主要依据，它直接关系到路堤的高度和断面尺寸，因此设计前必须搜集这方面的资料。

（3）海流

海流是海洋中除了由引潮力引起的潮汐运动外，海水沿一定途径的大规模运动。引起海流运动的因素可以是风，也可以是热盐效应造成的海水密度分布的不均匀性。前者表现为作用于海面的风压力，后者表现为海水中的水平压强梯度力。加上地转偏向力的作用，便造成海水既有水平流动，又有铅直流动，由于海岸与海底的阻挡和磨擦作用，海流在近海岸和接近海底处的表现，和在开阔的海洋上有很大的差别。

通常所称的海流，是一种综合性流，即各种类型海流的合成流。在一般情况下滨海路堤受近岸海流的影响较多，近岸海流一般以潮流和风海流为主，因此在滨海路基工程设计时必须全面了解路堤附近海域的海流性质，搜集海流流速、流向等资料，分析建堤前后海流运动情况，以便确定路堤基础及坡面防护类型。

4.2.4 滨海路基为确保路堤的安全，路肩的设计高程除必须满足设计水位（设计标准的高潮位）所需要的高度外，同时考虑为抵御波浪对路堤的侵袭所需的高度。因此路肩设计高程应不低于设计水位加波浪侵袭高度，（波浪爬高）并加不小于 0.5 m 的安全高度；而对设防浪胸墙的路堤，因防浪胸墙已计波浪侵袭的影响，路肩高程可不计波浪侵袭高。

4.2.5～4.2.7

我国滨海铁路修建较少，路堤设计需要的潮位、波浪等设计标准均参照《港口工程技术规范·海港水文》（JTJ 213，以下简称“港规”）。“港规”第 2.1.2 条规定，设计高水位应采用高潮（即潮峰）累积频率 10% 的潮位；设计低水位应采用低潮（即潮谷）累积频率 90% 的潮位。第 2.1.3 条规定，校核高水位应采用重现期为 50 年一遇的高潮位；校核低水位应采用重现期为 50 年一遇的低潮位。第 3.1.2 条和第 3.1.3 条对不同等级和形式的建筑物的设计波浪的重现期和设计波高的累积频率标准都做了规定，见说明表 4.2.6—1。

说明表 4.2.6—1　建筑物设计波浪的重现期和设计波高的累积频率标准

建筑物形式	建筑物等级	重现期	部　　位	计算内容	波高累积频率(%)
直墙式墩柱式	Ⅰ、Ⅱ、Ⅲ	50 年一遇	上部结构、墙身、桩基	强度和稳定性	1
			基床、护底块石	稳定性	5
斜　坡　式	Ⅰ、Ⅱ	50 年一遇	胸墙、堤顶方块	强度和稳定性	1
			护面块石、护面块体	稳定性	13
	Ⅲ	25 年一遇	护底块石	稳定性	13

由于海港工程与滨海铁路从性质、用途上都不尽相同，设计标准也应有一定的差异。以海港码头为例，它主要是以经常停靠最大船舶进行装卸作业，在某潮位情况按照各种船舶的技术性能和作业场地的要求，定出特有的设计高、低水位；并考虑当发生稀遇潮位及风浪时，要求码头在各种荷载作用下，其结构和地基具有一定的安全度，定出校核高、低水位；另外为了抵御波浪侵袭，按照设计标准的累积频率的波高，往往在外海修建防波堤，以使港区水域稳定。

而滨海铁路，由于路堤类似防波堤暴露于外海，直接受到潮位的控制和波浪的侵袭。路堤的高度也应达到防波堤相当于“港规”规定的校核频率的高潮位和能够抵抗累积频率波高的标准。但是海港码头所设的防波堤堤顶，一般稍可允许越浪，它即使局部破坏影响也不大。而铁路路面不允许越浪，且要求在一定稀遇频率的高潮位及波浪发生时路堤能够抵抗高潮和波浪的侵袭，保证路堤的稳定及运输无阻，要求的标准比防波堤还高。

滨海铁路的重要性不亚于防波堤，其设计水位应和陆域铁路一样，具有同样的等级标准。至于波浪采用什么标准，我国海港部门，曾对已建的防波堤进行调查，发现50年一遇波浪出现时，建筑物稳定，核算结果与实际稳定状态相符。个别破坏的，经模型试验与分析，为施工质量差造成的。

由上所述，滨海路堤的设计水位，Ⅰ、Ⅱ级铁路采用重现期为100年一遇的高潮位，Ⅲ级铁路采用重现期为50年一遇的高潮位；设计波浪重现期标准，Ⅰ、Ⅱ级铁路采用50年一遇，Ⅲ级铁路采用25年一遇，标准是恰当的。

4.3.1　由于路基受库水的浸泡、渗透、波浪侵袭、地下水壅升、坍岸、水流冲刷、淤积等多因素作用而影响路基的坚固性和稳定性。因此，设计时应根据这些不利因素，分清主次，采取相应的加固防护措施。

4.3.3　水库路基设计水位的洪水频率标准及注意事项，见第1.0.5条、第1.0.6条、第1.0.7条。若水库设计洪水频率标准较高其正常蓄水位高于铁路设计洪水位时，为避免路基长期被库水淹没，路肩高程应按水库正常蓄水位考虑；在跨越水库边缘，填挖交界处的路肩高程不应低于水库坝顶高程，是考虑非常时期，避免库水从路基溢出危及行车与地方的安全。

4.3.5　水库坍岸的快慢，视库岸土质及其所在位置的不同而异。例如受主导风作用的库岸，坍势比背风向的重；浸水深的库岸，坍势比浸水浅的重；高陡的库岸，坍势比低缓的重，具体应根据线路位置离开库岸远近的不同及上述不同因素综合考虑，分别缓急，分期投资。对坍势较重，近期将威胁路基安全的地段，在新建时应做好库岸的防护工程。

水库蓄水后，流速减小，从水库上游及支沟携带下的砂土将在水库中逐渐沉积。对水库路基有影响的是水库岸边淤积，而其沉积，一般最易发生在水库上游老河床及漫滩、支沟沟口，河湾凸出一侧或突出岸嘴的下游。在这些淤积迅速的地段，防护建筑物开始能发挥其应有的作用，但淤积后防护建筑物将被掩埋而失去作用，使用时间较短。可尽量采用轻型的临时措施，以节省投资。

水库坍岸防护的高度与水库路堤防护的高度应有所区别。水库坍岸主要是由水库正常高水位时的波浪经常腐蚀土层后产生的，故可用水库正常高水位来控制防护建筑物的顶面高程。

4.4.5　滨海路堤由于长期的受海水作用，必须能够抵抗波浪对路堤的侵袭。不同的建筑材料和断面形式的路堤适用于不同的水深、波浪相互作用特点，及地基等情况。

一般情况下，滨海路堤常采用斜坡式和直墙式两种结构形式。斜坡式路堤结构简单施工方便，具有较高的整体稳定性。路堤和波浪相互作用特点为波浪在坡面上爬升，然后破碎，其能量被吸收或消散，适用于水深较浅，石料来源丰富的情况。由于路堤基础宽大，对地基单位面积上压力较小且分布均匀，适用于地基承载力较差的情况。而且在波浪作用下断面具有较小的底部流速，因此对基底土的冲刷亦较小。

直墙式路堤相对断面较小，节省材料，但施工较困难。其墙身外侧受有较大的动水压力，当墙身有足够的水深时，作用于直墙上的波浪发生反射，所以对其外壁强度的要求较高，上部结构（防浪墙）也要有良好的整体性。另外，为了防止堤前因波浪作用所产生底流速的冲刷，堤前一定范围内的海底和明基床外坡及坡肩都要采取相应的保护措施。直墙式路堤其内侧可适用于兼作码头。因直墙基础小，适用于地基承载力较大的情况。直墙式路堤在水深较深，足以使波浪不致破碎，海底不致遭到冲刷，地基不致发生不均匀沉降的地方更适合。

4.4.6～4.4.7

水库路堤浸水部位的坡面，一般以防止波浪侵袭破坏作用为主。而水库上游地段，因库水下泄后流速增大，尚需考虑水流的冲刷作用。

在防护范围内应设置较强的护面工程，用以抵抗波浪的侵袭作用。护面工程顶面高程为设计水位加波浪侵袭高度，加壅水高度，加安全值 0.5 m；底面高程为水库设计低水位减波浪影响深度（可采用 2～2.5 倍低水位时的波浪高）。当有封冰和流水时，此下限应低于冰盖层的下缘。波浪影响深度，根据官厅水库实测资料及有关其他参考资料，约为波浪高的 2～2.5 倍。

4.4.8 冲刷防护工程的基础处理得当与否，是关系到该工程成败的关键。历年的实践经验证明，冲刷防护工程的失败大多是由于地基被淘而引起的。故地基应埋置在冲刷深度线以下，不小于 1 m 或嵌入基岩内。

当前在设计中用的冲刷深度公式分为一般冲刷和局部冲刷两类。当防护地段河床纵坡变大或防护建筑物较多地压缩了水流断面，致使水流流速增大，而水流流向并不直冲建筑物时，可按一般冲刷考虑。当防护建筑物没有或很少压缩水流断面，但水流方向与建筑物迎面切线交角较大时，可按局部冲刷考虑。

一般冲刷深度按包尔达柯夫公式计算：

$$h_p = \frac{A_1}{A_2} \cdot h$$

式中 h_p——压缩断面上冲刷停止时的垂线水深（m）；

h——压缩断面上冲刷前的垂线水深（m）；

A_1——以主槽天然平均流速通过设计流量时需要的断面积（m^2）；

A_2——压缩断面在冲刷前能供给的断面积（m^2）。

局部冲刷深度按雅罗斯拉夫采夫公式计算：

$$h_{pj} = \frac{23v^2 \tan\dfrac{\alpha}{2}}{g_n \sqrt{1+m^2}} - 30d$$

式中 h_{pj}——建筑物前局部冲刷坑深度（m）；

v——建筑物附近水流的局部流速（m/s）；

g_n——标准自由落体加速度，为 9.81 m/s^2；

α——水流方向与建筑物迎面切线的交角；

m——建筑物的边坡坡率，等于建筑物边坡角的余切；

d——冲刷过程中裸露出来的铺在冲刷坑底的土颗粒粒径，用土中占有 15% 以上质量的最大粒径的直径（m）。

式中 v、a、d 的大小，直接影响 h_{pj} 值，应考虑不同水位时相应的 v、a，看其对 h_{pj} 的影响，从中找出最大值及其代表地段；确定 d 值，取土时应注意土层的代表性，以减少人为因素的误差。

冲刷深度如何确定，是尚未解决的难题，目前还难以建立符合实际的计算公式。因此，用公式所求得的冲刷深度，只能供参考，还应通过实际冲刷调查，对附近既有冲刷防护基础埋设深度和使用情况的了解，从防护地段河床地层的钻孔资料中对冲淤交替的分析判断等途径，综合考虑决定之。

防止地基淘刷的措施，按其性质可分为立面防淘与平面防淘两类。立面防淘是将建筑物的基础设在冲刷深度以下，使基底不受冲刷。但这种措施在冲刷深度较深的地方，明挖施工抽水困难，不易办到，可考虑沉井、桩基。而平面防淘措施是用柔性建筑物平铺在河床或用散体的材料堆放在主体工程的前面，当河床受到冲刷后，这种建筑物就随之下沉起保护基底作用。抛石、石床、潜坝、混凝土块板和石笼等都是属于这类性质的防淘建筑物。平面防淘措施口适用于不重要的线路上使用或作为立面防淘的辅助措施。

4.5.1　路基排水不良，引起路基损坏事故的教训是很多的，所以路基设计应有良好的排水设备。

本条提出对被水浸泡易于松软的土质和易于软化的岩石路基，应特别注意不要让水浸泡。因为这些土或岩石经水浸泡后，其物理力学指标会大大降低，以致造成基床病害、边坡溜坍、路堤溃爬滑走等。所以对这种土或岩石的路基来说，要首先从排水着手做好地面排水工程，有地下水时需做好地下排水工程。某线一个8 m高的土质路堤，地基地下水发育，未作处理，施工后路堤边坡上出现弧形裂缝，设计人员只提出在下侧加作反压护道，仍不从排水方面去解决，结果反压护道经地下水浸泡，照样发生溃爬，带走了半个路堤，最后在路堤下侧堤身中作三条横向支撑渗沟，在上侧作渗水暗沟截住地下水的来路，才止住了溃爬变形。

对黏土路堑边坡，尤其是膨胀土，更需要考虑采取排水措施，保证边坡稳定。

4.5.2～4.5.3　路基地面排水，只是用以排除桥涵间路基两侧零星小量的地面雨水，截引至附近桥涵或沟谷排走。一般由于流量较小，根据多年实践经验，可直接按标准断面尺寸使用，不作水力计算。当有集中水流引入的水沟及水沟上方拦截的地表流量较大时，需根据汇入流量，经水力计算决定，以保证具有足够的过水能力。

区间路基排水建筑物，应与桥涵、隧道、车站、农田水利等排水建筑物相顺接，以求水流通路畅通，互不影响，避免那种各行其是、互相矛盾、互相脱节的不良现象。

4.5.5　天沟一般不应向侧沟排水，如受地形限制，很难找到出口位置，除了用急流槽（吊沟）向侧沟引水外，别无其他措施可代替时，方考虑用急流槽将天沟的水引向侧沟。在计算急流槽下游的侧沟断面时，流量采用本侧沟和由急流槽引入的二者流量之和，洪水频率采用1/50。以防因增大流量后可能漫溢，直接威胁线路的安全。

4.5.6　深长路堑的侧沟，在下游地段由于汇集的流量增大，一般的标准横断面尺寸已不能满足流量的要求，可能造成水溢道床。如在下游地段加大横断面尺寸，则将增加土右方数量，并非良策，尤其是在反坡排水地段的侧沟，到下游要求加深更多，困难亦更大。在这种情况下，宜视地形条件设法增建桥涵建筑物，将水引排至路基之外。

5.1.1　隧道地表水处理不当，会严重的影响隧道的稳定和运营安全。为了预防或消除地表水产生的危害，修建隧道时应对地表水作妥善处理建立完整的排水设施，以保证结构和设备的正常使用和行车安全。

5.1.2　隧道洞身和洞口是不可分割的整体，在隧道位置选择时，理应包括洞身和洞口位置的选定。但由于洞身范围长、移动面宽，而洞口位置范围较短窄，有关工程集中，且常在线路转换方向的附近，隧道定线时，如不充分注意，往往照顾了洞身位置的条件，而忽视了洞口位置的选择和对洞外有关工程的处理，结果给隧道设计和施工带来困难，所以选定隧道位置时，应注意洞口位置和有关工程的处理。

洞口不宜设在排水困难的沟谷低洼处。这是由于沟谷低洼处往往是地质薄弱的地方,不仅排水和施工非常困难,如果处理不好,竣工后隧道渗水、漏水,甚至造成洪水灌入隧道,给运营带来长期病害。

5.1.3 本条路肩高程系引用特大桥和大中桥桥头引线路基路肩高程设计之规定,考虑当隧道洞口位置于滨河可能被洪水淹没地带,水库回水影响范围或受山洪威胁地段,如其路肩高程设计标准过低,则可能发生洪水流经隧道,造成对隧道和运营损害的几率就增大,故条文作出与特大桥和大中桥桥头引线路基路肩高程设计同等的规定。若水库设计洪水频率标准高于铁路设计洪水频率标准时,在水库边缘,填挖交界处的隧道洞口,为避免非常时期洪水,使隧道变成溢洪道,危及行车,其高程不应低于水库的坝顶高程。

当辅助坑道作为永久性工程使用时,如作永久通风道或作排水工程等的辅助坑道口,设计高程按上述标准设计。仅作临时工程,工程竣工后需封堵的辅助坑道口,设计高程可按施工时水位考虑。

5.1.4 为防止边、仰坡上的地表水冲刷洞口和辅助坑道口,流入隧道,隧道口和辅助坑道洞口应设置截水沟和排水沟。

对需按流量设计的截、排水沟,其横断面同路基排水沟的横断面,按1/25洪水频率的流量设计。

5.1.5 多雨地区系指湿润和半湿润地区(即干燥度<1.5的地区),隧道仰坡范围,由于地层覆盖薄,岩层裂隙通畅,为了防止仰坡范围的地表水下渗,即使从岩层结构本身不需要防护,但从加强防水与截水要求宜采用防护措施。防护措施可采用浆砌片石、喷混凝土或喷浆等。

5.1.6 本条是从保证隧道正常运营和安全而规定的。为了不让洞外路堑汇水流入隧道内,当出洞方向路堑为上坡时,宜将洞外侧沟做成与线路坡度相反且一般不小于2‰的坡度。这是一般情况应该这样做,当隧道全长小于300 m时,如路堑水量小,且含泥量少,不易淤积,修建反向侧沟将增加大量土石方和圬工工程等困难条件下,也要求做反坡排水,显然不经济,也并不安全。在这种困难条件下,路堑侧沟的水可经隧道流出。但为了保证安全和正常运营,应验算隧道水沟断面,不够时应予扩大,并在高端洞口设置沉淀井。

5.1.7

1 明洞建筑于露天空旷地区,一般有地表径流的影响,如不设法截、拦、排走,容易引起冲刷坡面,产生坍塌,或流入回填土体内部,浸泡回填料,增加明洞负荷。为了保证建筑物的安全稳定,要求明洞顶部应设置必要的截、排水系统。

2 对衬砌背后有地下水来源时,靠山侧边墙顶或边墙后,应设置纵向和竖向盲沟,将水引至边墙泄水孔排除。

3 外贴式防水层防水效果显著,对于明洞来说,更具有施工方便的特点。由于明洞所处的水文地质条件、结构特点及工程重要性的不同,因而要求防水程度也不同,一般外贴式防水层分甲、乙、丙三类。如钢筋混凝土建筑、过水建筑物、水流有侵蚀性等情况时,标准要求高些,对于干燥无水或少水地区,则其标准可以低些。

明洞与暗洞接头处往往是渗漏水的薄弱环节,因此要求明洞与暗洞接头处,应做好防水处理。如新旧混凝土应严格按施工规则要求处理,明洞防水层要往暗洞延伸一定长度,做好仰坡脚与明洞填土搭接等。

4 为了防止洞顶地表汇水的渗透,回填土表面宜铺设黏性土隔水层,减少或隔断水流的通路。回填土与边坡的搭接处往往是水流的良好通道,由于水流的渗透软化作用,易产生回填土体的滑移,故要求做好回填土与边坡的搭接良好。

5.1.8

1 由于对隧道弃砟的妥善处理必须进行设计,所以在勘测阶段应收集隧道弃砟设计的必要资料。首先需要计算弃砟数量之占地面积,选择弃砟场地,收集和测量弃砟场地大比例尺地形图,签订弃砟占地协议,收集弃砟场地的水文资料,地质及水文地质资料等。

向河边或河滩地弃砟时,应对勘测阶段所掌握的山区河流高、中水位的糙率、比降、流向、河湾冲高及河道冲淤变化等资料加以核实,做到水文、水力计算的准确性。

2 向河边或河滩弃砟,不能影响河道泄洪,并应遵照国家有关规定征得当地河道主管部门的同意。

3 为保护环境,确保弃砟稳定,使弃砟不随水流流失,应根据当地降水及地形、地质情况作好排水与防冲设施。

5.2.1 站场路基边缘(或路肩)高程受路基面排水横坡影响,最外侧站线路基边缘通常最低,故站场最外侧站线路基边缘的高程及站内正线的路肩高程均应按正线的标准设计。当临河站场最外侧站线路基边缘高程受设计水位控制,若按正线标准设计引起较大工程时,在满足正线路肩设计高程的前提下,站场最外侧站线路基边缘的设计高程可低于正线标准,按不低于设计水位加0.5 m确定。

由于站内排水沟已形成网只集中数处与站外水系相连,不受波浪及壅水影响,因此排水沟沟顶的高程,可不计波浪及壅水高。正线外包的编组站(或其他车站)为减少土石方工程,调车场最低处的路基边缘或排水沟沟顶高程可按设计水位加0.2 m确定,困难时也不应低于该处设计水位高程。

5.2.2 为保证铁路站场路基稳定、可靠,防止路基病害,保证行车安全和正常作业,站场设计应有良好的排水系统。

站场排水包括雨水,融化雪水,蒸汽机车和客车上水时的漏水,机车废汽水等地面水的排除。不包括地下水、生产废水和生活污水的排除。

5.2.3 站场排水系统包括:路基面横向坡度,纵向排水沟、槽,横向排水槽,利用排水的桥涵、侧沟、排水沟、天沟、各沟、槽、管间的衔接及其排水出路等。

站场排水系统的总体规划,应在勘测调查的基础上进行,以便了解现场情况,掌握既有排水设施及系统,地方排灌设施的现状和存在的问题,最终确定排水出路。

(1)站场排水系统设计时,铁路内部有关专业之间应做到统筹安排,相互配合,如站内桥涵的增设和利用;采用机械排水;排水管沟与其他管沟或设施交叉干扰的处理;站内与相邻区间排水设施的衔接;结构和断面等,做到总体布置合理。

(2)站场排水与附近城镇、厂矿、农村的排水、排灌系统的现状和规划应协调配合,利用地方排水系统时,对接口点的位置、高程和流量应认真研究密切配合。站场排水系统的场外出口,要防止冲毁农田。

(3)改建或扩建站场时,应尽量利用既有的排水系统,当既有排水系统或设施存在问题时,应进行改善。

(4)站场排水系统,应使纵向和横向排水设施,场内排水与场外截、排水等设施紧密结合并引出站外。排水径路宜短而顺直。

5.2.4 排水设备的数量,应根据地区年降雨量和5.2.7条所列的情况确定。

年降雨量不超过 700 mm 地区的站、段，一般需在重点地方设置适当的排水设备。重点地方是条文 5.2.7 指出应适当加强路基排水的部位和站、段纵断面上的低洼处。

年降雨量超过 700 mm 地区的站、段，设置纵、横向排水设施，数量及位置可参考下列意见办理：

(1) 编组站、区段站和线路数量较多的车站、车场内的纵向排水槽可根据不同情况，按相邻两个坡面线路数量来布置。

(2) 客运站和办理客车上水作业的车站，一般在两站台之间设一条纵向排水槽，其位置应与客车上水管路结合设置，排水槽宽度可采用 0.6 m，并将给水管支托在排水槽内。

为加强客运站的路基面排水和保持清洁卫生，便于清扫和减少线路维修工作，在较大客运站上宜铺设混凝土宽枕。

(3) 客车整备场内，一般每隔 2～4 条线路设一条纵向排水槽。

客车整备线，一般应铺设混凝土宽枕或整体道床，以排除场内废水。

(4) 货场排水应与货区场地和路面的硬化相结合。

货物站台和旅客站台的站台墙边尽量不设排水槽。因站台墙边距线路近，只能设置小型排水槽，当站台上装卸散装货物时，漏下的货物和垃圾将排水槽堵塞后，清淤不便，起不到排水作用。

货位下面不应设置排水槽，以免堵塞泄水孔和影响排水槽的清淤。排水槽应布置在货位外侧，按货位、排水槽、道路的排列顺序设置。

两仓库站台间设汽车道路时，可在汽车道路的一侧或道路中部设置公路排水槽。

两站台夹两条装卸线时，可在两线路间设置纵向排水槽。

两站台夹一条装卸线时，可有四种做法：

① 路基面用浆砌片石铺砌；

② 封闭道床；

③ 铺设混凝土宽枕或整体道床；

④ 修建跨线雨棚。

当采用浆砌片石或封闭道床时，可沿站台墙边一侧设小明沟，以便排除雨棚上的雨水。

牲畜装卸线和散堆装场地货位的外侧应修建排水沟。

(5) 线路布置不规则的站、段，如货场、机务段等，其纵、横向排水设备可结合具体情况设置。

5.2.6 根据计算分析，站场内纵向排水槽一般均不受流量的控制。流量计算公式因各地区的具体情况不同也有所不同。在实际工作中，可按本规范中所列的流量计算公式进行流量计算。具体计算方法可参见《铁路工程设计技术手册 · 站场及枢纽》。当有其他适合本地区或站场位于城市内并有适合的公式时，也可采用其他公式。

5.2.7 根据调查，排水问题最突出的地方，就是条文列出的应加强的部位。这些部位，为了及时排除积水，应适当加强排水。

1 设有给水栓和有车辆洗刷作业的客车到发线、整备线，由于上水和给水栓使用管理不善或洗刷车辆时产生漏水和废水，如不及时排除，站内路基的稳定将受到严重影响，由于客车车厢和站台上的垃圾、炉灰经常扫在线路上，容易造成道床排水不良和路基翻浆冒泥。到发线两侧如有站台时，水从横向无法排出。因此，在设有给水栓的线路间，不论地区降雨量多少，都需设置纵向排水槽。

2　蒸汽机车在整备线、待班线上水时，水鹤往往有漏水现象。机车检查、待班和临修时，常进行清炉砟和放出废汽水。乘务人员利用整备待班时间冲洗机车，会产生各种废水。机车出、入段线的站、段分界处和库前线路，有时机车在此等待或停留，乘务员利用这段时间擦洗机车，也产生废水。因此在这些地点应加强排水。

3　仓库站台线的路基高程低于仓库、站台和道路，雨水易流入线路内。仓库内和站台上的垃圾亦经常扫入线路内，使道床排水不畅。两站台夹1条装卸线，因雨水从横向无法排出，积水比较严重。车辆洗刷线、加冰线和牲畜装卸线有大量生产废水需要排除。因此，这些部位应适当加强路基排水。

4　车辆减速器、驼峰的机械化或自动化设备和电气集中的咽喉区，应有良好的排水设施，以免影响设备的正常动作和信号的正确显示。

5　驼峰立交桥下线路的路基较两头引线为低，一般需单独设抽水设备，以排除积水。进出站线路布置所形成的低洼处，排水亦有困难，根据需要可设置涵洞或必要时设抽水设备。

6　改建或扩建站、段时，应清除原路基病害，以免病害发展扩大，影响新路基。利用施工机会，一次处理病害，人力、物力不需重新调配和组织，对运营干扰也可大大减少。

5.2.8　由于站坪一般比较宽阔，有一定的汇水面积，如场地没有横向坡度，易于积水。车站路基面设有横向坡度，站内地面水能及时排除，路基易于保持稳定，还可以防止路基翻浆冒泥和冻害等，对提高线路养护质量有很大好处。

车站路基横断面形状的选用，应根据路基宽度、排水要求、路基填挖情况和线路坡度连接等条件综合考虑。一般情况下，中间站宜采用单面坡或双面坡的横断面；站线数量较多的编组站、区段站和工业站等，宜采用锯齿形坡的横断面。

5.2.9　根据我国近年来的设计经验，利用站内桥涵兼作横向排水，例如在桥台、涵顶或涵壁预留泄水洞，取得了很好的效果。它不但工程简单，减少造价，而且具有排水效果好、清淤养护方便等优点。

横向排水槽为砟底式，穿越线路时道砟直接铺在盖板上。由于排水槽不深，而且线路间盖板可以揭开，清淤养护比较方便，排水效果较好。

横向排水槽属小型箱涵类型，要求地质条件较好，基底比较稳定。在一般情况下，新建铁路的挖方或填方较低（2 m左右）的地段和既有铁路路基比较稳定的情况下，可以广泛采用。

横向排水管与横向排水槽比较，由于管径小，清淤困难，当路基填方较高，设置横向排水槽基础工程较大时，方可考虑采用。根据对南方地区的课查，为了清淤方便，当圆管全长不超过15 m时，其管径不小于0.75 m；大于15 m时，其管径应不小于1 m。

5.2.10　本条主要考虑排水沟（槽）通过道路或位于有汽车通行的场地时，为防止排水槽被压坏，应采用公路排水槽或公路涵洞。

5.2.11　纵向排水设备的坡度应使水能顺畅排出。由于站内排水设备内的泥砂和杂物比较多，为避免淤塞，一般情况下，水流的平均流速不应小于0.5 m/s。为满足上述要求，排水设备的纵向坡度不应小于2‰，最好采用3‰～5‰。大站的站场纵向坡度，一般都不超过1.5‰，故排水设备的坡度，也不宜过大。为了使下游不发生挟带物沉积，保证水能及时排出站外，必须使水流速度，由上游至出水口逐渐增大。因此排水设备的设计坡度，应从上游至下游逐渐增大。位于平坦、沼泽和河滩地区的站场，当排水系统出水有困难或采用2‰的纵向坡度将引起大量工程时，纵向排水设施的坡度可减至1‰。排水设备在分水点处的深度可为0.2 m。为了使穿越站线的横向排水设备内的水能迅速排出，同时不使泥砂淤积，横向排水设备的坡度应不小于5‰；有条件者，可适当增至8‰或以上。特别困难条件是指平坦地区和改建站场的横向排水设备坡度不小于5‰，往往不易做到，有的出口高程难以连接，故可按具体情况设置。

5.2.12 侧沟、天沟、排水沟的断面尺寸，须保证排泄全部设计流量而不致溢出沟外。由水力计算得知：若采用底宽0.4 m、深度0.4 m、边坡坡度为1∶1的梯形断面，在2‰的纵坡满槽时可排泄约0.2 m^3/s 的流量，这在一般地区几乎是经常碰到的，所以对一般土质的水沟断面，再加安全高度0.2 m，就得出一般情况下水沟断面标准尺寸采用0.4 m×0.6 m的规定。在干旱少雨地区，由于流量较小，可将水沟深度减至0.4 m。岩石路堑的水沟深度亦可减至0.4 m，因为岩石路堑水流即使稍有漫溢现象，对边坡和路基面的危害也不大，但半岩质路堑侧沟，则应按土质考虑。

5.2.13 纵、横向排水槽与排水管之间为了便于衔接，应设检查井连接。检查井内入水口处槽底高程不应低于出水口处排水管底内壁高程或排水管入水口管底内壁高程不应低于出水口处排水管底内壁高程。

降雨量的大小及路基土壤的种类对排水管的淤积有直接关系。一般情况下，降雨量大或为土质路基时，排水管比较容易淤积，检查井间距应小些；降雨量小或为渗水土路基时，排水管淤积较少，检查井间距可大些，检查井的距离最大以40 m左右为宜，但连接管径小于1.0 m的检查井的距离不大于15 m。

5.3.1～5.3.2

在城镇附近，铁路往往要跨越公路、城市道路而需要设置立交地道，这种地道通常进出口高而中间低，容易积水，为了确保地道常年使用，行车通畅无阻，必须设置良好的排水系统，及时排除道路引道中和桥下的雨水。

立交地道的排水方式，直接影响到排水的效果，一般情况下应利用地形条件，尽量采用自流排水方式，将汇集的水量直接送往天然水体。当自流方式不可能时，需设立泵站采用机械抽升的排水方式。

由于地道排水的特点，要在短时间内能及时将水排除，排水出路最好自成系统，不宜将立交排水引向市政排水管道，否则会发生互相干扰而出现争排的现象。尤其是市政管道的设计标准偏低，每逢雨季遇有大雨、暴雨时，雨量集中，容易造成市政管道上游地区的雨水宣泄不及形成积水，桥下雨水停滞时间过长，影响行车。因此一般应将汇集的水量直接送往天然水体，如经比较必须排入市政排水干管时，应该调查分析既有市政排水干管的排水能力和使用情况，根据地道的规模、形式、设计标准、排水方向与排水量等方面因素对排水系统进行总体布置，满足双方的排水要求，使地道的排水与市政的排水互不干扰。

5.3.3 为使立交地道的雨水及时排出，保证排水效果，应尽量控制排向地道的汇水范围，一般情况下地道排水应仅负担地道本身的水量，不应担负其周围客水的排除，以免因过大的排水量使排水出路造成困难。为控制汇水面积，立交地道四周，尤其两侧引道起点，均应用不少于1%的反坡与原道路顺接，防止客水涌入地道。

5.3.4 立交地道的修建位置，多在城镇的交通要道或重要公路上，因此雨水流量的计算一般可参照城市排水设计的流量计算方法进行。《铁路工程设计技术手册 · 桥渡水文》

表22—2列出了我国若干城市暴雨强度公式，在勘测设计中可结合调查、收集地方雨量资料进行流量计算时参考使用。

地道排水设计的标准，主要考虑地道排水的特点，要在短时间内能及时将水排除，防止因积水而断绝交通。在设计时应根据道路的重要性确定设计标准，一般与城市排水设计相比适当提高设计标准，其降雨强度选用设计重现期3～5年的5～10 min的降雨量，按随降随排的原则计算其排水量，对于具有特殊要求者应作个别处理。地面径流系数根据引道范围内坡面情况一般采用0.8～1.0。

5.3.6　当立交地道桥洞身位于地下水位以下，尤其是地道洞身与两侧引道为分离式结构时，不仅要将引道及桥下范围的地表水及时排除，而且还需要考虑地下水对地道的影响，要经常性地降低地下水位，以保证地道的使用和安全。降低地下水位的方法，一般采用埋设纵横向渗水暗沟，将引道两侧的地下水沟通，再经洞身底板内埋设的铸铁管或混凝土管将地下水汇集至洞身一端的汇流井，再经排水总管采用自流排水方式或机械抽升排水方式，将地下水排出。

5.4.1　房屋选址前应广泛收集有关洪水位资料，如实测或调查的河流、湖泊最高洪水位，推算设计洪水位，洪水淹没范围，水库设计洪水位；滨海历史最高潮水位等。房屋的选址应避开洪水淹没地段，选在比设计洪水位高出0.5 m的合适地点，当有波浪侵袭和壅水现象时，尚应加上波浪侵袭高度和壅水高度。如因受条件限制而无法避开时，其建筑场地可采用填土方法，使填方地面高程比设计洪水位高出0.5 m的高度。当按上述规定确定的场地设计高程，填方量大，经技术经济比较合理时，可采用设防洪（潮）堤的方案，其场地设计高程应高于建筑区周围汇水区域内的设计频率内涝水位。当内涝水位较高，场地填方量仍很大，经技术经济比较合理时，可采取可靠的防、排内涝水措施，此时对场地设计高程不作规定。

泥石流防治应采取防治结合、以防为主，拦排结合、以排为主的主针，并采用生物措施、工程措施及管理等措施进行综合治理。其具体防治规定应根据现行国家标准《城市防洪工程设计规范》有关条文。

5.4.2　建筑场地背后为山地、坡地时，为防止洪水及坡面、场地雨水径流侵入房屋建筑，应设置排洪沟、截水沟。条文规定了排洪沟及截水沟断面流量设计的不同洪水频率。其设计洪水频率根据房屋性质、结合地形、汇水面积大小等因素来确定。

5.4.3　山区洪水多为雨量集中时发生，流量大且有突发性，水流汹急、势猛，往往还夹着泥砂石块等顺坡下泄。故排洪沟设计应结合建筑场地地形，遵循山洪宜顺不宜挡，分散排除较集中排除有利的原则，力求保障建筑物及人身生命及财产安全的前提下尽快、安全地引导排除洪水。

因排洪沟几年或几十年内才发挥一次作用，使用频率较低，为节约投资，排洪沟一般地段可不进行铺砌。但在容易因冲刷而造成排水沟变形、坍塌、堵塞而影响排洪的地段，如弯道、凹岸、跌水、陡坡、水流速度超过土壤不冲刷流速等沟段；或在不允许或不宜产生排洪沟变形等的房屋周围、公路侧边等沟段，应该采用干砌或浆砌片石进行加固。

排洪沟转弯时，避免因弯道半径过小而造成排洪不畅，其中心线半径一般不小于沟内水面宽度的5倍，当排洪沟为浆片石加固时，其中心线半径不小于水面宽度的2.5倍，如说明图5.4.3—1所示。

排洪沟沟底宽度如有变化时，不能突变，为顺势排洪应设置渐变段，其长度一般为5

~20 倍的底宽差，见说明图 5.4.3—2。

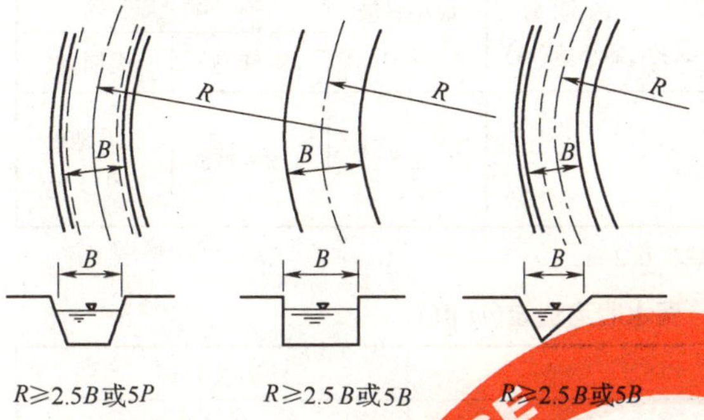

说明图 5.4.3—1　排洪沟允许转弯半径示意图

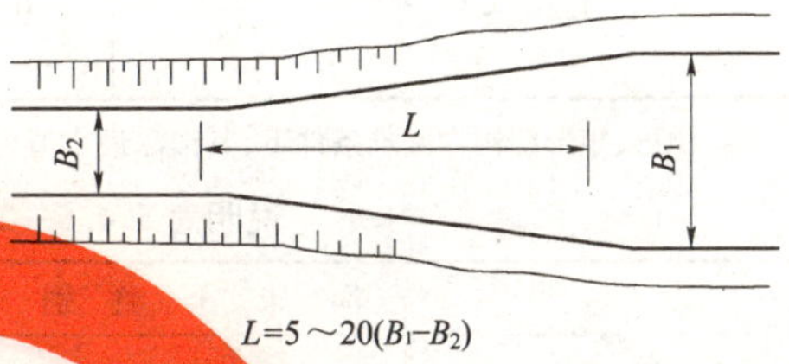

说明图 5.4.3—2　排洪沟设置渐变段示意图

建筑场地背后有较长的坡地如大于 100 m 时，为防止斜坡上面雨水流入场地，应在坡地上选择地形较为平坦、地质稳定的地段设置截水沟。截水沟应有能通过全部计算暴雨量的断面积及不小于 5‰纵向坡度。如截水沟很长，为避免溢水起见，应在适当地点，将水引出，放水点间距一般为 400 ~500 m。在有冲刷的地段，防止截水沟损坏，其沟底及边坡应有防止冲刷的护面设计。

5.4.4 本条对铁路生产、生活房屋雨水排水系统的设置原则条件和雨水排除的范围做了规定。其排水系统自成体系或与城镇的排水系统衔接应视具体技术经济及设计条件确定。

5.4.5 建设场地的雨水设计流量与排水系统应按《室外排水设计规范》(GBJ 14—87)第二章第二节、第三节及第三章有关条文确定。

5.4.6 铁路生产、生活房屋规划面积一般较小且距城镇较远单独规划者较多，设置管道排水系统在经济上不甚合理，为节约工程投资，场地排水一般应以地面自然排水为主，根据工程具体情况可适当采用明沟或暗管排水系统。

铁路生产、生活区总平面规划中的竖向规划，道路排水采用自然排水时，其路面不能无坡度或坡度太小，以免路面排水困难，《城市居住区规划设计规范》(GB 50180—93)规定路面的最小设计坡度一般大于等于 0.3% ~0.5%，如竖向规划困难时，最小不应小于 0.3%，最大设计坡度应根据道路路面土质及运输条件(主次道路、场地条件、行车种类等)选用不同的纵坡，但不宜大于 6%，最大不应超过 8%。

雨水明沟种类、深度、宽度、纵坡和边坡值详见说明表 5.4.6—1、说明表 5.4.6—2。

说明表 5.4.6—1　雨水明沟种类、深度、宽度、纵坡和边坡值

明沟类型	沟深(h)最小值(m)	沟宽(b)最小值(m)	最小纵坡(%)	沟壁边坡	
				有铺砌	无铺砌
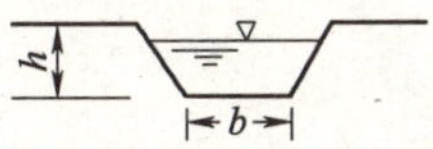	0.3	0.3	0.3	1:0.75 ~1:1	见说明表 5.4.5—2
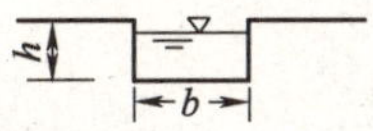	0.3	0.4	0.3	—	—

续上表

明沟类型	沟深(*h*)最小值(m)	沟宽(*b*)最小值(m)	最小纵坡(%)	沟壁边坡	
				有铺砌	无铺砌
	0.2		0.5	1∶2～1∶3	岩石地区 1∶1

注：梯形、矩形明沟在困难条件下，其沟深最小值可减到0.2 m。

说明表5.4.6—2　雨水明沟边坡(*m*值)

沟床土类别		边坡1∶*m*
粉　砂		1∶3～1∶3.5
细砂、中砂、粗砂	松散与一般密度	1∶2～1∶2.5
	密　实　的	1∶1.5～1∶2.0
黏质砂土		1∶1.5～1∶2.0
亚黏土、黏土		1∶1.25～1∶1.5
砾石土、卵石土		1∶1.25～1∶1.5
半岩性土		1∶0.5～1∶1.0
风化岩石		1∶0.25～1∶0.5
岩　石		1∶0.1～1∶0.5

土质雨水明沟边至建、构筑物的距离详见说明表5.4.6—3。

说明表5.4.6—3　土质雨水明沟边至建、构筑物距离

项　目	最小距离(m)	项　目		最小距离(m)
建筑物基础边缘	3.0	散装物料堆场边缘	一般情况	5.0
围　墙	1.5		困难条件下	3.0
地下管线外壁	1.0	挖方坡顶	一般情况	5.0
乔木中心线(树冠直径不大于5 m)	1.0		土质良好，边坡不高(或铺砌明沟)	2.0
		挖方坡脚	边坡高度≥2 m	2.0
灌木中心线	0.5		边坡高度<2 m(或铺砌明沟)	—
人行道边缘	1.0	填方坡脚	一般情况	2.0
架空管线基础边缘	1.0～1.5		地质和排水条件良好或采取措施保证填土稳定	1.0

中华人民共和国行业标准

铁建设〔2001〕32 号

青藏铁路多年冻土区工程勘察暂行规定(试行)

2001—04—08　发布　　　　2001—04—08　实施

中华人民共和国铁道部　发布

前　　言

本暂规是根据铁道部建设管理司建技〔2000〕125 号文的要求编制的。

本暂规共分 6 章,另有 14 个附录。其主要内容包括总则、术语和符号、多年冻土分类和融沉、冻胀性分级、勘察的基本内容和要求、各类建筑物的勘察工作和各勘测阶段(包括配合施工)的勘察工作等。

本暂规是在铁道部第一勘测设计院 2000 年 4 月所编《青藏高原多年冻土地区新建铁路勘测暂行规定》(初稿),原交通部科学研究院西北研究所、交通部第一铁路设计院、中国科学院兰州冰川冻土沙漠研究所 1973 年 9 月所编《青藏高原多年冻土地区铁路勘测设计细则》(初稿)的基础上编制的。

本暂规在编制过程中,注意了与国标《冻土工程地质勘察规范》(报批稿)、建设部行标《冻土地区建筑地基基础设计规范》(JGJ 118—98),铁道部行标《铁路工程岩土分类标准》(报批稿)、《铁路工程地质勘察规范》(报批稿)、《铁路工程特殊岩土勘察规程》)报批稿)及路基、桥涵、隧道、房建、给排水设计规范等标准的统一。

青藏铁路多年冻土区自然条件较差、生态环境脆弱,工程建设必须重视环境保护。为此,本暂规专门编制了路基取、弃土场地勘察、冻土环境勘察和环境影响评价等内容。

希望各单位在执行过程中结合科学研究和工作实践,认真总结经验,注意积累资料,如发现需要修改和补充之处,请及时将意见及有关资料寄送:铁道第一勘测设计院(兰州市和政路 75 号,邮编 730000),并抄铁路工程技术标准所(北京市朝阳门外大街 227 号,邮编 100020),供今后修订相关规范时参考。

本暂规由铁道部建设管理司负责解释。

主编单位:铁道第一勘测设计院

参编单位:中国铁路工程总公司西北科学研究院

中国科学院寒区旱区环境与工程研究所(冻土工程国家重点实验室)

主要起草人名单:李法昶、龚重远、张增淮、童长江、丁靖康、张　钊、胡焕明、吴少海、岑玉荣、守　义、栗　健、李秋枫、强世杰。

目　次

1 总　　则

1.0.1　为贯彻执行国家有关技术经济政策,统一青藏铁路多年冻土地区工程勘察主要技术标准,保障工程勘察质量,制定本暂行规定。

1.0.2　本暂行规定适用于青藏铁路多年冻土地区的工程勘察。

1.0.3　多年冻土地区工程勘察,应按勘测设计阶段,循序渐进地进行,逐步查清多年冻土的工程地质条件和不良冻土现象的成因、规模及与各类工程的关系,提出有关设计参数及可行的工程措施建议,满足设计需要。

1.0.4　青藏铁路多年冻土地区的工程勘察,应采用综合勘探和综合分析方法,积极采用新技术和新方法

1.0.5　青藏铁路多年冻土地区的工程勘察工作,除应按本暂行规定执行外,尚应符合国家现行有关强制性标准的规定。

2　术语和符号

2.1　术　语

2.1.1　多年冻土　permafrost

指持续冻结时间在二年或二年以上的土(岩)。

2.1.2　片状多年冻土　continuous permafrost(zone)

在平面上呈大片连续分布,且其中可能有部分融区的多年冻土。

2.1.3　岛状多年冻土　patch permafrost(zone)

在平面上呈岛状形式分布于非冻土区内的多年冻土。

2.1.4　盐渍化冻土　saline frozen soil

易溶盐的含量超过盐渍度界限值的冻土。冻土盐渍度为冻土中含易溶盐的质量与土骨架质量之比。

2.1.5　泥炭化冻土　peatification frozen soil

泥炭化程度超过界限值的冻土。泥炭化程度指冻土中含植物残渣和泥炭的质量与土颗粒质量之比。

2.1.6　融化下沉系数　thaw - settlement coefficient

指冻土融化过程中,在自重作用下产生的融化下沉量与其相应的冻土融化前的厚度之比值。

2.1.7　冻胀率　frost heaving ratio

指单位冻结深度的冻胀量。即某一冻结深度范围内的冻胀量与其相应的冻结深度之比值。

2.1.8　多年冻土天然上限　natural permafrost table

天然条件下,多年冻土层顶面的埋藏深度。

2.1.9　多年冻土人为上限　artificial permafrost table

人为条件影响下,多年冻土层顶面的埋藏深度。

2.1.10　多年冻土下限　permafrost base

指多年冻土层底面的埋藏深度。

2.1.11　相对含冰率　relative ice content

指冰的质量与冻土中全部水的质量之比。

2.1.12　未冻含水率　unfrozenwater content

在一定负温条件下,冻土中未冻水的质量与干土质量之比。黏性土当温度为0 ℃ ~ -3 ℃时,未冻含水率变化极大,这一温度区间称为强相变区。

2.1.13　冻土含水率　water content of frozen soil

又称冻土总含水率,冻土中所含冰和未冻水的总质量与土骨架质量之比,用百分数表示。

2.1.14 冻结层上水 suprapermafrost water

分布在多年冻土层之上的地下水。又称冻层上水。

2.1.15 冻结层间水 intrapermafrost water

被多年冻土完全包围或半包围的自由重力水。又称冻层间水。

2.1.16 冻结层下水 subrapermafrost water

处在多年冻土层之下的地下水。又称冻层下水。

2.1.17 冻土热物理学 thermophysics of frozen soil

冻土、正在冻结的土、正在融化的冻土中的热、质迁移规律及其与周围环境的能量关系的科学,称为冻土热物理学。冻土的热物理学方面的性质,简称冻土的热物理性质。

2.1.18 地温年变化深度 depth of zero annual amplitude of ground tem - perature

指地表以下,地温在一年内相对恒定的深度,也称年零较差深度。

2.1.19 年平均地温 mean annual ground temperature

指年零较差深度处的地温。它与纬度、海拔高度、地表覆盖条件、地层岩性、地热条件等都有密切关系。

2.1.20 活动层 active layer

地壳表层每年寒季冻结,暖季融化的土(岩)层。若活动层处于多年冻土或不衔接冻土之上,并有负的年平均地温,称之为季节融化层;若处于未冻土或不衔接冻土之上,并有正的年平均地温,则称为季节冻结层。

2.1.21 多年冻土不稳定地带 unstable zone of permafrost

系指在人为活动及气候条件变化影响下冻土条件极易发生变化的多年冻土边缘地带、融区与多年冻土的过渡地带,以及年平均地温≥ -1.0 ℃的高含冰率多年冻土地带。

2.1.22 不良冻土现象 unfavorable phenomena related to frozen ground

又称不良冷生现象。指土体的冻结和融化作用产生的对工程有不利影响的新形成物及中小型地形。如冰椎、冻胀丘、融冻泥流、热融滑塌和热融湖塘等现象。

2.2 符 号

2.2.1 冻土物理特性

1 W_A——冻土总含水率

2 W_P——冻土塑限含水率

3 W_u——冻土未冻含水率

4 W_0——冻土起始融沉含水率

5 i_c——冻土相对含冰率

6 i_v——冻土体积含冰率

7 S_t——冻土的饱和度

8 ρ——冻土天然密度

9 ρ_d——冻土干密度

10 ρ_0——冻土起始融沉干密度

11 ρ_S——冻土颗粒密度

12 I_p——冻土塑性指数

13　e——冻土孔隙比

2.2.2　冻土热学特性

1　λ_f、λ_u——冻土、未冻土导热系数

2　α_f、α_u——冻土、未冻土导温系数

3　C_f、C_u——冻土、未冻土容积热容量

2.2.3　冻土力学特性

1　τ_d——切向冻胀力

2　H_d——水平冻胀力

3　σ_0——冻土地基的基本承载力

4　f_d——冻土地基承载力设计值

2.2.4　土的季节冻结与融化参数

1　Z_0、Z_d——土的季节冻结深度标准值和设计值

2　Z_0^m、Z_d^m——土的季节融化深度标准值和设计值

3　Z_n、Z_a——多年冻土的天然上限和人为上限

4　n——多年冻土的融化深度系数

5　η——冻土层的平均冻胀率

6　T_{cp}——多年冻土的年平均地温

2.2.5　其他指数与系数

1　m_v——冻土融化后体积压缩系数

2　δ_0——冻土融化下沉系数

3　Ψ_Z——冻结深度影响系数

4　Ψ^m——融化深度影响系数

5　A——融化系数

6　a——压缩系数

7　ζ——盐渍度

8　ξ——泥炭化程度

3 多年冻土分类和融沉、冻胀性分级

3.1 多年冻土的分类

3.1.1 根据平面分布特征，多年冻土可分为片状多年冻土和岛状多年冻土；根据剖面上活动层与多年冻土顶板的关系，多年冻土可分为衔接多年冻土、不衔接多年冻土。

3.1.2 根据总含水率，多年冻土可分为少冰冻土、多冰冻土、富冰冻土、饱冰冻土和含土冰层（见表3.1.2）。

表3.1.2 多年冻土的分类表

多年冻土类型	土的名称	总含水率 W_A（%）	融化后的潮湿程度	融沉等级	融沉类别
少冰冻土	碎石类土、砾砂、粗砂、中砂（粉黏粒质量不大于15%）	$W_A<10$	潮湿	Ⅰ	不融沉
	碎石类土、砾砂、粗砂、中砂（粉黏粒质量大于15%）	$W_A<12$	稍湿		
	细砂、粉砂	$W_A<14$			
	粉土	$W_A<17$			
	黏性土	$W_A<W_P$	坚硬		
多冰冻土	碎石类土、砾砂、粗砂、中砂（粉黏粒质量不大于15%）	$10\leqslant W_A<15$	饱和	Ⅱ	弱融沉
	碎石类土、砾砂、粗砂、中砂（粉黏粒质量大于15%）	$12\leqslant W_A<15$	潮湿		
	细砂、粉砂	$14\leqslant W_A<18$			
	粉土	$17\leqslant W_A<21$			
	黏性土	$W_P\leqslant W_A<W_P+4$	硬塑		
富冰冻土	碎石类土、砾砂、粗砂、中砂（粉黏粒质量不大于15%）	$15\leqslant W_A<25$	饱和出水（出水量小于10%）	Ⅲ	融沉
	碎石类土、砾砂、粗砂、中砂（粉黏粒质量大于15%）	$15\leqslant W_A<25$	饱和		
	细砂、粉砂	$18\leqslant W_A<28$			
	粉土	$21\leqslant W_A<32$			
	黏性土	$W_P+4\leqslant W_A<W_P+15$	软塑		

续上表

多年冻土类型	土的名称	总含水率 W_A（%）	融化后的潮湿程度	融沉等级	融沉类别
饱冰冻土	碎石类土、砾砂、粗砂、中砂（粉黏粒质量不大于15%）	$25\leqslant W_A<44$	饱和大量出水（出水量为10%～20%）	Ⅳ	强融沉
	碎石类土、砾砂、粗砂、中砂（粉黏粒质量大于15%）	$25\leqslant W_A<44$	饱和出水（出水量小于10%）		
	细砂、粉砂	$28\leqslant W_A<44$			
	粉土	$32\leqslant W_A<44$			
	黏性土	$W_P+15\leqslant W_A<W_P+35$	流塑		
含土冰层	碎石类土、砂类土、粉土	$W_A\geqslant44$	饱和大量出水（出水量为10%～20%）	Ⅴ	融陷
	黏性土	$W_A\geqslant W_P+35$	流塑		

注：1. 总含水率包括冰和未冻水；
2. 盐渍化冻土、泥炭化冻土、腐殖土、高塑性黏土不在表列。
3. W_P 为塑限含水率。

3.1.3　根据盐渍度、泥炭化程度，多年冻土可划分为盐渍化冻土、泥炭化冻土。盐渍化冻土盐渍度的最小界限值和泥炭化冻土泥炭化程度的最小界限值应分别按表3.1.3—1、3.1.3—2的规定取值。其盐渍度、泥炭化程度，应分别按3.1.3—1、3.1.3—2式计算确定。

表3.1.3—1　盐渍化冻土的盐渍度界限值表

土　类	粗颗粒土	粉　土	粉质黏土	黏　土
盐渍度（%）	≥0.10	≥0.15	≥0.20	≥0.25

盐渍化冻土的盐渍度 ζ 按下式计算：

$$\zeta=\frac{m_g}{g_d}\times100(\%) \qquad (3.1.3—1)$$

式中　m_g——土中含易溶盐的质量（g）；

g_d——土骨架质量（g）。

表3.1.3—2　泥炭化冻土的泥炭化程度界限值表

土　类	粗颗粒土	黏　性　土
泥炭化程度（%）	≥3	≥5

泥炭化冻土的泥炭化程度 ξ 按下式计算：

$$\xi=\frac{m_p}{g_d}\times100(\%) \qquad (3.1.3—2)$$

式中　m_p——土中含植物残渣和成泥炭的质量（g）；

g_d——土骨架质量（g）。

3.1.4　根据年平均地温（T_{cp}）特征，多年冻土可分为高温冻土（$T_{cp}\geqslant-1.0$ ℃）和低温冻土（$T_{cp}<-1.0$ ℃）。

3.2 多年冻土的融沉性分级

3.2.1 多年冻土的融沉性可分为不融沉、弱融沉、融沉、强融沉和融陷五级。应根据表3.2.1的规定按冻土融化下沉系数δ_0确定,也可根据表3.1.2划分。

表3.2.1 多年冻土的融沉性分级表

融化下沉系数 δ_0(%)	$\delta_0 \leqslant 1$	$1 < \delta_0 \leqslant 3$	$3 < \delta_0 \leqslant 10$	$10 < \delta_0 \leqslant 25$	$\delta_0 > 25$
融沉性分级	Ⅰ(不融沉)	Ⅱ(弱融沉)	Ⅲ(融沉)	Ⅳ(强融沉)	Ⅴ(融陷)

3.2.2 冻土层的融化下沉系数δ_0应按3.2.2式计算,也可根据本暂规附录K.0.3的有关规定确定。

$$\delta_0 = \frac{h_1 - h_2}{h_1} \times 100(\%) \quad (3.2.2)$$

式中 h_1——冻土试样融化前的高度(mm);

h_2——冻土试样融化后的高度(mm)。

3.3 季节融化层的冻胀性分级

3.3.1 根据土的冻胀率η的大小,季节融化层土可分为不冻胀、弱冻胀、冻胀、强冻胀和特强冻胀五级,其分级标准应符合表3.3.1的规定。

表3.3.1 季节融化层的冻胀性分级表

土的类别	冻前天然含水率 W(%)	冻结期间地下水位距冻结面的最小距离 h_w(m)	平均冻胀率 η(%)	冻胀等级及类别
粉黏粒质量≤15%的粗颗粒土(包括碎石类土、砾、粗、中砂,以下同),粉黏粒质量≤10%的细砂	不考虑	不考虑	$\eta \leqslant 1$	Ⅰ级 不冻胀
粉黏粘质量>15%的粗颗粒土,粉黏粒质量>10%的细砂	$W \leqslant 12$	>1.0		
粉砂	$12 < W \leqslant 14$	>1.0		
粉土	$W \leqslant 19$	>1.5		
黏性土	$W \leqslant W_P + 2$	>2.0		
粉黏粒质量>15%的粗颗粒土,粉黏粒质量>10%的细砂	$W \leqslant 12$	≤1.0	$1 < \eta \leqslant 3.5$	Ⅱ级 弱冻胀
	$12 < W \leqslant 18$	>1.0		
粉砂	$W \leqslant 14$	≤1.0		
	$14 < W \leqslant 19$	>1.0		
粉土	$W \leqslant 19$	≤1.5		
	$12 < W \leqslant 22$	>1.5		
黏性土	$W \leqslant W_P + 2$	≤2.0		
	$W_P + 2 < W \leqslant W_P + 5$	>2.0		

续上表

土的类别	冻前天然含水率 W(%)	冻结期间地下水位距冻结面的最小距离 h_w(m)	平均冻胀率 η(%)	冻胀等级分类别
粉黏粒质量>15%的粗颗粒土,粉黏粒质量>10%的细砂	$12<W\leqslant18$	$\leqslant1.0$	$3.5<\eta\leqslant6$	Ⅲ级冻胀
	$W>18$	>0.5		
粉砂	$14<W\leqslant19$	$\leqslant1.0$		
	$19<W\leqslant23$	>1.0		
粉土	$19<W\leqslant22$	$\leqslant1.5$		
	$22<W\leqslant26$	>1.5		
黏性土	$W_P+2<W\leqslant W_P+5$	$\leqslant2.0$		
	$W_P+5<W\leqslant W_P+9$	>2.0		
粉黏粒质量>15%的粗颗粒土,粉黏粒质量>10%的细砂	$W>18$	$\leqslant0.5$	$6<\eta\leqslant12$	Ⅳ级强冻胀
粉砂	$19<W\leqslant23$	$\leqslant1.0$		
粉土	$22<W\leqslant26$	$\leqslant1.5$		
	$26<W\leqslant30$	>1.5		
黏性土	$W_P+5<W\leqslant W_P+9$	$\leqslant2.0$		
	$W_P+9<W\leqslant W_P+15$	>2.0		
粉砂	$W>23$	不考虑	$\eta>12$	Ⅴ级特强冻胀
粉土	$26<W\leqslant30$	$\leqslant1.5$		
	$W>30$	不考虑		
黏性土	$W_P+9<W\leqslant W_P+15$	$\leqslant2.0$		
	$W>W_P+15$	不考虑		

注:1　W 为冻层冻前天然含水率的平均值;
　　2　W_P 为塑限含水率;
　　3　盐渍化冻土不在表列;
　　4　塑性指数大于22,冻胀性降低一级;
　　5　碎石类土当充填物大于全部质量的40%时,其冻胀性按充填物土的类别判定。

3.3.2　季节融化层的冻胀率 η 应按下式计算:

$$\eta=\frac{\Delta Z}{Z_d}\times100(\%) \tag{3.3.2—1}$$

$$Z_d=h'-\Delta Z \tag{3.3.2—2}$$

式中　ΔZ——地表冻胀量(mm);
　　Z_d——设计冻深(mm);
　　h'——冻结土层厚度(mm)。

4　勘察的基本内容和要求

4.1　一般规定

4.1.1　多年冻土地区工程勘察的任务是,结合工程特点,分阶段查明区域冻土条件、区域工程地质和水文地质条件,分析工程施工和运营对多年冻土环境的作用和影响,为线路方案比选、工程选址、工程设计及环境保护提供依据。

4.1.2　多年冻土地区工程勘察应包括前期准备、调查与测绘、勘探与取样、试验与观测、定位观测以及冻土工程地质条件和冻土环境影响评价及其预测等。

4.1.3　多年冻土地区的工程勘察应重视前期准备工作。其工作应包括下列内容:

1　研究审查意见及任务书要求,明确勘测阶段及工作内容。

2　搜集多年冻土地区有关的区域地质、多年冻土、气象、水文、水文地质、植被、遥感图像和科研资料。

3　搜集多年冻土地区既有工程的科研、勘察、设计、施工和运营方面的相关资料。

4　在充分分析研究既有资料的基础上,进行线路方案、工程设置方案的研究,制订勘察计划。

4.1.4　多年冻土地区的工程勘察应根据区域特点、勘测阶段、工程类别和设置条件等确定工作方法和工作量,每一阶段结束后应根据工作情况,提出下一阶段的工作重点及注意事项。

4.1.5　多年冻土地区的工程勘察应根据有关要求,按勘测设计阶段进行。各阶段的勘察资料,包括设计参数和工程措施意见,应在对勘察成果进行整理的基础上提出。成果整理应包括对各项勘察资料的检查,鉴别、汇总、综合分析等。

4.1.6　多年冻土地区的工程勘察报告(说明书)应根据勘测阶段、冻土地区环境条件和工程地质条件、工程类型和设置条件,在整理工程勘察成果的基础上编写。其内容宜包含下列内容:

1　工程概况、勘察方法、所完成的工作量。

2　多年冻土区(段)的地形、地貌、植被、气象、地震特征等自然环境概况,地层岩性及地质构造特征。

3　多年冻土地区(段)的水文及水文地质条件。

4　多年冻土的分布和特征,包括多年冻土类型、上(下)限深度(或季节融化层厚度)、冻土物质成分及含冰特征(冻土构造、冻土类别、总含水率及含冰率等)、多年冻土的温度状态等。

5　不良冻土现象的类型、性质、成因、分布及对工程的影响。

6　融区形态、成因、物质成分、季节冻结深度及水文地质条件。

7　多年冻土层和活动层土体的物理、热物理和力学性质。

8　冻土工程地质条件评价:包括对线路方案及各类工程的冻土工程地质条件,地基土的融沉性、冻胀性,试验参数分析与选用,各类工程建筑地基的稳定性、适应性评价;提出场地利用、工程地质选线及工程设计原则及地基承载力、多年冻土施工工程分级及工程处理措施意见等。

9　既有建筑物的施工、使用情况;铁路建设与环境的相互作用和影响的预测分析,环境保护措施建议。

10　冻土地温观测成果、冻土工程计算的有关图表及必要的附图、附表及工程照片等。

4.2　工程地质选线

4.2.1　多年冻土地区的选线,应重视对生态环境的保护,并应遵循下列原则:

1　线路宜选择在地形平缓、干燥少冰的岩石、粗颗粒土地带及少冰冻土和多冰冻土分布的阳坡地带。宜避开泥炭化冻土、盐渍化冻土及富冰冻土、饱冰冻土和含土冰层地段。

2　多年冻土地区宜避免以路堑通过。当必须采用路堑时,宜减少挖方高度,且线路纵断面不宜采用平坡。

3　当线路走向沿大河河谷时,宜选择在高阶地上通过。应避免沿大河融区边缘的多年冻土不稳定地带定线;当线路必须通过大河融区边缘的多年冻土不稳定地带时,应选择最短的距离通过。

4　线路纵断面,应根据冻土分布的多样性和冻土类型的复杂性,采取与其相适应的设计高度。应注意减少零断面和填土低于最小设计高度的低路堤。

5　应充分考虑路基填料的来源,防止取、弃土不当可能引起的冻土环境工程地质问题和新的不良冻土现象。必要时,宜"移线就土"。

6　对不良冻土现象分布地段,线路宜绕避。当难以绕避时,应根据不良冻土现象的实际情况,合理确定线路位置、通过方式和线路高程。冻土工程地质条件复杂地段,必要时应同时按桥和路基两个方案搜集勘察资料。

对沟口融冻泥流扇和热融滑塌发育地段,线路宜选择在其外缘下方,以桥或路堤通过。冰椎、冻胀丘及地下水发育地段线路宜在其下方一定距离,以路堤或桥通过;线路应避免挖方,以防建筑物修建后引起水文地质条件改变,引发地质病害。厚层地下冰、冻土沼泽、湿地、热融湖(塘)地段,线路宜从宽度较窄,冰层较薄、基底稳定处以路堤或桥通过。

4.2.2　多年冻土地区线路位置及高程应结合工程按下列原则确定:

1　宜减少斜坡地段的路基工程。如必须设置时,应充分考虑斜坡不对称路基基底热状况的特征及对路基稳定性的影响。

2　大、中桥宜选择在河流融区地段。应避免将一座桥设在融区和多年冻土两种不同的地基上,或选在有较大河冰椎分布处;小桥涵的设置宜避开冰椎、冻胀丘、热融滑塌等不良冻土现象分布地段。

3　隧道应避免穿过地下水发育、有厚层地下冰分布及冻土地质条件复杂等地段。洞口宜避开有不良冻土现象和含土冰层分布的地段。

4　车站应考虑地表排水条件,选择在地形平坦、冻土地质条件良好(即冻胀性弱、融沉小、易于处理)的地带,并使站址尽量接近水源。站区建筑物应选择在地下水不发育的基岩和粗颗粒土等对建筑有利的地带,避开对场地有直接危害或潜在威胁的不良冻土现象发育地段。

5　线路位置选定应避免与输油管线、光缆工程及青藏公路等发生干扰;必须穿越时,宜采用立体交叉。

4.3　调查及测绘

4.3.1　多年冻土区工程调查及测绘,应根据勘测阶段和工程要求,确定工作内容及工作深度。

4.3.2　多年冻土区调查及测绘应包括下列内容:

1　调查、测绘应紧密结合遥感图像的解译进行,根据图像解译确定各地段调查的重点,通过实地核对,补充、修正解释成果,以减轻高原劳动强度、提高勘察质量。对线路方案和工程有影响的地质点,地质界线宜采用仪器实测。

2　查明多年冻土区的地形、地貌、植被、水文、地震烈度等,并划分地貌单元,分析地形、地貌与多年冻土分布的关系。

3　查明多年冻土地区的地层岩性、地质构造,及其对多年冻土分布和特征的控制及影响。

4　查明多年冻土的类型、分布范围、厚度、冻土构造及融沉性,年平均地温、地温年变化深度,季节融化层深度及土的冻胀性,多年冻土南、北界,并预测可能发生的变化。

5　查明和测定各类冻土(特别是富冰冻土、饱冰冻土及含土冰层)的物理(总含水率、密度及分布规律)、力学(融沉性、承载力、冻结强度等)和热物理性质(导热系数、热容量等),确定设计参数及其随温度的变化关系。

6　查明多年冻土区的融区类型、分布范围、形成原因,融区周围的冻土条件、自然因素、及它们与工程的关系和影响。

7　查明多年冻土区的不良冻土现象类型、形态、性质、特征及分布范围,对工程建筑物的影响及危害。

8　查明地表水及地下水的分布规律、水质等水文地质特征。分析多年冻土区地下水(冻结层上水、层间水、层下水)的动态,及其对工程建筑物的影响。

9　调查、分析自然因素、人为活动引起多年冻土条件改变可能产生的冻土环境工程地质问题,并预测其发生、发展趋势和对线路方案的影响,应采取的措施等。

10　调查、分析多年冻土地区既有工程的状态、工程设计原则、工程处理措施和效果。

11　根据多年冻土地区的自然环境特征、工程地质和水文地质条件,提出选线原则、工程设置原则和工程措施建议;对线路方案和各类工程的冻土工程地质条件作出评价。

4.3.3　多年冻土地区工程测绘应符合下列要求:

1　工点地形测量的地形点应比一般地区加密,特别应注意不遗漏冻土微地貌形态,以便为合理布置小桥涵及路基防护工程提供依据。

2　选择断面位置应有代表性,断面应能反映影响工程设计的地物和不良冻土现象点。

3　地形、断面测绘范围应包括工程设置可能产生的冻融影响范围,满足场地稳定性分析和评价要求。

4.3.4 调查及测绘的宽度应考虑区域地质构造、冻土特征及分布、不良冻土现象发生、发展和影响等因素,满足线路方案比选、工程场地稳定性分析、工程设计、冻融病害治理所涉及的范围;必要时应扩大调查及测绘范围。

4.4 不良冻土现象勘察

4.4.1 多年冻土地区主要不良冻土现象有:厚层地下冰、冰椎、冻胀丘、冻土沼泽、融冻泥流、热融滑塌及热融湖塘(洼地)等。进行勘察时应结合不良冻土现象特性、工程类型,有针对性地开展工作。

4.4.2 不良冻土现象勘察应根据勘测阶段选择图件比例。图件测绘宜根据勘测阶段、地质条件和不良冻土现象的复杂程度选用仪器法、半仪器法进行。地质条件复杂、对铁路工程有较大影响的不良冻土现象宜单独测绘大比例尺地形图,进行专门的工程地质调绘;必要时宜设观测点进行长期观测。

4.4.3 不良冻土现象勘察资料的编制方式应依据不良冻土现象的规模及对工程的影响确定。一般工点应结合各类工程的需要进行勘察,并列入有关工点内;对线路方案有控制作用或对工程有重大影响的大型不良冻土现象工点应单独成册,其内容包括勘察说明、工程地质图、工程地质剖面图、勘探和测试资料等。

4.4.4 当冻土中冰层厚度大于 25 cm 或间隔 2 ~ 3 cm 的冰层厚度累计超过 25 cm 时,应按厚层地下冰地段开展勘察。厚层地下冰地段的勘察应包括下列内容:

1 调查及测绘:

1)查明厚层地下冰分布地段的气象、地形、地貌、地层岩性、植被和水文地质条件,及厚层地下冰的成因、类型及其在平面、剖面的发育情况。

2)查明季节冻结和融化深度、地温情况、多年冻土特征及其与厚层地下冰分布的关系。

3)查明厚层地下冰分布及与基础工程设置、路堑边坡和隧道围岩的关系,分析厚层地下冰与工程的相互影响及可能产生的冻融危害,提出工程措施意见。

4)查明厚层地下冰分布区的人为活动情况。

2 勘察范围应包括与工程相关的厚层地下冰分布区及工程设置后相互影响的范围。

3 勘探宜坑探、钻探与物探相结合进行,勘探点及剖面的数量和深度应以能查明厚层地下冰的分布、厚度为原则。勘探孔应测试地温。

4 应采取代表性的土样、冰样、水样进行试验。

4.4.5 在多年冻土地区遇由于地下水多次溢出地表冻结所形成的椎状冰体,或由土的差异冻胀作用所形成的丘状地形地段时,应按冰椎、冻胀丘地段开展勘察。冰椎和冻胀丘地段的勘察应包括下列内容:

1 勘察中应特别注意对下列季节性和多年性冰椎和冻胀丘易发地段的调查:

1)有泉水出露的斜坡地段;

2)在较大范围存在有土丘或鼓丘痕迹的地带;

3)据调查访问有冰椎和冻胀丘发育和人为活动记录的地段。

2 工程勘察宜在其发育期 2 ~ 3 月进行。

3　调查及测绘：

1）查明冰椎和冻胀丘分布的范围、气温、季节冻结和融化深度、多年冻土特征及地温情况。

2）查明冰椎和冻胀丘的成因、类型、规模、发育状况和变化规律，爆炸性充水鼓丘爆炸威力和影响范围。

3）查明冰椎和冻胀丘分布地段的地形、地貌、植被、地层岩性、地质构造及水文地质条件，并搜集降水量资料，分析其对冰椎、冻胀丘的影响。

4）查明冰椎和冻胀丘分布区的人为活动状况。

4　调查、测绘范围应包括冰椎和冻胀丘分布区及对其有明显影响的地段。

5　勘探宜钻探与物探相结合进行，勘探点及剖面布置应以能查明该段地质构造、水文地质条件为原则。

6　应根据工程处理需要采取代表性土样、水样进行有关试验。

4.4.6　在多年冻土地区，遇受地表水、地下水的影响，使地表季节性潮湿和富水，草皮生长茂密，且根系已部分腐殖质化，分布有较大厚度的泥（草）炭层的沟谷、溪流、山前斜坡或山间洼地时，应按冻土沼泽地段开展勘察。冻土沼泽地段的勘察应包括下列内容：

1　调查及测绘：

1）查明冻土沼泽分布范围的地形、地貌、植被、气温、降水量、蒸发量等。

2）查明地层岩性、多年冻土类型、季节融化深度、地温特征和水文地质条件。

3）查明冻土沼泽的成因，基底软弱层或泥炭层厚度、横向坡度，地表排水条件等。

4）分析冻土沼泽基底发生融沉或其他变形的可能性，及对工程的影响，提出工程措施意见。

2　勘察范围应视工程设计需要确定。

3　勘探点的布置应根据工程设置和类型确定。控制性勘探孔深度应超过地温年变化深度并测试地温；一般勘探孔应超过2倍的天然上限，并不得浅于8 m。

4　勘探宜采用坑探、槽探、钻探与物探相结合的方法在寒季进行。

5　应根据工程需要取代表性土样和水样进行相关试验。

4.4.7　在多年冻土地区，遇由于冻融作用，饱水土体沿山坡向下缓慢蠕动；或分布在自然坡面上的厚层地下冰层，遇热融化，上覆土体坍塌、沿坡面下滑时，应按融冻泥流及热融滑塌地段进行勘察。融冻泥流及热融滑塌地段的勘察应包括下列内容：

1　勘察中应特别注意对下列融冻泥流及热融滑塌易发育地段的调查：

1）斜坡地表存在有蠕动或滑动痕迹的地带；

2）斜坡坡度大于5°，有厚层地下冰分布且可能产生斜坡破坏的地带；

3）地表有热融滑塌或泥流痕迹、前缘有泉水、湿地的地段，或有泥流或热融滑塌发生记录的地段。

2　调查及测绘：

1）查明泥流及热融滑塌分布区的地形、地貌、植被、土质、冻土类型、季节融化深度、厚层地下冰分布及泥流、热融滑塌发育条件。

2）查明泥流及热融滑塌坍塌区、滑流区和堆积区的特征、稳定情况及土的冻胀性。

3）查明人为活动及植被破坏对泥流及热融滑塌发生、发展的影响。

4）分析泥流及热融滑塌对线路方案和各类工程设置的影响及应采取的工程措施

意见。

3　勘察范围应包括滑动发育范围及两侧一定宽度。

4　宜采取物探、坑探与钻探相配合的勘探方法。勘探孔深度应超过滑动面以下1.5～2 m,钻孔应测试地温。

5　当融冻泥流和热融滑塌体控制线路方案和影响工程设置时,应布桩或网进行必要的观测。

4.4.8　在多年冻土地区,遇由于自然或人为因素引起季节融化深度加大,导致地下冰或多年冻土层发生局部融化,地表土层随之沉陷,积水后形成湖塘或洼地的地貌景观时,应按热融湖塘及热融洼地进行勘察。热融湖塘及热融洼地勘察应包括下列内容:

1　调查及测绘:

1)查明热融湖塘及热融洼地分布范围的气象、地形、植被,多年冻土类型,厚层地下冰的分布,塘边、塘底地层、横坡及地温情况。

2)查明分布范围内地表水及其排泄、聚集条件,地下水情况及其与地表水的联系。

3)分析人为活动的影响程度、热融湖塘及热融洼地的形成原因、发展趋势,及其对工程的影响程度,提出应采取的工程措施意见。

2　勘察范围应包括分布区及其还可能扩大发展的周边地带。

3　宜采用钻探配合物探的方法,探明工点的多年冻土特征及厚层地下冰的分布、地温情况。

4.5　勘探及取样

4.5.1　多年冻土地区工程勘探应结合多年冻土特点、工程类型、勘探目的,选择在适宜的时间内进行。查明冻结或融化作用形成的不良冻土现象的发生、发展及分布规律的调查和勘探,宜分别在其发育期二、三月或七、八、九月进行;查明多年冻土上限埋深及工程特性的勘探宜在九、十月进行。

4.5.2　为缩短勘探周期,提高勘探质量,多年冻土地区工程勘探宜采用物探、挖探与钻探相结合的综合勘探方法。应根据勘探目的、手段的适宜性和勘测阶段资料精度要求,合理选用勘探手段。

4.5.3　多年冻土区,应积极开展综合物探。根据冻土条件选用地震勘探、电法勘探、地质雷达等多种物探手段,配合钻探、坑探、槽探,可查明多年冻土类型、分布,天然上限深度、厚层地下冰厚度及分布,地下水类型及埋藏条件,融区的类型及分布,多年冻土的波速、动弹性模量等。

4.5.4　应充分利用挖探方法能直观多年冻土结构、构造、地下冰分布等优点,对多年冻土浅部土层可采用坑探、槽探、轻型钻机钻探,无人烟地区亦可采用爆破方法,并使用热钎打眼,以提高效率。探坑、探槽、爆破坑鉴定后均应回填。

4.5.5　勘探点布置应在综合分析遥感图像解译、地质调查测绘和物探等项资料的基础上,结合勘测阶段、勘探目的和冻土条件点、线、面相结合合理布置。勘探点不应平均布设,低温稳定多年冻土地段、粗颗粒土地段可少布;高温不稳定多年冻土地段,不良冻土现象发育地段,富冰、饱冰、含土冰层地段,岛状冻土分布地段,融区与多年冻土过渡地段,典型工点和重点工程地段,宜加密布置。有条件及工程需要时,对不同朝向、不同坡度、不同植被和覆盖度的山坡也宜布置勘探点,查明其冻土条件的差异性。

4.5.6 多年冻土地区工程钻探除应遵守本暂规附录 J 的有关要求外,尚应符合下列要求:

1 冻土地层为一般含冰松散地层时,宜采用低速干钻方法,钻杆转速不宜高于 20 r/min,回次进尺以 0.20 ~0.50 m 为宜。

2 当冻土层为高含冰量黏性土时,可采用快速干钻方法,回次进尺不宜大于0.80 m。

3 对于冻结的块碎石和基岩,宜采用低温冲洗液钻进。

4 地质条件复杂的重点工程的钻孔及深度大于50 m 的钻孔,应进行钻孔结构设计。钻孔结构及终孔孔径应根据冻土试样采取和长期观测及套管加固等的需要确定。

5 非长期观测钻孔,测温期间应对季节融化层部分用套管加固;测温结束后,应回填。

6 勘探深度应根据建筑物类型、多年冻土工程地质条件、设计原则、工程设计要求、测地温需要等因素综合或分别确定。

4.5.7 多年冻土地区供水水文地质钻探应符合下列要求:

1 水文地质勘探孔的深度,以能查明各类地下水的分布和埋藏条件为原则。

2 宜缩短施钻时间。

3 钻进宜采用大孔径、大钻压、低转速,必要时宜采用低温、低凝固点的泥浆液。

4 不得采用空压机在冻土层内洗孔,不得在止水部位送风。

5 勘探孔应进行抽水试验。通过勘探和试验,查明含水层和地下水的埋藏条件、分布规律、水质、水量、地温等特征。

6 水文地质勘探孔,除长期观测孔外,抽水试验结束后必须封填。

4.5.8 钻探记录及岩芯编录应符合下列要求:

1 钻探记录应按钻进回次逐段填写,岩芯应及时准确鉴定。

2 多年冻土的描述和定名应符合本暂规附录 B 的要求。

3 钻探成果可用钻孔柱状图表示。冻结岩、土岩芯样可拍成彩照,并纳入成果资料。

4.5.9 对探坑应作好冻土结构、构造、地下冰和岩性描述;层理倾斜或夹有冰层时应画坑壁展视图揭示冻土层的特征;槽探应绘制槽壁纵断面图。

4.5.10 多年冻土地区均应在钻探、坑探、槽探过程中采取冻土试样,测定有关冻土物理、热物理和力学性质指标。其中坑探、槽探应在坑壁采样,不得从爆破的碎土块中取样。采样宜选在下列位置:

1 天然上限以上土层的中部;

2 上限与多年冻土的衔接带;

3 基础底面以下 2 ~4 m;

4 对工程稳定和安全关系密切的层段。

4.5.11 测定冻土基本物理性质指标的土样应由地面下 0.5 m 开始逐层采取。当土层厚度小于 1.0 m 时必须采样一个;当土层厚度大于 1.0 m 时,每米取样一个;冻土上限附近及含冰量变化大时应加密取样。测定冻土天然含水率的取样,宜采用刻槽法。

4.5.12 采取冻土试样进行室内试验时应首先检查冻土试样冻融、扰动程度,按试样等级进行相应项目的试验。冻土试样等级划分应符合表 4.5.12 的规定。

表 4.5.12 冻土试样等级划分表

等级	土样冻融及扰动程度	试验项目
Ⅰ	保持天然冻结状态	物理、热物理、力学及土类定名
Ⅱ	保持天然含水率,允许融化	总含水率、土颗粒密度、土类定名
Ⅲ	融化扰动的土样	土颗粒密度、土类定名

4.5.13 采取冻土试样的数量应满足下列要求:

1 测定冻土基本物理、热物理性质指标的土样应在 1 件以上;

2 测定冻土力学性质指标的土样应在 3 件以上。

4.5.14 冻土试样存运应符合下列要求:

1 Ⅰ级土样宜就地进行试验,现场无条件时应尽快送至试验基地,土样搬运中应保持原冻结状态不得融化和扰动;

2 Ⅱ级土样取样后,应立即妥善密封、编号和称重,并在运送中避免强烈振动;

3 Ⅲ级土样应分别包装编号,避免混杂异物。

4.6 试验及观测

4.6.1 冻土试验包括室内试验和现场原位试验。冻土含水率、干密度等项目应尽量现场测定,冻土的其他物理、热物理和力学性质指标的测定一般采用室内试验方法。根据工程的重要性和多年冻土特征,有条件时,宜采用原位试验方法来测定所需设计参数。

4.6.2 冻土物理、热物理和力学性质的试验项目可根据勘测阶段和建筑物类型,按表 4.6.2 选定。

4.6.3 冻土物理、热物理和力学性质指标的测试方法、所用仪器设备和操作步骤应按现行国家《土工试验方法标准》(GB/T 50123)等有关试验规程的规定执行。冻土融化后各种性质指标的测定可按《铁路工程土工试验方法》(TBJ 102)执行。

4.6.4 无统一试验标准的冻土特殊试验项目,在提出试验数据时,应同时说明试验方法,所用仪器设备和操作步骤。

4.6.5 冻土原位试验项目可包括下列内容:

1 地温、地下水位、季节冻结与融化深度、活动层融化过程及冻胀性等。

2 冻土地基荷载试验、桩基静载试验、冻土波速试验、冻土融化压缩试验、冻土与基础间冻结强度试验、锚杆与锚索抗拔试验和冻胀力试验等。

4.6.6 进行冻土原位试验时,应遵循本暂规附录 F、G、H、M 的有关试验要点,应注意使试验条件与工程运营条件相一致,即宜使试验过程中地温场、应力场和水分场等的变化与工程运营过程中的变化相一致。

4.6.7 与工程关系密切、且无室内试验和原位测试的力学性质参数,可采用原位模型试验方法获得。原位模型试验结果经尺寸、时效、温度等修正后,可用于工程设计。

4.6.8 多年冻土区典型地貌单元,或不同的工程地质分区,重要工程以及面积较大的高温建筑等,从勘察开始就应建立一定数量的冻土定位观测站(点),按本暂规附录 P 的有关要求,对多年冻土区的气温、地基温度场的变化、活动层动态、地下水动态、以及建筑物基础和上部建筑的变形等进行长期观测。为确定工程施工和运营对多年冻土的影响,预

多年冻土试验项目

土的类别	工程类别	总含水率	冻土颗粒（骨架）密度	天然密度	塑性指数	孔隙比	颗粒分析 筛分	颗粒分析 大于0.5 mm含量	颗粒分析 小于0.075 mm含量	有机质含量	盐渍度	体积含冰率	水的相成分 相对含冰率	水的相成分 未冻含水率	饱和度	融化压缩 融化下沉系数	融化压缩 压缩系数	融化后密度	融化后剪切 凝聚力	融化后剪切 内摩擦角	导热系数 融	导热系数 冻	导温系数 融	导温系数 冻	容积热容量 融	容积热容量 冻
		W_A	ρ_S	ρ	I_P	e					ζ	i_V	i_C	W_u	S_r	A	a	ρ_f	c	ϕ	λ_f	λ_u	a_f	a_u	C_f	C_u
		%		g/cm³			%	%	%	%	%	%	%	%	%	%	MPa⁻¹	g/cm³	kPa	度	W/m℃		m²/h		kJ/m³℃	
黏性土	隧道	+	(+)	+	+	+		+	+	(+)	(+)	(+)	(+)	(+)		+	+	(+)	(+)	(+)	(+)	(+)	(+)	(+)	(+)	(+)
	桥涵、房屋、高填陡坡路堤、挡土墙等地基	+	(+)	+	+	+		+	+	(+)	(+)	+	+	+		+	+	(+)	(+)	(+)	(+)	(+)	(+)	(+)	(+)	(+)
	路堑	+	+	+	+	+		+	+	(+)	(+)	+	+	+		+	+	(+)	(+)	(+)	(+)	(+)	(+)	(+)	(+)	(+)
	填料	+		(+)*	+			+	+		(+)										(+)	(+)	(+)	(+)	(+)	(+)
粉土	隧道	+	(+)	(+)	+	+		+	+	(+)	(+)	(+)	(+)	(+)		+	+	(+)	(+)	(+)	(+)	(+)	(+)	(+)	(+)	(+)
	桥涵、房屋、高填陡坡路堤、挡土墙等地基	+	(+)	(+)	+	+		+	+	(+)	(+)	(+)	+	+		+	+	(+)	(+)	(+)	(+)	(+)	(+)	(+)	(+)	(+)
	路堑	+	(+)	(+)	+	+		+	+	(+)	(+)	+	+	+		+	+	(+)	(+)	(+)	(+)	(+)	(+)	(+)	(+)	(+)
	填料	+		(+)*	+			+	+		(+)										(+)	(+)	(+)	(+)	(+)	(+)
砂类土	隧道	+		+			+				(+)	+			(+)	(+)	(+)	(+)		(+)	(+)	(+)	(+)	(+)	(+)	(+)
	桥涵、房屋、高填陡坡路堤、挡土墙等地基	+		(+)			+				(+)	+	(+)	(+)	(+)	(+)	(+)	(+)		(+)	(+)	(+)	(+)	(+)	(+)	(+)
	路堑	+		(+)			+				(+)					(+)	(+)	(+)		(+)	(+)	(+)	(+)	(+)	(+)	(+)
	填料	+					+				(+)										(+)	(+)	(+)	(+)	(+)	(+)

注：1. + 为定测阶段应做试验项目，初测应作常规和代表性冻土特征项目；
2.（+）为需要时才做的试验项目；
3. * 指最大干密度，需要时还应做夯后的 W_A、ρ、C、ϕ；
4. 有机质含量一项，遇黑色土及泥炭时做；
5. 盐渍度一项，地表有盐霜地段做；
6. 导热系数、矿物比热、冻胀力、抗压强度、抗剪强度、融化系数及融化后体积压缩系数可查表获得。

测多年冻土环境工程地质条件的变化,评价预报工程建筑物的长期稳定性提供依据。

4.6.9 多年冻土区应布孔定期进行地温观测,为工程地质分区和工程设计提供地温依据。地温观测孔分长期观测孔和非长期观测孔两类。钻孔深度应大于观测地点地温年变化深度,以 15 ~ 12 m 为宜。长期观测孔应按地貌单元和根据工程地质分区需要布设。非长期观测孔,应视沿线地温变化情况,在长期观测孔间加密布置,或用其他工程勘探孔代替。有条件时,多年冻土地区所有钻孔均应作为非长期观测孔,进行地温观测。

4.6.10 冻土地温观测必须在钻孔冻土温度状态恢复后进行。地温恢复时间,与钻进方法、气温、地温、地层和钻孔深度有关,达到完全恢复的时间需 2 ~ 4 个月,甚至更长。实际观测时,可采用近似完全恢复的时间,一般砂类土、粉土和黏性土地层,当孔深为 10 ~ 15 m时,需 10 ~ 15 天;当孔深为 15 ~ 20 m 时,需 15 ~ 20 天。

有条件时,冻土地温观测亦可在钻孔成孔后立即进行。以观测地温恢复过程,测定地温恢复时间。

冻土地温恢复后的观测次数,应不少于 3 次,每次间隔时间以 10 ~ 15 天为宜。

4.7 多年冻土的工程地质分区原则

4.7.1 为做好线路方案比选、工程选址和工程设计的冻土工程地质条件评价,应根据沿线多年冻土的分布和特征,及其与气候、海拔高程、纬度、地形、地貌、植被、水文及水文地质条件、人为活动等因素的关系,进行多年冻土工程地质分区。

4.7.2 根据青藏铁路沿线不同多年冻土区段的地形地貌、冻土特征、地温状态及其冻土工程地质条件的差异,可进行三级工程地质分区。

4.7.3 第一级多年冻土工程地质分区,主要根据多年冻土分布进行划分。可分为片状多年冻土区(1)、岛状多年冻土区(2)。

第一级分区应反映不同多年冻土分布区的以下内容:

1 多年冻土的分布范围、厚度;

2 多年冻土区的气象特征、海拔高程、纬度;

3 多年冻土区的地形、地貌特征;

4 多年冻土区的地层岩性、地质构造特征;

5 主要不良冻土现象等。

4.7.4 第二级多年冻土工程地质分区,主要根据多年冻土的年平均地温 T_{CP}进行划分。可分为高温极不稳定多年冻土亚区(Ⅰ)、高温不稳定多年冻土亚区(Ⅱ)、低温基本稳定多年冻土亚区(Ⅲ)和低温稳定多年冻土亚区(Ⅳ)。

当 $T_{CP} \geq -0.5℃$时,为Ⅰ区;

当 $-1.0℃ \leq T_{CP} < -0.5℃$时,为Ⅱ区;

当 $-2.0℃ \leq T_{CP} < -1.0℃$时,为Ⅲ区;

当 $T_{CP} < -2.0℃$时,为Ⅳ区。

第二级分区应反映多年冻土不同地温区的以下内容:

1 不同地温多年冻土的分布范围、厚度;

2 地形、地貌特征;

3 地层岩性及地质构造特征;

4　融区的类型、分布范围(面积、厚度和连续性)及特征;

5　多年冻土与活动层的衔接关系;

6　年平均气温及降水量;

7　主要不良冻土现象等。

4.7.5　第三级多年冻土工程地质分区主要根据多年冻土的含冰特征、地基土的物理力学性质进行多年冻土地段的划分。可分为少冰冻土地段(S)、多冰冻土地段(D)、富冰冻土地段(F)、饱冰冻土地段(B)、含土冰层地段(H)。

不同冻土类型的第三级分区应反映各地段的以下内容:

1　不同类型多年冻土的分布范围、冻土厚度、冻土的融沉性及年平均地温;

2　地形、地貌特征;

3　季节融化深度和融区的季节冻结深度,活动层土的冻胀性;

4　气象特征;

5　植被及雪盖特点;

6　水文及水文地质条件;

7　多年冻土的物理、热物理和力学特性;

8　冻土现象类型及分布等。

4.7.6　多年冻土工程地质分区应根据勘测阶段的不同要求,由粗到细地逐步进行。在一张工程地质图上,可以同时作三级分区。如1—Ⅰ—B,表示片状高温极不稳定多年冻土区的饱冰冻土地段。

4.7.7　应在分析勘察资料的基础上,依据建筑场地所在的不同工程地质分区,综合提出线路方案或场地冻土工程地质条件评价意见,多年冻土地基的利用原则,及应采取的工程措施建议。

4.8　冻土环境勘察和环境影响评价

4.8.1　冻土环境勘察的基本要求:

1　调查既有工程对建筑区范围内地质条件、植被及雪盖等环境条件的影响。

2　调查分析工程设置及施工引起的地形、地表植被、水文地质条件变化、地下冰暴露等对多年冻土条件的影响。

3　预测施工中及建筑物修建后可能引发的冻土环境工程地质问题。

4　提出冻土环境保护措施建议。

4.8.2　冻土环境勘察应按下列内容进行:

1　调查地表状态、植被覆盖度、地形地貌、水文地质条件等,预测施工中(含取、弃土等)及工程修建后对环境的影响。

2　调查多年冻土区荒漠化、沙漠化的状态、形成条件等,并分析和预测施工中及工程修建后对它们的影响。

3　调查季节融化深度、季节冻结深度、年平均地温、地基土含冰状况、土的水分状态及工程性质等冻土工程地质条件,并预测其施工中及工程修建后的变化。

4　调查和分析冻胀丘、爆炸性充水鼓丘、冰椎、热融滑塌、热融湖塘、冻土沼泽等不良冻土现象的形成与分布规律,预测施工中及工程修建后可能发生的变化。

5 预测施工及运营期间多年冻土的变化情况及可能出现的冻土环境工程地质问题。

6 提出对既有环境保护措施效果的评价意见和防治措施建议。

4.8.3 冻土环境勘察,应结合冻土工程勘察进行。其范围,可根据工程对环境的影响程度和环境评价要求适当扩大。

4.8.4 通过冻土环境勘察,应结合线路方案,工程类型,采用综合分析的方法对建设场地的环境条件和冻土工程地质条件,及由工程建设引起的冻土环境变化进行评价和预测。

建设场地的工程地质条件评价和冻土环境变化评价应包括下列内容:

1 根据工程地质分区,综合分析沿线的多年冻土特征及地温特征等,评价建设场地的稳定性及工程的适应性。

2 结合建设场地的自然环境特点,为各类工程设计提供多年冻土的物理、热物理和力学参数。

3 根据不良冻土现象的类型、分布和规模,分析其对线路及工程的危害程度。

4 预测工程施工和运营可能引起的多年冻土环境变化和可能产生的冻土工程地质问题,提出应采取的对策。

5 根据多年冻土环境条件及工程与地质环境的相互作用和影响,提出环境保护的措施意见。

6 根据各段多年冻土的特征,提出铁路工程施工和运营中应注意的环境保护问题。

5 各类建筑物的勘察工作

5.1 路基工程

5.1.1 多年冻土地区的路基工程勘察,应做好下列工作:

1 应充分搜集、利用青藏铁路多年冻土地区的历次路基勘测设计资料及试验工程的观测资料。

2 应认真调查多年冻土区既有青藏公路路基工程的现状、病害情况、施工情况、防护措施及应用效果,并搜集相关资料。

3 应在分析、研究第二级工程地质(地温)分区资料的基础上,根据路基设计的要求,按不同的工程地质分区、地貌单元补充布置地温观测孔,进行地温观测,进一步做好地温分区。

4 多年冻土地区,应注意做好环境保护,严禁铲取草皮作保温材料,在进行工程调绘的同时,应做好弃土场地和填料来源的调查和方案比选,严禁在线路附近取土、弃土。

5 多年冻土地区应注意做好高含冰量冻土地段路堑,以及高温不稳定高含冰量冻土地段路堑与路堤的过渡段,填土低于最小设计高度的低路堤地段的调绘、勘探和测试工作。

5.1.2 多年冻土地区,应在调查和分析自然环境条件、工程地质分区、冻土的类别与性质、不良冻土现象分布及修筑路基的技术条件的基础上,进行路基工程分类。

1 凡符合下列条件和情况的地段应按个别设计路基工点进行勘察:

1)高含冰量(包括富冰冻土、饱冰冻土和含土冰层)冻土地段路基;

2)冰椎、冻胀丘地段路基;

3)冻土沼泽地段路基;

4)热融滑塌地段路基;

5)热融湖塘地段路基;

6)路堑、高路堤、陡坡路基及挡护工程;

7)《铁路特殊路基设计规范》规定的其他路基。

2 个别设计路基工点应分别进行资料编制。其资料编制应包括下列内容:

1)工程地质说明书(含有关设计参数和工程措施建议);

2)工程地质平面图(1:500~1:2 000);

3)工程地质横断面图(1:200);

4)支挡建筑物(或防护工程)地基工程地质纵断面图,必要时作;

5)勘探、测试(含测温)等原始资料。

5.1.3 凡5.1.2条规定以外的路基均属一般路基。一般路基的勘察,应包括下列内容:

1 工程调查

1)查明沿线的地形地貌、植被覆盖程度等。

2）查明沿线的地层岩性，冻土类型，天然上限多年冻土的融沉性及季节融化层的冻胀性等冻土工程地质条件。

3）查明沿线水文地质条件。

4）分段划分各类岩土的施工工程分级。

2　测绘、勘探及测试：

1）根据调查资料布置和测绘路基横断面及代表性地质横断面。代表性地质横断面的数量及宽度应以能反映该段冻土类型及分布特征，并能满足设计要求为度，一般每公里应不少于5个。

2）代表性地质横断面上应有勘探点，勘探点的数量和深度应以能查明路基基底的地层岩性，冻土类型，天然上限深度为原则。勘探点的深度应不浅于8 m，也不得浅于路堤地面以下2倍的天然上限深度。

3）根据地层特征和设计需要，分段取代表性土样作物理力学性质试验，取水样作水质分析。

4）根据地貌单元及测温孔间距要求，布置测温钻孔，并观测地温。

3　资料编制：

1）路基工程地质分段说明和路基工程分段说明；

2）路基横断面及代表性工程地质横断面图（1∶200）；

3）勘探、测试资料（包括地温观测资料）。

4　初测阶段的要求：

根据调查测绘及代表性勘探、测试和地温观测资料，编制沿线工程地质分段说明和路基工程分段说明。

5.1.4　高含冰量冻土地段路基工程勘察应包括下列内容：

1　工程调查

1）查明工点范围的地形地貌、山坡坡度、植被情况、坡面朝向及其与线路走向的关系等。

2）查明地层层序、地质构造；高含冰量冻土、厚层地下冰的分布特征及其与周围其他不良冻土现象的关系；地温状态及天然上限。

3）查明活动层土的岩性及物理力学特性。

4）查明地下水的储存、径流、补给及排泄条件。

2　测绘、勘探及测试：

1）应根据调查资料布置和测绘地质横断面。地质横断面的数量和宽度应以能反映高含冰量冻土、厚层地下冰的分布及特征、地下水的径流、补给和排泄条件及对路基的影响范围，满足设计要求为原则。代表性地质横断面一般一个工点不宜少于三个，高温不稳定多年冻土地段，每公里不宜少于7个。

2）代表性地质横断面上应有勘探点。勘探宜采用坑探、钻探与物探相结合的方法。勘探点的数量和深度以能查明冻土的天然上限深度、厚层地下冰及高含冰量冻土的分布范围、厚度、埋深为原则，并不得浅于10 m。

3）取代表性土样作物理力学性质试验。

4）对工点范围内的测温钻孔，进行地温观测。

3　初测阶段的要求：

调查高含冰量冻土、厚层地下冰工点的地形、地貌、山坡坡度、地表植被、坡面朝向；进行代表性勘探、测试，初步查明高含冰量冻土、厚层地下冰的分布范围、地下水发育程度等情况，评价其对线路的影响，为线路方案比选提供依据。并选择代表性工点，按典型设计工点收集资料。

5.1.5 冰椎、冻胀丘，爆炸性充水鼓丘地段路基工程勘察应包括下列内容：

1 工程调查

1）查明工点范围的地形地貌，植被情况，地层岩性特征及水文地质条件。

2）查明冰椎、冻胀丘、爆炸性充水鼓丘的形态、发育规律、分布及活动情况及与线路的关系。

3）分析冻胀丘、冰椎、爆炸性充水鼓丘的形成原因，发展过程，及其对路基工程的危害和路基建成后对冰椎、冻胀丘的影响。

2 测绘、勘探及测试：

1）根据调查，布置和测绘地质横断面。横断面的宽度和数量需包括冰椎、冻胀丘、爆炸性充水鼓丘上、下、左、右侧的一定范围，以能探明冰椎、冻胀丘的成因以及地下水的径流、补给与排泄通道为原则。地质横断面的数量，一般一个工点不宜少于3个。

2）地质横断面上应有勘探点。应结合冰椎、冻胀丘、爆炸性充水鼓丘的分布、合理选用钻探、坑探、槽探和物探等综合勘探方法。勘探点的数量和深度应以能探明冰椎、冻胀丘、爆炸性充水鼓丘所涉及的范围和含水层的厚度及分布为原则。

3）对工点范围内的测温钻孔，进行地温观测。

4）取代表性土样、水样进行测试。必要时，取第四系含水层的土样进行颗粒分析。

3 初测阶段的要求：

调查冰椎、冻胀丘、爆炸性充水鼓丘工点的地形、地貌、斜坡坡度、朝向、地表植被以及冰椎、冻胀丘的分布范围，发育规模等；进行代表性勘探、测试，初步查明含水层特征及地表水、地下水的径流、补给与排泄条件及其对线路的危害，为线路方案比选提供依据。并选择具有代表性的工点，按典型设计工点收集资料。

5.1.6 冻土沼泽（沼泽化湿地）地段路基工程勘察应包括下列内容：

1 工程调查

1）查明工点处地形地貌、地面横坡、坡面朝向等微地貌情况及地层岩性分布情况。

2）查明冻土沼泽（沼泽化湿地）的范围、成因和水文地质条件。

3）查明沼泽区的植被和泥炭层发育情况。

4）查明天然上限、活动层的岩性特征和泥炭化程度。

5）查明基底有无软弱层及厚层地下冰，提供物理力学性质等设计参数。

6）初步提出路基断面形式，并对路基地基的稳定性作出评价，分析路堤修筑后对冻土沼泽地段地表水，地下水径流条件的影响，提出截排地表水，地下水的条件和措施。

2 测绘、勘探及测试：

1）根据调查的冻土沼泽范围，布置和测绘地质横断面。地质横断面的数量和宽度应以能反映冻土沼泽的范围、规模、地表水、地下水的径流、补给、储存、排泄条件，满足设计要求为原则。地质横断面的数量，一般一个工点不宜少于3个。

2)地质横断面上应有勘探点。勘探宜坑探、钻探与物探相结合,在寒季进行。勘探点的数量和深度以能查明天然上限深度、冻土沼泽的软弱层厚度、沼泽化程度、沼泽底部硬层的岩性、埋深及横坡、有无厚层地下冰分布等为原则,且不得浅于 8 m,也不得浅于 2 倍的天然上限深度。

3)取代表性土样作物理力学性质试验,取水样作水质分析。

4)对工点范围内的测温孔,进行地温观测。

3 初测阶段的要求:

调查工点的地形、地貌、地表植被及填料来源等情况;进行代表性勘探、测试,初步查明地表水、地下水径流、补给、储存与排泄条件,多年冻土的天然上限埋深等,及其对路基工程的影响,为线路方案比选提供依据。并选择代表性的工点,按典型设计工点,收集资料。

5.1.7 热融滑塌地段路基工程勘察应包括下列内容:

1 工程调查:

1)查明工点处的地形地貌、坡面朝向、山坡坡度、地表植被,地层岩性、冻土类型,地下水和地温特征等情况。

2)查明活动层的深度,岩性特征及物理特性;查明活动层下有无厚层地下冰分布;分析热融滑塌形成的原因、发展演化过程,及其对路基工程的影响和应采取的工程措施。

2 测绘、勘探及测试:

1)根据调查的热融滑塌分布范围,布置和测绘地质横断面。地质横断面的数量及宽度,应以能反映热融滑塌的规模、范围,满足设计要求为原则。地质横断面的数量一般每个工点不宜少于 3 个。

2)地质横断面上应有勘探点。勘探宜采取物探、坑探与钻探相结合的方法。勘探点的数量和深度,以能查明冻土天然上限深度、高含冰量多年冻土的分布情况、滑塌体的厚度、地温特征等情况为原则,应不浅于 8 m,也不得浅于 2 倍的天然上限深度。

3)取活动层及其下卧地层的代表性土样作物理性质试验。

4)对工点范围的测温孔,进行地温观测。

3 初测阶段的要求:

调查工点的地形、地貌、山坡坡度、地表植被覆盖程度、路基填料的来源情况;进行代表性勘探、测试,初步查明活动层的岩性成分、厚层地下冰的分布情况、多年冻土天然上限埋深,及其对路基工程的影响,为线路方案比选提供依据。并选择代表性的工点,按典型设计工点,收集资料。

5.1.8 热融湖塘地段路基工程勘察应包括下列内容:

1 工程调查

1)查明工点范围的地形地貌、热融湖塘的规模与发育程度、水深及水位变化规律及发展趋势等。

2)查明热融湖塘塘边及基底的地层岩性、地下冰发育情况,冻土物理、热物理及力学性质,融区的形态、范围及水文地质条件。

3)查明将热融湖塘积水排入附近河流、沟谷的可能性,并提出相应的工程措施意见。

4)结合热融湖塘的情况、填料种类，初拟路基断面型式、防护措施、施工要求等。

2 测绘、勘探及测试：

1)根据调查的热融湖塘范围，布置和测绘地质横断面。地质横断面的数量及宽度应以能反映热融湖塘范围，规模及岸边冻土条件，满足设计要求为原则。地质横断面的数量，一般一个工点不宜少于3个。

2)地质横断面上应有勘探点。勘探宜采用钻探与物探相结合的方法。勘探点的数量和深度以能查明湖底及岸边冻土天然上限深度、地层的含冰量及其分布情况，湖塘水深、湖塘底淤泥或软弱层的厚度及物理力学性质为原则，且不得浅于8 m，也不得浅于2倍的天然上限深度。

3)对湖底地层需取代表性土样作物理力学试验，对湖水需取样作水质分析。

4)对工点范围内的测温孔，进行地温观测。

3 初测阶段的要求：

调查工点的地形、地貌、地表植被、路基填料的来源等情况；进行代表性勘探、测试，初步查明湖塘水深、塘底软弱地层厚度、厚层地下冰的分布、多年冻土上限等及其对路基工程的影响，为线路方案比选提供依据。并选择代表性的工点，按典型设计工点收集资料。

5.1.9 路堑、高路堤、陡坡路基及挡护工程的勘察应包括下列内容：

1 工程调查：

1)查明工点的地形、地貌、地表植被、地面横坡、坡面朝向及其与线路走向、路基坡面朝向的关系等情况。

2)查明工点处地质构造、地层岩性，冻土类型、特征及冻土层的融沉性，天然上限深度、季节融化层的冻胀性等，评价路堑开挖和路堤填筑后基底及边坡的稳定性，以及设置支挡建筑物的条件。

3)查明地表水、地下水的储存、补给、径流、排泄条件。

4)调查确定支挡建筑物背后填料及高路堤、陡坡路堤的填料来源、类型及其物理力学性质、冻胀性等。

5)查明与工程相关地层的物理力学性质及热物理性质等。

2 测绘、勘探及测试：

1)根据工点的范围及地形情况布置和测绘代表性地质横断面。代表性地质横断面的数量及宽度应包括路基工点所影响到的范围，满足设计要求。代表性地质横断面数量一般一个工点应不少于3个；高地温、高含冰量冻土地段的路堑、填挖过渡段宜适当加密布置。

2)代表性地质横断面上应有勘探点。勘探宜采用坑探、槽探、钻探与物探相结合的方法。勘探点的数量和深度，以能查明工程所影响到的范围和深度为原则。路堑的勘探深度还应至路基面以下相当2倍的天然上限深度。

3)设置支挡建筑物处应有地基地质纵断面。地质纵断面的地层结构、冻土类型及分布应有勘探点作依据。

4)取代表性土样，作物理、力学性质试验，取水样作水质分析。

5)对工点范围内的测温孔，进行地温观测。

3 初测阶段的要求：

调查工点的地形、地貌、地面坡度、地表植被等;进行代表性勘探、测试,初步查明地层结构、多年冻土的分布、年平均地温、冻土层的融沉性、上限深度及季节融化层的冻胀性,及其对路基稳定性的影响,为线路方案比选提供依据。并选择代表性工点,按典型设计工点收集资料。

5.1.10 河岸防护工程的勘察应包括下列内容:

1 工程调查:

1)查明工点的地形、地貌、地表植被等情况。

2)查明防护河段上、下游一定范围内河流、河岸的形态、防护建筑物地基的地层结构、地质条件及多年冻土的类型、分布及融区情况。

3)查明防护河段地下水活动情况及河床在各种水位条件下的冲淤情况,河岸不良冻土现象的类型及发育特征。

4)搜集防护河段的流量、流速(主槽流速、边滩流速)、洪水位,以及水流与防护建筑的关系等资料。

2 测绘、勘探及测试:

1)根据防护建筑物的设计需要布置和测绘地质纵断面和地质横断面。地质纵断面的长度和地质横断面的数量应反映防护建筑物基础所涉及的范围及该范围的冻土工程地质条件,满足设计要求。地质横断面的数量,每个工点一般不宜少于3个。

2)地质纵断面和横断面上应有勘探点。勘探宜采用钻探与物探相结合的方法。勘探点的数量和深度以能查明防护建筑物地基持力层的冻土工程地质条件为原则,并应至最大冲刷深度下不小于5 m。

3)取代表性土样作物理力学性质试验,取水样作水质分析。

4)对工点范围内的测温孔,进行地温观测。

3 初测阶段要求:

初步查明防护河段上、下游一定范围内河流、河岸的形态,河岸、河床地层结构,冻土类别、不良冻土现象类型及分布,河流冲淤情况等,为线路方案比选提供依据。对控制线路方案或需作代表性设计的防护工程,按典型设计工点收集资料。

5.1.11 路基工程取、弃土场地的勘察应包括以下内容:

1 调查及测绘:

1)根据区间路基土石方调配的需要,通过对可能作为取、弃土场地段的地形、地貌、地物、多年冻土条件、坡面朝向、地表植被及与线路关系的调查和比选,初步确定取、弃土场的位置。路基取土场选位应贯彻“适当远离线路、分段集中取土”的原则。有条件时,宜选用融区或植被稀疏的少冰冻土、多冰冻土分布地段的粗颗粒土或风化基岩场地作为取土场。

2)查明取土场、弃土场的多年冻土类型、分布及天然上限的埋深。

3)查明取土场填料的岩性成分、含水(冰)情况、物理力学性质及热物理性质。

4)查明取土场填料的储量、取土条件、运距及运输条件等。

5)分析和评价取、弃土对既有建筑物及多年冻土环境的影响,提出冻土环境保护措施建议。

2 勘探及测试:

1)根据取、弃土的数量,初步划定取、弃土场地的范围;并在其范围内适当布置钻探与物探。勘探点的数量和深度应以能查明取土场可取土的范围、规模及含水特征等为原则。

2)取代表性土样作物理力学及热物理性质试验,必要时取土样做击实试验。

3 资料编制:

1)取土场、弃土堆位置平面图:需标明与线路的关系及施工运输道路位置,比例1:2 000(可利用线路平面图);

2)填料土的物理、力学、热物理性质试验资料;

3)土石方调配说明书(必要时附土石方调配调查草图);

4)冻土环境保护措施意见。

4 初测阶段的要求:

1)根据初测线路平纵断面,初步确定取、弃土场的位置,并查明其地形、地物、地貌、坡面朝向,地表植被、多年冻土特征及其与线路位置的关系。

2)初步查明取土场填料的岩性、含水情况及其物理力学性质、热物理性质、储量、运距及运输条件等。

3)提出土石方调配的初步意见。

5.1.12 路基地面排水系统的调查应包括下列内容:

1 调查及测绘:

1)对既有青藏公路的地面排水系统应进行认真调查,吸取其成功的经验;结合路基工程和多年冻土环境条件提出天沟、排水沟、急流槽、挡水埝等排水设施的设置原则。并分析研究铁路排水系统建成后,对多年冻土环境的影响。

2)查明沿线地表径流的情况,根据桥涵布置并结合隧道、站场的排水需要和地形、地质、路基断面形式,取弃土情况等,提出区间排水设施设置地段、位置及断面形式。

2 资料编制:

1)编写"路基地面排水系统调查报告";

2)利用线路平面图,调绘指导性"路基地面排水示意图"或编写"路基地面排水调查表"。

5.2 桥涵工程

5.2.1 多年冻土地区桥涵工程勘察应遵循下列原则:

1 多年冻土地区,原则上应一沟设一桥(涵),并以原沟设置为宜;不宜截水导流合并设置。为保护多年冻土生态环境,宜多用桩基,少用明挖基础。

2 多年冻土地区选择桥涵基础类型时应注意减少对多年冻土地基的热干扰。

3 铁路通过多年冻土区的牧场及野生动物保护区地段时,为方便牧民、牧畜及野生动物过往铁路,保证安全,应适当增设通行桥涵。

4 多年冻土地区(融区除外)的特大桥、大中桥可不计算冲刷,墩台基础埋深应按地基承载能力和抗冻胀稳定计算确定。河流融区的桥涵可参照一般地区的要求进行调绘、勘探和测试。

5 对多年冻土地区的南北界地段及多年冻土与融区的过渡地带,应加强勘探和地温测量,应查明多年冻土南北界限的位置及不稳定多年冻土的范围,为桥涵设计提供依据。

6 对设置于多年冻土地区不良冻土现象发育地段的桥涵,应考虑不良冻土现象的影响,适当增大净空。

7 对多年冻土地区的既有公路桥涵建筑物,应调查其设置情况、所用建筑材料、净空高度、施工情况、病害类型及整治情况等,并收集相关资料。

5.2.2 多年冻土地区水文调查及流量计算应包括以下内容:

1 多年冻土地区,宜利用既有的成果资料,并应搜集、分析近年来各气象站降水资料,对其进行必要的分析、补充和修正。

2 对多年冻土地区河沟的水流情况应进行详细调查,常年流水河沟,应收集勘察期间的水位、流量等。

3 对特大桥、大中桥的水文资料,应补充进行形态调查核对,按 H_{100} 水位核实泛滥范围,并落实桥址附近结冰厚度及流冰情况。

5.2.3 特大桥、大中桥调查、测绘,应包括下列内容:

1 查明桥渡附近地形地貌、地层岩性、地质构造;冻土类型、地温特征及融沉性;融区的分布范围及特性;多年冻土上限,季节融化层的冻胀性等。

2 查明桥渡附近不良冻土现象的类型、分布、特征及对工程的影响。

3 查明桥渡附近水文地质特征及对桥基施工、运营的影响。

4 查明墩台及调节建筑物等地基的冻土工程地质条件,提供岩土的物理力学性质、水对圬工的侵蚀性、地基基本承载力等设计参数。

5 查明桥渡附近河床冲刷、变迁及稳定情况;河流在冬季的结冰厚度,春季流冰时间、冰块的尺寸及厚度等。

5.2.4 特大桥、大中桥的勘探、测试,应符合下列要求:

1 地质条件复杂的桥基宜开展综合勘探,在钻探前,开展必要的物理勘探。应准确划定河流融区及多年冻土的界线。

2 勘探点应根据桥渡地质条件及设置,布置控制性钻孔和一般性钻孔。控制性钻孔以能控制场地稳定性评价为原则,一般性钻孔以能探明桥基各岩土层分布、冻土类别及特征、地基强度为原则。

原则上每个墩台应有一个勘探点。但当地层简单、冻土类型单一、地层层序有规律、基岩面平缓时,结合桥跨、基础类型等,勘探点可适当减少;冻土工程地质条件复杂时,勘探点应增加。

对调节水流建筑物及附属工程,亦应适当布置勘探点。

3 勘探深度应不小于20 m;当遇有富冰冻土、饱冰冻土或含土冰层时,还应酌情加深或穿透;当桥渡处于融区与多年冻土的过渡地段或高温极不稳定地段时,钻孔深度应按非冻土地区的要求办理。

4 取样、试验:

1)取代表性岩、土样作物理力学性质试验。

2)取地表水、地下水水样作水质分析。

5 测试:

多年冻土地区的桥渡钻孔,应进行地温测量,搜集地温分布特征资料。

5.2.5 特大桥、大中桥资料编制,应包括下列内容:

1 桥梁勘测说明;

2 工程地质说明;

3 工程地质图(1∶500~1∶2 000);

4 桥址工程地质纵断面图(1∶500~1∶5 000);

5 桥梁附属工程地基工程地质剖面图(1∶200~1∶1 000);

6 水文资料(流量、流冰、结冰层厚度及水位等资料);

7 勘探、测试资料;

8 桥址上、下游既有公路建筑物运用情况的调查报告。

5.2.6 小桥涵调查、测绘应包括下列内容:

1 查明桥涵地基多年冻土的地层结构、冻土类型及分布、地温状态、天然上限埋深、季节融化层的冻胀性、多年冻土的融沉性,水文地质特征及有无融区分布等。

2 查明桥涵址附近地形、地貌,有无不良冻土现象分布,原沟床流水及草皮覆盖情况等;分析有无洞内壅水或洞口封雪的可能。

3 根据现场情况,初步确定涵洞出入口不同日照条件对基础设置条件的影响,并提出工程措施建议。

5.2.7 小桥涵勘探、测试,应符合下列要求:

1 原则上每座小桥、涵洞应有一个勘探点;冻土地质条件复杂或涵洞长度大于30 m时,勘探点应不少于2个。

2 勘探深度应大于2倍的天然上限,且不得浅于12 m;当遇有富冰冻土、饱冰冻土和含土冰层时,或桥址处于高温极不稳定多年冻土地段时,应酌情穿透或加深。

3 取样、试验

1)取代表性岩、土样作物理力学性质试验;取地表水、地下水水样作水质分析。

2)多年冻土区的小桥涵工程,一般基础埋深较浅,对季节融化层的冻胀性较敏感。因此,对活动层或持力层土,应注意取样进行必要的物理、力学试验。

3)对工点范围内的测温孔,应进行地温观测。

5.2.8 小桥涵资料编制,应包括下列内容:

1 桥涵勘测说明(应有对桥涵址上、下游既有公路建筑物运用情况的说明);

2 工程地质说明;

3 桥涵址工程地质图(1∶500);

4 桥址工程地质纵断面或涵洞轴向工程地质纵断面图(1∶100~1∶1 000);

5 有关水文资料(流量、水位等);

6 勘探、测试资料。

5.2.9 初测阶段桥涵工程勘察,应符合下列要求:

1 对特大桥、控制线路方案的大桥,以及需作代表性设计的大、中桥、小桥涵,应比照本节5.2.1条至5.2.8条的有关要求,按工点进行勘察,编制有关资料,并提出线路方案比选意见及工程措施建议。

2 对一般地段的大、中桥和小桥涵,应进行代表性勘探,测试,分别在大、中桥表及小桥涵表中,填绘桥址处的冻土分布及特征,地温特征,河沟水文及水文地质特征、有无融区等情况。

5.3 隧道工程

5.3.1 多年冻土区隧道工程勘察应遵循下列原则：

1 多年冻土地区的隧道，应按保持冻结原则的设计要求搜集相关资料(含多年低于0 ℃以下气温天数的平均值等气象资料)。

2 多年冻土地区隧道围岩级别，可比照《铁路工程地质勘察规范》附录E“铁路隧道围岩分级”的有关规定确定；围岩中无地下水(冰)或为少冰冻土时，可采用其围岩基本分级；围岩为多冰冻土、富冰冻土、饱冰冻土和含土冰层时，围岩基本分级Ⅲ～Ⅴ者，应对应修正为Ⅳ～Ⅵ级。

5.3.2 多年冻土区隧道及洞口位置的选定应遵循下列原则：

1 多年冻土区隧道洞口位置的选择，除应遵照一般地区的规定外，还应考虑多年冻土的影响，宜选择在少冰冻土和多冰冻土地段；洞口位置宜按接建明洞或采用紧贴坡面、不刷仰坡，减少对原地表的破坏的原则确定。

2 洞口应避开热融滑塌、冰椎、冻胀丘、厚层地下冰等不良冻土现象对边、仰坡的影响。

3 洞口段衬砌(含明洞)宜避免承受偏压。

4 洞口应避开软弱地基，并采取措施保护冻土、合理确定采暖保温水沟(或泄水洞)出口位置。

5 洞口位置应避免风吹雪停积，必要时应提出导雪防护措施。

6 洞口的防护应与相邻的路基、桥梁工程统一考虑。

7 傍山隧道线路不宜与地形等高线平行；为避免一侧洞壁过薄，产生偏压和山体变形等情况，隧道拱肩最小覆盖厚度t值(自多年冻土天然上限至融化圈)应按表5.3.2所列数值适当增加。

5.3.3 隧道工程调查测绘应包括下列内容：

1 查明隧道洞身的地形地貌、地层岩性、地质构造、裂隙发育程度、冻土类型、多年冻土下限、地温特征及融沉性；查明洞口的山坡坡度、朝向、植被状态，并评价山坡的稳定性。

2 查明隧道进、出口附近及洞身浅埋地段多年冻土类型及特征、天然上限深度及季节融化层的冻胀性。

3 详细查明隧道通过地段地下水的类型、补给、径流、排泄条件和动态特征，以及含水层(特别是冻结层间水)的特征。

4 查明横洞、平行导坑、斜井、竖井等隧道辅助工程及洞口防护工程和接长明洞地基的冻土工程地质条件(含地层岩性、冻土类型及特征、天然上限深度、季节融化层的冻胀性、多年冻土的融沉性等)。

5 分段确定围岩级别，岩土施工工程分级。

5.3.4 隧道工程勘探、测试应符合下列要求

1 洞口应有勘探点，勘探数量应根据冻土工程地质条件复杂程度，洞口地层、山坡稳定情况确定。

2 对隧道洞身，除应开展综合物探，重点查明地下水情况及多年冻土下限等冻土地

质条件外，还应布置必要的验证性钻孔。钻孔数量还应结合隧道长度、冻土工程地质条件和水文地质条件的复杂程度及辅助工程的需要确定。

3 勘探深度，当地层为基岩时应至路肩设计高程以下4～5 m；当地层为第四系覆盖时，应不浅于路肩设计高程下8 m，并不得浅于路肩设计高程下相当2倍的天然上限深度；遇富冰冻土、饱冰冻土和含土冰层时还应酌情加深或穿透。如采用泄水洞排水方案，应不浅于泄水洞基础下相当1倍的天然上限。

表5.3.2 多年冻土(岩)偏压隧道外侧围岩最小覆盖厚度 t 值(m)

围岩级别 \ 地面坡 1:m		1:1	1:1.5	1:2	1:2.5	断面示意
单线	Ⅳ石	5	4	4	/	
	Ⅳ土	10	8	6	5.5	
	Ⅴ	22	16	12	10	

注：1 Ⅰ～Ⅲ级围岩可按一般地区对待；

2 Ⅵ级围岩可通过计算确定；

3 断面示意中①—多年冻土天然上限，②—融化图。

4 每个钻孔均应进行地温观测，提出冻土地温特征值。并根据需要进行综合测井。

5 取代表性土样作物理、力学及热物理性质试验，取水样作水质分析。

5.3.5 隧道工程资料编制，应包括下列内容：

1 隧道工程勘察说明；

2 工程地质说明，扼要叙述调绘、勘探及测试结果，提供隧道设计所需的气象资料、各项参数及地温特征值、隧道范围地温分布特征等，提出冻土环境工程地质的评价意见和工程措施建议；

3 工程地质图，比例1:2 000～1:5 000；

4 隧道地区水文地质图，比例1:5 000～1:50 000，水文地质条件复杂时作；

5 隧道工程地质纵断面图，比例横1:500～1:5 000，竖1:200～1:1 000；

6 隧道洞身工程地质横断面图，比例1:200～1:500，必要时作；

7 隧道洞口工程地质图，比例1:500；

8 隧道洞口工程地质纵断面图，比例1:200；

9 隧道洞口工程地质横断面图，比例1:200；

10 隧道辅助工程(如横洞、平行导坑、斜井、竖井等)工程地质图件，必要时作；

11 勘探、测试资料。

5.3.6 初测阶段隧道工程勘察，应符合以下要求：

对冻土工程地质条件复杂、控制线路方案的重点隧道以及需作代表性设计的隧道，应比照本节 5.3.1 条至 5.3.5 条的有关要求进行勘察并编制工程地质图件。其余隧道只填写初测隧道表,但当某一地段方案较多时,应编制隧道线路方案工程地质图,并提出方案比选意见。

5.4 站场及房屋建筑工程

5.4.1 多年冻土地区站场及房屋建筑工程勘察应符合下列要求:

1 站场工程勘察,应比照路基工程勘察的有关要求进行。但其勘察范围根据站场的要求适当加宽。

2 选择站场及房屋建筑场地方案时,应注意冻土工程地质条件,并应与当地自然环境和城镇规划相协调。建筑标准(包括暖通)、建筑材料、主要施工方法等技术条件,也必须了解、研究当地消防、环保、节能等方面的有关要求及规定,做到与地方做法相适用,并应贯彻就地取材、因地制宜的原则。

5.4.2 站场及房屋建筑工程的调查测绘,应包括下列内容:

1 查明地形地貌、植被状态。

2 查明地层结构、地质构造、冻土类型及其融沉性、地温状态等冻土工程地质特征;季节融化层的冻胀性,天然上限等。

3 查明水文地质条件和不良冻土现象有类型、分布、特征,及对工程的危害程度。

4 确定边坡坡率,提供地基基本承载力、岩土施工工程分级等设计参数;必要时,评价边坡及地基的稳定性。

5 按表 5.4.2 的有关要求,搜集气象资料。

5.4.3 站场及房屋建筑工程勘探,应满足下列要求:

1 应根据场地地质情况,布置控制性钻孔和一般性钻孔。每个地貌单元均应有控制性钻孔。有条件时,应采用钻探、物探、原位测试等相结合的综合勘探方法。

2 各类房屋建筑的钻孔应布置在拟建建筑物基础中心或其周边。勘探点的数量、深度,应根据建筑物的基础类型、建筑面积和场地冻土工程地质条件的复杂程度,依据表 5.4.3—1 及表 5.4.3—2 确定。

表 5.4.2　房屋建筑工程需搜集的气象资料表

顺号	名　称	要求资料内容及提供方法
1	采暖通风空调的室外气象资料	根据工程所在地点按《采暖通风与空调设计规范(GBJ 19—87)》附录二办理,核对附录二未列入而需收集的原始资料。其中应包括:年平均气温、冻结指数、融化指数、寒季月平均风速,雷暴日数
2	车站建筑区地温资料	包括年平均地温、标准融深、标准冻深、暖季末寒季初地温沿深度的分布、地温年振幅、地温年变化深度等冻土地温特征
3	降水量	年总降水量、一日最大降水量、一小时最大降水量
4	基本雪压	根据工程所在地点,按《工业与民用建筑结构荷载规范》图一"全国基本雪压分布图"的规定值采用,该图未列入的应搜集原始资料
5	基本风压	根据工程所在地点,按《工业与民用建筑结构荷载规范》图二:"全国基本风压分布图"规定值采用,如该图未列入应搜集原始资料

3 多年冻土地基当按允许融化或逐渐融化原则设计时,钻孔深度应大于计算最大融

化盘深度3~4 m；当按保持冻结原则设计时，地基的控制性勘探孔的深度应大于地基压缩层深度1~2 m，并应考虑相邻基础的影响。对多年冻土极不稳定地带，尚应布置钻孔查明多年冻土下限深度；对大型工业厂房等大跨度建筑，钻孔深度还需适当加深，其具体深度应与有关专业人员共同研究确定。

4 融化盘是采暖建筑物运用时，使其下的多年冻土地基的一部分发生盘盆状融化形成的新的人为上限。影响融化盘变化的因素很复杂，勘察中应与有关专业人员研究确定其深度。

表5.4.3-1 房屋建筑工程勘探点间距(m)

建筑物安全等级 / 建筑场地类型	一级	二级	三级
复杂地场	10~15	15~20	20~30
一般场地	15~20	20~30	30~50
简单场地	20~35	30~45	40~60

注：1 复杂场地系指年平均地温≥-1.0 ℃的高含冰冻土(富冰、饱冰冻土及含土冰层)分布地段或不良冻土现象强烈发育地段的建筑场地；

2 简单场地系指基岩或低含冰冻土(少冰、多冰冻土)分布地段的建筑场地；

3 一般场地系指介于复杂场地和简单场地之间的其他建筑场地。

表5.4.3-2 房屋建筑工程勘探孔深度(m)

勘探孔类别 / 建筑场地类型	一般性勘探孔	控制性勘探孔
复杂场地	>20	>30
一般场地	>15	15~30
简单场地	8~10	10~16

注：1 控制性勘探孔深度应不小于地温年变化带深度，也不宜小于16 m；

2 每个地貌单元或每个主要建筑地段必须有控制性勘探孔。控制性勘探孔一般应占勘探孔总数的1/2~1/3；

3 一般性勘探孔的深度不宜小于8 m，也不宜小于多年冻土天然上限深度的2倍。若遇有富冰冻土、饱冰冻土、含土冰层或厚层地下冰时应酌情加深或穿透。

5.4.4 站场及房屋建筑工程测试及定位观测，应满足下列要求：

1 站场及房屋建筑工程应进行长期和非长期地温观测。地温观测的要求，应按本暂规4.6.9、4.6.10条的有关规定办理。

2 应取地基或挖方边坡地段代表性土样进行试验，提出冻土的干密度、总含水量、相对含冰量等冻土物理参数；导热系数、导温系数、容积热容量等冻土的热物理参数；冻结强度、抗剪强度、地基基本承载力、体积压缩系数等冻土强度指标；多年冻土的融化下沉系数、融土体积压缩系数，季节融化层的冻胀性、冻胀力等。

3 取代表性水样进行侵蚀性分析。

4 必要时对冻土可进行载荷试验或原位测试，以准确提供有关参数。

5 冻土区的集中建筑场地、重要工程以及建筑面积较大的高温车间等，从勘察工作开始就应设置定位观测站，开展长期定位观测，并应按本暂规附录P的有关规定办理。

5.4.5 站场及房屋建筑工程资料编制，应包括下列内容：

1 工程勘察报告

除阐明本暂规第4.1.6条要求的一般内容外,尚应说明定位观测站(点)的观测成果,提出综合分析后的冻土物理、热物理、力学指标以及地基基本承载力、冻胀力、多年冻土施工工程分级、地温和水的侵蚀性等各项设计参数和工程措施建议。预测施工和运营期间多年冻土地质环境可能发生的变化,并提出防治措施建议。

2 车站或单独住宅区工程地质图,比例1:500~1:5 000。

3 车站或单独住宅区工程地质纵、横断面图,比例1:200~1:500。

4 勘探、测试和定位观测资料。

5 气象资料汇总表。

6 冻土工程计算的有关图表。

5.4.6 初测阶段站场及房屋建筑工程勘察,应包括下列内容:

初步查明站场及房屋建筑范围内多年冻土的工程地质、水文地质条件。判明建筑物场地及地基的稳定状态,进行必要的勘探、测试工作,为确定建筑物平面布置及主要建筑物基础类型等提供依据。一般中间站,可在沿线工程地质分段说明中阐明其冻土工程地质情况,对控制线路方案及需作代表性设计的站场及房屋建筑工程,可比照本节5.4.5条的有关要求编制必要的说明及图件。

5.5 给排水工程

5.5.1 多年冻土地区给排水工程勘察,应做好下列工作:

1 应充分搜集、利用青藏铁路多年冻土区既有区域水文地质资料、给排水勘测设计资料及观测资料。

2 应认真调查多年冻土地区既有的给、排水建(构)筑物的现状,设置方式、运营管理情况,病害防治措施和应用效果,并搜集相关资料。

3 应与地方有关部门联系,掌握污水受纳水体的等级和该地区对污水排放的要求等。

5.5.2 多年冻土地区的水源勘察,应包括下列内容:

1 水源的调查、测试:

1)水源调查应以给水站、供水站(点)为中心由近向远进行,应根据周边水文地质条件,确定自建供水水源或由地方供水的各种可行性,并进行水源方案比选。

2)当确定地表水作为水源时,应查明河流的冲刷、淤积、冻结、水质等情况;提出取水形式、合理确定取水口位置,查明取水口附近河床、岸坡的稳定情况,及应采取的加固和防护措施等;若河流水深不够时,应研究修建暗坝或集水管等工程的可行性。应垂直于河岸测取水断面3个(间距30 m),以供设计比选之用,其比例根据具体情况决定。断面上应标明设计所需要的洪、枯水位并填绘工程地质资料。

3)对沿线既有供水水源,应调查取水构筑物类型、结构和地层剖面;出水量、水位、水质及其动态变化;查明施工年代、用途和曾出现过的问题;对有价值的取水构筑物宜搜集含水层的颗粒分析资料。

2 供水水文地质勘察

1)青藏铁路多年冻土地区供水水文地质勘察,应查明常年流水的地表水和地下水的分布情况。地下水除融区地下水外,主要类型有冻结层上水、冻结层间水和冻结层下水。其主要找水标志是:大河融区,冰椎、冻胀丘、爆炸性充水鼓丘、热融湖塘、沼泽化湿地,出水稳定且水温较高的上升泉、构造断裂带等。宜在初步掌握区域水文地质条件和上述地下水类型及分布特征的基础上进行。

2)进行地表水调查勘探时,应查明多年冻土区河流、热融湖塘的水量、水质、水深、畅流区、封冻期,河、湖床物质组成、阶地发育情况,融区范围,地下水与地表水的水力联系。

3)进行地下水调查勘探时,应查明多年冻土的天然上、下限。查明可开采地下水的类型、分布规律、埋藏特征,贮存形式及其相互关系。应查明各类地下水水化学在水平与垂直方向的变化规律,水质与地质构造、含水层岩性的关系。对可开采量、水质及对环境的影响,提出评价意见。

4)进行地下水露头调查勘探时,应查明露头处的地层岩性,地质构造特征,泉水和热矿泉的成因、分布;构造融区的类型及范围;冰椎、冻胀丘的成因、分布、发育和消融时期、冬季充水程度、历年变迁规律;地下水的水质、水量、水温,各层水之间的水力联系,并评价利用和开发前景,及其对多年冻土环境的影响,提出预防措施。

3 水源的勘探、测试应符合下列要求:

1)多年冻土区水源勘探剖面,在第四系松散层地区,可垂直或沿河流、古河道、融区布置;或垂直融区含水层中的地下水流向布置;勘探剖面也可布置在冰椎、冻胀丘发育地段和河流、热融湖塘附近的融区地带;当开采冻结层下水时,应结合物探资料布置。

2)多年冻土地区的水源勘探,应先物探,以物探指导钻探。物探应合理选用电法、震法、地质雷达等多种方法,以相互验证和补充。

3)多年冻土地区水文地质钻探应符合本暂规 4.5.7、4.5.8 条的有关要求。

4)应分层取代表性土样进行颗粒分析等岩土试验;应分层取代表性地下水水样进行水质分析。

4 水源勘察的资料编制应包括以下内容:

1)水源勘察报告。包括给水站、生活供水站(点)的水源勘察说明,应提出水源方案比选情况及推荐意见。

2)多年冻土地区给水站综合水文地质图,比例 1:10 000 ~ 1:50 000。

3)地下水水源地平面图(比例 1:500)。应反映地层、成因及冻土类别等水文地质特征及试坑、钻孔位置和编号。若以大口井或管井取水,地形又特别平坦时,可与管路平面图合并绘制。

4)地表水水源地;平面图(比例 1:500)及河床横断面图。平面图范围应包括设置取水构筑物、一级泵房、净水构筑物、二级泵房等建(构)筑物位置。河床横断面图应标明 50 年一遇的洪水位,33 年一遇的枯水位及勘测时水位等。图中均应反映必要的水文地质特征。

5)多年冻土地区给水站水文地质断面图,比例横 1:1 000 ~ 1:2 000,纵 1:50 ~ 1:2 000。

6)多年冻土地区生活供水站(点)水文地质图,比例 1:10 000 ~ 1:50 000(必要时作)。

7)钻探及抽水试验综合成果图。

8)地下水水化学图(必要时作)。

9)水质分析、岩土试验、地温观测及物探等原始资料。

5.5.3 多年冻土地区的水源选择应符合下列要求:

1 多年冻土地区,生产用水应优先选择能常年供水的水源。在经济、技术条件综合比较认为合理的前提下,生活用水一般也应优先选择能常年供水的水源。

2 多年冻土地区,可常年供水的水源应以开采地下水为主。有条件时应优先选择地下水位埋藏较浅,且不被洪水淹没的融区作为水源地;当站区际近无隔区时,宜开采冻结层下水;冻结层上水仅可作为季节性供水水源。

3 当水源特别困难时,经技术经济比较后,也可采用水槽车(火车、汽车)拉水,或就近取冰解决用水问题。以罐车供水时,除应在供水站(基地)增加相应需水量外,还应在本站和供水站选定供水、卸水、贮水构筑物及给水所的合适位置。

4 当采用与地方单位联合供水方案时,应与供水方协商签定供水协议并收集有关资料。

5 水源应满足卫生防护的要求。

6 选择水源时,尚应考虑给水所地基的稳定性。

5.5.4 给水构筑物勘察

1 给水构筑物建筑场地的选择,应符合下列要求:

1)应优先选择在日照条件好,避风的完整基岩、不融沉或弱融沉地基上;避免选择在不良冻土现象和厚层地下冰分布地段及融区边缘的多年冻土不稳定地带。若必须在上列不稳定地带或不良冻土现象分布地段修建构筑物时,应考虑特殊处理措施。

2)建筑场地选择,还应考虑不影响交通,且有利于自身排水及地表排水等因素。

2 给水构筑物的调绘、勘探、测试和资料整理应符合下列要求:

1)一般给水构筑物的地基勘探深度为8~12 m,并不得浅于2倍的天然上限深度。应查明建筑场地层、岩性,多年冻土类别及其融沉性,多年冻土地温特征及天然上限埋深,季节融化层的冻胀性等,并测试土石的物理力学性质,编制分段工程地质说明。

2)特殊给水构筑物(如水塔等)地基的勘探深度为16~20 m,并不得浅于3倍的天然上限深度。应查明建筑场地的地层岩性,多年冻土类别、特征及融沉性,多年冻土天然上限埋深,季节融化层的冻胀性,并测试土石的物理力学性质,编制工程勘察报告和地质说明,工程地质图及剖面图等。

3)若在上述规定的勘探深度范围内遇到基岩时,则钻至基岩风化层以下0.5 m即可。

5.5.5 排水构筑物勘察

1 排水构筑物位置的选择应符合下列要求:

1)污水处理与排放,应符合国家与地方现行的治理、排放标准和规定。当铁路污水单独处理或排放时,其处理及排放方案应取得当地有关部门的同意,并取得书面意见。

2)污水排出口,宜选择在具有良好渗透性能地层的融区;也可以利用自然地形,选择在沟谷及大的低洼地附近。

3)其他排水构筑物建筑场地选择可参照本暂规5.5.4条1款1)项办理。

2　排水构筑物的调绘、勘探、测试和资料整理应符合下列要求:

1)排出口处应查明地层岩性,地层的渗透性,多年冻土在平面和剖面上的分布特征,融区的分布范围等。

2)应查明多年冻土天然上限的埋深,季节融化层的冻胀性。

3)取代表性土样进行物理、力学性质试验。

4)进行必要的地温观测。

5)编制勘察报告和工程地质图、断面图等。

5.5.6　给排水管路勘察

1　给水、排水管路的选线应符合下列要求:

1)管路应绕避冰椎、冻胀丘、爆炸性充水鼓丘、沼泽化湿地、热融滑塌和厚层地下冰等不良冻土现象分布地段;

2)管路应尽量选择在不冻胀或弱冻胀、不融沉或弱融沉地基地段通过;

3)管路宜选择在日照条件好、避风的地段通过,以减少热量损失。

2　给水、排水管路工程调绘、勘探和测试应符合下列要求:

1)无论明铺式(地面式)或埋地式均应查明地层结构,多年冻土的类型及其融沉性,天然上限深度及厚层地下冰分布,季节融化层的冻胀性,冻结层上水的水文地质特征,多年冻土及季节融化层的地温特征等。

2)管路跨越河流、沟谷等处,应测绘断面大样图,并填绘工程地质及水文资料。若有冲刷可能,需要作特别防护时,应测绘地形、地质平面图及地质纵断面图,并调查最高及最低水位、河(沟)岸的冻土工程地质条件和冲刷情况等。

3　给排水管路的资料编制应符合下列要求:

1)当给水管路在站场地形图范围内时,应搜集和利用站场地质图等有关冻土工程地质资料。

2)当给水管路超出站场地形图范围时,应另行编制有关资料:

① 管路地形平面图,均须填绘岩层分界线,冻土类别、范围,多年冻土天然上限埋深(在地层小柱状图上)、勘探点位置等工程地质内容。

② 地质复杂或不良冻土现象分布地段的管路还应提供工程地质说明,并填绘管路工程地质纵断面图。其横向比例尺与平面图比例尺相同,纵向比例1∶100~1∶200。

③ 一般地区的管路只编写工程地质分段说明。

5.5.7　初测阶段供水工程勘察,应满足下列要求:

为各给水站、生活供水站(点)进行水源调查,进行必要的勘探测试工作,查明各类水源的水文地质特征和各项技术参数,并进行方案比选,提供经济合理的水源方案;提供给排水构筑物选址和给排水管路选线所需的勘测资料;编制初测勘察报告和相关图件。

6　各勘测阶段的勘察工作

6.1　踏　　勘

6.1.1　踏勘阶段应了解各线路方案及各类重点工程的区域冻土工程地质条件和影响线路方案的主要冻土工程地质问题,为评价各线路方案和编制预可行性研究报告提供资料。

6.1.2　多年冻土地区踏勘阶段的工作应包括下列内容:

1　应广泛搜集和研究线路通过地区既有区域冻土、工程地质、水文地质、遥感图像、地震、气象、水文和冻土科研成果等资料,并在此基础上拟定勘察重点和应解决的问题。

2　概略调查了解线路通过地区的地层岩性、地质构造、多年冻土的分布及特征、不良冻土现象的类型及分布等冻土工程地质条件;初步查明片状多年冻土的南北界线及岛状多年冻土的概略范围;在调查、勘探资料的基础上进行工程地质分区。了解影响线路方案的主要冻土工程地质问题,确定选线原则,进行线路方案研究比选。

3　重点调查研究控制线路方案的不良冻土现象发育地段、越岭地段、长大隧道、大河桥渡及地质复杂的斜坡地段的冻土工程地质条件,结合既有工程情况,提出线路径路、重点工程设置和方案比选意见。

4　概略调查了解存在的多年冻土环境工程地质问题。

5　提出下阶段的工作重点和需先期安排的观测、试验工作地段及内容。

6.1.3　多年冻土区踏勘阶段资料编制应符合下列要求:

1　总说明书。除应符合本暂规第 4.1.6 条的一般规定外,主要应阐明 6.1.2 条的工作成果、线路方案研究概况及方案比选意见。

2　线路平面、纵断面缩图,图中应包括地震基本烈度分区界线,多年冻土范围等。

3　全线工程地质图,比例 1∶200 000,图中应包括多年冻土工程地质分区界线及控制线路方案的重大不良冻土现象及界线、地震基本烈度分界线等。

4　线路平面图和纵断面图,包括推荐方案和主要比较方案;比例尺,平面图 1∶20 000,纵断面图横 1∶50 000,竖 1∶2 000,图中重点填绘主要地质构造界线和控制线路方案的多年冻土类型、不良冻土现象等。

5　勘探、测试及冻土工程地质照片等原始资料,必要时附遥感解释资料。

6.2　初　　测

6.2.1　初测阶段的勘察工作应在踏勘阶段工作的基础上,根据预可行性研究报告的审查意见,进一步查明线路通过地区的冻土工程地质、水文地质条件,做好线路方案和各类重点工程设置方案的比选工作,为优化线路方案,编制可行性研究设计文件提供依据。

6.2.2　多年冻土区初测阶段的调绘应包括以下内容:

1　初步查明沿线地层岩性,地质构造,片状多年冻土、岛状多年冻土及融区的分布范围及特征;初步查明沿线地表水和地下水的类型、分布及特征;重点查明高含冰量多年冻土的分布、厚度及不良冻土现象的成因、分布、形态、性质及特征,并评价其对线路及各类工程的危害程度;对各线路方案提出冻土工程地质条件和水文地质条件的评价意见。

2 调查既有工程的运营状况及对多年冻土环境的影响,评价铁路建设可能引起的多年冻土环境工程地质问题。

3 布置地温长期观测孔,开展地温观测,查明沿线地温分布特征,并根据调绘、勘探测试等资料,做好第二级工程地质分区(地温分区)。结合沿线冻土工程地质条件和工程地质选线原则,反复进行线路方案研究,提出线路方案及重点工程设置比选意见,确定推荐方案和主要比较方案。

4 查明控制线路方案的重点路基、大桥、隧道、车站及集中房屋建筑场地的冻土工程地质条件,确定需进行代表性设计的各类工程的地段和数量;并为其设计搜集必须的勘察资料。

5 根据国家现行的《全国地震烈度区划图》,结合沿线地层岩性、地质构造、地貌、水文地质和多年冻土条件,确定沿线地震基本烈度分界线。

6 根据线路方案、多年冻土的工程地质分区和工程设置等情况,选定临时气象站、定位观测站的地点;确定各类试验工程的试验地段及内容,并开展勘测(设计),做好配合施工。

7 调查沿线既有建筑物、大型取土场地的工程地质条件、使用情况、病害情况及治理经验等。

6.2.3 多年冻土区初测阶段的勘探、测试工作应符合下列要求:

1 勘探工作宜采用物探、挖探、钻探、轻便勘探等相结合的综合勘探方法。根据气候变化特点和勘探目的,选择适宜的季节进行。

2 勘探点的数量应根据工程类别、冻土工程地质条件的复杂程度确定。一般地段为初步查明冻土工程地质条件,代表性勘探点宜按地貌单元布设,其间距不宜大于 500 m;控制线路方案的重点工程及需进行代表性设计的工点,宜按工点的要求布置。地温长期观测孔,应满足工程地质分区的需要,按地貌单元布设,一般每 4 ~ 10 km 应有一个。在高温不稳定多年冻土地段应结合工程需要,布置查明多年冻土下限的代表性钻孔。

3 勘探孔深度也应根据工程类别、冻土工程地质条件的复杂程度确定。一般应不小于 8 m,也不得小于 2 倍的天然上限探度。地温观测孔深度应大于地温年变化深度,也不得小于 16 m。

4 应按典型工点或地段取代表性岩样、土样和水样进行物理、热物理、力学试验和水质分析。其要求应符合本暂规 4.5、4.6 节的有关规定。

5 应对地温观测孔进行地温观测,其要求应符合本暂规 4.6.9、4.6.10 条的有关规定。

6 当冻土工程地质条件复杂、地层差异较大时,宜沿纸上定线的中线,布设一定数量的物探横断面查明其冻土工程地质条件,为线路方案和工程设置方案比选提供依据。

7 开展临时气象站和定位观测站的观测工作,为设计、施工及运营提供和积累基础资料。

6.2.4 多年冻土地区初测阶段资料的编制应符合下列要求:

1 综合资料

1)勘察报告。其内容除应符合本暂规第 4.1.6 条的一般规定外,尚应包括多年冻土工程地质分区情况,选线原则,方案比选意见,各类建筑物与多年冻土的关系,各类冻土的主要物理力学指标,通过冻土地质条件复杂地段和不良冻土现象分布地段应采取的工程措施以及多年冻土环境工程地质评价等。

2)线路方案平面缩图。主要填绘主要地质构造界线、多年冻土工程地质分区界线、重大不良冻土现象。

3)全线工程地质图,比例 1:200 000,图中应填绘主要地质构造界线、控制线路方案的重大工程及不良冻土现象的分布,工程地质分区界线等。

4)推荐方案和主要比较方案线路平面图,比例 1:2 000 ~ 1:5 000,详细工程地质图可与其合并绘制。图中应详细填绘主要地质构造界线,不良冻土现象类型及界线等内容。

5)推荐方案和主要比较方案线路纵断面图,比例横 1:10 000,竖 1:1 000,详细工程地质纵断面图可与其合并绘制。图中工程地质特征栏应分段重点说明多年冻土类型和天然上限埋深、年平均地温及其他工程地质特征等内容。

6)沿线工程地质分段说明,根据导线里程或纸上定线里程按地形地貌、地层岩性、地质构造、多年冻土类型及特征、不良冻土现象、多年冻土天然上限深度、季节融化层的冻胀性等冻土工程地质条件及勘探、测试资料,分段编写。并提出一般地段的设计地质参数、工程措施意见等。

7)勘探、测试及其他观测资料、工程地质照片等分别汇总成册。

2　工点资料

控制线路方案或需做代表性设计的工点,参照本暂规第 5 章的有关要求,按各类建筑物分别编制勘察资料。

6.3　定　　测

6.3.1　定测阶段的勘察工作,应在初测阶段工作的基础上,根据可行性研究报告的批复意见,详细查明采用方案的冻土工程地质和水文地质条件,进行局部线路方案比选,确定线路位置,为各类工程的初步设计搜集资料。

6.3.2　多年冻土地区定测阶段的调绘应包括下列内容:

1　查明沿线地层岩性、地质构造、岛状多年冻土和岛状融区、大河融区的分布、特征、界线及地温状态;查明沿线地表水、地下水和不良冻土现象的类型、分布和特征,及其对工程的影响;进行沿线冻土类型的分段,并提出评价意见。

2　对有比较价值的局部线路方案,提出评价方案的冻土工程地质资料及方案选择意见,确定线路位置。

3　受冻土工程地质条件控制的地段,应根据地质横断面及工程设置条件合理确定线路位置。

4　按本暂规第 5 章的要求,沿线按工点开展工作。查明各类建筑物地基的冻土工程地质条件,提供设计参数,提出相应的工程措施意见。

5　详细调查了解既有工程的设计、施工和运营情况及多年冻土环境的变化,预测铁路工程的施工和运营对多年冻土环境的影响,提出环境保护措施建议。

6 修改、完善全线工程地质图,详细工程地质图、填绘详细工程地质纵断面图等综合图件。

7 预测各类建筑物的修建及运营对场地冻土工程地质条件和环境变化的影响,提出工程措施意见。

8 详细查明多年冻土区既有建筑物的使用、病害情况、工程治理措施及效果。

6.3.3 多年冻土地区定测阶段的勘探、测试应符合下列要求:

1 应采用物探、钻探、简易或轻便勘探、原位测试和室内试验等多种手段,互相补充、验证,重点查明多年冻土类型及其分布范围,经综合分析后为各类工程建筑物设计提供设计参数。

2 勘探点的位置及深度应以能查明多年冻土工程地质条件、作出冻土类型划分、满足工程建筑物设计要求为原则。一般路基地段,间距不宜大于250 m,孔深不得小于8 m,也不得小于2倍的天然上限。

3 地温观测孔,应在分析沿线工程设置和工程地质分区情况的基础上,适当加密布置。其孔深一般不宜小于16 m。

4 各类代表性岩、土、水的取样和试验应满足工程设计的需要。

5 为查明"高温不稳定多年冻土区(Ⅰ、Ⅱ)"的边界和细颗粒土(粉土、黏性土)中的含冰率,岛状多年冻土边界,多年冻土地区的融区分布情况等复杂地段的地质条件,其钻孔布置宜适当加密和加深。

6 岛状多年冻土、高温不稳定多年冻土地段和重点工程场地应根据工程设置要求和多年冻土类型,布置适量钻孔查明多年冻土下限。

7 多年冻土区季节融化层土的原位测试成果,应根据土的含冰率和测试方法,经综合分析后提供。

8 对重要、等级较高的建筑物及冻土工程地质条件较差的大型建筑物等工程地基,应结合现场情况实测确定各项设计参数。

6.3.4 多年冻土地区定测阶段的资料编制应符合下列要求:

1 综合资料:

1)勘察报告。其内容除应符合本暂规第4.1.6条的一般规定外,尚应包括局部方案比选意见,沿线各类工程的分布及其冻土工程地质条件,重大工程的冻土工程地质条件及主要处理措施,定位观测站点的设置、观测内容及资料分析,施工中应注意的事项及环境保护措施建议等。

2)根据定测资料和工点资料修改完善全线工程地质图、线路平面图(详细工程地质图)、填绘线路详细纵断面图(详细工程地质纵断面图)等全线综合图件。

3)勘探、测试、定位观测及其他原始资料,分类整理,装订成册。

2 工点资料:

各类工程的勘察资料应按本暂规第5章的有关规定编制。

6.3.5 补充定测工程勘察的技术要求与定测阶段的相同。

6.4 配合施工

6.4.1 配合施工阶段的勘察工作,应在熟悉勘察资料的基础上,根据施工暴露的冻土情况,详细核实、修正设计图中的勘察资料,分析新发现的不良冻土现象及工程建设发生的条件变化,及时预测和解决施工中遇到的冻土工程问题,以利施工的顺利进行。

6.4.2 配合施工阶段的勘察工作应包括以下内容:

1 研究勘察资料,掌握沿线各类工程及不良冻土现象的分布情况,预测施工中可能遇到的冻土工程问题和冻土环境问题,为施工单位编制实施性施工组织文件,提出注意事项和建议。

2 在施工进程中,应根据开挖遇到的及施工过程发生的冻土工程问题,核实、修正设计图中的勘察资料,提出补充勘察或改变设计的建议。

3 经常了解各类工程的基坑、地基和路堑等的开挖及施工情况,掌握土(冻土类型、含冰情况)、石(构造、裂隙发育情况、有无含冰的软弱夹层、岩石破碎程度及含冰情况)成分及地下水的变化,预测和分析边坡和基底的稳定性,提出工程处理措施建议和施工注意事项。对冻土地质条件复杂的工点,在施工中尚应监测其变形情况。必要时,应布置观测桩、网进行观测。

4 在隧道掘进过程中,详细编录冻土工程地质和水文地质条件的变化情况,记录隧道洞口及洞身的变形特征,并分析对继续掘进的影响,提出施工注意事项和工程处理措施等。当地质条件复杂时,应实施超前预报。

5 施工期间,对长期地温观测孔应继续观测地温。

6 根据施工情况,验证、核实取土场的勘察资料。必要时,应进行补充勘察。

6.4.3 配合施工阶段勘察资料的编制,除应符合铁道部变更设计的有关规定外,尚应符合下列要求:

1 一般工点配合施工阶段的勘察资料可利用设计文件中的纵、横断面图进行修正、补充,并在图中简要注明施工中出现的问题的性质、特征,施工中采取的措施及效果。

2 冻土地质条件复杂的重大工程应单独编制有关资料,其内容应包括:

1)配合施工勘察说明。简要阐明原勘察资料的情况,施工中遇到的主要冻土工程问题,解决的过程及处理措施、效果,运营中应注意的事项等。进行监测的,尚应说明观测桩、网的建立情况和对观测结果的分析情况。

2)编制施工地质纵断面、横断面图等,可利用原设计文件中的图件进行修正、补充。

3)编制隧道洞身展视图、基坑展视图等,必要时或必要的地段作。

3 编制多年冻土地段线路施工地质纵断面图,可利用设计文件中的详细工程纵断面图进行修正、补充。

6.4.4 配合施工阶段的勘察资料,在施工完成后,应与设计资料一并整理存档。

附录 A　青藏铁路沿线多年冻土的特征

青藏铁路穿越“世界屋脊”。自昆仑山北坡的西大滩至唐古拉山南麓的安多河谷，约在 550 km 范围内通过青藏高原（长）江（黄）河源多年冻土区。该区位于北纬 32°～36°之间，海拔大部在 4 400 m 以上，面积约 $24.5\times10^4\ km^2$。是世界上中纬度地带海拔最高、面积最大的多年冻土区。

该多年冻土区具有海拔高、气压低（544～600 mb）、气候严寒（年平均气温 −2 ℃～−8.5 ℃），冻结期长（全年达 7 个月以上，即使暖季夜间也有短暂的冻结）、多年冻土年平均地温低（0～−5 ℃）、积雪较薄，且保存时间不太长等特点。由于所处纬度较低、海拔较高，太阳辐射强烈。

该区多年冻土的分布具有明显的垂直地带性。海拔每升高 100 m，年平均地温降低 0.5 ℃～0.6 ℃、冻土厚度也相应增大。冻土分布还受纬度的影响，纬度每往南推移一度，多年冻土分布的下界约上升 100～130 m。下界处的年平均气温约为 −2 ℃～−3 ℃，比我国高纬度地区多年冻土南界的年平均气温要低 1 ℃～2 ℃。相应于年平均气温 −5 ℃地区的多年冻土厚度估计为 120～160 m。部分地区热流值较高，常由构造地热形成融区。但在含水率较高的黏性土地区，普遍分布有厚度较大的水平冰层，其体积含冰量常大于 80%，最厚可达 5 m，顶面一般即为多年冻土的天然上限。由于埋藏较浅，易受表面条件和气候变化的影响，常形成热融滑塌、热融湖塘、冰椎、冻胀丘等不良冻土现象。

为更好地反映高海拔多年冻土的分布特征，我国学者提出了以年平均地温为主要指标、按照热稳定性分带的方案，并根据垂直地带性规律进行了带的命名和青藏公路沿线多年冻土的分带，如表 A.0.1。青藏铁路基本与青藏公路相邻，青藏公路多年冻土区的分带表，可供青藏铁路勘察设计中参考。

表 A.0.1　青藏公路多年冻土区的分带表

<table>
<tr><th colspan="2">带　　名</th><th>年平均地温（℃）</th><th>多年冻土厚度（m）</th><th>带界处的年平均气温（℃）</th><th>热稳定性评价</th></tr>
<tr><td rowspan="2">上带</td><td>极稳定型（昆仑山山地基岩型）</td><td>< −5.0</td><td>>170</td><td rowspan="6">−8.5
−6.5
−5.0
−4.0
−2.0～−3.0</td><td rowspan="2">热惰性用几千～几万年计，可采用保护冻土原则建筑</td></tr>
<tr><td>稳定型（风火山垭口型）</td><td>−3.0～−5.0</td><td>110～170</td></tr>
<tr><td rowspan="2">中带</td><td>亚稳定型（可可西里低山丘陵型）</td><td>−1.5～−3.0</td><td>60～110</td><td rowspan="2">年平均气温变化 1～2 ℃，并不引起多年冻土融化，采用保护冻土原则要加强措施</td></tr>
<tr><td>过渡型（楚玛尔河高平原型）</td><td>−1.0～−1.5</td><td>30～60</td></tr>
<tr><td rowspan="2">下带</td><td>不稳定型（西大滩谷地型）</td><td>−0.5～−1.0</td><td>0～30</td><td rowspan="2">变化最大，一般不宜采用保护冻土原则建筑</td></tr>
<tr><td>极不稳定型</td><td>+0.5～−0.5</td><td></td></tr>
</table>

附录 B 冻土的描述和定名

表 B.0.1

土类	含冰特征		冻土定名
冻土	一、肉眼看不见分凝冰的冻土(N)	1. 胶结性差,易碎的冻土(N_f)	少冰冻土(S)
		2. 无过剩冰的冻土(N_{bn})	
		3. 胶结性良好的冻土(N_b)	
		4. 有过剩冰的冻土(N_{bc})	
	二、肉眼可见分凝冰,但冰层厚度小于或等于 2.5 cm 的冻土(V)	1. 单个冰晶体或冰包裹体的冻土(V_x)	
		2. 在颗粒周围有冰膜的冻土(V_c)	多冰冻土(D)
		3. 不规则走向的冰条带冻土(V_r)	富冰冻土(F)
		4. 层状或明显定向的冰条带冻土(V_s)	饱冰冻土(B)
厚层冰	冰层厚度大于 2.5 cm 的含土冰层或纯冰层(ICE)	1. 含土冰层(ICE+土类符号)	含土冰层(H)
		2. 纯冰层(ICE)	ICE+土类符号

注:

N——肉眼看不见分凝冰的土;

N_f——脆性冻土;

N_b——胶结好的冻土;

N_{bn}——无过剩冰的冻土;

N_{be}——有过剩冰的冻土;

V——肉眼可见分凝冰的冻土;

V_x——单个冰晶或冰包裹体;

V_c——冰包裹在颗粒外围;

V_r——随机或无定向冰形成物;

V_s——条带状或明显定向冰的形成物;

ICE——厚度大于 2.5 cm 的明显冰层,单独使用 ICE 标出;

ICE+土类——冰中含有土块包裹体;

ICE——冰中无土块包裹体。

附录 C　冰土构造、冻土融沉性分级的野外鉴别

外业调查时，对多年冻土的冻土构造、融沉性分级可按表 C.0.1、表 C.0.2 进行鉴别。

表 C.0.1　冻土构造的野外鉴别

构造类别	冰的产状	岩性与地貌条件	冻结特征	融化特征
整体构造	晶粒状	① 岩性多为粗颗粒土，冻结的砂砾石土亦可产生此种构造。 ② 一般分布在长草的阶地和缓坡地带，以及其他地带。 ③ 土壤湿度：稍湿（$W_A < W_P$）	① 粗颗粒冻土：结构较紧密，孔隙中有冰晶，可用放大镜观察到。 ② 细颗粒冻土：呈整体状。 ③ 冻土强度较低，一般（中等）可用锤子击碎	① 融化后原土结构不产生变化。 ② 融化后无水渗出现象。 ③ 融化后，不产生融沉现象
层状构造	微层状（冰厚一般可达 1 ~5 mm）	① 岩性以粉土、黏性土为主。 ② 多分布在冲—洪积扇、阶地及其他地带，地表植被较茂密。 ③ 土壤湿度：潮湿（$W_P \leqslant W_A < W_P+7$）	① 粗颗粒冻土：孔隙被较多冰晶充填，偶尔可见薄冰层。 ② 细颗粒冻土：呈微层状构造，可见薄冰层或薄透镜体冰。 ③ 冻土强度高，不易击碎	① 融化后原土体积缩小的现象不明显。 ② 融化后有少量水分渗出。 ③ 融化后，产生弱融沉现象
	层状（冰厚一般可达 5 ~10 mm）	① 岩性以粉土、黏性土为主。 ② 一般分布在阶地或塔头沼泽地带。 ③ 有一定的水源补给条件。 ④ 土壤湿度：很湿（$W_P+7 \leqslant W_A < W_P+15$）	① 粗颗粒冻土：颗粒被冰分离，可见到较多冰透镜体。 ② 细颗粒冻土：可见到层状冰。 ③ 冻土强度高，极难击碎	① 融化后土体积缩小。 ② 融化后有较多水分渗出。 ③ 融化后产生融沉现象
网状构造	网状（冰厚一般可达 10 ~25 mm）	① 岩性以细颗粒为主。 ② 一般分布在沼泽与低洼地带。 ③ 土壤湿度：饱和（$W_P+15 \leqslant W_A < W_P+35$）	① 粗颗粒冻土：有大量冰层或冰透镜体存在。 ② 细颗粒冻土：呈冰土互层状。 ③ 冻土强度偏低，易击碎	① 融化后土体积明显缩小，水土界限分明，并可成流动状态。 ② 融化后产生强融沉现象
	厚层网状（冰厚一般可达 25 mm 以上）	① 岩性以细颗粒土为主。 ② 分布在低洼积水地带，植被以丘状草皮为主。 ③ 土壤湿度：超饱和（$W_A \geqslant W_P+35$）	① 以中厚层网状构造为主。 ② 冰体积大于土体积。 ③ 冻土强度很低，极易击碎	① 融化后水土分离现象极其明显，并成流动体。 ② 融化后产生融陷现象

表 C.0.2　冻土融沉性分级的野外鉴别

融沉分类	粗颗粒类土		黏性土	
	冻结状态特征	融化过程特征	冻结状态特征	融化过程特征
不融沉	整体构造，结构较为紧密，仅在孔隙中有冰晶存在	在融化过程中结构没有变化	整体状冻土构造，冻土中肉眼看不到冰晶，多数小冰晶可在放大镜下见到	在融化过程中原土的结构不发生变化，没有渗水现象

续上表

融沉分类	粗颗粒类土		黏性土	
	冻结状态特征	融化过程特征	冻结状态特征	融化过程特征
弱融沉	有较多冰晶充填孔隙,偶而可见薄冰层及冰包裹体	融化后产生的密实作用不大,结构外形基本不变,有明显渗水现象	以整体状冻土构造为主,偶可见微冰透镜体或小的粒状冰	在融化过程中原土结构基本不变,但体积有缩小现象,并有少量渗水现象
融沉	除孔隙被冰充填满外,可见冰晶将矿物颗粒包裹,使卵砾石相互隔离或可见较多的冰透镜体	在融化过程中发生明显的密实作用,并有大量水分外渗,土表面可见水层	以层状冻土构造为主,冻土中可见分布不均的冰透镜体和薄冰层	在融化过程中有明显的密实作用,有较多水分外渗
强融沉	卵砾石颗粒基本为冰晶所包裹或存在大量的冰透镜体	融化过程中冻土构造受破坏,水土(石)产生密实作用,最后水土(石)界限分明	以网状、层状冻土构造为主,在空间上,冰土普遍相隔分布	融化后即失去原来结构,发生崩塌,呈流动状态。在容器中融化后水土界限分明
融陷	冰体积大于土颗粒体积	融化后,水土(石)分离,上部可见水层	以中厚层网状、层状构造为主,冰体积大于土的体积	融化后完全呈流动体

附录 D 冻土的季节融化与冻结深度

D.0.1 冻土的季节融化深度

标准融深 Z_0^m 为衔接多年冻土地基(属非融沉性黏性土,地表平坦,裸露的空旷场地),多年(不少于 10 年)实测最大融深的平均值(自融前地面起算)。

标准融深 Z_0^m,应以当地实测资料为准;也可按下式计算:

$$Z_0^m = 0.195\sqrt{\sum T_m} + 0.882(m) \quad (D.0.1—1)$$

式中 $\sum T_m$——融化指数的标准值(度·月),应以当地实测资料为准;也可按下式计算:

青海境内: $\sum T_m = (10\,722.7 - 141.25L - 114.00H)/30$ (D.0.1—2)

西藏地区: $\sum T_m = (9\,757.7 - 71.81L - 140.48H)/30$ (D.0.1—3)

式中 L——纬度(度);

H——海拔(100 m)。

设计中采用的融深 Z_d^m,可按下式计算:

$$Z_d^m = Z_0^m \cdot \Psi_S^m \cdot \Psi_W^m \cdot \Psi_C^m \cdot \Psi_{to}^m \quad (D.0.1—4)$$

式中 $\Psi_S^m \cdot \Psi_W^m \cdot \Psi_C^m \cdot \Psi_{to}^m$——融深影响系数,可按表 D.0.1 取值。

表 D.0.1 融深影响系数

项目	1				2				3				4
	Ψ_S^m				Ψ_W^m				Ψ_{to}^m				Ψ_C^m
	土质(岩性)影响				湿度(融沉性)影响				地形影响				
内容	黏性土	细砂粉砂粉土	中砂粗砂砾砂	碎(卵)石土	不融沉	弱融沉	融沉	强融沉	融陷	平坦	阴坡	阳坡	地表草炭覆盖
	1.00	1.20	1.30	1.40	1.00	0.95	0.90	0.85	0.80	1.00	0.90	1.10	0.70

注:湿度(融沉性)影响一项,按本暂规表 3.1.2 和表 3.2.1 划分。

D.0.2 土的季节冻结深度

标准冻深 Z_0 为地下水埋深与冻结锋面值间的距离大于 2.0 m,属非冻胀性黏性土、地表平坦、裸露、城市之外的空旷场地,多年(不少于 10 年)实测最大冻深的平均值(自冻前地面起算)。

标准冻深 Z_0,应以当地实测资料为准。

设计冻深 Z_d,可按下式计算:

$$Z_d = Z_0 \cdot \Psi_{ZS} \cdot \Psi_{ZW} \cdot \Psi_{Ze} \cdot \Psi_{Zto} \quad (D.0.2—1)$$

式中 Ψ_{ZS}、Ψ_{ZW}、Ψ_{Ze}、Ψ_{Zto}——冻深影响系数,按表 D.0.2 取值。

表 D.0.2 冻深影响系数表

项目	1				2					3			4		
	Ψ_{ZS}				Ψ_{ZW}					Ψ_{Ze}			Ψ_{Zto}		
	土质(岩性)影响				湿度(冻胀性)影响					周围环境影响			地形影响		
内容	黏性土	细砂粉砂粉土	中砂粗砂砾砂	碎(卵)石土	不冻胀	弱冻胀	冻胀	强冻胀	特强冻胀	村、镇、旷野	城市近郊	城市市区	平坦	阳坡	阴坡
	1.00	1.20	1.30	1.40	1.00	0.95	0.90	0.85	0.80	1.00	0.95	0.90	1.00	0.90	1.10

注:1 土的湿度(冻胀性)影响一项,按本暂规表 3.3.1 划分;

2 周围环境影响一项,按下述原则选用:

城市市区人口:20~50 万人,只考虑城市市区的影响;

50~100 万人口,要考虑 5~10 km 的近郊影响范围;

>100 万人口,尚应考虑 10~20 km 的近郊影响范围。

附录E　多年冻土上限的确定

E.0.1　多年冻土的上限深度,可按下式计算确定:

$$Z=\frac{\Delta Z}{n} \tag{E.0.1}$$

式中　Z——多年冻土上限深度(cm);

ΔZ——勘探时所探测的融化深度(cm);

n——融化深度系数。

E.0.2　式E.0.1中的融化深度ΔZ,应由野外勘探测试确定。勘探测试一般可采用触探法(用钢钎插入土中,根据融土硬度大、小的原理判别当时的融化深度)、坑探和槽深描述法(根据融土颜色深、无冰晶和冻土颜色浅、含冰晶等特点判别当时的融化深度)或孔内测温法(每隔一定间距用温度计测温后,绘制地温随深度变化曲线,线上通过零温轴的深度即为当时的融化深度)。

E.0.3　式E.0.1中的融化深度系数,可在图E.0.1所示的融化进程图上查取。融化进程图可根据当地气象台站的多年观测资料编制。如当地无气象台站时,也可直接采用图E.0.1估算。

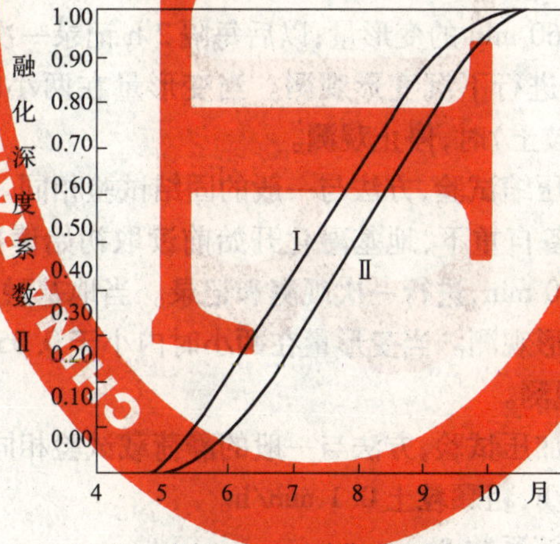

图E.0.1　融化进程图

图中Ⅰ线的应用条件为:地表植被不太发育(包括无植被或植被稀疏)、浅层土中含有少量草炭。Ⅱ线应用条件为:地表沼泽化、植被繁茂、浅层土中草炭含量及厚度大。

附录 F 冻土融化压缩试验要点

F.0.1 本试验的目的是测定冻土的融化下沉系数(融沉系数)δ_0 和冻土融化后体积压缩系数 m_v。

融化下沉——冻土融化过程中在自重作用下产生的沉降为融化下沉,其相对融沉量即为融化下沉系数 δ_0。

融化压缩——冻土融透后,在外荷载作用下所产生的压缩变形为融化压缩;其单位荷重下的相对变形量即为融化后体积压缩系数 m_v。

F.0.2 本试验的室内试验适用于各种冻结黏性土和粒径小于 2 mm 的冻结砂类土,原位测定适用于各种类型的冻土。

F.0.3 室内试验采用融化压缩仪,类似于土的固结试验。原位试验类似于地基的静荷载试验。试验过程中要保证冻土试样或地基土持力层自上而下的单向均匀缓慢融化。

F.0.4 传压板加热可采用热水循环或电(汽)热式装置。传压板下面应放有消散孔隙水的透水装置。

F.0.5 室内试验:在试样上施加 1 kPa 压力。接通循环热水,冻土融沉开始,启动秒表计时,分别记录 1,2,5,10,30,60 min 的变形量;以后每隔 2 h 记录一次,直至试样全部融化,停止热水循环,但仍应继续进行下沉变形观测。当变形量在两小时内小于 0.05 mm 时(细颗粒土)或 0.2 mm(粗粒土)时,停止观测。

融沉稳定后,开始进行压缩试验,方法与一般的固结试验相同。

F.0.6 原位试验:仅在设备自重下,地基融化开始前读取初始读数。地基融沉开始后,可按 5,15,30 min,以后每 30 min,进行一次观测和记录。当地基融深达到要求深度后,停止加热,但仍应继续进行变形观测。当变形量在两小时内小于 0.05 mm 时(细颗粒土)或 0.2 mm(粗粒土)时,停止观测。

融沉稳定后,开始进行加压试验,方法与一般的静荷载试验相同。每级荷载下沉稳定标准为,细颗粒土 0.05 mm/h,粗颗粒土 0.1 mm/h。

F.0.7 按下式计算融化下沉系数 δ_0:

$$\delta_0 = \frac{\Delta H_i}{H_i} \times 100 \qquad (F.0.7\text{—}1)$$

式中 ΔH_i——冻土试样融化下沉量(cm);

H_i——冻土试样的高度(cm)。

按下式计算融化后体积压缩系数 m_v(MPa^{-1}):

$$m_v = \frac{S_{i+1} - S_i}{P_{i+1} - P_i} \qquad (F.0.7\text{—}2)$$

式中 P_i——第 i 级的压力值(MPa);

S_i——在 P_i 级压力下的沉降量(mm)。

F.0.8 同一土层参加统计的试验点不应少于三点,各系数试验值之极差不得超过平均值的 30% 。δ_0 或 m_v 应取试验值的平均值。

附录 G　冻土力学指标原位试验要点

G. 0. 1　冻胀量试验

1　土体在冻结过程中的冻胀变形量，即为冻胀量。

2　分层冻胀量可采用精密水准仪测量；当要求的精度不太高时也可用分层冻胀仪法测量。

3　分层冻胀仪法（叠合式与单独式）

中间用一锚固于多年冻土中的直杆作为基准杆（土层冻胀时保持不动），在其周围埋设规定深度上的冻胀量测杆，杆身外露于地面，测杆的上抬量与中间基准杆对比，即可很方便地求出不同深度上的冻胀量。这种分层冻胀仪可用木质，亦可用金属制作。

埋设时要保证基准杆不动，各测杆可自由独立地向上移动，其优点为埋设简单，观测方便。其缺点是精度较低，而且夏季各测杆在自重作用下不能恢复原位，需要每年重新埋设。

4　精密水准仪测量法：

将例 T 型测杆分别埋设于不同深度的各点上，用精密水准仪测量各测点高度的变化，即可求得任何时刻，任何深度上的冻胀量。

5　冻结深度观测：将冻深器埋入地下，并采取措施保证冻深器外套管在地基土冻胀时稳定不动。胶管中注入当地地下水，所测冻深即为冻结深度。冻结深度加上冻胀量即为该地的冻层厚度。

6　冻胀量与冻结深度可同时观测。

G. 0. 2　冻结强度试验

1　原位现场冻结强度试验，即是在多年冻土地基中做“摩擦桩”的承载力试验（压入法如同受压承载力，拔出法如同抗拔承载力）。

2　试验中应注意下述几点：

1）试验时间必须安排在平均（沿垂直方向）地温最高的季节进行，否则应进行温度修正；

2）试验过程中必须采取措施保持地温的稳定；

3）试验开始之前，桩周地基土中的温度应达到基本回冻后的状态；

4）如试验长期冻结强度，应考虑冻土的流变特性，并按冻土的桩基载荷试验稳定标准进行。

其稳定标准和试验注意事项，与冻土地基中单桩竖向静载试验要点相同，即当连续 24 h 的变形量不超过 0. 5 mm 时，为已稳定，可施加下一级荷载；如果连续 240 h 达不到稳定标准，即为破坏。

G. 0. 3　切向冻胀力试验：

1　进行切向冻胀力试验，一般锚桩、横梁法比较简便、多用。两根或四根锚桩的抗拔力与上抬变形和横梁的强度与刚度，必须用预估最大切向冻胀力来设计。

2　标准测力计应经过率定，当温度变化较大时，应进行温度修正。

3　锚桩与试验基础之间的距离，以不影响周边冻土在冻胀时对试验基础的作用为原则，即不小于切向冻胀力的最小影响范围。

4　安装测力计、垫块等时，必须使其紧密接触，避免空隙，以防受力后有空行程，使切向冻胀力产生松弛。

5　试验过程中，应保证基础范围内没有积雪和其他覆盖物的影响。

6　应在试验场范围内埋设冻深器，随时了解冻深发展情况。对锚桩及试验基础，应定期进行水准测量，以监视锚固设备是否因刚度不够，而造成基础上抬。

7　一般当冻深达到最大值时，方可终止试验观测。

附录 H　冻土地基静载荷试验要点

H.0.1　试验前冻土层应保持原状结构、天然温度,在承压板底部应铺厚度为 20 mm 的粗、中砂找平层。试验过程中,应保持冻土层的天然温度状态。

H.0.2　试验应符合以下要求:

1　承压面积应不小于 0.25 m^2。

2　加荷等级应不小于 8 级,初级为预估极限荷载的 15% ~30%,以后每级递增 10%。

3　每级加载后,最初 4 h 每小时测读承压板沉降量一次,以后每 4 h 测读一次,当 4 h 沉降速率小于前 4 h 沉降速率时或累计 24 h 沉降量小于 0.5 mm(砂土)、1.0 mm(黏性土)时,可认为地基已处于第一蠕变阶段(蠕变速率减小阶段),即可加下一级荷载。

4　在测读沉降的同时,应测定承压板 1~1.5b(b——承压板宽度)范围内冻土温度。

5　加荷后沉降连续 10 天大于或等于 0.5 mm(砂土)、1.0 mm(黏性土),或连续二次每昼夜沉降速率大于前一昼夜沉降速率,或总沉降量 $S>0.06b$ 时,则认为地基已达到冻土的稳定流与渐进流(蠕变速率增加阶段)的界线,其前级荷载即为极限荷载。

H.0.3　冻土地基承载力基本值的确定:

1　当 Q—S 曲线上有明确的比例极限时,可取该比例极限所对应的荷载;

2　当极限荷载能确定时,可取极限荷载的一半,若可同时取得比例极限和 1/2 极限荷载数值时,应取其低值;

3　当不能按上述两点确定时,如承载板面积为 0.25 m^2,对砂土可取 $S/b=0.015$ 所对应的荷载;对黏性土可取 $S/b=0.02$ 所对应的荷载。

H.0.4　同一土层参加统计的试验点不应少于三点,且其基本值极差不得超过平均值的 30%。地基承载力基本值应取该土层各试验点值的平均值。

附录 J 冻土钻探方法要点

J.0.1 钻探前应确认和核对钻孔位置、深度，并按钻探目的、要求，搜集有关冻土工程地质资料，做好钻探机具、设备等的准备工作。

J.0.2 钻探设备应在满足工程技术要求的前提下，根据施钻地区的交通条件和运输工具确定。交通困难地区，应尽量轻装。

J.0.3 冻土钻探的岩芯管接头应带弹子（或适当的代用品）。提钻前需瞬时加压。当提钻发现岩芯脱落时，可改用直径小一级的岩芯管钻进取芯。所取岩芯直径应满足试验要求。

J.0.4 岩芯管中取芯，通常用锤锤击钻头、热水加温岩芯管、空蹲岩芯管及缓慢泵压退芯等方法。取出的岩芯应自上而下按顺序摆放，并标记好回次进尺深度。

J.0.5 为保持冻土层孔壁的稳定，应设置护孔管及套管。护孔管和套管应固定在地表，以稳定地面高程和防止套管脱落于孔内。起拔冻土孔内的套管，一般采用振动拔管，或用热水对套管加温，也可在原孔四周钻小口径钻孔并辅以振动拔管。

J.0.6 因故不能连续钻探时（如受风、雨、雪天、休息日等的影响）应将钻具及时提出，以防止钻具冻结在钻孔内。

J.0.7 应按有关规定和技术要求，分层取样送验。

J.0.8 钻探和测温期间，应减少对场地地表植被的破坏。对需要保留的观测孔和测温孔，应按有关要求处理，否则应及时回填。

附录 K　冻土物理、热物理、力学参数

K. 0. 1　冻土、未冻土热物理指标计算值的确定

1　根据土类、天然含水量及干密度测定值，冻土和未冻土的容积热容量、导热系数和导温系数可分别按表 K. 0. 1—1 至表 K. 0. 4—4 取值。大含水率土的导热系数可按表 K. 0. 1—6 取值。表列数值允许直线内插。

2　相变热是指单位体积土中由于水的相态改变所放出和吸收的热量(单位：kJ/m³)，按下式计算：

$$Q = \theta \times \rho_d (W_A - W_u) \qquad (K.0.1—1)$$

式中　Q——相变热；

θ——水的结晶或冰的融化潜热，一般热工计算中取 334. 56 kJ/kg；

ρ_d——土的干密度；

W_A——土的天然含水率(总含水率)；

W_u——冻土中的未冻含水率。此指标是温度的函数，宜通过试验确定，也可用下式估算：

黏性土：$W_u = W_p \times k(T)$　　(K. 0. 1—2)

砂　土：$W_u = W_A (1 - i(T))$　　(K. 0. 1—3)

式中　W_p——塑限含水率，以小数计；

k——温度修正系数，由表 K. 0. 1—5 查取；

i——含冰率(冰质量与总水质量之比)，由表 K. 0. 1—5 查取；

T——温度。

表 K. 0. 1—1　草炭粉质黏土计算热参数取值表

ρ_d (kg/m³)	W %	C_u	C_f	λ_u	λ_f	$\alpha_u \cdot 10^3$	$\alpha_f \cdot 10^3$
		(kJ/(m³ · ℃)		(W/(m · ℃))		(m²/h)	
400	30	903. 3	710. 9	0. 13	0. 13	0. 50	0. 62
	50	1 237. 9	878. 2	0. 19	0. 22	0. 52	0. 92
	70	1 572. 4	1 045. 5	0. 23	0. 37	0. 54	1. 26
	90	1 907. 0	1 212. 8	0. 29	0. 53	0. 56	1. 59
	110	2 241. 6	1 380. 1	0. 35	0. 72	0. 57	1. 87
	130	2 576. 1	1 547. 3	0. 41	0. 88	0. 57	2. 06
500	30	1 129. 1	890. 8	0. 17	0. 17	0. 54	0. 69
	50	1 547. 3	1 099. 9	0. 24	0. 31	0. 56	1. 30
	70	1 965. 5	1 309. 0	0. 32	0. 51	0. 59	1. 40
	90	2 383. 7	1 518. 1	0. 41	0. 74	0. 61	1. 76
	110	2 801. 9	1 727. 2	0. 49	1. 00	0. 62	2. 08
	130	3 220. 1	1 936. 3	0. 56	1. 24	0. 63	2. 31

续上表

ρ_d (kg/m³)	W %	C_u	C_f	λ_u	λ_f	$\alpha_u \cdot 10^3$	$\alpha_f \cdot 10^3$
		(kJ/(m³·℃)		(W/(m·℃))		(m²/h)	
600	30	1 355.0	1 066.4	0.22	0.22	0.57	0.76
	50	1 856.8	1 317.3	0.31	0.42	0.61	1.15
	70	2 358.6	1 568.3	0.42	0.68	0.64	1.56
	90	2 860.5	1 819.2	0.53	0.99	0.67	1.95
	110	3 362.3	2 070.1	0.63	1.32	0.68	2.29
	130	3 864.2	2 321.0	0.75	1.61	0.68	2.51
700	30	1 580.8	1 246.2	0.27	0.30	0.61	0.87
	50	2 166.3	1 539.0	0.39	0.56	0.66	1.30
	70	2 375.4	1 831.7	0.53	0.88	0.70	1.74
	90	3 337.2	2 214.5	0.66	1.26	0.71	2.14
	110	3 922.7	2 417.2	0.79	1.67	0.73	2.50
	130	4 508.2	2 709.9	0.92	2.01	0.73	2.77
800	30	1 806.6	1 421.9	0.32	0.37	0.65	0.94
	50	2 475.7	1 756.4	0.48	0.68	0.70	1.41
	70	3 144.9	2 091.0	0.64	1.09	0.73	1.67
	90	3 814.0	2 425.6	0.80	1.55	0.76	2.32
	110	4 483.1	2 760.1	0.96	2.05	0.77	2.68
	130	5 152.2	3 094.7	1.10	2.47	0.78	2.88
900	30	1 171.0	1 342.4	0.38	0.40	0.68	1.03
	50	2 785.2	1 978.1	0.57	0.73	0.73	1.53
	70	3 538.0	2 354.5	0.75	1.14	0.77	2.03
	90	4 290.7	2 370.8	0.95	1.63	0.80	2.49
	110	5 043.5	3 107.2	1.14	2.12	0.82	2.46
	130	5 796.3	3 483.6	1.32	2.52	0.82	3.02

注：表中符号：ρ_d——干密度；W——含水量；λ——导热系数；α——导温系数；脚标 u 为未冻土，f 为冻土，c 为容积热容量；下同。

表 K.0.1—2　粉土、粉质黏土计算热参数取值表

ρ_d (kg/m³)	W %	C_u	C_f	λ_u	λ_f	$\alpha_u \cdot 10^3$	$\alpha_f \cdot 10^3$
		(kJ/(m³·℃)		(W/(m·℃))		(m²/h)	
1 200	5	1 254.6	1 179.3	0.26	0.26	0.73	0.76
	10	1 505.5	1 405.2	0.43	0.41	1.02	1.04
	15	1 756.4	1 530.6	0.58	0.58	1.19	1.37
	20	2 007.4	1 656.1	0.67	0.79	1.21	1.71
	25	2 258.3	1 781.5	0.72	1.04	1.14	2.10
	30	2 509.2	1 907.0	0.79	1.23	1.13	2.40
	35	2 760.1	2 032.5	0.86	1.45	1.12	2.57
1 300	5	1 359.2	1 279.7	0.30	0.29	0.80	0.80
	10	1 631.0	1 522.2	0.50	0.48	1.11	1.12
	15	1 902.8	1 660.3	0.71	0.71	1.33	1.47
	20	2 174.6	1 794.1	0.79	0.92	1.31	1.85
	25	2 446.5	1 932.1	0.84	1.21	1.23	2.25
	30	2 718.3	2 065.9	0.90	1.46	1.19	2.55
	35	2 990.1	2 203.9	0.97	1.67	1.18	2.74

续上表

ρ_d (kg/m^3)	W %	C_u (kJ/(m^3 · ℃)	C_f	λ_u (W/(m · ℃))	λ_f	$\alpha_u \cdot 10^3$ (m^2/h)	$\alpha_f \cdot 10^3$
1 400	5	1 463.7	1 375.9	0.36	0.35	0.87	0.90
	10	756.4	1 639.3	0.59	0.57	1.22	1.22
	15	2 049.8	1 785.7	0.84	0.79	1.46	1.58
	20	2 341.9	1 932.1	0.94	1.06	1.44	1.96
	25	2 634.7	2 496.7	0.97	1.39	1.33	2.41
	30	2 927.4	2 224.8	1.06	1.68	1.32	2.73
	35	3 220.1	2 371.2	1.18	1.93	1.32	2.92
1 500	5	1 568.3	1 476.2	0.41	0.41	0.93	0.98
	10	1 881.9	1 756.4	0.67	0.85	1.28	1.32
	15	2 191.4	1 907.0	0.96	0.91	1.58	1.71
	20	2 509.2	2 070.1	1.09	1.22	1.57	2.12
	25	2 822.9	2 229.0	1.13	1.58	1.44	2.55
	30	3 136.5	2 383.7	1.24	1.89	1.43	2.85
	35	2 450.2	2 542.7	1.36	2.12	1.42	3.01
1 600	5	1 672.8	1 572.4	0.46	0.46	1.01	1.06
	10	2 425.6	1 873.5	0.78	0.74	1.40	1.42
	15	2 541.9	2 040.8	1.11	1.02	1.72	1.81
	20	2 676.5	2 208.1	1.24	1.38	1.67	2.25
	25	3 011.0	2 375.4	1.28	1.80	1.52	2.73
	30	3 345.6	2 542.7	1.42	2.12	1.52	3.01
	35	3 680.2	2 709.9	1.54	2.40	1.51	3.20

表 K.0.1—3 碎石粉质黏土计算热参数取值表

ρ_d (kg/m^3)	W %	C_u (kJ/(m^3 · ℃)	C_f	λ_u (W/(m · ℃))	λ_f	$\alpha_u \cdot 10^3$ (m^2/h)	$\alpha_f \cdot 10^3$
1 200	3	1 154.2	1 053.9	0.23	0.22	0.72	0.77
	7	1 355.0	1 154.2	0.34	0.37	0.91	1.15
	10	1 506.5	1 229.5	0.43	0.52	1.03	1.52
	13	1 655.1	1 304.8	0.53	0.71	1.16	1.96
	15	1 756.4	1 355.0	0.59	0.85	1.21	2.26
	17	1 858.8	1 405.2	0.60	0.94	1.26	2.42
1 400	3	1 346.6	1 229.5	0.34	0.32	0.89	0.97
	7	1 568.3	1 346.6	0.50	0.53	1.15	1.44
	10	1 756.4	1 434.4	0.65	0.74	1.33	1.86
	13	1 932.1	1 522.2	0.79	0.97	1.48	2.30
	15	2 049.2	1 580.8	0.88	1.14	1.5	2.59
	17	2 166.3	1 639.3	0.92	1.24	1.5	2.73
1 600	3	1 539.0	1 405.2	0.46	0.45	1.00	1.17
	7	1 806.6	1 539.0	0.68	0.74	1.38	1.73
	10	2 007.4	1 639.3	0.89	1.00	1.61	2.20
	13	2 208.1	1 739.7	1.10	1.29	1.80	2.66
	15	2 341.9	1 806.6	1.28	1.45	1.87	2.90
	17	2 475.7	1 873.5	1.42	1.57	1.96	3.02

续上表

ρ_d (kg/m³)	W %	C_u	C_f	λ_u	λ_f	$\alpha_u \cdot 10^3$	$\alpha_f \cdot 10^3$
		(kJ/(m³·℃))		(W/(m·℃))		(m²/h)	
1 800	3	1 731.3	1 580.8	0.60	0.60	1.25	2.38
	7	2 032.5	1 731.3	0.92	0.97	1.62	2.43
	10	2 258.3	1 844.3	1.17	1.31	1.87	2.56
	13	2 296.9	1 967.2	1.45	1.65	2.10	3.03
	15	2 634.7	2 032.5	1.60	1.82	2.19	3.23
	17	2 785.2	2 107.7	1.71	1.93	2.21	3.28

表 K.0.1—4　砾砂计算热参数取值表

ρ_d (kg/m³)	W %	C_u	C_f	λ_u	λ_f	$\alpha_u \cdot 10^3$	$\alpha_f \cdot 10^3$
		(kJ/(m³·℃))		(W/(m·℃))		(m²/h)	
1 400	2	1 229.5	1 083.1	0.42	0.49	1.23	1.62
	6	1 463.7	1 200.2	0.96	1.14	2.36	3.42
	10	1 697.9	1 317.3	1.17	1.43	2.40	3.91
	14	1 932.1	1 434.4	1.29	1.67	2.40	4.20
	18	2 166.3	1 561.5	1.39	1.86	2.27	4.31
1 500	2	1 317.3	1 162.6	0.50	0.59	1.36	1.84
	6	1 568.3	1 288.1	1.09	1.32	2.51	3.70
	10	1 819.2	1 413.5	1.13	1.60	2.58	4.08
	14	2 070.1	1 539.0	1.44	1.87	2.51	4.38
	18	2 321.0	1 664.4	1.52	2.08	2.37	4.50
1 600	2	1 405.2	1 237.9	0.61	0.73	1.56	2.13
	6	1 672.8	1 371.7	1.28	1.60	1.74	4.21
	10	1 940.4	1 505.5	1.48	1.86	2.75	4.44
	14	2 208.1	1 639.3	1.64	2.15	2.67	4.72
	18	4 173.2	1 773.2	1.69	2.35	2.47	4.79
1 700	2	1 493.0	1 317.3	0.77	0.94	1.85	2.52
	6	1 777.4	1 459.5	1.47	1.91	2.99	4.73
	10	2 061.7	1 601.7	1.68	2.20	2.94	4.96
	14	2 346.1	1 743.9	1.84	2.48	2.84	5.13
	18	2 630.5	1 886.1	1.95	2.69	2.66	5.14
1 800	2	1 580.8	1 392.6	0.96	1.19	2.17	3.09
	6	1 881.9	1 543.2	1.71	2.27	3.27	5.31
	10	2 183.0	1 693.7	1.91	2.61	3.17	5.56
	14	2 484.1	1 844.3	2.09	2.85	3.02	5.58
	18	2 785.2	1 994.8	2.18	3.08	2.82	5.51

表 K.0.1—5 不同温度下的修正系数和含冰率数值表

土名	塑性指数	i 或 k	温度(℃)					
			−0.5	−1.0	−2.0	−3.0	−5.0	−10
砂土		i	0.78	0.85	0.92	0.93	0.95	0.98
粉土	$I_p \leqslant 10$	k	0.50	0.30	0.20	0.15	0.15	0.10
粉质黏土	$10 < I_p \leqslant 13$	k	0.65	0.50	0.40	0.35	0.30	0.25
	$13 < I_p \leqslant 17$	k	0.80	0.70	0.60	0.50	0.45	0.40
黏土	$17 < I_p$	k	0.90	0.80	0.70	0.60	0.55	0.50
泥炭粉质黏土	$15 \leqslant I_p \leqslant 17$	k	0.40	0.35	0.30	0.25	0.25	0.20

注:表中粉质黏土 $I_p>13$ 及黏土 $I_p>17$ 两档数据不够充分仅供参考。

表 K.0.1—6 大含水(冰)率的导热系数表

青海风火山红色粉质黏土

ρ_d (kg/m³)	W (%)	λ_u (W/m·℃)	λ_f (W/m·℃)
380	202.4	0.73	2.15
680	109.2	0.94	2.06
900	78.2	1.03	1.97
1 000	60.0	1.08	1.95
1 100	50.0	1.08	1.95
1 200	44.9	1.09	1.88
1 200	34.3	1.09	1.67

西藏两道河草炭粉土				西藏两道河草根(皮)			
ρ_d (kg/m³)	W (%)	λ_u (W/m·℃)	λ_f (W/m·℃)	ρ_d (kg/m³)	W (%)	λ_u (W/m·℃)	λ_f (W/m·℃)
100	960.0	—	1.86	100	840	—	1.62
200	428.8	—	2.16	200	400	0.68	1.86
300	300.0	—	2.25	200	300	0.57	1.32
300	284.4	—	1.98	200	250	0.46	0.86
400	180.8	—	2.03	200	200	0.39	0.65
500	143.3	—	2.06	200	150	0.27	0.46
700	138.1	—	2.13	200	100	0.23	0.26
—	—	—	—	300	250	0.65	1.65
—	—	—	—	300	180	0.45	1.07
—	—	—	—	300	150	0.41	0.93
—	—	—	—	300	130	0.36	0.68
—	—	—	—	300	110	0.36	0.57

K.0.2 冻土强度指标的确定

1 多年冻土地基基本承载力的确定

冻土地基承载力,可根据本暂规附录H进行试验确定。也可按多年冻土地基土的类型、工程基底的地温,查表K.0.2—1确定。

表K.0.2—1 多年冻土地基基本承载力 σ_0(kPa)表

序号	土名 \ 基础底面的月平均最高土温	−0.5	−1.0	−1.5	−2.0	−2.5	−3.0
1	块石土、卵石土、碎石土	800	950	1 100	1 250	1 400	1 650
2	圆砾土、角砾土、砾砂、粗砂、中砂	600	750	900	1 050	1 250	1 450
3	细砂、粉砂	450	550	650	750	850	1 000
4	粉土	400	450	550	650	750	850
5	粉质黏土、黏土	350	400	450	500	600	700
6	饱冰冻土	250	300	350	400	500	550

注:1 本表序号1~5类地基承载力适合于少冰冻土、多冰冻土,当序号1~5类的地基为富冰冻土时,表列数值应降低20%;

2 含土冰层的承载力应实测确定;

3 基础置于饱冰冻土的土层时,基础底面应敷设厚度不小于0.20~0.30 m的砂垫层;

4 表列数值不适用于盐渍化冻土和泥炭化冻土;

5 表中温度是使用期间基础底面下的最高地温。

2 桩端冻土承载力设计值的确定

冻土桩端承载力的设计值应通过试验确定,也可按表K.0.2.—2选取;盐渍化冻土可按表K.0.2—3选取,泥炭化冻土可按表K.0.2—4选取。

表K.0.2—2 桩端冻土承载力的设计值表

土名		桩沉入深度(m)	不同温度(℃)时的承载力设计值(kPa)							
			−0.3	−0.5	−1.0	−1.5	−2.0	−2.5	−3.0	−3.5
土中含冰率≤0.2	碎石土	任意深度	2 500	3 000	3 500	4 000	4 300	4 500	4 800	5 300
	粗砂、中砂	任意深度	1 500	1 800	2 100	2 400	2 500	2 700	2 800	3 100
	细砂、粉砂	3~5	850	1 300	1 400	1 500	1 700	1 900	1 900	2 000
		10	1 000	1 550	1 650	1 750	2 000	2 100	2 200	2 300
		15及15以上	1 100	1 700	1 800	1 900	2 200	2 300	2 400	2 500
	粉土	3~5	750	850	1 100	1 200	1 300	1 400	1 500	1 700
		10	850	950	1 250	1 350	1 450	1 600	1 700	1 900
		15及15以上	950	1 050	1 400	1 500	1 600	1 800	1 900	2 100
	粉质黏土及黏土	3~5	650	750	850	950	1 100	1 200	1 300	1 400
		10	800	850	950	1 400	1 250	1 350	1 450	1 600
		15及15以上	900	950	1 100	1 250	1 400	1 500	1 600	1 800
土中含冰率0.2~0.4	上述各类土	3~5	400	500	600	750	850	950	1 000	1 100
		10	450	550	700	800	900	1 000	1 050	1 150
		15及15以上	550	600	750	850	950	1 050	1 100	1 300

表 K.0.2—3 桩端盐渍化冻土承载力的设计值表

土的盐渍度(%)	不同温度(℃)的承载力设计值(kPa)											
	−1			−2			−3			−4		
	桩沉入深度(m)											
	3~5	10	>15	3~5	10	≥15	3~5	10	≥15	3~5	10	≥15
细砂和中砂												
0.10	500	600	850	650	850	950	800	950	1 050	900	1 150	1 250
0.20	150	250	350	250	350	450	350	450	600	500	600	750
0.30	—	—	—	150	200	300	250	350	450	350	450	550
0.50	—	—	—	—	—	—	150	200	300	250	300	400
粉砂												
0.15	550	650	750	800	950	1 050	1 050	1 200	1 350	1 350	1 550	1 700
0.30	300	350	450	550	650	800	750	900	1 050	1 000	1 150	1 300
0.50	—	—	—	300	350	450	500	550	650	650	750	900
1.00	—	—	—	—	—	—	200	250	350	350	450	550
粉质黏土												
0.20	450	500	650	700	800	950	900	1 050	1 200	1 150	1 300	1 400
0.50	150	250	350	450	450	550	550	650	750	750	850	1 000
0.75	—	—	—	200	250	350	350	450	550	500	600	750
1.00	—	—	—	150	200	300	300	350	400	400	500	650

注:1. 表列的设计值是按包裹冰计算的含冰量<0.2 的盐渍化冻土规定的;

2. 柱式基础底面的设计值允许按本表桩沉入深度 3~5 m 之值采用。

表 K.0.2—4 含植物残渣和泥炭混合物冻土(泥炭化冻土)承载力的设计值表

土的泥炭化程度 ξ	不同温度(℃)的承载力设计值(kPa)					
	−1	−2	−3	−4	−6	−8
砂						
$0.03<\xi\leqslant 0.10$	250	550	900	1 200	1 500	1 700
$0.10<\xi\leqslant 0.25$	190	430	800	860	1 000	1 150
$0.25<\xi\leqslant 0.60$	130	310	460	650	750	850
粉土、黏性土						
$0.05<\xi\leqslant 0.10$	200	480	700	1 000	1 160	1 330
$0.10<\xi\leqslant 0.25$	150	350	540	700	820	940
$0.25<\xi\leqslant 0.60$	100	280	430	570	670	760
$\xi>0.60$	60	200	320	450	520	590

3 冻土和基础间冻结强度设计值的确定

冻土和基础间的冻结强度应在现场进行原位测定,或在专门试验设备条件下进行试验测定,也可依据冻结地基土的土质,冻土类别按表 K.0.2—5 确定。地基土的分类可按本暂规 3.2.1 条确定。盐渍化冻土、泥炭化冻土与基础间的冻结强度可分别按表 K.0.2—6、表 K.0.2—7 确定。表 K.0.2—5、K.0.2—6、K.0.2—7 适用于混凝土或钢筋混凝土基础。不同材料的基础与冻土间的冻结强度,可按上述表值进行修正,其修正系数列于表 K.0.2—8。

表 K.0.2—5 冻土和基础间的冻结强度设计值表

类别	不同温度(℃)的冻结强度设计值(kPa)						
	−0.2	−0.5	−1.0	−1.5	−2.0	−2.5	−3.0
粉土、黏性土							
Ⅲ	35	50	85	115	145	170	200
Ⅱ	30	40	60	80	100	120	140
Ⅰ,Ⅳ	25	30	40	60	70	85	100
Ⅴ	15	20	30	40	50	55	65
砂　土							
Ⅲ	40	60	100	130	165	200	230
Ⅱ	30	50	80	100	130	165	200
Ⅰ,Ⅳ	25	35	50	70	85	100	115
Ⅴ	10	20	30	35	40	50	60
砾石土(<0.074 mm 粒径含量≤10%)							
Ⅲ	40	55	80	100	130	155	180
Ⅱ	30	40	60	80	100	120	135
Ⅰ,Ⅳ	25	35	50	60	70	85	95
Ⅴ	15	20	30	40	45	55	65
砾石土(<0.074 mm 粒径含量≥10%)							
Ⅲ	35	55	35	115	150	170	200
Ⅱ	30	40	70	90	115	110	160
Ⅰ,Ⅳ	25	35	50	70	35	95	115
Ⅴ	15	20	30	35	45	55	60

注:1 Ⅰ、Ⅱ、Ⅲ、Ⅳ、Ⅴ级含水率的判别可按本暂规表 3.1.2 确定。
2 插入桩侧面冻结强度按Ⅳ类土取值。

表 K.0.2—6 盐渍化冻土与基础间的冻结强度设计值表

土的盐渍度(%)	不同温度(℃)的冻结强度设计值(kPa)			
	−1	−2	−3	−4
细砂和中砂				
0.10	70	110	150	190
0.20	50	80	110	140
0.30	40	70	90	120
0.50	—	50	80	100
粉　土				
0.15	80	120	160	210
0.30	60	80	130	170
0.50	30	80	100	130
1.00	—	—	50	80
粉质黏土				
0.20	60	100	130	180
0.50	30	50	90	120
0.75	—	—	80	110
1.00	—	—	70	100

表 K.0.2—7　含植物残渣和泥炭混合物的泥炭化冻土与基础间的冻结强度设计值表

土的泥炭化程度 ξ	不同温度(℃)的冻结强度设计值(kPa)					
	−1	−2	−3	−4	−6	−8
砂　土						
$0.03<\xi\leq0.10$	90	130	160	210	250	280
$0.10<\xi\leq0.25$	50	90	120	160	135	210
$0.25<\xi\leq0.60$	35	70	95	130	150	170
粉土、黏性土						
$0.05<\xi\leq0.10$	60	100	130	180	210	240
$0.10<\xi\leq0.25$	35	60	90	120	140	160
$0.25<\xi\leq0.60$	25	50	80	105	125	140
$\xi>0.60$	20	40	75	95	110	125

表 K.0.2—8　不同材质基础表面状态修正系数表

基础材质及表面状况	木质	金　属(表面未处理)	表面涂工业凡士林或渣油	增大表面粗糙度	预制混凝土
修正系数	0.90	0.66	0.40	1.20	1.00

4. 冻胀力设计值的确定

冻胀力作用下基础稳定性验算的冻胀力设计值应由试验确定。

房屋建筑工程也可按表 K.0.2—9 及 K.0.2—10 选用。

表 K.0.2—9　切向冻胀力 τ_d(kPa)表

冻胀类别	弱　冻　胀	冻　　胀	强　冻　胀	特强冻胀
单位切向冻胀力	$30\leq\tau_d\leq60$	$60<\tau_d\leq80$	$80<\tau_d\leq120$	$120<\tau_d\leq150$

表 K.0.2—10　水平冻胀力 H_d(kPa)表

冻胀等级	不冻胀	弱冻胀	冻　胀	强冻胀	特强冻胀
冻胀率 η(%)	$\eta\leq1$	$1<\eta\leq3.5$	$3.5<\eta\leq6$	$6<\eta\leq12$	$\eta>12$
水平冻胀力 H_d	$H_d<15$	$15\leq H_d<70$	$70\leq H_d<120$	$120\leq H_d<200$	$H_d\geq200$

桥涵工程也可按表 K.0.2—11 确定。

表 K.0.2—11　季节融化土冻胀时,对混凝土基础的切向冻胀强度 τ_d(kPa)

黏性土	I_L		$I_L\leq0$	$0<I_L\leq1$	$1<I_L\leq3$
	τ_d	非过水建筑物	0~30	30~80	80~150
		过水建筑物	0~50	50~150	150~250
砂　土	S_t 或 W_n(%)		$S_t\leq0.5$ 或 $W_n\leq12$	$0.5<S_t\leq0.8$ 或 $12<W_n\leq18$	$S_t>0.8$ 或 $W_n>18$
	τ_d	非过水建筑物	0~20	20~50	50~100
		过水建筑物	0~40	40~80	80~160

注:1　I_L 为土的液性指数,W_n 为土的天然含水率;

2　粉黏粒含量大于 15% 的碎石土,视其含水量按表中砂土采用;粉黏粒含量小于 15% 时视其含水量按表中 $S_t\leq0.5$ 或 $0.5<S_t\leq0.8$ 两栏采用;

3　粉质黏性土和粉黏粒含量大于 15% 的砂土用表中的较大值;

4　未作处理的钢结构基础,按表列数值降低 20%~30%。

K.0.3　冻土融化和压缩指标的确定

1. 冻土地基融化时沉降计算中的隔化下沉系数和压缩系数指标，应试验确定。均质的冻结细粒土可以在试验室条件下，用专门的试验装置确定。

2. 冻土融化下沉系数 δ_0，也可依据冻结地基土的土质、物理性质，按以下公式计算。

1)按含水率(W_A)确定：

对于按本暂规表3.1.2中地基土含水率判别的Ⅰ、Ⅱ、Ⅲ、Ⅳ类土：

$$\delta_0=\alpha_1(W_A-W_0)(\%) \qquad (K.0.3—1)$$

式中　α_1——系数，由表K.0.3—1确定；

W_0——起始融沉含水率，可按表K.0.3—1确定，对于黏性土，可按其塑限含水率W_P，依下式进行计算：

$$W_0=5+0.8W_P(\%) \qquad (K.0.3—2)$$

表K.0.3—1　α_1、W_0 值表

土　质	砾石、碎石土(1)	砂　类　土	粉土、粉质黏土	黏　　土
α_1	0.5	0.6	0.7	0.6
W_0(%)	11.0	14.0	18.0	23.0

注：1. 对于粉黏粒(0.074 mm的粒径)含量<15%者 α_1 取0.4；

2. 黏性土的 W_0，当按式K.0.3—2的计算值与表K.0.3—1所列值不同时，应取小值。

对于含水率判别为Ⅴ类的土，其融化下沉系数 δ_0 按下式计算：

$$\delta_0=3\sqrt{W_A-W_C}+\delta'_0 \qquad (K.0.3—6)$$

式中　$W_C=W_P+35$，对于粗颗粒土可用 W_0 代替 W_P，也可按表K.0.3—2取值；

δ'_0——对应于 $W_A=W_C$ 时的 δ_0 值，可按公式(K.0.3—1)计算，也可按表K.0.3—2取值。

表K.0.3—2　W_C、δ'_0 值表

土　质	砾石、碎石土	砂　类　土	粉土、粉质黏土	黏　　土
W_C(%)	46	49	52	58
δ'_0(%)	18	20	25	20

注：对于粉黏粒(0.074 mm的粒径)含量<15%者，W_C 取44%，δ'_0 可取14%。

2)按冻土干密度 ρ_d 确定：对于含水率判别为Ⅰ、Ⅱ、Ⅲ、Ⅳ类的土：

$$\delta_0=\alpha_2(\rho_{do}-\rho_d)/\rho_d \qquad (K.0.3—3)$$

式中　α_2——系数，按表K.0.3—3确定；

ρ_{d0}——起始融沉干密度，大致相当于或略大于最佳干密度，可按表K.0.3—3取值。

表K.0.3—3　α_2、ρ_{d0} 值表

土　质	砾石、碎石土	砂　类　土	粉土、粉质黏土	黏　　土
α_2	25	30	40	30
ρ_{d0}(t/m³)	1.96	1.80	1.70	1.65

注：对于粉黏粒(0.074 mm的粒径)含量<15%者，α_2 取20，ρ_{d0} 取2.0(t/m³)。

对于含水率判别为Ⅴ类的土，其融化下沉系数 δ_0 按下式计算：

$$\delta_0 = 60(\rho_{dc} - \rho_d) + \delta'_0 \qquad (K.0.3.4)$$

式中 ρ_{dc}——对应于 $W_A = W_C$ 时的冻土干密度,可按表 K.0.3—4 取值;δ'_0——同前。

表 K.0.3—4 ρ_{dc} 值表

土 质	砾石、碎石土	砂 类 土	粉土、粉质黏土	黏 土
ρ_{dc} (t/m^3)	1.16	1.10	1.05	1.00

注:对于粉黏粒(0.074 mm 的粒径)含量<15% 者,ρ_{dc} 取 1.2(t/m^3)。

3. 要求现场测定冻土的含水率及干密度,分别计算融化下沉系数 δ_0 值,取大值作为设计值。

4. 冻土隔化后的体积压缩系数 m_v 可按表 K.0.3—5 确定。

表 K.0.3—5 各类冻土融化后体积压缩系数 m_v 值表

土质及压力(kPa) m_v (MPa^{-1}) 冻土 ρ_d (t/m^3)	砾石、碎石土 $P_o = 10 \sim 210$	砂类土 $P_o = 10 \sim 210$	黏性土 $P_o = 10 \sim 210$	草 皮 $P_o = 10 - 210$
2.10	0.00	—	—	—
2.00	0.10	—	—	—
1.90	0.20	0.00	0.00	—
1.80	0.30	0.12	0.15	—
1.70	0.30	0.24	0.30	—
1.60	0.40	0.36	0.45	—
1.50	0.40	0.48	0.75	—
1.40	0.40	0.48	0.75	—
1.30	—	0.48	0.75	0.40
1.20	—	0.48	0.75	0.45
1.10	—	—	0.75	0.60
1.00	—	—	—	0.75
0.90	—	—	—	0.90
0.80	—	—	—	1.05
0.70	—	—	—	1.20
0.60	—	—	—	1.30
0.50	—	—	—	1.50
0.40	—	—	—	1.65

附录L 冻土地温特征值计算

L.0.1 冻土地温特征值是年平均地温、地温年变化深度、活动层底面以下的年平均地温、年最高地温和年最低地温等的总称。

L.0.2 可根据钻孔测温资料,按下式计算活动层下不同深度处的年平均、年最高和年最低地温:

$$H = H_1 - h_u(f) \tag{L.0.2—1}$$

$$\Delta T_z = (T_{20} - T_{15}) \times (20 - H_1)/5 \tag{L.0.2—2}$$

$$T_z = T_{20} - \Delta T_z \tag{L.0.2—3}$$

$$A_z = A_u(f) \times EXP(-H \times \sqrt{\pi/\alpha t}) \tag{L.0.2—4}$$

$$T_{zmax} = T_z + A_z \tag{L.0.2—5}$$

$$T_{zmin} = T_z - A_z \tag{L.0.2—6}$$

$$H_2 = \sqrt{\alpha t/\pi} Ln(A_u(f)/0.1) \tag{L.0.2—7}$$

$$H_3 = H_2 + h_u(f) \tag{L.0.2—8}$$

$$T_{cp} = T_{20} - \Delta T_{H3} \tag{L.0.2—9}$$

式中 H_1——从地表算起的实测深度(m);

$h_u(f)$——最大季节融化(冻结)深度(m);

H——从季节活动层底面起算的深度(m);

H_2——从季节活动层底面起算的地温年变化深度(m);

H_3——从地面算起的地温年变化深度(m);

ΔT_z——考虑地热梯度的地温修正值(℃);

T_z、T_{zmax}、T_{zmin}——季节活动层以下某深度处的年平均、年最高、年最低温度(℃);

T_{15}、T_{20}——分别为15和20 m处的实测地温(℃);

A_z——季节活动层以下某深度处的地温年振幅(℃);

$A_u(f)$——活动层底面的地温年振幅(℃),等于该处年平均地温的绝对值;

$T_u(f)$——最大季节冻结(融化)深度处的年平均温度(℃);

T_{cp}——(地温年变化深度处的)年平均地温(℃);

α——土层的平均导温系数(m^2/h);

t——年周期,等于8 760 h;

ΔT_{H3}——考虑地温梯度的年变化深度(即H_3)处的地温修正值(℃),可用H_3代替式L.0.2—2中的H_1,求得。

L.0.3 计算说明

1.(L.0.2—1)式中,最大季节融化(冻结)深度$h_u(f)$根据实际勘探资料确定。为保证计算精度,现场钻孔测温间距在5 m深度宜为0.5 m,5 m深度以下以1 m为宜。

2.(L.0.2—2)式中需用地温年变化深度以下任意两点的测温资料进行运算,初算时可采用 15 和 20 m 两点的地温。若求得的地温年变化深度大于 15 m 时，则须重新复算。

3. α 值根据勘探时的土层类别、含水率和干密度等资料，由本暂规附录 K 表 K. 0. 1—1 至 K. 0. 1—6 查取后，加权平均求得。

附录 M　多年冻土地基单桩竖向静载荷试验

M.0.1　多年冻土地层的试桩施工后，应待冻土地温恢复正常，且最好经过一个冬期后，再进行载荷试验。

M.0.2　试桩时间宜选在夏季末、冬季初，多年冻土地温值最高的时间内进行。

M.0.3　单桩静载荷试验应根据不同的试验条件和试验要求，分别选用慢速维持荷载法或快速维持荷载法进行。

M.0.4　采用慢速维持荷载法时，应符合下列要求：

1　加载级数不应少于 6 级，第一级荷载应为预估极限荷载的 0.25 倍，以后各级荷载可为预估极限荷载的 0.15 倍，累计试验荷载不得小于设计荷载的 2 倍。

2　在某级荷载作用下，桩在最后 24 h 内的下沉量不大于 0.5 mm 时，应视为下沉已经稳定，方可施加下一级荷载。

3　在某级荷载作用下，连续十昼夜(d)达不到稳定，应视为桩地基系统已破坏，可终止加载。

4　测读沉降的时间为：加载前读一次，加载后读一次，此后每 2 h 读一次。在高载下，当桩下沉加快时应增加观测次数、缩短间隔时间。

测读地温的时间为：每 24 h 观测一次。

5　卸载时的每级荷载值为加载值的两倍。卸载后应立即测读桩的变位，此后每 2 h 测读一次，每级荷载的延续时间为 12 h，卸载期间应照常观测地温。

M.0.5　采用快速维持荷载法时，应符合下列要求：

1　快速加荷载时，每级荷载的间隔时间应视桩周冻土类型和冻土条件确定，一般不得小于 24 h，且每级荷载的间隔时间应相等。

2　加载的级数一般不得小于 6～7 级，荷载级差可采用预估极限荷载的 0.15 倍。当桩在某级荷载作用下产生迅速下沉时，或桩头总下沉量超过 40 mm 时，即可终止试验。

3　快速加载时，桩下沉和地温的观测要求与慢速加载时相同。

M.0.6　桩承载力基本值的确定应符合下列规定：

1　慢速加载时，破坏荷载的前一级荷载即为桩的极限荷载；

2　快速加载时，找出每级荷载下桩的稳定下沉速度(即稳定蠕变速率)，并绘制桩的流变曲线图(图 M.0.6)，曲线延长线与横坐标的交点就作为桩的极限长期承载力。

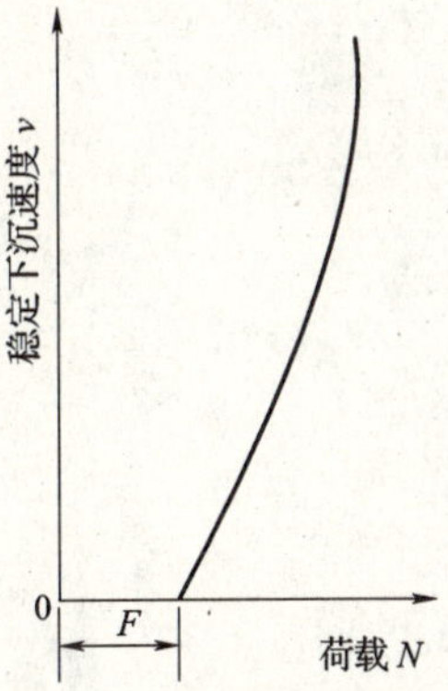

图 M.0.6　桩的流变曲线图

M.0.7　单桩竖向静载荷试验设计值的取值应符合下列规定：

1　慢速加载时，应取参加统计的试桩的试验平均值的一半作为单桩承载力；并要求试验值的极差不得超过平均值的 30%。

2　快速加载时，应取参加统计的试桩的试验平均值的一半作为单桩承载力；并要求试验值的极差不得超过平均值的 30%。

附录N 多年冻土的施工工程分级

表 N.0.1

施工工程分级	级 别	多年冻土类型及岩性特征
Ⅲ	硬 土	地层为粉砂、细砂、中砂、粗砂、砾砂、角砾土(圆砾土)、碎石土(卵石土)的少冰冻土
Ⅳ	软 石	地层为粉土、黏性土的各类冻土;地层为粉砂、细砂、中砂、粗砂、砾砂、角砾土(圆砾土)的多冰、富冰和饱冰冻土;地层为碎石土(卵石土)的多冰冻土;地层为块石土(漂石土)的少冰冻土;各类地层的含土冰层及纯冰层
Ⅴ	次坚石	地层为碎石土(卵石土)的富冰、饱冰冻土;地层为块石土(漂石土)的多冰、富冰和饱冰冻土

注:多年冻土地区各类岩石的施工工程分级,仍采用《铁路工程地质勘察规范》附录A中的分级标准。

附录P 多年冻土定位观测的内容及要求

P.0.1 多年冻土定位观测系指对多年冻土区典型地貌单元的一般工程建筑场地和重大工程建筑场地，及其周围多年冻土生态环境和多年冻土在自然因素和人为因素影响下变化的观测。目的是为工程设计提供参数，为确定工程施工和运营对多年冻土的影响，预测多年冻土环境工程地质条件的变化，评价和预测工程的长期稳定性，为环境保护措施提供依据。

P.0.2 多年冻土长期定位观测站(点)的建立应具有代表性。即除重要工程应建立长期观测站(点)外，各代表性地貌单元也应有一定数量的长期定位观测站(点)。

P.0.3 多年冻土定位观测的项目有：

1 气象：包括气温、降水、蒸发、风向、风速、湿度、浅层地温、活动层冰结融化过程、太阳辐射等；

2 多年冻土的地温及其变化规律；

3 活动层的冻胀特性及活动层厚度；

4 建筑物基础和上部建筑的下沉变形特征；

5 建筑场区多年冻土生态环境的变化情况；

6 已采用工程措施的适用性及效果；

7 不良冻土现象的变化特征；

8 地层中热流的分布及特征。

P.0.4 多年冻土定位观测站(点)观测项目的选定应根据工程的重要性和多年冻土工程地质条件的复杂程度研究确定。但在各代表性地貌单元应有一定数量的多年冻土定位观测站(点)对P.0.3条所列的观测项目进行全面观测。

P.0.5 多年冻土定位观测站(点)中多年冻土地温观测孔的深度不得小于建站地区地温年变化深度的平均值，也不得小于16 m。

P.0.6 定位观测视观测情况，应编制阶段性观测报告和总报告。该报告一式三份，应分别存入勘测、设计和建设单位的档案中。

本暂规用词说明

执行本暂规条文时,对于要求严格程度的用词说明如下,以便在执行中区别对待:

1　表示很严格,非这样做不可的用词:

正面词采用“必须”;

反面词采用“严禁”。

2　表示严格,在正常情况均应这样做的用词:

正面词采用“应”;

反面词采用“不应”或“不得”。

3　表示允许稍有选择,在条件许可时首先应这样做的用词:

正面词采用“宜”;

反面词采用“不宜”。

表示有选择,在一定条件下可以这样做的,采用“可”。

《青藏铁路多年冻土区工程勘察暂行规定》(试行)条文说明

本条文说明系对重点条文的编制依据、存在问题以及执行中应注意的事项等的说明。为减少篇幅,未抄录原文,只列条文号。

1.0.1 《青藏铁路多年冻土区工程勘察暂行规定》(以下简称"暂规")是在国家西部大开发方针指导下,为适应青藏铁路建设需要,从生产实践出发,认真总结经验,广泛采用有关科学研究成果,借鉴国内外先进技术标准,为统一青藏铁路多年冻土区工程勘察技术标准,提高勘察质量,促进我国铁路冻土工程勘察事业的进一步发展而制定的。

1.0.2 本"暂规"是以地质专业为主,涉及路基、桥涵、隧道、站场与房屋建筑、给排水等专业,仅适用于青藏铁路多年冻土区工程勘察的综合性暂行规定,是首次编制。内容多、专业性强,有些专业对冻土的特殊要求可能还没有编入,尚需在实践中不断完善。

1.0.4 工程勘察是铁路工程建设的基础工作,只有不断采用新技术、新方法才能提高勘察质量,促进这项基础工作的发展。青藏铁路线路长、工程类型多、冻土工程地质条件复杂多变,加之我国尚缺乏在长大高原多年冻土地段进行铁路工程勘察的经验,所以工程勘察难度较大。为此,在工程勘察中,除积极推广应用已行之有效的综合勘探技术和综合分析方法外,还必须注意吸收国内外冻土勘察的经验、科研成果,以及新技术、新方法、才能适应青藏铁路建设的需要。

1.0.5 多年冻土地区,由于地基土存在冻结与融化两种不同状态,其力学性质、强度指标、变形特点与热稳定性相差悬殊,并且从冻结状态过渡到融化状态时,将发生强度由大到小,变形由小到大的巨大突变。因此,本"暂规"规定,在进行冻土工程勘察时,除应符合本"暂规"的规定外,尚应符合现行国家、铁道部的有关专业标准、规范的规定,以确保工程安全与稳定。特别是房屋建筑和给排水工程,其专业性强,除应符合本"暂规"的要求外,尚应符合国标《冻土工程地质勘察规范》(报批稿)、行标《冻土地区建筑地基基础设计规范》(JGJ 118—98)的要求。

3.1.3 冻土中的易溶盐含量和泥炭化程度的界限值超过本"暂规"表3.1.3—1和表3.1.3—2中的数值时,将影响冻土的强度特性。这是因为,由于地基土中的易溶盐类含量增多、土中水的含盐量增大,则土的起始冻结温度降低,未冻含水率比一般冻土大得多,因此使盐渍化冻土的强度明显降低。例如当盐渍度为0.5%时,单独基础与桩尖的承载力在相同的温度条件下降低1/5~1/3,基侧表面的冻结强度降低1/4~1/3。同样,泥炭化冻土的强度指标,在冻土工程地质勘察时,亦应慎重地按规定取值或专门进行原位测试确定。

3.2.1 本"暂规"的"多年冻土的融沉性分级表"基本与国际的分级标准相一致。表3.2.1中未包含总含水率一项是因为融沉性虽与冻土中的含水率密切相关,但对应关系不是太好。冻土的融沉性,还是应以经试验取得的融化下沉系数判定。在实际工作中也可根据表 3.1.2 的总含水率,概略判定冻土的融沉性分级。

另外,房屋建筑工程与其他铁路工程对冻土地基的融沉性适应程度是不相同的。一般对第Ⅰ、Ⅱ级融沉($1 \leqslant \delta_0 < 3$),建(构)筑物结构设计时,无须考虑多年冻土地基融沉的影响。因为一般建(构)筑物的主要承重结构在设计和使用过程中都容许有一定变形量,以适应地基的压密沉降。但是,当第Ⅲ、Ⅳ、Ⅴ级融沉土的融沉量超过建(构)筑物的容许变形值时,对建筑物而言则必须采取相应的设计原则、适当的基础型式以及能适应不均匀沉降的柔性结构等特殊措施。对路基工程而言,为保持地基的冻结状态,必须使路基高度大于最小填土高度。注意环境保护以及路基排水等措施也是至关重要的。

研究表明:高含冰量冻土,即富冰冻土、饱冰冻土和含土冰层地段的路基,如果季节融化深度大于多年冻土天然上限时,其融沉特点是:

(1)沉陷值较大(莫激公路测试路段达 0.29 ~ 0.51 m)。有时产生突陷,沉陷量可达 1 ~ 2 m;

(2)不均匀沉陷。由于地基多年冻土含冰和结构构造不同,因而融沉不均匀;

(3)下沉量不同。过程曲线一般无收敛趋势。这在饱冰冻土和含土冰层的路基地段,特别突出。

由以上可知,第Ⅲ、Ⅳ、Ⅴ级融沉性冻土,是建(构)筑物设计,施工和使用过程中,都需要认真对待的问题。为此,应注意采取以下几点措施:

(1)加强工程地质选线和工程选址工作;

(2)根据多年冻土的工程地质特征,确定地基设计原则;

(3)提出防止或减少地基土融沉变形的措施。或符合设计原则的其他正确措施。

3.3.1　本暂规的"季节融化层的冻胀性分级表"与国际的分级标准是一致的。有关研究表明,地基土的冻胀除与气温条件有关外,主要与土的类别、冻前含水量和地下水位有关。有粉、黏土颗粒增多时,土的冻胀性显著增大。如土中含水量超过起始冻胀含水量时,在没有地下水补给的情况下,土层仍有水分迁移现象存在,含水量发生重分布,并产生冻胀。

影响地基土冻胀的地下水埋藏深度是与各类土的毛细水上升高度有关的临界深度;黏土、粉质黏土为 1.2 ~ 2.0 m,粉土为 1.0 ~ 1.5 m,砂土为 0.50 m。当地下水位低于临界深度时,可不考虑地下水对冻胀的影响,仅考虑土中含水量的影响,属封闭系统情况。当地下水位高于临界深度时,可按开敞系统考虑,即考虑土中含水量和地下水补给的影响。如多年冻土活动层黏性土冻胀问题可按封闭系统处理,即在没有地下水补给的条件下,土中含水量和冻胀率间的关系为:

$$\eta = \frac{1.09\rho_d}{2\rho_w}(W - W_P) \approx 0.8(W - W_P) \qquad (3\text{—}1)$$

式中　η——冻胀率(%);

ρ_d——土的干密度,取 1.5 g/cm^3;

ρ_w——水的密度,取 1.0 g/cm^3;

W、W_P——分别为冻前天然含水率和塑限含水率(%)。

但是,当季节冻土的冻胀性问题按开敞系统考虑时,即在有地下水补给情况下,冻胀性将会提高,如表 3.2.1 中当 W 大于 $W_P + 15$ 时将出现特强冻胀。

4.1.1　多年冻土工程勘察的内容,较一般地区多而复杂。由于多年冻土的分布及特征以及冻土的特殊工程性质决定着建筑物地基的设计原则、基础类型和埋置深度以及建筑物的稳定性。因此,多年冻土工程勘察除查明区域水文地质条件和工程地质条件外,还必须重点查明区域冻土条件。所谓区域冻土条件是指:多年冻土分布、成分、冷生构造、年平均地温、地温年变化带深度;多年冻土的物理、热物理和力学性质;融区的形态、成因和分布;季节融化层和季节冻结层的成分、性质和深度;冷生过程特性及不良冻土现象的成因、分布和发育特点以及多年冻土条件在设计建筑物施工和运营过程中的变化等。

4.1.3 冻土工程地质的工作内容,主要取决于冻土工程地质条件的复杂程度、地基基础的特殊要求及人类工程活动(包括建筑物修建后)对冻土工程地质条件的影响。这三个因素不但对确定冻土工程地质勘察工作内容和工作量有关系,而且也影响着工作方法的选择和程序安排。因此,在进行冻土工程地质勘察之前,应该比非冻结的"岩土工程勘察"花费更多精力去搜集勘察区及邻近地区的有关资料。它包括区域性的气象及冻土资料、科研文献和勘察试验方法。编制勘察工作计划时,应明确该勘察区的主要冻土工程地质问题,确定取样部位及应测试的参数,给出试验参数的温度和环境条件。因为冻土工程地质问题及设计参数受冻土温度和环境条件的影响,且变化较大,在勘察报告中应特别说明。

4.1.6 由于冻土工程地质条件比较复杂和不均匀性。本规定所要求的内容是保证勘察成果报告完整和全面的基本条件,也是冻土工程地质分析、评价和编制成果报告的基础。过去大量的事实表明,仅按常规工程勘察,不对冻土的特殊性加以注意,如冻土中的地下冰分布情况、多年冻土上限的确定、冻土的温度变化、水文地质条件与冻土存在和发育的关系等,就不可能对多年冻土有较为正确和合理的评价。

鉴于冻土地区的自然条件和工程地质条件相差甚大,因而本规定所列的冻土工程地质勘察成果报告的基本内容是必须的。与常规的工程地质勘察成果报告相比,突出和增加了下列内容:

(1)突出冻土特征及其工程性质、不良冻土现象的描述和评价;

(2)地基冻胀性、融沉性、稳定性和适应性的评价;

(3)冻土参数的分析选用;

(4)场地的利用、工程地质选线和各类工程的设计原则;

(5)工程施工、运营期间可能发生的冻土工程地质问题及冻土环境工程地质问题的预测、监控和预防的建议;

(6)在图件中增加了冻土地温观测成果、冻土工程计算有关图表。

4.2.1~4.2.2 多年冻土区现存的地表形态和地面覆盖是地质历史时期的产物。是一相对稳定的热平衡剖面。保持现有形态和现存的热平衡条件,则地基是稳定的。当这种平衡破坏时,则产生一系列冻土工程地质问题,如热融下沉和热融滑塌等。在多年冻土区进行工程建筑,不可避免地要引出许多冻土工程地质问题。我们在多年冻土区修建铁路工程的原则是:利用冷生过程的有利方面;尽量减少对多年冻土的热干扰;线路选择冻土条件良好的地段通过,避开不良冻土现象发育地段;采用合适的建筑结构;减少和防止不良冻土现象的产生。

多年冻土区的工程实践表明:挖方、零断面和高度小于最小设计高度的路堤,将对地基多年冻土带来严重干扰。多年冻土上限将下降,路基将严重热融下沉。而高于最小设计高度的路堤,可使其下多年冻土上限保持不变或上升。从而可消除多年冻土融化而引起的下沉,保持多年冻土地基的稳定。故在本“暂规”中提出“线路宜采用路堤通过”、“并注意减少零断面和填土低于最小设计高度的低路堤”等选线原则。

山岳丘陵区的冻融坡积层,在其缓坡部分往往有较厚的地下冰层存在。当坡脚被破坏时,往往产生热融滑塌而使山坡失去稳定。故选线时,最好将线路布设在缓坡上部的稳定地带。当线路通过热融滑塌区时,应从滑塌体下方通过。这是因为热融滑塌是朔源发展的。滑塌体下方山坡是稳定的。不受滑塌过程的影响。

河谷地带的高阶地一般地下水不发育,地质条件较好,不良冻土现象不多见,多年冻土较稳定,故河谷线应选择在高阶地上。

多年冻土不稳定地带的共同特点是年平均地温较高,多年冻土处于不稳定状态,稍有热干扰,多年冻土就产生退化,从而引起一系列冻土工程地质问题。对路基和其他建筑物将产生不利影响。因此,线路经过这些地带时,应以大角度、最短的距离通过,以减少不稳定多年冻土带对线路和工程的危害。

冻土地基和融土地基的物理力学性能有着巨大差别,尤其在压缩下沉特性方面。因此,多年冻土区桥址选择时应查明桥渡区多年冻土的分布特点,力求保证桥梁地基的均匀性,避免将同一座桥的墩台设置在不同设计原则的地基上,以确保桥梁建筑的稳定。

4.3.4 冻土调查与测绘的宽度,在各类工程的勘察规范、规程中都有明确规定。本“暂规”在这里强调的是冻土作为地基,影响建筑物稳定的不只是冻土地基本身,其周围的环境也有重要和直接的影响,特别是冻土中的地下冰的分布与特征,更是与周围环境毗连。勘察宽度尚应考虑这些因素。

4.4.1 冻土区内不良冻土现象是普遍存在的,它的形成、发育和变化是随着冻土条件、水文地质条件、地表状态和气温,以及人类工程活动的变化而变化。他们的不稳定常常给工程建筑造成很大的危害和损坏。只有在勘察中较准确地查明和分析他们的形成原因及条件,对工程建筑的影响以及条件变化可能引起的变化,才能较准确地提出设计原则及防治措施。

4.4.4 冻土地区地表面以下的任何一种冰,不论其成因和埋藏条件如何,统称为地下冰。按常规划分,冰层厚度大于0.25 m(或间隔2~3 cm的冰层超过0.25 cm)时,称为厚层地下冰,应单独分层进行描述和测定。从工程安全考虑,当相间1 cm的地下冰层累计厚度大于此值时,也应该视为厚层地下水,应单独分层。厚层地下冰融化时,产生的下沉量会引起工程建筑物严重变形和破坏。因此,厚层地下冰是冻土工程地质勘察的主要对象,应作为不良冻土现象进行勘察。

厚层地下冰的成因、类型、分布及其发育状况与当地的气候、地形地貌、地质与水文地质、值被等因素有密切关系,因此,应将这些因素也列为勘察的内容。

勘探是确定厚层地下冰的分布、厚度、物质成分、埋置深度的主要手段,应按各类工程不同勘察阶段的不同勘探要求确定勘探数量。为节省钻探工作量,应有物探相配合进行勘探,应进行钻孔测温和采取冰样进行物理化学指标测定,以评价厚层地下冰的稳定性。厚层地下冰的勘察重点是确定他们的埋藏深度、冰层厚度、温度和分布面积等。

厚层地下冰一般是由于水分不断迁移所形成,他们大多分布在黏性土地层中。因此,对厚层地下冰的勘探宜紧密结合查明黏性土地段的多年冻土天然上限埋深的勘察进行。

4.4.5 冬季河水或地下水涌出冰面或地面,多次重复地冻结成冰体,便形成锥体状冰椎。冰椎主要分布在山涧洼地、河床、漫滩、阶地、湖泊以及山麓的洪积扇边缘、山坡坡脚地带。

大部分属季节性形成物。在青藏高原到目前为止尚未见报道有多年性冰椎者。在冻结期间,由于土中水分及地下水不断地向冻结面迁移形成冰层,使地面隆起成丘体状,称为冻胀丘。冻胀丘多分布于河漫滩、阶地、沼泽地、平缓山坡以及山麓地带。青藏高原有多年性冻胀丘,如青藏公路的昆仑山哑口地带,即62道班附近的冻胀丘即属于多年性冻胀丘。

由此可知,除了多年性冰椎、冻胀丘外,季节性冰椎、冻胀丘的形成时间都是在冬季(青藏高度为11月初至翌年2月末,可以保存至4月初左右)。因此,勘察应在其发育期末进行才能观察到冰椎及冻胀丘的分布、形态、规模。

由于冰椎和冻胀丘的形成与分布具有特殊的条件,且与人类工程活动有密切关系,对工程建筑物产生危害,引起建筑物变形,乃至破坏(爆炸性冻胀丘)。在冻土区进行冻土工程地质勘察,必须重视对冰椎、冻胀丘的勘察。

冰椎、冻胀丘的形成与发育,受到当地的气候、地质、地貌、水文地质、冻土及植被条件的控制和影响,若人类工程活动改变了上述条件,也会引起冰椎、冻胀丘的产生。因此,勘察的目的不但要搞清他们的分布、形态、规模,而且还要搞清他们产生的原因、条件、因素等。

对冰椎、冻胀丘分布地段及其附近的地形、地貌、植被等地带进行一定广度、深度的勘察,是为了能给线路选线、工程设计及施工提出可比方案,为确定最佳的方案提供可靠的勘察资料。通常情况下,线路及工程建筑应该在冰椎、冻胀丘分布范围以外通过和建设,这是最经济和安全的。如果线路和工程建筑必须设置在冰椎、冻胀丘形成区范围内,就必须为采取相应防治措施提供可靠的勘察资料,以确保工程建筑的稳定性和安全性。

4.4.6 冻土沼泽是在多年冻土区适宜的水热环境条件下形成的,冻土沼泽的发育又促进了冻土层的形成与发育。在东北的多年冻土区,分布的主要是中水位、高水位类型沼泽。青藏高原冻土区则主要是低水位型草炭—泥炭沼泽。在泉水出露凹地、潮湿绿草洼地以及厚层泥炭潮湿地段,由于水分丰富,草炭—泥炭及绿草丛生,起着保温散热作用,对多年冻土及地下冰起到保护作用。通常情况下,在沼泽湿地下面存在着厚层地下冰。勘察中应查明冻土沼泽的分布、泥炭化程度、水文地质及冻土条件、地下冰发育程度、地温状况等情况,以便预测冻土沼泽对工程的危害和影响,提出合理的设计原则。

在进行冻土沼泽勘探时,应布设控制性地温观测钻孔,其深度应超过地温年变化深度,主要目的是观测冻土沼泽的年平均地温。同时,应采取一定数量的基底土样,测定其物理力学性质,确定承载力,预测冻土沼泽在气候变化或人为活动影响下的热稳定性。

4.4.7 融冻泥流主要发生在缓坡地段的细粒土季节融化层中,是季节融化层融化到某一深度,受多年冻土层阻隔,土中水分不能下渗,使融化土体呈饱和或流动状态,沿斜坡向下蠕动的现象。浅层泥流分布广,流动速度快,但规模小。深层泥流多呈阶梯状,缓慢向下流动,规模较大,对线路和建筑物的危害较大。

热融滑塌常常发生在厚层地下冰分布的斜坡地段,由于人为破坏坡脚使地下冰融化,并引起上覆土层坍塌下滑。由于地下冰不断暴露,土体也就不断坍塌下滑,便自下而上地形成溯源坍滑现象,其形状多成舌状或簸箕状,严重时掩埋线路,或造成桥涵堵塞等病害。

因此,勘察的内容应包括查明其分布范围,季节融化深度、地下冰分布规律、地形地貌以及人为活动的破坏情况等。这些内容的勘察结果,直接关系着线路的选择、工程的设置和防治措施的制定。

除了应查明融冻泥流及热融滑塌发生与发展的场地条件,以及发生原因和类型外,还应在勘察范围及深度方面给予相当的工作量和必要的观测。值得注意的是,深层泥流的移动速度比较缓慢,瞬时是难于观测到的,但随着时间的推移,却可能使建筑物遭受严重破坏。所以,在融冻泥流和热融滑塌体上应适当设置移动观测标志,定期进行观测,以便积累动态资料,为采取防治措施提供依据。

勘察中应着重查明融冻泥流和热融滑塌形成区季节融化层土的融化特点、颗粒成分、土体渗透性以及冻土和地下冰的分布等方面的内容。对控制线路方案地段还必须对施工后和人为活动条件变化时,可能出现的情况,提出预测评价意见。

4.4.8 热融湖塘(洼地)现象主要发生在塔头与沼泽等低洼积水地段。他是气候转暖或人为破坏地表值被,使季节融化层深度增大,导致局部地段地下冰或高含冰量多年冻土融化的结果。因此,进行热融湖塘(洼地)勘察时,应将其形成区的地质、地貌、冻土条件、主导风向、气候变化及人为活动等内容作为勘察的重点。

对热融湖塘(洼地)进行勘察时,应将形成区及其影响区包括在内。钻孔的深度必须超过多年冻土天然上限的2倍。以便查明其成因,查清其水平和垂直方向厚层地下冰的分布范围,观测地温状态,作出稳定性评价,为确定设计原则和采取工程措施提供依据。

4.5.2 物探是冻土工程地质勘察的重要方法,配合测绘工作可迅速地探测冻土状况,为布置其他勘探点提供依据。各勘测阶段物探和钻探、坑探均应紧密相结合,应及时地用少量而适宜的钻探成果验证物探方法的有效性。到定测阶段,便应以钻探为主,物探则应作为勘探工作的辅助手段了。

4.5.3 除被探测对象的物理特性十分明显,可采用单一的物探方法外,在多年冻土区一般应采用多种物探方法,互相验证和补充,这样可以克服条件性、多解性和地区性等不利因素的影响。提高勘探质量及经济效益。

冻土物探参数是保证物探质量的关键因素,该资料是进行内业解释的重要依据,必须收集有关不同方法实测的冻土物理参数。当该资料缺乏时,应在测区实测,以满足工作需要。

由于测区冻土的自然环境不同,一般对不同环境中形成的多种物理现象(异常)的解释(除少数情况外),难以得出单一的结论而形成多解性。因此,应采用多种物探方法,进行综合解译,以取得较好效果。对工程具有重要意义的地质问题,还必须进行钻探验证。

地质雷达勘探是近年发展起来的地质勘探新技术。它具有速度快、精度高、使用操作方便等特点。据介绍:地质雷达的探测深度可达20~30 m,分辨率达10~20 cm。用它在最大融化季节探测多年冻土上限是十分理想的。与钻探配合可查清多年冻土成分、构造以及多年冻土上限在平面和剖面上的分布。

4.5.5 为查明多年冻土、厚层地下冰及高含冰量冻土的分布及特点,多年冻土地区勘探点、线、网的布置除应考虑常规工程地质勘探的要求外,还充分考虑多年冻土区地质环境的特点,结合工程设置在下列地点布置试坑或钻孔,查明其冻土工程地质条件的差异性。

(1)不同朝向的山坡地段;

(2)不同坡度的山坡地段;

(3)不同植被及覆盖度的山坡地段。

4.5.12 保持天然冻结状态的土样采取,主要取决于钻进方法、取样方法以及取土工具三个环节。为取得保持天然冻结状态的土样,必须保证孔底待取土样不因不适当的钻进方法受到扰动、或因压力作用受到热影响。取样前应使孔底待取土样有恢复天然温度状态的时间(最好测量钻孔底部土壤温度),然后在接近取样深度时控制每一回次的进尺(深度视土层情况决定),以保证取出的土样仍保持冻结状态(粗颗粒土及大块碎石土除外)。取出的冻结土样应及时装入具有保温性能的容器或专门的冷藏车内送验。如不能及时送验时,应在现场测定土样在冻结状态时的含水率及密度。

4.6.2 冻土物理力学与热学性质的试验与测试是冻土工程地质勘察工作主要内容之一。踏勘阶段的勘察,通常只简单地测定冻土的几个物理参数,如含水量、干密度及其颗粒成分等;在初测阶段,应根据选线和典型工点的设计需要分段取样进行代表性试验和测定;到定测阶段则应按工点取代表性土样进行试验,并应做一些原位力学参数测定与试验。

由于各种原因无法获得实测资料时,可按本规范附录K确定冻土的物理力学与热学参数。虽然根据土的物理指标选取计算冻土物理力学与热学参数是一种简捷近似的方法,但因地基土的矿物成分、有机质含量、粒度和结构构造及水分含量的差异,就可能造成有±(5%~11%)的均方差。同时,所选用土的物理指标的代表性和可靠性,直接影响计算的正确性。有关土物理指标的选用问题应注意以下几点:

(1)在计算场地和地基土天然冻结或融化深度、温度场和力学强度等指标时,应注意总含水量的瞬时测定值与平均值的关系,特别是地表以下0.5 m深度内含水量变化甚大时,瞬时值不能代表平均值;测定冻土含水率的土样应采用刻槽法采取,以避免测定的含水率过大或过小。

(2)计算相变时所用的总含水量指标,应以春融前的测定值为准;未冻水量的计算应以冻结期土体达到的最低温度为准;

(3)确定冻土地基强度所需的温度值均以基础下持力层范围内建筑物使用期间的最高温度为准;

(4)计算冻土地基融化下沉时所需的含水量及容重,应以基础下持力层范围内土体冻结期达到最低温度时的冻土含水量及干密度为准;

(5)在确定衔接多年冻土区采暖建筑的基础埋置深度时,应考虑冻土融化后土体结构的破坏(如多冰冻土地段冻土融化后一般呈饱和或过饱和状态);

(6)在确定保温层厚度时,应考虑选用的保温材料(如干草碳砌块或炉渣等)长期使用后受潮的可能性。同时还应注意选用大孔隙保温材料时,对流和辐射热交换对热参数的影响。

4.6.5 单指标或单参数的原位测试比较简单和容易,可广泛应用。但有些项目虽然并不复杂,却要求的周期很长,如地基土的冻胀量、冻胀力和年平均地温等,取得一个数据需连续观测一个冬季,而年平均地温则需时一年。由于冻土地基的承载力高,需要施加大量荷重,又由于其强烈的流变性,稳定时间需要很久,所以荷载试验做起来费时、费工还费材料,一般很难大量进行,尤其是已建建筑物基础的原位载荷试验更加困难,只有在万不得已的情况下才进行。但柱桩基础的静载荷试验却相对容易。有些单指标、单参数的原位测试虽然在道理上讲完全可以从未冻土中移植过来,但由于受到仪器设备的强度、容量、量程等的限制,还不能适应冻土强度高、变形小的特性,要想达到实用阶段尚需做大量试验对比工作。

4.6.7 冻土原位模型试验

冻土原位模型试验是冻土区采用最多的原位试验方法。例如冻胀力试验,冻结强度试验以及桩的现场模型试验等。采用原位模型试验所测得的力学参数是最接近工程运营条件下的受力状态的。因此,原位模型试验所测得的参数可直接用于工程设计。但是,模型试验并非模拟实验,所得参数不能用简单的倍数转换而变成设计参数。也就是说,在模型和实体工程系统中的物理过程,虽然可用同一关系方程来描述,但其单位量并不全部相似。因此,由这些单位量组成的判据是不相等的。例如,我们可将实体工程按一定比例缩小成模型,工程系统中物理过程经历的时间也可按比例缩小。然而,工程周围的介质条件(颗粒粒径及含水量、容重等)却无法按相同比例来缩小。所以,原位模型试验所得参数必需进行下列修正,方可用于设计。

(1)尺寸修正:找出模型尺寸对物理过程的影响,并对模型试验所得参数进行尺寸修正;

(2)时间修正:由于冻土的强烈流变性,因而力学参数是时间的函数,找出试验时间对物理过程的影响,并对模型试验所得参数进行时间修正;

(3)温度修正:如果试验时的温度场与运营条件下的温度场不同,则应对模型试验所得参数进行温度修正。

4.6.8 冻土地区场地与地基的复杂程度,主要决定于该地段是否有厚层地下冰分布,和该地段年平均地温的稳定程度。随着建筑物修建后,其冻土工程地质条件的改变,及温度和水分的扰动,必然会导致冻结地基土冻胀与融化下沉等现象的产生和发展、影响建筑物的稳定性,甚至破坏。所以,在重要建(构)筑物中必须设立定位观测点,以监视和掌握建筑物下冻土工程地质条件及冻土年平均地温的变化状况和过程,以便及时采取措施,保障建筑物的稳定性。通常的观测项目应包括多年冻土地温、地基土的冻胀和融沉特性、人类工程活动及自然条件变化而引起的有关现象和变化过程。

定位观测的目的有两个,其一是观察重要建筑物的使用情况,对复杂地基或建筑质量进行监测;其二是对采用的新技术进行全面观测,全面了解地基土性状、作用,采取的新措施、新设计、新方法的有效性。前者是工程结束后开始建立,而后者则是从选址定点后即可开始。定位观测及观测大纲应由设计单位根据其对设计的成熟性、把握程度以及要取得何种数据与资料,统一在设计文件中确定,否则定位观测很难立项和观测。

定位观测站的观测时间,应根据观测内容的不同而有所区别,有的可能很短时间即可完成,观测冻胀,冻胀力则需一个冬季,考虑其变异性一般要连续三年。观测融化盘,当建筑物跨度稍大时,达到稳定的延续时间少则七、八年,多则十几年才可获得一个数据。又由于冻土的强烈流变性,其沉降观测没有几年时间也说明不了问题。为了积累资料,指导今后勘察设计工作更好地进行,其观测报告应作为勘察、设计单位的重要参考资料。

4.6.9、4.6.10 地温年变化带的多年冻土地温状况和变化特性是多年冻土是否稳定的标志。年变化带深度是一般工程建筑的热力影响深度。因此,了解和掌握年变化带内多年冻土温度的状况和变化规律,对于评价多年冻土的稳定性是极其重要的。地温观测孔的深度不小于地温年变化带深度的规定就是基于上述理由提出的。15~20 m 的规定是根据青藏高原多年冻土区地温年变化带深度值提出的,必要时应在现场实测地温年变化深度。

进行地温孔钻探时,钻具旋转切削所作的功有相当部分转变为热能,从而使多年冻土的温度状况破坏。当钻孔成孔后,有条件时宜立即进行地温观测,以了解地温逐渐恢复平衡的全过程和评价冻土的稳定性。

实测工作中应注意的是,当实际孔深达 16 m 时,才能测得 15 m 深度处的地温。地温恢复的近似时间,除按实测资料外,本暂规所推荐的近似完全恢复时间是参照俄罗斯联邦建设委员会“多年冻土地区建筑工程地质勘察规范”的有关规定确定的。

4.7.4 表征冻土稳定性的最重要的指标是多年冻土的年平均地温(T_{cp}),他决定了土的热交换动态,以及冻结过程的特点,并影响冻土的物理力学和热学性质。因此,青藏铁路多年冻土区的第二级工程地质分区,将年平均地温 T_{cp} 作为主要指标。

1. 当 T_{cp} 低于 -2 ℃时,属于低温稳定的多年冻土,地基的热状态最为稳定,水分迁移过程极弱,冰包裹体具有明显的脆性,冻土强度很高。

2. 当 T_{cp} 处于 -1 ℃至 -2 ℃之间时,属于低温基本稳定的多年冻土,地基的热状态较为稳定,他的工程性质介于稳定和不稳定多年冻土之间。

3. 当 T_{cp} 处于 -1 ℃至 -0.5 ℃时,属于高温不稳定多年冻土,地基土含有较多的未冻水,在一年和多年的地温动态影响下,冻土中未冻水分会发生强烈的相变和迁移。

4. 当 T_{cp} 处于 -0.5 ℃至 0 ℃时,属于高温极不稳定多年冻土,地基中存在的冻包裹体具有极大的塑性,它的热状态极不稳定,在气温变暖及人类工程活动影响下冰包裹体极易融化,具有极低的冻土强度。

最近几年对青藏公路沿线冻土路基的稳定性研究结果表明:冻土路基稳定性不只是取决于多冻土中的含冰量,而且取决于多年冻土年平均地温。对于线性工程来说,冻土路基下的地基土的融化速度取决于多年冻土年平均地温和含冰量二个因素。而前者还是决定融化速度的重要因素。当多年冻土年平均地温接近零度时,在给定的环境条件下只是取决于冻土中的含冰量。当冻土年平均地温降低时,冻土地温减少冻土融化速率的作用则大大增加。青藏公路的实践证明,在多年冻土年平均地温高于 -1.5 ℃的地区,冻土路基很不稳定,而低于 -1.5 ℃的相同含冰条件下的冻土路基,则能保持稳定。因此,对于公路工程影响下的多年冻土热状态变化进行比较评价时,可以依据冻土年均地温和含冰特征的综合参数——冻土热稳定性来划分多年冻土。

根据 1975 年青藏公路改建为沥青路面前后路基下多年冻土上限的变化可知,在大致相同地段(即相似的土质、含冰特征、年平均地温等条件),砂石路面下多年冻土上限深度为沥青路面下的 50% ~80% ,也就是说,修筑沥青路面后,路基下多年冻土上限下降深度增加 20% ~50% (见说明表 4.7.4)。

说明表 4.7.4 青藏公路沿线砂石和黑色沥青路面下多年冻土上限变化表

地　段	年平均地温(℃)	地面下多年冻土天然上限(m)	路面下多年冻土上限(m)			冻土类型
			沥青	砂石	差值	
西大滩	0.2~0.5	2.8~4.0				S,D
昆仑山	-1.5~-2.6	1.5~2.8	4.20	2.7	1.5	H,B,F
楚玛尔河	0.0~-1.0	2.0~3.5	4.00	2.0~3.5	2.0~1.5	H,B,F
可可西里	-0.5~-1.8	1.5~4.9	3.6	1.8	1.8	H,B
北麓河	-0.0~-1.0	2.0~3.0		2.3		H,B,F
风火山	-1.5~-3.0	0.8~2.9	3.40	1.9	1.5	H,B
乌　丽	0.0~-1.0	2.5~3.8		1.0		H,B,F
沱沱河	-0.2~-0.5	2.5~3.5				H,B
开心岭	-0.5~-1.5	1.5~2.9		2.3		H,B
通天河	0.0~-0.5	2.0~3.0				H,B,F
布曲河	0.0~-1.0	1.5~2.5				H,B,D
温　泉	0.5~-1.0	2.5~3.0				H,F,D

续上表

地　段	年平均地温(℃)	地面下多年冻土天然上限(m)	路面下多年冻土上限(m)			冻土类型
			沥青	砂石	差值	
唐古拉山	-1.0 ~ -4.0	1.8 ~ 3.0	3.00	2.4	0.6	H,B
扎加藏布河	-0.5 ~ -1.0	1.5 ~ 3.0		2.4		H,B
桃二九南	0.0 ~ -1.0	2.0 ~ 3.5	3.80			H,B

鉴于青藏铁路的情况部分类似于砂石路面,但因铁路路基上部有 40 ~ 50 cm 的碎石道碴,具有良好的通风散热性能。铁路路基下多年冻土上限的下降幅度较沥青路面的公路要小得多。风火山的铁路试验路堤观测结果表明,路基下多年冻土上限基本没有下降,或者还略有上升。这说明,对于青藏铁路来说,多年冻土稳定性的年平均地温划分界限可以比青藏公路的提高一些。所以,本暂规推荐以 -1.0 ℃作为界限。

4.8.1 ~ 4.8.3　随着人类工程—经济活动的规模与范围日益扩大及广泛,从而诱发了新的问题——环境工程地质问题。多年冻土区由于人类工程活动,也诱发着冻土环境的变化,以及冻融灾害及工程稳定性的变化。显然,在多年冻土区进行工程建设时,人们都异常关注冻土环境在气候和人类工程活动影响下的变化特点与过程。因此,在冻土环境工程地质勘察时,还应搞清自然条件下冻土环境的变化、多年冻土的生态环境、工程与冻土环境的相互作用、气候变化影响下冻土环境的变化以及冻融灾害的产生与危害。青藏高原多年冻土区,由于人类工程活动,加快了冻融的过程和发展,使多年冻土环境丧失了恢复能力。地表植被被铲除,极大地改变了地表性状,扰动了地温、地表水流和冻土条件,破坏了冻土稳定性,形成热融洼地、热融滑塌、融冻泥流、融化下沉、冻胀等,严重地威胁着工程稳定性和安全性。本条提出的冻土环境工程地质勘察的基本要求和内容,是以往许多工程事故与教训的总结。

由于冻土环境工程勘察的一些内容、工作方法、勘察时间与冻土工程勘察相似,况且冻土环境工程勘察又应在冻土工程勘察的基础上进行。所以,冻土环境工程勘察宜与冻土工程勘察同时进行,可以避免重复,节省时间。

为保证工程的稳定性和运营安全,应该考虑到工程建设后对冻土环境的影响,以及环境条件变化反过来对工程的影响。在将冻土作为地基利用时,应该根据冻土环境工程地质评价和预测,提出冻土地基的利用原则和环境保护措施的建议。以往在冻土区进行工程建设时,由于缺乏或者说没有进行冻土环境工程勘察工作,造成工程竣工后和运营时,出现大量的冻土环境破坏和工程问题的事例。此类事例不论在东北大、小兴安岭或青藏高原,以至在前苏联、或是北美、加拿大等国家都有发生。因此,青藏铁路建设应该吸取教训,在勘察期间就将冻土环境工程地质勘察列为必作项目,以尽可能减少工程竣工后环境工程地质问题的产生。

4.8.4　自然环境下的冻土工程性质及其变化,属于冻土工程地质条件范畴。由于工程与冻土的相互作用,人类工程经济活动诱发的冻土工程性质的变化及环境工程地质问题,属于冻土环境工程地质范畴。因此,场地冻土工程地质条件及冻土环境变化评价应该包括这两方面。它们各有自己的侧重点。

冻土带是冰冻圈的重要组成部分。冻土的热稳定性及地表景观稳定性都取决于多年冻土生存、发展和变化的冷生过程。工程建设总免不了把地表植被、雪盖铲除、对地表进行开挖,且再堆积,土体的破坏、水文及水文地质条件的扰动等,都直接影响着多年冻土特征(如年平均地温、地下冰等)及其变化,也改变着多年冻土的热稳定性和地表景观稳定性。因此,为能充分和合理地利用冻土工程地质资源,避免引起不良后果,对布局各项工程的地基土及其冻土工程地质条件应看成是工程地质资源和自然资源的范畴,形成一个"工程建筑——地质环境"系统。然后从冻土类型及地下冰的分布、厚度,冻土的温度状态及其变化、冻土的物理、力学参数,季节融化深度与冻结深度,冻土不良地质现象等方面去评价场地冻土工程地质条件的稳定性,以及所能适应的宽容度,并对场地冻土工程地质条件及变化作出评价,提出相应的工程措施。

冻土是一种对温度敏感和易变的地质体,在地壳内部及外部热源的综合作用下形成、发展、退化、消亡。引起冻土体发生温度变化的主要来源是体系与环境间产生的热能量交换,且是激烈而更大的能量交换。冻土温度在变化的同时,也引起冻土结构与构造的扰动。地表部分的地形、植被、雪盖等的扰动是冻土工程地质条件变化最敏感的部分。如说明表4.9.3—1、4.9.3—2的资料表明,工程修建后或植被铲除前后地温、融化深度均发生较大变化。前苏联研究报道,铲除植被后,直接引起地表温度升高1 ℃~2 ℃,地表年较差增大15%~30%,引起季节融化深度增大和地下冰的融化。由此可知,工程修建后,改变原地的冻土工程地质条件和水文地质条件,会导致多年冻土上限下降,地温升高,地下冰融化,诱发出许多环境工程地质问题,如冻胀丘、冰椎、融冻泥流、热融滑塌等。为尽量减少工程对冻土环境的影响和保证工程对冻土环境变化的适应性,应从人类工程活动的作用形式,环境破坏情况,冻土工程地质条件变化等方面去分析、评价,预测可能诱发的环境工程地质问题,提出相应的防治对策。

说明表4.9.3—1 不同地表条件下土体温度(℃)

地表条件	季节融化深度(m)	地表年平均温度/(℃)	多年冻土上限温度(℃)	年平均地温(℃)	备注
裸露地表	2.2	-1.76	-2.09	-1.40	木里
植被覆盖度70%	1.8	-3.00	-3.07	-2.30	木里
裸露地表	3.6	-0.73	-0.45	-0.55	66道班
植被覆盖度50%	3.2	-0.78	-0.55	0.65	66道班

说明表4.9.3-2 青藏公路砂石路面(路堤高度为0.5~1.0 m)运营17~24年的基底融深表

地段	基底融深(m)		原天然上限(m)	施工后上限下降值(m)
	融深值	波动值		
昆仑山南段 K2894~K2907	2.7	±0.4	1.2~1.9	0.8~1.5
斜水河 K2908~K2932	3.0	±0.6	2.2~2.6	0.4~0.6
斜水河~67道班 K2932~K2943	1.9	±0.5	1.4~1.8	0.1~0.5
67道班~K2943~K2946	3.2	±0.7	2.4~2.8	0.4~0.8
清水河南北 K2946~K2953	2.0	±0.5	1.4~1.8	0.2~0.6
楚玛尔河盐厂 K2953~K2964	3.5	±0.6	2.8~3.2	0.3~0.7
五道梁北 K2964~K3003	3.2	±1.2	2.2~2.8	0.4~1.0
五道梁滩地 K3003~K3015	2.3	±0.5	1.8~2.1	0.2~0.5
可可西里 K3015~K3027	1.8	±0.4	1.2~1.5	0.3~0.6

续上表

地　　段	基底融深(m)		原天然上限(m)	施工后上限下降值(m)
	融深值	波动值		
红梁河滩 K3028～K3035	2.3	±0.5	1.8～2.1	0.2～0.5
曲水河 K3035　3041	2.0	±0.5	1.5～1.8	0.2～0.5
北麓河～孤山 K3043～K3054	2.3	±0.7	1.6～2.2	0.1～0.7
风火山 K3067～K3082	1.9	±0.4	1.2～1.6	0.3～0.7
二道沟～开心岭 K3082～K3170	2.4	±0.5	2.0～2.3	0.1～0.4
天河高台 K3170～K3192	2.3	±0.5	1.6～2.1	0.2～0.7
唐古拉山 K3325～K3341	2.4	±0.4	1.6～2.2	0.2～0.8

注:少数少冰冻土未参与统计。

5.1.1　这是勘察中必须做好的一项基础工作。青藏铁路多年冻土地区历次勘测设计、试验工程的资料,以及青藏公路近半个世纪的运营、多次扩建改造、多次病害整治的资料,从对多年冻土的知之不多,到目前的知之较多,为我们提供了极其丰富的经验,给勘察工作提供了依据。应该十分珍惜,认真学习研究,使工作中少走弯路,减少失误。

近年来全球气候变暖,有关资料显示,地球正进入新一轮暖期,将对高原多年冻土产生不可忽视的影响。因此,加强地温观测,查明其对路基工程的影响,对路基设计和施工的成败有重大作用,所以在勘察阶段对地温观测要给予足够重视。

5.1.3　多年冻土地区的一般路基是指不需作特殊处理的路基,或仅设保温护道处理的路堤,及路堤地面以下、路堑路基面以下的冻土即使融化,对其稳定也不会产生很大影响的路基。

这里提出的2倍天然上限深度是为了给路基工程勘察和基础处理确定一个范围。一般情况下天然上限附近含水量、含水量相对较高、易生成富冰冻土,饱冰冻土和含土冰层;而在天然上限附近为少冰,多冰冻土者下部一般不存在地下冰。所以勘察时只要查明2倍天然上限深度范围内的冻土地质条件,即可满足路基工程设计的需要。

另外,青藏公路多年冻土区的工程实践表明:公路路基工程对多年冻土的热影响深度一般在1.0～3.0倍上限深度范围内。考虑铁路路基上部有50 cm的碎石道砟,具有良好的通风散热性能,所以本暂规提出铁路路基工程调查勘探深度为路基基底下2倍上限深度范围也是合适的。

5.1.11　多年冻土区地面覆盖的完整性是保证多年冻土稳定的重要条件。在多年冻土上限附近,常常有高含量冰冻土和厚层地下冰层存在。地面覆盖的破坏,导致多年冻土融化,产生地面下沉,塌陷,形成热融洼地、热融湖塘等。因此,在多年冻土地区应严禁铲取草皮作保温材料。取土和弃土应从保护冻土环境出发,合理布置,严格控制。

在青藏公路改建工程中,由于在路基两侧取土,造成多年冻土融化,地面下沉,路基两侧积水,从而引起路基下沉破坏。这样的实例在青藏公路多年冻土区路段是很多的。各主要多年冻土国家的工程实践都证明保护好冻土地质环境是多年冻土区工程稳定的先决条件。

另外,在多年冻土区以取土坑取土与一般地区不同。在多年冻土区,取土坑可供取土的最大厚度一般为活动层厚度。活动层下的多年冻土一般不宜作为路基填料。为了减少对多年冻土的热干扰,保护冻土地质环境,取土厚度一般不宜超过2/3活动层深度。只有当取土坑下多年冻土为少冰冻土时,在不影响周围冻土地质环境的前提下,才允许取土深度达活动层底部。在含土冰层和厚层地下冰分布地段,则不允许取土。因此,在进行路基取土调查时,应先查明取土地点多年冻土的特性,对冻土环境的影响范围,而后再确定取土范围和深度,以及保护环境的措施。

5.2.1

4 多年冻土区的大河,一般均有融区存在。融区按是否贯通多年冻土层的情况和形态可分为贯通融区和非贯通融区。贯通融区是指融区已贯通多年冻土层,与多年冻土层下的融土连在一起。非贯通融区是指融区下仍有多年冻土存在。若为贯通融区或融区厚度很大的非贯通融区,桥梁的设计可按季节冻土区考虑。但桥头引线设计应注意冻土向融土地段的过渡。若为一般非贯通融区,则应根据融区的厚度和其下多年冻土的特性确定桥梁基础的类型、结构以及埋置深度,并采取措施确保地基基础的稳定。

5.3.3

3 隧道通过地段的多年冻土及其水文地质条件是隧道工程地质调查与测绘的重点,据多年冻土地区已有隧道工程建筑的经验,处理好地下水是保证多年冻土区隧道工程稳定的关键。从大兴安岭已通车的隧道病害情况看,地下水危害是主要的。由于地下水浸入隧道,造成衬砌开裂、掉块、洞顶挂冰、轨面积冰等。如牙林线(牙克石——满归)岭顶隧道,由于修建时未注意对地下水的处理,致使衬砌大量开裂,洞内积水挂冰无法通车。在查明地下水情况后,在隧道下方修建了泄水洞,才消除了病害。又如嫩林线(嫩江——西林吉)西罗奇2号隧道和呼中支线翠岭2号隧道,都是由于地下水未处理好,致使洞内积水,衬砌开裂,严重防碍行车。与此相反,没有地下水时,多年冻土区隧道一般都没有病害。所以,在进行隧道冻土工程地质调查勘探时,应着重查明多年冻土及其水文地质条件,以便考虑是否改移线路位置或采取相应的防排水措施。

5.4.3

3 多年冻土地区的建筑物一般宜采用柔性结构,以适应冻胀和融化下沉的不均匀性。多年冻土地基的利用原则一般可分为两种:

原则一:在建筑物施工和整个运营期间都保持地基土处于冻结状态;原则二:允许地基土在施工和使用过程中逐渐融化或施工前预先融化。地基土利用原则应根据地基多年冻土的特点及热稳定性,经过经济技术比较确定。如果保持地基土处于冻结状态的措施是经济合理的,则可采用原则一。通常在低温冻土地区按原则一利用多年冻土。当地基中存在石质土或其他低压缩性土,融化时其变形不超过建筑物的允许值,可采用第二种原则。

5.5.1

1 青海省地质局第一水文地质工程地质队1973~1977年为青藏公路、铁路沿线和530工程进行了水文地质普查,编制了青藏线(格尔木—安多)、(拜多河口—那曲车站)1:20万《水文地质工程地质调查研究报告》(以下简称《调查报告》)和图件。资料完整齐全,应全面搜集并研究利用,可节省勘察工作量。

5.5.2

1 3)对车站附近有参考价值的取水构筑物进行全面调查并搜集含水层颗粒分析资料,可创造条件,直接设计勘探生产井,减少钻探和试验工作。

5.5.2

2 2)地表水调查,除调查河、湖外,还应调查河、湖形成的融区。地表水形成的融区有河流融区、湖泊融区和冰雪覆盖融区。冰雪覆盖融区一般在山区,距车站较远,前两者特别是河流融区与供水水源关系密切,应重点调查。河流融区在青藏铁路沿线的楚玛尔河、沱沱河、通天河、布曲河、捷布曲河、拜多河及扎加藏布曲河等较大的常年流水的河流均有分布。有些河流融区跨越山区、盆地和平原等数个地质单元和构造单元,可以穿过多种岩层的分布区,包含各种地下水类型。河流融区的宽度,如沱沱河两侧宽约850 m。河流融区一般上部为孔隙潜水,下部可出现孔隙水、裂隙水和岩溶水,由于地下水与河水具有良好的水力联系,一般水质好,水量丰富。有些河流如拜多河、扎加藏布曲河部分地段,河流融区是受张扭性断裂影响,河水常年接受冻结层下水补给,水量也较丰富。但拜多河由于受深层水的影响,水质较差。

3)地下水调查

地下水类型和水文地质分区

多年冻土地区地下水的类型可按说明表 5.5.2—1 划分。

水文地质分区,根据多年冻土地区的特点,可按说明表 5.5.2—2 划分。

说明表 5.5.2—1　多年冻土区地下水类型

<table>
<tr><th colspan="3">地下水类型</th><th>埋藏条件</th><th>相态和动态特征</th><th>温度</th><th>水化学特征</th><th>水动力特征</th><th>补给区与分布区关系</th><th>供水意义</th></tr>
<tr><td rowspan="2">冻结层上水</td><td colspan="2">松散岩类冻结层上水</td><td>分布于松散岩类季节融化层,埋藏在多年冻土层之上,主在受大气降水补给</td><td rowspan="2">相态与动态均不稳定,在融冻季节才呈液态</td><td rowspan="2">较低</td><td rowspan="2">淡水为止</td><td rowspan="2">一般不承压</td><td rowspan="2">基本一致</td><td rowspan="2">一般仅能作小型季节性供水水源</td></tr>
<tr><td colspan="2">基岩类冻结层上水</td><td>分布于基岩风化带中,埋藏在季节融化层中,受冻土上限控制,主要受大气降水补给</td></tr>
<tr><td rowspan="3">冻结层间水</td><td colspan="2">层状水</td><td>埋藏在冰水堆积平原的多年冻土层之间,主要受河、湖水补给</td><td>呈液态,动态有时变化较大</td><td rowspan="3">有时呈负温有时很高</td><td rowspan="3">类型复杂矿化度一般较高</td><td rowspan="3">一般承压</td><td rowspan="3">不一致</td><td rowspan="3">决定于水质与水量条件</td></tr>
<tr><td colspan="2">裂隙、岩溶水</td><td>埋藏在多年冻土层中的石膏层、石灰岩或白云岩的裂隙、岩溶内,受冻土层下水或地表水补给</td><td>呈液态、动态较稳定</td></tr>
<tr><td colspan="2">裂隙、脉状水</td><td>埋藏在与构造断裂有关的裂隙和断层中,受深部冻土层下水补给</td><td>呈液态、动态稳定</td></tr>
<tr><td rowspan="5">冻结层下水</td><td colspan="2">第四系松散岩类冻结层下水—孔隙层状水</td><td>埋藏在第四系堆积较厚或多年冻土层厚度较薄的河谷阶地和冰水堆积平源中</td><td>呈液态、动态较稳定</td><td>一般较低</td><td>常为淡水</td><td rowspan="5">一般承压</td><td rowspan="5">不一致</td><td>决定于补给条件</td></tr>
<tr><td rowspan="4">基岩冻结层下水</td><td>裂隙层状水(或孔隙裂隙层状水)</td><td>埋藏于自流盆地的轴部或褶皱构造带的某些储水部位的碎屑岩的裂隙、孔隙内</td><td>呈液态、动态稳定</td><td>一般较低</td><td>类型较复杂</td><td>取决于补给条件及水质</td></tr>
<tr><td>风化裂隙水</td><td>埋藏于基岩风化壳内,只有当多年冻土层厚度较薄时才能存在</td><td>呈液态,动态一般较稳定</td><td>较低</td><td>常为淡水</td><td>供水意义一般不大</td></tr>
<tr><td>裂隙、脉状水</td><td>埋藏于与构造作用有关的构造裂隙和断裂带内</td><td>呈液态、动态稳定</td><td>有时较高</td><td rowspan="2">类型复杂</td><td rowspan="2">供水意义较大,但取决于水质条件</td></tr>
<tr><td>裂隙、岩溶水</td><td>埋藏于多年冻土层以下的石灰质岩层或石膏层的裂隙岩溶内</td><td>呈液态、动态稳定</td><td>有时较高</td></tr>
</table>

续上表

地下水类型		埋藏条件	相态和动态特征	温度	水化学特征	水动力特征	补给区与分布区关系	供水意义
融区地下水	河、湖融区水	埋藏在河床或湖(塘)周围的融区内,主要受河、湖水和大气降水补给,当贯通融区时,则还受冻土层下水补给	常年呈液态,动态尚较稳定	一般较低	类型较复杂,常为淡水	一般不承压	基本一致	决定于补给条件
	构造融区水	分布在断裂破碎带两侧或构造复合部位,埋藏受断裂深度及水温影响		有时较高	类型较复杂,有时矿化度高	一般承压	一般不一致	取决于水质

说明表 5.5.2—2 多年冻土区水文地质分区

分区符号	水文地质分区	水文地质条件特征
Ⅰ	融区	位于融区和多年冻土不稳定地带,构造融区多分布在构造的复合部位。地下水常年不冻结,受气候变化影响不大,动态较稳定。主要受冰雪融化水和通过脉状的冻结层下水上升补给。水量一般较丰富,水质取决于被给水水质的好坏与含水层含盐质多少及渗透性大小。本区是最可靠的供水水源地
Ⅱ	多年冻土区	位于多年冻土相对稳定地带。冻结层上水是埋藏在多年冻土层上的季节融化水,以冻结层作为隔水层。主要靠大气降水补给,其相态不稳定,水量较小,一般水质较好。季节液态冻结层上水、非衔接多年冻土区的常年液态冻结层上水可作为小型季节性的供水水源地 冻结层下水是埋藏在冻结层以下的非冻结带内的地下水,分布较广泛,一般埋藏较深,不受气候变化影响,动态稳定,水量较丰富,当水质好时是可靠的供水水源地

《调查报告》对多年冻土地区的融区又作了如下分类:

- 融区
  - 地表水体形成的融区
    - 河流融区
    - 湖泊融区
    - 冰雪覆盖融区
  - 地下水循环形成的融区
    - 浅循环融区
      - 片状融区
      - 带状融区
    - 深循环融区
  - 混合作用形成的融区

浅循环融区,是近于地表的浅藏地下水所形成的融区。其中的带状融区,一般多在张性断裂带上,尤其是张性断裂通过脆性岩石并与压性断裂交汇的部位,构造裂隙极为发育,张性断裂带上地下水的径流条件极为良好,而压性断裂起阻水构造的作用,将地下水蓄起并溢出地表,在补给源充沛的条件下,沿张性断裂带两侧形成带状融区。

地下水深循环融区属构造融区。挽近地质时期强烈活动的歹字型构造体系及其派生的一些旋卷构造体系与其他构造体系的复合部位,断裂切割较深,在两者复合部位经过深循环的地下热水,在破碎带中强烈交替上升形成的融区。其规模大小与地下水的循环深度和径流量有关,如在温泉谷地两侧山脚、115 道班等地均有大量深循环地下水溢出地表而成为温泉群,在温泉水的循环溢出带上均有融区分布。

上述融区的分类与说明表 5.5.2—2 相结合,可划分水文地质分区和亚区。

4)地下水露头调查

水温高于 20 ℃的泉水称之为温泉水;水温低于 20 ℃,但水的化学成分中含有众多微量元素和大量气体的泉称之为矿泉。

冰椎、冻胀丘是多年冻土地区地下水露头的特殊表现形式。是冻结层上水及层下水沿通道溢出地表冻结而成的。冰椎、冰胀丘与地下水形影相随,它们的分布,为寻找地下水提供了良好的地面标志。冰椎、冰胀丘的调查,宜在 2 ~4 月进行。冰椎、冰胀丘的判断方法可按说明表 5. 5. 2—3 和说明表 5. 5. 2—4 进行。

说明表 5. 5. 2—3　冰椎类型的判断方法

冰椎类型	分布的地形位置	发生及消融时间	表　面　特　征
地表水流冰锥	河谷、冲洪积沟口	10 月份下旬发生,至年底或翌年 1 月处于稳定状态,4 月中上旬开始消融	呈长条状的平面冰椎
冻结层上水冰椎	山前山麓斜坡	11 月初生长,12 月至翌年 1 月间停止生长,4 月中上旬开始消融	外表呈锥状,面积较小,高度不大,仅几厘米至 1 m 左右,表面裂隙发育
冻结层下水冰椎	河谷及一些山前断裂破碎带	11 月中上旬发生,一直发展到翌年 3 ~4 月间,4 ~5 月开始消融,7 ~8 月消融完	面积较大,呈圆锥型,高度较大,常在 1 ~2 m 以上,表面裂隙发育,冰椎中大空洞极发育

说明表 5. 5. 2—4　冰丘类型的判断方法

冰丘类型	地形位置	发生发展消融时间	外　表　特　征
冻结层上水冰丘	山前山麓斜坡地带,一些河流急转弯处上方或由宽变窄的地段	多系 11 月中上旬隆起到 12 月至翌年 1 ~2 月间发展到最大高度,4 ~5 月消融开始,至 6 ~7 月完全消融	规模、范围均较小,一般冰丘核上面覆盖较薄
冻结层下水冰丘	河谷地带及一些山前断裂破碎带	11 月下旬开始隆起,一直发展到翌年 4 ~5 月间,5 ~6 月即消退,9 ~10 月间完全消融完。有的冰丘恢复不了原状成永久性小隆丘	面积较大,常高几米,隆丘表面破碎裂隙发育,覆盖较厚,隆丘下面有流水

根据铁三院的经验,对下列有地下水活动或出露的地段,亦应进行调查:

① 山麓经常有水流渗出或阳坡地面潮湿处;

② 冬季降雪容易融化或积雪比较薄的地方,春季解冻较早、冬季冻结较迟的地方;

③ 冬季地表完全冻结后,飞禽走兽行踪较密处;

④ 干旱季节也不干裂的地方;

⑤ 冬季某河流河段水温度较高处。

6. 2. 3　多年冻土的工程性质除取决于他的岩性成分外,更重要的还取决于他的含冰量、冷生构造和温度。因此,从工程角度看,多年冻土在平面和剖面上的变化较非多年冻土要复杂得多。为了查明多年冻土条件及其对工程的影响,其勘探孔(点)的数量和深度较之一般地区要大。本暂规在第 4、5 章的各类建筑物工程及本章提出的地温观测孔的数量和深度便是基于上述理由和多年来的实践提出的。

中华人民共和国行业标准

铁建设〔2001〕90号

铁路工程不良地质勘察规程

TB 10027—2001

J 125—2001

2001—08—27 发布　　　　2001—12—01 实施

中华人民共和国铁道部　发布

前　言

本规程是根据铁道部铁建设函〔1999〕50 号文的要求，在《铁路工程地质泥石流勘测规则》(TBJ 27—91)、《铁路工程地质岩溶勘测规则》(TBJ 28—91)、《铁路工程地质滑坡勘测规则》(TBJ 34—91)和《铁路工程地质风沙勘测规则》(TB 10053—98)的基础上修订而成。

本规程内容包括：总则，术语，滑坡和错落，危岩、落石和崩塌，岩堆，泥石流，风沙，岩溶，人为坑洞，水库坍岸，地震区，放射性地区，有害气体等 13 章，另有 6 个附录。

本规程主要修订的内容有：

1. 增加了错落、危岩、落石和崩塌、岩堆、人为坑洞、水库坍岸、地震区、放射性地区和有害气体等勘察内容。

2. 规定了各种不良地质条件的定义和分类。

3. 增加了观测等工作内容。

4. 规定了岩溶地区的勘察工作必须延续至施工阶段。

在本规程执行过程中，希望各单位结合工程实践，认真总结经验，积累资料。如发现需要修改和补充之处，请及时将意见和有关资料寄交铁道第二勘察设计院（成都市通锦路 3 号，邮政编码：610031），并抄送铁路工程技术标准所（北京市朝阳门外大街 227 号，邮政编码：100020），供今后修订时参考。

本规程由铁道部建设管理司负责解释。

本规程主编单位：铁道第二勘察设计院。

本规程参编单位：铁道第一勘察设计院、铁道第三勘察设计院、铁道第四勘察设计院。

本规程主要起草人：谭鸿增、刘薇、卞国忠、周正礼、曾长贤。

目　　次

1 总 则

1.0.1 为统一铁路工程不良地质勘察的技术要求,保障勘察质量,适应铁路工程建设的需要,制定本规程。

1.0.2 本规程适用于新建、改建铁路勘测设计阶段的不良地质勘察,也可用于施工与运营阶段地质病害监测及工程整治中的不良地质勘察。

1.0.3 铁路工程不良地质勘察,应按勘测设计阶段循序渐进地进行,逐步查清不良地质现象和病害的成因、规模,提供可行的整治方案,满足设计需要。

1.0.4 补充定测阶段不良地质勘察,应结合整治工程需要,补充和完善定测阶段勘察中存在的不足,勘察的技术要求与定测阶段相同。

1.0.5 改建铁路的不良地质勘察,应搜集既有铁路的有关资料,分析利用既有铁路病害预防和整治的经验,参照新建铁路勘测阶段的不同要求,有所侧重地进行。绕行地段应按新建铁路要求开展工作。

1.0.6 铁路工程不良地质勘察,应采用综合勘探和综合分析方法,积极采用新技术、新方法。

1.0.7 铁路工程不良地质勘察,除应符合本规程外,尚应符合国家现行的有关强制性标准的规定。

2 术　语

2.0.1 不良地质　unfavorable geological condition

由于各种地质作用和人类活动而造成的工程地质条件不良现象的统称。铁路修建与运营中常见的不良地质现象有：滑坡、错落、危岩、落石、崩塌、岩堆、泥石流、风沙、岩溶、人为坑洞、水库坍岸、地震区、放射性和有害气体等。

2.0.2 古(老)滑坡　ancient landslide

滑动历史久远，现已停止活动并处于稳定状态的滑坡。常因自然营力作用或人类活动，滑坡地貌特征保存不完整甚至基本消失。

2.0.3 主滑段　main slide section

在滑坡轴向断面上，沿滑动面(带)产生推力，其滑动力方向与滑动面(带)倾斜方向一致的地段。一般情况下，滑动面倾角大于滑带土综合内摩擦角。

2.0.4 抗滑段　slide-resisting section

在滑坡轴向断面上，产生沿滑动面(带)的抗滑力，其抗滑力方向与滑动面(带)倾斜方向相反的地段。一般情况下，滑动面倾角小于滑带土的综合内摩擦角。

2.0.5 泥石流扇　debris flow fan

泥石流冲出沟口后，固体物质堆积形成的扇形地貌。

2.0.6 泥痕　mud trace

泥石流在流动过程中黏附在沟坡上的残留物或沟坡受冲撞留下的痕迹。

2.0.7 残留层　residual layer

黏性泥石流在流动过程结束后，黏附和停留在沟床中的物质。

2.0.8 沙丘　sand dune

风力作用下沙粒堆积成的丘状或垅岗状地貌。沙丘一般高几米至几十米，个别亦有超过百米的。

2.0.9 沙地　sand land

风力作用下沙粒堆积成近乎水平状的沙质地貌。沙地中一般沙丘高度较小，起伏平缓或零星分布低矮沙堆。

2.0.10 戈壁　Gobi

地面由粗沙、砾石组成的砾漠。在各种成因的堆积物上，由于强大的风力吹蚀作用，留下粗沙、砾石覆盖整个地表，形成大片的砾石滩。

2.0.11 植物群落　plant group

泛指在一定的生态环境中，由植物物种间，以及植物与环境间的相互关系所联系的植物组合。任何一个植物群落都有它自己的植物种类组成一定的外貌，各个植物种类的个体，在数量比例与空间分布上也有一定规律。

2.0.12 植被覆盖度　plant - covering degree

在一定面积内，植物种群所占面积的百分率。植物种群所占面积一般按树冠或草丛在地上的垂直投影面积计算。

2.0.13 风影区 wing shadow area

气流通过地形、地物障碍时，障碍物背风侧由于流线辐散、风速急剧减弱的空间范围。

2.0.14 岩溶基准面 karst base level

岩溶作用向地下深处所能达到的下限。一般为当地的河水面、湖水面、岩溶泉或暗河的最低水面等。基准面的高程与可溶岩的底板高程和可溶岩中非可溶岩夹层有关。

2.0.15 裸露型岩溶 exposed deposit karst

可溶岩绝大部分出露地表，仅在漏斗、洼地内有薄层土覆盖。

2.0.16 覆盖型岩溶 covered plied karst

可溶岩被第四系松散堆积物所覆盖，岩石一般不出露于地表。在地面上常有塌陷漏斗或洼地，有时出露灰岩石牙。

2.0.17 埋藏型岩溶 hidden outcrop karst

可溶岩类岩层在上覆厚层已胶结的非可溶岩层之下发育的岩溶。这种岩溶不反映于地表。

2.0.18 岩溶洼地、岩溶盆地 karst depression, karst basin

底部平坦、面积较大、形态不规则的封闭状负地形称洼地。有松散沉积物覆盖的大型岩溶洼地称岩溶盆地。

2.0.19 干谷、盲谷 dry valley、blind valley

岩溶地区，由于河谷进入地下排水系统，在地表遗留的干涸的或间歇性有水的河谷称干谷。无出口、其水流消失在河谷末端陡壁下而转为暗河者为盲谷。

2.0.20 垂直渗流带 vertical seepage zone

丰水期地下水位以上，大气降水或地表水受重力作用沿可溶岩的裂隙、孔洞作垂向运动的地带。此带水流一般不具有静水压力，并且不连续。

2.0.21 水平径流带 horizontal runoff zone

岩溶含水层最低水位以下，受当地岩溶排水基准面控制，具有连续水位的地带。浅饱水带岩溶发育强烈，深饱水带岩溶发育渐弱，逐渐过渡为深部缓流带。

2.0.22 岩溶地面塌陷 karst ground collapse

在覆盖型岩溶地区，由于覆盖土层向溶洞中运移和土洞的扩大，造成地表变形和陷落破坏的统称。

2.0.23 移动盆地 moving basin

地下矿层大面积采空后所形成的地表下沉变形区。地表变形开始时为凹地，随着采空区的不断扩大，凹地不断向外发展，故称为移动盆地。

2.0.24 非充分采动和充分采动 inadequate mining and adequate mining

在既定采深条件下，当采空区的长度和宽度均小于开采深度时，地表移动盆地呈碗状，地表不出现应有的最大下沉值，称为非充分采动。当采空区的长度和宽度分别等于或大于开采深度时，地表移动盆地呈盘状，地表出现应有的最大下沉值，称为充分采动。

2.0.25 浅滩磨蚀角 shoal abrasion angle

库岸在波浪的长期冲刷与磨蚀作用下形成的稳定坡角，即水库高程在正常高水位加波浪侵袭高与正常低水位减波浪影响深之间的稳定岸坡角。

2.0.26 地震动峰值加速度 seismic peak ground acceleration

与地震动加速度反应谱最大值相应的水平加速度。

2.0.27　地震动反应谱特征周期　characteristic period of the seismic response spectrum

地震动加速度反应谱开始下降点的周期。

2.0.28　全新活动断裂　active fault in Holocene epoch

在全新世时期(1 万年)内有过地震活动或近期正在活动,在未来 1 百年内可能继续活动的断裂。

2.0.29　非全新活动断裂　inactive fault in Holocene epoch

1 万年以前活动过,1 万年以来没有发生过活动的断裂。

2.0.30　放射性　radioactivity

不稳定的原子核在自发转变的过程中释放出带有一定能量的粒子或以电磁辐射的形式释放能量的现象。

2.0.31　瓦斯　gas

指煤层中的有害气体,其主要成分为甲烷。

2.0.32　地震动参数区划　seismic ground motion parameter zonation

以地震动峰值加速度和地震动反应谱特征周期为指标,将国土划分为不同抗震设防要求的区域。

3 滑坡和错落

3.1 一般规定

3.1.1 滑坡是指斜坡上岩、土体,由于环境的改变或影响,在以重力为主的力的作用下,沿着一定的滑动面(带)整体下滑,其主滑段的垂直位移与水平位移之比与滑动带倾斜值一致的坡体变形。

3.1.2 错落是指斜坡上岩、土体,由于下伏软弱岩层或破碎带因应力状态改变,在重力的作用下,沿着陡倾角结构面作整体下错,其主滑段的垂直位移与水平位移之比大于下卧主错动带的倾斜值的坡体变形。

3.1.3 线路通过斜坡地区,当山坡呈明显的圈椅状地貌,有较陡的后壁,坡面不顺直呈台阶状,前缘呈舌状凸出,侵占或挤压沟(河)床,坡脚出露泉水或湿地,两侧地层有扰动或不连续现象时,应按滑坡进行工程地质勘察。

3.1.4 线路通过斜坡地区,当山坡坡面呈明显错台、后壁陡且岩体中存在陡倾角结构面、外形类似滑坡但坡度较陡,或坡体高陡、其重力足以促使下卧松散岩土层组成的主错动带产生压缩变形时,应按错落进行工程地质勘察。

3.1.5 滑坡的分类应符合附录 A 的规定。

3.2 工程地质选线

3.2.1 滑坡和错落地区工程地质选线应符合下列要求:

1 线路应绕避稳定性差的巨型、大型(古)滑坡和错落或滑坡和错落群;

2 当滑坡和错落规模小、边界条件清楚,整治方案技术可行、经济合理时,线路可选择在有利于滑坡和错落稳定的安全部位通过;

3 线路通过稳定的滑坡和错落体时,不宜在其上部填方或下部挖方。

3.2.2 具有滑坡和错落产生条件或因修建铁路可能产生滑坡和错落地段的工程地质选线应符合下列要求:

1 确保山体稳定条件不受到削弱或破坏;

2 线路不应与大断裂平行,不宜切割松散堆积体或风化破碎岩的坡脚,宜绕避岩层或贯通节理产状倾向线路的地段,特别是地下水发育的地段;

3 越岭地段线路应绕避岩层严重风化破碎带或构造破碎带形成的垭口;在山坡的同一侧展线时,上、下线位应避免相互影响。

3.3 地质调绘

3.3.1 滑坡和错落地质调绘前应搜集地形图,区域地质资料,遥感图像,气象、地震、水文资料,既有滑坡和错落的调查和观测资料,以及地方志、地震史料中有关滑坡和错落灾情的记载。

3.3.2 滑坡和错落遥感图像解译应包括下列内容:

1 滑坡和错落的分布范围、地质背景,包括地质构造、岩性特征和岩土结构,山脉主脉及支脉山脊的形态,岩层产状与主、支脉间的关系;

2 滑坡和错落的平台、后缘壁、洼地、鼓丘等地貌特征,阶地形态,河流、沟系,植被,井、泉、湿地、水塘位置。

3.3.3 滑坡和错落的地形、地貌调绘应包括下列内容:

1 沟谷或陡坎的分布、形态特征、与斜坡走向的关系,河岸或谷坡受冲刷、淤积情况及河道的变迁;

2 地面坡度、相对高度,台阶位置、个数、平台宽度、阶坎高度,反坡、洼地,植被,醉林和马刀树的形状、大小和树种名称;

3 滑坡和错落的周界形状,后壁走向、陡度、高度与擦痕的指向和倾角,前缘形态,临空面特征,滑动或错落面(带)出口位置,裂缝的分布位置、性质、形状、宽度、深度、延伸长度、充填情况,裂缝产生的时间和变化情况。

3.3.4 滑坡和错落的地层、岩性、地质构造调绘应包括下列内容:

1 土的成因类型、颗粒成分、结构特征、潮湿程度、密实程度、软弱夹层;

2 岩层层序、岩性,岩坡内硬软岩的组合与分布,特别是软弱破碎带在坡体上的展布特征,以及层间错动、岩石风化破碎程度、含水情况;

3 褶皱、断层、节理、劈理等的性质、产状、组合延伸状况、发育程度;

4 可能形成滑动面(带)的层位和位置。

3.3.5 滑坡和错落的水文地质条件调绘应包括下列内容:

1 沟系发育特征、径流条件,地表水、大气降水与地下水的关系;

2 井、泉、水塘、湿地的位置,井、泉的类型、流量及季节性变化情况;

3 含水层的位置、性质、厚度,地下水的水质、水温及其变动,流向、补给及排泄条件。

3.3.6 滑坡和错落的历史和现状调查应包括下列内容:

1 发生、发展历史及相关因素;

2 地貌演变,地表水渗漏,修路、开矿、弃砟等人为活动情况;

3 斜坡、房屋、水渠、道路、古墓等的变形、位移、裂缝位置、状态,井、泉、水塘等的突然干枯或浑浊现象。

3.3.7 不同类型滑坡和错落地质调绘重点应包括下列内容:

1 黏性土滑坡

1)地貌形态、裂隙的性质与发育程度;

2)地表水的聚集与排泄,地下水活动情况;

3)层间的软弱层、砾石层、结核层,上覆土层与下伏岩层接触面的形态;

4)海相黏土中高塑性黏土层的分布、倾斜、富水与夹砂状况,含盐黏土中盐分的淋滤与湿化;

5)河湖相黏土中富集高岭土或蒙脱土层的埋藏、分布和产状;

6)膨胀土应搜集当地降雨、蒸发、气温、日照资料,确定大气影响深度。

2 黄土滑坡

1)新、老黄土的分界面,古土壤层、粉细砂层、砂卵石层、钙质结核等夹层的分布和倾斜度,与下伏岩层接触面的形态,含水情况;

2)黄土柱状节理、卸荷裂隙等的分布、发育程度、组合情况;

3)黄土底层积水软化呈软塑状态的增厚尺寸与速度;

4)新构造发育地区老黄土中构造裂隙的组合分布,特别是倾向斜坡裂隙的产状和受水气作用的情况。

3 堆积土滑坡

1)不同成因类型堆积土的组合与分布情况;

2)不同堆积土顶底面、软弱夹层、下伏岩层顶面等的形态特征与富水情况;

3)地表、地下水的活动情况,以及补给、排泄条件。

4 填土滑坡

1)填土类别、特征,以及填土方式;

2)软弱土层分布、含水条件,以及下伏岩层顶面形态特征;

3)原地面形态、坡度,填土两侧积水与地下水出露位置、排泄条件;

4)道砟囊积水和路堤坡面变形、冲蚀情况,堤前积水可能形成的堤内渗流情况;

5)填筑岩土的风化情况,雨水下渗和振动对路堤稳定的影响。

5 破碎岩体滑坡和错落

1)破碎岩体的分布范围、厚度、风化破碎程度与胶结情况;

2)断层产状、性质,上、下盘接触面特征,断层泥、糜棱岩带的部位;

3)可能产生主滑(错)动带岩土的分布、厚度、松散程度和含水条件;

4)地下水发育情况及其与滑坡和错落的关系。

6 岩体滑坡和错落

1)岩层结构特征、性质、成层与节理发育情况;

2)软岩与硬岩接触带、顺坡结构面等在斜坡上的产状变化,层间错动情况,以及软弱夹层在临空面上出露的位置;

3)构造裂隙面的组数、组合、产状、宽度、长度、贯通性、充填情况、力学性质,以及地下水活动情况。

3.3.8 特殊地区滑坡和错落地质调绘重点应包括下列内容:

1 水库地区滑坡和错落

1)水库最高、最低水位资料;

2)风速、风向,波浪侵袭高度,岸边水流流向、流速,以及岸坡坡脚冲蚀、淤积对滑坡和错落的影响;

3)滑坡和错落地段岩土的特征、水理性质、冻融危害,以及岩石风化破碎程度;

4)水库蓄、放水的速度,库水位变化幅度和速度及其对具有滑坡和错落条件地段和古滑坡稳定性的影响。

2 采空区滑坡和错落

1)采空区、残采区和规划开采区等的平面、剖面,以及保留矿柱、回填、加固等资料;

2)采空作业方式、顺序、速率等与斜坡体的关系;

3)采空塌陷地面移动区的变动、地表裂隙走动变化和性状等与斜坡体的关系;必要时应进行地表变形位移观测；

4）滑坡和错落与抽取地下水、排除地表水、爆破等的关系；

5）对于背向采空塌陷区的坡体应查明因塌陷使底部岩土松弛造成坡体内倾向斜坡临空方向的构造裂隙面松弛、贯通和地下水变动情况。

3　地震区滑坡和错落

1）地震史、震中位置、地震动峰值加速度、地震频率、发震季节，以及地震的危害；

2）建筑物破坏痕迹，山崩、滑坡、错落、地裂情况；

3）岩层结构特征、风化破碎程度，层间软弱夹层；

4）断层的展布特征、性质，破碎带宽度，含水情况。

4　融冻土地区滑坡

1）地表冲沟、坡体内含冰，地表草皮的分布等与融冻土滑坡的关系；

2）冻土的类型、结构特征、厚度；

3）当地气温、地温，在工程保证安全年代内多年冻土上限埋深及其可能的变化，融冻季节及冻融变化规律；

4）地下水类型，地表水、热融水对滑坡的补给关系。

3.4　勘探与测试

3.4.1　滑坡和错落勘探应采用物探、钻探、坑探相结合的综合勘探，必要时可采用井探或洞探，查明滑（错）动面（带）的空间分布和性质、地下水及其变化情况。

3.4.2　滑坡和错落勘探点布置应符合下列要求：

1　沿主轴和垂直主轴方向，结合测试和整治工程需要布置；

2　主轴断面上的勘探点不得少于3个，地质条件复杂地段应加密；

3　滑坡和错落体外围，必要时应布置勘探点。

3.4.3　滑坡和错落勘探深度应至稳定岩土层内不小于3 m，且钻入基岩深度不小于滑坡体中最大块石直径的1.5倍。

3.4.4　滑坡和错落钻探应符合下列要求：

1　钻探应采用干钻、无泵反循环或双层岩芯管方法进行；

2　当钻至接近预计滑动面（带）以上5 m或发现滑动面（带）迹象（软弱面、地下水）时，必须采用干钻或空气钻进，并宜增大钻压、降低转速，提高岩芯采取率；回次进尺不得大于0.3 m，并应及时检查岩芯，确定滑动面位置；

3　钻探发现地下水时应分层止水并测定初见、稳定水位，含水层厚度。

3.4.5　滑坡和错落测试应取代表性岩、土、水样，作物理力学性质试验和水质分析；必要时应对岩样进行切片和黏土矿物鉴定。

3.4.6　滑动面（带）测试应符合下列要求：

1　取原状土样试验；当无法采取原状土样时，可取保持天然含水量的扰动土样，作重塑土样试验；

2　结合滑动条件、岩土性质、工程要求，选择快剪、固结快剪、浸水饱和剪、残余强度试验；

3　有条件时，可进行原位大面积剪切试验或其他原位测试工作。

3.5 观测与评价

3.5.1 控制或影响线路方案及施工和运营安全或具有多层滑动带的滑坡应进行动态观测。

3.5.2 滑坡动态观测应符合下列规定：

1 内容

1）地面变形，包括水平、垂直位移，裂缝延伸变化及移动方向；

2）建筑物变形，包括开裂、破坏及位移；

3）深部位移，包括地面下不同深度的滑坡体位移；

4）水文地质条件，包括孔隙水压力、地表水位、水量，井、泉、钻孔等的水位、水量、水质、水温、流向；特别是滑动带含水层的特征；

5）气象观测。

2 方法

1）布置地面观测网监测滑坡及建筑物动态变化；

2）在钻孔内进行深部位移观测，监测不同深度滑坡体位移变化；观测孔终孔孔径应满足测试仪器的要求；

3）同步观测水文地质条件动态变化。

3 要求

1）小型滑坡可进行简易动态观测；

2）控制和影响线路方案的大型滑坡应直接测量位移量，采用顺轴向和垂直轴向的方格网、放射网或任意格网等方法进行；

3）观测期限应根据工程需要确定，一般不宜少于1个水文年。

4 资料编制

1）观测说明，应阐明工作概况，包括任务依据、时间、测网布置、观测方法、仪器设备及完成工作量；观测经过，包括补设观测桩、复测、加测情况；观测资料分析、结论及建议；

2）观测网布置平面图，比例视需要确定；

3）位移矢量图，比例视需要确定；

4）位移或降雨量与时间关系曲线图，位移与降雨量相关曲线图，比例视需要确定；

5）位移与地下水动态相关曲线图，深部位移曲线图，比例视需要确定；

6）观测记录、气象资料、访问记录、照片等原始资料。

3.5.3 滑坡稳定性评价应包括稳定性检算和综合评价。

1 稳定性检算

1）选择有代表性的断面，并划分出牵引、主滑和抗滑地段；

2）各段滑动带的计算指标宜采用各种状态下的反算法取得初步值，然后按工程保证年限内最不利组合时的状态与反算指标比较后进行调整，再与最不利条件下可能的试验指标，经验数据进行综合比较后确定；

3）滑坡稳定系数 K_s 计算可按本规程附录 A 的规定进行；

4）滑坡体内地下水已形成统一水面时应计入浮托力和动水压力；

5）除整体稳定性外，尚应检算局部滑动的可能性。

2 综合评价应根据滑坡在斜坡体构造格局中所在部位及其与四周各块之间的相互支撑与水力联系，滑坡的规模、位置、工程地质与水文地质条件，滑动的主导因素，滑动前兆，以及稳定性检算结果等综合判定滑坡的稳定性、发展趋势及危害程度。

3.6 踏 勘

3.6.1 踏勘阶段滑坡和错落勘察应搜集区域地质、水文地质、地貌、气象、地震及遥感图像资料，了解巨型、大型和地质复杂的滑坡和错落在山体构造格局中所占的位置及其与四周坡块之间的稳定关系。

3.6.2 踏勘阶段滑坡和错落资料编制应包括下列内容：

1 工程地质说明，应阐明巨型、大型滑坡和错落的工程地质条件和方案比选意见，对下阶段工程地质勘察工作的建议；

2 全线工程地质图，比例为1:50 000～1:200 000，应标明滑坡和错落分布位置及类型。

3.7 初 测

3.7.1 初测阶段滑坡和错落地质调绘应符合下列要求：

1 查明勘察范围内滑坡和错落的分布范围、规模、类型和稳定程度；

2 控制和影响线路方案的滑坡和错落地段应进行重点地质调绘，查明工程地质、水文地质条件，微地貌特征，软弱夹层，变形情况等；

3 对与线路方案有关的可能形成新滑坡和错落的地区，亦应进行地质调绘。

3.7.2 控制和影响线路方案的滑坡和错落工点勘探与测试应符合下列要求：

1 勘探点应布置在滑坡和错落主轴断面和必要的横断面上，主轴断面上的数量不得少于3个，且至少有1个控制性深孔；

2 在滑动带及其上、下各种土层中，应分别采取代表性土样，进行物理力学性质试验；

3 有地下水时应查明地下水的分布层数，含水层的组成和厚度，各层地下水的初见和稳定水位、流量等，并取样作水质分析；

4 土层滑坡可采用瑞利波法、地震反射波法和四极对称直流电测深法等综合物探方法确定滑动面位置、土层与基岩的分界面。

3.7.3 对线路方案影响大、地质复杂、稳定性难以判断的滑坡，必要时应进行动态观测。

3.7.4 初测阶段滑坡和错落资料编制应包括下列内容：

1 综合资料

1）工程地质勘察报告，应阐明滑坡和错落的分布规律、危害程度、处理原则，对线路各方案的评价和比选意见，存在问题及定测注意事项；

2）全线工程地质图，比例为1:10 000～1:200 000，应标明滑坡和错落分布范围及类型；

3）详细工程地质图，比例为1:2 000～1:5 000，应标明滑坡和错落范围界线；

4）工程地质分段说明，应阐明滑坡和错落的分布、特征、规模，发生和发展的原因，稳定性及其对工程的影响。

2 工点资料

1)工程地质说明,应阐明滑坡和错落的勘探过程和结果,工程设计所需参数,需要采取的防护措施等;

2)工程地质图,比例为1:500~1:2 000,必要时可用1:200,应标明滑坡和错落的范围界线、主轴方向、滑坡体开裂变形特征等;

3)轴线工程地质断面图,比例为1:200~1:1 000,必要时可用1:100,应标明滑坡和错落的滑、错动带界线,滑、错动方向和裂缝位置;

4)代表性轴向和横向工程地质断面图,比例为1:200~1:1 000,必要时可用1:100,应标明滑坡和错落的滑、错动带界线,滑、错动方向和裂缝位置;

5)勘探、测试资料,观测点、地质照片等资料。

3.8 定 测

3.8.1 定测阶段滑坡和错落地质调绘应查明下列内容:

1 地形、地貌、微地貌形态,地表裂缝和建筑物的破坏变形及其发展进程,井、泉、池塘、湿地等的分布与变化,植被、滑坡要素;

2 物质成分、性质、厚度,滑(错)动带的位置、个数、形态特征;

3 测区地层岩性、地质构造、各种结构面特征及组合关系、层间软弱夹层,含水层性质、厚度、补给源等水文地质条件。

3.8.2 定测阶段滑坡和错落勘探与测试应符合下列要求:

1 勘探孔应根据滑坡和错落规模、滑床形态并结合整治工程类型布置,每个地质断面不宜少于3孔,间距和深度应满足工程整治设计的需要;有条件时可在主要断面上进行综合物探;

2 滑动带及其上、下各种土层中应分别采取代表性土样作物理力学性质试验,主滑段和抗滑段中应分别取滑动带土样不少于3组,牵引段中亦宜取滑动带土样进行力学试验;

3 有条件时,宜在滑动带处进行大面积剪切试验;

4 地下水发育时应进行水文地质试验,并对地表、地下水分别取样进行水质分析,必要时测定地下水流速、流向。

3.8.3 需要采取分期整治的滑坡,必要时应进行动态观测。

3.8.4 定测阶段滑坡和错落资料编制应包括下列内容:

1 综合资料

1)工程地质勘察报告,应阐明滑坡和错落的工程地质条件、评价及处理原则;

2)全线工程地质图,比例为1:10 000~1:200 000,应补充修改初测成果;

3)详细工程地质图,比例为1:2 000~1:5 000,应补充修改初测成果;

4)详细工程地质纵断面图,比例为横1:10 000,竖1:200~1:1 000,有标注条件时应标明滑坡和错落的滑、错动带界线,滑、错动方向。

2 初测已有的工点除应补充、修改既有资料以外,必要时应补充水文地质图、滑床或基岩等高线图、滑坡地段的过湿带分布图,比例同工程地质图。

3 新增加工点应符合本规程第3.7.4条的规定。

4 危岩、落石和崩塌

4.1 一般规定

4.1.1 危岩是指具有产生崩塌和落石危险的陡坡上的岩体或个别岩块。

4.1.2 落石是指陡坡上个别的岩块在重力作用下突然向下坠落或滚落的现象。

4.1.3 崩塌是指陡坡上部分岩土体，在以重力为主的力的作用下，突然向下垮塌的现象。

4.1.4 线路通过斜坡地区，当坡高、陡，坡面不平整，上陡下缓，岩土体的节理、裂隙发育，结构面多张开，坡脚、坡面有崩塌物停积时，应按危岩、落石和崩塌进行工程地质勘察。

4.1.5 崩塌的分类应符合附录 B 的规定。

4.2 工程地质选线

4.2.1 线路应绕避可能产生大规模崩塌或治理难度极大的危岩、落石和崩塌地段。

4.2.2 当落石及潜在崩塌体规模小、危岩边界条件或个体清楚，防治方案技术可行、经济合理时，线路可选择在有利部位通过。

4.3 地质调绘

4.3.1 危岩、落石和崩塌地质调绘前应搜集地形图、区域地质资料、遥感图像、气象和地震资料，既有崩塌和落石调查、观测资料，以及地方志、地震史料中有关崩塌和落石灾情的记载。

4.3.2 危岩、落石和崩塌地质调绘应包括下列内容：

1 危岩的地质背景；

2 地形、地貌特征，危岩的周界、空间分布，裂缝的位置、性质、形状、宽度、深度、延伸长度、充填和变化情况；

3 岩层层序、岩性、岩体结构、软弱结构面、软弱夹层特征，层间错动、岩石风化破碎程度、含水情况；

4 褶皱、断层、节理、劈理等的性质、产状、组合情况、发育程度；

5 崩塌和落石的范围、数量、岩块直径、滚落方向、影响范围，以及防治经验。

4.4 勘探与测试

4.4.1 裂隙勘探应以挖探为主，查明覆盖层厚度、裂隙发育程度及充填特征。

4.4.2 勘探点应根据挡护和整治工程的需要布置。

4.4.3 裂隙充填物测试可取代表性土样作物理力学性质试验。

4.5　观测与评价

4.5.1　控制或影响线路方案，以及影响施工和运营安全的危岩中正在发展的张裂隙，宜进行变形观测；必要时宜设立观测点长期观测。

4.5.2　当落石滚落的方向、途径、跳跃高度、影响范围等难以判明时，宜在现场作简易岩块滚落试验。

4.5.3　危岩、落石和崩塌评价应阐明其分布范围、类型，发生和发展的原因，稳定程度及发展趋势。

4.6　踏　勘

4.6.1　踏勘阶段危岩、落石和崩塌勘察应搜集区域地质、工程地质、水文地质、气象、地震及遥感图像资料，了解大型危岩的类型、规模和成因。

4.6.2　踏勘阶段危岩、落石和崩塌资料编制应包括下列内容：

1　工程地质说明，应阐明大型危岩、落石和崩塌的分布地段、规模、工程地质条件和方案比选意见，对下阶段工程地质勘察工作的建议；

2　全线工程地质图，比例为1:50 000～1:200 000，应标明大型危岩、落石和崩塌的类型、分布位置。

4.7　初　测

4.7.1　初测阶段危岩、落石和崩塌地质调绘应符合下列要求：

1　查明勘察范围内危岩、落石和崩塌的分布范围、规模、类型及稳定程度；

2　控制和影响线路方案的危岩、落石和崩塌应重点进行地质调绘，查明工程地质、水文地质、地震、水文、气象条件，微地貌特征、裂隙发育、变形破坏情况等。

4.7.2　控制和影响线路方案的危岩、落石和崩塌工点，宜结合工程需要进行勘探与测试，必要时进行变形观测。

4.7.3　初测阶段危岩、落石和崩塌资料编制应包括下列内容：

1　综合资料

1）工程地质勘察报告，应阐明危岩、落石和崩塌的分布规律、危害程度、处理原则，对线路各方案的评价和比选意见，存在问题及定测注意事项；

2）全线工程地质图，比例为1:10 000～1:200 000，应标明危岩、落石和崩塌分布范围；

3）详细工程地质图，比例为1:2 000～1:5 000，应标明危岩、落石和崩塌范围界线；

4）工程地质分段说明，应阐明危岩、落石和崩塌的类型、分布、特征、规模、数量、岩块直径，发生和发展的原因，稳定程度及其对工程影响的评价。

2　工点资料

1）工程地质说明，应阐明危岩、落石和崩塌的勘探过程和结果，工程设计所需参数，需要采取的防护措施等；

2）工程地质图，比例为1∶500～1∶2 000，应标明裂隙位置，危岩、落石和崩塌范围界线；

3）代表性轴向、横向工程地质断面图（必要时作），比例为1∶200～1∶1 000，应标明裂隙位置，危岩、落石和崩塌范围界线；

4）勘探、测试资料，观测点、地质照片等资料。

4.8　定　　测

4.8.1　定测阶段危岩、落石和崩塌勘察应查明地形、地貌、微地貌形态与植被，地层岩性、地质构造、各种结构面特征及组合关系、层间软弱夹层、风化程度，地表、地下水对危岩稳定的影响；必要时进行简易岩块滚落试验。

4.8.2　定测阶段危岩、落石和崩塌勘探与测试宜结合工程需要进行。

4.8.3　定测阶段危岩、落石和崩塌资料编制应包括下列内容：

1　综合资料

1）工程地质勘察报告，应阐明危岩、落石和崩塌的工程地质条件、评价及处理原则；

2）全线工程地质图，比例为1∶10 000～1∶200 000，应补充修改初测成果；

3）详细工程地质图，比例为1∶2 000～1∶5 000，应补充修改初测成果；

4）详细工程地质纵断面图，比例为横1∶10 000，竖1∶200～1∶1 000，有标注条件时应标明危岩、落石和崩塌的类型、位置与范围界线。

2　初测已有的工点应补充、修改既有资料。

3　新增加工点应符合本规程第4.7.3条的规定。

5 岩　堆

5.1 一 般 规 定

5.1.1 岩堆是指岩体经过物理风化等作用形成碎块,经以重力为主的力的搬运,在山坡上或坡脚形成的松散堆积体。

5.1.2 线路通过斜坡地区,当山坡或坡脚堆积有岩块松散堆积体,其表面坡度与堆积物的安息角相近时,应按岩堆进行工程地质勘察。

5.1.3 岩堆可根据组成物质的大小划分为:碎屑、碎石、块石、大块石岩堆。

5.2 工程地质选线

5.2.1 线路应绕避补给来源丰富、结构松散、处于发展阶段或具有软弱夹层、地下水丰富、极易产生变形的大型岩堆。

5.2.2 线路可采取适当措施通过规模较小、边界条件清楚或停止发展和稳定的古岩堆。

5.3 地 质 调 绘

5.3.1 岩堆地质调绘前应搜集地形图,区域地质、水文地质资料,遥感图像,气象与地震资料。

5.3.2 岩堆地质调绘应包括下列内容:

1　岩堆形成的地质背景;

2　岩堆床的形态、岩层层序、岩性、岩体结构、软弱结构面、软弱夹层特征,以及层间错动、岩石风化破碎程度;

3　堆积岩块的孔隙性、岩性、粒径、分布、厚度、成层与稳定情况,岩块间填充物的物质成分、颗粒级配、潮湿、密实、胶结情况、软弱夹层;

4　地表水和地下水对岩堆稳定性的影响;

5　补给区危岩体的分布、陡度、高度,裂隙密度、性质、延伸方向及危岩体的稳定性。

5.4 勘探与测试

5.4.1 岩堆勘探应采用综合物探、钻探、坑探相结合的综合勘探方法,查明岩堆的物质成分、孔隙性、均匀性、软弱夹层及岩堆基底的稳定性。

5.4.2 岩堆勘探点应结合整治工程布置在轴线断面上,复杂地段应适当加密;勘探深度应至岩堆基床下稳定岩土层内不小于3 m,且大于最大块石直径1.5倍。

5.4.3 岩堆钻探中应观测地下水位,必要时作水文地质试验,并取样作水质分析。

5.4.4　岩堆取原状土样困难时,可在现场进行荷载试验或其他原位测试工作。

5.5　评　　价

5.5.1　岩堆评价应包括其发展阶段、自身的稳定性,及其作为建筑物地基、路堑边坡和隧道围岩等周边环境的稳定性。

5.5.2　岩堆的稳定性评价应包括岩堆沿地面或软弱夹层变形的可能性,岩石成分、岩块大小与均匀性、岩块结构的密实程度及不均匀下沉量。

5.6　踏　　勘

5.6.1　踏勘阶段岩堆勘察应搜集区域地质、工程地质、水文地质、气象、地震及遥感图像资料,了解大型岩堆的类型、规模、形成条件和发育规律。

5.6.2　踏勘阶段岩堆资料编制应包括下列内容:

1　工程地质说明,应阐明大型岩堆的工程地质条件和方案比选意见,对下阶段工程地质勘察工作的建议;

2　全线工程地质图,比例为1:50 000~1:200 000,应标明岩堆分布位置。

5.7　初　　测

5.7.1　初测阶段岩堆地质调绘应符合下列要求:

1　查明勘察范围内岩堆的分布范围、规模、类型及稳定程度;

2　控制和影响线路方案的岩堆应重点进行地质调绘,查明工程地质、水文地质、地震、水文、气象条件,孔隙性、均匀性、软弱夹层等。

5.7.2　控制和影响线路方案的岩堆勘探与测试应符合下列要求:

1　勘探点应布置在岩堆主轴断面和必要的横断面上,主轴断面上的数量不宜少于3个,且至少有1个控制性深孔;

2　取软弱带土层的代表性土样,进行物理力学性质试验;

3　有地下水时应查明地下水的分布层数,含水层的组成和厚度,各层地下水的初见和稳定水位,水量、水质、水温、流向及其变动,并取样作水质分析;

5.7.3　初测阶段岩堆资料编制应包括下列内容:

1　综合资料

1)工程地质勘察报告,应阐明岩堆的分布规律、危害程度、处理原则,对线路各方案的评价和比选意见,存在问题及定测注意事项;

2)全线工程地质图,比例为1:10 000~1:200 000,应标明岩堆位置;

3)详细工程地质图,比例为1:2 000~1:5 000,应标明岩堆范围界线;

4)工程地质分段说明,应阐明岩堆的分布、特征、规模、稳定性及其对工程的影响。

2　工点资料

1)工程地质说明,应阐明岩堆的勘探过程和结果,工程设计所需参数,需要采取的防治措施等;

2)工程地质图,比例为1:500~1:2 000,应标明岩堆的范围界线;

3)代表性轴向和横工程地质断面图(必要时作),比例为1:200~1:1 000,应标明岩堆的界线、软弱夹层、地下水的位置;

4)勘探、测试资料,观测点、地质照片等资料。

5.8 定 测

5.8.1 定测阶段岩堆地质调绘应查明下列内容:

1 地形地貌、地层岩性、地质构造、各种结构面特征及组合关系、层间软弱夹层与岩堆基底的稳定性;

2 堆积岩块粒径、填充物性质、胶结情况、岩堆床形态、地下水情况。

5.8.2 定测阶段岩堆勘探与测试应符合下列要求:

1 勘探孔应根据岩堆规模、基底形态并结合整治工程类型布置,每个地质断面不宜少于3孔,间距和深度应满足工程整治设计的需要;必要时在主要断面上进行综合物探;

2 软弱带土层宜采取代表性土样进行物理力学性质试验,必要时可在软弱带处进行大面积剪切试验;

3 地下水发育时应进行水文地质试验,并对地表、地下水分别取样进行水质分析,必要时测定地下水流速、流向。

5.8.3 定测阶段岩堆资料编制应包括下列内容:

1 综合资料

1)工程地质勘察报告,应阐明岩堆的工程地质条件、评价及处理原则;

2)全线工程地质图,比例为1:10 000~1:200 000,应补充修改初测成果;

3)详细工程地质图,比例为1:2 000~1:5 000,应补充修改初测成果;

4)详细工程地质纵断面图,比例为横1:10 000,竖1:200~1:1 000,有标注条件时应标明岩堆界线,软弱层、地下水的位置。

2 初测已有的工点应补充、修改既有资料。

3 新增加工点应符合本规程第5.7.3条的规定。

6 泥 石 流

6.1 一 般 规 定

6.1.1 泥石流是指挟带大量泥、砂、石块等固体物质的洪流；根据泥石流形成的水动力条件可分为暴雨型与冰川型。本规程仅适用于暴雨型泥石流。

6.1.2 线路通过山区沟谷，当沟口或沟谷中存在大量无分选的堆积物，沟谷两侧或源头坡面存在较厚的松散堆积层，同时存在坍塌、滑坡等不良地质现象时，应按泥石流进行工程地质勘察。

6.1.3 泥石流的分类应符合附录 C 的规定。

6.2 工程地质选线

6.2.1 线路应绕避处于发育旺盛期的特大型泥石流、大型泥石流或泥石流群，以及淤积严重的泥石流沟。

6.2.2 线路应远离泥石流堵河严重地段的河岸。

6.2.3 峡谷河段线路应在查明泥石流活动痕迹、判明泥石流规模和发展趋势的基础上以高桥大跨通过。

6.2.4 宽谷河段线路应根据主河床与泥石流沟淤积率、主河摆动趋势确定。

6.2.5 线路跨越泥石流沟应符合下列要求：

1 绕避沟床纵坡由陡变缓的变坡处和平面上急弯部位。

2 跨沟建筑物应有足够的孔跨，不宜压缩沟床断面、改沟并桥或沟中设墩。

3 高程应根据泥痕高度、残留层厚度、沟床淤积高度、设计保证年限内累计淤积厚度和输移大漂石所需高度等确定，并留足净空。

4 当以隧道或明洞通过泥石流沟时应留足抗冲蚀的顶板厚度和防止泥石流外溢的长度。

6.2.6 线路通过泥石流扇应根据扇面淤积率确定线路高程，不得在泥石流扇上挖沟设桥或作路堑。

6.3 地 质 调 绘

6.3.1 泥石流地质调绘前应搜集下列资料：

1 地形图、区域地质资料、遥感图像、地震动峰值加速度与地震频率资料；

2 年降雨量及其分配、暴雨强度分布等气象与水文资料；

3 既有泥石流调查、观测资料，以及地方志、地震史料中有关泥石流灾情的记载；

4 与泥石流有关的环境变化资料，包括兴修水利、道路、采矿弃砟、农垦开荒、植被破坏等。

6.3.2 泥石流遥感图像解译应包含下列内容：

1 室内解译

1）地貌类型、岩性特征、地质构造；

2）沟谷平面形态，纵、横坡概略特征，沟内植被及其覆盖率；

3）流域内各种新、老不良地质现象的分布、范围和性质，泥石流扇特征；

4）控制和影响线路方案的泥石流，宜进行现状和多时像变化情况解译。

2 野外验证

1）核实、补充、修改解译标志；

2）核实重要的地质构造、岩性、地貌点，主要的滑坡、崩塌、岩堆，并在航空遥感图像上作刺点记录；

3）核实、修改植被分布范围，人为活动情况。

6.3.3 泥石流地质调绘应包括下列内容：

1 冰雪融化和暴雨强度、前期降雨量、一次最大降雨量，地表河流平均及最大流量，地下水活动情况。

2 地层、岩性、地质构造和地震活动特征。

3 沟谷的地形、地貌特征，包括沟谷的发育程度、切割情况，坡度、弯曲、粗糙程度，并圈绘沟谷的汇水面积。

4 山坡的坡度、风化破碎程度，滑坡、崩塌、岩堆等不良地质现象的发育程度，可能形成泥石流固体物质的分布范围和储量。

5 泥石流流动状态的痕迹与残留物，沟谷弯曲处泥石流超高泥痕，狭窄处最高泥痕、泥痕坡度及沟槽宽度。

6 泥石流堆积物的分布范围、形态特征、物质组成和厚度，粒径组成与最大粒径，对主河床的影响，植被发育情况。

7 弃砟、切坡、毁林、陡坡开荒与过度放牧等人类活动情况。

8 对线路工程影响较大时，尚应包括下列内容：

1）沟床溯源侵蚀趋势与摆动情况，冲淤变化幅度；

2）松散固体物质补给和潜在补给储量，可能参与泥石流的数量及一次补给的可能数量；

3）流域内湖泊、水库、地表径流状态，以及对泥石流的影响，地下水露头的分布、流量，以及对沟坡稳定的影响。

6.3.4 峡谷河段泥石流地质调绘重点应包括下列内容：

1 主河床的冲淤情况与泥石流堆积痕迹；

2 沟口泥石流痕迹和堆积阶地物质组成特征及其成因；

3 沟床平、剖面形态，沟坡稳定性，最高泥痕，沟内最大块石直径；

4 人为活动促发泥石流或增强泥石流破坏作用情况。

6.3.5 宽谷河段泥石流地质调绘重点应包括下列内容：

1 主河床淤积段落及淤积率；

2 流体性质、规模、排入主河床固体物质数量；

3 泥石流扇的物质组成和形态特征，扇面纵坡、淤积率、淤积坡度和冲淤变化规律，扇上漫流和沟床改道现状与历史情况，及其发展趋势。

6.3.6　泥石流地质调绘中应向当地居民调查以下内容：

1　历次泥石流爆发的时间、原因、规模、频数、形成过程和泥痕位置，灾害情况及危害程度；

2　泥石流爆发前降雨量和降雨强度的变化，地震、滑坡、崩塌、水库或堰塘溃决情况；

3　既有泥石流防治工程类型、综合整治措施及使用效果。

6.4　勘探与测试

6.4.1　泥石流地区勘探应采用综合物探、钻探、挖探相结合的综合勘探，查明泥石流堆积物的组成、厚度和泥石流流体性质。

6.4.2　泥石流堆积物勘探深度应至基床下稳定岩土层内不小于3 m，且大于最大块石直径1.5倍。

6.4.3　泥石流流体的密度、固体颗粒密度、颗粒分析试验宜在现场进行，黏度和静切力试验可在室内进行，堆积物土样应在有代表性的地点采取。

6.5　观测与评价

6.5.1　严重危害铁路安全的泥石流应进行动态监测。

6.5.2　泥石流动态监测可采用下列方法：

1　遥感泥石流规模、发育阶段、活动规律的中长期动态监测；

2　多光谱地面立体摄影测量泥石流基本参数的短期动态变化。

6.5.3　泥石流评价应确定其类型、发育阶段、爆发频率，松散堆积物的稳定性和储量，设计保证年限内累计淤积厚度及对线路的影响。

6.5.4　泥石流在设计保证年限内累计淤积厚度应按下式计算：

$$H_n = K \cdot n \cdot \overline{h} \tag{6.5.4}$$

式中　H_n——设计保证年限内累计淤积厚度(m)；

K——淤积趋势系数，根据调查确定，间歇期可取0.5～1.0，旺盛期可取1.0～1.5；

n——计算年限(a)；

$\overline{h}$——多年平均年淤积厚度(m/a)。

6.6　踏　勘

6.6.1　踏勘阶段泥石流勘察应搜集区域地质、地貌、地震、气象资料和遥感图像，了解大型泥石流的分布、类型、规模、发育阶段。

6.6.2　踏勘阶段泥石流资料编制应包括下列内容：

1　工程地质说明，应阐明特大型、大型泥石流的工程地质条件和方案比选意见，对下阶段工程地质勘察工作的建议；

2 全线工程地质图,比例为1∶50 000～1∶200 000,应标明特大型、大型泥石流流域分布位置。

6.7 初 测

6.7.1 初测阶段泥石流地质调绘应符合下列要求:

1 查明勘察范围内泥石流的分布、范围、规模、类型及发展阶段;

2 控制和影响线路方案的泥石流应对全流域及其主河影响范围进行区域地质调绘,查明工程地质、水文地质、地震、水文、气象条件,微地貌特征,坡面松散堆积物,沟内冲、淤特征及泥石流堆积物性质与分布特征;当泥石流的主要补给源为滑坡、崩塌时,应查明滑坡、崩塌规模。

6.7.2 控制和影响线路方案的泥石流勘探与测试应查明历次泥石流流体性质、组成物质和堆积厚度。

6.7.3 初测阶段泥石流资料编制应包括下列内容:

1 综合资料

1)工程地质勘察报告,应阐明泥石流的分布规律、危害程度、处理原则,对线路各方案的评价和比选意见,存在问题及定测注意事项;

2)全线工程地质图,比例为1∶10 000～1∶200 000,应标明泥石流流域分布范围;

3)详细工程地质图,比例为1∶2 000～1∶5 000,应标明泥石流范围界线;

4)工程地质分段说明,应阐明泥石流的分布、特征、规模,发生和发展的原因、性质及其对工程影响的评价。

2 工点资料

1)工程地质说明,应阐明泥石流特征、规模、发生与发展原因、固体物质补给方式、储量、一次性补给量,预测泥石流爆发频率,淤积、冲蚀对工程的影响;

2)泥石流流域工程地质略图,比例为1∶10 000～1∶50 000,应标明松散固体物质分布范围和储量;

3)沟床地质纵剖面图(必要时作),比例为横1∶100～1∶5 000,竖1∶100～1∶500,应标明松散固体物质的厚度;

4)勘探、测试资料,观测点、地质照片等资料。

6.8 定 测

6.8.1 线路跨越泥石流沟应查明下列内容:

1 桥渡上、下游影响范围内沟坡稳定性,沟床纵坡和断面的变化,泥石流补给区物质组成;

2 建筑物基础地质情况;

3 桥位附近泥痕高度和坡度,泥石流输移的最大块石粒径,冲蚀、淤积情况;

4 治理泥石流的经验和既有跨越泥石流沟建筑物遭受泥石流破坏情况。

6.8.2 线路通过泥石流扇应查明其物质组成与冲淤特点,建筑物基础地质情况,泥石流扇上沟床摆动情况。

6.8.3 当泥石流流域内的滑坡、崩塌等不良地质现象需要整治时应提供整治所需的工程地质资料。

6.8.4 定测阶段泥石流勘探的位置和数量应满足铁路工程和泥石流防治工程设计的要求;泥石流堆积物勘探,宜采用干钻,查明建筑物基础下软弱夹层的深度、厚度和分布。

6.8.5 定测阶段泥石流的测试应根据工程设计需要确定测试项目;在黄土和黏性土地区,当泥石流堆积物作建筑物基础时,应取堆积物土样作物理力学性质、湿陷性或湿化性试验。

6.8.6 定测阶段泥石流资料编制应包括下列内容:

1 综合资料

1)工程地质勘察报告,应阐明泥石流的工程地质条件、评价及处理原则;

2)全线工程地质图,比例为1:10 000~1:200 000,应补充修改初测成果;

3)详细工程地质图,比例为1:2 000~1:5 000,应补充修改初测成果;

4)详细工程地质纵断面图,比例为横1:10 000,竖1:200~1:1 000,有标注条件时应标明松散堆积物界线。

2 初测已有的工点除应补充、修改既有资料以外,尚应补充下列资料:

1)流域工程地质图(必要时作),比例为1:10 000~1:50 000,应标明松散堆积物范围;

2)工程地质图,比例为1:500~1:5 000,范围应包括桥渡及上、下游防治建筑物,应标明松散堆积物范围界线;

3)沟床工程地质纵断面图(必要时作),比例为横1:500~1:5 000,竖1:100~1:500,范围应包括桥渡上、下游防治建筑物,应标明松散堆积物界线;

4)沟床工程地质横断面图(必要时作),比例为1:200~1:500,应标明泥石流洪峰及松散堆积物界线;

5)防治建筑物工程地质纵、横断面图,比例为1:200~1:500,应标明泥石流洪峰及松散堆积物界线。

3 新增加工点应符合本规程第6.7.3条的规定。

7 风 沙

7.1 一 般 规 定

7.1.1 风沙是指在风力作用下，地表松散砂粒的吹蚀、搬运、堆积的过程及其形成的地表形态。

7.1.2 线路通过地表分布大片各类沙层与各种沙丘的沙漠，粗砂、砾石组成的戈壁，或因人类过度的经济活动而形成沙漠化土地的地段应按风沙地区进行工程地质勘察。

7.1.3 风沙的分类应符合附录D的规定。

7.2 工程地质选线

7.2.1 风沙地区工程地质选线应符合下列要求：

1 线路宜绕避风沙危害严重地段；当有造林条件、工程措施可靠、经济上合理时，可穿越风沙地区，选择在沙漠中固定或半固定的沙丘和沙地，风蚀洼地、低矮沙丘，下伏古河床和山前平原潜水溢出带；

2 线路走向宜与主风向平行，不设或少设曲线，必须设置曲线时应避免采用小半径，并宜将曲线设计为路堤，外侧朝向主风方向；

3 线路宜采用路堤，高度不宜小于1 m；避免采用零断面、半堤半堑及路堑，特别是长深的路堑，必要时可采用敞开式浅路堑；

4 涵洞宜采用大孔径；

5 线路宜靠近水源、防护材料产地和既有天然防护林带地段，并应设计在林带背风一侧；

6 大型车站应选择在风沙轻微地段，避开有风沙活动的隘口处，站房和住房应朝向背风方向。

7.2.2 大面积流动沙丘、沙地地区工程地质选线应符合下列要求：

1 线路应选择在风沙轻微的沙漠边缘地带、山前洪积扇前缘和潜水溢出带及丘间低地通过；

2 线路深入到大沙漠中时应选择在有造林条件的现代河流两岸、古代河床及湖盆、草滩地带；

3 在沙丘连绵不断的地区，线路应通过低矮沙丘，不宜直穿高大沙丘；

4 线路通过沙漠中大型丘间地时，应远离沙丘背风坡；

5 在纵向沙垄地区，线路宜顺主风向从垄间地通过。

7.2.3 在局部流动沙丘、沙地与半固定、固定沙丘、沙地为主的地区工程地质选线应符合下列要求：

1 线路宜绕避流动沙丘、沙地和遭到破坏的半固定、固定沙丘与地表为深厚沙物质组成的沙地；

2　线路宜选择在沙漠中的河流、湖盆与草滩的背风侧通过；

3　线路避免采用高路堤、深路堑。

7.2.4　山地积沙地带工程地质选线应符合下列要求：

1　线路宜绕避山地陡坡积沙地带；

2　线路通过山地丘陵时，宜选择在背风侧风影区以外的位置通过；

3　线路宜沿山地积沙带的丘间地通过，当必须跨越沙带时应选择在沙带较窄和沙丘起伏较小的地带通过。

7.2.5　戈壁风沙流、大风地带工程地质选线应符合下列要求：

1　在戈壁地区，线路宜选择在地表为砾质覆盖，无流沙地带通过；

2　线路宜绕避大风风口地区，选择在风力较小的地段通过；

3　线路宜选择在走向与风向夹角大的沟谷通过；

4　车站宜避免设置在风口地区和大风地区；宜利用山丘等屏障，选择在风力较小的地点。

7.2.6　沙漠化土地地带工程地质选线应符合下列要求：

1　线路宜绕避环境恶化、土地沙漠化迅速的地带；

2　线路宜绕避大面积的严重沙漠化土地的腹部。

7.3　地质调绘

7.3.1　风沙地区地质调绘应与生态环境调查相结合，调绘前应搜集区域地质、水文地质、气象、风沙和遥感图像（以航空黑白片、彩色红外片为主）资料。

7.3.2　风沙地区遥感图像解译应包括下列内容：

1　室内解译

1）各类风成地貌类型的分布范围及形态要素（长度、宽度、高度、坡度）；

2）沙漠下伏地貌形态和水文地质特征，包括古冲沟、古河床、古湖盆的位置、范围及埋藏条件；

3）从沙丘排列及迎风坡、背风坡的方向解译主导方向和沙丘移动方向；

4）利用不同时期的航空像片测定沙丘移动速度和风沙动态；

5）植被种类、覆盖度及其生态特征；

6）风沙区道路、居民点、水系、泉、井、灌溉渠及林带的位置。

2　实地验证

1）补充、修改风沙解释标志；

2）核实风沙地貌类型、分布范围、形态特征及重要地物等；

3　视需要编制风沙地貌解译图及说明。

7.3.3　沙源地质调绘应包括下列内容：

1　野外调查

1）沙漠周围地区山体的岩性，下伏地层沉积物类型及岩性特征，利用各种天然剖面分层描述其颜色、粒度、成分、结构及剥蚀面等，必要时进行简易勘探，如洛阳铲、手摇钻或坑探；

2)沙漠下伏地貌特征,了解地表起伏情况和下伏地貌成因类型,剥蚀区和堆积区的分布轮廓。

2 实验室分析

1)应沿主风方向或河流方向按适当距离分别在沙丘及下伏地层采集沉积物样品;

2)对所采集的样品进行颗粒分析、矿物分析、沙粒表面特征的观察、生物化石等沉积物的分析,必要时可进行孢子花粉等的分析、对比。

7.3.4 风沙地区气象资料调查重点应包括下列内容:

1 定时气温、最高和最低温度,以及出现的日期、日温差及年温差的变化幅度;

2 历年平均降水量(5~10年)、年最大及最小降水量、降水的季节分配、降水种类、降水强度、降水持续时间、连续无雨期及降水期;

3 最多风向和频率、最大风速及其风向、年(日)平均风速、起沙风速、频率及出现季节、持续时间、风沙日数;其中风速、风向资料可用动力风向图和风向风速年图表示。

7.3.5 风沙地区地貌调绘应包括下列内容:

1 风蚀地貌

1)形成条件、区域展布;

2)轮廓、排列方向、长度、宽度、深度,面积和体积,底部及斜坡组成物质;

3)风蚀残丘的高度、宽度、长度,以及间距,组成物质、形态特征、排列方向。

2 风积地貌

1)沙丘的相对高度(最大、最小和平均值)、间距(最大、最小和平均值)、排列方向(走向)、迎风坡、背风坡的长度、坡度和坡向;

2)沙丘各部位表层结皮情况及干沙层厚度。

3 沙漠化土地

1)地表组成物质的性质,包括颗粒大小、矿物成分、结构、胶结物等;

2)沙漠化发展过程中,地表形态的变化,包括地表风蚀和出现流沙的发展过程及沙漠化程度、沙地盐渍化程度、沙层含水量及干沙层厚度等;

3)植物破坏后,半固定、固定沙地演化成流动沙地的过程。

4 戈壁风沙流、大风地带

1)地表组成物质、胶结程度、自然坡度和冲沟发育情况等;

2)砾砂的分布特征,包括砾砂的粒径、高度、间距、排列方向;

3)沙丘的分布情况,包括形态、范围和疏密程度。

7.3.6 风沙地区工程地质调绘应查明下列内容:

1 风积沙覆盖厚度、下伏地貌形态和地层岩性特征;

2 沙层基本承载力、沙的内摩擦角、相对密度和力学分层,以及判定饱和沙层地震液化的可能性。

7.3.7 风沙地区水文地质调绘应包括下列内容:

1 河流、湖泊的分布范围、位置和利用的情况;

2 古河床的位置、走向、形态、规模、埋深、富水性,以及变迁和掩埋情况等;

3 深入沙漠的现代河流两岸淡水层分布范围;

4 地下水的分布情况、赋存条件、补给来源、含水层的岩性、埋深、厚度、水质、渗透系数及给水度;

5 地下水露头(泉、井、湿地等)的位置,地面高程和出露条件,产水量和水的利用;

6 喜水植物的分布与地下水埋深、水化学成分的关系。

7.3.8 植物、林带及防护材料地质调绘应配合有关专业进行,包括下列内容:

1 植物的种类、生长状况、分布特征、演替过程及固沙作用,每 3 ~5 km 应选取主要植物群丛标准地进行样本调查,分别记录植物的名称、株高、主径、冠幅、覆盖度、根系等情况;

2 既有人工林的成活和生长情况,各主要树种生物学和生态学特征。

3 卵砾石、黏土、矿渣、草类等防护材料的产地、数量及运输条件。

7.4 勘探与测试

7.4.1 风沙地区勘探,宜采用物探、钻探、挖探、触探等综合勘探。

1 物探宜采用电法、地震法、放射性测井等;

2 在松散沙层中,宜采用泥浆护壁钻进,活套接头单管泥浆循环钻进或无泵反循环钻进;在戈壁砾(碎)石层中,宜采用冲击钻进与硬质合金或钢粒钻进;

3 原位测试宜采用静力触探或标准贯入试验;

4 当风积沙层较薄(小于 2 m)时,可采用挖探。

7.4.2 风沙地区勘探点布置应符合下列要求:

1 一般路基地段及风沙轻微地段,宜沿线呈带状布置;

2 风沙严重、中等地段与设置工程地段,宜结合工程或按网格状布置;

3 勘探点的密度和间距应视风沙严重程度及建筑物类型而定。

7.4.3 风沙勘探深度应根据风积沙层厚度及建筑物类型确定,当沙层厚度不大时宜穿过风积沙层至下伏地层,若沙层厚度较大应钻至路基面设计高程(或建筑物基础底面)以下不小于 3 m。

7.4.4 风沙测试应包括下列项目:

1 沙的颗粒组成、矿物成分、磨圆度、比重、密实度、含水量、天然坡角。

2 砾(碎)石的颗粒组成、矿物成分及胶结物等。

3 地下水的总矿化度、阴阳离子分析等。

4 丘间低地、沙丘迎(背)风坡应分别取样测定沙层含水量和干沙层厚度。

5 植树造林时,应测定沙层的含盐量、pH 值,以及氮、磷、钾、有机质含量等。

7.5 观测与评价

7.5.1 线路通过风沙地区,对分布范围广、活动性大、影响线路方案的风沙严重地段应进行定位及半定位观测。

7.5.2 风沙定位观测应成立专门气象观测站,观测的项目、次数、时间及观测事项应根据设计需要及气象观测规范办理,观测延续时间至少应 2 年。

7.5.3 风沙半定位观测可利用附近气象台(站)资料,辅以临时某项气象要素的观测进行补充与核对,观测延续时间应经过 1 ~2 个风季。

7.5.4 风沙观测应包括气象、风沙运动、地表风蚀强度、沙丘移动和大气沙尘等内容。

7.5.5 风沙气象观测应包括下列内容：

1 定时气温、最高最低气温、日温差与年温差的变化幅度；

2 降水量、降水时间、降水种类及降水强度；

3 风向、风速及风的性质；

4 湿度、积雪、能见度、沙面温度等。

7.5.6 风沙运动观测可使用集沙仪和手持风速仪在不同沙质表面(如组成物质的粗细、植被的疏密等)和沙丘部位(如迎风坡、坡腰、丘顶和背风坡脚,以及两翼)进行,应获得下列资料：

1 起沙风的风向频率平均值和风速平均值,起沙风风向频率玫瑰图、动力风向图、风向风速矢量曲线图；

2 风沙流结构特征；

3 靠近地表气流层中沙粒移动的方向和数量；

4 沙丘表面风沙流速变化情况；

5 输沙量；

6 地表风蚀强度。

7.5.7 沙丘移动观测应满足下列要求：

1 室内航片分析对比与多次反复实测沙丘平面形态和纵断面相结合；

2 编制不同时期沙丘形态平面图,确定沙丘移动速度。

7.5.8 大气沙尘测定可采用称重法和沉降法取得单位体积空气中的沙尘量和不同粒径所占百分比。

7.5.9 风沙评价应确定风沙危害程度、沙丘与沙地活动程度、土地沙漠化程度、既有铁路沙害程度等,其划分依据应符合附录D的规定。

7.6 踏 勘

7.6.1 踏勘阶段风沙地区勘察应符合下列要求：

1 搜集、研究风沙区的区域地质、地形地貌、水文地质、遥感图像、气象、地震等资料；

2 遥感图像解译,概略了解沿线风沙分布范围、类型、特征、严重程度,编制遥感图像风沙解译略图,拟定踏勘重点、踏勘路线及应重点解决的问题；

3 重点核对验证遥感图像解译成果。

7.6.2 踏勘阶段风沙地区资料编制应包括下列内容：

1 工程地质说明,应阐明风沙的工程地质条件和方案比选意见,对下阶段工程地质勘察工作的建议；

2 全线工程地质图,比例为1:50 000～1:200 000,应标明风沙分布位置、类型及主导风向等。

7.7 初 测

7.7.1 初测阶段风沙地区地质调绘应符合下列要求：

1 查明勘察范围内风沙的分布范围、形成条件、沙物质来源和活动程度；

2 控制和影响线路方案的风沙地区应查明下列内容：

1) 区域地质、气象、植被、水资源情况等；

2) 风积和风蚀地貌形态；

3) 沙层覆盖厚度、下伏地貌形态、地层岩性、地下水分布范围和埋藏条件；

4) 戈壁的成因、类型、组成物质、侵蚀沟发育情况，砾砂及流沙分布特征，风沙流活动程度等；

5) 沙漠化土地的成因、类型、组成物质、地表形态、分布特征及植被状况；

6) 风沙对道路、房屋、水井等的危害程度及防沙措施和效果；

7) 配合有关专业进行防护材料、植物、造林条件等的调查工作。

7.7.2 控制和影响线路方案的风沙勘探应满足下列要求：

1 宜使用挖探或钻探，条件适宜地区亦可采用物探；

2 勘探点间距宜为1 ~2 km；

3 勘探深度应满足初步查明沿线风积沙覆盖厚度、下伏地貌形态、地层岩性、地下水情况及代表性设计工点工程地质条件的要求。

7.7.3 控制和影响线路方案的风沙测试应在沙丘及丘间地分别采取代表性沙样进行试验，有地下水时应取样进行水质分析。

7.7.4 控制和影响线路方案的风沙严重地段宜布置定位或半定位动态观测。

7.7.5 初测阶段风沙地区资料编制应包括下列内容：

1 综合资料

1) 工程地质勘察报告，应阐明风沙区自然地理位置，气象条件及风沙物质来源，风沙地貌类型特征，评价其活动程度、严重程度及可能对线路造成的危害，防护措施，对线路各方案的评价和比选意见，存在问题及定测注意事项；

2) 全线工程地质图，比例为 1:10 000 ~ 1:200 000，应标明风沙范围界线、类型及主导风向；

3) 详细工程地质图，比例为 1:2 000 ~ 1:5 000，应填绘风沙分布范围界线、类型、主导风向等，其宽度应包括工程防护及植物防护范围；

4) 风沙地段地质地貌图，风沙严重地段地质地貌条件复杂时作，比例为 1:5 000 ~ 1:10 000，应填绘风沙范围界线、地貌类型、代表性地质断面及主导风向等，宽度为线路每侧 1 ~3 km；

5) 工程地质分段说明，应阐明风沙的分布范围、类型、危害程度及其对工程影响的评价。

2 工点资料

1) 工程地质说明，应阐明风沙地段自然地理位置及气候特征、勘测工作概况，风沙的分布范围、类型、活动及危害程度，植物状况，水文地质，活动程度与严重程度的评价及可能对线路造成的危害，工程设计所需要的参数，防护措施及环境保护建议、施工注意事项等；

2) 工程地质图，比例为 1:2 000 ~ 1:5 000，应填绘风沙界线、类型、主导风向等；

3) 工程地质横断面图，比例为 1:200 ~ 1:500，应填绘沙丘高度、间距和坡度，下伏地貌、地层及地下水情况；

4) 工程地质纵断面图（必要时作），比例为横 1:500 ~ 1:5 000，竖 1:100 ~ 1:500，应

填绘风积沙厚度；

5）勘探、测试、观测点、地质照片等资料。

7.8 定 测

7.8.1 定测阶段风沙地区地质调绘应包括下列内容：

1 沿线风沙地貌类型、形态特征、活动情况及河流两岸被沙掩埋的冲沟发育情况；

2 沿线风蚀、风积地貌，选择有代表性的沙丘、风蚀洼地、风蚀残丘进行形态测量，包括其大小、高度、深度、坡度、间距、排列方向及物质组成等；

3 局部地形和隧道口、桥孔、涵洞口、高路堤、深路堑等建筑物对风向、风速、输沙量的干扰情况；

4 地下水分布及埋藏条件、地下淡水埋深、含水层岩性及其空间分布；

5 风沙对当地工农业、交通运输和居民点的危害，当地防沙措施及其效果；

6 配合有关专业调查防护和植物沙障材料，以及植被、地下水资源状况。

7.8.2 定测阶段风沙地区勘探与测试工作应符合下列要求：

1 宜采用挖探、钻探和触探相结合的方法勘探；

2 按不同风沙地段及建筑物类型布置，沿线勘探点间距宜为500～1 000 m；取代表性沙样作一般物理、化学、力学试验；

3 取地表水及地下水作水质分析；

4 采用标贯、触探等方法确定站场建筑、桥基等的地基承载力；

5 沿主风向按适当距离分别在沙丘及下伏地层取样，测定其颗粒组成、矿物成分及磨圆度等，分析风沙物质来源；

6 黏土、卵石、碎石等防护材料应进行勘探试验。

7.8.3 对线路危害大并且防治困难的大范围流动沙丘及戈壁风沙流地段应进行半定位或定位动态观测，在前期建立的观测站、点应继续观测。

7.8.4 定测阶段风沙资料编制应包括下列内容：

1 综合资料

1）工程地质勘察报告，应阐明沿线风沙地貌特征、沙丘、沙地类型、分布及活动情况（包括沙丘移动速度及输沙量等），工程防护措施，固沙造林的水源条件及林带设计原则；

2）全线工程地质图，比例为1∶10 000～1∶200 000，应补充修改初测成果；

3）详细工程地质图，比例为1∶2 000～1∶5 000，应补充修改初测成果；

4）详细工程地质纵断面图，比例为横1∶10 000，竖1∶100～1∶1 000，有标注条件时应填绘风积沙的厚度、分布范围等。

2 初测已有的工点应补充、修改既有资料。

3 新增加工点应符合本规程第7.7.5条的规定。

7.9 改建铁路

7.9.1 改建铁路风沙勘察应包括下列内容：

1 搜集既有铁路勘测设计、施工及运营期间积累的地质资料；

2 调查既有铁路沿线沙害的发生和发展过程、整治经过、效果和现状；

3 了解防沙林带设计、施工过程，水源条件，林木生长情况和环境保护措施等；

4 进行必要的勘探、试验，提供防沙工程设计所需资料。

7.9.2 线路并肩或并行地段应利用既有防沙设施并满足下列要求：

1 宜选择在既有线主风向背风一侧采用并肩路基；

2 并行地段宜与既有线等高。

7.9.3 在既有铁路上进行风沙勘测必须注意大风和沙（尘）暴的袭击，采取周密措施保证行车、人身和机具的安全。

7.9.4 改建铁路风沙资料编制除应满足不同勘察阶段的要求外，必要时应编制风沙地段地质地貌图，整理风沙动态观测成果资料。

8 岩 溶

8.1 一般规定

8.1.1 岩溶是指可溶性岩石受水体以化学溶蚀为主、机械侵蚀和崩塌为辅的地质营力综合作用,以及由此所产生的地质现象的统称。

8.1.2 线路通过广泛分布可溶岩地层,具有岩溶地质灾害的地区应按岩溶进行工程地质勘察。

8.1.3 岩溶的分类和分级应符合附录 E 的规定。

8.2 工程地质选线

8.2.1 线路应绕避或以大交角通过岩溶强烈发育地带,地表塌陷、土洞分布密集地带,可溶岩与非可溶岩的接触带,岩溶水富集区及排泄带。

8.2.2 孤峰平原区线路应选择在覆盖土较厚、地下水埋藏较深的地段,宜绕避多元土层结构、地下水埋藏较浅且变化幅度较大或水位线在基岩面附近的地段。

8.2.3 峰林谷地、峰丛洼地及溶丘洼地区线路宜绕避垭口并高于岩溶水的最高洪水位,对可能受岩溶水危害的地段,宜采用填石路堤或桥通过。

8.2.4 河谷地区线路宜选择在岩溶发育较弱的一岸,高于岩溶水排泄带,绕避谷坡上岩溶负地形和无水溶洞群,避免位于岩溶地下水位以下。

8.2.5 越岭地区线路宜选择在岩溶负地形之间,地下分水岭附近;线路高程宜在垂直渗流带中,不宜在水平径流带中;对处于水平径流带及深部缓流带中的隧道宜采用"人"字坡,平行导坑应设在地下水上游一侧。

8.3 地质调绘

8.3.1 岩溶地质调绘前应搜集地形图、遥感图像,区域地质、水文地质、地貌、第四纪地质、气象、水文资料,既有岩溶调查、观测资料与地方志、史料中有关岩溶灾情的记载。

8.3.2 岩溶遥感图像解译应包括岩溶正负地形形态、地层、岩性、地质构造,岩溶发育与阶地、剥夷面的关系,并划分岩溶地貌单元。

8.3.3 岩溶地层、岩性调绘应查明下列内容:

1 可溶岩的地层时代、岩性成分、结晶程度、层厚、产状、所含杂质及溶蚀、风化程度;

2 可溶岩与非可溶岩的分布特征、接触关系,夹层的厚度、岩性、产状、分布层位及工程地质特征。

8.3.4 岩溶地质构造调绘重点应包括下列内容:

1 断裂的力学性质、产状,断裂带的破碎程度、宽度、胶结程度、阻水或导水条件,以及岩溶发育规律。

2 褶曲轴部的不同部位的特征，节理、裂隙性质，岩体破碎程度，以及岩溶发育规律。

8.3.5 岩溶地貌调绘重点应包括下列内容：

1 岩溶平面分布特征，溶洞层分布与河流阶地、剥夷面的关系。

2 岩溶正地形

1）丘、峰排列特征，绝对高程与相对高差；

2）垭口形态与特征。

3 岩溶负地形

1）洼地、岩溶盆地、干谷的排列方向、高程、分布范围、覆盖层性质与厚度，高程从分水岭向排泄区递减的规律；

2）竖井、漏斗、落水洞的分布位置、高程、形态、尺寸，地貌单元，所在层位的岩性特征、节理裂隙发育程度；

3）水系发育特征，暗河、岩溶泉的出露位置，落水洞的消水特征。

4 近代岩溶基准面

1）可溶岩地层的底板埋深与高程；

2）裸露型岩溶区河流的最枯水位，高悬于河面以上的暗河或岩溶泉的位置、高程；

3）覆盖型岩溶区，河水面以上岩溶泉的位置、高程；

4）海平面。

8.3.6 岩溶洞穴调绘应包括下列内容：

1 溶洞、竖井、漏斗、洼地、落水洞、塌陷、岩溶泉、暗河等的形状、大小、位置、高程。

2 与线路有关、人能进入的洞穴、竖井、暗河

1）洞口位置，洞底高程，洞穴的规模、层数及延伸变化，溶洞所在层位、岩性和地质构造特征，洞壁完整性及稳定程度；

2）洞内地下水枯、洪水位，实测流量；

3）洞内充填情况，化学沉积、机械堆积物的物理力学性质及化学成分等；

4）线路附近的洞穴应实测平面、代表性纵横断面图，并附说明；

5）远离线路的洞穴，可将地质调绘结果列表作简要说明。

8.3.7 岩溶水文地质调绘应包括下列内容：

1 可溶岩地层应查明富水程度，圈定储水构造。

2 岩溶水点

1）出露地层、层位、岩性，环境、形式，高程、水位、埋深、水深、流量及变幅、洪水痕迹；

2）岩溶水的物理、化学性质，实测水温、气温；

3）绘制水点示意图，重要水点应摄影。

3 既有钻孔和水井

1）点位、高程、深度、结构及周围地面塌陷史；

2）出水层位、岩性、含水层厚度，出水量及水位、含砂量变化情况。

4 突水人工坑道或洞室

1）突水位置、高程，突水口形态；

2）突水地层、岩性，突水量、持续时间、疏干范围；

3)突水原因,与大气降水、地表水、地面塌陷的关系。

5 岩溶水补给、径流、排泄条件

1)岩溶区的汇水和集水面积;

2)岩溶水补给来源和范围;覆盖层、植被、地形对降雨入渗的影响;

3)岩溶含水层的性质,水位埋深,较集中的岩溶水流分布范围;岩溶含水层与相邻非可溶岩地层的水力联系;地下水的流向、流速、水力坡度;

4)岩溶水排泄的方式、排泄带位置及水量变化特征;

5)岩溶水与地表水相互转化关系。

6 地表分水岭两侧暗河、竖井、既有钻孔的地下水位与地下分水岭位置。

8.3.8 岩溶地面塌陷调绘应查明下列内容:

1 可溶岩的分布范围、溶蚀程度,以及与构造线的关系;

2 覆盖层成因、性质、厚度;

3 地下水补给来源、埋藏深度,各含水层间的水力联系,地下水开采量、开采方式;

4 塌陷形成的原因、过程、规模、密度,分布规律、工程处理措施及效果;

5 单个塌陷发生的时间、原因,位置、形态、大小、坑壁倾斜方向。

8.4 勘探与测试

8.4.1 岩溶地区勘探主要应采用综合物探,并在代表性物探异常点布置验证钻孔查明下列内容:

1 覆盖层厚度,可溶岩地层的顶底板埋深;

2 岩溶发育强度分级,圈定岩溶水富水区;

3 较大岩溶洞穴、暗河的分布及深度,测定地下水的流向、流速;

4 钻孔内划分地层岩性、含水层厚度、溶洞位置和充填物的厚度、性质。

8.4.2 浅层溶洞和覆盖土层厚度可用挖探查明或验证,土洞可用轻便型、密集型勘探查明或验证。

8.4.3 岩溶勘探点布置,勘探深度,钻孔护壁方法及材料应根据勘察阶段、建筑物类型、并结合地下物探方法、水文地质试验的要求确定。

8.4.4 岩溶地区钻探应满足下列要求:

1 岩芯采取率

1)完整岩层≥80%;

2)破碎带≥50%;

3)溶洞充填物>50%(软塑、流塑体除外)。

2 钻探资料编录

1)钻具自然下落或自然减压的情况及起止深度;

2)发生异常声响、孔内掉块、钻具跳动等情况及起止深度;

3)冲洗液变化情况,如漏水、涌水和水色突变的情况及起止深度;

4)测定岩心的岩溶率。

8.4.5 岩溶地区采取水、土、岩样的位置、数量,应根据勘察阶段、建筑物类型、基础位置、不同岩溶形态的试验要求确定。

8.4.6　岩溶测试的水样、土样、岩样分析应符合下列要求：

1　地表、地下水样除进行一般试验项目外应增加游离 CO_2 和侵蚀性 CO_2 含量分析，必要时进行放射性同位素测试；

2　覆盖层土样应作物理力学性质、膨胀性、渗透性试验，必要时进行矿物与化学成分分析；溶洞充填物样应作物理力学性质试验，必要时作黏土矿物成分分析；

3　代表性岩样应作物理力学性质试验，必要时选样作镜下鉴定、化学分析和溶蚀试验；泥灰岩应增加软化系数试验。

8.5　观测与评价

8.5.1　当溶洞发育且需要查明其分布规律、主发育方向时应进行连通试验；水文地质条件复杂的隧道应进行水文地质动态观测。

8.5.2　溶洞连通试验应符合下列要求：

1　选择与铁路工程有关的暗河、天窗、竖井、落水洞进行；

2　无水洞穴在保证安全的条件下可用烟熏、水灌、放烟雾等方法；

3　有水洞穴宜在丰水或平水季节进行，必要时两个季节均作；宜选择浮标法、粒子法、化学试剂法、染色法、水位传递法、物探充电法、放射性同位素示踪、地质炸弹示踪及微型电波发射机等方法；必要时可进行工程范围地表、地下水的天然同位素测试；

4　连通试验应记录示踪物投放点、接受点的位置、高程、地下水流量，示踪物投放和接收的时间、种类、数量或浓度，接受及检测示踪物的方法；

5　连通试验报告应阐明试验过程，分析试验成果，确定地下水流向，计算地下水流速。

8.5.3　岩溶水文地质动态观测应符合下列要求：

1　观测时间不应少于1个水文年。

2　观测井、泉、暗河、天窗、钻孔及铁路附近的地表水体、积水洼地等。

3　井、钻孔、地表水及洼地积水的水位观测应在同一时间进行，旱季 3 ~5 日 1 次，雨季每日 1 次，近河地表水点应增加观测次数。

4　井孔深度宜每月测量1次。

5　泉、暗河、河流的流量观测应根据流量大小分别采用薄壁堰、量水槽、溢流坝及流速断面法；观测时间与水位观测同步。

6　远离气象台（站），以及地形高差大的地区应自建简易气象观测站逐日观测降雨、蒸发及气温资料；气象观测站应设在动态观测点附近平坦、开阔的地方。

7　资料编制

1）观测报告，应阐明观测过程，分析观测成果，确定各地下水点间的水力联系，地下水与地表水、大气降水的关系；

2）动态观测成果，包括水位与时间关系图，流量与时间关系图，水位、降雨、蒸发、气温与时间关系图；

3）水文地质参数计算，包括降雨入渗系数、渗透系数、释水系数等。

8.5.4　岩溶隧道涌水量应采用多种方法计算比较确定，并应对隧道排水可能造成的地表水枯竭、新的地面塌陷等环境地质问题作出预测和评估。

8.5.5 岩溶地面塌陷应根据岩溶发育程度、土层厚度与结构、地下水位等主要因素综合评价,分析塌陷的主要原因,提出处理措施意见。

8.5.6 铁路工程可建在顶板稳定且足以支撑附加荷载的溶洞上面。

8.6 踏 勘

8.6.1 踏勘阶段岩溶勘察应搜集区域地质、地貌、气象、遥感图像资料,了解地层、岩性、构造、地貌、岩溶发育特征及分布规律。

8.6.2 踏勘阶段岩溶资料编制应包括下列内容:

1 工程地质说明,应阐明可溶岩概况,岩溶发育特征及岩溶工程地质条件和方案比选意见,对下阶段工程地质勘察工作的建议;

2 全线工程地质图,比例为1:50 000~1:200 000,应标明岩溶强烈发育地段,列表说明可溶岩存在形式与岩溶发育特征。

8.7 初 测

8.7.1 初测阶段岩溶地质调绘应符合下列要求:

1 查明勘察范围内岩溶的分布范围、发育程度和地层组合类型。

2 控制和影响线路方案的岩溶地段应进行重点地质调绘,内容包括:

1)查明测区地层、岩性、地质构造、岩溶发育规律;调绘范围宜包括岩溶水的补给边界和隔水边界;

2)查明与线路有关的暗河、大型溶洞,岩溶泉的流量变化及补给、径流、排泄特征;

3)大比例尺工程地质图调绘应使用仪器测绘重要岩溶形态。

8.7.2 初测阶段岩溶勘探应符合下列要求:

1 特大桥、高桥、岩溶地质复杂的大中桥,地形条件适宜时应使用综合物探;每个工点的控制性钻孔不应少于2孔;孔深应至完整基岩内10 m,必要时钻至当地侵蚀基准面高程;

2 岩溶地质复杂的隧道应布置控制性钻孔,查明贮水构造、断层破碎带、岩体溶蚀程度;孔深应根据路肩设计高程、岩溶发育深度、岩溶水排泄基准面高程确定;

3 岩溶发育地段路基应沿线路纵向进行综合物探,对代表性物探异常点进行钻孔验证;一般地区勘探孔间距不宜大于200 m,孔深应至路基基底下10~15 m。

8.7.3 初测阶段岩溶测试应取地表、地下水样与代表性岩、土样进行试验。

8.7.4 与线路有关的暗河、大型溶洞,岩溶泉,宜进行连通试验。

8.7.5 初测阶段岩溶资料编制应包括下列内容:

1 综合资料

1)工程地质勘察报告,应阐明岩溶的分布规律、危害程度、处理原则,对线路各方案的评价和比选意见,存在问题及定测注意事项;

2)全线工程地质图,比例为1:10 000~1:200 000,应标明岩溶类型及分布范围;

3)详细工程地质图,比例为1:2 000~1:5 000,应标明单个岩溶形态及范围界线;

4)工程地质分段说明,应阐明岩溶的分布、特征、规模、类型及其对工程影响的评价。

2 工点资料

1)工程地质说明,应阐明岩溶勘察的过程和结果,工程设计所需参数,需要采取的防治措施;

2)岩溶工程地质图(必要时作),比例为1∶10 000～1∶50 000,应标明单个岩溶形态,特别是大型溶洞和暗河的投影位置,进行岩溶发育强度分区;

3)大型岩溶洞穴、暗河实测或调查成果图,比例为1∶100～1∶500,应填绘建筑物测点位置、测图导线、断面位置,溶洞平、断面投影形态,溶洞充填情况及充填物性质,围岩裂隙产状及充填情况,地下水;说明测图情况和对溶洞的认识和分析;

4)勘探、测试资料,观测点、地质照片、调查、分析表等资料。

8.8 定 测

8.8.1 定测阶段岩溶地质调绘应符合下列要求:

1 实测线路附近的暗河、溶洞、竖井

1)洞穴顶板节理、裂隙分布及充填、胶结程度,岩层产状,单层厚度,洞顶、洞底、洞壁完整程度;

2)洞穴的形态尺寸,建筑物跨越洞穴的位置、宽度,洞顶板至建筑物基底间的岩层厚度;

3)洞内沉积物、水痕、积水、水流情况。

2 必要时,取样作岩石密度、弹性模量、泊松比和抗拉、抗压强度试验。

8.8.2 定测阶段岩溶勘探与测试应符合下列要求:

1 对站场、房屋建筑物应先开展综合物探圈定异常范围,再采用钎探、挖探、钻探验证物探异常,查明基底岩溶洞穴和土洞。

2 对路基工点应先开展综合物探圈定异常范围,再采用钻探验证物探异常,查明基底岩溶洞穴和土洞。

3 对隧道不同含水层段及断裂破碎带应布置代表性钻孔,查明岩溶洞穴和岩溶水;综合利用钻孔进行物探、水文地质试验和地下水动态观测。

4 桥基

1)岩溶复杂地段的桥基应勘探2次,先进行控制性勘探,再按墩台位置勘探;有条件时应采用孔内无线电波透视和综合测井等综合物探;

2)一般明挖基础应在基础中心钻孔,高桥的明挖基础应在基础对角布置2孔;发现溶洞后,宜增加钻孔数量;

3)沉井基础应布置5孔,当基岩溶蚀严重或基岩面参差不齐时应增加钻孔;

4)柱桩基础宜每桩1孔,摩擦桩基础每个墩、台不宜少于2孔。

5 钻探深度应至建筑物基础以下10～15 m,桩基础应至桩尖以下10 m,揭露溶洞时应结合工程需要适当加深。

6 分层、分区取地表和地下水、土、岩样进行分析。

8.8.3 定测阶段岩溶资料编制应包括下列内容:

1 综合资料

1)工程地质勘察报告,应阐明岩溶的工程地质条件、评价及处理原则,提出施工阶

段需进行岩溶勘察的地段和工作内容；

2)全线工程地质图，比例为1∶10 000～1∶200 000，应补充修改初测成果；

3)详细工程地质图，比例为1∶2 000～1∶5 000，应补充修改初测成果；

4)详细工程地质纵断面图，比例为横1∶10 000，竖1∶200～1∶1 000，应标明岩溶发育情况，特别是溶洞的位置。

2 初测已有的工点除应补充、修改既有资料以外，尚应补充下列资料：

1)工程地质纵断面图（必要时作），比例为横1∶500～1∶2 000，竖1∶100～1∶500，应标明岩溶发育情况，特别是溶洞的位置；

2)工程地质横断面图（必要时作），比例为1∶200～1∶500，应标明岩溶发育情况，特别是溶洞的位置；

3)岩溶洞穴实测成果图，比例为1∶100～1∶500，应填绘建筑物测点位置、测图导线、断面位置，溶洞平、断面投影形态，溶洞充填情况及充填物性质，围岩裂隙产状及充填情况，地下水；说明测图情况和对溶洞的认识和分析。

3 新增加工点应符合本规程第8.7.5条的规定。

8.9 施工阶段的岩溶勘察

8.9.1 施工阶段岩溶勘察宜在路基基本成型以后的路堑和隧道路基面上进行。

8.9.2 施工阶段岩溶地质调绘应符合本规程第8.8.1条的规定。

8.9.3 施工阶段岩溶勘探应符合下列要求：

1 采用综合物探查明路基面下隐伏岩溶洞穴的位置；

2 根据物探资料布置验证钻孔；

3 根据钻探验证结果修订物探异常成果图，作出预测隐伏岩溶图。

8.9.4 施工阶段岩溶勘察资料编制应包括下列内容：

1 工程地质说明，应阐明岩溶工程地质条件，线路施工经过及路面状况，勘察目的、要求、过程，完成工作量，验证效果及勘察取得的成果；

2 隐伏岩溶图，比例为1∶500～1∶2 000，应标明隐伏岩溶的位置、埋藏深度、类型和验证钻孔；

3 代表性溶洞断面图，比例为1∶100～1∶1 000，应标明经钻孔验证并修订后的溶洞和其他岩溶范围。

9 人为坑洞

9.1 一般规定

9.1.1 人为坑洞是指人工开凿正在使用或废弃的各种坑道和洞穴。

9.1.2 线路通过正在开采或已废弃的各类矿区和小型坑洞地区及沿沟、河岸有矿苗露头、矿点分布的地带应按人为坑洞进行工程地质勘察。

9.1.3 人为坑洞可根据开采现状分为古老采空区、现代采空区和未来采空区，可根据采空程度分为大面积采空区和小型采空区。小型采空区可根据其开挖目的分为掏煤洞、掏沙洞、掏金洞、坎儿井等。

9.1.4 在进入人为坑洞调查时应注意安全，避免因坍塌、地下水、有害气体等造成危害。

9.2 工程地质选线

9.2.1 线路宜绕避下列地区：

1 人为坑洞密集、时间久远难以查明的古老采空区分布地带和处理工程复杂的大面积采空区及其影响范围；

2 矿坑开采过程中可能出现非连续变形地段；

3 地表处于移动活跃阶段或位于移动盆地边缘地带；

4 因地表移动和变形可能引起边坡失稳和山崖崩塌地段；

5 特厚煤层和倾角大于55°的厚煤层露头地段。

9.2.2 当线路绕避人为坑洞有困难时，对埋藏浅的小型坑洞应开挖回填，对不易开挖的坑洞应进行必要的勘探查明坑洞情况，经处理后通过。

9.2.3 线路宜绕避确认的矿区，当必须通过时应与有关单位协商，了解矿区具体规划，采取措施在安全地带通过。

9.3 地质调绘

9.3.1 人为坑洞地区地质调绘前应搜集各种地质图，矿床分布图，矿区规划图，地表变形和有关变形的观测、计算资料，地表最大下沉值、最大倾斜值、最小曲率半径、移动角等资料；了解加固处理措施及效果。

9.3.2 人为坑洞地区地质调绘应包括下列内容：

1 地层层序、岩性、地质构造，矿层的分布范围、开采深度、厚度；

2 采空区的开采历史、开采计划、开采方法，开采边界、顶板管理方法、工作推进方向和速度，巷道平面展布方向、断面尺寸及相应的地表位置，顶板的稳定情况、塌落、支撑、回填、充水情况，洞壁完整性和稳定程度；

3 不良地质现象的类型、分布位置与规模等；

4 地下水的季节与年变化幅度、最高与最低水位、巷道充水情况及地下水动态变化对坑洞稳定性的影响；了解采空区附近工农业抽水和水利工程建设情况及其对采空区稳定的影响；

5 有害气体的类型、分布特征、压力和危害程度。

9.3.3 地表变形和建筑物变形调查应包括下列内容：

1 地表变形

1)变形的特征和分布规律，地表塌陷、裂缝、台阶的分布位置、形状大小、深度、延伸方向、发生时间、发展速度，以及它们与采空区、岩层产状、主要节理、断层、开采边界、工作面推进方向等的相互关系；

2)移动盆地的特征及边界，划分均匀下沉区、移动区和轻微变形区。

2 建筑物变形

1)变形的类型(倾斜、下沉、开裂)、变形开始时间、发展速度、裂缝分布规律、延伸方向、形状大小等；

2)建筑物的结构类型、所处位置及长轴方向与采空区、地质构造、开采边界、工作面推进方向的相互关系。

9.4 勘探与测试

9.4.1 在人为坑洞分布无规律、地面痕迹不明显，无法进入坑洞内进行调查和验证的地区，应采用电法、地震及地质雷达等综合物探，并用物探结果指导钻探，必要时进行综合测井；有条件时亦可用触探等简易勘探方法，使各种方法的勘探结果得到相互补充和验证。

9.4.2 人为坑洞地区勘探应查明采空区的空间位置、塌落、回填和充水情况，残留的有害气体的成分和分布情况，地下水的动态变化及其对采空区的影响；在勘探过程中应注意有害气体对人体造成危害。

9.4.3 人为坑洞地区勘探点应根据线路纵、横断面方向，并结合工程建筑物类型、坑洞的埋藏深度、延伸方向进行布置，数量和深度应满足各类建筑物与防护加固、治理工程设计的要求。

9.4.4 人为坑洞地区测试应包括下列内容：

1 对上覆不同性质的岩、土层应分别取代表性试样进行物理力学性质试验，提供稳定性检算及工程设计所需参数；

2 分别取地下水和地表水样作水质分析；

3 对煤层或可能储气部位，必要时应进行有害气体含量、压力的现场测试。

9.5 观测与评价

9.5.1 线路通过大面积采空区，当缺乏资料且勘探难以查明采空区的基本特征时应进行定位观测。

9.5.2 定位观测应符合下列规定：

1 地表移动和变形观测、建筑物变形观测；

2 测线宜平行或垂直矿层走向成直线布置，其长度应超过移动盆地的预计变形范围；平行矿层走向时，应有一条测线通过预计最大下沉值的位置；垂直矿层走向时，测线不宜少于2条；观测点间距宜相等；

3 观测周期可根据地表变形速度或开采深度确定。

9.5.3 地表移动和变形观测应包括下列内容：

1 地表裂缝的位置、数量、长度、宽度、深度、延伸方向、张开程度、发生时间、发展速度和趋势等；

2 塌陷坑和碟形洼地的位置、形态、大小、坑深、塌陷发生的时间、发展速度和趋势等；

3 台阶的错高、位置、宽度、长度、延伸方向、排列方向；

4 预测地表最大下沉值、最大倾斜值、最大曲率、最大水平移动和变形值、最大下沉速度及地表移动盆地边界，确定地表变形分区。

9.5.4 建筑物变形观测应包括下列内容：

1 裂缝的分布位置、走向、长度、宽度，必要时包括裂缝的数量与发展史；

2 水平和垂直位移量、倾斜度、倾斜方向、倾斜速度及发展趋势等；

3 沉降量、沉降速度和趋势。

9.5.5 人为坑洞地区评价应包括下列内容：

1 大面积采空区的稳定性

1）当开采尚未达到充分采动时，整个移动盆地内水平和垂直变形都发展较快且不均匀属不稳定区，不得作为工程建筑场地；

2）当开采已充分采动且无重复开采时，移动盆地中间区属变形稳定区，可作为建筑场地。

2 小窑采空区的稳定性应根据建筑物的基底压力、采空区埋深、范围和上覆岩、土层的力学性质等进行综合评价。

3 因人为坑洞引起的地表裂缝和塌陷地带，属不稳定区。

4 人为坑洞中残存的有害气体及其造成危害的可能性。

9.6 踏　　勘

9.6.1 踏勘阶段人为坑洞地区勘察应包括下列内容：

1 搜集区域地质、地形地貌、水文地质、地震、气象资料，矿床分布图、矿区规划图；

2 调查古窑、小窑分布范围，分析其与线路方案的关系。

9.6.2 踏勘阶段人为坑洞地区资料编制应包括下列内容：

1 工程地质说明，应阐明采空区的工程地质条件和方案比选意见，对下阶段工程地质勘察工作的建议；

2 全线工程地质图，比例为1∶50 000～1∶200 000，应标明采空区分布位置。

9.7 初　　测

9.7.1 初测阶段人为坑洞地质调绘应符合下列要求：

1 查明勘察范围内历史久远的古窑和小型采空区的开采历史，古窑、小窑的分布范围。

2 控制和影响线路方案的人为坑洞地区应进行重点地质调绘，查明下列内容：

1）正在开采的矿区的设计、实施资料，以及开采时间、开采方法、顶板处理措施，初步确定采空区及影响范围；

2）尚未开采的矿区设计、规划资料，与有关部门共同商定线路通过的位置；

3）地形地貌、地层、岩性、构造、开采层位及水文地质情况；

4）建筑物变形、地表变形和塌陷、裂缝、碟形洼地、坑槽的分布规律、稳定情况、发展趋势及诱发其他不良地质现象的类型、位置和规模；

5）矿区有害气体的分布及危害。

9.7.2 控制和影响线路方案的人为坑洞勘探与测试应符合下列要求：

1 开展综合勘探，查明人为坑洞的特性与稳定性；

2 在上部覆盖层中取样，进行物理、力学性质试验，提供稳定性检算参数。

9.7.3 当勘探难以查清控制和影响线路方案的人为坑洞时，可采用定位观测直接查明地表变形特征、变形规律和发展趋势，划分地表变形均匀下沉区、移动区和轻微变形区。

9.7.4 初测阶段人为坑洞资料编制应包括下列内容：

1 综合资料

1）工程地质勘察报告，应阐明采空区的自然地理位置，区域地质条件及主要开采层位，坑洞分布范围、类型、地表变形的分布规律，地下水位的变化对坑洞稳定性的影响，各线路方案的评价；提出线路方案比选意见及应采取的整治措施意见；对定测工作的建议等。

2）全线工程地质图，比例为1∶10 000～1∶200 000，应填绘采空区分布范围、地表裂缝、塌陷、台阶的位置及地表移动盆地的范围。

3）详细工程地质图，比例为1∶2 000～1∶10 000，应填绘采空区分布范围界线、地表裂缝、塌陷、台阶的位置及地表移动盆地的范围界线。

4）工程地质分段说明，应阐明采空区的范围、地表变形的类型及分布规律、特征，可能对线路造成的危害，工程措施意见。

2 工点资料

1）工程地质说明，应阐明采空区工程地质条件及危害，评价场地稳定性及需要采取的工程处理措施意见；

2）工程地质图，比例为1∶2 000～1∶5 000，应填绘采空区的分布范围，地面塌陷、裂缝的位置；

3）工程地质纵、横断面图，比例为1∶200～1∶500，应填绘人为坑洞的空间分布特征、洞穴位置、地下水位线等资料；

4）勘探、试验、观测点等资料。

9.8 定　　测

9.8.1 定测阶段人为坑洞地质调绘重点应包括下列内容：

1 小型坑洞的确切空间位置与稳定性；

2　矿区的设计、实施情况,既有和可能的采空区对铁路工程的影响;

3　实测线路附近的洞穴、地表变形(裂缝、塌坑、台阶等)及建筑物变形。

9.8.2　定测阶段人为坑洞勘探与测试应符合下列要求:

1　开展综合勘探,查明人为坑洞分布范围、规模与稳定性;

2　对需要进行稳定性检算的采空区盖层取样进行物理力学性质试验。

9.8.3　当既有资料不能说明采空区的基本特征和变形规律时应进行定位观测;前期设立的观测站、点应继续观测。

9.8.4　定测阶段人为坑洞资料编制应包括下列内容:

1　综合资料

1)工程地质勘察报告,应阐明沿线人为坑洞的分布范围、埋深,采空区地表及建筑物变形的范围、分布规律,以及对工程建筑物的影响,评价建筑场地的稳定性,提出工程措施、施工注意事项和环境保护意见;

2)全线工程地质图,比例为1∶10 000～1∶200 000,应补充修改初测成果;

3)详细工程地质图,比例为1∶2 000～1∶5 000,应补充修改初测成果;

4)详细工程地质纵断面图,比例为横1∶10 000,竖1∶100～1∶1 000,有标注条件时应填绘采空区洞穴位置、空间大小。

2　初测已有的工点应补充、修改既有资料。

3　新增加工点应符合本规程第9.7.4条的规定。

10 水库坍岸

10.1 一般规定

10.1.1 水库坍岸是指水库蓄水后在波浪等力的作用下岸坡被淘刷、冲蚀、搬运而产生的变形。

10.1.2 线路沿水库岸坡边缘行进或跨越水库支沟、支流时应按水库坍岸进行工程地质勘察。

10.1.3 水库坍岸勘察应对水库岸坡稳定性进行分析和评价，预测水库坍岸线及坍岸范围，提出设计参数，以及地基和边坡加固防护的建议。

10.2 工程地质选线

10.2.1 线路应选择在水库预测坍岸范围以外；当采取措施能确保线路稳定，技术经济综合比较合理时，也可在水库预测坍岸范围内以短距离通过。

10.2.2 线路应绕避不良地质体、覆盖层下的基岩面向水库倾斜或浸水后不稳定的库岸地段，选择在岸坡稳定、浸水后变形较少的一侧通过。

10.2.3 软硬相间岩层组成的岩石库岸，线路宜选择在岩层倾向山内一侧。

10.2.4 线路宜选择在水库背风一侧；线路走向宜与主导风向一致。

10.2.5 线路位于水库下游且需考虑溃坝影响时，应选在溃坝影响范围以外。

10.3 地质调绘

10.3.1 水库坍岸地质调绘前应搜集地形、地貌、区域地质、水文地质资料及遥感图像，风向、风速等气象资料和地震资料，以及水库设计水位、波浪要素等水文数据，库周坍岸、浸没、渗漏、湿陷、淤积等变化的预测资料和既有水库岸坡形态及稳定性调查与观测资料。

10.3.2 水库坍岸地质调绘应包括下列内容：

1 遥感图像解译水库坍岸的地质背景，必要时可利用多时段图像测定水库坍岸的动态变化；

2 库岸岸缘形态，岸坡的自然稳定坡度、自然浅滩磨蚀角及水下堆积物的坡率、粒径、成分与稳定状态；

3 库岸的地层、岩性，岩体的节理与风化情况，各类结构面的产状；

4 既有不良地质现象的性质、范围、规模及稳定性；

5 地下水埋藏条件、渗水层分布特征。

10.3.3 既有水库坍岸地质调绘宜在水库低水位时进行。

10.4 勘探与测试

10.4.1 水库坍岸勘探应采用物探、钻探、坑探与原位测试相结合的综合勘探，查明软弱岩层，特别是遇水软化岩层或裂隙面的空间分布特征；必要时进行水文地质试验。

10.4.2 水库坍岸的勘探点位、勘探深度应根据工程类别及基础类型等设计要求确定；最小勘探深度应至水库岸坡稳定坡角线以下。

10.4.3 水库坍岸测试应根据岸坡稳定性检算和工程建筑的需要分层取样，试验岩、土层的物理力学性质和水理性质；当水下工程基础为软质岩层时应进行旁压试验、崩解试验或饱和抗压强度试验。

10.5 观测与评价

10.5.1 当水库坍岸影响线路方案且地质条件复杂，附近无既有水库时，宜在水库蓄水初期进行水库坍岸观测。

10.5.2 水库坍岸观测应符合下列要求：

1 观测库岸变形和水下淤积情况；

2 代表性观测断面应设在库尾、库腹、库首等不同地貌、地层和库岸形态中铁路工程可能产生坍岸病害的地段；

3 观测周期宜为0.5～1.0年。

10.5.3 水库坍岸评价应包括下列内容：

1 库岸可根据其稳定性划分为：

1)稳定库岸，地层以完整硬岩为主，物理、水理、力学性质好；工程荷载及其他人类作用影响小，库水位影响轻微；覆盖层浸水稳定，几乎没有坍岸现象(边坡重力失稳除外)；

2)较稳定库岸，地层以较完整岩层为主，物理、水理、力学性质好；各种因素对库岸的稳定影响较小；覆盖层浸水欠稳定，没有或仅有少量小规模坍岸现象；

3)不稳定库岸，地层为较破碎岩层或土层，结构较松散，物理力学性质较差，水稳定性差；各种因素影响较强烈；覆盖层浸水不稳定，库岸变形、失稳较严重，坍岸数量较多，且具有一定规模。

2 水库坍岸现象应根据库岸稳定性、铁路位置及路基稳定性进行综合分析和评价；

3 水库坍岸线的预测方法应综合分析地质调绘、勘探、测试、观测资料，以及既有河流、附近水库岸坡的稳定特点，根据库岸的工程地质、水文地质条件及地貌特征确定。

10.6 踏　　勘

10.6.1 踏勘阶段水库坍岸勘察应搜集区域地质、地形、地貌、地层岩性、水文地质、工程地质资料，了解既有与拟建水库概况及可能坍岸范围。

10.6.2 踏勘阶段水库坍岸资料编制应包括下列内容：

1 工程地质说明，应阐明水库坍岸的工程地质条件和方案比选意见，对下阶段工程地质勘察工作的建议。

2 全线工程地质图，比例为1∶50 000～1∶200 000，应标明水库坍岸分布位置。

10.7 初　测

10.7.1 初测阶段水库坍岸地质调绘应符合下列要求：

1 既有水库地段应重点调绘的内容：

1）搜集区域地质、水文地质资料和水库设计有关数据；

2）地层、层理特征、岩性、岩体风化破碎程度、岩石的物理力学性质；

3）地形、地貌特征、岸坡形态、冲淤变化、水位升降特征、淹没范围、岸滩变化趋势等，岸坡的稳定性，尤其是水的作用（包括波浪力、地下水等）对岸坡稳定的影响；

4）周边井泉、洼地的水位升降变化，地下水的类型及其与地表水的水力联系、补给与排泄条件；

5）库岸不良地质现象的性质、范围、规模，以及坍岸情况等。

2 设计水库地段应调绘设计图上的库岸范围。

10.7.2 初测阶段水库坍岸勘探与测试应符合下列要求：

1 地层简单的坍岸地段可选坍岸最宽处布置代表性地质断面；

2 地层比较复杂的坍岸地段可沿库岸线方向布置代表性地质断面，断面间距宜为200～500 m；

3 断面上的勘探点不应少于2个，勘探深度应达到稳定坡角线以下，或工程基础底面以下2～6 m；

4 取代表性土、岩样，进行一般物理指标、渗透系数、抗剪强度等试验；对软质岩石，宜作崩解试验、饱和抗压强度试验等。

10.7.3 初测阶段水库坍岸资料编制应包括下列内容：

1 综合资料

1）工程地质勘察报告，应阐明水库坍岸的分布规律、危害程度、处理原则，对线路各方案的评价和比选意见，存在问题及定测注意事项；

2）全线工程地质图，比例为1∶10 000～1∶200 000，应标明水库坍岸分布范围；

3）详细工程地质图，比例为1∶2 000～1∶5 000，应标明水库坍岸范围界线。

2 工点资料

1）工程地质说明，应阐明水库地段工程地质条件，不良地质现象及特殊岩土特征，预测坍岸线及有关参数，工程地质条件比选，存在问题等；

2）工程地质图，比例为1∶2 000～1∶10 000，应标明预测坍岸范围和断面位置等；

3）预测坍岸变形地质断面图，比例为1∶200～1∶500，应标明各种水位、地下水壅升线、预测坍岸线等；

4）工程地质纵、横断面图（必要时作），比例为横1∶500～1∶5 000，竖1∶200～1∶1 000，应标明各种水位、地下水壅升线、预测坍岸线等；

5)勘探、测试、气象、地震等资料。

10.8 定　测

10.8.1 定测阶段水库坍岸地质调绘应查明下列内容：

1 地形地貌与地层岩性的关系,以及水库库岸的工程地质特性；

2 库岸地层与对应的水上稳定坡角、浅滩磨蚀角及水下稳定坡角的关系；

3 水库坍岸的发生、发展和演变情况；

4 水库蓄水引起不良地质现象的性质、范围、规模及对铁路工程稳定性的影响。

10.8.2 定测阶段水库坍岸勘探与测试应包括下列内容：

1 根据工程的要求布置勘探孔,勘探深度应根据地质条件、基础类型、地表水与地下水影响深度确定；

2 取代表性土、岩样,进行一般物理指标、渗透系数、抗剪强度试验。对软质岩石,宜作崩解试验、饱和抗压强度试验。

10.8.3 定测阶段水库坍岸资料编制应包括下列内容：

1 综合资料

1)工程地质勘察报告,应阐明水库坍岸的工程地质条件、评价及处理原则；

2)全线工程地质图,比例为1∶10 000～1∶200 000,应补充修改初测成果；

3)详细工程地质图,比例为1∶2 000～1∶5 000,应补充修改初测成果；

4)详细工程地质纵断面图,比例为横1∶10 000,竖1∶200～1∶1 000,有标注条件时应标明各种水位、地下水壅升线、预测坍岸线等。

2 初测已有的工点应补充、修改既有资料。

3 新增加工点应符合本规程第10.7.3条的规定。

11 地 震 区

11.1 一 般 规 定

11.1.1 当线路通过地震动峰值加速度为0.1～0.4g地区时应按本规程进行工程地质勘察；当地震动峰值加速度大于0.4g时，其勘察要求需作专门研究。

11.1.2 地震区可根据场地工程地质条件分为抗震有利地段和抗震不利地段；活动断裂可分为全新活动断裂、非全新活动断裂。

11.2 工程地质选线

11.2.1 线路应绕避全新活动断裂或在断裂较窄处以大交角通过；不应在断裂带中，特别是断裂密集处、交汇处及主要活动断裂的端点、拐角处，设桥、隧等重要建筑物；不应在逆断层上盘迂回展线。

11.2.2 在宽大的活动断裂带内，线路应在查清区域性活动断裂结构和稳定性差异的基础上，选择相对稳定的部位通过，重点工程必须置于“安全岛”内。

11.2.3 线路应绕避山坡严重变形或地震时可能发生大规模滑坡、崩塌和地陷的地段，以及悬崖深谷、高耸孤立的山丘；不得在松散的山坡堆积层上设置高桥或深挖路堑，高填、半填半挖路基。

11.2.4 线路应选择在非液化土层或可液化土层埋藏较深、范围较窄的地段通过，不得直接以可液化土层作为建筑物的持力层。

11.3 地 质 调 绘

11.3.1 地震区地质调绘前应搜集活动断裂、区域地质，水文地质资料和地震破坏变形的历史资料。

11.3.2 地震区地质调绘应完成下列工作：

1 查明区域地质构造，尤其是主要断裂带和活动断裂带的特征及与线路的关系；

2 调查各类不良地质现象的规模、特征，判断地震使其发展或复活的可能性，分析容易造成地震危害的地貌和岩体的稳定状态；

3 调查河流变迁、古河道分布、第四系地层特征，地下水情况和可液化土埋深与分布范围；

4 根据现行《中国地震动参数区划图》(GB 18306)，结合工程地质和水文地质条件及工程设置，划分铁路沿线地震动峰值加速度和地震动反应谱特征周期分区的区段和里程。

11.4 勘探与测试

11.4.1 地震区勘探与测试应查明地震时不稳定地带和可液化土的分布范围和厚度，活动断裂的具体位置、宽度、产状、破碎带组成物质、胶结程度及含水情况等。

11.4.2 地震区可液化土勘探可采用静力触探、标贯试验、剪切波速等方法判定液化情况；测试孔应根据工程类别布置，路堤或路堑地段的孔间距不应大于 500 m，挡土墙地段的孔应与勘探孔结合，桥应按墩、台布孔。

11.4.3 地震区可液化土勘探深度应符合现行《铁路工程抗震设计规范》的规定。

11.4.4 地震区必要时可采用地脉动测试方法对地震动反应谱特征周期进行测试。

11.5 场地评价

11.5.1 地震区场地评价应包括下列内容：

1 地震导致建筑物的变形破坏；

2 地震造成场地、地基的失稳或失效，包括液化、地裂、震陷、滑坡等；

3 地表断裂错动（含地表基岩断裂及构造性地裂）造成的破坏；

4 局部地形、地貌、地层结构的异变引起地面异常波动造成的特殊破坏。

11.5.2 在地震动峰值加速度大于或等于0.1g 的地区应划分场地土类型和建筑场地类别，其划分方法应符合现行《铁路工程抗震设计规范》的规定。

11.6 踏勘

11.6.1 踏勘阶段地震区勘察应搜集区域地质资料及地震资料，了解断裂的性质、规模、分布和活动性及其对方案的影响，根据《中国地震动参数区划图》（GB 18306）初步划分沿线地震动峰值加速度及地震动反应谱特征周期分区。

11.6.2 踏勘阶段地震区资料编制应包括下列内容：

1 工程地质说明，应阐述沿线地震动参数的划分情况及划分依据，方案比选意见，对下阶段工程地质勘察工作的建议。

2 全线工程地质图，比例为 1:50 000～1:200 000，应标明地震动峰值加速度及地震动反应谱特征周期分界线。

11.7 初测

11.7.1 初测阶段地震区地质调绘应符合下列要求：

1 调查沿线发生的地震历史；

2 查明控制线路方案的长大活动断裂，特别是全新活动断裂的位置、产状、规模、破碎带宽度；

3 查明地层、特别是可液化地层的性质、埋深、厚度与范围，岩性、构造等工程地质和水文地质条件；

4 查明各类不良地质现象的分布、规模及对铁路工程的影响；

5 根据现行《中国地震动参数区划图》(GB 18306)和调查测试资料划分沿线地震动峰值加速度及其分界线。

11.7.2 初测阶段地震区测试宜在主要方案通过地区进行；一般路基及支挡结构，地质条件简单的大、中桥工点，可按地貌单元作代表性测试；地质条件特别复杂的路基工点，大、中桥和特大桥、高桥应逐个工点进行测试。

11.7.3 对地震区的特殊桥梁、特大型站房等特殊工程应专门进行工程场地地震安全性评价。

11.7.4 初测阶段地震区资料编制应包括下列内容：

1 综合资料

1)工程地质勘察报告，应阐明沿线划分地震动参数分区界线的意见和依据，地震的危害程度及处理原则，对线路各方案的评价和比选意见，存在问题及定测注意事项；

2)全线工程地质图，比例为1:10 000~1:200 000，应标明地震动峰值加速度及其分界线；

3)详细工程地质图，比例为1:2 000~1:5 000，应标明地震动峰值加速度及其分界线，可液化土的分布范围；

4)工程地质分段说明，应阐明地质构造特征、可液化土的分布、特征、规划及其对工程的影响，分段标注原位测试结果。

2 在相应工点资料中阐明地质构造特征，可液化土的分布、特征、规模及其对工程的影响，提供原位测试结果。

11.8 定 测

11.8.1 定测阶段地震区勘察应包括下列内容：

1 沿线地层、岩性、构造、水文地质和工程地质条件，各类不良地质现象的分布、规模及其对铁路工程的影响；

2 对特大桥、高桥及其他重点工程进行剪切波速测试及地脉动测试，进行场地土和场地类别评价；

3 可液化地层的性质、埋深、厚度与范围；

4 根据初测资料并结合工程地质条件，划分沿线地震动峰值加速度分区。

11.8.2 定测阶段地震区资料编制应符合下列要求：

1 综合资料

1)工程地质勘测报告，补充修改初测结果；

2)全线工程地质图，比例为1:10 000~1:200 000，补充修改初测结果；

3)详细工程地质纵断面图，比例为1:2 000~1:5 000，补充修改初测结果；

4)详细工程地质纵断面图，比例为横1:10 000，竖1:200~1:1 000，应标明地基可液化土的分布位置。

2 初测已有的工点应补充、修改既有资料。

3 新增加工点应符合本规程第11.7.4条的规定。

12 放射性地区

12.1 一般规定

12.1.1 放射性地区是指所含放射性物质超过国家有关规定的地区。

12.1.2 线路通过有放射性矿床分布、辐射 γ 异常场、水源放射性超过限制浓度或放射性地方病蔓延地区应按放射性地区进行工程地质勘察。

12.1.3 放射性物质限制浓度应符合国家现行的有关强制性标准的规定。水源中主要放射性限制浓度，天然铀(U)为0.05 mg/L、镭(^{226}Ra)为1.11 Bq/L、氡(^{222}Rn)为3.70 Bq/L(氡子体的 α 潜能值不得大于 4×10^4 Mev/L)、总 α 为0.1 Bq/L、总 β 为1.0 Bq/L。

12.2 工程地质选线

12.2.1 线路应绕避已知或可能存在放射性矿床地区、放射性异常地段及放射性物质超过限制浓度地区。

12.2.2 当线路必须通过规模较大的放射性地质体时应选择矿床较薄、放射性强度较低、构造简单地段以短距离通过。

12.2.3 车站和生活区不得建在放射性超过国家规定标准的地段。

12.2.4 饮用水源严禁建在水质放射性超过国家规定标准的地区。

12.3 地质调绘

12.3.1 放射性地区地质调绘前应搜集区域地质、矿产地质、水文地质、遥感图象资料，核辐射环境质量评价报告，放射性地方病的记载和资料。

12.3.2 放射性地区地质调绘应包括下列内容：

1 查明岩浆活动、地质构造、地层、岩性、岩相、古地理，地球化学及风化程度；

2 查明辐射场的强度和分布规律；

3 查明测区水文地质条件及物理化学特征；

4 调查当地的生态环境、植物特征、地方史及社会历史情况。

12.4 勘探与测试

12.4.1 放射性地区勘探与测试应查明环境 γ 辐射场，露天水源中的铀、镭、氡及总 α、总 β 浓度，空气中的氡的含量。

12.4.2 放射性地区勘探方法应以物探、化探为主，并结合钻探、坑探等进行综合勘探。

12.4.3 放射性地区地面物探应以地面 γ 总量测量为主，必要时进行 $\gamma+\beta$ 测量和射气测量等。

12.4.4 放射性地区勘探钻孔应根据工程需要并结合放射性异常验证布置,同时进行钻孔放射性编录和γ测井;必要时进行水文地质试验,并取水样和岩样进行放射性和化学分析。

12.4.5 放射性测试应包括下列项目:

1 环境地表γ辐射剂量率;

2 空气中氡及氡子体α潜能浓度;

3 地表、地下水中放射性核素浓度。

12.5 评价与防护

12.5.1 线路通过放射性地区应进行放射性分级和放射工作场所分区,评价放射性对施工、运营的影响和必须采取的防护措施。

12.5.2 测量地面γ总量,可确定γ总量异常点、异常带和对γ场进行分级;γ场可根据γ背景值μ和标准偏差σ划分为低场($\gamma<\mu-2\sigma$)、偏低场($\mu-2\sigma\leqslant\gamma<\mu-\sigma$)、正常场($\mu-\sigma\leqslant\gamma<\mu+\sigma$)、偏高场($\mu+\sigma\leqslant\gamma<\mu+2\sigma$)、高场($\mu+2\sigma\leqslant\gamma<\mu+3\sigma$)、异常场($\gamma\geqslant\mu+3\sigma$)。

12.5.3 放射工作场所可根据年有效剂量当量H_e划分为非限制区($H_e<5$ mSv)、监督区(5 mSv$\leqslant H_e\leqslant$15 mSv)、控制区($H_e>15$ mSv)。

12.5.4 辐射剂量限制体系、辐射照射的控制措施、放射性废物管理、辐射监测、辐射防护评价等应符合现行《辐射防护规定》(GB 8703)及其他相关规定的要求。

12.5.5 核辐射环境质量评价应符合现行《核辐射环境质量评价一般规定》(GB 11215)及其他相关规定的要求。

12.5.6 环境γ辐射照射对公众产生的有效剂量当量H_e,可用下式进行估算:

$$H_e=D_r\cdot K\cdot t \tag{12.5.6}$$

式中 H_e——有效剂量当量(Sv);

D_r——实测环境地表γ辐射空气吸收剂量率(Gy/h);

K——有效剂量当量率与空气吸收剂量率比值(0.7 Sv/Gy);

t——公众在环境中停留的时间(h)。

12.6 踏 勘

12.6.1 踏勘阶段放射性地区勘察应包括下列内容:

1 搜集区域地质、水文地质、地貌、气象、水文、遥感图像及放射性矿点专项地质资料;

2 了解放射性异常的分布、赋存条件、形态特征。

12.6.2 踏勘阶段放射性地区资料编制应包括下列内容:

1 工程地质说明,应阐明放射性地区的工程地质条件和方案比选意见,对下阶段工程地质勘察工作的建议;

2 全线工程地质图,比例为1:50 000~1:200 000,应标明放射性类型、异常及分布位置。

12.7 初　　测

12.7.1 初测阶段放射性地区地质调绘应符合下列要求：

1 查明勘察范围内放射性地区的分布、范围、规模、类型；

2 控制和影响线路方案的放射性地区应重点进行地质调绘，查明测区地质构造、地层岩性、围岩蚀变，以及地貌特征，调查测区内居民所受的放射性危害或地方病史，矿区的核素种类和浓度。

12.7.2 初测阶段放射性地区勘探与测试应符合下列要求：

1 应用物探探测各种地质体的 γ 辐射量、射气量等；

2 勘探点的数量和深度应结合放射性地区形成的地质条件和形态、工程类别确定；

3 取岩样作光谱或理化分析，测定放射性物质含量；取水样分析，测定铀、镭、氡、总 α、总 β 浓度；采集大气样品分析，测定氡及氡子体等的浓度。

12.7.3 初测阶段放射性地区资料编制应包括下列内容：

1 综合资料

1）工程地质勘察报告，应阐明放射性测试结果、分布规律、危害程度、处理原则，对线路各方案的评价、比选意见，存在问题及定测注意事项；

2）全线工程地质图，比例为 1∶10 000 ~ 1∶200 000，应标明放射性异常及分布范围；

3）详细工程地质图，比例为 1∶2 000 ~ 1∶5 000，应标明放射性异常范围界线；

4）工程地质分段说明，应阐明放射性测试结果与异常的分布、特征、规模及其对工程材料、施工及人体影响的评价。

2 工点资料

1）工程地质说明，应阐明放射性勘探过程和结果，工程设计所需参数，需要采取的防护措施等；

2）工程地质图，比例为 1∶2 000 ~ 1∶10 000，应填绘 γ 总量异常点、异常带和 γ 场的分级界线；

3）工程地质纵、横断面图，比例为 1∶200 ~ 1∶2 000，应标明放射性地质体位置及 γ 场的分级界线；

4）地质调绘、勘探、测试等原始资料。

12.8 定　　测

12.8.1 定测阶段放射性地区地质调绘应查明线路部位放射性变化特征。

12.8.2 定测阶段放射性地区勘探与测试应符合下列要求：

1 物探或钻探应结合线路位置和工程类型布置；

2 通过测井、测试，获取设计参数；

3 查明地表水和地下水中各种核素含量和浓度。

12.8.3 定测阶段放射性地区资料编制应包括下列内容：

1 综合资料

1）工程地质勘察报告，应阐明放射性地区的工程地质条件，预测施工过程中，核辐射和放射性物质释放对环境的影响范围和污染程度，环境治理和防护原则，提出运营过程中需要跟踪监测的问题；

2）全线工程地质图，比例为1:10 000～1:200 000，应补充修改初测成果；

3）详细工程地质图，比例为1:2 000～1:5 000，应补充修改初测成果；

4）详细工程地质纵断面图，比例为横1:10 000，竖1:200～1:1 000，应标明放射性地质体位置及γ场的分级界线。

2　初测已有的工点应补充、修改既有资料。

3　新增加工点应符合本规程第12.7.3条的规定。

13 有害气体

13.1 一般规定

13.1.1 有害气体是指对人体或工程会造成危害的天然气体。

13.1.2 线路通过煤、石油、天然气层或有气苗或含气的圈闭构造的地区，曾发现过有害气体的地区应按有害气体进行工程地质勘察。

13.1.3 有害气体可根据其存在环境和基本成分分为煤田气（CH_4）、油田气（CH_4、C_2^+、N_2、CO_2）、气田气（CH_4、N_2、CO_2）、分散气体（CO_2、CH_4）等。

13.2 工程地质选线

13.2.1 线路应绕避地质复杂、有害气体具有突出危险的地段。

13.2.2 当线路必须通过规模较大的有害气体地质体时应选择矿床较薄、构造简单、有害气体突出危险性小的地段，以短距离通过。

13.3 地质调绘

13.3.1 有害气体地质调绘前应搜集下列资料：

1 区域地质、矿产地质、水文地质资料和有害气体区测资料；

2 地方有关有害气体的利用及危害情况。

13.3.2 有害气体地质调绘应包括下列内容：

1 结合既有矿井调查，查明含瓦斯地层及其围岩的岩性、物理化学特征、空间分布；

2 查明形成瓦斯的地质构造，煤层、油气层、油页岩层所处构造的位置，特别是储积气体的圈闭构造；

3 查明瓦斯生成、聚集及盖层的地质条件，确定瓦斯运移、排放和储存的地质因素；

4 查明地表、地下水的发育程度，地下水补给、径流、排泄条件，地下水与瓦斯占有空间的互补性，确定地下水量，水、气运移和分布特征对瓦斯的影响；对油气田应查明地下水的封闭条件，以及地下水的物理化学性质等；

5 调查浅层有害气体的出露及利用情况。

13.4 勘探与测试

13.4.1 有害气体勘探与测试应以钻探为主，结合物探测井、现场测试，查明煤、油页岩、油气等矿体及有害气体的类型、分布、含量、压力及涌出量。

13.4.2 有害气体钻探应符合下列要求：

1 根据工程需要布置孔位，并结合含煤、含油地层分布或储气构造确定；

2 岩芯采取率不宜小于80%，煤层不得小于90%；

3 各主要煤层或储油、气层应取样1~2组，顶、底板岩层各1组。

13.4.3 利用钻孔和既有矿井进行有害气体测试应包括下列项目：

1 瓦斯的含量、压力、涌出量；

2 含瓦斯介质的物理化学性质；

3 封闭有害气体的顶、底板的物理力学性质。

13.5 评 价

13.5.1 线路通过煤层应划分煤层瓦斯风化带和预测煤与瓦斯突出危险、瓦斯涌出量，评价有害气体对施工及运营的影响。

13.5.2 煤层瓦斯风化带应根据相应煤矿采用的标准进行划分；当无相应标准时，可用瓦斯中 CH_4 含量≤80%、瓦斯压力≤0.15 MPa、相对瓦斯涌出量≤2 m^3/t 的标准划分。

13.5.3 煤与瓦斯突出的地质条件应根据煤层的构造类型、所处的构造部位、地应力、煤层厚度、煤体结构、煤层瓦斯含量和压力等进行综合评价。

13.5.4 煤与瓦斯突出危险性预测应根据煤的破坏类型、瓦斯放散初速度、煤的坚固系数、煤层的瓦斯压力等指标综合判定。当4项指标全部满足临界值要求时，应确定为突出煤层；否则为非突出煤层。

13.5.5 煤层瓦斯涌出量计算应符合附录F的规定。

13.5.6 油页岩地区应测定岩石的有机碳含量，推算瓦斯含量。

13.5.7 天然气地区应根据岩石孔隙、天然气压力、瓦斯压缩系数计算游离瓦斯含量。

13.6 踏 勘

13.6.1 踏勘阶段有害气体勘察应包括下列内容：

1 搜集线路通过地区的区域地质、水文地质、地貌、气象、水文、遥感图像及瓦斯等矿点专项地质资料；

2 了解有害气体分布地段矿体赋存条件、形态特征。

13.6.2 踏勘阶段有害气体资料编制应包括下列内容：

1 工程地质说明，应阐明有害气体地区的工程地质条件和方案比选意见，对下阶段工程地质勘察工作的建议；

2 全线工程地质图，比例为1:50 000~1:200 000，应标明有害气体类型及分布位置。

13.7 初 测

13.7.1 初测阶段有害气体地质调绘应符合下列要求：

1 查明勘察范围内有害气体的分布、范围、规模、类型；

2 控制和影响线路方案的有害气体应重点进行地质调绘，查明工程地质、水文地质条件，查明各种含气的圈闭构造，调查当地居民所见的有害气体情况，既有矿井的有害气体种类、含量、压力等。

13.7.2 初测阶段有害气体勘探应符合下列要求：

1 根据含气构造，结合隧道工程布置代表性地质纵、横断面；

2 控制矿体空间分布的勘探点不应少于3个；

3 勘探深度应至隧道路肩设计高程以下10～20 m或必须查清的构造部位。

13.7.3 初测阶段有害气体测试应包括下列内容：

1 现场测定瓦斯含量及压力。

2 室内分析

1）煤的品质、水分、灰分、挥发分、孔隙率、容重，以及坚固性系数、瓦斯放散初速度；

2）油页岩的矿化、有机物和沥青含量；

3）气的化学成分；

4）水的侵蚀性。

13.7.4 初测阶段有害气体资料编制应包括下列内容：

1 综合资料

1）工程地质勘察报告，应阐明有害气体类型、分布规律、含量、压力及危害程度，处理原则，对线路各方案的评价和比选意见，存在问题及定测注意事项；

2）全线工程地质图，比例为1:10 000～1:200 000，应标明有害气体类型及分布位置；

3）详细工程地质图，比例为1:2 000～1:10 000，应标明有害气体类型及分布范围界线；

4）工程地质分段说明，应阐明有害气体的类型、特征、分布规模及其对工程材料、施工及人体影响的评价。

2 工点资料

1）工程地质说明，应阐明有害气体勘探过程与结果，赋存的地质条件，相关设计参数及对工程及人体的危害、处理措施建议等；

2）工程地质图，比例为1:2 000～10 000，应填绘有害气体类型及分布范围、有关的测试参数；

3）工程地质纵、横断面图，比例为1:200～1:2 000，应填绘煤、油页岩、油气层的具体位置、瓦斯风化带分界线、有关的测试参数等；

4）地质调绘，勘探、测试等原始资料。

13.8 定 测

13.8.1 定测阶段有害气体地质调绘应包括下列内容：

1 查明含气地段的工程地质、水文地质条件，含气岩系沉积环境、岩性特征，气体的生成、储藏和保存条件；

2 查明含气地层的具体位置、层数、厚度及其纵、横方向上的变化特征；

3 查明地质构造，特别是圈闭构造对有害气体赋存条件的影响；

4 查明地下水的补给、径流、排泄条件，地下水与有害气体的共存关系；

5 查明有害气体的类型、物理化学性质及对工程和人体的危害。

13.8.2 定测阶段有害气体勘探与测试应符合下列要求：

1 结合有害气体类型按线路纵、横断面方向布置综合勘探，勘探点数量应满足工程设计需要。勘探孔布置要求：

1)煤层地段勘探孔宜布置于工程通过煤层部位；

2)油页岩地段勘探孔宜布置于工程通过油页岩部位；

3)油气地段勘探孔宜布置于各种含气闭圈构造中最有利出气的部位(如长轴方向的轴线高点、陡翼、转折带等)。

2 勘探深度应满足工程需要，必要时需揭露有害气体。

3 结合有害气体类型进行测试，取样与测试要求：

1)煤层钻孔宜取煤样测定煤的类型、水分、灰分、挥发分、空隙率、容量等，必要时，测定煤的破坏类型、坚固系数、瓦斯放散初速度，现场测试瓦斯压力、含量；

2)油页岩钻孔宜取岩样作有机物、沥青、还原硫、2 价铁、3 价铁等含量的测定，取水样作水质分析；

3)油气层钻孔宜现场测试瓦斯压力、含量，并取气样作物理化学分析。

13.8.3 定测阶段有害气体资料编制应包括下列内容：

1 综合资料

1)工程地质勘察报告，应阐明隧道工程地质条件及有害气体情况；煤层应包括工程的穿煤情况(通过含煤地层长度、揭煤位置、穿煤长度、煤层与线路交角、煤层厚度与倾角等)，煤层顶底板特征，影响瓦斯赋存的地质条件，控制煤与瓦斯突出的地质因素，主要瓦斯参数，涌出量预测，煤与瓦斯突出危险性评价，煤的自燃倾向、煤尘爆炸性等；油气层应包括工程与含气层的关系，气源分析、闭圈构造、储气条件、封盖遮挡条件，裂缝与油气的关系，油气压力及含量，含气段预测；工程措施建议；

2)全线工程地质图，比例为 1∶10 000～1∶200 000，应补充修改初测成果；

3)详细工程地质图，比例为 1∶2 000～1∶5 000，应补充修改初测成果；

4)详细工程地质纵断面图，比例为横 1∶10 000，竖1∶200～1∶1 000，应填绘煤、油页岩、油气层的具体位置、瓦斯风化带分界线、有关的测试参数等。

2 初测已有的工点应补充、修改既有资料。

3 新增加工点应符合本规程第 13.7.4 条的规定。

附录 A　滑坡的分类和稳定性检算

A. 0. 1　滑坡的分类应符合下列要求：

1　根据滑坡体体积(V)大小可分为小型滑坡($V<4\times10^4\ m^3$)、中型滑坡($4\times10^4\ m^3\leqslant V\leqslant30\times10^4\ m^3$)、大型滑坡($30\times10^4\ m^3<V\leqslant100\times10^4\ m^3$)、巨型滑坡($V>100\times10^4\ m^3$)。

2　根据滑动面埋藏深度(H)可分为浅层滑坡($H<6$ m)、中深层滑坡($6\leqslant H\leqslant20$ m)、深层滑坡($H>20$ m)。

3　根据主滑动面与层面的空间关系可分为岩层倾向与坡向一致且顺层面滑动的顺层滑坡和滑动面切割层面的切层滑坡。

4　根据滑动方式可分为中上部滑坡体挤压推动前缘段且整体性较好的推移式滑坡和前缘段发生滑动后牵引后缘而产生的牵引式滑坡。

5　根据组成滑坡体的主要物质成分分类应符合表 A. 0. 1 的规定。

表 A. 0. 1　滑坡按组成滑坡体的主要物质成分分类

类　别	特　征
黏性土滑坡	发生在黏性土(海湖相成因的黏土及河湖相的膨胀土)中,多沿高塑性黏土(含沙粒)富水层、膨胀土富集层或基岩顶面,以及裂隙面滑动
黄土滑坡	发生在各时期黄土层中,多群集出现。常见于高阶地边缘斜坡上
堆积土滑坡	发生在各种成因堆积层中,多沿基岩表面或堆积软弱面滑动
填土滑坡	发生在路堤或人工弃土堆中,多沿老地面或基底以下松软层滑动
破碎岩体滑坡	发生在构造破碎带或严重风化带形成的凸形山坡上,滑坡规模大
岩体滑坡	发生在岩体内,多沿层面或软弱结构面滑动

A. 0. 2　当滑面呈直线形时,滑坡稳定系数 K_s 可按图 A. 0. 2 和下式计算：

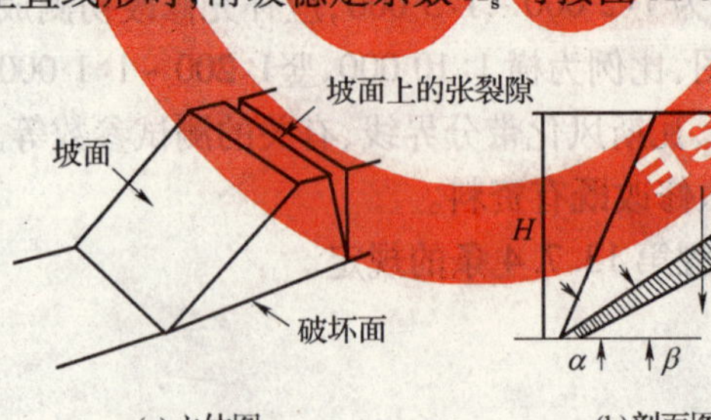

图 A. 0. 2　直线滑坡稳定系数计算

$$K_s=\frac{cA+(W\cos\beta-u-v\sin\beta)\tan\varphi}{W\sin\beta+v\cos\beta} \tag{A. 0. 2—1}$$

$$A=(H-Z)\csc\beta \tag{A. 0. 2—2}$$

$$u=\frac{1}{2}\gamma_w Z_w(H-Z)\csc\beta \qquad (A.0.2—3)$$

$$v=\frac{1}{2}\gamma_w Z_w{}^2 \qquad (A.0.2—4)$$

$$W=\frac{1}{2}\gamma H^2\left\{\left[1-\left(\frac{Z}{H}\right)^2\right]\cot\beta-\cot\alpha\right\} \qquad (A.0.2—5)$$

式中　c——滑面物质的黏聚力(kPa),用直接快剪或三轴固结不排水剪求得;
A——单位滑体滑面的面积(m^2);
W——单位滑体所受的重力(kN);
u——孔隙水压力(kPa);
v——裂隙静水压力(kPa);
γ_w——水的重度(kN/m^3);
γ——岩体的重度(kN/m^3);
Z_w——裂隙充水高度(m);
H——滑坡脚至坡顶高度(m);
Z——坡顶至滑坡面深度(m);
α——坡角(°);
β——结构面倾角(°);
φ——结构面摩擦角(°)。

A.0.3　当滑面呈折线形时,滑坡稳定系数K_s可按图A.0.3和下式计算:

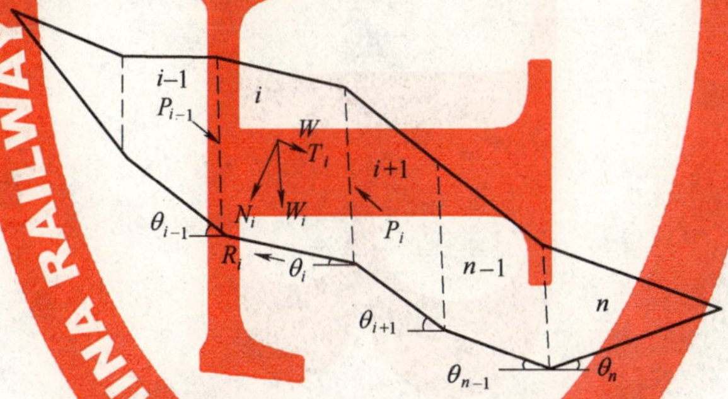

图A.0.3　折线滑坡稳定系数计算

$N_i=W_i\cos\theta_i$　　$T_i=W_i\sin\theta_i$

图中:P_i—第i块段以下滑体对其施加的抵抗力(kN/m);
P_{i-1}—第i块段以上滑体对其施加的传递下滑力(kN/m)

$$K_s=\frac{\sum\limits_{i=1}^{n-1}\left(R_i\prod\limits_{j=i}^{n-1}\Psi_j\right)+R_n}{\sum\limits_{i=1}^{n-1}\left(T_i\prod\limits_{j=i}^{n-1}\Psi_j\right)+T_n} \qquad (A.0.3—1)$$

$$\Psi_j=\cos(\theta_i-\theta_{i+1})-\sin(\theta_i-\theta_{i+1})\tan\varphi_{i+1} \qquad (A.0.3—2)$$

$$\prod_{j=i}^{n-1}\Psi_j=\Psi_i\cdot\Psi_{i+1}\cdot\Psi_{i+2}\cdot\cdots\cdot\Psi_{n-1} \qquad (A.0.3—3)$$

$$R_i=N_i\tan\varphi_i+c_iL_i \qquad (A.0.3—4)$$

式中 W_i——第 i 块段滑体所受的重力(kN/m);
R_i——作用于第 i 块段滑体的抗滑力(kN/m);
R_n——作用于第 n 块段滑体的抗滑力(kN/m);
N_i——作用于第 i 块段滑动面上的法向分力矢量(kN/m);
θ_i——第 i 块段滑动面的倾角,与滑动方向相反时为负值(°);
φ_i——第 i 块段滑动带土的内摩擦角(°);
c_i——第 i 块段滑动带土的黏聚力(kPa);
L_i——第 i 块段滑动面长度(m);
T_i——作用于第 i 块段滑动面上的滑动分力矢量(kN/m);
T_n——作用于第 n 块段滑动面上的滑动分力矢量(kN/m);
Ψ_i——第 i 块段滑体的剩余下滑动力传递至第 $i+1$ 块段滑体时的传递系数($j=i$)。

附录B　崩塌的分类

B.0.1　崩塌可根据其发生地层的物质成分分为黄土崩塌、黏性土崩塌、岩体崩塌。

B.0.2　崩塌按形成机理分类应符合表B.0.2的规定。

表B.0.2　崩塌按形成机理分类

类　型	岩　性	结构面	地　貌	受力状态	起始运动形式
倾倒式崩塌	黄土、直立岩层	多为垂直节理、直立层面	峡谷、直立岸坡、悬崖	主要受倾覆力矩作用	倾倒
滑移式崩塌	多为软硬相间的岩层	有倾向临空面的结构面	陡坡通常大于55°	滑移面主要受剪切力	滑移
鼓胀式崩塌	黄土、黏土、坚硬岩层下有较厚软岩层	上部垂直节理，下部为近水平的结构面	陡坡	下部软岩受垂直挤压	鼓胀伴有下沉、滑移、倾斜
拉裂式崩塌	多见于软硬相间的岩层	多为风化裂隙和重力拉张裂隙	上部突出的悬崖	拉张	拉裂
错断式崩塌	坚硬岩层、黄土	垂直裂隙发育，通常无倾向临空面的结构面	大于45°的陡坡	自重引起的剪切力	错落

附录C　泥石流的分类与分期

C.0.1　泥石流的分类应符合下列要求：

1　按固体物质成分分类应符合表C.0.1—1的规定。

表C.0.1—1　泥石流按固体物质成分分类

名　称	分　类　标　准
泥　流	固体物质为黏粒、粉粒、少量砂砾、碎石
泥石流	固体物质为黏粒、粉粒、砂砾、砾石、碎石、块石、漂石
水石流	固体物质为块石、碎石、砾石、少量砂粒、粉粒

2　按规模分类应符合表C.0.1—2的规定。

表C.0.1—2　泥石流按规模分类

类　别	固体物质储量 V_v（m^3/km^2）	固体物质一次最大冲出量 V_c（m^3）
小　型	$V_v \leqslant 5\times10^4$	$V_c < 1\times10^4$
中　型	$5\times10^4 < V_v \leqslant 10\times10^4$	$1\times10^4 < V_c \leqslant 5\times10^4$
大　型	$10\times10^4 < V_v \leqslant 100\times10^4$	$5\times10^4 < V_c \leqslant 10\times10^4$
特大型	$V_v > 100\times10^4$	$V_c > 10\times10^4$

3　按频率分类应符合表C.0.1—3的规定。

表C.0.1—3　泥石流按频率分类

类　别	泥　石　流　特　征	流　域　特　征
高频率	基本上每年均发生泥石流。固体物质主要来源于沟谷的滑坡、崩塌。泥石流爆发雨强≤4 mm/10 min。规模和性质与固体物质丰富程度有关	多位于地壳强烈抬升区。岩层破碎，风化强烈，山体稳定性差。沟床和扇形地上泥石流堆积物新鲜，几乎无植被。黏性泥石流沟中、下游沟床坡度≥4%
低频率	泥石流爆发周期一般在10年以上。固体物质主要来源于沟床。泥石流爆发雨强>4 mm/10 min。规模一般较大	分布于各类山地。山体稳定性较好，无大型活动性滑坡、崩塌。沟床和扇形地上巨石遍布，植被较好。黏性泥石流沟中、下游沟床坡度<4%

4　按流域形态特征分类应附录符合表C.0.1—4的规定。

表C.0.1—4　泥石流按流域形态特征分类

类别	流域面积 S（km^2）	主沟长度 L（km）	形态特征	沟床纵坡	不良地质现象	沟口堆积物
沟谷型	$S>1$	$L>2$	沟谷形态明显，一般上游宽下游窄，支沟发育	一般在15°以下，有卡口、跌坎	沟内常发育滑坡、崩塌	呈扇形或带状，颗粒有一定磨圆
山坡型	$S\leqslant1$	$L\leqslant2$	沟谷短、浅、陡，一般无支沟	与山坡坡度基本一致	中、上游常产生坡面侵蚀和崩塌	呈锥形，颗粒粗大，棱角明显

5　按流体性质分类应符合表C.0.1—5的要求。

表 C.0.1—5 泥石流按流体性质分类

性质	黏性		稀性		
类别	泥流	泥石流	泥流	泥石流	水石流
流体密度 ρ_c(kg/m³)	$\rho_c > 1.5\times10^3$	$1.6\times10^3 \leqslant \rho_c \leqslant 2.3\times10^3$	$1.3\times10^3 \leqslant \rho_c \leqslant 1.5\times10^3$	$1.2\times10^3 \leqslant \rho_c \leqslant 1.6\times10^3$	$\rho_c < 1.2\times10^3$
黏度 η(Pa·s)	$\eta > 0.3$	$\eta > 0.3$	$\eta \leqslant 0.3$	$\eta \leqslant 0.3$	
流态特征	呈层流状态。固、液两相物质呈整体等速运动。黏滞性强，浮托力大，能将巨大于土块浮托出沟。无垂直交换。阵性流明显，遇卡口常发生堵沟、断流	呈层流状态。固、液两相物质呈整体等速运动。黏滞性强，浮托力大，能将巨大的漂石悬移或滚动。无垂直交换。阵性流明显，有堵沟、断流和浪头出现，弯道处常发生爬高	呈紊流状态。有时具波状流。有泥浪，砾石、碎石、块石呈滚动或跃移前进。具有垂直交换。阵性流不明显。弯道处常见泥浆	呈紊流状态。漂块石流速慢于浆体流速，呈滚动或跃移前进。具有垂直交换。阵性流不明显，偶有股流或散流	呈紊流状态。固体物质流速慢于浆体流速，砾石、块石呈推移式前进。垂直交换明显。无阵性流现象
堆积特征	多呈舌状或坎坷不平土堆，表层常有"泥球"。堆积物一般保持流动时结构特征。堆积剖面中，粗颗粒具有悬浮状特点	呈扇状或舌状，表面坎坷不平间有"泥球"。堆积物一般保持流动时结构特征，无分选，砾石、块石呈悬浮或支撑状。堆积剖面中，一次堆积无层次，各次堆积分层明显	呈扇状或垄岗状。间有"泥球"出现。堆积剖面中粗粒物质一般呈底积状态	呈扇状或垄岗状。泥石流过后水与固体物较快分离。堆积分选差，空隙大、结构较松散，表面细颗粒物质较少。剖面中可见固体物质呈叠置状	一般呈扇状。堆积物有分选性，结构松散，表面粗颗粒物较多
危害作用	大量泥土冲出沟口或沟外，堵塞桥涵，淤塞道路或农田村庄	来势迅猛，冲击破坏力大，直进性强，能使大型桥梁、房屋、护岸建筑等在短时间内破坏	冲击破坏力较小，对建筑物产生慢性冲刷破坏，淹没农田、道路	冲击破坏力较大，磨蚀力较强，有淤有冲，以冲为主，对建筑物慢性冲刷破坏	较洪水破坏力大。以冲刷为主，对护岸及桥涵建筑物慢性冲刷破坏

C.0.2 泥石流的发育阶段分期应符合表 C.0.2 的要求。

表 C.0.2 泥石流的发育阶段分期

阶段	发育初期	旺盛期	间歇期
形态特征	沟床纵坡陡。上游沟床浅，下游呈V字形。沟口泥石流扇面新鲜，无固定沟槽	沟床纵坡陡。沟谷呈V字形。多急弯。常发生泥石流堵沟。泥石流扇面新鲜且发育，有漫流现象	沟床纵坡较缓。沟谷呈U字形。支沟较多，主沟内常有零星阶地。泥石流扇陈旧，部分已辟为耕地或建有村舍
地质作用	沟谷内溯源侵蚀和坡面侵蚀较严重。崩塌、滑坡正处于发展阶段	沟谷山坡稳定性极差，滑坡、崩塌、岩堆很发育，松散固体物质丰富，补给量大，坡面和沟床侵蚀严重	沟谷内滑坡、崩塌体已趋于稳定，局部小坍方。松散固体物质补给量小。沟床有下蚀和侧蚀现象
坍方面积率 A(%)	$1 \leqslant A \leqslant 10$	$A > 10$	$A < 1$
冲淤趋势	沟谷上游以冲刷为主，下游以淤为主，淤积速度增快	沟谷上游以冲刷为主，下游以淤为主或大冲大淤	沟谷上、下游有淤有冲，冲刷下切速度大于淤积速度

附录 D 风沙的分类

D.0.1 风沙危害程度分类应符合表 D.0.1 的规定。

表 D.0.1 风沙危害程度

危害程度	特征
严重	线路通过大面积（>10 km^2）的高大、密集流动沙丘、风沙流活动频繁地区，附近有大面积稀疏、低矮流动沙丘，沙丘年向前移动值大于 10 m
	线路通过大面积的严重沙漠化土地
	风力强大（常年有10级以上大风），沙源丰富（包括明沙与暗沙）的山口及单位长度内年输沙量大于 10 m^3/m 的戈壁风沙流地带
中等	线路通过大面积半固定沙丘和部分流动沙丘为主的地区，沙丘年向前移动 5～10 m
	线路通过沙层疏松深厚的沙地及中度沙漠化土地，风蚀作用显著
	单位长度内年输沙量为 5～10 m^3/m 的戈壁风沙流地带
轻微	线路通过半固定沙丘地区，植被遭到破坏，大风时有风沙流活动
	线路通过轻度沙漠化土地，附近有零星的流动沙丘
	单位长度内年输沙量小于 5 m^3/m 的戈壁风沙流地带

D.0.2 沙丘、沙地活动程度分类应符合表 D.0.2 的规定。

表 D.0.2 沙丘、沙地活动程度

活动程度	特征
流动	植被稀疏，覆盖度小于 15%，甚至丘表完全裸露。风沙流活动显著，形态变化主要依风力转移，剖面无分化特征
半固定	植被稀疏，覆盖度为 15%～40%，流沙呈斑点状分布。有风沙流活动。剖面分化不明显
固定	植被稀疏，覆盖度大于 40%，表面风沙流活动不显著，剖面分化明显

D.0.3 土地沙漠化程度分类应符合表 D.0.3 的规定。

表 D.0.3 土地沙漠化程度

名称	植被覆盖率 γ(%)	地表特征
严重沙漠化土地	$\gamma<10$	流动沙丘占绝对优势，并以密集连片方式分布
中等沙漠化土地	$10\leq\gamma<30$	流动沙丘成片分布，并与固定、半固定沙丘交错分布
轻度沙漠化土地	$30\leq\gamma<60$	流沙斑点状分布，沙堆灌丛较密集，表土普遍受风蚀，地表大部粗化
潜在沙漠化土地	$\gamma\geq60$	流沙及风蚀点小面积零星分布

D.0.4 既有铁路沙害程度分类应符合表 D.0.4 的规定。

表 D.0.4 既有铁路沙害程度

沙害程度	沙害等级	积沙状况	危害
严重	一级	积砂掩埋轨头	危及行车安全
中等	二级	积砂掩埋扣件	影响巡道及养护作业
轻微	三级	积砂掩埋道床	污染道床，引起线路病害

附录E　岩溶的分类

E.0.1　岩溶按埋藏条件分类应符合表E.0.1的规定。

表E.0.1　岩溶按埋藏条件分类

类　　型	裸露型	浅覆盖型	深覆盖型	埋藏型
地表可溶岩出露情况	大部分	少量	几乎没有	无
覆盖层	土	土	土	非可溶岩
覆盖土厚度h(m)	$h<10$	$h<30$	$h\geqslant30$	—
地表水与地下水连通情况	密切	较密切	一般不密切	不密切

E.0.2　岩溶按发育强度分级应符合表E.0.2的规定。

表E.0.2　岩溶发育强度分级

级别	岩溶强烈发育	岩溶中等发育	岩溶弱发育	岩溶微弱发育
岩溶形态	以大型暗河、廊道、较大规模溶洞、竖井和落水洞为主	沿断层、层面、不整合面等有显著溶蚀，中小型串球状洞穴发育	沿裂隙、层面溶蚀扩大为岩溶化裂隙或小型洞穴	以裂隙状岩溶或溶孔为主
连通性	地下洞穴系统基本形成	地下洞穴系统未形成	裂隙连通性差	裂隙不连通
地下水	有大型暗河	有小型暗河或集中径流	少见集中径流常有裂隙水流	裂隙透水性差

附录 F　煤层瓦斯涌出量的计算

F.0.1　相对瓦斯涌出量按瓦斯梯度法预测，可按下列公式计算：

$$a_t = \frac{H_2 - H_1}{Q_2 - Q_1} \tag{F.0.1—1}$$

$$a_t = \frac{H - H_0}{Q_x - Q_0} \tag{F.0.1—2}$$

$$Q_x = \frac{H - H_0}{a_t} + Q_0 \tag{F.0.1—3}$$

式中　a_t——瓦斯梯度，即相对瓦斯涌出量每增加 $1m^3/t$ 的延深（$m \cdot t/m^3$）；

H_2——第二水平的开采深度（m）；

H_1——第一水平的开采深度（m）；

Q_2——第二水平的瓦斯涌出量（m^3/t）；

Q_1——第一水平的瓦斯涌出量（m^3/t）；

H——计算点的垂直深度（m）；

H_0——瓦斯风化带深度（m）；

Q_x——相对瓦斯涌出量（m^3/t）；

Q_0——H_0 处的相对瓦斯涌出量（m^3/t）。

F.0.2　绝对瓦斯涌出量可根据瓦斯含量计算

1　单煤层隧道揭煤时绝对瓦斯涌出量可按下列公式计算

$$Q_g = Q_{01} + Q_{02} \tag{F.0.2—1}$$

$$Q_{01} = nMvZQ_{00}\left(2\sqrt{\frac{L}{v}} - 1\right) \tag{F.0.2—2}$$

$$Q_{02} = bvM\gamma(W_h - W_c) \tag{F.0.2—3}$$

$$Q_{00} = 0.026W_h(0.000\,4V_r^2 + 0.16) \tag{F.0.2—4}$$

$$b = \frac{B}{\cos\alpha} \tag{F.0.2—5}$$

$$W_c = \frac{W_{kc}(100 - W_f - A_f)}{100(1 + 0.31W_f)} \tag{F.0.2—6}$$

式中 Q_g——隧道工作区的绝对瓦斯涌出量（m^3/min）；

Q_{01}——隧道暴露煤壁的瓦斯涌出量（m^3/min）；

Q_{02}——隧道中采落煤块的瓦斯涌出量（m^3/min）；

n——煤壁的暴露个数，一般为 2；

M——煤层厚度（m）；

v——煤巷平均掘进速度（m/min）；

Z——有因次系数,一般为1 $min^{1/2}$;

L——煤壁中巷道掘进长度(m);

Q_{00}——单位面积煤壁初始瓦斯涌出量(m^3/min);

W_h——瓦斯含量(m^3/t);

V_r——煤的挥发分(%);

b——隧道中煤层宽度(m);

γ——煤层重度(t/m^3);

W_c——煤中残存的瓦斯含量(m^3/t);

B——隧道宽度(m);

α——煤层与隧道断面的夹角(°);

W_f——煤中水分(%);

A_f——煤中灰分(%);

W_{kc}——折合成可燃物的残余瓦斯含量(m^3/t),可按表F.0.2取值。

表F.0.2 折合成可燃物的残余瓦斯含量

挥发分 V_r(%)	$2<V_r\leqslant 8$	$8<V_r\leqslant 12$	$12<V_r\leqslant 18$	$18<V_r\leqslant 26$	$26<V_r\leqslant 35$	$35<V_r\leqslant 42$	$42<V_r\leqslant 50$
W_{kc} (m^3/t)	$12>W_{kc}\geqslant 8$	$8>W_{kc}\geqslant 7$	$7>W_{kc}\geqslant 6$	$6>W_{kc}\geqslant 5$	$5>W_{kc}\geqslant 4$	$4>W_{kc}\geqslant 3$	$3>W_{kc}\geqslant 2$

2 多煤层隧道绝对瓦斯涌出量尚应增加未衬砌煤层的瓦斯涌出量,可按下式计算

$$Q_{03}=M_0SQ_{0c}e^{-\alpha t} \qquad (F.0.2—7)$$

式中 Q_{03}——未衬砌煤层的瓦斯涌出量(m^3/min);

M_0——未衬砌的煤层厚度(m);

S——隧道周长(m);

Q_{0c}——未衬砌煤层初始涌出强度($m^3/m^2\cdot min$);

α——瓦斯涌出衰减系数(d^{-1});

t——揭露煤层与未衬砌的煤层时间差(d)。

本规程用词说明

执行本规程条文时，对于要求严格程度的用词说明如下，以便在执行中区别对待。

(1)表示很严格，非这样做不可的用词：

正面词采用“必须”；

反面词采用“严禁”。

(2)表示严格，在正常情况下均应这样做的用词：

正面词采用“应”；

反面词采用“不应”或“不得”。

(3)表示允许稍有选择，在条件许可时首先应这样做的用词：

正面词采用“宜”；

反面词采用“不宜”。

表示有选择，在一定条件下可以这样做的，采用“可”。

《铁路工程不良地质勘察规程》
条文说明

本条文说明系对重点条文的编制依据、存在的问题以及在执行中应注意的事项等予以说明。为了减少篇幅，只列条文号，未抄录原条文。

1.0.1 本规程是第三层次铁路工程地质规范，规定了各类不良地质勘察工作的具体要求。

1.0.3 在各类不良地质勘察中，必须按铁路勘测设计阶段进行，逐步加深对各类不良地质特征的认识，与各专业协调配合，按勘测任务要求提供设计资料。

1.0.5 各种不良地质现象的改建铁路勘察要求，除风沙有特殊要求外，其他各章的要求均在此作了规定。

1.0.6 在地质勘察中应坚持先调查测绘，再勘探、测试和观测，充分运用各种勘探手段，广泛运用先进技术，如遥感、物探和多种观测、测试方法，多方面采集地质信息，综合分析成果，从而对不良地质现象作出正确评价。

3.1.1 滑坡各阶段特征和主要要素涵义，如说明表3.1.1—1与说明表3.1.1—2。

说明表3.1.1—1 滑坡各发展阶段特征

阶段	判别式	主要标志
蠕动阶段	$K_{st} > K_s \geqslant 1$	斜坡面上出现不连续裂缝，局部有隆起、错台或向坡下微量移动现象。在蠕动、挤压剧烈地段，可见垂直裂缝或呈弧形展布的裂缝并有局部的小规模坍塌
滑动阶段	$K_s < 1$	滑坡周界已形成，主裂缝贯通，错台清晰，滑动面已形成。滑坡体沿滑动面缓慢或快速整体向坡下移动。滑坡后缘张裂缝逐渐加宽，水塘、泉水突然干涸或混浊；滑坡前部鼓胀突起，有坍塌现象；坡脚有泉水、湿地出露；坡面上生长的树木歪斜
稳定阶段	$K_s \geqslant K_{st}$	滑坡体坡面平缓，滑坡舌伸入阶地，滑坡体受挤压逐渐密实。坡面上的裂缝、错台多被充填或消失，坡面生长植被或辟为耕地

注：K_{st}是滑坡稳定的安全系数，根据研究程度及其对工程的影响确定。

说明表3.1.1—2 滑坡主要要素涵义

滑坡要素	涵义
滑坡体	滑坡发生后，脱离母(岩、土)体的滑动部分
滑坡周界	滑坡体与周围母体在平面上的分界线
滑坡壁	滑坡体位移后，后方裸露在外的母体陡壁，平面上多呈弧圈状
滑动面	滑坡体相对下伏母体下滑的连续破裂界面
滑坡台阶	滑坡体上，由于各段滑动速度差异所形成的错台
滑坡舌	滑坡体前部脱离滑床形如舌状的部分
滑坡床	滑坡体滑动时依附的下伏不动母体
滑坡鼓丘	滑坡体向下滑动时，因滑坡床起伏不平而受阻，在地表形成的隆起丘状地貌

续上表

滑坡要素		涵　　义
滑坡洼地		滑坡体与滑坡壁或两级滑坡体间被拉开的沟槽状封闭洼地，可积水成水潭
滑坡轴线		滑坡体上滑动速度最快部分的纵向连线；它代表单个滑坡体滑动的方向，位于滑坡体推力最大、滑坡床凹槽最深的纵断面上，可为直线或曲线
裂缝	拉张裂缝	分布于滑坡体后部或两级滑坡体间，受拉力作用形成，呈弧形、张开状，与滑坡壁大致平行；后缘周界的贯通裂缝称主裂缝
	剪切裂缝	分布于滑坡体中前部两侧，因滑坡体下滑与相邻不动母体间相对位移，形成剪力区并出现剪裂缝；剪力区与滑动方向大致平行，其两侧常伴有羽毛状裂纹
	鼓张裂缝	分布于滑坡体中前部，因滑坡体下滑受阻土体隆起，形成张开裂缝，裂缝延伸方向多数与滑动方向平行，呈扇形分布，部分与滑动方向垂直
	扇形张裂缝	分布于滑坡体前部，尤以滑坡体舌部为多，由滑坡体前部向两侧扩散，成扇形排列

3.1.2　错落大多出现在山峰和山脊的陡坡部位，单个的陡壁上，下错距离可达 1 m 至数十米，一般没有正在移动的迹象，很少有形成趾部（鼓胀）的迹象。错落多发生在具有明显的强度各向异性的岩石中，特别是变质岩中，也常在岩浆岩中发生，沉积岩中较少见。错落常常代表滑坡的早期阶段，条件具备时也可以演变成滑坡。在可压缩岩土中滑坡发展的早期阶段，一般都具有 1 个后陡壁但没有趾部。

3.1.5　滑坡与滑面的分类，说明表 3.1.5 可供工作中参考使用。

说明表 3.1.5　滑坡与滑面分类

标志	名　称	主　要　特　征
主滑面成因	堆积面滑坡	主滑段滑面沿基岩顶面、堆积物内部层面、风化面滑动，呈波浪状，厚度无规律
	层面滑坡	主滑段滑面与层面一致，较平直成微波浪状，滑带厚度视构成滑带物质的厚度而定
	构造面滑坡	滑面常沿多条节理组成，多呈折线形；滑带较厚，常由岩屑组成
	同生面滑坡	土质滑坡所特有，规模一般较小，滑动面与滑坡同时生成，多呈圆弧形
形成原因	工程滑坡	由于施工引起的滑坡，可细分为新生滑坡和老滑坡复活
	自然滑坡	自然营力作用产生的滑坡
滑面形态	直线型滑面	在滑面倾角陡于自然斜坡时发生，常为顺层地区的工程滑坡
	折线型滑面	主要分布在滑面陡于岩层倾角地区的切层滑坡中
	圆弧型滑面	主要分布在较均质的土质，如软土中

3.2.1　在山区铁路选线中，滑坡往往是影响线路方案比选的重要因素，尤其是稳定性差的大型滑坡和滑坡群集地段。选线不当，不仅使铁路建设投资增加，还给运营造成严重的危害。

滑坡群系指在相同的地貌地质单元内，斜坡上连续或断续分布 3 个以上滑坡。这种地段预示斜坡岩土体的不稳定性，有可能出现更大规模的斜坡岩土体滑动。这类事例在国内外亦有前车可鉴。因此，在遇滑坡群地区，线路应绕避。

有利于滑坡和错落稳定和线路安全的部位是指在滑坡和错落的下部抗滑段填方增加抗滑力，或在滑坡和错落的上部主推力段挖方减少下推力。

3.2.2　滑坡和错落产生条件系指其产生的地貌条件和地质条件。地貌条件主要是指斜坡具有高陡的临空面或具有自由下滑的空间和宽大的汇水区。地质条件主要是指斜坡岩土体内具有与斜坡倾向相同的软弱结构面、覆盖于斜坡或倾斜基岩面上的松散地层、地下水发育地段、受水流冲刷的岸坡等。

地下水可极大地降低软岩的强度，对于岩层或贯通节理倾向河谷的地段，当岩层软硬相间时，地下水或长时间的降雨往往会形成大型滑坡，造成极大的危害，选线时应予重视。

3.3.1 搜集滑坡发生发展史，到地方县志中查找有关滑坡灾害的历史记载，到各级地震局、台、站、科研单位调查以及访问当地老人，了解历史上发生滑坡的情况和防治经验。有助于研究分析滑坡发育过程、性质、稳定程度及评价今后发展趋势。

工程地质调绘范围应包括滑坡、错落及其相邻地区。在特殊地区及具有滑坡、错落形成条件的地段，应扩大调绘范围，并特别注意潜在滑坡问题。

3.3.2 卫星遥感图像覆盖面宽，具有多波段和多时相的地物、地质体综合信息，便于计算机数字图像处理，可增强影像特征和突出所需地物、地质体信息。东川支线利用假彩色合成比值变换图像解译蒋家沟上游坍滑体，界限清晰可辨，滑体呈蓝色，相临不动岩体呈浅白色夹浅红色点状影像。解译面积大于0.5 km^2 的第四系松散堆积物、断层破碎带等易滑地层，经现场验证都与实际吻合。充分利用卫星遥感图像解译巨型滑坡和滑坡群集及地质构造背景是很有意义的。

航空遥感图像用于滑坡普查和滑坡动态变化对比，以及了解滑坡所处环境，能够获得较好效果。图像上可辨认滑坡分布范围、周界、规模等。新滑坡周界呈弧形线状纹形图案，滑体色调与背景截然不同；凹形山坡往往因赋存地下水常呈暗色或深色粗糙感的斑块状影像。在南昆线初测、滇藏线航测中，采用比例为1:10 000～1:28 000黑白航空遥感图像进行全线工程地质解译，对崩塌、滑坡、岩堆、泥石流等不良地质的解译，经现场验证较准确，收到事半功倍的效果。

航空遥感图像滑坡解译标志如说明表3.3.2。

说明表3.3.2 航空遥感图像滑坡解译标志

项目	解译标志
地貌形态	滑坡周界平面形态呈圈椅形、椭圆形、舌形、葫芦形、倒勺形等，有较明显滑坡壁形成的围谷。影像上显示后缘向高处弯曲呈弧形，滑体较周围斜坡显得凹陷低矮且起伏不平，滑体前部伸出山前缓坡或盖在河滩阶地上，成为明显的舌状或垄状隆起、鼓丘。较大型滑坡坡面一般有滑坡台阶或在2个台阶之间有反坡和封闭洼地，沟渠、道路突然错断或改变方向。已稳定滑坡，表面较平顺，台阶宽大，有居民点及耕地。新滑坡，滑坡要素特征清晰，有新鲜感
影像色调	滑坡体与周围山坡背景呈截然不同的浅色调与暗色调，影像显均匀或不均匀的斑点状。较新的滑坡往往呈比背景浅的灰、灰白色调。古(老)滑坡体多数为暗色或深色调，滑坡壁面上长有植被时，呈花斑状深色影像，无植被生长则呈灰、灰白色栅状影像
地质现象	滑坡体坡面有时可见弧形裂缝。滑坡舌伸入河床，其前缘受水流冲刷，坍塌或挤压河流向外凸出，形成向外弯曲的河段。地下水从滑坡体前缘溢出，构成湿地，图像上呈斑点暗色影像。层状岩层出现层序中断、不连续现象，岩层产状与周围不一致。滑坡体两侧有深切沟谷呈双沟同源

3.3.3 滑坡的野外识别是工程地质勘测中首要解决的问题。由于对古(老)滑坡、已稳定滑坡或不稳定山坡、易滑坡地层认识不足，在施工或运营中常发生工程滑坡或已整治滑坡复活；过去认为是稳定的山坡，在环境条件变化后成为滑坡。说明表3.3.3着重从滑坡形态特征及滑坡要素方面介绍野外调查识别的一些标志，以利外业工作人员调查时参考。

据我国铁路沿线滑坡资料统计，40年来发生约1 000例滑坡，约50%属于古(老)滑坡复活或局部复活。古(老)滑坡并不等于已稳定滑坡。如：鹰厦线K602、宝成线葡萄园、长江鸡扒子等古(老)滑坡，在环境地质、地貌条件改变后复活。同样，已稳定滑坡也并不一定就是古(老)滑坡，新生滑坡在经过滑动后，当诱发因素不再起作用时，亦可达到新的相对稳定平衡状态。

滑动面(带)的鉴别，主要从查明含水层、相对隔水层界面、软弱夹层、构造错动面、岩性分层界面、次生结构面等入手，进行综合分析。

说明表 3.3.3　滑坡的野外识别

名称	标志特征
古(老)滑坡	1. 山坡坡面不顺直,呈无规律台阶状,局部呈弧圈状或簸箕状低洼地貌;坡面一般长有植物或出现"马刀树",古滑坡地貌形态不明显,山坡较平缓,土体密实,建筑物长期无变形现象 2. 河流凹岸坡体前缘向河床凸出,山坡略呈台阶,前部多由松散土石或破碎岩石堆积成垄状地形,有坍塌现象;岸边或河床中常有滑坡舌残存的块石堆 3. 河流阶地被破坏,阶地面不连续,堆积物层次紊乱或微向内倾;山坡前缘湿地成片,喜水植物茂盛,股状泉水清澈稳定 4. 滑坡两侧自然沟谷稳定,沟坡平缓,滑坡壁下有双沟同源或洼地,沟谷切割深且开阔,滑坡壁常被剥蚀夷缓,沟壁稳定,草木丛生,地下水出露位置固定,水质清澈 5. 山坡中部成凸起状,岩体裸露,裂隙被充填,长有植被,有时见两侧岩层产状不一致 6. 冲沟壁或人工开挖边坡上,有时可见老滑动面、带痕迹 7. 河流远离滑坡舌或滑坡舌覆盖于1级阶地上,不再受洪水冲刷,植被好,无坍塌现象
新生滑坡	1. 山坡呈明显的圈椅状地貌,有较陡的后壁,坡面不顺直呈台阶状 2. 后缘常见双沟同源的封闭洼地或主轴断面上的坡面洼地,有时可形成水塘 3. 前缘呈舌状凸出,侵占或挤压沟(河)床,坡面常见放射状和环状张裂隙 4. 滑坡脚常出露泉水或湿地,两侧地层有扰动或不连续现象
具有滑坡产生条件的斜坡	1. 堆积土组成的斜坡上陡下缓,岩土体中含有软弱夹层或不利于斜坡稳定的结构面 2. 破碎岩石组成的陡峻山坡。岩浆岩风化壳组成的斜坡 3. 碎块石覆盖在相对不透水层之上组成的斜坡,特别是不透水层呈凹形并向临空面倾斜 4. 软硬相间的岩层组成的顺层斜坡,特别是斜坡具有高陡临空面 5. 黏性土层组成的陡坡,有与坡面同向倾斜的软弱层、结核层、砾石层 6. 填土基底松软、地下水发育或积水 7. 由于人类活动,导致斜坡稳定条件发生恶化 8. 黄土地区,具有高陡边坡的斜坡地区

3.3.4　滑坡产生的重要内因是组成斜坡的岩土体中含有软弱结构面或泥化夹层。坚硬的岩层中夹有相对软弱的薄层岩石,如砂岩、灰岩中夹泥岩、页岩、泥灰岩或煤层,特别是煤系地层常伴随有铝土页岩、黏土岩等。这类夹层石质软、结构疏松,易受构造活动及风化作用影响,力学强度低,遇水软化或泥化而构成软弱面,在外因(工程载荷、震动、边坡形态改变等)的影响下,极易产生滑坡。

从宏观上看,岩层滑坡的产生与区域地质构造条件有关,峨眉块断带、汾渭地堑、南秦岭槽背斜都是挽近期新构造活动强烈的地质构造单元,处于上述地区的成昆、襄渝、宝成等铁路沿线,滑坡十分发育。成昆铁路甘洛至乃托、襄渝铁路白河至安康,大中型滑坡成片发育,多达30余处。前者位于牛日河断裂带,后者为汉江两岸北东东至东西向大断裂带。沿断裂带发育的滑坡,常常与断裂性质有关,因力学性质不同,破坏程度也有所不同。

3.3.5　地下水的活动是滑坡产生的重要因素。暴雨、长时间降雨或冰雪消融时,地表水流冲刷和地下水活动,往往成为滑坡的诱发因素。地下水活动,对岩土体起潜蚀、溶解、软化等物理化学作用,促使斜坡稳定程度降低。降雨,尤其是长时间连续降雨,因水的大量渗入,不仅会进一步降低滑动面(带)土的力学强度,还能增加滑坡体下滑力。

3.3.6　滑坡野外调绘时,所见为滑坡的现状,而滑动前的特征,如:裂缝的发展、地下水变化以及建筑物变形破坏等情况,需要向当地居民调查,了解滑坡的历史情况。如宝成线白水江2号滑坡,当地居民说200年前山体曾崩塌过,后来得到证实。

人为活动引起地形、地貌和环境变迁,造成水土流失,加剧地下水活动,导致斜坡失稳、古(老)滑坡复活等,教训是深刻的。例如:成昆铁路铁西古(老)滑坡,在通车十余年后,由于在滑坡体下方采石,而导致滑坡复活,中断行车4天,造成巨大经济损失;成昆铁路在修建过程中,由于工程活动引起的工程滑坡达 77 处,占全线已发生滑坡总数的 42%。可见,人为活动是不可忽视的因素。

3.3.7 膨胀土滑坡归入黏性土滑坡范畴,勘察与黏性土滑坡相似,但膨胀土层内常见微细层理和网状裂隙,往往还有砾石层或钙质、铁锰质结核成层分布。当地表水入渗或地下水聚集于膨胀土内,其强度衰减很快,易孕育形成滑动面(带)。由膨胀土构成的斜坡,一旦被水浸润,即使地面坡度缓到 6°,仍有可能产生滑坡。此类滑坡常常沿土体内既有软弱结构面滑动。例如:成都狮子山滑坡,滑动面(带)是沿砾石及下伏白垩系页岩顶面下滑;凤凰山滑坡群,滑动面(带)常沿一层灰白色土层面剪出,其地面坡度仅 7°~8°,滑动面、带有清晰的镜面擦痕,滑体有明显的反翘、台阶、陡坎等。据西南地区 8 条铁路干支线上已发生的 430 处滑坡中,属膨胀土性质的滑坡占总数的 3%。

古土壤层系指老黄土形成过程中,在堆积间隔期间,由于生物化学作用所形成的紫红色土壤层,被后期堆积物掩埋而形成夹层。在老黄土中的古土壤层主要分布在第四系下、中更新统 Q_1、Q_2 地层中,有数层至十余层不等,单层厚度不大于 1 m,物理力学性质较上下层黄土差,当该层有地下水活动时,往往会沿该层形成滑动面(带)。在白垩系、第三系岩层顶面,含黏土成分较重,也易形成滑面。

堆积土滑坡系指位于山区河谷两岸谷坡地带的崩积、坡积、洪积成因的砂黏土、黏土夹碎屑物或碎块石土,以及混合成因的堆积土。它们岩相复杂,结构变化大,密实程度不均,具有较强的透水性,地表水易沿孔隙活动下渗至相对隔水层或下伏基岩顶面,在内外营力作用下,常沿不同年代或不同成因堆积土界面、基岩顶面或古剥蚀面滑动。一般滑床顶面呈凹槽状,雨季发生较多。据初步统计,山区铁路,此类滑坡发生最多。如成昆线北段,所整治的 103 处滑坡中,堆积土滑坡占 80%。

常见的填土滑坡,有路堤边坡滑动、路堤基底沿老地面滑动、路堤溃爬、高填路堤从基底以下挤出等。形成这类滑坡多数是由于路堤基底有松软土层,含地下水,路堤位于凹坡排水不良地带或弃土超载,以及弃土为松散大孔隙土产生静水压力等原因。如襄渝线 K444 高填路堤,施工尚未达到设计标高,就沿基底滑动,后改为大桥通过;太焦线北段 3912 滑坡,因弃土超载而引起古滑坡整体复活。西南山区铁路沿线,已发生的 430 处滑坡中,路堤滑坡占 20%。

破碎岩体滑坡系指发生在碎裂状的岩体中的滑坡。如受构造强烈挤压的破碎岩体和长期风化作用形成的风化破碎岩体以及山坡重力卸荷作用造成的破碎岩体等。这类滑坡大多出现在区域性褶皱断裂带或逆断层上盘和扭性断层两侧的柔皱岩层地带。如湘黔线小龙洞段,处于南山至马拉寨断裂构造带内,仅小龙洞站1 070 m范围内,就分布 5 处破碎岩体滑坡;在处于玉屏断裂构造带的玉屏东段,以及鹰厦线、川黔线风化破碎岩体中,也有破碎岩体滑坡发育。

岩体滑坡系指发生在第四系以前的各种岩层中的滑坡,主要受岩层内存在的各种软弱结构面或泥化夹层所制约。岩体滑坡的特点是顺倾向临空面的层面下滑或沿一组缓倾角软弱结构面滑动。在近似水平倾角的岩层中,当其具有陡峻岸坡时,在卸荷作用和重力作用下,也会孕育并形成岩体整体滑动。还有的是沿倾斜的不整合面或富集地下水的结构面滑动。如:贵昆线马过河至曲靖段长 50 km 范围内,连续出现岩体顺层面滑坡 27 处,是较为典型的岩体滑坡。

3.3.8 水库蓄水对岸坡岩土体浸泡软化,波浪侵袭产生冲刷掏蚀,地下水位壅升、库水骤然降落产生静水及动水压力等，导致岸坡岩土体应力重新分配，或使岩土体力学性质发生变化，抗剪强度降低，引起岸坡失稳形成滑坡。如：鄂西北某水库，建成蓄水不到10年，引起岸坡大多数古(老)滑坡复活，同时还产生80处新滑坡。

由于地下采空而引起地表塌陷，往往在塌陷区周围形成牵引式滑坡。如：陕西铜川煤矿王家凹滑坡，甘肃阿干煤矿老爷山滑坡等。其滑坡规模与塌陷的深度和范围密切相关。若塌陷区位于斜坡上，则在斜坡上方，因临空面较高，滑坡规模一般均较大，尤其是结构面倾向塌陷区的情况更为明显。因此，在采空区的滑坡调查，不要仅局限于塌陷区的周围边缘，而应适当扩大范围。

融冻土地区滑坡，系指冬季温度低于0 ℃以下且含有大量冰的各类季节性冻土的天然斜坡，在融化季节，常沿冻结顶面下滑，称冻土滑坡。这类滑坡的特点是规模较小，厚度不大，滑动面深度随每年融化深度变动。

从我国历年来地震破坏统计资料看，地震动峰值加速度≥0.1g(七度)度时，所造成的滑坡灾害，不但数量多、规模大，且破坏程度特别严重。如1920年12月宁夏海源地震，地震动峰值加速度为0.3g(八～九度间)，诱发滑坡达657处；1933年8月26日四川叠溪地震，地震动峰值加速度为0.15g(七～八度间)，诱发许多规模巨大的岩层顺层滑坡和崩塌。深入调查研究地震区滑坡的分布规律，对于查明古滑坡、滑坡发展趋势和预测预报地震滑坡有着重要意义。

3.4.1 滑坡勘探是查明滑动面(带)深度、形态特征、滑坡体组成物质、含水情况的有效手段，可为整治工程的设计提供准确依据。滑坡勘探点布置要有目的性，要与设计阶段相适应。开展综合勘探，充分运用物探和原位测试等手段。勘探方法的选择，要把常规勘探方法与新技术结合起来，根据各个滑坡的具体地质条件确定。初测阶段，宜采用物探配合适当钻探，互相验证。定测阶段，一般以钻探为主，辅以原位测试等其他勘探手段，以利提高勘探质量。

3.4.3 滑坡钻探前，必须查明该区最大块石的直径；钻进中，钻入基岩深度不小于最大块石直径1.5倍，以防止误将块石当基岩。

勘探中，应特别注意存在多个滑带的可能性，正确判断滑坡床下的稳定岩土。

3.4.4 滑坡钻探要获得较理想的效果，应根据不同滑坡类型选择不同的勘探方法。一般来说，对于土质滑坡，宜采用干钻，对查明滑动面、带，尤其是薄层软弱夹层、滑坡含水情况、潮湿程度等更为必要。但干钻法也有一定缺点，如钻进速度慢，岩心严重被扰动，有时产生烧结现象而岩心不易鉴定等应予注意。岩层滑坡，可使用空气钻进。

滑坡钻探不应采用清水钻进。因为，清水钻进不仅改变了滑坡水文地质条件，同时可能破坏滑坡的稳定状态。

在采取了严密防止地表水进入和阻止孔壁渗漏的措施以后，已稳定的滑坡且滑坡体整体性较好，裂隙不发育或经鉴定确认，钻孔已穿过滑动面(带)范围，且岩层较完整、坚硬，可采用少水的无泵反循环或双层岩心管钻进。

空气钻进是用空气压缩机向钻孔内送气，代替冲洗液冷却钻头，排除孔底岩粉，经使用证明，空气钻进能判别滑动面，且可根据吹出岩粉的岩性和含水状态的改变，判断岩层的变化，及时发现地下水。

3.4.5 滑坡岩土物理力学试验项目，可参考说明表3.4.5的规定。

3.4.6 凡有条件在滑动面(带)取原状土样的，必须采取原状土样，以取得较为切合实际的物理力学性质试验数据。当滑动带土厚度较小，且埋藏深度难以预测准确时，按常规方法是很难取得原状土样的，因此，可采取滑动带土扰动土样 3 ~ 5 kg，以进行多次重塑土试验，采用平均数据。为保持扰动土样的原含水量，应及时取样，并马上装入双层塑料袋内并扎紧袋口，尽早进行试验。

滑坡室内土工试验，除测定土样含水量、密度、液限、塑限和颗粒分析等物理性质外，主要是测定滑动带土的抗剪强度。

室内剪切试验方法，可视滑坡性质、滑动带土结构、滑坡稳定状态和发展情况确定，一般有下列方法：

(1)正在活动的滑坡，滑动带为黏性土时，宜采用残余强度剪或多次快剪。

(2)已稳定滑坡(包括处于暂时稳定的滑坡)，宜采用固结快剪或三轴剪切试验。

(3)若滑动带土的稠度不大，滑动面清晰时，宜采用滑面重合剪试验。

(4)若滑动带土为饱和状或泥化流动状时，宜采用浸水饱和快剪试验。

由于一个滑坡的滑动带土，不同部位的物质组成和含水状态往往是不同的，取样时要特别注意选取具有代表性的样品。送样时，必须交待试验中应注意事项和要求。

说明表 3.4.5　滑坡岩土物理力学性质试验项目

试验项目		黏性土滑坡			黄土滑坡			堆积层滑坡			填土滑坡			破碎岩石滑坡			岩体滑坡		
		滑面土	滑坡体	滑坡床	滑面土	滑坡体	滑坡床	滑面土	滑坡体	滑坡床	滑面土	滑坡体	滑坡床	滑面土	滑坡体	滑坡床	滑面土	滑坡体	滑坡床
天然含水量 w_n		+	+	+	+	+	+	+	+	±	+	+	+	+	+	+	+	+	+
天然密度 ρ		+	+	+	+	+	+	+	+	±	+	+	+	+	+	+	+	+	+
重度 G_s		+	+	+	+	+	+	+	+	±	+	+	+	+	+	+	+	+	+
天然孔隙比 e		+	+	+	+	+	+	+			+	+	+	+			+		
饱和度 S_r		+	+	+	+	+	+	+	±	±	+	+	+	+		±	+		
塑限 w_p		+	+	+	+	+	+	+	±	±	+	+	+	+		±	+		
液限 w_L		+	+	+	+	+	+	+	±	±	+	+	+	+		±	+		
塑性指数 I_p		+	+	+	+	+	+	+	±	±	+	+	+	+		±	+		
液性指数 I_L		+	+	+	+	+	+	+	±	±	+	+	+	+		±	+		
颗粒分析		±	±	±	±	±	±	+	±		+	+	+	±	±		±		
自由膨胀率 K_v		±	±	±														±	±
渗透系数	垂直 k_v	±	±	±			+	±		±	±	±			±				
	水平 k_h		±	±				+		±	±	+	±	±	+		±		
剪切试验	快剪 τ_q	+	+	+	+	+	+	±		+	±	±	+		±		+		
	固结快剪 τ_{cq}	+			±		+			+			+		+		+		
	残余强度剪 τ_r	+			±		+	±		+			+	±	+		+		
	浸水饱和剪 τ_{CH}	+			+		+			+					+				
	重合剪 τ_{OH}	+			+		+			+			+		+		+		
压缩试验	压缩系数 α_v			+					±			±				±			
	压缩模量 E_s			+					±			±				±			

续上表

试验项目		黏性土滑坡			黄土滑坡			堆积层滑坡			填土滑坡			破碎岩石滑坡			岩体滑坡		
		滑面土	滑坡体	滑坡床	滑面土	滑坡体	滑坡床	滑面土	滑坡体	滑坡床	滑面土	滑坡体	滑坡床	滑面土	滑坡体	滑坡床	滑面土	滑坡体	滑坡床
原位测试	旁压试验	±	±	±	±		±		±	±		±				±			
	大面积剪切试验	±		±	±		±		±			±	±			±	±		
	静力触探	±	±	±	±	±													
岩石抗剪试验	干 τ_c			±											±	±		±	±
	湿 τ_w			±											±	±		±	±
崩解性		±	±	±			±	±			±			±	±	±	±	±	±
易溶盐含量		±	±	±										±	±	±	±	±	±
矿物分析		±	±	±				±			±			±			±		
阳离子交换量		±	±																
耐冻性															±	±		±	±
化学全量分析		±	±	±															

注:“±”表示根据需要确定。本表所列试验项目均按定测要求考虑。

3.5.2　滑坡动态观测,是预测、预报和了解滑坡活动规律的重要手段。

滑坡动态观测工作开始前,应确定观测的内容和方式,观测点的布置和数量,采用仪器设备,应达到的目的等。

布置滑坡动态观测工作时,应注意所采用方法的适应性,否则,将难以达到预期效果。滑坡岩土体在滑动之前、滑动之初或滑动过程不明显时,若选用精度不高的简易观测方法,往往得不到有价值的资料;若滑动迹象明显,即使采用简易观测,也可获得较好的效果。

滑坡动态观测内容较多,勘测阶段应尽可能布置多项目观测。

气象观测项目,主要是降雨量、蒸发量、气温。如果附近有气象站,且地区差别不大,可定期到气象站摘录。

滑坡动态观测,可分为简易观测和精密观测。简易观测,简便易行,一般不需要特殊仪器,适用于建筑物变形开裂和滑坡地面裂缝的观测。精密观测,是借助于精密仪器对滑坡地面位移和深部位移进行观测,适用于了解滑坡活动规律和确定滑动面位置。

滑坡地面位移观测,系指对滑坡地面不同部位的位移观测。其方法是在滑坡体上和不动体上布置观测网点,用精密仪器,定期对网点进行观测。网点布置有十字型、放射型、方格型、任意网格型等。有条件时,可用地面倾斜仪、伸缩计(滑坡计)等配合观测。

建筑物变形观测,包括建筑物位移、倾斜、裂缝等内容。建筑物位移观测,可在建筑物顶面或侧面设立固定标点,用仪器进行观测。也可在相对稳定和位移侧,各设指示针和指示牌进行垂直和水平观测;建筑物倾斜观测,可采用倾斜盘、精密的地质罗盘仪定点观测;建筑物裂缝观测,可在裂缝处用水泥砂浆贴片,埋设玻璃片观测变形,也可在裂缝两侧设立固定标尺、指示针和指示牌,定期观测水平、垂直变位和方向。

滑坡深部观测,主要是为了解滑坡不同深度的变位情况和确定滑动面的位置。一般采用方法,在钻孔内埋设观测管、管式应变片、应变计,或采用钻孔倾斜仪定期进行观测。

地下水的变化,往往控制着滑坡活动的规律。为了给工程设计进行有效应力分析和估价排水措施提供依据,应对滑动面及其附近进行孔隙水压力观测。有条件时,应分层观测各层地下水的水位、水量、水质、水温和流向的变化。

长期观测的置镜点、照准点、观测点及护桩,应采用 ϕ0.2~0.3 m 钢筋水泥预制桩,埋设深度一般不少于 1 m,在受冻害影响地区,埋设深度应超过冻结深度 0.5 m。桩端露出地面一般为 0.1~0.2 m。要妥善保护,防止人、畜及滚石破坏。

短期观测桩,可用 ϕ7~10 cm 木桩,一般埋设深度为0.5 m,在受冻害影响地区,埋设深度应超过冻结深度。

滑坡动态观测,往往有几个观测项目,为使各观测项目对比分析,宜同时进行观测,尤其在雨季或对活动的滑坡。同时进行观测,是指各项目观测时刻误差不超过 1 d。

对观测桩进行高程或水平位移观测时,应使用同一部仪器,由同一人司镜。

一个水文年是指包括一个完整雨季和一个完整旱季的时间。观测一个水文年便于了解滑坡在雨季和旱季的活动规律。

位移或降雨量与时间关系曲线图,纵坐标朝上,取位移和降雨量值,横坐标取时间值,若两图合并绘制,则称滑坡位移与降雨量相关曲线图。

位移与地下水动态曲线图,纵坐标朝上,取位移、水位、水量、水温等值,横坐标取时间值。根据此图,可清楚看出滑坡位移与水位、水量、水温变化的关系,是分析滑坡活动规律不可缺少的资料。

深部位移曲线图,纵坐标朝下,取深度值,横坐标取位移值。根据此图,可直接判明滑动面的位置和了解滑体不同深度的位移情况。

3.5.3 滑坡稳定性评价是一项复杂又重要的工作。要充分认识自然环境的复杂性,作深入细致的调查分析工作。既要防止单凭经验以简单的地质调绘作结论,亦要防止以单纯力学计算数字评价滑坡稳定性。

滑坡稳定系数计算,需将用于计算的滑坡按轴线地质断面分成若干条分别计算各条的稳定系数。当滑动面为折线时,计算滑坡推力一般均考虑传递系数 Ψ 值的计算方法,本规程推荐的是《岩土工程勘察规范》(GB 50021—94)计算公式,经多年使用反映较好,但使用此式时,应注意以下各点:

(1)当某 1 块段的 $R_i > T_i$,而滑动推力 $P_i < 0$ 时,可以认为该块段以上是稳定的,不产生推力,故 P_i 不应往下传递,而应从 $T_i > R_i$ 的块段开始往下计算至最终块。

(2)当某 1 块段的 $R_i > T_i$,且 $P_i > 0$ 时,则 P_i 继续往下传递,一直计算至最终块。

(3)当某 1 块段的 $R_i > T_i$,且 $P_i < 0$ 时,当按上述 1 款的方法计算第 $i+1$ 块段 R_{i+1} 仍大于 T_{i+1} 等等,则一直计算至最终块,同时得出 $K_s > 1$。

当滑体表面松散透水,滑体水下部分饱和,将受到水的浮托力作用,对滑坡稳定不利。浮托力的大小等于滑体排开同体积水的重量。

动水压力是指地下水在流动过程中施于岩土体颗粒的力,是使下滑力增加的附加力。计算公式如下:

$$P_d = \gamma_\omega \cdot V \cdot I \qquad \text{(说明 3.5.3—1)}$$

式中 P_d——动水压力(kN);

γ_w——水的重度(kN/m³);

V——计算条块饱水体积(m³);

I——水力梯度。

对于均匀土体、节理极发育的岩体或弃石堆边坡，易发生旋转破坏，滑面呈圆弧形，宜采用总应力法或有效应力法计算滑坡稳定系数。

①总应力法计算稳定系数 K_s 可按下式：

$$K_s = \frac{\sum N \cdot \tan\varphi + c \cdot L}{\sum T} \qquad (说明 3.5.3—2)$$

式中 N——分条条块重量垂直于潜在滑面的分量(kN/m)；

φ——滑面物质的内摩擦角(°)，用快剪或三轴不排水剪求；

c——滑面物质的黏聚力(kPa)，用快剪或三轴不排水剪求；

L——滑动弧长度(m)；

T——分条条块重量平行于潜在滑面的分量(kN/m)。

②有效应力法计算稳定系数 K_s 可按下式：

$$K_s = \frac{\sum (N-u)\tan\varphi' + \sum c'L}{\sum T} \qquad (说明 3.5.3—3)$$

式中 u——孔隙水压力(kPa)；

φ'——滑面物质的有效内摩擦角(°)，用慢剪或三轴固结不排水剪求；

c'——滑面物质的有限黏聚力(kPa)，用慢剪或三轴固结不排水剪求。

3.7.2 土层滑坡滑动面(带)的空间分布范围采用综合物探方法勘察比较有效。南昆线小得江滑坡、渝怀线羊角滑坡，均采用瑞利波法、地震反射波法和四极对称直流电测深法勘察，勘探深度可达地面以下 50 ~ 60 m，取得较好的效果。瑞利波法可查明瑞利波速度低的含水量大的土层，地震反射波法可查明地震反射界面的岩土分界面，不同物性地质体的电性参数也不一样，用四极对称直流电测深法亦可作出区别。

初测阶段滑坡的勘探点，主要布置在滑坡轴线断面上。若滑坡沿线路方向比较宽，单凭 1 个轴线工程地质断面不能代表时，可在其两侧再布置 1 ~ 2 个轴向工程地质断面和必要的横向工程地质断面。勘探点是指钻探、挖探、触探点的统称。

初测阶段滑坡测试，主要是采取滑带土原状土样进行室内试验，取得滑带土的力学强度值。滑坡体及滑床亦应选取代表性原状土岩样，进行物理力学性质试验。取原状土岩样，一般不少于 3 组。原状土样必须及时蜡封，软质岩样或失水易干裂的岩样宜蜡封。

3.8.2 定测阶段滑坡勘探点间距的确定，应视滑坡复杂程度、滑动面(带)形态、地下水发育程度等不同而定。一般情况下，滑动面(带)为圆弧形或折线形时，勘探点布置应密一些；滑动面(带)为直线时，勘探点布置可稀一些。

不同部位滑动面(带)土试样，其物理力学性质是不同的，主滑段滑带土的力学强度往往低于抗滑段或牵引段滑带土的力学强度。

岩层滑坡的滑带土往往很薄，难以利用钻探取得原状土样，甚至连扰动土样也难以得到需要的数量，为满足设计需要，可考虑在现场作大面积原位剪切试验(一般结合坑探进行)。

滑坡地区的水文地质试验，对涌水量不大的中、浅层滑坡，可采用提水试验或利用钻探机具的动力设备进行抽水试验，不得在滑坡钻孔中作压水或注水试验，以免恶化滑坡的稳定条件。

4.1.2 落石的运动形式见说明表4.1.2。

说明表4.1.2 落石的运动形式

类型	运动形式
直落式	直立边坡上的突出危岩失稳呈自由落体向下崩落
跳跃式	岩块从高陡山坡向下崩落，以高速跳跃式前进，可直接落到坡脚地面。触地前最后一次跳跃距坡肩越近，则跳跃的距离越远
直落跳跃式	在直立台阶式边坡上部的岩块向下崩落，先自由坠落，与台阶或突出岩体碰撞后，产生跳跃
滑落式	板状岩块沿山坡向下滑动，过坡肩后落地
滚落式	块石多为各边近似相等状，沿坡滚落于坡下

4.1.3 地形陡峻、岩层裂隙发育，岩体结构面倾角较陡地段较易产生崩塌。大型崩塌对人类危害十分严重。如1980年6月，湖北盐池河磷矿，高160 m，体积约100万m^3山体突然崩塌，冲击气浪将4层楼房抛至河对岸撞碎，280多人丧生；1987年9月1日凌晨，巫溪县城南龙头山发生大崩塌，摧毁县电力公司6层宿舍楼1栋、私人旅社2家、民房20余户，掩埋公路干线70余米，直接经济损失达270万元。

4.1.5 崩塌按规模分类尚待研究，《岩土工程勘察规范》(GB 50021—94)规定根据规模和处理的难易程度分为3类。

Ⅰ类：崩塌区落石方量大于5 000 m^3，破坏力强，难以处理。

Ⅱ类：崩塌区介于Ⅰ类和Ⅲ类之间。

Ⅲ类：崩塌区落石方量小于500 m^3，破坏力小，易于处理。

4.2.1 大型崩塌和危岩对山区铁路的危害十分严重。例如：1992年5月，宝成线190 km处发生大崩塌，造成运输中断长达30多天，抢险费用1 000多万元，由于断道给四川省和成都市造成间接经济损失数亿元。选线时，必须予以充分重视，绕避大型崩塌和危岩地区。

4.3.2 崩塌主要受以下因素影响：

(1)地形是发生崩塌和落石必不可少的条件之一。对宝成铁路凤州工务段辖区57个崩塌落石工点的边坡坡度统计结果如说明表4.3.2—1。陡边坡的高度对崩塌落石的形成也有明显影响，高度越高越容易形成崩塌落石，坡度越大崩塌落石的规模和强度越大。

说明表4.3.2—1 崩塌落石与边坡坡度统计

边坡坡度	<45°	45°~50°	50°~60°	60°~70°	70°~80°	>80°	合计
崩塌落石次数	14	11	7	17	6	2	57
百分比(%)	24.6	19.3	12.3	29.8	10.5	3.5	100

(2)地层岩性按3大岩类考虑，对崩塌落石的控制规律如下。

① 沉积岩：河谷陡坡区，软硬相间岩层组合，软岩易被河水冲刷掏空，形成上部岩体大崩塌：岸坡脚由可溶岩组成，可溶岩易被冲蚀溶蚀掏空，形成岸边大崩塌；巨厚完整坚硬岩层加薄层软岩，当岩层倾向临空面时，陡峻边坡可能发生大规模滑移式崩塌：产状水平软硬相间岩石组成的陡边坡，因差异风化，可能发生小型崩塌和落石；有褶曲发育的软岩组成的陡边坡，常发生小型崩塌和落石。

② 岩浆岩：当垂直节理(如柱状节理)发育并有倾向线路的构造裂隙面时，易产生大型崩塌；岩浆岩被岩脉、岩墙穿插，接触面与其他结构面组合，可能发生崩塌和落石。

③ 变质岩：正变质岩与岩浆岩类似。对于副变质岩：动力变质的片岩、板岩、千枚岩，多发生沿弧形结构面的滑移式崩塌；该类岩石片理面及构造结构面很发育，常发生大小不等的崩塌落石。

对宝成铁路宝鸡至上西坝的100个崩塌落石工点的岩性进行统计，其结果如说明表4.3.2—2。

说明表4.3.2—2　岩性与崩塌落石的关系

岩　性	岩浆岩		沉积岩		变质岩	
	花岗岩	辉长—辉绿岩	灰岩、砾岩、砂岩	页岩	厚板岩	千枚岩
崩塌落石工点数	39	11	38	2	6	4
小　计	50		40		10	

(3) 地质构造的影响：

① 断裂构造对崩塌落石的控制作用：当开挖方向与地质构造线平行时，易产生崩塌落石；在几组断裂线交汇的峡谷区，往往形成大型崩塌；断层密集分布区岩层破碎，高边坡地段崩塌落石频频发生。

② 褶皱对崩塌落石的控制作用：褶皱核部岩层常强烈弯曲，岩层破碎，形成各种潜在崩塌体。在重力或其他外力作用下，可能产生各种类型的崩塌落石，其规模主要取决于褶皱轴向与临空面坡向夹角；当褶皱轴向垂直于坡面方向时，多产生落石或小型崩塌；当褶皱轴向与临空面平行时，高陡边坡可能产生大型崩塌；褶皱两翼为单斜岩层，当岩层倾向临空面时，易产生滑移式崩塌；特别是当岩层内有软弱夹层，岩层两侧又有构造节理切割时，陡边坡可能产生大型崩塌。

③ 构造节理与崩塌落石的关系：崩塌落石多沿构造节理面发生；构造节理面构成潜在崩塌体的稳定性与节理面倾角、粗糙度和节理的充填物有关；当构造节理面有黏土或其他风化物充填时，易受雨水浸润软化而产生崩塌落石。

(4) 水文地质条件的影响，降雨和地下水对崩塌落石的影响较大。

① 降雨与崩塌落石有密切关系。如宝成线丁家坝—大滩、大滩—军师庙、朝天—观音坝3个区间按月累计崩塌落石次数与广元和略阳2个气象站1958年~1983年按月累计降雨量关系密切，见说明表4.3.2—3。

说明表4.3.2—3　降雨量与崩塌落石的关系

月　份	1	2	3	4	5	6	7	8	9	10	11	12
广元站月累计降雨量(mm)	101.4	182.7	733.3	1 466.8	2 380.0	3 316.2	6 429.7	5 133.2	4 150.0	1 609.4	620.4	1 410
略阳站月累计降雨量(mm)	148.4	177.6	834.5	1 612.8	2 165.5	2 341.2	5 013.5	4 222.0	3 771.1	1 643.1	622.0	113.9
月累计崩塌落石次数	2	9	3	25	16	52	175	94	70	10	2	20

② 地下水对崩塌落石也有较大的影响。当地下水在边坡上或坡脚以线状渗出带出露，则表明边坡上有延伸较远的含水结构面，边坡稳定性较差，可能发生较大规模崩塌落

石。

4.5.1 危岩落石的变形观测应根据具体情况制定观测办法,可在岩体上编号并作出固定的标记,定时采用仪器测量或直接观测其变形情况,亦可对危岩中的主要裂隙进行变形观测。

4.5.2 简易岩块滚落试验应符合下列要求:

(1)当崩塌落石滚落的途径、方向、跳跃高度、影响范围等难以判明时,宜在现场作简易岩块滚落试验。

(2)试验应选用多种形状、不同直径岩块模拟其滚落情况,并多次重复进行。试验过程中,应特别注意人身安全。

(3)资料编制应包括下列内容:

① 试验说明。包含工作概况,如任务依据、时间、试验方法、完成工作量;试验经过与试验资料分析、结论及建议。

② 试验点布置平面图与岩块滚落轨迹图。

③ 观测记录、气象资料、照片等原始资料。

5.1.1 岩堆多见于气候比较干旱,昼夜温差大,物理风化强烈,近期抬升构造运动强烈的山区及高山峡谷区的陡峻坡角处。岩堆的搬运特点一般以重力为主,并时有水的参与,但极其次要。

5.1.2、5.1.3 岩堆表面坡度,接近组成物质在较干燥状态下的天然休止角,不同岩石成分,不同粒径岩堆的天然休止角是不同的,如说明表5.1.2—1与说明表5.1.2—2。

说明表5.1.2—1 不同岩石成分岩堆的天然休止角

岩堆成分	安息角(°)			岩 堆 成 分	安息角(°)		
	最小	最大	平均		最小	最大	平均
花岗岩			37	砂岩(块石、碎石、角砾)	26	40	32
钙质砂岩			34.5	砂岩(块石、碎石)	27	39	33
致密石灰岩	32~36.5			页岩(角砾、碎石、砂黏土)	36	43	38
片麻岩			34	页 岩	29	43	38
云母片岩			30	石灰岩(碎石、砂黏土)	27	45	34
砂岩、页岩(角砾、碎石、混有块石的黏砂土)					25	42	35

说明表5.1.2—2 不同岩块大小构成岩堆的天然边坡坡率

岩 堆 构 成	岩石一般粒径(cm)	天然边坡坡率
碎屑岩堆	≤1	1∶1.5~1∶2.0
碎石岩堆	1~8	1∶1.25~1∶1.5
块石岩堆	8~20	1∶1.2~1∶1.32
大块石岩堆	>20	1∶1.0~1∶1.2

5.4.1 岩堆物质组成的不均匀性非常突出,采用综合勘探很有必要。常常需要开挖大直径的探井,以便观察岩堆的结构情况和取得有代表性的砾间充填物的试样,进行密度测试。开挖探井时,应对井壁作详细描述、素描或照相、录相。

5.4.4 岩堆中很难发现成层或厚度较大的软弱夹层,一般不容易取得原状土样,即使取得这种土试样，一般也不具代表性，而且在室内制备试样时，其结构会遭到进一步破坏，不适合作室内压缩试验。

岩堆的变形性质指标，应采用载荷试验及其他原位测试方法求得。

变形模量是应用现场荷载试验测定的，而综合变形模量是变形模量的当量值。当缺乏实测资料时，可根据经验公式来确定。

综合变形模量和压缩模量当量值的经验公式为

$$\overline{E}_0 = \alpha \overline{E}_s \quad \text{（说明 5.4.4）}$$

式中 $\overline{E}_0$，$\overline{E}_s$——综合变形模量和压缩模量当量值（MPa）；

α——转换系数，见说明表 5.4.4。

说明表 5.4.4 转换系数 α

$\overline{E}_s$（MPa）	3.0	5.0	7.5	10.0	12.5	15.0	20.0
$\alpha = \overline{E}_0/\overline{E}_s$	1.0	1.6	2.6	3.6	4.6	5.6	7.6

5.5.1 岩堆各发展阶段的特征如说明表 5.5.1。

说明表 5.5.1 岩堆各发展阶段的特征

项 目	正在发展阶段	停止发展阶段	静止稳定阶段
基 岩	裸露破碎，经常有岩块碎屑由母岩崩落下来，有新鲜崩塌和崩落痕迹	大部分已稳定，一般在暴风骤雨后，仅有个别落石现象	不稳定岩块已全部剥落
结 构	岩堆体内部结构较松散，坡面松散零乱	内部中等密实，表层仍较松散	一般为古老岩堆，经长期自重压密，结构比较密实
坡面形态	呈直线型，较疏松，不稳定，处于极限平衡状态。人畜行走很危险	近似凹形，上部可略陡于休止角，整体基本处于稳定状态	呈凹形，已呈静止稳定状态
植 被	无植物生长	较多坡面已有草和灌木	丛生草木，灌木林或为耕地

5.5.2 岩堆的稳定性与岩堆床的形态以及岩堆中石块的岩性有关。

（1）岩堆的稳定性与岩堆床的形态关系。

① 岩堆在陡崖坡脚，地面近水平，岩堆是稳定的。

② 岩堆在斜坡脚，地面近水平，岩堆是较稳定的。

③ 岩堆在斜坡面上，地面倾斜，岩堆是不稳定的，易沿原地面产生滑动。

（2）岩堆的稳定性与岩堆中石块的岩性关系。

① 岩堆为质地坚硬，棱角粗糙的岩块如石灰岩、砂岩组成，摩擦系数大，渗水性强，稳定性较好。

② 岩堆为质地较坚硬或软硬相间的岩块如玄武岩、砂岩混合页岩组成，稳定性次之。

③ 岩堆为质地软弱的岩块如页岩、泥灰岩组成，含土量多，摩擦系数小，渗水性弱，遇水极易软化，在雨季易产生坍滑现象，稳定性较差。

（3）岩堆天然坡率与岩块大小的关系见说明表 5.1.2—2。

6.1.1 根据泥石流形成的水动力条件，泥石流分为暴雨型泥石流和冰川型泥石流（高山冰川、冰雪融水和冰湖溃决形成）。在我国，暴雨激发的泥石流分布广泛。在西北地区铁路建设中曾遇冰川型泥石流，但勘测经验不多，特规定本规程适用范围限于暴雨型泥石流。

6.1.3 泥石流分类表 B.0.1—5 中的黏度，是衡量泥石流流动时流体内不同流速的各层之间产生的切应力的物理量。

6.2.1 我国山区铁路常遭受泥石流破坏。据不完全统计，解放以来新建铁路沿线泥石流沟约 1 100 条，发生破坏线路设备的较大灾害约 180 起，列车颠覆事件 7 起，百人以上重大伤亡事故 7 起。这些灾害产生的原因之一，是在勘测设计阶段没有查清泥石流的分布，对其危害认识不足。因此，泥石流防治工作，从选好线路方案作起，是十分必要的。

6.2.2 泥石流堵河，是指河床被支沟排入的泥石流物质堵塞，堵塞严重时会引起上游淹没和淤积，下游河岸冲刷。所以，沿河线路基、桥涵基础应设在稳定的地基上，傍山隧道外侧应根据岩体的完整性和河水侧蚀深度留有足够宽度。当对岸有大型泥石流扇挤压河床，冲刷本岸坡脚时，线路应远离河岸或作深埋隧道。如：东川支线多牛隧道所在山坡，因大白泥沟泥石流扇挤压主河床，坡脚后退 36 m，岩体失稳发生崩塌，造成隧道衬砌开裂、掉块、漏水，危及行车安全。

6.2.3 峡谷河段河床纵坡大，水流输砂能力强，支沟泥石流冲出物多被主河强大径流冲走，只在沟口暂时形成泥石流扇，残留堆积物较少。这种河段铁路选线受河床纵坡和各种不良地质作用控制，难度较大。

6.2.4 宽谷河段，谷坡多为缓坡并发育阶地，河床纵坡缓，水流输砂能力较弱，泥石流冲出物的淤积往往大于河流的冲刷，使泥石流扇得以充分发育。这种河段选线自由度大，并且，完整的泥石流扇易引起人们的重视。

泥石流发育地区，主河淤积上涨，支沟沟床和泥石流扇一般也逐年淤高，根据历年淤积厚度可估算泥石流的淤积率，求得在线路使用年限内泥石流最大的可能淤积厚度，依此确定线路高度。

6.2.5 泥石流在沟床纵坡变缓处，因消能而淤积，大量淤积堵塞桥涵危及线路安全。泥石流具有直进性和较大的冲击力，流体密度越大，直进性越强；流体内所含固体颗粒越粗，冲击力越大；遇沟床急弯会发生猛烈的撞击和冲起爬高，有时甚至越过沟岸，摧毁岸上建筑物。

泥石流沟谷急骤变窄时，会发生壅塞。泥石流具有突发性，一阵泥石流可将几百甚至上万方固体物质排泄出来。即使是小型泥石流沟，跨沟建筑物也必须满足泥石流集中排泄固体物质的要求，而不能仅仅满足通过清水流量。因跨沟建筑物设置不当而被泥石流冲毁的事例，在山区铁路中屡见不鲜。

泥石流往往在沟壁上留下泥痕，记录了泥石流通过时的泥位高度。黏性泥石流还具有浮托大块石的能力。因此，可根据泥石流的痕迹及流体性质确定线路标高，使跨沟建筑物具有足够的净空。

6.2.6 泥石流扇是指泥石流冲出沟口后，固体物质堆积形成的扇形地。从泥石流堆积物特点和工程地质性质看，泥石流形成的扇形地与洪积扇有很大差异，故称泥石流扇以区别洪积扇。泥石流扇与洪积扇的区别见说明表 6.2.6。

曾有跨越泥石流扇设桥，用挖沟床扩大净空的事例，结果被泥石流淤埋、冲毁。尤其是间歇性泥石流沟，常有停止发展的假象，当沟内松散固体物质积累到一定程度以后，一旦爆发就会淤埋线路。在成昆线、宝天线和凤上线都发生过这类灾害。

说明表 6.2.6　泥石流扇与洪积扇的区别

类　型	泥　石　流　扇	洪　积　扇
堆积物特征	堆积物无分选或分选性差。颗粒大小悬殊,大者达数米,小为黏土颗粒。堆积物无层次。可见泥包砾和泥球	洪积物有一定分选性和磨圆度,从扇顶至扇缘颗粒由粗变细,磨圆度由差变好。堆积物层次明显
工程地质特征	不同流态泥石流堆积物,工程性质差异悬殊。黏性泥石流堆积物工程性质差,稀性泥石流堆积物工程性质较好。同一泥石流扇的工程性质极不均匀	洪积物的工程性质较均匀,差异小

6.3.1　降雨是激发泥石流的水动力条件。不同地区降雨量差异悬殊,但泥石流的促发因素主要是集中暴雨。如华北、西北部分地区,年降雨量仅 350 ~ 550 mm,而雨量都集中于 6 ~ 9 月,其中 7 ~ 8 月降雨量可占年降雨量的 60% ~ 70%,常常形成暴雨,造成泥石流。

6.3.2　航空遥感图像具有视野广、直观性好的特点,可了解形成泥石流的各种自然因素间相互关系,泥石流主要补给区位置及沟谷形态等,对泥石流工程地质调查有很好的指导作用,尤其对高山区的调查,可取得事半功倍的效果。

新老不良地质现象在航空遥感图像上有不同的反映,即使同类地貌形态,影像色调也会有很大差异。如新滑坡体色调较背景色调深,而老滑坡体色调与背景相同。斜坡上色调较背景深的块体往往含丰富的地下水,可能为潜在滑体。地面调查,分辨这些现象较为困难。泥石流沟航空遥感图像解译标志如说明表 6.3.2。

说明表 6.3.2　泥石流沟航空遥感图像解译标志

特征	发 育 初 期	旺　盛　期	间　歇　期
地貌特征	流域形态呈舌状或棒状,无支沟或支沟少,沟头往往缺少集水盆地。沟床纵坡上陡下缓,下游狭窄常有堵沟现象,影像呈凸起不均匀色调。山坡植被较差,缓坡地带大多被垦植	流域形态呈葫芦状或手掌状,支沟发育,沟床纵坡陡,有裂点或堵沟现象。下游沟谷呈 V 字形,急弯多,山坡大多荒秃,植被稀少呈浅色调。黄土地区沟床一般上陡下缓,坡面冲沟发育,沟坡直立	流域形态似瓢状或勺状,沟床呈束放相间,纵坡陡缓相间,沟谷开阔地带呈 U 字形,常发育零星阶地呈浅灰、灰白色调。沟坡一般有植被覆盖,局部垦为耕地者呈灰白色调
地质现象	流域内岩层较少裸露,山坡大部被各种成因的松散堆积物覆盖,影像呈浅灰色,沟谷内零星发育有坍塌、滑坡及坡面冲沟,影像呈灰白色调。黄土地区沟谷,一般有溯源侵蚀,呈灰白色细线状影像	流域内岩层大多裸露,山坡凹凸不平,松散堆积物多,呈浅色调。崩塌、滑坡体明显,滑坡呈深色调。崩塌呈浅色调。坡面片蚀及冲沟发育,呈灰白色线状或网状纹形、黄土地区崩塌体呈凹凸不平浅色调;泻流土堆常与背景色调截然不同,溯源侵蚀呈灰白色网状纹形。沟坡或沟头地下水集中区呈深色调,是泥石流潜在补给区	流域内古滑坡、崩塌体外形轮廓较明显,其色调与背景往往相同。沟谷松散堆积物多,因长草丛呈深色调。黄土地区滑坡,色调一般较背景深。沟谷阶地前缘受冲刷地段,常见小型坍塌。呈浅灰色影像
堆积特征	泥石流扇小,且轮廓不完整,呈较背景深的锥形影像。位于峡谷河段的泥石流沟,沟口有的无泥石流扇,仅保留影像呈灰白色调的边滩。黄土地区泥石流扇一般发育较完整,扇面坡度较大	泥石流扇扇面新鲜,色调浅,无固定沟槽,无植被,扇缘向主河推进,压迫河流向对岸侧蚀或形成浅滩急流,影像呈皱纹状白色调。峡谷河段泥石流扇残痕在枯水期航片上可见白色调的浅滩。黄土地区泥石流扇往往出现漫流现象,扇面一般无人类活动迹象,多为浅色调,个别有垅岗状堆积,呈纹形深色调,略具粗糙状	泥石流扇轮廓一般较明显,呈深色调。有的扇面已遭破坏,但有固定沟槽。峡谷河段泥石流扇扇缘大多受主河流水冲刷成顺直河岸或边滩,有的扇面有村舍或垦为耕地,一般生长灌木丛。黄土地区常见泥石流扇成串珠状叠置,呈灰白色,新形成者色调较浅

野外调查泥石流的动态变化,采用不同时期航空遥感图像解译,可获得泥石流沟动态

变化的定量值。例如可了解泥石流扇的范围变化，流域内滑坡、坍塌范围的大小变化，不良地质体数量的变化等。

6.3.3 沟谷平面形态，影响泥石流的运动和堆积。黏性泥石流的运动具有阻塞性，在沟床宽度急骤变窄处，将产生壅塞。流体密度越大，壅塞越严重。堵塞一旦溃决，又会加大泥石流的破坏作用。在同样补给条件下，弯曲、狭窄的沟床较顺直的宽沟床形成的泥石流破坏性更大。沟床纵坡是泥石流形成的重要因素之一，纵坡的变化也影响泥石流的运动和停积。

沟坡失稳方式不同，其物质补给泥石流的方式也不同，所需要的激发泥石流的降雨条件也不相同。有的土体因过度充水，平衡被破坏产生坍滑，有的因坡脚被洪水切割失去稳定而产生滑移，因而泥石流的形成有不同情况，其整治处理的方法是不一样的。

调查具有陡峻地形和降水条件的地区，泥石流的形成决定于松散固体物质存在与否。松散固体物质包括沟床内的松散堆积物，沟坡上不稳定的坡积物。老泥石流堆积物，岩堆、崩塌、滑坡等松散堆积物。

根据泥石流堆积物在沟内分布的不同高度，可了解历史上泥石流活动情况，便于分析该沟泥石流发育史、暴发频率、最大规模，评价今后的发展趋势。

泥痕坡度是指泥石流在运动过程中黏附在沟坡上的泥位线坡度。

泥石流流体密度可按泥石流堆积物的中值粒径计算。泥石流流速可按堆积物平均最大颗粒计算。

泥石流堆积物最大粒径调查，可确定大块石超越泥位的高度。调查时，应测量块石的三轴，然后取三轴平均值作为输移最大块石直径，再根据流体性质确定块石超越泥位的高度。当泥石流密度较大时，大块石超越泥位高度为计算直径的一半；密度中等时，取计算直径的1/3；密度较小时，块石直径大于泥位，则用块石直径代替泥位，其他情况可不考虑。

根据沉积学原理，堆积物的物质组成、堆积形态、结构构造，可以反映出堆积物的搬运介质和堆积环境。除接近于高含砂量水流的稀性泥石流外，黏性泥石流多为伪一相体的整体运动、整体停积，其堆积形态往往呈舌状；而稀性泥石流往往呈垅岗状、石堤状或石海状堆积。黏性泥石流不同密度的流体在舌状表面形成不同的状态，当流体密度大时，块、碎石在堆积体上呈弧状分布，每道块、碎石间为泥浆体，泥浆体干燥失水后常形成龟裂纹；流体密度中等时，块、碎石在堆积体上呈凸起状，而泥浆体凹下形成蜂窝状；流体密度较小时，块、碎石与泥浆体混合在一起堆积，呈较平滑状。

泥石流堆积物剖面上的构造和结构，是根据块、碎石在细粒物质中的排列和分布状态来区分的。泥石流堆积物的构造有袋状流线和石线状构造，这些沉积构造是在泥石流这种特殊流体中形成的。泥石流堆积物的结构，是指块、碎石在泥浆中的分布状态。其构造和结构类型如下：

(1)构造类型

① 袋状流线构造：指剖面上块、碎石呈外缘下弯的弧线型线状分布的构造形态。

② 石线状构造：指剖面上块、碎石呈直线型线状分布的构造形态。

(2)结构类型

① 悬浮状结构：指块、碎石在细颗粒物质中彼此不接触的结构形态。含石量<25%。

② 支撑状结构：指块、碎石在细颗粒物质中呈支撑接触的结构形态。含石量25%~

50%。

③ 叠置状结构:指块、碎石间有较多的点和较大的面相互接触的结构形态。含石量 50% ~75%。

④ 镶嵌状结构:指块、碎石间互相镶嵌接触的结构形态。含石量 >75%。

前 2 种结构多为黏性泥石流形成,后 2 种结构多为稀性泥石流形成。稀性泥石流形成的叠置和镶嵌状结构,其空隙有时为细粒物质充填,有时无充填呈空洞。其与坡积物的区别是层面与沟床一致,而坡积物则与山坡坡度一致。

泥石流形成的堆积层内是无分选、无层次的,但因各次泥石流固体物质补给源,动力条件和泥石流体性质的变化,堆积后的冲刷、侵蚀等,使每次泥石流堆积间产生不同清晰度的界面。从剖面上可以了解泥石流发育史和每次泥石流堆积的厚度。

宽谷河段泥石流沟口,泥石流扇可以反映泥石流的规模和活动情况,峡谷河段,只能根据泥石流扇的痕迹确定泥石流沟的存在。

泥石流重要特征值流速的计算,其中一个参数即是泥痕坡度。根据弯道处泥位的高差,可以求得弯道处近似泥石流流速。其计算公式如下:

$$v_c = \sqrt{\frac{R_0 \sigma g}{B}} \qquad \text{(说明 6.3.3)}$$

式中 v_c——泥石流流速(m/s);

R_0——弯道中心线曲率半径(m);

σ——两岸泥位高差(m);

g——重力加速度(m/s^2);

B——泥面宽度(m)。

沟床顺直,无堵塞、汇流、回流的沟道,泥痕清楚处的泥痕坡度和泥深均是计算泥石流流速的重要参数。

人类活动常破坏山坡的稳定,开矿、修渠、筑路的弃砟,陡坡垦植、毁林开荒导致水土流失,更是直接增加了泥石流固体物质的来源。堤坝溃决甚至可能触发泥石流。

新构造运动和地震活动情况,可以评价一个地区的断裂构造是否具有活动构造带的性质。具有活动构造带的山区,可以为泥石流提供大量松散固体物质,因此,往往是泥石流活跃的地区。

沟谷流域内有大量松散固体物质是泥石流形成的重要条件之一。流域内单位面积上松散固体物质的储量是泥石流的规模大小分级和发育阶段分期的一个重要指标。一次性可能补给泥石流的固体物质数量决定了泥石流的危害程度。固体物质储量和一次性可能补给量的估算是很重要的。具体计算方法可参照《泥石流地区公路工程》。

泥石流扇的特征,是指泥石流扇的面积、形状、扇面坡度和扇的物质组成。

6.3.4 峡谷河段泥石流扇保存不完整时,常被误认为是山区洪流形成的洪积扇,当沟口缺失泥石流扇时,更会被错定为山区小涧。这种地区山高谷深,人烟稀少,调查访问困难。对这种泥石流的误判、错判,曾给铁路运输造成极大危害。成昆铁路北段泥石流沟在勘测时被遗漏的约占 51%(尚未包括象利子依达沟那种被轻估危害性的泥石流沟),另在宝成线、宝天线也有类似情况,可见,勘测时对峡谷河段泥石流沟的判断是至关重要的。

沟口泥石流痕迹是指泥石流在沟口形成的舌状、垅岗状堆积;在沟壁和其他物体上的残留物、擦痕;沟床的块、碎石堆积呈石河状;泥石流排入的主河河床内有大孤石、块石堆积，形成边滩、心滩或对岸的边滩，但当地又无产生大块石的崩塌条件；河面有明显的坡降，在枯水期，可见呈扇状的水下浅滩。这些均为泥石流活动痕迹。

新构造运动抬升区泥石流扇往往形成阶地。该阶地与河流冲积阶地不同，从形态看，阶地地面除倾向河流外，还向两侧倾斜；从物质组成看，不具有河流的二元结构，而呈悬浮状或叠置状结构，即块、碎石悬浮于细颗粒物质中。泥石流活动具有继承性特点，此类阶地的存在，提示了泥石流沟的存在，应深入沟内调查，以防遗漏。

线路通过峡谷泥石流地段，回旋余地较小，一般除以隧道方式回避外，多在沟口附近设桥通过。泥石流控制着桥的高度和基础条件，应仔细查明沟口段泥石流特点。

6.3.5 宽谷河段泥石流的活动使河床淤涨，反过来，又影响泥石流的排泄，使泥石流往沟内回淤。河床淤积上涨影响泥石流的排泄和泥石流扇的淤积速率，应对河床淤积情况进行调查。

当线路位于泥石流扇时，需作好泥石流的排导工程，约束泥石流的流路，防止其漫流。疏导工程的纵坡需大于泥石流的淤积坡度，而泥石流扇的扇面纵坡接近泥石流的淤积坡度。不同地区、不同流态泥石流淤积坡度是不同的，应重视泥石流扇的扇面坡度调查统计。

泥石流扇淤积率是确定线路高程或桥下净空的重要指标。影响泥石流淤积的因素很多，受松散固体物质补给条件、降水情况、淤积地点、主河水位变化和淤涨情况等影响。应根据主要影响因素，了解泥石流扇平均淤积率，再根据泥石流发展阶段和规模，判断淤积变化趋势。

6.3.6 泥石流调查多是调查泥石流发生后遗留下的痕迹或被洪水改造后的痕迹。对一次泥石流过程共发生了几阵，泥石流过程历时多长，流态的变化，冲淤变幅等都需要向目睹泥石流过程的当地居民进行访问，才能得出较正确的判断。

6.4.2 泥石流尤其是黏性泥石流能够输移大块石，最大块石可达 100 ~ 200 m^3，直径可达 7 ~ 8 m。这些大块石可被后期泥石流堆积物淤埋。泥石流堆积层钻进，不能按一般钻孔钻入基岩深度来要求，应按沟内存在大块石的情况考虑。

6.4.3 在对泥石流堆积物和主要补给区的组成物质作了调查后，才能确定本沟出现机率最多，危害最大的泥石流的流体性质，结合工程情况选取有代表性的土样作试验。反之，随意取样所得试验结果，会造成误判。

泥石流流体密度的测定、颗粒级配分析和泥石流流体的黏度和静切力测试方法，可按下列要求进行。

(1)泥石流流体密度的测定方法：

① 经验法

通常在需要测试的沟段，取有代表性的堆积物搅拌成泥石流流体的状态，请当地曾见过该沟泥石流暴发的村民，进行样品鉴定，然后，分别测出样品的总质量和总体积。按下式计算：

$$\rho_c = \frac{G_c}{V} \qquad \text{(说明 6.4.3)}$$

式中 ρ_c——泥石流流体密度（kg/m^3）；

G_c——样品的总质量（kg）；

V——样品的总体积（m^3）。

② 现场调查法

在泥石流沟所在地区，请见过该沟爆发泥石流的人描述泥石流流体特征，然后按说明表6.4.3的稠度特征分级确定泥石流流体密度。

说明表6.4.3 泥石流流体稠度特征

流体特征	稀浆状	稠浆状	稀粥状	稠粥状
密度 $\rho(kg/m^3)$	1.2×10^3 ~ 1.4×10^3	1.4×10^3 ~ 1.6×10^3	1.6×10^3 ~ 1.8×10^3	1.8×10^3 ~ 2.3×10^3

在使用上述办法时，应慎重。泥石流流体密度应根据调查分析和试验结果进行综合研究后确定。

(2)颗粒级配分析方法。

泥石流固体颗粒分析通常采用体积法。在试验沟段，选择有代表性的试验点，清除表层杂质，量出1 m^2 的面积，挖取0.5 m深度内全部土、砂、石，分别按粒径 <20 mm，20 ~ 50 mm，50 ~ 100 mm，100 ~ 150 mm，150 ~ 200 mm，>200 mm的石块分级，按级分别称重，计算各级质量与总质量之比，绘制颗粒级配曲线。

(3) 泥石流流体的黏度和静切力测试方法：

取泥石流浆体，使用标准黏度计或旋转黏度计测试泥石流黏度，使用泥浆静切力计测量泥石流静切力。

① 泥浆取样法

a. 泥石流爆发时取样。需预先安置悬索绞车。用取样桶动态装泥石流浆液。或在泥石流爆发前挖坑埋取样桶与沟床面平，待泥石流浆液灌满取样桶时，立即提出。

b. 取土样搅拌。先清除堆积物表面杂质，挖取具有代表性的细颗粒土2 ~ 3 kg放入桶内，加水搅拌成泥浆后，存放1昼夜以上，观察浆体，若无固、液两相物质分离现象，即可作实验用泥石流浆体样本。

② 泥石流黏度的测试

a. 标准漏斗1006型黏度计测定。泥浆通过0.2 mm筛网，置700 mL浆体于漏斗中，让泥浆从内径 $\phi5$ mm的管中流出，记录注满500 mL容器所需时间秒数，即为泥浆黏度(η)。该法虽然不能测出绝对黏度(η_{cp})和屈服值(τ_b)，但在野外比较泥浆稠度简便可行。

b. 同轴圆心旋转黏度计测定。该法是使圆筒在流体中作同心圆旋转，测定其扭矩，也可连续改变旋转的角速度，测定各剪切速率下的剪应力，从而测得流体的流变曲线。根据有关公式计算流体的黏度。

③ 泥石流静切力测量

泥石流的静切力是衡量泥石流浆体结构强度的物理量。泥石流浆体静置时常形成网状结构，破坏单位面积上网状结构所需的力，称为静切力。

采用1007型静切力计测量。将过筛的泥浆倒入外筒，把带钢丝的悬柱挂在支架上，泥浆面和悬柱顶面相平。静止1 min或10 min，分别测定钢丝扭转角度，即可计算1 min或10 min的静切力。

6.5.2 泥石流动态监测包括年内或多年的长周期动态监测，年或月的中周期动态监测或时、分、秒的短周期动态监测。使用不同的遥感图像可进行不同周期的动态监测。

泥石流固体物质的年补给量或年总堆积量的变化以及多年内地形、水文网、森林被覆、水土流失等的变动与人类活动的影响等的监测均属长周期动态监测。可以通过不同年份摄取的遥感图像进行对比,可鉴别出各种地物信息的长周期的动态变化。

泥石流活动期前后,崩塌、滑坡区的固体物质的补给量、沟床及堆积扇的固体物质堆积量等的监测属中周期动态监测。可用不同月份的遥感图像进行对比,监测其动态变化。

6.5.3 泥石流发育阶段分期表中坍方面积率(见附录C)是指泥石流流域范围内已经形成坍方部分的面积所占流域面积的百分数。

6.7.1 泥石流发育地区的沟谷,一般都是泥石流沟,全部都按泥石流工点要求作深入详细调查,工作量大,很难作到。但是,有些大型泥石流沟,不但影响线路方案,而且整治困难,初测泥石流工程地质工作的重点,就是深入调查这些泥石流沟,综合分析该地区泥石流的特点,选好线路位置,拟订出综合整治泥石流的方案。

重点泥石流沟影响着线路方案,故要对其作全流域的调查,查明其补给条件、堆积特点,掌握泥石流的形成机理、物质组成、流态特征及其堵河所引起的上、下游河岸稳定性的变化,以便对症处理。

对线路方案影响不大的一般泥石流沟,应查明泥石流规模、暴发频率、主要补给区及补给方式、泥石流冲淤特点等,为线路跨越泥石流沟选择适当的位置。

有的泥石流沟是由沟内滑坡、崩塌的补给形成的。这种情况下,从线路方案全局出发,经技术经济比较后,认为整治不良地质体较整治泥石流沟的方案更好时,就应对不良地质体作深入的调查研究。

6.7.2 泥石流过后,其堆积物有的后来被洪水或常流水冲洗,将细颗粒冲走,呈稀性泥石流堆积的假象。有时泥石流过程结束和开始时,流体性质不同,堆积物特征也不同。所以,泥石流沟床堆积物表面特征并不一定代表本沟出现频率最多的泥石流流体的性质。为了解泥石流流体特点,除进行堆积物剖面调查外,还要用钻探、挖探资料加以验证。

6.8.4 同一条沟的泥石流堆积物,由于各次泥石流的流路改变,物质来源不同,泥石流堆积物的物理力学性质会有很大差异,故应使用干钻查明不同层次堆积物。黏性泥石流含细颗粒物质多,往往成为软弱夹层。过去对此认识不足,未考虑其对地基的影响,曾造成桥墩偏移和歪斜等事故。

6.8.5 黄土和黏土地区的黏性泥石流堆积物主要是细颗粒物质,这些经搬运再沉积的物质,是否还具有补给区土体的湿化或湿陷性,需取样试验后才能确定。

7.2.1 线路要设法绕避严重风沙地段。如包兰铁路巴彦高勒至乌达段,由于西线方案通过乌兰布和沙漠,长达90 km,考虑到这里风大沙多,防沙工作艰巨,最后采用两跨黄河的现行线(东线)方案,实践证明是正确的。

线路走向与主风向平行,可减少路基的沙埋和风蚀。当线路与主风向垂直,等于将整个风沙拦腰截断,容易造成沙子埋道;若与主风向平行,流沙对线路的影响,只限于路基两侧狭长地带,如果是路堤,对流沙还具有一定的输、导作用,沙粒沿路堤两侧运动,不致引起路基面大量积沙。对路基风蚀来说也是如此,当线路与主风向垂直,路基承受全部风力,故路基风蚀作用强烈;与主风向平行,路基仅承受部分风力,风蚀作用也明显减弱。弯道易于积沙,是由于弯道内侧沙子不能顺线路方向移动,容易堆积在弯道内。如因地形条件必须设置弯道时,宜将弯道的外侧迎着主风方向,这样积沙情况可相应减轻。

路堤是风沙地区最好的路基断面形式,因风沙流遇到路堤时通常堆积在坡脚或边坡上，不致马上埋道，对行车安全影响小些，路面积沙后还可借风力吹走，清沙工作也较简便。观测得知，气流越过路堑时，发生明显的旋涡运动，堑内风力显著降低，气流中沙粒迅速沉落在堑内，路堑越深积沙越严重；不填不挖地段也最易积沙，均应避免。包兰、兰新等铁路调查表明，路堤高度不足 1 m 者，积沙均较严重。铁道部第三勘测设计院根据京通线流动沙地路堤高在 1 m 以下易积沙的情况，也提出风沙地区路堤不小于 1 m 的限度。前苏联铁路设计规范（1976 年）规定，路堤高度应大于 0.9 m，我国因缺乏准确的观测数据，故暂定 1 m 作为路堤最低高度。

风沙地区多为间歇性河流，加之降水变率大，平常河床中积存的大量沙粒，一遇暴雨，便顺河而下，堵塞桥涵、冲毁路基，因此在严重风沙地区应适当加大桥涵孔径，增加其排洪和输沙能力。

7.2.2　我国沙漠、戈壁大都位于内陆盆地和山前倾斜平原，由于地形条件和具有疏松沙砾质沉积物，当山地降水或融雪水流出山口后，多沿沙砾层向下渗入底层，到达洪积扇前缘溢出地表。在塔里木、柴达木等盆地边缘都分布有断续的潜水溢出带，这里植物生长较好，沙丘多属固定、半固定类型，加之地形开阔，坡度平缓，是铁路选线理想的地理位置。

我国风沙地区，虽然大部分地方水系贫乏，但大沙漠内部仍分布有一些河流、湖泊，它们在不断迁移改道的过程中，遗留下许多古河床和湖盆地，虽大都被流沙掩埋，有的仍依稀可辨。这里地下水位高，植物生长较好，沙丘多处于固定状态。有的还分布有厚层砾石及黏土沉积物，筑路时可就地取得防护材料。

7.2.3　风沙地区地面组成物质，大多以疏松的沙沉积物为主，当地表形成结皮或植被固定后，一般无风沙活动，不易引人注目，如施工时破坏了地表，便会就地起沙、掩埋线路，其特点是进展很快，并不断蔓延，给铁路造成很大危害，如吉兰太铁路专用线的沙害，即属于这一类型，设计及施工时应引起足够的重视。

在半固定、固定沙丘地区，选线时应避免高堤、深堑，以免在施工中大量破坏地表和植被，引起沙丘活化，形成新的沙源。

7.2.4　在山地陡坡积沙地段，由于沙层松散与下伏基岩软硬不均，容易造成沙层沿基岩陡坡发生溜坍，引起积沙失稳，且工程不易处理，线路以避绕为宜。

分布在山地斜坡上的沙丘，系风力吹扬山前洪积、冲积平原上的沙物质堆积而成，在受地形影响和风向单一情况下，山坡常出现多条相互平行与风向一致的沙带，延伸甚远，如南疆铁路吐库段原托克逊方案，在觉罗塔克山北坡，分布有 2 ~ 3 条沙带，高达十余米，间距为 300 ~ 500 m，沙带间无明显的风沙活动，线路可选择在带间的空隙地通过。

7.3.2　风沙地貌虽多种多样，但都可根据航空像片上特殊的地貌形态色调和影像特征加以区分。例如戈壁，地貌形态简单，在像片上呈现单调而粗糙的灰色影像，很容易与沙漠、沙漠化土地区分开。风蚀地貌一般具有残丘与洼地相间的地表形态，在像片上呈有规律的条状结构和均匀的灰色色调，丘顶色调明亮，洼地色调较深。流动沙丘表面裸露，具有很高的反射强度，色调呈均匀的灰白色。沙丘形态清晰，常表现为各种各样的线纹影像，且沿主风向有规律地排列，而固定、半固定沙丘由于植被的影响，色调灰暗，不均匀，呈斑点状，根据花斑及灰暗程度，可以估算植被的覆盖度。航空像片上，还可在立体镜下借助于视差杆等仪器对沙丘的各个形态要素（长度、宽度和坡度等）进行量测，从沙丘排列、沙丘迎风坡和背风坡的方向，判断出主风向和沙丘的移动方向。据不同时期的像片，可以测算沙丘移动速度。

卫星像片同样能解译风成地貌，只是由于在高空对地面成像，反映地表起伏的立体感较弱；同时比例尺小，一般为1∶50万～1∶100万，对地貌的解译不如航空像片的精度高。

彩色红外像片显示的颜色为假彩色，对植被、水体的反射率差别大，可提高航片的反差和分辨率，如植被在近红外线段有较强的反射，在像片上呈品红色，由于植被的种属和长势不同，色调深浅也不一样。水体对红外线吸收能力强，反射力弱，在像片上呈醒目的深蓝色，甚至蓝黑色，因色调变深，增大与其他地物的反差，分辨率也相应提高，如果将普通黑白像片与彩色红外像片加以对照，则解译效果更好。

7.3.3 采集标本要达到能说明沙源的目的，一般应沿主风向或河流方向进行，这样便于追索沙的来源地。采样时不仅要采取沙丘上的沙样，也需采取下伏沉积物标本，加以对比分析，判断其系就地起沙，或外来沙源。

颗粒分析：主要了解沙漠沙各种粒级所占百分比，表示出风力搬运沙粒的特征，沙受风力吹扬过程中，在沙丘不同部位上，粒级的配置情况也不相同，因此，在对比沙丘颗粒组成时，必须将所采取沙样的地点和地形部位加以区分。

矿物分析：将基岩或沉积物的矿物成分与沙漠沙的矿物成分进行比较，可判断沙漠沙的源地。矿物分析虽是追索沙源的有效方法，但应指出，石英、长石是沙漠矿物组成的主要成分，几乎各地一样，一般不能作为指示性矿物，而应注意其中重矿物的变化。

沙粒表面特征的观察：被风吹扬的沙粒，经过相互摩擦后，粒径愈磨愈小，硬度大的颗粒也就越磨越圆。沙粒搬运的时间越长，其外形圆度也就越好；同时由于长时间撞击的结果，在沙粒的表面留下麻点的痕迹，当我们在显微镜下观察沙粒的形状，把不同地区的沙粒加以对比，就可探索出它们之间是否存在着一定的关系。

对于沙粒形态的研究一般在高倍显微镜下进行，即将沙粒置于涂黑的载物台上，在强烈光线反射下，观察每一标本的磨圆度，磨圆度分为磨圆（棱角已磨、表面光滑），未磨圆（仍有锋锐棱角）统计其所占百分比。

7.3.4 气候条件的分析包括：

（1）了解日温差和年温差的变化幅度，因为气温变化幅度大，是加速岩石物理风化的重要因素，而岩石风化的产物，又将成为风沙的物质来源。

（2）降水量大小和降水性质，决定沙物质搬运、堆积的方式和强度，在风沙地区常见到与现代降水不相称的地貌形态（如大的干河床）或沉积物，必然会联系到气象条件的变化和古代河流的堆积作用。

（3）风是沙粒搬运的动力，也是风沙地貌形成的重要条件，掌握了风的规律，就可根据主风向去追索沙的来源地，同时也可具体分析风力吹蚀、搬运、堆积的特征。

7.3.7 河流、湖泊和暂时性水流，往往将沿途携带的沙粒在适当的地方停积下来，成为风沙的物质来源，因此，需要调查水文网的分布特征、密度、水量、含沙量及其季节变化。查明下伏地层沉积物类型是判断沙物质来源的重要线索之一。例如腾格里沙漠的原始地貌，东北部是由红色岩系（白垩纪～第三纪）组成的剥蚀丘陵；西部为湖相堆积平原。很明显，西部以河湖相堆积物的再吹扬为主要沙源，而东北部剥蚀丘陵的残积物则是沙的主要供给地。

风沙地区古河床目前虽已干涸，甚至被流沙掩埋，但往往地下水位高，水量也较丰富，在地貌上具有阶梯状或槽型外貌。地层结构一般是下部为沙砾层，在动水条件下形成；上部为黏性土层，是河水消失后静水环境下的沉积物，使用少量勘探便可确定。地植物法是沙漠中寻找古河床和上层滞水最有效的方法，通常沿古河床生长的植物颜色深绿，在航空像片上显示为深暗色条带状斑点，引人注目。

7.3.8　植物的调查重点是划分沿线植物群丛，植物群丛是指某一地区植物综合体，具有一定的种属和生态学特征。通常将优势种放在最后，如柠条—猫头刺—油蒿群丛，表示该群丛中油蒿的数量最多，猫头刺次之，柠条最少。对每一群丛要选择标准地，灌木为2 m×50 m，草本为2 m×25 m。

植被调查的面积：草本植物覆盖度在30%以下的，采用2 m×2 m；30%以上的，采用1 m×1 m。灌木、半灌木采用1 m×5 m或2 m×2 m。

植物的覆盖度：指植物投影面积与标准地面积的百分比。

7.4.1　钻探工作除按现行行业标准《铁路工程地质钻探规程》(TB 10014—98)执行外，尚可根据地层、岩性情况，采用下列方法：

(1)在松散沙层中，宜采用泥浆护壁钻进。泥浆中宜加入一定剂量的Na—CMC、PHP、PVA、$Na_2SiO_3 \cdot H_2O$ 等处理剂，组成复配泥浆。该复配泥浆系利用高分子聚合物形成的网状结构，吸附和黏结沙粒，并通过泥浆的渗透作用，在孔壁上形成"胶膜"，硬化和稳定孔壁。

在戈壁砾(碎)石层中钻进，应根据砾(碎)石土的密实程度、粒径大小，采用冲击钻进、硬质合金钻进或钢粒钻进。

(2)静力触探或标准贯入试验主要用于确定沙层基本承载力、沙的内摩擦角、相对密度和力学分层以及判定饱和砂层地震液化的可能性。

(3)采用挖探开挖前应先灌水浸湿沙层，然后进行开挖，当试坑深度大于1.5 m时，应采取支护措施，以确保安全。

为测定沙层含水量，可采用干沙采样土钻分层取样。中国科学院兰州沙漠所试制的一种干沙采样土钻，是由钻头、连接杆和带有滑轮把手所组成的双层钻。钻头内装有可垂直活动的挡片，挡片上连接带有两根弹簧的钢丝绳，借助于把手上滑轮的开与合而取出样品。钻杆每节长2 m，操作时先将外层钻入一定深度，然后将内层钻具插入外层钻孔内，并使挡片处于开放位置，当钻至一定深度后，扳动滑轮，关闭挡片，即可取出该深度的样品。该钻具采样准确，操作简便，采样深度一般可达5 m。

7.4.4　为固沙造林设计，需测定沙层含盐量等。测定方法：取需测定的沙样50～100 g，按土水比1∶5搅拌约5 min，再放置12 h后过滤，制备成沙的浸出液，然后测出浸出液的含盐量、pH值、氮、磷、钾及有机质含量。

7.5.6　沙粒起动风速与沙粒粒径、地表性质和沙粒含水量等因素有关。我国沙漠沙多属粒径为0.1～0.25 mm的细沙，经过野外大量观测得知，对于一般干燥裸露的沙质地表，当离地表2 m高处风速达4 m/s左右，或相当于气象站风标风速等于或大于5 m/s时，沙粒被起动，形成风沙流。

在集沙仪开始收集到沙粒时的风速，即为起沙风速。目前我国使用的集沙仪，是沿用兹那门斯基设计的，该仪器为一扁平的金属盒，盒内安装有10个方形测管，作45°倾斜排列在一起，管口截面为1 cm×1 cm，尾部各连接一个小铝盒，观测时将管口面向气流方向，旁边置一手持风速仪，以便同时测定风速。当风沙流发生时，沙粒靠惯性由测管进入相连的铝盒内，经过一段时间，称出铝盒内沙粒重量，便可得出单位时间内，在某一风速下，各测管内每1 cm^3 体积所含的沙量，以及整个10 cm高程内的总沙量，如将集沙仪置于不同沙丘和沙质地表上，便可得出起沙风速和风沙流结构等资料。乌鲁木齐铁路局针对南疆线吐鱼段戈壁风沙流地段，具有风速大（最大风速达63 m/s），颗粒粗（一般粒径为2～5 mm），起沙风速大（20 m/s）等特点，设计安装一种大型集沙仪，其特点为：测量范围大，垂直高度可达10 m，分层设置集沙器，减少进口绕流，采样精度高。每层集沙器水平并联5个进沙口，面积为10 cm×10 cm，0.5 m下进沙口为20 cm×20 cm，除沙粒外，还可收集砾沙、碎石等大颗粒。通过多次大风，进行风速与集沙量的观测，得出有关计算公式及参数。

起沙风的统计：将每天定时观测中大于、等于起沙风的风速值挑出，按16个方位逐月（季、年）统计出每一方向起沙风的风向频率平均值和风速平均值，列表记录。

风向频率玫瑰图：将一年中各风向（16个方位）频率平均值按比率绘制在16方位的极坐标上，再将各方位的点用折线连接起来即成。由图可知该处各个方位的风向出现的频率。

动力风向图虽可反映出一个地区以那种风向为主，如说明图7.5.6—1可知，当地沙丘由西北向东南移动（注意图中所示动力风向与沙丘移动方向相反），但动力风向图在数量上只是表示一个平均数值，不能反映出风向的详细变化特征，也看不出沙丘移动性质，为弥补这一缺点，可采用风向、风速矢量曲线图（该图直接表示沙丘移动方向），由说明图7.5.6—2不但可看出全年沙丘移动方向由西北向东南，而且清楚地反映出一年中风的详细变化情况和沙丘移动随季节变化特征。

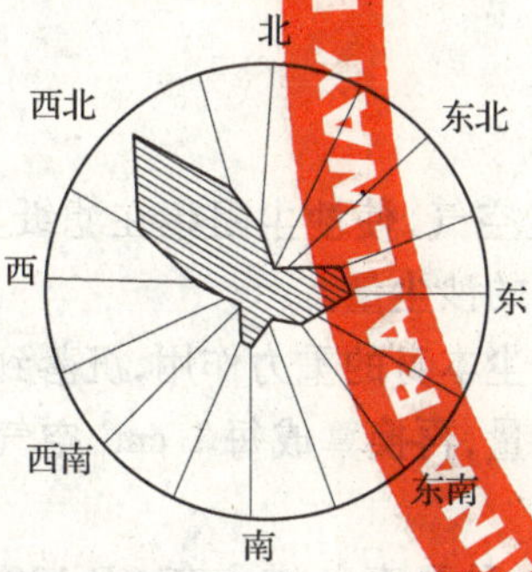

说明图7.5.6—1　包兰铁路
沙坡头1956年动力风向图

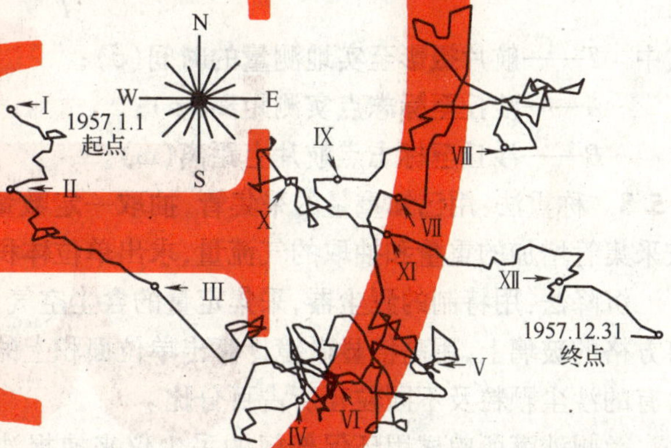

说明图7.5.6—2　沙坡头风向风速矢量曲线图
（据1957年定时观测中大于4.5 m/s的起沙风速控制）

动力风向图：在16方位的极坐标上将风速平方与风向频率的乘积，按比例点在相应方向的线段上，再将各方位的点用折线连接起来即成。由图可知该处沙丘主要移动方向。

风向风速矢量曲线图：以十字线表示方向，上北下南，左西右东。根据当地一年中起沙风的风向、风速资料，以线条方位代表风向，线条长度按比例表示风速，依次按每日风向、风速资料连续绘制成矢量曲线图。该图能直接表示沙丘移动方向，而不表示风向。

风沙流结构是指气流中不同层次输沙量随高程的分布特征。影响风沙流结构的主要因素是高度、风速及地表组成物质。

输沙量一般应在现场采用集沙仪实测，或在建筑物迎风方向埋置集沙箱，通过一段时间取出收集的沙量，计算出单位断面的输沙量。

地表风蚀强度观测，可采用插测杆的方法，对不同性质的地表进行实测，计算出一段时间内单位面积的风蚀量。风蚀强度受地表物质组成、胶结物、植被、水分及微地貌的影响各不相同,可用若干组测杆置于不同性质地表进行观测。

其观测方法:找一根 2 m 长的测杆,其上刻有尺度,埋入和露出地表各 1 m,经过一段时间后,测杆出露长度的变化,即为地表被吹蚀的深度,通过一组测杆的实测资料,可计算出风蚀量或提供的沙源量。

7.5.7 沙丘移动观测可采用下列方法进行:

重复多次形态测量:选择不同类型和高度的沙丘多处,定期(每季度或风季前后)测绘出不同时期沙丘形态平面图(比例不小于 1:500);

纵断面测量:选择代表性沙丘多处,在垂直沙丘走向的迎风坡、背风坡的坡腰、坡脚和丘顶设测杆(杆长 2 m,埋入沙中1 m),定期测量各测点到沙丘不同部位的距离;

航片分析对比:利用大比例尺航空像片进行分析对比,求得沙丘移动速度:

在有两次航片地区,将不同比例尺的航片缩放成同一比例尺,两图重叠在一起(用蜡纸描绘),可以量出两次像片间隔时间内沙丘的年平均移动速度。

在只有一次航片的地区,应与地面实测工作相结合,即利用核证过的像片,量出某一沙丘与固定标志的距离为 B(固定标志可选择住房、水井、道路和灌丛沙堆等),然后在野外找到像片上的同一沙丘和标志点,测量其距离为 A,按下列公式可求得沙丘的年平均移动速度(D):

$$D = \frac{A - B}{T} \quad \text{(说明 7.5.7)}$$

式中 T——航片摄影至实地测量的时间(d);

A——沙丘至标志点实测距离(m);

B——沙丘至标志点航片上距离(m)。

7.5.8 称重法:用已知重量的采集管,抽取一定数量的含尘空气,使沙尘阻集在滤纸上,按采集管增加的重量和抽取的气流量,求出单位体积空气中的沙尘量。

沉降法:用特制的测尘器,采集定量的含尘空气,依靠沙尘本身的重力作用,沉落到带有方格的玻璃上,用高倍显微镜计算出单位面积上的沙尘数量,再换算成每 1 cm^3 空气中含有的沙尘颗粒及不同粒径所占百分比。

兰州沙漠所曾试用环保部门的采尘仪来捕捉沙尘量,一种是青岛崂山产 KB-120 型空气采样器,另一种为上海产 FC-A 型粉尘采样器,通过试用,认为用作测定沙尘物质成分是可行的,而测定沙尘量则不能满足要求,有待进一步研究试制。

7.5.9 沙丘、沙地的活动程度,表明风沙危害性质及程度,直接影响沙害治理的难易和工程费用。除植物覆盖度外,尚有下列因素,可作为划分的标志。

(1)风沙流活动程度及沙丘、沙地形态变化,可划分三级。

① 风沙流活动显著:沙丘形态变化主要依风力转移,不仅有明显的迎、背风坡,迎风坡平缓,背风坡陡峻,且丘体随风况变化。

② 有风沙流活动:丘顶有明显的丘脊线及迎、背风坡,在风的作用下,丘脊线摆动,但整个丘体并不随风况变化。

③ 风沙流活动不显著:丘顶多呈浑圆状,没有明显的丘脊线,陡峻的背风坡仅个别出现。

(2)沙丘剖面分化,随沙丘固定程度增加,据其剖面状况可分为:

① 未分化:层间无差异(仅有干湿程度差别)。

② 分化不明显:开始出现土壤层,丘表有薄层结皮。

③ 分化明显:有明显结皮层和腐植层,沙层变紧,呈团块—弱块状结构。

(3)有机质含量:随沙丘固定程度增加,表层有机质含量相应增加,我国沙漠分布面广,地带性差异大,同一类活动性沙丘,在不同地区,有机质含量不尽相同,但就搜集到的资料统计,大多在0.1% ~0.5%间。

7.6.1 遥感图像(包括航空和航天遥感像片),因具有视野广阔等特点,在铁路勘测中已得到广泛应用。风沙地区自然条件恶劣,交通困难,进行大面积地质调查,工作十分繁重,在踏勘阶段利用遥感图像识别各种风沙地貌类型,并划分其界线,分析、判断风沙运动的主要趋势及特征,可大大减少地面工作量。

7.7.1 戈壁地区工程地质工作,首先是根据地质构造和外营力作用,查明戈壁的侵蚀(剥蚀、搬运、堆积)过程及地表组成物质的特点(包括其矿物成分、粒径大小、形状特征等),并取样测定地表砾(碎)石层中的含沙量及胶结程度;其次,测定戈壁风沙流的粒径、高程分布及输沙量等;第三,调查、测量风力作用形成的砾浪特征(粒径、高度、间距及排列方向),流沙的分布形状(斑点状、片状及新月形沙丘等)以及风蚀作用形成的各种地貌形态(高度或深度、长度、排列方向)。

土地沙漠化是当前世界上一个重要的环境问题,我国土地沙漠化由于影响范围大、发展迅速,给铁路修筑带来严重的危害。沙漠化的成因,包括自然因素(大面积沙性土的分布、气候干旱和大风频繁)及人为因素(不合理农垦、樵采,过度放牧,水资源利用不当、工矿交通建设破坏地表)等。在新线勘测中,要查明沙漠化的成因,并根据沙漠化的形态特征,如原始地形破坏程度、地表组成物质的变化,植被退化情况,固定、半固定沙丘活化程度及流沙所占土地面积的比例等,划分沙漠化程度类型。

风沙地区修筑铁路需要各类防护材料,往往由于数量大,运输困难,时间紧(边施工,边防护),在工程费用中占很大比例,这一因素甚至会影响线路方案的取舍,因此在初测中应对其产地、运输条件进行初步调查。

7.7.4 半定位观测是指观测地点不固定,观测年限短(1~2个风季),观测手段较简易。

7.7.5 “对线路造成的危害”是指风沙对铁路施工、养护、运营带来的一系列危害,主要包括:(1)影响安全运行;(2)增加施工、养护的工作量和费用;(3)对员工工作和生活条件的不利影响。有些不能用经济指标反映出来,应按不利因素加以综合考虑。

工程地质横断面图,为了正确表示沙丘高度、间距和坡度,横断面方向一般应根据沙丘类型来确定。如属纵向沙丘(沙丘走向与起沙风合成风向平行或呈30°以下交角)应垂直沙丘走向;横向沙丘(沙丘走向与起沙风向垂直或呈60°~90°的交角)则平行沙丘走向。其他类型沙丘根据实际情况而定。

7.8.1 对风积、风蚀地貌进行形态测量,可了解风沙活动特征和工程难易程度,如沙丘的高度、长度、坡度、走向和密度,不仅反映沙丘活动过程,而且影响土方工程量和防沙措施;对风蚀形态的测量,可得知主风方向和估算沙源的数量。

风沙的运行方向和搬运过程,随着沿线地形和建筑物的位置和形态而发生变化,应特别加以注意。因为防风沙措施应针对风沙运动方向和沉积方式而配置。因此勘测中,一方面要查明沿线局部地形对风沙运动的影响,同时要调查、预测桥孔、隧道口、深堑、高路堤等人工地貌对风沙运动的干扰变化情况,并提出相应的防治措施。

7.9.2　对沿线风沙活动和造林立地条件，要有一个逐渐深化的认识过程，各种防治措施需要在实践中不断修改、补充，特别是林带营造，需要大量的人力、物力和较长的时间，才能达到预期的效果。改建和增建第二线，要尽量利用原有防沙措施，这对沙害治理来说，具有很大的实际意义。因在风沙地区另选新线，将大大增加防沙工程费用，在经济上和时间上都是不合算的。

为减轻风沙的威胁，第二线应设置在既有线背风一侧，充分利用已有防沙措施和保护现有植被。

第二线与既有线并行地段应并肩，否则低的一侧容易引起积沙。

8.2.2　在覆盖型岩溶区，因覆盖层薄，自然成拱作用差，较覆盖层厚的地区更易产生塌陷。

地下水降落漏斗范围内，水力坡度增大，水动力作用增强，易产生塌陷，威胁铁路建筑物的安全，新线宜绕避。

8.2.3　垭口中心常是地层或地质构造薄弱地带，岩层破碎，岩溶易发育。在丘陵地区，垭口下常是暗河通道，故宜避开。

在洼地、谷地中，岩溶泉、落水洞、暗河等消水、堵水变化无常，流量不易掌握，以桥跨越较涵洞安全。

8.2.4　该条要求线路位于岩溶安全带内，是指河谷斜坡上，岩溶水最低排泄点（或河谷水边线）与山顶面靠最外侧的洼地、竖井、落水洞等垂直岩溶形态之间的地带。岩溶水能从斜坡上排泄出来，需要地壳有一个相对稳定时期，这一时期，可在岩体内部形成一小段缓坡或水平洞穴。此缓坡段以上的岩体内不大可能发育岩溶大厅，一般也不会出现大量岩溶水。某些地段，因地壳间隙上升，斜坡上可能残存一些悬挂小型干溶洞，对铁路工程不构成大的危害。故称此带为岩溶安全带。贵昆线三家寨至艾家坪一段线路，南昆线河谷区的羊寨隧道、王家凼隧道，皆选在安全带内，效果较好。如说明图8.2.4。

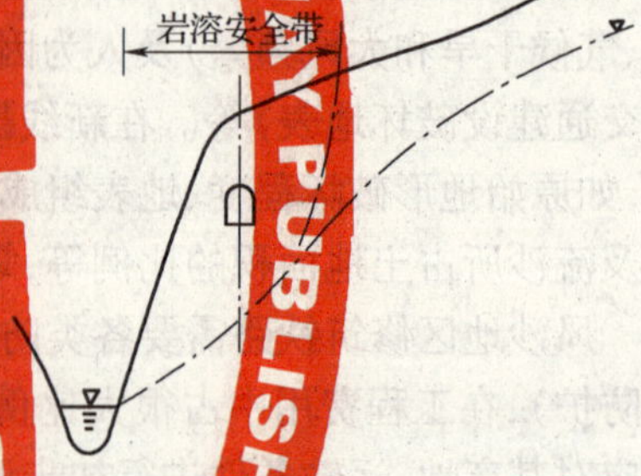

说明图 8.2.4　线路位于岩溶安全带内

在河谷地带，除因地下水由山体向河谷排泄而发育溶洞外，还可能由河流侧蚀作用而造成溶洞，其特点是两岸溶洞成对称成层分布，溶洞规模由岸向山逐渐变小。后期河床下切，便存留在谷坡上成为干溶洞，且无岩溶水排泄。

8.2.5　负地形之间及垂直渗流带是2个同时并存的条件。因为，线路即使位于负地形之间，但在水平渗流带中，同样会受到水与洞穴的危害。

地下分水岭地带，常是岩溶发育相对较弱的地带，地下水的危害小，线路在此范围内通过，相对较安全。

垂直渗流带多竖井状溶洞，隧道穿越此带有悬空的可能，且雨季易受突然涌水、突泥的危害；季节交替带和水平流动带岩溶水量较大，洞穴侧向发育，常常呈大厅，宜避开；深部缓流带往往具有承压孔隙、裂隙水，运动较缓慢，岩溶水威胁小于季节交替带和水平流动带。

8.3.1　1∶50 000及更大比例尺地形图上，一般已注明泉、洼地等，可用于圈定汇水面积及绘制洼地分析图。1∶200 000 水文地质图上可了解泉和暗河流量，水文勘探孔的试验资料及岩层富水程度等。

8.3.3 可溶岩中碳酸盐类岩石和结晶程度划分如下：

岩性：分为石灰岩类、白云岩类、硅质碳酸盐岩类和泥质碳酸盐岩类。

结晶程度：直径 <0.1 mm为隐晶质或致密质，0.1～0.5 mm为细晶质，0.5～1 mm为中晶质，>1 mm为粗晶质。结晶颗粒大者易溶蚀，反之则稍差。

8.3.5 河谷至分水岭间岩溶发育程度，一般自河谷向分水岭逐渐减弱，当受新构造运动影响存在古岩溶时，应注意剥夷面上的古岩溶分布特征。

一个地区的多层溶洞，可能与河流多级阶地相对应（在高程和时代上），这是指单一的碳酸盐岩中，经过暗河发育阶段及早期河流侧蚀作用造成的水平溶洞可以与阶地、剥夷面对应。岩层倾角平缓的碳酸盐岩与非碳酸盐岩互层或夹层地区所形成的悬挂于岸坡河水面之上的水平溶洞则不与阶地或剥夷面相对应。

负地形多，标志着岩溶发育。洼地、干谷、竖井、漏斗、落水洞、坡立谷等岩溶形态都反映了地表下岩溶洞穴的存在及岩溶水活动规律。调查负地形的排列方向及高程从分水岭向排泄区递减分布的趋势，是确定暗河存在的地面标志。

覆盖型岩溶较隐蔽，难于发现，由于地下水的活动常形成地面塌陷和空洞，对工程危害极大，威胁行车安全。如津浦线泰安站、浙赣线分宜站都位于覆盖型岩溶区，曾发生过地面塌陷，影响安全运行，经处理后恢复正常。

岩溶作用的下限通常称为岩溶基准面，一般指可溶岩底板、最枯潜水面、海平面、当地常年河流的河底等。但从土建工程的实践来看，碳酸盐岩厚度很大，或因地质构造关系可溶岩向下延伸很深的地区，溶蚀作用未达到溶蚀下限之前，尚未形成统一潜水面，将河流的最枯水位或高悬于河面之上的暗河或常年排泄的岩溶泉，定为近代岩溶基准面是合适的。

全球或者海岸附近地区，海平面是岩溶基准面。但在远离海岸并被非可溶岩分割包围的岩溶区，海平面制约岩溶发育深度的作用不明显，而起显著作用的是当地河流水面或河水面以上的常流泉。

常年排水的河谷中，岩溶水出露点（或排泄面）有的高于河水面，有的却低于河底，基准面位置应分段确定，以现有的岩溶水出露点高程为近代岩溶基准面。

以上所述的近代岩溶基准面是指岩溶作用的水平流动带的下限。

8.3.6 调查岩溶点，在现场宜用油漆编号，便于测量和再利用，避免重复工作和减少查找岩溶点的困难。

与线路有关的洞穴、竖井、暗河等，凡人能进入的应进洞调查；必须查清的洞穴，可爆破洞口进入或勘探查明。

8.3.7 搜集测区内人工坑道及洞室突水资料，是为坑道涌水及由此而引起地面塌陷的可能性进行预测。

地下分水岭通常有下列几种情况：当地表分水岭地势较平坦，有较大渗入补给时，地下分水岭与地表分水岭基本一致；由于地质构造条件不同及岩溶发育不均一（在地表分水岭一侧强烈发育），常使地下分水岭与地表分水岭不一致；岩溶通道和暗河强烈发育的结果，会使地下分水岭消失。

地下分水岭可根据下列资料判断：地形、地质构造、岩性、暗河进出口高程、主要泉点高程、地下水位及流向等。

确定地下分水岭,在于选择有利的线路位置、确定集水面积和进行隧道涌水量计算等。

8.3.8 岩溶地面塌陷调查采用表格的形式进行便于统计分析,可采用说明表 8.3.8—1 与说明表 8.3.8—2 的表格进行调查和分析,统计分析方法可按说明表 8.3.8—3 进行评分预测(此预测指标系根据 90 个实例的模糊分析结果得到的)。

说明表 8.3.8—1 岩溶塌陷调查一览表

工点名称: 线 段 第 页

塌陷编号	位置	塌陷情况				土层情况				井泉分布	塌陷经过及危害	原因、处理经过及效果
		地貌	形状及尺寸(m^3)	距水点距离(m)	基岩出露及溶蚀情况	名称	厚度(m)	土样				
								编号	个数			

调查者: 年 月 日 复核者: 年 月 日

说明表 8.3.8—2 铁路沿线岩溶可能塌陷地段调查分析表

线 段 第 页 共 页

段序	里程	工程名称	地貌类型	地质构造与岩性	覆盖土分布宽度		土层名称及分层	土层厚度(m)	水位埋深及变幅(m)	岩溶发育程度		评价
					左(m)	右(m)				地表	基岩	

调查者: 年 月 日 复核者: 年 月 日

说明表 8.3.8—3 岩溶地面塌陷预测分析参考标准

基本条件	主要影响因素	因素的水平	指标分
水——塌陷动力	水位(40分)	水位能在土、岩界面上下波动	40
		水位不能在土、岩界面上下波动	20
覆盖层——塌陷物质	土的性质与土层结构(20分)	黏性土	10
		砂性土	20
		风化砂页岩	10
		多元结构	20
	土层厚度(10分)	<10 m	10
		10~20 m	7
		>20 m	5
岩溶——塌陷与储运条件	地貌(15分)	平原、谷地、溶蚀洼地	15
		谷坡、山丘	5
	岩溶发育程度(15分)	漏斗、洼地、落水洞、溶槽、石牙、竖井、暗河、溶洞较多	10~15
		漏斗、洼地、落水洞、溶槽、石牙、竖井、暗河、溶洞稀少	5~9

注:1 累计指标分≥90 为极易塌陷区,71~89 为易塌陷区,≤70 为不易塌陷区;
2 近期产生过塌陷区,累计指标分应为 100;
3 地表降水入渗致塌地区,水的指标分为 40。

8.4.3 水文地质试验孔,应揭露需要了解的含水层,使用清水钻进,终孔直径或试验段直径一般不小于 $\phi108$ mm。水文地质动态观测孔,应揭露主要含水层,直径一般不小于 $\phi89$ mm。物探测井要求孔壁完整,孔深和孔径应根据需要勘探深度和采用物探方法确定。进行钻孔设计时,应充分考虑钻孔的多种用途。

8.5.2 连通试验宜在丰水或平水季节进行,因流量较大时,便于携带示踪物;枯水期由于流量小,会影响试验效果而产生误判。当岩溶水运动方向变化复杂,洪水期与平水期流向不一致或有多层水流时,需要两个季节都作连通试验。

连通试验示踪物的选择,应以不污染环境为条件。使用石松孢子作为示踪物时,可用氯化锌重液分选,较过去常用的镉重液毒性轻、价廉、制作方便。还可选用与水的比重一致的微型塑料粒子作示踪物,着色粒子可多点投放,多点接收,具有检验直观、省事、价廉、无污染等优点。

8.5.3 为提供隧道设计所需水文地质资料,动态观测时间一般不应少于1个水文年,为了保证观测时间,宜在初测时开始进行。

水文地质计算,有关资料介绍如下:

(1)水文地质参数计算。

① 利用观测资料计算降雨入渗系数 α。

a. 利用钻孔和降雨观测资料,当潜水含水层埋藏浅、无排泄、无开采,地下水位的升降受降雨影响时,可按下式计算:

$$\alpha = \frac{\mu(h_{max} - h \pm \Delta h \cdot t)}{X} \quad \text{(说明 8.5.3—1)}$$

式中 α——降雨入渗系数;

μ——潜水含水层的给水度;

h_{max}——降雨后钻孔中最高水柱高(m);

h——降雨前钻孔中水柱高(m);

Δh——临近降雨前钻孔中水柱高天然平均变幅(m/d);

t——水位自 h 至 h_{max} 的时间(d);

X——t 日内降雨总量(m)。

b. 利用径流、蒸发和降雨观测资料,可按下式计算:

$$\alpha = \frac{\sum_{i=1}^{n}(X_i - Y_i - Z_i) \cdot X_i}{\sum_{i=1}^{n} X_i^2} \quad \text{(说明 8.5.3—2)}$$

式中 X_i——第 i 次日降雨量(m);

Y_i——第 i 次地表日径流量(m);

Z_i——第 i 次日蒸发量(m)。

② 在同一含水层中,可利用上游钻孔水位与相关的下游泉流量动态观测曲线计算渗透系数 K、释水系数 S。

a. 承压水完整井渗透系数 K 可按下式计算:

$$K = \frac{Q}{4\pi M(S_2 - S_1)} \cdot \ln\frac{t_2}{t_1} \quad \text{(说明 8.5.3—3)}$$

式中　K——渗透系数(m/d);

Q——计算时段泉稳定流量(m^3/d);

M——承压含水层厚度(m);

S_2——t_2 时刻(d)观测水位下降值(m);

S_1——t_1 时刻(d)观测水位下降值(m)。

b. 潜水完整井渗透系数 K 可按下式计算:

$$K = \frac{Q}{2\pi(h_1^2 - h_2^2)} \cdot \ln\frac{t_2}{t_1} \qquad \text{(说明 8.5.3—4)}$$

式中　h_2——t_2 时刻(d)观测潜水含水层厚度(m);

h_1——t_1 时刻(d)观测潜水含水层厚度(m)。

c. 承压水完整井,绘制泉流量稳定时段内钻孔水柱高 h(m)与观测时刻 t(d)的常用对数关系曲线,即 h—lg t 曲线,确定直线段斜率为 k(m),直线与 lg t 轴的交点为 t_0(d)。释水系数 S 可按下列公式计算:

$$S = \frac{2.25Tt_0}{r^2} \qquad \text{(说明 8.5.3—5)}$$

$$T = \frac{0.183Q}{k} \qquad \text{(说明 8.5.3—6)}$$

或

$$T = KM \qquad \text{(说明 8.5.3—7)}$$

式中　S——释水系数;

T——导水系数(m^2/d);

r——钻孔至泉的距离(m)。

③ 潜水含水层的给水度 μ,可用非稳定流抽水试验资料计算,亦可用岩溶率近似代替。

(2)隧道涌水量计算。

① 岩溶区隧道涌水量,应根据隧道分段水文地质条件,运用多种方法进行分段计算,经分析后确定。

② 洼地入渗法,应符合下列规定。

a. 隧道位于垂直渗流带地段,隧顶有直接相连的消水洼地或落水洞时;

b. 圈定集水面积,据降雨、蒸发资料及洼地消水速度,估算洼地入渗量;

c. 隧道计算段涌水量,相当于洼地入渗量。

③ 水均衡法,应符合下列规定。

a. 隧道位于水平流动带及深部缓流带宜选用;

b. 隧道计算段涌水量,可按下列公式计算:

$$Q_i = \alpha Fx\eta \qquad \text{(说明 8.5.3—8)}$$

$$\eta = \frac{1}{t} \qquad \text{(说明 8.5.3—9)}$$

式中　Q_i——隧道计算段涌水量(m^3/d);

F——与隧道有关的集水面积(m^2);

x——钻孔水位与降雨量关系曲线中,水位不再随降雨量增加而增加时段的最小日降雨量(m);

η——滞后系数(d^{-1});

t——观测水位或流量洪峰较降雨滞后的时间(d)。

④ 地下水动力学法,应符合下列规定。

a. 隧道位于深部缓流带或裂隙状岩溶含水层,具统一地下水位地段;

b. 分段涌水量,选用相应水文地质条件的地下水动力学公式计算。

⑤ 水文地质比拟法,应符合下列规定。

a. 隧道处于各种不同水文地质条件的地段均可采用。

b. 隧道计算段涌水量,可与处于相同或相似水文地质条件的坑道、洞室实测涌水量进行类比取值。

式(说明 8.5.3—2)的推导过程如下:

利用径流、蒸发和降雨量观测资料,入渗量 P 可按下式计算:

$$P = X - Y - Z \qquad (说明 8.5.3—10)$$

降雨入渗系数定义为入渗量与降雨量之比如下式:

$$\alpha = \frac{P}{X} \qquad (说明 8.5.3—11)$$

或

$$P = \alpha X \qquad (说明 8.5.3—12)$$

式(说明 8.5.3—12)是一条直线,当利用 n 组观测资料计算 α 时,根据最小二乘法原理,必须使等式两端误差平方和为最小。如

$$\delta = \sum_{i=1}^{n}(P_i - \alpha X_i)^2 \qquad (说明 8.5.3—13)$$

则

$$\frac{\partial\delta}{\partial\alpha} = 2\sum_{i=1}^{n}(P_i - \alpha X_i)(-X_i) = 0 \qquad (说明 8.5.3—14)$$

或

$$\sum_{i=1}^{n} P_i X_i = \alpha \sum X_i^2 \qquad (说明 8.5.3—15)$$

即

$$\alpha = \frac{\sum_{i=1}^{n}(X_i - Y_i - Z_i)\cdot X_i}{\sum_{i=1}^{n} X_i^2} \qquad (说明 8.5.3—16)$$

渗透系数和释水系数的计算公式系列是引用"单井非稳定流抽水试验,在没有补给的条件下,利用观测孔的水位下降资料计算渗透系数"的理论公式。应用中,应注意符合理论公式的前提条件。亦可参照《水文地质手册》计算公式,计算其他理论模式的水文地质参数。

当隧道位于垂直渗流带时,涌水与否取决于隧道是否遇到垂直发育的竖井和溶隙,故不能简单套用地下水动力学法及均衡法公式计算,应根据隧道上方洼地汇水面积、降雨量、蒸发量、地表径流量计算洼地入渗量,以洼地入渗量确定该段的涌水量值。

运用水均衡原理动态观测法,计算公式与《中国岩溶研究》水均衡计算公式相同,但

本规程要求参数用观测求得。该公式曾在盘西线平关、胜境关隧道和京广线南岭隧道的涌水量预测(科研)中应用,经施工初步验证,较接近实际。

地下水动力学法计算隧道涌水量,可按水平集水建筑物的水量计算公式计算,可结合水文地质条件选用。

8.5.5　岩溶地面塌陷因素评价经铁二院研究得出本条结论,即采用说明表 8.3.8—3 进行评价。铁二院《铁路沿线岩溶地面塌陷及防治》研究,获 1991 年铁道部科技进步二等奖、1992 年国家科技进步三等奖。

8.5.6　线路可以安全跨越的溶洞,溶洞顶板的条件介绍如下:

(1)溶洞具有完整顶板,顶板厚度与最大跨度之比大于 0.5;

(2)溶洞具有不完整顶板,顶板厚度大于溶洞高度的 5 倍。

影响溶洞顶板稳定的因素:内因为溶洞顶板厚度、跨度及形态,岩层产状、节理裂隙,岩石的物理力学性质。外因为外力状况,岩石含水量与温度变化,洞内水流搬运的机械破坏作用。最终归纳为 3 种主要因素:顶板的完整性、跨径和厚度。

该条稳定评价结论,经专家鉴定后,1986 年 12 月获铁道部科技进步三等奖。实际勘察中,可根据具体情况分析并参照采用。

8.7.1　重要岩溶形态使用仪器实测,取得较准确数据,便于分析岩溶发育高程、延伸方向,岩溶水位高程、流向和与线路关系等。

8.7.5　岩溶工程地质图,应划分岩溶层组类型,进行岩溶发育程度分区。

岩溶层组类型可根据岩性、成层特征划分。成层特征可分为:均质层、夹层、互层、间层。

岩溶发育程度分区,可根据岩溶层组类型、岩溶发育密度、最大泉流量、钻孔岩溶率划分。

8.8.2　岩溶发育地段,应结合工程类型,采用多种勘探方法,并以物探为主。针对物探异常,用少量钻孔验证,能收到较好的效果。

岩溶复杂地段桥基勘探应不少于 2 次。第一次是控制性勘探,并与物探配合提供桥式布置;第二次应在墩、台位置上钻探,提供准确的基础设计勘测资料。在墩、台位置上钻探过程中,发现洞穴,导致墩、台位置或基础类型发生改变时,还应进行第三次、第四次勘探。

勘探深度可结合工程类型确定:

一般路基和站场,孔深至线路设计标高以下 10 m 即可。

房屋建筑、桥和隧道,孔深应至建筑物基底以下 10 m,桩基础宜在桩尖下 10 m。

上述深度内如遇溶洞,钻孔深度是否增加,应根据溶洞情况及准备采取的工程措施,进行专门研究。目前,在基底或桩尖遇溶洞,一般作注浆处理,即使增加桩长,也很有限,不应盲目增加勘探深度。

8.9.1　岩溶地面塌陷与溶洞顶板安全问题,勘察阶段常常难以查清,特别是路堑和隧道路基面以下的岩溶发育情况,应延续至施工期间继续勘察。

为了保证物探方法的最佳勘察效果和提高岩溶勘察质量,可在路基基本成型以后的路基面上进行。

9.1.3　人为坑洞中采空区根据开采现状分为古老采空区、现代采空区、未来采空区。根据开采规模划分为小窑采空区、大面积采空区。目前采空区工程勘察中多采用这两种划分方法。

古老采空区:建筑物兴建时,历史上已经开采过的场地。一般指开采年代距今40~50年以前,开采手段较落后,巷道狭窄,开采范围较小,回采率低,因年代久远,无资料可查,地面痕迹较少的采空区。

现代采空区:建筑物兴建时,地下正在采掘或采掘时间不长的场地。一般指开采年代大约在近40~50年内,开采手段较先进,巷道纵横交错,开采范围较大,回采率高,一般有资料可查的采空区。

未来采空区:建筑物兴建时,地下赋存有价值的矿体,目前尚未开采,而规划中要开采的场地。

小型采空区分类可参照说明表9.1.3。

说明表9.1.3　小型采空区分类

名　称	涵　义	分 布 及 特 征
掏煤洞	小型手工开挖的煤洞,一般有古窑和小窑两类	多分布于埋藏浅、易于开采的含煤地层中。以平洞及斜井为多。煤洞长,有岔洞,洞口多有弃渣堆的遗迹
掏砂洞	在含有卵石的地层中开采卵石、砾石,用以覆盖耕地表面,以减少水分蒸发,用来保墒。卵石、砾石被掏后所遗留的空洞	在甘肃、青海一带,黄河及其支流的阶地上分布较多。洞口及其采空形态,因卵石层埋藏深度不同而异。横断面一般宽1~2 m,高1~2 m。在有掏沙洞地区,地表常有塌陷碟地、陷落漏斗及洞口等,但由于掏砂洞历史较久,有的洞口堵塞,地表状态变迁,至今已毫无痕迹
掏金洞	掏取砂金而遗留下来的洞穴	主要分布在接触变质岩和有大量侵入岩脉(石英脉)地区河流两岸,含有金砂的沉积阶地的卵石层底部。掏金洞埋深大,断面小,延伸长,支洞多,洞口多分布于阶地边缘斜坡上
坎儿井	为利用山前洪积平原的潜水而开挖的地下引水渠道	分布在新疆天山南北的山前洪积平原上,哈密至托克逊一带较多,其长度和深度取决于山前洪积平原地下水的埋藏条件和水量大小。在平面上,每隔一定距离即有一个开挖的竖井,竖井口周围有环形弃土堆

9.2.1　人为坑洞对铁路建筑物的危害极大,因其变形常突然发生,严重时会造成列车颠覆,一旦发生,又难以维修养护,往往中断行车。如某矿区铁路,受采空影响,路基不断下沉,使轨道变形;有些矿区铁路因地基变形,使桥梁、房屋、地下管道、通讯信号的地下电缆、色灯信号机、电杆等均受到不同程度的破坏。又如浙赣线萍乡地区,由于老煤洞纵横交错,遍布地下,在1957年以后线路两侧出现不同程度的塌洞达十多处,为保证运输安全,最后将此段线路改线。包兰线亦曾因掏沙洞导致路基塌陷,发生断道事故。因此铁路通过采空区宜采取绕避方案。

当地表出现非连续变形时,将产生台阶、裂缝、塌陷坑,它对建筑物的危害要比连续变形的地段大得多;地表移动活跃阶段内,各种变形指标达到最大值,是一个危险变形期,它对地面建筑物的破坏性很大;在开采急剧倾斜煤层时,由于煤层倾角的增大,覆岩破坏的特点与缓倾斜煤层有明显不同,它除了产生顶板方向的破坏外,采空区上边界以上的破坏范围也显著增大,而且随所采煤层厚度、倾角的增大,上边界所采煤层的破坏越来越严重,同时开采急倾斜煤层时,采空区上边界煤层会发生抽冒,其抽冒高度严重者可达地表(冒顶)。

9.3.1　人为坑洞地区的地质调绘应以搜集资料、调查访问为主。古窑和小窑采空区一般均未进行过专门的地质勘察，开采也无规划、分布无规律，搜集资料十分困难，主要应作好向当事人或当地居民和有关方面的调查访问工作。大面积采空区一般均作过勘探，有大量的资料可供使用。如各种地质图、矿区分布图、矿区规划图、采空区的位置、开采时间、开采方法、顶板管理方法以及有关地表变形及观测资料。

各种地质图：用于查明人为坑洞区的地层构成、岩性、岩层产状、地质构造及水文地质条件。矿床分布图：用于查明矿层的分布、层数、层厚、埋藏深度。矿区规划图：对有规划、有设计或已成的矿区，应搜集查明采空区的位置、矿层开采深度、厚度、开采时间、开采方法、巷道布置、工作面推进方向、保留矿柱等的分布图件和有关回填加固等处理的资料、矿区开采的远景规划。

9.4.2　在勘探过程中，遇到有害气体应在孔口用三通管将气体引出场地以外顺风一侧；遇有煤层瓦斯钻进时严禁采用爆破方法及明火与孔口接触。

9.5.1　人为坑洞区铁路勘测，当调查访问资料缺乏，采用勘探方法难以查明采空区地表变形特征及其稳定和发展趋势时，应进行地表移动观测。

9.5.2　地表移动的观测是在选定地点（观测站）设置一定测点，在被采动过程中，定期观测这些测点在不同时间的空间位置，确定测点的位移和点与点之间的变形。对观测成果进行分析、计算和研究后即可得到一个观测站地表移动的各种参数。

观测站一般至少由2条观测线组成，1条平行矿层走向，1条垂直矿层走向布置。平行矿层走向的观测线，应有1条布置在最大下沉值的位置；垂直矿层走向的观测线，一般不应少于2条。方法是先确定矿层的走向，然后根据矿区已有地表移动资料确定走向观测线和倾向观测线。观测线长度应超过移动盆地边界一段距离，以便确定移动盆地的边缘。观测线上的观测点间距，应大致相等；观测周期可根据地表变形速度或开采深度确定。盆地边界可根据矿区已有的地表移动资料或根据条件类似的其他矿区的资料确定。

9.5.3　预测地表移动与变形可以为矿区勘测设计铁路提供依据。地表移动与变形预测包括地表最大下沉值、最大倾斜、最大曲率、最大水平移动、最大下沉速度和移动盆地边界的预测。

（1）地表最大下沉值的预测：

① 首次采动时充分采动情况下的最大下沉值按下式计算：

水平矿层　$\eta_0 = q_0 m$　（说明9.5.3—1）

非水平矿层　$\eta_0 = q_0 m \cdot \cos\alpha$　（说明9.5.3—2）

式中　η_0——最大下沉值(mm)；

m——矿层的真厚度(m)；

α——矿层倾角(°)；

q_0——充分采动情况下的下沉系数(mm/m)，见说明表9.5.3—1。

② 首次采动时非充分采动情况下的下沉值按下式计算：

$$\eta_m = q_0 m\cos\alpha \sqrt{n_1 \cdot n_2} \quad （说明9.5.3—3）$$

式中　η_m——下沉值(mm)；

n_1, n_2——分别为沿矿层倾斜方向与走向方向的采动程度系数，其值如说明表9.5.3—2。

说明表 9.5.3—1 下沉系数参考数值

顶板管理方法	下沉系数 q_0(mm/m)
全面陷落(初次采动)	0.7(0.6~0.8)
全面陷落(重复采动)	0.85
带 状 充 填	0.55~0.70
干式全部充填	0.4~0.5
风力和机械干式充填	0.3~0.4
水 砂 充 填	0.1~0.12
加压水砂充填	0.05~0.08
条带式开采(回采50%~60%)	0.03~0.10
条带式开采(回采50%~60%)水砂充填	0.015~0.03

说明表 9.5.3—2 采动程度系数取值

采动程度系数	一 般 值	鸡西矿务局采用值
倾斜方向 n_1	$n_1=0.9D_1/H_0$	$n_1=0.7D_1/H_0$
走向方向 n_2	$n_2=0.9D_2/H_0$	$n_2=0.6D_2/H_0$

注:D_1,D_2——分别为采空区沿倾斜方向与走向方向的实际尺寸(m);
H_0——平均开采深度(m)。

③ 重复采动时非充分采动情况下的下沉值计算,米贞切夫建议在缓倾斜条件下采用以下公式:

$$\eta_m = q_0 m\cos\alpha\sqrt{n_1\cdot n_2}\left(1+0.5\frac{H_1}{H}\right) \qquad (说明 9.5.3—4)$$

式中 H_1——前次采动的上覆岩层厚度(m);
H——本次开采深度(m)。

(2)地表最大倾斜、最大曲率、最大水平移动和变形的预测,见说明表9.5.3—3。

说明表 9.5.3—3 预测地表最大变形值的经验公式

项 目	中国科学院矿冶研究所 煤炭科学院北京研究所	唐山煤炭科学研究院
最大倾斜值 i_0(mm/m或‰)	$i_0=\eta_0/r$	$i_0=0.9\eta_0/r$
最大曲率值 K_0(mm/m)	$K_0=\pm1.52\eta_0/r^2$	$K_0=1.39\eta_0/L$
最大水平移动值 ξ_0(mm/m)	$\xi_0=b\eta_0$	$\xi_0=0.9K_H\eta_0/L$
最大水平变形值 ε_0(mm/m)	$\varepsilon_0=\pm1.52bi_0$	$\varepsilon_0=1.39K_H\eta_0/L^2$

表中,地面影响区半径按下式计算:

$$r=\frac{H}{\tan\beta} \qquad (说明 9.5.3—5)$$

式中 r——地面影响区半径(m);
H——开采深度(m);

β——移动角(°),正切值一般界于 1.5 ~2.5 之间;

L——盆地中心(最大下沉点)至下沉曲线拐点(转折点)的距离(m);

b——水平移动系数,界于 0.3 ~0.4 之间;

K_H——系数,界于 5 ~20 之间,一般采用 10 ~20。

(3) 移动盆地边界预测

可利用说明图 9.5.3 所示的求边界角的方法反求,即从采空区边界作与水平线成边界角的斜线,此线与地表的交点为边界点,连续作多个边界点可大致找出移动盆地的边界。其中边界角不能预测,可参考说明表 9.5.3—4 与说明表 9.5.3—5 用类比方法确定,表中所列角值为移动角,可按下列公式求出下山移动边界角、上山移动边界角和走向移动的边界角。

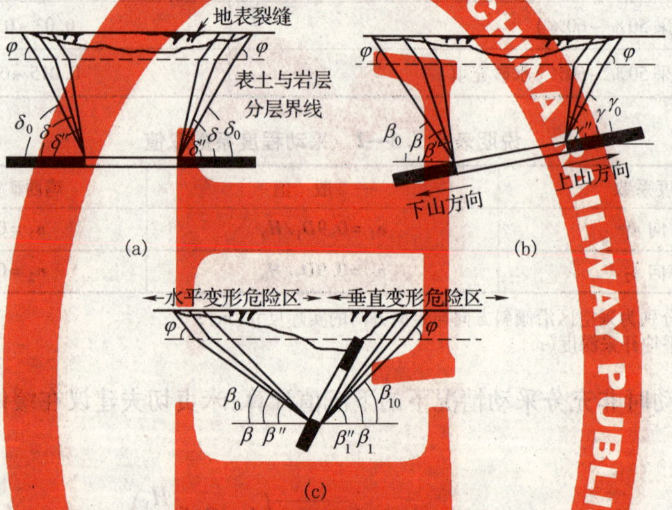

说明图 9.5.3 移动角、破坏角与边界角示意图

(a)沿矿层走向的移动角 δ、破坏角 δ''、边界角 δ_0;

(b)沿矿层倾向上山方向的移动角 γ、破坏角 γ''、边界角 γ_0;

(c)沿矿层倾向下山方向的移动角 β 和 β_1、破坏角 β'' 和 β_1''、边界角 β_1 和 β_{10}。

说明表 9.5.3—4 国外某些煤田移动盆地数值

煤田类别	煤田的特征		岩层移动角 δ(°)		计算保护矿柱时的移动角(基岩)(°)
	一般地质特征	煤系上覆岩层强度	平均值	范围	
Ⅰ	褐煤,大部分为新生代,古生代及部分较老的地质年代,煤系上覆岩层为黏结性弱的岩石	很软或软的岩石,普氏强度系数加权平均值为 2.5,岩层加权平均抗压强度 <25 MPa,加权平均可钻性小于 4.5	65	56 ~80	$\beta=\gamma=\delta=55$
			65	60 ~70	$\delta=65$,当煤层倾角 $0\leqslant\alpha\leqslant10$,$\beta=\gamma=65$;当 $10<\alpha\leqslant45$,$\beta=75-0.5\alpha$,$\gamma=70$;当 $\alpha>45$,$\beta=45$,$\gamma=75$
Ⅱ	大部分为古生代,部分为中生代地层的煤田,煤系上覆岩层为中等硬度的岩石	中硬岩石,普氏强度系数加权平均值为 2.5 ~5,煤系上覆岩层加权平均抗压强度 25 ~50 MPa,加权平均可钻性 4.5 ~6.5	70	65 ~75	$\beta=70-0.6\alpha$,但不小于 35,$\delta=\gamma=70$
			75	70 ~80	$\beta=75-0.8\alpha$,但不小于 30,$\delta=\gamma=75$

续上表

煤田类别	煤田的特征		岩层移动角 δ(°)		计算保护矿柱时的移动角(基岩)(°)
	一般地质特征	煤系上覆岩层强度	平均值	范围	
Ⅲ	大部分为古生代，部分为中生代及部分为较新的地层的煤田，煤系上覆岩层为胶结致密的岩石	坚硬岩石，普氏强度系数加权平均值为5～8，煤系上覆岩层加权平均抗压强度50～80 MPa，加权平均可钻性6.5～8	80～85	76～88	当 α 为任意值，$\delta=\gamma=80$；当 $0\leqslant\alpha\leqslant65$，$\beta=85$；当 $\alpha>65$，$\beta=90-0.9\alpha\leqslant25$
			85～90	80～90	当 α 为任意值，$\delta=\gamma=85$；当 $0\leqslant\alpha\leqslant5$，$\beta=85$；当 $5<\alpha\leqslant65$，$\beta=90-\alpha$；当 $\alpha>65$，$\beta=100°-\alpha\leqslant25$

说明表 9.5.3—5 我国某些煤矿移动盆地数值

成煤时期	上覆岩层	采厚 M (m)	倾角 α (°)	采深 H (m)	采煤方法	移动角(°)			
						走向 δ	上山 γ	下山 β	冲积层 φ
古生代石炭二叠纪	以砂岩为主其次为页岩，普氏强度系数加权平均值>5	0.9～3.4		<600	走向长壁大冒顶	70	$\alpha<65$，$\gamma=70$；$\alpha>65$，$\gamma=50$	$\alpha<45$，$\beta=70-0.6\alpha$；$\alpha>45$，$\beta=90-\alpha$	40～50
古生代上石炭二叠纪	以砂岩和页岩为主，薄层灰岩多为煤层顶板	0.6～3.0	10～20	<300	走向长壁大冒顶	73	73	$73-0.6\alpha$	58
新生代第三纪	厚层褐色及暗褐色致密状油页岩和厚层绿灰色页岩及泥灰岩	29～50	30	380～540	倾斜长壁水砂充填	72	62°20′	$59-0.2\alpha$	45
中生代上侏罗纪	页岩、砂质页岩和砾岩以砂质页岩为主	1.3～2.4	<30	<400	走向长壁大冒顶，水砂充填局部充填	78	78	$\alpha\leqslant10$，$\beta=78$；$10<\alpha<31$，$\beta=89-1.1\alpha$	含水多，$\varphi=42$；含水少，$\varphi=49$
中生代上侏罗纪	砂岩和页岩为主	1.0～2.0	15～21	60～160	走向长壁大冒顶	78	72	$78-0.7\alpha$	
古生代石炭二叠纪	砂页岩、砂岩和页岩	1.1～6.0	6～10	<135	走向长壁大冒顶	72	72	$\alpha\leqslant10$，$\beta=72$；$\alpha>10$，$\beta=72-0.6\alpha$	45
古生代石炭二叠纪	砂页岩、砂岩和页岩	1.4～2.5	<20	<200	走向长壁大冒顶	$74-11h/H$	$86-46h/H$	$67-17h/H$，h 为冲积层厚度	
古生代石炭二叠纪	砂岩、砂页岩和页岩	1.8～4.2	20～80	<180	急倾斜；水平分层或掩护支架。倾斜煤层；走向长壁大冒顶	75	75，急倾斜，$\alpha=56\sim76$，$\beta_1=56$	$\alpha\leqslant40$，$\beta=75-0.65\alpha$；$\alpha>40$，$\beta=53-0.1\alpha$	51°30′
古生代石炭二叠纪	以砂岩、砂页岩和页岩为主，石灰岩占9%	1.0～1.7	4～26	<200	走向长壁大冒顶	74	74	$80-\alpha$	55

$$\beta_0=\beta-15\times(1-0.01\alpha) \quad \text{(说明 9.5.3—6)}$$

$$\gamma_0=\gamma-15 \quad \text{(说明 9.5.3—7)}$$

$$\delta_0=\delta-15 \quad \text{(说明 9.5.3—8)}$$

式中 β_0——下山移动边界角(°)；

γ_0——上山移动边界角(°)；

δ_0——走向移动边界角(°)。

(4)地表最大下沉速度的预测如下式：

$$v_0=\frac{2C\eta_0}{H} \quad \text{(说明 9.5.3—9)}$$

式中　v_0——地表最大下沉速度(mm/d);

C——工作面推进速度(m/d);

H——开采深度,即矿层开采顶面的埋深(m)。

9.5.5　线路通过大面积采空区一般均应绕避,当绕避有困难必须通过时,则应根据地表盆地特征、地表移动所处阶段、地表变形值的大小和上覆岩土层的稳定性等因素对场地进行稳定性评价后,再确定线路通过采空区的部位。

地下采空后,在采空区上方及其周围的地表产生变形,当开采尚未达到"充分采动",移动盆地尚未形成平底时,水平和垂直变形都发展很快,且不均匀,这时整个移动盆地内均不应作为建筑物场地。

当开采已达"充分采动",移动盆地已经形成平底,其地表变形已基本完成,在盆地平底部分(中间区)可以作建筑场地,但应注意今后是否重复开采。在盆地平底外围部分,当变形仍在发展时,不宜作建筑场地,但可采取适当的加强措施后,根据观测的结果选择垂直变形均匀,水平变形小的地段作建筑场地。

在铁路勘测中,大量遇到的是小窑采空区。小窑采空区范围较窄,地表不会产生移动盆地,但由于开采深度小,顶板任其自由塌落,地表变形一般均较剧烈,大多会产生较大的裂缝和陷坑。其稳定性评价,首先应根据调查和测绘圈定地表裂缝、塌陷范围,如地表尚未出现裂缝或裂缝尚未达到稳定阶段时,可参照同类的小窑采空区的裂缝角用类比法确定。其次是确定安全距离,就是铁路工程不受裂缝、塌陷影响的最小距离。地表裂缝或塌陷区属不稳定地段,铁路工程应予避开,并留有一定的安全距离。安全距离应视建筑物的性质、重要程度及巷道顶板埋藏深度确定。当建筑物位于采空区影响范围内时,应根据经验和有关资料对采空区顶板进行稳定性分析,但目前顶板稳定性的力学计算方法尚不成熟,因此未推荐计算公式和稳定性划分标准。铁道部第一勘测设计院近十多年在山西省、陕西省修筑了梅七线、阳涉线、孝柳线、侯月线、神朔线、包西线等经过小煤窑地区的铁路,根据该地区煤层主要位于石炭、二叠系泥页岩夹砂岩的地层特点及当时煤窑的开采情况(以斜井为主,主巷道呈网格状,支巷道间距 25～30 m,支巷道一般宽 2.35 m,高 2.7～3.0 m,一般采用房柱式开采,最后形成长 25～30 m,高 6 m,宽 6 m 的采空区。采完后即封闭),综合检算、分析和评定后,提出该地区小煤窑采空稳定性分区评价标准,按说明表 9.5.5 划分。

说明表 9.5.5　稳定性分区评价

稳定性分区	顶板基岩厚度(m)	处 理 原 则
Ⅰ—可能塌陷区	<30	所有工程均应处理
Ⅱ—可能变形区	30～60	重点工程应予处理
Ⅲ—基本稳定区	>60	一般工程均不处理,重大工程应结合工程重要性单独研究确定

注:当采空区坑洞顶板均为基岩时,按上表划分;当采空区坑洞顶板为第四系覆盖层时,则按 1/3 换算为基岩厚度。

上述划分标准,经过施工、运营检验,尚没有发生工程地质问题。对场地稳定性评价只规定了原则性的标准。上述稳定性分区标准,只有在当地的煤窑采空情况与上述情况相近时，才能参考。对古窑、小窑的稳定性分区，必须根据调查，结合坑道的宽度、高度，开采情况，顶板岩体的性质，地面变形的程度，稳定性检算等综合考虑确定。

10.1.1 水库坍岸一般包括三部分库岸变形，即水上岸坡在雨水冲刷、大气湿热、冻融破坏及地下水潜蚀等外营力的长期作用下形成的水上稳定边坡；水位变幅带内经拍岸浪流的长期作用形成的磨蚀浅滩；以及水下岸壁被冲蚀、坍塌物质被搬运和堆积而形成的水下稳定岸坡。由于地貌特征、水文气象条件及地层岩性、构造等的不同，磨蚀浅滩有时缺失或被淤积而不可见。

10.1.3 水库坍岸是由波浪的作用演变而成，故只需对能被波浪磨蚀的土层、岩层全风化带和一些半岩质岩层进行水库坍岸宽度预测计算。由库水浸泡、地下水壅升等作用引起的滑坡、崩塌等不良地质现象，按滑坡、崩塌等工程地质勘测的有关要求办理。

10.2.1 新建水库蓄水后，因风浪冲击、水流侵蚀和水位涨落的作用，易引起库岸坍塌。铁路不宜修建在坍岸范围内，定线前应判明可能发生坍岸的地段及影响范围，当不能绕避时，则应对可能发生坍岸的岸坡采取防护和加固措施，确保铁路安全。

我国山区以河流峡谷型水库为主，库面狭窄，但库岸长，铁路选线绕避困难，受水库影响范围较长。对受水库坍岸影响的路基、桥台基础等工程应加固防护，隧道则应远离库岸。

10.2.5 关于溃坝问题处理方法介绍如下：

（1）当线路从水库大坝上游或下游穿过而大坝采用的洪水频率标准又低于铁路标准时，为避免溃坝而危及铁路安全，线路应尽可能远离坝址或和有关部门协商加固堤坝。

（2）若大坝采用的洪水频率标准不低于铁路的设计标准时，可以不考虑溃坝的影响，但线路位于水坝下游时，仍应离开水坝有一定距离，以免集中冲刷引起河槽变形而危及铁路安全。

10.3.1 一般水库管理部门、建设部门或该区水电局等单位都有水库设计的有关资料。对大、中型水库，管理库区的部门对修建水库以来水库演变情况一般都有详细记录，可收集到水库的水文资料、水库淤积前后的回水曲线、库区地质图、边坡坍方情况及整治处理情况等。

10.3.2 水库蓄水后，库岸受水的浸泡及风浪、水流的冲蚀作用，破坏了原有的平衡状态。影响库岸稳定的因素有：库岸形态、地层岩性、地质构造、物理地质作用、水的作用及波浪作用等。

（1）库岸形态包括岸坡坡度、岸线形状、水下岸线及地形完整情况。高而陡的岸坡，坍岸量大；低而陡的岸坡坍岸速度快、坍岸量小。岸坡平缓与天然冲刷稳定坡坡度相近时，一般不易坍岸，只受到不大的冲蚀和局部坍毁。对于地形不完整、支沟发育、切割严重的库岸，坍岸显著。地形平整、阶面发育、冲沟不发育的库岸，坍岸不显著。坚硬及半坚硬的岩石，可维持较大的稳定边坡。不抗水的半坚硬岩石，有可能形成较严重的坍岸。密实的黏土，坍岸宽度不大或仅表现为岸坡表面风化土体的剥落。

（2）地层岩性的变化对水库坍岸的影响较大。对不易风化、软化及崩解的岩石，一般不坍塌或坍岸宽度小，可按工程地质法预测坍岸宽度，如岩层内含软弱夹层，则随软弱层的被冲蚀、夷平、搬运，上部岩层出现临空面，随节理的伸展、连贯而崩坍，周而复始，直到上部岩层坍塌体堆积在软弱层上，岸壁才趋于稳定。而第四系地层和岩层全风化层常形成较大的坍岸宽度，对建筑物影响较大，为地质调查的重点。

(3) 地层内颗粒组成影响水库的坍岸速度和宽度。如北京市某水库,地层以黄土质黏砂土夹卵石土、砾石为主,在波浪力的作用下,黏砂土易崩解,冲蚀。现场勘测坡脚堆积为卵石、砾石夹砂层,厚0.5～1.0 m,形成5°～10°的稳定坡角,延缓了坍岸速度。

在实际调绘中,应结合具体情况有重点地调查对水库坍岸影响大的因素。

水库岸坡往往是不良地质发育区,应详细调查沿库岸坡的不良地质现象。对未滑动库坡稳定性作周密的调查、研究,提出预测性建议,以供设计、施工中采取措施,防患于未然。对岸坡稳定性分析时,应充分考虑铁路荷载、开挖、施工等因素对边坡稳定性的影响。

(4) 水库蓄水后,当地水文地质条件随之发生变化,若水库的库岸地层中埋藏着地下水,则地下水随库水位的壅升而升高。若无地下水,则水库蓄水后,库水呈降落曲线向库岸渗透。地下水位的变化,除加剧岸边坍岸的发展外,还引起如下的工程地质问题:

① 黄土的湿陷。

② 岩(土)体的强度降低及结构的破坏。如库岸岩(土)体的湿化将降低其承载力和抗剪强度,而水位消落带处斜坡岩(土)体由于周期性的湿干变化,将引起其结构的破坏。

③ 库岸的滑动和坍塌,如老滑坡的复活,新滑坡的产生,尤其是当坡积层与下伏地层接触面较陡时易产生滑动。

④ 库岸低凹地的沼泽化。

⑤ 松散的细土粒的冲移和易溶岩层(如石膏、石灰岩)的溶蚀。

地质调查中应着重研究水的作用对工程建筑物的影响。如某黄土地区水库,地下水的壅升曾波及至1～3 km,使黄土类土产生大范围的湿陷现象,又如某水库,由于地下水壅升,使土地沼泽化,泉水出露,房屋倒塌,果树死亡。

10.3.3　水库低水位时库岸地层出露较厚,可对地层岩性、边坡坡角等进行比较准确的观察、测量。对未达到最终稳定的岸坡,有条件时可进行水库坍岸发展的观测。

10.4.1　水库坍岸的勘探必须在工程地质调绘的基础上合理布置。可采用物探、钻探、挖探、触探等方法进行综合勘探。在库岸区,一般情况是勘探线垂直岸线方向布置,每个勘探断面至少有2～3个勘探点,勘探点顺岸向为200～500 m,垂直岸向为20～50 m,当地层变化较大、地质条件较复杂时,勘探点可适当加密。

10.4.2、10.4.3　水库地段工程地质勘探、测试工作,除应满足水库路基要求外,还应按各类建筑物的工程地质要求进行,如为特殊岩土地基,则应按特殊岩土规范的有关要求进行勘探,取样和测试。

10.5.1　在既有水库边缘修建铁路时,库岸已基本稳定;而在拟建水库边缘修建铁路或在既有铁路边缘修建水库,如地质条件复杂,附近又无既有水库可借鉴时,进行水库坍岸预测比较困难,应在水库蓄水初期进行水库坍岸观测,能获得较准确的坍岸预测线。

10.5.2　影响水库坍岸的因素较多,进行水库坍岸观测时应根据库岸形态、地质构造、岩(土)体结构组成、水下淤积情况等布置代表性观测断面。

库岸变形的方式主要有坍塌、坍滑、溜坍和淘刷。水库蓄水初期,由于水文条件的骤变,水库库岸变形较剧烈,以坍塌、坍滑和溜坍变形为主。由于水库蓄水往往在2～6个月的时间完成,这时应加强坍岸观测,蓄水完成后应观测1次,蓄水时间较长时,中间宜加观测一次。水位基本稳定后,库岸以淘刷、溜坍变形为主,变形较缓慢,一般1年观测1次。

10.5.3　库岸地层的岩性、构造、库岸形态、水库淤积、水的作用等都影响水库坍岸的速度和宽度。预测水库坍岸主要考虑水库水位升降幅度、岸坡冲刷稳定角(浅滩磨蚀角)、水上岸坡自然稳定角及水下岸坡稳定角。其中岸坡冲刷稳定角较小，对预测坍岸宽度影响很大，应根据调查和统计资料慎重选定。目前对水库坍岸线还没有准确的预测办法。现应用较多的是前苏联的坍岸预测方法（卡楚金法），通过绘制水下稳定边坡线、水上稳定边坡线和磨蚀浅滩来预测水库坍岸宽度。预测水库坍岸宽度的卡楚金图解法如说明图 10.5.3—1。

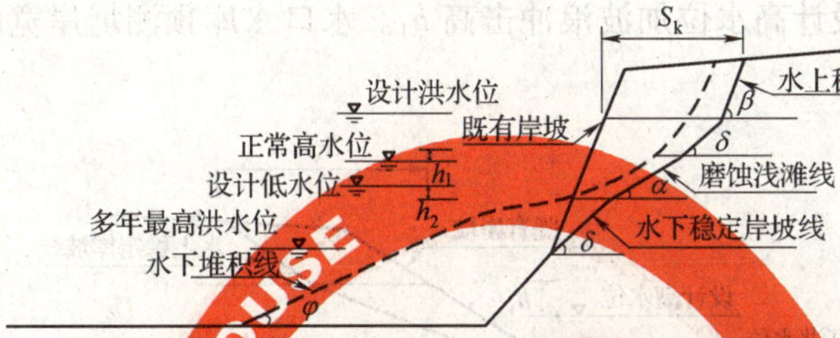

说明图 10.5.3—1　预测水库坍岸宽度的卡楚金图解法

图中　S_k——从设计洪水位起算的最终坍岸宽度；
h_1——波浪侵袭高（一般为 0.5～1.0 倍正常高水位时波浪高）；
h_2——波浪影响深度（一般为 1.5～2.5 倍低水位时波浪高）；
β——水上岸坡稳定角；
δ——岸坡相应地层的水下稳定角；
α——浅滩磨蚀角，根据调查及经验求得；
φ——水下堆积角；
细实线为淤积轻微的库段预测坍岸线；虚线为淤积严重的库段预测坍岸线。

前苏联地区及中国北方平原地区地层以冲洪积层为主，应用卡楚金法进行坍岸预测与实际情况较为吻合。而对国内山区狭谷河道型水库，库岸地层以基岩和坡残积层为主，坡残积层结构较松散，随水位骤升及波浪的冲蚀，库岸迅速坍塌并基本稳定，以后波浪的磨蚀作用对库岸的影响较小，这时应用卡楚金法中磨蚀浅滩的概念进行坍岸预测可能与实际相差较大。代表性水库库岸变形和磨蚀浅摊情况比较如说明表 10.5.3。

说明表 10.5.3　库岸变形和磨蚀浅摊情况比较

水库名	库长（km）	库宽（km）	最大浪高（m）	地层情况	库岸变形情况	磨蚀浅滩	观测年限
列宁湖	90	0.3～3	2.0	黄土质砂黏土	破坏最大宽＞160 m	存在	15
卡霍夫	220	9	2.5	黄土质砂黏土及细砂	破坏最大宽＞80 m	存在	2
古比雪夫	面积 65 km²		2.5	冲积黏土、砂黏土	破坏最大宽＞40 m	存在	1
齐姆良	360	38	＞3	黄土质砂黏土	破坏最大宽 50～100 m	存在	3
高尔基			2.2	黏土、黏土角砾岩	破坏最大宽37 m	存在	2
卡　马	130	13～14	＞2	冲积黏土、砂黏土、砂土	破坏最大宽 30～50 m	存在	4
官　厅		2～27	2.0	黄土类土、黏土、砂土	破坏最大宽＞34 m	存在	2
三门峡	480	6.5	1.7	黄土类土	破坏最大宽＞100 m	存在	1.5
密　云			1.0	基岩、碎（卵）石土	基本稳定	不存在	30
柘　溪	120	1～1.5	0.5	基岩、碎（卵）石土	基本稳定，变形以滑坡为主	不存在	5
龚　嘴	41	0.15～0.7	0.3	基岩、碎（卵）石土	基本稳定，总变形 2.5 万 m³	不存在	4
水　口	80	0.3～1.2	0.5	基岩、砂黏土	基本稳定，坍岸最宽 18 m	不存在	5

铁二院在外福线下过溪至大箬段水口水库的勘测设计中，未考虑库岸的磨蚀浅滩，按水下稳定岸坡线和水上稳定岸坡线进行坍岸预测，除少数变质岩系的全风化层及黏性土地层的坍岸预测与实际坍岸情况有出入外，对第四系地层及人工弃砟等的坍岸预测与实际较为吻合。该方法主要根据调查及经验获得水下稳定岸坡角，以原河道的历史最高洪水位或蓄水第一年的淤积高程，采用其中较高值作为水下稳定岸坡的起始点高程，水下稳定岸坡的终止高程为设计高水位加波浪冲击高 h_1。水口水库预测坍岸宽度图解法如说明图 10.5.3—2。

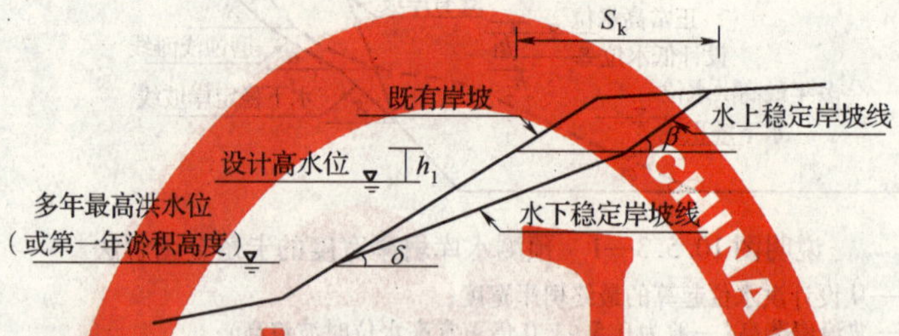

说明图 10.5.3—2　水口水岸预测坍岸宽度图解

预测水库坍岸的方法较多，应针对具体情况，根据观测、调查及勘探、测试资料，采用多种预测方法进行分析对比，获得比较理想的坍岸预测线。并视采用数据、资料的准确性对计算坍岸线增加 3 ~ 5 m 的安全距离。

11.1.1、11.1.2　国家标准《中国地震动参数区划图》（GB 18306—2001）是采用地震动参数（地震动峰值加速度和地震动反应谱特征周期）制定的，不再采用地震基本烈度。本规程有关条文根据该标准的要求采用地震动参数进行编制。为便于过渡，现将地震动峰值加速度分区与地震基本烈度对照表列于说明表 11.1.1。

11.1.3　抗震有利地段是指地形平阔平坦，地层岩性均匀，无采空区、软弱夹层和可液化土层的地段。

说明表 11.1.1　地震动峰值加速度分区与地震基本烈度对照表

地震动峰值加速度分区（g）	<0.05	0.05	0.1	0.15	0.2	0.3	≥0.4
地震基本烈度	< Ⅵ	Ⅵ	Ⅶ	Ⅶ	Ⅷ	Ⅷ	≥ Ⅸ

抗震不利地段是指条状突出山脊、高耸孤立的小丘、非岩质的陡坡、河曲凸岸和岸边斜坡以及平面上分布成因、岩性不均匀的土层（古河道、断层破碎带、暗埋的塘、浜、沟谷及半填半挖地基等），存在采空区、软弱夹层和可液化土层的地段。特别是地震时可能发生滑坡、崩塌、地陷、地裂、泥石流等以及全新活动断裂带上可能发生地表错位的地段为地震危险地段。

11.2.1 ~ 11.2.4　地震区震害主要反映在两个方面：第一，是由地震造成地面破坏而导致铁路工程建筑物破坏，如由于地震引起的斜坡失稳、山坡变形及饱和砂土、粉土液化地基土失效等造成建筑物破坏，这种震害属于间接的。第二，是由地震的振动直接造成工程建筑物的破坏，这种破坏虽然是直接的，但也受场地工程地质条件的影响，不同的场地土，地震惯性力不同，破坏程度也有所不同。

地震动峰值加速度大于 0.1g 及以上地震区在选择线路和重要建筑物的位置时，应以预防为主，尽量选在对抗震有利的地段，绕避不利地段，并采用对抗震有利的建筑物通过。

国内多次地震都证明了这一点，如 1979 年云南通海地震和 1974 年昭通地震，有的公路选在对抗震不利的地段通过，地震后产生严重的崩塌、滑坡，整治困难，只好改移线路。我国的地震绝大多数是构造地震，其成因和地震影响都受地质构造的控制。活动断裂的一些特殊构造部位是强震发生的处所，如不同方向的活动断裂的交汇部位，活动断裂的拐弯段，活动断裂的端点等都是强震发生的可能部位，其中以不同方向的活动断裂的交汇部位发震的概率最高（见说明表 11.2.1）。

因此，应尽量避开这些地段，或选择破碎带最窄地段通过，不宜与之平行。同时在此段内不宜修建重大的或难于修复的建筑物，如隧道、大桥和高桥等，最好是以低路堤通过活动断裂带，因其土方量小，易于抢修。

说明表 11.2.1 活动断裂不同构造部位发震概率

构造条件	活动断裂				
	断裂交汇	断裂弯曲	活动强烈地段	断裂端部	不明
地震数	99	29	27	2	33
百分比(%)	52	15	14	1	18

严重山坡变形是指山坡岩层破碎，风化严重，地下水及地表水丰富，并有崩塌、滑坡、错落等严重变形，在地震作用下，往往引起这类山坡变形加剧，使铁路工程遭受严重破坏。悬崖深谷，高耸孤立山丘，往往多出现在新构造运动比较强烈的地区，沟谷下切严重，形成 V 形谷，两岸高陡，在地震时易产生崩塌、滑坡等现象。如云南昭通地区地壳上升运动明显，深谷悬崖较多，1974 年地震后发生几处大型滑坡、崩塌、如老虎口大滑坡、手扒岩大滑坡等。

在上述不利地段，不宜修建抗震性能差的建筑物，如高填、半挖半填路基，大、高桥等；应尽量选择抗震性能强的建筑物通过；最好是绕避这些不利地段，或选择受地震影响程度较轻，范围较窄的地段通过。

饱和砂与饱和粉土在地震时可能产生液化现象，而使其承载力大幅度降低，甚至完全消失，这是造成平原地区铁路工程建筑物破坏的主要原因之一，如通海、昭通、海城及唐山地震，都有许多实例说明这一点。1975 年海城地震，长大线位于山前丘陵区，虽然遭受地震动峰值加速度为(0.2～0.4)g（八度～九度）地震影响，但震害轻微；而沟海线位于退海平原上，下部有可液化粉、细砂及粉土，虽仅遭受地震动峰值加速度为(0.1～0.15)g（七度）地震影响，但由于液化而使地基失效，造成桥墩台向河心滑移，使许多桥梁遭受到严重的破坏。唐山地震时京山线上有五座桥位于地震动峰值加速度大于 0.4g（十度～十一度）地震区，由于下部是较坚硬的黏土，震害并不严重；而永定新河和蓟运河大桥下部有可液化层，虽分别遭受地震动峰值加速度为 0.1g、0.4g（七度和九度）地震影响，但都破坏严重。所以本规程规定应尽量选择在非液化地段或可液化层埋藏较深及最窄地段通过，并且不应将可液化层直接作为建筑物的持力层。

11.3.2 由于《中国地震动峰值加速度区划图》和《中国地震动反应谱特征周期区划图》的设防水准为 50 年超越概率 10%，因此，应根据《中国地震动参数区划图》（GB 18306—2001），结合具体场地的工程地质条件，具体划分地震动峰值加速度和地震动反应谱特征周期分区的区段和线路里程。

11.4.2 根据对海城和唐山地震区路堤震害工点进行统计分析后得知，当地表覆盖非液化土层的厚度大于 5 m 时，地震动峰值加速度为(0.1～0.15)g 地震区路堤基本不产生震害。日本新泻地震的调查结果，液化区的地下水水位和覆盖土层的厚度都不大于5 m。考虑到调查资料的局限性，不能包括所有最不利的情况，需要有一定的安全度，同时考虑铁路的重要性及修复的难易程度综合因素，对地震动峰值加速度为(0.2～0.4)g(八度至九度区)的标准适当提高到地下水埋深大于 6 m 或地表非液化土层的厚度大于 7 m 可不考虑路基的液化问题。据此规定路堤地段的勘探和测试深度最小为 7 m。勘探深度的下限是考虑到 10 m 以下即使存在液化土层，但在设计中一般不进行特殊设计，故没有必要再加深勘探和测试深度。

挡土墙的勘探和测试深度是基于 10 m 以下即使存在液化土层，但在设计中一般不进行特殊设计。

从 1975 年海城地震的几个实例来看，地震动峰值加速度为(0.1～0.15)g(七度)区的最大液化深度不超过 15 m，地震动峰值加速度为(0.2～0.3)g(八度)区的液化深度可达 18 m，地震动峰值加速度为 0.4g(九度)区未搜集到实测资料，暂按 20 m 考虑。桥梁一般采用深基础，故测试深度按上述要求办理。

综合以上分析，地震动峰值加速度为 0.1g 及以上地震区可液化土勘探深度根据工程经验归纳为说明表 11.4.2，供使用中参考。

说明表 11.4.2　可液化土勘探深度

工程		地震动峰值加速度 (地震基本烈度)		非液化层厚度或 地下水埋深(m)	勘探深度 (m)
名称	高度或类别				
路堤	<3 m	(0.1～0.15)g	(七)	≤5	7
		(0.2～0.3)g	(八)	≤6	
		0.4 g	(九)	≤7	
	3～10 m	(0.1～0.4)g	(七～九)	≤5	7～10
	>10 m	(0.1～0.4)g	(七～九)	≤5	>10
路堑		(0.1～0.4)g	(七～九)	≤5	≥7
挡土墙	≤5 m	(0.1～0.4)g	(七～九)	<5	≥10
	>5 m	(0.1～0.4)g	(七～九)	≥5	
桥	小	(0.1～0.4)g	(七～九)		≥10
	其他	(0.1～0.15)g	(七)		15
		(0.2～0.4)g	(八、九)		20

注：层厚、埋深、勘探深度一般自原地面起算，开挖地区自新地面起算，桥自一般冲刷深度起算。

11.4.4 《中国地震动参数区划图》(GB 18306—2001)适用于一般工程，对于重点工程或位于复杂工程地质条件地区，有特殊要求的工程等，应进行必要的地震动反应谱特征周期测试。

12.1.1 放射性地区内的放射性现象是我们不良地质研究的主要内容。

环境中放射性来源于天然辐射源和人工辐射源。

天然辐射源主要包括宇宙射线和地球上的天然放射性核素。

宇宙射线:是来自外层空间的高能粒子流。在海平面上,宇宙射线对人体作用的年平均剂量约0.3 mGy,在海拔10 km内,每升高1.5 km,剂量约增加1倍。

环境介质中的天然放射性核素:是指存在于地球上的岩石、土、水、大气和动植物体,即人类生活环境介质中的天然放射性核素。某地区环境介质中含有天然放射性核素的浓度,称为该地区的天然放射性本底。不同地区的天然本底差异很大。人体所受环境介质中的天然放射性核素外照射的年平均剂量约0.3 mGy。

人体内的天然放射性核素:环境介质中的天然放射性核素通过饮食和呼吸进入人体,平均年剂量在0.17~0.53 mGy之间。

以上3种天然辐射源对人体的内、外照射称为天然本底照射,其总剂量约为每年1 mGy。

核素(nuclide)是指核内具有一定质子数、质量数或中子数以及一定能量状态的原子。目前人们已掌握2 000种天然和人工核素,分别属于100多种元素。其中,稳定性核素仅有274种,属于81种元素;不稳定核素有1 700多种,能自发地放出某种射线而转变成别种核素,又称为放射性核素(radio nuclide),这种核转化过程,称为放射性核衰变(decay)。

简单的说,核素在衰变过程中主要分别释放出α粒子(He核)、β粒子(正电子或负电子),多数同时伴生γ射线或单独释放γ射线(电磁辐射或光子流),通常称α射线、β射线、γ射线;有的还会同时释放出中微子ν、反中微子$\bar{\nu}$、X射线等。

环境介质中天然放射性核素按照它们的行为和核性质差异,可分为长寿命独立放射性核素和铀系、钍系、锕铀系3个天然放射性衰变系列。

长寿命独立放射性核素有16个,除^{40}K和^{87}Rb在天然钾、铷中的同位素丰度较大外,其余核素的含量均很微小。

铀系又称铀—镭系,它从^{238}U起始,经过一系列衰变,最终至稳定核素^{206}Pb终止。钍系从^{232}Th起,至^{208}Pb终止。锕—铀系从^{235}U起,至^{207}Pb终止。^{238}U、^{232}Th、^{235}U为3个天然放射性衰变系列的母体核素,其衰变过程中产生的各种放射性核素总称为"子代产物"。

α射线穿透力低,体外照射致伤较弱,但进入体内则危害极大;β射线较α射线损伤程度低,人体细胞易恢复;γ射线穿透能力很大,对人体组织器官有严重的危害作用。这些危害最终临床表现为各类癌症及白血病等放射性病。辐射防护的基本原则是:减少体外照射,防止放射性物质进入体内。

12.1.3 放射性废物分类与分级,可参考说明表12.1.3的规定。

说明表12.1.3 放射性废物分类与分级

类别	级别	名称	分类与分级标准
气载废物 A_v	Ⅰ	低放	$DAC_{公众} < A_v \leqslant 10^4 DAC_{公众}$
	Ⅱ	中放	$10^4 DAC_{公众} < A_v \leqslant 10^8 DAC_{公众}$
	Ⅲ	高放	$A_v > 10^8 DAC_{公众}$
液体废物 A_v	Ⅰ	弱放	$DAC_{公众} < A_c \leqslant 3.7 \times 10^2$
	Ⅱ	低放	$3.7 \times 10^2 < A_c \leqslant 3.7 \times 10^5$
	Ⅲ	中放	$3.7 \times 10^5 < A_c \leqslant 3.7 \times 10^9$
	Ⅳ	高放	$A_c > 3.7 \times 10^9$

续上表

类别	级别	名称	分类与分级标准				
			$T_{1/2} \leqslant 60$ d	60 d $< T_{1/2} \leqslant 5$ a①	5 a $< T_{1/2} \leqslant 30$ a②	$T_{1/2} > 30$ a	超铀废物
固体废物 A_m	Ⅰ	低放	$7.4 \times 10^4$③ $< A_m \leqslant 3.7 \times 10^7$	$7.4 \times 10^4$③ $< A_m \leqslant 3.7 \times 10^6$			
	Ⅱ	中放	$3.7 \times 10^7 < A_m \leqslant 3.7 \times 10^{11}$	$3.7 \times 10^6 < A_m \leqslant 3.7 \times 10^{11}$	$3.7 \times 10^6 < A_m \leqslant 3.7 \times 10^{10}$	$3.7 \times 10^6 < A_m \leqslant 3.7 \times 10^9$	$A_m > 3.7 \times 10^6$
	Ⅲ	高放	$A_m > 3.7 \times 10^{11}$		$A_m > 3.7 \times 10^{10}$	$A_m > 3.7 \times 10^9$	

注：① 包括放射性核素钴－60（半衰期 $T_{1/2}$ 为 5.271 a）；
② 包括放射性核素铯－137（半衰期 $T_{1/2}$ 为 30.17 a）；
③ 仅含天然 α 辐射体的废物下限值为 3.7×10^5（Bq/kg）；
④ 放射性浓度 A_v，气载废物单位 Bq/m^3，液体废物单位 Bq/L；放射性比活度 A_m，单位 Bq/kg。

该分类表取至现行国家标准《放射性废物分类标准》（GB 9133—88）。

放射性废物是指含有放射性核素或被放射性核素污染的，其放射性核素浓度或放射性活度水平大于国家规定的豁免值，且不进一步利用的任何物质。

放射性气载废物是指含有放射性气体或放射性微尘和气溶胶的气态废弃物。

公众导出空气浓度 $DAC_{公众}$ 是指年摄入某种放射性核素量限值除以参考人在 1 年时间中吸入的空气体积（即 $1.051\,2 \times 10^5$ m^3）所得的商。

公众导出食入浓度 $DIC_{公众}$ 是指年摄入某种放射性核素量限值除以参考人在 1 年时间中食入的水量（即 8.03×10^2 kg）所得的商。

放射性活度（A）表示样品单位时间内衰变的核数；与样品中总放射核数（N）成正比，比例常数为（λ）。放射性活度的单位叫贝可（Bq），1 贝可表示放射性核素在 1 s 内发生 1 次核跃迁，即：1 Bq = 1 s^{-1}。

实际工作中少用 λ 值，常用物理半衰期（$T_{1/2}$），即放射性核素的核数由于衰变而减少到原来的半数所需要的时间。它们的关系如下式：

$$T_{1/2} = 0.693/\lambda \qquad \text{（说明 12.1.3）}$$

超铀核素是指原子序数大于 92，半衰期 $T_{1/2} > 20$ a 的 α 辐射的放射性核素。

12.3.1　核辐射环境质量评价报告一般由具有一定经验和相应资质的环境评价专门机构作出。

12.3.2　放射性地质调绘侧重于岩浆活动、地质构造、岩性、地层、岩相—古地理、区域地球化学、风化作用等，以及矿化露头信息、地球化学信息、生物信息等，综合分析评价。

在进行放射性区域地质调绘时，在 1∶1万的地质图上，每平方公里的观测点不宜少于 8 个，勘探点按实际需要而定。工程地质调绘前，应首先实测代表性地质剖面，建立典型的地层岩性柱状剖面和标志，划分工程地质制图单元，实测地质体的最小尺寸，一般为相应图上的 2 mm。

12.4.2　放射性现象与强度只能用物探方法确定，钻探和坑探中也必须进行放射性勘探，方能查明放射性空间的分布。

12.4.3　根据仪器所测定的射线种类不同，可将放射性异常分为 γ 异常、$\gamma + \beta$ 异常、射气异常等。测定应依据《环境地表 γ 辐射剂量率测定规范》（GB/T 14583—93）和《地面伽玛总量测量规范》(EJ/T 831—94)执行。

(1) 地面伽玛总量测量是指通过系统测定各地质体岩石γ辐射照射率,寻找异常点、带,研究γ场特征。γ测量仪器应采用高气压电离室型、闪烁探测点型和具有能量补偿的计数管型γ辐射剂量率仪表。

(2) $\gamma+\beta$辐射照射率是采用带有薄铅板盖的专门探测器进行测量。当探测器不带盖(抽出铅板)测量时,所测得的是$\gamma+\beta$射线照射量率之和;仪器带盖(插入铅板)所测得的是γ射线照射量率。

(3) 射气测量系指采用射气仪在野外测量土壤中氡、钍射气的浓度。

12.4.4 放射性勘探钻孔编录需对岩心进行现场辐射取样,即用辐射仪直接测定岩心的放射性照射率。

水文地质试验,除确定水文地质参数外,通过放射性水化学取样及测试,可以评价钻孔附近地层的放射性程度。

样品分析包括放射性物理分析、放射性化学分析和化学分析3种。

12.4.5 《铀矿山空气中氡及氡子体测定方法》(EJ 378—89)规定,氡浓度的测定方法有:闪烁室法、电离室法和气球法。

氡子体α潜能是指氡子体完全衰变为铅-210的过程中放出的α粒子能量的总和。氡子体α潜能测定方法有马尔柯夫法、库斯尼茨法。

12.5.2 γ总量异常点是指γ值为围岩背景值的3倍以上的测点。

γ总量异常带是指异常分布受同一层位(岩性)或构造控制,其长度连续在20 m以上者,或受一定层位(岩性)、构造控制的断续异常,其总长度大于40 m且累计长度大于20 m者。

一个总体大小为N和平均值(背景值)为μ的总体标准差由下式给出:

$$\sigma=\sqrt{\frac{\sum_{i=1}^{N}(x_i-\mu)^2}{N}} \tag{说明 12.5.2}$$

凡γ场受有利层位(岩性)和构造(或蚀变带)等因素控制,场规模较大,其中高场和异常场的分布面积亦较大,梯度变化明显;场内异常平均值高,且分布有较多异常点、带,称为有意义的γ场。

12.5.3 中国核工业总公司发布,1990年5月1日实施的《放射工作场所区级划分与管理规定》(EJ 429—89)是放射工作场所区级划分与管理的依据。

放射工作场所区级划分是以工作人员在该场所内连续工作1年,其个人可能受到辐射照射的年有效剂量当量值的大小为基本技术依据。

放射工作场所区级划分的目的是在设计中采取相应措施,保证施工和运营过程中对放射工作场所分区进行管理。

12.5.4 国家环境保护局批准,1988年6月1日实施的《辐射防护规定》(GB 8703—88)是辐射防护的基本法规,放射性勘察、设计和施工中均必须遵守。相关规定有《电离辐射监测质量保证一般规定》(GB 8999—88)、《放射性废物分类标准》(GB 9133—88)、《核辐射环境质量评价一般规定》(GB 11215—89)、《环境核辐射监测规定》(GB 12379—90)、《放射性废物管理规定》(GB 14500—93)等。

辐射剂量限制体系包括实践的正当性、辐射防护的最优化、对个人剂量的限制和公众照射的限制原则。

辐射照射的控制措施包括管理措施和技术措施。

放射性废物管理包括放射性废物的分类、放射性废物管理原则、低放气体或气溶胶的排放、低放废液的排放和固体放射性废物处理。

《放射性废物管理规定》(GB 14500—93)包括废物的控制、废物的收集、废物的包装、废物的运输、废物的处置、低于低放的废物的管理和免管废物的管理等内容。

低于低放的废物是指放射性核素浓度或放射性比活度水平比低放废物低,但对公众造成的剂量高于国家规定的豁免值,因而需要对其进行相应的辐射安全管理的废物。低于低放的废物不属于放射性废物。

免管废物是指其放射性对任何公众造成的剂量低于国家规定的豁免值以致不需要对其进行辐射安全管理的废物。

辐射监测包括:个人监测、工作场所监测、流出物(源项)监测、环境监测、事故监测和监测质量保证。

对个人剂量的限制中规定:除天然本底照射外,一般情况下辐射工作人员的年有效剂量当量限值 50 mSv,公众成员的年有效剂量当量限值 1 mSv。详细规定参见《辐射防护规定》(GB 8703—88)。

《铀矿地质辐射环境影响评价要求》(EJ/T 977—95)提出的有效剂量当量 H_e 估算模式,如下列公式:

$$H_e = \sum_d \sum_j \sum_a P_{dj} \cdot H^a_{dj} \cdot f^a_d \tag{说明 12.5.4—1}$$

$$P_{dj} = \frac{M_d}{\sum_a f^a_d \cdot q^a} \tag{说明 12.5.4—2}$$

$$H^a_d = H^a_\gamma + H^a_E + H^a_e \tag{说明 12.5.4—3}$$

$$H^a_\gamma = 0.7R \tag{说明 12.5.4—4}$$

$$R = R_{内} \cdot t_{内} + R_{外} \cdot t_{外} \tag{说明 12.5.4—5}$$

$$H^a_E = 4.38 \times 10^3 \cdot \overline{X} \cdot q^a_E \tag{说明 12.5.4—6}$$

$$g^a_E = g^a_{内} \cdot f_{内} + g^a_{外} \cdot t_{外} \tag{说明 12.5.4—7}$$

$$H^a_e = \sum_{i=1}^{n} (H^a_w + H^a_p + H^a_b + H^a_f) \tag{说明 12.5.4—8}$$

$$H^a_w = g^a_w \cdot q^a_w \cdot C_w \cdot f_w \exp(-\lambda t_w) \tag{说明 12.5.4—9}$$

$$H^a_p = g^a_p \sum_p q^a_p \cdot C_p \cdot f_p \exp(-\lambda t_p) \tag{说明 12.5.4—10}$$

$$H^a_b = g^a_b \sum_b q^a_b \cdot C_b \cdot f_b \exp(-\lambda t_b) \tag{说明 12.5.4—11}$$

$$H^a_f = g^a_f \cdot q^a_f \cdot C_w \cdot B_v \cdot f_f \exp(-\lambda t_f) \tag{说明 12.5.4—12}$$

式中　H_e——评价区公众集体有效剂量当量(人·Sv/a);

H^a_{dj}——d 子区 a 年龄组受 j 途径照射的人均有效剂量当量(Sv/a);

f^a_d——d 子区 a 年龄组公众在子区总人口中所占比例;

P_{dj}——d 子区受 j 途径照射的总人数(人);

M_d——d 子区与污水有关的农产品或动物产品产量(kg/a);

q^a——a 年龄组个人的产品消费量(kg/a);

H_γ^a——γ 辐射所致 a 年龄组有效剂量当量(Sv/a);

R——空气中 γ 吸收剂量(Gy);

$\overline{R}_{内}, \overline{R}_{外}$——室内、外空气中 γ 吸收剂量率(Gy/h);

$t_{内}, t_{外}$——1 年中公众在室内、外停留时间(h);

H_E^a——公众 a 年龄组吸入氡子体所致有效剂量当量(Sv/a);

$\overline{X}$——子区氡平均浓度(Bq/m^3);

g_E^a——公众 a 年龄组氡子体吸入剂量转换因子〔$Sv/(Bq \cdot h/m^3)$〕;

$g_{内}^a, g_{外}^a$——公众 a 年龄组室内、外氡子体吸入剂量转换因子〔$Sv/(Bq \cdot h/m^3)$〕;

$f_{内}, f_{外}$——公众在室内、外停留时间的份额,相应取 0.3、0.2(城市),或 0.7、0.3(农村);

H_e^a——a 年龄组公众通过主要食入途径食入 n 种核素所致总有效剂量当量(Sv/a);

$H_w^a, H_p^a, H_b^a, H_f^a$——$a$ 年龄组公众食入水、农产品、肉、鱼所致有效剂量当量(Sv/a);

f_w, f_p, f_b, f_f——食入污染水、农产品、肉、鱼的份额;

$q_w^a, q_p^a, q_b^a, q_f^a$——$a$ 年龄组公众对水、农产品、肉、鱼的消费量(L/a 或 kg/a);

C_w, C_p, C_b——水、农产品、肉中核素浓度(Bq/L 或 Bq/kg);

$g_w^a, g_p^a, g_b^a, g_f^a$——$a$ 年龄组食入剂量转换因子(Sv/Bq);

B_v——核素由水到鱼的浓集因子(L/kg);

λ——某核素的衰变常数(a^{-1});

t_w, t_p, t_b, t_f——取水至食入时间,农作物收获至食入时间,动物屠宰至食入时间,鱼捕捞至食入时间。

表示辐射所致的有害效应发生机率或危害程度的物理量就是剂量当量(H),即:在(人体)组织中所关心的某点上,吸收剂量(D)、品质因数(Q)、其他任何修正因数(N)3 个量的乘积。剂量当量的单位叫西沃特(Sv)。

品质因数 Q 可以反映不同类型辐射诱发损伤的机率或严重程度。α 射线的 $Q=20$,β 射线和 γ 射线的 $Q=1$。

修正因数 N 是对吸收剂量 D 的空间分布(全身照射、局部照射、均匀照射、非均匀照射)和时间分布(吸收剂量率、吸收剂量率的分次给予)等所作出的那些修正因数的乘积,目前国际放射防护委员会(ICRP)建议:$N=1$。

吸收剂量(D)表示任何被照射物质每单位质量所吸收的任何电离辐射的平均能量。其单位叫戈瑞(Gy)或焦耳/千克(J/kg)。单位间关系如下式:

$$1\ Gy = 1\ J/kg = 1\ Sv \quad (说明 12.5.4—13)$$

12.5.5 环境质量评价:按照一定的评价标准和评价方法对一定区域内的环境质量进行评估和预测。按时间因素可分为环境质量回顾评价,环境质量现状评价和环境影响评价。

核辐射环境质量评价采用的剂量评价指标为关键人群组的个人年有效剂量当量以及评价范围内集体剂量当量。

关键人群组：从某一给定实践受到的照射在一定程度内是均匀的且高于受照射群体中的其他成员的人群组。

集体剂量当量 S：受照群体的各人群组平均每人所受剂量当量 $\overline{H_i}$（全身或任一特定器官或组织的剂量当量）与各组成员数 N_i 的乘积的总和。如下式：

$$S = \sum_i \overline{H_i} N_i \quad \text{（说明 12.5.5）}$$

核辐射环境质量现状评价应以模式计算为主，并结合环境监测资料估算正常工况和事故工况下个人年有效剂量当量和集体剂量当量值。

环境影响评价：在工程动工兴建以前对它的选址、设计以及在建设施工过程中和建成投产后可能对环境造成的影响进行分析、评估和预测。

核辐射环境影响评价系预断评价，应选用合适的模式和参数以模式估算正常工况和事故工况下个人年有效剂量当量和集体剂量当量值。

12.5.6　国家环境保护局和国家技术监督局发布，1994 年 4 月 1 日实施的《环境地表 γ 辐射剂量率测定规范》（GB/T 14583—93）提出的该计算公式。显然该式与说明 12.5.4—4 公式及说明 12.5.4—5 公式是完全一致的。

环境地表 γ 辐射剂量率测定是环境辐射监测的组成部分，其主要目的为：

（1）为 γ 辐射对关键人群组或公众所致外照射剂量的估算提供数据资料；

（2）获得环境天然本底 γ 辐射水平及其分布资料和人类实践活动所引起的环境 γ 辐射水平变化的资料等。

13.1.1　天然有害气体的种类很多，多数并不常见，研究也不充分，而以煤层瓦斯最为常见，研究也比较充分，本规程主要是指煤层瓦斯，兼顾其他天然气（即岩石圈中蕴藏的以气态烃为主的可燃气体，它的主要成分也是甲烷）统称瓦斯。

煤层瓦斯成分组成如下：甲烷（CH_4），一般可占 80% 以上；二氧化碳（CO_2）和氮气（N_2），一般可占 1% ~80% 以上；重烃类气体，包括乙烷（C_2H_6）、丙烷（C_3H_8）、丁烷（C_4H_{10}）、戊烷（C_5H_{12}）等，含量很少，一般在 1% 以下；氢气（H_2）、一氧化碳（CO）、二氧化硫（SO_2）、硫化氢（H_2S）等气体，一般含量很少，但危害很大；氦（He）、氖（Ne）、氩（Ar）、氪（Kr）、氙（Xe）等稀有气体，含量甚微；及其他混合气体。

瓦斯中主要有害气体的性质如下：

甲烷：是一种无色、无味、无臭的可燃气体，在 0.1 MPa 压力、0 ℃的标准状态下，比重 0.554，密度 0.716 kg/m³；在 5 MPa 压力、30 ℃的状态下，溶解度仅为 1%。本身无毒，当空气中甲烷浓度小于 5% 时，遇火源不会爆炸；当浓度为 5% ~16% 时，遇高温火源会发生爆炸；当浓度达 9.5% 时，爆炸最猛烈；当浓度大于 16% 时，遇火源既不会爆炸也不会燃烧；当浓度达到 19% 时，氧含量降至 17%，使人呼吸困难；当浓度达到43% 以上时，氧含量降至 12%，使人窒息致死。

二氧化碳：是一种无色、略带酸臭味，不自燃、不助燃的微毒惰性气体，对空气的相对密度为 1.52，易溶于水。当浓度达到 5% 时，使人呼吸困难；当浓度达到 20% 以上时，使人窒息致死。最高允许浓度为 0.5%。

一氧化碳：是一种无色、无臭、无味的剧毒气体，对空气的相对密度为 0.97。当浓度达到 0.048% 时，20 ~30 min 可使人致死；当浓度达到 1% 以上时，1 min 内使人立即致死。最高允许浓度为 0.0024%。

硫化氢:是一种无色、微甜、有臭鸡蛋气味的剧毒气体,对空气的相对密度为 1.19,具高溶解性。当浓度达到 0.0001% ~0.0002% 时,可嗅到臭鸡蛋气味;当浓度达0.0027% 时,气味最浓,超过则使嗅觉失灵;当浓度达 0.01% ~0.015% 时,出现中毒症状;当浓度达到 0.05% 时,30 min 内可使人失去知觉。最高允许浓度为 0.00066%。

二氧化硫:是一种无色、有刺鼻臭味及酸味,易溶于水的有强烈毒性气体。当浓度为 0.02% 时,眼睛红肿流泪、头痛等;当浓度达 0.05% 时,引起急性支气管炎、肺水肿,并在短时间内死亡。

13.1.2 煤是植物遗体经过复杂的生物化学和物理化学作用转化而成,在整个成煤过程中自始至终都产生瓦斯。

在植物成煤的第一阶段(泥炭化阶段),早期由于氧气和亲氧细菌的作用,主要生成 CO_2、NO 等;晚期出现弱氧环境或还原环境,主要生成 CH_4、CO_2 等。该阶段生成的瓦斯大部分扩散到空气中。

在植物成煤的第二阶段——煤化作用阶段(变质作用阶段),主要生成以 CH_4 为主的气态烃。该阶段生成的瓦斯量大,因埋藏深不易扩散。

据计算,1 kg 纤维素在变成烟煤的过程中,能生成69.1 L甲烷。估计每形成 1 t 煤的产气量如说明表 13.1.2。

说明表 13.1.2 吨煤的产气量

褐煤(m^3)	肥煤(m^3)	瘦煤(m^3)	无烟煤(m^3)
68	230	330	>400

含油层中,常含瓦斯并积聚在含气构造中。闭圈是 1 个顶部和四周相对密封的构造形态,当瓦斯运移通过它时,会被阻挡下来,储存其中。主要的闭圈有:构造闭圈,如背斜、封闭断层;岩性闭圈,如透镜状、尖灭状;地层闭圈,如不整合、古地形等。

13.1.3 在确定瓦斯源时,一定要结合生成瓦斯的地质环境,尤其要注意地质构造与岩性分析。油田气中“C_2^+”是指碳原子数大于或等于 2 的烃类气体。

13.2.1 在短时间(数分甚至数秒钟)内,煤与瓦斯的突然喷出,简称突出。突出会产生很大的冲击力量,可摧毁巷道支护、推翻巷道中的设备、破坏通风设施、使风流反向等;能掩埋人和物体;涌出的大量瓦斯可以造成瓦斯窒息事故。甚至引起瓦斯爆炸。

石门揭煤时突出强度最大,突出次数最多;在煤层中掘进,同样会产生突出。我国最大的 1 次突出是 1975 年 8 月 8 日在四川三汇坝一井 +280 m 水平(距地表垂深 500 m)主平洞揭开 K_1 煤层时发生,突出煤岩 12 780 t,喷出瓦斯 1 400 000 m^3。

如南桐矿务局鱼田堡矿 150 水平主要运输石门,距地表垂深 325 m,自顶板方向揭穿倾角 30°、煤厚 2.4 m 的 4 号煤层,石门工作面距煤层 2 m 时,曾听到 10 多次声响,揭煤前测得瓦斯压力 0.716 MPa,因打测压孔时曾突出 1 t 煤粉,压力偏低,以后在同一水平测得瓦斯压力为 2.256 MPa。第一次放震动炮揭开煤层时发生突出,突出煤粉 86 t,岩石 20 t,喷出瓦斯 4 500 m^3。当放底帮炮爆破煤层底板时,再次发生突出,突出煤粉 1 473 t,岩石 80 t,喷出瓦斯逆流,并冲出进风立井井口到地面。

13.3.2 瓦斯地质工作,侧重瓦斯气源分析,查清是煤层气还是油层气等;查明是直接源还是间接源;最终确定对工程的危害,进行安全性评价。

13.4.3 有害气体勘探常用的手段为钻探,并在钻孔中测定瓦斯含量和压力;主要方法有直接法、间接法：

直接法是在钻孔中利用密闭式或集气式岩心采取器，采取煤样送试验室测定；间接测定方法有钻孔煤心解吸法、高压吸附法等。

瓦斯压力可在钻孔中用瓦斯压力仪或在石门上打孔用专门方法测定。

对地表发现的气苗和既有矿井瓦斯测定，是在气苗或矿井掌子面上进行，侧重于瓦斯的涌出量与瓦斯压力。

13.5.1　有害气体评价主要指瓦斯含量、压力、涌出量的大小对施工人员、机具的危害，详细内容可参阅《防治煤与瓦斯突出细则》（煤安字〔1995〕第30号）。

有害气体的危害主要反映在隧道施工中，勘测期间测定的瓦斯参数有很多限制因素，与客观实际往往出入较大。因此，隧道施工中，必须加强瓦斯监测，加强通风，随机处理。

13.5.2　煤层中的瓦斯由地下深部向地表运移，而地表空气和表土中生物化学作用生成的气体则向深部渗透扩散，使煤层瓦斯成分随埋深呈规律性变化，称为煤层瓦斯的分带现象。煤层瓦斯按成分可分为4带，划分标准如说明表13.5.2—1。

说明表 13.5.2—1　煤层瓦斯按成分分带

分带		CH_4 含量（%）	N_2 含量（%）	CO_2 含量（%）
瓦斯风化带	氮气～二氧化碳带	<10	20～80	20～80
	氮气带	<10	80～100	<20
	氮气～沼气带	20～80	20～80	<20
沼气带		80～100	<20	<10

一般情况下，只需分出瓦斯风化带与沼气带即可，事实上，因各地具体掌握的风化带分界条件略有差异，首先应根据相应煤矿采用的标准进行划分。对于表13.5.2中相对瓦斯涌出量的标准，有人认为应随煤的变质程度而易，如说明表13.5.2—2。

说明表 13.5.2—2　煤层瓦斯风化带下界瓦斯涌出量值

煤的变质程度	浅变质	中变质	深变质	无烟煤
下界值（m^3/t）	<2	<3	<4	<5

据实际资料分析，瓦斯风化带下界的深度，一般在200～300 m左右。有的很浅，如湖南省红卫、马田、立新等矿区，瓦斯风化带深度均不到100 m；有的很深，如开滦各矿瓦斯风化带平均深度可达471 m，一般都在448 m以上。这与当地的风化作用强度、含煤地层的埋藏深度和出露程度、煤层围岩性质、地下水的作用、地质构造情况等因素有关。

13.5.3　煤与瓦斯突出只发生在某些局部地带。有关资料表明，突出危险带的面积仅占突出煤层面积的5%～10%，突出危险带的走向长度一般变动在10～100 m之间，突出危险带之间的间隔有时达到1 000 m。

显然，煤与瓦斯突出的不均衡性与地质条件的差异性有着密切的联系。

（1）地质构造是控制煤与瓦斯突出的主要因素：

① 构造上易突出部位：

a. 新构造运动区域；

b. 构造体系的复合部位、弧形构造的弧顶部位、褶皱构造的扭曲部位、多种构造体系的交汇部位、压扭性断裂所夹的断块、旋转构造的收敛端等；

c. 褶皱强烈地带或紧密褶曲部位，不协调褶皱、层间滑动或层间揉皱发育地带，煤层产状变化大的块段，中小型向斜轴部、背斜倾状端、背斜构造中和面以下部位，牵引褶曲部位等；

d. 小断层发育、分布密集地带，两条压性或压扭性结构面所夹断块，地堑式构造的中间断块，低级别（一般断距小于5 m）压扭性断裂发育地带等。

② 瓦斯突出危险带的地质构造类型：

a. 压扭性逆断层带；

b. 紧密褶皱发育地带；

c. 不协调褶皱发育地带；

d. 封闭断层间的地堑式构造；

e. 扭曲的直立煤层；

f. 波状起伏的单斜构造。

(2)地应力是产生突出的重要原因之一：

地应力包括地层重力和构造应力等。地应力的主要作用有三：一是瓦斯压力增高，形成高压瓦斯源；二是煤体产生位移和突然破碎；三是控制瓦斯的储存和运移。

(3)煤层厚度与突出关系密切：

据统计，突出点常分布在煤层厚度大和煤厚变化大的部位。

(4)煤体结构对突出有显著影响：

一般原生结构煤不发生突出，突出煤均具有构造结构特征，即受构造应力作用，使煤的原生结构遭到破坏。

(5)煤层瓦斯含量和压力是决定突出的重要因素：

高压瓦斯的存在是突出的能量来源和基础条件，瓦斯含量高、压力大的煤层容易引起突出。突出煤层的瓦斯含量一般大于或等于 10 m^3/t。突出瓦斯压力一般大于或等于 0.74 MPa（个别为 0.6 MPa）。

13.5.4 有关煤与瓦斯突出危险性的预测判定指标资料介绍如下：

(1)煤的破坏类型应根据说明表 13.5.4—1 的规定划分。

(2)瓦斯放散初速度 ΔP，亦称瓦斯放散指数，表示含有瓦斯的煤体暴露时，放散瓦斯（即从吸附转化为游离状态）快慢的性能，该性能是由煤的物理、力学性质决定的。国内常用专用仪器测定，步骤如下：

① 采集新鲜煤壁上干燥样过筛，无烟煤 2 mm < ϕ < 3 mm，其他煤 0.25 mm < ϕ < 0.5 mm；

② 取 3.5 g 煤样，20 ℃时在特殊仪器内试验，先真空脱气 1.5 h，再于 1 个大气压下吸附甲烷 1.5 h，然后测定放散瓦斯10 s时的瓦斯压力值 p_{10}（以 mmHg 计），停放瓦斯至 45 s后，再放散瓦斯至 60 s 时测定瓦斯压力值 p_{60}（以 mmHg 计）；

③ 瓦斯放散初速度应按下式计算：

$$\Delta P = p_{60} - p_{10} \qquad (说明 13.5.4—1)$$

说明表 13.5.4—1　煤的破坏类型

破坏类型	光泽	构造特征	节理性质	节理面性质	断口性质	强　度
Ⅰ 非破坏煤	亮与半亮	层状构造、块状构造，条带清晰明显	3组节理以内，节理系统发达、有次序	有充填物（方解石等），次生面很少，节理、劈理面平整	参差阶状，贝状、波浪状	坚硬，用手难以掰开
Ⅱ 破坏煤	亮与半亮	层状，较有次序；条带明显，有时扭曲，有错动；不规则块状，多棱角；有挤压特征	次生节理面多，且不规则，与原生节理组成网状	节理面有擦纹，滑皮，节理平整，易掰开	参差多角	用手极易剥成小块，中等硬度
Ⅲ 强烈破坏煤	半亮与半暗	弯曲呈透镜体构造；小片状构造；细小碎块，层理紊乱，无次序	节理不清，系统不发达，次生节理密度大	有大量擦痕	参差及粒状	手捻成粉末，松软，硬度低
Ⅳ 粉碎煤	暗淡	粒状或小颗粒胶结。似天然煤团	节理无意义成粉末状		粒状	手捻成粉末，偶尔较硬
Ⅴ 全粉煤	暗淡	土状构造，似土质煤，如断层泥状			土状	手捻成粉末，疏松

式中　ΔP——瓦斯放散初速度数值；

p_{60}——瓦斯放散至 60 s 时测定的瓦斯压力（以 mmHg 计）；

p_{10}——瓦斯放散至 10 s 时测定的瓦斯压力（以 mmHg 计）。

（3）煤的坚固性系数，表示煤抵抗外力破坏能力的综合性指标。它是由煤的物理、力学性质（主要是强度、硬度、脆性）所决定。确定方法较多，国内较常用的是落锤破碎法。确定步骤如下：

① 现场采集新鲜煤样，选取粒径为 10～15 mm 的煤块 40 g，共 5 份；

② 煤样分别放入特制的圆筒捣臼内，用 2.4 kg 落锤自600 mm高处自由落下 1～5（n）次捣碎煤样；

③ 用 ϕ23 mm 量筒测定 5 份捣碎煤样合计 $\phi<0.5$ mm 的煤粉高度 e（以 mm 计）；

④ 煤的坚固性系数应按下式计算：

$$f = 20n/e \qquad \text{（说明 13.5.4—2）}$$

式中　f——煤的坚固性系数；

n——落锤次数；

e——煤粉高度（mm）。

（4）煤层的瓦斯压力，指未暴露煤层煤体内的原始瓦斯压力，它是煤体内含瓦斯压缩能高低的重要标志。确定煤层瓦斯压力的方法有 2 种：

① 实测，在巷道内向设计煤层用规定的施工方法钻孔，用专用仪器测定。

② 根据瓦斯压力梯度推算，计算公式如下：

$$p = p_m(h - h_0) + p_0 \qquad \text{（说明 13.5.4—3）}$$

式中　p——煤层的瓦斯压力（MPa）；

p_m——瓦斯压力梯度（MPa/m）；

h——计算瓦斯压力点深度（m）；

h_0——已知瓦斯压力点深度，如瓦斯风化带底部深（m）；

p_0——已知点瓦斯压力，如瓦斯风化带底部为 0.15 MPa。

（5）突出煤层各指标的临界值应采用相应煤矿的标准，当无相应标准时，可采用说明

表 13.5.4—2 的规定。

说明表 13.5.4—2　突出煤层的临界值

煤的破坏类型	瓦斯放散初速度 ΔP	煤的坚固系数 f	煤层瓦斯压力 p(MPa)
Ⅲ、Ⅳ、Ⅴ	≥10	≤0.5	≥0.74

(6)突出煤层中的突出危险区域,应根据综合指标 D、K 进行判定;当 2 个指标全部满足临界值要求时,应判定为突出危险区域;否则,为突出威胁区域。

1　综合指标 D 和 K,应按下列公式计算:

$$D=\left(0.0075\frac{H}{f}-3\right)\cdot(p-0.74) \qquad \text{(说明 13.5.4—4)}$$

$$K=\frac{\Delta P}{f} \qquad \text{(说明 13.5.4—5)}$$

式中　H——埋置深度(m);

p——煤层的瓦斯压力(MPa)。

2　综合指标的临界值应采用相应煤矿的标准,当无相应标准时,可采用说明表 13.5.4—3 的规定。

说明表 13.5.4—3　突出煤层的突出危险区域临界值

综合指标	综合指标 K	
	无烟煤	其他煤种
D≥0.25	K≥20	K≥15

13.5.5　预测煤层瓦斯涌出量是隧道施工通风的需要,因影响因素较多且很难测量准确,计算必然产生偏差,应用中需特别注意。

中华人民共和国行业标准

铁建设〔2001〕90号

铁路工程特殊岩土勘察规程

TB 10038—2001

J 126—2001

2001—08—27 发布　　　　2001—12—01 实施

中华人民共和国铁道部　发布

前　言

本规程是根据铁道部铁建设函〔1999〕50号文的要求，在《铁路工程地质软土勘测规则》（TBJ 38—93）、《铁路工程地质膨胀土勘测规则》（TB 10042—95）、《铁路工程地质盐渍土勘测规则》（TB 10045—96）和《铁路工程地质黄土地区勘测规则》（TB 10055—98）的基础上修订而成的。

本规程内容包括：总则、术语和符号、黄土、膨胀土（岩）和红黏土、软土、盐渍土、多年冻土、填土等8章，1个附录。

本规程主要修订内容有：

1. 增加了膨胀岩、红黏土、多年冻土、填土等勘察内容。
2. 规定了各种特殊岩土的定义和分类。
3. 增加了观测与场地评价等内容。

在本规程执行过程中，希望各单位结合工程实践，认真总结经验，积累资料。如发现需要修改和补充之处，请及时将意见及有关资料寄交铁道第一勘察设计院（兰州市和政路75号，邮政编码：730000），并抄送铁路工程技术标准所（北京市朝阳门外大街227号，邮政编码：100020），供今后修订时参考。

本规程由铁道部建设管理司负责解释。

本规程主编单位：铁道第一勘察设计院。

本规程参编单位：铁道第二勘察设计院、铁道第三勘察设计院、铁道第四勘察设计院。

本规程主要起草人：刘义、钱伟平、刘薇、刘礼成、李俊福、张民、张昌新、徐敬业、秦立新。

目　次

1 总 则

1.0.1 为统一铁路工程特殊岩土勘察的技术要求,保障勘察质量,适应铁路工程建设的需要,制定本规程。

1.0.2 本规程适用于新建、改建铁路勘测设计阶段的特殊岩土勘察,也可用于施工与运营阶段地质病害监测及工程整治中的特殊岩土勘察。

1.0.3 铁路工程特殊岩土勘察,应按勘测设计阶段循序渐进地进行,逐步查清特殊岩土工程地质条件和病害的成因、规模,提供可行的整治方案,满足设计需要。

1.0.4 补充定测阶段的特殊岩土勘察,应结合整治工程需要,补充和完善定测阶段勘察中存在的不足,勘察的技术要求与定测阶段相同。

1.0.5 改建铁路的特殊岩土勘察,应搜集既有铁路的有关资料,分析、利用既有铁路病害预防和整治的经验,参照新建铁路勘测阶段的不同要求,有所侧重地进行。绕行地段应按新建铁路要求开展工作。

1.0.6 铁路工程特殊岩土勘察,应运用综合勘探和综合分析方法,积极采用新技术、新方法等。

1.0.7 铁路工程特殊岩土勘察,除应符合本规程外,尚应符合国家现行的有关强制性标准的规定。

2 术语和符号

2.1 术　语

2.1.1 特殊岩土　special rock and soil

对本身具有特殊的物理、力学、化学性质，并影响工程地质条件的岩土的统称。主要包括黄土、膨胀土、膨胀岩、红黏土、软土、盐渍土、多年冻土、填土等。

2.1.2 黄土的湿陷性　collapsibility of loess

黄土在自重或一定压力下受水浸湿，土体结构迅速破坏，并发生显著附加下沉的性质。具有这种湿陷性质且湿陷系数达到或超过 0.015 时称为湿陷性黄土。

2.1.3 饱和黄土　saturated loess

饱和度大于 80%，并且湿陷性退化的黄土。

2.1.4 新近堆积黄土　recently accumulated loess

沉积年代短（近 500 年内形成）、压缩性高、承载力低、均匀性差，在 150 kPa 压力下变形敏感的全新统 Q_4 黄土。

2.1.5 大气影响深度　depth effect on atmosphere

自然气候条件下，由降水、蒸发、地温等气候因素引起土的胀缩变形的有效深度。

2.1.6 大气影响急剧层深度　depth effect sharply on atmosphere

大气影响特别显著的深度，一般为大气影响深度的 45%。

2.1.7 胀缩潜势　compressional - dilatational potentiality

膨胀潜势和收缩潜势的总称。膨胀潜势是指土在充分吸水饱和时发生膨胀的潜在能力；收缩潜势是指土失水收缩的潜在能力。

2.1.8 极限胀缩性　ultimate compressibility - dilatatibility

原状土试样或扰动土制样在缩限状态下吸水膨胀的最大膨胀率和膨胀力，以及在胀限状态下失水收缩的最大收缩率特性。

2.1.9 前期固结压力　preconsolidation pressure

土体在历史上经受过的最大垂直有效压力。

2.1.10 压缩层的计算深度　computational depth of compressed layer

地基土在荷载的竖向附加应力作用下产生固结压缩的计算深度。

2.1.11 毛细水强烈上升高度　height of capillary rise sharply

受地下水直接补给的毛细水上升高度。

2.1.12 毛细水上升高度　maximum capillary reight

毛细水所能达到的最大高度。包括毛细水强烈上升高度和毛细水破裂带的高度。

2.1.13 多年冻土人为上限　artificial permafrost table

人为条件影响下，多年冻土层顶面的埋藏深度。

2.1.14 多年冻土天然上限　natural permafrost table

天然状态下，多年冻土层顶面的埋藏深度。

2.1.15　季节融化层　seasonally thawed layer

多年冻土地区每年寒季冻结，暖季融化，年平均地温小于 0 ℃的地壳表层，其下垫层为多年冻土层。

2.1.16　相对含冰率　relative ice content

冰的质量与冻土中全部水的质量之比。

2.1.17　未冻含水率　unfrozen – water content

在一定负温条件下，冻土中未冻水质量与干土质量之比。

2.1.18　年平均地温　mean annual ground temperature

年龄较差深度处的地温。

2.1.19　地温年变化深度　depth of zero annual amplitude of ground temperature

地表至地温在一年内相对不变处的深度，也称年零较差深度。

2.1.20　融化下沉系数　thaw – settlement coefficient

冻土融化过程中，在自重作用下产生的融化下沉量与其相应的融化前厚度之比。

2.1.21　融化压缩系数　thaw – compressibility coefficient

冻土融化后，在单位荷载下产生的压缩变形量与冻土试样高度之比。

2.1.22　不良冻土现象　unfavokable phenomena features related to frozen ground

土体中水的冻结和融化作用所产生的对工程有不良影响的地质现象，如冰椎、冻胀丘、融冻泥流和热融滑塌等。

2.2 符　号

$CEC(NH_4^+)$——阳离子交换量

c——黏聚力

C_h——水平固结系数

CD——固结排水抗剪强度

CU——固结不排水抗剪强度

C_v——垂直固结系数

DT——易溶盐含量

$\overline{DT}$——平均含盐量

e——天然孔隙比

e_{sl}——线缩率

e_s——体缩率

F_s——自由膨胀率

H_c——毛细水强烈上升高度

H_k——毛细水上升高度

k——渗透系数

OCR——土的超固结比

p_c——土的前期固结压力

P_p——膨胀力

q_u——无侧限抗压强度

S_r——饱和度

S_v——十字板抗剪强度

V_H——膨胀率

w——天然含水率

w_A——多年冻土总含水率

w_u——未冻水含水率

Z_n——地基压缩层的计算深度

δ_0——冻土融化下沉系数

φ——内摩擦角

3 黄　土

3.1 一般规定

3.1.1 黄土是第四纪干旱、半干旱气候条件下，陆相沉积的一种特殊土，一般具有下列特征：

1 颜色为淡黄、灰黄、棕黄或棕红色；

2 具有多孔性、有肉眼能看到的大孔隙，孔隙比一般为0.7～1.1；

3 质地均匀，颗粒成分以粉粒(0.075～0.005 mm)为主，约占50%～75%，一般不含粗大颗粒；

4 碳酸钙含量多在10%～30%之间，部分含钙质结核，并含有少量中溶盐和易溶盐；

5 一般无明显层理，有堆积间断的剥蚀面和埋藏的古土壤层；

6 具垂直节理，在天然状态下边坡能保持直立；

7 天然状态下，含水率低，遇水易崩解、剥蚀；

8 表层多具湿陷性，易产生潜蚀形成陷穴。

当遇具有上述大部分特征的土层时，应按黄土进行勘察。

3.1.2 黄土地貌类型划分应符合表3.1.2的规定。

3.1.3 黄土地层应根据黄土区域地质资料，结合黄土地层的分布、地层层序、古土壤的特征及工程性质等进行划分。一般应划分到“统”，岩性差异大、对工程影响显著时，可划分到“组”。具体划分应结合勘测阶段、成图比例、工程类型及工程性质差异按表3.1.3确定。

3.1.4 黄土成因类型应根据黄土所在地貌单元、地层特征、成因标志等确定。常见黄土成因类型有：风积、冲积、洪积、坡积、崩积等。

3.1.5 黄土土质应依据土的塑性指数进行分类。当塑性指数不大于10时，应定为砂质黄土；当塑性指数大于10时，应定为黏质黄土。

3.1.6 黄土湿陷性类型和湿陷等级，可采用总湿陷量、实测自重湿陷量和计算自重湿陷量进行评价。

表3.1.2　黄土地貌类型

地貌类型	亚　类		地形形态基本特征
堆积地貌	黄土高原	黄土塬	黄土高原受现代沟谷切割后，保存下来的大型平坦地面，周边为沟谷环绕
		黄土梁	顶面平坦，两侧为深切冲沟，中部为长条状的黄土低丘。长数百米、数千米到上万米，宽数十米到上百米
		黄土峁	孤立的黄土丘陵，顶面平坦或微有起伏，呈圆穹状，大多数是由黄土梁进一步切割而成
	黄土平原		分布于新构造运动下降区，是由黄土堆积形成的低平原，局部发育沟谷，无梁、峁
	河谷阶地		沿河谷及大型沟谷两岸分布(或断续分布)，表层全部由冲积—洪积黄土等沉积物堆积的阶地

续上表

地貌类型	亚　类	地形形态基本特征
侵蚀地貌	大型河谷	形成及发展与一般侵蚀河谷相似,但其形成发展过程有时还伴随有风积黄土堆积
	冲　　沟	因黄土土质疏松,常伴有重力崩塌、潜蚀作用,因此发展快,其特征是沟深、壁陡、向源侵蚀作用显著
潜蚀地貌	黄土碟形洼地	流水聚集,使黄土层内发生湿陷或潜蚀,引起地面下沉后的一种直径数米至数十米的凹地,它是陷穴和冲沟发育的初期标志
	黄土陷穴	地表水沿黄土孔隙、裂隙下渗潜蚀形成的黄土洞穴。若成串分布则称串珠状陷穴
	黄土井	黄土陷穴向下发展,形成深度大于宽度若干倍的洞穴
	黄土桥	两个黄土陷穴之间被水流串通,在陷穴崩塌之后残存的土体呈桥状洞穴
	黄土柱	黄土沿垂直节理崩塌后残存的土柱
重力地貌	崩塌堆积体	由于黄土冲沟深切,岸坡高陡,土体突然迅速地向下崩落,在坡脚下形成的地貌形态
	黄土滑坡	黄土斜坡地段,土体在重力和地下水作用下产生山坡变形的地貌形态

表 3.1.3　黄土地层按堆积时代划分

时代		地层名称			说明
全新世 Q_4	近期 Q_4^2	新黄土	—	新近堆积黄土	一般有湿陷性,常具有高压缩性
	早期 Q_4^1		—	湿陷性黄土	有湿陷性
晚更新世 Q_3			马兰黄土		
中更新世 Q_2		老黄土	离石黄土	—	一般不具湿陷性
早更新世 Q_1			午城黄土	—	

注:Q_2 离石黄土层顶面以下的湿陷性,应根据建筑物的实际压力或上覆土的饱和自重压力进行室内湿陷性试验或现场浸水性试验确定。

3.2　工程地质选线

3.2.1　黄土地区线路应选择在地层单一、土质干燥、湿陷性较小地带,避开地层复杂、土质软弱、含水率大和地下水发育地段,避免与长大干渠近距离并行。

3.2.2　黄土塬、梁、峁及丘陵区的线路,宜选择在山坡稳定、排水条件较好的地带;避开地形零乱、沟谷深切、冲沟发育等侵蚀强烈地带和下伏地层层面倾向不利及地下水发育地带。斜坡地段应根据山坡稳定程度确定线路通过部位、形式和应采取的工程措施。黄土沟、梁相间地段,应做路堑与隧道、路堤与桥梁等方案的比选。

3.2.3　河谷区线路宜利用宽谷阶地,并远离低阶地缺失的高陡谷坡。在高陡黄土坡脚挖方应在与隧道方案比较后确定。

3.2.4　跨沟(河)谷线路应选择在沟床下切缓慢、沟(河)谷顺直、岸坡稳定地段通过,应避开谷坡零乱及山坡变形较多地段,不宜在狭窄的三侧临空的山嘴设置桥墩、桥台。当必须通过泥流沟谷或有岸坡变形的沟谷时,应做多种线路方案比较。

3.2.5　线路通过黄土地区既有及拟建水库、池塘地段时,除应考虑水库溃坝、坍岸影响外,还应重视其蓄水后可能引起黄土湿陷性问题。

3.2.6　黄土隧道的洞门应选择在山体稳定,地表排水条件较好的山坡;洞身应选择在塬、梁顶面平整或地形凸起地带,避免在黄土与黏土分界处和软、硬地层的界面附近以及山坡零乱、陷穴发育,有封闭洼地的塬边、塬顶地段通过。

3.2.7 线路宜绕避地质复杂的黄土滑坡、崩塌、陷穴、人为坑洞等不良地质发育地段。

3.3 地质调绘

3.3.1 黄土地区地质调绘前应搜集下列资料:

1 地形地貌、区域地质、工程地质、水文地质和地区性黄土资料等;

2 遥感图像及解译资料;

3 气象、地震、自然灾害等资料;

4 既有建筑物(如水库、大型渠道、地下洞室、道路等)的地质资料及使用情况;黄土边坡、地基基础、桥梁、隧道等工程勘测、处理的资料。

3.3.2 黄土地区遥感图像解译应包括下列内容:

1 黄土的分布范围,地形地貌特征,侵蚀及堆积形态特征;

2 滑坡、泥流、陷穴群、地震裂缝、山崩堵塞河流与道路的遗迹等不良地质的分布、范围及水土流失情况;

3 地表水体的分布范围及形态,地下水露头及湿地范围;

4 地质复杂地段、重点工程和大型不良地质地段,应利用大比例尺和不同时期的图像解译对比、现场核对分析研究黄土地貌形态、不良地质现象等的动态变化等资料,为确定线路位置和工程地质条件提供依据;

5 遥感图像解译资料经重点调查核实后,必要时可编制成工程地质解译图件。

3.3.3 黄土地区地貌调绘应包括下列内容:

1 黄土的分布、地貌及微地貌类型及发育特征;

2 黄土的侵蚀、堆积发育特征;

3 核实新构造运动形迹、地震活动情况及与地貌形态、不良地质分布的关系;

4 大气降水的汇集、径流对塬、梁、阶地、山坡的作用及对山坡稳定的影响;

5 沟床的变迁和地表水对谷坡的侵蚀情况。

3.3.4 黄土地区地层特征调绘应包括下列内容:

1 黄土地层的年代、成因、土质特征;

2 地层层序、结构、夹层、古土壤的分布及特征、层间接触面形态;

3 黄土与下伏岩层接触面形态,下伏岩层的岩性及风化程度;

4 黄土节理、裂隙的形态及贯通情况;

5 与线路有关的既有填土场地黄土的厚度、密实程度、堆填时间、沉降特征、湿陷性、边坡及基底稳定性;

6 既有大面积挖土场地的挖深、边坡坡度及稳定情况。

3.3.5 黄土地区水文地质调绘应包括下列内容:

1 黄土层地下水位埋深、径流条件,特别是与下伏地层接触处的赋水情况及其动态变化;地下水对山坡稳定的影响;

2　水库、池塘、渠道的浸没情况，渗漏情况，对地下水位的影响，水库坍岸、渠道变形情况；

3　城市抽、排水对地下水位的影响，地下水位升降引起的地基病害情况。

3.3.6　黄土地区不良地质调绘应包括下列内容：

1　滑坡、崩塌、错落、陷穴、泥流、地裂缝、坑洞等不良地质的分布、性质、范围、规模、下伏地层及特征，并分析其产生原因及发展趋势；

2　黄土塬、梁、阶地顶面及塬边碟形洼地的分布、形态、产生的原因、环境条件及发展趋势；

3　既有建筑物的现状、变形情况及原因，人为活动情况及人为坑洞分布，不良地质治理工程情况及效果。

3.4　勘探与测试

3.4.1　黄土地区的勘探宜采用以物探为先导，原位测试、挖探等与钻探相结合的综合勘探方法。

3.4.2　黄土地层中采取原状土样，宜采用挖探或原位静压的方法。钻探取样时应遵照操作规程采用大口径回转钻进，并使用专门的薄壁取土器，并应有一定数量探坑（井）取样与钻探取样作核对。

3.4.3　黄土地区勘探应符合下列要求：

1　勘探深度及取样应满足地基稳定性评价的需要。

2　勘探深度及取样应满足黄土地基湿陷性评价的要求：

1）非自重湿陷性黄土场地，勘探深度应至基础底面下5 m；

2）自重湿陷性黄土场地应根据地区、建筑物类型和湿陷性土层厚度确定勘探深度及取样，陇西、晋南、豫西、陇东和陕北地区，当基础底面下的湿陷性黄土厚度大于10 m时，勘探深度应在基础底面下不小于15 m；其他地区，不小于10 m；

3）对重要建筑物应有一定数量的勘探孔穿透湿陷性黄土地层。

3　高桥及其他重要建筑物的场地勘探深度应根据黄土层的厚度和预估的压缩层深度确定；在Q_4、Q_3黄土中均应取样，必要时对地基压缩层范围内的Q_2黄土也应取样做湿陷性试验。

4　黄土地区挖方地段勘探孔深应至路基面以下3 m，当需查明与下伏地层接触面形态时，应适当加深；在路堑边坡及路基面以下分层取原状土样进行相关试验。

5　黄土隧道勘探孔宜布置在中心线两侧5～7 m处，孔深应至路基面以下3 m；并在隧道洞身、顶部及底部分别取原状土样做土工试验。

3.4.4　用于湿陷性评价的原状土样，竖向采样间距宜为每1～2 m一组（不少于2筒），当层次清晰、土质均匀、地层规律性较强时也可分层取样；若分层厚度大于5 m时，竖向取土样间距不应大于3 m。原状土样应及时密封，避免冻、晒和振动，并尽快试验。

3.4.5　勘探点使用完毕后，应立即用原土分层回填夯实，使其不小于原土层密度。

3.4.6　黄土的测试应根据工程类型等，选择原位测试和室内试验方法，试验项目应根据工程设置情况按表 3.4.6 选择。

表 3.4.6 黄土测试、试验的一般项目

试验项目	符号	单位	挖方边坡	地基(桥、房建)	隧道围岩
颗粒分析		%	(+)	(+)	(+)
天然含水率	w	%	+	+	+
天然密度	ρ	g/cm^3	+	+	+
天然孔隙比	e		+	+	+
饱和度	S_r	%	(+)	+	(+)
液限	w_L	%	+	+	+
塑限	w_P	%	+	+	+
塑性指数	I_p		+	+	+
液性指数	I_L		+	+	+
剪切试验	c、φ		+	(+)	+
压缩系数	$a_{0.1\sim0.2}$	MPa^{-1}		+	(+)
湿陷系数	δ_s		(+)	+	(+)
自重湿陷系数	δ_{zs}		(+)	+	(+)
湿陷起始压力	P_{sh}	kPa	(+)	(+)	(+)
碳酸钙含量	$CaCO_3$	%	(+)	(+)	(+)
静力触探	P_s	kPa		+	
标准贯入	N	击/30 cm		+	
轻型动探	N_{10}	击/30 cm		(+)	
大面积剪切	c、φ		(+)		(+)
旁压试验		kPa		(+)	

注:"+"为必做项目;"(+)"为选做项目。

3.4.7 黄土湿陷系数试验压力应符合下列规定:

1 一般建筑物地基自基础底面(初测时,自地面下 1.5 m)算起,10 m 以内的土层使用 200 kPa,10 m 以下至非湿陷性土层顶面,使用其上覆土层的饱和自重土压力,当大于 300 kPa 时,仍用 300 kPa;基底压力大于 300 kPa 的桥梁及重要建筑物湿陷系数试验压力应按实际压力,采用双线法测定。

2 新近堆积黄土湿陷系数试验压力使用 150 kPa。

3.4.8 在黄土填土上修建建筑物时,应取样作湿陷性及其他相关试验。

3.4.9 位于地震动峰值加速度为0.1 g及以上地区的饱和砂质黄土应按有关规定进行地震液化判定。

3.5 场地评价

3.5.1 黄土湿陷系数小于0.015时,为非湿陷性黄土;湿陷系数等于或大于0.015时,为湿陷性黄土。在上覆土的自重压力下受水浸湿发生湿陷的湿陷性黄土应定为自重湿陷性黄土;在大于上覆土的自重压力(包括附加压力和土自重压力)下受水浸湿发生湿陷的湿陷性黄土应定为非自重湿陷性黄土。

3.5.2 黄土计算自重湿陷量应符合下列要求:

1 自重湿陷量按下式计算:

$$\Delta_{zs} = \beta_0 \sum_{i=1}^{n} \delta_{zsi} \cdot h_i \tag{3.5.2—1}$$

式中 Δ_{zs}——自重湿陷量(cm);

δ_{zsi}——第 i 层土在上覆土的饱和($S_r \geqslant 0.85$)自重压力下的自重湿陷系数;

h_i——第 i 层土的厚度(cm);

β_0——因地区而异的修正系数,计算时对陇西地区可取1.5,对陇东地区可取1.2,对关中地区可取0.7,对其他地区可取0.5。

2 计算自重湿陷量的累计,应自天然地面算起(当挖、填方的厚度和面积较大时,应自设计地面算起),至其下全部湿陷性黄土层的底面为止,其中自重湿陷系数小于0.015的土层不累计。

3.5.3 黄土计算总湿陷量应符合下列要求:

1 总湿陷量按下式计算:

$$\Delta_s = \sum_{i=1}^{n} \beta \cdot \delta_{si} \cdot h_i \tag{3.5.3—1}$$

式中 Δ_s——总湿陷量(cm);

δ_{si}——第 i 层土的湿陷系数;

β——考虑地基土的侧向挤出或浸水机率等的修正系数,计算时基础底面下5 m(或压缩层)深度内可取1.5;5 m(或压缩层)深度以下,在非自重湿陷性黄土场地,可不计算;在自重湿陷性黄土场地,可按3.5.2条第1款的 β_0 取值。

2 总湿陷量应自基础底面(初测及定测综合评价时,自地面以下1.5 m)算起。在非自重湿陷性黄土场地,累计至基础底面下5 m(或压缩层)深度止;在自重湿陷性黄土场地,对大桥、特大桥及重要建筑物等应累计至非湿陷性土层顶面止。对铁路其他建筑物,当基础底面下的湿陷性土层厚度大于10 m时,其累计深度可根据所在地区确定。陇西、晋南、豫西、陇东和陕北地区,不应小于15 m;其他地区不应小于10 m。其中湿陷系数小于0.015的土层不累计。

3.5.4 黄土地区场地湿陷性评价应符合下列要求:

1 黄土地区场地的湿陷类型按实测自重湿陷量或室内压缩试验累计的计算自重湿陷量判定。当实测或计算自重湿陷量小于或等于7 cm时,应定为非自重湿陷性黄土场地;当实测或计算自重湿陷量大于7 cm时,应定为自重湿陷性黄土场地。

2 湿陷性黄土地基的湿陷等级,应根据基底下各土层累计的总湿陷量和计算自重湿陷量的大小等因素按表3.5.4判定。

表3.5.4 湿陷性黄土地基的湿陷等级

湿陷性类型		非自重湿陷性场地	自重湿陷性场地	
计算自重湿陷量Δ_{zs}(cm)		$\Delta_{zs}\leqslant 7$	$7<\Delta_{zs}\leqslant 35$	$\Delta_{zs}>35$
总湿陷量Δ_s(cm)	$\Delta_s\leqslant 30$	Ⅰ(轻微)	Ⅱ(中等)	—
	$30<\Delta_s\leqslant 60$	Ⅱ(中等)	Ⅱ(中等)或Ⅲ(严重)	Ⅲ(严重)
	$\Delta_s>60$	—	Ⅲ(严重)	Ⅳ(很严重)

注:1　当30 cm $<\Delta_s<$ 50 cm,7 cm $<\Delta_{zs}<$ 30 cm时,可判为Ⅱ级;

2　$\Delta_s\geqslant$ 50 cm,$\Delta_{zs}\geqslant$ 30 cm时,可判为Ⅲ级。

3.5.5　黄土的力学指标、地基承载力宜采用静力触探方法(有条件时,应与标准贯入试验相配合)确定。长大干线或新工作地区应在初测时建立或验证静力触探承载力计算公式。

3.5.6　黄土地区各类工程场地评价应在综合分析黄土物理力学性质、水文地质条件、环境地质条件的基础上,针对工程特点进行,并应符合下列要求:

1　黄土地基评价包括地基土层均匀程度、黄土的湿陷性、承载力、位于地震动峰值加速度为0.1g及以上地区的饱和砂质黄土的地震液化,并据此提出工程措施意见。

高桥基础置于Q_2黄土层顶面,必要时应进行湿陷性评价。

2　黄土挖方工程地质条件评价,包括自然山坡形态,地层结构特征与基岩接触面的形态等,提供设计所需的挖方边坡形式和坡率;当有不利于边坡稳定的因素时,应有针对性工程措施意见。

3　黄土隧道工程地质条件评价,包括自然山坡形态、黄土地层的结构及特征、洞口山坡稳定性和洞身围岩工程地质条件,提出洞口堑坡、仰坡坡率和隧道围岩级别,预测施工中可能发生的地质灾害及应采取的工程措施;应特别注意岩、土界面,新、老黄土界面附近是否有含水率较高的软塑带存在,及其对工程的影响。

3.5.7　对黄土地区不良地质现象,应根据其类型、特点及与线路的关系,有针对性地进行工程地质条件评价,并应符合下列要求:

1　对冲沟、陷穴、碟型洼地,应评价其黄土的物理性质(包括颗粒组成、含盐量)、湿陷性、分布范围、发育特点、水文地质条件等,提出其发展趋势、对工程的影响及工程措施意见。

2　对滑坡、错落、崩塌等,应评价其地形地貌、地层特征、水文地质条件、变形类型、分布范围、规模、变形原因、裂隙(面)发育程度及产状、滑动面(带)形态及土质特征、稳定程度等,提出对工程的影响及工程措施意见。

3　对泥流应评价其流域地质条件、物质来源、泥流规模、危害程度、发展趋势,并结合线路通过位置分析对工程的危害程度,提出工程措施意见。

3.6　踏　　勘

3.6.1　踏勘阶段黄土地区工程地质勘察应包括下列内容:

1　搜集区域地质、地形地貌、地层、气象、地震、遥感图像等资料。

2　通过遥感图像解译，从宏观上了解黄土的分布、地貌类型、不良地质类别、范围及稳定性。

3　分析研究既有资料，初步确定黄土地貌分区、地层结构、影响线路方案的不良地质类型及分布，了解集中的墓穴、陷穴、已建及拟建大型工程（如水坝、干渠、公路、矿坑等）情况及其与线路的关系。

4　根据区域地质资料及遥感图像解译，进行重点地段的踏勘，按地貌单元进行湿陷性的初步评价。

3.6.2　踏勘阶段黄土地区资料编制应包括下列内容：

1　工程地质说明：应阐明黄土的分布、地形地貌特征、地层划分、各层土的工程地质特性和湿陷性、不良地质、水文地质等情况及其对线路的影响，并对线路方案作出评价。

2　全线工程地质图：比例为1∶50 000～1∶200 000，填绘控制线路方案的黄土滑坡、错落、陷穴等不良地质。

3.7　初　测

3.7.1　初测阶段黄土地区地质调绘应符合下列要求：

1　重点调查沿线黄土的分布、地貌形态、地层划分、成因类型、土质分类、土层结构、与下伏地层接触面形态、湿陷类型和等级及分布规律、水文地质特征，影响线路方案的不良地质范围、性质、稳定情况及重大工程场地的地质条件。

2　对代表性设计工点，地质调绘应根据工程类型的要求有侧重地进行，应注意工程场地比选和场地条件工程适宜性的调绘。

3.7.2　初测阶段黄土地区勘探、测试应符合下列要求：

1　一般地段应根据地貌单元、地层年代、成因类型、土质特征等，并结合代表性设计工点的分布，布置勘探、取样和原位测试工作。勘探点间距不宜大于1 000 m。当地段较长和湿陷性差异较大时，应适当增加取样孔。

2　代表性设计工点，应根据工程类型、工程场地条件布置勘探、取样及原位测试工作，至少应有2个取样孔。当场地复杂、湿陷性差异较大时，应增加勘探孔。

3.7.3　初测阶段应按一般地段和代表性设计工点分别评价黄土的湿陷性。一般地段按沿线地貌单元、地层年代、成因类型、土质分段评价黄土的湿陷类型和等级；代表性设计工点按场地评价黄土湿陷性类型和等级。

3.7.4　初测阶段黄土地区资料编制应包括下列内容：

1　综合资料

1）工程地质勘察报告，应阐明测区内黄土的分布、地形地貌、地层划分、成因类型、土质分类、水文地质特征、工程地质条件（包括地基强度评价、黄土湿陷性评价、斜坡稳定性分析等）、各类不良地质的分布、发展趋势及对铁路工程的影响，各线路方案评价及比选意见。提出对黄土地区的共性问题、重要建筑物及地质条件复杂工程的措施意见。

2）全线工程地质图，比例为1∶10 000～1∶200 000，填绘不良地质界线，不同时代黄土的界线等。

3）详细工程地质图，比例为1∶2 000～1∶5 000，填绘不良地质界线、地层年代、成因类型等。在线路纵断面图的工程地质特征栏中应说明黄土湿陷类型、等级及湿陷土层厚度。

4)沿线工程地质分段说明,按地貌单元、地层年代、成因类型、湿陷类型和等级及湿陷土层厚度、地下水等工程地质条件及工程处理措施分段编写。

2　工点资料

1)工程地质说明,除阐明工点的地质和水文地质条件外,还应作出工程场地评价并重点评价场地的黄土湿陷类型和等级以及湿陷土层厚度,提出工程处理措施。

2)工程地质图,比例为1∶500～1∶2 000,填绘黄土地层时代、成因类型、地质分界线,湿陷性分区界线,不良地质界线等。

3)工程地质横断面,比例为1∶200,填绘黄土的类型、成因、地下水位线。

4)工程地质纵断面,比例为横1∶500～1∶5 000,竖1∶100～1∶1 000,填绘黄土的类型、成因、地下水位线等。

5)勘探、测试、试验等资料。

3.8　定　　测

3.8.1　定测阶段黄土地区地质调绘应符合下列要求:

1　宜沿线按工点开展工作,调绘内容根据工程类型应有所侧重;

2　调绘宽度应以满足工程设计和不良地质的评价、整治为原则,地质条件复杂的工点应扩大调绘范围,满足环境工程地质评价的要求;

3　有工程方案比选的工点,地质调绘内容应满足各方案工程设计的要求。

3.8.2　定测阶段黄土地区勘探、测试应符合下列要求。

1　勘探、测试点的布置除应考虑工程性质、基础类型、场地地质条件外,还应考虑黄土场地湿陷性评价的需要。

2　一般路基和小桥涵工程用于黄土地基强度及湿陷性评价的勘探取样孔,可根据黄土地貌单元、地层年代、成因类型、土质特征分段布置。相同地质条件地段取样孔数不应少于3个,当地段较长或短距离内变化较大时,应增加取样孔数。

3　大、中桥原则上每个墩、台应有1个勘探点。但当地层简单,岩性单一,地层层序有规律时,可结合桥跨、基础类型酌情减少。隧道洞口和通过岩、土界面的洞身应有勘探点。房屋建筑物勘探点布置应按现行国家标准《湿陷性黄土地区建筑规范》(GBJ 25)办理。

3.8.3　定测阶段黄土湿陷性应根据工程类型进行黄土湿陷性评价。路基、大、中桥、隧道、站场及房建工程应按场地评价黄土的湿陷性;地质条件复杂的大型工程场地应分区评价(黄土湿陷类型和等级);一般路基及小桥涵工程宜根据地貌单元、地层年代、成因类型、土质及湿陷性差异等分段评价。

3.8.4　定测阶段黄土地区资料编制应包括下列内容:

1　综合资料

1)工程地质勘察报告,应阐明沿线黄土分布、地形地貌、地层划分、水文地质条件、各层土的物理力学指标和与各类工程设计有关的地质参数,黄土场地的湿陷性类型和等级、湿陷土层厚度及分段情况，各类不良地质的稳定性评价和工程处理措施，施工注意事项。

2）全线工程地质图，比例为 1∶10 000 ~ 1∶200 000，根据各类工点的工程地质资料补充、修改。

3）详细工程地质图，比例为 1∶2 000 ~ 1∶5 000，根据各类工点的工程地质资料补充、修改。

4）详细工程地质纵断面图，比例为横 1∶10 000，竖 1∶100 ~ 1∶1 000，与线路详细纵断面图合并或单独绘制。

2　各类建筑物的工程地质资料与初测工点的要求相同。

4 膨胀土(岩)和红黏土

4.1 一般规定

4.1.1 膨胀土是指土中黏粒成分主要由亲水矿物组成,具有吸水显著膨胀、软化、崩解和失水急剧收缩、开裂,并能产生往复胀缩变形的黏性土。遇具有上述性质、特征的黏性土时,应按膨胀土进行勘察。

4.1.2 膨胀岩是指含有较多亲水矿物,含水率变化时发生较大体积变化的岩石,其具有遇水膨胀、软化、崩解和失水收缩、开裂的特性。遇具有上述性质、特征的软岩时,应按膨胀岩进行勘察。

4.1.3 红黏土是指经红土化作用形成的棕红、褐黄等色并覆盖于碳酸盐岩系地层之上,具有表面收缩、上硬下软、裂隙发育和较显著的胀缩性、液限 $w_L \geqslant 50\%$ 的黏性土;其经搬运、沉积后仍保留上述基本特征,且液限 $w_L > 45\%$ 的土则称为次生红黏土。遇具有上述性质、特征的黏土时,应按红黏土进行勘察。

4.2 工程地质选线

4.2.1 膨胀土(岩)地区工程地质选线应符合下列要求:

1 线路宜避开山前斜坡及不同地貌单元的结合带,选在地形平缓、坡面完整、植被良好的地带,并宜垂直于垄岗轴线通过;

2 线路宜避开中、强膨胀土区,避开土层呈多元结构或有软弱夹层的地带,无法绕避时,应以短距离通过;

3 线路与既有重要建筑物应有一定距离;

4 线路应以浅挖、低填的方式通过,高填、深挖地段应与桥、隧方案比较;

5 线路宜绕避地下水发育的膨胀土(岩)地段;

6 线路宜垂直岩层走向和大断裂带或呈大角度相交,避开顺层地带和易产生工程滑坡的地带。

4.2.2 红黏土地区工程地质选线应符合下列要求:

1 红黏土地区选线,应符合本规程第 4.2.1 条第 1 ~5 款的要求;

2 线路宜选在土层厚度大及岩溶发育较弱的地段通过;

3 线路宜避开地裂密集带或深、长地裂地段。

4.3 地质调绘

4.3.1 膨胀土(岩)和红黏土地质调绘前应搜集下列资料:

1 地形地貌、区域地质、工程地质、水文地质、地震及自然灾害等区域性膨胀土(岩)

和红黏土资料；

2 遥感图像及解译资料；

3 气象资料：包括降雨量、蒸发量、地温、气温、大气影响深度等资料；

4 既有建筑物的勘察设计与变形、破坏情况及病害整治资料。

4.3.2 膨胀土（岩）和红黏土遥感图像解译应包括下列内容：

1 地层岩性、地貌类型及形态特征、分布范围、所处的地质环境和地貌部位；

2 不良地质现象，如冲沟、滑坡、坡面冲刷、泥石流及岩溶漏斗、洼地、落水洞、暗河等的分布、范围及规模；

3 植被发育情况，井、泉点及地表水体；

4 地质构造类型、形态、产状等；

5 必要时，经现场核对后，可编制遥感解译图。

4.3.3 膨胀土（岩）地质调绘应包括下列内容：

1 地形地貌特征，尤其是微地貌特征，包括斜坡自然坡度、高度、冲沟、坡面冲刷、剥落、地表植被生长状况等；

2 地层时代、成因、岩性、结构、分布范围，有无软弱夹层，湿度及包含物等，膨胀岩风化程度；

3 膨胀土（岩）中的裂隙发育程度、形态、分布密度、产状、充填物性质及裂面特征，膨胀土下伏基岩的岩性、结构面特征；

4 不良地质现象的类型、形成原因、分布范围、规模及对工程的危害程度；

5 地表水的集聚情况和排泄条件，地下水的类型、埋藏深度和变化规律；

6 当地建筑经验，既有建筑物变形和破坏情况，基础类型和埋深，膨胀土（岩）人工边坡高度、坡率以及防治病害的经验。

4.3.4 红黏土地质调绘除应符合本规程第4.3.3条的要求外，还应查明地裂形态特征、分布范围、形成原因和发育规律，以及与季节降雨、岩溶的关系等。

4.4 勘探与测试

4.4.1 膨胀土（岩）和红黏土勘探，应采用物探、钻探、挖探、原位测试和室内试验相结合的综合勘察方法。

4.4.2 膨胀土（岩）地区勘探应符合下列要求：

1 勘探点、线的布置，应根据膨胀土（岩）的成因类型、分布特征、地貌单元，并结合建筑物的类型和勘察阶段而定，一般地段宜沿线路带状布孔，重要工程的勘探点、线应加密。

2 勘探深度应根据膨胀土（岩）厚度及建筑物类型而定，当土（岩）厚度不大时，宜穿过膨胀土（岩）至下伏地层；若土（岩）层厚度较大，勘探深度应满足：

1）钻至路基面设计高程（或建筑物基础底面）以下不应小于3 m；

2）应大于大气影响深度，一般性勘探孔深度不应小于5 m，控制性孔深度不应小于8 m。

3 膨胀土（岩）地段宜采用干钻或泥浆钻进。

4 膨胀土（岩）地段取原状样必须干钻或采用挖探。原状样应从地面以下1 m开始分层采取,每1~2 m取1组;遇有灰绿、灰白色土层,应增加取样数量。膨胀岩地段应按岩性和风化带分别取代表性样品。

4.4.3 膨胀土(岩)测试应符合下列要求:

1 测试岩土常规物理、力学性质指标;

2 膨胀土应测定自由膨胀率、蒙脱石含量和阳离子交换量。必要时,作矿物成分和化学成分、pH值、先期固结压力及残余强度等的测试和分析;

3 膨胀岩应测试膨胀率、膨胀力、饱和吸水率,并宜做风干样或烘干样的崩解试验;

4 膨胀土的地基承载力测试宜采用静力触探、旁压试验;膨胀岩的地基承载力可采用点荷载试验、旁压试验;

5 重要和特殊的工程场地,宜进行现场浸水载荷试验、大面积剪切试验、旁压试验以及三轴试验、固结试验等。

4.4.4 红黏土地区勘探、测试应符合下列要求:

1 红黏土为膨胀土时,其勘探应符合本规程第4.4.2条第1~2款的规定。

2 红黏土为非膨胀土时,应根据红黏土结构特征、软弱夹层的层位、厚度、空间分布规律、地裂与岩溶的关系等特征,结合勘察阶段、建筑物类型布置勘探点。

3 红黏土的钻探宜采用干钻,对地裂的勘探应采用挖探。

4 红黏土原状土样的采取,应符合本规程第4.4.2条第4款的规定。

5 红黏土测试应符合下列要求:

1)测试土的一般物理、力学性质指标;

2)测定自由膨胀率、水平和垂直收缩率、蒙脱石含量、阳离子交换量并进行粒度分析,必要时作矿物成分和化学成分分析;

3)裂隙发育的红黏土,必要时应进行三轴剪切、无侧限抗压强度、灵敏度测试及重复慢剪试验。

4.5 场地评价

4.5.1 膨胀土(岩)地区场地评价应满足下列要求:

1 膨胀土应根据工作阶段进行初判和详判。

1)膨胀土应根据地貌、颜色、结构、土质情况、自然地质现象和土的自由膨胀率等特征,按表4.5.1—1初步综合判定。

表4.5.1—1 膨胀土初判标准

地　　貌	具垄岗式地貌景观,常呈垄岗与沟谷相间;地形平缓开阔,无自然陡坎,坡面沟槽发育
颜　　色	多呈棕、黄、褐色,间夹灰白、灰绿色条带或薄膜;灰白、灰绿色多呈透镜体或夹层出现
结　　构	具多裂隙结构,方向不规则。裂面光滑,可见擦痕。裂隙中常充填灰白、灰绿色黏土条带或薄膜
土质情况	土质细腻,具滑感,土中常含有钙质或铁锰质结核或豆石,局部可富集成层
自然地质现象	坡面常见浅层溜坍、滑坡、地面裂缝。当坡面有数层土时,其中膨胀土层往往形成凹形坡。新开挖的坑壁易发生坍塌
自由膨胀率 F_s	F_s≥40%

2)膨胀土应根据自由膨胀率、蒙脱石含量、阳离子交换量3项指标详判。当符合表4.5.1—2中2项指标时,应判定为膨胀土。

表4.5.1—2 膨胀土详判指标

名　　称	判定指标
自由膨胀率 F_s(%)	$F_s \geq 40$
蒙脱石含量 M(%)	$M \geq 7$
阳离子交换量 CEC(NH_4^+)(mmol/kg)	CEC(NH_4^+)≥170

注:CEC表示1 kg干土的阳离子交换量。

2 膨胀土的膨胀潜势分级应符合表4.5.1—3的规定。

表4.5.1—3 膨胀潜势分级

分级指标	弱膨胀土	中等膨胀土	强膨胀土
自由膨胀率 F_s(%)	$40 \leq F_s < 60$	$60 \leq F_s < 90$	$F_s \geq 90$
蒙脱石含量 M(%)	$7 \leq M < 17$	$17 \leq M < 27$	$M \geq 27$
阳离子交换量 CEC(NH_4^+)(mmol/kg)	170≤CEC(NH_4^+)<260	260≤CEC(NH_4^+)<360	CEC(NH_4^+)≥360

注:当有2项指标符合时,即判定为该等级。

3 膨胀岩的判别应根据表4.5.1—4野外地质特征和表4.5.1—5室内试验指标综合判定。

表4.5.1—4 膨胀岩的野外地质特征

地　貌	一般形成波状起伏的低缓丘陵,相对高度20~30 m,丘顶多浑圆,坡面圆顺,山坡坡度缓于40°,岗丘之间为宽阔的U形谷地;当具有砂岩夹层时,常形成一些陡坎
岩　性	主要为灰白、灰绿、灰黄、紫红和灰色的泥岩、泥质粉砂岩、页岩、风化的泥灰岩、风化的基性岩浆岩、蒙脱石化的凝灰岩以及含硬石膏、芒硝的岩石等。岩石由细颗粒组成,遇水时多有滑腻感。泥质膨胀岩的分布地层以石炭系、二叠系、三叠系、侏罗系、白垩系、第三系为主
结构构造	岩层多为薄层和中、厚层状,裂隙发育,裂隙多被灰白、灰绿色等富含蒙脱石物质充填
风　化	风化裂隙多沿构造面、层理面进一步发展,使已被结构面切割的岩块更加破碎;地表岩石碎块风化为鸡粪土,剥落现象明显;天然含水的岩石在暴晒时多沿层理方向产生微裂隙;干燥的岩块泡水后易崩解成碎块、碎片或土状

表4.5.1—5 膨胀岩的室内试验判定指标

试验项目		判定指标
自由膨胀率 F_s(%)	不易崩解的岩石	$F_s \geq 3$
	易崩解的岩石	$F_s \geq 30$
膨胀力 P_p(kPa)		$P_p \geq 100$
饱和吸水率 w_{sa}(%)		$w_{sa} \geq 10$

注:1 对于不易崩解的岩石,应取轴向或径向自由膨胀率中的大值进行判定;
2 对于易崩解的岩石应将其粉碎,过0.5 mm的筛去除粗颗粒后,比照土的自由膨胀率试验方法进行试验;
3 当有2项及以上符合表中所列指标时,在室内可判定为膨胀岩。

4 必要时应预测膨胀土地基变形量。膨胀变形量、收缩变形量、胀缩变形量的计算方法应符合现行《膨胀土地区建筑技术规范》(GBJ 112)的规定。

5 大气影响深度和大气影响急剧层深度的计算应符合现行《膨胀土地区建筑技术规范》(GBJ 112)的规定。

6　对基础埋深、地基处理、施工开挖(洞室、边坡、基坑)挡护措施和防水、保湿措施等,提出建议。

4.5.2　红黏土地区场地评价应满足下列要求:

1　红黏土达到膨胀土标准时,应按本规程第4.5.1条进行场地评价;

2　红黏土为非膨胀土时,应根据红黏土结构特征、软弱夹层的层位、厚度、空间分布规律、地裂与岩溶的关系等特征,进行场地评价。

4.6　踏　勘

4.6.1　踏勘阶段膨胀土(岩)和红黏土地区工程地质勘察,应包括下列内容:

1　搜集沿线的区域地质、工程地质、水文地质、地貌、气象及遥感图像等资料,并进行室内分析、整理和解译;

2　现场踏勘,了解膨胀土(岩)和红黏土的时代、成因类型、岩性、分布范围,以及既有建筑物的变形、破坏情况;

3　必要时,取膨胀土(岩)作简易判别试验;

4　了解红黏土地区岩溶、地裂发育情况,并取扰动土样,做膨胀土判别试验。

4.6.2　踏勘阶段膨胀土(岩)和红黏土地区资料编制,应包括下列内容:

1　工程地质说明,应阐述各方案中膨胀土(岩)和红黏土的成因类型、工程性质、分布范围与膨胀土(岩)和红黏土有关的不良地质现象和建筑物的变形情况,评价膨胀土(岩)和红黏土对铁路工程的影响及危害程度,提出方案比选意见和对初测工作的建议;

2　全线工程地质图,比例为1∶50 000～1∶200 000,填绘膨胀土(岩)、红黏土的分布范围及控制线路方案的大型不良地质、大型地裂或地裂密集区。

4.7　初　测

4.7.1　初测阶段膨胀土(岩)和红黏土地区的地质调绘,应符合下列要求:

1　查明沿线膨胀土(岩)和红黏土的时代、成因类型、分布范围、工程性质、膨胀潜势级别、地基均匀性、地裂及岩溶发育分布情况,以及与膨胀土(岩)和红黏土有关的地质病害;

2　对控制线路方案或需作代表性设计的工点,应根据工程类别的不同要求重点查明膨胀土(岩)和红黏土的结构特征,软弱夹层的层位、厚度、空间分布规律;膨胀岩还应查明岩层及节理、断层的产状等;红黏土则应查明其结构特征,软弱夹层的层位、厚度、空间分布,地裂的形态特征(长、宽、深及剖面上的变化)、数量,基岩出露情况及岩溶形态等。

4.7.2　初测阶段膨胀土(岩)和红黏土地区勘探,应符合下列要求:

1　一般地段作代表性勘探,其间距不宜大于500 m;影响线路方案的强膨胀土(岩)地段、土(岩)结构复杂地段及重点工程,勘探点应适当加密;

2　对代表性设计地段进行坑探,查明地层结构、裂隙发育情况、软弱夹层及大气影响深度,并取代表性试样。

4.7.3　初测阶段膨胀土(岩)和红黏土地区测试,应满足下列要求:

1　一般地段应取样作膨胀土(岩)判别与分级项目测定,进行自由膨胀率、饱和吸水率、崩解试验等，并选代表性的土样测定蒙脱石含量和阳离子交换量；

2 重点地段和重大工点应取膨胀土（岩）原状样进行一般物理力学指标和膨胀土（岩）判别、分级、分类指标的测试，必要时应作现场浸水载荷试验、剪切试验以及三轴试验和固结试验等。

4.7.4 初测阶段膨胀土（岩）和红黏土地区资料编制，应包括下列内容：

1 综合资料

1）工程地质勘察报告，应阐明膨胀土（岩）和红黏土的区域地质条件、时代、成因、分布范围、规律、主要物理力学指标、发展趋势及其对线路方案的影响，提出各线路方案评价、比选意见。

2）全线工程地质图，比例为1:10 000～1:200 000，填绘膨胀土（岩）和红黏土的分布范围、膨胀潜势分级及控制线路方案的大型不良地质等。

3）详细工程地质图，比例为1:2 000～1:5 000，填绘膨胀土（岩）和红黏土的时代、成因、地质分界线。

4）沿线工程地质分段说明，按地貌单元分段编写，其内容应包括地形地貌、植被情况、气象特征、膨胀土（岩）和红黏土的时代、成因、性质、厚度、结构、分布范围、水文地质特征、地裂及岩溶发育情况、工程地质条件评价、地质参数、大气影响深度和大气影响急剧层深度、工程措施等。

2 工点资料

1）工程地质说明，应阐明场地的工程地质条件，其内容包括土（岩）的物理力学性质、分级、分类、场地分类、地基胀缩等级、隧道围岩分级等，并提出基础埋深、地基处理、施工开挖的挡护措施及防水保湿措施等建议；

2）工程地质图，比例为1:500～1:2 000，填绘膨胀土（岩）和红黏土的时代、成因、地质分界线、分区界线等；

3）工程地质断面图，比例为1:200～1:500，填绘膨胀土（岩）和红黏土的时代、成因、类型、厚度、地下水位线等；

4）勘探、测试、试验等资料。

4.8 定　测

4.8.1 定测阶段膨胀土（岩）和红黏土地区的地质调绘，应符合下列要求：

1 详细查明采用方案沿线及各建筑物（含防护加固工程）膨胀土（岩）和红黏土场地及地基的工程地质和水文地质条件；

2 宜按工点开展工作，调绘内容应根据工程类别有所侧重。调绘宽度应满足工程设计和不良地质评价和整治的需要。

4.8.2 定测阶段膨胀土（岩）和红黏土地区勘探与测试，应符合下列要求：

1 勘探、测试点宜采用分段布置与工程相结合的方法，其点位与数量应满足铁路各类工程和防护加固工程的需要；

2 大型场地及重要建筑物的地基取样坑、孔的数量不宜少于勘探坑、孔总数的1/2，重大工程地基应作原位测试；

3 重大工程场地膨胀土（岩）的测试项目，应能满足对膨胀土（岩）进行详判、分级和设计的要求。

4.8.3 定测阶段膨胀土(岩)和红黏土资料编制,应符合下列要求:

1 综合资料

1)工程地质勘察报告,应阐明沿线膨胀土(岩)和红黏土的分布、地形地貌、水文地质条件、物理力学指标和与各类工程设计有关的地质参数,提出工程处理措施及施工注意事项等;

2)全线工程地质图,比例为1:10 000~1:200 000,根据各类工点的工程地质资料补充、修改;

3)详细工程地质图,比例为1:2 000~1:5 000,根据各类工点的工程地质资料补充、修改;

4)详细工程地质纵断面图,比例为横1:10 000,竖1:100~1:1 000,与线路详细纵断面图合并或单独绘制。

2 各类建筑物的工程地质资料与初测工点的要求相同。

5 软土

5.1 一般规定

5.1.1 遇在静水或缓慢的流水环境中沉积、具有含水率大($w \geqslant w_L$)、孔隙比大($e \geqslant 1$)、压缩性高($a_{0.1\sim0.2} \geqslant 0.5\ \text{MPa}^{-1}$)、强度低($P_s < 800$ kPa)等特点的黏性土、粉土地层时,应按软土进行勘察。

5.1.2 软土按其物理力学特征,可分为软黏性土、淤泥质土、淤泥、泥炭质土和泥炭等不同类型,其具体分类应符合表5.1.2的规定。当粉土和其他成因类型的黏性土物理、力学性质指标达到软土的大多数指标时,可比照软土进行勘察。

表5.1.2 软土分类及物理、力学特征

指标 \ 分类		软黏性土	淤泥质土	淤泥	泥炭质土	泥炭
有机质含量 w_u	%	$w_u < 3$	$3 \leqslant w_u < 10$		$10 \leqslant w_u \leqslant 60$	$w_u > 60$
天然孔隙比 e		$e \geqslant 1.0$	$1.0 \leqslant e \leqslant 1.5$	$e > 1.5$	$e > 3$	$e > 10$
天然含水率 w	%	$w \geqslant w_L$			$w \gg w_L$	
渗透系数 k	cm/s	$k < 10^{-6}$			$k < 10^{-3}$	$k < 10^{-2}$
压缩系数 $a_{0.1\sim0.2}$	MPa^{-1}	$a_{0.1\sim0.2} \geqslant 0.5$			—	
不排水抗剪强度 CU	kPa	$CU < 30$			$CU < 10$	
静力触探比贯入阻力 P_s	kPa	$P_s < 800$			—	
标准贯入试验锤击数 N	击	$N < 4$	$N < 2$		—	

注:1 软土及其类型的划分,应以天然孔隙比、天然含水率及有机质含量为主,并结合其他指标综合判别。外业勘察时,可用 P_s 作为初判标准。
2 有机质含量测试采用灼失量法。

5.2 工程地质选线

5.2.1 线路应绕避厚度大、分布广、治理难的软土地带。若绕避不经济或不可能时,宜选择在软土分布最窄、厚度最小、埋藏不深、硬底横坡较缓地段。

5.2.2 线路宜选择在地势较高,硬壳较厚,取土条件较好的地带。

5.2.3 软土地区的路基宜采用路堤。路堤高度宜控制在设计临界高度以内,但不宜低于基床厚度。如软土层较厚,路堤较高,填料缺乏,占用良田太多,或者工后沉降难以控制时,应与建桥方案比较。

5.2.4 在滨海平原、冲积平原和湖积平原,线路位置的选择应符合下列要求:

1 宜远离湖塘、排灌渠道、河流及其河口地段;

2 宜绕避古牛轭湖、埋藏谷及溺谷等软土埋藏地带；

3 通过沿河谷分布的软土地带或古盆地时，应避免从其中部通过。

5.2.5 在丘陵和山间谷地，线路位置的选择应符合下列要求：

1 宜避开有软土分布的封闭或半封闭洼地；

2 宜避免在硬底横坡较陡处通过。

5.2.6 线路应绕避泥沼地区。若必须通过，应参照本规程第 5.2.1～第 5.2.3 条办理。

5.2.7 对基底软土层深厚、天然强度低且采用加速固结措施的高路堤地段，如需预留第二线，应作一次建成双线路基方案的经济技术比较。

5.2.8 桥位应选择在两岸地势较高的部位。桥台应避免通过淤泥、软土、古河道等地段，如无法避开，应选择在基岩或硬土埋藏浅、软弱地层厚度薄的地段。

5.3 地质调绘

5.3.1 软土地区地质调绘前应搜集下列资料：

1 沿线近代地形地貌资料、古地形地貌图或历史河流变迁图，区域地质、遥感图象及解译资料；

2 沿线既有建筑、既有道路的勘察、设计、施工、观测资料、科研成果等；

3 地震烈度、震害等资料，核定地震动峰值加速度为 0.1g 及以上范围的分区界线。

5.3.2 软土地区地质调绘应包括下列内容：

1 调查地形、地貌及第四纪沉积层的特征，划分地貌单元并进行工程地质分区，分析各地貌单元的形成过程与地层、场地稳定性的关系；

2 软土的分布范围和分布规律，尤其是沿线微地貌与软土分布的关系，以及古牛轭湖、埋藏谷，暗埋的塘、浜、沟、渠分布范围及形态；

3 软土及地基各层的岩性、分层厚度、成因、类型、时代、硬壳、固结状态、物理、力学、水理及其地层结构、相变特征；

4 对厚层和相对均质的软土，应查明抗剪强度随深度的变化规律；

5 对谷地、河谷边缘、河沟交汇地段、山间盆地及斜坡边缘的软土，应重点查明软土层厚度变化，下卧硬层顶面形态、横坡大小等；

6 对埋藏有古软土层的地区，应查明其分布范围、埋藏深度、下卧硬层和古软土层的超固结比等工程特性；

7 判定有无砂类土夹层或透镜体存在及其形态、范围，并判定对工程稳定性和变形的影响；

8 地下水类型、埋藏深度、活动情况、补给与排泄条件；

9 既有堤防、涵洞、桥梁、道路、房屋、地下洞室等建筑物的修建时间、地基处理措施、施工方法、处理效果等；

10 沼泽地段地质调绘，尚应调查植物分布及生长情况；地表水的汇流和水位的季节变化、疏干条件及河流水文变化情况；地下水露头及其季节变化，地下水与地表水的关系等。

5.4 勘探与测试

5.4.1 软土地区勘探应采用钻探、物探和原位测试相结合的综合勘探方法。对厚层或难于取样的软土地层，可采用静力触探、十字板剪切试验、扁板侧胀试验、应力铲试验、孔内旁压试验、螺旋板载荷试验等原位测试方法。

5.4.2 软土地区勘探点的布置应符合下列要求：

1 软土勘探点的布置应根据地层结构、成因类型、成层条件、硬底横坡，并结合建筑物的类型、规模、基础类型确定。

2 勘探点的密度应满足勘察阶段地质评价、方案比选、工程设计的需要。当地层结构复杂，土质不均匀，下卧硬层顶面坡度较大，有古河道、古牛轭湖、暗埋的塘渠等时，勘探、测试孔应酌情加密。一般滨海平原地区可以较疏，谷地泥沼地区应适当加密；湖积软土地区，中部较疏，边缘应加密；河谷软土地区，平行河谷方向可较疏，垂直河谷方向则应加密。

3 控制性钻孔应布置在有代表性的部位。在软土深厚或厚度变化不大时，应布置在线路中心；当下卧硬层顶面坡度较大时，宜布置在下坡一侧。每一地貌单元或地质单元、重大工程、工点均应有控制性钻孔。控制性钻孔宜不少于勘探孔总数的20%。

5.4.3 软土勘探深度应符合下列要求：

1 控制性钻孔应穿透软土钻至硬层、主要持力层或下伏基岩内一定深度。

2 为满足稳定分析，勘探、测试孔深度应至软土层硬底或主要持力层以下2～5 m；当软土层较厚时，为满足沉降计算，勘探、测试孔深度不应小于地基压缩层的计算深度。

3 当采用深基础时，勘探、测试孔深度应至桩尖或持力层5 m以下。

5.4.4 软土取土样应符合下列要求：

1 软土地区钻孔直径应满足取样、原位测试或其他试验工作的需要；控制回次进尺，岩芯采取率应大于90%。

2 软土取样宜采用均匀连续压入法及下击式重锤少击法。流塑软土层须跟下套管，套管管靴必须高出取样部位10～20 cm。当在较深位置取样时应安置钻杆扶正器。

3 采取原状土样应使用薄壁取土器。取土器的直径不宜小于108 mm。

4 采取原状土样前，应将孔内钻进过程中残存的余土清除干净。取土器的入土深度，严禁大于取土器的有效长度。

5 取样时，严禁向钻孔内注水。钻孔中的水也不能浸泡或压入样品中。

6 一般钻孔应分层采取代表性的原状土样，每一层采取的土样应不少于2筒。当同一土层较厚时，每3 m采取原状土4筒，并保证上、下部位分别采取原状土样各1筒，中部取样2筒。控制性钻孔应连续采取原状土样，每1 m孔深应有2筒土样。

5.4.5 软土原状土样应符合下列要求：

1 土样长度与采样长度之比应等于或近于1；

2 土样周边扰动带厚度应小于10 mm，内部应无扰动现象；

3 开土样后如有析水或变形现象时，应降低土样质量等级或重新取样；

4 采取的原状土样不符合要求时，应及时采取调整取样工艺或调换取土器等措施。

5.4.6 软土室内试验应符合下列要求：

1 软土室内试验的项目，应根据不同勘察阶段、不同工程类别和处理措施按表5.4.6确定；

表 5.4.6 软 土 试 验 项 目

工程类别及要求		项目名称 / 符号及单位	室内试验项目：物理性质试验：天然含水率	天然密度	颗粒密度	天然孔隙比	塑限	液限	塑性指数	液性指数	有机质含量	颗粒分析	击实试验	力学性质试验：渗透系数 垂直	渗透系数 水平	压缩系数 垂直	压缩系数 水平	先期固结压力	固结系数 垂直	固结系数 水平	剪切试验 直剪：夯后快剪	快剪	固结快剪	三轴剪切：不固结不排水	固结不排水	固结排水	无侧限抗压强度	灵敏度	原位测试：十字板剪切	静力触探	旁压试验	载荷试验	标贯试验	动力触探	应力铲	扁板侧胀试验	土的pH值	水质分析
		符号	w	ρ	ρ_s	e	w_P	w_L	I_P	I_L				k_v	k_h	a_v	a_h	P_c	C_v	C_h		τ_q	τ_{cq}	UU	CU, $\overline{CU}$	CD	q_u	S_t										
		单位	%	(g/cm^3)			%				%			(cm/s)		(MPa^{-1})		(kPa)	(cm^2/s)					(kPa)														
路堤	稳定性	硬层																				+	(+)	+	(+)	(+)	+	(+)		+	(+)	(+)	(+)	(+)				
路堤	稳定性	软土层									±											+	(+)	+	(+)	(+)	+	+	+	+	(+)	(+)	(+)	(+)	(+)	(+)		
路堤	沉降	硬层	+	+	+	+	±	±	±	±				+	+	+		(+)	+	+		(+)		(+)				(+)		+	(+)	(+)	(+)	(+)				
路堤	沉降	软土层									±			+	+	+	(+)	+	+	+		(+)		(+)				+	+	+	(+)	(+)	(+)	(+)	(+)	(+)		
路堤	地基加固	硬层									(±)	(±)		+	(+)	+	(+)	(+)	+	+		+	+	+	(+)	(+)	+	(+)		+	(+)	(+)	(+)	(+)			+	+
路堤	地基加固	软土层									±	(±)		+	(+)	+		(+)	+	+		+	+	+	(+)	(+)	+	+	+	+	(+)	(+)	(+)	(+)	(+)	(+)	+	+
路堤	黏性填料												±								±																	
路堤	砂料										±	±																										
路堑	稳定性	硬层	+	+	+	+	±	±	±	±		(±)		+	+	(+)						+	+	+	+		+	(+)		+	(+)		(+)					
路堑	稳定性	软土层									±	(±)		+	+	(+)						+	+	+	+		+	+	+	+	(+)				(+)	(+)		
桥涵、厂房等地基	天然地基	硬层														+		(+)	+	+		+		+			+	(+)		+	(+)	(+)	(+)	(+)				(+)
桥涵、厂房等地基	天然地基	软土层									(±)					+		(+)	+	+		+	+	+			+		+	+	(+)	(+)	(+)	(+)	(+)	(+)		(+)
桥涵、厂房等地基	桩基	硬层	+	+	+	+	±	±	±	±	(±)			(+)	+	(+)	(+)	(+)	(+)			+		+			+	+		+	(+)	(+)	(+)	(+)				+
桥涵、厂房等地基	桩基	软土层									±			(+)	+	(+)		(+)	(+)	(+)		+	+	+			+	+	+	+	(+)	(+)	(+)	(+)	(+)	(+)		+
桥涵、厂房等地基	复合地基	硬层									(±)	(±)			(+)	+	(+)	(+)	(+)	(+)		+		+			+	(+)		+	(+)	(+)	(+)	(+)			+	+
桥涵、厂房等地基	复合地基	软土层									±	(±)			(+)	+		(+)	(+)	(+)		+	+	+			+	+	+	+	(+)	(+)	(+)	(+)	(+)	(+)	+	+

注：1 本表所列项目考虑了各阶段的需要，实际工作中应根据不同阶段的具体要求和设计的需要选项并有所侧重。
2 室内剪切试验宜以三轴剪切试验为主。
3 有机质含量宜采用灼失量法。
4 “( )”表示视需要作。
5 “±”表示可采用扰动土样。
6 有特殊要求的设计项目，还应根据设计的特殊需要选作本表以外的项目。

2　室内力学试验宜以直剪、三轴剪切试验、无侧限抗压强度、压缩固结试验为主，在每一地貌单元应有代表性高压固结试验，必要时，进行次固结试验；

3　原状土样样品应在3 d以内开样试验；对不能按时试验的样品应妥善保存，不得露天堆放；

4　对试验数据应分段进行统计分析。

5.4.7　软土地区使用静力触探时，应有钻探或其他原位测试手段验证。在代表性软土地段和大型枢纽场地应至少有两处对比孔；进行对比的两孔间距，不应小于已有孔孔径的25倍。

5.4.8　十字板剪切试验应在具有代表性的和场区进行，每1 m深度应测一组以上剪切指标。当与钻探相结合时，其测试间距可视具体情况确定。

5.5　场地评价

5.5.1　软土地区场地评价应包括场地地质条件、场地地基稳定性评价、场地环境影响评价等内容。

5.5.2　软土场地地质条件评价应符合下列要求：

1　根据地质调绘、勘探、测试成果，在分析研究区域地质、水文地质条件和工程地质特征、软土基本规律的基础上，对场地方案进行综合评价和比选。

2　确定场地方案后，应结合工程评价场地的工程地质条件。

1）对地表硬壳层提出利用的条件及可能性；

2）场地有暗塘、暗浜，无法避开时应提出工程处理措施意见；

3）建筑物离池塘、河岸、边坡较近时，应判定软土侧向塑性挤出或产生滑移的危险程度；

4）当软土地基受力范围内有起伏、倾斜的基岩、硬土层或存在较厚的透镜体时，应判定地基产生滑移和不均匀变形的可能性；

5）软土地基主要受力层中有薄的砂层或软土与砂土互层时，应根据其固结排水条件，判定其对地基变形的影响；

6）判定地下水位变化和承压水等对软土地基稳定性和变形的影响；评价地下水对混凝土等其他建筑材料的腐蚀性；

7）软土地基的基本承载力宜采用多种方法综合确定；一般建筑物可利用静力触探及其他原位测试成果，结合地区经验确定，也可根据软土的物理、力学参数查附录A确定，或采用工程地质类比法确定；对重要建筑物和缺乏经验的地区，宜采用载荷试验方法确定；

8）建筑场地位于地震动峰值加速度为0.1g及以上地区时，应判定场地和地基的地震效应；

9）含有沼气的地基，应判定沼气逸出对地基稳定性和变形的影响。

5.5.3　软土场地地基稳定性评价应符合下列要求：

1　场地地基的稳定性评价主要包括滑动稳定性评价和沉降稳定性评价等；

2　应根据软土的成层、分布及物理力学性质对影响或危及建筑物使用的不均匀沉降、差异沉降、滑动、变形作出评价，提出加固、处理措施意见；

3 软土路堑除应对边坡稳定性和基底沉降变形稳定性作出评价外，还应注意对基底硬层和下伏承压含水层的水压差在施工过程中可能产生的溃涌、潜蚀、流砂，以及动水压力对边坡稳定造成的不利影响作出评价。

5.5.4 对软土场地因施工、取土、运输等原因产生的环境地质问题应作出评价，并提出相应措施。

5.6 踏 勘

5.6.1 踏勘阶段软土地区工程地质勘察应包括下列内容：

1 搜集区域地质、第四纪地质、工程地质、水文地质、地形地貌、气象、地震烈度及遥感图象等资料；

2 软土地段应进行现场踏勘，必要时可进行简易勘探、测试工作；

3 控制线路方案和重点地段的软土，应了解成因类型、性质、分布范围及其对工程产生的危害；

4 对软土地区沿线堤防、涵闸、桥梁、道路及房屋等既有建筑物应进行重点调查，了解其结构、基础类型、地基处理措施、施工过程、变形及稳定状况；

5 对室内遥感解译成果应进行现场核对、修改和补充。

5.6.2 踏勘阶段软土地区资料编制应包括下列内容：

1 工程地质说明，重点阐明各方案，尤其是推荐方案和主要比较方案软土的成因类型、特性、特征、分布范围和规律等对线路的影响，对线路方案作出评价，并提出初测软土工作的建议；

2 全线工程地质图，比例为1:50 000～1:200 000，填绘软土的分布范围、成因类型及厚度；

3 推荐方案及主要比较方案工程地质图（必要时作），比例为1:10 000～1:50 000；

4 控制线路方案的特别复杂软土地段、重点工程、特大桥等的工程地质平、纵断面示意图。

5.7 初 测

5.7.1 初测阶段软土地区地质调绘应符合下列要求：

1 查明沿线软土的分布、范围、成因、类型、分布规律、埋藏条件及古河道、暗塘、暗浜的分布、地下水类型、埋藏深度、活动情况、补给与排泄条件；

2 对控制线路方案或需作代表性设计的软土地段，应查明软土的层位、层厚、类型、物理、力学、化学、水理特性等工程地质特征，初步分析其变形和稳定性；

3 地质调绘范围应满足线路方案比选的需要，地质条件复杂并控制线路方案选择的软土地段，必要时应扩大调绘范围。

5.7.2 初测阶段软土地区勘探和原位测试应符合下列要求：

1 一般软土地段应以挖探、简便钻探、触探等方法为主，每个地貌单元必须有勘探点；大面积软土地段每300 m以内应有勘探点；当软土成层复杂，变化大及有山间洼地时，应适当加密勘探、测试孔。

2 控制线路方案或需作代表性设计的软土地段，宜采用静力触探、轻型螺纹钻、十字板剪切试验、物探和钻探等勘探方法进行择优组合。每个断面布置2～4个勘探、测试孔，并应有1～2个控制性钻孔。

3 勘探、测试深度应符合第5.4.3条的规定。

5.7.3 初测阶段软土地区取样、室内试验项目和试验方法除应满足本规程第5.4.6条规定外，尚应符合下列要求：

1 代表性工点应进行硬壳、硬层及每层软土的天然抗剪强度和固结快剪强度、无侧限抗压强度等强度指标测试，以及压缩系数、固结系数等土的压缩性指标，渗透系数等水理参数测试。

2 采用砂井或塑料排水板加固软土地基，应进行水平方向的固结系数测试；采用粉体喷射搅拌法或深层搅拌法时，应进行软土的化学特性、组分等特性测试。

3 判定软土触变性时，应测定灵敏度。

5.7.4 初测阶段软土地区资料编制应包括下列内容：

1 综合资料

1）工程地质勘察报告，重点分析软土的工程地质特征及分布规律对线路和建筑物方案的影响，提出方案比选意见及软土处理意见；

2）全线工程地质图，比例为1∶10 000～1∶200 000，填绘软土的分布范围、成因类型及厚度；

3）详细工程地质图，比例为1∶2 000～1∶5 000，填绘软土范围界线、成因类型及厚度；

4）沿线工程地质分段说明，根据软土的地貌单元、成因类型、工程特性分段编写，其内容除工程地质和水文地质特征外，尚应对高路堤、桥涵等的地基稳定和沉降及线路方案与地基处理提出评价和建议。

2 工点资料

1）工程地质说明，应阐明软土的分布范围、分布规律、成因类型、工程地质特征，评价其对工程建筑物的影响及处理措施；

2）工程地质图，比例为1∶500～1∶1 000，填绘软土的分布范围、层位、成因类型、厚度等；

3）代表性工程地质横断面图，比例为1∶200～1∶500；

4）工程地质纵断面图，比例为横1∶500～1∶5 000，竖1∶50～1∶500；

5）硬壳底面或硬层顶面高程等高线图（当硬壳底面、硬层顶面高程起伏、软土厚度变化大，并控制线路方案比选时作），比例为1∶500～1∶5 000；

6）勘探、测试、试验等资料。

5.8 定　测

5.8.1 定测阶段软土地区地质调绘应符合下列要求：

1 详细查明采用方案沿线及各建筑物场地软土地段的分布及其工程地质和水文地质条件。

2 路基工程应沿线路中线,以横断面为主进行地质调绘。重点调查路基横向范围内硬壳、硬层及软土的厚度、埋藏深度的变化。确定路基基底的稳定性,边坡结构形式和坡率。

对路堤高度大于设计临界高度的工点,必须搜集稳定分析、沉降计算和采取加固处理措施所需的软土地基的分层、物理、力学、化学、水理性质参数;对于已确定存在沉降和稳定问题的高填路堤,应提供地基处理方案,应落实有关地层层位、层厚、岩土类别、分布范围。

3 桥涵工程应以桥址的纵断面为主进行地质调绘,下卧硬层顶面坡度较大的桥梁墩台地基,应同时进行横断面的调绘。

应查明桥址的工程地质条件,提供稳定分析、沉降计算和采取加固处理措施所需的软土地基分层、侧壁摩阻力、桩端阻力等物理、力学、化学、水理性质参数,评价地基稳定性和变形,并提出处理意见。

4 房屋等建筑工程

1)查明软土分布的厚度变化及其物理力学性质,为可能造成地基不均匀沉降和变形分析提供依据;

2)查明软土硬壳厚度及物理力学性质,分析作为天然地基的可能性;

3)建筑物需采用人工地基时,应搜集软土地基物理力学参数,提出软土地基进行处理或加固的措施意见。

5.8.2 定测阶段软土地区勘探应符合下列要求:

1 路基工程

1)长度小于 50 m 的工点,应有一个勘探、测试横断面;

2)长度 50 ~ 300 m 的工点,应有 2 ~ 3 个勘探、测试横断面;

3)长度大于 300 m 的工点,勘探、测试横断面不应少于 3 个,较长和软土成层复杂的工点尚应结合软土地质情况适当增加勘探、测试断面;

4)勘探、测试横断面应有一定的代表性,每一横断面应有 2 ~ 4 个勘探、测试孔;

5)每个工点勘探、测试孔总量中,钻孔不宜少于 1/3;重点工程应有一定数量的控制性钻孔,不宜少于 2 个。

2 小桥涵工程

1)每座涵洞应有一个钻探或原位测试孔;小桥、较长的涵洞,勘探测试孔不宜少于 2 个。

2)勘探、测试深度宜进入硬层不少于 2 m;若硬层埋藏较深,则小桥的勘探、测试深度不宜小于 15 m,涵洞不宜小于 8 m;采用桩基础或其他深层加固方法处理软土地基的小桥涵工程,勘探、测试深度应至持力层或桩尖以下 5 ~ 6 m,并不小于沉降计算深度。

3 大中桥、特大桥工程

1)原则上每个墩台应有一个勘探、测试孔,但当软土地层简单、厚度变化不大、层次有规律、下卧硬层顶面坡度平缓时,可结合桥跨、基础类型等酌情减少;而当软土层的下卧硬层顶面坡度较大时,则每个桥台、桥墩的勘探、测试孔不应少于 2 个;

2)勘探、测试深度,应符合本规程第 5.4.3 条的要求;

3)附属工程的地基,可参照桥位工程地质资料进行类比,需要时,可采用钎探、静力触探、简易勘探等配合进行。

4　房屋等建筑工程

1）房屋等建筑物的勘探、测试孔，可按建筑物周边或建筑群布置，间距宜为 25～45 m，对面积小而荷重大或重心高的建筑物应单独布置，勘探、测试孔的数量应按表 5.8.2 执行；

2）勘探、测试孔深度宜按地基沉降计算深度确定，有特殊要求时应适当加深。

表 5.8.2　勘探、测试孔数量

建　筑　物　名　称	孔　数
各种车库、动力车间、发电厂、1 000 人以上站房、5～6 层楼房	4～10
地道、天桥、信号楼、风雨棚、修配车间、3～4 层楼房、400～1 000 人站房	2～6
水鹤、给砂塔、煤塔、照明塔、灰坑、地磅、油罐、轨道衡、转车盘、水塔、烟囱（高 15～40 m）	1～3

5.8.3　定测阶段软土地区资料编制应包括下列内容：

1　综合资料

1）工程地质勘察报告，重点说明软土地基的特点与分布规律、物理、力学性质对各类工程建筑物稳定、变形的影响，并对方案的适宜性作出评价，提出设计方案优化建议、工程措施意见以及施工应注意的问题；

2）全线工程地质图，比例为 1∶10 000～1∶200 000，根据各类工点的工程地质资料，补充、修改；

3）详细工程地质图，比例为 1∶2 000～1∶5 000，根据各类工点的工程地质资料补充、修改；

4）详细工程地质纵断面图，比例为横 1∶10 000，竖1∶100～1∶1 000，与线路详细纵断面图合并或单独绘制。

2　各类建筑物的工程地质资料与初测工点的要求相同。

5.9　改建铁路

5.9.1　软土地区改建铁路的选线应符合下列要求：

1　应不影响既有线的稳定，并有利于既有线软土地基病害的整治；

2　增建第二线宜选在硬层顶面下坡的一侧。

5.9.2　软土地区改建铁路工程地质勘察应包括下列内容：

1　搜集既有铁路勘察、设计、施工及运营期间积累的地质资料；

2　调查分析既有线的病害类型、产生原因、发展状况、整治效果，提出改建通过部位、方式和工程措施意见；

3　查明既有线及附近建筑物的工程地质条件，以及变形破坏的现象并分析其原因；

4　查明改建地段软土地基的工程特性，搜集新建、改建和加固处理建筑物所需地质资料；

5　查明既有路基填土类别、断面特征、天然含水率变化、稳定状况、地基沉降发展状况和剩余沉降量。

5.9.3 改建铁路的勘探、测试工作，应在利用既有资料的基础上，参照新建铁路勘探、测试的要求办理。

5.9.4 改建铁路的资料编制应符合新建铁路不同阶段的有关要求，并应包括下列内容：

1 工程地质勘察报告，重点说明改建线路方案位置选择的依据，新建工程的地质条件，各类建筑物的软土地基处理措施和现状，结合改建和增建工程提出对既有软土病害进行综合治理的意见；

2 工程地质图按新建铁路工程地质勘察的有关规定编制；

3 详细及放大工程地质纵断面，在工程地质特征栏内，除应阐明改建及增建地段软土工程地质条件外，尚应阐明既有工程的稳定情况和病害整治措施及效果；

4 病害调查表。

6 盐渍土

6.1 一般规定

6.1.1 遇埋藏较浅、矿化度较高的地下水沿土的毛细孔隙上升并不断蒸发,在表层1 m内土层易溶盐的平均含盐量大于0.5%,形成吸湿、膨胀、溶陷等工程特性,影响路基稳定、腐蚀建筑物等不良作用的特殊地层时,应按盐渍土进行勘察。

6.1.2 盐渍土地区的工程地质勘察,宜选择在最潮湿的季节测定含水率,在最干旱的季节(盐分积聚旺盛期)测定含盐量。

6.2 工程地质选线

6.2.1 盐渍土地区工程地质选线应符合下列原则:

1 线路应绕避强、超盐渍土地带,特别是硫酸盐渍土、碱性盐渍土发育地段,宜选择在排水条件较好,土中含盐量低及盐渍土分布范围小的部位;

2 线路应绕避低洼潮湿、地下水位高、水质矿化度高的盐沼地段,宜选择在地势较高、盐渍土处理工程简易地段通过;

3 当线路以路堤通过时,应根据当地冻前最高地下水位、基底及填土的毛细水强烈上升高度、最大冻结深度等因素,确定路堤的最小高度值及采取的工程措施。

6.2.2 在不同地貌单元和地形条件下,线路位置的选择宜符合下列要求:

1 山前倾斜平原区,当线路通过山前倾斜平原前缘时,宜选择在灌丛沙堆与盐渍土的过渡地带;

2 盆地区,宜利用微地形条件,结合盐渍土的类型,宜选择在地面较高,盐渍化程度较轻的氯盐渍土地段;

3 河谷区,线路宜选择在有利于排水的一侧;

4 平原区,线路宜绕避积水洼地、水库、背河洼地(地上悬河两岸之洼地)等受地下水危害和地下水位较高的地段;

5 滨海区,线路宜绕避盐田、咸水区、虾池、鱼塘等,在软土和盐渍土共生地段,应在满足软土选线要求的同时,一并考虑对盐渍土的处理。

6.3 地质调绘

6.3.1 盐渍土地区地质调绘宜采用遥感图像解译和地面调绘相结合的方法,查明盐渍土的分布范围、岩性、含盐程度和性质、地下水的埋藏条件和地表水积聚、排泄条件。

6.3.2 盐渍土地区地质调绘前应搜集下列资料:

1 区域地质、地形地貌、第四纪地质、水文地质、区域遥感图象及既有解译资料;

2 气温、地温、湿度、降雨量、蒸发量，土的最大冻结深度和初终期、干燥度等主要气象资料；

3 水文和水利工程方面的资料；

4 盐碱资源开发及群众治盐改土的方法和经验，以及当地工程建筑方面的经验。

6.3.3 盐渍土地区遥感图像解译应包括下列内容：

1 盐渍土地区的地貌形态及其特征；

2 盐渍土的分布范围、含盐类型、发育程度；

3 地表组成物质、植被覆盖率及其均匀程度；

4 地表水分布形态、地下水露头点、道路及居民点等地物；

5 利用不同时相的遥感图象，解译盐渍土的发展趋势。

6.3.4 盐渍土工程地质调绘应包括下列内容：

1 盐渍土形成的地形地貌条件，分析各类盐渍土的分布与地貌形态之间的联系；

2 盐壳的形状、厚度、坚硬程度、分布特点；

3 地表土层的成因类型，土质成分、结构特征、含盐类型及程度、盐渍特点及季节迁移规律；若在雨季勘察，还应注意调查旱季地表泛盐情况；

4 盐渍土地区植物的种类、生态特征、覆盖度、均匀度、分布规律、代表性植物及与盐渍土发育的关系等；

5 水库、渠道漏水、排灌不当或用苦水灌溉等所引起的次生盐渍化情况；

6 既有道路、房屋及其他建筑物的使用情况与被腐蚀程度、防护措施及效果。

6.3.5 盐渍土水文地质调绘应包括下列内容：

1 地表水和地下水的分布状况、补给、径流、排泄条件，不同季节地下水与地表水的补给关系。

2 不同地貌单元地下水的赋存条件，水化学成分及其与上部土层盐渍化的关系。

3 地下水动态变化规律：

1）地下水位季节变化幅度和逐年变化趋势；

2）农田水利工程的渗漏、灌水、排水及有关水库、河湖的水位变化对附近地下水位的影响；

3）冻前地下水最高水位，常年地下水最高水位，可根据勘探、调查、观测资料综合分析确定，必要时应建立地下水观测站、点积累有关资料。

4 地下水的开发利用所引起的生态问题。

5 当采用排水疏干、降低地下水位的措施时，查明地下水的流向、流速或渗透系数。

6.4 勘探与测试

6.4.1 盐渍土勘探方法，应以挖探为主，轻型勘探（洛阳铲、螺纹钻）、钻探、静力触探可与其配合使用。

6.4.2 勘探点的深度应满足桥梁、房屋及其他建筑物工程设计要求，路基一般 3～6 m，并应有一定数量的勘探点控制沿线地下水位变化。为测定毛细水强烈上升高度的取样勘探及控制地下水位的勘探，应至地下水位。

6.4.3 盐渍土土样的采取应符合下列要求：

1 取样应具代表性,并有足够数量。作盐渍土分析的扰动土样,均质土每个应不少于500 g,非均质土每个应不少于1 000 g。

2 作盐渍土分析的土样,必须逐段连续采集,取样深度一般为1.0 m,自地表向下分别在0~0.05 m、0.05~0.25 m、0.25~0.50 m、0.50~0.75 m、0.75~1.00 m深度采取。

当地下水位埋深小于1.0 m时,应取样至地下水位;当地下水位埋深大于1.0 m时,必要时应加大取土深度,1.0 m深度以下可每隔0.5 m取样一组至地下水位。

3 试坑中取样,必须随挖随取,按上述规定的深度,于试坑壁等量刮取或沿试坑壁分段挖槽铲取。

4 路堤填料试验的土样,应在该填料的取土点采取,取样深度至少与取土坑设计深度相同。

6.4.4 盐渍土地区测试除进行盐渍土分析外尚应符合下列要求:

1 根据盐渍土及土质分布情况,应采取代表性扰动或原状土样作盐渍土的物理、力学性质试验,并宜用原位测试方法确定地基承载力;采取扰动或原状土样数量,应根据现行《铁路工程土工试验方法》(TBJ 102)有关规定办理。

2 静力触探确定的地基土承载力公式,缺乏使用经验时,应与载荷试验或其他测试成果进行对比后使用。

3 载荷试验点的布置宜靠近线路和工程所在地点,应具有代表性,其数量应满足建立公式的要求。

4 应测定不同类型盐渍土及不同土质的毛细水强烈上升高度。

5 沿线应采取地表水和地下水作水质分析。大范围盐渍土地区沿线地下水取样间距不宜大于2 km。

6.4.5 盐渍土的试验项目应根据场地情况和工程要求参照表6.4.5选定,其中盐土分析项目应包括:易溶盐含量(DT)、酸碱度(pH)、主要离子CO_3^{2-}、HCO_3^-、Cl^-、SO_4^{2-}、Ca^{2+}、Mg^{2+}、$(Na^+ + K^+)$,试验方法应符合现行《铁路工程土工试验方法》(TBJ 102)的规定。

表6.4.5　盐渍土工程性质试验项目

项目及单位 \ 工程类别																膨胀		夯实		原位测试	
	天然含水率	天然密度	天然孔隙比	液限	塑限	液性指数	塑性指数	颗粒分析	渗透系数	压缩系数	毛细水上升高度	最大分子吸水量	有机质含量	黏土矿物分析	易溶盐含量	湿化试验	膨胀率	膨胀力	最佳含水率	最大干密度	静力触探	荷载试验
	w	ρ	e	w_L	w_p	I_L	I_p		k	a	H_k				DT		$\frac{V_H}{V_D}$	P_p	w_{opt}	ρ_{dmax}		
	%	g/cm³		%	%			%	cm/s	MPa^{-1}	cm	%	%		%		%	kPa	%	g/cm³		
路堤、桥涵及厂房等地基	+	+	+	+	+	+	+	(+)	(+)	(+)	+	(+)	+	(+)	+	(+)	(+)	(+)	+	+	+	+

注:1　表中带括号者视需要作;
　2　表中膨胀试验,系指对硫酸盐渍土的低温膨胀试验;
　3　为盐渍土的定名、颗粒分析的土样应洗盐测定。

6.4.6 盐渍土水质分析应包括下列内容:

1 分析项目:总矿化度、总碱度、酸碱度、主要离子CO_3^{2-}、HCO_3^-、Cl^-、SO_4^{2-}、Ca^{2+}、Mg^{2+}、$(Na^+ + K^+)$,游离CO_2、侵蚀性CO_2、蒸发残渣等。试验方法应符合现行《铁路工程

水质分析方法》(TBJ 104)的规定。

2 水样取样数量应不少于1 kg,应用玻璃瓶或耐酸碱塑料瓶(或桶)盛装。测定侵蚀性 CO_2 的水样,应另取一瓶约0.5 kg的水样,加入3 ~5 g大理石粉($CaCO_3$),密封瓶口,并振荡2 ~3 min,以后每天不定时的振荡,3 d后再进行分析。

6.5 观测与场地评价

6.5.1 盐渍土的观测应包括下列内容:

1 地下水动态、毛细水强烈上升高度、盐渍土的含盐量及含水率;

2 路基稳定和次生盐渍化以及盐渍土对各类建筑物的腐蚀情况;

3 缺少气象资料地区进行简易的气象观测。

6.5.2 盐渍土地下水动态观测,应符合下列要求:

1 内容包括井、泉、钻孔的地下水位、流向、水温和水质;

2 时间选择在地下水位上升及盐渍土中水、盐变化最明显的季节和月份进行,一年不应少于4次,必要时应增加观测次数。观测年限不应少于2个水文年;

3 每个测区的观测孔不应少于3个,应利用勘察期间的观测孔,以保持观测资料的连续性、完整性;当需观测地下水与地表水的联系时,应布置垂直于等高线的观测断面,同时观测地表水的水位变化;

4 对地下水位的观测及水质分析,应与其上部土层中的水、盐同时进行测定,相互验证;

5 观测资料应逐次、逐年整理,绘制图表,并分析地下水动态和水质变化规律;

6 观测孔应设立标志,并加设护孔结构。

6.5.3 盐渍土毛细水强烈上升高度的观测,可根据场地条件选用试坑直接观测法、曝晒前后含水率曲线交汇法和塑限与含水率曲线交汇法;黏性土用塑限含水率判定。

6.5.4 地表土层1.0 m深度内易溶盐平均含盐量及含盐成分,应按下列规定计算:

1 易溶盐平均含盐量计算公式:

$$\overline{DT}=\frac{\sum_{i=1}^{n}h_iDT_i}{\sum_{i=1}^{n}h_i} \tag{6.5.4}$$

式中 $\overline{DT}$——易溶盐平均含盐量(%);

DT_i——第 i 层土的含盐量(%);

h_i——第 i 层土的厚度(cm);

n——分层取样的层数。

2 易溶盐平均含盐成分,根据分层阴离子含量(mmol/kg),同样按取土厚度加权平均计算,计算方法见式(6.5.4)。

3 地表1.0 m深度以下土的易溶盐含盐量及易溶盐含盐成分应单独计算;当取样不足1.0 m时,应按实际取样深度计算。

6.5.5 盐渍土地区场地评价,应包括易溶盐含盐性质、易溶盐含盐量、盐渍化程度、路基基底土层及填料适用情况等内容,并符合下列要求:

1　地表以下1.0 m深度内土层易溶盐含量大于0.5%时,属盐渍土场地。

2　盐渍土按易溶盐含盐成分分类应符合表6.5.5—1的规定。其中,确定含盐性质的盐分比值D_1和D_2的计算应符合下式要求:

$$D_1=\frac{b(Cl^-)}{2b(SO_4^{2-})} \tag{6.5.5—1}$$

$$D_2=\frac{2b(CO_3^{2-})+b(HCO_3^-)}{b(Cl^-)+2b(SO_4^{2-})} \tag{6.5.5—2}$$

式中　　b——与摩尔浓度有关的系数,一般取1;

$(Cl^-),\cdots,(HCO_3^-)$——物质的质量摩尔浓度(mmol/kg)。

表6.5.5—1　盐渍土按易溶盐含盐成分分类

盐渍土名称	盐分比值 D_1	盐分比值 D_2
氯盐渍土	$D_1>2$	—
亚氯盐渍土	$1<D_1\leq 2$	—
亚硫酸盐渍土	$0.3\leq D_1\leq 1$	—
硫酸盐渍土	$D_1<0.3$	—
碱性盐渍土	—	$D_2>0.3$

3　盐渍土按易溶盐含盐量分类及修筑路基的可用性应符合表6.5.5—2的规定。

表6.5.5—2　盐渍土按易溶盐含盐量分类

盐渍土程度	基底及被利用土层的平均含盐量$\overline{DT}$(%)			修筑路基的可用性
	氯盐渍土及亚氯盐渍土	硫酸盐渍土及亚硫酸盐渍土	碱性盐渍土	
弱盐渍土	$0.5<\overline{DT}\leq 1$	—	—	可　用
中盐渍土	$1<\overline{DT}\leq 5$①	$0.5<\overline{DT}\leq 2$①	$0.5<\overline{DT}\leq 1.0$②	一般可用
强盐渍土	$5<\overline{DT}\leq 8$①	$2<\overline{DT}\leq 5$①	$1<\overline{DT}\leq 2$②	可用,但应采取措施
超盐渍土	$\overline{DT}>8$③	$\overline{DT}>5$	$\overline{DT}>2$	不可用

注:①　作为填料其中硫酸钠的含量不得超过2%;

②　作为填料其中易溶的碳酸盐含量不得超过0.5%;

③　干燥度大于50,年降水量少于60 mm,年平均相对湿度小于40%的内陆盆地区,路基基底土,在不受地表水浸泡时,可不受氯盐含量的限制。

4　盐渍土按路基基底和填料容许易溶盐含盐量应符合表6.5.5—3的规定。

表6.5.5—3　盐渍土路基基底和填料容许易溶盐含盐量

盐渍土名称	路基基底和填料容许含盐量$\overline{DT}$(%)
氯盐渍土	$5\leq\overline{DT}<8$(一般为5%,如加大夯实密度,可提高其含盐量,但不得大于8%*)
亚氯盐渍土	$\overline{DT}\leq 5$(其中硫酸钠的含量不得大于2%)
亚硫酸盐渍土	$\overline{DT}\leq 5$(其中硫酸钠的含量不得大于2%)
硫酸盐渍土	$\overline{DT}\leq 2.5$(其中硫酸钠的含量不得大于2%)
碱性盐渍土	$\overline{DT}\leq 2$(其中易溶的碳酸盐含量不得大于0.5%)

注:*干燥度大于50,年降水量少于60 mm,年平均相对湿度小于40%的内陆盆地区,路基填料和基底土,在不受地表水浸泡时,可不受氯盐含量的限制。

6.5.6 盐渍土发展趋势的评价应根据气候和地表水体的变迁、地下水位升降、植物演变、地表盐分迁移等进行。

6.6 踏勘

6.6.1 踏勘阶段盐渍土地区工程地质勘察应包括下列内容：

1 搜集和研究沿线通过地区的区域地质、工程地质、水文地质、地形地貌、遥感图像、气象、盐渍土及其工程特性的资料；

2 概略了解盐渍土分布范围、严重程度、地下水的埋藏条件等，拟定踏勘重点、踏勘路线及应解决的问题；

3 现场踏勘，对遥感图像解译成果进行重点核对验证，必要时应进行简易勘探和取样试验并调查盐渍土季节变化情况。

6.6.2 踏勘阶段盐渍土地区资料编制应包括下列内容：

1 工程地质说明，应阐明盐渍土分布、成因及其工程性质，对各线路方案的影响，提出方案比选意见，评价控制线路方案的盐渍土地段的工程地质条件，对初测工作的重点提出建议等；

2 全线工程地质图，比例为1:50 000～1:200 000，填绘盐渍土的分布范围。

6.7 初测

6.7.1 初测阶段盐渍土地区地质调绘应符合下列要求：

1 查明沿线盐渍土的成因、类型、性质、范围、发育程度、盐分积聚特点及分布规律；查明沿线水文地质特征及水库、人工渠道的渗漏情况，毛细水上升高度的一般规律，研究排除地表水和降低地下水位的可能条件；滨海盐渍土地区，必要时，尚应查明咸水区的分布范围。

2 对控制线路方案或需作代表性设计的盐渍土地段，应查明地层结构、各种盐渍土在水平、垂直方向上的分布；最高地下水位（常年地下水最高水位或冻前地下水最高水位）及其年变化幅度和规律，水质及地表水与地下水的补给关系，地下水流向；土层中毛细水强烈上升高度，最大冻结深度（或有害冻胀深度）和蒸发强烈影响深度。

6.7.2 初测阶段盐渍土地区勘探应符合下列要求：

1 控制线路方案及主要线路方案地段，勘探点的密度以查明沿线盐渍土的工程地质和水文地质特征，满足确定代表性设计工点的要求为原则，宜控制在500～1 000 m有一个勘探点；

2 每个代表性设计工点不应少于3个代表性地质横断面；每个断面的勘探点不应少于2个；

3 区段站及区段站以上的大站、厂房集中区，应有一定数量的勘探点、测试点，以控制纵、横断面图的绘制。

6.7.3 初测阶段盐渍土地区试验应包括下列内容：

1 在代表性横断面上取土样，作盐渍土分析及物理力学性质试验；

2 取代表性地表水及地下水进行水质分析。

6.7.4 盐渍土的环境变迁短时间内难以查明，且影响线路方案确定时，应提前进行观测工作。

6.7.5 初测阶段盐渍土地区资料编制应符合下列要求：

1 综合资料

1）工程地质勘察报告，应阐明盐渍土地区的区域地质条件、盐渍土成因、各类盐渍土的主要物理力学指标、分布规律、发展趋势及其对线路的影响；盐渍土地区既有厂矿，水利工程、农田灌溉等对铁路工程影响；提出方案评价和比选意见；

2）全线工程地质图，比例为1∶10 000～1∶200 000，填绘盐渍土范围界线。较大范围的内陆盆地盐渍土或冲积平原盐渍土地区线路方案较多时，应有说明各线路方案特征的代表性地质示意剖面图和各类盐渍土的范围界线；

3）详细工程地质图，比例为1∶2 000～1∶5 000，填绘各类盐渍土的范围界线、小柱状图（并标注地下水位深度）；

4）沿线工程地质分段说明，按地貌单元、盐渍土类型、地下水等工程地质条件分段编写；内容包括地形地貌、地层岩性、盐渍土类型、地表形态、地下水位深度及矿化度、补给排泄条件、毛细水强烈上升高度，强、超盐渍土的厚度以及工程处理措施等。

2 工点资料

1）工程地质说明；

2）工程地质图，比例为1∶2 000～1∶5 000，填绘不同含盐类型及含盐程度工程地质分界线，小柱状图（标注地下水位）；

3）工程地质横断面图，比例为1∶200，填绘最高地下水位线；

4）工程地质纵断面图，比例为横1∶500～1∶5 000，竖1∶100～1∶500，填绘最高地下水位线；

5）勘探、测试、试验等资料。

6.8 定 测

6.8.1 定测阶段盐渍土地区地质调绘应符合下列要求：

1 详细查明采用方案沿线及各类建筑物所在场地和地基的工程地质和水文地质条件，为工程设计搜集必要的物理、化学、力学、地基承载力资料；

2 调查盐渍土作为路基填料和隔断层材料的毛细水强烈上升高度、有害冻胀深度和蒸发强烈影响深度；

3 调查分析既有建筑物的基础类型、材料及其受盐渍化作用产生的变形、腐蚀等情况。

6.8.2 定测阶段盐渍土地区勘探、测试应符合下列要求：

1 应根据盐渍土的类型、分布，结合工程类型按工点布置勘探、测试点，长大范围盐渍土地段勘探点间距不应大于500 m；

2 勘探、测试点的深度应满足建筑物地基设计要求，并应取样作盐渍土分析和物理力学性质等方面的试验；必要时，硫酸盐渍土作低温膨胀试验，碱性盐渍土作湿化试验；

3 取地下水及地表水作水质分析。

6.8.3 初测设立的观测站点在定测中应延续观测。

6.8.4 定测阶段盐渍土地区资料编制应包括下列内容：

1 综合资料

1)工程地质勘察报告，阐明沿线各种盐渍土及地下水的分布特征，盐渍土的工程特性，各类土层毛细水强烈上升高度，主要物理、力学指标，提出工程措施、施工注意事项和防止恶化环境的措施意见；

2)全线工程地质图，比例为1∶10 000～1∶200 000，根据各类工点的工程地质资料补充、修改；

3)详细工程地质图，比例为1∶2 000～1∶5 000，根据各类工点的工程地质资料补充、修改；

4)详细工程地质纵断面图，比例为横1∶10 000，竖1∶100～1∶1 000，与线路详细纵断面图合并或单独绘制。

2 各类建筑物的工程地质资料与初测工点的要求相同。

7 多年冻土

7.1 一般规定

7.1.1 遇冻结状态持续2年或2年以上的土层、岩层，应按多年冻土进行勘察。

7.1.2 根据平面分布特征，多年冻土可分为连续多年冻土和岛状多年冻土；根据剖面分布特征，多年冻土可分为衔接多年冻土和不衔接多年冻土；根据含冰量，多年冻土的类别可分为少冰冻土、多冰冻土、富冰冻土、饱冰冻土、含土冰层(表7.1.2)；当冰层厚度大于2.5 cm，且其中不含土时，应定名为纯冰层。

表7.1.2 多年冻土的分类

多年冻土类型	土的名称	总含水率 w_A(%)	融化后的潮湿程度	融沉等级	融沉类别
少冰冻土	碎石类土、砾砂、粗砂、中砂(粉黏粒质量不大于15%)	$w_A<10$	潮 湿	Ⅰ	不融沉
	碎石类土、砾砂、粗砂、中砂(粉黏粒质量大于15%)	$w_A<12$	稍 湿		
	细砂、粉砂	$w_A<14$			
	粉 土	$w_A<17$			
	黏性土	$w_A<w_p$	坚 硬		
多冰冻土	碎石类土、砾砂、粗砂、中砂(粉黏粒质量不大于15%)	$10\leqslant w_A<15$	饱 和	Ⅱ	弱融沉
	碎石类土、砾砂、粗砂、中砂(粉黏粒质量大于15%)	$12\leqslant w_A<15$	潮 湿		
	细砂、粉砂	$14\leqslant w_A<18$			
	粉 土	$17\leqslant w_A<21$			
	黏性土	$w_p\leqslant w_A<w_p+4$	硬 塑		
富冰冻土	碎石类土、砾砂、粗砂、中砂(粉黏粒质量不大于15%)	$15\leqslant w_A<25$	饱和出水(出水量小于10%)	Ⅲ	融 沉
	碎石类土、砾砂、粗砂、中砂(粉黏粒质量大于15%)		饱 和		
	细砂、粉砂	$18\leqslant w_A<28$			
	粉 土	$21\leqslant w_A<32$			
	黏性土	$w_p+4\leqslant w_A<w_p+15$	软 塑		
饱冰冻土	碎石类土、砾砂、粗砂、中砂(粉黏粒质量不大于15%)	$25\leqslant w_A<44$	饱和大量出水(出水量为10%~20%)	Ⅳ	强融沉
	碎石类土、砾砂、粗砂、中砂(粉黏粒质量大于15%)		饱和出水(出水量小于10%)		
	细砂、粉砂	$28\leqslant w_A<44$			
	粉 土	$32\leqslant w_A<44$			
	黏性土	$w_p+15\leqslant w_A<w_p+35$	流 塑		

续上表

多年冻土类型	土的名称		总含水率w_A(%)	融化后的潮湿程度	融沉等级	融沉类别
含土冰层	碎石类土、砂类土、粉土		$w_A \geq 44$	饱和大量出水(出水量为10%~20%)	V	融陷
	黏性土		$w_A \geq w_p + 35$	流塑		

注:1 总含水率包括冰和未冻水;
2 盐渍化冻土、泥炭化冻土、腐植土、高塑性黏土不在表列;
3 w_p 为塑限含水率。

7.1.3 盐渍化冻土和泥炭化冻土应分别根据易溶盐含量和泥炭化程度的界限值按表7.1.3—1、表7.1.3—2进行划分,并应符合下列要求:

1 盐渍化冻土的盐渍度(ζ)可按下式计算:

$$\zeta = \frac{m_g}{g_d} \times 100\% \tag{7.1.3—1}$$

式中 m_g——冻土中含易溶盐的质量(g);
g_d——土骨架质量(g)。

2 泥炭化冻土的泥炭化程度(ξ)可按下式计算:

$$\xi = \frac{m_p}{g_d} \times 100\% \tag{7.1.3—2}$$

式中 m_p——冻土中含植物残渣和泥炭的质量(g);
g_d——土骨架质量(g)。

表7.1.3—1 盐渍化冻土的盐渍度界限值

土类	粗颗粒土	粉土	粉质黏土	黏土
盐渍度(%)	≥0.10	≥0.15	≥0.20	≥0.25

表7.1.3—2 泥炭化冻土的泥炭化程度界限值

土类	粗颗粒土	黏性土
泥炭化程度(%)	≥3	≥5

7.2 工程地质选线

7.2.1 线路宜选择地表干燥、少冰、地形平缓的地带通过。线路宜采用路堤,少用路堑,并注意减少零断面及低填方;山前线路应选择在缓坡地段上部以路堤通过;线路走向沿大河河谷时,宜选择在高台地上,并以较短距离通过多年冻土的不稳定地带,避免顺着大河融区附近的多年冻土不稳定地带定线。

7.2.2 线路宜绕避不良冻土现象分布的地段,当必须通过时应符合下列要求:

1 厚层地下冰及不稳定的山坡地段,线路宜从地下冰分布较窄、较薄处,以不低于1.5 m的路堤通过;

2 冰椎、冻胀丘及地下水发育地段,线路不宜挖方,应离开一定距离,在其下方以路堤通过;路堤高度以保证积冰体不漫路堤为原则;

3 多年冻土沼泽、湿地区,线路宜从宽度较窄,冰层较薄,基底稳定处以路堤通过,其高度宜高出沼泽暖季积水水位以上不小于1.0 m；

4 热融滑塌体及融冻泥流扇地段，线路应在其外缘下方以路堤通过；

5 热融湖塘地段，线路应以路堤通过。

7.2.3 大、中桥宜选择在河流融区或基底为少冰冻土地段，避免将一座桥设在融区和多年冻土两种不同地基上，并宜避免将大、中桥选在有较大河冰椎分布处。

7.2.4 站场及房屋工程，应选择在地形平坦、地质良好、冻胀融沉小、易于处理的地段。避免选在富冰冻土、饱冰冻土和含土冰层地段。大型站房、厂房和车库等应选择在地下水不发育的基岩和粗颗粒土等地带，避开不良冻土现象发育地段和多年冻土不稳定地带。

7.2.5 隧道宜避免穿过地下水发育的地层。洞口应避开热融滑塌、冰椎、冻胀丘及厚层地下冰发育地段。

7.3 地质调绘

7.3.1 多年冻土地区地质调绘前应搜集下列资料：

1 地形地貌、区域地质、工程地质、水文地质、遥感图像等资料；

2 区域冻土、冻土研究成果及既有工程建筑使用情况资料；

3 区域气象、气温、地温、年平均地温、地震、自然灾害等资料。

7.3.2 多年冻土地区遥感图像解译应包括下列内容：

1 多年冻土的分布范围、冻土类别、地表物质组成、地貌类型及形态特征；

2 热融湖塘、热融滑塌、融冻泥流、冻土沼泽、冻胀丘、冰椎等不良冻土现象的分布、范围和规模；

3 植被发育情况、地表水分布及形态、地下水露头点、道路及居民点等；

4 区域地质构造、构造地热异常区、构造地热融区等的分布；

5 利用不同时相的遥感图像，解译多年冻土的发展趋势；

6 地质复杂，比选方案较多地段，宜编制遥感影像解译图。

7.3.3 多年冻土地区地质调绘应包括下列内容：

1 第四纪地层的成因类型、地层结构、土质成分，特别是斜坡堆积物及特征；

2 结合地形、地貌及微地貌、斜坡坡度、朝向、植被、地表保温状态、积水湖塘的分布及形成条件，查明各类冻土分布范围，确定多年冻土上限采用值；

3 研究区域气温和地温的分布特征，特别是平面和剖面上年平均地温的分布特征；

4 多年冻土类别及富冰冻土、饱冰冻土、含土冰层的分布规律，冻土融沉性分级、冻土总含水率以及结构特征和物理力学性质；

5 井、泉的分布规律；地表水与地下水的水文地质特征，矿化度；多年冻土层上水、层间水、层下水的存在形态、相互关系及其对工程建筑物的影响；

6 查明多年冻土地区各种不良冻土现象及厚层地下冰、冻土沼泽的形态特征、形成条件、分布范围、发生与发展规律；

7 大河桥渡融区的分布情况；

8 隧道地区有无地下水，冻土融化圈对围岩强度的影响及冰层融化、水分转移可能引起的工程地质问题；

9 季节融化层土的成分，含水率以及最大融化深度；

10 分析研究气候条件的变化趋势，预测冻土变化及其对工程的影响，必要时应设置站、点进行观测；

11 配合有关专业确定取土、弃土位置等，避免引起环境工程地质问题。

7.4 勘探与测试

7.4.1 多年冻土地区应根据勘测阶段要求和冻土特性，采用钻探、坑探、槽探、物探等相结合的综合勘探方法。

7.4.2 多年冻土地区勘探、取样应符合下列要求：

1 查明多年冻土物理地质现象、最大冻深变化的勘探，应在2～5月进行；查明多年冻土上限深度的勘探宜在9～10月进行。勘探工作量可根据勘察阶段按有关规定确定。

2 各类工程的勘探要求：

1）路基工程和各种不良冻土现象的勘探深度，不浅于8 m，并不得浅于2倍天然上限；对饱冰冻土或含土冰层，部分勘探点应适当加深；冻土路堑及有地下水的路堑，勘探深度必须至路肩设计高程加最大季节融化深度以下1～2 m。

2）桥梁墩、台及挡土墙等工程的基础，当采用保持冻结原则设计时，勘探深度应至设计的人为上限以下至少2.5 m，涵洞则至少1.0 m。当无法确定设计人为上限时，从地面算起的勘探深度：对于大、中桥应大于3.5倍天然上限，且不得小于20 m；对小桥涵和挡土墙应大于2倍天然上限，且不得小于12 m。当遇有饱冰冻土或含土冰层时，还应酌情加深。当采用容许融化原则设计时，勘探深度均应至容许融化的人为上限深度处，并可按非多年冻土地区的一般勘探要求办理。

3）对于采暖房屋，当设计采用保持冻结原则时，其勘探深度至基底或桩尖下2～3 m。当采用容许融化原则设计时，民用住宅建筑勘探深度应大于计算融化盘深度3～4 m，大型工业厂房等大跨度建筑物，还需适当加深。

4）隧道的勘探深度必须至洞底融化圈以下1～2 m，当土质不良时还应酌情加深；对有地下水的隧道，其勘探深度必须至设计泄水洞基础以下4～5 m。

5）凡需进行变形计算的建筑物，勘探深度按压缩层影响深度确定。

3 浅部冻土层勘探可采用坑探、槽探和小螺钻等方法。

4 在勘探和测温期间，应减少对场地地表植被的破坏，已破坏的要在任务完成以后尽快恢复到天然状态。应按勘测阶段要求确定需要保留的观测孔、测温孔和试坑，不需要的应及时回填。

5 在初步查明冻土的分布特征和各种不良冻土现象，提供经济合理的钻探方案时，可先期开展物探，查明下列内容：

1）冻土类型及分布特征；

2）季节融化层深度，必要时了解多年冻土下限；

3）厚层地下冰的类型及分布特征；

4）多年冻土地区地下水类型及其赋存条件与变化规律；

5）多年冻土波速、动弹性模量。

6 根据冻土试验目的和要求，冻土试样可按表7.4.2划分为三级：

表 7.4.2　冻土试样等级分级

级别	冻融及扰动程度	试　验　内　容
Ⅰ	保持天然冻结状态	土类定名，冻土物理力学性质试验
Ⅱ	保持天然含水率但容许融化	土类定名，含水率
Ⅲ	不限制冻融扰动	土类定名

7　冻土取样应由地表以下 0.5 m 开始逐层采取。当土层小于 1.0 m 时，必须取一个样；土层大于 1.0 m 时，必须每米取样一个；含水率变化时还需加取。为保证试样质量，不得从爆破的碎土块中取样。

7.4.3　冻土室内试验应包括下列内容：

1　冻土的粒度成分、总含水率、液限、塑限、颗粒密度、天然密度、含水率或未冻水含水率、盐渍度、有机质含量等物理性质；

2　冻土的骨架比热、土冻结和融化状态下的导热系数等热学性质；

3　冻土中水和地下水的化学成分等化学性质；

4　冻土的冻胀力、土的冻结强度、抗剪强度、抗压强度、冻胀性、冻土的融沉系数和融化后体积压缩系数等力学性质；

5　冻土试验项目，根据不同勘测阶段的实际需要，可从表 7.4.3 中选取；

6　冻土物理、力学、热学参数除根据取样试验结果，还可根据现行《冻土地区建筑地基基础设计规范》(JGJ 118)计算及查表选取。

7.4.4　冻土原位测试应包括下列内容：

1　地温、地下水位、多年冻土上限深度、季节融化层深度、季节融化层土的冻胀及融化过程；

2　载荷试验、桩基静载试验、波速试验、融化压缩试验等。

7.5　观测与场地评价

7.5.1　多年冻土观测包括年平均地温观测、建筑物勘察、施工阶段地基基础和上部建筑可能变化的监测，应符合下列要求：

1　分段建立年平均地温观测点，观测时间及周期由工程要求确定；

2　冻土区的代表性建筑场地、重点工程及建筑面积较大的高温车间等，从勘察工作开始就应设置定位观测站，并对气温、冻土地温、地温年变化深度、冻土上限、季节融化深度、地下水位、融化下沉量及冻胀量等进行系统观测。

7.5.2　多年冻土地区工程地质条件评价，应根据工程类型、勘测阶段分别进行，包括下列内容：

1　多年冻土类型及其分布、成分、组成、性质、厚度等；

2　多年冻土的温度状况，包括地表积雪、植被、水体、沼泽化、大气降水渗透作用、土的含水率、地形等对地温的影响；

3　多年冻土季节融化层的深度及其变化；

4　多年冻土地基的融沉性应根据土的融沉系数按表 7.5.2—1 的规定进行分级；

5　多年冻土地基季节融化层的冻胀性应根据土的类别、冻前天然含水率、冻结期间地下水位距冻结面的最小距离、平均冻胀率等按表 7.5.2—2 的规定进行分类；

表 7.4.3 多年冻土试验项目

土的类别	工程类别	总含水率	颗粒密度	天然密度	塑性指数	天然孔隙比	颗粒分析			有机质含量	盐渍度	体积含冰率	水的相对成分		饱和度	融化压缩		融化后密度	融化后剪切		导热系数		导温系数		容积热容量	
							筛分	大于0.5 mm含量	小于0.075 mm含量				相对含水率	未冻含水率		融化下沉系数	压缩系数		黏聚力	内摩擦角	融	冻	融	冻	融	冻
		w_A	ρ_s	ρ	I_p	e					ζ	i_v	i_c	w_u	S_t	A	α	ρ_f	c	φ	λ_f	λ_u	α_f	α_u	C_f	C_u
		%		g/cm^3			%	%	%	%	%	%	%	%	%	%	MPa^{-1}	g/cm^3	kPa	°	W/(m·℃)		m^2/h		kJ/(m³·℃)	
黏性土	隧道	+	(+)	+	+	+		+	+	(+)	(+)	(+)	(+)	(+)		+	+	(+)	(+)	(+)	(+)	(+)	(+)	(+)	(+)	(+)
	桥涵、房屋、高填陡坡路堤、挡土墙等地基	+	(+)	+	+	+		+	+	(+)	(+)	+	+	+		+	+	(+)	(+)	(+)	(+)	(+)	(+)	(+)	(+)	(+)
	路堑	+	+	+	+	+		+	+	(+)	(+)	+	+	+		+	+	(+)	(+)	(+)	(+)	(+)	(+)	(+)	(+)	(+)
	填料	+		(*)	+			+	+		(+)										(+)		(+)		(+)	
粉土	隧道	+	(+)	(+)	+	+		+	+	(+)	(+)	(+)	(+)	(+)		+	+	(+)	(+)	(+)	(+)	(+)	(+)	(+)	(+)	(+)
	桥涵、房屋、高填陡坡路堤、挡土墙等地基	+	(+)	(+)	+	+		+	+	(+)	(+)	(+)	+	+		+	+	(+)	(+)	(+)	(+)	(+)	(+)	(+)	(+)	(+)
	路堑	+	(+)	(+)	+	+		+	+	(+)	(+)	+	+	+		+	+	(+)	(+)	(+)	(+)	(+)	(+)	(+)	(+)	(+)
	填料	+		(*)	+			+	+		(+)										(+)		(+)		(+)	
砂类土	隧道	+		+			+				(+)	+			(+)	(+)	(+)	(+)		(+)	(+)	(+)	(+)	(+)	(+)	(+)
	桥涵、房屋、高填陡坡路堤、挡土墙等地基	+		(+)			+				(+)	+	(+)	(+)	(+)	(+)	(+)	(+)		(+)	(+)	(+)	(+)	(+)	(+)	(+)
	路堑	+		(+)			+				(+)			(+)	(+)	(+)		(+)	(+)	(+)	(+)	(+)	(+)	(+)	(+)	(+)
	填料	+					+				(+)										(+)		(+)		(+)	

注：1 （+）为需要时才做的试验项目；

2 *指最大干密度，需要时还应做夯后的 w、ρ、c、φ；

3 有机质含量一项，遇黑色土及泥炭时做。

6 冻土物理、力学和热学性质及其变化；

7 不良冻土现象及其动态变化；

8 环境变化对冻土工程地质条件的影响。

7.5.3 多年冻土地区工程地质环境评价应按下列内容进行：

1 人类工程活动作用形式(施工准备工作及施工方式)；

2 自然环境的破坏情况；

3 冻土地质条件的变化情况及预测；

4 预测区域气候条件变化趋势，对冻土及工程的影响；

5 不良冻土现象类型及变化情况；

6 根据预测的冻土工程地质条件及其变化，提出地基土的利用原则及其相应的保护和防治措施建议。

表 7.5.2—1 多年冻土的融沉性分级

融化下沉系数 δ_0	$\delta_0 \leqslant 1$	$1 < \delta_0 \leqslant 3$	$3 < \delta_0 \leqslant 10$	$10 < \delta_0 \leqslant 25$	$\delta_0 > 25$
融沉性分级	Ⅰ(不融沉)	Ⅱ(弱融沉)	Ⅲ(融沉)	Ⅳ(强融沉)	Ⅴ(融陷)

表 7.5.2—2 季节融化土层的冻胀性分级

土的类别	冻前天然含水率 w(%)	冻结期间地下水位距冻结面的最小距离 h_w(m)	平均冻胀率 η(%)	冻胀等级及类别
粉黏粒质量不大于15%的粗颗粒土(包括碎石类土、砾、粗、中砂，以下同)，粉黏粒质量不大于10%的细砂	不考虑	不考虑	$\eta \leqslant 1$	Ⅰ级 不冻胀
粉黏粒质量大于15%的粗颗粒土，粉黏粒质量大于10%的细砂	$w \leqslant 12$	>1.0		
粉砂	$12 < w \leqslant 14$	>1.0		
粉土	$w \leqslant 19$	>1.5		
黏性土	$w \leqslant w_p + 2$	>2.0		
粉黏粒质量大于15%的粗颗粒土，粉黏粒质量大于10%的细砂	$w \leqslant 12$	≤1.0	$1 < \eta \leqslant 3.5$	Ⅱ级 弱冻胀
	$12 < w \leqslant 19$	>1.0		
粉砂	$w \leqslant 14$	≤1.0		
	$14 < w \leqslant 19$	>1.0		
粉土	$w \leqslant 19$	≤1.5		
	$12 < w \leqslant 22$	>1.5		
黏性土	$w \leqslant w_p + 2$	≤2.0		
	$w_p + 2 < w \leqslant w_p + 5$	>2.0		
粉黏粒质量大于15%的粗颗粒土，粉黏粒质量大于10%的细砂	$12 < w \leqslant 18$	≤1.0	$3.5 < \eta \leqslant 6$	Ⅲ级 冻胀
	$w > 18$	>0.5		
粉砂	$14 < w \leqslant 19$	≤1.0		
	$19 < w \leqslant 23$	>1.0		

续上表

土的类别	冻前天然含水率 w(%)	冻结期间地下水位距冻结面的最小距离 h_w(m)	平均冻胀率 η(%)	冻胀等级及类别
粉土	$19<w\leq22$	≤1.5	$3.5<\eta\leq6$	Ⅲ级冻胀
	$22<w\leq26$	>1.5		
黏性土	$w_p+2<w\leq w_p+5$	≤2.0		
	$w_p+5<w\leq w_p+9$	>2.0		
粉黏粒质量大于15%的粗颗粒土,粉黏粒质量大于10%的细砂	$w>18$	≤0.5	$6<\eta\leq12$	Ⅳ级强冻胀
粉砂	$19<w\leq23$	≤1.0		
粉土	$22<w\leq26$	≤1.5		
	$26<w\leq30$	>1.5		
黏性土	$w_p+5<w\leq w_p+9$	≤2.0		
	$w_p+9<w\leq w_p+15$	>2.0		
粉砂	$w>23$	不考虑	$\eta>12$	Ⅴ级特强冻胀
粉土	$26<w\leq30$	≤1.5		
	$w>30$	不考虑		
黏性土	$w_p+9<w\leq w_p+15$	≤2.0		
	$w>w_p+15$	不考虑		

注:1 平均冻胀率为地表冻胀量与冻层厚度减地表冻胀量之比;
2 w_p 为塑限含水率;
3 盐渍化冻土不在表列;
4 塑性指数大于22,冻胀性降低一级;
5 碎石类土当充填物大于全部质量的40%时,其冻胀性按填充物土的类别判定。

7.6 踏 勘

7.6.1 踏勘阶段多年冻土地区工程地质勘察应包括下列内容:

1 搜集和研究线路通过区的区域地质、区域冻土、遥感图像、工程地质、气象、水文、既有工程建筑物使用情况等资料,拟定踏勘重点;

2 概略了解线路通过区地层结构、地质构造、多年冻土分布、工程特性及不良冻土现象和影响线路方案的冻土工程地质问题、范围及其发生、发展的概况和危害程度;

3 了解控制线路方案的越岭地段、重点隧道、大河桥渡、地质复杂的斜坡地段冻土工程地质条件,提出越岭隧道、桥位等线路方案的比选意见,必要时可进行勘探。

7.6.2 踏勘阶段多年冻土地区资料的编制应包括下列内容:

1 工程地质说明,应阐明多年冻土的分布、类型、工程性质及其对线路方案的影响,对各方案的工程地质条件进行评价并提出比选意见。对初测工作的重点及勘探、测试工作量等提出建议;

2 全线工程地质图,比例为1:50 000~1:200 000,重点反映冻土范围及分区等;

3 推荐方案及主要比较方案线路平面图，比例为 1∶10 000～1∶50 000，填绘对线路方案有影响的多年冻土的类型、类别、不良冻土现象的范围及主要地质构造线等；

4 对控制线路方案的越岭地段、大河桥渡、重点隧道等，应填绘冻土工程地质平、纵断面示意图，比例为 1∶5 000～1∶10 000。

7.7 初　　测

7.7.1 初测阶段多年冻土地区的地质调绘应符合下列要求：

1 对沿线多年冻土应查明：

1）冻土区域条件、区域地质、水文地质、冻土分布、类型、特征，特别应注意富冰冻土、饱冰冻土和含土冰层的分布、成因和厚度；

2）对线路起控制作用的冻土现象的性质、特征和范围；

3）应根据年平均地温进行多年冻土区的地温稳定性分区；

4）根据沿线地震动参数区划资料，结合沿线岩性、构造、地貌、水文地质和多年冻土条件，确定地震动参数的分界线。

2 对控制线路方案的重大路基工点、大桥、隧道、铁路区段站及以上大站、各类代表性设计工点，应按有关工程的设计和方案比选要求，查明冻土工程地质及水文地质条件，提供多年冻土地基的物理、力学和热学等参数及围岩级别、基本承载力等。

7.7.2 根据沿线重点工程地段和大的地貌单元分布，布置代表性观测孔，建立长期地温观测站、点开展定位观测和地温观测，并应符合下列规定：

1 观测孔深度不应小于 16 m；

2 地温观测应在钻孔冻土温度状态稳定后进行；

3 观测周期应根据工程设计的要求确定。

7.7.3 初测阶段多年冻土地区勘探应符合下列要求：

1 勘探的重点应是控制线路方案的工程地质条件与不良冻土现象分布地段和重点工程地段；

2 勘探点的数量和深度应根据工程类型、设计可能采用的原则及冻土工程地质条件的复杂程度确定；一般路基地段勘探点间距不应大于 500 m；

3 在多年冻土不稳定的边缘地段和稳定地段，应结合工程需要，布置查明多年冻土下限的钻孔。

7.7.4 初测阶段多年冻土地区资料的编制应包括下列内容：

1 综合资料

1）工程地质勘察报告，应阐明冻土地区的区域地质条件，多年冻土类别、特征、分布规律、发展趋势、上限埋深、融沉性、冻胀性及不良冻土现象的类型、分布及处理意见；多年冻土年平均地温稳定性分区情况；各类冻土的主要物理力学指标；提出对各线路方案的工程地质条件评价意见及方案比选意见；定测工作量、有关注意事项及有待进一步解决的问题；

2）全线工程地质图，比例为 1∶10 000～1∶200 000，填绘冻土类型、范围和分区；

3）详细工程地质平面图，比例为 1∶2 000～1∶5 000，可与线路平面图合并，填绘冻土和不良冻土现象的类型及范围、上限深度、季节融化层深度等；

4)沿线工程地质分段说明,按地形地貌或冻土不同工程地质条件分段编写。

2 工点资料

1)工点工程地质说明;

2)工程地质图,比例为1:500~1:2 000,填绘冻土范围界线、类型、厚度和不良冻土现象类型;

3)工程地质纵、横剖面图,比例为横1:200~1:5 000,竖1:50~1:500,填绘冻土地层结构、类型、上限深度、季节融化层深度、地温特征、融沉等级、冻胀等级等;

4)勘探、测试、试验、地温观测等资料。

7.8 定 测

7.8.1 定测阶段多年冻土地区的地质调绘,应详细查明采用方案沿线多年冻土的类型、分布范围、工程性质、物理力学和热物理性质;各类不良冻土现象分布、产生原因、发生与发展的规律及对工程建筑物稳定性的影响;对既有工程的使用、病害及治理情况进行调查。

7.8.2 多年冻土地区各类工程的地质调绘,除应查明一般冻土工程地质与水文地质条件外,尚应包括下列内容:

1 路基工程

1)沿线多年冻土上限的分布,季节融化层的成分及冻胀性,地表植被的覆盖程度,评价自然边坡及基底的稳定性;

2)地基基底以下2.0~3.0倍多年冻土天然上限范围内多年冻土特征;

3)沿线不良冻土现象的分布及对路基工程的影响;

4)配合路基进行取土调查,确定沿线集中取土点和大型取土场的多年冻土特征、岩土的物理力学性质、可供取土的数量。

2 小桥涵工程

1)桥位范围内的多年冻土分布特征,融区成因和水文地质条件;

2)桥位范围内不良冻土现象类型、分布及危害程度;

3)根据冻土工程地质条件,提出小桥涵的基础型式、埋深和施工方法等建议。

3 大、中桥工程

1)桥位区多年冻土的分布及物理力学特征;

2)桥渡区融区的分布及特点;

3)桥渡区不良冻土现象类型、分布及危害程度。

4 隧道工程

1)隧道通过地段多年冻土的分布及特征,地下水类型,补给、迳流、排泄条件及动态特征;

2)隧道口处不良冻土现象的类型及危害程度;

3)重点隧道视需要宜进行地温、地下水和简易气象等项目观测。

5 站场及房屋建筑工程、供水工程等

1)冻土分布规律,不良冻土现象的类型,成因和对场地稳定性的影响,特别注意查明活动层厚度、成分及冻胀性,地下水及高含冰冻土的特征、分布范围、危害程

度;

2)地下水埋藏条件及其对工程建筑物的影响;

3)地质构造、环境地质对建筑场地的影响。

7.8.3　在地质调绘的基础上,应提出地质条件变化的预报,其主要内容如下:

1　季节融化层融化深度的变化;

2　在工程影响下以及消除雪盖和植被后,多年冻土的融化深度;

3　建筑物施工中产生的冻土工程地质问题。

7.8.4　定测阶段多年冻土地区勘探应符合下列要求:

1　勘探点的数量应满足各类工程施工图对冻土工程地质资料的需要。勘探点的间距应根据冻土工程地质条件的复杂程度和不良冻土现象的性质以及建筑物的类型确定。桥梁工程原则上每个墩应有一个钻孔;隧道洞口必须有钻孔,洞身钻孔布置视地质条件复杂程度而定;一般路基工程,每公里不应少于4个勘探孔(点),挖方段钻孔间距以满足编制工点资料的需要为原则;工程建筑物勘探点间距,应按现行《冻土地区建筑地基基础设计规范》(JBJ 118)办理。

2　勘探深度应视勘探目的和工点的具体情况确定。

3　岩、土物理力学数据的测试工作,应满足各类建筑物施工图设计要求。

7.8.5　定测阶段多年冻土资料的编制应包括下列内容:

1　综合资料

1)工程地质勘察报告,应阐明沿线多年冻土地形地貌、分布范围、水文地质条件、各类冻土的物理力学指标和与工程设计有关的地质参数,各类不良冻土现象的稳定性评价和工程处理措施;沿线定位观测站(点)的设置及取得的观测成果;施工应注意的工程地质问题;

2)全线工程地质图,比例为1∶10 000～1∶200 000,根据各类工点的工程地质资料补充、修改;

3)详细工程地质图,比例为1∶2 000～1∶5 000,根据各类工点的工程地质资料补充、修改;

4)详细工程地质纵断面图,比例为横1∶10 000,竖1∶100～1∶1 000,与线路详细纵断面图合并或单独绘制,填绘冻土地层结构、类型、冻土上限、季节融化层深度、地下水位线、地温特征等。

2　各类建筑物工程地质资料,与初测工点的要求相同。

8 填土

8.1 一般规定

8.1.1 遇人为活动堆填的建筑垃圾、生活垃圾、工业废料等各类土时,应按填土进行勘察。

8.1.2 填土按其物质组成和堆填方式可划分为素填土、杂填土、冲(吹)填土和填筑土。其含义应符合下列要求:

1 素填土:不含杂质或只含少量的杂质,按其主要的组成物质分为碎石类土、砂类土、粉土、黏性土等。

2 杂填土:主要由建筑垃圾、工业废料或生活垃圾等组成的填土。按其主要物质成分可分为:

1)建筑垃圾填土——建筑垃圾填土的主要组成物质是碎砖、瓦砾、混凝土块、灰渣、朽木等,有机物含量较少,比较容易鉴别;

2)工业废料填土——主要由工业生产的废料、废渣堆积而成;

3)生活垃圾填土——主要由人类生活废弃物,如炉灰、蔬菜根、菜叶、果皮、布片、陶瓷片等夹少量土组成,一般含有机质和未分解的腐植质较多。

3 冲(吹)填土:由人工利用水力冲吹泥砂堆积形成的填土,其组成成分随原地的物质成分而变化,土层分布不均,多呈透镜体或薄片状出现。

4 填筑土:经分层碾压或夯实而填筑的土,一般成分单一,土质均匀,工程地质条件较好。

8.2 工程地质选线

8.2.1 线路应绕避地段长、堆填厚、松散、基底横坡较大的填土地段,宜选择在填土分布较窄、厚度较薄、基底土质较好、横坡平缓的地段通过。

8.2.2 线路应避开有机质含量较多的生活垃圾、有侵蚀性的工业废料、弃土时间短、未经处理的填土地段。

8.3 地质调绘

8.3.1 地质调绘前应搜集下列资料:

1 沿线地形地貌资料和原始地形图等资料;

2 场地的历史和地形、地物变迁资料。

8.3.2 填土地段地质调绘应包括下列内容:

1 填土类型、弃填年代、堆积方式、物质来源;

2　填土分布范围、厚度、分布规律及原地面坡度；

3　填土物质成分、颗粒级配、均匀性、密实程度、压缩性；

4　对冲填土应查明冲填期间的排水条件和冲填完后的固结条件和固结程度；

5　拟建场地范围内暗埋的塘、滨、沟、坑的分布情况及水文地质条件；

6　了解在填土上已建的永久或临时建筑物、构筑物的建筑年代、采用的地基类型、沉降变形和使用情况及当地建筑经验等；

7　对有机质含量高的生活垃圾填土，应注意是否储存着有毒物质、有害气体，并提出合理的措施建议。

8.4　勘探与测试

8.4.1　填土地段勘探、测试、取样应符合下列要求：

1　作为路基基底时，应进行横断面勘探，断面间距不宜大于 50 m，每断面勘探孔不少于 2 孔。勘探深度应穿透填土层，深入下卧层 1 ~ 2 m。

2　作为建筑物地基时，根据填土类型、范围和建筑物类型、位置，布置勘探孔。对于重要建筑物，应进行横断面勘探，断面间距宜为 10 ~ 25 m，每个断面应布置 2 ~ 3 个勘探孔；对一般建筑物孔距可加大到 40 m；对可能有暗埋的塘、浜、沟、坑地段，勘探点应适当加密；勘探孔深度应穿透填土层至原地面以下不少于 3 m。

3　填土的物理力学性质，应采用原位测试和取样室内试验等方法确定，当难以取得测试资料而又为重要工程时，应进行现场载荷试验。

4　进行原位测试或取样的坑、孔数应占勘探孔总数的 2/3，且每个场地不得少于 2 孔。

5　试验土样或原位测试数据，在地基主要受力层深度内竖向间距为每隔 1 ~ 2 m 一组；在地基主要受力层以下，每隔2 ~ 3 m一组。

6　根据需要对环境水、土进行侵蚀性分析评价。必要时应取样分析是否存在有毒物质、有害气体。

8.4.2　当填土基底为软土或填土本身软弱时，应按软土地质勘察要求进行调绘、勘探、测试和编制资料。

8.5　场 地 评 价

8.5.1　有机质含量较多的生活垃圾，有侵蚀性的工业废料，弃填年限不长、未经处理的填土，不宜作为天然地基。

8.5.2　一般堆积年限较长（黏土、粉质黏土 10 年以上，粉土 5 年以上）和压缩模量 $E_s >$ 2 000 kPa黏性素填土，可作为房屋地基的持力层，其承载力的标准值按现行《建筑地基基础设计规范》（GBJ 7）选用或用轻便触探试验锤击数确定。

8.5.3　冲填土、建筑垃圾和性能稳定的工业废料杂填土，当均匀性和密实度较好时，可作为房屋地基的持力层，其承载力参照当地建筑经验和有关规定确定。

8.5.4　当填土底面的天然坡度大于 20% 时应验算其稳定性。

8.5.5　填土的基本承载力应结合当地建筑经验和勘探、试验资料综合评定。

8.6 踏 勘

8.6.1 踏勘阶段填土地段工程地质勘察应包括下列内容:

1 搜集所经地区填土范围的地形图及有关工程性质、规模的资料,概略了解填土的分布情况、类型、年代、堆填方法、物质来源等;

2 必要时,应通过重点地段的踏勘和简易勘探,了解填土的工程性质及与工程的关系,对线路方案提出初步评价意见。

8.6.2 踏勘阶段填土地段资料的编制应包括下列内容:

1 工程地质说明,应阐明填土的分布、类型、地形地貌特征、各类填土的工程特性、水文地质条件等对线路的影响,并对线路方案作出评价;

2 全线工程地质图,比例为1:10 000~1:200 000,填绘填土的类型及分布范围。

8.7 初 测

8.7.1 初测阶段填土地段地质调绘应符合下列要求:

1 重点核实沿线填土类型、分布范围、厚度、年代、堆填方法、物质来源;

2 对控制线路方案或需作代表性设计的地段,应详细查明填土的类型、层位厚度、物理力学性质等工程地质特征,初步分析其变形特征和稳定性。

8.7.2 初测阶段填土地段勘探、测试应符合下列要求:

1 对控制线路方案的大范围、巨厚的、难以处理或需作代表性设计的填土地段,应进行代表性勘探,每处1~2个勘探断面,每个断面2~3孔;

2 采用钻探、静探、钎探和原位测试等综合勘察手段确定填土的力学性质和承载力值;取水、土试样作侵蚀性评价;勘探深度、取样和测试工作等应符合本规程第8.4节的有关规定。

8.7.3 初测阶段填土地段资料的编制应包括下列内容:

1 综合资料

1)工程地质勘察报告,应阐明填土地段的地质条件,填土的成因、年代、类型,各类填土的主要物理力学指标,分布规律及其对线路的影响,提出线路方案评价和比选意见;

2)全线工程地质图,比例为1:10 000~1:200 000,填绘填土的分布范围、厚度、有关图例符号;

3)详细工程地质图,比例为1:2 000~1:5 000,填绘填土地质界线、地层年代、成因类型等,在线路纵断面图的工程地质特征栏中应说明填土类型、厚度;

4)沿线工程地质分段说明,按地貌单元、地层时代、填土类型、厚度、地下水等工程地质条件及工程处理措施分段编写。

2 工点资料

1)工程地质说明;

2)工程地质图,比例为1:500~1:2 000,应填绘填土地层时代、成因类型、地质分界线,小柱状图(标注地下水位);

3）工程地质横断面，比例为1∶200应填绘填土的类型、厚度、地下水位线；

4）工程地质纵断面，比例为横1∶500～1∶5 000，竖1∶100～1∶500，应填绘填土的类型、厚度、地下水位线；

5）勘探、测试、试验等资料。

8.8 定 测

8.8.1 定测阶段填土地段地质调绘应符合下列要求：

1 详细查明沿线填土的分布范围、类型、成因、厚度，各类填土的物理力学指标；

2 地质条件复杂的工点应扩大调绘范围，满足环境工程地质评价的要求；

3 有工程方案比选的工点，应满足各类工程设计的要求。

8.8.2 定测阶段填土地段勘探、测试应符合下列要求：

1 结合建筑物类型、按不同填土类型及厚度分段布置勘探点，并取样做物理力学性质等方面的试验；对重要建筑物，必要时应进行现场载荷试验；

2 对环境水、污染土取样进行侵蚀性分析。

8.8.3 定测阶段填土地段资料的编制应包括下列内容：

1 综合资料

1）工程地质勘察报告，应阐明沿线填土的分布范围、厚度、各类填土的物理力学指标和与工程设计有关的地质参数，各类填土的稳定性评价和工程处理措施，施工应注意的问题；

2）全线工程地质图，比例为1∶10 000～1∶200 000，根据各类工点的工程地质资料补充、修改；

3）详细工程地质图，比例为1∶2 000～1∶5 000，根据各类工点的工程地质资料补充、修改；

4）详细工程地质纵断面图，比例为横1∶10 000，竖1∶100～1∶1 000，与线路详细纵断面图合并或单独绘制。

2 各类建筑物的工程地质资料，与初测工点的要求相同。

附录 A　地基承载力

A.0.1　岩土地基承载力分为基本承载力 σ_0、容许承载力$[\sigma]$和极限承载力 p_u；岩土地基的基本承载力，可按表 A.0.1—1～表 A.0.1—4 确定。当有经验或用原位测试方法确定时，可不受附表限制。对重点工程应采用载荷试验、理论公式计算及其他原位测试方法综合确定。

表中的地基基本承载力，只适用于铁路路基、桥涵、隧道等工程。房屋、厂房等建筑工程的地基承载力，应按现行国家标准《建筑地基基础设计规范》（GBJ 7）、《湿陷性黄土地区建筑规范》（GBJ 25）等的有关规定执行。

1　黄土地基的基本承载力可按表 A.0.1—1 及表 A.0.1—2 确定。

表 A.0.1—1　新黄土（Q_3，Q_4）地基基本承载力 σ_0（kPa）

w_L	e ＼ w	5	10	15	20	25	30	35
24	0.7	—	230	190	150	110	—	—
	0.9	240	200	160	125	85	(50)	—
	1.1	210	170	130	100	60	(20)	—
	1.3	180	140	100	70	40	—	—
28	0.7	280	260	230	190	150	110	—
	0.9	260	240	200	160	125	85	—
	1.1	240	210	170	140	100	60	—
	1.3	220	180	140	110	70	40	—
32	0.7	—	280	260	230	180	150	—
	0.9	—	260	240	200	150	125	—
	1.1	—	240	210	170	130	100	60
	1.3	—	220	180	140	100	70	40

注：1　非饱和 Q_3 新黄土，当 $0.85 < e < 0.95$ 时，σ_0 值可提高 10%；
　　2　本表不适用于坡积、崩积和人工堆积等黄土；
　　3　括号内 σ_0 值供内插用。

表 A.0.1—2　老黄土（Q_1，Q_2）地基基本承载力 σ_0（kPa）

w/w_L ＼ e	<0.7	0.7～0.8	0.8～0.9	>0.9
<0.6	700	600	500	400
0.6～0.8	500	400	300	250
>0.8	400	300	250	200

注：1　老黄土黏聚力小于 50 kPa，内摩擦角小于 25°，表中数值应降低 20% 左右；
　　2　w——天然含水率；w_L——液限；e——天然孔隙比。

2　软土地基的承载力

1)容许承载力可按下式计算：

$$[\sigma] = \frac{1}{k}5.14CU + \gamma h \quad (A.0.1)$$

式中 h——基础底面的埋藏深度(m)：对于一般受水流冲刷的桥墩台，由一般冲刷线算起；不受水流冲刷者，由天然地面算起；

γ——基底以上土的天然重度的平均值(kN/m^3)：如持力层在水面以下，且为透水者，水中部分应采用浮重度；如为不透水者，无论基底以上水中部分土的透水性质如何，应采用饱和重度；

CU——固结不排水抗剪强度(kPa)；

k——安全系数，可视软土的灵敏度及建筑物对变形的要求等因素，选用1.5～2.5；

$[\sigma]$——地基容许承载力(kPa)。

2)一般建筑物基础，其基本承载力，可按表A.0.1—3确定。

表A.0.1—3　软土地基基本承载力σ_0(kPa)

天然含水率 w(%)	36	40	45	50	55	65	75
基本承载力 σ_0	100	90	80	70	60	50	40

3　多年冻土地基基本承载力可按表A.0.1—4确定。

表A.0.1—4　多年冻土地基基本承载力σ_0(kPa)

序号	土名 \ 基础底面的月平均最高土温(℃)	-0.5	-1.0	-1.5	-2.0	-2.5	-3.0
1	块石土、卵石土、碎石土	800	950	1 100	1 250	1 380	1 650
2	圆砾土、角砾土、砾砂、粗砂、中砂	600	750	900	1 050	1 180	1 450
3	细砂、粉砂	450	550	650	750	830	1 000
4	粉土	400	450	550	650	710	850
5	粉质黏土、黏土	350	400	450	500	560	700
6	饱冰冻土	250	300	350	400	450	550

注：1　本表序号1～5栏地基承载力适用于少冰冻土、多冰冻土，当序号1～5栏地基为富冰冻土时，表列数值应降低20%；
2　含土冰层的承载力应实测确定；
3　基础置于饱冰冻土的土层时，基础底面应敷设厚度不小于0.20～0.30 m的砂垫层；
4　表列数值不适用于盐渍化冻土和泥炭化冻土。

A.0.2　岩土地基的极限承载力应根据现场载荷试验及静力触探计算公式获取，也可按表A.0.2—1～表A.0.2—4确定。

1　新、老黄土地基的极限承载力。

表A.0.2—1　新黄土(Q_3，Q_4)地基极限承载力p_u(kPa)

液限 w_L	孔隙比 e \ 天然含水率 w	5	10	15	20	25	30	35
24	0.7		460	380	300	220		
	0.9	480	400	320	250	170	(100)	
	1.1	420	340	260	200	120	(40)	
	1.3	360	280	200	140	80		
28	0.7	560	520	460	380	300	220	
	0.9	520	480	400	320	250	170	

续上表

液限 w_L	孔隙比 e \ 天然含水率 w	5	10	15	20	25	30	35
28	1.1	480	420	340	280	200	120	
	1.3	440	360	280	220	140	80	
32	0.7		560	520	460	360	300	
	0.9		520	480	400	300	250	
	1.1		480	420	340	260	200	120
	1.3		440	360	280	200	140	80

注：1　非饱和 Q_3 新黄土，当 $0.85 < e < 0.95$ 时，p_u 值可提高10%；
　　2　本表不适用于坡积、崩积和人工堆积等黄土；
　　3　括号内表值供内插用。

表 A.0.2—2　老黄土(Q_1,Q_2)地基极限承载力 p_u(kPa)

w/w_L \ e	<0.7	0.7~0.8	0.8~0.9	>0.9
<0.6	1 400	1 200	1 000	800
0.6~0.8	1 000	800	600	500
>0.8	800	600	500	400

注：1　老黄土黏聚力小于50 kPa，内摩擦角小于25°，表中数值应适应降低20%左右；
　　2　w——天然含水率；w_L——液限；e——天然孔隙比。

2　软土地基的极限承载力

表 A.0.2—3　软土地基的极限承载力 p_u(kPa)

天然含水率(%)	36	40	45	50	55	65	75
极限承载力 p_u	179	161	143	125	107	90	72

3　多年冻土地基的极限承载力，表列数值不适用于含盐量和泥炭化程度分别超过表7.1.3—1及表7.1.3—2中数值的多年冻土。

表 A.0.2—4　多年冻土地基极限承载力 p_u(kPa)

序号	土名 \ 基础底面的月平均最高土温	-0.5	-1.0	-1.5	-2.0	-2.5	-3.5
1	块石土、卵石土、碎石土	1 600	1 900	2 200	2 500	2 760	3 300
2	圆石土、角砾土、砾砂、粗砂、中砂	1 200	1 500	1 800	2 100	2 360	2 900
3	细砂、粉砂	900	1 100	1 300	1 500	1 660	2 000
4	粉　土	800	900	1 100	1 300	1 420	1 700
5	粉质黏土、黏土	700	800	900	1 000	1 120	1 400
6	饱冰冻土	500	600	700	800	900	1 100

注：1　本表序号1~5类适合于少冰冻土，多冰冻土，当序号1~5类为富冰冻土时，表列数值应降低20%；
　　2　含土冰层的承载力应实测确定；
　　3　基础置于饱冰冻土的土层时，基础底面应敷设厚度不小于0.20~0.30 m的砂垫层；
　　4　表列数值不适用于含盐量大于0.3%的冻土和泥炭化冻土。

本规程用词说明

执行本规程条文时，对于要求严格程度的用词说明如下，以便在执行中区别对待。

(1)表示很严格，非这样做不可的用词：

正面词采用“必须”；

反面词采用“严禁”。

(2)表示严格，在正常情况均应这样做的用词：

正面词采用“应”；

反面词采用“不应”或“不得”。

(3)表示允许稍有选择，在条件许可时首先应这样做的用词：

正面词采用“宜”；

反面词采用“不宜”。

表示有选择，在一定条件下可以这样做的，采用“可”。

《铁路工程特殊岩土勘察规程》
条文说明

本条文说明系对重点条文的编制依据、存在的问题以及在执行中应注意的事项等予以说明。为了减少篇幅，只列条文号，未抄录原条文。

1.0.3 特殊岩土工程地质勘察按踏勘、初测、定测、补充定测开展工作，并与预可行性研究、可行性研究、初步设计、施工图四阶段相对应。

1.0.4 补充定测工程地质勘察，应根据初步设计审批意见，在熟悉、分析定测阶段地质资料的基础上，针对定测阶段工作中尚未达到施工图设计要求的部分、局部线路优化及各类工程建筑场地等，进行必要的补充工程地质勘察，为编制施工图文件，提供准确、完整的工程地质资料。

3.1.4 常见黄土成因类型有风积（eol）、冲积（al）、洪积（pl）、坡积（dl）、崩积（col），其地形地貌和地层岩性特征见说明表3.1.4。

说明表3.1.4 黄土成因类型

特征 / 成因类型	地形地貌特征	地层岩性特征
风积黄土	分布在黄土高原的顶部（特别是分水岭地带）和山坡上，堆积厚度大	土质比较均匀，一般没有层理，具大孔隙，垂直节理发育，在厚度较大地区，有1~2层的古土壤，一般不含钙质结核
冲积黄土	分布在大河河谷的阶地上，一般阶地愈高，厚度愈大	具明显的层理，土质不甚均一，夹粉土、黏土及砂土、卵、砾石土等薄层，具孔隙，厚度较大的土层，可见古土壤层，很少或不含钙质结核
洪积黄土	分布在山间盆地和山前平原地带，厚度不大	有不规则的层理，土质不均一，具孔隙，夹透镜体，岩性较紧密，含古土壤层，沉积时间长的则含有较多的钙质结核
坡积黄土	分布在黄土塬、梁、峁的坡脚，一般厚度不大	一般成分不均一，土质松散，可见层理和团粒状结构，不含古土壤层
崩积黄土	分布在黄土陡崖下部	岩性同陡崖上部黄土，土质较杂乱，无规律

3.2.1 黄土地层基本特征是土质均匀、干燥、具直立性，若出现土质软弱，含水率大，说明地下水发育，若有临空面或不利倾向的结构面，则具备了产生山坡变形的因素和条件；具有上述特征的山坡有的本身就是变形山坡，也可能虽没有变形但条件稍有变化即可产生山坡变形。工程地质选线时，既应重视宏观调查，也应重视微观调查和分析，注意从黄土地层的土质特征、结构面状态等微观特征中，发现影响山坡稳定因素，当山坡地质条件复杂，又受多种不利因素影响，工程艰巨，处理后往往遗留后患时，则应避开为宜。长大干渠的渗漏使黄土的状态、物理、力学性质发生变化，可造成地基、隧道、边坡变形。因此，应避免与长大干渠近距离平行或渠道在隧道顶部通过。

3.2.2　黄土塬、梁、峁及丘陵地区，山坡稳定性评价是铁路选线工作中的重点之一，常见山坡变形类型有滑坡、错落、崩塌等。地形零乱地段可能是土层结构疏松遭受坡面水侵蚀的结果，也可能是山坡变形再遭受侵蚀所致；深切沟谷的高陡山坡坡脚临空，给山坡变形创造了条件；黄土冲沟的快速形成，常使岸顶卸荷裂隙发育形成地表水下渗的通道，继而发育成陷穴，造成山坡不稳；这些都属黄土地区受强烈侵蚀的迹象表露。若该类山坡再有地下水发育，则更增添了山坡的不稳定因素；在这些条件和因素的共同作用下有的山坡已是变形山坡，有的虽未变形，修建工程即可能引起山坡变形，因此，该类山坡都应列为选线慎重考虑地段。沿山坡或通过山坡应先查明山坡是否稳定，山坡稳定还应考虑工程修建后对其的影响；不稳定的山坡则应考虑在什么位置，以什么方式采取什么样措施，可以消除或减小山坡不稳定对工程的影响。

黄土沟梁相间地段，应选择地区稳定性较好的地段，同时还应考虑可能采用工程方案的适宜条件，局部地段工程地质调绘应考虑各类工程设置条件，只有这样才能真正作好工程地质选线工作。

3.2.3　黄土地区沿河谷展线，首先应考虑选择河谷，其次应考虑选择河谷两岸。选择具有低级阶地的宽阔河谷展线是区域性选线必须考虑的问题，宽谷阶地一般有可供展线的低级阶地，地形平坦，地层单一，工程地质条件较好，工程简单，是选线的良好场地。河谷内选线要注意作好两岸地质条件的比选，选择有低级阶地分布一侧展线，其地形平坦，地质条件单一，工程量小；而低级阶地缺失地段是受现代河床侵蚀或曾受侵蚀形成的岸坡陡峻地段，也常是线路方案的控制地段，其中高陡山坡坡脚挖方，中心挖方尽管不大，但边坡一般较高，其坡脚还有受水流侵蚀的可能，尽管工程上经常是上挡下护，技术上仍缺乏十分把握，一旦产生病害，由于倚山临水病害处理十分困难。因此，本条作了若线路通过该类地段时，应考虑挖方和隧道方案比较的规定。选择隧道方案时，既要考虑避开冲蚀影响，又要避开高陡山坡坡顶裂隙发育地段。

3.2.4　黄土地区跨沟(河)线路方案主要有位置选择和通过方式选择。线路跨沟(河)谷位置选择，是基于工程安全，防患未然为前提。选择在沟床下切缓慢、沟谷顺直、岸坡稳定，区域构造活动相对稳定地段，是线路跨沟(河)设桥涵或路堤工程的必备环境地质条件，不然后患无穷。通过黄土冲沟的桥址比选，经常是控制性工程方案比选。因为黄土冲沟一般深切，再经河床变迁存留阶地，形成的河谷既深又宽，跨沟谷多为高桥、大桥、特大桥。桥址只有选择在沟床顺直、岸坡稳定地段，才能保证桥梁工程稳固可靠。

3.2.5　黄土地区水库坝高而多为土坝，在选线中应考虑上游水库、池塘是否有溃坝的可能，线路从周边附近通过时，应考虑水库岸坡坍岸影响，在预测坍岸线外适当距离通过；在拟建水库地段通过时，应考虑水库建成蓄水后地下水位升高，可能引起沉陷及山坡变形等。

3.2.6　黄土隧道是黄土地区重点工程之一。隧道进出口位置选择应从地貌形态、地层特征、水文地质条件调查入手，选择稳定性好的山坡为隧道进出口位置；洞身地段从黄土塬、梁地貌形态、顶面微地貌形态、地层层序、地层特征、水文地质条件去分析隧道洞身工程地质条件，并应注意红黏土和卵石、砂层、基岩与黄土的接触关系。洞顶山梁平整或地形微凸地带说明山梁相对稳定，是洞身免受地表水侵蚀影响的较好地段；洞顶的封闭洼地常常是由于上部地层为自重湿陷性黄土在地表水的作用下出现湿陷的结果，如再发展就会产生陷穴或暗洞，威胁或影响洞身安全。

3.2.7　在黄土地区工程地质选线中，应注重不良地质的分布与地形地貌、区域地质条件、水文地质条件等的关系。应解剖几个控制线路方案的不良地质,查明其产生原因,根据分布特点及地质条件的类同情况,找出不良地质发育的规律,做到绕有依据,过有措施。

大型不良地质,一般成因复杂,处理工程艰巨,处理不当复发可能性大,在选线时应考虑诸多影响因素,免留后患,通过时没有稳妥措施宜采用绕避方案。

3.3

在该类地区进行铁路勘察工作应根据路基、隧道、桥梁、站场、房建工程来考虑场地地质条件及环境地质条件对工程的影响,查明区域工程地质条件是开展地质调绘工作的基础,应结合工程和区域地质情况,目的明确地进行地质工作,是铁路工程地质调绘工作的特点。

黄土地区地质调绘工作多采用"远观了解其貌,近察了解其因"的地质调绘方法。在区域性地质调查中,应沿线路或沿某一冲沟进行带状调查,了解其表,解剖工程集中、地质条件复杂地段和线路方案受不良地质条件控制地段,查明它们的工程地质条件及其对工程的影响;然后把各地段地质情况综合分析、比较,认识区域地质条件,在此基础上进一步认识场地地质条件、区域地质条件,并为合理有效的布置勘探、测试工作提供依据。

3.4.1 黄土地区勘探的同时要进行勘探取样,评价黄土地基湿陷性。工程类型不同、地质条件千变万化使勘探手段必须采取综合勘探方法才能达到目的。黄土地区工作经验表明:以查明地层层序、地下水情况、黄土物理力学性质、湿陷性为目的的勘探工作宜选用挖探、钻探与原位测试相结合的方法,有条件时可配合物探方法;浅层勘探和洞穴勘探,宜采用洛阳铲、钎探等简易勘探方法。

3.4.2 黄土原状土样的质量直接影响土工试验指标的准确程度,关系到黄土地基评价的可靠程度。因此,黄土地区原状土样的采取是工程地质勘察中必须重视的问题。

黄土地区铁路工程地基勘察采取原状土样的方法有:挖探、原位静压取土、钻探等。

采取黄土原状土样试验结果表明:原位静压取土和挖探采取的原状土样都能保证原状土样的质量。因此,原位静压取土也列为本规程推荐采取原状土样的方法之一。钻探方法采取的原状土样因控制因素多、易遭受机械扰动,质量往往难以保证。因此,钻探采取原状土样时,应严格按现行《湿陷性黄土地区建筑规范》(GBJ 25)附录五规定要求执行。

3.4.3 自重湿陷性黄土场地取样深度,根据铁路建设在豫西三门峡和晋南侯月线遇到的自重湿陷土层深达 13 ~ 16 m,因此,规定了该地区一般建筑物自重湿陷性场地勘探取样深度至基础底面不小于 15 m 的要求。

黄土地基勘探深度应能满足区域地质条件和场地地质条件分析的要求,取样深度也应能满足地基评价要求,避免顾此失彼。黄土地基评价包括:地基强度评价和地基湿陷性评价。增加了高桥及其他重要建筑物勘探深度要求,以保证重要建筑物对地基土层的特殊要求。

黄土地区应了解挖方地段黄土分层及其影响边坡稳定的物理力学性质。湿陷性不是影响边坡稳定的决定因素,因此,取样时以分层了解影响边坡稳定的物理力学性质为主,其湿陷性可只作有无湿陷性及湿陷场地类型的评价。

黄土隧道勘探的目的是了解隧道洞身通过地层及其围岩性质。

3.4.4 黄土地区湿陷性试验原状土样的竖向间距要求:当层次清晰、土质均匀、地层规律性较强时,为保证黄土湿陷性评价精度增加了上述土层"若分层厚度大于 5 m 时,竖向取土样间距不得大于3 m”的要求。这项要求是根据黄土微观结构在分层时容易被忽视而提出的。

3.4.6 适用于黄土地区的原位测试方法有静力触探（CPT）、旁压试验（PMT及SBPMT）、十字板剪切试验（VST）、载荷试验（PLT）、标准贯入试验（SPT）、轻型动力触探等，根据工程类型和原位测试手段的适用性合理选择测试手段与室内试验相结合，以取得完整的地质测试数据。

3.4.7 本条对新近堆积黄土湿陷系数压力采用《铁路工程地质勘察规范》（TB 10012—2001）规定的要求。

3.4.9 位于地震动峰值加速度为0.1g及以上地区的饱和砂质黄土地震液化判定，按现行《建筑抗震设计规范》（GBJ 11）、《铁路工程抗震设计规范》（GBJ 111）规定进行工作。

3.5.1 湿陷系数是评价黄土湿陷性的重要参数，它用于黄土湿陷性判别、湿陷性场地类型划分、湿陷等级判别等方面。根据湿陷系数试验时所施加压力的大小，将其分为自重湿陷系数（δ_{zs}）和湿陷系数（δ_s）两种。

（1）黄土湿陷系数δ_s计算式如下：

$$\delta_s = \frac{h_p - h'_p}{h_0} \quad \text{（说明 3.5.1—1）}$$

式中 h_p——保持天然湿度和结构的土样，加压至一定压力时，下沉稳定后的高度（cm）；

h'_p——上述加压稳定后的土样，在浸水作用下，下沉稳定后的高度（cm）；

h_0——土样的原始高度（cm）。

（2）自重湿陷系数δ_{zs}计算式如下：

$$\delta_{zs} = \frac{h_z - h'_z}{h_0} \quad \text{（说明 3.5.1—2）}$$

式中 h_z——保持天然湿度和结构的土样，加压至土的饱和自重压力时，下沉稳定后的高度（cm）；

h'_z——上述加压稳定后的土样，在浸水作用下，下沉稳定后的高度（cm）。

（3）湿陷系数应用应注意的问题：

① 湿陷系数（或自重湿陷系数）用于计算总湿陷量（或计算自重湿陷量）时，只计算等于或大于0.015者，小于0.015者不计；

② 用湿陷系数计算总湿陷量时，自基础底面（初测自地面下1.5 m）起计算；用自重湿陷系数计算自重湿陷量时，自地面起计算。

3.5.4 湿陷变形是在水与压力共同作用下使黄土结构破坏，发生迅速而显著的下沉，是正常压缩以外的附加下沉。湿陷变形的产生，往往引起工程建筑物的不均匀沉降、开裂、倾斜、甚至严重影响安全使用。因此对黄土湿陷变形特性的研究，具有重要的现实意义。在工程设计中常使用的湿陷变形量有实测自重湿陷量、计算自重湿陷量、总湿陷量。它们是确定黄土场地湿陷性类型、湿陷等级的依据。

3.5.6 黄土地区不同类型工程地质条件评价应根据工程对环境地质条件的要求进行。

1 黄土地区地基特定评价内容：承载力、压缩性、湿陷性和地震液化判定。这些数据都有测试手段，评价指标；但在工作中应注意其数据的可靠性，准确性；其检验方法是将不同手段取得的地质数据综合分析。地基土的均匀性评价应从地层分布、层序、各层物理力学性质等指标综合分析。

特大桥、高墩桥、高层建筑及其他重要建筑工程的黄土地基湿陷性评价是依据黄土地区重大工程地基实际情况提出来的。黄土地区的高桥有的墩高达百米以上，仍采用湿陷性评价 5～15 m 的土层厚度显然是不合适的。蒲城电厂资料表明，黄土湿陷性土层厚达 38 m，Q_2 黄土层上部也具湿陷性；侯西线汾河三级阶地暴露的 Q_2 黄土层，在 400 kPa 压力下湿陷系数 $\delta_s=0.0824$。因此，本规程规定了在"基础压力影响范围"的深度内，不仅评价 Q_4 黄土、Q_3 黄土湿陷性，对于上述深度内 Q_2 黄土也应做湿陷性评价。

2 黄土地区挖方地段地质特定评价内容：边坡坡率和形式。黄土边坡坡率在高度不大于 20 m 时，Q_1、Q_2 黄土一般采用 1∶0.3～1∶0.75；Q_3、Q_4 黄土一般采用 1∶0.5～1∶1.25；华北、东北（包括内蒙古）地区 Q_4 黄土一般采用 1∶0.5～1∶1；Q_3 黄土一般采用 1∶0.3～1∶0.75；Q_2 黄土一般采用 1∶0.75～1∶1。边坡高度大于 12 m 时，可采用阶梯式，中部设平台，阶梯高度一般为 8～12 m。边坡坡率评价需采用综合分析、类比的方法，由各类地质条件及当地经验提出具体数据。与基岩地层接触面的形态、水文地质条件是影响山坡稳定的重要因素；具有上述两种不利因素的山坡应首先考虑其本身的稳定，再进一步考虑不利因素对工程的影响程度及应采取的措施。

3 黄土隧道地质条件评价包括：进出口山坡地质条件评价和洞身围岩地质条件评价。进出口山坡地质条件评价可按上述黄土挖方地段地质条件评价方法考虑。洞身围岩地质条件评价主要是确定围岩级别。围岩级别影响因素众多，主要应考虑以下几个方面：

（1）地层年代对黄土工程性质影响明显。据既有隧道证明通过 Q_1 黄土的隧道，施工安全、稳定性较好。Q_3、Q_4 黄土土体疏松、大孔隙发育、柱状节理发育、渗透性强，对洞身影响较大，施工中经常出现变形、开裂等现象。Q_2 黄土介于两者之间。一般完好的 Q_1 黄土为Ⅳ级围岩；Q_4、Q_3 黄土为Ⅴ级围岩；Q_2 黄土根据具体情况确定围岩级别。

（2）洞身的埋深可以从分析得出地表环境条件对洞身围岩影响程度。由于地层工程特征不同、环境条件不一样，洞身围岩受埋深影响也不尽相同。隧道施工经验表明：当 Q_4、Q_3 黄土层中埋深小于 30 m，Q_2、Q_1 黄土层内埋深小于 20 m 时，洞身受外界因素影响明显。当隧道埋深大于以上数据时，则受外界影响较小。因此，隧道洞身受外界因素的影响程度应作为确定围岩级别的主要因素。

（3）水文地质条件对洞身围岩影响最为显著，这与黄土的工程特征密不可分。经验证明有微量水就会使黄土的工程性质变坏。因此，在隧道勘探时应十分注意洞身黄土地层的含水情况及水文地质条件的细微变化。在对洞身围岩进行评价时，受地下水影响的黄土相应围岩级别可考虑降低 1～2 等级。

（4）人为活动影响在黄土地区十分明显。窑洞、水窖、掏沙洞等是黄土地区常见的人为坑洞，应查明其开挖特点、分布及对隧道洞口、洞身的影响程度，酌情降低围岩级别及对洞口边坡采取相应措施。

3.7.1 初测地质调绘重点是查明黄土地区工程地质条件，为线路方案比选提供依据。黄土地区铁路展线地域宽，方案多，特别在黄土冲沟发育，沟谷深切地段，线路方案经常迂回展线在沟梁之间常造成地质调查隔沟相望，对岸地物清晰可辨，而要抵达对岸则须翻越多个几十米及至百余米的深沟。在此种情况下若沿线路走向进行带状调查，钻沟爬坡体力消耗不少，但对地区工程地质条件认识，收效却不一定很大，经常是事倍功半。

如何做好这类地区初测线路方案工程地质调绘是该阶段一项十分重要的工作。线路方案比选阶段的地质调绘工作，应抓住黄土地区特点和了解线路可能展线范围，采用遥感图像解译与地质调绘相结合的方法是行之有效的。利用遥感图像直观，视域大，内函信息多的优点，先进行室内解译，然后现场重点调查、核实。遥感图像解译可弥补对野外地质调查未及地段地质条件认识的不足。

野外工程地质调绘、核实工作宜采用沿沟"左看右顾"的调查方法。即：站在右山坡远观左山坡地貌形态特征，近看右山坡微地貌形态、地层特征、水文地质条件等，然后站在左山坡采用同样方法远观右山坡近察左山坡。这样"之"字形沿沟调绘可全貌了解两岸，了解不同沟段黄土冲沟的同异，全面了解冲沟工程地质条件，为顺沟、跨沟等展线方式提出评价及位置选择意见。通过对几个黄土冲沟的调查、对比、分析，即可得到调查范围内工程地质条件规律性的认识，为线路方案比选提供地质依据。因此，黄土沟梁相间地段，该方法在初测线路方案比选地质调绘中是行之有效的。

3.7.2　初测黄土地区的勘探、测试工作不仅应考虑查明区域地质条件、不良地质、地质条件复杂地段及代表性设计工点的工程地质特征，还要查明沿线黄土湿陷性特征及分布规律。

取样孔、原位测试孔（点）的代表性要强，地貌单元、地层年代、成因类型、地质特征四个方面缺一不可。否则，就没有比较的实际意义。为能在初测中对区域地质条件评价准确、提供的地质资料可靠、工程处理措施合理、使工程预算准确，提出当场地复杂、相同地质条件地段较长及湿陷性差异较大时应增加取样孔和勘探孔数量。

3.7.4　初测黄土地区资料编制应根据黄土地区特点，黄土工程地质特征，评价区域工程地质条件，做好方案比选，评价场地工程地质条件，为可行性研究报告提供依据；对黄土的物理力学性质、湿陷性等，应结合取样地段特点去综合分析，以保证地段划分合理、代表性强。

黄土属特殊土，由于分布地域大，经常一条长大干线，或数百公里地段都位于黄土地区，为突出其中不良地质、特殊地质分布，黄土的特性仅在说明中阐述，其界线仍采用地层界线符号圈划。

黄土地区代表性设计工点的黄土湿陷性按场地评价，地质条件复杂的工点跨沟穿梁，可能经几个微地貌单元和不同成因类型，湿陷性场地评价应注意不同地貌单元、成因类型及不同时代黄土的区划。

3.8.1　黄土地区定测地质调绘工作是为各类工程建筑和不良地质整治搜集初步设计地质基础资料，按工点开展工作。调绘工作的深度和广度比初测需更进一步，应在认识区域地质条件的基础上，对工程场地地质条件进一步深入调查、认识。调绘时一方面应根据工程类型有侧重地搜集场地地质资料；另一方面应分析环境地质条件对工程的影响。在调查中，应结合对地质条件的初步认识及工程类型、场地的要求去考虑如何合理使用勘探、测试手段，合理、有效地布置勘探、取样、测试工作。

调绘宽度应满足工程设计和场地地质条件分析要求是对铁路工程地质调查测绘的基本要求。地质条件复杂的场地及不良地质地段，不仅要查明工程场地范围内的地质条件，还要查明影响或可能影响场地的地质构造、工程地质及水文地质等条件。地质条件复杂地段、大型不良地质地段的场地地质调绘，仅在场地范围内进行地质调绘是远远不够的，必须扩大调查范围，对比、分析相邻地段地质条件，查明复杂地质条件的诸因素或不良地质现象产生原因、发展趋势，才能深化认识场地地质条件，为工程建筑物和不良地质处理提供准确的地质资料。因此，场地调绘的范围必须满足场地地质条件分析要求。

黄土地区的工点设计常要进行多方案比选，如隧道与深挖路堑，高填路堤与桥的比较等。工程设计方案的比较往往与地质条件密切相关，因此，在场地调绘时，两类工程所需地质资料及范围都应搜集齐全，以保证各种工程设计方案的地质基础资料可靠、准确、齐全，避免不必要的返工或重复工作。

3.8.2 定测阶段黄土地区勘探、测试工作的目的不仅要详细查明工程建筑场地地质条件，满足初步设计所需工程地质资料，而且还要提出切实可行的工程措施。因此，布置勘探、取样、测试工作时，对地层层序、岩土工程特征、水文地质特征等项内容的精度及了解的广度都要更深入一步。

一般路基、小桥涵地段由于工程简单，对地基无特殊要求，根据地貌单元、地层年代、成因类型、土质特征等分类划段，去布置湿陷性评价的取样孔已能满足需要，但关键是分类划段的精度，因此规定地质条件相同地段取样孔不应少于3个的要求，是评价黄土湿陷性所需最少孔数。地质条件相同或不同地质条件交错出现时，布孔时应充分考虑其代表性及地层不均匀性，取样太稀，地质条件不容易控制，往往造成评价与工点资料不能对口。

4.1.1 对膨胀土的定义，是多年来科研和生产实践的总结。土中所含的黏土矿物主要指蒙脱石、伊利石、高岭石等。膨胀土物质成分中蒙脱石含量、黏土矿物总量及小于2 μm的含量，是决定膨胀土膨胀潜势大小、物理力学性质及其变化的主要物质基础。自由膨胀率 F_s 是膨胀土的重要判别指标，规定 $F_s \geqslant 40\%$，符合现行《膨胀土地区建筑技术规范》(GBJ 112)的规定。

4.1.2 中国科学院地质所曲永新等1991年1月《中国东部膨胀岩的研究》提出，中国膨胀岩按成因可分为5类。

(1)沉积型泥质膨胀岩(铁科院西北分院、西南交大、铁一院王小军等1995年12月《膨胀岩的工程特性及判别标准与分类》研究报告提出，该类膨胀岩地层时代以石炭系、二叠系、三叠系、侏罗系、白垩系、第三系为主)，可细分为4个亚类：

① 晚二叠系泥质膨胀岩；

② 上侏罗统——白垩系泥质膨胀岩；

③ 下第三系泥质膨胀岩；

④ 上第三系泥质膨胀岩。

(2)蒙脱石化中基性火成岩类膨胀岩。

(3)蒙脱石化凝灰岩类膨胀岩。

(4)断层泥类膨胀岩。

(5)含硬石膏和无水芒硝类膨胀岩。

5种类型膨胀岩中，前4种的膨胀实质是所含亲水矿物的吸水膨胀，第5种则是水化学作用产生的硬石膏→石膏、无水芒硝→芒硝的转化膨胀。5种类型膨胀都与水的关系极大。

膨胀岩与膨胀土虽然在物质组成、成岩程度、结构构造及物理力学性质等方面差异都甚大，但均具有显著的吸水膨胀、失水收缩、开裂，并产生往复胀缩变形的性能，但膨胀岩的研究尚不充分，有待于在工程实践中进一步积累资料。

4.1.3 红黏土是我国红土的一个亚类。它形成的本质在于红土化作用。不论何种岩石，经红土化作用都可形成红土。而红黏土仅指碳酸盐类岩石和间夹其中的非碳酸盐类岩石，经红土化作用形成并覆盖于碳酸盐岩系之上的（残、坡积）红土，其液限w_L≥50%。红黏土经搬运沉积，仍保留其基本特征，液限w_L>45%的土，称次生红黏土。

红黏土中含有大量亲水性黏土矿物，其物质组成、地貌形态、工程特性等，与膨胀土有许多相同或相似之处，具有很强的胀缩性，其自由膨胀率F_s可远远超过40%。红黏土的含水率一般是自上而下逐渐增大，至基岩面附近可呈软塑～流塑状，强度降低，故表现为上硬下软。红黏土具有很强的收缩性，且通常是水平收缩大于垂直收缩，因而又具有表面收缩、裂隙发育的特点，甚至产生深、大地裂。

当红黏土达到膨胀土标准时，应按膨胀土对待；未达到膨胀土标准的红黏土，按一般黏性土对待，应注意因其具有高液限、高塑性、高孔隙性、较高的强度和偏低的压缩性、较高的胀缩性，且水平收缩大于垂直收缩等特性。

4.2.1　膨胀土（岩）地区工程地质选线，应符合下列要求：

3　膨胀土（岩）边坡易变形、破坏，线路距重要建筑物应有一定距离，以免影响建筑物的安全。这个距离是指堑顶边缘至建筑物的距离，应视堑坡高度和膨胀岩土膨胀性强弱而定，不宜小于20 m。

4　浅挖、低填既是我国几十年来在膨胀岩土地区兴建铁路的一条成功经验，又是科学的总结。这是因为浅部的膨胀岩土受大气风化营力的作用，胀缩频繁、裂隙发育、结构遭破坏、强度低，当其被水浸润以后尤其如此，故在重力作用下，高边坡和高路堤容易变形、失稳；同时随着开挖深度的增大，坡脚岩土体的卸荷膨胀和随之而来的强度衰减将加剧，应力集中效应亦更为突出，因而高边坡和高路堤更易变形、失稳。所以线路应以浅挖、低填通过。挖方不宜超过10 m，填方不宜超过8 m。

6　膨胀岩多为软质岩，或在水的作用下易变软，当隧道轴线与区域最大主应力方向垂直或呈大角度相交时，地应力的作用会加剧隧道产生拱顶和侧壁开裂、坍方、侵限以及底鼓和漏水等病害，乃致施工和运营都难以进行，这在国内外都是有教训的。隧道轴线的最优方向应该是与区域最大主应力的方向一致。所以隧道在选线时必须考虑区域最大主应力方向，应尽量使隧道与区域最大主应力方向平行。

4.2.2　红黏土与膨胀土的工程性质相似，所以膨胀土地区的选线要求，同样适用于红黏土。红黏土地区选线，还应注意避开岩溶和地裂。

4.3.3

1　膨胀土（岩）地区具有较为独特的地貌形态，地形平缓、丘岗低矮、无自然陡坎、坡面沟槽发育、风化剥落严重、地表浅层滑坡、溜坍发育等，可据此初步判别膨胀土（岩），并圈定其分布范围；通过地貌单元的划分，可优化线路位置；通过自然斜坡（坡高、坡度）和人工边坡的调查，为工程设计提供依据。

3　膨胀土中的裂隙一般可分为垂直、水平和斜交（倾斜）裂隙三种。由于裂隙的存在，不仅影响土体的工程性质，而各裂隙的产状、裂面充填物的性质及裂隙组合交线的倾向、倾角等，对边坡的稳定性起着很重要的作用，不利的裂隙产状和组合交线，常常导致边坡失稳。因此，裂隙调查乃是工程地质调绘的重要内容之一。

4.3.4　红黏土与膨胀土无论是地貌形态、物质组成，或是工程性质，都很相似，或本身就是膨胀土，所以膨胀土的工程地质调绘要求，仍适用于红黏土。此外，尚应注意对地裂和岩溶的调绘。

4.4.2 膨胀土(岩)地区勘探点、线的布置及孔的深度、数量等,应视勘察阶段、场地复杂程度及建筑物的规模、重要性而定,以查明工程地质条件、满足不同阶段工程设计的需要为原则。工程实践中,简单场地和一般路基地段,勘探点间距可为 50 ~ 200 m;复杂场地或重大工程,勘探点密度需加大,间距可为 20 ~ 100 m。

大气影响深度是自然气候作用下,由大气降水、蒸发、地温等因素引起土层升降(胀缩)变形的有效深度,又称为膨胀土(岩)的活动带。可通过对该地区土层的不同深度的变形观测、含水率观测及地温观测确定,亦可观测裂隙和地裂的可见深度确定。无观测资料时,可参照现行《膨胀土地区建筑技术规范》(GBJ 112)。

大气影响深度可视为膨胀土(岩)地区的最小勘探深度。我国平坦场地的大气影响深度一般不超过 5 m,故规定一般性勘探孔深度不应小于 5 m。

取原状样应从地表以下 1 m 开始的要求,是与膨胀土(岩)地区大气影响急剧层深度大于 1 m 和基础埋深一般应大于大气影响急剧层深度相适应的。现行《膨胀土地区建筑技术规范》(GBJ 112)规定,大气影响急剧层深度等于大气影响深度值乘以 0.45,而大气影响深度一般为 3 ~ 5 m,所以大气影响急剧层深度均大于 1 m。

取原状样必须干钻,其目的是为了保持岩、土的天然结构、天然湿度及密度,以免试验数据失真而造成不良后果。

膨胀土(岩)的测试项目,除与判别和分级相适应外,还应根据不同工程的需要,如隧道以及对沉降有特殊要求的大型和重要建筑物等,增加测试项目或进行现场原位测试。

4.4.3 红黏土的性质与膨胀土相似,或有的原本就是膨胀土,故其工程地质勘探、测试的要求与膨胀土基本相同,仅测试项目如收缩率(水平、垂直)、灵敏度、重复慢剪等有所不同。

4.5.1 膨胀土的场地评价,对于建筑物地基,应采用国家标准《膨胀土地区建筑技术规范》(GBJ 112)

膨胀岩的判别尚无统一标准,参考国内有关资料并与现行《铁路工程岩土分类标准》(TB 10077—2001)和《铁路工程地质勘察规范》(TB 10012—2001)一致,仅规定膨胀岩的野外地质特征和室内试验判定指标,供膨胀岩判别使用。

下面介绍 2 种膨胀岩研究成果供勘察中参考:

(1)铁道部隧道局、西南交大董新平等在综合研究国内外大量研究成果的基础上,主要采用和发展了铁科院西北分院等的研究成果,1999 年 12 月《铁路膨胀岩隧道修建技术研究》中提出了膨胀岩的判别方法:

① 膨胀岩按崩解特征分类,可按说明表 4.5.1—1 进行。

说明表 4.5.1—1 膨胀岩按崩解特征分类

类 别	崩解特征及重量变化
非膨胀岩	泡水 24 h 岩块完整、不崩解,重量增加小于 10%
弱膨胀岩	泡水后,有少量岩屑下落,几小时后岩块开裂成 0.5 ~ 1.0 cm 碎块或大片,手可捏碎,重量可增加 10% 左右
中等膨胀岩	泡水后,1 ~ 2 h 崩解为碎片,部分下落,碎片尚不能捏成土饼,重量可增加 30% ~ 50%
强膨胀岩	泡水后,即刻剧烈崩解,成土状撒落,水混浊,10 min 可崩解 50%,20 ~ 30 min 崩解完毕

② 膨胀岩按分级指标分类，可按说明表 4.5.1—2 进行。

说明表 4.5.1—2 膨胀岩分类

类 别	膨胀率 V_H(%)	膨胀力 P_p(kPa)	饱和吸水率 w_{sa}(%)	自由膨胀率 F_s(%)
非膨胀岩	<3	<100	<10	<30
弱膨胀岩	3~15	100~300	10~30	30~50
中膨胀岩	15~30	300~500	30~50	50~70
强膨胀岩	>30	>500	>50	>70

③ 膨胀岩按数学函数式分类，可按说明表 4.5.1—3 进行。

说明表 4.5.1—3 膨胀岩判别与分类

类 别	判 别 与 分 类 函 数 式
非膨胀岩	$R=-2.3248+0.0013P_p+0.0396V_H+0.1306F_s+0.0995w_{sa}$
弱膨胀岩	$R=-9.8345+0.0040P_p+0.1485V_H+0.2600F_s+0.1319w_{sa}$
中膨胀岩	$R=-16.3251+0.0030P_p+0.2959V_H+0.3637F_s+0.1335w_{sa}$
强膨胀岩	$R=-48.0108+0.0059P_p+0.6397V_H+0.5858F_s+0.1630w_{sa}$

(2)铁二院、铁专院、铁科院西北分院、西南交大、中科院地质所、四川大学、柳州铁路局、铁二局、华东交大蒋忠信等 1997 年 12 月《南昆线膨胀土路基工程试验研究报告》，总结了百色盆地下第三系始新统、渐新统膨胀岩的研究成果，提出膨胀岩主要具有膨胀性、碎裂性、低强度性 3 种特征，推荐那百段膨胀岩工程地质分类的建议标准，如说明表 4.5.1—4 所示。

说明表 4.5.1—4 那百段膨胀岩工程地质分类建议标准

类型	膨胀性等级	结构面频度(条/m)	现场无侧限强度(kPa)	宏观地貌特征
A	弱	<5	>150	低丘，起伏 $h>20$ m，坡度 $\alpha>10°$，有陡坎与冲沟
B	弱~中	5~15	50~150	
C	中~强	>15	<50	缓岗，$h>20$ m，$\alpha>10°$，无陡坎与冲沟

重点试验工点林逢，里程 DK145+886~DK146+760 段，试验工作全面，膨胀岩的膨胀性、碎裂性、低强度性特征明显，试验结果如下：

① 膨胀性试验指标汇总如说明表 4.5.1—5。

说明表 4.5.1—5 膨胀性试验指标汇总

指 标	膨胀率 V_H(%)	膨胀力 P_p(kPa)	饱和吸水率 w_{sa}(%)	自由膨胀率 F_s(%)
界限值	17.1~58.0	339~511	33.9~50.5	53~97.5
平均值	33.5	400	45.1	75.5
样本数	5	3	5	20

② 碎裂性表现为膨胀泥岩层理面微斜平直，间距约3 cm；构造节理面成组密集，间距一般5～20 cm，最密处3～4 cm，且方向性强，贯通性好，表面光滑，附次生易滑黏土矿物。

③ 低强度性由现场载荷试验结果确定，现场进行了2组1 000 cm^2圆形板载荷试验，成果如说明表4.5.1—6。经与室内试验成果比较，无侧限抗压强度值仅为室内试验平均值235 kPa的1/7。

说明表4.5.1—6 膨胀岩现场载荷试验成果汇总

地 层	试验位置	容许承载力（kPa）	无侧限抗压强度（kPa）	抗剪强度		变形模量（MPa）
				c(kPa)	φ°	
残积膨胀土	DK146+580左20 m 深1.2 m	120	20	—	—	220
风化极严重泥岩	DK146+100左28 m 深1 m	175	34	26	12	450

膨胀岩的分类及相对应的工程措施，还有待于在工程实践中积累资料，逐步完善。

4.7.1 膨胀土（岩）地区代表性设计工点，如（特）大桥、隧道（含一般隧道和长隧道）、区段站、编组站，重要的和大型建筑物等。

4.7.2 重点工程是指控制和影响线路方案的地段，如深、长路堑，高、长路堤，隧道、枢纽、区段站、编组站、大型滑坡工点等。代表性设计地段是指代表不同地质时代、不同成因类型、不同环境工程地质条件及不同地层结构的地段。

4.7.3 重点地段和重大工点系指对沉降有特殊限制的、大型的和重要的建筑物，深、长路堑和大型滑坡工点等。

4.7.4 建筑物基础埋深考虑的因素很多，从工程地质角度而言，仅考虑场地条件、土的胀缩等级、大气影响深度（大气影响急剧层深度等），而后者是必须考虑的因素，并据此提出建议和意见。

膨胀土（岩）地基处理，包括换填、铺底、土质改良和人工地基等。实践证明，土质改良中加入5%～10%的石灰效果较好，主要表现为土的液限降低、塑限提高、胀缩性明显减弱而强度显著提高。

4.8.2 膨胀土（岩）并非是均质的，即是同一场地，不同位置和不同深度的土层性质差异仍是很大的，不仅试验数据分散、离散度高，而且并非每个样品指标都达膨胀土（岩）标准。因此，为查明场地土的性质，不致错判、漏判，除剖面上取样间距按要求办理外，还必须保证平面上取样孔的数量，并合理分布。本规程规定取样孔的数量不少于全部孔数的1/2，这与现行《岩土工程勘察规范》（GB 50021）是一致的。

4.8.3 膨胀土（岩）地区定测与初测工点（分段）说明的内容应是相同的，因为二者在查工程地质条件方面并无本质差别，仅是侧重点和详略程度不同。因此，在工程地质评价时，应有针对性、视工点的要求取舍。

5.1.2 铁路工程界所谓的“软土”泛指软黏性土、淤泥质土、淤泥和泥炭质土、泥炭等几种类型的软弱土类。它们的成因主要为冲积、湖积、海洋沉积和生物沉积。

软黏性土、淤泥质土和淤泥是在静水或缓慢的流水环境中沉积的以细粒土为主的沉积物。它们的成因类型、结构及土层构造虽然不同，但都具有含水率高、孔隙比大、含有机质、成分不均等特征，其工程性质表现为低渗透性、高灵敏度、高压缩性、强度低、流变性。

泥炭和泥炭质土主要是由水生植物的腐烂或半腐烂的纤维质组成，其水平成层、成分、结构及物理、力学性质具有其特殊性。大多数泥炭仍然保留了粗糙的植物结构，因骨架疏松而具有的压缩性远高于上述三类土，而渗透性又远较其他类型的软土高。在荷载作用下，泥炭常因其中的自由水能较快地排出而压缩并强度增长。其破坏机理也与其他软土不尽相同，工程处理措施也有其特点。

我国铁路建设经常遇到的软土是软黏性土、淤泥质土和淤泥，所遇到的泥炭和泥炭质土一般较少且范围较小、深度也较浅(一般不超过5~6 m)，更多的情况是与其他类型的软土共生，成夹层或透镜体状分布，在大面积的泥炭沼泽地进行铁路工程地质勘察的经验也很少。本规程主要是针对软黏性土、淤泥质土和淤泥，泥炭和泥炭质土作为一种软弱地基，其选线原则，工程地质勘察的目的、要求、内容与其他类型软土有相似之处，其工程地质勘察工作可借鉴本规程，但应根据泥炭和泥炭质土有别于其他类型软土的特性，采取相应的勘探、测试手段。

软粉土承载力低，其判定指标、设计理论、稳定计算和沉降计算理论及处理措施等方面的研究还很不成熟，还需在工作中进一步积累经验，加强研究。目前，基于实际需要，可参照软土开展工作，但由于软土存在的问题主要是沉降和稳定问题，而软粉土存在的问题主要是稳定问题，另外还要根据地震动参数考虑地震液化问题，因此，应注意软粉土有别于软土的特性，采取相应的勘探、测试手段。

5.2.1　厚度大、分布广的软土地区处理难度大、费用高，对线路的危害大，技术要求高，耗资大，甚至留下难以根除的隐患，因此，应尽量绕避，即使绕避方案费用略高，也宜绕避。必须穿越或可以穿越时，应避重就轻，充分利用地质条件，降低处理难度，减少工程隐患。

5.2.3　软土地区地下水位高，若采用路堑形式，则堑坡稳定、基床处理等的费用会很大，且施工、运营养护也困难，故应避免。有条件时，路堤高度控制在设计临界高度以内可使地基加固处理大为减少。

临界高度：在软黏土地层的土坡稳定性分析的近似方法中，泰勒(Taylor)的稳定数图解法为土坡的临界高度提供了近似解。该法假设土坡和地基土为$\varphi=0$的同一均质土，即土坡和地基土的重度γ、不排水抗剪强度CU均相同。当软黏土深厚(地基部分的软黏土厚度与土坡部分的高度之比大于3)时，该方法临界坡高H_c的解与费兰纽斯(Fellenius)的解一样，即

$$H_c = 5.52CU/\gamma$$

该式表明，此时的临界坡高仅与土坡所在地层的CU、γ有关，且临界坡高时地基面上的接触应力$H_c \cdot \gamma$刚好为软土的极限承载力$5.52CU$。

上式中的系数5.52即为软土深厚时的泰勒稳定数图解法的稳定数N_s。如果地基部分的厚度与坡高之比在0.5~3时，则基底圆(软土路堤地基破坏时的滑动圆弧型式)的稳定数N_s与土坡坡率有关而大于5.52。

显然，将上述均质软黏土层中挖方土坡的稳定性分析解得的临界坡高H_c引伸到均质软黏土地基上另填一种与地基软土的CU、γ均不相同的土堤临界高度上来，必然存在差异，但目前在路内一般都认为利用稳定数图解法估算软土地基上路堤的临

界高度是完全可以的，这时上述算式中的 γ 为填土的重度，CU 则为地基软土的不排水抗剪强度，其估算结果是偏安全的。

临界高度 H_c 主要取决于软土的极限承载力，而实际工程中，不可能让软土地基处于这种极限平衡状态，临界高度不能直接作为线路纵断面设计的依据，而应该用设计临界高度来控制，因而 H_c 仅在踏勘、初测阶段的选线和方案比选时有一定的参考价值。设计临界高度可由稳定检算来确定，如果建筑物对沉降或后期沉降的要求较严，则必须同时考虑沉降的影响。

5.3.2 软土地区地质调绘的内容：

2 软土的分布范围指沿平面、深度的产出、变化等特征。

地貌的变化在很大程度上反映了地质情况的变化，特别是微地貌，往往是地层变化或软土分布在地表上的反映（例如：在平原区地貌突变处，有可能有暗埋湖塘、洼浜或古河道），因此，注意微地貌的变化和在其异常处布置勘探点。

3 查明软土的成因类型（说明表 5.3.2—1）、硬壳和软土的固结状态，可能埋藏的古软土层，对分析各类工程的稳定和变形具有重要意义。

不同成因的软土，由于其沉积环境不同，其分布范围、层位的稳定性、土层的厚度均有其特点。例如湖泊盆地中部的沉积软土，在较大范围内层位稳定，厚度也较大，具有反映季节变化的微层理，呈各向异性特征；而在湖盆边缘，则在软黏土层中会夹有较粗颗粒的沉积或间夹有坡积层，软土层厚度也较薄。在山区山前地带，软土成层条件复杂，要特别注意下伏基岩顶面的起伏和坡度，它对地基的抗滑稳定性和沉降特性的评价具有重要意义。滨海相的软土渗透系数相对较高，采用排水砂垫层就有可能满足路堤的稳定要求，而三角洲相软土的成层条件常使其水平渗透系数远大于垂直渗透系数，因而砂井或塑料排水板更为有效。因此，查明软土的成因类型及其特点有助于地基加固措施的选择。

说明表 5.3.2—1 软土的成因类型

地貌特征	成因类型	沉积特征
滨海平原	滨海相	土质不均匀、极疏松，具交错层理，常与砂砾层混杂，砂砾分选、磨圆度好，有时也有生物贝壳及其碎片局部富集
	泻湖相	颗粒细、孔隙比大、强度低，显示水平纹层，交错层不发育，常夹有泥炭薄层
	溺谷相	孔隙比大、结构疏松、含水量高
	三角洲相	分选性差，结构疏松、多交错层理，多粉砂薄层
湖积平原	湖 相	沉积物中粉土颗粒成分高，季节韵律带状层理，结构松软，表层硬壳厚度不规律
河流冲积平原	河漫滩相	沉积物成层情况较复杂，呈特殊的洪水层理，成分不均一，以淤泥及软黏性土为主，间与砂或泥炭互层
	牛轭湖相	沉积物成层情况较复杂，成分不均一，以淤泥及软黏性土为主，间与砂或泥炭互层，下部含有各种植物物质和软体动物贝壳
山间谷地	谷地相	软土呈片状、带状分布，靠山边浅，谷地中心深，厚度变化大。颗粒由山前到谷地中心逐渐变细。下伏硬层坡度较大
泥炭沼泽地	沼泽相	以泥炭沉积为主，且常出露于地表。孔隙极大，富有弹性。下部有淤泥层或薄层淤泥与泥炭互层

我国主要软土地区的物理、力学性质指标如说明表5.3.2—2所示。

说明表 5.3.2—2　我国沿海地区典型软黏土的物理、力学指标(魏汝龙,1987)

土类	地区	含水率 w (%)	重度 γ (kN/m³)	孔隙比 e	液限 w_L (%)	塑限 w_p (%)	塑性指数 I_p	渗透系数 k (×10⁻⁷ cm/s)	颗粒组成			压缩系数 $a_{0.1\sim0.2}$ (MPa⁻¹)
									砂粒	粉粒	黏粒	
淤泥	天津	71	15.9	1.98	58	31	27	0.1			45	1.53
	连云港	72	15.7	2.03	53	25	28				40 ~ 50	1.83
	温岭	56	16.7	1.68	51	26	25				54	1.58
	温州	63	16.2	1.79	53	23	30					1.93
	福州	68	15.0	1.87	54	25	29	0.8				2.03
	厦门	87	14.8	2.42	60	32	28		7	45	48	1.90
	深圳	83	15.2	2.23	54	30	24	0.4	8	42	50	2.19
	湛江	88	14.9	2.39	55	28	27	0.4				2.09
淤泥质黏土	天津	46	17.6	1.30	42	21	21	1				
	连云港	45	17.4	1.29	47	23	24					0.91
	上海	59	17.3	1.40	42	22	20	6				1.24
	杭州	47	17.3	1.34	41	22	19					
	舟山	51	17.3	1.38	40	21	19	3	6	58	36	0.86
	宁波	50	17.0	1.42	45	25	20	1				0.95
	镇海	47	17.5	1.31	40	20	20		5	55	40	0.97
	温岭	50	17.3	1.28	40	21	19				35	1.16
	温州	42	17.1	1.17	41	20	21	5				
	湛江	51	17.2	1.34	51 ~ 60	26 ~ 28	25 ~ 32					
淤泥质粉质黏土	天津	39	18.1	1.07	34	19	15					0.65
	上海	37	18.3	1.03	34	21	13	20				0.72
	杭州	35	18.4	1.02	33	18	15					
	舟山	36	18.6	1.03	34	20	14	15	4	62	34	0.65
	宁波	38	18.0	1.08	36	21	15					0.72
	镇海	40	18.1	1.10	38	24	14		4	63	33	0.66
淤泥混沙	深圳(五湾)	32	18.5	0.90	34	21	13					0.50
	深圳(赤湾)	39	18.1	1.05	33	19	14		52	15	33	0.78
	湛江	41	17.8	1.14	33	20	13					

我国各地的软土地层多数是处在正常固结状态,也有一些古软土层或由于上覆地层的剥蚀,或由于曾被冰川覆盖,或因风化作用形成了软土层风化壳,还有的曾经作过建筑物的地基等,都可能因先期固结压力大于现有土层的有效自重应力而表现为超固结。而海底新近沉积黏性土、新近吹填土以及地下水位降低不久的地区,因有效自重应力往往只有部分转化为有效应力而尚未完成固结,故显示为欠固结状态。不同固结历史的软土的应力应变关系的特征不同,因此,为了正确估计软土地基的抗剪强度等力学性质和进行正确的沉降、稳定计算,正确判断软土的固结(压密)状态是非常重要的。

先期固结压力是反映土层固结特性的一个重要指标,先期固结压力前后,软土的变形特性有很大不同,因此,先期固结压力 p_c 是反映地基土应力历史和判别地基土压密程度的重要指标。先期固结压力 p_c 的确定可采用卡萨格兰地经验图解法进行近似估计。

本款中水理特性是指土体宏观渗透性(水平方向和深度方向);调查地下水补给排泄条件是为了判断地表水及地下水的排除或疏干的可能性。

在进行地基处理方案选择时,还应取得软土的组分和化学特性等。化学特性是指软土的 pH 值、离子交换吸附量、可溶盐(氯化物、硫酸盐等)含量的化学特性;组分是指有机物的类型及含量、黏土矿物的种类及含量、颗粒组成(尤其是较粗颗粒的含量)等。

5.4.1 软土地区的勘探应在地质调绘的基础上进行,地质调绘是布置和安排各项勘察工作的依据。通过地质调绘,既掌握了区域性的工程地质条件,又明确了场地地质条件,从而使工程地质勘探有的放矢,收到经济、合理、高效的效果。勘察内容和方法应根据勘察阶段、工程类别、满足设计的要求来确定。

(1)勘探(简易勘探、挖探、钻探等)和原位测试(静力触探、十字板剪切试验、旁压试验、螺旋板载荷试验等)应在地质调绘的基础上综合运用,一般情况下,宜先采用简易勘探、静力触探,再布置钻探、十字板剪切试验等。

(2)踏勘的工程地质勘察工作,应在搜集已有的地质资料的基础上,以地质调绘为主,并进行必要的勘探、测试工作。勘探、测试主要利用简易勘探方法和物探,必要时布置钻探。

(3)初测所采用的勘察方法主要为地质调绘及综合勘探。一般情况下,如果地形地质条件适宜时,应充分发挥物探的作用,并以此指导勘探、测试工作。

(4)定测的勘察方法主要是以钻探、原位测试与室内试验为主,必要时进行物探、地质调绘工作,以详细查明工程地质条件。

(5)施工、运营中的补充工程地质勘察是针对个别路段的方案或建筑物的位置、形式、埋深及处理方案等的变动或病害处理,以及对所增加的新项目进行的,勘察方法以勘探、测试为主。

对于各种勘探、测试方法,在有经验的地区,宜结合当地经验进行。

(6)一般第四系地层之间,例如黏砂土与砂黏土、细砂与中砂的电阻率、弹性波传播速度等物理性质差异较小,但砂卵石层、黏土层、软土层等与其他第四系地层比较,物理性质有较大差别,所以,当它们有足够厚度时是可以采用物探方法进行探测的,尤其是在丘陵和山间谷地的软土分布区以及为查明古河道、古牛轭湖、埋藏谷、溺谷及暗埋的塘、浜、沟、渠的范围时,应充分发挥物探的作用。

5.4.2 为达到经济合理的目的,钻探孔按技术要求可分为一般性钻孔和控制性钻孔。控制性钻孔是为详细取得地基勘探资料的钻孔,应布置在地貌、地质构造、地层变化大、有代表性或控制稳定检算、沉降计算断面等重要部位,其深度应达到所要求的最大深度,并在其中连续取原状土样,以便安排土工试验。控制性钻孔约占钻孔总数的1/3。一般性钻孔,多布置在地层分层和性质基本掌握的地方或视需要布置,在深度和取样数量要求上都低于控制性钻孔。总之,在某一勘察范围内,控制性钻孔和一般性钻孔在空间设置上和施钻顺序上要配合得当,以便用较少的勘探量获得较多的资料。

5.4.3 压缩层的计算深度即地基土在竖向荷载作用下,产生固结压缩的计算范围,其上限,对路堤来说为原地面,对桥涵等建筑物来说则为基础底面。其下限,亦即压缩层的计算深度 Z_n 则视地层具体情况而定。目前压缩层的计算深度的确定有两种方法:应变比法和应力比法。应变比法实际上仍受"下部仍有较软土层"的控制;软土深厚时,也不能确定"应继续计算"到什么深度为止,在这种情况下,由于继续计算的变形比值进一步趋小,即使仍用应变比计算公式的计算来控制,也已经没有意义。应力比法确定压缩层计算深度则容易掌握,可操作性强,且该深度处引起压缩变形的附加应力仅为土层有效自重应力的10%~20%,产生的压缩量已经很小,常能同时满足应变比法的控制要求。因此,压缩层计算深度宜用应力比法控制，在实际工作中，软土地基计算压缩层的计算深度可作如下控制：

(1)对于均质厚层软土，软土地基附加应力为自重应力的比例为 0.1 ~ 0.15 时相应的深度；

(2)对于非均质分布的软土地层，软土地基附加应力为自重应力的比例为 0.15 ~ 0.2 时相应的深度；如果在影响深度范围内，软土层下出现有密实或硬塑的下卧硬层(如半坚硬黏土层等硬土层、砂层等)或岩质底板时，在查明其性质并确定有一定厚度后，可不再继续计算。

(3)对长路堤可用上限，对桥头路堤或构造物基础宜选用下限。

压缩层计算中应注意：对可透水性饱和土层的自重应力应用浮重度；当软土地基不均匀时，所确定的计算深度下如果还有软土层，则应继续向下计算，以避免计算深度下的软土层的变形使总变形量超过允许变形值。

对于一般断面的路堤，堤高 3 ~ 9 m 时，地基压缩层的计算深度约为路堤高度的 6 ~ 12 倍(倍数随堤高而趋小)，沉降计算所要求的勘探深度远较稳定检算所要求的深，因此，软土深厚或建筑物对沉降要求严格时，应有部分钻孔布置在控制沉降的地段，尤其是在定测阶段。

5.4.4

1 由于钻探的工时和费用相对较高，应做到一孔多用，钻孔直径的大小取决于采样或有利于原位测试工作的需要。

2 取样操作宜优先采用压入法，采用下击式重锤少击法时，应有导向装置，以免土样扰动。软土取样应用薄壁取样器，最好用连续式。在重复使用取土盒时，应注意保持其完整，将粘附在盒内外的蜡、土或锈斑予以清除。

3 为取原状土样，应以取土环刀决定孔径。目前，国内压缩试验取土环刀内径大者为 79.8 mm，小者 61.8 mm，若考虑土样周边扰动，取土器内径不宜小于 89 mm，因此，钻孔孔径不宜小于 108 mm。

在钻孔中进行触探试验和十字板剪切试验，孔径应与触探探头、标贯器(ϕ15 mm)、锥探头的外径(ϕ74 mm)、十字板最大直径(ϕ75 mm)相适应，一般在小于 ϕ89 mm 的孔径就可满足试验要求。

4 钻探过程中必须采取防止地基土层结构发生变化的措施，如：控制钻进转速与给进加压压力；取样前的钻进应在距取样顶部的适当距离停泵泥浆；清理孔内沉淀物。

6 钻孔取样时，如果尚未能准确掌握软土层分层位置及厚度，取样间距可按以下要求控制：地面下 10 m 以内，每1 ~ 1.5 m 取样一组；10 m 以下每 1.5 ~ 2 m 取样一组。

5.4.5 原状土样也可以通过上提活阀式取土器或国内生产的某些薄壁取土器均可利用取土器端部的管靴(环刀)或紧靠取样筒(土样筒)外的多余原状土进行一定的鉴别，如土样周边扰动带的宽度、微层理是否平直、有无泥浆渗入、腐植物所形成的孔隙的挤压等。

5.4.6

1 室内试验应以现场和工程的具体情况为依据，以测试结果为基础，以土力学的基本理论为指南，并以数理统计等分析方法为工具，取得合适的参数。对天然含水率、重度、密度、颗粒组成、液限、塑限等作为确定土质分类或阐明其物理、力学特性的一般土质特性指标，由于其离散性较小，通常可以采用平均值，并计算相应的标准差和变异系数或绝对误差与精度指标;对于试验成果中的异常数据,在调查、分析、研究的基础上,以3倍的标准差作为舍弃标准。

对于凝聚力、内摩擦角、压缩系数、固结系数、压缩和回弹模量等稳定性、变形计算指标,由于仪器误差、试验理论和土力学理论本身的不完善、土体自身的不均匀性和力学性质的非线性、施工质量等原因,变异性较大。当试样组数较多时,可采用算术平均值;当试样组数较少时,考虑到构造物的重要性与勘察阶段的不同,为安全计,对初步设计或次要建筑物,可采用算术平均值;对定测阶段或重要建筑物,应根据试样组数的多少、土质的均匀程度、取样质量、试验水平等影响因素,以数理统计为分析手段,取保证率平均值,以满足施工图设计的需要。对于施工图阶段的路堤或初步设计阶段的大、中建筑物以及桥头路堤,指标的采用应视其不利影响,采用略高于或低于算术平均值(如抗剪强度、压缩模量取低值;压缩系数、变形量取高值),作为计算指标。其高于或低于算术平均值的幅度,应视测定次数的多少、土质不均匀程度或建筑物的重要程度而定,也可采用算术平均值加(或减)一个标准差;为提高指标的可信度,应向以保证率确定指标的方向努力。

2 为了满足设计中对工后沉降计算和高路堤设计的需要,本条款增加了"在每一地貌单元应有代表性高压固结试验,必要时进行次固结试验"内容。

3 原状土样应及时进行室内试验,以免长期存放导致水分的流失和蒸发以及低温下样品中孔隙水的冻结膨胀、融解,导致的试验结果失真。因此,样品存放期不宜超过3 d。夏季原状土样应挖坑放置,冬季应严防受冻。

5.4.7 在软土地区应充分采用静力触探测定软土层在天然结构下的物理、力学性能,划分地层层次。按应用性质,静力触探孔也可分为参数孔和控制性孔。参数孔主要是作为与钻孔或深探坑对比,取得地基土土层性质与结构状态,供分析解释静力触探指标地质层性质的测试孔。控制性孔是将测试指标与参数孔对比后作出地质层解释的静力触探孔。

由于软土钻探采取原状土样比较困难,取土后又容易受震动失水,致使室内试验数据不准,而采用十字板剪切试验可以弥补这一缺陷,所以,为测定软土层在不排水状态下的抗剪强度指标应采用十字板剪切试验。

目前国内生产的旁压仪压力较小,测试深度限于25 m以内,适用于测定浅层黏性土的力学性能。旁压试验点的布置应在了解地层剖面的基础上进行,最好先作触探或标贯,以便将其合理地布置在代表性位置上。

代表性的软土地段、大型枢纽等工程,勘探、测试的工作量相对集中,软土的成因类型相对单一,所以,某一勘测范围内静力触探和钻孔取样试验对比,以及与其他原位测试成果对比,验证相关经验公式在此范围内的可靠程度,将使各勘探方法的各自优势得到充分发挥,并保证勘探、测试结果的可靠性。

为避免对比试验的相互影响,静力触探和其他对比孔的间距不应小于已有孔孔径的25倍。但为保证对比试验的同等条件,孔间距又不宜过大,所以,先进行静力触探可减小孔间距,有利于试验的对比。

原位测试进行软土地基的勘探、测试虽然具有显著的优越性,但目前还只能通过各种相关方程的建立来提供软土的物理力学指标。所以,在有经验的地区,应充分利用当地的有关规则、规定和经验公式,以保证勘探结果的可靠性。

5.5.3 当用理论公式确定地基承载力时,建议采用临塑荷载公式,即不考虑基础宽度对地基承载力的影响,这是由于加宽荷载分布宽度将会增加深层的附加应力,从而增加深层软土的变形,从变形控制的角度来看是非常不利的。

5.7.1 为达到合理选择场地和正确确定设计方案的目的,本阶段工程地质勘察工作任务的重点是初步查明对工程方案优劣起控制作用的因素(主要是地基稳定性、沉降等),使选定场地和确定设计方案有充分的依据,避免在定测时出现不同的结论。

分布规律包括软土的分层情况及相变特征。埋藏条件包括地表硬壳层分布、厚度、下卧硬层或基岩的埋藏及顶面起伏情况。

3 初测阶段为了正确选定软土地区的线路通过方案,必要时,需扩大调绘面积。调绘宽度除应满足现行有关规范外,还应注意:

滨海平原、湖积平原、河流冲积平原的软土地区,在分析研究软土成因类型、分布的宏观规律的基础上,根据线路选线和不遗漏方案的需要确定。

山间谷地的软土地区和泥沼地区,为使线路选择合适位置和最佳跨越方案,调绘宽度宜包括谷地或泥沼范围,如果谷地、泥沼过大,可在充分研究既有资料的基础上,结合选线的需要确定。

特大桥、特别复杂的桥和处理困难的路基地段,其调绘范围和宽度应满足工程选址方案的需要。

一般场地的地质调绘宽度可控制在沿线两侧各为100~200 m的宽度,当场地条件复杂,为合理确定线路或建筑物的位置、方案和处理措施,就不能局限于工程可能布设的位置,而应以查明软土及其对工程方案的影响、满足路线方案的选择、工程设计的需要和处理要求为原则,根据实际需要适当扩大,但在整个勘察范围内,勘察精度可视具体需要而定,不必强求一致。

5.7.2 软土工程地质勘察应采用综合勘探测试手段。但对不同的工作内容(如大面积方案比选、初步查明控制方案地段软土的工程地质条件等),针对其目的和要求,勘探、测试手段宜有所侧重。

原位测试,尤其是静力触探,是快速的现场勘探方法,在对软土地层的触探过程中,能连续反映土层的力学性质,并有较高的敏感性,特别是土层成层情况复杂时,对微层的判别与划分有较高的准确度。故对软土的判别和对软土地基进行力学分层,静力触探具有明显的优越性。再者由于贯入阻力小,触探深度可以达到40 m或更深一些,工效高而费用较省。同时,静力触探对钻孔的布置和调整,确定采取原状土样的重点部位均有指导作用。为充分发挥其作用,在勘探量上应予保证,为此,初测阶段应将它作为主要的勘探、测试手段,而定测阶段的工点勘探、测试总量中,一般静力触探不少于1/3。

钻探是取得软土分布特征及物理力学性质指标的重要手段。虽然原位测试能提供部分物理力学指标;钻探采取原状土样也难于绝对避免对饱和土原状结构的扰动,但就勘测设计现状而言,取得软土的物理力学指标仍然有赖于原状土样的室内土工试验。同时,原位测试和室内土工试验的成果也需要相互验证、补充,论证数据的可靠。所以,钻探仍是铁路软土工程地质勘测的重要手段。因此,初测阶段在充分发挥静力触探的前提下,在控制线路方案的地段,需作代表性设计的地段或重要建筑物的代表性勘探断面上,要求钻探控制在1~2孔。由于钻探量已控制得较小,又要求取得初测阶段必需的物理力学性质指标,以及便于定测阶段对初测钻探成果的利用,故要求初测钻探以技术孔为主。而在定测阶段的工点勘探、测试总量中,钻探则应有一定的比重,一般控制在1/3左右。

桥位钻探一般沿桥轴线或在其两侧布置,原则上应布置在地貌、地层变化大而又有代表性意义的点,有条件时,可结合桥型方案的墩(台)位置布置。

初测期间路堤高度、基础类型并不一定能准确确定,对较均匀的厚层软土的勘探深度应达到预估的地基附加应力与地基土自重应力比为 0.1 ~ 0.15 时所对应的深度,当难以预估附加应力大小或处于桥头较高路堤位置时,建议控制性钻孔深度宜为 40 m 左右,一般情况下,此值相当于 4 m 左右的路堤高度的地基附加应力。

5.7.3 初测阶段的室内土工试验应充分考虑可能的地基加固方案所必需的主要物理力学性质指标的取得,以便进行方案的可行性和经济技术的比较。为此,试验项目宜考虑得全面一些。

5.7.4 在资料整编前,应对各类原始资料进行检查,以确保资料无遗漏并保证其正确性。成果资料和主要部分应在现场完成,以便能及时发现问题,在现场核实补充。

(1)地质调绘、勘探、测试等原始资料应记录清楚,及时整理,并经复核检查。

(2)主要图件的底图和文字报告的主要内容应在现场完成并经自检、复查无误。

(3)成果资料内容必须齐全、完整、签署完备,按要求分类整理,符合存档要求。

(4)资料整理时,勘探、测试成果各关系图的纵、横比例尺以较明显地表示出相关关系为宜,但同一类曲线的比例尺应力求统一,以易于进行相互比较。

5.8

定测工程地质勘察是初测工作的继续,它是在建设原则、设计方案、技术要求已明确的情况下进行的,具有鲜明的针对性,因此,勘察工作应根据初步设计的需要、可能采用的方案,按不同建筑物的具体要求并结合地质条件确定勘察内容、工作量和勘察手段,提供所需的详细工程地质资料和各项参数。在勘察过程中,勘察、设计应密切配合,根据地质条件的变化和设计的变动,及时调整勘察工作。

在工程地质勘察中,为设计提供的地质资料常常是简化的地质断面图,以此代替实际地质调绘与钻探记录;用平均指标综合取代试验成果。在场地条件越复杂的地区,这种简化和平均与实际的偏离越大。原位测试能在现场直接测试实际的土力学指标,所以本阶段应加强原位测试工作,以测定土的工程特性,提供可靠的设计参数。

对于天然含水率大于液限或在自重应力下不能保持原有结构形态的软黏土,以及为检验用室内抗剪强度试验指标计算稳定性的结果时,进行十字板剪切试验,以取得现场软土不排水抗剪强度及灵敏度指标。

5.8.2 软土地区定测阶段勘探应符合下列要求:

2 小桥涵工程的墩(台)锚、桩位的地基承载力是由室内试验的参数得出的。由于取样是代表性试样,具有局限性,原位测试可以弥补钻孔取样非全孔段取样的局限。原位测试成果一般都比室内试验成果直观,通过二者成果的分析对比,可以为设计提供更可靠的参数。

3 大中桥、特大桥工程,如桥跨小、墩台多,可以配合原位测试,隔墩(桩)布置钻孔。对跨径大的特大桥,基础形式为群桩深基础或沉井基础,每个墩台除配合原位测试外,还要适当增加布孔,一般布置 2 ~ 3 个钻孔。在墩(台)锚、桩处的钻孔,与原位测试工作相配合。当隔墩(桩)钻探时,在无钻孔的墩(桩)处需进行原位测试。

对于附属工程的工程地质勘探应视其地质情况而定,若与墩台一致时,可考虑参考该墩台的工程地质条件,提供设计所需的工程地质资料,若距离过远时,可适当布置勘探。

6.2.1 盐渍土的工程性质,因所含的易溶盐性质不同而异,对铁路工程有着不同的影响和危害,见说明表6.2.1。

氯盐渍土具有较强的吸湿性和保湿性,若路堤填土中氯盐含量不能为土中水分溶解时,过饱和的盐分便结晶析出,赋存于土颗粒之间协同土颗粒起着骨架作用;湿季随着土中含水量增加,盐晶溶解,土的孔隙度增加、密度降低,当土中氯盐含量大于8%时,干湿季节的变化将影响路堤的稳定。如兰新铁路五华山、红光区段内,曾因氯盐含量过高,其吸湿、溶陷造成路堤填土软化下沉。但在特定干旱气候条件下,尽管土中氯盐含量超过规定标准,却不致酿成病害,如青藏铁路察尔汗盐湖南岸的路基,已建成多年,运营良好。

说明表6.2.1　盐渍土路基病害一览表

盐渍土类别	病害类型	病害特征	病害产生原因
硫酸盐渍土	松胀	路基表层0.3 m范围内,土体疏松,足踏下陷,路肩变窄,边坡失稳	土中硫酸钠含量超过2%,在昼夜气温变化影响下,时而吸水结晶体积膨胀,时而脱水体积缩小,反复相变,致土体密度减小,结构破坏,产生松胀现象
硫酸盐渍土	膨胀	深部土体膨胀,一般距地表1 m左右,个别3 m以下,致路面季节性隆起,坡脚产生纵向裂缝	土中硫酸钠含量超过2%,在季节性气温变化影响下,引起路堤深部土体中硫酸钠吸水结晶,体积膨胀,一般高塑性土较低塑性土膨胀快且膨胀量大
碱性盐渍土	膨胀	路基土体松软,边坡坍塌,路肩泥泞不堪	易溶的碳酸盐含量超过半数0.5%,因吸附性钠离子作用,使土的分散性增强,呈现过高的膨胀性、塑性及遇水崩解性
各种盐渍土	冻胀翻浆	冬季土体冻胀,路面隆起,春融季节土质松软,路基下沉,翻浆冒泥	在一定低温条件下,盐渍土同样会冻结,当土的含水量大于塑限,且水分补给来源充足时,形成层状冰,致土体膨胀,温度回升后冰层消融,含水量增加,土质松软。硫酸盐渍土因盐晶脱水滞缓延长翻浆时间;碱性盐渍土因Na^+作用,路面更为泥泞不堪
氯盐渍土 碱性盐渍土	溶蚀	路肩及边坡冲沟累累,路堤内有大小不一的空洞,路基沉陷	氯盐溶解度大,不受温度的影响(除氯化钙外)极易淋失;碱性盐渍土遇水易崩解,抗冲蚀能力差
各种盐渍土	基床病害	各种形状的道砟槽、道砟囊等	由于路堤填土中含水率高,土质持水性强,水分不易散失,土体长期处于软塑状态

硫酸盐渍土,最突出的工程特性是膨胀,又称盐胀。硫酸盐渍土中所含易溶盐的主要成分为硫酸钠,俗称芒硝,其溶解度受温度变化的影响,在温度32.4 ℃时为最大,也是失去结晶水的临界温度,见说明表6.2.1。低于此温度时,过饱和或粉末状的硫酸钠都吸收10个水分子变成晶体芒硝($Na_2SO_4 \cdot 10H_2O$),体积增大,相当于无水硫酸钠的3.1倍;高于这个温度时,结晶的硫酸钠又失去结晶水变成无水芒硝,体积相对缩小。随着温度的升降,硫酸钠时而吸水体积膨胀,时而脱水体积缩小,如此反复相变致使土体结构破坏,强度降低。通过多年的科研成果及现场调查表明:当路堤填料中硫酸钠含量超过2%,其膨胀量随含盐量增加显著增大,以致危害路基;膨胀量的大小还与土中含水量、温度、土质密切相关,其中温度的变化是反复产生膨胀收缩的主导因素。如兰新铁路疏勒河至吐鲁番区段,60年代建成初期,硫酸盐渍土路基病害不断产生,每年入冬路基鼓胀,鼓胀高度一般数十毫米,翌年春季地温回升时,路基又发生下沉,严重地段钢轨爬行,危及行车安全。

碱性盐渍土,以含碳酸钠(Na_2CO_3)、碳酸氢钠($NaHCO_3$)为主,其他易溶盐极少。碳酸盐水溶液呈强碱性反应,含有大量吸附性阳离子(钠离子),有较强的亲水性。在碱性盐渍土遇水后,钠离子与土中黏粒、胶体颗粒相互作用,在其周围形成稳固的结合水薄膜,颗粒间的黏聚力降低,因而相互分散,引起土体膨胀,呈现出过高的塑性、持水性、压缩性和崩解性。试验证明当土中易溶碳酸盐含量超过0.5%时,膨胀率会明显增大,故《铁路工程地质勘察规范》(TB 10012—2001)及《铁路特殊土路基设计规范》规定路基填料中易溶碳酸盐含量不得超过0.5%。

20世纪80年代曾对东北的通辽至让湖路、四平至齐齐哈尔、长春至白城、满洲里至哈尔滨四条铁路进行调研,发现这四条铁路均有不同程度的碱性盐渍土病害,尤以通让铁路最为严重。这条铁路建于20世纪60年代,病害年年发生,路堤填土取样分析含盐量只有0.5%~0.8%,而含水率却高达25%。其土质松软,用钢钎稍加压力便可插入土中,曾酿成翻车事故。

从上述三种盐渍土的工程性质来看,硫酸盐渍土及碱性盐渍土,尽管含量不高,但对铁路工程的危害极大,土的可利用程度低,因此在选线中,应尽量绕避。

盐渍土地区地下水位一般都较高,为避免挖方地段积水和处于毛细水强烈上升高度之内而加剧路基次生盐渍化,所以采用路堤形式通过盐渍土地区为宜。

6.2.2

1 在西北内陆盆地铁路选线中,经常遇到此类地貌。这时要充分利用内陆盆地所特有的带状地貌结构,既要避开流动沙丘,又要减少盐渍土的危害,权衡利弊,确定线路位置。如青新线格尔木至茫崖段,线路通过柴达木盆地南缘昆仑山山前倾斜平原,靠山前侧分布着大量的活动沙丘及波状沙地,风沙流危害严重,施工困难;旁盆地侧又发育着大面积不同渍盐程度盐渍土,地下水位高,矿化度大,水质对混凝土砌体亦有侵蚀性。唯有两者之间的低红柳沙堆与盐渍土的过渡地带,工程地质条件较好,红柳沙堆多为固定沙丘,对风沙流起屏障作用,风沙危害小,并且土层盐渍化轻,地下水质好,可供机车和生活用水,是线路通过的较理想部位。

2 线路通过盆地中心部位,因地形低洼平坦,只能着重考虑微地貌对土中水、盐运移的影响,结合各种盐渍土对铁路工程的危害程度,选择线路位置。如青藏铁路穿过察尔汗盐湖南岸57 km的超、强盐渍土地段,选线中舍弃了东方案,虽然其方案线路顺直,但盐渍土中含水率很高,俗称湿盐渍土,乃积盐最活跃阶段,并有地面积水,施工困难,为此,采用了沿敦格公路行进的西方案,该方案地面相对稍高,地下水埋藏深度相对较深,土中含水率低,又可利用现有公路减少施工便道的工程费用,经多年运营,显示了这一方案的优越性。

4 "背河洼地"系指河流进入平原地区,因坡降减小,流速减缓,上游携带的大量泥沙发生淤积,抬高河床,使河床高出两岸地面,形成"地上悬河",此与两岸河堤外侧毗邻的洼地,称为"背河洼地"。黄河自河南花园口以下河段均呈"地上悬河"形态,两岸多见这种洼地。

6.3.2 为分析区内盐渍土的形成与气候条件的关系,通常收集气温、地温、湿度、降水、蒸发等五个主要气象要素,其中降水和蒸发两个要素最重要。极端干旱的气候条件,不仅能加速地表盐分的积累,同时由于气温的剧烈变化改变着盐类的溶解度和相态,影响盐渍土的工程性质。

干燥度是划分气候干旱程度的指标，目前多采用中国科学院自然区划工作委员会(1959 年)采用的计算公式：

$$干燥度 = E/r \qquad (说明 6.3.2)$$

式中　E——可能蒸发量($0.16\sum t$)(mm)；

$\sum t$——日平均气温不低于 10 ℃时期内的积温(℃)；

r——同期降水量(mm)。

6.3.3　盐渍土遥感图像解译主要标志是色调和纹形。在全色航片上，不同盐渍化程度和类型有着不同的影像特征，强盐渍化土层地表色调紊乱，多呈灰、灰白色，其上往往无植物生长或大量枯死，氯盐渍土多见于低洼地或盐沼边缘，干旱时呈浅色或白色条斑，潮湿时呈深色或黑色斑块；松胀性盐渍土(亚氯、亚硫酸、硫酸盐渍土)具有光泽和无光泽的雪粒状覆盖物，地表呈微微凹凸不平；碱性盐渍土多呈淡白色调，常有龟裂现象；盐沼多位于明显的低洼地中，季节性有水，表面具白色盐壳和盐分晶体，其上有深色的龟裂纹，很少有植物生长。

在解译中应注意用植物学方法，对植物的生长情况，包括密度、均匀度、生态特征等进行观测，进一步判释盐渍土的含量、含盐类型及潜水埋藏深度。

6.3.4

1　地形对盐渍土形成最主要的影响在于促使盐分沿地形剖面的重新分布，西北内陆盆地中不同类型的盐渍土之所以沿盆地周边呈水平带状分布，正是盆地环带状地貌结构制约的结果。如柴达木盆地南缘盐渍土从山前至湖区地形由陡变缓，地表覆盖层组成物质由粗变细，地下潜水埋藏深度由深变浅、矿化度由小变大，地表积盐程度由轻变重，盐类组成由溶解度较小的碳酸盐类逐渐过渡到较易溶的硫酸盐及极易溶的氯盐。

调查研究盆地盐渍土的水平分带性，将有助于选择合理的线路位置和采取相应的工程处理措施。

3　盐渍土地表形态是一定盐渍化程度和类型的外表特征，通过对地面的详细调查，能大致判断各种盐渍土的分布的规律，如说明表 6.3.4—1 所列内容。

说明表 6.3.4—1　不同盐渍土地表形态特征

盐渍土类型	地　表　形　态　特　征
氯盐渍土	地表常结成厚度几厘米至几十厘米的褐黄色坚硬盐壳，地表高低不平，波浪起伏，尤如刚犁过的耕地，足踏咔嚓咔嚓作响，盐壳厚者相对积盐较重，盐壳较薄或呈结皮状者积盐较轻
硫酸盐渍土	因盐胀作用，表面形成厚约 3 ~ 5 cm 的白色疏松层，似海棉，踏之有陷入感，白色粉末尝之有苦涩味
碱性盐渍土	地表常有白色的盐霜或结块，但厚度较小，仅数毫米，结块背面多分布有大量小孔，白色粉末尝之有咸味。胶碱土地表很少生长植物，干燥时龟裂，潮湿时则泥泞不堪

4　盐渍土地区植物生长和分布与土中含盐程度和类型、地下水位深度及矿化度等有密切关系，利用植物的这一特点，对于查明盐渍土的分布规律及地下水的赋存条件，矿化度都很有帮助，可节省勘探、试验工作量，收到事半功倍的效果。在植物调查中，要充分利用指示植物的作用，并掌握如下工作方法：

(1)首先收集区域性各种盐渍土的指示植物的有关资料和标本，熟悉其名称、生态特征。

(2)对已确定盐渍土类型的地段,应详细描述记录代表性植物的有关特征。

(3)根据各种植物的生长变化情况和生态习性,研究植物分布与地下水、地表盐渍化程度和类型的关系。

6.4.3 盐渍土地区取样应符合下列要求:

当1.0 m以下土层中含盐量仍然很高,为了解盐渍土的厚度和确定可利用土层的深度时,应加大取土深度至地下水位。

6.5.3 盐渍土层中毛细水的上升可直接造成路堤填土吸水软化及次生盐渍化,促使冻胀、盐胀等病害的发生,为此,盐渍土地区筑路,必须查明土中毛细水强烈上升高度,为路基设计提供正确依据。本条规定了毛细水强烈上升高度的确定方法,这是铁一院多年来在南疆线、青藏线、南疆公路、和静及焉嗜地区等观测试验的成果,其理论建立在土中水存在状态和转移途径的基础上。地下水向上运移主要通过下列方式:

(1)由于毛细孔隙水与地下水表面压力梯度所引起的毛细水上升运动。

(2)由于土孔隙中不同浓度的溶液的渗透压力梯度所引起的矿化水渗透运动。

(3)由于土粒表面电分子的吸附力梯度所引起的薄膜水的楔入运动。

(4)由于蒸气压力梯度所引起的汽态水的扩散运动。

在上述四种运动方式中,毛细水的上升运动和矿化水的渗透运动,是属于自由水运动,其运动速度快、溶盐能力强、参与运动的水量大,对土中的水、盐运移起着主导作用。

再从物理意义上看,当黏性土处于塑限、砂类土处于最大分子吸水率时,土中的水属于结合水,大于这个含水率界线便转化为自由运动的毛细水;从冻胀角度而言,当土中含水率超过塑限或最大分子吸水率时,就会出现显著的聚水现象,从而导致冻害,促进土中盐分的转移。

因此,只有当毛细水的上升运动,使土层中含水率大于塑限或最大分子吸水率时,对盐渍土路基才有危害。基于这点提出了黏性土以塑限含水率、砂性土以最大分子吸水率作为基底土及路堤填土毛细水强烈上升高度的界线。

毛细水强烈上升高度的确定黏性土用塑限含水率,砂类土用最大分子吸水率判定。毛细水强烈上升高度,可用下列方法测定。

(5)直接观测法:在开挖试坑1～2 d后,直接观测坑壁干湿变化情况,变化明显处至地下水位的距离,为毛细水强烈上升高度。

(6)曝晒法:

① 当测点地下水位深度大于毛细水强烈上升高度与蒸发强烈影响深度之和时,分别在开挖试坑的当时和曝晒1～2 d后,沿坑壁分层(间距15～20 cm)取样,测定其含水率并按说明图6.5.3—1格式绘制含水率曲线,两曲线最上面的交点至地下水位的距离为毛细水强烈上升高度,

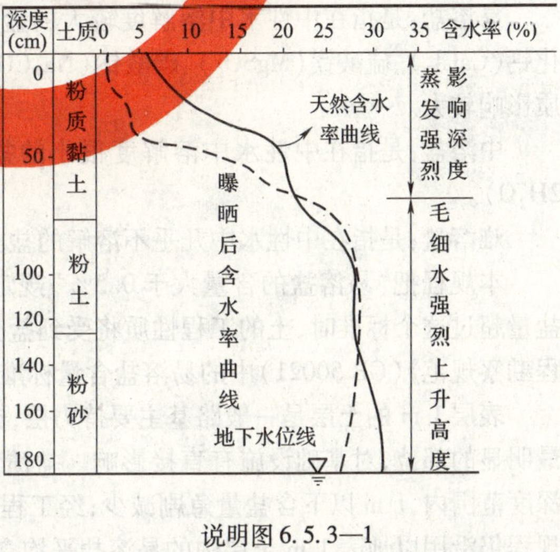

说明图 6.5.3—1

两曲线最上面的交点至地面的距离为蒸发强烈影响深度；

② 当测点地下水位较浅，毛细水强烈上升高度超出地面，不能在天然土层中直接测出时，可利用测点附近的高地、土包或土工建筑物进行观测，不得已时，尚可人工夯填土堆，待土堆中含水率稳定后再进行观测，方法同①。

(7)塑限含水率曲线交汇法：于试坑壁每隔 15 ~ 20 cm，取样作天然含水率测定，并根据土质成分，黏性土作塑限含水率、砂类土作筛分试验，并绘制天然含水率分布曲线，按说明图 6.5.3—2 所示，用竖直线段在图上标出相应土层的塑限竖直线段与含水率曲线最上面的交点，即为毛细水强烈上升高度的顶点，此点到地下水位的距离为毛细水强烈上升高度。

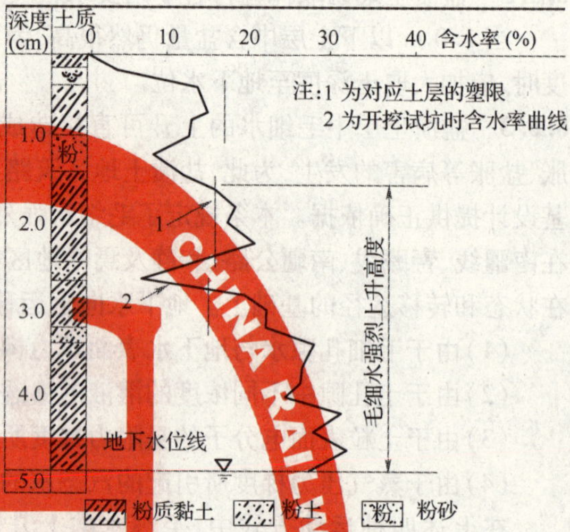

说明图 6.5.3—2

6.5.4 地表土层 1.0 m 深度内平均含盐量及含盐成分，是判定盐渍土场地的依据，以往由于对计算方法未作统一规定，曾给具体工作造成困难。为统一做法，本规程规定采用分层含盐量及含盐成分加权平均值的计算方法，力求计算结果符合剖面含盐天然情况。

现根据某铁路线盐渍土分析报告，举例计算平均含盐量(总含盐量)，平均含盐成分，见说明表 6.5.4—1 和说明表 6.5.4—2。前者为一般情况的算例(取样深度为 1.0 m)；后者为地层有变化或地下水位埋深很浅，取样深度不足 1.0 m 时的算例。

当计算结果出现阴离子比值同时属于两种盐渍土定名指标时，应按对工程危害较大者定名；在处理措施上则要综合考虑。

6.5.5 土中所含的盐类，按其在中性水中的溶解程度，通常分为易溶盐、中溶盐和难溶盐三大类。

易溶盐：是指在中性水中溶解度较大的盐类，如硫酸钠(Na_2SO_4)、氯化钠($NaCl$)、氯化钙($CaCl_2$)、硫酸镁($MgSO_2$)、碳酸钠(Na_2CO_3)、碳酸氢钠($NaHCO_3$)等，对土的工程性质影响较大。

中溶盐：是指在中性水中溶解度很小的盐类，如硬石膏(Na_2SO_4)及石膏($CaSO_4 \cdot 2H_2O$)。

难溶盐：是指在中性水中几乎不溶解的盐类，如碳酸钙($CaCO_3$)、碳酸镁($MgCO_3$)等。

本规程把“易溶盐的含量大于 0.5%”规定为盐渍土的含盐量标准，是因为土中的含盐量超过这个标准时，土的工程性质将受到盐分的影响而发生较大变化，与现行《岩土工程勘察规范》(GB 50021)中的易溶盐含量标准是相同的。

表层 1 m 的土层是一般路基主要持力层，也是受地下水毛细作用、蒸发作用盐分迁移最明显的部位，对基础设施有直接影响。盐渍土地区，一般盐分表聚性强，多集中在 1 m 深度范围内，1 m 以下含盐量急剧减少；经工程实践证明使用这一标准是恰当的。因此本规程仍沿用以地表 1 m 土层中的易溶盐平均含盐量作为评价盐渍土场地的定量标准。

说明表 6.5.4—1 盐渍土分析报告

送样单位: ______线______段______测 报告编号:

工程名称: 报告日期:

试验编号	90土-25		90土-26		90土-27		90土-28		90土-29	
送样编号	C_7土-114		C_7土-115		C_7土-116		C_7土-117		C_7土-118	
取样位置	CK0+500右20 m		CK0+500右20 m		CK0+500右20 m		CK0+500右20 m		CK0+500右20 m	
深度(m)	0~0.05		0.05~0.25		0.25~0.50		0.50~0.75		0.75~1.00	
项目基本单元B	测定结果									
	mmol/1 000 g土	mmol/1 000 g土	mmol/1 000 g土	mmol/1 000 g土	mmol/1 000 g土	mmol/1 000 g土	mmol/1 000 g土	mmol/1 000 g土	mmol/1 000 g土	mmol/1 000 g土
CO_3^{2-}	0.14	8.4	0.21	12.6	—	—	—	—	—	—
HCO_3	0.85	51.9	0.18	11.0	0.31	18.9	0.33	20.1	0.31	18.9
Cl^-	78.43	2 780.3	35.81	915.0	6.58	233.3	5.97	211.6	5.31	188.2
SO_4^{2-}	111.32	10 693.4	81.15	2 991.8	13.92	1 336.7	13.80	1 325.6	11.89	1 142.2
Ca^{2+}	6.33	253.5	5.57	223.0	5.69	228.3	5.14	205.8	3.37	134.9
Mg^{2+}	16.25	399.6	5.97	145.1	1.27	30.7	1.3	33.8	0.81	19.7
$Na^+ + K^+$	267.97	6 699.3	60.83	1 520.8	20.82	520.5	19.28	482.0	22.35	558.8
阴阳离子总和 $\sum(B+A)$	481.29	20 886.4	129.72	5 819.3	48.59	2 368.4	45.91	2 278.9	44.04	2 062.7
分层含盐量(%)	20.86		5.81		2.36		2.27		2.05	
pH值	8.3		8.8		7.9		7.7		7.6	
分层比值(mmol/1 000 g土)	$[2b(CO_3^{2-})+b(HCO_3^-)]/[b(Cl^-)+2b(SO_4^{2-})]$									
	$b(Cl^-)/2b(SO_4^{2-})$									
	0.35		0.41		0.24		0.22		0.22	
分层定名	超亚硫酸盐渍土		超亚硫酸盐渍土		强硫酸盐渍土		强硫酸盐渍土		强硫酸盐渍土	
评价	平均含盐量计算: $\overline{DT}=\dfrac{20.86\times0.05+5.81\times0.20+(2.36+2.27+2.05)\times0.25}{0.05+0.20+0.25\times3}=3.875\%$ 查本规程表6.5.5—2,属强盐渍土 含盐性质分类判别: $\dfrac{b(Cl^-)}{2b(SO_4^{2-})}=\dfrac{78.34\times0.05+25.81\times0.20+(6.58+5.97+5.31)\times0.25}{2[111.32\times0.05+81.15\times0.20+(13.92+13.80+11.89)\times0.25]}=0.312$ 查本规程表6.5.5—1,属亚硫酸盐渍土 最后评价为:强亚硫酸盐渍土 从本表明显看出,土中CO_3^{2-}、HCO_3^-含量极少,不可能出现碱性盐渍土定名,故不必作$\dfrac{[2b(CO_3^{2-})+b(HCO_3^-)]}{[b(Cl^-)+2b(SO_4^{2-})]}$的计算										

填表: 复核: 审核: 单位(章)

说明表 6.5.4—2　盐渍土分析报告

送样单位：　　　　　　　　＿＿线＿＿段＿＿测　　　　　　　　报告编号：

工程名称：　　　　　　　　　　　　　　　　　　　　　　　　　报告日期：

试验编号	90 土 - 21		90 土 - 22		90 土 - 23		90 土 - 24			
送样编号	C_7 土 - 110		C_7 土 - 111		C_7 土 - 112		C_7 土 - 113			
取样位置	CK0 + 500　中心		CK0 + 500　中心		CK0 + 500　中心		CK0 + 500　中心			
深度(m)	0 ~ 0.05		0.05 ~ 0.25		0.25 ~ 0.50		0.50 ~ 0.75			
项目基本单元 B	测定结果									
	mmol/1 000 g 土	mmol/1 000 g 土	mmol/1 000 g 土	mmol/1 000 g 土	mmol/1 000 g 土	mmol/1 000 g 土	mmol/1 000 g 土	mmol/1 000 g 土	mmol/1 000 g 土	mmol/1 000 g 土
CO_3^{2-}	0.24	14.1	0.12	7.4	—	—	—	—		
HCO_3^-	0.73	44.5	0.25	15.3	0.38	23.2	0.38	23.2		
Cl^-	89.31	3 166.0	24.09	854.0	5.72	202.8	5.46	193.6		
SO_4^{2-}	103.10	9 903.8	21.28	2 043.7	14.06	1 350.1	12.21	1 172.6		
Ca^{2+}	6.07	243.3	6.07	243.3	6.02	241.3	4.89	195.8		
Mg^{2+}	19.97	436.5	4.46	108.3	0.76	18.5	1.19	28.8		
$Na^+ + K^+$	254.94	6 373.5	44.72	1 118.0	20.10	502.5	16.84	421.0		
阴阳离子总和 $\sum(B+A)$	472.36	20 181.7	100.99	4 389.8	47.04	2 338.4	40.99	2 034.8		
分层含盐量(%)		20.16		4.38		2.33		2.02		
pH 值	8.4		8.6		7.7		7.9			
分层比值(mmol/1 000 g 土)	$[2b(CO_3^{2-}) + b(HCO_3^-)]/[b(Cl^-) + 2b(SO_4^{2-})]$									
	$b(Cl^-)/2b(SO_4^{2-})$									
	0.43		0.57		0.20		0.22			
分层定名	超亚硫酸盐渍土		超亚硫酸盐渍土		强硫酸盐渍土		强硫酸盐渍土			

评　价

平均含盐量计算：$\overline{DT} = \dfrac{20.16 \times 0.05 + 4.38 \times 0.20 + (2.33 + 2.02) \times 0.25}{0.05 + 0.20 + 0.25 \times 2} = 3.96\%$

查本规程表 6.5.5—2，属强盐渍土

含盐性质分类判别：

$$\frac{b(Cl^-)}{2b(SO_4^{2-})} = \frac{89.31 \times 0.05 + 24.09 \times 0.20 + (5.72 + 5.46) \times 0.25}{2[103.10 \times 0.05 + 21.28 \times 0.20 + (14.96 + 12.21) \times 0.25]} = 0.378$$

查本规程表 6.5.5—1，属亚硫酸盐渍土

最后评价为：强亚硫酸盐渍土

从本表明显看出，土中 CO_3^{2-}、HCO_3^- 含量极少，不可能出现碱性盐渍土定名，故不必作 $\dfrac{[2b(CO_3^{2-}) + b(HCO_3^-)]}{[b(Cl^-) + 2b(SO_4^{2-})]}$ 的计算

填表：　　　　　　复核：　　　　　　审核：　　　　　　单位(章)

6.5.6 盐渍土发展趋势的主要判定标志如下：

(1)气候变化：如果年平均蒸发量与降水量的比值逐年增大，说明气候趋于干旱，地表盐渍化就会随之逐年加重，反之则变轻。

(2)地表水体变迁：内陆湖泊后退，沼泽干涸，地表径流不断减弱，其周围往往会形成大片盐渍土。

(3)植物演变：耐盐植物种属不断减少，植物大量死亡，则说明该地区地下水矿化度急剧升高 盐渍化程度增强；喜湿植物群落大量增加，说明地下水位不断升高。

(4)地表盐分迁移：氯盐溶解度大，不受温度的影响，在淋溶作用下，首先下移，当地表出现以硫酸盐为主时，则说明表层退盐作用在产生和发展中，最终发展成柱状碱土。

(5)水库上游地下水位壅升，农田洗盐、压盐及排灌系统渗漏，往往引起附近地下水位升高，逐渐使地表土层次生盐渍化。

6.7.1 初测阶段盐渍土地质调绘应包括下列内容：

(1)盐渍土的形成是所在地区自然条件综合作用的产物，其形成一般需具备如下条件：

① 地形低洼，地表水及地下水径流条件差，排泄不畅；

② 地下水矿化度较高，埋藏浅，毛细水作用能到达或接近地表；

③ 气候干旱，蒸发量大于降水量。这样才能使埋藏不深且矿化度高的地下水，沿毛细孔隙上升并不断蒸发，而导致盐分聚积于地表形成盐渍土。

通过对工作区的地形地貌、水文地质、地质以及地表水体的调查，方可全面了解和掌握区内盐渍土的成因和形成条件，为防治措施提供依据。

(2)在土层盐渍化过程中，不仅进行着盐分的积累，同时还发生着盐分的溶失，这一过程明显地表现在季节性积盐和脱盐上。在干旱季节，例如西北荒漠地区，地下潜水矿化度高，地面强烈蒸发，地表积盐显著增加，形成"返盐期"；雨季或春融季节，由于土中含水率增加，盐分部分溶解下渗，表层含盐量则相对减少，发生"脱盐"作用。我们曾在兰新铁路盐渍土路段，作过观测试验，表明不同季节路堤填土含盐量及含水率变化较大，如说明表6.7.1。为准确掌握盐分季节性迁移规律，正确评价盐渍土的工程性质，所以在雨季勘测时，必须访问旱季地表泛盐情况。

说明表6.7.1 兰新铁路盐渍土路段实测表

兰新铁路通过准葛尔盆地地段采样、观测地点	地下水位埋深(m)		地下水矿化度(g/L)		路堤填土含盐量(%)	
	4月	7月	4月	7月	4月	7月
K2413+188	1.70	2.05	2.80	6.04	5.91	12.05
K2413+208	2.45	2.60	2.80	6.04	5.25	15.47
K2413+228	2.75	3.20	2.80	6.04	6.20	12.64
K2413+288	3.50	3.80	2.80	6.04	3.08	8.16

(3)常年地下水最高稳定水位或冻前地下水最高稳定水位、毛细水强烈升高度、最大冻结深度及蒸发强烈影响深度都是确定盐渍土路堤最小高度的依据，初测阶段应初步查明，以便为代表性设计工点提供这些参数。

6.7.2 初测阶段盐渍土勘探应符合下列要求：

盐渍土地段的勘探点应尽量结合桥涵工点布置，对于盐渍土路基也应有适量的代表性勘探点。勘探点的间距要求 500～1 000 m，是根据西北几条主要铁路干线勘测的实践经验提出的。当盐渍土地区微地貌变化大，地表形态、植物种类多变，盐渍土类型复杂时，勘探点的间距不宜大于 500 m。当盐渍土的上述特征在长距离内变化不大，勘探点的间距则可适当加大，但间距不宜超过 1 000 m，以免遗漏工点及难以控制盐渍土工点范围。

6.7.4　当盐渍土地区线路方案的确定受盐渍土环境变迁影响，初测或短时间内难以查明，又无既有资料和工程建筑经验可借鉴时，应提前组织人力进行观测和研究工作。观测研究工作通常有：盐分动态观测，地下水动态及水质变化观测，毛细水强烈上升高度试验观测，隔断材料及其效果的试验观测，防腐材料试验及效果观测，修筑盐渍土试验路基等。

6.8.1　定测阶段盐渍土地质调绘应包括下列内容：

盐类的聚积，一方面受地形地貌的影响，具有一定的水平地带性，另一方面由于各种盐类的溶解度不同，有着各自的沉积环境，在土层剖面上亦显示出一定的规律性，往往最易溶的氯盐聚积于表层，随着深度的增加依次为硫酸盐富集带，碳酸盐富集带。掌握这个规律有助于判定盐渍土发展趋势和确定盐渍土可利用深度。

6.8.2

2　在硫酸盐渍土及碱性盐渍土地区进行重要建筑物（含区段站以上的大站）的勘察时，应进行硫酸盐渍土低温膨胀试验、碱性盐渍土湿化试验，以作为工程处理依据。

7.1.2　本规程表 7.1.2—1，即多年冻土分类表是在综合分析冻土内在规律的基础上，并考虑与建筑物基础的相互联系，按其工程性质分成若干个等级。它对于工程地质勘察和设计工作都有一定的指导意义。

（1）分类原则

① 较充分地反映多年冻土对工程建筑物破坏的主要因素。由于多年冻土地区大量的工程破坏主要表现在融沉方面，因此分类时以考虑冻土的融沉性为主，并考虑其冻胀性和强度问题。

② 既适用于多年冻土又适用于多年冻土之上的季节活动层。

③ 以定量数据为依据，同时考虑现场应用的可能性和现实性。表中各个界限均以现场和室内观测数据。野外只需作一些简单的物理性质试验，如筛分、含水率测定等。

（2）多年冻土分类界限的划分

① 根据上述原则，按冻土的工程性质将其划分为：

Ⅰ——不融沉土（少冰冻土）；

Ⅱ——弱融沉土（多冰冻土）；

Ⅲ——融沉土（富冰冻土）；

Ⅳ——强融沉土（饱冰冻土）；

Ⅴ——融陷土（含土冰层）。

Ⅰ类土：除基岩之外的最好地基土。一般建筑物可不考虑冻融问题。

Ⅱ类土：为多年冻土较好的地基土。融化下沉量不大。

Ⅲ类土：作为建筑物地基时，应采取专门措施，如深基、保温、防止基底融化等。

Ⅳ类土：往往会造成建筑物的破坏，宜采用保持冻土的原则设计或采用桩基等。

Ⅴ类土：因含有大量的冰，所以不但不允许基底融化，还应考虑它的长期流变作用，需进行专门处理，如砂垫层等。

② 在野外工程地质勘察时,可根据体积含冰量(单位体积内冰的质量与冻土中水的质量之比),参照说明表7.1.2初步判定多年冻土含冰的类型。

说明表7.1.2　多年冻土含冰类型初判标准

多年冻土含冰的类型	体积含冰量 i_v(%)
少冰冻土	$i_v<25$
多冰冻土	$25\leqslant i_v<40$
富冰冻土	$40\leqslant i_v<60$
饱冰冻土	$60\leqslant i_v<80$
含土冰层	$80\leqslant i_v<100$

7.1.3　冻土中的易溶盐含量和泥炭化程度的限界值超过本规程表7.1.3—1和表7.1.3—2中的数值时,将会强烈地影响冻土的强度特性。这是因为,由于地基土中的易溶盐类被水溶解成不同浓度时,则可降低土的起始冻结温度,其未冻水含量比一般冻土大得多,因此使盐渍化冻土的强度明显降低。例如当盐渍度为0.5%时,单独基础与桩尖的承载力降低1/5~1/3,基础侧表面的冻结强度降低1/4~1/3。同样,泥炭化冻土的强度指标,在冻土工程地质勘察时,亦应慎重的按规定取值专门进行原位测试确定。

7.2

多年冻土地区有其特有的各种物理地质现象,而冻土本身又有其特殊的物理力学性质。因此在铁路选线中必须特别加以注意。本规程第7.2.1~第7.2.5条均为东北大小兴安岭及青藏高原多年铁路勘测的经验总结。特别是通过东北大、小兴安岭、牙林和嫩林铁路从勘测设计、施工、运营至今的实践检验,给我们提供了大量的而且是宝贵的经验与教训。例如第7.2.1条中尽量避免或减少,低填浅挖及零断面地段长度,是因为这些地段的路基容易产生冻胀及融沉病害,而且一般均较路堤病害严重,不容易彻底根治,所以在多年冻土地区选线中应当多填少挖,尽量避免或减少这些地段长度,绕避和缩短多年冻土现象地段,把线路选择在良好的地基上。

7.3.3　多年冻土地质调绘主要是参照了现行《铁路工程地质勘察规范》(TB 10012—2001)并且作了少量修改补充。

2　由于朝向对多年冻土的分布、上限深度、厚度、地温、冻土总含水率、植物生长情况及土层地下水活动等都有很大影响,因此调查中必须加以说明,例如朝南的阳坡一般冻土上限较深,冻土层厚度薄,体积含冰量少,年平均地温较高。甚至没有冻土存在;北坡则与此相反。地表保温情况对多年冻土的存在同样关系密切,可分为保温良好,保温一般,保温差。例如地表密长塔头草或厚层苔藓的低地沼泽即属保温良好,植被稀疏的阳坡保温最差。

4　查明冻土总含水率,需要取冻土样做试验确定。因为这是确定冻土是少冰冻土(不融沉),多冰冻土(弱融沉),富冰冻土(融沉),饱冰冻土(强融沉),含土冰层(融陷)的主要依据。

8　查明隧道地下水情况的内容是多年冻土地区勘察的主要任务之一。从大兴安岭已通车线路隧道病害来看,以地下水造成的病害最为严重,形成衬砌开裂,掉落,洞顶挂冰,轨面积冰等病害。一般需要修建泄水洞,深埋水沟等排水设施予以处理。如牙林线岭顶隧道开始未注意对地下水的处理,致使衬砌大量开裂,洞内积冰挂冰,无法通车。在弄清地下情况后,修建了泄水洞,消除了病害。嫩林线西罗奇2号隧道,泄水洞设计、施工存在问题,通车不久即造成衬砌大片开裂掉落、冬季洞内大量积水,至今尚在整治处理中;呼中支线翠岭2号隧道,由于泄水洞处在多年冻土中,地下水在泄水洞中逐渐冻结,最后堵塞泄水洞，从路基面上冒出，最终采用鼓风机送入暖风，融化积冰。相反，没有地下水的隧道一般都没有病害。所以应着重调查清楚地下水情况，以便考虑是否改移线路位置或采取相应的防排水措施。

7.4.2　冻土勘探取样

1　调查时间为2～5月。上述时间中2月太冷不适于野外工作，5月份气温已转暖，冻胀丘、冰椎等已部分消融，实际上最适宜的时间应为3～4月。

2　桥涵、挡土墙当按保持冻结原则设计时，其勘探深度应至设计的人为上限以下至少2.5 m，涵洞至少1 m。这是考虑到桥涵规范中规定了桥涵基础和承台座板底面必须埋置在稳定人为上限以下，因此勘探深度应适当超过设计的人为上限深度以查清基础底面以下有无冰层。当遇有饱冰冻土或含土冰层时还应酌情加深。人为上限值本可根据建筑物及其基础形式通过热力计算决定。但因其受多种因素影响，如气温、水温、地温、海拔高度、纬度、地貌、朝向、土的颗粒组成、地表水潜流程度和施工条件等，目前一般热传导计算方法均不适用于桥涵地基多维传热的情况，同时有关参数误差较大，目前还缺乏理论解法，亦无成熟的经验公式和可靠资料。勘测时可结合各地区冻土的稳定情况，深入调查已成桥涵建筑物人为上限的变化规律及其与天然上限的关系，作为确定该地区桥涵地基冻土人为上限的依据。第2项中“当无法确定设计人为上限时，从地面算起的勘探深度：对于大、中桥应大于3.5倍天然上限，且不得小于20 m；对小桥涵和挡土墙应大于2倍天然上限，且不得小于12 m”的规定是根据《青藏铁路多年冻土区工程勘察暂行规定》审查会上专家对冻土地区研究的成果确定的。

有关采暖房屋的勘探深度，目前对一般民用住宅等小跨度房屋，已做了较多的研究工作，对基底融化盘变化规律已基本掌握。但大跨度的建筑还很少研究，对其底融化盘深度及规律尚不了解。因此需与有关专业人员共同根据具体情况研究决定。

多年冻土地区隧道如遇有地下水时，一般采用泄水洞排水，因此其勘探深度应至泄水洞基础以下4～5 m。多年冻土区隧道围岩一般均为岩石，因此如无地下水时，钻探深度到路肩设计高程以下4～5 m即可。

6　在冻土工程地质勘察中，采取保持天然冻结状态，供试验室分析试验的土样，是钻探工作的主要目的之一，也是对冻土地基作出正确工程地质评价的基础。但是，按工程要求和现场条件，还可采取保持天然含水率并允许融化的冻结土样以及不受冻融影响的扰动土样。

保持天然冻结状态的土样采取，主要取决于钻进方法、取样方法以及取土工具3个环节。为取得保持天然冻结状态的土样必须保证孔底待取土样，不受因不适当的钻进方法受到扰动或压力作用所产生的热影响。要求取样前应使孔底待取土样有恢复天然温度状态的时间（最好测量钻孔底部土壤温度），然后在接近取样深度时控制每一回次的进尺（深度视土层情况决定），以保证取出的土样仍保持冻结状态（粗颗粒土及大块碎石土除外）。取出的冻结土样应及时装入具有保温性能的容器或专门的冷藏车内送验。如不能及时送验时，应在现场测定土样在冻结状态时的密度。

7.5.2　多年冻土地基的工程分类主要以融化下沉为指标，并在一定程度上反映了冻土的构造和力学特征（见说明表7.5.2）。本规程采用了现行《冻土地区建筑地基基础设计规范》（JGJ 118）所用冻土的融沉性分级，在弱融沉档次上将原先的融化下沉系数1%～5%修改为1%～3%。

说明表 7.5.2　冻土的融沉性与冻土强度及构造的对应关系

级　别		Ⅰ	Ⅱ	Ⅲ	Ⅳ	Ⅴ
融沉评价	名　称	不融沉	弱融沉	融　沉	强融沉	融　陷
	融化下沉系数 δ_0	$\delta_0 \leqslant 1$	$1 < \delta_0 \leqslant 3$	$3 < \delta_0 \leqslant 10$	$10 < \delta_0 \leqslant 25$	$\delta_0 > 25$
强度评价	名　称	少冰冻土	多冰冻土	富冰冻土	饱冰冻土	含土冰层
	相对强度值	<1	1		0.8~0.4	<0.4
冷生构造		整体构造	微层微网状构造	层状构造	斑状构造	基底状构造
黏性土总含水率 w_A(%)		$w_A < w_p$	$w_p \leqslant w_A < w_p + 4$	$w_p + 4 \leqslant w_A < w_p + 15$	$w_p + 15 \leqslant w_A < w_p + 35$	$w_A \geqslant w_p + 35$

一般对Ⅰ、Ⅱ级融沉($1 \leqslant \delta_0 < 3$)，建筑物结构设计时，无须考虑多年冻土地基融沉的影响。因为一般建筑物的主要承重结构在设计和使用过程中都容许有一定变形量，以适应地基的融沉性。但是，当Ⅲ、Ⅳ、Ⅴ级融沉土的融沉量超过建筑物的容许变形值时，对建筑物而言必须采取相应的设计原则、适当的基础形式以及能适应不均匀沉降的柔性结构等特殊措施。路基工程除采用保持冻结状态的设计原则外，还必须保证有一个合理的路基最小填土高度，注意环境保护以及路基排水等措施。冻土的融化下沉系数 δ_0 可按下式计算：

$$\delta_0 = \frac{h_1 - h_2}{h_1} \times 100\% \qquad (说明 5.5.2)$$

式中　h_1——冻土试样融化前的高度(mm)；

　　　h_2——冻土试样融化后的高度(mm)。

5　地基土的冻胀，除与气温条件有关外，主要与土的类别、冻前含水率和地下水位有关。当粉土、黏土颗粒增多时，土的冻胀性显著增大。如土中含水率超过起始冻胀含水率时，在没有地下水补给的情况下，土层仍有水分迁移现象存在，含水率发生重分布，并产生冻胀。

季节冻结与季节融化层土，根据土冻胀率 η 的大小可分为不冻胀、弱冻胀、冻胀、强冻胀和特强冻胀五类，冻结层的平均冻胀率 η 应按下式计算：

$$\eta = \frac{\Delta z}{Z_d} \times 100\% \qquad (说明 7.5.2—1)$$

$$Z_d = h' - \Delta z \qquad (说明 7.5.2—2)$$

式中　Δz——地表冻胀量(mm)；

　　　Z_d——设计冻深(mm)；

　　　h'——冻层厚度(mm)。

影响地基土冻胀的地下水深度是各类土毛细水高度有关的临界深度；黏土、粉质黏土为1.2~2.0 m，粉土为1.0~1.5 m，砂土为0.5 m。当地下水位低于临界深度时属封闭系统，可不考虑地下水对冻胀的影响，仅考虑土中含水率的影响，当地下水位高于临界深度时，可按敞开系统考虑土中含水率和地下水补给的影响。如多年冻土活动层黏性土冻胀问题可按封闭系统处理，即在没有地下水补给的条件下，冻土中总含水率和冻胀率的关系为

$$\eta = \frac{1.09\rho_d}{2\rho_w}(w - w_p) \approx 0.8(w - w_p)$$

（说明 7.5.2—3）

式中 η——冻胀率；

ρ_d——土的干密度，取 1.5 g/cm³；

ρ_w——水的密度，取 1.0 g/cm³；

w, w_p——含水率和塑限含水率。

但是，当季节冻结的冻胀性问题按敞开系统考虑时，即在有地下水补给情况下，冻胀性将会提高，如本规程表 7.5.2—2 中黏性土当 $w > w_p + 15$ 时为特强冻胀。

7.6.1 区域冻土资料系指多年冻土分布、成分、结构、年平均地温、地温年变化深度；融区的形态和成因；季节融化层和季节冻结层的成分、性质和深度；结构产生过程和成因；多年冻土分布地区的地质构造等。

影响线路方案的主要冻土工程地质问题系指冻土现象的危害；多年冻土边缘地带和高温冻土带的退化；高含冰量冻土分布地区的热融下沉以及地基基础严重冻胀等。

7.7.2 多年冻土的温度状况和变化特性是多年冻土稳定与否的标志。地温年变化深度是一般工程建筑的热力影响深度。因此，了解和掌握年变化深度内多年冻土温度的状况和变化规律，对于评价多年冻土的稳定性是极其重要的。地温观测孔的深度不小于地温年变化深度的规定就是基于上述理由提出的。

在地温孔钻探时，钻具旋转切削所作的功有相当部分转变为热能，从而使多年冻土的温度状况破坏。当钻孔成孔后，应立即进行地温观测，以了解地温逐渐恢复平衡的全过程和评价冻土的稳定性。

7.7.3 多年冻土的工程性质除取决于它的岩性成分外，更重要的还取决于它的含冰量、结构和温度。因此，从工程角度看，多年冻土在平面和剖面上的变化较非多年冻土要复杂得多。为了查明多年冻土条件及其对工程的影响，其勘探孔（点）的数量和深度较一般地区要大。路基勘探孔、地温观测孔以及房屋钻孔的数量和深度便是基于上述理由和多年来的实践提出的。

7.8.2 多年冻土地区路基、小桥涵、大、中桥、隧道、站场及房屋建筑工程，除应查明一般冻土工程地质与水文地质条件外，尚应包括下列内容：

1 多年冻土区的工程实践表明，路基工程对多年冻土的热影响深度一般在 1～3 倍上限深度范围。所以，在这里提出路基工程地质调查时，应查明路基基底下 1～3 倍上限深度范围内的多年冻土特征，以满足路基设计需要。

冻土地质环境的保护应给予足够重视，冻土区地质环境是地质历史时期的产物，保护好地质环境就保护了多年冻土，从而保障多年冻土上工程建筑的稳定。在多年冻土区取土，即减少了地面覆盖的热阻。因而通过地面传入地中的热量增加，多年冻土将产生退化。如果在含冰冻土或厚层地下冰分布地段取土，多年冻土融化将引起严重地面下沉，并可能形成热融洼地或热融湖塘，这对工程建筑和生态环境将产生不利影响。因此，多年冻土区的取土和弃土都应从保护冻土地质环境出发，合理布置，严格控制。

多年冻土区沿线取土坑的取土与一般地区不同，在多年冻土区，取土坑可供取土的最大厚度一般为活动层厚度。活动层下的多年冻土一般不宜作为路基填料。为了减少对多年冻土的热干扰,保护冻土地质环境应集中取土。当取土坑下多年冻土为少冰冻土时,在不影响周围冻土地质环境的前提下,允许取土深度达活动层底部。在含土冰层和厚层地下冰分布地段,不允许取土。因此,在路基取土坑调查时,应查明取土地点多年冻土的特性,而后确定取土范围和深度。

3 多年冻土区的大河,一般均有融区存在。融区按情况和形态可分为贯通融区和非贯通融区。贯通融区是指融区已贯通多年冻土层,与多年冻土层下的融土连在一起。非贯通融区是指融区下仍有多年冻土存在。若为贯通融区或融区厚度很大的非贯通融区,桥梁的设计可按季节冻土区或一般地区考虑。但桥头引线设计应注意冻土向融土地段的过渡。若为一般非贯通融区,则应根据融区的厚度和其下多年冻土的特性确定桥梁基础的类型、结构以及埋置深度,并采取措施确保地基基础的稳定。

4 隧道通过地段的多年冻土及其水文地质条件是隧道工程地质勘察的重点,据多年冻土地区已有隧道工程建筑的经验,处理好地下水是保证多年冻土区隧道工程稳定的关键。从大兴安岭已通车的隧道病害情况看,地下水危害是主要的。由于地下水侵入隧道,造成衬砌开裂、掉落、洞顶挂冰、轨面积冰等。如牙林线(牙克石——满归)岭顶隧道,由于修建时未注意对地下水处理,致使衬砌大量开裂,洞内积水挂冰无法通车。在查明地下水情况后,在隧道下方修建了泄水洞,消除了病害。又如嫩林线(嫩江——西林吉)西罗奇2号隧道和呼中支线翠岭2号隧道,都是由于地下水未处理好,致使洞内积水,衬砌开裂,严重影响行车。与此相反,在没有地下水时,多年冻土区隧道一般都没有病害。所以,在进行隧道工程地质勘察时,应着重查明多年冻土的水文地质条件。

8.1.1 填土是由人类生产、生活活动所废弃的物质,无计划地弃填而成的,是一种未经压实的堆积土。主要特点是成分复杂、固结时间短、结构松散、均质性和密实程度差,一般具有较大的压缩性和湿陷性。

填土形成年限、成分、方式、填土附近水文地质条件等,都影响填土的密实度。

有计划进行分层夯填的填筑土,不包括在本条之内。但在工程建设活动中,如遇到此类土作为地基时,其工程地质勘察,可比照本章要求进行。

8.2

填土地区线路和建筑物位置选择基本原则是:在保证既有建筑物和新建路基(建筑物)稳定前提下,选择填土稳定性较好或稳定性虽然稍差,但经过采取措施后仍能保证稳定的地段。符合上述要求的人工填土有弃填多年的素填土、冲(吹)填土、建筑杂填土、性能稳定的工业杂填土,这些人工填土经过冻融、浸水反复作用下自重固结程度较好,地基承载力一般为60～150 kPa。

在既有矿山尾矿堆积场、弃土场附近或在既有铁路附近修建不等高铁路路基或建筑物时,对上述地段的斜坡稳定性要进行工程地质评价。

生活垃圾填土其组成物质十分复杂,在北方,居民生活用的煤球、煤砖、蜂窝煤等燃烧后形成的炉灰也是一种常见的生活垃圾填土,而经过地面水的淋溶作用变为褐色的稍有黏性的粉状土时称为变质炉灰填土。

冲填土是我国沿海地区常见的一种填土,主要是由于整治或疏通江河航道,用高压泥浆泵将泥砂通过输泥管排送到需要填高的地段,经过沉淀排水后形成大片冲填土层。

8.3

对人工填土地段进行调绘,目的在于确定人工填土类型、厚度并评价其作为天然地基的适宜性,据以提出工程措施建议。

填土成分和弃土方式,可决定人工填土类型。填土厚度及其基底坡度是否不利于建筑物稳定,取决于原始地形及人工填土的类型与密实程度。

8.4

通过勘探、测试手段来了解填土组成成分、厚度、物理力学性质,以便进行填土工程地质评价和为地基处理提供数据。

作为路基基底和建筑物地基来讲,不同工程对不同的填土要求也不同。路基与建筑物相比对沉降要求稍低,荷载影响深度也较浅。另外,填土地区冻结深度一般不大于2 m,所以对路基工程一般只要求勘探3 m,断面间距是参考北京市及浙江省经验,结合路基工程上述特点确定的。

工业与民用建筑物对沉降反应比较敏感,填土地基往往因为疏松而超出其允许沉降值,因此勘探深度一般要穿透填土,进入良好土层1 ~2 m。断面间距是参考现行《岩土工程勘察规范》(GB 50021)第5.5.3条的要求确定的。

在填土底部如发现有软土时,基底工程地质条件发生变化,应按软土地区工程地质勘测要求办理。

暗埋的塘、浜沟、坑中软弱的填土易造成建筑物不均匀沉降,同时这些储水体的水质都有不同程度的污染,对地下的各类混凝土砌体有无侵蚀性,要取环境水进行水质分析。

8.5

弃土年限及填土成分对填土密实程度有密切的影响,粗颗粒土在自重压力下压密时间较细粒土所需时间短。一般认为弃填5 ~10年后,其沉降就已趋于稳定。

地基承载力主要取决于人工填土类型及密实程度,一般讲填土形成年限愈长,承载力愈高。国内各地所积累的经验多是工业与民用建筑方面的,铁路部门目前尚无成熟经验,对测试及评价缺乏明确的规定,因此搜集填土地区有关单位的建筑经验,对我们评价勘察区域内的人工填土是有一定帮助的。

中华人民共和国行业标准

铁建设〔2001〕90 号

铁路工程岩土分类标准

TB 10077—2001

J 123—2001

2001—08—27 发布　　　2001—12—01 实施

中华人民共和国铁道部　发布

前　言

本标准是根据铁道部铁建函〔1998〕43 号文的计划安排编制的。

本标准内容包括总则、术语和符号、岩石和岩体的分类及土的分类等 4 章。

本标准系首次编制，在执行过程中，希望各单位结合工程实践，认真总结经验，积累资料。如发现需要修改和补充之处，请及时将意见和有关资料寄交铁道第一勘察设计院（兰州市和政路 75 号，邮政编码：730000），并抄送铁路工程技术标准所（北京市朝阳门外大街 227 号，邮政编码：100020），供今后修订改时参考。

本标准由铁道部建设管理司负责解释。

本标准主编单位：铁道第一勘察设计院。

本标准参编单位：西南交通大学。

本标准主要起草人：龚重远、李法昶、张增淮、胡厚田、韩会增、文江泉。

目　　次

1 总 则

1.0.1 为统一铁路工程勘察、设计、施工和运营养护维修工作中岩土分类的技术标准，制定本标准。

1.0.2 本标准适用于铁路工程的岩土分类。

1.0.3 岩土分类应采用现场鉴定与室内外试验，定性划分与定量评定相结合的方法。

2 术语和符号

2.1 术 语

2.1.1 岩石 rock

岩石块体。指单一的不包含明显结构面的岩石块体。

2.1.2 岩体 rock mass

工程影响范围内,有相当体积的岩石天然地质体。

2.1.3 结构面 structural plane

岩体内具有一定方向,延伸较长,厚度较小的地质界面或裂面。如层面、片理面、节理面、断层面、层间错动面等。

2.1.4 一般土 general soil

不具有特殊结构,不含或所含特殊成分不影响土的工程性质的土。

2.1.5 特殊土 special soil

含有特殊成分或具有特殊状态、结构特征,并影响工程性质的土。

2.2 符 号

$a_{0.1\sim0.2}$——压缩系数

CEC(NH_4^+)——阳离子交换量

CU——不排水抗剪强度

D_r——相对密度

e——天然孔隙比

F_s——自由膨胀率

I_L——液性指数

I_p——塑性指数

I_r——液塑比

I_r'——界限液塑比

k——渗透系数

k_f——风化系数

k_p——波速比

k_r——软化系数

K_v——岩体完整性指数

M——蒙脱石含量

N——实测标准贯入锤击数

p_s——静力触探比贯入阻力

R_c——岩石单轴饱和抗压强度

S_r——饱和度

S_t——灵敏度

v_p——纵波速度

w——天然含水率

w_A——总含水率

w_L——土的液限含水率，简称液限

w_p——土的塑限含水率，简称塑限

w_u——有机质含量

α_w——含水比

δ_s——湿陷系数

3　岩石和岩体的分类

3.1　岩石的分类

3.1.1　在铁路工程中，岩石应按其坚硬程度、软化性和抗风化能力进行分类。当岩石中所含的特殊成分影响岩石的工程地质性质时，应定为特殊性岩石。

3.1.2　岩石坚硬程度的定性划分，应符合表3.1.2的规定。

表3.1.2　岩石坚硬程度的定性划分

名称		定性鉴定	代表性岩石
硬质岩	极硬岩	锤击声清脆，锤击有回弹，震手，难击碎，浸水后大多无吸水反应	未风化或微风化的花岗岩、片麻岩、闪长岩、石英岩、硅质灰岩、硅质胶结的砂岩或砾岩等
	硬岩	锤击声较清脆，锤击有轻微的回弹，稍震手，较难击碎，浸水后有轻微的吸水反应	弱风化的极硬岩；未风化或微风化的熔结凝灰岩、大理岩、板岩、白云岩、灰岩、钙质胶结的砂岩、结晶颗粒较粗的岩浆岩等
软质岩	较软岩	锤击声不清脆，锤击无回弹，较易击碎，吸水明显，浸水后指甲可划出印痕	强风化的极硬岩；弱风化的硬岩；未风化或微风化的千枚岩、云母片岩、砂质泥岩、钙泥质胶结的粉砂岩和砾岩、泥灰岩、页岩、凝灰岩等
	软岩	锤击声哑，锤击无回弹，有凹痕，易击碎，浸水后手可掰开	强风化的极硬岩；弱风化～强风化的硬岩；弱风化的较软岩和未风化或微风化的泥质岩类：泥岩、煤、泥质胶结的砂岩和砾岩等
	极软岩	锤击声哑，锤击无回弹，有较深的凹痕，手可掰开，浸水后可捏成团或捻碎	全风化的各类岩石和成岩作用差的岩石

3.1.3　岩石坚硬程度的定量划分，应采用岩石单轴饱和抗压强度（R_c）指标，并符合表3.1.3的规定。

表3.1.3　R_c与定性划分岩石坚硬程度的对应关系

岩石单轴饱和抗压强度R_c（MPa）	$R_c>60$	$60\geqslant R_c>30$	$30\geqslant R_c>15$	$15\geqslant R_c>5$	$R_c\leqslant 5$
坚硬程度	极硬岩	硬岩	较软岩	软岩	极软岩

3.1.4　岩石的软化性按软化系数分类，应符合表3.1.4的规定。

表3.1.4　岩石软化性分类

名称	不易软化的	易软化的
软化系数k_r	>0.75	≤0.75

注：软化系数k_r为同一岩体中岩石单轴饱和抗压强度与风干状态下岩石单轴抗压强度的比值。

3.1.5　新鲜岩石抗风化能力分级应符合表3.1.5的规定。

表 3.1.5　新鲜岩石抗风化能力的分级

指标和特征 分级 项　目	不易风化的		易风化的
软化性	不易软化的		易软化的
耐冻性	耐　冻　的		不耐冻的
岩浆岩的结构	细　粒　的		粗　粒　的
造岩矿物	以石英为主	长石、辉石、角闪石较多	黄铁矿、橄榄石、黑云母含量较多
胶结物	硅　质　的	钙　质　的	泥　质　的
耐风化时间	暴露一、二年尚不易风化		暴露后数日至数月即出现风化

3.1.6　含有较多亲水矿物，含水率变化时产生较大体积变化的岩石，应判定为膨胀岩。

膨胀岩的判定应依据勘察阶段的需要、膨胀岩的野外地质特征和膨胀岩的室内试验指标，按表 3.1.6—1 和表 3.1.6—2 的规定进行综合判定。

表 3.1.6—1　膨胀岩的野外地质特征

地　貌	一般形成波状起伏的低缓丘陵，相对高度 20 ~ 30 m，丘顶多浑圆，坡面圆顺，山坡坡度缓于 40°，岗丘之间为宽阔的 U 形谷地；当具有砂岩夹层时，常形成一些陡坎
岩　性	主要为灰白、灰绿、灰黄、紫红和灰色的泥岩、泥质粉砂岩、页岩、风化的泥灰岩、风化的基性岩浆岩、蒙脱石化的凝灰岩以及含硬石膏、芒硝的岩石等。岩石由细颗粒组成，遇水时有滑腻感。泥质膨胀岩的分布地层以石炭系、二叠系、三叠系、侏罗系、白垩系、第三系为主
结构构造	岩层多为薄层和中厚层状，裂隙发育，裂隙多被灰白、灰绿色等富含蒙脱石物质充填
风　化	风化裂隙多沿构造面、层理面进一步发展，使已被结构面切割的岩块更加破碎；地表的岩石碎块风化为鸡粪土，剥落现象明显；天然含水的岩石在曝晒时多沿层理方向产生微裂隙；干燥的岩块泡水后易崩解成碎块、碎片或土状

表 3.1.6—2　膨胀岩的室内试验判定指标

试　验　项　目		判　定　指　标
自由膨胀率 F_s(%)	不易崩解的岩石	$F_s \geq 3$
	易崩解的岩石	$F_s \geq 30$
膨胀力 P_p(kPa)		$P_p \geq 100$
饱和吸水率 w_{sa}(%)		$w_{sa} \geq 10$

注：1　对于不易崩解的岩石，应取轴向或径向自由膨胀率中的大值进行判定；

2　对于易崩解的岩石应将其粉碎，过 0.5 mm 的筛去除粗颗粒后，比照土的自由膨胀率试验方法进行试验；

3　当有 2 项及以上符合表中所列指标时，在室内可判定为膨胀岩。

3.2　岩体的分类

3.2.1　工程影响范围内的岩体，可按结构类型、岩层厚度、节理发育程度、受地质构造影响程度、完整程度、风化程度等进行分类或分带。

3.2.2 岩体按结构类型分类应符合表 3.2.2 的规定。

表 3.2.2　岩体按结构类型分类

名　称	地质体类型	主要结构体形状	结构面发育情况	岩体工程特征	可能发生的岩土工程问题
巨块状整体结构	均质、巨块状岩浆岩或变质岩，巨厚层状的沉积岩、正变质岩	巨块状 巨厚层状	以原生构造节理及层面为主，多呈闭合型，结构面间距大于 1 m，一般不超过 1～2 组，无危险结构面组成的落石掉块	整体强度高，岩体稳定，可视为均质弹性的各向同性体	不稳定结构体的局部滑动或坍塌，深埋洞室发生岩爆
块状结构	块状岩浆岩、变质岩，厚层状沉积岩、正变质岩	厚层状 块状 柱状	只具有少量贯穿性较好的节理裂隙，结构面间距多数大于 0.4 m，一般为 2～3 组，有少量分离体	整体强度较高，结构面互相牵制，岩体基本稳定，接近弹性各向同性体	
层状、块石、碎石状结构	多韵律的薄层及中厚层状沉积岩、副变质岩	块石、 碎石状， 层状， 板状	有层理、片理、节理，常有层间错动面，结构面间距一般为 0.2～0.4 m，一般为 3 组	接近均一的各向异性体，其变形和强度特征受层面及岩层组合控制，可视为弹塑性体，稳定性较差	不稳定结构体可产生滑塌，特别是岩层的弯张破坏及软弱岩层的塑性变形
碎石角砾状结构	构造影响严重的破碎岩层	碎石、 角砾状	断层、断层破碎带、片理、层理及层间结构面较发育，结构面间距小于 0.2 m，一般在 3 组以上，由许多分离体组成	完整性破坏较大，整体强度很低，并受断裂等结构面控制，多呈弹塑性介质，稳定性很差	易引起规模较大的岩体失稳，地下水加剧岩体失稳
散体状结构	构造影响很严重的断层破碎带，强风化带、全风化带内的岩体	碎屑状 颗粒状	断层破碎带交叉，构造及风化裂隙密集，结构面及组合错综复杂，并多充填黏性土，形成许多大小不一的分离岩体	完整性遭到很大破坏，稳定性极差，岩体属性接近松散体介质	易引起规模较大的岩体失稳，地下水加剧岩体失稳

3.2.3 岩层按层厚分类应符合表 3.2.3 的规定。

表 3.2.3　岩层按层厚分类

名　称	巨厚层	厚　层	中厚层	薄　层
层厚 h(m)	$h>1.0$	$0.5<h\leq1.0$	$0.1<h\leq0.5$	$h\leq0.1$

3.2.4 岩体按节理宽度分级应符合表 3.2.4 的规定。

表 3.2.4　岩体按节理宽度分级

名　称	节理宽度 b(mm)
密闭节理	$b<1$
微张节理	$1\leq b<3$
张开节理	$3\leq b<5$
宽张节理	$b\geq5$

3.2.5 岩体节理发育程度应按表 3.2.5 确定。

表 3.2.5　岩体节理发育程度分级

节理发育程度分级	基　本　特　征
节理不发育	节理1～2组，规则，为构造型，间距在1 m以上，多为密闭节理。岩体被切割成巨块状
节理较发育	节理2～3组，呈X形，较规则，以构造型为主，多数间距大于0.4 m，多为密闭节理，部分为微张节理，少有充填物。岩体被切割成大块状
节 理 发 育	节理3组以上，不规则，呈X形或米字形，以构造型风化型为主，多数间距小于0.4 m，大部分为张开节理，部分有充填物。岩体被切割成块状
节理很发育	节理3组以上，杂乱，以风化型和构造型为主，多数间距小于0.2 m，以张开节理为主，有个别宽张节理，一般均有充填物。岩体被切割成碎裂状

3.2.6　岩体按受地质构造影响程度划分应符合表3.2.6的规定。

表 3.2.6　岩体按受地质构造影响程度划分

名　称	基　本　特　征
轻　微	地质构造变动小，节理不发育
较　重	地质构造变动较大，位于断层或褶曲轴的邻近地段，可有小断层，节理较发育
严　重	地质构造变动剧烈，位于褶曲轴部或断层影响带内，软质岩多见扭曲及拖拉现象，节理发育
很严重	位于断层破碎带内，岩体呈块石、碎石、角砾状，有的甚至呈粉末、泥土状，节理很发育

3.2.7　岩体按完整程度划分应符合表3.2.7的规定。

表 3.2.7　岩体完整程度划分

名　称	结 构 面 特 征	结构类型	岩体完整性指数 K_v
完　整	结构面1～2组，以构造型节理或层面为主，密闭型	巨 块 状 整体结构	$K_v>0.75$
较完整	结构面2～3组，以构造型节理、层面为主，裂隙多呈密闭型，部分为微张型，少有充填物	块状结构	$0.55<K_v\leqslant0.75$
较破碎	结构面一般为3组，以节理及风化裂隙为主，在断层附近受构造作用影响较大，裂隙以微张型和张开型为主，多有充填物	层状、块石、碎石状结构	$0.35<K_v\leqslant0.55$
破　碎	结构面大于3组，并多以风化型裂隙为主，在断层附近受构造作用影响较大，裂隙以张开型为主，多有充填物	碎石角砾 状 结 构	$0.15<K_v\leqslant0.35$
极破碎	结构面杂乱无序，在断层附近受构造作用影响很大，宽张裂隙全为泥质或泥夹岩屑充填，充填物厚度大	散体状结构	$K_v\leqslant0.15$

注：1　表中裂隙宽度的类型，可参见本标准表3.2.4；
　　2　表中岩体完整性指数是岩体弹性纵波速度与同一岩体中岩石的弹性纵波速度比值的平方。

3.2.8　岩体按风化程度分带应符合表3.2.8的规定。

表 3.2.8　岩体风化程度分带

风化程度分带	野外鉴定特征				风化程度参数指标		
	岩石矿物颜色	结构	破碎程度	坚硬程度	风化系数 k_f	波速比 k_p	纵波速度 v_p(m/s)
未风化	岩石、矿物及其胶结物颜色新鲜,保持原有颜色	保持岩体原有结构	除构造裂隙外肉眼见不到其他裂隙,整体性好	除泥质岩可用大锤击碎外,其余岩类不易击开,放炮才能掘进	$k_f>0.9$	$k_p>0.9$	硬质岩 $v_p>5\,000$ 软质岩 $v_p>4\,000$
微风化	岩石、矿物颜色较暗淡,节理面附近有部分矿物变色	岩体结构未破坏,仅沿节理面有风化现象或有水锈	有少量风化裂隙,裂隙间距多数大于0.4 m整体性仍较好	要用大锤和楔子才能剖开,泥质岩用大锤可以击碎,放炮才能掘进	硬质岩 $0.8<k_f\leqslant0.9$ 软质岩 $0.8<k_f\leqslant0.9$	硬质岩 $0.8<k_p\leqslant0.9$ 软质岩 $0.8<k_p\leqslant0.9$	硬质岩 $4\,000<v_p\leqslant5\,000$ 软质岩 $3\,000<v_p\leqslant4\,000$
弱风化	岩石、矿物失去光泽,颜色暗淡,部分易风化矿物已经变色,黑云母失去弹性	岩体结构已部分破坏,裂隙可能出现风化夹层,一般呈块状或球状结构	风化裂隙发育,裂隙间距多数为0.2~0.4 m,整体性差	可用大锤击碎,用手锤不易击碎,大部分需放炮掘进,岩心钻方可钻进	硬质岩 $0.4<k_f\leqslant0.8$ 软质岩 $0.3<k_f\leqslant0.8$	硬质岩 $0.6<k_p\leqslant0.8$ 软质岩 $0.5<k_p\leqslant0.8$	硬质岩 $2\,000<v_p\leqslant4\,000$ 软质岩 $1\,500<v_p\leqslant3\,000$
强风化	岩石及大部分矿物变色,形成次生矿物	岩体结构已大部分破坏,形成碎块状或球状结构	风化裂隙很发育,岩体破碎,风化物呈碎石状或碎石含砂状,裂隙间距小于0.2 m,完整性很差	用手锤可击碎,用镐可以掘进,用锹则很困难,干钻可钻进	硬质岩 $k_f\leqslant0.4$ 软质岩 $k_f\leqslant0.3$	硬质岩 $0.4<k_p\leqslant0.6$ 软质岩 $0.3<k_p\leqslant0.5$	硬质岩 $1\,000<v_p\leqslant2\,000$ 软质岩 $700<v_p\leqslant1\,500$
全风化	岩石、矿物已完全变色,大部分发生变异,除石英外大部分风化成土状	岩体结构已完全破坏,仅外观保持原岩特征,矿物晶体失去连接,石英松散呈粒状	风化破碎呈碎屑状、土状或砂状	用手可捏碎,用锹就可掘进,干钻较易钻进	—	硬质岩 $k_p\leqslant0.4$ 软质岩 $k_p\leqslant0.3$	硬质岩 $500<v_p\leqslant1\,000$ 软质岩 $300<v_p\leqslant700$

注:1　k_f 是同一岩体中风化岩石的单轴饱和抗压强度与未风化岩石的单轴饱和抗压强度的比值;

2　k_p 是同一岩体中风化岩体的纵波波速与未风化岩体纵波波速的比值。

4 土的分类

4.1 一般规定

4.1.1 根据土的工程地质性质，土可分为“一般土”和“特殊土”两大类。

4.1.2 土也可按堆积时代、地质成因、土颗粒的形状、级配或塑性指数等进行分类。

1 土按堆积时代可划分为老堆积土（Q_3 及其以前堆积的土层）、一般堆积土（文化期以前的 Q_4^1 堆积的土层）、新近堆积土（文化期以来的 Q_4^2 堆积的土层）。

2 土根据地质成因可划分为残积土、坡积土、洪积土、冲积土、海积土、湖积土、淤积土、冰积土和风积土等。

3 根据土颗粒的形状、级配或塑性指数，一般土可划分为碎石类土、砂类土、粉土和黏性土。

4.1.3 对成韵律沉积的土层，当薄层与厚层厚度之比为 1/10 ~ 1/3 时，宜定名为“夹层”，厚层的土名写在前面，如黏土夹粉砂层；当厚度之比大于 1/3 时，宜定名为“互层”，如黏土与粉砂互层；当厚度之比小于 1/10，且有规律多次出现时，宜定名为“夹薄层”，如黏土夹薄层粉砂。

4.1.4 由坡积、洪积、冰水沉积形成的，颗粒级配不连续，粗细颗粒混杂的土，应判定为“混合土”。土的名称为在主要土名前冠以主要含有物的名称。当主要含有物（碎石类土、砂类土、粉土、黏性土等）的质量占总质量的 5% ~25% 时，应定名为“微含”，如微含黏土角砾土，微含碎石黏土等；当主要含有物的含量大于或等于 25% 时，应定名为“含”，如含黏土角砾土、含碎石黏土等。

4.2 一般土的分类

4.2.1 土的颗粒分组应符合表 4.2.1 的规定。

表 4.2.1 土的颗粒分组

颗粒名称		粒径 d(mm)
漂石（浑圆、圆棱）或块石（尖棱）	大	$d>800$
	中	$400<d\leqslant800$
	小	$200<d\leqslant400$
卵石（浑圆、圆棱）或碎石（尖棱）	大	$60<d\leqslant200$
	中	$40<d\leqslant60$
	小	$20<d\leqslant40$
圆砾（浑圆、圆棱）或角砾	大	$10<d\leqslant20$
	中	$5<d\leqslant10$
	小	$2<d\leqslant5$

续上表

颗　粒　名　称		粒径 d(mm)
砂　粒	粗	$0.5 < d \leq 2$
	中	$0.25 < d \leq 0.5$
	细	$0.075 < d \leq 0.25$
粉　粒		$0.005 \leq d \leq 0.075$
黏　粒		$d < 0.005$

4.2.2　碎石类土根据土颗粒的形状和级配的划分，应符合表4.2.2的规定。

表4.2.2　碎石类土的划分

土的名称	颗粒形状	土的颗粒级配
漂石土	浑圆或圆棱状为主	粒径大于200 mm的颗粒超过总质量的50%
块石土	尖棱状为主	
卵石土	浑圆或圆棱状为主	粒径大于20 mm的颗粒超过总质量的50%
碎石土	尖棱状为主	
圆砾土	浑圆或圆棱状为主	粒径大于2 mm的颗粒超过总质量的50%
角砾土	尖棱状为主	

注：定名时应根据粒径分组，由大到小，以最先符合者确定。

4.2.3　砂类土根据土的颗粒级配的划分，应符合表4.2.3的规定。

表4.2.3　砂类土的划分

土的名称	土的颗粒级配
砾　砂	粒径大于2 mm颗粒的质量占总质量的25%～50%
粗　砂	粒径大于0.5 mm颗粒的质量超过总质量的50%
中　砂	粒径大于0.25 mm颗粒的质量超过总质量的50%
细　砂	粒径大于0.075 mm颗粒的质量超过总质量的85%
粉　砂	粒径大于0.075 mm颗粒的质量超过总质量的50%

注：定名时应根据颗粒级配，由大到小，以最先符合者确定。

4.2.4　塑性指数等于或小于10，且粒径大于0.075 mm颗粒的质量不超过全部质量50%的土，应定名为粉土。

4.2.5　黏性土应根据土的塑性指数，按表4.2.5划分。

表4.2.5　黏性土的划分

土的名称	塑性指数 I_p
粉质黏土	$10 < I_p \leq 17$
黏　土	$I_p > 17$

注：1　塑性指数等于土的液限含水率与塑限含水率之差；
　　2　液限含水率试验采用圆锥仪法，圆锥仪总质量为76 g，入土深度10 mm；
　　3　塑限含水率试验采用搓条法。

4.2.6 碎石类土、砂类土、粉土的密实程度和黏性土的压缩性,应分别根据野外调查鉴定、相对密度和标准贯入锤击数、孔隙比、压缩系数等指标确定。

1 碎石类土的密实程度应根据结构特征、地貌、天然坡形态、开挖及钻探情况,按表4.2.6—1确定。

2 砂类土的密实程度应根据标准贯入锤击数或相对密度,按表4.2.6—2划分。相对密度 D_r 按下式计算:

$$D_r=\frac{e_{max}-e}{e_{max}-e_{min}} \tag{4.2.6}$$

式中 e——天然孔隙比;

e_{max}——最大孔隙比;

e_{min}——最小孔隙比。

表4.2.6—1 碎石类土密实程度的划分

密实程度	结构特征	天然坡和开挖情况	钻探情况
密实	骨架颗粒交错紧贴连续接触,孔隙填满、密实	天然陡坡稳定,坎下堆积物较少。镐挖掘困难,用撬棍方能松动,坑壁稳定。从坑壁取出大颗粒处,能保持凹面形状	钻进困难。钻探时,钻具跳动剧烈,孔壁较稳定
中密	骨架颗粒排列疏密不匀,部分颗粒不接触,孔隙填满,但不密实	天然坡不易陡立或陡坎下堆积物较多。天然坡大于粗颗粒的安息角。镐可挖掘,坑壁有掉块现象。充填物为砂类土时,坑壁取出大颗粒处,不易保持凹面形状	钻进较难。钻探时,钻具跳动不剧烈,孔壁有坍塌现象
稍密	多数骨架颗粒不接触,孔隙基本填满,但较松散	不易形成陡坎,天然坡略大于粗颗粒的安息角。镐较易挖掘。坑壁易掉块,从坑壁取出大颗粒后易塌落	钻进较难。钻探时,钻具有跳动,孔壁较易坍塌
松散	骨架颗粒间有较大孔隙,充填物少,且松散	锹可以挖掘。天然坡多为主要颗粒的安息角。坑壁易坍塌	钻进较容易。钻进中孔壁易坍塌

表4.2.6—2 砂类土密实程度的划分

密实程度	标准贯入锤击数 N	相对密度 D_r
密实	$N>30$	$D_r\geq 0.67$
中密	$15<N\leq 30$	$0.4<D_r\leq 0.67$
稍密	$10<N\leq 15$	$0.33\leq D_r\leq 0.4$
松散	$N\leq 10$	$D_r<0.33$

3 粉土密实程度的划分,应根据孔隙比按表4.2.6—3确定。

表4.2.6—3 粉土密实程度的划分

密实程度	孔隙比 e 值
密实	$e<0.75$
中密	$0.75\leq e\leq 0.9$
稍密	$e>0.9$

4 黏性土的压缩性应根据压缩系数,按表4.2.6—4确定。

表 4.2.6—4　黏性土压缩性的划分

压缩性分级	压缩系数 $a_{0.1\sim0.2}$ (MPa^{-1})
低压缩性	$a_{0.1\sim0.2}<0.1$
中压缩性	$0.1\leqslant a_{0.1\sim0.2}<0.5$
高压缩性	$a_{0.1\sim0.2}\geqslant0.5$

注：$a_{0.1\sim0.2}$为0.1～0.2 MPa压力范围内的压缩系数。

4.2.7 碎石类土、砂类土、粉土的潮湿程度和黏性土的塑性状态，应分别根据饱和度、天然含水率、液性指数等指标确定。

1 碎石类土、砂类土的潮湿程度应根据饱和度，按表4.2.7—1划分。饱和度 S_r 按下式计算：

$$S_r=\frac{V_w}{V_v}\times100\% \qquad (4.2.7—1)$$

式中 V_w——水所占的体积；

V_v——孔隙（包括水及气体）部分的体积。

表 4.2.7—1　碎石类土和砂类土潮湿程度的划分

分级	饱和度 S_r（%）
稍湿	$S_r\leqslant50$
潮湿	$50<S_r\leqslant80$
饱和	$S_r>80$

2 粉土潮湿程度应根据天然含水率，按表4.2.7—2划分。

3 黏性土的塑性状态应根据液性指数，按表4.2.7—3划分。液性指数 I_L 按下式计算：

$$I_L=\frac{w-w_p}{I_p} \qquad (4.2.7—2)$$

式中 w——天然含水率；

w_p——塑限含水率；

I_p——塑性指数。

表 4.2.7—2　粉土潮湿程度的划分

分级	天然含水率 w（%）
稍湿	$w<20$
潮湿	$20\leqslant w\leqslant30$
饱和	$w>30$

表 4.2.7—3　黏性土塑性状态的划分

塑性状态	液性指数 I_L
坚硬	$I_L\leqslant0$
硬塑	$0<I_L\leqslant0.5$
软塑	$0.5<I_L\leqslant1$
流塑	$I_L>1$

4.3　特殊土的分类

4.3.1 根据土中特殊物质的含量、结构特征和特殊的工程地质性质等因素，可将特殊土划分为黄土、红黏土、膨胀土、软土、盐渍土、多年冻土、填土等。

4.3.2 黄土的判定及分类应符合下列规定：

1 第四纪以来，在干旱、半干旱气候条件下形成的，土颗粒成分以粉粒为主、含碳酸钙及少量易溶盐、并具大孔隙和垂直节理、抗水性能差、易崩解和潜蚀、上部多具湿陷性等工程地质特征的土，应判定为黄土。

2 黄土按堆积时代的划分，应符合表 4.3.2—1 的规定。

表 4.3.2—1 黄土按堆积时代的划分

<table>
<tr><th colspan="2">时代</th><th colspan="3">地层名称</th><th>说明</th></tr>
<tr><td rowspan="2">全新世 Q_4</td><td>近期 Q_4^2</td><td rowspan="3">新黄土</td><td>—</td><td>新近堆积黄土</td><td>一般有湿陷性
常具有高压缩性</td></tr>
<tr><td>早期 Q_4^1</td><td>—</td><td rowspan="2">湿陷性黄土</td><td rowspan="2">有湿陷性</td></tr>
<tr><td colspan="2">晚更新世 Q_3</td><td>马兰黄土</td></tr>
<tr><td colspan="2">中更新世 Q_2</td><td rowspan="2">老黄土</td><td>离石黄土</td><td>—</td><td rowspan="2">一般不具湿陷性</td></tr>
<tr><td colspan="2">早更新世 Q_1</td><td>午城黄土</td><td>—</td></tr>
</table>

注：Q_2 离石黄土层顶面以下的黄土湿陷性，应根据建筑物的实际压力或上覆土的饱和自重压力进行室内湿陷性试验或现场浸水性试验确定。

3 黄土按塑性指数 I_p 的分类，应符合表 4.3.2—2 的规定。

4 黄土的湿陷性应根据室内湿陷性试验在一定压力下测定的湿陷系数值，按表 4.3.2—3 判定。

表 4.3.2—2 黄土按塑性指数的分类

名　　称	塑性指数 I_p
砂质黄土	$I_p \leqslant 10$
黏质黄土	$I_p > 10$

表 4.3.2—3 黄土湿陷性的划分

名　　称	湿陷系数 δ_s
非湿陷性黄土	$\delta_s < 0.015$
湿陷性黄土	$\delta_s \geqslant 0.015$

5 黄土在上覆土的自重压力下受水浸湿发生湿陷时，应定为自重湿陷性黄土；当黄土在大于上覆土的自重压力(包括土的自重压力和附加压力)下受水浸湿发生湿陷时，应定为非自重湿陷性黄土。

4.3.3 红黏土的判定和分类，应符合下列规定：

1 颜色呈棕红、褐黄色，覆盖于碳酸盐系岩层之上，且液限等于或大于 50% 的高塑性黏土，应判定为红黏土。红黏土经搬运、沉积后仍保留残积黏土的基本特征，且液限大于 45%，应判定为次生红黏土。红黏土具有遇水软化、失水收缩强烈、裂隙发育、易剥落等工程地质特征。

2 红黏土塑性状态的划分，应符合表 4.3.3—1 的规定。

表 4.3.3—1 红黏土塑性状态的划分

状　态	含水比 α_w 值	比贯入阻力 P_s(MPa)	经验指标
坚　硬	$\alpha_w \leqslant 0.55$	$P_s \geqslant 2.3$	土质较干、硬
硬　塑	$0.55 < \alpha_w \leqslant 0.7$	$1.3 \leqslant P_s < 2.3$	不易搓成 3 mm 粗的土条
软　塑	$0.7 < \alpha_w \leqslant 1.0$	$0.2 \leqslant P_s < 1.3$	易搓成 3 mm 粗的土条
流　塑	$\alpha_w > 1.0$	$P_s < 0.2$	流动状态

注：含水比为土的天然含水率与液限之比。

3　红黏土的裂隙状态划分，应符合表 4.3.3—2 的规定。

表 4.3.3—2　红黏土裂隙状态划分

裂隙状态	外观特征
致密状	偶见裂隙，少于 1 条/m
巨块状	裂隙较多，1～5 条/m
碎块状	裂隙发育，多于 5 条/m

4　红黏土按界限液塑比和液塑比关系分类，应符合表 4.3.3—3 的规定。界限液塑比 I_r' 和液塑比 I_r 按下列公式计算：

$$I_r' = 1.4 + 0.066w_L \qquad (4.3.3—1)$$

$$I_r = \frac{w_L}{w_p} \qquad (4.3.3—2)$$

式中　w_L——土的液限；

w_p——土的塑限。

表 4.3.3—3　红黏土按界限液塑比和液塑比关系的分类

类别	I_r 与 I_r' 的关系	收缩特征
Ⅰ类	$I_r \geq I_r'$	收缩后再浸水，膨胀量能恢复到原位
Ⅱ类	$I_r < I_r'$	收缩后再浸水，膨胀量不能恢复到原位

4.3.4　膨胀土的判定和分类，应符合下列规定：

1　土中黏粒成分主要由亲水矿物组成，具有吸水显著膨胀软化，失水急剧收缩开裂，并能产生往复胀缩变形的黏性土，应判定为膨胀土。

2　膨胀土应根据勘察阶段的需要，按下列规定进行初判和详判。

1）膨胀土的初判应根据地貌、土的颜色、结构、土质情况、自然地质现象和土的自由膨胀率等特征，按表 4.3.4—1 综合判定。

表 4.3.4—1　膨胀土的初判条件

地貌	具垄岗式地貌景观，常呈垄岗与沟谷相间；地形平缓开阔，无自然陡坎，坡面沟槽发育
颜色	多呈棕、黄、褐色，间夹灰白、灰绿色条带或薄膜；灰白、灰绿色多呈透镜体或夹层出现
结构	具多裂隙结构，方向不规则。裂面光滑，可见擦痕。裂隙中常充填灰白、灰绿色黏土
土质	土质细腻，具滑感，土中常含有钙质或铁锰质结核或豆石，局部可富集成层
自然地质现象	坡面常见浅层溜坍、滑坡、地面裂缝。当坡面有数层土时，其中膨胀土层往往形成凹形坡。新开挖的坑壁易发生坍塌
自由膨胀率 F_s(%)	$F_s \geq 40$

2）膨胀土详判应采用自由膨胀率、蒙脱石含量、阳离子交换量三项指标。当符合表 4.3.4—2 中的两项指标时，即应判定为膨胀土。

表 4.3.4—2　膨胀土的详判指标

名称	判定指标
自由膨胀率 F_s(%)	$F_s \geq 40$
蒙脱石含量 M(%)	$M \geq 7$
阳离子交换量 CEC(NH_4^+)(mmol/kg)	CEC(NH_4^+) ≥170

注：CEC(NH_4^+)表示 1 kg 干土中阳离子(NH_4^+)的交换量。

3 膨胀土的膨胀潜势,应按表 4.3.4—3 分为强、中、弱三级。

表 4.3.4—3 膨胀潜势的分级

级别 分级指标	弱膨胀土	中等膨胀土	强膨胀土
自由膨胀率 F_s(%)	$40 \leqslant F_s < 60$	$60 \leqslant F_s < 90$	$F_s \geqslant 90$
蒙脱石含量 M(%)	$7 \leqslant M < 17$	$17 \leqslant M < 27$	$M \geqslant 27$
阳离子交换量 CEC(NH_4^+)(mmol/kg)	$170 \leqslant$ CEC(NH_4^+) < 260	$260 \leqslant$ CEC(NH_4^+) < 360	CEC(NH_4^+) $\geqslant 360$

注:当有 2 项指标符合时,即判定为该等级。

4.3.5 软土的判定和分类,应符合下列规定。

1 天然孔隙比大于或等于 1.0,天然含水率大于或等于液限,压缩系数大于或等于 0.5 MPa^{-1},不排水抗剪强度小于30 kPa的黏性土,应判定为软土。软土一般含有机质,具有压缩性高、强度低、灵敏度高和排水固结缓慢的特点。软土的结构扰动后,强度有很大降低。

2 软土按物理力学性质的分类,应符合表 4.3.5—1 的规定。

表 4.3.5—1 软土的分类

名称 分类指标		软黏性土	淤泥质土	淤泥	泥炭质土	泥炭
有机质含量 w_u	%	$w_u < 3$	$3 \leqslant w_u < 10$		$10 \leqslant w_u \leqslant 60$	$w_u > 60$
天然孔隙比 e		$e \geqslant 1.0$	$1.0 \leqslant e \leqslant 1.5$	$e > 1.5$	$e > 3$	$e > 10$
天然含水率 w	%	$w \geqslant w_L$			$w \gg w_L$	
渗透系数 k	cm/s	$k < 10^{-6}$			$k < 10^{-3}$	$k < 10^{-2}$
压缩系数 $a_{0.1\sim0.2}$	MPa^{-1}	$a_{0.1\sim0.2} \geqslant 0.5$			—	
不排水抗剪强度 CU	kPa	CU < 30			CU < 10	
静力触探比贯入阻力 P_s	kPa	$P_s < 800$				
标准贯入试验锤击数 N	击	$N < 4$	$N < 2$			

注:当粉土的物理力学性质大部分与表中指标相符时,可定名为"软粉土"。

3 软土按成因分类,应符合表 4.3.5—2 的规定。

表 4.3.5—2 软土的成因类型

地貌特征	成因类型	沉积特征
滨海平原	滨海相	地层不均匀、极疏松,常与砂砾层混杂
	泻湖相	颗粒细、孔隙比大、强度低、常夹有泥炭薄层
	溺谷相	孔隙比大、结构疏松、含水率高
	三角洲相	分选性差,结构疏松、多交错层理,多粉砂薄层
湖积平原	湖相	粉土颗粒含量高,呈明显的层理,结构松软。表层硬壳厚度不规律
河流冲积平原	河漫滩相 牛轭湖相	成层情况复杂,成分不均一,以淤泥及软黏土为主,间与砂或泥炭互层
山间谷地	谷地相	软土呈片状、带状分布,靠山边浅,谷地中心深,厚度变化大。颗粒由山前向谷地中心逐渐变细。下伏硬底坡度大
泥炭沼泽地	沼泽相	以泥炭为主,且常出露于地表。孔隙极大,富有弹性。下部有淤泥或薄层淤泥与泥炭互层

4　软土的灵敏度应根据无侧限抗压强度试验或现场十字板剪切试验，按表 4.3.5—3 判定。

表 4.3.5—3　软土灵敏度的划分

灵敏度分类	灵敏度 S_t
中灵敏性	$2 < S_t \leqslant 4$
高灵敏性	$4 < S_t \leqslant 8$
极灵敏性	$8 < S_t \leqslant 16$
流　性	$S_t > 16$

1）软土的灵敏度 S_t，当采用无侧限抗压强度试验确定时，应按下式计算：

$$S_t = \frac{q_u}{q_u{}'} \quad (4.3.5—1)$$

式中　q_u——原状土的无侧限抗压强度（kPa）；

$q_u{}'$——与原状土密度和含水率相同，但结构彻底破坏的重塑土的无侧限抗压强度。

2）软土的灵敏度 S_t，当采用现场十字板塑切试验确定时，应按下式计算：

$$S_t = \frac{S_u}{S_u{}'} \quad (4.3.5—2)$$

式中　S_u——十字板剪切试验峰值强度（kPa）；

$S_u{}'$——十字板剪切试验复剪土强度（kPa）。

4.3.6　盐渍土的判定和分类，应符合下列规定：

1　易溶盐含量大于 0.5% 的土，应判定为盐渍土。当地表以下 1.0 m 深度内易溶盐的平均含量大于 0.5% 时，应定为盐渍土地区或场地。盐渍土具有较强的吸湿、松涨、溶陷及腐蚀性等工程地质特性。

2　盐渍土按含盐性质的分类，应符合表 4.3.6—1 的规定。

表 4.3.6—1　盐渍土按含盐性质的分类

盐渍土名称	盐分比值 D_1	盐分比值 D_2
氯盐渍土	$D_1 > 2$	—
亚氯盐渍土	$2 \geqslant D_1 > 1$	—
亚硫酸盐渍土	$1 \geqslant D_1 \geqslant 0.3$	—
硫酸盐渍土	$D_1 < 0.3$	—
碱性盐渍土	—	$D_2 > 0.3$

3　盐渍土含盐性质应采用下式计算：

$$D_1 = \frac{b(Cl^-)}{2b(SO_4^{2-})} \quad (4.3.6—1)$$

$$D_2 = \frac{2b(CO_3^{2-}) + b(HCO_3^-)}{b(Cl^-) + 2b(SO_4^{2-})} \quad (4.3.6—2)$$

式中 $b(Cl^-)$、$b(HCO_3^-)$、$2b(SO_4^{2-})$、$2b(CO_3^{2-})$ 是指1 kg土中所含括号内物质的质量摩尔

浓度,单位为 mmol/kg。

4 盐渍土盐渍化程度的分类,应符合表 4.3.6—2 的规定。

表 4.3.6—2 盐渍土盐渍化程度的分类

盐渍化程度	土层的平均含盐量 $\overline{DT}$(%)		
	氯盐渍土及亚氯盐渍土	硫酸盐渍土及亚硫酸盐渍土	碱性盐渍土
弱盐渍土	$0.5<\overline{DT}\leqslant1.0$	—	—
中盐渍土	$1.0<\overline{DT}\leqslant5.0$	$0.5<\overline{DT}\leqslant2.0$	$0.5<\overline{DT}\leqslant1.0$
强盐渍土	$5.0<\overline{DT}\leqslant8.0$	$2.0<\overline{DT}\leqslant5.0$	$1.0<\overline{DT}\leqslant2.0$
超盐渍土	$\overline{DT}>8.0$	$\overline{DT}>5.0$	$\overline{DT}>2.0$

注:表中"平均含盐量"按取样所代表的厚度加权平均计算。

4.3.7 多年冻土的判定和分类,应符合下列规定:

1 在自然界中,冻结状态持续两年或两年以上的土层,应判定为多年冻土。当多年冻土温度改变后,其物理力学性质随之改变,并可产生冻胀、融沉、热融滑塌等现象。

2 多年冻土的分类应根据土的类别、总含水量等,按表 4.3.7—1 进行划分。

3 多年冻土的融沉性分级,应符合表 4.3.7—2 的规定。融化下沉系数 δ_0 应按下式计算:

$$\delta_0=\frac{h_1-h_2}{h_1}\times100\% \tag{4.3.7}$$

式中 h_1——冻土试件融化前的高度(mm);

h_2——冻土试件融化后的高度(mm)。

表 4.3.7—1 多年冻土的分类

多年冻土类型	土的名称	总含水率 w_A(%)	融化后的潮湿程度	融沉等级	融沉类别
少冰冻土	碎石类土、砾砂、粗砂、中砂(粉黏粒质量不大于15%)	$w_A<10$	潮湿	Ⅰ	不融沉
	碎石类土、砾砂、粗砂、中砂(粉黏粒质量大于15%)	$w_A<12$	稍湿		
	细砂、粉砂	$w_A<14$			
	粉土	$w_A<17$			
	黏性土	$w_A<w_p$	坚硬		
多冰冻土	碎石类土、砾砂、粗砂、中砂(粉黏粒质量不大于15%)	$10\leqslant w_A<15$	饱和	Ⅱ	弱融沉
	碎石类土、砾砂、粗砂、中砂(粉黏粒质量大于15%)	$12\leqslant w_A<15$	潮湿		
	细砂、粉砂	$14\leqslant w_A<18$			
	粉土	$17\leqslant w_A<21$			
	黏性土	$w_p\leqslant w_A<w_p+4$	硬塑		

续上表

多年冻土类型	土的名称	总含水率 w_A(%)	融化后的潮湿程度	融沉等级	融沉类别
富冰冻土	碎石类土、砾砂、粗砂、中砂(粉黏粒质量不大于15%)	$15 \leq w_A < 25$	饱和出水(出水量小于10%)	Ⅲ	融沉
	碎石类土、砾砂、粗砂、中砂(粉黏粒质量大于15%)	$15 \leq w_A < 25$	饱和		
	细砂、粉砂	$18 \leq w_A < 28$			
	粉土	$21 \leq w_A < 32$			
	黏性土	$w_p + 4 \leq w_A < w_p + 15$	软塑		
饱冰冻土	碎石类土、砾砂、粗砂、中砂(粉黏粒质量不大于15%)	$25 \leq w_A < 44$	饱和大量出水(出水量为10%~20%)	Ⅳ	强融沉
	碎石类土、砾砂、粗砂、中砂(粉黏粒质量大于15%)	$25 \leq w_A < 44$	饱和出水(出水量小于10%)		
	细砂、粉砂	$28 \leq w_A < 44$			
	粉土	$32 \leq w_A < 44$			
	黏性土	$w_p + 15 \leq w_A < w_p + 35$	流塑		
含土冻层	碎石类土、砂类土粉土	$w_A \geq 44$	饱和大量出水(出水量为10%~20%)	Ⅴ	融陷
	黏性土	$w_A \geq w_p + 35$	流塑		

注:1　总含水率包括冰和未冻水;
　　2　盐渍化冻土、泥炭化冻土、腐植土、高塑性黏土不在表列。

表 4.3.7—2　多年冻土的融沉性分级

融化下沉系数 δ_0	$\delta_0 \leq 1$	$1 < \delta_0 \leq 3$	$3 < \delta_0 \leq 10$	$10 < \delta_0 \leq 25$	$\delta_0 > 25$
融沉性分级	不融沉	弱融沉	融　沉	强融沉	融　陷

4.3.8　填土的判定和分类,应符合下列规定:

1　人为活动堆填的土应判定为填土,一般具有成分复杂、固结时间短等特点。

2　填土按物质组成和堆填方式的分类,应符合表 4.3.8 的规定。

表 4.3.8　填土的分类

名　称	填　土　特　征
杂填土	土中含有较多的建筑垃圾、工业废料、生活垃圾等杂质
素填土	由碎石类土、砂类土、粉土、黏性土组成,不含杂质或杂质很少
冲填土	由水力冲填泥、砂等而成
填筑土	经人工按一定标准夯实、压密

本标准用词说明

执行本标准条文时，对于要求严格程度的用词说明如下，以便在执行中区别对待。

(1)表示很严格，非这样做不可的用词：

正面词采用"必须"；

反面词采用"严禁"。

(2)表示严格，在正常情况下均应这样做的用词：

正面词采用"应"；

反面词采用"不应"或"不得"。

(3)表示允许稍有选择，在条件许可时首先应这样做的用词：

正面词采用"宜"；

反面词采用"不宜"。

表示有选择，在一定条件下可以这样做的，采用"可"。

《铁路工程岩土分类标准》
条文说明

本条文说明系对重点条文的编制依据、存在的问题以及在执行中应注意的事项等予以说明。为了减少篇幅,只列条文号,未抄录原条文。

1.0.2 本标准所涉及的是自然的、未经人工开采或加工的,与工程建设有关的岩土。不包括人工开采的块石、料石,或经人工筛选的各种砂料、土料等,也不包括经人工处理过的地基。

1.0.3 在进行岩土分类时,本标准强调采用现场鉴定与室内、外试验,定性划分与定量评定相结合的方法。"现场鉴定"是指在地质调查的基础上,主要通过肉眼、简单的勘探手段,并结合实践经验进行的定性鉴定,它具有宏观、快速、方便和实用的优点,但量化程度往往不够。而"室内、外试验"则是对现场鉴定的验证、核对和补充,是对岩土分类提供定量指标和认识深化的重要依据。故两者缺一不可。

在进行室内、外试验时,应注意采用统一的、符合有关标准、规范的方法。在对岩土进行分类时,应注意的主要内容见说明表1.0.3。

说明表 1.0.3 对岩土进行分类时应注意的主要内容

项 目	现 场 鉴 定	室内、外试验
岩 石或岩体	成因时代、名称、岩层产状、层厚、颜色、矿物成分、结构及构造特征、节理裂隙等各类结构面的发育情况、裂隙张开及充填情况,主要结构体形状,整体强度受构造影响情况,风化程度等	干燥及饱和条件下的抗压强度,耐冻性,吸水率,显微镜鉴定,胶结物情况,各种波速的测试
土	成因时代、土名、所处的地形地貌环境、植被生长情况、颜色、颗粒级配、骨架颗粒的成分、充填物或夹杂物的主要成分、颗粒形状、胶结物、成层情况、潮湿程度、密实程度等	静力触探、动力触探、标准贯入试验、载荷试验等原位测试手段;土的物理力学性质、土的化学成分等内容的室内测试

2

本章是对本标准的主要术语和符号给出定义。对有的术语为了与一般理解相区别,特别阐明了在本标准中的特定含义。如"岩石"一词,在本标准中不是"矿物岩石学"中的一般意义,而是着重阐明其在工程方面的意义。符号的规定除采用习惯用法以外,还考虑了向国家标准靠拢,如将含水量改为含水率。

3.1.2 岩石坚硬程度的划分标准与国家标准《工程岩体分级标准》(GB 50218—94)基本一致。考虑铁路规范的连续性,此次名称仍延用"极硬岩"、"硬岩",而非"坚硬岩"、"较坚硬岩"。

3.1.3 原《铁路工程地质技术规范》(TBJ 12)中的"软质岩"单轴饱和抗压强度值为5~30 MPa,此类岩石在工程中较常遇到,而其范围值较大,工程性质差别亦较大,为工作方便起见,参考国家标准《工程岩体分级标准》(GB 50218—94)将“软质岩石”大类中的“软质岩”分为“较软岩”和“软岩”两类。

作为建筑地基的岩石,在进行岩石单轴抗压强度试验时,一般采用圆柱体作为标准试件。其直径为 50 mm,允许偏差为 ±2 mm,高度与直径之比值为 2.0。当采用点荷载试验时,由点荷载强度指数换算成岩石单轴抗压强度,可按下式计算:

$$R_c = 24.338\,2 I_{s(50)}^{0.7333} \qquad \text{(说明 3.1.3)}$$

式中 R_c——直径为 50 mm,高径比为 2 的岩石试件单轴抗压强度(MPa);

$I_{s(50)}$——岩石基准试件点荷载强度指数(MPa)。

3.1.5 岩石的耐冻性目前还没有一种较简便,又比较成熟的指标可以纳入规范。实际工作中可参阅《铁路工程岩石试验规程》(TB 10115—98)和《公路工程集料试验规程》(JTJ 058—94)的规定。

3.1.5 测定软化系数所用试件的尺寸应为“基准试件”,即采用直径 50 mm,允许偏差为 ±2 mm 的圆柱体,高径比为 2。

3.1.6 膨胀岩是一种特殊性岩石。近年来,在铁路工程建设中越来越引起设计和施工单位的重视。早在 30 年前铁路部门就有研究,在随后的侯月线、宝中线及南昆线的建设中,都结合勘测设计和施工进行了有关膨胀岩的试验研究,铁道部科学研究院西北分院、铁道部隧道工程局还专门进行了膨胀岩判定和分级标准、膨胀岩隧道设计与修建技术等研究。鉴于铁路行业对膨胀岩理论已有一定深度的认识,工程实践中也积累了一些经验,为体现规范在技术上的进步,满足工程建设的需要,本着实事求是、积极稳妥的原则,将膨胀岩纳入规范是必要的和有基础的。但是我们也应看到,目前我们对某些膨胀岩膨胀机理的研究还有待于进一步深化;研究膨胀岩的某些试验方法还不完善;膨胀岩的膨胀性分级标准,以及与膨胀性分级相对应的工程措施之间还没有建立起很好的联系等,这些都有待于今后的深入研究和实践经验的积累。为此,本标准仅规定了膨胀岩的定义和膨胀岩的判定标准。

膨胀岩判定标准的室内试验方法,应采用现行《铁路工程岩石试验规程》(TB 10115—98)中规定的自由膨胀率试验、膨胀压力试验和饱和吸水率试验方法。由于易崩解岩石的自由膨胀率试验在浸水情况下无法测定其径向和轴向的自由膨胀率,所以作了“将岩石砸碎成小于 5 mm 粒径的角砾,置于粉碎机中粉碎,全部过 0.5 mm 的筛后按膨胀土自由膨胀率的测试方法进行试验”的规定。

由于不易崩解岩石的自由膨胀率试验可得到岩石轴向和径向两个自由膨胀率数值,为便于操作,本标准规定了取两值中的大值与表中判定标准进行对比、判定的办法。

因为膨胀岩含有大量的亲水矿物,它所具有的膨胀性特征均与水有着密切的关系,所以在勘测设计与施工中应特别重视水对膨胀岩体的影响。

3.2.7 在对岩体进行完整程度划分时,除采用“岩体完整性指数”外,还可采用“岩体体积节理数”作为参考指标。测试方法如下:

针对不同的工程地质岩组或岩性段,选择有代表性的具有三维空间的岩体露头或工程开挖面进行节理(或结构面)的统计。每一测点的面积不小于 2 m×5 m,测线布置应垂直于被测的一组结构面走向,且测线长度不小于 5 m。测量垂直于测线结构面的条数或每组节理的平均间距,并按下式计算:

$$J_v = S_1 + S_2 + S_3 + \cdots + S_n + S_k \qquad \text{(说明 3.2.7)}$$

式中　J_v——岩体体积节理数(条/m^3)；

S_n——第 n 组节理每米长测线上的条数；

S_k——每立方米岩体中非成组节理的条数。

已为硅质、铁质、钙质充填并再胶结的节理不予统计。

“岩体体积节理数 J_v”与“岩体完整性指数 K_v”的对应关系如说明表 3.2.7。

说明表 3.2.7　J_v 与 K_v 对应关系

J_v(条/m^3)	$J_v<3$	$3 \leqslant J_v<10$	$10 \leqslant J_v<20$	$20 \leqslant J_v<35$	$J_v \geqslant 35$
K_v	$K_v>0.75$	$0.75 \geqslant K_v>0.55$	$0.55 \geqslant K_v>0.35$	$0.35 \geqslant K_v>0.15$	$K_v \leqslant 0.15$

4.1.4　关于“混合土”国内外较多的规范都将含有物小于 5% 作为“不含”的标准，即不考虑含有物对土工程性质的影响。如碎石类土中含有小于 5% 的砂或土时，其含有物仅充填碎石类土中的孔隙，起骨架作用的仍是粗颗粒。当含有物为 5% ~25%（有的规范为 5% ~15% 或 5% ~20%）时，含有物对土的工程性质将有一定的影响，定名时应予以考虑。当含有物大于 25% 时，对土的工程性质将产生较大影响。如黏性土中含有的粗颗粒质量大于 25% 时，粗颗粒已能在土中起到部分骨架作用，对土的基本承载力、抗剪强度、摩擦力等工程性质都会有影响，鉴于上述情况及多年的实践经验，本标准考虑划分指标的简化，规定了含有物大于 5% 时才参与土的定名，并将 25% 作为“微含”与“含”的界限。

4.2.4　根据多年来的实践经验，粉土是具有一定塑性，但又同时具有某些砂类土特性的土。这种土具有较特殊的工程性质，如不具有典型的塑性，干强度较低，有明显的摇振反应，易液化等。因此，应采用不同的试验方法对其进行评价，有针对性地提出这类土的设计参数和工程措施意见。本标准对粉土的定名采用了两个指标，即塑性指数小于或等于 10 和粒径大于 0.075 mm 颗粒的质量不超过全部质量的 50%。在实际工作中可先进行塑性指数的判定，当塑性指数小于 3 时，为与粉砂相区别，应再做颗粒分析试验，以确定大于 0.075 mm 颗粒的含量。

4.2.5　土的液、塑限试验方法规定如下：塑限采用搓条法；液限采用圆锥仪法，圆锥仪总质量为 76 g。

4.2.6　在实际工作中遇到的第四系碎石类土及中、粗、砾砂呈密实或松散状态的并不很多，常见的一般是中密状态的。但同是“中密”状态的碎石类土及砂类土，其工程性质却往往相差较大。为此，参照《岩土工程勘察规范》(GB 50021—94)，并根据天然坡和开挖情况、钻探情况、相对密度、标贯锤击数等，将“中密”的碎石类土及砂类土进一步划分为“中密”和“稍密”两类。

由于碎石类土动力触探锤击数不仅与其密实程度有关，而且与碎石的成分和级配有关，因此采用动探锤击数作为划分碎石类土密实程度的定量指标离散性较大，目前资料也较少，还有待资料的积累和分析总结。

随着原位测试技术的不断发展，实际工作中已很少用“相对密度”，而多采用标准贯入试验的方法来划分砂类土的密实程度，这种方法准确、简便易行。因此，在确定砂类土的密实程度时，应将标准贯入试验作为主要手段。

粉土因具有砂类土的某些特性，其密实程度的划分指标采用孔隙比是比较科学的。划分的依据可参阅《岩土工程勘察规范》(GB 50021—94)第 2.2.10 条条文说明的有关内容。

4.2.7 经验证明，由于粉土低塑性的特征，其潮湿程度如采用液性指数，显然不适用于塑性指数小于3的粉土的情况；比照砂类土采用饱和度指标又很难反映粉土的情况，因此目前只能采用含水率指标来进行划分。划分的依据可参阅《岩土工程勘察规范》（GB 50021—94）第2.2.10条条文说明。

4.3.1 自然界中具有特殊工程地质性质的土较多，除本标准所列的一些特殊土以外，还有污染土、风化土或残积土等。因实际工作中遇到较少，对它们研究不够，加之它们的工程性质随土的污染程度、污染物成分、母岩成分、土中所夹成分等的不同，会有很大的变化，目前纳入规范的条件还不成熟，待积累资料后再考虑纳入本标准。

4.3.2 黄土是我国北方地区常见的一种特殊土。因受成因和土中所含碳酸钙成分控制，使其具有湿陷性，抗水性能差，易崩解、潜蚀，具大孔隙和垂直节理发育等特征。本标准列出其主要特征之一——湿陷性的划分标准。对于其他特征，如具垂直节理、遇水易受侵蚀等，在工程中均应根据具体情况，采取相应的措施，以保证工程的安全。

对于一般建筑物来说，条文中室内湿陷性试验的“一定压力”是指，基底以下10 m以内的土层采用200 kPa压力；10 m以下至非湿陷土层顶面，采用上覆土层的饱和自重压力，当大于300 kPa时，仍用300 kPa；当基底压力大于300 kPa时，可按实际压力考虑。对建于厚层黄土上的重要建筑物，应慎重研究黄土的湿陷性。

4.3.3 为了方便对红黏土塑性状态的划分，本标准规定了划分的定量指标：含水比和野外原位测试的方法；还提出了经验指标。实际工作中三种指标可分别单独使用。当按某种方法确定，指标位于界限值附近，判断困难时，应采用另外两种方法予以核对。

红黏土塑性状态划分的标准主要是参考了《岩土工程勘察规范》（GB 50021—94）附录八的有关内容。为了与铁路有关规范塑性状态划分的级别一致，从红黏土的特殊性和偏于安全方面考虑，将《岩土工程勘察规范》（GB 50021—94）中“可塑”状态的指标划归“软塑”。由于此次标准制定中对红黏土工程性质的研究较少，分类指标还有待今后室内试验与工程实践经验的积累。

4.3.4 对膨胀土的判别规定了初判和详判两个步骤。一般情况下，在一个地区开展工作时应首先根据地貌、土的颜色、结构、土质、自然地质现象等进行调查、分析、对比，并辅以简单的“自由膨胀率”试验进行初判。在初判基础上应根据勘测阶段的要求进行详判，并确定膨胀土的膨胀潜势。

4.3.5 软土应采用多种指标综合判定，除天然孔隙比大于或等于1和天然含水率大于或等于液限外，还应考虑压缩系数、不排水抗剪强度和静力触探比贯入阻力等指标。

软土的判定应以天然孔隙比、天然含水率及原位测试方法（如十字板剪切强度、静力触探比贯入阻力等）为主要判定标准。当天然含水率接近液限、天然孔隙比接近1时，应参考其他指标综合确定。

软土力学指标的取得，本标准推荐采用现场原位测试的方法。

粉土是本标准新划分出的一种土类。它包括了原铁路工程土类划分中的黏砂土（塑性指数3～7的黏性土）和部分砂黏土（塑性指数7～10的黏性土），当这部分土的物理力学指标达到软土的指标时，也应定为软土。由于具有软土特征的这部分粉土的工程性质研究的还不充分，所以只在“表4.3.5—1 软土的分类”中以注的形式出现，且暂定名为“软粉土”。

软土灵敏度指标的取得，一般采用现场十字板剪切试验和原状土室内试验两种方法。

现场十字板抗剪强度试验是将十字板剪切的“峰值强度”与“重复剪土的强度”的比值作为灵敏度指标；室内试验是将“原状土的无侧限抗压强度”与“与原状土同密度、同含水率，但结构彻底破坏的重塑土的无侧限抗压强度”的比值作为灵敏度指标。

4.3.6 本条规定了对盐渍土和盐渍土场地的含义。对土而言，只要土中的易溶盐含量大于或等于0.5%，就应定为盐渍土。其中易溶盐含量是指1 000 g土中所含易溶盐的“克”数，以百分数表示。在评价盐渍土场地时，应根据地表以下1.0 m深度范围内土的平均含盐量确定。确定方法如下：

作为盐渍土分析的土样应分段连续采集，取样深度一般为1 m。在0～0.05 m、0.05～0.25 m、0.25～0.5 m、0.5～0.75 m、0.75～1.0 m五段分别采集。因地下水位以下土中含盐量明显减少，所以，当地下水位小于1.0 m时，取样至地下水位；如地下水位大于1.0 m，且1.0 m深度以下土中的含盐量仍较大时，应加大取土深度。

土层中平均含盐量的计算应根据每层土的含盐量，按取样厚度加权平均。计算公式如下：

$$\overline{DT}=\frac{\sum_{i=1}^{n} h_i \cdot DT_i}{\sum_{i=1}^{n} h_i} \qquad \text{（说明 4.3.6）}$$

式中 $\overline{DT}$——土层的平均含盐量（%）；

DT_i——第 i 层土的含盐量（%）；

h_i——第 i 层土的厚度（m）。

中华人民共和国行业标准

铁建设函〔2003〕99号

铁路工程地质遥感技术规程

TB 10041—2003
J 262—2003

2003—03—28　发布　　　　2003—06—01　实施

中华人民共和国铁道部　发布

前　言

本规程是根据铁道部《关于下达2000年铁路工程建设规范、定额编制计划的通知》（铁建设函〔2000〕36号）的要求，在《铁路工程地质遥感技术规程》（TB 10041—95）基础上修订而成的。

本规程内容包括总则、术语、基本规定、遥感图像的选用和处理、工程地质遥感工作的内容和方法、铁路工程地质勘察阶段遥感工作、施工阶段和运营阶段工程地质遥感工作等7章，另有8个附录。

本规程修订的主要内容如下：

（1）根据铁路工程地质遥感工作的特点，规定了铁路工程地质遥感工作的作业程序、技术要求及工作方法。

（2）增加了加深地质工作中的工程地质遥感工作内容。

（3）增加了施工阶段和运营阶段工程地质遥感工作内容。

（4）增加了附录A 主要岩土的解译标志，附录B 主要地质构造的解译标志和附录C 主要不良地质的解译标志。

（5）纳入遥感技术近几年的新成果和通过生产实践总结出的成功的工作方法。

在执行本规程过程中，希望各单位结合工程实践，认真总结经验，积累资料。如发现需要修改和补充之处，请及时将意见及有关资料寄交铁道第三勘察设计院遥感中心（北京市朝阳门外大街227号，邮政编码：100020），并抄送铁路工程技术标准所（北京市海淀区羊坊店甲8号，邮政编码：100038），供今后修订时参考。

本规程由铁道部建设管理司负责解释。

本规程主编单位：铁道第三勘察设计院。

本规程主要起草人：卓宝熙、戈清萍。

目　次

1 总 则

1.0.1 为了统一铁路工程地质遥感技术要求，保证勘察质量，制订本规程。

1.0.2 本规程适用于新建、改建铁路勘察、设计、施工及运营阶段的工程地质遥感工作。

1.0.3 铁路工程地质勘察工作应充分发挥遥感技术的宏观指导作用，遥感技术应用应与其他勘察手段密切配合，合理使用，对线路方案的工程地质、水文地质条件作出评价。

1.0.4 遥感工作应充分利用各种片种、多种波段、多种时相的遥感数据进行复合图像处理和综合解译对比，提高遥感技术应用效果。

1.0.5 铁路工程地质遥感技术工作，除应符合本规程外，尚应符合国家现行有关强制性标准的规定。

2 术 语

2.0.1 遥感 remote sensing

在一定距离以外感测目标物的“信息”,通过对信息的分析研究,确定目标物的属性及目标物之间的相互关系。

2.0.2 遥感技术 remote sensing technology

从地面到高空各种对地球、天体观测的综合性技术系统的总称。由遥感平台、遥感仪器,以及信息接收、处理与分析应用等组成。

2.0.3 遥感图像 remote sensing image

通过安装在遥感平台上的遥感器对地球表面摄影或扫描获得的影像经过处理后获得的图像。

2.0.4 航空遥感图像 airborne remote sensing image

从飞机、飞艇、气球等空中平台上对地观测所获取的遥感图像。

2.0.5 航天遥感图像 astronautics remote sensing image

利用太空飞行器为平台所获取的遥感图像。也称太空遥感图像。

2.0.6 辐射能 radiant energy

电磁辐射所携带(或传递)的能量,它表示在给定的时间间隔内由辐射源辐射出的全部能量。

2.0.7 物体的波谱特性 spectral property of body

物体辐射能量随波长改变而改变的特性。又称地物的波谱特性。

2.0.8 图像处理 image processing

对图像进行重组和变换的各种技术方法的统称。

2.0.9 解译标志 interpretation key

在遥感图像上能反映和判别目标物属性的图像特征。包括:地物的形状、大小、阴影、色调和色彩、纹理、图案、位置、布局等等,又称判释标志。解译标志可分为直接解译标志和间接解译标志。

2.0.10 遥感图像解译 remote sensing image interpretation

根据人们对客观事物所掌握的解译标志和实际经验,通过各种手段和方法,对图像进行分析,达到识别目标物的属性和含义的过程。又称遥感图像判释。

2.0.11 遥感图像工程地质解译 remote sensing image interpretation of geology enginerring

利用人们所掌握的地学知识,通过各种手段和方法,对图像进行分析,达到识别与工程建设有关的地貌、地层岩性、地质构造、不良地质、水文地质等地质现象的过程。

2.0.12 初步解译 first interpretation

外业工作前,在室内对遥感图像进行的概略解译。

2.0.13 复核解译 check interpretation

在外业验证调查过程中,根据对解译标志的进一步认识,对初步解译成果进行修改、补充的解译。

2.0.14 最终解译 last interpretation

在外业验证调查工作结束后，用新建立的解译标志，对图像进行最终的全面的解译。

2.0.15 航片调绘面积 area of aerophoto investigation

航片上，本条航线纵向重叠和相邻航线间旁向重叠的中间部分，选同名地物点联线画出的四周闭合范围。

2.0.16 数字正射影像图 digital orthophotomap

根据数字地形模型对中心投影的航摄影像进行纠正处理，消除了投影差的垂直投影的影像地图。

3 基本规定

3.0.1 工程地质遥感技术宜用于下列地区：

1 地质条件复杂的山区，不良地质发育、水文地质复杂的地区；

2 地形陡峻、交通困难、地面调查难以进行的地区；

3 河网密布、河流变迁频繁的平原地区；

4 大江、大河、海域及越岭地区；

5 地表裸露良好和以物理风化为主的干旱和半干旱地区；

6 目标物解译标志明显而稳定的地区。

3.0.2 工程地质遥感工作应按准备工作、初步解译、外业验证调查与复核解译、最终解译与资料编制等程序进行。

3.0.3 遥感图像解译应安排在工程地质地面调查之前，以遥感图像解译成果为指导，开展工程地质地面调查工作。

3.0.4 工程地质遥感图像解译应包括下列内容：

1 地貌特征及分区，水系分布范围、形态分类及发育特征等；

2 区分地层、岩性（岩组）的界线和估测岩层产状要素；

3 褶曲、断层的位置和性质，规模较大的断层破碎带范围，隐伏断层、节理密集带的位置和延伸方向；

4 活动断裂的工程地质评估，地震区的区域稳定性评估；

5 不良地质的类型、范围、成因、分布规律及动态分析等，特殊岩土的类型及分布范围；

6 地下水（含温泉）的露头、有水文意义的水井的位置、地下水富水地段，地貌、岩性、地质构造等与地下水的关系；

7 工程地质分区、工程地质条件概略评价，水文地质概略分区。

3.0.5 工程地质遥感工作，应根据勘测阶段、调查目的和地质复杂程度，选择适用的卫星图像及航空遥感图像。

3.0.6 遥感图像成像时间应选在各目标物之间辐射能差别或有效颜色差别出现最大值时进行。

3.0.7 遥感图像比例应能满足测图精度和解译要求。当搜集的遥感图像比例较小，无法满足解译要求时，可将其适当放大使用。

3.0.8 图像处理，一般情况下应以图像增强方法为主。对特定目标的解译，应选择与其相适用的处理方法。

3.0.9 遥感图像的解译，应按照先航天遥感图像，后航空遥感图像；先小比例航空遥感图像，后中、大比例航空遥感图像的顺序进行。

3.0.10 遥感图像解译成果应根据工程地质勘察阶段、工程的重要程度，对依据不足的判释成果进行现场验证。

3.0.11 遥感图像解译标志的建立应符合下列规定：

1 解译标志的内容应包括有指导意义的水系、地貌、地层、岩性（岩组）、地质构造、不良地质、水文地质、植被、人类活动等的典型影像特征。建立的解译标志应具有代表性、实用性和稳定性。

2 解译标志应按下列方法确定：

1）根据解译经验；

2）遥感图像与实地对照；

3）与相同地区既有的典型遥感地质样片对照；

4）遥感图像与该地区正式地质图件对照。

3 必要时对遥感图像的各种解译标志应有详细的文字描述，并整理成册。

3.0.12 开展地层、岩性（岩组）、地质构造、不良地质解译时，其解译标志可按照附录A、附录B和附录C确定。

4　遥感图像的选用和处理

4.0.1　遥感图像进行地质解译时，应根据不同勘察目的，按表4.0.1选用遥感图像。

表4.0.1　遥感图像的选用

类　　别	适　用　范　围
航天遥感图像	分析宏观地质背景和构造格架，概略评价工程地质条件
黑白航空像片	解译地貌、地层（岩性）、地质构造、不良地质、水体、植被等
天然彩色航空像片	解译裸露良好、色彩鲜艳的岩层，植被等
黑白红外航空像片	解译雾霾严重地区，水体、植被等
彩色红外航空像片	解译地貌、地层（岩性）、地质构造、不良地质、水体、植被等；高含水量的近代沉积层，黄泛区
热红外航空扫描图像	解译地下水、温泉、充水断层、隐伏断层、浅层岩溶等
机载侧视雷达图像	解译线性构造、宏观地层、水体以及森林分布地区等

4.0.2　遥感图像处理前宜作好下列工作：

1　搜集或实测图像处理地区典型物体的波谱特性资料；

2　制定图像处理方案。

4.0.3　遥感图像处理方法的选择应根据拟提取的信息目标、遥感资料、图像处理设备条件等情况，按本规程附录D确定。

5　工程地质遥感工作的内容和方法

5.1　准 备 工 作

5.1.1　准备工作应包括资料搜集、航空遥感图像的质量检查和编录、整理等内容。

5.1.2　资料搜集应包括下列内容：

1　按不同的勘测阶段，搜集所需比例的地形图；

2　各种陆地卫星图像、航空遥感图像、典型的物体波谱特性资料等；

3　搜集各种地质图、地层表、地震、勘探、测试和气象等资料以及相应的文字材料。

5.1.3　搜集的资料应符合下列要求：

1　陆地卫星资料可搜集图像或图像数字磁带；

2　航空遥感图像应主要搜集黑白航空像片，包括单张的像片和镶嵌复照图各 1 ~ 2 套，其他航空遥感图像可按需要搜集；

3　进行不良地质动态分析时，应搜集不同时期的航空遥感图像；

4　搜集热红外扫描图像时，应了解其成像时间、气象条件、扫描角度、温度灵敏度、地面测温等资料；

5　搜集该区典型的地物波谱特性资料。

5.1.4　航空遥感图像的质量应满足解译的要求，质量检查的内容应包括：范围、重叠度、成像时间、比例、影像清晰度、反差、物理损伤、色调、云量等。

5.1.5　根据解译目的，应确定遥感图像处理方案并进行遥感图像处理（见附录 D）。

5.1.6　遥感图像应进行编录和整理。

5.2　初 步 解 译

5.2.1　解译前首先应结合线路方案、地质特点、遥感图像种类及其可解译程度等，开展下列工作：

1　确定解译范围和解译工作量；

2　制定解译原则和技术要求；

3　建立区域解译标志。

5.2.2　对基岩和地质构造的可解译程度可按表 5.2.2 进行划分。

表 5.2.2　可解译程度划分

可解译程度	测　区　特　征
良　好	植被和乔木很少，基岩出露良好，解译标志明显而稳定，能分出岩类和勾绘出构造轮廓，能辨别绝大部分的地貌、地质、水文地质细节
较　好	虽有良好的基岩露头，但解译标志不稳定，或地质构造较复杂，乔木植被和第四系覆盖率小于 50%，基岩和地质构造线一般能勾绘出来

续上表

可解译程度	测　区　特　征
较　差	森林(植被)和第四系地层覆盖率达50%以上,只有少量基岩露头,岩性和构造较复杂,解译标志不稳定,只能判别大致轮廓和个别细节
困　难	大部分面积被森林(植被)和第四系地层覆盖,或大片分布湖泊、沼泽、冰雪、耕地、城市等。只能解译一些地貌要素和地质构造的大体轮廓,一般分辨不出细节

5.2.3 遥感图像解译成果需用航测仪器成图时,应在隔号遥感图像上按本规程附录E划定调绘面积。

5.2.4 遥感图像解译应符合下列要求:

1 能构成立体像对的图像,应借助解译仪器进行立体观察;

2 遥感图像解译过程中,应按先主后次,先大后小,从易到难的顺序,反复解译、辨认。重点工程地段和线路附近,应仔细解译和研究;

3 应按照规定的图例、符号和颜色,在隔号航空像片上进行地质界线勾绘和符号注记;

4 调绘范围应在像片调绘面积内或在压平线范围内进行。当像片上无压平线时,距像片边缘不应小于1.5 cm。

5.2.5 遥感图像解译时,凡图像上出露范围达到2 mm×2 mm及以上的闭合体以及长度达到5 mm的线状地质体,均应勾绘出来,勾绘的界线与实际影像误差不得大于0.5 mm。

5.2.6 遥感图像调绘和解译应包括下列内容:

1 居民点、道路、山脊线、垭口等一般地物、地貌;

2 水系、地貌、地层、岩性(岩组)、地质构造、不良地质与特殊岩土、水文地质等。

5.2.7 水系的解译应包括下列内容:

1 水系形态的分类、水系密度及方向性的统计、冲沟形态及其成因;

2 河流袭夺现象、阶地分布情况及特点;

3 水系发育与岩性、地质构造的关系;

4 岩溶地区的水系应标出地表分水岭的位置。

5.2.8 地貌的解译应包括下列内容:

1 各种地貌形态、类型以及地貌分区界线;

2 地貌与地层(岩性)、地质构造之间的关系;

3 地貌的个体特征、组合关系和分布规律。

5.2.9 地层、岩性(岩组)的解译应包括下列内容:

1 参照既有地质图,确定地层、岩性(岩组)的类型,并进行地层、岩性(岩组)划分,估测岩层的产状;

2 对工程地质条件有直接影响的单层岩石应单独勾绘出来;

3 确定第四系地层成因类型和时代;

4 不同地层、岩性(岩组)的富水性及工程地质条件等的评价。

5.2.10 地质构造的解译应包括下列内容:

1 褶曲的类型、轴的位置、长度和倾伏方向;

2 断层的位置、长度和延伸方向,断层破碎带宽度;

3 节理延伸方向和交接关系,节理密集带分布范围;

4 隐伏断层和活动断裂的展布。

5.2.11 不良地质与特殊岩土的解译应包括下列内容：

1 各种不良地质类型及其分布范围；

2 不良地质的分布规律、产生原因、危害程度和发展趋势；

3 特殊岩土的类型及其分布范围。

5.2.12 水文地质解译应包括下列内容：

1 大型泉水点或泉群出露的位置和范围；

2 湿地的位置和范围；

3 潜水分布与第四系地层的关系。

5.2.13 初步解译过程中，对重要的和需进行外业验证的解译成果，应按本规程附录F填写图像解译特征。初步解译后，可编制遥感地质初步解译图。遥感地质初步解译图的底图可选用1:2 000～1:100 000比例的地形图、简化地形图或水系图。图中内容应包括各种地质解译成果、调查路线和拟验证的地质观测点等。

5.3 外业验证调查与复核解译

5.3.1 外业验证调查的重点应包括下列内容：

1 对工程有影响和有疑问的地质现象或地质体；

2 对工程有影响的重大不良地质与特殊岩土；

3 尚未确定的地层、岩性(岩组)界线、地质构造线等；

4 解译结果与现有资料有矛盾的地质问题。

5.3.2 外业验证调查应符合下列规定：

1 对进行现场验证的每个解译成果应按本规程附录F填写现场验证结果，并补充、修改图像解译特征；

2 外业验证调查应根据实地情况，修改、补充解译标志，并根据新建立的解译标志，进行复核解译，修改遥感地质初步解译图。

5.3.3 地质观测点的刺点应符合下列要求：

1 重要的地质观测点，应在航空遥感图像上刺点和编号，在观测点记录表(记录本)上注明点所在测段、图像号，并进行描述；

2 刺点的点位误差不应大于0.2 mm。

5.3.4 地质观测点的平面和高程位置的确定，可采用以下方法：

1 在航测地形图上查得；

2 在航测仪器上直接量测；

3 内业电算加密求得；

4 外业控测时联测求得；

5 利用GPS求得。

5.3.5 航空遥感工程地质外业验证点的平均密度应符合下列规定：

1 在遥感图像上，每条地质界线至少应布设1个验证点。当地质界线显示不清晰时，应增设验证点。

2 航空遥感工程地质外业验证点平均密度可按表5.3.5确定。

表 5.3.5 航空遥感工程地质外业验证点平均密度

测图比例	验证点数(个/km^2)	
	第四系覆盖层区	基岩裸露区
1:50 000	0.1~0.3	0.5~1.0
1:25 000	0.2~1.0	1.0~2.5
1:10 000	0.5~2.0	1.5~4.5
1:2 000~1:5 000	2.0~5.0	6.0~15

5.3.6 外业验证调查中,应搜集和验证遥感图像地质样片,并按本规程附录 G 填写遥感图像地质样片说明表。

5.4 最终解译与资料编制

5.4.1 外业验证调查结束后,应进行遥感图像的最终解译,全面检查遥感地质解译成果,并应做到各种地层、岩性(岩组)、地质构造、不良地质等的定性和界线接边正确。

5.4.2 遥感图像最终解译后,应按规定的图例、符号和颜色进行整饰,并应根据整饰的成果编制有关遥感工程地质图件。

5.4.3 遥感图像和遥感工程地质成图的比例关系应符合下列要求:

1 编制 1:100 000~1:200 000 的遥感工程地质图,应利用相应比例的航天遥感图像,还可结合应用小比例航空遥感图像;

2 编制 1:50 000 的遥感工程地质图,可利用相应比例的航空遥感图像或航天遥感图像;

3 编制 1:10 000~1:25 000 的遥感工程地质图,应利用相应或比例略小于地质图的航空遥感图像;

4 编制 1:2 000~1:5 000 的遥感工程地质图,应利用1:8 000~1:20 000 的航空遥感图像;

5.4.4 遥感工程地质图的编制应符合下列要求:

1 编制 1:10 000~1:200 000 的遥感工程地质图,宜用相关地物法进行转绘;

2 编制 1:2 000~1:5 000 的遥感工程地质图,应通过航测仪器转绘成图;

3 遥感工程地质图底图可从下列几种图件中选用:

1)地形图、简化地形图或水系图;

2)航天遥感图像;

3)航空遥感图像平面图或数字正射影像图。

6　铁路工程地质勘察阶段遥感工作

6.1　踏　　勘

6.1.1　踏勘阶段工程地质遥感工作应了解测区内影响线路方案的主要工程地质问题及控制线路方案的越岭地段、大河桥渡等的工程地质条件，为线路各方案的工程地质条件评价和方案比选提供工程地质遥感资料。

6.1.2　遥感资料搜集应符合下列要求：

1　按工作目的和需要搜集近期的波段齐全的陆地卫星图像或图像数据磁带。

2　根据需要，搜集黑白航片和镶嵌复照图各1～2套。黑白航片搜集的宽度应满足解译要求。其他航空遥感图像可按需要搜集。

3　航天遥感图像比例为1∶100 000～1∶500 000；航空遥感图像比例为1∶50 000左右。

6.1.3　遥感图像解译宽度，在线路位置每侧宜为5～15 cm。

6.1.4　遥感图像解译应以卫星图像为主，必要时利用小比例航片对解译成果进行修改、补充。

6.1.5　踏勘阶段工程地质遥感工作应包括下列主要内容：

1　结合区域地质资料，了解线路通过地区的地层、岩性（岩组）、地质构造、水文地质等概况；

2　概略查明影响线路方案的主要构造线的展布；

3　概略查明控制线路方案的不良地质、特殊岩土的类型与分布。

6.1.6　工程地质遥感成果资料的编制，应包括下列内容：

1　遥感工程地质说明书。

2　遥感工程地质图，比例为1∶50 000～1∶200 000（工程地质简单时可用1∶500 000）。图的内容应包括地层、岩性（岩组）分界线、主要构造线、代表性岩层产状、重大不良地质与特殊岩土的类型及界线、地震动峰值加速度区划、地下水露头（泉、水井）、地质图例等。对控制线路方案的不良地质、特殊岩土、主要构造等，可用文字说明，并以图例表示在平面图上的相应地段，图面宽度在图中宜为线路位置每侧各5～15 cm。有条件时，应利用全数字摄影测量方法，编制数字遥感工程地质图。

3　必要时作遥感图像处理成果图、航空遥感图像地质平面图、数字正射影像地图、遥感图像地质样片册等。

6.2　加深地质工作

6.2.1　工程地质遥感工作应通过多片种的遥感图像解译，结合地面调查、物探等，从宏观上初步查明控制和影响线路方案的主要工程地质问题，提出初测方案范围和评价意见。

6.2.2 资料搜集应包括遥感资料和地质资料。

1 遥感资料搜集应包括下列内容:

1)根据需要搜集合适的卫星遥感图像。

2)航空遥感图像比例为1:50 000左右的黑白航空像片和镶嵌复照图1~2套。

3)必要时,应根据调查目的,有选择性地进行黑白、天然彩色、黑白红外、彩色红外、热红外、机载侧视雷达等片种的航空成像,比例为1:5 000~1:20 000。

2 地质资料搜集应包括各种地质图、地层表、地震、勘探、测试、气象等资料及相应的文字资料等。

6.2.3 工程地质遥感解译工作应包括以下内容:

1 划分测区内的工程地质岩组,并了解其工程地质特性;

2 查明测区内影响线路方案的断裂构造和褶曲轴线的展布;

3 查明测区内断裂构造的活动性;

4 查明越岭地段及大河桥渡地段节理密集带、挤压破碎带的分布及其工程地质特性;

5 查明测区内重大不良地质与特殊岩土的规模及其分布范围。

6.2.4 遥感图像的解译范围应符合下列要求:

1 航空遥感图像的解译范围应包括所有线路方案在内的区域;

2 为了解区域构造格架及区域性大断裂的展布,航天遥感图像的解译范围应适当加宽。

6.2.5 工程地质遥感成果资料的编制,应包括下列内容:

1 遥感工程地质报告,应包括下列内容:

1)工程地质遥感工作概况、遥感图像的选择及处理方法、主要成果等;

2)工程地质岩组的解译;

3)地质构造(包括褶曲构造、断裂构造、节理密集带等)的解译;

4)不良地质与特殊岩土的解译;

5)线路方案工程地质条件的评价及结论意见。

2 航天遥感工程地质解译比例为1:100 000~1:200 000,内容应包括主要褶曲构造线、断裂构造线、主要工程地质岩组分界线、地震动峰值加速度区划、重大不良地质等。

3 遥感工程地质图,比例为1:10 000~1:50 000。内容应包括工程地质岩组分界线、主要构造线、代表性岩层产状、重大不良地质与特殊岩土的类型及界线、地下水露头、地质图例等。

4 工程地质遥感专题图,包括水系图、地貌分区图、地层分布图、断裂图、节理裂隙图、隧道工程地质图、隧道纵断面富水程度分段图、特大桥工程地质图、不良地质分布图、岩溶分布图、工程地质分区图、植被分布图、三维透视图、数字正射影像图、透视景观图等。以上图件根据工作目的有选择性地作。

5 必要时作遥感图像处理成果图、航空遥感图像地质平面图、数字正射影像地图、遥感图像地质样片册等。

6.3 初 测

6.3.1 初测阶段工程地质遥感工作应对已有遥感地质资料进行复判和现场验证,整理并提交工程地质遥感解译成果,为线路方案的工程地质条件评价及比选提供依据。

6.3.2 准备工作应包括资料搜集、航空遥感图像的质量检查和编录整理。

1 遥感资料搜集应符合下列要求：

1)搜集黑白航空像片和镶嵌复照图各1～2套，搜集的宽度应满足解译要求。其他遥感图像可按需要搜集。

2)航空像片比例为1:8 000～1:20 000。

3)控制线路方案的长隧道、特大桥、重大不良地质及特殊岩土等工点，可制作航空遥感图像平面图或数字正射影像图。

2 地质资料应搜集各种地质图、地层表、地震、勘探、测试、气象等资料及相应的文字资料。

6.3.3 初步解译工作应包括划定调绘面积、地物与地貌调绘、工程地质解译、编制遥感地质初步解译图及填写遥感图像地质解译验证表(见附录F)。初步解译应符合下列规定：

1 工程地质解译宽度宜为图中线路位置每侧5～10 cm。

2 工程地质解译调绘应在调绘面积内进行；相邻像片的接边内容不应有矛盾，其界线接边错位不应大于1 mm。

6.3.4 外业遥感地质工作应包括下列内容：

1 对初步解译成果进行验证、补充、修改；

2 初步查明沿线区域地质、水文地质、工程地质条件以及控制线路方案的不良地质、特殊岩土对线路的影响程度；

3 地质复杂、地形陡峻的斜坡地段，当条件允许时，应作地面摄影测量；

4 建立解译标志。

5 对线路通过地区工程地质条件作出评价；

6.3.5 工程地质遥感成果资料的编制，应包括下列内容：

1 遥感工程地质报告，应包括下列内容：

1)工程地质遥感工作概况、遥感图像的选择、工作方法、主要成果等；

2)工程地质岩组的解译；

3)地质构造(包括褶曲构造、断裂构造、节理密集带等)的解译；

4)不良地质与特殊岩土的解译；

5)线路方案工程地质条件的评价及结论意见。

2 全线遥感工程地质图，比例为1:10 000～1:200 000，应参照区域地质资料和工程地质遥感图像调查成果进行编制。内容应包括主要地层、岩性(岩组)分界线、构造线、代表性岩层产状、地层成因及时代、不良地质、特殊岩土、地下水露头、地质图例等。图面的宽度不宜小于线路位置每侧各5～10 cm。有比较线且两个方案相距不远时，中间宜予补全，使其相连。

3 重大工程及地质复杂地段遥感工程地质图，比例为1:2 000～1:5 000。

4 整饰好的工程地质航空遥感图像调绘片。

5 必要时作各种专题图，包括水系图、地貌分区图、地层分布图、断裂图、节理裂隙图、隧道工程地质图、隧道纵断面富水程度分段图、特大桥工程地质图、不良地质分布图、岩溶分布图、工程地质分区图、植被分布图、三维透视图、数字化正射影像图、透视景观图等。

6 必要时作遥感图像处理成果、航空遥感图像地质平面图、数字正射影像地图、遥感图像地质样片册等。

6.4 定 测

6.4.1 定测阶段工程地质遥感工作应在初测阶段基础上，对工程地质资料进行检查和评价；对复杂的地质工点应进行详细地解译，为地质调查提供资料。

6.4.2 定测阶段工程地质遥感工作应包括下列内容：

1 对线路沿线进行一般性的遥感图像工程地质解译，包括地层、岩性（岩组）、地质构造、不良地质、水文地质、特殊岩土等；

2 利用航片（比例为1:5 000～1:20 000）对地质复杂工点进行详细的岩性（岩组）、地质构造、不良地质、水文地质、特殊岩土、斜坡稳定性等的解译；

3 陡峻地形和深挖高边坡地段可开展地面摄影测量和图像地质解译（快速地质编录成像技术）工作。

6.4.3 定测阶段工程地质遥感工作资料的编制，可包括下列内容：

1 遥感工程地质说明书；

2 遥感工程地质图，比例为1:2 000～1:5 000；

3 工点专题图，包括数字正射影像地图、岩组分布图、第四系分布图、节理裂隙图等。

7　施工阶段和运营阶段工程地质遥感工作

7.1　施工阶段工程地质遥感工作

7.1.1　施工阶段当发现工点地质情况与设计资料有较大出入，需进行大面积地质调查时，可利用遥感图像进行解译调查，查明地质情况，提供工程地质概略资料和评价意见，为进一步开展工程地质调查工作，提供指导意见。

7.1.2　施工阶段工程地质遥感工作宜包括下列内容：

1　深挖高填工点应解译山坡稳定性、不良地质、特殊岩土、地下水等情况；

2　隧道工点应解译地层、岩性（岩组）、岩土分界线、褶曲和断层与隧道的关系、断层破碎带宽度，隧道富水程度估测、岩溶发育程度等情况；

3　特大桥工点应解译有否断层通过桥基、遇到岩溶的可能性以及桥位是否受泥石流、滑坡、崩塌等不良地质的影响；

4　根据设计单位或施工单位提出的工程地质问题有针对性地开展解译工作。

7.1.3　施工阶段工程地质遥感资料的编制可包括遥感工程地质报告和遥感工程地质图。遥感工程地质报告的内容以及遥感工程地质图的内容和比例根据具体情况确定。

7.2　运营阶段工程地质遥感工作

7.2.1　运营阶段宜利用遥感图像解译为运营线路建立防灾减灾地理信息系统提供资料。

7.2.2　运营阶段工程地质遥感工作宜包括下列内容：

1　对线路沿线进行工程地质遥感图像解译；

2　对出现重大不良地质灾害地段进行遥感解译；

3　对不良地质的动态变化进行分析，提出监测及防治措施。

7.2.3　运营阶段工程地质遥感工作应符合下列要求：

1　工点解译以大比例航空遥感图像为主；区域性遥感地质解译以小比例航空遥感图像或陆地卫星图像为主。

2　大比例航空遥感图像宜为1∶5 000～1∶15 000；小比例航空遥感图像宜为1∶50 000左右，陆地卫星图像宜为1∶50 000～1∶100 000；

3　不良地质的动态变化分析主要是利用不同时期大比例航空遥感图像进行对比解译。

7.2.4　运营阶段工程地质遥感资料的编制，可包括下列内容：

1　遥感工程地质报告；

2　全线遥感工程地质图，比例为1∶2 000～1∶50 000，必要时可编制专题图，包括地层、岩性（岩组）、地质构造、植被、水系、山坡坡度、不良地质、特殊岩土等图件；

3　工点遥感工程地质图（数字正射影像遥感工程地质图），比例为1∶2 000～

1:5 000,内容包括岩性(岩组)、地质构造、植被、水系、不良地质等;

4 不良地质工点技术档案内容应根据不良地质工点类型而定,除填写各种要求的数据外,还应包括工程防治措施意见。

附录A 主要岩土的解译标志

A.0.1 岩浆岩的解译标志应按表A.0.1确定。

表A.0.1 岩浆岩的主要解译标志

岩石的名称	遥感图像上的解译特征
花岗岩、花岗闪长岩、正长岩、闪长岩等中、酸性侵入岩	1. 边界线多呈参差不齐的圆穹状或成透镜状、串珠状。地形上多呈穹窿状的正地形,在山区往往构成陡峭的分水岭,有时也可形成低丘或中低山地貌; 2. 呈单一均匀的浅色调; 3. 具有独特的网格状、放射形、环形、菱形等裂隙; 4. 水系以树枝状为主,也可见到角形树枝状、放射状,冲沟形成钳形、钓钩形等
辉绿岩、辉长岩等基性与超基性侵入岩	1. 岩体一般较小,往往受区域构造和线形构造控制呈定向延伸; 2. 大型侵入体为正地形,植被少,色调较深;小型侵入体绝大多数形成负地形; 3. 一般侵入体内的节理裂隙及岩脉不如中、酸性侵入体那样发育和清晰
流纹岩、玄武岩、凝灰岩等喷出岩	1. 地形上多呈火山机构、熔岩垄岗、熔岩台地、"桌状山"、熔岩被、舌状溶岩流、熔岩穹丘以及火山熔岩被破坏后形成的平台、陡壁、猪背岭等等; 2. 表面影像多呈绳状流动、海绵结构、熔渣结构以及熔岩的冷凝裂隙等; 3. 熔岩流的色调变化较大,通常酸性熔岩流色调偏浅、基性熔岩流偏深;大面积出露的火山熔岩系的色调比较均匀,多期的熔岩流形成复杂的色调; 4. 水系多呈树枝状、环状和放射状等

A.0.2 沉积岩的解译标志应按表A.0.2确定。

表A.0.2 沉积岩的主要解译标志

岩石的名称	遥感图像上的解译特征
砾　岩	1. 砾岩在航片上的层理不明显,在强烈切割地区,地形崎岖,分水岭尖峭,常形成奇形怪状的陡岩,脊状垅岗,残余岩链、陡崖、陡坎等地貌,有时形成类似连座峰林的地貌; 2. 砾岩色调深浅均有,特别是复杂成分砾岩,具有各种不同颜色; 3. 节理数量少而明显,往往控制沟谷发育; 4. 影像结构较粗糙,残积物少,坡积物多,植被分布不均匀,地面水系不发育
砂　岩	1. 层理较明显而稳定,当覆盖层和植被较少时,在航片上其层理影像清楚; 2. 在分水岭上常形成坡陡的块状山丘,倾斜产状的砂岩多构成单面山形态,产状较平缓的厚层坚硬砂岩,在山坡上常形成石檐和陡坎; 3. 影像色调呈深灰至灰色,取决于砂岩颗粒和胶结物成分; 4. 节理较发育,节理对末级水系和冲沟的发育控制作用明显; 5. 砂岩地层受构造影响小时,多呈稀疏的树枝状水系,受构造影响大时,则以角形树枝状水系为主
页　岩	1. 多形成低矮浑圆、波状起伏的岗丘地貌,干旱与半干旱地区,页岩山脊往往显得较尖棱; 2. 影像一般呈淡灰色色调,含碳质较多时,呈较深色调; 3. 岩层很少大面积裸露地面,多被残积、坡积物覆盖; 4. 地表迳流发育,常形成稠密的树枝状水系,物质愈细,水系愈密集; 5. 页岩受应力作用主要表现为塑性变形和牵引现象,断裂和节理较少,在航片上一般无显示

续上表

岩石的名称	遥感图像上的解译特征
石灰岩、白云岩和泥灰岩	1. 湿热地区石灰岩常构成独特的岩溶地貌，植被稀疏，泉水出露处植被茂盛； 2. 干旱地区，岩溶不发育，灰岩裸露光秃，坡积、残积物较少，山坡陡峻、分水岭尖峭，也有呈浑圆状的； 3. 水系较少，色调比较浅，风化后色调较深，湿热地区石灰岩洼地、漏斗等被残积土所充填，构成斑点状图案； 4. 白云岩在航片上影像较石灰岩深，且具粗糙感，其他解译特征与石灰岩相似； 5. 泥灰岩地形较平缓，在航片上色调较浅，岩溶现象不明显，在干旱地区影像多呈灰白色色调
石英岩、大理岩	1. 石英岩岩性坚硬，层理不甚明显，节理发育，多构成高山峻岭，岩壁陡峭。当受强烈构造影响后，岩层破碎，于陡壁下普遍形成岩堆裙。裸露的石英岩影像呈浅色色调。 2. 大理岩不如石英岩那样坚硬，山脊也不像石英岩那样尖棱，多呈浑圆形山脊。影像色调较浅，有时见有岩溶现象

A.0.3 变质岩的解译标志应按表 A.0.3 确定。

表 A.0.3 变质岩的主要解译标志

岩石的名称	遥感图像上的解译特征
片岩、千枚岩、板岩	1. 干旱地区片岩常形成梳状地形，地形较崎岖，沿片理倾向的山坡，常产生大量坍滑和大片坡麓堆积，沟谷横断面多呈“V”字形；湿润地区的片岩，由于被厚层残积土覆盖，而形成圆滑的山脊。片岩构成的棱形的线形构造很醒目，片理明显，往往构成一组大体平行的密集细纹，有时还因植被的发育而使得影像更明显。片岩的色调变化较大，随矿物色调的变化而变化。水系呈树枝状，羽毛状，有时也呈“丰”字形水系。 2. 千枚岩的地形呈鳞片状和梳状，它与片岩不同之处在于具有固定的网状图形和沿劈理方向发育着平行的水系和树枝状紧密相间的水系型式。千枚岩地形平缓，山坡往往凹凸不平，形似核桃壳表面，多出现滑坡地貌。 3. 板岩地形通常崎岖不平，山坡坡度较陡，并且具有大致相等的高度。影像多呈深色调，有时由于层面上有云母矿物的存在，呈现均匀的浅色调。水系多呈角形树枝状和羽毛状
片麻岩	1. 片麻岩的出露面积较大，地貌形态与色调较稳定，一般分布在分水岭地段，植被比较茂盛； 2. 山脊延伸一般呈平行排列，较规则，地形有呈陡峻者，也有呈低矮的岗峦； 3. 水系多为角状至树枝状； 4. 地形与花岗岩有些相似，唯片麻岩见有深浅交替的条带排列，常反映了片麻岩的片理方向，有时还可清楚地看到片麻岩构造控制着沟谷发育，构成一系列平行的沟谷
混合岩	这类岩石是在区域变质作用强烈的地区出现，由两种矿物成分与结构都不同的岩石组成。一般认为似肠状的黑白相间的色带可作为解译混合岩的较好标志

A.0.4 特殊岩土的解译标志应按表 A.0.4 确定。

表 A.0.4 特殊岩土的解译标志

土的名称	遥感图像上的解译特征
黄土	1. 垂直节理和冲沟发育，谷壁陡峭； 2. 沟谷上游冲沟横断面呈“V”字形、沟头多楔形；中、下游冲沟横断面多“U”字形（槽形），沟头多呈半圆形，沟底平坦； 3. 图像上色调呈均匀的浅色调； 4. 地貌呈沟谷纵横，支离破碎，并见有黄土陷穴，黄土柱等溶蚀地貌； 5. 黄土冲沟网一般呈掌状、树枝状、羽状、平行状和格状等
膨胀土（岩）	1. 多位于大型洪积平原前端、湖盆地区等处，多呈平缓的山岗地形； 2. 膨胀土构成的低丘岗坳一般是平顺圆滑的，色调也较浅而均一，如产生滑坡，则破坏了平顺圆滑感和色调的均一感，滑坡表面多呈凹凸不平的缓坡，有时呈现斑块状色调，表面结构类似核桃壳； 3. 可见到坡脚堆积小土块和众多滑坡地貌同时出现的现象； 4. 冲沟很发育，细沟密集，冲沟横断面呈“U”字形，植被一般较发育

续上表

土的名称	遥感图像上的解译特征
软　土	1. 一般位于平坦地区，如大河面侧的冲积平原，海滨平原等处，但在山区也有位于高处的； 2. 多呈灰色色调。软土的解译，难度较大，应先了解古沉积环境与沉积规律间内在的因果关系后，才能查明区域性的软土分布规律与成因，从而确定是否有软土分布
盐渍土	1. 多分布于地表平坦地区，有时地表见微微凹凸不平状； 2. 在干旱季节摄影时，航片上的盐渍土影像多呈白色～灰白色色调或白色杂斑，有时可见到呈雪状覆盖物和龟裂现象；潮湿季节摄影时，盐渍土影像呈深灰～浅黑色色调； 3. 当盐渍土中长有耐碱植物时，在黑白航片上见有斑点状深色调； 4. 盐渍土地区常可见到薄层的风积沙和沼泽等出现
多年冻土	1. 多年冻土形成的各种不良地质现象多位于平坦多区、低洼地或河漫滩上，也有发生在斜坡上，在黑白航片上色调多呈斑状； 2. 可见融冻泥流、热融滑坍、冻胀斑土、构造土、冻土沼泽化湿地、热融沉陷、热融湖（塘）、冰锥、冻胀丘等冻土不良地质现象，这些冻土不良地质现象均有其特有的解译标志而极易辨认

附录 B　主要地质构造的解译标志

B. 0. 1　主要地质构造的解译应根据遥感图像上的特征按表 B. 0. 1 确定。

表 B. 0. 1　主要地质构造的解释标志

地质构造名称	遥感图像上的解译特征
褶皱	1. 一般褶皱的解译特征 (1)平面呈现出椭圆状、环状、藕节状、弧状、"之"字形等不同色调带(纹)的影像。解译时应注意水平产状的岩石、迁徙的湖泊和构成孤山岩体的周边,有时也会出现类似的影像特征。 (2)显示对称分布的地貌、岩层、裂隙色调、植被、水文网及花纹图案等。 (3)同一层位地下水出露点的连线呈封闭状,或相同的岩溶现象呈闭合圈出现 2. 向斜与背斜的解译特征 (1)图像上两翼岩层倾向相向或两翼分水岭上岩层三角面尖端相背的是向斜;两翼岩层倾向相背或两翼分水岭上岩层三角面尖端相向的是背斜。 (2)背斜转折端向枢纽倾伏的方向,即突向新的岩层,岩层一律向外倾斜;向斜转折端指向翘起的方向,即突向老的岩层,岩层一律向内倾斜。 (3)向斜两翼岩层所形成的单面山陡坡彼此相背,背斜的则相对。 (4)向斜的水系多为向内收拢,背斜多为向外散开,如系逆地形,情况则相反,或更复杂。 (5)一般褶皱转折端由里面向外,岩层的出露宽度逐渐加大的是向斜,反之是背斜
一般断裂	1. 断裂构造的形态解译标志 (1)断裂构造形态的直接解译标志 ①破碎带的直接出露一般都构成负地形,具粗糙感; ②地质体被切断或错开包括地层、侵入体、岩脉、矿脉、褶皱、不整合面等各种地质体被切断错开以及老断层被新断层切断、错开等等; ③沉积岩地区地层的重复或缺失,但应注意与褶皱和不整合接触所造成的岩层重复和缺失的区别 (2)断裂构造形态的间接解译标志 ①线形负地形与串珠状地形:包括断层崖、断层三角面、断层垭口、断层沟谷、断裂裂口、串珠状盆地与串珠状湖泊、洼地等地形。 ②沿着某些方向,岩层产状发生突然变化,但褶皱和不整合面两侧也可发生此现象,应注意区别。 ③沉积岩相在一线上发生突然的变化。但不整合接触也发生此现象,应注意区别。 ④侵入体、火山锥、矿体、松散沉积物等呈线(带)状分布。 ⑤两种不同地貌单元截然相接。 ⑥山脊线、阶地、夷平面、洪积扇等地貌要素的错动。 ⑦水系的变异,包括一系列平行的直线河段、角状水系、断头河、对口河、钓钩河、相邻河流均沿某一方向拐弯等。 ⑧温泉、泉水、湿地的成串出露。 ⑨在第四系沉积层的平坦地区出现呈直线形分布的垅岗状地形。但应注意风沙与冰川作用也可能形成这种地貌。 ⑩物理地质现象呈线状分布,但应注意岩性也能造成此现象的产生 2. 断裂构造的色调解译标志 隐伏断裂可引起地面松散沉积物的湿度和富水程度的变化,而使断裂两侧色调有差异。又如断裂带两侧生成截然不同的植被群落以及沿断裂带逸出瓦斯时,在航片上显示为深浅不同的色调。色调差异虽然是线形构造的解译标志,但究竟是否由断裂所造成,则要具体分析。引起色调差异的原因很多,既有地质构造原因引起的,也有非地质构造原因引起的;既有断裂构造引起的,也有其他地质构造引起的,只有经过综合分析该区的各有关因素后,才有可能判断是否由于断裂造成的色调差异
活动断裂	1. 断层崖、断层三角面保留得很明显,且在断层线影像上见有断层裂缝等; 2. 沿断层线形成断层裂口,多被视为仍在活动的断层; 3. 相邻河谷均出现跌水现象或形成瀑布等,往往与活动断裂有关; 4. 沿断裂分布的水系往往是直线状分布,水系与断裂相交处常发生同步扭曲; 5. 平坦的第四系沉积层地区沿断层线出现垅岗状地貌,并多见有泉水出露; 6. 沿断裂线分布一系列地震震中、泉水及温泉等,往往也是活动断裂的标志; 7. 洪积扇(冲积扇)前缘被切成直线,沿切线有泉水或湿地分布; 8. 在第四系地层分布的平坦地区出现异常的色线(色带),往往是下伏活动断裂的表现

续上表

地质构造名称	遥感图像上的解译特征
隐伏断裂	1. 在平原地区呈现影像结构和色调深浅差异的界线，往往是隐伏断裂所造成； 2. 山前的一系列洪积扇（冲积扇）被切割，第四系地层见串珠状的泉水、湿地出露； 3. 第四系地层上见多条相邻平行的直线河段或相邻河流突然同时拐弯； 4. 第四系地层上的水系变异、断头河、成排河流沿某一地段成伏流等； 5. 平原地区河道出现一些特征点，如汇流点、分流点等； 6. 在第四系地层分布的平坦地区出现直线状分布的垅岗地貌，并见泉水或湿地分布

附录 C　主要不良地质的解译标志

C.0.1　主要不良地质的解译应根据遥感图像上的特征按表 C.0.1 确定。

表 C.0.1　主要不良地质的解译标志

不良地质名称	遥感图像上的解译特征
滑坡和错落	1. 一般滑坡的解译特征 (1)呈簸箕形、舌形、梨形等平面形态及不平顺、不规则等的坡面形态，可见到滑坡壁、滑坡台阶、滑坡鼓丘、封闭洼地、滑坡舌、滑坡裂缝等微地貌形态； (2)有时还可见到滑坡地表的湿地、泉水，以及醉林或马刀树等； (3)滑坡多在峡谷中的缓坡、分水岭的阴坡、侵蚀基准面急剧变化的主沟与支沟交会处及其沟头等处发育 2. 古滑坡的解译特征 (1)滑坡后壁一般较高，坡体纵坡较缓，有时生长树木； (2)滑体规模一般较大，表面平整，土体密实，无明显的沉陷不均现象，无明显裂缝，滑坡台阶宽大且已夷平； (3)滑体上冲沟发育，这些冲沟系沿古滑坡的裂缝或洼地发育起来的； (4)滑坡两侧自然沟割切较深，有时出现双沟同源； (5)滑坡前缘斜坡较缓，长满树木，有的形成"马刀树"，滑体无松散坍塌现象，前缘迎河部分有时出现大孤石； (6)滑坡台已远离河道，有些舌部处已有不大的漫滩阶地； (7)泉水在滑体边缘呈点状或串珠状分布，水体较清，在黑白航片上呈黑色； (8)滑坡体上多辟为耕地，甚至有居民点、寺庙、电线杆等分布 3. 活动滑坡的解译特征 (1)滑坡体地形破碎，起伏不平，斜坡表面有不均匀陷落的局部平台； (2)斜坡较陡长，虽有滑坡平台，但面积不大，有向下缓倾的现象； (3)有时可见到滑坡体上的裂缝，特别是黏土滑坡和黄土滑坡，地表裂缝明显，裂口大； (4)滑坡体地表湿地、泉水发育，呈斑状或点状深色调； (5)滑坡体上无巨大直立树木，可见小树木或醉林，且有新生冲沟，沟床窄而深； (6)滑坡体上土石松散，有小型崩塌 4. 错落的解译特征 (1)错落多发生在平均坡度陡于 35°～45°的基岩山坡上； (2)错落体后壁一般较滑坡壁徒，达 45°～70°； (3)错落体呈整体状，外形呈馒头状鼓包，一般未见隆丘和封闭洼地； (4)错落的错动面受结构面(断层、节理等)控制，故较顺直，错动面出口多在坡脚临空面以上
危岩、落石和崩塌	1. 危岩的解译特征 凡位于陡崖上的基岩，参差不齐的岩体或个别岩块，均可确定为危岩 2. 落石的解译特征 (1)落石发育在悬崖、陡壁或呈参差不齐的岩块处； (2)在大比例航片上，见到悬崖、陡壁下有巨大岩块者则为落石，有时可见巨石形成的阴影，呈粒状；有时落石滚落在距坡脚较远处； (3)落石多发生在节理发育的坚硬岩石地区，山体本身基本是稳定的，只是个别岩块沿结构面突然坠落 3. 崩塌的解译特征： (1)位于陡峻的山坡地段，其纵断面形态上陡下缓； (2)崩塌轮廓线明显，崩塌壁呈灰白色调，不长植被； (3)崩塌体堆积在谷底或斜坡平缓地段，表面坎坷不平，影像具粗糙感； (4)崩塌体上部外围有时可见到张节理形成的裂缝； (5)有时巨大的崩塌体堵塞了河谷，在崩塌体上游形成堰塞湖，崩塌体处形成带有瀑布的峡谷

续上表

不良地质名称	遥感图像上的解译特征
岩　　堆	1. 位于陡崖或陡坡下的山坡或坡脚下，岩堆表面坡度多在30°～40°之间； 2. 平面形态多呈沿山坡逐渐向下方展开的条带。一般呈楔形、舌形、三角形、梨形、岩堆裙等； 3. 纵断面形态成凹形、直线形、凸形或它们的组合；横断面形态呈微微凸起； 4. 岩堆表面色调比较均匀，一般呈灰白至暗灰色色调； 5. 趋向稳定的岩堆表面有植被，呈黑色点状或斑块状
泥石流	1. 标准型泥石流沟可清楚地看到形成区、流通区和沉积区三个区； 2. 形成区呈瓢形，山坡陡峻，岩石风化严重，松散固体物质丰富，常有滑坡、崩塌发育； 3. 流通区沟床较短直，纵坡较形成区地段缓，但较沉积区地段陡； 4. 沉积区位于沟谷出口处，纵坡平缓，成扇状，呈浅色色调，扇面上可见固定沟槽或漫流状沟槽，还可见到导流堤等人工建筑物
风　　沙	1. 固定沙丘的解译：一般呈冢状，植被较茂密，覆盖度在30%以上，表层粗糙，有硬壳感，流沙已不多； 2. 半固定沙丘的解译：形态比较复杂，一般呈浑圆或长条形，植被覆盖率约15%～20%，未见结皮现象，流沙呈斑点状分布； 3. 流动沙丘的解译：沙丘由疏松的砂层组成，完全裸露，无植被覆盖，仅有极少一年生植物，沙丘移动速度快，形态复杂，随风移动。最常见的形态为新月形沙丘、新月形沙丘链及纵向沙垄等。新月形沙丘平面呈新月形，沙丘两侧有顺着风向伸出的翼角，迎风凸出面平缓，背风坡凹而陡，沙丘高度很少超过15 m，活动性大，固沙造林条件差
岩　　溶	1. 岩溶地区地形起伏不平，地表水系不发育，未见明显的分水岭； 2. 岩溶地区特有的地貌，如溶沟、石芽、溶蚀洼地、坡立谷、盲谷、峰丛、峰林、落水洞、竖井、漏斗、暗河等，在航片上极易辨认； 3. 岩溶地区的漏斗非常发育，往往成群出现，在航片上呈圆形、椭圆形或不规则圆形的洼地，上大下小，底部呈深灰至淡黑色色调，但常被第四系沉积物充填而呈灰白色色调
人为坑洞	煤窑的解译特征： 1. 分布在煤系地层地区； 2. 煤窑洞口附近地表见弃砟或煤堆； 3. 在航片上弃砟或煤堆呈黑至浅黑色色调，形态呈点状或斑块状； 4. 煤窑沿着煤层的走向分布； 5. 可见有小路通往煤窑洞口
水库坍岸	1. 伸入库内的凸岸，三面环水，受多向风浪的影响，坍岸最为剧烈，凹岸一般坍岸较小； 2. 在顺风的方向水库面很宽时，对着主导风向的岸边其再造作用最强烈； 3. 在水深相同的情况下，高岸坍岸的速度慢，低岸坍岸速度快； 4. 高陡岸岸前水深时，则坍岸速度与最终坍岸宽度均较大；当缓岸坡度大于浅滩磨蚀角时，因岸低，初期坍岸速度比陡岸快，当坡度接近浅滩磨蚀角时，则不发生坍岸或很少坍岸； 5. 黄土质、粉砂质土等的坍岸宽度最大，卵石土的岸坡坍岸宽度较小，极软岩有剥落和掉块现象； 6. 若在浪击范围内有易受冲刷的软岩层，岩体又较破碎，或有倾向水库的软弱结构面时，则坍岸速度和宽度就大些，反之则小些； 7. 覆盖层与下伏岩层的接触面倾向水库，且接触面较陡，可能引起覆盖层沿下伏岩层的整个移动和坍塌； 8. 水库区斜坡上，由于水库充水后改变了水文地质条件及原先的平衡条件，往往产生一些物理地质现象，或引起原有各种物理地质现象的加剧、复活等，从而加速和扩大水库边岸的再造速度和宽度

附录 D　图像处理方法的适用范围

D.0.1　图像处理方法应按表 D.0.1 选用。

表 D.0.1　图像处理方法的适用范围

图像处理方法		适用范围
光学图像处理	彩色合成	增强地貌、地层(岩性)、地质构造、不良地质、水体、植被、地下水等图像信息
	假彩色密度分割	增强平原地区隐伏断层、盐渍土、软土、地下水等图像信息
	边缘增强	突出图像的立体感和线性构造
	比值增强	增强线性构造、地层(岩性)以及平原地区的居民点、植被、湿地、沙地、水体等图像信息
数字图像处理	灰度线性扩展	加大反差较小的图像的反差
	指数扩展	加大具有较高亮度值、反差小、信息丰富的图像的反差和突出地物的细部结构
	对数扩展	增强色调较深的低亮度值地区的图像,或阴影区、深色调岩石分布区的图像
	假彩色合成	突出地貌、地层(岩性)、地质构造、不良地质、水体、植被、地下水等图像信息
	假彩色密度分割	增强平原地区隐伏断层、盐渍土、软土、地下水等图像信息
	比值增强	消除地形影响,增强平原地区的地物、岩性、水体、植被、地下水以及与含水有关的地质现象的解译效果
	滤波增强	突出线性构造、线性影像以及地物、水系的边界等
	图像变换	突出岩性、线性构造、环形构造、第四系覆盖层下的隐伏构造等信息
	综合图像处理	可增强多种遥感地质信息,建立地质体的立体模型,分析动态变化规律并量测其变化范围

附录E 调绘面积划定的方法

E.0.1 首先将控制测量范围线画到镶嵌复照图上,调绘面积的自由边应和镶嵌复照图上的控制测量范围线基本一致。

E.0.2 除镶嵌复照图所确定的范围能直接划定的各边外,可将右、下两边画成直线,在与直线相邻的像片上,根据此直线上的地形起伏,按地物转绘(一般画成折线),得到左、上两边,如图E.0.2所示。

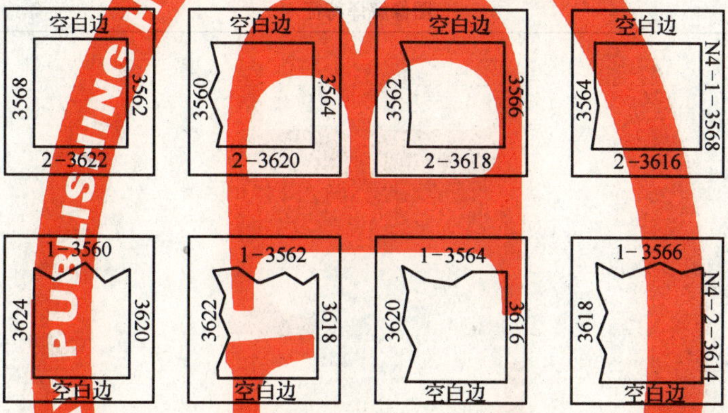

图E.0.2 调绘面积画法示意

E.0.3 调绘面积应画在航向和旁向重叠中间部位,但应避免与线状地物重合。

E.0.4 两张相邻像片的接边要保证准确,界线要吻合,不应有遗漏。当利用折线接边时,转折点宜选在高处的顶点。

E.0.5 每张调绘片的接边应注明相邻像片的号码,旁向接边还应注明相邻的航带号。在与相邻的测段接边时,应注明相邻的测段号。

附录 F　遥感图像地质解译验证

F. 0. 1　遥感图像地质解译验证的结果应按表 F. 0. 1 填写。

表 F. 0. 1　遥感图像地质解译验证表

______线______段　　　　　　　　　　　　　　　　　　　　比例______

<table>
<tr><td>序号</td><td></td><td>观测点类别及编号</td><td></td><td>地点</td><td></td></tr>
<tr><td colspan="3">测段号或图幅号/像片号</td><td colspan="3"></td></tr>
<tr><td colspan="6">图像解译特征</td></tr>
<tr><td colspan="6"></td></tr>
<tr><td colspan="6">现场验证结果</td></tr>
<tr><td colspan="6"></td></tr>
</table>

室内解译者:　　　　　　　　　　　　　　　　　　　　　　现场验证者:

年　　月　　日　　　　　　　　　　　　　　　　　　　　　年　　月　　日

附录 G　遥感图像地质样片说明

G. 0. 1　遥感图像地质样片应按表 G. 0. 1 填写说明。

表 G. 0. 1　遥感图像地质样片说明表

________线________段　　　　　　　　　　　　　　　　比例________

<table>
<tr><td>序号</td><td></td><td>样片名称</td><td></td><td>地点</td><td></td></tr>
<tr><td>摄影日期</td><td></td><td colspan="2">测段号或图幅号/像片号</td><td colspan="2"></td></tr>
<tr><td colspan="6">图像解译特征</td></tr>
<tr><td colspan="6"></td></tr>
<tr><td colspan="6">现场验证结果</td></tr>
<tr><td colspan="6"></td></tr>
</table>

样片搜集者：　　　　　　　　　　　　　　　　　　年　　月　　日

附录 H　遥感图像刺点一览表

H. 0. 1　遥感图像的刺点位置应按表 H. 0. 1 填写。

表 H. 0. 1　遥感图像刺点一览表

_______线_______段

序号	刺点类别与编号	测段号或图幅号/像片号	说　明

制表者：　　　　　　　　　　　　　　　　　　　　复核者：

年　月　日　　　　　　　　　　　　　　　　　　　年　月　日

本规程用词说明

执行本规程条文时，对于要求严格程度的用词说明如下，以便在执行中区别对待。

(1)表示很严格，非这样做不可的用词：

正面词采用“必须”；

反面词采用“严禁”。

(2)表示严格，在正常情况下均应这样做的用词：

正面词采用“应”；

反面词采用“不应”或“不得”。

(3)表示允许稍有选择，在条件许可时首先应这样做的用词：

正面词采用“宜”；

反面词采用“不宜”。

表示有选择，在一定条件下可以这样做的用词，采用“可”。

《铁路工程地质遥感技术规程》
条 文 说 明

本条文说明系对重点条文的编制依据、存在的问题，以及在执行中应注意的事项等予以说明。为了减少篇幅，只列条文号，未抄录原条文。

1.0.2　目前，遥感技术主要应用于新建铁路的地质勘察，尤其是应用在踏勘、加深地质工作及初测阶段效果最为明显。遥感技术应用于新建铁路的勘测，有利于大面积地质调查，可以提高工程地质勘察质量，加快勘察效率，改善劳动条件，对线路通过地区工程地质条件作出宏观评价；施工阶段当发现工程地质情况与设计资料有较大出入的情况下，可考虑应用遥感技术提供工程地质资料和评价意见，供进一步工作时参考；运营阶段利用遥感技术，特别是利用不同时期的遥感图像进行对比分析，对查明不良地质的动态变化有特殊效果，并可对地质灾害的发生进行预测、预报。

1.0.3　遥感技术是地质综合勘察的重要组成部分，是工程地质勘察的一种先进手段，但它也有局限性。遥感图像虽然真实地记录了地质体的信息，但由于种种外界因素的影响，图像失真现象或假象难以避免，由于比例关系，有些地质现象在遥感图像上难以区分，解译的精度还存在误差，难以满足要求等。总之，遥感图像所反映的地质体内容与真实的地质体毕竟有差别。至于地表以下的地质现象，遥感技术也只能间接获取信息或推测。因此，遥感技术只有与地面调查、勘探、试验等手段密切配合，合理有效地使用，才能取得良好效果。

3.0.1　条文中规定六种地区适宜使用遥感技术，主要基于以下原因：

(1)地质条件复杂的山区，地质信息丰富，在影像上一目了然，有利于综合分析。而地面调查，遇到地质条件复杂地段，如同进入地质迷宫，缺少宏观概念，各种地质现象的相互关系很难查明。

在某些不良地质及特殊岩土发育和水文地质复杂地区，应用遥感技术同样可取得良好效果。

(2)地形陡峻、交通困难、地面调查难以进行的地区，利用遥感图像解译，可不受交通条件的制约。例如，在裸露良好的陡峻分水岭地段，岩层产状一般较明显，可从遥感图像上直接量测岩层产状。

(3)河网密布、河流变迁频繁的平原地区，尽管地形平坦，但地面调查对密布的河网及河流的变迁过程难以查明，而在遥感图像上则一目了然，具有良好的解译效果。利用不同时期遥感图像对比、分析，则可了解河流变迁的历史及其发展趋势。

(4)大江、大河、海域等地区，一般均被第四系地层和水体所覆盖，很难查明下伏的地层、岩土及地质构造情况，遥感技术则可从宏观解译，推测桥位地区的地质情况，而地面方法只能用物探或钻探探测，不但工作量大，费用高，且一孔之见往往有错判的可能，如结合遥感技术，则有助于准确判断该区的工程地质条件。越岭地区交通困难，且多是长隧道，工程地质条件复杂，利用遥感技术有利于查明工程地质情况，从而可减少勘探工作量。

(5)凡地表裸露良好者解译效果也较好，干旱和半干旱地区岩层裸露，无植被覆盖或覆盖较少，有利于遥感图像的解译。

(6)解译标志明显而稳定的地区，有利于遥感图像解译标志的建立和引伸应用，可提高遥感图像解译的效果。

3.0.2 条文规定的遥感地质工作应符合循序渐进、由浅入深的程序。但在具体执行中，有可能不按此程序进行。例如，在初步解译前，当解译者对该区解译标志不熟悉时，也可先进行外业重点踏勘，熟悉该区解译标志后再进行初步解译，这样效果会更好些。

3.0.3 遥感图像有利于宏观地质现象的研究，因此，遥感图像解译应先于工程地质地面调查，这样可以起到指导地面调查工作，使地面调查工作有目的地进行，不但提高了工作效率，而且提高了勘察质量。所以在应用遥感技术进行地质解译调查时，应把遥感工作安排在地面地质调查工作之前进行。

3.0.5 遥感图像的种类较多，包括航天遥感图像、黑白航空像片(以下简称黑白航片)、天然彩色航空像片、黑白红外航空像片、彩色红外航空像片、热红外航空扫描图像、多光谱航空像片、多光谱航空扫描图像、机载侧视雷达图像等。一般工程地质调查，遥感图像可选用近期的黑白航片及陆地卫星图像。其优点是：黑白航片分辨率高，虽然在获取某些信息方面不如有些遥感图像，但绝大部分地表地质信息在图像上均能反映出来，且小比例黑白航片全国均已覆盖，中、大比例黑白航片覆盖也越来越多。黑白航片的另一优点是专业解译和制图均可应用，经济效益较好。航天遥感图像中的陆地卫星 MSS 图像，在我国国土范围已全部覆盖，搜集较容易，价格适宜；TM 图像应用效果更好，价格也较适宜。通过陆地卫星图像解译，可以了解工作地区的宏观地质背景。因此，作为一般地区的工程地质勘察，利用黑白航片和陆地卫星图像结合应用，是一种较好的应用模式。

当要查明某些特殊地质现象时，可选用其他适用的遥感图像。例如，于 1999 年发射的中巴资源一号卫星(CBERS-1)图像和 IKONOS 卫星图像的空间分辨率分别为 20 m 和 1 m，在铁路工程地质勘察中有条件时可搜集应用，并注意在实践中总结应用效果。

3.0.6 当目标物间辐射能量差别或有效颜色差别出现最大值时成像，其在图像上的影像差别也最明显，也更有利于对目标物的判别。

3.0.7 遥感图像比例的大小，决定了其所能揭示的内容和定位精度。选择比例时要考虑能满足解译的需要。

当将航空遥感图像放大使用时，其放大倍数以不大于 2 倍为宜。

3.0.8 在图像处理方法中，最常用的是图像增强方法，其中，又以假彩色合成方法最常用，效果也最好。如果先进行单波段某种增强方法处理，然后再进行假彩色合成，则会取得更好的效果。有针对性的采用图像变换处理方法，也可取得较好效果。

3.0.9 对遥感图像的解译，首先应从宏观上进行分析，然后再进行细节的解译，最后进行现场验证，这是符合人们对自然界认识的规律。通过航天遥感图像的宏观分析，对区域地质构造有了总的了解，可以指导航空遥感图像的解译，同样，通过小比例航空遥感图像解译，可以指导中、大比例航空遥感图像解译。

关于航空遥感图像大、中、小比例的划分，各专业的标准不完全一样，无明确的规定。本规程所称大比例航空遥感图像是指航空摄影比例大于 1:10 000 者；中比例航空遥感图像是指比例为 1:10 000 ~ 1:30 000 者；小比例航空遥感图像是指比例小于1:30 000者。

3.0.10 由于遥感图像本身的局限性和比例的限制，有些地质现象在遥感图像上显示假象，难以解译，造成错解与遗漏。因此，遥感图像解译成果需经现场验证，才能保证质量。

4.0.1 条文规定的遥感图像的选用是以不同勘察目的和各种遥感图像的特点为出发点，实际上各种地质现象，在遥感图像上均能显示出来，只不过显示的清晰程度不同而已。在选用遥感图像时应有针对性，切忌盲目性或认为选得越多越好。

4.0.2 图像处理效果的好坏，取决于图像处理方法的选择是否恰当，而图像处理方法的是否恰当，其中重要的决定因素之一就是对拟突出的目标与周围背景之间波谱特点的掌握程度，只有对图像处理地区波谱的特点有了了解后，才能确定合适的图像处理方法。

根据以往经验，不制定图像处理方案就开展图像处理工作，往往在处理方法方面趋于一般化，很难有针对性地选择最佳的图像处理方法，甚至造成浪费。

4.0.3 遥感图像处理方法，包括光学图像处理和数字图像处理两大类。当前，由于数字图像处理方法逐渐普及，且处理效果较好，因此，遥感图像处理方法中多采用数字图像处理。若本单位只有光学图像处理设备，也可采用光学图像处理方法。

5.1.3 陆地卫星图像种类包括 Landsat MSS 图像及 TM 图像、法国 SPOT 卫星 HRV 图像、印度 IRS－1C 卫星图像、日本 JERS 卫星图像、俄罗斯 SPIN－2 卫星图像、中巴资源一号卫星（CBERS－1）图像和 IKONOS 卫星图像等。但从技术经济效益比考虑，一般常用 Landsat MSS 图像和 TM 图像，这些图像应用效果较好。MSS 图像全国均已覆盖，搜集也比较容易；TM 图像全国已基本覆盖，如需要搜集，则应提前向北京遥感卫星地面站订货；SPOT 卫星的 HRV 图像，北京遥感卫星地面站已能接收，订货也较容易。主要陆地卫星概况见说明表 5.1.3。

说明表 5.1.3　主要陆地卫星概况一览表

国　家	卫星名称	发射日期	重复周期(d)	传感器	波段和波长(μm)	空间分辨率(m)	地面探测宽度(km)
美　国	Landsat－1,2,3	1972 1975 1978	18	MSS	4　0.5～0.6；0.6～0.7； 0.7～0.8；0.8～1.1	79	185
				RBV	3　0.48～0.58； 0.58～0.68； 0.69～0.83	80	
美　国	Landsat－4,5	1982 1984	18	MSS	4　0.5～0.6；0.6～0.7； 0.7～0.8；0.8～1.1	79	185
				TM	7　0.45～0.52； 0.52～0.60； 0.63～0.69； 0.76～0.90； 1.55～1.75； 2.08～2.35；	30	
					10.40～12.50	120	
法　国	SPOT－1,2	1986 1989	26	HRV	3　VIS,NIR 0.5～0.59； 0.6～0.68； 0.79～0.89	20	117
					1　PAN　0.51～0.73	10	
欧空局	ERS－1C	1995	35	SAR	1C－band	26	100

续上表

国家	卫星名称	发射日期	重复周期(d)	传感器	波段和波长(μm)	空间分辨率(m)	地面探测宽度(km)
印度	IRS－1C	1995	24	LISS－Ⅲ	4 VIS,NIR 0.52～0.59; 0.62～0.68; 0.77～0.86; 1.55～1.70	23.4～70.5	141～148
				CCD相机	1 PAN 0.50～0.75;	5.8	70
				WiFS	2 VIS,NIR 0.62～0.68; 0.77～0.86	188.3	810
法国	SPOT－4	1998	26	HRVIR	4 VIS,NIR 0.50～0.59; 0.61～0.68; 0.79～0.89; 1.57～1.70	20	117
					1 PAN 0.61～0.68	10	
中国/巴西	CBERS	1999	26	CCD相机	5 0.45～0.52; 0.52～0.59; 0.63～0.69; 0.77～0.89; 0.51～0.73	19.5	113
				IRMSS	4 0.50～1.10; 1.55～1.75; 2.08～2.35; 10.4～12.5	77.8～156	119.5
				WFI	2 0.63～0.69; 0.77～0.89	256	890
日本	JERS	1999	16	SAR	1 L—band	25	200
				MSS	4 VIS,NIR	30	200
美国	Landsat－6 Landsat－7	1993 1999	16	ETM ETM＋	7 0.45～0.59; 0.52～0.60; 0.63～0.69; 0.76～0.90; 1.55～1.75; 2.09～2.35; 10.4～12.5	30,60	183
				ETM－Pan	1 0.50～0.9	15	
美国	IKONOS－2	1999	3	数字相机	1 PAN 0.45～0.90	1	11
					4 M 0.45～0.52; 0.52～0.60; 0.63～0.69; 0.76～0.90	4	

续上表

国　家	卫星名称	发射日期	重复周期(d)	传感器	波段和波长(μm)	空间分辨率(m)	地面探测宽度(km)
俄罗斯	SPIN-2	2 000		KVR-1 000 相机	1　PAN	2	220
				KT-350 相机	1　PAN	10	

注：SAR—合成孔径雷达；LISS—线性成像自扫描仪；WIFS—广域传感器；WFI—广角成像仪；IRMSS—红外多光谱扫描仪；M—多波段 KVR-1 000 和 KT-350—俄罗斯 SPIN-2 卫星上安装的照相机型号。

条文中规定在搜集航空遥感图像时，应首先考虑搜集黑白航片，因当前铁路勘测中应用的遥感图像主要是黑白航片，结合国内外发展趋势看，短期内可能仍以黑白航片应用为主。特别是铁路新线勘测中，黑白航片可同时用于地形测图和各专业的解译，因此，遥感图像地质解译也只能以黑白航片为主。何况黑白航片的应用具有明显的技术经济效益。应搜集的黑白航片未明确规定比例，主要是踏勘阶段和初测阶段所采用的比例不尽相同。如需解决一些特殊地质问题时，可搜集其他航空遥感图像。如地下水发育地区、岩溶地区，可选用热红外图像；地质复杂地区，可选用彩色红外片等等。

热红外图像成像时，往往受气象条件、扫描角度、温度灵敏度、地面温度等的影响而影响图像的质量和解译效果。因此，了解上述影响因素情况后，可帮助提高图像解译效果。气候条件变化会造成图像的畸变，例如冷云给地面叠加冷信息，图像呈深色调；暖云给地面叠加暖信息，图像呈浅色调。地面的风能使红外影像出现条纹形状的畸变和拖影现象。扫描角度的大小对图像分辨力有影响，当瞬时视场和平台高度不变时，扫描角度越大，则分辨力越低。温度灵敏度的高低以及地面目标和背景的温度大小等，都会影响图像的分辨能力。

搜集工作区的典型地物波谱特征资料，其目的是在进行图像解译和图像处理时参考用。

5.1.4　航空遥感图像是遥感地质解译的基本依据，航空遥感图像质量的好坏以及是否齐全，直接影响遥感图像地质解译的效果。条文中规定的检查内容都是衡量遥感图像质量的重要因素。

5.1.6　搜集到像片后，应进行编录和整理，在每张像片的背面用盖章或手工编写的方法，按工种名称、测段号或图幅号、航带号等顺序进行标记。例如，地—10—2，系指地质专业用的第 10 测段第二航带的像片。像片编号后，应将作业用的像片按测段或图幅分别抽出装入像片袋，像片袋封面应写明线别或工程名称、测段号或图幅号、航带号及像片号。编录、整理的目的是有利于解译作业有条不紊地进行，提高解译效率。

5.2.1　根据以往解译工作的经验，在解译工作开展前，由于对图像解译范围、解译工作量、地层解译的划分深度、工程地质分区原则、是否到现场重点踏勘或建立区域解译标志等考虑不周或不明确，匆忙开展工作，往往会造成工作被动，甚至返工。尤其是长大干线，往往分成几个组工作，如不事先明确上述工作内容的标准或原则，则很难保证成果的质量和统一，将给资料汇总和文件编制带来许多麻烦。

当工作区解译标志复杂，解译者又不熟悉该区解译标志时，可到现场重点踏勘，建立区域解译标志，以利解译顺利进行。

5.2.3 由于航测内业成图作业操作严密，对界线接边精度要求很高，不按调绘面积进行调绘，满足不了内业成图的要求。在调绘面积内进行地质解译调绘，可避免调绘内容的重复或遗漏，并能及时发现地质界线接边是否准确，保证了地质调绘片的质量，同时也可保证航测内业成图的质量。

5.2.4 在遥感图像上进行地质界线勾绘和符号注记所采用的颜色可参考下列规定：地貌、地物、地层（岩性）等界线，岩层产状，地质年代符号，小柱状图，地质观测点、勘探点等，用桔黄色或淡黄色；地质构造线、不良地质及特殊岩土等界线，用红色；泉水露头、河流等，用绿色；居民点、线路方案等，用黑色或桔黄色。条文中规定，如像片上无压平线者，则距像片边缘不应小于1.5 cm，这是因为此距离与压平线距像片边缘距离大致相等。根据相邻像片的重叠度，一般调绘范围控制在压平线范围内，则可保证相邻隔号像片间的地质界线不会漏绘，并保证有少量重叠。

5.2.5 对最小地质解译限度的规定，其目的是对最小地质体解译勾绘的限度有个规定，同时也使检查解译质量有个标准。其范围和长度大小的规定主要以在图像上地质体能辨认并勾绘出来为准。

勾绘的界线与实际影像相差不得大于0.5 mm，主要是由于大于0.5 mm以后，地质界线误差太大，影响成图质量。

5.2.6 地物与地貌的调绘内容和详细程度，应视需要和具体情况而定，如在居民点密集的平原地区，可只调绘重要居民点；在交通困难的山区，为了外业调查的顺利开展，进行道路的调绘是必要的；在岩溶地区，水系与山脊线的调绘，有利于对岩溶地区的地表径流、地下水的补给与排泄的研究。

5.2.13 编制遥感地质初步解译图与遥感图像地质解译验证表的目的是为了使外业填图更有目的、更有计划地进行，避免外业地质调查工作的盲目性。编制初步解译图供外业验证使用更方便。

5.3.3 条文中规定重要的地质观测点和勘探点，应在航空遥感图像上刺点。在航空遥感图像上刺点，是为了航测内业制图的需要，如果像片上不刺点，则地质观测点和勘探点的位置很难准确地转绘到航测图上。刺点应刺透，否则内业制图时无法利用。刺完点后，应在图像正面与背面以点位为中心画圆圈或三角形，并进行编号，圆的直径和三角形边长规定为2 mm。

刺点的点位误差不应大于0.2 mm，因为超过0.2 mm，则影响了成图精度。如以1∶15 000比例航空遥感图像为例，图像上误差0.2 mm，相当于地面3 m。

5.3.4 地质观测点的平面位置和高程的确定：一般地质观测点要求的点位精度不高，可在地形图上查得，重要的地质点应在外业控测时联测求得。

5.3.5 各种地质界线上地质验证点的布设数量，应视其在遥感图像上的影像清晰程度确定，只能规定一个大致原则，很难确定多少距离布设一个观测点。更不能规定每条地质界线上应布设多少验证点，因为界线的长短不一样，不能作硬性规定。

条文中遥感地质外业填图验证点平均密度的规定，是根据多年遥感地质填图的经验，结合地面地质填图观测点平均密度的规定综合分析后提出的。如测图比例为1∶25 000时，基岩地区的地质观测点定为1～2.5个/km^2。遥感图像地质填图每平方公里验证点的平均密度大致相当于地面填图观测点数的1/2～1/3。验证点布设的平均密度，主要是与工作区的地质复杂程度有关。

编制比例为 1∶2 000 ~ 1∶5 000 的地质图。其观测点平均密度的规定视比例大小而适当增减，地质图比例为 1∶2 000 时，观测点平均密度应偏高些，比例为 1∶5 000 时，观测点平均密度可偏低些。

观测点的平均密度定得是否合理，还有待于继续实践加以检验。

5.4.3 根据人眼对遥感图像的分辨能力以及实践经验，认为编制小比例地质图时，采用相应比例的遥感图像，既可满足测图内容和精度要求，又可使填图工作量不致于过大。而编制大比例地质图时，如果也用相应比例的遥感图像，虽然填图精度较高，但工作量增加较多，得不偿失。而用较地质图比例小的遥感图像，同样可满足填图内容和精度要求，但工作量可大大减少。

5.4.4 编制 1∶10 000 ~ 1∶200 000 的地质图，由于要求的精度不高，用相关地物法进行转绘成图，即可满足要求。

编制 1∶2 000 ~ 1∶5 000 的地质图，精度要求较高，应通过航测仪器进行转绘。其平面位置精度可保证在 2 mm 以内。

编制大于 1∶1 000（含 1∶1 000）的地质图，由于精度要求较高，若用转绘仪转绘，成图精度满足不了要求，故规定应通过航测仪器转绘成图。

地质图底图的选择应根据成图比例和图的内容而定。例如平原地区的地质图可选用水系图或航空遥感图像略图作底图；地形、地质简单或中等复杂地区可选用地形图或航空遥感平面图作底图；地形、地质复杂的地区可选用简化地形图或航空遥感图像平面图（数字正射影像图）作底图。小于 1∶50 000 地质图可选用水系图、简化地形图或航天遥感图像作底图。

6.1.2 目前，应用的航天遥感图像主要是美国陆地卫星图像，美国陆地卫星 TM 图像通过计算机图像处理可放大到 1∶100 000 左右，其影像仍较清晰。1∶50 000 左右的航空遥感图像在全国均有覆盖，可搜集到。

条文中规定地质专业应用的航片和复照图，必须保证各1 ~ 2套，是为满足地质解译作业的需要，由于地质专业人员要经常应用像片进行解译，如与其他专业共用，影响了地质解译的深入进行。另一原因是遥感图像上地质解译成果，要用各种界线、符号表示出来，图上内容较多，如与其他专业共用，不但作业上相互干扰，应用不方便，而且不同专业成果绘在一张图像上，图面上过于繁杂，容易产生矛盾和差错。

6.1.3 遥感图像搜集的宽度以能满足解译需要为准，条文规定的搜集宽度均较规定的解译宽度为宽，故可满足解译需要。

关于解译宽度的规定，除满足现行《铁路工程地质勘察规范》（TB 10012）初测工程地质测绘宽度外，还应考虑到从大面积范围内研究区域地质条件的需要。用地面方法研究大面积区域地质条件，往往受到种种客观条件的限制而难以实现，而利用遥感图像进行此项工作，是十分有利的，充分体现了遥感图像大面积地质填图的优越性。

6.1.6 踏勘阶段利用遥感进行地质解译填图所编制的遥感工程地质图与地面调查成图相比，具有质量高、速度快、图面宽等优点，起到事半功倍之效。例如，对线路方案有影响的大型不良地质现象、断层破碎带等，均可快速、准确地反映到地形图上，这样的地质图为方案比选提供了足够宽度和可靠的地质资料，提高了方案比选的质量。条文中规定的编图宽度为每侧各 5 ~ 15 cm，实际上还可宽些，遥感图像有多宽就可编多宽，这是地面测绘难已达到的。而且一旦外业工作结束后，出现方案变动超出外业勘测范围，需补充搜集一般地质资料时，也可用遥感图像解译补充提供。

6.2.1 由于遥感技术所获取的是宏观的地表地质信息，它具有一定的局限性。因此，在加深地质工作中，为查明测区内控制和影响线路方案的主要工程地质问题，必须采用以遥感技术为先导，与工程地质地面调绘、物探等手段相结合的地质综合勘察方法，才能取得满意的效果。

6.3.2 初测工程地质遥感工作的准备工作很重要，如果准备不好，将会给后续工作带来许多麻烦。有些准备工作实际是在踏勘后就应开始。如控制线路方案的长隧道、特大桥、重大不良地质及特殊岩土工点所需制作的航空遥感图像平面图、数字正射影像地图等，一般在踏勘后就应抓紧进行。

航空遥感图像的质量检查很重要，否则将影响解译的效果，如范围不够、重叠度不够、影像清晰度差、色调不正常、云量过多等，都是不允许的。

航空遥感图像的编录整理不可忽视。如不进行编录整理，看起来是争取了时间，但往往由于具体解译作业中，接触数百乃至上千张的像片，容易搞乱。把大量时间浪费在寻找像片上，反而欲速而不达。

在搜集遥感图像时应根据遥感图像解译的目的以及地形、地质等特点选择适用的遥感片种，切忌盲目确定遥感片种。不同的遥感片种适用于解译不同的地质内容，一旦片种选用不合适，则难发挥遥感图像解译的作用，甚至造成浪费。

摄影比例的确定主要是考虑能否满足测图精度的要求，一般满足测图精度要求的航摄比例，也能满足相应比例工程地质遥感解译的需要。但有时某些地质复杂或特殊地质问题，只要条件许可，比例应尽可能选大些，有的区段也可进行两种不同比例的成像，以满足地形测图与地质解译调查各自的需要。

航空遥感图像搜集宽度可按图上线路位置每侧各 10～15 cm 考虑，这样的宽度超过了初测遥感图像解译规定的宽度，可保证解译的需要。

条文规定初测阶段应用的黑白航片比例为 1:8 000～1:20 000 左右，主要是考虑在此范围内的黑白航片，能保证各种地质现象有所显示，又不至于增大解译工作量。这是多年解译实践的经验。

控制线路方案的长隧道、特大桥、重大不良地质工点等，可根据地形条件选用合适的像片图。一般长隧道地形均较复杂，可制作航空遥感数字正射影像地图；特大桥地形往往较平坦，选用航空遥感图像平面图则可满足要求。

6.3.3 根据现行《铁路工程地质勘察规范》(TB 10012)的规定，初测全线工程地质图的图面宽度不宜小于 5～10 cm。本规程规定初测遥感图像解译宽度宜为图中线路位置每侧各 5～10 cm，较《铁路工程地质勘察规范》(TB 10012)规定的宽度宽一倍，体现了遥感图像宏观解译的优越性。

条文规定地质解译调绘应在调绘面积内进行，主要是避免调绘成果的遗漏或重复，同时也容易发现相邻像片接边内容出现的矛盾。界线接边错位规定不应大于 1 mm，主要是考虑到在正常作业情况下均可达到。同时又保证接边错位不至于过大。

6.3.4 条文规定的外业期间遥感地质工作内容，主要是为了稳定方案，确定合理的制图范围而考虑的。

6.3.5 遥感工程地质报告是在遥感工程地质工作的基础上，根据遥感工程地质工作的成果编制的，它可作为编制全线工程地质勘察报告的重要素材。在编写遥感工程地质报告时，应与地面调查、物探、钻探等资料综合考虑，尽可能取得统一认识。如有不同看法，仍应保留遥感工作的意见。

全线遥感工程地质图是作为编制全线工程地质图的基础资料之一，它是以遥感图像解译成果为主，结合地面调查、物探、钻探等成果，综合分析后编制的，应体现遥感的成果。

利用遥感图像解译验证成果可以编制各种专题图件，简便易行，可根据勘测地区的特点和工作要求，编制其中的某些图件。

6.4.1 在新建铁路工程地质勘察中，遥感技术主要用于踏勘、初测中，定测时用的较少。但当发现初测工程地质工作做的不够，工程地质隐患较多，影响选线质量时，则可有针对性地对一些地段或工点开展大比例航片的解译工作，有时甚至还要进行小比例航片或陆地卫星图像解译工作。

7.1.1 在遥感技术应用初期，一般仅应用于新建铁路勘测阶段，当时认为将遥感技术用于施工阶段是毫无意义的，其理由是施工阶段该做的工程地质工作已经做完，利用遥感技术多此一举；另一种理由认为遥感是解决宏观问题，无法解决施工地质问题。

在南昆铁路建设中试应用了遥感技术进行工程地质调查，并将调查成果提供给施工部门参考，通过南昆铁路施工阶段遥感技术的试应用认为效果较好，证实了遥感技术在施工阶段有针对性的应用，还是能起到较好的作用。

7.2.1 运营阶段应用遥感技术进行沿线不良地质调查有较好效果，特别是利用不同时期的大比例航片进行对比分析，可确定不良地质的动态变化，进而对沿线地质灾害的防治提出意见，可以起到良好效果。在成昆铁路的泥石流遥感调查和宝成铁路滑坡遥感调查中，均取得较好效果。因此，遥感技术在运营铁路地质灾害调查和灾害预报方面将有广阔的应用前景。

中华人民共和国行业标准

铁建设函〔2003〕99号

铁路工程地质原位测试规程

TB 10018—2003

J 261—2003

2003—03—28 发布　　2003—06—01 实施

中华人民共和国铁道部　发布

前　　言

本规程是根据铁道部《关于下达1998年铁路工程建设标准规范等六项编制计划的通知》(铁建函〔1998〕43号)的要求,在《动力触探技术规定》(TBJ 18—87)、《静力触探技术规则》(TBJ 37—93)、《铁路工程地基土旁压试验规程》(TB 10046—96)、《铁路工程地基土十字板剪切试验规程》(TB 10051—97)的基础上修订而成的。

本规程内容包括总则、术语和符号、平板载荷试验、螺旋板载荷试验、岩体直剪试验、十字板剪切试验、预钻式旁压试验、标准贯入试验、动力触探、静力触探、应力铲试验、扁板侧胀试验等12章,另有3个附录。

本规程修订的主要内容如下:

(1)增加了平板载荷试验、螺旋板载荷试验、岩体直剪试验、标准贯入试验、应力铲试验及扁板侧胀试验等原位测试技术方法。

(2)增加了用动力触探、旁压试验、静力触探指标确定天然地基极限承载力和用静力触探指标确定沉管灌注桩极限荷载的内容。

(3)修订了确定钻孔灌注桩极限荷载的综合修正系数。

(4)有关地基承载力内容与《铁路工程地质勘察规范》(TB 10012—2001)进行了统一。

(5)有关地震液化与《中国地震动参数区划图》(GB 18306—2001)进行了协调。

本规程以黑体字标志的条文为强制性条文,必须严格执行。

在执行本规程过程中,希望各单位结合工程实践,认真总结经验,积累资料。如发现需要修改和补充之处,请及时将意见及有关资料寄交铁道第四勘察设计院(武汉市武昌区杨园街和平大道745号,邮政编码:430063),并抄送铁路工程技术标准所(北京市海淀区羊坊店路甲8号,邮政编码:100038),供今后修订时参考。

本规程由铁道部建设管理司负责解释。

本规程主编单位:铁道第四勘察设计院。

本规程参编单位:铁道科学研究院、中铁西北研究院、铁道第三勘察设计院、铁道第二勘察设计院、铁道第一勘察设计院、西南交通大学、中南大学、北京铁路局。

本规程主要起草人:谢树彬、楚华栋、叶启民、唐万春、梁伟、罗梅云、左佐生、熊大生、孟庆文、储团结、孙再章、赵善锐、刘永超、周神根、庞瑞珂、张子贵、田财富、李全斌、杜文山、陈志辉。

目　次

1 总 则

1.0.1 为统一铁路工程地质原位测试技术要求,提高勘察质量,制定本规程。

1.0.2 本规程适用于新建、改建铁路勘察设计和施工、运营阶段的原位测试工作。

1.0.3 在重要工程场地或缺乏使用经验的地区,原位测试工作应与其他勘探测试方法相结合。

1.0.4 原位测试孔位和点位的布置对场地土层应具有控制性和代表性,并应避开地下隐蔽工程,地基中夹杂朽木或粗大颗粒物时,孔位和点位应移位避开。

1.0.5 原位测试设备,必须定期校验和维护。

1.0.6 原位测试工作除应符合本规程外,尚应符合国家现行的有关强制性标准的规定。

2 术语和符号

2.1 术 语

2.1.1 原位测试 in-situ test(IST)

在地层或土体的原位应力状态和天然含水率保持不变、原生结构不受或少受扰动的条件下,直接或间接地测定岩、土体各种工程特性、参数的试验方法。

2.1.2 平板载荷试验 plate loading test(PLT)

在现场使用刚性承压板模拟建筑物基础,对天然地基或复合地基逐级施加荷载,直至地基出现破坏状态或接近破坏状态,同时测记在各级荷载下地基随时间而沉降变形的试验方法。

2.1.3 螺旋板载荷试验 screw plate loading test(SPLT)

将规定螺距的单片螺旋形承压板(简称螺旋板)旋入地表下预定深度处,通过传力杆件向螺旋板逐级施加荷载,同时测记螺旋板沉降的试验方法。

2.1.4 岩体直剪试验 rock mass direct shear test(RDST)

对试坑中切割出的原位岩体试件同时施加垂直荷载和水平推力或单用千斤顶沿预定方向施加推力的剪切试验。

2.1.5 十字板剪切试验 vane shear test(VST)

将一定规格的十字型板头垂直插入土中,以规定的试验方式和扭转速率测定出土在破坏过程中的抵抗力矩,计算出土的不排水抗剪强度(峰值强度、残余强度、重塑土强度)的试验方法。

2.1.6 预钻式旁压试验 preboring pressuremeter test(PMT)

在预先钻成的孔中放置旁压器,对孔周土体快速、逐级施加径向压力,同时测记孔穴体积的相应变化,据此测定土体工程特性的试验方法。

2.1.7 标准贯入试验 standard penetration test(SPT)

使用63.5 kg的穿心锤,以76 cm的自由落距,将一定规格的贯入器预先贯入钻孔孔底以下15 cm,然后测记继续贯入30 cm过程中锤击数的试验方法,简称标贯试验。

2.1.8 动力触探试验 dynamic penetration test(DPT)

用一定质量的穿心锤和一定的自由落距,将一定规格的圆锥形实心探头贯入土中一定深度并测记贯入过程中锤击数的测试方法。

2.1.9 静力触探试验 static cone penetration test(CPT)

将一定规格和形状的探头按规定的速率贯入土中,同时测记贯入过程中探头所受到的阻力(比贯入阻力或端阻、侧阻及孔隙水压力)的测试方法。

2.1.10 应力铲试验 stress shovel test;Total pressure cell test(SST)

将内部充满脱气硅油、状如矩形扁铲的量测装置垂直贯入土中,测记水平土压力及其随时间而衰减过程值的试验方法。

2.1.11 扁板侧胀试验 flat dilatometer test(DMT)

将局部具有松胀功能的近似矩形的扁板贯入土中,测定地基土工程特性的试验方法。

2.1.12 临界深度 critical depth

各种原位测试手段在均质地基中的测试值达到相对极限值时所在的深度。

2.1.13 破坏荷载 failing load

静载试验的荷载沉降曲线对应于沉降趋于无穷大时的荷载值。

2.1.14 极限承载力 ultimate bearing capacity

地基进入破坏状态之前所能承受的最大压力,即极限荷载强度。

2.1.15 破坏比 failure ratio

静载试验的极限荷载与破坏荷载之比。

2.1.16 基本承载力 basic bearing capacity

建筑物基础短边宽度 $b \leqslant 2$ m、埋置深度 $h \leqslant 3$ m 时的地基容许承载力。

2.2 符 号

B_q——超孔压比

C_h——水平固结系数

c_u——$\varphi = 0$ 时的不排水抗剪强度

D_r——砂类土的相对密实度

E_D——侧胀模量

E_m——旁压模量

E_0——变形模量

E_s——压缩模量

E_u——不排水杨氏模量

FS——在额定荷载下探头及仪表的满量程输出值

f_s——探头侧壁单位摩阻力(简称探头侧阻)

G_m——旁压剪切模量

I_D——土类指数

I_L——液性指数

I_p——塑性指数

K_D——水平应力指数

K_s——竖向基床系数

K_0——静止土压力系数

N——标贯试验实测击数

N_{cr}——地震液化临界贯入击数

$N_{63.5}$——重型动力触探实测击数

p_s——静力触探比贯入阻力

p_{sca}——实测计算贯入阻力(单桥探头)

p_u——地基极限承载力

p_1——扁板侧胀试验膨胀压力

p_2——扁板侧胀试验膜片复位后的终止压力
q_c——静力触探端阻(简称端阻)
q_{cca}——实测计算贯入阻力(双桥探头)
q_T——总锥尖阻力
S_r——饱和度
S_t——灵敏度
S——修正后的沉降量
S'——实测沉降量
s_u——十字板抗剪强度(简称十字板强度)
s_u'——十字板重塑强度
s_{ur}——十字板残余强度
T——时间因数
U_D——孔压指数
u——孔隙水压力
Δu——超孔隙水压力
γ'——土的有效重度
γ_w——水重度
σ_0——地基基本承载力
τ——剪应力
τ_f——峰值剪应力(抗剪强度)
ϕ——机械杆件直径或同轴度公差
φ——内摩擦角
OCR——土的超固结比

3　平板载荷试验

3.1　一般规定

3.1.1　平板载荷试验适用于各类土、软质岩和风化岩体。

3.1.2　平板载荷试验应布置在基础底面高程处，测定在其影响深度范围内岩土体的承载能力和变形特性。当基础底面设计高程未能事先确定时，承压板底面高程宜设置在自然地面下 0.5 m 处。

3.1.3　平板载荷试验应布置在场地中有代表性的地点，每个场地同一持力层不宜少于 3 个点。平板载荷试验应注意岩土体的均匀性，当在承压板影响深度范围内（2 倍承压板直径或宽度）地层有变化时，宜进行分层试验。

3.2　设　备

3.2.1　平板载荷试验设备包括刚性承压板、加卸荷装置、量测荷载及沉降的仪器等。

3.2.2　刚性承压板可为圆形或方形，其面积 A 应符合下列要求：

1　在软弱地基中试验时，A 不得小于 5 000 cm^2；

2　在坚实土地基中试验时，A 不得小于 1 000 cm^2；

3　在碎石类土地基中试验时，承压板直径或边长应大于受压层中最大颗粒粒径的 10 倍；

4　在复合地基中试验时，承压板面积宜根据桩土面积比选定。

3.2.3　加卸荷装置应符合下列要求：

1　加（卸）荷使用的千斤顶的额定量程不应小于预计极限荷载的 1.4 倍。当使用重物堆载时，重物应一次备齐并不应小于预计极限荷载的 1.2 倍；当使用千斤顶和重物联合加载时，其加载总能力不得低于极限荷载的 1.4 倍。

2　使用地锚反力装置时，地锚反力总和应大于预计极限荷载的 1.5 倍且每个地锚反力应基本相等；反力梁的刚度应与千斤顶量程相匹配。反力装置也可采用斜撑（板）结构，以利用坑壁土提供反力。

3　压重平台的平面尺寸和刚度应满足试验和堆载的要求；当使用压重平台堆载时，应于平台下试坑角点部位，设置防止荷载偏心导致重物倾倒的支柱。

4　无论采用何种加、卸荷方式，应至少设置一个监测荷载量值的测力装置。测力装置可采用力传感器、压力表或测力钢环，测力装置的检测精度应达到荷载增量的 2%。

3.2.4　观测沉降用的百分表或位移传感器，全量程不宜小于50 mm，检测误差不得大于 0.01 mm。当百分表或位移传感器不能居中置于承压板形心时，所用百分表或位移传感器不得少于 2 只。

3.3 试验要点

3.3.1 平板载荷试验的试坑开挖应符合下列规定：

1 在基础底面设计高程处试验时，试坑底面宽度应不小于 $3b$（b 为承压板直径或宽度）；在自然地面下 0.5 m 处试验时，试坑底面宽度可取（1～1.2）b。试验前应保持坑底土层的天然湿度和原状结构。

2 试验点位于地下水位以下时，开挖试坑及安装设备前，应先将坑内地下水位降到试坑底面以下。安装设备，待水位恢复后再行试验。

3 根据需要，试验前在坑边、试验后在承压板下（0.5～1）b 处采取不扰动土样进行有关试验分析。

4 试验过程中应避免试坑受冻、曝晒和雨淋。

3.3.2 试验设备安装应符合下列规定：

1 安置承压板前，应整平板下的试坑面并用水平尺找平后铺约 2～3 cm 的中粗砂垫层，轻轻拍实找平，使承压板与试坑面平整接触。

2 依次安装传力柱、千斤顶、载荷台架及反力装置时，应逐一检查、调整对承压板中心的垂直度和同心度，并应避免对承压板施加冲击力和预应力。

3 安装沉降观测装置应符合下列要求：

1）用于观测承压板沉降的百分表或位移传感器，当不能居中安置时，必须对称设置于承压板的板面上，且应使伸缩杆垂直于板面；

2）百分表应带有磁性表座，并应在保证百分表测头垂直承压板板面的前提下具有便利定位的能力；使用的位移传感器连同其托梁，也应具有相应的能力；

3）表座托梁的支点（固定点）与承压板中心的距离应大于 $1.5b$、与地锚反力装置之反力点的距离不得小于 0.8 m；

4）根据需要，用于观测承压板周围地面垂直位移的百分表或位移传感器，宜在过承压板形心的两条相互垂直的直线上、且距压板边缘的距离为（0.2～1）b 的范围内按等间距布置 4～5 只。

3.3.3 试验荷载应分级施加，施加荷载时应保持静力条件及荷载对承压板中心的竖向传递。各级荷载增量可按下列方法确定：

1 第一级荷载（含设备自重）宜接近坑底以上土的有效自重压力；

2 后续各级荷载增量可取预估极限荷载的 1/7～1/10；当极限荷载不易估计时，可按表 3.3.3 取值。

表 3.3.3 荷载增量取值

试验土层及特性	荷载增量（kPa）
淤泥、流塑黏性土、松散砂土	<15
软塑黏性土、新近沉积黄土、稍密砂土、粉土	15～25
硬塑黏性土、新黄土（Q_4）、中密砂土	25～50
坚硬黏性土、密实砂土、老黄土、新黄土（Q_3）	50～100
碎石类土、软岩及风化岩	100～200

3.3.4　根据工程需要试验方法可采用慢法（沉降相对稳定法）或快法（沉降非稳定法）。慢法主要用于饱和软黏性土及对变形有明确要求的建筑物；快法一般适用于可塑～坚硬状粉质黏土、粉土、砂类土和碎石类土及软质岩。

3.3.5　施加荷载 p 后，应按时观测相应沉降量 S'。每级荷载下的沉降观测时间 t 及其稳定标准和试验终止条件应符合下列规定：

1　对于慢法，自加荷开始按 1、2、2、5、5、15、15、15 min 间隔，以后每隔 30 min 观测沉降一次，直至连续 2 h 内 1 h 的沉降量小于 0.1 mm 时，可施加下一级荷载。

2　对于快法，每施加一级荷载后，隔 15 min 观测一次沉降，累积观测达 2 h 时，再施加下一级荷载。

3　试验总加载重量不宜小于设计值的 2 倍。出现下列情况之一时，可终止试验；末级荷载的前一级荷载可定为极限荷载。

1）承压板周围土层明显地侧向挤出；

2）荷载增加不大，沉降急骤增大，荷载—沉降曲线出现陡降段（如图 3.4.1a 中线段 $\overline{UB}$）；

3）在某级荷载下，24 h 沉降速率不能达到稳定标准（＜0.1 mm/h）；

4）相对沉降值 $S'/b>0.10$。

3.3.6　在现场试验过程中，应及时记录观测数据，绘制 p—S'、S'—t 或 S'—lg$t$ 曲线草图。

3.3.7　当需观测卸荷回弹时，每级卸荷量可取每级加荷量的 2 倍或 3 倍，每级卸荷后每隔 15 min 观测一次回弹量，1 h 后再卸下一级荷载。荷载全部卸除后，宜继续观测 2～3 h。

3.4　资料整理与计算

3.4.1　平板载荷试验数据整理应符合下列要求：

1　慢法

1）根据实测数据绘制 p—S' 曲线。当 p—S' 曲线的前段曲线呈直线且不过坐标原点时（如图 3.4.1a 中曲线 2），应先求得该段直线的斜率 c 和截距 S_0，然后对比例界限（即第一拐点 A）以前各点的沉降值按 $S=cp$ 进行修正；对比例界限以后各点的沉降值按 $S=S'-S_0$ 修正。

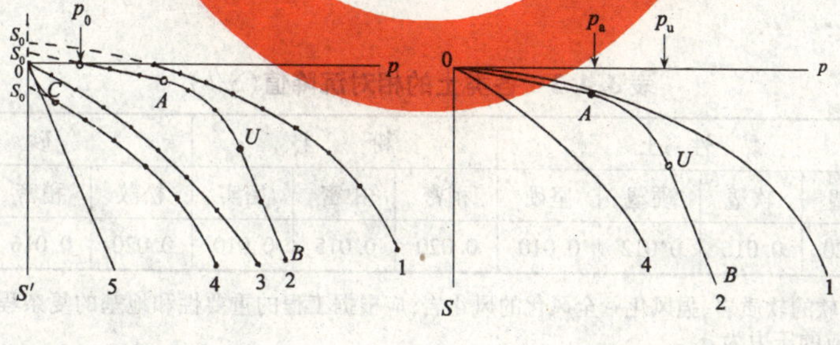

图 3.4.1　荷载—沉降曲线

2)当整个 $p—S'$ 曲线呈圆弧形时(如图3.4.1a中的曲线1及3),可用双曲线法拟合:

$$p = S/(a + b'S) \quad (3.4.1—1)$$

$$S = S' - S_0 \quad (3.4.1—2)$$

式中　S_0——沉降修正量;

a, b'——曲线拟合参数,亦即回归直线的截距、斜率,曲线拟合时,应试取 S_0 值达最佳拟合为止。

3)当 $p—S'$ 曲线呈反弯形时(如图3.4.1a中曲线4),对反弯点(C)以后的实测数据,可按上述双曲线法拟合,也可按式(3.4.1—3)的三点法拟合,取二者中精度较高者进行整理:

$$S_0 = 3S_1' - 3S_2' + S_3' \quad (3.4.1—3)$$

式中 S_1'、S_2'、S_3' 分别为反弯点C以后对应于荷载 p_1、p_2、p_3 的实测沉降。p_1、p_2、p_3 应符合下列条件:

$$p_3 - p_2 = p_2 - p_1 \quad (3.4.1—4)$$

4)根据修正后的数据绘制 $p—S$ 曲线(图3.4.1b),必要时尚应绘制 $\lg p—\lg S$、$p—\Delta S/\Delta p$(Δp 为荷载增量,ΔS 为沉降增量)、$S—\sqrt{t}$ 或 $S—\lg t$ 等曲线。

2　快法

1)按外推法推算出各级荷载下沉降速率达到慢法相对稳定标准时所需要的时间和相应的沉降。

2)根据推算的沉降按本条第1款进行修正。

3.4.2　地基的基本承载力 σ_0 可按下列方法确定:

1　若 $p—S$ 曲线存在拐点(如图3.4.1b曲线2),则第一拐点(A)对应压力为比例界限压力 p_a,第二拐点(U)对应压力为极限承载力 p_u。当 $p_u \leqslant 1.5p_a$ 时,取 $\sigma_0 = p_u/2$;当 $p_u > 1.5p_a$ 时,取 $\sigma_0 = p_a$。

2　若 $p—S$ 曲线呈圆弧形(如图3.4.1b曲线1及4),无明显拐点,可按下述方法确定:

1)在绘制的 $\lg p—\lg S$ 或 $p—\Delta S/\Delta p$ 曲线上,取第一转折点所对应的荷载强度为 σ_0;

2)取相对沉降 S/b 值所对应的荷载强度为 σ_0,各类土的 S/b 值可按表3.4.2取用;

表3.4.2　各类土的相对沉降值(S/b)

土　名	黏　性　土				粉　　土			砂　类　土			
状　态	流塑	软塑	硬塑	坚硬	稍密	中密	密实	松散	稍密	中密	密实
S/b	0.020	0.016	0.012	0.010	0.020	0.015	0.010	0.020	0.016	0.012	0.008

注:对于软~极软的软质岩、强风化~全风化的风化岩,应根据工程的重要性和地基的复杂程度取 $S/b = 0.001 \sim 0.002$ 所对应的压力为 σ_0。

3)由双曲线拟合法确定 p_u 值,取 $\sigma_0 = p_u/F$(F 为安全系数),可视地基工程性质取 F 为2~3(高压缩性土取低值,低压缩性土取高值)。

3.4.3　以双曲线法拟合的 $p—S$ 曲线应按下列公式确定地基极限承载力:

$$p_u = R_f p_f \quad (3.4.3—1)$$

$$p_f = 1/b' \qquad (3.4.3—2)$$

式中　p_f——破坏荷载；

b'——由式(3.4.1—1)得到的曲线拟合参数；

R_f——破坏比，可按表3.4.3取值。

表3.4.3　破坏比的取值

土　名	软土、松散砂类土、粉土	软～硬塑黏性土、稍密～中密砂类土	坚硬黏性土、密实砂类土	碎石类土、软岩、风化岩
R_f	0.90～0.80	0.85～0.75	0.80～0.70	0.75～0.65

3.4.4　基本承载力和极限承载力设计使用值的确定应符合下列规定：

1)同一土层参加统计的试验点数不应少于3个；

2)试验点的 σ_0 或 p_u 值的极差不大于其平均值30%时，可取平均值作为 σ_0 或 p_u 的设计使用值；当极差大于其平均值30%时，应查找、分析出现异常值原因，并按粗差剔除准则补充试验和剔除异常值。

3.4.5　土的变形模量 E_0 可按下式计算：

$$E_0 = \omega(1-\mu^2)bp_a/S_a \qquad (3.4.5)$$

式中　ω——承压板形状系数，圆形取0.79，方形取0.89；

μ——泊松比，碎石类土取0.25，砂类土和粉土取0.3，粉质黏土取0.35，黏土取0.42；

p_a——比例界限压力，即 $p—S$ 曲线上第一拐点压力(见图3.4.1)；当 $p—S$ 曲线无直线段时，可按 $0.5p_u$ 取值；

S_a——与 p_a 相对应的沉降。

3.4.6　地基竖向基床系数 K_s 应按下列要求计算：

1　平板载荷试验基床系数 K_{sa} 可由下式确定：

$$K_{sa} = p_a/S_a \qquad (3.4.6—1)$$

2　在同一场地对同一土层使用不同面积的承压板试验时，应按下式统一修正为一种面积尺寸的基床系数 K_1：

$$K_1 = K_{sa} \cdot \sqrt{F_a} \Big/ \sqrt{F_1} \qquad (3.4.6—2)$$

式中　K_1——基准基床系数，即方形承压板面积 $F_1 = 0.0929\ \mathrm{m}^2$(1平方英尺)时的基床系数；

F_a——实际使用的承压板面积。

3　设计计算时，应根据基础设计面积置换式(3.4.6—2)中的 F_a，计算出实际使用的基床系数 K_s。

4 螺旋板载荷试验

4.1 一般规定

4.1.1 螺旋板载荷试验适用于软土、一般黏性土、粉土及砂类土。

4.1.2 螺旋板载荷试验可提供地基土不同深度处的承载力、变形模量等参数。

4.2 设 备

4.2.1 试验设备由室内标定系统、加荷系统、反力系统、测力系统、沉降观测系统组成,应符合下列要求:

1 螺旋板的规格和几何尺寸

1)螺旋板板径 b

Ⅰ型:$b=(160\pm1)$ mm

Ⅱ型:$b=(252^{+2}_{-1})$ mm

2)螺旋板板径(b)与螺距(a)、轴径(c)、板厚(t)的关系应符合下列要求:$a/b=0.25\pm0.01$、$c/b\leqslant0.15$、$t/b=0.025\pm0.001$;

3)螺旋板表面粗糙度不宜大于 12.5 μm;

4)螺旋板每旋一圈的入土深度应等于一个螺距。

2 板头传感器

量程:(A)1 500 kPa(3 t 级传感器)

(B)1 000 kPa(2 t 级传感器)

精度:板头传感器的非线性误差、重复性误差、滞后误差和归零误差均应小于 0.5% FS。

防水性能:静水压力为 200 kPa 时,在 150 h 内板头桥路绝缘电阻应大于 300 MΩ。

工作温度:应适应 -10 ℃ ~45 ℃环境温度,标定与工作时的环境温度差值不宜大于 20 ℃。

过载能力:为额定压力的 150%。

3 测试仪表

测试仪器:应能在 -10 ℃ ~45 ℃的环境中正常工作,预热后其时漂应小于 0.1% FS/h、温漂应小于 0.01% FS/℃;有效最小分度值小于 0.06% FS。

百分表:量程 30 mm,特殊要求可配 50 mm。

位移传感器:量程 3 000 με,全量程综合误差小于 4 με。

4 传力杆规格:直径 ϕ36 mm 合金钢厚壁管,每米质量应控制在 5.5 ~6 kg。

5 标定装置对力的传递误差应小于0.5%,并应符合下列要求:

1)在工作状态下,标定架的压力作用线与被标定的传感器同轴度公差为 ϕ0.5 mm。

2)标定板头传感器所用的测力计或传感器不得低于Ⅲ等标准测力计的精度;其公称量程不宜大于板头传感器额定荷载的2倍。

3)标定板头传感器绝缘性能的储水压力罐及压力检测装置的密封性能必须良好。

4.2.2　板头传感器的标定应符合附录A的规定。

4.3　试验要点

4.3.1　试验前的准备工作应符合下列要求:

1　核查板头标定卡,螺旋板几何尺寸应符合设计要求,且无损伤、板面光滑,检查百分表、液压千斤顶、记时电子秒表及记录仪等设备的完好性。

2　将螺旋板的方榫插入板头传感器下端的方孔中,上下活动自如后,用一根约ϕ3 mm的软金属丝(铝丝或保险丝)插入连接好的销孔中,使螺旋板与板头连成一体。

4.3.2　试验设备安装应符合下列要求:

1　平整场地,然后用下锚机或人力旋下4个反力地锚和2个固定沉降支架的小地锚,并安装相应的组装件,对工字大梁、千斤顶座、表座托板均应用水平尺校准。

2　根据测试深度的需要,接好传力杆。若用电测式板头,应按传力杆连接顺序依次穿好电缆,并与传感器和螺旋板连成一体,检查信号输出是否正常,然后将板头旋到既定测试深度,并保持传力杆的垂直状态。

3　调整好传力杆顶部至荷载大梁间的垂直距离,使其恰好能安装加压部件(液压千斤顶、顶头、顶座等),先在传力杆上固定沉降支板,然后将加压部件安装就位,并保持整体传力系统的垂直度,避免偏压。

4　在沉降支架上装好磁性表座及百分表,调整百分表量测头与沉降支板接触的距离,使百分表指针对零。

5　若为电测表头,需按规定预热、调零,然后量测。仪器应置于干燥地点,严禁曝晒与碰撞。

4.3.3　试验方法应符合下列规定:

1　需同时测定地基土模量及承载力时,应采用慢法试验;

2　仅需测定地基承载力时,可使用快法试验;

3　慢法和快法试验应符合本规程第3.3.4条和第3.3.5条的要求。

4.3.4　试验工作应符合下列基本要求:

1　按不同试验方法要求进行操作。

2　试验点应在静力触探了解地层剖面后布置,同一试验孔在垂直方向上的试验点间距宜为1 m。土质均匀、厚度较大时,点间距可取2~3 m。

3　试验孔测试完成后,将传力杆和传感器拔出地面,弃螺旋板于孔内。

4.3.5　出现下列情况之一时,可终止试验:

1　荷载不变,24 h内沉降速率几乎不变;

2　荷载增加很小,但沉降急剧增大,$p—S'$曲线上出现陡降段;

3　相对沉降$S'/b>0.1$。

4.4 资料整理与计算

4.4.1 螺旋板载荷试验数据应按第 3.4.1 条要求整理。

4.4.2 当 $p—S'$ 曲线如图 3.4.1a 曲线 2 所示的形态时，曲线上各特征值应按下列方法确定：

1 初始压力 p_0：$p—S'$ 曲线初始直线与 p 轴的交点。$p—S'$ 曲线上无明显直线段时，为过曲率最大点所作前段曲线的切线与 p 轴的交点。p_0 可视为土层原位上覆压力。

2 临塑压力：p_F：$p—S'$ 曲线的初始直线段终点（即第一拐点 A）所对应的压力。

3 极限压力 p_L：$p—S'$ 曲线末尾直线段起点（即第二拐点 U）对应的压力。

4.4.3 地基基本承载力 σ_0 可按下列方法确定：

1 拐点法：取临塑压力 p_F 为 σ_0，此法适用于具有初始直线段的 $p—S$ 曲线。

2 相对沉降法：在 $p—S$ 曲线上取 S/b 值所对应的压力为 σ_0。对低压缩性土和砂土，可取 $S/b=0.015$；对中、高压缩性土可取 $S/b=0.02$。此法适用于圆弧型 $p—S$ 曲线。

3 极限荷载法：由 $p—S$ 曲线上所得的极限承载力 p_u 除以安全系数为基本承载力。

4.4.4 极限承载力 p_u 可按下列方法确定：

1 第二拐点法：用 $p—S$ 曲线或 $\lg p—\lg S$，$S—\lg p$ 等曲线的第二拐点压力 p_L 确定为 p_u。

2 相对沉降法：取 $S/b=0.10$ 所对应的压力为 p_u。

3 双曲线法：可按第 3.4.3 条确定 p_u。

4.4.5 土的变形模量 E_0 应根据慢法试验结果按下列公式计算：

$$E_0=\omega I_1 I_2(1-\mu^2)bp_F/S_F \tag{4.4.5—1}$$

$$I_1=0.5+0.23b/z \tag{4.4.5—2}$$

$$I_2=1+2\mu^2+2\mu^4 \tag{4.4.5—3}$$

式中　I_1——螺旋板埋深 z 的修正系数；

I_2——与泊松比有关的修正系数；

b——螺旋板板径；

ω——螺旋板形状系数，可取 0.79；

μ——土的泊松比，可参照本规程第 3.4.5 条取值；

S_F——对应于临塑压力 p_F 的沉降。

5 岩体直剪试验

5.1 一般规定

5.1.1 直剪试验适用于具有软弱结构面的岩体和软质岩。

5.1.2 岩体直剪试验可测定试体抵抗剪切破坏的能力，为地下建筑物、岩质边坡的稳定分析提供抗剪强度参数。

5.1.3 直剪试验按剪力作用方向与剪切面关系可分为平推法和斜推法（图5.1.3），试验时应优先使用平推法；按剪切面属性和有无法向应力，直剪试验可分为抗剪断试验、抗滑试验和抗切试验，试验前应根据工程需要选定试验方法。

5.1.4 同一组试体的工程地质条件应基本相同，试体数量不宜少于5个；试体底面积宜采用70 cm×70 cm，不得小于50 cm×50 cm；试体高度不宜小于边长的一半、试体间距应大于边长的1.5倍。

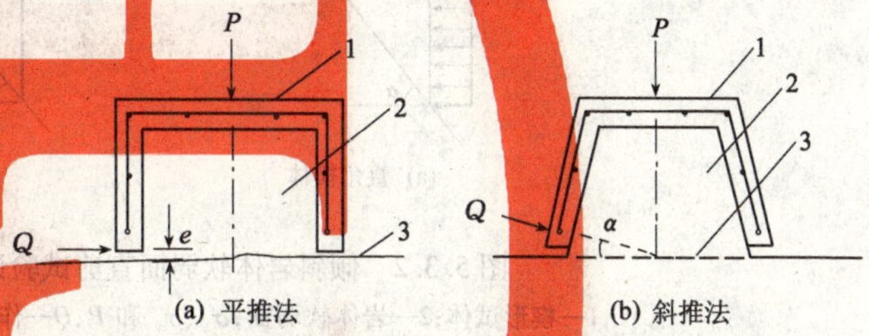

图5.1.3 岩体直剪试验试体加固和受力示意

1—钢筋混凝土保护罩；2—试体；3—软弱结构面或预定剪切面；
α—剪力作用线倾角；Q—剪力；P—垂直荷载；e—剪力偏距

5.1.5 直剪试验可在试坑、探槽、试洞中进行。在试洞内进行试验时，试体部位之洞顶应先开凿成大致平整的岩面后浇筑混凝土（或砂浆）反力垫层；在施加剪力的后座部位，应按液压千斤顶（或液压钢枕）的形状和尺寸开挖并浇筑反力垫层。

5.2 设 备

5.2.1 直剪试验设备包括试体制备、加载、传力、量测及其他配套设备。

5.2.2 直剪试验设备应采用电测式和自动化仪器。

5.3 试验要点

5.3.1 水平岩体软弱面、软质岩体直剪试验的试体制备应符合下列要求：

1 在试体部位挖除表层松动岩石，形成平整岩面，定出剪切面积，再沿所定剪切面积周边将试体与周围岩石切开；

2 具软弱面的岩体，应使软弱面处在预定的剪切部位；

3 膨胀性岩体试体制备，应采取以下措施：切断地下水源；用水泥砂浆抹顶面，在其上施加一定的垂直荷载；在试体内埋设钢筋，对其施加锚固力（试验时，在施加垂直荷载后拆除）等；

4　按图 5.1.3 在试体上浇筑钢筋混凝土保护罩，其底部应处在预定剪切面之上；

5　应根据设计要求保持试体天然含水量或对试体浸水饱和；

6　应按垂直、剪切和侧向位移测量要求，在试体上埋设测量标点。

5.3.2　倾斜岩体软弱面试体制备成矩形或梯形有困难时，可按图 5.3.2 制备楔形试体。在探明倾斜岩体软弱面的部位和产状后，应按第 5.3.1 条有关要求制备试体。制备过程中，应采取措施，防止试体下滑。

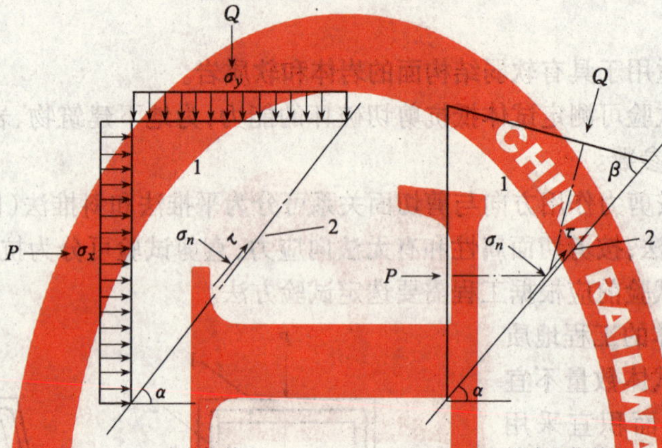

(a) 直角楔体　　(b) 非直角楔体

图 5.3.2　倾斜岩体软弱面直剪试验试体及受力示意

1—楔形试体；2—岩体软弱面；σ_x、σ_y 和 P、Q—作用在试体上的应力和外力；σ_n、τ—剪切面上的法向应力和剪应力；α—岩体软弱面倾角；β—非直角楔体顶面与岩体软弱面的交角

5.3.3　试验前对试体及所在试验地段进行描述与记录应包括下列内容：

1　岩石名称及岩性、风化破裂程度、岩体软弱面的成因、类型、产状、分布状况、连续性及其所夹充填物的性状（厚度、颗粒组成、泥化程度和含水状态等）；

2　在岩洞内应记录岩洞编号、位置、洞线走向、洞底高程、岩洞和试点的纵、横地质剖面；

3　在露天或基坑内应记录试点位置和高程及其周围的地形、地质情况；

4　记录试验地段开挖情况和试体制备方法；试体编号、位置、剪切面尺寸和剪切方向；试验地段和试点部位地下水的类型、化学成分、活动规律和流量等。

5.3.4　试验后应描述剪切面尺寸、剪切破坏形式、剪切面起伏差、擦痕的方向和长度、碎块分布状况、剪切面上充填物性质，并对剪切面拍照记录。

5.3.5　试验设备安装应符合下列要求：

1　整个垂直加荷系统应与剪切面垂直（可用水准尺或铅球吊线校核），垂直合力应通过剪切面中心。在露天场地试验时，垂直荷载的施加可采用锚杆（地脚螺丝）作反力装置。

2　在安装水平千斤顶时，水平推力中心应通过预定的剪切面；难以满足此项要求时，其着力点距剪切面的距离应控制在试件边长（沿推力方向）的 5% 以内，每次试验时应对这一距离进行记录。

3　测量仪表的布置与安装：

1)在试体两侧靠近剪切面的四个角点处,至少布置水平向和垂直向量表各4只,测量试体的绝对变形。量表支架应牢固地安放在变形影响范围之外的支点上。在测量绝对变形的同一标点上,用万能表架安装相对变形量表。

2)根据需要,可在试体及其周围基岩面上,安装测量绝对位移或相对位移的量表。

3)量表应注意防水、防潮。所有量表及标点应严格定向,初始读数应调整适当。

5.3.6 对剪切面施加垂直荷载应符合下列规定:

1 垂直荷载应位于剪切面中心或使垂直荷载和剪切荷载的合力通过剪切面中心。

2 岩体软弱面和软质岩体的最大垂直荷载应以不挤出软弱面上的充填物或破坏试体为度。

3 垂直荷载分4~5次(级)按等差或等比(公比取2)数列施加。

4 每次(级)荷载施加时应测读、记录垂直位移,测读的时间间隔为10 min或15 min。以连续两次测读差小于等于0.05 mm为稳定标准。

5.3.7 试体剪切前,应按下列公式预估最大推力Q_{max}值,并使推力作用线通过剪切面中心:

矩形试体
$$Q_{max}=(\sigma_n f+c)F \quad (5.3.7—1)$$

梯形试体
$$Q_{max}=\frac{(\sigma_n f+c)F}{\cos\alpha} \quad (5.3.7—2)$$

直角楔体
$$Q_{max}=(\sigma_n+\sigma_n f\tan\alpha+c\tan\alpha)F_y \quad (5.3.7—3)$$

非直角楔体
$$Q_{max}=\frac{(\sigma_n f+c)\sin\alpha+\sigma_n\cos\alpha}{\cos(\alpha-\beta)}F \quad (5.3.7—4)$$

式中 f——预估的摩擦系数,$f=\tan\varphi$;

c——预估的黏聚力;

F——剪切面面积;

F_y——试体垂直面面积;

其余符号见图5.1.3及图5.3.2。

5.3.8 应按Q_{max}的8%~10%分级施加推力,并每隔10 min或15 min施加一级。施加前、后应测记各量表值。当该级推力引起的剪切位移为前一级的1.5倍以上时,下一级推力应减半施加。剪切位移达剪力峰值并出现剪力残余值或剪切位移达剪切面边长的1/10时,可终止试验。

5.3.9 使用斜推法的试体,在剪切过程中应同步扣减施加推力时在剪切面上所增加的垂直荷载。垂直荷载按下列公式计算:

1 梯形试体
$$p=\sigma_n-q\sin\alpha \quad (5.3.9—1a)$$
$$Q=qF \quad (5.3.9—1b)$$
$$P=pF \quad (5.3.9—1c)$$

2 直角楔体
$$\sigma_x=\frac{\sigma_n-\sigma_y\cos^2\alpha}{\sin^2\alpha} \quad (5.3.9—2a)$$
$$Q=\sigma_y F_y \quad (5.3.9—2b)$$
$$P=\sigma_x F_x \quad (5.3.9—2c)$$

3 非直角楔体
$$p=\frac{\sigma_n-q\cos\beta}{\sin\alpha} \quad (5.3.9—3a)$$
$$Q=qF \quad (5.3.9—3b)$$

$$P = pF \tag{5.3.9—3c}$$

式中 q,p——作用在剪切面上的斜向单位推力和压力；

σ_y,σ_x——作用在试体水平面 F_y 和垂直面 F_x 上的单位推力和压力；

Q,P——作用于试体上的斜向推力和垂直荷载；

其他符号意义同前。

5.3.10 试验前应按下列公式预估作用在剪切面上的最小法向应力 $\sigma_{\min}$：

1 梯形试体

$$\sigma_{\min} = \frac{c}{\cot\alpha - f} \tag{5.3.10—1}$$

2 直角楔体

$$\sigma_{\min} = \frac{c}{\tan\alpha - f} \tag{5.3.10—2}$$

3 非直角楔体

$$\sigma_{\min} = \frac{c}{\tan\beta - f} \tag{5.3.10—3}$$

5.3.11 直剪试验结束后，依次将剪力和垂直荷载退为零，拆除测量仪表、支架、剪切和垂直加载设备，然后按第5.3.4条对试体和剪切面进行描述。

5.4 资料整理与计算

5.4.1 试体剪切面应力应按下列公式计算：

1 平推法的剪切面应力

法向应力

$$\sigma_n = \frac{P}{F} \tag{5.4.1—1}$$

剪应力

$$\tau = \frac{Q}{F} \tag{5.4.1—2}$$

2 斜推法的剪切面应力

1）梯形试体

法向应力

$$\sigma_n = \frac{P + Q\sin\alpha}{F} \tag{5.4.1—3}$$

剪应力

$$\tau = \frac{Q\cos\alpha}{F} \tag{5.4.1—4}$$

2）直角楔体

法向应力

$$\sigma_n = \sigma_y\cos^2\alpha + \sigma_x\sin^2\alpha \tag{5.4.1—5}$$

剪应力

$$\tau = \frac{1}{2}(\sigma_y - \sigma_x)\sin2\alpha \tag{5.4.1—6}$$

3）非直角楔体

法向应力

$$\sigma_n = q\cos\beta + p\sin\alpha \tag{5.4.1—7}$$

剪应力

$$\tau = q\sin\beta - p\cos\alpha \tag{5.4.1—8}$$

$$q = \frac{\sigma_n\cos\alpha}{\cos(\alpha - \beta)} \tag{5.4.1—9}$$

$$p = \frac{\sigma_n\sin\beta}{\cos(\alpha - \beta)} \tag{5.4.1—10}$$

5.4.2 剪应力与剪切位移关系曲线应根据同一组试验结果，以剪应力为纵轴、剪切位移为横轴，绘制每一试验点的剪应力与剪切位移关系曲线（图5.4.2），从曲线上选取剪应力的峰值和残余值。剪应力峰值也可根据剪应力与剪切位移关系曲线的线性比例极限、屈服点、屈服强度或剪切过程中垂直和侧向位移定出的剪胀点和剪胀强度选定。

5.4.3 根据试验数据，应绘制剪应力峰值、残余值与相应的法向应力关系曲线，见图5.4.3。

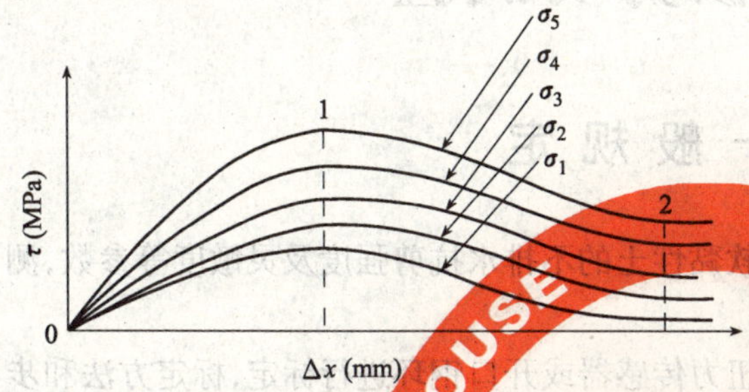

图5.4.2 直剪试验剪应力与剪切位移关系曲线

τ—剪应力；Δx—剪切位移；$\sigma_1,\sigma_2,\cdots,\sigma_5$—岩体软弱面或软弱岩体剪切面上的法向应力；1和2—岩体软弱面或软弱岩体剪切面上的剪应力峰值和残余值的剪切位移

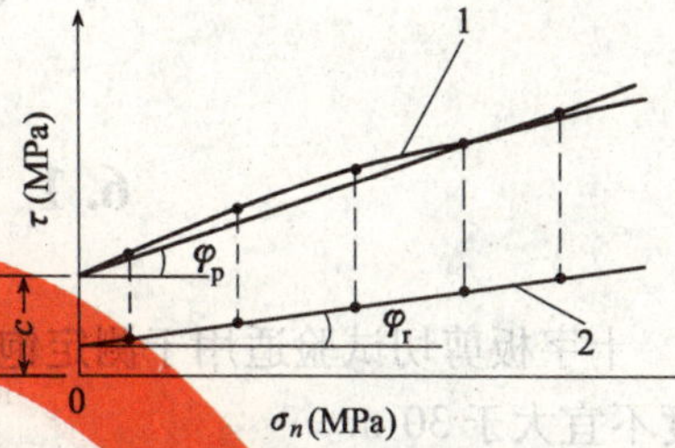

图5.4.3 直剪试验剪应力与法向应力关系曲线示意

τ—剪应力；σ_n—法向应力；曲线1、2—岩体软弱面或软弱岩石的剪应力峰值、残余值与法向应力关系曲线；φ_p、φ_r、c—摩擦角、残余摩擦角、黏聚力

5.4.4 抗剪强度参数可按图解法或最小二乘法确定。

6 十字板剪切试验

6.1 一 般 规 定

6.1.1 十字板剪切试验适用于测定饱和软黏性土的不排水抗剪强度及灵敏度等参数，测试深度不宜大于 30 m。

6.1.2 十字板剪切试验前应对测力用的扭力传感器或开口钢环进行标定，标定方法和步骤应符合本规程附录 A 规定。

6.1.3 十字板剪切试验点位置宜根据土层的静力触探分层情况，结合工程特点和要求进行布置。

6.1.4 十字板剪切试验时，应始终保持机座处于水平状态，在地表水以下进行十字板剪切试验时，应有保证试验孔不产生偏斜和防止探杆弯曲的措施。

6.1.5 测定场地土的灵敏度时，宜根据土层情况和工程需要选择有代表性的孔、段进行。每层土的试验次(孔)数宜为 3 ~6 次(孔)。

6.2 设 备

6.2.1 十字板剪切试验设备由十字板头、试验仪器(包括测力计及其配套用的仪表与器械)、试验用探杆、贯入主机组成。试验仪器可采用下列两种形式：

1 电测式十字板剪切仪，包括静力触探和十字板试验两用仪，其十字板头可通过扭力传感器与探杆相联接。

2 机械式十字板剪切仪，其十字板头可通过牙嵌式或离合式离合器与探杆相联接。

6.2.2 十字板头宜采用不锈钢整体铸造，其规格应符合表 6.2.2 的规定，且板面粗糙度不得大于 6.3 μm。

表 6.2.2 十字板头规格

型号	板高 H (mm)	板宽 D (mm)	板厚 t (mm)	板下端刃角 α (°)	轴杆 直径 ϕ (mm)	轴杆 长度 s (mm)	高宽比 H/D	厚宽比 t/D	面积比 A_r (%)
Ⅰ	100	50	2	60	13	50	2	0.04	≤14
Ⅱ	150	75	3	60	16	50	2	0.04	≤13

注：对于淤泥，宜使用Ⅱ型板头试验。

6.2.3 十字板剪切试验仪器的技术性能应符合下列要求：

1 电测式十字板剪切仪的扭力传感器应采用电阻应变式，并应符合下列规定：

1)在额定荷载下，检测总误差不应大于 3% *FS*，其中非线性误差、重复性误差、滞后误差、归零误差均应小于 1% *FS*；

2)传感器出厂时的对地绝缘电阻不应小于500 MΩ;在300 kPa水压下恒压1 h后,绝缘电阻应大于300 MΩ;

3)用于现场试验的传感器,其对地绝缘电阻不得小于20 MΩ;

4)传感器护套外径不宜大于20 mm。

2 电测式十字板剪切试验用的记录仪应符合下列规定:

1)时漂应小于0.1% FS/h;温漂应小于0.01% FS/℃;

2)有效最小分度值应小于0.06% FS。

3 电测式十字板剪切仪所用贯入主机的探杆夹持器,应能牢固夹持探杆,不得产生相对转动。

4 钢环式测力计,其检测精度应符合本条第1款第1)项规定;配备的量表和刻度盘的检测误差应小于1% FS。

6.2.4 十字板剪切试验用探杆应符合下列要求:

1 探杆必须平直。用于前5 m的探杆,其弯曲度应不大于0.05%,后续探杆的弯曲度应不大于0.1%。

2 探杆两端螺纹轴线的同轴度公差应小于ϕ1 mm,探杆连接应有良好的互换性。以锥形螺纹连接的探杆,连接后不得有晃动现象;以圆柱形螺纹连接的探杆,拧紧后丝扣之根、肩应能密合。

3 对试验深度大于10 m的机械式十字板试验孔,应安设导轮,导轮间距不宜大于10 m。

6.2.5 电测式十字板剪切试验贯入主机应采用静力触探机;机械式十字板剪切试验贯入主机应使用工程钻机。

6.3 试验要点

6.3.1 电测式十字板剪切试验应符合下列规定:

1 将地锚对称设置于试验孔位两侧,地锚数量应满足最大试验深度的反力需要。

2 将贯入主机就位,调平机座并经水平尺校准后,锁定机座与地锚。

3 安装扭力装置,把带电缆的探杆穿过扭力装置,下端与十字板头传感器电缆相连,并做好防水处理;电缆上端连接记录仪。

4 将十字板头压入地下0.5 m,使传感器与地温取得热平衡,直到仪表输出值不变后调零。

5 按试验要求,将十字板头压至预定深度并静置2~5 min后,移去山形插板及探杆卡块,将扭力装置上的夹持器拧紧或锁定探杆接头,并应掌握以下要点:

1)探杆连接应逐节拧紧;

2)加接探杆必须在十字板剪切试验点位以上不小于0.3 m处;

3)拧紧探杆夹持器时,不得使扭力装置相对于地面转动。

6 按顺时针方向徐徐转动扭力装置上的旋转手柄,转速应均匀并符合1°/10 s的要求。

7 十字板头每转1°应记录一次仪表读数,直至峰值读数后再测记1 min;必要时可测记至稳定值出现。稳定值的确定以最小值读数连续出现6次为准。

8 当测定试验点土的灵敏度时，可用管钳按顺时针方向迅速转动探杆 6 圈，记下初读数，重复上述试验步骤，记录重塑土的相应读数。测定完毕，接长探杆，将十字板头压入到下一个深度进行试验。

9 在一个试验孔中连续试验时，应记录初读数，仪表不再调零。试验结束，将十字板头拔出地面，及时记录仪表不归零读数。

10 试验时应按本规程附录表 B. 1. 1 要求逐项记录，并进行读数修正后提交记录表。

6. 3. 2 机械式十字板剪切试验应符合下列规定：

1 试验用钻机（或其他成孔机械），开孔前必须调平机座并经水平尺校准后定位。

2 试验孔应采用回转干钻成孔，跟管钻进，套管应下至距试验点（50 ± 4）cm 处固定。

3 试验前应使用空心螺纹钻清除孔内残土，孔底残留土厚度不应大于 10 cm。

4 试验中应逐节连接并拧紧十字板头、轴杆、导轮、探杆，将十字板下放至孔底，在套管口用垫叉或其他专用工具将其托住。

5 接导杆，安装底座，并使其固定在套管上，脱开垫叉，用慢速将十字板头压至试验点位，并应静置 2 ~5 min，同时进行下列工作：

1）检查十字板剪切仪各部转动构件，是否运转正常、转动灵活；

2）安装传动部件，转动底板使导杆键槽对正钢环固定夹键槽，将固定套锁定于底座上，再微转手柄使特制键落入键槽；

3）将角位移指针对准刻度盘的零位，装上量表并调至零位。

6 操作要求应符合第 6. 3. 1 条有关规定，但每次试验后应量测轴杆的摩擦阻力。

7 在水上进行试验时，应防止套管自重下沉。

6. 4 资料整理与计算

6. 4. 1 十字板剪切试验数据应按下列公式计算修正：

1 原状土试验数据

$$(\varepsilon_j) = \varepsilon_j - \varepsilon_0 \tag{6.4.1—1a}$$

$$(\varepsilon_f) = \varepsilon_f - \varepsilon_0 \tag{6.4.1—1b}$$

2 重塑土试验数据

$$(\varepsilon_j') = \varepsilon_j' - \varepsilon_0' \tag{6.4.1—2a}$$

$$(\varepsilon_f') = \varepsilon_f' - \varepsilon_0' \tag{6.4.1—2b}$$

3 残余值读数

$$(\varepsilon_r) = \varepsilon_r - \varepsilon_0 \tag{6.4.1—3}$$

式中 ε_j，(ε_j)——十字板试验点的第 j 号实测值和修正值；

ε_f，(ε_f)——十字板试验点的最大读数（峰值）实测值和修正值；

ε_0——经分析后确认的原状土试验点的初读数或机械式十字板轴杆及导轮的摩擦阻力读数：本规程规定，机械式十字板试验时，量表的初读数为零；

ε_j'，(ε_j')——十字板试验点土经重塑后第 j 号实测值和修正值；

ε_f',(ε_f')——十字板试验点土经重塑后的最大稳定读数实测值和修正值；

ε_0'——重塑土的初读数(机械式十字板初读数为零)；

ε_r,(ε_r)——十字板试验点的最小稳定读数实测值和修正值。

6.4.2　土的十字板强度 s_u、残余强度 s_{ur}、重塑土强度 s_u' 应按下列公式计算：

$$s_u = K\xi \cdot (\varepsilon_f) \tag{6.4.2—1}$$

$$s_{ur} = K\xi \cdot (\varepsilon_r) \tag{6.4.2—2}$$

$$s_u' = K\xi \cdot (\varepsilon_f') \tag{6.4.2—3}$$

$$K = 6/(7\pi D^3) \tag{6.4.2—4}$$

式中　ξ——传感器或钢环标定系数；

D——十字板宽度。

6.4.3　土层的灵敏度 S_t 可按下式计算：

$$S_t = \bar{s}_u / \bar{s}_u'. \tag{6.4.3}$$

式中　$\bar{s}_u$——土层的十字板强度平均值；

$\bar{s}_u'$——土层的重塑土强度平均值。

6.4.4　试验点处的剪应力应按下列公式计算：

$$\tau_j = K\xi \cdot (\varepsilon_j) \tag{6.4.4—1}$$

$$\tau_j' = K\xi \cdot (\varepsilon_j') \tag{6.4.4—2}$$

式中　τ_j,τ_j'——原状土、重塑土的第 j 号剪应力。

6.4.5　机械式十字板转角可按下式修正：

$$\theta_j = j - \Delta\theta_j \tag{6.4.5—1}$$

$$\Delta\theta_j = 5\,760 l (M_1)_j / [\pi^2 G(d_1^4 - d_2^4)] \tag{6.4.5—2}$$

式中　θ_j——试验点处机械式十字板的第 j 号转角(°)；

j——十字板试验的读数序号，规定每转1°记数一次；

$\Delta\theta_j$——第 j 号转角修正量(°)；

l——扭力夹持器的下端面至十字板上端面间的导杆、探杆及轴杆的总长(m)；

d_1,d_2——探杆的外径和内径(m)；

G——探杆的剪切模量，可取 8×10^7 kPa；

$(M_l)_j$——相应于 l、j 的包括摩擦扭矩在内的十字板总扭矩(kN·m)。

6.4.6　单孔十字板剪切试验成果应按表 B.1.2 绘制成果图。

6.4.7　当用十字板强度 s_u 替代地基土不排水抗剪强度 c_u 用于工程设计计算时，应根据土层条件或地区性经验进行修正。当缺乏地区使用经验时，可按下式修正：

$$c_u = \mu s_u \tag{6.4.7}$$

式中 μ 为修正系数：当 $I_p \leqslant 20$ 时，$\mu = 1$；当 $20 < I_p \leqslant 40$ 时，$\mu = 0.9$。

6.4.8　软黏土的 s_u—d 曲线呈线性递增趋势时(图 6.4.8)，土的固结不排水抗剪强度参数可按下列方法计算：

1　固结不排水剪内摩擦角 φ_{cu} 按下式计算：

$$\tan\varphi_{cu} = 3s_u / [(1 + 2K_0)\sigma_p'] \tag{6.4.8a}$$

$$K_0 = 1 - \sin(1.2\varphi_{cu}) \tag{6.4.8b}$$

$$\sigma_p' = \bar{\gamma}(d - \Delta d) \tag{6.4.8c}$$

式中　s_u——图 6.4.8 中 s_u—d 回归直线上任意点处土的十字板强度；

K_0——土的静止土压力系数；

σ_p'——对应于 s_u 所在深度 d 处土的有效自重压力计算值；

$\bar{\gamma}$——土层的有效重度平均值；

Δd——回归直线在 d 轴上的截矩，应区分正负。

用上式计算 φ_{cu} 值时，应使用叠代法运算，以闭合差不大于 0.1°为闭合标准。

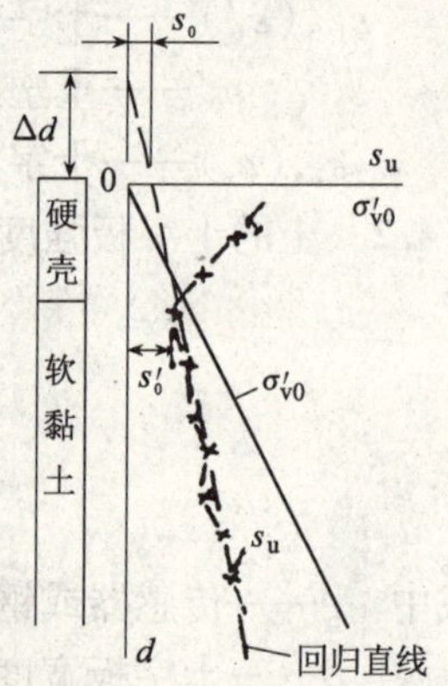

图 6.4.8　s_u、σ_{v0}'—d 曲线

2　土的固结不排水剪黏聚力 c_{cu}，可取用图 6.4.8 中回归直线交 s_u 轴的截矩 s_0 值。

6.4.9　土的应力历史可由图 6.4.8 中 s_u—d 关系曲线按下列方法判定：

1　土的固结状态可根据图中回归直线交纵轴的 Δd 之正、负予以区分：$\Delta d>0$，为欠固结土；$\Delta d=0$，为正常固结土；$\Delta d<0$，为超固结土。

2　土的超固结比 OCR 可按下式计算：

$$OCR=22s_u(I_p)^m/\sigma_{nc}' \qquad (6.4.9)$$

式中　m——与地区土质特性有关的经验指数，一般可取 −0.48；

σ_{nc}'——土的有效自重压力。

7 预钻式旁压试验

7.1 一 般 规 定

7.1.1 预钻式旁压试验适用于确定黏性土、粉土、黄土、砂类土、软质岩石及风化岩石等地基的承载力与变形参数。

7.1.2 预钻式旁压试验应重视成孔质量,孔径与旁压器应相匹配,减少对孔周土体扰动。

7.2 设 备

7.2.1 预钻式旁压仪设备分低压型和高压型两类,由旁压器、加压稳定装置、变形量测系统、导管和水箱组成。旁压器结构形式为三腔式圆筒形。

7.2.2 加压稳定装置包括压力源、压力表、调压阀等,压力表最小分度值应不大于满量程的1%。

7.2.3 变形量测系统包括测管和辅管,测管水位刻度最小分度值应不大于1 mm;量测体积变化刻度的最小分度值应不大于0.5 cm^3。

7.2.4 导管分多根单管和同轴导管两种,导管两端接头应密封且装卸方便。

7.2.5 成孔工具应使用勺钻、环刀成孔器、取样器、回转钻机及泥浆泵等。

7.3 试 验 要 点

7.3.1 预钻式旁压试验的仪器标定应符合下列规定:

1 压力表必须一年标定一次。

2 当进行弹性膜约束力标定时出现不均匀膨胀或弹性膜出现砂眼时,必须更换弹性膜。

3 遇下列情况之一时,应进行弹性膜约束力标定:

1)新的弹性膜使用前;

2)弹性膜累计试验次数达8次;

3)弹性膜停做试验的时间达48 h以上;

4)旁压器从孔中取出时,测量腔弹性膜被拉翻。

4 遇下列情况之一时,必须进行仪器综合变形标定:

1)第一次使用的旁压仪或旁压器;

2)导管长度发生变化;

3)更换测管。

7.3.2 弹性膜约束力的标定应符合下列规定:

1 将旁压器竖立于地面,让弹性膜加、卸压使其胀缩3~4次。

2 低压型旁压仪每级按10 kPa、高压型旁压仪每级按25 kPa,逐级加压;低压型按

30 s、60 s、180 s，高压型按 15 s、30 s、60 s，记录各级压力下的测管水位下降值 s_m 或旁压器测量腔体积膨胀量 V_m，填入表 B. 2. 1。

3 根据压力表读数 p_m 与旁压器测量腔的静水压力 p_w 之和即总压力 p 与测管水位下降值 s_m 或旁压器测量腔体积膨胀量 V_m，绘制弹性膜约束力标定曲线 p—s 或 p—V（图 7. 3. 2）。

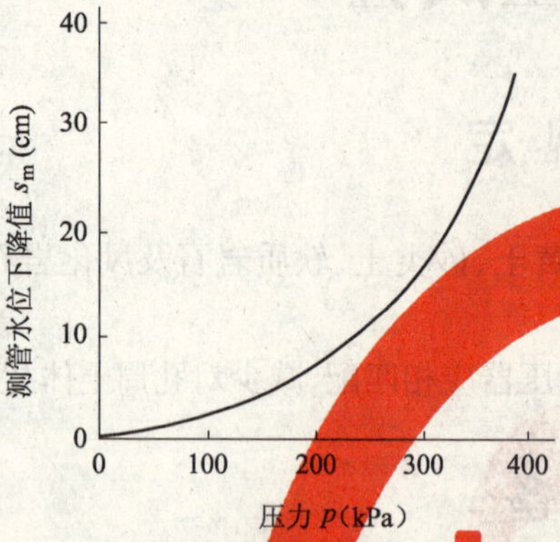

图 7. 3. 2　弹性膜约束力标定曲线

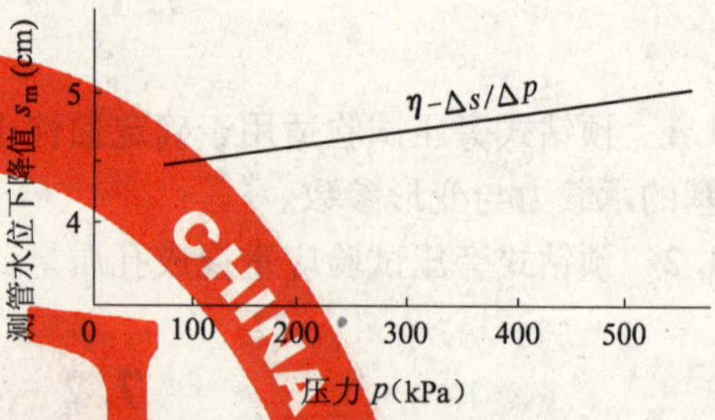

图 7. 3. 3　仪器综合变形标定曲线

7. 3. 3 仪器综合变形的标定应符合下列规定：

1 将旁压器置于无缝钢管或有机玻璃管内，管的内径应比旁压器外径大 2 ~ 10 mm，并竖立于地面；

2 低压型旁压仪可按 100 kPa、高压型旁压仪可按 500 kPa 为一级压力，逐级加压；

3 每级压力观测时间 1 min，将变形量填入表 B. 2. 2；

4 压力级数达 7 ~ 10 级时，可终止标定试验；

5 根据压力表读数 p_m 与测管水位下降值 s_m 或旁压器测量腔体积膨胀量 V_m 绘制仪器综合变形标定曲线 p—s 或 p—V（图 7. 3. 3）；

6 仪器综合变形标定曲线的斜率 η 为仪器综合变形系数，可由下列公式确定：

$$\eta = \Delta s / \Delta p \tag{7. 3. 3—1}$$

或

$$\eta = \Delta V / \Delta p \tag{7. 3. 3—2}$$

7. 3. 4 旁压试验孔位及试验层位的确定应符合下列要求：

1 旁压试验孔的数量与布置应满足工程勘察与设计需要，场地地层情况基本了解时，同一地层同一场地旁压试验不得少于 3 孔；

2 旁压试验孔与其他勘探、测试孔的水平距离不得小于1 m；

3 旁压试验的最小深度不得小于 1 m；

4 试验段应位于同一地层中，地层层位不明了时可每米做一次试验。

7. 3. 5 预钻孔应符合下列要求：

1 应保持孔周岩土体的天然结构状态，孔的直径应比旁压器直径大 2 ~ 6 mm，试验段孔壁应竖直、平顺、呈圆筒形。

2 成孔深度应大于试验深度 0. 5 m，采用钻机成孔时，应在试验段以上不小于 1 m 处开始按旁压试验要求成孔。

3 人工成孔时，可塑至坚硬状态的土层，可采用勺钻和环刀成孔，软塑至流塑状态的土层可采用提土器成孔，孔壁稳定性差或有缩孔可能的土层宜采用泥浆护壁成孔。

4 环刀成孔使用的工具和成孔步骤应符合下列要求：

1)长筒环刀，长 550 mm，外径 54 mm，壁厚 3～4 mm，刀口刃脚向外倾斜，上端为接小勺钻钻杆的接头(图 7.3.5a)；

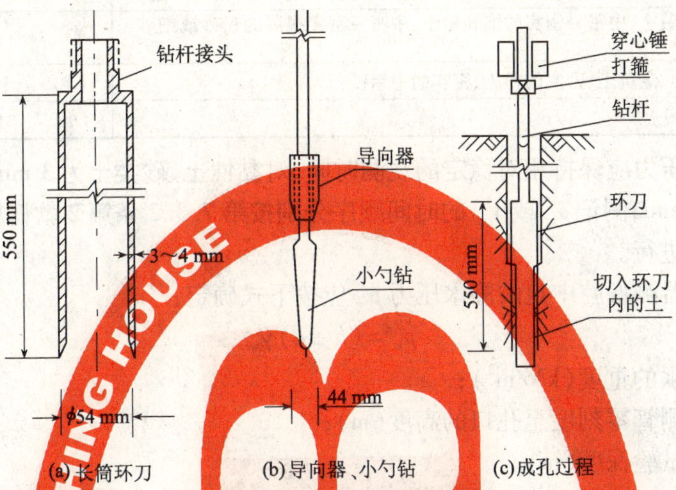

图 7.3.5 环刀成孔工具和成孔过程

2)小勺钻，直径约 44 mm；导向器，直径 44 mm，长约 200 mm(图 7.3.5b)；

3)勺钻钻杆、打箍和质量为 10 kg 的穿心锤(图 7.3.5c)；

4)用上述工具成孔至试验段以上约 0.2 m 处；

5)用带导向器的小勺钻继续成孔至试验段底部以下 300～500 mm 处，利用导向器使其与上部孔的中心线基本重合；

6)用勺钻钻杆连接长筒环刀，用人力将环刀切入小勺钻所成孔的孔周土体内(图 7.3.5c)，也可用穿心锤借助打箍锤击切入；环刀切入深度应超过小勺钻成孔深度 30～50 mm，环刀将扩孔时切下的土与小孔底部的土一起提出，形成试验孔段。

5 软质岩石和风化岩石可采用回转钻机成孔，转速不应大于 60 r/min，钻杆弯曲度应小于 0.15%。

6 同一个试验孔，应由上向下逐次试验，且每个试验段成孔后应立即进行，时间间隔不宜大于 15 min。

7.3.6 成孔时应根据土的状态和钻进难易程度评价土的特征：土名、密实程度、含水状态、颗粒组成及分层，并填写试验记录表(见表 B.2.3 或表 B.2.4)；必要时可对扰动土样进行有关项目的试验。

7.3.7 贮气筒内压力应高于试验预估最高压力 0.1～0.2 MPa。当压力源采用高压氮气瓶，且预计试验最高压力小于 2.5 MPa 时，高压氮气瓶减压阀的压力应比该压力大 0.1～0.2 MPa；当预计试验最高压力大于 2.5 MPa 时，高压氮气瓶减压阀的压力应比该压力大 0.5～1.0 MPa。

7.3.8 采用高压型旁压仪试验时，应根据试验深度的预计试验最高压力，调好旁压器测量腔与辅腔的仪表压力差。

7.3.9 试验压力增量宜取预估临塑压力的 1/5 或极限压力的1/10；如不易预估可按表 7.3.9 确定。为确定 p—V 曲线上直线段起点对应的压力 p_0，开始的 1～2 级压力增量宜减半施加。

表 7.3.9　试验压力增量

土的特征	压力增量(kPa)
淤泥、淤泥质土、流塑黏性土、松散的粉砂或细砂	≤15
软塑黏性土、疏松的黄土、稍密饱和的粉土、稍密很湿的粉砂或细砂、稍密的粗砂	15～25
硬塑黏性土、一般黄土、中密～密实的饱和粉土、中密～密实很湿的粉砂或细砂、中密的中粗砂	25～50
硬塑～坚硬黏性土、老黄土、密实的粉土、密实的中粗砂	50～100
软质岩、风化岩	100～600

7.3.10　每级压力应保持相对稳定的观测时间，对黏性土、砂类土为 3 min，对软质岩石和风化岩石为 1 min；测记 s_m 或 V_m 的时间顺序分别按第 7.3.2 条第 2 款低压型及高压型旁压仪试验要求进行。

7.3.11　旁压器测量腔中点的静水压力 p_w 应按下式确定：

$$p_w = (h + d)\gamma_w \tag{7.3.11}$$

式中　γ_w——水的重度(kN/m^3)；

h——测管零刻度至孔口的高度(m)；

d——试验深度(m)。

7.3.12　旁压仪加压应符合下列要求：

1　低压试验(<2.5 MPa)，可用打气筒、手动气泵或高压氮气瓶加压。

2　高压试验(2.5～8.0 MPa)，应用高压氮气瓶加压，同时必须：

1)用耐高压管替换同轴导管；

2)更换压力调节器和差压阀的弹簧；

3)安装 0～10.0 MPa 的辅助压力表。

7.3.13　旁压仪安装和注水应符合下列要求：

1　将旁压器的注水管和导管的接头对号接通。

2　向水箱注入蒸馏水或干净的冷开水，旋紧安全盖。

3　打开水箱至测管、辅管管路上的所有阀门，并松开调压阀。

4　向水箱稍加压力，并摇晃导管和旁压器，排除其中存留的气泡。当测管和辅管水位上升到零刻度时(注意一定不要使水从测管和辅管溢出)，关闭注水阀和测量腔注水阀，同时打开水箱安全盖。

7.3.14　旁压器测量腔中点应与测管零刻度对齐，用调零阀调水位为零作为测管水位的起始读数，同时关闭测管阀和辅管阀。

7.3.15　量测测管零水位至孔口的高度及地下水深度时，应将旁压器放到钻孔中预定试验深度。

7.3.16　打开测管阀和辅管阀，同时启动秒表，以旁压器测量腔的静水压力 p_w 作为第一级压力开始试验，达到稳定时间后，应按确定的压力增量，用调压阀加压，且应在 15 s 内，调至所需压力。

7.3.17　符合下列条件之一时应终止试验：

1　压力加至仪器的容许最大压力；

2　测管水位下降值 s_m 达 40 cm 或旁压器测量腔体积膨胀量 V_m 达 600 cm^3。

7.3.18　试验结束后，旁压器的消压、回水应符合下列要求：

1　低压型旁压仪：

1)当试验深度小于2 m,并需继续作试验时,应将压力减至零,使旁压器内的水回流至测管与辅管;

2)当试验深度大于2 m时,可利用管路内的压力,使旁压器内的水回流到水箱。

2 高压型旁压仪:

1)用调压阀将压力减至零,维持辅腔气压不变;

2)降低辅腔气压、但应比试验静水压力大0.2 MPa以上;

3)利用试验控制开关,使旁压器中的水回流到水箱,达到初始试验时的水位;

4)排放管路内有压气体,使气压表恢复零位。

7.3.19 管路消压后,必须等3 min以上方可从试验孔中取出旁压器。

7.4 资料整理与计算

7.4.1 对于记录测管水位下降值的试验,试验压力和体积膨胀量的原始数据修正和计算应符合下列要求:

1 低压型旁压仪应按本规程表B.2.3计算p、s、V、ΔV_{180-30},其中p_i需根据测管水位下降值s_m在弹性膜约束力标定曲线上确定。

2 高压型旁压仪应按本规程表B.2.4计算p、V、ΔV_{60-30}或ΔV_{180-30},其中p_i根据旁压测量腔体积膨胀量V_m在弹性膜约束力标定曲线上确定;试验压力大于2.5 MPa时应进行综合变形修正。

3 修正后的压力p按下式计算:

$$p = p_m - p_i + p_w \quad (7.4.1\text{—}1)$$

式中 p_m——压力表读数(kPa);

p_i——压力修正值(kPa);

p_w——土的静水压力(kPa)。

4 修正后的测管水位下降值s按下列公式计算:

$$s = s_{180} - \delta_s \quad (7.4.1\text{—}2)$$

$$\delta_s = \eta(p_m + p_w) \quad (7.4.1\text{—}3)$$

式中 s_{180}——3 min测管水位下降值(cm);

δ_s——仪器综合变形修正值(cm);

η——仪器综合变形修正系数。

5 对应于s的体积膨胀量V按下式计算:

$$V = sA \quad (7.4.1\text{—}4)$$

式中 A——测管内截面积(cm^2)。

6 当以测管水位下降值表示旁压器体积膨胀量时,修正后的体积膨胀量V应按下列公式计算:

$$V = V_{180} - \delta_v \quad (7.4.1\text{—}5)$$

$$\delta_v = \eta(p_m + p_w) \quad (7.4.1\text{—}6)$$

式中 V_{180}——3 min体积膨胀量(cm^3);

δ_v——仪器综合变形校正值(cm^3)。

7 体积蠕变值ΔV_{180-30}和ΔV_{60-30}分别按下列公式计算:

$$\Delta V_{180-30}=A(s_{180}-s_{30}) \quad (7.4.1\text{—}7)$$

$$\Delta V_{60-30}=A(s_{60}-s_{30}) \quad (7.4.1\text{—}8)$$

式中　s_{60}，s_{30}——60 s 和 30 s 时的测管水位下降值(cm)。

7.4.2　根据修正后数据，应绘制下列旁压试验曲线：

1　p—V 曲线(图 7.4.2—1)；

2　蠕变曲线 p—ΔV_{180-30}(图 7.4.2—2)；

3　根据需要可绘制 p—$1/V$ 曲线(图 7.4.2—1)。

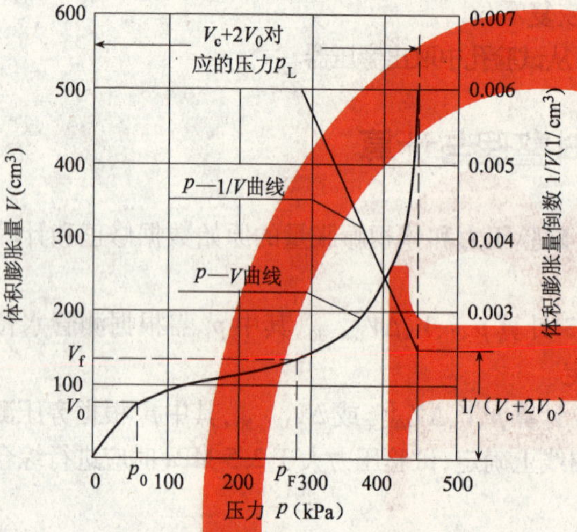

图 7.4.2—1　p—V 曲线

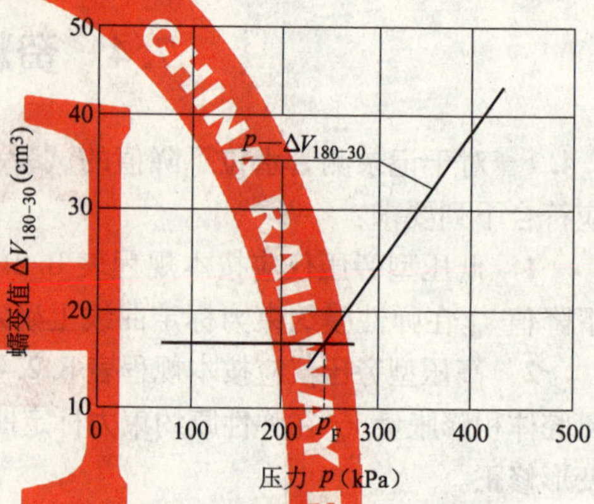

图 7.4.2—2　p—ΔV_{180-30} 曲线

7.4.3　旁压试验参数应按下列方法确定：

1　p_0 为 p—V 曲线上直线段起点对应的压力，相应的体积膨胀量为 V_0。

2　临塑压力 p_F 为 p—V 曲线上直线段终点对应的压力，或 p—ΔV_{180-30} 曲线上，曲线斜率开始增大的点对应的压力，p_F 对应的体积膨胀量为 V_f。

3　极限压力 p_L 为 p—V 曲线上 $V_L=V_c+2V_0$ 对应的压力，当需外延 p—V 曲线确定 p_L 时，外延部分不得超过试验曲线的 20%；外延有困难时，可另外作 p—$1/V$ 曲线确定，该曲线不得少于三个点(图 7.4.2—1)，以 $1/(V_c+2V_0)$ 对应的压力为 p_L。

4　旁压剪切模量 G_m 按下列公式计算：

$$G_m=V_{cm}\Delta p/\Delta V \quad (7.4.3\text{—}1)$$

$$V_{cm}=V_c+V_0+\Delta V/2 \quad (7.4.3\text{—}2)$$

$$\Delta p=p_F-p_0 \quad (7.4.3\text{—}3)$$

$$\Delta V=V_f-V_0 \quad (7.4.3\text{—}4)$$

式中　V_c——旁压器测量腔固有体积(cm^3)。

5　旁压模量 E_m 按下式计算：

$$E_m=2(1+\mu)G_m \quad (7.4.3\text{—}5)$$

式中　μ——土的泊松比，可根据经验确定：正常固结及轻度超固结的砂类土、粉土和黄土可取 0.30，硬塑到坚硬状黏性土可取 0.33，软塑状黏性土可取 0.38，流塑状黏性土可取 0.41。

7.4.4　旁压试验参数 p_F、p_L、G_m 沿深度的分布图可根据需要绘制。

7.4.5 地基土的静止水平总压力 σ_{h0} 应根据地层情况采用下列方法计算：

1 黏性土、粉土、砂类土和黄土

$$\sigma_{h0}=K_0\sigma_{v0}'+p_w \tag{7.4.5}$$

式中 K_0——静止土压力系数，可根据经验确定：正常固结及轻度超固结砂类土、粉土和黄土可取0.40，硬塑至坚硬状黏性土可取0.50，软塑状黏性土可取0.60，流塑状黏性土可取0.70；

σ_{v0}'——土的有效自重压力；

p_w——土的静水压力。

2 软质岩石及风化岩石的 σ_{h0} 可取 p—V 曲线上的 p_0 值(见图7.4.2—1)。

7.4.6 地基基本承载力 σ_0 应按下式确定：

$$\sigma_0=p_F-\sigma_{h0} \tag{7.4.6}$$

7.4.7 地基极限承载力 p_u 可按下式确定：

$$p_u=0.89(p_L-\sigma_{h0}) \tag{7.4.7}$$

7.4.8 土体变形参数可按下列方法确定：

1 黏性土变形模量 E_0 及压缩模量 E_s 可根据旁压剪切模量 G_m 按表7.4.8—1取值。

表7.4.8—1 黏性土的变形模量 E_0 及压缩模量 E_s

G_m(MPa)	0.5	1.0	1.5	2.0	2.5	3.0
E_0(MPa)	2.0~2.4	3.3~4.8	4.3~7.2	5.8~9.6	7.2~12.0	8.7~14.4
E_s(MPa)	2.0~2.2	3.0~3.5	3.8~4.5	5.0~7.0	6.3~8.7	7.5~10.5
G_m(MPa)	3.5	4.0	5.0	6.0	7.0	8.0
E_0(MPa)	10.1~16.8	11.6~19.2	14.5~24.0	17.4~28.8	20.3~33.6	23.2~38.4
E_s(MPa)	8.8~12.2	10.0~14.0	12.5~17.5	15.0~21.0	17.5~24.5	—

注：随 G_m/p_L 值(黏性土 G_m/p_L 的均值约为4.0)由大到小、塑性状态由流塑至硬塑，E_0、E_s 由小到大取值。

2 黄土变形模量 E_0 和压缩模量 E_s 可根据旁压剪切模量 G_m 按表7.4.8—2取值。

3 砂类土变形模量 E_0 可按下式估算：

$$E_0=KG_m \tag{7.4.8—3}$$

式中 K——变形模量转换系数，可按表7.4.8—3取值。

表7.4.8—2 黄土的变形模量 E_0 及压缩模量 E_s

G_m(MPa)		0.5	1.0	1.5	2.0	2.5	3.0	3.5	4.0
E_0(MPa)		4.5	6.2	8.4	10.6	13.3	15.9	18.6	21.2
E_s(MPa)	$d\leqslant3.0$ m	1.7	2.1	2.7	3.6	4.5	5.4	6.3	7.2
	$d>3.0$ m	1.6	2.0	2.4	2.8	3.5	4.2	4.9	5.6
G_m(MPa)		5.0	6.0	7.0	8.0	10.0	12.0	14.0	15.0
E_0(MPa)		26.5	31.8	37.1	—	—	—	—	—
E_s(MPa)	$d\leqslant3.0$ m	9.0	10.8	12.6	14.4	18.0	—	—	—
	$d>3.0$ m	7.0	8.4	9.8	11.2	14.0	16.8	19.6	21.0

注：d 为测试深度。

表7.4.8—3 变形模量转换系数

砂类土分类	粉　砂	细　砂	中　砂	粗　砂
K 值	4.0~5.0	5.0~7.0	7.0~9.0	9.0~11.0

注：砾砂的 K 值可取粗砂的上限值。

8　标准贯入试验

8.1　一 般 规 定

8.1.1　标准贯入试验适用于一般黏性土、粉土和砂类土。

8.1.2　标准贯入试验可判断砂土密实程度或黏性土的塑性状态，评定砂类土、粉土的地震液化，确定土层剖面并可取扰动土样进行一般物理性试验。

8.1.3　标准贯入试验孔应采用回转钻进，孔底沉渣厚度不应超过 10 cm。不能保持孔壁稳定时，宜采用泥浆护壁；若采用套管护壁，套管底部应高出试验深度 75 cm。

8.1.4　场地标准贯入试验不宜少于 3 孔，各孔试验点的间距，在地基主要受力层内宜为 1 ~2 m，且每一主要土层的试验点数不应少于 6 个；测试深度超过 15 m 时，可放宽试验点的间距。

8.2　设　　备

8.2.1　本试验应使用下列设备：

1　标准贯入器：由刃口型的贯入器靴、对开圆筒式贯入器身和贯入器头三部分组成，具体尺寸见图 8.2.1。贯入器靴刃口应保持完好，无明显损坏和变形。

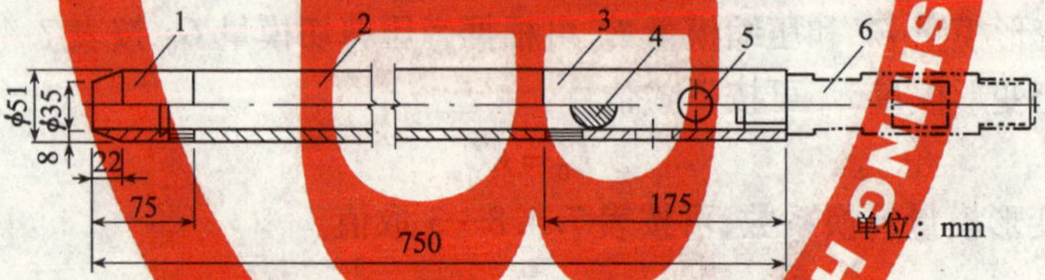

图 8.2.1　标准贯入器结构图

1—贯入器靴；2—贯入器身；3—贯入器头；4—钢球；5—排水孔；6—钻杆接头

2　探杆：采用 $\phi42$ 钻杆，钻杆弯曲度应小于 0.1%。

3　穿心锤：63.5 kg 的钢锤，外径不宜小于 200 mm，锤的质量误差不应大于 0.5 kg 并应有自动落锤装置；钢锤落距（76 ± 2） cm。

4　锤垫：承受锤击的钢制部件，外径 100 ~140 mm 并附有导向杆，锤垫和导向杆质量之和不宜大于 30 kg。

8.2.2　所使用的工程钻机应配备相应的专用器具。

8.3　试 验 要 点

8.3.1　先用钻具钻至试验土层高程以上 15 cm 处，清除残土，并应避免试验土层受到扰动。

8.3.2 贯入前，应拧紧探杆接头，将贯入器放入孔内，避免冲击孔底，注意保持贯入器、探杆、导向杆连接后的垂直度。孔内宜加导向器，保证穿心锤中心施力。

8.3.3 将贯入器竖直打入土层中 15 cm 后，应以小于每分钟 30 击的锤击频率开始记录每打入 10 cm 的击数，累计打入 30 cm 的击数，定为实测击数 N。密实土层中贯入不足 30 cm而击数超过 50 击时，应终止试验，并记录实际贯入度 Δs 和累计击数 n，按下式换算成贯入 30 cm 的击数 N：

$$N=\frac{30n}{\Delta s} \tag{8.3.3}$$

8.3.4 拔出贯入器，取出贯入器中的土样进行鉴别，描述记录。必要时妥善保存土样以备试验之用。记录表格式可按本规程表 B.3.1 制作。

8.4 资料整理与计算

8.4.1 根据记录表中的数据，应将实测击数 N 与试验深度 d 的关系曲线（N—d）绘制于同一直角坐标图中，并应结合场地勘察结果分层，算出该试验孔各分层土的实测击数平均值 $\overline{N}_j$（j 代表土层分层号）；计算时应剔除异常值。

8.4.2 砂类土的密实程度和黏性土的塑性状态可按表 8.4.2—1 和表 8.4.2—2 划分。

表 8.4.2—1 砂类土的相对密实度划分

$\overline{N}$（击/30 cm）	≤10	$10<\overline{N}\leq 15$	$15<\overline{N}\leq 30$	>30
D_r 值	<0.33	$0.33\leq D_r\leq 0.40$	$0.40<D_r<0.67$	≥0.67
密实程度	松 散	稍 密	中 密	密 实

表 8.4.2—2 黏性土的塑性状态划分

$\overline{N}$（击/30 cm）	≤2	$2<\overline{N}\leq 8$	$8<\overline{N}\leq 32$	>32
液性指数 I_L	>1	$1\geq I_L>0.5$	$0.5\geq I_L>0$	≤0
塑性状态	流 塑	软 塑	硬 塑	坚 硬

8.4.3 当可液化土层实测贯入击数 N 小于液化临界贯入击数 N_{cr} 时，应判定为液化土。N_{cr} 按下列公式计算：

$$N_{cr}=N_0\cdot\alpha_1\cdot\alpha_2\cdot\alpha_3\cdot\alpha_4 \tag{8.4.3—1}$$

$$\alpha_1=1-0.065(d_w-2) \tag{8.4.3—2}$$

$$\alpha_2=0.52+0.175d_s-0.005d_s^2 \tag{8.4.3—3}$$

$$\alpha_3=1-0.05(d_u-2) \tag{8.4.3—4}$$

$$\alpha_4=1-0.17\sqrt{\rho_c} \tag{8.4.3—5}$$

式中 N_0——标准贯入试验深度 $d_s=3$ m、地下水埋深 $d_w=2$ m、上覆非液化土层厚度 $d_u=2$ m、土中黏粒含量 $\rho_c(\%)=0$ 时土层的液化临界贯入击数，按表 8.4.3—1 取值；

表 8.4.3—1　可液化土层临界贯入锤击数基本值(N_0)

地震动峰值加速度	0.1g	0.2g	0.4g
N_0(击/30 cm)	8	12	16

α_1——d_w 的修正系数;当地面常年有水且与地下水有水力联系时,α_1 取 1.13;

α_2——d_s 的修正系数;

α_3——d_u 的修正系数,对于深基础取 α_3 为 1;

α_4——黏粒含量百分比 ρ_c 的修正系数;当缺乏 ρ_c 数据,可按表 8.4.3—2 取值。

表 8.4.3—2　α_4 值

土　类	砂 类 土	粉　土	
		$I_p \leqslant 7$	$7 < I_p \leqslant 10$
α_4	1	0.60	0.45

9 动力触探

9.1 一般规定

9.1.1 动力触探适用于黏性土、砂类土和碎石类土。

9.1.2 动力触探可分轻型、重型和特重型。轻型动力触探可确定一般黏性土地基承载力,重型和特重型动力触探可确定中砂以上的砂类土和碎石类土地基承载力,测定圆砾土、卵石土的变形模量。动力触探还可用于查明地层在垂直和水平方向的均匀程度和确定桩基持力层。

9.1.3 动力触探划分土层并定名时,应与其他勘探测试手段相结合;确定地基承载力或变形模量时,动力触探孔数应根据场地大小、建筑物等级及土层均匀程度综合考虑,但同一场地应不少于3孔。

9.2 设 备

9.2.1 动力触探设备类型和规格应符合表9.2.1的规定。

表9.2.1 动力触探设备类型和规格

类型及代号	重锤质量(kg)	重锤落距(cm)	探头截面积(cm^2)	探杆外径(mm)	动力触探击数	
					符 号	单 位
轻型 DPL	10 ±0.2	50 ±2	13	25	N_{10}	击/30 cm
重型 DPH	63.5 ±0.5	76 ±2	43	42、50	$N_{63.5}$	击/10 cm
特重型 DPSH	120 ±1.0	100 ±2	43	50	N_{120}	击/10 cm

9.2.2 动力触探设备主要参数应符合下列要求:

1 轻型动力触探探头外形尺寸应符合图9.2.2—1规定。材料应采用45号碳素钢或采用优于45号碳素钢的钢材。表面淬火后硬度HRC=45~50。

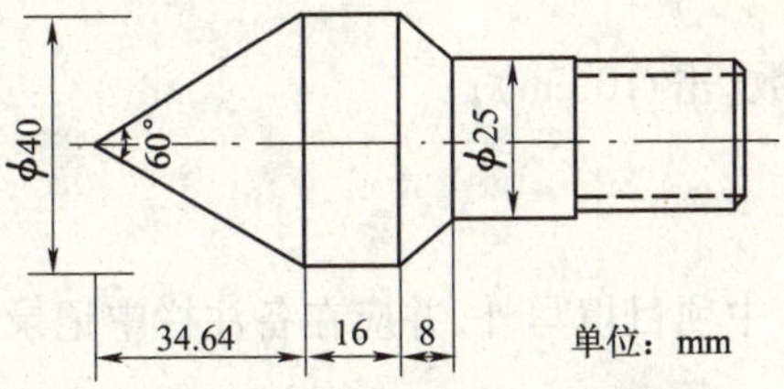

图9.2.2—1 轻型动力触探探头外形尺寸

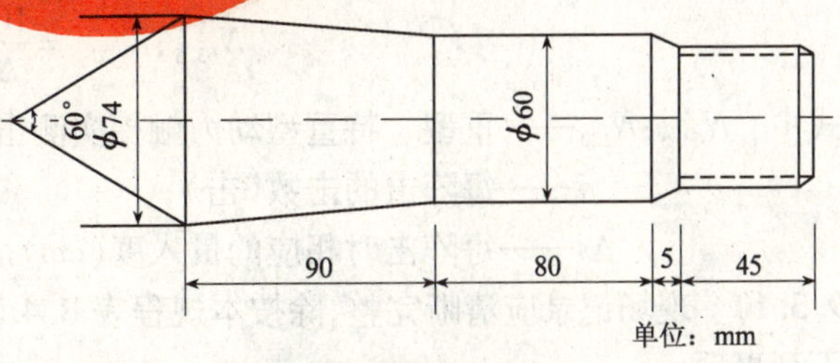

图9.2.2—2 重型、特重型动力触探探头外形尺寸

2 重型、特重型动力触探设备,应符合下列要求:

1)探头:外形尺寸应符合图9.2.2—2规定,材质应符合本条上款要求。

2)探杆:每米质量不宜大于7.5 kg。探杆接头外径应与探杆外径相同,探杆和接头材料应采用耐疲劳高强度的钢材。

3)锤座直径应小于锤径1/2,并大于100 mm;导杆长度应满足重锤落距的要求,锤座和导杆总质量为20~25 kg。

4)重锤应采用圆柱形,高径比1~2。重锤中心的通孔直径应比导杆外径大3~4 mm。

9.3 试验要点

9.3.1 动力触探作业前必须对机具设备进行检查,确认正常后方可启动。部件磨损及变形超过下列规定者,应予更换或修复。

1 探头允许磨损量:直径磨损不得大于2 mm,锥尖高度磨损不得大于5 mm;

2 每节探杆非直线偏差不得大于0.6%;

3 所有部件连接处丝扣应完好,连接紧固。

9.3.2 动力触探机具安装必须稳固,在作业过程中支架不得偏移。

9.3.3 动力触探时,应始终保持重锤沿导杆铅直下落,锤击频率应控制在15~30击/min。

9.3.4 轻型动力触探作业时,应先用轻便钻具钻至所需测试土层的顶面,然后对该土层连续贯入。当贯入30 cm的击数超过90击或贯入15 cm超过45击时,可停止作业。如需对下卧层进行测试,可用钻探方法穿透该层后继续触探。

9.3.5 根据地层强度的变化,重型和特重型动力触探可互换使用。重型动力触探实测击数大于50击/10 cm时,宜改用特重型;当重型动力触探实测击数小于5击/10 cm时,不得采用特重型动力触探。

9.3.6 在预钻孔内进行重型或特重型动力触探作业,钻孔孔径大于90 mm、孔深大于3 m、实测击数大于8击/10 cm时,可用小于或等于90 mm的孔壁管下放至孔底或用松土回填钻孔,以减小探杆径向晃动。

9.3.7 各种类型动力触探的锤座距孔口高度不宜超过1.5 m,探杆应保持竖直。

9.3.8 轻型动力触探应每贯入30 cm记录其相应击数。

9.3.9 重型、特重型动力触探应每贯入10 cm记录其相应击数。地层松软时,可采用测量每阵击(一般为1~5击)的贯入度,并按下式换算成相当于同类型动力触探贯入10 cm时的击数:

$$N_{63.5};N_{120}=\frac{10n}{\Delta s} \tag{9.3.9}$$

式中 $N_{63.5};N_{120}$——重型、特重型动力触探实测击数(击/10 cm);

n——每阵击的击数(击);

Δs——每阵击时相应的贯入度(cm)。

9.3.10 现场记录应清晰完整,除按本规程表B.4.1中项目填写外,并应在备注栏中记录下列事项:

1 贯入间断原因及时间;

2 落距超限量、落锤回弹情况;

3 探杆及导杆偏斜及径向震动情况;

4 接头紧固情况;

5 其他异常情况。

9.4 资料整理与计算

9.4.1 动力触探记录应在现场进行初步整理,并对记录的击数和贯入尺寸进行校核和换算。

9.4.2 轻型动力触探应以每层实测击数的算术平均值作为该层的触探击数平均值 $\overline{N}_{10}$。

9.4.3 重型动力触探实测击数 $N_{63.5}$,应按下式进行杆长击数修正:

$$N'_{63.5}=\alpha N_{63.5} \tag{9.4.3}$$

式中 $N'_{63.5}$——重型动力触探修正后击数(击/10 cm);

α——杆长击数修正系数,可按表9.4.3确定。

表9.4.3 杆长击数修正系数 α 值

$N_{63.5}$(击/10 cm) / 杆长 L(m)	5	10	15	20	25	30	35	40	≥50
≤2	1.0	1.0	1.0	1.0	1.0	1.0	1.0	1.0	—
4	0.96	0.95	0.93	0.92	0.90	0.89	0.87	0.86	0.84
6	0.93	0.90	0.88	0.85	0.83	0.81	0.79	0.78	0.75
8	0.90	0.86	0.83	0.80	0.77	0.75	0.73	0.71	0.67
10	0.88	0.83	0.79	0.75	0.72	0.69	0.67	0.64	0.61
12	0.85	0.79	0.75	0.70	0.67	0.64	0.61	0.59	0.55
14	0.82	0.76	0.71	0.66	0.62	0.58	0.56	0.53	0.50
16	0.79	0.73	0.67	0.62	0.57	0.54	0.51	0.48	0.45
18	0.77	0.70	0.63	0.57	0.53	0.49	0.46	0.43	0.40
20	0.75	0.67	0.59	0.53	0.48	0.44	0.41	0.39	0.36

注:本表可线性内插取值。

9.4.4 特重型动力触探的实测击数,应先按下式换算成相当于重型动力触探的实测击数后,再按式(9.4.3)进行修正。

$$N_{63.5}=3N_{120}-0.5 \tag{9.4.4}$$

9.4.5 根据修正后的动力触探击数,应绘制动力触探击数与贯入深度曲线图(见本规程图B.4.1)。

9.4.6 地基土力学分层应根据动力触探击数与贯入深度曲线图,结合场地地质资料进行。由软层(小击数)进入硬层(大击数)时,分层界线应在软层最后一个小值点以下10~20 cm处;由硬层进入软层时,分层界线应在软层第一个小值点以上10~20 cm处。

9.4.7 分层后各层动力触探击数平均值的确定,应符合下列要求:

1 在各层土的厚度范围内,划分出地层界面处上、下土层影响击数的范围,中间部分称为该层的有效厚度 H_h(见本规程图B.4.1);

2 在有效厚度范围内,剔除少量击数特殊大值(剔除点的数量不应超过有效厚度内测点数的10%),余留部分为该层动力触探有效击数;

3 重型动力触探击数平均值 $\overline{N}_{63.5}$ 取该层动力触探有效击数的算术平均值：

$$\overline{N}_{63.5} = \sum_{1}^{n} N'_{63.5}/n \qquad (9.4.7)$$

式中 n——参加统计的测点数。

9.4.8 有效厚度小于 0.3 m 时，动力触探击数平均值可按下列原则确定：

1 当上、下均为击数较小的土层时，$\overline{N}_{63.5}$ 可取该层土触探击数的最大值 $(N'_{63.5})_{max}$；

2 当上、下均为击数较大的土层时，$\overline{N}_{63.5}$ 应取小于或等于该层土触探击数的最小值 $(N'_{63.5})_{min}$。

9.4.9 黏性土地基的基本承载力 σ_0，当贯入深度小于 4 m 时，可根据场地土层的 $\overline{N}_{10}$ 按表 9.4.9 确定。

表 9.4.9 黏性土 σ_0 值(kPa)

$\overline{N}_{10}$(击/30 cm)	15	20	25	30
σ_0	100	140	180	220

注：表内数值可以线性内插。

9.4.10 冲积、洪积成因的中砂～砾砂土地基和碎石类土地基的基本承载力 σ_0，当贯入深度小于 20 m 时，可根据场地土层的 $\overline{N}_{63.5}$ 按表 9.4.10 确定。

表 9.4.10 中砂～砾砂土、碎石类土 σ_0 值(kPa)

$\overline{N}_{63.5}$(击/10 cm)	3	4	5	6	7	8	9	10	12	14
中砂～砾砂土	120	150	180	220	260	300	340	380	—	—
碎石类土	140	170	200	240	280	320	360	400	480	540
$\overline{N}_{63.5}$(击/10 cm)	16	18	20	22	24	26	28	30	35	40
碎石类土	600	660	720	780	830	870	900	930	970	1 000

9.4.11 基本承载力用于设计时，应进行基础宽度及埋置深度的修正。修正公式应符合现行《铁路桥涵地基和基础设计规范》(TB 10002.5)中有关规定，公式中的修正系数可根据地基土的 $\overline{N}_{63.5}$ 值按表 9.4.11—1 及表 9.4.11—2 确定。

表 9.4.11—1 宽度、深度修正系数

<table>
<tr><td rowspan="3">土的类型
系数</td><td colspan="4">黏性土</td><td colspan="8">砂类土</td><td colspan="4">碎石类土</td></tr>
<tr><td colspan="2">Q_4 的冲、洪积土</td><td rowspan="2">Q_3 及以前的冲、洪积土</td><td rowspan="2">残积土</td><td colspan="2">粉砂</td><td colspan="2">细砂</td><td colspan="2">中砂</td><td colspan="2">砾砂
粗砂</td><td colspan="2">碎石土
圆砾土
角砾土</td><td colspan="2">卵石土</td></tr>
<tr><td>$I_L < 0.5$</td><td>$I_L \geqslant 0.5$</td><td>中密</td><td>密实</td><td>中密</td><td>密实</td><td>中密</td><td>密实</td><td>中密</td><td>密实</td><td>中密</td><td>密实</td><td>中密</td><td>密实</td></tr>
<tr><td>k_1</td><td>0</td><td>0</td><td>0</td><td>0</td><td>1</td><td>1.2</td><td>1.5</td><td>2</td><td>2</td><td>3</td><td>3</td><td>4</td><td>3</td><td>4</td><td>3</td><td>4</td></tr>
<tr><td>k_2</td><td>2.5</td><td>1.5</td><td>2.5</td><td>1.5</td><td>2</td><td>2.5</td><td>3</td><td>4</td><td colspan="8">按表 9.4.11—2 取值</td></tr>
</table>

注：1 节理发育或很发育的风化岩石，k_1、k_2 可参照碎石类土的修正系数，但对已风化成砂、土状者，则取用砂类土、黏性土的修正系数；

2 稍密状态的砂类土和松散状态的碎石类土，k_1 值可采用表列中密值的 50%；

3 冻土的 $k_1 = 0$、$k_2 = 0$。

表 9.4.11—2 中砂～碎石类土深度修正系数

$\overline{N}_{63.5}$	≤4	4～6	6～10	10～15	15～20	20～25	25～32	32～40	>40
k_2	1	2	3	4	5	6	7	8	9

9.4.12 黏性土地基极限承载力 p_u，当贯入深度小于 4 m 时，可根据场地土层的 $\overline{N}_{10}$ 按表 9.4.12 确定。

表 9.4.12 一般黏性土 p_u 值(kPa)

$\overline{N}_{10}$(击/30 cm)	15	20	25	30
p_u	180	260	330	400

注：表内数值可以线性内插；p_u 的变异系数 δ 为 0.291。

9.4.13 冲积、洪积成因的中砂～砾砂土地基和碎石类土地基的极限承载力 p_u，当贯入深度小于 20 m 时，可根据场地土层的 $\overline{N}_{63.5}$ 按表 9.4.13 确定。

表 9.4.13 中砂～砾砂土、碎石类土 p_u 值(kPa)

$\overline{N}_{63.5}$(击/10 cm)	3	4	5	6	7	8	9	10	12	14
中砂～砾砂土	240	300	360	440	520	600	680	760	—	—
碎石类土	320	390	460	550	645	740	835	930	1 100	1 250
$\overline{N}_{63.5}$(击/10 cm)	16	18	20	22	24	26	28	30	35	40
碎石类土	1 390	1 530	1 670	1 810	1 930	2 020	2 090	2 160	2 260	2 330

注：中砂～砾砂土、碎石类土 p_u 值的变异系数 δ 分别为 0.248 和 0.210。

9.4.14 冲、洪积卵石土和圆砾土地基的变形模量 E_0，当贯入深度小于 12 m 时，可根据场地土层的 $\overline{N}_{63.5}$ 按表 9.4.14 取值。

表 9.4.14 卵石土、圆砾土 E_0 值(MPa)

$\overline{N}_{63.5}$(击/10 cm)	3	4	5	6	8	10	12	14	16
E_0	9.9	11.8	13.7	16.2	21.3	26.4	31.4	35.2	39.0
$\overline{N}_{63.5}$(击/10 cm)	18	20	22	24	26	28	30	35	40
E_0	42.8	46.6	50.4	53.6	56.1	58.0	59.9	62.4	64.3

10　静力触探

10.1　一般规定

10.1.1　静力触探适用于软土、黏性土、粉土、砂类土及含少量碎石的土层，可划分土层界面、土类定名、确定地基承载力和单桩极限荷载、判定地基土液化可能性及测定地基土的物理力学参数等。

10.1.2　静力触探单桥探头可测定土的比贯入阻力 p_s，双桥探头可测定土的端阻 q_c 和侧阻 f_s，三功能孔压探头除测定土的 q_c、f_s 外，尚可测定贯入孔隙压力 u_0 及其消散过程值 u_t。

10.1.3　探头的标定方法应符合附录 A 的规定。

10.1.4　水上触探应有保证孔位不致发生移动的稳定措施。水底以上部位应加设防止探杆挠曲的装置。

10.1.5　触探孔位附近已有其他勘探孔时，应将触探孔布置在距原勘探孔 30 倍探头直径以外的范围。进行对比试验时，孔距不宜大于 2 m，并应先进行触探然后进行其他勘探、试验。

10.2　设　　备

10.2.1　静力触探设备应包括探头标定设备和触探设备。

10.2.2　探头标定设备应符合下列规定：

1　探头标定用的测力（压）计或力传感器，其公称量程不宜大于探头额定荷载的两倍，检测精度不得低于Ⅲ等标准测力计精度。

2　探头标定达满量程时，标定架各部杆件应稳定。标定孔压计的压力罐及压力检测装置密封性能良好。标定装置对力的传递误差应小于 0.5%。

3　工作状态下，标定架的压力作用线应与被标定的探头同轴，其同轴度公差为 ϕ0.5 mm。

10.2.3　触探主机应符合下列技术条件：

1　能匀速贯入，贯入速率为（20 ±5） mm/s。当使用孔压探头触探时，宜有保证标准贯入速率 20 mm/s 的控制装置。

2　贯入和起拔时，施力作用线应垂直机座基准面，垂直度公差为 30′。

3　额定起拔力不小于额定贯入力的 120%。

10.2.4　触探用探杆应采用高强度无缝管材，其屈服强度不宜小于 600 MPa，工作截面尺寸必须与触探主机的额定贯入力相匹配，并应符合下列规定：

1　用于同一台触探主机的探杆长度（含接头）应相同，其长度误差不得大于 0.2%。

2　用于前 5 m 的探杆，弯曲度不得大于 0.05%。后续探杆的弯曲度，在触探孔深度小于或等于 10 m 时，不得大于 0.2%；触探孔深度大于 10 m 时，不得大于 0.1%。

3 探杆两端螺纹轴线的同轴度公差为 ϕ1 mm。

4 探杆与接头的连接应有良好的互换性。

5 锥形螺纹连接的探杆,连接后不得有晃动现象;圆柱形螺纹连接的探杆,拧紧后丝扣之根、肩应能密贴。

6 探杆不得有裂纹和损伤。

10.2.5 记录仪应满足下列要求:

1 仪器显示的有效最小分度值小于0.06% FS;

2 仪器按要求预热后,时漂应小于0.1% FS/h,温漂应小于0.01% FS/℃;

3 工作环境温度为-10 ℃~45 ℃;

4 记录仪和电缆用于多功能探头触探时,应保证各传输信号互不干扰。

10.2.6 采用读数方式测记各贯入深度的触探参数时,由标尺和位移指针组成的计深装置应符合下列要求:

1 标尺刻度为10 cm,刻度误差小于5 mm,累积误差不得大于标尺全长的0.2%;

2 标尺应垂直固定于触探孔旁的地面不动点处;位移指针应置于向下贯入的工作探杆上,随探杆一道下移;

3 探杆处于贯入状态时不得移动标尺;

4 当使用自动记录仪器时,计深误差不得大于1%。

10.2.7 单桥探头、双桥探头和孔压探头规格及更新标准应符合本规程附录C的规定。未经标定的探头,严禁在生产中使用。

10.2.8 探头的机械加工应符合下列要求:

1 套筒和摩擦筒表面纵向粗糙度应小于3.2 μm;

2 探头表面硬度HRC宜为45~50;

3 锥头、摩擦筒与探头管之间的滑动间隙不宜大于150 μm;

4 锥头、摩擦筒与探头管的同轴度公差为 ϕ0.2 mm。

10.2.9 探头的技术性能应符合下列要求:

1 力传感器的检测总误差和绝缘性能应符合本规程第6.2.3条的有关规定。

2 探头在工作状态下,各部传感器的互扰值应小于本身额定测值的0.3%。

3 探头应能在-10 ℃~45 ℃的环境温度中正常工作。

4 孔压探头透水元件(过滤片)的设置位置,应符合下列规定:

1)过滤片置于探头锥面上时,过滤片中心或中心线距锥顶的距离应为0.5~0.8倍圆锥母线长度;

2)过滤片置于锥底全断面以上的圆柱面处时,过滤片的上表面距锥底面的高度应小于10 mm。

5 过滤片的渗透系数宜控制在(1~5)×10^{-5} cm/s范围内。在组装好的孔压探头中,过滤片与相邻部件的接触界面应具有(110±5)kPa的抗渗压能力,过滤片应有足够的刚度和耐磨性。

6 满负荷水压条件下,孔压传感器应变腔的体(容)积变化量不大于4 mm^3,体变率应小于0.2%。

10.2.10 各种探头,自锥底起算,在1 000 mm长度范围内,与之连接的杆件直径不得大于探头直径;减摩阻器应在此范围以外(上)的位置加设。

10.2.11 探头贮存应配备防潮、防震的专用探头箱(盒),并应存放于干燥、阴凉的处所。带透水元件的探头锥尖,应贮存于盛有脱气液体(水或硅油)的专用密封容器内,使透水元件始终处于饱和状态。

10.3 试验要点

10.3.1 现场试验前应做好下列准备工作:

1 电缆应按探杆连接顺序一次穿齐,其长度 L 可按下式估算:

$$L > n(l + 0.2) + 7 \tag{10.3.1}$$

式中 l——每根探杆(含接头)长度(m);

n——探杆根数。

2 安放触探机的地面应平整;使用的反力措施应保证静力触探达到预定深度。

3 检查使用的探头是否符合规定;核对探头标定记录,调零试压。孔压探头在贯入前应用特制的抽气泵对孔压传感器的应变腔抽气并注入脱气液体(水、硅油或甘油),至应变腔无气泡出现为止。

10.3.2 触探主机就位后,应调平机座并用水平尺校准,与反力装置衔接、锁定并随时进行检查;当触探主机不能按指定孔位安装时,应记录移位后的孔位和地面高程。

10.3.3 触探贯入速率应符合本规程第10.2.3条规定。使用手摇式触探机时,手把转速应力求均匀。

10.3.4 在地下水埋藏较深的地区进行孔压触探,应使用外径不小于孔压探头的单桥或双桥探头开孔至地下水位以下后,向孔内注满水,再换用孔压探头触探。

10.3.5 探头的归零检查应符合下列要求:

1 单桥或双桥触探:

1)将探头贯入地面下0.5~1 m后,上提探头5~10 cm,观测零位漂移情况,待其稳定后,将仪表调零并压回原位即可开始正式贯入;

2)在地面下6 m深度范围,每贯入2~3 m应提升探头1次,将零漂值作为初读数填入记录表的相应深度旁,然后使探头复位,继续贯入;

3)孔深超过6 m后,视零漂值大小,可放宽归零检查的深度间隔或不作归零检查;

4)终孔起拔时和探头拔出地面时,应记录零漂值。

2 孔压触探时,在整个贯入过程中不得提升探头。终孔起拔时应记录锥尖和侧壁的零漂值;探头拔出地面时,应立即卸下锥尖,记录孔压计的零漂值。

10.3.6 使用数字式仪器时,每贯入0.1 m或0.2 m应记录一次读数。

10.3.7 计深标尺设置在主机上时,每贯入3~4 m应校核一次实际深度。

10.3.8 在预定深度进行孔压消散试验时,应从探头停止贯入时起,用秒表计时,记录不同时刻的孔压值和端阻值等参数。计时间隔由密而疏,合理控制。试验过程中,不得松动、碰撞探杆,也不得施加使探杆上、下位移的力。

10.3.9 孔压消散试验孔所在场区的地下水位未知或不明确时,至少应有一孔做到孔压消散达稳定值为止(以连续2 h内孔压值不变为稳定标准)。其他各孔试验点的孔压消散程度,可视地层情况和设计要求而定,固结度达60%~70%时,可终止试验。

10.3.10 遇下列情况之一者,应停止贯入并在记录上注明:

1 触探主机负荷达额定荷载的120%；

2 贯入时探杆出现明显弯曲；

3 反力装置失效；

4 探头负荷达额定荷载；

5 记录仪显示异常。

10.3.11 触探终孔后起拔最初几根探杆时，应注意观察并丈量探杆表面干、湿分界线距地面的深度，注明于记录表内或标注于记录纸上。有条件时宜于收工前或次日核查地下水位。

10.3.12 探头拔出地面后，应及时清洗、检查。进行下一孔触探时，孔压探头的过滤片和应变腔应重新进行脱气处理。

10.3.13 记录人员必须按记录表要求用铅笔逐项填记清楚，记录表格式可按本规程表B.5.2及表B.5.3制作。

10.4 资料整理

10.4.1 单孔触探成果资料应包括下列基本内容：

1 各触探参数随深度的分布曲线（简称触探曲线）；

2 土层名称、潮湿程度或塑性状态、地下水位；

3 各层土的触探参数值和地基参数值；

4 孔压触探在作孔压消散试验时，应附孔压随时间变化的过程曲线；必要时附端阻随时间的过程曲线。

10.4.2 单孔触探图图幅尺寸与格式可按本规程表B.5.4～表B.5.6制作。

10.4.3 读数方式取得的原始数据，应按下列步骤及要求修正：

1 记录深度与实际深度有出入时，应根据记录表所标注的数值和深度误差出现的深度范围，按等距修正法调整；多余的读数记录应根据实际贯入情况删除。

2 具一定热敏性的探头（传感器），当零漂值在该深度段测试值的10%以内时，可依归零检查的深度间隔，按线性内插法对测试值予以平差。当零漂值大于该深度段测试值的10%时，宜在相邻两次归零检查的时间间隔内，按贯入行程所占时间段落依比例进行线性平差。

3 各深度的测试值按下式修正：

$$x_d' = x_d - \Delta x_d \qquad (10.4.3)$$

式中 x_d'——某深度 d 处读数的修正值；

x_d——深度 d 处的实测值（读数）；

Δx_d——相应于深度 d 处的零漂修正量（平差值），分正、负。

10.4.4 读数方式取得修正的原始数据后，各深度的触探参数应按下列公式计算：

$$X_d = \xi x_d' \qquad (10.4.4—1)$$

$$R_f(\%) = 100(f_s/q_c) \qquad (10.4.4—2)$$

$$q_T = q_c + (1-a)u_T = q_c + \beta(1-a)u_d \qquad (10.4.4—3)$$

$$B_q = \Delta u/(q_T - \sigma_{v0}) \qquad (10.4.4—4)$$

$$\Delta u = u_0 - u_w \qquad (10.4.4—5)$$

式中 X_d——深度 d 处的触探参数（p_s、q_c、f_s、u_d、u_T）代号；

ξ——触探参数的标定系数；

R_f——摩阻比；

q_T——总锥尖阻力；

a——探头有效面积比（见本规程表 C.0.2）；

u_T——孔压探头贯入时于锥底以上圆柱面处测得的孔隙水压力；

u_d——孔压探头贯入时于锥面处测得的孔隙水压力；

β——孔压换算系数，即 u_T 与 u_d 之比值，可按表 10.4.4 取值；

表 10.4.4 与土质状态有关的 β 值

土质状态	中砂、粗砂	粉、细砂		粉 土	粉质黏土	黏 土	重超固结黏土
		松散～中密	密实	正常固结及轻度超固结			
β	1	0.7～0.3	<0.3	0.6～0.3	0.7～0.5	0.8～0.4	0.4～－0.1

B_q——超孔压比；

σ_{v0}——土的总自重压力；

Δu——探头贯入时土的超孔隙水压力；

u_0——探头贯入时的孔隙压力（简称贯入孔隙压力），过滤片置于探头锥面上时，$u_0=u_d$；过滤片置于锥底圆柱面处时，$u_0=u_T$；

u_w——静止孔隙水压力（静水压力）。

10.4.5 自动记录仪取得的原始记录曲线应按下列要求修正：

1 贯入深度修正

1）按下式计算实际贯入深度 d：

$$d=nl+h-\Delta l \tag{10.4.5}$$

式中 l——每根探杆长度；

n——贯入土中的探杆根数；

h——从锥底全断面处起算的探头长度；

Δl——未入土的探杆余长。

2）以孔口地面为深度零点，以停止贯入（加接探杆）时锥尖应力松弛所形成的似归零线为依据，用记录纸上所标注的深度误差，按式（10.4.5）校正曲线深度；

3）双笔或三笔式记录曲线应标明深度零点。

2 曲线幅值修正

1）以归零检查的标注为依据，直线连接两相邻归零点，根据此连线与记录纸上零线的偏差值，反号调整记录曲线的幅值；

2）因加接探杆造成记录曲线脱节或出现喇叭口曲线形态时，应以平顺曲线予以补齐；

3）根据探头的标定系数，绘制修正后的触探曲线纵横坐标比例尺，注明单位和标出各触探曲线所代表的参数符号。

10.4.6 孔压消散值可按下列程序修正：

1 以修正的贯入孔压值（u_d 或 u_T）作为消散试验的孔压初始值，以零漂修正量等量修正试验点各个时刻测定的孔压消散值（u_t）；

2 以孔压消散值（u_t）为纵轴、时间对数值（$\lg t$）为横轴，绘制孔压消散曲线（u_t—$\lg t$）；

3 孔压消散曲线初始段出现陡降时，可用云形板拟合，使其后段曲线通过陡降段终点与纵轴相交；

4 孔压消散曲线初始段出现上升现象时，宜略去其上升段，以曲线峰值点作为消散曲线的计量起点，在同一张 u_t—lg$t$ 坐标图中重新绘制孔压消散曲线。

10.4.7 触探成果图件可按下列要求绘制：

1 应以深度为纵轴、以触探参数为横轴绘制触探曲线，其中 f_s、u_d（或 u_T）及 q_c 之间的数值比例宜取 1:10:100。

2 q_c 或 p_s、f_s、u_d 或 u_T、u_w 与深度 d 的关系曲线应以不同的表达形式同绘于一个坐标图中，也可将 u_d（或 u_T）和 u_w 绘制于该坐标图的对称侧。B_q、R_f 与 d 的关系曲线宜绘于另一坐标图中，二者在横轴上数值比例宜取 1:10。

3 上述各触探曲线均应用参数符号在图中标示清楚或示出图例。然后按本规程第 10.5 节要求进行分层，计算各分层触探参数值和地基参数值，填入成果图件内的表格中。

10.4.8 归一化超孔压消散曲线应按下列要求绘制：

1 均衡孔隙水压力 u_w' 取孔压消散达稳定值时的孔压值，取值标准应符合本规程第 10.3.9 条的规定。

2 地基中试验点处的剩余超孔压 Δu_r 按下式计算：

$$\Delta u_r = u_w' - u_w \tag{10.4.8—1}$$

3 各时刻的归一化超孔压比 $\overline{V}$ 应按下式计算：

$$\overline{V} = (u_t - u_w)/(u_0 - u_w) \tag{10.4.8—2}$$

式中 u_t——贯入孔隙压力 u_0（即 u_d 或 u_T）消散至某时刻 t 的孔压值，可在修正的孔压消散曲线上查取。

4 以 $\overline{V}$ 为纵轴、时间 t 的对数 lg$t$ 为横轴，绘制归一化超孔压消散曲线（$\overline{V}$—lg$t$）。

10.5 计算与应用

10.5.1 根据触探曲线划分土层时，对主要受力层应详细划分，对工程有影响的软弱下卧层应单独分出。

10.5.2 土层界面位置的确定应符合下列规定：

1 孔压触探时，应将 u_d（或 u_T）和 B_q 的突变点位置定为土层界面。

2 单桥或双桥触探时，应根据超前深度和滞后深度确定，方法如下：

1）一般情况下，可将超前、滞后总深度段中点偏向低端阻值（q_c 或 p_s）层（软层）10 cm处定为土层界面；

2）上、下土层的端阻值相差 1 倍以上，且其中软层的平均端阻 $\overline{q}_c$（或 $\overline{p}_s$）<2 MPa 时，可将软层的最后 1 个（或第一个）q_c（或 p_s）小值偏向硬层 10 cm 处定为土层界面；

3）上、下土层端阻值差别不明显时，则应结合 R_f、f_s 值确定土层界面。

10.5.3 各土层的触探参数值应按下列公式及要求取值：

1 土层厚度 h 大于等于 1 m 且土质比较均匀时，应扣除其上部滞后深度和下部超前深度范围内的触探参数值，按下列公式计算土层的触探参数值：

$$\overline{X} = \frac{1}{n}\sum_{i=1}^{n} x_i \tag{10.5.3—1}$$

$$\overline{q}_T=\overline{q}_c+\beta(1-a)\overline{u}_d=\overline{q}_c+(1-a)\overline{u}_T \quad (10.5.3—2)$$

$$\overline{R}_f=\overline{f}_s/\overline{q}_c \quad (10.5.3—3)$$

式中 x、X 为各触探参数代号，角标 $i=1,2,\cdots,n$ 为触探参数数据序号。

2 土层厚度 h 小于 1 m 的均质土层，软层应取最小值、硬层应取较大值。

3 经过修正成图的记录曲线，可根据各分层土层曲线幅值变化情况，划分成若干小层，对每一小层按等积原理绘成直方图，按下式计算分层土层的触探参数值：

$$\overline{X}=\sum_{i=1}^{n}(\overline{x}_i\cdot h_i)\Big/\sum_{i=1}^{n}h_i \quad (10.5.3—4)$$

式中 h_i 为第 i 小层土厚度，$\overline{x}_i$ 为各小层的触探参数平均值。

4 分层曲线中的特殊大值，不应参与计算。

5 由单层厚度在 30 cm 以内的粉砂或粉土与黏性土交互沉积的土层，应分别计算各触探参数的大值平均值和小值平均值。

10.5.4 单桥、双桥及孔压探头的贯入阻力与端阻可按下列公式换算：

$$p_s=1.1q_c \quad (10.5.4—1)$$

$$q_T=p_s \quad (10.5.4—2)$$

10.5.5 使用双桥触探时，可按图 10.5.5 划分土类。

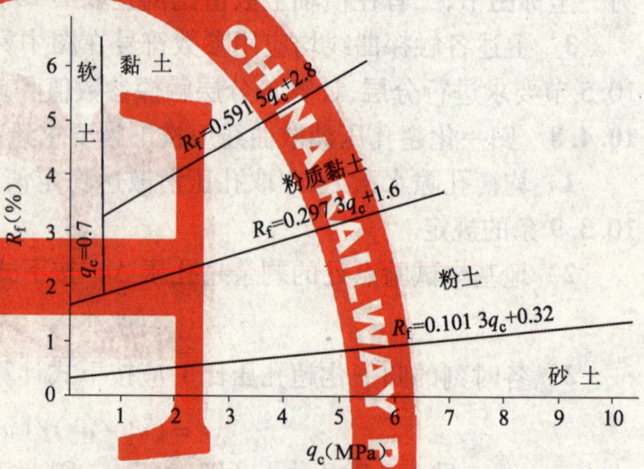

图 10.5.5　双桥触探参数判别土类

10.5.6 使用过滤片置于锥面的孔压探头触探时，在地下水位以下的土层可按图 10.5.6 划分土类。

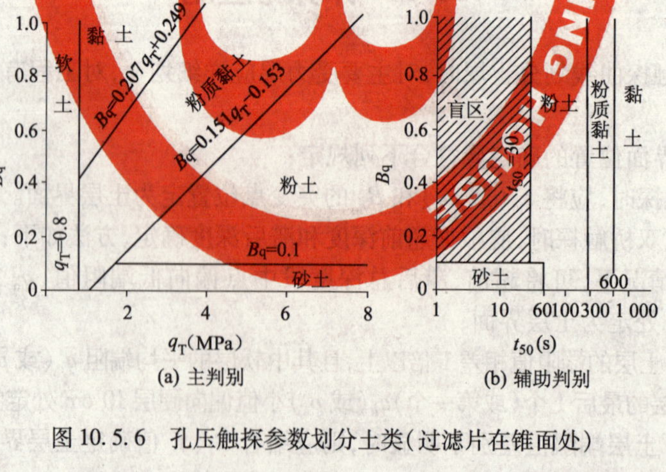

图 10.5.6　孔压触探参数划分土类(过滤片在锥面处)

10.5.7 使用过滤片置于锥底圆柱面处的孔压探头触探时，在地下水位以下的土层可按图 10.5.7 划分土类。

10.5.8 缺乏钻探取样试验数据时，一般饱和黏性土的重度γ(kN/m^3)可按下列公式计算：

$p_s<400$ kPa 时，　　$\gamma=8.23p_s^{0.12}$　　(10.5.8—1)

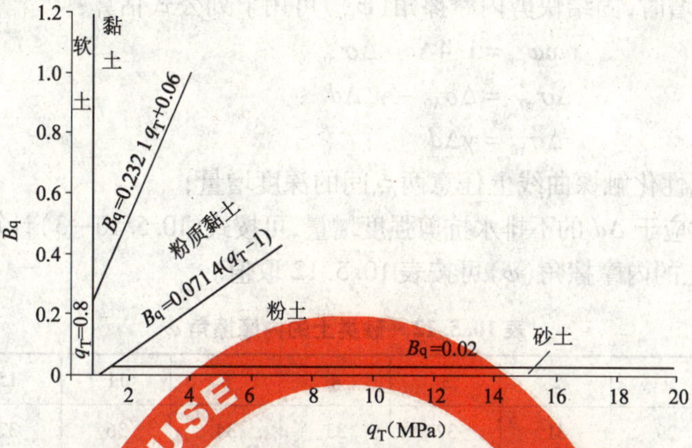

图 10.5.7 孔压触探参数划分土类(过滤片在锥底圆柱面处)

$400 \leqslant p_s < 4\ 500$ kPa 时， $\gamma = 9.56 p_s^{0.095}$ (10.5.8—2)

$p_s \geqslant 4\ 500$ kPa 时， $\gamma = 21.3$ (10.5.8—3)

10.5.9 黏性土的塑性状态可用过滤片置于锥面的孔压探头触探参数按表 10.5.9—1 判别。用单桥触探参数时，应结合地区使用经验按表 10.5.9—2 判定黏性土的塑性状态。

表 10.5.9—1 孔压触探参数判别黏性土的塑性状态

分 级	液性指数	主 判 别	辅助判别
坚 硬	$I_L \leqslant 0$	$q_T > 5$	$B_q < 0.2$
硬 塑	$0 < I_L \leqslant 0.5$	$q_T \leqslant 5$ $3.12B_q - 2.77q_T < -2.21$	$B_q < 0.3$
软 塑	$0.5 < I_L \leqslant 1$	$3.12B_q - 2.77q_T \geqslant -2.21$ $11.2B_q - 21.3q_T < -2.56$	$B_q \geqslant 0.2$
流 塑	$I_L > 1$	$11.2B_q - 21.3q_T \geqslant -2.56$	$B_q \geqslant 0.42$

注：1 q_T 单位用 MPa；
2 坚硬状态土多属非饱和土，括号内数值为参考值；
3 过滤片置于锥底圆柱面处的孔压触探参数，可通过表 10.4.4 换算出相应的 q_T、B_q 后再用本表判别。

表 10.5.9—2 单桥触探参数判别黏性土的塑性状态

I_L	0	0.25	0.50	0.75	1
p_s(MPa)	(5~6)	(2.7~3.3)	1.2~1.5	0.7~0.9	<0.5

注：括号内数值为参考值。

10.5.10 灵敏度 $S_t = 2 \sim 7$、塑性指数 $I_p = 12 \sim 40$ 的软黏性土，不排水抗剪强度 c_u 可按下列公式计算：

$$c_u = 0.9(p_s - \sigma_{v0})/N_k \quad (10.5.10—1)$$

$$N_k = 25.81 - 0.75S_t - 2.25\ln I_p \quad (10.5.10—2)$$

缺乏 S_t、I_p 数据时，可按下式估算 c_u 值：

$$c_u = 0.04p_s + 2 \quad (10.5.10—3)$$

式中 p_s 单位为 kPa。

10.5.11 超固结比 $OCR \leqslant 2$ 的正常固结和轻度超固结的软黏性土，当贯入阻力 p_s(或 q_c)

随深度呈线性递增时，固结快剪内摩擦角（φ_{cu}）可用下列公式估算：

$$\tan\varphi_{cu} = 1.4\Delta c_u / \Delta\sigma_{v0}' \quad (10.5.11\text{—}1)$$

$$\Delta\sigma_{v0}' = \Delta\sigma_{v0} - \gamma_w \Delta d \quad (10.5.11\text{—}2)$$

$$\Delta\sigma_{v0} = \gamma\Delta d \quad (10.5.11\text{—}3)$$

式中　Δd——线性化触探曲线上任意两点间的深度增量；

Δc_u——对应于 Δd 的不排水抗剪强度增量，可按式（10.5.10—3）计算。

10.5.12　砂类土的内摩擦角（φ）可按表 10.5.12 取值。

表 10.5.12　砂类土的内摩擦角 φ

p_s（MPa）	1	2	3	4	6	11	15	30
φ（°）	29	31	32	33	34	36	37	39

10.5.13　石英质砂类土的相对密实度 D_r 可按表 10.5.13 判定。

表 10.5.13　石英质砂土的相对密实度 D_r

密实程度	p_s（MPa）	D_r
密　实	$p_s \geqslant 14$	$D_r \geqslant 0.67$
中　密	$14 > p_s > 6.5$	$0.67 > D_r > 0.40$
稍　密	$6.5 \geqslant p_s \geqslant 2$	$0.40 \geqslant D_r \geqslant 0.33$
松　散	$p_s < 2$	$D_r < 0.33$

10.5.14　饱和软黏性土竖向固结系数 C_v 可控下式计算：

$$C_v = \zeta r_0^2 T_{50} / t_{50} \quad (10.5.14)$$

式中　r_0——探头半径；

T_{50}——触探产生的超孔压消散达 50% 时的时间因数，可按表 10.5.14—1 取值；当取得使用经验时，也可按表 10.5.14—2 取值，表中 α 为与土性有关的经验指数；

表 10.5.14—1　T_{50} 值

刚度指数 I_r	土体破坏时的孔隙压力参数 A_f			
	1/3	2/3	1	4/3
10	1.145	1.593	2.095	2.622
50	2.487	3.346	4.504	5.931
100	3.524	4.761	6.447	8.629
200	5.025	6.838	9.292	12.790

表 10.5.14—2　与经验指数 α 有关的 T_{50} 值

α	0.15	0.20	0.25	0.30	0.35	0.40
T_{50}	10.863	6.720	4.804	3.746	3.063	2.665

注：α 值随土的刚度指数 I_r 和土体破坏时的孔隙压力参数 A_f 的升高而降低，在未建立地区使用经验时，可用曲线拟合法确定。

t_{50}——相应于 T_{50} 的孔压消散历时，在绘制的归一化超孔压曲线上查取；

ζ——经验修正系数，$\zeta=0.25\sim0.80$。

10.5.15 饱和软黏性土的刚度指数 I_r 可按下式计算：

$$I_r=E_u/[2(1+\mu)c_u] \tag{10.5.15}$$

式中 E_u——不排水杨氏模量，按式(10.5.19)计算；

μ——不排水泊松比，可恒取 $\mu=0.49$。

10.5.16 静力触探确定地基基本承载力和极限承载力时，应综合考虑场地土的工程性质和建筑物特点。无地区使用经验可循时，可据土层类别和比贯入阻力 p_s 按表10.5.16—1和表10.5.16—2所列经验公式计算，但 p_s 的取值应符合下列规定：

表10.5.16—1 天然地基基本承载力(σ_0)算式

土层名称		σ_0(kPa)	p_s 值域(kPa)	相关系数 r	标准差 s(kPa)	变异系数 δ
黏性土($Q_1\sim Q_3$)		$\sigma_0=0.1p_s$	2 700～6 000	—	—	—
黏性土(Q_4)		$\sigma_0=5.8\sqrt{p_s}-46$	≤6 000	0.920	26	0.095
软 土		$\sigma_0=0.112p_s+5$	85～800	0.850	16.7	0.259
砂土及粉土		$\sigma_0=0.89p_s^{0.63}+14.4$	≤24 000	0.945	31.6	0.154
新黄土(Q_4、Q_3)	东南带	$\sigma_0=0.05p_s+65$	500～5 000	0.878	33	0.204
	西北带	$\sigma_0=0.05p_s+35$	650～5 500	0.930	23.4	0.148
	北部边缘带	$\sigma_0=0.04p_s+40$	1 000～6 500	0.823	26.2	0.151

表10.5.16—2 天然地基极限承载力(p_u)算式

土层名称		p_u(kPa)	p_s 值域(kPa)	相关系数 r	标准差 s(kPa)	变异系数 δ
黏性土($Q_1\sim Q_3$)		$p_u=0.14p_s+265$	2 700～6 000	0.810	153	0.203
黏性土(Q_4)		$p_u=0.94p_s^{0.8}+8$	700～3 000	0.818	60.2	0.199
软 土		$p_u=0.196p_s+15$	<800	0.827	36.5	0.310
粉、细砂		$p_u=3.89p_s^{0.58}-65$	1 500～24 000	0.874	137.6	0.256
中、粗砂		$p_u=3.6p_s^{0.6}+80$	800～12 000	0.670	236.6	0.336
砂类土		$p_u=3.74p_s^{0.58}+47$	1 500～24 000	0.710	217	0.350
粉 土		$p_u=1.78p_s^{0.63}+29$	≤8 000	0.945	63.2	0.139
新黄土(Q_4、Q_3)	东南带	$p_u=0.1p_s+130$	500～4 500	0.878	66.0	0.204
	西北带	$p_u=0.1p_s+70$	650～5 300	0.930	46.8	0.148
	北部边缘带	$p_u=0.08p_s+80$	1 000～6 000	0.823	52.4	0.204

1 对于扩大基础，p_s 值取基础底面下 $2b$（b 为矩形基础短边长度或圆形基础直径）深度范围内的比贯入阻力平均值。

2 层状地基的 p_s 取值应符合第10.5.3条规定。由粉砂（或粉土）与粉质黏土（或黏土）组成的交错层，应根据大值平均值和小值平均值，在表10.5.16中分别按其所属土类计算地基承载力，然后根据建筑物特点和重要程度，酌取小值、中小值或中值。

10.5.17 地基基本承载力用于设计时，应进行基础宽度和埋置深度的修正。修正公式见现行《铁路桥涵地基和基础设计规范》(TB 10002.5),修正系数可按表 10.5.17 确定。

表 10.5.17　基础宽度修正系数 k_1 和深度修正系数 k_2

修正系数	土层名称	p_s(kPa)							
		<800	800 ~ 2 000	2 000 ~ 3 000	3 000 ~ 5 000	5 000 ~ 10 000	10 000 ~ 14 000	14 000 ~ 20 000	>20 000
k_1	黏性土、粉土、砂类土	0				1	2	3	4
	新黄土(Q_4、Q_3)	0							
k_2	黏性土	0	1	2	3	4	—	—	—
	砂类土、粉土	0	1	1.5	2	3	4	5	6
	新黄土(Q_4、Q_3)	0	0	1	1.5	2	—	—	—

10.5.18　土层的压缩模量 E_s 和变形模量 E_0 可按表 10.5.18—1 和表 10.5.18—2 取值。

表 10.5.18—1　土的 E_s 值(MPa)

土层名称	p_s(MPa)								
	0.1	0.3	0.5	0.7	1	1.3	1.8	2.5	3
软土及黏性土	0.9	1.9	2.6	3.3	4.5	5.7	7.7	10.5	12.5
饱和砂类土	—	—	2.6 ~ 5.0	3.2 ~ 5.4	4.1 ~ 6.0	5.1 ~ 7.5	6.0 ~ 9.0	7.5 ~ 10.2	9.0 ~ 11.5
新黄土(Q_4、Q_3)	—	—	—	—	1.7	3.5	5.3	7.2	9.0
软土及黏性土	16.5	20.5	24.4	—	—	—	—	—	—
饱和砂类土	11.5 ~ 13.0	13.0 ~ 15.0	15.0 ~ 16.5	16.5 ~ 18.5	18.5 ~ 20.0	20.0 ~ 22.5	24.0 ~ 27.0	28.0 ~ 31.0	35.0
新黄土(Q_4、Q_3)	12.6	16.3	20.0	23.6	—	—	—	—	—

注:1　E_s 为压缩曲线上 p_1 = 0.1 MPa ~ p_2 = 0.2 MPa 压力段的压缩模量;
　　2　粉土可按表列砂土 E_s 值的 70% 取值;
　　3　Q_3 及其以前的黏性土和新近堆积土应根据当地经验取值或采用原状土样作压缩试验;
　　4　表内数值可以线性内插,不可外延。

表 10.5.18—2　土的 E_0 值(MPa)

公式号	土层名称		E_0 算式	p_s 值域(MPa)	相关系数 r	标准差 s(MPa)	变异系数 δ
10.5.18—1	黏性土(Q_1 ~ Q_3)		$E_0 = 11.78p_s - 4.69$	3 ~ 6	—	—	—
10.5.18—2	软土及饱和黏性土(Q_4)		$E_0 = 6.03p_s^{1.45} + 0.8$	0.085 ~ 2.5	0.860	0.63	0.066
10.5.18—3	细砂、粉砂、粉土		$E_0 = 3.57p_s^{0.684}$	1 ~ 20	0.840	3.9	0.219
10.5.18—4	新黄土(Q_4、Q_3)	东南带	$E_0 = 13.09p_s^{0.64}$	0.5 ~ 5	0.53	11.7	0.468
10.5.18—5		西北带	$E_0 = 5.95p_s + 1.41$	1 ~ 5.5	0.70	7.2	0.347
10.5.18—6		北部边缘带	$E_0 = 5p_s$	1 ~ 6.5	取下限值公式		

注:新近堆积土的 E_0 应根据当地经验取值或用载荷试验确定;一般工程,当 I_p > 10 时,按式(10.5.18—2)算出 E_0 后再乘以 0.9 ~ 0.4 折减系数,折减系数随 p_s 值增加而降低。

10.5.19　$p_s \leqslant 1$ MPa 的饱和黏性土,不排水杨氏模量 E_u 可按下式计算:

$$E_u = 11.4p_s \tag{10.5.19}$$

式中 E_u 为剪应力水平达 50% 时的割线模量。

10.5.20 打入钢筋混凝土预制桩的极限荷载 Q_u(kN)可按下列公式及要求计算:

$$Q_u = U\sum_{i=1}^{n} h_i\beta_i\bar{f}_{si} + \alpha A_c q_{cp} \tag{10.5.20—1}$$

式中 U——桩身周长(m);

h_i——桩身穿过的第 i 层土厚度(m);

A_c——桩底(不包括桩靴)全断面面积(m^2);

$\bar{f}_{si}$——第 i 层土的侧阻平均值(kPa);

q_{cp}——桩底端阻计算值;

β_i,α——分别为第 i 层土的极限摩阻力和桩尖土的极限承载力综合修正系数。

q_{cp},β_i,α 应分别按下列要求计算:

1 桩底高程以上 $4d$(d 为桩径)范围内平均端阻 $\bar{q}_{cp1}$ 小于桩底高程以下 $4d$ 范围内平均端阻 $\bar{q}_{cp2}$ 时

$$q_{cp} = (\bar{q}_{cp1} + \bar{q}_{cp2})/2 \tag{10.5.20—2}$$

反之,

$$q_{cp} = \bar{q}_{cp2} \tag{10.5.20—3}$$

2 桩侧第 i 层土的平均端阻 $\bar{q}_{ci} > 2\,000$ kPa,且相应的摩阻比 $\bar{f}_{si}/\bar{q}_{ci} \leqslant 0.014$ 时

$$\beta_i = 5.067(\bar{f}_{si})^{-0.45} \tag{10.5.20—4}$$

$\bar{q}_{ci}$ 及 $\bar{f}_{si}/\bar{q}_{ci}$ 不能同时满足上述条件时:

$$\beta_i = 10.045(\bar{f}_{si})^{-0.55} \tag{10.5.20—5}$$

由上二式计得 $\beta_i\bar{f}_{si} > 100$ kPa 时,宜取 $\beta_i\bar{f}_{si} = 100$ kPa。

3 $\bar{q}_{cp2} > 2\,000$ kPa,且相应的摩阻比 $\bar{f}_{s2}/\bar{q}_{cp2} \leqslant 0.014$ 时

$$\alpha = 3.975(q_{cp})^{-0.25} \tag{10.5.20—6}$$

$\bar{q}_{cp2}$ 及 $\bar{f}_{s2}/\bar{q}_{cp2}$ 不能同时满足上述条件时

$$\alpha = 12.064(q_{cp})^{-0.35} \tag{10.5.20—7}$$

10.5.21 混凝土钻孔灌注桩及沉管灌注桩的极限荷载 Q_u 可按式(10.5.20—1)估算,式中的综合修正系数 β_i 和 α 应按下列规定计算:

1 钻孔灌注桩

$$\beta_i = 18.24(\bar{f}_{si})^{-0.75} \tag{10.5.21—1}$$

$$\alpha = 130.53(q_{cp})^{-0.76} \tag{10.5.21—2}$$

2 沉管灌注桩

$$\beta_i = 4.14(\bar{f}_{si})^{-0.4} \tag{10.5.21—3}$$

桩底高程以下 $4d$ 范围内的摩阻比 R_f(%)$> 0.101\,3\bar{q}_{cp2} + 0.32$ 时

$$\alpha = 1.65(q_{cp})^{-0.14} \tag{10.5.21—4}$$

桩底高程以下 $4d$ 范围内的摩阻比 R_f(%)$\leqslant 0.101\,3\bar{q}_{cp2} + 0.32$ 时

$$\alpha = 0.45(q_{cp})^{-0.09} \tag{10.5.21—5}$$

10.5.22 地震动峰值加速度为 0.1g 的地区，地面下 15 m 以内、地震动峰值加速度为 0.2g 或 0.4g 的地区，地面下 20 m 以内，有可能液化的地层，宜使用静力触探方法按下列要求进行判别：

1 实测计算贯入阻力 p_{sca} 或 q_{cca} 小于或等于单桥触探液化临界贯入阻力 p_s' 或双桥触探液化临界贯入阻力 q_c' 时，应判为液化土。

2 实测计算贯入阻力 p_{sca} 或 q_{cca} 应按下列规定取值：

1）土层厚度大于 1 m 时，应取该层土的贯入阻力平均值 $\bar{p}_s$（或 $\bar{q}_c$）；土层厚度小于 1 m，且上、下层的贯入阻力较小时，应取该层土贯入阻力较大值。

2）土层厚度较大、根据力学性质和 p_s 或 q_c 值可明显分层时，应分层计算 p_{sca} 或 q_{cca} 值。

3）双桥触探时，应确定各分层的计算侧阻值 f_{sca}，并计算各分层土的摩阻比 $R_{fca}=f_{sca}/q_{cca}$。

3 液化临界贯入阻力可按下列公式计算：

$$p_s'=p_{s0}\cdot\alpha_1\cdot\alpha_3\cdot\alpha_4 \tag{10.5.22—1}$$

$$q_c'=q_{c0}\cdot\alpha_1\cdot\alpha_3\cdot\alpha_4 \tag{10.5.22—2}$$

$$\alpha_1=1-0.065(d_w-2) \tag{10.5.22—3}$$

$$\alpha_3=1-0.05(d_u-2) \tag{10.5.22—4}$$

式中　p_{s0}，q_{c0}——$d_w=2$ m、$d_u=2$ m、$\alpha_4=1$ 时可液化土层的临界贯入阻力，按表 10.5.22—1 取值；

表 10.5.22—1　可液化土层临界贯入阻力（基本值）

地震动峰值加速度	0.1g	0.2g	0.4g
p_{s0}（MPa）	5.0～6.0	11.5～13.0	18.0～20.0
q_{c0}（MPa）	4.6～5.5	10.5～11.8	16.4～18.2

α_1——地下水埋深 d_w（m）修正系数；地面常年有水且与地下水有水力联系时，$\alpha_1=1.13$；

α_3——上覆非液化土层厚度 d_u（m）修正系数；对于深基础，恒取 $\alpha_3=1$；

α_4——黏粒含量百分比修正系数，可按表 10.5.22—2 或表 8.4.3—2 确定。

表 10.5.22—2　α_4 取值

土　类	砂　土	粉　土	
R_{fca}（%）	≤0.4	$0.4<R_{fca}\leq0.9$	>0.9
α_4	1.00	0.60	0.45

11 应力铲试验

11.1 一般规定

11.1.1 应力铲试验适用于确定软塑～流塑状饱和黏性土的静止土压力系数和水平固结系数等。

11.1.2 应力铲试验应在场地地层结构、构造清楚的条件下进行。

11.1.3 应力铲试验孔对水平地面的垂直度偏差应控制在2%以内。

11.2 设备

11.2.1 应力铲试验设备应包括标定设备、贯入设备和测试设备及辅助工具等。标定设备由压力罐、测力(压)计或力传感器、加卸荷装置及记录仪表等构成;贯入设备可采用静力触探贯入设备或工程钻机;测试设备包括记录仪表、应力铲和传输信号的电缆。

11.2.2 标定设备应符合下列要求:

1 标定应力铲所用的测力(压)计或力传感器,精度不得低于Ⅲ等标准测力计或压力表的精度,且每年应进行一次检定;

2 测力(压)计或力传感器的额定量程不宜大于应力铲额定荷载的2倍;

3 标定装置的稳定性和密封性能良好,应力的传递误差应小于0.5%。

11.2.3 贯入设备的技术性能应符合第10.2.3条和第10.2.4条有关要求。

11.2.4 记录仪的技术性能应符合第10.2.5条有关要求。

11.2.5 应力铲应符合下列技术要求:

1 应力铲外形及尺寸规格应符合图11.2.5及表11.2.5的要求。

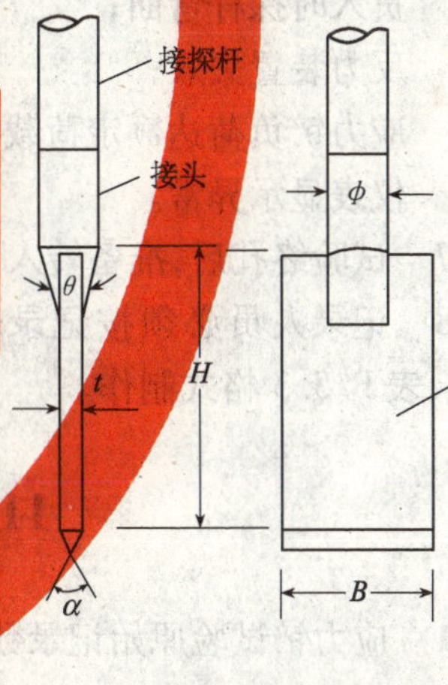

图11.2.5 应力铲外形

表11.2.5 应力铲的尺寸规格

板高 H (mm)	板宽 B (mm)	板厚 t (mm)	刃角 α (°)	接头直径 ϕ (mm)	接头夹焊角 θ (°)
215±1	98±1	5～8	60±1	≤40	45±1

2 应力铲中空,内部应充满去气硅油;空腔周边及中轴部位应以刚性肋条连成骨架。

3 应力铲板面膜片应用厚1～1.2 mm不锈钢板与空腔周边肋条及接头焊成一体,

焊缝应刨光成形。

4　应力铲板面膜片在额定荷载下的最大法向变形量 s 应小于板宽的万分之二，即 $s/B<1/5\ 000$。

5　应力铲的检测误差及环境温度应符合第 6.2.3 条及第 10.2.9 条有关要求。

6　与应力铲接头相连接的探杆直径在 1 000 mm 长度范围内，不得大于接头直径。

11.3　试验要点

11.3.1　试验孔位布置及准备工作应符合第 1.0.4、第 10.3.1 及第 10.3.2 条有关规定；试验孔水平应力松弛试验点的深度间距不宜小于 500 mm。

11.3.2　软土地区进行试验时，可使用静力触探主机贯入；非软土地区试验时，对可贯入地层应使用工程钻机，先开孔至试验点深度以上 (1 ± 0.1) m 处，通过立轴贯入至预定深度。

11.3.3　贯入速率应符合第 10.2.3 条的规定。

11.3.4　人工记录贯入时的水平总应力值时，应每贯入 0.1 m 记录一次读数；自动记录时，应随时检查仪器工作情况并作好标注。记录深度与实际贯入的杆件总长度不符时，应记录清楚。

11.3.5　在预定深度进行水平应力松弛试验时，应符合第 10.3.8 和第 10.3.9 条有关规定。

11.3.6　遇下列情况之一者应停止贯入，并在记录表上注明：

1　贯入时探杆弯曲；

2　反力装置失效；

3　应力铲负荷达额定荷载；

4　仪表显示异常。

11.3.7　试验终孔后，准备转入下一孔试验时，应对应力铲进行清洗、整理和检查。

11.3.8　记录人员必须按记录表要求用铅笔逐项填写清楚。记录表可参照本规程表 B.5.2、表 B.5.3 格式制作。

11.4　资料整理与计算

11.4.1　应力铲试验原始记录数据，可按第 10.4.3、第 10.4.5 及第 10.4.6 条有关要求修正并整理。

11.4.2　各深度在贯入时的初始水平总应力 σ_{h0} 可按下式计算：

$$\sigma_{h0}=\xi\cdot x'_{h} \tag{11.4.2}$$

式中　ξ——标定系数；

x'_{h}——修正后的读数或曲线幅值。

11.4.3　试验成果图件应包括 σ_{h0} 随深度 (d) 的分布曲线；水平应力 σ_{ht} 随时间对数 ($\lg t$) 的衰减曲线和归一化应力比衰减曲线 ($\overline{V}$—$\lg t$)；土层名称、状态、地下水位、地基参数等。

上列图件可参照附录表 B.5.4 和表 B.5.6 格式绘制。

11.4.4　各时刻土的归一化应力比 $\overline{V}$ 应按下式计算：

$$\overline{V}=(\sigma_{ht}-\sigma_{hc})/(\sigma_{h0}-\sigma_{hc}) \qquad (11.4.4)$$

式中 σ_{ht}——自停止贯入时起算至某时刻 t 时的水平应力；

σ_{hc}——水平总应力 σ_{h0} 衰减后的稳定值，以连续 2 h 水平总应力值不变为稳定标准，简称静止水平总应力。

11.4.5 饱和黏性土静止土压力系数 K_0 值可按下式计算：

$$K_0=n(\sigma_{hc}-u_w)/(\sigma_{v0}-u_w) \qquad (11.4.5)$$

式中 u_w——土的静水压力；

σ_{v0}——土的总自重压力；

n——经验系数，正常固结和轻微超固结黏性土，$t=5$ mm 时，可取 $n=0.83\sim0.87$；$t=8$ mm 时，可取 $n=0.73\sim0.79$，其值随土的压缩性增大而增大。

11.4.6 饱和软黏性土的水平固结系数 C_h 可按下列公式计算：

$$C_h=r_e^2T_{50}/t_{50} \qquad (11.4.6—1)$$

$$r_e=t/2 \qquad (11.4.6—2)$$

式中 r_e——应力铲水平挤压距离(cm)；

t——应力铲板厚(cm)；

T_{50}——固结度 U 达 50% 时的时间因数，可按表 11.4.6 取值，表中 α_t 可用曲线拟合法确定，软土可试取 $\alpha_1=0.4$；

t_{50}——U 达 50% 时的固结历时(s)。

表 11.4.6 与 α_t 有关的 T_{50} 值

α_t	0.15	0.20	0.25	0.30	0.35	0.40	0.45	0.50
T_{50}	26.786	14.821	9.484	6.591	4.833	3.711	2.920	2.370

注：α_t 值随土的刚度指数 I_r 值和土体破坏时的孔隙水压力参数 A_f 的升高而降低，也可用第 10.5.14 条的曲线拟合法求得。

12 扁板侧胀试验

12.1 一 般 规 定

12.1.1 扁板侧胀试验适用于软土、一般饱和黏性土、松散～中密饱和砂类土及粉土等，可用于判定土层名称与状态，确定饱和黏性土的不排水杨氏模量、静止土压力系数、水平基床系数等。

12.1.2 扁板侧胀试验孔对水平地面的垂直度偏差不应大于2%。

12.2 设 备

12.2.1 扁板侧胀试验设备包括测量系统、贯入系统和压力源。测量系统应包括侧胀板头、气电管路和控制装置。贯入系统应包括主机、探杆(或钻杆)和附属工具。压力源可采用普通或特制氮气瓶。

12.2.2 侧胀板头的技术性能应符合下列要求：

1 板头在平行于轴线长度内，弯曲度不得大于0.3%；

2 板头前缘偏离轴线不应超过1 mm；

3 板头应用高强度不锈钢锻制，厚度15 mm、宽度95 mm，误差不应超过1%；长度为235 mm，误差不宜超过2%；

4 圆形不锈钢膜片直径60 mm，平装于板头一侧板面上；膜片内侧设置的三位电开关应能准确显示膜片膨胀中的三个特征压力点。

12.2.3 气电管路的技术性能应符合下列要求：

1 管路应由厚壁、小直径、耐高压、内部贯穿铜质导线的尼龙管组成；

2 管路两端接头绝缘性能良好，直径最大不超过12 mm；

3 用于标定的管路长度宜为1 m；

4 能输送气压和准确地传递特定信号。

12.2.4 控制装置应符合下列技术条件：

1 压力表显示的有效最小分度值不宜大于1 kPa；

2 传送膜片达特定位移量时的信号应采用蜂鸣器和检流计显示；

3 蜂鸣器和检流计应在膜片膨胀量小于0.05 mm或大于等于1.10 mm时接通，在大于等于0.05 mm或小于1.10 mm时断开；

4 与气电管路、气压计、校正器等附件组成的标定装置应能精确测定膜片膨胀阶段，可对膜片进行标定和老化处理。

12.2.5 贯入主机和探杆应符合本规程第10.2.3和第10.2.4条规定。

12.2.6 压力源应安装压力调节器，高压气体应为干燥的氮气。

12.3 试验要点

12.3.1 贯入设备的能力必须满足试验深度的需要。试验过程中,在确认上道工序操作无误后方可进行下道工序的作业。

12.3.2 试验时应使机座保持水平状态,并始终用水平尺校验,记录每次试验中试验孔的垂直度偏差。

12.3.3 试验时应由技术熟练的人员操作控制装置,不得随意易人;记录表应逐项填写。

12.3.4 水上试验时,应有保证孔位不致发生移动的稳定措施;水底以上部位,宜加设防止探杆挠曲的装置。

12.3.5 采用静力触探贯入设备时,应备足探杆,以超过最大试验深度 2~3 m 为宜。

12.3.6 试验的准备工作应符合下列要求:

1 拉直管路,使管路滑行穿过探杆,防止管路被绞扭和弯伤;

2 将管路一端与侧胀板头连接,通过变径接头和所用探杆一次穿齐;

3 检查控制装置、压力源,并将管路的另一端与控制装置对应的插座接上;

4 将地线接到地线插座上,另一端夹到探杆或主机的机座上;

5 可用手轻按膜片中心检查电路,蜂鸣器发出响声则电路正常;

6 标定膜片,记录标定值 ΔA 及 ΔB;

7 标定值不在适用范围内的新膜片应事先进行老化处理,直到 ΔB 值达适用范围且相对误差小于 2% 为止。

12.3.7 膜片标定应符合下列要求:

1 用率定气压计对侧胀板头抽真空,使膜片从自然位置移向基座,蜂鸣器鸣响后缓慢解除真空,蜂鸣器响声停止瞬间读取 ΔA 值;

2 用率定气压计对侧胀板头施加正气压,待蜂鸣器鸣响瞬间读取 ΔB 值;

3 重复 3~4 次上述操作,记录 ΔA 及 ΔB 的平均值。

12.3.8 ΔA 值范围宜为 5~25 kPa,ΔB 值范围宜为 10~110 kPa。

12.3.9 膜片老化处理应符合下列要求:

1 加压至 300 kPa,蜂鸣器尚未鸣响时应先检查电路;电路正常时,用 300 kPa 气压循环老化数次;每次应从零开始,若 ΔB 达适用范围则停止老化,若用 300 kPa 压力老化后 ΔB 仍很高,可将压力增至 350 kPa 循环老化;倘仍无效,再加大压力,每次升幅宜取 50 kPa。

2 在空气中老化膜片,最大压力不应超过 600 kPa。

12.3.10 试验深度应以膜片中心为参照点。计深标尺设置在贯入主机上时,贯入深度应以板头、探杆入土的实际深度为准,每贯入 3~4 m 校核一次。记录深度与实际贯入深度不符时,应在记录表上标注清楚。

12.3.11 测读压力值应符合下列要求:

1 侧胀板头贯入至预定深度,蜂鸣器鸣响(电流计动作),关闭排气阀,慢慢打开微调阀,缓慢增加压力,在蜂鸣器和电流计停止响动瞬间,读取压力 A 值。

2 压力从零到 A,加压时间应控制在 15 s 内;试验土层均匀时,A 值可由既有测点值预估,低于预估值阶段快速加压,然后缓慢加压到 A。

3 记录 A 值后，继续不停顿地缓慢加压，待蜂鸣器鸣响（电流计动作）瞬间，读取压力 B 值。

4 记录 B 值后，必须快速减压至蜂鸣器停响为止，再缓缓卸掉剩余压力，蜂鸣器再响时，读取压力 C 值。

5 试验点间距宜为 20 ~ 25 cm，C 压力值可每隔 1 ~ 2 m 测读一次。

12.3.12 测试过程中，不得松动、碰撞探杆，也不得施加使探杆产生上、下位移的力。

12.3.13 遇下列情况之一者，应停止贯入，并在记录表上注明：

1 贯入主机的负荷达到其额定荷载的 120%；

2 贯入时探杆出现明显弯曲；

3 反力装置失效；

4 无反应信号或测不到压力 B 值或 B 值时有时无；

5 气电管路破裂或被堵塞；

6 试验中校核（$B-A$）值时出现 $B-A<\Delta A+\Delta B$。

12.3.14 试验暂停时，应打开排气阀，避免损坏膜片。

12.3.15 每孔试验结束时应立即提升探杆，取出侧胀板头，并对膜片进行再标定，将 ΔA、ΔB 数值记录于表中。

12.3.16 板头内未进水和泥浆、膜片表面完好、标定值在适用范围内时，清除板头上黏附的泥土，可继续使用。否则，必须拆卸、保养和清洁，重新标定使用。

12.3.17 膜片在下列情况下必须更换：

1 表面严重划伤、皱折及破裂；

2 标定值反常，达不到规定要求；

3 过度膨胀，曲面加力和放松时会发出“劈啪”响声。

12.3.18 试验完毕后应及时检查气电管路，做好标记，给管路两端接头戴上盖帽，防止污物进入。

12.3.19 及时测量试验孔内地下水埋藏深度。有条件时，宜于次日核查地下水位。

12.4 资料整理与计算

12.4.1 扁板侧胀试验数据应按下列公式修正：

$$p_0=1.05(A-Z_m+\Delta A)-0.05(B-Z_m-\Delta B) \quad (12.4.1—1)$$

$$p_1=B-Z_m-\Delta B \quad (12.4.1—2)$$

$$p_2=C-Z_m+\Delta A \quad (12.4.1—3)$$

式中 p_0——膜片向土中膨胀之前作用在膜片上的接触压力（kPa）；

p_1——膜片膨胀 1.10 mm 时的膨胀压力（kPa）；

p_2——膜片回到 0.05 mm 时受到的终止压力（kPa）；

A——膜片膨胀 0.05 mm 时气压的实测值（kPa）；

B——膜片膨胀 1.10 mm 时气压的实测值（kPa）；

C——膜片回到 0.05 mm 时气压的实测值（kPa）；

ΔA，ΔB——空气中标定膜片分别膨胀 0.05 mm、1.10 mm 时气压的实测值（kPa）；

Z_m——未调零时的压力表初读数（kPa）。

12.4.2　侧胀模量 E_D、水平应力指数 K_D、土类指数 I_D、孔压指数 U_D 应按下列公式计算：

$$E_D = 34.7(p_1 - p_0) \quad (12.4.2\text{—}1)$$

$$K_D = (p_0 - u_w)/\sigma'_{v0} \quad (12.4.2\text{—}2)$$

$$I_D = (p_1 - p_0)/(p_0 - u_w) \quad (12.4.2\text{—}3)$$

$$U_D = (p_2 - u_w)/(p_0 - u_w) \quad (12.4.2\text{—}4)$$

式中　σ'_{v0}——土的有效自重压力(kPa)；

u_w——土的静水压力(kPa)。

12.4.3　扁板侧胀试验成果图件应包括下列内容：

1　p_0、p_1、p_2、Δp 随深度的分布曲线，其中 $\Delta p = p_1 - p_0$；

2　E_D、K_D、I_D、U_D 随深度的分布曲线。

12.4.4　扁板侧胀试验资料分析与应用应根据场地地质情况及当地建筑经验、针对工程设计需要进行，并应作出相应评价。

12.4.5　根据 I_D 值可按表 12.4.5 确定土的类别。

表 12.4.5　判别土类的 I_D 值

土类	泥炭或灵敏黏土	黏　土	粉质黏土	粉　土	砂类土
I_D	<0.10	$0.1 \leq I_D < 0.3$	$0.3 \leq I_D < 0.6$	$0.6 \leq I_D < 1.8$	≥1.8

12.4.6　饱和黏性土的塑性状态可按表 12.4.6 判定。表中参数 m 按下式计算：

$$m = (\lg E_D + 0.748)/(\lg I_D + 7.667) \quad (12.4.6)$$

式中 E_D 的单位为 kPa。

表 12.4.6　判别饱和黏性土塑性状态的 m 值

判 别 式	$m \leq 0.53$	$0.53 < m \leq 0.62$	$0.62 < m \leq 0.71$	$m > 0.71$
塑性状态	流　塑	软　塑	硬　塑	坚　硬

12.4.7　水平应力指数 K_D 为 1.5～4.0 的一般饱和黏性土，静止土压力系数 K_0 可按下式计算：

$$K_0 = 0.30 K_D^{0.54} \quad (12.4.7)$$

12.4.8　膨胀压力 $\Delta p \leq 100$ kPa 的饱和黏性土，不排水杨氏模量 E_u 可按下式计算：

$$E_u = 3.5 E_D \quad (12.4.8)$$

12.4.9　饱和黏性土、饱和砂土及粉土地基的基准水平基床系数 K_{h1}(kN/m³)可按下式计算：

$$K_{h1} = 0.2 k_h \quad (12.4.9\text{—}1)$$

$$k_h = 1\,817(1 - A)(p_1 - p_0) \quad (12.4.9\text{—}2)$$

式中　k_h——侧胀仪抗力系数；

A——孔隙压力参数，无室内试验数据时，可按表 12.4.9 取值；

1 817——量纲为 m^{-1} 的系数。

表 12.4.9　饱和土的 A 值

土类	砂类土	粉　土	粉质黏土		黏　土	
			$OCR=1$	$4 \geq OCR > 1$	$OCR=1$	$4 \geq OCR > 1$
A	0	0.10～0.20	0.15～0.25	0～0.15	0.25～0.50	0～0.25

附录 A　力传感器和测力计的标定与计算

A. 0. 1　用于标定力传感器和测力计的计量设备，必须按国家计量管理规定定期送计量局检定。

A. 0. 2　力传感器的标定应符合下列规定：

1　力传感器标定时的最大加载量应根据其额定荷载确定。新组装的传感器在正式标定前应进行 3 ~ 4 次满负荷加载和卸载。

2　力传感器标定宜在室温(20 ℃ ±5 ℃)环境中进行，并应连同配套使用的仪器、电缆一道参与标定；同型号仪器、电缆经检定确认不致引起标定系数或供桥电压的改变量大于 1% 时，方可调换使用。

3　力传感器的标定系数或供桥电压值的有效期为 3 个月，逾期应重新标定。在重要工程勘察过程中或传感器在使用过程中出现测试数据异常时，应随时进行校验标定。

4　对批量性加工、组装并经标定检验合格的力传感器，宜抽取其总数的 10% ~ 20% 进行时漂和温漂的检验标定。

5　力传感器经标定合格后，应建立档案，记录其编号、标定系数或供桥电压、标定日期及标定者。

A. 0. 3　测力计的检测精度不得低于Ⅲ等标准测力计的精度。

A. 0. 4　用固定桥压法标定传感器时，应符合下列要求：

1　在固定供桥电压下，对传感器加、卸荷应逐级进行。每级荷载增量可取最大加载量的 1/10 ~ 1/7。

2　每级加、卸荷均应记录仪表输出值。

3　每个拉、压传感器的标定，其加、卸荷不得少于 3 个循环过程，并应符合下列要求：

1) 顶柱式传感器或传感器与传力垫可以相对转动的探头，每加、卸荷一个循环后，应转动顶柱或传力垫 90°或 120°，再开始下一个加、卸荷循环过程；

2) 传感器与传力垫不能相对转动的探头，可将整个探头在标定架上转动 90°或 120°以实施加、卸荷循环过程。

A. 0. 5　扭力传感器的标定，应符合下列规定：

1　将传感器的一端固定在专用标定架的力矩盘中，另一端嵌入活动支座中。

2　接通记录仪，并将仪表预调零。

3　观察传感器和记录仪在一道预热条件下仪表的零位漂移情况。然后锁定活动支座，注意观察支座锁定时仪表是否产生附加漂移；出现附加漂移时，应查找原因，设法消除。

4　零漂稳定和附加漂移消除后，复将仪表调零，即可进行正式标定。

5　用专用砝码通过力矩盘对传感器逐级施加扭矩，同时记录各级扭矩时的仪表输出值(读数)。至额定荷载加上后，逐级卸荷并记录读数，完成一个加、卸荷循环过程。

6　松开活动支座，将力矩盘连同传感器转动 60°或 120°，重复上述步骤，反复加、卸荷 6 或 3 个循环过程。

A. 0. 6 传感器标定时，在分级加（卸）荷过程中，出现加（卸）荷过量时，宜将荷载回复到原级荷载，再加（卸）至下一级荷载。

A. 0. 7 开口钢环的标定应符合下列要求：

1 标定前将仪表安置就位，并将仪表预调零；

2 用砝码对力矩盘逐级施加荷载，记录各级荷载下的钢环变形量，然后逐级卸荷并记录钢环变形量（即量表读数）；

3 转动力矩盘约 90°，重复上述步骤，反复标定 4 次。

A. 0. 8 传感器扭矩标定系数应按下列公式计算：

$$\xi = \sum_{i=1}^{n} (\bar{\varepsilon}_i M_i) \Big/ \sum_{i=1}^{n} (\bar{\varepsilon}_i)^2 \qquad (A.0.8—1)$$

$$M_i = \xi \varepsilon_i \qquad (A.0.8—2)$$

式中 ξ——传感器扭矩标定系数（kN · m/$\mu\varepsilon$）；

M_i——传感器亦即十字板头第 i 级扭矩（kN · m）；

$\bar{\varepsilon}_i$——第 i 级扭矩时各次仪表读数平均值。

A. 0. 9 钢环标定系数可按下式计算：

$$\xi = L\bar{P}/\bar{s} \qquad (A.0.9)$$

式中 ξ——钢环标定系数（kN · m/mm）；

$\bar{P}$——平均荷载（kN）；

$\bar{s}$——$\bar{P}$ 作用下的平均变形量（mm）；

L——力矩盘的力臂（m）。

A. 0. 10 传感器压力标定系数应按下列公式计算：

$$\xi = \sum_{i=1}^{n} (\bar{x}_i P_i) \Big/ \left[A \sum_{i=1}^{n} (\bar{x}_i)^2 \right] \qquad (A.0.10—1)$$

$$\bar{x}_i = (x_i^+ + x_i^-)/2 \qquad (A.0.10—2)$$

式中 ξ——传感器压力标定系数（kPa/$\mu\varepsilon$）；

P_i——第 i 级荷载值；

A——探头的工作面积；

x_i^+——加至第 i 级荷载时，仪表各次读数平均值；

x_i^-——卸至第 i 级荷载时，仪表各次读数平均值。

A. 0. 11 由式（A. 0. 8）和式（A. 0. 10）确定的直线可定为“最佳标定线”。

A. 0. 12 传感器标定后的各项检测误差可对照图 A. 0. 12 按极差原理由下列各式计算：

非线性误差 $$\delta_1 = |x_i^{\pm} - \hat{x}_i|_{max}/FS \qquad (A.0.12—1)$$

重复性误差 $$\delta_r = (\Delta x_i^{\pm})_{max}/FS \qquad (A.0.12—2)$$

滞后误差 $$\delta_s = |x_i^+ - x_i^-|_{max}/FS \qquad (A.0.12—3)$$

归零误差 $$\delta_0 = |x_0|/FS \qquad (A.0.12—4)$$

式中 $x_i^{\pm}$——对应于第 i 级荷载 P_i 的重复加荷或卸荷时仪表的平均输出值；

$\hat{x}_i$——最佳标定线上对应于 P_i 的仪表输出值；

$(\Delta x_i^{\pm})_{max}$——重复加荷或卸荷至 P_i 时仪表输出值的极差；

x_i^{+}——重复加荷至 P_i 时仪表的平均输出值；

x_i^{-}——重复卸荷至 P_i 时仪表的平均输出值；

x_0——卸荷归零时仪表的最大不归零读数。

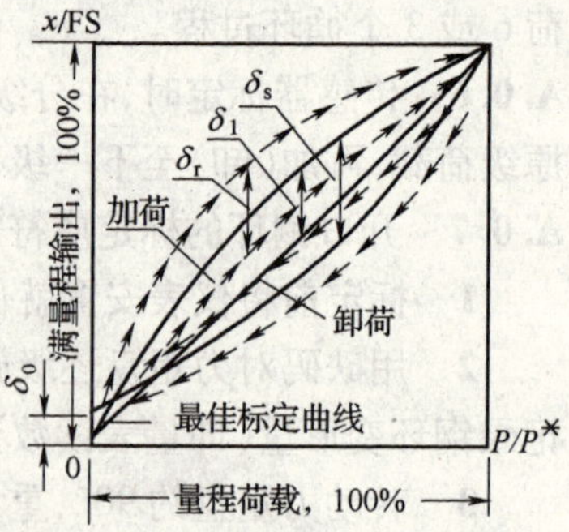

图 A. 0. 12　标定曲线及其误差

δ_1—非线性误差；δ_r—重复性误差；δ_s—滞后误差；δ_0—归零误差

→加荷或卸荷平均线

---各次加荷或卸荷线

图中的 P^* 为额定荷载即满量程荷载，FS 为与 P^* 对应的仪表满量程输出值。扭矩 $M = P \cdot L$（L 为力臂）。上列各式亦适用于评定扭力传感器的检测误差。

A. 0. 13　力传感器起始感量 Y_0 可按下式计算：

$$Y_0 = \xi \Delta x \tag{A. 0. 13}$$

式中 Δx 为仪表的有效最小分度值。算出的 Y_0 值不符合表 A. 0. 14 的规定时，应提高供桥电压或换用薄壁传感器，重新标定、计算。

A. 0. 14　力传感器的灵敏性可根据起始感量 Y_0 按表 A. 0. 14 分级。

表 A. 0. 14　传感器灵敏性按起始感量 Y_0（kPa）分级

触探指标（kPa）	灵敏性分级		
	Ⅰ	Ⅱ	Ⅲ
p_s；q_c	$Y_0<30$	$30 \leqslant Y_0<75$	$75 \leqslant Y_0<190$
f_s	$Y_0<2$	$2 \leqslant Y_0<4$	$4 \leqslant Y_0<6$
u_d；u_T	$Y_0<2$	$2 \leqslant Y_0<4$	$4 \leqslant Y_0<8$

A. 0. 15　上列标定与计算结果，应逐项填入记录表中，存档备查。记录表格式可参照本规程表 B. 5. 1 的格式制作。

附录 B　原位测试图表格式

B.1　十字板试验图表

孔号

表 B.1.1　十字板试验记录表

工程名称		仪器型号		原状土强度 s_u	(kPa)
试验地点		传感器(钢环)号		重塑土强度 s_u'	(kPa)
试验深度(d)	(m)	率定系数 ξ		灵敏度 $s_t = s_u/s_u'$	
孔口高程	(m)	板头规格、类型	$H/D=$　　,$D=$　　(mm)	残余强度 s_{ur}	(kPa)
试验日期		地下水位	(m)	土名、状态	

原状土剪切										重塑土剪切					
序数 j	转角修正量 $\Delta\theta$	修正后转角 θ	仪表读数 ε	修正后读数 (ε)	剪应力 τ (kPa)	序数 j	仪表读数 ε	修正后读数 (ε)	剪应力 τ (kPa)	序数 j	转角修正量 $\Delta\theta$	修正后转角 θ	仪表读数 ε'	修正后读数 (ε')	剪应力 τ (kPa)

仪表初读数		$\varepsilon_0=$　　;$\varepsilon_0'=$	算式	剪应力　$\tau_j = K\xi[\varepsilon_j - \varepsilon_0] =$ $\tau_j' = K\xi[\varepsilon_j' - \varepsilon_0'] =$
读数计量单位				强度　$s_u = (\tau_j)_{max} =$　　$s_u' = (\tau_j')_{max} =$　　$s_{ur} = (\tau_j)_{min} =$
轴杆摩擦读数	原状	$\varepsilon_0=$		转角修正量　$\Delta\theta_j = \dfrac{7.2\times10^{-5}1(M_1)j}{\pi^2(d_1^4 - d_2^4)}$;修正后转角 $\theta_j = j^\circ - \Delta\theta_j$
	重塑			

试验______　记录______　计算______　复核______

编号	
位置	
孔口高程	

表 B.1.2　十字板剪切试验成果图

制图	
校核	
日期	

试验点号 i	土名	深度 d (m)	高程 (m)	十字板强度 原状土 s_u (kPa)	十字板强度 重塑土 s_u' (kPa)	灵敏度 S_t

板头尺寸:高 $H=$　　(mm);宽 $D=$　　(mm)
板头常数:$K=$
率定系数:$\xi=$
地下水位:

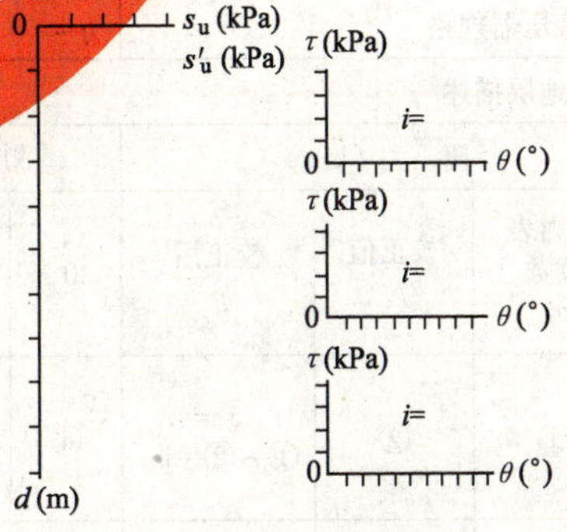

B. 2　旁压试验记录表表头格式

表 B. 2. 1　弹性膜约束力标定试验记录表

工程名称				标定编号	
旁压器型号		静水压力 p_w		标定日期	
压　力 p(kPa)		测管水位下降值 s_m(cm)或体积膨胀量 V_m(cm^3)			
压力表读数 p_m	总压力(p_m+p_w)	15 s	30 s	60 s	180 s

试验：　　　　记录：　　　　复核：

表 B. 2. 2　仪器综合变形标定试验记录表

工程名称		旁压器型号		标定日期	
压力表读数 p_m(kPa)	测管水位下降值 s_m(cm)或体积膨胀量 V_m(cm^3)				
	15 s		30 s		60 s

试验：　　　　记录：　　　　复核：

表 B. 2. 3　低压型旁压仪试验记录表

工程名称			钻孔位置			试验编号			
孔口高程			试验深度(m)			地下水位(m)			
测管水位与孔口的高差(m)			旁压器测量腔静水压力 p_w(kPa)			膜标定编号			
						成孔方法			
旁压器规格			$\eta=$	$A=$		$V_c=$			
地层描述									
压　力(kPa)			测管水位下降值 s_m(cm)			体积膨胀量(cm^3)			
压力表读数 p_m	校正值 p_i	校正后 p	30 s	60 s	180 s	校正值 δ_s	校正后 s	校正后 V	蠕变值 ΔV_{180-30}
①	②	③ = ① - ② + p_w	④	⑤	⑥	⑦ = η · (① + p_w)	⑧ = ⑥ - ⑦	⑨ = ⑧ · A	⑩ = (⑥ - ④) · A

试验：　　　　计算：　　　　复核：　　　　　　　　　　年　月　日

表 B.2.4　高压型旁压仪试验记录表

工程名称		钻孔位置		试验编号	
孔口高程		试验深度(m)		地下水位(m)	
测管水位与孔口的高差(m)		旁压器测量腔静水压力 p_w (kPa)		膜标定编号	
				成孔方法	
旁压器规格		$\eta =$	$A =$	$V_c =$	
地层描述					

压　力(kPa)			旁压器体积膨胀量 V_m(cm³)						
压力表读数 p_m	校正值 p_i	校正后 p	15 s	30 s	60 s	180 s	校正值 δ_v	校正后 V	蠕变值 ΔV_{60-30} ΔV_{180-30}
①	②	③＝①－②＋p_w	④	⑤	⑥	⑦	⑧＝η·(①＋p_w)	⑥－⑧或⑦－⑧	A·(⑥－⑤)或A·(⑦－⑤)

试验：　　　计算：　　　复核：　　　　　　　　　　年　月　日

B.3　标准贯入试验记录格式

表 B.3.1　标准贯入试验记录表

______线______段______测　　　　　　　　第　页　共　页

工程名称______　　　　试 验 者______

钻孔编号______　　　　记 录 者______

钻孔标高______　　　　试验日期______

地下水位______　　　　修 正 者______

序号	试验深度(m)	贯入度Δ(cm)			对应于 Δ_i 的击数 N_i			实测击数 N	修正击数 N'	探杆长度(m)	土层定名及描述	备　注
		Δ_1	Δ_2	Δ_3	N_1	N_2	N_3	(击/30 cm)				

复核______　　　　复核日期______

B.4　动力触探记录表及贯入图格式

表 B.4.1　动力触探记录表

______线______段______测　　第　页　共　页

工程名称______　　类　　型______

里程位置______　　孔口标高______

编　　号______　　试验日期______

探杆总长（m）	试验深度（m）	贯入度（cm）	锤击数（击）	$N_{63.5}=n\times10/\Delta s$（击/10cm）	校正后击数 $N'_{63.5}=\alpha\times N_{63.5}$（击/10 cm）	备　注

记录　　　复核

图 B.4.1　动力触探校正后击数与贯入深度关系曲线

B.5 静力触探图表格式

表 B.5.1 探头标定记录表

探头号	标定内容	工作面积 $A(cm^2)$	电缆规格	电缆长(m)	应变计灵敏度数	仪器号	仪器型号	率定系数	桥压(V)	仪表示值	标定系数 ξ	质量评定

N	各级荷载 P_i(kN)	仪表读数 $x(\mu\varepsilon;mV)$ 加荷 x_i^+				卸荷 x_i^-				读数平均 加荷 x_i^+	卸荷 x_i^-	加卸荷 $\bar{x}_i$	运算 $(\bar{x}_i)^2$	$\bar{x}_iP_i$	最佳值 x_i	偏差值 重复性 Δx_i^+	Δx_i^-	非线性 $\lvert x_i^{\pm}-\bar{x}_i\rvert$	滞后 $\lvert x_i^+-x_i^-\rvert$
0																			
1																			
2																			
3																			
4																			
5																			
6																			
7																			
8																			
9																			
10																			
										Σ									

$\xi=\sum(\bar{x}_iP_i)/A\sum(\bar{x}_i)^2=$

$s=\sqrt{\frac{1}{n-1}\sum_{i=1}^{n}(x_{i\max}^{\pm}-\bar{x}_i)^2}$

$\delta_r=(\Delta x_i^{\pm})_{\max}/FS=$ %

$\delta_1=\lvert x_i^{\pm}-x_i^-\rvert_{\max}/FS=$ %

$\delta_s=\lvert x_i^+-x_i^-\rvert_{\max}/FS=$ %

$\delta_0=\lvert x_0\rvert/FS=$ %

起始感量：

$Y_0=\xi\Delta x$

评定意见：

其他说明：

率定：　　计算：　　复核者：　　率定日期：

表 B.5.2 静力触探记录表

工程名称		探孔位置草图
勘探点编号		
里程		
孔口标高		
仪器类型及编号		
探头类型及编号		
率定系数		
日期		

深度(m)	读数	校正后读数	阻力(kPa)	初读数及备注	深度(m)	读数	校正后读数	阻力(kPa)	初读数及备注

操作：　　记录：

表 B.5.3　孔隙水压消散记录表

工程名称		记录比例	
勘探点编号		记录类型	
里　　程		气　　温	
孔口高程		记　　录	
地下水位		复　　核	
探头编号		日　　期	

深 度（m）	时 间	读 数	深 度（m）	时 间	读 数	深 度（m）	时 间	读 数

表 B.5.4　单桥静力触探成果图

编号	
位置	
高程	

编制	
复核	
日期	

层序	层底深度 d（m）	层面高程（m）	土名	$\frac{p_s}{E_0}$（MPa）	$\frac{\sigma_0}{c_u}$（kPa）	0　　p_s（MPa）

d（m）

表 B.5.5　静力触探测试成果图

编号	
位置	
高程	

编制	
复核	
日期	

层序	层底深度 d（m）	层面高程（m）	土名	端阻 q_c（kPa）	侧阻 f_s（kPa）	摩阻比 R_f	总锥尖阻力 q_T（MPa）	贯入孔压 u_d（MPa）	0　f_s（kPa） 0　u_d（kPa） 0　q_c、q_T（MPa）	0　B_q 0　R_f（%）

d（m）

表 B. 5. 6 孔隙水压消散试验成果图

编制：　　　　复核：　　　　日期：

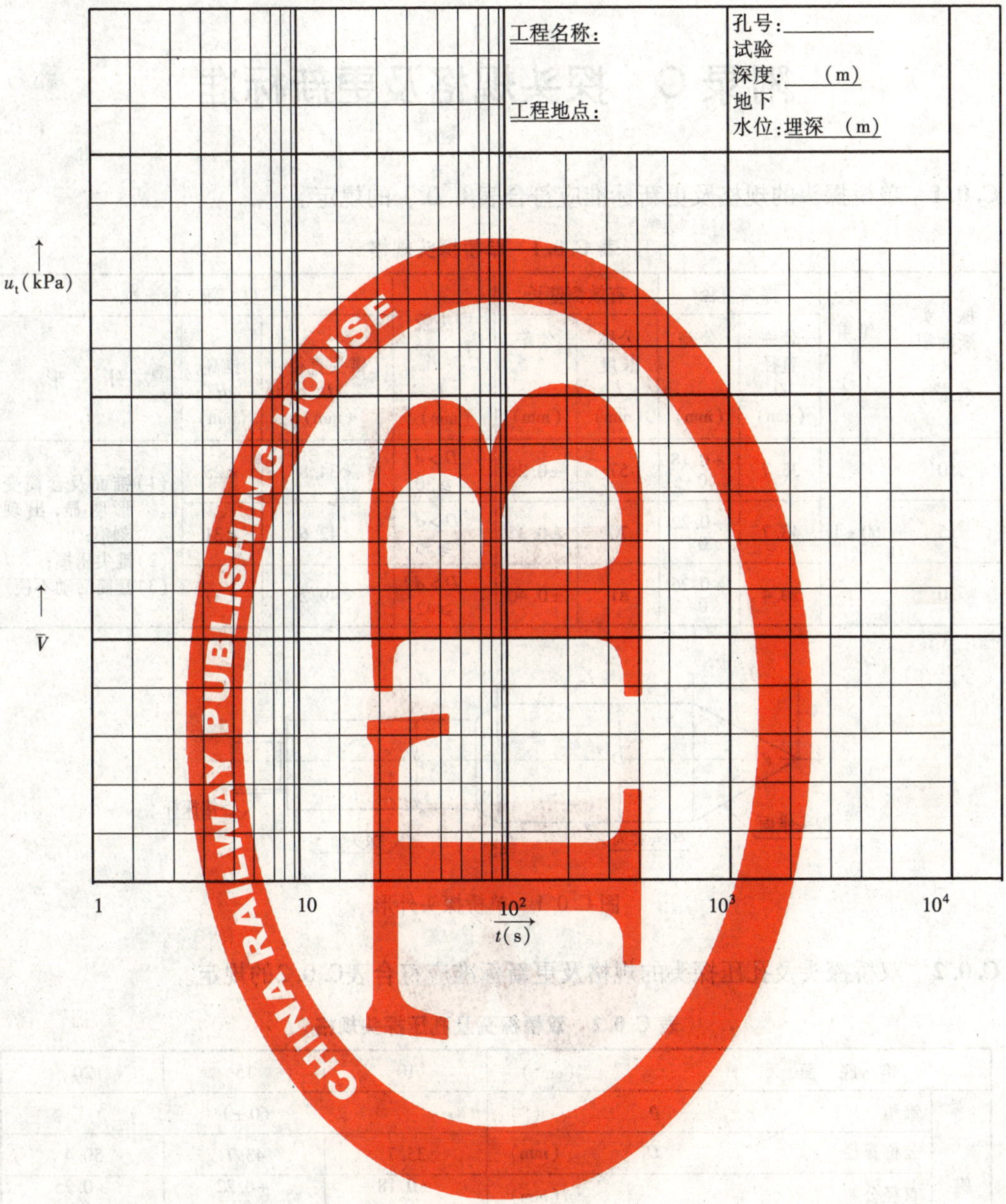

附录C　探头规格及更新标准

C.0.1　单桥探头的规格及更新标准应符合表C.0.1的规定。

表C.0.1　单桥探头规格

探头断面积 A (cm²)	锥角 θ (°)	探头直径：公称直径 D (mm)	探头直径：公差 (mm)	有效侧壁长：公称长度 L (mm)	有效侧壁长：公差 (mm)	探头管直径 d (mm)	更新标准：锥头直径 D (mm)	更新标准：锥高 H (mm)	更新标准：外形
10	60±1	35.7	$^{+0.18}_{0}$	57	±0.28	$D>d$ ≥30	<34.8	<25	(1)锥面及套筒变形明显，出现刻痕；(2)锥尖压损；(3)套筒活动不便
15		43.7	$^{+0.22}_{0}$	70	±0.35	$D>d$ ≥36	<42.6	<31	
20		50.4	$^{+0.25}_{0}$	81	±0.40	$D>d$ ≥42	<49.2	<37	

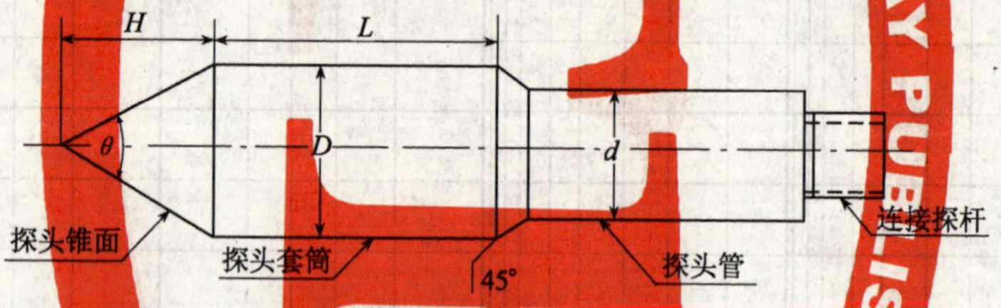

图C.0.1　单桥探头外形

C.0.2　双桥探头及孔压探头的规格及更新标准应符合表C.0.2的规定。

表C.0.2　双桥探头及孔压探头规格

	锥底面积		(cm²)	10	15	20
锥头	锥角	θ	(°)	60±1		
锥头	公称直径	D_1	(mm)	35.7	43.7	50.4
锥头	直径公差		(mm)	$^{+0.18}_{0}$	$^{+0.22}_{0}$	$^{+0.25}_{0}$
锥头	圆柱高度	h	(mm)	≤10		
锥头	有效面积比①	a		0.4±0.05		
锥头	过滤片与土接触面积	s_1	(cm²)	≥1.7		
摩擦筒	公称直径	D_2	(mm)	35.7	43.7	50.4
摩擦筒	直径公差		(mm)	$^{+0.35}_{+0.20}$	$^{+0.43}_{+0.24}$	$^{+0.50}_{+0.27}$
摩擦筒	公称长度	L	(mm)	133.7	218.5	189.5
摩擦筒	长度公差		(mm)	$^{+0.60}_{-0.90}$	$^{+0.90}_{-1.10}$	$^{+0.80}_{-0.95}$
摩擦筒	有效表面积	s	(cm²)	150	300	300

续上表

锥底面积			(cm²)	10	15	20
锥头与摩擦筒间距②		e_1	(mm)	≤5		
摩擦筒与探头管间距		e_2	(mm)	≤3		
孔压探头全长			(mm)	$h+e_1+L+e_2+l \geqslant 1\,000$		
探头管直径		D_3	(mm)	$(D_1-1.1) \leqslant D_3 \leqslant (D_1-0.3)$		
更新标准	D_1		(mm)	<34.8	<42.6	<49.2
	$D_2$③		(mm)	≤34.8	≤42.6	≤49.2
	锥高	H	(mm)	<25	<31	<37
	外形	(1)锥面、套筒出现明显变形或多处刻痕； (2)摩擦筒活动不便； (3)$D_2<D_1$ 时； (4)锥尖压损； (5)过滤片与土接触面凹于锥头表面或透水失效				

注：1　$a=F_A/A, F_A=1/4\pi d^2$，对孔压探头 a 值不受限制；

2　e_1、e_2 为工作状态下的间距；

3　对同一枚探头，D_2 必须大于 D_1。

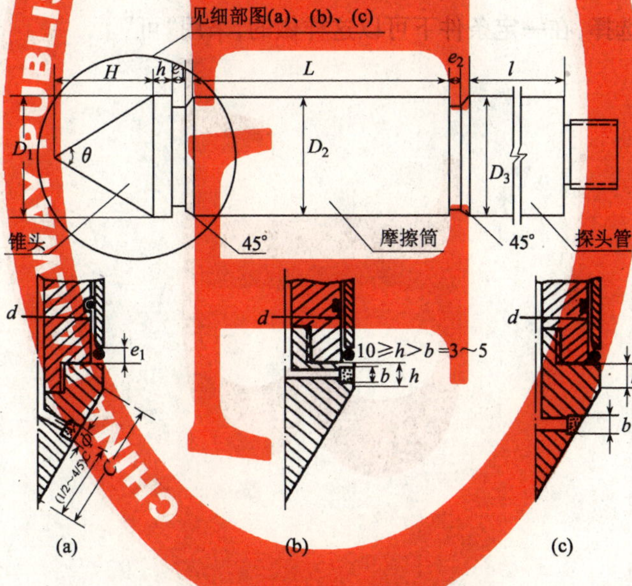

图 C.0.2　双桥探头及孔压探头形状

本规程用词说明

执行本规程条文时，对于要求严格程度的用词说明如下，以便在执行中区别对待。

(1)表示很严格，非这样做不可的用词：

正面词采用“必须”；

反面词采用“严禁”。

(2)表示严格，在正常情况下均应这样做的用词：

正面词采用“应”；

反面词采用“不应”或“不得”。

(3)表示允许稍有选择，在条件许可时首先应这样做的用词：

正面词采用“宜”；

反面词采用“不宜”。

表示允许有选择，在一定条件下可以这样做的，采用“可”。

《铁路工程地质原位测试规程》条 文 说 明

本条文说明系对重点条文的编制依据、存在的问题以及在执行中应注意的事项等予以说明。为了减少篇幅，只列条文号，未抄录原条文。

1.0.1 为了推进铁路工程地质综合勘探技术发展，提高勘察质量，本规程将原发布施行的《动力触探技术规定》(TBJ 18—87)、《静力触探技术规则》(TBJ 37—93)、《铁路工程地基土旁压试验规程》(TB 10046—96)及《铁路工程地基土十字板剪切试验规程》(TB 10051—97)4 项行业标准扩增至 10 项。

1.0.3 大多数原位测试手段均属间接性的，其不仅受尺寸效应影响，而且与土的强度及变形特性有关；这些特性又因土质状态、土的物质组成不同而异，往往具有明显的地区性特点。所谓土质的"地区性"或"区域性"，是由土(地)层的成因类型、沉积环境、物质组成地质历史(或应力历史)所决定的。我国幅员辽阔，各地土质特点不可能全然一样，故特别强调了地区性经验的可贵，寄希望于路内各有关单位在执行本标准过程中，积累资料，建立地区性使用经验，使以后的规程修订日臻完善。很多土质参数是通过钻探取样试验或其他测试手段来取得，故对于重要工程，原位测试尚应与其他勘探试验相结合，通过综合勘探方法取得符合实际的地基参数。

3.1

平板载荷试验属浅层地基静载试验，用于确定地基浅部土体或岩体的承载性能。它的作用深度和影响半径，对均质地基而言，约为 $2b$ 和 $1.5b$。对深层地基或土层单层厚度小于 $2b$ 的成层土而言，应进行分层试验或采用其他测试手段。

这主要是由于：(1)任何建筑物基础均有一定埋深；(2)在人为活动和自然营力作用下，表面土层性状常与表层下面的土层性状不一致；(3)即使自上至下土质是均质的，土层的力学性质常有随自重压力增加而增强的趋势。鉴此，为客观反映基础底面下地基土的真实性质和挖掘地基潜力，本规程建议在建筑物基础埋深事先无法确定时，宜在地表下 0.5 m 处进行试验。

3.3.4 慢法是每施加一级荷载后，待沉降达到相对稳定标准时再施加下一级荷载，目的是使试验在排水条件下进行。快法是每施加一级荷载后，按规定沉降时间间隔施加下一级荷载，对饱和黏性土而言，属于部分排水条件，一般不采用；但若只要求确定承载力，不要求确定变形模量时，饱和黏性土也可使用快法。

3.4.1～3.4.3 使用拐点法修正荷载板试验曲线，严格说来，只有在实测数据点在前后两段中呈现明显的线性分布规律时才可使用，这既是一种假定的准弹塑性"模型"，也是诸多经典文献所推荐的方法。根据最小二乘原理，可求出初始直线段截距 S_0 和斜率 c：

$$S_0 = \frac{\sum S' \sum p^2 - \sum p \sum pS'}{n\sum p^2 - (\sum p)^2} \qquad (说明 3.4.1—1)$$

$$c = \frac{n\sum pS' - \sum p \sum S'}{n\sum p^2 - (\sum p)^2} \qquad (说明 3.4.1—2)$$

式中 n——荷载级数；

p——第 i 级荷载下单位面积上的压力(kPa)；

S'——对应 p 的实测沉降值。

上列修正公式系针对比例界限以前各点，根据求出的 c 值及荷载 p，按 $S = cp$ 算出相应荷载下各点的沉降量。对于比例界限以后各点，则按 $S = S' - S_0$ 计算出各点的沉降量。若 p—S' 曲线完全呈线性(如图 3.4.1a 曲线 5)多属不成功试验，应重新补充试验。

在大多数荷载板试验中，上述理想情况并不多见；普遍表现出图 3.4.1a 中曲线 3 和曲线 1 所示的情况，于是产生了多种曲线修正和对承载力 p_a 和 p_u 的取值方法，每种方法各有其自身的物理内涵和实践基础。如果对于同一条 p—S 曲线同时使用两种或两种以上的方法确定 p_a 和 p_u 值时，必会出现 p_a 或 p_u 值因方法不同而异，其相对误差有时不容忽视。也就是说有关文献所介绍的任何一种方法，都不可能涵盖所有土类。特别是地基的稳定性需按极限状态设计和分析时，问题显得突出，希望能寻求到一种涵盖面宽、容易掌握且偏于安全的取值方法。本规程推荐双曲线拟合法就是出于这一目的，现简述如下：

(1)双曲线拟合法的物理基础

用双曲线拟合室内三轴压缩试验曲线(kondner,1963)建立 E、μ 模型已成范例。p—S 曲线无论从形态上看还是从力学原理上看，与三轴压缩试验曲线相似，故采用此法。

(2)双曲线拟合 p—S 曲线的内在涵义

①安全性和可控性

当式(3.4.1—1)中 $S \to \infty$ 时，$p = p_f = 1/b'$ 有界，说明双曲线的收敛速度较 p—S 曲线为快，即用双曲线推算出来的 p_f 值或 p_u 值将较实际值为小；反之，相对于 PLT 的末级荷载(极限值或破坏值)用双曲线推算所得的沉降必大于实测值。因此，偏于安全。

取极限承载力 p_u 与破坏荷载 p_f 之比为 R_f，因 $p_f = 1/b'$ 有惟一性，而 R_f 值由人为确定，故可控。由此而知 p_u 的最小安全储备为 $\Delta = 1 - R_f$，此为地基基床系数的确定乃至可靠度分析创造了条件。

②参数计算的统一性和连续性

令 $K = p/S$(基床系数)，则式(3.4.1—1)可改写为

$$1/K = a + b'S \qquad (说明 3.4.1—3)$$

当 $S = 0$ 时，便得初始切线基床系数为

$$K_i = 1/a \qquad (说明 3.4.1—4)$$

在 p—S 曲线上任意一点的切线基床系数 K_t 和割线基床系数 K_s 可通过对式(3.4.1—1)求导和联立求解上列公式而得到：

$$K_t = (1 - R_f R_s)^2 K_i \qquad (说明 3.4.1—5)$$

$$K_s = (1 - R_f R_s) K_i \qquad (说明 3.4.1—6)$$

故在同一点处有

$$K_t = (1 - R_f R_s) K_s \quad \text{（说明 3.4.1—7）}$$

上列诸式中，$R_s = p/p_u = p/(R_f p_f)$ 为荷载水平。

设 $(K_s)_u$ 为 p_u 所对应的割线基床系数，那么下列关系成立：

$$(K_s)_u = (1 - R_f) K_i \quad \text{（说明 3.4.1—8）}$$

$$K_s = (1 - R_f R_s)(K_s)_u / (1 - R_f) \quad \text{（说明 3.4.1—9）}$$

特别地，当 $R_s = 0.5$ 时，便有

$$K_{sa} = (1 - 0.5 R_f) K_i \quad \text{（说明 3.4.1—10）}$$

上式即条文中式（3.4.6—1）的内涵之一。

也就是说，只要 R_f、R_s 一经人为确定，那么，p—S 曲线上任一点的切线及割线基床系数便可惟一性地被确定下来。

（3）双曲线拟合结果及拟合方法的广义性

对 209 条 p—S 曲线用双曲线拟合后，所得相关系数均在 0.99 以上，但 p_u 所对应的相对沉降 S/b 值域很宽，它不仅与土类有关，还与土所处的塑性状态和固结状态有关，故单纯用一个固定的 S/b 值来界定 p_u 或 σ_0 值的方法不够全面，表 3.4.2 就是参考说明表 3.4.2 的统计结果制定的。

说明表 3.4.2　对应于 p_u 的 S/b 值频数统计表

S/b(%)	≤4	4～8	8～12	12～16	>16
砂类土频数	17	30	14	9	6
粉土频数	2	4	2	—	—
黏性土频数	9	53	37	11	15

注：软土数据已统计在黏性土中。

本拟合方法不仅广泛适用于天然地基（包括所谓的拐点法在内），也适用于非岩质地基的单桩和单桩复合地基。本次通过对 72 根钻孔桩和 44 根沉管灌注桩分析，得到单桩极限承载力误差在 20% 以内者占总桩数 95%。王幼青在《岩土工程师》1994 年第 1 期 p22～26 中以 68 根试桩数据与 S—lg$t$ 法、lg$p$—lg$S$ 法、第二拐点法进行了对比，得到 p_u 的计算值与实测值之比的平均值为 1.009，方差为 0.099 5；而自身的 R_f 平均值为 0.79，方差为 0.073，曲线拟合的相关系数平均值达 0.9976。陈颖辉和黄明提出以指数模型 $p = ae^{bS} + c$ 拟合复合地基的 p—S 曲线方法（《岩土工程师》1998 年第 2 期 p12～15），并以 1 根试桩数据作为算例，得到 $p_u = 327.73$ kPa。使用本法，得到 $S_0 = 1$ mm，$p_f = 343.64$ kPa，两者之间的比值 $R_f = p_u/p_f = 0.954$。

由此表明：使用双曲线拟合法既偏于安全，也直接了当；间接表明，当其用之于复合地基时，表 3.4.3 中的 R_f 值还可适当提高。

对于呈反弯形的 p—S' 曲线（图 3.4.1 中曲线 4），可用三次多项式拟合。出现初始反弯段形态原因：

①没有处理好试验土层与压板的接触关系；

②仪表的初读数未消除；

③土层（体）自身有大孔结构，且结构强度不高。

如果不是后一原因所造成，则可略去曲线的初始反弯段，视反弯段以后的 p—S' 曲线为双曲线或使用下面的二次曲线拟合：

$$p = aS^2 + bS + c \qquad (说明 3.4.1—11)$$

因二阶导数$\frac{d^2p}{dS^2}=2a$为常数，故可将舍去反弯段后的p—S'曲线的前段曲线（"第一拐点"以前的曲线段）线性化，即令

$$(S_3 - S_2) - (S_2 - S_1) = (S_2 - S_1) - (S_1 - S_0)$$

得式(3.4.1—3)。

(4)快法试验数据整理的意图和方法

①意图与目的

利用快法所得p—S曲线，可直接求取p_u值，但不能推求排水模量和基床系数。为获得更多的地基参数，采用外推法。

②整理方法

快法试验结果外推至慢法试验结果，其基本假定是两者的S—t或S—$\sqrt{t}$或S—lg$t$关系完全是一样的。方法如下：

实践经验表明，沉降与时间的对数呈线性关系，各级荷载下沉降达到相对稳定标准时所需时间和沉降量可参照下列公式外推计算：

$$t_n = \frac{t_w}{1 - e^{-S_w/\beta_n}}$$

$$S_n = \alpha_n + \beta_n \ln(t_n + 1)$$

$$\alpha_n = \frac{\sum S'_i \sum[\ln(t'_i+1)]^2 - \sum\ln(t'_i+1)\sum S'_i\ln(t'_i+1)}{N\sum[\ln(t'_i+1)]^2 - \left[\sum\ln(t'_i+1)\right]^2} \qquad (说明 3.4.1—12)$$

$$\beta_n = \frac{N\sum S'_i\ln(t'_i+1) - \sum S'_i\sum\ln(t'_i+1)}{N\sum[\ln(t'_i+1)]^2 - \left[\sum\ln(t'_i+1)\right]^2}$$

式中　t_n——第n级荷载下沉降达到相对稳定标准时所需要的时间(mim)，t_n应取为30的倍数；

S_n——第n级荷载下沉降达到相对稳定标准时的沉降量(mm)；

t_w——沉降速率达相对稳定标准的时间增量(=60 min)；

S_w——沉降速率达相对稳定标准的沉降增量(=0.1 mm)；

α_n——第n级荷载下，S—ln$t$关系的截距(mm)；

β_n——第n级荷载下，S—ln$t$关系的斜率；

N——每级荷载下沉降观测次数，$N=8$；

S'_i——第n级荷载下t'_i的净沉降量(mm)(实测值扣除前几级荷载下的剩余沉降值)；

t'_i——第n级荷载下的观测时间(min)。

为了使快法的成果与慢法取得一致，必须从施加第二级荷载开始，从沉降观测值中扣除以前各级沉降未稳定而产生的剩余沉降的影响。剩余沉降量的计算公式如下：

$$\Delta S_{k,n}^{(i)} = \sum_{k=1}^{n-1}\beta_k\left\{\ln[N(n-k)+i]\Delta t + 1] - \ln[N(n-k)\Delta t + 1]\right\} \qquad (说明 3.4.1—13)$$

式中 $\Delta S_{k,n}^{(i)}$——第 n 级荷载下第 i 次观测值中应扣除的残余沉降量(mm)；

k——第 n 级荷载前的荷载级数；

Δt——沉降观测的时间间隔，取 $\Delta t = 15$ min；

n——荷载级数。

3.4.4 对测量误差的数据处理经常用到粗差剔除准则是 Grubbs 准则。设对某量作等精度独立测定，得 $l_i(i=1,2,\cdots,n$ ，这里 l 表 σ_0 或 p_u)，将 l_i 排成顺序统计量 $l_{(r)}: l_{(1)} \leqslant l_{(2)} \leqslant \cdots \leqslant l_{(n)}$，可导出统计变量

$$g = \frac{l_{(n)} - \bar{l}}{\sigma} \quad \text{(说明 3.4.4—1)}$$

的分布。

式中 $\bar{l}$——l_i 的算术平均值；

σ——按贝塞尔公式计算的方根差，

$$\sigma = \left[\sum(l_i - \bar{l})^2/(n-1)\right]^{0.5}$$

对于取定的置信度 α，令

$$P\left[\frac{l_{(n)} - \bar{l}}{\sigma} \geqslant g_0(n,\alpha)\right] = \alpha \quad \text{(说明 3.4.4—2)}$$

可得临界值 $g_0(n,\alpha)$，如说明表 3.4.4。

于是得到如下 Grubbs 准则：若测定的最大值或最小值 l_i 满足

$$\frac{|l_i - \bar{l}|}{\sigma} > g_0(n,\alpha) \quad \text{(说明 3.4.4—3)}$$

则认为是粗差，应予剔除。

说明表 3.4.4 $g_0(n,\alpha)$

α \ n	3	4	5	6	7	8	9	10	11	12	13	14	15	16
0.05	1.153	1.463	1.672	1.822	1.938	2.032	2.110	2.176	2.234	2.285	2.331	2.371	2.409	2.443
0.01	1.155	1.492	1.749	1.944	2.097	2.221	2.323	2.410	2.485	2.550	2.607	2.659	2.705	2.747
α \ n	17	18	19	20	21	22	23	24	25	30	35	40	45	50
0.05	2.475	2.504	2.532	2.557	2.580	2.603	2.624	2.644	2.663	2.745	2.811	2.866	2.914	2.956
0.01	2.785	2.821	2.854	2.884	2.912	2.939	2.963	2.987	3.009	3.103	3.178	3.240	3.292	3.336

4.2.1 螺旋板旋入土中会引起土体的扰动，但如适当选择板径(b)、轴径(c)、螺距(a)、板厚(t)，使 $c/b=0.15$、$a/b=0.25$、$t/b=0.025$，并保持螺旋板头旋转一周的入土深度与螺距一致，可使土体扰动大为减小。据 Selvadurai 的研究，螺旋板旋入时引起的土体扰动量并不比扰动最小的自钻式旁压仪严重。

4.4.2～4.4.5 作为压板试验之一的螺旋板试验，具有"深层试验"和"分层试验"两大优点，操作简便、数据直观、省时省钱，特别在成层土地基中，结合平板载荷试验和室内土样试验及其他原位测试，可深化对成层土地基承载力及界面效应的认识；在均质地基中可逐步掌握模量随深度增加的规律，无论是对工程设计、或是理论研究都是有益的。通过京沪

高速、新荷线、济邯线、朔黄线、保霸线及上海、福州等地共25处131个实测点的资料分析表明螺旋板载荷试验所获得的地基承载力是试验深度处原位状态下所测得的，它已经包含了上覆压力的影响因素。

第4.4.5条中的3个公式，是建设部综合勘察研究院和同济大学利用Mindlin课题而得到的一个近似解(《工程勘察》2000年第4期及2002年第1期)。

5.1.3 当推力方向平行于剪切面时，称为平推法，否则称为斜推法。抗剪断试验指在法向应力和剪力作用下，试体沿预定剪切面剪损的试验，此法用于测定均质岩体和具一定胶结性能的结构面的抗剪强度参数；抗滑试验指试体剪损后继续沿剪切面滑移的剪切试验，亦称摩擦试验，此法用于测定均质岩体和无胶结性能的结构面的残余强度或摩擦系数；抗切试验指法向应力为零的剪切试验，仅需测定岩体抗剪强度时可用此法。

5.1.4 岩体是具有节理、裂隙、层面和断层等结构面的地质体，试体尺寸大小直接影响试验成果。为使现场直剪试验结果能反映其特性，同时考虑到费用、工作量和设备等因素，应当选用合适的试体尺寸。一般认为，试体应具有一定数量的裂隙条数或其边长大于裂隙平均间距的5倍到20倍。结合国际岩石力学建议方法和国内经验，在一般情况下试体尺寸为70 cm×70 cm×35 cm，完整坚硬岩石为50 cm×50 cm×25 cm。

5.2.1 直剪试验设备规格及数量可参照说明表5.2.1配置。

说明表5.2.1 直剪试验仪器设备

类别	设备名称	规格	数量	要求
试体制备设备	手风钻		1 套	符合试体尺寸要求
	切石机		1 套	
	模具		1 套	
	人工开挖工具		1 套	
加载设备	液压千斤顶	500～3 000 kN	2 台以上	行程 $s \geq 70$ mm
	液压枕	10～20 MPa	2 台以上	面积视试体尺寸而定，应有足够行程
	油压泵	手摇式或电动式，最大压力50～80 MPa	2～3 台	用于对分离式千斤顶及液压枕供油
	标准压力表	6、10、20、40、60、100 MPa	1 套	配合千斤顶或液压枕使用
	高压软管或紫铜管	承压能力50～70 MPa		高压软管应配有快速接头
传力设备	传力柱	无缝钢管或厚壁管	1 套	必须有足够的刚度和强度(整体式或拼装式；钢质或铝合金)
	钢垫板	A_3 或45号钢	1 套	面积根据试体尺寸而定
	滚轴排	45号钢	1～2 套	面积根据试体尺寸而定，滚轴应具有较高的强度和硬度(宜用不锈钢)，其直径公差为0.05 mm
	钢索或钢质反力桁架等	根据试体面积垂直应力大小选用	1 套	露天试验时做垂直荷载支撑用

续上表

类别	设备名称	规　格	数　量	要　求
量测设备	电感式千分表、百分表	量程大于 10 mm，精度 1% mm	≥6 只	所有量表按估计最大变形和精度要求选用
	千分表	量程 1 ~ 5 mm，精度 0.1% mm	≥6 只	
	悬锤式引伸仪	量程 4 ~ 5 cm，精度 1% mm	4 ~ 6 个	
	磁性表座	磁力为 600 kN	≥10 套	固定量表用
	万能表架		≥10 套	固定量表用
	量表支架	12 号以上工字钢或槽钢，长度≥2 m	2 根	固定磁性表座或万能表架，须具有足够的刚度
	测量标点	不锈钢、铜、有机玻璃	数量与百分表、千分表配套	表面要求平整光滑、且相互垂直

5.3.1 在岩体软弱面试体制备过程中，因软弱面充填物对试验成果影响较大，一般情况，抗剪强度随充填物的增加而减小，所以选取有代表性软弱面试体极为重要。

5.3.5 垂直加载系统安装前，在试体顶面铺一垫层（橡皮板或细砂、砂浆），在垫层上安放传压钢板并用水平尺抄平，然后依次在传压钢板上放置旋转滚轴排、液压千斤顶（或液压枕）、传力柱、顶部钢垫板等，构成加载系统。说明图 5.3.5—1 ~ 说明图 5.3.5—4 给出了在不同条件下平面剪切和斜面剪切时几种常用的设备安装形式，说明图 5.3.5—5 示出了试验时量表的安装形式和部位，可供实践参考。

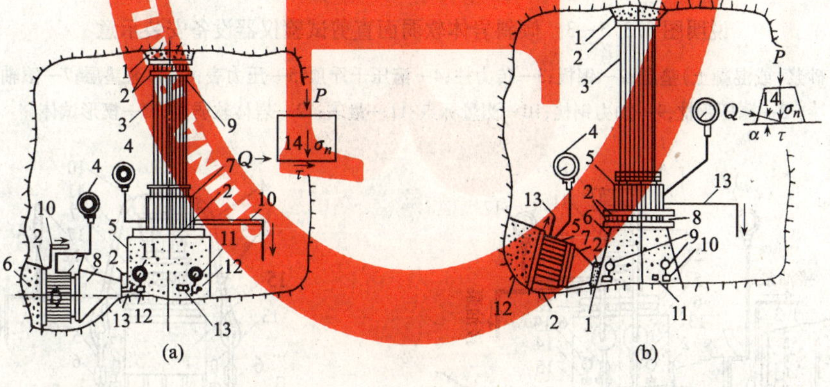

说明图 5.3.5—1　混凝土与岩体胶结面直剪试验仪器设备安装示意

(a) 平推法：1—砂浆（或混凝土）垫层；2—钢板；3—传力柱；4—压力表顶头；5—混凝土试体；6—混凝垫块；7—液压千斤顶；8—剪力顶头；9—滚轴排；10—接液压泵；11—绝对垂直位移量表；12—测量标点；13—绝对剪切位移量表；14—试体受力简图

(b) 斜推法：1、2、3、4、14 同本图(a)；5—液压千斤顶；6—混凝土试体；7—剪力顶头；8—滚轴排；9—绝对垂直位移量表；10—测量标点；11—绝对剪切位移量表；12—混凝土垫块；13—接液压泵

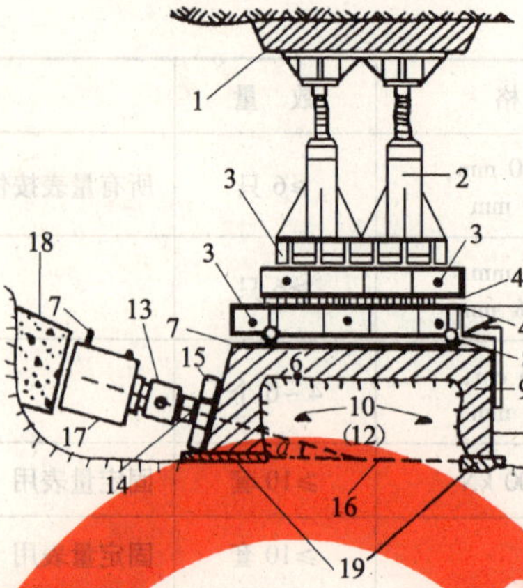

说明图 5.3.5—2　岩体软弱面或软弱岩体直剪试验仪器设备安装示意

1—砂浆（或混凝土）垫层；2—传力柱；3—传力横梁；4—钢板；5—滚轴排；6—垂直位移量表；7—接液压泵；8—液压钢枕；9—混凝土保护罩；10—侧向位移量表；11—剪切位移量表；12—试体；13—测力计；14—球座；15—钢板；16—剪切面；17—液压千斤顶；18—混凝土垫块；19—膨胀性聚苯乙烯（或其他材料）垫料

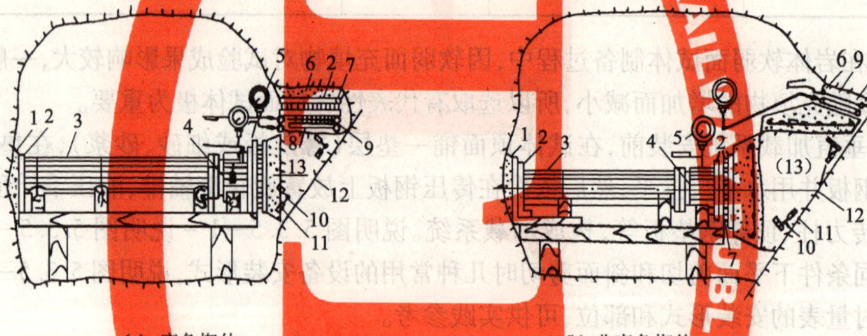

(a) 直角楔体　　(b) 非直角楔体

说明图 5.3.5—3　倾斜岩体软弱面直剪试验仪器设备安装示意

1—砂浆（或混凝土）垫层；2—钢板；3—传力柱；4—液压千斤顶；5—压力表；6—砂浆垫层；7—滚轴排；8—测压钢枕；9—加力钢枕；10—测量标点；11—量表；12—岩体软弱面；13—楔形试体

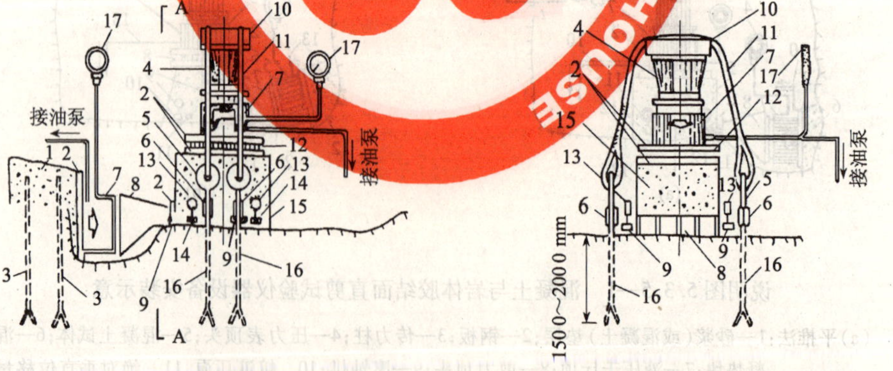

(a) 侧视图　　(b) A—A剖面

说明图 5.3.5—4　露天条件下剪切试验设备安装示意

1—混凝土后座；2—钢板；3—钢筋；4—可调式传力柱；5—反纹螺丝环；6—正反纹螺丝帽；7—液压千斤顶；8—传力顶头；9—水平位移量表；10—钢索垫板；11—钢索；12—滚轴排；13—垂直位移量表；14—测量标点；15—混凝土试体；16—地脚螺丝；17—压力表

(a) 平推法　　(b) 斜推法

说明图 5.3.5—5　剪切试验量表安装示意

1—绝对位移表架；2—相对位移水平量表；3—测量标点；4—相对位移垂直量表；5—相对位移表架；6—绝对位移水平量表；7—绝对位移垂直量表；8—绝对位移量表支座

5.3.6　试验过程中，除保持剪切面上法向应力为常量外，还应使其均匀地分布在剪切面上，按图 5.1.3 中的平推法，剪力作用线与剪切面间存在偏距 e，使剪切面上法向应力分布不均匀。这种不均匀性随着剪力的增大而增大，必将影响测试成果。为此，应使偏距小于剪切面边长的 5%。如要消除剪力偏距，可采用说明图 5.3.6 所示受力形式。

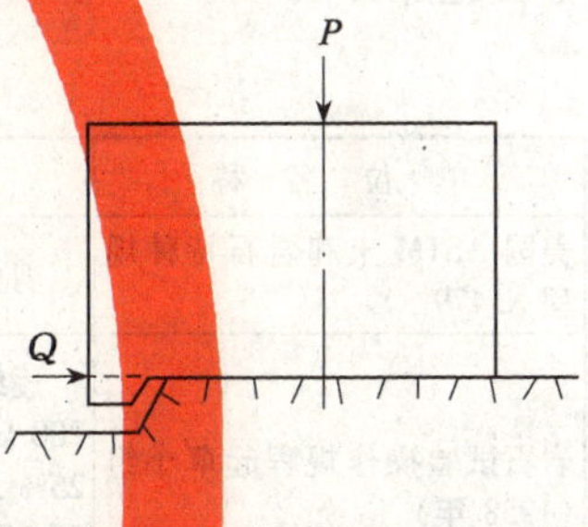

说明图 5.3.6　混凝土与岩石胶结面直剪试验牛腿式试体受力示意

垂直荷载施加方法：多数单位在剪切试验时，垂直荷载一次加足，其持续时间用时间或变形来控制（见说明表 5.3.6）。

说明表 5.3.6　垂直荷载施加方法

单位名称	施加方法	控制标准
美国 ASTM 土和岩石特种规范 N.479	一次加至岩体所承受的荷载，每 15 min 读数一次，直到垂直变形小于 0.025 4 mm/min 为止	变形
1958 年岩石试验操作规程草案	1. 对坚硬岩石和混凝土不需测垂直变形 2. 对破碎岩体 30 min 内变形不大于 1% mm	时间
黄委水科所	一次加上，每 10 min 读数一次，3 次读数之差小于 1% ~2% mm	变形
原北京水利勘测设计院	分 5 级施加，每 1 min 读数一次，连续 3 次不超过 1% mm	变形
水电部四局设计院	分级施加，5 min 读数一次，不计变形是否稳定即可向下一级荷载过渡	时间
云南电力局设计院	1. 一次加足，每 5 min 读数一次，15 min 内读数不超过 1% mm	变形
	2. 一次加上，稳定 10 min 后即加水平推力	时间
	3. 分级施加或一次施加，每 10 min 读一次，半小时内变形不超过 1% mm	变形
水电部十二局科研所	一次加上，稳定 10 min 后，即加水平推力	时间
长江科学研究院	一次加足，然后立即读数，以后每隔 10 min 读数一次，至相邻变形小于 0.03 mm，认为稳定	变形

5.3.7　最大推力应大于等于岩体的抗剪强度 $\tau=\sigma_n\cdot\tan\varphi+c$。以直角楔体为例(图5.3.2a),其上作用推力 Q 和垂直荷载 P,故最大推力应满足下式:

$$Q_{max}\sin\alpha=\tau F+P\cos\alpha$$

因 $\sigma_y=Q/F_y,\sigma_x=P/F_x,F=\sqrt{F_x^2+F_y^2}$,上式改写为

$$\sigma_{ymax}=\frac{\sigma_n\tan\varphi+c}{\sin\alpha\cos\alpha}+\sigma_x \qquad \text{(说明 5.3.7—1)}$$

将关系式 $\sigma_x=\dfrac{\sigma_n-\sigma_{ymax}\cos^2\alpha}{\sin^2\alpha}$(详见第 5.3.9 条说明)代入上式便得:

$$\sigma_{ymax}=\sigma_n+f\sigma_n\tan\alpha+c\tan\alpha \qquad \text{(说明 5.3.7—2)}$$

于是 $Q_{max}=F_y\sigma_{ymax}$。同理可求得其他形状试体的 Q_{max} 值。

5.3.8　剪力分级施加方法:国内通常按两种方法来施加剪力,即①按预估的最大剪应力百分数分级施加;②按垂直荷载的百分数分级施加。说明表 5.3.8—1 列出一些代表性的分级施加方法。

说明表 5.3.8—1　剪力的分级方法

单　位　名　称	分　级　方　法	控制标准
美国 ASTM 土和岩石特种规程 N.479	剪力分级施加,级数不少于 10 级	—
岩石试验操作规程起草小组(1958 年)	逐级施加,前几次按垂直荷载的 20% 施加。对垂直应力在 200 kPa以下的,每级水平荷载可适当加大,如为垂直荷载的 25%,30% 等。当垂直荷载为零时,每级推力一般可按剪应力约 50 kPa 施加。水平荷载加至估算的极限荷载 70% 左右,减半施加	开始按垂直荷载(简写⊥),以后按水平荷载(简写∥)
长江科学研究院	按估计最大剪应力的 8% 逐级施加,并随剪应力的增加逐渐减少荷级	[∥]
黄委水科所	开始按垂直荷载的 20% 施加,当后一级荷载引起的变形超过前一级荷载下的变形 2 倍时,按垂直荷载的 5% 施加	[⊥]
云南省电力局设计院	按垂直荷载的 20% 施加,至出现显著变形(后一级推力的变形超过前一级变形的 1.5 ~2 倍),减到 10% 施加,直到剪断	[⊥]
成都水电勘测设计院	按垂直荷载的 5% ~10% 施加	[⊥]
原北京水利勘测设计院	开始按垂直荷载的 20% 施加,当达 60% ~80% 以后,按垂直荷载的 10% 施加,接近于剪力极限时,按 5% 施加	[⊥]
水电部十二局科研所	按估计最大剪应力的 10% 逐级施加,当水平位移显著增加时(超过前一级位移量 1 ~1.5 倍),水平推力减半施加,直至剪断	[∥]
湖南省水电勘测设计院	按垂直荷载的 20% 逐级施加,当后一级推力引起的变形超过前一级推力的变形 1.5 倍时,减至垂直压力的 10% 施加,直至剪断	[⊥]

直剪试验的剪力施加速率分快速法、时间控制法和剪切位移控制法三种方式。为使试验尽可能符合工程实际,以剪切位移控制法较为理想。但国内经验表明,在剪应力与剪切位移呈线性变化关系的初始阶段,即屈服点以前,时间控制法与剪切位移控制法得到一致的结果。此后,沿剪切面发生持续位移,按剪切位移法就很难控制剪力施加速率。而采用时间控制法就便于掌握,这在国内已广泛采用(见说明表 5.3.8—2)。

说明表 5.3.8—2 剪力的施加方法

单位名称	剪力施加速率	控制标准
美国 ASTM 土和岩石特种规程 N.479	剪力至少分 10 级施加,一般每一级荷载下的变形小于 0.01 英寸/分钟(0.254 mm/min)认为稳定	变形
岩石试验操作规程起草小组(1958 年)	每 3 min 加荷一次	时间
黄委水科所	3~5 min 加荷一次,8~10 级剪断	时间
成都水电勘测设计院科研所	每 3,5,10 min 不等,加荷一次	时间
广东省水电勘测设计院科研所	每 3 min 加荷一次,10 级左右剪断	时间
原北京水利勘测设计院	(1)每级荷载下每分钟读数一次,连续三次变形差不超过 0.01 mm,认为稳定 (2)每 3~5 min 加荷一次	变形 时间
水电部四局设计院	每 3~5 min 加荷一次	时间
湖南省水电勘测设计院	坚硬岩石约 2 min 加荷一次,软弱岩石约 3~5 min 加荷一次	时间
水电部十二局科研所	每 5 min 加荷一次	时间
昆明水电设计院	每 10 min 加荷一次	时间
长江科学研究院	每 10 min 加荷一次	时间

5.3.9 剪切过程中,应维持剪切面法向应力为常量,这是室内外剪切试验常规作法。对直角试体而言,当 $\sigma_x F_x \cos\alpha = \sigma_y F_y \sin\alpha$ 时,

$$\sigma_n = \sigma_x \sin^2\alpha + \sigma_y \cos^2\alpha \qquad \text{(说明 5.3.9—1)}$$

此时剪应力 $\tau = 0$。使 σ_n 为常数,则当单位推力 σ_y 增大时,单位压力 σ_x 应按上式作同步计算,达到法向应力不变的目的。

对于其他形状试体,同样可以推求得同步降低单位压力的计算式。

5.3.10 对于直角楔体,剪切面上的法向应力由推力和垂直荷载决定:

$$\sigma_n = \sigma_{n1} + \sigma_{n2} = \left(\frac{F_y}{F}\sigma_y \cos\alpha + \frac{F_x}{F}\sigma_x \sin\alpha\right) f + c \qquad \text{(说明 5.3.10—1)}$$

根据剪切平衡式:

$$F_y \sigma_y \sin\alpha = (F_x \sigma_x \sin\alpha + F_y \sigma_y \cos\alpha) f + cF \qquad \text{(说明 5.3.10—2)}$$

当 $\sigma_x = 0$ 时,视 σ_n 为应予控制的最小值 $\sigma_{\min}$(非负),即式(5.3.10—2)。其他各式也是按此推得的。

5.4.1 因 q、p 分别为剪切面上的斜向单位推力和压力,其值为 $q = Q/F$、$p = P/F$,F 为剪切面面积。对非直角楔体(图 5.3.2b),作用在 F 上的法向应力 σ_n 和剪应力 τ 分别由两部分组成,即式(5.4.1—7)和式(5.4.1—8)。在试体处于剪切平衡状态时,有 $\tau = 0$,利用此二式,便可推出式(5.4.1—9)和式(5.4.1—10)。

5.4.4 图解法:根据试验结果(图 5.4.3 曲线 1)对试验曲线作平均直线,使其尽可能接近试验点,个别离散性较大的试验点可予舍弃。由该直线的斜率和截距(在 σ_n—τ 坐标中)可定出摩擦系数($f = \tan\varphi$,φ 为内摩擦角或摩擦角)和黏聚(着)力(c)。图解法是常用方法,但难免掺杂人为主观因素。

最小二乘法:将试验所得数对(σ_{ni}, τ_i),按最小二乘原理计算 f 和 c:

$$f=\frac{n\sum_{1}^{n}\sigma_{ni}\tau_i-\sum_{1}^{n}\sigma_{ni}\sum_{1}^{n}\tau_i}{n\sum_{1}^{n}\sigma_{ni}^2-\left(\sum_{1}^{n}\sigma_{ni}\right)^2}$$（说明 5.4.4—1）

$$c=\frac{\sum_{1}^{n}\sigma_{ni}^2\sum_{1}^{n}\tau_i-\sum_{1}^{n}\sigma_{ni}\sum_{1}^{n}\sigma_{ni}\tau_i}{n\sum_{1}^{n}\sigma_{ni}^2-\left(\sum_{1}^{n}\sigma_{ni}\right)^2}$$（说明 5.4.4—2）

式中　σ_{ni}——第 i 次试验的法向应力；

τ_i——对应于 σ_{ni} 的抗剪强度。

为求得接近实际的强度参数，在计算 f、c 之前，宜按下式舍弃某些误差偏大的测值：

$$\bar{x}+3\sigma+3|m_0|<x<\bar{x}-3\sigma-3|m_0|$$（说明 5.4.4—3）

式中　$\bar{x}$——测值 σ_{ni} 或 τ_i 的算术平均值；

σ——测值的方根差，$\sigma=\sqrt{\sum_{1}^{n}(x_i-\bar{x})^2/n}$；

m_0——方根差的误差，$m_0=\sigma/\sqrt{n}$；

x——应予舍弃的测值。

6.1.3　在地基受力层范围内软弱夹层的强度，是地基稳定性的控制因素。地基土常具成层性，十字板剪切试验（VST）的对象主要是软黏性土。为使试验有针对性和代表性以收到最佳效果，应事先掌握场地地层剖面。

6.1.5　除个别地点外，我国各地软土的 S_t 很少大于 7，且同一场地、同一层位的 S_t 变化不大。过多的重塑土试验既无必要，也不经济。此外，土强度与剪切速率有关，为避免因人而异的速率误差影响，旋转手柄应由专人操作。

6.2.2　整体铸造十字板头，可获得最大的抗扭刚度；使用不锈钢材料，可维持规定的表面粗糙度。在总体上增加十字板头的使用寿命。

十字板头的形状、尺寸对试验结果有直接影响，其形状见说明图 6.2.2。

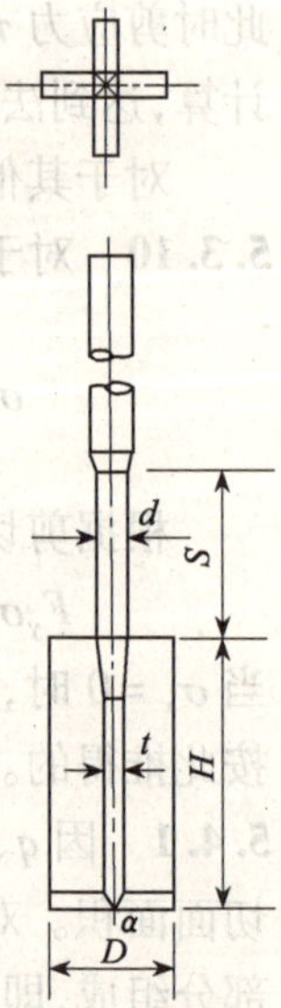

说明图 6.2.2　十字板头形状

瑞典的试验表明，当高宽比 H/D 为 1.25、2.25、3.75 时，强度接近；南京水利科学研究所通过 73 组对比试验，亦得到 H/D 为 1.3、1.6、2.0 时强度差别不大的结论。故取 $H/D=2$，称之为常规十字板。

面积比 A_r 过大，表明轴杆过粗或叶片过厚，对地基土的扰动便大。叶片厚度与试验时所需要的抗弯刚度是一对矛盾统一体，本规程以 A_r 不大于 14% 为控制指标并与水电部同类标准取得一致。

从塑性力学分析，叶片数目不会影响试验结果。曾经试用过 2 片（一字板）、6 片及 8 片（米字形）的板头，瑞典等国最后仍推荐用 4 片为宜，此即"十字板"之由来。

叶片形状也曾试用过菱形（钻石型）、球形或半球形的，以探求土层强度的各向异性特点，已属非常规试验，本规程未纳入。

6.2.3　传感器和记录仪如达到条文规定的技术要求，则由零漂造成的试验误差（归零误差)被控制在1% FS以内。零漂可分为时漂和温漂两种:在恒温和零输入状态下,在规定的时段内,仪表对传感器零输出值的变化大小,谓之时漂;在零输入状态下,传感器零输出值随温度变化而改变,称为温漂。

传感器检测总误差若在3%以下,则整个测试误差(包括仪器的检测误差、十字板头尺寸误差等在内)被控制在8%以内。

传感器的绝缘程度随静置时间延长而降低,对传感器出厂时的绝缘电阻要求既是合理的,也是可行的。武汉冶金勘察研究院就传感器(探头)绝缘电阻对测试误差的影响进行过分析与试验,结论认为探头应变量测试误差在绝缘电阻为1 MΩ级时可远小于1%。铁四院在南方若干工点中,也发现同一探头在5 MΩ和大于200 MΩ时,其测试值的重现性很好;但当探头绝缘电阻降至5 MΩ以下时,由于气候潮湿和野外环境恶劣,也许在一夜之间便降为零。为此,本规程将传感器绝缘电阻的使用下限定为20 MΩ,可保证外业工作不受这方面因素影响。

十字板传感器护套外径为20 mm时虽大于十字板头轴杆直径,但因位于十字板叶片以上50 mm处,其对十字板头造成的附加应力可以忽略;过大的护套外径或过短的轴杆长度将会带来一定的测试偏差。

6.2.4 探杆若不平直或未拧紧,则在试验过程中,十字板头除绕自身轴线转动还会绕扭力装置或探杆的某一点产生"公转",致试验结果失真。

6.3.1 电阻应变式传感器有一定热敏性,特别当桥臂阻值有较大差异时更为明显。应让其在与地温取得热平衡后试验,才能取得可靠的s_u值。

软黏土在不排水条件下,具有应变软化特性,过峰值后,剪应力随转角θ的加大而降低,直至出现稳定的强度值即残余强度s_{ur}。所谓s_{ur}属大应变条件下的最终强度,其排水条件并不十分明确,但在评价地基的长期稳定性时,是一个有用的参数。试验表明,s_{ur}与应力历史无关。此外,尚需指出以下几点:

(1)以1°/10 s的速率扭转,土的排水条件与实际工程中剪损面上的排水条件是否一致、不同渗透性的土在同一剪切速率下其排水性状有无明显差别,都需进一步研究。前者属s_u的修正问题,后者既是本规程适用土层的规定依据,也是本项试验技术有待解决的课题之一。

(2)本规程提出快速旋转探杆6圈后进行重塑试验,是出于对电缆的保护需要。

(3)铁道第四勘察设计院在萧甬、广珠等线的实践表明,在深度1 m以下,各试验点的仪表初读数,不一定是温度效应引起的,在很多情况下,更可能是上一个试验点的残余应力未充分解除所造成。故从第2个试验点开始,仪表可不再调零,但需记下初读数,在与整个场地VST及CPT测试数据对比分析之后,确定试验结果。

6.3.2 机械式十字板试验要求跟管钻进,在于尽可能保持地基土的原位K_0状态。限制套管下置深度,既可防止缩颈、塌孔,保证清孔顺利,还可使试验点处的土层少受扰动影响。清孔后,孔底至试验点之间的距离,称为插入深度(Δz_c)。我国多采用$\Delta z_c \approx 50$ cm,可达到在均质土中每延米能作两次试验。

十字板头与轴杆的连接形式可采用离合式,也可采用牙嵌式。对于前者,提升导杆2~3 cm,使离合齿脱开,合上支爪,在导杆上端装上手柄,快速转动十余圈后,扳开支爪,依顺时针方向缓慢转动手柄,使离合齿啮合,再合上支爪,取下手柄。对于后者,在导杆上端装上手柄,逆时针方向快速转动十余圈后,依顺时针方向缓慢转动手柄使齿牙咬合,取下手柄。

机械式十字板强度测定中，包含了轴杆与土、导轮与管壁的摩擦在内，故应进行摩擦力测定。限制孔底残土厚度，可减少土对轴杆的摩擦（或黏着）力。对于离合式十字板，应拔出特制键，提升异杆 2～3 cm 后再插上特制键，按 1°/10 s 转动速率旋转手柄，同时测记轴杆与土及导轮的摩擦阻力的稳定值（量表读数）。对于牙嵌式十字板，应逆时针方向快速转动手柄 30 余圈，再顺时针方向以 1°/10 s 的转速转动手柄，测记摩擦阻力的稳定值。

6.4.1　随着试验深度加大，土对探杆的摩擦阻力也加大，当传感器在 2 m 深度以下与地温取得热平衡之后，可认为在有限深度范围内地温对传感器造成的温漂很小，仪表的初读数是由上一个试验点残余剪应力引起的，此时仪表所测得的初读数 ε_0 或 ε_0' 视为零而不再对实测值 ε_f（或 ε_f'）、ε_r 进行修正；若经对整个场地的 VST、CPT 及钻探试验资料进行综合分析，认为 ε_0 或 ε_0' 值系由地温引起，则应对实测值进行修正。但应注意，此时的 ε_0 或 ε_0' 不一定就为正值，也可为负值。

6.4.3　软黏土灵敏度 S_t 最初是以室内无侧限抗压强度之比为定义的，并沿用至今。对难于取样的软土，VST 对取得 S_t 数据无疑是一种创新。

需要指出的是，重塑土强度和残余强度在概念上有所差别。在含水率不变的条件下重塑，意味着土的原生结构的彻底破坏和物质组分的匀化，然后土颗粒沿剪切面产生定向排列。残余强度是土块（体）沿剪切面的大应变强度，在剪切面（带）上土颗粒虽产生定向排列，但剪切面以外土体的结构破坏不彻底。此外，实践表明，十字板转角 θ_j 在远未达 90°时，s_{ur} 便早已出现，说明十字板转动所造成的剪切面轨迹未连成一周土强度便达最终值。因而在数值上讲，s_{ur} 与 s_u' 既相近又不等（参见说明图 6.4.3）。如能取得 s_{ur} 与 s_u' 间的地区性经验换算关系，则用 s_{ur} 替代 s_u' 以确定 S_t 可收事半功倍之效。

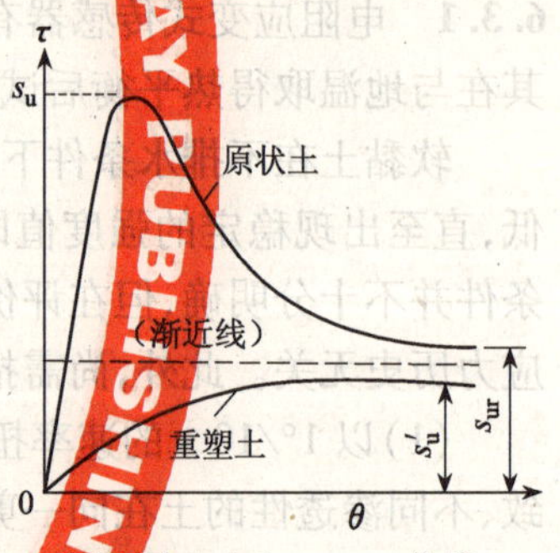

说明图 6.4.3　τ—θ 曲线

6.4.4　十字板试验时，剪应力 τ 与扭矩 M 的关系为

$$\tau = K \cdot M \qquad (\text{说明 } 6.4.4\text{—}1)$$

式中的 K 是与十字板头形状、尺寸及圆柱体表面剪应力分布特点（假定）有关的板头常数。若假定分布在圆柱面上的剪应力是均匀的，而圆柱体上、下端面上的剪应力分布分别为说明图 6.4.4 所示的三种形式，则 K 值分别由下列公式确定：

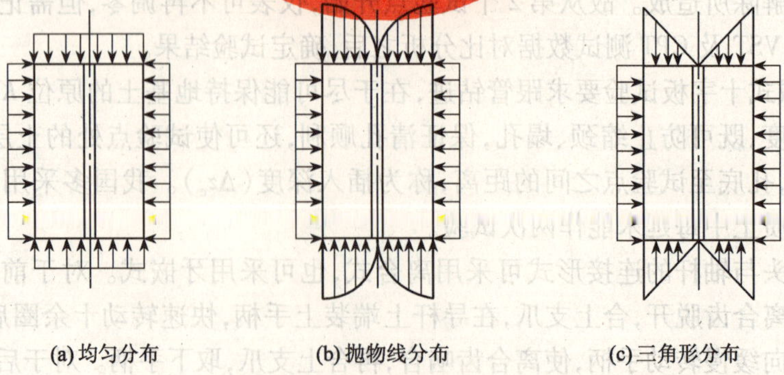

(a) 均匀分布　　(b) 抛物线分布　　(c) 三角形分布

说明图 6.4.4　剪应力分布假定

均匀分布 $K=2/[\pi D^2(H+D/3)]$ （说明 6.4.4—2）

抛物线分布 $K=2/[\pi D^2(H+2D/7)]$ （说明 6.4.4—3）

三角形分布 $K=2/[\pi D^2(H+D/4)]$ （说明 6.4.4—4）

比较以上三式可知，这种分布上的差别对 K 值造成的偏差最大约为 4%，本规程取均匀分布假定以策安全，称为常规分析法。这里已规定 $H/D=2$，即式（说明 6.4.2—2）变成 $K=6/(7\pi D^3)$。

6.4.5 试验中测得的转角 j 包含了探杆、导杆和轴杆的扭转变形，故十字板头在土中的实际转角 $\theta_j<j$。由于导轮对轴杆、探杆的约束，以及探杆与导杆、轴杆、探杆接头在横截面积上的差别，致使整个试验深度杆件的扭转变形是超静定的。为简化分析，本条文将其作为静定问题处理，并认为由此带来的计算误差是允许的。

6.4.6 曲线 s_u—d、s_u'—d 和 s_{ur}—d 能较详细地给出土层强度剖面，是进行地基工程分析地基本图件之一。

绘制曲线 τ—θ（说明图 6.4.3），可利用下式计算土的不排水剪切模量 G_u，对了解地基土的刚度特性，有重要参考价值。

$$G_u=0.5\alpha\cdot\tau_0/\theta_0 \quad （说明 6.4.6）$$

式中 α 为与地区土性有关的经验系数，需通过对比试验特别是工程反演分析确定，一般情况下可取 $\alpha=1.44$ 估计；τ_0 为十字板圆柱面上的剪应力；θ_0 为与 τ_0 相对应的转角。

6.4.7 十字板的剪切速率较之地基在建筑荷重下的剪应变速率要快得多，而土的强度随应变速率增加而增大，I_p 越高强度增大越明显。比杰伦（Bjerrem，1973）针对世界各地 14 处软土路堤破坏实例得到说明图 6.4.7 所示修正曲线，并为世人所公认。上海地区的经验表明，修正系数 μ 与 I_p 存在如下统计关系：

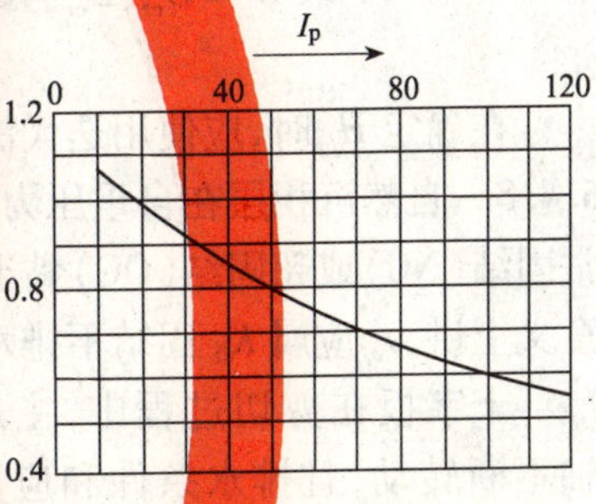

说明图 6.4.7 强度修正系数 μ

对各向异性土 $\mu\approx1.06-0.035\sqrt{I_p}$ （说明 6.4.7—1）

对各向同性土 $\mu\approx1.05-0.045\sqrt{I_p}$ （说明 6.4.7—2）

考虑到国内软黏土的 I_p 值多在 30 以内，故当 $I_p>20$ 时，本条文统一取修正系数 $\mu=0.9$。

根据刚塑性理论，使用 $\varphi=0$ 分析法，不排水抗剪强度 c_u 常可用于评价均质土坡的极限高度和软土地基路堤的稳定性等。现扼要列述如下：

（1）均质土坡的极限高度 H_c 和滑弧下切深度 z_c 可按下列公式计算：

$$H_c=N_s\bar{c}_u/\gamma \quad （说明 6.4.7—3）$$

$$Z_c=nN_s\bar{c}_u/\gamma \quad （说明 6.4.7—4）$$

式中 N_s——稳定数，按说明表 6.4.7 取值；

$\bar{c}_u$——滑弧下切深度 z_c（从坡顶地面起算）范围内 c_u 的平均值；

γ——土的重度；

n——滑弧切深比，$n=z_c/H_c$，按说明表 6.4.7 取值。

说明表 6.4.7 稳定数 N_s 和切深比 n

坡率 M	0	0.125	0.250	0.500	0.750	1.000	1.250	1.500	1.750	2.000	2.500
N_s	5.58	5.59	5.60	5.65	5.75	5.91	6.12	6.38	6.68	7.03	7.81
n	1.36	1.35	1.32	1.25	1.19	1.14	1.11	1.09	1.08	1.07	1.06

注:$M=\cot\beta$,β 为坡面与水平面夹角;表内数值可以线性内插。

在确定 H_c 时,应使用叠代法运算。无裂隙均质土层的短期稳定性可采用安全高度 $H_s=H_c/F_s$(F_s 为安全系数,根据土的灵敏度、工程环境及重要性可取 1.2~1.5)表征。

(2)均质软土地基上路堤的填筑临界高度 H_{cr} 及滑弧下切深度 z_c(从天然地面起算)可按下列公式计算:

$$H_{cr}=N_s c_u/\gamma_e \qquad (说明 6.4.7—5)$$

$$z_c=0.06N_s(B'+MH_{cr}) \qquad (说明 6.4.7—6)$$

式中 γ_e——填土重度;

B'——路堤顶面计算宽度:当路堤顶面实际宽度 $B<B_{cr}$ 时,取 $B'=B$;当 $B\geqslant B_{cr}$ 时,取 $B'=B_{cr}$;B_{cr} 为路堤临界顶宽,按式(说明 6.4.7—7)计算。

$$B_{cr}=(33.33/N_s-M)H_{cr} \qquad (说明 6.4.7—7)$$

在确定 H_{cr} 时,应使用迭代法运算,以闭合差不大于 0.02 m 为达收敛。

6.4.8 自然沉积层在自重压力和各种自然营力作用下,均表现出不同程度的固结。对正常固结(NC)或超固结(OC)黏土,在自重压力下业已完成了固结过程(K_0 固结)。从这个意义上讲,s_u 应属 K_0 固结不排水(K_0CU)抗剪强度;而习惯上常称 s_u 为不排水抗剪强度。

十字板在剪切过程中,主应力轴不断转动,且排水条件和应力条件均不明确,故其应力路径不甚清楚。说明图 6.4.8 中的 A 点代表地基中某一点的原位应力条件,如假定软黏土是均质、各向同性的,且在十字板圆柱体表面上剪应力分布均匀并属不排水的,那么最大剪应力及剪切面上的总应力路径,可假定为图中的 $\overrightarrow{AB}$ 和 $\overrightarrow{CD}$(这里已假定主应力增量 $\Delta\sigma_1=-\Delta\sigma_3$)。

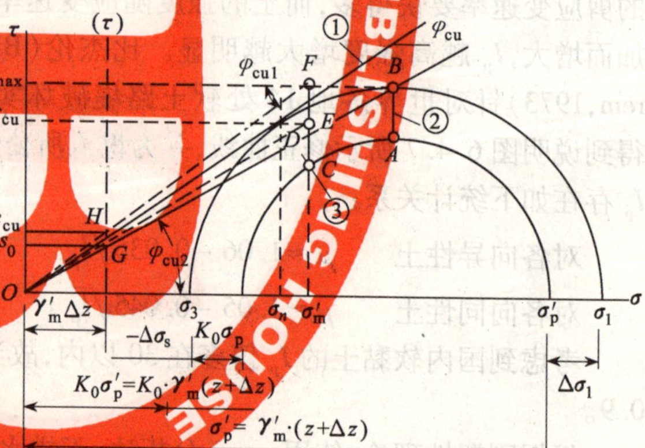

说明图 6.4.8 VST 总应力路径假定

①总应力强度包线;②最大剪应力路径;③剪切面上的总应力路径

如果认为 s_u 为固结不排水抗剪强度 τ_{cu},既 $s_u=\tau_{cu}$,依库伦定律:

$$\tau_{cu}=c_{cu}+\sigma_n\tan\varphi_{cu}$$

上式对于 NC 黏土,$c_{cu}=0$;对 OC 黏土,$c_{cu}>0$。

以 NC 黏土为例,由上式知

$$\tan\varphi_{cu}=\tau_{cu}/\sigma_n=s_u/\sigma_n$$

参照日本土质试验工法(1975),以八面体有效应力 $\sigma_m'=(1+2K_0)\sigma_p'/3$ 替换剪切面法向压力 σ_n,则上式可改写为

$$\tan\varphi_{cu2}=3s_u/[(1+2K_0)\sigma_p'] \qquad (说明 6.4.8—1)$$

式中的 σ_p' 值见式(6.4.8)的符号说明，对 NC 黏土，有 $\sigma_p'=\sigma_{v0}'$，或称之为屈服应力(对室内试样而言)；对 OC 黏土特别是轻微超固结土，可用延长回归直线的办法将其复原为 NC 状态，以计算 σ_p'。

φ_{cu2} 是说明图 6.4.8 中 OE 虚线对 σ 轴的倾角，表明 $\varphi_{cu2}\neq\varphi_{cu}$，用 OE 线代替强度包线仅是数值上的逼近。

若视 s_u 为不固结不排水抗剪强度 τ_u，即 $s_u=\tau_{max}$，则可用图中虚线 OF 表示强度迹线，且有

$$\tan\varphi_{cu1}=3s_u/[(1+2K_0)\sigma_p'] \qquad \text{(说明 6.4.8—2)}$$

上二式等号右边的各项完全一样，表明对 VST 而言因排水条件假定不同，可引出不同的看法。

对于 OC 黏土，若是由荷载因素引起的超固结，则 c_{cu} 与 σ_p' 有关。图中反映出 $s_0<c_{cu}$，因此用 s_0 替代 c_{cu} 更属近似。应该说，用图 6.4.8 中回归直线在软黏土与硬壳界面处的 s_0' 来替代 c_{cu} 值将更为合理。本规则从安全角度出发，推荐采用 s_0 值。

上述估算值经与若干室内试验值比较发现，对于正常固结和轻微超固结黏土，估算的 φ_{cu} 值常较固结快剪值低 1°～2°，s_0 可低达 c_{cu} 的一半；与 K_0CU 三轴试验结果相比，其差值一般不大且多偏于安全。

此外，对于正常固结和轻微超固结黏土，用雅基(Jaky，1944)半经验公式 $K_0=1-\sin\varphi'$ 可近似估得，但 $\varphi'>\varphi_{cu}$。若令 $\varphi'=b\varphi_{cu}$，则雅基公式可表达为

$$K_0=1-\sin(b\cdot\varphi_{cu}) \qquad \text{(说明 6.4.8—3)}$$

根据室内试验结果统计来看，b 值一般在 1.2～2.0 之间，随土的塑性指数 I_p、液性指数 I_L 减小及 OCR 的增大而减小，本规程取下限值 1.2，偏于安全目的。

6.4.9 根据极限状态土力学和应力史及土的归一化性状分析法，土的不排水抗剪强度可用固结压力归一为

$$s_u/\sigma_{v0}'=(s_u/\sigma_{nc}')\cdot OCR^A \qquad \text{(说明 6.4.9—1)}$$

式中 σ_{nc}'——NC 状态下土的有效自重压力；

A——与土性有关的经验指数；

其他符号意义同前。

如果 s_u—z 曲线可用直线拟合，则 s_u/σ_{nc}' 为常数，上式可表示为

$$OCR=\alpha\cdot(s_u/\sigma_{v0}')^{1/A} \qquad \text{(说明 6.4.9—2)}$$

系数 α 与土性及 A 有关。梅恩(Mayne，1988)等人经过 263 组试验数据的统计与分析，推荐 $A=1$，且

$$OCR=\alpha_{FV}\cdot(s_u/\sigma_{v0}')$$

$$\alpha_{FV}=22(I_p)^{-0.48}$$

即

$$OCR=22(I_p)^{-0.48}\cdot(s_u/\sigma_{v0}') \qquad \text{(说明 6.4.9—3)}$$

这就是式(6.4.9)的具体表达。脚标 FV 意指该式仅适用于 VST。

梅恩将该式的计算结果与室内固结试验结果进行了比较，二者相当吻合(见说明图 6.4.9)。

7.2.1 预钻式旁压仪按试验压力分低压和高压两类。旁压仪的试验原理和主要组成部分基本一样，都是由三腔式旁压器、加压稳定装置、变形量测系统、导管和水箱组成。不同之处主要是梅纳型试验容许压力为 8.0 MPa，国产 PY 型试验容许压力最高为2.5 MPa；

PY 型旁压仪导管为四根尼龙管，梅纳型为同轴管。

7.2.5　预钻式旁压试验中，成孔是重要一环。对黏性土、砂类土一般应由人工成孔，软岩及风化岩石则需要用回转钻机成孔。人工成孔的工具除勺钻、提土器外，又推荐了环刀成孔器。环刀成孔器与直径小于 50 mm 的勺钻配合，适合于黄土和半干硬到可塑状的黏性土。环刀成孔器是与旁压器长度接近的长筒环刀，外径 54 ~ 56 mm，刀口向外倾斜，这样在切土成孔过程中对孔周土体扰动可大大减少，有利于成孔质量的提高。环刀成孔器的上端有与勺钻钻杆连接的接头。

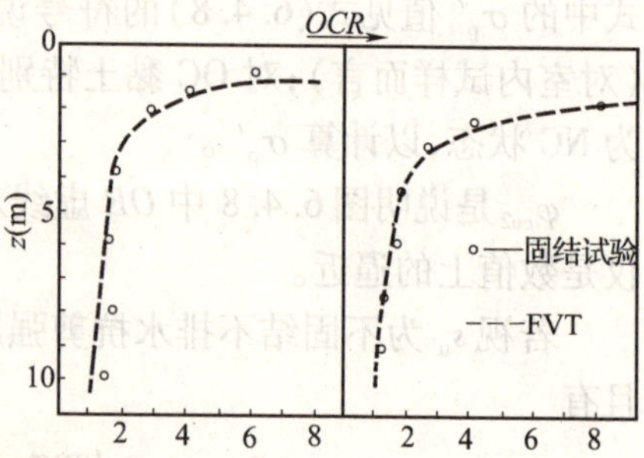

说明图 6.4.9　*OCR* 值的比较

用回转钻机成孔时，在试验段范围内要用与旁压器直径匹配的钻头和岩心管，使成孔直径满足试验要求。

7.3.1　为保证旁压试验数据准确，必须进行弹性膜约束力和综合变形的标定。

除新膜应进行弹性膜约束力的标定外，使用一定次数后的膜，由于多次膨胀的影响，也需要重新标定。至于连续使用多少次应进行标定，应视弹性膜的材质而定。对于梅纳型旁压仪已有资料规定，使用次数达 20 次要重新标定。而 PY 型的旁压器则有所不同。铁科院西北分院对弹性膜进行了连续标定试验。结果是当标定到 8 ~ 9 次时，同一压力的测管水位下降值比第一次平均增大 8 ~ 10 mm；对已用的膜较长时间不用，标定曲线也会发生变化，试验资料表明，停用 12 h，标定时对应压力下测管水位下降值平均减小 6.8 mm，36 h 减小 8.2 mm，60 h 减小 11.3 mm。一般说来测管水位下降值变化 8 ~ 10 mm，膜约束力变化的最大值可达 10 kPa 左右，此值与 PY 型旁压仪力表的最小值相当。因此本规程规定当弹性膜使用次数达到 8 次或停用时间达 48 h 以上时，弹性膜必须重新进行标定。

有时旁压器从孔中取出时，由于孔周摩擦力大，会出现测量腔弹性膜被拉长，翻到下辅腔的情况，这时弹性膜约束力标定曲线要发生变化。因此当出现这种情况时，弹性膜也需重新标定。

7.3.5　预钻式旁压试验中，预钻成孔是关键之一。成孔质量将直接影响试验结果。大量的试验资料表明，孔周土体的扰动对确定变形特征的影响尤为严重。

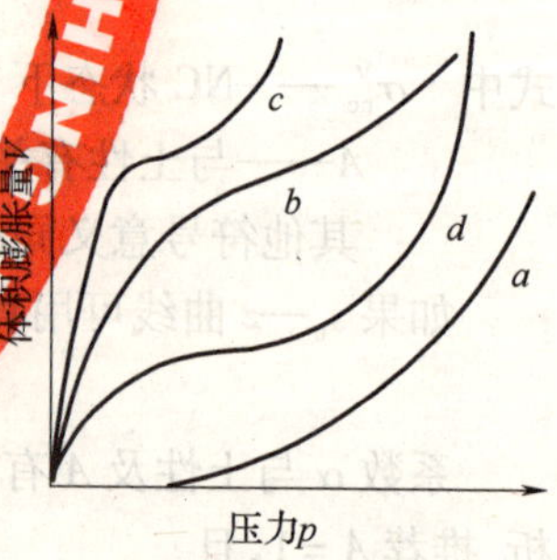

说明图 7.3.5　各种形态的 *p*—*V* 曲线

说明图 7.3.5 是由于成孔不规则造成不同形态的异常旁压曲线。图中曲线 *a* 反映成孔直径太小或有缩孔现象，试验前孔壁已受挤压，因而缺少恢复区，曲线不完全，难以使用。曲线 *b* 可能是孔壁被严重扰动形成很厚的扰动圈所致。加载后曲线有一段较长的凸段，表明扰动土层在加载时的压密过程；因受旁压器膨胀量所限，旁压曲线不完善，用起来很困难；同时因扰动，曲线的走向产生偏差，也会使结果失真。曲线 *c* 恢复区的范围大，出现了“鹅脖子”现象。其原因是孔径太大，使旁压器测量腔的膨胀量有相当大一部分消耗在弹性膜与孔壁之间的孔隙中，最后使曲线很不完善，无法使用。曲线 *d* 为正常的旁压曲线，孔壁土扰动小，成孔直径比较合适。

鉴于这些情况，在规程中对预钻孔径大小、形状和尽量减少孔周土体扰动及成孔方法提出了具体要求。

说明表 7.3.5　成孔方法离散系数的比较

勺钻成孔					环刀成孔				
试验孔号	p_s (kPa)	p_L (kPa)	p_F (kPa)	离散系数	试验孔号	p_s (kPa)	p_L (kPa)	p_F (kPa)	离散系数
642	3 230	568	268	$\delta_{pL}=0.32$ $\delta_{pF}=0.28$	643	3 840	548	222	$\delta_{pL}=0.22$ $\delta_{pF}=0.24$
673	3 220	677	234		622	3 940	685	266	
682	3 210	496	213		562	3 930	608	264	
6 121	3 230	516	208		675	3 980	688	284	
692	3 360	560	217		5 112	3 900	592	288	
691	2 670	473	206	$\delta_{pL}=0.12$ $\delta_{pF}=0.16$	663	4 400	714	321	$\delta_{pL}=0.11$ $\delta_{pF}=0.11$
631	2 670	474	208		694	4 500	700	323	
641	2 620	470	200		5123	4 530	780	336	
683	2 620	459	214		664	4 600	738	355	
685	2 700	513	234		687	4 620	700	331	

本规程推荐勺钻成孔的同时，提出环刀扩大成孔的方法。该法用刀口向外倾斜的环刀切出试验段，这样对周围土体扰动小，同时所成孔径基本一致，因此可减少试验结果的离散性。对 95 个用环刀成孔的试验孔检查表明，孔径比旁压器直径大 1.5 ~ 2.1 mm 的占 97%。由于孔径大小可以控制，对于极限压力在仪器容许最大压力范围内的土层，当测管水位下降至 35 ~ 40 cm左右时，试验段孔穴体积可以接近原孔段体积的 2 倍，有利于极限压力的确定。

在某场地选出静探 p_s 值接近的五段（每段长约 60 cm）为一组，共四组，对每组的地层段进行了旁压试验。其中两组用勺钻成孔，两组用环刀扩大成孔，其他试验条件均一样。试验结果和每组的离散系数如说明表 7.3.5 所示。两种成孔方法的 p_L、p_F 离散系数接近，环刀成孔较小。

7.3.6　旁压试验成孔时必须将土取出，与其他原位测试相比这是一个有利条件，可以直接察看土层。在成孔过程中对地基土的类别、塑性状态、密实程度等进行实地观察描述，再根据试验结果对地基土评价是十分有利的。因此本规程特别提出利用成孔出土的机会要求对地基土进行描述。必要时，在室内可补做其他试验。

7.3.9　加荷等级的大小主要考虑旁压 $p—V$ 曲线要有足够的试验点描述。法国的资料介绍应有 10 个压力等级，最少 8 个，最多不超过 14 个。前苏联的资料要求曲线有 15 ~ 16 个点，同时按黏性土的稠度和砂类土、泥灰土的孔隙比给出加荷等级，如说明表 7.3.9 所示。

说明表 7.3.9　慢速试验法的压力等级

土　类	加压等级（kPa）
砂类土：	
密实 $e \leqslant 0.55$	100
中密 $0.55 < e \leqslant 0.75$	50
松散 $e > 0.75$	25
黏性土（I_L—稠度）：	
$0 < I_L \leqslant 0.5$	50
$0.5 < I_L \leqslant 1.0$	25

考虑目前国内的旁压试验主要应用于浅基极限承载力的确定和变形参数的估算，因此在 $p—V$ 曲线上，首先要确定出临塑压力 p_F、极限压力 p_L 和线性段斜率 $\Delta p/\Delta V$。另外，参考国内

荷载板试验确定加荷等级的方法，规程中提出用估计地基土设计承载力的1/5或极限承载力的1/10作为加荷等级。具体确定时可参照常用加荷等级10、12.5、25、50、75、100、200、500 kPa等选用。这种确定加荷等级的方法比较简便，同时也可满足试验要求。为了提高确定p_0点的准确性，可考虑开始1～2级加荷等级适当减小，以增加p_0前后的试验点。

7.3.10 如荷载板试验一样，旁压试验的加荷稳定时间是个重要问题。对于饱和黏性土、砂类土，不同的加荷稳定时间则固结程度是不同的，将直接影响试验结果。另外，完成一个旁压试验的时间也有很大差别。出于不同的考虑，各国各部门对此规定差别较大。在法国，旁压试验是以快剪模式为基础，稳定时间规定为1 min。前苏联的国家标准（ГОСТ—202726—74）规定采用慢速和快速，并且提出快速法只用于区域工程地质勘测，慢速法适用于各类工程地基土勘测。在详细勘察中如果对岩土进行过快速与慢速的对比试验，则可使用快速法。快速和慢速的稳定时间如说明表7.3.10所列。

说明表7.3.10 不同试验方法每级荷载稳定时间

土 类	试验方法	稳定时间(min)
砂类土：		
非饱和砂	慢	15
饱和砂	慢；快	30;3
黏性土(I_L—稠度)：		
$I_L \leq 0.25$	慢	30
$I_L > 0.25$	慢；快	60;6

稳定时间的确定从以下几个方面考虑是适宜的：

（1）旁压试验的基本条件：旁压器是个柱状体，侧面积大，如PY型三腔旁压器总长度为50 cm，侧面积达785 cm^2。在这样大的面积上通过弹性膜给孔周土体施加压力，固结排水条件非常不利（试验段排水出路还要经过辅腔段）。与室内的压缩、强度等试验条件比，它的排水路径要大得多。所以对饱和土类，尤其是饱和黏性土，旁压试验基本上只能完成快剪模式的试验。如果考虑排水固结将使试验时间拖得过长，这对现场原位测试是很困难的。实际上快剪可以适应工程上的应用。《铁路工程地质勘察规范》（TB 10012 ）规定：黏性土、黄土类土、软土地层上的路堤、挡土墙、桥涵、厂房等地基，边坡及稳定性检算采用快剪剪切试验，因此旁压试验按快剪模式考虑与上述提法是一致的。

（2）地基土变形问题：现行的有关规范和手册中地基变形计算方法是以试验为依据的分层总和法，考虑了排水固结。如果利用旁压试验资料确定土的变形模量或压缩模量，则需通过与荷载板或压缩试验的对比建立关系。故对旁压试验的加荷稳定时间作出统一规定，同时按土类分别建立旁压和荷载（压缩）试验的变形（压缩）模量的相关关系，则变形计算中的固结问题也可得到解决。

（3）在采用快剪模式的前提下，黏性土、砂类土每级荷载的稳定时间3 min是适合的，其理由是：

①3 min稳定时间，对黏性土符合快剪模式；对砂类土符合排水固结模式。

②当压力较高时，调压阀的灵活性较差，加压比较费力，从开始加压到准确加到给定值，所用的时间较长。3 min稳定时间与1 min相比较，操作误差小。

③稳定时间3 min和1 min相比，每级荷载完成的变形占稳定变形的比例大，且比较稳定，有利于变形参数的确定。对黄土（非饱和的三相土）不同稳定时间测管水位下降值的变化，3 min产生的变形为30 min（作为变形稳定的标准）的90%以上。对黏性土和软土，铁道部第四勘测设计院提供的资料说明，在3 min的加荷时间内，拐点处的变形可完成

稳定变形的 50% 左右。

④ 3 min 的稳定标准国内已有较丰富的实践经验，取得的资料比较多。这一稳定标准一般可使一孔试验在 1 h 内完成，比较适合现场的试验条件，目前仪器的承压管路可以适应。若每级加荷时间拉长，为使压力保持稳定，在管路漏水等方面可能出现新的困难。

综合以上几点，本规程规定黏性土、砂类土加荷稳定时间为 3 min。

对风化岩和软岩一般不考虑加载时的排水固结问题。由于强度较高目前均是采用梅纳型旁压仪。根据国内外资料，加荷稳定时间为 1 min。

7.4.2 本规程规定旁压曲线采用 p—V 曲线，因为它有明确的物理概念，表示孔周土体在压力作用下体积的变化。以往工程中采用 p—S 曲线的 S 值为测管的水位下降值，与土体的变形只是间接的关系，在确定旁压剪切模量时要经过换算，不甚方便，且与国际常用方法不一致。

7.4.3 本规程规定极限压力 p_L 用两倍体积法（$V_L = V_c + 2V_0$ 时对应的压力）确定，这是因为：(1) 体积达 V_L 时，土体的塑性变形已相当大；(2) 与弹性膜的强度和灵敏度相协调；(3) 测管水位的限制；(4) 与国际上通用的方法一致，资料既可通用，又有可比性。由于仪器能力的限制及成孔孔径不合适等因素的影响，有时需外延 p—V 曲线来确定（外延前至少应有三个点可判断走势）。当外延有困难时，可利用试验的最后 2～4 级数据绘制 p—$1/V$ 曲线，以 $1/(V_c + 2V_0)$ 对应的压力确定 p_L。

7.4.4 确定了临塑压力 p_F、极限压力 p_L 和旁压剪切模量 G_m 后根据需要可绘制旁压成果剖面图（见说明图 7.4.4）。

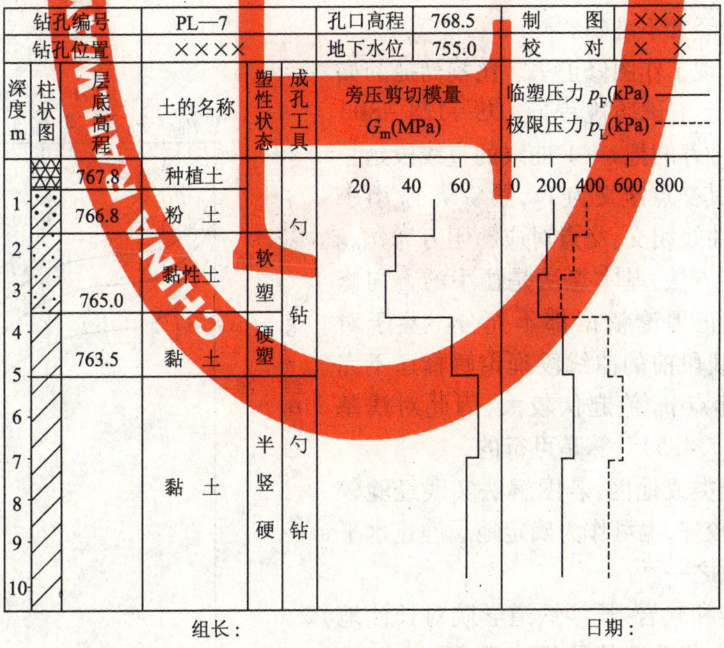

说明图 7.4.4 旁压成果剖面图

7.4.5 黏性土、砂类土的试验资料表明，在 p—V 曲线上准确地定出 σ_{h0} 是比较困难的。人们曾经认为成孔后，会有一定的缩孔，在旁压器膨胀的初期，向孔内膨胀的土体被挤压至原始位置时，所对应的压力便为地层水平压力。但对并非完全弹性变形的土体，这样的假设与实际情况有差异。按照这种设想把 $p—V$（或 $p—\Delta V$）曲线第一拐点，即直线段起点 p_0 当作 σ_{h0}。实践证明，这种方法确定的 σ_{h0} 规律性差，且往往偏大。说明表 7.4.5—1 列举了贵州省建筑设计院的资料：红黏土中旁压试验 $p—V$ 曲线直线段起点确定的 σ_{h0} 与深度的关系，可看出在 7 ~ 8 m 深度内 σ_{h0} 没有随深度增加，甚至有减小的趋势，故不能反映水平应力的变化规律。

说明表 7.4.5—1　σ_{h0} 与深度的关系

试验深度（m）	σ_{h0}（kPa）	试验深度（m）	σ_{h0}（kPa）	试验深度（m）	σ_{h0}（kPa）	试验深度（m）	σ_{h0}（kPa）	试验深度（m）	σ_{h0}（kPa）
1.0	35	2.1	32	2.1	25	2.1	45	1.5	40
2.0	40	3.1	33	3.1	30	3.1	45	2.5	25
4.0	31	5.1	27	4.1	35	4.5	60	3.5	40
5.0	40	6.1	25	5.5	25	5.5	35	5.0	20
6.7	40	7.1	21	6.6	25	6.5	50	7.0	50
7.0	28	8.1	29	7.7	12	7.6	95	8.8	100

说明图 7.4.5 表示孔距 1 m，试验深度相同，成孔工具分别采用直径、长度不同的勺形钻和螺纹提土钻，所取得的三个旁压试验曲线（贵州省建筑设计院）。曲线 1、2、3 的钻具直径分别为 54、58、62 mm。三个试验的 p_F 值非常接近，而 p_0 却相差较大，说明 p_0 不单单是水平压力的函数，还与成孔的直径、孔壁土扰动程度等有关。因此用 p_0 表示地层静止水平总压力经常不准确。

由此便出现了作图修正法。比较简捷的如水利电力部《土工试验规程》（DS—128—86）（第二分册）推荐的把 $p—V$ 曲线的直线段延长与 V 轴相交，其交点定义为 V_0，然后从 V_0 引水平线与 $p—V$ 曲线相交，交点对应的压力为 σ_{h0}。还有其他一些方法，基本想法是往小的方向修正，但这些修正理论依据都不充分。鉴于对 $p—V$ 曲线直线段前的曲线段理论解释还不完善和直线段起点 p_0 值起伏较大，因此对浅基 σ_{h0} 取值按式（7.4.5）计算是可行的。

对某些土类或地区，若图解法实践经验较丰富，规律性较好，也可作为确定地层静止水平总压力的方法之一。

对风化岩和软岩，长沙铁道学院对长沙地区旁压试验结果进行的分析表明，通过 $p—V$（或 $p—s$）曲线确定的 p_0 比式（7.4.5）的计算值要大得多。如以 $m = p_0/\sigma_{h0}$ 表示二者的关系，结果如说明表 7.4.5—2 所示。

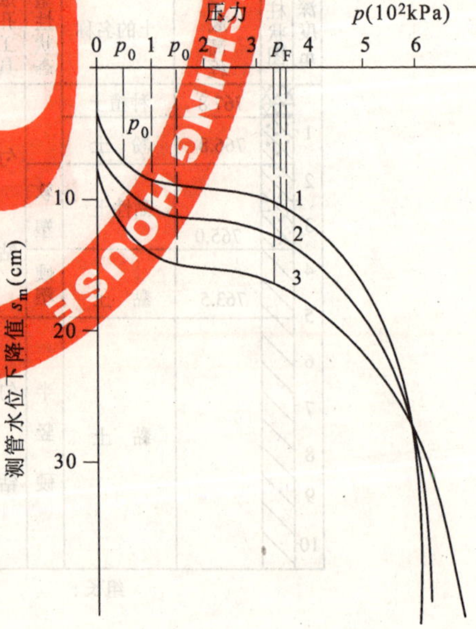

说明图 7.4.5　p_0 的变化

说明表 7.4.5—2 湖南地区软岩 $m=p_0/\sigma_{h0}$

地质时代	风化程度	岩性	统计次数	m
第三系 R	r_1+r_2	红色泥质砂岩	31	3.8
	r_3		5	2.9
	r_3	红色泥质砂岩	3	2.4
早第三系 E	r_1+r_2	红砂岩	5	5.1
	r_3		3	1.7
白垩系	r_1+r_2	红色泥质砂岩	59	5
	r_3		2	2.6
	r_2+r_3	泥砂砾岩	14	2.6
震旦系 Z		板溪群板岩	7	4.2
第四系 Q		(红色泥质砂岩)残积土	19	1.4

注:1 σ_{h0} 计算采用 $K_0=0.493$,$\gamma=20\ kN/m^3$;

2 r_1 表示微风化,r_2 表示弱风化,r_3 表示强风化。

软岩旁压试验地层静止水平总压力 σ_{h0} 的大小与岩层中的原始水平地应力、岩性、风化程度及成孔质量等因素有关,从上表可见,中风化和微风化的红砂岩 p_0 大约是 σ_{h0} 计算值的 2~5 倍。这是由于红砂岩原始水平地应力较大,甚至超过竖直压力($\gamma \cdot d$)的缘故。

鉴于以上理由,本规程规定,在 p—V 曲线上确定软岩的地层水平总压力 σ_{h0}。取 p—V 曲线直线段起点,即 p_0 为地层水平总压力 σ_{h0}。

7.4.6 地基基本承载力的确定以旁压试验($p_F-\sigma_{h0}$)作为控制指标,即 $\sigma_0=p_F-\sigma_{h0}$。由 157 组荷载板和旁压对比试验的统计分析结果得到(其中黏性土 68 组,黄土 66 组,砂类土 23 组)的平均值为 $\sigma_0=1.0(p_F-\sigma_{h0})$。因此公式 $\sigma_0=(p_F-\sigma_{h0})$ 能够满足地基安全的要求。目前国内各部门的旁压试验技术规程采用此式。

对于中风化、微风化岩石旁压试验常常达不到 p_F 就已接近或达到梅纳型旁压仪的容许最大压力,不能直接确定 p_F。通过统计发现,当地质时代相同,岩性基本一致时,例如湖南地区红砂岩的 p_F 与 E_m 之间,近似符合线性关系。因此,当 p_F 估计值与容许最大压力相差不大时,可以根据该软岩 p_F 与 $E_m[E_m=2(1+V)(V_0+V_m)\Delta p/\Delta V]$ 的统计关系,由试验得到的 E_m 值近似确定 p_F。p_F 和 E_m 的统计关系如说明表 7.4.6 所列。

说明表 7.4.6 湖南地区红砂岩 p_F 与 E_m 回归分析表

岩性·时代	频数	相关系数	均方差(kPa)	回归方程式(kPa)
红砂岩·R	23	0.814 5	2 991	$p_F=0.007\ 831E_m+976$
红砂岩·R	4	0.973 4	1 555	$p_F=0.004\ 54E_m+2\ 330$
红砂岩·R	34	0.813 1	14 399	$p_F=0.017\ 69E_m+475$

7.4.7 为建立旁压试验的极限压力 p_L 与天然地基极限承载力 p_u 关系,本次共收集了黄土、一般黏性土、粉土、砂土对比试验资料 79 组(载荷试验资料可以确定极限承载力为收集标准)。旁压试验的极限压力用两倍体积法确定;载荷试验的极限承载力用相对沉降为 6% 对应的压力确定。所采用的载荷试验资料试验条件为压板周围没有超载。

79 组对比资料线性回归结果如下：

$$p_u = 0.890\,1(p_L - \sigma_{h0}) + 8.152\,7(\text{kPa}) \quad \text{（说明 7.4.7）}$$

相关系数　$\gamma = 0.943\,2$

剩余标准差　$s = 39.4$ kPa

规程建议采用：　$p_u = 0.89(p_L - \sigma_{h0})$

梅纳的极限承载力表达式为 $q_L - q_0 = m(p_L - p_0)$，其中 q_L 为浅基础的极限承载力，q_0 为基底标高处土的覆盖压力，p_L 为旁压极限压力，$p_0 = K_0 \cdot \gamma \cdot d$。对于压板周围没有超载，梅纳公式与式(7.4.7)形式是相近的。梅纳公式中的 m 为承载力系数，与土的类型、基础形式、宽度、埋深和施工方法等有关。法国的资料表明，对各种类型的土，各种基础形式和宽度，当埋深为 0 时，m 为 0.8，较式(7.4.7)中系数稍小。以往国内较普遍的看法是 $(p_F - \sigma_{h0})$、$(p_L - \sigma_{h0})$ 与浅基的地基基本承载力和极限承载力相当。式(7.4.7)则是介于 0.8 与 1 之间。

7.4.8　旁压试验的一个重要特点是它可以描述地基土由开始承受荷载经弹性变形、塑性变形直至达到破坏的全过程，尤其是可以得到似弹性变形阶段荷载与变形的相互关系。因此可以用旁压试验确定地基土的变形特性。

为了利用旁压试验资料确定地基土变形模量和压缩模量，需要确定一种参数，该参数应能反映地基土的变形性质并可以由旁压试验资料给出。由旁压试验轴对称分析可知，旁压剪切模量表达式为 $G_m = (V_c + V_0 + \Delta V/2) \cdot \Delta p/\Delta V$。公式右边各项均可根据 p—V 曲线直接确定，比较简便。同时变形模量 E_0 与 G_m 的关系，理论上为 $E_0 = 2(1+\mu)G_m$，因此用 G_m 确定 E_0、E_s 是可行的。

旁压剪切模量 G_m 与变形模量 E_0 及压缩模量 E_s，虽然都表达地基土的变形性质，但除定义有区别外（G_m 含泊松比 μ 的影响），还有以下影响因素：

(1)旁压试验与荷载板试验和压缩试验的受力状态均有一定的区别；

(2)上述三种试验荷载作用方向不同；

(3)旁压试验的结果受孔周土体扰动的影响较大。

为了利用旁压试验确定地基土的变形模量和压缩模量，可利用下列关系：

$$E_0 = K \cdot G_m \text{ 和 } E_s = K' \cdot G_m$$

K、K' 是通过荷载与旁压，室内压缩与旁压对比试验的分析得到的，可以认为它们综合地反映了上述诸种因素的影响，分别称为变形模量转换系数和压缩模量转换系数。这种方法有两个特点：其一，旁压剪切模量 G_m 是由试验资料得到的，不含其他需要凭经验确定的因素，能较准确地反映地基土的变形性质；其二，两式的关系是通过与荷载、压缩对比试验建立的，具有试验基础。

根据这种思路首先建立了黏性土和黄土的旁压剪切模量与变形模量、压缩模量的关系。这部分内容作为《地基土几种原位测试》的一个分题已通过部鉴定（鉴定证书编号：铁道部技 89015）。

黄土通过 87 组旁压与荷载对比试验的线性回归得出：

$$E_0 = 3.723007 + 0.005321 G_m(\text{MPa}) \quad \text{（说明 7.4.8—1）}$$

$\gamma = 0.8341$，$s = 6.34$ MPa。

黏性土 65 组旁压与荷载对比试验资料的线性回归得出：

$$E_0 = 1.83579 + 0.0028549 G_m(\text{MPa}) \quad \text{（说明 7.4.8—2）}$$

$$\gamma = 0.8655, s = 3.4\ \text{MPa}。$$

由于黏性土的塑性状态变化范围大，G_m 与 E_0 的关系也将变化。将硬塑和坚硬的26组进行回归结果得出：

$$E_0 = 1.02567 + 0.0048039G_m(\text{MPa}) \quad (说明7.4.8—3)$$

$$\gamma = 0.9188。$$

关于压缩模量 E_s，进行了旁压与压缩对比试验，分析结果如下：

黄土埋深不大于3.0 m时

$$E_s = 1.79692 + 0.001730G_m(\text{MPa}) \quad (说明7.4.8—4)$$

$$n = 75, \gamma = 0.7879, s = 3.53\ \text{MPa}。$$

黄土埋深大于3.0 m时

$$E_s = 1.4847 + 0.001427G_m(\text{MPa}) \quad (说明7.4.8—5)$$

$$n = 52, \gamma = 0.8431, s = 3.47\ \text{MPa}。$$

黏性土

$$E_s = 2.0924 + 0.0025162G_m(\text{MPa}) \quad (说明7.4.8—6)$$

$$n = 65, \gamma = 0.8376, s = 2.2\ \text{MPa}。$$

综合以上结果，给出了规程中表7.4.8—1和表7.4.8—2。由于粉土的对比试验数据不多，兼之改规之前，土的工程分类与国标存在一定差别，式(说明7.4.8—6)及表7.4.8—1，实际上是将黏砂土($I_p \leqslant 7$的粉土)纳入黏性土进行统计的。对于粉土，可参照表7.4.8—1取用。

对粉砂、细砂、中砂、粗砂进行了19组旁压与荷载板对比试验，计算荷载板试验的变形模量 E_0 和旁压剪切模量 G_m 列于说明表7.4.8。变形模量转换系数 K 值的变化：粉～粉细～中～粗砂为4.11～6.62～7.62～10.71，由粉砂到粗砂，K 值规律地从小到大。

考虑到试验组数还较少，将砂类土分为粉细和中粗两个组，分别计算出保证率为85%的 K 值变化范围为

粗细砂：3.66～7.06；

中粗砂：6.81～11.23。

本次规程编制提供19组对比试验资料(说明表7.4.8)，虽然规律性比较好，但数量偏少，在原《铁路工程地基土旁压试验规程(TB 10046—96)》(征求意见稿)审议会上与会代表认为资料可贵，在目前的情况下对砂类土的 K 值不宜规定过细，但可按粒径分组，便于使用。根据这些资料给出本规程表7.4.8—3。

说明表7.4.8 砂土荷载与旁压对比试验资料

顺号	土类别	荷载试验		旁压试验	$K = E_0/G_m$
		$\Delta p/\Delta S$(kPa/cm)	E_0(MPa)	G_m(MPa)	
1	粉砂	266	7.17	2.015	3.56
2	粉砂	331	8.24	2.182	4.10
3	粉砂	322	8.68	2.098	4.14

续上表

顺　号	土类别	荷 载 试 验		旁压试验	$K=E_0/G_m$
		$\Delta p/\Delta S$(kPa/cm)	E_0(MPa)	G_m(MPa)	
4	粉　砂	227	13.40	2.884	4.65
5	粉细砂	321	12.70	1.954	6.50
6	粉细砂	215	5.80	1.086	5.34
7	粉细砂	467	12.59	2.086	6.04
8	粉细砂	486	13.09	1.525	8.58
9	中　砂	1 456	39.25	6.238	6.29
10	中　砂	980	26.43	3.903	6.77
11	中　砂	2 062	55.59	7.647	7.27
12	中　砂	1 167	31.47	3.932	8.00
13	中　砂	915	24.67	2.975	8.30
14	中　砂	375	52.50	5.792	9.06
15	粗　砂	308	8.31	0.975	8.52
16	粗　砂	318	8.56	0.875	9.78
17	粗　砂	598	16.13	1.460	11.05
18	粗　砂	794	21.41	1.786	11.98
19	粗　砂	206	5.54	0.454	12.20

8.1.1　标贯试验使用的范围目前仅限于砂类土、粉土及黏性土，对胶结的、含碎石、卵石的土不适用，对于软黏土，由于标贯试验的精度太低，也不宜用；在地下水位以下的砂层中进行试验时，往往由于产生流砂现象而使 N 值失真，若使用标贯试验应采用泥浆护壁或下套管；对于特殊土如黄土、膨胀土等尚无使用经验。

8.1.2　标贯试验设备简单，操作方便，节省时间，是种较好的勘探手段。但标贯又是一种比较粗糙的原位试验，如操作得当，在砂土中能反映它在天然结构条件下，基本上处于天然应力状态时抵抗贯人的能力，从而间接地评价砂土的工程性质。所有的一些利用 N 值求地基承载力、评价砂土液化，求桩承载力的公式或方法都是经验性的。使用它们时，应注意适用范围。对于黏性土，标贯试验没有突出的优点。对于重要工程，或没有标贯经验的地区，建议将标贯与其他原位或室内试验相结合。

8.2

本规程采用的规格尺寸考虑到国内各单位实际使用情况，并参考多数国家常用的规格选用的。国内外标准贯入试验常用设备及规格尺寸见说明表 8.2。

说明表 8.2 国内外标准贯入试验常用设备及规格尺寸

单位(国别)	落锤			对开式贯入器				钻杆	最大试验深度(m)	贯入阻力记录方法及其他
	锤重(kg)	落高(cm)	方式	全长(mm)	外径(mm)	内径(mm)	刃口角			
南京水利试验处(1953)	63.5	76	人力牵引	700	51	35	30°	φ1″超级厚钢管	<30	每75 cm(或150 cm)将贯入器打入15 cm后,再记录入土30 cm的击数。如遇大于50击的硬土层可记50击时的入土深度或记入土10 cm左右时所需击数
《岩土工程勘察规范》(GB 50021—94)	63.5	76		≥576	51	35		φ42 mm		
本规程	63.5	76	自动脱钩	750	51	35	17°50′	φ42 mm		
ASTM D 1586—67(74)(美国)	63.5(140#)	76(30″)		最小686(27″)	51(2″)	38(1.5″)	18°30′刃口稍圆	A型外径41.2 mm(1.625″)内径28.6 mm(1.125″)	<15.24(50′)	(1)贯入器每次打入土中45 cm(18″)或打100击为止 (2)每入土深15 cm(6″)记录一次击数,第二、三个15 cm(6″)所需击数为N值 (3)如贯入土深小于45 cm(18″),则最后入土30.5 cm(12″)时,记录击数与入土深
								厚壁管	>15(或75′)	
太沙基与派克(1967)	63.5(140#)	76(30″)		711(28″)	51(2″)	35(1.375″)				贯入器先打入土深15 cm(6″)后,再记入土30.5 cm(1′)所需击数
垦务局(1974)(美国)	63.5(140#)	76(30″)	人力牵引	864(34″)	51(2″)	·		A型外径φ43.7 mm	<10.7(35′)	贯入器入土15 cm(6″)后,再记入土30.5 cm(12″)所需击数,本仪器以50击为限,遇硬土层超过50击时,则可记50击时入土深度
								B型外径48.7 mm为标准		
纽约市法规	136(300#)	45.7(18″)			64(2.5″)					记录每贯入30.5 cm(12″)的击数
工业标准 A1219—1961 JIS M 14—09	63.5	75		810	51	35		外径40.5 mm或42 mm		德国与捷克标准和日本相仿
大型贯入器(日本)	100	150		700	73	54		外径60 mm内径48 mm		用于超高层大楼与巨型桥梁的深地基、含大砾石地层(贯入器是不对开钢管,内装塑料衬筒)
巴西标准								25.4 mm(φ1″)		每米在贯入15 cm后,再量测贯入30 cm的击数N
厚壁	65 65 60	75 75 75		770 770 53.7	50.8 41.3 46	34.8 25.4 36.5		25.4 mm(φ1″)		每米量测开始贯入30 cm的击数N
薄壁								G型杆		每米量测开始贯入30 cm的击数N
阿根廷标准	70	70		870	50.2	39		32 mm(φ1.25″)		每米先量测开始贯入15 cm的击数,然后以贯入30 cm的击数为N值
欧洲标准1977	63.5±0.5	76±2		<685	51	35	19°40′在密实土层中,用实心锥头代替靴	AW型外径43.7 mm	<15	每贯入30 cm的击数N值贯入器内有φ1″球阀
								BW型外径54 mm	>15	

8.4.1　由于标准贯入试验的断续性,绘制 N—d 曲线时,应按直方图包络线的形式绘制。

8.4.2　用标准贯入试验确定砂类土的密实度与《铁路工程岩土分类标准》(TB 10077—2001)一致。本规程表 8.4.2—1 采用的是土层的平均值 $\bar{N}$,而非单点值 N,这是由土层的成层性或土体的聚积性所决定的。因此,两个标准在内涵上是统一的。本规程表 8.4.2—2 则是综合冶金部武汉勘察公司实践经验、上海市《岩土工程勘察规范》有关内容及太沙基和派克早年的经验介绍,同时结合铁路实践验证后制定的,有较普遍的实用性。

8.4.3　用 N 值判定可液化土层的地震液化结合《中国地震动参数区划图》(GB 18306—2001)内容作了相应修订。

9.1.1　轻型、重型、特重型动力触探适用土类范围如说明表 9.1.1 所列。

说明表 9.1.1　DPT 适用的土类范围

动力触探是定量确定土的主要工程特征指标的有效测试方法之一。多年来路内外有关单位已积累了不少经验,但资料尚存在一定局限性,目前鉴于资料的原因,仅对部分土类提出力学指标的确定办法。对其他土类还有待进一步试验研究加以完善。

9.1.2　应用动力触探划分具有不同力学性质的土层和评价土的均匀程度,能得到很好的效果。多年来国内在这方面的成功实例很多。实践经验表明,只要土层的力学性质有明显差异,如扰动土和天然土层都可用动力触探来勘查其空间分布范围。动力触探甚至可用以探查土洞、滑动面或软质岩的风化厚度。动力触探与打入桩极其相似,用于确定桩基持力层,效果良好。

9.2.1　轻型动力触探主要优点在于设备轻便,方法简单,对一般黏性土地层浅基测试和施工验槽等,有实用价值。

重型动力触探适用范围广,是国内外应用较普遍的一种类型,其锤击能量与标准贯入及国际上通用的动力触探的能量一致,本规程将重型作为动力触探系列的基本类型。

随着动力触探最初用于砂类土,而后逐步扩展到在较密实碎石类土的应用,其锤击能量也向高的方向发展,本规程将目前国内使用较多的锤重 120 kg、落距 100 cm 的动力触探定为特重型列入动力触探系列。

近年来实践经验表明,将轻型、重型、特重型三种类型作为动力触探系列,能满足各类土测试要求。

9.3.3　锤击频率的高低,决定于重锤上升的速度,通过大量试验观测,当锤击频率大于 30 击/min 时,重锤上升速度快,由于上升惯性作用,往往造成重锤落距超限。

15～30 击/min 的规定与国内及欧洲一些国家动力触探试验标准基本相同。

9.3.6 重型、特重型动力触探在预钻孔内作业时，实践经验表明，随着预钻孔深度、孔径和触探土层密实程度的增加，探杆出现偏斜、弯曲变形也愈明显。

根据采用：①直接在孔径 150 ~ 110 mm 预钻孔内试验；②在预钻孔内用直径小于 90 mm孔壁管保护；③在预钻孔内用松土回填（不夯实）等三种方法，在同一地层（黏土、砂土、碎石类土）不同深度预钻孔内进行对比试验，其结果反映出：

（1）当预钻孔深度小于 3 m，实测击数小于 8 击/10 cm（在黏性土、砂土中）时，三种方法试验结果，探杆变形现象和实测击数无明显差异。随预钻孔深度和被测试土层密实程度增加，①与②、③比较，前者的探杆变形现象明显加剧，并且①的实测击数也比②、③明显增大，这说明了①方法锤击能耗较②、③方法明显提高。

（2）②和③方法在不同预钻孔深度或不同密实度的土层中比较，结果不论探杆变形或是实测击数均无明显差异。对比试验表明了由于孔内回填松土引起的探杆侧壁摩阻力，可以忽略。

9.4.3 对于动力触探杆长修正问题，目前国内外还存在着不同意见：一种意见认为随着杆长不同，触探能量的传递与损耗不同，因此需对杆长进行校正。另一种意见，根据试验认为，在一定范围内，杆长不同对触探指标（击数）值的影响可以忽略。

我们认为杆长影响是否需要修正还要与应用动探成果时的经验相适应，如果原有建立的动力触探击数（$N_{63.5}$）与地基承载力（σ_0）的相关关系式（经验公式）是根据经杆长校正后的击数统计建立的，则应考虑杆长的校正，否则可以不作考虑。

本规程表 9.4.9 ~ 表 9.4.11 是根据铁二院 1988 年编制的《动力触探技术规定》中动力触探击数与地基基本承载力、变形模量的关系式而来的，该关系式是按杆长影响校正后击数统计的。鉴于上述情况本规定对重型动力触探实测击数，需按杆长击数进行校正。

9.4.4 式（9.4.4）是根据重型和特重型动力触探以探杆直径（$\phi = 50$ mm），每延米质量（7.5 kg/m）相同的条件下，在天然的黏性土、砂土和卵石土及人工级配各种密度的中粗砂、砾石、卵石土等地层中进行对比试验得出。

对比条件：（1）在均匀地层中重型与特重型动力触探试验两孔相距约 1 m，按同一高度每 50 cm 内的锤击数作一组进行对比，共 128 组。（2）少部分取同一孔内，换锤处向下 20 cm 段的击数进行对比，共 10 组。

参加统计击数范围：$N_{63.5} = 1 \sim 80$ 击/10 cm；$N_{120} = 0.3 \sim 30$ 击/10 cm。

统计结果：相关系数 $r = 0.96$；标准差 $s_x = 2$ 击/10 cm。

9.4.6 利用动力触探校正后击数与贯入深度曲线划分地层，主要是从土层强度上的差异进行力学分层，一般规律是：黏性土及砂类土动力触探击数较小，曲线比较平稳顺直；砾石土动力触探击数较大，曲线有小的波动；碎石、卵石土曲线往往呈相差较大的峰谷状，大击数反映出较高指标的强度特征，据此可以对土层进行初步定性判别分类。对土层定名应结合钻探资料确定。

分层界面的划分办法是根据多年来现场和真模试验资料分析研究结果提出的，举例如下：

（1）四川彭山青龙场岷江河漫滩冲洪积砂与卵石层及卵石与白垩系砂页岩风化层；

（2）成都西北郊粉土与卵石土层；

（3）真模试验人工配制的砂、卵石与天然的黏土夹卵石层；

（4）利用多项地基勘察工程的钻探与动力触探试验对比孔资料。

大量的对比资料表明，利用动探（N—d）曲线划分的力学分层界面与一般土层分界面是一致的。取击数小值点上、下 10 ~ 20 cm 为分层界面与勘探资料基本吻合。因此在划分地层剖面时动探可以作为一种辅助手段，以减少钻探工作量，在力学强度差异不明显的地层中，划分土层应以钻探资料为主。

9.4.7　动力触探贯入过程中，当探头尚未到达下卧层，在界面以上一定深度时，下卧层的影响已经提前反映出来，当探头穿过界面一定深度内，上覆土层的性质仍对击数产生影响，这就是滞后反映现象。也就是说，探头在界面上下一定深度范围，其击数是上下土层性质的综合反映，此范围称界面影响范围，其曲线呈逐渐过渡变化。试验结果表明此范围不超过 1 m。一般情况是：上硬下软地层，影响范围大，提前反映段大于滞后反映段，反之影响范围小，提前反映段小于滞后反映段。影响范围内的击数不是土层固有击数，不能代表土层力学特性，在确定土层的动力触探击数平均值时应剔除，剩余的部分为有效厚度。影响范围的大小与上下两层土的力学性质差异成正相关，如何划分规定未明确提出，主要是因为自然界中地层的组合复杂多变，提前和滞后反映的范围不尽一致，目前还不能对各种情况提出具体规定，本规定仅要求进行划分，划分标准可结合动探曲线和工程重要性考虑，以有效厚度内的击数变化较稳定为原则。

触探的临界深度，可认为是一种特殊的滞后反映。当探头从地表向下贯入时，探头周围土体向外挤压，形成一直径为 74 mm 的圆柱空间。贯入深度较小时，土体产生剪切位移易使地表隆起，减小探头阻力使击数降低。随着贯入深度增加，土体自重压力增大，土体位移表现为体积压缩在地面的反映也逐渐减小，到一定深度后动探击数趋于稳定，滞后反映结束。试验表明各种土的地表临界深度均不超过 1 m。

在有效厚度内剔除少量击数特殊大值，主要是指土层中异常包裹体（大块卵石）所引起的击数异常值。试验中发现，大颗粒被探头锥尖击碎的可能性很小，主要是下沉、倾斜、外挤。当探头碰到个别大颗粒时，击数突增，通过后又趋正常，对地基强度而言，个别大颗粒的存在并不增加地基承载力。如果土层中大颗粒含量多，则该层大击数出现次数亦多，就不存在少量特殊大值。剔除特殊大值的数量界限限定为 10%，此界限还需根据地层结构特性，进一步论证。

9.4.8　划分后的有效厚度（H_h）小于 0.3 m 时，按本条建议的原则确定 $N_{63.5}$，主要基于以下原因：动探曲线以贯入深度 10 cm 所需击数逐点绘制，当 H_h < 0.3 m 时，意为有效动探击数测点少于 3 点，加之粗颗粒土中击数的差异性，取算术平均值失去统计意义。

薄夹层情况下校正后击数与土层固有击数往往呈说明图 9.4.8—1 及说明图 9.4.8—2 所示。

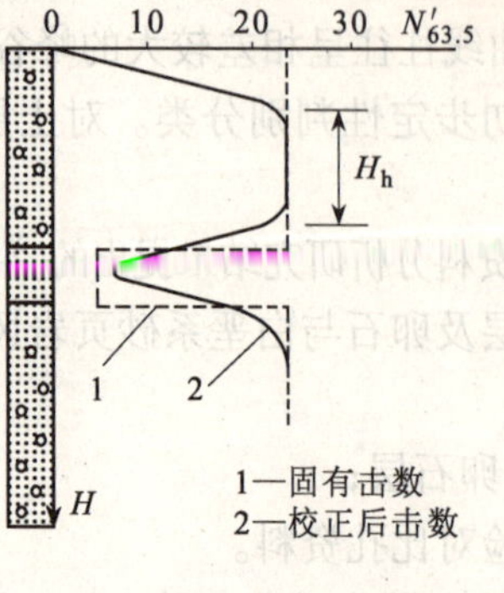

说明图 9.4.8—1

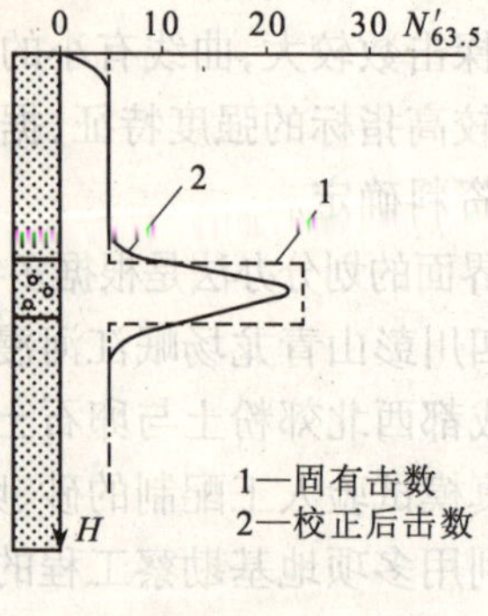

说明图 9.4.8—2

图中校正击数在薄夹层中出现失真现象,主要是提前和滞后反映所引起的,当夹层薄时,固有击数是否出现有时难以判定。如薄夹层是软弱土层取小值仍可能偏大,此时应特别注意,条文对此规定较灵活,是便于工程技术人员在选取击数值时,可结合具体情况考虑。

9.4.9 表 9.4.9 是参照《工业与民用建筑地基基础设计规范》(TJ 7—74)中表 14 编制的。需要说明的是:该地基规范中的承载力是指基础埋深≤1.5 m 时的地基容许承载力,埋深大于1.5 m时,需进行深度修正。而铁路桥规中对基础埋深大于3.0 m进行深度修正,引用时我们未作换算调整,主要原因是:①轻型动力触探多用于小型建筑物浅埋基础的地基测试和基坑验槽,如按 3 m 深度内的承载力进行调整,势必造成应用上的不安全因素。②我们对轻型动探在一般黏性土中的试验研究不多,引用地基规范安全可靠。如考虑深度调整,按 TB 10002.5—99 的修正公式,$\gamma_2 = 1.5\ \mathrm{tf/m^3}$、$K_2 = 2.0$、$H = 0.75$ m,则表中承载力值将提高 22.5 kPa。

9.4.10 表 9.4.10 是根据多年所积累的荷载与动力触探对比试验资料统计分析得出,资料来源于四川成都、夹江、彭山、德阳,辽宁沈阳、抚顺、本溪,甘肃兰州、白银、蔡家坡和广西南宁等地的砂土、圆砾土、卵石土及少量角砾土、碎石土。

(1)基本承载力的确定原则:采用荷载试验的容许承载力作为基本承载力。荷载试验压板面积以 2 500 ~ 5 000 cm² 为主,少量大于 1 m²,埋深为零,用作基本承载力时未进行深度、宽度修正。容许承载力根据下列原则确定:

① 取破坏荷载点压力 1/2 ~ 1/3,从几十组载荷试验资料表明此值小于或等于比例界限点的压力值。

② 没有出现破坏荷载点的试验,取 p—S 曲线上直线段终点的压力,同时考虑沉降量相当压板宽度 2% 的因素。

(2)动力触探击数平均值的确定:

① 一般情况取持力层中有效厚度内动力触探击数的算术平均值。

② 部分载荷试验由于承压板下持力层厚度不够,取地基压缩层厚度范围内,各等厚土层的动力触探击数与相应深度处的附加压力系数的加权平均值。

(3)统计分析:

① 中砂 ~ 砾砂

参加统计的对比试验资料 25 组,其中砾砂 11 组、粗砂 5 组、中砂 9 组。

参加统计的数值范围:

基本承载力 $\sigma_0' = 100 \sim 390$ kPa

击数平均值 $\overline{N}_{63.5} = 2.35 \sim 9.45$ 击/10 cm

相关方程式 $\sigma_0 = 0.565 + 3.838\overline{N}_{63.5}$ (说明 9.4.10—1)

相关系数 $r = 0.936$

标准偏差 $s_{\sigma_0} = 7.625$

离差系数 $R_{\sigma_0} = 14.49\%$

$$R_{\sigma_0} = \sum (|\sigma_0' - \sigma_0| / n\sigma_0') \times 100\%$$

式中 σ_0'——实测基本承载力;

σ_0——相关方程式计算值(10 kPa);

n——参加统计的组数。

表 9.4.10 所列数值按式(说明 9.4.10—1)计算值并根据实测值与计算值离差系数情况进行调整后得出。

② 碎石类土

参加统计的对比试验资料 59 组,其中卵石土 37 组,圆砾土 17 组、角砾土 4 组、碎石土 1 组。

参加统计的数值范围:

基本承载力　$\sigma_0' = 150 \sim 1\ 100$ kPa

击数平均值　$\overline{N}_{63.5} = 2.35 \sim 37$ 击/10 cm

相关方程式　$\sigma_0 = 1 \div [0.078 + 2.46e^{-(\overline{N}/8+4.5)}] - 23$　(说明 9.4.10—2)

相关系数　$r = 0.977$

标准偏差　$s_{\sigma_0} = 6.273$

离差系数　$R_{\sigma_0} = 9.75\%$

表 9.4.10 所列数值按式(说明 9.4.10—2)计算并根据实测值与计算值的偏差量的情况进行调整后得出。

注:表列数值最大为 1 000 kPa,承载力大于此值的地层,动探贯入很困难,不能真实反映土层强度特征。

对粉、细砂,一方面缺乏对比试验资料,加之地下水的影响较大,不应与中砂以上砂类土同等对待。机械工业部第二勘察研究院,根据标贯试验击数得出的承载力与动力触探击数建立关系,提出根据动力触探试验确定粉细砂承载力,可供参考(见说明表 9.4.10)。

说明表 9.4.10　粉、细砂容许承载力[R]表

$\overline{N}_{63.5}$(击/10 cm)		2	3	4	5	6
[R]	kPa	80	110	142	165	187
$\overline{N}_{63.5}$(击/10 cm)		7	8	9	10	12
[R]	kPa	210	232	255	277	321

9.4.11　地基承载力设计值,按照地基基本承载力经深、宽修正后得到。根据《铁路桥涵地基和基础设计规范》(TB 10002.5),深、宽修正公式为 $[\sigma] = \sigma_0 + k_1 r_1 (b-2) + k_2 r_2 (h-3)$。宽度修正系数 k_1 由于有对比的荷载试验资料太少,k_1 值仍选用该规范表 4.1.3 值;深度修正系数 k_2,铁二院对中砂～碎石类土的深度修正系数作了一定的研究,得到 $k_2 = 1.71\left(\dfrac{z}{b}\right)^{0.3} N_{63.5}^{0.7} \Big/ z$ 的统计关系,利用动力触探击数 $\overline{N}_{63.5}$ 来划分 k_2 值,比现行规范中的定性划分更加合理和实用,因此,选用该成果作为确定中砂～碎石类土的深度修正系数 k_2 值;对于黏性土、粉细砂的深度修正系数 k_2,仍选用该规范表 4.1.3 值。

9.4.12～9.4.13　由于碎石类土动探与荷载试验有对比关系的仅有 80 组,有极限破坏点的资料仅有 54 组,作统计时代表性较差。黏性土和砂土动探与荷载试验有对比关系的资料也较缺乏。因此,考虑到这些情况,在承载力表的转化过程中,利用现行《铁路桥涵地基和基础设计规范》(TB 10025)、《铁路工程地质勘察规范》(TB 10012)编制极限承载力标准值时的研究成果,即把《动力触探技术规定》(TBJ 18—87)附录三的地基的基本承载力乘以一个安全系数 K 值,经取整后得极限承载力表。一般黏性土 K 值取 1.86,砂土 K 值取 2.0,碎石类土 K 值取 2.33。

9.4.14　根据动力触探击数平均值提供圆砾土、卵石土变形模量,国内这方面的资料极少，过去认为这类土承载力较高、沉降小，对变形因素考虑较少。随着高大建筑物日益增多，对基础变形要求越来越严格，因此，如何较经济、合理地提供圆砾土、卵石土等变形模量，成为急待研究解决的课题。由于资料还不够充分，制定表 9.4.14 时采用了如下过渡办法：

(1)资料来源

①1972 年进行铁路工程技术规范修订工作时，曾收集到圆砾土、卵石土载荷试验资料 75 组(其中卵石土 45 组)。

②1972 年以后开展现场和真模试验累积了 60 组资料(其中相当一部分是为了研究深、宽修正而进行的对比试验)。

前后共 135 组资料中，有动探直接对比试验的占少数(共 16 组)，对统计击数平均值与变形模量间的关系存在一定困难。

(2)统计分析

①首先对变形模量(E_0)与基本承载力(σ_0)间的关系作了分析研究，建立圆砾土、卵石土(E_0)与(σ_0)间的相关方程式，通过检验确认二者没有差异后，将圆砾土、卵石土选取 73 组资料合并进行统计分析后得出：

$$E_0 = 1.084 + 6.327\sigma_0 (\text{MPa}) \quad \text{(说明 9.4.14)}$$

相关系数 $r = 0.83$

标准偏差 $s_E = 15.2$ MPa

变异系数 $R = 28.76\%$

②数据范围：

变形模量 $E_0 = 10.5 \sim 140.6$ MPa

基本承载力 $\sigma_0 = 175 \sim 1\ 400$ kPa

③利用统计得 $\sigma_0—\overline{N}_{63.5}$ 与 $\sigma_0—E_0$ 的关系，经过换算求得 E_0 和 $\overline{N}_{63.5}$ 的对应值，制订了表 9.4.14。

说明表 9.4.14 所列数值经 1984 年成都市两项工程地基载荷试验与动探试验的验证，结果令人满意。

电视台 2 号点试验离差偏大，原因是载荷试验压板处有汉代古井(经市考古队查证)2 个，井底标高比压板高 0.2 m，由于长期取水，卵石土充填物中细颗粒被水带走，故沉降偏大，E_0 偏小。

说明表 9.4.14 对 比 表

试验编号	$\overline{N}_{63.5}$(击/10 cm)	E_0'(查表 E)	载荷试验 E_0	$(E_0'-E_0)/E_0'$
地矿所⁎1	32	60.9	66.5	-9.2%
地矿所⁎2	24	53.6	56.0	-4.5%
电视台⁎1	11.5	30.2	28.0	+7.3%
电视台⁎2	7.5	20	15.2	+24%

以现有的 16 组动力触探击数平均值与荷载试验对比资料，验证表 9.4.14，离差小于 10% 的占 62.5%。

由于表 9.4.14 是从 $E_0—\sigma_0$、$\sigma_0—\overline{N}_{63.5}$ 关系得出 $E_0—\overline{N}_{63.5}$ 的关系，故表中所列数值在使用中应结合工程情况考虑，对重要工程应进行现场载荷试验，提供变形模量(E_0)值，今后资料积累多了，再进一步补充完善。

10.1.5　现场试桩和模型试验证明，30 倍桩径（或探头直径）以外的边界条件，对测试结果的影响可以忽略；土的非均质性总会影响平行试验结果，故孔间距不宜过大。

10.2.2　要求探头各项检测误差不大于 1%，则必须用允许误差为 0.3% ~0.5% 的Ⅲ等标准测力计予以标定。

10.2.3　以往的专门试验表明，以 20 mm/s 标准速率为基准，贯入速率每改变 1 个量级，q_c 和 f_s 值将改变 10% 左右，而 u_d 或 u_T 的改变量将更大，因此本条文采用国际通用标准。本条文未考虑加设测斜装置，除对探杆技术性能提出要求外，对触探主机施力作用线的垂直度提出了控制标准，可减免探杆折断和缩小深度误差。铁四院在杭甬高速公路勘察中曾出现过探杆拔不起来的现象，故要求主机的额定起拔力不小于额定贯入力的 120% 是必要的。

10.2.4　要求探杆长度等长，既便于操作、装运，更便于核查贯入深度。前 5 m 探杆在贯入过程中起重要的导向作用。若前 5 m 探杆连接后挠曲产生在同一方位，而 5 m 以后的探杆循前 5 m 探杆的路径贯入，如果探杆弯曲度平均达 0.05%，则触探孔形成弧形弯曲，其曲率半径约为 250 m。当孔深为 60 m 时，贯入长度为 60.59 m，即深度误差约为 1%；要求探杆两端螺纹轴线的同轴度精度，也是出于同一目的。

10.2.5、10.2.6　仪器显示的最小确定读数，称为有效分度值，本规程要求小于 0.06% FS，对数字显示仪而言，满量程不应小于 $3\frac{1}{2}$ 位；对刻度式仪器，满量程不应小于 2 000 个刻度。

一般静力触探，每孔贯入历时不长，即使存在零漂，也易于消除。但若进行孔隙水压力静力触探（CPTU），在 1 孔中进行多点孔压消散试验，则仪器连续工作时间很长，兼之在贯入过程中，不许可作归零检查，故对仪器的零漂予以限制是必要的。

标尺长度与主机贯入行程一般是相等的。标尺长度范围内，刻度的精度可以放宽，标尺全长的准确性则直接与贯入深度相关联，故必须予以限制。目前国内触探仪的计深标尺大都刻划在主机上，常因地锚与主机之间接触松动或杆件变形等原因，在贯入过程中主机随贯入行程之往返而上、下浮动，致使记录深度与实际深度不符，其总误差有时很大。只有将计深标尺垂直固定在地面不动点处，方可从根本上保证触探深度的准确性（这里未计触探孔的倾斜因素）。自动记录仪计深用的摩擦轮，在保证与探杆的接触不产生打滑、丢转的同时，也应设法置于地面不动点处，以保证贯入深度的可靠性。

10.2.7　本规程所指单桥探头仅限于在国内广泛使用的综合型探头，在锥底以上部位尚有一段圆柱形套筒，测得的（比）贯入阻力（p_s）包含了 q_c 和 f_s 两种成份；双桥探头国内生产厂家较多，外形虽与国外流行的 Fugro 型探头相近或相同，但内部结构各异。结构上的差别主要表现在锥底有效面积比 a 不同，致使同一土层中 q_c、f_s 时有差异。为此，将 a 值作为双桥探头的一项基本技术参数明确规定。

探头加工公差和更新标准参考了中国工程建设标准化委员会推荐的《静力触探技术标准》（CECS 04—88）和国际参考试验规程，结合铁科院有关探头标准化研究成果而制定的，考虑了下列两个基本原则：

（1）保证加工精度，延长使用寿命

① 探头各部直径（d_1、d_2）按工作面积取上偏差加以控制，以延长使用寿命。

② 探头锥尖容易磨耗，将锥高 H 标准降低，可节省勘察成本。

(2)从实际出发，尽可能向国际标准靠近

① 国际标准要求孔压探头和双桥探头全长不得小于 1 000 mm。本规程对双桥探头长度未作明确规定，就是从国内现实情况出发的。今后宜适量开展不同长度的双桥探头对比试验研究，便于本规程的进一步修订。

② 本规程给出了过滤片三种形式、两种设置位置，这是参考了日本 OYO 公司和荷兰 Fugro 公司产品后定出的。到目前为止，对孔压触探的认识和经验相当有限，但本规程所提出的一些认识，即是基本的，也是有一定实践基础的。

10.2.8 套筒、摩擦筒与土(特别是黏土)摩擦所产生的粗糙度约为 1 μm，将套筒和摩擦筒表面纵向粗糙度控制在 3.2 μm 以下，不致因贯入而带动周围土向下移动造成应力扩散；将锥头、摩擦筒与探头管之间的滑动间隙加以限制，以保证它们之间的同心度，并可防止某些粗粒土进入间隙影响测试结果。

10.2.9 过滤片的渗透系数推荐值为 10^{-5} cm/s 级，相当于粉质黏土类的 K 值。本规程采用此值，期望在粉土～黏土这类细粒土范围内有普遍的适用性。要求过滤片与相邻部件的接触面具有大于 1 个大气压的抗渗能力，是为防止孔压应变腔中的水在触探前便从接触缝隙中逸失而不饱和，达不到测试目的。

孔压应变腔体(容)积改变量(ΔV)反映土中水进、出于孔压探头的多少，ΔV 过大，将不利于对探头周围土体的固结性质作出正确解释，故将 ΔV 值的上限定为 4 mm^3，同时规定体变率 $\Delta V/V < 0.2\%$，目的在于使应变腔尽可能大些，微量的蒸发失水不致造成明显的测试误差。

10.3.4 为避免孔压探头在到达地下水位之前应变腔中的脱气液体逸失，当地下水位埋藏较浅时，可用铁锹于孔位处掘一小坑，坑底接近地下水位，坑内注满水后，进行贯入试验；当地下水埋藏较深，可用“预开孔”办法以保证孔隙水压力静力触探(CPTU)成果的可靠性。

10.3.5 零漂检查是保证测试数据质量的基本环节；机电部三勘院的试验研究表明，地表 6 m 以下，地温一般不受季节影响。

探头提升时，孔底处于负压状态。对孔压探头而言，常会造成应变腔中的液体逸失，故规定孔压探头只在终孔后作一次零漂检查。

10.3.8 孔压消散试验，自停止贯入时起，每隔 1 s 或 2 s 测记一次孔压值，一般情况下(对于黏性土)累积 30 s 后，孔压值变化渐缓，可加大时间间隔为 0.5 min 或 1 min，以后可改为 2 min 或 5 min，直至仪表数字每改变 1 个值，记录 1 次相应的累积时间。与此同时，q_c 值在停止贯入后的前期也会发生明显的衰减现象，表明孔压消散的前期阶段伴随土体的卸荷过程，故需测记消散试验中的 q_c。

10.3.9 孔压消散程度是以稳定的孔压值为计算依据的。在天然地基中，试验土层的孔压稳定值即土层在该试验深度的静止孔隙水压值，可用以确定地下水稳定水位，并可判定地下水属承压水还是潜水；地基在上部荷载作用下尚未终止沉降或尚未完成主固结过程时，消散试验由于受时间所限，只能求得与地基中该试验点的孔隙压力相平衡的均衡孔压值，此时，若场区的地下水位已知，可以算出地基在该点的固结度。为使试验时间不致过长，本规程规定以连续 2 h 内孔压值不变为稳定标准，作为对地基静水压力的近似值。

10.3.11 丈量并记录探杆表面干、湿界线的深度，是对地下水埋深数据的补充与参考，有助于对地下水初见水位作出判断。

10.4.1　触探结果就是获得一系列触探参数，这是确定地基计算参数的基础性数据之一。为方便使用，应通过各种形式的图表充分地表达出来，它们能直观而形象地给出一个连续的土层工程特性沿深度而变化的剖面，对设计人员选择地基持力层很有帮助。

10.4.3　数据修正包括深度修正和读数修正两方面：

（1）深度修正

导致深度出现误差的原因：

① 使用地锚作反力，探头贯入时地锚上拔，压缩锚固段土层；探头提升时机座压缩地表土层，致地锚与机座联接装置松动，作业时又未能及时固定联接装置；

② 以卡瓦作为夹持器，容易出现打滑现象；

③ 触探孔在开孔时就发生明显偏斜，或在成层土中贯入，土层软硬相差较大，以及硬层中含粗大颗粒土时，容易出现触探偏斜。

本规程第10.2.6条要求计深标尺置于地面稳定处，目的就是从根本上消除上述①、②两项原因造成的深度误差。而第10.2.3条、第10.3.2条的规定，则是从设备的加工和操作方面提出一些限制性要求，以控制上列原因所带来的深度误差。

由于国内设备多将计深标尺固定在触探主机上，常造成记录深度大于实际深度。这时，应根据操作过程中在记录表中所作的标注，将地锚松动和卡瓦打滑造成的虚贯入从探杆入土的累计长度（深度）中逐段修正扣除；而对应于虚贯入的读数予以剔除。因本规程未考虑测斜装置的使用，对由探孔偏斜造成的深度误差，只能依靠场地钻孔资料予以修正和校准。

（2）读数修正

读数修正就是对零漂平差。一般当零漂值在测试值±10%以内时，可据上、下相邻两次归零检查的深度间隔，简单地按线性平差分配零漂修正量；当零漂值过大时，若按深度平差，可能与实际不符，特别是在软土地基中贯入，有时会使触探曲线出现“台阶”。此时，宜在两次归零检查的时间间隔内，根据贯入行程所占时间比例，依比例分配零漂修正量，再对贯入行程中的读数按深度进行线性平差。

10.4.4　q_c（或p_s）、f_s和u_d（或u_T）是三个基本触探参数，连同孔压消散试验数据在内，是据以进行土层划分、定名、确定地基持力层、给定地基参数的依据，必须根据计算公式逐点算出，以便绘制触探曲线。

R_f、B_q和q_T则是通过参数变换计算得到的，在手工制图情况下，一般只要求计算分层土的平均值。若使用微机成图，这些参数也应逐点算出，绘制曲线。其中，R_f和B_q是土层的两个特征参数。由定义式（10.4.4—4）知道，B_q与Skempton孔压系数（A_f）类似，它反映了探头贯入时周围土的孔隙压力状态。q_T则是将q_c转换成具有总应力概念的总锥尖阻力。铁四院曾使用有效面积比$\alpha=0.21$的孔压探头贯入淤泥质土中，常出现$u_d \geqslant 0.5q_c$，甚至$u_d > q_c$的情况。因为锥尖以丝扣与探头本体相连，由于结构上的需要，锥尖的全断面与探头本体存在间隙（中以挡泥圈相隔），水可自由进出。丝扣连接部截面积为有效面积，间隙所占的环状面积则完全暴露于水中或者与土中水存在水力联系。探头贯入时，特别是在欠固结和正常固结黏土中，环状面积受到一个与贯入同向的水压力（u_T），使锥尖阻力减小。因此，q_c应按式（10.4.4—3）修正，以利成果的通用与解释。

原长沙铁道学院和西南交通大学通过对 CPT 应力—位移场的大量模型试验表明，相对于锥尖下方的土体而言，锥尖全断面处上方的土体处于一种剪切卸荷状态，故必有 $u_T/u_d \leqslant 1$；Robertson 等人（1985 年）在探头不同部位设置了量测孔隙水压的元件，对不同状态的土质进行了系统性试验，得到如说明图 10.4.4 所示结果。这些结果经铁四院在广州、深圳、武汉、鄂州、徐州、宁波、温州及连云港等地验证与实际情况相符，并将其归纳于表 10.4.4 中，以供使用。

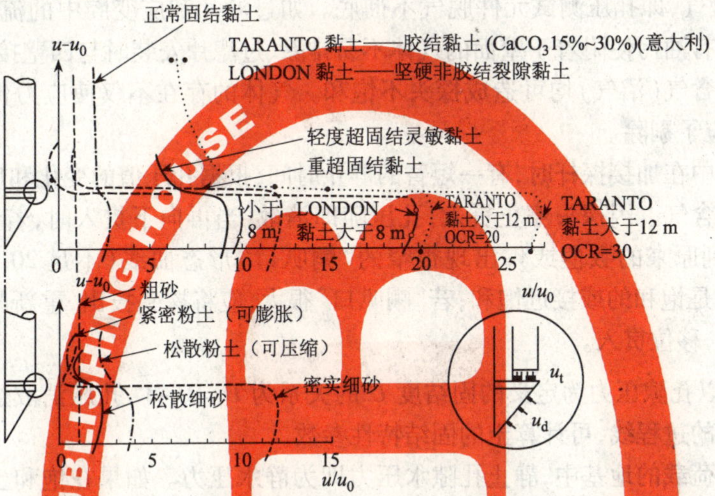

说明图 10.4.4 在现场饱和土中用 CPT 实测的孔隙压力（沿探头表面纵向）的分布

10.4.6 经零漂修正后的孔压值，点绘成 u_t—lg$t$ 曲线后，有时会出现如说明图 10.4.6 所示的几种形态。

（1）曲线初始段出现陡降，过拐点 P 后曲线进入正常状态。

这是因为探头贯入时，由于 $u_d > u_T$，决定了当探头由2 cm/s的动态贯入骤然静止时，土体内部的渗流状态即应力状态是紊乱的，需要一个短暂的内部应力的调整与平衡过程。这个陡降现象可能就是由 $u_d \to u_T$ 时造成的。修正的目的，使得 u_t—lg$t$ 曲线是 u_T 意义下的孔压消散曲线。

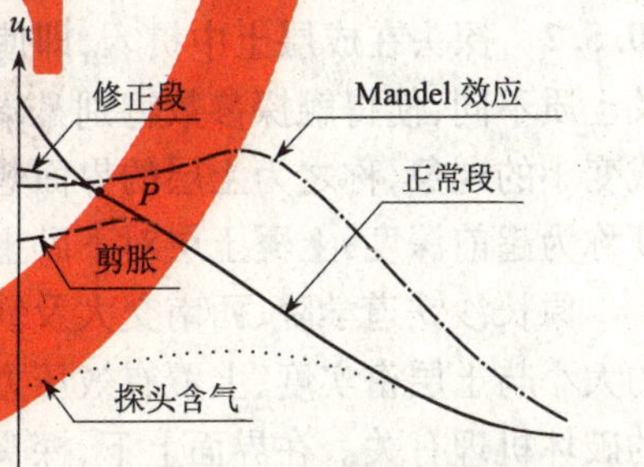

说明图 10.4.6 孔压消散曲线的形态

（2）孔压消散曲线在初始阶段先上升而后下降，可能有以下几种原因：

① 孔压消散试验的位置正好处在土层界面附近，如试验点附近有渗透性良好粉砂层或砂透镜体，使得在探头周围产生一种 Mandel 效应。也就是说，该范围内的土体在孔压消散的同时，由于压缩固结产生一个向心的挤压作用，导致孔压值初期的上升现象。

② 也有人认为，这种现象与土的剪胀性有关。探头贯入时，与探头相接触的土连续发生屈服，使围绕探头的土受到剪切而卸荷，使这部分土体内部的超孔压相对于探头下方的土体而言，处于低压或负压状态。当探头停止贯入，根据变形协调原理，土体内部应力

在初始阶段就会自行调整平衡，这对于过滤片置于锥底全断面处的孔压探头来说，显得尤为突出。

上述两方面原因造成的消散曲线形态，目前尚无合理的修正方法。建议：对处于土层界面附近的试验曲线，只作为土层剖面的定性解释资料；对由剪胀性造成的试验曲线，略去孔压上升的初始段，以曲线峰值点坐标值作为孔压（u_t）和时间（t）的计量起点（即移轴），用以近似评估土层的固结特性。

③ 探头含气，即孔压测试元件脱气不彻底。如过滤片和应变腔中的流体含气、应变腔及通路四壁有油污使附着于壁面的气体不易排除、过滤片安装时与四壁接触不密贴、甚至土体本身也含气（沼气）均可造成探头不饱和。气体的存在不仅使应力传递显著滞后且数据失真，应予剔除。

贯入过程中在加接探杆时，有一短暂的静止时间，根据孔压值的变化和反应速度可以判断探头是否含气。因探头停止贯入，孔压随即消散，当再向下贯入时，若读数（或记录笔）很快回复到原来的数值或仅出现很窄的"喇叭口"形态曲线（不足 20 cm 实际贯入量），表明探头是饱和的或接近饱和；若"喇叭口"很大，应将探头拔出，重新脱气或更换透水元件或探头，移位贯入。

10.4.8　$\bar{V}$ 与以孔隙压力为定义的固结度 U 的关系为 $U=1-\bar{V}$，孔压消散过程线即固结度与消散时间的过程线，可计算土的固结特性参数。

在无附加荷载的地基中，静止孔隙水压力即为静水压力。如果在饱和土地基上施加一分布荷载（如堤、坝、大面积填土等），地基中便产生一相应的超孔压 Δu。在 Δu 消散过程中进行孔隙水压力静力触探（CPTU）孔压消散试验，由于探头尺寸相当于集中荷载且属高应力水平，因而探头周围的孔压消散速率远远大于堆载发生的孔压消散速率，便出现一种"孔压追踪"现象。设 u_{tQ}、u_{tP} 分别为堆载和探头在同部位某时刻 t 的孔压值，则在有限的时间内 $u_{tP} \geqslant u_{tQ}$。为使试验时间不致过长，本条文规定取第 10.3.9 条的稳定值标准。此时视 $u_{tP} \approx u_{tQ}$，并称 u_{tP} 为均衡孔隙压力 u'_w，而地基中的残余超孔压 $\Delta u_r = u'_w - \gamma_w d$。

10.5.2　探头在成层土中贯入，即使各土层是绝对均质的，也会因上、下土层间密度、状态及土质不同，使得触探参数特别是端阻值在土层界面上、下一定深（高）度内有提前变大或变小的现象，称之为土层的界面效应。下卧土层对上覆土层贯入阻力 p_s 或 q_c 的影响高度称为超前深度；上覆土层对下卧土层贯入阻力的影响深度称为滞后深度。

原长沙铁道学院、西南交大及铁道科学院所作的大量模型试验表明，超前、滞后深度的大小与土层密实度、上覆有效压力及探头尺寸等因素有关；界面效应的实质与探头对土的破坏机理有关。在界面上下，探头贯入时，土的破坏一般以剪切（或冲切）为主，在超前深度以上和滞后深度以下则多以压密破坏为主。这一机理现象，对桩尖持力层的选择、沉桩可能性判断及深基础（桩）承载力计算均有重要意义。

工程实践和模型试验还证明，贯入阻力是土强度及变形性质的综合反映，而端阻又是诸参数中最为常用的一个。经验表明，不同土层可能有相同的端阻，而孔压值和侧阻可大不相同。因而在划分土层时，要求以端阻为主，结合孔压值、超孔压比、侧阻及摩阻比等参数予以划分，以同一分层内的触探参数值基本相近为原则。

本条文给出的层面划分标准，是根据原长沙铁道学院 47 次室内真型试验结果并经北京铁路局勘设院在现场挖探验证后提出来的。经过了路内使用单位钻探分层资料的检验，而且与孔压触探分层结果吻合。

10.5.3 若取各分层触探参数平均值按相应公式计算 $\overline{R}_f$ 和 $\overline{B}_q$，可简化计算工作量，其中静水压力和总自重压力同样可取层平均值。文中所谓较大值，指该层土的触探参数最大值所在深度上、下各 20 cm 范围内的大值平均值。曲线中的特殊大值点，往往是由黏性土或粉土中的姜石、湖沼软土中的贝壳、泥炭质土中的朽木、混合土中个别大颗粒物质等造成。为正确反映土层的触探参数值，这些大值不应参与平均计算；但点绘贯入图时，应如实绘出，有助于对地层的分析。

在黄泛区地表下 20 m 乃至 40 m 内的土层，多由单层厚度为数厘米到 30 cm 的粉砂（或粉土）和黏性土互为透镜体状交错沉积而成。贯入曲线多呈锯齿状。对这类交错层逐一划分是困难的，也无必要。只要求据曲线幅值的总体趋势分段划分大层，在各大层中分别计算触探参数的大值平均值和小值平均值，亦即只计取大值包络线和小值包络线的平均值。根据如下：

（1）本节各有关地基参数的计算公式和数值表，都是基于均质土地基的试验资料而得到的。为使这些试验成果能用于这类“复合”式地层，需要对其进行“概化”性处理。铁四院在徐州枢纽 1 号和 2 号特大桥作了 14 次荷载试验和大量钻探、触探工作，表明用大值平均值和小值平均值分别与砂土和黏性土经验公式相联系，所得地基承载力与荷载板试验结果一致。

（2）在这类交错性地层上进行任何非原型试验，都不可能充分反映工程实际情况。如不加分析而笼统地建立这类地层与触探参数间的经验关系，其代表性是十分有限的。

（3）将这一处理经验用于商丘枢纽几座大桥和站房的地基勘察设计中，多次被证明是成功的；以后在河南省开封至竖岗全长 50 余公里的地方铁路勘测设计中，全线推广使用，效果良好。

10.5.4 我国使用单桥探头，积累了不少地区经验。为了使这些经验得以在双桥触探和孔压触探上应用，建立它们之间的经验换算关系是必要的。

（1）总锥间阻力（q_T）与贯入阻力 p_s 的经验关系

对比试验地点有武昌、深圳、温州、广州、鄂州及徐州等，土质类型有软土、一般黏性土、硬黏土、砂土及砂砾石土等。选择厚度大于 2 m 的均质土层，取层平均值作为统计变量。对比用的探头，其截面积均为 10 cm^2，其中单桥探头有铁四院和新卫电子仪器厂生产的两种，其不同之处在于 57 mm 长的套筒后面的探头管粗细不同，前者 $\phi30$，后者 $\phi27$；而且还与截面积为20 cm^2 的孔压探头进行了系列性对比。得到如下结论：

① 通过 97 组数据的统计分析，铁四院的单桥探头与新卫厂的单桥探头测试资料可以通用。因为两探头管半径的相对误差（10%）已为土层固有的非均质性掩盖，故本规程表 C.0.1 对探头的缩颈率提出了要求，即探头管的直径不得小于规定尺寸，以保证测试资料的通用性。

② 截面为 10 cm^2 和 20 cm^2 的孔压探头测得的 u_d 值相等，q_c 值因探头的有效面积比（a）不等而有明显差别，但按式（10.4.4—3）修正成 q_T 后，二者数值相近。这一结论已为西南交大在柔性边界的砂模型试验中得到某种证实，也与中南综合勘察院早年的现场试验结果一致。说明探头截面积为 10 ~ 20 cm^2 时，尺寸效应对测试数据的影响，在实用上可不计。

③ 通过 53 组对比数据的统计，得

$$p_s = 0.94q_T + 18\,(\text{kPa}) \qquad (\text{说明 } 10.5.4\text{—}1)$$

或　　$$p_s = 0.96q_T \approx q_T$$　　（说明 10.5.4—2）

其中：相关系数 $r = 0.96$，标准差 $s = 260$ kPa，统计值域 $p_s = 230 \sim 6\ 370$ kPa，$q_T = 230 \sim 7\ 250$ kPa。

从实用上看，本条文取 $p_s/q_T = 1$，以简化换算关系。

(2)锥尖阻力(q_c)与贯入阻力(p_s)的关系

为建立它们之间的换算关系，对统计变量作了如下处理：统计变量均取用层平均值，凡对比孔整孔出现 $q_c > p_s$ 的数据均不采用，双桥探头的 q_c 数据均取用有效面积比 $a = 0.39$ 的探头测试值。

对选择出的统计变量分别按 $p_s = bq_c + a$、$p_s = bq_c$ 和 $p_s = q_c + nf_s$ 三种适线方程进行回归分析；同时考虑到静力触探的独立性，勘察中不一定钻探取样，故采用双桥探头划分土类的方法，将地基土分为砂类土和黏性土两大类。

铁科院对 209 组数据的分析，最终推荐

$$p_s = 1.1q_c$$　　（说明 10.5.4—3）

作为各类土层在总体意义上的一个平均换算关系，其相关系数 $r = 0.99$。

此关系式简单，使用方便，并补充说明如下：

该式并非数理意义上的表达式，因此不能任意延伸用于换算土的 f_s、R_f 及有关的其他方面；建立此式的目的在于，当无地区性经验可循时，用 q_c 确定地基的承载力、判定 $I_p \leq 10$ 的地基土液化可能性，一般偏于安全。但须指出，根据众多学者的实践与研究，在密实的粉细砂层中贯入，常出现 $q_c > p_s$ 现象，这应是探头形状所造成的。

10.5.5　北京铁路局勘设院根据在北京、天津、石家庄、徐州、连云港、上海、南京、沈阳、广州、深圳、武汉等地的对比试验资料，对三变量(q_c、R_f、f_s)和双变量(q_c、R_f)作了多种形式的判别分析，最后推荐出图 10.5.5 的线性判别式，结果表明，成功率大于 86%。

10.5.6、10.5.7　分类的数据资料来源于广州、深圳、温州、武汉、鄂州、徐州、连云港、宁波及广茂线，按 GB 50021—2001 的土质分类标准，使用两组判别的 Fisher 准则，得到如图 10.5.6a 及图 10.5.7 的线性判别式，现补充说明下列两点：

(1)以图 10.5.6a 为例，软土的判别式为 $Y = 5.13B_q - 12.4q_T > -3.03$，即 $B_q > 2.4172q_T - 0.591$，是一条不平行于 B_q 轴的斜线，包括图 10.5.5 及图 10.5.7 在内均是如此。将这样一条斜线人为改绘成竖直线在于方便应用并与《铁路工程地质勘察规范》(TB 10012—2001)协调一致。

(2)根据图 10.5.6a 和图 10.5.7 判别土类时，常会出现硬黏土被错判为粉质黏土、硬塑的粉质黏土被错判为粉土。为此，引入固结度达 50% 时的孔压消散历时(t_{50})作为辅助判别(图 10.5.6b)，可使误判率大为降低，该辅助判别图同样适用于图 10.5.7。

10.5.8　土的天然重度(γ)是一项基本的土工计算参数，建立 γ—p_s 的关系，既是必要的，又有其可行性。根据如下：

(1)γ 是干重度(γ_d)和天然含水率(w_n)的函数，西南交大、原长沙铁道学院及国外试验研究表明，p_s 与砂土的 γ_d、D_r 有良好的关系；而正常固结的饱和黏土，其强度与 w_n 有惟一关系。这为建立 γ—p_s 的经验关系提供了试验依据。

(2)根据理论公式

$$\gamma = \gamma_d + nS_r\gamma_w$$　　（说明 10.5.8—1）

式中　n——土的孔隙率，$n = 1 - \gamma_d/G_s\gamma_w$；

G_s——土粒比重；

S_r——土的饱和度；

γ_w——水的重度。

饱和土，可认为是二相土，$S_r \approx 1$，上式可改为

$$\gamma = \gamma_w + (1 - 1/G_s)\gamma_d \quad \text{（说明 10.5.8—2）}$$

由于造岩矿物的 G_s 相差不大，对黏性土而言，G_s 多在 2.6 ~ 2.8 间，可取 $G_s \approx 2.7$；而 γ_w 可恒取为 10 kN/m³。故对饱和土而言，其重度 γ 可用下面的近似式表达：

$$\gamma \approx 0.63\gamma_d + 10(\text{kN/m}^3) \quad \text{（说明 10.5.8—3）}$$

既然在一定条件下，γ_d 与 p_s 有良好的对应关系，则 γ 与 p_s 统计关系也就存在。

(3) 如同 G_s 值一样，对于非有机质土，γ 值的变化不大，一般在 15 ~ 22 kN/m³ 之间，因此用 p_s 估计非有机质饱和黏性土的 γ 值所造成的误差甚小。在生产实践中，曾多次用本条文给出的经验公式与室内试验结果进行比较，偏差在 0.3 kN/m³ 以内者占 90% 以上，最大偏差达 0.5 kN/m³。用于估计淤泥的 γ 值，一般偏小 0 ~ 0.2 kN/m³；用于估计硬塑 ~ 坚硬黏土的 γ 值，可能偏大 0 ~ 0.3 kN/m³。

10.5.9 用液性指数 I_L 划分黏性土的塑性状态反映了土的软硬程度。相同的土状态不同，工程性质有别，可用触探判别。但不同的土在 I_L 值相同时，p_s 或 q_c 值不同，故单纯以某一个触探参数确定 I_L 值精度不高。为此，在统计分析时，考虑到塑性指数 I_p 本身常具有 2 ~ 3 的试验误差，取 $I_p \geq 15$ 的试验数据 159 组，同时进行了判别分析和回归分析，得到表 10.5.9—1 综合判别结果，经近十余年来的实践表明，误判率很低。而表 10.5.9—2 则是根据铁四院在国内各地多年的实践并结合其他单位的使用经验（参见说明表 10.5.9）后提出的，有一定的代表性。

说明表 10.5.9　用 p_s 估计 I_L 值

公式来源	经验公式	适用土类	对应下列 I_L 的 p_s 值(kPa)				
			0	0.25	0.50	0.75	1
原北京综勘院	$I_L = \frac{287}{p_s} + 0.374$	p_s < 2 000 kPa 黏性土	—	—	(2 280)	760	460
武汉冶勘院	$I_L = 1.583\ 4 - 0.934\ \lg\frac{p_s}{100}$	黏土和亚黏土	4 960	2 680	1 450	780	420
铁四院	$\frac{1}{I_L} = 0.001\ 1p_s + 0.462$	p_s < 3 000 kPa 黏土	—	(3 220)	1 400	790	490
铁四院	$p_s = 503I_L^{-1.06}$	p_s < 1 500 kPa 黏性土	—	—	1 050	680	500

10.5.10 原《静力触探使用技术暂行规定》根据 325 组对比试验资料给出：

$$\left.\begin{array}{l} p_s < 600\ \text{kPa 时}, s_u = 0.0\ 528p_s \\ p_s = 600 \sim 1\ 500\ \text{kPa 时}, s_u = 0.05p_s + 1.6 \end{array}\right\} \quad \text{（说明 10.5.10）}$$

并建议软黏性土的不排水抗剪强度取 $c_u = 0.9s_u$。

上式资料来源较广，但情况比较复杂，既有电测式十字板数据，又有机械式十字板数据。在试行多年后发现，若采用固结快剪强度参数（取 c_{cu}、φ_{cu}）并按公式取 $s_u = c_u + p_c' \cdot \tan\varphi_{cu}$ 定义土的天然强度（p_c' 为土的先期固结压力），则经统计有 $s_u \approx s_{cu}$，表明上式给出了

较高的 s_u 值;而室内无侧限强度之半 $q_u/2$ 仅为 s_u 的 84% 左右。

鉴此,为消除不同十字板试验体系对统计成果的影响,在修订本条文时,在原数据中剔出了机械十字板数据,并在各软土工点补作了 319 组电测十字板与 CPT 对比试验,板头一律采用Ⅰ型,按经典承载力公式取 $s_u=(p_s-\sigma_{v0})/N_k$ 进行统计分析,得到本条文的式(10.5.10—1);N_k 的值域为 12～19,平均为 15,标准差 $s=1.5$ kPa,变异系数 $\delta=0.1$,有较高的精度。

考虑到使用式(10.5.10—1)可能存在的困难,故又统计出 $c_u=0.9s_u=0.04p_s+2$,该式的相关系数 $r=0.816$、标准差 $s=2.7$ kPa、变异系数 $\delta=0.137$。该式业经连云港软土地基试验路堤、金温线软土地基路堤填筑施工等诸多工程验证,相当可靠。

10.5.11 饱和黏性土的固结快剪内摩擦角 φ_{cu} 一般可用下式表征:

$$\tan\varphi_{cu}=\alpha\cdot c_u/p_c' \qquad \text{(说明 10.5.11—1)}$$

对于正常固结土,$p_c'=\sigma_{v0}'$,σ_{v0}' 为土的有效自重压力,比值 c_u/p_c' 或 c_u/σ_{v0}' 称为随固结压力而变化的强度增长率,对某一定的地区土而言,是一个比较稳定的数。α 为经验换算系数,与试验方法及其应力条件有关,当 c_u 用式(10.5.10—3)计算时,$\alpha=1.4$。现就 α 取值问题,补充说明下列几点:

(1)试验方法和应力条件对 α 值的影响

说明图 10.5.11—1 给出正常固结土三轴固结不排水剪切试验的强度包线和几种总应力路径,为陈述方便,在此统一使用 τ 代表剪应力和剪强度。

$\overrightarrow{BC}$ 为 K_0 固结不排水(K_0CUT)剪应力路径,其与室压 $\sigma_3'=K_0p_c'$ 时各向等压固结不排水(ICUT)剪应力路径 $\overrightarrow{ABC}$ 重合。$\overrightarrow{JK}$ 是与 $\overrightarrow{BC}$ 相对应的最大剪应力路径,当达破坏时,剪应力峰值为 τ_{u1};$\overrightarrow{DE}$ 则是 $\sigma_3'=p_c'$ 时的 ICUT 应力路径,不排水剪强度为 τ_{u2}。因此,在强度包线上,下面的恒等式成立:

$$\tan\varphi_{cu}=\Delta\tau_{cu}/\Delta\sigma_N=\tau_{cu}/\sigma_N \qquad \text{(说明 10.5.11—2)}$$

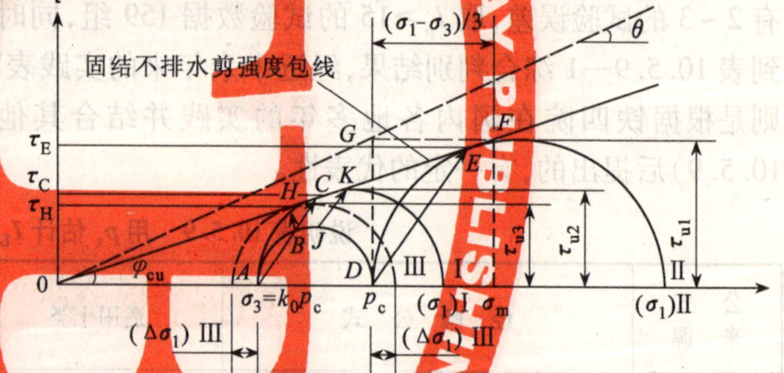

说明图 10.5.11—1 不同应力条件下正常固结黏土的抗剪强度

$\overrightarrow{BC}$——K_0CUT 应力路径;$\overrightarrow{JK}$——K_0CUT 最大剪应力路径;

$\overrightarrow{BH}$——ISUT 应力路径;$\overrightarrow{ABC}$、$\overrightarrow{DE}$——ICUT 应力路径;

Ⅰ、Ⅱ、Ⅲ——极限应力圆编号

式中 $\Delta\tau_{cu}=\tau_E-\tau_C$,$\tau_E$、$\tau_C$ 为 E、C 两点处的固结不排剪强度;$\Delta\sigma_N=\sigma_E-\sigma_C$,$\sigma_E$、$\sigma_C$ 为与 τ_E、τ_C 对应的剪切面法向应力;τ_{cu}、σ_N 为强度包线上任意一点处的固结不排水抗剪强度和法向应力。

当改用不固结不排水剪(相当于直剪快剪)强度 τ_u 和先期固结压力 p_c' 表征 $\tan\varphi_{cu}$ 时,因 $\tau_u/p_c'\neq\tau_{cu}/\sigma_N$ 故有

$$\alpha\cdot\tau_u/p_c'=\tau_{cu}/\sigma_N \qquad \text{(说明 10.5.11—3)}$$

$\overrightarrow{BH}$ 为各向同性土在正常固结的原位应力条件下的不排水(ISUT)剪应力路径(假定了 $\Delta\sigma_1=-\Delta\sigma_3$)。因此由上图所示几何关系,可导得 α 值的表达式:

对于 τ_C/σ_C:$\alpha_1=p_c'/[\cos\varphi_{cu}(\tau_{u1}+K_0p_c')]$ (说明 10.5.11—4)

对于 τ_E/σ_E:$\alpha_2=p_c'/[\cos\varphi_{cu}(\tau_{u2}+p_c')]$ (说明 10.5.11—5)

对于 τ_H/σ_H： $\alpha_3 = 2/[\cos\varphi_{cu}(1+K_0)]$ （说明 10.5.11—6）

故知有 $\alpha_3 > \alpha_1 \geqslant \alpha_2$，$\alpha_1$ 多在 1.25 左右。

日本土质工法建议用 8 面积体应力取代法向应力和剪应力，通过作图可求得图中的 $\overline{OG}$线，以 $\tan\theta \approx \tau_{u2}/p_c'$ 近似表征 τ_u 随固结压力的变化，这样便有

$$\alpha = \tan\varphi_{cu}/\tan\theta = \left(\frac{8}{9} + \frac{4\sqrt{2}\tau_{u2}}{3p_c'}\right)^{-0.5} \leqslant 1 \qquad \text{（说明 10.5.11—7）}$$

在理想均质土条件下进行现场十字板试验，如果剪切速率与室内三轴试验相同，且土样无应力释放和结构扰动，那么，所得十字板强度 $s_u \approx \tau_H$。实际上，地基土是各向异性的，且 s_u 主要反映圆柱面上的强度，这便决定了 $s_u \leqslant \tau_H$。由此建立的 α_4 便应大于或等于 α_3。

(2)统计结果及其适用条件

① 本条文规定 c_u 是以 s_u 乘以 0.9 为基础的。十字板试验的应力路径并非十分清楚，因而 α 值是经验的。考虑到国内生产部门在各类剪力仪中大量采用直剪仪的现状，故本规程以直剪固结快剪参数(φ_{cu})为对象，进行对比试验。通过对东南沿海和长江、珠江中下游地区上千组对比数据的统计，得平均值 $\bar{\alpha} = 1.42$，均方根误差 $\sigma_{n-1} = 0.21$，因此，取 $\alpha = 1.4$ 作为推荐值。此值经若干工点验证，大多较直剪试验结果偏低在 2°以内；较三轴固结不排水试验结果常偏大在 2°以上。显然，本条文公式仅适用于直剪试验。

② 超固结土与正常固结土的强度特性不同，但自然界难得超固结比 $OCR = 1$ 的软土。因次固结及化学风化作用，使正常固结土带有似超固结性状，由于资料数量，本条文将 $OCR = 1 \sim 2$ 的软土一并统计，可能是造成 φ_{cu} 的估算值较室内试验值普遍偏小的一个原因。

说明图 10.5.11—2 示出固结不排水剪强度(τ_{cu})与有效固结压力的关系，其中加荷曲线($\overline{OA}$)过原点，土是正常固结的，卸荷曲线($\overset{\frown}{ABC}$)则是超固结的。当 $OCR \leqslant 2$ 时，若以$\overline{ABD}$取代$\overset{\frown}{ABC}$，便有$(\Delta\tau_u)_{oc}/\Delta\sigma_{v0}' < (\Delta\tau_u)_{nc}/\Delta\sigma_{v0}'$，即 $\tan\varphi_2 < \tan\varphi_1$。由此可知，只要贯入阻力随深度呈线性递增势态，则用本条文公式估算轻度超固结土的 φ_{cu} 值是偏于安全的。

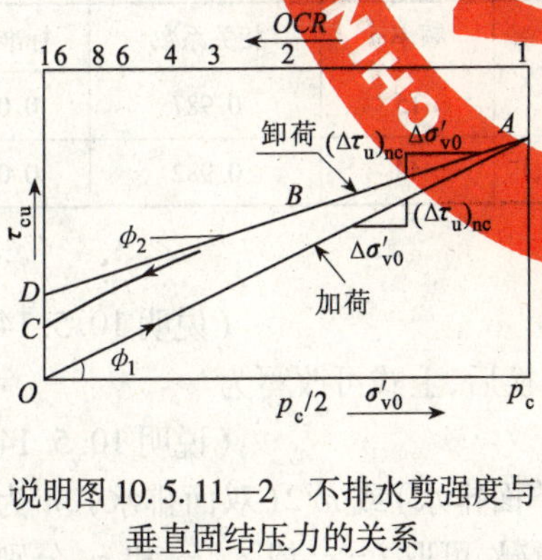

说明图 10.5.11—2 不排水剪强度与垂直固结压力的关系

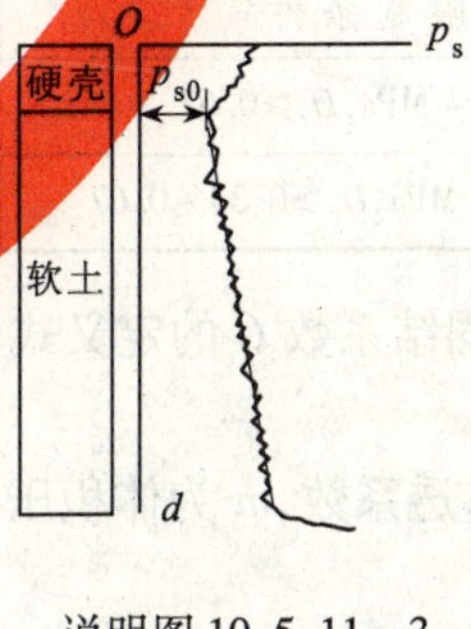

说明图 10.5.11—3 p_s—d 曲线

③ 说明图 10.5.11—3 所示软土地基 p_s—d 曲线，在软土层中，p_s 随深度 d 近乎线性递增。采用该递增曲线的回归直线替代，则回归直线交硬壳与软土的界面处的贯入阻力为 p_{s0}，按式(10.5.10—3)可计算得与 p_{s0} 相应的 c_{u0} 值，此 c_{u0} 值便可近似理解为该软土层的固结快剪黏聚力 c_{u0}。鉴于这是第二次近似值，本规程未予推荐。

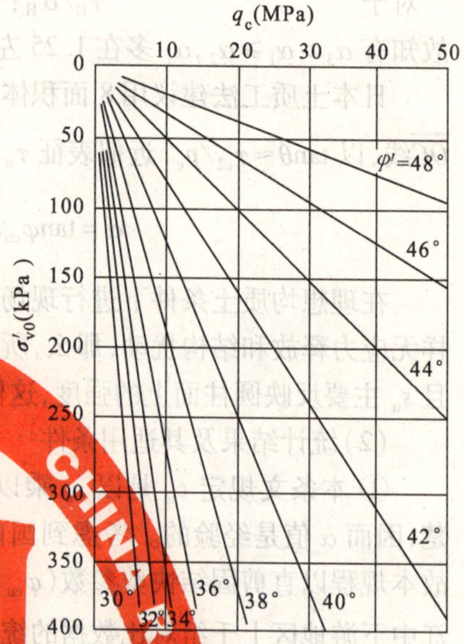

说明图 10.5.12 未胶结的石英砂的 p_c—φ_m—σ_{v0} 曲线
(引自 Robertson & Campanella,1983,φ_m 为峰值内摩擦角)

10.5.12、10.5.13 试验研究表明,砂类土的内摩擦角 φ 及相对密度 D_r 与 q_{cl}(q_{cl} 为临界深度下的极限触探端阻)或 p_{sl} 有良好的相关性,但不同类别的砂土其相关关系不同。铁道科学研究院、西南交通大学的模型试验表明,砂的颗粒级配、形状、矿物成分及侧向约束力(σ'_{h0})决定了砂土的体变特性,贯入阻力 q_c(或 p_s)受砂土压缩性质的影响较之受强度参数的影响更为突出;在等向压力下,特别在偏应力作用下,南京片状砂(含云母较多)较福建石英砂有大得多的体变性。也就是说,对砂土而言,q_c 和 p_s 是 D_r、φ 的综合反映,故用单一触探参数 p_s 同时确定 φ 和 D_r 存在不定性。原长沙铁道学院根据 44 组现场试验资料分析,发现 φ 值的离散性较大。第 10.5.12 条是在现场试验资料基础上,结合室内大模型(真型)试验结果和国外使用经验,提出表 10.5.12 的推荐值,不难看出,表中的数值相当于说明图 10.5.12 的下限值,将此表用于估计砂土的 φ 值偏于安全。该试验结果还表明,石英质砂土的 p_s 或 q_c 值主要取决于密实度,粒径大小和含水率对贯入阻力的影响不大。通过 13 组真型试验,得到如下回归方程:

$$D_r = 0.2467 + 0.37\lg p_s \qquad \text{(说明 10.5.13)}$$

该式的相关系数 $r=0.928$,p_s 单位为 MPa 此外还搜集了现场对比资料 116 组,使用各种线型分别按总体和分组(粉、细、中砂)进行回归分析,其相关系数 $r<0.5$。但对 116 组资料给予说明表 10.5.13 的限制后,其回归分析结果相关性显著,且与室内模型试验相当吻合。

说明表 10.5.13 在限制条件的统计关系

限制条件	回归方程	频率 n	相关系数 r	标准差 s
$p_s \geq 14$ MPa, $D_r \geq 0.67$	$D_r = 0.351 + 0.349\lg p_s$	15	0.987	0.065
$p_s = 4 \sim 14$ MPa, $D_r \geq 0.33 \sim 0.67$	$D_r = 0.393 + 0.309\lg p_s$	42	0.982	0.075

10.5.14 固结系数 C 的定义式为

$$C = K/(m\gamma_w) \qquad \text{(说明 10.5.14—1)}$$

式中 K 为渗透系数,m 为体积压缩系数。经变量变换后,上式可改写为

$$C = l^2 T/t \qquad \text{(说明 10.5.14—2)}$$

式中 l——排水距离:对一维固结情况,有 $l=h$(单面排水)或 $h/2$(双面排水),h 为压缩层厚度;对二维轴向或三维径向固结情况,可取 $l=r_0$ 或 r_m,r_0 和 r_m 分别为初始半径和极限半径;

T——土体固结的时间因数;

t——与 T 值相对应的固结历时。

利用傅里叶变换和解析开拓原理得到孔压消散试验球对称固结问题的通解,并推荐

下式估算 C_v 值：

$$C_v = 1.638 r_0^2 / t_{50} \qquad \text{（说明 10.5.14—3）}$$

式中 r_0 为探头半径，t_{50} 为孔压消散达 50% 时的历时，系数 1.638 为与 t_{50} 相对应的时间因数 T_{50}。

上式适用于均质各向同性土，如温州、宁波等地的软黏土，可得到一个平均意义上的 C_v 值。

对于三角洲相、冲积相乃至湖相软土，理论分析和工程实践表明，水平固结系数 C_h 在地基固结的全过程中更为重要，有必要推求轴对称问题。

(1) 轴对称扩散方程的通解（谢树彬，1988）

假定从探头停止贯入之时起，施加于土体的总应力恒定，且初值条件 $u(n,t=0)=f(n)$，$f(n)$ 为探头对土造成的超孔压沿水平径向的初始分布函数，其依所选择的土模型而定，如说明表 10.5.14—1。则可将轴对称扩散方程

$$C_h\left(\frac{\partial u^2}{\partial r^2}+\frac{1}{r}\frac{\partial u}{\partial r}\right)=\frac{\partial u}{\partial t} \qquad \text{（说明 10.5.4—4）}$$

变换为贝塞尔方程

$$\left(\frac{\partial u^2}{\partial n^2}+\frac{1}{n}\frac{\partial u}{\partial n}\right)=\frac{\partial u}{\partial T} \qquad \text{（说明 10.5.4—5）}$$

式中 u——饱和土的超孔隙水压 $u=u(n,T)$；

n——向径比，$n=r/r_m$；

T——时间因数 $T=C_h t/r_m^2$；

C_h——水平径向固结系数；

t——与 T 对应的固结（消散）历时；

r_m——满足 $u(n=1,T)=0$ 的极限半径，相当于说明表 10.5.14—1 中扩孔课题塑性区的最大半径。

说明表 10.5.14—1　依土模型而定的初始超孔压分布函数 $f(n)$

模型、材料	$f(n)$	分布形式
理想弹性——完全塑性体	$2c_u \ln(r_m/r)$	圆柱形对数分布
考虑中主应力的 Henkel 理论	$c_u[0.816\alpha_f + 2\ln(r_m/r)]$	圆柱形对数分布
应力路径法 ——修正的剑桥模型	$\frac{1+2K_0}{3}\gamma' d - \frac{c_u}{\sin\varphi'} + 2c_u \ln(r_m/r)$	圆柱形对数分布
均质渗流体	$\Delta u_0 \cdot e^{\alpha-\beta n}$	圆柱形负指数分布

注：α_f——Henkel 孔压参数，$\alpha_f=\frac{\sqrt{2}}{2}(3A_f-1)$；

A_f——Skempton 孔压系数；

K_0——土的静止侧压力系数；

γ'——土的有效重度；

d——深度；

φ'——土的有效内摩擦角；

Δu_0——探头圆柱面处的初始超孔压，$\Delta u_0 = u_{(n=r_0/r_m, T=0)}$；

α——经验指数，$\alpha=\beta \cdot r_0/r_m$；

β——孔压换算系数，查表 10.4.4。

大量试桩实测资料和模型试验表明，当 $r_m \geq 60 r_0$ 时，$u=0$，r_0 为桩或探头半径。

设 $u=R\cdot P$，$R=R(n)$，$P=P(T)$，可将式（说明 10.5.14—5）

分离成

$$P' + \lambda^2 P = 0$$

和

$$R'' + \frac{1}{n}R' + \lambda^2 R = 0$$

后式为变系数(n) 常微分方程,可应用贝塞尔函数级数解法,得

$$u = \sum_{i=1}^{\infty}\left\{\left[\frac{2}{J_1^2(\lambda_i)}\int_0^1 nf(n)J_0(\lambda_i n)\mathrm{d}n\right]\mathrm{e}^{-\lambda_i^2 T}\cdot J_0(\lambda_i n)\right\}$$

(说明 10.5.14—6)

它是一个级数式,可使用逐项积分法求值。式中的 $J_1(\lambda_i)$ 为一级贝塞尔函数。

作为一个算例,令$f(n)=\Delta u_0\mathrm{e}^{\alpha-\beta n}$,代入式(说明 10.5.14—6)得

$$u = \Delta u_0\mathrm{e}^{\alpha}\sum_{i=1}^{\infty}\left\{\left[\frac{2}{J_1^2(\lambda_i)}\int_0^1 n\mathrm{e}^{-\beta n}J_0(\lambda_i n)\mathrm{d}n\right]\mathrm{e}^{-\lambda_i^2 T}\cdot J_0(\lambda_i n)\right\}$$

对于 $T=0$ 的初始条件,由上式可得

$$u(n,0) = \Delta u_0\mathrm{e}^{\alpha}\sum_{i=1}^{\infty}\left\{\left[\frac{2}{J_1^2(\lambda_i)}\int_0^1 n\mathrm{e}^{-\beta n}J_0(\lambda_i n)\mathrm{d}n\right]J_0(\lambda_i n)\right\} = f(n)$$

比较上述的初始分布函数 $f(n)$ 知

$$\sum_{i=1}^{\infty}\left\{\left[\frac{2}{J_1^2(\lambda_i)}\int_0^1 n\mathrm{e}^{-\beta n}J_0(\lambda_i n)\mathrm{d}n\right]J_0(\lambda_i n)\right\} = \mathrm{e}^{-\beta n}$$

绝对收敛。式中 $J_0(\lambda_i n)$ 为零级贝塞尔函数。

(2)轴对称固结问题的数值解(杜文山,1988)

使用式(说明 10.5.14—6)可求得二维径向非稳定流的精确解答,但计算量颇大。对于此类问题,应用数值方法可足够准确地得到它的近似解。其差分方程如下:

$$\dot{U}_j^{k+1} = \dot{U}_j^k + \frac{1}{R}\cdot\frac{\tau}{h}(\dot{U}_{j+1}^k - \dot{U}_j^k) + \frac{\tau}{h^2}(\dot{U}_{j+1}^k - 2\dot{U}_j^k + \dot{U}_{j-1}^k)$$

$(k=0,1,2,\cdots,j=1,2,3,\cdots)$ (说明 10.5.14—7)

式中 $\dot{U}$——归一化超孔压比,$\dot{U}=\Delta u/\Delta u_0$,同条文中 $\bar{V}$;

Δu——土体中的超孔压 $\Delta u=\Delta u_{(R,T)}$,$\Delta u_0=\Delta u_{(R=1,T=0)}$,即探头圆柱面处的初始超孔压;

R——向径比,$R=r/r_0$;

τ——时间因数 T 的步长;

h——向径比 R 的步长;

$\dot{U}_j^0$——初始分布条件,对于

① Henkel 半经验对数分布

在塑性区内 $$\dot{U}_j^0 = \frac{0.816\alpha_f + 2\ln R}{0.816\alpha_f + 1\ln I_r}$$ (说明 10.5.14—8a)

在塑性区外 $$\dot{U}_j^0 = \frac{0.816\alpha_f\cdot R^2}{0.816\alpha_f + 1\ln I_r}$$ (说明 10.5.14—8b)

② 经验的负指数分布

$$\dot{U}_j^0 = \mathrm{e}^{-\alpha(R-1)}$$ (说明 10.5.14—8c)

式中 α 为经验指数。

根据初始条件,反复利用式(说明 10.5.14—7)计算,可逐点算出任意时刻(时间因数)的归一化超孔压比,如说明表 10.5.14—2 所列。条文中表 10.5.14—1 及表 10.5.14—2 即据本说明表数值而定出的,该表数值满足定义式:

说明表 10.5.14—2 时间因数(T)与土质参数间的关系

分布	A_f	T \ U(%) / I_r	10	30	50	70	90
对数	1/3	10	0.150	0.534	1.145	2.411	8.421
		50	0.262	1.014	2.487	6.013	25.776
		100	0.314	1.312	3.524	9.725	43.571
		200	0.368	1.643	5.025	15.936	75.218
	2/3	10	0.189	0.703	1.593	3.832	19.318
		50	0.305	1.263	3.346	9.637	54.560
		100	0.359	1.579	4.761	15.379	90.808
		200	0.415	1.969	6.838	25.288	151.218
	1	10	0.230	0.873	2.095	5.439	29.227
		50	0.350	1.514	4.504	14.551	88.070
		100	0.406	1.906	6.447	23.613	146.473
		200	0.464	2.405	9.292	37.696	231.984
	4/3	10	0.270	1.053	2.622	6.890	37.611
		50	0.396	1.838	5.931	19.801	122.765
		100	0.455	2.321	8.629	32.394	194.039
		200	0.514	2.861	12.790	53.198	286.720
负指数		α = 0.15	0.623	3.237	10.863	35.432	186.526
		0.20	0.472	2.206	6.720	21.332	113.833
		0.25	0.386	1.682	4.804	14.572	73.992
		0.30	0.332	1.385	3.746	11.017	54.930
		0.35	0.294	1.198	3.063	8.586	42.629
		0.40	0.267	1.054	2.665	7.087	34.779

注:U 以孔隙压力为定义的固结度,$U = 1 - \dot{U}$。

$$C_h = r_0^2 \cdot T/t \quad \text{(说明 10.5.14—9)}$$

下面将列述有关 C_v 的取值问题:

(1)孔隙水压力静力触探(CPTU)孔压消散过程的应力状态

说明图 10.4.4 事实上给出了探头周围土体在抵抗贯入时所产生的孔隙应力场的核部,当贯入停止后孔隙应力将趋于一致。由此可推知,相对于锥面而言,锥尾及其上圆柱面部位,土体处于一种剪切卸荷状态;说明图 10.5.14—1 是在 6 m(软塑黏土)和 16 m(中密砂土)两个深度测得的 u_t 和锥尖阻力 q_c 随时间变化的过程线,它表明在 u_t 的消散过程中伴随着 q_c 的松弛,这是属于另一种性质的卸荷问题。说明图 10.5.14—2 反映出 $3r_0$ 以内的土体,u_t 随时间单调减小,而 $3r_0$ 以外的土体,u_t 在初始阶段反而有上升迹象,并随距离的加大,延滞时间加长,这虽与采用扩散方程直接有关,但大体揭示出探头轴线 $3r_0$ 以内的土体,于 $U > 50\%$ 后,存在一个来自外部的向心挤压作用。而式(说明 10.5.14—9)系假定附加荷载 Δp 为常量下导出的,与上述情况不符。鉴此,May(1983)提出下列修正公式:

$$(C_v)_{NC} = [RR/CR] C_v \quad \text{(说明 10.5.14—10a)}$$

$$(C_h)_{NC} = [RR/CR] C_h \quad \text{(说明 10.5.14—10b)}$$

$$RR = C_s/(1+e) \quad \text{(说明 10.5.14—10c)}$$

$$CR = C_c/(1+e) \quad \text{(说明 10.5.14—10d)}$$

式中　$(C_v)_{NC}$——正常压缩条件下（Δp = 常量）的竖向固结系数，即本条文的 C_v；

　　RR——再压比系数；

　　CR——压缩比系数；

　　C_s——再压指数或回弹指数；

　　C_c——压缩指数；

　　e——土的天然孔隙比。

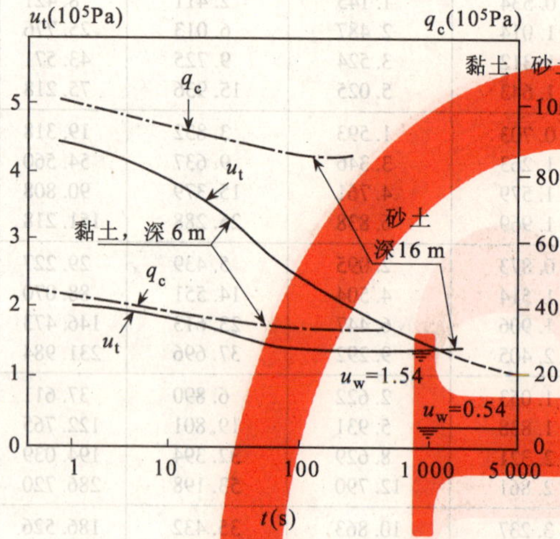

说明图 10.5.14—1　u_t、q_c 实测的历时曲线

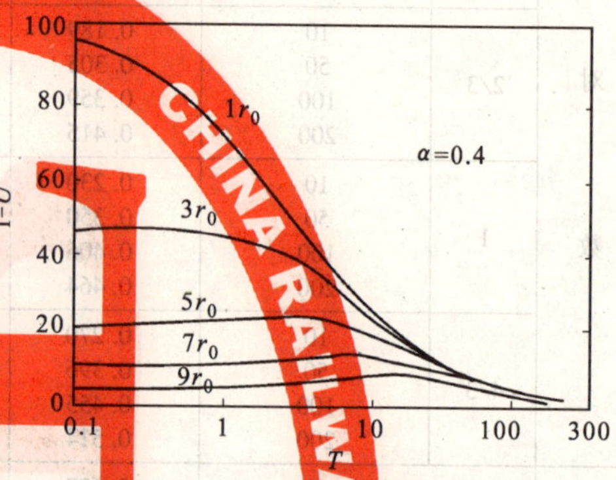

说明图 10.5.14—2　探头径向超孔压与时间的关系

(2) $(C_v)_{NC}$ 与 $(C_h)_{NC}$ 的换算及实践检验结果

若忽略土层体积压缩系数的各向异性在数值上的差别，则可通过式（说明 10.5.14—1）和式（说明 10.5.14—10）求得 Δp 为常量时的竖向固结系数：

$$C_v = [RR/CR](K_v/K_h)C_h \qquad \text{（说明 10.5.14—11）}$$

上式是理论性近似式，存在一个实践检验或实用性问题。对比试验及分析表明：C_h 值较室内试验值高 1～2 个量级；经与黄埔新沙港、连云港、杭甬线等几处铁路试验堤及武昌一栋住宅楼的实测沉降反算结果相比即 $(C_h)_{NC}$ 值与实际值之比在 1/3～1/6。

(3) C_h 的期望值

式（说明 10.5.14—9）是基于实测消散曲线与理论固结曲线处处吻合的期望之上。实际上，探头停止贯入瞬间初始孔压读数误差，会影响其前期的消散过程线；而土的起始水力梯度造成了静水压力取值误差，又影响末期的消散速度。因此常取 U = 50% 时的 T_{50} 和 t_{50} 计算 C_h 值并乘以 ζ 值即式（10.5.14）。

(4) C_h 的最佳值——曲线拟合法

为对整个消散曲线求得一个最贴近理论的 C_h 值，推荐使用下面的曲线拟合法，步骤如下：

① 制做理论曲线"量板"

根据式（说明 10.5.14—7）或（说明 10.5.14—6）可计算出探头表面处任意时刻的归一化超孔压比 U 和时间因数 T，如说明表 10.5.14—2 所列。据此可在标准的半对数坐标纸上精细地绘制出一簇 U—lg$T$ 曲线，称之为"量板"。作为示例，说明图 10.5.14—3 给出了经验指数 α = 0.15～0.40 的几条理论曲线。这簇曲线中的任意一条（以 L_i 表示）都对应于一组特定的参数(α_i 或 A_{fi}、I_{ri}),在曲线上 $U=50\%$ 处,其对应的时间因数为 T_{50} 值。

说明图 10.5.14—3　归一化超孔压理论消散曲线

② 根据经修正处理的 CPTU 孔压消散值,按第 10.4.8 条要求点绘实测的归一化超孔压消散曲线($\dot{U}$—lg$t$),并在其上查取 $U=50\%$ 的 t_{50} 值。

③ 将 T_{50}、t_{50} 和探头半径 r_0 值代入式(说明 10.5.14—9),算得 C_{hi},此值作为常数对应于土参数 α_i 或 A_{fi} 及 I_{ri}。

④ 在实测的 $\dot{U}$—lg$t$ 曲线上,查取任意 $\dot{U}_j$ 的 t_j 值,再逐一代入式(说明 10.5.14—9),得对应于 t_j 的 T_j 值。然后将所得数组$\{(T_j)_i, U_j\}$,按与"量板"同等比例尺,在透明的半对数坐标纸上点绘实测固结曲线$(U_j-T_j)_i$,用符号 l_i 表征。

⑤ 在 l_i 和 L_i 两两相应的曲线群中,必有一对曲线($l_{i=p}$、$L_{i=p}$)相互拟合最佳,如说明图 10.5.14—4 所示。此对曲线便是我们所要寻求的。

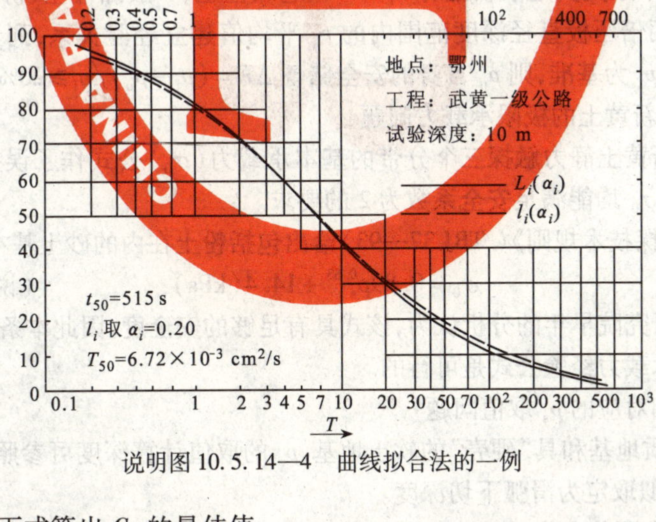

说明图 10.5.14—4　曲线拟合法的一例

最后便可按下式算出 C_h 的最佳值:

$$C_h = r_0^2 (T_{50})_p / t_{50} \quad \text{(说明 10.5.14—13)}$$

上述曲线拟合法也可改用求各对曲线之间的均方根误差($\sigma_{\dot{U}}$ 或 σ_T)的方法,当 $\sigma_{\dot{U}}$ 或 σ_T 为最小值时,即为所求的最佳曲线。

10.5.16 本条增加了确定地基极限承载力的经验公式,扼要说明如下:

(1)经验公式的代表性问题

铁路工程勘测经常是跨地区的,按地区土质特点建立经验公式对本规程是困难的。表 10.5.16 所列经验公式,数据虽来源于各有关地区,其代表性仍然有限。故第 1.0.3 条强调了地区经验和综合使用勘探、测试手段。但总的说来,使用本表公式确定地基的 p_u 值一般是偏于安全的。

(2)σ_0 的取值问题

对于一般黏性土和砂土,当 $p_s \leqslant 3\text{MPa}$ 时,取 $\sigma_0 = p_{0.02}$,$p_{0.02}$ 为压板相对下沉 $S/b = 0.02$ 时所对应的压力,b 为压板直径或边长;当 $p_s > 3\text{MPa}$ 时,取 $\sigma_0 = p_a$,p_a 为比例界限压力;对于软土可取 $\sigma_0 = p_u/2$,或取 $\sigma_0 = p_a$,或取 $\sigma_0 = p_{0.02}$,也可通过绘制 $\lg p$—$\lg S$、p—$\lg S$、p—$\Delta S/\Delta p$ 等曲线,找出曲线斜率明显变化点,并在考虑变形要求的条件下确定 σ_0 值。

(3)p_u 的取值标准问题

在荷载(p)—沉降(S)曲线(以下简称 p—S 曲线)上确定 p_u 值的方法很多,如第二拐点法、相对沉降法、对数法、半对数法、切线交汇法以及作图法等,每种方法各有其自身的物理内涵和实践基础;但上述任何一种方法均不可能涵盖所有土类,且对一条 p—S 曲线能同时使用其中两种或两种以上方法确定 p_u 时,会出现 p_u 值因方法不同而异,其相对偏差有时不容忽视。特别在用间接手段(如 CPT、DPT、SPT 等)与载荷试验建立经验关系时,会加大对比数据的离散性。鉴此,本条文内容在修订过程中,除粉土、新黄土外,全部按双曲线拟合 p—S 曲线的方法取值。

由于某些原因,有些 p—S 曲线曲线形态向原点延伸时不通过原点,交 S 轴于 S_0。此时应事先对实测值 S' 进行修正,即令 $S = S' - S_0$ 以替代图 3.4.1 中的 S'。通过试取 S_0,直至两曲线达最佳拟合。经此处理后,所有拟合曲线与 p—S 曲线的相关系数 r 均在 0.99 以上。

综上所述,本条文决定取软土的 $R_f = 0.8$、老黏性土、一般黏性土、粉细砂和中粗砂的 $R_f = 0.75$ 后与两倍压板直径深度范围内的 p_s 平均值建立经验关系,列于表 10.5.16—2 中。因此,如以 p_f 为基准,则 p_u 自身的安全储备 $\Delta F = (p_f - p_u)/p_f \geqslant 20\%$。

(4)粉土和新黄土的极限承载力问题

铁一院对新黄土静力触探三个分带的基本承载力(σ_0)公式作了误差频率和安全度分析,结论认为 σ_0 均能满足安全系数为 2 的要求。

原《静力触探技术规则》(TBJ 37—93)给出包括粉土在内的砂土基本承载力公式,即

$$\sigma_0 = 0.89 p_s^{0.63} + 14.4 (\text{kPa}) \qquad \text{(说明 10.5.15—3)}$$

铁道科学研究院早年的分析认为,该式具有足够的安全度。因此本条文将其乘以 2 后作为粉土极限承载力经验公式是可行的。

(5)与 p_u 相对应的 p_s 取值问题

① 对于均质地基和具"硬壳"的软土地基,p_s 的取值计算深度可参照本规程第 6.4.7 条条文说明,近似取定为滑弧下切深度。

② 层状土有厚薄之分,将土层厚度界定为 1m 出于下列考虑:

a. 与第 10.5.22 条的划分标准取得一致。

b. 成层土对任何一种原位测试手段均存在界面效应。在界面以上出现超前深度(d_1);界面以下存在滞后深度(d_2)。原长沙铁道学院在大(真)型砂槽中多次触探试验得

到 d_1 及自由界面下的临界深度(z_{cr})与 p_s 的关系见说明表 10.5.16。

说明表 10.5.16 d_1、z_{cr}与 p_s 的关系

相对密度 D_r	p_s(MPa)	d_1(cm)	z_{cr}(cm)
≤0.30	≤2	20~40	40~60
0.50	4~5	40~55	70~80
0.65	7~12	60~70	80~100
0.75	14~22	75~100	≤120

c. 当土层厚度 $h \geq 1$m 时,如为硬层,取全层平均值;如为软层,则扣除 d_1 和 d_2 范围内的 p_s 后偏于安全。

d. 对于那些单层厚度不足 1m 甚至更薄的土层,如砂性土(或粉土)与粉质黏土互为夹层的地层组合,界面效应使这类土层的 p_s 值受到歪曲,致 p_s 的大值较"真值"偏小,而 p_s 的小值较"真值"偏大。目前对这种偏差尚无确切的修正方法,故本条款要求对该类组合式土层分别计算大值包络线和小值包络线的平均值,然后分别对应于表 10.5.16 中的土层按有关公式计算出 p_u 值,再根据工程建筑要求,适当取二者中的小值、中小值或中值,以避免在 p_s 取值上的随意性。

(6)本次修订时对新黄土的 p_s 值域作了一定限制,当实测 p_s 超出表中值域时,可不考虑承载力增加。新黄土分带所辖工程地质分区(含第 10.5.18 条)详见《湿陷性黄土地区建筑规范》(GBJ 25—90)中附录"中国湿陷性黄土工程地质分区略图"。

10.5.17 中铁西北分院、铁二院及铁三院分别对新黄土、黏性土和砂土补做了同压板面积不同埋深和同埋深不同压板面积的载荷试验,并与 CPT、DPT 进行了对比分析,得到下列规律性认识:

(1)荷载试验与静力触探、动力触探等原位测试均存在临界深度 z_{cr}。在 z_{cr} 以内,地基承载力随土强度(以 p_s 或 $N_{63.5}$ 表征)和基础埋置深度 z 的增加而增加;在 z_{cr} 以下,地基承载力在实用上可视为常数($k_2=0$)。

(2)地基土的深度修正系数 k_2 与 p_s 近似为线性关系,与 $N_{63.5}$ 呈幂函数关系;在相同 p_s 值时,新黄土、砂土的 k_2 值小于黏性土的 k_2 值,提出 k_2 的推荐值表(见说明表 10.5.17)。本规程的 k_2 值就是在《静力触探使用技术暂行规定》基础上根据上述的研究成果而作的补充修订,其安全储备是足够的。

说明表 10.5.17 k_2 的推荐值

<table>
<tr><td>p_s(MPa)</td><td colspan="4">1</td><td colspan="4">2</td><td colspan="4">3</td><td colspan="4">4</td><td colspan="4">5</td><td colspan="4">6</td><td colspan="4">10</td><td colspan="4">14</td><td colspan="4">20</td><td colspan="4">>20</td></tr>
<tr><td>黏性土</td><td colspan="6">1</td><td colspan="4">2</td><td colspan="8">3</td><td colspan="8">4</td><td colspan="4">—</td><td colspan="4">—</td><td colspan="6">—</td></tr>
<tr><td>砂土、粉土</td><td colspan="6">1</td><td colspan="4">2</td><td colspan="8">2.5</td><td colspan="8">3</td><td colspan="4">4</td><td colspan="4">5</td><td colspan="6">6</td></tr>
<tr><td>新黄土</td><td colspan="4">—</td><td colspan="4">1</td><td colspan="4"></td><td colspan="4">1.5</td><td colspan="4"></td><td colspan="4">2</td><td colspan="16">—</td></tr>
<tr><td>$N_{63.5}$
(击/10cm)</td><td colspan="5">≤4</td><td colspan="5">6</td><td colspan="5">10</td><td colspan="5">15</td><td colspan="5">20</td><td colspan="5">25</td><td colspan="5">32</td><td colspan="5">≥40</td></tr>
<tr><td>中砂~碎石土</td><td colspan="4">1</td><td colspan="4">2</td><td colspan="5">3</td><td colspan="4">4</td><td colspan="4">5</td><td colspan="5">6</td><td colspan="4">7</td><td colspan="5">8</td><td colspan="5">9~10</td></tr>
</table>

(3)黏性土在相对埋深 $z/b \leq 4$ 时(b 为基础宽度),修正系数 k_2 随 z 值的增加递增;$z>4b$ 后,k_2 值随相对埋深的增加呈幂函数关系递增速率减缓。

(4)通过用不同压板面积在四个深度所做的25次试验表明，新黄土地基的变形特征基本上不属于整体剪切破坏；在压板下土体以压缩变形为主，并逐渐向下发展而演成“楔入”破坏。因而，其承载力与压板尺寸大小的关系不大。同时虑及基础尺寸增加引起沉降量加大，故建议对新黄土的承载力不作宽度修正($k_1=0$)。

10.5.18　表10.5.18—1是据下表所列经验公式制表的，而表10.5.18—2直接采用计算式以取代数值表。现补充下列说明：

(1)说明表10.5.18中的1号公式，其资料取材于西北地区以外全国各地的黏性土，有较广泛的代表性。该式中的线性式在原《静力触探技术规则》(TBJ 37—93)中为 $E_s=2.14p_s+2.174$。在规则执行中发现，对于硬塑～坚硬黏性土和 Q_3 及其以前的黏性土，E_s 值普遍偏低。原因是在498组资料中，软土及 $p_s \leq 4$MPa 的一般黏性土占绝大多数，硬土及老黏性土为数较少。鉴此，本次修订时，保持其中的幂数式不变，而后截除了 $p_s<0.7$MPa 和 $p_s>6$MPa 的数据进行回归分析，得到 $E_s=3.99p_s+0.5$ 的关系，此二式的交点(解)为 $p_s \approx 0.7$ 和 $E_s \approx 3.3$，可作为软土与一般黏性土的分界点。

说明表10.5.18　E_s 与 p_s 的经验关系

公式号	土　类	经　验　公　式 (MPa)	p_s 值域 (MPa)	频数 N	相关系数 r	标准差 s(MPa)
1	软土及黏性土	$p_s \leq 0.7$ 时，$E_s=4.2p_s^{0.68}$	0.22～7.90	498	0.810	1.30～1.83
		$p_s>0.7$ 时，$E_s=3.99p_s+0.5$	0.7～6.0	376	0.852	1.51
2	饱和砂土	引自武汉建筑设计院《执行TJ 21—77规范的补充规定》				
3	黄　土	$E_s=3.66p_s-2$	0.5～6.5	76	0.840	3.60
4	新近堆积黏性土	$E_s=1.16p_s+3.45$	0.5～6.0	50	0.700	1.70
5	粉土及新近堆积土 ($I_p \leq 10$)	$E_s=1.34p_s+3.40$	0.5～10.0	30	0.700	1.70

(2)表10.5.18—2中软土及饱和黏性土的 E_0 公式中 $p_s \leq 0.799$ MPa 的资料有37组，$p_s<1.4$ MPa 的有63组，仅有3组为硬塑黏性土。由此可知，几乎所有 p—S 曲线均呈圆滑形，很难找到第一拐点。为统一取值的标准，将经过修正后的 p—S 曲线与圆形均布荷载下地基竖向附加应力分布曲线联系起来。根据附加应力系数，在 σ_z—z 曲线上，可以找到与 p—S 曲线上任一级荷载 p_i($p_i \leq \sigma_0$)数值相等的 σ_i 值及其所处深度 z_i 值，如说明图10.5.18所示。因而可藉助于半无限体表面荷载作用下的弹性理论解，运用三向分层总和法求得当 $(p_i)_{max}=p_n=\sigma_0$ 时地基的 E_0 值(熊大生，1988)。然后与两倍压板深度范围内 p_s 加权平均值(按附加应力系数加权)建立了该表中的式10.5.18—2。严格说来，如此定出的 E_0 是特定于 σ_0 的当量变形模量(割线模量)，当设计荷载小于 σ_0 时，

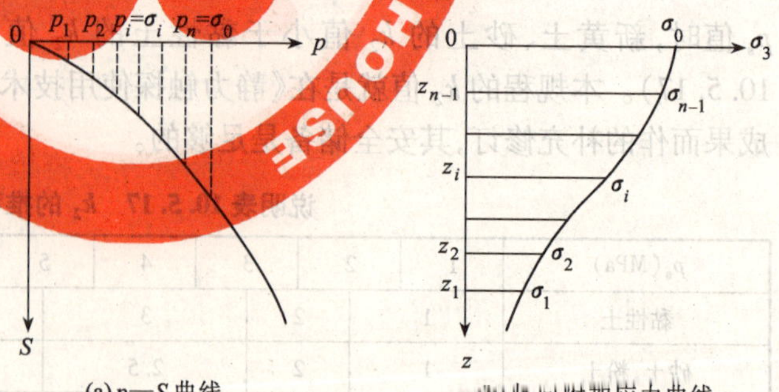

(a)p—S 曲线　　(b)竖向附加应力曲线

说明图10.5.18　p—S 曲线与竖向附加应力曲线

估算出来的变形量偏大。

(3)存在问题与注意事项

① 现行的《铁路桥涵地基和基础设计规范》(TB 10002.5)并不使用模量检算地基沉降量。本规程将模量值列入出于以下考虑:

a. 因钻探和取土的质量原因而造成土层剖面漏层时,可以作为补充数据在沉降检算中予以考虑,较之毫无根据的猜测显得合理可靠;

b. 如同压缩系数($\alpha_{1\sim2}$)、孔隙比(e)一样,作为定性判别土的压缩性,不失为一个有用的指标;一般说来,由于 E_s、E_0 与 p_s 存在较好的统计关系,当作为与 σ_0 相配套的指标看待是可行的。但必须注意经验公式的局限性,尤其是对于说明表 10.5.18 和表 10.5.18—2 中那些数据不多、相关系数低、标准差大的经验公式,使用时应予慎重。

② E_s 是在侧限条件下的排水模量,而 E_0 是有侧胀条件的排水模量,理论上应有 $E_0 < E_s$。然而,本规程表 10.5.18—1 和表 10.5.18—2 却给出了相反的结果。这是因为 E_0 基于弹性理论,在 p—S 曲线上通常取的是切线模量,甚而是初始切线模量,其值一般较大;而 E_s 是以 100 ~ 200 kPa 压力区段内计得的数值,对中 ~ 低压缩性土而言,属低应力水平,兼因取土造成的应力释放和可能的结构扰动,其值一般偏低。由此可知。以 p_s 推得的 E_s 仅适宜于用单向分层总和法估计地基沉降;而以 p_s 推得的 E_0 仅适宜于以弹性理论公式求地基沉降。

③ 从机理上看 E_s、E_0 与 p_s 的统计关系,只适用于砂类土;对饱和黏性土,p_s 属不排水条件下的触探参数,其与 E_s、E_0 无机理关系可言。

另外,土的广义模量值是随初始固结压力(或深度)增大而增大、依应力水平提高而降低的可变值,其必须与具体工程的实际应力条件联系起来才有意义。

土的压缩指数(C_c)不依应力增量改变而改变,对一定的土质表现为常数,因而对沉降计算而言具有较确定的意义。如何建立 C_c 与触探参数间的经验关系,属于以后修订本规则所应考虑的问题。

10.5.19 饱和黏性土的不排水杨氏模量(E_u)是土在体变增量为零时的弹性常数,它对于预计地基的瞬间变形是一个不可缺少的计算参数。特别是对于厚层软黏土地基,瞬间变形量占地基沉降总量一个相当大的比重,过大的瞬间变形说明地基中存在过大的塑性区。

研究表明,比值(E_u/τ_u)是一个依应力水平、应力历史(OCR)、灵敏度(S_t)以及塑性指数(I_p)等诸因素而变的经验常数。为此,本条文将饱和黏性土贯入阻力的上限定为 p_s = 1 000 kPa,其意有三:

(1)统计对象直指软土,从而大大缩小上述诸影响因素对统计精度的干扰;

(2)对于软土以外的其他各类土,以 E_0 估计地基瞬间变形量已足够近似,唯 E_u 对软土地基有重要意义;

(3)将 p_s 的统计值域从 800 kPa 适当放大到 1 000 kPa,可使获得的统计关系具有更好的稳定性。

在不排水条件下,软土具有加工软化特性,E_u 值随剪应变大小而变。取中等(50%)剪应力水平下的割线模量作为软土的 E_u 值,具有较好的代表性,而且能与软土 σ_0 的取值标准(安全系数 $K=2$)求得统一。

E_u 的取值方法如下:

(1)每个试验值(E_{ui})均取自三轴固结不排水剪应力~应变曲线上峰值剪应力的一半($q_f/2$)所对应的割线模量;

(2)将取得E_{ui}值与其对应的固结压力(σ_{ci})组成一对变量,并按固结压力进行归一,则每组试样各对(E_{ui}、σ_{ci})值在σ_{ci}—E_{ui}坐标中构成一通过坐标原点的直线(σ_c—E_u);

(3)根据土样在地基中实际所受固结压力σ_m'[$\sigma_m'=(1+2K_0)p_c/3$,p_c为土的前期固结压力],在σ_c—E_u直线上查取相应的$(E_u)_j$值;

(4)然后将该土样所在深度处上、下20 cm范围内的贯入阻力平均值$(p_s)_j$与$(E_u)_j$组成一组统计变量,经统计得到如下相关方程:

$$E_u=9.2p_s+100\ (\text{kPa}) \qquad (说明10.5.19—1)$$

或

$$E_u=9.5p_s$$

该方程的相关系数$r=0.95$,标准差$s=75$ kPa,p_s值域为134~1 000 kPa。

为检验上式的合理程度,包括了于同一软土工点所进行的荷载板试验在内,计20组荷载—静力触探对比试验数据,通过点绘荷载—立即沉降(p—S_d)曲线(立即沉降S_d通过点绘沉降—时间平方根曲线查取)求得地基在“瞬间”(在p—$\sqrt{t}$曲线上大致对应于5 min左右)变形条件下的似弹性模量E_d。其与相应p_s值的回归方程如下:

$$E_d=420(p_s/100)^{1.35}+1\ 400\quad (\text{kPa}) \qquad (说明10.5.19—2)$$

$$r=0.86,s=0.72\text{MPa},p_s=85\sim1\ 400\ \text{kPa}。$$

比较以上两式,在$p_s\leqslant1\ 000$ kPa范围内,平均比值$E_u/E_d\approx86\%$。考虑到E_d值仍然包含一定程度的固结因素在内,其值比地基土实际存在的弹性模量为小。故本规程将式(说明10.5.19—1)提高了20%并推荐使用。

10.5.20　国外如前苏联、挪威、法国等国家已将静力触探推算打入桩承载力列入规范,荷兰则在20世纪30年代就使用静力触探推估打入砂层的桩端承载力。

本条文的打入桩承载力触探公式,系铁科院、铁三院、北京局设计院所组成的试验小组,根据上海、南京、天津及石家庄等地61根试桩与静力触探对比试验数据,通过24种不同条件组合方案计算后优选出来的,已列入《静力触探使用技术暂行规定》中使用多年。实践表明,该公式有较大的适应性,与实际试桩比较,误差小于30%的桩占85%以上;最近在武昌又以压入混凝土方桩的静载试验资料校核,误差在25%以内,而且偏于安全方面,故本规程仍推荐使用。

用静力触探测得的地基土的触探端阻$\bar{q}_c$和触探侧阻f_s值,不能直接当作桩的极限端阻和侧阻,必须进行修正,式(10.5.20—1)中的综合修正系数α和β与桩周土的类别有关。根据地基土的平均触探端阻$\bar{q}_c$和摩阻比$\bar{f}_s/\bar{q}_c$,可将土分为两大类,即砂类土和黏性土。砂类土的判别标准为$\bar{q}_c>2\ 000$ kPa,且$f_s/\bar{q}_c\leqslant0.014$,不符合此条件的土都划为黏性土。因此,在确定侧阻综合修正系数时,应根据桩侧壁土层的$\bar{q}_c$和$\bar{f}_s/\bar{q}_c$值,选择相应的计算β的式(10.5.20—4)~式(10.5.20—5)。确定端阻综合修正系数α时,应根据桩底以下持力层的$\bar{q}_{cp2}$和$\bar{f}_{s2}/\bar{q}_{cp2}$值,选择相应的计算$\alpha$的式(10.5.20—6)~式(10.5.20—7)。此时,公式中的$\bar{q}_{cp}$是考虑了桩底以上土层影响的计算平均值,而不是划分土类的$\bar{q}_{cp2}$值。

静力触探贯入过程中,如遇到孤石或其他障碍物,而使端阻或侧阻值异常时,应舍去。

10.5.21　本条文对原《静力触探技术规则》(TBJ 37—93)中钻孔灌注桩承载力内容作了

修订并增加了沉管灌注桩方面的内容,现说明如下:

(1)铁科院曾在京津等地进行了16根钻孔桩试桩与CPT对比,初步研究成果经铁一院六根钻孔桩试桩验证,甚相吻合。继之与大桥局合作,搜集冀、鲁、浙、鄂等10个不同地区50根钻孔灌注桩与CPT对比试验资料,进行了36种组合运算,提出了形如式(10.5.20—1)的综合修正系数法。经近些年的工程实践、特别是经杭甬高速公路直径大于800mm的桥梁钻孔桩基础试桩检验表明,该式中的综合修正系数β_i偏小,即由CPT估算的Q_u值过于安全。此后,铁三院对天津地区61根桩身质量良好的钻孔桩进行对比试验和系统性分析(刘永超,1999),结论认为:

①钻孔灌注桩可不分桩径大小,统一计算;

②桩侧阻综合修正系数β_i和桩端阻综合修正系数α可用下列公式计算:

$$\beta_i = 27.289(\bar{f}_{si})^{-0.87} \qquad \text{(说明 10.5.21—1)}$$

$$\alpha = 112.06(q_{cp})^{-0.75} \qquad \text{(说明 10.5.21—2)}$$

针对上述两方面的研究成果,在修订本条文内容时作了统一的综合分析,得到并推荐式(10.5.21—1)和式(10.5.21—2)纳入本规程。此111组钻孔桩的基本情况和统计结果如下:

a. 桩长L(m):$L>30$者有22根、$L=20\sim30$者有57根、$L=10\sim20$者有23根、$L<10$者有9根,其中最短者为$L=3.2$;

b. 桩径d(cm):$d\geqslant65$者有30根、$d<65$者有81根;

c. 计试比($R_{ct}=Q_{u计算}/Q_{u试验}$)的统计结果如说明表10.5.21—1。

说明表10.5.21—1 R_{ct}的统计结果

数据来源	桩数	R_{ct}的统计特征值			
		R_{ct}值域	平均$\bar{R}_{ct}$	均方根差	变异系数
"TBJ 37—93规则"(铁科院)	50	0.44~1.52	0.8938	0.2768	0.3097
"用CPT确定灌桩承载力的研究"(铁三院、天津大学)	61	0.70~1.45	1.0	0.176	0.176
本条文	111	0.63~1.54	0.9958	0.1872	0.1880

上表所列的$\bar{R}_{ct}$值表明,本条文所推荐的钻孔桩承载力公式在总体上是偏于安全的。

(2)铁三院对84根桩身质量良好的沉管灌注桩进行触探对比试验和类似的系统性分析,推荐式(10.5.21—3)~式(10.5.21—5)纳入本规程。其基本情况和统计结果如下:

① 桩长L(m):$L=12.0\sim19.6$者39根、$L=21\sim24$者45根;

② 桩径d(cm):$d=40$者67根、$d=50$者17根;

③ 计试比R_{ct}:$R_{ct}=0.554\sim1.524$,$\bar{R}_{ct}=0.986$,均方根差$\sigma_{n-1}=0.209$,变异系数$\delta=0.212$。

(3)补充说明:

① 影响桩承载力的因素甚多,除了土质、状态及其成层条件而外,尚有施工方面的诸

多因素;特别是灌注桩,后类影响因素更为突出。本条文所推荐的灌注桩承载力计算公式,仅考虑土层对完整单桩的支承能力。

② 目前用 CPT 确定沉管灌注桩承载力计算参数的方法仅见之于《武汉市建筑软弱地基基础设计规定》(WBJ 1—1—92),以下简称"W 规定"。该"规定"采用单桥触探指标 p_s 确定沉管桩的端承力标准值 q_p 和侧摩阻标准值 q_s。为与本条文计算方法作粗略对比,需籍助下列假定或概约性经验:

a. 粉土和砂土的摩阻比 $R_f = f_s/q_c \leqslant 0.014$,恒取 $R_f = 0.014$;淤泥及黏性土恒取 $R_f = 0.03$;

b. 黏性土的贯入阻力比 $R_q = q_c/p_s = 0.8$,粉土和砂土的 $R_q = 0.9$;

c. 取 q_p 和 q_s 的安全系数为 2,那么,便应有 q_p 与 $0.5\alpha \cdot q_{cp}$ 和 q_s 与 $0.5\beta_i \cdot f_{si}$ 两相对应,比值 $q_p/(0.5\alpha \cdot q_{cp})$ 和 $q_s/(0.5\beta_i \cdot f_{si})$ 偏离 1 的大小可表明此两种计算结果的差异(详见说明表 10.5.21—2 ~3)。

说明表 10.5.21—2 桩端承力的比较

	黏 性 土			粉 土			砂 土		
p_s(kPa)	1 500	3 000	5 000	2 000	4 000	6 000	4 000	8 000	11 000
q_p(kPa)	590	930	1 300	1 000	1 400	1 775	1 125	1 850	2 350
$0.5\alpha \cdot q_{cp}$(kPa)	367	666	1 033	206	388	561	388	728	973
$q_p/(0.5\alpha \cdot q_{cp})$	1.61	1.40	1.26	4.85	3.61	3.17	2.90	2.54	2.41

10.5.22 本条在修订时作了如下补充:

(1)根据《中国地震动参数区划图》(GB 18306—2001)修订了可液化土层临界贯入阻力。

说明表 10.5.21—3 桩侧阻的比较

	p_s (kPa)	q_s(kPa) 土层平均埋深(m)			$0.5\beta_i \cdot f_{si}$ (kPa)	$q_s/(0.5\beta_i \cdot f_{si})$ 土层平均埋深(m)		
		3	10	20		3	10	20
淤泥及黏性土	300	4	5	6	6.8	0.59	0.74	0.89
	1 500	17	20	23	17.8	0.96	1.12	1.29
	5 000	33	36	39	36.6	0.90	0.98	1.07
粉土	1 000	13	14	16	9.5	1.37	1.48	1.69
	3 000	22	23	25	18.3	1.20	1.26	1.37
	6 000	29	30	32	27.7	1.05	1.08	1.15
砂土	3 000	17	20	23	18.3	0.93	1.09	1.26
	7 000	28	31	34	30.4	0.92	1.02	1.12
	11 000	39	42	45	39.9	0.98	1.05	1.13

(2)补充了单桥探头静力触探法中的 $I_p \leqslant 10$ 的粉土液化判别方法,建议采用标贯试验法中同样的黏粒含量修正系数 α_4。

(3)增加了用双桥探头触探参数判别地基土液化的方法。双桥探头临界贯入阻力是由单桥探头公式 $p_s = 1.1q_c$ 换算得到的,增添了用摩阻比 R_f 确定 α_4 的表格。

经实际对比，分别统计得到单桥(33 组)、双桥(41 组)两种方法与标贯法相同的 α_4 值，即此三种方法中的 α_4 值是完全一致的。从理论上看，触探指标 N、p_s、q_c 三者彼此密切相关，而 α_4 则由土性所决定，其值与采用何种原位测试手段无关。

本方法经回判检验，成功率均在 80% 以上，且偏于安全方面。但需指出，本判别方法主要适用于石英质砂土和 $I_p \leqslant 10$ 的粉土地基，对体变性能较大的片状砂，在未取得判别经验之前，宜结合室内动三轴试验对其进行综合评判。

11.2.1 本规程应力铲试验(SST)，都是以准静态贯入方式进行的。虽然，SST 在理论上可以动力贯入方式进行，但其贯入机理较为复杂，且应力铲自身的结构强度也难以满足要求。考虑到试验场地情况，可采用工程钻机开孔，再以静力压入方式至试验深度(非软土地区)或以 CPT 主机直接将应力铲连续压入各试验深度(软土地区)，这样可适当扩大应力铲的应用领域。

11.2.5 应力铲的规格和技术性能是 SST 的基础。根据弹性理论和传感器体变要求，如将 t/B 和 s/B 分别控制在 1/8 和 1/5 000以内，测试结果可按平面应力问题处理，从而简化分析难度，更接近工程实际。其他限制条件也是为此目的而提出的。

11.3.2 应力铲本身的强度和抗弯刚度有限，在一些较软土为硬的土层中，不可能像 CPT 那样贯入，只能藉助于钻机开孔，以减少贯入阻力。

11.4.1～11.4.3 数据修正是为了求得更为真实地解释某些物理现象。例如，点绘 σ_{ht}—$\lg t$ 曲线时，有时出现类似于孔压消散曲线在初始段先上升而后下降的过程线。在软土中，水平应力松弛过程，主要是贯入时产生的超孔隙水压力消散所致，因此，可沿用 CPTU 修正方法。

11.4.4～11.4.5 相对于半无限体而言，板厚 5～8 mm 的应力铲对较软土体造成的压密范围十分有限，σ_{hc} 虽比土体原位 σ_h 为高，但相当有限。式(11.4.5)中 n 值就是针对 σ_{hc} 与 σ_h 的差异而提出的经验修正系数。决定 K_0 的精度在于 σ_{hc}、σ_{v0} 和 u_w 取值是否准确，其中 σ_{hc} 值是关键。当应力铲垂直插入地下时，其水平向力系为

$$\sigma_{ht}=\sigma_h'+\Delta\sigma_{ht}'+\Delta u_t+u_w \qquad (说明 11.4.5—1)$$

式中 σ_h'——原位有效水平应力；

$\Delta\sigma_{ht}'$——贯入停止后在 t 时刻的有效水平应力增量；

Δu_t——贯入停止后在 t 时刻的超孔隙水压力。

当 $\sigma_{ht}=\sigma_{hc}$ 时，意味着超孔隙压力消散终了，$\Delta u_t=0$，上式变为

$$\sigma_{hc}=\sigma_h'+\Delta\sigma_{hc}'+u_w$$

即

$$\sigma_{hc}'=\sigma_{hc}-u_w=\sigma_h'+\Delta\sigma_{hc}' \qquad (说明 11.4.5—2)$$

因有效水平应力增量 $\Delta\sigma_{hc}'\geqslant 0$，故知 $\sigma_{hc}'\geqslant\sigma_h'$。当将 σ_{hc}'取代 σ_h'直接代入定义式 $K_0=\sigma_h'/\sigma_{v0}'$中，必使 K_0 值偏大，特别在相对硬的土层中，σ_{hc}'与 σ_h 偏差不可忽视。若令 $\alpha=\Delta\sigma_{hc}'/\sigma_{hc}'$，则据国外带孔隙水压测试元件的 DMT 结合在宁波、连云港、广州黄埔新沙港和鄂州杜山乡软黏性土开展的 SST 结果，得到 $\alpha=0.13\sim0.27$，其值随应力铲板厚加大和土的状态变硬而增大，因 $n=1-\alpha$，是以 $n=0.87\sim0.73$。

11.4.6 应力铲水平应力随时间的衰减，是土中超孔隙水压和水平有效应力增量共同变化的结果。由于 $\Delta\sigma_{ht}'$ 量值在软黏性土中很小，故 σ_{ht} 的变化主要反映了 Δu_t 的变化。若假定 $\Delta\sigma_{ht}'=\Delta\sigma_{hc}'$ 不随时间而变，其中 $\Delta\sigma_{hc}'=\sigma_{hc}'-\sigma_h'=\sigma_{hc}-\sigma_h$，可将式(说明11.4.5—1)改写为

$$\Delta u_{t} = \sigma_{ht} - \sigma_{hc} \qquad (\text{说明 11.4.6—1})$$

由此得到超孔隙压力消散值的近似表达。

相对于 CPTU,在相对低的应力水平下,应力铲主要产生一维固结变形,不同于探头周围土体的二维或三维性状。鉴此,假定超孔压沿板面中心法线(水平线)方向的初始分布符合 Roy 等人(1981)提出的经验分布规律(杜文山,1998):

$$f(\rho) = \Delta u_{0} e^{-\alpha_{t}\rho} \qquad (\text{说明 11.4.6—2})$$

式中 $f(\rho)$——超孔压初始分布函数,$f(\rho) = u(\rho, t=0)$;

Δu_0——应力铲板面中心与土界面处的初始超孔压,即 $\Delta u_0 = f(0) = u(\rho=0, t=0) = \sigma_{h0} - \sigma_{hc}$;

ρ——距离比,$\rho = x/r_e$;

x——土单元距板面中心的法向距离;

α_t——与土质性状有关的经验指数,可用第 10.5.14 条的曲线拟合法确定;

e——自然对数的底。

这一水平向固结可归结为如下数学问题:

$$C_{h} \cdot \frac{\partial^2 u}{\partial x^2} = \frac{\partial u}{\partial t} \qquad (a)$$

$$u(x,0) = f(x) \qquad (b)$$

式中 u——在板面中心法线上任意点的超孔隙压力,$u = u(x,t)$;

t——孔压消散历时;

C_h——水平固结系数。

令

$$t = Tr_e^2/C_h \qquad (c)$$

和

$$x = \rho r_e \qquad (d)$$

则(a)、(b)二式简化为

$$\begin{cases} \dfrac{\partial^2 u}{\partial \rho^2} = \dfrac{\partial u}{\partial T} & (a') \\ u(\rho,0) = \Delta u_0 e^{-\alpha_t \rho} & (b') \end{cases}$$

解上列方程组得

$$u(\rho,T) = \Delta u_0 e^{\alpha_t^2 \cdot T} \cdot \left\{ e^{\alpha_t \rho} F\left(-\frac{\rho + 2\alpha_t T}{\sqrt{2T}} \right) + e^{-\alpha_t \rho} F\left(\frac{\rho - 2\alpha_t T}{\sqrt{2T}} \right) \right\}$$

(说明 11.4.6—3)

式中 $F(z) = \int_{-\infty}^{x} \frac{1}{\sqrt{2\pi}} e^{-\frac{t^2}{2}} dt$,为标准正态分布函数;

T——时间因数。

当 $\rho=0$ 时,由上式得到应力铲板面中心处超孔压的归一化应力比,在此可理解为归一化超孔压比:

$$\frac{u(0,\ T)}{\Delta u_0} = 2e^{\alpha_t^2 \cdot T} \cdot F\left(-\frac{2\alpha_t T}{\sqrt{2T}} \right) = \overline{V} = 1 - U \qquad (\text{说明 11.4.6—4})$$

式中 $\overline{V}$——归一化超孔压比;

U——固结度。

说明表 11.4.6 的数值便是依上式得出的。

说明表 11.4.6　时间因数(T)与固结度($1-\bar{V}$)对照表

α_t \ T \ $\bar{V}$(%)	90	80	70	60	50	40	30	20	10
0.50	0.037	0.181	0.496	1.148	2.370	4.900	10.973	28.684	127.50
0.45	0.046	0.223	0.612	1.404	2.920	6.050	13.571	35.000	153.85
0.40	0.058	0.281	0.779	1.776	3.711	7.667	17.059	44.884	193.33
0.35	0.080	0.366	1.011	2.310	4.833	10.000	22.391	61.404	256.47
0.30	0.103	0.494	1.389	3.150	6.591	13.813	30.000	83.594	350.00
0.25	0.150	0.717	1.984	4.500	9.484	19.615	43.929	115.71	500.00
0.20	0.235	1.129	3.111	7.056	14.821	30.714	72.500	178.85	771.43
0.15	0.410	1.978	5.524	12.736	26.786	56.667	122.920	316.00	1 404.76

为取得 C_h 的最佳值,可采用第 10.5.14 条条文说明介绍的曲线拟合法反复调整 α_t 值,使实测曲线与理论曲线达最佳拟合。

12.1.1　DMT 技术系意大利 Silvano Marchetti 教授在 20 世纪 70 年代所创立,迅速在国际上得到推广和普及。在有使用经验的地区,使用 DMT 可划分土层并定名,确定静止侧压力系数、超固结比、不排水抗剪强度、变形参数、侧向地基基床系数乃至判定地基液化可能性(陈国民,1998)等。

12.2.2　设备标准化是扁板侧胀试验的基础。为使本规程向国际现有标准靠拢,达到保证试验成果质量和资料通用的目的,本条文对侧胀板头的技术性能作了强调。

12.2.4　控制装置主要为控制箱,内装气压控制管路、控制电路及各种指示开关,主要作用是控制试验的压力和指示膜片三个特定位置时的压力,并传送膜片达到特定位移量时的信号。

膜片膨胀的三个特殊位置的状态如下:

(1)膨胀量小于 0.05 mm 时为"压偏"状态,蜂鸣器和检流计接通;

(2)膨胀量大于等于 0.05 mm、小于 1.10 mm 时为"膨胀"状态,蜂鸣器和检流计断开;

(3)膨胀量大于等于 1.10 mm 时为"完全膨胀"状态,蜂鸣器和检流计接通。

12.2.5　侧胀板头可用以下方式压入土中:

(1)主机为静力触探机具压入,可采用国内目前各种液压双缸静力触探机和 CLD－3 型手摇静探机(ϕ28 mm 以上探杆,接头内径大于或等于 12 mm,气电管路可贯穿);

(2)主机为液压钻机压入,若试验在钻孔中,从钻孔底部开始,气电管路可不用贯穿于钻杆中而直接在板头以上的钻杆任何部位的侧面引出;

(3)标准贯入设备锤击击入;

(4)水下试验可用装有设备的驳船以电缆测井法压入或打入。

锤击法会影响试验精度,静力触探设备以手摇静探机压入较理想,应优先选用。

12.2.6　一只充气 15 MPa 的 10 L 气瓶,在中密度土和 25 m 长管路的试验,一般可进行 1 000个测点试验。耗气量随土质密度和管路的增加(长)而增大。

12.3.2　贯入主机与反力装置的安装与定位,必须事先用水平尺校准机座基准面,当其为水平状态后方可贯入,以保证侧胀板头、探杆(钻杆)对水平面的垂直度。为防止探孔偏斜造成深度误差及测试误差,在贯入过程中应随时用水平尺检查机座是否水平。

12.3.3　扁板侧胀试验操作属多岗位联合作业性质,其成果质量与现场操作者的技术素质和工作质量有关，有必要对操作人员进行职业性培训。

12.3.7　在大气压力下，膜片自然地提起高于它的支座，在 A 位置（膨胀 0.05 mm）与 B 位置（膨胀 1.10 mm）之间，控制装置的蜂鸣器是关着的。气压必须克服膜片刚度，并使它在空气中移动，使膜片从自然位置移至 A 位置时为 ΔA，移至 B 位置时为 ΔB。它们是不可忽略的。标定程序包括 ΔA 和 ΔB 的气压值，便于修正 A、B、C 的读数。

12.3.9　新膜片的标定值通常在许用范围值之外，而且，在试验或标定中，未实践的新膜片标定值总不稳定。解决的办法即为老化处理过程。重复对膜片加压和减压，增大 ΔA，减小 ΔB，直到它们达许用范围。

12.3.15　取出侧胀板头后，要用直角尺和直尺检查其弯曲度和平面度。直角尺靠在板头上接头两侧，量测两板面到直角尺距离，差值应小于 4 mm，否则应予校直。用 150 mm 直尺沿板头轴向置于板面凹处，倘用 0.5 mm 塞规插不进，其弯曲程度可以接受，若能插进，则需校正（可用液压机或杠杆方法校直）。

12.3.18　试验完毕后应对气电管路作下列检查：

（1）检查管路两端接头的导通性、绝缘性是否良好；

（2）将管路一端密封放入水中，另一端接入 4 MPa 气压，检查管路有无泄露；

（3）检查管路有无阻塞；将一根长管路一端接入测控箱上，另一端空着，加压 4 MPa，压力表指针不应超过 800 kPa，超过此值，视阻塞程度加以修换；

（4）检查管路是否夹扁或破裂。

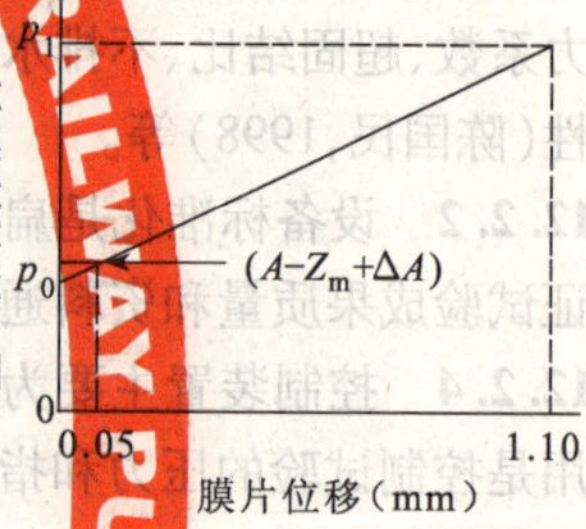

说明图 12.4.1　线性外推位移为零时的 p_0 值

12.4.1　扁板侧胀试验中测得的 A 压力是作用在膜片内部使膜片中心向周围土体水平推进 0.05 mm 时所需的气压，为获得膜片在向土中膨胀之前作用在膜片上的接触压力 p_0（无膨胀时）需要修正 A 压力以考虑膜片刚度、0.05 mm 膨胀本身和排气后压力表零度偏差的影响。Marchetti 和 Crapps（1981 年）假设土—膜界面上的压力与膜片位移间的关系成线性，如说明图 12.4.1，这样可得式（12.4.1—1）。同样，试验中测得的 B 压力是作用在膜片内侧使膜片中心向周围土体推进1.10 mm时所需要的气压，考虑到膜片刚度和排气后压力表零度偏差。故膜片膨胀1.10 mm时的膨胀压力 p_1 可根据式（12.4.1—2）得到。根据正常的压力膨胀程序获得常规的 A 和 B 压力，还可读取 C 压力以获得在控制排气时膜片回到 0.05 mm膨胀时膜片的压力，该压力读数 C 由式（12.4.1—3）修正为 p_2。

12.4.2　扁板侧胀试验时膜片向外扩张可视为在半无限弹性介质中对圆形面积施加一均布荷载 Δp，设弹性介质的弹性模量为 E、泊松比为 μ、膜片中心的外移量为 s，则有

$$s=\frac{4R\cdot\Delta p}{\pi}\cdot\frac{(1-\mu^2)}{E}\qquad\text{（说明 12.4.2—1）}$$

式中 R 为膜片的半径，即 30 mm，当试验中外移量 s 为 1.10 mm 时，且令 $E_D=E/(1-\mu^2)$，则

$$E_D=34.7\Delta p\qquad\text{（说明 12.4.2—2）}$$

式中 $\Delta p=p_1-p_0$，因而侧胀仪模量 $E_D=34.7(p_1-p_0)$。

12.4.3　扁板侧胀试验各曲线随深度变化反映了土层的若干性质，成为我们定性、定量评估这些性质的重要依据，与静力触探曲线相比较可得如下特征：

(1)试验曲线连续,具有类似静力触探曲线直观反映土性变化的特点;

(2)黏性土的 I_D 值一般较小,U_D 值一般较大;

(3)砂性土的 I_D 值一般较大,U_D 值非常低,接近 0;

(4)在均质土中贯入,p_0、p_1、p_2、Δp、E_D 均随深度线性递增,I_D、U_D 保持稳定,K_D 则呈递减趋势;

(5)K_D 曲线很大程度上反映地区土层的应力历史,超固结土 K_D 较大;

(6)在非均质土中贯入,各曲线起伏变化较大,遇砂性土变化加剧。

12.4.5 尽管土类指数 I_D 与土的粒径分布无直接关系,但许多试验结果表明,同一类土具有相同的 I_D 值。我们总结国内多家单位试验结果,最后得到:淤泥、淤泥质黏土、黏土及淤泥质粉质黏土的 I_D 值一般在 0.16~0.35 之间,平均值为 0.24,变异系数 δ 为 0.19,表示其低变异性及均一型变异特征;粉质黏土的 I_D 值一般在 0.24~0.75 之间,平均值为 0.40,变异系数 δ 为 0.41,变异特征为剧变型,这是粉质黏土中粗细颗粒变化较大所致;粉土 I_D 值为 0.60~1.80,砂土 I_D 值为 1.80~3.60。据此分析得:I_D 值明显反映了土中粗细颗粒的变化情况,是一种视土壤的主要颗粒尺寸而定的参数,可据 I_D 值进行土质分类。

国内诸试验结果 I_D 值基本符合 Marchetti(1980 年)提出的土质分类表,惟黏土与粉质黏土界限 I_D 值 0.35 稍偏大。目前所得黏土 I_D 最大值为 0.35,而绝大多数 $I_D \leqslant 0.30$ 且粉质黏土 I_D 最小值为 0.24,考虑土工试验中存在土样扰动或部分失水而造成 I_D 值偏低影响土的正确定名,将黏土与粉质黏土界限 I_D 值定为 0.30 更能接近我国实际情况。

12.4.6 Marchtti 和 Crapps 根据关系式

$$E_D = 10^{n + m\lg I_D} \quad \text{(说明 12.4.6—1)}$$

提出确定土壤状态及重度,式中 n、m 取值如说明表 12.4.6,这样线 A、B、C、D 将土的状态分成 5 个等级。经分析,A、B、C、D 四直线交于一点 $Q(\lg I_D = -7.667, \lg E_D = -0.748)$,故可得

$$m = (\lg E_D + 0.748)/(\lg I_D + 7.667) \quad \text{(说明 12.4.6—2)}$$

如此,可将试验所得 I_D、E_D 值代入上式得到 m 所表征的界限值再与四直线 m 值比较可得土的状态。结合目前试验数据,我们将四直线的界限 m 值进行了修正;又根据铁路工程岩土分类标准将黏性土的状态分为四类,即流塑、软塑、硬塑及坚硬,因此综合得到条文所列表 12.4.6。

说明表 12.4.6 n、m 取值

线 别	n	m
A	3.737	0.585
B	4.013	0.621
C	4.289	0.657
D	4.564	0.694

12.4.7 在连云港、宁波、无锡、昆山、武昌地区,对一般饱和黏性土(含软黏土)共开展了 52 组应力铲和 DMT 对比试验,得到用应力铲测定的静止侧压力系数$(K_0)_s$与按 Lunne(1990 年)提出的计算式

$$K_0 = 0.34K_D^{0.54} \quad \text{(说明 12.4.7)}$$

之比$(K_0)_s/K_0 = 0.71 \sim 1.47$,平均为 1.07,变异系数 $\delta = 0.37$。

12.4.8 在昆山、无锡、武昌三地进行了钻孔取样做三轴不排水压缩试验与 DMT、CPT 进行对比,在 39 组 E_u 与 E_D 数据中有 32 组 $\Delta p \leqslant 100$ kPa 饱和黏性土,得到比值 $E_u/E_D = 2.1 \sim 4.7$,平均为 2.92,变异系数 $\delta = 0.36$。若以式(10.5.19)估算的不排水模量$(E_u)_{CPT}$计,则有$(E_u)_{CPT}/E_D = 2.58 \sim 4.64$,平均为 3.62,$\delta = 0.26$。

12.4.9 若假定土体在小应变条件下为弹性体且侧胀仪膜片对土体的膨胀压力可视为平面应力(单向压缩),则用 DMT 测定地基水平基床系数是可行的。简述如下:

(1)k_h 表达式的推求

在气压作用下，直径 60 mm、厚 0.2 mm的膜片，周边被约束而中心向外膨胀，其最大位移为 1.1 mm，对邻近土体造成的剪应变约为 1/30。膜片对土体的压力属曲面应力，膨胀压力 Δp 应是曲面应力的平均值 $\bar{p}_y$。沿曲面母线（膜片原直径方向）的剖面线形态可用悬链线描述（说明图 12.4.9—1），曲线方程表为

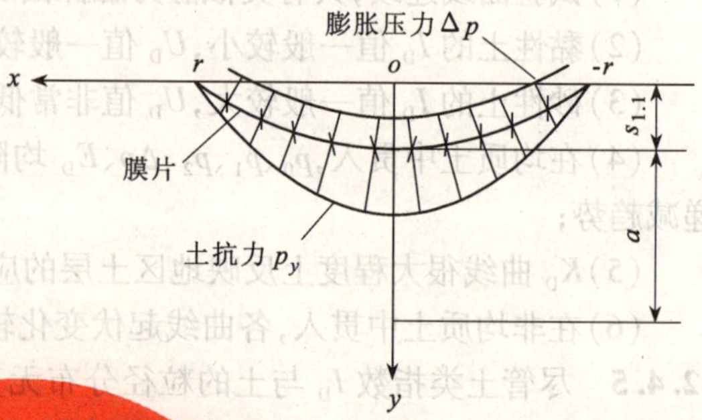

说明图 12.4.9—1　膜片的膨胀压力与土抗力

$$y=(a+s_{1.1})-\frac{a}{2}\left(e^{x/a}+e^{-x/a}\right) \quad \text{（说明 12.4.9—1）}$$

式中　$a \approx 409.274\ 106$ mm、$s_{1.1}=1.1$ mm，为已知常数。

设 k_h 为土体对膜片的抗力系数，则膜片表面任一点的土抗力 $p_y{}'=k_h y$。由于膜片为中心对称，面积分问题可用下式表达：

$$\pi r^2 \Delta p' = 2\pi k_h \int_0^r yx\mathrm{d}x$$

即

$$k_h = \Delta p' \Big/ \left(\frac{2}{r^2}\int_0^r yx\mathrm{d}x\right) \quad \text{（说明 12.4.9—2）}$$

式中　$r=30$ mm，为膜片半径；$\Delta p'$ 为膜片有效膨胀压力。

上式便是推求 k_h 的表达式。将式（说明 12.4.9—1）连同各有关数值代入上式，可解得膜片平均位移 $\bar{y}=2\int_0^r yx\mathrm{d}x/r^2=0.5\ 502$ mm。若 $\Delta p'$ 单位用 kPa，则上式可写为

$$k_h = 1\ 817\Delta p' \ (\text{kN/m}^3) \quad \text{（说明 12.4.9—3）}$$

(2)$\Delta p'$ 的确定

既然在小应变条件下，膜片与土体的接触压力可视同单向压缩问题近似处理，则据有效应力原理，就饱和土而论，在 1 min 时间内施加总应力 Δp 时，其有效压力应为

$$\Delta p' = (1-A)\Delta p \quad \text{(a)}$$

式中 A 为孔隙压力参数，其值与土的类型、固结状态、初始应力状态等诸多因素有关。表 12.4.9 中 A 值来源有限，数据不多，在确定 k_h 时尽可能通过室内试验加以验证和补充。

(3)K_{h1} 的确定及 K_h 的非线性问题

弹性理论分析表明，按照 Winkler 假定，地基基床系数 K_h 与桩宽（径）或板宽成反比，依据 Terzaghi（1955）建议：

$$K_h=\frac{30}{d}K_{h1}=\frac{20}{d}\overline{K}_{h1} \ (\text{kg/cm}^3) \quad \text{(b)}$$

式中　d——桩宽（径）(cm)；

K_{h1}——相应于宽度为 30 cm 的矩形板的基床系数；

$\overline{K}_{h1}$——相应于宽度为 30 cm 的方形板的基床系数。

将桩身纵断面视为矩形板，取 $d=6$ cm、$k_h=K_h$，据式(b)便得 $K_{h1}=0.2k_h$。

本条文给出的 K_{h1} 是特定于相对位移 $y/d \approx 0.009\ 17$ 时的值，当 $y/d>0.009\ 17$ 时，

K_{h1}值必降低；反之，则增大，这是由 K_h 值的非线性属性所决定的。说明图 12.4.9—2 是几位学者的模型试验结果，据之，可得如下经验关系：

$$K_h/k_{h0.005}=0.046(y/d)^{-0.58}$$

（说明 12.4.9—4）

式中　K_h——实有基础的水平基床系数；

$k_{h0.005}$——当 $y/d=0.005$ 时的水平基床基数。

若以 $y/d=0.009\ 17$ 时的 K_{h1} 为基准，可将上式改写为

$$K_h/K_{h1}=0.066(y/d)^{-0.58}$$

（说明 12.4.9—5）

利用此式并根据对桩的截面尺寸、荷载水平和桩身刚度的综合分析，可大致估得实有基础的水平基床系数值。

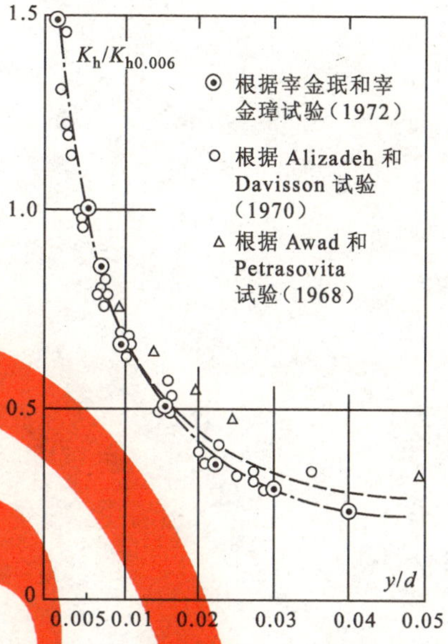

说明图 12.4.9—2　y/d 对 K_h 的影响

（引自宰金珉和宰金璋，1993）

A.0.2　时漂检验应在室内恒温条件下，将传感器与仪器工作电源接通，待其预热 3 min 并统调平衡后，记录传感器在空载状态下仪表的零输出随时间的变化值。记录时间间隔由密而疏，累计观测时间可取 1 h。温漂检验则应用温度可调且可控的加温装置，在 -10 ℃ ~40 ℃范围内，分级测定传感器在各级温度下仪表的零输出值。

附录 C

探头规格及更新标准在参考中国工程建设标准化委员会《静力触探技术标准》（CECS 04:88）和国际参考试验规程的基础上，结合铁科院有关探头标准化研究成果制定的，考虑了以下两个基本原则：

（1）保证加工精度，延长使用寿命

①探头各部直径均按工作面积的上偏差为 1% 和 2% 加以控制，加工时宜盈，既偏于安全又延长寿命；

②探头锥顶在使用过程中容易磨耗，将锥高 H 的标准放宽，可降低勘察成本又不致影响测试精度。

（2）从实际出发，尽可能向国际通用标准靠拢：

①国际标准要求双桥探头，特别是孔压探头的全长不得小于 1 m。本规程只限定孔压探头长度，则因国内单桥及双桥探头全长远小于 1 m，而目前国内所建立的经验关系源于此类探头。

②锥尖有效面积比 a 对探头端阻 q_c 有重大影响，本规程将其明确下来可达到成果通用和统一解释依据的目的。就 a 的上、下偏差而言，在一般土中 q_c 的测试误差不大；但在正常固结和欠固结软黏性土中贯入，仍可达 8% 的测试误差，特此提请注意。

③本规程允许过滤片三种布置形式同时并存，这是参考了日本 OYO 公司和荷兰 Fugro公司产品后而定出的。迄今为止，有关孔压触探的认识和经验仍相当有限，本规程所提出的一些轮廓性认识和标准，即是基本的，也是有一定实践基础的。

K_h值必降低；反之，则增大。这是由K_h值的非线性属性所决定的。说明图12.4.9—2是几位学者的模型试验结果。据之，可得如下经验关系：

$$K_h/K_{h0.005}=0.046(y/d)^{-0.58}$$ （说明12.4.9—4）

式中 K_h——实有基础的水平基床系数；

$K_{h0.005}$——当$y/d=0.005$时的水平基床系数。

若以$y/d=0.00917$时的K_h为K_{h1}，则（说明12.4.9—4）式改写为

$$K_h/K_{h1}=0.066(y/d)^{-0.58}$$ （说明12.4.9—5）

利用此式并根据实际的截面尺寸、材料参数和桩身刚度的综合分析，可大致估算实有基础的水平基床系数值。

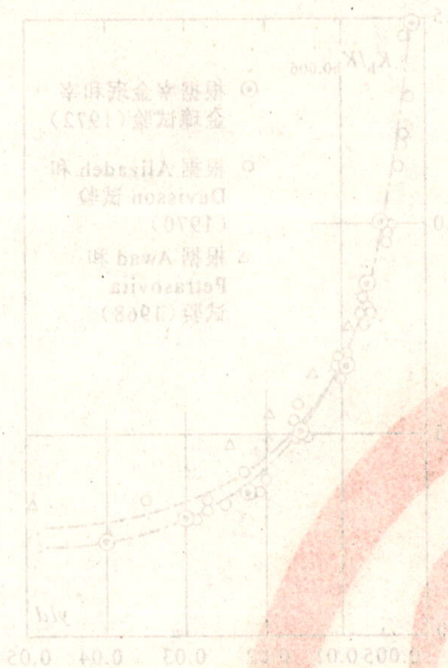

说明图12.4.9—2 y/d对K_h的影响
（引自辛金祥和金谭，1993）

A.0.2 时漂检验应在室内恒温条件下，将传感器与仪器工作电源接通，待其预热1 min后系统平衡后，记录传感器在空载状态下仪表的零输出随时间的变化值。记录时间间隔由密而疏，累计观测时间不少于1 h。温漂检验则应用温度可调且可控的加温装置，在−10 ℃~40 ℃范围内，分级测定传感器在各级温度下仪表的零输出值。

附录C

探头规格及更新标准在参考中国工程建设标准化委员会《静力触探技术标准》（CECS 04:88）和国际参考试验程序的基础上，结合铁科院有关探头标准化研究成果制定的，考虑了以下两个基本原则：

（1）保证加工精度，延长使用寿命。

①探头各部直径均按各面积的正偏差为1%和2%加以控制，加工时宜紧，既偏于安全又延长寿命。

②探头锥顶在使用过程中容易磨损，将锥高h的标准放宽，可降低勘察成本又不致影响测试精度。

（2）从实际出发，尽可能向国际通用标准靠拢：

①国际标准要求双桥探头，特别是孔压探头的全长不得小于1 m。本规程只限定孔压探头长度，则因国内单桥及双桥探头全长远小于1 m，而目前国内所建立的经验关系源于此类探头。

②锥尖有效面积比α对探头端阻q_c有着大影响。本规程将其明确下来可达到求取通用和统一解释依据的目的。就α的上、下偏差而言，在一般土中q_c的测试误差不大；但在正常固结和欠固结软黏性土中偏大，仍可达8%的测试误差，特此提请注意。

③本规程允许过滤片三种布置形式同时并存，这是参考了日本OYO公司和荷兰Fugro公司产品后而定出的。迄今为止，有关孔压触探的认识和经验仍相当有限，本规程所提出的一些轮廓性认识和标准，即是基本的，也是有一定实践基础的。

中华人民共和国行业标准

铁建设函〔2003〕99号

铁路工程水质分析规程

TB 10104—2003

J 263—2003

2003—03—28 发布　　　　2003—06—01 实施

中华人民共和国铁道部　发布

前　　言

本规程是根据铁道部《关于下达 2000 年铁路工程建设规范、定额编制计划的通知》（铁建设函〔2000〕36 号）的要求，在《铁路工程水质分析方法》（TBJ 104—87）基础上修订而成的。

本规程内容包括总则，术语和符号，水样的采集、保存和运输，物理性质的测定，pH 值的测定，游离二氧化碳的测定，侵蚀性二氧化碳的测定，酸度的测定，总碱度、重碳酸盐、碳酸盐、氢氧化物的测定，钙镁离子浓度及钙、镁的测定，硫酸盐的测定，氯化物的测定，钾、钠的测定，溶解氧的测定，二氧化硅的测定，氨氮的测定，亚硝酸盐氮的测定，硝酸盐氮的测定，磷酸盐的测定，硫化物的测定，氟化物的测定，氰化物的测定，碘化物的测定，化学需氧量的测定，五日生化需氧量的测定，酚的测定，阴离子洗涤剂的测定，铁、锰的测定，铜、锌、铅、镉、铬的测定，砷、硒的测定，银的测定，汞的测定，铝的测定等 33 章，另有 2 个附录。

本规程修订的主要内容如下：

（1）按国家标准《量和单位》（GB 3100～3102—93）及铁道行业标准《水质中常用量与单位的名称和符号》（TB/T 2418—93），对原规程中的计量单位进行了全面修订。

（2）重点规定了水质简易分析和判定侵蚀性指标的测试方法。

（3）新增了臭和味、五日生化需氧量及银的测定。

（4）新增测定方法 8 种：测定总矿化度的质量法及计算法、测定硫酸盐的质量法、测定氨氮的盐酸容量法、测定硝酸盐氮的酚二磺酸分光光度法、测定铁的 EDTA 二钠容量法、测定阴离子洗涤剂的电位滴定法、测定氟化物的氟试剂分光光度法、测定汞的冷原子吸收分光光度法。

（5）将原子吸收分光光度法的有关内容安排在各有关章节中，不再单独成章。

（6）删除测定方法 15 种：表色色度测定，总矿化度离子交换树脂法，硝酸盐锌还原法，氟化物茜素磺酸锆法，铜、铅、锌、镉、铬、砷、硒的化学分析方法等。

（7）水质分析结果的审核和检查增列为附录。

本规程以黑体字标志的条文为强制性条文，必须严格执行。

在执行本规程过程中，希望各单位结合工程实践，认真总结经验，积累资料。如发现需要修改和补充之处，请及时将意见及有关资料寄交铁道第二勘察设计院（成都市通锦路 3 号，邮政编码：610031），并抄送铁路工程技术标准所（北京市海淀区羊坊店路甲 8 号，邮政编码：100038），供今后修订时参考。

本规程由铁道部建设管理司负责解释。

本规程主编单位：铁道第二勘察设计院。

本规程主要起草人：吴芳若、王子江、李蓉仑。

目　次

1 总 则

1.0.1 为统一铁路工程水质分析方法和技术要求,提供准确可靠的技术参数,制定本规程。

1.0.2 本规程适用于铁路勘察、设计、施工、运营阶段的水质分析,不适用于生活饮用水的卫生指标和放射性指标的水质分析。

1.0.3 本规程用水,除特殊要求外必须采用纯水。试验室分析用水级别及质量标准应符合附录 A 的规定。

1.0.4 本规程所列测试项目,除另有规定外,均应以试剂空白作参比溶液。

1.0.5 配制基准溶液和原子吸收分光光度法所用试剂,必须采用 GR 保证试剂;配制标准溶液和一般溶液,必须采用 AR 分析试剂。溶液未注明溶剂时,均为水溶液。

1.0.6 溶液必须标明配制日期,并根据需要定期检查、标定。

1.0.7 配制、贮存试剂和溶液,除特殊要求外,应使用硬质玻璃容器。用于清洗器皿的洗涤液,不得对器皿和待测物产生污染;**接触或使用浓酸、浓碱、有毒、有害的试剂,必须采取有效的防护措施。**

1.0.8 水质分析结果应按附录 B 进行审核和检查。

1.0.9 所用分析仪器、设备必须定期按国家现行有关规定进行检定、校准。

1.0.10 铁路工程水质分析除应符合本规程外,尚应符合国家现行的有关强制性标准的规定。

2 术语和符号

2.1 术 语

2.1.1 准确称取　correct weigh

用万分之一分析天平准确称量至0.1 mg。

2.1.2 恒量　constant

连续两次干燥后的质量差异在0.2 mg以下。

2.1.3 量取　measure

用量筒、量杯分取水样、试液或试剂。

2.1.4 吸取　correct measure

用刻度移液管分取水样、试液或试剂。

2.1.5 平行试验　repetitive test

用同一方法，取均匀的二个或二个以上试样，在相同条件下进行试验。

2.1.6 空白试验　blank test

用纯水代替试样，所加试剂、测定条件和操作步骤与试样测定完全相同的试验。空白试验应与试样测定同时进行。

2.1.7 纯水　aqua pure

蒸馏水或去离子水。

2.1.8 水样　water sample

按采样规定，用清洁的玻璃或塑料器皿盛装具有代表性、用于测定的水。

2.1.9 试样　test portion

按规定分取的用于测定的水样。

2.1.10 水质简分析　brief water analysis

对水样仅进行pH值、游离二氧化碳、侵蚀性二氧化碳、总碱度、各种钙镁离子浓度、氯化物、硫酸盐、溶解性固体的测定。

2.1.11 一般水质分析　water analysis

对水样除进行水质简分析外，还应进行色度、臭、味、悬浮物、浊度、钙、镁、钾和钠的测定。

2.1.12 水质全分析　overall water analysis

对水样除进行一般水质分析外，还应符合现行国家标准《生活饮用水标准检验法》(GB 5750)的规定，并测定硝酸盐氮、亚硝酸盐氮、氨氮、耗氧量、二氧化硅、溶解氧、磷酸盐。

2.1.13 钙镁离子浓度　ionic concentration of calmagite and magnesium

水样中钙和镁离子的总含量。原称总硬度。

2.1.14 碳酸盐钙镁离子浓度　ionic concentration of carbornated calmagite and magnesium

水样中碳酸盐和重碳酸盐浓度的总和。原称暂时硬度。

2.1.15 非碳酸盐钙镁离子浓度 ionic concentration of noncarbornated calmagite and magnesium

水样中钙镁离子浓度与碳酸盐和重碳酸盐浓度总和之差。原称永久硬度。

2.1.16 碱度 alkalinity

水介质与氢离子(H^+)反应的定量能力。

2.1.17 总碱度 general alkalinity

水样中碳酸盐、重碳酸盐、氢氧化物及其他强碱弱酸盐浓度的总和。

2.1.18 钾钠碱度 potassium sodium alkalinity

水样中碳酸盐和重碳酸盐浓度之和与钙镁离子浓度之差。原称负硬度。

2.1.19 酸度 acidity

水介质与氢氧根离子(OH^-)反应的定量能力。

2.1.20 总酸度 general acidity

以酚酞为指示剂测定的酸度。

2.1.21 强酸酸度 very acid acidity

以甲基橙为指示剂测定的酸度。

2.2 符　　号

2.2.1 物理性指标

C——电导池常数

C_0——色度

DS——溶解性固体

SS——悬浮性固体

T——温度

T_u——浊度

σ——电导率

2.2.2 化学性指标

ACSA——阴离子洗涤剂

BOD_5——五日生化需氧量

COD_{Mn}——高锰酸盐指数

COD_{Cr}——重铬酸钾法化学需氧量

C_B——物质 B 的浓度

$c(A)_Q$——强酸酸度

$c(Na^+ + K^+)_n$——钾钠碱度

$c(A)$或$c\left(\frac{1}{z}A^{z+}\right)$——总酸度

$c(B)$或$c\left(\frac{1}{z}B^{z-}\right)$——总碱度

$c(Ca^{2+} + Mg^{2+})$——钙镁离子浓度

$c(Ca^{2+}+Mg^{2+})_t$——碳酸盐钙镁离子浓度

$c(Ca^{2+}+Mg^{2+})_s$——非碳酸盐钙镁离子浓度

$\sum c\left(\frac{1}{z}P^{z+}\right)$——阳离子物质的量浓度总和

$\sum c\left(\frac{1}{z}N^{z-}\right)$——阴离子物质的量浓度总和

$\sum c\left(\frac{1}{z}P^{z+}+\frac{1}{z}N^{z-}\right)$——阴、阳离子物质的量浓度总和

游 CO_2——游离二氧化碳

侵 CO_2——侵蚀性二氧化碳

DO——溶解氧

M_B——物质 B 的摩尔质量

pH——氢离子浓度的负对数

ρ_B——物质 B 的质量浓度

$\rho(Ca^{2+}+Mg^{2+})$——以碳酸钙计的钙镁离子质量浓度

3　水样的采集、保存和运输

3.1　一般水样的采集

3.1.1　采集水样应准备下列用品：

1　采样容器：能密封的玻璃或聚乙烯容器。

2　吊桶、采集瓶。

3　棒状温度计、深水温度计。

4　样瓶封口材料。

5　水样瓶标签、水样委托书。

3.1.2　采样应符合下列规定：

1　采样前应用合成洗涤剂将采样容器洗涤干净。采样时必须用欲采集的水样冲洗采样容器3～4次，容器内应留有15～20 mL的空间。采集后及时密封样瓶、贴好标签，同时记录气温、水温、采样深度、时间、地点和水源周围污染情况等。

2　不同水源的采集方法应符合下列要求：

1）采集自来水或具有抽水机械设备的井水，应先放水数分钟，排出管中杂质，再正式采样。

2）采集无抽水机械设备的井水，可用清洁吊桶或水样采集瓶采集。

3）采集江、河、湖泊、水库等表层水样，应在中心部位或在水流汇集处采集，水面较宽时应在不同地点分别采集。

4）采集江、河、湖泊、水库、池、塘等较深处水样，应用水样采集瓶采样。

5）采集泉水水样，应在泉水流出处采样。采集试坑水样，应先清除坑中积水，再等流量稳定后采集。采集沼泽水样，应在地下水流量大、贮量多、无人畜活动的隐蔽处采集，采集时应避免漂浮物和水下淤泥混入水样。

6）采集钻孔水样，应先将管中积水抽出后采集。抽水试验的钻井，应在抽水试验最大水位降低时采集。采集自喷井水样，应尽量靠近喷出口采集。

7）采集隧道、明洞、涵洞水样，应根据检测目的，详细记录采样具体位置和水源类别。

3.1.3　采集水样数量宜符合表3.1.3的规定。

表3.1.3　采集水样数量

分　析　目　的	采样总数量(L)	备　　注
混凝土拌和用水(工程用水)	2.0	其中包括采集测硫化物特殊水样250 mL
水的腐蚀(侵蚀)性判定	2.0	其中包括采集测侵蚀性 CO_2 特殊水样250 mL
各类机车用水	3.0	
生活用水	6.5	其中包括采集水质全分析各测试项目的水样，并按各测试项目加入规定量的各种固定剂

3.2　特殊水样的采集

3.2.1　采集特殊水样除应符合本规程第 3.1 节的规定外，还应准备下列试剂、设备：

1　试剂：碳酸钙（$CaCO_3$），氢氧化钠（NaOH），硝酸（HNO_3），硫酸（H_2SO_4），盐酸（HCl），醋酸（$H_2C_2O_4$），硫酸铜（$CuSO_4$），硫酸锰（$MnSO_4$），碘化钾（KI），重铬酸钾（$K_2Cr_2O_7$），磷酸（H_3PO_4），醋酸锌（ZnC_2O_4），醋酸钠（$Na_2C_2O_4$），三氯甲烷（$CHCl_3$）。

2　设备：广泛 pH 试纸、移液管、滴定管、乳胶管等。

3.2.2　特殊水样的现场固定应符合下列规定：

1　测侵蚀性 CO_2 水样：于 250 mL 样瓶中加 1 ~ 2 g 碳酸钙粉末，注入水样至瓶口，密封，反复倒转，使碳酸钙粉末混合均匀。记录取样日期，每天倒转 3 次，每次 3 ~ 5 min，放 3 天以后测定。同时另取约 1 000 mL 水样，不加碳酸钙粉末。

2　测硫化物水样：于已标定体积的 500 mL 水样瓶中，加入 20% 乙酸锌溶液 2 mL，注满水样，密封，倒转样瓶数次，使其混合均匀。

3　测溶解氧水样：用虹吸管直通瓶底注水样于 250 mL 溶解氧瓶中，水样从瓶口溢出片刻取出虹吸管，再用移液管直插瓶底依次加入硫酸锰溶液 1 mL，碱性碘化钾溶液 2 mL，密封，不应留有气泡，充分倒转样瓶约 15 次，使其完全混合均匀。

4　测化学需氧量水样：于 250 mL 水样中，加入（1 + 3）硫酸溶液 1 mL，混匀。

5　测微量金属和砷、硒水样：于 500 mL 样瓶中注满水样，滴加浓硝酸，调节 pH 值小于 2。

6　测氰化物水样：于 500 mL 样瓶中注满水样，加入约 1 g 氢氧化钠，混匀，调节 pH 值大于 12。

7　测汞水样：于 500 mL 样瓶中注入水样，加入浓硫酸 5 mL，重铬酸钾 0.25 g，混匀，使样品保持淡橙色。

8　测亚铁水样：于 250 mL 水样中，加入 5 ~ 8 mL pH 值约 4 的乙酸—乙酸钠缓冲溶液。含大量亚铁离子的矾水及酸性水，于 250 mL 水样加入（1 + 3）盐酸溶液 5 mL。

9　测悬浮物和溶解性固体水样：于 500 mL 水样加入 1 mL 三氯甲烷，混匀。

10　测氨氮、有机氮、硝酸盐氮、亚硝酸盐氮水样：于 1 000 mL 水样滴加浓硫酸，调节 pH 值小于 2。

11　测六价铬水样：于 250 mL 水样加入 2% 氢氧化钠溶液，调节 pH 值至 8 ~ 9。

12　测酚水样：于 500 mL 水样加 0.5 g 硫酸铜抑制生化作用，用磷酸调节 pH 值小于 2。

13　测铝、硅水样：于 500 mL 水样加（1 + 1）盐酸溶液 5 mL，调节 pH 值小于 2。

3.3　水样的保存和运输

3.3.1　本规程测试项目，对存放水样的容器和存放时间的要求应符合表 3.3.1 的规定。

表 3.3.1　存放水样的容器和存放时间

测试项目	存放容器	存放时间
色、臭、味	玻璃瓶	宜现场测定。可4 ℃保存，24 h内测定
浑浊度	玻璃瓶或聚乙烯瓶	宜现场测定。可4 ℃保存，7 h内测定
pH值	玻璃瓶或聚乙烯瓶	宜现场测定。可4 ℃保存，6 h内测定
钙镁离子浓度	聚乙烯瓶或玻璃瓶	宜4 ℃保存，7 d内测定
金属（铁、锰、铜、锌、镉、铅、铝）	聚乙烯瓶或玻璃瓶	可保存6个月
酚　类	玻璃瓶	宜4 ℃保存，24 h内测定
阴离子洗涤剂	玻璃瓶或聚乙烯瓶	宜4 ℃保存，24 h内测定
氟化物	聚乙烯瓶	宜4 ℃保存，28 d内测定
氰化物	玻璃瓶或聚乙烯瓶	24 h内测定
砷、硒	玻璃瓶或聚乙烯瓶	可保存6个月
汞	聚乙烯瓶	可保存6个月
铬（六价）	内壁无磨损的玻璃瓶	24 h内测定
氨　氮	玻璃瓶或聚乙烯瓶	宜4 ℃保存，24 h内测定
亚硝酸盐氮	玻璃瓶或聚乙烯瓶	宜4 ℃保存，24 h内测定
硝酸盐氮	玻璃瓶或聚乙烯瓶	宜4 ℃保存，24 h内测定
需氧量	玻璃瓶	宜4 ℃保存，3 d内测定
氯化物	玻璃瓶或聚乙烯瓶	7 d内测定
硫酸盐	玻璃瓶或聚乙烯瓶	7 d内测定
游离二氧化碳	玻璃瓶或聚乙烯瓶	宜6 h内测定
侵蚀性二氧化碳	玻璃瓶或聚乙烯瓶	3 d后测定
重碳酸盐	玻璃瓶或聚乙烯瓶	宜6 h内测定
碳酸盐	玻璃瓶或聚乙烯瓶	宜24 h内测定
硅	聚乙烯瓶	可保存6个月

3.3.2　水样的运输应符合下列规定：

　　1　采集的水样应及时送往试验室分析；

　　2　运输前应仔细检查水样瓶是否密封，运输中应采取防晒、防冻、防破损、防污染的措施。

3.3.3　水样运抵试验室，应同时填交试验委托书，注明取样地址、工程名称、水源类别、取样深度、气温、水温、水源周围污染情况、有无臭味、水样数量、分析项目、取样者等。对特殊水样应注明样瓶体积、所加试剂名称和数量。

4　物理性质的测定

4.1　温度的测定

4.1.1　温度应在采集现场测定，同时分别记录气温和水温。

4.1.2　温度的测定应采用下列设备：

1　棒状温度计：−30 ℃～50 ℃，0～50 ℃，0～100 ℃；

2　深水温度计：−2 ℃～40 ℃。

4.1.3　棒状温度计适宜测定地表水和浅层地下水温度，深水温度计适宜测定深层地下水温度。

4.1.4　温度的测定应按下列步骤进行：

在取样现场，将温度计置于空气中 3 min，读取气温，再将温度计插入水中一定深度，感温时间不得少于 3 min，然后迅速上提，立即读数，从温度计离开水面到读完数不得超过 10 s。记录结果，准确至 0.5 ℃。当测定水中溶解氧时，应准确至 0.1 ℃。

4.2　色度的测定

4.2.1　色度可采用铂钴比色法测定。它适宜测定具有黄色色调的天然环境水，其标准色列可长期使用。当水样颜色与标准色列不一致时，应作颜色定性描述。颜色的定性描述，可取同体积的纯水与水样在白色背景下比较，记述颜色种类及其深浅特征。

4.2.2　本方法应采用下列仪器、设备：

1　标准具塞比色管：50 mL；

2　刻度移液管：1、2、5、10 mL；

3　离心机：4 000 转/min；

4　试验室常用仪器、设备。

4.2.3　铂—钴标准溶液的配制应符合下列规定：

准确称取 1.2456 g 氯铂酸钾（K_2PtCl_6）和 1.000 0 g 氯化钴（$CoCl_2 \cdot 6H_2O$）置于 250 mL 烧杯中，加 100 mL 水，再缓缓加入 100 mL 浓盐酸，溶解后移入 1 000 mL 容量瓶，用水稀释至标线。此标准溶液的色度为 500 度。置暗处密封保存。

4.2.4　本方法应按下列步骤进行：

1　标准色列的配制：吸取铂钴标准溶液 0.00、0.50、1.00、1.50、2.00、2.50、3.00、3.50、4.00、4.50、5.00、6.00、7.00 mL 分别置于 13 支 50 mL 标准具塞比色管中，用水稀释至标线，混匀，得色度分别为：0、5、10、15、20、25、30、35、40、45、50、60、70 度的标准色列。将管口密封，存放暗处。

2　水样预处理：浑浊水样需先进行离心处理，再取上部清液测定。

3　试样的测定：取洁净透明或经预处理后的水样 50 mL 置于标准具塞比色管，与铂钴标准色列并列放在白纸或白瓷板上，于自然光线下，从管口向下垂直观察，记录与水样色度相同的标准色列管的色度。水样色度超过 70 度，可取少量水样用水稀释后测定。

4.2.5　水样的色度应按下式计算：

$$C_0 = \frac{A \cdot V_1}{V} \tag{4.2.5}$$

式中　C_0——水样的色度（度）；

A——与水样颜色相当的铂钴标准色列的色度（度）；

V_1——稀释后试样体积（mL）；

V——试样体积（mL）。

4.3　臭和味的测定

4.3.1　感官法适宜测定天然环境水的臭和味，此方法是凭感官对水样的气味和味道进行定性描述。

4.3.2　本方法应采用下列仪器、设备：

1　具塞三角瓶：250 mL；

2　温度计：0 ~100 ℃；

3　表面皿。

4.3.3　本方法采用的活性碳应为 12 ~40 目颗粒。

4.3.4　臭的测定应按下列步骤进行：

1　冷法（20 ℃）：

取两支 250 mL 三角瓶，其中一支加入用活性碳处理过的水 100 mL，另一支加入水样 100 mL，调节水温至（20 ±2）℃，振荡瓶中水样，以活性碳处理过的水臭强度为零，闻水样的气味，用适当文字描述，按表 4.3.4 确定水样的臭强度。

2　热法（60 ℃）：

取两支 250 mL 具塞三角瓶，其中一支加入用活性碳处理过的水 100 mL，另一支加入水样 100 mL，在置有石棉网的电炉上加热，使水温升到（60 ±2）℃，振荡瓶中水样，以活性碳处理过的水臭强度为零，闻水样的气味，按表 4.3.4 确定水样的臭强度。

表 4.3.4　臭强度等级

等　级	强　度	说　　明
0	无	无任何气味
1	微弱	一般人难查出臭，敏感者可觉出
2	弱	一般人刚能察觉
3	明显	可明显察觉
4	强	有明显臭味
5	极强	有强烈的恶臭

4.3.5　味的测定应按下列步骤进行：

首先必须确定水样没有被污染和肯定无毒，再取少量放入口中尝其味道，严禁咽下，按无味、甜、酸、苦、咸等及其他味道进行描述，其强度可分为无、极微、微、明显、强、极强。

4.4 浊度的测定

4.4.1 浊度应采用目视比浊法和分光光度法测定。

4.4.2 目视比浊法应符合下列规定：

1 目视比浊法适宜测定低浊度水样。最低检测浊度为1度。

2 本方法应采用下列仪器、设备：

1)标准具塞比色管：100 mL；

2)移液管：1、2、5、10、50 mL；

3)试验室常用仪器、设备。

3 本方法所用试剂应符合下列规定：

1)浊度标准贮备溶液(1 000 度)：

称取约10 g纯高岭土(硅藻土或漂白土)于研钵中，加少量水，研磨成糊状，移入1 000 mL量筒，加水至标线，搅拌后静置24 h，用虹吸法吸取约500 mL中间层悬浊液。吸取此悬浊液50 mL于已恒量的蒸发皿中，置水浴上蒸干，在105 ℃～110 ℃烘干2 h，冷却后准确称至恒量，确定每毫升悬浊液含高岭土的质量，吸取含1.000 0 g高岭土的悬浊液移入1 000 mL容量瓶，加入1 g氯化汞，稀释至标线，混匀。此溶液的浊度为1 000度。

2)浊度标准溶液：

吸取100.00 mL浊度标准贮备溶液置于1 000 mL容量瓶，加入1 g氯化汞，用水稀释至标线，混匀。此溶液浊度为100度。

4 本方法应按下列步骤进行：

1)浊度小于10度水样的测定：

吸取浊度为100度的浊度标准溶液0.00、1.00、2.00、3.00、4.00、5.00、6.00、7.00、8.00、9.00、10.00 mL分别置于11支100 mL标准具塞比色管中，加水稀释至标线，混匀，得浊度分别为：0.0、1.0、2.0、3.0、4.0、5.0、6.0、7.0、8.0、9.0、10.0度的浊度标准系列。

量取振荡均匀的水样100 mL置于标准具塞比色管中，将试样管和浊度标准系列管同时放在墨色底板上，从管口向下看，记录与试样产生相同视觉效果的浊度标准系列管的浊度。

2)浊度大于10度水样的测定：

吸取浊度为100度的浊度标准溶液0.00、10.00、20.00、30.00、40.00、50.00、60.00、70.00、80.00、90.00、100.00 mL分别置于11支100 mL标准具塞比色管中，用水稀释至标线，混匀。得浊度分别为：0、10、20、30、40、50、60、70、80、90、100度的浊度标准系列。

量取振荡均匀水样100 mL置于标准具塞比色管中，于光线明亮处在试样管和浊度标准系列管后放一有黑线的白纸作为判别标志，从管前向后观察，根据目标清晰程度，记录与试样产生相同视觉效果的浊度标准系列管的浊度。

4.4.3 分光光度比浊法应符合下列规定：

1 分光光度比浊法适宜于测定高浊度水样。最低检测浊度为3度。

2　本方法应采用下列仪器、设备：

1）分光光度计及其配套设备；

2）标准具塞比色管：50 mL；

3）试验室常用仪器、设备。

3　本方法所用试剂应符合下列规定：

1）10 mg/mL 硫酸肼溶液：

准确称取 1.000 0 g 硫酸肼[$(N_2H_4)H_2SO_4$]溶于适量水中，稀释至 100 mL，混匀。

2）100 mg/mL 六次甲基四胺溶液：

准确称取 10.000 0 g 六次甲基四胺[$(CH_2)_6N_4$]溶于适量水中，稀释至 100 mL，混匀。

3）浊度标准贮备液：

吸取 10 mg/mL 硫酸肼溶液 5.00 mL 与 100 mg/mL 六次甲基四胺溶液 5.00 mL 置于 100mL 容量瓶中，于(25 ±3)℃下静置 24 h，用水稀至标线，混匀。此溶液浊度为 400 度，可保存一个月。

4　本方法应按下列步骤进行：

1）绘制标准曲线：吸取浊度为 400 度的浊度标准贮备液 0.00、0.50、1.25、2.50、5.00、10.00、12.50 mL 分别置于 7 支 50 mL 标准具塞比色管中，加水至标线，混匀。得浊度分别为：0、4、10、20、40、80、100 度的浊度标准系列。用 30 mm 比色皿，于 680 nm 波长处，以水作参比测定吸光度。以浊度作横坐标，相对应的吸光度作纵坐标，绘制标准曲线。

2）水样的测定：将混匀水样置于 30 mm 比色皿中，以水作参比，按绘制标准曲线的步骤测定吸光度。如浊度超过 100 度，可适当少取水样，稀释后测定。

5　水样中浊度应按下列公式计算：

1）未稀释水样由标准曲线上可直接查出水样浊度。

2）稀释后水样的浊度应按下式计算：

$$T_u = \frac{A \cdot V_1}{V} \qquad (4.4.3)$$

式中　T_u——水样的浊度（度）；

A——稀释后试样的浊度（度）；

V_1——稀释后试样体积（mL）；

V——试样体积（mL）。

6　不同浊度范围的读数允许误差，应符合表 4.4.3 的规定。

表 4.4.3　水中浊度范围及允许误差

浊度范围（度）	允许误差（度）
1 ~ 10	1
11 ~ 100	5
101 ~ 400	10
401 ~ 700	50
>700	100

4.5　电导率的测定

4.5.1　电导率应采用电极法测定。

4.5.2　本方法应采用下列仪器、设备：

1　电导率仪：误差不超过 1%；

2　温度计：最小分度值 0.1 ℃；

3　容量瓶：1 000 mL；

4　恒温水浴；

5　试验室常用仪器、设备。

4.5.3　本方法所用试剂应符合下列规定：

1　纯水：蒸馏水通过离子交换柱，电导率应小于 1 μS/cm；

2　氯化钾基准溶液：

1）氯化钾基准贮备溶液 *c*(KCl) = 1.000 mol/L：

准确称取经 105 ℃ ~110 ℃干燥 2 h 的氯化钾74.551 0 g，溶于适量煮沸冷却后的水中，移入 1 000 mL 容量瓶，用煮沸冷却后的水稀释至标线，混匀。

2）氯化钾基准溶液 *c*(KCl) = 0.100 mol/L：

吸取 1.000 mol/L 氯化钾基准贮备溶液 100.00 mL，移入 1 000 mL 容量瓶，用煮沸冷却后的水稀释至标线，混匀。

3）氯化钾基准溶液 *c*(KCl) = 0.010 mol/L：

吸取 0.100 mol/L 氯化钾基准溶液 100.00 mL，移入 1 000 mL 容量瓶，用煮沸冷却后的水稀释至标线，混匀。

4）氯化钾基准溶液 *c*(KCl) = 0.001 mol/L：

吸取 0.010 mol/L 氯化钾基准溶液 100.00 mL，移入 1 000 mL 容量瓶，用煮沸冷却后的水稀释至标线，混匀。

氯化钾基准溶液应放入聚乙烯塑料瓶中密封保存。它在不同温度下的电导率应按表 4.5.3 确定。

表 4.5.3　氯化钾基准溶液的电导率（μS/cm）

浓度(mol/L) / 温度(℃)	1.000	0.100	0.010	0.001
0	65 176	7 138	773.6	
18	897 838	11 167	1 220.5	
25	111 342	12 856	1 408.8	146.93

4.5.4　本方法应按下列步骤进行：

1　电导率仪的操作应严格按仪器使用说明书进行。

2　未知电导池常数或需要校正电导池常数的电极，应进行电导池常数测定：

1）用氯化钾基准溶液冲洗电导池三次。

2）将氯化钾基准溶液放入 25 ℃恒温水浴中 15 min。用未知电导池常数的电极测定氯化钾基准溶液的电导率，重复数次，测定值应稳定在 ±2% 范围内，取其平均值。

3)电极的电导池常数应按下式计算：

$$C = \frac{\sigma}{\sigma_1} \tag{4.5.4}$$

式中　C——电极的电导池常数；

σ——氯化钾基准溶液的电导率(μS/cm)；

σ_1——用未知电导池常数的电极，测得的相同浓度氯化钾基准溶液的电导率(μS/cm)。

3　不同电导率的水样，应按表4.5.4的规定选用不同电导池常数的电极。选好的电极用纯水洗净，浸泡在纯水中备用。

表4.5.4　不同电导池常数的电极

估算试样电导率范围(μS/cm)	电导池常数
0.05~20	0.01
1~200	0.1
10~200	1
100~20 000	10
1 000~200 000	50

4　量取50 mL水样于塑料或硬质玻璃杯中，电极用水样冲洗2~3次后测试样的电导率，另取试样再测2~3次，测定值应稳定在±2%范围内，取其平均值，同时记录试样温度。

4.5.5　25 ℃时水样的电导率应按下式计算：

$$\sigma_s = \frac{\sigma_t}{1 + \beta(t - 25)} \tag{4.5.5}$$

式中　σ_s——25 ℃时水样的电导率(μS/cm)；

σ_t——水温为t ℃时测得的电导率(μS/cm)；

β——温度校正系数(通常情况下β近似值为0.022)；

t——测定时试样温度(℃)。

4.6　悬浮物的测定

4.6.1　悬浮物应采用质量法测定。

4.6.2　本方法应采用下列仪器、设备：

1　分析天平：感量0.0001 g；

2　称量瓶、漏斗、容量瓶；

3　烘箱；

4　中速定量滤纸或孔径为0.45 μm的滤膜及相应滤器；

5　试验室常用仪器、设备。

4.6.3　本方法应按下列步骤进行：

1　滤纸或滤膜放在称量瓶中，置烘箱内在 105 ℃ ~110 ℃下反复烘干，直至恒量。

2　剧烈振荡水样，迅速吸取水样 100.00 mL，使其全部通过滤纸或滤膜。

3　滤纸或滤膜及残渣一并放入原称量瓶中，置于 105 ℃ ~110 ℃下反复烘干，直至恒量。

4.6.4　水样中悬浮物的质量浓度应按下式计算：

$$\rho(SS) = \frac{(m_1 - m_2) \times 10^6}{V} \tag{4.6.4}$$

式中　$\rho(SS)$——水样中悬浮物的质量浓度（mg/L）；

m_1——称量瓶、滤纸或滤膜和悬浮物的质量（g），准确至 1 mg；

m_2——称量瓶和滤纸或滤膜的质量（g），准确至1 mg；

V——试样体积（mL）。

4.7　溶解性固体（总矿化度）的测定

4.7.1　溶解性固体应采用质量法测定。

4.7.2　本方法应采用下列仪器、设备：

1　分析天平：感量 0.0001 g；

2　容量瓶：100、200 mL；

3　蒸发皿：300 mL；

4　水浴锅；

5　中速定量滤纸或 G－3 号砂芯玻璃坩埚；

6　试验室常用仪器、设备。

4.7.3　本方法所用 1% 碳酸钠溶液的配制应符合下列规定：

称取 1 g 碳酸钠（Na_2CO_3）溶于适量水中，用水稀释至100 mL，混匀。

4.7.4　本方法应按下列步骤进行：

1　测定以碳酸盐钙镁离子浓度为主的水样：

吸取适量用中速定量滤纸或砂芯玻璃坩埚抽滤后的滤液，分次注入在 105 ℃ ~110 ℃烘干至恒量的蒸发皿中，置于水浴锅蒸发至干。将蒸发皿放入烘箱内，在 105 ℃ ~110 ℃烘干 2 h 后，置于干燥器中冷却至室温称量，反复烘干称至恒量。

水样中溶解性固体质量浓度应按下式计算：

$$\rho(DS) = \frac{(m_1 - m_2) \times 10^6}{V} \tag{4.7.4—1}$$

式中　$\rho(DS)$——水样中溶解性固体的质量浓度（mg/L）；

m_1——残渣和蒸发皿的质量（g），准确至 1 mg；

m_2——蒸发皿的质量（g），准确至 1 mg；

V——试样体积（mL）。

2　测定以非碳酸盐钙镁离子浓度为主的水样：

吸取适量用中速定量滤纸或砂芯玻璃坩埚抽滤后的滤液，分次注入在 180 ℃烘干至恒量的蒸发皿中，准确加入一定量 1% 碳酸钠溶液，其中碳酸钠的质量应大于溶解性固体 1 ~2 倍。置于水浴锅蒸发至干，移入烘箱内在 180 ℃烘干 2 h，置于干燥器中冷却至室温称量,反复烘干称至恒量。

另吸取相同数量的1%碳酸钠溶液,注入在180 ℃烘干至恒量的蒸发皿中,置于水浴锅蒸发至干,移入烘箱内在180 ℃烘干2 h,置干燥器中冷却至室温称量,反复烘干称至恒量,计算加入碳酸钠的质量。

水样中溶解性固体的质量浓度应按下式计算:

$$\rho(\mathrm{DS})=\frac{(m_1-m_2-m_3)\times10^6}{V} \tag{4.7.4—2}$$

式中　$\rho(\mathrm{DS})$——水样中溶解性固体的质量浓度(mg/L);

m_1——残渣和蒸发皿的质量(g),准确至1 mg;

m_2——蒸发皿的质量(g),准确至1 mg;

m_3——加入碳酸钠的质量(g),准确至1 mg;

V——试样体积(mL)。

5　pH 值的测定

5.0.1　pH 值应采用酸度计法并宜在现场测定。

5.0.2　本方法应采用下列仪器、设备：

1　酸度计及其配套的复合电极或玻璃电极、甘汞电极；

2　烧杯、容量瓶：50、1 000 mL。

3　试验室常用仪器、设备。

5.0.3　本方法所用试剂应符合下列规定：

1　标准缓冲溶液 pH 值 =4.008：

准确称取经 105 ℃ ~110 ℃烘干 2 h，在干燥器中冷却至室温的邻苯二甲酸氢钾（$KHC_8H_4O_4$）10.2111 g，溶于煮沸冷却后的水中，移入 1 000 mL 容量瓶，用水稀释至标线，混匀。

2　标准缓冲溶液 pH 值 =6.865：

准确称取经 105 ℃ ~110 ℃烘干 2 h，在干燥器中冷却至室温的磷酸二氢钾（KH_2PO_4）3.3886 g 和无水磷酸氢二钠（Na_2HPO_4）3.5353 g，溶于煮沸冷却后的水中，移入 1 000 mL 容量瓶，用水稀释至标线，混匀。

3　标准缓冲溶液 pH 值 =9.180：

准确称取与饱和溴化钠溶液在室温下共同放置在干燥器内平衡两昼夜的四硼酸钠（$Na_2B_4O_7 \cdot 10H_2O$）3.808 0 g，溶于煮沸冷却后的水中，移入 1 000 mL 容量瓶，用水稀释至标线，混匀。

4　饱和氯化钾溶液：

将氯化钾（KCl）溶于 100 mL 水中，混匀，直至溶液中出现氯化钾晶体为止。

5.0.4　本方法应按下列步骤进行：

1　仪器的校准：

按仪器使用说明书，将仪器通电预热 30 min，试样和标准缓冲溶液调至同一温度，测定水温。仪器温度补偿旋纽置于水温处，调整零旋钮，表头指针置于零。

电极擦干浸入标准缓冲溶液中，按测定旋钮，调整定位旋钮，将仪器表头指针调至指示该标准缓冲溶液的 pH 值处。所选标准缓冲溶液的 pH 值应靠近待测水样的 pH 值。

2　水样测定：

用水冲洗电极，再用水样冲洗，最后将电极浸入试样中，小心摇动使其均匀，按下测定旋钮，待读数稳定后记录 pH 值。

6　游离二氧化碳的测定

6.0.1　游离二氧化碳应采用中和法测定。

6.0.2　本方法应采用下列仪器、设备：

1　具塞锥形瓶：250 mL；

2　碱式滴定管：10 mL；

3　移液管：25、50 mL；

4　乳胶管；

5　试验室常用仪器、设备。

6.0.3　本方法所用试剂应符合下列规定：

1　1% 酚酞指示剂：

称取 1 g 酚酞（$C_{20}H_{14}O_4$）溶于 50% 乙醇溶液，并用 50% 乙醇溶液稀释至 100 mL，混匀。

2　20% 中性酒石酸钾钠溶液：

称取 20 g 酒石酸钾钠（$KNaC_4H_4O_6$）溶于适量水中，混匀，加入 3 滴 1% 酚酞指示剂，用稀酸滴至红色刚消失，用水稀释至 100 mL。

3　氢氧化钠标准溶液 $c(NaOH)=0.020$ mol/L：

1）称取 1 g 氢氧化钠（NaOH）溶于适量水中，静置 12 h 以上，过滤后用煮沸冷却后的水稀释至 1 000 mL，用基准物邻苯二甲酸氢钾标定。

2）标定：

准确称取经 105 ℃ ~ 110 ℃ 烘干 2 h 的基准物邻苯二甲酸氢钾（$KHC_8H_4O_4$）0.050 0 g 三份，分别置于具塞锥形瓶中，各加 50 mL 水加热至沸，冷却后加 3 ~ 5 滴 1% 酚酞指示剂，用 0.020 mol/L 氢氧化钠标准溶液滴定至溶液呈粉红色，20 s 不褪色为终点。

氢氧化钠标准溶液的浓度应按下式计算：

$$c(NaOH)=\frac{m\times 1\,000}{V\cdot M(KHC_8H_4O_4)} \tag{6.0.3}$$

式中　$c(NaOH)$——氢氧化钠标准溶液浓度（mol/L）；

m——准确称取的邻苯二甲酸氢钾质量（g）；

V——滴定消耗的氢氧化钠标准溶液体积（mL）；

$M(KHC_8H_4O_4)=204.20$ g/mol。

3）氢氧化钠标准溶液，应存放在隔绝二氧化碳滴定管装置中（见图 6.0.3）。

6.0.4　本方法应按下列步骤进行：

1　用隔绝二氧化碳移液管装置（图 6.0.4），吸取 25.00 ~ 100.00 mL 水样置于 250 mL 具塞锥形瓶中。

2　在试样中加入 3 ~ 5 滴 1% 酚酞指示剂。

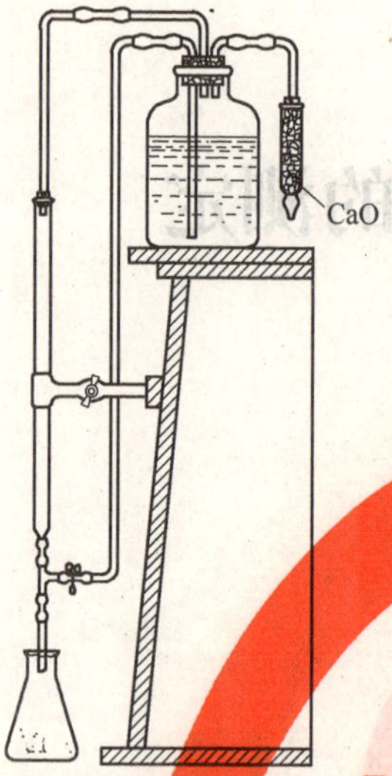

图 6.0.3　隔绝二氧化碳滴定管装置

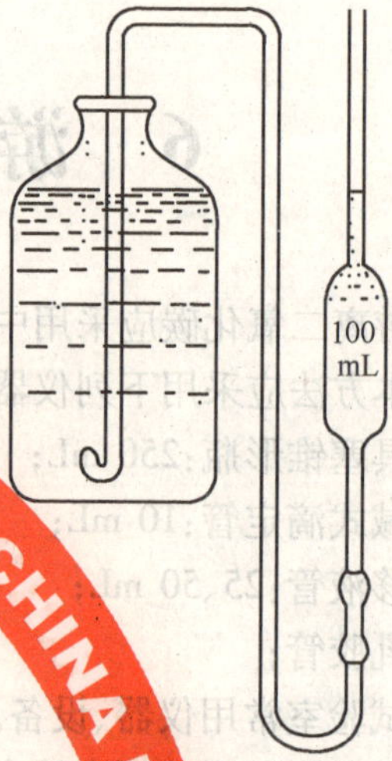

图 6.0.4　隔绝二氧化碳移液管装置

3　盖上瓶塞小心振荡试样，自上而下垂直观察，呈红色，水中无二氧化碳；当无色时，打开瓶塞迅速用氢氧化钠标准溶液滴定至试样刚呈粉红色，盖好瓶塞振荡均匀，直至粉红色 20 s 内不褪色为终点，记录滴定消耗的氢氧化钠标准溶液体积。

4　在滴定中试样出现浑浊，应另取水样加入 20% 中性酒石酸钾钠溶液 5 mL，重新测定。

6.0.5　水样中游离二氧化碳的质量浓度应按下式计算：

$$\rho(\text{游 } CO_2) = \frac{c(NaOH) \cdot V_1 \cdot M(CO_2) \times 1\,000}{V} \tag{6.0.5}$$

式中　$\rho(\text{游 } CO_2)$——水样中游离二氧化碳的质量浓度(mg/L)；

$c(NaOH)$——氢氧化钠标准溶液浓度(mol/L)；

V_1——滴定消耗的氢氧化钠标准溶液体积(mL)；

V——试样体积(mL)；

$M(CO_2) = 44.00$ g/mol。

7　侵蚀性二氧化碳的测定

7.0.1　侵蚀性二氧化碳应采用中和法测定。

7.0.2　本方法应采用下列仪器、设备：

1　锥形瓶：250 mL；

2　移液管：25、50 mL；

3　滴定管：10、25 mL；

4　试验室常用仪器、设备。

7.0.3　本方法所用试剂应符合下列规定：

1　碳酸钙（$CaCO_3$）粉末。

2　0.1% 甲基橙指示剂：

称取 0.1 g 甲基橙溶于适量水中，用水稀释至 100 mL，混匀。

3　碳酸钠基准溶液 $c(Na_2CO_3)=0.025$ mol/L：

准确称取经 250 ℃烘干 1 h 的无水碳酸钠 2.649 7 g，溶于适量水中，移入 1 000 mL 容量瓶，用水稀释至标线，混匀。

4　盐酸标准溶液 $c(HCl)=0.050$ mol/L：

1）量取 4.20 mL 浓盐酸（HCl）缓缓倾入适量水中，用水稀释至 1 000 mL，混匀，用碳酸钠基准溶液标定。

2）标定：

吸取 0.025 mol/L 碳酸钠基准溶液 25.00 mL 置于锥形瓶中，加 3 滴甲基橙指示剂，用盐酸标准溶液滴定，至溶液由橙黄色突变为淡橙红色为终点，记录滴定消耗盐酸标准溶液体积。

盐酸标准溶液的浓度应按下式计算：

$$c(HCl)=\frac{c(Na_2CO_3)\cdot V_1\times 2}{V_2}\qquad(7.0.3)$$

式中　$c(HCl)$——盐酸标准溶液的浓度（mol/L）；

$c(Na_2CO_3)$——碳酸钠基准溶液的浓度（mol/L）；

V_1——吸取碳酸钠基准溶液体积（mL）；

V_2——滴定消耗盐酸标准溶液体积（mL）。

7.0.4　本方法应按下列步骤进行：

1　同时取同一水源水样二瓶，其中一瓶 250 mL 水样加入碳酸钙粉末 1～2 g，密封混匀，放置阴凉处每天摇动数次，3 d 后可用于测定。

2　另一瓶水样取样 6 h 内吸取 25.00～100.00 mL 置于250 mL锥形瓶中，加入 3 滴甲基橙指示剂，用 0.050 mol/L 盐酸标准溶液滴定，至溶液由橙黄色突变为淡橙红色为终点，记录滴定消耗盐酸标准溶液体积。

3　3 d 后吸取同体积加有碳酸钙粉末水样上部清液置于250 mL锥形瓶中，加入 3 滴甲基橙指示剂，用 0.050 mol/L 盐酸标准溶液滴定，至溶液由橙黄色突变为淡橙红色为终点，记录滴定消耗盐酸标准溶液体积。

7.0.5 水样中侵蚀性二氧化碳的质量浓度应按下式计算：

$$\rho(\text{侵}\,CO_2)=\frac{c(HCl)\cdot(V_2-V_1)\cdot M(CO_2)\times 1\,000}{2V} \tag{7.0.5}$$

式中 $\rho(\text{侵}\,CO_2)$——水样中侵蚀性二氧化碳质量浓度(mg/L)；

$c(HCl)$——盐酸标准溶液浓度(mol/L)；

V_1——滴定未加碳酸钙粉末的试样消耗盐酸标准溶液体积(mL)；

V_2——滴定加有碳酸钙粉末的试样消耗盐酸标准溶液的体积(mL)；

V——试样体积(mL)；

$M(CO_2)$ = 44.00 g/mol。

8　酸度的测定

8.0.1　酸度应采用中和法测定。

8.0.2　本方法应采用下列仪器、设备：

1　锥形瓶：250 mL；

2　碱式滴定管：10、25 mL；

3　试验室常用仪器、设备。

8.0.3　本方法所用试剂应符合下列规定：

1　1% 酚酞指示剂：

应符合本规程第 6.0.3 条的规定。

2　0.1% 甲基橙指示剂：

应符合本规程第 7.0.3 条的规定。

3　2.5% 氟化钾溶液：

称取 2.5 g 氟化钾（$KF \cdot H_2O$）溶于适量水中，用水稀释至 100 mL，混匀。

4　1.5% 硫代硫酸钠溶液：

称取 1.5 g 硫代硫酸钠（$Na_2S_2O_3 \cdot 5H_2O$）溶于适量水中，用水稀释至 100 mL，混匀。

5　氢氧化钠标准溶液 $c(NaOH) = 0.020$ mol/L：

应符合本规程第 6.0.3 条的规定。

8.0.4　本方法应按下列步骤进行：

1　总酸度：

1）吸取 25.00 ~ 100.00 mL 水样置于锥形瓶中，加入 2 ~ 3 滴 1% 酚酞指示剂，试样无色时测总酸度。试样呈红色或粉红色测碱度。

2）用 0.020 mol/L 氢氧化钠标准溶液滴定，至试液呈微粉红色，且 20 s 内不褪色为终点，记录滴定消耗的氢氧化钠标准溶液体积。

2　强酸酸度：

1）吸取 25.00 ~ 100.00 mL 水样置于锥形瓶，加入 2 ~ 3 滴 0.1% 甲基橙指示剂。指示剂褪色可另取试样加数滴 1.5% 硫代硫酸钠溶液，除去水样中的余氯后再加甲基橙指示剂，试样呈橙红色测强酸酸度。

2）用 0.020 mol/L 氢氧化钠标准溶液滴定，至溶液由橙红色突变为橙黄色为终点，记录滴定消耗氢氧化钠标准溶液体积。

8.0.5　水样中各种酸度应按下列公式计算：

1　水样中总酸度应按下式计算：

$$c(A) = \frac{c(NaOH) \cdot V_1}{V} \times 1\,000 \qquad (8.0.5\text{—}1)$$

式中　$c(A)$——水样中总酸度（mmol/L）；

$c(NaOH)$——氢氧化钠标准溶液浓度（mol/L）；

V_1——以酚酞作指示剂时，滴定消耗氢氧化钠标准溶液体积(mL)；

V——试样体积(mL)。

2 水样中强酸酸度应按下式计算：

$$c(\mathrm{A})_{\mathrm{Q}}=\frac{c(\mathrm{NaOH})\cdot V_2}{V}\times 1\,000 \qquad (8.0.5\text{—}2)$$

式中 $c(\mathrm{A})_{\mathrm{Q}}$——水样中强酸酸度(mmol/L)；

$c(\mathrm{NaOH})$——氢氧化钠标准溶液浓度(mol/L)；

V_2——以甲基橙作指示剂时，滴定消耗氢氧化钠标准溶液体积(mL)；

V——试样体积(mL)。

9　总碱度、重碳酸盐、碳酸盐、氢氧化物的测定

9.0.1　各种碱度应采用中和法测定。

9.0.2　本方法应采用下列仪器、设备：

1　锥形瓶：250 mL；

2　容量瓶：50、100 mL；

3　移液管：10、25 mL；

4　滴定管：10、25 mL；

5　试验室常用仪器、设备。

9.0.3　本方法所用试剂应符合下列规定：

1　1% 酚酞指示剂：

应符合本规程第 6.0.3 条的规定。

2　0.1% 甲基橙指示剂：

应符合本规程第 7.0.3 条的规定。

3　碳酸钠基准溶液 $c(Na_2CO_3)=0.025$ mol/L：

应符合本规程第 7.0.3 条的规定。

4　盐酸标准溶液 $c(HCl)=0.050$ mol/L：

应符合本规程第 7.0.3 条的规定。

9.0.4　本方法应按下列步骤进行：

1　酚酞碱度：

吸取 25.00～100.00 mL 水样置于锥形瓶中，加入 2～3 滴 1% 酚酞指示剂，如果呈红色，在不断振荡下用 0.050 mol/L 盐酸标准溶液滴定，至微红色消失为终点，记录滴定消耗盐酸标准溶液体积 P(mL)。如果水样加酚酞指示剂呈无色，水中无酚酞碱度。

2　甲基橙碱度：

在测定完酚酞碱度的溶液中加 2～3 滴 0.1% 甲基橙指示剂，继续用 0.050 mol/L 盐酸标准溶液滴定，至水样颜色由橙黄色突变为淡橙红色为终点，记录滴定消耗盐酸标准溶液体积 M(mL)。

3　滴定各种碱度所消耗盐酸标准溶液体积(图 9.0.4)。

1) P：以酚酞作指示剂时，水样中全部氢氧化物与碳酸盐变为重碳酸盐所消耗的盐酸标准溶液体积(mL)。

2) M：再加入甲基橙作指示剂，水样中原重碳酸盐和由碳酸盐变为重碳酸盐的全部重碳酸盐，与盐酸作用所消耗的盐酸标准溶液体积(mL)。

3) T：测定各种碱度时，所消耗的盐酸标准溶液总体积(mL)。

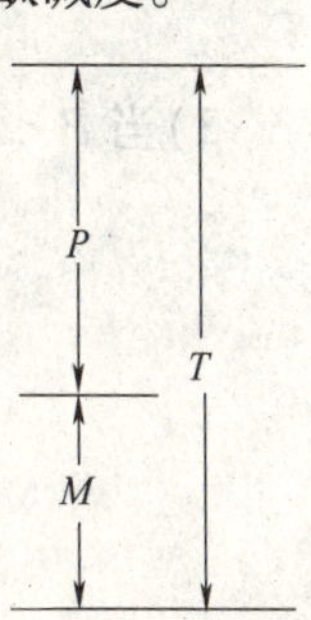

图 9.0.4　碱度组成示意

9.0.5 碱度的计算：

1 滴定各种碱度消耗盐酸标准溶液体积可按表9.0.5确定。

表9.0.5 滴定各种碱度消耗盐酸标准溶液的体积

滴定结果(mL)	滴定氢氧化物(OH^-)消耗量(mL)	滴定碳酸盐(CO_3^{2-})消耗量(mL)	滴定重碳酸盐(HCO_3^-)消耗量(mL)
$P=T$	P	0	0
$P>\frac{1}{2}T$	$2P-T$或$(P-M)$	$2(T-P)$或$(2M)$	0
$P=\frac{1}{2}T$	0	$2P$	0
$P<\frac{1}{2}T$	0	$2P$	$T-2P$或$(M-P)$
$P=0$	0	0	T或M

2 水样中总碱度、重碳酸盐、碳酸盐、氢氧化物碱度应按下列公式计算：

1)当$P=0$时，只有重碳酸盐

$$c(OH^-)=0, c(CO_3^{2-})=0$$

$$c(HCO_3^-)=\frac{c(HCl)\cdot M}{V}\times 1\,000 \tag{9.0.5—1}$$

$$\rho(HCO_3^-)=\frac{c(HCl)\cdot M\cdot M(HCO_3^-)}{V}\times 1\,000 \tag{9.0.5—2}$$

重碳酸盐碱度以碳酸钙质量表示的质量浓度：

$$\rho(CaCO_3)=\frac{c(HCl)\cdot M\cdot M(CaCO_3)}{2V} \tag{9.0.5—3}$$

2)当$P=M$时，只有碳酸盐

$$c(OH^-)=0, c(HCO_3^-)=0$$

$$c(CO_3^{2-})=\frac{c(HCl)\cdot P}{V}\times 1\,000 \tag{9.0.5—4}$$

$$\rho(CO_3^{2-})=\frac{c(HCl)\cdot P\cdot M(CO_3^{2-})}{V}\times 1\,000 \tag{9.0.5—5}$$

碳酸盐碱度以碳酸钙质量表示的质量浓度：

$$\rho(CaCO_3)=\frac{c(HCl)\cdot P\cdot M(CaCO_3)}{V}\times 1\,000 \tag{9.0.5—6}$$

3)当$P<M$时，有碳酸盐和重碳酸盐

$$c(OH^-)=0,$$

$$c(CO_3^{2-})=\frac{c(HCl)\cdot P}{V}\times 1\,000 \tag{9.0.5—7}$$

$$\rho(CO_3^{2-})=\frac{c(HCl)\cdot P\cdot M(CO_3^{2-})}{V}\times 1\,000 \tag{9.0.5—8}$$

$$c(HCO_3^-)=\frac{c(HCl)\cdot(M-P)}{V}\times 1\,000 \tag{9.0.5—9}$$

$$\rho(HCO_3^-)=\frac{c(HCl)\cdot(M-P)\cdot M(HCO_3^-)}{V}\times 1\,000 \tag{9.0.5—10}$$

4)当$P>M$时，有氢氧化物和碳酸盐

$c(HCO_3^-)=0$,

$$c(OH^-)=\frac{c(HCl)\cdot(P-M)}{V}\times 1\,000 \qquad (9.0.5—11)$$

$$\rho(OH^-)=\frac{c(HCl)\cdot(P-M)\cdot M(OH^-)}{V}\times 1\,000 \qquad (9.0.5—12)$$

氢氧化物碱度以碳酸钙质量表示的质量浓度:

$$c(CaCO_3)=\frac{c(HCl)\cdot(P-M)\cdot M(CaCO_3)}{2V}\times 1\,000 \qquad (9.0.5—13)$$

$$c(CO_3^{2-})=\frac{c(HCl)\cdot M}{V}\times 1\,000 \qquad (9.0.5—14)$$

$$\rho(CO_3^{2-})=\frac{c(HCl)\cdot M\cdot M(CO_3^{2-})}{V}\times 1\,000 \qquad (9.0.5—15)$$

5)当 $M=0$ 时,只有氢氧化物

$c(HCO_3^-)=0, c(CO_3^{2-})=0$

$$c(OH^-)=\frac{c(HCl)\cdot P}{V}\times 1\,000 \qquad (9.0.5—16)$$

$$\rho(OH^-)=\frac{c(HCl)\cdot P\cdot M(OH^-)}{V}\times 1\,000 \qquad (9.0.5—17)$$

6)总碱度

$$c\left[\frac{1}{z}B^{z-}\right]=\frac{c(HCl)\cdot(P+M)}{V}\times 1\,000 \qquad (9.0.5—18)$$

总碱度以碳酸钙质量表示的质量浓度:

$$\rho(CaCO_3)=\frac{c(HCl)\cdot(P+M)\cdot M(CaCO_3)}{2V}\times 1\,000 \qquad (9.0.5—19)$$

以上各式中 $c(HCl)$——盐酸标准溶液浓度(mol/L);

P——以酚酞为指示剂,滴定消耗盐酸标准溶液体积(mL);

M——连续滴定,以甲基橙为指示剂,滴定消耗盐酸标准溶液体积(mL);

V——试样的体积(mL);

$c(HCO_3^-)$——水样中重碳酸盐浓度(mmol/L);

$\rho(HCO_3^-)$——水样中重碳酸盐质量浓度(mg/L);

$c(CO_3^{2-})$——水样中碳酸盐浓度(mmol/L);

$\rho(CO_3^{2-})$——水样中碳酸盐质量浓度(mg/L);

$c(OH^-)$——水样中氢氧化物浓度(mmol/L);

$\rho(OH^-)$——水样中氢氧化物质量浓度(mg/L);

$\rho(CaCO_3)$——各种碱度以碳酸钙质量表示的质量浓度(mg/L);

$M(HCO_3^-)=61.02$ g/mol;

$M(CO_3^{2-})=60.02$ g/mol;

$M(OH^-)=17.01$ g/mol;

$M(CaCO_3)=100.08$ g/mol。

10　钙镁离子浓度及钙、镁的测定

10.1　钙镁离子浓度的测定

10.1.1　钙镁离子浓度采用 EDTA 二钠(乙二胺四乙酸二钠)络合滴定法测定。它适宜测定钙镁离子浓度为 0.05 ~5 mmol/L 的水样。

10.1.2　本方法应采用下列仪器、设备:

1　容量瓶:500、1 000 mL;

2　锥形瓶:100、250 mL;

3　滴定管:10、25 mL;

4　移液管:25、50 mL;

5　试验室常用仪器、设备。

10.1.3　本方法所用试剂应符合下列规定:

1　铵盐缓冲溶液 pH 值 =10 ±0.1:

称取 67.5 g 氯化铵(NH_4Cl),溶于 200 mL 水,加入 570 mL 氨水($NH_3 \cdot H_2O$),用水稀释至 1 000 mL,混匀。

2　1% 铬黑 T 固体指示剂:

称取 1 g 铬黑 T($C_{20}H_{12}N_3O_7SNa$)与 100 g 干燥氯化钾(KCl)或 100 g 干燥氯化钠(NaCl)混合研细,贮于棕色瓶中。

3　5% 硫化钠溶液:

称取 5 g 硫化钠($Na_2S \cdot 2H_2O$)溶于适量水中,用水稀释至 100 mL,混匀。

4　三乙醇胺[$N(C_2H_4OH)_3$]。

5　锌基准溶液 $c(Zn)$ =0.025 mol/L:

准确称取纯度为 99.999%,在干燥器中保存 24 h 以上的锌 0.817 2 g 于 100 mL 锥形瓶,加入(1 +1)盐酸溶液 15 mL,在水浴上加热使锌全部溶解,冷却后移入 500 mL 容量瓶,用水彻底冲洗锥形瓶数次,洗液合并在容量瓶中,用水稀释至标线,混匀。

6　EDTA 二钠标准溶液 c(EDTA -2Na) =0.025 mol/L:

1)称取 9.4 g 乙二胺四乙酸二钠($C_{10}H_{14}N_2O_8Na_2 \cdot 2H_2O$)溶于适量热水中,冷却后用水稀释至 1 000 mL,混匀。用锌基准溶液标定。

2)标定:

吸取 25.00 mL 锌基准溶液置于 250 mL 锥形瓶中,加水50 mL,加铵盐缓冲溶液2 ~3 mL,混匀,加约0.01 g铬黑 T 固体指示剂,混匀。用 EDTA 二钠标准溶液在不断振荡下滴定,至溶液由酒红色突变为纯蓝色为终点,记录滴定消耗 EDTA 二钠标准溶液体积。

3)EDTA 二钠标准溶液浓度应按下式计算:

$$c(\text{EDTA}-2\text{Na})=\frac{c(\text{Zn})\cdot V_1}{V_2} \tag{10.1.3}$$

式中　$c(\text{EDTA}-2\text{Na})$——EDTA 二钠标准溶液浓度(mol/L)；
$c(\text{Zn})$——锌基准溶液浓度(mol/L)；
V_1——吸取锌基准溶液体积(mL)；
V_2——滴定消耗 EDTA 二钠标准溶液体积(mL)。

10.1.4　本方法应按下列步骤进行：

1　吸取 25.00 ~ 100.00 mL 水样置于 250 mL 锥形瓶，加入铵盐缓冲溶液 2 ~ 3 mL，混匀。调节试样 pH 值至 10 ±0.1。

2　加约 0.01 g 铬黑 T 固体指示剂，混匀，在不断振荡下逐滴加入 EDTA 二钠标准溶液，至溶液由酒红色突变为纯蓝色为终点。滴定过程先快后慢，宜在 5 min 内完成。记录滴定消耗 EDTA 二钠标准溶液体积。

3　如果水样中含有较多铜、锌、铁、铅等金属离子，应在试样中先加入 5% 硫化钠溶液 1 mL，或加入 1 ~ 3 mL 三乙醇胺消除干扰后再进行测定。

4　煤层、矿坑的酸性水或含盐地层水，应预先用氨水调节 pH 值至 7 左右，使重金属沉淀过滤后再进行测定。

5　如果水样中有大量二氧化碳，应在试样中加(1 +1)盐酸溶液至刚果红试纸变蓝，煮沸除去二氧化碳后再进行测定。

6　如果水样中镁含量极低，可在试样中加入准确量的镁离子，然后从测定结果中减去加入镁离子的量。

10.1.5　水样中钙镁离子浓度应按下列公式计算：

$$c(Ca^{2+}+Mg^{2+})=\frac{c(\text{EDTA}-2\text{Na})\cdot V_1}{V}\times 1\,000 \tag{10.1.5—1}$$

$$\rho(Ca^{2+}+Mg^{2+})=\frac{c(\text{EDTA}-2\text{Na})\cdot V_1\cdot M(CaCO_3)}{V}\times 1\,000 \tag{10.1.5—2}$$

式中　$c(Ca^{2+}+Mg^{2+})$——水样中钙镁离子浓度(mmol/L)；
$\rho(Ca^{2+}+Mg^{2+})$——用碳酸钙质量表示的钙镁离子质量浓度(mg/L)；
$c(\text{EDTA}-2\text{Na})$——EDTA 二钠标准溶液浓度(mol/L)；
V_1——滴定消耗 EDTA 二钠标准溶液体积(mL)；
V——试样体积(mL)；
$M(CaCO_3)=100.08$ g/mol。

10.2　各种钙镁离子浓度及钾钠碱度的计算

10.2.1　各种钙镁离子浓度、钾钠碱度应采用本规程式(9.0.5—18)和式(10.1.5—1)的结果进行计算。

10.2.2　水样中各种钙镁离子浓度应按下列各式计算：

1　当 $c(Ca^{2+}+Mg^{2+})>\frac{1}{2}c\left(\frac{1}{z}B^{z-}\right)$ 时

$$c(Ca^{2+}+Mg^{2+})_t=\frac{1}{2}c\left(\frac{1}{z}B^{z-}\right) \tag{10.2.2—1}$$

$$c(Ca^{2+}+Mg^{2+})_s=c(Ca^{2+}+Mg^{2+})-(Ca^{2+}+Mg^{2+})_t \quad (10.2.2—2)$$

$$c(Na^{+}+K^{+})_n=0 \quad (10.2.2—3)$$

2 当 $c(Ca^{2+}+Mg^{2+})=\frac{1}{2}c\left(\frac{1}{z}B^{z-}\right)$时

$$c(Ca^{2+}+Mg^{2+})_t=c(Ca^{2+}+Mg^{2+}) \quad (10.2.2—4)$$

$$c(Ca^{2+}+Mg^{2+})_s=0 \quad (10.2.2—5)$$

$$c(Na^{+}+K^{+})_n=0 \quad (10.2.2—6)$$

3 当 $c(Ca^{2+}+Mg^{2+})<\frac{1}{2}c\left(\frac{1}{z}B^{z-}\right)$时

$$c(Ca^{2+}+Mg^{2+})_t=c(Ca^{2+}+Mg^{2+}) \quad (10.2.2—7)$$

$$c(Ca^{2+}+Mg^{2+})_s=0 \quad (10.2.2—8)$$

$$c(Na^{+}+K^{+})_n=c\left(\frac{1}{z}B^{z-}\right)-2c(Ca^{2+}+Mg^{2+}) \quad (10.2.2—9)$$

式中 $c\left(\frac{1}{z}B^{z-}\right)$——水样中总碱度,mmol/L;

$c(Ca^{2+}+Mg^{2+})$——水样中钙镁离子浓度(mmol/L);

$c(Ca^{2+}+Mg^{2+})_t$——水样中碳酸盐钙镁离子浓度(mmol/L);

$c(Ca^{2+}+Mg^{2+})_s$——水样中非碳酸盐钙镁离子浓度(mmol/L);

$c(Na^{+}+K^{+})_n$——水样中钾钠碱度(mmol/L)。

10.3 钙、镁的测定

10.3.1 EDTA 二钠络合滴定法

1 EDTA 二钠络合滴定法适宜测定钙浓度为 0.05 ~ 5 mmol/L,镁浓度为 0.05 ~ 2.5 mmol/L的水样。

2 本方法所用仪器、设备应符合本规程第 10.1.2 条的规定。

3 本方法所用试剂应符合下列规定:

1)钙试剂:

称取 1.0 g 钙试剂[$C_{10}H_5(SO_3H)OHN:NC_{10}H_5(OH)(COOH)$]加入 100 g 干燥氯化钾(或氯化钠),充分研磨成细粉,贮于棕色瓶,密封。

2)8% 氢氧化钠溶液:

称取 40 g 氢氧化钠溶于适量水中,用水稀释至 500 mL,混匀,贮于聚乙烯塑料瓶。

3)(1+1)盐酸溶液:

量取 100 mL 浓盐酸在不断搅拌下,缓缓倾入 100 mL 水中,混匀。

4)刚果红试纸。

5)其他试剂应符合本规程第 10.1.3 条的规定。

4 本方法应按下列步骤进行:

1)吸取 25.00 ~ 100.00 mL 水样置于 250 mL 锥形瓶,加入 8% 氢氧化钠溶液 2 mL,混匀,控制试样 pH 值约 12。如有沉淀产生,另取 50 mL 水样,放入刚果红试纸一小块，滴加(1+1)盐酸溶液，至试纸变成蓝紫色，再加热煮沸 2 min，冷却后用 8% 氢氧化钠溶液，调节试样 pH 值约 12。

2）立即加入约 0.01 g 钙试剂，混匀，在不断振荡下逐滴加入 EDTA 二钠标准溶液，至溶液由酒红色突变为纯蓝色为终点。滴定过程先快后慢，宜在 5 min 内完成。记录滴定消耗 EDTA 二钠标准溶液体积 V_1。

3）在测定完钙离子后的水样中，投入一小块刚果红试纸，用(1+1)盐酸溶液中和至刚果红试纸由红变蓝，放置 5 min 溶液应变为无色。颜色不褪可加热至 40 ℃～50 ℃，至溶液无色。滴加(1+1)氨水溶液，使刚果红试纸呈红色，再加入3 mL铵盐缓冲溶液，调节 pH 值至 10±0.1。加入约 0.01 g 铬黑 T 指示剂，用 EDTA 二钠标准溶液滴定，至溶液由酒红色突变为纯蓝色为终点，记录滴定消耗 EDTA 二钠标准溶液体积 V_2。

5 水样中钙、镁的浓度应按下列公式计算：

$$c(\mathrm{Ca^{2+}})=\frac{c(\mathrm{EDTA-2Na})\cdot V_1}{V}\times 1\,000 \tag{10.3.1—1}$$

$$\rho(\mathrm{Ca^{2+}})=\frac{c(\mathrm{EDTA-2Na})\cdot V_1\cdot M(\mathrm{Ca^{2+}})}{V}\times 1\,000 \tag{10.3.1—2}$$

$$c(\mathrm{Mg^{2+}})=\frac{c(\mathrm{EDTA-2Na})\cdot V_2}{V}\times 1\,000 \tag{10.3.1—3}$$

$$\rho(\mathrm{Mg^{2+}})=\frac{c(\mathrm{EDTA-2Na})\cdot V_2\cdot M(\mathrm{Mg^{2+}})}{V}\times 1\,000 \tag{10.3.1—4}$$

式中 $c(\mathrm{Ca^{2+}})$——水样中钙的浓度(mmol/L)；
$c(\mathrm{Mg^{2+}})$——水样中镁的浓度(mmol/L)；
$\rho(\mathrm{Ca^{2+}})$——水样中钙的质量浓度(mg/L)；
$\rho(\mathrm{Mg^{2+}})$——水样中镁的质量浓度(mg/L)；
$c(\mathrm{EDTA-2Na})$——EDTA 二钠标准溶液浓度(mol/L)；
V_1——滴定钙消耗的 EDTA 二钠标准溶液体积(mL)；
V_2——滴定镁消耗的 EDTA 二钠标准溶液体积(mL)；
V——试样体积(mL)；
$M(\mathrm{Ca^{2+}})=40.08$ g/mol；
$M(\mathrm{Mg^{2+}})=24.32$ g/mol。

6 镁的计算

1）采用本规程式(10.1.5—1)和式(10.3.1—1)的结果，计算镁的浓度。

2）水样中镁的浓度应按下列公式计算：

$$c(\mathrm{Mg^{2+}})=c(\mathrm{Ca^{2+}+Mg^{2+}})-c(\mathrm{Ca^{2+}}) \tag{10.3.1—5}$$

$$\rho(\mathrm{Mg^{2+}})=[c(\mathrm{Ca^{2+}+Mg^{2+}})-c(\mathrm{Ca^{2+}})]\cdot M(\mathrm{Mg^{2+}}) \tag{10.3.1—6}$$

式中 $c(\mathrm{Mg^{2+}})$——水样中镁的浓度(mmol/L)；
$c(\mathrm{Ca^{2+}+Mg^{2+}})$——水样中钙镁离子浓度(mmol/L)；
$c(\mathrm{Ca^{2+}})$——水样中钙的浓度(mmol/L)；
$\rho(\mathrm{Mg^{2+}})$——水样中镁的质量浓度(mg/L)；
$M(\mathrm{Mg^{2+}})=24.32$ g/mol。

10.3.2 火焰原子吸收分光光度法

1 水样中钙、镁浓度采用火焰原子吸收分光光度法测定。它适宜测定水样中钙质量浓度为0.2～10 mg/L和镁质量浓度为0.2～5 mg/L的水样。样品经过浓缩和稀释，可使实际测定水样浓度范围得到扩展。

2 本方法应采用下列仪器、设备：

1)原子吸收分光光度计及相应辅助设备；

2)钙、镁空心阴极灯；

3)电热板：温度可调；

4)快速定性滤纸或0.45 μm滤膜；

5)容量瓶、烧杯、移液管、滴定管：先用洗涤剂洗净，再用(1+1)硝酸溶液浸泡24 h，用水冲洗干净备用；

6)试验室常用仪器、设备。

3 本方法所用试剂应符合下列规定：

1)硝酸$\rho(HNO_3)$=1.42 g/mL。

2)(1+1)、(1+3)硝酸溶液。

3)10%氯化锶($SrCl_2$)溶液：

称取16.8 g氯化锶($SrCl_2 \cdot 6H_2O$)溶于适量水中，移入100 mL容量瓶，用水稀释至标线，混匀。

4)钙标准溶液：

钙标准贮备溶液$\rho(Ca^{2+})$=1.000 mg/mL：

准确称取经过110 ℃～120 ℃烘干，并在干燥器中冷却至室温的基准物碳酸钙($CaCO_3$)2.497 3 g于250 mL烧杯中，随搅拌逐滴加入(1+1)硝酸溶液20 mL，溶解后加热煮沸除去二氧化碳，冷却后移入1 000 mL容量瓶，用水稀释至标线，混匀。

钙标准溶液$\rho(Ca^{2+})$=0.100 mg/mL：

吸取50.00 mL钙标准贮备溶液置于500 mL容量瓶中，用水稀释至标线，混匀。

5)镁标准溶液：

镁标准贮备溶液$\rho(Mg^{2+})$=1.000 mg/mL：

准确称取在800 ℃灼烧1 h，在干燥器中冷却至室温的基准物氧化镁(MgO)1.658 3 g于100 mL烧杯中，随搅拌逐滴加入(1+1)硝酸溶液20 mL，将溶液微热使氧化镁溶解，冷却后移入1 000 mL容量瓶，用水稀释至标线，混匀。

镁标准溶液$\rho(Mg^{2+})$=0.050 mg/mL：

吸取50.00 mL镁标准贮备溶液置于1 000 mL容量瓶中，用水稀释至标线，混匀。

4 本方法应按下列步骤进行：

1)绘制标准曲线：

配制混合标准系列溶液：

分别吸取0.00、0.20、0.50、1.00、1.50、2.00、3.00、4.00、5.00 mL钙和镁的标准溶液置于9支50 mL容量瓶中，各加入(1+3)硝酸溶液1 mL，10%氯化锶

溶液3 mL,用水稀释至标线,混匀。混合标准系列溶液中钙的质量浓度分别为:0.00、0.40、1.00、2.00、3.00、4.00、6.00、8.00、10.00 mg/L;镁的质量浓度分别为:0.00、0.20、0.50、1.00、2.00、2.50、3.00、4.00、5.00 mg/L。

按仪器使用说明书调节仪器至最佳工作状态,以标准系列溶液的零浓度溶液调零点,按质量浓度从小到大的顺序,依次吸喷各标准系列溶液,测得相应的吸光度。

用混合标准系列溶液中钙或镁的质量浓度作横坐标,相对应的吸光度作纵坐标,绘制标准曲线。

2)水样的测定:

吸取5.00~25.00 mL清洁或经过滤的水样置于50 mL容量瓶中,加入(1+3)硝酸溶液1 mL和10%氯化锶溶液3 mL,用水稀释至标线,混匀。与标准系列溶液同时测定试样的吸光度。

5　水样中钙或镁的质量浓度应按下式计算:

$$\rho(\text{Ca 或 Mg}) = \rho'(\text{Ca 或 Mg}) \times \frac{V_1}{V} \tag{10.3.2}$$

式中　ρ(Ca或Mg)——水样中钙或镁的质量浓度(mg/L);

ρ'(Ca或Mg)——标准曲线上查得的,与试样吸光度相对应的混合标准系列溶液中钙或镁的质量浓度(mg/L);

V_1——稀释后的试样体积(mL);

V——吸取试样体积(mL)。

11　硫酸盐的测定

11.1　EDTA 二钠容量法

11.1.1　EDTA 二钠容量法适宜测定硫酸盐质量浓度为 10～200mg/L 的水样。

11.1.2　本方法应采用下列仪器、设备：

1　锥形瓶：250 mL；

2　移液管：25、50 mL；

3　滴定管：10、25 mL；

4　试验室常用仪器、设备。

11.1.3　本方法所用试剂应符合下列规定：

1　(1+1)盐酸溶液：

应符合本规程第 10.3.1 条的规定。

2　EDTA 二钠标准溶液 $c(\mathrm{EDTA-2Na})=0.025\ \mathrm{mol/L}$：

应符合本规程第 10.1.3 条的有关规定。

3　钡、镁混合标准溶液：

1)称取 3.05 g 氯化钡($BaCl_2 \cdot 2H_2O$)和 2.54 g 氯化镁($MgCl_2 \cdot 6H_2O$)溶于适量水中，用水稀释至 1 000 mL，混匀。

2)标定：吸取 10.00～20.00 mL 钡镁混合标准溶液，置于 250 mL锥形瓶中，加水 50 mL、铵盐缓冲溶液 2～3 mL、调节 pH 值至 10±0.1。加约 0.01 g 铬黑 T 指示剂，用 0.025 mol/L EDTA 二钠标准溶液滴定，至溶液由酒红色突变为纯蓝色为终点，记录滴定消耗的 EDTA 二钠标准溶液体积。

3)钡镁混合标准溶液的浓度应按下式计算：

$$c(Ba^{2+}+Mg^{2+})=\frac{c(\mathrm{EDTA-2Na})\cdot V_1}{V} \qquad (11.1.3)$$

式中　$c(Ba^{2+}+Mg^{2+})$——钡、镁混合标准溶液浓度(mol/L)；

$c(\mathrm{EDTA-2Na})$——EDTA 二钠标准溶液浓度(mol/L)；

V_1——滴定消耗 EDTA 二钠标准溶液体积(mL)；

V——吸取钡镁混合标准溶液体积(mL)。

4　铵盐缓冲溶液 pH 值=10±0.1：

应符合本规程第 10.1.3 条的规定。

5　1% 铬黑 T 指示剂：

应符合本规程第 10.1.3 条的规定。

6　刚果红试纸。

7　5% 氯化钡溶液：

称取5.0 g氯化钡($BaCl_2 \cdot 2H_2O$)溶于适量水中,用水稀释至100 mL,混匀。

11.1.4 本方法应按下列步骤进行:

1 试管中注入水样5 mL,加入(1+1)盐酸溶液1滴,5%氯化钡5滴,混匀。根据浑浊程度可按表11.1.4确定取样量。

表11.1.4 浑浊程度与取样量

浑 浊 程 度	取 水 样 量 (mL)
立即产生大量沉淀	5~10
立 即 浑 浊	25~50
经数分钟后才出现浑浊	50~100

2 按表11.1.4中的数值,吸取两份相同体积水样,分别置于两支锥形瓶,其中一份按本规程第10.1.4条的规定,测定试样钙镁离子浓度。记录滴定消耗EDTA二钠标准溶液体积V_1。

另一份放1小块刚果红试纸,加1~2滴(1+1)盐酸溶液,至刚果红试纸变蓝,加热煮沸1~2 min除去二氧化碳,趁热在不断振荡下逐滴加入(2.0~2.5)V_1的钡、镁混合标准溶液,加入的钡、镁混合标准溶液体积记录为V_2。充分振荡,静置30 min以上,按本规程第10.1.4条的规定进行滴定,记录滴定消耗EDTA二钠标准溶液体积V_3。

11.1.5 水样中硫酸根的浓度应按下式计算:

$$c(SO_4^{2-}) = \left[\frac{c(Ba^{2+}+Mg^{2+}) \cdot V_2}{V} - \frac{c(EDTA-2Na) \cdot (V_3 - V_1)}{V}\right] \times 1\,000 \tag{11.1.5—1}$$

$$\rho(SO_4^{2-}) = c(SO_4^{2-}) \cdot M(SO_4^{2-}) \tag{11.1.5—2}$$

式中 $c(SO_4^{2-})$——水样中硫酸根浓度(mmol/L);

$\rho(SO_4^{2-})$——水样中硫酸根质量浓度(mg/L);

$c(Ba^{2+}+Mg^{2+})$——钡、镁混合标准溶液浓度(mol/L);

$c(EDTA-2Na)$——EDTA二钠标准溶液浓度(mol/L);

V_1——滴定钙镁离子浓度所消耗EDTA二钠标准溶液体积(mL);

V_2——加入钡、镁混合标准溶液体积(mL);

V_3——加钡、镁混合标准溶液后,滴定时消耗EDTA二钠标准溶液体积(mL);

V——试样体积(mL);

$M(SO_4^{2-})$=96.06 g/mol。

11.2 比 浊 法

11.2.1 比浊法适宜测定硫酸盐质量浓度为5~40 mg/L的水样。

11.2.2 本方法应采用下列仪器、设备:

1 纳氏比色管:50 mL;

2 滴定管:10、25 mL;

3　试验室常用仪器、设备。

11.2.3　本方法所用试剂应符合下列规定：

1　硫酸钾标准溶液 $\rho'(SO_4^{2-})=0.500$ mg/mL：

准确称取 0.907 0 g 硫酸钾（K_2SO_4）溶于适量水中，移入1 000 mL容量瓶，用水稀释至标线，混匀。

2　10% 氯化钡溶液：

称取 10 g 氯化钡（$BaCl_2 \cdot 2H_2O$）溶于适量水中，用水稀释至 100 mL，混匀。

3　稳定剂：

称取 75 g 氯化钠溶于 300 mL 水，加入 30 mL 浓盐酸、50 mL 丙三醇和 95% 乙醇 100 mL，用水稀释至 500 mL，混匀。

4　(1+1)盐酸溶液：

应符合本规程第 10.3.1 条的规定。

5　0.1% 甲基橙指示剂：

应符合本规程第 7.0.3 条的规定。

11.2.4　本方法应按下列步骤进行：

1　取无色、同直径、同高度的 50 mL 纳氏比色管两支，吸取 25 mL 水样于第一支管中，吸取 25 mL 纯水于第二支管中，分别加入 2 滴 0.1% 甲基橙指示剂，滴加(1+1)盐酸溶液使试样呈深红色，再各加入 2.5 mL 稳定剂，混匀。在不断振荡下向各管滴加 10% 氯化钡溶液 2 mL，水样中如果有硫酸盐，将产生硫酸钡白色沉淀。

2　在不断振荡下向纯水管中逐滴加入硫酸钾标准溶液，用目视法观测，至纯水管浑浊度与试样管浑浊度相同时，停止滴加硫酸钾标准溶液，记录滴加的硫酸钾标准溶液体积。

11.2.5　水样中硫酸根浓度应按下式计算：

$$\rho(SO_4^{2-})=\frac{\rho'(SO_4^{2-})\cdot V_1}{V}\times 1\,000 \qquad (11.2.5\text{—}1)$$

$$c(SO_4^{2-})=\frac{\rho(SO_4^{2-})}{M(SO_4^{2-})} \qquad (11.2.5\text{—}2)$$

式中　$\rho(SO_4^{2-})$——水样中硫酸根质量浓度（mg/L）；

$c(SO_4^{2-})$——水样中硫酸根浓度（mmol/L）；

$\rho'(SO_4^{2-})$——硫酸钾标准溶液中硫酸根质量浓度（mg/mL）；

V_1——滴加的硫酸钾标准溶液体积（mL）；

V——试样体积（mL）；

$M(SO_4^{2-})$——96.06 g/mol。

11.3 质 量 法

11.3.1　质量法适宜测定硫酸盐质量浓度为 10～5 000 mg/L 的水样。

11.3.2　本方法应采用下列仪器、设备：

1　瓷坩埚：20、30 mL；

2　漏斗：长颈；

3 慢速定量滤纸；

4 水浴锅；

5 烘箱：带恒温控制器；

6 高温炉：带高温控制器；

7 试验室常用仪器、设备。

11.3.3 本方法所用试剂应符合下列规定：

1 (1+1)、(1+99)盐酸溶液。

2 10%氯化钡溶液：

应符合本规程第11.2.3条的规定。此溶液1 mL能沉淀40 mg硫酸根，可长期保存。

3 0.1%甲基红指示剂：

称取0.1 g甲基红溶于适量水中，用水稀释至100 mL，混匀。

4 5%硝酸银溶液：

称取5.0 g硝酸银溶于80 mL水，加0.1 mL浓硝酸，用水稀释至100 mL，贮存于棕色玻璃瓶，避光可长期保存。

5 (1+1)氨水：

量取50 mL浓氨水，缓缓倾入适量水中，用水稀释至100 mL，混匀。

11.3.4 本方法应按下列步骤进行：

1 吸取适量水样于500 mL烧杯中，加入2~3滴0.1%甲基红指示剂，用(1+1)盐酸或氨水溶液调至试液呈橙黄色，再加2 mL盐酸，加热煮沸5 min，在不断搅拌下逐滴加入热的10%氯化钡溶液10~15 mL，直到不再出现沉淀，再过量2 mL，继续煮沸20 min，置水浴锅内在80 ℃~90 ℃下保持2 h，或在室温下放置12 h以上。

2 用慢速定量滤纸过滤，先用(1+99)盐酸溶液洗涤沉淀，再用热水洗涤沉淀至用5%硝酸银溶液检验无氯根。

3 将沉淀和滤纸置于事先在800 ℃灼烧至恒量的瓷坩埚内烘干，仔细灰化滤纸后移入高温炉，在800 ℃灼烧1 h以上，稍冷后移入干燥器，冷却至室温称量，反复灼烧直至恒量。

4 灼烧后的沉淀应为白色，如呈绿色应加入(1+3)硫酸溶液徐徐加热，使过剩硫酸变成白烟逸尽，坩埚加盖置于高温炉中在800 ℃灼烧1 h，移入干燥器冷却至室温称量，反复灼烧直至恒量。

11.3.5 水样中硫酸根浓度应按下式计算：

$$\rho(SO_4^{2-}) = \frac{(m_1 - m_2) \times 0.411\,6}{V} \times 1\,000 \qquad (11.3.5\text{—}1)$$

$$c(SO_4^{2-}) = \frac{\rho(SO_4^{2-})}{M(SO_4^{2-})} \qquad (11.3.5\text{—}2)$$

式中 $\rho(SO_4^{2-})$——水样中硫酸根的质量浓度(mg/L)；

$c(SO_4^{2-})$——水样中硫酸根浓度(mmol/L)；

m_1——灼烧至恒量的沉淀与坩埚的质量(mg)；

m_2——灼烧至恒量的坩埚质量(mg)；

V——试样体积(mL)；

0.411 6——硫酸钡换算成硫酸根的因子；

$M(SO_4^{2-})$ = 96.06 g/mol。

12　氯化物的测定

12.0.1　氯化物的浓度应采用硝酸银容量法测定。它适宜测定氯离子质量浓度为10～500 mg/L的水样。

12.0.2　本方法应采用下列仪器、设备：

1　瓷蒸发皿：250 mL；

2　移液管：25、50 mL；

3　容量瓶：100、500、1 000 mL；

4　棕色酸式滴定管：10、25 mL；

5　试验室常用仪器、设备。

12.0.3　本方法所用试剂应符合下列规定：

1　5%铬酸钾指示剂：

称取5 g铬酸钾（K_2CrO_4）溶于适量水中，以0.050 mol/L硝酸银溶液滴定，至出现微砖红色沉淀，静置24 h以上，过滤并稀释至100 mL，混匀。

2　氯化钠基准溶液 $c(NaCl)=0.050$ mol/L：

将基准物氯化钠（NaCl）置于瓷蒸发皿内，在高温炉中500 ℃～600 ℃下灼烧40～50 min，或在电炉上炒至无爆裂声，放入干燥器冷却至室温，再准确称取2.922 1 g溶于适量水中，仔细地全部移入1 000 mL容量瓶，用水稀释至标线，混匀。

3　硝酸银标准溶液 $c(AgNO_3)=0.050$ mol/L：

1）称取8.5 g硝酸银（$AgNO_3$）溶于适量水中，移入1 000 mL容量瓶，用水稀释至标线，混匀。贮于棕色瓶，用氯化钠基准溶液标定。

2）标定：

吸取0.050 mol/L氯化钠基准溶液25.00 mL，置于150 mL锥形瓶中，加入25 mL水和5%铬酸钾指示剂0.5 mL，在不断振荡下用硝酸银标准溶液滴定，至溶液由黄色突变为微砖红色为终点，记录滴定消耗的氯化钠基准溶液体积。

3）硝酸银标准溶液浓度应按下式计算：

$$c(AgNO_3)=\frac{c(NaCl)\cdot V_1}{V} \tag{12.0.3}$$

式中　$c(AgNO_3)$——硝酸银标准溶液浓度（mol/L）；

$c(NaCl)$——氯化钠基准溶液浓度（mol/L）；

V_1——滴定消耗氯化钠基准溶液体积（mL）；

V——吸取硝酸银标准溶液体积（mL）。

4　0.5%碳酸钠溶液：

称取0.5 g碳酸钠（Na_2CO_3）溶于适量水中，用水稀释至100 mL，混匀。

5　1%醋酸溶液：

量取1 mL醋酸（$HC_2H_3O_2$）倾入适量水中，用水稀释至100 mL，混匀。

6　过氧化氢(H_2O_2)。

12.0.4　本方法应按下列步骤进行：

1　吸取25.00～100.00 mL水样置于锥形瓶中。如果水样有颜色，先加1 mL过氧化氢煮沸、过滤。颜色不褪可再加入0.1 g碳酸钠溶解后蒸发至干，残渣用水溶解，再进行下面步骤。

2　水样pH值大于10.5或小于6.5，用1%醋酸溶液或0.5%碳酸钠溶液调节pH值至7.0左右，再加入5%铬酸钾指示剂0.5～1.0 mL，混匀。

3　用硝酸银标准溶液在不断振荡下滴定，至溶液由黄色突变为微砖红色为终点，记录滴定消耗硝酸银标准溶液体积。

12.0.5　水样中氯化物浓度应按下列公式计算：

$$c(Cl^-)=\frac{c(AgNO_3)\cdot V_1}{V}\times 1\,000 \tag{12.0.5—1}$$

$$\rho(Cl^-)=\frac{c(AgNO_3)\cdot V_1\cdot M(Cl^-)}{V}\times 1\,000 \tag{12.0.5—2}$$

式中　$c(Cl^-)$——水样中氯离子浓度(mmol/L)；

$\rho(Cl^-)$——水样中氯离子质量浓度(mg/L)；

$c(AgNO_3)$——硝酸银标准溶液浓度(mol/L)；

V_1——滴定消耗硝酸银标准溶液体积(mL)；

V——试样体积(mL)；

$M(Cl^-)=35.45$ g/mol。

13　钾、钠的测定

13.1　原子吸收分光光度法

13.1.1　原子吸收分光光度法适宜测定钾质量浓度为 0.05 ~ 300 mg/L、钠质量浓度为 0.05 ~ 200 mg/L 的水样。样品经过浓缩和稀释，可使实际测定水样浓度范围得到扩展。

13.1.2　本方法应采用下列仪器、设备：

1　原子吸收分光光度计及其辅助设备；

2　钾、钠空心阴极灯；

3　试验室常用仪器、设备。

所用玻璃器皿必须用（1 + 1）硝酸溶液浸泡 24 h，临用时用水清洗干净。

13.1.3　本方法所用试剂应符合下列规定：

1　（1 + 1）硝酸溶液：

量取 100 mL 浓硝酸缓缓倾入 100 mL 水中，混匀。

2　钾基准溶液：

1）钾基准贮备溶液 $\rho(K^+) = 1.000$ mg/mL：

准确称取在 150 ℃烘干 2 h，置于干燥器中冷却后的基准氯化钾（KCl）1.9069 g 溶于少量水，加入（1 + 1）硝酸溶液 10 mL，用水稀释至 1 000 mL，混匀，贮存于聚乙烯瓶。

2）钾基准溶液 $\rho(K^+) = 0.050$ mg/mL：

吸取 50.00 mL 钾基准贮备溶液置于 1 000 mL 容量瓶，加（1 + 1）硝酸溶液 2 mL，用水稀释至标线，混匀，贮存于聚乙烯瓶。

3　钠基准溶液：

1）钠基准贮备溶液 $\rho(Na^+) = 1.000$ mg/mL：

准确称取在 150 ℃烘干 2 h，置干燥器中冷却后的基准氯化钠（NaCl）2.542 1 g溶于少量水，加入（1 + 1）硝酸溶液 10 mL，用水稀释至 1 000 mL，混匀，贮存于聚乙烯瓶。

2）钠基准溶液 $\rho(Na^+) = 0.050$ mg/mL：

吸取 50.00 mL 钠基准贮备溶液置于 1 000 mL 容量瓶中，加（1 + 1）硝酸溶液2 mL，用水稀释至标线，混匀，贮存于聚乙烯瓶。

4　1% 硝酸铯溶液：

称取 1 g 硝酸铯（$CsNO_3$）溶于适量水中，用水稀释至 100 mL，混匀。

13.1.4　本方法应按下列步骤进行：

1　绘制标准曲线：

1）配制混合标准系列溶液：分别吸取 0.00、1.00、2.00、3.00、4.00、5.00、6.00、

7.00、8.00、9.00、10.00 mL 钾和钠基准溶液置于 11 支 50 mL 容量瓶中，加(1+1)硝酸溶液2 mL，1% 硝酸铯溶液 3 mL，用水稀释至标线，混匀。钾和钠标准系列溶液中钾或钠的质量浓度分别为：0.00、1.00、2.00、3.00、4.00、5.00、6.00、7.00、8.00、9.00、10.00 mg/L。

2)按仪器使用说明书，将仪器调节至最佳工作状态，用标准溶液系列的零浓度溶液调节零点，按浓度从小到大的顺序，依次测定标准系列溶液吸光度。

3)用标准系列溶液中钾或钠的质量浓度作横坐标，相对应的吸光度作纵坐标，绘制标准曲线。

2　水样的测定：

1)水样预处理：如果水样中有大量泥沙、悬浮物，必须及时离心澄清，再通过 0.45 μm微孔滤膜过滤。有机质污染严重的水样，应用硝酸消解后测定。

2)吸取水样 2.00～25.00 mL，直接或有必要时经预处理后置于 50 mL 容量瓶中，加(1+1)硝酸溶液 2 mL、1% 硝酸铯溶液 3 mL，用水稀释至标线，混匀。在测定标准系列溶液吸光度的同时测定试样吸光度。

13.1.5　水样中钾、钠的浓度按下列公式计算：

$$\rho(K^+)=\frac{\rho'(K^+)\cdot V_1}{V} \tag{13.1.5—1}$$

$$\rho(Na^+)=\frac{\rho'(Na^+)\cdot V_1}{V} \tag{13.1.5—2}$$

$$c(K^+)=\frac{\rho(K^+)}{M(K^+)} \tag{13.1.5—3}$$

$$c(Na^+)=\frac{\rho(Na^+)}{M(Na^+)} \tag{13.1.5—4}$$

式中　$\rho(K^+)$——水样中钾质量浓度(mg/L)；

$\rho(Na^+)$——水样中钠质量浓度(mg/L)；

$c(K^+)$——水样中钾浓度(mmol/L)；

$c(Na^+)$——水样中钠浓度(mmol/L)；

$\rho'(K^+)$——标准曲线上查得的，与试样吸光度相对应的钾质量浓度(mg/L)；

$\rho'(Na^+)$——标准曲线上查得的，与试样吸光度相对应的钠质量浓度(mg/L)；

V_1——稀释或浓缩后试样体积(mL)；

V——试样体积(mL)；

$M(K^+)=39.01$ g/mol；

$M(Na^+)=22.99$ g/mol。

13.2　火焰光度法

13.2.1　火焰光度法适宜测定钾质量浓度为 0.1～25 mg/L，钠质量浓度为 0.1～8 mg/L 的水样。样品经过浓缩和稀释，可使实际测定水样浓度范围得到扩展。

13.2.2　本方法应采用下列仪器、设备：

1　火焰光度计或具有发射工作方式的原子吸收分光光度计；

2 试验室常用仪器、设备。

13.2.3 本方法所用试剂应符合下列规定：

1 钾基准贮备溶液$\rho(K^+)=1.000$ mg/mL：

应符合本规程第13.1.3条的规定。

2 钠基准贮备溶液$\rho(Na^+)=1.000$ mg/mL：

应符合本规程第13.1.3条的规定。

3 2%氯化锂($LiCl\cdot H_2O$)溶液：

称取2 g氯化锂溶于适量水中，用水稀释至100 mL，混匀。

13.2.4 本方法应按下列步骤进行：

1 绘制标准曲线：

1)配制混合标准溶液系列：

吸取钾基准贮备溶液0.00、0.25、0.50、1.00、2.00、4.00、8.00、10.00、12.50 mL和钠基准贮备溶液0.00、0.10、0.20、0.50、1.00、1.50、2.00、3.00、4.00 mL分别置于9支1 000 mL容量瓶中，各加入(1+1)硝酸溶液40 mL、2%氯化锂溶液80 mL，用水稀释至刻度，混匀。此标准系列溶液中钾质量浓度分别为：0.00、0.25、0.50、1.00、2.00、4.00、8.00、10.00、12.50 mg/L，钠质量浓度分别为：0.00、0.10、0.20、0.50、1.00、1.50、2.00、3.00、4.00 mg/L。

2)在火焰光度计上，分别选用钾、钠滤光片，按仪器使用说明书，将仪器调节至最佳工作状态，用混合标准系列溶液中零浓度溶液调节零点，按质量浓度从小到大的顺序，依次在火焰中吸喷燃烧，记录稳定时的吸光度。

3)以标准系列溶液中钾或钠的质量浓度作横坐标，相对应的吸光度作纵坐标，绘制标准曲线。

2 水样的测定：

1)吸取50.00 mL水样置于100 mL容量瓶中，加(1+1)硝酸溶液4 mL和2%氯化锂溶液8 mL，用水稀释至100 mL，混匀。

2)按绘制标准曲线相同条件，将试样吸喷燃烧。测定稳定时的吸光度。

13.2.5 水样中钾离子、钠离子的浓度应按下列公式计算：

$$\rho(K^+)=\frac{\rho'(K^+)\cdot V_1}{V} \tag{13.2.5—1}$$

$$c(K^+)=\frac{\rho(K^+)}{M(K^+)} \tag{13.2.5—2}$$

$$\rho(Na^+)=\frac{\rho'(Na^+)\cdot V_1}{V} \tag{13.2.5—3}$$

$$\rho(Na^+)=\frac{\rho(Na^+)}{M(Na^+)} \tag{13.2.5—4}$$

式中　$\rho(K^+)$——水样中钾质量浓度(mg/L)；

$\rho(Na^+)$——水样中钠质量浓度(mg/L)；

$c(K^+)$——水样中钾浓度(mmol/L)；

$c(Na^+)$——水样中钠浓度(mmol/L)；

$\rho'(K^+)$——标准曲线上查得的，与水样吸光度相对应的钾质量浓度(mg/L)；

$\rho'(Na^+)$——标准曲线上查得的，与水样吸光度相对应的钠质量浓度（mg/L）；

V_1——稀释后试样体积（mL）；

V——试样体积（mL）；

$M(K^+)=39.10$ g/mol；

$M(Na^+)=22.99$ g/mol。

13.3　差　减　法

13.3.1　除钾、钠离子外，水样中阳离子以钙、镁离子为主的水质简分析，钾、钠离子浓度可采用差减法计算。

13.3.2　水样中钾、钠离子浓度应按下列公式计算：

$$c(K^+ + Na^+) = \sum c\left[\frac{1}{z}N^{z-}\right] - 2c(Ca^{2+} + Mg^{2+}) \quad (13.3.2\text{—}1)$$

$$\rho(K^+ + Na^+) = c(K^+ + Na^+) \cdot M(K^+ + Na^+) \quad (13.3.2\text{—}2)$$

式中　$c(K^+ + Na^+)$——水样中钾、钠离子浓度（mmol/L）；

$\rho(K^+ + Na^+)$——水样中钾、钠离子质量浓度（mg/L）；

$\sum c\left[\frac{1}{z}N^{z-}\right]$——水样阴离子物质的量浓度之和（mmol/L）；

$c(Ca^{2+} + Mg^{2+})$——水样钙镁离子浓度（mmol/L）；

$M(K^+ + Na^+)$——溶解性固体小于 1 000 mg/L 的水样，$M(K^+ + Na^+)=25.00$ g/mol；溶解性固体在 1 000～3 000 mg/L 的水样，$M(K^+ + Na^+)=24.00$ g/mol；溶解性固体大于 3 000 mg/L 的水样，$M(K^+ + Na^+)=23.00$ g/mol。

14　溶解氧的测定

14.1　电化学探头法

14.1.1　电化学探头法适宜测定色度高和混浊的水样。现场直接测定时，水样不宜加固定剂。

14.1.2　本方法应采用下列仪器、设备：

1　溶解氧测定仪：

1）测量探头：铅/银原电池型或银、金极谱型，探头上附有温度灵敏补偿装置。

2）仪表：刻度直接显示溶解氧浓度，或氧饱和百分率。

2　温度计：分度值为 0.1 ℃。

3　气压表：分度值为 10 Pa。

14.1.3　本方法应按下列步骤进行：

1　按仪器使用说明书校准仪器。

2　按仪器使用说明书将探头浸入样品中，保持 15 min，使探头与待测试样温度一致，稳定后记录溶解氧读数。

14.1.4　本方法的测定结果，应在仪表上直接读出水样溶解氧浓度值 $\rho(O_2)$（mg/L），取值到小数点后第一位。

14.2　碘　量　法

14.2.1　在无干扰的情况下，碘量法适宜测定溶解氧质量浓度为 0.2 ~ 15 mg/L 的水样。

14.2.2　本方法应采用下列仪器、设备：

1　溶解氧瓶：250 mL 具塞磨口瓶；

2　酸式滴定管：10、25 mL；

3　移液管：10、25 mL；

4　试验室常用仪器、设备。

14.2.3　本方法所用试剂应符合下列要求：

1　硫酸锰溶液：

称取 480 g 四水硫酸锰（$MnSO_4 \cdot 4H_2O$）或 400 g 二水硫酸锰（$MnSO_4 \cdot 2H_2O$）溶于适量水中，过滤后用水稀释至 1 000 mL，混匀。此溶液加入酸性碘化钾溶液后，加入淀粉溶液不应产生蓝色。

2　碱性碘化钾溶液：

称取 500 g 氢氧化钠（NaOH）溶于 400 mL 水，另称取 150 g 碘化钾（KI）溶于 200 mL 水，待氢氧化钠溶液冷却后将两种溶液合并，混匀，用水稀释至 1 000 mL，混匀。如有沉淀放置 12 h 以上，倒出上部清液贮于塑料瓶，避光保存。此溶液酸化后加入淀粉溶液不应产生蓝色。

3　(1+5)硫酸溶液:

量取10 mL浓硫酸,缓缓倾入50 mL水中,混匀。

4　碘化钾(KI)。

5　0.5%淀粉溶液:

称取0.5 g可溶性淀粉,用少量水调成糊状,在不断搅拌下用新煮沸的水稀释到100 mL,混匀。冷却后加入0.1 g水杨酸($C_7H_6O_3$)或0.4 g二氯化锌($ZnCl_2$)防腐。

6　重铬酸钾基准溶液$c(K_2Cr_2O_7)=0.005$ mol/L:

准确称取在105 ℃~110 ℃烘干4 h后,冷却至室温的基准物重铬酸钾($K_2Cr_2O_7$)1.4711 g溶于水,移入1 000 mL容量瓶,用水稀释至标线,混匀。

7　硫代硫酸钠标准溶液$c(Na_2S_2O_3\cdot 5H_2O)=0.100$ mol/L

1)称取25 g硫代硫酸钠($Na_2S_2O_3\cdot 5H_2O$)溶于1 000 mL煮沸冷却后的水中,加入0.5 g氢氧化钠贮于棕色瓶。

此溶液临用前用煮沸冷却后的水稀释10倍,并用0.005 mol/L重铬酸钾基准溶液标定。

2)标定:量取50 mL水于锥形瓶中,加入1 g碘化钾,准确加入0.005 mol/L重铬酸钾基准溶液10.00 mL和(1+5)硫酸溶液5 mL。静置15 min,用0.010 mol/L硫代硫酸钠标准溶液滴定,至溶液变成淡黄色,再加0.5%淀粉溶液1 mL,继续滴定至蓝色刚好褪去,记录滴定消耗的硫代硫酸钠标准溶液体积。

3)硫代硫酸钠标准溶液的浓度应按下式计算:

$$c(Na_2S_2O_3)=\frac{c(K_2Cr_2O_7)V_1\times 6}{V_2} \tag{14.2.3}$$

式中　$c(Na_2S_2O_3)$——硫代硫酸钠标准溶液浓度(mol/L);

$c(K_2Cr_2O_7)$——重铬酸钾基准溶液浓度(mol/L);

V_1——加入的重铬酸钾基准溶液体积(mL);

V_2——滴定消耗硫代硫酸钠标准溶液体积(mL)。

8　硫酸$\rho(H_2SO_4)=1.84$ g/mL。

14.2.4　本方法应按下列步骤进行:

将按本规程第3.2.2条采集处理后的待测溶解氧水样轻轻打开瓶塞,立即将吸有1.5~2.5 mL浓硫酸的移液管插入液面下加入浓硫酸,盖好瓶塞,颠倒混合至沉淀物完全溶解,如果沉淀未完全溶解,再逐滴加入浓硫酸使沉淀完全溶解(但溶液不得溢出),在暗处放置5 min。从中吸取50.00~100.00 mL水样注入锥形瓶,用0.010 mol/L硫代硫酸钠标准溶液滴定至溶液呈淡黄色,加入0.5%淀粉溶液1 mL,继续滴定至蓝色刚好褪去为终点,记录滴定消耗的硫代硫酸钠标准溶液体积。

14.2.5　水样中溶解氧的质量浓度应按下式计算:

$$\rho(DO)=\frac{c(Na_2S_2O_3)\cdot V_1\cdot M(O_2)}{4V}\times 1\,000 \tag{14.2.5}$$

式中　$\rho(DO)$——水样中溶解氧的质量浓度(mg/L);

$c(Na_2S_2O_3)$——硫代硫酸钠标准溶液浓度(mol/L);

V_1——滴定消耗的硫代硫酸钠标准溶液体积(mL)；

V——试样体积(mL)；

$M(O_2) = 32.00$ g/mol。

15　二氧化硅的测定

15.1　硅钼黄分光光度法

15.1.1　硅钼黄分光光度法适宜测定二氧化硅质量浓度为1～40 mg/L的水样。

15.1.2　本方法应采用下列仪器、设备：

1　分光光度计；

2　标准具塞比色管：25、50 mL；

3　移液管：25、50 mL；

4　容量瓶：25、50 mL；

5　试验室常用仪器、设备。

15.1.3　本方法所用试剂应符合下列规定：

1　5%钼酸铵溶液：

称取5 g钼酸铵[$(NH_4)_6Mo_7O_{24} \cdot 4H_2O$]溶于适量水中，用水稀释至100 mL，用氨水调节pH值至7～8，混匀。如果浑浊应过滤后使用。

2　5%草酸溶液：

称取5 g草酸($H_2C_2O_4 \cdot 2H_2O$)溶于适量水中，用水稀释至100 mL，混匀。

3　(1+20)硫酸溶液：

量取10 mL浓硫酸，在不断搅拌下缓缓倾入盛有200 mL水的烧杯中，混匀。

4　二氧化硅标准溶液$\rho(SiO_2)=0.100$ mg/mL：

准确称取0.100 0 g优级纯二氧化硅(SiO_2)与3 g碳酸钠(Na_2CO_3)置于铂坩埚中，在950 ℃下熔融1 h，冷却后加水溶解，移入1 000 mL容量瓶，用水稀释至标线，混匀。贮于塑料瓶。

15.1.4　本方法应按下列步骤进行：

1　绘制标准曲线：

1)吸取二氧化硅标准溶液0.00、0.50、1.00、2.00、4.00、6.00、8.00、10.00 mL分别置于8支50 mL标准具塞比色管。

2)向各比色管中加入5%钼酸铵溶液4 mL和(1+20)硫酸溶液4 mL，调节pH值至1.2左右，混匀，放置10 min。再加入5%草酸溶液3 mL，用水稀释至标线，混匀，配制成标准系列溶液。2～15 min内用30 mm比色皿，于440 nm波长处，以试剂空白作参比测定吸光度。

3)以标准系列溶液中二氧化硅的质量作横坐标，相对应的吸光度作纵坐标，绘制标准曲线。

2　水样的测定：

1)吸取25.00 mL清澈、透明水样于50 mL标准具塞比色管。

2)按绘制标准曲线的步骤操作，测定试样的吸光度。

15.1.5　水样中二氧化硅的质量浓度应按下式计算：

$$\rho(SiO_2)=\frac{m}{V}\times 1\,000 \tag{15.1.5}$$

式中　$\rho(SiO_2)$——水样中二氧化硅质量浓度(mg/L)；

m——标准曲线上查得的，与试样吸光度相对应的二氧化硅质量(mg)；

V——试样体积(mL)。

15.2　硅钼蓝分光光度法

15.2.1　硅钼蓝分光光度法适宜测定二氧化硅质量浓度为0.1～5 mg/L的水样。

15.2.2　本方法所用仪器、设备，应符合本规程第15.1.2条的规定。

15.2.3　本方法所用试剂应符合下列规定：

1　5%硫酸溶液：

量取5 mL浓硫酸，在不断搅拌下缓缓倾入盛有80 mL水的烧杯中，用水稀释至100 mL，混匀。

2　5%硫酸亚铁铵溶液：

称取5 g硫酸亚铁铵[$(NH_4)_2SO_4\cdot FeSO_4\cdot 6H_2O$]，加入5%硫酸溶液20 mL，用水稀释至100 mL，混匀。

3　5%钼酸铵溶液：

应符合本规程第15.1.3条的规定。

4　5%草酸溶液：

应符合本规程第15.1.3条的规定。

5　二氧化硅标准溶液$\rho(SiO_2)=0.100$ mg/mL：

应符合本规程第15.1.3条的规定。

15.2.4　本方法应按下列步骤进行：

1　绘制标准曲线：

1)吸取二氧化硅标准溶液0.00、0.10、0.25、0.50、0.75、1.00、1.25、1.50 mL分别置于8支50 mL标准具塞比色管中。

2)向各管中分别加入5%硫酸溶液2 mL、5%钼酸铵溶液1 mL，混匀，放置5 min，再加入5%草酸溶液2.5 mL，立即加入5%硫酸亚铁铵溶液1 mL，用水稀释至标线，混匀，配制成标准系列溶液。10 min内用30 mm比色皿，于680 nm波长处，以试剂空白作参比测定吸光度。

3)以标准系列溶液中二氧化硅的质量作横坐标，相对应的吸光度作纵坐标，绘制标准曲线。

2　水样的测定：

1)吸取25.00 mL清澈、透明的水样置于50 mL标准具塞比色管中。

2)按绘制标准曲线的步骤操作，测定试样的吸光度。

15.2.5　水样中二氧化硅的质量浓度应按下式计算：

$$\rho(SiO_2)=\frac{m}{V}\times 1\,000 \tag{15.2.5}$$

式中　$\rho(SiO_2)$——水样中二氧化硅的质量浓度(mg/L)；

m——标准曲线上查得的，与试样吸光度相对应的二氧化硅质量(mg)；

V——试样体积(mL)。

16 氨氮的测定

16.1 纳氏试剂分光光度法

16.1.1 纳氏试剂分光光度法适宜测定氨的质量浓度为0.02～2 mg/L的水样。本方法用水必须是无氨水。

16.1.2 本方法应采用下列仪器、设备:

1 氨氮蒸馏装置,圆底烧瓶500～800 mL,冷凝管长30～50 cm;

2 分光光度计;

3 标准具塞比色管:50 mL;

4 试验室常用仪器、设备。

16.1.3 本方法所用试剂应符合下列规定:

1 无氨水:

1 000 mL纯水中加入0.1 mL浓硫酸和几粒高锰酸钾晶体,进行重蒸馏,收集馏出液为无氨水。

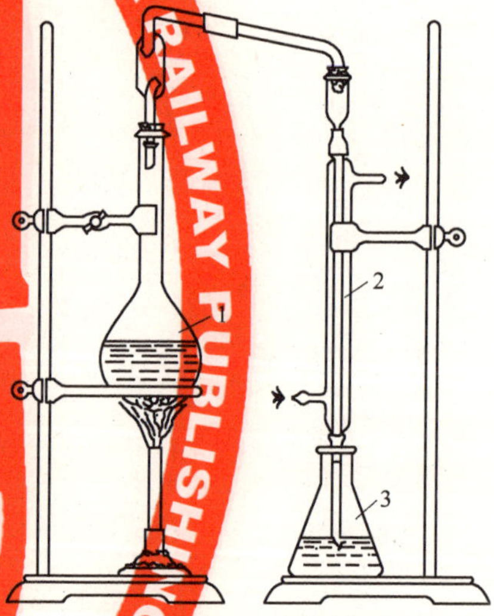

图16.1.2 氨氮蒸馏装置

1—圆底烧瓶;2—冷凝管;3—三角烧杯

2 磷酸盐缓冲溶液pH值=7.4:

称取14.39 g磷酸二氢钾(KH_2PO_4)和68.80 g磷酸氢二钾(K_2HPO_4)溶于适量水中,用水稀释至1 000 mL,混匀。

3 2%硼酸溶液:

称取2 g硼酸(H_3BO_3)溶于适量温水中,用水稀释至100 mL,混匀。

4 氧化镁(MgO):

在500 ℃左右灼烧氧化镁1 h,除去碳酸盐。

5 50%酒石酸钾钠溶液:

称取50 g酒石酸钾钠($KNaC_4H_4O_6 \cdot 4H_2O$)溶于适量水中,用水稀释至100 mL,混匀。

6 碘化汞钾溶液(纳氏试剂):

称取50 g碘化钾(KI)溶于100 mL水,称取20.4 g氯化汞($HgCl_2$)溶于200 mL煮沸的水中,趁热在不断搅拌下将全部氯化汞溶液缓缓倾入碘化钾溶液中,再加入500 mL 30%氢氧化钾溶液,用水稀释至1 000 mL,混匀。最后加入少许碘化汞(HgI_2)固体,用具橡皮塞的棕色瓶避光贮存,可保存一年。

7 氮标准溶液:

1)氮标准贮备溶液ρ(N)=0.500 mg/mL:

准确称取经100 ℃～105 ℃烘干2 h的氯化铵(NH_4Cl)1.909 5 g溶于适量水中,移入1 000 mL容量瓶,用水稀释至标线,混匀。

2)氮标准溶液$\rho(N)=0.010$ mg/mL;

吸取10.00 mL氮标准贮备溶液置于500 mL容量瓶中,用水稀释至标线,混匀。

16.1.4 本方法应按下列步骤进行:

1 绘制标准曲线:

1)吸取氮标准溶液0.00、0.10、0.50、1.00、2.00、3.00、4.00、5.00 mL分别置于8支50 mL标准具塞比色管中。

2)向各管中分别加入1 mL酒石酸钾钠溶液,混匀,加入1.5 mL碘化汞钾溶液,混匀,用水稀释至标线,混匀,配制成标准系列溶液。放置10 min,用30 mm比色皿,于450 nm波长处,以试剂空白作参比测定吸光度。

3)以标准系列溶液中氮的质量作横坐标,相对应的吸光度作纵坐标,绘制标准曲线。

2 水样的预处理:

当水样中含有钙、余氯等干扰物时,应取250 mL水样置于本规程氨氮蒸馏装置(图16.1.2)中,加入10 mL磷酸盐缓冲溶液和0.25 g氧化镁加热蒸馏。量取2%硼酸溶液50 mL于300 mL锥形瓶中作吸收液,蒸馏器导管末端应浸入吸收液液面下,蒸馏至吸收液的体积约220 mL,把锥形瓶放低,使吸收液面脱离冷凝管出口,再继续蒸馏1 min洗净冷凝管和导管,用水稀释至250.00 mL。

3 水样的测定:

1)吸取25.00 mL馏出液置于50 mL标准具塞比色管中。水样中无干扰物时,可直接取样分析。

2)按绘制标准曲线的步骤操作,测定试样的吸光度。

16.1.5 水样中氨氮质量浓度应按下式计算:

$$\rho(N)=\frac{m\times 1\,000}{V} \tag{16.1.5—1}$$

$$\rho(NH_3)=\frac{m\times 1\,000}{V}\times 1.216 \tag{16.1.5—2}$$

$$\rho(NH_4^+)=\frac{m\times 1\,000}{V}\times 1.286 \tag{16.1.5—3}$$

式中 $\rho(N)$——水样中以氮表示的氨氮质量浓度(mg/L);

$\rho(NH_3)$——水样中以氨表示的氨氮质量浓度(mg/L);

$\rho(NH_4^+)$——水样中以铵表示的氨氮质量浓度(mg/L);

m——标准曲线上查得的,与试样吸光度相对应的氮的质量(mg);

V——试样体积(mL);

1.216——N换算成NH_3的因子;

1.286——N换算成NH_4^+的因子。

16.2 盐酸容量法

16.2.1 盐酸容量法适宜测定氨质量浓度为0.2~1 000 mg/L的水样。本方法所用水必须是无氨水。

16.2.2　本方法应采用下列仪器、设备：

1　氨氮蒸馏装置：

应符合本规程第16.1.2条的规定；

2　锥形瓶：300、500 mL；

3　滴定管：10、25 mL；

4　试验室常用仪器、设备。

16.2.3　本方法所用试剂，应符合下列规定：

1　无氨水：

应符合本规程第16.1.3条的规定。

2　1%盐酸溶液：

量取10 mL浓盐酸，在不断搅拌下缓缓倾入盛在800 mL水的烧杯中，用水稀释至1 000 mL，混匀。

3　1%氢氧化钠溶液：

称取1 g氢氧化钠溶于适量水中，用水稀释至100 mL，混匀。

4　混合指示剂：

称取0.12 g甲基红和0.04 g亚甲蓝溶于适量95%乙醇中，用95%乙醇稀释至100 mL，混匀。

5　硼酸吸收液：

称取20 g硼酸(H_3BO_3)溶于适量温水中，冷却至室温加入5 mL混合指示剂，用水稀释至1 000 mL，用1%氢氧化钠溶液或1%盐酸溶液调节pH值至4.5，混匀。

6　氧化镁：

应符合本规程第16.1.3条的规定。

7　液体石蜡。

8　盐酸标准溶液$c(HCl)=0.050$ mol/L：

应符合本规程第7.0.3条的规定。

9　盐酸标准溶液$c(HCl)=0.020$ mol/L：

吸取0.050 mol/L盐酸标准溶液200.00 mL置于500 mL容量瓶中，用水稀释至标线，混匀。

16.2.4　本方法应按下列步骤进行：

1　吸取25.00～100.00 mL水样置于氨氮蒸馏装置的圆底烧瓶中，加水使试液总体积约350 mL。

2　量取2%硼酸吸收液50 mL置于锥形瓶，将氨氮蒸馏装置的冷凝管出口端置于硼酸吸收液液面下。

3　在圆底烧瓶中加入1 g氧化镁及2 mL液体石蜡，立即把圆底烧瓶与冷凝管连接，开启冷凝水加热蒸馏，控制馏出液流速为10 mL/min，待馏出液体积约200 mL停止蒸馏。

4　在馏出液中加3～5滴混合指示剂，根据水样中待测成分含量，用0.020 mol/L或0.050 mol/L盐酸标准溶液滴定，至溶液由蓝色突变为紫红色为终点。记录滴定消耗的盐酸标准溶液用量。

5　用25.00～100.00 mL水代替试样，按测定试样的步骤进行空白试验。

16.2.5　水样中氨氮的浓度应按下式计算：

$$c(\mathrm{N})=\frac{c(\mathrm{HCl})\cdot(V_1-V_0)\times 1\,000}{V} \qquad (16.2.5\text{—}1)$$

$$\rho(\mathrm{N})=c(\mathrm{N})\cdot M(\mathrm{N}) \qquad (16.2.5\text{—}2)$$

$$\rho(\mathrm{NH_3})=c(\mathrm{N})\cdot M(\mathrm{NH_3}) \qquad (16.2.5\text{—}3)$$

$$\rho(\mathrm{NH_4^+})=c(\mathrm{N})\cdot M(\mathrm{NH_4^+}) \qquad (16.2.5\text{—}4)$$

式中　$c(\mathrm{N})$——水样中以氮表示的氨氮的浓度(mmol/L)；

$\rho(\mathrm{N})$——水样中以氮表示的氨氮质量浓度(mg/L)；

$\rho(\mathrm{NH_3})$——水样中以氨表示的氨氮质量浓度(mg/L)；

$\rho(\mathrm{NH_4^+})$——水样中以铵表示的氨氮质量浓度(mg/L)；

$c(\mathrm{HCl})$——盐酸标准溶液浓度(mol/L)；

V_1——滴定试样时消耗盐酸标准溶液体积(mL)；

V_0——滴定空白消耗盐酸标准溶液体积(mL)；

V——试样体积(mL)；

$M(\mathrm{N})=14.00$ g/mol；

$M(\mathrm{NH_3})=17.00$ g/mol；

$M(\mathrm{NH_4^+})=18.00$ g/mol。

17 亚硝酸盐氮的测定

17.1 α-萘胺分光光度法

17.1.1 α-萘胺分光光度法适宜测定亚硝酸盐氮质量浓度为 0.002 ~ 0.5 mg/L 的水样。

17.1.2 本方法应采用下列仪器、设备：

1 分光光度计；

2 标准具塞比色管：50 mL；

3 试验室常用仪器、设备。

17.1.3 本方法所用试剂应符合下列规定：

1 对氨基苯磺酰胺溶液：

称取 5 g 对氨基苯磺酰胺（$NH_2C_6H_4SO_2NH_2$），溶于 350 mL（1 + 6）盐酸溶液中，用水稀释至 500 mL，移入棕色瓶，置暗处可稳定数月。

2 N－(1－萘基)－乙二胺二盐酸溶液：

称取 0.5 gN－(1－萘基)－乙二胺二盐酸（$C_{12}H_{24}N_2 \cdot 2HCl$）溶于 500 mL 水，移入棕色瓶置冰箱内保存，变成深棕色时严禁使用。

3 亚硝酸盐氮标准溶液：

1）亚硝酸盐氮标准贮备溶液 $\rho(NO_2^- - N) = 0.200$ mg/mL：准确称取在干燥器内放置 24 h 的亚硝酸钠（$NaNO_2$）1.015 1 g 溶于适量水中，移入 1 000 mL 容量瓶，用水稀释至标线，混匀。

2）亚硝酸盐氮标准溶液 $\rho(NO_2^- - N) = 0.002$ mg/mL：吸取 10.00 mL 亚硝酸盐氮标准贮备溶液置于 1 000 mL 容量瓶中，用水稀释至标线，混匀。

17.1.4 本方法应按下列步骤进行：

1 绘制标准曲线：

1）吸取 0.002 mg/mL 亚硝酸盐氮标准溶液 0.00、0.50、1.00、2.00、3.00、4.00、5.00、6.00 mL 分别置于 8 支 50 mL 标准具塞比色管。

2）向各比色管中加入 1 mL 对氨基苯磺酰胺溶液，混匀，放置 2 ~ 8 min，再向各管加入 N－(1－萘基)－乙二胺二盐酸溶液 1 mL，用水稀释至标线，混匀，配制成标准系列溶液。用 10 mm 比色皿，于 540 nm 波长处，以试剂空白作参比测定吸光度。

3）以标准系列溶液中亚硝酸盐氮质量作横坐标，相对应的吸光度作纵坐标，绘制标准曲线。

2 水样的测定：

1）吸取 25.00 mL 水样置于 50 mL 标准具塞比色管中。

2）按绘制标准曲线的步骤操作，测定试样吸光度。

17.1.5 水样中亚硝酸盐氮的质量浓度应按下式计算：

$$\rho(NO_2^- - N) = \frac{m \times 1\,000}{V} \tag{17.1.5}$$

式中　$\rho(NO_2^- - N)$——水样中亚硝酸盐氮的质量浓度(mg/L)；

m——标准曲线上查得的，与试样吸光度相对应的亚硝酸盐氮的质量(mg)；

V——试样体积(mL)。

17.2　固体试剂法

17.2.1　固体试剂法适宜测定亚硝酸盐氮质量浓度为0.005～1 mg/L的水样。

17.2.2　本方法应采用下列仪器、设备：

1　分光光度计；

2　标准具塞比色管：25、50 mL；

3　试验室常用仪器、设备。

17.2.3　本方法所用试剂应符合下列规定：

1　固体试剂：

称取1.0 g磺胺和0.10 gN－(1－萘基)－乙二胺二盐酸($C_{12}H_{24}N_2 \cdot 2HCl$)与25 g酒石酸($C_4H_6O_6$)研磨成细粉，置于棕色瓶中，避光保存。

2　亚硝酸盐氮标准溶液：

应符合本规程第17.1.3条的规定。

17.2.4　本方法应按下列步骤进行：

1　绘制标准曲线：

1)吸取亚硝酸盐氮标准溶液0.00、0.50、1.00、2.00、4.00、6.00、8.00、12.00 mL分别置于8支50 mL标准具塞比色管中。

2)向各比色管中加入固体试剂0.5 g，溶解后用水稀释至标线，配制成标准系列溶液。15 min至2 h内，用10 mm比色皿，于540 nm波长处，以试剂空白作参比测定吸光度。

3)以标准系列溶液中亚硝酸盐氮质量作横坐标，相对应的吸光度作纵坐标，绘制标准曲线。

2　水样的测定：

1)吸取澄清水样25.00 mL置于50 mL标准具塞比色管中；

2)按绘制标准曲线的步骤操作，测定试样吸光度；

3)现场测定可在试样中加入固体试剂，溶解混匀后与标准系列溶液在白色背景下进行目视比色。

17.2.5　水样中亚硝酸盐氮的质量浓度应按下式计算：

$$\rho(NO_2^- - N) = \frac{m \times 1\,000}{V} \tag{17.2.5}$$

式中　$\rho(NO_2^- - N)$——水样中亚硝酸盐氮质量浓度(mg/L)；

m——标准曲线上查得的，与试样吸光度相对应的，或与试样显色后相同颜色的标准系列溶液管中的亚硝酸盐氮质量(mg)；

V——试样体积(mL)。

18　硝酸盐氮的测定

18.1　酚二磺酸分光光度法

18.1.1　酚二磺酸分光光度法适宜测定硝酸盐氮质量浓度为 0.01 ~ 2 mg/L 的水样。

18.1.2　本方法应采用下列仪器、设备：

1　分光光度计；

2　标准具塞比色管：50 mL；

3　瓷蒸发皿：100 mL；

4　试验室常用仪器、设备。

18.1.3　本方法所用试剂应符合下列规定：

1　硫酸 $\rho(H_2SO_4) = 1.84$ g/mL。

2　氨水 $\rho(NH_3 \cdot H_2O) = 0.90$ g/mL。

3　酚二磺酸[$C_6H_3(OH)(SO_3H_2)$]：

称取 15 g 精制苯酚置于 250 mL 锥形瓶中，加浓硫酸 100 mL，锥形瓶口放一小漏斗，置沸水浴中加热 6 h，使溶液呈浅棕色稠液，贮于棕色瓶，密封。

4　硝酸盐氮标准溶液：

1）硝酸盐氮标准贮备溶液 $\rho(NO_3^- - N) = 0.100$ mg/mL：

准确称取经 105 ℃ ~ 110 ℃干燥 4 h 的硝酸钾（KNO_3）0.721 8 g 溶于适量水中，移至 1 000 mL 容量瓶，用水稀释至标线，混匀，每升溶液中加 2 mL 三氯甲烷作保存剂，可稳定六个月。

2）硝酸盐氮标准溶液 $\rho(NO_3^- - N) = 0.010$ mg/mL：

吸取 50.00 mL 硝酸盐氮标准贮备液置于瓷蒸发皿中，在水浴上蒸干，然后加入 2 mL 酚二磺酸，用玻璃棒研磨使残渣与试剂充分混匀，静置 10 min，加少量水移至 500 mL 容量瓶，用水稀释至标线，混匀，贮于棕色瓶，可稳定六个月。

5　硫酸银溶液：

称取 4.4 g 硫酸银溶于适量水中，移入 1 000 mL 容量瓶，用水稀释至标线，混匀，置于棕色瓶中，避光保存。

6　0.3% 高锰酸钾溶液：

称取 0.3 g 高锰酸钾溶于适量水中，用水稀释至 100 mL，混匀。

7　EDTA 二钠溶液：

称取 50 g 乙二胺四乙酸二钠溶于适量水中，调成糊状，加入 60 mL 浓氨水，充分混合使之溶解。

8　氢氧化铝悬浮液：

称取 125 g 硫酸铝钾[$AlK(SO_4)_2 \cdot 12H_2O$]或硫酸铝铵[$AlNH_4(SO_4)_2 \cdot 12H_2O$]溶于 1 000 mL 水，加热到 60 ℃，在不断搅拌下慢慢加入 55 mL 浓氨水，放置约 1 h，移入大

瓶,用水反复洗涤沉淀,至洗液中不含氨、氯化物、硝酸盐和亚硝酸盐。澄清后将上层清液尽可能全部倾出,最后加 100 mL 水。临用前应振荡均匀。

9　0.5% 碳酸钠溶液:

称 0.5 g 无水碳酸钠溶于适量水中,用水稀释至 100 mL,混匀。

18.1.4　本方法应按下列步骤进行:

1　绘制标准曲线:

1)吸取硝酸盐氮标准液 0.00、0.10、0.50、1.00、3.00、5.00、7.00、10.00 mL 分别置于 8 支 50 mL 标准具塞比色管中。

2)向各比色管中加入 3 mL 浓氨水,加水稀释至标线,混匀,配制成标准系列溶液。用 10 mm 比色皿,于410 nm波长处,以试剂空白作参比测定吸光度。

3)用标准系列溶液中硝酸盐氮的质量作横坐标,相对应的吸光度作纵坐标,绘制标准曲线。

2　水样的测定:

1)脱色:色度超过 10 度的受污染或颜色较深的水样,于 100 mL 水样中加入 2 mL 氢氧化铝悬浮液,混匀,静置数分钟,澄清后过滤,弃去最初 5 ~ 10 mL 滤液。

2)去除氯离子:用硝酸银容量法测定水样氯化物浓度,据此加入相当量的硫酸银。氯离子质量浓度小于50 mg/L,加入硫酸银溶液;氯离子质量浓度大于50 mg/L 时,可加固体硫酸银,4.4 mg 硫酸银可沉淀1 mg氯离子。加入硫酸银后静置暗处 12 h 以上,再用离心或过滤法除去氯化银沉淀。

3)亚硝酸盐的氧化:亚硝酸盐质量浓度大于 1.0 mg/L 的水样,需先将其氧化为硝酸盐。取100 mL 水样加(1 +20)硫酸溶液 0.5 mL,混匀,再滴加 0.3% 高锰酸钾溶液至淡红色保持 15 min 不褪,使亚硝酸盐全部氧化为硝酸盐,然后从测定结果中减去亚硝酸盐含量。

4)测定:吸取 50.00 mL 水样置于蒸发皿中,用 0.5% 碳酸钠溶液调节 pH 值至 7 ~ 8,置于水浴中蒸干。取下蒸发皿加入 1.0 mL 酚二磺酸,用玻璃棒研磨使试剂与残渣充分接触溶解。静置 10 min,再用水洗入 50 mL 标准具塞比色管中,加3 mL浓氨水使溶液呈明显的碱性,如有沉淀可滴加 EDTA 二钠溶液使试样变清,用水稀释至标线,混匀。用10 mm比色皿,于 410 nm 波长处,用试剂空白作参比测定吸光度。

18.1.5　水样中硝酸盐氮的质量浓度应按下式计算:

$$\rho(NO_3^- - N) = \frac{m \times 1\,000}{V} \tag{18.1.5}$$

式中　$\rho(NO_3^- - N)$——水样中硝酸盐氮的质量浓度(mg/L);

m——标准曲线上查得的,与试样吸光度相对应的硝酸盐氮的质量(mg);

V——试样体积(mL)。

18.2　水杨酸分光光度法

18.2.1　水杨酸分光光度法适宜测定硝酸盐氮的质量浓度为 0.08 ~ 5 mg/L 的水样。

18.2.2　本方法应采用下列仪器、设备：

1　瓷蒸发皿：150 mL；

2　标准具塞比色管：50 mL；

3　分光光度计；

4　水浴锅；

5　试验室常用仪器、设备。

18.2.3　本方法所用试剂应符合下列规定：

1　10% 水杨酸溶液：

称取 10 g 水杨酸（C_6H_4COOH）溶于适量水中，用水稀释至 100 mL，混匀。

2　30% 氢氧化钠溶液：

称取 30 g 氢氧化钠（NaOH）溶于适量水中，用水稀释至 100 mL，混匀。

3　浓硫酸 $\rho(H_2SO_4)=1.84$ g/mL。

4　硝酸盐氮标准溶液 $\rho(NO_3^- - N)=0.010$ mg/mL；

应符合本规程第 18.1.3 条的规定。

5　硫酸银溶液：

应符合本规程第 18.1.3 条的规定。

18.2.4　本方法应按下列步骤进行：

1　绘制标准曲线：

1）吸取硝酸盐氮标准溶液 0.00、0.50、1.00、2.00、4.00、6.00、8.00、10.00 mL 分别置于 8 支蒸发皿中。

2）在水浴上蒸干冷却后，加入 10% 的水杨酸溶液 1 mL 润湿残渣，再蒸干，冷却后加入5 mL浓硫酸溶解全部残渣。5 min 后加入 5 mL 水及 30% 的氢氧化钠溶液 6 mL，移入 50 mL 标准具塞比色管中，用水稀释至标线，混匀，配制成标准系列溶液。静置10 min，用30 mm比色皿，于 520 nm 波长处，以试剂空白作参比测定吸光度。

3）以标准系列溶液中硝酸盐氮的质量作横坐标，相对应的吸光度作纵坐标，绘制标准曲线。

2　水样的测定：

1）水样预处理：

当水样中氯离子质量浓度大于 200 mg/L 时，应加入硫酸银将氯离子沉淀，每 4.4 mg 硫酸银可沉淀 1 mg 氯离子，取滤去沉淀后的水样测定。

当水样中铁离子质量浓度大于 0.5 mg/L 时，蒸发前应加少量酒石酸钾钠消除干扰。

当水样中亚硝酸盐氮质量浓度大于 1 mg/L 时，应加入适量过氧化氢（H_2O_2）煮沸，氧化成硝酸盐氮，再从分析结果中减去亚硝酸盐氮质量浓度。

2）吸取适量水样，调节 pH 值大于 7，按绘制标准曲线的步骤操作，测定试样吸光度。

18.2.5　水样中硝酸盐氮的质量浓度应按下式计算：

$$\rho(NO_3^- - N)=\frac{m\times 1\,000}{V} \tag{18.2.5}$$

式中　$\rho(NO_3^- - N)$——水样中硝酸盐氮的质量浓度(mg/L)；

m——标准曲线上查得的，与试样吸光度相对应的硝酸盐氮质量(mg)；

V——试样体积(mL)。

19　磷酸盐的测定

19.1　钼蓝分光光度法

19.1.1　钼蓝分光光度法适宜测定磷酸盐质量浓度为0.025～0.6 mg/L的水样。

19.1.2　本方法应采用下列仪器、设备：

1　分光光度计；

2　标准具塞比色管：50 mL；

3　试验室常用仪器、设备。

19.1.3　本方法所用试剂应符合下列规定：

1　2.5%钼酸铵－硫酸溶液：

量取150 mL浓硫酸(H_2SO_4)缓缓倾入盛有150 mL水的烧杯中，冷却后加入13 g钼酸铵[$(NH_4)_6Mo_7O_{24}\cdot 4H_2O$]，完全溶解后用水稀释至500 mL，混匀。

2　2%氯化亚锡溶液：

称取2 g氯化亚锡($SnCl_2\cdot 2H_2O$)溶于100 mL浓盐酸，混匀。加几粒金属锡，4 ℃以下置暗处可稳定一周。

3　磷酸盐标准溶液：

1)磷酸盐标准贮备溶液$\rho(PO_4^{3-})=0.500$ mg/mL：

准确称取经105 ℃～110 ℃干燥2 h的磷酸二氢钾(KH_2PO_4)0.716 5 g溶于适量水中，移入1 000 mL容量瓶，用水稀释至标线，混匀。

2)磷酸盐标准溶液$\rho(PO_4^{3-})=0.005$ mg/mL：

吸取磷酸盐标准贮备溶液10.00 mL，用水稀释至1 000 mL，混匀。

19.1.4　本方法应按下列步骤进行：

1　绘制标准曲线：

1)吸取磷酸盐标准溶液0.00、0.10、0.30、0.50、0.90、1.50、2.00、3.00 mL分别置于8支50 mL标准具塞比色管，加水至25 mL。

2)向各比色管中加入4 mL钼酸铵－硫酸溶液，混匀，加入2滴2%氯化亚锡溶液，用水稀释至标线，混匀，配制成标准系列溶液。放置10 min，用30 mm比色皿，于700 nm波长处，以试剂空白作参比测定吸光度。

3)以标准系列溶液中磷酸根的质量作横坐标，相对应的吸光度作纵坐标，绘制标准曲线。

2　水样的测定：

1)吸取水样25.00 mL置于50 mL标准具塞比色管中。当水样有颜色或浑浊时，可加入适量活性碳过滤后再取样测定。

2)按绘制标准曲线的步骤操作，测定试样吸光度。

19.1.5　水样中磷酸根质量浓度应按下式计算：

$$\rho(PO_4^{3-})=\frac{m\times 1\,000}{V} \qquad (19.1.5)$$

式中　$\rho(PO_4^{3-})$——水样中磷酸根的质量浓度(mg/L)；

m——标准曲线上查得的，与试样吸光度相对应的磷酸根质量(mg)；

V——试样体积(mL)。

19.2　磷钼钒酸铵分光光度法

19.2.1　磷钼钒酸铵分光光度法适宜测定磷酸盐质量浓度为0.1～50 mg/L的水样。

19.2.2　本方法所用仪器、设备应符合本规程第19.1.2条的规定。

19.2.3　本方法所用试剂应符合下列规定：

1　钼酸钒溶液：

称取0.5 g钒酸铵(NH_4VO_3)溶于100 mL温热水中，冷却后在不断搅拌下滴入125 mL浓硝酸，冷却后再加入10 g钼酸铵[$(NH_4)_6Mo_7O_{24}\cdot 4H_2O$]，用水稀释至1 000 mL，混匀。

2　磷酸盐标准溶液$\rho(PO_4^{3-})$=0.100 mg/mL：

吸取100.00 mL符合本规程第19.1.3条规定的磷酸盐标准贮备液置于500 mL容量瓶中，用水稀释至标线，混匀。

19.2.4　本方法应按下列步骤进行：

1　绘制标准曲线：

1)吸取磷酸盐标准溶液0.00、0.10、0.50、1.00、2.00、4.00、6.00、10.00 mL分别置于8支50 mL标准具塞比色管中，加水至25 mL。

2)向各管中加入1 mL钼酸钒溶液，用水稀释至标线，混匀，配制成标准系列溶液。放置15 min，用30 mm比色皿，于420 nm波长处，以试剂空白作参比测定吸光度。

3)以标准系列溶液中磷酸根的质量作横坐标，相对应的吸光度作纵坐标，绘制标准曲线。

2　水样的测定：

1)吸取25.00 mL水样置于50 mL标准具塞比色管中。

2)按绘制标准曲线的步骤操作，测定试样吸光度。

19.2.5　水样中磷酸根质量浓度应按下式计算：

$$\rho(PO_4^{3-})=\frac{m\times 1\,000}{V} \qquad (19.2.5)$$

式中　$\rho(PO_4^{3-})$——水样中磷酸根质量浓度(mg/mL)；

m——标准曲线上查得的，与试样吸光度相对应的磷酸根质量(mg)；

V——试样体积(mL)。

20　硫化物的测定

20.0.1　硫化物质量浓度应采用碘量法测定。它适宜于测定硫化物质量浓度大于1 mg/L的水样。

20.0.2　本方法应采用下列仪器、设备：

1　碘量瓶:250 mL;

2　中速定量滤纸;

3　试验室常用仪器、设备。

20.0.3　本方法所用试剂应符合下列规定：

1　20% 乙酸锌溶液：

称取 20.0 g 乙酸锌[$Zn(C_2H_3O_2)_2 \cdot 2H_2O$]溶于适量水中，用水稀释至 100 mL，混匀。如果溶液产生浑浊应过滤。

2　(1+5)硫酸溶液：

量取 100 mL 浓硫酸(H_2SO_4)，在不断搅拌下缓缓倾入盛有 500 mL 水的烧杯中，混匀。

3　重铬酸钾基准溶液 $c(K_2Cr_2O_7)=0.005$ mol/L：

准确称取在 105 ℃～110 ℃干燥 4 h 后，冷却至室温的基准物重铬酸钾($K_2Cr_2O_7$) 1.471 1 g 溶于适量水中，移入 1 000 mL 容量瓶，用水稀释至标线，混匀。

4　0.5% 淀粉溶液：

应符合本规程第 14.2.3 条的规定。

5　硫代硫酸钠标准溶液 $c(Na_2S_2O_3)=0.025$ mol/L：

1)称取 6.3 g 硫代硫酸钠($Na_2S_2O_3 \cdot 5H_2O$)，溶于1 000 mL煮沸放冷的水中，加入 0.4 g 氢氧化钠，贮存在棕色瓶中。临用前用重铬酸钾基准溶液标定。

2)标定：称取约 1 g 固体碘化钾置于 250 mL 碘量瓶，加水 50 mL，准确加入 0.005 mol/L重铬酸钾基准溶液10.00 mL和(1+5)硫酸溶液 5 mL，加塞于暗处静置5 min，用待标定的硫代硫酸钠溶液滴定，溶液变成淡黄色时，加入 0.5% 淀粉溶液 1 mL，继续滴定至蓝色刚消失，记录滴定消耗的硫代硫酸钠标准溶液体积。

3)硫代硫酸钠标准溶液的浓度应按下式计算：

$$c(Na_2S_2O_3)=\frac{c(K_2Cr_2O_7)\cdot V_1\times 6}{V_2} \qquad (20.0.3)$$

式中　$c(Na_2S_2O_3)$——硫化硫酸钠标准溶液浓度(mol/L)；

$c(K_2Cr_2O_7)$——重铬酸钾基准溶液浓度(mol/L)；

V_1——吸取重铬酸钾基准溶液体积(mL)；

V_2——滴定消耗的硫代硫酸钠标准溶液体积(mL)。

6　碘化钾溶液：

称取 10 g 碘化钾(KI)溶于适量水中,加 3.2 g 碘(I_2),溶解后用水稀释至 1 000 mL,混匀。

20.0.4　本方法应按下列步骤进行:

1　现场取样后应立即固定,方法是:量取 2 mL 乙酸锌溶液置于已标定容积的 500 mL细口瓶中,再注满水样,密封。

2　将已固定的水样用中速定量滤纸过滤,并将底部硫化锌沉淀全部转移到滤纸上,用水洗涤 3~4 次。

3　将沉淀连同滤纸全部移入 250 mL 碘量瓶中,用玻璃棒捣碎滤纸,加入 50 mL 水。

4　加入碘化钾溶液 10 mL、浓盐酸 5 mL,加塞混匀,于暗处静置 5 min,用 0.025 mol/L硫代硫酸钠标准溶液滴定,溶液呈淡黄色时,加入 0.5% 淀粉溶液 1 mL,继续滴定至蓝色刚消失,记录滴定消耗的硫代硫酸钠标准溶液体积。

5　另取中速定量滤纸一张置于 250 mL 碘量瓶中,加水50 mL,用玻璃棒捣碎滤纸,按步骤 4 进行空白试验。

20.0.5　水样中硫化物的质量浓度应按下式计算:

$$\rho(S^{2-}) = \frac{c(Na_2S_2O_3) \cdot (V_0 - V_1) \cdot M(S) \times 1\,000}{2V} \tag{20.0.5}$$

式中　$\rho(S^{2-})$——水样中硫化物的质量浓度(mg/L);

$c(Na_2S_2O_3)$——硫代硫酸钠标准溶液浓度(mol/L);

V_0——空白试验滴定消耗硫代硫酸钠标准溶液体积(mL);

V_1——试样滴定消耗硫代硫酸钠标准溶液体积(mL);

V——试样体积(现场固定的采样体积)(mL);

$M(S) = 32.00$ g/mol。

21　氟化物的测定

21.0.1　氟化物应采用氟试剂分光光度法测定，它适宜测定氟离子质量浓度为 0.05 ~ 1.8 mg/L 的水样。

21.0.2　本方法应采用下列仪器、设备：

1　氟化物蒸馏装置（图 21.0.2）；

2　分光光度计；

3　酸度计；

4　标准具塞比色管：50 mL；

5　试验室常用仪器、设备。

图 21.0.2　氟化物蒸馏装置

1—接收瓶（200 mL 容量瓶）；2—冷凝管（蛇形或球形）；3—蒸馏瓶（500 mL 三口烧瓶）；4—2 000 mL 平底烧瓶（制水蒸汽用）；5—可调电炉；6—温度计；7—安全管；8—三通管（排气用）

21.0.3　本方法所用试剂应符合下列规定：

1　精制浓硫酸：

量取 300 mL 浓硫酸置于 500 mL烧杯，置电热板上加热至沸，保持微沸 1 h 以除去微量氟。

2　硫酸银（Ag_2SO_4）。

3　丙酮（C_2H_6CO）。

4　0.001 mol/L 硝酸镧溶液：

称取 0.433 g 硝酸镧[$La(NO_3)_3 \cdot 6H_2O$]，用少量（1 + 10）盐酸溶液溶解，用醋酸钠缓冲液调节 pH 值至 4.1 左右，加水稀释至1 000 mL，混匀。

5　醋酸钠缓冲液 pH 值 = 4.1：

称取 35 g 无水醋酸钠溶于 800 mL 水中，加 75 mL 醋酸，用水稀释至 1 000 mL，混匀。用醋酸调节 pH 值至 4.1 左右。

6　4% 氢氧化钠溶液：

称取 4 g 氢氧化钠（NaOH）溶于适量水中，用水稀释至100 mL，混匀。

7　0.001 mol/L氟试剂溶液：

称取 0.193 g 氟试剂[3 – 甲基胺 – 茜素 – 二乙酸]加少量水润湿，滴加 4% 氢氧化钠溶液使其溶解，再加 0.125 g 醋酸钠（$NaAC \cdot 3H_2O$），用（1 + 10）盐酸溶液调节 pH 值至 5.0 左右，用水稀释至 500 mL，混匀。

8　混合显色剂：

临用时吸取 0.001 mol/L 氟试剂溶液 3 份，醋酸钠缓冲液 1 份，丙酮 3 份，0.001 mol/L硝酸镧溶液 3 份，混匀。

9　氟标准溶液：

1）氟标准贮备溶液 $\rho(F^-) = 0.100$ mg/mL：

准确称取在105 ℃～110 ℃下烘干2 h,在干燥器内冷却后的氟化钠(NaF)0.221 0 g溶于适量水中,移至1 000 mL容量瓶,用水稀释至标线,混匀,贮于聚乙烯瓶。

2)氟标准溶液$\rho(F^-)=0.002$ mg/mL:

吸取10.00 mL氟标准贮备溶液置于500 mL容量瓶,用水稀释至标线,混匀,贮于聚乙烯瓶。

21.0.4 本方法应按下列步骤进行:

1 绘制标准曲线:

1)吸取氟标准溶液0.00、0.20、0.50、1.00、2.00、3.00、4.00、6.00 mL分别置于8支50 mL标准具塞比色管,加水至10 mL,再准确加入混合显色剂10.00 mL,用水稀释至标线,混匀,配制成氟标准系列溶液。放置30 min,用30 mm比色皿,于620 nm波长处,以试剂空白作参比测定吸光度。

2)以氟标准系列溶液中氟离子质量作横坐标,相对应的吸光度作纵坐标,绘制标准曲线。

2 水样的测定:

水样没有受到任何污染时,可直接取样进行测定,否则应按下列方法进行预处理。

1)水样的预处理:

吸取200.00 mL水样,置于氟化物蒸馏装置的蒸馏瓶中,在不断摇动下缓缓倾入20 mL经煮沸除去微氟的浓硫酸,混匀。紧密连接好蒸馏装置各接口,开始加热,当温度到达145 ℃时导入蒸汽,以6～7 mL/min的馏出速度收集馏出液至200 mL。

2)吸取1.00～10.00 mL通过预处理的馏出液置于50 mL标准具塞比色管中,加水至10 mL,再准确加入混合显色剂10.00 mL,用水稀释至刻度,混匀。放置30 min,用30 mm比色皿,于620 nm波长处,用试剂空白作参比测定吸光度。

21.0.5 水样中氟化物的质量浓度应按下式计算:

$$\rho(F^-)=\frac{m\cdot V_1\times 1\,000}{V\cdot V_2} \tag{21.0.5}$$

式中 $\rho(F^-)$——水样中氟化物的质量浓度(mg/L);

m——标准曲线上查得的,与试样吸光度相对应的氟离子质量(mg);

V_1——馏出液总体积(mL);

V_2——吸取馏出液体积(mL);

V——预处理时吸取水样体积(mL)。

22　氰化物的测定

22.1　水样的预处理

22.1.1　水样预处理采用蒸馏法进行。

22.1.2　本方法应采用下列仪器、设备：

1　500 mL氰化物全玻璃蒸馏装置(见图 22.1.2)；

2　比色管:100 mL;

3　玻璃珠:$\phi 2 \sim 3$ mm;

4　试验室常用仪器、设备。

22.1.3　本方法所用试剂应符合下列规定：

1　10% EDTA 二钠溶液：

称取 10 gEDTA 二钠溶于适量水中,用水稀释至 100 mL,混匀。

2　磷酸 $\rho(H_3PO_4) = 1.69$ g/mL。

3　1% 氢氧化钠溶液：

称取 1 g 氢氧化钠(NaOH)溶于适量水中,用水稀释至100 mL,混匀。

22.1.4　本方法应按下列步骤进行：

1　吸取适量水样置于500 mL蒸馏瓶中,加入数粒玻璃珠。

2　量取1% 氢氧化钠液 10 mL 于 100 mL 比色管中。

3　馏出液导管上端接冷凝管出口,下端插入 1% 氢氧化钠溶液液面下,检查各连结部分,必须密闭。

图 22.1.2　氰化物全玻璃蒸馏装置
1—可调电炉;2—蒸馏瓶;3—冷凝水出口;
4—接收瓶;5—馏出液导管

4　量取10% EDTA 二钠溶液 10 mL,加入蒸馏瓶中。

5　向蒸馏瓶中迅速加入10 mL磷酸,立即盖好盖,开启冷却水,以 2 ~ 4 mL/min 的馏出速度加热蒸馏。

6　馏出液约100 mL时停止蒸馏,用水稀释至标线。

22.2　异烟酸—吡唑啉酮分光光度法

22.2.1　异烟酸—吡唑啉酮分光光度法适宜测定氰化物质量浓度为 0.004 ~ 0.25 mg/L 的水样。

22.2.2　本方法应采用下列仪器、设备：

1 分光光度计；

2 标准具塞比色管:25 mL；

3 锥形瓶:200 mL；

4 试验室常用仪器、设备。

22.2.3 本方法所用试剂应符合下列规定：

1 5% 铬酸钾指示剂：

称取 5 g 铬酸钾(K_2CrO_4)溶于适量水中，滴加硝酸银溶液至产生微橙红色沉淀，静置 12 h 以上过滤，用水稀释至100 mL，混匀。

2 0.02% 试银灵指示剂：

称取 0.02 g 试银灵(对二甲氨基亚苄基罗丹林)溶于100 mL丙酮中，贮于棕色瓶于暗处保存，可稳定一个月。

3 氯化钠基准溶液 $c(NaCl) = 0.020$ mol/L：

准确称取经 500 ℃～550 ℃灼烧的基准氯化钠(NaCl)1.169 0 g溶于适量水中，移入 1 000 mL 容量瓶，用水稀释至标线，混匀。

4 硝酸银标准溶液 $c(AgNO_3) = 0.020$ mol/L：

1)称取 3.40 g 硝酸银($AgNO_3$)溶于适量水中，稀释至 1 000 mL，混匀，贮于棕色瓶，用氯化钠基准溶液标定。

2)标定：吸取 0.020 mol/L 氯化钠基准溶液 10.00 mL 置于 250 mL 锥形瓶，加 50 mL水和1 mL 铬酸钾指示剂，用待标定的硝酸银溶液滴定，至溶液由黄色突变为微砖红色为终点，记录滴定消耗硝酸银标准溶液体积。同时做空白试验，记录滴定空白消耗硝酸银标准溶液体积。

3)硝酸银标准溶液浓度应按下式计算：

$$c(AgNO_3) = \frac{c(NaCl) \cdot V_1}{V_2 - V_0} \qquad (22.2.3—1)$$

式中 $c(AgNO_3)$——硝酸银标准溶液浓度(mol/L)；

$c(NaCl)$——氯化钠基准溶液浓度(mol/L)；

V_1——吸取氯化钠基准溶液的体积(mL)；

V_2——滴定消耗硝酸银标准溶液的体积(mL)；

V_0——空白试验消耗硝酸银标准溶液的体积(mL)。

5 磷酸盐缓冲溶液 pH 值=7：

称取 34 g 磷酸二氢钾(KH_2PO_4)和 35.5 g 磷酸氢二钠(Na_2HPO_4)溶于适量水中，用水稀释至 1 000 mL，混匀。

6 1% 氯胺 T 溶液：

临用时称取 0.5 g 氯胺 T($C_7H_7SO_2NClNa \cdot 3H_2O$)溶于适量水中，贮于棕色瓶。

7 1% 氢氧化钠溶液：

称取 1 g 氢氧化钠溶于适量水中，用水稀释至 100 mL，混匀。

8 异烟酸—吡唑啉酮溶液：

1)异烟酸溶液：

称取 1.5 g 异烟酸($C_6H_{10}NO_2$)加入 1% 氢氧化钠溶液 48 mL，冷却后用水稀释至 100 mL，混匀。

2）吡唑啉酮溶液：

称取 0.25 g 吡唑啉酮（$C_{10}H_{10}N_2O$）溶于 20 mL N—二甲基甲酰胺（C_3H_7NO）中。

临用时将 5 份异烟酸溶液和 1 份吡唑啉酮溶液混匀。

9　氰化钾标准贮备溶液：

1）氰化钾标准贮备溶液 $\rho(CN^-)=0.100$ mg/mL

称取 0.25 g 氰化钾（KCN）溶于适量 1% 氢氧化钠溶液中，用 1% 氢氧化钠溶液稀释至 1 000 mL，混匀，贮于棕色瓶避光保存，用 0.020 mol/L 硝酸银标准溶液标定。

2）标定：吸取 10.00 mL 氰化钾标准贮备溶液置于 150 mL 锥形瓶中，加 50 mL 水和 1% 氢氧化钠溶液 2 mL，加入 7～8 滴试银灵指示剂，用硝酸银标准溶液滴定，至溶液由黄色突变为微砖红色为终点，记录滴定消耗硝酸银标准溶液体积。

同时做空白试验，记录滴定空白消耗硝酸银标准溶液的体积。

3）氰化钾标准贮备液的质量浓度应按下式计算：

$$\rho(CN^-)=\frac{2\times c(AgNO_3)\cdot(V_1-V_0)\cdot M(CN^-)}{V} \qquad (22.2.3—2)$$

式中　$\rho(CN^-)$——氰化物标准溶液质量浓度（mg/mL）；

$c(AgNO_3)$——硝酸银标准溶液浓度（mol/L）；

V_1——滴定消耗硝酸银标准溶液的体积（mL）；

V_0——空白试验消耗硝酸银标准溶液的体积（mL）；

V——吸取氰化钾标准溶液的体积（mL）。

$M(CN^-)=26.02$ g/mol。

10　氰化钾标准溶液 $\rho(CN^-)=0.001$ mg/mL：

临用时吸取 10.00 mL 氰化钾标准贮备溶液，用 0.1% 氢氧化钠溶液稀释至 1 000 mL，混匀。

22.2.4　本方法应按下列步骤进行：

1　绘制标准曲线：

1）吸取氰化钾标准溶液 0.00、0.20、0.50、1.00、2.00、3.00、4.00、5.00 mL 分别置于 8 支 25 mL 标准具塞比色管中，各加入 1% 氢氧化钠溶液 1.0 mL，混匀。

2）向各比色管加入 5 mL 磷酸盐缓冲溶液，混匀。迅速加入 1% 氯胺 T 溶液 0.2 mL，立即盖紧塞子，混匀，放置 3～5 min。再向各比色管加入 5 mL 异烟酸—吡唑啉酮溶液，混匀，加水至标线，在 25 ℃～30 ℃的水浴中放置 40 min，配制成标准系列溶液。用 10 mm 比色皿，于 638 nm 波长处，以试剂空白作参比测定吸光度。

3）以标准系列溶液中氰离子的质量作横坐标，相对应的吸光度作纵坐标，绘制标准曲线。

2　水样的测定：

1）吸取 10.00 mL 按本规程第 22.1.4 条蒸馏出的馏出液置于 25 mL 比色管中。

2）按绘制标准曲线的步骤操作，测定试样的吸光度。

22.2.5　水样中氰化物的质量浓度应按下式计算：

$$\rho(CN^-)=\frac{m\cdot V_1}{V\cdot V_2}\times 1\ 000 \qquad (22.2.5)$$

式中 $\rho(CN^-)$——水样中氰化物的质量浓度(mg/L);

m——标准曲线上查得的,与试样吸光度相对应的氰离子质量(mg);

V_1——馏出液总体积(mL);

V_2——吸取馏出液体积(mL);

V——蒸馏时吸取水样的体积(mL)。

22.3 硝酸银容量法

22.3.1 硝酸银容量法适宜测定氰化物质量浓度大于1 mg/L的水样。

22.3.2 本方法应采用下列仪器、设备:

1 棕色滴定管:10、25 mL;

2 锥形瓶:250 mL;

3 试验室常用仪器、设备。

22.3.3 本方法所用下列试剂应符合本规程22.2.3条的规定:

1 0.02% 试银灵指示剂。

2 氯化钠基准溶液 $c(NaCl)=0.020$ mol/L。

3 硝酸银标准溶液 $c(AgNO_3)=0.020$ mol/L。

4 5% 铬酸钾指示剂。

22.3.4 本方法应按下列步骤进行:

1 吸取按本规程第22.1.4条蒸馏出的馏出液50.00 mL置于锥形瓶中,加入0.5 mL 0.02% 试银灵指示剂,用硝酸银标准溶液滴定,至溶液由黄色突变为微砖红色为终点,记录滴定消耗硝酸银标准溶液体积。

2 同时用水作空白试验,记录滴定空白消耗硝酸银标准溶液体积。

22.3.5 水样中氰化物质量浓度应按下式计算:

$$\rho(CN^-)=\frac{2\times c(AgNO_3)\cdot(V_3-V_0)\cdot M(CN^-)\cdot V_1\times 1\ 000}{V\cdot V_2} \qquad (22.3.5)$$

式中 $\rho(CN^-)$——水样中氰离子质量浓度(mg/L);

$c(AgNO_3)$——硝酸银标准溶液浓度(mol/L);

V_1——馏出液总体积(mL);

V_3——滴定试样消耗硝酸银标准溶液的体积(mL);

V_0——滴定空白消耗硝酸银标准溶液的体积(mL);

V_2——吸取馏出液的体积(mL);

V——蒸馏时吸取水样的体积(mL);

$M(CN^-)=26.02$ g/mol。

23 碘化物的测定

23.0.1 碘化物应采用碘量分光光度法测定。它适宜测定碘质量浓度为0.001～0.2 mg/L的水样。本方法用水必须是无碘水。

23.0.2 本方法应采用下列仪器、设备：

1 分光光度计；

2 标准具塞比色管：25、50 mL；

3 试验室常用仪器、设备。

23.0.3 本方法所用试剂应符合下列规定：

1 (1+2)磷酸溶液：

将100 mL浓磷酸，缓缓倾入200 mL水中，混匀。

2 1%碘化钾溶液：

称取1 g碘化钾溶于适量水中，用水稀释至100 mL，混匀。

3 20%甲酸钠溶液：

称取20 g甲酸钠(HCOONa)溶于适量水中，用水稀释至100 mL，混匀。

4 0.5%淀粉溶液：

称取0.5 g淀粉溶于100 mL热水中，加2 g氢氧化钾，静置2 h，加1 mL冰乙酸，混匀，用浓盐酸调节pH值至4左右，可保存一年。

5 碘化钾标准溶液：

1)碘标准贮备溶液$\rho(I^-)=0.100$ mg/mL：

准确称取0.130 8 g碘化钾(KI)溶于适量水中，移入1 000 mL容量瓶，用水稀释至标线，混匀。

2)碘标准溶液$\rho(I^-)=0.001$ mg/mL：

吸取10.00 mL碘标准贮备溶液，用水稀释至1 000 mL，混匀。

6 饱和溴水。

7 10%碳酸钠溶液：

称取10 g碳酸钠(Na_2CO_3)溶于适量水中，用水稀释至100 mL，混匀。

8 无碘水：

取普通纯水1 000 mL，加入1 g氢氧化钠重新蒸馏。

23.0.4 本方法应按下列步骤进行：

1 绘制标准曲线：

1)吸取碘标准溶液0.00、0.20、0.50、1.00、2.00、4.00、8.00、15.00 mL分别置于8支烧杯中，各加水约25 mL。

2)向各烧杯中加入(1+2)磷酸溶液0.3 mL及饱和溴水0.5 mL。至出现稳定的淡黄色。加热至出现第一个气泡，取下再加入1～3滴20%甲酸钠溶液，至残留溴的颜色完全褪去。再次加热除去过剩的甲酸钠，当出现第一个沸泡立刻取下冷却，将溶液移入 50 mL 标准具塞比色管中。

3）向各管加入1%碘化钾溶液 1 mL、0.5%淀粉溶液1 mL，用水稀释至标线，混匀，配制成标准系列溶液。5 min 后用 30 mm 比色皿，于 570 nm 波长处，以试剂空白作参比测定吸光度。

4）以标准系列溶液中碘离子的质量作横坐标，相对应的吸光度作纵坐标，绘制标准曲线。

2　水样的测定：

1）吸取 100.00 mL 水样置于烧杯中，加入 10%碳酸钠溶液调节试样 pH 值至 9 左右，加热浓缩至剩余 25 mL 左右。

2）按绘制标准曲线的步骤操作，用试剂空白作参比测定试样吸光度。

23.0.5　水样中碘化物的质量浓度应按下式计算：

$$\rho(\mathrm{I}^-)=\frac{m\times100}{V} \tag{23.0.5}$$

式中　$\rho(\mathrm{I}^-)$——水样中碘的质量浓度（mg/L）；

m——标准曲线上查得的，与试样吸光度相对应的碘离子质量（mg）；

V——试样的体积（mL）。

24　化学需氧量的测定

24.1　酸性高锰酸钾法(高锰酸盐指数)

24.1.1　酸性高锰酸钾法适宜测定化学需氧量质量浓度为 0.5 ~ 5 mg/L,氯离子浓度小于 300 mg/L 的水样。

24.1.2　本方法应采用下列仪器、设备:

1　锥形瓶:250 mL;

2　移液管:10、25、100 mL;

3　酸式滴定管:10、25 mL;

4　沸水浴装置;

5　定时钟;

6　试验室常用仪器、设备。

24.1.3　本方法所用试剂应符合下列规定:

1　所用纯水须加高锰酸钾重蒸馏。

2　(1 +3)硫酸溶液:

量取 100 mL 浓硫酸缓缓倾入盛有 300 mL 水的烧杯中,混匀,滴加 0.002 mol/L 高锰酸钾溶液直至呈浅红色不褪。

3　草酸钠基准溶液:

1)草酸钠基准贮备溶液 $c(Na_2C_2O_4) = 0.050$ mol/L:

准确称取经 105 ℃ ~ 110 ℃ 干燥 2 h,在干燥器中冷却的基准物草酸钠($Na_2C_2O_4$)0.6699 g,溶于适量水和(1 +3)硫酸溶液 25 mL 中,移入 100 mL 容量瓶,用水稀释至标线,混匀。

2)草酸钠基准溶液 $c(Na_2C_2O_4) = 0.005$ mol/L:

吸取 10.00 mL 草酸钠基准贮备溶液,置于100 mL容量瓶中,用水稀释至标线,混匀。

4　高锰酸钾标准溶液:

1)高锰酸钾标准贮备溶液 $c(KMnO_4) = 0.020$ mol/L:

称取 3.2 g 高锰酸钾($KMnO_4$)溶于 1 200 mL 水,煮沸至剩余 1 000 mL 左右,放置12 h以上,用 G -3 号玻璃砂芯漏斗过滤,滤液贮于棕色瓶,避光保存。

2)高锰酸钾标准溶液 $c(KMnO_4) = 0.002$ mol/L:

吸取 100.00 mL 高锰酸钾标准贮备溶液,置于1 000 mL容量瓶,用水稀释至 1 000 mL,混匀,贮于棕色瓶,避光保存。

24.1.4　本方法应按下列步骤进行:

1　吸取100.00 mL充分混匀、*COD* 值小于 5.0 mg/L 的水样置于 250 mL 锥形瓶。

2　加入(1 +3)硫酸溶液 5 mL 及 0.002 mol/L 高锰酸钾标准溶液 10.00 mL,混匀,

立即放入沸水浴中煮沸 30 min，沸水液面要高于锥形瓶内试液液面。加热过程中如果高锰酸钾的微红色消褪，必须减少取样量重新操作。

3 取下锥形瓶趁热加入0.005 mol/L草酸钠基准溶液 10 mL，混匀，溶液温度应控制在 70 ℃ ~80 ℃，待高锰酸钾溶液的紫红色消失，立即用高锰酸钾标准溶液滴定，至溶液突变为微红色为终点，记录滴定消耗的高锰酸钾标准溶液体积。

4 高锰酸钾标准溶液浓度校正系数的确定：

取滴定完的水样，加热至 60 ℃ ~70 ℃，准确加入0.005 mol/L草酸钠基准溶液 10.00 mL，用高锰酸钾标准溶液滴定，至突变为微红色不褪为终点，记录滴定消耗的高锰酸钾标准溶液用量。

高锰酸钾标准溶液浓度校正系数应按下式计算：

$$K = \frac{10.00}{V} \tag{24.1.4}$$

式中 K——高锰酸钾标准溶液浓度校正系数；

10.00——吸取草酸钠基准溶液体积（mL）；

V——滴定消耗高锰酸钾标准溶液体积（mL）。

5 如果水样用纯水稀释，应另吸取 100.00 mL 纯水作空白试验，记录滴定消耗高锰酸钾标准溶液的体积。

24.1.5 水样中高锰酸钾化学需氧量应按下列公式计算：

1 未经稀释水样的高锰酸钾化学需氧量应按下式计算：

$$COD_{Mn} = \frac{c(Na_2C_2O_4)\cdot[(V_1+V_2)K-10.00]\cdot M(O_2)\times 1\,000}{2\times V} \tag{24.1.5—1}$$

式中 COD_{Mn}——水样中酸性高锰酸钾化学需氧量（高锰酸盐指数）（mg/L）；

$c(Na_2C_2O_4)$——草酸钠基准溶液浓度（mol/L）；

K——高锰酸钾标准溶液浓度的校正系数；

V_1——煮沸前加入高锰酸钾标准溶液体积（mL）；

V_2——煮沸后滴定消耗高锰酸钾标准溶液体积（mL）；

V——试样体积（mL）；

10.00——加入草酸钠基准溶液体积（mL）；

$M(O_2) = 32.00$ g/mol。

2 经稀释水样的高锰酸钾化学需氧量应按下式计算：

$$COD_{Mn} = \frac{c(Na_2C_2O_4)\cdot[(V_1+V_2)K-10.00]\cdot M(O_2)\times 1\,000}{2\times V} - \frac{c(Na_2C_2O_4)\cdot[(V_1+V_0)K-10.00]\cdot C\cdot M(O_2)\times 1\,000}{2\times V} \tag{24.1.5—2}$$

式中 V_0——空白试验煮沸后滴定消耗高锰酸钾标准溶液体积（mL）；

C——稀释水样中含纯水的比例，例如 10.00 mL 水样用纯水稀释至 100 mL，则 $C = 0.90$。

24.2 碱性高锰酸钾法（高锰酸盐指数）

24.2.1 碱性高锰酸钾法适宜测定化学需氧量质量浓度为 0.5 ~4.5 mg/L的水样。

24.2.2　本方法所用仪器、设备应符合本规程第 24.1.2 条规定。

24.2.3　本方法所用试剂应符合下列规定：

1　50% 氢氧化钠溶液：

称取 50 g 氢氧化钠溶于适量水中，用水稀释至 100 mL，混匀。

2　其他试剂应符合本规程第24.1.3条的规定。

24.2.4　本方法应按下列步骤进行：

1　吸取100.00 mL充分混匀或经稀释的水样置于 250 mL 锥形瓶中，加 50% 氢氧化钠溶液 0.5 mL 和 0.002 mol/L 高锰酸钾标准溶液 10.00 mL。

2　将锥形瓶置于沸水浴中加热30 min，沸水浴的液面要高于锥形瓶中试液液面。

3　锥形瓶冷却至70 ℃ ~80 ℃，加入(1+3)硫酸溶液 5 mL 和 0.005 mol/L 草酸钠基准溶液 10.00 mL。

4　用0.002 mol/L高锰酸钾标准溶液滴定，至溶液呈浅红色，记录滴定消耗高锰酸钾标准溶液体积。

5　高锰酸钾标准溶液浓度校正系数的确定，应符合本规程第 24.1.4 条的规定。

24.2.5　按本规程式(24.1.5—1)和式(24.1.5—2)计算未经稀释或经稀释水样的碱性高锰酸钾化学需氧量(高锰酸盐指数)。

24.3　重铬酸钾法

24.3.1　重铬酸钾法适宜测定化学需氧量质量浓度为5.0 ~400 mg/L，氯离子浓度小于 1 000 mg/L的水样。

24.3.2　本方法应采用下列仪器、设备：

1　回流装置(图 24.3.2)：带 500 mL 锥形瓶的全玻璃回流装置，球形冷凝管长度为 300 ~500 mm。

2　容量瓶：50 mL。

3　锥形瓶：250、500 mL。

4　酸式滴定管：10、25 cm。

5　移液管：1、5、10 mL。

6　可调电炉：1 000 W。

7　玻璃珠：ϕ2 ~3 mm。

8　试验室常用仪器、设备。

24.3.3　本方法所用试剂应符合下列规定：

1　邻菲罗啉指示剂：

称取 0.7 g 硫酸亚铁($FeSO_4 \cdot 7H_2O$)溶于适量水中，加入 1.5 g 邻菲罗啉，溶解后加水稀释至 100 mL，混匀。

2　硫酸 $\rho(H_2SO_4)$ =1.84 g/mL。

3　重铬酸钾基准溶液 $c(K_2Cr_2O_7)$ =0.050 mol/L：

准确称取在 105 ℃ ~110 ℃ 干燥 4 h，冷却至室温的基准物重铬酸钾($K_2Cr_2O_7$)14.710 9 g 溶于适量水中，移入 1 000 mL 容量瓶，用水稀释至标线，混匀。

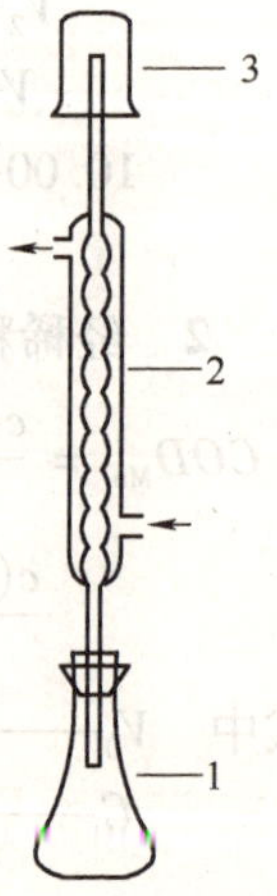

图 24.3.2　回流装置
1—500 mL 磨口锥形瓶；
2—球形冷凝管；
3—烧杯

4 硫酸亚铁铵标准溶液 $c[(NH_4)_2SO_4 \cdot FeSO_4]=0.250$ mol/L：

1）称取98 g硫酸亚铁铵$[(NH_4)_2SO_4 \cdot FeSO_4 \cdot 6H_2O]$溶于适量水中，缓缓倾入20 mL浓硫酸，冷却后用水稀释至1 000 mL。混匀，临用时用重铬酸钾基准溶液标定。

2）标定：吸取0.050 mol/L重铬酸钾基准溶液10.00 mL置于250 mL锥形瓶中，用水稀释至100 mL左右，缓缓倾入10 mL浓硫酸，冷却后加2～3滴邻菲罗啉指示剂，用硫酸亚铁铵标准溶液滴定，至溶液由黄色经蓝绿色突变为红褐色为终点，记录滴定消耗的硫酸亚铁铵标准溶液体积。

3）硫酸亚铁铵标准溶液浓度应按下式计算：

$$c[(NH_4)_2SO_4 \cdot FeSO_4]=\frac{c(K_2Cr_2O_7)\cdot V_1\times 6}{V} \tag{24.3.3}$$

式中 $c[(NH_4)_2SO_4 \cdot FeSO_4]$——硫酸亚铁铵标准溶液浓度(mol/L)；

$c(K_2Cr_2O_7)$——重铬酸钾基准溶液浓度(mol/L)；

V_1——吸取重铬酸钾基准溶液体积(mL)；

V——滴定消耗的硫酸亚铁铵标准溶液体积(mL)。

5 硫酸银—硫酸溶液：

称取5 g硫酸银(Ag_2SO_4)溶于500 mL浓硫酸，放置1～2 d，临用前仔细混匀。

6 硫酸汞($HgSO_4$)。

24.3.4 本方法应按下列步骤进行：

1 吸取50.00 mL水样置于500 mL磨口锥形瓶中，加入0.050 mol/L重铬酸钾基准溶液25 mL和数粒玻璃珠，将锥形瓶接到回流装置（图24.3.2）冷凝管下端，接通冷却水，从冷凝管上端缓缓倒入75 mL硫酸银—硫酸溶液，不断转动锥形瓶使之混匀，从溶液开始沸腾起回流2 h。

如果水中氯离子浓度大于30 mg/L，应取水样50 mL先加入0.4 g硫酸汞和5 mL浓硫酸，混匀，待硫酸汞溶解后，再依次加入0.050 mol/L重铬酸钾基准溶液25 mL和数粒玻璃珠、75 mL硫酸—硫酸银溶液，加热回流2 h。

在回流过程中，如果溶液颜色变绿表示需氧量大，应少取水样重新操作。

2 冷却后，用20～30 mL水从冷凝管上端冲洗冷凝管内壁，用水稀释至350 mL左右。

3 加入2～3滴邻菲罗啉指示剂，用0.250 mol/L硫酸亚铁铵标准溶液滴定，至溶液由黄色经蓝绿色突变为红褐色为终点，记录滴定消耗的硫酸亚铁铵标准溶液体积。

4 同时吸取50.00 mL水作空白试验，记录滴定空白消耗的硫酸亚铁铵标准溶液体积。

24.3.5 重铬酸钾法化学需氧量应按下式计算：

$$COD_{Cr}=\frac{c[(NH_4)_2SO_4 \cdot FeSO_4]\cdot(V_0-V_1)\cdot M(O_2)\times 1\,000}{4V} \tag{24.3.5}$$

式中 COD_{Cr}——水样中重铬酸钾法化学需氧量(mg/L)；

$c[(NH_4)_2SO_4 \cdot FeSO_4]$——硫酸亚铁铵标准溶液浓度(mol/L)；

V_1——滴定试样消耗硫酸亚铁铵标准溶液体积(mL)；

V_0——滴定空白消耗硫酸亚铁铵标准溶液体积(mL)；

V——试样体积(mL)；

$M(O_2)=32.00$ g/mol。

25　五日生化需氧量的测定

25.0.1　五日生化需氧量应采用稀释与接种法测定。它适宜测定五日生化需氧量质量浓度为 2 ~ 6 000 mg/L 的水样。

25.0.2　本方法应采用下列仪器、设备：

1　生化培养箱：温度可控制在(20 ±1) ℃；

2　细口玻璃瓶：5 ~ 20 L；

3　量筒：1 000 mL；

4　其他仪器、设备应符合本规程第 14.2.2 条的规定。

25.0.3　本方法所用试剂应符合下列规定：

1　氯化钙溶液：

称取 27.5 g 无水氯化钙($CaCl_2$)溶于适量水中，用水稀释至 1 000 mL，混匀。

2　三氯化铁溶液：

称取 0.25 g 三氯化铁($FeCl_3 \cdot 6H_2O$)溶于适量水中，用水稀释至 1 000 mL，混匀。

3　硫酸镁溶液：

称取 22.5 g 硫酸镁($MgSO_4 \cdot 7H_2O$)溶于适量水中，用水稀释至 1 000 mL，混匀。

4　磷酸盐缓冲液 pH 值 = 7.2：

称取 8.5 g 磷酸二氢钾(KH_2PO_4)、21.75 g 磷酸氢二钾(K_2HPO_4)、33.4 g 磷酸氢二钠($Na_2HPO_4 \cdot 7H_2O$)和 1.7 g 氯化铵(NH_4Cl)溶于适量水中，用水稀释至 1 000 mL，混匀。

5　稀释水：

在 10 L 细口瓶中装入纯水，每升纯水加入上述四种试剂各 1 mL。稀释水的溶解氧应大于 8 mg/L，否则应将稀释水进行充氧，并密闭静置稳定 4 h 后使用。稀释水五日生化需氧量必须小于 0.2 mg/L，应放在 20 ℃左右的生化培养箱内保存。

6　接种稀释水：

可利用生活污水于 20 ℃放置 24 ~ 36 h 后的上部清液为接种液，每升稀释水加入 1 ~ 3 mL接种液为接种稀释水，对某些特殊工程废水最好加入专门培养驯化过的菌种。

7　其他试剂应符合本规程第14.2.3条的规定。

25.0.4　本方法应按下列步骤进行：

1　水样的稀释：

1)清洁天然水和地面水，无须稀释可直接进行培养测定。

2)pH 值小于 6 或大于 8 的水样，应预先中和后再进行稀释培养。

3)水样中游离氯含量小于 0.1 mg/L 时，一般放置 1 ~ 2 h，游离氯即可消失。当游离氯含量大于0.1 mg/L时，应加亚硫酸钠或硫代硫酸钠除去。其用量可先取 100 mL 污水置于碘量瓶中，加入 1% 硫酸溶液 1 mL，10% 碘化钾溶液 1 mL，混匀，以 0.5% 淀粉溶液作指示剂，用标准硫代硫酸钠或亚硫酸钠溶液滴定。计算出应该加入的硫代硫酸钠或亚硫酸钠溶液体积。

4)污染严重水样，可稀释100～1 000倍，普通和沉淀过的污水可稀释20～100倍，受污染的河水可稀释1～4倍。

5)按照选定的污水和稀释水或接种稀释水的比例，用虹吸法把一定量的污水沿量筒壁引入1 000 mL量筒，再引入所需量的稀释水或接种稀释水，用一根底端套有比量筒口径略小、厚约2 mm、带孔橡皮圆片的特制粗玻璃搅棒，在水面下以不产生气泡地缓缓搅匀，调节试样pH值至6.5～7.5。再用虹吸法将此溶液分别引入两个预先编号的溶解氧瓶充满并溢出少许，盖严并水封。瓶内不应有气泡，如果有气泡必须轻轻敲击瓶体使气泡逸出。

用同样方法配制另两个稀释倍数的水样。

2　另取两个溶解氧瓶用虹吸法注入稀释水或接种稀释水作为空白试样。

3　各取一瓶每个稀释倍数的试样和空白试样测定当天的溶解氧，另一瓶放入培养箱内在(20±1)℃培养，在培养过程中要保持封口水不干。

4　经过五昼夜培养，测定剩余的溶解氧。

25.0.5　水样中五日生化需氧量应按下列公式计算：

1　未经稀释直接培养水样的五日生化需氧量应按下式计算：

$$BOD_5 = D_1 - D_2 \tag{25.0.5—1}$$

式中　BOD_5——水样中五日生化需氧量(mg/L)；

D_1——水样培养前的溶解氧(mg/L)；

D_2——水样培养五天后的溶解氧(mg/L)。

2　稀释后培养水样的五日生化需氧量应按下式计算：

$$BOD_5 = \frac{(D_1 - D_2) - (B_1 - B_2)f_1}{f_2} \tag{25.0.5—2}$$

式中　B_1——稀释水(或接种稀释水)培养前的溶解氧(mg/L)；

B_2——稀释水(或接种稀释水)培养五天后的溶解氧(mg/L)；

f_1——稀释水(或接种稀释水)在培养液中所占比例；

f_2——水样在培养液中所占比例。

试样的稀释比为3%，即3份水样、97份稀释水，则$f_1 = 0.97$，$f_2 = 0.03$。

26 酚的测定

26.0.1 4－氨基安替比林分光光度法适宜测定酚的质量浓度为0.002～0.12 mg/L的水样。本方法用水必须是无酚水。

26.0.2 本方法应采用下列仪器、设备：

1 全玻蒸馏器：250、500 mL；

2 分液漏斗：500 mL；

3 碘量瓶：250 mL；

4 分光光度计；

5 脱脂棉；

6 试验室常用仪器、设备。

26.0.3 本方法所用试剂应符合下列规定：

1 无酚水：

每升纯水加0.2 g经200 ℃活化30 min的活性碳粉末，充分振荡放置12 h以上，用双层中速滤纸过滤后，加氢氧化钠呈强碱性，再滴加高锰酸钾溶液呈紫红色，移入全玻蒸馏器加热蒸馏，收集馏出液贮于玻璃瓶，存放、取用时应避免与橡胶制品接触。

2 8%铁氰化钾溶液：

称取8 g铁氰化钾$K_3[Fe(CN_6)]$溶于适量水中，用水稀释至100 mL，混匀，置冰箱中保存可稳定一周。

3 10%硫酸铜溶液：

称取10 g五水硫酸铜($CuSO_4 \cdot 5H_2O$)溶于适量水中，用水稀释至100 mL，混匀。

4 (1+9)磷酸溶液：

量取10 mL浓磷酸缓缓倾入盛有90 mL水的烧杯中，混匀。

5 三氯甲烷($CHCl_3$)。

6 2% 4-氨基安替比林溶液：

称取2 g 4-氨基安替比林($C_{11}H_{13}N_3O$)溶于适量水中，用水稀释至100 mL，置冰箱中保存可稳定一周。

7 溴酸钾—溴化钾溶液：

称取2.8 g溴酸钾($KBrO_3$)和10.0 g溴化钾(KBr)溶于适量水中，移入1 000 mL容量瓶，用水稀释至标线，混匀。

8 0.5%淀粉溶液：

应符合本规程第14.2.3条的规定。

9 硫代硫酸钠标准溶液$c(Na_2S_2O_3)=0.100$ mol/L：

应符合本规程第14.2.3的规定。临用时，用煮沸冷却后的水稀释至0.005 mol/L，并用重铬酸钾基准溶液标定。

10 铵盐缓冲溶液pH值＝10±0.1：

称取 67.5 g 氯化铵(NH_4Cl)溶于 200 mL 水,加入 570 mL 浓氨水,用水稀释至 1 000 mL,混匀。

11 苯酚:

1)苯酚的精制,将苯酚(C_6H_5OH)置于 50 ℃ ~70 ℃水浴中融化,移入 250 mL 全玻蒸馏器,用包有铝箔、中心插一支量程为 0 ~250 ℃水银温度计的软木塞作瓶塞,蒸馏瓶的支管与冷凝管连接,用 250 mL 干燥的具塞锥形瓶作接受器,弃去最初的带色馏出液,收集 182 ℃ ~184 ℃温度段的无色馏出液,密封于棕色瓶,暗处保存。

2)酚标准贮备溶液 $\rho(C_6H_5OH)=1.000$ mg/mL:

称取 0.50 g 精制后的苯酚(C_6H_5OH)于适量水中,移入 500 mL 容量瓶,用水稀释至标线,混匀,置冰箱保存。临用前用硫代硫酸钠标准溶液标定。

标定:

吸取 10.00 mL 酚标准贮备溶液三份分别置于250 mL碘量瓶中,加适量水稀释,加入 10 mL 溴酸钾—溴化钾溶液,立即加入 5 mL 浓盐酸,塞紧瓶塞摇动,在暗处放置 10 min,加入 1 g 碘化钾,放置 5 min,用 0.005 mol/L 硫代硫酸钠标准溶液滴定,至溶液呈浅黄色,加入 1 mL 新配的 0.5% 淀粉溶液,继续滴定至蓝色突然消失,记录滴定消耗的硫代硫酸钠标准溶液体积。同时吸取 10.00 mL 水做空白试验。

酚标准贮备溶液的质量浓度应按下式计算:

$$\rho(C_6H_5OH)=\frac{c(Na_2S_2O_3)\cdot(V_0-V_1)\cdot M(C_6H_5OH)}{6V} \tag{26.0.3}$$

式中 $\rho(C_6H_5OH)$——酚标准贮备溶液的质量浓度(mg/mL);

$c(Na_2S_2O_3)$——硫代硫酸钠标准溶液浓度(mol/L);

V_0——滴定空白消耗硫代硫酸钠标准溶液体积(mL);

V_1——滴定酚标准贮备液消耗硫代硫酸钠标准溶液体积(mL);

V——吸取酚标准贮备溶液体积(mL);

$M(C_6H_5OH)=94.14$ g/mol。

3)酚标准溶液 $\rho(C_6H_5OH)=0.010$ mg/mL:

吸取 10.00 mL 酚标准贮备溶液置于 1 000 mL 容量瓶中,用水稀释至标线,混匀。

4)酚标准工作溶液 $\rho(C_6H_5OH)=0.001$ mg/mL:

临用时吸取 50.00 mL 酚标准溶液置于 500 mL 容量瓶,用水稀释至标线,混匀。

26.0.4 本方法应按下列步骤进行:

1 绘制标准曲线:

1)吸取 0.001 mg/mL 酚标准工作溶液 0.00、0.10、0.20、0.50、1.00、1.50、2.00、3.00 mL 分别置于 8 支 500 mL 分液漏斗中,用水稀释至 250 mL。

2)向各分液漏斗中加入 2mL 铵盐缓冲溶液、4-氨基安替比林溶液 1.5 mL,混匀,再加 1.5 mL 铁氰化钾溶液,混匀,静置 10 min,准确加入 10.00 mL 三氯甲烷,加塞剧烈振摇 2 min,静置分层。在分液漏斗颈管内塞 1 小团干脱脂棉,放出三氯甲烷层，弃去最初滤出的数滴三氯甲烷，直接放入 30 mm 比色皿，于460 nm波长处，以三氯甲烷作参比测定吸光度。以标准系列溶液中零浓度溶液测得的吸光度值为空白试验吸光度。

3）以标准系列溶液中酚的质量作横坐标，相对应的吸光度减去空白试样的吸光度作纵坐标，绘制标准曲线。

2 水样的测定：

1）吸取水样 250.00 mL 置于 500 mL 全玻蒸馏器内，加 2.5 mL 硫酸铜溶液，用（1+9）磷酸溶液调节 pH 值小于 4，加数粒玻璃珠蒸馏，至馏出液体积约 220 mL，冷却后向蒸馏器中加入 25 mL 无酚水，再继续蒸至馏出液总体积 250 mL，将馏出液移入 500 mL 分液漏斗。

2）按绘制标准曲线的步骤操作，用三氯甲烷作参比测定试样的吸光度。同时测定空白试样的吸光度。

26.0.5 水样中酚的质量浓度应按下式计算：

$$\rho(C_6H_5OH)=\frac{m\times 1\,000}{V} \tag{26.0.5}$$

式中 $\rho(C_6H_5OH)$——水样中酚的质量浓度（mg/L）；

m——标准曲线查得的，与试样吸光度减去空白试样吸光度后相对应的酚质量（mg）；

V——试样体积（mL）。

27　阴离子洗涤剂的测定

27.1　亚甲基蓝分光光度法

27.1.1　亚甲基蓝分光光度法适宜测定阴离子洗涤剂质量浓度为0.05～2 mg/L的水样。

27.1.2　本方法应采用下列仪器、设备：

1　分光光度计；

2　分液漏斗：125、250 mL；

3　标准具塞比色管：50 mL；

4　脱脂棉；

5　试验室常用仪器、设备。

27.1.3　本方法所用试剂应符合下列规定：

1　三氯甲烷（$CHCl_3$）。

2　3%硫酸溶液：

量取3 mL浓硫酸缓缓倾入盛有适量水的烧杯中，用水稀释至100 mL，混匀。

3　洗涤液：

称取50 g磷酸二氢钠（$NaH_2PO_4 \cdot H_2O$）溶于300 mL水，缓缓倾入6.8 mL浓硫酸，用水稀释至1 000 mL，混匀。

4　亚甲基蓝溶液：

称取0.15 g亚甲基蓝溶于适量水中，用水稀释至1 000 mL，混匀。

亚甲基蓝溶液应用三氯甲烷处理。处理方法是：量取180 mL亚甲基蓝溶液倒入250 mL分液漏斗，加入20 mL三氯甲烷振荡2～3 min，分层后弃去下部呈深紫色的三氯甲烷层，重复两次，最后一次的三氯甲烷层应呈现很浅的紫色，所得亚甲基蓝溶液贮存于棕色瓶，置暗处保存。

5　烷基苯磺酸钠（LAS）标准溶液：

1）烷基苯磺酸钠标准贮备溶液ρ（LAS）=1.000 mg/mL：

准确称取十二烷基苯磺酸钠（$C_{12}H_{25}C_6H_4SO_4 \cdot Na$）1.000 0 g溶于适量水中，移入1 000 mL容量瓶，用水稀至标线，混匀。

2）烷基苯磺酸钠标准溶液ρ（LAS）=0.010 mg/mL：

临用时吸取10.00 mL烷基苯磺酸钠标准贮备溶液，用水稀释至1 000 mL，混匀。

27.1.4　本方法应按下列步骤进行：

1　绘制标准曲线：

1）吸取烷基苯磺酸钠（LAS）标准溶液0.00、0.50、1.00、1.50、2.00、3.00、4.00、5.00 mL分别置于8支250 mL分液漏斗中，用水稀释至100 mL左右。

2）向各分液漏斗中分别加入5.00 mL亚甲基蓝溶液，混匀，再加入10 mL三氯甲烷剧烈振荡30 s,注意放气！若有乳化现象可加少量异丙醇消除,再慢慢旋转分液漏斗,使滞留在内壁上的三氯甲烷降落,静置分层。

3)5 min后将下部三氯甲烷层放入已加入25 mL洗涤液的另一125 mL分液漏斗中。

4)向原250 mL分液漏斗中再加10 mL三氯甲烷,重复萃取三次,将三氯甲烷层合并于125 mL分液漏斗中。

5)将125 mL分液漏斗剧烈振荡30 s静置分层,在分液漏斗颈管部塞入干脱脂棉,将下层三氯甲烷通过脱脂棉过滤,滤液收集在50 mL标准具塞比色管中,再每次用三氯甲烷5 mL萃取洗涤液二次,滤液一并收集在50 mL比色管中,用三氯甲烷稀释到标线,混匀,配制成标准系列溶液。

6)5 min后用20 mm比色皿,于652 nm波长处以三氯甲烷作参比测定吸光度。标准系列中零浓度管作为空白试验。

7)以标准系列溶液中烷基苯磺酸钠的质量作横坐标,相对应的吸光度减去空白试样的吸光度作纵坐标,绘制标准曲线。

2　水样的测定：

1)按表27.1.4规定的体积吸取适量水样于250 mL分液漏斗中。

表27.1.4　吸取水样体积

预计阴离子洗涤剂质量浓度(mg/L)	取水样体积(mL)
0.05~2.0	100
2.0~10	20
10~20	10
20~40	5

2)按绘制标准曲线的步骤操作,测定试样和空白试样的吸光度。

27.1.5　水样中阴离子洗涤剂的质量浓度应按下式计算：

$$\rho(\mathrm{ACSA})=\frac{m\times 1\ 000}{V} \tag{27.1.5}$$

式中　ρ(ACSA)——水样中阴离子洗涤剂的质量浓度(mg/L)；

m——标准曲线上查得的,与试样吸光度减去空白试样吸光度相对应的烷基苯磺酸钠质量(mg)；

V——试样体积(mL)。

27.2　电位滴定法

27.2.1　电位滴定法适宜测定阴离子洗涤剂质量浓度为5~24 mg/L的水样。

27.2.2　本方法应采用下列仪器、设备：

1　酸度计：精度为±1 mV；

2　PVC-AD电极：级差50 mV以上；

3　饱和甘汞电极；

4　微量滴定管：2 mL；

5　微孔可拆卸式过滤器:M50 型;

6　混合纤维滤膜:0.45 μm;

7　精密 pH 试纸:pH 值 0.5～5.0;

8　试验室常用仪器、设备。

试验用玻璃器皿需用铬酸洗液浸泡,再用水冲洗干净备用。

27.2.3　本方法所用试剂应符合下列规定:

1　硫酸 $\rho(H_2SO_4)=1.84$ g/mL。

2　(1+4)硫酸溶液:

量取 100 mL 硫酸缓缓倾入 400 mL 水中,混匀。

3　8%氢氧化钠溶液:

称取 8 g 氢氧化钠(NaOH)溶于适量水中,用水稀至100 mL,混匀。

4　次氯酸钠碱溶液(安替福民):

有效氯含量大于 8.5%。

5　次氯酸钠溶液:

有效氯含量为 10 g/L。用稀释次氯酸钠碱溶液的方法制备。4 ℃左右可保存半个月。

6　烷基苯磺酸钠(LAS)标准贮备溶液 $\rho(\text{LAS})=1.000$ mg/mL:

应符合本规程第 27.1.3 条的规定。

7　烷基苯磺酸钠(LAS)标准溶液 $\rho(\text{LAS})=0.010$ mg/mL:

应符合本规程第 27.1.3 条的规定。

8　PVC－AD 电极活化液:

吸取 50.00 mL 烷基苯磺酸钠标准贮备液置于 100 mL 容量瓶中,用新煮沸放冷的水稀释至标线,混匀。4 ℃左右保存。

9　PVC－AD 电极内充液:

吸取 20.00 mL 烷基苯磺酸钠标准贮备液,加入 3 mg 氯化钠,溶解后转入 50 mL 容量瓶,用新煮沸放冷的水稀释至标线,混匀。4 ℃左右保存。

10　CPB 标准溶液:

1)称取 0.14 g 标准物十六烷基溴化吡啶,溶于适量新煮沸冷却后的水中,用新煮沸冷却后的水稀释至 1 000 mL 用烷基苯磺酸钠(LAS)标准溶液进行标定。

2)标定:

吸取烷基苯磺酸钠(LAS)标准溶液 10.00 mL,用新配制的 CPB 标准溶液进行电位滴定。

CPB 标准溶液的浓度应按下式计算:

$$c(\text{CPB})=\frac{\rho(\text{LAS})\times V_1}{V\times M(\text{LAS})} \tag{27.2.3}$$

式中　$c(\text{CPB})$——十六烷基溴化吡啶 CPB 标准溶液的浓度(mol/L);

$\rho(\text{LAS})$——烷基苯磺酸钠标准溶液(LAS)的质量浓度(mg/mL);

V_1——吸取烷基苯磺酸钠(LAS)标准溶液体积(mL);

V——滴定消耗(CPB)标准溶液体积(mL);

$M(\text{LAS})=344.40$ g/mol。

27.2.4　本方法应按下列步骤进行：

1　水样中阴离子洗涤剂质量浓度大于 10 mg/L 时，取试样 10.00 mL；小于 10 mg/L 时，取试样 20.00 mL，置于 50 mL 烧杯中。

2　无色试样：调节 pH 值至 4 左右待测。有色试样：每10 mL加 1 滴次氯酸钠溶液，用(1 +4)硫酸溶液调节 pH 值至 2 左右，混匀，在电炉上加热至 70 ℃左右。冷却至室温，用 8% 氢氧化钠溶液调节 pH 值至 4 左右待测。

3　PVC－AD 电极在活化液中浸泡 30 min，如长时间不用应浸泡 24 h。酸度计预热 30 min。将活化好的 PVC－AD 电极和甘汞电极插入放有搅拌子的水杯用水清洗，边搅拌边记电势。直到两次清洗的电池电势相差 ±1 mV，此时的电池电势记为 $E_{水}$。

4　在试样杯内放入搅拌子，将清洗完毕的 PVC－AD 电极和甘汞电极插入试样，边搅拌边用 CPB 标准溶液滴定，每加入一定量的 CPB 标准溶液记录相应的电池电势。滴定终点时电池的电势应与 $E_{水}$ 相近，可用 $E_{水}$ 确定滴定终点。滴定开始时加入 CPB 标准溶液可稍快，接近终点滴定应尽可能慢，每次加0.1 mLCPB 标准溶液。在电池电势变化小于或等于 1 mV/min 时，读记滴定消耗 CPB 标准溶液体积。滴定完毕电极需用水多次清洗至电势稳定，如果当天不再使用应戴好电极帽。

27.2.5　水样中阴离子洗涤剂的质量浓度应按下式计算：

$$\rho(\mathrm{ACSA}) = \frac{V_1 \cdot c(\mathrm{CPB}) \cdot M(\mathrm{LAS}) \times 1\,000}{V} \qquad (27.2.5)$$

式中　ρ(ACSA)——水样中阴离子洗涤剂的质量浓度(mg/L)；

c(CPB)——CPB 标准溶液的浓度(mol/L)；

V_1——滴定时消耗 CPB 标准溶液的体积(mL)；

V——试样体积(mL)；

M(LAS) =344.40 g/mol。

28 铁、锰的测定

28.1 火焰原子吸收分光光度法

28.1.1 火焰原子吸收分光光度法适宜测定铁的质量浓度为0.03～5 mg/L、锰的质量浓度为0.01～3 mg/L的水样。

28.1.2 本方法应采用下列仪器、设备：

1 原子吸收分光光度计及相应附属设备。

2 铁、锰空心阴极灯。

3 试验室常用仪器、设备：

所用器皿必须用(1+1)硝酸溶液浸泡24 h以上，用水清洗干净备用。

28.1.3 本方法所用试剂应符合下列规定：

1 硝酸 $\rho(HNO_3)=1.42$ g/mL。

2 (1+1)和(1+99)硝酸溶液。

3 氯化钙溶液：

称取2.8 g无水氯化钙($CaCl_2$)溶于适量水中，用水稀释至100 mL，混匀。

4 铁标准贮备液 $\rho(Fe)=1.000$ mg/mL：

准确称取清除表面氧化层，在干燥器中放置24 h以上的光谱纯金属铁1.000 0 g，用(1+1)硝酸溶液溶解，用(1+99)硝酸溶液稀释至1 000 mL，混匀。

5 锰标准贮备液 $\rho(Mn)=1.000$ mg/mL：

准确称取清除表面氧化层，在干燥器中放置24 h以上的光谱纯金属锰1.000 0 g，用(1+1)硝酸溶液溶解，用(1+99)硝酸溶液稀释至1 000 mL，混匀。

6 铁、锰混合标准溶液 $\rho(Fe)=0.050$ mg/mL、$\rho(Mn)=0.025$ mg/mL：

分别吸取铁标准贮备液50.00 mL、锰标准贮备液25.00 mL置于1 000 mL容量瓶，用(1+99)硝酸溶液稀释至标线，混匀。

28.1.4 本方法应按下列步骤进行：

1 绘制标准曲线：

1)吸取铁、锰混合标准溶液0.00、0.20、0.50、1.00、1.50、2.00、3.00、4.00、5.00 mL分别置于9支50 mL容量瓶中，用(1+99)硝酸溶液稀释至标线，配制成铁、锰标准系列溶液。

2)将仪器调节至最佳工作状态，用标准系列溶液中零浓度溶液调节零点，按质量浓度从小到大的顺序，依次测定标准系列溶液相应吸光度。

3)以标准系列溶液中铁或锰的质量浓度作横坐标，相对应的吸光度作纵坐标，绘制标准曲线。

2 水样的测定：

1)样品的预处理：

按本规程第 3.2.2 条采集的水样，如果清澈透明、无杂质、不堵塞仪器进样管，可直接进行测定。当铁、锰总量或有机质浓度较高时，必须进行消解处理。处理方法：吸取适量混匀水样置于烧杯中，每 100 mL 水样加 5 mL 浓硝酸，置电热板上在近沸状态下蒸至近干，冷却后重复上述操作一次，以（1+1）硝酸溶液 3 mL溶解残渣，用（1+99）硝酸溶液淋洗烧杯内壁，如果有沉淀用定量滤纸过滤，滤液收集在 50 mL 容量瓶中，加氯化钙溶液1 mL，用（1+99）硝酸溶液稀释至标线，混匀。

2）试样的测定：

在测定铁、锰标准系列溶液吸光度的同时，测定试样及空白试样的吸光度。

28.1.5　水样中铁或锰的质量浓度应按下列公式计算：

$$\rho_B = \frac{\rho_B' \cdot V_1}{V} \tag{28.1.5}$$

式中　ρ_B——水样中铁或锰的质量浓度（mg/L）；

ρ_B'——标准曲线上查得的，与试样吸光度减去空白试样吸光度后，相对应的铁或锰的质量浓度（mg/L）；

V_1——消解处理后定容体积（mL）；

V——消解处理时吸取水样体积（mL）。

28.2　EDTA 二钠容量法测定铁

28.2.1　EDTA 二钠容量法适宜测定铁的质量浓度为5～20 mg/L的水样。

28.2.2　本方法应采用下列仪器、设备：

1　酸式滴定管：10、25 mL；

2　试验室常用仪器、设备。

28.2.3　本方法所用试剂应符合下列规定：

1　硝酸 $\rho(HNO_3) = 1.42$ g/mL。

2　硫酸 $\rho(H_2SO_4) = 1.84$ g/mL。

3　盐酸 $\rho(HCl) = 1.19$ g/mL。

4　（1+1）氨水：

量取 100 mL 浓氨水缓缓倾入盛有 100 mL 水的烧杯中，混匀。

5　精密 pH 试纸。

6　30% 六次甲基四胺溶液：

称取 30 g 六次甲基四胺溶于适量水中，用水稀释至 100 mL，混匀。

7　5% 磺基水杨酸溶液：

称取 5 g 磺基水杨酸溶于适量水中，用水稀释至 100 mL，混匀。

8　铁标准溶液 $c(Fe^{3+}) = 0.010$ mol/L：

准确称取 4.822 0 g 硫酸高铁铵［$FeNH_4(SO_4)_2 \cdot 12H_2O$］溶于 500 mL 水中，加 1.0 mL浓硫酸，移入 1 000 mL 容量瓶，用水稀释至标线，混匀。

9　EDTA 二钠标准溶液 $c(EDTA-2Na) = 0.010$ mol/L：

1）称取 3.8 g 乙二胺四乙酸二钠［$C_{10}H_{14}N_2O_8Na_2 \cdot 2H_2O$］溶于适量热水中，冷却后

用水稀释至1 000 mL,混匀,用铁标准溶液标定。

2)标定:吸取20.00 mL铁标准溶液置于锥形瓶中,加水至100 mL,滴加(1+1)氨水调节pH值至2左右,在电热板上加热试液至60 ℃左右,再加入5%磺基水杨酸溶液2 mL,用EDTA二钠标准溶液滴定,至深紫红色变浅,放慢滴定速度继续滴定,至突变为淡黄色为终点,记录滴定消耗EDTA二钠标准溶液体积。

EDTA二钠标准溶液的浓度应按下式计算:

$$c(\mathrm{EDTA-2Na})=\frac{c(\mathrm{Fe}^{3+})\times V_1}{V} \tag{28.2.3}$$

式中 $c(\mathrm{EDTA-2Na})$——EDTA二钠标准溶液浓度(mol/L);

$c(\mathrm{Fe}^{3+})$——铁标准溶液浓度(mol/L);

V_1——吸取铁标准溶液体积(mL);

V——滴定消耗EDTA二钠标准溶液体积(mL)。

28.2.4 本方法应按下列步骤进行:

1 水样预处理:

1)水样清澈,不含有机物或络合剂时,吸取含铁约5~20 mg的水样置于锥形瓶中,加水至100 mL左右、加硝酸5 mL,加热煮沸至试液剩余70 mL左右,冷却后加水至100 mL,混匀。

2)水样浑浊、有沉淀或含有机物时,应吸取适量混匀水样置于锥形瓶中,加硫酸3 mL、硝酸5 mL,加热至冒三氧化硫白烟。消解完全的试样应呈透明状,否则应再加适量硝酸继续加热,直至消解完全。冷却后加水至100 mL,混匀。

2 调节试样pH值:

在上述处理后的试样中滴加(1+1)氨水,调节pH值至2左右。

3 试样的测定:

将调节好pH值的试液加热至60 ℃左右,加5%磺基水杨酸溶液2 mL,混匀。用EDTA二钠标准溶液滴定,至深紫红色变浅,放慢滴定速度继续滴定,至突变为淡黄色为终点,记录滴定消耗EDTA二钠标准溶液体积。

28.2.5 水样中全铁的质量浓度应按下式计算:

$$\rho(\mathrm{Fe})=\frac{c(\mathrm{EDTA-2Na})\cdot V_1\cdot M(\mathrm{Fe})}{V}\times 1\,000 \tag{28.2.5}$$

式中 $\rho(\mathrm{Fe})$——水样中全铁的质量浓度(mg/L);

$c(\mathrm{EDTA-2Na})$——EDTA二钠标准溶液浓度(mol/L);

V_1——滴定消耗的EDTA二钠标准溶液体积(mL);

V——试样体积(mL);

$M(\mathrm{Fe})=55.85$ g/mol。

28.3 邻菲罗啉分光光度法测定铁

28.3.1 邻菲罗啉分光光度法适宜测定铁的质量浓度为0.03~5 mg/L的水样。

28.3.2 本方法应采用下列仪器、设备:

1 分光光度计;

2　标准具塞比色管：50 mL；

3　锥形瓶：150 mL；

4　刚果红试纸；

5　试验室常用仪器、设备。

28.3.3　本方法所用试剂应符合下列规定：

1　(1+3)盐酸溶液：

量取100 mL浓盐酸，在不断搅拌下缓缓倾入盛有300 mL水的烧杯中，混匀。

2　(1+2)氨水：

量取100 mL氨水，缓缓倾入盛有200 mL水的烧杯中，混匀。

3　10%盐酸羟胺溶液：

临用时称取10 g盐酸羟胺溶于适量水中，用水稀释至100 mL，混匀。

4　乙酸钠缓冲溶液pH值=4.8：

称取40 g乙酸钠($NaC_2H_3O_2 \cdot 3H_2O$)加入50 mL醋酸，用水稀释至100 mL，混匀。

5　0.1%邻菲罗啉溶液：

称取0.1 g邻菲罗啉($C_{12}H_8N_2 \cdot H_2O$)溶于适量水中，加数滴盐酸帮助溶解，用水稀释至100 mL，混匀。

6　(1+1)硫酸溶液：

量100 mL浓硫酸，不断搅拌下缓缓倾入盛有100 mL水的烧杯中，混匀。

7　亚铁标准溶液：

1) 亚铁标准贮备液$\rho(Fe^{2+})=0.100$ mg/mL：

准确称取0.702 0 g硫酸亚铁铵[$(NH_4)_2 \cdot Fe(SO_4)_2 \cdot 6H_2O$]，溶于50 mL (1+1)硫酸溶液中，移至1 000 mL容量瓶，用水稀释至标线，混匀。

2) 亚铁标准溶液$\rho(Fe^{2+})=0.010$ mg/mL：

吸取亚铁标准贮备液10.00 mL置于100mL容量瓶中，用水稀释至标线，混匀。

28.3.4　本方法应按下列步骤进行：

1　绘制标准曲线：

1) 吸取亚铁标准溶液0.00、0.25、0.50、1.00、2.00、4.00、8.00、15.00、25.00 mL分别置于9支150 mL锥形瓶中。

2) 向各锥形瓶加水至50 mL左右，再加(1+3)盐酸溶液1 mL、10%盐酸羟胺溶液1 mL、玻璃珠1～2粒，煮沸至试液剩余15 mL左右，冷至室温移入50 mL标准具塞比色管中，加一小块刚果红试纸，滴加乙酸钠缓冲溶液至试纸变红再过量5 mL，最后加入0.1%邻菲罗啉溶液2 mL，加水至标线，混匀，配制成标准系列溶液。静置15 mim，用10 mm比色皿，于510 nm波长处，以试剂空白作参比测定吸光度。

3) 以标准系列溶液中亚铁质量作横坐标，相对应的吸光度作纵坐标，绘制标准曲线。

2　水样的测定：

1) 总铁的测定：

水样采集后，立即将样品用盐酸酸化至pH值1左右，测定时吸取50.00 mL

混匀水样置于 150 mL 锥形瓶，加（1+3）盐酸溶液 1 mL、10% 盐酸羟胺溶液 1 mL，煮沸至试液剩余 15 mL 左右，按绘制标准曲线的步骤操作测定试样吸光度。

2）可过滤铁的测定：

在采样现场，用 0.45 μm 滤膜过滤水样，并立即用盐酸酸化过滤后的水样至 pH 值 1 左右，吸取50.00 mL水样置于 150 mL 锥形瓶中，按绘制标准曲线的步骤操作，测定试样吸光度。

3）亚铁的测定：

采样时在 250 mL 具塞水样瓶中加入浓盐酸 2 mL，注满水样后密闭。分析时取适量水样，置于 50 mL 标准具塞比色管中，直接加入 5 mL 乙酸钠缓冲溶液、0.1% 邻菲罗啉溶液 2 mL，加水至标线，混匀。静置5～10 min，用 10 mm 比色皿，于 510 nm 波长处，以试剂空白作参比测定吸光度。

28.3.5 水样中总铁、可滤性铁或亚铁的质量浓度应按下式计算：

$$\rho(\mathrm{Fe}) = \frac{m}{V} \times 1\,000 \tag{28.3.5}$$

式中 $\rho(\mathrm{Fe})$——水样中总铁、可滤性铁或亚铁的质量浓度（mg/L）；

m——标准曲线上查得的，与试样吸光度相对应的铁或亚铁的质量（mg）；

V——试样体积（mL）。

28.4 过硫酸铵分光光度法测定锰

28.4.1 过硫酸铵分光光度法适宜测定锰的质量浓度为 0.05～1 mg/L的水样。

28.4.2 本方法应采用下列仪器、设备：

1 分光光度计；

2 标准具塞比色管：50 mL；

3 锥形瓶：150 mL；

4 试验室常用仪器、设备。

28.4.3 本方法所用试剂应符合下列规定：

1 硫酸汞—磷酸混合液：

称取 7.5 g 硫酸汞溶于（1+2）硝酸溶液 600 mL 中，加入 20 mL 磷酸和 0.004 g 硝酸银，搅拌溶解冷却后用水稀释至1 000 mL，混匀。

2 过硫酸铵[$(NH_4)_2S_2O_3$]。

3 锰标准溶液：

1）锰标准贮备溶液 $\rho(\mathrm{Mn})$ = 0.100 mg/mL：

吸取符合本规程第 28.1.3 条规定的锰标准贮备液 100.00 mL 置于 1 000 mL容量瓶中，用（1+99）硝酸溶液稀释至标线，混匀。

2）锰标准溶液 $\rho(\mathrm{Mn})$ = 0.010 mg/mL：

吸取锰标准贮备溶液 10.00 mL，用（1+99）硝酸溶液稀释至 100 mL，混匀。

28.4.4 本方法应按下列步骤进行：

1 绘制标准曲线：

1) 吸取锰标准溶液 0.00、0.25、0.50、1.00、2.00、3.00、4.00、5.00 mL 分别置于 8 支 150 mL 锥形瓶中。

2) 向各锥形瓶中加入 2.5 mL 硫酸汞—磷酸混合溶液，加热至 60 ℃ ~ 70 ℃，再加入 0.5 g 过硫酸铵固体继续加热 1 min，冷却后移入 50 mL 标准具塞比色管中，用水稀释至标线，混匀，配制成标准系列溶液。用 30 mm 比色皿，于 525 nm 波长处，以试剂空白作参比测定吸光度。

3) 以标准系列溶液中锰的质量作横坐标，相对应的吸光度作纵坐标，绘制标准曲线。

2　水样的测定：

1) 吸取 50.00 mL 混匀水样置于 150 mL 锥形瓶中，如果水样污染严重，应加 5 mL 硝酸和 2 mL 硫酸加热消解直至冒白烟，蒸至近干，冷却后再用(1 + 1)硝酸溶液溶解残渣。

2) 按绘制标准曲线的步骤操作，以试剂空白作参比测定试样的吸光度。

28.4.5　水样中锰的质量浓度应按下式计算：

$$\rho(\mathrm{Mn}) = \frac{m \times 1\,000}{V} \tag{28.4.5}$$

式中　$\rho(\mathrm{Mn})$——水样中锰的质量浓度(mg/L)；

m——标准曲线上查得的，与试样吸光度相对应的锰的质量(mg)；

V——试样体积(mL)。

29 铜、锌、铅、镉、铬的测定

29.1 火焰原子吸收分光光度法

29.1.1 火焰原子吸收分光光度法适宜测定铜的质量浓度为0.05~5 mg/mL,铅的质量浓度为0.2~10 mg/mL,锌和镉的质量浓度为0.05~1 mg/mL,铬的质量浓度为0.05~2 mg/mL的水样。

29.1.2 本方法应采用下列仪器、设备:

1 原子吸收分光光度计及其配套设备;

2 铜、铅、锌、镉、铬空心阴极灯;

3 试验室常用仪器、设备:

所用器皿必须用(1+1)硝酸溶液浸泡24 h,再用水冲洗干净备用。

29.1.3 本方法所用试剂应符合下列规定:

1 硝酸$\rho(HNO_3)=1.42$ g/mL。

2 盐酸$\rho(HCl)=1.19$ g/mL。

3 高氯酸$\rho(HClO_4)=1.66$ g/mL。

4 铜标准贮备溶液$\rho(Cu)=1.000$ mg/mL:

准确称取1.000 0 g光谱纯金属铜置于100 mL烧杯中,加(1+1)硝酸溶液25 mL,微沸,冷却后移入1 000 mL容量瓶,用(1+99)硝酸溶液稀释至标线,混匀。

5 铅标准贮备溶液$\rho(Pb)=1.000$ mg/mL:

准确称取1.000 0 g光谱纯金属铅置于100 mL烧杯中,加(1+1)硝酸溶液10 mL溶解,移入1 000 mL容量瓶,用(1+99)硝酸溶液稀释至标线,混匀。

6 锌标准贮备溶液$\rho(Zn)=1.000$ mg/mL:

准确称取1.000 0 g光谱纯金属锌置于100 mL烧杯中,加(1+1)硝酸溶液10 mL溶解,移入1 000 mL容量瓶,用(1+99)硝酸溶液稀释至标线,混匀。

7 镉标准贮备溶液$\rho(Cd)=1.000$ mg/mL:

准确称取1.000 0 g光谱纯金属镉置于100 mL烧杯中,加(1+1)硝酸溶液10 mL溶解,移入1 000 mL容量瓶,用(1+99)硝酸溶液稀释至标线,混匀。

8 铬标准贮备溶液$\rho(Cr)=1.000$ mg/mL:

准确称取在105 ℃~110 ℃烘干3~4 h的重铬酸钾($K_2Cr_2O_7$)2.8289 g置于250 mL烧杯中,加100 mL水溶解,移入1 000 mL容量瓶,用(1+99)硝酸溶液稀释至标线,混匀。

9 1%抗坏血酸溶液:

临用时称取1 g抗坏血酸溶于适量水中,用水稀释至100 mL,混匀。

29.1.4 本方法应按下列步骤进行:

1 绘制标准曲线:

1)配制混合标准溶液:

吸取铜标准贮备溶液 50.00 mL、铅标准贮备溶液 100.00 mL、镉标准贮备溶液10.00 mL、锌标准贮备溶液 10.00mL 和铬标准贮备溶液 20.00 mL 置于 1 000 mL容量瓶，用(1+99)硝酸溶液稀释至标线，混匀。

2)配制标准系列溶液：

吸取混合标准溶液 0.00、0.50、1.00、2.00、3.00、5.00、7.00、10.00 mL 分别置于 8 支 100 mL 容量瓶中，加入 3～5 滴 1% 抗坏血酸溶液，用(1+99)硝酸溶液稀释至标线，混匀。此标准系列溶液中，各金属的质量浓度应符合表 29.1.4 的规定。

3)按仪器使用说明书，将仪器调至待测元素的最佳工作状态，用标准系列溶液中零浓度溶液调节零点，按质量浓度从小到大的顺序，依次分别测定各待测元素的吸光度。

4)用标准系列溶液中各被测元素的质量浓度作横坐标，相对应的吸光度作纵坐标，分别绘制各被测元素的标准曲线。

表 29.1.4　标准系列的配制及各金属的质量浓度

吸取混合标准溶液体积(mL)		0.00	0.50	1.00	2.00	3.00	5.00	7.00	10.00
标准系列各金属的质量浓度(mg/L)	Cu	0.00	0.25	0.50	1.00	1.50	2.50	3.50	5.00
	Pb	0.00	0.50	1.00	2.00	3.00	5.00	7.00	10.00
	Cd	0.00	0.05	0.10	0.20	0.30	0.50	0.70	1.00
	Zn	0.00	0.05	0.10	0.20	0.30	0.50	0.70	1.00
	Cr	0.00	0.10	0.20	0.40	0.60	1.00	1.40	2.00

2　水样的测定：

1)试样的制备：

取适量水样置于 250 mL 烧杯中，加入硝酸 5 mL 在电热板上加热消解(勿沸腾)，蒸至剩余 10 mL 左右，再加入 5 mL 硝酸和 2 mL 高氯酸继续消解，蒸至剩余 1 mL 左右。如此反复直至消解完全，冷却后用(1+1)硝酸溶液溶解残渣，移入 100 mL 容量瓶，加入 3～5 滴 1% 抗坏血酸溶液，用(1+99)硝酸溶液稀释至标线，混匀。

用制备试样相同方法制备空白试样。

2)在测定标准系列溶液各元素吸光度的同时，测定试样中各对应元素和空白试样的吸光度。

29.1.5　水样中各被测元素的质量浓度应按下式计算：

$$\rho_B = \frac{\rho_B' \cdot V_1}{V} \tag{29.1.5}$$

式中　ρ_B——水样中被测元素的质量浓度(mg/L)；

ρ_B'——标准曲线上查得的，与试样吸光度减去空白试样吸光度相对应的被测元素的质量浓度(mg/L)；

V_1——消解处理后定容体积(mL)；

V——消解处理时吸取水样体积(mL)。

29.2 石墨炉原子吸收分光光度法

29.2.1 石墨炉原子吸收分光光度法适宜测定含痕量铜、铅、锌、镉、铬的水样。

29.2.2 本方法应采用下列仪器、设备：

1 原子吸收分光光度计石墨炉部分及其配套设备；

2 铜、铅、锌、镉、铬空心阴极灯；

3 试验室常用仪器、设备。

所用器皿必须用(1+1)硝酸溶液浸泡24 h，再用水清洗干净备用。

29.2.3 本方法所用试剂应符合本规程第29.1.3条的规定。

29.2.4 本方法应按下列步骤进行：

1 绘制标准曲线：

1)配制标准系列溶液：

按表29.2.4吸取适量各金属元素标准溶液分别置于100 mL容量瓶，用(1+99)硝酸溶液稀释至标线，混匀。

表29.2.4 标准曲线质量浓度范围(mg/L)

编号 元素 B	1	2	3	4	5	6	7	8	9	10
Cd	0.00	1.00	2.00	3.00	4.00	5.00	6.00	7.00	8.00	9.00
Cr	0.00	5.00	10.00	15.00	20.00	25.00	30.00	35.00	40.00	45.00
Cu	0.00	10.00	20.00	30.00	40.00	50.00	60.00	70.00	80.00	90.00
Pb	0.00	10.00	20.00	30.00	40.00	50.00	60.00	70.00	80.00	90.00
Zn	0.00	10.00	20.00	30.00	40.00	50.00	60.00	70.00	80.00	90.00

2)将仪器调至最佳工作状态，用标准系列溶液的零浓度溶液调零点，按各待测元素质量浓度从小到大的顺序，依次分别测定各待测元素的吸光度。

3)以标准系列溶液中各被测元素质量浓度作横坐标，相对应的吸光度作纵坐标，绘制标准曲线。

2 水样的测定：

1)试样的制备：

吸取250.00 mL混匀水样置于500 mL烧杯中，加5 mL浓硝酸置电热板上蒸发至近干，蒸发过程中不应使水样沸腾，冷却后加入(1+1)硝酸溶液10 mL溶解残渣，移入100 mL容量瓶中，用(1+99)硝酸溶液稀释至标线，混匀。

用制备试样的相同方法制备空白试样。

2)在测定标准系列溶液各元素吸光度的同时测定试样中各对应元素和空白试样的吸光度。

29.2.5 水样中各被测元素的质量浓度应按下式计算：

$$\rho_B = \frac{\rho_B' \cdot V_1}{V} \qquad (29.2.5)$$

式中各符号意义同式(29.1.5)。

30　砷、硒的测定

30.1　石墨炉原子吸收分光光度法

30.1.1　石墨炉原子吸收分光光度法适宜测定水样中痕量的砷和硒。

30.1.2　本方法应采用下列仪器、设备：

1　原子吸收分光光度计石墨炉部分及其配套设备；

2　砷、硒空心阴极灯；

3　试验室常用仪器、设备。

所用器皿必须用(1+1)硝酸溶液浸泡 24 h，再用水冲洗干净备用。

30.1.3　本方法所用试剂，应符合下列规定：

1　硝酸 $\rho(HNO_3)=1.42$ g/mL。

2　(1+1)、(1+99)硝酸溶液。

3　硫酸 $\rho(H_2SO_4)=1.84$ g/mL。

4　(1+1)、(1+99)硫酸溶液。

5　20% 氢氧化钾溶液：

称取 20 g 氢氧化钾(KOH)溶于适量水中，用水稀释至100 mL，混匀。

6　30% 过氧化氢(H_2O_2)。

7　1% 酚酞指示剂：

应符合本规程第 6.0.3 条的规定。

8　8% 硝酸镍溶液：

称取 8 g 硝酸镍[$Ni(NO_3)_2 \cdot 6H_2O$]溶于适量水中，用水稀释至 100 mL，混匀。

9　砷标准溶液：

1)砷标准贮备溶液 $\rho(As)=1.000$ mg/mL：

准确称取在 105 ℃ ~110 ℃干燥 2 h 的三氧化二砷(As_2O_3)1.320 3 g(有剧毒!)置于 100 mL 烧杯中，加 20% 氢氧化钾溶液 20 mL，混匀，加 2 滴 1% 酚酞指示剂，用(1+1)硫酸溶液中和至呈微酸性，冷却后移入 1 000 mL 容量瓶，用(1+99)硫酸溶液稀释至标线，混匀。

2)砷标准溶液 $\rho(As)=0.001$ mg/mL：

吸取 1.00 mL 砷标准贮备溶液置于 1 000 mL 容量瓶，用(1+99)硫酸溶液稀释至标线，混匀。

10　硒标准溶液：

1)硒标准贮备溶液 $\rho(Se)=1.000$ mg/mL：

准确称取在 105 ℃ ~110 ℃干燥 2 h 的氧化硒(SeO_2)1.405 6 g 置于150 mL 烧杯中，用(1+1)硝酸溶液 10 mL 溶解，移入 1 000 mL 容量瓶，用(1+99)硝酸溶液稀释至标线，混匀。

2)硒标准溶液 $\rho(Se)=0.001$ mg/mL：

吸取 1.00 mL 硒标准贮备溶液置于 1 000 mL 容量瓶，用(1+99)硝酸溶液稀释至标线，混匀。

30.1.4 本方法应按下列步骤进行：

1 绘制标准曲线：

1)配制标准溶液系列：

吸取砷或硒标准溶液 0.00、0.20、0.30、0.50、0.80、1.00、1.50、2.00 mL 分别置于 8 支 100 mL 容量瓶中，各加入 8% 硝酸镍溶液 10 mL，用(1+99)硝酸溶液稀释至标线，混匀，配制成标准系列溶液。

2)按仪器使用说明书，将仪器调至最佳工作状态，以标准系列溶液的零浓度溶液调节零点，按质量浓度从小到大的顺序，依次测定标准系列溶液各元素相应吸光度。

3)以标准系列溶液中砷或硒的质量浓度作横坐标，相对应的吸光度作纵坐标，绘制标准曲线。

2 水样的测定：

1)砷的测定：

吸取 250.00 mL 混匀的水样置于 300 mL 烧杯中，加 12.5 mL 浓硝酸后置于电热板上加热消解，蒸发至剩余 1～2 mL，可多次重复消解直至试样清澈、透明。消解完全的试样冷却后加入(1+1)硝酸溶液 5 mL，移至 100 mL 容量瓶，加入 8% 硝酸镍溶液 10 mL，用(1+99)硝酸溶液稀释至标线，混匀。用制备试样的步骤制备空白试样。

测定标准系列溶液吸光度的同时测定试样和空白试样的吸光度。

2)硒的测定：

吸取 250.00 mL 混合均匀水样置于 300 mL 烧杯中，加入 10 mL 浓硝酸和 30% 过氧化氢溶液 10 mL，在电热板上浓缩至剩余 5 mL 左右，冷却后移至 100 mL容量瓶，加入 8% 硝酸镍溶液 10 mL，用(1+99)硝酸溶液稀释至标线，混匀。用制备试样的步骤制备空白试样。

测定标准系列溶液吸光度的同时测定试样和空白试样的吸光度。

30.1.5 水样中砷或硒的质量浓度应按下式计算：

$$\rho_B = \frac{\rho_B' \times V_1}{V} \tag{30.1.5}$$

式中 ρ_B——水样中砷或硒的质量浓度(mg/L)；

ρ_B'——标准曲线上查得的，与试样吸光度减去空白试样吸光度相对应的砷或硒的质量浓度(mg/L)；

V_1——消解处理后定容体积(mL)；

V——消解处理时吸取水样体积(mL)。

30.2 二乙基二硫代氨基甲酸银分光光度法测砷

30.2.1 二乙基二硫代氨基甲酸银分光光度法适宜测定砷质量浓度为 0.035～0.5 mg/L

的水样。

30.2.2 本方法应采用下列仪器、设备:

1 测砷装置(见图30.2.2);

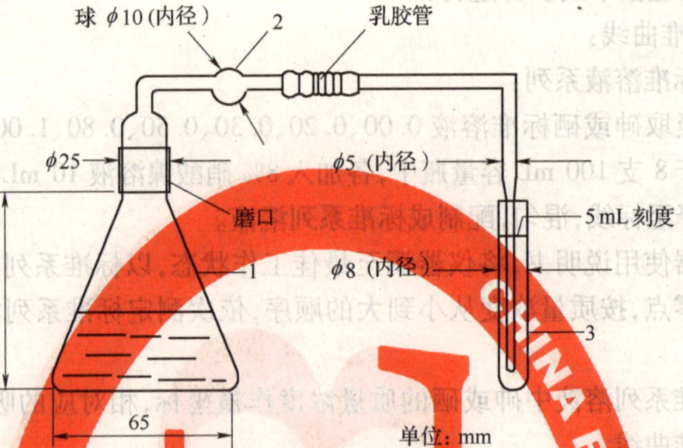

图30.2.2 测砷装置

1—砷化氢发生器;2—醋酸铅脱脂棉;3—吸收管

2 分光光度计;

3 试验室常用仪器、设备。

30.2.3 本方法所用试剂应符合下列规定:

1 15%碘化钾溶液:

称取15 g碘化钾(KI)溶于适量水中,用水稀释至100 mL,混匀,贮于棕色瓶。

2 40%氯化亚锡溶液:

称取40 g氯化亚锡($SnCl_2 \cdot 2H_2O$)溶于100 mL浓盐酸中,加数粒金属锡保存。

3 三氯甲烷。

4 (1+1)硫酸溶液。

5 硝酸$\rho(HNO_3)=1.42$ g/mL。

6 乙酸铅棉花:

称取10 g乙酸铅[$Pb(C_2H_3O_2)_2 \cdot 3H_2O$]溶于适量水中,用水稀释至100 mL,将10 g脱脂棉浸泡在10%乙酸铅溶液中,浸透后取出风干。

7 二乙基二硫代氨基甲酸银—三乙醇胺—三氯甲烷溶液:

称取0.25 g二乙基二硫代氨基甲酸银($C_5H_{10}S_2NAg$)用少量三氯甲烷调成糊状,加入2 mL三乙醇胺,再用三氯甲烷稀释至100 mL,贮于棕色瓶。

8 砷标准溶液$\rho(As)=0.001$ mg/mL。

应符合本规程第30.1.3条的规定。

9 无砷锌粒:20目颗粒。

30.2.4 本方法应按下列步骤进行:

1 绘制标准曲线:

1)吸取砷标准溶液0.00、1.00、2.50、5.00、10.00、15.00、20.00、25.00 mL分别置于测砷装置的砷化氢发生器中,加水至50 mL左右。

2)加入(1+1)硫酸溶液8 mL、15%碘化钾溶液4 mL、40%氯化亚锡溶液2 mL,混匀,放置15 min,加5 mL二乙基二硫代氨基甲酸银—三乙醇胺—三氯甲烷溶液于吸收管,插入导气管,迅速向发生器中投入4 g无砷锌粒,密闭,置通风橱或通风良好的室内,在室温下反应1 h后,用三氯甲烷将吸收液补足5 mL。用10 mm比色皿,于530 nm波长处,以三氯甲烷作参比测定吸光度。

3)以标准系列溶液中砷的质量作横坐标,相对应的吸光度减去空白试样吸光度作纵坐标,绘制标准曲线。

2 水样的测定:

1)无污染水样可直接吸取50.00 mL,按绘制标准曲线的步骤,用三氯甲烷作参比溶液,测定试样和空白试样吸光度。

2)受污染的水样应进行预处理,其方法是:吸取50.00 mL水样置于锥形瓶中,加2 mL浓硫酸和5 mL浓硝酸,煮沸至产生白烟,如果试样仍未清澈,可再加5 mL浓硝酸,继续加热至产生白色烟雾,冷却后加入25 mL水,再加热至产生白烟,冷却后加水至50 mL。用制备试样的步骤制备空白试样。按绘制标准曲线的步骤,用三氯甲烷作参比,测定试样和空白试样的吸光度。

30.2.5 水样中砷的质量浓度应按下式计算:

$$\rho(\mathrm{As}) = \frac{m}{V} \times 1\,000 \tag{30.2.5}$$

式中 $\rho(\mathrm{As})$——水样中砷的质量浓度(mg/L);

m——标准曲线上查得的,与试样吸光度减去空白试样吸光度相对应的砷的质量(mg);

V——试样体积(mL)。

31　银的测定

31.0.1　银的测定应采用火焰原子吸收分光光度法，它适宜测定银的质量浓度为 0.03～5 mg/L的水样。

31.0.2　本方法应采用下列仪器、设备：

1　原子吸收分光光度计及配套设备；

2　银空心阴极灯；

3　试验室常用仪器、设备。

所用器皿必须用(1+1)硝酸溶液浸泡 24 h，再用水冲洗干净备用。

31.0.3　本方法所用试剂应符合下列规定：

1　硝酸 $\rho(HNO_3)=1.42$ g/mL。

2　高氯酸 $\rho(HClO_4)=1.66$ g/mL。

3　硫酸 $\rho(H_2SO_4)=1.84$ g/mL。

4　30% 过氧化氢(H_2O_2)。

5　(1+1)硝酸溶液。

6　银标准贮备液 $\rho(Ag)=1.000$ mg/mL：

准确称取 0.157 5 g 硝酸银($AgNO_3$)溶于适量水中，加(1+1)硝酸溶液 2 mL，溶解后移入 100 mL 容量瓶，用水稀释至标线，混匀。贮于棕色细口瓶，在 4 ℃下可保存半年。

7　银标准溶液 $\rho(Ag)=0.050$ mg/mL：

吸取 10.00 mL 银标准贮备溶液置于 200 mL 容量瓶，加入(1+1)硝酸溶液 4 mL，用水稀释至标线，贮于棕色瓶，在 4 ℃下保存可稳定两周。

31.0.4　本方法应按下列步骤进行：

1　绘制标准曲线：

1)吸取银标准溶液 0.00、0.10、0.20、0.50、1.00、2.00、3.00、4.00 mL 分别置于 8 支 50 mL 容量瓶，各加入(1+1)硝酸溶液 2 mL，加水至标线，混匀，配制成标准系列溶液。

2)按仪器使用说明书，调节仪器至最佳工作状态，用标准溶液系列零浓度溶液调零点，按质量浓度从小到大的顺序，依次测定标准系列溶液的吸光度。

3)以标准系列溶液中银的质量浓度作横坐标，相对应的吸光度作纵坐标，绘制标准曲线。

2　水样的测定：

1)试样的预处理：

吸取适量水样置于 150 mL 烧杯中，依次加入10 mL浓硝酸、1 mL 浓硫酸、30% 过氧化氢 1 mL，在电热板上蒸至冒白烟。冷却后加入 2 mL 高氯酸，加盖表面皿继续加热蒸至近干，冷却后加(1+1)硝酸溶液 2 mL 溶解残渣，移入 50 mL 容量瓶，用水稀释至标线，混匀。

用制备试样的步骤制备空白试样。

2)测定标准系列溶液吸光度的同时,测定试样和空白试样的吸光度。

31.0.5 水样中银的质量浓度应按下式计算:

$$\rho(Ag)=\frac{\rho'(Ag)\cdot V_1}{V} \tag{31.0.5}$$

式中 $\rho(Ag)$——水样中银的质量浓度(mg/L);

$\rho'(Ag)$——标准曲线上查得的,与试样吸光度减去空白试样吸光度相对应的银的质量浓度(mg/L);

V_1——消解处理后定容体积(mL);

V——消解处理时吸取水样体积(mL)。

32 汞的测定

32.0.1 水样中总汞的质量浓度应采用冷原子吸收分光光度法测定。本方法所用水必须是无汞水。

32.0.2 本方法应采用下列仪器、设备：

1 测汞仪；

2 台式自动平衡记录仪：量程与测汞仪匹配；

3 汞还原器：容积分别为50、75、100、250、500 mL具磨口、带莲蓬形多孔吹气头的玻璃翻泡瓶；

4 汞吸收塔：250 mL玻璃干燥塔，内填经碘化处理的柱状活性碳；

5 U形管：$\phi15\times110$ mm，内填变色硅胶，长60～80 mm；

6 三通阀；

7 试验室常用仪器、设备。所用器皿必须用10 g重铬酸钾溶于9 L水中加入1 L硝酸的洗液浸泡24 h，用水冲洗干净备用。

32.0.3 本方法所用试剂应符合下列规定：

1 巯基纤维棉：

于棕色磨口广口瓶中，依次加入硫代乙醇酸（$CH_2SHCOOH$）100 mL、乙酸酐[$(CH_3CO)_2O$]60 mL、36%乙酸（CH_3COOH）40 mL、浓硫酸0.3 mL，混匀，冷却至室温，加入30 g长纤维脱脂棉浸泡完全，冷却后加盖放入(40±2) ℃烘箱中，2～4 d后取出，用耐酸抽滤漏斗过滤，用无汞水充分洗涤至中性，于30 ℃～35 ℃下烘干。成品放入棕色磨口广口瓶中，4 ℃下避光保存。

2 无汞水：

将纯水用优级纯浓盐酸酸化pH值至3左右，然后以10 mL/min速度，通过内径6～8 mm、长100 mm左右、一端拉细的玻璃管或500 mL分液漏斗颈管中填充有0.1～0.2 g巯基纤维棉的滤器1～2次。除去汞。

3 20%氯化亚锡溶液：

称取20 g氯化亚锡（$SnCl_2\cdot2H_2O$）置于烧杯中，加入20 mL浓盐酸，完全溶解后用水稀释至100 mL，混匀。

4 20%盐酸羟胺溶液：

称取20 g盐酸羟胺（$NH_2OH\cdot HCl$）溶于100 mL水。当汞含量低时，用巯基纤维棉管除汞。汞含量高，取250 mL盐酸羟胺溶液置于500 mL分液漏斗中，每次加入含0.1 g/L双硫腙（$C_{13}H_{12}N_4S$）的四氯化碳（CCl_4）溶液15 mL，反复萃取，至含双硫腙的四氯化碳溶液保持绿色不变。然后用四氯化碳萃取，以除去多余的双硫腙，再用巯基纤维棉管除尽汞。

5 溴化剂：

称取2.8 g溴酸钾（$KBrO_3$）溶于适量水中，加入10 g溴化钾（KBr），用水稀释至

1 000 mL,置棕色瓶中保存,应防止溴释出。

6 固定液:

称 0.5 g 重铬酸钾($K_2Cr_2O_7$)溶于适量水,加入 50 mL 硝酸(HNO_3),用水稀释至 1 000 mL,混匀。

7 变色硅胶:$\phi 3\sim4$ mm。

8 经碘化处理的活性碳:

称取 10 g 碘和 20 g 碘化钾,量取 200 mL 水配制成溶液,加入约 100 g 柱状活性碳,用力搅拌至溶液脱色,用玻璃纤维过滤,在 100 ℃左右烘干 1 ~2 h。

9 稀释液:

称取 0.2 g 重铬酸钾($K_2Cr_2O_7$)溶于适量水中,加 27.8 mL 浓硫酸(H_2SO_4),用水稀释至 1 000 mL,混匀。

10 汞标准贮备溶液 $\rho(Hg) = 0.1 mg/mL$:

准确称取在硅胶干燥器中放置 24 h 以上的氯化汞($HgCl_2$)0.1354 g,用固定液溶解,移入 1 000 mL 容量瓶,用固定液稀释至标线,混匀。

11 汞标准溶液 $\rho(Hg) = 0.0001 mg/mL$:

吸取汞标准贮备溶液 1.00 mL 置于 1 000 mL 容量瓶,用固定液稀释至标线,混匀。

32.0.4 本方法应按下列步骤进行:

1 绘制标准曲线:

1)吸取汞标准溶液 0.00、0.20、0.50、1.00、2.00、3.00、4.00、5.00 mL 分别置于 8 支 100 mL 容量瓶中,用稀释液稀释至标线,混匀,配制成标准系列溶液。

2)按图 32.0.4 连接好测汞装置。

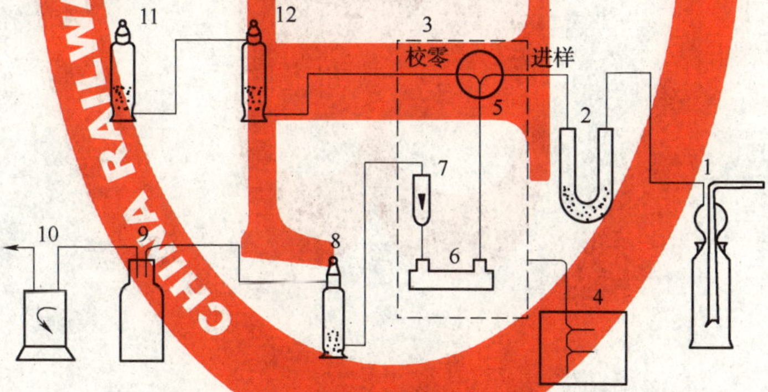

图 32.0.4 测汞装置气路连接示意图

1—汞还原器;2—U 形管;3—测汞仪;4—记录仪;5—三通阀;
6—吸收池;7—流量控制器;8、12—汞吸收塔;9—气体缓冲瓶;
10—机械真空泵;11—空气干燥塔

3)吸取标准系列各溶液 10.00 mL,分别置于汞还原器中,加入 1 mL 氯化亚锡溶液,迅速插入吹气头,按仪器说明书操作,依次对标准系列溶液进行测定,表头指针最高读数为该溶液的吸光度。

4)以标准系列溶液中汞的质量作横坐标,减去空白后相对应的吸光度作纵坐标,绘制标准曲线。

2 水样的测定:

1)水样的预处理：

将按本规程第3.2.2条采集的测汞水样充分混匀，立即吸取10.00~50.00 mL置于100 mL容量瓶中，取样少于50 mL时，应补加适量水至50 mL。加入2.5 mL浓硫酸、2.5 mL溴化剂加塞混匀。在室温20 ℃左右放置5 min以上，样品应有橙黄色溴释出，否则应适当补加溴化剂。但每50 mL水样溴化剂最大用量不应大于8 mL。

用制备试样的步骤制备空白试样。

2)水样的测定：

临测定前，用20%的盐酸羟胺还原过剩的溴，立即用稀释液定容试样和空白试样，混匀。吸取10.00 mL定容后的试样和空白试样按绘制标准曲线的步骤测定试样和空白试样吸光度。

32.0.5 水样中汞的质量浓度应按下式计算：

$$\rho(\mathrm{Hg})=\frac{m}{V}\times 1\,000 \tag{32.0.5}$$

式中 $\rho(\mathrm{Hg})$——水样中汞的质量浓度(mg/L)；

m——标准曲线上查得的，与试样吸光度减去空白试样吸光度相对应的汞的质量(mg)；

V——试样体积(mL)。

33 铝的测定

33.1 铬天菁 R 分光光度法

33.1.1 铬天菁 R 分光光度法适宜测定铝质量浓度为 0.005 ~ 0.8 mg/L 的水样。

33.1.2 本方法应采用下列仪器、设备：

1 分光光度计；

2 标准具塞比色管：50 mL；

3 0.45 μm 滤膜；

4 试验室常用仪器、设备。

33.1.3 本方法所用试剂应符合下列规定：

1 (1 +9)盐酸溶液：

量取 100 mL 浓盐酸缓缓倾入盛有 900 mL 水的烧杯中，混匀。

2 抗坏血酸。

3 0.05% 铬天菁 R 溶液：

称取 0.05 g 铬天菁 R($C_{23}H_{15}O_9SNa_3$)溶于适量水中，用水稀释至 100 mL，用(1 +9)盐酸溶液调节 pH 值至 2.9 左右，溶液出现浑浊时应过滤。

4 5% 溴化十六烷基三甲铵溶液：

称取 5 g 溴化十六烷基三甲铵溶于适量水中，用水稀释至 100 mL，混匀。

5 乙酸钠缓冲溶液 pH 值 = 6.6：

称取 68 g 乙酸钠($C_2H_3O_2Na \cdot 3H_2O$)溶于适量水中，加入(1 +5)乙酸($C_2H_4O_2$)溶液 20 mL，用水稀释至 500 mL，混匀。

6 铝标准溶液：

1)铝标准贮备溶液 ρ(Al) = 0.100 mg/mL：

准确称取在硅胶干燥器中放置 24 h 以上的硫酸铝钾[$AlK(SO_4)_2 \cdot 12H_2O$] 1.7580 g，溶于(1 +9)盐酸溶液 100 mL 中，移入 1 000 mL 容量瓶，用水稀释至标线，混匀。

2)铝标准溶液 ρ(Al) = 0.005 mg/mL：

临用时，吸取 50.00 mL 铝标准贮备溶液置于1 000 mL容量瓶中，用水稀释至标线，混匀。

33.1.4 本方法应按下列步骤进行：

1 试样预处理：

1)清澈、含少量有机物的水可不处理，否则应进行消解处理。

2)测溶解性铝的试样：

吸取 100.00 mL 水样用 0.45 μm 滤膜过滤，水样中如果含有机物和氟化物，应进行消解处理。如果试样不能立即测定，应用盐酸酸化 pH 值至 2

左右。

3)测总铝的试样:

吸取 100.00 mL 水样加硝酸 5 mL,在电热板上蒸发至近干,冷却后加入(1+9)盐酸溶液 10 mL,用水稀释至 100 mL,混匀。

2 绘制标准曲线:

1)吸取铝标准溶液 0.00、0.10、0.50、1.00、1.50、2.00、3.00、4.00 mL 分别置于 8 支 50 mL 标准具塞比色管中。

2)向各比色管加入 10 mg 抗坏血酸,振荡溶解后准确加入 0.05% 铬天菁 R 溶液 5.00 mL、5% 溴化十六烷基三甲铵溶液 1.00 mL,混匀,再加入 5 mL 乙酸钠缓冲溶液,用水稀释至标线,混匀,配制成标准系列溶液。静置 5 min,用 30 mm 比色皿,于 587 nm 波长处,以试剂空白作参比测定吸光度。

3)以标准系列溶液中铝的质量作横坐标,相对应的吸光度作纵坐标,绘制标准曲线。

3 试样的测定:

1)吸取 25.00 mL 清洁(或经预处理后的)水样置于50 mL标准具塞比色管。

2)按绘制标准曲线的步骤操作,以试剂空白作参比测定试样的吸光度。

33.1.5 水样中总铝或溶解性铝的质量浓度应按下式计算:

$$\rho(\mathrm{Al}) = \frac{m}{V} \times 1\,000 \qquad (33.1.5)$$

式中 $\rho(\mathrm{Al})$——水样中总铝或溶解性铝的质量浓度(mg/L);

m——标准曲线上查得的,与试样吸光度相对应的铝的质量(mg);

V——试样的体积(mL)。

33.2 氟铝酸钾容量法

33.2.1 氟铝酸钾容量法适宜测定铝质量浓度大于 0.8 mg/L 的水样。

33.2.2 本方法应采用下列仪器、设备:

1 锥形瓶:250 mL;

2 容量瓶:250 mL;

3 滴定管:10、25 mL;

4 试验室常用仪器、设备。

33.2.3 本方法所用试剂应符合下列规定:

1 25% 氟化钾溶液:

称取 25 g 氟化钾(KF)溶于适量水中,用水稀释至100 mL,混匀。

2 20% 酒石酸钾钠溶液:

称取 20 g 酒石酸钾钠($KNaC_4H_4O_6 \cdot 4H_2O$)溶于 100 mL 水,煮沸至剩余 80 mL 左右,冷却后用水稀释至 100 mL,混匀。

3 20% 氢氧化钠:

称取 20 g 氢氧化钠(NaOH)溶于适量水中,用水稀释至 100 mL,混匀。

4 氢氧化钠标准溶液 $c(\mathrm{NaOH}) = 0.020$ mol/L:

应符合本规程第6.0.3条的规定。

5 盐酸标准溶液 $c(HCl)=0.050$ mol/L：

应符合本规程第7.0.3条的规定。

6 1%酚酞指示剂：

应符合本规程第6.0.3条的规定。

7 刚果红试纸。

33.2.4 本方法应按下列步骤进行：

1 吸取25.00 mL水样置于锥形瓶中，投入一小块刚果红试纸，用20%氢氧化钠溶液滴定至刚果红试纸变红。

2 加入20%酒石酸钾钠溶液20~30 mL、1%酚酞指示剂3~5滴，用氢氧化钠溶液滴定至粉红色，再用盐酸溶液中和至无色，盐酸溶液用量不记。

3 加入25%氟化钾溶液5 mL，用盐酸标准溶液滴定至无色，记录滴定消耗盐酸标准溶液体积。

33.2.5 水样中铝的质量浓度应按下式计算：

$$\rho(Al)=\frac{c(HCl)\cdot V_1\cdot M(Al)}{3\times V}\times 1\,000 \tag{33.2.5}$$

式中 $\rho(Al)$——水样中铝的质量浓度（mg/L）；

$c(HCl)$——盐酸标准溶液浓度（mol/L）；

V_1——滴定消耗盐酸标准溶液体积（mL）；

V——试样体积（mL）；

$M(Al)=26.98$ g/mol。

附录 A　试验室分析用水级别及质量标准

A. 0. 1　一级水用于有严格要求的分析试验，如高压液相色谱分析用水。

A. 0. 2　二级水用于微量、痕量分析试验，如原子吸收分光光度分析。

A. 0. 3　三级水用于一般化学分析试验。

A. 0. 4　试验室分析用水质量，应符合表 A. 0. 4 的规定。

表 A. 0. 4　试验室分析用水质量标准

项　　目	一　级	二　级	三　级
pH 值范围(25 ℃)	6. 8 ~ 7. 2	6. 6 ~ 7. 2	6. 5 ~ 7. 5
电导率(25 ℃)(mS/m)	≤0. 01	≤0. 10	≤0. 50
可氧化物质[以(O)计](mg/L)		<0. 08	<0. 4
吸光度(254 nm,10 mm 光程)	≤0. 001	≤0. 01	
蒸发残渣(105 ±2 ℃)(mg/L)		≤1. 0	≤2. 0
可溶性硅[以(SiO_2)计](mg/L)	≤0. 01	≤0. 02	

附录 B　水质分析结果的审核和检查

B. 0. 1　阴、阳离子总量之间的关系：

理论上水样中各阴离子物质的量浓度之和，应等于各阳离子物质的量浓度之和。

$$\sum c\left(\frac{1}{z}P^{z+}\right)=\sum c\left(\frac{1}{z}N^{z-}\right) \tag{B.0.1—1}$$

阴、阳离子物质的量浓渡总量之间的偏差应符合式(B. 0. 1—2)的规定。

$$\sum c\left(\frac{1}{z}N^{z-}\right)-\sum c\left(\frac{1}{z}P^{z+}\right)=\pm\left[0.1065+0.0155\sum c\left(\frac{1}{z}N^{z-}\right)\right] \tag{B.0.1—2}$$

当钾和钠采用差减法计算时，产生的偏差存在钾和钠的浓度中，此时，阴离子物质的量浓度之和应大于或等于未包括钾和钠在内的阳离子物质的量浓度之和。

B. 0. 2　溶解性固体与阴、阳离子质量浓度总量之间的关系：

用质量法测得的溶解性固体质量浓度与阴、阳离子质量浓度总量(其中重碳酸根取质量浓度的二分之一)之间的相对误差应符合表 B. 0. 2 的规定。

表 B. 0. 2　溶解性固体与阴、阳离子质量浓度总量之间相对误差

溶解性固体质量浓度(mg/L)	相对误差(%)
<100	10
100～500	7
500～1 000	5
1 000～5 000	3
5 000～10 000	2
>10 000	1

B. 0. 3　pH 值与 CO_3^{2-}、HCO_3^- 和游离 CO_2 之间的关系：

1　碳酸在标准状况下的电离常数为：

$$K_1=4.27\times10^{-7} \tag{B.0.3—1}$$

$$K_2=5.59\times10^{-11} \tag{B.0.3—2}$$

式中　K_1——碳酸在标准状态下的一级电离常数；

K_2——碳酸在标准状态下的二级电离常数。

2　pH 值<8. 3、矿化度小于 2 g/L、只有游离二氧化碳和重碳酸根的水样：

$$\text{pH 值}=6.37+\lg[r_1c(HCO_3^-)]-\lg c(CO_2) \tag{B.0.3—3}$$

pH 值≥8. 3，有碳酸根和重碳酸根的水样：

$$\text{pH 值}=10.25-\lg[r_1c(HCO_3^-)]+\lg[r_2c(CO_3^{2-})] \tag{B.0.3—4}$$

式中　$c(HCO_3^-)$——水样中重碳酸根浓度(mol/L)；

$c(CO_3^{2-})$——水样中碳酸根浓度(mol/L);

$c(CO_2)$——水样中游离二氧化碳浓度(mol/L);

6.37——碳酸在标准状态下一级电离常数的负对数;

10.25——碳酸在标准状态下二级电离常数的负对数;

r_1, r_2——按表 B.0.3 取值。

表 B.0.3　由水的溶解性固体估计 r_1, r_2 的近似值

DS (mg/L)	r_1	r_2	DS (mg/L)	r_1	r_2	DS (mg/L)	r_1	r_2
100	0.944	0.772	800	0.861		1 500	0.828	
200	0.907		1 000	0.851	0.468	1 800	0.816	
500	0.884	0.586	1 300	0.836		2 000	0.809	0.384
2 300	0.790		3 500	0.768		5 500	0.731	
2 500	0.794		3 800	0.761		6 000	0.725	0.207
2 800	0.785		4 000	0.757	0.287	7 000	0.711	
3 000	0.780	0.327	4 400	0.750		8 000	0.699	
3 300	0.773		5 000	0.740	0.240	9 000	0.689	

当已知重碳酸根、游离二氧化碳、碳酸根浓度时,计算的 pH 值与实测 pH 值之间误差应小于 ±0.2 pH 值单位。

B.0.4　一般情况下 pH 值与有关离子之间应符合下列规律:

1　pH 值 <4.4:有强酸酸度;

2　pH 值 >7.0:无大量重金属离子存在;

3　pH 值 <8.3:无氢氧根和碳酸根;

4　pH 值≥8.3:无游离二氧化碳。

B.0.5　游离二氧化碳、侵蚀性二氧化碳和重碳酸根离子之间应符合以下规律:

1　游离二氧化碳应大于或等于侵蚀性二氧化碳。

2　根据实测重碳酸根浓度,可按表 B.0.5 查得相对应的游离二氧化碳理论值。理论值与实测值比较,当游离二氧化碳实测值大于游离二氧化碳理论值时,水样应具有侵蚀性二氧化碳。

表 B.0.5　水样中不同浓度重碳酸根、游离二氧化碳理论值

HCO_3^- (mmol/L)	0.5	0.75	1.00	1.25	1.50	1.75	2.00	2.09
游离 CO_2 (mg/L)	0.13	0.33	0.60	0.88	1.24	1.65	2.27	2.52
HCO_3^- (mmol/L)	2.20	2.27	2.39	2.50	2.61	2.72	2.84	2.96
游离 CO_2 (mg/L)	2.82	3.00	3.45	3.90	4.35	4.80	5.30	6.00
HCO_3^- (mmol/L)	3.07	3.18	3.30	3.42	3.52	3.64	3.75	3.87
游离 CO_2 (mg/L)	6.75	7.50	8.38	9.25	10.38	11.50	12.80	14.10
HCO_3^- (mmol/L)	3.98	4.10	4.20	4.32	4.43	4.55		
游离 CO_2 (mg/L)	15.50	17.20	18.98	20.75	22.88	25.00		

B.0.6　水质分析项目的计算结果,应按有效数字的修约和运算规则确定取值位数。

B. 0. 7　标准曲线的质量控制应符合下列规定：

1　配制标准溶液的试剂必须使用优级纯、分析纯或专用特殊试剂，量值传递必须准确。

2　配制标准溶液所用标准量器必须事先检定。

3　配制标准系列溶液，包括试剂空白，每次应不少于 6 个测点，重复次数以不少于 6 次为宜。

4　标准曲线应具有良好的线性，空白小、斜率大、减去空白后截距应趋近于零，相关系数 γ 宜处于 $0.999 < \gamma \leq 1$ 范围。

B. 0. 8　测定的误差应符合下列规定：

1　标定标准溶液：标定标准溶液滴定量不宜小于 10.00 mL，平行误差应小于 0.05 mL。

2　水质分析测定项目采用的分析方法、计量单位和不同浓度范围内允许的平行绝对误差，应符合表 B. 0. 8 的规定。

表 B. 0. 8　计算单位和允许误差

测定项目	计量单位	测试方法	允许误差	
			测定范围	允许平行绝对误差
悬浮物、蒸发残渣、溶解性固体	mg/L	质量法	≥100 mg/L <100 mg/L	≤0.005 g ≤0.002 g
色度	度	比色法	≥50 度 <50 度	10 度 5 度
浑浊度	度	比色法	1～10 度 11～100 度 101～400 度 401～700 度 大于 700 度	1 度 5 度 10 度 50 度 100 度
pH 值	—		—	≤0.1
碱度、酸度、各种钙镁离子浓度	mmol/L	容量法	消耗标准溶液体积≥10 mL	0.10 mL
			消耗标准溶液体积<10 mL	0.05 mL
溶解氧、耗氧量、CO_2、H_2S 和常规阴、阳离子	mg/L	容量法	消耗标准溶液体积≥10 mL	0.10 mL
			消耗标准溶液体积<10 mL	0.05 mL

本规程用词说明

执行本规程条文时，对于要求严格程度的用词说明如下，以便在执行中区别对待。

(1)表示很严格，非这样做不可的用词：

正面词采用“必须”；

反面词采用“严禁”。

(2)表示严格，在正常情况下均应这样做的用词：

正面词采用“应”；

反面词采用“不应”或“不得”。

(3)表示允许稍有选择，在条件许可时首先应这样做的用词：

正面词采用“宜”；

反面词采用“不宜”。

表示有选择，在一定条件下可以这样做的，采用“可”。

《铁路工程水质分析规程》
条文说明

本条文说明系对重点条文的编制依据、存在的问题以及在执行中应注意的事项等予以说明。为了减少篇幅,只列条文号,未抄录原条文。

1.0.2 铁路勘察、设计、施工、运营阶段的水质分析,指对天然环境水、铁路工程用水、铁路生活用水、铁路工程废水的水质分析。

1.0.7 洗涤玻璃器皿应防止新的污染,避免影响试样中待测组分。如:测铬所用器皿不得用重铬酸钾洗液洗涤,测阴离子洗涤剂所用器皿不得用洗衣粉和肥皂水洗涤等。

3.1.2 采集供原子吸收分光光度法分析的水样,应先将取样容器用(1+1)硝酸溶液浸泡24 h,再用纯水冲洗干净,采集时用水样洗涤取样容器2~3次。采集后每1 000 mL水样立即加入2 mL硝酸进行酸化。

4.1.1 温度与水的物理、化学性质密切相关。溶解氧、二氧化碳等的溶解度,微生物的活动,甚至含盐量和pH值等都直接受温度变化的影响,在采集水样的同时,应测量水温和气温。

4.2.1 用氯铂酸钾和氯化钴配成标准色列,与水样进行目视比色。国际规定1 000 mL水中含有1 mg铂所呈现的颜色为1度,作为标准色度的单位。

水中的黏土、浮游生物、微生物等是形成颜色的原因,色度是了解水样受污染程度的指标。

4.2.5 测定水样色度不应用滤纸过滤,因滤纸能吸附部分颜色,使测定结果偏低。

4.3

清洁水不应有任何臭和味。被污染的水会产生不正常的气味,当水样有不正常气味时,严禁尝水样的味道,不得作口味的描述。

含有大量有机质的水样带甜或酸味,含氯化钠的水样带咸味,含硫酸镁、硫酸钠的水样带苦味,含铁盐的水样带涩味。

4.4.3 硫酸肼有毒、致癌,使用时小心!

4.5.1 电导率是以数字表示溶液传导电流的能力。常用于间接推测水样中各离子的总浓度。实际使用单位是mS/m。

电导电极(通常为铂电极或铂黑电极)插入溶液中,可测出两电极间的电阻R,根据欧姆定律,温度、压力一定时,电阻与电极的间距L成正比,与电极横截面积A成反比。同一电极L和A是一常数,称电导池常数。当已知电导池常数,并测出样品的电阻值R后,即可算出样品的电导率。

4.6.3 水样中如有树枝、柴棒、粪块等物体应除去。取样量应根据悬浮物浓度大小决定。当水样富含胶体过滤困难时,可用抽滤漏斗过滤。

4.7.1 水样在规定条件下，透过过滤器的溶解性物质，经过蒸干并于 105 ℃～110 ℃或 180 ℃烘干后的质量称为溶解性固体。它与过滤器的孔隙大小、蒸发温度、烘干时间有密切关系，必须严格按规程执行。水样中含有大量钙、镁的硫酸盐、氧化物所形成的结晶水化物，在 105 ℃～110 ℃烘干不易除去结晶水，可使测定结果偏高。为减少误差，应在水样中加入适量碳酸钠，使钙、镁的非碳酸盐转变为碳酸盐，在 180 ℃温度下干燥至恒量，而加入碳酸钠的量应从测定结果中减去。

水中全部阴、阳离子质量浓度之和，即为溶解性固体。质量法测得的溶解性固体，发生如下反应：

$$2HCO_3^- \longrightarrow CO_3^{2-} + CO_2\uparrow + H_2O$$

在现场进行环境水对混凝土侵蚀性判定，以及混凝土、砂浆拌和、养护用水水质简分析时，当溶解性固体质量浓度小于2 g/L，水样中溶解性固体质量浓度可按下式计算：

$$\rho(DS)=\sum\rho\left(\frac{1}{z}P^{z+}\right)+\sum\rho\left(\frac{1}{z}N^{z-}\right)-\frac{1}{2}\rho(HCO_3^-)$$

式中 $\rho(DS)$——水样溶解性固体质量浓度(mg/L)；

$\sum\rho\left(\frac{1}{z}P^{z+}\right)$——水样阳离子质量浓度之和(mg/L)；

$\sum\rho\left(\frac{1}{z}N^{z-}\right)$——水样阴离子质量浓度之和(mg/L)；

$\rho(HCO_3^-)$——水样重碳酸根质量浓度(mg/L)。

5.0.1 酸度计法是以饱和甘汞电极为参比电极、玻璃电极为指标电极组成电池，或采用复合电极来测量溶液的电位差。在25 ℃溶液中每变化一个 pH 值单位，电位差变化 59.1 mV。将电压表的刻度换算成pH 值刻度，便可直接读出溶液的 pH 值。温度差异可以通过仪器上的温度补偿装置进行校正。用酸度计测定 pH 值能获得相当准确的结果。水样 pH 值受酸、碱和盐类溶入等因素影响，是审核水质分析结果至关重要的数据，宜立即原地测试。

5.0.2 标准缓冲溶液的 pH 值随温度变化而稍有差异。玻璃电极、复合电极、甘汞电极不用时应将下端玻璃球体浸入纯水中，使用前用纯水冲洗干净。

电极中饱和氯化钾溶液应保持在三分之二处。

6.0.1 游离二氧化碳大部分呈气体状态溶解于水中，其溶解度大小随温度与压力而变化。游离二氧化碳溶于水中呈酸性，其反应式如下：

$$CO_2 + H_2O \rightleftharpoons H_2CO_3 \rightleftharpoons H^+ + HCO_3^-$$

水中的游离二氧化碳与氢氧化钠发生反应，其反应式如下：

$$CO_2 + 2NaOH = Na_2CO_3 + H_2O$$

被测水样应避免与空气接触，不宜过滤，宜在取样现场快速、准确测定。

7.0.1 水样中游离二氧化碳并不都具有溶解碳酸钙的能力，只有当游离二氧化碳的浓度超出与重碳酸盐浓度保持平衡的量时，才可使溶解度很小的碳酸钙、碳酸镁变为重碳酸盐而溶解，从而对混凝土、地基、建筑物起到侵蚀作用。这一部分游离二氧化碳称为侵蚀性二氧化碳。水中侵蚀性二氧化碳，是游离二氧化碳的一部分，因此侵蚀性二氧化碳只能小于或等于游离二氧化碳。

水样中加入碳酸钙粉末(大理石粉)后，其中的侵蚀性二氧化碳与碳酸钙反应，生成与侵蚀性二氧化碳相当的重碳酸根离子，用盐酸标准溶液滴定，测定水样中全部重碳酸根离子浓度。通过测定同一水源同时取的另一未加碳酸钙水样的重碳酸根离子浓度，用差减法计算侵蚀性二氧化碳的含量。

侵蚀性二氧化碳与碳酸钙作用的反应式如下：

$$CO_2 + H_2O + CaCO_3 \rightleftharpoons Ca(HCO_3)_2$$

7.0.4 加有碳酸钙的水样如果有机质多、放置时间长，在溶解氧作用下，水中有机质通过微生物作用生成二氧化碳，亦可增加侵蚀性二氧化碳的浓度。因此，应采用降低温度或用振荡机振荡 6 h 后测定来消除这种影响。

吸取加有碳酸钙的水样时，应注意观察水样是否澄清，不得有任何悬浮的碳酸钙微粒带入，否则将使测定结果偏高。可采用慢速定量滤纸过滤来消除这种影响。

7.0.5 式(7.0.5)中 2 是二氧化碳与盐酸物质的量之比。

8.0.1 水的酸度是指水与强碱定量作用至一定 pH 值的能力。主要由游离二氧化碳、有机酸、无机酸、强酸弱碱盐等组成。

8.0.4 酸度分为总酸度和强酸酸度。当水样的 pH 值小于 4.4 有强酸酸度，以甲基橙为指示剂测定的酸度称强酸酸度。以酚酞为指示剂测定的酸度称总酸度。对含大量铁、铝和重金属元素的水样，测定酸度时，可加入氟化钾消除金属元素的干扰。

对酸度产生影响的溶解性气体(如 CO_2、H_2S、NH_3)，在取样、保存、滴定时都可能增加或损失，采样后应避免振动，打开盛样容器后要迅速滴定到终点。

9.0.1 总碱度是指水中能与强酸定量作用的物质总量，主要由重碳酸盐、碳酸盐、氢氧化物、弱酸强碱盐、有机碱组成。大多数天然水中，总碱度主要由碳酸盐、重碳酸盐等弱酸阴离子组成。

在试样中加入适当的指示剂，用标准酸溶液滴定，当滴定至某一 pH 值时，指示剂发生相应色变，这样就可分别测出水样中的各种碱度。

9.0.4 用酚酞作指示剂，试样中发生了如下反应：

$$OH^- + H^+ \longrightarrow H_2O$$

$$CO_3^{2-} + H^+ \longrightarrow HCO_3^-$$

pH 值小于 8.3，酚酞由红色变无色，指示试样中全部氢氧化物被中和，碳酸盐均转化为重碳酸盐。

用甲基橙作指示剂，试样中发生了如下反应：

$$HCO_3^- + H^+ \longrightarrow H_2CO_3$$

pH 值小于 4.4，甲基橙由橙黄色变为橙红色，指示试样中全部重碳酸盐(包括原有的重碳酸盐和由碳酸盐转化而来的重碳酸盐)被中和。

根据同一试样中，用酚酞和甲基橙作指示剂，到达滴定终点时滴定所消耗的标准酸溶液体积，即可分别计算出各种碱度。

试样加入指示剂后如果褪色，说明试样中有大量余氯，可加入少量 2.5% 硫代硫酸钠使余氯还原。

水样混浊、有色时均干扰测定结果，此时可采用电位滴定法测定，其操作步骤参阅有关电位滴定仪使用说明书。

9.0.5 在同一水样中三种碱度(氢氧化物、碳酸盐、重碳酸盐碱度)，可单独存在，也可相邻两者共存。如氢氧化物与碳酸盐可共存，碳酸盐与重碳酸盐可共存，绝不可能相间两者共存，如氢氧化物与重碳酸盐不能共存，更不可能三者共存。

10.1.1 在 pH 为 10 ± 0.1 的试样中，指示剂铬黑 T 与试样中钙、镁离子生成可溶性酒红色络合物。而 EDTA 二钠亦能与试样中钙、镁离子生成稳定常数更大的无色、可溶性络合物。因此用 EDTA 二钠标准溶液滴定至终点时，EDTA 二钠从铬黑 T 与钙、镁离子形成的酒红色络合物中夺取全部钙、镁离子，形成无色、可溶性络合物，游离出指示剂铬黑 T，使溶液由酒红色突变为纯蓝色。

10.1.3 铵盐缓冲液在使用过程中不宜反复开盖，以免氨水浓度降低，影响其 pH 值。

10.1.4 试样 pH 值大小对测定结果影响很大，pH 值增大滴定终点明显，但部分钙和镁会形成沉淀，使测定结果偏低，因此控制试样 pH 值至 10 ± 0.1 为宜。

10.3.1 在 pH 值为 12 的碱性溶液中，钙离子与钙试剂生成红色络合物，其稳定常数小于 EDTA 二钠与钙离子生成的无色络合物，因此用 EDTA 二钠标准溶液滴定，会将络合的钙试剂取代，滴定到终点呈现游离钙试剂的纯蓝色。

水样碱度大时，须加入盐酸煮沸后再进行测定，否则会因加入氢氧化钠溶液而生成碳酸钙沉淀使测定结果偏低。

指示剂加入的量将影响观察滴定终点，加入的指示剂应适量。

镁离子浓度较大，在加碱过程中易生成氢氧化镁沉淀而吸附钙离子，造成终点不易观察，应取少量水样稀释后再测定。

镁离子浓度太小，可加入准确量的镁离子以便于观察滴定终点，但要从计算结果中减去加入的镁离子量。

10.3.2 将试样吸喷入火焰中使钙、镁原子化，在火焰中形成的基态原子，将对特征谱线产生选择性吸收。由测得的试样吸光度和标准溶液吸光度进行比较，计算水样中被测元素的浓度。

钙和镁产生 1% 吸收值的特征浓度分别为 0.007 mg/L 及 0.004 mg/L。

氯化锶试剂中常含有微量的钙，应将试剂提纯，提纯方法如下：称取 100 g 氯化锶（$SrCl_2 \cdot 6H_2O$）置于 250 mL 烧杯中，加入 40 mL 水，加热到 70 ℃左右使氯化锶溶解，当温度下降至 50 ℃左右滤去不溶杂质，在滤液中加入 40 mL 无水乙醇，搅拌溶液，氯化锶晶体沉淀析出，溶液冷却后用砂芯漏斗过滤，并用（1 + 1）乙醇溶液洗涤沉淀 1 ~ 2 次，将沉淀置于干燥器中备用。

水样经酸化后加入锶盐作为释放剂并消除共存元素的干扰。在含有 1% 氯化锶和小于 1% 盐酸或硝酸的介质中，钙与镁可在同一溶液中测定。过量的酸和锶盐都会影响钙的测定，应控制酸度和锶盐的加入量。试样的酸度和氯化锶的加入量应与标准系列溶液保持一致。

含有悬浮物或浑浊的水样，应用快速定量滤纸或 0.45 μm 的滤膜过滤。

含有机质的水样，应用硝酸消解处理。

空气流量固定后，乙炔流量的变化对钙、镁的吸收值影响较大，在测定过程中应控制乙炔流量不变。

乙炔气钢瓶压力小于 500 kPa 时，丙酮将逸入燃烧的火焰，使噪音增加，降低钙测定的灵敏度。

11.1.4 钡、镁混合溶液的加入量以超过硫酸根离子浓度的80% ~100% 为宜，否则将引起较大误差。

加入钡镁混合液后要放置 30 min 以上,使沉淀完全,沉淀颗粒变大,以利滴定时观察终点。

11.1.5 在实际操作中可将 EDTA 二钠标准溶液的浓度,与钡、镁混合标准溶液的浓度配成一致,这给计算带来很大的方便。

11.2.1 在酸性介质中,硫酸根离子与钡离子能形成均匀细小的硫酸钡颗粒。有稳定溶液存在,可以阻止硫酸钡颗粒沉降而悬浮在溶液中,形成稳定的悬浊液,其浊度大小与硫酸根浓度成正比,据此进行硫酸盐浓度的测定。

目视比浊法方便,能满足一定的精度,但测试必须在光线充足的白色背景下进行。

11.2.4 高浊度水样应过滤后测定。含有大量有色物质的水样,应用活性碳处理。处理方法是:取 250 mL 水样加 1 g 活性碳,振动 5 min 后过滤。

11.3.1 质量法的原理是:在微酸性条件、接近沸腾的温度下,硫酸根与加入的氯化钡形成硫酸钡沉淀,陈化一段时间后过滤,将沉淀洗至无氯离子,再烘干或灼烧,最后称取硫酸钡的质量,换算成硫酸根浓度。

11.3.4 在酸性条件下煮沸,可以将亚硫酸盐和硫化物分别以二氧化硫和硫化氢的形式除去。

水样中如果有悬浮物、二氧化硅、硝酸盐和亚硝酸盐,将使测定结果偏高,碱金属硫酸盐常使测定结果偏低,铁和铬等影响硫酸钡完全沉淀,也使测定结果偏低。因此可在测定前将水样通过专门的氢离子交换柱,弃去最初流出的 100 mL 水,消除干扰后再取样测定。

12.0.1 水中氯离子与硝酸银作用,生成溶解度很小的氯化银白色沉淀,过量的银离子与铬酸钾指示剂中的铬酸根结合,生成砖红色的铬酸银沉淀,指示出滴定终点。

12.0.3 硝酸银溶液的浓度易变化,必须贮存在棕色瓶中避光保存,并经常用氯化钠基准溶液标定。

12.0.4 在酸性条件下,铬酸根会与氢离子作用生成重铬酸根,使铬酸根浓度大大降低,在强碱条件下也会生成难溶的氢氧化银,进而分解成褐色氧化银,使滴定终点难以观察,试样 pH 值应控制在 6.5~10.5 之间。

13.1.2 钾、钠均为溶解度很大的常量元素,所用玻璃器皿必须认真清洗。在同一批测定中,必须使用同一规格试剂及纯水,应避免汗水、洗涤剂及尘埃带来的污染。

13.1.3、13.2.3 水样及标准溶液不能保存在硬质玻璃瓶中,因为硬质玻璃中的钾和钠容易被水样和溶剂溶出。

13.1.4 原子吸收分光光度法的基本原理是测定基态原子对共振辐射的吸收。在高温火焰中,钾、钠很易电离,这使得参与原子吸收的基态原子减少,特别在钾的浓度低时更明显,一般在水中钠比钾浓度高,这时大量钠对钾产生增感作用。为了克服这一现象,加入比钾、钠更易电离的铯作电离缓冲剂,以提供足够的电子,使电离平衡向生成基态原子的方向移动。

对于钾、钠浓度较大的水样,可选用次灵敏线进行测定,钾:404.4 nm、钠:330.2 nm。

13.3.1 水样中电解质物质正负电荷总和相等,因此水样中阴离子和阳离子的物质的量浓度总和相等。

在水质简分析中,可以忽略一些微量元素。除钾、钠离子外,阳离子以钙、镁离子为主的天然环境水,钾和钠的浓度可用差减法计算。

14.1.1 溶解氧测定仪是测定水中溶解氧浓度的电子化学仪器。通过复有薄膜的银/铅电极或极谱型电极,将溶解氧浓度信号转化为电信号,再经晶体管差分放大器放大,由仪表直接指示溶解氧浓度读数。因为复膜电极进行信号转换时与被测试样的温度有关,故仪器设有温度补偿调节装置。

14.2.1 当水样中亚硝酸盐氮浓度不超过0.05 mg/L时,可采用碘量法测定。如果水样中含有大量亚铁和其他还原性物质、有机物、藻类、悬浮物等会消耗碘而干扰测定,宜采用电化学探头法测定。

14.2.3 硫代硫酸钠不稳定,临用前必须用重铬酸钾基准溶液标定。

式(14.2.3)中,6是硫代硫酸钠与重铬酸钾的物质的量之比。

14.2.4 水样中加入硫酸锰和碱性碘化钾溶液,将产生氢氧化锰棕色沉淀,当水中有溶解氧存在时,在碱性溶液中氢氧化锰与溶解氧结合为 $MnO(OH)_2$,再与过量的氢氧化锰结合为$MnMnO_3$。其反应式如下:

$$MnSO_4 + 2NaOH \longrightarrow Mn(OH)_2\downarrow + Na_2SO_4$$

$$2Mn(OH)_2 + O_2 \longrightarrow 2MnO(OH)_2$$

$$MnO(OH)_2 + Mn(OH)_2 \longrightarrow MnMnO_3 + 2H_2O$$

将溶液酸化后,锰酸锰将碘化钾氧化,同时析出与试样中溶解氧相当量的碘,再用硫代硫酸钠标准溶液滴定,测定析出的碘的浓度,间接测定出溶解氧的浓度。其反应式如下:

$$MnMnO_3 + 3H_2SO_4 + 2KI \longrightarrow 2MnSO_4 + I_2 + K_2SO_4 + 3H_2O$$

$$I_2 + 2Na_2S_2O_3 \longrightarrow 2NaI + Na_2S_4O_6$$

式(14.2.5)中,4是溶解氧与硫代硫酸钠物质的量之比。

15.1.1 在pH值约为1.2的酸性溶液中,水中的硅酸盐与钼酸铵反应,生成柠檬黄色硅钼酸络合物,其颜色的深浅与硅的浓度成正比,通过测定其吸光度计算出硅的浓度。

水样中含磷酸盐、硫化物、亚铁,将影响用硅钼黄法测定。应加入草酸、柠檬酸或酒石酸钾钠消除磷酸盐的干扰。在酸性溶液中,用高锰酸钾氧化硫化物和亚铁,消除硫化物和亚铁的干扰。

15.1.3、15.2.3 为避免玻璃器皿本身所含硅酸钠被溶蚀,所用试剂要贮存于塑料瓶中。

15.2.1 在pH值为2.4~2.7的酸性溶液中,硅酸盐与钼酸铵作用生成硅钼酸络合物,用草酸消除磷酸盐干扰,用硫酸亚铁铵将硅钼酸络合物还原成硅钼蓝,测定其吸光度,计算出硅的浓度。

酸度对硅钼酸络离子形成影响很大,酸度过大硅钼酸络离子不能形成,必须按规定剂量加入硫酸。

加入草酸能消除磷、砷的干扰,但时间一长草酸也会破坏硅钼酸络离子。加入草酸后要立即加入硫酸亚铁铵,一旦硅钼蓝形成就不再受草酸影响。

16.1.1 氨氮是指以游离态的氨(NH_3)或铵(NH_4^+)离子形式存在的氮。在碱性溶液中,氨与碘化汞钾反应生成黄棕色络合物,其颜色深浅与氨氮浓度成正比。

16.1.4 在pH值为7.0左右的试样中,加入磷酸盐缓冲溶液,使pH值保持在7.4左右,氨呈气态蒸出,用硼酸溶液吸收。蒸馏时如果pH值太高,会使有些含氮的有机化合物转变为氨,pH值太低氨的回收又不完全。

试样中如果含余氯，应加入适量的0.35%硫代硫酸钠溶液消除干扰。试样钙含量大于250 mg时，钙与磷酸盐生成磷酸钙沉淀，释放出氢离子，降低试液的pH值，影响氨的回收，应每250 mg钙多加10 mL磷酸盐缓冲溶液。

16.2.1 加入氧化镁使试样呈微碱性，加热蒸馏使氨氮释放，用吸收瓶中的硼酸溶液吸收，用盐酸标准溶液滴定，混合指示剂指示滴定终点，来测定试样中的氨氮。同时用水作空白试验，从测定结果中减去空白试验值。

每次测试前须将蒸馏器空蒸5～10 min，并加入液体石蜡防止试液暴沸。

17.1.1 当pH值为1.7以下时，亚硝酸根与对氨基苯磺酰胺酸生成重氮盐，再与N－(萘基)－乙二胺偶联生成红色染料，其颜色深浅与亚硝酸盐氮浓度成正比。在540 nm波长处测定吸光度，根据吸光度与亚硝酸盐氮浓度成正比的关系，测定亚硝酸盐氮浓度。

17.2.4 现场测定，量取10 mL水样于试管中，加0.1 g固体试剂，加热至70 ℃～80 ℃，10 min后在白色背景下观察水样呈现的颜色，亚硝酸盐氮大致含量可参见说明表17.2.4的数值。

说明表17.2.4 亚硝酸盐氮含量

白色背景下水样的颜色	亚硝酸盐氮含量(mg/L)
无　色	<0.001
无色至非常微弱粉红色	0.001～0.005
非常微弱粉红色	0.005～0.01
微弱粉红色	0.01～0.05
浅粉红色	0.05～0.1
粉 红 色	0.1～0.2
深粉红色	0.2～0.5
红　色	0.5～1.0

试样体积发生变化时，固体试剂加入量亦要相应变动，以保证显色时需要的pH值为2左右。

18.1.3 苯酚与浓硫酸作用生成酚二磺酸。苯酚颜色变深时应进行蒸馏精制。

18.1.4 硝酸根与酚二磺酸作用生成酚二磺酸硝基，在碱性溶液中呈黄色。

氯化物的存在使测定结果偏低，必须把氯离子的浓度降低到10 mg/L以下。为此可加硫酸银，形成氯化银沉淀后过滤除去，以消除氯离子干扰。

硝酸根浓度随放置时间而变化，应加入酸保存水样，在测定前需调节试样pH值为7～8。

19.1.1 在酸性溶液中磷酸根与钼酸铵生成磷钼酸络合物，被氯化亚锡还原成蓝色络合物，溶液颜色深浅与磷酸盐浓度成正比。

19.1.2、19.2.2 测试所用玻璃器皿应用(1+5)盐酸溶液浸泡2 h，或用不含磷酸盐的洗涤剂洗涤。比色皿用后应用稀硝酸浸泡片刻，以除去吸附的磷钼蓝。

19.1.4 钼蓝显色与显色溶液酸度、钼酸铵浓度、还原剂种类、用量、温度和时间等条件有关。试样测定条件与绘制标准曲线的条件应完全一致。

19.2.1 在磷酸盐与钒酸铵混合的酸性溶液中，加入过量的钼酸铵，生成稳定的黄色磷钼钒酸，其颜色深浅与磷酸盐含量成正比。

20.0.1 硫化物与乙酸锌生成白色硫化锌沉淀，将其溶于酸，加入过量碘液，碘在酸性条件下和硫化物作用，用硫代硫酸钠标准溶液滴定剩余的碘，间接计算出硫化物的浓度。其反应式如下：

$$Zn^{2+} + S^{2-} = ZnS\downarrow$$

$$Zn^{2+} + HS^{-} = ZnS\downarrow + H^{+}$$

$$ZnS + 2HCl = ZnCl_2 + H_2S$$

$$H_2S + I_2 = 2HI + S\downarrow$$

$$I_2 + 2Na_2S_2O_3 = 2NaI + Na_2S_4O_6$$

21.0.1 用增色反应的氟试剂法测定氟，灵敏度比茜素磺酸锆褪色法高，色泽可稳定24 h左右。蓝色络合物的吸光度受显色剂的pH值、丙酮及缓冲液用量的影响较大。试样测定条件与绘制标准曲线的条件应完全一致。

21.0.4 蒸馏温度应严格控制在(145 ±5) ℃，否则硫酸被蒸出，影响测定结果。

氟离子在pH值为4.1左右的醋酸盐缓冲溶液中与氟试剂及硝酸镧反应生成蓝色三元络合物，颜色的深浅与氟离子的浓度成正比。

22.1.4 试样中加入磷酸和EDTA二钠，控制pH值小于2，加热蒸馏，利用金属离子与EDTA二钠络合能力比与氰离子络合能力强，使络合氰化物离解出氰离子，以氢化氰形式蒸馏出，用氢氧化钠溶液吸收。氰化物有剧毒！容易挥发，从酸化起每一步骤都要在密闭状态下迅速操作。

22.2.1 在中性条件下，样品中的氰化物与氯胺T反应生成氯化氰，再与异烟酸作用，水解后生成戊烯二醛，最后与吡唑啉酮缩合成蓝色染料，其颜色深浅与氰化物的浓度成正比。

22.3.1 经蒸馏得到的碱性馏出液，用硝酸银标准溶液滴定，氰离子与硝酸银作用生成可溶性的银氰络合离子，过量的银离子与试银灵指示剂反应，溶液由黄色变为橙红色。

23.0.1 酸性溶液中，溴将碘离子氧化成碘酸盐，过量的溴用甲酸钠除去，过量的甲酸钠加热除去，冷却后加入碘化钾释放出游离碘，用淀粉显色后测定吸光度。

化学反应式如下：

$$IO_3^- + 5I^- + 6H^+ \longrightarrow 3H_2O + 3I_2$$

酸化试样以磷酸为宜，因为磷酸与Fe^{3+}生成无色络离子，可以避免水样中的Fe^{3+}与过剩的碘化钾作用，使颜色随时间推移而逐渐加深。用本方法测定水样中的碘未发现有干扰现象。

23.0.4 如果水样中碘的浓度大，可直接取25 mL水样进行测定。

24.1.1、24.2.1 水样中有机物可被强氧化剂高锰酸钾氧化。利用试样中有机物对高锰酸钾的消耗量，计算水样的耗氧量，亦称高锰酸盐指数。高锰酸钾法又分酸性高锰酸钾法和碱性高锰酸钾法。

高锰酸钾在酸性溶液中的氧化作用，按下面反应式进行：

$$MnO_4^- + 8H^+ + 5e \longrightarrow Mn^{2+} + 4H_2O$$

过量的高锰酸钾可用草酸还原：

$$MnO_4^- + C_2O_4^{2-} + 8H^+ + 3e \longrightarrow Mn^{2+} + 4H_2O + 2CO_2\uparrow$$

高锰酸钾在碱性溶液中的氧化作用，按下面反应式进行：

$$MnO_4^- + 2H_2O + 3e \longrightarrow MnO_2 + 4OH^-$$

然后再将溶液调至酸性,加入草酸钠,把二氧化锰和过量的高锰酸钾还原:

$$MnO_2 + C_2O_4^{2-} + 4H^+ \longrightarrow Mn^{2+} + 2CO_2\uparrow + 2H_2O$$

24.1.3、24.2.3 所用纯水的化学需氧量在酸性溶液中应小于0.2 mg/L,在碱性溶液中应小于0.3 mg/L。

24.1.4、24.2.4 所取试样体积应控制在回滴过量草酸钠时,所消耗的高锰酸钾标准溶液体积在4~6 mL,否则要重新确定试样体积。

在酸性条件下,草酸钠与高锰酸钾的反应温度应保持在60~80 ℃,应趁热进行滴定操作,溶液温度降低要适当加热。

本试验是条件试验,故加试剂的顺序和数量、反应时间、温度、溶液的酸度均应严格保持一致,才能得到可比较的结果。

当水样中含有大量还原性物质,如:亚铁质量浓度大于0.2 mg/L、亚硝酸根质量浓度大于0.1 mg/L、硫化氢质量浓度大于0.2 mg/L应另取水样用酸调至酸性,再用高锰酸钾标准溶液滴定,计算结果在最后分析结果中扣出。

24.1.5 式(24.1.5—1~2)中,2是草酸钠与氧气物质的量之比。

24.3.1 在试样中加入一定量的重铬酸钾溶液,在强酸介质下用银盐作催化剂,经沸腾回流后,加入邻菲罗啉作指示剂,用硫酸亚铁铵滴定试样中未被还原的重铬酸钾,由滴定消耗硫酸亚铁铵的量,换算成化学需氧量。

24.3.5 式(24.3.5)中,4是硫酸亚铁铵与氧气物质的量之比。

25.0.1 生化需氧量是指在溶解氧充足条件下,微生物分解有机物质的生物化学过程中所需要的溶解氧量。微生物分解有机物是一个缓慢的过程,要把可分解的有机物全部分解完,常需要20天以上,目前国内外普遍采用20 ℃培养五天所需要的溶解氧作为指标,称为五日生化需氧量。

25.0.4 实际测定时,只有某些天然水溶解氧接近饱和,五日生化需氧量小于4 mg/L,可以直接培养测定,对于大部分污水和严重污染的水要稀释后培养测定。稀释的目的是降低水样中有机物的浓度,使整个分解过程在有足够溶解氧的条件下进行,稀释程度一般以经过五天培养后,消耗的溶解氧至少为2 mg/L,剩余的溶解氧至少1 mg/L为宜。

如果对水样性质不了解,可以用高锰酸盐指数除以4,取一个大于此值的稀释倍数,用重铬酸钾法测得的化学需氧量除以5,取一个小于此值的稀释倍数,再取一个两者中间的稀释倍数。计算三个稀释倍数所需水样体积。此法对大部分水样选择稀释倍数有较好的参考意义。

为了保证水样中有足够的溶解氧,稀释水要充氧至饱和或接近饱和。可将纯水放置较长时间或者用人工曝气和充氧的办法使溶解氧达到饱和。稀释水中应加一定量的无机营养物质(磷酸盐、钙、镁、铁盐等),以保证微生物生长的需要。

对于某些含有不易被一般微生物分解的有机物的工业废水,需要进行微生物的驯化。驯化的微生物种群,最好从该种废水的水体中取得。为此,可以在排水口以下3~8 km处取得水样,经培养接种到稀释水中,也可进行人工方法驯化,即采用一定量的生活污水,每天加入一定量的待测废水,连续曝气培养,直至培养到含有可分解废水中有机物的微生物种群为止。培养后的菌液用相同方法接种到稀释水中。

为了检查稀释用水、接种材料和分析者的技术,可配制含有分析纯葡萄糖和在105 ℃

烘干 1 h 的谷氨酸各 150 mg/L 的标准液作为控制样品。量取一定量标准液在 1 000 mL 量筒内，按标准溶液与稀释水或接种稀释水的比例，引入培养瓶，以稀释水或接种稀释水作空白对照，在 20 ℃培养 5 d。5 d 的生化需氧量大小取决于接种液的种类，而精密度取决于接种液的质量。如果控制样品在 20 ℃ 培养 5 d，生化需氧量值超过 (200 ± 37) mg/L，应弃去此次所测五日生化需氧量并检查原因。

26.0.1　4-氨基安替比林和酚类化合物在 pH 值为 10 ± 0.2 的碱性溶液中与氧化剂铁氰化钾反应，生成红色安替比林染料，用三氯甲烷将此染料从水溶液中萃取出，在 460 nm 波长处测定其吸光度。

26.0.3　4-氨基安替比林的质量直接影响空白试验的吸光度值和测定结果的精密度，必要时可按下述方法提纯：

将 4-氨基安替比林置于干燥烧杯中，加约 10 倍量的苯，用玻璃棒充分搅拌使块状物粉碎，用干燥滤纸过滤，再用少量苯洗至滤液为淡黄色。将滤纸上的 4—氨基安替比林摊铺于表面皿上，利用通风橱通风（注意苯有毒！提纯操作一定在通风橱内进行！），在较短时间内使残留的苯挥发除去，置于干燥器内避光保存。

式(26.0.3)中，6 是酚与硫代硫酸钠物质的量之比。

26.0.4　用蒸馏法使试样中挥发酚类化合物蒸馏出，并与干扰物质和固定剂分离。由于酚类化合物的挥发速度是随馏出液体积而变化，因此馏出液体积必须与蒸馏时吸取的试样体积相等。水样污染严重者，在蒸馏前应用下列方法消除干扰：

(1)除去氧化剂：可加入过量的硫酸亚铁或亚砷酸钠等。

(2)除去硫化物：可用磷酸调节 pH 值至 4.0 左右，在每升水中加入 1 g 硫酸铜。

(3)除去油类：用氢氧化钠溶液调节 pH 值至 12 左右，再用四氯化碳从水样中提取油类，弃去四氯化碳层，加热蒸发除去液层中漂浮的四氯化碳，再用磷酸调节 pH 值至 4.0 左右，每升水样加入 1 g 硫酸铜。

(4)除去芳香胺类：可在 pH 值小于 0.5 的介质中蒸馏。

27.1.1　阳离子亚甲基蓝染料与阴离子洗涤剂作用，生成蓝色的盐类统称为亚甲蓝活性物质(MBAS)，它溶于有机溶剂，用三氯甲烷萃取后，此蓝色的盐类进入三氯甲烷层，未作用的亚甲基蓝仍留水相中，三氯甲烷层蓝色的深浅与阴离子洗涤剂浓度成正比。用分光光度计在 652 nm 波长处测定三氯甲烷层吸光度，来测定水样中阴离子洗涤剂的浓度。

27.1.2　所有玻璃器皿应用(1 + 3)硝酸溶液浸泡后，再用水冲洗干净，进行萃取后的分液漏斗尤应注意洗净，否则会引起误差。

27.1.3　阴离子洗涤剂的种类很多，而采用最多的是比较容易分解的直链型烷基苯磺酸盐。

27.2.1　以 PVC－AD 电极为工作电极，饱和甘汞电极为参比电极，组成工作电池，以 CPB 为滴定剂对污染水体中阴离子洗涤剂进行电位滴定。在工作电极的能斯特响应区内，电池电势与阴离子洗涤剂浓度有如下关系：

$$E = E_0 - K\lg\alpha_{阴}$$

式中　E——电池电势(mV)；

E_0——其值与所用参比电极，接界电位，膜的内表面膜电位等有关(mV)；

K——能斯特方程的斜率，即电极的级差；

$\alpha_{阴}$——阴离子洗涤剂的离子活度。

当温度一定时，电极的 E_0 和 K 是常数。

滴定反应如下：

$$CPB + LAS \longrightarrow CPB \cdot LAS \downarrow \text{（白色沉淀）}$$

随着 CPB 的滴入，试样中的 LAS 浓度不断下降，相应地电池电势也将随之升高。在等当点附近，溶液中 LAS 浓度将有一个突变，电池电势也将发生突变。由终点所对应的 CPB 消耗量求得样品中阴离子洗涤剂的浓度。

28.1.1 将试样或消解处理过的试样直接吸入火焰，让铁、锰进行原子化，分别于 248.3 mm和 279.5 mm 波长处测定铁、锰基态原子对空心阴极灯特征辐射的吸收。根据在一定条件下，吸光度与待测试样中金属离子浓度成正比，测得水样中铁、锰的浓度。

28.1.3 为了减少称量误差和器皿吸附损耗引入的误差，贮备溶液的浓度应大于或等于 1.0 mg/mL，并不应过长时间的贮存。

28.1.4 水样过滤后测得的铁、锰浓度为过滤性铁、锰浓度。采用消解处理后的试样测得的铁、锰浓度，是水样中总铁、总锰浓度。

试样中硝酸或盐酸的浓度在 0.1% ~10% 间变化，不影响铁、锰的测定。

28.2.1 试样用硝酸分解，铁全部溶解，其中二价铁氧化成三价铁，用氨水调节 pH 值至 2 左右，以磺基水杨酸作指示剂，用 EDTA 二钠标准溶液滴定，测定水样中总铁。在测定条件下，铜、铝离子质量浓度大于 5 mg/L 产生正干扰，其他多数离子对本方法无干扰。

含悬浮颗粒物或有机物多的水样，进行消解时应适当增加酸用量。消解过程中要防止暴沸和蒸干，否则会使测定结果偏低。

水样中如果含铜、铝等干扰离子，应在预处理时滴加(1+1)氨水溶液至刚产生浑浊，再滴加(1+1)盐酸溶液至试液澄清，加 2 g 氯化铵，滴加 30% 六次甲基四胺溶液至出现浑浊，再过量 8 mL，在水浴上加热至 80 ℃并保持 15 min，使氢氧化铁呈絮状沉淀凝聚，冷却后用中速滤纸过滤，用(1+1)盐酸溶液 10 mL 将滤纸上沉淀溶解返回烧杯中，用热水冲洗滤纸，洗液并入烧杯，必要时再用少量(1+1)盐酸溶液洗涤滤纸，使铁完全溶解。冷却后定容至 250 mL，分取适量试样调节 pH 值至 2 左右，再进行滴定。

用 EDTA 二钠标准溶液滴定铁离子的适宜 pH 值为 1.5 ~2.0，既可排除重金属离子的干扰，又适宜于磺基水杨酸指示终点。pH 值过低使滴定终点不敏锐，pH 值过高将产生氢氧化铁沉淀而影响滴定。

铁离子与 EDTA 二钠络合作用较慢，滴定时试液温度应保持在 60 ℃左右。在接近终点时应缓慢滴定，并剧烈振动加速反应，否则将导致测定结果偏高。

28.3.1 亚铁在 pH 值为 3 ~9 的溶液中，与邻菲罗啉生成稳定的橙红色络合物 $[(C_{12}H_8N_2)_3Fe]^{2+}$，此络合物在避光条件下可稳定半年。如用还原剂（如盐酸羟胺）将高铁离子还原，本法可测高铁离子及总铁含量。

强氧化剂、氰化物、亚硝酸盐、焦磷酸盐、偏聚磷酸盐及某些重金属离子会干扰测定。经过加酸煮沸可除去氰化物及亚硝酸盐，并使焦磷酸、偏聚磷酸盐转化为正磷酸盐以减轻干扰。加入盐酸羟胺则可消除强氧化剂的影响。

邻菲罗啉与某些金属离子形成有色络合物会干扰测定。在乙酸钠缓冲溶液中，小于铁浓度 10 倍的铜、锌、钴、铬及小于2 mg/L的镍不干扰测定，干扰物质浓度过大可加入过量显色剂予以消除。汞、镉、银等能与邻菲罗啉形成沉淀，浓度低可加过量邻菲罗啉消除，浓度高可将其沉淀后过滤除去。水样有底色可用不加邻菲罗啉的试液作参比，对水样的底色进行校正。

28.3.4　各批试剂的铁含量不相同，每新配一次溶液都需重新绘制标准曲线。含氰化物或硫化物的水样酸化时，会产生有毒气体，必须小心进行！水样含铁量较高可适当稀释，浓度低可换用 30 mm 或 50 mm 的比色皿进行比色。

28.4.1　酸性溶液中有银盐存在时，过硫酸铵将低价锰氧化成高锰酸盐，所生成的高锰酸盐颜色深浅与锰的含量成正比。氯离子因能沉淀银离子而抑制催化作用，可由试剂中所含的汞离子予以消除。加入磷酸可络合铁等干扰元素。

28.4.4　试样加热消解切不可蒸至干涸，否则锰氧化物析出后便难被稀酸溶解，会导致测定结果偏低。

29.1.1　水样经蒸发浓缩富集后，其中共存元素在硝酸介质中很少相互干扰。用预混合燃烧器，在空气—乙炔火焰中，于被测元素的特征分析线波长处测定吸光度。本方法可同时测定水样中微量钴、镍等元素。

29.1.3　配制标准溶液应选用相应的金属丝、棒、片溶于合适的溶剂中。避免使用海绵状和粉末状金属配制标准溶液。金属在溶解之前一定要磨光和用酸清洗，以除去表面的氧化层。

29.1.4　水样中铜、铅、锌、镉、铬等元素的含量都很低，一般在 1.0 μg/L 以下，铬在 0.05 μg/L以下，必须浓缩富集才能进行测定。对于水样中微量元素的测定，蒸发、浓缩富集简便易行，由于浓缩后基体的干扰增大，浓缩最大倍数以 10 倍为宜。

当试样经浓缩富集后仍达不到火焰原子吸收法的灵敏度时，应改用石墨炉法进行测定。

蒸发水样的工作间应保持清洁，避免水样受污染。

30.1.1　将试样或消解处理过的试样直接注入石墨炉，在石墨炉中形成的基态原子对特征电磁辐射产生吸收，将测定的试样吸光度与标准溶液的吸光度进行比较，测定试样中被测元素的浓度。

水样中共存离子和化合物在常见浓度下不干扰测定。

30.1.3　三氧化二砷是剧毒物品，配制砷标准溶液时，千万注意安全！

30.1.4　三价砷易挥发，应加入硝酸使三价砷氧化为五价砷。消解、蒸发、浓缩时，勿使水样蒸干，以免砷、硒挥发损失。

测定时，应确保空心阴极灯有 1 h 以上的预热时间。

每次测定前，须重复测定空白和标准溶液，及时校正仪器和石墨管灵敏度。

31.0.1　将消解处理后的试液吸入火焰，火焰类型为空气－乙炔氧化型（蓝色）。在火焰中银离子形成基态原子，对波长为 328.1 nm 的特征电磁辐射产生吸收。将测得试样的吸光度和标准溶液的吸光度相比较，测定试样中银的浓度。

大量氯化物、溴化物、碘化物、硫代硫酸盐对银的测定有干扰，用消解处理消除干扰。

31.0.4　试样在消解过程中不得蒸干，避免银的损失。

水样成分复杂，含有机质较多或有沉淀时，应用硝酸—高氯酸反复消解几次，直至试液清澈。

有沉淀或悬浮物的样品，如胶片洗印废水等，应尽量取均匀水样制备试样。

33.1.1　在一定酸度下铝与铬天菁 R 形成紫红色络合物，测定铝的浓度范围较铬天菁 S 法宽。

微酸性溶液中，铝与铬天菁 R 反应生成紫红色络合物，在有溴十六烷基三甲胺存在时，则转化成蓝色络合物，在 pH 值为 5.3～6.3 时颜色稳定，通过测定有色络合物的吸光度确定铝的浓度。

33.2.1 氢氧化钠和铝盐溶液在一定条件下生成氢氧化铝，生成的氢氧化铝与氟化钾作用，释放出定量的氢氧化钾。在酒石酸钾钠存在的条件下，用标准酸溶液滴定释放出的氢氧化钾，根据滴定消耗标准酸溶液的体积计算出铝的浓度。

33.2.5 式(33.2.5)中，3 是盐酸与铝物质的量之比。

B.0.1 无污染的天然环境水中各离子之间的关系通常应符合下列原则：

(1)钙和镁离子浓度的关系：

一般钙离子浓度大于镁离子浓度，有时会大出几倍。如发现反常现象，应检查原因。

(2)重碳酸盐浓度与离子浓度总量的关系：

离子浓度总量小，重碳酸盐浓度占离子浓度总量的百分比应较大；离子浓度总量大，重碳酸盐浓度占离子浓度总量百分比变小。

(3)亚铁与三价铁之间的关系：

一般情况下三价铁的浓度大于二价铁的浓度。但地下水因水体处于负氧状态，水样取出后与空气接触，二价铁很快被氧化成三价铁，二价铁的浓度不易准确测定，要准确测定水样中二价铁的浓度，应取出水样立即酸化处理，然后再进行测定。

水流经的地域不同，受污染情况千差万别，水样的成分十分复杂，在审核分析数据时，对各种离子浓度和他们之间的关系，一定要结合水中物质的成因，作系统全面的分析，不能仅从一个方面来判断分析数据的可靠程度。

中华人民共和国行业标准

铁建设函〔2004〕121号

铁路工程水文地质勘察规程

TB 10049—2004
J 339—2004

2004—03—09 发布　　2004—04—01 实施

中华人民共和国铁道部　发布

前　言

本规程是根据《关于下达2000年铁路工程建设规范、定额编制计划的通知》(铁建设函〔2000〕36号)的要求,在《铁路供水水文地质勘测规则》(TBJ 15—96)和《铁路工程水文地质勘测规范》(TB 10049—96)的基础上合并修订而成的。

本规程内容包括总则、术语和符号、新建和改建铁路水文地质勘察、水文地质调绘、水文地质物探、水文地质钻探、水文地质试验、水文地质参数计算、供水水文地质勘察、工程水文地质勘察和环境水文地质等11章,另有2个附录。

本规程的主要修订内容如下:

1. 按《铁路基本建设项目预可行性研究、可行性研究和设计文件编制办法》(铁建设〔1999〕99号)的规定,调整了铁路水文地质勘察阶段与设计阶段间的对应关系,修改了勘察内容和要求。

2. 增加了加深地质工作中水文地质勘察的内容及施工阶段和运营阶段供水水文地质工作要求。

3. 增加了"遥感图像水文地质解译"内容。

4. 增加了"压水试验"、"注水试验"和"提水试验"的内容。

5. 增加了"环境水文地质"一章。

6. 增加了"生活饮用水水源水质标准表",在"预测隧道涌水量的方法"中,增加了部分新方法和计算公式。

本规程以黑体字标志的条文为强制性条文,必须严格执行。

在执行本规程过程中,希望各单位结合工程实践,认真总结经验,积累资料。如发现需要修改和补充之处,请及时将意见及有关资料寄交铁道第一勘察设计院(甘肃省兰州市和政路75号,邮政编码:730000),并抄送铁路工程技术标准所(北京市海淀区羊坊店路甲8号,邮政编码:100038),供今后修订时参考。

本规程由铁道部建设管理司负责解释。

本规程主编单位:铁道第一勘察设计院。

本规程主要起草人:李秋枫、朱大力、邓明万。

目　次

1 总 则

1.0.1 为统一铁路工程水文地质勘察工作的技术要求,保障勘察质量,制定本规程。

1.0.2 本规程适用于新建、改建铁路设计、施工及运营阶段的供水、工程和环境评价的水文地质勘察工作。

1.0.3 铁路工程水文地质勘察应按勘察阶段的要求开展工作,分别提供各类工程所需的水文地质资料。

1.0.4 铁路工程水文地质工作应运用综合勘探和综合分析的方法,积极采用新理论、新技术、新方法。

1.0.5 铁路工程水文地质勘察,除应符合本规程外,尚应符合国家现行的有关强制性标准的规定。

2 术语和符号

2.1 术　　语

2.1.1　水文地质勘察　hydrogeological investigation

为查明一个地区的水文地质条件进行的野外和室内水文地质工作。包括水文地质测绘、勘探、试验、地下水动态监测等工作。

2.1.2　供水水文地质勘察　hydrogeological investigation of water-supply

为铁路给水站、点的生产、生活等供水目的进行的水文地质勘察。

2.1.3　工程水文地质勘察　hydrogeological investigation of engineering

为查明铁路工程(隧道、路基、桥梁、房屋建筑等)防治地下水的危害而进行水文地质条件的勘察。

2.1.4　水文地质条件　hydrogeological condition

地下水埋藏、分布、补给、径流和排泄条件以及水质、水量和地下水形成的地质条件。

2.1.5　水文地质调绘　hydrogeological mapping

对地面地质、地貌、地下水露头及与地下水有关的各种地质现象所进行的实地调查、观测和填图工作。

2.1.6　科里奥利效应　Coriolis effect

地球自转时产生的偏转力使地表径流对岸坡所造成的不对称侵蚀淤积的现象。偏转力,即科里奥利力。

2.1.7　水文地质试验　hydrogeological test

为评价水文地质条件和取得含水层参数而进行的各种测量和试验工作。

2.1.8　稳定流抽水试验　steady flow pumping test

在抽水过程中,流量和水位同时相对稳定,并有一定延续时间的试验。

2.1.9　非稳定流抽水试验　unsteady flow pumping test

在抽水钻孔中仅保持抽水量稳定,或保持水位稳定,观测含水层中地下水位和抽水量变化的抽水试验。

2.1.10　初见水位　initial water level

当钻孔揭露含水层时,初次发现的地下水面高程。

2.1.11　静止水位(天然水位)　static water level(natural water level)

抽水试验前井孔中的稳定水位。

2.1.12　给水度　specific yield

饱和岩石在重力等作用下释出水的体积与岩石体积之比。

2.1.13　释水系数　storage coefficient

水头(水位)下降(或上升)一个单位时,从底面积为一个单位高度等于含水层厚度的柱体中所释放(或贮存)的水量。

2.1.14 引用补给半径 recharge radius

按照裘布依公式假设条件而计算的补给半径，是表示钻孔补给条件的参数。

2.1.15 综合水文地质图 synthetic hydrogeological map

根据水文地质勘察资料而编制的能反映工作区水文地质条件，地下水类型和主要含水层特征，地下水的水质、水量特征，地下水运动特征，代表性水点等方面内容的水文地质图件。

2.1.16 地下水资源 groundwater resources

具有利用价值的地下水。

2.1.17 地下水补给量 groundwater recharge

在天然或开采条件下，单位时间内进入到含水层中的水量。

2.1.18 地下水水量评价 evaluation of groundwater quantity

对地下水水源地或某一地区、某个含水层的补给量、储存量、允许开采量以及对所用计算方法的适宜性、水文地质参数的可靠性、资源计算结果精度、开采资源保证程度所做出的全面评价。

2.1.19 含水体 water bearing zone

对地下水赋存场所（含水层、含水带等）的统称。

2.1.20 突水 water bursting

地下工程在施工过程中，地下水突然大量涌出的现象，也称灾害性涌水。

2.1.21 集中涌水 centralizing water yield

地下工程长 10 m 区段内大于 20 L/min 的涌水。

2.1.22 最大涌水量 maximum water yield

隧道或其他工程某段在含水体中掘进时的峰值涌水量。

2.1.23 正常涌水量 normal water yield

隧道或其他工程的涌水达到大致稳定时的涌水量。

2.1.24 环境水文地质 environmental hydrogeology

研究自然环境中地下水与环境及人类活动的相互关系及其作用，并据此对地下水与环境提出保护、控制和改造措施。

2.1.25 天然环境水文地质 natural environment hydrogeological condition

地质、构造、第四纪地质、地貌、水文地质、地球化学、植被、气象等对人类开发利用地下水活动有影响的自然条件。

2.1.26 地下水环境背景值 groundwater environmental background value

在现状条件下，地下水中某组分的平均含量。

2.2 符 号

2.2.1 水文地质

A——隧道通过含水体地段的集水面积

B——隧道通过含水体地段涌水时对两侧的影响宽度

E——某流域的年蒸发蒸散量

F——隧道通过含水体地段的涌水面积

H——自然情况下潜水含水层的厚度、隧道洞底以上潜水含水体的厚度

h——潜水含水层在抽水试验时的厚度

$\bar{h}$——潜水含水层在自然情况下和抽水试验时的厚度的平均值

K——含水层或含水体的渗透系数

M——承压含水层的厚度、地下径流模数

P——压水试验总压力

Q——钻孔出水量

Q_0——隧道最大涌水量

Q_s——隧道正常涌水量

q_0——隧道单位长度最大涌水量

q_s——隧道单位长度正常涌水量

q——钻孔单位出水量

R——降落漏斗半径、隧道涌水一侧的影响宽度

R_y——引用补给半径

S——承压水释水系数

s——水位降深

t——时间

W——年降水量

2.2.2 水质分析

$c(Ca^{2+}+Mg^{2+})$——钙镁离子浓度

$c(Ca^{2+}+Mg^{2+})t$——碳酸盐钙镁离子浓度

$c(Ca^{2+}+Mg^{2+})s$——非碳酸盐钙镁离子浓度

$c(Na^{+}+K^{+})n$——钠钾碱度

$c(B)$——碱度

3 新建和改建铁路水文地质勘察

3.1 一 般 规 定

3.1.1 新建铁路水文地质勘察应按踏勘、初测、定测、补充定测阶段开展水文地质工作。当地形地质条件特别复杂,线路方案比选范围较大,在初测前开展加深地质工作时,应同步进行水文地质工作。施工、运营阶段应根据揭示的水文地质条件和变化情况开展工作。

3.1.2 水文地质勘察深度应与设计阶段相适应。补充定测阶段水文地质勘察的技术要求与定测阶段相同。

3.1.3 水文地质工作,应采用水文地质调绘、物探、钻探、试验、动态观测等多种手段相结合的综合勘察方法。

3.2 踏 勘 阶 段

3.2.1 踏勘阶段水文地质工作应利用既有资料,了解线路各方案以及重大工程的水文地质条件,对环境水文地质作出评价,为编制预可行性研究报告提供水文地质资料。

3.2.2 踏勘阶段供水水文地质工作,应包括下列内容:

1 搜集、分析沿线水文地质资料,初步进行水文地质分区;

2 根据给水站、区段站布置,利用既有水文地质资料初步提出供水水源方案。

3.2.3 踏勘阶段工程水文地质工作,应包括下列内容:

1 搜集、分析沿线水文地质资料,初步评价线路各方案水文地质条件;

2 了解重点工程与控制性工程的分布,利用既有的区域地质和水文地质资料,初步分析其水文地质条件及其对工程设置的影响;

3 对水文地质条件复杂地区的控制性工程,必要时现场踏勘,进行水文地质条件评价并提出下阶段工作内容及要求。

3.2.4 踏勘阶段资料编制应符合下列要求:

1 供水水文地质说明,内容包括:

1)概括阐述线路通过区域水文地质条件;

2)富水性分区情况;

3)主要给水站的水源方案。

2 工程水文地质说明,内容包括:

概括阐述线路各方案及控制线路走向的重大不良地质、特殊岩土地段和地质复杂的重大工程的水文地质条件。

3.3　加深地质工作

3.3.1　加深地质工作应根据审查批复意见，在线路可能通过的最大区域内，初步查明控制和影响线路方案地段的水文地质条件，提出初测方案的比选范围和评价意见。

3.3.2　加深地质工作中的水文地质勘察，应采用遥感图像水文地质解译、大面积水文地质调绘和多种物探，必要的验证性钻探、试验相结合的综合勘探方法。

3.3.3　加深地质工作中的水文地质勘察，应初步查明下列内容：

1　测区水文地质分区及其富水程度；

2　测区内水文地质条件对线路方案的影响程度；

3　控制性工程及有可能受地下水危害的重点工程的水文地质条件。

3.3.4　加深地质工作的资料编制，应包括下列内容：

1　控制性工程水文地质报告，内容包括：

1）勘察概况；

2）自然地理概况；

3）区域地质条件概况；

4）区域水文地质条件：地下水的类型、补给、径流条件，含水岩组的分类，富水性的分区、水质等；

5）水文地质测试方法的选用：钻探、试验和测试方法及成果、水文地质参数计算等；

6）涌水量的预测；

7）环境水文地质评价；

8）水文地质的评价及结论意见。

2　遥感水文地质解译报告。

3　勘探、试验成果资料。

4　测区水文地质平面图，比例为1:20 000～1:50 000。

5　控制性工程水文地质平面图、纵断面图，比例与工程地质图相同。

3.4　初测阶段

3.4.1　初测阶段水文地质勘察应根据预可行性研究报告审查批复意见安排工作，为编制可行性研究报告提供水文地质资料。

3.4.2　初测阶段供水水文地质工作，应包括下列内容：

1　结合给水站的布置，进行水文地质调绘，必要时应进行综合勘探工作，初步查明给水站所在地一定范围内的水文地质条件，进行水源方案比较，提出经济技术合理、水质较好和稳定可靠的供水水源方案；

2　应了解生活供水站、点的分布，初步查明所在地供水水文地质条件，提出供水水源方案意见和定测阶段工作量；

3　结合给水站的地质及环境条件进行水量、水质及环境水文地质评价。

3.4.3　初测阶段工程水文地质工作，应包括下列内容：

1　结合沿线工程设置进行水文地质调绘及必要的水文地质勘探试验工作，初步评价沿线水文地质条件；

2　初步查明控制性工程及地质条件复杂地段的水文地质条件，评价其对工程设置的影响；

3　初步查明重点工程的水文地质条件，评价其对周边环境的影响程度和范围；

4　根据需要建立临时性气象、水文、地下水动态观测站（点）并开始工作。

3.4.4　初测阶段的资料编制，应包括下列内容：

1　给水站供水水文地质勘察报告，内容包括：

1）前言；

2）自然地理概况：气象、水文、地形地貌；

3）地质概况：地层、岩性、构造；

4）水文地质条件；

5）水文地质勘探和试验：物探、钻探与试验；

6）水文地质计算；

7）环境水文地质评价；

8）水源方案建议。

2　生活供水站（点）水文地质说明。

3　重大工程水文地质勘察报告，内容应符合本规程“加深地质工作”的有关要求。

4　给水站综合水文地质平面图，比例为1∶10 000～1∶50 000。

5　水源钻探抽水试验综合成果图。

6　重点工程水文地质平面图，比例与工程地质图相同。

7　重点工程水文地质纵断面图，比例与工程地质纵断面图相同，或与工程地质纵断面图合并编制。

3.5　定测阶段

3.5.1　定测阶段的水文地质勘察工作，应根据可行性研究报告批复意见，在利用初测资料的基础上，详细查明采用的线路方案的水文地质条件，为供水站、点和各类工程的初步设计提供水文地质资料。

3.5.2　定测阶段供水水文地质工作，应包括下列内容：

1　结合给水站、生活供水站（点）的规模，查明天然环境水文地质条件，确定水源方案。

2　根据水源方案和水文地质条件补充勘探、测试工作。

3　根据天然环境水文地质条件现状和水源方案，分析和评价环境水文地质条件。

4　采用的供水水源方案，应提供下列水文地质资料：

1）开采的含水层的静止水位、厚度、水质、颗粒分析资料；

2）开采的含水层的水文地质参数（渗透系数、引用补给半径等）；

3）水位、水质可能发生变化的资料；

4）对允许开采量进行论证的资料；

5）环境水文地质条件。

3.5.3　定测阶段工程水文地质工作，应包括下列内容：

1 对地下工程和基础工程应进行水文地质调查、勘探和试验工作，提供水文地质资料，对工程涌水地段提供水文地质参数和预测涌水量；

2 进一步评价工程设置对周边环境水文地质条件的影响程度和范围，并提出防治措施；

3 对受地下水影响明显的工程，应确定对施工、运营有长期观测价值的水文地质钻孔的位置和数量。

3.5.4 定测阶段的资料编制，应包括下列内容：

1 全线水文地质勘察报告；

2 给水站供水水文地质勘察报告；

3 生活供水站(点)水文地质说明；

4 重大工程水文地质勘察报告；

5 全线综合水文地质图(必要时附)，比例为1:100 000或1:200 000；

6 给水站、生活供水站(点)图件宜按表3.5.4—1编制，重点工程图件宜按表3.5.4—2编制。

表3.5.4—1 供水水文地质图件编制项目

顺号	图件名称	比例		给水站（工程类别）	生活供水站、点（工程类别）
1	综合水文地质平面图	1:10 000～1:50 000		○	△
2	水文地质纵断面图(水源地区)	横	1:50～1:2 000	○	△
		纵	1:50～1:2 000		
3	水文地质横断面图(水源地区)	横	1:1 000～1:20 000	○	△
		纵	1:50～1:2 000		
4	地下水等水位线图	1:100～1:2 000		△	△
5	地下水等水头线图	1:100～1:2 000		△	△
6	含水层等高线图	1:100～1:2 000		△	△
7	含水层等厚线图	1:100～1:2 000		△	△
8	地下水水化学图	1:100～1:2 000		△	△
9	环境水文地质图	1:100～1:2 000		△	△
10	水源钻探抽水试验综合成果图			○	○

注：○为必须编制；△为必要时编制。生活供水站、点可编制综合水文地质平面图或平面示意图。

表3.5.4—2 工程水文地质图件编制项目

顺号	图件名称	比例		山岭隧道	地下洞室	地道	路基	桥渡	立交桥	房屋建筑
1	水文地质平面图	1:2 000～1:50 000		○						
		1:500～1:5 000			△	△	△	△	△	△
2	水文地质纵断面图	横	1:2 000～1:50 000	○	○					
		竖	1:200～1:1 000							
		横	1:500～1:5 000			○	△	○	○	○
		竖	1:50～1:500							

续上表

顺号	图件名称	工程类别 / 比例	山岭隧道	地下洞室	地道	路基	桥渡	立交桥	房屋建筑
3	水文地质横断面图	横 1:500~1:5 000 竖 1:50~1:500	△	△	△	△	△	△	○
4	地下水等水位线图	1:100~1:2 000		△		△	△	△	△
5	地下水等水头线图	1:100~1:2 000		△	△	△	△	△	△
6	竖井、斜井水文地质柱状图		△						
7	水文地质试验综合成果图		△	△	△	△	△	△	△

注：○为必须编制；△为必要时编制；第1、2、3、6项可与工程地质图合并；第7项当进行抽水试验时应做此成果图。

3.6 施工阶段

3.6.1 施工阶段水文地质工作应根据现场的水文地质情况，及时提出改进施工方法的意见和处理措施，保障工程顺利进行，并应根据施工情况编录工程竣工资料。

3.6.2 施工阶段供水水文地质工作，应包括下列内容：

1 施工前应进行现场踏勘，了解水源地的施工条件。施工中应核查水源地含水层位置、水质及其变化、地下水开采情况等，为编制水源井竣工水文地质说明和图表准备资料。

2 施工前或施工中，当发现水源地自然条件发生变化，水量、水质不能满足设计要求时，应进行补充水文地质勘察，为变更水源方案设计提供资料。

3.6.3 施工阶段工程水文地质工作，应包括下列内容：

1 对设计文件中涉及各类工程的水文地质问题进行现场踏勘核对和研究，必要时补充水文地质勘察工作；

2 对水文地质条件复杂的工程以及隧道、路堑工程的涌水或可能溃底地段应进行监测，并编录其涌水位置、水量、水温、水质特征和地质条件，提出施工中应注意事项及应急措施；

3 核查地下水对围岩、边坡和基底稳定性的影响；

4 核查地下水有无侵蚀性；

5 对隧道集中涌水地段、涌水量较大及基底涌砂、溃底地段，应根据水文地质条件的变化，进行预测或采用超前预报；

6 施工阶段应对与工程相关的地表水、地下水动态长期观测的孔、井、泉等继续进行观测，及时分析观测资料，指导施工。

3.6.4 施工阶段资料编制应包括下列内容：

1 供水水源工程竣工报告；

2 重点工程竣工说明，内容包括：

1）涌水地段的位置、地质条件、水量、水温、水质、含泥砂量和特征等；

2）隧道施工前后的地下水位，边墙、拱圈的涌水、渗漏水位置及其危害情况、整治措施；

3）路堑边坡施工前后的地下水位、涌水位置及其危害情况、整治措施；

4）降低地下水位后，对周边环境的影响程度、范围和整治措施；

5）运营阶段应注意事项。

3 图件

1）供水水源竣工图；

2）重点工程附图，应按《铁路工程地质勘察规范》（TB 10012）的有关规定编制。

3.7 运营阶段

3.7.1 运营阶段水文地质工作的主要任务是掌握供水水源运转情况、受地下水影响工程的病害发生和发展情况，分析原因，提出防治措施。

3.7.2 运营阶段供水水文地质工作，应包括下列内容：

1 当水源运转期间出现下列问题时，应进行水文地质勘察并查明其原因：

1）取水工程出水量衰减或枯竭；

2）水源水质变劣或受污染；

3）水源地受到严重干扰需要变更位置者。

2 经常了解开发含水层的环境水文地质条件变化情况。

3.7.3 运营阶段工程水文地质工作，应符合下列要求：

1 了解受地下水影响的工程病害的水文地质条件，定期监测地下水病害工点的发生、发展情况；

2 对地下水病害工点，应分析病害原因，进行水文地质勘察，提出整治措施意见；

3 对长期保留的地下水动态观测站（点），应进行系统观测，定期分析，研究水位、水量、水质等变化规律，及时用于工程整治。

3.7.4 运营阶段资料编制应包括下列内容：

1 建立供水水源履历卡片，定期观测、记录水位、水量、水质、水温、气体成分等及其变化情况；

2 对受到地下水危害的工程，应建立工点履历卡片，及时分析水文地质变化，注明病害程度和整治效果等；

3 绘制地下水动态观测点的水文地质数据图表。

3.8 改建铁路

3.8.1 改建铁路的水文地质勘察应充分利用既有铁路的水文地质资料，借鉴既有工程的成功经验和教训，为供水水源和工程设计提供水文地质资料。

3.8.2 改建铁路的供水水文地质勘察，应包括下列内容：

1 对既有水源运转情况进行调查，并充分利用既有资料；

2 当水质、水量、取水构筑物位置和老化程度等因素不能满足要求时，应进行水源方案比选，进行必要的勘探与试验工作，提出改建既有水源或增建新水源的方案意见；

3 当改建既有水源或增建新水源时，应符合本规程新建铁路有关要求。

3.8.3 改建铁路的工程水文地质勘察，应包括下列内容：

1　在研究、利用既有水文地质资料基础上，应查明沿线受地下水危害的工程类别、位置、程度，分析病害原因，分析工程设置与周边环境水文地质条件的相互影响，提出改建工程的措施；

2　对受地下水危害的工程，应在调查场地水文地质条件的基础上进行勘探和试验工作，查明地下水的补给来源、分布范围和含水层（体）的埋藏深度、水文地质参数，为工程整治设计提供资料。

3.8.4　增建第二线与既有线并肩时，应充分利用既有线水文地质资料，分析沿线受地下水危害的工程和地段；进行必要的水文地质勘探和试验工作，结合一线工程病害提出综合整治措施意见。

3.8.5　改建铁路各阶段的资料编制，应符合新建铁路要求。

4 水文地质调绘

4.1 一般规定

4.1.1 水文地质调绘应结合水源地和工程设置场地的自然环境，分析水文地质条件，合理有效的布置勘探测试工作，为水源地和工程提供准确的水文地质资料。

4.1.2 水文地质勘察应搜集勘察区既有地质和水文地质资料，并进行现场地质和水文地质调绘。

4.1.3 水文地质单元类型，可按表4.1.3划分。

表4.1.3　水文地质单元类型

类型		分布地区
孔隙水	山间河谷型	狭长山间河谷地区
	傍河型	具有常水头河流的傍河冲积平原地区
	冲洪积扇型	山前冲积、洪积倾斜平原及山间盆地冲积、洪积扇地区
	冲积、湖积平原型	冲积、湖积平原至滨海平原之间的宽阔平原及盆地地区
	滨海平原型	滨海平原地区
	河口三角洲型	河流入海口及内陆湖口三角洲地区
裂隙岩溶水	裸露岩溶型	可溶岩大片出露或局部出露地区
	覆盖岩溶型	可溶岩地层大部分被土层覆盖地区
	埋藏岩溶型	覆盖层为非可溶岩，地表水与地下水联通不密切地区
裂隙水	红层孔隙裂隙型	主要指以红色为主的薄层泥岩，泥质胶结的砂岩、砾岩分布区
	碎屑岩裂隙型	主要指以钙质、铁质胶结的砂岩、页岩为主的地层分布区
	玄武岩裂隙孔洞型	主要指新生代玄武岩分布区
	块状岩石孔隙裂隙型	主要指岩浆岩、片麻岩、混合岩分布区及其风化带、接触带和断裂带

4.1.4 水文地质条件复杂程度，可按表4.1.4划分。

表4.1.4　水文地质条件复杂程度

类型	复杂程度	水文地质特征
孔隙水	简单	浅埋的单、双层含水层，厚度比较稳定，补给条件明确，水质较好
	中等	双层或多层含水层，岩性、厚度不很稳定，补给条件和水质比较复杂
	复杂	埋藏较深的多层含水层，岩性和厚度变化较大，补给条件不易搞清，水质复杂或咸水、淡水相间，施工后易与咸水层或海水发生水力联系
岩溶水	简单	地质构造简单，可溶岩裸露或半裸露，岩溶发育比较均匀，补给边界简单
	中等	地质构造比较复杂，可溶岩埋藏较浅（一般小于20 m），岩溶发育不均匀，补给边界较复杂
	复杂	地质构造复杂，可溶岩埋藏较深，岩溶发育极不均匀，补给边界复杂

续上表

类型	复杂程度	水文地质特征
裂隙水	简单	含水层比较稳定，补给条件及水质较好，埋藏条件比较简单，一般多为层间水（潜水或承压水）或强烈风化带潜水
	中等	含水层不稳定，地质构造、补给条件及水质比较复杂，一般为深埋的断续分布的多层层间承压水或断裂带脉状水
	复杂	地质构造复杂，含水层分布极不均匀，一般为构造裂隙水或断裂带脉状水

4.2　遥感图像水文地质解译

4.2.1　铁路的水文地质勘察应充分利用遥感图像解译成果，宏观地查明水文地质条件，提供所需资料。

4.2.2　水文地质遥感工作的程序应包括：准备工作、初步解译、外业验证调查与复核解译、最终解译与资料整理。

4.2.3　在水文地质条件复杂的地区，宜采用多片种、多层次的遥感图像水文地质解译，必要时应进行计算机图像处理。

4.2.4　遥感图像水文地质解译，宜包括下列内容：

1　判明地质构造基本轮廓和新构造运动形迹及其富水的可能性；

2　划分地貌单元，判定其形态及其与地下水分布的关系；

3　判明水系分布范围、形态分类及发育特征，圈定古河道及相对富水地段；

4　判明大型泉水点、泉群、地下水溢出带的位置和范围，地下水富水地段，地貌、岩性、构造与地下水的关系，分析地下水补给、径流、排泄条件；

5　判明可溶岩的分布、岩溶发育程度及岩溶形态；

6　进行水文地质概略分区；

7　解译特长、长隧道主要地层和岩性分界线、断层与隧道的关系、断层破碎带宽度。

4.2.5　遥感图像水文地质解译应提供解译报告和成果，图件比例应按照相应水文地质图件编制。

4.3　地貌、地质调查

4.3.1　地貌调查应包括下列内容：

1　分析地形地貌和植被与地下水埋藏、补给、径流和排泄的关系；

2　分析科里奥利效应和新构造运动对地形、地貌和松散含水层建造的影响；

3　划分各地貌单元的界线。

4.3.2　地层调查应包括下列内容：

1　调查地层的成因、时代、层序及接触关系；

2　测定岩层的产状、厚度及分布范围；

3　调查地层的岩性、透水性、富水性及其变化规律；

4　调查可供开采的含水地层的分布及赋水情况。

4.3.3　地质构造调查应包括下列内容：

1　调查褶皱轴的延伸和倾伏方向，查明两翼的产状、节理发育特征及其富水段的位置；

2　调查节理裂隙、断层的力学性质、类型、产状、节理裂隙发育程度或断层带破碎程度、断层破碎带宽度、充填物性质、胶结情况、透水性和富水性；

3　调查新构造运动的特征及其对地貌和水文地质条件的影响。

4.4　地表水和地下水露头调查

4.4.1　地表水调查，应包括下列内容：

1　地表水（河流、湖泊、水库、堰塘等）的洪水位、枯水位、流量（容量）、水质、水温、浑浊、冰冻、渗漏等；

2　当前利用情况和未来规划情况；

3　地表水与地下水的水力联系，地表水特别是水库水对隧道等工程渗漏的可能性。

4.4.2　地下水天然露头调查，应包括下列内容：

1　地质成因、水力特性、补给条件、流量、水质、水温、气体及沉淀物性质，以及与工程有关的水力联系；

2　水量、水质的动态变化，当前利用情况和未来规划；

3　对与工程有关的露头，应进行长期观测；

4　对岩溶地区、基岩地区和松散层地区的地下水露头群，应查明与工程有关的水力联系，必要时应进行连通试验；

5　调查地下水露头与地质构造、地表水和铁路工程的关系。

4.4.3　地下水人工露头调查，应包括下列内容：

1　地下水人工露头的类型、结构、地层剖面、出水量、静止水位、动水位、水质、水温等及其动态变化；

2　取水、排水等构筑物的修建年代、用途和运转情况；

3　对与工程有关的取水、排水等构筑物，必要时进行水量查定；

4　取水、排水等构筑物对工程设置危害的可能性；

5　取水、排水等构筑物运转期间对周边环境的影响。

4.5　水质调查分析

4.5.1　根据勘察目的和沿线水文地质单元，应对代表性的地表水、地下水及其露头采取水样，进行水质分析。

4.5.2　铁路供水水质调查，应根据供水站、点的分布和沿线水文地质、地貌单元类型，取代表性水质分析水样。了解区域水质情况宜进行水质简分析，对比较方案宜进行水质一般分析，对拟采用方案宜进行水质全分析。

1　水质简分析，应包括 pH 值、氯根、硫酸根、碱度、钙镁离子浓度、溶解性固体（DS）；

2　水质一般分析，应包括色度（Co）、浊度（Tu）、嗅、味、悬浮物固体（SS）、pH 值、钾、钠、钙、镁、氯根、硫酸根、重碳酸根、碳酸根、溶解性固体（蒸发残渣）、钙镁离子浓度、碳酸盐钙镁离子浓度、非碳酸盐钙镁离子浓度、钾钠碱度、碱度；

3 水质全分析，应符合国家现行《生活饮用水水源水质标准》(CJ 3020)的有关规定，见附录A。

4.5.3 生产和工程用水的水质调查，应包括下列内容：

1 铁路混凝土与砌体工程用水的水质分析，应包括pH值、不溶物、可溶物、氯化物、硫酸盐、硫化物；

2 其他生产用水，应按工业企业具体要求确定分析项目。

4.5.4 在有地方病和水质污染地区，应与当地卫生部门配合，根据疫情和污染的类型确定分析项目。

4.6 各类地区的调绘

4.6.1 山间河谷和冲洪积平原地区，应调绘下列内容：

1 古河床的分布和多种成因沉积物的叠置情况；

2 阶地的表面形态、地质结构和含水层三维方向的变化情况。

4.6.2 冲洪积扇地区，应调绘下列内容：

1 冲洪积扇的分布范围、扇轴的位置、走向和变迁情况；

2 冲洪积扇的地下水补给、径流及溢出带分布情况；

3 冲洪积扇不同部位的地下水位深度，由潜水过渡到承压水区以及自流水区的界线，溢出带泉群流量。

4.6.3 滨海平原、河口三角洲和沿海岛屿地区，应调绘下列内容：

1 海水入浸范围、咸水与淡水的分界面及其变化规律；

2 淡水层(或透镜体)分布范围、厚度、水位及动态变化；

3 咸水区中淡水泉的成因、补给来源、出露条件、水质和水量；

4 潮汐对地下水动态的影响。

4.6.4 黄土地区，应调绘下列内容：

1 黄土地区河谷分布情况，汇水面积，谷内冲积层厚度，含水层厚度、岩性，河流流量、水质和季节性变化；

2 黄土地区下部粉细砂和砂姜石层含水的可能性；

3 黄土地区下部基岩类别、岩性、裂隙发育程度、透水性、富水性和可开采性。

4.6.5 风沙地区，应调绘下列内容：

1 裸露的古河道、被沙丘掩埋的古河道以及潜蚀洼地含地下水的可能性；

2 微地貌(沙丘、草滩、湖岸、天然堤等)的分布及其与地下淡水的分布关系；

3 喜水植物分布区与地下淡水的分布关系；

4 被风沙掩盖的下部基岩含水的可能性。

4.6.6 干旱基岩丘陵山区，应调绘下列内容：

1 盐沼、草地的分布规律，面积和厚度；

2 洪流沟分布的长度、沿途经过的断层带、不同岩性接触带及可溶岩地段等；

3 洪流沟每年发生的洪水次数、每次的延续时间及其流量；

4 丘陵地区、低矮山区等汇水面积较小河流(含干沟)的冲积层；

5 上述地段含地下水的可能性。

4.6.7 多年冻土地区,应调绘下列内容:

1 片状多年冻土和岛状多年冻土分布范围及特征;

2 冰椎、冻胀丘分布规律及其与地下水的关系;

3 沼泽湿地的成因、分布规律及其与地下水的关系;

4 融区的类型、成因、分布范围及其稳定变化情况,融区与地表水、地质构造的关系,含水层特性,水质、水量及其变化情况;

5 多年冻土地区的地下水类型、分布规律及其特征,含水层特性,水质水量及其变化情况,可按表 4.6.7 划分。

表 4.6.7　多年冻土地区地下水类型

水文地质区	地下水类型		分布与埋藏特征
多年冻土区地下水	冻结层上水	松散岩类冻结层上水	分布于松散岩类季节融化层,埋藏在多年冻土层之上
		基岩类冻结层上水	分布于基岩风化带中,埋藏于季节融化层中,受冻土上限控制
	冻结层下水	松散岩类冻结层下水	分布于松散岩类含水层中,埋藏在多年冻土层下
		基岩类冻结层下水	分布在基岩裂隙中,埋藏在多年冻土层下,受冻土下限控制
	融区地下水	河湖融区地下水	分布在河湖边周围,埋藏受河湖大小及地层影响
		断裂带融区地下水	分布在断裂带两侧,埋藏受断裂深度及水温影响

4.6.8 碎屑岩地区,应调绘下列内容:

1 风化带深度及蓄水构造;

2 向斜或单斜的蓄水构造、褶皱轴部的蓄水构造;

3 断层破碎带的蓄水构造;

4 岩脉或侵入体接触带处的蓄水构造;

5 裂隙集中发育带的蓄水构造。

4.6.9 可溶岩地区,应调绘下列内容:

1 同碎屑岩地区主要调查内容;

2 岩溶的类型及其特征;

3 微地貌(岩溶漏斗、竖井和洼地等)和岩溶泉与地下水分布的关系;

4 构造、岩性、地下水径流和地表水文网等因素与岩溶发育的关系;

5 被隔水层圈闭的阻水型蓄水构造。

4.6.10 岩浆岩和变质岩地区,应调绘下列内容:

1 风化带的发育深度、分布范围和含水性;

2 构造破碎带的宽度、深度及含水性或隔水性;

3 不同岩性接触带处裂隙发育情况和含水可能性;

4 玄武岩的柱状节理和孔洞发育情况及其含水可能性。

5　水文地质物探

5.1　一 般 规 定

5.1.1　水文地质物探应在水文地质调绘的基础上,开展综合物探工作,为合理布置勘探孔提供依据。

5.1.2　物探的工作内容、方法应根据地质体的物性差异、工程所在地的水文地质条件和勘察目的,合理选择。

5.1.3　水文地质物探的成果资料,应结合工程场地的地质、水文地质条件和勘探资料进行综合解释,并对水文地质情况做出评价。

5.1.4　水文地质物探应具备下列基本条件:

1　被探测体与围岩有较明显的物性差异;

2　被探测体的体积相对于其埋藏深度具有一定的规模;

3　被探测体所引起的异常值,应有足够的显示;

4　较宽阔平坦的场地。

5.1.5　物探测线的布置宜垂直于被探测物的走向。

5.1.6　物探测线的密度,应保证在每个探测目的物异常范围内不少于3个点。

5.2　工作内容及应交资料

5.2.1　采用地面物探方法可解决下列水文地质问题:

1　隐伏的古河床和被掩埋的古冲积洪积扇;

2　基岩风化带厚度和断层破碎带、裂隙带、不同岩性接触带的位置、埋藏深度、宽度和充填情况;

3　地下水的埋藏深度、地下水的流向;

4　地下水的矿化度、咸水、淡水在垂直方向的分界深度和在平面上的分布范围;

5　裸露型岩溶区的岩溶洞穴带埋藏深度、覆盖型岩溶区的覆盖层厚度等;

6　多年冻土的上限和下限的埋藏深度;

7　含水层的埋藏深度和厚度;

8　环境水文地质评价。

5.2.2　采用物探测井方法可探查下列内容:

1　地下水的稳定水位、流向和含水层的渗透系数、渗透速度;

2　含水层渗透性的最佳位置;

3　孔径、孔温和孔斜等;

4　划分钻孔地质物性断面。

5.2.3　物探成果资料,应包括下列内容:

1 物探工作报告；
2 物探平面布置图；
3 物探工作成果图；
4 测井曲线图。

6 水文地质钻探

6.1 一般规定

6.1.1 水文地质勘探试验孔,应在水文地质调绘和物探工作的基础上进行布置。

6.1.2 布置的勘探试验孔,应查明地质和水文地质条件,取得水文地质参数和评价地下水水质、水量方面所需资料。

6.1.3 水文地质勘探试验孔的深度,应符合设计要求。

6.1.4 深度大于或等于100 m的勘探试验孔,其钻孔结构、钻进及试验方法,应进行专门设计。

6.2 勘探试验孔

6.2.1 水文地质勘探试验孔,当需要查明各含水层(带)的水位、水质、水温、透水性或隔离水质较劣的含水层时,应分别进行止水工作,并分层进行水文地质试验。

6.2.2 水文地质勘探试验孔应保持垂直,在100 m深度内其孔斜度不宜大于1.5°,深度大于100 m时随孔深递增计算。

6.2.3 水文地质勘探试验孔,在钻进中使用的冲洗介质,应符合下列规定:

1 供水水源在基岩层中钻进时,宜采用清水钻进方法;

2 在松散层中钻进时,可采用水压或泥浆护壁钻进方法,但在下过滤器前,应将孔内的稠泥浆逐步换为稀泥浆;

3 当采用泥浆钻进方法时,泥浆的质量,应符合国家现行规范的有关规定;

4 在钻进有意义的含水层时,严禁采用黏土块直接代替泥浆。

6.2.4 水文地质勘探试验孔,在钻探过程中采取的土样、岩样,宜符合下列规定:

1 土样应能代表原有地层的颗粒组成。

2 用于鉴别地层的土样,非含水层宜每3~5 m取1个;含水层宜每2~3 m取1个,变层时,应加取1个。

3 颗粒分析用的土样,宜每4~6 m取1个;当含水层厚度小于4 m时,应取1个。

4 每个样品的质量,宜符合下列规定:

1)砂不小于1 kg;

2)圆砾(角砾)土不小于3 kg;

3)卵石(碎石)土不小于5 kg。

5 基岩岩芯的采取率,宜符合下列规定:

1)完整地层不小于70%;

2)构造破碎带、风化带、岩溶带不小于30%。

6 当有测井和井下电视配合工作时,鉴别地层的土样、岩样的数量,可适当减少。

6.2.5 土样和岩样(岩芯)的描述内容,应符合表6.2.5的规定。

表6.2.5 土样和岩样(岩芯)的描述内容

类　别	描　述　内　容
碎石类土	名称、岩性成分、磨圆度、分选性、粒度、胶结情况和充填物(砂、黏性土的含量)
砂类土	名称、颜色、矿物成分、粒度、分选性、胶结情况和包含物(黏性土、动植物残骸、卵砾石等的含量)
粉　土	颜色、湿度、有机物含量、包含物
黏性土	名称、颜色、湿度、有机物含量、可塑性和包含物
岩　石	名称、颜色、矿物成分、结构、构造、胶结物、化石、岩脉、包裹物

6.3 试验孔过滤器

6.3.1 水文地质勘探试验孔的过滤器,宜符合下列规定:

1 在松散层中,宜采用包网、缠丝或填砾过滤器,并符合下列要求:

1)过滤管的平均孔隙率不得小于15%;

2)非填砾的包网过滤器的网眼尺寸和非填砾的缠丝过滤器的缠丝间隙尺寸,应根据含水层的颗粒分析资料确定;

3)当采用填砾过滤器时,滤料应选择磨圆度较好的天然砂砾充填,填砾的粒径和厚度应符合国家现行规范的有关规定。

2 在基岩中,当裂隙稳定或溶洞中充填物较少时,可不设置过滤器。

6.3.2 供水水文地质勘探试验孔过滤器的过滤管,宜符合下列规定:

1 在松散层内,当用水量大于或等于5 000 m^3/d时,过滤管直径不宜小于200 mm;当用水量小于5 000 m^3/d时,过滤管直径不宜小于127 mm;

2 在基岩内,其直径不宜小于127 mm。

6.3.3 供水水文地质勘探试验孔过滤器的长度,宜符合下列规定:

1 当含水层的厚度小于30 m时,可与含水层厚度一致;

2 当含水层的厚度大于30 m时,可采用20~30 m;

3 当松散含水层的渗透性较差或为基岩时,其长度可适当增加。

6.3.4 供水水文地质勘探试验孔应选用有效方法及时进行洗孔,并符合下列规定:

1 对采用泥浆护壁的钻孔,应采用化学分散剂等联合方法;

2 给水站勘探试验孔洗孔标准应满足洗孔后通过两次简易抽水试验对比验证,同降深的单孔出水量增大不超过5%,或洗孔结束前的含砂量不大于1/20 000(体积比)的要求。

7 水文地质试验

7.1 一般规定

7.1.1 水文地质试验,应根据水文地质条件和工程目的及场地条件,选用抽水、压水、注水和提水试验等方法。

7.1.2 工程水文地质试验应根据水量、水位,选择合适的试验方法,有条件时应以抽水试验为主。

7.1.3 在进行水文地质试验时,应采取代表性水样进行水质分析。采取的水样,除应满足质量和数量要求外,尚应符合下列规定:

1 提水试验和抽水试验,应在试验临近结束前采取水样;

2 压水试验和注水试验,应在洗清钻孔后、试验开始前采取水样。

7.1.4 抽水试验的观测孔布置,应根据试验目的和计算公式的要求确定,并符合下列规定:

1 以抽水孔为原点,布置 1 ~2 条观测线。

2 当布置1条观测线时,宜垂直地下水流向;布置 2 条观测线时,另一条宜平行地下水流向。

3 每条观测线上的观测孔,一般为 3 个。

4 距抽水孔最近的第一个观测孔,应避开三维流的影响,其距离不宜小于含水层的厚度;最远的观测孔距第一个观测孔的距离不宜太远,并应保证在试验过程中各观测孔内有一定的水位降深值。

5 各观测孔的过滤器长度宜相等,并安置在同一含水层和同一深度上。

7.1.5 抽水试验前和抽水试验过程中,应同步测量抽水孔和观测孔、点的静止水位和动水位。

当采用小口径测水管测量动水位时,测水管底端应安装侧压头。

7.1.6 抽水试验过程中,每次水位下降结束后,应测量钻孔内的沉淀深度。

7.1.7 抽水试验时,必须采取措施防止抽出的水排泄在抽水影响范围内,回渗到含水层中。

7.1.8 抽水试验过程中,动水位的观测应符合下列规定:

1 采用同一方法和同一类工具;

2 抽水孔的动水位读到厘米,观测孔的动水位读到毫米。

7.1.9 抽水试验过程中,出水量的测量,应符合下列规定:

1 当采用堰箱或孔板流量计时,水位测量应读到毫米;

2 当采用容积法时,量桶充满水的时间不宜少于15 s,读数准确到0.1 s;

3 当采用水表时,读数准确到0.001 m^3。

7.1.10 抽水试验每次停泵后的水位恢复,宜按第1、2、3、4、6、8、10、15、20、25、30、40、50、

60、80、100、120 min 进行观测,以后可每隔 30 min 观测一次。

7.2 稳定流抽水试验

7.2.1 稳定流抽水试验的水位降深次数,应根据工程目的确定,一般进行 3 次,并符合下列规定:

1 水位降深的最大值,当潜水时宜接近含水层厚度(完整孔)或过滤器长度(非完整孔)的 1/2 深度处;承压含水层最大降深值不宜低于含水层顶板;

2 其余两次水位降深值,宜分别为最大降深值的 1/3 和2/3;

3 各次试验的水泵进水口位置应相同;

4 当勘探孔的出水量较小或试验时出水量已达到极限时,水位降深次数可适当减少,但不得少于 2 次。

7.2.2 抽水试验的稳定,应符合下列规定:

1 在抽水稳定延续时间内,出水量和动水位与时间关系曲线只在一定的范围内波动,且没有持续上升或下降的趋势;

2 当水位降深小于10 m,用压风机抽水时,抽水孔动水位波动值不得超过 10 ~ 20 cm;用离心泵、深井泵等抽水时,动水位波动值不得超过 5 cm;

3 一般情况下不应超过平均水位降深值的1%,出水量波动值不应超过平均出水量的 3%。

7.2.3 抽水试验的稳定延续时间,宜符合下列规定:

1 卵石、圆砾、砾砂和粗砂含水层为 8 h;

2 中砂、细砂和粉砂含水层为 16 h;

3 基岩含水层为24 h;

4 根据含水层类型、已有抽水试验资料、补给条件、水质情况和试验目的等,稳定延续时间可适当调整。

7.2.4 抽水试验时,动水位和出水量的同步观测时间,宜在抽水开始后的第 5、10、15、20、25、30 min 各测一次,以后每隔 30 min 或 60 min 测一次。

水温和气温,宜每隔 2 ~4 h 同步观测一次。

7.3 非稳定流抽水试验

7.3.1 抽水孔的出水量应保持常量,其变化幅度不大于3%。

7.3.2 抽水试验的延续时间,应按水位降深(s)与时间(t)的关系曲线确定,并符合下列要求:

1 当 s(或 Δh^2)—lg$t$ 关系曲线有拐点时,则延续时间宜至拐点后的线段趋于水平为止。

2 当 s(或 Δh^2)—lg$t$ 关系曲线无拐点时,则延续时间宜根据试验目的确定。

3 在承压含水层中抽水时,采用 s—lg$t$ 关系曲线;在潜水含水层中抽水时,采用 Δh^2—lg$t$ 关系曲线。

4 当有观测孔时,应采用最远观测孔的 s(或 Δh^2)—lg$t$ 关系曲线。

7.3.3 抽水试验时,对动水位和出水量的观测,应同步进行。其观测时间宜按开始后的第1、2、3、4、6、8、10、15、20、25、30、40、50、60、80、100、120 min 进行观测,以后可每隔30 min观测一次。

7.4 压水试验

7.4.1 压水试验宜采用自上而下的分段压水方法。当钻孔钻进中发现冲洗介质突然消失或消耗量急剧增大时,应停钻进行压水试验。

7.4.2 试验段应符合下列规定:

1 试验段长度一般宜采用5 m,透水性较强的岩层和特殊孔段,宜根据具体情况确定,但不得超过10 m。

2 同一试验段不宜跨越透水性相差悬殊的几种岩层。

3 相邻试验段之间应相互衔接,少量重叠,不得漏段。当栓塞止水无效时,应将栓塞向上移动,但不宜超过上一试验段栓塞的位置。

4 在同一工程中,试验段长度宜保持一致。

7.4.3 压力阶段与压力值的确定,应符合下列规定:

1 压水试验宜采用三个压力阶段。

2 压水试验的总压力值应与设计水头大体相当。当设计水头低于30 m时,宜采用30 m垂直水柱的压力;当试验段漏水量过大而达不到预定压力时,可按实际能达到的最大压力值进行试验。各孔段试验压力值宜一致。

3 压水试验的总压力值即作用于试验段的实际平均压力,宜采用测压仪测定。无测压仪时,可按下式计算:

$$P = P_b + P_z - P_s \tag{7.4.3}$$

式中 P——试验段的实际平均压力(MPa);

P_b——压力表压力(MPa);

P_z——压力表中心至压力计算零线的水柱垂直压力(MPa);

P_s——压力损失(MPa)。

4 压力计算零线的确定,应符合下列规定:

1)地下水位在试验段以下时,以通过试验段1/2处的水平线作为压力计算零线;

2)地下水位在试验段以内时,以通过地下水位以上试验段1/2处的水平线作为压力计算零线;

3)地下水位在试验段以上,且属于试验段所在的含水层时,以地下水位线作为压力计算零线。

5 倾斜钻孔的水柱压力应进行换算。

6 同一工程中试验总压力值宜一致。

7.4.4 压水试验应符合下列规定:

1 压水试验前,应进行不少于20 min的试验性压水,其压力应为压水试验时的压力值。

2 压水试验中试验压力应保持稳定。

3 压水试验中,每10 min应观测一次压入流量;每一压力阶段在流量达到稳定后延续1.5～2.0 h即可结束；试验结束后绘制 $Q—s$ 关系曲线，并及时检查压水试验的偏差。

4 压水试验过程中，压入的水应采用水质较好的清水。

5 压水试验过程中，应在流量观测的同时测定管外水位的变化，当发现有异常时，及时检查分析原因，并立即采取措施。

6 压水试验过程中，应对周边可能受到影响的坑、孔、井、泉以及沿裂隙渗出地表的水等情况进行观测。

7.4.5 压水试验的单位吸水量，可按下式计算：

$$\omega = \frac{Q}{L \cdot P} \tag{7.4.5}$$

式中 ω——单位吸水量[L/(min·m²)]；

Q——钻孔压水的稳定流量(L/min)；

P——试验段压水时所加的总压力(MPa)(MPa换算为水柱高度m)；

L——试验段长度(m)。

7.5 注 水 试 验

7.5.1 注水试验宜采用钻孔常水头注水法。当采用钻孔降水头注水试验时，应按现行《注水试验规程》(YS 5214)的有关规定执行。

7.5.2 常水头注水试验的方法与步骤，应符合下列规定：

1 注水前应测定孔内的静止水位。

2 用流量箱连续向孔内注入清水，使管内水位升高到设计的高度后，应控制注水量，使水头、水量保持稳定。

3 注水开始后，第1、2、3、4、5、10、15、20、25、30 min同时观测一次水位、水量，以后每隔30 min观测一次，至稳定后再延续2～4 h即可结束。

4 注水试验结束后应立即观测钻孔中的水位下降，其时间间隔与注水试验相同，直至水位下降到静止水位为止；当水位下降缓慢到距静止水位5～10 cm时，可停止观测。

5 注水试验应进行3次水位升高，每次水位升高宜采用2、4、6 m或更大，间距不宜小于1 m。

6 注水量允许偏差为 $(Q_{max} - Q_{min})/Q_{cp} < 10\%$；水头允许波动幅度为±1 cm。

7.6 提 水 试 验

7.6.1 铁路工程钻孔提水试验可采用定水位降深法(定动水位法)或定流量法。

7.6.2 提水试验前，应根据含水层位置、钻孔孔壁稳定情况，下适当的过滤管，及时彻底地洗孔，并排出孔底的沉淀物。

7.6.3 钻孔提水试验，应符合下列规定：

1 单位时间内，提水次数应均匀，提出的水量大致相等，并达到水位、水量相对稳定；

2 水位和水量每隔30 min测定一次，并计算出水量，出水量波动范围在±10%，水位波动范围在10～20 cm时，即为稳定；

3　提水试验的延续时间，应在水位、水量相对稳定后再提水4 h即可结束。

7.6.4　提水试验结束后应进行水位恢复观测，观测的时间应符合本规程第7.1.10条的规定。

8　水文地质参数计算

8.1　一 般 规 定

8.1.1　水文地质参数的计算，应在分析工程地区水文地质条件的基础上，合理地选用公式。

8.1.2　潜水孔的参数计算，当采用观测孔资料时，其使用范围应限制在抽水孔水位下降漏斗坡度小于1/4处。

8.2　渗 透 系 数

8.2.1　当采用单孔稳定流抽水试验，利用抽水孔水位下降资料计算渗透系数时，可采用下列公式：

1　当 Q—s（或 Δh^2）关系曲线呈直线时

1）承压水完整孔

$$K=\frac{Q}{2\pi sM}\lg\frac{R_y}{r} \tag{8.2.1—1}$$

2）承压水非完整孔

当 $M>150r$，$L/M>0.1$ 时

$$K=\frac{Q}{2\pi sM}\left[\ln\frac{R_y}{r}+\frac{M-L}{L}\ln\frac{1.12M}{\pi r}\right] \tag{8.2.1—2}$$

当过滤器位于含水层的顶部或底部时

$$K=\frac{Q}{2\pi sM}\left[\ln\frac{R_y}{r}+\frac{M-L}{L}\ln\left(1+0.2\frac{M}{r}\right)\right] \tag{8.2.1—3}$$

3）潜水完整孔

$$K=\frac{Q}{\pi(H^2-h^2)}\ln\frac{R_y}{r} \tag{8.2.1—4}$$

4）潜水非完整孔

当 $\bar{h}>150r$、$L/\bar{h}>0.1$ 时

$$K=\frac{Q}{\pi(H^2-h^2)}\left(\ln\frac{R_y}{r}+\frac{\bar{h}-L}{L}\ln\frac{1.12\bar{h}}{\pi r}\right) \tag{8.2.1—5}$$

当过滤器位于含水层的顶部或底部时

$$K=\frac{Q}{\pi(H^2-h^2)}\left[\ln\frac{R_y}{r}+\frac{\bar{h}-L}{L}\ln\left(1+0.2\frac{\bar{h}}{r}\right)\right] \tag{8.2.1—6}$$

式中　K——渗透系数（m/d）；

Q——出水量（m^3/d）；

s——水位下降值(m);

M——承压水含水层厚度(m);

H——自然状况下潜水含水层厚度(m);

$\bar{h}$——潜水含水层和抽水试验时的厚度的平均值(m);

h——潜水含水层在抽水试验时的厚度(m);

L——过滤器长度(m);

r——过滤器半径(m);

R_y——引用补给半径(或称裘布依半径、含水层半径)(m)。

2 当 Q—s(或 Δh^2)关系曲线呈曲线时,可采用插值法得出 Q—s 代数多项式,即

$$s = \alpha_1 Q + \alpha_2 Q^2 + \cdots + \alpha_n Q^n \quad (8.2.1—7)$$

式中 $\alpha_1, \alpha_2, \cdots, \alpha_n$——待定系数。

注:α_1 宜按均差表求得后,可相应地将式(8.2.1—1)、式(8.2.1—2)、式(8.2.1—3)中的 Q/s 和式(8.2.1—4)、式(8.2.1—5)、式(8.2.1—6)中的 $Q/(H^2-h^2)$ 以 $1/\alpha_1$ 代换,分别进行计算。

3 当 s/Q(或 $\Delta h^2/Q$)—Q 关系曲线呈直线时,可采用作图截距法求出 α_1 后,按本条第2款进行计算。

8.2.2 当采用单孔稳定流抽水试验,利用观测孔中的水位下降资料计算渗透系数时,观测孔中的 s(或 Δh^2)值在 s(或 Δh^2)—$\lg r$ 关系曲线上能连成直线,可采用下列公式计算:

1 承压水完整孔

$$K = \frac{Q}{2\pi M(s_1 - s_2)} \ln \frac{r_2}{r_1} \quad (8.2.2—1)$$

2 潜水完整孔

$$K = \frac{Q}{\pi(\Delta h_1^2 - \Delta h_2^2)} \ln \frac{r_2}{r_1} \quad (8.2.2—2)$$

式中 s_1, s_2——在 s—$\lg r$ 关系曲线上的直线段上任意两点的纵坐标值(m);

$\Delta h_1^2, \Delta h_2^2$——在 Δh^2—$\lg r$ 关系曲线上的直线段上任意两点的纵坐标值(m^2);

r_1, r_2——在 $s(\Delta h^2)$—$\lg r$ 关系曲线上纵坐标为 s_1、s_2(或 Δh_1^2、Δh_2^2)的两点至抽水孔的距离(m)。

8.2.3 当采用单孔非稳定流抽水试验,在没有越流补给的条件下,利用抽水孔或观测孔中的水位下降资料计算渗透系数时,可采用下列公式:

1 配线法

1)承压水完整孔

$$K = \frac{0.08Q}{Ms} W(u) \quad (8.2.3—1)$$

$$u = \frac{S}{4KM} \cdot \frac{r^2}{t} \quad (8.2.3—2)$$

2)潜水完整孔

$$K = \frac{0.159Q}{\Delta h^2} W(u) \quad (8.2.3—3)$$

$$u = \frac{\mu}{4KH} \cdot \frac{r^2}{t} \quad (8.2.3—4)$$

或

$$K=\frac{0.08Q}{\bar{h}s}W(u) \qquad (8.2.3—5)$$

$$u=\frac{\mu}{4Kh}\cdot\frac{r^2}{t} \qquad (8.2.3—6)$$

式中 $W(u)$——井函数；

S——承压含水层的释水系数；

μ——潜水含水层的给水度。

2 直线法

当$\frac{r^2S}{4KMt}\left(或\frac{r^2\mu}{4K\bar{h}t}\right)<0.01$时，可采用本规程式(8.2.2—1)、式(8.2.2—2)或下列公式计算：

1)承压水完整孔

$$K=\frac{Q}{4\pi M(s_2-s_1)}\ln\frac{t_2}{t_1} \qquad (8.2.3—7)$$

2)潜水完整孔

$$K=\frac{Q}{2\pi(\Delta h_2^2-\Delta h_1^2)}\ln\frac{t_2}{t_1} \qquad (8.2.3—8)$$

式中 s_1,s_2——观测孔或抽水孔在s—lg$t$关系曲线上的直线段上任意两点的纵坐标值(m)；

$\Delta h_1^2,\Delta h_2^2$——观测孔或抽水孔在$\Delta h^2$—lg$t$关系曲线上的直线段上任意两点的纵坐标值($m^2$)；

t_1,t_2——在s(或Δh^2)—lg$t$关系曲线上纵坐标为s_1、s_2(或Δh_1^2、Δh_2^2)两点的相应时间(min)。

8.2.4 当采用单孔非稳定流抽水试验，在有越流补给(不考虑弱透水层水的释放)的条件下，利用s—lg$t$关系曲线上拐点处的斜率计算渗透系数时，可采用下列公式：

$$K=\frac{2.3Q}{4\pi\cdot M\cdot m_i\cdot e^{r/B}} \qquad (8.2.4)$$

式中 r——观测孔至抽水孔的距离(m)；

B——越流参数；

m_i——s—lg$t$关系曲线上拐点处的斜率。

注：1 拐点处的斜率，应根据抽水孔或观测孔中的稳定最大下降值的1/2确定曲线拐点处的水位下降值和拐点位置，再通过拐点作切线，计算拐点处的斜率；

2 越流参数，应根据$e^{r/B}\cdot K_0^{r/B}=2.3(s_i/m_i)$，从函数表中查出相应的$r/B$，然后确定越流参数$B$。

8.2.5 稳定流抽水试验或非稳定流抽水试验，当利用停抽后(抽水孔或观测孔)的水位恢复资料计算渗透系数时，可采用下列公式：

1 抽水试验停抽前，当动水位已稳定，可采用本规程式(8.2.4)计算，式中的m_i值应采用恢复水位的s—lg$(1+t_K/t_T)$曲线上拐点的斜率。

2 抽水试验停抽前，当动水位没有稳定，仍呈直线下降时，可采用下列公式：

1)承压水完整孔

$$K=\frac{Q}{4\pi Ms}\ln\left(1+\frac{t_K}{t_T}\right) \tag{8.2.5—1}$$

2）潜水完整孔

$$K=\frac{Q}{2\pi(H^2-h^2)}\ln\left(1+\frac{t_K}{t_T}\right) \tag{8.2.5—2}$$

式中 t_K——抽水开始到停止的时间（min）；

t_T——抽水停止后算起的恢复时间（min）；

s——水位恢复时的剩余下降值（m）；

h——水位恢复时的潜水含水层的厚度（m）。

注：1 用观测孔资料时，应符合 $\frac{r^2S}{4KMt_K}\left(\text{或}\frac{r^2\mu}{4K\bar{h}t_K}\right)<0.01$ 的要求；

2 如恢复水位曲线直线段的延长线不通过原点时，应分析其原因，必要时应进行修正。

8.2.6 当在第四系松散层中采用单孔稳定流抽水试验，利用抽水孔水位下降资料计算渗透系数时，可采用下列经验公式：

1 潜水含水层完整孔

$$K=\frac{1.3q}{H} \tag{8.2.6—1}$$

2 承压水含水层完整孔

$$K=\frac{1.3q}{M} \tag{8.2.6—2}$$

3 单位降深出水量 q

$$s=aQ+bQ^2 \tag{8.2.6—3}$$

式中 K——渗透系数（m/d）；

q——当水位下降值 $s=1$ m 时的出水量［$m^3/(d\cdot m)$］；

M——承压水含水层厚度（m）；

H——自然状况下潜水含水层厚度（m）。

注：当允许有少许误差时，亦可适用于非完整孔。

8.2.7 当利用压水或注水试验资料计算渗透系数时，宜根据不同条件采用相应公式。

8.3 给水度和释水系数

8.3.1 潜水含水层的给水度和承压含水层的释水系数，可利用单孔非稳定流抽水试验观测孔的水位降深资料确定，也可采用单孔稳定流抽水试验或室内试验方法确定。

8.3.2 当采用稳定流抽水试验方法时，可按下式确定：

1 潜水含水层完整孔

$$\mu=\frac{Qt}{\pi\frac{y+h}{2}(x^2-r^2)} \tag{8.3.2—1}$$

式中 μ——潜水含水层给水度；

Q——抽水稳定出水量（m^3/d）；

t——指示剂（荧光红、NaCl、NH_4Cl 等）从观测孔投入到抽水孔出现经过的

时间(d);

x——抽水孔到观测孔距离(m);

r——抽水孔半径(m);

y——观测孔在抽水水位稳定时自含水层底板计起的厚度(m);

h——抽水孔在抽水水位稳定时自含水层底板计起的厚度(m)。

2 承压含水层完整孔

$$S = \frac{Qt}{\pi M(x^2 - r^2)} \quad (8.3.2\text{—}2)$$

式中 S——承压含水层释水系数;

M——承压含水层厚度(m);

其他符号意义同上。

注:1 当含水层均匀时设一个观测孔;

2 当松散含水层和岩质岩层不均匀时,沿地下水流向上游方向设一个观测孔,垂直地下水方向再设一个观测孔。

8.4 引用补给半径

8.4.1 当利用稳定流抽水试验观测孔中的水位下降资料计算引用补给半径时,可采用下列公式:

1 承压水完整孔

$$\lg R_y = \frac{s_1 \lg r_2 - s_2 \lg r_1}{s_1 - s_2} \quad (8.4.1\text{—}1)$$

2 潜水完整孔

$$\lg R_y = \frac{\Delta h_1^2 \lg r_2 - \Delta h_2^2 \lg r_1}{\Delta h_1^2 - \Delta h_2^2} \quad (8.4.1\text{—}2)$$

式中 R_y——引用补给半径(m);

其他符号意义同上。

8.4.2 单孔稳定流抽水试验的引用补给半径也可按本规程第8.2节计算。

8.5 降水入渗系数

8.5.1 在平原地区,当利用降水过程前后的地下水水位观测资料计算潜水含水层的一次降水入渗系数时,可采用下列公式近似计算:

$$\alpha = \frac{\mu(h_{max} - h \pm \Delta h \cdot t)}{X} \quad (8.5.1)$$

式中 α——一次降水入渗系数;

μ——含水层给水度;

h_{max}——降水后观测孔中的最大水柱高度(m);

h——降水前观测孔中的水柱高度(m);

Δh——临近降水前,地下水水位的天然平均降(升)速(m/d);

t——从 h 变到 h_{max} 的时间(d);

X——t 日内降水总量(m)。

8.5.2 在平原、丘陵和山岭地区,当缺少试验资料时,可按表8.5.2近似确定含水层(体)的降水入渗系数。

表8.5.2 降水入渗系数 α 经验数据

地层名称	α	地层名称	α
粉质黏土	0.01~0.02	较完整岩石	0.10~0.15
粉土	0.02~0.05	较破碎岩石	0.15~0.18
粉砂	0.05~0.08	破碎岩石	0.18~0.20
细砂	0.08~0.12	极破碎岩石	0.20~0.25
中砂	0.12~0.18	岩溶微弱发育	0.01~0.10
粗砂	0.18~0.24	岩溶弱发育	0.10~0.15
圆砾(夹砂)	0.24~0.30	岩溶中等发育	0.15~0.20
卵石(夹砂)	0.30~0.35	岩溶强烈发育	0.20~0.50
完整岩石	0.01~0.10		

9　供水水文地质勘察

9.1　一 般 规 定

9.1.1　供水水文地质勘察工作,应充分搜集分析既有资料,进行现场踏勘,按阶段提出勘察任务书。每个勘察阶段工作结束后,应编写供水水文地质勘察报告。

9.1.2　供水水文地质勘察工作的内容和工作量,应根据水文地质条件的复杂程度、设计用水量的大小、勘察阶段及勘察区已进行工作的程度和拟开采的地下水资源环境评价等因素综合确定。

9.1.3　供水水文地质勘察,应按给水站、生活供水站(点)分别进行。提供取水构筑物出水量计算的水文地质参数,并进行水量和水质评价。

9.1.4　较大的给水站应根据场地水文地质条件运用综合勘探方法进行综合分析和评价。

9.2　调　　绘

9.2.1　水文地质调绘,应符合下列规定:

1　水文地质调绘应在普遍调查的基础上,按水文地质单元进行,选择取水地段并进行详细调查和测绘。

2　水文地质调绘应填绘与勘察阶段相适应比例的水文地质图,图件比例应以相应的地形图或地质图为基础。当搜集不到相同比例尺的地质图时,应进行综合性的地质、水文地质测绘。绘制勘查区的有关水文地质图件,作为评价区域水文地质条件和选择供水水源方案的依据。

3　水文地质调绘应垂直岩层(岩体)和构造线走向;或顺河谷、沟谷、地貌形态变化显著和地下水露头较多的方向,或沿含水层和构造线走向布置。

9.2.2　水文地质测绘的观测点应符合下列规定:

1　观测点的数量,应根据填图的比例确定,以能反映勘察区的水文地质特征为准。

2　观测点宜选择在下列位置:

1)地层界线、断层线、褶皱轴线、标志层、典型露头和岩性、岩相变化点;

2)地貌分界线和特征地质点;

3)井、泉、钻孔、矿井、地面塌陷、岩溶水点和地表水体等。

3　填写井、泉调查表和地质、水文地质观测点表。

9.2.3　各类型水源地,除查明一般水文地质条件外,尚应根据各自的特点,有针对性地查明相应的专门水文地质问题。

9.2.4　山间河谷地区傍河取水,当含水层渗透性较弱、补给条件较差时,可按设计人工含水层进行调绘。

9.2.5 可溶岩地区水文地质调绘,应包括下列内容:

1 裸露型岩溶区

1)碳酸盐岩与非碳酸盐岩的界线和分布范围,在空间位置的组合关系对岩溶发育的影响,大致确定地下分水岭的位置;

2)不同性质的断裂对岩溶发育的控制作用,褶皱各部位的岩溶发育特征;

3)岩溶管道、洞穴、溶孔的发育规律和充填情况,岩溶发育程度及其垂直分带;

4)地下暗河、竖井、溶洞、深潭、季节性溢洪湖、落水洞、洼地、干谷、地下暗河出口及地表水消失和再现等现象;

5)岩溶泉的形成条件和主要控制因素,确定其范围、流量;

6)大型溶洞和地下暗河的分布及其大致轨迹;选择典型地段分别在不同季节进行连通试验,查明暗河连通情况和地下水的流向、流速、流量以及岩溶水在各通道之间、岩溶水与地表水之间的相互转化条件和补给关系。

2 覆盖型岩溶区和埋藏型岩溶区

1)各种微地貌形态(串珠状岩溶洼地、封闭洼地、条形洼地、塌陷点等)的分布规律;

2)覆盖层厚度及其岩性;下伏岩溶强烈发育带的分布、覆盖含水层与下伏岩溶含水层之间的水力联系;

3)岩溶发育的主要层位、深度及其特征;地质构造与岩溶发育的关系;主要岩溶洞穴通道的空间分布位置、充填情况、岩溶水的富集规律与边界条件。

9.3 勘探试验

9.3.1 在松散层地区,供水水源孔的布置宜按照表9.3.1确定。

表9.3.1 各类松散层地区勘探试验孔的位置

类型	勘探试验孔的布置
山间盆地和冲积阶地	在傍河或在河床下取渗透水时,应结合拟建取水构筑物类型,布置在岸边稳定地段
冲洪积平原	垂直地下水流向布置
冲洪积扇	在地下水位埋藏深度合适地段垂直地下水流向布置
滨海平原	垂直海岸线布置,查明咸淡水分界线后再在上游(咸水不能入浸地段)垂直地下水流向地段布置
黄土地区	垂直或平行河谷布置,沿黄土塬中砂砾石层(或砂姜石层)延伸方向布置
沙漠地区	垂直、平行河流(含掩埋古河道)、潜蚀洼地布置,或垂直沙丘覆盖的冲积、湖积含水层中的地下水流向布置
多年冻土区	布置在冰椎、冻胀丘发育地段及河流、湖泊附近的融区地段。开采层下水和融区地下水时结合物探资料布置

9.3.2 在基岩地区,水文地质勘探试验孔的布置宜按照表9.3.2确定。

表9.3.2　基岩地区勘探试验孔的布置

类　型	勘探试验孔的布置
碎屑岩地区	(1)厚层砂岩、砾岩分布区的断裂破碎带(张性断裂破碎带、压性断裂主动盘一侧破碎带),砂页岩地区,在邻近断层破碎带且为地下水运动的上游方向; (2)褶皱轴迹方向剧变的外侧; (3)岩层倾角由陡变缓的偏缓地段; (4)背斜、向斜轴部等构造变动显著的地段; (5)产状近于水平的岩层的裂隙密集带和共轭裂隙的密集部位; (6)碎屑岩与岩脉或侵入体的接触带附近; (7)地下水的集中排泄带
可溶岩地区	(1)按碎屑岩地区布置; (2)布置在可溶岩与其他岩层(包括非可溶岩和弱可溶岩)的接触带处; (3)布置在裂隙岩溶发育带和岩溶微地貌(如溶蚀洼地、串珠状漏斗等)发育处
岩浆岩和变质岩地区	布置在风化带(厚度、广度较大地段)、断裂破碎带、岩脉发育带的地下水上游方向和不同岩性接触带处

9.3.3　水文地质勘探试验孔,应符合下列规定:

1　勘探试验孔的深度,应钻穿有供水意义的主要含水层(组)或含水构造带(岩溶发育带、断裂破碎带和裂隙发育带)。

2　对大厚度含水层,应按不同深度进行分段勘探,每组宜布置2~3孔,每孔过滤器长度宜为20~30 m;各孔过滤器的垂直距离宜保持5~10 m。

9.3.4　在覆盖型、裸露型的岩溶区,勘探试验孔位置和抽水试验,应符合下列规定:

1　勘探试验孔位置,必须与被保护区(路基和其他重要建筑物等)保持一定的安全距离。安全距离应以枯水季节最大水位降深的降落漏斗半径为准再加适当的安全值。

2　勘探试验孔位,在覆盖型岩溶地区,应布置在有较厚的黏性土覆盖地段。

3　当岩溶水的稳定水位埋藏在覆盖层内时,抽水的水位降深不应超过覆盖层的底面。

9.3.5　水文地质试验孔试验结束后应及时进行回填。

9.4　地下水动态观测

9.4.1　当采用地下水水源方案,出现下列情况下之一时,应进行动态观测:

1　采用泉水作为水源,在枯水季节和丰水季节的水质和水量;

2　地下水水位变化较大,影响水文地质参数计算质量和水源设计;

3　补给区范围小的潜水薄含水层,其枯水季节的厚度和水位埋藏深度无确切资料,影响方案选择;

4　地下水水化学成分复杂,缺乏季节性变化资料,影响方案选择;

5　缺乏河水、地下水枯水季节和丰水季节水位资料。

9.4.2　动态观测的项目和观测的时间间隔,应根据水文地质计算和水源设计需要确定;动态观测的延续时间不宜少于一个水文年。

9.4.3　同一地区设置的观测点,应用同一类工具同步进行观测。

9.5　水量评价

9.5.1　对开采含水层的水量评价,应根据水文地质单元、开采地段水文地质条件、含水层的边界条件和地下水补给、径流、排泄条件及拟定的取水构筑物类型和布置方案,地下水的开采现状和今后的开采规划等综合进行评价。

9.5.2 含水层的富水程度,可按表9.5.2进行评价。

表9.5.2 含水层富水程度分区

项目 \ 分区名称	极弱富水区	弱富水区	中等富水区	强富水区
钻孔单位出水量 $q[m^3/(h \cdot m)]$	<1	$1 \leqslant q < 5$	$5 \leqslant q < 10$	$\geqslant 10$

注:q为$s=1$ m时的单位出水量,过滤管半径$r=100$ mm。

9.5.3 地下水水量评价,应计算地下水的补给量、允许开采量,必要时计算容积储存量。

9.5.4 地下水补给量,应计算由地下水径流、降水渗入、地表水渗入、越流补给和其他途径进入含水层的水量。

9.5.5 允许开采量的确定,应符合下列规定:

1 取水方案在技术上可行,经济上合理;

2 在开采期出水量不减少,动水位不超过设计要求;

3 水质和水温变化在允许范围内;

4 不恶化环境水文地质条件,不影响已建水源地的正常开采。

9.5.6 不同条件下的允许开采量的评价应符合下列要求:

1 用水量5 000~10 000 m^3/d的水源,当能够确定勘察区地下水在开采条件下的各项均衡要素时,宜采用水均衡法计算和确定允许开采量。

2 用水量大于或等于10 000 m^3/d的水源,当具备条件时宜采用数值法计算允许开采量。

3 在地下水的补给以地下水径流为主,含水层的厚度不大,储存量很少且下游又允许疏干的情况下,可采用地下水断面径流量法确定允许开采量。

4 当含水层埋藏较浅,开采期地表水能充分补给时,可根据取水构筑物的型式和布局,采用岸边渗入公式确定允许开采量。

5 当需水量不大,且地下水有充足补给时,可只计算取水构筑物的总出水量作为允许开采量。

6 当地下水属周期性补给,且有足够的储存量,采用枯水期疏干储存量的方法计算允许开采量时,宜符合下列两个要求:

1)能够取得的部分储存量,应满足枯水期的连续开采,且抽水井中动水位的下降不超过设计要求;

2)在补给期间可能得到的补给量,应保证被疏干的部分储存量能够得到补偿。

7 当利用泉作为水源时,应根据泉的动态观测资料,结合地区的水文、气象资料评价,以枯水期泉的流量作为允许开采量。

8 当利用暗河作为水源时,可根据枯水期暗河出口处的实测流量评价允许开采量。个别地段的允许开采量可采用地下径流模数法概略评价,也可选择合适的断面,通过天然落水洞、竖井或抽水孔进行抽水,计算过水断面上的总径流量进行评价。

9 当布置井群开采地下水时,允许开采量可根据群孔的总出水能力和开采条件下的相应补给量确定。

10 当大厚度含水层分段取水时，每一孔组的允许开采量，可选用有关公式或按实际群孔抽水试验资料确定。

11 当水文地质条件复杂，补给条件难以查明时，可采用枯水期单孔或群孔抽水试验的实测资料确定允许开采量。

9.6 水质评价

9.6.1 对开采含水层的水质评价，应根据地下水的感官性状和一般化学指标、毒理性指标、细菌学指标和放射性指标，并结合区域水文地质条件进行综合分析（详见附录A）。

9.6.2 对与开采含水层有水力联系的其他含水层或地表水的水质，应进行分析，并综合评价其对开采含水层的影响。

9.6.3 在水质变化复杂的地区，应分区、分层进行评价。

9.6.4 在评价开采含水层的水质时，应预测开采后水质可能发生的变化，并提出防护措施意见。

9.6.5 在有地方病的地区，应根据当地环境保护和卫生部门等有关单位的特殊要求进行水质评价。

9.7 文件编制

9.7.1 外业勘察资料，应分别按沿线和工点及时核对、分析和整理，发现缺欠及时补充。在确认原始资料准确和完善的基础上编制勘察报告和图件。

9.7.2 勘察报告应包括下列内容：

1 干旱、半干旱等缺水地区，宜编制《全线供水水文地质勘察报告》，可按本规程第3.4.2条第1款规定的内容编制；

2 给水站应编制《××给水站供水水文地质勘察报告》；

3 生活供水站（点）应编制《××站（点）供水水文地质勘察说明》；

4 报告和说明中，宜附必要的照片、素描图和断面示意图等。

9.7.3 图件编制应包括下列内容：

1 《全线综合水文地质图》（必要时附），比例为1:50 000～1:200 000；

2 给水站、生活供水站（点）的图件，可按本规程表3.5.4—1规定的项目编制。

10 工程水文地质勘察

10.1 一般规定

10.1.1 工程水文地质勘察应查明各类工程的水文地质条件，为各阶段工程设计提供水文地质资料。

10.1.2 地下工程的山岭隧道、地下洞室和地道以及基础工程的路基、桥梁和房屋建筑等应进行工程水文地质勘察。

10.1.3 工程水文地质勘察，应符合下列规定：

1 山岭隧道的长度在 3 km 及以上，或小于 3 km 但工程场地的水文地质条件复杂时应进行专门水文地质勘察；当长度小于 3 km，且工程场地的水文地质条件简单时，水文地质勘察可与工程地质勘察合并进行；

2 地下洞室、地道和基础工程的水文地质勘察，宜与工程地质勘察合并进行；

3 进行水量和水质评价；

4 进行环境水文地质条件评价，并提出工程措施意见。

10.1.4 重大工程应根据场地水文地质条件和工程设置开展综合勘探的方法，进行综合分析和评价。

10.2 调 绘

10.2.1 一般工程水文地质调绘应符合本规程第4章的有关规定。

10.2.2 山岭隧道工程的水文地质调绘，应包括下列内容：

1 查明隧道通过地段的地层岩性，特别是不同岩性的接触带、断层带和富水带的位置及其分布范围；各类岩层的风化程度及风化带厚度。

2 查明隧道通过地段的地下水类型、分布范围及其补给、径流、排泄的循环特征；地下水水位埋藏深度以及建筑物位于含水体中的长度。

3 当隧道通过可溶岩地区时，应查明岩溶的类型、蓄水构造和垂直渗流带、水平径流带、深部缓流带的分布位置及其特征。当隧道位于水平径流带时，应预测施工中突水的可能性、突水模式及对施工和运营的危害程度。

4 评价地下水对围岩等级、施工掘进和支护工程等的影响。

5 预测隧道通过地段施工中可能发生集中涌水段、点的位置以及对工程的危害程度。

6 分段预测施工阶段可能发生的最大涌水量和正常涌水量。进行水文地质评价并提出工程措施建议。

7 特长、长隧道宜采用 T、D、^{18}O 等环境同位素方法，研究地下水的特征。

10.2.3 地下洞室和地道工程的水文地质调绘，应包括下列内容：

1 查明工程场地地层层序、含水层特征，地下水位埋藏深度和变化幅度以及附近地表水体向建筑物渗透的可能性。

2　当地下洞室和地道的基础底面设计高程低于地下水最高水位(水头)时,应查明含水层的埋藏深度、厚度、水力特性、水质,提供渗透系数等水文地质参数,预测地下水对工程可能造成的危害。

10.2.4　路基工程的水文地质调绘,应包括下列内容:

1　地下水发育的路堑地段:

1)地下水位及其变化幅度,地下水流向和补给来源;

2)含水层的岩性、厚度、富水程度;

3)下伏承压含水层的水头压力对基底稳定性的影响。

2　地下水发育的路堤地段:

1)地下水位及其变化幅度,毛细水上升高度;

2)地层岩性特征,特别是含水层的岩性、厚度、渗透系数及降低地下水位的条件;

3)泉水、湿地位置和高度,路堤压泉后对基底稳定性的影响。

3　受水库及其回水影响的路基地段,地下水壅升情况、路基基底受地下水危害的可能性及其程度。

10.2.5　桥梁工程的水文地质调绘,应包括下列内容:

1　工程场地的水文地质条件,受河流洪、枯水季节影响的地下水位及其变化幅度;

2　地层岩性特征,特别是含水层的岩性、厚度、水力特征;

3　河流或沟谷岸坡因地下水引起滑坡、坍塌的可能性及其对墩台稳定性的影响,必要时应提出拦截、排除地下水的工程措施意见;

4　桥梁墩、台采用沉井或围堰方法施工时,提供计算涌水量的水文地质参数。

10.2.6　房屋、建筑等工程的水文地质调绘,应包括下列内容:

1　工程场地的地层岩性,地下水类型、水质、地下水位埋深及其变化幅度;

2　当基础位于含水层中时,应查明含水层的岩性、厚度和水力特性,预测对基础的影响并提出相应的工程措施意见;

3　当基础底部有承压含水层时,应预测基坑溃底的可能性以及工程措施意见;

4　当基坑采用降低地下水位方法施工时,应提供计算基坑涌水量的水文地质参数,并预测基坑降水后对周边建筑物地基和基础的影响程度。

10.3　勘探试验

10.3.1　隧道工程的水文地质勘探试验孔,应符合下列规定:

1　山岭隧道的水文地质试验孔,应根据工程场地水文地质条件复杂程度,重点布置在下列地段:

1)断层破碎带、构造复合部位、褶皱轴部、不整合接触带和不同岩性接触带;

2)古矿井、古坑道、古河床地段,地表水系汇集地段,山间河谷盆地和洼地地段;

3)岩溶暗河发育地段在物探异常点布孔。

2　水文地质试验孔的位置和数量,应根据工程规模确定。不同水文地质单元不少于1孔。

3　钻孔深度宜达到隧道洞底设计高程以下3～5 m。

10.3.2 路基工程的水文地质勘探试验孔,应符合下列规定:

1 地下水对路基工程有影响的工点,应根据工程类别、规模确定,并应满足工程设计需要;

2 地下水发育的路堑地段宜布置不少于1个勘探试验孔;

3 当设计高程下部有承压含水层时,应至少布置1个勘探试验孔。

10.3.3 桥梁工程的水文地质勘探试验孔,应充分利用工程地质勘探孔,有选择地进行水文地质试验。

10.3.4 房屋、建筑等场地基础工程的水文地质勘探试验孔,应符合下列规定:

1 地下水对房屋、建筑基础有影响的地段,应结合工程类别、规模选择代表性地段布置水文地质试验孔,其数量应满足工程设计需要;

2 勘探试验孔应垂直和平行地下水流向布置,钻孔间距根据勘察阶段要求和场地情况确定。

10.4 气象、水文和地下水动态观测

10.4.1 铁路工程的水文地质勘察应根据需要建立临时性观测站(点)。

10.4.2 临时性观测站(点)的设立及观测内容,应符合下列要求:

1 气象观测:

1)气象观测站(点),宜选择在工程场地附近开阔、平坦的地段;

2)观测内容应根据工程设计的需要和选择的涌水量预测方法确定,宜包括降水量、蒸发量、气温、湿度等项目。

2 水文观测:

1)水文观测站(点),宜选择在与工程有关河流的河道顺直、水流平缓、水流集中的地段;

2)观测内容应根据工程设计的需要和选择的涌水量预测方法确定;宜包括河流洪水期流量和水位、枯水期流量和水位等项目。

3 地下水动态观测:

1)地下水动态观测站(点),宜选择在工程场地附近与工程有联系的具有代表性的地段,并应充分利用既有钻孔、水井和泉眼等;

2)观测的内容应包括水位、水温、水质和流量等项目。

10.4.3 观测的时间和相隔时间,应根据采用的涌水量预测方法确定;但观测的延续时间不应少于一个水文年。

10.4.4 观测资料应及时按项目与时间关系整理成图表,并进行综合分析。

10.4.5 当临时性观测站(点)在施工、运营期间仍需保留时,应继续观测,并转为长期观测站(点)。确定的长期观测站(点),应随主体工程移交。

10.4.6 同一地区设置的观测点,应采用同一类设备同步进行观测。

10.5 水量评价

10.5.1 地下洞室、地道和基础工程,宜根据水文地质条件和勘探孔水文地质试验资料评

价可能产生的涌水情况及应采取的措施意见。

10.5.2 隧道工程的水量评价，应符合下列规定：

1 初测阶段可采用降水入渗法、地下径流模数法、地下径流深度法、比拟法和评分法等概略预测，当有勘探、试验资料时，宜采用地下水动力学法进行预测。

2 定测阶段应根据勘探和水文地质试验资料，采用地下水动力学法进行预测，并与其他方法进行综合分析后确定。

3 隧道施工中最大涌水量和运营中的正常涌水量的预测，宜按附录 B 的方法进行，并应采用多种方法综合分析后确定。

4 根据不同岩性、构造、裂隙和节理的密集程度、富水程度等特征，应分段预测最大涌水量和正常涌水量。

5 山岭隧道围岩的富水程度，可按表 10.5.2 进行分区。

表 10.5.2 围岩富水程度分区

项目 \ 分区名称	贫水区（段）	弱富水区（段）	中等富水区（段）	强富水区（段）
地下径流模数 M $[m^3/(d\cdot km^2)]$	$M<100$	$100\leqslant M<1\,000$	$1\,000\leqslant M<5\,000$	$M\geqslant 5\,000$
洞身单位长度可能最大涌水量 $q_0[m^3/(d\cdot m)]$	$q_0<0.1$	$0.1\leqslant q_0<1$	$1\leqslant q_0<5$	$q_0\geqslant 5$

注：1 可选择具有代表性的一个项目进行分区；
2 本表适用于裂隙水、孔隙水和岩溶水的地下工程。

10.5.3 隧道涌水影响宽度的确定，应符合下列规定：

1 当新建隧道同某既有隧道（坑道）的地质、水文地质条件相似，水文地质参数相近时，可用水文地质比拟法参照既有隧道（坑道）的涌水影响宽度取值。

2 当隧道通过地段的含水体与隔水体容易区分时，可采用地质调查法预测隧道涌水影响宽度 B 值，并符合下列要求：

1）当隔水体与隧道中心线的距离小于可能影响宽度时，该侧的影响宽度以隔水体为界。当隔水体与隧道中心线的距离大于可能影响宽度时，应采用其他方法确定。

2）当隧道通过汇水盆地（洼地、富水构造等）时，该汇水盆地可用来作为该段隧道的集水面积，可取其平均宽度作为隧道涌水影响宽度。

10.6 水质评价

10.6.1 隧道工程的水质评价，应包括下列内容：

1 隧道通过地段的地下水水质和水化学类型；

2 地下水水质复杂地区应分区或分段确定水质和水化学类型；

3 预测因施工引起水质变化的可能性；

4 地下水对建筑材料的腐蚀性评价。

10.6.2 地下洞室、地道和基础工程等的水质评价，应包括下列内容：

1 工程场地的地下水水质和水化学类型；

2 地下水对建筑材料的腐蚀性评价。

10.7 文件编制

10.7.1 隧道工程的水文地质勘察文件编制应包括下列内容:

1 水文地质勘察报告,可按本规程第3章的有关规定编制;

2 图件可按本规程表3.5.4—2编制。

10.7.2 地下洞室、地道和基础工程等的水文地质勘察文件编制应包括下列内容:

1 水文地质勘察报告,内容包括:

1)工程概况;

2)地质、水文地质条件;

3)勘探试验方法及其成果;

4)水文地质计算:水文地质参数、涌水量的计算方法、公式和成果;

5)水文地质条件评价;

6)环境水文地质条件评价以及相应的工程措施意见;

7)对设计、施工和运营的建议。

2 图件可按本规程表3.5.4—2编制。

11　环境水文地质

11.1　一 般 规 定

11.1.1　环境水文地质工作的任务应是查明天然环境水文地质条件，分析供水水源和各类工程设置、施工造成的环境水文地质条件的变化。对工程场地进行地下水环境评价和预测研究，提出环境水文地质问题预防对策或措施方案。

11.1.2　环境水文地质工作的主要目的应是合理开发利用和保护地下水资源、保持良好的生态环境，防止由于铁路工程施工而产生环境水文地质变化问题。

11.1.3　环境水文地质评价应在水文地质勘察的基础上进行。应充分搜集和利用既有资料，当基础资料不能满足要求时，应补充必要的水文地质调绘、勘探试验和观测工作。

11.1.4　铁路工程环境水文地质评价应包括下列内容：

1　天然环境水文地质条件；

2　主要环境水文地质条件问题；

3　工程施工、运营对周围环境和生态的影响。

11.2　工 作 内 容

11.2.1　工程地区环境水文地质调查，应包括下列内容：

1　地下水水质调查

1）地下水环境背景值（或污染起始值）的确定；

2）天然的不良水质中主要物质成分及含量的分布；过高或过低矿化物成分含量和范围、形成原因；对环境和生态及人体健康的影响；

3）地下水天然污染物及其分布特征；污染程度、范围、原因、类型及其对环境和生态的影响；

4）地下水的人为污染源类型和分布、污染途径及方式、主要污染物及其浓度以及对环境和生态的影响。

2　地下水资源衰减调查

1）地下水开采量衰减程度、原因及趋势；

2）地下水位降落漏斗形成的原因、规模、形状及发展趋势；

3）漏斗中心的水位、水位下降幅度和下降速度；

4）被疏干含水层的岩性和厚度、位置、疏干原因和发展趋势。

3　地面沉降与地面塌陷调查

1）沉降和塌陷的基本特征、位置、范围及面积；

2）沉降区和塌陷区的环境水文地质条件；

3）沉降和塌陷的原因和发展趋势。

4　地下工程等引起的其他环境水文地质问题。

11.2.2　给水站供水水源的环境水文地质评价，应包括下列内容：

1　干旱、半干旱等水文地质条件较差地区，预测长期开采后地下水量衰减的可能性；

2　含水层较薄的地区，预测含水层被疏干的可能性；

3　当傍河取水上游存在集中的人为污染源时，预测水质变劣或遭受污染的可能性；

4　预测长期开采地下水引起地下水位下降和形成降落漏斗的可能性，对周边环境和生态的影响程度；

5　裸露型或覆盖型岩溶地区开采地下水时，预测对周边环境和生态的影响，评价重要建筑物安全距离的可靠性。

11.2.3　隧道工程的环境水文地质评价，应包括下列内容：

1　预测隧道施工中涌水引起周边井、泉、地表水体等水量衰减或被疏干的可能性；

2　预测隧道施工对周边地表水、地下水污染或二次污染的可能性；

3　裸露型或覆盖型岩溶地区，预测施工中隧道涌水引起周边地面变形破坏的可能性；

4　预测施工或运营中隧道涌水对周边环境和生态的影响程度；

5　评价隧道排出的地下水作为水资源加以利用的可能性。

11.2.4　对深路堑地下水地段，应评价道床的稳定性和对周边环境和生态的影响；当有下伏高水头承压含水层时，应评价溃底湮没的可能性。

11.2.5　房屋建筑等基础工程，当采用井点降水施工时，应对周边影响范围内的建筑物和构筑物等基础的稳定性进行评价。

附录A　生活饮用水水源水质标准

表A　生活饮用水水源水质标准(CJ 3020—93)

项　　目	极限值	
	一　级	二　级
色	色度不得超过15度,并不得呈现其他异色	不应有明显的其他异色
浑浊度(度)	≤3	
嗅和味	不得有异臭、异味	不应有明显的异臭、异味
pH	6.5～8.5	6.5～8.5
总硬度(mg/L)(以碳酸钙计)	≤350	≤450
溶解铁(mg/L)	≤0.3	≤0.5
锰(mg/L)	≤0.1	≤0.1
铜(mg/L)	≤1.0	≤1.0
锌(mg/L)	≤1.0	≤1.0
挥发酚(mg/L)(以苯酚计)	≤0.002	≤0.004
阴离子合成洗涤剂(mg/L)	≤0.3	≤0.3
硫酸盐(mg/L)	<250	<250
氯化物(mg/L)	<250	<250
溶解性总固体(mg/L)	<1 000	<1 000
氟化物(mg/L)	≤1.0	≤1.0
氰化物(mg/L)	≤0.05	≤0.05
砷(mg/L)	≤0.05	≤0.05
汞(mg/L)	≤0.001	≤0.001
硒(mg/L)	≤0.01	≤0.01
镉(mg/L)	≤0.01	≤0.01
铬(六价)(mg/L)	≤0.05	≤0.05
铅(mg/L)	≤0.05	≤0.07
银(mg/L)	≤0.05	≤0.05
铍(mg/L)	≤0.000 2	≤0.000 2
氨氮(以氮计)(mg/L)	≤0.5	≤1.0
硝酸盐(以氮计)(mg/L)	≤10	≤20
耗氧量($KMnO_4$法)(mg/L)	≤3	≤6
苯并(a)芘(μg/L)	≤0.01	≤0.01
滴滴涕(μg/L)	≤1	≤1

续上表

项　　目	极　限　值	
	一　　级	二　　级
六六六(μg/L)	≤5	≤5
百菌清(mg/L)	≤0.01	≤0.01
总大肠菌群(个/L)	≤1 000	≤1 000
总 α 放射性(Bq/L)	≤0.1	≤0.1
总 β 放射性(Bq/L)	≤1	≤1

附录 B　预测隧道涌水量的方法

B.1　简易水均衡法

B.1.1　当越岭隧道通过一个或多个地表水流域时，预测隧道正常涌水量可采用下列方法：

1　地下径流深度法

$$Q_s = 2.74h \cdot A \quad (B.1.1\text{—}1)$$
$$h = W - H - E - SS$$
$$A = L \cdot B$$

式中　Q_s——隧道通过含水体地段的正常涌水量(m^3/d)；

2.74——换算系数；

h——年地下径流深度(mm)；

A——隧道通过含水体地段的集水面积(km^2)；

W——年降水量(mm)；

H——年地表径流深度(mm)；

E——某流域年蒸发蒸散量(mm)；

SS——年地表滞水深度(mm)；

L——隧道通过含水体地段的长度(km)；

B——隧道涌水地段 L 长度内对两侧的影响宽度(km)。

2　地下径流模数法

$$Q_s = M \cdot A \quad (B.1.1\text{—}2)$$
$$M = Q'/F$$

式中　M——地下径流模数[$m^3/(d \cdot km^2)$]；

Q'——地下水补给的河流的流量或下降泉流量(m^3/d)，采用枯水期流量计算；

F——与 Q' 的地表水或下降泉流量相当的地表流域面积(km^2)；

其他符号意义同式(B.1.1—1)。

B.1.2　当隧道通过潜水含水体且埋藏深度较浅时，可采用降水入渗法预测隧道正常涌水量。

$$Q_s = 2.74\alpha \cdot W \cdot A \quad (B.1.2)$$

式中　α——降水入渗系数；

其他符号意义同式(B.1.1—1)。

B.2　地下水动力学法

B.2.1　当隧道通过潜水含水体时，可用下列公式预测隧道最大涌水量。

1　古德曼经验式

$$Q_0 = L\frac{2\pi \cdot K \cdot H}{\ln\dfrac{4H}{d}} \tag{B. 2. 1—1}$$

式中　Q_0——隧道通过含水体地段的最大涌水量(m^3/d)；

K——含水体渗透系数(m/d)；

H——静止水位至洞身横断面等价圆中心的距离(m)；

d——洞身横断面等价圆直径(m)；

L——隧道通过含水体的长度(m)。

2　佐藤邦明非稳定流式

$$q_0 = \frac{2\pi \cdot m \cdot K \cdot h_2}{\ln\left[\tan\dfrac{\pi(2h_2 - r_0)}{4h_c}\cot\dfrac{\pi \cdot r_0}{4h_c}\right]} \tag{B. 2. 1—2}$$

式中　q_0——隧道通过含水体地段的单位长度最大涌水量[m^3/(s · m)]；

m——换算系数，一般取 0. 86；

K——含水体渗透系数(m/s)；

h_2——静止水位至洞身横断面等价圆中心的距离(m)；

r_0——洞身横断面等价圆半径(m)；

h_c——含水体厚度(m)。

B. 2. 2　当隧道通过潜水含水体时，可采用下列公式预测隧道正常涌水量。

1　裘布依理论式

$$Q_s = L \cdot K\frac{H^2 - h^2}{R_y - r} \tag{B. 2. 2—1}$$

式中　Q_s——隧道正常涌水量(m^3/d)；

K——含水体的渗透系数(m/d)；

H——洞底以上潜水含水体厚度(m)；

h——洞内排水沟假设水深(一般考虑水跃值)(m)；

R_y——隧道涌水地段的引用补给半径(m)；

L——隧道通过含水体的长度(m)；

r——洞身横断面宽度之半(m)。

2　佐藤邦明经验式

$$q_s = q_0 - 0.584\bar{\varepsilon} \cdot K \cdot r_0 \tag{B. 2. 2—2}$$

式中　q_s——隧道单位长度正常涌水量[m^3/(s · m)]；

$\bar{\varepsilon}$——试验系数，一般取 12. 8；

r_0——洞身横断面的等价圆半径(m)；

其他符号意义同式(B. 2. 1—2)。

B. 3　其 他 方 法

B. 3. 1　当新建隧道附近有水文地质条件相似的既有隧道或坑道以及岩溶区时，可采用水文地质比拟法预测隧道涌水量：

$$Q = Q'\frac{F \cdot s}{F' \cdot s'} \tag{B. 3. 1}$$

$$F = B \cdot L$$

$$F' = B' \cdot L'$$

式中　Q, Q'——新建、既有隧道(坑道)通过含水体地段的正常涌水量或最大涌水量(m^3/d);

F, F'——新建、既有隧道(坑道)通过含水体地段的涌水面积(m^2);

s, s'——新建、既有隧道(坑道)通过含水体中自静止水位计起的水位降深(m);

B, B'——新建、既有隧道(坑道)洞身横断面的周长(m);

L, L'——新建、既有隧道(坑道)通过含水体地段的长度(m)。

B.3.2　当隧道通过潜水含水体且有给水度或裂隙率资料时,可采用同位素氚(T)法预测隧道正常涌水量。

$$Q_s = \frac{L \cdot A \cdot \mu}{365t} \tag{B.3.2}$$

$$t = 40.727 \lg \frac{N_0}{N_t}$$

式中　L——N_0 与 N_t 两样品间的距离(m);

μ——含水体给水度(基岩可用裂隙率代替);

365——年平均天数(d);

t——N_0 与 N_t 两样品间的时间差(a);

N_0——样品中氚含量起始值(TR);

N_t——与 N_0 比较的样品中氚含量(TR);

其他符号意义同式(B.1.1—1)。

B.3.3　在踏勘和初测阶段,可采用评分法概略预测隧道最大涌水量。

1　隧道涌水灾害严重等级判别,可按附录表B.3.3—1确定。

表 B.3.3—1　隧道涌水灾害严重等级判别

判别条件	评分标准				
地表环境特征	沟谷汇水、岩溶形态发育、集水建筑物以上给0.7分				旱地、荒地0分
岩石性质	硬岩(硬岩+软岩)0.21分				软岩0分
地质构造	裂隙不发育紧闭 0	裂隙发育张开 1.34	断层破碎带 1.7	岩溶裂隙发育 1.71	岩溶断层带 1.90
防水措施	无 0		灌浆防水 −0.3		已衬砌 −0.45
气候条件	少雨区(年降水量 $W \leq 800$ mm) 0		多雨区(800 mm < $W \leq$ 1 600 mm) 1.15		丰雨区($W >$ 1 600 mm) 1.30
最大埋深	$3.8H \times 10^{-4}$(H为最大埋深,m)				
隧道长度	$0.05L$　(L为隧道长度,km)				
判别	D级	C级	B级	A级	
	<2.48	2.48~3.30	3.30~3.91	>3.91	

注:A级,隧道涌漏水甚大或突然涌水或泥砂大量涌出;
B级,隧道涌漏水较大或泥砂涌出;
C级,隧道涌漏水较少,对围岩稳定性有一定影响;
D级,隧道涌漏水甚微或无,一般不会对施工运营及环境造成不利影响。

2　隧道最大涌水量概略预测,可按附录表B.3.3—2评分,累计相加确定。

表 B.3.3—2　隧道最大涌水量概略预测（单位：m³/d）

基本量	地表环境特征		隧道类型		岩石性质			
	沟谷汇水或纵向汇水长度大于 1 km	旱地	越岭	沿河	灰岩	硬岩	软硬互层	软岩
2 900	188	0	0	820	4 095	2 730	0	-1 724

地质构造特征						气候特征	
裂隙不发育	裂隙发育	断层带	岩溶裂隙发育	岩溶断层	溶洞暗河	多雨区（800 mm < W ≤1 600 mm）	丰雨区（W > 1 600 mm）
-1 180	500	3 140	3 060	4 480	28 338	0	3 860

防水措施		隧道最大埋深			
无防护	灌浆后开挖，已衬砌	100 m 以下	100～400 m	400～700 m	>700 m
0	-3 940	5	23	45	578

隧道长度（km）													
1.0	2.0	3.0	4.0	5.0	6.0	7.0	8.0	9.0	10.0	11.0	12.0	13.0	14.0
0	780	1 108	1 607	2 000	2 800	4 280	5 760	7 250	8 732	11 214	12 690	14 180	16 110

本规程用词说明

执行本规程条文时，对于要求严格程度的用词说明如下，以便在执行中区别对待。

(1)表示很严格，非这样做不可的用词：

正面词采用“必须”；

反面词采用“严禁”。

(2)表示严格，在正常情况下均应这样做的用词：

正面词采用“应”；

反面词采用“不应”或“不得”。

(3)表示允许稍有选择，在条件许可时首先应这样做的用词：

正面词采用“宜”；

反面词采用“不宜”。

表示有选择，在一定条件下可以这样做的，采用“可”。

《铁路工程水文地质勘察规程》
条 文 说 明

本条文说明系对重点条文的编制依据、存在的问题以及在执行中应注意的事项等予以说明。为了减少篇幅，只列条文号，未抄录原条文。

1.0.1～1.0.2　本规程是将《铁路供水水文地质勘测规则》(TBJ 15—96)和《铁路工程水文地质勘测规范》(TB 10049—96)合并修编而成，在实施中应与《铁路工程地质勘察规范》(TB 10012)配套使用。

3.2

根据铁道部铁建设〔1999〕99 号文《铁路基本建设项目预可行性研究、可行性研究和设计文件编制办法》的规定，增加“加深地质工作”一节，其内容与《铁路工程地质勘察规范》(TB 10012)协调一致。

3.6

为了统一勘察阶段，本规程增加了施工阶段供水水文地质的工作内容。

3.6.3　本条是根据生产实践经验编制的。往往由于自然条件的变化，人为因素的制约和勘察条件所限，造成施工阶段水源方案的改变，因此应重视施工阶段的供水水文地质工作。

3.7.1　本规程增加了运营期间的供水水文地质工作内容，是根据生产实践经验编制的。水源施工后，常会发生运营时间不长水源出水量出现衰减或枯竭、水质变劣、遭受自然灾害等情况，需扩建、改建或重新勘察水源。为积累必要的资料，因此应开展运营期间的供水水文地质工作。

4.2

为了推广综合勘察技术的应用，增加了“遥感图像水文地质解译”一节，其内容与《铁路工程地质勘察规范》(TB 10012)、《铁路工程地质遥感技术规程》(TB 10041)协调一致。

4.2.4　铁道部专业设计院卓宝熙、史振凯撰写的《隧道富水程度遥感综合评估方法的探讨》一文(《铁道工程学报》1998 年第 1 期)，应用遥感地质、水文地质解译评价勘察区岩体富水程度，具有参考价值，当有条件时在踏勘和预可行性研究阶段可应用此法概略评估，见说明表 4.2.4。

说明表 4.2.4　影响富水程度各要素分类与分数关系

分数值 / 要素名称	-30	-20	-10	0	10	20	30	40
地形地貌				地形陡峻及分水岭地段	中等陡峻平缓地形			
岩　石(Y)				泥岩和页岩	变质岩	深成浅成及喷出岩	砂岩砾岩，粉砂岩，玄武岩	岩溶发育石灰岩，白云岩，石膏，盐岩

续上表

要素名称 \ 分数值		−30	−20	−10	0	10	20	30	40
地质构造(Z)	背斜					背斜地层			
	向斜				两翼地层、单斜地层		向斜地层		
	构造节理 F					不发育 <80	较发育 80～150	发育 156～230	很发育 230
	原生节理 F					不发育 <80	较发育 80～150	发育 156～230	很发育 230
降水量 J_s(mm/a)					干旱地区 <200	少水带 200～400	过渡带 401～800	多水带 801～1 600	丰水带 >1600
埋深(m)		1 000	401～1 000	200～400	<200				

注:1 本表富水程度要素分类分数只适用于隧道(坑道)富水程度估算时用。
2 表中 F 代表构造节理丰度值,丰度值的概念是指单位面积大型构造节理发育的总长度或总条数。
3 表中节理发育程度 4 个等级可根据遥感图像解译编制的等丰度图中该地段的相应的丰度值(F)确定。例如,$F<80$ 相当于节理不发育。
4 分数 $H=D+Y+Z+J_s+M$:
当 $H>80$ 分时为强富水区;
$H=61\sim80$ 分时为中等富水区;
$H=40\sim60$ 分时为弱富水区;
$H<40$ 分时为贫水区。

4.3.1 河流的科里奥利效应,系指地球自转时产生的偏转力所造成的现象。偏转力,即科里奥利力。是法国著名数学家科里奥利(Gaspar Gustarede Coriolis,1792～1843)于1835年提出的。

科里奥利力,可使地球北半球流体向右偏转,而南半球流体向左偏转。就北半球河流而言,不论流向如何偏转时将产生向右位移、冲刷、切割岸边等现象,随着时间推移而不断扩大领域,特别是洪水时(流量大、速度快)尤甚。与此同时,北半球河流的左岸将遗留多级阶地或比较宽阔的冲积、洪积平原。这些阶地和平原常常埋藏着丰富的地下水,尤其是比较大的河流,含水层的面积和厚度是巨大的,多数具有经济意义。

甘肃省祁连山北侧之党河、莫高窟河、北大河、疏勒河均向北流动。隋、唐时代以来开凿的千佛洞均位于河流左侧,皆因右岸不断被冲刷所致。北大河出山口后不断向右位移,其古河道遗址至今仍可观察到。疏勒河出山口后不断向右位移,其左侧遗留有头道沟、二道沟、三道沟等,现河流在九道沟附近流动,其左侧遗留有宽 70 km,长 50 km 的山前冲洪积扇,埋藏着丰富的地下水,疏勒河车站供水水源就是开发这些古河道中的地下水。

黄河中、上游大致向东流动。而在迎水桥—鸣沙洲段长约 100 km,呈 NEE 向流动,因不断向右位移其左侧形成宽 5～15 km,厚 50～100 m 的黄河冲积层,地下水丰富。在青铜峡—石嘴山段长约 150 km,北偏东流向,由于河流向右位移,其左侧遗留一山前倾斜平原,称银川平原,宽 20～50 km,第四系厚度 1 609 m,含水层厚度 100～200 m,潜水、承压水均丰富。

4.5.2 根据国家标准《量和单位》(GB 3100～3102)、铁道部行业标准(TB 2418—93)和《铁路工程计量单位实用手册》的有关规定,水质中用物质的量浓度(c)或质量浓度(ρ)表示钙、镁、钙镁、碳酸盐钙镁和非碳酸盐钙镁离子含量,不采用“硬度”这一术语,而采用新的术语与符号。

生活饮用水水质判定标准,以往采用的是国家标准《生活饮用水卫生标准》(GB

5749),2001 年卫生部又颁发了卫法监发〔2001〕161 号文件《卫生部关于印发生活饮用水卫生规范的通知》(附件 1　生活饮用水卫生规范),均系经过处理后到达用户的饮用水水质标准。供水水源的水质标准是未经处理的,采用建设部发布的城镇建设行业标准《生活饮用水水源水质标准》(CJ 3020)更为合适,它适用于城乡集中式生活饮用水水源的水质(包括各单位自备生活饮用水的水源)评价。

4.5.3　铁路混凝土与砌体工程用水的分析项目,是根据行业标准《铁路混凝土与砌体工程施工及验收规范》(TB 10210—97)编制的。水中有害物质含量,应按现行行业标准《混凝土拌和用水标准》(JGJ 63)执行,见说明表 4.5.3。

说明表 4.5.3　水中有害物质含量

混凝土种类 / 水中有害物质名称及含量	预应力混凝土	钢筋混凝土	混　凝　土
pH 值	>4	>4	>4
不溶物(mg/L)	<2 000	<2 000	<5 000
可溶物(mg/L)	<2 000	<5 000	<10 000
氯化物,以 Cl^- 计(mg/L)	<500	<1 200	<3 500
硫酸盐,以 SO_4^{2-} 计(mg/L)	<600	<2 700	<2 700
硫化物,以 S^{2-} 计(mg/L)	<100	—	—

注:使用钢丝或热处理钢筋的预应力混凝土,其氯化物含量(以 Cl^-)不得超过 350 mg/L。

4.6.7　对于多年冻土地区地下水类型的划分,特别是冻土层间水,目前国内看法尚不统一。就国家标准和行业标准而言,规定也不尽一致。国家标准《供水水文地质勘察规范》(GB 50027)规定有"冻土层间水",而地矿部行业标准《冻土地区工程地质调查规程》(DZ/T 0061—93)附录 D 中只规定有冻结层上水和冻结层下水。

表 4.6.7 多年冻土地区地下水类型分区中只规定了冻结层上水、冻结层下水和融区地下水 3 个分区。

5.1.1　铁路物探技术目前已有十几种方法,但根据工程目的,应选择不同的物探方法。根据铁四院的经验,各种地面物探方法与应用范围列于说明表 5.1.1 中。

说明表 5.1.1　地面物探方法与应用范围

<table>
<tr><th>应　用　范　围</th><th colspan="3">类别</th><th>方 法 名 称</th></tr>
<tr><td rowspan="3">渗透性地层界线;测定地下水流向及地下水与地表水的补给关系</td><td rowspan="12">直流电法</td><td colspan="2" rowspan="3">自然电场法</td><td>电位法</td></tr>
<tr><td>梯度法</td></tr>
<tr><td>"8"字形法</td></tr>
<tr><td rowspan="5">填图、追索断层破碎带,探测基岩底面起伏,追索各种高低阻陡倾斜地电体及接触面;探查岩溶发育带</td><td rowspan="9">电阻率法</td><td rowspan="5">电剖面法</td><td>对称四极剖面法</td></tr>
<tr><td>复合四极剖面法</td></tr>
<tr><td>联合剖面法</td></tr>
<tr><td>中间梯度法</td></tr>
<tr><td>偶极剖面法</td></tr>
<tr><td rowspan="4">划分近水平层位,确定含水层厚度、埋深;划分咸、淡水界面;探查构造,探测基岩埋深、风化壳厚度等</td><td rowspan="4">电测深</td><td>对称四级电测深法</td></tr>
<tr><td>三级电测深法</td></tr>
<tr><td>环形电测深法</td></tr>
<tr><td>偶极电测深法</td></tr>
</table>

续上表

应用范围	类别	方法名称	
划分含泥质地层,探查溶洞、断层带,富水性等	直流电法	激发极化法	各类剖面法
			激发极化法
追索地下暗河、充水裂隙带;探测地下水流速、流向		充电法	电位法
			梯度法
			追索等位线法
探查区域构造	交流电法	大地电磁法	剖面法
			测深法
应用同直流电阻率法;可在工业用电干扰情况下测量		低频电阻率法	
进行导电率填图,查构造破碎带		甚低频法	
填图,找水		电磁法	
存在高阻屏蔽层情况下探测地下构造,划分地层在接地困难条件下进行探测		频率电磁测深法	
填图		变频法	
探查溶洞、暗河、断层		无线电波透视法	
暗河、断层	其他	α卡法	
含水层层位		核磁共振法	

例如兖石线泗水给水站,该站南部为尼山低山群,北部是泰山余脉,属泗水断陷谷地,车站位于被四条断层切割成略隆起于四周的断块上,地层出露有奥陶系的厚层石灰岩和第三系细砂页岩。应用了音频大地电场法、联合剖面、中梯剖面、电测探和测井等方法成功地查明了断裂位置,找到了地下水,一孔成井,较原设计节省两眼深度百米以上的勘探孔。

对山岭隧道,针对山区特点,宜开展轻便、快速的方法,如磁法、放射性γ测量、测氡、音频大地电磁法等。针对不同的任务要求可选用不同的物探方法,例如为了圈定放射性异常分布主要采用γ测量;对于划分岩带和断层带在地表的位置,主要采用折射法地震、直流电法配合磁法和放射性测量。对于断层带和岩带在剖面上的延伸则主要采用直流电法;对于几百乃至几千米的深部情况则主要采用AMT法与航磁资料的延拓。对于划分富水带则利用直流电法、测氡与二次时差法。

西安安康线秦岭特长隧道,长18 446 m,在勘察中进行了综合物探,先后采用了航磁重力、地面磁法、直流电法、地震反射法、地震折射法、音频大地电磁法、放射性γ测量、地温测量、测氡、二次时差法和多参数综合测井等11种方法。

弹性波探测,根据岩体弹性波传播速度和新鲜岩石试料的弹性波速度相互比较后给出的数据,可推测岩体的胶结程度、风化程度、变质情况和裂隙发育程度。利用弹性波速度可判释岩体的富水程度,例如日本山阳新干线福冈隧道,均由三郡变质岩组成,西工区地段的弹性波速度平均为4.7 km/s,洞口的涌水量为0.35 $m^3/(min \cdot km)$,而东工区地段弹性波速度平均为3.2 km/s,洞口的涌水量为11.5 $m^3/(min \cdot km)$,可见有着明显差异。弹性波探测,对解析裂隙含水体的构造给出了有效的信息。

5.2.2 目前,测井方法已有十余种,应根据工程类型和不同的勘察目的,合理选择测井方法。测井方法与应用范围列于说明表5.2.2中。

说明表 5.2.2　测井方法与应用范围

应用范围	类别	方法名称	
划分钻孔剖面，确定岩石电阻率参数	电测井	视电阻率测井	普通视电阻率测井
详细划分钻孔剖面，确定渗透性地层			微电极系测井
确定含水层位置，估计水文地质参数			井液电阻率测井
确定渗透层，划分咸淡水界面		自然电位测井	
探查溶洞、破碎带		井中电磁波法	
划分岩性剖面，确定含泥质地层，求地层含泥量	放射性测井（核测井）	自然伽玛（γ）测井	
确定岩层的密度、孔隙度		伽玛—伽玛（γ—γ）测井	
确定含水层位置、地层、孔隙度		中子测井	中子—伽玛
			中子—中子
确定孔内出水位置，估计水文地质参数		放射性同位素测井	
划分岩性，确定地层的孔隙度，划分裂隙含水带	弹性波测井	波速测井	
		声幅测井	
区分岩性，查明裂隙、溶洞及套管壁状况，确定岩层产状及裂隙发育方向		全析成像	
探查热水层，测定地温梯度；确定孔内出水位置	热测井	温度测井	
了解岩性变化检查孔径测量	钻井技术情况	孔径测量	
了解钻孔的倾角和方位角参数		孔斜测量	

一般情况下，钻孔宜与弹性波测井、电测井、温度测井等物探方法合并进行，藉以推测含水层的位置和透水性。在温度测井中，根据增温率和温度变坡点还可推测隧道的涌水点。

速度检测，可利用钻孔求算弹性波速度。除一般的钻孔外，也可在隧道施工中掌子面附近进行的超前水平钻孔，测定掌子面前方岩体弹性波速度。根据日本经验，孔内速度测定同地表弹性波测定比较，有如下优点：因调查精密，故测定的精度高；能够同岩芯直接对比，可对岩体进行综合评价；在地表弹性波测定中，解析最困难的是夹在岩体中的高速度层，而孔内速度测定可以解析。

6.3.2　国家标准《供水水文地质勘察规范》（GB 50027—2001）规定抽水试验孔过滤器直径，在松散层中宜大于200 mm。国内各行业中，惟铁路行业几十年来一直采用小孔径钻探，多采用127 mm或146 mm圆孔管包网过滤器，空压机或离心泵抽水。由于孔径小，钻孔出水量往往达不到设计出水量的要求。随着铁路事业的发展，车站用水量不断增大，既有线用水量超过1.0万m^3/d的车站已有几十个。按国标的规定，水源地的勘察规模已达到中型的等级，再用小口径勘探试验已不适宜。为此，本条规定：在松散层内，当用水量大于或等于5 000 m^3/d时，抽水孔过滤管直径不宜小于200 mm，与国标一致。

7.1.5　测水管底端应安装"侧压头"的原理是引自陈雨孙编著《单井水力学》（中国建筑工业出版社，1977年）。抽水试验中水位观测应测"压头"，而几十年来一直采用底端开口的普通测水管，观测的是"速头"——受流速影响的压力水头，这是不符合要求的。冶金部勘察总公司利用毕托（Pitot）管原理进行了试验，在井内下入两根测水位管，在管1的底端开一个小孔，当井内水流向上流动时，因受流速的影响，故测得的水位较高；而管2的管底封闭，在靠近管底的管壁上开一个小孔，孔的方向与流速成 90°角，故在其中测得的水位由于不受流速的影响，可真实代表该点的压力，故较管 1 为低。两管的水位差为 $h_v = v^2/2g$，详见说明图 7.1.5。

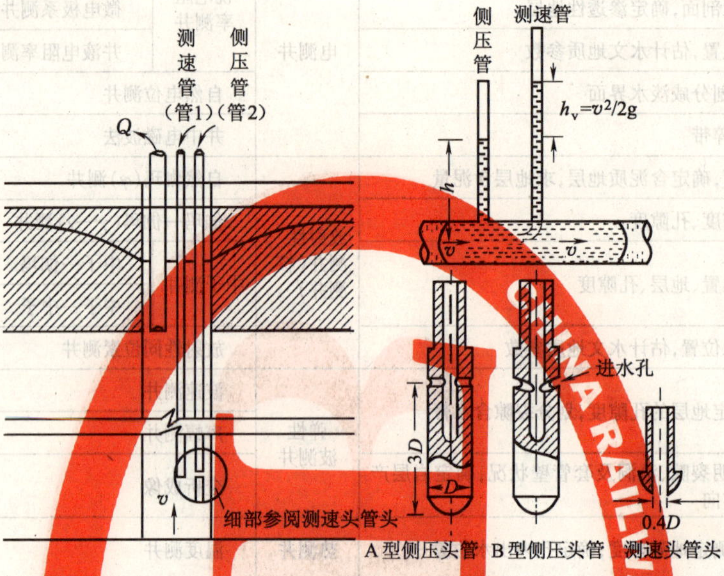

说明图 7.1.5 侧压管与测速管示意

为了提高水位观测的精度和纠正以往的错误做法，本规程规定测水管底端应安装“侧压头”。

7.4

本节是根据原地矿部行业标准《钻孔压水试验规程》（DZ/T 0132—94）、中国有色金属工业协会发布的行业标准《压水试验规程》（YS 5216—2000）、水利电力部《水利电力工程钻孔压水试验规程》和《铁路工程地质钻探规程》（TB 10014—98）等编制的。

7.4.1 压水试验与抽水试验的原理相同只是两者的试验水流方向相反。压水试验多用于隧道等铁路工程的水文地质勘察中，隧道勘察多为深钻孔，由于基岩透水性相对较弱、地下水埋藏较深或无地下水以及钻孔孔径小等因素，抽水试验困难或无抽水试验条件，且附近有地表水作水源时，可利用压水试验方法获取岩层的水文地质参数，对铁路工程进行水文地质评价。

例如西安安康线秦岭特长隧道，就是通过 8 个钻孔进行的抽水（或提水）试验、压水试验，综合确定设计采用的渗透系数值。

根据压水试验的单位吸水量，可以推测岩层的裂隙性，单位吸水量与岩层裂隙系数的关系见说明表 7.4.1。

说明表 7.4.1 单位吸水量与裂隙系数关系

单位吸水量	裂隙系数	岩体评价
<0.001	<0.2	最完整
0.001～0.010	0.2～0.4	完整
0.01～0.100	0.4～0.6	节理较发育
0.100～0.500	0.6～0.8	节理发育
>0.500	>0.8	破碎岩体

注：单位吸水量单位为 L/(min · m²)。

7.4.2 透水性较强的岩层和特殊孔段系指构造破碎带、裂隙密集带、岩层接触带、岩溶洞穴等。

试验段的长度系指栓塞底部至孔底的实际长度。残留岩芯不大于0.2 m时，可计入试验段长度。试验段的重复只允许一次，此时试验段的总长度不得超过10 m。同一工程中试验段长度宜一致，是便于试验成果的分析对比。

7.4.3 压水试验的压力阶段，《压水试验规程》（YS 5216—2000）、《水利电力工程钻孔压水试验规程》均规定按一个压力阶段进行，《钻孔压水试验规程》（DZ/T 0132—94）采用三级压力五个阶段，本《规程》规定按三个压力阶段进行压水试验。

一个压力阶段的压水试验，具有局限性，且只能获得一个流量—压力关系点（S_1，Q_1），虽然工作效率较高，但所获得的参数值往往含有不同程度的误差，压力值愈大，误差也易愈大。采用三个压力阶段虽然压水历时相对较长，但能获得三个流量—压力关系点并能联成供判断试验正误的Q—S关系曲线，对试验质量起保证作用，同时能求得较准确的渗透系数。为了求得正确的岩层渗透性和了解岩层中的渗流属性，采用三个压力阶段是适宜的。

式（7.4.3）中的压力损失P_s值由三部分组成，计算公式如下：

$$P_s = P_{s1} + P_{s2} + P_{s3} \qquad \text{（说明 7.4.3—1）}$$

$$P_{s1} = \lambda \cdot \frac{L}{d} \cdot \frac{v^2}{2g}$$

$$P_{s2} = k\frac{(v_1 - v_2)^2}{2g}$$

$$P_{s3} = \beta \frac{L}{d} \cdot \frac{v^2}{2g}$$

式中 P_{s1}——管路沿程压力损失（MPa）；

P_{s2}——管径由小到大的局部压力损失（MPa）；

P_{s3}——管径由大到小的局部压力损失（MPa）；

L——管长（m）；

d——管径（m）；

v——水在管中的流速（m/s）；

g——重力加速度（$g=9.8\ \text{m/s}^2$）；

λ——粗糙系数，水在铁管中流动时$\lambda = 2\times10^{-2} \sim 3\times10^{-2}$ MPa/m；

v_1——水在小管径（d_1）中的流速（m/s）；

v_2——水在大管径（d_2）中的流速（m/s）；

k——损失系数（MPa/m），$k=1.0$ MPa/m；

β——管径由大到小的局部阻力系数（MPa/m），按说明表7.4.3确定。

说明表 7.4.3 局部阻力系数

d_1/d_2	0.1	0.2	0.4	0.6	0.8
β	0.5	0.42	0.33	0.25	0.15

倾斜钻孔的水柱压力，可用下式换算：

$$P_z = P_z' \sin\alpha \qquad \text{（说明 7.4.3—2）}$$

式中 P_z'——压力表中心至压力计算零线与钻孔中心线交点的倾斜水柱压力(MPa)；

α——钻孔倾角(°)。

同一工程中试验总压力值宜一致，是便于试验成果的对比分析。

7.4.4 《压水试验规程》(YS 5216—2000)是以最终流量作为计算流量，压水试验流量稳定的判断标准可参考下列标准之一，视为稳定：

(1)当流量大于5 L/min时，连续四次读数，其最大值与最小值之差小于最终值的10%；

(2)当流量小于5 L/min时，连续四次读数，其最大值与最小值之差小于最终值的20%；

(3)连续四次读数，流量均小于0.5 L/min。

压水试验压入的水应采用水质较好的同一水源，是为了防止由于压入水质差的水而使地下水遭受污染。压水试验多采用附近的沟、河水作为水源，水中含砂量宜小于2%。

压水试验中，应在流量观测的同时测定管外水位的变化，是了解栓塞的止水效果，当发现管外水位突然变化时视为异常。

7.4.5 单位吸水量计算单位为L/(min·m²)，总压力单位采用是MPa，应换算成水柱高度(m)。1.0 kg/cm² 的压力近似为水柱高度10 m，1 kg/cm² 为100 kPa = 0.1 MPa，1.0 MPa近似为水柱高度100 m。

7.5.1 钻孔注水试验是野外测定岩层渗透性的一种比较简单的方法，其原理同抽水试验，只是以注水代替抽水，即在钻孔内用抬高水头的方法把水注入钻孔，使钻孔水柱在静水压力的作用下逐渐向岩层中渗入，当形成稳定的水位时，即以此时的注入水量计算出岩层的渗透系数。

本节是根据中国有色金属工业协会发布的行业标准《注水试验规程》(YS 5214—2000)、《铁路工程地质钻探规程》(TB 10014—98)等编制的。

7.5.2 注水试验有试坑注水试验和钻孔注水试验，钻孔注水试验又分为降水头注水试验和常水头注水试验。根据铁路的特点和以往常用的方法，并且考虑到降水头注水试验操作和资料整理复杂繁琐，渗透系数计算的公式也较多，因此本规程只对钻孔常水头注水试验作了详细规定。

注水试验的钻孔结构主要有下列三种情况：

(1)钻孔全部下套管，孔底敞口，试验土层与孔底齐平；

(2)钻孔部分下套管，非试验段下套管，试验段不下套管或下过滤管；

(3)钻孔全部下套管，但管内有一定高的土柱。

(1)和(3)适用于降水头注水试验，常水头注水试验采用第二种情况，试验段宜下过滤器。

注水量稳定标准，《注水试验规程》(YS 5214—2000)规定：直到最后两个小时平均流量之差不大于10%，视为流量稳定。本规程采用了《铁路工程地质钻探规程》(TB 10014—98)注水量允许偏差作为稳定标准。

水头稳定标准，《铁路工程地质钻探规程》(TB 10014—98)规定稳定动水位允许偏差为±5 cm，而本规程采用了《注水试验规程》(YS 5214—2000)的规定，水头的允许波动幅度为±1 cm，旨在提高注水试验的质量，保证水文地质参数计算的精度。

7.6

本节是参照《铁路工程地质钻探规程》(TB 10014—98)编制的。

7.6.3 以往的提水试验中,人工操作动水位难以控制,不宜达到稳定,当水位较深时,测定动水位麻烦且时间长、不准确、影响精度。1985年隧道工程局在军都山隧道勘察中,洪正修工程师研制出新的提水试验方法,使难以确定的动水位值得到了较为可靠的解决,效果良好,此法即为固定水位降深法或称固定动水位法。提水试验方法介绍如下。

(1)深水位钻孔。根据试验中每次提出的水量计算每次提水前、后瞬间动水位的上限($h_{上}$)、下限($h_{下}$)值和平均动水位深(h),见说明图7.6.3(a)。

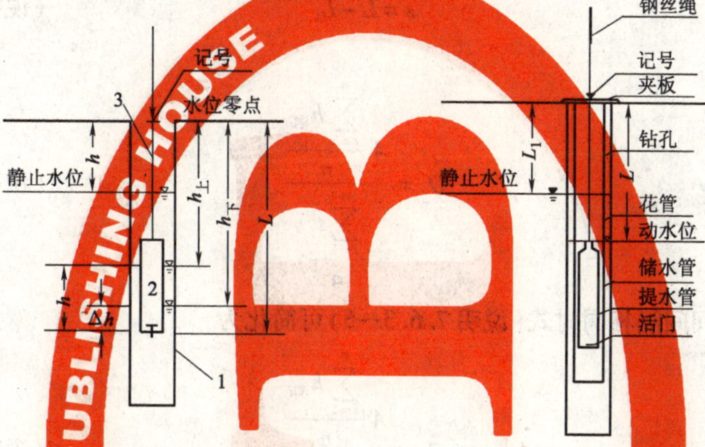

(a)深水位钻孔　　(b)浅水位钻孔

说明图7.6.3　提水试验原理示意

1—钻孔;2—提水筒;3—钢丝绳

平均动水位用下式计算:

$$\bar{h} = L - \frac{A\left(2 - \frac{r_{提外}^2}{r_{孔}^2}\right)\bar{h}_{测}}{20\pi r_{提内}^2} \qquad (说明7.6.3—1)$$

水位降深s值和水量Q值:

$$s = \bar{h} - h_{管} \qquad (说明7.6.3—2)$$

$$Q = \frac{A \cdot \bar{h}_{测}}{t} \qquad (说明7.6.3—3)$$

式中 $\bar{h}$——平均动水位(m);

L——孔口至提水筒底部的长度(m);

A——量水筒1 cm高的体积(L);

$r_{提外}$——提水筒外半径(dm);

$r_{孔}$——动水位变化范围内的钻孔半径(dm);

$r_{提内}$——提水筒内半径(dm);

$h_{测}$——每次提出的水,在圆柱形量水筒内的高度(cm);

$\bar{h}_{测}$——稳定范围内$h_{测}$的平均值(cm);

t——稳定范围内平均提水间隔时间(s)。

(2)浅水位钻孔。提水设备多一套“储水管”,由套管和过滤管组成,下部为底部封死的套管,其长度比提水筒长 1 ~ 2 m,上接长 0.2 ~ 0.5 m 的同径过滤管,再上接同径套管,见说明图 7.6.3(b)。

要求提水筒放入的深度为提水筒顶与过滤管底等高。每次提水,提水筒不得满管,否则调整储水管位置,使储水管中的水位始终低于过滤管底,这样过滤管底的位置即为动水位的位置。

水位降深和出水量按下式计算:

水位降深:

$$s = L - L_1 \tag{说明 7.6.3—4}$$

出水量:

$$Q = \frac{A\dfrac{\sum_{i=1}^{n} h_{测i}}{n}}{\dfrac{\sum_{i=1}^{n} t_i}{n}} \tag{说明 7.6.3—5}$$

当提水时间间隔相同时式(说明 7.6.3—5)可简化为

$$Q = \frac{A\dfrac{\sum_{i=1}^{n} h_{测i}}{n}}{t_i} \tag{说明 7.6.3—6}$$

式中 L——自孔口至储水管滤水管底部的距离(m);

L_1——自孔口至静止水位的距离(m);

A——量水桶 1 cm 高的体积(L);

t_i——两次提水间的间隔时间(s);

$h_{测i}$——提水管内水位不足部分的平均高度(m);

n——每次提出的水放入量水筒中的高度(cm)。

8.1.1 渗透系数 K 的计算公式很多,计算时应根据适用条件合理选择公式,并注明公式的出处。

8.2.1 ~ 8.2.5 渗透系数 K 的计算式(8.2.1—1) ~ 式(8.2.5—2),是根据《供水水文地质勘察规范》(GB 50027)编制的。本章对影响半径 R 的概念作了修正,按照裘布依公式的假定条件,供水水文地质计算采用引用补给半径 R_y 代替原来的影响半径 R。根据工程实例,其预测的出水量精度可由以往的 100% ~50% 的误差减少到 20% 以内。

8.2.6 对以往计算出的水文地质参数进行了分析、研究,结果表明 40 多年来用小口径勘探孔计算出的水文地质参数,来预测设计大口径生产井的出水量,无论是理论上还是计算方法上都不符合裘布依公式的理论,致使几乎有 80% 的出水量超过允许误差。为此,根据《用单位出水量(q)计算渗透系数方法的研究》建技科字〔2001〕第 4 号科研成果,对第四系松散层单孔抽水试验,用单位出水量(q)法计算渗透系数和引用补给半径,预测取水构筑物的出水量并与实际出水量对比,通过 9 个工程实例验证性计算,其误差均小于 20%,能够满足铁路供水工程要求。该方法既符合裘布依公式的假定条件,又不需设观测孔,可缩短勘察周期降低勘察成本。

式(8.2.6—1)、式(8.2.6—2)是前苏联捷年鲍姆和格林鲍姆的经验公式(《根据抽水的单位比涌水量计算岩石导水性和渗透系数的简化方法》,《水文地质工程地质译丛》1965 年第 3 期)。

将钻孔抽水试验资料建立抛物线方程式,求出水位降深 $s=1$ m 时的出水量,即为单位出水量 q,代入式(8.2.6—1)或式(8.2.6—2),便可求出渗透系数。利用计算出的渗透系数值,代入裘布依公式,即可求出引用补给半径。

式(8.2.6—3)为通过坐标原点的抛物线方程式。

8.2.7 行业标准《压水试验规程》(YS 5216—2000)规定渗透系数 K 值不宜以压水试验成果进行换算,但当设计有要求时,可作为参考值按下列公式计算。

当试段底部距离隔水层的深度大于试段长度时

$$K=0.527\omega\cdot\lg\frac{0.66L}{r} \quad \text{(说明 8.2.7—1)}$$

当试段底部距离隔水层的深度小于试段长度时

$$K=0.527\omega\cdot\lg\frac{1.32L}{r} \quad \text{(说明 8.2.7—2)}$$

式中 K——渗透系数(m/d);

ω——单位吸水量[L/(min·m²)];

L——试段长度(m);

r——钻孔半径(m)。

前苏联《水文地质手册》(1959 年列宁格勒版)有各种条件下的计算公式,现介绍如下以供参考。

(1)压水试验采用下列公式计算:

① 承压含水层完整孔

二维流时

$$K=\frac{0.366Q\lg\dfrac{R_y}{r_0}}{Ms_0} \quad \text{(说明 8.2.7—3)}$$

三维流时

$$K=\frac{0.16Q}{M\sqrt{r_0 s_0}} \quad \text{(说明 8.2.7—4)}$$

式中 K——含水层的渗透系数(m/d);

Q——压水期间的稳定水量(m³/d);

R_y——引用补给半径(m);

r_0——过滤管半径(m);

M——承压含水层厚度(m);

s_0——压水钻孔水位高出静止水位的高度(m)。

② 潜水含水层完整孔

二维流时

$$K=\frac{0.733Q\lg\dfrac{R_y}{r_0}}{h_0^2-H^2} \quad \text{(说明 8.2.7—5)}$$

三维流时

$$K=\frac{0.276Q}{\sqrt{r_0(h_0^3-H^3)}}\qquad\text{（说明 8.2.7—6）}$$

式中　K——渗透系数（m/d）；

H——潜水含水层厚度（m）；

h_0——孔内水柱高度（m）。

③ 当向干燥地层中压水，渗透系数按下式计算：

$$K=0.432\frac{Q}{h_0^2}\lg\frac{2h_0}{r_0}\qquad\text{（说明 8.2.7—7）}$$

式中符号意义同上。

适用条件：a. 过滤管下端远远高于地下水位，地层是均质的；

b. h_0 位于过滤管内，$h_0=(25\sim100)d$。

④ 当向钻孔中某试验段压水时，可用下式计算渗透系数：

$$K=0.525q\lg\frac{0.66L}{r_0}\qquad\text{（说明 8.2.7—8）}$$

式中　q——单位吸水量，即被钻穿段长 1 m 的和水头高 1 m 的钻孔吸水量（L/min）；

L——试验段长度（m）；

其他符号意义同上。

适用条件：试验段位于被钻穿地层的中下部。

（2）当利用注水试验资料计算渗透系数时，采用下列公式：

① 承压含水层完整孔：按式（说明 8.2.7—1）计算。

② 承压含水层非完整孔：

$$K=0.366\frac{Q}{Ms_0}\left[\frac{1}{2\alpha}\left(2\lg\frac{4M}{r_0}-A\right)-\lg\frac{4M}{R_y}\right]\qquad\text{（说明 8.2.7—9）}$$

式中　$\alpha=L/M$；

A——按下式确定：

$0.0000<\alpha<0.5900$，$A=0.7045-2.05391g\alpha$；

$0.5900\leqslant\alpha\leqslant0.9758$，$A=4.275\alpha-4.381\alpha^2$。

说明：压水试验亦可按此公式计算。

③ 潜水含水层完整孔：按式（说明 8.2.7—5）和式（说明 8.2.7—6）计算。

④ 潜水含水层非完整孔：

$$K=\frac{0.366Q\lg\dfrac{R_y}{r_0}}{h_0s_0}\qquad\text{（说明 8.2.7—10）}$$

⑤ 向干燥地层的钻孔中注水，按式（说明 8.2.7—3）计算。

向钻孔中某试验段注水，按式（说明 8.2.7—4）计算。

8.3.1　潜水含水层给水度和承压含水层释水系数计算式（8.3.2—1）和式（8.3.2—2）引自前苏联 N·A·斯克巴兰诺维奇著《水文地质计算》，1960 年，莫斯科版。

潜水含水层给水度，当无单孔抽水试验资料以及野外或室内试验资料时，可利用下列经验式近似求得。

$$\mu = 0.1\sqrt[7]{K} \quad \text{（说明 8.3.1）}$$

实践表明，潜水含水层给水度μ值与含水层渗透系数K具有相关关系。早在20世纪60年代，前苏联水文地质专家Н·Н·БИНДЕМАН（宾杰曼）根据实践资料，就已得出潜水含水层给水度与渗透系数的关系，并给出如上关系式。

现列举5个工程实例对比如下：

（1）甘肃省天水市三十里堡籍河河漫滩第四系冲积含水层（砾石），用抽水试验方法获得渗透系数$K=70$ m/d，给水度$\mu=0.171$。

代入式（说明8.3.1）后得$\mu=0.183$，误差为7.3%。

（2）甘肃省天水市北道区渭河右岸二十里堡—社棠段河漫滩第四系冲积含水层（砾石），用抽水试验方法获得渗透系数$K=177.80$ m/d，给水度$\mu=0.22$。

用经验式计算$\mu=0.21$，误差为−4.72%。

（3）甘肃省嘉峪关市冲洪积扇（Q_3）中第四系冲积含水层（卵石），用抽水试验方法获得渗透系数$K=120$ m/d，给水度$\mu=0.20$。

用经验式计算$\mu=0.198$，误差为−0.918%。

（4）日本佐藤隧道，室内试验，含水层渗透系数$K=0.008\ 64$ m/d，给水度$\mu=0.05$。

用经验式计算$\mu=0.051$，误差为1.32%。

（5）兰新铁路兰州—武威段乌鞘岭隧道，通过三叠系砂页岩互层，根据抽水试验和物探资料，渗透系数$K=0.006$ m/d，$\mu=0.05$。

用经验式计算$\mu=0.048$，误差为−4%。

根据上述5个工程实例，经验式（说明8.3.1）误差介于7.3%～−0.918%间，即小于10%。此精度可以满足铁路水文地质勘察的要求，故介绍此式，以减少勘察费用和缩短勘察周期。

8.4.1 引用补给半径计算式（8.4.1—1）和式（8.4.1—2）是根据《供水水文地质勘察规范》（GB 50027）编制的。

当采用单位出水量法即式（8.2.6—1）或式（8.2.6—2）计算渗透系数时，可利用公式（8.2.1—1）或式（8.2.1—4）计算引用补给半径。

《单井水力学》（陈雨孙著）一书中，推导出了在特定水文地质条件地区布置勘探试验孔时，可超前获得引用补给半径R_y值的公式。介绍如下以供参考。

（1）在常水头补给的半无限含水层中：

$$s = \frac{Q}{2\pi KM}\ln\frac{R_y}{r_0} \quad \text{（说明 8.4.1—1）}$$

$$R_y = 2b$$

式中 b——抽水井至补给边界的距离（m）；

M——承压含水层厚度（m），当为潜水时M用$\bar{h}=(H+h)/2$代替；

其余符号意义同上。

适用条件：潜水，边界为直线补给，当边界弯曲或水底堵塞时，R_y变大。

（2）在有垂直渗漏或顶托补给及补给层水位不变的无限含水层中：

$$s = \frac{Q}{2\pi KM}\ln\frac{R_y}{r} \quad \text{（说明 8.4.1—2）}$$

$$R_y=\frac{1.12}{\sqrt{\frac{K_0}{KMm_0}}}$$

式中 K_0——抽水层顶面或底面的相对隔水层的渗透系数(m/d)；

m_0——抽水层顶面或底面的相对隔水层的厚度(m)；

其他符号意义同式(说明 8.4.1—1)。

(3)在天然径流补给的无限潜水含水层中：

$$s=\frac{Q}{2\pi KM}\ln\frac{R_y}{r} \quad (说明 8.4.1—3)$$

$$R_y=2.25\frac{\bar{h}}{i}$$

式中 i——潜水的稳定的天然水力坡度；

$\bar{h}$——抽水稳定后含水层的平均厚度(m)，即$(H+h)/2$。

(4)在两侧是常水头补给边界的条带状含水层中：

$$s=\frac{Q}{2\pi KM}\ln\frac{R_y}{r} \quad (说明 8.4.1—4)$$

$$R_y=0.63L\sin\frac{\pi l}{L}$$

式中 l——抽水孔至近侧边界的距离(m)；

L——条带状含水层的宽度(m)；

其他符号意义同式(说明 8.4.1—1)。

本式适用条件同式(说明 8.4.1—1)。

(5)在一侧是隔水层边界另一侧是常水头边界的条带状含水层中：

$$s=\frac{Q}{2\pi KM}\ln\frac{R_y}{r} \quad (说明 8.4.1—5)$$

$$R_y=1.27L\cot\frac{\pi l}{2L}$$

式中 l——抽水孔至近侧边界的距离(m)；

L——条带状含水层的宽度；

其余符号意义同式(8.4.1—1)。

本式适用条件同式(8.4.1—1)。

8.5.1 式(8.5.1)是根据《供水水文地质勘察规范》(GB 50027)编制的。

8.5.2 当没有水位观测资料时，可按表 8.5.2 查得降水入渗系数经验值。

表 8.5.2 引自《供水水文地质手册》(地质出版社)第二册。

使用表 8.5.2 时，应注意下列几个问题，见说明表 8.5.2。

(1)岩石的坚硬程度，应按《铁路工程岩土分类标准》(TB 10077)重新划分。

(2)原表中岩溶等级划分为 5 级，为与《铁路工程不良地质勘察规程》(TB 10027)相对应，说明表 8.5.2 划分为强烈发育、中等发育、弱发育、微弱发育 4 级。将原表中的“岩溶化较强的灰岩”和“岩溶化极强的灰岩”两级合并为强烈发育，其余的相对应。

说明表 8.5.2　鄂、湘、桂部分地区岩溶化灰岩降水入渗系数

序号	图幅名称	岩溶发育程度	含水岩组	降水入渗系数 α	备　　注
1	咸丰	强烈发育	P_1	0.35～0.5	
			T_{1j},T_{1d}	0.25～0.45	
			O_{1h},C_{1q}	0.35～0.45	
		中等发育	P_2,T_{2d}	0.10～0.20	
2	永顺	强烈发育	P_2,T_{1d}	0.80	八面山向斜
			T_{1d},P_{1q}	0.55～0.679	洛塔向斜
			T_{1d}	0.70	龙家寨向斜
3	五峰	强烈发育	P_{1q},P_{1m},P_{2c},T_{1d}	0.4～0.6	野三关、大支坪
4	恩施	强烈发育	T_{1d},T_{1j}	0.7～0.9	金山子向斜
5	忠县	强烈发育	T_{1d},T_{1j}	0.562～0.679	齐岳山
6	桑植	强烈发育	T_{1j},P_1,T_{1d}	0.45～0.59	
		中等发育	C_{2+3},O_{2+3}	0.30	
7	吉首	强烈发育	P_1,O_1	0.6	向斜构造富水区
		中等发育	C_3	0.20～0.40	向斜构造富水亚区
8	巴东	强烈发育	P,T_{1d},T_{1j}	0.54～0.72	锯居湾、马家湾
		中等发育	T_{1j},T_{1d},P_{2c}	0.32～0.40	青林坝、扮仓坪
9	融安	强烈发育	C_{2+3}	0.56～0.63	
		中等发育		0.34～0.39	
		弱　发　育		0.14～0.22	
10	柳州	强烈发育	D_{2+3}	0.45	峰丛洼地（谷地）
		中等发育		0.40	峰林谷地
		弱　发　育		0.21	孤峰平原
11	宜山	强烈发育	C_{2+3},P_1	0.30～0.45	峰丛洼地（谷地）

（3）岩溶区降水入渗系数，在我国南方有些地区已超过 0.5，据国土资源部地调项目成果（中科院桂林研究所）《区域水文地质普查报告》（1∶20 万），见说明表 8.5.2。

从说明表 8.5.2 可看出岩溶强烈发育地区大部分降水入渗系数大于 0.5，故勘察时应充分搜集既有资料或进行观测、试验取得较为准确的降水入渗系数值。

9.1.3　取水构筑物的出水量计算，是为了进行水源方案比选，应根据水源地水文地质条件、水文地质参数和用水量等，选择合适的公式进行计算比较。取水构筑物的出水量，应小于地下水补给量。取水构筑物的出水量，其最终单位应使用 m^3/h，并按机械工作时间（h）评价能否满足日用水量要求。对于潜水水位，应采用年水位变化幅度的最低水位。各种取水构筑物出水量可参照以下公式计算：

1. 大口井

（1）潜水完整井，井壁进水：

$$Q=\frac{\pi K(H^2-h^2)}{\ln\frac{R_y}{r}} \qquad \text{（说明 9.1.3—1）}$$

式中 Q——井出水量(m^3/d)；

K——渗透系数(m/d)；

H——潜水含水层厚度(m)；

H——井内水柱高度(m)，$h=H-s$；

s——水位降深(m)；

R_y——引用补给半径(m)；

r——大口井半径(m)。

(2)潜水非完整井，井底进水：

$$Q=\frac{6.28K\cdot r\cdot s}{1.57+2\arcsin\dfrac{r}{m_0+\sqrt{m_0^2+r^2}}+1.185\dfrac{r}{m_0}\lg\dfrac{R_y}{4H}} \quad (说明 9.1.3—2)$$

式中 m_0——井底至下伏隔水层距离(m)；

其他符号意义同式(说明 9.1.3—1)。

适用条件：$1.0>\dfrac{r}{m_0}>0.5$。

$$Q=\frac{6.28K\cdot r\cdot s}{1.57+\dfrac{r}{m_0}\left(1+1.185\lg\dfrac{R_y}{4m_0}\right)} \quad (说明 9.1.3—3)$$

式中符号意义同式(说明 9.1.3—1)。

适用条件：$r/m_0\leqslant 0.5$。

(3)潜水非完整井、井底和井壁同时进水：

$$Q=\pi\cdot K\cdot s\left[\frac{2h_0-s}{2.3\lg\dfrac{R_y}{r}}+\frac{2r}{1.57+\dfrac{r}{m_0}\left(1+1.185\lg\dfrac{R_y}{4m_0}\right)}\right] \quad (说明 9.1.3—4)$$

式中 h_0——静止水位至井底的高度(m)；

其余符号意义同式(说明 9.1.3—2)。

适用条件：

① 含水层较厚(10~15 m)；

② m_0 较小时。

(4)承压水完整井，井壁进水：

$$Q=\frac{2\pi\cdot K\cdot M\cdot s}{\ln\dfrac{R_y}{r}} \quad (说明 9.1.3—5)$$

式中 M——承压含水层厚度(m)；

其他符号意义同式(说明 9.1.3—1)。

(5)承压水非完整井，井底进水：

$$Q=\frac{6.28K\cdot r\cdot s}{1.57+2\arcsin\dfrac{r}{M+\sqrt{M^2+r^2}}+1.185\dfrac{r}{M}\lg\dfrac{R_y}{4M}} \quad (说明 9.1.3—6)$$

式中符号意义同式(说明 9.1.3—5)。

适用条件：$(r/M)>0.5$。

$$Q=\frac{6.28K\cdot r\cdot s}{1.57+\frac{r}{M}\left(1+1.185\lg\frac{R_y}{4M}\right)}$$ （说明 9.1.3—7）

式中符号意义同式（说明 9.1.3—6）。

适用条件：$(r/M)<0.5$。

2. 结合井（单管）

（1）承压水完整式

$$Q=\xi_1\left[\frac{2\pi\cdot K\cdot r\cdot s}{\frac{\pi}{2}+2\arcsin\frac{r}{M+\sqrt{M^2+r^2}}+0.515\frac{r}{M}\ln\frac{R_y}{4M}}+\frac{2\pi\cdot K\cdot M\cdot s}{\ln\frac{R_y}{r_0}}\right]$$

（说明 9.1.3—8）

$$\xi_1=\frac{1}{1+\frac{\ln(R_y/r)}{\ln(R_y/r_0)}}$$

（2）承压水非完整式

$$Q=\xi_2\left[\frac{2\pi\cdot K\cdot r\cdot s}{\frac{\pi}{2}+2\arcsin\frac{r}{M+\sqrt{M^2+r^2}}+0.515\frac{r}{M}\ln\frac{R_y}{4M}}+\frac{2\pi\cdot K\cdot M\cdot s}{\frac{M}{2L}\left(2\ln\frac{4M}{r_0}-A\right)-\ln\frac{4M}{R_y}}\right]$$

（说明 9.1.3—9）

$$\xi_2=\frac{1}{1+\frac{\ln(R_y/r)}{\frac{M}{2L}\left(2\ln\frac{4M}{r_0}-A\right)-\ln\frac{4M}{R_y}}}$$

式中 Q——结合井出水量（m^3/d）；

K——含水层渗透系数（m/d）；

r——大口井半径（m）；

r_0——管井过滤器半径（m）；

R_y——引用补给半径（m）；

L——管井过滤器长度（m）；

M——承压含水层厚度（m）；

A——系数。

系数 A 按下式计算：

$L/M=0.00\sim0.59$ 时，$A=0.7045-2.05539\lg(L/M)$

$L/M=0.6000\sim0.5798$ 时，$A=4.275L/M-4.381(L/M)^2$

（3）潜水完整式

$$Q=\xi_3\left(\frac{2\pi\cdot K\cdot r\cdot s}{\frac{\pi}{2}+2\arcsin\frac{r}{m+\sqrt{m^2+r^2}}+0.515\frac{r}{m}\ln\frac{R_y}{4H}}+\frac{2\pi\cdot K\cdot m\cdot s}{\ln\frac{R_y}{r_0}}\right)$$

（说明 9.1.3—10）

$$\xi_3=\frac{1}{1+\frac{\ln(R_y/r)}{\ln(R_y/r_0)}}$$

(4)潜水非完整式

$$Q=\xi_4\left[\frac{2\pi\cdot K\cdot r\cdot s}{\frac{\pi}{2}+2\arcsin\frac{r}{m+\sqrt{m^2+r^2}}+0.515\frac{r}{m}\ln\frac{R_y}{4H}}+\frac{2\pi\cdot K\cdot m\cdot s}{\frac{m}{2L}\left(2\ln\frac{4m}{r_0}-A\right)-\ln\frac{4m}{R_y}}\right]$$

(说明 9.1.3—11)

$$\xi_4=\frac{1}{1+\frac{\ln(R_y/r)}{\frac{m}{2L}\left(2\ln\frac{4m}{r_0}-A\right)-\ln\frac{4m}{R_y}}}$$

式中　H——潜水含水层厚度(m);

m——大口井底至含水层底板的厚度(m);

其他符号意义同式(说明 9.1.3—9)。

(5)半理论半经验式

$$Q=\frac{1.76K\cdot L\cdot s}{\ln\frac{2R_y\cdot L}{r(R_y+L)}}$$ (说明 9.1.3—12)

式中符号意义同式(说明 9.1.3—9)。

适用条件:

① 承压水、潜水;

② 完整式、非完整式;

③ 含水层底无确切资料;

④ $r_0=0.15$ m。

3. 辐射井

(1)集取地下水的辐射井

① 潜水含水层

$$Q=9.3i^{0.3}K\cdot L\cdot s_0\div\left\{\lg\frac{H^4\left(L^2+2L\sqrt{16Z_1^2+L^2}+16Z_1^2+L^2\right)}{38Z_1^2r_0^2\left(\frac{Z_1^2}{4}+L^2\right)}+\lg\left[\left(\operatorname{arsinh}\frac{\pi\cdot L}{2H}-\cos\frac{\pi\cdot Z_1}{4H}\right)\left(\operatorname{arsinh}\frac{\pi L}{2H}-\cos\frac{1.23\pi\cdot r_0}{H}\right)\right]\right\}$$

(说明 9.1.3—13)

式中　Q——辐射井出水量(m^3/d);

i——滤水管(辐射管)根数;

K——含水层渗透系数(m/d);

L——辐射管长度(m);

s_0——大口井内水位降深(m);

H——潜水含水层厚度(m);

Z_1——滤水管中心至隔水层底板距离(m);

r_0——滤水管半径(m);

arsinh——反双曲正弦函数，查表或按下式计算：

$$\operatorname{arsinh} z = \ln\left(z + \sqrt{z^2 + 1}\right)$$

$$Q = 1.366K \cdot \frac{H^2 - h^2}{\lg \dfrac{R_y}{0.75L}} \cdot n \cdot \alpha \qquad \text{(说明 9.1.3—14)}$$

式中 Q——辐射井出水量（m^3/d）；

n——辐射管根数；

a——系数，一般按 $\alpha = 1.609/n^{0.6864}$ 计算；

H——含水层厚度（m）；

h——动水位以下含水层厚度（m）。

适用条件：$L = 30 \sim 50$ m。

② 承压含水层

$$Q = 8.5 i^{-0.3} K \cdot L \cdot s_0 \div \left\{ \lg \frac{M^4\left(L^2 + 2L\sqrt{16Z_1^2 + L^2} + 16Z_1^2 + L^2\right)}{38Z_1^2 r_0^2\left(\dfrac{Z_1^2}{4} + L^2\right)} + \lg\left[\left(\operatorname{arsinh}\frac{\pi \cdot L}{2M} - \cos\frac{\pi \cdot Z_1}{4M}\right)\left(\operatorname{arsinh}\frac{\pi \cdot L}{2M} - \cos\frac{1.23\pi \cdot r_0}{M}\right)\right] \right\} \qquad \text{(说明 9.1.3—15)}$$

式中 M——承压含水层厚度（m）；

其他符号意义同式（说明 9.1.3—13）。

$$Q = \frac{2.73K \cdot L \cdot s \cdot \beta}{\lg V_r + 2\mu \lg V_m} \cdot n \cdot \Psi \qquad \text{(说明 9.1.3—16)}$$

式中 V_r——系数；

μ——系数，按说明表 9.1.3—1 确定；

V_m——系数；

β——辐射管埋藏系数，按说明表 9.1.3—2 确定；

n——辐射管根数；

Ψ——辐射管互阻系数，按说明表 9.1.3—3 确定；

r——辐射管半径（m）；

M——含水层厚度（m）；

其他符号意义同上。

系数 V_r 按下式计算：

$$V_r = \frac{L}{1.366r} \cdot \sqrt{\frac{2R_y - L}{2R_y + L}}$$

系数 V_m 按下式计算：

$$V_m = \frac{L + \sqrt{L^2 + 4M^2}}{2M} \cdot \sqrt{\frac{2R_y - L}{2R_y + L}}$$

说明表 9.1.3—1　μ 值计算

L/M \ $R_y/2M$	≤15	>15
10	$3.6975+1.1576\lg(R_y/2M)$	$4.5714+0.0686(R_y/2M)$
6	$3.1913+0.9539\lg(R_y/2M)$	$3.6857+0.0543(R_y/2M)$
4	$2.4973+0.6981\lg(R_y/2M)$	$3.5714+0.0286(R_y/2M)$
1	$2.0629+0.5124\lg(R_y/2M)$	$2.5714+0.0286(R_y/2M)$
0.5	$1.9848+0.5267\lg(R_y/2M)$	$2.5143+0.0257(R_y/2M)$

说明表 9.1.3—2　β 值计算

L/M \ Z_0/M	0.2	0.3	0.4	0.5	0.6	0.7	0.8
1.0	0.820	0.95	0.98	1.00	0.98	0.95	0.82
2.5	0.825	0.90	0.96	[illegible]	0.96	0.90	0.825
5.0	0.900	0.95	1.00	[illegible]	1.00	0.95	0.90
7.5	0.910	0.91	0.98	[illegible]	[illegible]	0.91	0.98
10.0	0.930	0.98	[illegible]	[illegible]	[illegible]	0.98	0.93

说明表 9.1.3—3　辐射管互阻系数 $\Psi(n=4、n=6)$

$R_y/2M$	r/M	L/M 1	2	3	4	5	6	7	8	9	10
5	1/370	0.54 (0.42)	0.56 (0.43)	0.58 (0.45)	0.61 (0.46)	0.62 (0.47)	0.65 (0.48)	0.66 (0.50)	0.67	0.68	0.69
	1/150	0.50 (0.38)	0.53 (0.40)	0.56 (0.41)	0.58 (0.43)	0.60 (0.45)	0.64 (0.46)	0.65 (0.47)	0.66 (0.50)	0.67	0.68
	1/37	0.45 (0.34)	0.48 (0.37)	0.50 (0.40)	0.53 (0.42)	0.56 (0.44)	0.60 (0.45)	0.62 (0.46)	0.65 (0.48)	0.66 (0.49)	0.67 (0.50)
15	1/370	0.51 (0.34)	0.52 (0.35)	0.53 (0.37)	0.55 (0.38)	0.56 (0.40)	0.57 (0.40)	0.58 (0.43)	0.60 (0.44)	0.62 (0.45)	0.63 (0.46)
	1/150	0.47 (0.32)	0.48 (0.34)	0.50 (0.35)	0.53 (0.36)	0.55 (0.38)	0.56 (0.39)	0.57 (0.41)	0.59 (0.42)	0.61 (0.41)	0.62 (0.44)
	1/37	0.43 (0.27)	0.44 (0.29)	0.46 (0.32)	0.50 (0.34)	0.52 (0.36)	0.54 (0.37)	0.56 (0.39)	0.58 (0.40)	0.60 (0.41)	0.61 (0.42)
25	1/370	0.47 (0.32)	0.49 (0.34)	0.52 (0.36)	0.54 (0.38)	0.56 (0.40)	0.57 (0.42)	0.58 (0.43)	0.60 (0.44)	0.62 (0.45)	0.63 (0.46)
	1/150	0.44 (0.28)	0.46 (0.32)	0.50 (0.34)	0.52 (0.36)	0.53 (0.38)	0.55 (0.40)	0.57 (0.41)	0.59 (0.42)	0.61 (0.33)	0.62 (0.44)
	1/37	0.41 (0.26)	0.43 (0.28)	0.46 (0.31)	0.48 (0.33)	0.51 (0.35)	0.53 (0.37)	0.56 (0.38)	0.57 (0.40)	0.59 (0.41)	0.60 (0.42)
50	1/370	0.46 (0.30)	0.48 (0.31)	0.50 (0.33)	0.53 (0.34)	0.54 (0.36)	0.56 (0.38)	0.58 (0.41)	0.61	0.62	0.63
	1/150	0.44 (0.28)	0.46 (0.30)	0.47 (0.32)	0.50 (0.34)	0.53 (0.35)	0.54 (0.37)	0.56 (0.39)	0.60 (0.41)	0.61	0.62
	1/37	0.39 (0.24)	0.43 (0.27)	0.45 (0.30)	0.47 (0.32)	0.50 (0.34)	0.52 (0.36)	0.54 (0.37)	0.57 (0.39)	0.59 (0.41)	0.60

注:(　)内数据为 $n=6$。

(2)集取河流渗透水的辐射井

集取河流渗透水的辐射井，根据河水浑浊程度和辐射管埋藏深度，其水量应考虑 0.3～0.8 的河底淤塞系数。计算式如下：

$$Q = q \cdot n \cdot \Psi \qquad \text{（说明 9.1.3—17）}$$

式中 Q——辐射井出水量（m^3/d）；

q——单根辐射管出水量（m^3/d），按式（说明 9.1.3—18）计算；

n——辐射管根数；

Ψ——辐射管互阻系数，按说明表 9.1.3—4 确定；

N_0——系数，按式（说明 9.1.3—19）确定；

H——含水层厚度（m）；

Z_0——河床底至辐射管的距离（m）；

d——辐射管外径，$b = 0.6125d$；

其他符号意义同上。

q 值按下式计算：

$$q = \frac{K \cdot s \cdot L}{0.37 \lg N_0} \qquad \text{（说明 9.1.3—18）}$$

系数 N_0 按下式确定：

$$N_0 = \frac{4H \cdot Z_0 \cdot L\left[\sqrt{L^2 + 16(H - Z_0)^2} + L\right]}{b(H - Z_0)\left(\sqrt{L^2 + 16Z_0^2} + L\right)\left(\sqrt{L^2 + 16H^2} + L\right)} \qquad \text{（说明 9.1.3—19）}$$

说明表 9.1.3—4 辐射管互阻系数 Ψ 值

θ	b/H	L/H								
		1	2	3	4	5	6	7	8	9
30° $n=2$	1/50	0.67 (0.45)	0.73 (0.56)	0.80 (0.64)	0.83 (0.72)	0.86 (0.77)	0.88 (0.82)	0.89 (0.85)	0.90 (0.87)	0.90 (0.89)
	1/200	0.69 (0.54)	0.76 (0.64)	0.82 (0.71)	0.86 (0.78)	0.88 (0.83)	0.89 (0.85)	0.90 (0.88)	0.91 (0.90)	0.91 (0.90)
	1/400	0.73 (0.57)	0.80 (0.67)	0.84 (0.74)	0.88 (0.80)	0.90 (0.85)	0.91 (0.87)	0.92 (0.90)	0.94 (0.92)	0.95 (0.93)
60° $n=2$	1/50	0.72 (0.56)	0.81 (0.65)	0.87 (0.74)	0.93 (0.80)	0.96 (0.86)	0.97 (0.90)	0.97 (0.92)	0.97 (0.93)	(0.93)
	1/200	0.79 (0.62)	0.85 (0.71)	0.87 (0.79)	0.95 (0.85)	0.97 (0.90)	0.98 (0.93)	0.99 (0.95)	0.99 (0.96)	(0.96)
	1/400	0.82 (0.65)	0.87 (0.74)	0.91 (0.86)	0.96 (0.90)	0.98 (0.93)	1.00 (0.96)	1.00 (0.98)	1.00 (0.99)	(0.99)
90° $n=2$	1/50	0.77 (0.52)	0.84 (0.65)	0.88 (0.77)	0.92 (0.85)	0.94 (0.89)	0.96 (0.91)	0.97 (0.93)	0.99 (0.94)	(0.94)
	1/200	0.81 (0.61)	0.88 (0.72)	0.95 (0.80)	0.97 (0.86)	0.99 (0.91)	0.99 (0.93)	0.99 (0.95)	0.99 (0.96)	(0.96)
	1/400	0.84 (0.66)	0.90 (0.74)	0.94 (0.83)	0.97 (0.88)	0.99 (0.93)	1.00 (0.95)	1.00 (0.97)	1.00 (0.98)	(0.98)

注：（ ）内为 $n=3$。

$$Q = \frac{2\pi \cdot K \cdot s \cdot L}{\lg U_r + \frac{n-1}{2}\lg U_\beta} \cdot n \qquad \text{（说明 9.1.3—20）}$$

式中 H、Z_0、K、s、L、n 符号意义同上。

U_r 按下式计算：

$$U_r=\frac{3H\cdot Z_0\cdot L}{r(H-Z_0)(L+\sqrt{L^2+16H^2})}$$

U_β 按下式计算：

$$U_\beta=1+\frac{16H^2}{L^2\sin^2\theta}$$

式中　r——辐射管半径；

θ——辐射管之间的夹角（°）。

（3）集取河流岸边地下水的辐射井

集取河流岸边地下水的辐射井，其出水量可按下列公式计算，其淤积系数可按 0.3 ~ 0.8 选择：

$$Q=\beta\cdot\frac{2\pi\cdot K\cdot s\cdot L}{f(U_\pi)}\cdot\Psi\cdot n \qquad \text{（说明 9.1.3—21）}$$

式中　β——埋深系数，根据 L/H 和 Z_0/H 的比值，按说明表 9.1.2—2 确定（表中 $L/M=L/H$，$Z_0/M=Z_0/H$）。

$f(U_\pi)$ 按下式计算：

$$f(U_\pi)=\ln\left[\frac{0.74L}{r}\sqrt{\frac{2R_y-L}{2R_y+L}}\right]+2\mu\ln U_n$$

U_n 按下式计算：

$$U_n=\frac{L+\sqrt{L^2+4H^2}}{2H}\sqrt{\frac{2R_y-L}{2R_y+L}}$$

式中　μ——系数，根据说明表 9.1.3—5 确定；

R_y——引用补给半径，自辐射井中心至水边线的 2 倍距离（m）；

Ψ——辐射管互阻系数，按说明表 9.1.3—3 确定；

K、s、L、H、r 符号意义同上。

（4）同时集取岸边地下水和河流渗透水的辐射井

说明表 9.1.3—5　确定辐射管互阻系数 μ 值

$R_y/2H$ \ L/H	0.5	1	4	6	10
10	2.2	2.8	3.2	3.8	4.8
20	3.1	3.5	4.2	5.0	6.0
30	3.3	4.2	4.6	5.7	6.9
40	3.9	4.4	5.0	6.1	7.5
50	3.9	4.4	5.1	6.3	8.0

$$Q=2\pi\cdot K\cdot s\left[\frac{L_1n_1}{\ln U_r+\dfrac{n_1-1}{2}\ln U_\beta}+\frac{L_2n_2}{f(U_\pi)}\beta\Psi\right] \qquad \text{（说明 9.1.3—22）}$$

式中　n_1——深入河床下部的辐射管根数；

n_2——岸边辐射管根数；

L_1——深入河床下部的辐射管长度(m);

L_2——岸边辐射管长度(m);

Ψ——辐射管互阻系数,按说明表9.1.2—3确定;

其他符号意义同上。

式(说明9.1.3—13)和式(说明9.1.3—15)引自铁三院李顺宝论文《辐射井产水量的计算》(《水利学报》1965年4月第二期第45~49页)。其余公式摘自《铁路工程设计技术手册·给水排水》36~39页,铁道部第四设计院主编,1977,人民铁道出版社。

工程实例:据《水利学报》1965年4月第2期,第45~49页资料,东北某地一大口井,出水量600 m^3/d,含水层渗透系数$K=40$ m/d,$R=100$ m,后于井内等距打入14根内径为50 mm长度为10 m的钢制过滤管,最大出水量10 300 m^3/d,降落漏斗半径超过500 m,水文地质和抽水试验资料如下:

0.00~1.06 m　　表土砂;

1.06~3.34 m　　黑黏土;

3.34~5.33 m　　细　砂;

5.33~7.59 m　　黄　土;

7.59~9.71 m　　砂黏土;

9.71~14.70 m　　砾　砂;

14.70 m以下　　黏土质隔水层。

地下水位2.89 m,辐射管长度$L=10$ m,辐射管距下部隔水层$Z=2.59$ m,辐射管距上部水位9.31 m,大口井内径3 m,井口高出地面0.8 m。

说明表9.1.3—6　公式计算结果与实际抽水试验对比

大口井内水位降深值 s_0(m)	1.7	2.3	4.1	8.0
按式(说明9.1.3—15)计算的出水量 Q(m^3/d)	2 213	2 994	5 337	10 414
实际出水量 Q(m^3/d)	2 000	3 000	5 000	9 500
误差(%)	9.16	-0.20	6.31	8.78

4. 渗渠

(1)当在潜水含水层内设计完整式单面进水渗渠时,其出水量可按下式计算:

$$Q=L\cdot K\cdot\frac{H^2-h^2}{2R_y} \quad \text{(说明 9.1.3—23)}$$

若设计双面进水渗渠时,其出水量可按下式计算:

$$Q=L\cdot K\cdot\frac{H^2-h^2}{R_y} \quad \text{(说明 9.1.3—24)}$$

式中　Q——渗渠出水量(m^3/d);

L——渗渠长度(m);

h——动水位至隔水底板的高度(m)。

适用条件:地下水位一般小于2~3 m,含水层深度一般小于3~5 m;一般垂直地下水流向布置。

(2)当在水体下部冲积含水层中设计渗渠时,其出水量可按下式计算:

$$Q=\alpha\cdot L\cdot K\cdot\frac{H_y-H_0}{A} \quad \text{(说明 9.1.3—25)}$$

式中 α——淤塞系数，根据水体浑浊程度，按 0.3、0.6、0.8 取值；

H_y——水体水面至集水管顶部的距离(m)；

H_0——集水井内水位对集水管口所施水压，一般取 $H_0=0.5\sim1.0$ m，当集水管内为大气压力时，$H_0=0$。

当非完整式时

$$A=0.37\lg\left[\tan\left(\frac{\pi}{8}\cdot\frac{4h-d}{T}\right)\cot\left(\frac{\pi}{8}\cdot\frac{d}{T}\right)\right]$$

当完整式时

$$A=0.73\lg\cot\left(\frac{\pi}{8}\cdot\frac{d}{T}\right)$$

式中 d——集水管直径(m)；

T——自水体底部计起的含水层厚度(m)；

h——河床底至集水管底距离(m)。

5. 管井

(1)设计在潜水含水层中的管井出水量可按下列公式计算：

① 完整式：按式(说明 9.1.3—1)计算。

② 非完整式：当 $\bar{h}>150r$、$L/\bar{h}>0.1$ 时，可用下式计算：

$$Q=\frac{\pi\cdot K\cdot(H^2-h^2)}{\ln\frac{R_y}{r}+\frac{\bar{h}-L}{L}\ln\frac{1.12\bar{h}}{\pi r}} \tag{说明 9.1.3—26}$$

式中 Q——管井出水量(m^3/d)；

$\bar{h}$——$\bar{h}=(H+h)/2$；

L——过滤器长度(m)；

r——过滤器半径(m)。

适用条件：

① 单井；

② 非完整式时，过滤器位置可以在含水层的上、中或下部。

(2)设计在承压含水层中的管井出水量可按下列公式计算：

① 完整式：按式(说明 9.1.3—5)计算。

② 非完整式：当 $M>150r$、$L/M>0.1$ 时，可用下式计算：

$$Q=\frac{\pi\cdot K\cdot M\cdot s}{\ln\frac{R_y}{r}+\frac{M-L}{L}\ln\frac{1.12M}{\pi r}} \tag{说明 9.1.3—27}$$

式中 M——承压含水层厚度(m)；

s——井内水位降深(m)。

适用条件：

① 单井；

② 非完整式时，过滤器位置可以在含水层的上、中或下部。

(3)当在大厚度含水层中分段取水时，应符合下列要求：

① 各井设计的出水量相同；

② 各井在平面上的布置或呈等边三角形或呈直线形，井距相同（一般 3～5 m）；

③ 各井的结构相同（如 r、L 等）；

④ 各井过滤器在垂直方向上的间距相同（1 号井过滤器之底部至 2 号井过滤器之顶部，或 2 号井过滤器之底部至 3 号过滤器之顶部，一般 5～10 m）。

(4)各井在非干扰情况下的水位降深值可按下列公式计算：

承压水

$$s_0=\frac{Q}{2\pi KM}\left(\ln\frac{R_y}{r}+\frac{M-L}{L}\ln\frac{1.12M}{\pi r}\right)\qquad\text{（说明 9.1.3—28）}$$

潜水

$$s_0=\frac{Q}{2\pi K\bar{h}}\left(\ln\frac{R_y}{r}+\frac{\bar{h}-L}{L}\ln\frac{1.12\bar{h}}{\pi r}\right)\qquad\text{（说明 9.1.3—29）}$$

式中 s_0——非干扰情况下单井工作时的水位降深值(m)；

Q——单井出水量(m^3/d)；

r——过滤器外径(m)；

$\bar{h}$——潜水含水层在天然状态下的厚度(H)和抽水稳定后含水层厚度(h)之平均值(m)，即 $\bar{h}=(H+h)/2$。

(5)各井同时抽水在干扰情况下的累积水位降深值可按下列公式计算：

$$\sum s_1=s_1+s_{1-2}+s_{1-3},\ s_1=\frac{Q_1}{2\pi KL_1}ln\frac{0.66L_1}{r}$$

$$\sum s_2=s_2+s_{2-1}+s_{2-3},\ s_2=\frac{Q_2}{2\pi KL_2}ln\frac{0.66L_2}{r}$$

$$\sum s_3=s_3+s_{3-1}+s_{3-2},\ s_3=\frac{Q_3}{2\pi KL_3}ln\frac{0.66L_3}{r}\qquad\text{（说明 9.1.3—30）}$$

$$s_{1-2}=\frac{Q_2}{4\pi KL_2}\left(\operatorname{arsinh}\frac{c_1-c_2}{r_{1-2}}+\operatorname{arsinh}\frac{c_2+L_2-c_1}{r_{1-2}}+\operatorname{arsinh}\frac{c_1+c_2+L_2}{r_{1-2}}-\operatorname{arsinh}\frac{c_2+c_1}{r_{1-2}}\right)$$

$$s_{1-3}=\frac{Q_3}{4\pi KL_3}\left(\operatorname{arsinh}\frac{c_1-c_3}{r_{1-3}}+\operatorname{arsinh}\frac{c_3+L_3-c_1}{r_{1-3}}+\operatorname{arsinh}\frac{c_1+c_3+L_3}{r_{1-3}}-\operatorname{arsinh}\frac{c_3+c_1}{r_{1-3}}\right)$$

$$s_{2-1}=\frac{Q_1}{4\pi KL_1}\left(\operatorname{arsinh}\frac{c_2-c_1}{r_{1-2}}+\operatorname{arsinh}\frac{c_1+L_1-c_2}{r_{1-2}}+\operatorname{arsinh}\frac{c_2+c_1+L_1}{r_{1-2}}-\operatorname{arsinh}\frac{c_1+c_2}{r_{1-2}}\right)$$

$$s_{2-3}=\frac{Q_3}{4\pi KL_3}\left(\operatorname{arsinh}\frac{c_2-c_3}{r_{2-3}}+\operatorname{arsinh}\frac{c_3+L_3-c_2}{r_{2-3}}+\operatorname{arsinh}\frac{c_2+c_3+L_3}{r_{2-3}}-\operatorname{arsinh}\frac{c_3+c_2}{r_{2-3}}\right)$$

$$s_{3-1}=\frac{Q_1}{4\pi KL_1}\left(\operatorname{arsinh}\frac{c_3-c_1}{r_{1-3}}+\operatorname{arsinh}\frac{c_1+L_1-c_3}{r_{1-3}}+\operatorname{arsinh}\frac{c_3+c_1+L_1}{r_{1-3}}-\operatorname{arsinh}\frac{c_1+c_3}{r_{1-3}}\right)$$

$$s_{3-2}=\frac{Q_2}{4\pi KL_2}\left(\operatorname{arsinh}\frac{c_3-c_2}{r_{2-3}}+\operatorname{arsinh}\frac{c_2+L_2-c_3}{r_{2-3}}+\operatorname{arsinh}\frac{c_3+c_2+L_2}{r_{2-3}}-\operatorname{arsinh}\frac{c_2+c_3}{r_{2-3}}\right)$$

式中　Q_1,Q_2,Q_3——各井的出水量(m^3/d)；

c_1——1 号井过滤器顶端至上部静止水位的距离(m)；

c_2——2 号井过滤器顶端至上部静止水位的距离(m)；

c_3——3 号井过滤器顶端至上部静止水位的距离(m)；

L_1,L_2,L_3——各井过滤器长度(m)；

r_{1-2}——1 号井至 2 号井的距离(m)；

r_{1-3}——1 号井至 3 号井的距离(m)；

r_{2-3}——2 号井至 3 号井的距离(m)；

$\sum s_1$——1 号井的累积水位降深值(m)；

$\sum s_2$——2 号井的累积水位降深值(m)；

$\sum s_3$——3 号井的累积水位降深值(m)；

s_{1-2}——2 号井对 1 号井的水位降深影响值(m)；

s_{1-3}——3 号井对 1 号井的水位降深影响值(m)；

s_{2-1}——1 号井对 2 号井的水位降深影响值(m)；

s_{2-3}——3 号井对 2 号井的水位降深影响值(m)；

s_{3-1}——1 号井对 3 号井的水位降深影响值(m)；

s_{3-2}——2 号井对 3 号井的水位降深影响值(m)。

分段取水井组的配置如说明图 9.1.3—1 所示。

三个相互影响的不完整井组计算，见说明图 9.1.3—2。

(6)当多井取水，在平面上不规则布置干涉井时，各井的水位降深 s、引用补给半径 R_y 相等，其单井出水量可按下列公式计算：

① 完整井

承压水

$$Q_i=\frac{2\pi\cdot K\cdot M\cdot s}{n\ln R_0-\ln(r_0\cdot x_{i-1}\cdot x_{i-2}\cdots x_{i-n})}\qquad(说明 9.1.3—31)$$

潜水

$$Q_i=\frac{\pi\cdot K(2H-s)\cdot s}{n\ln R_0-\ln(r_0\cdot x_{i-1}\cdot x_{i-2}\cdots x_{i-n})}\qquad(说明 9.1.3—32)$$

式中　Q_i——i 号井的出水量(m^3/d)；

K——干涉井群范围内含水层平均渗透系数(m/d)；

M——承压含水层的平均厚度(m)；

H——潜水含水层的平均厚度(m);

r_0——管井半径(m);

R_0——井群的引用补给半径(m),$R_0 = R_y + r$;

R_y——从干涉井群到补给边界的距离,或引用补给半径(m);

r——“大井”的引用半径(m);

$x_{i-1}, x_{i-2}, \cdots, x_{i-n}$——$i$ 号井至各井的距离(m);

n——井群的井数;

其他符号意义同上。

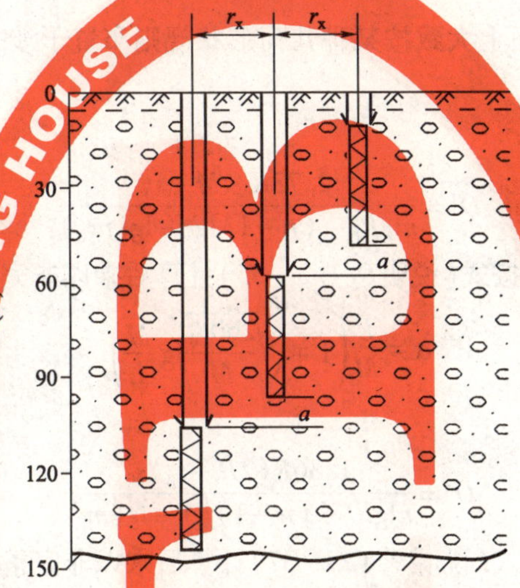

说明图 9.1.3—1 分段取水井组的配置

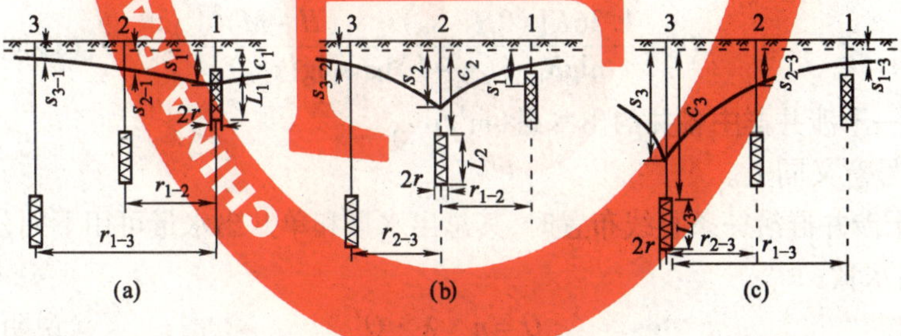

说明图 9.1.3—2 三个相互影响的不完整井组计算

② 非完整井

承压水

$$Q_i = \frac{2.73K \cdot M \cdot s}{\frac{M}{L}\left[\lg\frac{4M}{r_0} - \lg\Psi\left(\frac{L}{M}\right)\right] + n\lg R_0 - (n-1)\lg r - \lg(4Mn)}$$

(说明 9.1.3—33)

潜水

$$Q_i = 1.36Ks_0 \times \left\{ \frac{L}{\lg \dfrac{R_y^n}{nr^{n-1}r_0}} + \frac{2T}{\dfrac{T}{L-s_0}\left[2\lg\dfrac{4T}{r_0} - \lg\Psi\left(\dfrac{L-s_0}{2T}\right)\right] + \lg\dfrac{R_y^n}{4Tnr^{n-1}}} \right\} \quad \text{（说明 9.1.3—34）}$$

式中　$\lg\Psi(L/M)$、$\lg\Psi[(L-s_0)/(2T)]$为函数：

当 $\alpha = 0.00 \sim 0.59$ 时，$\lg\Psi = 0.7045 - 2.05539\lg\alpha$

$\alpha = 0.60 \sim 0.9758$ 时，$\lg\Psi = 4.275 - 4.381\alpha^2$

$$\alpha = \frac{L}{M} = \frac{L}{H} = \frac{L-s_0}{2T}, \quad T = H - \frac{s_0 + L}{2}$$

(7)当多井取水，平面上大致按某种几何形状规则布置干涉井时，其单井出水量可按下列公式计算。

① 承压水完整井：

$$Q' = \frac{2.73K \cdot M \cdot s_0}{n\lg R_0 - (n-1)\lg r - \lg(nr_0)} \quad \text{（说明 9.1.3—35）}$$

② 承压水非完整井：按式（说明 9.1.3—35）计算后乘以非完整井系数 α。

$$\alpha = \frac{L}{M}\left(1 + \sqrt{\frac{260r_0}{M}}\lg\frac{M}{L}\right) \quad \text{（说明 9.1.3—36）}$$

③ 潜水完整井：

$$Q' = \frac{1.36K(2H - s_0)s_0}{n\lg R_0 - (n-1)\lg r - \lg(nr)} \quad \text{（说明 9.1.3—37）}$$

④ 潜水非完整井：按式（说明 9.1.3—37）计算后乘以非完整井系数 α。

$$\alpha = \frac{L}{H}\left(1 + \sqrt{\frac{260r_0}{H}}\lg\frac{H}{L}\right) \quad \text{（说明 9.1.3—38）}$$

⑤ 潜水—承压水完整井：

$$Q' = \frac{1.36K[(2H - s_0)s_0 - (H-M)^2]}{n\lg R_0 - (n-1)\lg r - \lg(nr_0)} \quad \text{（说明 9.1.3—39）}$$

式中　Q'——干涉井群中各井的出水量（m^3/d）；

其他符号意义同上。

(8)当干涉井群沿一条直线布置时，其总出水量和单井出水量可用下列公式计算：

① 总出水量：

$$Q = n \cdot \lambda \cdot Q' \quad \text{（说明 9.1.3—40）}$$

式中　n——井数；

λ——井排亲密系数，按说明表 9.1.3—7 确定；

Q'——井排中单井出水量（m^3/d）。

说明表 9.1.3—7　井排亲密系数 λ 值

L/B ＼ L/m	0.00	0.05	0.10	0.20	0.30	0.40	0.50	0.60	0.70	0.80	0.90	1.00
0.05	8.00	7.60	6.30	4.22	3.08	2.40	1.96	1.65	1.42	1.25	1.11	1.00
0.10	5.00	4.90	4.60	3.64	2.86	2.31	1.94	1.63	1.41	1.25	1.11	1.00
0.25	2.69	2.69	2.69	2.64	2.35	2.06	1.91	1.58	1.39	1.23	1.11	1.00

续上表

L/m L/B	0.00	0.05	0.10	0.20	0.30	0.40	0.50	0.60	0.70	0.80	0.90	1.00
0.50	1.90	1.90	1.89	1.87	1.84	1.77	1.63	1.50	1.36	1.22	1.11	1.00
1.00	1.44	1.44	1.44	1.44	1.44	1.43	1.40	1.37	1.29	1.21	1.11	1.00
2.00	1.24	1.24	1.24	1.24	1.24	1.24	1.22	1.20	1.18	1.16	1.10	1.00
3.00	1.15	1.15	1.15	1.15	1.15	1.15	1.15	1.15	1.14	1.14	1.10	1.00
4.00	1.11	1.11	1.11	1.11	1.11	1.11	1.11	1.11	1.11	1.11	1.10	1.00
5.00	1.09	1.09	1.09	1.09	1.09	1.09	1.09	1.09	1.09	1.09	1.09	1.00
10.0	1.04	1.04	1.04	1.04	1.04	1.04	1.04	1.04	1.04	1.04	1.04	1.00

注：L 为井排长度(m)；$m = L + 2R_y$；B 为井排至排泄区的距离。

② 潜水完整井：

$$Q' = \frac{1.36K(2H - s_0)s_0}{\lg\dfrac{a}{2\pi r_0} + 1.36\dfrac{B}{a}} \qquad \text{(说明 9.1.3—41)}$$

式中 K——含水层渗透系数(m/d)；

H——含水层厚度(m)；

s_0——井内水位降深(m)；

B——井排到补给边界距离(m)；

a——井间距离(m)；

r_0——过滤器半径(m)。

适用条件：$B > a$。

③ 潜水非完整井：

$$Q' = 1.36K \cdot s_0 \left\{ \frac{L}{\lg\dfrac{a}{2\pi r_0} + 1.36\dfrac{B}{a}} + \frac{2T}{\lg\dfrac{a}{2\pi T} + 1.36\dfrac{B}{a} + \dfrac{T}{L - s_0}\left[2\lg\dfrac{4T}{r_0} - \lg\Psi\left(\dfrac{L - s_0}{2\left(H - \dfrac{s_0 + L}{2}\right)}\right)\right]} \right\} \qquad \text{(说明 9.1.3—42)}$$

式中 L——过滤器长度(m)；

其他符号意义同式(说明 9.1.3—41)。

④ 承压水完整井：

$$Q' = \frac{2.73K \cdot M \cdot s_0}{\lg\dfrac{a}{2\pi r_0} + 1.36\dfrac{B}{a}} \qquad \text{(说明 9.1.3—43)}$$

式中 s_0——井内水位降深(m)；

B——井排到补给边界距离(m)；

a——井间距离(m)；

r_0——过滤器半径(m)。

其他符号意义同式(说明 9.1.3—41)。

适用条件:$B>a$。

⑤ 承压水非完整井:

$$Q'=\frac{2.73K\cdot M\cdot s_0}{\lg\frac{a}{2\pi M}+2.73\frac{B_1\cdot B_2}{a(B_1+B_2)}+\frac{M}{L}\left[\lg\frac{4M}{r_0}-0.5\lg\Psi\left(\frac{L}{M}\right)\right]}$$

(说明 9.1.3—44)

式中　B_1,B_2——井排到两侧的补给宽度(m)；

$\lg\Psi$——(L/M)的函数,用式(说明 9.1.3—34)中函数公式确定；

其他符号意义同上。

适用条件:$a\leqslant 0.5M$。

说明:当一侧补给时,式中 $2.73\frac{B_1\cdot B_2}{a(B_1+B_2)}$ 项改为 $2.73\frac{B}{2a}$。

9.2.4　人工含水层是根据生产实践设计的,是铁一院 1966 年在兰新线镜铁山支线狼尾山给水站首次提出的。该站靠近北大河,但无可开采的天然含水层,后在岸边利用卵、砾石建造一条带状人工含水层,用长 20 m 的水平集水管取水近 1 万 m^3/d。因运转正常,出水量大,具有较高的经济效益,1970 年又在阳平关至安康线勉西区段站汉江南岸岸边上利用人工含水层透水性强的特点,建造一直径 4 m 深 4 m 的大口径井一座,可取水 8 000 ~ 9 000 m^3/d,解决了该站日用水6 000 m^3的要求。上述二例已运转 30 ~ 35 年,因运转良好,经济效益高,建造简单,操作容易,故作为新技术、新方法纳入本规程。

9.5.2　表 9.5.2 是根据 1980 年 4 月《中华人民共和国水文地质图集》说明书编制的。富水性分区标准全国是统一的,只是各省根据具体情况有的划分 4 个富水区,有的划分 5 个富水区。考虑到铁路用水量较小的特点,取消了极强富水区,将 $q\geqslant 10$ m^3/(h · m)的划分为强富水区。

9.6.3　铁路给水具有点多、分散、量小的特点,以往对区域性水化学的分区和分层评价不够重视,不管水文地质条件及水化学复杂程度如何,打一钻孔,只要水质、水量当时满足要求即可,缺乏对区域性水化学水平分带及垂直分带研究评价,结果供水水源施工后有的水质变劣,不能饮用。为此,本规程规定在水化学复杂地区,应分区、分层进行水质评价,通过勘探试验和水质分析方法,掌握区域水化学垂直分带和水平分带变化的规律是必要的。

例如,青藏线西宁至格尔木段某站为拉水基地,总用水量为 316 m^3/d。该站位于德令哈盆地最低点的托素湖与可鲁克湖连接地带,地下水交替作用缓慢,水化学变化极其复杂。该站缺少水文地质资料,故在距湖边 20 ~ 30 m 处打一钻孔,过滤管安装在 2.08 ~ 7.80 m 和 18.61 ~ 21.56 m,水质勉强符合饮用标准。根据上述勘探资料,1977 年在距勘探孔 2 m 及 8 m 处,设计直径 200 mm、深 35 m 生产井两座,过滤管安装在 21 ~ 31 m 之间,较勘探孔过滤管底端深 10 m 左右。施工后水质苦咸不能饮用。经过对该水文地质单元地下水化学成分在水平方向和垂直方向的分析后,又钻了 5 眼钻孔才找到水质较好、水量丰富的自流水含水层，解决了该站供水水源。可见在水化学复杂地区，一孔定水源方案有时是不可靠的。

10.2.2 山岭隧道水文地质调查测绘

1 不同岩性的接触带、断层带和富水带是隧道施工中最易发生大量涌水的地段和部位，为此查明“三带”是非常重要的。

大秦线大黑山隧道长2 715 m，最大埋深302 m，在施工过程中共有7处掌子面涌水，其中6处均属构造裂隙水，即沿断层 F_2、F_3、F_4、F_5 和 F_6 涌出，涌水量最大为8 640 m^3/d。

2 地下水的类型主要为孔隙水、裂隙水和岩溶水。有的还根据岩性、构造等划分亚类。如裂隙水分为不同岩性接触带裂隙水、断层裂隙水和节理裂隙密集带水等，不尽相同。铁道科学研究院西南分院和西南交通大学的科研报告《既有隧道环境地下水变化规律以及对环境生态平衡影响的评估》中，对成昆、襄渝、阳安线的涌水隧道进行统计分析，其地下水类型列于说明表10.2.2中，以供参考。

说明表10.2.2 隧道涌水地下水类型及所占比例

线路名称	隧道占线路长度比例(%)	1 km以上涌水隧道数	岩溶水为主隧道数及所占比例(%)	孔隙裂隙水隧道数及所占比例(%)	断层水隧道数及所占比例(%)	综合性涌水隧道数及所占比例(%)
成昆线	31.4	103	12/11.6	57/55.4	10/9.7	24/22.3
襄渝线	34.0	74	6/8.1	50/67.5	4/5.4	14/19.0
阳安线	17.0	18	1/5.5	10/55.5	3/16.7	4/22.3

从说明表10.2.2可看出，隧道涌水以孔隙裂隙水为主，次为综合性涌水，断层水和岩溶水也占一定比例。

3 岩溶水的垂直分带即垂直渗流带、水平径流带和深部缓流带是根据《铁路工程不良地质勘察规程》(TB 10027)划分的。

查明岩溶水垂直分带与隧道设计高程的关系以及蓄水构造是至关重要的。实践表明，位于垂直渗流带中的隧道如轿顶山、虾子河、艾家坪、沙坡、天生桥等，在隧道路基高程附近虽有岩溶大厅，路基以下也有暗河，但隧道却无水害，而位于水平径流带的娄山关、胜境关、梅子关、岩脚寨、燕子岩、大巴山和南岭等隧道，施工中特别是雨季都发生大量涌水或突水。

5 预测隧道施工中集中涌水段、点的位置。所谓集中涌水，国内尚无量的规定。日本的《隧道地质学》，将隧道施工中开挖面的涌水划分为4个等级，以开挖面10 m区间涌水量计，1级为无水或涌水量1 L/min以下，2级为滴水或涌水量1～20 L/min，3级为集中涌水20～100 L/min，4级为全面涌水100 L/min以上。预测集中涌水段、点的位置及其涌水量和对围岩的影响，对隧道施工是极其重要的。

成昆线涌水严重的13座隧道总长度为35 483 m，涌水段总长度6 733 m，涌水段的长度占隧道长度的4.03%～40.90%，平均占18.98%。大巴山隧道在施工中，大于5 000 m^3/d的集中涌水段有5段，涌水段长度为1 092 m，涌水量为188 000 m^3/d，涌水段长度仅占隧道长度5 333 m的20.48%，涌水量却占隧道总涌水量的91.48%。西安安康线秦岭特长隧道Ⅱ线平行导坑长18 446 m，最大涌水量为38 233 m^3/d，正常涌水量为

7 977 m^3/d。涌水主要集中在岭南 DyK77 + 490 ~ DyK79 + 235 范围内，最大涌水量为 26 583 m^3。集中涌水有 8 处，累计长度为 245 m，最大涌水量为 24 700 m^3/d，占隧道总涌水量的 64.60%。涌水位置均为构造作用活动强烈地段。

集中涌水段点的预测方法，目前国内外尚无固定模式，主要根据地质、水文地质条件综合分析确定。近年来，国内已应用地理信息系统（GIS）方法进行煤矿底板突水预报研究，如峰峰二矿、焦作东部矿区、太行山东麓和南麓煤矿等，进行 GIS 支持下煤矿底板突水模式的建立与突水预报。当有条件时，可采用该方法进行隧道集中涌水段点的预测。

7　同位素方法在水文地质工作中的应用，是 20 世纪 70 年代从国外引进的。同位素的种类有环境同位素和人工放射性同位素。环境同位素，普遍分布于环境中，主要为天然起源的，但也有一部分来源于核试验和核工业。

应用同位素研究地下水的内容：

（1）放射性同位素可判断地下水的形成条件、测定地下水的年龄和判定污染源。

（2）稳定同位素可判定地下水起源（陆成水、海成水、渗入水、埋藏水），判断含水层之间及含水层与大气降水的联系程度，确定水交替强度，确定地下水补给高度和大气降水入渗速率，研究补给来源，判断地下热水循环深度。

（3）利用示踪剂研究地下水运动和水文地质过程的机理、测定水文地质参数。

工程实例：西安安康线秦岭特长隧道，在勘察和Ⅱ线平行导坑施工中共取 204 个测定同位素 T、D 和 ^{18}O 样品，从隧道区天然水体的 D 和 ^{18}O 的千分偏差值 δD、$\delta^{18}O$ 的测试结果可看出平导水、钻孔水的氢、氧同位素组成都落在全球雨水线上及其附近，说明二者均来源于大气降水或者说是大气成因的；从季节来说，可以断定主要是以冬季降水（雪）和春末夏初雪融水的补给方式形成的。

泉水与地表水的分布形态极为相似，可以认为泉水与地表水关系密切，但同位素并未揭示两者的补给关系，水化学资料的灰色关联度计算表明，地表水主要接受泉水的补给，雪融水的选择性补给也同样是泉水的一种补给方式。

地下水类型划分及水循环：泉水和地下水（钻孔水和隧道水）的同位素组成分布具有明显的差别，结合水化学特征及水文地质条件，可将本区地下水分为两大类，即浅层风化裂隙水（Ⅰ类）和下部构造裂隙水（Ⅱ类），前者的循环深度多在 40 ~ 50 m 的范围内，局部可达 80 m，而后者多数可深达 500 m，局部更深，可深入到 1 600 m 以上。

10.5.2　表 10.5.2 围岩富水程度分区，富水程度分区有各种方法，本表的贫水区（段）、弱富水区（段）、中等富水区（段）和强富水区（段）是参照西安安康线秦岭特长隧道水文地质分区图制定的。分区标准是参照 1980 年 4 月《中华人民共和国水文地质图集》说明书和《地质辞典》中的分区标准换算而成的。

10.5.3　预测隧道涌水影响宽度是国内外尚未解决的技术难题，目前还没有成熟的预测方法。已往研究的影响半径或引用影响半径的理论公式，适用于均质的各向同性含水介质且为垂直集水构筑物，隧道为水平集水构筑物，裂隙介质又无统一的地下水面且各向异性，因此理论公式对隧道不适用。

综上所述，本规程对隧道涌水影响宽度的预测方法，只规定了比拟法、地质调查法。

编写组根据工程实践总结了一个经验式供参考。为了简化计算，经验式只考虑含水体的渗透系数与影响宽度的单相关因素，即影响宽度与渗透系数成正比。统计中取 5 个隧道样本,最大值为 $K=6.05$ m/d,$R=3\ 300$ m,最小值为 $K=0.006$ m/d,$R=243$ m,一般的隧道 K 值在此范围内。相关分析结果,相关系数 $r=0.999\ 94\sim0.999\ 999\ 8$,显示相关密切。可概略预测隧道一侧涌水影响宽度 R 值。公式如下:

$$R=215.5+510.5K \qquad (说明 10.5.3)$$

式中　R——隧道一侧涌水影响宽度(m);

　　K——含水体渗透系数(m/d)。

西南交通大学黄涛博士在学位论文中,对经验式进行了验证。南昆铁路二排坡隧道 DK717+850～DK718+350 段,为白云质灰岩夹页岩潜水含水体,实际 $R=350$ m,采用库萨金公式 $R=2s(HK)^{0.5}$ 计算,$R=525.55$ m,误差为 +50.16%;采用经验式(说明 10.5.3)计算,$R=326.79$ m,误差为 −6.63%。DK718+350～+750 段,为白云质灰岩承压含水体,实际 $R=450$ m,采用库萨金公式计算 $R=568.23$ m,误差为 +26.27%;采用经验式计算 $R=427.36$ m,误差为 −5.03%。验证结果表明经验式预测的误差较库萨金公式预测的误差小,比较接近实际。

11

本章是参照《城市环境水文地质工作规范》(DZ 55)并结合生产实践编制的。

11.2.1

1　地下水环境背景值指未受人类活动影响情况下,地下水中各种化学组分(或指标)的天然含量。但是,目前地球上几乎找不到未受人类活动影响的地方。因此,求得的背景值实际上是污染相对较轻情况下的各种化学组分含量。

附录 B

我国自 20 世纪 80 年代起,随着技术水平和施工要求的提高,开始对隧道涌水量的预测进行系统的研究,尤其是 90 年代取得了长足的进步。基于定性分析的隧道涌水预测研究发展成为隧道涌水的定量评价与计算。主要体现在隧道涌水位置的确定和涌水量预测两个方面。

另外,田开铭教授、扬立中教授等对非均质各向异性裂隙含水介质也进行研究。山东矿业学院利用平面模型初步模拟了断层带附近的压力分布及断层的稳定性,并力图确定其对涌水量的影响。

1996 年,铁道科学研究院西南分院和西南交通大学共同完成的科研报告《既有隧道环境地下水变化规律以及对环境生态平衡影响的评估》,总结了传统的隧道涌水量计算方法,又提出新的计算方法,建立了确定性数学模型和随机性数学模型两大类综合方法。

1998 年 12 月,由铁一院主持,西南交通大学等单位参加共同完成的铁道部科研项目《秦岭特长隧道修建技术(H)—隧道岩体突水、涌水预测预报的研究》。

西南交通大学黄涛于 1997 年 6 月完成博士学位论文《渗流场与压力场耦合环境下裂隙围岩型隧道涌水量影响的研究》,应用渗透张量等理论和方法,进行不考虑变形条件下裂隙介质渗流特性研究和变形条件下裂隙介质渗流特性研究。建立了确定性数学模型和随机性数学模型两大类预测隧道涌水量的综合方法。

预测隧道涌水量的方法,我国学者在近 20 年来,在引进、消化、吸收国外涌水量预测方法的基础上,不断探索隧道涌水量的预测方法,并取得一定的进展。

铁科院西南分院和西南交通大学科研报告《既有隧道环境地下水变化规律以及对环境生态平衡影响的评估》,提出了预测隧道涌水量分类方法和适用条件,见说明表 B.0.1。

说明表 B. 0. 1 预测隧道涌水量方法分类及应用条件

类型	方法名称	应用条件	适用范围
确定性数学模型方法类	比拟法	研究区与已知区的水文地质条件相似且较简单	初测阶段隧道涌水量计算
	径流模数法	水文地质条件较简单的山区隧道，有较完整的水文地质资料	初测阶段隧道涌水量计算
	水均衡法	独立的地表水流域内或水文地质单元内，有较丰富的气象、水文及水文地质资料	初测、定测及施工阶段隧道涌水量的宏观计算。其他计算的基础
	解析法	水文地质条件不复杂，含水介质较均质的研究区	定测、施工阶段隧道涌水量的计算和预测
	数值法	水文地质条件复杂，含水介质具非均质各向异性的研究区。具有较明确的边界	定测、施工及运营阶段隧道涌水量的计算和预测
	渗透张量法	非均质各向异性的裂隙含水介质研究区，基岩裂隙测绘方便	定测及施工阶段隧道涌水量预测所需的水文地质参数计算
随机性数学模型方法类	"黑箱"理论法	水文地质条件复杂，特别是岩溶水地区。水文地质资料欠缺，但降水、地表水、泉水等资料丰富	初测、定测及运营阶段隧道总涌水量预测及计算
	灰色关联度分析和灰色虚拟变量多元回归法	水文地质条件较复杂的研究区，具有一定的地质、水文地质、隧道地质测绘、气象等综合资料	一般类型隧道初测、定测、施工、运营阶段，复杂类型隧道初测阶段的涌水量预测
	时间序列分析及频谱分析法	水文地质条件复杂的研究区，特别是岩溶水地区，地下水有集中排泄特点，有较长时间的地下水动态观测资料	施工及运营阶段的隧道总涌水量预测

上述分类方法各有其特点，非确定性统计模型法原理简单、使用方便，但计算结果相对比较粗略，多用于预可行性研究阶段总涌水量预测。确定性数学模型法中的解析法数学推导严密，但适用条件苛刻，参数的准确获取并非易事，应用大受限制；数值法的适用性强，只要地质模型正确，往往能获得较好结果，但对勘探试验的要求高，因而成本亦高，一般适用于初测、定测阶段或施工阶段的涌水量预测。随机数学模型法适用于因水文地质条件的复杂性和不确定性致使某些基本要素难以搞清，定解条件不易准确概化的情形，所需数据一般较易获取，故颇具应用前景，不过往往很难对其稳定性作出评价，该法多用于施工、运营阶段的涌水量预测。

综合分析上述各种方法，本规程从可操作性和宏观的角度出发，规定了一部分预测隧道涌水量的方法。当有条件时，亦可采用上述其他方法预测隧道涌水量。

B. 1. 1

1 式(B. 1. 1)的基本原理属水均衡法。即在某一流域内，大气降水是地表水、地下水、蒸发蒸散和地面滞水等的总源。在某一范围内，水在循环过程中，基本保持平衡状态，遵守总收入等于水支出的法则。渗入地下的水量，与流域的气候、降水量及其强度、植被、地形地貌和地质(岩性、构造)条件有着复杂的关系。

准确的参数值难以确定，故预测的隧道正常涌水量只能是宏观控制的近似数量。

式中的 SS 值，当坡面、沟谷中有大量的水田、水池或水塘时，应考虑给予适当值。

式中的 E 值，是表达降水后该流域地面、植被、水面等的蒸发蒸散总量，不可采用表示大气干燥程度的蒸发度。E 值的计算公式介绍如下。

(1)法国妥克(TurK. L)根据世界上 250 条河川流域建立的经验式：

$$E = \frac{W}{\sqrt{0.9 + \frac{W^2}{(300 + 25t + 0.05t^3)^2}}} \quad \text{(说明 B.1.1—1)}$$

式中 E——年蒸发蒸散量(mm)；

W——年降水量(mm)；

t——流域年平均气温(℃)。

(2)前苏联库金(П. С. КУЗИН)经验图表法。该法按说明图 B.1.1—1 根据月平均温度逐月查找相应的蒸发蒸散值,然后按月累计即为年总蒸发蒸散量 E 值。

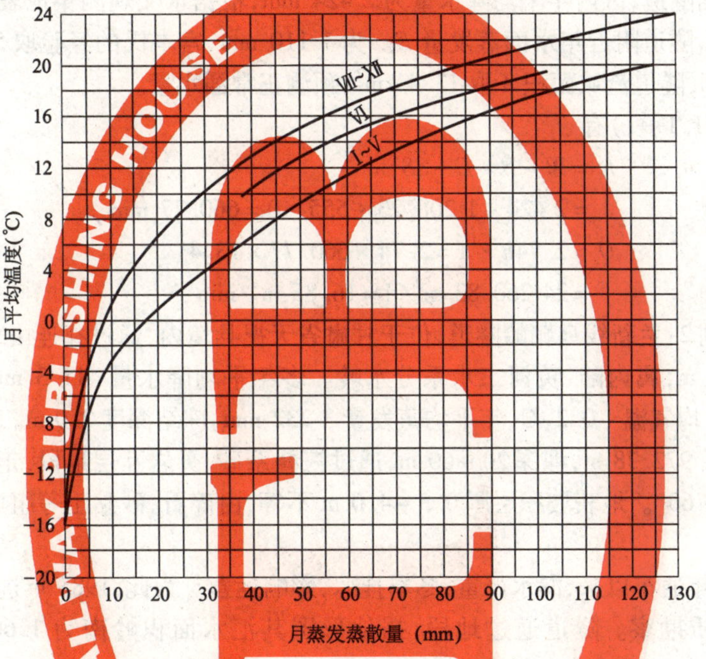

说明图 B.1.1—1 蒸发蒸散量计算图

曲线Ⅰ~Ⅴ表示 1~5 月;曲线Ⅵ表示 6 月;曲线Ⅶ~Ⅻ表示 7~12 月。

(3)英国平曼(Penman)经验式:

$$E = n \cdot E_r \quad \text{(说明 B.1.1—2)}$$

式中 n——经验系数,冬、夏二季平均后取 0.7,日本宫本氏取 0.5；

E_r——流域地表水蒸发量(mm)；

其他符号意义同上。

(4)日本经验式:

$$E = T \cdot E_d \quad \text{(说明 B.1.1—3)}$$

式中 T——流域降水天数(d)；

E_d——每天的蒸发蒸散量(mm),一般取 2~3 mm/d；

其他符号意义同上。

工程实例 1:日本旧丹那隧道、深板隧道、下久野隧道、旧清水隧道、小千谷输水隧洞和北陆隧道,采用此法计算了正常涌水量,均与实际年平均涌水量接近,见说明表 B.1.1—1。

说明表 B. 1. 1—1　降水、蒸发参数及涌水量计算

隧　道　名　称	旧丹那	深　板	下久野	旧清水	小千谷	北　陆
隧道延长(m)	7 800	5 170	2 241	9 702	15 600	13 875
平均年降水量 W(mm)	2 278	1 594	1 941	3 036	3 036	2 424
年水面蒸发量 E_0(mm)	1 250	1 200	1 220	760	760	1 110
平均蒸发蒸散量 E(mm)	625	600	610	380	380	555
隧道涌水量(m^3/min)	75	4	0. 54	27. 6	6. 53	16. 8

例如北陆隧道，区内年平均降水量为 2 424 mm，根据水文观测年地表径流深度 H 为 1 208. 23 mm，隧道附近年水面蒸发量 E_0 为 1 110 mm，宫本氏的经验取 555 mm 作为年蒸发蒸散量 E，隧道流域面积 A 取 13. 4 km²，预测正常涌水量。

按式(B. 1. 1—1)有

$$h = W - H - E - SS$$

$$= 2\,424 - 1\,208.23 - 555 - 0 = 660.77\ \text{mm}$$

$$Q = 2.74h \cdot A = 2.74 \times 660.77 \times 13.4$$

$$= 24\,260.83\ \text{m}^3/\text{d} = 16.85\ \text{m}^3/\text{min}$$

工程实例 2：兰新线乌鞘岭隧道，位于甘肃省天祝县境内，通过祁连山北部一条支脉，高程为 2 988 m，属内陆、黄河二水系分水岭。多年平均降水量 411. 3 mm，年平均降水 133. 4 d，年平均气温 -0. 2 ℃，年平均蒸发量 3 232 mm，冻结深度 2. 0 m。

该隧道长 972. 78 m，埋深 20 ~60 m，通过三叠系砂、页岩互层地段，走向近 EW 倾向北，倾角 30° ~60°。地表坡积层厚 0. 5 ~4. 0 m 不等，由碎石、砂黏土等组成，植被中等发育。

自 1954 年通车以来，漏水严重，冬季挂冰，影响运营。为此，1985 年进行了病害整治专门水文地质勘察。隧道通过地段，据地形图其汇水面积岭南为 1. 60 km²，岭北为 1. 20 km²。

岭南年地表排出的水量为 252 000 m³，地表径流深度为 157. 5 mm。岭北年排出的水量为 144 000 m³，地表径流深度为 120 mm。岭南岭北平均后地表径流深度 H 为 138. 75 mm。隧道集水面积 A 为 0. 473 km²。

E 值计算：

按式(说明 B. 1. 1—1)：E = 243. 37 mm；

按说明图 B. 1. 1—1：E = 200. 50 mm(说明表 B. 1. 1—2)。

说明表 B. 1. 1—2　蒸发蒸散量计算

月份	平均温度(℃)	蒸发蒸散量(mm)	月份	平均温度(℃)	蒸发蒸散量(mm)
1	-12. 0	2. 5	7	11. 5	32. 5
2	-10. 6	3. 50	8	10. 3	20. 5
3	-5. 0	8. 00	9	10. 3	18. 00
4	0. 2	17. 00	10	1. 5	13. 00
5	5. 2	33. 00	11	-6. 1	3. 00
6	9. 2	37. 50	12	-10. 0	2. 00
年总发蒸散量 E 值					200. 50

因本区无地表水蒸发资料,不能按式(说明 B.1.1—2)计算。

按式(说明 B.1.1—3):T 取 133.4 d,E_d 取 2 mm,$E=266.8$ mm。

正常涌水量 Q 值计算:

按式(说明 B.1.1—1):$h=29.18$ mm,$Q=37.82\ m^3/d$;

按说明图 B.1.1—1:$h=72.05$ mm,$Q=93.38\ m^3/d$;

按式(说明 B.1.1—3):$h=5.75$ mm,$Q=7.45\ m^3/d$。

本隧道 $Q=7.45\sim93.38\ m^3/d$ 之间,平均 Q 为 $46.22\ m^3/d$。1992 年 4 月现场调查,Q 值位于 $40\sim80\ m^3/d$ 之间。

2 本法采用假设地下径流模数等于地表径流模数的相似原理,根据大气降水入渗补给的下降泉流量或由地下水补给的河流流量,求出隧道通过地段的地表径流模数,作为隧道流域的地下径流模数,再确定隧道的集水面积,便可宏观、概略地预测隧道的正常涌水量。

由大气降水入渗补给的下降泉流量或由地下水补给的河流流量,反应了该流域的气候、地形地貌、植被、地质和水文地质条件。因季节变化,流量也随着变化。根据经验,为排除降雨干扰,以采用枯水季节流量较接近实际。因此,地下径流模数 M,只能是概要反应地下水的赋存状态。

本法的应用实例,见于国内外诸多隧道中。

日本落合敏郎(日本地下水学会会长、理学博士)曾根据旧丹那隧道附近泉川、初川、宫川和神水川等河流枯水期流量和各河流流域面积,分别计算各流域的地下径流模数 M 后,取平均 M 为 $2\ 125\ m^3/(d\cdot km^2)$,隧道流域面积 A 为 43 km^2,预测隧道正常涌水量 Q 为 $91\ 375\ m^3/d$,实际观测为 $86\ 400\ (m^3/d)$。

又如日本惠那山隧道(道路),采用本法预测正常涌水量为 $7\ 488\ m^3/d$,竣工后实际观测为 $9\ 792\ m^3/d$。

西安安康线秦岭特长隧道,长 18.448 km,1995 年用此法预测的正常涌水量为 $6\ 383\ m^3/d$,1998 年 3 月 10 日Ⅱ线平行导坑贯通后实际观测为 $7\ 977\ m^3/d$。

B.1.2 大气降水落入地面后,部分渗入地下,具备贮水构造的地区形成含水体(层、带)。若隧道通过该含水体,隧道影响范围内渗入补给的水量同隧道排出的水量应保持平衡状态。

大气降水渗入地下的水量,由于受到降水量、降水强度、降水次数、地形地貌、植被、地质和水文地质条件的影响,所以预测的只能是宏观控制的大概范围。我国北方普遍降水量偏小,预测的隧道涌水量也比其他方法偏小。本法适用于浅埋隧道。

工程实例 1:青藏线关角隧道长 4 005 m,最大埋深达 500 m,穿越下古生代变质岩系(片岩、板岩、千枚岩、大理岩、变质灰岩、石英岩和变质砂岩等),以断层破碎带、不同岩性接触带涌水为主。按说明表 8.5.1 选择的降水入渗系数 α 值为 $0.20\sim0.25$,隧道集水面积 A 为 4 km^2。年降水量为 400 mm,预测正常涌水量为 $877\sim1\ 096\ m^3/d$,实际两个洞口的涌水量为 $1\ 000\sim1\ 500\ m^3/d$。

工程实例 2:兰新线乌鞘岭隧道长 972.78 m,埋深 $20\sim60$ m,年降水量为 411.3 mm,接受降水垂直渗透补给。按表 9.5.2 选择的降水入渗系数 α 为 $0.15\sim0.18$,隧道集水面积 A 为 0.47 km^2,计算正常涌水量为 $79\sim95\ m^3/d$,1992 年 2 月回访实际涌水量变化在 $40\sim80\ m^3/d$。

工程实例 3:山西省昔阳县西水东调工程,通过汾河、滹沱河两水系分水岭,曾在石炭二叠系砂页岩互层中开掘一长 15.2 km,高 2.4 m,宽 2.6 m 的输水隧洞,进口高程

1 130 m，出口高程 1 105 m。该洞由块石干砌，个别处为素混凝土，输水能力为8 m^3/s，埋深 50～300 m，洞内大部渗水，枯水季节为 2 160 m^3/d，雨季为 4 320 m^3/d。

该区年降水量近 500 mm，地表植被发育，表土厚约 0.2～2.5 m。降水入渗系数 α 取 0.15～0.18，隧道两侧影响宽度各取 500 m，计算正常涌水量为 3 123.6～3 748.3 m^3/d。

B.2

古德曼公式（B.2.1—1），引自加拿大 R·A·弗里泽、J·A·彻里著《地下水》。大岛洋志（日本国铁地质研究室主任、研究员、理学博士）1990 年在我国西安也曾介绍过，该式曾在日本福冈隧道应用过。

式（B.2.1—2）是日本佐藤邦明、清水昭男和伊藤洋曾于室内渗流槽中做模拟试验，得出预测隧道涌水量的非稳定流公式。

式（B.2.2—1）为预测隧道正常涌水量的裘布依理论式。式中采用引用补给半径 R_y，解决了难以确定的隧道涌水影响宽度的问题。本式适用于浅埋隧道，当隧道埋深较大时，应准确地确定含水体厚度和涌水时水位降深值，否则预测的涌水量可能偏大。

兰新线乌鞘岭隧道，主Ⅱ—1 孔，孔深 130.23 m，地层岩性为三叠系砂岩与页岩互层，静止水位 39.47 m，含水层厚度为 90.76 m。

抽水试验资料：

$s_1 = 49.62$ m，$Q = 9.18$ m^3/d

$s_2 = 29.32$ m，$Q = 6.84$ m^3/d

采用单位出水量法公式（8.2.6—3）计算：$r = 0.996\ 82$（勉强合格），$a = 0.040\ 820\ 81$，$b = 0.596\ 797\ 60$，$s = 0.040\ 820\ 81Q + 0.596\ 797\ 60Q^2$。当 $s = 1$ m 时，$q = 1.261$ m^3/(d·m)。

过滤器直径 0.108 m。

参数计算：采用公式（8.2.6—1），$K = 0.018$ m/d，代入裘布依潜水公式，得 $R_y = 176$ m。

隧道正常涌水量计算：

已知隧道长 972.78 m，岩性基本相同，隧道上部含水体平均厚 16.20 m，排水沟底加水跃值高度按 8.10 m 考虑，含水体总厚度 36.2 m，代入公式后：

按式（B.2.2—1）： $Q_s = 19.98$ m^3/d；

按式（B.2.2—2）： $Q_s = 170.59$ m^3/d；

按经验式（说明 B.2.1—1）： $Q_s = 11.89$ m^3/d；

平均 $Q_s = 38.49$ m^3/d；1992 年 4 月现场回访 $Q = 40～80$ m^3/d。

隧道施工时累计最大涌水量：

按式（B.2.1—1）： $Q_0 = 706$ m^3/d；

按式（B.2.1—2）： $Q_0 = 631$ m^3/d；

按经验式（说明 B.2.1—2）： $Q_0 = 570$ m^3/d；

平均： $Q_0 = 636$ m^3/d。

本规程编写组根据工程实例总结出预测隧道正常涌水量和隧道最大涌水量的经验公式，采用日本 2 个隧道、前苏联 1 个坑道和我国 2 个隧道的最大涌水量、正常涌水量、平均渗透系数、平均含水体厚度和涌水影响宽度等实际资料，经相关分析得出的。曾在几座隧道勘察中应用，公式如下：

$$Q_s = L \cdot K \cdot H(0.676 - 0.06K) \qquad (说明 B.2—1)$$

$$Q_0 = L(0.0255 + 1.9224K \cdot H) \qquad (说明 B.2—2)$$

式中符号意义同上。

西安安康线秦岭特长隧道，全长 18.446 km，岩层以混合片麻岩和混合花岗岩为主，1995 年定测。分段预测隧道涌水量，最大涌水量预测结果：经验式为 23 842 m^3/d，其他方法预测采用值为 24 181 m^3/d，两者基本吻合。正常涌水量预测结果：经验式为 9 754 m^3/d，其他方法预测采用值为 12 100 m^3/d，施工中实际正常涌水量为 7 977 m^3/d。

西安南京线西安南阳段东秦岭特长隧道，全长 12.268 km，1998 年进行定测，采用多种方法和公式预测隧道涌水量。最大涌水量预测结果：地下径流模数法为 18 466 m^3/d，用西安安康线秦岭特长隧道实际涌水量比拟法预测为21 966 m^3/d，古德曼公式计算为 17 134 m^3/d，用经验式预测为 22 850 m^3/d。正常涌水量预测结果：地下径流模数法为 4 830 m^3/d，比拟法为4 582 m^3/d，经验式为 5 072 m^3/d。

西南交通大学黄涛在博士学位论文《渗流场与应力场耦合环境下裂隙围岩型隧道涌水量预测的研究》（1997 年 6 月）中，结合工程对经验公式进行了验证。

南昆铁路二排坡隧道 DK 717 +850 ~ DK 718 +750 段，长度 900 m，施工中实际最大涌水量 Q_0 =12 300 m^3/d，正常涌水量 Q_s =7 600 m^3/d。DK 717 +850 ~ DK 718 +350，长度 500 m，为白云质灰岩夹页岩，潜水含水体，渗透张量（含水裂隙岩体耦合环境下各向同性渗透系数）$\overline{K}$ =0.109 m/d。DK 718 +350 ~ +750，长 400 m，白云质灰岩承压含水体，$\overline{K}$ =0.206 m/d。应用经验式计算结果：最大涌水量为 13 234.3 m^3/d，误差为 +7.60%；正常涌水量为 6 993.5 m^3/d，误差为 -7.98%。

文中对经验式作出如下评价：经验解析法预测的误差，相对理论解析法预测误差明显减小，原因在于理论解析法计算模型对实际隧道裂隙岩体渗流特征的复杂性考虑不足，而经验解析法则在类似工程实例经验的基础上对理论解析法模型进行了修正，从而使预测结果更为接近实际。

工程实例：汇集 4 个国内外投入运营的既有隧道（坑道）工程，其资料及水文地质参数比较明确、完整，隧道计算验证隧道参数及计算结果列于说明表 B.2。

说明表 B.2 工程实例参数及计算结果

项目 \ 数据	1 日本佐藤	2 中国乌鞘岭	3 日本旧丹那	4 前苏联乌拉尔矿山坑道
静止水位至洞底距离（m）	50.00	16.2	6.00	20.00
静止水位至等价圆中心 h_2（m）	41.26	12.68	1.78	16.05
洞底至下伏隔水层距离（m）	50.00	20.00	10.00	8.00
含水体总厚度 h_c（m）	100.00	36.20	16.00	28.00
排水沟假设水深 h_0（m）	0.20	0.20	1.00	1.00
等价圆直径（m）	17.48	7.04	8.44	7.90
等价圆半径 r_0（m）	8.74	3.52	4.22	3.95
含水体平均渗透系数 K（m/d）	0.008 64	0.006	6.05	3.22
隧道一侧影响宽度 R（m）	200.00	243.00	3 300.00	1 859.00
洞身宽度 B（m）	12.00	6.00	8.00	7.00
岩体裂隙率	0.05	0.02		

续上表

项　　目	数　　据	1 日本佐藤	2 中国乌鞘岭	3 日本旧丹那	4 前苏联乌拉尔矿山坑道
隧道通过含水体长度 L(m)		1 500.00	972.78	7 800.00	750.00
q_0 [m^3/(d·m)]	古德曼式(B.2.1—1)	0.858	0.208		133.289
	佐藤邦明(B.2.1—2)	0.854	0.216		126.245
	经验式(说明 B.2—2)	0.856	0.212	69.809	123.828
	平均	0.856	0.212		127.605
q_s [m^3/(d·m)]	佐藤邦明(B.2.2—2)	0.292	0.054		32.710
	经验式(说明 B.2—1)	0.282	0.066	11.362	31.689
	平均	0.287	0.060		
	实际值	0.290	0.041	11.077	31.610
	误差(%)	−1.04	+46.34	+2.57	+1.86

B.3.1　本方法强调新建隧道与既有隧道(或矿坑坑道)水文地质条件相似,并具有可比性时,可采用本方法概略预测新建隧道的涌水量(最大涌水量、正常涌水量)。

水文地质条件相似,系指气候、降水量、地形地貌、植被、地质条件(岩性、构造)、地下水动力性质、含水体岩性、补给、径流、排泄以及渗透性等大体相似。

工程实例1:勘测中梁山隧道时曾调查附近10 km的某煤矿坑道,水文地质条件与该隧道大体相似,利用本方法预测了新建隧道正常涌水量,结果给出12 255 m^3/d,竣工后与实际观测的涌水量14 138 m^3/d,基本一致。

工程实例2:日本曾统计约500座隧道,以与涌水量有关的地形地貌、地质条件、隧道长度、覆盖厚度等作为参数,编制成地质条件与隧道单位长度涌水量、覆盖层厚度与隧道单位长度涌水量、地形地貌与隧道单位长度涌水量的关系图表。根据这些图表,选择与新建隧道相类似的参数,可概略预测新建隧道的涌水量。

B.3.2　放射性元素氚是氢(H)的同位素之一,其半衰期为12.26年。根据含水体(层、带)地下水流向、或沿水平方向或沿垂直方向,在较短距离内采取水样,制备、测定后,可计算相对时间差。利用其差值可求出地下水运动速度和大概涌水量。

工程实例1:兰新线乌鞘岭隧道,1985年渗漏水病害整治勘测时,沿垂直方向分别采取了测定氚值的水样,经测定后分析,该区地下水具有明显的垂直分带性,埋藏愈深运动速度愈慢,地下水面以下约50 m处已接近停滞状态,50 m以上为近年循环水,见说明表B.3.2。

说明表 B.3.2　乌鞘岭隧道地下水参数

取样深度自地面算起(m)	取样位置	氚含量(TR)	地下水相对年龄 t(a)	地下水垂直运动速度(m/d)
0.00	地面降水	74±2		自地面至地下水面0.008 5
6.68	地下水面	69±2	2.15	
26.68	洞顶滴水	54±2	7.53	自地下水面至洞顶0.009 7
36.68	洞内排水沟	39±2	10.00	自地下水面至排水沟0.004 7
68.86	钻孔中	0.001	≥50	自地下水面至钻孔取样处0.000 5

注:氚含量均取整数(±号以后不取)。

隧道涌水量计算：

隧道集水面积　$A = B \cdot L = 486 \times 972.78 = 472\ 771.08\ m^2$；

垂直渗透速度　$v = u \cdot n = 0.004\ 7 \times 0.02 = 94 \times 10^{-6}\ m/d$；

隧道正常涌水量　$Q = A \cdot v = 44.44\ m^3/d$。

B.3.3　表 B.3.3—1 和表 B.3.3—2，引自铁道部科学研究院西南分院和西南交通大学的科研报告 93G18《既有隧道环境地下水变化规律以及对环境生态平衡影响的评估》。根据全国 35 座有涌水量记录的隧道调查资料，采用灰色虚拟变量多元回归方法，得出隧道涌水量概略预测评分表。

本方法即方便快速又能定量，不需要复杂的勘探、试验，只需地表调查就可以定量预测。

表 B.3.3—1，主要适用于运营阶段既有隧道病害整治，用来进行评价隧道涌水灾害严重等级，也可用于新建隧道。表中 4 个等级为：

A 级：隧道涌漏水甚大或突然涌水或泥砂大量涌出；

B 级：隧道涌漏水较大或泥砂涌出；

C 级：隧道涌漏水较少，对围岩稳定性有一定影响；

D 级：隧道涌漏水甚微或无，一般不会对施工运营及环境造成不利影响。

表 B.3.3—2，主要适用于新建隧道的踏勘和初测阶段，可快捷地概略预测隧道最大涌水量，其他阶段也适用。

报告中验证实例：大瑶山隧道 F_9 断层上盘，砂岩及泥灰岩地段，基本分为 2 900，地表沟谷汇水为 188，越岭隧道为 0 分，岩石为硬岩 2 730，处于断层破碎带内为 3 140，大瑶山地区为丰水区 3 860，隧道最大埋深 850 m，得分 578，隧道长度 14 km，得分 16 110，总计 29 506 分，也即峰值涌水量可达 29 506 m^3/d。根据隧道局观测资料，大瑶山隧道 F_9 断层上盘峰值涌水量为30 800 m^3/d，两者基本吻合。

工程实例：

(1) 兰新线乌鞘岭隧道：越岭隧道，地面为旱地，穿越砂岩和页岩互层地段，裂隙发育，年降水量 400 mm，勘测期间已衬砌，隧道最大埋深 50 m，隧道长 1 000 m。

(2) 青藏线关角隧道：越岭隧道，地面为旱地，穿越砂岩、页岩和大理岩互层地段，裂隙发育，断层带 10 条，年降水量 400 mm，无衬砌，隧道最大埋深 500 m，隧道长 4 005 m。

(3) 山西省昔阳线输水隧洞：地面为旱地，穿越砂岩和页岩互层地段裂隙发育，年降水量 600 mm，无衬砌，隧道最大埋深 500 m，隧道长 15 200 m。

(4) 京广复线南岭隧道：越岭隧道，地面沟谷汇水，穿越下石炭统碳酸盐岩（占 74.9%），构造复杂，裂隙发育，年降水量 800 mm，无衬砌，隧道最大埋深 170 m，隧道长 6 070 m。

(5) 大巴山隧道：越岭隧道，地面沟谷汇水，穿越古生带砂岩、页岩和岩溶化石灰岩地段，裂隙发育，年降水量 1 650 mm，无衬砌，隧道最大埋深 700 m，隧道长 5 333 m。

(6) 西安—安康线秦岭特长隧道，越岭隧道。

岭南段：地面沟谷汇水，穿越混合片麻岩和混合花岗岩等，裂隙发育，断层多条，年降水量大于 650 mm，无衬砌，隧道最大埋深 1 600 m，隧道长 8 164 m。

岭北段：地面沟谷汇水，穿越混合片麻岩和混合花岗岩等，裂隙发育，断层多条，裂隙发育，年降水量 550 mm，无衬砌，遂道最大埋深 1 600 m，隧道长 10 284 m。

试按表 B.3.3—1 判别隧道涌水灾害严重等级。

说明表 B.3.3—1　隧道涌水灾害严重等级判别

判别条件 \ 隧道名称分值	乌鞘岭隧道	关角隧道	山西昔阳县输水隧洞	南岭隧道	大巴山隧道	秦岭隧道 南段	秦岭隧道 北段
地表环境特征	0	0.70	0.70	0.70	0.70	0.70	0.70
岩石性质	0.21	0.21	0.21	0.21	0.21	0.21	0.21
地质构造	1.34	1.70	1.34	1.90	1.90	1.70	1.34
防水措施	-0.45	0	0	0	-0.45	0	0
气候条件	0	0	0	1.15	1.30	0	0
最大埋深	0.019	0.19	0.19	0.07	0.27	0.61	0.61
隧道长度	0.05	0.20	0.76	0.30	0.20	0.41	0.51
总　分	1.169	3.00	3.2	4.33	4.13	3.63	2.67
判　别	D级	C级	C级	A级	A级	B级	C级
	<2.48	2.48~3.30	2.48~3.30	>3.91	>3.91	3.30~3.91	2.48~3.30

试按说明表 B.3.3—1 样本概略预测隧道最大涌水量，见说明表 B.3.3—2。

说明表 B.3.3—2　预测隧道最大涌水量(基本分值 2 900)

评定要素		乌鞘岭隧道	关角隧道	昔阳县输水隧洞	秦岭隧道 南　坡	秦岭隧道 北　坡
地表环境特征		0	0	0	188	188
隧道类型		0	0	0	820	0
岩石性质		0	4 095	0	2 730	0
构造特征		500	3 140	500	3 140	-1 180
气候特征		0	0	0	0	0
防水措施		-3 948	0	-3 948	0	0
最大埋深		45	45	23	578	578
隧道长度(m)分值		(1 000) 0	(4 006) 1 607	(15 200) 16 110	(8 164) 7 250	(10 284) 8 732
预测	最大涌水量(m^3/d)	-503	11 787	12 685	17 606	11 218
	单位长度涌水量[m^3/(d·m)]	<0.1	2.94	0.83	2.16	1.09
	说　明	水量甚微或无	北坡稍大	现场调查	年降水量650 mm	年降水量550 mm
施工后	最大涌水量(m^3/d)		10 000左右	10 000左右	29 478	8 755
	正常涌水量(m^3/d)		1 500~2 000	2 160~4 320	6 666	1 312
	最大/正常		5	2.31	4.42	6.67
预测误差(%)			17.87	26.85	-40.27	27.55

注:1　括号(　)内为隧道长度(m);

2　负值表示水量甚微或无。

随着铁路建设跨越式发展，穿越江河底部的隧道将不断出现。水底隧道水文地质条件与越岭隧道不同，水文地质参数计算和涌水量预测的方法也不相同。为便于勘察和预测隧道涌水量，将水底隧道涌水量预测方法和公式介绍如下：

前苏联阿拉文(V. I. Aravin)和努米洛夫(S. N. Numerov)于1953年利用复数速度势理论推导出水底下部给水工程(渗渠)的三个涌水量计算公式。水底隧道也可参照此式概略预测最大涌水量。公式如下:

当洞身位于含水体底部隔水层上(完整式)时

$$q_0 = \frac{\pi \cdot K(H-h_0)}{\ln\cot\left(\frac{\pi}{8} \cdot \frac{d}{T}\right)} \tag{说明 B. 3. 3—1}$$

当洞身位于含水体中,与下伏隔水层保持一定距离(非完整式)时

$$q_0 = \frac{2\pi \cdot K(H-h_0)}{\ln\left[\tan\left(\frac{\pi}{8} \cdot \frac{4h-d}{T}\right)\cot\left(\frac{\pi}{8} \cdot \frac{d}{T}\right)\right]} \tag{说明 B. 3. 3—2}$$

当含水体厚度 $T = \infty$ 时

$$q_0 = \frac{2\pi \cdot K(H-h_0)}{\ln\left(\frac{2h}{r_0}-1\right)} \tag{说明 B. 3. 3—3}$$

式中 q_0——单位长度最大涌水量[$m^3/(d \cdot m)$];

K——含水体渗透系数(m/d);

H——自地表水水面至洞身横断面等价圆顶部的距离(m);

h_0——洞内排水沟假设水深(m);

r_0——洞身横断面的等价圆半径(m);

T——自地表水体底部至下伏隔水层的距离(m)。

以上三个公式依据是《СПРАВОЧНОЕ РУКОВОДСТВО ГИДРОГЕОРОГА》344~345页,1959年;《给水排水设计手册》第三册213~214页,上海市政工程设计院主编,1986年。

另外,根据1992年日本琦玉大学佐藤邦明(副教授、工学博士)提供预测隧道涌水量方面的资料,早在1984年就已有专门预测水底隧道涌水量的方法,其公式经室内渗流槽模拟试验后认为误差较小,是可行的,其式如下:

当洞身位于含水体中,与下伏隔水层保持一定距离时

$$q_0 = \frac{2\pi \cdot K(H+H_0)}{\ln\left[\tan\frac{\pi(2H-r_0)}{4T}\cot\frac{\pi r_0}{4T}\right]} \tag{说明 B. 3. 3—4}$$

当含水体厚度 $T = \propto$ 时

$$q_0 = \frac{2\pi \cdot K(H+H_0)}{\ln\frac{2H}{r_0}} \tag{说明 B. 3. 3—5}$$

式中 q_0——水底隧道施工中单位长度最大涌水量[$m^3/(d \cdot m)$];

K——含水体渗透系数(m/d);

H——自水体底部至洞身横断面等价圆中心的距离(m);

H_0——地面水体厚度(m);

r_0——等价圆半径(m);

T——自地面水体底部至下伏隔水层的距离(m)。

以上两公式来源于日本《土木学会论文报告集》第342号第97～106页，1984年。

此两式与前苏联阿拉文和努米洛夫公式的理论、表现形式基本相同，仅符号的代表数据稍有不同，故计算结果也稍有差异。用上述公式求得的为隧道最大涌水量。

运营中正常涌水量目前尚无较好的计算方法，一般以求得的最大涌水量乘以递减系数（淤塞系数）α 值求算。α 值一般根据水体混浊程度或水底淤积程度按0.8（水体较清、淤积较轻）、0.6（中等混浊、淤积）、0.3（很混浊、淤积较重）选择。

工程实例1：某一水底隧道，长4 300 m，位于水底下部50 m处，水体厚度 H_0 按高水位考虑平均为15 m，经钻探和水文地质试验，含水体平均厚度为70 m，平均渗透系数 K 为0.15 m/d。洞身高6.5 m，宽6.0 m，等价圆直径 d 为7.0 m，其半径 r_0 为3.5 m。试预测施工中最大涌水量和运营中正常涌水量。按式（说明B.3.3—1），单位长度最大涌水量为：$q_0 = 15.71\ m^3/(d \cdot m)$。

当 α 值取0.6时，隧道正常涌水量为：$Q_s = 40\ 531.8\ m^3/d$。

按式（说明B.3.3—2），单位长度最大涌水量为：$q_0 = 13.89\ m^3/(d \cdot m)$。

当 α 值取0.6时，隧道正常涌水量为：$Q_s = 35\ 836.2\ m^3/d$。

工程实例2：按工程实例1，其中 $T = \infty$ 时，施工中最大涌水量：

按式（说明B.3.3—5）　$q_0 = 17.67\ m^3/(d \cdot m)$

按式（说明B.3.3—3）　$q_0 = 16.20\ m^3/(d \cdot m)$

可见上述公式计算的结果比较接近。

工程实例3：日本伊藤洋、佐藤邦明和清水昭男就水底隧道涌水量预测，曾在室内利用渗流槽作过模拟试验，研究了最大涌水量特征。式（说明B.3.3—4）和式（说明B.3.3—5）的计算结果见说明表B.3.3—3。

说明表 B.3.3—3

试验例	T ($\times 10^{-2}$m)	K ($\times 10^{-2}$m/s)	H ($\times 10^{-2}$m)	r ($\times 10^{-2}$m)	H_0 ($\times 10^{-2}$m)	D ($\times 10^{-2}$m)	q_0 ($\times 10^{-4}m^2/s$)	式(B.3.3—4)	式(B.3.3—5)
1	54.959	0.223	44.302	4.657	3.0	6.0	18.4	18.4	22.5
2	66.959	0.179	44.302	4.657	3.5	18.0	15.9	16.3	18.3
3	78.959	0.165	44.300	4.657	4.5	30.0	17.1	16.0	17.2
4	∞	0.197	44.302	4.657	4.5	∞	20.8	—	20.5

注：1　洞高12 cm、宽6 cm，顶部为弧形；

2　D 为洞底至下伏隔水层距离。

中华人民共和国行业标准

铁建设函〔2004〕121号

铁路工程物理勘探规程

TB 10013—2004

J 340—2004

2004—03—09 发布　　　　2004—04—01 实施

中华人民共和国铁道部　发布

前 言

本规程是根据铁道部《关于印发2001年铁路工程建设规范、定额、标准设计编制计划的通知》(铁建函〔2001〕72号)的要求,在《铁路工程物理勘探规程》(TB 10013—98)的基础上修订而成的。

本规程内容包括:总则、术语、代号和符号、基本规定、直流电法、电磁波法、弹性波法、磁法、放射性探测、测井等9章。

本规程主要修订的内容如下:

1. 对规程的章节结构按各种工作方法进行了修订;

2. 增加了超声波法、波速测试、隧道围岩弹性波分级、隧道超前预报、路基和隧道检测、地面γ测量等内容;

3. 补充和完善了地震浅层反射、瑞雷面波、地质雷达、高密度电法的内容;

4. 删除了磁偶源变频法、水声勘探和电流测井。

本规程以黑体字标志的条文为强制性条文,必须严格执行。

在执行本规程过程中,希各单位结合工程实践,认真总结经验,积累资料。如发现需要修改和补充之处,请及时将意见和有关资料寄交铁道第四勘察设计院(湖北省武汉市和平大道745号,邮政编码:430063),并抄送铁路工程技术标准所(北京市海淀区羊坊店路甲8号,邮政编码:100038),供今后修订时参考。

本规程由铁道部建设管理司负责解释。

本规程主编单位:铁道第四勘察设计院。

本规程参编单位:铁道第一勘察设计院、铁道第二勘察设计院、铁道第三勘察设计院。

本规程主要起草人:曹哲明、胡路明、胡应清、方青莉、周柏林、林昀。

目　　次

1 总 则

1.0.1 为统一铁路工程物理勘探的技术要求,提高勘察质量,制定本规程。

1.0.2 本规程适用于铁路工程的物理勘探工作。

1.0.3 物探应充分利用被探测对象的物性条件合理使用,积极开展综合物探,并与其他勘探方法相配合,对所测得的物探资料进行综合分析。

1.0.4 铁路工程物理勘探应积极采用新技术和新方法。

1.0.5 铁路工程物理勘探工作,除应符合本规程外,尚应符合国家现行的有关强制性标准的规定。

2　术语、代号和符号

2.1　术　语

2.1.1　物理勘探　geophysical prospecting(geophysical exploration)

利用物理学的原理、方法和专门的仪器，观测并综合分析天然或人工地球物理场的分布特征，探测地质体或地质构造形态的勘探方法，简称“物探”。

2.1.2　工程物理勘探　engineering physical prospecting

应用于工程地质、水文地质勘察和物性参数测试、工程检测的物理探测方法。

2.1.3　综合物探　comprehensive physical exploration

根据勘探对象所具有的不同物理性质，采取两种或两种以上有效的物探方法进行探测并对资料进行综合分析。

2.1.4　正常场(背景值)　normal field

物理场的相对平稳部分。

2.1.5　异常　anomaly

偏离正常场并超过一定数值的物理场。

2.1.6　物性　physical properties

探测对象所具有的物理性质。

2.1.7　物探正演　geophysical direct problem

根据地质体的几何参数和物性参数计算它的地球物理场值。

2.1.8　物探反演　geophysical inversion

利用测得的地球物理场数据，计算地质体的几何参数和物性参数。

2.1.9　等值线　contour

某一物理量量值相等点的连线。

2.1.10　地形校正　terrain correction

对地形变化所产生的地球物理场的畸变进行的数值改正。

2.1.11　资料解释　data interpretation

根据物探成果特征，分析引起异常的原因，确定探测对象的几何参数和物性参数，说明成果的地球物理意义、地质意义和工程意义。根据解释深入的程度可分为定性解释、定量解释和地质解释。

2.1.12　电阻率　resistivity

电场强度与电流密度的比值，是介质的电性参数，表示电流通过某种介质的难易程度。

2.1.13　视电阻率　apparent resistivity

在地下介质电阻率不均匀的情况下，用均匀介质的电阻率理论表达式计算得到的电阻率值。其数值与介质电阻率、形态和观测条件有关。

2.1.14 不极化电极 nonpolarizable electrodes

不受电极和地之间的电化学作用引起电位变化的测量电极。

2.1.15 极化率 polarizability

时域激电法中,二次场某时刻的瞬时场强与最大场强的百分比。

2.1.16 衰减时 decay time

时域激电法中,二次场场强衰减到某一相对值时所需的时间。

2.1.17 电极距 spacing

供电或测量电极到观测记录点的距离。

2.1.18 接地电阻 ground resistance

电流由电极表面经邻近介质流到无穷远处所要克服的总电阻。

2.1.19 椭圆极化 elliptical polarization

电磁场的矢量末端随时间变化的轨迹呈椭圆形的极化现象。

2.1.20 趋肤深度 depth of penetration

电磁波垂直入射地表后,振幅衰减到其地面值的 $1/e(e=2.71828)$ 时的深度。

2.1.21 介电常数 dielectric constant

在有外电场作用时,物质储存电荷能力的量度,是一个点上电位移和电场强度的比值。

2.1.22 纵波 dilatational wave

质点振动方向与波的传播方向一致的体波,又称压缩波。

2.1.23 横波 transverse wave

质点振动方向与波的传播方向垂直的体波,又称剪切波。

2.1.24 瑞雷波 Rayleigh wave

沿地表面传播的一种弹性波,它的质点振动是在传播方向的垂直平面内呈椭圆形逆时针方向的振动。

2.1.25 偏移距 offset

激发点到最近检波点间的水平距离。

2.1.26 道间距 group interval

相邻检波器之间的水平距离。

2.1.27 初至 first arrival

波形记录道上第一个到达波的振动时刻。

2.1.28 时距曲线 time distance curve

弹性波的走行时间与距离之间的关系曲线。

2.1.29 多次覆盖 multiple coverage

对同一反射界面进行多次重复追踪,把共反射点道的信号进行叠加处理以提高反射记录质量的一种观测系统。

2.1.30 同相轴 event

波形记录上同一信号源的各道相同相位的连线。

2.1.31 卓越周期 predominant period

大地天然震动中最大振动强度所对应频率的倒数。

2.1.32 日变 diurnal variation

地磁场随地球自转而发生的改变。

2.1.33 磁化率 magnetic susceptibility

一种物质可被磁化的程度，为磁化强度和相应的磁场强度之比。

2.1.34 自然底数 natural thickness

由介质底数、仪器底数、宇宙射线底数组成的放射性背景值。

2.2 代 号

A，B——供电电极

AB——供电电极距

O——电法勘探观测装置记录点

AO——供电电极A至记录点的距离

BO——供电电极B至记录点的距离

OO′——偶极装置时供电电极中心至测量电极中心的距离

M，N——测量电极

MN——测量电极距

AMT——大地音频电磁

CSAMT——可探源大地音频电磁

2.3 符 号

ΔU——电位差

I——电流

ρ——电阻率

ρ_s——视电阻率

σ——电导率

η_s——视极化率

ν——泊松比

v_P——纵波速度

v_S——横波速度

v_R——瑞雷波速度

t_0——法向反射时间

H——磁场强度

M——磁化强度

κ——磁化率

E_x——电场强度水平分量

H_y——磁场强度水平分量

H_z——磁场强度垂直分量

D——极化椭圆倾角

f——频率

λ——波长

ϕ——相位

ε——介电常数

ε_r——相对介电常数

γ——自然伽马射线

$T_{1/2}$——半衰期

3 基本规定

3.0.1 物探的应用应具备下列条件：

1 探测对象与其相邻介质必须存在一定的物性差异并具有足以被探测的规模。

2 地形变化产生的异常畸变不显著改变探测对象的异常形态或能进行改正。

3 存在电、磁、振动等外界干扰时，探测对象的异常能够从干扰背景中区分出来。

3.0.2 重大工点、地质条件复杂的工点和存在多种干扰因素的工点，应采用综合物探。

3.0.3 物探应按搜集资料、踏勘、编制计划、施测、初步解释、最终解释、成果核对、报告编制的程序进行。

3.0.4 物探外业工作质量的检查应符合下列规定：

1 检查工作宜由不同的操作员在不同日期用不同的仪器进行；

2 检查点在测区应均匀分布，异常与可疑地段应重点检查；

3 质量检查一般应抽查工点工作总量的5%，质量不满足要求时应增加，当检查工作量达到工作总量的20%时，质量仍不符合规定，所有数据必须重测；

4 质量检查资料必须与正式资料一起提交审核。

3.0.5 物探仪器及其附属设备必须满足性能稳定、结构合理、构件牢固可靠、防潮、抗震和绝缘性良好等要求。仪器应定期检查、标定和保养。

3.0.6 物探工作的布置应符合下列规定：

1 测网应根据探测工程需要和地形地质条件布置，确定的测线位置可根据实际情况适当调整，面积测量时测线移动的允许距离在相应比例的图件上为5 mm；

2 测网密度应保证异常的连续、完整和便于追踪；

3 主要测线应垂直或大角度相交于探测对象或已知异常的走向；

4 测线方向宜避开地形及其他干扰的影响，应保证异常的完整和具有足够的正常背景。

3.0.7 物探测线的起讫点、各基点、转折点、测线上每相距100 m的测点、地形突变点、充电点、非均匀分布的各物探测点、重要的物探异常点及建议验证的点位，应进行位置和高程测量。

3.0.8 物探测量应符合下列规定：

1 测网的控制基点必须与测量基点联测，高程和点位误差应符合Ⅲ级导线测量的要求；

2 物探点位在平面图上的允许偏差为±2 mm；

3 水面物探测点的高程应根据水位变化进行校正，点位允许误差为基线长度的1/1 500。

3.0.9 物探原始资料应符合下列规定：

1 原始资料应包括下列内容：

1）与工作比例相应的地形图件和测量基点的坐标、高程；

2)与工点有关的工程地质资料和钻探资料；

3)物探施测的各种原始记录和检查记录；

4)物探仪器校验、标定及一致性检查的记录。

2 原始记录必须完整、真实、清晰，标示清楚，签署齐全，不得随意涂改或重抄。

3.0.10 物探资料解释应符合下列规定：

1 在分析各项物性参数的基础上，按从已知到未知、先易后难、点面结合、反复认识、定性指导定量的原则进行。宜采用两种以上的方法进行定量解释，并选用典型断面作正演计算。条件具备时物性参数应通过测井确定。

2 结论应明确，符合测区的客观地质规律。各物探方法的解释应相互补充、相互印证。解释结果不一致时，应分析原因，并对推断的前提条件予以说明。

3 解释结果应说明探测对象的形态、产状、延伸等要素；对于已知资料不足，暂时不能得出具体结论的异常，应说明原因。

4 解释应充分利用各种勘探方法的成果；有钻孔验证的工点，应充分利用钻探资料对解释结果进行全面的修正。

3.0.11 物探成果资料的编制应符合下列规定：

1 物探成果资料应包括下列内容：

1)物探平面图；

2)各种定性分析图件；

3)各种定量解释图件；

4)平面、断面成果图表；

5)质量检查数据和质量评定表。

2 物探成果报告应包括下列内容：

1)任务依据和要求；

2)地形、地质和物性特征；

3)物探方法的选择原则及采取的技术措施；

4)测网布置和数据采集；

5)资料整理与解释；

6)质量评价；

7)结论和建议。

3 图件的比例应符合工程需要，成果平面图可与工作平面图合并绘制，内容应包括线路里程、导线点、地形和主要地物、物探测网、异常分布位置、推断地质界线和建议验证钻孔等内容。

4 物性地质断面图应结合地质资料综合分析后编制，图上应标出各地层的物性参数、地层符号或地层图纹、钻孔以及推断的构造位置和产状，标明中线里程或与中线里程的关系。

4 直流电法

4.1 一般规定

4.1.1 直流电法是利用探测对象与相邻介质间的电阻率或电化学特性差异，观测研究与探测对象有关的直流电场的分布特点和规律，达到探测目的的物探方法。

4.1.2 直流电法应根据工作条件和探测要求选用相应的观测方法和观测装置。

4.1.3 直流电法仪器的技术指标应满足以下要求：

1 输入阻抗应大于3 MΩ；

2 AB、MN 插头和外壳三者之间的绝缘电阻应大于100 MΩ/500 V；

3 电位差测量分辨率应达到0.01 mV；

4 电流测量分辨率应达到0.1 mA；

5 对50 Hz 干扰压制应大于40 dB。

4.1.4 当两台或两台以上仪器在同一工点作业时，应进行仪器的一致性测定，允许相对均方误差为 ±2%。

4.1.5 直流电法的数据采集应符合下列规定：

1 供电电流应稳定，在不改变接地条件和工作电压时，两次电流观测值的允许相对误差为 ±2%。

2 下列测点应进行重复观测：

1）电测深 AB/2 小于 100 m 时，每隔 3 ~5 个电极距、畸变点、不正常脱节的接头和 AB/2 大于 100 m 的每个电极距；

2）电剖面、充电法和自然电场法：每隔 3 ~5 个测点、主要异常和畸变点；

3）读数困难、极化不稳定和存在明显干扰现象的测点。

4.1.6 直流电法重复观测的数据应符合下列规定：

1 取算术平均值作为最终的基本观测值；

2 自然电场法重复观测的允许绝对值误差为2 mV，其他方法重复观测的允许平均相对误差为 ±4%，否则必须增加观测次数；

3 参与平均值计算的数据个数，不得少于该点总观测次数的2/3；

4 重复观测时，应改变20% 以上的电流强度；

5 重复观测误差超过允许范围时，应多次观测，并检查极距、漏电、接地、仪器及接线等，还应对接地位置和附近的地形、地质及干扰等情况进行核对。

4.1.7 直流电法的电极接地应符合下列规定：

1 供电电极接地电阻应小于1 kΩ，供电电流宜大于100 mA；

2 测量电极接地电阻应小于仪器输入阻抗的1%，电位差不得小于0.3 mV；

3 电极位置应准确，电线与电极连接可靠，测量电线与高压输电线相交时，宜垂直高压线；

4 除高密度电法外,测量电极必须使用同一类电极,供电与测量电极不得混用;

5 测绳等丈量工具不应与电极接触,在水中或潮湿地区,应架空有金属丝的测绳。

4.1.8 直流电法的漏电检查应符合下列规定:

1 每日开工、收工和曲线发生畸变时,应对仪器、电源、电线进行漏电检查;

2 电测深的 $AB/2 \geq 500$ m 时的所有测点、各种剖面法每隔 10~20 个测点、每个剖面的最后一个测点、电线位于潮湿地区和有疑问的异常区(点)应进行漏电检查;

3 当发现电线、电源或仪器漏电时,必须查明原因予以消除后,按序返回观测,至连续三个测点的观测值与原观测值之差不大于原观测值的 ±5% 为止。

4.1.9 直流电法的参数测定应符合下列规定:

1 同一地电类型的工点应统一安排参数测定;

2 不具备参数测定的工点,可根据等值范围较窄的电测深曲线推求中间层参数。

4.1.10 直流电法的质量检查应以一个电测深点或一段电剖面为检查单元。

4.1.11 直流电法的资料整理与解释应符合下列规定:

1 当地形起伏较大时,应考虑地形影响,必要时做地形改正。

2 各种剖面曲线图的绘制,应符合下列要求:

1)装置示意图上应注明装置长度和点距,充电法还应标出充电点在剖面上的投影位置;

2)面积性的剖面工作,各剖面图应采用相同的比例尺,并绘制平面剖面图;充电法的平面剖面图上应标出充电点的平面位置。

3 定性解释应符合下列要求:

1)研究测线附近的地形、地质条件及干扰体的位置与异常的关系,区分异常和干扰;

2)地形坡度大于 20°时,应考虑地形影响并进行地形校正;

3)参照正演曲线和试验结果,研究异常的特征和异常与电极距、电极位置的关系;

4)确定异常体的性质和平面位置,估计埋深和形态。

4.2 电测深法

4.2.1 电测深法适用于划分地层,探查隐伏构造、岩溶和地下水源。

4.2.2 电测深法应采用对称四极装置,当地层电性均匀、电性层厚度变化不大或因地形条件无法采用对称四极装置时,可采用三极装置。装置方向的地形起伏不宜大于15°。

4.2.3 电测深的工作布置除应符合本规程第3.0.6条的规定外,还应符合下列规定:

1 测点间距在划分地层时不应小于探测对象埋深的一半;探测岩溶、洞穴、断层时应使异常在三个相邻测点上有较清晰的反映。

2 电性分布不均匀的工点应布置适当的十字电测深或多方向的三极电测深查明地层电性的各向异性情况。

3 装置方向应根据测区的地形、地质、地电条件确定,在同一电性单元内宜保持一致。

4 三极测深装置的无穷远 B 极宜垂直 AO,OB 应大于最大 AO 的5倍。OB 与 AO 平行时,OB 应大于最大 AO 的 10 倍。

4.2.4 电测深极距的选择应符合下列规定：

1 AB/2的增距比应在1.2～1.5之间，最大AB/2应能满足最后一层的解释需要；45°上升的尾支渐近线上不应少于3个点；最小AB/2应能反映曲线首支渐近线。

2 MN不得大于AB/3，当观测的电位差小于0.3 mV时，应更换MN。更换MN时，应有两个AB/2重叠观测，温纳装置不受此限。

4.2.5 电测深曲线接头出现不正常脱节时，应按照本规程第4.1.6条第5款的规定进行检查和重复观测。若曲线仍为不正常脱节，应改变MN，或变更装置方向、测点位置后重新测量。

4.2.6 电测深曲线出现畸变时，必须按本规程第4.1.6条第5款的规定进行检查，并对畸变点前后的电极距重复观测或在畸变点前后增加观测点，当畸变无法消除时，应查明原因或加密电测深点。

4.2.7 大地导电率测量应符合下列规定：

1 大地导电率测量宜采用温纳测深装置。

2 大地导电率的最大AB/2可根据测深曲线与解释曲线的交点确定。根据探测要求和外业地形情况也可只测交点位置或交点附近一段的视电阻率。

3 相邻测点的导电率值相差三倍时应加密测点。

4.2.8 电测深测量数据的质量应符合下列规定：

1 单个电测深点视电阻率的允许相对均方误差 ε 为 ±5%，可采用下式计算：

$$\varepsilon = \pm\sqrt{\frac{\sum_{i=1}^{n}\delta_i^2}{2n}} \tag{4.2.8—1}$$

$$\delta_i = \frac{\rho_{si} - \rho_{si}'}{\frac{1}{2}(\rho_{si} + \rho_{si}')} \times 100\% \tag{4.2.8—2}$$

式中 n——参与计算的检查点总数；

δ_i——第 i 点两次观测的相对误差；

ρ_{si}——第 i 点基本观测值；

ρ_{si}'——第 i 点检查观测值。

2 工点的电测深视电阻率允许相对均方误差 M 为±5%，可采用下式计算：

$$M = \pm\sqrt{\frac{\sum_{i=1}^{n}\varepsilon_i^2}{n}} \tag{4.2.8—3}$$

式中 ε_i——单个电测深点的相对均方误差；

n——参与计算的电测深点数。

4.2.9 电测深的定量解释应符合下列规定：

1 曲线应采用62.5 mm模数的双对数坐标绘制，主要电性标志层反映明显，首尾支渐近线符合定量解释要求，无严重畸变或已查明原因；

2 同一工点的曲线接头应采用相同的处理方式；

3 分析解释应结合测区的地质和电性条件进行，注意装置方向对曲线的影响，合理使用参数，并应绘制必要的分析图件，计算正演曲线；

4 电测深曲线应采用两种或两种以上的方法解释,结果应接近;

5 定量解释的参数和计算结果应标明在电测深曲线图上;

6 有钻孔资料时,应利用钻孔资料对解释结果进行修正。

4.3 电测剖面法

4.3.1 电测剖面法适用于查找岩溶、洞穴,确定断层、岩性界线的位置和倾向。

4.3.2 电测剖面法的工作布置除应符合本规程第3.0.6条的规定外,还应符合下列规定:

1 测线上应有3~5个反映单个异常的测点;

2 所要研究的异常应不少于三条测线通过。

4.3.3 电测剖面法的装置类型和装置长度应根据探测要求、地电条件、地形特征和试验效果,配合适当数量的电测深来选择,并应符合下列规定:

1 对称四极剖面法的 *AB* 应为探测对象顶部埋深的4~6倍,*MN* 不应大于探测对象的顶部埋深且小于 *AB*/3。

2 联合剖面法的 *AO* 应大于探测对象顶部埋深的3倍,无穷远极应符合本规程第4.2.3条第4款的规定,*MN*/2 应小于 *AO*/3。

3 中间梯度剖面法的测量区间应位于*AB*/3的范围内,*MN* 宜等于点距或二倍点距,在移动 *AB* 时应使测量段有两个以上的测点重叠。

4 偶极剖面法的 *OO′*应大于探测对象顶部埋深的3倍,供电偶极子和测量偶极子的长度宜相等且小于 *OO′*。

5 采用两个以上 *AB* 极距的复合电测剖面装置时,相邻装置的*AB*/2或 *OO′*的比值应为1.5~2.0,*MN*/2 或偶极子的长度不宜改变。

6 电测剖面法各电极接地位置偏离测线的距离应小于 *MN*/10,有困难时供电电极可偏离测线 *AB*/20。

4.3.4 电测剖面法测量数据的质量和误差计算应符合本规程第4.2.8条第1款的规定。

4.4 高密度电法

4.4.1 高密度电法适用于探测岩溶、洞穴、路基状态和地质界线的产状等。

4.4.2 高密度电法的工作布置应符合下列规定:

1 测量点距应根据探测对象的大小和埋深确定,装置长度宜大于探测对象埋深的4倍;

2 观测装置沿测线移动时,每次移动的距离应保证勘探深度范围内数据连续;

3 测量剖面应超出勘探测线两端各1/3装置长度。

4.4.3 高密度电法的数据采集应符合下列规定:

1 采用温纳、偶极、梯度等多种观测装置时,严禁采用相互换算的数据作为观测数据;

2 测量应采用极化较小的同一种电极和正负交替的供电方式供电。

4.4.4 高密度电法测量数据的质量和误差计算应符合本规程第4.2.8条第1款的规定。

4.5 自然电场法

4.5.1 自然电场法适用于探测浅层地下水流向、区别岩溶和炭质灰岩异常，也可用于环保和地质灾害的调查。

4.5.2 自然电场法的观测宜采用电位法，在大地电流干扰较强的地区可采用梯度法，采用梯度法时 *MN* 宜等于观测点距。

4.5.3 自然电场法的电位观测应符合下列规定：

1 电位总基点应选择在自然电位平稳的正常场地段，与分基点联测必须方便；

2 分基点应选择在自然电场稳定、交通便利处；

3 各基点之间在开工和完成测区总量的50%时，应进行电位联测，两次观测的允许绝对误差为 5 mV，超过此误差的基点应多次联测，不稳定的基点应重复观测。

4.5.4 自然电场法的电极应符合下列规定：

1 成对不极化电极的极差在开始工作时应小于2 mV，测完一条剖面后应小于5 mV；

2 电极应编号使用，电位测量时基点接 N 极，梯度测量时 M 极和 N 极的顺序不得颠倒；

3 电极不应埋设在乱石堆上，电极接地电阻应小于2 kΩ，并应避免电极曝晒；

4 电极在测点上安置困难时，可沿垂直测线的方向移动，移动的距离应小于 1/5 点距。

4.5.5 自然电位测量数据的质量用平均绝对误差评价，工点的允许平均绝对误差 δ 为 5 mV，可采用下式计算：

$$\delta = \frac{1}{n}\sum_{i=1}^{n} |A_i - A_i'| \tag{4.5.5}$$

式中 A_i——第 i 点原始观测值；

A_i'——第 i 点检查观测值；

n——检查点数。

4.6 充 电 法

4.6.1 充电法适用于探测低电阻物体的平面展布和地下水流向。

4.6.2 充电法的工作布置应符合下列规定：

1 充电点应与被追踪的低阻体连通；

2 无限远 B 极至测区的最短距离应大于测区对角线长度的5倍；

3 电位测量时，固定的 N 极应设在 B 极的反方向。

4.6.3 充电法的数据采集应符合下列规定：

1 在观测电位差的前后应观测供电电流的强度；

2 电位和梯度观测必须单独进行，严禁采用换算值；

3 梯度的过零点和电位的极大点，应进行重复观测和漏电检查；

4 梯度测量时 MN 极的顺序不得颠倒。

4.6.4 充电法测量数据的质量和误差计算应符合本规程第4.2.8条第1款的规定。

4.7 激发极化法

4.7.1 激发极化法适用于探测地下水、区别岩溶与炭质灰岩异常。

4.7.2 激发极化法可根据探测需要选择对称四极测深装置、各种剖面装置和充电装置。

4.7.3 激发极化法的仪器性能除了应符合本规程第4.1.3条的要求外,还应满足下列要求:

1 极化率测量分辨率应达到0.01%;

2 延时与积分的时间可调且允许误差为±1%,采样宽度和叠加次数可调;

3 具有单向长脉冲和双向短脉冲两种供电制式。

4.7.4 激发极化法的数据采集应符合下列规定:

1 M、N的要求和安置应符合本规程第4.5.4条第1、3、4款的规定。

2 采用四极对称测深装置时,每隔一个极距应观测一次干扰电位差,其数值不得大于二次场电位差的10%;

3 二次场电位差应大于1 mV,在观测困难时,亦不得小于0.5 mV,且应大于干扰信号幅度的3倍;

4 采用联合剖面装置时,两个三极装置不得同时测量,必须先用一组电极供电测完一条剖面后,再用另一组电极供电测量;

5 衰减时法的供电电流和供电时间应通过计算和试验选择。

4.7.5 激发极化法测量数据质量的允许相对均方误差为±10%,允许相对均方误差在采用测深装置时可按本规程式(4.2.8—1)和式(4.2.8—3)计算;采用剖面装置时可按式(4.2.8—1)计算。

5 电 磁 波 法

5.1 一 般 规 定

5.1.1 电磁波法是利用探测对象和相邻介质间的导电性、导磁性或介电常数的差异，通过观测分析电磁波在地下介质中的传播规律或感应电磁场的分布特征，达到探测目的的物探方法。

5.1.2 当两台或两台以上的仪器在同一工点作业时，应在同一测点上采用相同的观测装置进行仪器一致性测定，允许相对均方误差为 ±5%，可按本规程式(4.2.8—1)计算。

5.2 音频大地电磁法

5.2.1 音频大地电磁法适用于探查深部构造及地层的变化情况。

5.2.2 音频大地电磁法的仪器性能应满足以下要求：

1 工作频率1 Hz～10 kHz；

2 倍频设置的频点可内插；

3 各观测道应具有良好的一致性。

5.2.3 音频大地电磁法测网的布置除了应符合本规程第3.0.6条的规定外，还应符合下列规定：

1 异常和电磁测深曲线失去连续性时必须加密电磁测深点。

2 测线不得设置在明显的干扰源旁，离开的距离应满足下列要求：

1)大的工厂、矿山、电气化铁路、发电站：2 km；

2)广播电台、雷达站：1 km；

3)高压输电线：500 m；

4)繁忙的公路：200 m。

3 测线无法避开供电及通信线路时，宜与供电、通信线路正交。

5.2.4 音频大地电磁法电、磁通道的检查和敷设应符合下列规定：

1 电通道和磁通道与屏蔽层的绝缘电阻应大于2 MΩ。

2 各信号线与地的绝缘电阻应大于1 MΩ。

3 不极化电极的极差应小于2 mV。

4 电极应埋入土中20～30 cm，接地电阻不宜大于2 kΩ，困难条件下应小于10 kΩ。两电极埋置条件应基本相同。

5 水平磁探头的入土深度应为30 cm，垂直磁探头的入土深度应大于棒长的2/3，并用土埋实。

6 电极和磁探头的连线以及接入仪器和前置放大器盒的电缆，不应悬空、并行、打圈，并应采取防止晃动的措施。

5.2.5 音频大地电磁法的数据采集应符合下列规定：

1 观测和记录应在干扰背景比较稳定的时间进行，一个测点上的观测时间应连续；

2 记录头段的各种参数，必须齐全准确；

3 每一频点应有足够的叠加次数，低频率段数据达不到要求时，应延长观测时间，增加叠加次数；

4 记录道产生反向、饱和或干扰严重时，应及时补测；

5 通过监视屏幕或打印结果及时分析视电阻率、相位曲线质量，不符合要求时应重测。

5.2.6 音频大地电磁法（AMT）的观测装置应布置成十字形，见图5.2.6—1。受观测条件的限制时，可布置成L形或T形，见图5.2.6—2和图5.2.6—3，并应符合下列规定：

1 测量电极 E_x、E_y 之间及水平磁探头 H_x、H_y 之间应互相垂直，方向偏差应小于5°；

2 E_x、E_y 电极的距离宜为50～100 m；水平磁探头 H_x、H_y 的顶端距测点宜为8～10 m；

3 垂直磁探头 H_z 应安置在方位角225°、距测点小于10 m的位置。

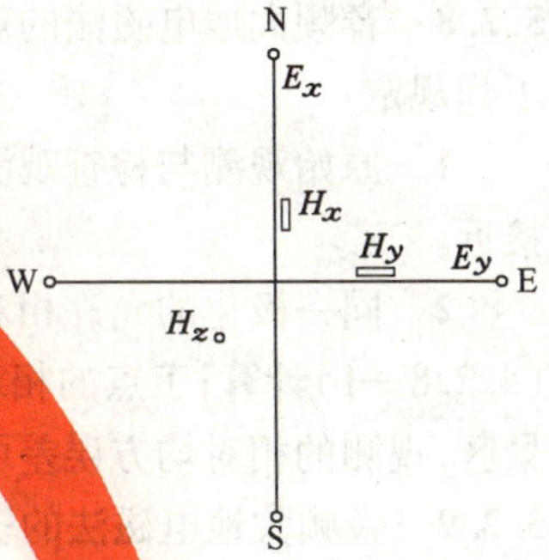

图5.2.6—1 十字形观测装置

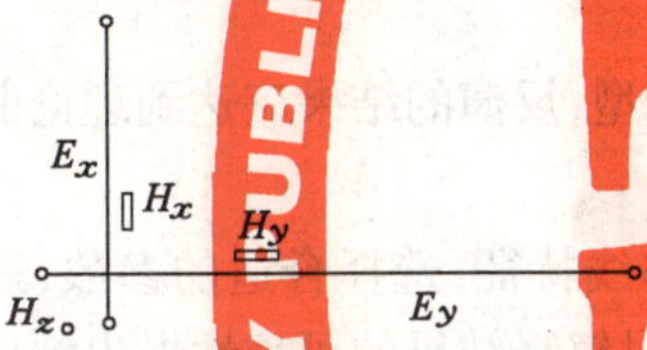

图5.2.6—2 L形观测装置

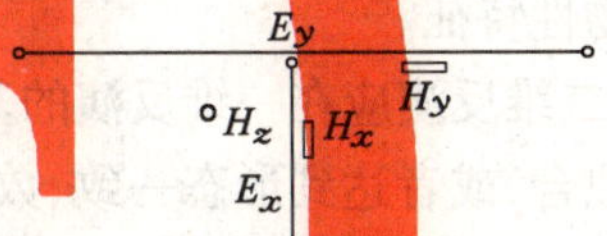

图5.2.6—3 T形观测装置

5.2.7 可控源音频大地电磁法（CSAMT）观测装置见图5.2.7，并应符合下列规定：

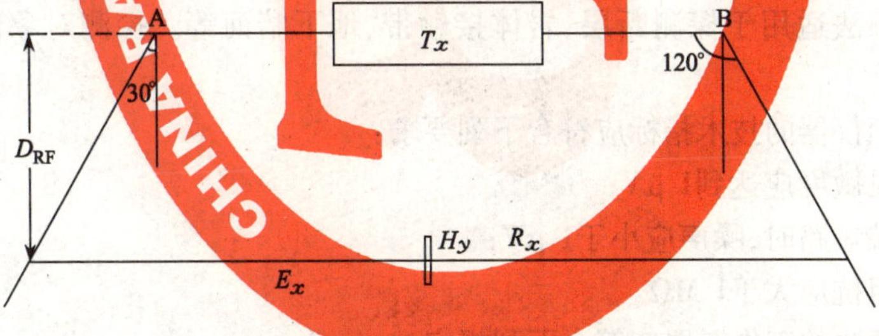

图5.2.7 CSAMT法观测装置示意

T_x—发射机位置；A，B—发射偶极；R_x—接收部分；

D_{RF}—收发距；H_y—磁探头；E_x—电极

1 发射偶极AB不应小于2 km。供电线路允许通过电流应大于20 A，多余的供电线应全部放开。

2 发射电极的接地电阻应小于100 Ω，接地困难时应小于150 Ω。

3 收发距离 D_{RF} 必须保证接收排列位于信号稳定的远区，应大于勘探深度的10倍。

4 测线长度应在以发射偶极AB为底边，两底角分别为120°的梯形范围内。接收排列宜与发射偶极平行，当不能平行布置时，接收排列与发射偶极延长线的夹角应小于

20°。多道连续观测时，连接处应有1个测点重合。

5　发射和接收所处的地质条件宜一致。

6　测量极距的长度应根据观测信号的强弱和噪声水平确定，宜在25～100 m之间选择。当共用一个磁道时，两电极高差应小于其距离的1/4。

7　磁棒应垂直发射偶极水平放置，方向偏差应小于5°。

5.2.8　音频大地电磁法的观测质量检查除应符合本规程第3.0.4条的规定外，还应符合下列规定：

1　原始观测与检查观测全频视电阻率曲线及相位曲线应形态一致，对应频点的数值接近。

2　同一极化的允许相对均方误差为±10%。单条曲线的相对均方误差按本规程式(4.2.8—1)计算；工点的相对均方误差按本规程式(4.2.8—3)计算。在电磁场强噪声背景区，观测的相对均方误差可适当放宽，并应在工作报告中说明。

5.2.9　音频大地电磁法的资料整理与解释应符合下列规定：

1　存在地形和静态、近场、过渡场效应等影响的视电阻率曲线应校正。

2　对大地电磁测深曲线应做一维直接反演，了解测区的电性结构。

3　有钻孔资料或测井资料时，应对比研究与电性层对应的地质层位，确定测区地电剖面和物性特征。

4　二维反演应在一维反演的基础上构制二维模型，反演的结果应达到理论曲线与实测曲线拟合，或者达到形态一致、数值接近。

5　二维反演应考虑测区内过渡带和突变带的曲线特征，选择合适的参数，避免出现由于人为因素产生的跳跃现象，并与已知资料比较，对解释结果的可靠性做出评价。

5.3　甚低频法

5.3.1　甚低频法适用于探测断层、岩体接触带、地下暗河等。探测对象的埋深宜小于30 m。

5.3.2　甚低频仪器的技术指标应符合下列要求：

1　电压灵敏度应达到1 μV；

2　输入端短路时，噪声应小于1 μV；

3　输入阻抗应大于1 MΩ。

5.3.3　甚低频法的工作布置应符合下列规定：

1　倾角法点距宜为10～20 m，波阻抗法点距宜为5～10 m；

2　测线宜垂直探测对象的走向及发射电台方向；发射台的方向与探测对象走向的夹角不宜超过30°。

5.3.4　甚低频法数据采集应符合下列规定：

1　工作开始前应根据探测对象的走向，选择适合于测区工作频率的甚低频发射台，确定电台的方位角。

2　在一次场稳定时采集数据。

3　观测 E_x 时，仪器应平行于测线；观测 H_y 时，仪器应垂直于测线。

4　倾角法观测应选择与探测对象延伸方向接近的电台。在同一测点上观测电阻率时应另选电台。

5 异常带、零值变化带及畸变点均应进行重复观测。

5.3.5 甚低频法的重复观测和检查观测应符合下列规定：

1 H_y、H_z、E_x 的允许平均相对误差 δ 为5%；E_x/E_y（波阻抗）、ρ_e（有效电阻率）的允许平均相对误差 δ 为10%，可采用下式计算：

$$\delta = \frac{1}{n}\sum_{i=1}^{n}\left|\frac{2(A_i - A_i')}{A_i + A_i'}\right| \times 100\% \tag{5.3.5}$$

式中 A_i——第 i 点原始观测值；

A_i'——第 i 点检查观测值；

n——检查点数。

2 倾角 D 的允许平均绝对误差为1°，平均绝对误差可按本规程式(4.5.5—1)计算。

5.3.6 甚低频法的资料整理与解释应符合下列规定：

1 绘制 H_y/H_0（H_0 为一次场强值）、H_z/H_y、E_x、D、H_y、ρ_e、F（倾角滤波）曲线剖面图、平面剖面图、平面等值线图。

2 定性图件上应标出所用电台名称及方位。

3 参与解释的曲线应符合下列条件：

1）$D \geqslant 4°$，D 曲线应有过零点、对称或有明显的拐点；

2）F、H_y、H_z、ρ_e 等曲线应有明显的极值点，F 值应大于5。

4 根据 D 曲线的过零点和其他曲线的极大点以及视电阻率曲线的低值段等资料综合分析，推断探测对象的平面位置。根据 D、F、ρ_e 等参数的综合异常推断探测对象的空间形态。

5.4 电磁波透射法

5.4.1 电磁波透射法适用于在钻孔中探测钻孔间或钻孔周围的岩溶洞穴、破碎带等低阻体。

5.4.2 电磁波透射法的钻孔应满足以下要求：

1 需要透射的孔段应充满井液，没有金属套管。

2 钻孔深度应超过需要探测的深度，超过的深度应根据所用的天线长度和孔间距确定，一般不应小于5 m。用作 CT 测量的钻孔深度应为孔间距的2倍。

3 孔径不宜小于89 mm。

4 孔间距宜小于80 m。

5.4.3 电磁波透射法观测前应对仪器进行校验，并应符合下列规定：

1 接收机的噪声应小于 -130 dB；

2 仪器的工作频率和对应的天线长度应通过试验选择，使其达到最佳匹配；

3 井下部分应具有良好的绝缘性和密封性。

5.4.4 电磁波透射法的数据采集应符合下列规定：

1 观测点距应以不漏掉有意义的异常为原则，采用层析成像法时，应小于计算网格的边长；

2 固定发射点或固定接收点不宜布置在低阻体位置；

3 每对钻孔宜选取2个及以上的工作频率进行测量;

4 交会法应以同步观测为主,并在现场绘制草图;

5 层析成像法应以定点发射或定点接收观测为主,发射和接收的测点应密度大、交角大且分布均匀。

5.4.5 电磁波透射法的重复观测和检查观测应符合下列规定:

1 异常点或有疑问的地段应及时进行重复观测;

2 工点的检查工作量不得小于总工作量的10%,工作量少的工点应进行1对孔的全孔检查观测;

3 重复观测、检查观测的允许相对均方误差为±8%,单孔的相对均方误差可按本规程式(4.2.8—1)计算、工点的相对均方误差可按本规程式(4.2.8—3)计算。

5.4.6 电磁波透射法的原始记录除应符合本规程第3.0.9条的规定外,还应符合下列规定:

1 测量中出现的特殊情况或改变工作技术条件应详细记录;

2 现场记录内容应包括工点名称、钻孔编号、钻孔间距、孔深、岩性、工作频率及天线、测试方法、点距等。

5.4.7 电磁波透射法的资料整理与解释应符合下列规定:

1 层析成像处理时,网格边长应小于最小探测对象的直径;

2 各种观测方法的曲线异常应相对应,不符合时应查明原因后才能用于解释;

3 深孔或斜孔中采集的数据,应根据井斜资料进行改正。

5.5 地质雷达探测

5.5.1 地质雷达探测适用于地层划分、岩溶和不均体的探测、工程质量检测等。

5.5.2 地质雷达的技术指标应满足下列要求:

1 系统增益不应低于150 dB;

2 信噪比应大于60 dB;

3 采样间隔不应大于0.5 ns、模数转换器不应低于16位;

4 具有可选的信号叠加、实时滤波、点测与连续测量、手动与自动位置标记等功能。

5.5.3 地质雷达探测的数据采集应符合下列规定:

1 通过试验选择雷达天线的工作频率、确定介电常数。当探测对象情况复杂时,应选择两种及以上不同频率的天线。

2 测网密度、天线间距和天线移动速度应反映出探测对象的异常。

3 选择合适的时间窗口和采样间隔,并根据数据采集中的干扰变化和效果及时调整工作参数。

4 每间隔一定的距离及异常点位置应在记录中标注。

5 受测线附近的建筑物和金属物体、电磁干扰等影响时,应在记录中注明,并标出位置。

6 重点异常区应重复观测。重复性较差时应查明原因。

5.5.4 地质雷达观测质量检查的记录与原观测记录应具有良好的重复性,波形一致,异常没有明显的位移。

5.5.5 地质雷达用于隧道工程的衬砌质量检测应符合下列规定：

1 天线组应由穿透深度大于2 m、纵向分辨率为20 mm的不同中心频率的天线组成。

2 检测之前应在已知厚度部位或与隧道衬砌材料相同的其他预制件上测定衬砌混凝土的介电常数或电磁波速度。

3 测量时窗和采样率应根据衬砌材料的相对介电常数、电磁波速度和天线中心频率确定。

4 数据采集应符合下列规定：

1）测线应沿隧道轴向布置在拱顶、拱腰和边墙位置，特殊情况可适当加密；

2）采用连续测量的方式，不能连续测量的地段可采用点测，分段连续测量时，应有大于1 m的重复测量段；

3）除特殊天线外，测量时应使天线与衬砌表面之间的距离小于10 mm；

4）现场记录应注明干扰源和观测到的病害位置。

5.5.6 地质雷达用于挡墙工程的质量检测应符合下列规定：

1 天线应符合本规程第5.5.5条第1款的规定。

2 检测前应收集挡墙的设计施工图，根据墙体的厚度按照本规程第5.5.5条第2、3款的规定确定墙体的介电常数、电磁波速度和仪器的工作参数。

3 测线沿墙高方向布置，测线间距应根据具体情况确定，宜为8～12 m，异常地段应加密；每条测线均应准确测量墙体的高度，允许误差为±2%。

4 数据采集应符合本规程第5.5.5条第4款第2）、3）、4）项的规定。

5.5.7 地质雷达探测的资料整理与解释应符合下列规定：

1 参与解释的雷达剖面应清晰。

2 解释前宜做编辑、滤波、增益等处理。情况较复杂时，还宜进行道分析、FK滤波、正常时差校正、褶积、速度分析、消除背景干扰等处理。

3 结合地质情况、电性特征、探测体的性质和几何特征综合分析。必要时应考虑影响介电常数的各种因素，制做雷达探测的正演和反演模型。

5.5.8 地质雷达探测的成果资料应符合下列要求：

1 时间剖面图中应标出地层的反射波位置或探测对象的反射波组；

2 隧道衬砌质量检测应提交衬砌厚度、内部结构和衬砌背后的超挖回填情况；

3 挡墙质量检测应提交墙体不同高度处的厚度、墙体内部和反滤层的填筑情况。

5.6 管线探测

5.6.1 管线探测适用于探查埋藏的电力电缆、通讯电缆、金属管道。

5.6.2 管线仪的技术性能应满足下列要求：

1 接收机应能接收人工、天然电磁场和50 Hz工业电磁场的感应信号；

2 具有两个可供选择的工作频率；

3 能连续追踪和快速定位、定深，有较高的分辨率和较强的抗干扰能力；

4 具有直接充电、感应、夹钳和示踪等功能。

5.6.3 管线探测应符合下列规定：

1　必须收集和分析既有的管线资料,实地调查管线的分布特征;

2　选用适宜的频率采用搜索模式探测隐蔽管线;

3　管线出露点应进行直连追踪,并采用环形探测的方法查明管线的拐点;

4　观测干扰背景较大或当管线分布密集、复杂时,应增加观测点;

5　测定的管线位置与已知点不一致时,应进行重复观测,并查明原因;

6　管线的埋深应采用两种以上的工作方法测定;

7　钻孔位置应加密测点,并适当扩大探测范围。

5.6.4　管线测点的地面标示应符合下列规定:

1　标示应有管线代号和测点号;

2　标示应设置在管线的拐点、分支点或特征点上,在无特征点的管线直线段,标示间距不应大于50 m。

5.6.5　管线测点的测量应符合下列规定:

1　沿线路中线或导线进行管线探测时,应利用中线桩或导线桩作为测量基点;

2　测区偏离线路中线或导线时,应设置基线、基点,基点应与线路中线或导线联测,测区内有既有建筑物时,应测量与建筑物的关系;

3　坐标和高程系统应与工作地形图相同。

5.6.6　管线测量记录除应符合本规程第3.0.9条的规定外,还应详细记录管线种类、材质、属性、埋深、同地物、基线、基点、线路的相对关系等。

5.6.7　管线位置探测的精度应符合下列规定:

1　定位允许误差为: $\pm(50+10\% H)$ mm;

2　定深允许误差为: $\pm(50+7\% H)$ mm。

H 为管线中心埋深(mm)。

5.6.8　地下管线图件的编绘除应符合本规程第3.0.11条第4款的规定外还应符合下列规定:

1　地下管线平面图宜标明主要地物、基线、基点、管线点和管线名称、规格、埋深、材质,必要时还应注明与线位或相邻地物的关系;

2　钻孔部位应注明管线与孔位、线路、临近地物的相对关系;

3　地下管线横断面图应按实测地面高程绘制,并标明有关地物和线路的位置。

6 弹性波法

6.1 一般规定

6.1.1 弹性波法是利用人工激发或天然的地震波、声波在介质中传播的运动学和动力学特征，确定介质的弹性波速度，达到探测目的、测定岩土体的力学参数、检测工程质量的物探方法。

6.1.2 地震勘探仪器的技术指标应满足下列要求：

1 模/数转换的数据位不低于16位；

2 有较大的增益和可控动态，输入阻抗应大于3 kΩ；

3 具有良好的可调带通性能及较宽的频率响应；

4 有可调、范围较大的采样率，采样间隔不应大于100 μs；

5 具有高精度多道显示器和较大的存贮硬盘；

6 具有良好的道一致性；

7 主机面板各端口应采用标准接插件；

8 配有多次覆盖设备在内的其他配套设备。

6.1.3 地震电缆、检波器应符合下列规定：

1 电缆不得有破损、断道、串道、短路等故障，绝缘电阻应大于1 MΩ。

2 应选择适当主频的高灵敏度检波器，并符合以下要求：

1)各道检波器相位允许误差：用于折射波法为±1 ms，用于反射波法为±0.5 ms；

2)振幅允许误差为±10%；

3)内阻应符合产品说明书规定的指标。

6.1.4 地震检波器的安置应符合下列规定：

1 检波器应正、稳、紧的与地面耦合，必要时应将检波器埋深0.3～0.5 m；

2 当检波器置入水中时，应检查防水性能；

3 当检波器在规定的位置上安置有困难时，可在垂直排列的方向上安置，允许移动距离为道间距的1/5；

4 组合检波器的中心应对准该道规定的位置。

6.1.5 地震记录应符合下列规定：

1 干扰背景不应影响初至时间的读取和波形的对比；

2 折射波初至必须明显，反射波、瑞雷波同相轴必须清晰；

3 不工作道应小于20%，应不连续出现；折射波法工作时，严禁边道为不工作道。

6.1.6 地震爆炸作业应符合下列规定：

1 雷管使用前应用专用电表逐个检测。检测时电流强度应小于50 mA、接通时间小于2 s、安全距离大于5 m，电阻值应符合产品证书的规定。检测后的雷管脚线必须短路。

2 记时线通断的检查地点与药包的安全距离应大于5 m。

3　爆炸站应设在通视良好的上风处。使用的爆炸机必须经鉴定和检验合格。爆炸机的钥匙必须由埋药人员携带，在接到起爆信号前严禁将起爆钥匙插入爆炸机。警戒范围应大于安全距离。

4　在高压线附近进行爆炸作业时，应使用抗杂电雷管。爆炸点严禁选在高压线下。雷雨或大雾天气不得进行爆炸作业。

5　发生拒爆时，应将爆炸线短路，10min 后再检查原因。拒爆药包，必须进行殉爆处理。

6　水域爆炸作业还应符合以下规定：

1）按水上安全管理部门的要求设立警戒线，防止无关船只进入作业区；

2）药包应在地面或木质的舱板上制作，并带有能顺利自沉的加重物；

3）投药船的作业舱中不得存放任何带电物品，离开投药点后应确认药包没有挂在船底；

4）药包不得用起爆线牵引；

5）已投入水底的药包不得拖曳，药包漂浮水面严禁起爆；

6）水中观测设备应有醒目的标志。

6.2　折射波法

6.2.1　折射波法适用于探查断层构造和岩性界线的平面位置，探测第四系覆盖层、风化层和不良地质体的厚度与连续特征，测定岩体的纵波速度，划分隧道围岩级别。

6.2.2　折射波法的探测对象与相邻介质应存在较大的速度差异，且探测层的速度大于上覆层的速度。

6.2.3　折射波法的观测系统应根据探测要求选择。道间距宜为5～10 m，单支系统可采用道间距不等的排列。

6.2.4　折射波法震源的能量应保证所有记录道的初至清晰。

6.2.5　折射波法采用追逐观测系统时，追踪炮的炮检距应保证目的层能连续追踪。

6.2.6　水域折射波法可采用炮检互换的追逐相遇观测系统，炮间距宜小于10 m。

6.2.7　折射波法用于隧道围岩分级应符合下列规定：

1　采用追逐相遇观测系统；

2　排列应沿隧道中线布置，排列的接头处应有两道以上的重复道；

3　测定风化层的速度参数；

4　存在断层或岩性界线时，应注意其产状。

6.2.8　折射波法的质量检查应以检查追踪炮的记录为主，两次记录应波形相似、时距曲线平行。

6.2.9　折射波法的资料整理与解释应符合下列规定：

1　记录应标明工程名称、日期、起讫里程、排列编号和激发点号、激发方式、接收条件等。

2　时距曲线图应符合下列要求：

1）比例宜采用：横 1∶1 000、纵 1 cm 代表 10 ms；

2）标明里程、速度值、t_0 值、互换时间和对应的地形地质特征；

3）互换时间相差不应超过5 ms；

4）重复道的 t_0 值相差不应超过5 ms；

5）地层速度和 t_0 值宜采用追踪时距曲线计算。

3 折射界面的倾角大于15°时，应进行地形校正；折射界面倾角大于20°、地形突起、激发点和检波点位于突起两侧时应进行穿透波校正。

4 隧道围岩分级应根据地层的速度值结合围岩岩性判定，物性地质断面图除应符合本规程第3.0.11条第4款的规定外，还应分段标明隧道围岩的弹性波速度值和围岩级别。

6.3 反射波法

6.3.1 反射波法适用于划分地层界线、查找地质构造、探测不良地质体的厚度和范围、隧道施工超前预报。

6.3.2 反射波法的探测对象与相邻介质应存在较明显的波阻抗差异、地形相对平缓。

6.3.3 反射波法的测线布置除应符合本规程第3.0.6条的规定外还应符合下列规定：

1 同一排列宜布置在地形起伏不大、地表介质均一、有利于接收反射波的地段，并应与钻孔、基岩露头或其他勘探点发生联系；

2 测线间距应根据任务要求结合实地条件确定；

3 测线应布置成直线，方向允许偏差为±5°，有困难时可布置成折线，但整个观测系统仍应为直线；

4 覆盖次数应根据任务要求和工作条件确定，条件合宜时可选择等偏移距的观测系统。

6.3.4 反射波法的工作参数选择与数据采集应符合下列规定：

1 通过试验设置仪器工作参数，确定最佳窗口和偏移距；

2 选用有利于产生高频波的震源，必要时应进行多次垂直叠加；

3 横波反射法应进行正、反向激发，负叠加增强信号；

4 使用炸药等强声波震源时，宜采用井中激发方式；

5 作连续剖面观测时，应使时间剖面上的反射波同相轴可靠地对比连接；

6 当反射界面倾斜时宜采用下倾激发上倾接收的观测系统；

7 采集的数据应及时进行显示或简单处理，确认合格后以其最佳状态存贮。

6.3.5 水域反射波法应符合下列规定：

1 根据探测要求结合水域情况布置测线。

2 采用完好并经过一致性检查的漂浮电缆作为接收系统，应保持电缆的沉放深度一致，沉放深度宜为2～4 m。

3 激发宜采用电火花或气枪震源，水下2～4 m处等时间间隔激发。观测中应随时监视目的层的探测效果并及时调整有关施测参数。

4 排列宜采用单边激发多次覆盖观测系统，道间距2～5 m，偏移距应通过试验确定。

6.3.6 反射波法用于隧道施工超前预报应符合下列规定：

1 断层或岩性界面的倾角应大于35°，构造走向与隧道轴线的夹角应大于45°；

2　测线应沿隧道轴向布置在边墙或底部，并宜靠近开挖工作面；

3　采用单分量、三分量或组合检波器，道间距一般应小于3 m，检波道数不应少于12道；

4　激发点应设置在开挖工作面的另一端，并不应少于两个激发点；

5　采用多道共炮或多炮共道的观测方式；

6　采集数据应在干扰较低时进行，并应采取措施压制声波干扰。

6.3.7　反射波法质量检查记录与原观测记录的同相轴应有较好的重复性和波形相似性。

6.3.8　反射波法的数据处理与资料解释应符合下列规定：

1　采用计算机处理的记录目的层反射波特征应明显、信噪比高、同相轴清晰、能进行追踪和相位连续对比；

2　数据处理应根据试验确定最佳处理流程；

3　依据时间剖面图、瞬时振幅图结合地质资料进行分析，对比和追踪波组的相似性、波振幅的衰减程度、振动的同相性和连续性等特征，判释和确定反射波组对应的层位、被测物体的接触关系、构造形态等；

4　水上地震测线应按实测轨迹绘制在平面图上；定量解释应考虑水底松散沉积物的低速影响；

5　隧道超前预报应根据上行波和下行波视速度的差异，确定反射界面在隧道轴向前方的距离、反射界面与洞轴方向的夹角。

6.4　瑞雷波法

6.4.1　瑞雷波法适用于探测浅部地层中的岩溶洞穴等不均匀体、评价路基基床质量和地基整治加固效果等，在条件适宜时可用于求取横波速度估算岩土体的动参数。

6.4.2　瑞雷波法的数据采集应符合下列规定：

1　稳态瑞雷波法：

1）激振器应与地面接触良好，检波器应稳妥牢靠；

2）检波距宜为1～5 m，允许误差为±1%；

3）偏移距应根据探测深度的要求试验确定。

2　瞬态瑞雷波法：

1）可采用重锤或炸药震源，采用重锤震源时应根据需要加不同材质的垫板；

2）检波距宜为0.5～1.0 m，允许误差为±1%、检波道数不宜少于12道；

3）偏移距宜接近要求的探测深度。

3　测点间距应根据探测要求和场地条件确定，每条测线不得少于3个测点。

4　测点附近的地形应相对平坦，没有临空面。

5　探测参数应通过试验选择，遇到地质情况变化时应及时调整观测参数。

6　重要异常及畸变曲线应重复观测，当两次观测结果差别较大时应多次观测，选择面波能量强、干扰小、重复性好的曲线作为有效观测结果。

6.4.3　瑞雷波法用于路基基床检测应符合下列规定：

1　采用瞬态瑞雷波法；

2　建立瑞雷波速度与动探（N_{10}）击数的相关关系；

3 检测点宜布置在路基中间或要求检测的位置，测点密度应根据检测要求确定；

4 排列长度不宜超过路基面宽度，检波距宜为0.2～0.5 m，偏移距应小于2 m；

5 计算基床动参数时，应将面波速度转换为横波速度。

6.4.4 瑞雷波法用于评价地基加固效果应符合下列规定：

1 采用加固前与加固后两次观测对比的方法，以波速的提高和曲线频散的改善作为依据；

2 测点距路基侧沟的距离应大于侧沟深度的2倍；

3 加固前后两次观测的测点位置、偏移距、道间距、观测参数应保持一致。

6.4.5 瑞雷波法观测质量检查的结果应符合下列要求：

1 检查曲线的形态和频散特征无明显改变；

2 曲线上的“之”字形拐点和曲率变化的位置无明显位移。

6.4.6 瑞雷波法的资料整理与解释应符合下列规定：

1 准确区分面波和体波，求取正确的频散曲线；

2 结合地质资料对频散曲线的“之”字形拐点和曲率变化处做出正确的地质解释，并求得地层的瑞雷波速度；

3 计算横波速度时，应与钻孔测试的横波速度对比，求得对应关系。

6.5 超声波法

6.5.1 超声波法适用于测定岩样和基岩露头或混凝土构件的波速、岩体的完整性、硐室衬砌和围岩松弛带厚度、混凝土强度、桩基质量。

6.5.2 超声波测试仪器的技术指标应满足下列要求：

1 具有自动调节增益、自动显示声波波形、快速判读声时和首波幅度及主频等功能；

2 具有多个接收通道，应适应不同测试的主频要求；

3 计时精度为0.1 μs、单道采样间隔0.1～3 000 μs、单道采样长度为1～32 K。

6.5.3 超声波法测试岩样应采用透射方式，换能器与被测岩样表面应使用耦合剂耦合。

6.5.4 超声波法用于大直径灌注桩的质量检测应符合下列规定：

1 采用透射方式，发射与接收换能器应保持同步。斜同步时高差不宜大于500 mm。

2 测点间距宜为200～500 mm，测点点位允许偏差为±20 mm。

3 声时读取精度为0.1 μs，波幅读取精度为1 mm。

6.5.5 超声波法用于衬砌混凝土的厚度和强度检测应符合下列规定：

1 衬砌厚度的检测宜采用反射波法。

2 已知衬砌厚度时，衬砌混凝土强度的检测应采用反射波和直达波相结合的方法，衬砌厚度未知时可采用直达波法。

3 测试前应利用标准试块或衬砌质量好的地段测定混凝土的标准速度值。

6.5.6 超声波法用于固结灌浆效果检查时，应有灌浆前和灌浆后的实测对比曲线。

6.5.7 超声波法用于硐室围岩松弛带厚度的测定时应采用反射波法，并应用耦合剂使换能器与岩体紧密接触。

6.5.8 超声波法的观测质量检查工作量应为总工作量的10%，岩样测试为100%。允许平均相对误差为±10%，可按本规程式(5.3.5—1)计算。

6.5.9 超声波法的资料整理与解释应符合下列规定：

1 声波探测资料应根据探测要求提交图或表及相应的文字说明；

2 岩样和试件应根据测得的纵、横波速度计算其泊松比等动参数；

3 洞室围岩松弛带的测定应计算松弛带厚度并提交相应的剖面图；

4 混凝土衬砌检测应提交衬砌的厚度、定性评价混凝土强度等资料。

6.6 场地波速测试

6.6.1 场地波速测试适用于在钻孔中测定岩土体的纵、横波速度，进行场地、场地土分类，计算岩土体的动参数。

6.6.2 单孔波速测试应符合下列规定：

1 三分量检波器电缆的深度标志误差为1%；

2 三分量检波器应贴紧钻孔孔壁，当有护壁套管时，套管与周围土体应有效耦合；

3 激发板的两端截面宜贴聚胺酯塑料板，激发板的位置必须避开地下构筑物，板上堆压重物应超过500 kg；

4 激发板的长轴中心垂线应通过孔口，孔口至激发板的距离宜为2～5 m；

5 观测点距应根据地层的厚度确定，宜为0.5～2 m，层位变化处应加密；

6 两侧激发的波形应相反、初至应相等。

6.6.3 跨孔波速测试除了应符合本规程第6.6.2条第1、2、5款的规定外，还应符合下列规定：

1 震源孔和接收孔间距在土层中宜为2～4 m，岩层中宜小于8 m；

2 震源和检波器应置于相同高程处，近地表测点宜布置在0.4倍孔距的深度处；

3 测试孔深大于15 m时，应进行孔斜测量。

6.6.4 场地波速测试的检查工作量不应少于工点工作量的10%，两次观测的初至时间应相等。

6.6.5 场地波速测试的资料整理与解释应符合下列规定：

1 记录应包括：测试日期、工程名称、钻孔编号、孔位里程、激发板中心至孔口距离、孔口至震源点的高差、井中套管位置、仪器工作参数、文件号等。

2 波的垂直传播时间 t 可用下列公式计算：

1）均匀地层

$$t=\frac{(h_i+h_0)t_i}{\sqrt{L^2+(h_i+h_0)^2}} \tag{6.6.5—1}$$

2）层状地层

$$t=\sum_{i=1}^{n}\frac{h_i-h_{i-1}}{v_i} \tag{6.6.5—2}$$

$$v_i=\frac{\sqrt{(h_0+h_i)^2+L^2}-\sqrt{(h_0+h_{i-1})^2+L^2}}{t_i-t_{i-1}} \tag{6.6.5—3}$$

式中　t_i——波从激发点到达测点的实测时间(s)；

t_{i-1}——前一测点的实测时间(s)；

h_i——测点深度(m)；

h_{i-1}——前一测点的深度(m);

h_0——震源与孔口的高差(m);

L——板中心到测试孔的水平距离(m)。

3 根据实测时距曲线求取各地层的纵、横波速度,计算等效剪切波速度 v_{se} 或平均剪切波速度 v_{sm} 进行工程场地分类。

4 计算岩土小应变的动弹性模量、动剪切模量和动泊松比,绘出与深度的关系曲线。

6.7 地脉动测试

6.7.1 地脉动测试适用于测定场地的卓越周期和脉动幅值,提供地震分区参数。

6.7.2 地脉动测试用检波器、放大器及记录设备均应有良好的低频响应,其频率下限不应高于0.3 Hz。

6.7.3 地脉动测试应符合下列规定:

1 放置检波器的地面应密实平整,若表层土壤松散应挖坑设置。

2 水平检波器应按东西、南北两个方向设置,垂直检波器应垂直水平面,允许偏差为±10°。当区域性地质构造通过场地或场地附近时,水平检波器还应分别按平行和垂直构造走向的方向设置。

3 测试应在人为干扰背景最低的时间进行。

4 每个测点的测试不得少于3次,每次测试的连续时间不得少于10 min,两次测试间隔时间不得少于30 min。

5 在人为干扰强烈的地段应重复测试,重复测试应隔日进行。

6.7.4 地脉动测试点应按需要布置。每个工点的测试点数不应少于4个。测点处应保证在一定范围内无特定震动源。

6.7.5 地脉动的测试资料整理和解释应符合下列规定:

1 频谱分析前,应对地脉动曲线进行分析,将记录中的干扰信号剔除,选择较好的记录段进行解释。

2 卓越周期应根据不同时间的频率谱和功率谱相关分析后确定。

3 计算机解释应符合下列规定:

1)离散采样累计时间应大于30 s;

2)每个周期应有3~5个采样点;

3)卓越周期应根据傅氏变换后具有最大振幅的频率确定,必要时可结合相位谱及功率谱分析,干扰波较多的工点可结合位移谱、速度谱及加速度谱进行分析。

7 磁　法

7.1 一般规定

7.1.1 磁法通过观测分析探测对象天然磁场的分布规律，达到探测目的的物探方法，适用于探查地质构造和铁磁性埋设物、圈定磁性岩(矿)体的分布范围。

7.1.2 铁路工程磁法勘探的观测精度应分为两级：

一级精度：均方误差 $|\varepsilon| \leqslant 5\ nT$；

二级精度：均方误差 $5\ nT < |\varepsilon| \leqslant 20\ nT$。

7.1.3 磁法观测精度应根据探测要求，探测对象的大小及干扰程度等因素确定，以探测对象的异常能从干扰背景中分辨为原则，探测对象的最小异常应大于3倍均方误差。

7.1.4 磁法仪器的技术性能应符合下列规定：

1 仪器的分辨率应满足铁路工程磁测精度的要求；

2 日变仪器应与野外观测仪器匹配；

3 同一工区、同一性质、测量相同参数的仪器，型号宜一致。

7.1.5 磁法仪器的检测和校验应符合下列规定：

1 数据采集之前，应对所用仪器的性能、一致性和观测精度进行校验，并满足下列要求：

1) 校验应在现场进行；

2) 观测点数不应少于 50 个，部分测点应位于较强的异常区(点)上；

3) 各仪器观测结果应无明显系统误差，总均方误差不应大于设计均方误差的 50%；

4) 仪器一致性的均方误差不应大于设计均方误差的 50%。

2 仪器的稳定性、噪声均方误差应满足设计精度和仪器说明书的要求。

3 每个工区开工前和收工后应对仪器的噪声均方误差、一致性及“零飘”进行测定。

7.2 数据采集

7.2.1 磁法仪器操作应符合下列规定：

1 操作员不得携带磁性物体，必需的磁性物体应远离观测现场。

2 观测过程中严禁探头旋转；水平或垂直梯度测量时，探头的倾斜不得偏离垂线或水平线10°。

7.2.2 磁法的数据采集应符合下列规定：

1 开工前应试验选择探头的最佳高度，表层存在弱磁性不均匀干扰时，探头高度不得小于2 m。探头高度误差不应大于探头高度的 10%。

2 测点位置在平面图上的允许偏差为 ±2 mm。

3　相邻两测点读数相差较大时,应加密测点。

4　相邻两测线的异常明显变化时,应加密测线。

5　测区边缘发现有意义的异常时,应追踪观测。

6　遇有磁性干扰物应合理移动点位,避免干扰。

7　观测中仪器性能突然变化,应检查仪器,确认仪器正常后才能继续观测。继续观测前应对变化发生前的测点按序返回测量,直至连续三个测点的相对误差不超过±5%。

8　对磁性异常做定量计算时,应在最能反映异常特征的地段布置精测剖面,测点密度应测得异常细小变化。

7.2.3　磁法基点的设置应符合下列规定:

1　总基点的设置应符合下列要求:

1)应位于正常磁场内,在半径2 m、高差0.5 m范围内,磁场的变化应小于设计均方差的1/5;

2)附近应没有磁性干扰物,远离建筑物和工业设施,并能长期保存。

2　分基点应设置在平稳磁场区,并靠近住地,使用方便。

3　仪器校正点应设置在磁场梯度变化较小处,附近没有可移动的磁性干扰物,并在测线附近或其他便于使用的地方。

7.2.4　基点磁场的联测应采用总基点与分基点同步观测的方法进行直接联测,并应符合下列要求:

1　联测的磁力仪必须做一致性校验,系统误差超过1 nT时,应进行系统误差改正;

2　磁力仪应达到秒级同步;

3　联测应在地磁场干扰背景最小的时间段进行,测量读数不得少于100个;

7.2.5　磁法日变观测及日变改正应符合下列规定:

1　日变站宜靠近测区,附近应无磁性干扰、避风、安静、温差小,且不受阳光直射。

2　日变站的控制半径在地电结构相同时,不宜超过50 km;在地电结构不同时,应通过试验确定。

3　日变磁力仪的观测精度不应低于外业磁力仪的观测精度。

4　日变观测的采样间隔宜为30~60 s。

5　一个工作日内,日变观测应开始于外业工作之前,终止于外业工作结束之后。日变观测读数应与数据采集达到秒级同步。

6　日变改正可用日变磁力仪与外业磁力仪对接改正,也可用计算机处理改正。用仪器对接改正时,T_0值一经选定就不应改变。

7.2.6　磁法标本采集和磁参数测定应符合下列规定:

1　标本应集中在典型剖面附近采集并满足以下要求:

1)标本应在新鲜基岩上采集,且具代表性,形态规则,体积适中;

2)同一岩性的标本不得少于30块,参数统计采用算术平均值;

3)标本采集应现场编号,记录采样地点、方位,并应标在地形图上。

2　典型剖面上的全部钻探岩芯必须做参数测定。

3　标本的测定应符合下列规定:

1)测定过程中,标本架、探头支撑杆及周围的磁性干扰物不得移动;

2)测量距离准确至2 mm,体积准确至5 cm^3。

4　测定标本磁性参数的灵敏度应与规定的磁测精度相适应，标本视磁化率大于0.01 SI时，应作退磁改正。

7.2.7　磁法的重复观测和质量检查除应符合本规程第3.0.4条的规定外，还应符合下列规定：

1　数据的突变点、每相隔10个测点应进行重复读数，两次读数的绝对误差不应超过3 nT，超差应多次读数，按2∶1的取数原则计算平均值作为观测结果。

2　标本测定检查工作量不得少于10%，允许平均相对误差为±30%。可按本规程式(5.3.5)计算。

3　精测剖面的检查工作量应大于总工作量的30%，且不能少于30个点。

4　质量检查的均方误差不应大于设计均方误差，均方误差 ε 按下式计算：

$$\varepsilon = \pm\sqrt{\frac{\sum_{i=1}^{n}\delta_i^2}{2n}} \tag{7.2.7}$$

式中　δ_i——第 i 个点的原始观测与检查观测的差值；

n——检查点数。

5　超出三倍设计均方误差的测点数，当不大于总检查点数的1%时，可不参与计算。

7.3　资料整理与解释

7.3.1　磁法资料的最小改正值应为0.1 nT，各项改正应符合下列规定：

1　正常场的改正应用高斯球谐法计算国家地磁参考场IGRF，并使用最新公布的球谐系数；

2　日变改正应采用当天的日变观测数据；

3　高度改正应以总基点的高程为起点；

4　垂向梯度改正值的计算应精确到0.1 nT。

7.3.2　磁法的定性解释应符合下列规定：

1　绘制反映测区磁性特征的定性图表；

2　结合地质情况、试验成果和正演计算结果分析异常的磁性特征；

3　确定异常性质，推断异常体的平面位置和形态。

7.3.3　磁法的定量解释应符合下列规定：

1　定量解释的资料应符合下列要求：

1)曲线形态规则、异常较简单、便于计算；

2)对地质体的磁化特征应基本掌握；

3)解释时应有必需的磁参数资料，定性确定磁性体的磁化方向和特征。

2　定量解释应选用两种及以上的独立方法，并对解释结果作必要的正演计算，同时宜对磁异常作上、下延拓及各个方向的一阶、二阶导数处理。

8 放射性探测

8.1 一般规定

8.1.1 放射性探测是通过观测岩土体中放射性元素的射线强度和其衰变子体产生的射气浓度进行地质勘查的物探方法，适用于圈定放射性的异常范围、查找隐伏断层构造、地下水源、放射性岩体，也可用于放射性环境评价。

8.1.2 放射性探测仪器的技术指标应满足下列要求：

1 氡射气测量仪器：

1）本底计数不应大于1计数/min；

2）探测效率不应小于60%；

3）连续工作8 h，计数允许相对误差应为±15%。

2 γ射线探测仪器：

1）探测器应为NaI闪烁计数器；

2）射线能量阈应小于30 keV；

3）灵敏度不应低于1.0 $nckg^{-1}h^{-1}$。

8.1.3 定量评价的工点，开工前应对仪器用标准源进行标定。

8.1.4 每天出工前应在基点上测量测区内的放射性背景值。

8.1.5 放射性探测的测网布置除应符合本规程第3.0.6条的规定外，在异常区应加密至探测出放射性最大值。

8.1.6 放射性主要异常段应重复观测，当重复性较差时，应多次观测。多次观测舍去最大值和最小值后，取算术平均值作为观测值。

8.1.7 放射性探测的质量检查应布置在主要异常区，两次测量的曲线形态、峰值应相似。

8.1.8 放射性作业人员必须遵守下列防护规定：

1 作业人员应佩带防护用品，装卸放射源时应使用操作钳；

2 标定仪器时在不影响探测效果的前提下，宜采用较低强度的放射源；

3 作业人员的辐射安全允许剂量为：每日0.27 mGy、每周1.4 mGy，超过时应停止接触放射性的各项作业；

4 不工作时放射源必须放置在铅罩内，并应由专人负责使用、保管、运输和贮藏。

8.2 数据采集

8.2.1 放射性氡射气测量应符合下列规定：

1 测区应有厚度大于300 mm的表土层；

2 氡射气收集器的埋藏深度应大于300 mm，并应防止大气渗入；

3 直接测量时，土壤样品的取土深度应大于300 mm；

4 氡射气抽取时间及取样过程必须严格按照仪器设计要求进行；

5 在第一次测量4 h后，方可进行第二次测量；

6 应详细记录测点附近的地貌、地质情况，若遇人工堆积污染物必须注明，并说明污染性质。

8.2.2 放射性地面 γ 测量应符合下列规定：

1 出工前必须检查仪器性能，输入标定系数；

2 测量时仪器必须紧靠测点，当仪器读数稳定后，读取3～5个数据取其算术平均值作为放射性 γ 观测值；

3 应记录每个观测点岩石的岩性、结构、构造。

8.3 资料整理与解释

8.3.1 放射性资料整理与解释应符合下列规定：

1 解释前应核查野外观测数据，根据相应的公式计算出相关系数。

2 采用数理统计的方法计算出测区放射性背景值，大于背景值3倍或小于背景值50%的观测值可定为异常。

3 参与解释的放射性异常应符合下列要求：

1）重复性好；

2）峰背比值不应小于2；

3）地质控制因素应明显，有一定分布规律。

4 资料解释应符合下列规定：

1）解释中应排除吸附物质的影响；

2）结合地貌、地质、水文、气象及其他物探资料综合分析；

3）因观测时间不同，观测值产生脉冲式变化，或在地表强烈震动前后观测值有明显变化时，应在多次观测查明原因后再进行解释。

9 测 井

9.1 一般规定

9.1.1 测井是在钻孔中测定各种地层的物性参数、划分地质剖面、验证补充钻探资料的井中物探方法。

9.1.2 测井仪器的技术性能应满足下列要求：

1 工作性能应稳定可靠，下井部分耐压、抗震、防水性能好。

2 仪器的绝缘性能应符合下列要求：

1）仪器线路间及对地绝缘电阻应大于10 MΩ；

2）电缆线芯间及对地绝缘电阻应大于2 MΩ。

3 定期对仪器井下探头进行标定，每次工作前都应对仪器的各项指标进行检查和校验。

9.1.3 测井的数据采集应符合下列规定：

1 测井开始前应了解钻孔结构、地质情况和孔内安全状况，搜集钻孔地质柱状图；

2 绞车与滑轮必须妥善固定，下井电缆应位于钻孔中心；

3 同一井孔应采用相同的工作参数，当测区没有测井资料或地质条件复杂时，工作参数应通过试验确定；

4 观测时应按井温测量、自然电位测井、其他方法测井的顺序进行；

5 纵向比例不得小于1∶200，横向比例应使曲线具有充分幅值又不超格；

6 深度记录的起算点应与钻探深度起算点一致，深度的允许累计误差为±5‰；

7 测井曲线应清晰、连续，深度记号清楚。

9.1.4 测井质量检查除应符合本规程第3.0.4条的规定外还应符合下列规定：

1 检查观测应设在可疑井段和异常段，检查长度不应小于20 m；

2 两次观测的曲线应具有良好的相似性和重合性。

9.1.5 测井资料整理与解释应符合下列规定：

1 原始曲线的整理

1）核查原始曲线，深度记号应标注齐全，图头应注明有关参数；

2）符合允许深度误差的曲线应进行平差处理，或根据特征点、标志层位置进行修正；

3）不同测井方法的曲线，其深度应以某一主要曲线为准进行深度调整；

4）数字测井曲线应在井场进行预处理，不符合要求时应重测。

2 资料解释

1）同一测区的解释原则应统一；

2）结合钻探资料对各种曲线的物性特征和分层特点综合对比分析，确定各地层和地质体的深度、厚度，并对异常做出解释。

9.1.6　测井剖面对比的标志层应具备下列特征：

1　全部对应于一定的地质层位，在对比曲线上容易识别；

2　标志层厚度在测区内具有较好的稳定性和延续性。

9.1.7　测井成果图件的编制应符合下列规定：

1　测井柱状图应与钻孔柱状图并列绘制；

2　同一钻孔的各种测井曲线应按工作方法排列在一起，排列顺序为：电阻率曲线、自然电位曲线、自然 γ 曲线、密度曲线、波速曲线、井液电阻率曲线、同位素示踪流速曲线、井温曲线、井径曲线；

3　各曲线的上方应按比例绘出参数坐标，并注明曲线名称、极性、参数单位等。

9.1.8　当测井资料与钻探资料有出入或同一层位各种曲线反映不一致时，应进行井壁取芯验证。

9.1.9　测井安全应符合下列规定：

1　坍塌、掉块严重或堵塞的钻孔，妥善处理前禁止施测；

2　井下探头不得在孔底或不安全井段停留，在安全井段停留时应经常上、下活动电缆；

3　下放电缆时，手不应离开绞车摇柄；高速升降电缆时严禁用手抓电缆和突然刹车；

4　放射性测井还应遵守本规程第8.1.8条的规定。

9.2　电　测　井

9.2.1　电测井适用于测定地层和地下水的电性参数、校正钻孔地质剖面、确定含水层位置和厚度、区分咸淡水、测量钻孔中含水层之间的补给关系和地下水的流向、流速等。

9.2.2　视电阻率测井应符合下列规定：

1　电极系类型、电极距的大小应根据探测要求及仪器结构特点试验选择。

2　采用微电极系或三侧向电阻率探管而装置系数未给定时，必须通过试验测定。

3　地面电极应远离高压线和游散电流的干扰；采用两极法装置时，地面的供电电极和测量电极之间的距离应大于50倍井下电极距。

4　曲线出现负值或在金属套管中不归零，必须查明原因，消除故障后重新测量。

5　直读电阻率测量允许相对误差为 ±4%，测速宜为 10 ~ 15 m/min。

6　参数测井应符合下列规定：

1）在完整厚层围岩中段进行；

2）选较大极距的电极系；

3）采用两种极距重复测量。

7　求取介质的电参数时应有井径曲线配合解释，并考虑井径、井液和相邻介质的影响。

9.2.3　自然电位测井应符合下列规定：

1　测量应在电缆下放时进行，测速宜为 8 ~ 10 m/min。

2　N 极应置于没有油污、不流动的泥浆池中或与金属套管连接。

3　记录曲线应以厚层黏土或泥页岩的平均自然电位值为零基线，极性右正左负。零基线每100 m 偏移误差超过 ±20 mm 时应进行校正，其位移补偿值应在图上标明。

4 资料解释应考虑井液矿化度、大地电流、工业游散电流以及金属重锤与残存钢砂产生的腐蚀电流的影响。

9.2.4 水文测井应符合下列规定：

1 井液电阻率测量应在电缆下放时进行。

2 扩散法测量应符合下列要求：

1)扩散测量应在洗孔或抽水后进行；

2)盐化前应作井温测量，同时测量井液电阻率曲线(ρ_0)，盐化后按一定的时间间隔测4~6条井液电阻率曲线($\rho_1,\rho_2,\cdots,\rho_6$)，并记录每条曲线的起止时间；

3)每条井液电阻率曲线测量的时间间隔应根据流速确定，曲线分布间隔应均匀；

4)孔内水位应稳定、盐化应均匀、示踪剂投放量宜使井液浓度达到2~4 g/L；

5)ρ_0与ρ_1曲线宜为直线，最后一条曲线的淡化部分应与ρ_0接近；

6)盐化前后的测量技术条件必须一致，测速宜为8~10 m/min。

3 注入法或提捞法测量时应符合下列规定：

1)抬高或降低水位不得少于3次，每次水位差不应小于2 m；

2)盐柱长度以10 m为宜，记录盐柱界面移动的曲线不少于4条，曲线分布间隔应均匀；

3)必须准确测量并记录钻孔的稳定水位、注水量、提捞量及水位变化。

4 资料整理与解释除了应符合本规程第9.1.5条的规定外，还应符合下列要求：

1)井液电阻率资料的解释应结合钻孔水文地质资料及井温曲线综合分析，估算地下水的渗透速度，定性比较岩层的含水性和渗透性；

2)当钻孔中有两个以上含水层相互补偿时，扩散法的井液电阻率曲线不应作定量解释，只能定性分析各含水层之间的相互补给关系；

3)用提捞法计算涌水量和注水法计算补给量时，应使用分层测定的曲线，并按实测井径计算。

9.3 声速及超声成像测井

9.3.1 声速测井适用于测定钻孔中不同岩层的弹性波速度，推测岩体的完整性程度，计算岩体的弹性力学参数；超声成像测井适用于判定断层及软弱夹层的倾向、倾角和厚度。

9.3.2 声速测井应符合下列规定：

1 仪器的技术指标除应符合本规程第9.1.2条的规定外，还应符合下列要求：

1)声时计时精度应达到0.1 μs；

2)测时允许误差为±1%；

3)接收灵敏度应达到30 μV。

2 应采用单发双收或双发四收观测系统。

3 探管应居中，防止碰撞，并宜加适当长度的扶正棒。

4 点测法的观测点距应根据探测要求和地质条件确定，不应大于0.5 m，异常段应加密。

5 连续观测的测速宜为10 m/min。

6 资料整理与解释除应符合本规程第9.1.5条的规定外，还应符合下列要求：

1)根据曲线的幅值变化,分段求取平均声速值,对厚度不足500 mm的薄层可估算速度值;

2)计算岩体速度必须考虑井径、岩性变化和泥浆影响;

3)计算岩体弹性力学参数时应把岩体的声波速度换算成地震波速度。

9.3.3 超声成像测井应符合下列规定:

1 仪器探管下井前应在专用泥浆筒中做声反射和磁扫描的监视检查。

2 深度比例应根据岩层、裂隙、断层等的产状特征及观测精度确定。

3 测速宜为2~4 m/min。

4 观测记录应清晰反映井壁的地质情况。

5 资料解释应符合下列规定:

1)对钻孔的地质现象做出描述;

2)计算断层、裂隙及软弱夹层的倾角、倾向和厚度;

3)孔斜大于5°时,解释结果应根据井径和井斜资料进行改正。

9.4 放射性测井

9.4.1 放射性测井适用于测定岩层的放射性活度,推断岩体密度和岩层中裂隙、溶洞、松散层(煤层)的位置以及地下水的流速。

9.4.2 自然γ测井应符合下列规定:

1 选择合适的横向比例;

2 测速宜为10~15 m/min;

3 资料解释时应考虑钻孔结构的改变、有无套管和井液、是否存在氡钍沉淀物及放射性水的影响。

9.4.3 密度测井应符合下列规定:

1 宜采用双源距组合探管,仪器参数应用标准模块或刻度井进行标定;

2 工作参数应根据钻孔结构和岩性特征选择;

3 工作源活度应压制自然γ射线的干扰;

4 根据密度曲线分段求取平均密度值时,应考虑钻孔结构、围岩放射性的影响。

9.4.4 同位素示踪流速测井应符合下列规定:

1 示踪剂的投放量应符合下列规定:

1)初始浓度约为50 Bq/cm^3;

2)每个井段约为3.7×10^6~3.7×10^7 Bq;

3)全孔投放量不得大于18.5×10^7 Bq。

2 示踪溶液应均匀分布在测试井段中。

3 测点间距宜为0.5 m,每点应测5~10组数,最后一组读数应接近放射性底数。

4 有多个含水层时,应分层测定水平渗流速度,同时无垂直水流干扰。

5 松散层内长期抽水的大口径井中测得的数据不应用于定量解释。

9.5 井温、井斜、井径测量

9.5.1 井温测量应符合下列规定:

1 必须在停钻24 h以后进行，测量前井液不得扰动；

2 测量应在电缆下放时进行；

3 供电电流应保持稳定；

4 测速宜为4～6 m/min；

5 测量加热或冷却井液的井温时，循环井液应注入到孔底。

9.5.2 井斜测量应符合下列规定：

1 仪器的技术指标除应符合本规程第9.1.2条的规定外，在下井前还应作挂零测试。

2 测点间距应符合下列要求：

1）直孔不应大于20 m；

2）斜孔不应大于10 m；

3）当顶角变化大于2°，方位角变化大于20°时应增加测点。

3 测斜仪在钻孔顶角不大于5°时，测量允许误差应符合下列规定：

1）顶角为±0.5°；

2）方位角为±4°。

4 全部测点必须进行重复观测，每孔应有3个以上的检查点，两次观测的误差不得超过仪器的允许误差。

5 测量结果应采用平面投影图表示，在套管内测得的数据只应作为参考数据。

9.5.3 井径测量应符合下列规定：

1 井径测量的测速宜为15 m/min；

2 供电电流应保持稳定，测量的误差不得超过仪器规定的允许误差；

3 当孔斜过大时，井径数据不应用于定量解释；

4 根据井径曲线的变化特点，应判别孔内掉块、坍孔情况和岩层的软硬、完整程度等。

本规程用词说明

执行本规程条文时，对于要求严格程度的用词说明如下，以便在执行中区别对待。

(1)表示很严格，非这样做不可的用词：

正面词采用“必须”；

反面词采用“严禁”。

(2)表示严格，在正常情况下均应这样做的用词：

正面词采用“应”；

反面词采用“不应”或“不得”。

(3)表示允许稍有选择，在条件许可时首先应这样做的用词：

正面词采用“宜”；

反面词采用“不宜”。

表示有选择，在一定条件下可以这样做的用词，采用“可”。

《铁路工程物理勘探规程》条文说明

本条文说明系对重点条文的编制依据、存在的问题以及在执行中应注意的事项等予以说明。为了减少篇幅,只列条文号,未抄录原条文。

1.0.2 本规程适用于新建、改建铁路的设计、施工和运营阶段的工程地质勘察、物性参数测试、工程质量的检测;既有铁路的病害勘察和病害整治效果的检测。在铁路工程的各个阶段,物探可用于:

(1)测定地层的电阻率、导电率、磁化率、弹性波速度、卓越周期、放射性活度,岩土体的密度和动弹性模量等物性参数。

(2)解决下列地质问题:

①基岩的埋藏深度、风化程度和风化层厚度;

②第四系地层中具有一定厚度的砂卵石层、黏土层、软土层和多年冻土层;

③断层、岩性界线和隐伏构造的位置、产状、破碎带宽度;

④岩溶的发育程度、发育带的位置,具有一定规模的洞穴和地下埋藏物;

⑤既有建筑物的基础状态和地下管线的分布情况;

⑥滑坡、岩堆、坍塌等不良地质体的厚度和边界;

⑦道床陷槽、翻浆冒泥、假道床、塌陷等路基病害的范围;

⑧寻找地下水、区分咸淡水,探测地下水通道及流向;

⑨划分钻孔地质柱状剖面,进行地层对比,测定井径、井斜、井温和水文地质参数;

⑩隧道围岩分级;

⑪隧道施工的超前地质预报;

(3)道床、混凝土构件、桩基、隧道衬砌、挡墙等工程质量的检测。

(4)地基加固和地基病害整治效果的评价。

(5)放射性、振动、地温等方面的环境监测。

1.0.3 物探适用范围广,方法多,设备轻便,效率高,是地质勘探的重要手段。但各种物探方法都需具备一定的应用条件,其装置的选择、测线的布置、采集的数据质量和资料的处理与解释都直接关系到物探的效果,因此应合理的使用。

探测对象具有多种物理性质,通过综合物探可以利用探测对象的多种物性特征研究其空间形态、相互印证,从而取得好的效果。由于物探资料具有多解性,因此应结合其他勘探资料综合分析。

2.1.4~2.1.34 本规程术语的定义主要参照《地球物理勘探词典》、《地球物理勘查名词术语》和《地质词典》编写。

3.0.1 地面物探通过探测地质体物理场的分布特征来推断工程地质条件,因此应用物探的条件为:(1)探测对象与相邻介质能够被利用的某种物理性质必须存在明显的差异;(2)它的体积必须足够大,产生的异常能被现有的仪器所接收。此外由于地形起伏使探测对象的物理场在地表的分布产生畸变,而电、磁、振动等干扰使仪器观测困难或产生误差,因此,物探能否取得效果还取决于地形条件和干扰程度。

3.0.2 由于探测对象具有多种物理性质,根据与相邻介质的不同物性差异选择两种或两种以上有效的物探方法,相互补充、相互印证可以减少物探的多解性,取得好的物探效果。因此对于重大工点和地质条件复杂的工点应该采用综合物探。

3.0.6 由于物探测网的布置通常受到地形条件的限制,因此要求测网密度"保证异常的连续、完整和便于追踪",并能适用于综合物探的开展。

3.0.10 物探资料只有在物性资料和地质资料齐全的基础上进行定量解释,才能获得准确的解释参数,以避免物探资料的多解性,提高解释结果的准确程度。

正确的解释结果不应因解释方法不同而有差别,采用两种以上的方法进行定量解释,可以发现解释中存在的问题,提高定量解释的准确性。

不同的物探方法采用了不同的物性参数,而这些参数有的与地层对应,有的可能不完全对应,由此而导致解释结果不同,当它们具有一定的规律性时,都反映了探测对象的某种物理地质信息,在解释结果中应予以说明。

说明表3.0.10收集了部分介质的几种物性参数,供物探方法选择、资料分析解释参考。

说明表3.0.10 常见岩土的主要物性参数

类别	岩土名称	视电阻率 $\rho_s(\Omega\cdot m)$	纵波速度 v_p(km/s)	介电常数 ε_r	磁化率 κ	密度 $\rho(g/cm^3)$
第四系地层	黏土	$10\sim n\times10^3$	1.0~2.0	8~12		1.6~2.6
	粉土	$10\sim10^2$	0.3~0.7			1.7~2.5
	干砂、卵石	$10^3\sim n\times10^4$	0.2~0.8	2~6		1.7~2.4
	湿砂、卵石	$10^2\sim10^3$	1.5~2.5	30		1.7~2.5
	软土、淤泥质黏土	$n\times10^0\sim n\times10^1$	<0.4	>15		
	砾石夹黏土	$10^2\sim10^3$	0.8~2.5			
沉积岩	页岩	$n\times10\sim3\times10^2$	3.0~4.0	7	10	2.3~2.5
	红砂岩	$n\times10$	2.5~3.0	9~11	10	
	石英砂岩	$n\times10^2\sim10^3$	3.5~4.5	6		2.6~2.7
	砾岩	$n\times10\sim n\times10^3$	3.5~4.5			1.9~2.0
	泥岩	$n\times10\sim10^2$	3.0~4.0	1~50		
	泥质灰岩	$n\times10\sim n\times10^2$	3.5~4.5			2.2~2.4
	灰岩	$n\times10^2\sim n\times10^3$	4.5~5.5	7~8	5	2.2~2.9
	白云岩	$n\times10^2\sim n\times10^3$	4.5~5.5	8		2.8~3.0
	岩盐	$\geqslant10^4$	>5.0	6		
	炭质岩层	$n\times10^0\sim n\times10^1$	3.5~4.5			
	煤	$10^{-1}\sim n\times10^1$	2.5~3.5	5		1.1~1.3
	碎硝凝灰岩	$2\times10^2\sim10^3$	4.0~5.0			

续上表

类别	岩土名称	视电阻率 $\rho_s(\Omega \cdot m)$	纵波速度 v_p(km/s)	介电常数 ε_r	磁化率 κ	密　度 ρ(g/cm³)
变质岩	片岩	$2\times10^2\sim10^3$	4.5~5.5			2.6~3.0
	板岩	$n\times10\sim3\times10^2$	4.0~4.5			2.5~2.6
	片麻岩	$n\times10^2\sim10^4$	5.0~6.0	8.5	25	2.5~3.3
	大理岩	$n\times10^2\sim n\times10^3$	4.5~5.5	6	5	2.6~2.7
	石英岩	$n\times10^2\sim n\times10^4$	5.0~6.0			2.5~2.9
岩浆岩	花岗岩	$n\times10^3\sim10^5$	5.0~6.0	5~7	500	2.5~3.0
	玄武岩	$n\times10^3\sim10^5$	5.0~6.0	8	1 000	2.6~3.3
	凝灰岩	$n\times10^2\sim2\times10^3$	5.0~6.0	6		1.6~2.0
其他	潜水	$<10^2$	1.4~1.6			
	河水	$<10^2$	1.4~1.6			
	海水	0.5~1	1.4~1.6	81		
	冰	$>10^4$		3.2		

4.1.3 直流电法仪器的指标是根据外业工作环境、数据采集应达到的精度并参考其他行业对仪器指标的要求和铁路行业现在所使用的主要电法仪器的基础上提出的。

4.1.4 由于电法勘探规定的总精度是允许相对均方误差为 ±5% 。在各项误差分配中，仪器产生的误差应小于 ±2%，才能满足总精度的要求。

4.1.7 关于供电电极的接地电阻和供电电流的指标，是根据外业工作经验规定的。因为现有的直读式仪器，当接地电阻过大或供电电流过小，都不能保证外业采集的数据真实可靠。

4.2.3 电测深点距在划分地层时的规定，引用了《电阻率测深法技术规程》(DZ/T 0072—93)的相关规定。

由于铁路物探工作的特殊性，有很多工点受地形影响不能布置十字电测深(如既有线上的电法勘探)，所以本次修订没有强调安排 5% 的十字电测深工作量，不适宜布置十字电测深的工点，应采用其他方法测定地层的电性均匀性。

4.2.7 为了减少地形条件对大地导电率测量的影响，建议采用等比装置。最大极距应达到50 Hz 电流的影响深度，由于地层电阻率不同，其影响深度不同，最大 $AB/2$ 也就不同，因此可用日本解释曲线与电测深曲线的交点求得最大装置长度。由于该交点是 50 Hz 或 800 Hz 电流密度最大分布区，所以也可以只测交点附近的几个极距的视电阻率值。

4.2.9 电测深是直流电法勘探中进行定量解释的主要方法，解释方法很多，解释结果的准确与否，与解释者的经验、参数的选择、地质资料的收集、干扰因素的识别等诸多因素有关，因此本规程对解释方法不做规定。

4.4.2 高密度电法以 $AB/3$ 作为它的半定量深度，为了使异常完整而要求装置长度大于探测对象埋深的 4 倍。要求测线两端各超出 1/3 装置长度，是为了使测线范围内能保证达到最大勘探深度。

4.4.3 在三种观测装置中只要测出其中两种装置的数据，就可以换算出第三种装置的数据，但不允许采用换算的方法求得第三种装置的数据，是因为在误差概念上它们相互换算是不等值的，而且实测第三种数据又可以检验前两种数据的正确性。采用正负交替的方式供电，可以消除电极极化效应的影响。

4.7.2　激发极化法与电阻率法只是所采集数据的参数不同，其外业工作装置和装置长度的要求基本上都是相同的。

5.2.6　E_x、H_x 指的是 NS 方向电场分量和磁场分量，E_y、H_y 为 WE 方向电场分量和磁场分量，如遇地形限制，可调整角度并输入参数表中。

5.2.7　第6款的规定是因为高度的变化对磁场的强度有直接影响，由于 CSAMT 共用一个磁场道，两电极间的高差要小于其距离的 1/4 才能保证外业观测精度。

5.3.1　世界上许多国家为了潜艇通讯及导航目的，设立了强功率的长波电台，其发射频率在15 ~ 25 kHz 之间。在与电台平行或以小夹角相交的柱状或板状低阻体中会产生感应电磁场，甚低频法就是观测这种感应电磁场的分布特征，来探测断层、岩性接触带等工程地质问题。

5.3.3　进行甚低频法勘探时，只有当被探测体的走向与发射电台的方向近于平行时，被探测体中才能产生较强的感应涡流及相应的二次场，因此外业工作时应尽量选择与被探测体平行或小角度相交的发射电台。

5.3.6　参与资料解释的 F（倾角滤波）值应大于5，小于 5 的 F 值没有意义。

5.4.3　使用的工作频率与天线应根据地质条件、精度要求和钻孔间距选择确定，使之既有足够场强的正常场，又能使目的体产生明显的局部异常。发射天线以与工作频率相应的半波偶极天线为宜，接收天线可采用半波偶极天线或长度为 $\lambda/4 \sim \lambda/2$ 的鞭形天线。

5.4.5　原规程规定电磁波透视的观测质量用基本观测和检查观测曲线面积的平均相对误差评价，本次规程修订改为用相对均方误差评价，而观测的精度标准保持不变，主要考虑：(1)观测的结果本身就是数据或可以将曲线数字化；(2)读取曲线的面积本身就存在一定的人为误差，而直接用观测结果可以避免人为误差。

5.5.3　原规程规定"观测速度应保证被测物体有20次以上的扫描"，由于难以操作，本次修订改为"天线移动速度应反映出探测对象的异常"。

5.5.4　地质雷达的观测结果是由时间剖面构成的雷达图像，不能进行具体的误差数值计算，所以规定雷达观测的质量标准为：时间剖面有良好的重复性、波形一致和异常没有明显的位移。

5.5.5　用于隧道质量检测的地质雷达应具有多个通道，以便评价不同深度的衬砌质量和超挖回填情况。当使用的雷达只有一个通道时，就应采用不同中心频率的天线进行多次观测，以达到多通道雷达的检测效果。

衬砌材料的相对介电常数 ε_r 或电磁波速度 v 可参考下列公式计算：

$$\varepsilon_r = \left(\frac{0.3 \times t}{2 \times d}\right)^2 \qquad \text{（说明 5.5.5—1）}$$

$$v = \frac{2 \times d}{t} \qquad \text{（说明 5.5.5—2）}$$

式中　t——时间（ns）；

　　d——标定目标体厚度（m）；

　　v——电磁波传播速度（m/ns）。

测量时窗和采样率可由下式确定：

$$t = \frac{2 \times d \times \sqrt{\varepsilon_r}}{0.3} \times \alpha \qquad (说明 5.5.5—3)$$

$$s = 2 \times t \times f \qquad (说明 5.5.5—4)$$

式中 t——时窗长度(ns);

α——调整系数,一般取1.5~2.0;

s——采样率;

f——天线中心频率(Hz)。

探测对象的埋深可按下列公式计算:

$$H = \frac{v \times T}{2} \times 10^{-9} \qquad (说明 5.5.5—5)$$

式中 H——勘探对象的埋深(m);

v——电磁波在介质中传播速度(m/s);

T——雷达脉冲的往返传播时间(ns)。

5.6.1 本节只规定了利用管线仪探测地下管线的相关内容,而地下管线的探测还可采用直流电法、磁法、电磁法、地质雷达等多种方法,应根据所探测的管线性质、场地条件和埋深,合理的选择探测方法。进行城市管线网的探测时应执行《城市地下管线探测技术规程》(CJJ 61—2003)的规定和图件绘制标准。

5.6.3 如果所探测的金属管线附近有其他金属管线,当管径与埋深符合某一特定条件时,可能造成管线仪显示的管线位置下并无管线,是两条管线电磁场叠加形成的最大值。所以,当所测管线位置与实际不一致时,查明原因是必要的。

采用感应法测定地下管线埋深,有直读法、45°法、比值法、极值法等,应在精确定出管线的水平位置的点上采用两种方法测定管线埋深,如果两种方法测定的深度值相差较大,应查明原因,并结合实地调查结果综合分析确定深度。

5.6.4 管线测点的标示要求设置在管线的特征点上,是因为这些特征点是地下管线复杂和方向改变的地方。特征点包括交叉点、分支点、拐点、起止点以及附属物点及窨井等。

6.1.2 本条根据现有的铁路工程勘察的地震仪器的指标制定,新购置的仪器应高于规定的指标。

6.1.5 干扰幅度只要不影响到初至的读取和波形的对比就能满足资料整理的要求,因此本条没有规定干扰幅度的数值。强调边道不是不工作道是为了保证互换时间的准确。

6.1.6 本条没有将爆炸物品的管理纳入,应按照国家的有关规定执行。爆炸作业条文是在原规程的基础上根据近几年的外业工作经验编写的。

6.2.3 规定道间距为5~10 m,主要考虑两个方面:一是外业工作的方便;二是道间距过大分辨率有可能达不到要求。

6.2.4 能量满足所有记录道的初至清晰就可以准确求得互换时间,因此本次修订没有对震源作出具体的规定。

6.2.6 激发点和检波点互换以后,由于激发点位于水中,炮间距难以布置成等间距,只要小于10 m就可以满足本规程第6.2.2条的要求。

6.2.7 当产生折射波的地层与隧道围岩的岩性不同时,所测得的折射波速度有可能不是隧道围岩的速度,因此根据折射波速度划分的围岩级别有可能不是真正的隧道围岩级别,这时不宜采用折射波法,对于向斜和背斜部位更应注意。当存在岩性界线时,折射界面上岩性界线位置并不是隧道洞身处的岩性界线的位置，因此应注意确定其产状。

6.2.8 由于炮点的位置不同或土层的密实程度不同都会造成较大的时差，但是当追踪炮的炮检距大于盲区以后，波的形状和基岩速度不会有大的改变且时差应是一个常数，因此本次规程修订把合格的标准规定为：以检查追踪炮的记录为主，要求检查记录与原始记录波形相似和时距曲线平行。

6.2.9 关于时距曲线比例尺的规定是便于直接从时距曲线图上读出地层的速度值。

折射波的地形改正要求是根据《提高弹性波划分隧道围岩级别准确度的研究》的结果规定的。

说明表 6.2.9 是铁四院于 1984 年至 1989 年间根据中南、华东地区 99 座已知围岩级别的既有隧道的实测折射波速度建立的。通过 10 多年的应用，证明该标准在中南、华东地区是适用的，可供其他地区参考使用。

说明表 6.2.9 隧道围岩弹性波分级数值

围岩岩性 \ 围岩级别		Ⅰ	Ⅱ	Ⅲ	Ⅳ	Ⅴ	Ⅵ
A	岩浆岩	>6.0	6.0~4.9	4.9~4.0	4.0~2.9	<2.9	
A	碳酸盐岩	>6.2	6.2~5.2	5.2~4.3	4.3~3.3	<3.3	
B	碎屑岩	>4.8	4.8~3.8	3.8~2.8	2.8~2.2	<2.2	
B	凝灰岩	>4.5	4.5~3.6	3.6~2.8	2.8~2.0	<2.0	
C	黏土岩			>3.8	3.8~2.4	<2.4	
C	板岩			>3.3	3.3~2.0	<2.0	
C	片岩			>3.6	3.6~2.3	<2.3	

注：表中的速度单位为 km/s。

6.3.7 由于反射波法的观测结果是波形，供分析用的是波的振幅和相位特征，因此本规程规定：两次记录具有较好的异常重复性和波形相似性。

6.3.8 本规程对数据的处理没有规定具体的处理流程，应根据记录的具体情况和工点的地形地质条件合理选择。

6.4.2 本次修订根据近几年瞬态瑞雷波的应用情况增加了有关内容，并主要是规定瞬态面波的工作条文。

6.4.4 评价地基加固效果主要用于既有线路基病害的处理。

6.4.5 瑞雷波的质量评定标准是根据瑞雷波的特点规定的，因为瑞雷波的记录为波形，频散特性、"之"字形拐点和曲率变化的位置是瑞雷波曲线的主要特点，所以规定这些主要的特点无明显的改变和位移为合格的标准。

6.5.5 混凝土的强度等级 C 可参考下式计算：

$$C = 4.18e^{0.49v_p} \quad \text{(说明 6.5.5)}$$

式中 v_p——实测混凝土的纵波速度。

6.6.1 用于波速测试的钻孔应符合下列要求：

（1）应采用泥浆护壁，浅部松散层和易变形孔段可用套管护壁，孔径的大小应保证三分量检波器能紧密的贴壁和顺利提升与下降。

（2）钻孔深度应满足测试要求，应向测试人员提供钻孔结构、地层以及孔内缺限情况。

6.6.5 利用土层的平均剪切波速度划分场地类别可参考说明表6.6.5。

说明表 6.6.5 铁路工程场地分类标准

场地类别	Ⅰ	Ⅱ	Ⅲ
场地土平均剪切波速 v_{sm}(m/s)	$v_{sm}>500$	$500\geqslant v_{sm}>140$	$v_{sm}\leqslant 140$

铁路桥梁场地土层平均剪切波速度 v_{sm} 可按下式计算:

$$v_{sm}=\frac{\sum_{i=1}^{n}h_i}{\sum_{i=1}^{n}\frac{h_i}{v_{si}}} \quad (说明 6.6.5—1)$$

其他铁路建筑工程场地土层平均剪切波速度 v_{sm} 可按下式计算:

$$v_{sm}=\frac{\sum_{i=1}^{n}v_{si}\times h_i}{\sum_{i=1}^{n}h_i} \quad (说明 6.6.5—2)$$

式中 h_i——计算深度内第 i 层土的厚度(m);

v_{si}——计算深度内第 i 层土的剪切波速度(m/s);

n——计算深度内土的层数。

动剪切模量 G_d 按下式计算:

$$G_d=\rho v_s^2 \quad (说明 6.6.5—3)$$

动弹性模量 E_d 按下式计算:

$$E_d=2\rho v_s^2(1+\nu_d) \quad (说明 6.6.5—4)$$

动泊松比 ν_d 按下式计算:

$$\nu_d=\frac{v_p^2-2v_s^2}{2(v_p^2-v_s^2)} \quad (说明 6.6.5—5)$$

式中 v_p——土层的纵波速度;

v_s——土层的剪切波速度;

ρ——土的密度。

6.7.2 地脉动低频成分较丰富,且多为远距离传播,因此要求检波器具有良好的低频响应,才能有效地进行观测。

6.7.3 要求检波器按一定的方向布置是为了判明地脉动震源的方向。

由于深夜干扰震动最低,有利于观测,因此一般应在深夜观测。对观测次数及时间间隔的要求,是为了查明地脉动的规律性和确定震动的真实性。

6.7.5 在不具备观测条件而有实测剪切波资料时可利用剪切波资料按以下经验公式估算卓越周期:

$$T=\sum_{i=1}^{n}\frac{4h_i}{v_{si}} \quad (说明 6.7.5)$$

式中 h_i——第 i 层地层厚度(m);

v_{si}——第 i 层地层剪切波速度(m/s);

n——测试深度内地层的层数。

7.1.2　由于铁路工程的磁测任务主要是做定性评价，故将原规程的四级精度改为二级，并删去了一级精度。

7.1.4　由于现有的高精度磁力仪都能满足铁路工程的磁测精度要求，所以没有对仪器做出具体的规定。

8.2.1　由于表层土壤受人工扰动、环境污染的影响较大，测出的数据有可能不是氡气的真正浓度，因此要求采用距地表300 mm深度处的原生土样、氡收集载体应埋入300 mm以下的原状土中、整个测区的土层厚度应大于300 mm。

8.3.1　测氡仪测出的数据要根据仪器的换算系数计算才能得到氡气的浓度。计算公式为

$$CRn = J \times N_a \tag{说明 8.3.1}$$

式中　CRn——氡气浓度（Bq/m^3）；

J——仪器换算系数；

N_a——仪器读数（Bq/m^3）。

9.1.1　用于测井的钻孔应满足以下要求：

（1）孔深应大于待测井段3～5 m。

（2）终孔前应循环井液1～2 h，水文测井的钻孔必须用清水洗孔。

（3）坍塌井段必须有护壁套管，套管高出地面或台板高度不大于30 cm。

（4）除了放射性测井外，其余测井方法的钻孔中必须有井液。

9.1.4　由于测井资料都是以曲线的形式记录，要用误差计算的方法来评价测井资料的质量，就要在曲线上重新读数，反而会带来一定的人为误差，因此本次修订规定用两次观测曲线的相似形和重合性来评价测井工作的质量。

9.2.2　由于微电极系的电极间距很小，各电极不能视为点电极，其装置系数不能用理论公式计算，只能用试验方法测定。

金属套管的电阻率接近于零，同时测量的电阻率不能出现负值，因此如果在测井过程中出现负值和在套管中出现不归零的现象，说明观测回路中存在故障，是一个错误的观测结果，必须查明原因消除故障后才能继续测量。

9.3.2　岩体的声波速度比岩体的地震波速度高出约15%，计算岩体的动弹性力学参数时，都是采用的地震波速度，所以应将测得的声波速度换算成地震波速度。

中华人民共和国行业标准

铁建设〔2005〕2号

铁路工程地质勘察监理规程

TB/T 10403—2004

2005—01—05 发布　　　　2005—01—05 实施

中华人民共和国铁道部　发布

前　　言

本规程是依据《铁路建设管理办法》(铁道部令第 11 号,2003 年 7 月 31 日发布)和《关于开展铁路工程地质勘察监理工作的通知》(铁建设函〔2002〕434 号)编制。

本规程共分十二章,其内容包括:总则,术语,工程地质勘察监理一般规定,项目监理机构与监理人员职责,监理规划和监理实施细则,工程地质勘察常规监理,各类建筑物工程地质勘察监理,不良地质勘察监理,特殊岩土勘察监理,质量问题判定与处理,工地例会,监理资料管理。

本规程是通用规程,勘察监理单位应结合项目(包括客运专线)特点和对地质工作的特殊要求,补充勘察监理内容和工作方法。

实施工程地质勘察监理工作不免除勘察单位的责任。

依照本规程实施勘察监理,不免除勘察监理单位的责任。

在执行本标准过程中,希望各单位结合监理工作,总结经验,积累资料。如发现需要修改和补充之处,请及时将意见及有关资料寄交建设管理司。

本规程由铁道部建设管理司负责解释。

本规程主编单位:铁道第一勘察设计院。

本规程主要起草人:龚重远、李响、李光辉、仇祥凯、季靠荣。

目　录

1 总　　则

1.0.1　为保证铁路工程地质勘察的质量,规范工程地质勘察监理工作,制定本规程。

1.0.2　本规程为推荐性标准,是一般情况下必须满足的最低要求和共同遵守的共性要求。

1.0.3　本规程适用于新建、改建铁路的加深地质工作、初测和定测阶段工程地质勘察的监理工作。

1.0.4　工程地质勘察监理工作应由勘察工作委托单位委托具有工程勘察综合甲级或岩土工程勘察甲级资质的企业承担。监理单位应根据监理合同,依据相关规范对地质勘察工作的质量、工作量和进度开展监理工作。

1.0.5　铁路工程地质勘察监理工作实行总监理工程师负责制。总监理工程师代表监理单位全面主持项目监理工作,对履行委托监理合同负全面责任。

1.0.6　工程地质勘察监理单位应公正、独立、自主地开展监理工作,维护建设单位和勘察单位的合法权益。

1.0.7　铁路工程地质勘察监理工作除应符合本规程的要求外,尚应执行国家有关法律及法规、铁道部规章和规范性文件,并应符合国家现行的有关强制性标准和铁路工程地质系列标准的规定。

2 术　语

2.0.1 铁路工程地质勘察　geology investigation of railway engineering

指有关铁路工程地质调绘、钻探、原位测试、物探、遥感、室内试验、资料分析整理和评价等一系列工作的总称。

2.0.2 铁路工程地质勘察监理　supervision on geology investigation of railway engineering

对铁路工程地质勘察工作的全过程，或对某重点工程的工程地质勘察工作，或仅对某种勘察手段等进行的检查和监督活动。

2.0.3 重大工程　significant project

重大工程包括特大桥（桥长≥500 m）、高桥（墩高≥50 m）、长度大于3 000 m的隧道、多线隧道、控制线路方案的不良地质及大型路基挡护工程、大型房屋建筑工程或集中成片的房屋建筑工程等。

2.0.4 旁站　inspect in-site

监理人员对勘察的关键工序和操作进行现场全过程的监督活动。

2.0.5 巡视　inspect a site

监理人员对勘察过程进行定期或不定期的、在现场的检查或监督的活动。

3 工程地质勘察监理一般规定

3.1 工程地质勘察监理工作的依据

3.1.1 铁路工程地质勘察监理应按下列依据开展工作：

1 国家和铁道部有关工程建设的法律、法规、规章；

2 国家相关技术标准及铁路工程地质勘察系列标准；

3 建设项目建议书、可行性研究报告的批复意见；

4 工程地质勘察监理委托书、合同；

5 工程地质勘察设计合同。

3.1.2 监理人员应根据现场地质条件和勘察单位提供的正式工程地质调绘及勘探、测试资料等进行监理活动。

3.2 工程地质勘察监理的工作范围

3.2.1 对工程地质、水文地质、物探、钻探、原位测试、室内试验等专业的工作过程及其完成的原始资料、报告、图件等进行监理，包括野外勘察及室内资料整理的全过程。

3.2.2 依据相关规范和合同要求对以下方面进行审查，并提出书面意见：

1 工程地质勘察大纲；

2 现场勘察机构的质量管理体系和技术管理体系；

3 人员配备及上岗人员资格；

4 勘察手段、方法和程序，机具设备的数量、质量，相关仪器、设备的标定情况，勘探或试验现场工作环境条件等；

5 勘察单位、勘察分包单位的相关资质、业绩等资料。

3.2.3 监理人员应审核以下地质工作内容是否满足规程、规范和勘察阶段的要求，并真实、可靠：

1 工程地质、水文地质调查的范围、内容和精度；

2 钻探、试坑及原位测试等勘探点的数量、深度及勘探工艺，现场记录和成果资料；

3 水、土、石试样的数量，取样、运输和保管方法，试验项目、试验方法和成果资料；

4 物探方法的选择、工作过程和成果资料的地质解释资料；

5 水文地质调绘、试验方法、试验过程及成果资料；

6 对勘探试验资料的综合分析，地质报告内容及主要结论和评价意见。

3.2.4 必要时对关键工程、重要的勘探测试等进行平行测试。

3.2.5 监理人员应审查勘察单位有关安全操作的规章制度，检查现场执行情况。

3.2.6 监理单位应调查、确认因勘察要求变更或地质条件发生较大变化而引起的对工期的影响程度和工作量的具体增减数量，并报建设单位备案。

3.2.7　监理单位应调查、核实勘察单位记录、报告的因自然条件或人为因素造成工期延误的相关资料，并报建设单位备案。

3.3　工程地质勘察监理方法

3.3.1　工程地质勘察监理工作应根据地质条件和工程类型采用巡视、抽检和旁站的方法，分段、分工点实施。

3.3.2　对沿线一般工程的地质勘察和测试工作，可采用巡视的方法进行抽查或抽检。

3.3.3　监理工作应选取具有代表性重点工程、不良地质或特殊岩土工点的工程地质勘察工作进行重点勘察过程或勘察手段等的核查。对重大工程或影响线路方案的大型不良地质工点应进行现场核对。

3.3.4　对重大工程或关键的勘察手段应旁站监理。

3.3.5　监理工作应对全线(段)的勘察成果及资料进行全面、综合的审查并提出审查意见。

3.4　工程地质勘察监理程序

3.4.1　勘察监理合同签订后，应由监理委托单位或由其组织勘察单位向勘察监理单位及时提供监理工作范围内上阶段的勘察设计文件及审查意见。

3.4.2　工程地质勘察监理单位应在签订监理合同及收到设计文件后，熟悉项目情况，掌握该项目重大工程、重大不良地质和特殊岩土问题，根据批准的勘察大纲编制监理规划，并在召开第一次工地例会前两天报送建设单位批准。

3.4.3　工程地质勘察项目开工前，应由建设单位组织召开第一次工地例会，监理单位的负责人及监理工程师和勘察单位负责人及现场代表应参加会议，会后应形成各方代表会签的会议纪要。

3.4.4　监理人员应对勘察单位提交的《工程地质勘察开工报告》进行审查，具备开工必需的技术条件和工作人员、设备、物资条件后，由总监理工程师签发开工报告，并报建设单位核备。

3.4.5　现场发现工程地质勘察工作与勘察大纲或相关规范不符时，监理人员应及时提出，并责令改正。发生较大、重大质量问题或隐患、安全问题时，总监理工程师应及时处理，必要时签发《工程地质勘察暂停通知单》。《工程地质勘察暂停通知单》应即时报建设单位备案。在勘察暂停原因消除、具备复工条件时，总监理工程师应按程序及时签署《工程地质勘察复工通知单》。

3.4.6　监理人员发现问题应与勘察单位人员一起到现场进行核查。当监理单位与勘察单位意见不一致时，监理单位应向勘察单位提出书面意见，并报建设单位备案。

3.4.7　监理、勘察和建设单位之间来往的表格或通知单等应办理签收手续，并及时回复。

3.4.8　监理单位应定期向建设单位书面报告监理工作情况。监理工作结束后，应向建设单位提交工程地质勘察监理报告，对勘察单位完成的原始资料、勘察报告及图件的完整性、可靠性提出评价意见。

3.4.9　监理单位发出的通知书、批复或答复意见、监理工作报告，与勘察单位、建设单位来往的文件、向上级部门的请示及汇报材料等都应纳入监理单位的档案管理。

4　项目监理机构与监理人员职责

4.1　项目监理机构的设置

4.1.1　工程地质勘察监理单位应根据建设项目的规模、地质条件的复杂程度、监理内容、交通条件等,在现场设置监理机构和配备监理人员;监理机构一般由项目监理部、监理站组成。

4.1.2　项目监理机构的组织形式、人员配备和设备等应符合委托监理合同的约定并报建设单位;建设单位应将相关情况通知勘察单位。

4.1.3　监理人员应包括总监理工程师、监理工程师等,必要时可配备副总监理工程师(或总监理工程师代表)、监理站站长。

4.1.4　主要监理人员的资格应符合下列要求:

1　总监理工程师应为主持过大型建设项目工程地质勘察工作的注册岩土工程师,并由监理单位法定代表人书面授权。

2　副总监理工程师应为注册岩土工程师或地质专业高级工程师,由总监理工程师授权,代表总监理工程师行使其部分职权。

3　其他监理人员应具有同类工程专业中级及以上技术职称并经过监理业务培训。

4.1.5　监理人员中具高级技术职称的人数应不少于总人数的三分之一。

4.1.6　监理工程师应按实施监理工作所涉及的专业要求配置齐全。

4.1.7　项目总监理工程师应常驻现场,一般不得调整;需调整时应征得建设单位同意,并书面通知勘察单位。监理工程师的变更应书面通知建设单位和勘察单位。

4.2　监理人员的职责

4.2.1　监理人员必须贯彻执行国家和铁道部有关法律、法规、规章,铁路工程地质勘察系列标准,依法实施工程地质勘察监理工作。

4.2.2　监理人员应深入现场,结合工程地质勘察的内容、方法和手段开展监理工作,并遵循"守法、诚实、公正、科学"的准则。

4.2.3　总监理工程师应履行以下职责:

1　主持编写工程地质勘察项目监理规划,组织编写监理实施细则,负责管理项目监理机构的工作;

2　确定项目监理机构人员的分工和具体岗位职责,并以书面形式通知建设单位和勘察单位;

3　组织、指导、检查、监督监理人员的工作,协调各专业间的相关事宜;

4　受建设单位的委托审查分包单位资质,并提出审查意见;监理过程中对不符合资质条件和不能胜任的分包单位,通知勘察单位予以清退;

5 主持监理工作会议、工地会议，签发监理机构的文件和指令；

6 依据勘察监理合同审查勘察单位提交的勘察大纲，签署《工程地质勘察开工报告》、《工程地质勘察暂停通知单》和《工程地质勘察复工通知单》等文件；

7 审查和处理勘察变更事宜；

8 巡视勘察监理工作现场，对重大工程或地质特殊复杂工点的监理工作进行检查和指导；

9 依据勘察监理合同参与或组织工程勘察重大质量问题、安全事故的调查；

10 参与调解勘察设计的合同争议、索赔等事宜；

11 审核并签认完成的工程地质勘察工作量；

12 审查勘察单位完成勘察工作后提交的工程地质勘察报告及图件，对地质勘察工作提出评价意见；

13 组织编写、整理工程地质勘察监理相关档案资料（工程地质勘察监理月报、监理工作阶段总结）、专题报告、监理工作总结报告等。

4.2.4 副总监理工程师（或总监理工程师代表）应履行以下职责：

1 完成总监理工程师指定或交办的监理工作；

2 按总监理工程师的授权行使总监理工程师的部分职责和权力。

4.2.5 总监理工程师不得将下列工作委托副总监理工程师完成：

1 主持编写工程地质勘察项目监理规划，审批监理实施细则；

2 参与或组织审查勘察单位提交的勘察大纲，签发《工程地质勘察开工报告》、《工程地质勘察暂停通知单》和《工程地质勘察复工通知单》等文件；

3 审查勘察单位的工程地质勘察报告，对地质勘察工作提出评价意见；

4 审核、签认勘察单位完成的勘察工作量；

5 签署工程地质勘察监理总报告。

4.2.6 设置监理站时，监理站站长应履行下列职责：

1 负责其分管段内工程地质勘察监理工作的实施；

2 组织、指导、检查、监督本监理站监理人员的工作，协调本监理站各专业间的工作；

3 负责本监理站段内重大工程和地质复杂工点的监理工作；

4 审查并签署分管段内的勘察方案、变更、报告等，及时向总监理工程师提出开工、暂停、复工的建议；

5 审查分管段内的勘察报告及图件，审核勘察单位完成的原始资料和勘察工作量，对本管段内的地质勘察工作提出评价意见；

6 负责组织、检查监理资料的收集、汇总、整理，参与编写工程地质勘察监理月报；

7 定期向总监理工程师或副总监理工程师汇报监理工作实施情况，重大问题应及时请示；

8 根据总监理工程师授权，签发本管段内监理工作的文件和指令；

9 完成总监理工程师或副总监理工程师交办的其他工作。

4.2.7 监理工程师应履行下列职责：

1 编制本专业监理实施细则，经批准后实施；

2 审查勘察单位提交的本专业的勘察计划、技术要求、变更、报告等；

3 开展现场监理工作，及时填写工程地质勘察监理日志及其他监理记录；必要时，对重点工程的重要勘察环节进行旁站监理；

4 根据实际勘察工作的实施情况，及时向总监理工程师提出工程地质勘察暂停通知或复工通知的建议，并检查整改情况；

5 审核勘察单位提交的原始资料、工作量、分段成果报告及图件等，并提出评价意见；

6 及时汇报监理工作情况，编写工程地质勘察监理月报；

7 完成交办的其他工作。

5 监理规划和监理实施细则

5.1 监 理 规 划

5.1.1 工程地质勘察监理规划应针对项目的实际情况，明确监理工作的目标，制定监理工作制度、程序、方法和措施。编制依据为：

1 与工程勘察项目有关的法律、法规、规章、标准；

2 工程勘察项目的设计文件、审批意见；

3 批准的工程地质勘察大纲；

4 与工程项目有关的合同文件。

5.1.2 监理规划由总监理工程师主持编写，经监理单位审查并报建设单位批准后执行。

5.1.3 监理规划应包括以下主要内容：

1 工程项目概况；

2 勘察监理的工作程序和方法；

3 勘察监理的重点；

4 现场监理机构的设置；

5 勘察监理的质量控制措施；

6 工程地质勘察工作量的确认；

7 工程地质勘察监理资料分类及归档；

8 勘察监理工地会议制度。

5.1.4 监理规划在实施过程中，如实际情况发生重大变化，应在总监理工程师的主持下进行修改，并按原审批程序批准。

5.2 监理实施细则

5.2.1 对大型或专业性较强的工程勘察监理项目，在工程地质勘察前，应按工程地质勘察监理合同和监理规划编制工程地质勘察监理实施细则。实施细则应结合铁路各类建筑物和不良地质、特殊岩土的工程地质勘察特点编写，并具有可操作性。

5.2.2 监理实施细则应在总监理工程师的主持下，由监理工程师编写，并经总监理工程师批准后执行。

5.2.3 监理实施细则应依据下列内容编制：

1 已批准的监理规划及其他相关文件；

2 与本专业相关的规范、标准；

3 本项目上阶段的设计文件；

4 批准的勘察大纲。

5.2.4 监理实施细则应包括下列内容：

1 监理工作的要点、工作流程及应达到的质量目标；

2 监理的主要手段和方法；

3 监理工作应填写的基本表格及工作报告制度；

4 监理过程文件、档案的管理办法。

5.2.5 监理实施细则应根据监理工作的实施情况不断完善。

6 工程地质勘察常规监理

6.1 各勘察阶段监理

6.1.1 工程地质勘察监理应根据不同勘察阶段的技术要求和地质条件,有针对性地开展工作。

6.1.2 加深地质工作阶段应重点核查以下内容:

1 地质调查的范围、精度是否满足大面积方案比选的要求;

2 控制性勘探点的布置和勘探测试手段是否得当;

3 对宏观地质条件评价的依据是否充分,结论是否正确,有无遗漏有价值的方案。

6.1.3 初测阶段应重点核查以下内容:

1 地质调查的范围、精度是否满足方案比选的要求;

2 对控制和影响线路方案的不良地质和特殊岩土的评价意见、依据是否充分,结论是否正确;

3 重大工程的勘探测试工作是否齐全;

4 全线地质资料的完整性和统一性;

5 方案比选意见的依据是否充分,评价是否符合实际。

6.1.4 定测阶段应针对具体工程、不良地质或特殊岩土,按本规程第6、7、8、9章的相关规定进行监理工作。

6.2 工程地质调绘的监理

6.2.1 工程地质调绘监理的要点:

1 核对地质界线、岩性、地质构造、地下水露头、各类不良地质、特殊岩土的调绘和判别是否准确,有无漏划或错判。

2 检查断面图上的地质界线是否依据充分、合理,勘探和原位测试点的布置、取样及试验项目等技术要求是否符合规范、满足设计要求。

6.2.2 地质调绘的监理工作应以抽查为主。对重大工程、重大地质问题、重要的地质点(包括观测点、钻孔、取样点、井泉等)应到现场进行核查。

6.2.3 对遗漏的地质问题,监理人员应及时提出,并督促勘察单位到现场补充、完善。

6.3 钻探及简易勘探的监理

6.3.1 钻探及简易勘探监理的要点:

1 检查使用的钻探及简易勘探设备是否符合勘探技术要求;

2 检查孔位、孔口高程、钻进方法、钻探记录、岩性分层及描述、地下水初见和稳定水位、终孔深度；

3　检查勘察单位的专业人员是否到现场鉴定、核对岩芯；

4　检查孔内取样和测试设备是否满足技术要求，操作方法是否正确；检查取样及封装质量；检查测试数据；

5　检查操作安全制度及现场执行情况。

6.3.2　对钻探及其他勘探方法的监理应采用巡视、核查和旁站的方法。一般钻孔及简易勘探的监理以巡视为主。对重要的钻孔或钻孔中的关键段落应重点核查，必要时旁站监理。

6.3.3　钻进过程中或终孔前，监理人员认为未达目的或不满足技术要求时，应及时提出处理意见，并督促勘察单位完成。

6.4　原位测试的监理

6.4.1　原位测试监理的要点：

1　检查原位测试设备是否满足勘探技术要求，是否按规定期限进行标定；

2　检查孔位、孔口高程、测试方法和操作过程是否符合技术要求及相关规范要求；

3　检查资料整理及采用的公式是否符合相关规范要求，与其他试验方法取得的参数对比是否合理。

6.4.2　原位测试工作的监理应采取抽查、巡视的方法进行，对重大工程或重要的原位测试点应采取旁站的方式监理。

6.4.3　发现操作过程及数据处理中的问题，监理人员应及时提出，并责令改正。

6.5　物探的监理

6.5.1　物探工作监理的要点：

1　检查所采用的物探方法与勘探目的是否匹配，是否能满足技术要求；

2　检查使用的仪器设备是否符合有关技术标准；

3　检查作业过程是否符合操作规程，数据的采集、观测及记录是否齐全、符合规范；

4　检查资料的整理和解释是否符合相关规范要求，成果资料应与其他物探方法和勘探手段进行对比、修正；

5　检查地震勘探用炸药的保管、使用是否符合有关安全规定。

6.5.2　对物探的监理一般应采用巡视、抽查的方式，对重大工程、地质复杂地段或重要钻孔的物探工作应采取旁站的方式进行。

6.5.3　当发现使用的物探方法不当，达不到勘察目的时，监理人员应及时提出采用其他物探方法或采取其他勘探手段的意见，并监督改正。

6.6　室内试验的监理

6.6.1　室内试验监理的要点：

1　检查室内试验的环境条件是否满足试验工作的要求，仪器设备是否满足试验要求并已通过鉴定或校验；

2　检查试验人员是否经过上岗培训或取得相应资质；

3　检查样品验收和试样制备是否符合规定；

4　检查试验操作过程是否符合相关规程的规定；

5　检查试验成果的整理、分析是否符合相关规范要求，计算是否准确无误，提交的成果资料是否签署齐全。

6.6.2　监理工作应采取巡视、抽查的方式进行，对重点试样的开样、制样和试验操作应采取旁站的方式进行监理。

6.6.3　当试验质量因试样、仪器设备、操作水平等达不到规范要求时，监理人员应及时提出并监督改正。

6.7　水文地质勘察的监理

6.7.1　水文地质勘察监理的要点：

1　核查供水水源地、供水站点、进行专门水文地质勘察的工点等地形、地貌、地质条件的调查填图是否准确；

2　核查对进行专门水文地质勘察工点中的主要含水层和拟开采地下水含水层的岩性、含水体的补给、径流、排泄条件、涌水量预测、水质试验等的分析、计算资料是否齐全、准确；

3　检查勘探点（包括长期观测孔）的布置、取样及试验等技术要求是否满足工程设置及规范的要求；

4　检查勘探、试验资料及分析计算是否满足相关规范和设计的要求。

6.7.2　对重要的、影响水文地质评价的地质要素（包括岩性、地层结构、断层、褶皱、节理、风化程度等）进行现场核对。

6.7.3　对抽水试验的机具设备进行检查，对操作人员的资质进行核查。

6.7.4　对重大工程和重要的水文地质勘探、试验过程进行旁站监理。

6.7.5　对勘察过程中发生的不满足质量、技术要求、安全规程的现象及时提出并监督改正。

6.8　勘察工作量监理

6.8.1　依据批准的勘察大纲（包括勘察计划）核查勘察单位确定的工作内容、工作方法和计划工作量，检查是否满足相关规范和工程要求。

6.8.2　勘察过程中重点检查勘察大纲中有关勘探工作量的执行情况。

6.8.3　工程地质勘察结束后，勘察单位应及时提交完成的工作量。监理人员应认真进行核查，核查结果应写入监理报告。

6.9　勘察资料整编的监理

6.9.1　勘察资料整编监理的要点：

1 检查现场填绘的地质图件是否齐全,内容是否翔实、可靠;

2 检查重大工程和不良地质、特殊岩土的勘探测试资料是否齐全、真实并满足勘察设计要求;

3 检查勘察资料的综合分析、土工试验数据的统计分析、设计参数的取值是否符合相关规范的要求,工程地质评价及工程措施建议是否合理;

4 检查图件、计算资料与说明是否吻合,有无差、错、漏、碰问题;

5 检查各级签署是否符合有关规定。

6.9.2 检查勘察资料是否由现场勘察人员进行整理。

6.9.3 重点对重大工程、主要不良地质和特殊岩土的成果资料进行详细核查。

6.9.4 勘察单位在整理完成一段或某项重大工程的勘察资料后,应及时报送监理单位进行审查;监理单位应对该资料及时作出评价。

6.9.5 对资料有疑问或遗漏勘察内容,应责成勘察单位到现场核对或提出补充勘察意见。

7　各类建筑物工程地质勘察监理

7.1　一 般 规 定

7.1.1　各类建筑物工程地质勘察监理应重点核查以下内容：

1　各类建筑物所处地质环境的调查是否准确，依据是否充分；

2　勘探点的布置、取样、试验是否符合相关规范的规定，满足勘察计划和勘察技术要求；

3　工程措施建议、设计参数的提供是否依据充分、合理；

4　勘察资料、报告、图件是否齐全，审查签署是否符合相关规定。

7.1.2　对沿线一般工程设置地段，监理人员应注意检查地质调绘的精度、地质点的密度、工程设置的合理性及勘探测试资料的综合分析情况等。

7.1.3　对重大工程或地质条件复杂的工点，监理人员应到现场核对或进行旁站监理。

7.1.4　遗漏的工点应监督勘察单位到现场进行补充勘察。

7.2　路 基 工 程

7.2.1　路基工程地质勘察监理的要点：

1　检查地层岩性、地质构造、节理发育程度、岩体风化程度、地下水发育情况等地质条件的调查和评价是否准确；

2　检查山体斜坡的稳定性评价，岩层及主要节理（结构面）产状与边坡的关系；

3　检查有无不良地质或特殊岩土问题；

4　检查地下水与路基工程的关系；

5　检查代表性地质横断面的填绘是否依据充分、合理；

6　检查所提供的地基基本承载力、岩土施工工程分级、建议边坡坡率等设计参数和其他工程措施意见依据是否充分、合理；

7　检查勘探点的数量、深度是否满足设计要求；

8　检查水、土试样的数量和试验项目是否满足技术要求。

7.2.2　高路堤、陡坡路堤工程地质勘察的监理应重点核查对路基基底和山坡稳定性评价的依据是否充分，结论是否正确。

7.2.3　深路堑、地质复杂的路堑工程地质勘察的监理应重点核查：

1　地层结构、软弱层面、节理面及其他软弱结构面产状与路堑边坡稳定性的关系；

2　岩体风化程度、地下水对路堑工程的影响；

3　路堑边坡坡率、软弱结构面的 C、φ 值及其他设计参数是否依据充分、合理。

7.2.4　路基支挡建筑物工程地质勘察的监理应重点核查基底地层岩性、软弱结构面的位置、地下水水位和水质、地基基本承载力、软弱结构面和基底岩土的 C、φ 值等设计参数是否依据充分、合理。

7.2.5　对在特殊岩土和不良地质地段修筑的路基，应重点核查地质条件评价的依据是否充分、正确，勘探、试验项目和测试数据是否准确并满足设计要求。

7.2.6　对路基防护工程，应重点核查路基边坡的稳定性、基底地质条件的评价及地震可液化地层的判定是否正确。

7.2.7　对集中取土场，应检查场地的选择和填料质量的评价是否符合相关规范的要求。

7.2.8　对以上重大工程或地质条件特殊复杂的路基工程应进行现场核对或旁站监理。

7.3　桥涵工程

7.3.1　桥涵工程地质勘察监理的要点：

1　核查桥、涵址处的地层岩性、地层结构、地质构造、岩溶洞穴、岩层风化程度等地质条件是否准确；

2　核查河(沟)床岸坡的稳定性、覆盖层下基岩横坡对桥墩台稳定性的影响；

3　检查地下水水位埋深及水对混凝土、钢材的侵蚀性；

4　检查勘探、测试是否符合相关规范及满足设计的要求；

5　核查地基基本承载力和建议的基础持力层、基坑临时开挖边坡坡率等设计参数依据是否充分、合理；

6　检查对地震可液化地层的判定是否符合规范要求。

7.3.2　对地质条件复杂的高桥、特大桥，监理人员应到现场核对地质条件。重要的勘探、测试工作应旁站监理。

7.4　隧道工程

7.4.1　隧道工程地质勘察监理的要点：

1　核对隧道通过岩体的岩性、地质构造、岩石的坚硬程度、岩体的完整程度、节理发育程度、岩体受地质构造影响程度、地下水的发育情况等影响隧道围岩分级的基本地质条件及隧道围岩分级的划分是否正确；

2　核对隧道通过地段产生突水突泥、断层、岩溶、有害气体、放射性岩体、高地应力、膨胀性围岩等地质灾害的可能性及评价是否依据充分，工程措施建议是否全面、合理；

3　检查隧道进出口山体覆盖层与其下基岩的接触关系和稳定性评价；

4　检查特长隧道水文地质条件的调查和评价是否符合规范及相关技术要求，隧道开挖后对地表环境的影响评价；

5　检查勘探、测试是否符合相关规范及满足设计要求。

7.4.2　监理人员应核查第四系地层覆盖的洞口及洞身通过的主要地质界线是否有地质点控制。

7.4.3　重要的地质点和地质界线，监理人员应到现场进行核对。重要的勘探、测试工作应旁站监理。

7.5 房屋建筑工程

7.5.1 房屋建筑工程地质勘察监理的要点：

1 检查建筑工程范围内的地层岩性、地质构造、地层结构、岩体风化程度、地下水位埋深及变幅等地质条件；

2 检查基底持力层的地质情况、地基基本承载力、边坡坡率、岩土施工工程分级，尤其应重点核查填土的工程性质；

3 检查建筑工程范围内不良地质与特殊岩土的发育情况，勘探测试的手段和项目，不良地质及特殊岩土与建筑物的关系、工程地质评价；

4 检查对地震可液化地层的判定是否符合规范要求。

7.5.2 对大型建筑场地工程地质勘察的监理工作应重点核查是否按现行国家标准《岩土工程勘察规范》的要求进行勘察。

7.5.3 对重点建筑物和主要基底持力层的勘探、测试工作应进行旁站监理。

7.6 填料取土场及石砟场

7.6.1 填料取土场及石砟场工程地质勘察监理的要点：

1 核对填料取土场及石砟场开采范围内的地质和水文地质条件；

2 核查对主要开采地层的勘探手段是否合理，对建筑材料质量、储量和剥采比的评价依据是否充分，评价方法是否符合相关规范并满足设计的要求；

3 检查对开采和剥离地层边坡坡率的稳定性评价；是否有因开采产生滑坡、崩塌、涌水等地质灾害的可能性；

4 检查填料取土场及石砟场开采后对环境和水土保持的影响评价是否符合相关规定。

7.6.2 对大型填料取土场及石砟场的地质条件应到现场进行核对，关键的取样、试验工作应进行旁站监理。

7.7 给排水工程

7.7.1 给排水工程工程地质勘察监理的要点：

1 核对取水、储水构筑物场地及管路通过地段的地质条件；

2 核对提供的地基基本承载力、岩土施工工程分级等设计参数；

3 核对影响供水工程稳定性和安全运行的不良地质、特殊岩土的勘探、试验工作，及在此基础上的评价是否准确，工程措施建议是否合理；

4 检查水塔等重要供水建筑物的勘察是否有勘探点控制。

7.7.2 对大型、重要的供水建筑物的地质条件应到现场进行核对，对重要的勘探点应旁站监理。

8 不良地质勘察监理

8.1 一般规定

8.1.1 不良地质勘察监理的要点：

1 检查不良地质的范围、类型和性质，产生不良地质的地质条件、发生和发展规律及对铁路工程的影响；

2 检查勘察方案、勘探点的布置和数量、勘探方法是否符合规范要求；

3 检查取样位置及数量、试验方法是否符合规范要求；

4 检查相关计算、场地评价依据是否充分，工程措施意见是否合理；

5 开挖试坑与钻探过程的安全措施和保障。

8.1.2 检查线路通过不良地质地区的选线原则是否合理，检查具体设计执行选线原则的情况。

8.1.3 对不良地质工点地质条件的核查应在现场进行。

8.1.4 与铁路工程关系密切，或对线路方案有较大影响的关键勘探点应旁站监理。

8.1.5 监理工作中应注意检查与不良地质工点相似的地貌特征或类似地质条件的地段；如遗漏不良地质工点，应督促勘察单位到现场补充调查及勘探。

8.2 滑坡和错落

8.2.1 滑坡和错落工程地质勘察监理的要点：

1 核查滑坡和错落的范围、形态、分类，及其与岩性、软弱夹层、岩层产状、节理、断层、地下水等地质条件的关系；

2 核查滑坡和错落的成因、发生和发展的历史与现状；

3 核查滑动面的位置、岩性、结构及物理力学参数；

4 核查滑坡与错落的稳定性评价，线路通过位置、方式与滑动面的关系及采取的工程措施是否合理；

5 核查铁路工程的施工是否会引起古滑坡和古错落的复活。

8.2.2 重点核查铁路通过岩层倾向线路且有水的山坡、或坡积层较厚山坡时的稳定性评价，尤其应注意对工程建设期间山坡稳定性评价的依据是否充分、合理。

8.2.3 检查滑坡和错落主轴断面的确定、勘探点的布置是否符合规范要求。

8.2.4 检查滑坡和错落的勘探方法、滑动面的确定、取样位置、地下水的观测等是否符合相关规范和勘察大纲的要求。

8.2.5 检查现场观测网的布设、观测过程和观测资料的分析等是否符合规范要求。

8.2.6 核查滑坡和错落稳定性评价考虑的因素、选用的公式和参数是否依据充分，计算是否准确，结论是否正确、合理。

8.2.7 在现场核对滑坡和错落的基本地质条件，对主轴断面上勘探点的岩芯应进行复核。对重要钻孔的钻进和取样过程旁站监理。

8.3 危岩、落石和崩塌

8.3.1 危岩、落石和崩塌工程地质勘察监理的要点：

1 核对危岩、落石和崩塌的范围、成因、形态、分类、粒径大小、崩落方向、影响范围及其与线路工程的关系；

2 核对危岩、落石和崩塌产生的地形、地质条件，包括山坡坡度、高度，地层层序、岩性、地质构造、节理等结构面的发育、充填和组合情况、风化作用、地下水和地震的影响；

3 检查危岩、落石和崩塌稳定性的评价，选线原则及执行情况。

8.3.2 检查危岩、落石和崩塌区勘探点的布置和数量是否满足地质勘察和工程设置的需要。

8.3.3 核查对危岩、落石和崩塌稳定性的评价是否依据充分，工程措施是否合理。

8.3.4 对危岩、落石和崩塌稳定性进行观测时，应检查观测点的布设和观测过程是否规范；岩块滚落试验过程是否合理。

8.3.5 对危岩、落石和崩塌应在现场核对其发生的地质条件、影响范围，抽查稳定性观测过程。岩块滚落试验和重要的观测过程应进行旁站监理。

8.4 岩　堆

8.4.1 岩堆工程地质勘察监理的要点：

1 检查岩堆分布的范围、物质组成、颗粒级配、厚度、充填物成分、孔隙性、活动规律；

2 核查岩堆产生的地质条件、与岩性和地质构造的关系、节理和软弱结构面的发育情况、地表水和地下水的发育情况；

3 核查岩堆下伏地层的岩性、坡度和含水情况，岩堆稳定性评价的影响因素、参数选择和结论；

4 检查岩堆补给区危岩体的分布、山坡陡度、高度、裂隙发育程度及危岩体的稳定性评价。

8.4.2 检查岩堆上的勘探点是否沿主轴或最危险断面布置。勘探手段和方法是否合理、有效。

8.4.3 核查岩堆自身稳定性评价和作为建筑物地基、路堑边坡或隧道围岩引起的下沉及稳定问题的评价，采取的工程措施是否合理。

8.4.4 核查软弱带取样的数量、质量及试验项目是否满足规范要求。

8.4.5 对岩堆的范围、地质条件、主轴或危险断面上勘探点的检查应到现场核对。软弱面附近的勘探和取样应旁站监理。

8.5 泥　石　流

8.5.1 泥石流工程地质勘察监理的要点：

1 检查泥石流的分布范围、规模、类型、物质组成、发育阶段、爆发频率、泥痕、淤积厚度等。

2 检查泥石流发生的地形、地质条件，与岩性、岩体风化破碎程度、地质构造、滑坡、崩塌等不良地质条件的关系。

3 检查泥石流与气象条件、沟床坡度、地表水和地下水、地震及其他人为活动的关系；

4 检查线路通过位置附近泥石流沟谷的冲淤特征、岸坡的稳定性。

8.5.2 检查线路通过泥石流地段的稳定性评价、工程设置的依据和合理性。

8.5.3 对需长期监测的泥石流，应重点核查其监测方法、手段、周期是否合理。

8.5.4 对泥石流的范围、发生的地质条件、地表水和地下水情况、冲淤特征、泥石流沟谷中不良地质的发育情况等的检查应在现场进行。

8.5.5 对重要的勘探点或软弱夹层的勘探、取样过程应旁站监理。

8.6 风 沙

8.6.1 风沙地段工程地质勘察监理的要点：

1 检查沿线风沙分布的范围，组成物质、风沙地区风蚀及风积地貌的类型、活动规律；

2 检查各种类型的沙丘、风沙流、风蚀地形等与线路的关系及危害程度；

3 检查主导风向及其他气象条件与风沙、线路的关系；

4 检查沿线地表水、地下水的分布及水质情况、植被覆盖情况；

5 检查沙层下伏地貌形态，及其与线路工程的关系。

8.6.2 检查风沙地段的沙源、气象条件、风沙及沙丘的活动程度、地貌条件、对线路影响程度等的评价依据是否充分、工程措施是否合理。

8.6.3 需进行定位与半定位观测的风沙危害严重地段，应重点核查观测的位置、手段、内容和方法是否合理。

8.6.4 对重要的勘探、取样和观测过程应旁站监理。

8.7 岩 溶

8.7.1 岩溶工程地质勘察监理的要点：

1 核查岩溶分布的范围、形态、地貌特征、发育强度及其与线路的关系；

2 检查岩溶与岩性、地层厚度、地质构造、产状、节理裂隙的发育程度、岩体风化程度、地表水及地下水水质等的关系；

3 核查溶洞发育的形态、高程，洞顶厚度及完整程度、洞中化学沉积和机械沉积物状况、溶洞充填物成分及其物理力学性质，突水突泥的可能性；

4 检查溶洞层与河流阶地、夷平面的关系；

5 核查覆盖型岩溶地区岩溶的发育形态、覆盖层的岩性和地层结构、岩溶裂隙充填情况、水文地质条件、地下水开采、土洞及地面塌陷情况；

6 检查钻探岩芯的采取率和钻具自然下落或减压、冲洗液变化等现场记录是否满足规范要求；

7　检查隧道或路堑排泄岩溶水后对周围环境的影响；

8　检查大型溶洞的调查及岩溶泉、暗河连通试验的安全措施。

8.7.2　检查勘探手段与方法是否适应岩溶的发育特征，物探异常范围是否进行了钻探或其他勘探方法的验证。

8.7.3　检查岩溶地区的高桥、特大桥、路基工程、隧道的勘探是否符合规范要求。

8.7.4　检查地表水和岩溶水、覆盖土层和溶洞充填物的试验项目和方法是否符合相关规范的规定。

8.7.5　检查岩溶连通性试验和水文地质动态观测的方法、试验过程及结论是否符合相关规范的要求。

8.7.6　与铁路工程关系密切的岩溶发育区、溶洞及其充填物应现场核对；重要勘探点的勘探、取样过程应旁站监理。

8.8　人为坑洞

8.8.1　人为坑洞工程地质勘察监理的要点：

1　检查人为坑洞的分布范围，开采时间、规模，开采方法、开采边界，顶板、巷道分布情况、断面形态等的调查情况；

2　检查人为坑洞范围内的地层岩性、地质构造、开采地层的厚度和顶底板高程、地下水等地质条件和水文地质条件；

3　检查地面变形和建筑物变形的调查，及与人为坑洞、线路的关系；

4　检查洞内地下水的动态变化及其对坑洞稳定性的影响，附近地下水开采对采空区稳定的影响；

5　检查洞内有害气体的类型、浓度、压力、危害程度；

6　检查采空区的稳定性分区条件及地质参数，稳定性评价的结论是否正确；

7　检查采空区调查和勘探的安全措施。

8.8.2　检查采空区是否采用综合勘探方法进行，物探成果应有其他勘探方法的验证。

8.8.3　与线路工程关系密切的近期开采的坑洞应到现场抽检，核对开采情况和地下水、有害气体等情况。对古窑和已塌陷的坑洞应到现场核查采空区的范围，调查及勘探方法。

8.8.4　核查采空区稳定性评价中的地质依据、地质参数的选择、计算或图解过程、结论等是否正确，与地表变形状况是否吻合，稳定性分区与预测是否合理。

8.8.5　检查采空区内地下水和有害气体危害的可能性评价是否依据充分。

8.8.6　核查建筑物和地面变形定位观测点的布置、观测方法的选择、数据分析和计算、结论。

8.8.7　监理人员必要时应参加坑道、地面变形和建筑物变形的调查。关键勘探点的勘探和取样过程应旁站监理。

8.9　水库坍岸

8.9.1　水库坍岸工程地质勘察监理的要点：

1　检查库区沿岸的地层、岩性、地质构造，岩层节理和风化情况、软弱岩层和结构面位置、库岸的地层结构及稳定性、沿岸不良地质与特殊岩土的发育情况；

2 检查库区地下水、井泉、洼地等水位、水质的变化情况；

3 检查既有水库的设计参数和运行情况；设计水库的相关参数；有关气象和地震资料等是否齐全；

4 检查水库坍岸线和稳定性预测中影响因素及参数的选择；

5 检查线路通过位置和采取工程措施的合理性。

8.9.2 检查预测坍岸线代表性地质横断面的布置是否合理，地质断面上勘探点的数量、勘探深度是否满足技术要求。

8.9.3 水库区工程地质条件的评价应重点核查坍岸线预测，地下水水位变化引起的沼泽化、盐渍化，软弱层或结构面浸水软化后形成的滑坡、崩塌和边坡失稳，库岸稳定性的划分等内容。

8.9.4 到现场抽检、核对库岸和代表性地质横断面的地质条件。重要勘探点的勘探和软弱地层的取样应旁站监理。

8.10 地 震 区

8.10.1 地震区工程地质勘察监理的要点：

1 检查地震区的地质条件、区域地质构造、主要断裂带和活动断裂带特征；

2 检查沿线地震发展历史、不良地质现象与地震的关系；

3 检查沿线地震动峰值加速度、地震动反应谱特征周期的划分；

4 检查地震可液化地层的判定，场地土类型和建筑场地类别的划分；

5 检查活动断层的鉴定结论、重大工程的地震安全性评价成果的应用情况。

8.10.2 核查沿线地震动参数区划、活动断层鉴定、重大工程的地震安全性评价结论，及上述资料在地质选线中的应用情况。

8.10.3 检查地震可液化层的判定方法、结论是否符合相关规范要求。

8.10.4 检查沿线有无因地震作用产生的不良地质现象，或因地震复活的可能性。

8.10.5 对重点工程有关地震方面的评价应到现场核实，重要的勘探工作应旁站监理。

8.11 放射性地区

8.11.1 放射性地区工程地质勘察监理的要点：

1 检查放射性异常的分布范围、种类、辐射强度、污染程度，地方病及其他人文、地理、环境条件和有无放射性污染物堆放场地；

2 检查放射性异常范围内的地层、岩性、地质构造、风化程度和水文地质条件；

3 检查核辐射环境评价、场地的放射性分级及防护措施；

4 检查勘察工作的安全防护措施。

8.11.2 检查放射性勘探方法是否符合现场地质条件和相关规定，有无物探、钻探和取样试验的验证资料。

8.11.3 核查被委托勘察、试验单位的资质。

8.11.4 核查环境评价和防护措施建议是否正确、合理。

8.11.5　检查放射性异常区调查、勘探、取样的设备是否符合规范要求,安全防护措施是否到位。

8.12　有害气体

8.12.1　有害气体工程地质勘察的监理要点:

1　检查产生有害气体的油、气、煤层的地层岩性、区域地质构造、地下水情况及水质;

2　检查产生有害气体的厚层生活垃圾或工业废料掩埋、堆填场地,及其与铁路工程的关系;

3　检查当地油、气、煤的开采和利用情况;

4　检查有害气体的种类、含量、压力、涌出量;

5　检查有害气体的评价及对铁路施工、运营的影响结论是否符合相关规范要求。

8.12.2　检查岩样、气样、水样的采取、密封、运送方式是否符合规范要求。

8.12.3　核查被委托的试验单位的资质。

8.12.4　检查地质调查及勘探过程中的安全制度与措施。

9　特殊岩土勘察监理

9.1　一般规定

9.1.1　特殊岩土勘察监理的要点：

1　检查特殊岩土的性质、分布的范围、类型、成因、地层结构、地下水水位和水质，及对铁路工程的影响；

2　检查勘探点布置的数量和勘探深度、勘探方法的选用是否符合规范要求；

3　检查取样位置和数量、试验方法是否符合相关规范要求；

4　检查相关计算和场地评价的依据是否充分，工程措施建议是否合理；

5　检查开挖试坑、取样的安全措施和保障。

9.1.2　检查特殊岩土地段的选线原则和执行情况。

9.1.3　核查特殊岩土地段不良地质的发育情况。

9.1.4　对特殊岩土地质条件的抽查、核对应在现场进行。

9.1.5　与铁路工程关系密切，或对线路方案影响较大的勘探、取样应旁站监理。

9.1.6　注意检查与特殊岩土工点地貌或地质条件相似的地段，如有遗漏的特殊岩土工点应督促勘察单位在现场进行补充调查和勘探。

9.2　黄　土

9.2.1　黄土工程地质勘察监理的要点：

1　检查黄土的分布范围、地貌类型、土层厚度、时代、成因、地层结构、土质特征；

2　检查黄土的湿陷性类型、湿陷等级、湿陷土层厚度，及湿陷性黄土场地的划分和评价；

3　检查黄土下伏地层的岩性、坡度、地下水情况；

4　检查黄土地区陷穴、裂缝、滑坡、错落、崩塌、泥石流、人为坑洞的分布、规模、发育情况、稳定性和发展趋势；

5　检查饱和黄土、黄土层与其他地层的界面附近地下水或软塑土层的发育情况及对铁路工程稳定性的影响；

6　检查原状土样的取样设备、方法和取土质量，试验项目、试验方法和结果；

7　检查试验结果的计算、湿陷类型和湿陷等级的计算、评价；

8　检查黄土地区不良地质现象与铁路工程的关系，有无恶化或复活的可能性；

9　检查开挖试坑的安全制度、措施与执行情况。

9.2.2　核查黄土湿陷类型和湿陷等级判定的依据是否充分，工程措施意见是否合理。

9.2.3　对高桥、重点隧道、特殊路基、与线路关系密切的不良地质地段的勘探和取样应现场核对；关键地层的勘探和取样应旁站监理。

9.3 膨胀土(岩)和红黏土

9.3.1 膨胀土(岩)和红黏土工程地质勘察监理的要点:

1 检查膨胀土(岩)和红黏土的分布范围、成因、时代、类型、厚度、岩性特征、地层结构、软弱夹层、夹杂物、裂隙发育情况;

2 检查膨胀土(岩)和红黏土地区地貌形态、不良地质的发育情况、地表水排泄和聚集情况、大气影响深度和大气影响急剧层深度、地下水水位及变幅、地表植被特征;

3 检查膨胀土和红黏土下伏基岩的岩性、坡度、岩溶发育特征;

4 检查膨胀岩的岩性、时代、膨胀特性、风化程度;

5 检查膨胀土(岩)和红黏土场地工程性质评价的依据及结论。

9.3.2 对重大工程及与铁路工程关系密切的勘探和取样工作进行检查,必要时应旁站监理。

9.4 软土与松软土

9.4.1 软土与松软土工程地质勘察监理的要点:

1 检查软土与松软土的分布规律、岩性特征、分类、埋藏深度及厚度、有机质含量、成因时代,与古地貌、古牛轭湖、暗埋的塘、浜、河道、沟渠的关系;

2 检查地形及地貌特征、地层结构、地表硬壳和下伏硬底的岩性、硬底坡度;

3 检查软土与松软土的岩性、物理力学性质、水理性质、固结状态;

4 检查软土与松软土的勘探方法、判定依据;

5 检查地下水水位、水质等水文地质条件对软土或松软土性质的影响;

6 检查软土与松软土场地土层的工程性质、稳定性评价、设计参数、工程措施建议;

7 检查勘探中对有害气体的防护措施。

9.4.2 对重大工程和重要的勘探点的勘探、取样应现场核查,必要时旁站监理。

9.5 盐 渍 土

9.5.1 盐渍土工程地质勘察监理的要点:

1 检查盐渍土分布范围、规律,地表盐壳和地层的含盐量、含盐成分、类型和含盐程度,土质成分;

2 检查盐渍土地区的地形、地貌、植被种类及其覆盖度;

3 检查盐渍土与地表水、地下水水位、水质变化规律的关系;

4 检查当地气象资料,水库蓄水、灌溉和地下水开发利用等人为活动与盐渍土的关系。

9.5.2 核查盐渍土场地的评价,填料、基底处理及其他工程措施意见是否合理并符合规范要求。

9.5.3 监理人员应在现场抽查、核对盐渍土的地质条件,重要的勘探、取样和试验过程应旁站监理。

9.6 多年冻土

9.6.1 多年冻土工程地质勘察监理的要点：

1 检查多年冻土的分布范围，多年冻土区的地形地貌、地层岩性、地层结构、地质构造，多年冻土的冻土类别、冻土上限与下限的深度、活动层厚度、冻土融沉性分级；

2 检查当地气温等气象资料、年平均地温及其分布特征；

3 检查地表水、井、泉的分布规律，多年冻土区的水文地质条件与山坡朝向、地质构造、融区的关系；

4 检查不良冻土现象、厚层地下冰、冻土沼泽等的分布规律及形成条件；

5 检查铁路工程对植被和其他环境条件的影响。

9.6.2 检查勘探方法是否符合冻土勘探的特殊要求，地温观测是否满足技术要求。

9.6.3 检查取样设备和取样过程、试样封装、运送、保存是否符合规范要求。

9.6.4 检查冻土试验的环境条件和试验过程是否满足规范要求。

9.6.5 核查地温观测点的布置、钻探、设备校正与安装、观测周期的确定、观测成果的分析、结论。

9.6.6 检查多年冻土区资料的分析、评价是否符合规范要求。

9.6.7 对多年冻土的分类、多年冻土上下限的确定、年平均地温分区等多年冻土的基础资料进行核对；应现场核对重点工程的多年冻土地质条件。

9.6.8 重大工程的勘探、取样过程，重要的地温观测点的布置、勘探、设备安装、观测等应旁站监理。

9.7 填土

9.7.1 填土工程地质勘察监理的要点：

1 检查填土的分布范围、物质组成和堆填方式、时代、颗粒级配、厚度、均匀性和密实度；

2 检查填土下伏地层的岩性、坡度，有无埋藏的浜、塘、沟、坑渠等情况；

3 检查生活垃圾和工业废料堆积物中有害物质，有害气体、水体对铁路工程的影响。

9.7.2 检查勘探、试验是否满足规范要求，对存在有害物质、有害气体和水体的填土是否取水样、气样和土样进行了试验。

9.7.3 检查填土密实度、基底稳定性评价、工程措施建议是否符合规范要求。

9.7.4 对重大工程的勘探、测试应在现场进行抽检、核对；重要的勘探和取样试验过程应旁站监理。

10 质量问题判定与处理

10.1 一 般 规 定

10.1.1 工程地质勘察的质量问题分为一般质量问题、较大质量问题和重大质量问题三级。

10.1.2 当监理单位与勘察单位对质量问题的判定发生分歧时，应由建设单位组织相关人员调查后确定。

10.2 一般质量问题判定与处理

10.2.1 一般质量问题判定：

1 地质调绘不细，遗漏一般地质界线、与线路关系不密切的不良地质现象或特殊岩土类型，经补充后不影响工程地质勘察工作的整体质量；

2 勘探、测试点的数量偏少或勘探方法欠妥，经补充后不影响定性和总体勘察质量；

3 室内试验环境条件、仪器设备、试验过程有缺陷，但试验结果可基本满足要求；

4 计算、评价及工程措施建议存在一般性的差、错、漏、碰等类型的错误，不影响整体勘察水平；

5 工程地质说明、原始资料及图件等较混乱，但不存在漏项。经重新整理后可基本满足要求。

10.2.2 出现一般质量问题或隐患时，监理人员应及时填写《工程地质勘察监理工程师通知单》，以书面形式通知勘察单位，责令尽快改正，并要求勘察单位将整改情况以《工程地质勘察监理工程师通知回复单》书面回复。

10.2.3 监理人员应到现场对改正后的情况进行检查。

10.3 较大质量问题判定与处理

10.3.1 较大质量问题判定：

1 地质调绘不细，遗漏与线路关系密切的地质界线、不良地质现象或特殊岩土类型，经补充后不影响线路方案及地质勘察工作质量；

2 勘探、测试点的数量不足或勘探方法不当，未按规定完成勘察大纲的要求，造成返工，已影响地质条件的定性和总体勘察质量；

3 室内试验环境条件、仪器设备、试验过程有缺陷，部分试验结果不能满足要求，已影响试验工作质量；

4 计算、评价及工程措施建议存在较多的差、错、漏、碰等类型的错误，已影响整体勘察水平；

5 工程地质说明、原始资料及图件等混乱，存在漏项，经补充整理后基本满足要求；

6 多次发生一般质量问题，已影响总体的地质勘察质量。

10.3.2 出现较大质量问题时，监理人员应及时填写《工程地质勘察质量问题通知单》，以书面形式通知勘察单位。勘察单位应填写《工程地质勘察质量问题调查报告单》，提出纠正方案及方法，经监理单位同意后执行。

10.3.3 监理人员应到现场对改正情况进行监督和检查。

10.4 重大质量问题判定与处理

10.4.1 重大质量问题判定：

1 遗漏与线路关系密切的、重要的不良地质现象或特殊岩土类型的地质勘察工作；

2 因地质勘察的原因遗漏重大工点、造成大规模补充勘察工作；

3 勘探点的数量、位置、深度、取样及岩芯鉴定成果等多项不符合规范要求，影响地质评价，必须返工且造成较大工作量者；

4 工点地质资料严重不足或错误，必须进行重新勘察者；

5 勘探、测试有造假行为。

10.4.2 出现重大质量问题或隐患，监理人员应及时填写《工程地质勘察质量问题通知单》或《工程地质勘察暂停通知单》，以书面形式分别通知勘察单位、建设单位。

10.4.3 监理人员应督促勘察单位尽快组织自查，填写《工程地质勘察质量问题调查报告单》，提出调查报告及处理方案，报监理单位和建设单位。

10.4.4 总监理工程师组织监理、建设和勘察单位研究、审定处理方案，在报建设单位批准、下达复工令后，由勘察单位实施。

10.4.5 监理人员应对勘察单位的执行过程和结果进行检查，必要时应旁站监理。

10.4.6 重大质量问题处理完毕，监理单位应向建设单位书面报告处理经过及结果。

11 工地例会

11.0.1 第一次工地例会应由建设单位主持,勘察单位和监理单位参加。例会应包括下列内容:

1 建设单位、勘察单位和监理单位分别介绍各自驻现场的机构、人员及其分工;

2 建设单位根据委托监理合同宣布对总监理工程师的授权;

3 建设单位介绍项目概况及外部环境条件;

4 勘察单位介绍项目的主要地质条件,勘察工作程序和流程,勘察工作的准备情况;

5 总监理工程师介绍监理规划的主要内容;

6 讨论并完善工程地质勘察和监理工作计划,建设单位和监理单位对勘察准备情况提出意见和要求;

7 研究确定各方在勘察过程中参加工地例会的主要人员、召开工地例会的周期。

11.0.2 勘察过程中,总监理工程师或授权的监理工程师应按商定的时间定期主持召开工地例会。会议纪要应由项目监理机构起草,与会各方代表签认。

11.0.3 工地例会应有监理、勘察双方代表参加,必要时建设单位参加。根据会议议题的需要,还应有勘探、原位测试、室内试验等专业人员参加。

11.0.4 工地例会应包括以下主要内容:

1 检查上次例会决定事项的落实情况,分析未完成的原因;

2 分析当前勘察工作的质量状况和工期,针对存在的问题提出改进措施;

3 互相通报各单位近期工作的重点和安排;

4 解决需要协调及其他有关事项。

11.0.5 建设单位、现场勘察单位、现场监理机构中任何一方认为有必要或出现亟待解决的问题时,可及时召开专题会议。

12 监理资料管理

12.1 一 般 规 定

12.1.1 监理人员在工作过程中应按下列规定及时填写监理记录：

1 对勘察全过程的检查，应填写《工程地质勘察监理日志》；巡视或抽检应填写《工程地质勘察检查记录表》；与勘察单位之间有书面通知事项时，应填写《工程地质勘察监理工程师通知单》或《工程地质勘察监理工作联系单》；每月应编制《工程地质勘察监理月报》；

2 旁站监理过程应填写《工程地质勘察旁站记录表》；

3 出现质量问题应根据质量问题的级别填写《工程地质勘察监理工程师通知单》、《工程地质勘察质量问题通知单》或《工程地质勘察暂停通知单》；

4 发生重大质量问题后，经相关程序批准复工时，应填写《工程地质勘察复工通知单》。

12.1.2 勘察单位应按规定要求填写《工程地质勘察开工报告》、《工程地质勘察主要进场机械、设备报验表》、《工程地质勘察主要进场人员报审表》、《工程地质勘察分包单位资格报审表》、《工程地质勘察段（点）资料报检表》、《工程地质勘察成果资料报审表》、《已完成工程地质勘察工作量月报检表》、《工程地质勘察监理工程师通知回复单》、《工程地质勘察质量问题调查报告单》、《工程地质勘察复工申请表》等文件报监理单位。

12.1.3 监理单位、建设单位、勘察单位之间有联系事项时，应填写《工程地质勘察监理工作联系单》、《工程地质勘察变更通知单》等。

12.2 工程地质勘察监理日志

12.2.1 《工程地质勘察监理日志》应使用专门的笔记本记录，主要内容应包括：

1 时间、地点、气候；

2 勘察工作的内容（巡视、抽查及旁站过程中发现的问题及处理情况）；

3 勘察工作的质量状况；

4 向勘察单位发出的通知、口头指令，勘察单位提出的问题及答复意见；

5 上级指示、指令，相关单位的要求、申请、通知等；

6 尚需解决的问题。

12.2.2 监理人员离开岗位时，应将《工程地质勘察监理日志》交项目监理机构登记归档。

12.3 工程地质勘察监理月报

12.3.1 总监理工程师主持编制《工程地质勘察监理月报》，并在规定期限内报建设单位。

12.3.2 《工程地质勘察监理月报》的主要内容应包括：

1 本月工程地质勘察工作完成的主要工作量及进度；

2 监理工作情况；

3 勘察工作的质量状况及质量问题的处理情况；

4 建设、勘察、监理单位之间主要的协调工作情况；

5 存在问题及建议等。

12.4 工程地质勘察监理工作总结

12.4.1 勘察工作完成(或完成某阶段)后，应在总监理工程师的主持下编写"监理工作总结(阶段)报告"，经监理单位审查批准后报建设单位。

12.4.2 "监理工作总结(阶段)报告"的主要内容应包括：工程概况，工程地质勘察概况，监理工作概况，勘察工作中重大工程、重点项目的质量状况及监理措施，质量问题和事故的处理情况，实际勘察工作量与勘察大纲工作量的比较，监理工作的建议。

12.5 监理资料的管理

12.5.1 监理资料应及时分类整理，完整有序，必要时可对重大工点、重要事件分别归纳整理。

12.5.2 监理工作结束后应及时归档、保存。

附录 A　工程地质勘察监理工作基本表式

A. 0. 1　A 类表格(勘察单位用表)

A1　工程地质勘察开工报告

A2　工程地质勘察主要进场机械、设备报验表

A3　工程地质勘察主要进场人员报审表

A4　工程地质勘察分包单位资格报审表

A5　工程地质勘察段(点)资料报检表

A6　工程地质勘察成果资料报审表

A7　已完成工程地质勘察工作量月报检表

A8　工程地质勘察监理工程师通知回复单

A9　工程地质勘察质量问题调查报告单

A10　工程地质勘察复工申请表

A. 0. 2　B 类表格(监理单位用表)

B1　工程地质勘察检查记录表

B2　工程地质勘察监理工程师通知单

B3　工程地质勘察暂停通知单

B4　工程地质勘察复工通知单

B5　工程地质勘察质量问题通知单

B6　工程地质勘察旁站记录表

A. 0. 3　C 类表格(三方共用)

C1　工程地质勘察监理工作联系单

C2　工程地质勘察变更通知单

表 A1 工程地质勘察开工报告

工程项目名称： 编号：

致（现场监理单位）：

我单位已根据××勘察设计合同、工程地质勘察大纲和有关规定，完成了工程地质勘察开工前的人员、技术、设备等的准备工作，请予批准开工。

附件：

1. 工程地质勘察主要进场机械、设备报验表
2. 工程地质勘察主要进场人员报审表

现场勘察机构（章）：

负责人： 日期： 年 月 日

监理单位审批意见：

现场监理机构（章）：

总监理工程师： 日期： 年 月 日

注：此表一式三份，勘察单位、建设单位、监理单位各一份。

表 A2 工程地质勘察主要进场机械、设备报验表

工程项目名称： 编号：

致（现场监理单位）：

根据工程地质勘察的需要，我单位已将下列机械、设备准备完毕，请审查、签证，并准予使用。

技术负责人： 日期：

序号	机械设备名称	规格、型号	数量	技术状况	拟进场日期	拟用何处	审查意见

致（勘察单位）：

总监理工程师：

日期：

注：此表一式三份，勘察单位、建设单位、监理单位各一份；此表写不下时可另附。

表 A3　工程地质勘察主要进场人员报审表

工程项目名称：　　　　　　　　　　　　　　　　　　　　　　　　　　编号：

致（现场监理单位）：

根据工程地质勘察工作的需要，我单位拟安排下列主要技术（管理）人员参加本项目的勘察工作，请予审查。

附：报审人员资格证明复印件

现场勘察机构（章）：

负责人：　　　　日期：

序号	姓　名	性别	出生年月	拟任职务	学历	专业	职称	专业年限	审查意见

现场监理单位意见：

现场监理机构（章）：

总监理工程师：　　　　日期：

注：此表一式三份，建设单位、勘察单位、监理单位各一份。

表 A4　工程地质勘察分包单位资格报审表

工程项目名称：　　　　　　　　　　　　　　　　　　　　　　　　　　编号：

致（现场监理单位）：

根据工作需要，拟将本勘察项目中的××段的部分工程地质勘察工作分包给××单位，经我单位对其资质和业绩的考核，认为该单位可胜任此项工作。请予以审查、批准。

附：1. ××单位资质证书复印件

2. ××单位主要工程地质勘察工作业绩

3. 参加本项目工作主要技术（管理）人员名单及其资质

现场勘察机构（章）：

负责人：　　　　日期：

现场监理单位意见：

现场监理机构（章）：

总监理工程师：　　　　日期：

注：此表一式三份，建设单位、勘察单位、监理单位各一份。

表 A5 工程地质勘察段(点)资料报检表

工程项目名称： 编号：

致(现场监理单位)：

我单位已完成××段(点)的工程地质勘察工作，并通过自检，认为符合勘察合同、技术要求与相关规范，现报请检查。

附：1. 勘察工作自检报告

2. ××段(点)工程地质勘察资料报检清单

现场勘察机构(章)：

负责人： 日期：

监理单位意见：

监理站站长：

(或总监理工程师)

监理工程师： 日期：

注：此表一式二份，勘察单位、监理单位各一份。

表 A6 工程地质勘察成果资料报审表

工程项目名称： 编号：

致(现场监理单位)：

我单位已全面完成××段的工程地质勘察工作，地质勘察资料已整理完毕，并通过自检，认为符合勘察合同、技术要求与相关规范，现报请审查。

附：1. 勘察工作自检报告

2. ××段工程地质勘察资料报审清单

现场勘察机构(章)：

负责人： 日期：

监理单位审查意见：

现场监理机构(章)：

总监理工程师： 日期：

注：此表在一段或全部地质勘察工作完成后填报，一式三份，建设单位、勘察单位、监理单位各一份。

表 A7　已完成工程地质勘察工作量月报检表

工程项目名称：　　　　　　　　　　　　　　　　　　　　　　　　　　编号：

日期：　　　年　　月　　日至　　　　年　　月　　日

序号	工程地质勘察项目	勘察单位	本月完成数量	累计完成数量	备　注

现场勘察机构： 填表人： 负责人： 日期：	现场监理机构： 监理工程师： 监理站站长： 日期：

注：此表一式三份，勘察单位、监理单位、建设单位各一份。

表 A8　工程地质勘察监理工程师通知回复单

工程项目名称：　　　　　　　　　　　　　　　　　　　　　　　　　　编号：

致监理单位： 此表主要用于对监理通知单的书面回复，如对监理工程师提出的整改意见的回复、对一般质量问题处理情况的书面回复等。 现场勘察机构（章）： 负责人：　　　　日期：
现场监理机构： 日期：

注：此表一式三份，勘察单位、监理单位、建设单位各一份。

表 A9　工程地质勘察质量问题调查报告单

工程项目名称：　　　　　　　　　　　　　　　　　　编号：

致×××总监理工程师： 表中应简要说明如下内容： 1. 质量问题发生的时间、地点； 2. 质量问题的经过、发生的原因； 3. 问题性质、估计造成的损失； 4. 应急措施及初步处理意见； 5. 附件：详细的质量问题说明及必要的图件 现场勘察机构（章）： 负责人：　　　日期：
现场监理机构收件人： 日期：

注：此表一式三份，建设单位、勘察单位、监理单位各一份。

表 A10　工程地质勘察复工申请表

工程项目名称：　　　　　　　　　　　　　　　　　　编号：

致（现场监理单位）： 我单位已按照你方×年×月×日签发的《工程地质勘察暂停通知单》（编号：×××）的要求，对××进行了整改和纠正，“暂停地质勘察”的原因已消除，现申请复工。 表中应简要填写所采取的纠正措施及今后不发生类似质量问题的保证措施。 现场勘察机构（章）： 负责人：　　　日期：
监理单位审批意见： 现场监理机构（章）： 总监理工程师：　　　日期：

注：此表一式三份，勘察单位、建设单位、监理单位各一份。

表 B1　工程地质勘察检查记录表

工程项目名称：　　　　　　　　　　　　　　　　　　　　　　　　编号：

工程地点：	日期：	气候：
检查部位或工序		
检查开始时间：	检查结束时间：	
勘察情况：		
监理情况：		
发现的问题：		
处理过程：		
备注：		
现场勘察机构(章)： 技术人员(签字)： 日期：	现场监理机构(章)： 监理人员(签字)： 日期：	

注：此表一式三份，勘察单位、监理单位和建设单位各一份。

表 B2　工程地质勘察监理工程师通知单

工程项目名称：　　　　　　　　　　　　　　　　　　　　　　　　编号：

致(勘察单位)： 此表应填写事由、具体通知内容等(包括“一般质量问题”、“一般安全问题”和需提请注意的其他事项)。 现场监理机构(章)： 监理工程师：　　　　日期：
勘察单位收件人：　　　　日期：

注：此表一式二份，勘察单位、监理单位各一份。

表 B3　工程地质勘察暂停通知单

工程项目名称：　　　　　　　　　　　　　　　　　　　　编号：

致(勘察单位)： 由于＿＿＿＿＿＿＿＿＿＿＿＿＿＿的原因，现通知你方必须于　　年　　月　　日　　时起，暂停(项目名称及停工里程或勘察项目)的工程地质勘察工作。
停工原因：
停工的主要内容：
整改要求：
现场监理机构(章)： 总监理工程师：　　　　年　　月　　日　　时

注：此表一式三份，建设单位、勘察单位、监理单位各一份。

表 B4　工程地质勘察复工通知单

工程项目名称：　　　　　　　　　　　　　　　　　　　　编号：

致＿(勘察单位)＿： 鉴于＿＿＿年＿＿月＿＿日签发的《工程地质勘察暂停通知单》(编号：＿＿＿)所述责令暂停＿＿＿＿＿项目＿＿＿段工程地质勘察工作的原因已经消除，现通知你方于　　年　　月　　日时起可对该项目恢复工程地质勘察。
特此通知 现场监理机构(章)： 总监理工程师：　　　　日期：

注：此表一式三份，建设单位、勘察单位、监理单位各一份。

表 B5　工程地质勘察质量问题通知单

工程项目名称：　　　　　　　　　　　　　　　　　　　　　　　　编号：

勘察项目名称		里　　程	
检查日期		整改里程/部位	
检查情况和整改要求： 现场监理机构(章)： 监理工程师：　　　　年　　月　　日　　时			
勘察单位签收人：　　　　年　　月　　日　　时			
勘察单位处理结果： 负责人：　　　　日期：			

注：此表一式三份，建设单位、勘察单位、监理单位各一份。

表 B6　工程地质勘察旁站记录表

工程项目名称：　　　　　　　　　　　　　　　　　　　　　　　　编号：

工程地点：	日期：	气候：
旁站监理部位或工序：		
旁站监理开始时间：	旁站监理结束时间：	
勘察情况：		
监理情况：		
发现的主要问题：		
处理过程和结果：		
备注：		
现场勘察机构(章)： 技术人员(签字)： 日期：	现场监理机构(章)： 旁站监理人员(签字)： 日期：	

注：此表一式三份，建设单位、勘察单位、监理单位各一份。

表 C1　工程地质勘察监理工作联系单

工程项目名称：　　　　　　　　　　　　　　　　编号：

致 事由： 内容： 单位(章)： 负责人： 日期： 签收人：　　　　日期：

注：此表相关单位各一份。

表 C2　工程地质勘察变更通知单

工程项目名称：　　　　　　　　　　　　　　　　编号：

工程勘察项目名称	
变更地段里程/工点名称	
工程勘察变更的主要内容：	
工程地质勘察的主要技术要求：	
通知单位(章)： 负责人： 日期：	接收单位(章)： 接收人： 日期：

注：此表相关单位各一份。

《铁路工程地质勘察监理规程》条文说明

本条文说明系对重点条文的编制依据、存在的问题以及在执行中应注意的事项等予以说明。为了减少篇幅，只列条文号，未抄录原条文。

1.0.2 本规程适用于一般铁路工程地质勘察的监理工作。关于客运专线工程地质勘察的监理工作，因勘察内容、深度、工作量、工作程序和管理方法等方面有较大变化，完全按本规程进行勘察监理工作将不能满足要求。如京沪高速铁路对一般地质条件下的桥梁、路基工程的勘探点数量和深度提出了较高的要求；在特殊岩土方面考虑高速铁路要求沉降控制严格的特点，提出了"松软土"的概念；针对上更新统冲洪积成因、水理性很差的高塑性黏土——下蜀黏土，提出了特殊的勘察要求；京沪高速的管理模式、工作程序等也有其特点。这都要求京沪高速铁路工程地质勘察的监理工作应制定出符合该线特点、具有针对性的补充规定。为此，可在执行本规程的基础上，结合客运专线的特点和对地质工作的特殊要求，在监理规划或监理实施细则补充规定监理内容和工作方法，以满足监理工作要求。

1.0.7 铁路工程地质系列标准是指《铁路工程岩土分类标准》、《铁路工程地质勘察规范》、《铁路工程不良地质勘察规程》、《铁路工程特殊岩土勘察规程》、《铁路工程地质遥感技术规程》、《铁路工程地质原位测试规程》、《铁路工程水文地质勘测规程》、《铁路工程地质钻探技术规程》、《铁路工程地质物理勘探技术规程》、《铁路工程土工试验规程》、《铁路工程岩石试验规程》、《铁路工程岩土矿物理化分析规程》、《铁路工程水质分析规程》等13个铁路行业标准。

3.3.2 本规程规定监理工作除采用监督、巡视、旁站等监理方法外，在本条及以下诸条还根据工作的类型、重要程度、工作性质等，区别使用"检查和抽检"；"核对、核查和核实"；"审查和审核"三类用词。"检查和抽检"一般针对的是全线面上的监理工作，是一般性的考察或查看；"核对、核查和核实"一般是指对点上的某项工作或资料进行较认真细致的检查、抽查，有时应到现场进行；"审查和审核"一般指对某项工作或文件进行全面的检查、分析，并作出评价。

3.4.1 勘察单位或建设单位应提供监理工作范围内的有关设计文件和审查批复意见，这是监理工作的基本依据之一。工程地质勘察监理工作开展前，还应收集相关区域地质及既有建筑物的地质资料。在熟悉上述资料的基础上，全面掌握重大工程、重大不良地质和特殊岩土问题，以确定监理工作的重点和勘察质量控制的关键点。

4.1.4、4.1.5 工程地质勘察监理是一项专业技术要求较高的工作，监理人员除应具备较强的理论基础知识外，还应具有较丰富的实践经验，只有这样才能发现勘察过程中的问题。因此本条中对总监理工程师、副总监理工程师、专业监理工程师规定了应具备的执业资格和技术职称。并规定监理人员中具高级技术职称的人数不少于总人数的三分之一。

“主持过大型建设项目的工程地质勘察工作”是指在上述建设工程的工程地质勘察中担任过地质专业负责人。

4.2.2 工程地质勘察中的地质调查、勘探测试等监理工作必须在现场进行，监理人员应坚持深入现场进行核对、检查。“守法、诚实、公正、科学”是做好监理工作最起码的要求，也是对每个监理人员职业道德的基本要求。

4.2.5 本条特别规定了总监理工程师不得委托给副总监理工程师完成的几项工作，主要是从这几项工作的重要性和权威性考虑的。

5.1.1 工程地质勘察监理工作面对的是复杂的地质条件、多种勘察手段和多个勘察单位，是一项复杂而系统性较强的工作。因此监理规划必不可少。监理规划的编制应集思广益，突出重点，具有较强的可操作性，以保证监理工作的顺利实施。

5.1.4 监理规划在实施过程中经常会遇到线路方案、技术标准、地质条件、工期等的变化，当影响到地质勘察工作和监理方法手段时，应在总监理工程师的主持下及时变更。变更内容可根据实际情况，针对某种勘探手段、某类地质问题、某种监理方法和手段等进行局部变更。变更后的规划应经过原审批程序批准后执行。监理规划是否要通过建设单位的认可，可由双方协商解决。

5.2.1 监理实施细则应在监理规划的基础上制定，主要针对复杂地质条件和重大工程的地质勘察，对深孔或重要的勘探测试过程也可根据需要制定监理实施细则。实施细则的制定应具专业特点，抓住关键点，并具有较强的针对性和操作性。制定过程中还应注意与监理规划的协调一致。

6.9.2 勘察资料应由在现场工作过的专业人员整理，这是一条重要原则。坚持这条原则是为了保证地质资料的完整和真实。

7.1.4 本条和第8.1.5条、第9.1.6条提到的“遗漏的工点”包括已经发现的被遗漏的工点，也包含尚未被发现或容易被遗漏的工点两种情况。对“已发现”的应立即补充勘察工作；对“尚未被发现或容易被遗漏的工点”，如位于覆盖层下的岩溶、软土工点，小窑采空区、窑洞，膨胀岩土、地下水工点等，监理人员应及时提醒勘察单位的技术人员采取适当勘察、试验手段进行补充勘察工作。

7.2.8 在路基工程地质勘察的监理工作中，应选择具代表性的、大型的、地质条件复杂的路基工点进行地质条件的现场核对。对基底有特殊要求的挡护工程，或基底地质条件为特殊岩土时所进行的勘探和试验工作一般应作为监理的重点，必要时应进行旁站监理。

7.3.2 地质条件复杂的、高度大于50 m的高桥和长度大于500 m的特大桥一般都是地质勘察的重点，也是监理工作的重点，其地质条件的复核一般应在现场进行。重要勘探点的布置，重要的钻孔和孔内测试过程的监控应进行旁站，以确保勘探测试工作的质量。

7.4.3 隧道通过地段的地质界线，包括地层界线、断层带、节理密集带等往往是隧道富水条件、围岩分级的重要依据，这也是监理工作的重点。长大隧道(隧道长度大于3 000 m)的围岩分级和重要的地质界线应到现场进行核对；对确定关键地质界线的勘探点布置和钻探过程中关键段落的钻进、测试工作应进行旁站监理。

8.2.7 “滑坡和错落的基本地质条件”是指滑坡或错落的形态、控制滑坡边界的断层、岩性等地质条件，滑坡中地下水的分布等。对影响线路方案和工程设置的滑坡地质条件应到现场进行核对。滑坡主轴断面上重要钻孔中滑动面附近的钻进和取样过程应到现场旁站监理。

9.2.3 “关键地层”是指黄土与下伏老黄土或基岩的接触面、黄土层下部含水较多的软塑层、饱和黄土层、黄土滑坡中的滑动面等与黄土工程性质和稳定性评价密切相关的地层，它们的钻探和取样工作是监理工作的重点。

9.5.3 盐渍土有特殊的取样要求，监理工作中应重点抽检现场的取样过程，核查是否符合规范要求。

中华人民共和国行业标准

铁建设〔2007〕155 号

铁路天然建筑材料工程地质勘察规程

TB 10084—2007

J 722—2007

2007—08—09 发布　　　　2007—08—09 实施

中华人民共和国铁道部　发布

前　言

本规程是根据铁道部《关于编制 2006 年铁路工程建设标准计划的通知》(铁建设函〔2005〕1026 号)的要求进行编制的。

本规程依据铁路及相关行业的标准,主要规定了铁路天然建筑材料场地的工程地质勘察、储量与质量评价方面的内容。

本规程共分 9 章,主要内容包括:总则、术语、基本规定、路基填料、碎石道砟、混凝土骨料、天然石料、各勘察阶段的工作内容、勘察资料的整理与报告编写等。

本规程系首次编制。在执行本规程过程中,希望各单位结合工程勘察实践,认真总结经验,积累资料。如发现需要修改和补充之处,请及时将意见及有关资料寄交铁道第一勘察设计院(陕西省西安市西影路 2 号,邮政编码:710043),并抄送铁道部经济规划研究院(北京市海淀区羊坊店路甲 8 号,邮政编码:100038),供今后修订时参考。

本规程由铁道部建设管理司负责解释。

本规程主编单位:铁道第一勘察设计院。

本规程参编单位:铁道第三勘察设计院、铁道科学研究院。

本规程主要起草人:龚重远、李法昶、楼文虎、李　响、陈元元、李守礼、荆志东、叶阳升、谢永江、冯仲伟、许永贤。

目　次

1 总 则

1.0.1 为贯彻执行国家有关技术经济政策,统一铁路天然建筑材料工程地质勘察的技术要求,保证勘察质量,制定本规程。

1.0.2 本规程适用于新建与改建铁路路基填料、碎石道砟、混凝土骨料、石料等天然建筑材料的工程地质勘察工作。

1.0.3 天然建筑材料的工程地质勘察应根据建设工程的需要,重点进行场地选址和建筑材料质量与储量的地质调绘、勘探、测试及评价工作,为工程设计提供依据。

1.0.4 天然建筑材料的工程地质勘察应深入调查研究,因地制宜地采用综合勘探方法,并按勘察阶段的要求进行。勘察资料应真实、准确。

1.0.5 天然建筑材料的工程地质勘察应按国家及相关部门法规的要求,制定安全及环境保护措施,确保人身与设备的安全,做好自然环境和农田耕地的保护。

1.0.6 天然建筑材料的工程地质勘察工作除应符合本规程外,还应符合国家现行的有关法律、法规和强制性标准的规定。

2　术　语

2.0.1　天然建筑材料　natural building material

采自天然的土、砂、石，不经处理或只经筛分、水洗、刻凿等简单处理即可符合相关技术要求的建筑材料。

2.0.2　储量　reserves

场地范围内，除去无用层后，可用作天然建筑材料的数量。

2.0.3　剥采比　overbursen ratio

不符合建筑材料质量技术指标的岩土层、有害夹层等无用层与符合建筑材料质量技术指标的有用层的体积之比。

2.0.4　细骨料　fine aggregate

粒径小于 5 mm 的混凝土用砂。

2.0.5　粗骨料　coarse aggregate

粒径大于 5 mm、小于 80 mm 的混凝土用碎石或卵石。

2.0.6　泥　mud

粒径小于 0.080 mm 的颗粒。

2.0.7　泥块　mud mass

粗骨料中的泥块指公称粒径大于 5 mm，经水洗、手捏后变成小于 2.5 mm 的颗粒。

细骨料中的泥块指原公称粒径大于 1.25 mm，经水浸洗、手捏后小于 0.630 mm 的颗粒。

2.0.8　细长颗粒（针状颗粒）　slender particle(acicular particle)

铁路碎石道砟中，颗粒长度（最大尺寸）大于平均粒径 1.8 倍的颗粒，称为细长颗粒。

混凝土粗骨料中，颗粒长度大于该颗粒所属相应粒级的平均粒径 2.4 倍的颗粒，称为针状颗粒。相应粒级的平均粒径指该粒级上、下限粒径的平均值。

2.0.9　扁平颗粒（片状颗粒）　flat particle(splintery Particle)

铁路碎石道砟中，颗粒厚度（最小尺寸）小于平均粒径 0.6 倍的颗粒，称为扁平颗粒。

混凝土粗骨料中，颗粒的厚度小于该颗粒所属相应粒级的平均粒径 0.4 倍的颗粒，称为片状颗粒。相应粒级的平均粒径指该粒级上、下限粒径的平均值。

2.0.10　轻物质　light matter

比重小于 2 的物质。

3 基本规定

3.0.1 天然建筑材料的工程地质勘察阶段宜分为踏勘、初测、定测，并应分别与铁路工程设计阶段的预可行性研究、可行性研究和初步设计相适应。必要时可在施工图设计阶段对天然建筑材料场地进行补充定测或复查。

3.0.2 天然建筑材料的工程地质勘察应遵循以下程序：

1 广泛收集区域地质资料、既有建筑材料场地的相关资料，做好各项调绘与勘探的准备工作；

2 根据勘察阶段的要求，编制勘察大纲，开展地质调绘工作；

3 配合相关专业进行天然建筑材料场地的选址；在进行地质调绘和分析既有资料的基础上，布置勘探、取样、测试工作；

4 整理勘探测试成果，评价天然建筑材料的质量，计算储量，评价场地开采的适宜性，提出勘察报告。

3.0.3 天然建筑材料场地的选址应在充分利用既有料场及工程施工开挖料的基础上，遵循由近及远、集中开采的原则进行，并应满足下列要求：

1 岩性单一，地质构造简单，天然建筑材料满足技术标准要求，储量足够，剥采比经济、合理，且便于开采及运输；

2 水文地质与工程地质条件简单，无重大不良地质现象，不受洪水、放射性及有害物质(气体)的危害；

3 建筑材料的开采及弃砟场地不会对附近居民的生产和生活、交通运输及周边环境产生较大影响，不会形成新的地质灾害或加剧周边地质环境的恶化。

3.0.4 天然建筑材料场地不得选择在以下地区：

1 风景名胜区、文化古迹区、考古区；

2 各类自然保护区、水土保持禁垦区、基本农田保护区、水源涵养区等；

3 地质灾害多发区、不良地质发育区；

4 有特殊防洪、防震、防爆要求的国家、民用及国防重要设施附近地区。

3.0.5 天然建筑材料场地的勘探工作应满足下列要求：

1 勘探工作应在地质调绘的基础上进行，宜采用物探、钻探、挖探、原位测试等综合勘探手段，积极采用新技术、新方法；

2 勘探点的间距应根据场地类别和勘察阶段合理布置；

3 勘探深度应揭穿目的层或大于预计的开采深度。

3.0.6 在天然建筑材料场地勘察中，应根据建筑材料的用途和技术要求，分层取代表性试样进行试验，并根据试验成果及各类天然建筑材料的技术要求对其质量进行综合分析与评价。

3.0.7 天然建筑材料的储量应按勘察阶段的要求，根据所确定的开采范围、地质断面图、勘探与试验成果，采用平均厚度法、平行断面法、三角形法等，分别对有用层和无用层进行计算。

3.0.8 天然建筑材料场地类别的划分，应符合表3.0.8的规定。

表3.0.8 天然建筑材料场地类别

场地类别	场 地 特 征
Ⅰ	地形平坦，岩性单一，有用层厚而稳定，附近无不良地质发育；无表面剥离层
Ⅱ	地形有起伏，有用层基本稳定，呈条带状分布或厚度变化较大，其中有少量无用夹层，有不良地质发育；有剥离层或剥离层分布无规律
Ⅲ	地形起伏大，有用层分布面积小，厚度小，岩性变化较大，断层发育，风化层较厚，不良地质发育，水文地质条件复杂；普遍有较厚剥离层

3.0.9 天然建筑材料场地的适宜性应根据天然建筑材料的质量和储量、工程地质、水文地质及环境地质条件，并结合开采、运输条件和经济指标等因素，进行综合分析评价。

4 路基填料

4.1 一般规定

4.1.1 铁路路基填料取土场地的选址应根据线路情况及路基设计土石方调配的需要，遵循由近及远、分段集中选择的原则进行。

4.1.2 级配碎石原料场地宜选择在岩层裸露、岩质坚硬、便于加工的地区。

4.1.3 路基填料取土场地的地质调绘应符合下列要求：

1 查明场地范围内的地形、地貌特征，地表水流及洪水影响范围；

2 查明地层岩性及特征，并对填料进行类别和组别的划分；

3 查明场地的水文地质条件；

4 查明场地范围内不良地质、特殊岩土和地质灾害的发育情况；

5 查明弃土场地周边的地质条件及对环境的影响。

4.1.4 根据场地地质调绘结果，合理选用勘探手段，布置勘探孔位，确定勘探工作量、取样和试验项目。

4.1.5 根据地质调绘及勘探试验成果，结合场地条件进行综合评价，并提出工程措施意见。

4.2 勘探、取样及试验

4.2.1 路基填料取土场应采用挖探、钻探方法进行勘探和取样工作，必要时可辅以物探方法。

4.2.2 勘探点应根据地质调查、场地地形和地质条件、勘察设计阶段、填料的需求量等沿地质断面或网格状布置。小型取土场地也应布置必要的勘探点。

4.2.3 勘探点的间距宜符合表 4.2.3 的规定。初测阶段每个代表性地质断面上应有勘探点控制；定测阶段每个代表性地质断面上的勘探点应不少于 2 个。级配碎石原料场地的勘探要求可参照本规程第 5.2.4 条的规定执行。

表 4.2.3 路基填料取土场地勘探点的间距(m)

场地类别	勘察阶段		
	踏勘	初测	定测
Ⅰ	以地质调查为主，可辅以少量的物探、简易勘探和取样工作	200～500	100～200
Ⅱ		100～200	50～100
Ⅲ		<100	<50

4.2.4 勘探孔的深度应至有用层或开采高程以下 2 m。

4.2.5 对第四系应着重描述地层名称、颜色、厚度、颗粒组成、颗粒的矿物成分或岩石名称、颗料的风化程度、胶结物成分和胶结程度、充填物成分、密实程度、潮湿程度、夹杂物成分、透镜体或夹层的分布情况等。

对岩石地层应重点描述岩石名称、颜色、岩层产状、岩层厚度、岩石的矿物成分、结构及构造、节理裂隙发育情况、风化程度等。

4.2.6　对开采有影响的地下水，应查明地下水位及其变化幅度。

4.2.7　取样应具有代表性，并根据试验项目的要求分别采取土样。做击实试验的扰动土样不应少于 50 kg。级配碎石原料的取样可参照本规程第 5.2.7 条的规定执行。

4.2.8　路基填料的试验项目应符合表 4.2.8 的规定。试验应按现行《铁路工程土工试验规程》(TB 10102)的要求进行。

表 4.2.8　填料的试验项目

序号	试验项目		碎石类土	砂类土	粉土	黏性土	试验方法
1	天然含水率		(+)	(+)	+	+	《铁路工程土工试验规程》(TB 10102)
2	颗粒密度				+	+	
3	液限				+	+	
4	塑限				+	+	
5	塑性指数				+	+	
6	液性指数				+	+	
7	颗粒分析		+	+	+	+	
8	击实试验		(+)	(+)	+	+	
9	击实后	渗透系数	(+)	(+)			
10		压缩系数			(+)	(+)	
11		剪切试验			(+)	(+)	
12	有机质含量		(+)	(+)	(+)	(+)	
13	黏土矿物成分				(+)	(+)	

注：表中"+"为应做项目；"(+)"为必要时可做的项目。

4.2.9　黄土、盐渍土、膨胀土等特殊土的试验项目应根据设计需要研究确定。

4.2.10　级配碎石、级配砂砾石原材料的试验项目和试验方法应符合表 4.2.10 的规定。

表 4.2.10　级配碎石或级配砂砾石原材料的试验项目和试验方法

序号	试验项目	级配碎石	级配砂砾石	试验方法
1	饱和单轴抗压强度	+		《铁路碎石道砟石料单轴抗压强度及饱水单轴抗压强度试验方法》(TB/T 2328.13—92)
2	粒径、级配试验		+	《铁路碎石道砟粒径级配试验方法》(TB/T 2328.15—92)
3	洛杉矶磨耗率	+	+	《铁路碎石道砟洛杉矶磨耗率试验方法》(TB/T 2328.1—92)
4	硫酸钠溶液浸泡损失率	+	+	《铁路碎石道砟硫酸钠溶液浸泡损失率试验方法》(TB/T 2328.10—92)
5	黏土团及其他杂质含量		+	《铁路碎石道砟黏土团及其他杂质含量试验方法》(TB/T 2328.17—92)

续上表

序号	试验项目		级配碎石	级配砂砾石	试验方法
6	小于0.5 mm的细集料	液限		+	《铁路碎石道砟石粉液限试验方法》(TB/T 2328.8—92)和《铁路碎石道砟石粉塑限试验方法》(TB/T 2328.9—92)
7		塑性指数		+	
8	细长及扁平颗粒含量			(+)	《铁路碎石道砟针状指数和片状指数试验方法》(TB/T 2328.16—92)

注:表中"+"为应做项目;"(+)"为选做的项目。

4.3 质量评价

4.3.1 铁路路基填料的质量和等级划分应按现行《铁路路基设计规范》(TB 10001)的规定进行评价。

4.3.2 制作级配碎石的原料应选取硬质岩的开山块石或天然卵石,级配碎石或级配砂砾石填料的原材料质量应根据现行《铁路路基设计规范》(TB 10001)、《铁路碎石道床底砟》(TB/T 2897)的相关规定进行评价。

5 碎石道砟

5.1 一般规定

5.1.1 铁路碎石道砟场的选址应根据设计要求,地质、开采及运输条件等,在多个场地中进行初选。对初步确定的场址进一步开展调查、勘探比选,最终确定场址方案。施工临时用砟场的勘察内容可参照本章规定执行。

5.1.2 铁路碎石道砟场的地质调绘应符合下列规定:

1 查明场地地形、地貌条件,地层、岩性特征及分布情况,覆盖层、无用层及有用层的厚度,风化层厚度;

2 查明场地地质构造,岩体节理、裂隙发育情况,岩体的完整性,地质构造对有用层分布的控制情况;

3 查明场地及其附近崩塌、滑坡、泥石流、地热、放射性、有害气体等的发育情况及其对砟场开采的影响程度;

4 查明场地内地表水及洪水对开采的影响程度;

5 查明场地地下水的发育情况,地下水水位及年变化幅度,水量及水质特征,主要含水层特征,并评价地下水对砟场开采的影响及其被利用的可能性;

6 对开采和荒料堆弃可能引起的地质条件变化、对周围居民生产、生活、生态环境可能造成的影响和危害作出评价。

5.1.3 铁路碎石道砟场的开采范围应根据设计的需求量和地质调绘结果确定。勘探断面或代表性地质断面应根据确定的开采范围布置。

5.2 勘探、取样及试验

5.2.1 铁路碎石道砟场的勘探应根据地层、岩性的分布情况,采用物探、钻探、坑探或其他勘探手段进行,并做好多种勘探手段所获取资料的互相补充和验证。

5.2.2 在铁路碎石道砟场开采范围内,应按地质断面或根据需要采用网格状布置勘探点。当需进行地层对比时,还应在场地范围以外适当布置勘探工作。

5.2.3 对铁路碎石道砟场开采有影响的崩塌、滑坡、泥石流及其他不良地质与特殊岩土,应按相关规范布置勘探工作,查明其工程地质、水文地质特征及对场地开采的影响程度。

5.2.4 勘探点的间距可根据地层出露情况,按表 5.2.4 确定。

5.2.5 勘探孔的深度应至有用层以下或开采高程以下 2 m。为查明地下水、不良地质或特殊岩土的勘探孔深度应符合相关规程的要求。

5.2.6 钻孔岩心描述的内容应包括:岩石定名、颜色、矿物成分、结构和构造、结晶程度和结晶颗粒大小,岩心的完整程度和采取率,风化层厚度,地下水水位;岩层露头描述的内容还应包括:岩层的产状、厚度、夹层或透镜体发育情况、节理与裂隙发育情况、完整程度等。

表 5.2.4 铁路碎石道砟场勘探点间距(m)

场地类别	勘察阶段		
	踏勘	初测	定测
Ⅰ	以地质调查为主,可辅以少量的物探、简易勘探和取样工作	150~300	100~150
Ⅱ		100~200	50~80
Ⅲ		<100	<50

5.2.7 道砟试验用碎石、块石的取样应符合现行《铁路碎石道砟》(TB 2140)的相关规定。

1 碎石试样:粒径(方孔筛)60~70 mm,质量240 kg。

2 块石试样:边长200 mm×160 mm×140 mm的块石4块。如岩石的层理分明,应补取平行于层理方向的试样2块。

5.2.8 铁路碎石道砟石料及道砟的试验项目和试验方法应符合表5.2.8的规定。

表 5.2.8 铁路碎石道砟石料及道砟试验项目表

序号	试验项目		勘察阶段		试验方法
			初测	定测	
1	道砟石料单轴饱和抗压强度	天然状态	+	+	《铁路碎石道砟石料单轴抗压强度及饱水单轴抗压强度试验方法》(TB/T 2328.13—92)
		饱和状态	+	+	
2	道砟石料冲击韧度		+	+	《铁路碎石道砟石料冲击韧度试验方法》(TB/T 2328.14—92)
3	岩石薄片鉴定		(+)	(+)	《铁路工程岩石试验规程》(TB 10115)
4	抗磨耗性能	洛杉矶磨耗率	+	+	《铁路碎石道砟洛杉矶磨耗率试验方法》(TB/T 2328.1—92)
		标准集料冲击韧度	+	+	《铁路碎石道砟标准集料冲击韧度试验方法》(TB/T 2328.2—92)
		石料耐磨硬度系数	+	+	《铁路碎石道砟石料耐磨硬度系数 $K_{干磨}$ 试验方法》(TB/T 2328.3—92)
5	抗压碎性能	标准集料压碎率	+	+	《铁路碎石道砟标准集料压碎率试验方法》(TB/T 2328.4—92)
		道砟集料压碎率	+	+	《铁路碎石道砟道砟集料压碎率试验方法》(TB/T 2328.5—92)
6	渗水性能	石粉的渗透系数	+	+	《铁路碎石道砟渗透系数试验方法》(TB/T 2328.6—92)
		石粉试模件抗压强度	+	+	《铁路碎石道砟石粉试模件抗压强度试验方法》(TB/T 2328.7—92)
		石粉液限	+	+	《铁路碎石道砟石粉液限试验方法》(TB/T 2328.8—92)
		石粉塑限	+	+	《铁路碎石道砟石粉塑限试验方法》(TB/T 2328.9—92)
7	抗大气腐蚀性能	硫酸钠溶液浸泡损失率	+	+	《铁路碎石道砟硫酸钠溶液浸泡损失率试验方法》(TB/T 2328.10—92)
8	稳定性能	密度	+	+	《铁路碎石道砟石料密度试验方法》(TB/T 2328.11—92)
		容重	+	+	《铁路碎石道砟石料容重试验方法》(TB/T 2328.12—92)
9	软弱颗粒(饱和单轴抗压强度≤20 MPa)的含量		+	+	《铁路碎石道砟石料冲击韧度试验方法》(TB/T 2328.14—92)

续上表

序号	试 验 项 目	勘察阶段		试 验 方 法
		初测	定测	
10	道砟颗粒分析	+	+	《铁路碎石道砟粒径级配试验方法》(TB/T 2328.15—92)
11	黏土团及其他杂质的含量	+	+	《铁路碎石道砟黏土团及其他杂质试验方法》(TB/T 2328.17—92)
12	针状颗粒的含量	+	+	《铁路碎石道砟针状指数和片状指数试验方法》(TB/T 2328.16—92)
13	片状颗粒的含量	+	+	
14	粒径小于0.1 mm 粉末的含量	+	+	《铁路碎石道砟粒径 0.1 mm 以下粉末含量试验方法》(TB/T 2328.18—92)

注:"+"为应做项目;"(+)"为根据需要选做的项目

5.3 质量评价

5.3.1 铁路碎石道砟的材质应按现行《铁路碎石道砟》(TB 2140)、《350 km/h 客运专线特级道砟暂行技术条件》等的规定进行评价。

5.3.2 大型铁路碎石道砟场的储量计算应符合国家有关规定。储量评价的要求应达到《固体矿产地质勘查规范总则》(GB/T 13908—2002)规定的储量或基础储量的精度。

5.3.3 铁路碎石道砟场的储量和剥采比应满足铁道部颁布的现行《铁路采石管理规则》的规定。

6　混凝土骨料

6.1　一般规定

6.1.1　混凝土用粗、细骨料场地的地质调绘，应符合下列规定：

1　查明场地的地形、地貌条件，划分地貌单元；查明地表水及洪水对开采场地的影响；

2　查明地层的岩性物征及分布情况，有用层和无用层的岩性、分布及厚度、夹层或透镜体的分布情况；

3　查明场地的水文地质条件；

4　查明场地周边不良地质的发育情况、环境地质条件；

5　根据上述地质调绘和勘探测试成果，分析和评价场地的开采条件及开采后对附近居民生产、生活和环境的影响。

6.1.2　混凝土用粗、细骨料场地开采范围的确定、勘探断面的设置、勘探方法的选择及勘探、取样和试验工作量均应根据地质调绘结果确定。

6.2　勘探、取样及试验

6.2.1　混凝土用粗、细骨料场地的勘探方法应以钻探、挖探为主，辅以必要的物探或原位测试手段。

6.2.2　混凝土用粗、细骨料场地应按地质断面或根据需要按网格状布置勘探点。

6.2.3　勘探点的间距宜根据勘察阶段和地层分布情况，按表6.2.3确定。

表6.2.3　混凝土骨料场地勘探点间距(m)

场地类别	勘察阶段		
	踏　勘	初　测	定　测
Ⅰ	以地质调查为主，可辅以少量的物探、简易勘探和取样工作	150～300	100～200
Ⅱ		100～200	50～100
Ⅲ		<100	<50

6.2.4　勘探深度应至设计开采深度以下2 m。

6.2.5　勘探孔岩心的描述应包括地层名称、颜色、层厚、颗粒组成、颗粒的岩性、成分及风化程度，胶结物或充填物的成分、胶结程度、夹杂物成分及含量、密实程度、地下水水位、岩心形态及采取率等。

6.2.6　混凝土用粗、细骨料的取样可采用坑探、钻探。取样应在平面及深度上满足均匀性、代表性的有关要求。

6.2.7　混凝土用粗、细骨料室内试验样品的数量为：砾石（不含大于80 mm以上的颗粒）

不应少于 100 kg；砂样不应少于 50 kg。用作混凝土碎石骨料的块石样品各边长不应小于 200 mm，计 4 块；或直径不少于 100 mm，长度不小于 200 mm 的样品 4 块。

6.2.8　混凝土用粗、细骨料的试验项目，应符合表 6.2.8 的规定。

表 6.2.8　混凝土用粗细骨料试验项目

序号	试验项目	勘察阶段					
		初测			定测		
		砂	卵石	碎石	砂	卵石	碎石
1	颗粒分析	+	+		+	+	
2	针、片状颗粒含量		(+)	(+)		+	+
3	吸水率	(+)	(+)	(+)	+	+	+
4	含泥量	(+)	(+)	(+)	+	+	+
5	泥块含量	(+)	(+)	(+)	+	+	+
6	云母含量	+			+		
7	有机物含量	+	+	+	+	+	+
8	轻物质含量	+			+		
9	硫酸盐及硫化物含量	+	+	+	+	+	+
10	碱活性	+	+	+	+	+	+
11	坚固性	+	+	+	+	+	+
12	岩石单轴抗压强度**			+			+
13	压碎指标值			(+)			(+)
14	石粉含量*			(+)			(+)
15	氯离子含量	+	+	+	+	+	+

注：1　* 为人工砂或混合砂的试验项目。** 为测定碎石的原始岩石样品而进行的试验项目。

2　“+”为应做项目；“(+)”为根据需要选做的项目

6.2.9　混凝土用粗、细骨料的试验方法应符合《普通混凝土用砂、石质量及检验方法标准》(JGJ 52)的规定。碱活性检验方法应符合《铁路混凝土用骨料碱活性试验方法　岩相法》(TB/T 2922.1)、《铁路混凝土用骨料碱活性试验方法　砂浆棒法》(TB/T 2922.3)、《铁路混凝土用骨料碱活性试验方法　岩石柱法》(TB/T 2922.4)、《铁路混凝土用骨料碱活性试验方法　快速砂浆棒法》(TB/T 2922.5)的有关规定。

6.3　质量评价

6.3.1　混凝土用粗、细骨料的质量应按现行《铁路混凝土与砌体工程施工质量验收标准》(TB 10424)和铁道部颁布的现行铁路混凝土工程施工质量验收相关标准、铁路混凝土结构耐久性设计相关规定等进行评价。

6.3.2　混凝土用粗、细骨料的碱活性应按铁道部颁布的现行铁路混凝土结构耐久性设计相关规定的要求进行评价。

7 天然石料

7.1 一般规定

7.1.1 天然石料场地的地质调绘应符合下列规定：

1 查明场地的地形、地貌特征，查明地表水及洪水对场地的影响；

2 查明场地的地层岩性特征及分布、岩层产状、地质构造、节理裂隙的发育情况、风化程度及风化层厚度；

3 查明覆盖层的岩性特征、厚度及分布，查明覆盖层与下伏基岩的接触情况、基岩面的坡度、接触面附近地下水或塑性土层的发育情况，并评价其对地层稳定性的影响；

4 查明地下水水位、年变化幅度；

5 查明弃砟场地的地质条件及石料开采与荒料堆弃对附近居民及环境的影响。

7.1.2 根据地质调绘成果，布置勘探、取样及试验工作量。

7.1.3 根据地质调绘和勘探成果确定开采范围，综合评价开采条件及对地质环境的影响。

7.2 勘探、取样及试验

7.2.1 天然石料场地的勘探方法应以挖探或钻探为主，必要时可辅以物探。

7.2.2 勘探点应根据确定的开采范围，采用地质断面法布置。勘探点的间距应根据岩层的露头、覆盖层厚度、地质构造的发育情况确定。

7.2.3 勘探点的深度应根据设计开采高程或开采条件、地层出露情况确定，宜低于开采高程 2 m。

7.2.4 钻探岩心或挖探地层的地质描述内容应包括：岩石的定名、颜色、主要矿物成分、结构与构造、矿物结晶程度、节理裂隙的发育情况及充填物性质、地质构造的发育情况、岩层风化程度、风化层厚度、地下水的发育情况、岩心或岩体的完整程度、岩心采取率；对覆盖层还应描述其岩性特征、厚度及含水情况等。

7.2.5 天然石料的试样可取自钻探岩心或在露头采集未风化或微风化的岩石。岩样的采取应具有代表性。反映风化程度的岩样应分别在各风化带中采取；须评价覆盖层的稳定性时，对覆盖层也应取样进行试验。各有用层的取样数量不应少于 5 块；每块岩样的边长不小于 200 mm。用钻探岩心采取样品时，岩心不少于 5 节，每节长度不小于 200 mm，岩心的直径应不小于 89 mm。

7.2.6 天然石料的试验项目应根据材料的用途确定，一般宜符合表 7.2.6 的要求。

表 7.2.6　天然石料试验项目

序　号	试　验　项　目		初　测	定　测
1	极限抗压强度	天然	+	+
2		饱和	+	+
3		冻融后	(+)	(+)
4	吸水率及饱和吸水率		(+)	+
5	抗冻性(直接冻融法或硫酸钠浸泡法)		(+)	(+)
6	软化系数		+	+

注:"+"为应做项目;"(+)"为根据需要选做的项目。

7.2.7　石料试验方法应符合现行《铁路工程岩石试验规程》(TB 10115)的规定。

7.3　质量评价

7.3.1　铁路工程建筑用石料的质量应按现行《铁路混凝土与砌体工程施工规范》(TB 10210)和《铁路工程混凝土与砌体工程施工质量验收标准》(TB 10424)的规定进行评价。

8　各勘察阶段的工作内容

8.1　踏 勘 阶 段

8.1.1　在铁路建设的预可行性研究阶段，对拟建的大型天然建筑材料场地、铁路碎石道砟场、稀缺或重点建筑材料场地，应开展踏勘阶段的工程地质勘察工作。

8.1.2　踏勘阶段天然建筑材料场地的工程地质勘察应包括以下内容：

1　广泛收集区域地质资料；

2　调查开采场地附近的地质条件，滑坡、崩塌、泥石流等地质灾害的发育情况；

3　调查铁路沿线可开采的建筑材料的类别及其分布；既有建筑材料场地的分布及开采情况、材料的质量及储量；

4　初步评价开采场地的开采条件，估算天然建筑材料的质量、储量；

5　对稀缺建筑材料应根据调查结果提出解决方案的建议。

8.1.3　踏勘阶段的工程地质勘察工作应以地质露头的调绘为主，必要时可进行少量的钻探或物探工作，可取少量试样进行材料性能的试验。

8.1.4　踏勘阶段应交地质资料包括：

1　踏勘报告或说明。内容应包括铁路沿线与建筑材料相关的主要地层的分布情况、地质构造的发育情况、不良地质与特殊岩土的发育情况、主要天然建筑材料的分布、类别、质量与储量情况，提出主要建筑材料开采条件的初步评价意见。

2　天然建筑材料场地分布略图。比例为1∶10 000～1∶50 000，图中应包括料场位置、建筑材料的类别、可开采地层的分布情况、地质构造的发育情况、主要交通状况等。

3　工程地质断面示意图。比例为1∶500～1∶1 000（必要时绘制）。

8.2　初 测 阶 段

8.2.1　初测阶段应对大型集中的路基填料取土场，铁路碎石道砟场，重要的混凝土骨料产地及工程用石料产地，进行工程地质初测；对既有的天然建筑材料场地进行重点复查，为可行性研究设计提供真实、准确的地质资料。

8.2.2　初测阶段天然建筑材料场地的工程地质勘察工作，应在充分利用踏勘阶段地质资料和既有建筑材料场地资料的基础上，初步查明下列内容：

1　场地的地质条件：

1）场地所处地貌单元，场地内岩、土的岩性特征，地层结构及分布，地质构造，节理裂隙发育情况，风化程度；

2）场地及附近滑坡、泥石流、崩塌、采空区、放射性及有害（有毒）物质等地质灾害的发育情况、分布范围及其对开采工作的影响程度；

3）开采场地与地表水系、河流洪水位高程的关系，山洪发生的频率及危害；

4)场地地下水水位埋深及其年变化幅度,地下水的径流条件,主要含水层与可开采地层的关系;

5)开采过程中因疏干地下水对附近居民生产和生活条件的影响、对生态环境的危害。

2　场地所在地区的主要气象、地震动参数区划等情况。

3　场地的开采条件:

1)有用层、剥离层及无用夹层的厚度,开采的难易程度及开采方案的建议;

2)废弃物(荒料)堆弃场地的地质条件;

3)开采过程对周边地质环境的影响和安全性评估;

4)开采场地附近的交通状况。

8.2.3　初测阶段应在地质调绘的基础上布置勘探、测试工作。勘探方法应采用以钻探、挖探为主,辅以必要的物探手段的综合勘探方法。

8.2.4　初测阶段应根据地层的分布情况选取代表性的岩、土样进行物理、力学性质试验。取样数量及取样方法应按有关规定执行。

8.2.5　初测阶段应初步确定天然建筑材料的储量与质量,且所确定的储量应满足可行性研究报告所预估的工程用量。

8.2.6　初测阶段应根据地质调绘及勘探测试成果,对场地的开采条件、适宜性作出评价,提出推荐意见。对稀缺天然建筑材料应提出解决方案的建议。

8.2.7　初测阶段应提交下列勘察资料:

1　工程地质勘察报告;

2　天然建筑材料场地分布图(必要时绘制);

3　大型天然建筑材料场地工程地质图(含地质断面线、勘探点位置)和代表性地质断面图;

4　各开采场地天然建筑材料储量计算资料;

5　勘探、试验资料及其他原始勘察资料。

8.3　定测阶段

8.3.1　在充分利用初测资料的基础上,定测阶段应详细调查拟建天然建筑材料场地的地质条件(含气象、地震)、开采条件、运输条件等,为天然建筑材料场地的初步设计提供准确、可靠的地质资料。

8.3.2　定测阶段应逐工点分别按各类天然建筑材料场地的勘察要求进行勘探和测试工作。

8.3.3　定测阶段应详细确定天然建筑材料的储量与质量,且所确定的储量应适当大于工程初步设计所需要的用量。

8.3.4　定测阶段应提交下列勘察资料:

1　工程地质勘察报告;

2　天然建筑材料场地分布图(必要时绘制,补充或修改初测资料);

3　天然建筑材料场地工程地质图(含勘探点及地质断面线);

4　天然建筑材料场地工程地质断面图;

5　储量计算资料;

6　其他勘探、测试资料。

9 勘察资料的整理与报告编写

9.1 勘察资料的整理

9.1.1 天然建筑材料场地的勘察资料应包括：

1 天然建筑材料场地分布图(比例 1∶5 000～1∶50 000)，根据具体情况全线或局部段落编制(必要时绘制)；

2 天然建筑材料场地一览表；

3 天然建筑材料场地工程地质图(比例 1∶1 000～1∶5 000)，按逐个场地编制；

4 天然建筑材料场地工程地质断面图(比例 1∶50～1∶500)，配合天然建筑材料场地工程地质图编制；

5 钻孔柱状图、探坑柱状图(或展示图)，各钻孔或试坑逐个编制；

6 其他测试和室内试验资料，分场地编号、汇总成册。

9.1.2 天然建筑材料场地分布图应包括下列内容：

1 线路位置、重点工程分布、主要道路及村镇位置；

2 各类天然建筑材料场地的名称、位置；

9.1.3 天然建筑材料场地一览表应包括各类建筑材料场地编号、名称、材料类别、勘察阶段、剥离量、有用层的储量和质量、交通状况、适宜性评价等内容。

9.1.4 天然建筑材料场地工程地质图应包括下列内容：

1 地层及岩性的分界线、地层符号、岩层产状、断层产状及主要节理产状、地震动参数区划界线、地层柱状示意图(示意绘出主要地层厚度及地下水位埋深)；

2 天然建筑材料场地范围界线(或储量计算范围界线)；

3 地质断面线位置及编号，勘探测试点的位置及编号；

4 天然建筑材料根据材料等级、有用层与无用层比例、开采条件等进行的质量分区界线。

9.1.5 天然建筑材料场地工程地质断面图应包括下列内容：

1 勘探点的编号、孔口及孔底高程、地层分界处高程(或深度)；

2 地层岩性分界线，各级风化层界线，应重点绘出有用层与无用层的界线；

3 地下水位高程、测试日期、地下水位线，位于河床或河漫滩处的料场还应绘出洪水位的高程；

4 储量计算及质量分区在断面图上的范围或位置。

9.1.6 钻孔柱状图及探坑柱状图应包括下列内容：

1 详细标注料场编号或工点名称、勘探孔位置、钻孔编号、孔口高程、孔底高程、施工起止日期、岩心采取率、地下水位高程及施测日期；

2 详细描述地层、岩性结构构造特征、风化程度、岩心破碎情况；

3 准确标注取样位置及编号。

9.1.7　探坑地质展示图可根据需要全部或局部绘制，比例为1∶50～1∶500。图中宜包括地层岩性、地质构造、风化程度、有用层与无用层界线、地下水位线等。

9.1.8　勘探测试资料与室内试验资料应及时整理，并应符合下列规定：

1　参与整理、统计分析的资料应具代表性，采用相同试验方法得出的同一地貌单元、同一层位相同岩性的试验数据应按同层进行整理；

2　各试验数据应计算其平均值（加权平均值）或标准值，应列出最大值、最小值和样本数；

3　测试数据应按有用层与无用层分别统计分析；

4　勘探测试及室内试验资料经整理后，应列出试验成果资料汇总表。

9.1.9　各类勘探测试资料应根据天然建筑材料场地、建筑材料的类别，分别整理后提供设计，并汇总装订成册。

9.2　储量计算

9.2.1　天然建筑材料的储量应根据地质调绘和勘探成果所确定的开采范围、地层产状、地质断面图上绘制的有用层和无用层（覆盖层和夹层）的厚度等计算、确定。对地下水位线上、下应分别进行计算。

9.2.2　开采范围面积的计算可采用实地测量，或在1∶500～1∶2 000的地质图上用求积仪或几何图形法、坐标计算法计算。面积的测定不应少于两次，当两次的差值不大于2%时，可取平均值。

9.2.3　储量计算时，对有用层的厚度可适当减少0.4～0.6 m，或根据地层和节理裂隙的发育情况、风化程度等乘以小于1的系数；对无用层或有害夹层可适当增加其厚度，或乘以大于1的系数。

9.2.4　地层厚度可采用算术平均值求取平均厚度。地层厚度变化很大时，应分段求平均厚度。计算中，应根据面积计算方法的不同采用不同的厚度值。例如采用真面积计算时，岩层厚度应取真厚度；采用水平投影面积计算时，岩层厚度应换算成平面垂直厚度。

9.2.5　储量计算应以一种计算方法为主，选另一种方法进行校核。

9.3　报告编写

9.3.1　初测或定测阶段天然建筑材料工程地质勘察报告应重点阐述各类主要天然建筑材料场地的工程地质勘察情况及结论意见。对大型或地质条件复杂的天然建筑材料场地应单独编制工程地质勘察报告。地形地质等条件简单、储量较小的天然建筑材料场地的工程地质勘察报告可按第9.3.3条的内容要求以列表的形式简要说明。

9.3.2　初测或定测阶段天然建筑材料工程地质勘察的主要内容及结论意见应纳入可行性研究报告或初步设计的“地质篇”中。主要应包括以下内容：

1　沿线主要天然建筑材料场地的分布情况；

2　各类主要天然建筑材料场地的勘察情况，应对主要的天然建筑材料场地按材料类型和场地分别叙述下列内容：

1）场地概况，包括位置、地形及地貌特征、交通条件；

2）主要勘探方法、勘探点的布置原则及完成的勘探工作量、取样与试验；

3）岩土层的岩性、地层结构、有用层与无用层的厚度及变化规律、地下水水位及变幅、地表水水位及其洪水位；

4）对建筑材料质量、储量和开采条件的评价，对场地适宜性的分析与评价。

3　结论部分，即在对各类天然建筑材料场地分别进行论述与评价的基础上，按不同材料类别说明勘察结论，提出推荐意见及下一步工作的建议；

4　勘察报告中可附沿线主要天然建筑材料场地一览表（主要包括场地位置、材料类型、储量、质量、开采条件、交通状况等）。

9.3.3　单独编制的大型（或特殊）天然建筑材料场地工程地质勘察报告应包括下列内容：

1　概况：天然建筑材料场地的类型及对储量、质量的要求，场地位置及其自然地理概况、交通条件等；

2　工程地质勘察情况：主要勘探方法、勘探点的布置原则及完成的勘探、取样与试验工作量；

3　场地地质条件：地层岩性、地层结构及分布情况、有用层与无用层的厚度、地下水水位及变幅、地表水水位及洪水影响情况；

4　地质评价意见：对建筑材料质量、储量、开采条件的评价，对开采场地适宜性的评价；

5　对不良地质或特殊岩土的工程处理意见；

6　对天然建筑材料开采的推荐意见及下一步工作的建议。

9.3.4　踏勘阶段应根据对各类天然建筑材料场地的调查结果，重点对其中控制性或大型的场地提出初步评价意见。

本规程用词说明

执行本规程条文时,对于要求严格程度的用词说明如下,以便在执行中区别对待。

(1)表示很严格,非这样做不可的用词:

正面词采用“必须”;

反面词采用“严禁”。

(2)表示严格,在正常情况下均应这样做的用词:

正面词采用“应”;

反面词采用“不应”或“不得”。

(3)表示允许稍有选择,在条件许可时首先应这样做的用词:

正面词采用“宜”;

反面词采用“不宜”。

表示有选择,在一定条件下可以这样做的,采用“可”。

《铁路天然建筑材料工程地质勘察规程》条文说明

本条文说明系对重点条文的编制依据、存在的问题，以及在执行中应注意的事项等予以说明。为了减少篇幅，只列条文号，未抄录原条文。

1.0.2 本规程适用于铁路工程所涉及的天然建筑材料的勘察与评价工作。铁路工程天然建筑材料的类别主要包括路基填料(含级配碎石和级配砂砾石)、铁路碎石道砟、混凝土粗细骨料、石料等。不包括经人为加工或改良的土、砂、石的勘察与评价工作。天然建筑材料场地的工程地质勘察工作包括选址勘察、地质调绘、勘探、取样、试验、质量评定方法、储量计算及勘察资料整理等方面的内容。

1.0.6 本规程在执行中应遵守国家和相关部门的法规，如环境保护法、水土保持法等。与本规程相关的主要技术标准如下：

《铁路建设项目预可行性研究、可行性研究和设计文件编制办法》(铁建设〔2007〕152 号)

《铁路工程岩土分类标准》(TB 10077)

《铁路工程地质勘察规范》(TB 10012)

《铁路路基设计规范》(TB 10001)

《铁路工程土工试验规程》(TB 10102)

《铁路工程岩石试验规程》(TB 10115)

《固定矿产地质勘查规范总则》(GB/T 13908)

《铁路采石管理规则》(铁运〔1999〕146 号)

《铁路碎石道砟》(TB/T 2140)

《铁路碎石道床底砟》(TB/T 2897)

《350 km/h 客运专线特级道砟暂行技术条件》(铁科技〔2004〕120 号)

《铁路碎石道砟试验方法》(TB/T 2328.1～18)

《普通混凝土用砂、石质量及检验方法标准》(JGJ 52)

《铁路混凝土用骨料碱活性试验方法》(TB/T 2922.1～5)

《铁路混凝土与砌体工程施工规范》(TB 10210)

《铁路混凝土与砌体工程施工质量验收标准》(TB 10424)

《铁路混凝土工程施工质量验收补充标准》(铁建设〔2005〕160 号)

《铁路混凝土结构耐久性设计暂行规定》(铁建设〔2005〕157 号)

《客运专线基床表层级配碎石暂行技术条件》(科技基〔2005〕101 号)

2.0.5 粗骨料的定义是参照《铁路混凝土与砌体工程施工质量验收标准》(TB 10424)等相关规定和建设部《普通混凝土用砂、石质量及检验方法标准》(JGJ 52)规定的，颗粒分析试验使用的是公称直径为 2.5～100 mm 系列的圆孔筛。

2.0.6　泥是根据《普通混凝土用砂、石质量及检验方法标准》(JGJ52)定义的,试验用的是公称直径为0.080 mm的方孔筛。

2.0.7　关于粗骨料中"泥块"的定义是根据《普通混凝土用砂、石质量及检验方法标准》(JGJ52)对粗骨料中"泥块含量"的术语解释给出的;相关铁路规程中未见规定。

关于细骨料,即砂中的"泥块",是依据《普通混凝土用砂、石质量及检验方法标准》(JGJ52)定义的。

3.0.2　强调勘察工作的程序是为了使勘察工作过程更规范。勘察工作中应十分重视既有资料的收集及既有天然建筑材料场地的调查工作。本条还强调应在地质调绘的基础上布置勘探和测试工作,以避免盲目地确定勘探方法和布置勘探工作量。

勘察大纲是进行天然建筑材料场地工程地质勘察工作的依据之一。勘察大纲应根据勘察设计阶段、所需建筑材料的种类及用量、相关规范、规程的技术要求进行编制。勘察大纲的内容一般应包括:编制依据、铁路工程概况、主要技术标准和重点工程的分布情况、地层岩性及主要地质构造的分布情况、工程地质及水文地质概况、沿线不良地质及特殊岩土分布情况、勘察工作的技术要求、勘察工作的主要内容及勘探方法的确定原则、应完成的主要工作量、勘察工作的质量目标和保证措施、组织机构及人员设备的配置、计划进度安排、应交资料种类及数量、其他需要说明的问题等。对独立、大型的天然建筑材料场地,如大型铁路碎石道砟场地、大型石料开采场地、大型填料取土场等的勘察,应单独编制勘察大纲。

"配合相关专业进行天然建筑材料场地的选址"是根据铁路勘察过程的实际情况规定的。因为场址的选定不完全是工程地质专业的工作,它只能配合相关专业完成。如铁路碎石道砟开采场地在《铁路采石管理规则》第4.1.2条就规定"新建、改建线路的同时应新建、扩建采石场,其供应范围应为300~500 km"。为满足上述规定,场址的具体位置应由相关专业与工程地质专业共同选定。路基填料场地也是相关专业在充分利用既有开挖料,进行合理的土石方调配,确定各段所需的填料种类和土石方数量后才能确定的。因此,路基填料的工程地质勘察工作也应在土石方调配后,根据相关专业的需要进行选址和勘察工作。

3.0.4　本条特别规定了不得选作建筑材料开采场地的区域,主要是根据环境保护法、水土保持法、文物保护法等要求规定的。在选址过程中,应特别遵守上述的国家相关法律、法规,应考虑取土后或弃土(渣)堆的复垦要求,选址中还应尊重当地少数民族的风俗习惯。在江河中采集砂、石还应特别重视河务部门对江河防洪和堤坝安全的要求。在正常情况下,不应将天然建筑材料场地选在地质灾害多发区和不良地质发育区。

3.0.7　天然建筑材料储量的计算方法一般推荐采用平均厚度法、平行断面法和三角形法。

平均厚度法:适用于地形平缓、岩性单一,岩层厚度均匀的场地。计算时先在平面图上圈定储量计算的范围,求其面积,然后根据圈定面积内有用层的平均厚度求出有用层的体积,此即为储量。当地形、地层复杂时,可将面积划小进行计算。

平行断面法:在已做勘探的地质断面和现场实测的与之平行的断面上,逐个对每个断面中的有用层面积进行计算,然后计算相邻两断面间有用层的体积,各断面间的有用层体积相加后即为储量。

三角形法:常用于勘探点(网)布置不规则的场地。计算时多以勘探点为三角形的顶点，划出若干个三角形，求出三角形面积，再根据勘探点上有用层厚度计算该三角形内有用层的体积，各三角形中有用层体积之和即为储量。

《固体矿产地质勘查规范总则》(GB/T 13908—2002)中规定矿产资源/储量估算方法的选择，要根据矿床自身的特点，并结合勘查工作实际，以有效、准确、简便、能满足要求为依据。

估算矿产资源/储量的方法主要有几何图形法、地质统计学法和动态分维几何学储量计算法(简称SD法)等。

几何图形法：是将矿体空间形态分割成较简单的几何形态，将矿石组分均一化，估算矿体的体积、平均品位、矿石量、金属量等。这种方法对于形态简单、矿化均一的矿体还是很有效的。

地质统计学法：是以区域化变量理论作为基础，以变异函数作为主要工具，对既具有随机性、又具有结构性的变量进行统计学研究，估算时能充分考虑品位的空间变异性和矿化强度在空间的分布特征，使估算结果更加符合地质规律，置信度高，但需有较多的样本个体为基础。勘查过程中，针对矿床地质特征运用这种方法，还能制定或检验合理的勘探工程间距。

SD法：以最佳结构地质变量为基础，以断面构形替代空间构形为核心，以spline函数及分维几何学为工具的估算方法，立足于传统的断面法。它适用于不同的矿床类型、矿体规模、产状、不同矿产勘查阶段，还可对估算成果做精度预测。

3.0.8 天然建筑材料场地类别的划分主要是用于不同勘察阶段勘探点的布置。类别划分时应根据地形条件、岩性和有用层的分布情况、地质构造的发育程度、不良地质的发育情况和剥离层的情况等综合分析，不能只考虑其中的一两个因素就进行分类。

3.0.9 天然建筑材料场地的适宜性评价是工程地质勘察工作的重要内容，特别是大型集中填料开采场地、混凝土骨料开采场地、铁路碎石道砟开采场地和大型石料开采场地均应进行场地适宜性评价。评价中应对下列因素进行综合分析。

地层岩性条件：岩性的分布与复杂程度、天然建筑材料的质量和储量是否满足要求、是否需要进行后期处理；

工程地质条件：场地内或周边滑坡、崩塌、泥石流、岩溶等不良地质的发育情况及影响程度，有无有害气体及放射性危害及其治理条件等；

水文地质条件：地下水位埋深及其与开采条件的关系；

环境条件：地形条件、国家重要设施分布情况、周边居民生产及生活情况、地表水及洪水的影响情况等；

开采条件：开采的难易程度、剥离层的厚度、有用材料的分选条件、开采工作对周边环境的影响程度；

运输条件：运距远近及道路分布情况；

其他因素：如经济合理性的评价等。

4.1.2 级配碎石原料场地的选择除应考虑本规程第3.0.4条的相关要求外，主要应从级配碎石原料的材质方面进行选择。一般应选取硬质岩，即饱和单轴抗压强度大于30 MPa的岩石；便于加工是指岩层节理发育，易开采，加工粉碎过程中易破碎、石粉含量较少。

4.2.2 强调小型取土场也应布置勘探点，是因为实际工作中此项工作经常被忽视。小型取土场的勘探工作可根据现场情况采取挖探、原位测试的方法进行,也可以利用附近的勘探资料。

4.2.7 填料应根据地层分布情况对有用层与无用层分别取样,按第4.2.8条的试验项目,可采取扰动土样进行试验。试坑取样能反映出细粒土、砂类土、碎石类土的真实质量,因此本规程推荐采用试坑取样的方法。取样时应按地层层位在坑壁采用刻槽法取样;当整个试坑为同一地层时,可将试坑开挖的土料用四分法选取后,作为试验用的土样。当采用钻孔取样时,应将该取样段内的所有岩心都作为试样(尤其是砂类土或碎石类土),不能人为地进行挑选。

做击实试验的土样数量应根据地层颗粒粒径的大小和试验方法确定。颗粒大的试样应多取,颗粒小的可少取;采用小击实筒进行试验的样品可少取,采用大击实筒试验的样品应多取。50 kg土样数量仅是《铁路工程土工试验规程》(TB 10102)击实试验对大直径击实筒试验要求的最少数量。

4.2.8 填料试验项目是为了评价填料的质量和划分填料的组别。巨粒土、粗粒土(碎石类土和砂类土)主要应进行颗粒分析和黏粒含量的试验,以作为土的定名和根据细粒土含量(小于0.075 mm颗粒含量)、颗粒级配划分填料组别的依据。细粒土(粉土和黏性土)主要应进行土的界限含水率试验,它是对细粒土填料进行分组的重要依据。击实试验是天然土、砂、碎石等作为填料时,评价其性质的一个试验项目,因此不作为勘察期间的必做项目。

客运专线用填料的试验项目,可根据相关规定及设计要求确定。

土:一般样品做天然含水率、液塑限、黏粒含量、粉粒含量;代表性样品做压实试验(含无侧限抗压强度、压后快剪)、承载比试验(CBR)。

砂、卵、砾石:做筛分(不均匀系数、曲率系数)和小于0.5 mm颗粒的液塑限,粉、细、中砂加做压实试验、承载比试验(CBR)。

级配砂砾石:做筛分、细长及扁平颗粒含量、黏土团及有机物含量和粒径小于0.5 mm颗粒的液塑限。

风化岩石:风化成土状或砂状的做筛分、压实试验、承载比试验(CBR),小于0.5 mm颗粒的应做液塑限;风化成块状的硬质岩石应对其压碎性和压实性进行试验;易风化的软质岩应测试其崩解量、压实性、膨胀性等指标。

4.2.9 特殊土一般不能直接作为路基填料,需要使用时,应对土质进行改良。因此特殊土的试验项目应根据设计要求、掺和的改良物质、改良后土的性能要求等专门研究确定。

4.2.10 一般铁路对碎石道床底砟中细长及扁平颗粒含量没有要求,可不进行"细长及扁平颗粒"含量试验。按照《新建时速300~350公里客运专线铁路设计暂行规定》、《新建时速200公里客货共线铁路设计暂行规定》等的要求,级配砂砾石中细长及扁平颗粒含量不得超过20%,因此对于客运专线铁路和时速200 km客货共线铁路等所用的级配砂砾石应进行"细长及扁平颗粒含量"的试验。

在《铁路碎石道砟》和《铁路碎石道床底砟》中对"黏土团"没有明确的定义,只规定按TB/T 2328—17"铁路碎石道砟黏土团及其他杂质含量试验方法"进行试验。该试验方法规定:明显的用手拣出或用筛子筛出,判断困难时将可疑的子样拣出,用水浸泡一昼夜能用手捏碎的颗粒则定为黏土团或杂质。

4.3.1 《铁路路基设计规范》(TB 10001—2005)在第5.2节"填料"中对填料的划分作如

下规定：

(1)普通填料按颗粒粒径大小可分为三大类别：巨粒土、粗粒土和细粒土。

(2)巨粒土、粗粒土填料应根据颗粒组成、颗粒形状、细粒含量、颗粒级配、抗风化能力等，按说明表4.3.1—1分为A、B、C、D组。

说明表4.3.1—1 巨粒土、粗粒土填料分组

一级定名						二级定名			填料分组
类别			名称		说明	细粒含量	颗粒级配	名称	
巨粒土	碎石类土	块石类	块石土	硬块石土	粒径大于200 mm颗粒的质量超过总质量的50%(不易风化,尖棱状为主)	—	—	硬块石	A
				软块石土	粒径大于200 mm颗粒的质量超过总质量的50%(易风化,尖棱状为主)	—	—	R_c>15 MPa的不易风化的软块石	A
								R_c≤15 MPa的不易风化的软块石	B
								易风化的软块石	C
								风化的软块石	D
			漂石土		粒径大于200 mm颗粒的质量超过总质量的50%(浑圆或圆棱状为主)	<5%	良好	级配好的漂石	A
							不良	级配不好的漂石	B
						5%~15%	良好	级配好的含土漂石	A
							不良	级配不好的含土漂石	B
						15%~30%	—	土质漂石	B
						>30%	—	土质漂石	C
		碎石类	卵石土		粒径大于60 mm颗粒的质量超过总质量的50%(浑圆或圆棱状为主)	<5%	良好	级配好的卵石	A
							不良	级配不好的卵石	B
						5%~15%	良好	级配好的含土卵石	A
							不良	级配不好的含土卵石	B
						15%~30%	—	土质卵石	B
						>30%	—	土质卵石	C
			碎石土		粒径大于60 mm颗粒的质量超过总质量的50%(尖棱状为主)	<5%	良好	级配好的碎石	A
							不良	级配不好的碎石	B
						5%~15%	良好	级配好的含土碎石	A
							不良	级配不好的含土碎石	B
						15%~30%	—	土质碎石	B
						>30%	—	土质碎石	C
粗粒土		砾石类	粗砾土	粗圆砾土	粒径大于20 mm颗粒的质量超过总质量的50%(浑圆或圆棱状为主)	<5%	良好	级配好的粗圆砾	A
							不良	级配不好的粗圆砾	B
						5%~15%	良好	级配好的含土粗圆砾	A
							不良	级配不好的含土粗圆砾	B
						15%~30%	—	土质粗圆砾	B
						>30%	—	土质粗圆砾	C

续上表

一级定名						二级定名			填料分组
类别			名称		说明	细粒含量	颗粒级配	名称	
粗粒土	碎石类土	砾石类	粗砾土	粗角砾土	粒径大于 20 mm 颗粒的质量超过总质量的 50%（尖棱状为主）	<5%	良好	级配好的粗角砾	A
							不良	级配不好的粗角砾	B
						5% ~15%	良好	级配好的含土粗角砾	A
							不良	级配不好的含土粗角砾	B
						15% ~30%	—	土质粗角砾	B
						>30%	—	土质粗角砾	C
			细砾土	细圆砾土	粒径大于 2 mm 颗粒的质量超过总质量的 50%（浑圆或圆棱状为主）	<5%	良好	级配好的细圆砾	A
							不良	级配不好的细圆砾	B
						5% ~15%	良好	级配好的含土细圆砾	A
							不良	级配不好的含土细圆砾	B
						15% ~30%	—	土质细圆砾	B
						>30%	—	土质细圆砾	C
				细角砾土	粒径大于 2 mm 颗粒的质量超过总质量的 50%（尖棱状为主）	<5%	良好	级配好的细角砾	A
							不良	级配不好的细角砾	B
						5% ~15%	良好	级配好的含土细角砾	A
							不良	级配不好的含土细角砾	B
						15% ~30%	—	土质细角砾	B
						>30%	—	土质细角砾	C
	砂类土		砾砂		粒径大于 2 mm 颗粒的质量超过总质量的 25% ~50%	<5%	良好	级配好的砾砂	A
							不良	级配不好的砾砂	B
						5% ~15%	良好	级配好的含土砾砂	A
							不良	级配不好的含土砾砂	B
						>15%	—	土质砾砂	B
			粗砂		粒径大于 0.5 mm 颗粒的质量超过总质量的 50%	<5%	良好	级配好的粗砂	A
							不良	级配不好的粗砂	B
						5% ~15%	良好	级配好的含土粗砂	A
							不良	级配不好的含土粗砂	B
						>15%	—	土质粗砂	B
			中砂		粒径大于 0.25 mm 颗粒的质量超过总质量的 50%	<5%	良好	级配好的中砂	A
							不良	级配不好的中砂	B
						5% ~15%	良好	级配好的含土中砂	A
							不良	级配不好的含土中砂	B
						>15%	—	土质中砂	B
			细砂		粒径大于 0.075 mm 颗粒的质量超过总质量的 85%	<5%	良好	级配好的细砂	B
							不良	级配不好的细砂	C
						5% ~15%	—	含土细砂	C

续上表

一级定名				二级定名			填料分组
类别		名称	说明	细粒含量	颗粒级配	名称	
粗粒土	砂类土	粉砂	粒径大于 0.075 mm 颗粒的质量超过总质量的 50%	—	—	粉砂	C

注:1 颗粒级配分为良好($C_u \geqslant 5$,且 $C_c = 1 \sim 3$)和不良($C_u < 5$,且 $C_c \neq 1 \sim 3$)。其中,不均匀系数 $C_u = d_{60}/d_{10}$;曲率系数 $C_c = d_{30}^2/(d_{10} \cdot d_{60})$;$d_{10}$、$d_{30}$、$d_{60}$ 分别为颗粒级配曲线上相应于 10%、30%、60% 含量颗粒的粒径。

2 硬块石为单轴饱和抗压强度 $R_c > 30$ MPa 的块石;软块石为单轴饱和抗压强度 $R_c \leqslant 30$ MPa 的块石。

3 细粒含量指黏粒($d \leqslant 0.075$ mm)的质量占总质量的百分数。

(3)细粒土填料应按说明表 4.3.1—2 分为粉土、黏性土和有机土。粉土、黏性土应采用液限含水率 w_L 进行填料分组:当 $w_L < 40\%$ 时为 C 组;当 $w_L \geqslant 40\%$ 时为 D 组。有机土为 E 组。

说明表 4.3.1—2 细粒土填料分组

一级定名				二级定名			填料分组
土名				液限含水率 w_L	土名	塑性图	
细粒土	粉土		$I_p \leqslant 10$,且粒径大于 0.075 mm 颗粒的质量不超过全部质量的 50% 的土	$w_L < 40\%$	低液限粉土	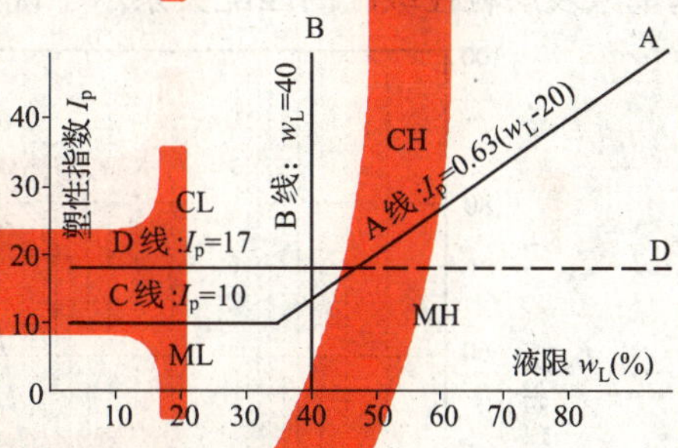	C
细粒土	粉土			$w_L \geqslant 40\%$	高液限粉土		D
细粒土	黏性土	粉质黏土	$10 < I_p \leqslant 17$	$w_L < 40\%$	低液限粉质黏土		C
细粒土	黏性土	粉质黏土		$w_L \geqslant 40\%$	高液限粉质黏土		D
细粒土	黏性土	黏土	$I_p > 17$	$w_L < 40\%$	低液限黏土		C
细粒土	黏性土	黏土		$w_L \geqslant 40\%$	高液限黏土		D
细粒土	有机土			有机质含量大于 5%			E

注:1 液限含水率试验采用圆锥仪法,圆锥仪总质量为 76 g,入土深度 10 mm;

2 A 线方程中的 w_L 按去掉% 后的数值进行计算。

4.3.2 在勘察中对路基基床用级配碎石或级配砂砾石的质量,主要应根据《铁路碎石道床底砟》的要求进行评价,评价中还应考虑因铁路等级和标准(速度目标值)不同而引起的差别,如客运专线铁路基床用级配碎石还应符合《客运专线基床表层级配碎石暂行技术条件》(科技基〔2005〕101 号)的要求。

在《铁路路基设计规范》(TB 10001—2005)第 5.3 节“级配碎石、级配砂砾石”和《铁路碎石道床底砟》(TB/T 2897—1998)中对铁路基床表层用级配碎石、级配砂砾石的技术要求作出如下规定:

(1)级配碎石或级配砂砾石填料的粒径级配应分别符合说明表 4.3.2—1 和说明表 4.3.2—2 的规定,且 0.5 mm 筛以下的细集料中通过 0.075 mm 筛的颗粒含量应小于等于 66%。

说明表 4.3.2—1　级配碎石的粒径级配范围

方孔筛边长(mm)	0.075	0.1	0.5	1.7	7.1	16	25	45
过筛质量百分率(%)	0~7	0~11	7~32	13~46	41~75	67~91	82~100	100

说明表 4.3.2—2　级配砂砾石的粒径级配范围

级配编号	通过筛孔(mm)质量百分率(%)								
	50	40	30	20	10	5	2	0.5	0.075
1	100	90~100	—	65~85	45~70	30~55	15~35	10~20	4~10
2	—	100	90~100	75~95	50~70	30~55	15~35	10~20	4~10
3	—	—	100	85~100	60~80	30~50	15~30	10~20	2~8

注:用圆孔筛时,采用1~3号级配;用方孔筛时,采用2~3号级配。

(2)级配碎石或级配砂砾石的质量应符合《铁路碎石道床底砟》(TB/T 2897—1998)的有关规定。

《铁路碎石道床底砟》(TB/T 2897—1998)规定铁路碎石道床底砟的技术要求如下:

① 底砟材料可取自天然砂砾材料,也可由开山块石或天然卵石、砾石经破碎、筛选而成。

② 底砟材料的粒径级配应符合说明表4.3.2—1的规定,且0.5 mm筛以下的细集料通过0.075 mm筛的颗粒含量应小于等于66%,底砟材料粒径级配与碎石道床道砟层及路基基床表层粒径级配的匹配关系示于说明图4.3.2—1。

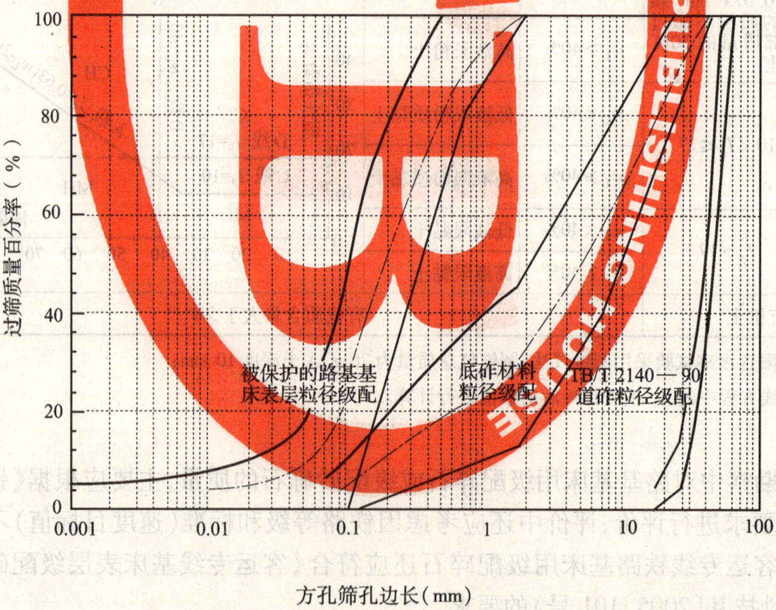

胶粒	黏粒	粉粒		细粒				砾粒			卵石(碎石)
		细	粗	粉	细	中	粗	细	中	粗	

说明图 4.3.2—1　底砟、道砟、基床表层材料粒径级配的合理匹配关系

③ 在粒径大于16 mm的粗颗粒中,带有破碎面的颗粒所占的质量百分率不少于30%。

④ 底砟材料的性能:粒径大于1.7 mm的集料的洛杉矶磨耗率不大于50%;粒径大

于1.7 mm的集料的硫酸钠溶液浸泡损失率不大于12%；粒径小于0.5 mm的细集料的液限不大于25% ，其塑性指数小于6%；黏土团及其他杂质含量的质量百分率小于等于0.5% 。

《新建时速200公里客货共线铁路设计暂行规定》(铁建设函〔2005〕285号)第4.3.2条规定采用级配砂砾石时，砂砾石的级配范围，除应符合说明表4.3.2—1的规定外，还规定“级配曲线应接近圆滑，某种尺寸的颗粒不应过多或过少；颗粒中细长及扁平颗粒含量不应超过20%；粒径小于0.5 mm细集料的液限不应大于28%，其塑性指数不应大于6%；黏土团及有机物含量不应超过2%”。采用级配碎石时，“材料粒径、级配及品质应符合《铁路碎石道床底砟》(TB/T 2897)的有关规定”。

《350 km/h客运专线特级道砟暂行技术条件》第4.2.2条规定采用级配碎石时，“碎石粒径、级配及材料性能应符合铁道部现行《铁路碎石道床底砟》的规定，并应满足高速铁路有关技术条件”。《客运专线无砟轨道铁路设计指南》(铁建设函〔2005〕754号)中也对铁路路基基床表层用级配碎石提出了新的要求，规定材料规格应符合《客运专线基床表层级配碎石暂行技术条件》(科技基〔2005〕101号)的要求。

《客运专线基床表层级配碎石暂行技术条件》(科技基〔2005〕101号)在第3条“技术要求”中规定如下：

(1)基床表层级配碎石材料由开山块石、天然卵石或砂砾石经破碎筛选而成。

(2)基床表层级配碎石粒径级配应符合说明表4.3.2—3的规定，且其不均匀系数$U=D_{60}/D_{10}$不得小于15，0.02 mm以下颗粒质量百分率不得大于3%。料径级配曲线如说明图4.3.2—2所示。

说明表4.3.2—3　基床表层级配碎石粒径级配

方孔筛孔边长(mm)	0.1	0.5	1.7	7.1	22.4	31.5	45
过筛质量百分率(%)	0~11	7~32	13~46	41~75	67~91	82~100	100

道砟与基床表层级配碎石、基床表层级配碎石与下部填土之间应满足$D_{15}<4d_{85}$的要求(式中D_{15}为较粗一层土的颗粒粒径(mm)，小于该粒径的质量占总质量的15%；d_{85}为较细一层土的颗粒粒径(mm)，小于该粒径的质量占总质量的85%)。

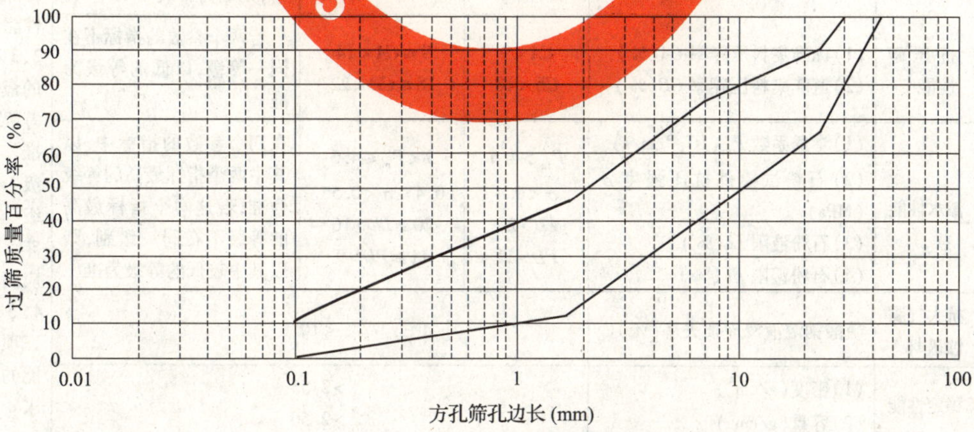

说明图4.3.2—2　基床表层级配碎石粒径级配曲线

(3)在粒径大于22.4 mm的粗颗粒中带有破碎面的颗粒所占的质量百分率不少于30%。

(4)基床表层级配碎石材料性能：

①粒径大于1.7 mm颗粒的洛杉矶磨耗率不大于30%。

②粒径大于1.7 mm颗粒的硫酸钠溶液浸泡损失率不大于6%。

③粒径小于0.5 mm的细颗粒的液限不大于25%，塑性指数小于6。

④不得含有黏土及其他杂质。

5.1.1 施工临时用砟场地是指在施工过程中使用的铁路碎石道砟场地，施工完成后并不作为永久的铁路供砟场地。因为也要进行石料的开采，所以同样应进行工程地质勘察工作，要按要求进行必要的勘探、试验工作，对岩石和碎石的质量作出评价。

5.2.8 道砟材料的试验项目是根据《铁路碎石道砟》(TB 2140)的相关要求确定的。当需要确定岩石名称、岩石的矿物成分和结构构造时，应进行岩石的显微镜薄片鉴定。初测阶段的试验项目是为选址和评价道砟质量而做，因此与定测基本相同，只是取样数量或试验组数有所区别。

5.3.1 《铁路碎石道砟》(TB 2140—90)第3章中对铁路碎石道砟作如下要求：

(1)道砟由开山块石破碎、筛选而成，根据材质性能和参数指标按说明表5.3.1—1的规定分为一级道砟和二级道砟。

(2)特重型轨道、隧道内轨道及宽枕轨道应用一级道砟。重型轨道宜用一级道砟。其他轨道可用二级道砟。

(3)现有采石场产品不能按第3.2条(即上述第(2)项)的规定供应道砟的地区，在开辟合适的采石场之前，经铁道部批准，具体确定使用道砟的等级。

(4)道砟的级配应符合说明表5.3.1—2的规定，其级配曲线示于说明图5.3.1—1。

说明表5.3.1—1 道砟材质分级指标

性能	参数 \ 等级	一级道砟	二级道砟	评级方法	
1. 抗磨耗、抗冲击性能	(1)洛杉矶磨耗率 LAA(%) (2)标准集料冲击韧度 I_p (3)石料耐磨硬度系数 $K_{干磨}$	$LAA<27$ $I_p>95$ $K_{干磨}>18$	$27\leqslant LAA<32$ $80<I_p\leqslant 95$ $17<K_{干磨}\leqslant 18$	若三个参数的指标分属两个等级，则以两个指标所在的等级为准；若三个指标分属一、二级和不合格，则划为二级	道砟的最终等级以性能1、2、3中的最低等级为准。一级、二级道砟，均应满足4、5、6三项性能的要求
2. 抗压碎性能	(1)标准集料压碎率 CA(%) (2)道砟集料压碎率 CB(%)	$CA<9$ $CB<18$	$9\leqslant CA<14$ $18\leqslant CB<22$	若两个参数的指标不在同一等级，以低的等级为准	
3. 渗水性能	(1)渗透系数 P_m(10^{-6}cm/s) (2)石粉试模件抗压强度 σ(MPa) (3)石粉液限 LL(%) (4)石粉塑限 PL(%)	$P_m>4.5$ $\sigma<0.4$ $LL>20$ $PL>11$	$3<P_m\leqslant 4.5$ $0.4\leqslant\sigma<0.55$ $20\geqslant LL>16$ $11\geqslant PL>9$	在四个参数的指标中，以其中两个指标最高的等级为准；若这两个指标最高的等级不在同一级别，则以其中较低的等级为准	
4. 抗大气腐蚀破坏	硫酸钠溶液浸泡损失率(%)	<10			
5. 稳定性能	(1)密度(g/cm³) (2)容重(g/cm³)	>2.55 >2.50			
6. 软弱颗粒	饱和单轴抗压强度(MPa)	≤20	软弱颗粒含量少于10%(质量比)		

说明表 5.3.1—2　一、二级道砟级配

方孔筛孔边长(mm)	16	25	35.5	45	56	63
过筛质量百分率(%)	0~5	5~15	25~40	55~75	92~97	97~100

(5)道砟颗粒形状及清洁度指标：

① 针状指数不大于 50%，片状指数不大于 50%。

② 黏土团及其他杂质含量的质量百分率不大于 0.5%。

③ 粒径 0.1 mm 以下的粉末含量的质量百分率不大于 1%。

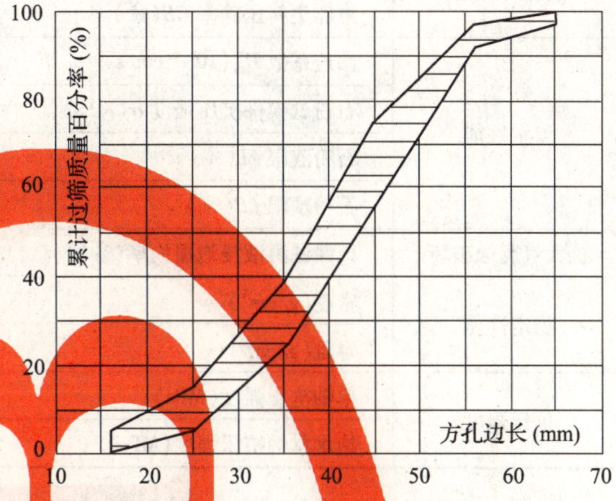

说明图 5.3.1—1　一、二级道砟级配曲线

《铁路碎石道砟》(TB 2140—90)在第 4.1 节中还规定：

(1)新建采石场及旧采石场转移开采工作面时，应按说明表 5.3.1—1 规定各项及石料单轴抗压强度、石料冲击韧度进行检验，划分道砟等级。经铁道部主管部门审批并颁发资格证书，方可生产。采购路外道砟或施工部门采用施工块石就地加工道砟时，也应具有相应的资格证书。

(2)采样：

① 由受委托的地矿单位划分岩层，并在每一岩层中取一组有代表性的试样送交检验。

② 一组试样中包括：

碎石试样：规格(方孔筛)60~70 mm，质量 240 kg。

块石试样：200 mm×160 mm×140 mm，4 块，如岩石层理分明，应补加取样方向平行于层理方向的试样 2 块。

《新建时速 300~350 公里客运专线铁路设计暂行规定》(铁建设〔2007〕47 号)第 5.2.4 条第 3 款规定："应采用特级碎石道砟，并符合有关技术条件的要求"。该条的条文说明如下：

根据高速列车轴重较轻，而冲击、振动等频率较高的动附加荷载较大的特点，道砟材质最重要的性能是抗耐磨、抗冲击、其次是抗压碎性能，另外道砟颗粒形状和清洁度也是非常重要的指标。

特级道砟相关技术要求应符合《350 km/h 客运专线特级碎石道砟暂行技术条件》(铁科技〔2004〕120 号)的规定。

(1)道砟由开山块石破碎筛分而成，颗粒表面全部为破碎面。

(2)道砟材质性能应符合说明表 5.3.1—3 的规定。

说明表 5.3.1—3　特级道砟材质性能

性能	参数	指标	评定方法	
			单项性能评定	综合评定
抗磨耗、抗冲击性能	洛杉矶磨耗率 LAA(%)	≤18	必须达标	各项性能必须全部满足要求
	标准集料冲击韧度 I_p	≥110	至少一项参数达标	
	石料耐磨硬度系数 $K_{干磨}$	>18		

续上表

性　能	参　　数	指　标	评定方法	
			单项性能评定	综合评定
抗压碎性能	标准集料压碎率 CA(%)	<8	两项参数同时达标	各项性能必须全部满足要求
	道砟集料压碎率 CB(%)	<17		
渗水性能	渗透系数 P_m(10^{-6} cm/s)	>4.5	至少有两项参数达标	
	石粉试模件抗压强度 σ(MPa)	<0.4		
	石粉液限 LL(%)	>20		
	石粉塑限 LP(%)	>11		
抗大气腐蚀破坏	硫酸钠溶液浸泡损失率(%)	<10	必须全部达标	
稳定性能	密度(g/cm³)	>2.55		
	容重(g/cm³)	>2.50		
抗压强度	单轴抗压强度(MPa)		供建材用	
	饱水单轴抗压强度(MPa)			

(3)道砟粒径级配应符合说明表5.3.1—4的规定,其级配曲线如说明图5.3.1—2所示。

说明表5.3.1—4　特级道砟粒径级配

粒　径	筛分机底筛和面筛孔边长(mm)31.5~50					
级　配	方孔筛孔边长(mm)	22.4	31.5	40	50	63
	过筛质量百分率(%)	0~3	1~25	30~65	70~99	100
颗粒分布	方孔筛孔边长(mm)	31.5~50				
	颗粒质量百分率(%)	≥50				

注:检验用方孔筛系指金属丝编织的标准方孔筛。

(4)道砟颗粒形状和清洁度:

①针状指数不大于20%,片状指数不大于20%。

②粒径0.5 mm以下颗粒含量的质量百分率不大于0.6%。粒径0.063 mm以下粉末含量的质量百分率不大于0.5%。

③出厂道砟须经清洗,道砟不得含黏土及其他杂质,保持颗粒表面清洁。

④饱水单轴抗压强度小于20 MPa的软弱颗粒和其他杂石含量不得大于2%。

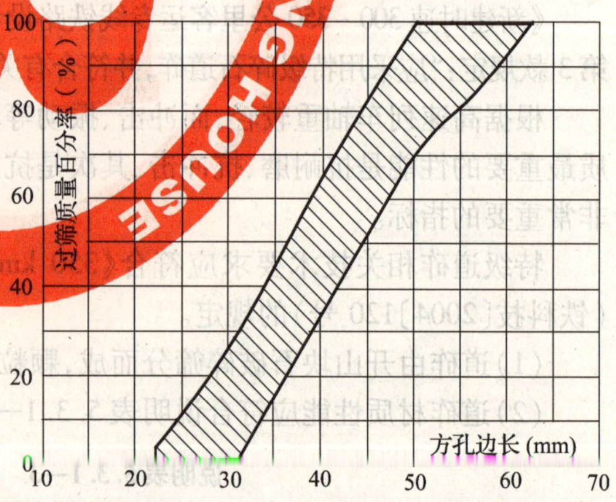

说明图5.3.1—2　特级道砟级配曲线

5.3.2　根据《铁路采石管理规则》(铁运〔1999〕146号)第4.4.1条和第4.4.2条的规定,"铁路采石场生产规模,应根据碎石道砟供应范围内的线路长度及保证正常运输所需石料量加以确定"。铁路采石场类型按下列规定划分:"年石料产量大于20万m³为大型采石场；年石料产量10万~20万 m^3，为中型采石场；年石料产量小于10万 m^3，为小型采石场”。当新建、扩建铁路采石场的勘察资料需报国土资源部门时，应按《固体矿产地质勘查规范总则》的要求执行。

根据《固体矿产地质勘查规范总则》(GB/T 13908—2002)的规定，储量定义为：“经过详查或勘探，达到了控制的或探明的程度，在进行了预可行性或可行性研究，扣除了设计和采矿损失。能实际采出的数量，经济上表现为在生产期内，每年的平均内部收益率高于行业基准内部收益率。储量是基础储量中的经济可采部分，又可分为可采储量、探明的预可采储量及控制的预可采储量3个类型”。

其中基础储量的含义为“经过详查或勘探，达到控制的或探明的程度，在进行了预可行性或可行性研究后，经济意义属于经济的或边际经济的那部分矿产资源。基础储量又可分为两部分，即经济基础储量和边际经济的基础储量。经济基础储量是每年的内部收益率大于行业基准内部收益率，并扣除设计和采矿损失之前的那部分。可分为3个类型，即探明的(可研)经济基础储量、探明的(预可研)经济基础储量、控制的经济基础储量。边际经济的基础储量，其平均内部收益率介于行业基准内部收益率与零之间的那部分，也有3个类型，即探明的(可研)边际经济基础储量、探明的(预可研)边际经济基础储量、控制的边际经济基础储量”。

当铁路碎石道砟场地、大型石料开采场地或其他场地的勘察成果需报国土资源管理部门时，应注意与本规程中“储量”含义的区别。

5.3.3 《铁路采石管理规则》第4章“新建、扩建采石场的基本原则及技术要求”中第4.2.1条对铁路碎石道砟场的储量和剥采比作了如下规定：“岩石的工业储量，应满足年生产规模开采50年以上，特殊情况经铁道部批准可缩短至30年”。“岩石开采区圈定范围内的剥采比应低于0.2∶1。”

6.2.6 坑探取样时可采用坑壁刻槽、吊桶抽取、全坑采取等方法。坑壁刻槽的断面宽度和深度宜30 cm×40 cm，其最小宽度和深度应大于坑中最大颗粒粒径长轴的2倍。大漂石就地量测，不予刻取。钻孔取样应考虑适应采取粗圆砾土(粒径60 mm以下)的要求，孔径一般不宜小于130 mm；当卵石粒径较大(80 mm及以上)时，不宜采用钻探方法取样。钻孔取样应将钻孔中该段的全部岩心进行采集，不得对岩心进行挑选后采集。

在已采出的混凝土用骨料料堆上采样时，取样应具有代表性，取样部位应分布均匀。取样前先将取样部位表面的材料铲除，然后由各部位(均匀分布在料堆的顶部、中部和底部)抽取大致相等的粗骨料试样15份或细骨料试样8份组成一组样品，每组样品取样数量粗骨料不得少于50 kg，细骨料不得少于20 kg。

6.2.7 试验前应根据试验项目所需的样品数量对样品进行缩分。粗骨料样品缩分时，应将样品置于平板上，在自然状态下拌混均匀堆成锥体，将锥体分成大致相等的四份，取其对角线的两份重新拌匀，堆成锥体，再重复上述过程，直至缩分后的材料样品略多于试验用量为止。细骨料样品缩分时，应将样品置于平板上，在潮湿状态下拌混均匀，并堆成20 mm厚的“圆饼”，然后把“圆饼”分成大致相等的四份，取对角的两份重新拌匀，再堆成“圆饼”，重复上述过程，直至缩分后的样品数量略多于试验用量为止。

每组块石样品应保证能制备至少四块直径50 mm，高度50 mm的圆柱体试件，或边长50 mm的立方体试件四块。当需同时进行天然状态和饱和状态单轴抗压强度试验时，样品数量应增加一倍。当岩样层理明显时，试样还应考虑适当增加。

6.3.1 《铁路混凝土工程施工质量验收补充标准》(铁建设〔2005〕160号)、《铁路混凝土结构耐久性设计暂行规定》(铁建设〔2005〕157号)两个规定中对铁路混凝土用粗、细骨料的技术要求是一致的。为确保有耐久性要求的混凝土的耐久性,近年发布的补充标准或暂行规定都提出了较《铁路混凝土与砌体工程施工质量验收标准》(TB 10424)更高的要求,评价时应以最近发布的规定为主,对以前的铁路行业标准和建设部标准《普通混凝土用砂、石质量及检验方法标准》(JGJ 52)可参考使用。现将铁建设〔2005〕157号的相关规定摘录如下:

(1)关于细骨料

①细骨料应选用级配合理质地均匀坚固、吸水率低、孔隙率小的洁净天然中粗河砂,也可选用采用专门机组生产的人工砂,不宜使用山砂,不得使用海砂。

②细骨料的颗粒级配(累计筛余百分数)应满足说明表6.3.1—1的规定。

除5.00 mm和0.630 mm筛档外,细骨料的实际颗粒级配与说明表6.3.1—1中所列的筛余百分率相比允许稍有超出分界线,但其总量百分率不应大于5%。

说明表6.3.1—1 细骨料累计筛余百分数(%)

筛孔尺寸(mm) \ 级配区	Ⅰ区	Ⅱ区	Ⅲ区
	累计筛余(%)		
10.0	0	0	0
5.00	10~0	10~0	10~0
2.50	35~5	25~0	15~0
1.25	65~35	50~10	25~0
0.630	85~71	70~41	40~16
0.315	95~80	92~70	85~55
0.160	100~90	100~90	100~90

③细骨料的粗细程度按细度模数分为粗、中、细三级,其细度模数分别为:

粗级 3.7~3.1;

中级 3.0~2.3;

细级 2.2~1.6。

注:细度模数是表示砂子粗细程度的指标,细度模数按下式计算:

$$M=\frac{A_{2.5}+A_{1.25}+A_{0.63}+A_{0.32}+A_{0.16}-5A_5}{100-A_5}$$

式中 N——细度模数;

$A_5 \sim A_{0.16}$——筛孔分别为5 mm、2.5 mm、1.25 mm、0.63 mm、0.32 mm、0.16 mm筛上的累计筛余百分数。

配制混凝土时宜优先选用中级细度模数的细骨料。当采用粗级细度模数细骨料时,应提高砂率,并保持足够的水泥或胶凝材料用量,以满足混凝土的和易性;当采用细级细度模数细骨料时,宜适当降低砂率。

当所用细骨料的颗粒级配不符合说明表6.3.1—1的要求时,应采取经试验证明能确保工程质量的技术措施后,方允许使用。

④细骨料的坚固性用硫酸钠溶液循环浸泡法检验,试样经5次循环后其重量损失率不超过8%。

⑤细骨料的吸水率应不大于2%。

⑥采用天然河砂配制混凝土时,砂中有害物质应符合说明表6.3.1—2的规定。

当砂中含有颗粒状的硫酸盐或硫化物杂质时,应进行专门检验,确认能满足混凝土耐久性要求时,方能使用。

⑦细骨料的碱活性应采用砂浆棒法进行检验,且细骨料的砂浆棒膨胀率应小于0.10%,否则应按"有关规定"(指《铁路混凝土结构耐久性设计暂行规定》第5.1.4条的规定)要求采取抑制碱—骨料反应的措施。

说明表 6.3.1—2 砂中有害物质含量限值

序号	项目 \ 混凝土强度等级	<C30	C30~C50	≥C50
1	含泥量(按质量计,%)	≤3.0	≤2.5	≤2.0
2	泥块含量(按质量计,%)	≤0.5		
3	云母含量(按质量计,%)	≤0.5		
4	轻物质(比重小于2,如煤、贝壳等)含量(按质量计,%)	≤0.5		
5	氯离子含量(%)	≤0.02		
6	硫化物及硫酸盐含量(折算成 SO_3,按质量计,%)	≤0.5		
7	有机物含量(用比色法试验)	颜色不应深于标准色。如深于标准色,则应按水泥胶砂强度检验方法进行强度对比试验,抗压强度比不应小于0.95		

注:1 泥系指天然砂中粒径小于0.075 mm的颗粒;

2 泥块系指砂中原粒径大于1.18 mm,经水浸洗、手捏后小于0.6 mm的颗粒;

3 对有抗冻、抗渗或其他特殊要求的混凝土用砂,含泥量不应大于3%。

⑧ 当采用以专门机组生产的人工砂或混合砂配制混凝土时,人工砂及混合砂的压碎指标值应小于25%。经亚甲兰试验判定后,人工砂及混合砂的石粉含量应符合说明表6.3.1—3的规定。

说明表 6.3.1—3 人工砂及混合砂中石粉含量限值

混凝土强度等级		<C30	C30~C45	≥C50
石粉含量(%)	MB<1.4	≤10.0	≤7.0	≤5.0
	MB≥1.4	≤5.0	≤3.0	≤2.0

(2)关于粗骨料

① 粗骨料应选用级配合理、粒形良好、质地均匀坚固、线胀系数小的洁净碎石,也可采用碎卵石,不宜采用砂岩碎石。

② 粗骨料的最大公称粒径不宜超过钢筋的混凝土保护层厚度的2/3(在严重腐蚀性环境条件下不宜超过钢筋的混凝土保护层厚度的1/2),且不得超过钢筋最小间距的3/4。配制强度等级C50及以上混凝土时,粗骨料最大公称粒径(圆孔筛)不应大于25 mm。

③ 粗骨料应采用二级或多级级配,其松散堆积密度应大于1 500 kg/m^3,紧密孔隙率宜小于40%。

④ 粗骨料的吸水率应小于2%(用于干湿交替或冻融破坏环境条件下的混凝土应小于1%)。

⑤ 当粗骨料为碎石时,碎石的强度用岩石抗压强度表示,且岩石抗压强度与混凝土强度等级之比不应小于1.5。施工过程中碎石的强度可用压碎指标值进行控制,且应符合说明表6.3.1—4的规定。

⑥ 粗骨料的坚固性用硫酸钠溶液循环浸泡法进行检验,试样经5次循环后,其重量损失率应符合说明表6.3.1—5的规定。

⑦ 粗骨料中的有害物质含量应符合说明表6.3.1—6的规定。

说明表 6.3.1—4　粗骨料的压碎指标（%）

混凝土强度	<C30			≥C30		
岩石种类	沉积岩（水成岩）	变质岩或深成的火成岩	喷出的火成岩	沉积岩（水成岩）	变质岩或深成的火成岩	喷出的火成岩
碎　石	≤16	≤20	≤30	≤10	≤12	≤13
碎卵石	≤16			≤12		

注：沉积岩（水成岩）包括石灰岩、砂岩等；变质岩包括片麻岩、石英岩等；深成的火成岩包括花岗岩、正长岩、闪长岩和橄榄岩等；喷出的火成岩包括玄武岩和辉绿岩等。

说明表 6.3.1—5　粗骨料的坚固性指标

结构类型	混凝土结构	预应力混凝土结构
重量损失率（%）	≤8	≤5

说明表 6.3.1—6　粗骨料中有害物质含量限值

项　目　＼　强度等级	<C30	C30～C45	≥C50
含泥量（按质量计，%）	≤1.0	≤1.0	≤0.5
泥块含量（按质量计，%）	≤0.25		
针、片状颗粒总含量（按质量计，%）	≤10	≤10	≤8
硫化物及硫酸盐含量（折算成 SO_3，按质量计，%）	≤0.5		
氯离子含量（%）	≤0.02		
卵石中有机质含量（用比色法试验）	颜色不应深于标准色。当深于标准色，则应按水泥胶砂强度检验方法进行强度对比试验，抗压强度比不应小于 0.95		

注：凡颗粒长度大于该颗粒所属相应粒级的平均粒径 2.4 倍者为针状颗粒；厚度小于平均粒径 0.4 倍者为片状颗粒。平均粒径指该粒级上、下限粒径的平均值。

⑧ 粗骨料的碱活性应首先采用岩相法进行检验，若粗骨料含有碱—硅酸反应活性矿物，其砂浆棒膨胀率应小于 0.10%，否则应按"有关规定"（指《铁路混凝土结构耐久性设计暂行规定》第 5.1.4 条的规定）的要求采取抑制碱—骨料反应的技术措施。不得使用具有碱—碳酸盐反应活性的骨料。

6.3.2　碱—骨料反应是骨料中的某些矿物，在一定的条件下与混凝土中的碱（K_2O、Na_2O）发生化学反应，导致混凝土产生膨胀、开裂甚至破坏的现象。碱—骨料反应包括碱—硅酸反应和碱—碳酸盐反应。碱—硅酸反应是指水泥中或其他来源的碱与骨料中活性的 SiO_2 发生化学反应并导致砂浆或混凝土异常膨胀；碱—碳酸盐反应是指水泥中或其他来源的碱与活性白云质骨料中白云质晶体发生化学反应并导致砂浆或混凝土异常膨胀。碱—骨料反应应具备水、混凝土中的碱和活性骨料三个条件。水的作用是由于水中氯离子的含量引起的；混凝土中的碱主要包括水泥提供的碱、化学外加剂引入混凝土中的碱、掺和料提供的碱等；活性骨料是指含碱活性成分的岩石组成的骨料。常见的含碱活性成分的岩石可参见说明表 6.3.2—1。

说明表 6.3.2—1　常见含碱活性成分的岩石

岩　类	岩　石　名　称	活　性　成　分
岩浆岩	安山岩、英安岩、流纹岩、凝灰岩、粗面岩、松脂岩、珍珠岩、黑曜岩、玄武岩	中、酸性富含二氧化硅的火山玻璃，微晶隐晶质石英、磷石英、方英石
沉积岩	硅质岩	微晶、隐晶质石英、玉髓、蛋白石、燧石、碧玉、玛瑙
	碳酸岩盐	含有 10%～20% 黏土质矿物的灰质白云岩（白云石和方解石含量几乎各占 1/2）

碳酸盐岩产生碱活性反应要同时具备三个方面的特征：一是有独特的结构，即细小的白云石晶体颗粒，大小一般为小于等于0.05 mm，分散在更细粒的方解石和黏土矿物的基质中；二是有特定的矿物组成和成分，即白云石占碳酸盐的40% ~60%；三是含有5% ~25%的酸不溶残渣。质地纯正的石灰岩、白云岩是不具有碱活性的。

在《铁路混凝土用骨料碱活性试验方法　岩相法》（TB/T 2922.1—1998）中，认为碱活性矿物包括以下两类：

（1）硅酸类矿物：蛋白石、方英石、磷石英、微晶石英（粒径小于30 μm）、玉髓、严重波状消光石英、火山玻璃、燧石、人工硅质玻璃等；

（2）碳酸盐类矿物：主要为细小菱形白云石晶体（粒径小于50 μm）、有时晶体周围还存在不溶的黏土基质。

混凝土用粗骨料的碱活性应首先采用岩相法进行检验，即通过肉眼和显微镜对骨料进行观察，鉴定骨料的岩石种类、结构构造及矿物成分，确定骨料是否含有碱活性矿物、碱活性矿物的类别以及碱活性矿物占骨料的重量百分含量，从而定性评定骨料的碱活性。

混凝土粗、细骨料的碱—硅酸反应应采用砂浆棒法进行检验（粗骨料经岩相法检验，若含有碱—硅酸反应活性矿物时），其砂浆棒膨胀率应小于0.10%。混凝土骨料的碱—碳酸盐反应应采用岩石柱法进行检验，其膨胀率应小于0.1%。《铁路混凝土结构耐久性设计暂行规定》（铁建设〔2005〕257号）第4.4.8条规定："不得使用具有碱—碳酸盐反应活性的骨料"。

《铁路混凝土结构耐久性设计暂行规定》（铁建设〔2005〕257号）第5.1.4条规定："当骨料的碱—硅酸反应砂浆棒膨胀率在0.10% ~0.20%时，混凝土的碱含量应满足说明表6.3.2—2的规定；当骨料的砂浆棒膨胀率在0.20% ~0.30%时，除了混凝土的碱含量应满足说明表6.3.2—2的规定外，混凝土中还应掺加具有明显抑制效能的矿物掺和料和外加剂，并经试验证明抑制有效。"

7.1.1 天然石料开采场地的地质调查应特别注意覆盖层与下伏基岩面的接触情况，当下伏基岩面的坡度较徒时，开采过程中其上的覆盖层易发生失稳、坍滑；另外，基岩面往往是地表水下渗时的隔水层，造成下渗水的富集，在覆盖层与基岩面接触带附近常有地下水或软塑带发育，这也是造成上覆地层失稳的重要原因，对此应给予特别重视。

说明表6.3.2—2　混凝土最大碱含量（kg/m^3）

设计使用年限级别		一级（100年）	二级（60年）	三级（30年）
环境条件	干燥环境	3.5	3.5	3.5
	潮湿环境	3.0	3.0	3.5
	含碱环境	必须换用非碱活性骨料	3.0	3.0

注：1　混凝土的总碱含量包括水泥、矿物掺和料、外加剂及水的碱含量之和。其中，矿物掺和料的碱含量以其所含可溶性碱计算。粉煤灰的可溶性碱量取粉煤灰总碱量的1/6，矿碴粉的可溶性碱量取矿碴粉总碱量的1/2，硅灰的可溶性碱量取硅灰总碱量的1/2。

2　干燥环境是指不直接与水接触、年平均空气相对湿度长期不大于75%的环境；潮湿环境是指长期处于水下或潮湿土中、干湿交替区、水位变化区以及年平均相对湿度大于75%的环境；含碱环境是指直接与高含盐碱地、海水、含碱工业废水或钠（钾）盐等接触的环境；干燥环境或潮湿环境与含碱环境交替变化时，均按含碱环境对待。

3　处于含碱环境中的设计使用寿命为30年、60年的混凝土结构，除了对混凝土的碱含量按本表的要求进行控制外，还应对混凝土表面作防水、防碱涂层处理，否则应换用非碱活性骨料。

弃砟场地地质条件的调查也应是地质调绘的主要内容，该项工作往往被忽视。弃砟场地调查的主要内容大致有以下几个方面：场地本身的地质条件——地面的坡度问题，是否会在堆积荒料后造成弃砟的坍塌；是否位于沟床、滑坡等不良地质发育地带；有无修建挡护工程的条件等。对环境的影响——场地在荒料堆积后是否会引起排洪不畅或引发新的泥石流；是否会造成水源的污染；是否会引起新的滑坡等。对居民生活的影响——对居民交通、耕种、居住条件的影响等。

7.2.1　天然石料开采场地一般露头较好，覆盖层较薄，可采用挖探了解覆盖层与基岩面的接触情况，采用钻探取样了解岩石的风化程度、节理裂隙发育情况及性能。为查明深部控制岩层分布情况的地质构造时，可辅以物探方法。但物探成果必须得到钻探方法的验证。

7.2.6　根据《铁路混凝土与砌体工程施工质量验收标准》(TB 10424)的规定："在最冷月平均气温低于 −15 ℃或 −5 ℃～−15 ℃的地区使用的石材，其抗冻指标应分别符合冻融循环 25 次或 15 次的要求，且表面无破坏迹象"；"浸水和潮湿地区主体工程的石材软化系数不得小于 0.8"，因此，规定了石料的抗冻性和软化系数试验项目。表列软化系数和吸水率是间接评价岩石坚固性需要的指标。

7.3.1《铁路混凝土与砌体工程施工规范》(TB 10210)对石料的质量作如下要求：

(1)石料强度等级应以边长为 70 mm 的立方体试件在浸水饱和状态下的抗压极限强度表示。当采用边长为 200 mm、150 mm、100 mm 或 50 mm 的立方体长工件时，其抗压极限强度应分别乘以 1.43、1.28、1.14 或 0.86 的换算系数。石料的强度等级应分为 MU120、MU100、MU90、MU80、MU70、MU60、MU50、MU40、MU30、MU20、MU15 和 MU10。

(2)石料的强度等级应符合设计要求。当设计未提出要求时，应符合下列规定：

① 片石、块石不应小于 MU40，用于附属工程的片石不应小于 MU30；

② 粗料石、半细料石及细料石(包括供石)不应小于 MU60；

③ 破冰体镶面石不应小于 MU100。

(3)浸水和潮湿地区主体工程的石料软化系数，不应小于 0.8。对于沉井填心、拱桥填心及各类防护工程的石料，可不考虑软化系数的要求。

(4)在最冷月平均气温低于 −15 ℃或在 −5 ℃～−15 ℃的地区使用的石料，其抗冻性指标应分别符合冻融循环 25 次或 15 次的要求，且表面无破坏迹象。

《铁路工程混凝土与砌体工程施工质量验收标准》(TB 10424)第 8.1.1 条规定："砌体采用的石材应质地坚硬、不易风化、无裂纹，表面的污渍应予清除"。在附录 D 中还规定："砌体工程所用石料的类别、规格和质量要求应符合说明表 7.3.1 的规定"。

说明表 7.3.1　砌体工程所用石料的类别、规格和质量要求

序号	类别	形　状	规　格　和　质　量
1	普通片石	形状不规则	石块中部厚度不小于 15 cm
2	镶面片石	形状不规则	有两个大致平行面，厚度不小于 15 cm，其他尺寸大于厚度
3	块石	形状规则大致方正	稍加修整，厚度不得小于 20 cm，长度和宽度不小于厚度
4	镶面块石	形状规则大致方正	外露面稍加修凿，凹入深度不大于 2 cm，尺寸同块石。外露面向内修凿的进深不小于 7cm，但尾部的宽度和厚度不大于修凿的部分。丁石的长度不小于顺石宽度的 1.5 倍

续上表

序号	类别	形 状	规 格 和 质 量
5	粗料石	形状规则的六面体	经粗加工,表面不允许凸出,凹入深度不大于2 cm,厚度不小于20 cm,宽度不小于厚度,长度不小于厚度1.5倍。外露面修凿进深不得小于10 cm,且修凿面应与外露面垂直,每10 cm应凿4~5条纹。丁石长度应比相邻顺石宽度大15 cm
6	细料石	形状规则的六面体或按设计要求	经细加工,表面不允许凸出,凹入深度不大于1 cm,尺寸同粗料石

8.2.2 在天然建筑材料场地的工程地质勘察中,除应重视对建筑材料本身的调查、质量与储量的评价外,还应重视对场地及附近滑坡、泥石流、崩塌、采空区、放射性及有害(有毒)物质等地质灾害的发育情况、分布范围及其对开采工作的影响程度的调查和评价。例如放射性、有害气体、岩溶等是石料开采场地经常会遇到的地质问题。在花岗岩地层中常会遇到放射性超标的问题,煤系地层中常有瓦斯突出的问题。近年来,深部可燃性气体沿岩体裂隙泄露地表,甚至喷出岩中出现"可燃性气体"的情况也时有报导。在山区的开采场地内是否会产生因开采作业引起滑坡或崩塌的可能性;岩溶地区的场地是否有岩溶突水、突泥的危害等,对此在勘察中都应认真调查,引起足够的重视。

9.1.2 "天然建筑材料场地分布图"是为全面了解铁路沿线天然建筑材料的分布情况而作。一般利用1:5 000~1:50 000的地质图或地形图作底图进行编制。其内容除条文中规定之外,还应根据需要标注上既有天然建筑材料场地的名称及位置。对填料场地可根据需要、图件的比例等标注。混凝土骨料、铁路碎石道砟场地、石料产地距离本工程较远,或路基填料场地较小时,可不做此图。

9.1.7 探坑展示图主要是为了显示天然建筑材料有用层与无用层接触界线,当接触界线规则,倾斜角度不大时,可以探坑柱状图代替。

9.2.3 储量计算是在地质勘察的基础上进行的,与开采后的实际情况不免会有出入。为达到储量计算结果"满足设计所需用量"的要求,不致发生开采后建筑材料严重不足的情况;并且应考虑一些不可预见的因素(如岩层节理发育情况、风化层厚度的变化、隐蔽的断层在勘察阶段难以发现等),在计算储量过程中,有意地适当缩小有用层的厚度,增大无用层的厚度是有必要的。

9.3.1 "大型天然建筑材料场地"是指年石料产量大于20万m^3的大型采石场、取土量大于20万m^3或有可能引起一类变更的路基填料取土场。"地质条件复杂的天然建筑材料场地"是指场地内地层类型较多,其分布受断层控制,或场地内及附近不良地质(如滑坡、崩塌、岩溶等)发育,且对建筑材料的开采有影响的场地。小型路基填料场地,当其地形平坦、岩性单一时可列为"地形地质条件简单,储量较小的天然建筑材料场地",列表说明其地层岩性、开采条件等。

9.3.2 在进行全线天然建筑材料勘察后,应对沿线天然建筑材料质量、储量和开采条件等提出总的评价意见。在结论部分应重点提出天然建筑材料开采过程中对环境保护、水土保持、施工安全、防洪等方面应注意的问题,以及在应对工程地质与水文地质问题方面应采取的措施。

中华人民共和国行业标准

铁建设〔2007〕169号

铁路工程地质勘察规范

TB 10012—2007

J 124—2007

2007—08—31　发布　　　　2007—08—31　实施

中华人民共和国铁道部　发布

前　　言

本规范是根据铁道部《关于印发〈2005 年铁路工程建设标准编制计划〉的通知》(铁建设函〔2005〕84 号)的要求,在《铁路工程地质勘察规范》(TB 10012—2001,包括 2004 年局部修订条文)的基础上进行修订的

在修订过程中,总结了近年来铁路工程地质勘察经验,吸纳了有关科研成果。

本规范共分 10 章,主要内容包括:总则,术语和符号,工程地质勘察基本内容,各类建筑物工程地质勘察,不良地质、特殊岩土工程地质勘察,新建、改建铁路工程地质勘察,施工、运营阶段工程地质工作等,另有 6 个附录。

本次修订的主要内容有:

1. 明确了铁路工程地质勘察大纲应包括的内容;

2. 增加了对规范未涉及或研究程度不深,且对铁路方案、运营安全有较大影响的地质问题进行专项工程地质研究的要求;

3. 在相关章节增加了客运专线铁路对勘探和试验的要求,特别是对过渡段的勘探要求;

4. 增加了天然建筑材料场地的勘察一节;

5. 增加了多年冻土区年平均地温稳定性分区表;

6. 根据近年来铁路工程地质勘察的实践,调整了岩溶、黄土、松软土等不良地质及特殊岩土的勘察内容,强化了施工及运营阶段工程地质勘察工作的内容;

7. 增加了环境水、土对混凝土侵蚀性的判定标准。

本规范以黑体字标志的条文为强制性条文,必须严格执行。

在执行本规范过程中,希望各单位结合工作实践,认真总结经验,积累资料。如发现需要修改和补充之处,请及时将意见及有关资料寄交铁道第一勘察设计院(陕西省西安市西影路 2 号,邮政编码:710043),并抄送铁道部经济规划研究院(北京市海淀区羊坊店路甲 8 号,邮政编码:100038),供今后修改时参考。

本规范由铁道部建设管理司负责解释。

本规范主编单位:铁道第一勘察设计院。

本规范参编单位:铁道第二勘察设计院、铁道第三勘察设计院、铁道第四勘察设计院、西南交通大学。

本规范主要起草人:龚重远、李法昶、楼文虎、李　响、陈元元、王永安、张增淮、刘薇、谭鸿增、荆志东、孟庆文、戴　基、胡厚田。

目　次

1 总　则

1.0.1 为贯彻执行国家有关技术经济政策，统一铁路工程地质勘察的技术要求，制定本规范。

1.0.2 本规范适用于新建与改建铁路勘测设计、施工和运营阶段的工程地质勘察工作。

1.0.3 工程地质勘察应由面到点、由浅入深，分阶段开展工作，按照地质调绘、勘探测试、地质资料综合分析及文件编制的工作程序进行。工作内容应根据地区特点、工作阶段和工程要求确定。

1.0.4 工程地质勘察应查明建设工程地区的工程地质条件，为线路方案选择、各类建筑物设计、特殊岩土处理、不良地质整治、环境保护和水土保持方案的制定及合理确定施工方法等提供可靠依据。

1.0.5 工程地质工作应采用综合勘察和综合分析方法，积极应用新技术、新方法。

1.0.6 工程地质勘察工作应遵守国家、地方和相关部门有关环境保护、水土保持及安全生产等方面的法规，并做到文明勘察，保障人身与机具的安全。

1.0.7 铁路工程地质勘察，除应符合本规范的规定外，尚应符合国家现行有关强制性标准的规定。

2 术语和符号

2.1 术　语

2.1.1　工程地质勘察　engineering geologic investigation

查明与建设工程有关的场地自然特征、工程地质和水文地质条件，并进行工程地质条件评价的全过程。

2.1.2　综合勘察　integrated survey

在研究、分析区域地质条件和进行地质调绘的基础上，采用多种工程地质勘察手段进行勘察的方法。一般包括遥感图像地质解译、工程地质调绘、物探、钻探、原位测试、室内试验等手段和方法的综合利用，及对成果资料的综合分析。

2.1.3　遥感图像地质解译　geological interpretation of remote sensing image

从工程地质及水文地质角度，通过多种手段和方法，对遥感图像地质信息识别、分析、判断，达到识别地区或场地地质条件的过程。

2.1.4　工程地质调绘　engineering geological mapping

采用收集资料、遥感解译、地质调查访问等手段，对地貌形态，地层岩性及其工程特征、地质构造、水文地质情况、不良地质现象、特殊岩土等工程地质要素进行调查、测绘，以分析地质现象，确定勘探方法，认识、评价场地工程地质条件的基本工作方法。

2.1.5　工程勘探　engineering exploration

通过人工、机械或仪器来揭示地层层序、岩土工程特征，认识地表以下地层的手段，包括物探、简易勘探（挖探、洛阳铲勘探、小螺钻探、钎探等）和钻探。

2.1.6　地质测试　geological determine

通过对岩、土、水样的室内试验及在地层原始状态下进行物理力学性质和水文地质条件的测试，为工程设计或施工检验提供地质参数的手段，包括原位测试、水文地质测试和室内试验。

2.1.7　勘探点　exploration point

各类钻孔和原位测试孔、简易勘探孔、探坑、探槽等的统称。

2.1.8　不良地质　unfavorable geological condition

由于各种地质作用和人类活动而造成的工程地质条件不良的地质现象的统称。铁路修建和运营中经常遇到的不良地质现象有：滑坡、错落、危岩、落石、崩塌、岩堆、泥石流、风沙、岩溶、人为坑洞（采空区）、水库坍岸、地震动峰值加速度大于和等于 $0.1g$ 地区饱和砂土和粉土的液化及断裂活动（简称地震区）、放射性地层的辐射危害（简称放射性地区）和有害气体等。

2.1.9　特殊岩土　special rock and soil

对本身具有特殊的物理、力学、化学性质，并影响工程地质条件的岩土的统称，主要包括黄土、膨胀土（岩）、红黏土、软土（松软土）、盐渍土、岩盐、多年冻土、填土等。

2.1.10　容许承载力　allowable bearing capacity

在保持地基稳定和建筑物沉降量不超过容许值的条件下，地基单位面积所能承受的最大压力。

2.1.11　基本承载力　basic bearing capacity

建筑物基础短边宽度不大于2.0 m、埋置深度不大于3.0 m时的地基容许承载力。

2.1.12　极限承载力　ultimate bearing capacity

地基岩土体即将破坏时单位面积所承受的压力。

2.1.13　标准值　standard value

岩土物理力学性质参数和地基承载力，在某一置信概率下的数值。

2.1.14　地震动参数区划　seismic ground motion parameter zonation

以地震动峰值加速度和地震动反应谱特征周期为指标，将国土划分为不同抗震设防要求的区域。

2.1.15　地震动峰值加速度　seismic peak ground acceleration

与地震动加速度反应谱最大值相应的水平加速度。

2.1.16　地震动反应谱特征周期　characteristic period of the seismic response spectrum

地震动加速度反应谱开始下降点的周期。

2.2　符　　号

2.2.1　岩土的物理指标

A_t——崩解量

$CEC(NH_4^+)$——阳离子交换量

D_r——相对密度

DT——易溶盐含量

$\overline{DT}$——平均含盐量

e——天然孔隙比

F_s——自由膨胀率

H_k——毛细水上升高度

K_Q——耐冻系数

I_P——土的塑性指数

I_L——土的液性指数

M——蒙脱石含量

V_H——膨胀率

V_{HP}——加荷膨胀率

S_r——土的饱和度

w——土的天然含水率

w_A——多年冻土的总含水率

w_P——土的塑限

w_L——土的液限

w_s——土的缩限

ρ——岩土的天然密度

ρ_s——颗粒密度

2.2.2 岩土的力学指标

c——黏聚力

CU——固结不排水剪

CD——固结排水剪

E_s——土的压缩模量

N——标准贯入试验锤击数

P_P——膨胀力

P_{sh}——湿陷起始压力

P_u——极限承载力

q_u——无侧限抗压强度

R——岩石单轴抗压强度

R_c——岩石单轴饱和抗压强度

s_t——土的灵敏度

UU——不固结不排水剪

ϕ——内摩擦角

S——抗剪强度

S_t——十字板剪切强度

σ_0——地基基本承载力

2.2.3 岩土的测试系数

$a_{0.1\sim0.2}$——压力为0.1～0.2 MPa时的压缩系数

a_v——垂直压缩系数

a_h——水平压缩系数

C_v——垂直固结系数

C_h——水平固结系数

k_v——垂直渗透系数

k_h——水平渗透系数

K_v——岩体完整性指数

δ_s——湿陷系数

δ_{zs}——自重湿陷系数

3 工程地质勘察基本内容

3.1 一般规定

3.1.1 新建铁路工程地质勘察应按踏勘、初测、定测、补充定测开展工作，并与预可行性研究、可行性研究、初步设计、施工图四个设计阶段相适应，详见表3.1.1。施工、运营阶段也应根据需要开展工程地质工作。通过各阶段工程地质勘察及工作，逐步深入认识建设工程区域及工程场地地质条件，为不同设计阶段及施工、运营维护管理搜集和提供地质资料，并预测工程活动对周边地质环境的影响。

表3.1.1 勘察阶段与设计阶段对应表

勘察阶段名称	踏　勘	初　测	定　测	补充定测
设计阶段名称	预可行性研究	可行性研究	初步设计	施工图

3.1.2 工程地质勘察前，应充分搜集、分析现有区域和同类工程地质资料，明确工作重点，制订切实可行的勘察大纲，必要时进行实地踏勘。

3.1.3 工程地质勘察中，观测点、勘探点、测试点等地质点的布置，目的应明确，密度应根据勘察阶段、成图比例、露头情况、地质复杂程度确定。选点应具有代表性，数量和勘探深度应能控制重要地质界线和说明工程地质条件。

3.1.4 工程地质勘察应重视工程地质调绘、工程勘探、地质测试、资料综合分析和文件编制过程中的每一环节，保证地质资料准确、可靠。

3.1.5 工程地质勘察工作应根据勘察阶段、区域及工程场地地质条件、工程类型、勘察手段的适宜性，统筹考虑勘察手段选配，开展综合勘察工作。

3.1.6 对地质条件特殊或有特殊要求的工程，应根据其特殊性，选择相适应的工程勘探、地质测试方法，获取所需的地质参数，满足工程设计要求。

3.1.7 对控制线路方案及影响铁路安全的地质复杂地段或工程地质问题，应提出进行专题地质研究的内容。

3.1.8 按照国家有关规定，在初测阶段根据工程的设置情况，提出应进行地震安全性评价的工程项目和需进行地震动峰值加速度区划界线复核地段的建议。

3.2 勘察大纲的编制

3.2.1 工程地质勘察工作开始前，应根据相关规定、委托单位（业主）的技术要求、工程设置和地质条件等编制工程地质勘察大纲。

3.2.2 工程地质勘察大纲应包括下列内容：

1 工程地质勘察概况，包括编制依据、工程概况及重大工程的分布情况、以往勘察情况；

2　地质概况，包括沿线地形及地貌特征、主要岩性及地质特征、工程地质及水文地质概况、沿线不良地质、特殊岩土的分布状况；

3　技术要求及勘察工作原则，包括主要技术要求，勘察工作的主要内容和原则，重大工程、重点不良地质及特殊岩土的勘察原则；

4　勘探方法的选用、勘探点的布置原则及主要工作量；

5　勘察工作的质量目标和质量管理；

6　组织机构，人员及设备配置，安全保障措施；

7　计划进度安排及保证措施；

8　资料编制的原则，应交成果资料种类和数量等；

9　其他需要说明的问题。

3.2.3　勘察大纲在执行过程中应根据地质条件、工程设置和技术要求的变化进行调整。

3.3　遥感图像地质解译

3.3.1　遥感图像地质解译应根据勘察地区特点和勘测阶段，选择适宜的遥感图像种类和比例尺，必要时应进行计算机图像处理。

3.3.2　应充分利用遥感图像地质解译认识地质构造、地层岩性、水文地质特征，不良地质形态、规模，特殊岩土分布范围等自然特征，也可利用不同时期的遥感图像对区域地质条件或不良地质进行动态分析。

3.3.3　遥感图像地质解译应按建立解译标志、分析解译成果、确定调查重点、实地核对与修改、补充解译、复判的程序开展工作。

3.3.4　新建铁路的踏勘及初测阶段，特别是安排加深地质工作时，应充分利用遥感图像，并与野外工程地质调绘密切配合，为线路方案比选快速、准确地提供地质资料。

3.3.5　在地质条件复杂的山区进行大面积工程地质选线时，宜采用多片种、多层次的遥感图像地质解译和必要的计算机图像处理。解译成果应编制遥感图像地质解译图。必要时，宜编制卫星影像图或航空遥感图像略图。

3.4　工程地质调绘

3.4.1　工程地质调绘应紧密结合工程设置，采用远观近察、由面到点、点面结合的工作方法，合理、有效地布置工程勘探、地质测试工作，为线路方案比选、工程建设场地的工程地质评价和工程设计提供真实、准确的地质资料。

3.4.2　工程地质调绘应包括下列内容：

1　地形、地貌形态的成因和发育特征及其与岩性、构造等地质因素的关系，划分沿线地貌单元；

2　地层层序、成因、时代、厚度、岩土名称、胶结物，以及岩石风化破碎的程度和深度等；

3　岩层产状、接触关系、节理、裂隙等的发育情况，断裂和褶曲等的位置、走向、产状等形态特征和力学性质，断裂类型、活动程度及破碎带的范围、富水情况，新构造运动的痕迹、特点；

4　通过含水地层岩性、富水(或储水)构造、裂隙、水系和地下水埋深及井泉的调查,查明水文地质条件(补给、径流、排泄条件、地下水类型、水位及变化幅度等);

5　大量抽取地下水引起的地面沉降、地下水水质的变化、地面塌陷、地裂缝、因灌溉或排水引起的土壤盐渍化等地质变化情况;

6　不良地质的性质、范围及其发生、发展和分布规律,特殊岩土的类型、性质、分布范围及危害程度等;

7　岩、土成分及其密实程度、含水情况、物理力学性质,膨胀土、盐渍土、软土等的水理、化学性质,划分岩土施工工程分级,其分级标准应符合附录A的要求;

8　既有建筑物的使用情况,地质病害、防治措施及效果。

3.4.3　工程地质调绘的范围应满足线路方案选择、工程设计和地质病害处理。地质构造复杂、不良地质发育的地段,应扩大地质调绘范围。

3.4.4　地质观测点应符合下列要求:

1　地质观测点应设置在具有代表性的岩层露头、地层接触界线、断层及重要的节理、地下水露头、不良地质界线等处;

2　地质观测点的密度应根据场地地质条件、露头情况、成图比例和工程设置情况确定;

3　地质观测点位置可采用目测法、丈量法和仪器法确定,重要的观测点位置应采用仪器法确定。

3.4.5　地层单元的划分应根据勘察阶段、成图比例、岩性与工程的关系确定。全线工程地质图,地层单元宜划分到系,影响线路方案的地层,应划分到统;详细工程地质图,地层单元宜划分到统,地质条件复杂的应划分到组;工点工程地质图,地层单元宜划分到统,当构造复杂、不良地质发育受地层控制时,地层单元应划分到组,必要时可细划至段;对第四系地层,应按成因类型、时代及岩性进行划分。

3.4.6　工程地质图件填绘,应符合下列要求:

1　全线工程地质图(1∶10 000～1∶500 000),应充分利用区域地质图、卫星图像、航空图像等既有资料编制,对控制线路方案的主要地质构造和不良地质,应进行现场核对;

2　详细工程地质图(1∶2 000～1∶5 000)及工点工程地质图(1∶500～1∶10 000),对控制线路位置、重点工程的地质点及地质界线,应用仪器或其他实测方法测绘;

3　工程地质断面图的内容应充分反映与工程有关的主要地质条件,对工程设计有影响的地质界线应有地质点作依据,地质条件控制线路方案的地段应实测工程地质断面图。

3.4.7　沿线地震动参数应按现行《中国地震动参数区划图》(GB 18306)的规定划分。区划界线位置应依据地震动参数,结合实地地质构造线的延伸或地貌单元及工程的设置情况确定。

3.4.8　控制线路方案或影响工程设置的地质构造,宜采用追索和穿越相结合的方法,进行工程地质调查。控制线路方案和工程设置的不良地质地段,应根据其性质、规模,采用相适宜的地质调查方法。

3.4.9　工程地质调查的记录应采用文字记录与地质照片或示意图相结合,记录资料应准确可靠、条理清晰、文图相符。重要的、代表性强的观测点,应用素描图或照片补充文字说明。

3.5 物 探

3.5.1 物探方法包括电法勘探、弹性波勘探、重力勘探、磁法勘探、放射性勘探、地温勘探、孔内物探等,应根据场地地质概况和各种方法的适用性,参照附录B合理选用。

3.5.2 铁路工程地质勘察中,遇下列情况宜采用物探方法:

1 探测隐伏的地质界线、界面、岩溶洞穴、采空区、含水层等;

2 探测钻孔间及外延段地质情况;

3 测定岩土层的波速、振动强度、卓越周期等参数。

3.5.3 在地质条件复杂地段采用物探方法进行工程地质勘察时,应采用综合物探方法。

3.5.4 物探提供的成果资料,应与钻探及其他地质勘察资料综合分析、互相验证。

3.6 钻探、简易勘探及取样

3.6.1 钻探及简易勘探应根据工程要求和场地地层情况,单独或配合使用。根据勘测阶段和工程设置布置勘探点。

3.6.2 应根据勘探目的,选择适宜的钻机类型,采用合理的钻进方法,安全操作,详细记录,认真分析钻探过程和岩芯情况,保证钻探质量。

3.6.3 利用钻探方法采取原状土样时,应根据地层情况,选定钻孔孔径、取土器类型、规格及施钻方法,其技术要求应符合有关技术规程要求。

3.6.4 钻探工作应符合铁道部现行《铁路工程地质钻探规程》(TB 10014)的规定。对工程有影响的软弱夹层、软弱面(带)不得遗漏,含水层分层及水位的测量应准确。控制性重要钻孔宜与物探、原位测试等手段配合,获取多方面地质参数。

3.6.5 当需要量测地下水的水量、流向、流速等水文地质参数或需采取水样时,钻孔应按有关规定进行提水或抽水等试验及观测工作,必要时进行压水或注水试验。

当含水层较多,各层水质、水量变化较大时,应结合工程需要分层止水进行测定及试验。

需作长期观测的勘探孔应加固孔口,并设标志桩,按要求定期观测。

3.6.6 勘探深度较浅,或当钻探方法难以准确查明地质情况,或难以保证原状土样质量时,宜采用挖探方法。土层探井深度不宜超过地下水位。松软地层应采取支撑措施,确保安全。

3.6.7 正式勘探点资料均应有反映地层层序的柱状图和文字描述。为确定层面(或带)方位的探井除文字描述外,应以展视图反映井壁及底部岩性、地层分界的方位、构造特征、取样及原位测试位置。代表性部位宜附彩色照片。

3.6.8 勘探点位置、高程均应用仪器测定,钻探岩芯鉴定表(钻探日志、地质柱状图)上应记录其经纬距坐标。下一阶段利用价值较大的钻孔,宜设标志桩。

3.6.9 对妨碍交通、影响安全和不封孔有可能恶化工程地基、隧道地质条件,或污染环境的钻孔、探井(坑),在鉴定后应按现行《铁路工程地质钻探规程》(TB 10014)等有关规定及时回填、平整场地。对位于大江、大河及堤防的钻孔、探井(坑)应根据当地堤防部门的要求回填、平整场地,并做好记录备查。

3.6.10　工程勘探岩芯及探井(坑)应及时鉴定。工程地质条件复杂及重点工程的钻孔岩芯应拍摄照片备查,并选择代表性岩芯整理保存。

3.6.11　采取的岩石、土、水样,应具有代表性。同类地质条件岩土试样数量,应满足有关规定的要求。当采用概率极限状态法设计时,同类地质条件下各岩性分层采取的岩、土试样不应少于6组。

3.6.12　采取土样的质量等级划分应符合表3.6.12的规定。

表3.6.12　土样质量等级的划分

土样等级	扰动程度	土样特征及使用条件
Ⅰ	不扰动	土在原位的应力状态虽已改变,但土的结构、密度(或孔隙状态)、含水情况等均变化很小的土样。可满足土的各项物理、力学性质试验的要求
Ⅱ	有轻微扰动	土的结构、密度、含水率等有较大变化的土样。此类土样可用作一般工程物理、力学项目的试验,试验结果可作为参考值与经验值对比分析后酌情使用
Ⅲ	已显著扰动	土的结构等已完全破坏,只保持天然含水率的土样。此类土样只适宜做一些特定项目的试验

3.7　原位测试

3.7.1　原位测试的方法包括载荷试验、静力触探、动力触探、标准贯入试验、十字板剪切试验、预钻式旁压试验、扁板侧胀试验、应力铲试验、现场直剪试验、岩体应力试验等。在初步了解地层结构的情况下,应根据场地岩土条件、各测试方法的适用性及工程设计对岩土参数的要求综合考虑,参照附录B合理选择测试方法。

3.7.2　原位测试方法的选择和测试点的布置,应注意各测试方法间及其与勘探、室内试验的相互配合,并注意地质资料的综合分析对比。

3.7.3　当采用静力触探成果资料计算地基承载力时,对于长大干线或新工作地区宜在初测阶段工程地质勘察中建立适合于本地区的承载力公式,或对拟选用的公式进行验证。

3.7.4　铁路工程地质勘察中,应根据动力触探、标准贯入试验和其他试验资料及地区经验综合分析确定岩土的工程性质,不宜仅根据单孔成果资料评价其工程性质。

3.8　室内试验

3.8.1　室内试验包括岩石试验、土工试验、岩土矿物理化分析试验、水质分析试验及天然建筑材料相关试验等,应根据岩土性质、土样质量和工程设计、施工需要确定试验项目及试验方法。岩土室内试验项目可参照附录E确定。

3.8.2　岩土力学性质试验宜选择与工程所处环境和状态基本相符或相似的条件进行试验。

3.8.3　对有特殊要求的试验,应会同有关人员共同研究相应的试验项目及方法,选择适用的仪器及试验步骤。

3.9　资料综合分析和工程地质条件评价

3.9.1　工程地质资料整理应采用综合分析方法。其工作应包括下列内容:

1　既有资料与勘察资料的综合分析；

2　同类地质条件下，相同勘察手段及不同勘察手段取得的地质资料的综合分析；

3　铁路沿线或各类工程场地地质条件的分类和综合分析；

4　区域地质条件或各方案地质条件的综合分析。

3.9.2　工程地质资料分析应将地质调绘、遥感图像地质解译及各类勘探、测试成果资料分类汇总，采用定性与定量相结合的综合分析方法。

1　定性分析应依据各类勘察手段获取的地质资料，进行综合分析；

2　定量分析应在定性分析的基础上进行，根据地质条件、试验测试方法，对各类地质参数分类汇总、分析对比，分析数据离散原因，剔除异常数据，分别进行数理统计。

3.9.3　岩土参数数理统计应符合下列要求：

1　岩土的物理力学指标，应按同类地质条件或同层位进行统计；

2　主要参数应按下列公式计算平均值 f_m 和标准差 σ：

$$f_m = \frac{\sum_{i=1}^{n} f_i}{n} \tag{3.9.3—1}$$

$$\sigma = \left[\frac{1}{n-1}\left(\sum_{i=1}^{n} f_i^2 - n f_m^2\right)\right]^{1/2} \tag{3.9.3—2}$$

式中　f_i——岩土物理力学指标；

n——同类地质条件下或同层位数据个数。

3　岩土参数的变异系数 δ 应按下式确定：

$$\delta = \sigma / f_m \tag{3.9.3—3}$$

4　岩土参数的标准值应按下式确定：

$$f_k = \gamma_s \cdot f_m \tag{3.9.3—4}$$

$$\gamma_s = 1 \pm \left(\frac{1.704}{\sqrt{n}} + \frac{4.678}{n^2}\right)\delta \tag{3.9.3—5}$$

式中　f_k——岩土参数标准值；

γ_s——统计修正系数，正负号按不利组合取值，如计算 c 及 ϕ 值的修正系数时取负号。

3.9.4　工程地质条件评价应包括下列内容：

1　对工程场地稳定性与适宜性分析、评价；

2　对工程场地环境工程地质条件评价，在评价场地自然条件的同时，还应预测工程与场地的相互影响及可能引发的工程地质问题；

3　为设计提供地质参数；

4　根据场地地质条件，为设计提供工程措施意见。

3.10　文 件 编 制

3.10.1　外业勘察资料应及时分析整理。在确认原始资料准确、完善的基础上，按基础资料、工点资料、综合图件、工程地质勘察报告的程序分别进行编制。

3.10.2　根据调绘、勘探和测试资料等，综合分析、评价工程建设场地的稳定性和适宜性，

提供设计参数和工程措施意见。

3.10.3　工程地质勘察成果资料应内容完整，地质参数的选择依据充分，工程措施建议合理。

3.10.4　资料编制应清晰整洁，图示规范，文字简练，结论明确。

3.10.5　同一条线路、相同工作阶段同类资料的地层划分、地质图形符号，应完全一致，图件、文字说明应相符。

3.10.6　与线路图比例尺相同的工程地质综合图件，可与线路图合并绘制。

3.10.7　全线各类工程勘探、地质测试资料，应分类整理，装订成册。

4 各类建筑物工程地质勘察

4.1 路基工程

4.1.1 一般路基工程地质勘察应包括下列内容及要求：

1 工程地质调绘

1）地质调绘的范围应沿线路中心两侧各 100 ~ 200 m，不良地质发育且对工程有影响的地段，应视需要扩大调绘范围；

2）分段查明地层结构、岩土性质、岩层产状及风化程度、水文地质特征等工程地质条件，查明不良地质和特殊岩土的性质、分布及对工程的影响；

3）分段、分层划分岩土施工工程分级，查明山体稳定状态，确定路堑边坡坡率，评价路基基底的稳定性。

2 工程勘探、地质测试

1）勘探点应布置在代表性工程地质横断面上，数量及深度应能满足工程地质断面图填绘和工程设计的要求；

2）应根据需要分段采取岩、土试样，作物理、力学性质试验；取水样作水质分析。

3 资料编制

1）沿线工程地质分段说明：按地貌和地质条件分段评价和说明地形、地貌、地层岩性、地质构造、岩土施工工程分级、挖方坡率（见附录 C）和地基承载力（见附录 D）、地下水发育情况、地震动参数、土壤冻结深度，评价地基的稳定性，提出处理措施建议；

2）代表性工程地质横断面图（注明代表地段起讫里程或与路基横断面图合并），比例为 1:200 或 1:500；

3）勘探、测试资料。

4 初测阶段的要求

主要依据工程地质调绘及代表性勘探、测试资料，编制沿线工程地质分段说明。

4.1.2 高路堤、陡坡路堤工程地质勘察应包括下列内容及要求：

1 工程地质调绘

1）应按工点收集地质资料，地质调绘的范围应沿线路中线两侧各 100 ~ 200 m；

2）查明地面坡度、地层结构、岩土工程性质、覆盖层与基岩接触面的形态，查明不利倾向软弱夹层或软弱结构面的性质和形态，评价其稳定性，查明不良地质、特殊岩土的性质、分布及对工程的影响；

3）查明地下水活动情况及其对基底稳定性的影响。

2 工程勘探、地质测试

1）应根据基底和斜坡的特征，结合工程处理措施，确定代表性工程地质横断面的位置、数量及勘探和测试工作。每个工点不应少于 1 个代表性地质横断面。

2)代表性地质断面上的勘探点不宜少于3个,地质条件简单时不宜少于2个。深度应至基底持力层下或基岩面以下3~5 m,或满足沉降计算要求;基底以下存在软弱地层或可能滑动面(带)时,孔深应至该层以下5~8 m。

3)需进行基底沉降及稳定性检算时,应取岩土试样,做物理力学性质试验,提供变形检算参数。主要地层的岩土试样不应少于6组。

4)遇地下水并可能影响基底稳定时,应作简易水文地质试验,并取样作水质分析。

3 资料编制

1)工点工程地质勘察报告或说明;

2)工程地质图(必要时绘制),比例为1∶500~1∶2 000;

3)工程地质横断面图,比例为1∶100~1∶500;

4)勘探、测试资料。

4 初测阶段的要求

1)控制线路方案的工点应布置代表性勘探点并取样试验,查明基底稳定情况,填绘工程地质横断面图,提供工程地质参数;

2)不控制线路方案的工点可在沿线工程地质分段说明中说明。

4.1.3 深路堑、地质复杂路堑工程地质勘察应包括下列内容及要求:

1 工程地质调绘

1)应按工点收集地质资料,地质调绘的范围应包括两侧堑顶外各不小于100 m;

2)查明山坡自然状态、植被情况、既有人工边坡的稳定情况,查明不良地质、特殊岩土的性质、分布及对工程的影响;

3)**查明覆盖层厚度、地层结构、成因类型及其物理力学性质,查明覆盖层与基岩接触面的形态,有无软弱夹层及其特征;**

4)查明岩层层序、厚度、产状,岩层风化破碎程度,软弱夹层的特征,特别应查明倾向线路的层面或软弱结构面;

5)查明断裂构造、褶皱构造、单斜构造、节理、裂隙的特征及组合形式;

6)**查明地下水出露位置、流量、活动特征,评价其对路堑边坡及基底稳定的影响。**

2 工程勘探、地质测试

1)应根据山坡的稳定性、初拟的边坡坡率及形式、水文地质条件等,确定代表性地质横断面的数量和勘探测试工作量。每个工点不应少于1个代表性地质横断面。

2)每个代表性地质横断面上的勘探点不应少于2个,深度应至路基面以下3~5 m,存在软弱结构面时应穿过软弱结构面并进入稳定地层3~5 m。地下水发育地段,根据排水工程需要适当加深。

3)可采用物探方法查明地层结构、软弱面或地下水位等,并应采用其他勘探手段进行验证;

4)需进行稳定性检算地段,应取岩土试样,做物理力学性质试验;

5)地下水发育地段,宜做水文地质试验,取样作水质分析。

3 资料编制

1)工程地质勘察报告或说明;

2)工程地质图(必要时绘制),比例为1∶500~1∶2 000;

3）工程地质横断面图，比例为 1∶100～1∶500；

4）节理统计分析图（必要时绘制）；

5）勘探、测试资料。

4　初测阶段的要求

1）控制线路方案、地质条件复杂的工点应布置代表性勘探点，并取样试验，填绘检算用的工程地质横断面图，提供工程地质参数；

2）不控制线路方案的工点可在沿线工程地质分段说明中说明。

4.1.4　支挡建筑物工程地质勘察应包括下列内容及要求：

1　工程地质调绘

1）应按工点收集地质资料，地质调绘应包括支挡工程以外不少于 100 m 的范围；

2）查明支挡工程地段的地貌、地层层序、岩土结构及其工程特征以及不良地质现象，判定其稳定性；

3）查明建筑物基底的地层结构及岩土性质以及有无下卧的软弱夹层，提供地基承载力等；

4）查明水文地质条件，评价地下水对山坡及支挡建筑物的影响；

5）查明悬崖及危岩支挡建筑物的地基情况和锚固条件。

2　工程勘探、地质测试

1）第四系地层覆盖、岩层风化破碎、岩性软弱、地形地质条件复杂地段的重要支挡建筑物，应进行墙趾纵断面和工程地质横断面勘探测试，勘探点数量应根据具体情况确定，但不宜少于 3 个，勘探、测试深度应满足建筑物设计要求，宜达到支挡建筑物基底以下 5 m；

2）挡墙基底为土层时，视需要取土样，做物理力学性质试验，路堑挡土墙必要时应取墙背岩、土试样做物理力学性质试验；

3）地层赋存地下水，且对支挡结构工程或基坑施工有影响时，宜做简易水文地质试验，并取水作水质分析。

3　资料编制

1）工程地质勘察报告或说明；

2）工程地质图（必要时绘制），比例为 1∶500～1∶2 000；

3）墙趾工程地质纵断面图，比例尺视具体情况确定；

4）工程地质横断面图，比例为 1∶200；

5）勘探、测试资料。

4　初测阶段的要求

1）控制线路方案、地质条件复杂的支挡建筑物工点应布置代表性勘探点，并取样试验，查明山体及基底的工程地质条件，填绘检算用的工程地质横断面图，提供工程地质参数；

2）不控制线路方案的工点可在沿线工程地质分段说明中说明。

4.1.5　改河、大型改沟工程地质勘察应包括下列内容及要求：

1　工程地质调绘

1）按工点收集地质资料，地质调绘应包括改河（沟）工程主要建筑物（拦河坝、新开河道、导流及河岸防护等）两侧一定范围；

2）查明改河地段及上下游一定范围内的地形地貌、地质特征及岸坡稳定情况；

3）查明新开河道和坝址的地层、岩性，预测、评价岸坡及基底的稳定性和渗透特征；

4）查明导流、防护等建筑物地基的工程地质条件。

2 工程勘探、地质测试

1）应根据新河道、拦河坝、导流和防护等地段长度、地质条件，布置勘探点。地质复杂时，各项工程的勘探点不宜少于 3 个，深度应超过最大冲刷深度以下 5 m 或至建筑物基底持力层下 5 m。当考虑防渗要求时，勘探深度还应适当加深。

2）根据工程设计要求，采取岩土试样作物理力学性质试验。

3）取地表水及地下水样，进行水质分析，判定地下水、地表水的侵蚀性。

3 资料编制

1）工程地质勘察报告或说明；

2）工程地质图（必要时绘制），比例为 1∶500～1∶2 000；

3）改河中线、坝址轴线等工程地质断面图，比例尺视具体情况确定；

4）改河及坝址等地段工程地质横断面图，比例为 1∶200～1∶500；

5）勘探、测试资料。

4 初测阶段的要求

1）应查明改河、改沟地段及其上下游一定范围内的工程地质条件，结合河流发育及水流动态特征等，确定工程实施的可能性；

2）在新河槽、拦河坝等主要工程处应布置勘探点；

3）填绘改河、改沟中线及坝址轴线工程地质纵断面图，必要时填绘工程地质横断面图。

4.1.6 河岸防护工程地质勘察应包括下列内容及要求：

1 工程地质调绘

1）应按工点收集地质资料，地质调绘应包括需防护的河岸及其上下游一定范围；

2）查明被防护河段及上下游一定范围内两岸的地貌、地层、岩性及地质构造特征；

3）查明不良地质现象的发育特征，河岸的稳定情况，分析对工程的影响；

4）会同有关专业调查、分析河床沉积物的成分、颗粒组成、在各种水位的可能流速下遭受冲刷的情况，河岸及水流的变迁情况；

5）查明防护建筑物基底的工程地质条件，提出相应的工程措施意见。

2 工程勘探、地质测试

1）勘探、测试的重点，应是防护建筑物的基础工程地段；

2）勘探深度应超过最大冲刷深度以下 5～10 m 或至建筑物基底持力层以下 5 m；

3）取地表水及地下水样，进行水质分析，判定地下水、地表水的侵蚀性。

3 资料编制

1）工程地质勘察报告或说明；

2）工程地质图（必要时绘制），比例为 1∶500～1∶2 000，应包括防护工程上下游适当距离，必要时还应包括对岸；

3）防护建筑物工程地质纵断面图（必要时绘制），比例尺视具体情况确定；

4）防护河段工程地质横断面图，比例为 1∶200～1∶500；

5）勘探、测试资料。

4 初测阶段的要求

1）控制线路方案的防护工程应查明河床、河岸的工程地质条件及稳定情况，必要时结合防护长度、位置及结构物类型，布置适量勘探点，填绘代表性工程地质横断面图；

2）不控制线路方案的工点可在沿线工程地质分段说明中说明。

4.1.7 浸水路堤工程地质勘察应包括下列内容及要求：

1 工程地质调绘

1）按工点收集地质资料，地质调绘的范围应沿线路中心两侧各 100～200 m；

2）查明线路两侧的地貌、水文地质、工程地质条件，评价路堤基底土层在受地表水流冲刷、浸泡和路基两侧水位差作用后的稳定性；

3）查明基底的地层结构，分析受水作用和填筑路堤后可能恶化基底土层的情况，提出工程措施意见。

2 工程勘探、地质测试

1）勘探点应沿中线或设防位置布置，勘探深度应考虑可能产生管涌、流沙的深度；

2）对浸水后可能恶化的基底土层应取样试验；

3）取地表水及地下水样进行水质分析，判定地下水、地表水的侵蚀性。

3 资料编制

1）工程地质勘察报告或说明；

2）工程地质图（必要时绘制），比例为 1∶500～1∶2 000；

3）线路中线或防护基础的工程地质纵断面图（必要时绘制），比例尺视具体情况确定；

4）工程地质横断面图，比例为 1∶200～1∶500；

5）勘探、测试资料。

4 初测阶段的要求

可在沿线工程地质分段说明中简要说明工程地质条件。

4.1.8 客运专线铁路及时速 200 km 客货共线铁路路基工程的工程地质勘察除应符合上述规定外，其勘探、测试工作还应满足下列要求：

1 一般路基应每隔 50～100 m 布置 1 个勘探点。当两勘探点之间地层变化较大时，应适当增加勘探点，必要时可布置横断面勘探。

2 高路堤、陡坡路堤、深路堑、地质复杂的路堑、支挡工程等路基工点应按地质横断面布置勘探，且每个工点至少应设置 1 个地质横断面。地质横断面的间距不应大于 100 m，地质条件复杂时应适当加密。地质横断面宜垂直线路布置，必要时可按基底稳定最不利方向布置。每个地质横断面上的地质勘探点不应少于 3 个。

3 在设置各类过渡段的地段应布置勘探点，查明基底的地质条件。

4 勘探点的深度应满足沉降计算和工程处理措施的要求。路堤工程的勘探深度不宜小于 25 m；路堑工程勘探点的深度宜至路基面以下不小于 5 m，当基底为硬质岩时可至路基面以下 3 m；各类过渡段的勘探深度不应小于一般路基的勘探深度；支挡建筑物的勘探深度宜达到支挡建筑物基底以下 5 m，桩基应至桩底以下 5～20 m。

5 根据工点或地貌单元地层的分布情况，应对主要地层采取岩土试样，每种地层的样品数量不应少于6组。试验项目可参照附录E执行。

6 测试手段宜以原位测试方法为主,并应与其他勘探、试验手段获取的地质参数进行对比、分析。

4.2 桥涵工程

4.2.1 大中桥、高桥、特大桥桥渡位置选择应遵循下列原则:

1 应选择在水流集中而稳定,河床较窄,岸坎明显、岸坡稳定,岩层完整、地质构造简单,基底地质条件良好的地段。

2 宜避开断层破碎带。当必须通过时,宜正交或以大角度通过。对通过的活动性断裂,应进行稳定性评价或专题研究。

3 宜避开大型不良地质体,必须通过时应对其稳定性进行评价,并采取工程防护措施。

4.2.2 大中桥、高桥、特大桥工程地质调绘应包括下列内容:

1 地质调绘的范围应沿河流上下游不小于200 m。遇不良地质时,应根据其分布情况适当扩大调绘范围。

2 调绘精度一般以1:2 000地形图控制,客运专线或地质复杂的特大桥、高桥可按1:500或1:1 000地形图控制。

3 查明桥址地段地形地貌、地层岩性、地质构造及岸坡稳定性,对深峡谷及陡坡地区,必要时应进行岸坡稳定性评价;查明断层破碎带的分布、断层活动情况及破碎带的胶结程度和含水情况;查明墩台范围内有无软弱夹层,提出地基稳定性评价及处理意见。

4 查明土的成因类型、物质成分、性质、结构特征、厚度、密实度、潮湿程度及下伏基岩面的形态等;查明基岩的风化程度及分带情况。

5 查明不良地质、特殊岩土的性质和分布范围及对墩台稳定性的影响,提出工程措施意见。

6 查明墩台及调节水流建筑物等基底岩土的物理力学性质,确定地基承载力。

7 查明桥渡区水文地质特征,分析判明基坑可能涌水、流砂等情况。

4.2.3 大中桥、高桥、特大桥工程勘探、地质测试应符合下列要求:

1 地质条件复杂的桥基宜开展综合勘探,应以钻探和原位测试为主,并与其他勘探手段相结合。勘探点一般沿桥址纵断面方向并结合墩台位置,在墩台基础轮廓线以内沿周边或中心布置。当桥址处有不良地质或特殊岩土发育,并可能影响桥墩、台稳定时,勘探点的布置范围应酌情扩大。

2 桥基地层为粉土及砂类土时,其密实程度及地基强度的确定宜以原位测试方法为主;桥基地层为黏性土时,其压缩性和承载能力的确定宜采用室内试验与原位测试相结合的方法。地震动峰值加速度为0.1 g 及以上地区的饱和粉土、砂土层,还应判定其地震液化的可能性。

3 勘探点应根据场地地质条件和桥跨设置,以能探明地基各岩土层分布和地基强度,满足场地稳定性评价要求为度。为探明深部地层结构,可根据需要布置加深钻孔。

勘探点的数量:原则上每个墩、台应有1个勘探点。当地层简单、地层层序有规律或覆盖层较薄、基岩面平缓且岩性单一时,结合桥跨、基础类型等,勘探点可减少;对高墩或工程地质条件复杂和岩溶发育地区，勘探点应增加。

对调节水流建筑物及附属工程，也应适当布置勘探点。

4　勘探深度

1）基础置于土层时，勘探深度一般可根据基础类型参照表 4.2.3 确定；

表 4.2.3　特大桥、大中桥勘探深度（m）

基础类型	黏性土、粉土、粉砂、细砂	中砂、粗砂、砾砂、碎石类土
桩　基	20～60	15～40
明挖基础	15～30	10～25

注：1　表列深度，自原地面或新开挖地面算起，已包括常见冲刷深度；如遇特殊情况或需了解深部地质情况时，可酌情增加；

2　桩基一般应钻至桩底以下 5～15 m。

2）特殊岩土地段勘探深度，应同时满足桥基场地评价和地基强度评价要求；

3）在岩溶发育及地下采空地段，应钻至基底以下不小于 10 m，在此深度内如遇溶洞及空洞，勘探深度应专门研究确定；

4）基岩地段的勘探深度，当风化层不厚或为硬质岩时，应穿透强风化带，钻至弱风化层（或微风化层）2～3 m；当风化层很厚或为软质岩时，应根据其风化程度，按相应的土层确定钻探深度；遇到第三纪以后多次喷发的火山岩时，钻孔应适当加深；当河床有大漂（块）石，则钻人基岩的深度应不小于 5 m，并应超过当地漂（块）石的最大粒径 2 倍；

5）当桥结构复杂或跨度 64 m 以上、墩高 50 m 以上以及地基为流塑状态的黏性土、饱和粉土、粉砂、软土时，勘探深度应专门研究确定；

6）当地层岩性、地质构造复杂，或不良地质现象发育时，可采用物探、原位测试等手段补充、验证勘探资料，并加强综合分析评价。

5　取样、试验

1）桥基为黏性土和粉土时，应分层采取原状土样作物理力学试验；较厚时，可按 1～3 m间距取样，潮湿程度及土层结构变化时应加密取样；

2）桥基为砂类土、碎石类土时，应分层取样进行颗粒分析；

3）桥基为基岩时，应按地层岩性分别取代表性岩样做抗压试验；

4）地震区，必要时地基土应进行剪切波速测试、地脉动测试，对场地土和场地进行评价；

5）各类岩、土的试验项目应符合附录 E 的要求；

6）地表水及地下水应取样进行水质分析，各含水层的渗透系数可查表取值，必要时绘制水文地质试验。

4.2.4　大中桥、高桥、特大桥资料编制应包括下列内容：

1　工程地质勘察报告；

2　工程地质图，比例为 1∶500～1∶5 000；

3　工程地质纵断面图，横、竖比例宜一致；

4　墩台工程地质横断面图（必要时绘制），比例尺视具体情况决定；

5　墩、台基岩面起伏较大时，宜做基岩面等高线图；

6　勘探点工程地质柱状图；

7　勘探、测试资料。

4.2.5　大中桥、高桥、特大桥初测阶段工程地质勘察应遵循下列原则:

1　工程地质条件复杂且控制线路方案的特大桥、高桥、大桥,应按工点进行勘察。勘探点不宜少于2~4个,查明桥址地区工程地质条件,编制单独工点资料。

2　一般地段的大、中桥进行代表性地质勘探、测试,可制表说明或在沿线工程地质分段说明中阐述其工程地质条件。

3　当地形地质条件适宜时,宜采用简易勘探、静力触探、物探等勘探手段,综合评价桥址区工程地质条件。

4.2.6　小桥涵工程地质勘察应包括下列内容和要求:

1　工程地质调绘

1)地质调绘的范围应沿线路中心两侧各100~200 m,有不良地质或弃填土分布时,调绘范围应适当扩大;

2)地形、地质简单的小桥涵,可按地貌单元进行地质调绘,搜集地层岩性及地下水位等资料;

3)地质复杂及地形陡峻的小桥涵,应查明地层岩性、地质构造、天然沟岸及基底的稳定状态、隐伏的基岩斜坡、泥石流及其他不良地质现象。

2　工程勘探、地质测试

1)原则上每座桥、涵应有一个勘探点,地质简单、地层单一、孔径较小的小桥及涵洞也可作代表性勘探;

2)墩台面积较大、涵洞较长以及陡坡涵洞,地形地质条件复杂时,其勘探点不宜少于2个(陡坡涵洞及长涵洞沿涵洞轴向布置);

3)基础置于土层中,采用明挖基础类型的小桥涵,勘探深度可参照表4.2.6确定;基底为基岩时,宜钻进至全风化带以下2~5 m;有软弱夹层时,勘探深度应适当加深,以查明其分布和工程性质为度;基底为特殊岩土时,勘探深度应同时满足场地评价及地基强度评价的要求;采用钻(挖)孔桩基础的小桥,勘探深度同大中桥;

表4.2.6　小桥涵勘探深度(m)

工程类别	碎石类土	砂类土、一般黏性土和粉土	饱和粉土、粉细砂、软土等
涵　洞	3~8	4~10	10~15
小　桥	4~10	10~15	15~25

注:表列勘探深度均由原地面或新开挖地面算起。

4)箱形涵勘探深度可参照表4.2.6中涵洞要求适当加深;

5)各类土层按同类地质条件分层取样试验,其要求可按本规范大中桥的要求办理;

6)应提供地下水位,作代表性水质分析试验,提供含水层的渗透系数;

7)地基为填土时,应加强地质调绘、勘探、测试和试验工作,勘探深度应至原地面或稳定持力层以下不小于5 m;对填土应采用综合评价方法确定其适宜性及承载力值。

3　资料编制

1)地质简单的小桥涵可分段列表或逐个说明岩土名称、工程性质、岩土施工工程

分级,地下水位、地基承载力、地震动参数及土壤冻结深度等简要工程地质情况;

2)地质复杂的小桥涵应单独编制工程地质勘察报告或说明、桥址工程地质纵断面图或涵洞轴向工程地质断面图,比例为1:100或1:200。

4 初测阶段的要求

应以地质调绘为主,只进行代表性勘探、测试,不单独编制工点资料,可在沿线工程地质分段说明中,按地貌单元和地质条件阐述岩土地基承载力、岩土施工工程分级、地震动参数及土壤冻结深度等。

4.2.7 客运专线铁路和时速200 km客货共线铁路桥涵工程的工程地质勘察除应符合上述规定外,其勘探测试工作还应满足下列要求:

1 勘探方法宜以钻探为主,辅以坑探、原位测试和物探方法。

2 勘探点宜逐墩布置。地质条件复杂的高桥、特大桥及采用复杂基础类型的桥梁应适当增加勘探点。地质条件简单且桥跨不大于32 m时,可隔墩布置钻孔。

3 桥梁基础(包括特大桥,大、中、小桥,高桥)置于土层时,其勘探深度可根据基础类型参照表4.2.7—1确定。为探明深部地层结构时,应布置适量的加深钻孔。

表4.2.7—1　桥梁勘探深度(m)

基础类型	黏性土、粉土、粉砂、细砂	中砂、粗砂、砾砂、碎石类土
桩　基	40～70	25～40
明挖基础	20～40	15～35

注:1　表列勘探深度自原地面或新开挖地面算起,已包括常见冲刷深度,如遇特殊情况可酌情增加;

2　桩基一般应钻至桩底以下不少于5～20 m。

4 涵洞基础的勘探深度可根据岩土类型参照表4.2.7—2确定。

表4.2.7—2　涵洞勘探深度(m)

工程类别	饱和粉土、粉细砂、软土等	砂类土、一般黏性土和粉土	碎石类土
涵　洞	根据沉降检算决定	15～25	10～20

注:表列勘探深度均自原地面或新开挖地面算起。

5 基底以下有软弱夹层时,勘探深度应至稳定持力层以下不小于5 m。

6 应根据地层情况按地貌单元或墩台布置分层采取岩土试验样品,同一地层的试样数量不应少于6组。

4.3　隧道工程

4.3.1 隧道位置的选择应遵循下列原则:

1 隧道应选择在地质构造简单、地层单一、岩体完整等工程地质条件较好的地段,以隧道轴线垂直岩层走向最为有利;

2 隧道应避开断层破碎带,当必须穿过时,宜与之垂直或以大角度穿过;

3 隧道应避开岩溶强烈发育区、地下水富集区、有害气体及放射性地层、地层松软地带;

4 地质构造复杂、岩体破碎、堆积层厚等工程地质条件较差的傍山隧道,宜向山脊线内移,加长隧道,避免短隧道群;

5　隧道洞口应选择在山坡稳定、覆盖层薄、无不良地质之处,宜早进洞、晚出洞;

6　隧道顺褶曲构造轴线布置时,宜避绕褶曲轴部破碎带,选择在地质条件较好的一侧翼部通过;

7　隧道宜避开高地应力区,不能避开时,洞轴宜平行最大主应力方向。

4.3.2　隧道工程地质调绘应符合下列要求:

1　查明隧道通过地段地形、地貌、地层、岩性、地质构造。岩质隧道应着重查明岩层层理、片理、节理、软弱结构面的产状及组合形式,断层、褶皱的性质、产状、宽度及破碎程度;土质隧道应着重查明土的成因类型、结构、成分、密实程度、潮湿程度等。

2　查明洞身是否通过煤层、气田、膨胀性地层、采空区、有害矿体及富集放射性物质的地层等,并进行工程地质条件评价。

3　查明不良地质、特殊岩土对隧道的影响,评价隧道可能发生的地质灾害,特别是对洞口及边仰坡的影响,提出工程措施意见。

4　对于深埋隧道,应预测隧道洞身地温情况。

5　深埋及构造应力集中地段,对坚硬、致密、性脆岩层应预测岩爆的可能性,对软质岩层应预测围岩大变形的可能性。

6　对隧道浅埋段及洞口段应查明覆盖层厚度、岩土体的风化和破碎程度、含水情况,评价其对隧道洞身围岩及洞口边、仰坡稳定的影响。

7　对傍山隧道,外侧洞壁较薄时,应预测偏压危害。

8　应根据地质调绘、物探及验证性钻探、测试成果资料,综合分析岩性、构造、地下水状态、初始地应力状态等围岩地质条件,结合岩体完整性指数、岩体纵波速度等,分段确定隧道围岩分级。

9　接长明洞地段,应查明明洞基底的工程地质条件。

10　当设置有横洞、平行导坑、斜井、竖井等辅助坑道时,应查明其工程地质条件。

4.3.3　隧道通过地段的水文地质工作应包括下列内容:

1　查明隧道通过地段的井、泉情况,分析水文地质条件,判明地下水的类型、水质、侵蚀性、补给来源等,预测洞身最大及正常分段涌水量,并取样作水质分析;

2　在岩溶发育区,应分析突水、突泥的危险,充分估计隧道施工诱发地面塌陷和地表水漏失等破坏环境条件的问题,并提出相应工程措施意见;

3　特长隧道及水文地质条件复杂的中、长隧道应进行专门的水文地质勘察与评价工作。

4.3.4　特长隧道、长隧道或地质条件复杂的隧道,应做好隧道地质条件的宏观控制,提出应重点监测或进行超前地质预报的方法和段落,以预防突发性地质灾害。做好配合施工工作,及时调整围岩级别和变更设计。

4.3.5　隧道工程勘探、地质测试应结合采用的施工方法进行,并符合下列要求:

1　地质条件复杂的隧道宜采用综合勘探方法。地质条件复杂的深钻孔应综合利用。

2　钻孔位置和数量应视地质复杂程度而定。洞门附近覆土较厚时,应布置勘探孔;地质复杂,长度大于1 000 m的隧道,洞身应按不同地貌及地质单元布置勘探孔查明地质条件;主要的地质界线,重要的不良地质、特殊岩土地段,可能产生突泥危害地段等处应有钻孔控制;穿越城市和大江大河的隧道应按相关规定进行勘探或专题研究。洞身地段的钻孔位置宜布置在中线外8~10 m;钻探完毕,应回填封孔。

3 钻探深度应至路肩以下 3～5 m;遇溶洞、暗河及其他不良地质时,应适当加深至溶洞及暗河底以下 5 m。

4 钻探中应作好水位观测和记录,探明含水层的位置和厚度,并取样作水质分析。水文地质条件复杂的隧道,应做水文地质试验,测定地下水的流向、流速及岩土的渗透性,计算涌水量,必要时应进行地下水动态观测。

5 应取代表性岩土试样进行物理力学性质试验。

6 对有害矿体和气体,应取样作定性、定量分析。

4.3.6 隧道工程地质资料编制应包括下列内容:

1 工程地质勘察报告或说明;

2 隧道线路方案工程地质图(必要时绘制),比例为 1∶5 000～1∶50 000;

3 隧道地区地质构造图(隧道长度大于 3 000 m 且地质构造复杂时绘制),比例为 1∶10 000～1∶200 000;

4 隧道地区水文地质图(水文地质条件复杂时绘制),比例为 1∶5 000～1∶50 000;

5 隧道工程地质图(特长隧道、长隧道、多线隧道及地质构造复杂的隧道绘制,一般隧道视需要绘制),比例为 1∶2 000～1∶10 000;

6 隧道工程地质纵断面图,比例为横 1∶500～1∶5 000,竖 1∶200～1∶5 000,横竖比例尺宜一致;

7 隧道洞身工程地质横断面图(必要时绘制),比例为 1∶200 或 1∶500;

8 隧道洞口工程地质图,比例为 1∶500;

9 隧道洞口工程地质纵断面图,比例为 1∶200;

10 隧道洞口工程地质横断面图,比例为 1∶200;

11 明洞边墙墙址工程地质纵断面图(必要时绘制),比例为横 1∶200～1∶2 000,竖 1∶100～1∶500;

12 隧道辅助坑道(横洞、平行导坑、斜井、竖井等)地质图件及说明(必要时绘制);

13 勘探、测试资料。

4.3.7 初测阶段隧道工程地质勘察应符合下列要求:

1 特长隧道、控制线路方案的长隧道、多线隧道应按工点搜集工程地质资料。

1)宜采用遥感图像地质解译、地质调绘、综合物探和少量钻探相结合的方法为隧道位置和施工方法的选择、工程地质条件评价提供资料,宜沿洞身纵断面布置物探、钻探、测试工作;

2)编制工程地质勘察报告或说明;

3)编制隧道纵断面图,并分段提供隧道围岩分级;

4)编制隧道线路方案工程地质图或隧道地区地质构造图。

2 一般隧道可作代表性勘探、测试工作,并在沿线工程地质分段说明中简要叙述隧道工程地质条件和围岩分级。

4.3.8 客运专线铁路和时速 200 km 客货共线铁路的隧道工程地质勘察工作除应符合上述规定外,还应满足下列要求:

1 隧道洞身的勘探应根据地层及地质构造发育情况,适当增加勘探与测试工作量;埋深小于 100 m 的较浅隧道或洞身段沟谷较发育的隧道,勘探点间距不宜大于 500 m;埋深较大隧道勘探点的布置应根据地质调查及物探成果专门研究确定。断层和物探异常点应有勘探点控制。

2 应充分利用物探成果和其他勘探资料，综合分析隧道的工程地质和水文地质条件，合理确定隧道的围岩分级。

3 通过粉土、黏性土、黄土地段的隧道，应根据设计需要增加渗透系数和固结系数等项目的试验。

4.4 站场和房屋建筑工程

4.4.1 站场和房屋建筑工程地质调绘应包括下列内容：

1 查明站场范围及各类厂、房建筑场地的地形地貌、地层岩性、地质构造等工程地质条件，判明场地的稳定性，并提供地基的承载力、挖方边坡坡率、岩土施工工程分级、冻结深度、地震动参数和工程措施意见；

2 查明站场范围内不良地质和特殊岩土的分布范围、性质、稳定程度及其对建筑物的影响，提出工程措施意见；

3 查明站场及各类厂、房建筑物基底的地下水类型、分布、埋深及变化幅度、侵蚀性等水文地质条件。

4.4.2 站场建筑和房屋建筑工程的勘探应满足下列要求：

1 站场建筑场地包括货场、站坪以及各段、所建筑场地，应根据场地地质情况布置勘探点；勘探点的布置范围、数量、深度及间距应根据建筑物的基础类型、建筑面积和场地地质复杂程度确定；每个地貌单元或重要建筑物均应有查明地层结构的加深勘探孔；有条件时，应采用钻探、物探、原位测试等综合勘探方法。

2 房屋建筑场地勘探点的间距应根据地质条件复杂程度确定：简单场地 50 ~75 m，中等场地 20 ~50 m，复杂场地小于 20 m。同一地貌单元内的房屋建筑场地，宜布置适量的加深钻孔，以了解深部地层结构。

3 勘探、测试深度

1）加深钻孔应能控制地基地层结构，土层地基一般应大于压缩层下限；

2）对一般非岩质地基，无软弱下卧层时，勘察深度自基础底面算起，对条形基础应为基础宽度的 3 ~4 倍，对单独柱基应为柱基宽度（或直径）的 1.3 ~1.5 倍（最小深度不小于 5 m），其他基础应达到持力层下 1 ~3 m，参照表 4.4.2 确定；

3）对需要进行变形验算的地基，部分钻孔应达到地基压缩层的计算深度，即一般土层压缩层下限为附加应力的 1/5 自重应力处，软土为 1/10 自重应力处；特殊岩土场地的勘探深度不仅应满足地基强度的要求，还应满足特殊岩土场地评价的要求。

表 4.4.2 站场建筑和房屋建筑物场地勘探数量与深度

建筑物名称	勘探数量（孔）	勘探深度（m）		
		卵（碎）石土，粗圆（角）砾土、细圆（角）砾土	砾、粗、中砂	细、粉砂，粉土，黏性土
各种车库、动力车间、动车段、发电厂、1 000 人以上站房、5 ~6 层楼房	4 ~10	4 ~6	5 ~10	10 ~35
地道、天桥、信号楼、雨棚、修配车间、400 ~1 000 人站房、3 ~4 层楼房	2 ~6	3 ~5	5 ~10	10 ~35

续上表

建筑物名称	勘探数量（孔）	勘探深度(m)		
		卵(碎)石土，粗圆(角)砾土、细圆(角)砾土	砾、粗、中砂	细、粉砂，粉土，黏性土
给砂塔、烟囱(高15～24 m)，照明塔、灰塔、地磅	1～3	3～5	5～10	10～35
油罐、轨道衡、转车盘、水塔、烟囱(高25～40 m)及其他对沉降要求较高的建筑物	1～3(厂房的钻孔数量应适当增加)	5～10	10～15	15～40

4.4.3 站场建筑和房屋建筑工程地质测试应满足下列要求：

1 建筑场地内取样和进行原位测试的勘探点数量，不应少于勘探点总数的1/3。

2 一般建筑物场地可取代表性土样进行物理力学性质试验。在地基主要持力层内，对厚度大于0.5 m的软弱夹层，宜取样试验或进行原位测试工作。有条件时，应布置适量的标准贯入、静力触探或载荷试验与之配合。

3 特殊岩土的取样要求和试验项目，应满足特殊岩土场地评价要求。

4 勘探深度内如遇地下水时，应查明含水层的性质，并查明地下水位及其变化情况，取水样进行化学分析，判定其侵蚀性。必要时进行简易水文地质试验。

5 在地震动峰值加速度为0.1g及以上地区，对饱和砂土、粉土层应进行地震液化判定。必要时进行地脉动测试，确定地震动反应谱特征周期。

4.4.4 集装箱结点站、区段站及以上大站场地的工程地质勘察，宜结合场地条件和建筑物布置采用钻探、简易勘探与原位测试相结合的综合勘探方法。工程地质勘察除满足本规范第4.4.1～第4.4.3条的要求外，尚应满足下列要求：

1 宜在根据场地条件布置的控制性代表工程地质横断面，或根据建筑物设置布置的控制性代表地质剖面上布置勘探点。

2 勘探测试点应结合场地布置一般性勘探孔和加深的勘探孔。一般性勘探孔的深度应大于持力层的深度，加深的勘探孔深度应大于地基压缩层计算深度。

3 除应根据场地地质条件，采取代表性岩土试样进行一般物理力学性质试验外，对高大建筑物还应在压缩层范围内分层取样进行物理力学性质试验(土层较厚时，可每隔2～3 m取土样一组)和其他特殊岩土项目试验。

4.4.5 站场和房屋建筑工程地质资料编制应包括下列内容：

1 工程地质勘察报告或说明；

2 站场工程地质图(必要时绘制)，比例为1:1 000～1:5 000；

3 站场工程地质横断面图，比例为1:200；

4 建筑物工程地质纵、横断面图，比例为1:100～1:500；

5 勘探、测试资料。

4.4.6 初测阶段站场和房屋建筑工程地质勘察应包括下列内容：

1 初步查明站场范围内的水文地质、工程地质条件，判明建筑场地及地基的稳定性。进行代表性的勘探、测试工作，为确定建筑物的平面布置和基础类型提供工程地质资料。

2 中间站的工程地质条件在沿线分段工程地质勘察报告或说明中加以说明，不单独另出资料。

3 集装箱结点站、区段站、枢纽工程应单独编制工程地质勘察报告或说明、站场工程地质图(必要时绘制)、代表性工程地质断面图及有关工程地质资料。

4.4.7 高层建筑、大型站房、大跨度建筑物和房屋集中区地基的工程地质勘察,应执行国家现行有关标准。

4.5 供水工程

4.5.1 供水工程地质调绘应包括下列内容:

1 查明供水构筑物场地的地形地貌、地层岩性、地质构造、地下水埋深等工程地质、水文地质条件,提供地基承载力、挖方边坡坡率和岩土施工工程分级;

2 查明影响供水建筑物和管道的不良地质和特殊岩土的性质、范围、稳定程度,分析评价环境工程地质条件,提出防渗和防蚀工程措施意见。

4.5.2 供水工程勘探应满足下列要求:

1 勘探点的布置应根据供水建筑物的具体位置、基础类型确定,地质条件复杂时应用地质剖面控制。采用管道供水时,应沿管线布孔,间距视地质条件而定。

2 勘探深度视场地地层情况而定,供水建筑物的勘探深度可比照表4.4.2确定。供水管道勘探深度视土质情况而定,一般应至管底埋深以下1~2 m,特殊岩土地段应适当加深。

4.5.3 供水工程地质测试应满足下列要求:

1 一般建筑物可取代表性土样进行物理力学性质试验;

2 水塔等高大建筑物应分层取土样做物理力学性质试验,有条件时应进行原位测试试验及地脉动测试;

3 供水管道工程按沿线地质条件同类情况分别取代表性土样进行物理力学性质试验,特殊岩土地段应注意测试浸水后引起的土体或岩体物理力学性质变化情况;

4 对地基有影响的地下水应取样进行水质分析。

4.5.4 供水工程地质资料编制应包括下列内容:

1 工程地质勘察报告或说明;

2 建筑场地工程地质图(必要时绘制);

3 工程地质断面图,比例为1:200~1:1 000;

4 勘探、测试资料。

4.5.5 初测阶段供水工程地质勘察应满足下列要求:

1 初步查明供水建筑场地工程地质条件,进行必要的勘探、测试工作,为确定供水方案和建筑物的平面位置及基础类型提供工程地质资料;

2 各供水建筑物的工程地质条件在全线工程地质分段说明中加以说明,不列单独资料。

4.6 天然建筑材料场地的勘察

4.6.1 天然建筑材料场地的勘察应配合有关专业做好选址工作。在选定的场地开展工程地质勘察,对建筑材料的质量和储量作出评价,为工程设计提供依据。

4.6.2 天然建筑材料场地包括路基填料集中取土场地、级配碎石(或级配砂砾石)场地、混凝土用骨料场地、砌体用石料、铁路碎石道砟场等天然土、砂、石的开采场地。

4.6.3 天然建筑材料场地的勘察宜分为踏勘、初测、定测，分别与铁路工程设计阶段的预可行性研究、可行性研究、初步设计相适应。各阶段勘察应符合下列要求：

1 踏勘阶段应初步了解铁路工程沿线建筑材料场地可开采土、砂、石材料的类别、质量和大概的储量，必要时应进行少量的勘探和取样试验工作；

2 初测阶段应初步查明建筑材料场地的岩（土）层结构及岩性、夹层性质及空间分布、地下水位、剥离层和无用层厚度、有用层的储量和质量、开采及运输条件和开采对环境的影响等；

3 定测阶段应在初测的基础上详细查明建筑材料场地的岩（土）层结构及岩性、夹层性质及空间分布、地下水位、剥离层和无用层厚度、有用层的储量和质量、开采及运输条件和开采对环境的影响等；

4 施工图阶段可视需要对料场进行补充勘察或复查，补充勘察或复查工作应在开采前完成。

4.6.4 **建筑材料场地的选择，应满足下列地质条件：**

1 场地地质构造简单，地层岩性单一，岩性满足所需建筑材料标准要求、便于开采，且开采储量足够；

2 建筑材料开采不会对周边环境产生较大影响，不会形成新的或加剧周边地质灾害的发生和发展；

3 剥离与开采地层的比例经济、合理。

4.6.5 **以下区域不得选作建筑材料场地：**

1 重要的文化古迹、考古区；

2 疗养区、风景名胜区、旅游区；

3 各类自然保护区、水土保持禁垦区、水源涵养区；

4 不良地质发育区、地质灾害多发区；

5 当地少数民族风俗习惯保护区；

6 有特殊防洪、防震、防爆要求，国防重要设施附近等需要特别保护的区域。

4.6.6 建筑材料场地的地质调绘工作应符合下列要求：

1 查明场地及周边的地层岩性、分布、地质构造、水文地质特征及影响建筑材料开采的不良地质体的范围、类型、性质，或地质灾害的类型、发生规律及危害程度等；

2 根据场地野外地质调查，合理布置勘探点及取样试验工作；

3 根据场地地层岩性及有用层的分布，分析、评价场地内有用建筑材料的储量和质量情况。

4.6.7 建筑材料场地勘探应在地质调查的基础上进行。

1 勘探方法应根据勘察阶段和料场地质特征，采用钻探、物探、坑探等综合勘探方法；

2 勘探点间距应根据场地地形、地质条件和勘察阶段参照表 4.6.7 确定；

3 勘探孔的深度应揭穿目的层或大于预计的开采深度。

4.6.8 建筑材料场地的取样、试验工作应根据建筑材料的用途和质量评价的需要，对有用层和无用层分别进行。

1 应根据建筑材料场地内所需建筑材料的分布，在勘探孔内或露头选取代表性地层试样进行有关质量评价的试验。

表 4.6.7 勘探点间距(m)

地形地质条件	勘察阶段		
	踏勘	初测	定测
地形平坦,有用层厚而稳定,断层不发育,岩层裸露。无表面剥离层		200~500	100~200
地形有起伏,有用层在空间上呈条带状分布,有少量无用夹层,断层较发育,有用层厚度变化较大,有剥离层或剥离层分布无规律	主要以调查为主,可根据需要布置少量物探和取样试验工作	100~200	50~100
地形起伏大,有用层分布面积小,厚度小,断层发育,岩性变大,风化层较厚,普遍有剥离层		<100	<50

2 试样数量应根据勘察阶段、场地大小和建筑材料的分布情况确定,初测阶段同一类的岩(土)样一般不应少于3组,定测阶段不应少于6组。有特殊规定的应按规定执行。

3 试验项目应根据建筑材料的用途和质量评价的需要按相关规范进行选择。

4.6.9 各类建筑材料的质量评价应根据现行的相关国家和行业标准进行。

4.6.10 建筑材料的储量计算应在初测或定测工作的基础上进行,以场地地形及代表性地质断面所揭示建筑材料分布为依据。铁路碎石道砟场宜根据《固体矿产地质勘查规范总则》(GB/T 13908—2002)的要求,结合矿产开采的可行性研究或预可行性研究结果,综合评价建筑材料的"储量"、"基础储量"、"资源量"。临时石砟场可参照其执行。

4.6.11 建筑材料场地工程地质资料编制应包括下列内容:

1 地质勘察报告,应重点描述场地及周边的地层岩性、地质构造、工程地质及水文地质条件、环境地质条件,并进行建筑材料储量和质量评价,根据场地地质条件提出开采的工程措施意见;

2 工程地质图,比例1:500~1:10 000;

3 代表性地质断面图,比例视场地大小而定,宜为1:200~1:500;

4 勘探、试验资料。

5　不良地质工程地质勘察

5.1　滑坡和错落

5.1.1　对于沿软弱地层或结构面整体下移的山坡并具备下列条件时，应按滑坡或错落开展工作：

1　滑坡

1）山坡后缘呈明显的圈椅状地貌，有较陡的后壁，其上有时可见擦痕；

2）坡面不顺直呈无规则的台阶状，其上有洼地分布，坡脚有时可见鼓胀裂缝；

3）前缘侵占或挤压沟（河）床，呈舌状突出，多出露泉水或湿地；

4）两侧坡脚地层多有扰动和松动现象；

5）有产生滑坡的记录。

2　错落

1）山坡坡面呈明显下错痕迹，后壁较陡且岩体中存在陡倾角结构面；

2）有产生错落的记录。

5.1.2　滑坡和错落根据滑坡体物质成分可分为黏性土（包括膨胀土）、黄土、堆积土、填土、破碎岩体、岩体滑坡；根据滑体体积可分为巨、大、中、小型滑坡；根据滑坡面埋藏深度可分为浅层、中深层、深层滑坡；层状岩体滑坡可分为顺层和切层滑坡；根据形成原因可分为自然和工程滑坡。

5.1.3　滑坡和错落地段的工程地质选线应遵循下列原则：

1　应绕避地质复杂的巨、大型滑坡（错落）及滑坡（错落）群，避开地形零乱，坡脚有地下水出露的山坡；

2　当滑坡、错落规模小，地下水不发育，整治的技术条件可行、经济合理时，可选择在有利于滑坡、错落稳定和线路安全的部位通过；

3　线路通过稳定的滑坡、错落体时，不宜在其上部填方或下部挖方；

4　在地貌、地质条件上具有滑坡、错落产生条件，或因铁路修建可能产生滑坡、错落的地段，应认真研究线路平剖面位置，维护山体的稳定。

5.1.4　滑坡、错落地段工程地质调绘应符合下列要求：

1　调绘范围应包括滑坡、错落及其相邻地段；

2　查明滑坡、错落地段的地形、地貌、微地貌特征及其环境条件；

3　查明地层层序、岩性及滑床和错落面的形态特征、滑带土的物理力学性质，评价其稳定程度；

4　查明地质构造和岩体结构面的产状、性质及特征，尤其应注意对软弱结构面进行认真分析；

5　查明水文地质特征，地表水、泉、湿地等的分布，植被、树木等的异常；

6　查明滑坡、错落的整治建筑物地基地质条件；

7 搜集气象、地震、水文资料,调查滑坡、错落的发展历史、危害及防治的经验教训。

5.1.5 滑坡和错落地段的工程勘探、地质测试应符合下列要求:

1 宜采用物探、挖探和钻探相结合的勘探方法。当采用钻探时,主滑动面附近必须采用合理的钻探工艺,严禁水钻。

2 勘探点除沿滑坡、错落轴线布置外,在主轴两侧也应适当布置。必要时,滑坡体外也应布置。

3 勘探深度应穿透滑动面或错落体以下不小于3 m,多次滑动或滑面有向深部发展的可能时,应适当加深。

4 在钻探过程中,应注意钻进中的异常情况,软弱面、带的位置和特征,及时记录岩芯潮湿程度、地下水情况,必要时进行水文地质试验。正在活动的滑坡可设置测斜管监测滑坡动态。

5 滑动面、带、软弱夹层及其上下土层应逐层取样进行物理力学试验。

5.1.6 滑坡及错落地段工程地质资料编制应包括下列内容:

1 工程地质勘察报告或说明;

2 工程地质图,比例为1:500~1:2 000;

3 工程地质横断面图,比例为1:200~1:500,断面长度应至滑坡、错落体外一定距离;

4 滑坡、错落轴线工程地质断面图,比例为1:200~1:1 000,横竖比例宜一致;

5 滑坡区水文地质图、滑坡床等高线图、基岩等高线图等,视滑坡复杂程度和工程需要决定;

6 防治滑坡、错落工程的各种工程地质图件,比例尺视不同建筑物要求确定;

7 勘探、测试、气象、地震及其他原始资料等。

5.2 危岩、落石和崩塌

5.2.1 符合下列情况时,应按危岩、落石和崩塌地段开展工作:

1 坡面高、陡,不平整,上陡下缓;

2 岩土层节理、裂隙发育,结构面多张开;

3 坡脚、坡面有崩塌物停积。

5.2.2 崩塌根据形成机理可分为倾倒式、滑移式、鼓胀式、拉裂式、错断式等类型。崩塌按物质成分分为黄土崩塌、黏性土崩塌和岩层崩塌。

5.2.3 危岩、落石和崩塌地段的工程地质选线应遵循下列原则:

1 线路应绕避山高坡陡、岩层受节理切割严重,危岩密集分布的地段;

2 线路可通过经工程处理后能够确保山体稳定,或采用支挡结构可保证运营安全,且经过技术、经济比较合理的地段。

5.2.4 危岩、落石和崩塌地段工程地质调绘应符合下列要求:

1 调绘范围应包括危岩、落石、崩塌影响范围及相邻地段;

2 查明地形地貌和微地貌特征;

3 查明地层岩性、岩层结构、软质岩和硬质岩的分布和风化程度;

4 查明地质构造、岩体结构面的产状和裂隙性质;

5　查明地表水和地下水对崩塌的影响；

6　应结合支挡防护工程，查明支挡建筑物地基情况和锚固条件；

7　搜集气象、地震及有关水文资料，调查危岩、落石、崩塌发展史及当地防治经验。

5.2.5　危岩、落石和崩塌地段的工程勘探、地质测试应符合下列要求：

1　宜采用挖探查明被覆盖危岩体的节理裂隙发育和充填特征；

2　为了解危岩体的落石滚落特点，有条件时可在现场做落石试验；

3　必要时可对张裂隙进行变形观测。

5.2.6　危岩、落石和崩塌地段工程地质资料编制应包括下列内容：

1　工程地质勘察报告或说明；

2　工程地质图，比例为1:500～1:2 000；

3　工程地质横断面图，比例为1:200或1:500，应测至可能崩塌的范围外20～50 m；

4　垂直崩塌面的工程地质断面图、崩塌陡崖和危岩体的工程照片、正视图或素描图（必要时绘制）；

5　节理统计图（必要时绘制）；

6　勘探、测试、气象、地震及其他原始资料。

5.3　岩　　堆

5.3.1　对于在山坡或坡脚分布的以堆积岩块和岩屑为主的堆积体，且易产生坍滑、不均匀沉降等现象的地段，应按岩堆开展工作。

5.3.2　岩堆地段的工程地质选线应遵循下列原则：

1　对于松散、补给来源较丰富，地面和岩堆基底坡度较陡、地下水发育，有可能滑动，且工程处理困难的大型岩堆地段，线路宜绕避之；

2　对于基本稳定的岩堆，采用必要的工程措施后，线路亦可在岩堆体的适当部位通过。

5.3.3　岩堆地段工程地质调绘应符合下列要求：

1　调绘范围应包括岩堆和补给区及其相邻地段；

2　查明岩堆补给区的地层岩性、地质构造、节理发育程度和风化程度；

3　查明岩堆的形态特征、植被及成层情况、密实程度等；

4　查明岩堆床的形态、岩性、有无软弱夹层或软弱面，分析岩堆的稳定程度；

5　查明地表水和地下水活动对岩堆稳定的影响。

5.3.4　岩堆地段工程勘探、地质测试应符合下列要求：

1　可采用物探、挖探和钻探等方法进行勘探；

2　勘探点宜沿轴线布置，两侧视需要确定；

3　勘探深度应穿过岩堆体至基床下不小于3 m，且大于当地最大块石直径1.5倍；

4　在钻进中，应注意潮湿程度、地下水情况，遇软弱夹层时应取样作物理力学试验。

5.3.5　岩堆地段工程地质资料编制应包括下列内容：

1　工程地质勘察报告或说明；

2　工程地质图（必要时绘制），比例为1:500～1:2 000；

3　工程地质横断面图，比例为1:200或1:500，断面长度应至岩堆外一定距离；

4　岩堆轴线工程地质断面图(必要时绘制),比例为1:200～1:1 000;

5　勘探、测试及其他原始资料等。

5.4　泥　石　流

5.4.1　符合下列情况时应按泥石流地段开展工作:

1　沟口或坡脚存在大量无分选的洪流堆积物;

2　沟内或山坡存在滑坡堆积物或大量松散物质;

3　有泥石流暴发的历史记录或泥石流活动的痕迹。

5.4.2　根据泥石流的流域形态可分为沟谷型泥石流和山坡泥石流;泥石流流域按地貌形态可分为形成区、流通区和堆积区;根据固体物质成分可分为泥流、泥石流和水石流;根据规模可分为特大、大、中和小型泥石流;根据流体性质可分为黏性泥流、黏性泥石流、稀性泥流、稀性泥石流、水石流;根据泥石流暴发频率可分为高频率泥石流和低频率泥石流。

5.4.3　泥石流地段的工程地质选线应遵循下列原则:

1　线路应绕避特大型泥石流、大型泥石流或泥石流群、淤积严重的洪积扇区和大面积分布山坡型泥石流地段,应远离泥石流堵河影响范围内的河段。

2　线路通过泥石流沟时,应以大跨度桥梁、明洞或隧道通过。跨越时,应避开急弯部位和沟床纵坡变坡点,并留有足够的净空和孔跨,应根据泥石流的通过需要量和淤积厚度确定。

5.4.4　泥石流地段工程地质调绘应符合下列要求:

1　宜采用遥感图像地质解译与野外地质调绘相结合的方法进行地质调绘;

2　形成区应着重调查地层岩性、地质构造、风化破碎情况,不良地质的发育、分布情况,植被情况;调查人为活动对山坡岩体的破坏;分析可能发生泥石流的规模及对工程危害程度;

3　流通区应着重调查沟谷地貌特征,沟床变迁;分析线路通过的可能和方式;

4　堆积区应着重调查洪积物的厚度、成层情况,分析线路通过的可能和影响;

5　调查泥石流流域内的湖泊、水库、弃渣等对泥石流的影响;搜集气象、水文、地震资料,特别是泥石流暴发期间的资料;

6　调查泥石流发展史和周期,当地防治泥石流的规划措施和经验。

5.4.5　泥石流地段工程勘探、地质测试应满足下列要求:

1　可采用物探、钻探、挖探相结合的综合勘探方法;

2　结合建筑物布置勘探,采取土样进行物理力学性质试验;

3　控制线路方案的泥石流地段,取代表性试样,用比拟法做泥石流密度及所含固体物质的比重试验和含量分析;

4　对需要整治的泥石流补给源的不良地质体,按整治工程的需要布置勘探、测试工作。

5.4.6　泥石流地段工程地质资料编制应包括下列内容:

1　工程地质勘察报告或说明;

2　泥石流流域工程地质图(必要时绘制),比例为1:10 000～1:50 000;

3　泥石流工程地质图,比例为1:500～1:2 000,应包括拦截、停淤等建筑物的范围;

4　沟床工程地质纵断面图(必要时绘制),比例为横1:500～1:5 000,竖1:100～1:500(沟口以上的范围视需要而定,沟口以下应包括整个洪积扇);

5　沟床工程地质横断面图(必要时绘制),比例为1:200～1:500;

6　各类建筑物的工程地质图件,比例尺视需要确定;

7　勘探、测试、气象、地震及其他原始资料。

5.5 风　沙

5.5.1　符合下列特征的地段应按风沙地段开展工作:

1　整个地表覆沙,并广泛分布各种沙丘的沙漠(沙地)地段及戈壁地段;

2　表层为粉、细砂地层,由于人为活动破坏了生态平衡,形成沙漠化土地的地段。

5.5.2　根据风沙活动形成地貌形态可分为风蚀、风沙流、风积地貌;根据沙质荒漠位于的气候带及沙质情况可分为沙漠(沙地)、戈壁及沙漠化土地;根据沙漠区植被覆盖程度可分为流动沙丘(沙地)、半固定沙丘(沙地)和固定沙丘(沙地);根据风沙危害程度可分为严重、中等和轻微风沙地段。

5.5.3　风沙地段的工程地质选线应遵循下列原则:

1　线路应绕避严重风沙地段,不宜深入大沙漠的内部,宜选择在轻微风沙地段及风蚀洼地、沿古河床、山前平原潜水溢出带或凸型地带、防风林带内侧通过;

2　线路应避开山地陡坡积沙地段,宜选在山地背风侧风影部分以外的地段通过;

3　线路走向宜顺直,与主导风向平行,采用填方,避免采用零断面和路堑;

4　线路应与当地防风沙规划相结合,宜选择在地下水埋藏较浅、接近水源和防护材料产地之处;

5　车站位置应选择在无风沙或轻微风沙地段,避开有风沙活动的隘口;站房和住宅应朝向背风一侧。

5.5.4　风沙地段工程地质调绘应符合下列要求:

1　宜采用综合勘察方法,利用遥感图像地质解译,了解沙漠分布及自然特征,查明沙漠的成因、严重程度分类、分布及线路所处的沙漠部位;

2　通过不同时期遥感图像地质解译,了解沙丘移动的动态情况;

3　查明沿线风沙地貌(风蚀地貌、风积地貌、风沙流地貌)特征,划分线路通过地段沙丘(地)的类型和分布情况;

4　了解地表水、地下水分布和埋藏情况,判明有无造林条件;

5　了解沿线风沙活动规律、危害程度、防风固沙的成功经验及教训;

6　搜集沿线气温、蒸气、降水、风向、风速及其出现频率延续时间、能见度、风沙日数等资料;

7　配合有关专业调查沙生植物生态特征,了解林带的树种,配置宽度及防沙效果。

5.5.5　风沙地段工程勘探、地质测试应符合下列要求:

1　查明地层、岩性、地下水情况,取样进行矿物成分、颗粒级配及有机质含量分析;

2　必要时应测试线路通过风沙流地带的输沙量,沿沙丘移动方向进行剖面取样;

3　应在丘间低地(深2～3 m)、沙丘迎、背风坡分别分层取样,测定含水率和干沙层厚度。

5.5.6 风沙地段工程地质资料编制应包括下列内容：

1　工程地质勘察报告或说明；

2　工程地质图(必要时绘制)，比例为1∶2 000～1∶5 000，应包括机械防护范围；

3　工程地质横断面图，比例为1∶200或1∶500；

4　勘探、测试及其他原始资料。

5.6 岩　溶

5.6.1 对于地表或地下广泛分布可溶性岩层并存在各种岩溶形态，以及可溶岩地区的上覆土层曾发生地面塌陷或有土洞存在的地段，应按岩溶地段开展工作。

5.6.2 根据岩溶埋藏条件可分为裸露型岩溶、覆盖型岩溶和埋藏型岩溶；根据岩溶发育强度可分为强烈发育、中等发育、弱发育和微弱发育的岩溶。

5.6.3 岩溶地段的工程地质选线应遵循下列原则：

1　线路应绕避岩溶强烈发育地带、可溶岩与非可溶岩的接触带、构造发育带、岩溶水富集区及岩溶水排泄带；

2　线路应绕避地面塌陷分布密集、有土洞分布的覆盖型岩溶地段；

3　线路应选择在非岩溶化地区或岩溶发育微弱、范围最窄、层数最少、顶板稳固、受岩溶水影响小的地带通过。

5.6.4 岩溶地段工程地质调绘应符合下列要求：

1　应采用遥感图像地质解译和现场核对，判定岩溶分布范围和状态；

2　查明地层岩性、地质构造特征，岩溶发育与岩性、地质构造及裂隙的关系；

3　调查溶洞的分布层数，分析侵蚀基准面及其变化特征；

4　调查岩溶地貌和岩溶形态，查明岩溶与建筑物的相对位置及关系；

5　查明对线路有影响的溶洞、暗河等的顶板及洞内填充情况，评价场地的稳定性；

6　覆盖型岩溶区还应查明覆盖层的岩性与厚度、可溶岩的古地貌形态，调查地面塌陷史，预测地面塌陷的可能、对周边环境和建筑物的影响，提出预防措施；

7　对岩溶发育、形态复杂，且对线路方案影响较大的地段，应提出进行专题地质研究的建议。

5.6.5 岩溶地段水文地质调绘应符合下列要求：

1　查明地下水的分布特征，补给、径流及排泄情况，地表岩溶泉水的出露位置、水量及变化情况等；

2　查明岩溶水与地表水的联系，岩溶水的垂直分带与工程设置的关系，分析深层岩溶水和承压岩溶水存在的可能性；

3　根据工程设置情况和设计要求，必要时应查明与线路密切相关的暗河系统；

4　覆盖型岩溶地段应查明地下水的层数，以及其间的水力联系，开采情况及影响半径范围，预测地面塌陷的可能，及时提出停止或限制大量开采地下水的建议；

5　评价因工程大量排泄地下水后对环境的影响；

6　预测工程封水后对地质环境可能产生的影响及应采取的对策。

5.6.6 岩溶地段必要时应在施工期间进行补充勘察或开展施工地质工作；对桥基、路堑和隧道工程应加强配合施工，对上述工程影响范围内岩溶的发育情况应进行复查。施工过程中，必要时应进行超前地质预报。

5.6.7　岩溶地段工程勘探、地质测试应符合下列要求：

1　应在全断面、整个长度范围内采用物探、并与钻探、挖探、测试等相结合的综合勘探方法。

2　勘探点的位置、深度及地质剖面布置应根据岩溶类型及建筑物需要确定。

1）对站场、房屋建筑、路基等工程应采用综合物探方法确定物性异常范围，并采用挖探、钻探等勘探手段予以验证，查明基底岩溶洞穴或土洞的发育情况；

2）在隧道通过的可溶岩含水地段、岩溶发育的物探异常带、断层破碎带均应布置钻孔，以查明岩溶、岩溶水等的发育情况；

3）对桥基应根据基础类型及岩溶发育程度，每个墩台应布置1～5个勘探点，柱桩宜每桩1孔，摩擦桩每个墩台不宜少于2孔；

4）覆盖型岩溶应根据建筑物的重要性及需要，采用网格状布置勘探孔。

3　勘探深度应至建筑物基础以下10～15 m，揭露溶洞时应根据工程需要适当加深。

4　应取岩样作物理力学性质、矿物化学分析，以及水的侵蚀性试验。

5　必要时做溶洞水示踪试验。

6　岩溶发育且形态复杂时，施工阶段应结合工程处理措施，采取探灌结合的方法进一步查明岩溶发育形态。

7　必要时应选择一定数量的钻孔与岩溶泉（井），进行不少于一个水文年的水文地质动态观测。

5.6.8　岩溶地段工程地质资料编制应包括下列内容：

1　工程地质勘察报告或说明；

2　岩溶地区综合工程地质图（必要时绘制），比例为1:10 000～1:50 000，可将岩溶地貌图及岩溶水文地质图的内容合并绘入；

3　工程地质图（必要时绘制），比例为1:500～1:5 000，应标出岩溶分布位置、各类岩溶形态及与铁路工程之间的相互关系；

4　工程地质纵断面图（必要时绘制），比例为横1:200～1:2 000，竖1:100～1:500；

5　工程地质横断面图，比例为1:200～1:500；

6　洞穴或暗河的纵、横剖面图（必要时绘制），比例尺视需要确定，纵、横比例宜一致；

7　勘探、测试及洞穴、暗河调绘记录，其他原始资料。

5.7　人为坑洞

5.7.1　符合下列情况时应按人为坑洞地段开展工作：

1　正在开采或废弃的各类大型矿区、人工及半机械开采的各类小型矿区、已废弃的各类小型矿区、古窑等；

2　沿沟、河岸有矿线露头，两侧虽无现代矿点分布，但支沟沟源有矿点分布的沿沟岸两侧适当范围或沟岸至矿点间的地带；

3　人防工程、地下工程、坎儿井、枯井、采砂（石）洞、窑洞、菜窖及古墓等其他人为坑洞。

5.7.2 各类矿区根据开采状况可分为古老采空区、现代采空区和未来采空区；根据采空程度可分为大面积采空区和小窑采空区。

5.7.3 人为坑洞地段的工程地质选线应遵循下列原则：

1 线路应绕避至各类矿区采空（大面积采空）影响范围外一定距离；

2 线路宜绕避密集分布的小窑采空区及时间久远难以查明的古窑及其他人为坑洞分布的密集地带；必须通过时应采取工程措施；

3 线路通过规划矿区时，应了解矿区具体规划，分析对铁路工程影响及应采取的安全措施。

5.7.4 人为坑洞地段工程地质勘察工作宜根据地区条件和矿区特点采用不同的勘察方法，查明其地质特征，提出工程措施意见。

1 对有规划、有设计、有计划开采的矿区宜采用矿区设计、实施资料、实地测量资料与区域地质资料综合分析的方法，确定采空层位及范围、提出稳定性评价和工程措施意见、预留保安矿柱的宽度等；

2 古窑、小窑采空区宜采用区域地质资料分析、实地调查访问、坑洞测量与勘探相结合方法，查明开采情况、开采的层位、坑道的宽度及高度、预板岩体性质、采空特征、地面变形情况，提出稳定性评价和工程措施意见；

3 时间久远的其他人为坑洞地带宜采用区域地质资料、实地广泛调查访问及勘探相结合的方法，物性条件反映较好地区宜采用物探指导钻探，以确定人为坑洞分布的层位及具体位置，提出稳定性评价及工程措施意见。

5.7.5 人为坑洞地段工程地质调绘应符合下列要求：

1 搜集研究区域地质条件，访问调查人为坑洞的历史情况；

2 搜集既有矿区设计实施资料，分析确定矿区采空及影响范围；

3 查明人为坑洞地区的地层层序、岩性、地质构造，人为坑洞的开采与分布层位、范围及其稳定状况；

4 查明人为坑洞区地表变形特征和分布规律，结合建筑物详细调查坑洞分布、顶板厚度和洞内坑壁稳定情况，分析地段的稳定性；

5 调查地下水动态变化及其对坑洞稳定性影响；

6 查明坑洞内有害气体的类型、浓度及其对工程的影响；

7 调查人为坑洞区既有建筑物的变形情况和地基加固处理经验教训。

5.7.6 人为坑洞地段工程勘探、地质测试应符合下列要求：

1 应根据坑洞的类型及其顶板地层的性质确定勘探方法，物性条件较好地区应先用物探圈定坑洞分布范围和深度；

2 勘探点布置应结合工程和坑洞的展布情况确定；

3 勘探点的深度应探至最底层洞底地层以下不小于 2 m；

4 应采取顶板岩、土试样做物理力学性质试验。

5.7.7 人为坑洞地段工程地质资料编制应包括下列内容：

1 工程地质勘察报告或说明；

2 工程地质图，比例为 1:2 000～1:5 000；

3 工程地质横断面图，比例为 1:100 或 1:200，应绘出坑洞的形态，标明坑底高程；

4 工程地质纵断面图（必要时绘制），比例为横 1:500～1:5 000，竖 1:200～1:500；

5 坑道平面图(必要时绘制),比例为1:200或1:500,应绘出坑洞位置、方向、大小、洞内特征等,并配合必要的坑洞断面图加以说明;

6 勘探、测试及其他原始资料。

5.8 水库坍岸

5.8.1 水库地段的工程地质选线应遵循下列原则:

1 线路应选择在水库预测坍岸线加适当安全距离以外通过。当采用措施能确保线路稳定,对养护、维修不增加困难,技术经济综合分析比较合理时,也可考虑在水库预测坍岸线范围以内通过。

2 线路应选择在岸坡稳定,浸水后变形较少的一侧通过;应避开有软弱夹层倾向水库一侧的岸坡,选择结构面倾向山内一岸通过。

3 考虑风浪对库岸破坏的影响时,线路宜选择在背风一侧,或与主导风向一致。

4 水库下游线路应选择在水库泄洪引起的水淹、冲刷等恶化工程地质条件范围以外通过。

5.8.2 水库地段工程地质调绘应符合下列要求:

1 搜集水库地段的区域地质、水文地质和工程地质资料;

2 调查水库的岸缘形态,查明库岸的地层岩性、风化破碎程度和各类结构面特征,覆盖层与下伏基岩的接触关系;

3 查明库区不良地质的分布、性质,预测储水后可能引起复活及恶化环境地质条件等情况;

4 预测水库储水后引起地下水壅升和渗漏情况及其对线路和建筑物的影响;

5 根据不同的地貌、地质条件、水库类型和库岸情况,预测库区坍岸变形的范围及特征。

5.8.3 水库地段工程勘探、地质测试应符合下列要求:

1 查明岸坡的水文地质,工程地质条件,应布置勘探测试点,必要时应进行水文地质勘探及试验工作;

2 水库地段勘探、测试深度应视工程类别及基础类型确定,最小深度应至水库岸坡稳定坡角线以下;

3 应分层采取试样,测试岩土的物理力学性质和水理性质;水下工程基础如为软质岩层,应进行崩解试验和抗压强度等试验。

5.8.4 水库地段工程地质资料编制应包括下列内容:

1 初测

1)工程地质勘察报告或说明,主要阐述水库地段工程地质条件、水库设计的有关内容,预测坍岸线有关参数的确定,线路方案工程地质条件比选等;

2)水库地区工程地质图,比例为1:10 000~1:50 000,图中包括各种水位、预测坍岸线和断面位置等;

3)预测坍岸变形地质断面图,比例为1:200~1:500,图中包括各种库水位、地下水位和地下水壅升线、预测坍岸线等;

4)线路概略工程地质纵断面图(必要时绘制),比例为横1:500~1:5 000,竖1:200~

1∶1 000；

5）勘探、测试、气象、地震及其他原始资料。

2　定测

1）工程地质勘察报告或说明；

2）工程地质图，比例为1∶2 000～1∶5 000，图中应绘出预测坍岸线；

3）工程地质横断面图，比例为1∶200；

4）详细工程地质纵断面图（必要时绘制），比例为横1∶500～1∶5 000，竖1∶200～1∶1 000；

5）库区不良地质和各类建筑物的工程地质资料，包括水库影响的有关资料。

3　勘探、测试、气象、地震及其他原始资料。

5.9　地　震　区

5.9.1　当线路通过地震动峰值加速度为0.1 *g* 至0.4 *g* 地区时，应按本节规定开展工作。当地震动峰值加速度大于0.4*g* 时，应做专门研究。

5.9.2　对地震研究程度较差或地震地质条件复杂的地段，必要时应提出请相关部门进行专门的地震动参数详细区划或复核的建议。

5.9.3　根据场地工程地质条件，地震区可划分为抗震有利地段和抗震不利地段。

5.9.4　地震区工程地质选线应遵循下列原则：

1　线路宜避开活动断裂带及地热异常带。难以绕避时，应对其进行专题研究，并应在断裂带或异常带较窄处以简易工程大角度通过，不宜在断裂带内设置大中桥、高桥、隧道、高填深挖等难以修复的大型建筑物。

2　线路应选择在工程地质条件良好、地形开阔平坦或缓坡地段。宜绕避严重的山坡变形、易塌陷的地下坑洞、泥石流发育区、不稳定的悬崖深谷、高耸孤立的山丘等抗震不利地段，不宜在松散的山坡堆积层上设置高桥以及高填、深挖和半填半挖路基。

3　线路宜选择在非液化土层地带或液化土层埋藏较深、范围最小的地段通过，不得以液化土层作建筑物的持力层。

5.9.5　地震区工程地质调绘应符合下列要求：

1　搜集区域地质、水文地质和沿线地震历史资料；

2　查明区域地质构造，尤其是主要断裂带和活动断裂带与线路的关系；

3　调查各类不良地质的分布、稳定状态，分析地震时发生次生地质灾害的可能性；

4　调查河流的变迁、古河道的分布、第四系地层的特征、地下水位和可液化土的分布范围；

5　根据现行《中国地震动参数区划图》（GB 18306），结合沿线地质情况及工程设置，划分铁路沿线地震动峰值加速度及地震动反应谱特征周期分区；

6　与相关单位、专业协商，提出沿线桥梁、隧道、路基及其他重大建筑物应进行专门地震安全性评价的建议。

5.9.6　地震区工程勘探、地质测试应符合下列要求：

1　勘探查明地震时不稳定地带和液化土层的分布，以及活动断裂带的位置和特征；

2　勘探测试点的数量与深度应根据地震动峰值加速度、地质情况、工程要求确定；

3　对饱和砂类土及粉土，可用标准贯入或静力触探、剪切波速测试等方法判别地震液化的可能和等级；

4　必要时，应进行地震动反应谱特征周期测试。

5.9.7　地震区工程地质资料编制应满足下列要求：

1　在全线有关综合性地质资料及相应的建筑物工点地质资料中，结合线路通过活动断裂带的形式、地震地质资料，提出相应的工程措施意见；

2　地基液化土的测试结果应列入相关工点及场地评价中；

3　提供地震动峰值加速度值，必要时还应提供地震动反应谱特征周期值。

5.10　放射性地区和有害气体地段

5.10.1　符合下列条件时，应按放射性地区或有害气体地段开展工作：

1　放射性地区

1）有放射性矿床分布及放射性强度较高的地区；

2）大范围分布酸性岩浆岩体及伟晶岩脉的地区；

3）放射性地方病例蔓延区。

2　有害气体地段

1）广泛分布煤系地层及厚层湖沼地层、工业垃圾和生活垃圾地层，部分人为坑洞分布区等；

2）分布石油、天然气并有气苗或含气的闭圈构造的地区；

3）附近相同地层曾发现过有害气体的地区。

5.10.2　放射性物质和有害气体的分类应符合下列规定：

1　放射性物质应按国家现行《放射性废物分类标准》（GB 9133）的规定进行分类；

2　有害气体分类可根据有害气体环境、有害气体突出危险性进行分类。

5.10.3　放射性地区和有害气体地段的工程地质选线应遵循下列原则：

1　线路应绕避已知或可能存在放射性矿床区、含大量有害气体地层地段，无法绕避时应选择较窄处通过；

2　车站及生活区必须设置在放射性强度或比活度符合国家现行《辐射防护规定》（GB 8703）规定的地段，不得建在放射性强度较高的地区或含有害气体的地段；

3　饮用水源严禁建在放射性超标的地区。

5.10.4　放射性地区和有害气体地段工程地质调绘应符合下列要求：

1　搜集、研究放射性地区和有害气体地段检测资料及专项资料；

2　查明放射性物质和有害气体分布地段的地形地貌、地层岩性及地质构造特征；

3　查明地层所含放射性物质和有害气体的类型、强度、分布特征；

4　查明地表水、地下水含放射性物质和有害气体的种类和数量等，以及地下水补给、径流和排泄条件；

5　预测放射性物质和有害气体的释放强度，评价对工程和环境污染的影响，提出工程措施意见。

5.10.5　施工阶段应对放射性地段、有害气体分布地层进行监测，确保施工安全。

5.10.6　放射性地区和有害气体地段工程勘探、地质测试应符合下列要求：

1　放射性地区

1)进行地面放射性总量测定;

2)进行放射性水化学测试。

2　有害气体地段

1)在可能储气或煤层部位应结合工程布置钻孔,其深度应按工程需要确定;

2)必要时应对已确定的产生、储存、覆盖有害气体的地层取样试验。

5.10.7　放射性地区和有害气体地段工程地质资料编制应包括下列内容:

1　工程地质勘察报告或说明;

2　工程地质图,比例尺根据需要确定;

3　工程地质纵、横断面图(必要时绘制),比例尺视需要确定;

4　勘探、测试及其他原始资料。

6　特殊岩土工程地质勘察

6.1　黄　　土

6.1.1　对于勘察区工程场地分布的第四纪以来，在干旱、半干旱气候条件下，由陆相沉积的以黄色粉土颗粒为主，含碳酸钙及少量易溶盐，具大孔隙、垂直节理、抗水性差、易崩解、潜蚀，表层多具湿陷性的特殊土层，应按黄土开展工作。

6.1.2　根据黄土的堆积时代可分为全新统（Q_4）、上更新统（Q_3）、中更新统（Q_2）、下更新统（Q_1）黄土；根据黄土的成因类型可分为风积、冲积、洪积、坡积黄土；根据黄土体在一定压力下受水浸湿发生湿陷的程度可分为自重湿陷性黄土、非自重湿陷性黄土和非湿陷性黄土；根据黄土的塑性指数可分为砂质黄土和黏质黄土。

6.1.3　黄土地区的工程地质选线应遵循下列原则：

1　黄土塬、梁、峁及丘陵区线路宜选择在山坡稳定、排水条件较好地带，应避开地形零乱、沟谷深切、冲沟发育，下伏地层层面倾斜方向不利及地下水发育地带；

2　河谷线路宜利用宽谷阶地展线，宜远离低级阶地缺失的高陡岸坡地段及塬边斜坡不稳定地带；

3　线路宜避开不良地质发育及新构造活动强烈地段，必须通过时应选择合适部位并采取适宜的工程措施；

4　线路应选择在地层单一、土质干燥、湿陷性较小地带，避开地层复杂、土质软弱、含水率大和地下水发育地段，应避免与长大干渠近距离并行。

6.1.4　应根据勘测阶段、地区特点及工程类型选用工程地质勘察方法。塬、梁、峁及丘陵地区宜采用遥感图像地质解译、地质调绘、勘探、原位测试及室内试验多种手段相结合的综合勘察方法。

6.1.5　黄土地区工程地质调绘应符合下列要求：

1　查明黄土的分布情况，划分黄土地貌单元；

2　查明黄土特征，划分黄土的时代、成因类型，与下伏地层接触形态；

3　查明黄土陡坎、斜坡和沟谷发育的特征，不良地质分布及稳定情况，桥台岸坡及隧道洞口山坡的稳定情况；

4　查明黄土陷穴、洞穴、洼地等的分布范围、形态及发育规律；

5　查明地下水出露及季节变化情况；

6　查明黄土层内古土壤的分布及其膨胀性，各类夹层及其含水情况，评价其对边坡稳定性和施工安全的影响；

7　地表水流的汇集、排泄、浸泡、冲刷等对黄土稳定的影响；

8　调查访问既有建筑物、边坡的稳定情况及处理措施、效果。

6.1.6　黄土地区工程勘探应符合下列要求：

1　勘探点的布置应满足工程场地稳定性评价要求，用于湿陷性评价的勘探点应按工程场地及地貌单元、成因类型及土质情况分别勘探、取样。

2　勘探深度应满足场地稳定性和湿陷性评价及工程设计要求；作为地基时，除应大于地基压缩层深度外，非自重湿陷性黄土场地勘探深度应大于基础底面下 10 m；在自重湿陷性黄土场地，一般建筑场地在陇西、陇东—陕北—晋西地区勘探深度应至基础底面下不小于 15 m，其他地区不小于 10 m，对于大桥、特大桥、高桥、区段站及以上大站中的重要建筑物应穿透湿陷性土层。

3　采取原状土样和进行原位测试的勘探点数量，应不少于该地段勘探点总数的 50%。原状土样应采用挖探或静压取土方法。取土竖向间距一般 1 ~ 2 m，地层规律性较强时可分层取样，但间距不应大于 3 m。

4　勘探点使用完毕后，应立即用原土分层回填夯实。

6.1.7　黄土地区地质测试应满足下列要求：

1　一般工点按地貌单元、成因类型及土质的类同情况分别进行物理力学和湿陷性试验。大中桥、站场及房屋建筑工程按场地进行物理力学和湿陷性试验，高桥及其他高大建筑物场地必要时还应对在其压力范围内的 Q_2 黄土进行湿陷性试验。

2　测定黄土湿陷系数的试验压力，应自基础底面（初测阶段，自地面下 1.5 m）算起，基底下 10 m 以内的土层使用 200 kPa；10 m 以下至非湿陷性土层顶面，使用其上覆土的饱和自重土压力，当大于 300 kPa 时，仍用 300 kPa；基底压力大于 300 kPa 的桥梁及其他高大建筑物按实际压力；新近堆积黄土湿陷系数试验压力，基底下 5 m 以内的土层宜用 100 ~ 150 kPa 压力，5 ~ 10 m 和 10 m 以下至非湿陷土层顶面，应分别采用 200 kPa 和上覆土的饱和自重压力。

3　测定自重湿陷系数应计算试样上覆土的饱和自重压力。根据试样上覆土的自重压力分级加荷，每次加压不应大于 50 kPa（如上覆土的饱和自重压力小于 50 kPa，可一次加压至 50 kPa），加至试样上覆土的饱和自重压力，待下沉稳定后，试样浸水饱和，附加下沉稳定，试验终止。

4　位于地震动峰值加速度为 0.1 *g* 及以上地区的饱和砂质黄土可参照相关规定进行地震液化判定。

6.1.8　黄土地区工程地质条件评价应结合工程类型、环境条件及黄土工程特性对工程影响作针对性评价。湿陷性黄土地基的湿陷性评价，应根据总湿陷量的计算值和自重湿陷量的计算值等因素，按表 6.1.8 判定。

表 6.1.8　湿陷性黄土地基的湿陷等级

湿陷类型		非自重湿陷性场地	自重湿陷性场地	
自重湿陷量计算值 Δ_{zs}（cm）		$\Delta_{zs} \leqslant 7$	$7 < \Delta_{zs} \leqslant 35$	$\Delta_{zs} > 35$
总湿陷量计算值 Δ_s（cm）	$\Delta_s \leqslant 30$	Ⅰ（轻微）	Ⅱ（中等）	—
	$30 < \Delta_s \leqslant 70$	Ⅱ（中等）	* Ⅱ（中等）或Ⅲ（严重）	Ⅲ（严重）
	$\Delta_s > 70$	Ⅱ（中等）	Ⅲ（严重）	Ⅳ（很严重）

注：* 当总湿陷量的计算值 $\Delta_s > 60$ cm、自重湿陷量的计算值 $\Delta_{zs} > 30$ cm 时，可判为Ⅲ级，其他情况可判为Ⅱ级。

6.1.9　黄土地区的勘察报告或说明及相关勘探测试资料等，可在各类工点资料中阐述。

6.1.10 客运专线铁路和时速 200 km 客货共线铁路黄土地区的工程地质勘察除应符合本规范第 4 章相关规定及本节规定外，还应符合下列规定：

1 路基工程勘探点的间距一般场地不宜大于 100 m，复杂场地不宜大于 50 m；勘探点的深度应大于 25 m 或穿透湿陷性土层；

2 桥基勘探点的深度应穿透湿陷土层，或桩端以下 10 ~ 20 m；

3 隧道通过地段的土石交界面、含水地层等应有勘探点控制；

4 根据工程设计需要，必要时应进行现场静载荷试验、桩基浸水试验，现场试坑浸水试验实测的自重湿陷量值与室内试验自重湿陷量计算值的对比分析。

6.2　膨胀土(岩)和红黏土

6.2.1 符合下列条件的土(岩)应按膨胀土(岩)开展工作：

1 富含亲水矿物，吸水显著膨胀、软化、崩解，失水急剧收缩开裂，能往复胀缩变形的黏性土，应按膨胀土开展工作；

2 含较多亲水矿物，含水率变化时产生较大体积变化的岩石，应按膨胀岩开展工作。

6.2.2 膨胀土(岩)地段的工程地质选线应遵循下列原则：

1 线路宜在地形平缓、地面平整、植被良好地段，采用浅挖低填通过；

2 线路宜绕避中、强膨胀土分布地带，不能避开时应以短距离通过；

3 线路宜避开膨胀土(岩)的山前斜坡及不同地貌单元的结合带，宜垂直于垄岗轴线通过；

4 线路宜避开地层呈多元结构或有软弱夹层的地段；

5 线路宜绕避地下水发育的膨胀土(岩)地段。

6.2.3 膨胀土(岩)地段工程地质调绘应符合下列要求：

1 查明地形、地貌特征，不良地质现象的分布及危害程度；

2 查明地层岩性、地质构造、裂隙特征、软弱夹层的性质、分布、风化程度及其分带规律等；

3 查明膨胀土下伏基岩的岩性、结构面特征及不良地质的发育情况；

4 查明地下水特征、地表水径流的汇集与排泄条件；

5 搜集和分析当地气象资料，确定大气影响深度；

6 调查既有建筑物的稳定情况，搜集建筑物防治方面的经验教训。

6.2.4 膨胀土(岩)地段工程勘探应符合下列要求：

1 宜采用挖探与钻探相结合的方法，钻探宜采用干钻；

2 勘探点的布置应按膨胀土(岩)的成因类型、地貌单元，结合建筑物设置确定；

3 一般地段勘探深度应大于大气影响深度；作为地基时应至持力层下不小于 3 m 或穿透膨胀土(岩)层；具有膨胀性的红黏土地段的建筑物地基应结合工程设置考虑下伏碳酸盐岩系岩溶发育，按岩溶发育情况确定勘探深度；

4 膨胀土(岩)应分层取样。

6.2.5 膨胀土(岩)试验项目应包括下列内容：

1 岩土常规物理力学性质试验；

2 膨胀岩室内试验判定指标：饱和吸水率、膨胀力、自由膨胀率；

3　膨胀土详判指标：自由膨胀率、蒙脱石含量、阳离子交换量，结合工程需要做残余强度、膨胀率、收缩率、先期固结压力等专项试验等；

4　重要、高大的建筑物场地宜进行现场浸水载荷试验、剪切试验及旁压试验。

6.2.6　膨胀土（岩）场地应根据工程类型、膨胀土（岩）的分布、工程地质特征及大气影响等评价其工程地质条件。膨胀岩的判定应符合现行《铁路工程岩土分类标准》（TB 10077—2001）的规定；膨胀土的膨胀潜势分级应符合表6.2.6的规定。

表6.2.6　膨胀潜势分级

分级指标＼级别	弱膨胀土	中等膨胀土	强膨胀土
自由膨胀率 F_s（%）	$40 \leqslant F_s < 60$	$60 \leqslant F_s < 90$	$F_s \geqslant 90$
蒙脱石含量 M（%）	$7 \leqslant M < 17$	$17 \leqslant M < 27$	$M \geqslant 27$
阳离子交换量 CEC（NH_4^+）　（mmol/kg）	$170 \leqslant$ CEC（NH_4^+）< 260	$260 \leqslant$ CEC（NH_4^+）< 360	CEC（NH_4^+）$\geqslant 360$

注：当两项指标符合时，即判定为该等级。

6.2.7　膨胀土（岩）地段工程地质资料编制应包括下列内容：

1　工程地质勘察报告或说明；

2　工程地质图（必要时绘制），比例为1∶500～1∶2 000；

3　工程地质纵断面图（必要时绘制），比例为横1∶500～1∶2 000，竖1∶100～1∶500；

4　工程地质横断面图（必要时绘制），比例为1∶200或1∶500；

5　勘探、测试、气象及其他原始资料。

6.2.8　在红黏土地区进行工程地质勘察时，应考虑下伏碳酸盐岩系岩溶空洞对工程的影响。当红黏土层工程性质稳定，不具膨胀性时，可按一般黏性土开展工作；当红黏土具有膨胀性时，应按膨胀土开展工作。

6.2.9　客运专线铁路和时速200 km客货共线铁路膨胀土（岩）和红黏土地区的工程地质勘察应符合本节的有关规定，其中路基工程勘探点的间距一般场地不宜大于100 m，复杂场地不宜大于50 m。

6.3　软土、松软土

6.3.1　对于在静水或缓慢流水环境中沉积形成的粉土、黏性土，具有含水率大（$w \geqslant w_L$）、孔隙比大（$e \geqslant 1.0$）、压缩性高（$a_{0.1\sim0.2} \geqslant 0.5\ \text{MPa}^{-1}$）、强度低（$P_s < 800$ kPa）等特点，应按软土进行工程地质勘察。

虽不具备上述软土特征，但其基本承载力低、沉降不能满足工程要求的土，应按松软土进行工程地质勘察。

6.3.2　软土按其物理力学特征，可分为软黏性土、淤泥质土、淤泥、泥炭质土及泥炭等类型。当粉土大部分指标满足软土指标时，可定为软粉土。

6.3.3　软土、松软土地区的工程地质选线应遵循下列原则：

1　线路宜绕避长大的软土、松软土地段。若绕避不经济或不可能时，应选择在软土、松软土分布最窄、厚度最小、硬底横坡较缓地段通过。

2　线路宜选择在地势较高,硬壳较厚,取土条件较好的地带通过。

3　软土、松软土地区的路基宜以路堤通过,路堤高度宜控制在设计临界高度以内,但不宜低于基床厚度。

4　在滨海平原、冲积平原和湖积平原线路位置选择应符合下列要求:

1)宜远离湖塘、人工渠道、河流及河口地段;

2)宜沿河流高阶地通过;

3)宜绕避古牛轭湖、埋藏谷及溺谷等软土埋藏地带;

4)通过沿河谷分布的软土、松软土地带或古盆地时,应避免从其中部通过。

5　在丘陵及山间谷地线路位置选择应符合下列要求:

1)宜避开有软土、松软土分布的封闭或半封闭洼地;

2)宜避免在硬底横坡较陡处通过。

6.3.4　软土、松软土地区工程地质调绘应符合下列要求:

1　查明软土、松软土地区地形、地貌特征、软土及松软土分布规律及其水文地质条件;

2　查明软土、松软土的成因类型、岩性、分布、厚度及物理力学性质;

3　查明硬壳厚度、性质及其随季节变化情况、硬底的性质及横向坡度;

4　了解既有建筑物的修建时间、加固及处理措施、施工方法、稳定状况;

5　沼泽地区应查明植物的分布和生长情况、地表水的汇流和水位季节变化、水文情况、地表水疏干条件、地下水露头及与地表水的关系。

6.3.5　软土、松软土地区工程勘探应符合下列要求:

1　宜采用以静力触探、物探、钎探、轻型螺纹钻探为主的综合勘探方法查明软土、松软土的分布范围。

2　宜采用静力触探、轻型螺纹钻探、十字板剪切试验和钻探相结合的综合勘探方法查明软土、松软土地层厚度和物理力学性质。

3　勘探点的布置应根据地段长短和建筑工程特点、地层结构、成层条件、硬底横坡等确定,软土、松软土成层条件复杂时应加密勘探点,必要时应进行代表性地质横断面勘探。

4　勘探、测试深度应至硬底以下 5 ~ 10 m,或至基岩层中 3 ~ 5 m。软土或松软土层较厚时,钻孔深度应不小于地基计算压缩层的深度。

5　取样钻孔应分层取代表性土样,层厚时可按上、中、下分别取原状土。必要时钻孔中应连续取芯,每 1 m 孔深取土样 2 个。

6.3.6　软土、松软土地区地质测试应符合下列要求:

1　使用静力触探应有钻孔和其他原位测试手段验证;

2　对厚层和难于取样的软土、松软土地层,宜采用静力触探、十字板剪切试验;

3　采取的土样应满足土工试验项目所需的规格和数量;

4　室内试验和原位测试项目应根据勘察阶段和工程类别确定。

6.3.7　软土、松软土地区工程地质资料编制应包括下列内容:

1　工程地质勘察报告或说明;

2　工程地质图(必要时绘制),比例为 1:500 ~ 1:5 000;

3　代表性工程地质横断面图,比例为 1:200,应注有地下水位及分层的物理力学性质代表数据;

4　工程地质纵断面图，比例尺视具体情况而定；

5　硬底顶面等高线图（必要时绘制），比例为1:500～1:5 000；

6　勘探、测试等原始资料。

6.3.8　客运专线铁路和时速200 km客货共线铁路软土及松软土地区的工程地质勘察应符合本节的有关规定，其中路基工程应进行代表性地质横断面勘探，路基地质横断面的间距不宜大于100 m。每个横断面应布置2～3个勘探测试点，勘探测试点的间距不宜大于50 m，地质条件复杂时，不应大于30 m；每个工点中的取样或进行原位测试的勘探点不应少于勘探点总量的1/3；勘探测试孔深度除满足本规范相关要求外，其深度不宜小于25 m，或至计算压缩层以下不少于5 m。

6.4　盐　渍　土

6.4.1　当遇埋藏较浅的地下水沿土的毛细孔隙上升并不断蒸发，在表层产生盐分聚集，形成吸湿、膨胀、溶陷等工程特性的特殊地层时，应按盐渍土开展工作。

6.4.2　土中易溶盐含量大于0.3%的土应定为盐渍土。当地表以下1 m深度内的土层易溶盐平均含量大于0.3%时，应定为盐渍土场地。

6.4.3　盐渍土地段的工程地质选线应遵循下列原则：

1　线路应绕避强、超盐渍土地带，特别是硫酸盐渍土、碱性盐渍土发育及盐沼地段，无法绕避时宜在盐渍土分布最窄、排水条件较好、盐渍化程度较轻的氯盐渍土地段通过；

2　线路宜选择在地势较高、排水条件较好、土中含盐量低的地段以路堤通过；

3　应根据当地冻前最高地下水位、基底及填土的毛细水强烈上升高度、最大冻结深度等因素，确定路堤的最小高度及采取的工程措施；

4　在盐渍土与软土共生地段，应同时考虑盐渍土及软土工程地质选线要求及工程处理措施，选择在二者处理工程均简易的地段通过。

6.4.4　盐渍土地段工程地质调绘应符合下列要求：

1　查明盐渍土分布范围，含盐类型、含盐程度在平面上的界线；

2　查明盐渍土形成的水文地质条件、地下水动态变化规律、水质情况；

3　查明盐渍土的物理力学性质、盐分分布规律、毛细水强烈上升高度；

4　了解既有建筑物的腐蚀、破损情况；

5　收集当地降水量、蒸发量、年平均相对湿度等气象资料。

6.4.5　盐渍土地段工程勘探应符合下列要求：

1　宜采用以挖探或轻型勘探与钻探相结合的方法。

2　应根据盐渍土的分布特征合理布置勘探测试点，其间距宜不大于200 m。大范围盐渍土地段沿线取样点的间距不宜大于500 m 。

3　勘探点的深度：桥梁、房屋及其他建筑物地基应满足工程设计要求；一般路基为3～6 m，并应有一定数量的勘探点控制沿线地下水位变化。

4　盐渍土盐分化验取样应在干旱季节进行；在地表1.00 m范围内，一般按0.00～0.05 m（盐壳厚度较大时应按实际厚度取）、0.05～0.25 m、0.25～0.50 m、0.50～0.75 m、0.75～1.00 m分层取样。当地下水位埋深小于1.0 m时，可按上述间距取样至地下水位处；当地下水位较深，且1.0 m以下土层的含盐量仍然较高时，取样深度可适当加深，1.0 m 以下取样的间距可按 0.5 m，至地下水位。

6.4.6 盐渍土地段地质测试应符合下列要求：

1 盐渍土的平均含盐量、含盐成分应按取样厚度加权平均计算；

2 不同盐渍土及不同土质应分别采取代表性原状土样作盐渍土的物理力学性质试验，并宜用原位测试方法确定地基承载力；

3 应测定不同类型盐渍土及不同土质的毛细水强烈上升高度值；

4 沿线应采取地表水和地下水作水质分析，大范围盐渍土地区沿线地下水取样间距不宜大于 2 km；

5 根据建筑物的需要，可参照现行《岩土工程勘察规范》（GB 50021）及铁道部有关铁路混凝土结构耐久性设计的规定，对环境水、土的腐蚀性进行测试和评价。

6.4.7 盐渍土的类型和盐渍化程度的判定标准应符合表 6.4.7 的规定。

表 6.4.7　盐渍化程度分类

盐渍土名称 / 盐渍化程度	基底及被利用土层的平均含盐量 $\overline{DT}$（%）		
	氯盐渍土及亚氯盐渍土	硫酸盐渍土及亚硫酸盐渍土	碱性盐渍土
弱盐渍土	$0.3 < \overline{DT} \leq 1.0$	—	—
中盐渍土	$1 < \overline{DT} \leq 5$	$0.3 < \overline{DT} \leq 2$	$0.3 < \overline{DT} \leq 1.0$
强盐渍土	$5 < \overline{DT} \leq 8$	$2 < \overline{DT} \leq 5$	$1 < \overline{DT} \leq 2$
超盐渍土	$\overline{DT} > 8$	$\overline{DT} > 5$	$\overline{DT} > 2$

6.4.8 盐渍土地段工程地质资料编制应包括下列内容：

1 工程地质勘察报告或说明；

2 工程地质图（必要时绘制），比例为 1∶2 000～1∶5 000，应有不同含盐类型及含盐程度等的工程地质分区界线；

3 工程地质横断面图，比例为 1∶200～1∶500，绘上最高地下水位线；

4 工程地质纵断面图（必要时绘制），比例为横 1∶500～1∶5 000，竖 1∶100～1∶500，应绘最高地下水位线；

5 勘探、测试、气象及其他原始资料。

6.4.9 客运专线铁路及时速 200 km 客货共线铁路盐渍土地区的工程地质勘察应符合本节的有关规定，其中路基工程勘探点间距不宜大于 100 m；取样点间距宜为 100～200 m；勘探深度应穿透盐渍土层，且勘探深度不宜小于 25 m。

6.5 岩　盐

6.5.1 内陆咸水湖盆地，由于气候干旱，卤水浓缩、析盐形成表层以易溶盐为主要成分的盐壳，下部为充满易溶盐晶饱和卤水的特殊地层，当有低矿化度水补给时，极易发生溶蚀现象。遇该类地段时应按岩盐开展工程地质勘察。

6.5.2 岩盐地段的工程地质选线应遵循下列原则：

1 线路通过岩盐地区时，应选择在盐壳厚、强度高、无溶洞或溶洞少而小的地带通过；

2 线路应绕避低矿化度水出露、地表水汇集及开采卤矿的地带。

6.5.3 岩盐地段工程地质勘察应采用科学研究与综合勘察相结合的方法。

6.5.4 岩盐地段工程地质调绘应符合下列要求：

1 查明线路通过地带盐壳厚度、岩盐的厚度、结构，岩盐的类型，卤水的化学成分、矿化度及其平面和剖面上的分布规律，岩盐底部的地层、岩性；

2 查明地下水的类型、水位、变化幅度、水质、水量、流向、流速，承压水的水头高度等，与岩盐中卤水的水力联系，稀释卤水和溶盐程度、范围；

3 查明各类盐溶现象（溶孔、溶洞、溶陷），尤其是溶洞（明洞、暗洞）的分布、形状、大小、各溶洞间的联系、溶洞顶板的厚度和强度；

4 搜集有关盐湖开采的规模及方式、影响岩盐稳定和结构变化等的资料，分析对线路的影响程度。

6.5.5 岩盐地段工程勘探、地质测试应按下列要求进行：

1 岩盐地段应进行横断面勘探、测试，横断面间距不宜大于50 m，每个横断面上的勘探孔不宜少于2个，对盐溶发育地段宜采用逐步加密勘探点或横断面的方法确定其范围；

2 勘探深度应超过基底5～6 m，水文地质条件复杂时还应适当加深；

3 应充分利用工程勘探孔，探明盐底含水层分层、水质情况及联系；探测岩盐与底部低矿化度含水层有水力联系的钻孔，应严格进行分层封水、分别取样化验；钻探测试结束后应及时严格封孔，避免给地基留下隐患；

4 可用物探方法探测岩盐中溶洞的位置、高程、形状、大小及溶洞间的联系；

5 按盐湖岩盐分段情况，不同深度分层取样进行岩盐物理力学试验及化学分析、卤水分析。

6.5.6 岩盐地段工程地质资料编制应包括下列内容：

1 工程地质勘察报告或说明；

2 工程地质图，比例为1∶2 000～1∶5 000；

3 盐溶分布图，比例为1∶500～1∶1 000；

4 水化学及矿化度图（地下水特别发育时绘制），可与工程地质图合并；

5 工程地质纵断面图，比例为横1∶500～1∶5 000，竖1∶200～1∶500，包括盐溶分布特征（盐溶特别发育时绘制）；

6 工程地质横断面图，比例为1∶200，应包括盐溶的分布特征；

7 勘探、测试及其他原始资料。

6.6 多年冻土

6.6.1 冻结状态持续二年或以上的土层（岩层），由于温度条件变化，物理力学性质随之改变，并产生冻胀、融沉等物理地质现象，应按多年冻土开展工作。对接近多年冻土区的深季节冻土，可参照多年冻土的冻胀和融沉性要求开展勘察工作。

6.6.2 根据多年冻土平面分布可分为连续多年冻土和岛状多年冻土；根据剖面分布可分为衔接和不衔接多年冻土；根据年平均地温值可分为高温极不稳定区、高温不稳定区、低温基本稳定区和低温稳定区；根据含冰量、土的类别可分为少冰冻土、多冰冻土、富冰冻土、饱冰冻土和含土冰层。

6.6.3 多年冻土地区的工程地质选线应遵循下列原则：

1 线路应选择在地表干燥、少冰、平缓地带通过，避免挖方、零断面及低填方，难以避免时应减少这些地段长度；山前线路应选择在热融泥流扇形地貌外缘的下方以路堤通过；缓坡地段宜在其上部通过；

2 线路应避开各类不良冻土现象发育地带，选择在少冰冻土地带通过；绕避含土冰层地带，避免通过富冰、饱冰冻土地带，不能绕避时宜从地势平缓、地下冰分布较窄、较薄地带通过；

3 线路通过冰椎、冻胀丘地段应在其下方以路堤通过，并留足高度；

4 线路应以路堤通过多年冻土沼泽、热融湖塘地段，其高度宜高出暖季后积水水位以上不小于 1.0 m；

5 特大、大中桥位置应选择在河流融区，避免将桥设在河流融区边缘的多年冻土不稳定地带；

6 岛状多年冻土区的隧道进出口路堑应选择在多年冻土薄且短的地段，应避开易产生热融滑坍地段，洞身应避开地下冰及地下水发育地带；

7 区段站及以上大站应选择在地形平坦、地质条件良好、冻胀及融沉最小、易于处理地段。

6.6.4 多年冻土地区工程地质调绘、研究应符合下列要求：

1 研究、分析沿线海拔高度、纬度、地貌、植被、坡向、气象等对多年冻土发育有影响的自然地理因素，收集、研究区域地温资料；

2 查明沿线多年冻土的类型及分布范围，确定多年冻土上限；

3 查明第四系地层的成因类型、地层结构、土质成分，特别是斜坡堆积物特征及其基底横坡；

4 查明多年冻土分类及富冰、饱冰、含土冰层分布规律，总含水率以及结构特征和物理力学性质；

5 查明地表水及地下水等水文地质特征、存在形态、相互关系及其对工程建筑物的影响；

6 应分别在寒季和暖季调查多年冻土地区各类不良冻土现象的形态特征、形成条件、分布范围、发生与发展规律；

7 查明大河桥渡融区分布情况；

8 分析、研究隧道通过地段地下水(冰)发育情况、冻土融化圈对围岩强度的影响，冰层融化、水分转移可能引起的工程地质问题；

9 配合有关专业确定取弃土(渣)场、施工便道、临时房屋位置等，避免引起环境工程地质问题；

10 分析研究区域冻土地质、气候条件的变化趋势，预测冻土变化及其对工程的影响，必要时应设置站、点进行长期观测。

6.6.5 多年冻土地区工程勘探、地质测试应符合下列要求：

1 为查明多年冻土地区物理地质现象季节性演变特点，应在二、三、四、五月进行勘探，多年冻土上限深度勘探宜在九、十月进行；

2 应结合多年冻土设计原则确定勘探、测试深度，一般应深入多年冻土层内 20 ~ 30 m；在多年冻土较薄地段及岛状多年冻土区应有部分控制多年冻土下限深度的深钻孔；

3 岩、土试验项目除按一般岩、土物理力学性质的试验要求外，还应根据各类建筑物设计的需要，分别提供热物理及冻土力学参数，如导温系数、融化下沉系数及冻土地基承载力等；

4 为查明地温状态及其与冻土物理力学性质的关系，应按不同地貌单元及合理间距布置代表性地温长期观测钻孔，开展定时地温观测，查明沿线地温特征值在平面和剖面上的分布，观测时间的长短视工程要求而定。

6.6.6 多年冻土区应根据多年冻土在平面及剖面上的分布特征、土的含冰量及土的类别进行工程地质分区，还应根据年平均地温(T_{cp})按表 6.6.6 的规定进行稳定性分区。

表 6.6.6 多年冻土年平均地温稳定性分区

稳定性分区	年平均地温值(℃)	稳定性分区	年平均地温值(℃)
高温极不稳定多年冻土区	$T_{cp} \geq -0.5$	低温基本稳定多年冻土区	$-2.0 \leq T_{cp} < -1.0$
高温不稳定多年冻土区	$-1.0 \leq T_{cp} < -0.5$	低温稳定多年冻土区	$T_{cp} < -2.0$

6.6.7 多年冻土场地应根据工程类型、地质情况、地温特征值、岩土含水率及地下水情况等评价其工程地质条件。其中，多年冻土地基还应根据土的类别、总含水率及融沉系数进行融沉性分级，其标准应符合表 6.6.7 的规定。

表 6.6.7 多年冻土融沉性分级及冻土分类

土的名称	总含水率 w_A(%)	平均融沉系数 δ_0(%)	融沉等级及类别	冻土类别
粉黏粒质量不大于 15% 的粗颗粒土(包括碎石类土、砾砂、粗砂、中砂，以下同)	$w_A < 10$	$\delta_0 \leq 1$	Ⅰ级不融沉	少冰冻土
粉黏粒质量大于 15% 的粗颗粒土	$w_A < 12$			
细砂、粉砂	$w_A < 14$			
粉土	$w_A < 17$			
黏性土	$w_A < w_p$			
粉黏粒质量不大于 15% 的粗颗粒土	$10 \leq w_A < 15$	$1 < \delta_0 \leq 3$	Ⅱ级弱融沉	多冰冻土
粉黏粒质量大于 15% 的粗颗粒土	$12 \leq w_A < 15$			
细砂、粉砂	$14 \leq w_A < 18$			
粉土	$17 \leq w_A < 21$			
黏性土	$w_p \leq w_A < w_p + 4$			
粉黏粒质量不大于 15% 的粗颗粒土	$15 \leq w_A < 25$	$3 < \delta_0 \leq 10$	Ⅲ级融沉	富冰冻土
粉黏粒质量大于 15% 的粗颗粒土				
细砂、粉砂	$18 \leq w_A < 28$			
粉土	$21 \leq w_A < 32$			
黏性土	$w_p + 4 \leq w_A < w_p + 15$			
粉黏粒质量不大于 15% 的粗颗粒土	$25 \leq w_A < 44$	$10 < \delta_0 \leq 25$	Ⅳ级强融沉	饱冰冻土
粉黏粒质量大于 15% 的粗颗粒土				

续上表

土 的 名 称	总含水率 w_A(%)	平均融沉系数 δ_0(%)	融沉等级及类别	冻土类别
细砂、粉砂	$28 \leqslant w_A < 44$	$10 < \delta_0 \leqslant 25$	Ⅳ级强融沉	饱冰冻土
粉土	$32 \leqslant w_A < 44$			
黏性土	$w_p + 15 \leqslant w_A < w_p + 35$			
碎石类土、砂类土、粉土	$w_A \geqslant 44$	$\delta_0 > 25$	Ⅴ级融陷	含土冰层
黏性土	$w_A \geqslant w_p + 35$			

注：1　融沉系数为冻土试样融化下沉量与冻土试样高度的比；

2　总含水率为含冰和未冻水的总质量与土骨架质量之比；

3　w_p为塑限含水率；

4　盐渍化冻土、冻结泥炭化土、腐殖土、高塑性黏土不在表列。

6.6.8　多年冻土地区工程地质资料编制应包括下列内容：

1　工程地质勘察报告或说明；

2　工程地质图，比例为1∶2 000～1∶5 000，应包括不同类型冻土及年平均地温稳定性分区界线，不良冻土现象分布情况等；

3　详细工程地质纵断面图，比例为横1∶10 000，竖1∶200，注明冻土天然上限深度和冻土融沉性分级；

4　有关不良冻土现象及各类建筑物工点的工程地质资料。

6.7　填　　土

6.7.1　线路通过人为活动堆填，具有成分复杂、固结时间短的土层时，应按填土开展工作。

6.7.2　根据其堆填方式可划分为杂填土、素填土、冲（吹）填土和填筑土。

6.7.3　填土地段线路和工程位置选择应遵循下列原则：

1　线路应绕避地段长、松散、厚度大的填土地段，特别是松软的冲（吹）填土、由生活垃圾、工业废料及尾矿等组成的杂填土及填土基底横坡较大地段；应选择在没有填土或填土分布较窄、厚度较薄、基底土质较好、横坡平缓的地段通过；

2　有机质含量较多的生活垃圾、对基础有侵蚀性的工业废料，弃土时间短、未经处理的填土均不得作为工程的天然地基。

6.7.4　填土地段工程地质调绘应符合下列要求：

1　查明填土的类型、厚度、分布及原地面横坡，调查弃填年代、方式、来源及工程特征；

2　查明填土的物质组成、密实程度、含水情况等；

3　调查地基范围内暗埋塘、浜、沟、坑的分布及水文地质条件，有无有毒、有害气体，腐蚀性的水、土等；

4　调查填土上永久或临时建筑物、构筑物的建筑年代、使用情况及当地建筑经验等。

6.7.5　填土地段工程勘探、地质测试应符合下列要求：

1　以填土作为路基基底时，应进行横断面勘探、测试，横断面间距不宜大于50 m；

2　以填土作为建筑物地基时，应根据填土类型、建筑物类型、位置、重要程度布置勘

探、测试孔,对可能有暗塘、浜沟、坑的地段勘探点应加密;

3　为查明填土厚度的勘探孔深度应至填土层底以下不小于5 m;

4　当填土层较薄,其下岩土层对建筑物稳定及沉降等有影响时,应按本规范相关规定进行勘探、测试;

5　填土的物理力学性质,应采用原位测试和取样室内试验等方法确定,难以取得测试资料而又为重要工程时应进行现场载荷试验;

6　在地基持力层深度内应采取土样试验或进行原位测试;

7　应取环境水样进行水质分析,必要时应对有毒、有害气体和填土取样分析。

6.7.6　填土地段工程地质资料编制应包括下列内容:

1　工程地质勘察报告或说明;

2　工程地质图(必要时绘制),比例为1∶500～1∶2 000;

3　工程地质横断面图,比例为1∶200或1∶500;

4　勘探孔工程地质柱状图;

5　勘探、测试及其他原始资料等。

7　新建铁路工程地质勘察

7.1　一 般 规 定

7.1.1　新建铁路工程地质勘察应按踏勘、初测、定测、补充定测四阶段开展工作。地形地质条件特别复杂、线路方案比选范围较大时，宜在初测前增加"加深地质工作"。

7.1.2　工程地质勘察工作深度应满足设计要求，并与设计阶段相适应，不应超越阶段要求，亦不得将本阶段应做的工作推到下一阶段或施工中去完成。

7.1.3　工程地质勘察应根据建设项目的标准、地区特点、工程设置、勘测阶段等编制勘察大纲，确定勘察方法和工作量。每一阶段结束时，应根据工作情况，提出下阶段工程地质勘察重点及注意事项。

7.1.4　新建铁路各勘察阶段的文件编制应符合铁道部《铁路建设项目预可行性研究、可行性研究和设计文件编制办法》的有关规定。

7.2　踏　　勘

7.2.1　踏勘阶段工程地质工作的任务应是了解影响线路方案的主要工程地质问题和各线路方案一般工程地质条件，为编制预可行性研究报告提供工程地质资料。

7.2.2　踏勘阶段工程地质工作应采用搜集、分析区域地质资料与遥感图像地质解译、现场踏勘相结合的工作方法，并应完成下列各项工作：

1　广泛搜集、分析区域地质资料，认真研究线路方案；

2　地质条件复杂时，进行遥感图像地质解译，拟定现场踏勘重点及需解决的问题；

3　编制踏勘阶段工程地质资料。

7.2.3　踏勘阶段的工程地质工作应包括下列内容：

1　概略了解线路通过区域的地层、岩性、地质构造、地震动参数区划、水文地质等及其与线路的关系，初步评价线路通过地区的工程地质条件；

2　对控制线路方案的越岭地段，了解其地层、岩性、地质构造、水文地质及不良地质等的概略情况，提出越岭方案的比选意见；

3　对控制线路方案的大河桥渡，了解其地层、岩性、地质构造、岸坡和河床的稳定程度等的概略情况，提出跨越地段地质条件的比选意见；

4　对控制线路方案的不良地质和特殊岩土地段，概略地了解其类型、性质、范围及其发生、发展的概况，提出对铁路工程危害程度的评估意见和对线路方案的比选意见；

5　了解沿线既有及拟建的大型水库及矿区情况，分析其对线路方案的影响；

6　了解沿线天然建筑材料的分布情况；

7　对地震动峰值加速度大于0.4 g 的地区，应进行地震危害的专门研究，提出线路方案的比选意见和下一阶段勘测的注意事项；

8 提出对线路方案、工程设置等有很大影响，须进行地质专题研究的课题。

7.2.4 踏勘阶段工程地质资料编制应符合下列要求：

1 全线工程地质说明，内容应包括：

1）线路通过地区的自然地理、地层岩性、地质构造、水文地质概况、主要气象资料及地震动参数区划概况；

2）控制线路方案的不良地质、特殊岩土、地质复杂的越岭地段、大河桥渡、大型水库和矿区等的工程地质条件；

3）各方案的工程地质条件评价和方案比选意见；

4）对下阶段工程地质勘察工作的建议。

2 全线工程地质图

1）比例为1:50 000～1:200 000（工程地质条件简单时，可用1:500 000），可与线路方案平、纵断面缩图合并；

2）利用区测地质和遥感图像解译资料编制，对控制线路方案的不良地质、主要构造等可用文字说明并以图例表示于平面图的相应地段。

3 控制线路方案的不良地质、特殊岩土和地质复杂的特大桥、长隧道的工程地质平、纵断面示意图。

4 搜集的勘探、试验资料及工程地质照片等的整理。

7.2.5 当线路通过地形地质条件特别复杂、线路方案多、比选范围大时，应在提交预可行性研究报告中提出安排“加深地质工作”要求的意见。

7.3 加深地质工作

7.3.1 应根据审查批复意见，在线路可能通过的最大区域内，初步查明控制和影响线路方案的地质条件，提出初测方案范围和评价意见。

7.3.2 应采用多片种遥感图像地质解译、大面积地质调绘和综合物探相结合并辅以少量验证性钻探的综合勘察方法。

7.3.3 加深地质工作应包括下列内容：

1 初步查明测区地形地貌、气象特征、地震动参数等自然地理概况及主要地层岩性、影响线路方案的地质构造的延伸及其工程地质特征；

2 初步查明测区内不良地质及特殊岩土的性质、规模、发育特征、分布范围及对线路方案的影响程度；

3 初步查明测区内水文地质条件及对线路方案的影响程度；

4 布置少量验证性钻孔，查明控制性地质条件，并应结合工程情况与物探测井、孔内原位测试相配合，尽量多地取得地质参数。

7.3.4 大面积工程地质选线应充分注意对环境工程地质条件分析，全面权衡其对线路和建筑物的稳定、施工安全、运营养护及对环境的长期影响，并应符合下列要求：

1 河谷线路应选择在地形平坦的宽谷阶地一侧，宜避开陡峻山坡，避免岩层不利结构面倾向线路的长大挖方工程；

2 越岭线路宜避开地质构造轴线，尤其应避免沿大的断层破碎带、地下水发育的地带通过；应选择在相对稳定、地层完整的地带通过；在通过大的断层破碎带时，线路应垂直或大角度斜交穿越，避免在其上迂回展线和设站；

3　线路应绕避严重不良地质、工程难以处理的特殊岩土地段，当不能绕避时，应采取切实可行的工程措施，一次根治不留后患；

4　线路宜绕避地震动峰值加速度大于0.4g的地区及新构造运动活动强烈的地段，特别是不利抗震地段，必须通过时应采用工程措施，并选择长度最短的地段通过；

5　重点桥梁、隧道及控制性路基工程应结合线路走向和工程地质条件、水文地质条件在较大范围内进行方案比选；应避免沿断裂破碎带及在地质条件复杂地带通过。

7.3.5　加深地质工作调绘范围应以批准的加深地质工作要求范围为准，包括所有线路方案在内的区域。当宏观地质条件定性需要加宽时，可适当扩大范围。

7.3.6　加深地质工作成果资料应包括下列内容：

1　线路方案研究报告。

2　工程地质勘察总报告，内容包括：勘测工作概况、自然地理概况、地层及构造、水文地质特征、主要工程地质问题及工程措施意见、线路方案的地质条件评价及结论意见、存在的主要问题及初测中应注意事项。

必要时应增加水文地质、遥感图像地质解译和地球物理勘探等分报告。

3　地质图件，包括：

1）测区工程地质图，比例为1∶10 000～1∶50 000，填绘内容应包括地层年代、岩性、影响线路方案的地质构造、不良地质、特殊岩土的性质、范围及水文地质情况、地震动参数及界线；

2）水文地质图，比例尺与工程地质图相同；

3）遥感图像地质解译成果图，比例为1∶100 000～1∶200 000；

4）地质复杂、控制线路方案的特大桥、长隧道的工程地质纵断面图（含综合物性纵断面图），比例尺根据需要确定；

5）勘探、测试成果资料。

7.4　初　　测

7.4.1　初测阶段工程地质勘察应根据预可行性研究报告审查批复意见安排工作。

7.4.2　初测阶段的工程地质勘察工作应包括下列内容：

1　查明线路可能通过地区区域地质条件，为工程地质选线提供可靠地质依据；

2　查明推荐线路方案和线路主要比较方案工程地质条件，对线路各方案做出评价；

3　编制初测工程地质勘察报告和为各类工程设计提供工程地质资料。

7.4.3　初测阶段工程地质勘察工作的重点应包括下列内容：

1　大面积工程地质选线应符合本规范第7.3.4条的规定。

2　推荐线路方案和线路主要比较方案应包括：

1）查明沿线的地形地貌、地层岩性、地质构造、水文地质特征等工程地质条件；

2）初步查明各类不良地质和特殊岩土的成因、类型、性质、范围、发生发展及分布规律、对线路的危害程度，提出线路通过的方式和部位；

3）初步查明地质复杂及控制和影响线路方案的重大路基工点、大桥、隧道、区段站及以上大站等的工程地质条件，为各类工程位置选择和工程设计提供地质资料；

4)配合相关专业对沿线大型或重点建筑材料场地进行材料质量及储量的工程地质勘察工作，并作出工程地质评价；

5)对由于工程修建可能出现的地质病害，预测其发生和发展的趋势及对线路方案的影响；

6)确定沿线的岩土施工工程分级；

7)对重大工程地质问题开展专题研究。

7.4.4　初测阶段的工程地质调绘宜采用下列方法：

1　工程地质调绘宜采用野外地质调绘与遥感图像地质解译相配合；

2　构造复杂的地区用追索法，查明地质构造特征、性质、延伸方向；宽大断裂带应划分岩体的破碎程度，评价构造带对线路方案或工程的影响；

3　工程地质图应在野外实地填绘；对线路方案和工程有影响的地质界线、地质点，应采用仪器测绘。

7.4.5　初测阶段工程地质调绘内容，除应符合本规范第3.4节的规定外，尚应符合下列要求：

1　应统一区域地层划分标准和技术工作标准；

2　配合有关专业实地确定地形地质条件较复杂地段线路通过的地带，查明不良地质、特殊岩土、重点桥梁、隧道等控制和影响线路方案地段的工程地质条件，提出线路通过位置或方案比选意见；

3　一般地段结合工程地质条件，提出工程措施意见，确定岩土施工工程分级及挖方地段岩、土成分比例；

4　搜集、汇总气象资料及土的冻结深度，并应结合地形条件划分适宜范围；

5　在短时间难以查明且影响线路方案选定的复杂地质地段或工点，必要时应建立观测站(点)进行观测。

7.4.6　初测阶段工程地质调绘宽度应满足下列要求：

1　全线工程地质图，受构造条件控制时，应调绘至线路受构造影响的范围；受其他地质条件控制时，应调绘至该条件对线路的影响范围之外；沿河谷的线路，当需要比较两岸工程地质条件时，应调绘至河谷两岸线路可能通过的范围；

2　详细工程地质图，应与线路地形图的宽度相适应；对于不良地质、特殊岩土及受地质条件控制的大桥、隧道等工点，应扩大调绘至有影响的范围。

7.4.7　初测阶段工程勘探和测试工作应符合下列要求：

1　勘探、测试工作应根据地质条件合理选配勘探测试方法，地质条件允许时应充分利用工程物探、原位测试等方法；

2　勘探、测试的重点应是控制和影响线路方案的不良地质、特殊岩土及地质复杂的重点工程，一般地段也应布置适当的勘探测试孔，避免遗漏隐蔽的工程地质问题；

3　勘探、测试孔的数量和深度，对控制和影响线路方案的工点应结合工程类别和场地地质条件确定，对一般地段应以基本查明区域稳定程度和沿线工程地质条件为原则；

4　对控制和影响线路方案的工程应根据工程要求采集水、土、岩样进行分析试验，一般地段应结合区域地质条件分段采集水、土、岩样进行分析试验。

7.4.8　初测阶段工程地质勘察资料编制应符合下列要求：

1　工程地质勘察报告，内容包括：

1）任务依据，线路概况；

2）工作概况：包括工作时间、工作方法、人员与分工、完成工作量和既有资料利用情况等；

3）自然概况：包括线路通过地段的自然地理概况，如山脉、水系、气象、地形、地貌等及城镇、交通情况，地震动参数的区划概况，土的冻结深度分布情况；

4）工程地质特征：包括沿线地层、岩性及其分布范围，线路通过主要地质构造及与线路的关系，各类铁路建筑物的工程地质条件；

5）水文地质特征；

6）主要工程地质问题：包括沿线不良地质、特殊岩土的类型、性质、范围、分布规律及其对线路的危害程度，处理原则；

7）重点或大型建筑材料场地的工程地质评价；

8）线路各方案的工程地质评价和比选意见；

9）有待进一步解决的问题及定测注意事项；

10）必要时附全线各类工点目录表。

2　全线工程地质图，比例为1∶10 000～1∶200 000（工程地质条件简单时，可采用1∶500 000），应包括主要岩层分界线、地质构造线、代表性岩层产状、地层小柱状图、地层成因及时代，不良地质、特殊岩土、地震动参数界线，地质图例，代表性工程地质横断面图及主要方案工程地质纵断面示意图或综合柱状图。对评价工程地质条件有重要意义的地质现象，在图上填绘宽度不足2 mm时，应适当扩大并加注说明。

图面地质界线填绘的宽度不宜小于5～10 cm，有比较线且两方案相距不远时，中间宜予补全，使其相连。

3　详细工程地质图，比例为1∶2 000～1∶5 000，可与线路平面图合并，其内容包括：岩层分界线、成因、时代、产状、节理、断裂、褶曲等，不良地质、特殊岩土的范围界线，地震动参数界线，地下水露头、地层小柱状图、地质点，地质图例、符号（绘于封面之后）。

4　工程地质纵断面图，比例为横1∶10 000，竖1∶200～1 000，也可与线路详细纵断面图合并。根据地质调绘及初步勘探成果填绘地层、岩性、地质构造、代表性勘探点，对工程有影响的地下水位，用地质图例花纹或文字与花纹结合绘制。工程地质特征栏中分段简述地质概况。

5　沿线工程地质分段说明：根据导线里程或纸上定线里程，按地形、地貌或不同工程地质条件分段编写。其内容包括：地形、地貌、地层、岩性、地质构造、水文地质条件，不良地质和特殊岩土的分布、特征、规模、发生和发展的原因、稳定性及其对工程影响的评价；不控制线路方案的路基（包括防护工程）、桥涵、隧道、站场等建筑物的工程地质条件，以及挖方边坡坡率、地基基本承载力、隧道围岩分级、地震动参数、土壤冻结深度、岩土施工工程分级及挖方工程岩、土成分比例，工程措施意见。

6　工程地质专题研究课题的研究报告（有专题研究课题时附）。

7　勘探、测试及其他原始资料：

1）所有观测点、钻探、简易勘探及各类测试资料，除附有关工点外，应各有一份装订成册；

2）各类物探成果资料，应按工点整理、分析说明并装订成册；

3)地质照片、岩石标本、化石等分类整理。

7.4.9 初测阶段应对控制和影响线路的不良地质、特殊岩土、重大工程和技术复杂的工程编制工点资料,其编制办法应符合本规范第4、5、6章有关规定。控制线路方案、工程地质条件复杂的特大桥、长隧道等工点的地质资料宜单独成册。

主要比较方案应以同等精度完成上述资料。

7.4.10 可行性研究阶段地质篇的编制应符合下列要求:

1 文字说明

1)地质勘察概况:简述勘察依据、勘测范围、勘测经过、预可行性研究地质专业审批意见的主要内容及执行情况、初测工程地质勘察大纲的要点及执行情况、完成的勘探工作量及主要参考资料等;

2)自然地理概况:概述测区地形地貌、气象特征及地震动参数区划等;

3)地层及构造:内容包括地层岩性、地质构造及地震;

4)水文地质特征;

5)工程地质特征:着重说明不良地质、特殊岩土和地质复杂控制线路方案的路基、桥梁、隧道等重大工程的地质条件评价及工程措施意见;

6)重点天然建筑材料场地的地质条件及对储量和质量的评价;

7)地质灾害危险性评估、压覆矿产资源评估、地震安全性评价和工程地质专题研究课题的主要结论意见;

8)工程建设、天然建筑材料开采对环境地质条件的主要影响;

9)线路各方案的工程地质条件和评价:着重说明受地质因素控制的选线原则,贯通方案和主要比较方案的地质条件和评价,方案推荐意见及依据;

10)有待进一步解决的问题。

2 附 件

1)工程地质专题研究课题报告(有专题研究课题时附)。

2)附图,包括:

全线工程地质图(含推荐方案及各主要比较方案),比例为1:10 000~1:200 000;

区域地质构造纲要图(区域地质构造复杂,控制线路方案时绘制),比例为1:200 000~1:500 000;

详细工程地质图,比例为1:2 000~1:5 000;

工程地质纵断面图,比例为横1:10 000,竖1:200~1:1 000(包括推荐方案和主要比较方案)。

3)地质资料单独成册的工点:控制和影响线路方案地质条件复杂的特长隧道、多线隧道、特大桥、高桥及不良地质工点(也可分别附入有关专业各工点)。

7.5 定 测

7.5.1 定测阶段工程地质勘察工作应符合下列要求:

1 根据可行性研究报告批复意见,在利用初测、可行性研究报告资料的基础上,为确定线路具体位置详细查明采用方案的工程地质和水文地质条件;

2　为各类工程建筑物和建筑材料场地初步设计提供工程地质资料。

7.5.2　定测阶段工程地质勘察工作应包括下列内容：

1　准备阶段

1）熟悉可行性研究资料及方案比选过程，补充搜集有关区域地质及工程地质资料；

2）研究可行性研究报告批复意见及定测任务书，结合工程地质条件提出对线路方案的改善意见；

3）工程地质勘察工作全面开展前，宜统一技术工作标准，提出工程地质勘察中的注意事项；

4）配合有关专业进行沿线会勘，实地了解线路位置概略情况及可能出现的局部修改方案地段的工程地质条件。

2　勘察阶段

1）工程地质勘察工作应采用综合勘察方法，资料整理时应进行综合分析；

2）工程地质勘察工作宜按工点进行，应结合区域地质条件，详细查明场地地质条件，合理布置勘探、测试工作。

7.5.3　定测阶段工程地质调绘应根据沿线地质特点，结合工程类型开展工作。除应满足本规范第3.4节的规定外，尚应包括下列内容：

1　对有价值的局部比较方案，提供评定方案的工程地质资料及方案选择的意见；

2　受工程地质条件控制的地段，宜采用地质横断面选线，必要时应实地试线确定线路位置；

3　详细查明地形地貌形态与地层岩性、地质构造之间的关系及其对工程的影响，预测工程设置、施工可能出现的工程地质问题；

4　实地复核、修改、补充详细工程地质图，为绘制详细工程地质纵断面图搜集地质素材；

5　已设置且影响工程稳定的地质观测站（点），应继续进行观测。

7.5.4　定测阶段工程勘探工作应符合下列要求：

1　勘探点的布置应满足下列要求：

1）勘探点的间距，应根据地质复杂程度和不良地质、特殊岩土的性质，以及建筑物的布置范围确定；

2）工程地质断面图上地质界线的确定应以地质点为依据，代表性工程地质断面图不得少于2～3个地质点（包括观测点）；

3）区域地质条件规律性明显、地层简单时，可用代表性勘探点资料，提供一般建筑物的设计；

4）一般路基地段应布置适量勘探孔，以满足编制详细工程地质纵断面图要求和不遗漏对线路安全有影响的工程地质问题。

2　勘探点的深度除应满足各类建筑工程勘探要求外，尚应满足下列要求：

1）对一般基础工程应超过最大季节冻结深度及基础持力层深度；

2）对受常年或季节性水流冲刷的基础工程应超过水流最大冲刷深度；

3）地震动峰值加速度为0.1 *g* 及以上地区，地基土为饱和砂土、粉土地层时，应大于地震可液化层深度；

4）若第四系覆盖较薄，应结合建筑物对地基强度的要求和基岩形态、性质及其风化带的力学强度来确定，一般应超过岩层全风化带至强风化（或弱风化带），必要时至微风化带内一定深度；

5）位于陡立谷坡上的基础工程，应穿透该谷坡稳定坡角线以下，并达持力层；

6）探明地质构造（如断裂）、水文地质条件、不良地质和特殊岩土的勘探测试孔，应视具体情况确定。

3　下列情况的钻孔宜进行物探测井或原位测试：

1）地质复杂地段的钻探，由于岩芯漏层可能对工程稳定及施工安全有影响的钻孔；

2）需测定地下水水位、层数、流向、流速或渗透系数的钻孔；

3）需测定岩层原始地应力和地温的钻孔；

4）有特殊要求的钻孔。

7.5.5　岩土参数的测试工作应符合下列要求：

1　第四系堆积地层宜采用原位测试方法，分层提供基本承载力；

2　软土及松软土地区宜采用土工试验和静力触探、十字板剪切试验相结合的方法为工程设计提供物理、力学数据；

3　应根据工程场地条件、区域地质、不良地质和特殊岩土的发育情况，分别采取岩、土、水样进行分析试验；

4　有不利结构面危及工程稳定和施工安全时，也可选择适当地点作大面积剪切试验。

7.5.6　定测阶段工程地质勘察资料编制应符合下列要求：

1　地质勘察资料编制工作应按资料整理程序开展工作。其中基础资料应结合场地情况，对各类地质勘察资料进行认真分析、综合对比；岩土参数结合地质条件，剔除异常数据后再分类统计。

2　各类建筑物、不良地质、特殊岩土工点，应按本规范第4、5、6章有关规定编制。

3　工程地质勘察报告应包括下列内容：

1）工作概况：内容包括任务依据、工作时间、人员分工、工作方法、完成工作量、资料利用等；

2）自然地理概况：内容包括线路通过地区地形地貌、交通、气象特征、土的冻结深度段落划分；

3）工程地质特征：内容包括沿线地层、岩性、地质构造、水文地质特征、岩土施工工程分级、地震动参数等；

4）工程地质条件评价：内容包括不良地质、特殊岩土、重点建筑材料场地、各类重点工程的工程地质条件概况、评价及工程措施意见等；

5）有待解决的问题；

6）全线各类工点及附件目录。

4　详细工程地质图，比例为1∶2 000～1∶5 000（补充修改可行性研究的详细工程地质图）。

5　详细工程地质纵断面图，比例为横1∶10 000，竖1∶200～1∶1 000，也可与线路详细纵断面图合并，填绘地层、岩性、地质构造、岩土施工工程分级、代表性勘探点及对工程有影响的地下水位线，用花纹符号或文字与花纹符号结合绘制，工程地质特征栏内分段简述地质概况。

6　勘探、测试资料及其他原始资料分类分析整理、装订成册。

7.5.7　初步设计地质篇的编制，应符合下列要求：

1　文字说明

1）勘察概况：简述勘察依据、勘测范围、勘测经过、可行性研究地质篇审批意见的主要内容及执行情况、定测工程地质勘察大纲的要点及执行情况及完成的勘探工作量；

2）自然地理概况：简述线路通过地区地形地貌、交通、气象特征、季节性冻土深度段落划分及地震动参数区划等；

3）地质概况：内容包括沿线地层岩性、地质构造、水文地质特征；

4）工程地质条件评价：简述沿线有关的不良地质、特殊岩土的分布、特征及工程处理措施、各类重点工程地质条件评价及工程措施意见、对建设项目工程地质条件的总体评价；

5）地质灾害危险性评估、压覆矿产资源评估和地震安全性评价的主要结论；

6）详细阐述主要天然建筑材料场地的地质条件及对储量和质量的评价；

7）工程建设、天然建筑材料开采对环境地质条件的主要影响；

8）补充定测及施工中应重视的工程地质问题及注意事项：主要阐述补充定测应着重解决的问题、沿线环境地质条件改变后可能引起的工程地质问题和该线施工应注意的工程地质问题。

2　附　　件

1）全线工程地质图，比例为1:10 000～1:200 000；

2）详细工程地质图，比例为1:2 000～1:5 000；

3）详细工程地质纵断面图，比例为横1:10 000，竖1:200～1:1 000；

4）各类工点工程地质资料附入该专业工点资料内。

7.6　补充定测

7.6.1　补充定测阶段工程地质勘察应根据工程勘察任务书要求，在充分利用既有工程地质资料基础上，补充工程地质勘察工作，提供沿线各类工程施工图设计所需工程地质资料。

7.6.2　补充定测阶段工程地质调绘工作应符合下列要求：

1　按工点核对、补充地质调绘资料。地质条件复杂工点、尚遗留地质疑点时，应从影响因素入手，多角度反复调查，详细查明场地地质条件；

2　修改、补充详细工程地质图，为修改详细工程地质纵断面图搜集资料；

3　影响施工安全并已设点进行观测的站点，应继续进行观测。

7.6.3　补充定测阶段工程勘探和地质测试工作应符合下列要求：

1　应在分析既有地质资料的基础上，结合场地工程地质条件，按施工图设计要求补充勘探、测试工作；

2　勘探测试数量与孔深应根据场地地质条件、工程设置、初步设计地质资料情况确定；

3 测试内容应根据既有工程地质资料情况及工程施工图设计所需岩、土、水参数要求确定。

7.6.4 补充定测阶段工程地质勘察资料编制应符合下列要求：

1 工程地质勘察资料整理应首先将既有地质资料和本阶段工程地质勘察资料一起汇总分析，出现差异，分析原因，作出判断，然后按程序进行；

2 工程地质勘察报告编写内容可参照定测阶段工程地质勘察报告要求编写，内容中应着重评价工程地质特征、各类工程的地质条件、施工中应注意的工程地质问题；

3 利用补充定测阶段工程地质资料，补充、修改初步设计阶段详细工程地质图和详细工程地质纵断面图；

4 各类建筑物、不良地质、特殊岩土工点资料编制，应符合本规范第4～6章的有关规定；

5 勘探、测试资料及其他原始资料应分类整理，装订成册。

8　改建铁路工程地质勘察

8.1　一 般 规 定

8.1.1　改建铁路工程地质勘察应参照新建铁路工程地质勘察的任务进行。

8.1.2　改建铁路工程地质勘察应充分利用既有铁路的工程地质资料，借鉴既有工程建筑的经验和教训，在考虑改建和增建工程场地稳定性的同时，还应考虑既有建筑物的稳定状况及增建第二线对既有建筑物的影响。

8.1.3　改建铁路绕行线段应按新建铁路的要求开展工程地质勘察工作。

8.1.4　既有线提速工程的工程地质勘察应参照本规范中客运专线铁路及时速 200 km 客货共线铁路的有关规定进行。

8.1.5　改建铁路勘察应遵守国家有关安全和环境保护方面的法律、法规。调绘及勘探工作应确保既有线的运营及勘察人员与机具的安全，做好铁路周边环境的保护。

8.2　工 作 内 容

8.2.1　改建铁路工程地质勘察工作应包括下列内容：

1　查明改建地段及增建第二线的地形、地貌、地层岩性、地质构造、不良地质、特殊岩土及水文地质特征，评价其工程地质条件，提出改建方案或增建第二线的左右侧选择和方案比选的意见；

2　查明改建地段及并行地段既有不良地质和特殊岩土的性质，施工、运营以来的发展与演变情况，评价既有整治措施的效果，提出改建或增建第二线的通过部位、方式及措施意见；

3　调查改建或并行地段各类既有建筑物的工程地质条件、稳定状况，病害发生过程及整治效果，确定增建第二线的位置和方式，提出改建或增建建筑物的工程措施意见；

4　既有线提速工程应重点查明既有路基基床部分的物质组成、密实程度、承载力，既有路基边坡的稳定性，地基条件不能满足要求的地段，路桥、路涵过渡段及新老路基拨接处的地质条件等，并提出工程措施意见；

5　既有线提速工程应查明既有隧道、桥涵工程存在的地质病害，提出整治措施意见。

8.2.2　改建铁路工程地质调绘应符合下列要求：

1　应在充分搜集和研究区域地质、既有铁路原设计、施工、竣工、病害整治等工程地质资料的基础上，详细查明沿线地质病害工点的发生、发展和演变情况、整治措施和效果，增建第二线对既有铁路的影响，查明水文地质、工程地质条件，提出综合整治的措施意见及设计所需工程地质资料。

2　地质调绘应沿既有线进行。调绘宽度可根据横断面范围、取土坑范围或堑顶排水范围确定。工程地质条件复杂或地质病害地段，应根据需要加宽调查范围。调绘重点应放在改建或增建第二线所在的一侧。绕行地段应按新建铁路工程地质调绘要求沿绕行线进行。

3　凡受工程地质条件控制，影响线路方案选择的地段，应进行较大面积的调绘，为方案比选提供依据。

8.2.3　改建既有线或增建第二线左右侧的选择，应在查明既有线两侧工程地质条件的基础上，考虑对既有病害的改善和治理，考虑对既有建筑物的影响、既有设备的利用、对运营的干扰等因素，进行技术经济综合比选。

1　增建隧道应根据工程地质条件和一线隧道情况，确定二线隧道位置和间距；应充分考虑二线隧道建设对既有隧道稳定和运营安全的影响；

2　路堑边坡坍塌变形地段如采用清方刷坡等工程进行根除病害时，第二线可选在有病害的一侧；

3　滑坡错落地段应绕避或选择在有利于增进稳定的一侧；

4　泥石流地段宜选在既有线下游一侧；

5　风沙地段宜选在当地主导风向的背风一侧；

6　软土地段基底有明显横坡时，宜选在横坡下侧；

7　膨胀土地段宜选在地面平缓、挖方较低的一侧；

8　盐渍土地段宜选在地势较高、地下水位较低或排水条件较好的一侧；

9　水库坍岸地段不宜选在靠水库的一侧。

8.2.4　既有建筑物工程地质调查应以查明既有建筑物的工程地质条件、施工及运营期间发生的病害及整治情况，判明其稳定状态为目的。用类比法综合分析改建或增建建筑物的工程地质条件，为设计提供地质资料和可借鉴的工程措施意见。

1　既有路基工程应调查既有路基及防护、加固工程的稳定状态，必要时进一步查明其水文地质、工程地质条件。

2　既有桥涵工程应调查既有桥涵及调节、导流建筑物的稳定状态，必要时查明其水文地质、工程地质条件。

3　既有隧道工程地质调查应包括下列内容：

1）了解既有隧道水文地质、工程地质条件及其分段围岩分级；

2）调查既有隧道洞口堑坡、仰坡的稳定状态及其工程地质条件；

3）调查隧道洞口、洞身施工及运营中曾发生过的工程地质问题或病害的范围、性质、原因及其变形情况、采用的整治措施与效果；

4）调查既有隧道渗漏水地段、地下水类型、动态及整治措施与效果。

4　既有站场工程应调查既有站场、厂房基础的地质条件，地质病害的发生、发展过程及采取的处理措施与效果。

5　调查既有建筑材料场地当前的开采状况，补充建筑材料的试验工作，对其质量和储量进行工程地质评价。

8.2.5　改建铁路工程勘探、地质测试工作应符合下列要求：

1　勘探点的布置及勘探深度，应在充分利用既有资料的基础上，结合改建或增建建筑物的位置和需要，比照新建铁路工程勘探、测试要求办理；

2　既有铁路提速工程设置各类过渡段的地段应布置勘探点，查明基底地质条件；

3　对影响既有建筑物稳定及行人与行车安全的坑、孔经鉴定、测试后，应立即回填夯实。

8.3 资料编制

8.3.1 改建铁路工点工程地质资料编制应按本规范第4~6章内容和要求执行。

8.3.2 改建铁路踏勘阶段全线工程地质综合资料应包括下列内容：

1 工程地质总说明书；

2 全线工程地质图。

8.3.3 改建铁路初测阶段全线工程地质综合资料的编制应包括下列内容：

1 工程地质总说明书，内容包括：

1）勘察概况（简述线路概况、任务依据、勘察经过、工作方法、既有资料搜集和利用及完成工作量）；

2）自然概况（包括地形、地貌及气象特征）；

3）工程地质特征（包括地层、岩性、构造及地震动参数）；

4）水文地质特征；

5）工程地质特征（着重说明不良地质、特殊岩土和既有病害的性质及其对重大工程的影响与处理意见，重点建筑材料场地的评价等）；

6）线路方案的工程地质评价（包括线路左右侧选择的意见）；

7）有待下一阶段进一步解决的问题及注意的事项。

2 全线工程地质图，比例为1:10 000~1:100 000，填绘内容与新建铁路该阶段全线工程地质图相同。

3 详细工程地质图，比例为1:2 000~1:10 000，其内容和要求与新建铁路该阶段详细工程地质图相同。

4 工程地质纵断面图，比例为横1:10 000，竖1:200~1:1 000。

5 在线路既有线放大纵断面图中填绘地质，其内容包括：地层岩性、地质构造、岩土施工工程分级、代表性勘探及对工程有影响的地下水位线。在工程地质栏内分段扼要说明地质概况。

6 沿线工程地质分段说明。

7 勘探、测试资料。

8 其他有关的原始资料。

8.3.4 改建铁路定测阶段全线工程地质综合资料的编制应包括下列内容：

1 工程地质总说明书；

2 详细工程地质图；

3 详细工程地质纵断面图，可与线路纵断面图合并；

4 辅助详细工程地质纵断面图（在平面改动地段绘制），比例为横1:10 000，竖1:200~1:1000，亦可与线路辅助详细纵断面图合并；

5 在线路既有线放大纵断面图的工程地质栏内分段扼要说明地质概况，其内容包括：地层岩性、地质构造、岩土施工工程分级、代表性勘探及对工程有影响的地下水位线等；

6 沿线工程地质分段说明（必要时绘制）；

7 勘探、测试资料。

8.3.5 改建铁路补充定测阶段全线工程地质综合资料的编制，除不再编写沿线工程地质分段说明外，其他内容与定测阶段相同。

8.3.6 改建铁路可行性研究、初步设计地质篇的编制，应符合铁道部《铁路建设项目预可行性研究、可行性研究和设计文件编制办法》的规定。

9　施工阶段工程地质工作

9.1　工作任务

9.1.1　施工阶段工程地质工作应针对现场地质情况，加强监测，确保施工安全；及时根据地质条件的变化，提出改进施工方法的意见及处理措施，保障施工的正常进行；根据施工情况编录竣工地质资料。

9.1.2　施工阶段工程地质工作的任务应包括下列内容：

1　加强地质情况的监测，及时预测和解决施工中遇到的工程地质问题，以利施工顺利进行；

2　核查开挖后的工程地质情况，对受地质条件控制的工程和地质条件复杂地段，应根据实际工程地质条件，完善工程措施意见，必要时开展监测或补充勘探工作；

3　根据施工实际地质情况修正施工图件中的地质资料，编制竣工工程地质图表、说明，为运营养护、改建扩建积累资料。

9.2　工作内容

9.2.1　施工阶段工程地质工作应包括下列内容：

1　研究工程勘察地质资料，掌握沿线各类工程及不良地质、特殊岩土工点的分布情况，预测施工中可能遇到的工程地质问题，在编制实施性施工组织文件中提出施工应注意的工程地质与水文地质问题；

2　继续做好勘察阶段延续下来的观测工作及岩溶地区的勘探工作，并及时为相关工程施工提供地质资料；

3　在施工中，经常了解地层开挖情况，密切注视岩、土成分，密实、潮湿程度，地下水情况，软弱夹层、地质构造、裂隙、破碎程度，核实、修正设计图中的工程地质资料；

4　施工中发现地质情况与施工图差异较大或遇到新的工程地质问题，在采取应急措施的同时，应提出补充勘察或改变设计的建议；

5　在地质构造复杂及山坡不稳地段，施工开挖中应密切监视变形情况，预测可能发生的地质病害，提出施工注意事项和工程处理意见，必要时应布置观测桩网进行观测；

6　应监查及监测隐伏不良地质(特别是有害气体)的分布及特征，核查工程处理措施的有效性，发现问题及时提出处理措施意见；

7　重点工程和特殊岩土地段的施工，应核查控制工程的地质条件、岩土的特殊成分、含量及其物理力学性质，必要时应对影响工程安全的层段进行地质复核与监测工作。

9.2.2　路基工程施工地质工作主要应包括下列内容：

1 监测路堑开挖过程边坡或所在山坡的稳定情况,分析、提出产生“工程滑坡”的可能性及对策;

2 对软土、沼泽地区路堤填筑时可能产生的基底滑动、失稳等变形进行监测;

3 核对支挡建筑物基坑开挖后的岩性和地基基本承载力;

4 监测滑坡整治施工过程的变形情况、地表水排水系统施工情况和作用、地下水排泄的效果等;

5 调查及预测施工中地表水恶化基坑、边坡稳定性的情况;

6 调查取土场(坑)、弃土场地对周围地质条件和地质环境的影响。

9.2.3 桥涵工程施工地质工作主要应包括下列内容:

1 核对基底或桩底地层岩性及基本承载力;

2 监测基坑地下水涌水量,以及基坑大量抽水引起周边既有建筑物变形情况。

9.2.4 隧道工程施工地质工作主要应包括下列内容:

1 隧道开挖中,核对、监测和编录工程地质条件的变化情况,必要时应进行洞外地质调查和勘探,及时修正隧道围岩分级,改进施工方案。发现坍塌预兆应分析其对继续掘进的影响,并提出应采取的工程措施。

2 监测洞口仰坡、边坡的稳定情况、完善排水系统,防止边坡失稳。

3 瓦斯隧道施工中应对煤层位置进行核查,对揭煤施工和瓦斯含量及时进行监测和复查,必要时应在揭煤前进行超前探孔钻探,预测瓦斯突出的危险性。

4 岩溶隧道施工中应对溶洞发育特征,突然涌水、涌泥进行预测,对岩溶水排泄引发的地表水或地下水疏干、地面塌陷等进行调查和预测。

5 长隧道或地质复杂的隧道在施工过程中应加强地质监测,对隧道围岩变化位置、涌水量、断层带等开展地质超前预报工作,预防突发性地质灾害的发生,保证施工顺利进行。

6 当施工弃土(渣)场及隧道排水,有恶化环境工程地质条件的趋势时,应及时提出纠正建议意见。

7 当隧道地质条件特殊,需进行动态设计或施工管理时,应配合做好相关地质工作。

9.2.5 对试验工程的效果应进行地质因素的分析和评价。

9.2.6 编制隐蔽工程、不良地质工点及全线的竣工工程地质图件,施工工程地质报告或说明。

9.2.7 因地质条件变化引起的变更设计,应参照本规范要求收集相关地质参数,编制相关地质图件,及时提供变更设计所需的地质资料。

9.3 资料编制

9.3.1 工程竣工后,应编制下列综合资料:

1 竣工工程地质报告,内容包括:

1)工作概况:包括施工单位、施工年月、施工经过、补充勘察工作量、工程地质人员及分工等;

2)工程地质特征:包括沿线的地层、岩性、构造、水文地质、工程地质以及设计中采用的各种地质数据的修改与补充;

3）施工情况：有关不良地质、特殊岩土工点和地质复杂的重大工程，在施工中出现的工程地质问题的性质、特征，施工中采取的措施；

4）设计文件中工程地质资料存在问题的解决过程与改进意见；

5）临时运营过程中出现的工程地质问题及采取的处理措施、效果；

6）对施工期间进行的试验工程中地质因素的评价或说明，观测桩、网的建立情况和观测结果的说明；

7）运营养护中应注意的工程地质问题。

2　竣工工程地质纵断面图，可利用设计文件中详细工程地质纵断面图进行修正、补充。

3　施工中有关勘探、测试、照片等资料的整理。

4　施工中有关工程地质专业经验教训等方面的技术总结。

9.3.2　各类工点竣工工程地质图件应按如下要求编制：

1　路基挡墙、改河工程

1）竣工工程地质报告或说明；

2）竣工基础工程地质纵断面图；

3）竣工工程地质横断面图，1～3个，根据需要增减，受水流掏刷的挡墙、防护基坑应注明回填土的名称。

2　桥涵工程

1）竣工工程地质报告或说明；

2）桥址及地质复杂的涵洞竣工工程地质纵断面图，根据各个基坑资料修改；

3）墩台竣工基坑工程地质横断面图或展视图，明挖施工、有可能受洪水掏刷的桥基坑应注明回填土名称。

3　隧道工程

1）竣工工程地质报告或说明；

2）洞身竣工工程地质纵断面图，包括地层、岩性、褶曲、断裂的产状，破碎带及坍塌和变形地段的性质、长度、宽度、高度，地下水出露的位置、水质、水量，分段围岩分级等；

3）洞身竣工工程地质横断面图，在断裂、破碎、坍塌变形地段及土、岩交界地段应适当加密；

4）断裂、破碎地段的洞身展视图，比例为1∶100～1∶500，必要时应做全洞的洞身展视图。

4　房屋工程

对重大厂房、站房、高层建筑的地基，绘制代表性基坑工程地质纵、横断面图，比例为1∶100或1∶200，并编制说明。

5　不良地质、特殊岩土工点

应根据不良地质、特殊岩土的类型，采取工程措施的性质，编制相应的竣工工程地质图件及说明。在图件上加注岩、土的物理力学数据或岩土化学试验资料等。对于滑坡工点，应将开挖后实测的滑坡面的形状、位置等资料，编制于相应的竣工工程地质断面图上。

6　有关工点在施工、临时运营期间的补充调查、勘探、观测研究等资料。

9.3.3　各类工点的竣工工程地质报告或说明应包括下列内容：

1 原有地质资料的概略情况及其结论；

2 施工过程中遇到的重大工程地质问题及其处理的经过、措施、效果、运营中应注意的事项。

9.3.4 地质条件复杂、施工过程出现地质病害较多的工点及采用新的岩土工程方法处理的工点，应单独编写总结报告。

10　运营阶段工程地质工作

10.1　工作任务和内容

10.1.1　运营阶段工程地质工作的主要任务应是监测和预报铁路沿线地质病害的发生、发展情况，分析原因，提出防治措施。

10.1.2　运营阶段工程地质工作应包括下列内容：

1　分析、研究竣工工程地质资料，调查、了解全线工程地质条件及勘察、施工过程中的主要工程地质问题；

2　核查竣工工程地质资料，并根据现场地质和施工后情况，提出保障建筑场地及建筑物稳定必须增补的工程措施及意见；

3　对危害建筑物正常使用和行车安全的严重不良地质工点和特殊岩土病害工点，应建立或健全观测站、点，完善和补充地质病害工点的观测工作，建立、健全病害工点登记簿，施行定期观测研究；

4　由于地质因素发生险情，应立即调查其发生、发展、演变情况，根据险情发展趋势，提出抢险措施及整治方案的工程地质资料和建议。

10.1.3　运营阶段遇下列情况时应开展地质条件的观测、调查及分析工作：

1　修建在不良地质或特殊岩土地段的重要路基、桥梁、隧道、房屋等工程；

2　施工阶段整治的大型不良地质工点，需在运营期间进行长期观测，评价整治效果的工程；

3　因工程需要，勘察期间设有长期观测站、点，需在运营期间继续进行观测的项目；

4　对运营安全有威胁的其他情况。

10.1.4　对重要的建筑物，已发生下沉、开裂、倾斜等变形的建筑物，修筑在软土、松软土、湿陷性黄土、多年冻土、盐渍土、膨胀土(岩)、填土等特殊岩土上的路基、桥梁、隧道、房屋等工程，可开展地基变形监测。

10.1.5　对经整治的大型滑坡或施工期间已整治但未完全稳定的滑坡，以及分布在人为坑洞密集区、矿区、古窑采空区、水库坍岸区、危岩落石发育区、岩溶发育区等的工程，有可能危及运营安全时，可开展变形的监测。

10.1.6　对因风沙、泥石流、地下水、冻胀、融沉、地裂缝、瓦斯及其他有害气体、放射性等地质因素危及运营安全的地段，可开展危害程度、发生及发展规律等监测工作，为病害整治提供依据。

10.1.7　对与地下水有关的不良地质、特殊岩土地段，当需取得地下水动态资料才能整治其地质病害时，应布置相应的地下水动态观测工作。

10.1.8　运营铁路地质复杂、不良地质、特殊岩土病害集中的线段，有条件时可利用航空像片进行地区性动态分析，预测、预报地质病害的发生、发展情况，以便及时采取防治措施。

10.1.9 为保证客运专线铁路和时速200 km客货共线铁路的安全运营,在地质灾害易发的重点区段或针对重点工程应建立、健全巡查、监测系统,收集、积累相关资料,以便及时发现、分析、研究问题,提出评价和防治措施意见。

10.1.10 运营期间的增补工程、地质病害整治工程和抢险工程,应在收集既有勘察设计、施工、运营等地质资料的基础上,参照本规范相关要求进行工程地质调绘和勘探测试工作。

10.2 资料编制

10.2.1 运营阶段增补工程地质资料的编制应根据工程地质条件复杂程度予以确定:

1 工程地质条件简单的增补工程,可分析利用、补充既有(竣工和勘察)工程地质资料提供设计施工;

2 工程地质条件复杂的增补工程应按本规范第4~10章的有关要求进行调绘、勘探、测试后编制,提供设计、施工的工程地质资料并编制竣工工程地质图表说明等资料。

10.2.2 运营阶段增补工程的工程地质资料,应参照本规范第9章的有关要求编制。

10.2.3 运营阶段观测资料的编制应符合下列要求:

1 各项观测工作均应按一定格式进行记录,及时绘制成各种图表、曲线并进行分析。发现错误应进行复测,发现异常应提出应急措施。

2 在一般情况下,应逐月、逐季、逐年或根据需要定期对观测资料进行综合分析、研究,提出有针对性的意见。

3 观测工作结束后,应对观测资料进行分析、研究,整理成套。观测说明应阐述观测对象发生、发展、演变及观测过程,并有结论性意见。

附录 A　岩土施工工程分级

A. 0. 1　工程地质勘察中，应根据岩土性质和施工的难易程度进行岩土施工工程分级，分级标准应符合表 A. 0. 1 的规定。

表 A. 0. 1　岩土施工工程分级

等级	分类	岩土名称及特征	钻 1 m 所需时间			岩石单轴饱和抗压强度（MPa）	开挖方法
			液压凿岩台车、潜孔钻机（净钻分钟）	手持风枪湿式凿岩合金钻头（净钻分钟）	双人打眼（工天）		
Ⅰ	松土	砂类土，种植土，未经压实的填土					用铁锹挖，脚蹬一下到底的松散土层，机械能全部直接铲挖，普通装载机可满载
Ⅱ	普通土	坚硬的、硬塑和软塑的粉质黏土，硬塑和软塑的黏土，膨胀土，粉土，Q_3、Q_4 黄土，稍密、中密的细角砾土、细圆砾土，松散的粗角砾土、碎石土、粗圆砾土、卵石土，压密的填土，风积沙					部分用镐刨松，再用锹挖，脚连蹬数次才能挖动。挖掘机、带齿尖口装载机可满载、普通装载机可直接铲挖，但不能满载
Ⅲ	硬土	坚硬的黏性土、膨胀土，Q_1、Q_2 黄土，稍密、中密粗角砾土、碎石土、粗圆砾土、卵石土，密实的细圆砾土、细角砾土，各种风化成土状的岩石					必须用镐先全部刨过才能用锹挖。挖掘机、带齿尖口装载机不能满载；大部分采用松土器松动方能铲挖装载
Ⅳ	软石	块石土、漂石土，含块石、漂石 30% ~50% 的土及密实的碎石土、粗角砾土、卵石土、粗圆砾土；岩盐，各类较软岩、软岩及成岩作用差的岩石：泥质岩类、煤、凝灰岩、云母片岩、千枚岩		<7	<0.2	<30	部分用撬棍及大锤开挖或挖掘机、单钩裂土器松动，部分需借助液压冲击镐解碎或部分采用爆破法开挖
Ⅴ	次坚石	各种硬质岩：硅质页岩、钙质岩、白云岩、石灰岩、泥灰岩、玄武岩、片岩、片麻岩、正长岩、花岗岩	≤10	7 ~20	0.2 ~1.0	30 ~60	能用液压冲击镐解碎，大部分需用爆破法开挖
Ⅵ	坚石	各种极硬岩：硅质砂岩、硅质砾岩、石灰岩、石英岩、大理岩、玄武岩、闪长岩、花岗岩、角岩	>10	>20	>1.0	>60	可用液压冲击镐解碎，需用爆破法开挖

注：1　软土（软黏性土、淤泥质土、淤泥、泥炭质土、泥炭）的施工工程分级，一般可定为Ⅱ级，多年冻土一般可定为Ⅳ级；

2　表中所列岩石均按完整结构岩体考虑，若岩体极破碎、节理很发育或强风化时，其等级应按表对应岩石的等级降低一个等级。

附录 B 物探、原位测试方法的适用条件

B.0.1 工程地质勘察中，物探方法的选择应根据物性参数、基本原理、适用条件、场地条件及工程要求综合考虑，其选择原则可参照表 B.0.1 选用。

B.0.2 在地基勘察中，原位测试方法的选择应根据其适用范围、岩土类别、建筑物基础设计对参数的要求综合考虑，其选择原则可参照表 B.0.2 选用。

表 B.0.1 物探方法的应用范围及适用条件

物探方法			利用参数	基本原理	应用范围	适用条件
电法勘探	直流电法	电测深法	电阻率	以地下岩土的电阻率、电磁场、极化率及介电常数等物理场为基础，借助物探仪器测量上述物理场的天然或人工场中，空间与时间的变化规律，结合已知地质资料通过分析和研究，推断出地下一定深度范围内，地质体的分布特性及水文地质条件	(1)探测覆盖层、古河床、古墓，寻找砂砾建材；(2)探测隐伏地质构造，如不同岩性陡立接触带、岩脉、断层带；(3)探测滑坡体的滑动面；(4)探测岩溶、地下暗河及人为坑洞；(5)在第四系地层中和基岩断裂带及岩溶发育区寻找含水层富水带，划分咸淡水界线，测潜水流向、流速，测水库漏水点；(6)测量电力、通讯线路的大地导电率；(7)工程质量检测及探查地下管线	(1)探测对象与围岩有明显电性差异；(2)探测对象直径 D 与埋深 H 比≥0.2；(3)信噪比(S/N)大于3；(4)单井充电法测潜水流向、流速，要求潜水深度小于50 m；自然电场法测流向，要求潜水深度小于15 m，水流坡度要大；用充电法探测暗河长度应大于埋藏深度的3倍；(5)交流电磁法适用于接地困难，存在高屏蔽的地区、地段；(6)地质雷达探测的地质体间，介电常数应有一定差异
		电测剖面法				
		高密度电法				
		自然电场法	自然电位差			
		充电法	电 位			
		激发极化法	极化率衰减时			
	电磁波法	音频大地电磁法	导电性导磁性			
		可控源音频大地电磁法				
		甚低频率法				
		地质雷达	介电常数			
		管线探测	人工或天然电磁场			
弹性波法	地震勘探	折射波法	岩土的纵波速度、横波速度、面波速度	利用人工或天然激发的地震波、声波在岩土层中传播产生的反射、折射及瑞雷波变频测深的特性，以研究地下地质体的几何形态及岩土体的物理力学参数	(1)探测地质构造；(2)探测覆盖层厚度、断层破碎带、滑动面、潜水位等；(3)探测岩体动弹性模量等；(4)探测地脉动卓越周期、桩基及建筑物基础探查；(5)测定岩体完整性系数	(1)折射波法：应满足 $v_2>v_1$，岩层视倾角与临界角之和小于90°；(2)反射波法：应满足 $v_1\rho_1\neq v_2\rho_2$，地层倾角3°~5°时最有利
		反射波法				
		瑞雷波法				
	超声波法					
	场地波速测试					
	地脉动测试		卓越周期			
重力勘探			重力加速度	测定地球重力异常分布变化，分析地下地质情况	探区域地质构造、深部断层；微加重力仪探测大溶洞	探测地质体与围岩有明显密度(重力或磁)差异。探测对象规模与埋深比要足够大
磁法勘探			磁场强度磁化强度	量测地磁场变化	探岩浆岩体界线、断层带、地下管线、考古	
放射性勘探			岩土的 γ、α 射线的活度，测氡	测定岩土的天然或人工放射性 γ 活度及氡、钍衰变物的异常	探寻基岩裂隙水、断面带，测土湿度、密度、环境监测	探测对象与围岩有放射性差异，所探对象埋深浅
地温勘探			地 温	用仪器测定地质体的温度异常、差异，或测定地表地温与深部地温的变化情况	划分有地温异常的深大断裂位置；研究地表与深部地温的变化规律	地质体间有温度差异，或在深钻孔中测定地温变化的情况

续上表

物探方法		利用参数	基本原理	应用范围	适用条件
井下物探	电测井	电阻率	用仪器观测钻井及井间岩土物性差异所引起的天然或人工物理场变化规律，以研究井壁和井周空间地质构造，测定岩土自然状态下物理力学和水文地质参数	划分软弱夹层、风化层厚度；测断裂带、岩溶位置；测井中出水位置及水文地质参数；测岩土物理力学参数；监测地下水污染，核处理场地选址	电测井和无线电波透视及声速测井，应在有泥浆（水）无套管的孔中进行，水文测井应在无套管或有滤管经洗井后的清水井中进行
	放射性测井	放射性活度			
	水文测井	水电阻率			
	单孔声波探测	岩土波速			
	跨孔声波探测	岩土波速			
	声速及超声成像测井	岩土弹性波速			
	孔间电磁波透射法	导电性或导磁性			
	钻孔技术测量	井斜井温井径			

表 B.0.2 原位测试方法适用条件

测试方法	适用范围																		
	适用的岩、土类别							可取得的岩、土参数											
	岩石	碎石类土	砂类土	粉土	黏性土	软土	填土	剖面分层	土类鉴别	物理状态	强度参数	模量	基床系数	柔度系数	固结系数	侧压力系数	超固结比	承载力	判别液化
平板载荷试验(PLT)	++	+++	+++	+++	+++	+++	+++				++	+++	+++				+	+++	
螺旋板载荷试验(SPLT)			+++	+++	+++	++	+				++	+++	++		+		++	+++	
单桩静载试验(SLTP)	+++	+++	+++	+++	+++	+++	++							+++				+++	
现场直剪试验(FDST)	+++	+++	+	+	++	+	+				+++	++							
十字板剪切试验(VST)					++	+++					+++	+					+	++	
预钻式旁压试验(PMT)	+++	++	++	+++	+++	+	++				++	+++	++			+		+++	
标准贯入试验(SPT)			+++	+++	++	+	+	++	+++	++								++	+++
动力触探(DPT)		+++	+++	++	++	+	++	++		+		+						++	
静力触探(CPT)			++	+++	+++	+++	++	+++	+	++	++	+						++	+++
孔压静力触探(CPTU)			++	+++	+++	+++	++	+++	++	++	++	+			++		+	++	+++
应力铲试验(TPCT)			+	+	+	+++		++							+	++			
扁板侧胀试验(FDT)			+	++	++	+++	+	++	++		++	++	+			+		+	
岩体应力试验	+++		多采用钻孔地应力绝对值测量，方法有应力恢复法、水压致裂法、套芯解除法（应力解除法）等，可取得原始地应力的大小和方向等参数																

注：+++很适用，++适用，+较适用。

附录 C　挖方边坡坡率

C.0.1　路堑边坡坡率,应根据岩土的性质、岩土体结构、岩层产状、风化程度、地貌、水文地质等因素和边坡高度,并参照自然山坡和既有人工边坡的稳定程度综合确定。

边坡高度不大于 20 m 时,可参照表 C.0.1 确定。

表 C.0.1　路堑边坡坡率

岩土类别		边坡坡率($H \leqslant 20$ m)
均质黏性土、塑性指数大于 3 的粉土		1:1 ~1:1.5
塑性指数不大于 3 的粉土、稍密以上的中砂、粗砂、砾砂		1:1.5 ~1:1.75
碎石土,卵石土,粗、细角砾土,粗、细圆砾土	胶结或密实	1:0.5 ~1:1.25
	稍密、中密	1:1.25 ~1:1.5
岩　石		1:0.1 ~1:1.5

注:当有可靠资料和经验时,可不受本表限制。

C.0.2　黄土、膨胀土等路堑边坡坡率和边坡形式可参照《铁路特殊路基设计规范》(TB 10035)的有关规定确定。

附录 D　地基承载力

D. 0. 1　岩土地基承载力分为容许承载力〔σ〕、基本承载力 σ_0 和极限承载力 P_u。岩土地基的承载力宜采用载荷试验、理论公式计算及其他原位测试方法综合确定，也可参照表 D. 0. 1—1 ~ 表 D. 0. 1—1 确定，当有类似工程经验或用原位测试方法确定时，可不受上述各表的限制。对于重要工程，应采用载荷试验、理论公式计算、室内试验及其他原位测试等方法综合确定。

房屋、厂房等工程建筑地基承载力应按现行国家标准《建筑地基基础设计规范》(GB 50007)、《湿陷性黄土地区建筑规范》(GB 50025)等的有关规定执行。

1　岩石地基的基本承载力

表 D. 0. 1—1　岩石地基基本承载力 σ_0(kPa)

节理发育程度	节理很发育	节理发育	节理不发育或较发育
节理间距(cm) 岩石类别	2 ~ 20	20 ~ 40	>40
硬质岩	1 500 ~ 2 000	2 000 ~ 3 000	>3 000
较软岩	800 ~ 1 000	1 000 ~ 1 500	1 500 ~ 3 000
软　岩	500 ~ 800	700 ~ 1 000	900 ~ 1 200
极软岩	200 ~ 300	300 ~ 400	400 ~ 500

注：1　对于溶洞、断层、软弱夹层、易溶岩的岩石等，应个别研究确定；
　　2　裂隙张开或有泥质充填时，应取低值。

2　碎石类土地基的基本承载力

表 D. 0. 1—2　碎石类土地基基本承载力 σ_0(kPa)

密实度 土　名	松　散	稍　密	中　密	密　实
卵石土、粗圆砾土	300 ~ 500	500 ~ 650	650 ~ 1 000	1 000 ~ 1 200
碎石土、粗角砾土	200 ~ 400	400 ~ 550	550 ~ 800	800 ~ 1 000
细圆砾土	200 ~ 300	300 ~ 400	400 ~ 600	600 ~ 850
细角砾土	200 ~ 300	300 ~ 400	400 ~ 500	500 ~ 700

注：1　半胶结的碎石类土可按密实类的同类土的表值提高 10% ~ 30%；
　　2　由硬质岩块组成，充填砂类土者用高值；由软质岩块组成，充填黏性土者用低值；
　　3　自然界中很少见松散的碎石类土，定为松散应慎重；
　　4　漂石土、块石土的基本承载力值，可参照卵石土、碎石土表值适当提高。

3　砂类土地基的基本承载力

表 D.0.1—3　砂类土地基基本承载力 σ_0(kPa)

砂土名称	密实度 / 湿度	松　散	稍　密	中　密	密　实
砾砂、粗砂	与湿度无关	200	370	430	550
中　砂	与湿度无关	150	330	370	450
细　砂	稍湿或潮湿	100	230	270	350
	饱　和		190	210	300
粉　砂	稍湿或潮湿		190	210	300
	饱　和		90	110	200

4　粉土地基的基本承载力

表 D.0.1—4　粉土地基基本承载力 σ_0(kPa)

e \ w(%)	10	15	20	25	30	35	40
0.5	400	380	(355)				
0.6	300	290	280	(270)			
0.7	250	235	225	215	(205)		
0.8	200	190	180	170	(165)		
0.9	160	150	145	140	130	(125)	
1.0	130	125	120	115	110	105	(100)

注:1　e 为天然孔隙比,w 为天然含水率,有括号者仅供内插;

2　在湖、塘、沟、谷与河漫滩地段以及新近沉积的粉土,应根据当地经验取值。

5　Q_4 冲、洪积黏性土地基的基本承载力

表 D.0.1—5　Q_4 冲、洪积黏性土地基基本承载力 σ_0(kPa)

孔隙比 e \ 液性指数 I_L	0	0.1	0.2	0.3	0.4	0.5	0.6	0.7	0.8	0.9	1.0	1.1	1.2
0.5	450	440	430	420	400	380	350	310	270	240	220		
0.6	420	410	400	380	360	340	310	280	250	220	200	180	
0.7	400	370	350	330	310	290	270	240	220	190	170	160	150
0.8	380	330	300	280	260	240	230	210	180	160	150	140	130
0.9	320	280	260	240	220	210	190	180	160	140	130	120	100
1.0	250	230	220	210	190	170	160	150	140	120	110		
1.1			160	150	140	130	120	110	100	90			

注:土中含粒径大于 2 mm 的颗粒,按质量计占全部质量的 30% 以上时,σ_0 可酌情提高。

6　Q_3 及其以前冲、洪积黏性土地基的基本承载力

表 D.0.1—6　Q_3 及其以前冲、洪积黏性土地基基本承载力 σ_0

压缩模量(MPa)	10	15	20	25	30	35	40
基本承载力(kPa)	380	430	470	510	550	580	620

注:1　压缩模量为对应于 0.1 ~ 0.2 MPa 压力段的压缩模量;

2　当压缩模量小于 10 MPa 时,其基本承载力可按黏性土表 D.0.1—5 确定。

7 残积黏性土地基的基本承载力

表 D. 0. 1—7 残积黏性土地基基本承载力 σ_0

压缩模量(MPa)	4	6	8	10	12	14	16	18	20
基本承载力(kPa)	190	220	250	270	290	310	320	330	340

注:本表适用于西南地区碳酸盐类岩层的残积红土,其他地区可参照使用。

8 软土地基的承载力

1)容许承载力[σ]可按下式计算:

$$[\sigma] = \frac{1}{k}5.14CU + \gamma h \qquad (D.0.1)$$

式中 h——基础底面的埋置深度(m):对于受水流冲刷的,由冲刷线算起;不受水流冲刷者,由天然地面算起;

γ——基底以上土的天然重度的平均值(kN/m^3):如持力层在水面以下,且为透水者,水中部分应采用浮重度;如为不透水者及基底以上水中部分土层无论透水性质如何,均应采用饱和重度;

CU——不排水抗剪强度(kPa);

k——安全系数,可视软土的灵敏度及建筑物对变形的要求等因素选用 1.5 ~2.5。

2)一般建筑物基础,其基本承载力也可按表 D. 0. 1—8 确定。

表 D. 0. 1—8 软土地基基本承载力 σ_0

天然含水率(%)	36	40	45	50	55	65	75
基本承载力(kPa)	100	90	80	70	60	50	40

9 黄土地基的基本承载力

表 D. 0. 1—9 新黄土(Q_3、Q_4)地基基本承载力 σ_0(kPa)

液限 w_L	孔隙比 e \ 天然含水率 w(%)	5	10	15	20	25	30	35
24	0.7		230	190	150	110		
	0.9	240	200	160	125	85	(50)	
	1.1	210	170	130	100	60	(20)	
	1.3	180	140	100	70	40		
28	0.7	280	260	230	190	150	110	
	0.9	260	240	200	160	125	85	
	1.1	240	210	170	140	100	60	
	1.3	220	180	140	110	70	40	
32	0.7		280	260	230	180	150	
	0.9		260	240	200	150	125	
	1.1		240	210	170	130	100	60
	1.3		220	180	140	100	70	40

注:1 非饱和 Q_3 新黄土,当 $0.85 < e < 0.95$ 时,σ_0 值可提高 10%;
2 本表不适用于坡积、崩积和人工堆积等黄土;
3 括号内表值供内插用;
4 液限含水率试验采用圆锥仪法,圆锥仪总质量 76 g,入土深度 10 mm。

表 D.0.1—10　老黄土(Q_1、Q_2)地基基本承载力 σ_0(kPa)

e \ w/w_L	<0.7	0.7～0.8	0.8～0.9	>0.9
<0.6	700	600	500	400
0.6～0.8	500	400	300	250
>0.8	400	300	250	200

注:1　老黄土黏聚力小于 50 kPa,内摩擦角小于 25°,表中数值应适当降低 20% 左右;
2　w 为天然含水率,w_L 为液限,e 为天然孔隙比;
3　液限含水率试验采用圆锥仪法,圆锥仪总质量 76 g,入土深度 10 mm。

10　多年冻土地基的基本承载力

表 D.0.1—11　多年冻土地基基本承载力 σ_0(kPa)

序号	基础底面的月平均最高土温(℃) / 土　名	-0.5	-1.0	-1.5	-2.0	-2.5	-3.5
1	块石土、卵石土、碎石土、粗圆砾土、粗角砾土	800	950	1 100	1 250	1 380	1 650
2	细圆砾土、细角砾土、砾砂、粗砂、中砂	600	750	900	1 050	1 180	1 450
3	细砂、粉砂	450	550	650	750	830	1 000
4	粉土	400	450	550	650	710	850
5	粉质黏土、黏土	350	400	450	500	560	700
6	饱冰冻土	250	300	350	400	450	550

注:1　表列数值不适用于含盐量和泥炭化程度分别超过表 D.0.1—12 及表 D.0.1—13 中数值的多年冻土;
2　本表序号 1～5 类地基承载力适合于少冰冻土、多冰冻土,当序号 1～5 类的地基为富冰冻土时,表列数值应降低 20%;
3　含土冰层的承载力应实测确定;
4　基础置于饱冰冻土的土层时,基础底面应敷设厚度不小于 0.20～0.30 m 的砂垫层。

表 D.0.1—12　盐渍化冻土的盐渍程度界限值

土　类	碎石类土、砂类土	粉　土	粉质黏土	黏　土
盐渍程度(%)	≥0.10	≥0.15	≥0.20	≥0.25

表 D.0.1—13　泥炭化冻土的泥炭化程度界限值

土　类	碎石类土、砂类土	粉土、黏性土
泥炭化程度(%)	≥3	≥5

D.0.2　岩土地基的极限承载力应根据现场载荷试验及静力触探计算公式获取,也可按表 D.0.2—1～表 D.0.2—11 确定。

1　岩石地基的极限承载力

表 D.0.2—1　岩石地基极限承载力 P_u(kPa)

节理发育程度	节理很发育	节理发育	节理不发育或较发育
节理间距(cm) / 岩石类别	2～20	20～40	>40
硬质岩	4 500～6 000	6 000～9 000	大于 9 000
较软岩	2 400～3 000	3 000～4 500	4 500～9 000
软　岩	1 250～2 400	2 100～3 000	2 700～3 600
极软岩	500～750	750～1 000	1 000～1 250

注:1　对于溶洞、断层、软弱夹层、易溶岩的岩石等,应个别研究确定;
2　裂隙张开或有泥质充填时,应取低值。

2　碎石类土地基的极限承载力

表 D.0.2—2　碎石类土地基极限承载力 P_u(kPa)

土　名＼密实度	松　散	稍　密	中　密	密　实
卵石土、粗圆砾土	800～1 000	1 300～1 600	1 800～2 100	2 500～2 800
碎石土、粗角砾土	600～800	1 000～1 200	1 400～1 700	2 000～2 200
细圆砾土	400～600	650～750	1 000～1 200	1 500～1 800
细角砾土	350～500	600～750	800～1 000	1 250～1 500

注:1　半胶结的碎石类土可按密实类的同类土的表值提高 10%～30%;

2　由硬质岩块组成,充填砂类土者用高值;由软质岩块组成,充填黏土者用低值;

3　自然界中很少见松散的碎石类土,定为松散者应填重;

4　漂石土、块石土的极限承载力值,可参照卵石土、碎石土表值适当提高。

3　砂类土地基的极限承载力

表 D.0.2—3　砂类土地基极限承载力 P_u(kPa)

砂土名称	湿　度＼密实度	松　散	稍　密	中　密	密　实
砾砂、粗砂	与湿度无关	400	740	860	1 100
中　砂	与湿度无关	300	660	740	900
细　砂	稍湿或潮湿	200	460	540	700
	饱　和		380	420	600
粉　砂	稍湿或潮湿		380	420	600
	饱　和		180	220	400

4　粉土地基的极限承载力

表 D.0.2—4　粉土地基极限承载力 P_u(kPa)

e ＼ w(%)	10	15	20	25	30	35	40
0.5	744	707	(660)				
0.6	558	539	521	(502)			
0.7	465	437	419	400	(381)		
0.8	372	353	335	316	(307)		
0.9	298	279	270	260	242	(233)	
1.0	242	233	223	214	205	195	(186)

注:1　e 为天然孔隙比,w 为天然含水率,有括号者仅供内插;

2　有湖、塘、沟、谷与河漫滩于段以及新近沉积的粉土,应根据当地经验取值。

5　Q_4 冲、洪积黏性土地基的极限承载力

表 D.0.2—5　Q_4 冲、洪积黏性土地基极限承载力 P_u(kPa)

孔隙比 e ＼ 液性指数 I_L	0	0.1	0.2	0.3	0.4	0.5	0.6	0.7	0.8	0.9	1.0	1.1	1.2
0.5	837	818	800	781	744	707	651	577	502	446	409		
0.6	781	763	744	707	670	632	577	521	465	409	372	335	

续上表

孔隙比 e \ 液性指数 I_L	0	0.1	0.2	0.3	0.4	0.5	0.6	0.7	0.8	0.9	1.0	1.1	1.2
0.7	744	688	651	614	577	539	502	446	409	353	316	298	279
0.8	707	614	558	521	484	446	428	391	335	298	279	260	242
0.9	595	521	484	446	409	391	353	335	298	260	242	223	186
1.0	465	428	409	391	353	316	298	279	260	223	205		
1.1			298	279	260	242	223	205	186	167			

注：土中含粒径大于 2 mm 的颗粒，按质量计占全部质量的 30% 以上时，σ_0 值可酌情提高。

6　Q_3 及以前冲、洪积黏性土地基的极限承载力

表 D.0.2—6　Q_3 及其以前冲、洪积黏性土地基极限承载力 P_u

压缩模量(MPa)	10	15	20	25	30	35	40
极限承载力(kPa)	730	826	902	979	1 056	1 114	1 190

注：1　压缩模量为对应于 0.1～0.2 MPa 压力段的压缩模量；
　　2　压缩模量小于 10 MPa 时，其极限承载力可按黏性土表 D.0.2—5 确定。

7　残积黏性土地基的极限承载力

表 D.0.2—7　残积黏性土地基极限承载力 P_u

压缩模量(MPa)	4	6	8	10	12	14	16	18	20
极限承载力(kPa)	380	440	500	540	580	620	640	660	680

注：本表适用于西南地区碳酸盐类岩层的残积红土，其他地区可参照使用。

8　软土地基的极限承力

表 D.0.2—8　软土地基极限承载力 P_u

天然含水率(%)	36	40	45	50	55	65	75
极限承载力(kPa)	179	161	143	125	107	90	72

9　新、老黄土地基极限承载力

表 D.0.2—9　新黄土(Q_3、Q_4)地基的极限承载力 P_u(kPa)

液限 w_L	孔隙比 e \ 天然含水率 w(%)	5	10	15	20	25	30	35
24	0.7		460	380	300	220		
	0.9	480	400	320	250	170	(100)	
	1.1	420	340	260	200	120	(40)	
	1.3	360	280	200	140	80		
28	0.7	560	520	460	380	300	220	
	0.9	520	480	400	320	250	170	
	1.1	480	420	340	280	200	120	
	1.3	440	360	280	220	140	80	
32	0.7		560	520	460	360	300	
	0.9		520	480	400	300	250	
	1.1		480	420	340	260	200	120
	1.3		440	360	280	200	140	80

注：1　非饱和 Q_3 新黄土，当 $0.85 < e < 0.95$ 时，P_u 值可提高 10%；
　　2　本表不适用于坡积、崩积和人工堆积等黄土；
　　3　括号内表值供内插用；
　　4　液限含水率试验采用圆锥仪法，圆锥仪总质量 76 g 入土深度 10 mm。

表 D.0.2—10　老黄土（Q_1、Q_2）地基极限承载力 P_u（kPa）

w/w_L \ e	<0.7	0.7~0.8	0.8~0.9	>0.9
<0.6	1 400	1 200	1 000	800
0.6~0.8	1 000	800	600	500
>0.8	800	600	500	400

注：1　老黄土黏聚力小于 50kPa，内摩擦角小于 25°，表中数值应适当降低 20% 左右；

2　w 为天然含水率，w_L 为液限，e 为天然孔隙比；

3　液限含水率试验采用圆锥仪法，圆锥仪总质量 76 g，入土深度 10 mm。

10　多年冻土地基的极限承载力

表 D.0.2—11　多年冻土地基的极限承载力 P_u（kPa）

序号	土名 \ 基础底面的月平均最高土温（℃）	-0.5	-1.0	-1.5	-2.0	-2.5	-3.5
1	块石土、卵石土、碎石土、粗圆砾土、粗角砾土	1 600	1 900	2 200	2 500	2 760	3 300
2	细圆砾土、细角砾土、砾砂、粗砂、中砂	1 200	1 500	1 800	2 100	2 360	2 900
3	细砂、粉砂	900	1 100	1 300	1 500	1 660	2 000
4	粉　土	800	900	1 000	1 120	1 420	1 700
5	粉质黏土、黏土	700	800	900	1 000	1 120	1 400
6	饱冰冻土	500	600	700	800	900	1 100

注：1　表列数值不适用于含盐量和泥炭化程度分别超过表 D.0.1—12 及表 D.0.1—13 中数值的多年冻土；

2　本表序号 1~5 类适合于少冰冻土、多冰冻土，当序号 1~5 类为富冰冻土时，表列数值应降低 20%；

3　含土冰层的承载力实测确定；

4　基础置于饱冰冻土的土层时，基础底面应敷设厚度不小于 0.20~0.30 m 的砂垫层。

D.0.3　客运专线铁路和时速 200 km 客货共线铁路各类岩土的地基承载力宜采用载荷试验或其他原位测试方法，并应根据其对沉降的特殊要求进行专门研究确定。

附录 E　岩土试验项目

E. 0. 1　岩土试验项目和试验方法应根据岩土性质、试样性质、工程性质选定。岩土力学性质试验应与其在工程中所处的环境和状态基本一致或相似。试验项目和方法应符合表 E. 0. 1—1 及表 E. 0. 1—2 的规定。

E. 0. 2　多年冻土的试验项目，应根据冻土特性和工程性质选定。试验项目和方法应符合表 E. 0. 2 的规定。

E. 0. 3　不良地质环境及特殊岩土条件下的铁路工程所选用的岩土试验项目，应根据需要并对照表 E. 0. 1—1 及表 E. 0. 1—2 确定。

E. 0. 4　时速 200 km 客货共线铁路、客运专线铁路工程的试验项目除参照本附录选用外，还应根据工程的实际情况及设计要求确定。

表 E. 0. 1—1　岩石试验项目

岩石类型	工程类型	密度	颗粒密度	吸水率	黏土矿物	黏粒含量	矿物鉴定	化学分析	抗拉试验	抗压试验		抗剪试验	耐冻系数	崩解性	三轴抗压试验	膨胀试验			
										干	湿					自由膨胀率	膨胀率	饱和吸水率	膨胀力
		ρ	ρ_s	w					σ_t	R	R_c	τ	K_Q	A_t	σ_i	F_s			P_p
		g/cm³	g/cm³	%	%	%	%	%	kPa	MPa		kPa		%	kPa	%	%	%	kPa
硬质岩	隧　道	+	+	(+)			(+)		(+)	+	+		(+)						
硬质岩	桥涵、挡土墙、大型厂房、高路堤等地基	+	+	+			(+)		(+)	+	+				(+)				
软质岩	隧　道	+		+	(+)	(+)	(+)	(+)	(+)	+	+		(+)						
软质岩	桥涵、挡土墙、大型厂房、高路堤等地基	+		+	(+)	(+)	(+)	(+)	(+)	+	+		(+)		(+)	(+)	(+)	(+)	(+)
软质岩	深路堑	+		+	(+)	(+)	(+)	(+)			(+)	(+)	(+)	(+)					

注：1　有括号者表示按需要确定；

2　本表所列试验项目按工程施工图设计要求考虑；

3　采用隧道掘进机施工时，尚应增加岩石硬度试验、岩块弹性波速度测试项目。

表 E.0.1—2　土的物理力学性质试验项目

土的名称	工程类别	天然含水率	天然密度	颗粒密度	天然孔隙比	饱和度	液限	塑限	塑性指数	液性指数	颗粒分析	相对密度	渗透系数 垂直	渗透系数 水平	压缩系数 垂直	压缩系数 水平	固结系数 垂直	固结系数 水平	次固结系数	剪切试验 快剪	剪切试验 固结快剪	剪切试验 慢剪	剪切试验 往复剪	三轴剪 不固结不排水	三轴剪 固结不排水	三轴剪 固结排水
		w	ρ	ρ_s	e	S_r	w_L	w_p	I_p	I_L		D_r	k_v	k_h	a_v	a_h	C_v	C_h		$c\phi$		$c\phi$	$c\phi$	UU	CU	CD
		%	g/cm³	g/cm³		%	%	%			%		cm/s		MPa⁻¹		cm²/s									
砂类土	路堤、挡土墙、桥涵、厂房等地基	+	+	+	+	+					+	(+)		(+)												
砂类土	隧道等洞室	+	+	+		+					+		(+)													
砂类土	边坡及稳定检算	+	+	+		+					+			(+)												
粉土	路堤、挡土墙、桥涵、厂房等地基	+	+	+	+		+	+	+		+		(+)		(+)					+						
粉土	隧道等洞室	+	+	+	+		+	+	+		+				(+)					(+)				(+)		
粉土	边坡及稳定检算	+	+	+	+		+	+	+		+									+		(+)	(+)	(+)		
黏性土	路堤、挡土墙、桥涵、厂房等地基	+	+	+	+		+	+	+	+			(+)		(+)					+				(+)		
黏性土	隧道等洞室	+	+	+	+		+	+	+	+					(+)					(+)				(+)		
黏性土	边坡及稳定检算	+	+	+	+		+	+	+	+										(+)		(+)	(+)	(+)		
黄土	路堤、挡土墙、桥涵、厂房等地基	+	+	+	+		+	+	+	+					+					(+)				(+)		
黄土	隧道等洞室	+	+	+	+		+	+	+	+										+				(+)		
黄土	边坡及稳定检算	+	+	+	+		+	+	+	+										+				(+)		
软土 表层硬壳	路堤、挡土墙、桥涵、厂房等地基	+	+	+	+		+	+	+	+			+	+	+	+	+	+	+	+	+	+				
软土 下部软土	路堤、挡土墙、桥涵、厂房等地基	+	+	+	+		+	+	+	+			+	+	+	+	+	+	+	+	+	+		(+)	(+)	(+)
盐渍土	路堤、挡土墙、桥涵、厂房等地基	+	+	+	+		+	+	+	+	(+)		(+)													
膨胀土 原状	路堤、挡土墙、桥涵、厂房等地基	+	+	+	+		+	+	+	+	(+)		(+)							(+)			(+)			
膨胀土 重塑	路堤、挡土墙、桥涵、厂房等地基	+	+	+	+		+	+	+	+					(+)					(+)	+		(+)			

续上表

土的名称	工程类别	湿陷性试验			毛细管水上升高度	无侧限抗压强度	灵敏度	崩解量	有机质含量	易溶盐含量	中溶盐含量	难溶盐含量	土化学全量分析	黏土矿物分析	膨胀土判别指标				收缩试验			击实试验	
		湿陷起始压力	湿陷系数	自重湿陷系数											自由膨胀率	蒙脱石含量	阳离子交换量	膨胀力	缩限	线缩率	体缩率	最优含水率	最大干密度
		P_{sh}	δ_s	δ_{ah}	H_k	q_u	s_t	A_t							F_s	M		P_p	w_s	e_{si}	e_s	w_{opt}	ρ_{dmax}
		kPa			cm	kPa		%	%						%	%		kPa	%	%	%	%	g/cm^3
砂类土	路堤、挡土墙、桥涵、厂房等地基																						
	隧道等洞室																						
	边坡及稳定检算																						
粉土	路堤、挡土墙、桥涵、厂房等地基																					(+)	(+)
	隧道等洞室																						
	边坡及稳定检算																						
黏性土	路堤、挡土墙、桥涵、厂房等地基																					(+)	(+)
	隧道等洞室																						
	边坡及稳定检算																						
黄土	路堤、挡土墙、桥涵、厂房等地基	+	+	+							(+)	(+)										(+)	(+)
	隧道等洞室	(+)	(+)	(+)							(+)	(+)											
	边坡及稳定检算										(+)	(+)											
软土 表层硬壳	路堤、挡土墙、桥涵、厂房等地基					(+)			+														
软土 下部软土	路堤、挡土墙、桥涵、厂房等地基					(+)	(+)		+														
盐渍土	路堤、挡土墙、桥涵、厂房等地基				+					+			(+)										
膨胀土 原状	路堤、挡土墙、桥涵、厂房等地基							+		(+)	(+)	(+)	(+)	(+)	+	+	+	(+)	+	+	+		
膨胀土 重塑	路堤、挡土墙、桥涵、厂房等地基																		(+)		(+)		

注:1　有括号者表示按需要确定;

2　本表所列试验项目,按工程施工图设计要求考虑。

表 E. 0. 2　多年冻土试验项目

土的名称	工程类别	总含水率	颗粒密度	天然密度	塑限	液限	颗粒分析	有机质含量	盐渍度	冻土干密度	体积含冰率	水的相成分		饱和度	冻胀力	冻结强度	融化压缩		融化后密度	融化后剪切		导热系数		导温系数		容积热容量	
												未冻含水率	相对含冰率				融化下沉系数	压缩系数		凝聚力	内摩擦角	融	冻	融	冻	融	冻
		w_A	ρ_S	ρ	w_p	w_L		ζ	ξ	ρ_a	i_v	w_h	i_0	S_r	τ_d		δ	α	ρ_t	c	ϕ	λ_f	λ_n	α_f	α_n	C_f	C_n
		%	g/cm³	g/cm³	%	%	%	%	%	g/cm³	%	%	%	%	kPa	kPa	%	MPa⁻¹	g/cm³	kPa	0	W/(m·℃)		m²/h		kJ/(m³·℃)	
黏性土	隧道	+	+	+	+	+	+	(+)	(+)	(+)	(+)	(+)	(+)		(+)	(+)	+	+	(+)	(+)	(+)	(+)	(+)	(+)	(+)	(+)	(+)
黏性土	桥涵、房屋、高填陡坡路堤、挡土墙等地基	+	+	+	+	+	+	(+)	(+)	(+)	+	+	+		(+)	(+)	+	+	(+)	(+)	(+)	(+)	(+)	(+)	(+)	(+)	(+)
黏性土	路堑	+	+	+	+	+	+	(+)	(+)	+	+	+	+		(+)	(+)	+	+	(+)	(+)	(+)	(+)	(+)	(+)	(+)	(+)	(+)
黏性土	填料	+		(+)*	+		+		(+)																		
粉土	隧道	+	(+)	(+)	+	+	+	(+)	(+)	(+)	(+)	(+)	(+)		(+)	(+)	+	+	(+)	(+)	(+)	(+)	(+)	(+)	(+)	(+)	(+)
粉土	桥涵、房屋、高填陡坡路堤、挡土墙等地基	+	(+)	(+)	+	+	+	(+)	(+)	(+)	(+)	+	+		(+)	(+)	+	+	(+)	(+)	(+)	(+)	(+)	(+)	(+)	(+)	(+)
粉土	路堑	+	(+)	(+)	+	+	+	(+)	(+)	(+)	+	+	+		(+)	(+)	+	+	(+)	(+)	(+)	(+)	(+)	(+)	(+)	(+)	(+)
粉土	填料	+		(+)*	+	+	+		(+)																		
砂类土	隧道	+		+			+		(+)		+			(+)	(+)	(+)	(+)	(+)	(+)		(+)	(+)	(+)	(+)	(+)	(+)	(+)
砂类土	桥涵、房屋、高填陡坡路堤、挡土墙等地基	+		(+)			+		(+)		+	(+)	(+)	(+)	(+)	(+)	(+)	(+)	(+)		(+)	(+)	(+)	(+)	(+)	(+)	(+)
砂类土	路堑	+		(+)			+		(+)						(+)	(+)	(+)	(+)	(+)		(+)	(+)	(+)	(+)	(+)	(+)	(+)
砂类土	填料	+					+		(+)																		

注：1　+为定测和补充定测应做试验项目，初测时应做常规和代表性冻土特征项目；

2　(+)为需要时才做的试验项目；

3　*指最大干密度，需要时还应做夯后的 w、ρ、c、ϕ；

4　有机质含量试验项目，土质为黑色土及泥炭时做；

5　盐渍度试验项目在地表有盐霜地段做；

6　导热系数、导温系数、容积热容量、冻胀力、冻结强度、抗剪强度、融化系数及融化后体积压缩系数可查表获得。

附录F　环境水、土对混凝土侵蚀性的判定标准

F. 0. 1　环境水、土对混凝土侵蚀类型和侵蚀程度的判定标准应符合表F. 0. 1的规定。

表F. 0. 1　环境水、土对混凝土侵蚀类型和侵蚀程度的判定

化学侵蚀类型		环境作用等级			
		H1	H2	H3	H4
硫酸盐侵蚀	环境水中 SO_4^{2-} 含量(mg/L)	$200 \leqslant SO_4^{2-} \leqslant 600$	$600 < SO_4^{2-} \leqslant 3\ 000$	$3\ 000 < SO_4^{2-} \leqslant 6\ 000$	$SO_4^{2-} > 6\ 000$
	强透水性环境土中 SO_4^{2-} 含量(mg/kg)	$2\ 000 \leqslant SO_4^{2-} \leqslant 3\ 000$	$3\ 000 < SO_4^{2-} \leqslant 12\ 000$	$12\ 000 < SO_4^{2-} \leqslant 24\ 000$	$SO_4^{2-} > 24\ 000$
	弱透水性环境土中 SO_4^{2-} 含量(mg/kg)	$3\ 000 \leqslant SO_4^{2-} \leqslant 12\ 000$	$12\ 000 < SO_4^{2-} \leqslant 24\ 000$	$SO_4^{2-} > 24\ 000$	—
盐类结晶侵蚀	环境土中 SO_4^{2-} 含量(mg/kg)	—	$2\ 000 < SO_4^{2-} \leqslant 3\ 000$	$3\ 000 < SO_4^{2-} \leqslant 12\ 000$	$SO_4^{2-} > 12\ 000$
酸性侵蚀	环境水的pH值	$5.5 \leqslant pH \leqslant 6.5$	$4.5 \leqslant pH < 5.5$	$4.0 \leqslant pH < 4.5$	—
二氧化碳侵蚀	环境水中侵蚀性 CO_2 含量(mg/L)	$15 \leqslant CO_2 \leqslant 40$	$40 < CO_2 \leqslant 100$	$CO_2 > 100$	—
镁盐侵蚀	环境水中 Mg^{2+} 含量(mg/L)	$300 \leqslant Mg^{2+} \leqslant 1\ 000$	$1\ 000 < Mg^{2+} \leqslant 3\ 000$	$Mg^{2+} > 3\ 000$	—

注:1　对于盐渍土地区的混凝土结构,埋入土中的混凝土结构遭受化学侵蚀;当环境多风干燥时,露出地表的毛细吸附区内的混凝土遭受盐类结晶侵蚀;

2　对于一面接触含盐环境水(或土),而另一面临空且处于干燥或多风环境中的薄壁混凝土,接触含盐环境水(或土)的混凝土遭受化学侵蚀,临空面的混凝土遭受盐类结晶侵蚀;

3　当环境中存在酸雨时,按酸性环境考虑,但相应作用等级可降一级。

本规范用词说明

执行本规范条文时，对于要求严格程度的用词说明如下，以便在执行中区别对待。

(1)表示很严格，非这样做不可的用词：

正面词采用“必须”；

反面词采用“严禁”。

(2)表示严格，在正常情况均应这样做的用词：

正面词采用“应”；

反面词采用“不应”或“不得”。

(3)表示允许稍有选择，在条件许可时首先应这样做的用词：

正面词采用“宜”；

反面词采用“不宜”；

表示有选择，在一定条件下可以这样做的，采用“可”。

《铁路工程地质勘察规范》
条文说明

本条文说明系对重点条文的编制依据、存在的问题以及在执行中应注意的事项等予以说明。为了减少篇幅,只列条文号,未抄录原条文。

1.0.2 根据《铁路主要技术政策》(铁科技〔2004〕78 号)的规定,本次规范的全面修订是以时速 200 km 以下客货共线铁路的工程地质勘察要求为基础编制、修订的。为适应铁路建设的发展,本次修订还增加了对客运专线铁路及时速 200 km 客货共线铁路工程地质勘察技术要求的内容。由于我国目前还未建成一条真正意义的客运专线铁路,各类工程对地基地质条件的要求是否会产生新的地质问题等,都需要通过相当时间认真地分析研究和实践检验后才能确定。目前在建客运专线铁路的勘察成果还需经过大量实践过程的检验。铁道部在《关于执行或采用铁路工程建设标准有关事宜的通知》(铁建设〔2004〕140 号)中也指出,"时速 300~350 公里客运专线铁路地质勘察除参照执行《京沪高速铁路工程地质勘察暂行规定》(铁建设〔2004〕13 号)外,尚应根据具体项目沿线地形地质特点,按规定编制详细的地质勘察大纲报建设单位(或勘察委托单位)审定后执行"。为此,在实际工作中,对于客运专线铁路及时速 200 km 客货共线铁路的工程地质勘察工作,除应符合本规范规定外,还应视项目具体情况,作出必要的补充规定,明确需要增加或加深的工作内容和要求。

1.0.3 铁路工程地质勘察分阶段开展工作,就是坚持由浅入深、不断深化的认识过程,逐步认识沿线区域及场地工程地质条件,准确提供不同阶段所需地质资料。特别在地质条件复杂地区,若不按阶段进行工程地质勘察,轻者会给后期工作造成被动,形成返工浪费,重者会给运营阶段留下无穷后患。

工程地质工作是多工序、多工种的综合性工作,其工序应该是先搜集、熟悉区域地质资料,再进行工程地质调绘,而后进行工程勘探、地质测试,最后综合分析、整理资料。它与其他专业(线路、路基、桥梁、隧道、站场、房建等)关系密切,为比选线路方案及选择建筑物场地,地质工作必须先行一步,以查明线路通过区域的地质条件及工程建筑设置地段的工程地质条件,为线路方案比选及建筑场地选择提供可靠地质资料;在线路走向、各类建筑物的位置、类型、式样布置确定之后,有针对性地开展深入的工程地质勘察工作,为工程设计搜集必要的地质资料。因此,地质工作又有滞后的一面,工作中必须考虑地质工作的这种特点,既要考虑工序的先后,还要考虑专业的衔接,合理安排工作,才能保障地质勘察工作有条不紊地顺利进行。

1.0.4 2006 年 1 月 6 日发布的《铁路建设工程勘察设计管理办法》(铁道部令第 26 号)第七条中规定,"铁路建设工程勘察设计应高度重视环境保护和水土保持工作",这对工程地质专业来说尤为重要,在评价自然工程地质条件的同时,还应评价工程建设和施工对环境地质条件的影响,应结合自然条件、工程设置,从工程地质专业角度提出环境保护、水土保持方案意见。

1.0.5 工程地质勘察是铁路工程建设的基础工作,采用新技术、新方法是促进勘察技术发展、提高地质勘察质量的基础。自铁路建设开展工程地质勘察工作以来,经历了单一勘察手段、多手段配合、综合勘探手段应用的发展过程,这个过程实际就是不断采用新技术、新方法的过程。我们正处在科技高速发展的时代,工程勘察必须注意开发新技术、应用新方法才能适应铁路建设的需要。如在地质图件编制中推广计算机 CAD 成图是铁路设计一体化的需要。因此,要求地质技术人员一方面应掌握该项应用技术,另一方面也要开发、完善应用软件,促进该项技术的发展。卫星影像和航空摄影图像的应用,不仅大大节省了地质人员的劳动强度,也使地质调查更具针对性,地质图件更加美观、直观;新的物探方法、仪器、解译软件的开发和利用,也使物探工作有了长足的进步,已成为工程地质勘察中不可缺少的重要手段;钻探及原位测试设备的更新也使其应用领域不断拓展;多种勘察手段和分析方法的综合应用、多种勘察程序的探索,也使不良地质和特殊岩土的勘察取得了新的进展。因此,新技术、新方法的应用十分必要。

铁路工程线长点多,工程类型多,地质条件多变,工程地质勘察难度较大。特别是在近几年客运专线铁路及铁路路网配套建设中,长大干线经过的地域广,地形地质条件十分复杂,仅采用地质调绘、钻探,在短时间内查清大范围的地质条件,为线路方案选择、工程选址、工程设计提供准确地质资料,是有困难的。为此,近几年在地质条件复杂地区,广泛采用了综合勘察方法,并取得了良好效果。综合勘察方法就是根据地形、地质条件、工作阶段、工程类型等,采用多种勘察手段密切配合,使取得的地质资料互相验证、取长补短,以最少的勘探工作量达到最佳的勘察效果;在地质资料整理过程中采用综合分析方法,就是将不同手段取得的地质资料进行对比,与既有工程进行类比,达到提高地质资料质量的目的。

工程地质人员在掌握本专业技术的同时,还应熟悉物探、原位测试等勘探、测试手段的工作原理、适用性,掌握一定的解译知识,并能据以提供地质参数,这样才能使勘察手段运用得当,解译的地质问题及获取的地质参数能做到为工程所需。

根据工程类型选择勘察手段,要求地质人员还应了解相关专业知识及工程与地质条件间的关系。只有了解工程设计所需地质资料,又熟悉用什么方法去获取,才能合理运用综合勘察方法,灵活选择勘察手段,使之相互配合,取得最佳勘察效果。

1.0.6 在进行工程地质钻探、坑探或洞探、物探(特别是地震勘探)、原位测试等工作时,常因工作特点对周边自然环境、水源、居民的生产与生活等产生影响,对既有铁路的运营安全产生影响,也经常会对工作人员和机具的安全造成威胁。因此,勘察全过程都应遵守国家、地方政府和相关部门的有关环境保护、水土保持、安全生产等方面的规定;尊重当地,特别是少数民族地区的风俗习惯;注意勘察场地周围的自然环境、地质条件和安全生产条件,严格执行相关规范和操作规程,做到文明勘察,保证人身和机具的安全。

3.1.1 根据铁道部关于《铁路建设项目预可行性研究、可行性研究和设计文件编制办法》的规定,铁路工程地质勘察按踏勘、初测、定测、补充定测开展工作,分别与铁路大中型项目决策阶段的预可行性研究、可行性研究和设计阶段的初步设计、施工图四个阶段相适应,其最大特点是将原初测、初步设计的大部分地质工作提前到可行性研究阶段进行。设计阶段由原初步设计、技术设计、施工图三阶段调整为初步设计、施工图两阶段,工程简单、设计原则明确的小型项目,经主管部门同意还可按施工图一阶段设计,适应了铁路建设与发展的需要。

按新的勘测阶段开展地质勘察工作,使铁路基本建设满足"投资估算与初步设计概算的出入不得大于10%"的国家规定有了基础,可为建设项目投资决策提供科学依据,避免和减少决策失误,也将提高建设项目投资的综合效益。

3.1.2 铁路工程地质勘察的准备工作是地质工作的必要环节,充分收集、分析既有资料即可了解区域地质情况,明确工作重点,又是节约勘察成本的重要手段。只有重视这一环节,做好这一工作,才能保障参加工程地质勘察技术工作的人员任务明确、心中有数地进行实地勘察。

充分收集、分析现有资料,利用前人的资料是了解区域地质情况、明确工作重点、节省勘察工作量的重要手段。对区域地质条件认识、地层划分等需要在地质勘察中统一的技术问题,应在地质勘察准备阶段组织勘察技术人员现场踏勘,统一认识标准,这是搞好工程地质勘察的基础。

3.1.3 地质点的布置是铁路工程地质勘察的基础工作。该工作的目的是通过对地质点的研究和综合分析去认识区域或场地地质条件。由于工作阶段、成图比例及地质条件复杂程度不同,要求地质点布置的密度也不一样。在同一地段或范围内往往可能有地质复杂、地质简单并存的情况;还有可能地质简单地段工程复杂,地质复杂地段反而工程简单。因此硬性规定地质点的密度,显然不尽合理。故只作了"数量和勘探深度应能控制重要地质界线和能说明工程地质条件"的原则规定。

关于孔深的要求是考虑在以往勘察中多重视地质点的平面控制,因勘探深度不够而影响工程设计的事例时有发生。因此,地质点布置不仅应考虑平面地质条件,也应考虑工程对地质剖面的要求。

3.1.5 根据工作阶段选择勘察手段开展综合勘察,是取得良好勘察成果的必要条件。前期研究工作阶段地质勘察的主要目的是了解和查明控制和影响线路方案的宏观地质条件;设计阶段主要是详细查明工程场地的地质条件。勘察目的不同,选择的勘察手段也应有差别。实际工作中应根据工作阶段特点,选择适宜的勘察手段,以取得良好勘察效果和经济效益。

3.1.6 根据特殊要求进行的勘探、测试工作,是指非一般工程都作的勘探、测试工作。如岩体初始应力场的评估、动力参数测试、放射性同位素测试等。只有结合地区特点或工程需要选择勘探、测试方法,才能取得满意效果。

3.1.7 在铁路新线勘察中,特别是在客运专线铁路和时速 200 km 客货共线铁路的勘察中常会遇到一些新的、复杂的地质问题,如在京沪高速铁路勘察中遇到的下蜀黏土、松软土,郑西客运专线勘察中的湿陷性黄土等,就是因为建设标准对地基沉降要求的提高而引发的新的地质问题,它不仅直接影响着线路方案、工程建筑物方案的选择、工程处理措施等,也影响着工程地质勘察要求和勘探量的确定,为此应尽早提出进行工程地质专项研究的项目和内容,或对某个地质问题提前开展专项工作的建议(可参见第 7.2.3 条条文说明)。

3.1.8 根据《中华人民共和国防震减灾法》和《地震安全性评价管理条例》的规定,"重大建设工程和可能发生严重次生灾害的建设工程,必须进行地震安全性评价"。因此,在勘察期间(一般是在初测阶段),应根据铁路建设的工程设置情况、地震动峰值加速度和地质条件等，提出需要进行地震安全性评价工程项目的建议，以配合建设单位及时委托“具有相应资质的地震安全性评价单位”开展工作。对地震动峰值加速度较高、研究程度较差或活动性断裂发育的地区，或在地震动峰值加速度区划界线附近设置有较大工程，必要时应提出进行地震动峰值加速度区划界线的复核或详细区划工作的建议。

需要进行地震安全性评价的项目一般为，在地震动峰值加速度大于等于 $0.1g$ 地区建设的特大桥、高桥、长隧道或特长隧道、大型路基工程、大型或特大型供水工程、大型或特大型旅客站房等。

3.2

2006 年 1 月 6 日发布的《铁路建设工程勘察设计管理办法》铁道部令第 26 号第三十条规定，“铁路勘察实行勘察大纲审查制度。勘察单位应依据项目建议书或可行性研究报告批复意见、规程规范编制勘察大纲，业主或建设管理单位应对勘察大纲组织审查，审查后的勘察大纲为工程勘察合同的组成部分”。2004 年 10 月 30 日铁道部发布的《关于加强铁路工程地质勘察工作的通知》（铁建设函〔2004〕644 号）中也规定建立工程地质勘察大纲审查制度。“由勘察单位在初测、定测前分别编制工程地质勘察大纲。工程地质勘察大纲的内容应包括勘察工作的内容、方法、质量要求和计划工作量，重大工程、不良地质、特殊地质（岩土）工点勘察工作的内容、方法和工作量，计划进度及完成日期，提交资料的种类和数量及其他。初测、定测阶段勘察大纲由建设单位组织审查”。根据上述文件的要求，本规范增加了本节，规定了勘察大纲应包括的主要内容。批准后的工程地质勘察大纲既是勘察单位的主要工作依据，也是建设单位和工程地质勘察监理单位审查和监理勘察单位的重要内容。

3.3.3 遥感图像地质解译是先进的地质调绘方法，但也有其局限性。遥感图像虽然真实地记录了地质体的信息，但由于种种外界因素的影响，图像失真或假像难以避免；由于比例关系，有些地质现象在遥感图像上较难区分等等。因此，遥感图像地质解译工作应遵循循序渐进、由浅入深的认识规律，按程序开展工作。控制和影响线路方案或工程设置的地质构造、不良地质、特殊岩土等解译都必须进行现场核对，以做到提供的控制和影响线路方案及工程设置的地质条件准确、可靠，确保线路方案比选及工程选址正确。

3.3.5 多种遥感手段和多片种的配合，能克服单一片种的局限性。利用不同比例遥感图像及计算机信息处理，可提高遥感图像的解译水平。采用遥感手段既可以进行地区宏观分析，又可以指导地面地质工作，大大减轻了地质人员的劳动，减少了地面调绘的盲目性，提高了大面积地质调绘的质量。例如，西康线秦岭越岭隧道通过地区地形异常困难，越岭地区是一个极其复杂的地质构造断褶带，仅在地面进行大面积地质调绘，地质工作深度、广度不够，选线依据不足。为做好大范围越岭隧道方案比选工作，地质调绘工作采用遥感图像地质解译与地面地质调绘相结合的方法，遥感图像采用了三个高度的摄像层次（卫片、航片）、五个片种（黑白片、彩红外片等）进行地质解译，并指导地面地质工作，取得了良好的效果。

3.4.3 地质调绘的范围应根据线路工程设置所影响的范围确定，一般为线路两侧各 100 ~ 200 m。在为评价不良地质、特殊岩土对工程的影响，评价重大工程的地质条件时，应根据需要适当扩大。如为评价滑坡对线路方案的影响，调查范围应包括整个滑坡范围，即一般应“上山到顶、下山到河（沟）”。

3.4.4 地质观测点的调绘是地质调查的重要手段之一。地质观测点应具有代表性，一般应布置在岩层出露较好的地方、地层分界点、断层及节理发育带、不良地质界线、地下水出露点等处，以量测地层、断层、节理等的产状，确定土石分界点的位置。观测点布置的目的应明确，根据地质点的类型确定。

地质观测点应针对地质点的类型进行描述，如岩层露头观测点应重点描述岩石的时代、成因、名称、颜色、主要矿物、胶结物、结构、构造、风化程度、岩石的坚硬程度、岩体的完整程度、岩层厚度、岩层的产状、节理发育程度及其充填情况等；第四系沉积物中的粗颗粒土应重点描述土的名称、成因类型、颗粒级配及其形状、颗粒的母岩成分、风化程度、充填程度及充填物成分、胶结程度、密实程度、潮湿程度等；对细颗粒土应重点描述土的名称、成因类型、夹杂物的成分及含量百分数、土的密实程度和潮湿程度等；土石分界线类的观测点应重点说明土石的接触关系；不良地质类观测点应重点说明不良地质的类型、特征、严重程度、与地下水的关系等。观测点一般应辅以地质照片、示意图等，以表明观测点的位置、方位及相对尺寸。重要的、距离线路较远的或根据地形地物确定位置困难的观测点应采用仪器法进行量测。

3.4.5 与1996年版《铁路工程地质技术规范》（TBJ 12）相比，2001年版《铁路工程地质勘察规范》在对详细工程地质图的地层单元划分方面作了如下修改：将“宜划分到统”改为“宜划分到统，地质条件复杂的应划分到组”；工点工程地质图，当构造复杂、不良地质发育受地层控制时，“宜划分到组”改为“应划分到组”。精度要求也有所提高。由于地质条件受地层岩性、地质构造因素控制作用越来越明显，若划分过粗，地层单元在工程地质条件评价中起不到应有的作用。提高地层单元划分精度，有利于复杂山区的地质调绘及地质条件的评价工作。

3.4.6 工点工程地质图的比例由原来的1:500～1:5 000改为1:500～1:10 000。要求填图比例范围增大是由于近十几年来的特长隧道工程增多，地质条件复杂的长大隧道的工程地质图如仍采用1:5 000，其图幅往往不能满足工程地质条件评价和附属坑道设计的需要。作此修订，更符合工程设计的要求。

3.4.7 沿线地震动参数划分是铁路工程抗震设计的基础。根据国家标准《中国地震动参数区划图》（GB 18306）结合地质构造线、地貌单元和工程设置，实地确定地震动峰值加速度分界线，是工作中通常采用的方法。应注意避免将较大工程位于不同的地震动参数区。

3.5.3 物探方法均需具备一定物性条件，主要研究一定深度范围地层的物理性质。因此结合地区特点、地层构造情况，充分利用探测对象的物性条件开展综合物探，将取得的资料互相验证、互相补充，是提高物探解译精度的有效方法。根据场地地质条件，使用多种物探手段采用点、线、面结合的方法综合勘探，从多项物性参数及不同勘探深度研究地质体，就能达到多层次、立体化认识区域或场地地质条件的目的。

3.5.4 物探是通过采集天然或人工物理场的分布状态信息，分析、研究、了解地质体的物理性质和几何形态的勘探方法。但是不同物性和不同形态的地质体物理场的分布状态有可能相同；地质体的几何参数与物性参数作某种相对变化时，物理场的分布可以不变，因此造成物探信息的多解性。要取得正确的解译，就必须掌握地质体的物性参数或几何参数，必须有适当的已知地质资料，才能保障物探解译精度。因此，本规范规定，物探资料应与钻探及其他已知的地质勘察资料进行对比、分析、互相验证。

3.6.2 为保证钻探质量，应参照《铁路工程地质钻探规程》（TB 10014）的规定，选择适宜的钻进方法。为下列目的进行的钻探中，一般选用干钻、无泵反循环、双层岩芯管或其他有效钻进方法：

(1)查明粉土、黏性土、软土、松软土、膨胀土的物理力学性质；

(2)查明砂类土的颗粒成分；

(3)查明黄土的湿陷性；

(4)判明岩层的风化和破碎程度；

(5)查明地下水情况；

(6)查明地基土液化的可能性；

(7)查明滑坡的滑床与滑面(带)；

(8)多年冻土地区进行地温观测；

(9)采用冲洗液钻进不能保证钻探质量时。

3.6.10 整理、保存的代表性岩芯，一般应保存至基础施工完成或整个工程竣工，有特殊要求的则根据需要确定。

3.6.11 提供极限状态下的工程设计的岩土参数应是与工程建筑同一置信概率统计下的标准值。进行岩土参数概率统计要求参加的子样数最少为6个。因此同类地质条件下的岩土试样不能少于6组，以保障岩土参数子样满足统计子样的个数。

3.6.12 土样的质量直接影响室内试验的成果和质量。现场采取土样时，应根据勘察、试验和工程设计的需要，按相关规定，选用不同的取样方法和设备分别采取。当需要进行土的密度、收缩、膨胀、湿化、毛细水上升高度、渗透、固结、黄土湿陷、三轴压缩、直接剪切、残余强度、无侧限抗压强度等试验时，一般选用Ⅰ级土样。

《铁路工程地质钻探规程》(TB 10014—98)第9.4.1条第1款规定，采取土样应根据试验目的、允许的扰动程度，按说明表3.6.12选择土样直径和取土器类型。

本次规范修订，对《铁路工程地质钻探规程》中土试样类别的划分进行了分析。由说明表3.6.12可知，扰动土中"显著扰动"和"完全扰动"两类在可进行的试验项目和取样方法上没有本质的区别，为此在本规范中合并为一类(Ⅲ类)，即"已显著扰动"类。

说明表3.6.12 土试样类别、直径和取土器类型

类别	扰动程度	试验目的	土样直径(mm)		选用取土器类型
			黏性土	黄土	
原状土	不扰动	土类定名、含水率密度、强度试验、固结试验	≥100	≥120	薄壁取土器、回转取土器、探坑取样
	轻微扰动	土类定名、含水率、密度	≥100	≥200	薄壁、厚壁、回转取土器
扰动土	显著扰动	土类定名、含水率			标准贯入器、回转取芯合金钻头、螺旋提土钻等采取
	完全扰动	土类定名			

3.7.2 原位测试数据与岩土的强度特性、变形特性乃至物质组成诸因素有关。这些因素又因土质状态、结构不同而异，且往往具有地区特点。因此在工程地质勘察中，应强调各种原位测试方法之间及与勘探、室内试验的配合使用，以便通过综合勘察方法，取得多种地质参数，并经综合分析，达到获取符合实际情况的地质参数的目的。

3.7.3 地基承载力直接影响铁路工程建筑物基础类型的选择，影响建设项目投资预算精度。为保障在可行性研究阶段提供工程设计的地基承载力的可靠性，要求新建铁路在初测阶段建立适宜沿线地区性承载力计算公式或对拟选用公式进行验证是十分必要的。

3.8.1 室内试验应根据工程类型、岩土性质及它们在建筑工程中所处的受力情况及性态等,选择与实际相适宜的试验项目和方法,保障室内试验成果资料准确、可靠、适用。

3.8.2 岩石力学性质试验项目包括膨胀压力试验、单轴抗压强度试验、单轴压缩变形试验、点荷载试验、抗拉试验、抗剪断强度试验、抗剪强度(直剪)试验、三轴抗压强度试验等。

土的力学性质试验项目包括固结试验、直接剪切试验、排水直接剪切试验、三轴压缩试验、无侧限抗压强度试验、K_{30}和E_{vd}平板载荷试验、黄土湿陷性试验、膨胀力试验等。

上述力学性质的试验要求其试验条件应尽可能地与工程相关岩土体所处条件相似,因此对试验压力有较严格的要求。

例如,饱和土体受到压力后,土中的部分孔隙水逐渐排出,作用在土骨架上的有效应力逐渐增加,土体积随之压缩,直到变形达到稳定为止,这一变形过程称为固结;非饱和土体在外力作用下,孔隙中的气体排出或压缩主要取决于有效应力的变化,土体的这种变形称为压缩。黄土的湿陷性也是在上述压缩变形的基础上再浸水,测试其附加沉降的特性。

一般土的固结、压缩试验要求试验的最大压力应大于土的有效自重压力与附加压力之和。压缩系数和压缩模量应在$e—p$曲线上取土的有效自重压力至土的有效自重压力与附加压力之和段的孔隙比和压力值进行计算。确定先期固结压力,计算压缩指数、回弹指数、固结系数等都与有效自重压力和附加压力有关。

黄土湿陷性试验也规定:基底下10 m以内的土层应用200 kPa,10 m以下至非湿陷黄土层顶面,应用上覆土的饱和自重压力(当大于300 kPa压力时,仍用300 kPa);当基底压力大于300 kPa时,宜用实际压力;对压缩性较高的新近堆积黄土,基底下5 m以内的土层宜用100~150 kPa压力,5~10 m和10 m以下至非湿陷性黄土层顶面,应分别用200 kPa和上覆土的饱和自重压力。

由此可见,上述试验都与试验时的压力密切相关。在进行固结(压缩)试验时,一般加压至300 kPa。为此,在要求进行固结、压缩试验时,如有效自重压力与附加压力之和大于300 kPa或有特殊要求时,地质人员应提供试验的最后一级压力值。在湿陷性黄土地区,当建筑物的基底压力大于300 kPa时,也应提供基底的实际压力,以便试验人员确定试验的最后一级压力值。

3.9.1 同类地质条件是进行地质资料类比的基础。由于评价对象不同,具体划分依据也不一样。进行岩土地基评价时,"同类地质条件"从宏观上包括地层的年代、成因,从微观上包括层位和岩土性质。只有上述四个条件相同的岩土层,才具备进行类比的基本条件;同类地质条件地段是指地貌、地层(包括年代、成因、岩性)及环境条件(如地下水、地表水的影响)基本相同的地段,只有同类地段,其工程地质条件才可类比。

3.9.2 定性分析是通过对线路或工程场地的地质勘察,并经过地质资料汇总分析后得出的综合性概念认识。场地的地质条件、场地的适宜性可进行定性分析。定量分析是将同类地质条件下的试验、测试数据,进行数理统计后得出的参数结果。定量分析一般应在定性分析的基础上进行。对岩土的强度、变形及稳定性问题宜采用相关测试数据、物理力学参数等进行定量评价。铁路工程设计岩土参数的定量分析,一直沿用定值法。为适应工程设计改革的需要,2001年版《铁路工程地质勘察规范》就已对岩土取样、岩土参数统计分析提出了相应要求。

3.9.3 由于岩、土层的不均匀性,采用相同岩、土层的试样和相同试验方法测定的数据通常都具有离散性，并有一定分布规律。为了给工程设计提供一个既有代表性又有一定可靠度的岩土参数值，本规范规定了对岩土试验测试数据进行数据统计的方法。为保障数据统计结果的代表性和可靠性，统计过程应按下列顺序进行：

（1）根据地质条件、试验测试方法，分别汇总同类岩土参数。

（2）剔除有明显错误的数值。

（3）计算统计系列数据的平均值 f_m、标准差 σ、离差 d，并根据下式进行判别，剔除异常数据：

$$|d| > g\sigma \qquad \text{（说明 3.9.3）}$$

式中　$d = f_i - f_m$；

g——不同判定方法所采用的系数。

剔除异常数据的常用方法有：三倍标准差法（Pauta）、肖维耐法（Chauvenet）和格拉布斯法（Grubbs）。当采用三倍标准差法时，$g = 3$；当采用其他两种方法时，g 值由说明表 3.9.3 查得。

说明表 3.9.3　肖维耐法及格拉布斯法的 g 值

n	肖维耐法	格拉布斯法		n	肖维耐法	格拉布斯法	
		$\alpha = 0.05$	$\alpha = 0.01$			$\alpha = 0.05$	$\alpha = 0.01$
5	1.68	1.67	1.75	16	2.16	2.44	2.75
6	1.73	1.82	1.94	18	2.20	2.50	2.82
7	1.79	1.94	2.10	20	2.24	2.56	2.88
8	1.86	2.03	2.22	22	2.28	2.60	2.94
9	1.92	2.11	2.32	24	2.31	2.64	2.99
10	1.96	2.18	2.41	30	2.39	2.75	3.10
12	2.03	2.29	2.55	40	2.50	2.87	3.24
14	2.10	2.37	2.66	50	2.58	2.96	3.34

注：α 为统计参数的风险概率。

（4）剔除异常数据后，对余下的数据重新计算 f_m、σ、d，按选定的原则重新进行判别和剔除，直至不再有异常数据。

（5）以往为工程设计提供的岩土参数多是范围值和经验值，无概率意义。当勘察手段少，岩土参数少、单一，无法进行数理统计时，采用经验值法是可取的。随着勘察手段日益增加，地质参数逐渐数据化，工程采用可靠度设计，岩土参数必须进行数据统计才能适应工程勘测设计科学的发展。条文中所列岩土参数标准值的计算式是在风险率 $\alpha = 0.05$ 的条件下的简化计算式，工程设计要求不同，应采用不同风险率的标准值。数据处理方法虽然比较科学，但是由于地质条件千变万化，因此工作中宜根据岩土参数平均值、范围值、标准值、变异系数及工程地质条件综合分析提供岩土参数。

3.9.4　铁路工程地质条件评价是在综合分析工程地质调绘、遥感图像地质解译、工程勘探、地质测试及搜集既有资料的基础上，结合工程特点和要求进行的，评价内容包括定性、定量和工程措施意见。规范在评价方面包含环境工程地质条件评价要求。由于工程设置和施工引起地质环境变化，并引发新的工程地质问题时有发生。常见的工程地质问题有：

隧道开挖引起地下水大量渗漏,影响洞顶居民生活,例如大瑶山隧道施工中就曾因洞内涌水引起洞顶地面坍陷和泉水干涸;不适当取土,引起工程滑坡,更是屡见不鲜;施工不当破坏本来脆弱的风沙植被,引起风沙活动加剧,是在干旱、半干旱气候条件下表层为粉、细砂地层常见的地质病害。现要求工程地质评价中,在考虑工程建设场地地质条件的同时,还应考虑工程设置与自然环境的相互影响,预测其变化规律,合理利用改造地质环境,防止工程地质问题发生。

3.10.2 对工程建设场地稳定性和适宜性的评价是地质人员在通过调绘、勘探、测试等勘察手段后需进行的一项重要的分析和论证工作,也是对前阶段工作内容和质量的检查。分析和评价工作的主要内容包括:勘探、测试、调绘等原始资料的可靠性和准确性的分析、评价,以及在此基础上对测试资料的统计分析;线路地质条件的综合分析,如地层岩性、地质构造、地下水分布特征等对线路方案、工程设置的影响与评价;不良地质的性质、发展趋势、对工程影响程度的分析、判断,设计所需地质参数的分析,工程措施建议;特殊岩土地段的性质、物理力学参数及对线路方案和工程设置的影响程度,工程措施建议;针对重大工程的地质条件的分析和评价,如对特大桥基底的地层结构、各层的基本承载力、基底持力层位置的推荐、地下水水位及基坑涌水量的预测、基坑边坡稳定性和基底沉降的分析等。

4.1.1 一般路基工程地质调绘的分段应根据地形、地貌、工程地质条件、工程类别等因素划分。为避免因工程简单而忽视工程地质调绘精度的倾向,特指出要注意调查不良地质和特殊岩土分布、性质及其对工程的影响。如在低洼地段要注意是否有软土,在沉积岩地段要注意路堑边坡是否有顺层滑动的可能等,应避免由于工程简单、地质工作不细而遗漏工程地质问题。总之,要克服"重桥隧,轻路基"的思想。

根据《铁路路基设计规范》(TB 10001—2005)第7.1.5条的规定,地质调绘工作还应重视对路基地基表层松散土层天然密度和力学性质(承载能力)的评价。当地基表层土的密实程度小于规定的压实密度或有松散土层存在时,应提出相应的工程措施建议。

代表性工程地质横断面的宽度应包括路基工程所涉及的范围,如路堤坡脚、路堑边坡以外一定范围,一般与路基横断面的宽度一致。为表示不良地质或特殊岩土发育的相关情况,工程地质横断面的宽度应适当增加。

4.1.2 高路堤是指填方路堤边坡垂直高度大于20 m的路基工程;陡坡路堤是指修筑在地面横坡等于或大于1:2.5坡面上的路堤。

高路堤、陡坡路堤及下文中的深路堑、地质复杂的路堑、路基支挡建筑物、改河、大型改沟工程、河岸防护、浸水路基工程的勘察都应按土工结构物认真对待,布置合理的勘探、测试工作,查明基底、边坡等地质条件,预测施工及运营期间可能出现的工程地质及环境地质问题,提出工程措施意见。

高路堤、陡坡填土路堤的工程地质勘察,主要是查明基底稳定情况。从既有线调查所见,路堤病害绝大多数是由于路堤基底有软弱夹层,或有地下水未处理或处理不当引起。

查明基底问题,一是对第四系地层应查明其厚度、物理力学性质,查明有无软弱层和软弱夹层的存在,若第四系地层覆盖较薄,还应查明基岩横坡形态;对沉积岩地段应注意岩层产状及岩层中的软弱夹层,查明厚度、软弱层的性质,并分析稳定情况等。二是查明地下水问题，要查明地下水出露的范围，并搜集有关的地下水活动情况，判明对基底稳定性的影响。

根据工程地质调绘结果，应选择适当位置，布置勘探、测试工作。代表性控制断面是指填方边坡最高及工程地质条件较差的地段；勘探深度应视地层情况和路堤高度而定，并应能确定稳定斜坡或基岩横坡形态和岩层性质、地下水埋藏深度及特征，满足取样、试验的要求。

4.1.3　深路堑一般是指挖方边坡垂直高度大于20 m的路基工程。而《京沪高速铁路工程地质勘察暂行规定》第4.1.3条将边坡高度大于10 m的路堑即划为"深路堑"。因此，对于客运专线铁路，当路堑边坡垂直高度大于10 m时，即应按"深路堑"工点收集相关地质资料。

地质复杂的路堑是指路堑边坡分布有较厚的不稳定坡积层、软弱夹层、全风化或强风化岩层、不利结构面发育且倾向线路、地下水发育等地质条件的路堑工程。上述地质条件直接威胁路堑边坡的稳定，勘察中应特别重视该类路堑的勘探与评价工作。

深路堑、地质复杂路堑，工程地质勘察中应特别注意分析在施工中或施工后由于环境地质条件变化，可能出现的崩塌、滑坡等不良地质现象，并分别说明其发展的可能性和对线路的影响。当岩层倾向线路时，则需调查层面间有无层间错动，有无软弱夹层，并作出有无顺层滑动可能的评价。

应根据工程地质调绘结果，进行横断面勘探、测试工作。地质横断面的间距及勘探深度、数量及其位置应视地质复杂程度而定。多年冻土地区应结合冻土天然上限深度、冻土类型及分布进行勘探。如地层复杂，含水层水量较多，需做排水设施时，应进行水文地质试验，提供有关数据。

4.1.4　支挡结构发展较快，锚杆、锚索、桩基已普遍用于路基支挡工程。这类支挡工程勘探不同于挡墙工程的地基勘探。锚杆、锚索工程主要是查明被锚固地层岩性的物理力学性质，为锚固工程设置提供依据，勘探点的布置和勘探深度应结合锚固范围及地层岩性确定；桩基勘探应按其受力情况确定。无论何种支挡建筑的工程勘探测试，都应以满足工程设计为原则。为保障支挡结构设计，并能控制住场地地质条件，提出了不宜少于3个勘探测试点的勘探要求。

4.1.5　改河、改沟工程，过去曾有不少教训，在采取此项工程措施时，应持慎重态度。工程地质勘察应着重查明新河道的地质条件及坝址和导流建筑物基础的地质条件。

4.1.8　客运专线铁路及时速200 km客货共线铁路路基工程在工后沉降方面较一般铁路有更严格的要求。为使支撑轨道的基础刚度不发生突变，使轨道纵向基础刚度更趋均匀，对路基提出了设置过渡段的要求。上述两类铁路对工程地质勘察的要求内容基本一致。由于客运专线铁路及时速200 km客货共线铁路路基工程与一般铁路在地质调绘方面没有太大的区别，因此本条主要规定了勘察工作中有关勘探点的布置、勘探深度和测试取样方面的要求，特别是对各类过渡段勘探的要求。

过渡段一般设置在路堤与桥台，路堤与横向结构物，路堤与路堑，土质、软质岩和强风化的硬质岩路堑与隧道等建筑物的衔接处，过渡段的长度与路堤高度有关，具体可参考相关设计规范确定。强调在设置各类过渡段的地段应布置勘探点是为了查明过渡段基底的地质条件，为过渡段的设计提供地质依据。

关于客运专线勘探点的间距，在相关规定中有如下规定：一般路基沿中线每隔50~100 m布置1个勘探点；高路堤和陡坡路堤、深路堑、支挡工程等，当地质条件简单时，每隔50~70 m布置1个代表性地质横断面，每个横断面上至少应有1个勘探点；地质条件复杂时每隔30~50 m布置1个代表性地质横断面，每个地质横断面上至少应布置3个勘探点，并要求上述每个工点不应少于两个钻孔。《客运专线无砟轨道铁路设计指南》第4.1.3条则规定，地质勘察横断面沿线路方向间距不大于50 m，横断面上的地质点不应少于3个。

关于客运专线勘探点的深度，本次修订前专门开展了《客运专线路基与桥涵工程地基勘探深度研究》(以下简称《勘探深度研究》)。控制勘探深度的因素是客运专线对路基工后沉降量的严格要求。各类线路对路基工后沉降量的要求详见说明表4.1.8—1。

说明表4.1.8—1 各类线路对路基工后沉降量的要求

速度(线路类型)(km/h)	140(Ⅰ级)	重载	160	200	300以上	无砟轨道
允许工后沉降(cm)	30	30	20	15	5~10	1.5~3
沉降速率(cm/年)		10	5	4	2~3	

注：本表摘自《新建时速200公里客货共线铁路设计暂行规定》(铁建设函〔2005〕285号)第4.4.3条条文说明。

工后沉降量与上部荷载(路堤高度)、地基的地质条件和压缩层厚度密切相关。以地基地质条件为黏性土、粉土、砂土为例，设其容重的平均值为18 kN/m^3，路堤填土的容重为19 kN/m^3，则天然地基压缩层的厚度如说明表4.1.8—2。

说明表4.1.8—2 路基填土高度与压缩层深度关系

填土高度(m)	影响深度(m)		备　注
	单线(8.8 m宽)	双线(13.6 m宽)	
2	15	17	按基底附加应力小于0.1倍自重应力处的深度控制
3	18	20	
4	22	24	
5	25	27	
6	28	30	
7	31	34	

路基设计要求勘探深度应在检算深度以下5~10 m。一般地区填土高度为4 m时，检算的深度达25~35m。以哈大客运专线为例，地基地质条件以黏性土、砂类土和黄土为主，路基设计检算中，填土高度与要求的勘探深度存在说明表4.1.8—3所示关系。

说明表4.1.8—3 填土高度与勘探孔深度的关系

填土高度(m)	2	3	4	5	6	7
勘探孔深(m)	23	28	32	37	41	45

根据以上要求，目前几条客运专线的勘探情况如说明表4.1.8—4。

说明表 4.1.8—4 客运专线路基工程的勘探情况

客运专线名称	勘探深度(m)	检算深度(m)	主要地层情况
京 沪	35～60	25～60	黏性土、砂类土、软土
郑 西	30～35	25～35	湿陷性黄土、黏性土
秦 沈	一般25	30	黏性土、砂类土
哈 大	25～45	20～45	黏性土、砂类土、黄土
石 太	10～25		黄土、黏性土、砂类土
京津城际	40～60	20～27	软土、黏性土、砂类土
京 郑	30～45		黏性土、黄土、砂类土
沪 宁	一般不小于35	25～60	黏性土、砂类土、软土

地基地质条件好,如为碎石类土或基岩时,勘探深度可适当减小;当地基为沉降较大的一般土或软土、松软土时,勘探深度应加深。

《勘探深度研究》在研究了相关标准的规定、当前多条客运专线勘探的实际情况和设计检算的实例分析后提出如下建议,可供实际工作中参考。

当基底下不存在可压缩层,即地层为碎石类土、基岩时,勘探深度可参照说明表4.1.8—5 执行;当基底存在压缩层时,勘探深度一般在25～50 m之间,具体应根据工后沉降量的要求、路堤高度、地基土性质等通过检算确定;深厚的软土地基应进行单独计算,以确定勘探深度。

说明表 4.1.8—5 路基勘探深度表

路基形式或地基地质条件	勘 探 深 度 要 求
一般路基	一般路堤孔深10～25 m;路堑孔深至路基面以下5 m,为硬质岩时,应至路基面以下2～3m
高路堤、陡坡路堤	深度应至基岩面以下3～5 m,或满足地基稳定和沉降计算要求;基底以下存在软弱地层或可能滑动面(带)时,孔深应至该层以下5 m
深路堑、地质复杂路堑	深度应至路基面以下3～5 m,或满足稳定及沉降计算的要求,存在软弱结构面时,应穿过软弱结构面并进入稳定地层3～5m
支挡建筑物	一般宜达到支挡建筑物基底以下5 m
软土路基	当软土较薄时,应至下卧硬底层5～10 m,或下伏基岩内;当软土很厚时,孔深应不小于附加应力相当于土层自重应力的10%处的深度
松软土路基	当松软土较薄时,勘探测试孔深应达松软土层底以下5m,或下伏基岩内;当松软土很厚时,孔深应不小于附加应力等于土层自重应力的10%处的深度与变形比法确定的深度中的大值,或达硬层(硬塑土或中密以上的砂层)以下5 m

注:以上路基工程基础如采用桩基时,勘探深度应至桩尖以下5～10 m。

试验样品的采取和数量要求,是考虑数值统计分析的需要,使提供的地质参数更科学和更具代表性。客运专线铁路和时速200 km客货共线铁路新增加的试验项目,多是由于无砟轨道对沉降要求特别高而引起的。如在对地基改良后(或模拟改良后)的土体,应进行其渗透性、剪切强度、固结系数、湿陷系数等试验,以及时修正设计、检验施工效果。

4.2.1 据《铁路桥涵设计基本规范》(TB 10002.1—2005),桥梁按其长度分类如说明表4.2.1。

说明表 4.2.1 桥梁按长度分类表

分类名称	特大桥	大桥	中桥	小桥
桥梁长度	500 m 以上	100 m 以上至 500 m	20 m 以上至 100 m	20 m 及以下

注:桥梁长度系指桥台挡砟前墙之间的长度。拱桥系指拱上侧墙与桥台侧墙间两伸缩缝外端之间的长度;刚架桥系指刚架顺跨度方向外侧间的长度。

高桥系指墩高大于 50 m 的桥梁。

大中桥、高桥、特大桥桥渡位置的选择宜避开断层破碎带。一般来说,断层破碎带的岩性较为松软,当墩台置于此地带,特别是置于破碎带与完整岩层接触处时,由于软硬不均,将给基础处理造成困难,故应尽量避开。所谓避开是指避免将墩台直接置于断裂带上,尤其是软硬岩层的接触带上。避开的办法可采用:调整线路平面位置至在断裂带最窄处通过,或用调整墩台位置的办法,不使墩台基础直接置于此带上;若断裂带较宽,应设法使最少量的墩台置于其上等。地质工作主要是查清断层破碎带的产状、规模、性质及其工程地质条件,并据以提出相应的工程措施。

活动断裂带的危害,一方面要考虑是否是发震断裂,有可能由于地震触发引起断裂的再错动,而造成工程建筑物的直接破坏;另一方面要考虑由于升降或水平运动对工程的影响和地应力对工程结构的破坏。在该类地带又位于地震区时,不宜设置大型工程建筑物。当必须通过时,应按国家有关规定请有关部门作出地震稳定性评价,使桥位的选择依据充分,万无一失。

4.2.2 跨越深切峡谷、沟谷的岸坡稳定性问题是山区铁路经常遇到的工程地质问题。在岸坡陡立地段如何设置桥墩台关系到工程的安危,进行岸坡稳定性评价是该类地段工程地质调绘的重点之一。黄土地区陡立岸坡地段通常采用桥基设置在稳定坡角线以下以保障工程安全;基岩地区陡立岸坡地段也应根据地层岩性、结构面特征、水文地质特征及水文条件等进行工程地质条件的综合分析,作出岸坡稳定性评价,为工程基础设置提供依据。

土的结构特征是指土层中特殊的结构状态,如夹杂物或包含物、大孔性、垂直节理、网状裂隙及其他较大或较长的裂隙、软弱夹层、透镜体等。

水文地质特征,除地下水水位及其变化幅度、水化学特征外,尚需查明渗透系数等,为估算基坑可能涌水、流沙等情况提供依据,并据以考虑施工排水设施、基坑开挖防护措施及施工方法等。

4.2.3 工程勘探、地质测试强调了综合勘探手段的采用以降低勘探费用、满足工程设计要求的选用原则。根据桥梁建设实践及在多种地貌单元或岩性多变地层上的铁路桥梁发生不均匀沉降的原因分析,查明基底深部岩土地层的分布规律是十分必要的,为此提出了为探明深部地层结构,可根据需要布置加深钻孔的要求。

地层简单、地层层序有规律或覆盖层较薄、基岩面平缓且岩性单一时,可酌情减少钻孔。一般较大的河流,河床及两侧阶地上的地层分布是有一定规律的,可以减少部分钻孔。一般可隔墩或隔两墩布置一孔,跨度小时也可隔三墩布一孔,但不能距离太远,最好不超过 60 ~ 70 m,否则就控制不了地层的变化,特别是当可能有被掩埋的古河道存在、地层中有软弱夹层或浅滩与主槽有变化时。

桥墩台基础具下列情况时,应增加勘探量:

(1)岩溶发育地段或有人为坑洞时,应多布置一些钻孔,以查明基底轮廓线内是否有岩溶或洞穴存在。岩溶发育时，还应适当布孔查明基础轮廓外一定距离是否有岩溶分布，为基底处理和桥跨布置作参考。

(2)墩台建于隐伏的基岩斜坡上时，应视基岩斜坡纵、横向变化布置勘探孔。基岩斜坡比较规律，探明一个方向至少应有2孔，探明两个方向至少应有3个勘探点。

沉井基础，特别是位于地下水位以下水量较大、沉井较深的基础，当基岩面不平整(包括基岩斜坡)或遇大的漂石、块石等时，会造成沉井下沉困难，甚至使沉井歪斜，应特别注意。此类情况应沿每个沉井周边布置不少于2~3个钻孔。

(3)墩台基底或附近遇到断层破碎带影响墩台稳定时，应增加钻孔。勘探孔应不限于基础轮廓内，主要应查明其宽度、延伸方向及破碎带和两侧完整岩层的工程地质条件。

(4)岩性强度差异较大的地层应增加勘探孔，查明界面的产状及两种岩层的工程地质条件。

水流调节建筑物及附属工程的勘探点布置，应视地质情况而定。地面情况若与墩台一致时，可参考该墩台的工程地质条件，提供设计所需工程地质资料。若距离较远时，应布置适量勘探，据以提供设计所需工程地质资料。

因为一般性钻孔和控制性钻孔只是在深度上有所区别，故本次修订取消了上述提法，相应列出“为探明深部地层结构，可根据需要布置加深钻孔”的条文。表4.2.3也进行了相应调整，表中所列的勘探深度增加了深度的范围值，使用时可根据地层情况、冲刷深度、基础类型和了解深部地层结构的需要等综合分析确定。勘探深度表是根据基础类型确定的，它是在分析沙通、邯长、通霍等线276座桥基勘探资料与设计施工检验情况后制定的，特殊情况可酌情增减，如通霍线西辽河桥局部冲刷达13.5 m。而平原地区特别是滨海地区的河流，非但无冲刷尚有淤积，故遇此特殊情况，应专门研究确定勘探深度。

关于岩溶勘探深度问题：根据经验，一般基底以下溶洞完整顶板有10 m厚时，对其上的墩台基础即无影响，故勘探深度定为基底以下10 m。若在此深度遇到溶洞，再钻10 m，如再遇到溶洞，则应专门研究。上述原则与1976年部颁《铁路工程地质勘测规则》(TB 12)第80条2之③基本上是一致的。这一原则经使用尚未发生过问题，故本次仍基本沿用。

基岩勘探深度应穿透强风化带进入弱风化带2~3 m，此时承载力可达到大于等于500 kPa，一般可满足桥梁设计要求。特殊情况下应视基底应力需要适当加深，钻至微风化或未风化基岩。当风化层很厚，基础不可能置于未风化的岩层时，则应根据风化后的岩性，比照相应的松散地层确定钻探深度。

第三纪以后多次喷发的火山岩，由于堆积时间短，其间可能夹有松散地层，故遇此种火山岩，应适当加深，以免遗漏基底下存在的松散地层。

当河床有大漂(块)石时，钻入基岩深度应超过地面所见漂(块)石的最大粒径，以免误定岩土界面。

结构复杂或跨度64 m以上的桥梁和墩高50 m以上的高桥，由于跨度大和墩高对地基要求特殊，常规孔深不一定能满足设计要求，应根据需要专门研究确定。

对流塑状态的黏性土、饱和粉、细砂、粉土、软土等松软地层，一般应穿透，但当厚度很大时，则需视基底处理方法而定，故在钻探过程中要及时研究确定孔深。

一般黏性土和粉土应分层取原状土，一般取样间距为1~3 m，层厚时每隔3 m取原状土一组，主要考虑土层性质不可能是上下一致的，若取样间距过大，土层性质又有变化时，将遗漏影响基底应力的必要依据。采用指标统计时，参加统计的数据愈多，提供的数据精度也愈高。薄层者无法多取，而厚层者从钻孔实际情况考虑，每隔 3 m 取一组原状土是可行的。

砂类土、碎石类土应分层取样试验。密实度是确定地基承载力的依据。砂类土采取原状土样很困难，用标准贯入试验确定密实度是国内外常用的方法，故纳入本规范作为鉴别砂类土密实度的方法。碎石类土的密实程度以往多用经验推估，缺少科学性，随着原位测试技术的发展，采用动力触探锤击数提供地基承载力值比较科学。

硬质岩承载力远大于工程的实际需要，而较软岩、软岩和极软岩则不然，故确定岩石地基的承载力需做岩石抗压试验或根据原位测试数据分析确定。

"剪切波速测试"、"地脉动测试"主要是抗震的要求，特在此加以强调。

按岩石种类取代表性岩石样品问题，系指不必每个工点都取样，可在一定地段取代表性岩石样品进行试验。

"取样进行水质分析"的目的一般是为查明水质情况，研究水对混凝土的侵蚀性。地表水、地下水受污染时，特别应注意取样化验。

"水文地质试验"是指明挖基础或沉井基础的桥梁工程设计，应考虑排水问题，需通过水文地质试验给出渗透系数和涌水量。

4.2.4 工程地质图在地形地质条件复杂时作，有影响桥墩台稳定的地质问题时必须作，地形平坦、地层单一者可不作。

墩台工程地质横断面图：某些墩台基底地质复杂，仅在纵断面图上显示不出横向变化时，需补充横断面图。一般遇断裂、岩溶、采空洞穴、基岩斜坡、软弱地层时绘制。

勘察资料包括钻探、物探、挖探及其他简易勘探资料。测试资料除土样、岩样、水样的试验资料外，尚包括各类现场测试资料（如标贯试验、动力触探试验、静力触探试验、十字板剪切试验、抽（提）水试验及其他现场测试资料等）。

4.2.5 地质复杂的特大桥、高桥、大桥影响线路方案的选择，因此在初测阶段进行该类场地勘探测试，才能保障工程选址合理、方案比选的依据充分，而且也可为初测阶段工程投资预算提供可靠依据。

4.2.6

1 工程地质调绘

地质简单的小桥涵系指地形简单、地层岩性单一、沟谷或两岸无不良地质现象者。在该条件下，同一地貌单元地质情况往往是相似的。

地质复杂系指地质构造、地层岩性、天然沟床的稳定状态、隐伏基岩的斜坡及泥石流等其他不良地质现象较复杂和发育。具有上述情况的小桥涵，应逐个查明影响工程设置的地质条件，为工程设计提供地质资料。

2 工程勘探、地质测试

地貌单元一致且地质简单、地层单一、无松软地层分布的涵洞，经调查在一定范围内工程地质条件不会有大的变化时，可进行代表性勘探、测试。勘探点间距可视具体地质情况而定。小桥及孔径大于等于 2 m 的涵洞宜按工点逐个进行勘探。

表 4.2.6 所列勘探深度较 1996 年局部修订版《铁路工程地质技术规范》（TBJ 12）要求有适当加深，是基于铁路小桥涵地基病害原因分析中得出勘探深度不够的认识，有的下卧软弱层未被揭示，该处理的地基未处理，导致病害发生的现象时有发生。因此布置工程

勘探或地质测试孔位时，应考虑场地质条件可能存在的软弱夹层，避免孔深不够给工程留下后患。

小桥涵基岩地基内，当全风化带很厚，钻至全风化带 2 ~ 5 m，其基本承载力一般可达 200 ~ 300 kPa，也能满足小桥涵设计的要求。若风化层较薄，情况会更好。

基底为特殊岩土时，是指基底为软土、黄土、膨胀土等。地基为软土时，除应满足地基基本承载力外，尚应考虑满足压缩变形的要求；地基为黄土时，除应满足承载力要求外，尚应考虑满足湿陷性黄土场地评价的要求等。特殊土地基场地可按同类地质条件取代表性土样试验分析评价。

箱形桥要求地基承载能力一般高于涵洞而低于一般梁式小桥，故勘探深度采用涵洞与一般小桥的中间值。

小桥涵查明地下水位和作代表性水质分析，必要时进行水文地质试验，是因为水位和水质对桥涵基础设置都有关系，水质矿化度高或受污染时对混凝土砌体有侵蚀性。故依据地下水、地表水所处地质条件或污染情况取代表性水样十分必要。所述抽（提）水试验，系指采用明挖基础和沉井基础，且地下水严重影响施工开挖时，应提供水文地质参数。

弃填土由于成分复杂，均匀性差，密实度不均匀、压缩性高、强度低、一般不能作为桥涵地基。主要调绘填土物质成分、填土密度、堆积年限。填筑土、堆积年限较长且厚度较大的素填土、冲填土应提供承载力，其承载力值可采用动探、载荷试验等原位测试手段确定。

4　初测阶段的要求

因为可行性研究主要解决线路方案、工程数量和投资预算问题，小桥涵不进行设计，因此该阶段进行地质勘察时小桥涵仅做代表性勘探。

4.2.7　客运专线铁路和时速 200 km 客货共线铁路与一般铁路在桥涵工程地质勘察方面的区别主要表现在勘探点布置的密度、勘探深度、取样数量等。勘探点的布置和勘探深度应根据地质调绘和工程的基础类型确定，不应生搬硬套规范的规定。

为满足客运专线桥梁工后沉降量的要求，桥涵的勘探深度主要应根据地质条件、基础沉降的检算深度及基础的埋置深度确定，一般为基础埋置深度与其下压缩层厚度之和。对于桩基础，一般要求钻孔深度在桩端以下 20 m 左右。几条客运专线桥梁的勘探深度如说明表 4.2.7。

说明表 4.2.7　客运专线桥涵工程的勘探情况

客运专线名称	勘探深度（m）	检算深度（m）	主要地层情况
京　沪	45 ~ 60	一般 50	黏性土、砂类土、软土
郑　西	60 ~ 80，最大 100	60 ~ 80	湿陷性黄土、黏性土
哈　大	50 ~ 70，最大 80	65 ~ 80	黏性土、砂类土、黄土
石　太	20 ~ 80		黄土、黏性土、砂类土
京津城际	60 ~ 70	大于 60	软土、黏性土、砂类土
京　郑	30 ~ 65		黏性土、黄土、砂类土
沪　宁	一般不小于 55，最大 80	一般 50	黏性土、砂类土、软土

为配合本次修订开展的《客运专线路基与桥涵工程地基勘探深度研究》课题，在检算和分析多条位于黏性土、粉土、砂类土和湿陷性黄土等地基条件的客运专线桥梁的勘探成果后，认为基础面以下黏性土压缩层的厚度一般为 25 m 左右，粉土和砂类土稍小。因此，

客运专线桥涵工程的勘探深度可参照本规范第 4.2.7 条表 4.2.7—1 和表 4.2.7—2 执行。当遇到特殊地层（如软弱地层、膨胀性地层、岩溶发育地段等）或桥梁结构本身有特殊要求时，勘探深度应根据具体情况研究确定。

4.3.1 根据《铁路隧道设计规范》（TB 10003）的规定，隧道按长度分类如说明表 4.3.1。

说明表 4.3.1 铁路隧道按长度分类表

分类名称	特长隧道	长隧道	中长隧道	短隧道
隧道长度	全长 10 000 m 以上	全长 3 000 m 以上至 10 000 m	全长 500 m 以上至 3 000 m	全长 500 m 及以下

注：隧道长度系指进出口洞门端墙墙面之间的距离，即以端墙面与内轨顶面的交线同线路中线交点计算。计算时，双线隧道以下行线为准，位于车站的隧道以正线为准，设有通风帘幕的洞口以帘幕洞门为准。

隧道通过岩溶地段施工中，经常遇到的问题有：大量的突泥冒水、涌水或季节性涌水；洞穴松散堆积物的大量坍塌以及特大溶洞难于通过；基底下存在洞穴而且洞穴顶板厚度不足，造成基底稳定性不可靠；因隧道开挖后引起的水文地质条件改变而出现的问题等。在西南铁路修建过程中，岩溶危害较大。总的来看，多数是属于情况不明、选线不当所造成。重视勘探阶段的工程地质选线和勘察工作，充分注意岩溶发育情况及工程地质条件，选择好隧道位置十分重要。岩溶是隐蔽的不良地质现象，工程勘察期间难于将岩溶全部查明，施工中遇到溶洞、处理岩溶，有时还是难以避免的。因此，岩溶发育区、地下水富集区在隧道选线时应绕避，以免遗留后患。

4.3.2 铁路隧道工程地质勘察的重要内容之一是根据隧道围岩的岩体或土体特征、岩石的坚硬程度、岩体的完整程度、风化程度等地质条件，考虑地下水、高地应力的影响，围岩的纵波速度，隧道的埋藏深度等因素后，综合评价隧道的围岩分级。根据现行《铁路隧道设计规范》（TB 10003—2005）第 3.2.7 条的规定，隧道围岩分级见说明表 4.3.2—1。

说明表 4.3.2—1 铁路隧道围岩分级

围岩级别	围岩主要工程地质条件		围岩开挖后的稳定状态（单线）	围岩弹性纵波速度 v_p（km/s）
	主要工程地质特征	结构形态和完整状态		
Ⅰ	极硬岩（单轴饱和抗压强度 R_c >60 MPa）：受地质构造影响轻微，节理不发育，无软弱面（或夹层）；层状岩层为巨厚层或厚层，层间结合良好，岩体完整	呈巨块状整体结构	围岩稳定，无坍塌，可能产生岩爆	>4.5
Ⅱ	硬质岩（R_c >30 MPa）：受地质构造影响较轻微，节理较发育，有少量软弱面（或夹层）和贯通微张节理，但其产状及组合关系不致产生滑动；层状岩层为中厚层或厚层，层间结合一般，很少有分离现象，或为硬质岩偶夹软质岩石	呈巨块或大块状结构	暴露时间长，可能会出现局部小坍塌；侧壁稳定；层间结合差的平缓岩层顶板易塌落	3.5～4.5
Ⅲ	硬质岩（R_c >30 MPa）：受地质构造影响严重，节理发育，有层状软弱面（或夹层），但其产状及组合关系尚不致产生滑动；层状岩层为薄层或中层，层间结合差，多有分离现象，硬、软质岩石互层	呈块（石）碎（石）状镶嵌结构	拱部无支护时可能产生小坍塌，侧壁基本稳定，爆破震动过大易塌	2.5～4.0
	较软岩（R_c =15～30 MPa）：受地质构造影响较重，节理较发育；层状岩层为薄层、中厚层或厚层，层间结合一般	呈大块状结构		
Ⅳ	硬质岩（R_c >30 MPa）：受地质构造影响极严重，节理很发育；层状软弱面（或夹层）已基本破坏	呈碎石状压碎结构	拱部无支护时，可产生较大的坍塌，侧壁有时失去稳定	1.5～3.0
	软质岩（R_c ≈5～30 MPa）：受地质构造影响严重，节理发育	呈块（石）碎（石）状镶嵌结构		

续上表

围岩级别	围岩主要工程地质条件：主要工程地质特征	围岩主要工程地质条件：结构形态和完整状态	围岩开挖后的稳定状态（单线）	围岩弹性纵波速度 v_p（km/s）
Ⅳ	土体：(1)具压密或成岩作用的黏性土、粉土及砂类土 (2)黄土（Q_1、Q_2） (3)一般钙质、铁质胶结的碎石土、卵石土、粗角砾土、粗圆砾土、大块石土	(1)和(2)呈大块状压密结构，(3)呈巨块状整体结构	拱部无支护时，可产生较大的坍塌，侧壁有时失去稳定	1.5～3.0
Ⅴ	岩体：软岩，岩体较破碎至极破碎；全部极软岩（R_c<5 MPa）及全部极破碎岩（包括受地质构造影响严重的破碎带）	呈角砾碎石状松散结构	围岩易坍塌，处理不当会出现大坍塌，侧壁经常小坍塌；浅埋时易出现地表下沉（陷）或塌至地表	1.0～2.0
Ⅴ	土体：一般第四系坚硬、硬塑黏性土，稍密及以上、稍湿或潮湿的碎石土、卵石土、粗圆砾土、细圆砾土、粗角砾土、细角砾土、粉土及黄土（Q_3、Q_4）	非黏性土呈松散结构，黏性土及黄土呈松软结构		
Ⅵ	岩体：受构造影响严重呈碎石、角砾及粉末、泥土状的断层带 土体：软塑状黏性土、饱和的粉土、砂类土等	黏性土呈易蠕动的松软结构，砂性土呈潮湿松散结构	围岩极易坍塌变形，有水时土砂常与水一齐涌出；浅埋时易塌至地表	<1.0（饱和状态的土<1.5）

注：1　表中"围岩级别"和"围岩主要工程地质条件"栏，不包括膨胀性围岩、多年冻土等特殊岩土。

2　层状岩层的层厚划分：巨厚层为层厚大于1.0 m；厚层为层厚大于0.5 m且小于等于1.0 m；中厚层为厚度大于0.1m且小于等于0.5 m；薄层为厚度小于等于1.0 m。

关于围岩基本分级，《铁路隧道设计规范》（TB 10003—2005）附录A作了如下规定：

(1)分级因素及其确定方法。

① 围岩基本分级应由岩石坚硬程度和岩体完整程度两个因素确定；

② 岩石坚硬程度和岩体完整程度，应采用定性划分和定量指标两种方法综合确定。

(2)岩石坚硬程度可按说明表4.3.2—2划分。

说明表4.3.2—2　岩石坚硬程度的划分

岩石类型		单轴饱和抗压强度 R_c（MPa）	代表性岩石
硬质岩	极硬岩	R_c>60	未风化或微风化的花岗岩、片麻岩、闪长岩、石英岩、硅质灰岩、钙质胶结的砂岩或砾岩
硬质岩	硬岩	30<R_c≤60	弱风化的极硬岩；未风化或微风化的熔结凝灰岩、大理岩、板岩、白云岩、灰岩、钙质胶结的砂岩、结晶颗粒较粗的岩浆岩等
软质岩	较软岩	15<R_c≤30	强风化的极硬岩；弱风化的硬岩；未风化或微风化的云母片岩、千枚岩、砂质泥岩、钙泥质胶结的粉砂岩和砾岩、泥灰岩、泥岩、凝灰岩等
软质岩	软岩	5<R_c≤15	强风化的极硬岩；弱风化至强风化的硬岩；弱风化的较软岩和未风化或微风化的泥制岩类；泥岩、煤、泥质胶结的砂岩和砾石等
软质岩	极软岩	R_c≤5	全风化的各类岩石和成岩作用差的岩石

(3)岩体完整程序可按说明表4.3.2—3划分。

说明表4.3.2—3　岩体完整程度的划分

完整程度	结构面特性	结构类型	岩体完整性指数（K_v）
完整	结构面1～2组，以构造型节理或层面为主，密闭型	巨块状整体构造	K_v>0.75
较完整	结构面2～3组，以构造型节理、层面为主，裂隙多呈密闭型，部分为微张型，少有充填物	块状构造	0.75≥K_v>0.55

续上表

完整程度	结构面特性	结构类型	岩体完整性指数(K_v)
较破碎	结构面一般为3组,以节理及风化裂隙为主,在断层附近受构造影响较大,裂隙以微张型和张开型为主多有充填物	层状结构,块石、碎石状结构	$0.55 \geqslant K_v > 0.35$
破碎	结构面大于3组,多以风化型裂隙为主,在断层附近受构造作用影响大,裂隙宽度以张开型为主,多有充填物	碎石角砾状结构	$0.35 \geqslant K_v > 0.15$
极破碎	结构面杂乱无序,在断层附近受构造作用影响大,宽张裂隙全为泥质或泥夹岩屑充填,充填物厚度大	散体状结构	$K_v \leqslant 0.15$

(4)围岩的基本分级可按说明表4.3.2—4确定。

说明表4.3.2—4 围岩基本分级

级别	岩体特征	土体特征	围岩弹性纵波速度(km/s)
Ⅰ	极硬岩,岩体完整	—	>4.5
Ⅱ	极硬岩,岩体较完整 硬岩,岩体完整	—	3.5~4.5
Ⅲ	极硬岩,岩体较破碎 硬岩或软硬岩互层,岩体较完整 较软岩,岩体完整	—	2.5~4.0
Ⅳ	极硬岩,岩体破碎 硬岩,岩体破碎或较破碎 较软岩或软硬岩互层,且以软岩为主,岩体较完整或较破碎 软岩,岩体完整或较完整	具压密或成岩作用的黏性土、粉土及砂类土,一般钙质、铁质胶结的粗角砾土、粗圆砾土、碎石土、卵石土、大块石土,黄土(Q_1、Q_2)	1.5~3.0
Ⅴ	软岩,岩体破碎至极破碎 全部极软岩及全部极破碎岩,包括受构造影响严重的破碎带	一般第四系坚硬、硬塑黏性土,稍密及以上、稍湿、潮湿的碎(卵)石土、粗圆砾土、细圆砾土、粗角砾土、细角砾土、粉土及黄土(Q_3、Q_4)	1.0~2.0
Ⅵ	受构造影响很严重,呈碎石、角砾、粉末、泥土状的断层带	砂类土、饱和的粉土、软塑状黏性土等	<1.0(饱和状态的土<1.5)

隧道围岩级别的修正应符合下列规定:

① 围岩级别应在围岩基本分级的基础上,结合隧道工程的特点,考虑地下水状态、初始地应力状态等必要的因素进行修正。

② 地下水状态的分级宜按说明表4.3.2—5确定。

说明表4.3.2—5 地下水状态的分级

级别	状态	渗水量[L/(min·10 m)]
Ⅰ	干燥或湿润	<10
Ⅱ	偶有渗水	10~25
Ⅲ	经常渗水	25~125

③ 地下水对围岩级别的修正,宜按说明表4.3.2—6进行。

说明表 4.3.2—6 地下水影响的修正

地下水状态分级 \ 围岩基本分级	Ⅰ	Ⅱ	Ⅲ	Ⅳ	Ⅴ	Ⅵ
Ⅰ	Ⅰ	Ⅱ	Ⅲ	Ⅳ	Ⅴ	—
Ⅱ	Ⅰ	Ⅱ	Ⅳ	Ⅴ	Ⅵ	—
Ⅲ	Ⅱ	Ⅲ	Ⅳ	Ⅴ	Ⅵ	—

④ 围岩初始地应力状态，当无实测资料时，可根据隧道工程埋深、地貌、地形、地质、构造运动史、主要构造线与开挖过程中出现的岩爆、岩芯饼化等特殊地质现象，按说明表4.3.2—7 评估。

说明表 4.3.2—7 初始地应力场评估基准

初始地应力状态	主要现象	评估基准(R_c/σ_{max})
极高地应力	硬质岩：开挖过程中时有岩爆发生，有岩块弹出，洞壁岩体发生剥离，新生裂缝多，成洞性差	<4
	软质岩：岩芯常有饼化现象，开挖过程中洞壁岩体有剥离，位移极为显著，甚至发生大位移，持续时间长，不易成洞	
高地应力	硬质岩：开挖过程中可能出现岩爆，洞壁岩体有剥离和掉块现象，新生裂缝较多，成洞性较差	4~7
	软质岩：岩芯时有饼化现象，开挖过程中洞壁位移显著，持续时间较长，成洞性差	

注：R_c 为岩石单轴饱和抗压强度(MPa)，σ_{max} 为最大地应力值(MPa)。

⑤ 初始地应力对围岩级别的修正宜按说明表 4.3.2—8 进行。

说明表 4.3.2—8 初始地应力影响的修正

初始地应力状态 \ 围岩基本分级	Ⅰ	Ⅱ	Ⅲ	Ⅳ	Ⅴ	Ⅵ
极高地应力	Ⅰ	Ⅱ	Ⅲ或Ⅳ①	Ⅴ	Ⅵ	—
高地应力	Ⅰ	Ⅱ	Ⅲ	Ⅳ或Ⅴ②	Ⅵ	—

注：① 围岩岩体为较破碎的极硬岩、较完整的硬岩时定为Ⅲ级，围岩岩体为完整的较软岩、较完整的软硬互层时定为Ⅳ级；

② 围岩岩体为破碎的极硬岩、较破碎及破碎的硬岩时定为Ⅳ级，围岩岩体为完整及较完整软岩、较完整及较破碎的较软岩时定为Ⅴ级。

⑥ 隧道洞身埋藏较浅，应根据围岩受地表的影响情况进行围岩级别的修正。当围岩为风化层时，应按风化层的围岩基本分级考虑；围岩受地表影响时，应较相应围岩降低1~2级。

深埋隧道由于受地温梯度影响，洞身有可能出现高地温。因此，有条件时可应用测井法测试当地地温梯度预测深埋隧道的地温。襄渝线大巴山隧道长 5.3 km，根据地温梯度的计算，预计地温可能高达 33 ℃以上，有影响施工的可能。而在勘测阶段所钻四个钻孔，测得的隧道设计高程附近温度仅 13 ℃~15℃，与施工中所测洞内实测最高地温仅相差1℃。因此，建议深埋隧道利用钻孔测井法测量隧道设计高程附近的地温，提供给设计，这样较切合实际。

围岩产生岩爆、大变形是深埋隧道施工中产生的两类不同变形形式的地质病害。分析其产生的原因，主要与地应力大小、围岩特征、地质构造特征有关，但目前尚无适宜的判据。尤其在勘测设计阶段，预测隧道围岩岩爆或大变形，更无确切可靠的方法，有待在实践中总结。深埋隧道中，遇坚硬、致密、性脆、干燥的岩层，在高地应力作用下可能产生岩爆，影响隧道施工。在成昆铁路关村坝隧道、西康铁路秦岭特长隧道施工中都有过这样的实例。软质围岩产生大变形曾是辛普仑隧道施工中的主要障碍。该隧道是连接瑞士和意大利的深埋隧道，在意大利侧离入口 4.5 km 处导坑中钙质云母片岩由于高地应力的作用完全塌落。尽管坑道的顶部、底部及两侧使用整圆木支护，但没过多久整圆木全部被压碎，掌子面消失。国内隧道施工中也同样遇到过围岩大变形。如南昆线家竹箐隧道，软质、非膨胀围岩，拱底无衬砌，最大变形达 2 m，拱预衬砌被挤破，最大变形达 0.8 m，边墙被挤破，最大变形达 0.3 m，造成施工一度受阻。鉴于上述原因，深埋隧道和地质构造活动强烈地带的隧道应在工程勘察期间注意地应力的测试，结合围岩情况预测施工地质灾害：高地应力地区的软质岩隧道应考虑大变形问题；高地应力地区的硬质围岩隧道应考虑岩爆问题。

当隧道洞身两侧岩体严重不对称时就可能产生偏压。位于可能产生偏压的地质构造部位，施工中可能产生岩体顺层滑动。偏压严重者，在浅埋地段可破坏原有山坡稳定性，形成山体错落。产生偏压的地质构造条件是：围岩基本分级为Ⅲ及Ⅲ级以上者；岩层（或断层面等）走向与线路中线交角 $\alpha < 30°$，岩层层面在洞身横断面上的视倾角（$\beta_{视}$）在 20°～70°之间（成昆线红层的资料是 $15° < \beta_{视} < 65°$）。

在进行隧道工程地质调绘时，同时应研究其水文地质特征及其与地质构造和地貌等的关系，以便对隧道的工程地质、水文地质条件进行全面了解和评价。

在进行隧道围岩分级时，应充分利用地质调绘、物探、钻探及试验资料，综合分析评价。尤其对深埋隧道，更应发挥物探手段的作用，利用围岩的纵波速度、岩体完整性指数、地应力测试参数等综合分析判定。

4.3.3 水文地质工作是隧道地质工作的一个重要方面。为防止突然或大量涌水，危及施工人员及设备的安全，条文提出要“预测洞身最大及正常的分段涌水量”。隧道洞身涌水量的预测是个错综复杂的问题，受地层岩性、地质构造等多因素的控制，计算参数较多，且难以确定，因而很难进行精确的计算。常用的计算方法有：根据水文地质试验资料进行计算；利用导坑涌水量实测资料推算隧道洞身涌水量；用水文地质比拟法计算洞身涌水量；用水均衡法计算洞身涌水量等。这些方法都是经验公式，有各自的适用范围和边界条件，隧道涌水受各种具体条件影响很大，地质条件千变万化，很难保障选择的计算公式符合实际。因此，为了计算出隧道洞身较符合实际的涌水量，必须详细查明场地地质条件，选择几种较适宜的计算方法进行计算，然后与工程地质条件相类似的已建成或在建隧道进行对比，相互核对，分析使用。

特长隧道或水文地质条件复杂的中、长隧道穿过的岩性及地质构造条件复杂、各段岩性含水条件、富水情况差别较大，为预测隧道施工中的最大涌水量和正常涌水量，防止突然涌水造成的地质灾害，应进行专门的水文地质勘察与评价工作。

4.3.4 在勘察设计阶段，对特长隧道、长隧道或地质条件复杂的隧道应通过调查及勘探，做好地质条件的宏观控制，重点划分隧道通过地段的岩带、断层带和富水带。岩带应根据岩性、岩质软硬、层厚、产状、节理发育程度、裂隙充填情况、软弱结构面的发育情况等进行划分；断层带应根据断层带的宽度、组成物质、松散情况及含水程度等进行划分；富水带应根据各类地层的含水情况，分别提出各段的最大涌水量（突然涌水量）和正常涌水量。据此确定隧道各段的围岩分级，并提出施工中应重点进行监测或地质超前预报的段落，预报方法、手段及主要设备，预报的主要内容等。配合施工阶段应积极采用新技术、新设备、新方法开展地质超前预报工作，如采用高密度电法、声波反射法、地质雷达法、红外线法等物探方法，超前水平钻探方法，洞内地质编录与洞外地质调查相结合的方法等。勘察人员应对地质超前预报的成果资料进行综合分析、研究，及时做好预报突发性地质灾害，调整围岩级别的划分段落，及时变更设计等配合施工工作。

4.3.5　隧道多采用钻爆法施工，但随着技术的不断进步，使用隧道全断面掘进机施工的隧道工程越来越多。为此，在隧道的工程地质勘察中应考虑施工方法这一因素。隧道全断面掘进机法施工对工程地质调绘的要求方面没有本质的差别，其勘察要点也是要求：查明隧道围岩节理裂隙的发育情况、隧道围岩分级、有无软弱围岩或在高地应力作用下产生塑性变形的围岩，以及膨胀性围岩等；查明断层及软弱破碎带及其富水情况；查明隧道的水文地质条件等。而在勘探和测试方面则有一些影响掘进机选型、设计和施工效率方面的特殊要求，如岩石的强度、硬度、耐磨程度等。所以，当隧道确定采用全断面掘进机法施工后，勘探和测试工作除应按常规施工方法（钻爆法）进行勘探测试工作以外，还应结合全断面岩石掘进机法所需的地质参数进行勘探和测试工作，根据《铁路隧道全断面岩石掘进机法技术指南》的规定，地质参数的测试项目包括：岩石强度——岩石的抗压强度、抗拉强度、弹性模量；岩石硬度——岩石的耐磨性或可钻性指标、岩石的组构及石英含量；围岩完整性——岩体结构面的发育程度（如岩体的完整性指数 K_v 或岩体体积节理数 J_v），优势结构面对隧道稳定性和掘进机掘进的影响程度；其他地质参数——隧道围岩的地应力状态，围岩地下水水质及涌水量等。

当隧道地质构造和水文地质条件简单时，钻孔数量可适当少一些；当地质条件复杂时，钻孔数量宜适当增加。对于覆土较厚的洞门，应布置勘探孔，查清地质情况。

根据铁道部《关于印发〈铁路隧道设计施工有关标准补充规定〉的通知》（铁建设〔2007〕88 号）的要求，对长度大于 1 000 m 隧道勘探点提出了"地质复杂，长度大于 1 000 m 的隧道，洞身应按不同地貌及地质单元布置勘探孔查明地质条件；主要的地质界线，重要的不良地质、特殊岩土地段等应有钻孔控制"的布孔原则，实际工作中应按此规定执行。

穿越城市或大江大河的隧道一般具有埋深较浅、穿越地下管线或建筑物，勘探测试工作有其特殊的要求，故应按相关规定进行勘察工作，一般可参照现行的《地下铁道、轻轨交通岩土工程勘察规范》（GB 50307）、《地铁设计规范》（GB 50157）等规范要求，并根据拟采用的施工方法、隧道结构类型、工程地质及水文地质条件等进行工程地质勘察工作。

4.3.8　客运专线铁路和时速 200 km 客货共线铁路的隧道工程具有开挖断面大、防水及沉降要求高、洞内设施复杂等特点。因此，要求在进行隧道工程地质勘察中，应结合上述特点，采用多种勘察手段，经综合分析后确定隧道的围岩分级。勘探和试验工作量也应根据设计需要适当增加。

埋深较浅的隧道和洞身段沟谷发育的隧道是指隧道埋深浅，或洞身通过沟谷地段，勘探点深度在 100 m 以内,用一般勘探手段可查明其地质条件的隧道。埋深较大的隧道是指要通过多种物探手段,并需配合深度大于 100 m 的钻孔才能查明其地质条件的隧道。埋深较大的隧道其钻孔深度往往较大,交通也不方便,钻探费用高,为了查明隧道地质条件应先进行地质调查及物探工作,在此基础上通过认真分析、研究,有针对性地在断层、物探异常带、岩溶发育带、富水带等布置较深的钻孔,以验证调查及物探成果。

4.4.2 场地工程地质条件的复杂程度可按下列情况考虑:

(1)简单场地:地形平缓,地貌、地层简单,无不良地质或特殊岩土发育,或不良地质、特殊岩土的类型、分级强度较弱,且单一的场地;

(2)中等场地:地形起伏较大,地貌、地层较复杂,不良地质现象局部发育,特殊岩土的类型或分级强度较复杂的场地;

(3)复杂场地:地形起伏很大,地貌、地层复杂,不良地质现象广泛发育,特殊岩土分类或强度对工程影响严重,大面积的弃填土场地,地下水影响明显的场地。

铁路站场及各类房屋建筑物类型多而分散,勘探工作同工业与民用建筑物的勘察规范要求有所不同。因此,本规范对中、小站房及零星一般房屋建筑物规定了表 4.4.2 的勘探要求。表中根据近年来在粉、细砂、粉土及黏性土地区修筑建筑物的基础类型有所变化,原勘探深度作了适当调整;为适应当前铁路建设的形势,删去了为蒸汽机车而设的“水鹤”、“煤塔”等字样;增加、补充了“对沉降要求较高的建筑物”的内容,这主要是针对客运专线铁路建设的动车段厂房、大型的变电所、调度集中的房屋设施、大型给水所等,其勘探孔的数量宜 4~10 个。

4.4.4 为适应集装箱的存放、装卸和搬运作业的需要,集装箱结点站的集装箱场地地面应采用混凝土硬化。集装箱作业场地(包括装卸、搬运机具的通道)以及存放场地面,应能满足搬运机具轮压和集装箱堆载的要求。因此,在集装箱结点站的勘察中应重视场地地层承载能力和沉降特征的勘察。区段站及其以上大站规模大、建筑物多,本条所列要求也仅是为控制该类大站场地地质条件所进行的一般性勘探要求。站内设施的设计一般较线路勘测晚一个阶段,待站内工程或设施的位置确定后再根据其重要程度按有关规定布置勘探、测试工作是适宜的。

4.4.7 高层建筑、大型站房、大跨度建筑及房屋集中区等重要建筑设施不同于一般中、小型站房和小型建筑,它们的地基勘察应按《岩土工程勘察规范》(GB 50021)、《高层建筑岩土工程勘察规程》(JGJ 72)等进行。

4.5

本节的供水工程指的是供水构筑物工程。该项工程的地质勘察仅限于工程的地基勘察,而不包括供水水文地质工作。供水工程地质勘察的特殊要求是应注意该类工程对地基变形的敏感性和地基岩土对水的敏感性(例如膨胀性和湿陷性)。

4.6

本节是根据铁道部《关于发布〈铁路工程岩土分类标准〉(铁建设〔2004〕148 号)和〈铁路工程地质勘察规范〉两项标准局部修订条文的通知》修订、编制的。在以往的勘察中,对填料取土场和永久石砟场的工程地质工作不够重视,造成设计、施工阶段变化较大。在当前的设计和施工中,环境保护意识大大增强,路基填料多采用集中取土的方式,已取消了过去多采取的在路基两侧取土的做法;石砟场的设计也不仅只考虑取石的需要,对周围的环境保护、水土保持等也提出了更高的要求。这些都要求场地的地质勘察工作应进一步加强,因此增加本节非常必要。考虑路基用级配碎石和级配砂砾石、混凝土粗细骨料、砌体用石材等同属天然建筑材料,所以将上述天然建筑材料工程地质勘察的要求也纳入本节,节名改为"天然建筑材料场地的勘察"。

4.6.3 在实际工作中,也可根据设计要求进行一次性定测。当初测成果表明建筑材料场地地层简单、建筑材料合格且储量满足设计要求时,也可不再进行定测。

本规范"初测"的勘探精度相当于《固体矿产地质勘探规范总则》(GB 13908—2002)"普查"或"详查"阶段的勘查要求;本规范"定测"的勘探精度相当于《固体矿产地质勘探规范总则》(GB 13908—2002)"勘探"阶段的勘查要求。

4.6.4 剥离地层一般指覆盖于有用层上的第四系地层、风化层、无用夹层、断层破碎带等;开采地层指可用地层。剥采比=剥离层体积/可利用地层体积。一般要求建筑材料场地选址时剥采比应低于0.2∶1。

4.6.5 本条特别规定了不得选作建筑材料开采场地的区域,主要是根据环境保护法、水土保持法、文物保护法等要求规定的。在选址过程中,应特别遵守国家的相关法律、法规和当地少数民族的风俗习惯。当选择的场址可与整治不良地质或防治地质灾害相结合时,在保证施工及生产安全、不破坏环境的前提下,可考虑在不良地质区选址。

4.6.7 勘探点的布置应根据地形地质条件和勘察阶段的要求确定。对于表4.6.7中"地形地质条件"栏,一般应从地形条件、有用层和无用层的分布情况、地质条件的复杂程度三方面进行综合分析、评价,不能仅根据一方面的情况决定勘探量的布置。如地形有起伏,可能基岩裸露,有用层稳定,这时勘探点的间距可适当增大;地形平坦的场地,可能覆盖层较厚,岩层中无用夹层、断层分布较多,勘探点的间距就应考虑适当加密。

4.6.8 本条和第4.6.9条主要规定了路基填料、路基基床表层用级配碎石和级配砂砾石、混凝土用天然粗细骨料、铁路碎石道砟和砌体用石料的质量评价标准和为满足这些评价标准应进行的试验项目。现将有关标准、规定介绍如下,供参考:

(1)关于路基填料的评价标准,主要根据《铁路工程岩土分类标准》或《铁路路基设计规范》中有关填料分级标准进行评价;试验项目可参照本规范附录E"表E.0.1—2 土的物理力学性质试验项目"中砂类土、粉土、黏性土、黄土、软土、盐渍土、膨胀土中"路堤"所规定的试验项目进行选择。

根据《京沪高速铁路工程地质勘察暂行规定》(铁建设〔2003〕13号)第4.4.1条,客运专线路基填料的试验项目为:

"土:一般样品做天然含水率、液塑限、黏粒含量、粉粒含量;代表性样品做压实试验(含无侧限抗压强度、压后快剪)、承载比试验(CBR)。

砂、卵、砾石:做筛分(不均匀系数、曲率系数)和小于0.5 mm颗粒的液塑限,粉、细、中砂加做压实试验、承载比试验(CBR)。

级配砂砾石:做筛分、细长及扁平颗粒含量、黏土团及有机物含量和粒径小于0.5 mm颗粒的液塑限。

风化岩石:风化成土状或砂状的做筛分、压实试验、承载比试验(CBR),小于0.5 mm颗粒的应做液塑限;风化成块状的硬质岩石应对其压碎性和压实性进行试验;易风化的软质岩应测试其崩解量、压实性、膨胀性等指标,并应进行现场填筑试验。"

(2)关于级配碎石、级配砂砾石的评价标准和试验项目,可参考《铁路路基设计规范》(TB 10001—2005)、《新建时速 200 ~ 250 公里铁路设计暂行规定(上册)》(铁建设〔2005〕140 号)、《新建时速 300 ~ 350 公里客运专线铁路设计暂行规定(上、下)》(铁建设〔2007〕47 号)和《铁路碎石道床底砟》(TB/T 2897—1998)等的相关规定。

《铁路路基设计规范》第 5.3 节"级配碎石、级配砂砾石"中规定:

级配碎石或级配砂砾石填料的粒径级配应分别符合表 5.3.1—1(即说明表 4.6.8—1)和表 5.3.1—2(即说明表 4.6.8—2)的规定,且 0.5 mm 筛以下的细集料中通过0.075 mm筛的颗粒含量应小于等于 66%。

说明表 4.6.8—1 级配碎石的粒径级配范围

方孔筛边长(mm)	0.075	0.1	0.5	1.7	7.1	16	25	45
过筛质量百分率(%)	0 ~ 7	0 ~ 11	7 ~ 32	13 ~ 46	41 ~ 75	67 ~ 91	82 ~ 100	100

说明表 4.6.8—2 级配砂砾石的粒径级配范围

级配编号	通过筛孔(mm)质量百分率(%)								
	50	40	30	20	10	5	2	0.5	0.075
1	100	90 ~ 100	—	65 ~ 85	45 ~ 70	30 ~ 55	15 ~ 35	10 ~ 20	4 ~ 10
2	—	100	90 ~ 100	75 ~ 95	50 ~ 70	30 ~ 55	15 ~ 35	10 ~ 20	4 ~ 10
3	—	—	100	85 ~ 100	60 ~ 80	30 ~ 50	15 ~ 30	10 ~ 20	2 ~ 8

级配碎石或级配砂砾石的质量应符合《铁路碎石道床底砟》的有关规定。

《铁路碎石道床底砟》中对底砟材料的技术要求如下:

底砟材料可取自天然砂砾材料,也可由开山块石或天然卵石、砾石经破碎、筛选而成。

底砟材料的粒径级配应符合表 1(即说明表 4.6.8—1)的规定。

在粒径大于 16 mm 的粗颗粒中带有破碎面的颗粒所占的质量百分率不少于 30%。

底砟材料的性能:

粒径大于 1.7 mm 的集料的洛杉矶磨耗率不大于 50%。

粒径大于 1.7 mm 的集料的硫酸钠溶液浸泡损失率不大于 12%。

粒径小于 0.5 mm 的细集料的液限不大于 25%,其塑性指数小于 6%。

黏土团及其他杂质含量的质量百分率小于等于 0.5%。

《新建时速 200 ~ 250 公里铁路设计暂行规定(上册)》第 4.3.2 条规定:

基床表层应采用级配碎石或级配砂砾石等材料,其材料规格及压实标准应符合下列规定:

采用级配碎石时:

碎石粒径、级配及材料性能应符合铁道部现行《客运专线基床表层级配碎石暂行技术条件》的规定。

与上部道床碎石及下部填土之间应满足 $D_{15} < 4d_{85}$ 的要求。当与下部填土不能满足此项要求时,基床表层应采用颗粒级配不同的双层结构,或在基床底层表面铺设土工合成材料。当下部填土为改良土时,可不受此项规定限制。

采用级配砂砾石时:

颗粒的粒径、级配应符合表 4.3.2—2(即说明表 4.6.8—3)的规定。

说明表 4.6.8—3 砂砾石级配范围

级配编号	通过筛孔(mm)质量百分率(%)									
	60	50	40	30	20	10	5	2	0.5	0.075
1	100~97	100~95	99~90	90~84	94~76	85~65	77~54	67~40	51~23	23~3
2	—	100	100~90	93~80	85~65	70~45	55~30	35~15	20~10	10~4
3	—	—	100	100~90	95~75	70~50	55~30	30~15	20~10	10~4
4	—	—	—	100	100~85	80~60	50~30	30~15	20~10	10~4

级配曲线应接近圆滑,某种尺寸的粒径不应过多或过少。

与上部道床及下部填土之间应满足 $D_{15}<4d_{85}$ 的要求。当与下部填土之间不能满足此项要求时,基床表层应采用颗粒级配不同的双层结构,或在基床底层表面铺设土工合成材料。当下部填土为改良土时,可不受此项规定限制。

颗粒中细长及扁平颗粒含量不应超过 20%;黏土团及有机物含量不应超过 2%。

粒径小于 0.5 mm 的细集料的液限应小于 25%,其塑性指数应小于 6。

《新建时速 300~350 公里客运专线铁路设计暂行规定(上、下)》(铁建设〔2007〕47 号)第 4.3.2 条规定:

级配碎石的碎石粒径、级配及材料性能应符合铁道部《客运专线基床表层级配碎石暂行技术条件》的规定。

《客运专线基床表层级配碎石暂行技术条件》中规定:

基床表层级配碎石材料由开山块石、天然卵石或砂砾石经破碎筛选而成。

基床表层级配碎石粒径级配应符合说明表 4.6.8—4 的规定,且其不均匀系数 $U=D_{60}/D_{10}$ 不得小于 15,0.02 mm 以下颗粒质量百分率不得大于 3%。粒径曲线如说明图 4.6.8—1 所示。

说明表 4.6.8—4 基床表层级配碎石粒径级配

方孔筛边长(mm)	0.1	0.5	1.7	7.1	22.4	31.5	45
过筛质量百分率(%)	0~11	7~32	13~46	41~75	67~91	82~100	100

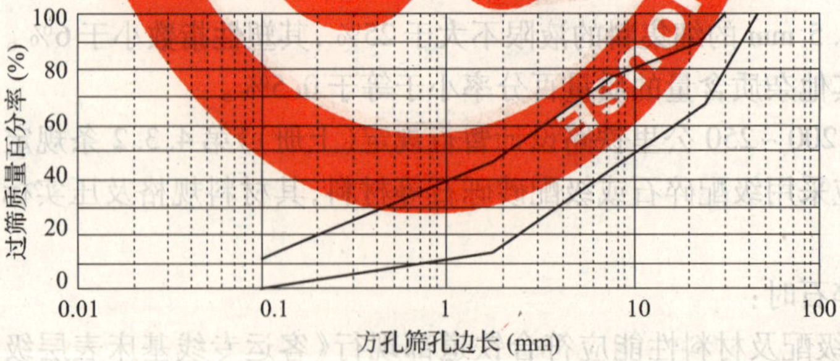

说明图 4.6.8—1 基床表层级配碎石粒径级配曲线

道砟与基床表层级配碎石、基床表层级配碎石与下部填土之间应满足 $D_{15}<4d_{85}$ 的要求。

在粒径大于 22.4 mm 的粗颗粒中带有破碎面的颗粒所占的质量百分率不少于 30%。

基床表层级配碎石材料性能:

粒径大于 1.7 mm 颗粒的洛杉矶磨耗率不大于 30%。

粒径大于 1.7 mm 颗粒的硫酸钠溶液浸泡损失率不大于 6%。

粒径小于 0.5 mm 的细颗粒的液限不大于 25%,塑性指数小于 6。

不得含有黏土及其他杂质。

因此,级配碎石或级配砂砾石的试验项目主要为:颗粒分析、洛杉矶磨耗率、硫酸钠浸泡损失率、黏土团及其他杂质含量、细颗粒的液限及塑性指数、细长及扁平颗粒含量、级配碎石原材料的饱和单轴抗压强度。

(3)关于混凝土粗细骨料的评价标准和试验项目,可参考铁道部现行的《铁路混凝土与砌体工程施工质量验收标准》(TB 10424)、《铁路混凝土工程施工质量验收补充标准》(铁建设〔2005〕160 号)、《铁路混凝土结构耐久性设计暂行规定》(铁建设〔2005〕157 号)、建设部《普通混凝土用砂、石质量及检验方法》(JGJ 52)等规定。混凝土粗、细骨料的试验项目主要为:粗骨料(卵石、碎石)应进行颗粒级配、压碎指标值、坚固性指标值、针片状颗粒含量、含泥量、泥块含量、硫化物及硫酸盐含量、有机质含量、碱活性等试验,必要时进行表观密度、堆积密度、孔隙率、吸水率、软弱颗粒含量、轻物质含量、岩石抗压强度试验等;细骨料应做颗粒级配、含泥量、泥块含量、硫化物及硫酸盐含量、云母含量、轻物质含量、有机物含量、氯离子含量、碱活性等试验,必要时进行表观密度、堆积密度、孔隙率、细度模数等试验。

关于细骨料:

《铁路混凝土与砌体工程施工质量验收标准》第 6.2.2 条规定,"拌制混凝土所用的细骨料,应按批进行检验,其颗粒级配、细度模数应符合现行《普通混凝土用砂、石质量及检验方法》(JGJ 52)的规定,含泥量、泥块含量应符合本标准附录 B 的规定"。

《铁路混凝土与砌体工程施工质量验收标准》的"附录 B 混凝土用细骨料其他指标"规定如下:

天然砂中有害物质含量应符合表 B.0.1(即说明表 4.6.8—5)的规定。

说明表 4.6.8—5 天然砂中有害物质含量

序号	项目 \ 混凝土强度等级	< C30	C30 ~ C50	> C50
1	含泥量(按质量计,%)	≤5.0	<3.0	<2.0
2	泥块含量(按质量计,%)	<1.0	<0.5	<0.5
3	硫化物及硫酸盐含量(折算成 SO_3,按质量计,%)	<1.0	<1.0	<0.5
4	云母含量(按质量计,%)	≤1.0	≤1.0	<0.5
5	轻物质(比重小于 2,如煤、贝壳等)含量(按质量计,%)	≤1.0	≤1.0	≤1.0
6	有机物含量(用比色法试验)	颜色应不深于标准色。当深于标准色,则应按水泥胶砂强度检验方法进行强度对比试验,抗压强度比不应小于 0.95		

注:1 泥系指天然砂中粒径小于 0.075 mm 的颗粒;
2 泥块系指砂中原粒径大于 1.18 mm,经水浸洗、手捏后小于 0.6 mm 的颗粒;
3 对有抗冻、抗渗或其他特殊要求的混凝土用砂,含泥量不应大于 3%;
4 当砂中发现有颗粒状的硫酸盐或硫化物杂质时,应进行专门检验,仅在确认满足混凝土耐久性要求时,方可使用。

当采用海砂拌制混凝土时，钢筋混凝土中海砂的氯离子含量不得大于 0.06%（以砂质量的百分率计，下同）。

预应力混凝土不宜用海砂。当必须使用海砂时，必须经淡水冲洗，其氯离子含量不得大于 0.02%。

采用山砂拌制强度等级低于 C30 的混凝土时，其压碎指标值不得大于 35%，级配应控制在Ⅰ、Ⅱ区内。

不应采用砂岩轧制机制砂。当采用机制砂、混合砂拌制强度等级低于 C30 的混凝土时，其颗粒级配在Ⅰ、Ⅱ区中 0.15 mm 筛孔的累计筛余可酌情放宽 5% ~10%，有害物质含量应符合表 B.0.4（即说明表 4.6.8—6）的规定。

说明表 4.6.8—6　机制砂、混合砂有害物质含量

序号	项　目		混凝土强度 < C30
1	石粉含量（小于 0.075 mm 颗粒，按质量计，%）	* MB < 1.40	≤10
		* MB ≥ 1.40	≤5.0
2	泥块含量（按质量计，%）		≤0.5
3	硫化物和硫酸盐含量（折算为 SO_3，按质量计，%）		≤1.0
4	云母含量（按质量计，%）		≤1.0
5	坚固性指标（用硫酸钠饱和溶液法检验，经 5 次循环后质量损失率，%）		≤8
6	压碎指标值（按质量计，%）		<25
7	有机物含量（用比色法试验）		颜色不应深于标准色。当深于标准色，则应按水泥胶砂强度检验方法进行强度对比试验，抗压强度比不应小于 0.95

注：1　本表适用于白云石、石灰岩、花岗岩和玄武岩经爆破、机械轧制的机制砂；

2　当混凝土等级等于或大于 C20 需使用机制砂时，应经过试验，确认符合质量要求时方可使用；

3　混合砂系指由机制砂和天然砂混合制成的砂。

* MB为亚甲蓝值，表示每千克 0 ~ 2.36 mm 粒径试样所消耗的亚甲蓝克数。用于判定人工砂中粒径小于 0.075 mm颗粒含量主要是泥土还是与被加工母岩化学成分相同的石粉的指标。

拌制混凝土用细骨料的碱活性指标应符合设计要求。新选原料产地、同产地更换矿山以及连续使用同一产地达两年或实际需要时，应进行碱活性检验。检验方法应符合《铁路混凝土用骨料碱活性试验方法　砂浆棒法》（TB/T 2922.3）、《铁路混凝土用骨料碱活性试验方法　岩石柱法》（TB/T 2922.4）以及《铁路混凝土用骨料碱活性试验方法　快速砂浆棒法》（TB/T 2922.5）的有关规定。

《普通混凝土用砂、石质量及检验方法标准》（JGJ 52）第 3 章中对混凝土用砂颗粒级配、细度模数的规定如下：

砂的粗细程度按细度模数 * μ_f 分为粗、中、细、特细四级，其范围应符合以下规定：

粗砂 $\mu_f = 3.7 \sim 3.1$

中砂 $\mu_f = 3.0 \sim 2.3$

细砂 $\mu_f = 2.2 \sim 1.6$

特细砂 $\mu_f = 1.5 \sim 0.7$

注：* 细度模数是表示砂子粗细程度的指标，按下式计算：

$$\mu_f = \frac{A_{2.5} + A_{1.25} + A_{0.63} + A_{0.32} + A_{0.16} - 5A_5}{100 - A_5}$$

式中　μ_f——细度模数；

$A_5 \sim A_{0.16}$——筛孔分别为 5 mm、2.5 mm、1.25 mm、0.63 mm、0.32 mm、0.16 mm 筛上的累计筛余百分数。

砂筛应采用方孔筛。砂的公称粒径、砂筛筛孔的公称直径和方孔筛筛孔边长应符合表 3.1.2—1(即说明表 4.6.8—7)的规定。

说明表 4.6.8—7　砂的公称粒径、砂筛筛孔的公称直径和方孔筛筛孔边长尺寸(mm)

砂的公称粒径	砂筛筛孔的公称直径	方孔筛筛孔边长
5.00	5.00	4.75
2.50	2.50	2.36
1.25	1.25	1.18
0.630	0.630	0.600
0.315	0.315	0.300
0.160	0.160	0.150
0.080	0.080	0.075

除特细砂外，砂的颗粒级配可按公称直径 0.630 mm 筛孔的累计筛余量(以质量百分率计，下同)分成三个级配区，见表 3.1.2—2(即说明表 4.6.8—8)，且砂的颗粒级配应处于表 3.1.2—2(即说明表 4.6.8—8)中的某一区内。

说明表 4.6.8—8　砂颗粒级配区

级配区 / 公称粒径(mm)	Ⅰ区	Ⅱ区	Ⅲ区
	累计筛余(%)		
5.00	**10～0**	**10～0**	**10～0**
2.50	35～5	25～0	15～0
1.25	65～35	50～10	25～0
0.630	**85～71**	**70～41**	**40～16**
0.315	95～80	92～70	85～55
0.160	100～90	100～90	100～90

砂的实际颗粒级配与表 3.1.2—2(即说明表 4.6.8—8)中的累计筛余相比，除公称粒径为 5.00 mm 和 0.630 mm[表 3.1.2—2(即说明表 4.6.8—8)斜体所标数值]的累计筛余外，其余公称粒径的累计筛余可稍有超出分界线，但总超出量不应大于 5%。

配制混凝土时宜优先选用Ⅱ区砂。当采用Ⅰ区砂时，应提高砂率，并保持足够的水泥用量，满足混凝土的和易性；当采用Ⅲ区砂时，宜适当降低砂率；当采用特细砂时，应符合相应的规定。

配制泵送混凝土，宜选用中砂。

关于粗骨料：

《铁路混凝土与砌体工程施工质量验收标准》第 6.2.3 条规定，“拌制混凝土所用的粗骨料，应按批进行检验，其颗粒级配、压碎指标值、针片状颗粒含量应符合本标准附录 C

的规定”。

《铁路混凝土与砌体工程施工质量验收标准》的“附录 C 混凝土用粗骨料指标”规定如下：

粗骨料的颗粒级配范围应符合表 C. 0. 1（即说明表 4. 6. 8—9）的规定。

说明表 4. 6. 8—9　粗骨料的颗粒级配范围（%）

级配情况	筛孔尺寸（方孔筛，mm）／公称粒径（mm）	2. 36	4. 75	9. 5	16. 0	19. 0	26. 5	31. 5	37. 5	53. 0	63. 0	75. 0	90
		累计筛余（%）											
连续粒级	5 ~ 9. 5	95 ~ 100	80 ~ 100	0 ~ 15	0								
	5 ~ 16	95 ~ 100	85 ~ 100	30 ~ 60	0 ~ 10	0							
	5 ~ 19	95 ~ 100	90 ~ 100	40 ~ 80	—	0 ~ 10	0						
	5 ~ 26. 5	95 ~ 100	90 ~ 100	—	30 ~ 70	—	0 ~ 5	0					
	5 ~ 31. 5	95 ~ 100	90 ~ 100	70 ~ 90	—	15 ~ 45	—	0 ~ 5	0				
	5 ~ 37. 5	95 ~ 100	95 ~ 100	70 ~ 90	—	30 ~ 65	—	—	0 ~ 5	0			
	5 ~ 63	95 ~ 100	95 ~ 100	85 ~ 95	60 ~ 80	45 ~ 70	—	30 ~ 40	15 ~ 20	—	0 ~ 5	0	
	5 ~ 75	95 ~ 100	95 ~ 100	80 ~ 95	—	60 ~ 80	—	—	30 ~ 60	—	15 ~ 20	0 ~ 5	0
单粒级	9. 5 ~ 19		95 ~ 100	85 ~ 100	—	0 ~ 15	0						
	16 ~ 31. 5		95 ~ 100	—	85 ~ 100	—	—	0 ~ 10	0				
	19 ~ 37. 5			95 ~ 100	—	80 ~ 100	—		0 ~ 10	0			
	31. 5 ~ 63				95 ~ 100	—	—	75 ~ 100	45 ~ 75	—	0 ~ 10	0	
	37. 5 ~ 75					95 ~ 100	—	—	70 ~ 100	—	30 ~ 60	0 ~ 10	0

注：1　累计筛余按质量计（%）；

2　公称粒径的上限为该粒级的最大粒径。

粗骨料的强度可用岩石的抗压强度（岩石试件尺寸为 50 mm × 50 mm × 50 mm 的立方体或直径与高度均为 50 mm 的圆柱体）或压碎指标值表示；岩石的抗压强度与混凝土强度等级之比不小于 1. 5，粗骨料的压碎指标值应符合表 C. 0. 2（即说明表 4. 6. 8—10）的规定。

说明表 4. 6. 8—10　粗骨料压碎指标值（%）

混凝土强度	≥C30			＜C30		
岩石种类／粗骨料种类	沉积岩	深成岩、变质岩	喷出岩	沉积岩	深成岩、变质岩	喷出岩
碎石	≤10	≤12	≤13	≤16	≤20	≤30
卵石	≤12			≤16		

注：1　表中“压碎指标值”按质量损失百分率计（%）；

2　沉积岩包括石灰岩、砂岩等，深成岩包括花岗岩、正长岩、橄榄岩等，变质岩包括片麻岩、石英岩；喷出岩包括玄武岩和辉绿岩等。

粗骨料的坚固性指标应符合表 C. 0. 3（即说明表 4. 6. 8—11）的规定。

说明表 4.6.8—11 粗骨料坚固性指标(%)

混凝土所处的环境条件	结构或构件类型	
	混凝土结构	预应力混凝土结构
最冷月平均气温低于 0 ℃的地区,并经常处于潮湿或干湿交替状态下的混凝土	≤8	≤5
其他条件下使用的混凝土	≤12	≤8

注:1 表中"坚固性指标"为经硫酸钠饱和溶液浸泡 5 次循环后的质量损失率(%);
2 当粗骨料未达到本表规定的坚固性指标,但在混凝土试验中具有足够的抗冻性时,可根据情况接纳采用;
3 粗骨料吸水率小于 0.5% 时,可不做坚固性试验;
4 有腐蚀性介质作用或经常处于水位变化区的地下结构,或有抗疲劳、抗磨、抗冲击等要求的混凝土所用的粗骨料,其坚固性指标不应大于 8%。

粗骨料中有害物质含量应符合表 C.0.4(即说明表 4.6.8—12)的规定。

说明表 4.6.8—12 粗骨料中有害物质含量

项目	混凝土强度	
	≥C30	<C30
针、片状颗粒总含量(按质量计,%)	≤12	≤25
含泥量(按质量计,%)	≤1.0	≤2.0
泥块含量(按质量计,%)	≤0.25	
硫化物及硫酸盐含量(折算成 SO_3,按质量计,%)	≤1.0	≤1.0
氯化物(以 NaCl 计,%)	0.03	—
卵石中有机质含量(用比色法试验)	颜色不应深于标准色。当深于标准色,则应按水泥胶砂强度检验方法进行强度对比试验,抗压强度比不应小于 0.95	

注:1 有抗渗、抗冻或其他特殊要求的混凝土所用的粗骨料,应符合表中≥C30 混凝土技术要求;
2 当粗骨料中发现有颗粒状硫酸盐或硫化物杂质时,应进行专门检验,在确认能满足耐久性要求时可使用;
3 凡颗粒长度大于该颗粒所属相应粒级的平均粒径 2.4 倍者为针状颗粒,厚度小于平均粒径 0.4 倍者为片状颗粒;平均粒径指该粒级上、下限粒径的平均值。

拌制混凝土用粗骨料的碱活性指标及检验应符合本标准 B.0.5 条的规定。

关于混凝土用粗细骨料中常见的含碱活性成分,在《铁路混凝土用骨料碱活性试验方法 岩相法》(TB/T 2922.1—1998)中指出,碱活性矿物包括两类:一类为硅酸类矿物,包括蛋白石、方英石、磷石英、微晶石英(粒径小于 30 μm)、玉髓、严重波状消光石英、火山玻璃、燧石、人工硅质玻璃等;另一类为碳酸盐类矿物,主要为细小菱形白云石晶体。(粒径小于 50 μm),有时晶体周围还存在不溶的黏土基质。

(4)关于砌体用石料的评价标准和试验项目,可参考《铁路混凝土与砌体工程施工规范》(TB 10210)和《铁路混凝土与砌体工程施工质量验收标准》的相关规定。

《铁路混凝土与砌体工程施工规范》(TB 10210)对石料的质量作了如下要求:

石料强度等级应以边长为 70 mm 的立方体试件在浸水饱和状态下的抗压极限强度表示。当采用边长为 200 mm、150 mm、100 mm 或 50mm 的立方体长工件时,其抗压极限强度应分别乘以 1.43、1.28、1.14 或 0.86 的换算系数。石料的强度等级应分为 MU120、MU100、MU90、MU80、MU70、MU60、MU50、MU40、MU30、MU20、MU15 和 MU10。

石料的强度等级应符合设计要求。当设计未提出要求时,应符合下列规定:

片石、块石不应小于 MU40,用于附属工程的片石不应小于 MU30;

粗料石、半细料石及细料石（包括拱石）不应小于 MU60；

破冰体镶面石不应小于 MU100。

浸水和潮湿地区主体工程的石料软化系数，不应小于 0.8。对于沉井填心、拱桥填心及各类防护工程的石料，可不考虑软化系数的要求。

在最冷月平均气温低于 －15 ℃或在 －5 ℃ ～ －15 ℃的地区使用的石料，其抗冻性指标应分别符合冻融循环 25 次或 15 次的要求，且表面无破坏迹象。

《铁路混凝土与砌体工程施工质量验收标准》第 8 章的相关规定摘录如下：

砌体采用的石材应质地坚硬、不易风化、无裂纹，表面的污渍应予清除。

石材强度等级应以边长 70 mm 的立方体试件在浸水饱和状态下的抗压极限强度表示。当边长为 200 mm、150 mm、100 mm 或 50 mm 的立方体试件时，其抗压极限强度应分别乘以 1.43、1.28、1.14 或 0.86 的换算系数。

砌体工程所用石材和混凝土砌块的强度等级应符合设计要求，石材的其他品质指标尚应符合下列规定：

在最冷月平均气温低于 －15 ℃或 －5 ℃ ～ －15 ℃的地区使用的石材，其抗冻性指标应分别符合冻融循环 25 次或 15 次的要求，且表面无破坏迹象；

浸水和潮湿地区主体工程的石材软化系数不得小于 0.8。

石料的类别、形状、规格和质量还应符合《铁路混凝土与砌体工程施工质量验收标准》附录 D 的要求。

附录 D“砌体工程所用石料的类别、规格和质量要求”的规定如下：

砌体工程所用石料的类别、规格和质量要求应符合表 D.0.1（即说明表 4.6.8—13）的规定。

说明表 4.6.8—13　砌体工程所用石料的类别、规格和质量要求

序　号	类　别	形　状	规　格　和　质　量
1	普通片石	形状不规则	石块中部厚度不小于 15 cm
2	镶面片石	形状不规则	有两个大致平行面，厚度不小于 15 cm，其他尺寸大于厚度
3	块　石	形状规则大致方正	稍加修整，厚度不得小于 20 cm，长度和宽度不小于厚度
4	镶面块石	形状规则大致方正	外露面稍加修凿，凹入深度不大于 2 cm，尺寸同块石，外露面向内修凿的进深不小于 7 cm，但尾部的宽度和厚度不大于修凿的部分。丁石的长度不小于顺石宽度的 1.5 倍
5	粗料石	形状规则的六面体	经粗加工，表面不允许凸出，凹入深度不大于 2 cm，厚度不小于 20 cm，宽度不小于厚度，长度不小于厚度 1.5 倍。外露面修凿进深不得小于 10 cm，且修凿面应与外露面垂直，每 10 cm 应凿 4 ~ 5 条纹。丁石长度应比相邻顺石宽度大 15 cm
6	细料石	形状规则的六面体或按设计要求	经细加工，表面不允许凸出，凹入深度不大于 1cm，尺寸同粗料石

因此，石料的试验项目主要为：饱和极限抗压强度、抗冻性指标、软化系数等。

（5）关于铁路碎石道砟的评价标准和试验项目，可参考现行《铁路碎石道砟》（TB 2140—90）和《新建时速 300 ~ 350 公里客运专线铁路设计暂行规定（上、下）》（铁建设〔2007〕47 号）中对道砟的技术要求。

《铁路碎石道砟》第 3.1 条规定，“道砟由开山块石破碎、筛选而成，根据材质性能和参数指标按表 1（即说明表 4.6.8—14）的规定分为一级道砟和二级道砟”。

说明表 4.6.8—14 道砟材质分级指标

<table>
<tr><th>性能</th><th>等级
参数</th><th>一级道砟</th><th>二级道砟</th><th colspan="2">评 级 方 法</th></tr>
<tr><td rowspan="3">1. 抗磨耗、抗冲击性能</td><td>(1)洛杉矶磨耗率 LAA(%)</td><td>$LAA<27$</td><td>$27\leq LAA<32$</td><td rowspan="3">若三个参数的指标分属两个等级,则以两个指标所在的等级为准;若三个指标分属一、二级和不合格,则划为二级</td><td rowspan="12">道砟的最终等级以性能1、2、3中的最低等级为准。一级、二级道砟,均应满足4、5、6三项性能的要求</td></tr>
<tr><td>(2)标准集料冲击韧度 IP</td><td>$IP>95$</td><td>$80<IP\leq95$</td></tr>
<tr><td>(3)石料耐磨硬度系数 $K_{干磨}$</td><td>$K_{干磨}>18$</td><td>$17<K_{干磨}\leq18$</td></tr>
<tr><td rowspan="2">2. 抗压碎性能</td><td>(1)标准集料压碎率 CA(%)</td><td>$CA<9$</td><td>$9\leq CA<14$</td><td rowspan="2">若两个参数的指标不在同一等级,以低的等级为准</td></tr>
<tr><td>(2)道砟集料压碎率 CB(%)</td><td>$CB<18$</td><td>$18\leq CB<22$</td></tr>
<tr><td rowspan="4">3. 渗水性能</td><td>(1)渗透系数 P_m(10^{-6}cm/s)</td><td>$P_m>4.5$</td><td>$3<P_m\leq4.5$</td><td rowspan="4">在四个参数的指标中,以其中两个指标最高的等级为准;若这两个指标最高的等级不在同一级别,则以其中较低的等级为准</td></tr>
<tr><td>(2)石粉试模件抗压强度 σ(MPa)</td><td>$\sigma<0.4$</td><td>$0.4\leq\sigma<0.55$</td></tr>
<tr><td>(3)石粉液限 LL(%)</td><td>$LL>20$</td><td>$20\geq LL>16$</td></tr>
<tr><td>(4)石粉塑限 PL(%)</td><td>$PL>11$</td><td>$11\geq PL>9$</td></tr>
<tr><td>4. 抗大气腐蚀破坏</td><td>硫酸钠溶液浸泡损失率(%)</td><td colspan="3"><10</td></tr>
<tr><td rowspan="2">5. 稳定性能</td><td>(1)密度(g/cm³)</td><td colspan="3">>2.55</td></tr>
<tr><td>(2)容重(g/cm³)</td><td colspan="3">>2.50</td></tr>
<tr><td>6. 软弱颗粒</td><td>饮水单轴抗压强度(MPa)</td><td colspan="2">≤20</td><td>软弱颗粒含量少于10%(质量比)</td></tr>
</table>

《铁路碎石道砟》第3.4条规定,"道砟的级配应符合表2(即说明表4.6.8—15)的规定,其级配曲线示于图1(即说明图4.6.8—2)"。

说明表 4.6.8—15 道 砟 级 配

方孔筛孔边长(mm)	16	25	35.5	45	56	63
过筛质量百分率(%)	0~5	5~15	25~40	55~75	92~97	97~100

《铁路碎石道砟》第3.5条"道砟颗粒形状及清洁度指标"规定,"①针状指数不大于50%,片状指数不大于5 0%;②黏土团及其他杂质含量的质量百分率不大于0.5%;③粒径0.1 mm以下的粉末含量的质量百分率不大于1%"。

《新建时速300~350公里客运专线铁路设计暂行规定(上、下)》(铁建设〔2007〕47号)第5.2.4条规定,道床"应采用特级道砟,并符合相关技术条件的要求"。在该条的条文说明中阐明,"特级道砟相关技术要求执行《350 km/h客运专线特级碎石道砟暂行技术条件》(铁科技〔2004〕120号)"。

《350 km/h客运专线特级碎石道砟暂行技术条件》(铁科技〔2004〕120号)对"特级道砟"的相关技术要求如下:

道砟由开山块石破碎筛分而成,颗粒表面全部为破碎面。

道砟材质性能应符合表1(即说明表4.6.8—16)的规定。

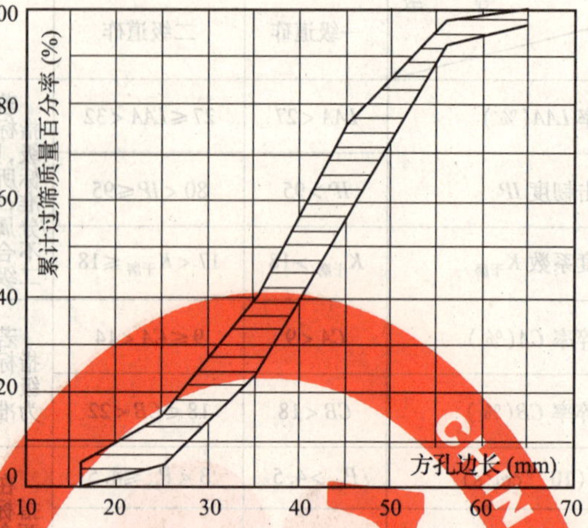

说明图 4.6.8—2　一、二级道砟级配曲线

说明表 4.6.8—16　特级道砟性能参数指标

性　能	参　数	指　标	评定方法：单项性能评定	评定方法：综合评定
抗磨耗、抗冲击性能	洛杉矶磨耗率 *LAA*(%)	*LAA*≤18	必须达标	各项性能必须全部满足要求
	标准集料冲击韧度 *IP*	*IP*≥110	至少一项参数达标	
	石料耐磨硬度系数 $K_{干磨}$	$K_{干磨}$ >18		
抗压碎性能	标准集料压碎率 *CA*(%)	*CA* <8	两项参数同时达标	
	道砟集料压碎率 *CB*(%)	*CB* <17		
渗水性能	渗透系数 P_m(10^{-6} cm/s)	P_m >4.5	至少有两项参数达标	
	石粉试模件抗压强度 σ(MPa)	σ <0.4		
	石粉液限 *LL*(%)	*LL* >20		
	石粉塑限 *PL*(%)	*PL* >11		
抗大气腐蚀破坏	硫酸钠溶液浸泡损失率(%)	<10	必须全部达标	
稳定性能	密度(g/cm³)	>2.55		
	容重(g/cm³)	>2.50		
软弱颗粒	饱水单轴抗压强度(MPa)	≤20		

道砟粒径级配应符合表 2(即本规范说明表 4.6.8—17)的规定,其级配曲线如图 1(即本规范说明图 4.6.8—3)所示。

说明表 4.6.8—17　特级道砟粒径级配

粒　径		筛分机底筛和面筛孔边长(mm)		31.5~500		
级　配	方孔筛孔边长(mm)	22.4	31.5	40	50	63
	过筛质量百分率(%)	0~3	1~25	30~65	70~99	100
颗粒分布	方孔筛孔边长(mm)	31.5~50				
	颗粒质量百分率(%)	≥50				

注:检验用方孔筛系指用金属丝编织的标准方孔筛。

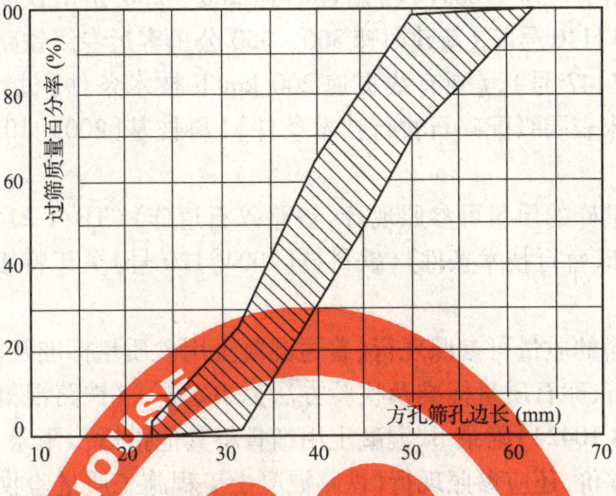

说明图 4.6.8—3 特级道砟级配曲线

颗粒形状和清洁度：

针状指数不大于20%，片状指数不大于20%。

粒径0.5 mm以下颗粒含量的质量百分率不大于0.6%；粒径0.063 mm以下粉末含量的质量百分率不大于0.5%。

出厂道砟需经清洗，道砟不得含黏土及其他杂质，保持颗粒表面清洁。

饱水单轴抗压强度小于20 MPa的软弱颗粒和其他杂石不得大于2%。

因此，碎石道砟的试验项目主要为：天然及饱和状态下道砟原材料的单轴抗压强度、洛杉矶磨耗率、标准集料冲击韧度、石料耐磨硬度系数、标准集料压碎率、道砟集料压碎率、渗透系数、石粉试模件抗压强度、石粉液限、石粉塑限、硫酸钠溶液浸泡损失率、密度、容重、软弱颗粒的饱水单轴抗压强度及其含量、道砟级配试验、针状和片状颗粒含量试验、黏土团及其他杂质含量试验、粉末（小于0.1 mm或0.5 mm颗粒）含量试验等，必要时应进行岩石磨片鉴定。

关于取样的要求：

一般应对场地内的所有地层进行取样和试验，以判定有用层和无用层。对土、砂原状土样的取样，一般应在试坑壁按要求的间隔取样，或利用专用取土器在钻孔内取样。对土、砂砾石层（包括路基填料、级配砂砾石、级配碎石等）的扰动土样可采用在试坑内刻槽的方法选取代表性的试样，槽的断面宽度一般为30 cm、深40 cm，最小宽度和深度应大于最大粒径长轴的2倍，特大漂石可在坑壁就地测量。一般取样数量为土20～25 kg、砂8～10 kg、砾石类不少于20～30 kg。进行原状土试验的土样数量一般每组不少于3筒；铁路碎石道砟的碎石试验：碎石粒径（方孔筛）60～70 mm，质量240 kg；块石试样：长×宽×高分别为200 mm×160 mm×140 mm的块石4块，如岩石的层理明显，应增加取样方向平行于层理方向的块石2块。

4.6.9 当前铁路用天然建筑材料可参照下列标准的要求进行评价：

（1）路基填料的质量可参照现行《铁路工程岩土分类标准》（TB 10077）附录A"路基填料分组的要求"或《铁路路基设计规范》（TB 10001）第5.2节的要求进行评价；

（2）级配碎石、级配砂砾石的质量可参照《铁路路基设计规范》（TB 10001）第5.3节、

《铁路碎石道床底砟》(TB/T 2897)、《新建时速 200～250 公里铁路设计暂行规定(上册)》(铁建设〔2005〕140 号)、《新建时速 300～350 公里客运专线铁路设计暂行规定(上、下)》(铁建设〔2007〕47 号)、《既有线提速 200 km/h 技术条件(试行)》(铁科技函 747 号)、《客运专线基床表层级配碎石暂行技术条件》(科技基〔2005〕101 号)等对基床的相关要求进行评价;

(3)铁路碎石道砟的质量可参照现行《铁路碎石道砟》(TB/T 2140)和《350 km/h 客运专线特级碎石道砟暂行技术条件》(铁科技〔2004〕120 号)关于特级道砟的要求进行评价;

(4)混凝土骨料的质量可参照现行《普通混凝土用砂质量标准及检验方法》(JGJ52)、《普通混凝土用碎石、卵石质量标准及检验方法》(JGJ53)、《铁路混凝土与砌体工程施工质量验收标准》(TB 10424)附录 B“混凝土用细骨料其他指标”、附录 C“混凝土用粗骨料指标”的要求进行评价,还应参照现行《铁路混凝土工程施工质量验收补充规定》(铁建设〔2005〕160 号)附录 D“混凝土用细骨料的技术要求”和附录 E“混凝土用粗骨料的技术要求”、《铁路混凝土结构耐久性设计暂行规定》(铁建设〔2005〕157 号)第 4.3 节“细骨料”和第 4.4 节“粗骨料”的有关规定进行评价。

(5)砌体石料的质量可参照现行《铁路混凝土与砌体工程施工规范》(TB 10210)和《铁路混凝土与砌体工程施工质量验收标准》(TB 10424)的相关要求进行评价。

4.6.10　填料或其他小型建筑材料场地的储量计算,应分别有用层和无用层计算,并考虑适当扣除开采过程中损失的部分。

大型永久石砟场的储量评价应符合国家标准《固体矿产地质勘查规范总则》(GB/T 13908—2002,以下简称《总则》)的规定。该《总则》规定,“根据矿产资源/储量的经济意义、可行性评价和地质可靠程度,将固体矿产资源/储量分为储量、基础储量和资源量三大类 16 种类型”。

“储量”是指“经过详查或勘探,达到了控制的和探明的程度,在进行了预可行性研究或可行性研究后,扣除了设计和采矿损失,能实际采出的数量。经济上表现为在生产期内,每年的平均内部收益率高于行业基准内部收益率。储量是基础储量中的经济可采部分,又可分为可采储量、探明的预可采储量及控制的预可采储量 3 个类型”。

“基础储量”是指“经过详查或勘探,达到了控制的和探明的程度,在进行了预可行性研究或可行性研究后,经济意义属于经济的或边际经济的那部分矿产资源。基础储量又可分为两部分,即经济基础储量和边际经济的基础储量”。

“资源量可分为三部分,即内蕴经济资源量、次边际经济资源量和预测资源量”。

由以上规定可知,储量评价时应考虑地质勘查的可靠程度,还要考虑社会、经济、工艺等因素。如该《总则》规定的“可采储量”是“在勘探地段内,达到了探明的程度……经可行性研究,在对矿床的开采、选冶、经济、市场、法律、环境、社会和政府因素的研究,并扣除了受这些因素影响而不能开采的部分后,被证实为在当时开采是经济的那部分即谓可采储量,可供矿山建设设计利用。地质和可行性评价的可信度高”。

提供永久石砟场储量计算的地质勘察资料的精度,应达到该《总则》中“详查”和“勘探”阶段的技术要求。

地质储量的计算方法一般采用“平均厚度法”、“平行断面法”和“三角形法”。

平均厚度法:适用于地形平缓、岩性单一、岩层厚度均匀的场地。计算时先在平面图上圈定储量计算的范围，求其面积，然后根据圈定面积内有用层的平均厚度求出有用层的体积，此即为储量。当地形、地层复杂时，可将面积划小进行计算。

平行断面法：先对已做勘探的地质断面和现场实测的与之平行的断面进行每个断面有用层面积的计算，然后计算相邻两断面间有用层的体积，各断面间的体积相加后即为储量。

三角形法：常用于勘探点（网）布置不规则的场地。计算时多以勘探点为顶点，划出若干个三角形，求出三角形面积，再根据勘探点上有用层厚度计算该三角形内有用层的体积，各三角形中有用层体积之和即为储量。

5.1.1 滑坡产生主要受地层结构、地质构造和水文地质条件等因素的控制，它多发生在有易滑地层，有软硬岩石互层或层间结构面错动、有软弱夹层及动水压力等地段。

5.1.4 对于岩质滑坡查明地质构造是重要的。滑坡发生的原因以及滑动周界的范围大小往往与地质构造有直接关系，应加强对各类结构面的调绘与分析。

调查访问当地居民对了解大滑坡的历史情况很有好处。如宝成线白水江2号滑坡，当地居民反映200年前山体曾崩塌过，后经调绘得到了证实。

工程地质勘察中不但要注意对“自然滑坡”的识别与防治，同时还需对工程可能引起的滑坡给予足够重视。根据成昆线等6条干线的统计，“工程滑坡”（因施工开挖造成的滑坡）占整治滑坡总数的75%以上。因此，对那些虽然在自然状态下稳定，但由于工程施工、环境地质条件改变可能造成失衡的山坡（如在基岩山坡上有厚层的坡积层，或软硬岩层相间并倾向线路，且有地下水活动），在地质调绘时，应加以特别注意，应全面分析各类结构面的形态，特别应注意不利结构面的调查分析，准确地判明或预测山坡因工程活动而可能引起的稳定性变化，是非常重要的。对此，勘测设计、施工甚至运营部门都应充分重视。在勘测设计阶段，工作要做够，不仅注意山坡自然形态调查分析，还应考虑工程设置后，特别是开挖临空后，对不利结构面的稳定性评价；在施工阶段，要坚持合理的作业程序和科学的施工方法；在运营阶段，要加强山坡的养护和观察。同时，还应注意人为活动对滑坡稳定的影响（如灌溉、弃渣、开山采石等）。

在工程地质调绘中，尚须注意并调查了解错落向滑坡转化的可能性。

5.1.5 滑坡地区的勘探工作对于滑动面和水文地质情况都要给予充分的注意，对复杂地段还应在滑体外布置必要的钻孔，进行地层、岩性和地下水情况的对比。

滑动面（带）的鉴定，是一项细致、复杂又十分重要的工作，既要防止仅凭少数钻孔中的软弱夹层或含水点确定滑动面，也要防止简单地把堆积层与基岩接触面作为滑动面。要综合分析，互相验证，慎重判认：

（1）要充分利用地质调绘成果，结合滑坡周界、可能滑动层位、水文地质条件等资料确定滑动面。必要时，取样进行岩矿电子扫描鉴定，根据矿物排列的方式与方向确定滑动面及滑动方向。

（2）要区分构造擦痕与滑坡擦痕。一般情况下，构造擦痕常有烘烤现象；滑坡擦痕，多将构造擦痕切断，滑面底常有薄层黏土富集。

（3）土质滑坡可能有数层软弱夹层，其滑面也可能不是单一的，可能是数个塑性滑面的组合。

（4）勘察中应注意地层产状、层位的变化、钻探中的异常情况（如塌孔、缩孔、卡钻、落钻等),以及土石结构有无扰动等现象。

《铁路工程地质钻探规程》(TB 10014—98)第 4.10.1 条规定,"滑坡钻探应采用干钻、无泵反循环或双层岩芯管方法进行"。

5.2.1 在地形陡峻(坡度常大于55°,高度大于30 m)、岩层裂隙发育的地区,特别是在脆硬岩石地段或软硬岩互层地段或岩体结构面的倾角较陡其走向大致平行河流的陡坡或峡谷地段及卸荷裂隙发育地段,都具有产生危岩、崩塌和落石现象可能。而路堑开挖后形成高陡边坡,往往出现卸荷裂隙,进一步发展也会产生崩塌和落石现象。如宝天、宝成、鹰厦等线,崩塌和落石占病害工点的很大一部分。

崩塌和落石多在久雨或暴雨之后发生。坍塌体顶端先有裂缝出现,节理缝隙扩大,断层破碎带或构造面风化加深,地表水下渗,地下水流变浊,边坡有小型的局部坍塌落石,甚至能听到岩石变形挫动的响声。但这些预兆不太明显,不易为人们所察觉。崩塌不但发生于坚硬岩体组成的山坡,在软弱岩体以及土体的陡坡地带也会发生。

5.3.1 工程地质勘察中要注意岩堆与坡积层的区别,坡积层主要是指沿山坡坡面堆积而成的覆盖物;岩堆则是在重力作用下发生的,以岩块和岩屑堆积为主,多见于陡坡坡脚。岩堆其表面坡度与堆积物的安息角相近,常处于极限平衡状态。

5.3.3 岩堆地区即使植被良好,但在遇到周期性暴雨或坡脚被破坏时,往往顺坡产生泥流或坍塌。

陡崖下的岩堆,在降雨量较大时因雨水下渗和基岩中地下水补给,可能在堆积床或沿某个堆积层形成饱水带,而造成崩塌性滑坡。对位于线路上方的岩堆体,如用路基或桥涵在其下方通过,就应对其稳定性进行分析、检算。

5.4.1 泥石流是由于降水(暴雨、融雪、冰川)而形成的一种夹带大量泥、砂、石块等固体物质的特殊洪流。

泥石流介于块体运动与水力运动之间,呈稀性紊流、黏性层流或塑性蠕流等状态运动,它形成过程复杂,暴发突然,来势凶猛,破坏力强,是不可忽视的一种地质灾害。

对纵坡陡峻的黏性泥石流,因沟床粗糙率降低,其流速与流量都可能很大,还有巨大漂石被夹带移动,此种危害应予重视。

对大规模暴发而时间间隔较大的泥石流,因间隔期间沟床呈现一般山区河沟的状况,似乎没留下多少痕迹,晚造成已稳定的错觉。但当其条件成熟时,往往暴发规模较大的泥石流。实践经验告诉我们,在泥石流沟分散,现状表现威胁较轻的地段,往往由于重视不足,工程做的不够,因而问题出现的反而较多;而在泥石流沟集中、现状表现威胁较重的地段,由于重视充分,工程措施加强,所以问题反而少。

第一条泥石流沟每次暴发时其性质及流量等都不会相同,而在同一场泥石流的全过程中,峰前、峰后与洪峰时也完全两样。因此要重视调查研究,掌握泥石流的发展规律,并预测最不利的情况。

5.4.3 在泥石流地区选线时,其线路平面位置最好选在沟床最狭窄,沟岸及纵坡冲淤总趋势稳定,无漫流改道之虞,危害相对较轻的地段。但该段可能下切或旁蚀作用较强,在调查测绘中应特别注意。

一般说来,泥石流扇的扇顶、扇腰部位危害最为严重。因为此处泥石流漫流范围宽,各沟槽流势多变,淤积速度快,搬运及冲击力强。而扇缘部位处于泥石流末端,搬运及冲击力弱,淤积速度慢,因而危害稍轻些。线路选在扇缘处通过的也不少。但对于峡谷段泥石流，须特别注意主河水流切割对扇缘的影响。

山坡型泥石流虽然规模小，但暴发突然、破坏力强，预测困难，在大暴雨或特大暴雨的激发下常成群成带发生，危害极大。因此在季风气候区铁路沿山坡较陡（20°～40°）、坡面较长、较平整、坡积层较薄（<3 m）。下伏基岩透水性较差的斜坡地段时，应考虑山坡泥石流发生的可能性。

在泥石流强、主河势弱的地段，要考虑到泥石流堵江断流的可能性。

当泥石流及其他不良地质现象在主河两岸犬牙交错分布时，应认识到主河主流往复摆动的严重性，不但要调查泥石流扇缘在泥石流发生时的冲或淤，更要预测到若干年后，因主河主流的偏移而发生性质相反的变化。

5.4.4 泥石流是山区自然地质灾害之一。典型的泥石流流域，从上游到下游一般可分为形成区、流通区和堆积区。形成区为陡峻山区，汇水面积较宽，山坡裸露，松散固体物质储量丰富，常有滑坡、崩塌存在；流通区沟床较顺直，沟谷较窄两侧山坡较稳定，纵坡较上游平缓；沉积区一般都是沟谷出口之外，纵坡平缓，地形开阔，泥石大量堆积。还需注意堆积区范围常伸入流通区，从而使该处具有流通区及泥石流扇顶的双重性质。而当老泥石流扇缘出现新泥石流扇时，早期泥石流的堆积区也可能成为近期泥石流的形成区或流通区。工程地质调绘应根据线路通过泥石流域的特点开展工作。

对泥石流形成区主要调查了解、确定泥石流物质补给来源，是以构造破碎岩体为主，还是以第四系堆积物为主或是以不良地质现象的滑坡坍塌体为主。

对泥石流的流通区首先应查明、确定收缩口及位置，然后应对泥石流在此处的下切能力和下切深度或旁蚀强度有足够的估计。特别是以隧道通过收缩口处沟底时，初测阶段应摸清沟床基岩情况和水文地质情况。

对泥石流的堆积区，应根据洪积物的厚度及成层情况查明泥石流的规模和暴发强度，根据洪积扇各层的沉积及分布特点分析泥石流暴发时的主流线变化情况。

对各种工程弃渣及山坡毁林造田、水土流失、水库溃决而形成、复活或加剧的泥石流危害情况应引起重视。如成昆线有些泥石流就是人为因素促使其发生、发展的。

地震是激发或加重泥石流危害的一个因素。凡地震动峰值加速度等于或大于0.1g的山区，在其他条件相同的情况下，则更应该研究产生泥石流的可能，应查明沟的中上游有无山体坍塌可能形成堤坝堵塞而蓄水，给下游工程造成隐患等。

5.5.1 在干旱、半干旱及半湿润气候条件下，表层主要由松散的粉、细砂物质组成。植被稀少的地段，当风力大于起沙风速时，沙粒常随风流动（包括风的吹蚀和沉积）形成活动的沙丘、沙堆，掩埋房屋、农田、道路，污染环境，增大机械磨损。该类地区的铁路还常因沙流掩埋钢轨、堵塞道心等造成行车事故。因此在铁路工程地质勘察中，应首先确定风沙地区范围，而后考虑如何根据其特点选择线路位置和为固沙工程搜集地质资料。从风沙地貌学和工程地质角度确定风对松散沙物质的吹蚀、搬运、堆积的过程，称作风沙作用，所形成的地貌称作风沙地貌，主要类型有沙漠（沙地）、戈壁及沙漠化土地，这些统称为风沙地区。有松散的沙层是该类地区的物质条件，气候干旱、常年有大于起沙风速的风是气候条件，沙层无覆盖或植被稀少是必备条件。三方面条件的共同作用和不同组合，形成不同的风沙类型。

5.5.2 风沙危害程度是铁路工程地质选线应考虑的重要问题之一。其分类包括严重、中等、轻微三类。

严重风沙地段包括：大面积（ >10 km^2）的高大、密集流动沙丘、风沙流动频繁的地区；大面积稀疏、低矮流动沙丘，沙丘年移动大于 10 m；风力强大（常年有 10 级以上大风）的严重沙漠化土地地段；沙源丰富的山口及每米断面年输沙量大于 10 m^3 的戈壁风沙流地带。

中等风沙地段包括：大面积半固定沙丘和部分流动沙丘为主的地区，其中沙丘年移动 5～10 m；风蚀明显、沙层疏松、深厚的沙地及中度沙漠化土地；每米断面年输沙量 5～～10 m^3 的戈壁风沙流地带。

轻微风沙地段包括：半固定沙丘地区有零星的流动沙丘分布；植被遭受破坏，大风时有风沙流活动；轻微沙漠化土地；每米断面年输沙量小于 5 m^3 的戈壁风沙流地带。

5.5.3 风沙地区铁路工程地质选线，当以顺其风向，利于沙流通过而不掩埋工程为前提。严重风沙地段风大沙多、防沙工程艰巨且不能保障一劳永逸，因此应尽量绕避。如包兰铁路巴彦高勒至乌达段，采用现行两跨黄河方案，绕避乌兰布和沙漠，实践证明这样的选择是正确的。固定沙丘、半固定沙丘地带及防护林带，风力搬运减弱，有利于植物生长，线路选择在这些地带通过是适宜的，但应注意施工时对地表植被的破坏，避免使沙丘复活；古河道地形较开阔，又是地下水储存和植物生长的地带；风蚀地带虽有风蚀之害，但较易于防护。上述地段是风沙地区线路通过适宜地段。

在山地陡坡积沙地段，由于松散沙层与下覆基岩软硬不均，对沙层稳定检算和基岩面坡度的测定都有一定难度，线路以避绕为宜。风沙流通过山地背风测风影区时产生涡流，易发生积沙，且无法防治，故线路应在风影区以外的地带通过。

线路走向与主风向平行，可减少路基的沙埋和风蚀；当线路与主导风向垂直，容易造成沙埋道心。风沙通过路堑时，产生明显的旋涡运动，风力显著降低积沙严重；不填不挖地段也最容易积沙；路堤是风沙地区最好的路基断面形式，遇路堤时风沙流通条件较好，对行车安全影响小，路堤面积沙也可借风力吹走，清沙工作简便。实践证明，风沙地区路堤高度不小于 1 m 为宜。

风沙地段，在有水源保障的条件下，采用防护林带固阻风沙改造自然是治本的合理方案。我国包兰铁路在迎水桥、沙坡头通过腾格里沙漠前缘的一段，就是造林固沙比较成功的一例。

5.6.1 岩溶又称喀斯特，是可溶性岩层如碳酸盐类的石灰岩、白云岩以及硫酸盐类的石膏等受水的化学和物理作用产生沟槽、裂隙和空洞，以及由于空洞顶板塌落使地表产生陷穴、洼地等侵蚀及堆积地貌形态特征和地质作用的总称。

5.6.4 岩溶地区，一般在初测阶段开展岩溶普查工作。在大面积的普查工作中，要充分利用航片进行预判，在预判的基础上再开展野外地质调绘工作。

在地质调绘的同时，要研究本地区地表水系与地下水系的排泄条件，调查了解地表干谷与地下暗河的可能分布位置，使铁路在平面上避开暗河发育的地段。

岩溶发育强度与岩溶地区的地层、岩性、地质构造、岩层层埋、节埋裂隙特征和地下水的侵蚀作用密切相关，因此在调查测绘中要查明本地区的地质构造、岩性特征和水文地质条件等，以便分析岩溶发育程度、分布范围，以圈定强岩溶化区与弱岩溶化区的界限。

在覆盖型岩溶区，由于地下水的活动常形成地面塌陷和土洞等。地面塌陷和土洞的形成对工程危害极大，轻者危及工程建筑物的安全，重者颠覆行进中的列车，给国民经济建设造成不可弥补的重大损失。例如津浦线泰安站、浙赣线分宜站等都位于覆盖型岩溶区,都有地面塌陷威胁列车安全、限速运行的记录,是投重资进行地基处理后,才恢复正常运行。

"岩溶发育、形态复杂"的岩溶地段是指在正常勘察阶段,采用一般常规物探和钻探方法不易查清,且对线路方案的确定和工程设置有较大影响的地段。遇此情况往往要进行较大范围的地质调查、水文地质试验,选用更先进的勘探方法,研究线路方案和工程设置的类型等,所以应提出进行专题地质研究的建议。

5.6.5 水文地质调绘是岩溶地段的主要的工作内容之一。岩溶地段的水文地质垂直分带包括充气带、季节变动带、完全饱和带和深循环带。各带的含水条件不同、水流运动规律也不同。查明岩溶水的垂直分带与工程设置的关系是为了在判定岩溶水对工程的影响程度时,可以从宏观的角度评价岩溶的发育程度、地下水的水量、流向等,进而评价岩溶水对工程的影响。

覆盖型岩溶地区的地面塌陷与覆盖层的渗透性、地表水的强烈下渗、受季节影响或人为大量抽水影响造成地下水位的波动等因素密切相关,地面塌陷往往发生在枯水期和丰水期的过渡期间,以及人口稠密、生产生活需要大量抽取地下水的地方。为此,对铁路通过的覆盖型岩溶地段调查地下水的赋存条件、开采情况、水位下降的影响范围,及时提出停止或限制开采地下水的建议十分必要。

5.6.6 在勘察期间要完全查明岩溶发育情况是很困难的,为此应特别加强岩溶发育地段的配合施工工作。根据近年来的经验,对桥基的基坑、隧道的隧底及拱顶、路堑的基底在施工基本完成时进行岩溶发育程度的复查,对岩溶地段的隧道施工开展超前地质预报,是保证施工及运营安全的有力措施。

5.6.7 岩溶地段的勘探应采用综合手段,使取得的地质资料相互补充、相互验证。一般在初测阶段,应先使用物探方法,然后布置必要的钻孔加以验证;在定测阶段,应视工程的需要布置物探剖面和勘探测试孔。必要时,在施工至路基设计高程时,对路基,隧道等建筑基底以下的岩溶发育情况进行补充勘探。

勘探点、线的布置,应根据勘测阶段、建筑物等需要综合考虑。

钻探深度应结合工程类型考虑,作为地基时从溶洞的顶板安全厚度考虑,太薄则不安全;作为建筑物环境(包括围岩和边坡)时,一方面应考虑环境条件的要求,另一方面还应考虑基底岩溶顶板安全厚度要求。对于覆盖型岩溶一般应穿透覆盖层至下伏完整基岩。

水文地质工作应视工程的需要,做简易水文地质观察或必要的系统观测、联通试验、抽水试验等工作,以满足岩溶水水文地质计算和评价岩溶发育程度的要求。

对岩溶形态复杂的地段,在勘察阶段要完全查明岩溶的发育情况是不可能的,针对这种情况在实际工作中往往在施工阶段结合处理措施(如灌浆方法)采取"探灌结合"的方法,即在对勘察资料分析研究的基础上,区别不同的岩溶发育区段,采用不同的钻孔间距或处理深度,边探查边灌浆,以达到工程处理的目的。

对于重点工程地区,必要时,应选择一定数量的钻孔与岩溶泉(井),进行不少于一个水文年的水文地质动态观察。

5.7.1 人为坑洞是指有地层规律可循,并沿某一特征地层挖掘的坑洞,如煤矿(窑)、掏金洞、掏沙坑、坎儿井、防空洞、墓穴、菜窖、窑洞、枯井等。人为坑洞的采空程度和稳定性分区是该类地段工程地质勘察必须解决的问题。由于开采矿体不同和开采时期不同,采空程度差异很大;影响采空区稳定性的因素众多,地质勘察积累的资料较少,在规范中一直未列出划分标准。近几年随着铁路建设的发展,通过开采矿区、规划矿区及小窑采空区的铁路越来越多,上述问题更加突出。为适应铁路建设需要,本次规范规定了按采空程度和开采现状分类的方法,并希望在使用过程中注意积累资料,补充完善分类标准。

铁道第一勘察设计院对近20年来在梅七、西韩、阳涉、孝柳、侯月、神朔、包西等线通过煤系地层的采空问题进行了深入调查、分析,提出了企业划分标准。

(1)界定小煤窑的标准:小煤窑主要指人工开挖、一般不进行支护或仅进行简单支护靠顶板自稳条件开采的煤窑。采用巷道式采煤,主巷道呈网格状,支巷道间距25~30 m,支巷道一般宽2.0~2.5 m、高2.0~3.0 m,一般采用房柱式开采,最后形成的采空仓一般长25~30 m、高6 m、宽6 m。

(2)界定小窑采空和大面积采空标准:当保留煤柱宽大于采空坑洞宽度的4~5倍时,定为小窑采空;当保留煤柱宽度小于采空宽度的4~5倍时,定为大面积采空。

(3)对采空区的稳定性认识:小煤窑采空区由于采空坑洞宽度小,不考虑采空移动盆地,应根据工程性质和重要程度采用不同措施。大面积采空区必须考虑采空移动盆地,工程设置在影响范围外一定距离。

在"小窑采空"和"大面积采空"的界定中,还应注意"回采率"和"采空程度"两个不同的概念。"回采率"是指被开采矿体体积与开采范围内总矿体积之比;"采空程度"是指被开采矿层面积与开采范围总面积之比。现代开采的小矿,尽管规模小,但从机械化程度、通风设备、支撑条件都大于、好于解放前小窑的开采条件。这类小矿在巨厚层矿体开采中,由于支撑条件和开采设备落后,造成"回采率"低,但"采空程度"还是较高的,对工程的危害程度也大。因此,"采空程度"评价时应注意上述不同含义,不可将小矿随意划归"小窑采空",应视其具体采空程度而定。

5.7.4 有设计、有计划开采的矿区和规划矿区,将矿区设计、实施资料移放在线路平面图上与该段区域地质资料综合分析后圈定移动盆地或保留煤柱。

小窑采空区,开采多为乱采乱挖,要确定其采空范围则必须经过实地调查、坑洞测量、结合该段区域地质资料,初步圈定采空范围。用钻探和物探查明坑洞含水和采空范围。根据区域地质资料和钻探资料获取采空层位的埋深和顶板地层物理力学性质。

时间久远的古窑采空区,由于时间久远知情人少,坑洞坍塌又不能实地测量,采空范围及采空程度确定十分困难。为达勘察目的,可采用广泛访问、了解地区开采历史、开采方式、开采能力、开采设备、年开采量、开采时段,分析区域地质资料及水文地质情况,初步确定开采层位,圈定采空范围和采空程度。有条件时,应以物探为先导指导钻探验证采空范围。

5.7.5 查明人为坑洞发育地段的地层层序和人为坑洞的开采层位十分重要。只有查明其发育层位,才能有针对性地开展勘探工作,确定勘探方法和勘探深度,也才能有针对性地提出工程措施建议,确定处理的方法和深度,或基础埋置深度等。

人为坑洞中的小煤窑、古窑以及居民分布密集地区的人防工程、窑洞、古墓、菜窖等,在勘察期间往往不易查清,除采取必要的勘探手段外,还应十分重视调查、访问的作用。

人为坑洞稳定性评价,应根据采空程度和坑洞顶板地层的物理力学性质进行。大面积采空,根据开采矿体的范围、矿层的倾斜程度、上覆地层的物理力学性质确定移动盆地。

根据工程性质确定线路通过位置。小窑采空区，根据采空上覆地层物理力学性质进行评价。

铁一院通过在陕西、山西煤系地层小窑采空区的铁路建设，根据前述的小煤窑开采情况和该地区煤层主要位于石炭、二叠系泥页岩夹砂岩地层的特点，提出了该地区小煤窑采空稳定性评价标准，即：当基岩顶板厚度 <30 m 时，为可能塌陷区，要求所有工程均需处理；当基岩顶板厚度等于 30 ~60 m 时，为可能变形区，重点工程应处理；当基岩顶板厚度 >60 m 时，为基本稳定区，一般工程不处理，重大工程结合其重要性单独考虑。其中顶板为第四系土层时，按 3∶1换算为基岩（即 3 m 土层换算为 1 m 岩层）。依据上述标准，在阳涉、孝柳、侯月、神朔等线小煤窑采空区进行工程处理，经过施工、运营考验尚未发生工程地质问题。

5.8.2 预测水库坍岸是水库地区工程地质勘察的一项重要工作，它直接影响线路位置的确定。水库坍岸预测是一项复杂工作，目前我国虽积累了一定勘测经验，但对某些岸坡再造数据仍多凭经验，所以在具体工作中，应多搜集有关水库的资料，并参考经验数据，用类比法预测水库坍岸。

5.9.1 国家标准《中国地震动参数区划图》（GB 18306—2001）直接采用地震动参数（地震动峰值加速度和地震动反应谱特征周期）划分，不再采用地震基本烈度。本规范相关条文按照《中国地震动参数区划图》（GB 18306—2001）的规定，采用地震动参数进行修编。为便于过渡，现将 GB 18306 附录 D 中表 D1“地震动峰值加速度分区与地震基本烈度对照表”介绍如下：

说明表 5.9.1 地震动峰值加速度分区与地震基本烈度对照表

地震动峰值加速度分区（g）	<0.05	0.05	0.1	0.15	0.2	0.3	≥0.4
地震基本烈度	<Ⅵ	Ⅵ	Ⅶ	Ⅶ	Ⅷ	Ⅷ	≥Ⅸ

我国是一个多地震的国家，为此，在地震动峰值加速度大于 0.1*g* 的地区铁路建筑物必须按抗震要求进行设计。地震区的工程地质勘察工作，除应符合一般地区的勘察要求外，尚需对场地进行分类及评价，预测和考虑未来地震对铁路工程的影响程度，并提出相应的工程措施建议。

鉴于我国发生地震动峰值加速度为 0.1*g* ~0.4*g*（原为七度、八度、九度）的地震区域比较广，并积累了一定的抗震经验，结合国民经济条件，《铁路工程抗震设计规范》设防范围规定将地震动峰值加速度为 0.1*g* ~0.4*g*（原为七度、八度、九度）地区按地震区开展工作，以提供抗震设计所需的工程地质资料。但是，这并不意味着地震动峰值加速度大于 0.4*g*（原大于九度）的地震区就不能修建铁路。

1976 年唐山地震时，仍有一些铁路建筑物经受了地震动峰值加速度大于 0.4*g*（原为十度、十一度）的考验。地震动峰值加速度大于 0.4*g*（原大于九度）地震区的地震系数，抗震设计还缺乏实践经验，设计时需要哪些地质资料和参数无明确标准，为此对地震动峰值加速度大于 0.4*g*（原大于九度）地震区的工程地质勘察需进行专门研究。此外，对抗震有特殊要求的、技术特别复杂的、修复特别困难的建筑物和新型结构，如锚杆挡土墙、拱桥、柔性桥墩、多线隧道和明洞、隧道喷锚衬砌等，也要根据设计时的特殊需要，研究确定工程地质勘察内容。

5.9.2 地震研究程度较差的地区是指人迹罕至的地区，如青藏高原、天山、昆仑山等地区，地震地质条件复杂的地区是指活动断裂发育区和地震动峰值加速度较高（≥0.4g）的地区等。

5.9.3 “抗震有利地段”和“抗震不利地段”的划分，应根据场地的地形、地貌、地质条件和勘探测试资料，并结合建筑物的具体情况（如建筑物的位置、工程的规模、重要程度等）综合分析判定。

抗震有利地段一般指：地形开阔、平坦，山坡平缓；稳定的基岩出露区；第四系地层沉积均匀，等效剪切波速大于250 m/s的中硬土和坚硬土场地（如中密或密实的碎石类土，中密的砾砂、粗砂，坚硬的黄土等）；地下水位埋深较大；地震动峰值加速度小于0.1g的地区。

抗震不利地段一般指：地形陡峻的峡谷，自然边坡高陡的不稳定地段；地质构造复杂，活动断层发育地段（如深大断裂发育地段、发震断裂地段、多条断层交汇地段）；滑坡、崩塌、岩堆、泥石流、人为坑洞及岩溶发育的不良地质地段，河流岸坡不稳定地段；层状岩石的倾角较陡，或节理发育，有不利结构面发育的地段；第四系沉积物松散；在沉积细颗粒为主的地区，等效剪切波速小于、等于250 m/s的地段；地下水位埋藏浅，饱和液化土层发育的地段（如饱和粉土、粉细砂发育地段，淤泥或淤泥质土发育地段，古河床或古沟床、水塘、暗浜等发育地段）；地震动峰值加速度大于等于0.1g的地区。

5.9.4 活动断裂当前分歧较大的是活动断裂的时限，传统的观念已多不采用，多数认为是指第四纪以来（包括中更新世、全新世等）有过活动的断裂，地震区的线路，其震害主要反映在两个方面：一是由地震造成地面破坏而导致铁路工程建筑物破坏，如由于地震而引起的斜坡失稳，山坡变形，饱和砂土、粉土液化地基土失效等造成建筑物的破坏。这种震害属于间接的，但它的影响面大。二是由地震的振动直接造成工程建筑物的破坏，这种破坏虽然是直接的，但也受场地的工程地质条件影响。

地震区应以预防为主，线路应尽量选择在抗震有利的地段，绕避不利地段，并采用对抗震有利的建筑物通过。国内地震区的各类工程都证明了这一点，如1979年云南通海和1974年昭通地震，有的公路选在抗震不利的地段通过，地震后产生严重的崩塌、滑坡，整治困难，只好改移线路。

我国的地震绝大多数是构造地震，其成因和地震影响范围都受地质构造的控制。地壳的不同部位受到挤压、拉伸、旋扭等力的作用，在薄弱部位产生断裂变动，这是产生地震的主要原因。因此我们一般是根据断层的活动性来推测地震发生的可能。一般强烈的地震多发生在活动性强的大断裂带的拐弯、分叉、两端和几个断裂的交汇处。在发震断层及其邻近地区，不仅地震动峰值加速度有明显增高的趋势，而且还往往伴随有地表错动，对工程建筑物破坏极大。如1970年通海地震时，正位于地震断层上的小红坡一号、二号两座小桥遭到严重破坏，而相距不到3 km的曲红桥（三孔12 m石拱桥）因不在发震断层上而基本完好。在国外也有许多实例说明活动断裂带内不宜设桥梁、隧道等重大建筑物。如美国加里福尼亚州南太平洋铁路3～6号隧道，洞身穿过活动断裂带，1952年克恩郡地震时，在地层断裂处，洞身错移。日本丹那隧道的超前排水隧洞，经过活动断层，1930年地震时，由于断层错动，使隧洞洞身横向移开2.18 m之多，致使隧洞废弃。因此，应尽量绕避这些地段，或选择破碎带最窄地段通过，不宜与之平行。同时在此地段内不宜修建重大的或难于修复的建筑物如隧道、大桥和高桥等，最好以低路堤通过活动断裂带。

严重山坡变形是指山坡岩层破碎、风化严重、地下水及地表水丰富，并有崩塌、滑坡、错落等严重变形,在地震力作用下,往往引起这类山坡变形加剧,使铁路工程遭到严重破坏。松散山坡堆积层,是指近代的山坡堆积,一般较松散,受震后易产生沿基岩面滑动的大型堆积层滑坡,这类滑坡对铁路建筑物的破坏作用极大,震后不易抢修。易塌陷的地下坑洞指地下采空区、溶洞、暗河等,地震时易引起顶板破裂而塌陷,使铁路工程遭受严重破坏。悬崖深谷、高耸孤立的山丘,往往多出现在新构造运动比较剧烈的地区,沟谷下切严重,形成“V”形谷,两岩高陡,在地震时易产生崩塌、滑坡等现象。1974 年云南昭通地区地震后发生几处大型滑坡、崩塌,如老虎口大滑坡、手扒岩大滑坡等。

在上述不利地段,不宜修建抗震性能差的重大建筑物如高填、深挖、半挖半填路基工程,大、高桥等,应尽量选择抗震性能强的建筑物通过,最好是绕避这些不利地段或选择影响程度较轻、范围较小的地段通过。

饱和砂土、粉土在地震时可能产生液化现象,而使其承载力大幅度降低,甚至完全消失,这是造成平原地区铁路工程建筑物破坏的主要原因之一,如通海、昭通、溧阳、海城及唐山地震,都有许多实例能说明这一点。1975 年海城地震,长大线位于山前丘陵区,虽然遭受地震动峰值加速度为 $0.2g \sim 0.4g$(原为八、九度)地震影响,但震害轻微;而沟海线(沟帮子—海城)位于退海平原上,下部有可液化粉、细砂及粉土,虽只遭受地震动峰值加速度为 $0.1g \sim 0.15g$(原为七度)地震影响,但由于液化而使地基失效,造成桥墩台向河心滑移,使许多桥梁遭受到严重破坏。唐山地震时,京山线上有五座桥位于地震动峰值加速度大于 $0.4g$(原为十、十一度)地震区,由于下部是较坚硬的黏土,震害并不严重,而永定新河和蓟运河桥,下部有可液化层,虽分别遭受地震动峰值加速度为 $0.1g \sim 0.15g$ 和 $0.4g$(原为七度和九度)地震影响,但都破坏严重。所以本规范规定应尽量选择在非液化地段或可液化层埋藏较深及最窄地段通过,并且不应将可液化层直接作建筑物的持力层。

5.9.5 地震区工程地质调绘包括:

(1)向有关的地震、地质部门搜集与地震有关的资料,调查及分析的内容主要包括铁路沿线地区的地震历史、区域地质构造、主要活动断裂带、温泉及热水的分布情况等,尤其近期活动断裂的性质、位置、产状、破碎带宽度和岩性及其与线路的关系,以摸清沿线地区的地震活动趋势及地质构造背景,对地震给铁路工程造成的可能影响有一个总体了解。

(2)通过调查测绘、勘探试验,查明线路各不同地段的场地条件,主要内容包括:各类不良地质(如滑坡、崩塌、塌陷等)的规模、性质及其在地震影响下复活的可能性,地层岩性和断层破碎带的分布范围、地形地貌、水文地质、可液化层和可溶岩和分布状况等,估计地震后发生崩塌、滑坡、塌陷、地基失效等次生地质灾害的可能性及其对铁路工程的影响,划分对抗震有利和不利地段。

(3)根据《中国地震动参数区划图》(GB 18306—2001)提供的地震动峰值加速度及地震动反应谱特征周期分区,结合场地的工程地质条件,具体划分地震动峰值加速度及地震动反应谱特征周期的区段和线路里程。

(4)本次修订增加了与有关单位和专业协商确定需进行地震安全性评价工点的内容。按国家颁布的《中华人民共和国防震减灾法》和《地震安全性评价管理条例》的要求,“重大建设工程和可能发生严重次生灾害的建设工程必须进行地震安全性评价”。为此,规定应与相关政府管理部门、建设单位协调,与相关的路基、桥涵、隧道、房建等相关专业协商，确定需要进行地震安全性评价的工程项目。

5.9.6 液化深度与砂的密实度、黏粒含量、地下水埋深、地表非液化土层覆盖厚度和地震动峰值加速度等均有密切关系。从1975年海城地震的几个实例来看，地震动峰值加速度为0.1g～0.15g（七度）的最大液化深度不超过15 m，地震动峰值加速度为0.2 g～0.3 g（八度）的液化深度可达18 m，地震动峰值加速度大于0.4g（九度）地区未搜集到实测资料，暂按20 m考虑。

判定饱和砂土、粉土液化可能性的方法，是根据我国解放以来几次大地震时饱和砂土、粉土液化情况的分析，特别是1975年海城地震时砂土、粉土液化情况的分析，同时参考了国外资料，认为采用标准贯入试验方法进行判别较为合适。将静力触探试验结果用于砂土液化判别，是铁路部门在我国乃至世界最早进行的尝试。

《中国地震动参数区划图》（GB 18306—2001）适用于一般工程，对于重点工程、有特殊要求的工程或位于复杂工程地质条件地区应进行专门研究，必要时应进行地震动反应谱特征周期测试。

5.9.7 根据《中国地震动参数区划图》（GB 18306—2001）的要求，在地质资料编制中增加了地震动参数的内容。

5.10.1 放射性和有害气体因最近才列入规范，实际工作的经验尚嫌不足，在执行过程中应注意积累资料，不断完善。

放射性系指不稳定的原子核在自发衰变过程中，放出带有一定能量的粒子，或以电磁辐射的形式释放能量的现象。

原生放射性核素可分为长寿命独立放射性核素和铀系、钍系、锕铀系三个天然放射性衰变系列。放射性辐射的α、β、γ粒子，可造成人体细胞电离，导致各类癌症和白血病。

有害气体系指对人体或工程会造成危害的天然气体，如在煤系地层中会有的瓦斯气体、油气田中的天然气、部分人为坑洞、杂填土中常会有沼气、部分温泉露头的硫化氢等有害气体。有害气体尤其是煤层瓦斯对隧道的设计和施工安全影响最大。在瓦斯隧道勘察中除应查明地形、地貌、工程地质及水文地质条件外，还应着重收集、调查邻近地区煤矿和油气田地区的相关资料，如瓦斯含量、瓦斯赋存和突出、瓦斯等级、通风方式、历史记载等；查明隧道通过的地层层序、煤层的层数、产状，隧道通过的具体里程和长度；煤的主要物理性质和瓦斯含量、瓦斯压力、瓦斯放散初速度等。必要时应布置专门的勘探点，进行煤层瓦斯的取样。施工中对于揭露的煤层，应取样复测煤层的瓦斯含量和其他参数，并随时进行瓦斯的检测。

近年来，在人们认为不会产生有害气体的地层中也发生了可燃气体燃烧或爆炸的事件。如达成线炮台山隧道施工中发生的可燃性气体燃烧事故，就是因为埋藏于地下深处的天然气沿侏罗系地层中的裂隙上升造成的。因此，在勘察中应重视有害气体的勘察工作，并注意积累有害气体勘察的经验。

6.1.1 黄土是我国北方广泛分布的特殊土，主要分布在秦岭、伏牛山以北的华北、西北、东北广大地域。由于黄土形成及存在的气候条件和特殊性质形成了其特殊的地貌形态和不良地质现象。因此，应结合工程特点、黄土特征及与工程有关的工程地质问题，有针对性地开展工程地质勘察工作，查明黄土特征、地区差异及环境条件，作出切合实际的场地评价。

6.1.5 黄土的特征致使黄土地区的地面切割严重，形成了千沟万壑的地形、地貌形态，铁路跨越这些沟壑是经常遇到的情况。黄土冲沟呈现的特点是沟深、坡陡，其深度可达几十米甚至上百米，很多坡度达50°～60°。以往铁路跨越这些深陡的冲沟时多以路堤的形式通过，由于路堤的沉降过大，常造成较多的路基病害。因此，今后在这类地区修建铁路，以桥通过的比例将会很大；冲沟两侧如路堑挖方较大时，也可能以隧道通过，在这种情况下有两个问题应予以考虑。一是这些深陡的岸坡附近的不良地质现象（如浅层滑动、错落、陷穴、坡脚冲蚀等）对岸坡稳定性的影响；二是岸坡上设置的桥台和洞门的基础的稳定性。在设计中可能出现桥台深入到路堑或隧道中的情况。出现这种情况时，要根据线路通过处存在的不良地质现象，确定稳定的边坡线，对不稳定地段在选线时应考虑绕避。不能绕避时，在设计中应考虑进行处理和加固，对建筑物基础的设置位置和深度应进行专门的评价、检算和分析。

黄土陷穴在黄土地区是普遍存在的一种不良地质现象，自然情况下主要分布在黄土台塬的边缘地带、沟谷岸坡、沟床底部等地形陡峻处。在黄土台塬边缘，或地面横坡较大处，或跨越冲沟时，铁路路基修筑后上游侧形成积水等情况也可能形成新生的陷穴。黄土陷穴有的可达到很大的规模（如数立方米甚至数十立方米），通道很长。位于线路下面会造成重大隐患，曾发生过不只一次颠覆列车的重大事故。位于黄土台塬边缘或黄土边坡附近则可能造成边坡坍塌。黄土陷穴的另一个特征是，它是不断变化的，小的可以发展成大的；原来没有的，在条件具备时，可以产生出新的。同时它又比较隐蔽，有的口小，下面大；有的有进口，但出口很难找到；有时真正大的洞穴还在距发现的进口很远处。

对于黄土陷穴，勘察阶段必须在线路两侧一定范围内查明其分布、规模，并做出对线路危害程度的分析评价，提出处理措施意见。设计时要充分考虑线路构筑物修建以后，由于地表地形、构筑物的变化，可能形成新的陷穴的不利条件（如上游侧造成积水）。尤其是线路经过台塬边缘时，以及地面横坡比较大时，一定要注意新生黄土陷穴的形成可能和危害。

6.1.6～6.1.7 黄土地区的工程勘探取样深度和测试要求，历来是该特殊土的重点问题之一。本次规范修订采用了与现行国家标准《湿陷性黄土地区建筑规范》（GB 50025—2004）相协调的原则，还根据铁路工程特点补充修订了如下内容：

（1）黄土地区勘探取样的地区要求，根据铁路建设在豫西三门峡和晋南侯月线遇到的自重湿陷土层深达13～16 m的情况，规定了该两地区一般建筑物自重湿陷性场地勘探取样深度至基础底面下不小于15 m的要求。

（2）湿陷性试验压力修订情况：

① Q_4、Q_3 黄土地区基底下10 m以内湿陷性试验压力采用200 kPa的原因：根据黄土地区采用载荷试验、静力触探、土工试验等方法确定的 Q_4、Q_3 黄土的地基基本承载力多为100～200 kPa，与原规定湿陷性试验压力300 kPa相差较大，用其测试结果评价场地显然不切合实际；在同一地点由于建筑物不同（如同一车站的房屋和桥涵）按以前规定用不同的测试压力，有时出现不同的判定结果，也不合理；由于标准不同，湿陷性试验压力不同，也不利于资料交流。

② 本次修订的第6.1.7条第2款与《湿陷性黄土地区建筑规范》（GB 50025—2004）第4.3.3条第4款一致。

（3）规定高桥及其他高大建筑，必要时对其压力范围内的 Q_2 黄土也应进行湿陷性试验,是根据路内外一些工程在其压力影响范围内的 Q_2 黄土上部仍有湿陷性提出的。例如,侯西线汾河三级阶地暴露的 Q_2 黄土地层在 400 kPa 压力下湿陷系数达 0.082 4;蒲城电厂资料表明,黄土湿陷性土层厚达 38 m,Q_2 黄土地层上部也具有湿陷性。

(4)采取原状土推荐了挖探和原位静压取土方法。根据铁路工程地质勘察实践,在取样竖向间距的规定方面,较国家标准稍灵活了一些。

关于饱和黄土地震液化判定的问题,在现行《建筑抗震设计规范》(GB 50011—2001)第 4.3.3 条中规定了饱和砂土和饱和粉土初步判别不液化或不考虑液化影响的标准,其中明确提出"不含黄土",理由是"关于黄土的液化可能性及其危害在我国的历史地震中虽不乏报导,但缺乏较详细的评价资料,在建国以后的多次地震中,黄土液化现象很少见到,对黄土的液化判别尚缺乏经验,但值得重视……有待进一步研究"。《铁路工程抗震设计规范》中对黄土的液化判定标准也没有明确。为解决实际工作中的问题,可参照上述两规范对饱和粉土或粉质黏土的判定标准进行黄土的液化判定。

6.1.8　本次修订对湿陷性黄土场地的评价标准进行了一些改动,划分湿陷等级的"总湿陷量计算值"(在现场采取不同深度的不扰动土样,通过室内浸水压缩试验在上覆土的饱和自重压力下测定、计算)的界限值由原来的 30 cm、60 cm 改为现在的 30 cm、70 cm,以与现行《湿陷性黄土地区建筑规范》(GB 50025—2004)第 4.4.7 条保持一致。

6.1.9　黄土地区地质资料的整理与其他特殊岩土类型不同。软土、膨胀土可单独作为一个工点进行地质调查、勘探、试验资料的归纳和整理,而黄土一般是在路基、桥涵、隧道、站场、滑坡、错落、窑洞(人为坑洞)、地震区等工点资料中分别阐述黄土的地质特征,为设计提供资料。

6.1.10　对于自重湿陷性黄土层中的桩基,在浸水条件下土体产生湿陷,将出现负摩擦力,在桩基设计中应作为荷载予以考虑。负摩擦力值的大小,在相关规范中给有经验值,可供设计使用。

负摩擦力大小受两个因素影响:一个是负摩擦力发生的部位,即中性点位置;另一个是负摩擦值的大小。一般认为,室内试验确定的自重湿陷性黄土分布段便是产生负摩擦力的段落。但有时由于黄土敏感性偏低,现场实际发生的负摩擦力分布段有可能小于由室内试验确定的自重湿陷性段,这样将影响设计的合理性。为合理确定中性点位置及负摩擦力值的大小,应在现场进行桩的浸水试验。该试验规模较大,技术上的难度也较大,但技术比较成熟。

从黄土性质的变化规律看,由西北向东南,土的塑性指数趋大,天然含水率增高,湿陷性应有一定减弱。《湿陷性黄土地区建筑规范》(GB 50025—2004)对关中地区(Ⅲ区,从宝鸡到三门峡)的湿陷性黄土是这样描述的:"低阶地多属非自重湿陷性黄土,高阶地和黄土塬多属自重湿陷性黄土。湿陷性黄土层厚度:在渭北高原一般大于 10 m;在渭河流域两岸多为 4~10 m,秦岭北麓地带有的小于 4 m。地基湿陷等级一般为Ⅱ~Ⅲ级,自重湿陷性黄土层一般埋藏较深,湿陷发生较迟缓"。但地处该区的郑西客运专线,最近的勘察资料表明,该区的自重湿陷性土层厚度远远超过规范的描述,一般为 15~18 m,有的超过 25 m。这样大的深度,自重压力很高,有的超过 400 kPa,等于在高压下测定湿陷系数。而自重湿陷量的实测值与计算值的差异随地域差别很大。对其差异,规范用修正系数 β_0 表示,并对 β_0 取值作了规定:陇西地区为 1.5,陇东—陕北—晋西地区为 1.2,关中地区为 0.9,其他地区为 0.5。按规范的规定,郑西铁路客运专线自重湿陷性黄土问题较突出的

三门峡西至华阴段 β_0 显然应该取 0.9。但值得注意的是原《湿陷性黄土地区建筑规范》(GBJ 25—90)规定,关中地区的 β_0 本是 0.7,2004 年修订规范时才改为 0.9。而修改所依据的五地的试验资料(见该规范第 4.4.4 条条文说明)均远离郑西客运专线。而该线所处的渭河高阶地又尚无黄土自重湿陷量的实测值与计算值的对比试验资料。为能较客观地评定该段黄土的湿陷等级,准确判断湿陷性对线路工程的危害,结合客运专线如此重大的工程,进行一定的现场试验显然很有必要。

6.2.1 膨胀岩是指含大量亲水矿物,当含水率变化时,产生较大的体积变化的一类岩石。常见的膨胀岩有弱—中等胶结的黏土岩和硬石膏、无水芒硝、钙芒硝等岩石,以及含黄铁矿、白铁矿的岩石和断层泥等。泥岩的膨胀力与风化程度关系极大,一般全、强风化泥岩的膨胀力比中等风化的大 1 ~ 4 倍。根据近几年铁路工程建设和科研成果,《铁路工程岩土分类标准》(TB 10077—2001)列出了膨胀岩的野外地质特征和室内试验判定指标。但膨胀岩无论从试验方法和判别标准都不成熟,希望在执行中积累资料,不断完善标准。

在对膨胀岩进行试验饱和吸水率试验、膨胀力试验和自由膨胀率试验时,往往碰到岩石遇水即崩解的问题,导致试验无法继续进行。对于自由膨胀率试验,在《铁路工程岩土分类标准》(TB 10077—2001)及相关规范中规定了对易崩解的岩石可比照膨胀土的试验方法进行试验,也给出了相应的判别指标。对于易崩解岩石的膨胀力试验和饱和吸水率试验,没有可供选择的试验方法与判别标准。在当前的情况下,建议将膨胀岩粉碎成土后,按膨胀土进行阳离子交换量和蒙脱石含量的试验,并参照膨胀土的判定指标,间接判定膨胀岩的膨胀性。

膨胀土具有吸水显著膨胀软化,失水急剧收缩开裂的特性,对一般轻型建筑物有破坏作用,且不易修复。因此,在提供膨胀土承载力时,应慎重考虑气候的影响。实践证明,在膨胀土表层受气候作用影响的深度范围内(一般为 1 ~ 3 m),承载力的衰减状况明显且幅度较大,特别经过一次严重干旱以后再浸湿时,地基强度有较大的降低,这是膨胀土的一种特性。故采用浅基础时,其容许承载力应结合实际作适当调整,必要时尚应采取保湿或防水的特殊措施。

膨胀土地区地质病害较普遍,常见的有表土溜坍。施工期间对堑坡的及时加固、路堤填料的选用和处理,尤其是基床变形的防治,以及地基的必要处理等,都直接关系到工程的质量,因此,必须强调施工中应注意的问题。

6.2.3 大气影响深度是自然气候作用下,由降水、蒸发、地温等引起土的胀缩变形的有效深度。在我国,根据现有资料,大气影响深度一般为 3 ~ 5 m。大气影响急剧层的深度是大气影响特别显著的深度,一般为大气影响深度的 0.45 倍。确定大气影响深度,一般应收集降水量、蒸发量、气压、地温、雨季和旱季的持续时间等主要气象资料。

6.2.8 红黏土是热带、亚热带湿热气候条件下,碳酸盐系岩石经历了不同程度的红土化作用而形成的一种含较多黏粒、富含铁铝氧化物的红色黏性土。它具有较特殊的工程特性,虽然孔隙比较大、含水较多,但却常有偏低的压缩性和较高的强度,失水裂隙发育,是一种区域性特殊土。

部分红黏土的工程性质与一般黏性土相似,可不作为特殊土考虑,但大部分红黏土具有膨胀土的特性,应按膨胀土对待,故与膨胀土共列为一章。在该类地区开展工程地质勘察时,一方面应注意下伏基岩的岩溶问题,另一方面还应注意积累该类土的工程特性,以便全面认识它。

6.3.1 本次修订根据客运专线勘察和设计的实践提出了“松软土”的概念,其定义和判定指标是根据本次修订的调研项目《松软土的定义及判定标准的研究》提出的。

“松软土”与工程密切相关,因为时速 200 km 客货共线铁路和客运专线铁路对路基工程的工后沉降量要求的提高,作为基底的部分土体满足不了工后沉降标准,需要对其进行处理。松软土是指那些虽达不到软土的指标,但承载力较低,或沉降不能满足工程要求,一般工程须对其进行工程处理的土,如饱和黄土,含水量较大的粉土、黏性土等。松软土的判定指标可根据秦沈、京沪、郑西、哈大、武广、沪宁、京津城际等级的勘察、设计实践,《京沪高速铁路工程地质勘察暂行规定》和《新建时速 300 ~ 350 公里客运专线铁路设计暂行规定》等的要求,各类铁路的速度目标值,及线路对工后沉降量的具体要求,经分析后参照说明表 6.3.1 执行,即达不到该表要求的地基土为“松软土”。

说明表 6.3.1 地基土的判定条件

岩　性	地基土条件
粉、细砂	$P_s \geqslant 5$ MPa 或 $N \geqslant 10$
粉　土	$P_s > 3$ MPa(不含软粉土)或$[\sigma] \geqslant 0.15$ MPa
粉质黏土、黏土	$P_s > 1.2$ MPa(不含软土)或$[\sigma] \geqslant 0.15$ MPa
黄　土	$P_s > 3$ MPa 或$[\sigma] \geqslant 0.18$ MPa

注:P_s 为静力触探比贯入阻力;N 为标准贯入试验锤击数;$[\sigma]$为容许承载力。

6.3.4 在软土和松软土工程地质调绘中,还应注意对“软粉土”的调查。该类土在物理力学指标上不符合软土规定,但强度低、工程性差,处理不当会造成病害。因此,应认真对待,查明其分布、厚度及特殊工程性质,以便采取针对性工程措施。

6.3.5 软土、松软土地区的工程地质勘察主要是查明软土、松软土在平面和剖面上的分布和其物理力学性质,据以评价软土、松软土对铁路工程建筑物的影响。工程地质勘察中,最常用的原位测试方法是静力触探和十字板剪切试验,这两种测试方法和钻探、土工试验配合,能较好地查明软土、松软土地基的分层及其物理力学性质。在软土、松软土地区路基工点,常采用横断面勘探方法,即在测绘的基础上,选择控制路基稳定和变形的代表性地质横断面布置勘探和原位测试孔。在勘探测试横断面之间的线路上,也应布置适量的勘探测试孔。为满足设计精度的需要,规定了勘探测试横断面布置要求。重要工点的钻孔中,应有一定数量的取样钻孔。根据工程设置的要求,必要时可考虑全孔取样。

6.4.2 盐渍土的定义为与现行国家标准《岩土工程勘察规范》,GB 50021—2001)一致,采用“土中易溶盐含量大于 0.3% 的土应定为盐渍土”的表述。第 6.4.7 条也作了相应的改动。

6.4.3 盐渍土地段毛细水上升可直接造成路堤填土吸水软化、次生盐渍化、冻胀和盐胀等病害的发生。为保障盐渍土地区路基安全,规定了路堤最小高度计算办法。其中测定毛细水强烈上升高度值是勘测阶段必须完成的任务。测定方法有:直接观测法、曝晒前后含水率曲线交会法和塑限与含水率曲线交会法(黏性土、粉土以塑限含水率,砂类土以最大分子含水率控制)。测定盐渍土毛细水强烈上升高度时,要求测试点的地下水埋深必须大于毛细水强烈上升高度值;采用曝晒后含水率曲线法时地下水深度大于毛细水强烈上升高度与蒸发强烈影响深度之和。具体测试方法如下:

(1)试坑直接观测法:在开挖试坑1~2 d后,直接观察坑壁干湿变化情况,变化明显处至地下水位的距离,为毛细水强烈上升高度。

(2)曝晒前后含水率曲线交会法:分别在开挖试坑的当时和曝晒1~2天后,沿坑壁分层(间距15~20 cm)取样,测定其含水率并绘含水率曲线,两曲线最上面的交点至地下水位的距离为强烈毛细水上升高度。

(3)塑限与含水率曲线交会法:在试坑壁每隔15~20 cm,取样测定天然含水率,并根据土质成分,黏性土、粉土测定塑限、砂类土作筛分和测定最大分子吸水量,绘制天然含水率分布曲线和塑限含水率或最大分子吸水量竖线,竖直线段与含水率曲线最上面的交点至地下水位的距离为毛细水强烈上升高度。

6.4.4 盐渍土地区的填料来源往往很困难,判定土的可用性与当地的气象条件有密切关系,为此在地质调绘时,应注意收集相关的气象资料。

6.4.5 盐渍土的取样深度一般规定为1 m,是考虑盐渍土场地(地区)的含盐量一般集中在地表1 m范围内。但往往会遇到地下水位较高(小于1 m)的情况,或遇到地下水位较低(大于1 m),且1 m以下至地下水位的土层中仍有较高的含盐量的情况。为此,本次修订增加了以上两种情况取样的规定。

6.4.6 本次修订增加了对盐渍土地区土的腐蚀性进行测试和评价的要求。试验项目除了应结合工程设置按本规范附录E对盐渍土进行试验外,对于大面积的房屋建筑,应采用《岩土工程勘察规范》(GB 50021—2001)的规定对土进行pH值、Ca^{2+}、Mg^{2+}、Cl^-、SO_4^{2-}、HCO_3^-、CO_3^{2-}等项目的试验;铁路沿线应按现行《铁路混凝土结构耐久性设计暂行规定》(铁建设〔2005〕157号)的规定取环境土进行SO_4^{2-}的试验。

6.4.7 盐渍土的工程性质因所含易溶盐性质不同而异,对铁路工程的影响和危害也不同。

氯盐渍土具有较强的吸湿性和保湿性,若路堤填土中氯盐含量不能为土中水分溶解时,过饱和的盐分便结晶析出,赋存于土颗粒之间协同土颗粒起骨架作用;湿季随土中含水率增加,盐晶溶解,土的孔隙度增加、密度降低。当土中氯盐含量大于8%时,干湿季节变化盐分结晶和溶解才明显影响路堤的稳定,因此将氯盐含量大于8%,作为一般地区填料和基底的界限值。

硫酸盐渍土最突出的工程特性是膨胀,又称胀盐。硫酸盐渍土中所含易溶盐的主要成分是硫酸钠,俗称芒硝,其溶解度在温度32.4 ℃时为最大,也是失去结晶水的临界温度,低于此温度时过饱和或粉末状的硫酸钠都吸收10个水分子变成晶体芒硝($Na_2SO_4 \cdot 10H_2O$),体积增大,相当于无水硫酸钠的3.1倍;高于这个温度时结晶的硫酸钠又失去结晶水变成无水芒硝,体积相对缩小。随着温度的升降,硫酸钠时而吸水体积膨胀,时而脱水体积缩小,如此反复致使土体结构破坏,强度降低。根据多年的科研成果及现场调查发现,当基底及填料中硫酸钠含量较小时其吸水失水过程对土层及路基影响也较小,当硫酸钠含量超过2%时,其膨胀量才能对路基产生明显危害。因此将硫酸钠含量2%作为填料和基底的界限值。

碱性盐渍土以含碳酸钠、碳酸氢钠为主,其他易溶盐极少,碳酸盐水溶液呈强碱性反应,含有大量吸附性阳离子(钠离子),有较强的亲水性。在碱性盐渍土遇水后,钠离子与土中黏粒,胶粒相互作用,其周围形成稳固的结合水薄膜,颗粒间的黏聚力降低,因而相互分散,引起土体膨胀,呈现出过高的塑性持水性、压缩性和崩解性。

路基工程对各类盐渍土含盐量的要求如说明表6.4.7。

说明表 6.4.7 路基工程对土层容许含盐量的要求

盐渍土类型	路基基底和填料容许含盐量 DT(%)
氯盐渍土	$5 \leq DT < 8$(一般为 5%,如加大夯实密度,可提高其含盐量,但不得大于 8% *)
亚氯盐渍土	$DT \leq 5$(其中硫酸钠的含量不得大于 2%)
亚硫酸盐渍土	$\overline{DT} \leq 5$(其中硫酸钠的含量不得大于 2%)
硫酸盐渍土	$\overline{DT} \leq 2.5$(其中硫酸钠的含量不得大于 2%)
碱性盐渍土	$\overline{DT} \leq 2$(其中易溶的碳酸盐含量不得大于 0.5%)

注:* 干燥度大于 50、年降水量少于 60 mm、年平均相对湿度小于 40% 的内陆盆地,路基填料和基底土在不受地表水浸泡时可不受氯盐含量的限制。

在对盐渍土根据含盐性质进行分类时,可能出现既符合碱性盐渍土的标准又符合其他盐渍土标准的情况,考虑碱性盐渍土对工程的危害远远大于其他类型的盐渍土,当遇此情况时,应定名为"碱性盐渍土",再不考虑其他盐渍土的定名;盐渍化程度也仅根据碱性盐渍土的平均含盐量进行分类。

干燥度为该地蒸发力(即最大可能蒸发量)与该地年降水量的比值。

6.5

岩盐是西北内陆咸水湖盆由于气候干旱湖水浓缩、析盐而形成的一种特殊地层。青藏铁路西格(西宁—格尔木)段通过察尔汉盐湖,岩盐最厚达 30 余米,表面为干涸坚硬的盐壳,下部为盐晶相互镶嵌或巨粒(30 ~ 40 mm)集合呈块状,晶体间为饱和卤水充填(地下水位 0.4 ~ 0.7 m)。容许承载力值可达 150 ~ 1 600 kPa,作为一般建筑物的地基强度是足够的;20 世纪 70 年代建成通车的青藏铁路西格段,30 余公里通过察尔汉盐湖,未发生地基强度问题。因此,在特定气候和环境条件下,在盐湖岩盐地区修筑铁路是可行的。

盐湖岩盐地区修建铁路应分析研究盐湖是处于继续浓缩发展过程,还是处于积水退化的过程,要从宏观上(如湖盆受构造作用的升降、水文地质条件的变化、气候的转变等)给予评价。

盐湖岩盐地区修筑铁路由于低矿化度水和淡水渗入、溶解。潜蚀盐晶导致盐溶(如形成溶孔、溶洞等),使岩盐的强度降低。溶洞顶部盐壳厚度减小,引起盐壳塌陷,威胁路基安全。因此,在西北及类似干旱气候条件下的内陆湖盆的岩盐地区进行工程地质勘察时,应重点查明和注意的问题有:

(1)盐岩的类型、结构、厚度。

(2)既有盐溶溶洞的分布范围,溶洞的大小、形状、层数及其在平面和剖面上的相互关系。

(3)促进和形成盐溶低矿化度水(或淡水)的补给条件。

(4)地表自然淡水及矿区淡水的排泄和汇集条件。

(5)对探测盐湖底部水文地质条件的钻孔测试结束后,注意封孔质量。

6.6.2 在多年冻土区工程地质勘察中,为了从宏观上评价线路通过地区的工程地质条件,一般需进行工程地质分区。工程地质分区应根据勘察阶段的不同要求,由粗到细地逐步进行,以综合提出线路方案或场地冻土工程地质条件的评价意见,多年冻土地基的利用原则及应采取的工程措施建议。作为第一级多年冻土的分区,应根据多年冻土的分布划分出片状多年冻土区和岛状多年冻土区。第一级分区应反映多年冻土的分布范围、岩性特征、厚度、海拔高程、纬度、气象特征、地形地貌特征、地层岩性和地质构造特征、主要不良地质现象等。第二级多年冻土的分区应根据年平均地温（T_{cp}）进行划分。$T_{cp} \geq -0.5$ ℃时为高温极不稳定区；-1.0 ℃$\leq T_{cp} < -0.5$ ℃时为高温不稳定区；-2.0 ℃$\leq T_{cp} < -1.0$ ℃时为低温基本稳定区；$T_{cp} < -2.0$℃时为低温稳定区。第二级年平均地温分区除应反映第一级分区内容外，还应反映不同地温多年冻土的分布范围、厚度，融区的类型、分布范围及特征，多年冻土层与活动层的衔接关系，年平均气温及降水量等。第三级多年冻土的分区应根据多年冻土的含冰特征、地基土的物理力学性质划分为少冰冻土地段、多冰冻土地段、富冰冻土地段、饱冰冻土地段和含土冰层地段，主要应反映不同类型多年冻土的分布范围、冻土厚度、冻土的融沉性及年平均地温、季节融化深度、融区的季节冻结深度、活动层土的冻胀性、植被及雪盖特点、多年冻土的物理力学特征和热物理特征、多年冻土的水文及水文地质条件、不良冻土现象的类型及分布等。

6.6.3 多年冻土有其特殊的物理力学性质，该类地区分布有各种特有的物理地质现象。铁路工程地质选线应在了解冻土分布特点、工程性质的基础上，对其特有的各种物理地质现象和冻土本身特殊的物理力学性质间的关系特别加以注意，使选择的线路尽量绕避和缩短通过不良冻土现象分布地段。本规范中的选线要点均是在总结东北大小兴安岭及青藏高原多年来铁路勘测经验的基础上形成的。特别是东北大兴安岭牙林和嫩林铁路，从勘测设计、施工、运营至今的实践检验，提供了大量、宝贵的经验与教训。尽量避免或减少挖方、低填浅挖及零断面地段长度，是因为这些地段的路基容易产生冻胀及融沉病害，而且一般均比其他地段病害严重，不容易彻底根治，所以在多年冻土地区选线中应当多填少挖，尽量避免或减少挖方、低填浅挖及零断面地段的长度。

6.6.4 地温特征值是冻土的年平均地温、地温年变化深度、活动层底面以下的年平均地温、年最高地温和年最低地温的总称。现规范较原规范地温变化的要求内容更具体，并能代表冻土地区的特点。

冻土总含水率包括冻土的含冰和未冻水的总量，需要取冻土样做实验确定，是多年冻土分类和确定其工程性质的主要依据。

强调应分别在寒季和暖季对多年冻土区的各种不良冻土现象进行调查，是为了更准确地掌握冻胀和融沉引起的物理地质现象。如对冰椎、冻胀丘等的调查宜在冬、春季进行，对多年冻土上限、热融湖塘、热融滑塌等的调查宜在夏、秋季进行。

查明冻土地区隧道地下水情况是从大兴安岭已通车隧道病害教训中得出的。冻土地区隧道病害以地下水造成的病害最为严重，可造成衬砌开裂、掉落、洞顶挂冰、轨面积冰等病害。一般需要修建泄水洞、深埋水沟等排水设施予以处理。如牙林线岭顶隧道开始未注意对地下水的处理，致使衬砌大量开裂，洞内积冰挂冰，无法通车，在弄清地下水情况后，修建了泄水洞，消除了病害。嫩林线西罗厅 2 号隧道泄水洞设计施工存在问题，通车不久即造成衬砌大片开裂掉落，冬季洞内大量积冰，至今尚在整治处理中。呼中支线翠岭 2 号隧道，由于泄水洞处在多年冻土中，地下水在泄水洞中逐渐冻结，最后堵塞泄水洞，地下水从路基面上冒出，最终不得不采用鼓风机送入暖风，融化积冰的办法。相反，没有地下水的隧道一般都没有病害。所以隧道工程在勘察期间应着重调查弄清地下水情况，以便考虑隧道位置选择或采取相应的防排水措施。

多年冻土区环境条件脆弱，环境被破坏后很不容易恢复，因此提出从环境工程地质角度分析取土、弃土、施工便道、临时房屋等位置选择的要求。在勘测时期就注意分析该类问题，可以避免由于取土、弃土、施工便道、临时房屋位置不当造成环境地质条件恶化的问题。

冻土变化包括由于气温变化引起的冻土分布变化和由于工程设置环境条件变化而引起的冻土变化，这些都是冻土地区工程地质勘察应考虑的重点问题。结合地区和工程特点分析预报冻土变化，对工程设计和使用都是有益的。冻土地区生活环境恶劣，多缺少气象台站，地区气象资料缺乏或较少，常不能满足冻土地区工程需要。要取得气温变化、地温特征值、冻土含水率变化等数据，不是仅在勘测时间就能解决的问题，必要时应适当超前设站观测，为铁路选线和工程设计积累资料。

6.6.5　设计原则采取保持冻结状态时，勘探深度应至设计人为上限以下适当深度，其深度根据工程基础类型考虑。人为上限值可根据建筑物及其基础形式通过热力计算决定。但因其是受多种因素影响而产生的综合结果，如气温、水温、地温、海拔高度、纬度、地貌、朝向、植被、土的颗粒组成、地表水潜流程度和施工条件等影响因素，目前采用的热传导计算方法均不适用于桥涵地基多维传热的情况，同时有关参数误差较大，因此目前还缺乏理论解法，亦无成熟的经验公式和可靠资料。勘测时可结合本地区冻土的稳定情况，深入调查已成桥涵建筑物人为上限的变化规律及其与天然上限的关系，作为确定该地区桥涵地基冻土上限的依据。

《青藏铁路多年冻土区工程勘察暂行规定(试行)》中对勘探深度有如下规定：路基工程中，路堤一般不小于 8 ~ 10 m，且不得小于 2 倍的多年冻土上限深度；路堑一般应至路基面以下相当于 2 倍的多年冻土上限深度。桥涵工程中，一般应不小于 20 m，当遇有富冰冻土、饱冰冻土或含土冰层时，还应酌情加深或穿透；小桥涵不得浅于 12 m，且应大于 2 倍多年冻土的天然上限。隧道工程中，当地层为基岩时，应至路肩以下 4 ~ 5 m；当地层为第四系地层时，应至路肩以下 8 m，且不浅于相当 2 倍多年冻土上限的深度。房屋建筑工程中，一般的勘探深度为 10 ~ 25 m，加深钻孔的深度一般为 15 ~ 35 m。

6.6.6　多年冻土的年平均地温指地表以下一年内地温相对恒定深度处的温度，与纬度、海拔高度、地表覆盖条件、地层岩性、含冰量、地热条件等都有密切关系。根据青藏高原多年冻土大量科研及实测资料分析，地温相对恒定的深度一般为地表以下 15 ~ 20 m。多年冻土的稳定性与冻土的含冰量和年平均地温密切相关。当多年冻土年平均地温接近零度时，在一定的环境条件下，多年冻土的稳定性只取决于冻土中的含冰量；当多年冻土年平均地温较低时，地温对减少融化速率的作用则明显增大。多年冻土的年平均地温决定土的热交换动态、冻结过程的特点以及影响着冻土的物理力学性质和热学性质。

多年冻土年平均地温(T_{cp})分区的标准是根据青藏公路、青藏铁路及其他多年冻土区的经验确定的。当 $T_{cp} \geq -0.5$ 时，为高温极不稳定区，地基中存在的冰包裹体具有极大的塑性，它的热状态极不稳定，在气候变暖及人类工程活动的影响下，冰包裹体极易融化，具有极低的冻土强度；当 $-1.0 \leq T_{cp} < -0.5$ 时，为高温不稳定区，地基中含有较多的未冻水，在一年或多年的地温动态影响下，冻土中的未冻水分会发生强烈的相变和迁移；当 $-2.0 \leq T_{cp} < -1.0$ 时，为低温基本稳定区，地基的热状态较为稳定，其工程性质介于稳定区与不稳定区之间；当 $T_{cp} < -2.0$ 时，为低温稳定区，地基的热状态最为稳定，水分迁移过程极弱，冰包裹体具有明显脆性，冻土的强度很高。

青藏高原以外的其他地区在进行多年冻土年平均地温分区时，可根据当地纬度、海拔高程、地层岩性、含冰量、地表覆盖情况等，参照表6.6.6进行。

6.6.7 在已使用多年的《铁路工程地质勘察规范》（TB 10012—2001）的基础上，对"表6.6.7 多年冻土融沉性分级"，根据现行国家标准《冻土工程地质勘察规范》（GB 50324—2001）进行了修订，并与该标准一致。

6.7.2 杂填土是指填土成分复杂，含有大量生活垃圾、建筑垃圾的填土，或由矿渣及其他工业废料、尾矿等组成的填土；素填土是指由碎石类土、砂类土、粉土和黏性土等一种或几种土质组成，不含其他杂物或含杂物很少的填土；冲（吹）填土是指由水力冲填泥砂组成的填土；填筑土是指按一定标准，控制成分、密度、含水量，经分层压实或夯实的填土。

6.7.3 填土地区线路和建筑物位置选择的基本原则是：在保证既有建筑物和新建路基（建筑物）稳定的前提下，选择在填土土质均一、密实度和稳定性较好或虽然稍差但经采取措施后也能保证稳定的地段。当地基承载力等于或大于80～150 kPa时，可满足一般路基和一般工业与民用建筑物对地基应力的要求。对有机质含量较高的生活垃圾和对基础有侵蚀性的工业废料等杂填土，未经处理不宜作为工程的天然地基。

在既有矿山尾矿坝堆积场、弃土场附近或在既有铁路附近修建不等高铁路路基或建筑物时，对上述地段的填土基底斜坡的稳定性要进行工程地质评价。

6.7.4 对填土地段进行工程地质调查测绘的目的在于查明填土类型、厚度并评价其作为工程的天然地基的适宜性，据以提出工程措施建议。

弃土成分和弃土方式决定填土类型。填土的工程性质、厚度、水文地质情况及基底斜坡影响建筑物的稳定性。弃土年限及弃土成分对填土密实程度有密切的影响，粗颗粒土在自重压力作用下压密时间较细粒土所需时间短。一般认为，黏性土10年以上，粉土、砂类土5年以上，其沉降就已趋于稳定。

在城市附近，需十分重视生活垃圾填埋场的调查。已经封闭的垃圾填埋场地往往上面覆盖了一定厚度的土层，甚至种上庄稼，不易被发现，勘察中应重视调查访问和通过加强勘探查明该问题。矿渣或工业废料堆积场地，成分为粗颗粒土的素填土一般回填不密实，其中有很大的孔隙，且不易查清，对铁路工程危害很大，勘察中应十分重视这一问题。

暗埋的塘、浜、沟、坑中土质较软时是造成建筑物不均匀沉降的主要原因之一，同时这些储水体的水质都有不同程度的污染，对地下混凝土砌体有无侵蚀性，要取环境水、土进行分析判定。

地基承载力主要取决于填土类型及密实程度，填土形成年限愈长，承载力愈高。目前国内各地所积累的经验多是工业与民用建筑方面的，铁路部门在这方面尚无成熟经验，对测试及评价也无明确规定，因此搜集填土地区有关单位的研究、试验、处理方法和建筑经验，对我们评价勘测区域内的填土是有一定帮助的。

6.7.5 通过工程勘探、地质测试手段了解填土组成成分、厚度、物理力学性质，以便对填土工程地质条件进行评价和为地基处理提供数据。

为适应我国重载和高速铁路发展的需要，铁路勘探、测试工作应从多方面、多手段剖析填土工程性质。布置勘探、测试点的目的：其一是查明填土的厚度和基底起伏情况；其二是满足设置工程强度要求。对于一般路基基底和建筑物地基应满足承载能力和沉降检算要求，其勘探深度可按土的压缩层厚度考虑。

在填土底部，如发现有软土或松软土，基底工程地质条件发生变化时，应按本规范软土、松软土地区工程地质勘察要求办理。如填土底部为黄土，则应按本规范第6.1节的勘察要求进行工作，查明其湿陷性特征。

勘探断面间距和每个勘探断面勘探孔数、孔深，是根据工程类别、建筑物重要程度、类型、位置、岩土（场地）工程勘察等级、填土种类，参考相关规范等综合确定的。

由于填土种类、类型不同，适用其测试的手段和方法也不完全相同，所以应根据填土的种类类型，采用不同的测试方法。比如有的可以取原样进行室内试验分析，有的取不了原样则需在现场进行原位测试（如在现场进行动探测试、地基系数（K_{30}）试验）等。又由于填土往往成分复杂、土质松软、密实程度多具不均匀性，而地基承载力又与填土的种类类型、成分和密实程度有着密切的关系，所以规定对填土必须进行勘探测试。鉴于目前对填土承载力的确定尚无完整的系统的成熟的方法，所以采用对大量测试试验数据进行统计分析方法，采用工程地质条件对比法综合研究确定。对重要建筑物，应根据地质条件进行现场载荷试验。

填土主要试验项目有颗粒级配、液限、塑限、天然含水率、密度（对于杂填土应在现场用大容积法测定）、压缩性、湿陷性。对冲吹填土的固结度，对有膨胀性的填土要按膨胀土要求测定各项膨胀性指标。

7.1.1 根据铁道部《铁路建设项目预可行性研究、可行性研究和设计文件编制办法》的要求，新建铁路设计程序按预可行性研究、可行性研究、初步设计、施工图四阶段开展工作。从深度和广度上看，它较改革前加强了设计前期工作，增加了预可行性研究，加深了可行性研究工作精度，将原初测和初步设计的大部分工作，特别是线路、地质工作提前到该阶段进行，使建设项目的技术经济论证评价基础扎实，线路方案比选依据可靠，工程数量和投资估算比较准确，为项目决策提供客观、科学依据，避免和减少决策失误，提高建设项目投资的综合效益，为后期设计打下较为扎实的基础。

铁道部《铁路建设项目预可行性研究、可行性研究和设计文件编制办法》要求在新建铁路与改建铁路的可行性研究阶段、初步设计阶段都要编制地质篇，说明在铁路建设中越来越重视地质工作。

工程地质勘察工作按四个设计阶段相对应的踏勘、初测、定测、补充定测开展工作。勘测阶段仍沿用原名称，但工作中应注意每个勘测阶段的实际要求内容，注意由于设计阶段的变动引起的勘察要求也有所不同。

7.2.3 本次修订增加了在踏勘阶段应提出进行工程地质专题研究课题的内容。一般遇到下列情况需进行工程地质专题研究：①由于建设标准的提高，原规范条文不能满足勘察、设计的需要；②遇到新的工程地质问题，没有成熟的工程处理措施或建设经验；③线路经过地区有较长地段工程地质条件复杂，且研究程度较差等。对一些相关学科的研究内容，可委托具有相应资质的单位进行，如地震动峰值加速度大于0.4g的地区、活断层、地裂缝、地震地质、瓦斯等有害气体发育地区、岩溶特别发育的地区、放射性地区及雪害的评价和研究等。

7.3.1 线路方案比选是新建、改建铁路勘测中一项重要的工作，如果工程地质勘察工作的深度和广度不够，线路方案比选难免失误，会给下一阶段工作造成被动或给铁路运营留下无穷后患，复杂地区更是如此。根据近十几年来新建、改建铁路在地质复杂山区开展加深地质工作的经验，本次修订增加了加深地质工作的要求。

7.3.3　加深地质工作，是在地质条件特别复杂，涉及长大隧道、特大桥等重大工程项目选址，影响线路方案因素众多，需要进行较大范围方案比选，而在初测前安排的工作。该工作是以工程地质工作为重点，但鉴于选线工作的综合性，不能简单地看作单纯的地质工作，应视为初测前重大方案研究比选中必不可少的工作环节。因此应由项目总体牵头，线路、路基、桥梁、隧道等有关专业密切配合，搜集较大面积的地质调绘资料或加深的地质勘察资料，深入进行多方案线路研究，提出线路方案技术经济综合比选论证意见。

7.3.4　工程地质选线的实质是从工程地质条件的角度选择线路方案，绕避那些严重的和难于处理的不良地质、特殊岩土、地质条件复杂的地段，以免给铁路运营留下后患；对不能绕避的不良地质、特殊岩土、地质复杂地段或工点，应提出切实可行的工程措施。

7.4.3　"地质复杂"除指不良地质、特殊岩土发育外，一般还针对地层、岩性、地质构造、水文地质条件复杂而言。如地层紊乱、层序层次不易判明；岩性混杂、风化严重，软、硬、松、密物质规律性差；堆积层与基岩接触面较陡；地质构造复杂、倾斜不利、断裂交错、挤压破碎严重、破碎带宽；地下水规律性差，流向、流速、流量不定，含水地层紊乱；还包括新构造运动发育地区（如青藏高原地区）、风雪危害严重地区等。

"控制和影响线路方案"从场地条件是指严重不良地质、特殊岩土地段，以及场地和环境地质条件复杂、斜坡稳定性差、地基松软或存在严重影响地基安全等其他因素的地段；从工程角度是指越岭、跨越大河桥渡的地段，以及工程艰巨、技术复杂、处理困难、土石方工程集中、控制工期的重大路基、桥、隧工程设置地段或线路方案较多、易引起长距离线路方案变动的地段。为做好上述地段的选线工作，必须借助一定的设计才能说明方案的技术条件和经济合理性时，要求工程地质工作必须认真作细。

如有"专题研究项目"，应在本阶段开展工作。一般是广泛收集资料，结合现场地质条件开展专题研究，其成果经分析整理后，提出对勘察、工程设置、处理措施等方面的指导性意见，为勘察、设计提供理论和实践经验方面的依据。

7.4.8　"全线工程地质图"中的"主要方案工程地质纵断面示意图或综合柱状图"的意思，一方面根据各单位的制图习惯不同可各自选用；另一方面可根据地区特点选用上述两种表示方法中的一种。如在山区选用主要方案工程地质纵断面图，而在平原地区则可采用综合柱状图。

"沿线工程地质分段说明"是"详细工程地质图"的说明，是为不需要编制单独工点资料的地段提供工程地质资料，同时也是进行方案局部改动的依据资料。

7.4.10　本规范将可行性研究阶段编制地质篇的要求也列入条文。地质篇是该阶段设计文件中的一部分。地质篇的内容依据初测工程地质勘察资料和可行性研究工程设计资料编制。编制地质篇是该阶段对区域地质条件和场地地质条件从感性认识到理性认识过程的一部分。将该篇编制要求列出使工程地质技术人员在勘察时就有目标，避免遗漏项目或内容。

地质篇的内容增加了环境地质条件评价的要求，这就要求在工程地质条件评价的同时，还应评价工程设置后与环境条件的相互作用及可能产生的工程地质问题。

7.5.7　初步设计文件增加了编制地质篇的要求。本篇是在定测资料和初步设计资料基础上编制而成。其内容重点是工程地质条件评价和施工中应注意的工程地质问题，为顺利施工和避免施工中出现地质问题提供的地质依据和保障。

8.2.1　在改建铁路工程地质勘察的工作内容中，本次修订增加了关于既有线提速工程应进行路基基床勘探与评价、既有隧道与桥涵工程地质病害调查的内容，这主要是考虑到这是当前一项经常遇到的工作。

根据现行《既有线提速 200 km/h 技术条件（试行）》（铁科技函〔2006〕747 号）的规定，桥梁主要是关于梁部稳定性的评价，对于地质勘察的主要内容还是查明桥梁墩、台基础的地质条件及其稳定性；既有线涵洞在提速工程中的主要问题是涵洞顶至轨底的填方厚度不足。保持一定厚度涵顶填方的目的，第一是为了保证涵顶到路基线路刚度的平顺过渡，防止线路的支撑刚度在涵顶处出现突变，从而影响列车运行的平稳性和舒适性；第二是为了降低列车荷载对涵洞的冲击作用。为此，要求涵洞顶至轨底的填方厚度不小于 1.2 m，达不到要求的应结合路基工程进行加固处理。

既有线提速工程要求"既有隧道原则上应在整治病害的基础上保留使用"。既有隧道在经过多年运营后极易产生渗漏水、衬砌结构开裂变形、隧底翻浆冒泥等病害。为此，工程地质勘察工作的内容主要是查明隧道因地质原因产生的病害，提出整治措施。

在既有线提速工程中，工程地质勘察工作主要针对路基工程。根据现行《既有线提速 200 km/h 技术条件（试行）》（铁科技函〔2006〕747 号）的规定，"路基提速改造工程应在详细查明既有路基状况、消除路基病害的基础上，重点加强路基基床，改善路桥、路涵过渡段及新老路基拨接处特性，做好路基排水和边坡防护工作。对路基不稳定地段还应进行地基加固"。为此，在工程地质勘察中应对路基基床（即包括基床表层与底层）进行勘探与评价，对路基边坡（包括路堤与路堑边坡）的稳定性进行评价，对设置过渡段的地方进行勘探和评价等。

关于路基基床的勘察与评价：根据路基各部分工作的特点，应区分基床与基床以下路基，对基床还应区分基床表层和基床底层分别进行评价。根据路基动应力分析，基床范围仍取道床以下（或设计标准道床底面以下）2.5 m 深度，基床表层厚度 0.6 m、基床底层厚度 1.9 m。对既有路基基床的要求可参照说明表 8.2.1 进行评价。

说明表 8.2.1　对既有路基基床的要求

层位	填料 压实指标	粉土、黏性土	除粉砂外的砂类土	碎石类土	基床结构要求
表层	压实系数 K	≥0.91	—	—	表层为 A 组填料，或表层虽由 A、B、C、($I_P \leqslant 12$，$w_L \leqslant 32$) 组填料组成，但其顶部为碎石和厚度不小于 0.2 m、孔隙度小于 18% 的级配碎石或级配砂砾石
	相对密度 D_r	—	≥0.75	≥0.75	
	基本承载力 σ_0	≥0.18 MPa			
底层	压实系数 K	≥0.89	—	—	
	相对密度 D_r	—	≥0.70	≥0.70	
	基本承载力 σ_0	≥0.15 MPa			

既有路堤基床以下部分的压实标准应不小于压实系数 0.89 或相对密度 0.7。

对于路基基床宜采用收集既有病害资料、物探、钻探或试坑取样、动探、标准贯入静力触探、深层核子密度仪、螺旋板荷载试验仪等手段相结合的方法进行勘探和评价。

关于路基边坡的稳定性，按照《既有线提速 200 km/h 技术条件（试行）》（铁科技函〔2006〕747 号）的规定，"路堤边坡和易风化的软质岩、强风化或构造破碎的硬质岩以及土质路堑（含碎石土、卵石土等地层）的边坡坡面（含边坡平台、侧沟平台）均应进行防护或加固"。为此，在工程地质勘察中应确定边坡的地层岩性，评价其稳定性，并提出工程措施意见。

过渡段对行车的平稳性和舒适度有较大影响，对线路的技术条件和车辆性能造成破坏。《既有线提速 200 km/h 技术条件（试行）》（铁科技函〔2006〕747 号）规定，“既有路、桥过渡段和涵洞顶至轨底高度小于 1.2 m 的路涵过渡段应作加固处理”。既有线有许多未经专门设计和特殊填筑施工的过渡段，因此在提速改造工程中应重视过渡段的勘探。过渡段的长度应根据相关规范确定，一般路涵过渡段长度不小于 15 m，路桥过渡段长度不小于 20 m 。

8.2.3 既有铁路平面的改善和增建第二线左右侧的选择，原则是使既有地质病害不因改建或增建第二线而恶化。所列第二线左右侧选择的九项要点是根据多年来京广、浙赣、沪宁、陇海等线增建第二线的经验总结出来的。

增建隧道与既有线隧道间的最小净距需根据地质调查后确定的围岩分级、洞室的宽度、施工方法及既有线隧道的运营状况等，参照《铁路隧道设计规范》（TB 10003）确定，一般可参照说明表 8.2.3 确定。

说明表 8.2.3 两相邻单线隧道间的最小净距（m）

围岩级别	Ⅰ	Ⅱ～Ⅲ	Ⅳ	Ⅴ	Ⅵ
净 距	(1.5～2.0)B	(2.0～2.5)B	(2.5～3.0)B	(3.0～5.0)B	>5.0B

注：B 为隧道开挖断面的宽度（m）。

8.2.5 考虑到既有线已经过多年行车的考验，在增建第二线的设计中，采用与既有线相同的基础类型和埋置深度，一般是合理的。当采用新的基础类型时，应按要求进行勘探。

本次修订重点增加了应在设置各类过渡段的地段布置勘探点的要求。

8.3

改建铁路工程地质勘察平面、纵断面资料的填绘和整理一般按照“改哪段填哪段，改什么填什么”的原则进行，即一般填绘绕行（包括单绕和双绕）地段和改建地段的地质资料，文字资料也应重点说明绕行及改建地段的地质情况，利用既有线且没有改建工程的地段，地质资料可适当简化。

9.1.1 本次修订在本条和第 9.2.1 条都增加了施工监测、确保施工安全方面的内容。施工中应特别重视因地质原因引起的事故，如施工不当产生的工程滑坡，岩溶地区突然的地面塌陷或地表水的漏失，泥石流的突然暴发，桥梁基坑或隧道施工中发生的突然涌水、塌方，隧道开挖过程发生的岩爆、有害气体的燃烧或爆炸等。对上述威胁施工安全的地质条件，除在勘察期间应十分重视外，在施工的整个过程中都应对施工影响范围内地质条件的变化和地质灾害发生的可能性进行监测或预报，以确保施工进度和人身安全。根据施工图设计，还应对有特殊要求的建筑物进行地基沉降的观测。

9.1.2 施工阶段工程地质工作是对勘察地质工作的检验。尽管勘测阶段资料做得比较细致，但由于自然界复杂多变，工程地质资料不可能完全如实地反映工程地质条件和准确地预见施工中可能出现的地质问题。特别是地质条件复杂及隐蔽的不良地质、特殊岩土地段更是如此。因此，在施工阶段开展工程地质工作十分必要。

9.2.1 为做好施工阶段工程地质工作，首先应熟悉和了解施工地段各类工程和不良地质、特殊岩土工点的分布情况、场地情况，参与施工组织或施工方案的编制工作，从工程地质角度提出施工中应注意事项及施工地质工作安排意见。

施工期间工程地质工作的重点应放在不良地质、特殊岩土、重点工程及地质复杂地段。工作中应注意开挖工程的地质条件变化及对建筑物稳定性的影响，注意塌方前兆、涌水量的变化。地质人员应多看多思考，及时发现情况，分析原因，处理可能发生的地质问题，从工程地质角度保障施工安全和进度。

铁路建设中经常遇到某些采用新技术或需要通过试验工程取得、修正设计参数的工程，当与地质因素有关时，应提供相关地质参数，并从地质角度分析工程措施的效果。

9.2.4　本条特别提出在长隧道或地质复杂隧道施工中应开展地质监测和超前地质预报工作。其手段多采用地面地质调查和勘探、洞内地质调查和编录、洞内勘探（包括物探、钻探）或其他地质测试方法等。预报和监测的内容主要为隧道开挖岩性和节理裂隙的变化情况、水文地质条件（涌水量、涌水段落、水质）的变化与预测、有害气体的发生及预防、地应力条件的变化、塌方的预测、隧道围岩分级的变化等，以便及时提出工程措施建议，预防突发性地质灾害，保证工程顺利进行。

10.1.1　运营期间铁路工程地质工作将直接影响运营质量，铁路运营部门应有进行铁路工程地质工作的组织机构、人员，并按有关规定、规范要求进行工作，对沿线既有地质病害进行定期观测，调查和积累资料，建立健全工点登记簿（病害履历），及时提出防治措施。运营期间铁路工程地质工作的主要任务是：

（1）对沿线已有的地质病害工点和不良地质地段进行监测，做好病害工点的履历登记，为养护维修及改建、扩建积累资料。

（2）对新产生的地质病害工点做到及时发现，及时调查和勘测工作，为病害整治设计提供必要的资料。

（3）对地质资料进行分类或按工点整理归档，以备查用。

10.1.2　运营铁路工程地质工作的主要内容是随时清楚地掌握全线严重不良地质工点的变化情况，预报病害工点可能发展趋势，补充搜集必要的工程地质资料。为此，必须做好搜集和了解有关全线的工程地质资料和情况的工作。

新线临管运营和新线交验期间是熟悉和了解全线工程地质条件的最好场合和时机。在这种场合，既可以了解到勘测、施工过程中的主要工程地质问题，进行必要的现场勘察核对，也可以听取到勘测、设计、施工以及全线严重不良工点的地质情况介绍和核收、查阅竣工工程地质资料等。因此，这是做好运营铁路工程地质工作的首要工作。

运营铁路工程地质工作内容，既不同于新线勘测设计期间及施工的工程地质工作，也不同于运营期间的单纯养护管理工作，它的重点就放在全线病害工点或病害地段，以及新线移交的、经整治后尚需进行一段时间观测的不良地质工点上，定期调查记录它们的状态。对那些尚不十分稳定或由于地形地貌、水文地质等条件的变化有不稳定趋势的工点或地段，应定期进行调查测绘和必要的勘探、试验、观测工作，并分析研究它们的稳定状况和发展趋势，对有恶化发展演变趋势的工点应及时发出预报，提出整治措施意见和防治工程设计所需的各项工程地质资料，建立健全和按时填写病害工点的登记簿。除此之外，遇有不良地质病害险情发生或不良地质病害有所发展，均应立即调查测绘其发生、发展、演变情况，布置必要的勘探试验工作，提出抢险措施及整治方案所需的工程地质资料。

10.1.3　对沉降敏感的重要的建筑物（如特大型站房、重要的厂房、高耸建筑物），或已发生变形、开裂、下沉的建筑物，为保证其正常使用，及时发现问题，应开展地基沉降变形的监测。如对修建在软弱不均匀地基上或某些特殊土地基上的桥涵、路基和房屋等建筑物，应进行沉降观测，以便掌握地基土的变形特征、对建筑物的影响，必要时应及时采取整治措施，保证建筑物在安全、稳固状态下使用。沉降观测的观测网（点）、基线（点）的设置和观测方法等应按相关规范、规定执行。

10.1.5 运营阶段对分布在滑坡地段、人为坑洞密集区、矿区、水库坍岸区、危岩落石发育区、岩溶发育区的铁路工程进行变形监测是一项重要的工作，如为掌握滑坡的活动性和发展规律，为整治滑坡提供设计依据，验证整治措施效果，并为既有线改建、增建积累资料。因此，在运营期间要对新产生的滑坡和虽经施工整治但仍不稳定的滑坡进行观测，以便研究确定对其需采取整治和相应的整治措施；对已基本根治的大型滑坡，为验证整治效果，亦应在原有观测网或新建观测网的基础上，对滑坡体的变形发展和支挡建筑物的变形，继续观测2～3年。如在2～3年内滑坡变形停止（或变形明显减少趋于停止），且建筑物未发现变形，即可认为滑坡已趋向稳定，整治工程达到预期效果，观测工作可以停止，但仍宜结合春检和秋检进行一般调查工作。

滑坡变形观测包括位移方向、变形量和移动速率、高程升降，观测方法一般分为简易观测和布网观测两种。具体采用哪种方法，可根据滑坡的大小、移动速度与特征、对行车和建筑物安全使用影响程度、观测周期和地形形态等条件确定。滑坡变形明显、滑移速度较快、对行车和建筑物安全使用影响较大时，宜采用布网观测；虽然变形不甚明显、滑移速度较慢但允许观测周期很长时，亦可采用布网观测，否则可采用简易观测。

滑坡观测网（点）、基线（点）的设置和观测方法等应按铁路工程地质有关规范、规定执行。

附录 A

岩土施工工程分级是铁路工程建设投资概算编制的主要依据之一。原《铁路工程地质技术规范》中的“土石工程分级”名称不够确切，本次修订更名为“岩土施工工程分级”。另外，十多年来铁路工程土石方施工无论在施工方法、施工技术，还是在施工机械方面均有了较大发展，为适应目前铁路建设投资概算编制的需要，专门立项进行了岩土施工工程分级的研究。

专题研究中，对各工程局、勘察设计院等 21 个单位进行了调研。铁一院还组织在兰新复线、包兰复线、侯月、广梅汕、神朔、宝中等线建设中配合施工人员进行了座谈、讨论，从多方面了解到常用的施工方法、施工技术、施工机械情况及各类岩土施工难度及施工中岩土工程分级不合理部分。多数单位的意见认为：原岩土工程分级标准已使用多年，比较简便，野外便于操作，基本可满足设计、施工概算编制精度的需要，可不必作大的变动。因此本次修订遵循宜粗不宜细、使用方便、可操作性强的原则，岩土施工工程分级仍维持六级不变，仅对意见比较集中且又有修改依据的岩土，适当调整了施工工程分级，增加了按岩石强度进行分级的分界标准，对原表中的施工方法、施工机具作了修改或增补。岩土施工工程分级主要修订、变更情况如下：

(1) 软塑粉质黏土、潮湿及饱和粉土，由于施工中粉质黏土黏附机具，粉土开挖玻坎易溜坍，给施工带来一定困难，由原Ⅰ级变更为Ⅱ级；

(2) 稍、中密的碎石土、卵石土、粗角砾土、粗圆砾土，密实的细圆砾土、细角砾土直接采用挖掘机及普通装载机施工比较困难，必须部分松动后才能挖掘装载，故将原Ⅱ级修订为Ⅲ级；

(3) 含块石、漂石 30% ~50% 的土及密实的碎石土、卵石土、粗角砾土、粗圆砾土，仅采用部分松动仍不能挖掘、装载，必须部分采用撬棍、十字镐及大锤开挖或挖掘机、单钩裂土器松动，部分借助液压冲击镐解碎或采用爆破法开挖，故将原Ⅲ级变更为Ⅳ级；

(4) 对软土、多年冻土也作了一般情况的定级规定。

另外，根据铁道部《关于发布〈铁路工程岩土分类标准〉和〈铁路工程地质勘察规范〉两项标准局部修订条文的通知》(铁建设[2004]148 号)的规定，为了与国际多数国家的土颗粒分类标准一致，原规范中的碎石、卵石与角砾、圆砾的分界粒径由原来的 20 mm 改为 60 mm；20 ~60 mm 的颗粒改名为“粗角砾”、“粗圆砾”，2 ~20 mm 的颗粒由“角砾”、“圆砾”改称“细角砾”、“细圆砾”。为此，表 A.0.1 中各栏相关部分均作了修改。本规范第 4.4.2 条中的表 4.4.2 和附录 C、附录 D、附录 E 等的相关部分也作了修改。

附录 B

物探、原位测试技术的推广应用为地质综合勘察提供了基础。只有了解他们的适用条件，又熟悉各类工程设计所需地质参数，才能根据地质环境条件选择适宜的方法。本次规范修订对在铁路工程勘察中使用的物探、原位测试方法进行了汇总，旨在推广综合勘察技术广泛应用。原位测试是提高测试岩、土层力学指标精度的有效方法，应大力推广，可结合岩土条件和原位测试方法选用。物探方法是利用岩土物性参数探测深部地质体的方法，由于每一物探方法主要研究地层的一、二个物理性质，勘探一定深度范围，因此宜结合场地条件开展综合物探。

附录 C

本附录只作为提供路堑挖方边坡坡率建议时的参考依据之一。为确定挖方边坡坡率,还应十分重视既有自然山坡及人工边坡稳定性的调查、分析,从而提出符合实际的稳定边坡坡率的建议。对于黄土、膨胀土边坡坡率更应慎重对待,除应调查、分析既有边坡的稳定性以外,还应进行土的物理力学性质试验,以及气候因素、地下水等作用的分析和稳定性的检算等,综合以上因素提出稳定边坡坡率的建议。

C.0.2 关于膨胀土的边坡坡率,《铁路特殊路基设计规范》(TB 10035—2002)第 4.2.1 条和第 4.2.2 条规定如下:

(1)膨胀土(岩)路堑边坡坡率应根据岩土的性质、软弱层和裂隙的组合关系、气候特点、水文地质条件,以及自然山坡、人工边坡的稳定坡度综合确定。

(2)边坡设计应遵循"缓坡率、宽平台、加固坡脚和适宜的坡面防护相结合的原则"。边坡坡率及平台宽度视边坡的高度和土质可按说明表 C.0.2—1 设计,边坡高度大于 1.0 m时应做个别设计,必要时与隧道通过方案作比较。

说明表 C.0.2—1 膨胀土路堑边坡坡率和平台宽度

膨胀性 / 边坡高度(m)	边坡坡率			边坡平台宽度(m)			侧沟平台宽度(m)		
	弱	中	强	弱	中	强	弱	中	强
<6	1:1.5	1:1.5~1:1.75	1:1.75~1:2.0	可不设			1.0	1.0~2.0	2.0
6~10	1:1.75	1:1.75~1:2.0	1:2.0~1:2.5	1.5~2.0	2.0	≥2.0	1.5~2.0	2.0	≥2.0

关于黄土的边坡坡率,《铁路特殊路基设计规范》(TB 10035—2002)第 5.2.2 条规定如下:

应根据黄土的地貌单元、时代成因、构造节理、地下水分布、降水量、边坡高度、施工开挖方法,并结合自然或人工稳定边坡坡率和稳定检算综合分析确定,亦可按说明表 C.0.2—2 确定。

说明表 C.0.2—2 黄土路堑边坡坡率

黄土名称	适用地区	边坡坡率		
		$H \leqslant 10$ m	10 m $< H \leqslant 20$ m	20 m $< H \leqslant 30$ m
全新世坡积黄土(Q_4^{dl})	①	1:0.75~1:1		—
	②	1:0.5~1:0.75	1:1~1:1.25	
全新世冲积、洪积黄土($Q_4^{al,pl}$)	①	1:0.5~1:0.75		—
	②	1:0.3~1:0.5	1:0.75~1:1	1:1~1:1.25
晚更新世坡积黄土(Q_3^{dl})	①	1:0.5~1:0.75		—
	②	1:0.5~1:0.75	1:1~1:1.25	

续上表

黄土名称	适用地区	边坡坡率		
		$H \leqslant 10$ m	10 m $< H \leqslant 20$ m	20 m $< H \leqslant 30$ m
晚更新世风积黄土(Q_3^{eol})	①	—		—
	②	1:0.3~1:0.5	1:0.5~1:0.75	1:1
晚更新世冲积、洪积黄土($Q_3^{al,pl}$)	①	1:0.3~1:0.5		—
	②	1:0.3~1:0.5	1:0.5~1:0.75	1:1
中更新世黄土(Q_2)	①	1:0.5~1:1		—
	②	1:0.3	1:0.5	1:0.75
早更新世黄土(Q_1)	①	—		—
	②	1:0.3	1:0.5	

注:1　适用地区栏内①是指华北、东北平原及内蒙古高原东部地区,②是指黄土高原、豫西等地区。

2　表列边坡坡率是指单一土层,若为多种土层,可根据不同时代成因土层性质的差异及其在边坡中所占比例,综合考虑确定。

3　阶梯形边坡的分级坡率,对均质土层可取同一坡率值,对非均质土层可选用不同坡率值。

4　当堑顶坡度小于20°时,不计其对边坡坡率的影响;当为20°~35°时,Q_4 黄土边坡高度大于20 m、$Q_3^{al,pl}$ 黄土边坡高度大于25 m时,边坡坡率可放缓一级(按0.25计);当大于35°时,应通过稳定检算确定。

5　对 Q_2、Q_1 黄土尚应考虑构造裂隙对边坡稳定性的影响。

附录 D

根据获取和确定承载力参数的方法、手段的不同及设计所需参数的不同，地质人员应区别提供不同的承载力值。本规范的“基本承载力”是表示岩土体在比例界限以内，以弹性变形为主，地基稳定且满足沉降要求，并且基础埋置深度不大于 3 m、基础宽度不大于 2 m时的地基承载能力；“极限承载力”是岩土体达到极限破坏点，变形以塑性变形为主，沉降变形明显增大时的地基承载力值；“容许（允许）承载力”（或地基承载力设计值）是指设计阶段根据基本承载力值进行深、宽修正，并满足稳定及沉降要求后的地基承载力值。《岩土工程勘察规范》中的“地基承载力基本值”是根据室内试验成果查表确定的承载力值；“地基承载力标准值”是根据修正后的原位测试成果，或对上述承载力基本值在某一置信概率下按规定进行回归统计，或根据当地经验进行分析修正后提供的地基承载力值（相当于本规范的“基本承载力值”）。

因为客运专线铁路和时速 200 km 客货共线铁路对沉降有特殊要求，“基本承载力”的概念在这里有所变化。所谓“满足沉降要求”已不是一般意义的要求，所以对于客运专线铁路和时速 200 km 客货共线铁路工程地基的承载力应慎重研究确定。一般应采用多种勘察手段，参考工程实例，并结合工程实际情况确定。

本附录规定了岩、土地基基本承载力和极限承载力表。各类土的基本承载力表，是根据荷载试验与土的物理力学性质指标的对比资料及国内外规范综合考虑编制的。由于地基的地区差别，岩土岩性差别和岩土本身的不均匀性，承载力值千差万别。地基承载力表尽管分类列出了各类岩土的地基承载力，但远不能将自然界情况包罗进去。地基承载力表仅适用于没有实测资料的一般工程；承载力值是指基础短边宽 $b \leqslant 2$ m、埋藏深度 $h \leqslant 3$ m的地基容许承载力（或该条件下的极限承载力）。高桥、大桥、特大桥、高层建筑等大型工程均应按现场载荷试验、理论公式计算及采用其他原位测试方法综合分析后确定。

2001 版《铁路工程地质勘察规范》是在 1996 年局部修订版的基础上，按《铁路工程岩土分类标准》（TB 10077—2001）增加了粉土的承载力表，并对岩石、碎石类土、砂类土、新黄土承载力表作了局部调整。为适应铁路工程可靠度设计理论的实施，还列出了岩土地基极限承载力表。按可靠度理论进行工程设计，地基承载力采用极限标准值，岩土地基承载能力的安全系数结合工程的重要程度与工程结构一起考虑，因此岩土极限承载力不另考虑安全系数。岩土地基承载力的变异系数是反映岩土地基均匀性的指标，由岩土物理力学统计指标计算确定。在工作中应参考岩土变异系数和场地其他地质条件、环境条件确定地基承载力值。采用可靠度理论进行工程设计，岩土参数应是进行数理统计提供的标准值，数理统计理论要求子样数不少于 6 个。因此按可靠度理论进行设计的工程，相同地质条件下的岩土样数不应少于 6 组，以保障数理统计的可靠性。

（1）岩石地基的承载力

岩块强度和破碎程度，是决定岩石地基承载力的主要因素，故以这两个指标制表。对裂隙性质、方向及充填物等因素的影响，在附注中给出。该表主要是根据72份荷载试验（以比例界限作为基本承载力），并参考国内外有关规范和建筑经验提出的。

根据《铁路工程岩土分类标准》（TB 10077—2001）将岩石按极硬岩、硬岩、较软岩、软岩、极软岩分类制表。硬质岩（极硬岩和硬岩）地基承载力不控制工程设置，故没有再细分。根据国家标准《工程岩体分级标准》（GBJ 50218—94），极软岩的承载力基本值小于500 kPa，同样铁路工程勘测中遇到的成岩程度极差（半成岩）及风化成土状、砂砾状等极软岩的承载力都小于500 kPa，因此，本规范在岩石按新的分类标准调整的同时，对各类岩石地基承载力也作了调整和修正。

制定岩石地基极限承载力的资料主要来源于铁道、水利水电、煤炭、金属矿山、港工等部门岩体力学试验资料，利用室内测定的岩石强度间接确定岩体强度，即准岩体强度，结合铁道部门的实际情况，利用室内岩石单轴抗压强度对岩体进行分类，对800多个试验结果进行了统计，确定了不同类型岩石的单轴抗压强度。结合岩体的节理发育程度及岩体的龟裂系数，确定了岩石地基承载力。变异系数硬质岩为0.198，较软岩为0.152，软岩为0.333，极软岩为0.334。

水对岩石承载力的影响由于资料不足，不能给出准确数值。现场遇到这些情况，需个别研究确定。当利用易风化的岩石作为地基时，应特别注意岩石浸水后可能发生的变化，如岩石的水理性能、风化速度等，适当选取 σ_0 必要时应通过荷载试验确定。

（2）碎石类土地基承载力

影响碎石类土承载力的因素很多，如碎石类土的成因类型，碎石颗粒的成分、大小、含量、充填物性质、密实程度、胶结情况等，但为了简化制表起见，本表主要按密实程度作为归类指标。由于大部分碎石类土压缩性低，基底沉降量小，完成沉降过程快，因此变形不是主要控制因素，故其基本承载力是按比例界限或破坏荷载的1/3取值。

碎石类土地基基本承载力表是从196份荷载试验资料中，选用了其中内容较全的151份，经过归纳分析对比后制定的。对于某些不能以密实程度所概括的其他物性则在附注中予以说明，作为选择数值的次一级因素。

由于《铁路工程岩土分类标准》（TB 10077—2001）将碎石类土的密实度由原来的“密实、中密、松散”三级调整为“密实、中密、稍密、松散”四级。将原来的中密划分为中密和稍密，该两类没有定量界定标准，其承载力值也无法界定，只能根据所在承载力范围中间分开。由于是仅从数值范围内调整，故应注意在使用中积累资料，补充完善承载力表。

根据175组可利用的试验资料，按卵石土、碎石土（包括粗圆砾土和粗角砾土）、细圆砾土、细角砾土的四个密实程度分别进行统计分析，得到各种土不同密实程度的极限承载力的均值、变异系数等指标。将各均值按0.95的置信概率确定范围值，经调整后得出各类土不同密实程度的极限承载力范围值。对各碎石类土变异系数的统计分析，最后得出变异系数0.21为综合采用值。

（3）砂类土地基承载力

砂类土地基基本承载力是原《铁路桥涵设计规范》（TBJ 2—85）所订，本规范予以沿用。该表的制订是依据73份荷载试验资料进行归并的，由于荷载试验的代表性差，绝大部分试验没有做到极限荷载，而且还有部分资料不全，故未能得出较好的归并成果。但根据目前国内各地砂类土承载力经验数值，并结合铁路几十年来的实践，认为表列数值基本是可行的。

由于《铁路工程岩土分类标准》(TB 10077—2001)对砂类土密实度的分级进行调整，原资料中确定其密实度的标准贯入试验资料不足，采取了依据静力触探资料确定其密实度，而后把承载力平均值与现规范中的数值进行对比分析，最后确定了修订后的稍密和中密砂类土承载力。

根据收集到的有关资料，采用荷载试验结果统计分析和理论公式计算两种方法对砂类土极限承载力进行了分析研究。综合研究分析的结果，并且预留一定的安全度，对砂类土安全系数 K 取 2.0。变异系数采用统计分析中的中砂和粉砂的综合值 0.248。

(4)粉土地基的承载力

① 编表资料主要来源于铁路桥梁地基可靠度规改原始资料中的黏性土部分，即从大量的黏性土原始资料中将 I_p 小于等于 10 的粉土单分出来，独立编制粉土地基的基本承载力表，总计筛选出 38 组可以利用的数据。

② 粉土承载力表编制与分析。通过分析资料，发现粉土的基本承载力与其天然孔隙比和天然含水率有密切的关系，因此可以把粉土的承载力与其天然孔隙比和天然含水率作二元回归分析。

二元线性回归分析：

通过对 38 组承载力与天然孔隙比和天然含水率的线性回自分析，得到二元线性回归方程为

$$f = 594.68 - 339.55e - 6.99w$$

式中　f——基本承载力(kPa)；

e——天然孔隙比；

w——天然含水率。

此回归方程的复相关系数为 0.819，剩余方差为 39.36。对其进行 F 检验，结果为高度显著性。

二元自然对数线性回归分析：

同样对 38 组承载力与天然孔隙比和天然含水率的二元自然对数线性回归分析，得到其回归方程为

$$\ln f = 6.41 - 1.56\ln e - 0.54\ln w$$

式中　f——基本承载力(kPa)；

e——天然孔隙比；

w——天然含水率。

此回归方程的复相关系数为 0.841，剩余方差为 0.182。对其进行 F 检验，结果为高度显著性。

③ 通过以上分析，考虑剩余方差的误差，对表中数值进行了调整，得出粉土的地基基本承载力。

④ 粉土地基参照黏性土安全系数取 1.86 求取极限承载力标准值，变异系数取 0.291。

(5) Q_4 冲、洪积黏性土地基的承载力

Q_4 冲、洪积黏性土(一般黏性土)的基本承载力，是以满足其强度和变形要求的基本条件为前提，以我国各地 342 份荷载试验资料为依据编制的。荷载试验使用的承压板面

积为1 000～5 000 cm²。但由于荷载试验的 $P—S$ 曲线较短，未能做到极限荷载，故未能采用极限荷载进行确定，因此参考了国内外经验，在 $P—S$ 曲线上取下沉量 $S=0.026$(b 为荷载板宽度)对应的压力作为基本承载力，在少数资料中，沉降量未达到 $0.02b$ 之前，$P—S$ 曲线上出现了明显的拐点，即以拐点作为基本承载力。

Q_4 冲、洪积黏性土，一般物性指标，如天然含水率(w)、孔隙比(e)、液限(w_L)、塑限(w_p)、塑性指数(I_p)液性指数(I_L)等，试验简单，易于求得，且能够近似地表达这类土的承载力特性，加之荷载试验资料中这类指标较齐全可靠，所以统计时，考虑了 I_p、w_L、I_L、w、e 等，经过多种分组统计比较，最后选用了 I_L、e 两个指标建表。

本次修订首先把剔除了粉土后的资料进行了统计分析，考虑到粉土只占原黏性土中的一小部分，并且粉土的承载力一般比同条件的黏性土低，另外现规范中黏性土承载力表已经过了多年的使用验证，剔除 I_p 小于等于10的粉土后，承载力表总体偏于安全，所以没有修订黏性土的基本承载力表。希望在使用过程中注意积累资料，完善黏性土承载力表。

黏性土的极限承载力标准值表的编制工作主要依据所收集到的荷载试验资料，即对现有的87份较完善的资料进行处理，确定出容许承载力、极限承载力及安全系数；安全系数与现行规范的基本承载力表值相乘便得极限承载力标准值表，其安全系数 $K=1.86$。

变异系数的确定是将 Q_4 土层资料放在一起进行统计分析，这就要知道 Q_4 土层的 e 和 I_L 的平均变异性，有了这种变异性就可以确定统计分析范围，从而得到该范围内的承载力变异系数，然而 e 和 I_L 的平均变异系数因缺乏资料很难统计得出。但是通过计算发现各不同范围统计得出的变异系数相差不大，因此对 Q_4 冲、洪积土给出单一的变异系数0.291。

(6)Q_3 及以前冲、洪积黏性土地基的承载力

Q_3 及以前黏性土(老黏性土)，在荷载试验加压范围内沉降量很小，承载力值很高。由于土的物性指标很难反映土的结构强度，所以单用物性指标确定承载力是不合理的。但在力学指标中 c、ϕ 值资料不齐全，而且多未注明其试验方法；亦难以利用，故按室内压缩模量 E_s，采用53份资料统计，得下列方程：

$$\sigma_0=308.9+0.79E_s \quad (相关系数\ r=0.52)$$

式中 σ_0——基本承载力(kPa)；

E_s——压缩模量(MPa)。

对于 $E_s<10$ MPa 的老黏性土，因缺少资料，上式不适用，建议按 Q_4 冲、洪积黏性土予以考虑。

极限承载力标准值表编制工作类似于 Q_4 冲、洪积土，数据来源于29份较完整的资料，取安全系数 $K=1.92$，变异系数为0.218 。

(7)残积黏性土地基的承载力

残积黏性土，在山区分布很广，参加本表编制的荷载试验资料主要是西南地区的“红土”(这部分资料比例较大，该土系碳酸盐类岩石风化而成)，东北地区的花岗岩残积土，江西的页岩、砂岩残积土等，其承载力值都比较高，因而用 E_s 做统计，较为合理，统计时共用58份得回归方程为

$$\sigma_0=85.73\,E_s^{0.4} \quad (相关系数,r=0.76)$$

式中 σ_0——基本承载力(kPa)；

E_s——压缩模量(MPa)。

其表中数值仍然沿用原表。

残积黏性土的地基极限承载力不考虑土的强度参数，只考虑压缩模量，则其基本承载力的安全系数 $K=2.0$，变异系数为 0.36。

(8)软土地基承载力

软土地基承载力的计算公式，改用了著名的条形基础的极限荷载公式(普朗特尔 1921，太沙基 1943，汉森 1966)，一般认为它是目前国内外广泛使用较为合理的公式。对于正方形基础、圆形或矩形基础，承载量因素 $N_c=5.14$ 可以提高，而对灵敏度较高的软土 CU 值又有所降低，结合国内大量工程实践的经验。安全系数可采用 $m=1.5\sim2.5$，一般正方形、圆形基础或土的灵敏度高时，可采用 1.5，而条形、矩形基础或土的灵敏度低时可采用 2.5。

饱和软黏土的天然含水率与强度存在唯一的关系，土的颗粒比重在 2.7 左右，因此含水率为 36%，孔隙比接近 1.0；而当含水率为 75% 时，孔隙比为 2.0。本规范对于小桥和涵洞等一般建筑物基础的基本承载力，系引自《工业与民用建筑地基基础设计规范》(TJ 7—74)的“沿海地区淤泥和淤泥质土容许承载力表”。

实际软土地基上的建筑物，常常受地基变形控制，因而强调在地基土强度检算的同时要检算下沉量，并应符合有关规定。

软土极限承载力标准值表依据收集的荷载试验资料，但资料中土的室内物理指标不多，无法进行对比分析，难以将土的天然含水率和极限承载力进行统计分析，只有根据极限承载力与基本承载力的统计回归公式间接求出天然含水率与极限承载力的关系。软土基本承载力的安全系数为 1.79，变异系数为 0.29。

(9)黄土地基承载力

黄土地基基本承载力是分别按 Q_4、Q_3 及 Q_2、Q_1，进行归类分析的，它和原来《铁路桥涵设计规范》(TBJ 2—85)所推荐的基本承载力有较大的改动。

① 新黄土(Q_4、Q_3)地基基本承载力

新黄土(Q_4、Q_3)包括湿陷性和非湿陷性黄土，但不包括坡积、崩积和人工堆积层。荷载试验 σ_0 的确定，采用比例界限(p_1)值，或以下沉量 $S\approx0.06b$(b 为荷载板宽度)对应压力作为极限荷载(p_2)，再除以二倍安全系数确定之；其 σ_0 对应之 S 平均值为 $0.0075b$，大于 $0.01b$ 者仅占 13.4%，最大为 $0.02b$，故强度、沉降均能满足要求。

新黄土实测对比资料计 305 组，来源于甘、青、宁、陕北、晋西北(共 164 组)，以及关中、豫、晋东南、冀、鲁等地区，其中 Q_4 黄土 158 组，Q_3 黄土 147 组。通过各种组合回归分析，择优选取了不分地区的(Q_4、Q_3)混合统计的公式为

$$\sigma_0=16.73-14.69\,e-0.793\,w+1.026\,w_L \qquad (\mathrm{tf/m^2})$$

(相关系数 $r=0.616$，剩余标准差 $s=3.08$)

根据对 305 组实测对比数据内值验证，并考虑了埋深 1.5 m 的深度修正值约为 30 kPa(3 tf/m²)，对回归公式计算 σ_0 值作了局部调整，编制出新黄土地基基本承载力表。

本表 σ_0 值与原《铁路桥涵设计规范》(TBJ 2—85)新黄土地基基本承载力表的 Q_4 黄土 σ_0 值基本相同。根据对 Q_3 黄土实测资料的反复验证和工程建筑的实践检验，当 $0.85<e<0.95$ 时，σ_0 值确比 Q_4 黄土为高，故在本表附注中作了提高 15% 的规定，比原《铁路桥涵设计规范》(TBJ 2—85)更符合实际。

资料来源于铁一院多年来所做的和收集的路内外共计500余份荷载试验、土工试验及234组静力触探对比资料。重新接荷载试验统一取值标准，确定极限承载力、比例界限拐点值和$P_{0.06}$值($S/d=0.06$的对应荷载)，然后在和土工试验资料一起进行统计分析。分析结果表明，黄土极限承载力约为其基本承载力的2.0倍，变异系数为0.333。

② 老黄土(Q_2、Q_1)地基基本承载力

老黄土对比资料共36组，来源于甘、宁、陕、晋、鲁等地区。荷载试验σ_0值的确定，多以比例界限或小于比例界限值确定之，其S/d平均值为0.006，最大为0.016。择优选取回归公式为

$$\sigma_0 = 195 - 132.4e - 35.2w/w_L \qquad (tf/m^2)$$

(相关系数$r=0.69$，剩余标准差$s=19.1$)

将实测σ_0幅度值、平均值与回归值比较，提出偏于安全的推荐值，最高σ_0值控制在700 kPa(70 tf/m^2)以内，已用于桥涵基础的设计和施工，效果良好。考虑蓟山东地区的老黄土工程性质稍差，一般比表中σ_0值偏低100~200 kPa(10~20 tf/m^2)，故在本表附注中作了相应规定。

本次修订依据收集到的36组资料统计得出老黄土极限承载力为其基本承载力的2.0倍，变异系数为0.433。

(10)多年冻土地基的承载力

确定多年冻土地基承载力的因素主要为颗粒成分、含水率和地温，在相同地温和含水率状况下，一般是碎石类土的承载力最大，砂类土次之，黏性土最小。冻土的强度一般是随着含水率增大而提高，至饱和状态时达到最大值，往后则随着含水率的增大而减弱，直至接近于冰的强度。但是随着含水率的增大，冻土的流变性迅速增大，使其持久，强度迅速减小。当冻土中有冰夹层时，则其强度往往表现出冰的性质。表中规定的基本承载力，只适用于少冰冻土和多冰冻土。反之对干燥的碎石类土和砂类土或含水率小于10%的黏性土，不论负地温高低，其基本承载力可按非冻土确定。试验和工程实践表明，冻土的承载力是随着地温降低而增大的，故表中按负地温给定承载力。原规范月平均最高土温-2 ℃~-3.5 ℃间隔太大，2001年版《铁路工程地质勘察规范》修订时调整了多年冻土地温分档。由于没有资料只能从数值上内插，希望在使用过程中积累资料完善承载力表。

国外各种地基规范，对冻土的承载力，表达方式不尽一致，有的采用基本承载力，有的采用极限强度。本规范根据我国实际情况，结合理论计算和室内试验资料进行了综合分析，按照多年冻土的分类分别给出其基本承载力值。表中数值约为冻土瞬时的单轴极限抗压强度的1/6~1/8，有一部分土的承载力值是根据球模试验仪测定的长期黏着系数c确定的。

多年冻土极限承载力标准值表的编制工作主要依据所收集到的研究成果，这些资料包括1985年桥规对“多年冻土承载力表”的说明；1996年中华人民共和国行业标准《冻土地区建筑地基基础设计规范》(JGJ 118—98)；青藏高原多年冻土承载力试验结果等。根据这些资料的研究成果，多年冻土地基的极限承载力均是容许承载力或比例极限的2.0倍。因此将现行桥规中地基基本承载力表中的数值乘以2.0作为冻土地基的极限承载力值。

关于其变异系数，建议参照林业设计规范采用0.274。

E. 0. 1　岩土试验项目表内的物理力学性质试验项目编制说明：

(1)本表试验项目以满足一般设计要求为主，对一些因科研或积累资料所需的项目和设计特需的项目，应根据实际需要增加。

(2)粉土命名依据塑性指数和颗粒级配。

(3)地震区饱和砂土、粉土的液化判定所进行的颗粒分析和深度要求，应按现行《铁路工程抗震设计规范》执行。

(4)沼泽土的试验项目同软土。

(5)碎石类土的颗粒级配一般都用目力鉴定，未列入表内。

(6)土的物理力学性质试验项目带括号者中粉土、黏性土的快剪试验选择时应根据土的渗透性和潮湿程度确定选用快剪或三轴快剪。直接快剪试验规定仅适用于渗透系数小于 10^{-6}cm/s 的黏性土。考虑到部分黏性土、粉土及大部分黄土呈坚硬或硬塑状态时在快剪试验过程不会或较少造成孔隙水流失对试验成果影响不大，这类土仍可用直接快剪试验，不属此情况时应选用三轴快剪试验。其他带括号的试验项目说明见说明表 E. 0. 1。

说明表 E. 0. 1　土的物理力学性质试验项目中带括号者的说明

土　类	工程类型	试验项目	表内带括号项目试验条件
黏性土粉土	隧道	压缩试验	拱脚以下部分
		天然快剪	洞顶以上 20 m 至钻孔终了范围内
黄土		湿陷试验	(1)明洞基础 (2)按地貌单元做代表性试验
		天然快剪	洞顶以上 20 m 至钻孔终了范围内(或至隧道路肩设计高程以下 5 m)
黏性土粉土	桥涵基底	压缩试验	(1)下列情况下的黏性土及黄土应取样做压缩试验： ① 超静定结构的基础 ② 当相邻墩台的地基土有明显不同，或相邻跨度特别悬殊而必须考虑其沉降差时 ③ 湿陷性黄土、软土桥梁基础 ④ 跨越桥和跨线渡槽下的净高需预先考虑沉降量时 (2)Q_3 及以前冲(洪)积黏性土、坚硬黏性土及残积黏性土
		天然快剪	(1)软土及软塑、流塑状黏性土 (2)桩基、沉井、柱基分层做代表性试验 (3)基底斜坡坡度大于 1∶2的墩台
		饱和快剪	水库区可能被水浸泡的基础
		有机物含量	含有机质黏性土、粉土
黏性土粉土	房建基底	压缩试验	(1)软土及土质软硬不均地基 (2)工业主厂房、大型站房 (3)三层以上多层民用房屋 (4)水塔及转车盘
		天然快剪	软土及软塑状黏性土
		有机物含量	含有机质黏性土、粉土

续上表

土　类	工程类型	试验项目	表内带括号项目试验条件
黏性土粉土	挡土墙基底	压缩试验	Q_3 及以前冲(洪)积黏性土、坚硬黏性土及残积黏性土
		天然快剪	(1)基底斜坡坡度大于1:2的挡墙 (2)软土及软塑、流塑状黏性土
		饱和快剪	水库区浸水挡墙
	高　填	天然快剪	基底下有软土或软塑状黏性土夹层时
		饱和快剪	基底土层可能被水浸泡时
	陡坡填方	饱和快剪	基底土层可能被水浸泡时
	路堤填料	夯后饱和快剪	修筑的路堤可能受水浸泡时
		毛细水上升高度	修筑的路堤可能受水浸泡时
软土	软土路基	天然快剪、固结快剪、三轴快剪	(1)采用桩基时,每个工点2/3样品做天然快剪,1/3样品做三轴快剪 (2)采用沙桩、沙井或边界排水良好时,每个工点2/3样品做固结快剪,1/3样品做三轴快剪 (3)若一个工点同时存在上列两种情况时,则每个点的样品各做1/3的天然快剪、固结快剪、三轴快剪 (4)上列三种快剪对每个样品仅做一种快剪
膨胀土		天然快剪	结合建筑区及大型工点分类做代表性试验
		膨胀压力	结合建筑区及大型工点分类做代表性试验
		收缩系数	结合建筑区及大型工点分类做代表性试验

E.0.2　本次修订对表E.0.2“多年冻土试验项目”主要进行了如下修改:

原表中的“塑性指数”是通过塑限和液限计算得出,“孔隙比”是通过总含水率、天然密度、颗粒密度等计算而得。因此,将这两个试验项目删去,改为塑限和液限。

颗粒分析包括筛析法、密度计法和移液管法,适用于对60 mm至0.075 mm的土,可满足原表中“筛分”、“小于0.5 mm含量”和“大于0.075 mm含量”的要求,故将此三项试验项目合并,改为“颗粒分析”。

根据国家标准《冻土工程地质勘察规范》(GB 50324)和《青藏铁路多年冻土区工程勘察暂行规定(试行)》,将“冻土骨架密度”改为“冻土干密度”,将“容积热系数”改为“容积热容量”。

原表注6中提及“冻胀力”和“冻结强度(原表中可能误为抗压强度)”,但表中未见,为全面起见,在试验项目表中增加上述两个项目。

根据上述项目的调整,对各类工程应做的项目也进行了调整。

附录 F

“附录 F 环境水、土对混凝土侵蚀性的判定标准”摘自《铁路混凝土结构耐久性设计暂行规定》(铁建设〔2005〕157 号)。在进行铁路工程地质勘察时,可将其作为环境水(包括地表水和地下水)、土对混凝土是否具有侵蚀性的判定标准。当进行大面积厂房或房屋的岩土工程勘察时,应按现行《岩土工程勘察规范》(GB 50021)的相关规定和标准执行。

中华人民共和国行业标准

铁建设〔2009〕6号

铁路工程岩土化学分析规程

Regulations for Rock and Soil Chemical Analysis of Railway Engineering

TB 10103—2008

J 862—2009

2009—01—07 发布　　　2009—01—07 实施

中华人民共和国铁道部　发布

前　言

本规程是根据铁道部《关于编制〈2006年铁路工程建设标准计划〉的通知》（铁建设函〔2005〕1062号）的要求，在《铁路工程岩土化学试验方法》（TBJ 103—87）的基础上进行修订的。

本规程在修订过程中，收集了国内有关资料，在广泛征求路内勘察设计、施工、科研单位意见的基础上，经反复审查定稿。

本规程共分37章，主要包括：总则；术语和符号；分析试样的制备；试样的分解和溶解；岩土试样pH值的测定；吸附水（H_2O^-）含量的测定；灼烧失量含量的测定；有机质含量的测定；酸不溶物含量的测定；二氧化硅含量的测定；二、三氧化物含量的测定；磷含量的测定；钾、钠含量的测定；氧化钙、氧化镁含量的测定；三氧化二铝含量的测定；铁含量的测定；二氧化钛含量的测定；氧化锰含量的测定；铜含量的测定；锌含量的测定；镉含量的测定；铅含量的测定；钡含量的测定；镍含量的测定；汞含量的测定；砷含量的测定；氯含量的测定；硫含量的测定；氟含量的测定；二氧化碳含量的测定；阳离子交换量；土壤全氮含量的测定；六六六和DDT的测定；易溶盐含量的测定；中溶盐含量的测定；难溶盐含量的测定；黏土矿物含量的测定等；另含4个附录。

本次修订的主要内容如下：

1. 根据国家法定计量单位的规定，对部分名词和计量单位进行了修改。

2. 新增了汞、砷、镍、锌、铜、镉、铅、钡、氟、硫、氯、蒙脱石含量、土壤全氮含量、六六六和DDT的测定、易溶盐、中溶盐、难溶盐、黏土矿物的测定，共计18个项目。

3. 将原有章节名称中的"三氧化二物"改为"二、三氧化物"，将原"吸湿水"改为"吸附水"，删除原第三章第二节"化合水"。

4. 将原第五章"原子吸收光谱分析"取消，所涉及试验方法分别归入具体的章节中。

5. 新增原子荧光、原子发射、极谱分析、离子选择性电极、色谱分析、X射线衍射等新的仪器分析方法。

本规程以黑体字标志的条文为强制性条文，必须严格执行。

在执行本规程过程中，希望各单位结合工程实践，认真总结经验，积累资料。如发现需要修改和补充之处，请及时将意见及有关资料寄交中铁二院工程集团有限责任公司（四川省成都市通锦路3号，邮政编码：610031），并抄送铁路工程技术标准所（北京市海淀区羊坊店路甲8号，邮政编码：100038），供今后修订时参考。

本规程由铁道部建设管理司负责解释。

本规程主编单位：中铁二院工程集团有限责任公司。

本规程参编单位：中铁第一勘察设计院集团有限公司。

本规程主要起草人：李蓉仑、肖吉敏、王子江、岳喜云、李光辉、张德翔、何建蓉、张安琪、王建丰、吴连荣、王韫楠、杨华。

目　　次

1 总 则

1.0.1 为统一铁路工程岩土化学分析方法,判定岩土的物质组成及物理化学性质,评价岩土工程性质,特制定本规程。

1.0.2 本规程适用于铁路勘察、设计、施工、运营阶段的岩土化学分析。

1.0.3 试验人员应针对工程项目类型和岩土性质,选定所用的分析方法、参数及计算公式,并按要求完成仪器校正,溶液配制和分析操作。

1.0.4 岩土分析工作应积极研究采用新技术、新方法、新仪器,重视试验理论的研究。

1.0.5 本规程用水,除特殊要求外,均为去离子水或蒸馏水。溶液未指明溶剂时,溶剂均为水。

1.0.6 溶液必须标明配制日期,并根据需要定期检查、重新标定。

1.0.7 配制、贮存试剂和溶液,除特殊要求外,应使用符合要求的玻璃容器。用于清洗器皿的洗涤液,不得对器皿和待测物产生污染;接触或使用浓酸、浓碱、有毒、有害的试剂,必须处理回收和采取有效的防护措施。

1.0.8 本规程中所用试剂的规格一般为"分析纯",用作基准物质的试剂的纯度,均为"优级纯"或"光谱纯"。

1.0.9 由液体试剂配制的非标准溶液的浓度以 $V+V$ 表示,前者指溶质体积,后者指溶剂体积。由固体试剂配制的非标准溶液的浓度用质量分数表示,也用质量浓度表示,单位为 g/L 或 mg/L。

1.0.10 本规程使用的测量仪器,在测定试样前,应根据所采用仪器的工作条件,检查仪器的稳定性能、线性关系,并用标准试样进行检查性测量,确定无误后方可使用。

1.0.11 本标准所列的允许差是指同一试验室的允许差,均为百分偏差,用百分数表示。

1.0.12 铁路工程岩土化学分析,除按本规程分析外,还应符合国家现行标准规范的要求。

2 术语和符号

2.1 术 语

2.1.1 准确称取 correct weigh

用万分之一分析天平准确称量至 0.1 mg。

2.1.2 恒量 constant

连续两次干燥或灼烧后的质量差异在 ±0.3 mg 以下。

2.1.3 量取 measure

用量筒、量杯分取水样、试液或试剂。

2.1.4 吸取 correct measure

用吸量管或移液管分取水样、试液或试剂。

2.1.5 平行试验 repetitive test

在相同条件下，用同一种方法，取均匀的两个或两个以上试样同时进行试验。

2.1.6 空白试验 blank test

在不含试样的条件下，所加试剂、测定条件和操作步骤与试样测定完全相同的试验。空白试验应与试样测定同时进行，以便对测定结果进行校正。

2.1.7 纯水 pure water

蒸馏水或去离子水。

2.1.8 试样 test sample

由实验室制得的规定粒度的样品或按规定分取的具有代表性的用于测定的试样溶液称为试样。

2.1.9 试料 test portion

用以分析测定所获取的一定量的试样称为试料。

2.1.10 熔融分解 decomposition by fusion

用碱熔剂与试样混合熔融以分解试样。

2.1.11 干过滤 dry filter

溶液用干滤纸和干漏斗过滤于干燥容器中，并弃去最初部分滤液。

2.2 符 号

A_B——物质 B 的吸光度

M_B——物质 B 的摩尔质量

c_B——物质 B 的摩尔浓度

pH——氢离子浓度负对数

ρ_B——物质 B 的质量浓度

CEC(NH_4^+)——阳离子交换量

DT——易溶盐含量

M ——蒙脱石含量

3 分析试样的制备

3.1 岩土试样制备

3.1.1 岩土试样应在现场采取具有代表性的样品,用牛皮纸或塑料袋包装并蜡封。取样量应大于1 000 g。

3.1.2 将潮湿的岩土试样捏碎后,摊开于瓷盘中,弃去试样中植物根、茎及其他杂物,置于阴凉通风处晾干或置于烘箱内在低于50 ℃的温度下烘干。

3.1.3 对不同特性的岩土矿物,样品的最低可靠质量按式3.1.3获取:

$$Q = Kd^2 \tag{3.1.3}$$

式中 Q——缩分后样品的质量(kg);

K——岩土矿物中待测矿物分布的不均匀程度系数,按表3.1.3选取;

d——样品最大颗粒的直径(mm)。

表3.1.3 主要岩土矿物的不均匀程度系数(K值)

岩矿石种类	K值
铁锰	0.1~0.2
铜、钼、钨	0.1~0.5
镍(硅酸盐)、铝土矿(均一的)	0.1~0.3
铝土矿(非均一的,如黄铁矿化铝土矿、钙质铝土角砾岩等)	0.3~0.5
铬	0.3
铅、锌、锡	0.2
锑、汞	0.1~0.2
磷镁矿、石灰岩、白云岩	0.05~0.1
铌、钽、锆、铪、锂、铷、铯、钪及稀土元素	0.1~0.5一般用0.2
磷、硫、石英岩、高岭土、黏土、硅酸盐、萤石、滑石、蛇纹石、石墨、盐类矿	0.1~0.2
明矾石、长石、石膏、砷矿、硼矿	0.2
重晶石(萤石重晶石、硫化物重晶石、铁重晶石、黏土重晶石)	0.2~0.5

3.1.4 风干后的岩土试样用木棒或橡皮锤敲击胶结团核,使其分散,再置于锰钢研钵内或玛瑙研钵内研成粒径小于2 mm的颗粒,混合均匀,铺平。用四分法去掉两等分,再用四分法反复分取,将试样缩分至10 g左右,倒入研钵内继续研磨,使试样通过0.1 mm或0.074 mm筛孔,剩余颗粒应用玛瑙乳钵研细全部过筛(石膏应全部通过0.2 mm筛孔,有机质应全部通过0.15 mm筛孔)。

3.1.5 研细过筛的试样应分取1/3作为吸附水和氧化亚铁的分析试样,余样应置于烘箱内,在105 ℃~110 ℃温度下烘2 h(石膏应在50 ℃的温度下烘3 h)取出,置于干燥器中保存备用。

3.2 土黏粒(小于 2 μm)的分离与制备

(Ⅰ)物理化学分散法

3.2.1 主要仪器和设备

1 电炉、烘箱、水浴锅。

2 玛瑙乳钵、烧杯、带孔搅拌器、勾状虹吸管、搪瓷盘、皮头玻棒等。

3.2.2 试剂

1 氨水($NH_3 \cdot H_2O$)溶液 1+9。

2 盐酸(HCl)溶液 1+1。

3 盐酸(HCl)溶液 1+4。

4 盐酸(HCl)溶液 1+9。

5 过氧化氢(H_2O_2)溶液 1+4:量取 20 mL30% 的 H_2O_2 于烧杯中,用水稀释至 100 mL,混匀。

6 盐酸溶液

1)c(HCl)=0.05 mol/L:量取浓盐酸 4.2 mL 于500 mL水中,用水稀释至 1 000 mL,混匀。

2)c(HCl)=0.2 mol/L:量取浓盐酸 16.7 mL 于500 mL水中,用水稀释至 1 000 mL,混匀。

3.2.3 试样制备

1 干燥试样应用四分法缩分至 20~40 g(视小于 2 μm 含量及分析项目多少而定)于 500 mL 烧杯中,用少量水润湿。

2 除去有机质

1)在试样中滴加过氧化氢数滴,观察是否有气泡出现,如果气泡很少,表明试样中有机质含量很少时,应用水洗至悬液分散不易澄清为止。

2)试样中有机质含量较多时,应滴加 1+4 过氧化氢溶液,用玻棒搅拌,至试样加过氧化氢不冒泡为止,过量的过氧化氢用加热法排除。

3 除去碳酸盐

1)在试样中滴加 1+1 盐酸数滴,观察是否有气泡出现。试样中含有碳酸盐时,会有大量气泡产生,应用盐酸除去。

2)将试样置于 500 mL 烧杯中,分次滴加 0.2 mol/L 盐酸,至只出现少量气泡(CO_2)为止。再用0.05 mol/L盐酸溶液处理,使 pH=4 左右,将试样澄清,随后用抽滤或倾析法洗至滤液或者倾析液无氯离子。

4 小于 2 μm 粒径的分离

1)将已除去有机质及碳酸盐的试样,加水 250 mL,摇匀,加入 1+9 氨水 5 mL,置电炉上加热煮沸 15 min,冷却。将悬液倾入 2 500 mL 的烧杯中,用水稀释至刻度。

2)将带孔搅拌器置于烧杯中,上下往复搅拌 30 次,停止,即沉降时间开始。按表 3.2.3 规定进行悬液提取。

3)根据水温及比重,按表 3.2.3 所列的沉降时间,用勾状虹吸管(图 3.2.3)自液面以下 10 cm 处，吸出小于 2μm 悬液，用 5 000 mL 玻璃杯承接。然后再向烧杯里加水至刻度。搅拌，静置，虹吸，再提取。如此反复，直至虹吸出的悬液，把手放在烧杯后面看清楚手纹为止（分离 2～3 次后，用 pH 试纸检验悬液 pH，并用 1＋9 氨水调 pH＝9 左右）。

4）将提取的悬液加入 1＋4 盐酸调 pH＝4～5，待悬液澄清后，倾去上部清液，下部絮凝物用抽滤或倾析法洗至滤液或者倾析液无氯离子。洗净后转入搪瓷盘内晾干或移入烘箱内在低于 50 ℃的温度下烘干。冷却后，用玛瑙乳钵磨匀，备用。

（Ⅱ）湿研磨分散法

3.2.4 主要仪器和设备

1 电炉、烘箱、水浴锅。

2 烧杯、带孔搅拌器、勾状虹吸管、搪瓷盘、瓷研钵、粗皮头研棒、玛瑙乳钵等。

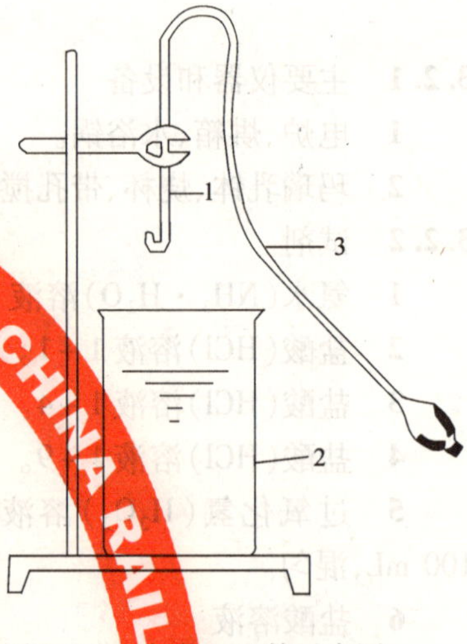

图 3.2.3 勾状虹吸管示意图
1—勾状虹吸管；2—烧杯；3—橡皮管；4—管夹

3.2.5 试样制备

1 干燥试样应用四分法缩分至 20～40 g 放入瓷研钵中，加少许水润湿，调成泥糊状，用粗皮头研棒研磨 15 min。

2 用水冲洗研磨过的稠泥糊，使其通过 0.1 mm 或 0.074 mm 筛孔，泥浆承接于 2 500 mL 烧杯中，用水稀释至刻度。

表 3.2.3 不同温度、比重下直径小于 2 μm 的土粒沉降 10 cm 距离所需时间

温度（℃）	比重																				
	2.50			2.55			2.60			2.65			2.70			2.75			2.80		
	h	min	s	h	min	s	h	min	s	h	min	s	h	min	s	h	min	s	h	min	s
1	14	42	24	14	13	57	13	47	15	13	22	11	12	58	36	12	36	21	12	15	20
2	14	12	35	13	45	5	13	19	18	12	55	5	12	32	17	12	10	47	11	50	29
3	13	45	13	13	18	36	12	53	39	12	30	12	12	8	8	11	47	20	11	27	41
4	13	18	52	12	53	6	12	28	56	12	6	15	11	44	53	11	24	45	11	5	43
5	12	54	6	12	29	8	12	5	43	11	43	44	11	23	2	11	3	31	10	45	5
6	12	30	39	12	6	26	11	43	44	11	22	25	11	2	20	10	43	25	10	25	33
7	12	8	1	11	44	32	11	22	31	11	1	50	10	42	22	10	24	1	10	6	41
8	11	46	25	11	23	38	11	2	16	10	42	12	10	23	18	10	5	30	9	48	41
9	11	26	8	11	4	0	10	43	15	10	23	45	10	5	24	9	48	7	9	31	46
10	11	6	30	10	45	0	10	24	51	10	5	55	9	48	6	9	31	17	9	15	25
11	10	47	57	10	27	3	10	7	27	9	49	3	9	31	43	9	15	23	8	59	58
12	10	30	7	10	9	47	9	50	44	9	32	50	9	15	59	9	0	6	8	45	6
13	10	13	2	9	53	16	9	34	43	9	17	18	9	0	55	8	45	28	8	30	52
14	9	56	47	9	37	32	9	19	29	9	2	32	8	46	34	8	31	32	8	17	19
15	9	41	14	9	22	29	9	4	54	8	48	24	8	32	51	8	18	12	8	4	22

续上表

温度(℃)	比重																				
	2.50			2.55			2.60			2.65			2.70			2.75			2.80		
	h	min	s	h	min	s	h	min	s	h	min	s	h	min	s	h	min	s	h	min	s
16	9	26	18	9	8	2	8	50	54	8	34	49	8	19	41	8	5	24	7	51	55
17	9	11	53	8	54	4	8	37	23	8	21	42	8	6	57	7	53	2	7	39	54
18	8	58	10	8	40	48	8	24	32	8	9	15	7	54	51	7	41	17	7	28	28
19	8	44	55	8	27	59	8	12	6	7	57	12	7	43	10	7	29	56	7	17	26
20	8	32	13	8	15	42	8	0	13	7	45	39	7	31	58	7	19	3	7	6	51
21	8	20	0	8	3	52	7	48	45	7	34	32	7	21	10	7	8	34	6	56	40
22	8	8	13	7	52	28	7	37	42	7	23	50	7	10	47	6	58	28	6	46	51
23	7	56	57	7	41	34	7	27	9	7	13	36	7	0	50	6	48	49	6	37	28
24	7	45	57	7	30	55	7	16	49	7	3	35	6	51	8	6	39	23	6	28	17
25	7	85	30	7	20	48	7	7	2	6	54	5	6	41	54	6	30	25	6	9	35
26	7	25	18	7	10	56	6	57	28	6	44	49	6	36	55	6	21	41	6	11	5
27	7	15	31	7	1	28	6	48	18	6	35	55	6	24	17	6	13	18	6	2	56
28	7	6	5	6	52	21	6	39	27	6	27	21	6	15	58	6	5	13	5	55	4
29	6	56	55	6	43	28	6	30	51	6	19	1	6	7	52	5	57	21	5	47	26
30	6	48	6	6	34	56	6	22	35	6	11	0	6	0	5	5	49	48	5	40	5

3　按本规程第 3.2.3 条第 4 款的操作步骤提取小于 2 μm 粒度悬液(不加氨水)。

4　沉降分离几次以后,悬液变稀,将烧杯置于水浴上,在 70 ℃左右浓缩至泥糊状,用粗皮头研棒研磨 15 min,再稀释成悬液继续提取小于 2 μm 粒度,直至虹吸出的悬液用手放在烧杯后面能看清楚手纹为止。

5　将分离出小于 2 μm 粒度的悬液,收集在烧杯中,置于水浴上,在 70℃左右浓缩至稠泥糊(不得干涸),在低于 50 ℃温度下烘干或移入搪瓷盘中置于阴凉通风处风干。用玛瑙乳钵磨匀,备用。

3.3　特殊矿样的加工

3.3.1　单矿物

加工上要求比较严格,必须用玛瑙研钵研细过 0.074 mm 筛孔,而且特别注意样品不能玷污和损失。

3.3.2　石英砂、石英岩

对铁含量要求很严,制样过程不能使用钢铁器具。最好用石锤在石墩上击碎,最后用玛瑙研钵研磨至规定粒度。

3.3.3　测定亚铁的样品

破碎至 0.2 mm,不烘样。

3.3.4　黄铁矿

在破碎时,不能将机器扣得太紧,防止磨盘温度太高,以免硫在温度高时挥发。

3.3.5　人工重砂样品

破碎此类样品时应根据需要确定具体要求。人工重砂样品，要求粒度比较严格，在加工时应尽量使每次碎样时粒度一致。不能一次碎细，而需要多次破碎，多次过筛，才可保持所需要的一定粒度。

3.3.6　岩盐、石膏，芒硝

样品加工前必须在低于 50 ℃的烘箱中充分干燥，并同时测量在干燥温度下的失水重量。

4　试样的分解和溶解

4.1　碱熔法

4.1.1　本法适用于一般硅酸盐岩土试样的分解。

4.1.2　硅酸盐岩土在高温下用碳酸盐熔融，分解成可溶性的盐类，以用于待测元素的测定。

4.1.3　主要仪器和设备

1　高温炉、电热板。

2　分析天平：分度值0.000 1 g。

3　铂坩埚、塑料烧杯、容量瓶、漏斗、滤纸、干燥器等。

4.1.4　试剂

1　无水碳酸钠（Na_2CO_3）固体。

2　盐酸（HCl）溶液1＋1。

3　盐酸（HCl）溶液2＋98。

4.1.5　试样的分解

1　先于铂坩埚内垫一薄层（约0.5 g）无水碳酸钠，然后称取0.500 0 g过0.074 mm筛孔并经105 ℃～110 ℃烘干的试样及4 g无水碳酸钠于铂坩埚中，用铂丝混匀，再覆盖约0.5 g无水碳酸钠，加盖留一缝隙。置于高温炉内，逐渐升温至950 ℃，恒温1 h至熔融完全，稍冷，取出。

2　将铂坩埚置于盛有约20 mL水的塑料烧杯中，盖上表面皿，加20～30 mL1＋1盐酸浸取，稍加热，至坩埚内熔物全部溶解为止，用2＋98盐酸溶液洗净坩埚及盖，将试液全部移入50 mL容量瓶中，用水稀释至刻度，摇匀，待用。

4.2　酸溶法

4.2.1　本法适用于一般硅酸盐、硫酸盐等岩土试样的分解。

4.2.2　试样用盐酸、氢氟酸、高氯酸分解，用高沸点高氯酸挥发赶出低沸点氢氟酸，分解成可溶性的盐类，以用于待测元素的测定。

4.2.3　主要仪器和设备

1　分析天平：分度值0.0001 g。

2　电热板：温度可调。

3　聚四氟乙烯坩埚：30 mL。

4　容量瓶、烧杯、移液管等。

4.2.4　试剂

1　盐酸（HCl）。

2　盐酸(HCl)溶液1+1。

3　盐酸(HCl)溶液5+95。

4　氢氟酸(HF)。

5　高氯酸($HClO_4$)。

4.2.5　试样分解

1　准确称取0.1000~0.2500 g过0.074 mm筛孔并经105 ℃~110 ℃烘干的试样于聚四氟乙烯坩埚中,用少量蒸馏水润湿试样,加5 mL盐酸溶解试样,加10 mL氢氟酸、1 mL高氯酸于低温电热板上加热溶解,蒸发至白烟冒尽,加5~10滴高氯酸继续赶尽氢氟酸,取下冷却。

2　加5+95盐酸溶液10 mL,加热使可溶性盐类溶解(此时溶液应清亮,否则应进行二次氢氟酸处理),取下,冷却,全部移入25 mL容量瓶中,用蒸馏水稀释至刻度,摇匀,待用。

4.3　微波消解溶矿法

4.3.1　本法适用于一般硅酸盐、硫酸盐等岩土试样的分解。

4.3.2　在密闭容器中通过微波加热使样品进行消解,使在常压下不能或很难用酸分解的样品能迅速分解成可溶性的盐类,以用于待测元素的测定。

4.3.3　主要仪器和设备

1　分析天平:分度值0.000 1 g。

2　微波消解炉。

3　微波消化罐。

4　容量瓶、烧杯、移液管等。

4.3.4　试剂

1　盐酸(HCl)。

2　硝酸(HNO_3)。

4.3.5　试样分解

准确称取0.1000~0.2500 g过0.1 mm筛孔并经105 ℃~110 ℃烘干的试样于微波消化罐中,加硝酸6.0 mL,盐酸2.0 mL,盖好内盖,旋紧外盖,放入微波消解装置,按照预先设定的程序进行升温消化,待消化完毕后,取出消化罐,冷却后将消化液全部移入10.0 mL或25.0 mL比色管中,稀释至刻度,混匀,即为试样液。同时做试剂空白液。

4.4　试样水浸出液的制备

4.4.1　将潮湿的土样按本规程第3.1.2条风干后用木棒或橡皮锤敲击胶结团核,使其分散,拌和均匀后用四分法取300 g,过2 mm筛,称筛上剩余颗粒的质量后弃去,并计算其占总试样质量百分数。2 mm筛下的试样用研钵充分研碎并全部通过1 mm筛(不得撒失)混合均匀,储于广口瓶中备用。

4.4.2　称取制备好的试样50~100 g(视土中含盐量和测定项目而定),准确至0.01 g,放入广口瓶中,按土水比1:5加水(当土中含盐量高达几十克时,可加大土水比例,但最大不宜超过1∶20)，搅拌约5 min，放置8 h(或用振荡器振荡3 min)后过滤，所得溶液即为土浸出液。浸出液应是无色透明溶液，如果混浊应离心分离或用砂离棒抽滤；如果有色可用双氧水或活性炭脱色。浸出液贮于细口瓶中备用。同时另取一份试样测定按本规程第6章操作测定风干含水率。

5 岩土试样 pH 值的测定

5.0.1 本法采用酸度计测量各类岩土试样水浸出液的酸碱度。

5.0.2 主要仪器和设备

1 酸度计(或 pH 计):分度值 0.01。

2 分析天平:分度值 0.0001 g;

天平:分度值 0.1 g。

3 温度计:分度值 0.5 ℃。

4 烘箱、烧杯、容量瓶、试剂瓶、玻璃棒等。

5.0.3 试剂

1 pH =4.01 标准缓冲溶液

称取在 105 ℃ ~110 ℃烘干 2 h 的邻苯二甲酸氢钾($KHC_8H_4O_4$)1.0210 g,用水溶于 100 mL 容量瓶中,待溶解完全后,加水稀释至刻度,摇匀。

2 pH =6.87 标准缓冲溶液

称取在 105 ℃ ~110 ℃烘干 2 h 的磷酸氢二钠(Na_2HPO_4)0.3530 g 和磷酸二氢钾(KH_2PO_4)0.339 0 g,用水溶于 100 mL 容量瓶中,待溶解完全后,加水稀释至刻度,摇匀。

3 pH =9.18 标准缓冲溶液

称取硼砂($Na_2B_4O_7 \cdot 10H_2O$)0.380 0 g,用新煮沸放冷的纯水溶于 100 mL 容量瓶中,待溶解完全后,用新煮沸放冷的纯水稀释至刻度,摇匀。

以上标准缓冲溶液的 pH 值,是指 25 ℃的 pH 值。

4 饱和氯化钾溶液

向 100 mL 水中加入氯化钾(KCl),边加边搅拌,直至不再溶解为止。

5.0.4 将潮湿的土样按本规程第 4.4.1 条制备好并贮于广口瓶中备用。

5.0.5 在测定土悬液 pH 值之前,按照酸度计使用说明书,用标准缓冲溶液对酸度计进行校正。

5.0.6 称取制好的试样 10 g,放入 100 mL 烧杯中,加水 50 mL(土水比 1:5),用玻棒搅拌 3 min,静置 30 min,即得土悬液。

5.0.7 另取一小烧杯,倒入澄清的试样悬液。用水冲洗电极2 ~3 次,用滤纸把水吸干,小心将电极放入土悬液中,直至电极球部被悬液浸没为止,并使电极与杯底保持适量距离,然后将电极固定在电极架上。再用玻棒搅拌 1min(使悬液与电极充分接触),按照酸度使用说明书测定土悬液的 pH 值,准确至 0.01。如此再重复两次,取其平均值作为测定结果。

5.0.8 本试验平行测定允许差值(绝对误差)应不大于 0.02。

6　吸附水(H_2O^-)含量的测定

6.0.1　一般岩土吸附水含量的测定,采用烘干法。

6.0.2　试样在105 ℃~110 ℃烘干至恒量时,所失去的质量即为吸附水。

6.0.3　主要仪器和设备

1　烘箱。

2　分析天平:分度值0.000 1 g。

3　干燥器、称量瓶等。

6.0.4　分析步骤

称取0.5000~2.0000 g风干试样,置于已烘至恒量的称量瓶中,半开瓶盖,放入烘箱内,升温至105 ℃~110 ℃(石膏升温至50 ℃~55 ℃;铝土矿应在130 ℃烘干)保持2 h,取出,盖好瓶盖,移入干燥器中恒时30 min,称量。再烘1 h,称量,直至恒量。

6.0.5　计算

$$H_2O^-(\%)=\frac{m_1-m_2}{m}\times 100 \quad (6.0.5)$$

式中　m_1——烘干前试样与称量瓶质量(g);

m_2——烘干后试样与称量瓶质量(g);

m——试样质量(g)。

所得结果表示至两位小数。

6.0.6　允许差,见表6.0.6。

表6.0.6　吸附水含量的允许差

	土	岩石
≤10	0.5	1.0
10~40	1.0	2.0

7 灼烧失量含量的测定

7.0.1 一般岩土灼烧失量含量的测定,采用焙烧法。

7.0.2 试样在 1 000 ℃ ~1 050 ℃高温下灼烧至恒量,用所失去的质量计算灼烧失量。

7.0.3 主要仪器和设备

1 高温茂福炉。

2 分析天平:分度值 0.0001 g。

3 干燥器、瓷坩埚等。

7.0.4 分析步骤

称取过 0.1 mm 筛孔并经 105 ℃ ~110 ℃烘干的试样1.000 0 ~2.000 0 g,放入已灼烧至恒量的瓷坩埚中,半开锅盖,移入高温茂福炉内逐渐升温至 1 000 ℃ ~1 050 ℃(石膏结晶水应升温至 220 ℃ ~230 ℃)灼烧 1 h,取出,稍冷,移入干燥器中恒时 30 min,称量。再灼烧 30 min,称量,直至恒量。

7.0.5 计算

$$\text{灼烧失量}(\%)=\frac{m_1-m_2}{m}\times 100 \qquad (7.0.5)$$

式中 m_1——灼烧前试样与瓷坩埚质量(g);

m_2——灼烧后试样与瓷坩埚质量(g);

m——试样质量(g)。

所得结果表示至两位小数。

7.0.6 允许差

取两份平行分析结果的算术平均值为最终分析结果。平行分析结果的绝对差值应不大于 0.20%。

8　有机质含量的测定

8.1　重铬酸钾容量法

8.1.1　有机质含量小于15%的土,采用重铬酸钾容量法。

8.1.2　使用标准浓度的重铬酸钾硫酸溶液,氧化土中的有机质,然后用硫酸亚铁铵返滴定过量的重铬酸钾,以求得有机质对重铬酸钾的消耗量。

8.1.3　主要仪器和设备

1　电炉、油浴锅(内盛植物油或硅油)。

2　分析天平:分度值0.0001 g。

3　温度计:量程0~200 ℃。

4　滴定管、烧杯、锥形瓶、硬质试管、小漏斗、铁丝网等。

8.1.4　试剂

1　邻菲啰啉指示剂

称取1.50 g邻菲啰啉($C_{12}H_8N_2 \cdot H_2O$)和0.7 g硫酸亚铁($FeSO_4 \cdot 7H_2O$)用水溶解并稀释至100 mL,贮于棕色瓶,密闭保存。

2　重铬酸钾—硫酸标准溶液$c(K_2Cr_2O_7)=0.075$mol/L

称取22.064 1 g预先研细后经105 ℃~110 ℃烘3~4 h的基准重铬酸钾($K_2Cr_2O_7$)于400 mL水中,加热,溶解后,慢慢加入浓硫酸500 mL,并不断搅拌,冷却至室温,移入1 000 mL容量瓶中,用水稀释至刻度,摇匀。

3　硫酸亚铁铵标准溶液$c[(NH_4)_2Fe(SO_4)_2]=0.200\ 0$mol/L

1)配制:称取80 g硫酸亚铁铵$[(NH_4)_2Fe(SO_4)_2 \cdot 6H_2O]$溶于水中,加浓硫酸20 mL,用水稀释至1 000 mL,贮于棕色瓶中,临用时标定。

2)标定:准确吸取重铬酸钾—硫酸标准溶液10.00 mL三份,分别置于锥形瓶中,用水稀释至50 mL左右,加3~5滴邻菲啰啉指示剂,用硫酸亚铁铵标准溶液滴定溶液的颜色由黄色经蓝绿色突变到棕红色。

同时作空白试验。

3)计算:按式8.1.4计算硫酸亚铁铵标准溶液的浓度:

$$c[(NH_4)_2Fe(SO_4)_2]=\frac{6c(K_2Cr_2O_7)\times V_1}{(V-V_0)} \tag{8.1.4}$$

式中　$c[(NH_4)_2Fe(SO_4)_2]$——硫酸亚铁铵标准溶液浓度(mol/L);

$c(K_2Cr_2O_7)$——重铬酸钾标准溶液浓度(mol/L);

V_1——重铬酸钾标准溶液体积(mL);

V——滴定消耗硫酸亚铁铵标准溶液体积(mL);

V_0——滴定空白溶液消耗硫酸亚铁铵标准溶液体积(mL)。

4　硫酸银(Ag_2SO_4):研成粉末。

5　二氧化硅(SiO_2):粉末状。

8.1.5　分析步骤

1　按表 8.1.5 有机质含量的称样规定,称取通过 0.15 mm筛孔的风干土样 0.0500～0.5000 g(视土中有机质含量而定)于干燥试管底部,加固体硫酸银少许(<0.1 g),用移液管准确加入重铬酸钾标准溶液 10.0 mL,摇匀,在试管口上加上小漏斗。

表 8.1.5　有机质含量的称样规定

有机质含量(%)	试样质量(g)
≤2	0.4～0.5
2～7	0.2～0.3
7～10	0.1
10～15	0.05

2　将试管插入 190 ℃左右的油浴锅中,此后油浴锅温度应控制在 170 ℃～180 ℃,从试管内溶液沸腾时开始记时,煮沸5 min,取下稍冷擦去试管外部的油液。

氧化完全溶液的颜色,一般是黄色或黄中稍带绿色,如果以绿色为主,则说明重铬酸钾用量不足,应弃去重做。

3　冷却后,将试管内溶液洗入锥形瓶中,溶液体积应控制在 60 mL 左右。加入3～5 滴邻非啰啉指示剂,用硫酸亚铁铵标准溶液滴定剩余的重铬酸钾,使溶液颜色由黄色经过蓝绿色突变到棕红色。

在滴定时,消耗硫酸亚铁铵量小于空白用量的 1/3 时,有氧化不完全的可能,应弃去重做。

4　在试样分析的同时,应用粉末状二氧化硅按上述操作步骤作空白试验。

8.1.6　计算

$$有机质(\%)=\frac{c[(NH_4)_2Fe(SO_4)_2]\times(V_0-V_1)\times M(1/4C)\times(1+W)\times1.724\times1.1\times100\times10^{-3}}{m}\quad(8.1.6)$$

式中　$c[(NH_4)_2Fe(SO_4)_2]$——硫酸亚铁铵标准溶液浓度(mol/L);

V_1——测定试样时消耗硫酸亚铁铵标准溶液体积(mL);

V_0——空白试验消耗硫酸亚铁铵标准溶液体积(mL);

$M(1/4C)$——3 g/mol;

1.724——有机碳换算为有机质的经验系数;

W——风干含水量,以小数记;

1.1——经验系数;

m——风干土质量(g)。

所得结果表示至两位小数。

8.1.7　允许差,见表 8.1.7。

表 8.1.7　有机质含量的允许差

有机质含量(%)	允许差(%)
≤1	0.05
1～4	0.10
4～7	0.30
≥7	0.50

8.2　灼 失 量 法

8.2.1　灼失量法适用于有机质含量大于 15% 的土的测定。

8.2.2 主要仪器和设备

1 天平:分度值0.001 g。

2 高温茂福炉。

3 烘箱、干燥器、坩埚、坩埚钳等。

8.2.3 分析步骤

1 称取过0.15 mm筛的风干土样20 g在65 ℃~70 ℃干燥18 h后将试样放于干燥器内冷却至室温。

2 称取烘干后的试样3.000~5.000 g放入已灼烧至恒量的瓷坩埚中,半开锅盖,移入高温茂福炉内逐渐升温至550 ℃,烧灼30 min,取出稍冷,盖上坩埚盖,移入干燥器中恒时30 min,称量。再灼烧30 min,称量,直至恒量。

8.2.4 计算:

$$有机质(\%)=\frac{(m_1-m_2)}{m_1-m}\times 100 \qquad (8.2.4)$$

式中 m——坩埚质量(g);

m_1——在65 ℃~70 ℃烘干试样加坩埚质量(g);

m_2——在550 ℃烧灼试样加坩埚质量(g)。

所得结果表示至一位小数。

8.2.5 允许差,见表8.2.5。

表8.2.5 有机质含量的允许差

有机质含量(%)	允许差(%)
>20	0.5
20~10	0.3
10~1	0.2
<1	0.05

9　酸不溶物含量的测定

9.0.1　采用质量法测定一般岩土的酸不溶物。

9.0.2　试样用盐酸溶解，被溶解的主要是碳酸盐矿物，不溶残渣包括硅酸盐、石英和其他不溶于盐酸的矿物，过滤后，不溶残渣于950 ℃～1 000 ℃灼烧测得酸不溶物含量。

9.0.3　主要仪器和设备

1　高温炉、电热板。

2　分析天平：分度值0.0001 g。

3　干燥器、容量瓶、瓷坩埚、滤纸、漏斗、漏斗架等。

9.0.4　试剂

1　盐酸（HCl）溶液1＋99。

2　硝酸银（$AgNO_3$）溶液10 g/L。

称取1 g硝酸银溶于100 mL1＋9硝酸溶液中，贮于棕色瓶中。

3　盐酸溶液c(HCl)＝2 mol/L

量取167 mL浓盐酸于500 mL水中，用水稀释至1 000 mL，摇匀。

9.0.5　分析步骤

1　称取1.000 0 g过0.074 mm筛孔并经105 ℃～110 ℃烘干2 h的试样于烧杯中，加2 mol/L盐酸溶液50 mL，盖上表面皿，于电热板上加热微沸1 h，加入100 mL热水，趁热用中速定量滤纸过滤，先用1＋99盐酸溶液淋洗数次，再用热水洗至无氯离子（用10 g/L硝酸银检查无乳白色沉淀）。滤液承接于250 mL容量瓶中，用水稀释至刻度，摇匀，待用。

2　将不溶物连同滤纸移入已灼烧至恒量的瓷坩埚内，低温灰化，再置于高温炉中950 ℃～1 000 ℃灼烧1 h，取出坩埚，稍冷后置于干燥器内冷却30 min，称量，并反复灼烧至恒量（再次灼烧时间为30 min）。

9.0.6　计算

$$酸不溶物(\%)=\frac{m_1-m_2}{m}\times100 \qquad (9.0.6)$$

式中　m_1——灼烧后酸不溶物和坩埚的质量（g）；

m_2——空坩埚质量（g）；

m——试样质量（g）。

所得结果表示至两位小数。

9.0.7　允许差，见表9.0.7。

表9.0.7　酸不溶物含量的允许差

酸不溶物含量（%）	允许差（%）
≤5.00	0.20
5.00～10.00	0.25
10.00～20.00	0.30
20.00～30.00	0.40
＞30.00	0.50

10　二氧化硅含量的测定

10.1　动物胶凝聚质量法

10.1.1　本法适用于一般硅酸盐岩石、铁矿石、铁矿、钼精矿、铝土矿石、磷矿石、锰矿、石英岩等二氧化硅含量的测定。

10.1.2　岩土中难溶的铝硅酸盐在高温下用碳酸盐熔融，分解成可溶性的硅酸盐，水解后生成硅酸，这是一种亲水性胶体，可用浓酸处理使之脱水析出，用动物胶把它从溶液中凝聚出来，经过滤、灼烧、冷却，以求得二氧化硅的含量。

10.1.3　主要仪器和设备

1　高温炉、电热板。

2　分析天平：分度值0.000 1 g。

3　铂坩埚、塑料烧杯、容量瓶、漏斗、滤纸、干燥器等。

10.1.4　试剂

1　无水碳酸钠(Na_2CO_3)固体。

2　动物胶10 g/L：称取1g动物胶于100 mL烧杯中，加水至100 mL，加温70 ℃～80 ℃使之溶解，混匀，用时新配。

3　盐酸(HCl)。

4　盐酸(HCl)溶液1+1。

5　盐酸(HCl)溶液1+4。

6　氢氟酸(HF)溶液。

7　硝酸(HNO_3)。

8　焦硫酸钾($K_2S_2O_7 \cdot 10H_2O$)。

9　硝酸银($AgNO_3$)溶液10g/L。

称取1 g硝酸银溶于100 mL1+9硝酸溶液中，贮于棕色瓶中。

10　盐酸(HCl)溶液5+95。

10.1.5　分析步骤

1　称取0.500 0 g过0.074 mm筛孔并在105 ℃～110 ℃烘干2～4 h的试样，按本规程第4.1.5条用碱熔融试样后，用滤纸擦净坩埚外壁，将铂坩埚置于盛有约20 mL水的塑料烧杯中，盖上表面皿，加1+1盐酸20～30 mL浸取，至坩埚内熔物全部溶解为止，用热的2+98盐酸洗出坩埚及盖，置于水浴中低温蒸至砂糖状(湿盐状)。

2　加入盐酸20～25 mL于烧杯中，加热至微沸(80 ℃～90 ℃)，加入10 g/L动物胶溶液15 mL，温度应控制在70 ℃～80 ℃之间，充分搅拌，保温30 min，取下冷却，加入沸水20 mL，搅拌使盐类溶解，趁热用中速定量滤纸过滤，滤液承接于250 mL容量瓶中，先用1+4的温热盐酸将沉淀淋洗5～6次，然后用5+95的温热盐酸洗涤4～5次，再用温水洗涤3～4次至无氯离子(用10 g/L硝酸银检查无乳白色沉淀)。

3　将沉淀及滤纸移入铂坩埚中，干燥，低温灰化。移入高温炉内，在950 ℃灼烧1 h，取出，稍冷，置于干燥器中冷却30 min，称量，再在同样温度下灼烧30 min，直至恒量。

4　如果沉淀杂质含量较高，将沉淀用水润湿，加1 +1 硫酸4 ~5 滴，氢氟酸10 ~15 mL，置于低温电热板上蒸发冒尽白烟后，移入高温炉内，在950 ℃灼烧30 min，取出，稍冷，置于干燥器中冷却，称量。再在同样温度下灼烧30 min，称量，直至恒量。

5　残渣用1 ~2 g焦硫酸钾在600 ℃ ~700 ℃熔融5 min，加入几毫升水及几滴1 +1 盐酸加热溶解，并入收集滤液的250 mL容量瓶中，冷却至室温，用水稀释至刻度，摇匀，备用。

6　同时作空白试验。

10.1.6　计算

杂质含量在1 ~2 mg之间，不用硫酸—氢氟酸处理，按下式计算

$$SiO_2(\%)=\frac{(m_1-m_2)-(m_3-m_4)}{m}\times 100 \qquad (10.1.6—1)$$

式中　m_1——铂坩埚及沉淀质量(g)；

m_2——铂坩埚的质量(g)；

m_3——空白试验铂坩埚及沉淀质量(g)；

m_4——空白试验铂坩埚质量(g)；

m——试样质量(g)。

所得结果表示至两位小数。

杂质含量较高，用硫酸—氢氟酸处理，按下式计算

$$SiO_2(\%)=\frac{(m'_1-m'_2)-(m'_3-m'_4)}{m}\times 100 \qquad (10.1.6—2)$$

式中　m'_1——氢氟酸处理前，铂坩埚及沉淀质量(g)；

m'_2——氢氟酸处理后，铂坩埚及沉淀质量(g)；

m'_3——空白试验氢氟酸处理前，铂坩埚及沉淀质量(g)；

m'_4——空白试验氢氟酸处理后，铂坩埚及沉淀质量(g)；

m——试样质量(g)。

所得结果表示至两位小数。

表10.1.7　二氧化硅含量的允许差

二氧化硅含量(%)	允许差(%)
<5.00	0.20
5.00 ~15.00	0.30
15.00 ~25.00	0.40
>25.00	0.50

10.1.7　允许差，见表10.1.7。

10.2　钼蓝光度法

10.2.1　本法适用于一般岩土中二氧化硅含量的测定。测定范围为0.50% ~5.00%。

10.2.2　试样分解后，在pH =1 的盐酸介质中加钼酸铵，硅酸离子形成可溶性钼硅杂多酸，用抗坏血酸将黄色钼硅杂多酸还原成钼蓝，于分光光度计上，在640 nm波长处测其吸光度。

10.2.3　主要仪器和设备

1　高温炉、电炉。

2　分析天平:分度值0.0001 g。

3　分光光度计。

4　铂、银、瓷坩埚、容量瓶、塑料烧杯、塑料瓶等。

10.2.4　试剂

1　氢氧化钠(NaOH)。

2　二氧化硅(SiO_2)99.99%。

3　过氧化钠(Na_2O_2)。

4　无水乙醇(C_2H_6O)。

5　盐酸(HCl)溶液1+1。

6　盐酸(HCl)溶液5+95。

7　盐酸(HCl)溶液2+98。

8　钼酸铵($(NH_4)_6Mo_7O_{24}\cdot 4H_2O$)溶液50 g/L。

9　抗坏血酸($C_6H_8O_6$)溶液10 g/L,用时新配。

10　二氧化硅标准溶液(0.1000 mg/mL):先于铂坩埚内垫一薄层无水碳酸钠(约0.5 g),称取0.1000 g经950 ℃灼烧30 min的高纯二氧化硅于铂坩埚中,加2 g无水碳酸钠,用铂丝拌匀后,覆盖1 g无水碳酸钠,加盖,留一缝隙。移入高温炉内逐渐升温至950 ℃,恒温20 min至熔融完全。取出,冷却。放入塑料杯中盖上表面皿,用沸水浸取,用水洗出坩埚及盖,冷却,全部移入1 000 mL容量瓶中,用水稀释至刻度,摇匀,立即转入塑料瓶中保存。

10.2.5　标准曲线的绘制

1　准确吸取0.00、0.50、1.00、1.50、2.00、2.50、3.00、3.50、4.00、5.00 mL二氧化硅标准溶液,分别置于一系列已装有10 mL2+98盐酸的50 mL容量瓶中。

2　加5 mL无水乙醇,50 g/L钼酸铵溶液2.5 mL,摇匀,放置30 min。加15 mL1+1盐酸,摇匀,放置5 min,加10 g/L抗坏血酸溶液2.5 mL,摇匀,用水稀释至刻度,摇匀,放置1 h。以试剂空白作参比,用10 mm比色皿,于分光光度计上,在640 nm波长处测其吸光度。

3　以吸光度为纵坐标,二氧化硅标准溶液的浓度为横坐标,绘制标准曲线。或用一元回归方程处理计算结果。

10.2.6　分析步骤

1　称取0.5000g过0.074 mm筛孔并经105 ℃～110 ℃烘干2～4 h的试样于银坩埚中。加几滴无水乙醇润湿试样,再加4 g氢氧化钠,加盖,留一缝隙,置电炉上加热熔化,取下,冷却,置于250 mL聚四氟乙烯烧杯中,盖上表面皿,加入20～30 mL热水,待熔融物脱落后,用5+95盐酸和水洗出坩埚及盖,加水至150 mL,加1+1盐酸20 mL,加热煮沸2～3 min,冷却,全部移入250 mL容量瓶中,用水稀释至刻度,摇匀,备用。

2　准确吸取20 mL溶液于50 mL容量瓶中,按本规程第10.2.5条第二款操作。以随同试样的空白作为参比,测其吸光度。从标准曲线上查相应的二氧化硅的含量。

3　同时作空白试验。

10.2.7　计算

$$SiO_2(\%)=\frac{(C_1-C_0)\times V_2\times 10^{-6}}{m\times V_1/V}\times 100 \qquad (10.2.7)$$

式中　C_1——自标准曲线上查得二氧化硅的浓度(μg/ mL);

C_0——自标准曲线上查得空白试液二氧化硅的浓度(μg/ mL);

V_1——分取试液体积(mL);

V_2——分取试液稀释后体积(mL);

V——试液总体积(mL);

m——试样质量(g)。

所得结果表示至两位小数。

10.2.8　允许差,见表10.2.8。

表10.2.8　二氧化硅含量的允许差

二氧化硅含量(%)	允许差(%)
0.50~1.00	0.15
1.00~3.00	0.20
3.00~5.00	0.30

10.3　高氯酸脱水质量法

10.3.1　本法适用于一般硅酸盐岩土、碳酸盐岩土、铁矿石、磷矿石、石灰石、白云石、钼精矿、天青石等二氧化硅含量的测定。适用于二氧化硅含量大于1%的测定。

10.3.2　试样用氢氧化钠熔融,盐酸浸取,高氯酸蒸发冒烟使二氧化硅脱水转化为不溶性硅酸,过滤,将沉淀灼烧称量。再用氢氟酸除硅,称量残渣,由其失量计算二氧化硅含量。

10.3.3　主要仪器和设备

1　高温炉、烘箱、电热板、铂坩埚、镍坩埚。

2　分析天平:分度值0.0001 g;

天平:分度值0.01 g。

3　锥形瓶、烧杯、量杯、塑料漏斗、滤纸等。

10.3.4　试剂

1　氢氧化钠(NaOH)。

2　硼酸(H_3BO_3)。

3　盐酸(HCl)。

4　盐酸(HCl)溶液1+1。

5　盐酸(HCl)溶液1+9。

6　盐酸(HCl)溶液1+19。

7　高氯酸($HClO_4$)。

8　硫酸(H_2SO_4)溶液1+1。

9　氢氟酸(HF)溶液。

10　硝酸银($AgNO_3$)溶液:10 g/L。

10.3.5　分析步骤

1　称取1.0000 g过0.125 mm筛孔并经105 ℃~110 ℃烘干2 h以上的试样于铂坩埚(镍坩埚)中,加几滴无水乙醇润湿试样,加4 g氢氧化钠,拌匀,上面再覆盖0.5~1 g氢氧化钠。盖上坩埚盖并留一缝隙,置于高温炉中,逐渐升温至650 ℃~700 ℃熔融10 min,取出坩埚并转动,冷却。

2　将坩埚置于盛有0.5~1 g硼酸的300 mL烧杯中,加入50~70 mL沸水,立即盖上表面皿。待熔融物脱离后,用热水和少量1+9盐酸溶液洗净坩埚和盖(用带橡皮头的玻棒擦洗)。在不断搅拌下,立即加入30 mL盐酸酸化。

3　将烧杯置于电热板上加热蒸发溶液至约50 mL,加入20 mL高氯酸。稍稍移开表面皿，继续蒸发冒浓厚高氯酸白烟，盖上表面皿，蒸至湿盐状。

4　取下烧杯，冷却，加入 20 mL1 +1 盐酸溶液，用热水洗净表面皿及杯壁至溶液体积约 50 mL，加热溶解可溶性盐类。放置片刻，用慢速定量滤纸过滤，先用 1 +19 热盐酸溶液洗涤烧杯及沉淀 4 ~6 次，再用热水洗涤至无氯离子（用 10 g/L 硝酸银检查无乳白色沉淀）。

5　将沉淀连同滤纸放入铂坩埚中，小心干燥、灰化完全后，置于高温炉中 950 ℃灼烧 1 h。取出置于干燥器中冷却 30 min，称量。重复灼烧 20 min，直至恒量。

6　向铂坩埚中加数滴水润湿沉淀，加 3 ~5 滴硫酸溶液、3 ~5 mL 氢氟酸，缓缓加热蒸发至近干。再重复处理一次，继续加热至冒尽三氧化硫白烟。置于高温炉中 950 ℃灼烧 30 min，取出置于干燥器中冷却 30 min，称量。重复灼烧至恒量。

7　同时作空白试验。

10.3.6　计算

$$SiO_2(\%)=\frac{(m_1-m_2)-(m_3-m_4)}{m}\times 100 \qquad (10.3.6)$$

式中　m_1——氢氟酸处理前，铂坩埚及沉淀质量（g）；

m_2——氢氟酸处理后，铂坩埚及沉淀质量（g）；

m_3——空白试验氢氟酸处理前，铂坩埚及沉淀质量（g）；

m_4——空白试验氢氟酸处理后，铂坩埚及沉淀质量（g）；

m——试样质量（g）。

所得结果表示至两位小数。

10.3.7　允许差，见表 10.3.7。

表 10.3.7　二氧化硅含量的允许差

二氧化硅含量（%）	允许差（%）
≤5.00	0.20
>5.00 ~10.00	0.25
>10.00 ~20.00	0.30
>20.00 ~30.00	0.40
>30.00	0.50

11　二、三氧化物含量的测定

11.0.1　一般岩土中二、三氧化物含量的测定采用质量法。

11.0.2　脱硅后的滤液，用氨水将铁、铝、钛、磷等沉淀，灼烧，称量。

11.0.3　主要仪器和设备

1　高温炉、电炉。

2　分析天平：分度值0.000 1 g。

3　干燥器、容量瓶、烧杯等。

11.0.4　试剂

1　氨水（$NH_3 \cdot H_2O$）溶液1+1。

2　甲基红（$C_{15}H_{15}N_3O_2$）乙醇溶液1 g/L。

3　硝酸铵（NH_4NO_3）溶液20 g/L。

4　硝酸银（$AgNO_3$）溶液10 g/L。

11.0.5　分析步骤

1　准确吸取按本规程第10.1.5条第二款脱硅后的滤液50 mL于烧杯中，加3～5滴甲基红指示剂，置于电炉上加热至沸，滴加1+1氨水溶液，并不断搅拌使氢氧化物沉淀产生，直至指示剂由红变为黄色为止，再加入2～3 mL氨水溶液。

2　趁热用中速定量滤纸过滤，滤液承接于250 mL量瓶中，用20 g/L的热硝酸铵溶液将沉淀淋洗至无氯离子（用10 g/L硝酸银检查无乳白色沉淀），冷却，用水稀释至刻度，摇匀，备用。

3　将沉淀及滤纸移至已灼烧至恒量的瓷坩埚中，半开坩埚盖，低温灰化。移入高温炉内在950 ℃灼烧1 h，取出，稍冷，放于干燥器中冷却，称量。再次灼烧30 min，称量，直至恒量。

11.0.6　计算

$$\text{二、三氧化物}(\%) = \frac{m_2 - m_1}{m \times V_1 / V} \times 100 \tag{11.0.6}$$

式中　m_1——空坩埚质量（g）；

m_2——灼烧后坩埚和残渣质量（g）；

V_1——吸取滤液体积（mL）；

V——滤液总体积（mL）；

m——试样质量（g）。

所得结果表示至两位小数。

11.0.7　允许差，见表11.0.7。

表11.0.7　二、三氧化物含量的允许差

二、三氧化物含量（%）	允许差（%）
≤5.00	0.20
>5.00～10.00	0.25
>10.00～20.00	0.30
>20.00～30.00	0.40
>30.00	0.50

12　磷含量的测定

12.1　总磷含量的测定

（Ⅰ）磷钒钼黄光度法

12.1.1　本法适用于硅酸盐岩石、碳酸盐岩石和一般岩土中五氧化二磷含量的测定，测定范围为0.2%～10%。

12.1.2　试样用氢氟酸、硫酸、硝酸加热分解，制成硝酸溶液；或者分取测定二氧化硅的滤液，处理成硝酸溶液。在5%～8%的硝酸溶液中，正磷酸盐与钒酸铵、钼酸铵生成可溶性的磷钒钼黄络合物，于分光光度计上，以420 nm波长测其吸光度。

12.1.3　主要仪器和设备

1　烘箱、电炉、水浴锅。

2　分析天平：分度值0.000 1 g。

3　分光光度计。

4　容量瓶、移液管、聚四氟乙烯坩埚等。

12.1.4　试剂

1　硝酸（HNO_3）：加热煮沸除去黄色的氧化氮，冷却后使用。

2　硝酸（HNO_3）溶液1+3。

3　氢氟酸（HF）。

4　硫酸（H_2SO_4）溶液1+1。

5　钒钼酸铵显色剂

1）钼酸铵（$(NH_4)_8Mo_7O_{24}\cdot 4H_2O$）溶液100 g/L：称取10 g钼酸铵溶解于100 mL 50 ℃～60 ℃的水中，用时新配。如有混浊，过滤后使用。

2）钒酸铵（NH_4VO_3）溶液3 g/L：称取0.3 g钒酸铵溶解在50 mL水中，加50 mL1+3硝酸溶液，搅拌使其溶解后，贮存于棕色瓶中。

3）将100 mL100 g/L钼酸铵溶液徐徐倾入100 mL 3 g/L钒酸铵溶液中，边加边搅拌，再加入18 mL浓硝酸，搅匀。

6　五氧化二磷标准溶液

1）贮备溶液（0.500 0 mg/mL）：

称取0.958 6 g经105 ℃～110 ℃烘干2 h并置于干燥器中冷至室温的磷酸二氢钾（KH_2PO_4，基准试剂）于250 mL烧杯中，加水溶解，全部移入1 000 mL容量瓶中，用水稀释至刻度，摇匀。

2）工作溶液（10 μg/mL）：

准确吸取1.0 mL五氧化二磷贮备溶液于50 mL容量瓶中，用水稀释至刻度，摇匀。

12.1.5　标准曲线的绘制

1　准确吸取 0.00、1.00、2.00、4.00、6.00、8.00、10.00、15.00、20.00 mL 10 μg /mL 的五氧化二磷工作溶液分别置于一系列 100 mL 的容量瓶中。

2　分别加水至 50 mL,加 5 mL 硝酸,加入 20 mL 钒钼酸铵显色剂,用水稀释至刻度,摇匀。放置 30 min 后,以试剂空白为参比,用 20 mm 比色皿,在分光光度计上420 nm波长处测定其吸光度。

3　以吸光度为纵坐标,五氧化二磷标准溶液的浓度为横坐标,绘制标准曲线。或用一元回归方程处理计算结果。

12.1.6　分析步骤

1　试样分解

1)碱熔:根据试样含磷量,准确吸取一定量按第 10.1.5 条第二款获得的分离二氧化硅后的滤液置于 50 mL 烧杯中,加 5 mL 硝酸,加热蒸发至干,再用硝酸反复处理2～3 次,赶尽氯离子,加 5 mL 硝酸,再加水至约 50 mL,加热使可溶盐溶解,全部移入 100 mL 容量瓶中,稀释至刻度,摇匀。

2)酸溶:称取 0.100 0～0.200 0 g 过 0.074 mm 筛孔并经 105 ℃～110 ℃烘干 2h 的试样于聚四氟乙烯坩埚中,加少许水润湿试样,加入 1 mL1 +1 硫酸,1 mL 硝酸,10 mL氢氟酸,置电热板上低温加热分解,并蒸发至冒白烟,待白烟冒尽,取下,冷却。加 1 mL 硝酸及 10～15 mL水,加热溶解盐类,取下,冷却至室温,全部移入100 mL容量瓶中,用水稀释至刻度,摇匀。

2　根据试样含磷量,直接测定或准确吸取一定量试液于 100 mL 容量瓶中,补加硝酸至 5% 酸度。按本规程第 12.1.5 条第二款操作。以试剂空白为参比,在分光光度计上420 nm 处测其吸光度,从标准曲线上查得相应的五氧化二磷含量。

3　同时作空白试验。

12.1.7　计算

$$P_2O_5(\%)=\frac{(C_1-C_0)\times V_2\times 10^{-6}}{m\times V_1/V}\times 100 \tag{12.1.7}$$

式中　C_1——自标准曲线上查得试样溶液的五氧化二磷的浓度(μg/mL);

C_0——自标准曲线上查得试样空白溶液的五氧化二磷的浓度(μg/mL);

V_1——分取试液体积(mL);

V_2——分取试液稀释后体积(mL);

V——试液总体积(mL);

m——试样质量(g)。

所得结果表示至两位小数。

表 12.1.8　五氧化二磷含量的允许差

五氧化二磷含量(%)	允许差(%)
0.20～1.00	0.15
1.00～3.00	0.20
3.00～5.00	0.30
5.00～10.00	0.50

12.1.8　允许差,见表 12.1.8。

(Ⅱ)磷钼酸喹啉容量法

12.1.9　本法适用于磷矿石、磷精矿中磷的测定。

12.1.10　在酸性介质中,磷酸根与喹钼柠酮沉淀剂形成大分子的黄色磷钼酸喹啉沉淀,经过滤，洗涤后，将沉淀溶于过量的氢氧化钠标准溶液中，然后用盐酸标准溶液返滴定过量的碱，即可求得五氧化二磷含量。

12.1.11 主要仪器和设备

1 电炉。

2 分析天平：分度值0.000 1 g。

3 滴定管、容量瓶、烧杯、量杯、滤纸、玻璃棒、脱脂棉、漏斗、漏斗架等。

12.1.12 试剂

1 硝酸（HNO_3）溶液1+1。

2 喹钼柠酮试剂

1）称取70 g钼酸钠（$Na_2MoO_4 \cdot 2H_2O$）溶于100 mL水中（溶液1）。

2）称取60 g柠檬酸（$C_6H_8O_7 \cdot H_2O$）溶于85 mL浓硝酸和100 mL水的混合溶液中，冷却（溶液2）。

3）在不断搅拌下，慢慢地将溶液1注入溶液2中（溶液3）。

4）量取喹啉（C_9H_7N）5 mL溶于35 mL浓硝酸和100 mL水的混合溶液中（溶液4）。

缓缓地将溶液4注入溶液3中，混匀后在暗处放置24 h，过滤，滤液中加入280 mL丙酮（C_3H_6O），用水稀释至1 000 mL，摇匀，贮于聚乙烯瓶中，放置暗处备用。

3 混合指示剂

1）百里香酚蓝1 g/L：

称取0.1 g百里香酚蓝（$C_{27}H_{30}O_5S$）于烧杯中，加入0.3 mol/L氢氧化钠溶液0.8 mL，用1+1乙醇溶液稀释至100 mL。

2）酚酞乙醇溶液1 g/L：

称取0.1 g酚酞（$C_{20}H_{14}O_4$）溶于60 mL乙醇中，用水稀释至100 mL。将3体积1 g/L百里香酚蓝溶液与2体积1 g/L酚酞溶液混合。

4 氢氧化钠标准溶液，$c(NaOH)=0.3$ mol/L

1）配制：称取12 g氢氧化钠于烧杯中，用新煮沸冷却后的水溶解，全部移入1 000 mL容量瓶中，用水稀释至刻度，摇匀。

2）标定：称取0.2000 g经105 ℃烘干至恒量的邻苯二甲酸氢钾（$KHC_8H_4O_4$）三份，分别置于锥形瓶中，各加入50 mL新煮沸冷却后的水溶解，加入3～5滴酚酞指示剂，用氢氧化钠标准溶液滴定溶液由无色变为粉红色。

3）同时作空白试验。

4）计算：

$$c(NaOH)=\frac{m}{(V-V_0)\times M(KHC_8H_4O_4)\times 10^{-3}} \qquad (12.1.12\text{—}1)$$

式中 $c(NaOH)$——氢氧化钠标准溶液浓度（mol/L）；

m——称取邻苯二甲酸氢钾质量（g）；

V——滴定消耗氢氧化钠标准溶液体积（mL）；

V_0——滴定空白消耗氢氧化钠标准溶液体积（mL）；

$M(KHC_8H_4O_4)$——邻苯二甲酸氢钾的摩尔质量（204.2 g/mol）。

5 盐酸标准溶液$c(HCl)=0.2$ mol/L

1）配制：量取浓盐酸16.7 mL于500 mL水中，用水稀释至1 000 mL，摇匀。

2）标定：称取 0.1000 g 经 180 ℃烘干 2 h 的无水碳酸钠（基准试剂）三份，分别置于锥形瓶内，加入 40～50 mL新煮沸冷却水使其溶解，加甲基橙指示剂 2～3 滴，用盐酸标准溶液滴定溶液由黄色变为橙红色为止。

3）同时作空白试验。

4）计算：

$$c(\mathrm{HCl})=\frac{m\times 2}{(V-V_0)\times M(\mathrm{Na_2CO_3})\times 10^{-3}} \tag{12.1.12—2}$$

式中 $c(\mathrm{HCl})$——盐酸标准溶液的浓度（mol/L）；

m——称取无水碳酸钠的质量（g）；

V——滴定消耗盐酸标准溶液的体积（mL）；

V_0——滴定空白消耗盐酸标准溶液的体积（mL）；

$M(\mathrm{Na_2CO_3})$——106 g/mol。

12.1.13 分析步骤

1 准确吸取按本规程第 10.1.5 条制备的脱硅后滤液 25 mL 于烧杯中，加 1＋1 硝酸 10 mL，加水稀释至 100 mL，盖上表面皿，加热至近沸，取下，用少量水冲洗杯壁和表面皿，在不断搅拌下，加 30 mL 喹钼柠酮试剂，盖上表面皿，微沸 1 min，取下，冷却至室温。在冷却过程中搅拌 3～4 次，静置沉降。

2 用中性定量滤纸过滤，沉淀用水淋洗 4～5 次后，取数滴滤液于表面皿中，加入混合指示剂 1 滴，0.3 mol/L 氢氧化钠标准溶液 1 滴，若呈紫色，说明沉淀已洗至中性。若紫色消失则应再淋洗沉淀，直至中性为止。

3 将沉淀及滤纸移入原烧杯中，用 50 mL 水冲洗漏斗，将洗液注入原烧杯中，用玻璃棒将沉淀搅匀，用滴定管滴加0.3 mol/L氢氧化钠标准溶液至沉淀完全溶解（可以温热助溶），再过量 10 mL，记下加入的总体积，并加混合指示剂 3～4 滴，用 0.2 mol/L 盐酸标准溶液滴定溶液由紫色经灰蓝色转变为黄色。

4 同时作空白试验。

12.1.14 计算

$$\mathrm{P_2O_5}(\%)=\frac{(c(\mathrm{NaOH})(V_1-V_4)-c(\mathrm{HCl})(V_2-V_5))\times 0.002\,730}{m\times V_3/V}\times 100 \tag{12.1.14}$$

式中 $c(\mathrm{NaOH})$——氢氧化钠标准溶液浓度（mol/L）；

$c(\mathrm{HCl})$——盐酸标准溶液浓度（mol/L）；

V_1——溶解沉淀消耗氢氧化钠标准溶液体积（mL）；

V_2——滴定消耗盐酸标准溶液体积（mL）；

V_3——吸取滤液体积（mL）；

V_4——空白试验消耗氢氧化钠标准溶液体积（mL）；

V_5——空白试验消耗盐酸标准溶液体积（mL）；

V——滤液总体积（mL）；

0.00273——1.00 mL1.00 mol/L 氢氧化钠标准溶液相当于五氧化二磷的质量（g/mol）；

m——试样质量（g）。

所得结果表示至两位小数。

表 12.1.15 五氧化二磷含量的允许差

五氧化二磷含量（%）	允许差（%）
<20.00	0.20
20.00～30.00	0.25
>30.00	0.30

12.1.15　允许差,见表12.1.15。

12.2　有效磷含量的测定

(Ⅰ)中性和石灰性土壤有效磷含量的测定

12.2.1　本法适用于石灰性土壤有效磷含量的测定,碱性和中性土壤也可参照适用本法。

12.2.2　0.5 mol/L碳酸氢钠溶液浸提土壤中的有效磷,使土壤中某些活性较大的磷酸钙盐被浸提出来,同时活性的磷酸铁、铝盐也水解而被浸出。采用钼锑抗分光光度法定量测定浸出液中磷的含量。

12.2.3　主要仪器和设备

1　分析天平:分度值0.01 g。

2　紫外—可见分光光度计。

3　恒温(温度可控制在25 ℃ ±1 ℃)往复式振荡器(振荡频率满足180 r/min ±20 r/min)。

12.2.4　试剂

1　碳酸氢钠($NaHCO_3$)浸提液0.5 mol/L

称取42.0 g碳酸氢钠溶于950 mL水中,用100 g/L氢氧化钠溶液调节pH至8.5(用酸度计测定),用水稀释至1 000 mL。贮于聚乙烯瓶或塑料瓶中备用,如果贮存期超过20 d,使用时应重新校正pH。

2　磷标准溶液

1)贮备溶液(0.100 0 mg/mL):

称取0.439 0 g经105 ℃ ~110 ℃烘干2 h并置于干燥器中冷至室温的磷酸二氢钾(KH_2PO_4,基准试剂)于250 mL烧杯中,加水溶解后加入5 mL浓硫酸,全部移入1 000 mL容量瓶中,用水稀释至刻度,摇匀。

2)工作溶液(5 μg/mL):

准确吸取5.0 mL磷贮备溶液于100 mL容量瓶中,用水稀释至刻度,摇匀。该溶液用时现配。

3　钼锑贮备液

1)称取5.0 g钼酸铵〔$(NH_4)_6Mo_7O_{24}\cdot 4H_2O$〕溶于150 mL约60 ℃水中,冷却。此为1液。

2)量取90.5 mL浓硫酸缓缓注入400 mL水中,搅拌,冷却,此为2液。

3)将2液注入1液中,搅拌冷却。再加入50 mL3 g/L酒石酸锑钾溶液,用水稀释至1 000 mL,贮于棕色瓶中备用。

4　显色剂:称取0.50 g抗坏血酸溶于100 mL钼锑贮备液中,用时现配。

12.2.5　标准曲线的绘制

1　准确吸取0.00、1.00、2.00、4.00、6.00、8.00、10.00、15.00、20.00 mL 5 μg /mL的磷工作溶液分别置于一系列50 mL的容量瓶中,用0.5 mol/L碳酸氢钠浸提液稀释至刻度,摇匀。

2　准确吸取10.00 mL容量瓶中的磷工作溶液于100 mL干燥洁净的锥形瓶中，加入5.00 mL显色剂，中和时有强烈气泡产生，因此要一滴一滴地边加边摇，再准确加入10.00 mL蒸馏水，充分摇匀驱尽二氧化碳。在温度高于20 ℃的环境下放置30 min后，以试剂空白为参比，用10 mm比色皿，在紫外—分光光度计上880 nm波长处测定其吸光度。

3　以吸光度为纵坐标，磷标准溶液的浓度为横坐标，绘制标准曲线。或用一元回归方程处理计算结果。

12.2.6　分析步骤

1　称取过2 mm筛孔的风干试样2.5 g于200 mL塑料瓶中，加入25 ℃±1 ℃的0.5 mol/L碳酸钠浸提液50.0 mL，摇匀。在25 ℃±1 ℃温度下，于恒温振荡器上用180 r/min±20 r/min的频率振荡30 min±1 min，立即用无磷滤纸过滤于干燥的50 mL锥形瓶中。

2　准确吸取10.00 mL试液于100 mL锥形瓶中，按本规程第12.2.5条第二款操作。以试剂空白为参比，紫外—分光光度计上880 nm波长处测定其吸光度。从标准曲线上查得相应的磷含量。

3　同时作空白试验。

12.2.7　计算

$$有效磷(mg/kg)=\frac{(C_1-C_0)\times V_2\times 10^{-3}}{m\times V_1/V}\times 1\,000 \qquad (12.2.7)$$

式中　C_1——自标准曲线上查得试样溶液的有效磷的浓度(μg/mL)；

C_0——自标准曲线上查得试样空白溶液的有效磷的浓度(μg/mL)；

V_1——分取浸提液体积(mL)；

V_2——分取试液稀释后体积(mL)；

V——浸提液总体积(mL)；

m——试样质量(g)。

所得结果表示至一位小数。

12.2.8　允许差，见表12.2.8。

表12.2.8　有机磷含量的允许差

有效磷含量(mg/kg)	允许差(mg/kg)
>25	>2.5
25~10	2.5~1.0
10~2.5	1.0~0.5
<2.5	<0.5

(Ⅱ)酸性土壤(pH<6.5)有效磷的测定

12.2.9　本法适用于酸性土壤中有效磷含量的测定。

12.2.10　以0.03 mol/L氟化铵—0.025 mol/L盐酸浸提酸性土壤，利用F^-在酸性溶液中络合Fe^{3+}和Al^{3+}的能力，可使这类土壤中比较活性的磷的铁铝酸盐被陆续活化释放。浸出液中的磷用钼锑抗分光光度法测定。

12.2.11　主要仪器和设备

1　分析天平：分度值0.01 g。

2　紫外—可见分光光度计。

3　恒温（温度可控制在25 ℃±1 ℃）往复式振荡器（振荡频率满足180 r/min±20 r/min）。

4 无磷滤纸。

12.2.12 试剂

1 氟化铵（$c(NH_4F)=0.03$ mol/L）—盐酸（$c(HCl)=0.025$ mol/L）浸提液：称取1.11 g氟化铵溶于400 mL水中，加入2.1 mL盐酸，用水稀释至1 000 mL，贮存于塑料瓶中。

2 酒石酸锑钾（$K(SbO)C_4H_4O_6\cdot\frac{1}{2}H_2O$）溶液：5 g/L。

3 硫酸（H_2SO_4）溶液：5+95。

4 硫酸锑钼贮备液

1）称取10.0g钼酸铵（$(NH_4)_6Mo_7O_{24}\cdot4H_2O$）溶于300 mL约60 ℃水中，冷却。此为1液。

2）量取153 mL浓硫酸缓缓注入400 mL水中，不断搅拌，冷却，此为2液。

3）将2液注入1液中，搅拌冷却。再加入100 mL3 g/L酒石酸锑钾溶液，用水稀释至1 000 mL，贮于棕色瓶中备用。

5 钼锑显色剂：配制见本规程第12.2.4条第四款。

6 磷标准溶液：配制见本规程第12.2.4条第二款。

7 二硝基酚指示剂2 g/L：称取0.2 g2,4－二硝基酚或2,6－二硝基酚溶于100 mL水中，混匀。

8 氨水（$NH_3\cdot H_2O$）溶液1+3。

9 硼酸溶液30 g/L：称取30 g硼酸溶于900 mL热水中，冷却后稀释至1 000 mL，混匀。

12.2.13 标准曲线的绘制

1 准确吸取0.00、1.00、2.00、4.00、5.00、6.00 mL 5 μg /mL的磷工作溶液分别置于一系列50 mL的容量瓶中，加入与吸取待测液相同体积的浸提液，再加入10 mL30 g/L硼酸溶液，摇匀，加水至30 mL左右，加入2滴二硝基酚指示剂，用5+95硫酸溶液和1+3氨水溶液调节溶液刚显微黄色。加入5.00 mL显色剂，摇匀，用水稀释至刻度，摇匀。

2 在温度高于20 ℃的环境下放置30 min后，以试剂空白为参比，用10 mm比色皿，在紫外—分光光度计上700 nm波长处测定其吸光度。

3 以吸光度为纵坐标，磷标准溶液的浓度为横坐标，绘制标准曲线。或用一元回归方程处理计算结果。

12.2.14 分析步骤

1 称取过2 mm筛孔的风干试样5.00 g于250 mL塑料瓶中，加入20 ℃～25 ℃的氟化铵—盐酸浸提液50.0 mL，摇匀。在20 ℃～25 ℃下，于恒温振荡器上用180 r/min±20 r/min的频率振荡30 min±1 min，取出后立即用无磷滤纸干过滤。

2 准确吸取5.00～10.00 mL试液于50 mL容量瓶中，按本规程第12.2.13条第一款操作。以试剂空白为参比，紫外—分光光度计上700 nm波长处测定其吸光度。从标准曲线上查得相应的磷含量。

3 同时作空白试验。

12.2.15 计算

$$有效磷(mg/kg)=\frac{(C_1-C_0)\times V_2\times10^{-3}}{m\times V_1/V}\times1\,000 \qquad (12.2.15)$$

式中 C_1——自标准曲线上查得试样溶液的有效磷的浓度（μg/mL）；

C_0——自标准曲线上查得试样空白溶液的有效磷的浓度(μg/mL)；

V_1——分取浸提液体积(mL)；

V_2——分取试液稀释后体积(mL)；

V——浸提液总体积(mL)；

m——试样质量(g)。

所得结果表示至一位小数。

12.2.16　允许差,见表12.2.16。

表12.2.16　有机磷含量的允许差

有效磷含量(mg/kg)	允许差(mg/kg)
>25	>2.5
25~10	2.5~1.0
10~2.5	1.0~0.5
<2.5	<0.5

13　钾、钠含量的测定

13.1　氧化钾、氧化钠含量的测定

（Ⅰ）火焰光度法

13.1.1　一般岩土中氧化钾、氧化钠含量的测定，采用火焰光度法。

13.1.2　试样用硫酸和氢氟酸分解，加热驱尽氢氟酸和硫酸后，以水提取，在火焰光度计上，钾用 766 nm，钠用 589 nm 的滤光片进行测定。测定范围为 0.050% ~5%。

13.1.3　主要仪器和设备

1　烘箱、电热板。

2　分析天平：分度值 0.0001 g。

3　火焰光度计：具有能使钾、钠激发的热能，所使用的空气和燃气压力均应始终保持稳定，使能读得稳定的读数。

4　容量瓶、量杯等。

13.1.4　试剂

1　硫酸（H_2SO_4）溶液 1 +1。

2　氢氟酸（HF）。

3　硝酸（HNO_3）溶液 1 +1。

4　氧化钾（K_2O）标准溶液

1）贮备溶液（1.0000 mg/mL）：

称取 1.5829 g 经 400 ℃ ~450 ℃灼烧 2 h 的高纯氯化钾（KCl，基准试剂）于烧杯中，用水溶解，全部移入 1 000 mL 容量瓶中，用水稀释至刻度，摇匀。

2）工作溶液（0.1000 mg/mL）：

准确吸取 10.00 mL1.0000 mg/mL 氧化钾溶液于100 mL容量瓶中，用水稀释至刻度，摇匀。

5　氧化钠（Na_2O）标准溶液

1）贮备溶液（1.0000 mg/mL）：

称取 1.885 9 g 经 400 ℃ ~450 ℃灼烧 2 h 的高纯氯化钠（NaCl，基准试剂）于烧杯中，用水溶解，全部移入1 000 mL容量瓶中，用水稀释至刻度，摇匀。

2）工作溶液（0.1000 mg/mL）：

准确吸取 10.00 mL1.0000 mg/mL 氧化钠溶液于100 mL容量瓶中，用水稀释至刻度，摇匀。

13.1.5　标准曲线的绘制

1　氧化钾标准曲线的绘制

1）准确吸取 0.1000 mg/mL 氧化钾工作溶液 0.00、0.50、1.00、2.00、3.00、4.00、

5.00、6.00、7.00、8.00、9.00、10.00 mL 和 1.0000 mg/mL 氧化钾贮备溶液 2.00、3.00、4.00、5.00、6.00、7.00、8.00、9.00、10.00 mL 于一系列 100 mL 容量瓶中，加入2 mL1 +1 硝酸，用蒸馏水稀释至刻度，摇匀。在火焰分光光度计上，按仪器使用说明书，用 766 nm 滤光片测定检流计读数。

2）以检流计读数（吸光度）为纵坐标，氧化钾工作溶液的浓度为横坐标，绘制标准曲线。或用一元回归方程处理计算结果。

2　氧化钠标准曲线的绘制

1）准确吸取 0.1000 mg/mL 氧化钠工作溶液 0.00、0.50、1.00、2.00、3.00、4.00、5.00、6.00、7.00、8.00、9.00、10.00 mL 和 1.0000 mg/mL 氧化钠贮备溶液 2.00、3.00、4.00、5.00、6.00、7.00、8.00、9.00、10.00 mL 于一系列 100 mL 容量瓶中，加入2 mL1 +1 硝酸，用蒸馏水稀释至刻度，摇匀。在火焰分光光度计上，按仪器使用说明书，用 589 nm 滤光片测定检流计读数。

2）以检流计读数（吸光度）为纵坐标，氧化钠工作溶液的浓度为横坐标，绘制标准曲线。或用一元回归方程处理计算结果。

13.1.6　分析步骤

1　称取 0.2000 ~ 0.5000 g 过 0.074 mm 筛孔并经 105 ℃ ~110 ℃烘干 2 h 的试样于聚四氟乙烯坩埚中，用少量蒸馏水润湿试样，加入硫酸 0.5 mL、氢氟酸 10 ~ 15 mL，于电热板上加热蒸发至近干，然后升高温度至不再出现白烟为止，取下，冷却。加水 25 mL，低温加热使可溶盐类溶解，将溶液连同残渣移入250 mL容量瓶中，用水稀释至刻度，摇匀。

2　澄清（或干过滤）后，根据钾、钠含量将全部或分取部分溶液，置于 100 mL 容量瓶中，补加 1 +1 硝酸至 1% 酸度，用水稀释至刻度，摇匀。吸取清液，在火焰光度计上按仪器使用说明书进行测定，记下检流计读数（吸光度），从标准曲线上查出相应的氧化钾、氧化钠的浓度。

3　同时作空白试验。

13.1.7　计算

$$K_2O、Na_2O(\%) = \frac{(C_1 - C_0) \times V_2 \times 10^{-6}}{m \times V_1 / V} \times 100 \qquad (13.1.7)$$

式中　C_1——自标准曲线上查得试样溶液的氧化钾或氧化钠的浓度（μg/mL）；

C_0——自标准曲线上查得试样空白溶液的氧化钾或氧化钠的浓度（μg/mL）；

V——试样溶液总体积（mL）；

V_1——分取试样溶液体积（mL）；

V_2——分取试液稀释后体积（mL）；

m——试样质量（g）。

所得结果表示至三位小数。

13.1.8　允许差，见表 13.1.8—1，表 13.1.8—2。

表 13.1.8—1　钠量的允许差

钠量(%)	允许差(%)
0.050～0.200	0.015
0.200～0.500	0.035
0.500～1.000	0.065
1.000～1.500	0.095
1.500～2.500	0.15
2.500～5.000	0.35

表 13.1.8—2　钾量的允许差

钾量(%)	允许差(%)
0.050～0.200	0.015
0.200～0.500	0.025
0.500～1.000	0.045
1.000～1.500	0.060
1.500～2.500	0.100
2.500～5.000	0.250

(Ⅱ)原子吸收光谱法

13.1.9　本法适用于一般硅酸盐、碳酸盐、硫酸盐等岩土氧化钾、氧化钠含量的测定。测定范围为0.005%～1.50%。

13.1.10　试样用氢氟酸、高氯酸分解,分解物溶于1+99盐酸溶液中,以钾、钠的空心阴极灯作光源,在原子吸收光谱仪766.5 nm波长处测定氧化钾、589.0 nm波长处测定氧化钠。

13.1.11　主要仪器和设备

1　原子吸收光谱仪:备有空气乙炔燃烧器,钾、钠空心阴极灯。

2　分析天平:分度值0.0001 g。

3　电热板:温度可调。

4　聚四氟乙烯坩埚:30 mL。

5　容量瓶、烧杯、移液管等(所有玻璃器皿应用1+4稀硝酸浸泡24 h后方可使用)。

13.1.12　试剂

1　蒸馏水:将蒸馏水二次蒸馏或通过阴、阳离子交换树脂分离其他离子,并经检查确定无钾、钠离子时方可使用。

2　盐酸(HCl)溶液1+1。

3　氢氟酸(HF)。

4　高氯酸($HClO_4$)。

5　氧化钾(K_2O)、氧化钠(Na_2O)标准溶液

1)氧化钾贮备溶液(1.0000 mg/mL):

称取1.5829 g经400 ℃～450 ℃灼烧2 h的高纯氯化钾(KCl,基准试剂)于烧杯中,用水溶解,全部移入1 000 mL容量瓶中,用水稀释至刻度,摇匀。

2)氧化钠贮备溶液(1.0000 mg/mL):

称取1.8859 g经400 ℃～450 ℃灼烧2 h的高纯氯化钠(NaCl,基准试剂)于烧杯中,用水溶解,全部移入1 000 mL容量瓶中,用水稀释至刻度,摇匀。

3)氧化钾、氧化钠工作溶液(0.1000 mg/mL):

准确吸取10.00 mL1.0000 mg/mL氧化钾溶液和10.00 mL1.0000 mg/mL氧化钠溶液于100 mL容量瓶中,用水稀释至刻度,摇匀。

13.1.13　标准曲线的绘制

1　准确吸取0.1000 mg/mL氧化钾、氧化钠工作溶液0.00、0.50、1.00、2.00、3.00、4.00、5.00、6.00、7.00、8.00、9.00、10.00 mL于一系列100 mL容量瓶中,加入2 mL1+

1HCl,用蒸馏水稀释至刻度,摇匀。在选定的工作条件下,测定氧化钾、氧化钠的吸光度。

2　以测得的吸光度为纵坐标,氧化钾、氧化钠溶液的浓度为横坐标,绘制标准曲线。或用一元回归方程处理计算结果。

13.1.14　分析步骤

1　准确称取 0.1000 ~ 0.2000 g 过 0.074 mm 筛孔并经105 ℃ ~ 110 ℃烘干 2 h 的试样于聚四氟乙烯坩埚中,用少量蒸馏水润湿试样,加 10 mL 氢氟酸、1 mL 高氯酸于低温电热板上加热溶解,蒸发至白烟冒尽,加 1 mL 高氯酸继续赶氢氟酸,蒸至白烟冒尽,取下冷却。加 1 + 1 盐酸 4.0 mL 和少量水,加热使可溶性盐类溶解,取下,冷却,移入 100 mL 容量瓶中,用蒸馏水稀释至刻度,摇匀,澄清。

2　根据钾、钠含量可直接测定或稀释一定倍数,补加 1 + 1 盐酸至 1% 酸度。与标准系列同时测定吸光度。

3　同时作空白试验。

13.1.15　计算

$$K_2O、Na_2O(\%) = \frac{(C_1 - C_0) \times V_2 \times 10^{-6}}{m \times V_1/V} \times 100 \qquad (13.1.15)$$

式中　m_1——自标准曲线上查得试样溶液的氧化钾或氧化钠的浓度(μg/mL);

m_0——自标准曲线上查得试样空白溶液的氧化钾或氧化钠的浓度(μg/mL);

V——试样溶液总体积(mL);

V_1——分取试样溶液体积(mL);

V_2——分取试液稀释后体积(mL);

m——试样质量(g)。

所得结果表示至三位小数。

13.1.16　允许差,见表 13.1.16—1,表 13.1.16—2。

表 13.1.16—1　钠量的允许差

钠量(%)	允许差(%)
0.005 ~ 0.050	0.005
0.050 ~ 0.200	0.015
0.200 ~ 0.500	0.035
0.500 ~ 1.000	0.065
1.000 ~ 1.500	0.095

表 13.1.16—2　钾量的允许差

钾量(%)	允许差(%)
0.005 ~ 0.050	0.005
0.050 ~ 0.200	0.015
0.200 ~ 0.500	0.025
0.500 ~ 1.000	0.045
1.000 ~ 1.500	0.060

13.2　有效钾含量的测定

13.2.1　本法适用于各类土壤中有效钾含量的测定。

13.2.2　以中性 1 mol/L 乙酸铵溶液为浸提液,铵离子与土壤胶体表面的钾离子进行交换,连同水溶性钾离子一起进入溶液。浸出液中的钾使用火焰光度法直接测定。

13.2.3　主要仪器和设备

1　火焰分光光度计。

2　往复式振荡机,满足 180 r/min ± 20 r/min 的振荡频率。

3　塑料瓶、移液管、容量瓶等。

13.2.4　试剂

1　乙酸铵溶液 1 mol/L

称取 77.08 g 乙酸铵溶于近 1 000 mL 水中，用稀乙酸或稀氨水调节 pH 为 7.0，用水稀释至 1 000 mL，混匀。该溶液不宜久放。

2　钾标准溶液

准确吸取 10.00 mL 按本规程第 13.1.12 条第五款配制的 1.0000 mg/mL 氧化钾溶液于 100 mL 容量瓶中，用水稀释至刻度，摇匀。

13.2.5　标准曲线的绘制

1　准确吸取 0.1000 mg/mL 钾标准溶液 0.00、1.00、2.00、4.00、6.00、8.00、10.00 mL于一系列 50 mL 容量瓶中，用1 mol/L乙酸铵溶液稀释至刻度，摇匀。在火焰分光光度计上，按仪器使用说明书，用 766 nm 滤光片测定检流计读数。

2　以检流计读数（吸光度）为纵坐标，钾工作溶液的浓度为横坐标，绘制标准曲线。或用一元回归方程处理计算结果。

13.2.6　分析步骤

1　称取 5.00 g 过 2 mm 筛孔的风干土试样于 200 mL 塑料瓶中，加入 1 mol/L 乙酸铵溶液 50.0 mL，盖紧瓶塞，摇匀。在20 ℃～25 ℃下，于振荡器上用 150 r/min～180 r/min 的频率振荡 30 min，取出后立即干过滤。

2　根据有效钾含量可直接测定或稀释一定倍数，用 1 mol/L 乙酸铵稀释至刻度。与标准系列同时测定吸光度。

3　同时作空白试验。

13.2.7　计算

$$有效钾(mg/kg)=\frac{(C_1-C_0)\times V_2\times 10^{-3}}{m\times V_1/V}\times 1\,000 \qquad (13.2.7)$$

式中　C_1——自标准曲线上查得试样溶液的钾的浓度（μg/mL）；

C_0——自标准曲线上查得试样空白溶液的钾的浓度（μg/mL）；

V——试样溶液总体积（mL）；

V_1——分取试样溶液体积（mL）；

V_2——分取试液稀释后体积（mL）；

m——试样质量（g）。

所得结果表示至两位小数。

13.2.8　允许差，见表 13.2.8。

表 13.2.8　有效钾的允许差

有效钾（mg/kg）	允许差（mg/kg）
>200	>10
200～50	10～2.5
<50	<2.5

14 氧化钙、氧化镁含量的测定

14.1 EDTA 容量法

（Ⅰ）EDTA 容量法测定氧化钙

14.1.1 本法适用于一般硅酸盐、碳酸盐岩土和石灰石、白云石等氧化钙含量的测定。

14.1.2 在 pH = 12 ~ 13 的碱性溶液中，以钙指示剂为指示剂，用 EDTA 标准溶液滴定钙离子，到达终点时溶液颜色由酒红色经紫色变为蓝色。

14.1.3 主要仪器和设备

1 烘箱、电热板。

2 分析天平：分度值 0.0001 g。

天平：分度值 0.01 g。

3 移液管、滴定管、烧杯、塑料瓶、锥形瓶等。

14.1.4 试剂

1 氢氧化钠（NaOH）溶液 100 g/L。

2 钙指示剂：称取 1 g 钙指示剂（$C_{20}H_{13}N_2NaO_5S$）与 99 g 干燥的氯化钠（NaCl）混合研细，贮于棕色瓶中，于干燥器中保存。

3 二乙基二硫代氨基甲酸钠〔$(C_2H_5)_2NCSSNa \cdot 3H_2O$，铜试剂〕溶液（20 g/L）：用时新配。

4 六次甲基四胺〔$(CH_2)_6N_4$〕溶液 200 g/L。

称取 200 g 六次甲基四胺于烧杯中，用热水溶解，冷却，全部移入 1 000 mL 容量瓶中，用水稀释至刻度，摇匀。

5 三乙醇胺〔$N(CH_2CH_2OH)_3$〕溶液 1 + 1。

6 EDTA 标准溶液 c(EDTA) = 0.025 0 mol/L

1）配制：称取 9.306 0 gEDTA（$C_{10}H_{14}N_2Na_2O_8$，乙二胺四乙酸二钠）于烧杯中，用热水溶解，冷却，全部移入 1 000 mL 容量瓶中，用水稀释至刻度，摇匀。

2）钙标准溶液 c(Ca) = 0.025 0 mol/L：称取 2.500 g 预先于 105 ℃ ~ 110 ℃ 干燥 1 h 并冷却至室温的高纯碳酸钙（不低于 99.99%）于 250 mL 烧杯中，加约100 mL 水，盖上表面皿，缓慢加入 1 + 1 盐酸 10 mL 溶解试剂，加热煮沸驱尽二氧化碳，取下，冷却至室温。全部移入 1 000 mL 容量瓶中，用水稀释至刻度，摇匀。

3）标定：准确吸取钙标准溶液 25.0 mL 三份，分别置于 250 mL 锥形瓶中，加水至 50 mL，加 2 ~ 3 mL 三乙醇胺溶液，再加 100 g/L 氢氧化钠溶液 10 mL，调节pH = 12 ~ 13，加入少许钙指示剂，用 EDTA 标准溶液滴定溶液由酒红色经紫色变为蓝色。同时作空白试验。

4）计算：按式 14.1.4 计算 EDTA 标准溶液浓度：

$$c(\mathrm{EDTA}) = \frac{c(\mathrm{Ca}) \times V_1}{(V_2 - V_0)} \qquad (14.1.4)$$

式中 $c(\mathrm{EDTA})$——EDTA 标准溶液浓度(mol/L);

$c(\mathrm{Ca})$——钙标准溶液浓度(mol/L);

V_1——吸取钙标准溶液体积(mL);

V_2——滴定消耗 EDTA 标准溶液体积(mL)。

V_0——滴定空白消耗 EDTA 标准溶液体积(mL)。

所得结果表示至两位小数。

14.1.5 分析步骤

1 直接测定

准确吸取按本规程第 10.1.5 条制备的脱硅后的滤液 25 mL 于锥形瓶中,加水至 50 mL,加 2~3 mL 三乙醇胺溶液,再加 100 g/L 氢氧化钠溶液 10 mL,调节pH=12~13,加入少许钙指示剂,用 EDTA 标准溶液滴定溶液由酒红色经紫色变为蓝色。

2 分离干扰后测定

1)准确吸取按本规程第 10.1.5 条制备的脱硅后的滤液 50 mL 于 250 mL 烧杯中,在电热板上蒸发至湿盐状,取下冷却后,加入 200 g/L 六次甲基四胺10~15 mL,搅匀。加入 10 mL 20 g/L 铜试剂溶液,再搅拌后,加水并控制体积至约 50 mL,使可溶性盐类溶解。将溶液连同沉淀一起全部移入 100 mL 容量瓶中,用水稀释至刻度,摇匀,干过滤。

2)分取相当于滤液 25.0 mL 的溶液于锥形瓶中,按本规程第 14.1.5 条第一款测定。

3 同时作空白试验。

14.1.6 计算

$$\mathrm{CaO}(\%) = \frac{c(\mathrm{EDTA}) \times (V_2 - V_0) \times M(\mathrm{CaO}) \times 10^{-3}}{m \times V_1/V} \times 100 \qquad (14.1.6)$$

式中 $c(\mathrm{EDTA})$——EDTA 标准溶液浓度(mol/L);

V_2——滴定试样溶液消耗 EDTA 标准溶液体积(mL);

V_0——滴定试样空白溶液消耗 EDTA 标准溶液体积(mL);

V_1——分取滤液体积(mL);

V——滤液总体积(mL);

$M(\mathrm{CaO})$——氧化钙摩尔质量(56.08 g/mol);

m——试样质量(g)。

所得结果表示至两位小数。

表 14.1.7 氧化钙含量的允许差

氧化钙含量(%)	允许差(%)
0.10~0.50	0.05
0.50~1.00	0.10
1.00~3.00	0.20
3.00~5.00	0.25
>5.00	0.30

14.1.7 允许差,见表 14.1.7。

(Ⅱ)EDTA 容量法测定氧化镁

14.1.8 本法适用于一般硅酸盐、碳酸盐岩土和石灰石、白云石等氧化镁含量的测定。

14.1.9 在 pH = 10.0 的碱性溶液中，以铬黑 T 为指示剂，用 EDTA 标准溶液测定氧化钙、氧化镁合量，减去氧化钙含量，既得氧化镁的含量。

14.1.10 主要仪器和设备

1 烘箱、电炉。

2 分析天平：分度值 0.0001 g。

天平：分度值 0.01 g。

3 移液管、滴定管、烧杯、塑料瓶、锥形瓶等。

14.1.11 试剂

1 铬黑 T 指示剂：称取 1 g 铬黑 T($C_2OH_{12}N_3NaO_7S$) 与 99 g 干燥的氯化钠($NaCl$)混合研细，贮于棕色瓶中，于干燥器中保存。

2 铵盐缓冲溶液(pH = 10.1)：称取 67.5 g 氯化铵(NH_4Cl)溶于 200 mL 水中，加入 570 mL 浓氨水，用水稀释至1 000 mL。

3 二乙基二硫代氨基甲酸钠〔$(C_2H_5)_2NCSSNa \cdot 3H_2O$，铜试剂〕溶液 20 g/L：用时新配。

4 六次甲基四胺〔$(CH_2)_6N_4$〕溶液 200 g/L。

称取 200 g 六次甲基四胺于烧杯中，用热水溶解，冷却，全部移入 1 000 mL 容量瓶中，用水稀释至刻度，摇匀。

5 三乙醇胺〔$N(CH_2CH_2OH)_3$〕溶液 1 + 1。

6 EDTA 标准溶液 $c(EDTA) = 0.025\,0$ mol/L。

见本规程第 14.1.4 条第六款。

14.1.12 分析步骤

1 直接测定

准确吸取按本规程第 10.1.5 条制备的脱硅后的滤液25 mL于锥形瓶中，加水至 50 mL，加 2 ~ 3 mL 三乙醇胺溶液，再加20 mL铵盐缓冲溶液，调节 pH = 10.0，加入少许铬黑 T 指示剂，用 EDTA 标准溶液滴定溶液由酒红色变为蓝色，即得氧化钙、氧化镁的合量，氧化钙含量的测定方法同本规程第 14.1.5 条。

2 分离干扰后测定

1)准确吸取按本规程第 10.1.5 条制备的脱硅后的滤液 50 mL 于 250 mL 烧杯中，在电热板上蒸发至湿盐状，取下冷却后，加入 200 g/L 六次甲基四胺溶液 10 ~ 15 mL，搅匀。加入 20 mL 20 g/L 铜试剂溶液，再搅拌后，加水并控制体积至约 50 mL，使可溶性盐类溶解。将溶液连同沉淀一起全部移入 100 mL 容量瓶中，用水稀释至刻度，摇匀，干过滤。

2)分取相当于滤液 25 mL 的溶液于锥形瓶中，按本规程第 14.1.12 条第一款分析。

3 同时作空白试验。

14.1.13 计算

$$\mathrm{MgO}(\%) = \frac{c(\mathrm{EDTA}) \times [(V_2 - V_{02}) - (V_1 - V_{01})] \times M(\mathrm{MgO}) \times 10^{-3}}{m \times V_3 / V} \times 100 \qquad (14.1.13)$$

式中 $c(EDTA)$——EDTA 标准溶液浓度(mol/L)；

V_2——滴定氧化钙、氧化镁合量消耗 EDTA 标准溶液体积(mL)；

V_{02}——滴定氧化钙、氧化镁合量空白溶液消耗 EDTA 标准溶液体积(mL)；

V_1——滴定氧化钙消耗 EDTA 标准溶液体积(mL);

V_{01}——滴定氧化钙空白溶液消耗 EDTA 标准溶液体积(mL);

V_3——分取滤液体积(mL);

V——滤液总体积(mL);

$M(MgO)$——氧化镁摩尔质量(40.31 g/mol);

m——试样质量(g)。

所得结果表示至两位小数。

14.1.14　允许差,见表 14.1.14。

表 14.1.14　氧化镁含量的允许差

氧化镁含量(%)	允许差(%)
0.10～0.50	0.05
0.50～1.00	0.10
1.00～3.00	0.20
3.00～5.00	0.25
>5.00	0.30

14.2　原子吸收光谱法

14.2.1　本法适用于一般硅酸盐、碳酸盐、硫酸盐等岩土氧化钙、氧化镁含量的测定。测定范围为钙 0.03%～1.50%,镁 0.005%～1.20%。

14.2.2　试样用氢氟酸、高氯酸分解,分解物溶于 1+99 盐酸溶液中,加锶盐作释放剂消除干扰,以钙、镁的空心阴极灯作光源,在原子吸收光谱仪 422.7 nm 波长处测定氧化钙含量、285.2 nm波长处测定氧化镁含量。

14.2.3　主要仪器和设备

1　原子吸收光谱仪:备有空气乙炔燃烧器,钙、镁空心阴极灯。

2　分析天平:分度值 0.0001 g。

3　电热板:温度可调。

4　聚四氟乙烯坩埚:30 mL。

5　容量瓶、烧杯、移液管等。

14.2.4　试剂

1　盐酸(HCl)溶液 1+1。

2　氢氟酸(HF)。

3　高氯酸($HClO_4$)。

4　氯化锶溶液 100 g/L:100 g 氯化锶($SrCl_2 \cdot 6H_2O$)溶解在水中,再加水至 1 000 mL,摇匀。

5　氧化钙(CaO)标准溶液

1)贮备溶液(0.500 0 mg/mL):

称取 0.892 4 g 经 120 ℃干燥 2 h 的高纯碳酸钙($CaCO_3$,基准试剂)于 400 mL烧杯中,加 50 mL 水,盖上表面皿从烧杯嘴慢慢加入 1+1 盐酸溶液 30 mL,溶解完全后,加热煮沸除尽二氧化碳,取下冷却,全部移入 1 000 mL 容量瓶中,用水稀释至刻度,摇匀。

2)工作溶液(0.050 0 mg/mL):

准确吸取 10.0 mL 氧化钙贮备溶液于 100 mL 容量瓶中,用水稀释至刻度,摇匀。

6　氧化镁(MgO)标准溶液

1)贮备溶液(0.500 0 mg/mL):

称取 0.500 0 g 预先经 1 000 ℃灼烧 2 h 的高纯氧化镁(MgO,基准试剂)于

200 mL烧杯中，加 10～20 mL 水，慢慢加入 1＋1 盐酸溶液 30 mL，溶解完全后，冷却，全部移入1 000 mL容量瓶中，用水稀释至刻度，摇匀。

2）工作溶液（0.020 0 mg/mL）：

准确吸取 10.0 mL 氧化镁贮备溶液于 250 mL 容量瓶中，用水稀释至刻度，摇匀。

14.2.5　标准曲线的绘制

1　准确吸取 0.050 0 mg/mL 氧化钙工作溶液 0.00、1.00、2.00、4.00、6.00、8.00、10.00、12.00、16.00、20.00 mL 于一系列 100 mL 容量瓶中，加水至 50～60 mL，各加入 4 mL1＋1 盐酸溶液，5 mL 氯化锶溶液，用蒸馏水稀释至刻度，摇匀。在选定的工作条件下，测定氧化钙的吸光度。

2　准确吸取 0.020 0 mg/mL 氧化镁工作溶液 0.00、0.50、1.00、2.00、3.00、4.00、5.00 mL 于一系列 100 mL 容量瓶中，加水至 50～60 mL，各加入 4 mL1＋1HCl，5 mL 氯化锶溶液，用蒸馏水稀释至刻度，摇匀。在选定的工作条件下，测定氧化镁的吸光度。

3　以测得的吸光度为纵坐标，氧化钙、氧化镁溶液的浓度为横坐标，绘制标准曲线。或用一元回归方程处理计算结果。

14.2.6　分析步骤

1　试样分解：准确称取 0.5000～1.0000 g 过 0.074 mm 筛孔并经 105 ℃～110 ℃烘干 2 h 的试样于聚四氟乙烯坩埚中，用少量蒸馏水润湿试样，加 10 mL 氢氟酸、1 mL 高氯酸于低温电热板上加热溶解，蒸发至白烟冒尽，加 1 mL 高氯酸继续赶氢氟酸，蒸至湿盐状，取下冷却。加 1＋1 盐酸 4.0 mL 和少量水，加热使可溶性盐类溶解，取下，冷却，全部移入 100 mL 容量瓶中，用蒸馏水稀释至刻度，摇匀，澄清。

2　根据钙、镁含量将全部或分取部分溶液于 100 mL 容量瓶中，各加 4 mL1＋1 盐酸溶液，5 mL 氯化锶溶液，用水稀释至刻度，摇匀。与标准系列同时测定吸光度。

3　同时作空白试验。

14.2.7　计算

$$CaO、MgO(\%)=\frac{(C_1-C_0)\times V_2\times 10^{-6}}{m\times V_1/V}\times 100 \qquad (14.2.7)$$

式中　C_1——自标准曲线上查得试样溶液的氧化钙或氧化镁的浓度（μg/mL）；

C_0——自标准曲线上查得试样空白溶液的氧化钙或氧化镁的浓度（μg/mL）；

V——试样溶液总体积（mL）；

V_1——分取试样溶液体积（mL）；

V_2——分取试液稀释后体积（mL）；

m——试样质量（g）。

所得结果钙含量小于 0.500%，表示至三位小数，大于 0.500% 表示至两位小数；镁含量小于 0.100%，表示至三位小数，大于 0.100% 表示至两位小数。

14.2.8　允许差，见表 14.2.8—1，表 14.2.8—2。

表 14.2.8—1　钙量的允许差

钙量（%）	允许差（%）
0.030～0.100	0.010
0.100～0.500	0.030
0.50～1.00	0.08
1.00～1.50	0.12

表 14.2.8—2　镁量的允许差

镁量（%）	允许差（%）
0.005～0.010	0.002
0.010～0.050	0.005
0.050～0.100	0.010
0.10～0.50	0.03
0.50～1.20	0.08

15　三氧化二铝含量的测定

15.1　铝试剂分光光度法

15.1.1　本法适用于各种岩土中低含量三氧化二铝含量的测定。测定范围为0.050%～0.50%。

15.1.2　铝试剂在pH=4.4的乙酸钠缓冲溶液中与铝生成红色螯合物，在波长530 nm附近有最大吸收，可进行铝的分光光度法测定。

15.1.3　主要仪器和设备

1　高温炉。

2　分析天平；分度值0.000 1 g。

3　分光光度计。

4　铂坩埚、移液管、容量瓶、烧杯、量杯、比色皿等。

15.1.4　试剂

1　盐酸（HCl）溶液1+1。

2　盐酸（HCl）溶液1+9。

3　抗坏血酸（$C_6H_8O_6$）溶液100 g/L，用时新配。

4　显色溶液

称取5 g铝试剂（$C_{22}H_{23}N_3O_9$）和3 g阿拉伯胶，分别溶于200～300 mL热水中，再将阿拉伯胶溶液加入铝试剂溶液中，搅拌均匀，煮沸，冷却，用新煮沸的冷水稀释至1 000 mL。静置2～3 d后，取上层清液备用。

5　缓冲溶液（pH=4.4）

称取27 g乙酸钠（CH_3COONa）于烧杯中，加入10 mL盐酸，再加入200～300 mL水溶解，过滤，用水稀释至1 000 mL。

6　对硝基酚指示剂1 g/L。

7　氨水（$NH_3 \cdot H_2O$）溶液1+3。

8　三氧化二铝标准溶液

1）贮备溶液（0.200 0 mg/mL）：

先于铂坩埚内垫一薄层约0.5 g无水碳酸钠，准确称取经700 ℃灼烧过的三氧化二铝（Al_2O_3，基准试剂）0.200 0 g及3 g无水碳酸钠于铂坩埚中，用铂丝拌匀后，再覆盖约0.5 g无水碳酸钠，加盖留一缝隙。置于高温炉内，逐渐升温至950 ℃恒温1 h至熔融完全。稍冷，取出，冷却。置于烧杯中用1+1盐酸50 mL浸取，洗出铂坩埚及盖，将试液全部移入1 000 mL容量瓶中，用水稀释至刻度，摇匀。

2）工作溶液（0.010 0 mg/mL）：

准确吸取贮备溶液25.00 mL于500 mL容量瓶中，补加1+1HCl 5 mL，用水稀释至刻度，摇匀。

15.1.5 标准曲线的绘制

1 准确吸取 0.0100 mg/mL 三氧化二铝工作溶液 0.00、1.00、2.00、3.00、4.00、5.00、6.00、7.00、8.00、9.00 mL 分别置于一系列 100 mL 容量瓶中。

2 于各瓶中加入少量水稀释至约 20 mL，加 1 滴对硝基酚指示剂，用 1+3 氨水溶液中和至黄色，用水吹洗内壁，再滴加 1+9 盐酸恰至无色。加入 100 g/L 抗坏血酸 2 滴，缓冲溶液 10 mL，用水稀释至 80 mL，在不断搅拌下准确加入显色液1 mL，用水稀释至刻度，摇匀。放置 2 h，以试剂空白作参比，用10 mm比色皿，于分光光度计上，在 530～550 nm 波长测其吸光度。

3 以吸光度为纵坐标，三氧化二铝工作溶液的浓度为横坐标，绘制标准曲线。或用一元回归方程处理计算结果。

15.1.6 分析步骤

1 准确吸取按本规程第 10.1.5 条脱硅后的溶液 5.0～10.0 mL于 100 mL 容量瓶中，用水冲洗瓶壁，稀释至 25 mL，再按本规程第 15.1.5 条第二款操作。

2 以随同试液的空白作参比，测其吸光度。从标准曲线上查出相应的三氧化二铝的量。

3 同时作空白试验。

15.1.7 计算

$$Al_2O_3(\%)=\frac{(C_1-C_0)\times V_2\times 10^{-6}}{m\times V_1/V}\times 100 \qquad (15.1.7)$$

式中 C_1——自标准曲线上查得的三氧化二铝的浓度(μg/mL)；

C_0——自标准曲线上查得空白溶液三氧化二铝的浓度(μg/mL)；

V_1——分取滤液体积(mL)；

V_2——分取试液稀释后体积(mL)；

V——滤液总体积(mL)；

m——试样质量(g)。

所得结果表示至两位小数。

15.1.8 允许差，见表 15.1.8。

表 15.1.8　三氧化二铝含量的允许差

三氧化二铝含量(%)	允许差(%)
0.050～0.250	0.020
0.250～0.500	0.025

15.2　氟化钠取代络合滴定法

15.2.1 本法适用于铁矿石、石灰石、白云石、锂辉石、天青石、铝土矿石、硅酸盐岩石、明矾石和一般土壤中三氧化二铝含量的测定。测定范围大于 2%。

15.2.2 分离二氧化硅后的滤液中加入过量的 EDTA，在 pH=6 的条件下，与铁、铝、钛等元素络合，以二甲酚橙为指示剂，用锌盐标准溶液回滴过量的 EDTA，再加入氟化钠进行煮沸，氟化钠将与铝、钛络合的 EDTA 取代到溶液中来，再用锌盐标准溶液滴定释放出来的 EDTA。所测得的是铝、钛合量，减去钛量即是铝量。

15.2.3 主要仪器和设备

1 水浴锅。

2 分析天平：分度值 0.000 1 g。

3 移液管、滴定管、量杯、锥形瓶等。

15.2.4 试剂

1 二甲酚橙($C_{31}H_{28}N_2Na_4O_{13}S$)溶液 5 g/L,用时新配。

2 甲基红指示剂 1 g/L。

3 氨水($NH_3 \cdot H_2O$)溶液 1 +1。

4 盐酸(HCl)溶液 5 +95。

5 氟化钠(NaF)固体。

6 无水乙酸($C_2H_4O_2$)。

7 乙酸($C_2H_4O_2$)溶液 1 +1。

8 乙酸—乙酸钠缓冲溶液(pH =5.9)。

称取 200 g 乙酸钠($NaC_2H_3O_2 \cdot 3H_2O$)溶于水中,加无水乙酸(CH_3COOH)6 mL,用水稀释至 1 000 mL,混匀。

9 EDTA 溶液 c(EDTA) =0. 1 mol/L

称取 37. 2 gEDTA 二钠盐,加热溶解于水中,冷却后,加水至 1 000 mL,摇匀。

10 乙酸锌标准溶液 c($C_4H_6O_4Zn$) =0. 01 mol/L

1)配制:称取 2. 2 g 乙酸锌($C_4H_6O_4Zn \cdot 2H_2O$)于烧杯中,用水溶解,加 1 +1 乙酸溶液 2 ~3 滴调节溶液微酸性,过滤于 1 000 mL 容量瓶中,用水稀释至刻度,摇匀。

2)三氧化二铝标准溶液 c(Al_2O_3) =1. 00 mg/mL:准确称取 0. 529 3 g 高纯金属铝片(预先用 1 +1 盐酸洗净表面,然后分别用水和无水乙醇洗涤,风干后备用),置于烧杯中,用 20 mL1 +1 盐酸溶液溶解,全部移入 1 000 mL 容量瓶中,冷却至室温,用水稀释至刻度,摇匀。

3)标定:准确吸取铝标准溶液 10.00 mL 三份于 250 mL 锥形瓶中,加 10 mL 0. 1mol/L EDTA 溶液和 1 滴甲基红指示剂,滴加 1 +1 氨水溶液调节溶液呈黄色,再用 5 +95 盐酸调溶液呈红色,加乙酸—乙酸钠缓冲溶液 10 mL,用水稀释至 100 mL,加热煮沸 3 ~5 min,取下自然冷却。加 2 ~3 滴二甲酚橙指示剂,用乙酸锌标准溶液滴定溶液至红紫色(不计读数),加入 2 g 氟化钠,搅匀后放在电热板上加热煮沸 3 ~5 min,取下冷却至室温。再补加 5 g/L 二甲酚橙溶液 1 滴和缓冲溶液 5 mL,用乙酸锌标准溶液滴定溶液至红紫色为终点。按式 15. 2. 4 计算乙酸锌标准溶液的浓度:

$$T(C_4H_6O_4Zn) = \frac{c(Al_2O_3) \times V_1}{V_2} \tag{15.2.4}$$

式中 T($C_4H_6O_4Zn$)——1. 00 mL 乙酸锌标准溶液相当于三氧化二铝的含量(mg/mL);

c(Al_2O_3)——三氧化二铝标准溶液浓度(mg/mL);

V_1——三氧化二铝标准溶液体积(mL);

V_2——滴定消耗乙酸锌标准溶液体积(mL)。

所得结果表示至两位小数。

15. 2. 5 分析步骤

1 准确吸取按本规程第 10. 1. 5 条制备的脱硅后的溶液25 mL于锥形瓶中,加 10 mL 0. 1 mol/L EDTA 溶液和 1 滴甲基红指示剂,按本规程第 15. 2. 4 条第十款第三项操作,用乙酸锌标准溶液滴定溶液至红紫色为终点。记录用量。此结果为铝、钛合量,减去钛量后即为铝量。

2　同时作空白试验。

15.2.6　计算

$$Al_2O_3(\%)=\frac{T(C_4H_6O_4Zn)\times(V_2-V_0)\times10^{-3}}{m\times V_1/V}\times100-(TiO_2\%\times0.6381)\quad(15.2.6)$$

式中　$T(C_4H_6O_4Zn)$——1.00 mL 乙酸锌标准溶液相当于三氧化二铝的含量(mg/mL)；

V_2——滴定试样溶液消耗乙酸锌标准溶液体积(mL)；

V_0——滴定试样空白溶液消耗乙酸锌标准溶液体积(mL)；

V_1——吸取滤液体积(mL)；

V——滤液总体积(mL)；

0.638 1——二氧化钛换算为三氧化二铝的系数；

m——试样质量(g)。

所得结果表示至两位小数。

15.2.7　允许差，见表 15.2.7。

表 15.2.7　三氧化二铝含量的允许差

三氧化二铝含量(%)	允许差(%)
<2.0	0.08
2.0～5.0	0.10
5.0～10.0	0.15
10.0～20.0	0.20

16 铁含量的测定

16.1 全铁含量的测定

(Ⅰ)磺基水杨酸分光光度法

16.1.1 本法适用于铁含量在0.05% ~10% 的岩土试样的测定。

16.1.2 在氨性溶液(pH =8 ~11)中铁离子与磺基水杨酸生成稳定的黄色络合物,颜色深度与含铁量成正比,在425 nm 处有最大吸收,可进行铁的分光光度法测定。

16.1.3 主要仪器和设备

1 高温炉、电炉。

2 分析天平:分度值0.000 1 g。

3 分光光度计。

4 量杯、烧杯、容量瓶、移液管、吸量管等。

16.1.4 试剂

1 氨水($NH_3 \cdot H_2O$)溶液1 +1。

2 盐酸(HCl)。

3 盐酸(HCl)溶液1 +1。

4 磺基水杨酸($C_7H_6O_6S \cdot 2H_2O$)溶液200 g/L。

5 铁标准溶液

1)贮备溶液(1.000 0 mg/mL):

称取1.429 5 g 经900 ℃灼烧30 min 的高纯三氧化二铁(Fe_2O_3)置于250 mL烧杯中,加20 mL1 +1 盐酸,低温加热溶解,冷却,全部移入1 000 mL 容量瓶中,补加10 mL1 +1 盐酸,用水稀释至刻度,摇匀。

2)工作溶液(0.100 0 mg/mL):

准确吸取贮备溶液25.0 mL 于250 mL 容量瓶中,加1 +1盐酸溶液20 mL,用水稀释至刻度,摇匀。

16.1.5 标准曲线的绘制

1 准确吸取0.00、0.50、1.00、2.00、3.00、4.00、5.00、6.00、7.00、8.00、9.00 mL 0.100 0 mg/mL 铁标准溶液分别置于一系列100 mL 容量瓶中,加水至约50 mL。

2 于各瓶中加200 g/L 磺基水杨酸溶液10 mL,摇匀,用1 +1氨水中和至黄色并过量4 mL,用水稀释至刻度,摇匀。以试剂空白作参比,用10 mm 比色皿,于分光光度计上,在425 nm波长处测其吸光度。

3 以吸光度为纵坐标,铁的浓度为横坐标,绘制标准曲线。或用一元回归方程处理计算结果。

16.1.6 分析步骤

1 准确吸取按本规程第10.1.5条制备的脱硅后的滤液5～10 mL于100 mL容量瓶中，用水冲洗瓶壁，加水至约50 mL，再按本规程第16.1.5条第二款操作，从标准曲线上得出相应的铁的量。

2 同时作空白试验，测其吸光度。

16.1.7 计算

$$Fe(\%)=\frac{(C_1-C_0)\times V_2\times 10^{-6}}{m\times V_1/V}\times 100 \tag{16.1.7}$$

式中 C_1——自标准曲线上查得试样溶液的铁的浓度(μg/mL)；

C_0——自标准曲线上查得空白溶液的铁的浓度(μg/mL)；

V_1——分取滤液体积(mL)；

V_2——分取试液稀释后体积(mL)；

V——滤液总体积(mL)；

m——试样质量(g)。

所得结果表示至两位小数。

16.1.8 允许差，见表16.1.8。

表16.1.8 全铁含量的允许差

全铁含量(%)	允许差(%)
0.10～1.00	0.05
1.01～10.00	0.10

(Ⅱ)EDTA容量法

16.1.9 本法适用于一般岩土全铁含量大于1%的测定。

16.1.10 利用 Fe^{3+} 与EDTA作用生成络合物的反应进行测定，即调节溶液的pH=1.3～2，以磺基水杨酸为指示剂，用EDTA标准溶液滴定铁。

16.1.11 主要仪器和设备

1 电热板，温度可调。

2 分析天平：分度值0.000 1 g。

3 滴定管、锥形瓶、量杯、移液管等。

16.1.12 试剂

1 盐酸(HCl)。

2 硝酸(HNO_3)。

3 硝酸(HNO_3)溶液1+1。

4 氨水($NH_3\cdot H_2O$)溶液1+1。

5 磺基水杨酸($C_7H_6O_6S\cdot 2H_2O$)指示剂100 g/L。

6 EDTA标准溶液 c(EDTA)=0.02 mol/L

1)配制：

称取7.44 gEDTA ($C_{10}H_{14}N_2Na_2O_8$)于烧杯中，用热水溶解，冷却，全部移入1 000 mL容量瓶中，用水稀释至刻度，摇匀。

2)铁标准溶液 c(Fe)=0.02 mol/L：

称取1.596 9 g经900 ℃灼烧30 min的高纯三氧化二铁(Fe_2O_3)置于250 mL烧杯中，加50 mL1+1盐酸，低温加热溶解，冷却，全部移入1 000 mL容量瓶中，再加10 mL1+1盐酸，用水稀释至刻度，摇匀。

3）标定：

准确吸取铁标准溶液20.0 mL于250 mL锥形瓶中，滴加1+1氨水溶液至开始出现氢氧化铁沉淀，用1+1硝酸溶液将沉淀溶解，再过量4~5滴，此时溶液pH为1.3~2（也可用精密pH试纸检验），用水稀释至100 mL。将溶液在电热板上加热至50 ℃~70 ℃，取下，趁热加入100 g/L磺基水杨酸溶液1 mL，立即用EDTA标准溶液滴定溶液由紫红色变为亮黄色。

4）同时作空白试验。

5）按式16.1.12计算EDTA标准溶液浓度：

$$c(\mathrm{EDTA})=\frac{c(\mathrm{Fe})\times V_1}{(V_2-V_0)} \qquad (16.1.12)$$

式中　c(EDTA)——EDTA标准溶液浓度（mol/L）；

c(Fe)——铁标准溶液浓度（mol/L）；

V_1——吸取铁标准溶液体积（mL）；

V_2——滴定消耗EDTA标准溶液体积（mL）；

V_0——滴定空白试液消耗EDTA标准溶液体积（mL）。

所得结果表示至两位小数。

16.1.13　分析步骤

准确吸取按本规程第10.1.5条制备的脱硅后的滤液25 mL于锥形瓶中，用水冲洗瓶壁，加入1 mL浓硝酸，置于电热板上加热至沸取下，加水约20 mL，再按本规程第16.1.12条第六款第三项操作。同时作空白试验。

16.1.14　计算

$$\mathrm{Fe}(\%)=\frac{c(\mathrm{EDTA})\times(V_2-V_0)\times M(\mathrm{Fe})\times10^{-3}}{m\times V_1/V}\times100\% \qquad (16.1.14)$$

式中　c(EDTA)——EDTA标准溶液浓度（mol/L）；

V_2——滴定消耗EDTA标准溶液体积（mL）；

V_0——滴定空白试液消耗EDTA标准溶液体积（mL）；

M(Fe)——铁的摩尔质量（55.847 g/mol）；

m——试样质量（g）；

V_1——分取滤液体积（mL）；

V——滤液总体积（mL）。

所得结果表示至两位小数。

16.1.15　允许差，见表16.1.15。

表16.1.15　全铁含量的允许差

全铁含量（%）	允许差（%）
1.00~2.00	0.20
>2.00	0.25

（Ⅲ）原子吸收光谱法

16.1.16　本法适用于一般岩土铁含量的测定。测定范围为0.05%~2.00%。

16.1.17　试样用盐酸、氢氟酸、高氯酸分解，分解物溶于2+98的盐酸溶液中，以铁的空心阴极灯作光源，在原子吸收光谱仪248.3 nm处，测其吸光度。

16.1.18　主要仪器和设备

1　原子吸收光谱仪:备有空气乙炔燃烧器,铁空心阴极灯。铁的检出限应优于 0.06 μg/mL。

2　分析天平:分度值 0.000 1 g。

3　电热板:温度可调。

4　聚四氟乙烯坩埚:30 mL。

5　容量瓶、烧杯、移液管等。

16.1.19　试剂

1　盐酸(HCl)。

2　盐酸(HCl)溶液 1+1。

3　氢氟酸(HF)。

4　高氯酸($HClO_4$)。

5　铁标准溶液

1)贮备溶液(1.000 0 mg/mL):

称取 1.429 5 g 经 900 ℃灼烧 30 min 的高纯三氧化二铁(Fe_2O_3)置于 250 mL烧杯中,加 40 mL1+1 盐酸,低温加热溶解,冷却,全部移入 1 000 mL 容量瓶中,补加 10 mL1+1 盐酸,用水稀释至刻度,摇匀。

2)工作溶液(0.100 0 mg/mL):

准确吸取贮备溶液 25.0 mL 于 250 mL 容量瓶中,加盐酸 10 mL,用水稀释至刻度,摇匀。

16.1.20　标准曲线的绘制

1　准确吸取含 0.100 0 mg/mL 铁标准溶液 0.00、0.25、0.50、1.00、2.00、3.00、4.00、5.00、6.00、7.00、8.00、9.00 mL 于一系列 100 mL 容量瓶中,加入 2 mL 盐酸,用蒸馏水稀释至刻度,摇匀。在选定的工作条件下,测定铁的吸光度。

2　以测得的吸光度为纵坐标,铁溶液的浓度为横坐标,绘制标准曲线。或用一元回归方程处理计算结果。

16.1.21　分析步骤

1　准确称取 0.200 0~0.500 0 g 过 0.074 mm 筛孔并经105 ℃~110 ℃烘干 2 h 的试样于聚四氟乙烯坩埚中,用少量蒸馏水润湿试样,小心滴加5 mL1+1 盐酸溶解试样,加 10 mL 氢氟酸、1 mL 高氯酸于低温电热板上加热溶解,蒸发至白烟冒尽(若试样分解未完全,可补加 3 mL 氢氟酸继续溶解,蒸至白烟冒尽后,加 1 mL 高氯酸继续赶氢氟酸),取下冷却。加 1+1 盐酸 10 mL 和少量水,加热使可溶性盐类溶解,取下,冷却,全部移入25 mL 容量瓶中,用蒸馏水稀释至刻度,摇匀,澄清,与标准系列同时测定吸光度(若铁含量太高,可分取试液测定)。

2　同时作空白试验。

16.1.22　计算

$$Fe(\%)=\frac{(C_2-C_0)\times V_2\times 10^{-6}}{m\times V_1/V}\times 100 \tag{16.1.22}$$

式中　C_2——自标准曲线上查得的试液中铁的浓度(μg/mL);

表 16.1.23　全铁含量的允许差

全铁含量(%)	允许差(%)
0.05~0.10	0.015
0.10~0.25	0.03
0.25~0.50	0.04
0.50~1.00	0.06
1.00~2.00	0.08

C_0——自标准曲线上查得的随同试样空白溶液中铁的浓度(μg/mL)；

V_1——分取试液体积(mL)；

V_2——分取试液稀释后体积(mL)；

V——试液总体积(mL)；

m——试样质量(g)。

所得结果表示至两位小数。

16.1.23　允许差,见表16.1.23。

16.2　氧化亚铁含量的测定

16.2.1　重铬酸钾容量法适用于磁铁矿、菱铁矿及一些含铁硅酸盐中亚铁含量的测定,不包括硫化物矿物中的亚铁。测定范围为大于0.7%。

16.2.2　试样用稀硫酸—氢氟酸快速分解,饱和硼酸消除过剩的氟离子,二苯胺磺酸钠作指示剂,重铬酸钾标准溶液进行滴定。

16.2.3　主要仪器和设备

1　电炉,温度可调。

2　分析天平:分度值0.000 1 g。

3　聚四氟乙烯坩埚:30 mL。

4　滴定管、锥形瓶、量杯、移液管等。

16.2.4　试剂

1　硫酸(H_2SO_4)溶液1+1。

2　氢氟酸(HF)。

3　硼酸饱和溶液:称取6 g硼酸加热溶解于100 mL水中。

4　硫磷(H_2SO_4—H_3PO_4)混合酸。

将100 mL1+1硫酸和100 mL磷酸加入800 mL水中。

5　二苯胺磺酸钠指示剂2 g/L。

6　重铬酸钾标准溶液$c(K_2Cr_2O_7)=0.005$ mol/L

称取预先在150 ℃烘干1 h的重铬酸钾(基准试剂)1.470 9 g溶于水,全部移入1 000 mL容量瓶中,用水稀释至刻度,混匀。

16.2.5　分析步骤

1　准确称取0.2000~1.0000 g过0.1 mm筛孔的风干试样于聚四氟乙烯坩埚中,加少量水润湿,加入5 mL氢氟酸和10 mL加热近沸的1+1硫酸溶液于电热板上,加热微沸10~15 min,待试样分解完全后,取下,将坩埚迅速转移在预先盛有200 mL含有25 mL饱和硼酸的新煮沸冷却的蒸馏水中,加入15 mL硫磷混合酸,5滴二苯胺磺酸钠指示剂,用重铬酸钾标准溶液滴定至呈稳定的紫色。

2　同时作空白试验。

16.2.6　计算

$$\mathrm{Fe(II)}(\%)=\frac{(V-V_0)\times c(\mathrm{K_2Cr_2O_7})\times 1/6M(\mathrm{Fe})\times 10^{-3}}{m}\times 100 \qquad (16.2.6)$$

式中 $c(K_2Cr_2O_7)$——$K_2Cr_2O_7$ 标准溶液的浓度(mol/L);

V——滴定试样消耗重铬酸钾标准溶液体积(mL);

V_0——滴定随同试样空白溶液消耗重铬酸钾标准溶液体积(mL);

M(Fe)——Fe 的摩尔质量(55.847 g/mol);

1/6——重铬酸钾和氧化亚铁的反应数;

m——试样的质量(g)。

所得结果表示至两位小数。

16.2.7 允许差,见表 16.2.7。

表 16.2.7 亚铁含量的允许差

氧化亚铁含量(%)	允许差(%)
1.00 ~ 2.00	0.20
2.00 ~ 5.00	0.25
5.00 ~ 10.00	0.30
10.00 ~ 20.00	0.40
20.00 ~ 30.00	0.50

16.3 三氧化二铁含量的测定

16.3.1 采用计算法得到三氧化二铁的含量。

16.3.2 三氧化二铁的含量是由全铁和亚铁的结果换算求得,计算公式见 16.3.2。

$$Fe_2O_3(\%) = 1.4297 \times (T_{Fe} - (FeO \times 0.7773)) \quad (16.3.2)$$

式中 T_{Fe}——试样中全铁的含量(%);

FeO——试样中氧化亚铁的含量(%);

1.429 7——Fe 换算成 Fe_2O_3 的系数;

0.777 3——FeO 换算成 Fe 的系数。

所得结果表示至两位小数。

16.4 可溶铁的测定

16.4.1 本法适用于可溶铁含量大于 0.5%。

16.4.2 可溶铁是指用盐酸处理的试样时,被酸分解而进入溶液的那部分铁。故溶矿时不能同时加入其他酸,也不能将试样灼烧处理。试样经盐酸处理后,滴加氯化亚锡使铁还原为二价,用重铬酸钾容量法进行测定。

16.4.3 主要仪器和设备

1 电炉:温度可调。

2 分析天平:分度值 0.000 1 g。

3 滴定管、锥形瓶、量杯、移液管等。

16.4.4 试剂

1 盐酸(HCl)。

2 氯化亚锡($SnCl_2$)溶液 100 g/L。

称取 10 g 氯化亚锡溶于 20 mL 盐酸中,在电炉上微微加热,冷却后,加水稀释至 100 mL,用时新配。

3 饱和氯化汞($HgCl_2$)溶液:称取 5 g 氯化汞溶于 100 mL 水中,充分溶解,直至溶液底部残存有白色未溶解的氯汞,如溶液清亮,应补加氯化汞。

4　硫磷(H_2SO_4—H_3PO_4)混合酸

将150 mL浓硫酸缓缓倒入700 mL水中冷却后加入150 mL磷酸,摇匀。

5　二苯胺磺酸钠指示剂5 g/L。

6　重铬酸钾标准溶液$c(K_2Cr_2O_7)=0.005$ mol/L

称取预先在150 ℃烘干2 h的重铬酸钾(基准试剂)1.470 9 g溶于水,全部移入1 000 mL容量瓶中,用水稀释至刻度,摇匀。

16.4.5　分析步骤

1　准确称取0.100 0 g过0.074 mm筛孔并经105 ℃～110 ℃烘干的试样于250 mL烧杯中,加少量水润湿,加入20 mL盐酸,摇匀,盖上表面皿,置于低温电热板上加热溶解,并保持近沸状态40 min。洗净表面皿,浓缩液体体积至10 mL左右,趁热滴加100 g/L氯化亚锡溶液,至溶液为无色,再过量两滴。

2　将烧杯置于冷水浴中迅速冷却,加入饱和氯化汞溶液10 mL,摇匀,用水冲洗杯壁,并放置3～5 min,待产生白色丝光状沉淀后,加水稀释至约100 mL。加入10～15 mL硫—磷混合酸,3滴二苯胺磺酸钠指示剂,立即用重铬酸钾标准溶液滴定溶液呈稳定的紫色即为终点。

3　同时作空白试验。

16.4.6　计算

$$Fe(\%)=\frac{c(K_2Cr_2O_7)\times(V-V_0)\times 1/6M(Fe)\times 10^{-3}}{m}\times 100 \quad (16.4.6)$$

式中　$c(K_2Cr_2O_7)$——$K_2Cr_2O_7$标准溶液的摩尔浓度(mol/L);

V——滴定可溶铁消耗$K_2Cr_2O_7$标准溶液的体积(mL);

V_0——滴定空白试验消耗$K_2Cr_2O_7$标准溶液的体积(mL);

$M(Fe)$——Fe的摩尔质量(55.847 g/mol);

1/6——重铬酸钾和氧化亚铁的反应数;

m——试样的质量(g)。

所得结果表示至两位小数。

16.4.7　允许差,见表16.4.7。

表16.4.7　可溶铁含量的允许差

可溶铁含量(%)	允许差(%)
<5.00	0.15
5.00～10.00	0.25

17　二氧化钛含量的测定

17.0.1　二安替比林甲烷分光光度法适用于各种岩石、矿物二氧化钛含量的测定,测定范围为0.006%～1.20%。

17.0.2　试样用氢氟酸、硝酸和硫酸分解,然后在1.2～2.5 mol/L盐酸介质中,加二安替比林甲烷,与钛生成黄色络合物,进行分光光度法测定。

17.0.3　主要仪器和设备

1　高温炉、电炉。

2　分析天平:分度值0.0001 g。

3　分光光度计。

4　铂坩埚。

5　量筒、烧杯、容量瓶等。

17.0.4　试剂

1　焦硫酸钾($K_2S_2O_7$)。

2　盐酸(HCl)。

3　盐酸(HCl)溶液1+1。

4　硫酸(H_2SO_4)溶液1+1。

5　硫酸(H_2SO_4)溶液5+95。

6　硝酸(HNO_3)1+1。

7　氢氟酸(HF)。

8　抗坏血酸($C_6H_8O_6$)溶液20 g/L,用时新配。

9　二安替比林甲烷(DAPM)溶液30 g/L:称取30 g二安替比林甲烷,用2 mol/L盐酸溶解并稀释至1 000 mL,过滤,用时现配。

10　二氧化钛(TiO_2)标准溶液

1)贮备溶液(0.100 0 mg/mL):

称取0.100 0 g预先在900 ℃～950 ℃左右灼烧1 h的二氧化钛(99.9%,基准试剂)于铂坩埚中,加5 g焦硫酸钾在650 ℃左右熔融至清亮,取出,冷却。将铂坩埚放入500 mL烧杯中,加100 mL1+1硫酸,加热(温度不超过50 ℃),使熔融物全部溶解,将坩埚及盖用1+1硫酸洗净,取出。冷却至室温全部移入1 000 mL容量瓶中,再用水稀释至刻度,摇匀。

2)工作溶液(0.0100 mg/mL):

准确吸取10.0 mL二氧化钛标准溶液(0.1000 mg/mL)于100 mL容量瓶中,用5+95硫酸稀释至刻度,摇匀。

17.0.5　标准曲线的绘制

1　准确吸取0.0100 mg/mL二氧化钛标准溶液0.00、1.00、2.00、3.00、4.00、5.00、6.00、7.00、8.00、9.00 mL于一系列50 mL容量瓶中。用水稀释至20 mL左右,加入20 g/L抗坏血酸

5 mL,摇匀放置5 min。加入1 +1 盐酸溶液8 mL、二安替比林甲烷溶液12 mL,用水稀释至刻度,摇匀。放置30 min,在分光光度计上于波长420 nm或390 nm处,用20 mm比色皿,测定吸光度。

2　以测得的吸光度为纵坐标,二氧化钛的浓度为横坐标,绘制标准曲线。或用一元回归方程处理计算结果。

17.0.6　分析步骤

1　试样分解

1)酸溶:

称取0.200 0 g过0.1 mm筛孔并在105 ℃~110 ℃烘干2~4 h的试样于铂坩埚中,用少量水润湿,加入1 +1 硫酸溶液1 mL,4 +6 氢氟酸10 mL、1 +1 硝酸溶液1 mL。放在电热板上低温加热,直至冒尽硫酸白烟。取下冷却,加入3 g焦硫酸钾。置于高温炉内,从低温升至450 ℃,停留10 min,再升至650 ℃熔融10 min。取出冷却,将坩埚放入250 mL烧杯中,加入1 +1 盐酸溶液15 mL、水15 mL,盖上表面皿,加热浸出熔块,用热水洗出坩埚。加热溶液,使熔块溶解,待溶液冷却后全部移入100 mL容量瓶内,用水稀释至刻度,摇匀,干过滤。

2)碱融:

按本规程第10.1.5条脱硅后,滤液备用。

2　吸取5~20 mL滤液,于50 mL容量瓶中,用水稀释至20 mL左右,再按本规程第17.1.5条标准曲线的操作,测定滤液吸光度。

3　同时作空白试验。

17.0.7　计算

$$TiO_2(\%) = \frac{(C_1 - C_0) \times V_2 \times 10^{-6}}{m \times V_1 / V} \times 100 \qquad (17.0.7)$$

式中　C_1——自标准曲线上查得二氧化钛的浓度(μg/mL);

C_0——自标准曲线上查得的随同试样空白溶液中二氧化钛的浓度(μg/mL);

V_1——分取滤液体积(mL);

V_2——分取试液稀释后体积(mL);

V——滤液总体积(mL);

m——试样质量(g)。

所得结果表示至三位小数。

17.0.8　允许差,见表17.0.8。

表17.0.8　二氧化钛含量的允许差

二氧化钛含量(%)	允许差(%)
0.010~0.050	0.008
0.050~0.100	0.02
0.10~0.50	0.04
0.50~1.00	0.06

18　氧化锰含量的测定

18.0.1　原子吸收光谱法适用于一般岩土中氧化锰含量的测定。测定范围为氧化锰含量大于0.005%。

18.0.2　试样用氢氟酸、高氯酸分解，分解物溶于2+98盐酸溶液中，以锰的空心阴极灯作光源，在原子吸收光谱仪279.5 nm波长处测定氧化锰含量。

18.0.3　主要仪器和设备

1　原子吸收光谱仪：备有空气乙炔燃烧器，锰空心阴极灯。

2　分析天平：分度值0.0001 g。

3　电热板：温度可调。

4　聚四氟乙烯坩埚：30 mL。

5　容量瓶、烧杯、移液管等。

18.0.4　试剂

1　盐酸（HCl）溶液1+1。

2　氢氟酸（HF）。

3　高氯酸（$HClO_4$）。

4　氧化锰标准溶液

1）贮备溶液（1.000 0 mg/mL）：称取金属锰（不低于99.9%，光谱纯）0.774 5 g于250 mL烧杯中，加少量水润湿，盖上表面皿，加50 mL1+1盐酸溶液加热溶解，冷却，溶液全部移入1 000 mL容量瓶中，用水稀释至刻度，摇匀。

2）工作溶液（0.100 0 mg/mL）：准确吸取贮备溶液25.00 mL于250 mL容量瓶中，用水稀释至刻度，摇匀。

18.0.5　标准曲线的绘制

1　准确吸取0.1000 mg/mL氧化锰工作溶液0.00、0.50、1.00、2.00、3.00、4.00、5.00、6.00、7.00、8.00、9.00 mL于一系列100 mL容量瓶中，加水至50～60 mL，各加入4 mL1+1盐酸溶液，用蒸馏水稀释至刻度，摇匀。在选定的工作条件下，在原子吸收光谱仪279.5 nm波长处测定氧化锰的吸光度。

2　以测得的吸光度为纵坐标，氧化锰的浓度为横坐标，绘制标准曲线。或用一元回归方程处理计算结果。

18.0.6　分析步骤

1　试样分解

准确称取0.1000～0.5000 g过0.074 mm筛孔并经105 ℃～110 ℃烘干2 h的试样于聚四氟乙烯坩埚中，用少量蒸馏水润湿试样，加10 mL氢氟酸、1 mL高氯酸于低温电热板上加热溶解，蒸发至白烟冒尽，加1 mL高氯酸继续赶氢氟酸，蒸至湿盐状，取下冷却。加1+1盐酸4.0 mL和少量水，加热使可溶性盐类溶解，取下，冷却，全部移入100 mL容量瓶中，用蒸馏水稀释至刻度，摇匀，澄清。

2 根据氧化锰含量将全部或分取部分溶液于100 mL容量瓶中，各加入4 mL1 +1 盐酸溶液，用水稀释至刻度，摇匀。与标准系列同时测定吸光度。

3 同时作空白试验。

18.0.7 计算

$$MnO(\%)=\frac{(C_1-C_0)\times V_2\times 10^{-6}}{m\times V_1/V}\times 100 \qquad (18.0.7)$$

式中 C_1——自标准曲线上查得试样溶液的氧化锰的浓度(μg/mL)；

C_0——自标准曲线上查得试样空白溶液的氧化锰的浓度(μg/mL)；

V_1——分取试样溶液体积(mL)；

V_2——分取试液稀释后体积(mL)；

V——试样溶液总体积(mL)；

m——试样质量(g)。

所得结果表示至三位小数。

18.0.8 允许差，见表18.0.8。

表18.0.8 二氧化锰含量的允许差

二氧化锰含量(%)	允许差(%)
0.005 ~0.010	0.003
0.010 ~0.050	0.006
0.050 ~0.100	0.015
0.10 ~0.40	0.025

19　铜含量的测定

19.1　碘　量　法

19.1.1　本法适用于有色金属矿石中铜含量的测定。测定范围为大于5%。

19.1.2　试样用酸分解后，在pH =3 ~4 的氟化氢铵介质中，加入碘化钾与铜生成碘化亚铜沉淀，析出碘，以淀粉为指示剂，用硫代硫酸钠标准溶液滴定，间接测定铜量。

19.1.3　主要仪器和设备

1　分析天平：分度值0.000 1 g。

2　电热板：温度可调。

3　锥形瓶、烧杯等。

19.1.4　试剂

1　碘化钾（KI）。

2　氟化氢铵（NH_4HF_2）。

3　硫氰酸钾（KCNS）。

4　盐酸（HCl）。

5　硝酸（HNO_3）。

6　硫酸（H_2SO_4）溶液 1 +1。

7　氨水（NH_4OH）溶液 1 +1。

8　氯化铵—氢氧化铵溶液

称取 10 g 氯化铵，用 500 mL 冷水溶解，加入 20 mL 氨水溶液，加水稀释至 1 000 mL，混匀。

9　淀粉溶液 5 g/L

称取 0.5 g 可溶性淀粉，置于 200 mL 烧杯中，加少量水调成糊状，加 100 mL 沸水，充分搅拌，煮沸至溶解。

10　硫代硫酸钠标准溶液

1）配制：

称取 5 g 硫代硫酸钠（$Na_2S_2O_3 \cdot 5H_2O$）溶于 200 mL 预先煮沸的冷水中，用煮沸的冷水稀释至 100 mL，混匀。放置 1 周，用脱脂棉过滤。

2）铜标准溶液（1.000 0 mg/mL）：

准确称取 1.000 0 g 纯金属铜（99.99%，光谱纯）置于 250 mL 锥形瓶中，加入 20 mL 蒸馏水，10 mL1 +1 硝酸、10 mL1 +1 硫酸，加热溶解，蒸发至冒浓烟，此时锥形瓶中残渣呈湿润状态，取下冷却。用 30 ~40 mL水冲洗瓶壁，将溶液全部移入 1 000 mL 容量瓶中，加水稀释至刻度，混匀。

3）标定：

准确吸取 1.000 0 mg/mL 铜标准溶液 20 mL 于 250 mL 锥形瓶中，加入

20 mL蒸馏水，滴加 1 +1 氨水至生成蓝色铜氨络离子，再滴加 1 +1 硫酸至变为绿色。接着加入2 g 氟化氢铵，2 g 碘化钾，混匀，立即用硫代硫酸钠溶液滴定至浅黄色，加5 mL 淀粉溶液，继续滴定至蓝色变浅后，加0.5 g 硫氰酸钾，在充分摇动下，继续滴定至蓝色消失为终点。

4）同时作空白试验。

5）计算：

硫代硫酸钠标准溶液的浓度为：

$$c(Na_2S_2O_3)=\frac{c(Cu)\times V_2}{(V_1-V_0)} \tag{19.1.4}$$

式中　$c(Cu)$——铜标准溶液浓度（mg/mL）；

V_2——吸取铜标准溶液体积（mL）；

V_1——滴定铜标准溶液硫代硫酸钠标准溶液消耗量（mL）；

V_0——滴定空白溶液硫代硫酸钠标准溶液消耗量（mL）。

所得结果表示至两位小数。

19.1.5　分析步骤

1　准确称取0.100 0 ~0.300 0 g 过0.074 mm 筛孔并经105 ℃ ~110 ℃烘干2 h 的试样置于500 mL 锥形瓶中，用少量水润湿。（若试样二氧化硅含量较高，称样后加入少许氟化铵）。

2　加入15 mL 盐酸，低温加热溶解数分钟后，加5 mL 硝酸和5 mL1 +1 硫酸，继续加热溶解并蒸发至冒浓烟，此时蒸发后的残渣呈润湿状态，取下冷却。（若加热冒烟时，试样溶液呈黑色，加数滴硝酸—硫酸混合酸使其变白）。

3　用约40 mL 水冲洗瓶壁，加热使可溶性盐类溶解，向溶液中滴加 1 +1 氨水 20 mL 至出现大量沉淀为止。用定性滤纸过滤，滤液用250 mL 承接，用氯化铵—氢氧化铵溶液洗涤烧杯及沉淀各5 ~6 次，沉淀弃去。滤液放在电热板上慢慢蒸发除去过剩的氨，并使体积蒸至20 ~30 mL，冷却。

4　向滤液中加2 g 氟化氢铵，2 ~3 g 碘化钾，混匀，用硫代硫酸钠标准溶液滴定除去大部分的碘，加5 mL 淀粉溶液，滴定至蓝色变浅，加0.5 g 硫氰酸钾，在充分摇动下，继续滴定至蓝色消失为终点。

5　同时作空白试验。

19.1.6　计算

$$Cu(\%)=\frac{(V-V_0)\times c(Na_2S_2O_3)\times 10^{-3}}{m}\times 100 \tag{19.1.6}$$

式中　V——滴定试样溶液消耗硫代硫酸钠标准溶液的体积（mL）；

V_0——滴定空白溶液消耗硫代硫酸钠标准溶液的体积（mL）；

$c(Na_2S_2O_3)$——硫代硫酸钠标准溶液浓度（mg/mL）；

m——试样质量（g）。

所得结果表示至两位小数。

19.1.7　允许差，见表19.1.7。

表 19.1.7　铜含量的允许差

铜含量（%）	允许差（%）
5.00 ~10.00	0.30
10.00	0.40

19.2 原子吸收光谱法

19.2.1 本法适用于一般硅酸盐岩土、碳酸盐岩土、硫酸盐岩土等铜含量的测定。测定范围为0.005% ~2.5%。

19.2.2 试样用盐酸、氢氟酸、高氯酸分解，分解物溶于2+98的盐酸溶液中，以铜的空心阴极灯作光源，在原子吸收光谱仪324.7 nm处，测其吸光度。

19.2.3 主要仪器和设备

1 原子吸收光谱仪：备有空气乙炔燃烧器，铜空心阴极灯。

2 分析天平：分度值0.0001 g。

3 电热板：温度可调。

4 聚四氟乙烯坩埚：30 mL。

5 容量瓶、烧杯、移液管等。

19.2.4 试剂

1 盐酸（HCl）。

2 盐酸（HCl）溶液1+1。

3 氢氟酸（HF）。

4 高氯酸（$HClO_4$）。

5 硫酸（H_2SO_4）溶液1+1。

6 铜标准溶液

1）贮备溶液（1.000 0 mg/mL）：

称取0.500 0 g高纯铜（99.99%，光谱纯），置于250 mL烧杯中，加入20 mL1+1硝酸，盖上表面皿，加热至全部溶解，加入1+1硫酸溶液10 mL，加热至刚冒白烟，取下，冷却至室温，全部移入500 mL容量瓶中，用水稀释至刻度，摇匀。

2）工作溶液（100 μg/mL）：

准确吸取10.00 mL铜标准贮备溶液于100 mL容量瓶中，加入4 mL1+1盐酸，用水稀释至刻度，摇匀。

19.2.5 标准曲线的绘制

1 准确吸取含100 μg/mL铜标准溶液0.00、0.25、0.50、1.00、2.00、3.00、4.00、5.00、6.00、7.00、8.00、9.00 mL于一系列100 mL容量瓶中，加入4 mL1+1盐酸，用蒸馏水稀释至刻度，摇匀。在选定的工作条件下，测定铜的吸光度。

2 以测得的吸光度为纵坐标，铜溶液的浓度为横坐标，绘制标准曲线。或用一元回归方程处理计算结果。

19.2.6 分析步骤

1 准确称取0.1000 ~0.2500 g过0.074 mm筛孔并经105 ℃ ~110 ℃烘干2 h试样于聚四氟乙烯坩埚中，用少量蒸馏水润湿试样，加5 mL盐酸溶解试样，加10 mL氢氟酸、1 mL高氯酸于低温电热板上加热溶解，蒸发至白烟冒尽（若试样分解未完全，可补加3 mL氢氟酸和2~3滴高氯酸继续溶解，蒸至白烟冒尽），取下冷却。加1+1盐酸10 mL和少量水，加热使可溶性盐类溶解，取下，冷却，全部移入25 mL容量瓶中，用蒸馏水稀释至刻度,摇匀,澄清。

2　根据铜含量将全部或分取部分溶液于 100 mL 容量瓶中,加入 4 mL1 +1 盐酸,用水稀释至刻度,摇匀。与标准系列同时测定吸光度。

3　同时作空白试验。

19.2.7　计算

$$Cu(\%) = \frac{(C_2 - C_1) \times V_2 \times 10^{-6}}{m \times V_1 / V} \times 100 \quad (19.2.7)$$

式中　C_2——自标准曲线上查得的试液中铜的浓度(μg/mL);

C_1——自标准曲线上查得的随同试样空白溶液中铜的浓度(μg/mL);

V_1——分取试样溶液体积(mL);

V_2——分取试液稀释后体积(mL);

V——试样溶液总体积(mL);

m——试样质量(g)。

所得结果表示至两位小数。

19.2.8　允许差,见表 19.2.8。

表 19.2.8　铜含量的允许差

铜含量(%)	允许差(%)
0.005 ~0.020	0.004
0.020 ~0.050	0.007
0.050 ~0.100	0.010
0.10 ~0.25	0.02
0.25 ~0.50	0.04
0.50 ~1.00	0.07
1.00 ~2.50	0.10

20　锌含量的测定

20.1　EDTA 容量法

20.1.1　本法适用于一般锌矿石、锌精矿、铜矿石等岩土锌含量的测定。测定范围为 2% ~12%。

20.1.2　试样用酸分解后,在有氧化剂存在下,用氨性缓冲溶液分离铁、锰等干扰元素,加掩蔽剂消除铜、铝的干扰。以二甲酚橙为指示剂,于 pH = 5.0~6.0 用 EDTA 标准溶液进行滴定,由消耗的 EDTA 标准溶液体积计算锌量。

20.1.3　主要仪器和设备

1　高温炉、电炉。

2　分析天平:分度值 0.000 1 g。

3　容量瓶、烧杯、移液管等。

20.1.4　试剂

1　氯化铵(NH_4Cl)。

2　氟化钾(KF)。

3　抗坏血酸($C_6H_8O_6$)。

4　氢氧化铵(NH_4OH)溶液 1 +1。

5　盐酸(HCl)。

6　盐酸(HCl)溶液 1 +1。

7　硫酸(H_2SO_4)溶液 1 +1。

8　硝硫混酸:硝酸(HNO_3)和硫酸(H_2SO_4)以 7∶3 混合。

9　硫酸铵($(NH_4)_2SO_4$)。

10　缓冲溶液(pH = 5.5):将 150 g 无水乙酸钠溶于水中,加入 50 mL 乙酸,用水稀释至 1 000 mL,混匀。

11　二甲酚橙指示剂(50 g/L)。

12　甲基橙指示剂(1 g/L)。

13　洗涤剂:将 5 g 氯化氨溶于 200 mL5 +95 氢氧化铵溶液中。

14　乙醇(CH_3CH_2OH)。

15　EDTA($C_{10}H_{14}N_2O_8Na_2 \cdot 2H_2O$)标准溶液

1)配制:

称取 3.7 g EDTA 置于 400 mL 烧杯中,用热水溶解,冷却,全部移入 1 000 mL容量瓶中,用水稀释至刻度,混匀。

2)锌标准溶液(1.0000 mg/mL):

称取 1.000 0 g 金属锌(99.99%,光谱纯),置于300 mL烧杯中,加入 50 mL1 +1盐酸,盖上表面皿,置于电热板上微热溶解,冷却,全部移入 1 000 mL

容量瓶中,用水稀释至刻度,混匀。

3)标定:

准确吸取三份25.00 mL的锌标准溶液于250 mL锥形瓶中,加入25 mL蒸馏水,1滴甲基橙指示剂,用1+1氢氧化铵溶液中和溶液呈微黄色,加入20 mL缓冲溶液,2~3滴二甲酚橙指示剂,用EDTA标准溶液滴定溶液由微红色变为亮黄色即为终点。

4)同时作空白试验。

5)计算:

$$c(\mathrm{EDTA})=\frac{c(\mathrm{Zn})\times V_1}{(V_2-V_0)} \tag{20.1.4}$$

式中　c(EDTA)——EDTA标准溶液浓度(mg/mL);

c(Zn)——锌标准溶液浓度(mg/mL);

V_1——吸取锌标准溶液体积(mL);

V_2——滴定锌标准溶液消耗EDTA标准溶液体积(mL);

V_0——滴定空白溶液消耗EDTA标准溶液体积(mL)。

所得结果表示至一位小数。

20.1.5　分析步骤

1　准确称取0.250 0 g过0.074 mm筛孔并经105 ℃~110 ℃烘干2 h的试样置于300 mL烧杯中,用少量水润湿后,加10 mL盐酸,盖上表面皿,置于电热板上加热数分钟,取下稍冷。再加入10 mL硝硫混酸,加热蒸至近干,冷却。(如果试样有机质含量较高,可在蒸至冒三氧化硫白烟时,取下稍冷,加入2~3 mL高氯酸,继续蒸至近干。)

2　加4~5滴硫酸和50 mL水,煮沸使可溶性盐类溶解,稍冷。加10 g氯化铵和3 g硫酸铵,搅匀,加热煮沸,稍冷,用1+1氢氧化铵溶液中和至氢氧化物沉淀大量出现,并过量15 mL,再煮沸1 min,取下,补加氨水5 mL,乙醇10 mL,冷却至室温,全部移入250 mL容量瓶中,用热的洗涤液洗涤烧杯4~5次,并入容量瓶中,冷却后用水稀释至刻度,混匀。

3　用中速滤纸干过滤,分取100 mL滤液,加热煮沸2~3 min,赶走过剩的氨,取下,加入0.5 g氟化钾和0.1 g抗坏血酸,搅拌使之完全溶解,滴加1滴甲基橙指示剂,用1+1硫酸溶液中和至溶液由微黄色变为红色,再用氢氧化铵中和至溶液恰由微红色变为黄色。加入20 mL缓冲溶液,2滴二甲酚橙指示剂,用EDTA标准溶液滴定至溶液由微红色变为亮黄色即为终点。

4　同时作空白试验。

20.1.6　计算

$$\mathrm{Zn}(\%)=\frac{(V_3-V_0)\times c(\mathrm{EDTA})\times 10^{-3}}{m\times V_5/V_4}\times 100 \tag{20.1.6}$$

式中　V_3——滴定试液消耗EDTA标准溶液体积(mL);

V_0——滴定空白溶液消耗EDTA标准溶液体积(mL);

V_4——试样溶液总体积(mL);

V_5——分取试样溶液体积(mL);

表20.1.7　锌含量的允许差

锌含量(%)	允许差(%)
2.00~3.00	0.16
3.00~5.00	0.20
5.00~8.00	0.25
8.00~12.00	0.30

c(EDTA)——EDTA 标准溶液浓度(mg/mL);

m——称样质量(g)。

所得结果表示至两位小数。

20.1.7 允许差,见表 20.1.7。

20.2 原子吸收光谱法

20.2.1 本法适用于一般硅酸盐、碳酸盐、硫酸盐等岩土锌含量的测定。测定范围为 0.10% ~2.00%。

20.2.2 试样用盐酸、氢氟酸、高氯酸分解,分解物溶于 2+98 的盐酸溶液中,以锌的空心阴极灯作光源,在原子吸收光谱仪213.9 nm处,测其吸光度。

20.2.3 主要仪器和设备

1 原子吸收光谱仪:备有空气乙炔燃烧器,锌空心阴极灯。

2 分析天平:分度值 0.000 1 g。

3 电热板:温度可调。

4 聚四氟乙烯坩埚:30 mL。

5 容量瓶、烧杯、移液管等。

20.2.4 试剂

1 盐酸(HCl)。

2 盐酸(HCl)溶液(1+1)。

3 盐酸(HCl)溶液 5+95。

4 氢氟酸(HF)。

5 高氯酸($HClO_4$)。

6 锌标准溶液

1)贮备溶液(1.000 0 mg/mL):

称取 0.500 0 g 高纯金属锌(99.99%,光谱纯),置于250 mL烧杯中,加入 20 mL1+1盐酸,盖上表面皿,置于电热板上低温加热至全部溶解,冷却至室温,全部移入 500 mL 容量瓶中,用水稀释至刻度,摇匀。

2)工作溶液(100 μg/mL):

准确吸取 10.00 mL 锌标准贮备溶液于 100 mL 容量瓶中,加入 4 mL1+1 盐酸,用水稀释至刻度,摇匀。

20.2.5 标准曲线的绘制

1 准确吸取含 100 μg/mL 锌标准溶液 0.00、0.25、0.50、1.00、2.00、3.00、4.00、5.00 mL于一系列的 100 mL 容量瓶中,加入 2 mL 盐酸,用蒸馏水稀释至刻度,摇匀。在选定的工作条件下,测定锌的吸光度。

2 以测得的吸光度为纵坐标,锌的浓度为横坐标,绘制标准曲线。或用一元回归方程处理计算结果。

20.2.6 分析步骤

1 准确称取 0.100 0 ~0.250 0 g 过 0.074 mm 筛孔并经105 ℃ ~110 ℃烘干 2 h 的试样于聚四氟乙烯坩埚中,用少量蒸馏水润湿试样,加 5 mL 盐酸溶解试样,加 10 mL 氢氟酸、1 mL 高氯酸于低温电热板上加热溶解，蒸发至白烟冒尽，加 0.5 mL 高氯酸继续赶氢氟酸，取下冷却。加 5 +95 盐酸溶液 10 mL，加热使可溶性盐类溶解，取下，冷却，全部移入 25 mL 容量瓶中，用蒸馏水稀释至刻度，摇匀，澄清，与标准系列同时测定吸光度。当含量较高时，应分取试液，稀释 5 ~ 10 倍后再测定。

2　同时作空白试验。

20.2.7　计算

$$Zn(\%) = \frac{(C_1 - C_0) \times V_2 \times 10^{-6}}{m \times V_1/V} \times 100 \qquad (20.2.7)$$

式中　C_1——自标准曲线上查得的试液中锌的浓度(μg/mL)；

C_0——自标准曲线上查得的随同试样空白溶液中锌的浓度(μg/mL)；

V_1——分取试液的体积(mL)；

V_2——分取试液稀释后体积(mL)；

V——被测试液总体积(mL)；

m——试样质量(g)。

所得结果表示至两位小数；若含量小于 0.1% 时，表示至三位小数。

20.2.8　允许差，见表 20.2.8。

表 20.2.8　锌含量的允许差

锌含量(%)	允许差(%)
≤0.20	0.05
0.20 ~ 0.50	0.06
0.50 ~ 1.00	0.08
1.00 ~ 2.00	0.12

21　镉含量的测定

21.0.1　原子吸收光谱法适用于一般硅酸盐、碳酸盐、硫酸盐等岩土镉含量的测定。测定范围为 0.1% ~2.0%。

21.0.2　试样用盐酸、氢氟酸、高氯酸分解,分解物溶于 2 +98 的盐酸溶液中,以镉的空心阴极灯作光源,在原子吸收光谱仪 228.8 nm 处,测其吸光度。

21.0.3　主要仪器和设备

1　原子吸收光谱仪:备有空气乙炔燃烧器,镉空心阴极灯。

2　分析天平:分度值 0.000 1 g。

3　电热板:温度可调。

4　聚四氟乙烯坩埚:30 mL。

5　容量瓶、烧杯、移液管等。

21.0.4　试剂

1　盐酸(HCl)。

2　盐酸(HCl)溶液 1 +1。

3　盐酸(HCl)溶液 5 +95。

4　氢氟酸(HF)。

5　高氯酸($HClO_4$)。

6　镉标准溶液

1)贮备溶液(1.0000 mg/mL):

称取 1.0000 g 高纯镉(99.99%,光谱纯),置于 250 mL 烧杯中,加入 30 mL1 +1 硝酸,盖上表面皿,加热至全部溶解,煮沸除去氮的氧化物,冷却至室温,全部移入 1 000 mL 容量瓶中,用水稀释至刻度,混匀。

2)工作溶液(200 μg/mL):

准确吸取 20.00 mL 镉贮备溶液于 100 mL 容量瓶中,加入 10 mL1 +1 盐酸,用水稀释至刻度,混匀。

21.0.5　标准曲线的绘制

1　准确吸取含镉 200 μg /mL 的工作溶液 0.00、0.10、0.20、0.30、0.40、0.50、0.60、0.70、0.80、0.90 mL 于一系列 100 mL 容量瓶中,加入 4 mL1 +1 盐酸,用蒸馏水稀释至刻度,摇匀。在选定的工作条件下,测定镉的吸光度。

2　以测得的吸光度为纵坐标,镉溶液的浓度为横坐标,绘制标准曲线。或用一元回归方程处理计算结果。

21.0.6　分析步骤

1　准确称取 0.1000 ~0.5000 g 过 0.074 mm 筛孔并经105 ℃ ~110 ℃烘干 2 h 的试样于聚四氟乙烯坩埚中,用少量蒸馏水润湿试样,加 2 mL 盐酸,加 10 mL 氢氟酸、1 mL 高氯酸于低温电热板上加热溶解,蒸发至白烟冒尽(若试样分解未完全,可补加 3 mL 氢氟酸继续溶解，蒸至白烟冒尽），取下冷却。加5 +95 盐酸溶液 10 mL 和少量水，加热使可溶性盐类溶解，取下，冷却，全部移入 25 mL 容量瓶中，用蒸馏水稀释至刻度，摇匀，澄清，与标准系列同时测定吸光度。

2 同时作空白试验。

21.0.7 计算

$$Cd(\%)=\frac{(C_1-C_0)\times V}{m\times 10^6}\times 100 \qquad (21.1.7)$$

式中 C_1——自标准曲线上查得的试液中镉的浓度（μg/mL）；

C_0——自标准曲线上查得的随同试样空白溶液中镉的浓度（μg/mL）；

V——被测试液总体积（mL）；

m——试样质量（g）。

所得结果表示至两位小数。

21.0.8 允许差，见表21.0.8。

表21.0.8 镉含量的允许差

镉含量(%)	允许差(%)
0.10~0.30	0.02
0.30~0.60	0.04
0.60~0.80	0.06
0.8~1.00	0.08
1.00~2.00	0.10

22　铅含量的测定

22.0.1　原子吸收光谱法适用于硫铁矿、锰矿石、钼精矿、铋精矿、锑精矿、硅酸盐岩石、碳酸盐岩石、硫酸盐岩石和一般土壤铅含量的测定。测定范围为 0.005% ~1.0% 。

22.0.2　试样用氢氟酸—高氯酸分解，分解物溶于硝酸溶液中，以铅的空心阴极灯作光源，在原子吸收光谱仪 283.3 nm 处，测其吸光度。

22.0.3　主要仪器和设备

1　原子吸收光谱仪：备有空气乙炔燃烧器，铅空心阴极灯。

2　分析天平：分度值 0.000 1 g。

3　电热板：温度可调。

4　聚四氟乙烯坩埚：30 mL。

5　容量瓶、烧杯、移液管、吸量管等。

22.0.4　试剂

1　氢氟酸（HF）。

2　硝酸（HNO_3）。

3　硝酸（HNO_3）溶液 1 +1。

4　盐酸（HCl）。

5　硝酸（HNO_3）溶液 5 +95。

6　铅标准溶液

1）贮备溶液（0.500 0 mg/mL）：

称取 0.500 0 g 高纯铅（99.99%，光谱纯），置于100 mL烧杯中，加入 10 mL 硝酸，用水稀释至 40 mL，加热溶解。冷却至室温，全部移入 1 000 mL 容量瓶中，用水稀释至刻度，摇匀。

2）工作溶液（50 μg/mL）：

准确吸取 50.00 mL 铅标准贮备溶液于 500 mL 容量瓶中，加入 10 mL1 +1 硝酸溶液，用水稀释至刻度，摇匀。

22.0.5　标准曲线的绘制

1　准确吸取含 50 μg/mL 铅的工作溶液 0.00、1.00、2.00、3.00、4.00、5.00、6.00、7.00、8.00、9.00 mL和含0.500 0 mg/mL铅的贮备溶液 1.00、2.00、3.00、4.00、5.00 mL于一系列 100 mL 容量瓶中，加 2 mL 硝酸，用蒸馏水稀释至刻度，摇匀。在选定的工作条件下，测定铅的吸光度。

2　以测得的吸光度为纵坐标，铅溶液的浓度为横坐标，绘制标准曲线。或用一元回归方程处理计算结果。

22.0.6　分析步骤

1　称取 0.1000 ~0.2500 g 过 0.074 mm 筛孔并经 105 ℃ ~110 ℃烘干 2 h 的试样于聚四氟乙烯坩埚中，用少量蒸馏水润湿试样，加盐酸 5 mL 加热蒸发，加 10 mL 氢氟酸、

1 mL高氯酸于低温电热板上加热溶解，蒸发至白烟冒尽（若试样分解未完全，可补加3 mL氢氟酸继续溶解，蒸至白烟冒尽后，反复加5 mL盐酸继续赶氢氟酸），取下冷却。加5 + 95硝酸10 mL和少量水，加热使可溶性盐类溶解，取下，冷却，全部移入25 mL容量瓶中，用蒸馏水稀释至刻度，摇匀，澄清，与标准系列同时测定吸光度。

2 同时作空白试验。

22.0.7 计算

$$Pb(\%)=\frac{(C_2-C_1)\times V}{m\times 10^6}\times 100 \qquad (22.0.7)$$

式中 C_2——自标准曲线上查得的试样溶液中铅的浓度（μg/mL）；

C_1——自标准曲线上查得的随同试样空白溶液中铅的浓度，（μg/mL）；

V——被测试液的体积（mL）；

m——试样质量（g）。

所得结果表示至两位小数。

22.0.8 允许差，见表22.0.8。

表22.0.8 铅含量的允许差

铅含量（%）	允许差（%）
0.005~0.01	0.004
0.01~0.02	0.006
0.02~0.05	0.008
0.05~0.10	0.015
0.10~0.20	0.025
0.20~0.50	0.040
0.50~1.00	0.050

23　钡含量的测定

23.1　硫酸钡重量法

23.1.1　本法适用于铁矿石、硅酸盐岩石、萤石、磷矿石、重晶石、锰矿石、碳酸盐和硫酸盐岩土中氧化钡含量的测定。测定范围为0.5%以上。

23.1.2　试样用盐酸、硝酸、硫酸处理、过滤，使钡与大部分干扰元素分离，残渣用氢氟酸除硅，用碳酸钠—碳酸钾熔融转化，在盐酸介质中，加硫酸使钡定量生成硫酸钡沉淀，以重量法测定。

23.1.3　主要仪器和设备

1　高温炉、电炉。

2　分析天平：分度值0.000 1 g。

3　铂坩埚。

23.1.4　试剂

1　无水碳酸钠(Na_2CO_3)。

2　盐酸(HCl)。

3　盐酸(HCl)溶液1+1。

4　盐酸(HCl)溶液1+9。

5　硝酸(HNO_3)。

6　氢氟酸(HF)。

7　硫酸(H_2SO_4)溶液1+1。

8　硫酸(H_2SO_4)溶液1+99。

9　氨水(NH_4OH)。

10　硝酸银($AgNO_3$)溶液10 g/L。

11　氯化钡($BaCl_2$)盐酸溶液

称取1 g氯化钡，溶于适量水中，加3 mL盐酸，以水稀释至100 mL，混匀。

12　碳酸钠(Na_2CO_3)溶液10 g/L。

13　甲基红指示剂2 g/L。

称取0.2 g甲基红溶于60 mL无水乙醇中，加水至100 mL。

23.1.5　分析步骤

1　称取0.200 0～0.500 0 g过0.074 mm筛孔并经105 ℃～110 ℃烘干2 h的试样置于300 mL烧杯中，加15 mL盐酸，盖上表面皿，低温加热微沸30 min(加水补足蒸发减少的体积)。加5 mL硝酸，继续加热浓缩至5 mL时，取下。加5 mL1+1的硫酸，加热蒸发至冒白烟，冷却，加100 mL热水，加热至微沸，溶解可溶性盐类，取下，保温2 h，然后冷却至室温。用慢速定量滤纸过滤，用1+99硫酸洗净烧杯，洗涤沉淀及滤纸5～6次，再用热水洗2～3次至无氯离子(用硝酸银溶液检查)，弃去滤液。

2　将沉淀及滤纸转入铂坩埚中，灰化，在 800 ℃左右灼烧 10～20 min，冷却，用水润湿，加 6～8 滴硫酸，10 mL 氢氟酸，低温加热至冒尽三氧化硫白烟。在铂坩埚中加 3～4 g 无水碳酸钠，用铂丝混匀，再盖上一层，放入已升至 950 ℃的高温炉中熔融 10～15 min，取出冷却。将坩埚放入 400 mL 烧杯中，用100 mL热水浸取，洗出坩埚，并用玻棒压碎熔块，加热至沸，取下冷却，用中速滤纸过滤。用 10 g/L 碳酸钠溶液洗涤沉淀及滤纸 10～12 次至无硫酸根为止(用氯化钡盐酸溶液检查硫酸根)。将沉淀用 25 mL1＋9 热盐酸溶解于原烧杯中(漏斗上盖表面皿)，用热水洗净滤纸。

3　将溶液加热煮沸，取下，加 2 滴甲基红指示剂，用氢氧化铵调至黄色，加入热水，将溶液稀释至 200 mL，加热至近沸，取下，稍冷，在搅拌下滴加 5 mL1＋1 硫酸，加热，保持微沸10～20 min，保温 2～4 h(沉淀量少时静置过夜)。用慢速定量滤纸加纸浆过滤，用 1＋99 硫酸洗净烧杯，洗沉淀及滤纸至无氯离子(用硝酸银溶液检查)，在用水洗 2～3 次。将沉淀连同滤纸移入以烘干至恒量的瓷坩埚中，灰化，在 800 ℃灼烧至恒量。

4　同时作空白试验。

23.1.6　计算

$$Ba(\%)=\frac{(m_1-m_2)\times 0.5886}{m}\times 100 \tag{23.1.6}$$

式中　m_1——硫酸钡沉淀的质量(g)；

m_2——空白试验的质量(g)；

m——试样质量(g)；

0.588 6——硫酸钡换算为钡的换算系数。

所得结果表示至两位小数。

23.1.7　允许差，见表 23.1.7。

表 23.1.7　钡含量的允许差

钡含量(%)	允许差(%)
0.50～1.00	0.10
1.00～5.00	0.15
5.00～10.00	0.25
10.00～15.00	0.30

23.2　电感耦合等离子体原子发射光谱法

23.2.1　本法适用于一般硅酸盐岩土、碳酸盐岩土、硫酸盐岩土氧化钡含量的测定。测定范围为 $10^{-6}\%\sim10^{-4}\%$。

23.2.2　试样用硝酸、高氯酸、氢氟酸分解，硝酸提取。在稀硝酸介质中，直接以氩等离子体光源激发，进行光谱测定。

23.2.3　主要仪器和设备

1　电感耦合等离子体发射光谱仪。

2　电热板，温度可调。

3　分析天平：分度值 0.000 1 g。

4　聚四氟乙烯坩埚。

23.2.4　试剂

1　硝酸(HNO_3)。

2　硝酸(HNO_3)溶液 1＋19。

3　氢氟酸(HF)。

4　硝酸(HNO_3)溶液 1＋1。

5　钡标准溶液(100 μg/mL)。

称取经105 ℃～110 ℃烘干的碳酸钡($BaCO_3$,基准试剂)0.143 8 g于烧杯中,加入2.5 mL盐酸,加热至全溶,全部移入1 000 mL容量瓶中,用蒸馏水稀释至刻度,混匀。

23.2.5 标准曲线的绘制

1 准确吸取0.00、1.00、2.00、3.00、4.00、5.00、6.00、7.00 mL100 μg/mL钡标准溶液于一系列100 mL容量瓶中,用1+19的硝酸稀释至刻度,混匀转移到洁净聚乙烯瓶中备用。

2 按试验要求及仪器规定,设置仪器的最佳分析条件,并调节仪器最佳工作状态,按顺序测定标准系列工作溶液光谱强度。以测得的净光强度为纵坐标,元素浓度为横坐标进行线性回归,绘制标准曲线。或用一元回归方程处理计算结果。

23.2.6 试样的分解

1 称取0.0500～0.1000 g过0.074 mm筛孔并在105 ℃～110 ℃烘干2 h试样的于30 mL聚四氟乙烯坩埚中,加入少量水润湿,加1+1硝酸溶液1 mL,$HClO_4$2 mL,HF6 mL,在电热板上加热,试样分解后,继续低温加热至白烟冒尽,加入1 mL1+1硝酸溶解残渣,全部移入50 mL容量瓶中,用1+19硝酸洗坩埚并稀释至刻度,摇匀。

2 同时作空白试验。

23.2.7 试样测定

在选择的最佳测定条件(本规程第23.2.5条第二款),测定试样溶液和空白溶液中钡的光谱强度,从标准曲线上计算出相应浓度。对于元素含量超出标准曲线浓度范围的样品,可定量稀释后测定。

23.2.8 计算

$$\mathrm{Ba}(\%)=\frac{(C_2-C_1)\times V}{m\times10^6}\times100 \qquad (23.2.8)$$

式中 C_2——自标准曲线上查得的试液中钡的浓度(μg/mL);

C_2——自标准曲线上查得的随同试样空白溶液中钡的浓度(μg/mL);

V——被测试液的体积(mL);

m——试样的质量(g)。

所得结果表示至两位小数。

23.2.9 精密度,见表23.2.9。

表23.2.9 精 密 度

含量范围(mg/kg)	重复性限 r	再现性限 R
0.1～0.8	$r=0.0467+0.0611\ m$	$\lg R=-0.4025+0.8403\lg m$

1 重复性

在重复性条件下,获得的两次独立测试结果的绝对差值不超过重复性限(r)。

式中 m——两次测定值的平均值(mg/kg)。

如果两次测定值的差值超过重复性限,应舍弃试验结果并重新完成两次单个试验的测定。

2 再现性

在再现性条件下,获得的两次独立测试结果的绝对差值不超过再现性限(R)。

式中 m——两次测定值的平均值(mg/kg)。

24 镍含量的测定

24.0.1 原子吸收光谱法适用于硅酸盐、碳酸盐、硫酸盐等岩石和土壤中镍含量的测定。测定范围为0.005%～1.0%。

24.0.2 试样用盐酸、氢氟酸、高氯酸分解，分解物溶于2+98盐酸溶液中，以镍的空心阴极灯作光源，在原子吸收光谱仪233.0 nm波长处测定其吸光度。

24.0.3 主要仪器和设备

1 原子吸收光谱仪：备有空气乙炔燃烧器，镍空心阴极灯。

2 分析天平：分度值0.000 1 g。

3 电热板：温度可调。

4 聚四氟乙烯坩埚：30 mL。

5 容量瓶、烧杯、移液管等。

24.0.4 试剂

1 盐酸（HCl）。

2 盐酸（HCl）溶液5+95。

3 硝酸（HNO_3）溶液1+1。

4 硝酸（HNO_3）溶液1+99。

5 氢氟酸（HF）。

6 高氯酸（$HClO_4$）。

7 镍标准溶液

1）贮备溶液（1.0000 mg/mL）：

称取1.0000 g镍粉（光谱纯）于50 mL烧杯中，加20 mL1+1硝酸，温热，完全溶解后，全部移入1 000 mL容量瓶中，用水稀释至刻度，摇匀。

2）工作溶液（50 μg/mL）：

准确吸取25.00 mL1.0000 mg/mL镍贮备溶液于500 mL容量瓶中，1+99硝酸溶液稀释至刻度，摇匀。

24.0.5 标准曲线的绘制

1 准确吸取50 μg/mL镍工作溶液0.00、0.50、1.00、2.00、3.00、4.00、5.00、6.00、7.00、8.00、9.00 mL和1.0000 mg/mL镍工作溶液0.10、0.50、1.00、1.50、2.00 mL于一系列100 mL容量瓶中，用1+99硝酸溶液稀释至刻度，摇匀。在选定的工作条件下，测定镍工作溶液的吸光度。

2 以测得的吸光度为纵坐标，镍溶液的浓度为横坐标，绘制标准曲线。或用一元回归方程处理计算结果。

24.0.6 分析步骤

1 准确称取0.100 0～0.250 0 g过0.1 mm筛孔并经105 ℃～110 ℃烘干2 h的试样于聚四氟乙烯坩埚中，用少量蒸馏水润湿试样，加5 mL盐酸加热溶解，加10 mL氢氟酸、1 mL 高氯酸于低温电热板上加热溶解，蒸发至白烟冒尽，加 1 mL 高氯酸继续赶氢氟酸，蒸至白烟冒尽，取下冷却。加 5 +95 盐酸 10 mL 和少量水，加热使可溶性盐类溶解，取下，冷却，全部移入 25 mL 容量瓶中，用蒸馏水稀释至刻度，摇匀，澄清。

2　根据镍含量可直接测定或稀释一定倍数，补加 5 +95 盐酸至 2% 酸度。与标准系列同时测定吸光度。

3　同时作空白试验。

24.0.7　计算

$$\mathrm{Ni}(\%)=\frac{(C_1-C_0)\times V_2\times 10^{-6}}{m\times V_1/V}\times 100 \qquad (24.0.7)$$

式中　C_1——自标准曲线上查得试样溶液中镍的浓度(μg/mL)；

C_0——自标准曲线上查得试样空白溶液中镍的浓度(μg/mL)；

V——试样溶液总体积(mL)；

V_1——分取试样溶液体积(mL)；

V_2——分取溶液稀释后体积(mL)；

m——试样质量(g)。

所得结果表示至三位小数。

24.0.8　允许差，见表 24.0.8。

表 24.0.8　镍含量的允许差

镍含量(%)	允许差(%)
0.005 ~0.01	0.003
0.01 ~0.02	0.005
0.02 ~0.05	0.007
0.05 ~0.1	0.065 1
0.1 ~0.2	0.02
0.2 ~0.5	0.03
0.5 ~1.0	0.04

25 汞含量的测定

25.0.1 氢化物发生—原子荧光光谱法适用于一般硅酸盐、碳酸盐、硫酸盐等岩土中汞含量的测定。测定范围为0.010%~0.10%。

25.0.2 试样经分解后,在酸性介质中,试样中汞被硼氢化钾(或硼氢化钠)还原成原子态汞,由氩气载入石英原子化器中,在特制汞空心阴极灯的发射光激发下,基态汞原子被激发至高能态,在去活化回到基态时,产生原子荧光,其荧光强度与汞含量成正比,与标准系列比较以求得试样中汞含量。

25.0.3 主要仪器和设备

1 原子荧光光谱仪:附屏蔽式石英炉原子化器,玻璃质氢化物发生器及汞特制空心阴极灯。氩气:用作屏蔽气、载气。

2 分析天平:分度值0.000 1 g。

3 水浴锅。

4 容量瓶、烧杯、移液管、比色管等。

25.0.4 试剂

1 无汞蒸馏水:二次蒸馏水或电渗析去离子水通常可达到此纯度,也可将蒸馏水加盐酸酸化至pH=3,然后通过巯基棉纤维管除汞。

2 硝酸(HNO_3)溶液1+9。

3 混合酸:量取100 mL硝酸和100 mL盐酸,缓缓倒入500 mL烧杯中,冷却后小心混匀。

4 汞标准溶液

1)贮备溶液(1.000 0 mg/mL):

称取0.135 4 g干燥过的二氯化汞(光谱纯),置于100 mL烧杯中,加盐酸硝酸混合酸溶解后,全部移入100 mL容量瓶中,再用水稀释至刻度,摇匀。

2)工作溶液(10 μg/mL):

准确移取1.000 0 mg/mL汞标准贮备溶液1 mL于100 mL容量瓶中,用1+9硝酸溶液稀释至刻度,摇匀。

3)工作溶液(500 ng/mL):

准确移取10 μg/mL汞标准贮备溶液5 mL于100 mL容量瓶中,用1+9硝酸溶液稀释至刻度,摇匀。

4)工作溶液(100 ng/mL):

准确移取10 μg/mL汞标准贮备溶液1 mL于100 mL容量瓶中,用1+9硝酸溶液稀释至刻度,摇匀。

5 硼氢化钾溶液10 g/L

称取10 g硼氢化钾溶于1 000 mL5.0 g/L氢氧化钾溶液中,现配现用。

25.0.5 标准曲线的绘制

1　低浓度标准系列

准确吸取含 100 ng/mL 汞标准工作溶液 0.25、0.50、1.00、1.50、2.00、2.50 mL 于一系列 25 mL 容量瓶中，用 1+9 硝酸溶液稀释至刻度，摇匀。

2　高浓度标准系列

准确吸取含 500 ng/mL 汞标准工作溶液 0.25、0.50、1.50、2.00 mL 于一系列 25 mL 容量瓶中，用 1+9 硝酸溶液稀释至刻度，摇匀。

3　设定好仪器最佳工作条件，逐步将炉温升至所需温度后，稳定 10～20 min 后开始测量。先连续用 1+9 硝酸溶液进样，待读数稳定后，转入基本系列测定。

4　以测得的荧光强度为纵坐标，汞溶液的浓度为横坐标，绘制标准曲线。或用一元回归方程处理计算结果。

25.0.6　分析步骤

准确称取 0.1000～0.5000 g 过 0.074 mm 筛孔并经 105 ℃～110 ℃ 烘干的试样于 50 mL比色管中，用少量蒸馏水润湿试样，加 10 mL 新鲜配制的盐酸硝酸混合酸，水浴加热溶解试样，并蒸发至其体积约 5 mL，取下，冷却，全部移入 50 mL 容量瓶中，用 1+9 硝酸溶液稀释至刻度，摇匀。在选定的工作条件下，吸取上层清液，按仪器操作程序测量其荧光强度。

同时作空白试验。

25.0.7　计算

$$\mathrm{Hg}(\%)=\frac{(C_1-C_0)\times V_2}{m\times V_1/V\times 10^9}\times 100 \tag{25.0.7}$$

式中　C_1——自标准曲线上查得的试样溶液中汞的浓度（ng/mL）；

C_0——自标准曲线上查得的随同试样空白溶液中汞的浓度（ng/mL）；

V_0——被测试液的总体积（mL）；

V_1——分取试液体积（mL）；

V_2——分取试液稀释后体积（mL）；

m——试样质量（g）。

所得结果表示至三位小数。

25.0.8　允许差，见表 25.0.8。

表 25.0.8　汞含量的允许差

汞含量（%）	允许差（%）
0.010～0.030	0.003
0.030～0.060	0.006
0.060～0.10	0.010

26 砷含量的测定

26.1 氢化物发生—原子荧光光谱法

26.1.1 本法适用于一般硅酸盐、碳酸盐、硫酸盐等岩土砷含量的测定。测定范围为0.010%～0.10%。

26.1.2 试样经分解后，加入硫脲使五价砷预还原为三价砷，再加入硼氢化钾（或硼氢化钠）使之还原生成砷化氢，由氩气载入石英原子化器中分解为原子态砷，在特制砷空心阴极灯的发射光激发下产生原子荧光，测量其荧光强度，以求得砷含量。

26.1.3 主要仪器和设备

1 原子荧光光谱仪：附屏蔽式石英炉原子化器，玻璃质氢化物发生器及砷特制空心阴极灯。氩气：用作屏蔽气、载气。

2 分析天平：分度值0.000 1 g。

3 电热板：温度可调。

4 容量瓶、比色管、烧杯、吸量管等。

26.1.4 试剂

1 盐酸（HCl）。

2 盐酸（HCl）溶液1+1。

3 硝酸（HNO_3）。

4 混合酸：三个单位体积的盐酸和一个单位体积的硝酸混匀，冷却。

5 硫脲—抗坏血酸混合溶液

分别称取5 g抗坏血酸和硫脲，用水溶解后，稀释至100 mL，混匀。

6 砷标准溶液

1）贮备溶液（100 μg/mL）：

称取0.132 0 g预先在100 ℃～105 ℃烘1 h，置于干燥器中冷却至室温三氧化二砷（光谱纯），置于100 mL烧杯中，加入5 mL100 g/L氢氧化钠溶液，低温加热至完全溶解，加50 mL水，2滴酚酞指示剂（1 g/L乙醇溶液），用1+1盐酸中和红色刚褪，并过量2 mL，全部移入1 000 mL容量瓶中，再用水稀释至刻度，摇匀。

2）工作溶液（1 μg/mL）：

准确移取5.00 mL砷标准贮备溶液于500 mL容量瓶中，再加入50 mL浓盐酸，用水稀释至刻度，摇匀。

3）工作溶液（100 ng/mL）：

准确移取10.00 mL1 μg/mL砷工作溶液于100 mL容量瓶中，再加入10 mL浓盐酸，用水稀释至刻度，摇匀。

7 硼氢化钾溶液10 g/L

称取10 g硼氢化钾溶于1 000 mL5 g/L氢氧化钾溶液中，现配现用。

26.1.5 标准曲线的绘制

1 准确吸取含 100 ng /mL 砷工作溶液 0.00、0.50、1.00、2.00、3.00、4.00、5.00 mL 于一系列 25 mL 容量瓶中，加入15 mL水，2 mL 混合酸，2.5 mL 硫脲—抗坏血酸混合溶液，用蒸馏水稀释至刻度，摇匀。在选定的工作条件下，吸取上层清液于氢化物发生器中，按仪器操作程序测量其荧光强度。

2 以测得的荧光强度减去"零"标准溶液的荧光强度的差值为纵坐标，砷溶液的浓度为横坐标，绘制标准曲线。或用一元回归方程处理计算结果。

26.1.6 分析步骤

1 准确称取 0.1000～0.5000 g 过 0.074 mm 筛孔并经105 ℃～110 ℃烘干 2 h 的试样于 50 mL 比色管中，用少量蒸馏水润湿试样，加 10 mL 新鲜配制的混合酸，在水浴中加热溶解试样 2 h。取下，冷却，全部移入 50 mL 容量瓶中，加入 5 mL 硫脲—抗坏血酸混合溶液，用蒸馏水稀释至刻度，摇匀。在选定的工作条件下，吸取上层清液 2.00 mL 于氢化物发生器中，按仪器操作程序测量其荧光强度。

2 同时作空白试验。

26.1.7 计算

$$As(\%)=\frac{(C_1-C_0)\times V}{m\times 10^9}\times 100 \qquad (26.1.7)$$

式中 C_1——自标准曲线上查得的试液中砷的浓度(ng/mL)；

C_0——自标准曲线上查得的随同试样空白溶液中砷的浓度(ng/mL)；

V——被测试液的总体积(mL)；

m——试样质量(g)。

所得结果表示至三位小数。

26.1.8 允许差，见表 26.1.8。

表 26.1.8 砷含量的允许差

砷含量(%)	允许差(%)
0.010～0.030	0.003
0.030～0.060	0.006
0.060～0.10	0.010

26.2 二乙基二硫代氨基甲酸银光度法

26.2.1 本法适用于一般硅酸盐、碳酸盐、硫酸盐等岩土砷含量的测定。测定范围为 0.01%～0.50%。

26.2.2 试样用酸分解，在碘化钾存在下，用氯化亚锡将五价砷还原为三价砷，再用无砷锌粒将三价砷还原为气态砷化氢。逸出的砷化氢，用含有三乙醇胺的二乙基二硫代氨基甲酸银(Ag—DDTC)的三氯甲烷溶液吸收。Ag—DDTC 中的银离子被还原成红棕色胶态银，于分光光度计上，波长 530 nm 处测量吸光度，以间接法测定砷量。

26.2.3 主要仪器和设备

1 高温炉、电炉。

2 分析天平：分度值 0.0001 g。

3 分光光度计。

4 砷化氢发生器及吸收装置(见图 26.2.3)。

5 量杯、烧杯、容量瓶、比色管、比色架等。

26.2.4 试剂

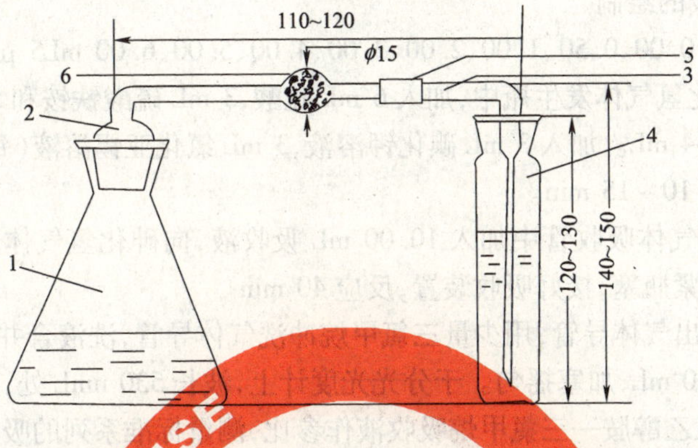

图 26.2.3 砷化氢发生器及吸收装置(mm)

1—砷化氢气体发生瓶(125 mL 锥形瓶);2—连接气体导管的磨口塞;3—气体导管;气体出口处内径为 0.5 mm;4—砷化氢气体吸收管(10 mL具塞比色管);5—乳胶管;6—乙酸铅脱脂棉(如变黑应及时更换)

1 无砷锌粒(粒径 2 ~ 3 mm)。

2 硝酸(HNO_3)。

3 三氯甲烷($CHCl_3$)。

4 硫酸(H_2SO_4)1 +1。

5 碘化钾溶液 300 g/L。

6 酒石酸溶液 500 g/L。

7 氯化亚锡溶液 200 g/L

称取 20 g 氯化亚锡($SnCl_2 \cdot 2H_2O$)置于烧杯中,加入25 mL盐酸,加热溶解。冷却后用水稀释至 100 mL,投入 1 g 锡粒,贮于棕色瓶中。

8 硫酸铁铵溶液:称取 173 g 水合硫酸铁铵($NH_4Fe(SO_4)_2 \cdot 12H_2O$),加入水和 10 mL1 +1 硫酸,搅拌溶解后,全部移入1 000 mL容量瓶中,用水稀释至刻度,摇匀。

9 乙酸—乙酸铅溶液:称取 10 g 乙酸铅,量取0. 5 mL乙酸于烧杯中,加水溶解,稀释至 100 mL,混匀。

10 乙酸铅脱脂棉:将脱脂棉浸入含有乙酸—乙酸铅的溶液中,浸透后取出,挤干,室温晾干后备用。

11 Ag—DDTC—三乙醇胺—三氯甲烷吸收液:称取 2. 0 g Ag—DDTC,置于盛有 485 mL三氯甲烷和 15 mL 三乙醇胺的棕色瓶中,加塞摇匀,使之溶解,放置过夜后使用。(如遇混浊或仍有未溶时,使用前应过滤除去)。

12 砷标准溶液

1)贮备溶液(100 μg/mL):

称取预先在 100 ℃ ~ 105 ℃烘 1 h,置于干燥器中冷却至室温三氧化二砷 0. 1320 g(光谱纯),置于 100 mL 烧杯中,加入 10 mL100 g/L 氢氧化钠溶解,用 1 +1 硫酸中和至微酸性,全部移入 1 000 mL 容量瓶中,用水稀释至刻度,摇匀。

2)工作溶液(5 μg/mL):

准确移取 25. 00 mL 砷标准贮备溶液于 500 mL 容量瓶中,用水稀释至刻度,摇匀,用时现配。

26.2.5　标准曲线的绘制

1　准确移取0.00、0.50、1.00、2.00、3.00、4.00、5.00、6.00 mL5 μg/mL 砷工作溶液分别置于一组砷化氢气体发生瓶中，加入6 mL硫酸，3 mL硫酸铁铵和5 mL酒石酸溶液，加水调整体积至34 mL。加入3 mL碘化钾溶液，3 mL氯化亚锡溶液（每加一种试剂均应充分摇匀）。放置10～15 min。

2　于砷化氢气体吸收管中加入10.00 mL吸收液，向砷化氢气体发生瓶中加入5 g无砷锌粒，立即塞紧瓶塞，接好吸收装置，反应40 min。

3　反应后取出气体导管，用少量三氯甲烷冲洗气体导管，洗液合并入吸收管中，并用三氯甲烷稀释至10 mL，加塞摇匀。于分光光度计上，波长530 nmL处，用10 mm比色皿，以Ag—DDTC—三乙醇胺—三氯甲烷吸收液作参比，测量标准系列的吸光度。

4　以测得的吸光度为纵坐标，砷工作溶液的浓度为横坐标，绘制标准曲线。或用一元回归方程处理计算结果。

26.2.6　分析步骤

1　称取0.100 0～1.000 0 g（见表26.2.6）试样置于150 mL烧杯中，用少量水润湿，加入10～20 mL硝酸，盖上表面皿，加热分解完全，用少量水洗去表面皿，蒸至小体积，加入10 mL1+1硫酸，继续蒸发至冒浓烟3 min，取下冷却。用水冲洗杯壁，再继续冒浓烟5 min，取下冷却。用水冲洗杯壁，加入15 mL水，加热溶解，冷至室温，全部移入50 mL容量瓶中，用水稀释至刻度，摇匀。

2　准确移取5～20 mL（根据砷量，见表26.2.6）试液，置于砷化氢气体发生瓶中，补足1+1硫酸至6 mL（注意：酸溶矿时，1+1硫酸经两次蒸发冒烟后，剩下约5 mL），加入3 mL硫酸铁铵和5 mL酒石酸溶液，加水调整体积至34 mL。加入3 mL碘化钾溶液，3 mL氯化亚锡溶液（每加一种试剂均应充分摇匀）。放置10～15 min。按本规程第26.2.5条第二款和第三款分析试样。

表 26.2.6　试样称样量及移取试液体积表

砷量（μg/g）	试样（g）	移取试液体积（mL）
<10	1.000 0±0.001	20.00
10～100	0.500 0±0.000 5	20.00
100～500	0.200 0±0.000 3	10.00
500～1 000	0.100 0±0.000 3	10.00
1 000～1 500	0.100 0±0.000 3	5.00

3　同时作空白试验。

26.2.7　计算

$$As(\%)=\frac{(C_1-C_0)\times V_2\times 10^{-6}}{m\times V_1/V}\times 100 \tag{26.2.7}$$

式中 C_1——自标准曲线上查得试样溶液中砷的浓度（μg/mL）；

C_0——自标准曲线上查得的随同试样空白溶液中砷的浓度（μg/mL）；

V_1——分取试液的体积（mL）；

V_2——分取试液稀释后的体积（mL）；

V——试液总体积（mL）；

m——试样质量(g)。

所得结果表示至三位小数。

26.2.8 允许差,见表26.2.8。

表26.2.8 砷含量的允许差

砷含量(%)	允许差(%)
0.010~0.050	0.004
0.050~0.100	0.008
0.100~0.200	0.010
0.200~0.500	0.020

27 氯含量的测定

27.1 硝酸银容量法

27.1.1 本法适用于岩盐及芒硝、盐碱土等岩土氯离子含量的测定。测定范围为0.25% ~12.5%。

27.1.2 吸取一定量试样清液,在接近中性的溶液中,以铬酸钾为指示剂,用硝酸银标准溶液滴定。

27.1.3 主要仪器和设备

1 高温炉、电炉。

2 分析天平:分度值0.000 1 g。

3 移液管、烧杯、量杯。

27.1.4 试剂

1 铬酸钾指示剂50 g/L

称取5 g铬酸钾(K_2CrO_4)溶于适量水中,以0.050 mol/L硝酸银溶液滴定至出现微砖红色沉淀,静置24 h以上,过滤,并稀释至100 mL,混匀。

2 氯化钠标准溶液 $c(NaCl)=0.050$ mol/L

称取在500 ℃灼烧过30 min的氯化钠(NaCl,基准试剂)2.992 1 g溶于适量水中,全部移入1 000 mL容量瓶中,用水稀释至刻度,摇匀。

3 硝酸银标准溶液 $c(AgNO_3)=0.050$ mol/L

1)配制:

称取8.5 g硝酸银,溶于1 000 mL水中,保存于棕色瓶内。

2)标定:

吸取25 mL0.050 mol/L氯化钠标准溶液于250 mL锥形瓶中,稀释至约75 mL。加入1 mL50 g/L铬酸钾溶液,用硝酸银标准溶液滴定由黄色变为微砖红色为终点。

3)同时作空白试验。

4)计算:

$$c(AgNO_3)=\frac{c(NaCl)\times V\times 10^3}{V_1-V_0} \tag{27.1.4}$$

式中 $c(AgNO_3)$——硝酸银标准溶液浓度(mol/L);

$c(NaCl)$——氯化钠标准溶液浓度(mol/L);

V——吸取氯化钠标准溶液体积(mL);

V_1——滴定消耗硝酸银标准溶液体积(mL);

V_0——滴定空白消耗硝酸银标准溶液体积(mL)。

所得结果表示至两位小数。

27.1.5　分析步骤

1　称取0.5000～1.0000 g试样于200 mL烧杯中，加入30 ℃～32 ℃的温水100 mL，并不断搅拌至其中盐类物质完全溶解。1h后用滤纸过滤，滤液用250 mL容量瓶承接，用温水反复洗涤残渣10～15次至无氯离子为止（用硝酸银溶液检查）。

2　吸取10～20 mL清液（含氯量在10～50 mg）于250 mL锥形瓶中，稀释至约75 mL，加入1 mL50 g/L铬酸钾溶液，用0.050 mol/L硝酸银标准溶液滴定由黄色变为微砖红色为终点。

3　同时作空白试验。

27.1.6　计算

$$Cl^-(\%)=\frac{c(AgNO_3)\times(V_2-V_0)\times M(Cl^-)\times10^{-3}}{m\times V_1/V}\times100 \qquad (27.1.6)$$

式中　$c(AgNO_3)$——硝酸银标准溶液浓度（mol/L）；

V_2——滴定试样溶液消耗硝酸银标准溶液体积（mL）；

V_0——滴定空白溶液消耗硝酸银标准溶液体积（mL）；

$M(Cl^-)$——35.45 g/mol；

V_1——吸取滤液体积（mL）；

V——滤液总体积（mL）；

m——称取试样量（g）。

所得结果表示至两位小数。

27.1.7　允许差，见表27.1.7。

表27.1.7　氯含量的允许差

氯含量（%）	允许差（%）
<0.2	10～15
0.2～0.4	5～10
0.4～1.5	3～5
>1.5	<3

27.2　离子选择电极法

27.2.1　本法适用于一般硅酸盐、碳酸盐、硫酸盐等岩土氯离子含量的测定。测定范围为0.01%～0.3%。

27.2.2　吸取一定量碱融后的试样清液，加入总离子强度缓冲溶液，用硝酸调节溶液pH为5.5～6.0。在溶液中插入氯离子选择电极和连接酸度计的参比电极测定平衡电位。在标准曲线上分别查出电位值所对应的试液含氯的质量。

27.2.3　主要仪器和设备

1　高温炉、电炉。

2　分析天平：分度值0.0001 g。

3　铂坩埚、移液管、烧杯、量杯。

4　氯离子选择电极。

5　饱和甘汞电极。

6　酸度计、毫伏计或离子活度计，精确到0.1 mV。

7　电动磁力搅拌器，具有覆盖聚乙烯或者聚四氟乙烯等的搅拌棒。

27.2.4　试剂

1　氯标准溶液

1）贮备溶液（1.0000 mg/mL）：

称取在 500 ℃灼烧过 15 min 的氯化钠（NaCl，基准试剂）1.6486 溶于水中，全部移入 1 000 mL 容量瓶中，用水稀释至刻度，摇匀。

2）工作溶液（0.1000 mg/mL）：

准确吸取 1.0000 mg/mL 氯标准贮备溶液 10 mL 于 100 mL 容量瓶中，用水稀释至刻度，摇匀。

3）工作溶液（0.0100 mg/mL）：

准确吸取 1.0000 mg/mL 氯标准贮备溶液 10 mL 于1 000 mL容量瓶中，用水稀释至刻度，摇匀。

2　柠檬酸钠—硝酸钾总离子强度缓冲溶液

称取 117.6 g 柠檬酸钠（$Na_3C_6H_5O_7 \cdot 2H_2O$）和 26.2 g 硝酸钾（$KNO_3$）溶于水中，稀释至 1 000 mL，摇匀。

3　硝酸（HNO_3）溶液 1＋1。

4　溴甲酚紫指示剂 1 g/L

称取 0.1 g 溴甲酚紫溶于 20 mL 乙醇中，加入 80 mL 水，摇匀。

5　氢氧化钠（NaOH）。

27.2.5　标准曲线的绘制

1　准确吸取 0.00、1.00、2.00、3.00、5.00、6.00、7.00、8.00、9.00、10.00 mL、0.010 0 mg/mL的氯工作溶液和 1.50、2.00、2.50、5.00、7.00、10.00 mL、0.100 0 mg/mL 的氯工作溶液分别置于一系列 100 mL 容量瓶中。加入柠檬酸钠—硝酸钾总离子强度缓冲溶液 20 mL，摇匀。加溴甲酚紫指示剂 2 滴，滴加 1＋1 硝酸使试液由紫色变为淡黄色（此时溶液 pH 为 5.5 左右）用水稀释至刻度，摇匀。

2　将此溶液分别倒入 100 mL 烧杯中，依次插入氯电极和饱和甘汞电极，放入搅拌子，开动电动磁力搅拌器，连续搅拌溶液，待电位稳定后（电位变化 5 min 不多于 0.5 mV），在继续搅拌时，于酸度计（或离子计）上，测其平衡电极电位值，并在半对数坐标纸上，以电位值 E(mv) 为纵坐标，氯标准溶液浓度（对数值）为横坐标，绘制氯标准曲线。或用一元回归方程处理计算结果。

27.2.6　分析步骤

1　称取 0.5000 g 过 0.074 mm 筛孔并经 105 ℃～110 ℃烘干 2 h 的试样于铂坩埚中，加入约 5 g 氢氧化钠，混匀，再盖上一薄层氢氧化钠。将坩埚放入茂福炉内，逐渐升温至 650 ℃，保温 15 min，取出冷却。将坩埚放在 250 mL 烧杯中，盖上表面皿，加入 20 mL 沸水提取，用热水洗净坩埚，将浸取液全部转入100 mL容量瓶中用水稀释至刻度，摇匀。静置澄清。

2　吸取 20 mL 清液于 100 mL 比色管中，加入柠檬酸钠—硝酸钾总离子强度缓冲溶液 20 mL，溴甲酚紫指示剂 2 滴，用 1＋1 硝酸中和至溶液由紫色变为淡黄色，加水稀释至刻度，摇匀。

3　将试样倒入 100 mL 烧杯中，按本规程第 27.2.5 条第二款测定氯离子的平衡电位值。

4　同时作空白试验。

27.2.7　计算

$$Cl^-(\%) = \frac{(C_1 - C_0) \times V_2 \times 10^{-6}}{m \times V_1/V} \times 100 \qquad (27.2.7)$$

式中　C_1——自标准曲线上查得的试样溶液中氯离子的浓度(μg/mL);

C_0——自标准曲线上查得的随同试样空白试验中氯离子的浓度(μg/mL);

V_1——吸取滤液体积(mL);

V_2——吸取滤液稀释后的体积(mL);

V——滤液总体积(mL);

m——称取试样量(g)。

所得结果表示至两位小数。

27.2.8　允许差,见表27.2.8。

表27.2.8　氯含量的允许差

氯含量(%)	允许差(%)
0.010~0.050	0.010
0.050~0.100	0.020
0.100~0.300	0.030

27.3　硫氰酸汞间接光度法

27.3.1　本法适用于一般硅酸盐、碳酸盐、硫酸盐等岩土氯离子含量的测定。测定范围为0.02%~1%。

27.3.2　氯离子在酸性条件下能取代硫氰酸汞中的硫氰酸根 CNS^-,加入铁盐(Ⅲ),与被取代出来的游离的硫氰酸根 CNS^- 作用生成红色络合物,在460 nm测定其吸光度,借此间接测定氯离子的含量。

27.3.3　主要仪器和设备

1　高温炉、电炉。

2　分析天平:分度值0.000 1 g。

3　分光光度计。

4　铂坩埚、滴定管、移液管、烧杯、量杯、容量瓶等。

27.3.4　试剂

1　氢氧化钠(NaOH)。

2　硫氰酸汞($Hg(CNS)_2$)乙醇饱和溶液

称取1.5 g硫氰酸汞溶于500 mL无水乙醇中,剧烈振荡(若溶液混浊可过滤)后,保存于棕色瓶中。

3　硫酸铁铵溶液($NH_4Fe(SO_4)_2 \cdot 12H_2O$)300 g/L

称取硫酸铁铵300.0 g溶于水中,加硝酸300 mL,过滤,除去不溶物,用水稀释至1 000 mL,摇匀,贮于阴凉处。

4　酚酞指示剂1 g/L。

5　氯标准溶液

1)贮备溶液(1.000 0 mg/mL):

称取在500 ℃灼烧过的氯化钾(KCl,基准试剂)2.102 6 g溶于水中,全部移入1 000 mL容量瓶中,用水稀释至刻度,摇匀。

2)工作溶液(0.010 0 mg/mL):

准确吸取1.000 0 mg/mL氯标准溶液10 mL于1 000 mL容量瓶中,用水稀释至刻度,摇匀。

27.3.5　标准曲线的绘制

1　准确吸取0.00、0.50、1.00、2.00、3.00、4.00、5.00、6.00、7.00、8.00、9.00 mL、0.010 0 mg/mL氯标准溶液分别置于一系列50 mL容量瓶中,用水稀释至30 mL左右,加

入硫酸铁铵溶液 2 mL,硫氰酸汞乙醇饱和溶液 5.0 mL,用水稀释至刻度,摇匀。放置 1 h,在波长 460 nm 处测定其吸光度。

2 以测得的吸光度为纵坐标,氯工作溶液的浓度为横坐标,绘制标准曲线。或用一元回归方程处理计算结果。

27.3.6 分析步骤

1 称取 0.500 0 g 过 0.074 mm 筛孔并经 105 ℃ ~ 110 ℃ 烘干 2 h 的试样于铂坩埚中,按本规程第 4.1.5 条熔解试样,用热水提取并洗净坩埚。加热使熔块溶解(试液出现绿色用几滴乙醇还原高价锰),加酚酞指示剂(8.2 ~ 10.0)1 滴,用 1 + 1 硝酸溶液中和试液至无色。在电热板上保温 15 min,使氢氧化物和硅酸凝聚。取下冷至室温,全部移入 100 mL 容量瓶中,用水稀释至刻度摇匀,干过滤后备用。

2 吸取清液 10 ~ 20 mL 于 50 mL 容量瓶中,按本规程第 27.3.5 条第一款在波长 460 nm处测定其吸光度。

27.3.7 计算

$$Cl^-(\%)=\frac{(C_1-C_0)\times V_2\times 10^{-6}}{m\times V_1/V}\times 100 \qquad (27.3.7)$$

式中 C_1——自标准曲线上查得的试样溶液中氯离子的浓度(μg/mL);

C_0——自标准曲线上查得随同试样空白试验中氯离子的浓度(μg/mL);

V_1——分取滤液体积(mL);

V_2——分取滤液稀释后的体积(mL);

V——滤液总体积(mL);

m——称取试样量(g)。

所得结果表示至两位小数。

27.3.8 允许差,见表 27.3.8。

表 27.3.8 氯含量的允许差

氯含量(%)	允许差(%)
0.020 ~ 0.050	0.015
0.050 ~ 0.100	0.020
0.100 ~ 0.500	0.030
0.100 ~ 1.000	0.050

28　硫含量的测定

28.1　质量法测定硫

28.1.1　硫酸盐岩土三氧化硫的测定,采用质量法。

28.1.2　试样用盐酸分解,其可溶性硫酸根与氯化钡作用,生成硫酸钡沉淀,经灼烧测得三氧化硫的含量。

28.1.3　主要仪器和设备

1　高温炉、电炉。

2　分析天平:分度值 0.000 1 g。

3　干燥器、移液管、量杯、瓷坩埚、滤纸、漏斗、漏斗架等。

28.1.4　试剂

1　氨水($NH_3 \cdot H_2O$)溶液 1+1。

2　盐酸(HCl)溶液 1+1。

3　氯化钡($BaCl_2 \cdot 2H_2O$)溶液 100 g/L。

4　甲基红($C_{15}H_{45}N_3O_2$)乙醇溶液 1 g/L。

5　硝酸银($AgNO_3$)溶液 10 g/L。

28.1.5　分析步骤

1　准确吸取按本规程第 9.0.5 条制备的酸不溶物的滤液50 mL于烧杯中,加水至 200 mL 左右,加入 1+1 盐酸 10 mL,加热至沸数分钟。

2　待溶液稍冷,在不断搅拌下滴加 100 g/L 氯化钡溶液15 mL,继续煮沸 3~5 min,在 60 ℃~70 ℃保温 30 min,静置4 h,用慢速定量滤纸加纸浆过滤,以热水淋洗沉淀至无氯离子(用10 g/L硝酸银检查无白色沉淀)。

3　将沉淀及滤纸一起移入已恒量的瓷坩埚中,低温,干燥,灰化。在 800 ℃高温炉中灼烧 30 min,取下,置于干燥器中,冷却,称量。再灼烧 30 min,称量,直至恒量。

28.1.6　计算

$$SO_3(\%) = \frac{(m_1 - m_0) \times 0.343}{m \times V_1 / V} \times 100 \tag{28.1.6}$$

式中　m_1——灼烧后残渣及坩埚质量(g);

m_0——坩埚质量(g);

V_1——吸取酸不溶物滤液的体积(mL);

V——酸不溶物滤液总体积(mL);

0.343——硫酸钡换算为三氧化硫的系数;

m——试样质量(g)。

所得结果表示至两位小数。

28.1.7　允许差

同一实验室的允许差为0.25%；不同实验室的允许差为0.40%。

28.2　燃烧碘量法

28.2.1　本法适用于一般锰矿石、石灰石、硅酸盐岩石和白云石等岩土硫含量的测定。测定范围0.02% ~1%。

28.2.2　试样与氧化铜混合后，在高温炉（1 250 ℃ ~1 350 ℃）氧气流中灼烧，使各种形态的硫转化为二氧化硫气体逸出，用含有淀粉指示剂的稀盐酸溶液吸收，以含有碘化钾的碘酸钾标准溶液滴定。

28.2.3　主要仪器和设备

1　定硫仪装置，见图28.2.3，或使用市售定硫仪装置。

图28.2.3　定硫仪装置图

1—燃烧炉；2—干燥塔（内装无水固体氯化钙）；
3—洗气瓶（内装50 g/L高锰酸钾溶液）；4—洗气瓶（内装50 g/L硫酸铜溶液）；
5—氧气瓶；6—滴定管；7—吸收杯（内装吸收液）

2　分析天平：分度值0.000 1 g。

3　瓷舟：经1 000 ℃灼烧后使用。

28.2.4　试剂

1　氢氧化钠（NaOH）。

2　硫酸（H_2SO_4）。

3　硫酸（H_2SO_4）溶液1 +20。

4　盐酸（HCl）。

5　盐酸溶液 c(HCl) =1 mol/L。

6　无水氯化钙（$CaCl_2$）。

7　碘化钾（KI）溶液40 g/L。

8　硫酸铜（$CuSO_4$）溶液50 g/L。

9　高锰酸钾溶液（$KMnO_4$）50 g/L。

10　氧化铜（含硫量 <0.001%）。

11　碘酸钾标准溶液 $c(KIO_3)$ =0.001 040 mol/L

称取0.2225 g预先在105 ℃ ~110 ℃干燥2 h的碘酸钾（不低于99.9%），溶解在含有1 g碘化钾及1 g氢氧化钠的水中，全部移入1 000 mL容量瓶中，用水稀释至刻度，摇匀，避光备用。

12　碘酸钾标准溶液 $c(KIO_3)=0.000\,519\,6$ mol/L

称取 0.111 2 g 预先在 105 ℃ ~110 ℃干燥 2 h 的碘酸钾(不低于 99.9%),溶解在含有 1 g 碘化钾及 1 g 氢氧化钠的水中,全部移入 1 000 mL 容量瓶中,用水稀释至刻度,摇匀,避光备用。

13　吸收液

称取 0.5 g 淀粉用少量水调成糊状,搅拌下加入 100 mL 沸水,煮沸 2 min,取下冷却,加 5 mL 盐酸,加水至 1 000 mL,用时现配。

28.2.5　定硫仪装置的准备

将定硫仪装置的管炉升温至 1 250 ℃ ~1 350 ℃,打开钢瓶让气流通过整个测试系统,控制气体流量(每秒通过吸收瓶为 2 ~3 个气泡),逐段检查装置的气密性。当气密性良好时,向吸收瓶中滴入碘酸钾标准溶液,至溶液变为稳定的蓝色(不计读数)。

28.2.6　空白试验

称取 0.5 g 氧化铜放入瓷舟,取下燃烧管管端的橡皮塞,将瓷舟放入管内。用镍铬合金钩把瓷舟迅速推入高温区后,立即塞紧塞子。反应开始,使气体通过吸收瓶,待吸收瓶内吸收液褪色时,立即滴加碘酸钾标准溶液,直至溶液保持稳定的蓝色,记下读数。

28.2.7　分析步骤

称取 0.200 0 ~0.500 0 g 过 0.074 mm 筛孔并经 105 ℃ ~110 ℃烘干 2 h 的试样置于瓷舟中,加入 0.5 g 氧化铜,按本规程第 28.2.6 条进行分析,测得试样溶液消耗碘酸钾标准溶液体积。

28.2.8　碘酸钾标准溶液的标定

1　称取与本规程第 28.2.7 条成分和含硫量相近的标准试样三份,按本规程第 28.2.6 条步骤分析试样,含硫量大于 0.1% 用 0.001040 mol/L 碘酸钾标准溶液滴定,含硫量小于 0.1% 用 0.0005196 mol/L 碘酸钾标准溶液滴定。

2　1 mL 碘酸钾标准溶液相当于硫的含量

$$T=\frac{S_{标}\times m_0}{V-V_0} \tag{28.2.8}$$

式中　T——1 mL 碘酸钾标准溶液相当于硫的含量(mg/mL);

$S_{标}$——称取的标准试样的含硫量(mg/g);

V——滴定标准试样消耗碘酸钾标准溶液的体积(mL);

V_0——滴定试样空白消耗碘酸钾标准溶液的体积(mL);

m_0——称取标样量(g)。

所得结果表示至两位小数。

28.2.9　计算

$$S(\%)=\frac{(V-V_0)\times T\times 10^{-3}}{m}\times 100 \tag{28.2.9}$$

式中　T——1 mL 碘酸钾标准溶液相当于硫的含量(mg/mL);

V——滴定试样消耗碘酸钾标准溶液体积(mL);

V_0——滴定试样空白消耗碘酸钾标准溶液的体积(mL);

m——试样质量(g)。

所得结果表示至两位小数。

28.2.10　允许差，见表 28.2.10。

表 28.2.10　硫含量的允许差

硫含量(%)	允许差(%)
0.002～0.010	0.001 5
0.010～0.050	0.003 0
0.050～0.100	0.005 0
0.100～0.250	0.008 0
0.250～0.500	0.012
0.500～1.000	0.015

29　氟含量的测定

29.1　离子选择电极法

29.1.1　本法适用于一般硅酸盐、碳酸盐、岩土和硫铁矿、铁矿石、磷精矿、铜精矿、锌精矿等氟离子含量的测定。测定范围为0.01%～0.5%。

29.1.2　氢氧化钠熔融分解试样后，用水浸出熔融物，过滤，使氟与铁、铜、铅等元素分离。用硝酸调节滤液酸度，用柠檬酸铵调节离子强度，以饱和甘汞电极为参比电极，氟离子选择电极为指示电极测定氟的含量。

29.1.3　主要仪器和设备

1　电炉：温度可调节。

2　铂坩埚。

3　分析天平：分度值0.000 1 g。

4　氟离子选择性电极

要求氟含量在10^{-1}～10^{-5} mol/L内，电极电位与浓度的负对数呈良好的线性关系。电极在使用前应在10^{-3} mol/L的氟化钠溶液中浸泡1 h进行活化，然后以水洗至含氟不大于10^{-5} mol/L后方能进行测定。

5　饱和甘汞电极或氯化银电极。

6　电位测量仪：精度0.1 mV。

7　电磁搅拌器，具有覆盖聚乙烯或者聚四氟乙烯等的搅拌棒。

29.1.4　试剂

1　氢氧化钠（NaOH，优级纯）。

2　硝酸（HNO_3）溶液1+1。

3　柠檬酸铵缓冲溶液

称取243 g柠檬酸铵溶于约700 mL水中，用1+1硝酸调节pH为6.0～6.5，用水稀释至1 000 mL，摇匀。

4　溴甲酚绿指示剂1 g/L

称取0.1 g溴甲酚绿溶于20 mL无水乙醇中，用水稀释至100 mL，摇匀。

5　氟标准溶液

1）贮备溶液（1.000 0 mg/mL）：

称取预先在120 ℃干燥2 h的氟化钠（NaF，优级纯）2.211 0 g溶于水中，全部移入1 000 mL容量瓶中，用水稀释至刻度，摇匀。

2）工作溶液（0.1000 mg/mL）：

准确吸取1.0000 mg/mL氟标准贮备溶液50.00 mL于500 mL容量瓶中，用水稀释至刻度摇匀。

3）工作溶液（0.0100 mg/mL）：

准确吸取 1.0000 mg/mL 氟标准溶液 5.00 mL 于500 mL容量瓶中，用水稀释至刻度，摇匀。

29.1.5　标准曲线的绘制

1　准确吸取 1.00、2.50、5.00 mL 0.1000 mg/mL 的氟工作溶液和 1.00、2.50、5.00 mL、0.0100 mg/mL 的氟工作溶液分别置于一系列 50 mL 容量瓶中。加入 1 滴溴甲酚绿指示剂，用1+1 硝酸调节溶液由紫色变为稳定的黄色，加20 mL 柠檬酸铵溶液，用水稀释至刻度，混匀。

2　将溶液全部转移至干燥洁净的100 mL烧杯中，放入搅拌棒，插入氟离子选择电极和饱和甘汞电极，开动电动磁力搅拌器，连续搅拌溶液，待电位稳定后（电位变化 5 min 不多于0.5 mV），在继续搅拌时，于酸度计（或离子计）上，测其平衡电极电位值，并在半对数坐标纸上，以电位值 E（mV）为纵坐标，氟标准溶液浓度（对数值）为横坐标，绘制氟标准曲线。

29.1.6　分析步骤

1　称取 0.500 0 g 试样置于铂坩埚中，加入 6 g 氢氧化钠，加盖，在围有石棉圈的电炉上加热熔融，中途取出摇动，混匀。将坩埚置于已预先升温至 600 ℃～650 ℃的高温炉中熔融10 min，取出稍冷。

2　将坩埚和熔融物置于预先盛有 50 mL 热水的 250 mL 烧杯中，盖上表面皿，加热提取熔融物。用水洗净表面皿、坩埚及坩埚盖后冷却至室温。将溶液连同沉淀一起移入 100 mL 容量瓶中，用水稀释至刻度，摇匀，干过滤。

3　准确吸取 10.0～20.0 mL（视含量而定）滤液，置于50 mL容量瓶中，按本规程第 29.1.5 条测定平衡电位值。

4　同时作空白试验。

29.1.7　计算

$$F^-(\%) = \frac{(C_1 - C_0) \times V_2 \times 10^{-6}}{m \times V_1/V} \times 100 \tag{29.1.7}$$

式中　C_1——自标准曲线上查得试样溶液中的氟的浓度（μg/ mL）；

C_0——自标准曲线上查得随同试样空白溶液中的氟的浓度（μg/ mL）；

V_1——分取试样滤液体积（mL）；

V_2——分取滤液稀释后的体积（ mL）；

V——滤液总体积（mL）；

m——试样质量（g）。

所得结果表示至两位小数。

29.1.8　允许差，见表 29.1.8。

表 29.1.8　氟含量的允许差

氟含量（%）	允许差（%）
0.050～0.100	0.020
0.100～0.300	0.030
0.300～0.500	0.050

29.2　二甲酚橙分光光度法

29.2.1　本法适用于一般硅酸盐、碳酸盐、硫酸盐等岩土氟离子含量的测定。测定范围为大于0.01%。

29.2.2　试样碱熔分解后，试液用氯化钡沉淀分离硫酸根，用氢氧化钠沉淀分离铁、铝、钛、锆、稀土元素和磷酸根等干扰离子。

在盐酸介质中，氟离子能与锆离子反应生成比锆—二甲酚橙络合物更稳定的无色 ZrF_6^{2-}，使络合物的紫红颜色随着试液中氟量的增加而减小，从而可以通过分光光度法间接测定氟的含量。

29.2.3　主要仪器和设备

1　高温炉、电炉。

2　分析天平：分度值 0.000 1 g。

3　分光光度计。

4　量杯、烧杯、容量瓶等。

29.2.4　试剂

1　氟标准溶液

1）贮备溶液（1.000 0 mg/mL）：

称取预先在 120 ℃干燥 2 h 的氟化钠（NaF，优级纯）2.211 0 g 溶于水中，全部移入 1 000 mL 容量瓶中，用水稀释至刻度，摇匀。

2）工作溶液（0.010 0 mg/mL）：

准确吸取 1.000 0 mg/mL 氟标准溶液 5.00 mL 于 500 mL 容量瓶中，用水稀释至刻度，摇匀。

2　氯氧化锆溶液

称取 0.200 0 g 氯氧化锆（$ZrOCl_2 \cdot 8H_2O$）溶于少量水中，全部移入 1 000 mL 容量瓶中，加入浓盐酸 584 mL，冷却后用水稀释至刻度，摇匀。

3　稀释液

称取 56 g 氯化钠和 4.8 g 氯化钡溶于水中，全部移入 1 000 mL 容量瓶，并稀释至刻度，摇匀。

4　二甲酚橙溶液 2 g/L

称取 10 g 二甲酚橙溶解在 20 mL 乙酸钠饱和溶液中，滤去不溶杂质。于滤液中慢慢加入 300 mL 无水乙醇，使二甲酚橙逐渐析出。将二甲酚橙结晶减压过滤，用乙醇洗涤后，在空气中干燥既得纯试剂。

称取提纯后的二甲酚橙试剂 1 g 溶于 500 mL 水中，摇匀。

5　过氧化钠（Na_2O）。

6　氯化钡（$BaCl_2$）溶液 100 g/L

称取 100 g 氯化钡溶于水中，稀释至 1 000 mL，摇匀。

7　氢氧化钠（NaOH）溶液 200 g/L。

8　酚酞指示剂 1 g/L。

9　盐酸（HCl）溶液 1＋9。

29.2.5　标准曲线的绘制

1　准确吸取 0.00、0.50、1.00、2.00、3.00、4.00、5.00、6.00、7.00、8.00 mL、0.010 0 mg/mL 氟工作溶液分别置于一系列 50 mL 的容量瓶中，补加稀释液至 25 mL。准确加入氯氧化锆溶液 10 mL 和 2 g/L 二甲酚橙溶液 2 mL，加水稀释至刻度，摇匀，静置 10 min。

2　以试剂空白作参比，10 mm 比色皿，于分光光度计上，在 550 mm 波长处测其吸光度。

3 以测得的吸光度为纵坐标，氟离子工作溶液的浓度为横坐标，绘制标准曲线。或用一元回归方程处理计算结果。

29.2.6 分析步骤

1 准确称取0.0500~0.5000 g过0.074 mm筛孔并经105 ℃~110 ℃烘干2 h的试样于铂坩埚中，加入4 g过氧化钠，用铂丝搅拌均匀后，上面再覆一薄层过氧化钠。放入高温炉内，于560 ℃~580 ℃熔融20 min左右。取出冷却，放入250 mL烧杯中，加水70~80 mL浸取，加热煮沸约5 min以驱尽过氧化氢。加入20 mL浓盐酸酸化溶液，加热至近沸，慢慢滴加12 mL100 g/L氯化钡溶液，搅拌均匀后保温30 min。冷却后，用中速滤纸过滤，水洗7~8次。滤液加热后，滴加2滴酚酞指示剂，用200 g/L氢氧化钠溶液中和至滤液刚变红色；再用1+9盐酸溶液回滴至红色刚褪去，接着滴加0.5 mol/L氢氧化钠溶液至酚酞又现红色为止。加热煮沸溶液使沉淀凝聚。溶液冷却后，连沉淀移入250 mL容量瓶中，用水稀释至刻度，摇匀，干过滤。

2 准确吸取干过滤后的滤液1~25 mL（含氟量不应超过0.07 mg）于50 mL容量瓶中，滴加1+9盐酸溶液至红色刚褪去，补加稀释液至25 mL体积。再按本规程第29.2.5条操作，于分光光度计上，在550 nm波长处测其吸光度。

29.2.7 计算

$$F(\%)=\frac{(C_1-C_0)\times V_2\times 10^{-6}}{m\times V_1/V}\times 100 \qquad (29.2.7)$$

式中 C_1——自标准曲线上查得试样溶液中的氟的浓度（μg/mL）；

C_0——自标准曲线上查得随同试样空白溶液中的氟的浓度（μg/mL）；

V_1——分取滤液体积（mL）；

V_2——分取滤液稀释后体积（mL）；

V——滤液总体积（mL）；

m——试样质量（g）。

所得结果表示至两位小数。

29.2.8 允许差，见表29.2.8。

表 29.2.8 氟含量的允许差

氟含量（%）	允许差（%）
0.010~0.050	0.015
0.050~0.100	0.020
0.100~0.300	0.030
0.300~0.500	0.050

30 二氧化碳含量的测定

30.1 中和滴定法

30.1.1 碳酸盐岩土的二氧化碳测定，采用中和滴定法。

30.1.2 用硫酸溶液分解试样，过量的酸用酚酞作指示剂，以氢氧化钠标准溶液滴定，求二氧化碳含量。

30.1.3 主要仪器和设备

1 烘箱、水浴锅。

2 分析天平：分度值 0.000 1 g。

3 移液管、吸量管、具塞锥形瓶等。

30.1.4 试剂

1 硫酸溶液 $c(H_2SO_4)=0.1$ mol/L

量取浓硫酸（H_2SO_4）5.6 mL 于 500 mL 水中，用水稀释至 1 000 mL，摇匀。

2 酚酞（$C_{20}H_{14}O_4$）乙醇溶液 10 g/L

3 氢氧化钠标准溶液 $c(NaOH)=0.050\ 0$ mol/L

1）配制：称取 2.0 g 氢氧化钠于烧杯中，用新煮沸冷却后的水溶解，全部移入 1 000 mL 容量瓶中，用水稀释至刻度，摇匀。

2）标定：称取 0.100 0 g 经 120 ℃烘干至恒量的邻苯二甲酸氢钾（$KHC_8H_4O_4$）三份，分别置于锥形瓶中，各加入 50 mL 新煮沸冷却后的水溶解，加入 3～5 滴酚酞指示剂，用氢氧化钠标准溶液滴定溶液由无色变为粉红色。

3）同时作空白试验。

4）计算：

$$c(NaOH)=\frac{m}{(V-V_0)\times M(KHC_8H_4O_4)\times 10^{-3}} \tag{30.1.4}$$

式中 $c(NaOH)$——氢氧化钠标准溶液浓度（mol/L）；

m——称取邻苯二甲酸氢钾质量（g）；

V——滴定消耗氢氧化钠标准溶液体积（mL）；

V_0——滴定空白消耗氢氧化钠标准溶液体积（mL）；

$M(KHC_8H_4O_4)$——邻苯二甲酸氢钾的摩尔质量（204.2 g/mol）。

30.1.5 分析步骤

1 称取 0.200 0 g 过 0.074 mm 筛孔并经 105 ℃～110 ℃烘干 2 h 的试样三份，分别置于 250 mL 具塞锥形瓶中，用少许水润湿，各准确加入 0.1 mol/L 硫酸溶液 40.00 mL。

2 加塞（插有长 25 cm、内径 4～5 mm 玻管的橡皮塞）振荡使试样溶解，将锥形瓶置于 80 ℃左右的水浴锅上加热 30 min。

3　取下锥形瓶，冷却 30 min，用水冲洗瓶壁，加酚酞指示剂 3 ~ 5 滴，用氢氧化钠标准溶液滴定溶液由无色变为粉红色（保持 1 min 不褪色）。

4　同时作空白试验。

30.1.6　计算

$$CO_2(\%)=\frac{c(NaOH)\times(V_0-V)\times M(CO_2)\times 10^{-3}}{m\times 2}\times 100 \qquad (30.1.6)$$

式中　$c(NaOH)$——氢氧化钠标准溶液浓度（mol/L）；

V_0——滴定空白消耗氢氧化钠标准溶液体积（mL）；

V——滴定试样消耗氢氧化钠标准溶液体积（mL）；

$M(CO_2)$——二氧化碳摩尔质量（44 g/mol）；

m——试样质量（g）。

所得结果表示至两位小数。

30.1.7　允许差，见表 30.1.7。

表 30.1.7　二氧化碳含量的允许差

二氧化碳含量（%）	允许差（%）
≤5.00	0.25
5.00 ~ 10.10	0.30
>10.10	0.40

30.2　气体体积容量法

30.2.1　本法适用于铁矿石、不含有机物及游离碳的石灰、硅酸盐岩石、碳酸盐岩石、磷精矿等岩石中二氧化碳的测定，测定范围 0.10% ~ 10.00%。

30.2.2　将试样置于高温炉（1 200 ℃ ~ 1 300 ℃）中加热并通入氧气，使试样燃烧，碳全部转化为二氧化碳，收集混合气体于量气管中定容。然后以氢氧化钾溶液吸收其中的二氧化碳，吸收前后体积之差即为二氧化碳的体积，由此计算二氧化碳量。

30.2.3　主要仪器和设备

1　二氧化碳测量装置见图 30.2.3。

2　长钩，用低碳镍铬丝或耐热合金丝制成，用于推进和拉出瓷舟。

3　装置各部分按图 30.2.3 以适当长度胶管连接。

30.2.4　试剂

1　烧碱石棉，粒度 0.5 ~ 1 mm。

2　无水氯化钙（$CaCl_2$）。

3　无水高氯酸镁，粒度 0.5 ~ 1 mm。

4　粒状活性二氧化锰（或粒状钒酸银）。

5　硫酸（H_2SO_4）。

6　高锰酸钾—氢氧化钾溶液：称取 30 g 氢氧化钾溶于70 mL高锰酸钾饱和溶液中。

7　氢氧化钾溶液（400 g/L）。

8　酸性水：于 1 000 mL 硫酸（1 + 1 000）中加数滴甲基橙溶液（1 g/L），溶液呈淡红色，搅拌均匀。

9　氯化钠酸性溶液（260 g/L）：称取 260 g 氯化钠溶于1 000 mL水中，加数滴甲基橙溶液（1 g/L），滴加 1 + 1 硫酸至淡红色。

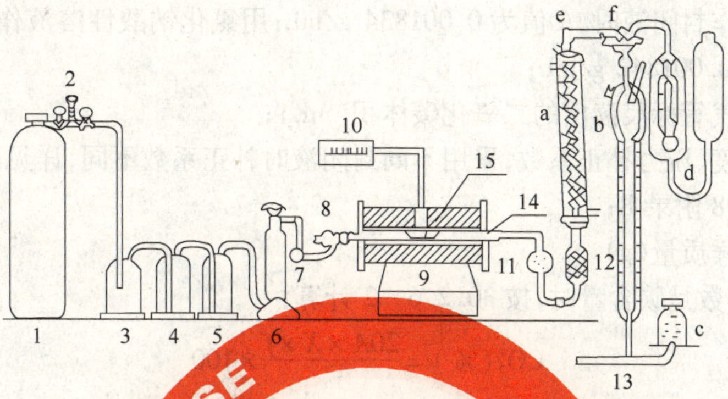

图 30.2.3　二氧化碳测量装置示意图

1—氧气瓶;2—减压阀及氧气表;3—缓冲瓶;4—洗气瓶(内盛高锰酸钾－氢氧化钾溶液,装入量占瓶高三分之一);5—洗气瓶(内盛硫酸,装入量占瓶高三分之一);6—干燥塔(上层装烧碱石棉,下层装无水氯化钙,中间隔以玻璃棉,底部及顶端铺以玻璃棉);7—通氧活塞;8—耐热连接塞(带侧管,与通氧活塞连接);9—高温管式炉(附热电偶及温度自动控制装置);10—温度自动控制器;11—干燥管(内装无水高氯酸镁,两端铺以玻璃棉,干燥能力降低时及时更换高氯酸镁,吸水的高氯酸镁可在干燥箱中于 180 ℃干燥 2 h 后重复使用);12—除硫管(内装粒状活性二氧化锰。两端铺以玻璃棉,可用粒状钒酸盐代替粒状二氧化锰);13—定碳仪(又叫气体体积测量仪,定碳仪应装置在距高温管式炉 300～500 mm 地方,避免阳光照射。定碳仪基本部件为:a—冷凝管;b—量气管,内装酸性水或氯化钠酸性溶液。量气管须保持清洁,有水滴附着量气管内壁时,需用铬酸洗液洗净;c—水准瓶;d—吸收器,内盛氢氧化钾溶液;e—小三通活塞,连接冷凝管和量气管,亦可分别使冷凝管或量气管与大气相同;f—大三通活塞,使量气管分别与冷凝管或吸收器与大气相通);14—瓷管(长 600 mm,内径 23 mm。粗口端与耐热连接塞连接,锥形端与除硫管连接。使用时先检查是否漏气,然后分段灼烧);15—瓷舟,长 88 mm 或 97 mm,使用前在 1200 ℃管式炉内通氧灼烧 2～4 min,或在 1 000 ℃高温炉内灼烧 1 h,冷却后贮存于盛有烧碱石棉或钠石灰和无水氯化钙的未涂有油的干燥器中备用

30.2.5　分析步骤

1　准备工作

按图 30.2.3 连接好二氧化碳测量装置。如需更换量气管、吸收器内溶液,或者要更换干燥剂、除硫剂,均应先作几个高碳试样,等以上试剂或溶液被二氧化碳饱和后开始分析试样。

升高炉温至 1 200 ℃～1 250 ℃,通氧检查并调节装置,使装置严密不漏气。保持装置在准备的工作状态。

2　称取 0.200 0～1.000 0 g 试样于瓷舟中。开启耐热连接塞,将瓷舟放入瓷管内,用长钩将其推至高温区,立即塞紧耐热连接塞。

3　开通定碳仪大、小三通活塞使瓷舟与量气管相通,预热 60 s。开启通氧活塞,调节通氧速度,控制在约 90 s 内,使二氧化碳和载气混合气体充满量气管,关闭通氧活塞。以下按定碳仪操作步骤操作,测量定碳仪量气管标尺上二氧化碳的读数(体积或含量)。

4　开启耐热连接塞,用长钩将瓷舟拉出,塞上耐热连接塞。

5　同时作空白试验。

30.2.6　计算

当量气管标尺读数是体积(mL)时,按 30.2.6—1 计算:

$$CO_2(\%) = \frac{A \times V \times f}{m} \times 100 \qquad (30.2.6\text{—}1)$$

式中　A——温度 16 ℃、气压 101.3 kPa，封闭液面上每毫升二氧化碳的质量(g)；用酸性水作封闭液时，A 值为 0.001834 g/mL；用氯化钠酸性溶液作封闭液时，A 值为 0.001842 g/mL；

V——量气管标尺读出的二氧化碳体积(mL)；

f——温度、压力补正系数，采用不同封闭液时补正系数不同，详见 GB/T 3286.9—1998 附录 B；

m——试样质量(g)。

当量气管读数是碳含量时，按 30.2.6—2 计算：

$$CO_2(\%)=\frac{20A\times X\times f}{m}\times 100 \qquad (30.2.6—2)$$

式中　A——温度 16 ℃、气压 101.3 kPa，封闭液面上每毫升二氧化碳的质量(g)；用酸性水作封闭液时，A 值为 0.001 834 g/mL；用氯化钠酸性溶液作封闭液时，A 值为 0.001 842 g/mL；

X——量气管标尺读出的碳含量；

f——温度、压力补正系数，采用不同封闭液时补正系数不同，详见 GB/T 3286.9—1998 附录 B；

m——试样质量(g)；

20——标尺读出的碳含量换算成二氧化碳体积的系数。

30.2.7　允许差，见表 30.2.7。

表 30.2.7　二氧化碳含量的允许差

二氧化碳含量(%)	允许差(%)
0.10～0.20	0.06
0.20～0.50	0.08
0.50～1.00	0.10
1.00～2.00	0.15
2.00～5.00	0.25
5.00～10.0	0.30

31　阳离子交换量

31.1　阳离子交换量的测定

（Ⅰ）EDTA 铵盐快速测定法

31.1.1　本法适用于中性、酸性和含碳酸盐岩土的阳离子交换量的测定。

31.1.2　以 EDTA 铵盐混合溶液为交换剂，在适宜的 pH 条件下，这种交换络合剂可与土中阳离子进行交换，形成稳定性较大的络合物、铵质土，再用 95% 乙醇洗去过剩的铵盐，用蒸馏法分析交换量。对于酸性土的交换液，同时可作为交换性盐基组成的试液用（碳酸盐土则不能测定盐基含量）。

31.1.3　主要仪器和设备

1　离心机：4 000 r/min。

2　蒸馏装置：见图 31.1.3（也可使用市售凯氏定氮仪装置）。

3　分析天平：分度值 0.0001 g；

　　天平：分度值 0.1 g。

4　振荡机。

5　橡皮头玻璃棒、滴定管、烧杯、锥形瓶等。

31.1.4　试剂

1　EDTA 铵盐溶液

称取 77.08 g 醋酸铵（$C_2H_7NO_2$）和 1.641 gEDTA（$C_{10}H_{16}N_2O_3$）于烧杯中，用水溶解并稀释至1 000 mL，用醋酸或氨水调节酸度，pH 值 7.0 适用于酸性、中性土；pH 值 8.5 适用于碳酸盐、石灰性土。

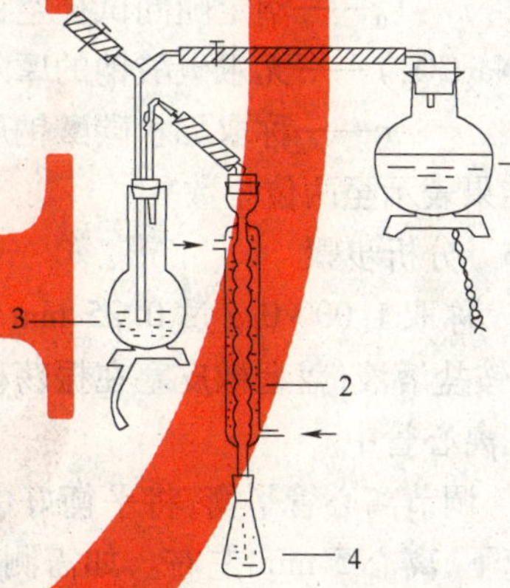

图 31.1.3　蒸馏装置

1—蒸汽发生器；2—球形冷凝管；3—开氏瓶；4—锥形瓶

2　纳氏试剂

称取 50 g 碘化钾（KI）溶于 100 mL 水中，称取 20.4 g 氯化汞（$HgCl_2$）溶于 200 mL 煮沸的水中，趁热在不断搅拌下将全部氯化汞溶液缓缓倾入碘化钾溶液中，再加入 500 mL300 g/L 氢氧化钾溶液，用水稀释至 1 000 mL，混匀。最后加入少许碘化汞（HgI_2）固体，用具橡皮塞的棕色瓶避光贮存，可保存一年。

3　定氮混合指示剂

分别称取 0.1 g 甲基红和 0.5 g 溴甲酚绿于玛瑙研钵中，用 100 mL5 +95 乙醇研磨溶解，然后用稀盐酸或稀氢氧化钠调节 pH =4.5（指示剂显淡紫色）。

4　硼酸溶液 20 g/L

称取 20.0 g 硼酸（H_3BO_3）用热水（60 ℃）溶解，冷却，加入 5 mL 混合指示剂，用水稀释至 1 000 mL，摇匀。用稀盐酸或稀氢氧化钠调节溶液刚呈紫色（pH =4.5）。

5　甲基橙($C_{14}H_{14}N_3NaO_3S$)溶液 1 g/L。

6　乙醇溶液 95%(工业用,必须无 NH_4^+)。

7　丙酮(C_3H_6O)或苯(C_6H_6)。

8　氧化镁(MgO)固体:在高温茂福炉中于 500 ~ 600 ℃灼烧 30 min。

9　液体石蜡。

10　盐酸标准溶液 c(HCl) = 0.02 mol/L

1)配制:

吸取浓盐酸 1.7 mL 于 1 000 mL 水中,摇匀。

2)标定:

称取 0.010 0 g 经 180 ℃烘干 2 h 的无水碳酸钠三份,分别置于锥形瓶中,加入 40 ~ 50 mL 煮沸冷却水使其溶解,加甲基橙指示剂 2 ~ 3 滴,用盐酸标准溶液滴定溶液由黄色变为橙红色为止。

3)同时作空白试验。

4)计算:

$$c(\mathrm{HCl}) = \frac{m \times 10^3}{(V - V_0) \times M(\mathrm{Na_2CO_3})} \tag{31.1.4}$$

式中　c(HCl)——盐酸标准溶液浓度(mol/L);

V——滴定试样溶液消耗盐酸标准溶液体积(mL);

V_0——滴定随同试样空白溶液消耗盐酸标准溶液体积(mL);

$M(Na_2CO_3)$——无水碳酸钠的摩尔质量(105.99 g/mol);

m——称取无水碳酸钠质量(g)。

所得结果表示至两位小数。

31.1.5　分析步骤

1　称取 1.000 0 g 过 0.25 mm 筛孔的风干土于 100 mL 离心管中,加入 70 ~ 80 mL EDTA 铵盐溶液,盖上橡皮塞在振荡机上振荡约 10 min,取下,用铵盐溶液洗净瓶塞,将洗液并入离心管中。

2　调节离心管平衡,将平衡好的离心管对称放入离心机中,在 3 000 ~ 4 000 r/min 的转速下,离心 5 min 左右。如需测定交换性盐基,将离心管上部清液收集在 250 mL 容量瓶中,待用,如不测定,弃去。

3　于离心管中加少量乙醇,用橡皮头玻璃棒搅拌土样,使其成为泥浆状态,再加入 50 ~ 60 mL95% 乙醇溶液,充分搅拌,以洗去土粒表面多余的乙酸铵。将平衡好的离心管放入离心机中,在 3 000 ~ 4 000 r/min 的转速下,离心 5 min 左右。弃去乙醇,直至过剩铵盐洗净为止(取数滴离心清液放在白瓷比色板上,加入 1 滴定氮混合指示剂或钠氏试剂检查)。一般洗涤三次即可,个别试样在洗涤到最后可能出现混浊,此时可加入20 mL 95% 乙醇和 40 mL 丙酮(苯),搅拌,离心洗涤。

4　洗净铵盐后,将离心管中的试样全部转移到丌氏瓶中,并用橡皮头玻璃棒擦洗离心管的内壁,离心管用水洗涤 2 ~ 3 次。洗入水的体积控制在 50 ~ 80 mL。加入 2 mL 液体石蜡和约 1 g 氧化镁,混匀。

5　将盛有 25 mL20 g/L 硼酸溶液(补加 1 ~ 2 滴定氮混合指示剂)的锥形瓶连接在蒸汽发生器的冷凝管下端。检查各接头气密性,开通冷凝水。摇动开氏瓶使溶液混合均匀,打开电炉,将开氏瓶装在蒸馏装置上,通入蒸汽,开始蒸馏。待溶液煮沸后,开始计时,蒸馏约 20 min,馏出液约达 80 mL 以后,用定氮混合指示剂或钠氏试剂检查蒸馏是否完全。检查方法:取下缓冲管,在冷凝管下端取几滴馏出液于白瓷比色板的凹孔中,立即往馏出液内加 1 滴甲基红—溴甲酚绿混合指示剂,呈紫红色,则表示蒸馏完全,蓝色则需继续蒸馏(如加 1 滴钠氏试剂在白瓷板上检查馏出液无黄色时,即表示蒸馏完毕)。

6 停止反应,用水冲洗缓冲管的内壁将洗液洗入锥形瓶内,取下锥形瓶,加入 3 ~5 滴混合指示剂,用盐酸标准溶液滴定吸收液由蓝色变为紫红色。

7 同时作空白试验。

31.1.6 计算

$$CEC(NH_4^+) = \frac{c(HCl) \times (V - V_0) \times (1 + 0.01W) \times 1\,000}{m_0} \tag{31.1.6}$$

式中 $CEC(NH_4^+)$——阳离子交换量(mmol/kg);
$c(HCl)$——盐酸标准溶液浓度(mol/L);
V——滴定试样消耗盐酸标准溶液体积(mL);
V_0——滴定随同试样空白溶液消耗盐酸标准溶液体积(mL);
m_0——风干试样质量(g);
W——风干试样含水量(%)。

所得结果表示至两位小数。

31.1.7 允许差,见表 31.1.7。

表 31.1.7 $CEC(NH_4^+)$含量的允许差

$CEC(NH_4^+)$(mmol/kg)	允许差(mmol/kg)
≤100	6
100 ~200	8
200 ~300	10
≥300	13

(Ⅱ)氯化铵—乙醇法

31.1.8 本法适用于中性、碱性岩土的阳离子交换量的测定。

31.1.9 以氯化铵—1 +1 乙醇溶液为交换剂,与土中阳离子进行交换,形成稳定性较大的络合物、铵质土,再用95%乙醇洗去多余的氯化铵,用甲醛缩合法测得阳离子交换量。

31.1.10 主要仪器和设备

1 离心机:4 000 r/min。

2 磁力搅拌机。

3 分析天平:分度值 0.0001 g;
天平:分度值 0.1 g。

4 振荡机。

5 橡皮头玻璃棒、滴定管、烧杯、锥形瓶等。

31.1.11 试剂

1 0.5 mol/L 氯化铵—1 +1 乙醇交换溶液(pH =8.2)

称取 28.6 g 氯化铵用 400 mL 水溶解,加入 526 mL95% 乙醇,用 1 +1 氨水溶液调节 pH 值 8.2,并稀释至 1 000 mL。

2 氢氧化钠标准溶液 $c(NaOH) = 0.02$ mol/L

1)配制:

称取 8.0 g 氢氧化钠溶于 1 000 mL 煮沸刚冷却的蒸馏水中，摇匀。

2）标定：

准确称取 0.050 0 g 经 110 ℃ 烘干 2 h 的邻苯二甲酸氢钾三份，分别置于 250 mL 锥形瓶中，加入 50 mL 煮沸冷却水使其溶解，加 10 g/L 酚酞指示剂 2 滴，用氢氧化钠标准溶液滴定溶液呈粉红色为止。

3）同时作空白试验。

4）计算：

$$c(\mathrm{NaOH})=\frac{m\times10^3}{(V-V_0)\times M_{(邻苯二甲酸氢钾)}} \tag{31.1.11}$$

式中　$c(\mathrm{NaOH})$——氢氧化钠标准溶液浓度（mol/L）；

V——滴定消耗氢氧化钠标准溶液体积（mL）；

V_0——滴定空白试验消耗氢氧化钠标准溶液体积（mL）；

$M_{(邻苯二甲酸氢钾)}$——邻苯二甲酸氢钾的摩尔质量（204.23 g/mol）；

m——称取邻苯二甲酸氢钾质量（g）。

所得结果表示至两位小数。

3　氯化钙—甲醛混合溶液

称取 100 g 氯化钙（$CaCl_2$）用少量热水溶解，冷却，加入 100 mL 甲醛（HCHO），用水稀释至 1 000 mL，加入 2 滴酚酞，用稀氢氧化钠调节溶液呈微粉红色。

4　乙醇溶液 95%（工业用，必须无 NH_4^+）。

31.1.12　分析步骤

1　称取 1.000 0 g 通过 0.25 mm 筛孔的风干土于 100 mL 离心管中，加入 20 mL1 +1 乙醇，放入磁力棒，在磁力搅拌机上搅拌 3 ~5 min，使可溶盐溶解。将离心管成对放在分度值为0.1 g的天平的两盘上，用 1 +1 乙醇溶液使之质量平衡。平衡好的离心管对称的放入离心机中，在 3 000 ~4 000 r/min 的转速下，离心 5 min 左右。倾出清液弃去。

2　离心管中加入 50 mL0.5 mol/L 氯化铵—1 +1 乙醇交换溶液，再在磁力搅拌机上搅拌 30 min，取下，平衡离心管质量后离心。如需测定交换性盐基，将离心管上部清液收集在 100 mL 容量瓶中，待用，如不测定，弃去。

3　用 95% 乙醇洗涤残渣和离心管内壁两次，每次约 25 mL。第一次洗液搅拌离心后，倒入已收集交换液的 100 mL 容量瓶中，用蒸馏水稀释至刻度，摇匀，待用。第二次洗液搅拌离心后弃去。

4　将洗涤后的残渣移入 250 mL 锥形瓶中，加入 25 mL 氯化钙—甲醛混合溶液，再加入约相当于阳离子交换容量 80% 的 0.02 mol/L 氢氧化钠标准溶液，加入 4 滴酚酞指示剂，塞上橡皮塞，在振荡机上激烈振荡 1 min，用少量蒸馏水洗涤塞子和瓶壁，并入锥形瓶中。继续用 0.02 mol/L 氢氧化钠标准溶液滴定至呈稳定的粉红色 3 min 不消失即为终点。

5　同时作空白试验。

31.1.13　计算

$$\mathrm{CEC}(NH_4^+)=\frac{C\times(V-V_0)\times(1+0.01W)\times1\,000}{m} \tag{31.1.13}$$

式中　$\mathrm{CEC}(NH_4^+)$——阳离子交换量（mmol/kg）；

C——氢氧化钠标准溶液浓度(mol/L);

V——滴定试样溶液消耗氢氧化钠标准溶液体积(mL);

V_0——滴定随同试样空白溶液消耗氢氧化钠标准溶液体积(mL);

m——风干试样质量(g);

W——风干试样含水量(%)。

所得结果表示至两位小数。

31.1.14 允许差,见表31.1.14。

表31.1.14 CEC(NH_4^+)允许差

CEC(NH_4^+)(mmol/kg)	允许差(mmol/kg)
≤100	6
100～200	8
200～300	10
≥300	13

31.2 交换性钙镁离子的测定

(Ⅰ)EDTA络合滴定法

31.2.1 中性和酸性土交换性钙镁的测定,采用EDTA络合滴定法。

31.2.2 取制备试液,以K—B混合剂为指示剂,在pH=10.0的条件下,测定钙镁合量,在pH=12时,测定钙。用钙镁合量减去钙量,求得镁量。

31.2.3 主要仪器和设备

1 离心机:4 000 r/min。

2 烘箱、电热板。

3 分析天平:分度值0.000 1 g。

4 移液管、滴定管、锥形瓶、烧杯等。

31.2.4 试剂

1 1 mol/L乙酸铵溶液(CH_3COONH_4)(pH=7.0)

称取77.09 g乙酸铵用水溶解,稀释至近1 000 mL。如pH不为7.0,则用1+1氨水或稀乙酸调节pH=7.0,然后稀释至刻度,摇匀。

2 铵盐缓冲溶液(pH=10.0)

称取67.5 g氯化铵溶于无二氧化碳的水中,加入新开瓶的浓氨水570 mL,用水稀释至1 000 mL,贮于塑料瓶中,并注意防止吸收空气中的二氧化碳。

3 K—B指示剂

称取0.5 g酸性络蓝K和1.0 g萘酚绿B与100 g于105 ℃烘过的氯化钠一同研细磨匀,贮于棕色瓶中。

4 EDTA标准溶液c(EDTA)=0.025 mol/L

1)配制:称取9.31 gEDTA($NaH_2C_{10}H_{12}O$)于烧杯中,用热水溶解,冷却,全部移入1 000 mL容量瓶中,用水稀释至刻度,摇匀。

2）钙标准溶液 $c(CaCO_3)=0.0250$ mol/L：称取 2.4972 g 预先于 105 ℃～110 ℃干燥 1 h 并冷却至室温的高纯碳酸钙（不低于 99.99%），置于 250 mL 锥形瓶中，加入约100 mL的水，盖上表面皿，缓缓加 1＋1 盐酸 10 mL 溶解试剂，加热煮沸，取下，冷却至室温，全部移入1 000 mL容量瓶中，用水稀释至刻度，摇匀。

3）标定：准确吸取钙标准溶液 25.0 mL 三份，分别置于250 mL 锥形瓶中，加水至 50 mL，加 pH＝10.0 铵盐缓冲溶液 3.5 mL，再加 0.1 g K—B 指示剂，用 EDTA 标准溶液滴定至纯蓝色，记录消耗的 EDTA 溶液的体积。

4）同时作空白试验。

5）计算：

$$c(\text{EDTA})=\frac{c(\text{CaCO}_3)\times V_1}{(V_2-V_0)} \tag{31.2.4}$$

式中　c(EDTA)——EDTA 二钠标准溶液浓度（mol/L）；

$c(CaCO_3)$——钙标准溶液浓度（mol/L）；

V_1——吸取钙标准溶液体积（mL）；

V_2——滴定消耗 EDTA 标准溶液体积（mL）。

V_0——滴定空白消耗 EDTA 标准溶液体积（mL）。

所得结果表示至两位小数。

5　2 mol/L 氢氧化钠溶液

称取 8.0 g 氢氧化钠溶于 100 mL 无二氧化碳的水中。

6　盐酸（HCl）溶液 1＋3。

7　氨水（$NH_3\cdot H_2O$）溶液 1＋1。

31.2.5　分析步骤

1　称取 2.0000 g 通过 0.25 mm 筛孔的风干土，放入100 mL离心管中，沿管壁加入少量 1 mol/L 的乙酸铵溶液，用橡皮头玻璃棒搅拌土样，使其成为均匀的泥浆状态。再加入约70～80 mL1 mol/L 的乙酸铵溶液，在振荡机上振荡 10 min，取下，用铵盐溶液洗净瓶塞，将洗液并入离心管中，离心 5 min 左右，将离心管上部清液收集在 250 mL 容量瓶中。

2　离心管内的残渣加入少量乙酸铵溶液后过滤，用 1 mol/L 乙酸铵少量多次反复淋洗，至无钙离子为止（取少量滤液，加铵盐缓冲溶液调 pH＝10.0，加入少量 K—B 指示剂，溶液呈蓝色，表示无钙离子），滤液并入 250 mL 容量瓶中，用乙酸铵溶液稀释至刻度，摇匀。

3　吸取 1 mol/L 乙酸铵处理土壤的浸出液 25.00 mL 两份，分别放入 200 mL 烧杯中，低温蒸干。往蒸干的烧杯内加 3～5 滴 1＋3 盐酸溶液，溶解残渣，并加入少量水擦洗烧杯内壁，加水使溶液总体积控制在 40 mL 左右。

4　取其中一份用 1＋1 氨水中和溶液至中性（用 pH 试纸检查），加 pH＝10.0 铵盐缓冲溶液 3.5 mL，再加 0.1 g K—B 指示剂，用 0.025 mol/LEDTA 标准溶液滴定至纯蓝色，记录消耗的 EDTA 溶液的体积。

5　同时作空白试验。

6　取另外一份用 2 mol/L 氢氧化钠调节溶液到 pH＝12，加 0.1 gK—B 指示剂，用 0.025 mol/LEDTA 标准溶液滴定至纯蓝色，记录消耗的 EDTA 溶液的体积。

7　同时作空白试验。

31.2.6　计算

交换性钙离子(mmol/kg) =

$$\frac{c(\mathrm{EDTA})\times(V_2-V'_0)\times(1+0.01W)}{m\times V_{ts}/V}\times 1\,000 \qquad (31.2.6\text{—}1)$$

式中 $c(\mathrm{EDTA})$——EDTA 标准溶液浓度(mol/L);

V_2——滴定钙消耗 EDTA 标准溶液体积(mL);

V'_0——滴定钙空白试验消耗 EDTA 标准溶液体积(mL);

W——风干含水量,以小数计;

m——风干土质量(g);

V_{ts}——分取乙酸铵溶液体积(mL);

V——乙酸铵滤液总体积(mL)。

交换性镁离子(mmol/kg) =

$$\frac{c(\mathrm{EDTA})\times[(V_1-V_0)-(V_2-V'_0)]\times(1+0.01W)}{m\times V_{ts}/V}\times 1\,000 \qquad (31.2.6\text{—}2)$$

式中 $c(\mathrm{EDTA})$——EDTA 标准溶液浓度(mol/L);

V_2——滴定钙消耗 EDTA 标准溶液体积(mL);

V'_0——滴定钙空白试验消耗 EDTA 标准溶液体积(mL);

V_1——滴定钙镁合量消耗 EDTA 标准溶液体积(mL);

V_0——滴定钙镁合量空白试验消耗 EDTA 标准溶液体积(mL);

W——风干试样含水量(%)。

m——风干土质量(g);

V_{ts}——分取乙酸铵溶液体积(mL);

V——乙酸铵滤液总体积(mL)。

所得结果表示至两位小数。

31.2.7 允许差,见表 31.2.7。

表 31.2.7 交换性钙镁离子含量的允许差

交换性钙镁离子含量(mmol/kg)	允许差(mmol/kg)
300 ~ 200	10
200 ~ 100	8.0
100 ~ 50	5.0
50 ~ 10	3.0
<10	1.0

(Ⅱ)原子吸收光谱法

31.2.8 中性土和酸性土交换性钙、镁的测定,采用原子吸收光谱法。

31.2.9 以 1 mol/L 乙酸铵为土壤交换剂,用原子吸收光谱仪测定土壤交换性钙、镁时,所用的钙、镁标准溶液中应加入同量的1 mol/L乙酸铵溶液,以消除基体效应。此外,在土壤浸出液中,还应加入释放剂锶,以消除铝、磷和硅对钙、镁测定的干扰。

31.2.10 主要仪器和设备

1 原子吸收光谱仪:备有空气乙炔燃烧器,钙空心阴极灯,镁空心阴极灯。

2 分析天平:分度值 0.0001 g。

3 容量瓶、烧杯、移液管等。

31.2.11 试剂

1 乙酸铵溶液(CH_3COONH_4)(pH = 7.0)1 mol/L

称取 77.09 g 乙酸铵用水溶解,稀释至近 1 000 mL。如 pH 不为 7.0,则用 1 + 1 氨水或稀乙酸调节 pH = 7.0，然后稀释至刻度，摇匀。

2 钙标准溶液（1.000 0 mg/mL）

称取 2.497 2 g 经 110 ℃烘 4 h 无水碳酸钙（99.99%），于 250 mL 烧杯中，加入 20 mL 水润湿，缓缓加入 20 mL1 +1 盐酸，盖上表面皿，置于电热板上低温加热至全部溶解，冷却至室温，全部移入 1 000 mL 容量瓶中，用水稀释至刻度，混匀。

3 镁标准溶液（1.0000 mg/mL）

称取 1.0000 g 高纯金属镁（光谱纯）溶于少量 1 +1 盐酸中，全部移入 1 000 mL 容量瓶中，用水稀释至刻度，混匀。

4 钙、镁混合标准工作溶液

准确吸取 50.0 mL 钙、镁标准溶液（1.0000 mg/mL）于 500 mL 容量瓶中，用 1 mol/L 乙酸铵溶液稀释至刻度，摇匀。

5 氯化锶溶液 100 g/L。

31.2.12 标准曲线的绘制

1 准确吸取含 100 μg /mL 钙、镁混合标准工作溶液 0.10、0.20、0.30、0.40、0.50、0.60、0.80、1.00、1.50、2.00、2.50 mL 于一系列 100 mL 容量瓶中，加入 2.5 mL100 g/L 氯化锶溶液，用 1 mol/L 乙酸铵溶液稀释至刻度，摇匀。在选定的工作条件下，于 422.7 nm（钙）和 285.2 nm（镁）波长处测定标准溶液系列的吸光度。

2 以测得的吸光度为纵坐标，钙浓度或镁浓度为横坐标，绘制标准曲线。或用一元回归方程处理计算结果。

31.2.13 分析步骤

1 准确吸取按本规程第 31.2.5 条第二款、第三款处理得到的土壤浸出液 20.00 mL 于 25 mL 容量瓶中，加入 2.5 mL100 g/L 氯化锶溶液，用 1 mol/L 乙酸铵溶液稀释至刻度，摇匀。按标准曲线的测定方法测定吸光度。

2 同时作空白试验。

31.2.14 计算

交换性钙离子（mmol/kg）=

$$\frac{(C_1 - C_0) \times V_1 \times (1 + 0.01W) \times 10^{-3}}{m \times V_{ts}/V \times M(\mathrm{Ca})} \times 1\,000 \qquad (31.2.14\text{—}1)$$

式中 C_1——自标准曲线上查得试样溶液中的钙的浓度（μg/mL）；

C_0——自标准曲线上查得随同试样空白溶液中的钙的浓度（μg/mL）；

$M(\mathrm{Ca})$——钙离子的摩尔质量（40.078 mg/mmol）；

W——风干试样含水量（%）；

m——风干土质量（g）；

V_{ts}——分取乙酸铵溶液体积（mL）；

V——乙酸铵滤液总体积（mL）；

V_1——分取乙酸铵滤液稀释后体积（mL）。

交换性镁离子（mmol/kg）=

$$\frac{(C_1 - C_0) \times V_1 \times (1 + 0.01W) \times 10^{-3}}{m \times V_{ts}/V \times M(\mathrm{Mg})} \times 1\,000 \qquad (31.3.14\text{—}2)$$

式中 C_1——自标准曲线上查得试样溶液中的镁的浓度(μg/mL);

C_0——自标准曲线上查得随同试样空白溶液中的镁的浓度(μg/mL);

M(Mg)——镁离子的摩尔质量(12.153 mg/mmol);

W——风干试样含水量(%);

m——风干土质量(g);

V_{ts}——分取乙酸铵溶液体积(mL);

V——乙酸铵滤液总体积(mL);

V_1——分取乙酸铵滤液稀释后体积(mL)。

所得结果表示至两位小数。

31.2.15 允许差,见表31.2.15。

表31.2.15 交换性钙镁离子含量的允许差

交换性钙镁离子含量(mmol/kg)	允许差(mmol/kg)
300~200	10
200~100	8.0
100~50	5.0
50~10	3.0
<10	1.0

31.3 交换性钾和钠的测定

31.3.1 中性土和酸性土交换性钾、钠的测定,采用原子吸收光谱法。

31.3.2 以1 mol/L乙酸铵为土壤交换剂,用原子吸收分光光度计法直接测定土壤交换性钾、钠,从标准曲线上查出相应浓度。

31.3.3 主要仪器和设备

1 原子吸收光谱仪:备有空气乙炔燃烧器,钾空心阴极灯,钠空心阴极灯。

2 分析天平:分度值0.000 1 g。

3 容量瓶、烧杯、移液管等。

31.3.4 试剂

1 乙酸铵溶液(CH_3COONH_4)(pH=7.0)1 mol/L

按本规程第31.2.11条第一款配制。

2 钠标准溶液(0.100 0 mg/mL)

称取经105 ℃烘干4~6 hg氯化钠0.254 2(99.99%)于烧杯中,用1 mol/L乙酸铵溶液溶解,全部移入1 000 mL容量瓶中,用1 mol/L乙酸铵溶液稀释至刻度,混匀。

3 钾标准溶液(0.100 0 mg/mL)

称取经105 ℃烘干4~6 h氯化钾0.190 7 g(99.99%)于烧杯中,用1 mol/L乙酸铵溶液溶解,全部移入1 000 mL容量瓶中,用1 mol/L乙酸铵溶液稀释至刻度,混匀。

31.3.5 标准曲线的绘制

1 准确吸取含0.100 0 mg/mL钾或钠标准溶液0.00、0.500、1.00、1.50、2.00、2.50、3.00、3.50、4.00、4.50、5.00 mL于一系列100 mL容量瓶中,用1 mol/L乙酸铵溶液稀释至刻度,摇匀。在选定的工作条件下,于766.5 nm(钾)和589.0 nm(钠)波长处测定标准溶液系列的吸光度。

2 以测得的吸光度为纵坐标,钾浓度或钠浓度为横坐标,绘制标准曲线。或用一元回归方程处理计算结果。

31.3.6 分析步骤

1 准确吸取按本规程第31.2.5条第二款、第三款处理得到的土壤浸出液20.00 mL于25 mL容量瓶中,用1 mol/L乙酸铵溶液稀释至刻度。按标准曲线的测定方法测定吸光度。

2　同时作空白试验。

31.3.7　计算

交换性钾离子(mmol/kg) =

$$\frac{(C_1 - C_0) \times V_2 \times (1 + 0.01W) \times 10^{-3}}{m \times V_{ts}/V \times M(\text{K})} \times 1\ 000 \qquad (31.3.7—1)$$

式中　C_1——自标准曲线上查得试样溶液中的钾的浓度(μg/mL)；

C_0——自标准曲线上查得随同试样空白溶液中的钾的浓度(μg/mL)；

M(K)——钾离子的摩尔质量(20.04 mg/mmol)；

W——风干试样含水量(%)；

m——风干土质量(g)；

V_{ts}——分取乙酸铵溶液体积(mL)；

V——乙酸铵滤液总体积(mL)；

V_2——分取乙酸铵溶液稀释后体积(mL)。

交换性钠离子(mmol/kg) =

$$\frac{(C_1 - C_0) \times V_2 \times (1 + 0.01W) \times 10^{-3}}{m \times V_{ts}/V \times M(\text{Na})} \times 1\ 000 \qquad (31.3.7—2)$$

式中　C_1——自标准曲线上查得试样溶液中的钠的浓度(μg/mL)；

C_0——自标准曲线上查得随同试样空白溶液中的钠的浓度(μg/mL)；

M(Na)——钠离子的摩尔质量(29.0 mg/mmol)；

W——风干试样含水量(%)；

m——风干土质量(g)；

V_{ts}——分取乙酸铵溶液体积(mL)；

V——乙酸铵滤液总体积(mL)；

V_2——分取乙酸铵溶液稀释后体积(mL)。

所得结果表示至两位小数。

31.3.8　允许差，见表31.3.8。

表31.3.8　交换性钾和钠含量的允许差

交换性钾和钠含量(mmol/kg)	允许差(mmol/kg)
300 ~ 200	10
200 ~ 100	8.0
100 ~ 50	5.0
50 ~ 10	3.0
<10	1.0

32 土壤全氮含量的测定

32.0.1 半微量开氏法适用于测定土壤中全氮的含量。

32.0.2 试样在催化剂的参与下，用浓硫酸消煮，各种含氮有机物经过复杂的高温分解反应，转化为铵态氮。碱化后蒸馏出来的氨用硼酸吸收，以酸标准溶液滴定，得到土壤全氮的含量。

32.0.3 主要仪器和设备

1 分析天平：分度值0.000 1 g。

2 消化炉。

3 定氮仪。

4 消化管、半微量滴定管、锥形瓶等。

32.0.4 试剂

1 硫酸。

2 盐酸标准溶液：$c(HCl)=0.01$ mol/L

1）配制：

吸取浓盐酸0.9 mL于1 000 mL水中，摇匀。

2）标定：

称取0.010 0 g经180 ℃烘干2 h的无水碳酸钠三份，分别置于锥形瓶中，加入40～50 mL煮沸冷却水使其溶解，加甲基橙指示剂2～3滴，用盐酸标准溶液滴定溶液由黄色变为橙红色为止。

3）同时作空白试验：

4）计算：

$$c(HCl)=\frac{m\times10^3}{(V-V_0)\times M(Na_2CO_3)} \tag{32.0.4}$$

式中 $c(HCl)$——盐酸标准溶液浓度（mol/L）；

V——滴定试样溶液消耗盐酸标准溶液体积（mL）；

V_0——滴定空白溶液消耗盐酸标准溶液体积（mL）；

$M(Na_2CO_3)$——无水碳酸钠的摩尔质量（105.99 g/mol）；

m——称取无水碳酸钠质量（g）。

3 硼酸—指示剂混合液

1）定氮混合指示剂：配制见本规程第31.1.4条第三款。

2）硼酸溶液20 g/L：称取40.0 g硼酸（H_3BO_3）用热水（60 ℃）溶解，冷却，加入20 mL定氮混合指示剂，用水稀释至1 000 mL，摇匀。用稀盐酸或稀氢氧化钠调节溶液刚呈紫色（pH=4.5）。

4 催化剂：称取90 g硫酸钾（K_2SO_4）和10 g五水硫酸铜（$CuSO_4\cdot5H_2O$）于研钵中研细，充分混合均匀。

5　纳氏试剂：配制见本规程第 31.1.4 条第二款。

32.0.5　分析步骤

1　准确称取 0.500 0 g 过 0.25 mm 筛孔的风干土样，将试样送入预先烘干的消化管底部，加入 3 g 催化剂和少量蒸馏水（1 ~ 2 mL）润湿土样，再加 8 mL 浓硫酸，摇匀。

2　将消化管放入控温消煮炉先用小火加热，待管内反应缓和时（约 10 ~ 15 min），加强火力至 375 ℃消煮，消煮时硫酸蒸汽在瓶颈上部 1/3 处冷凝回流为宜，待消煮液和土粒全部变为灰白稍带绿色后，再消煮约 1 h，整个消煮时间控制在 1.5 h。消煮完毕，冷却，待蒸馏。

3　蒸馏前先检查定氮仪的蒸馏装置是否漏气，预蒸馏30 min，通过水的流出液将管道洗净。

4　加入 20 mL 20 g/L 硼酸—指示剂混合液，放在冷凝管末端，管口置于硼酸液面以上 3 ~ 4 cm 处。在开氏瓶中加入约50 mL蒸馏水和 20 mL 400 g/L 氢氧化钠溶液，通入蒸汽蒸馏，待溶液煮沸后，开始计时，蒸馏约 5 min，馏出液约达 80 mL 以后，用定氮混合指示剂或钠氏试剂检查蒸馏是否完全。检查方法：取下缓冲管，在冷凝管下端取几滴馏出液于白瓷比色板的凹孔中，立即往馏出液内加 1 滴甲基红—溴甲酚绿混合指示剂，呈紫红色，则表示蒸馏完全，蓝色则需继续蒸馏（如加 1 滴钠氏试剂在白瓷板上检查馏出液无黄色时，即表示蒸馏完毕）。

5　停止反应，用水冲洗冷凝管的外壁将洗液洗入锥形瓶内，取下锥形瓶，加入 3 ~ 5 滴混合指示剂，用 0.01 mol/L 盐酸标准溶液滴定吸收液由蓝色变为紫红色。

6　同时作 2 个空白试验。

32.0.6　计算

$$N(\%)=\frac{(V-V_0)\times c(HCl)\times(1+0.01W)\times 14\times 10^{-3}}{m}\times 100 \qquad (32.0.6)$$

式中　$c(HCl)$——盐酸标准溶液浓度（mol/L）；

V——滴定试样溶液消耗盐酸标准溶液体积（mL）；

V_0——滴定随同试样空白溶液消耗盐酸标准溶液体积（mL）；

m——风干试样质量（g）；

W——风干试样含水量（%）。

所得结果表示至两位小数。

32.0.7　允许差，见表 32.0.7。

表 32.0.7　全氮含量的允许差

全氮含量（%）	允许差（%）
>0.1	0.005
0.1 ~ 0.06	0.004
<0.06	0.003

33　六六六和 DDT 的测定

33.0.1　本法适用于土壤中六六六、滴滴涕的分析。最低检测浓度为 0.00005 ~ 0.00487 mg/kg。

33.0.2　采用丙酮—石油醚提取土壤中的六六六和 DDT，经液、液分配及浓硫酸净化或柱层析净化除去干扰物质，用电子捕获检测器（ECD）检测，根据色谱峰的保留时间定性，外标法定量。

33.0.3　主要仪器和设备

1　索式提取器。

2　旋转蒸发仪。

3　振荡器。

4　水浴锅。

5　离心机。

6　玻璃器皿：样品瓶（玻璃磨口瓶），300 mL 分液漏斗，300 mL 具塞锥形瓶，100 mL 量筒，250 mL 平底烧瓶，25 mL、50 mL、100 mL 容量瓶。

7　微量注射器：5 μL、10 μL。

8　气相色谱仪：带电子捕获检测器（^{63}Ni 放射源）。

33.0.4　试剂

1　异辛烷（C_8H_{18}）。

2　正己烷（C_6H_{14}）：沸程 67 ℃ ~69 ℃，重蒸。

3　石油醚：沸程 60 ℃ ~90 ℃，重蒸。

4　丙酮（CH_3COCH_3）：重蒸。

5　苯（C_6H_6）：优级纯。

6　浓硫酸（H_2SO_4）：优级纯。

7　无水硫酸钠（Na_2SO_4）：在 300 ℃烘箱中烘烤 4 h，放入干燥器中备用。

8　硫酸钠（Na_2SO_4）溶液：20 g/L。

9　硅藻土：试剂纯。

10　载气：氮气（N_2）纯度≥99.99%。

11　色谱标准品：α—六六六、β—六六六、γ—六六六、δ—六六六、p，p′—DDE、O，p′—DDT、p，p′—DDD、p，p′—DDT，含量 98.0% ~99.0%，色谱纯。

12　色谱标准溶液制备：准确称取本规程第 33.0.4 条第十一款试剂每种 100 mg（准确到 ±0.000 1 g），溶于异辛烷或正己烷（β—六六六先用少量苯溶解），在 100 mL 容量瓶中稀释至刻度，在冰箱中贮存。

13　色谱标准中间溶液配制：用移液管分别准确吸取八种色谱标准溶液，移至 100 mL容量瓶中，用异辛烷或正己烷稀释至刻度，八种储备液的体积比为：$V_{\alpha—六六六}:V_{\beta—六六六}:V_{\gamma—六六六}:V_{\delta—六六六}:V_{p,p'—DDE}:V_{O,p'—DDT}:V_{p,p'—DDD}:V_{p,p'—DDT}=1:1:3.5:1:3.5:5:3:8$

（适用于填充柱）。

14　色谱标准工作溶液配制：根据检测器的灵敏度及线性要求，用石油醚或正己烷稀释中间标液，配制成几种浓度的标准工作溶液，在4 ℃下贮存。

33.0.5　提取

准确称取20.0 g土壤置于小烧杯中，加4 g硅藻土，充分混匀，无损地移入滤纸筒内，再在上面滴加2 mL蒸馏水，混匀。将滤纸筒装入索式提取器中，上部盖一片滤纸，加100 mL石油醚—丙酮（1:1），用30 mL浸泡土样12 h后在75 ℃～95 ℃恒温水浴锅上加热提取4 h，待冷却后，将提取液移入300 mL的分液漏斗中，用10 mL石油醚分三次冲洗提取器及烧瓶，将洗液并入分液漏斗中，加入100 mL硫酸钠溶液，振荡1min，静置分层后，弃取下层丙酮水溶液，留下石油醚提取液待净化。

33.0.6　净化

1　方法一（浓硫酸净化法）：在分液漏斗中加入石油醚提取液体积的十分之一的浓硫酸，振荡1 min，静置分层后，弃去硫酸层（注意：用浓硫酸净化过程中，要防止发热爆炸，加硫酸后，开始要慢慢振荡，不断放气，然后再剧烈振荡），按上述步骤重复数次，直至加入的石油醚提取液二相界面清晰均呈无色透明时为止。然后向弃去硫酸层的石油醚提取液中加入其体积量一半左右的硫酸钠溶液。振荡十余次。待其静置分层后弃去水层。如此重复至提取液呈中性时为止（一般2～4次），石油醚提取液再经装有少量无水硫酸钠的筒型漏斗脱水，滤入250 mL圆底烧瓶中，用旋转蒸发仪浓缩至5 mL，转移至25 mL容量瓶中，定容，供气相色谱测定。

2　方法二（柱层析净化法）：

1）层析柱的制备：玻璃层析柱中先加入1 cm高无水硫酸钠，再加入5 g 5%脱活弗罗里硅土，最后加入1 cm高无水硫酸钠，轻轻敲实，用20 mL石油醚淋洗、净化层析柱，弃去淋洗液，柱面要保留少量液体。

2）净化和浓缩：准确吸取样品提取液2 mL，加入已淋洗过的净化柱中，用100 mL石油醚＋乙酸乙酯（95:5）洗脱，收集洗脱液于蒸馏瓶中，于旋转蒸发仪上浓缩至近干用少量石油醚多次溶解残渣于刻度离心管中，最终定容至1.0 mL，供气相色谱分析。

33.0.7　气相色谱仪器的调整

测定条件一：

1　柱

1）玻璃柱：2.0 m×2 mm（i. d），填装涂有1.5% OV—17＋1.95% QF—1的Chromosorb WAWDMCS，80目～100目的担体。

2）玻璃柱：2.0 m×2 mm（i. d），填装涂有1.5% OV—17＋1.95% OV—210的Chromosorb WAW—DMCS—HP，80目～100目的担体。

玻璃柱的填装见条文说明。

2　温度：柱温195 ℃～200 ℃，汽化室220 ℃，检测器280 ℃～300 ℃。

3　气体流速：氮气（N_2）50～70 mL/min。

4　检测器：电子捕获检测器（ECD）。

测试条件二：

1　柱：石英弹性毛细管柱DB－17，30 m×0.25（i. d）。

2 温度:(柱温采用程序升温方式)。

150 ℃ $\xrightarrow{\text{恒温 1 min;8 ℃/min}}$ 280 ℃ $\xrightarrow{\text{恒温 280 min}}$ 280 ℃,进样口 220 ℃,检定器(ECD)320 ℃。

3 气体流速:氮气 1.0 mL/min;尾吹 37.25 mL/min。

33.0.8 气相色谱中使用农药标准样品的条件

标准样品的进样体积与试样的进样体积相同,标准样品的响应值接近试样的响应值。当一个标样连续注射进样两次,其峰高(或峰面积)相对偏差不大于 7%,即认为仪器处于稳定状态。在实际测定时标准样品和试样应交叉进样分析。

33.0.9 进样

1 进样方式:注射器进样。

2 进样量:1 μL ~4 μL。

33.0.10 色谱图

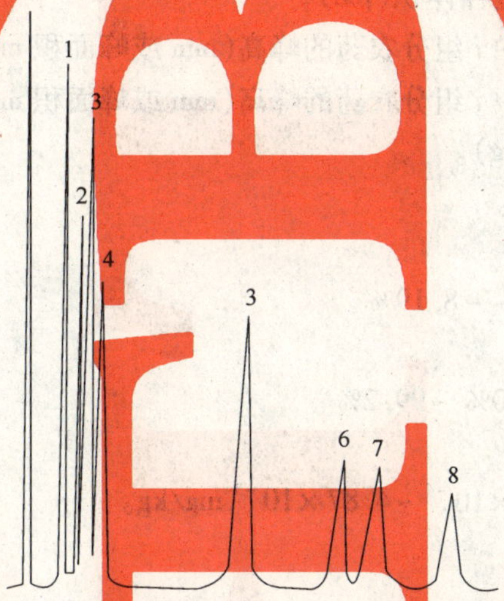

图 33.0.10—1 采用填充柱

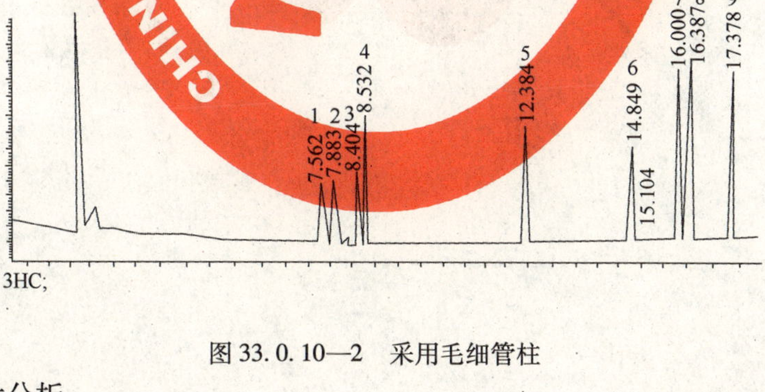

图 33.0.10—2 采用毛细管柱

33.0.11 定性分析

1 组分的色谱峰顺序:α—BHC、γ—BHC、β—BHC、δ—BHC、p.p′—DDE、o.p′—DDT、p.p′—DDD、p.p′—DDT。

2 检验可能存在的干扰,采取双柱定性。用另一根色谱柱 1.5% OV—17 + 1.95% OV—210 的 Chromosorb WAW—DMCS—HP80 目进行确证检验色谱分析,可确定六六六、滴滴涕及杂质干扰状况。

33.0.12　定量分析

吸取 1 μL 混合标准溶液注入气相色谱仪，记录色谱峰的保留时间和峰高（或峰面积）。再吸取 1 μL 试样，注入气相色谱，记录色谱峰的保留时间和峰高（或峰面积），根据色谱峰的保留时间和峰高（或峰面积）采用外标法定性和定量。

33.0.13　计算

$$X = \frac{C_{is} \times V_{is} \times H_i(S_i) \times V}{V_i \times H_{is}(S_{is}) \times m} \tag{33.0.13}$$

式中　X——样本中农药残留量(mg/kg)；

C_{is}——标准溶液中 i 组分农药浓度(μg/mL)；

V_{is}——标准溶液进样体积(μL)；

V——样本溶液最终定容体积(mL)；

V_i——样本溶液进样体积(μL)；

$H_{is}(S_{is})$——标准溶液中 i 组分农药的峰高(mm 或峰面积 mm^2)；

$H_i(S_i)$——样本溶液中 i 组分农药的峰高(mm 或峰面积 mm^2)；

m——称样质量(g)。

所得结果表示至两位小数。

33.0.14　精密度

变异系数(%)：2.08% ~8.19%。

33.0.15　准确度

加标回收率(%)：90.0% ~99.2%。

33.0.16　检测限

最小检测浓度：0.49×10^{-4} ~ 4.87×10^{-3} mg/kg。

34　易溶盐含量的测定

34.1　易溶盐总量的测定

(Ⅰ)蒸　干　法

34.1.1　易溶盐是指土中易溶于水的盐类,包括全部氯化物和钾、钠硫酸盐,钾、钠碳酸盐。本法采用蒸干法测定易溶盐总量,吸取土浸出液的体积,以蒸干所得蒸发残渣不少于0.020 g为宜。

34.1.2　主要仪器和设备

1　天平:分度值0.000 1 g。

2　移液管、蒸发皿、水浴锅、电炉、烘箱、干燥器等。

34.1.3　试剂

1　双氧水(H_2O_2)溶液1+1

量取30% H_2O_2 50 mL用水稀释至100 mL,摇匀。

2　碳酸钠(Na_2CO_3)溶液20 g/L。

34.1.4　分析步骤

1　准确吸取按本规程第4.4节提取的土浸出液50~100 mL(视含盐量而定)于烘干至恒量的蒸发皿中,盖上表面皿,放于水浴锅上蒸干。当蒸发残渣呈黄褐色时,应加入1~2 mL1+1的双氧水溶液,继续在水浴锅上蒸干,反复处理,直至黄褐色消失。

2　用滤纸擦干净蒸发皿外部,放入烘箱中,在105 ℃~110 ℃温度烘干4 h,取出放入干燥器中,待冷却至室温称重,并反复烘干至恒量(再次烘干时间为30 min)。

3　若土浸出液蒸发残渣含有大量结晶水时,可取蒸发皿两个,一个吸取土浸出液50 mL,另一个吸取纯水50 mL,然后各加等量的20 g/L Na_2CO_3溶液,搅拌均匀后,按本条第一款、第二款在180 ℃烘干至恒量。

34.1.5　计算

未加20 g/LNa_2CO_3溶液处理的易溶盐总量:

$$DT=\frac{(m_2-m_1)\times(1+0.01W)\times100}{m\times V_s/V_w} \tag{34.1.5—1}$$

式中　DT——易溶盐总量(%);

V_w——土浸出液用水的总体积(mL);

V_s——吸取土浸出液体积(mL);

m_2——蒸发后残渣与蒸发皿质量(g);

m_1——蒸发皿质量(g);

m——风干试样质量(g);

W——风干试样含水量(%)。

所得结果表示至两位小数。

加 20 g/LNa_2CO_3 处理后易溶盐总量的计算：

$$DT = \frac{(m_4 - m_3) \times (1 + 0.01W) \times 100}{m \times V_s / V_w} \tag{34.1.5—2}$$

式中　DT——易溶盐总量(%)；

V_w——土浸出液用水的总体积(mL)；

V_s——吸取土浸出液体积(mL)；

m_4——加入碳酸钠溶液处理后蒸发皿加试样残渣和碳酸钠的质量(g)；

m_3——空白试验加碳酸钠溶液处理后蒸发皿和碳酸钠的质量(g)；

m——风干试样质量(g)；

W——风干试样含水量(%)。

所得结果表示至两位小数。

34.1.6　允许差,见表 34.1.6。

表 34.1.6　易溶盐 *DT* 含量的允许差

易溶盐 DT 含量(%)	允许差(%)
$DT \leqslant 0.05$	−25 ~ +20
$0.05 < DT \leqslant 0.20$	−20 ~ +15
$0.20 < DT \leqslant 0.5$	−15 ~ +10
$0.5 < DT \leqslant 2.00$	−10 ~ +5
$2.00 < DT \leqslant 5.00$	−5 ~ +3
$DT > 5.00$	−3 ~ +2

(Ⅱ)离子交换法

34.1.7　本法采用阴阳离子交换树脂测定土样提取液中易溶盐的含量。

34.1.8　主要仪器和设备

1　离子交换柱装置见图 34.1.8。

2　分析天平:分度值 0.000 1 g。

3　滴定管、烘箱、干燥器、称量瓶、容量瓶、移液管、锥形瓶等。

34.1.9　试剂

1　甲基橙指示剂 1 g/L。

2　氢氧化钠标准溶液 c(NaOH) = 0.01 mol/L

1)配制:称取 0.4 g 氢氧化钠于烧杯中,用煮沸冷却后的水溶解,全部移入 1 000 mL 容量瓶中,用水稀释至刻度,摇匀。

2)标定:称取 0.100 0 g 经120 ℃烘干至恒量的邻苯二甲酸氢钾($KHC_8H_4O_4$)三份,分别置于锥形瓶中,各加入 50 mL 新煮沸冷却后的水溶解,加入 3 ~ 5 滴酚酞指示剂,用氢氧化钠标准溶液滴定溶液由无色变为粉红色。

3)同时作空白试验。

4)计算:

$$c(NaOH) = \frac{m}{(V - V_0) \times M(KHC_8H_4O_4) \times 10^{-3}} \tag{34.1.9}$$

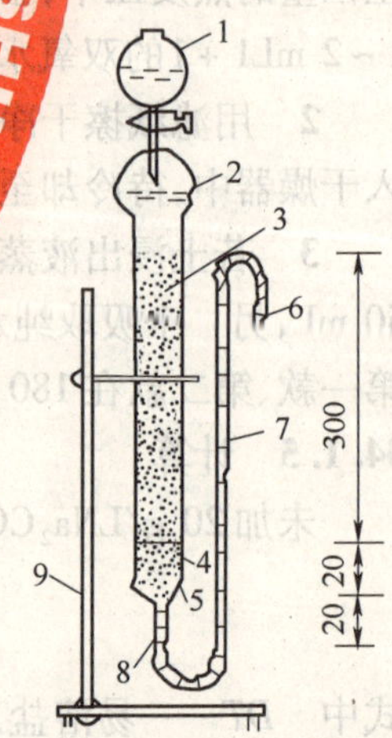

图 34.1.8　离子交换柱
(单位:mm)

1—分液漏斗;2—离子交换柱;
3—阳离子交换树脂;
4—玻璃棉;5—玻璃球;
6—玻璃滴管;7—橡皮管;
8—螺旋夹;9—固定支架

式中　c(NaOH)——氢氧化钠标准溶液浓度(mol/L)；

m——称取邻苯二甲酸氢钾质量(g);

V——滴定消耗氢氧化钠标准溶液体积(mL);

V_0——滴定空白消耗氢氧化钠标准溶液体积(mL);

$M(KHC_8H_4O_4)$——邻苯二甲酸氢钾的摩尔质量(204.2 g/mol)。

所得结果表示至两位小数。

3　酚酞指示剂 1 g/L

称取 0.1 g 酚酞($C_{20}H_{14}O_4$)溶解于 60 mL 乙醇中,用水稀释至 100 mL,摇匀。

34.1.10　分析步骤

1　见图 34.1.8,准确吸取按本规程第 4.4 节提取的土浸出液 5 ~ 10 mL(视含盐浓度而定)于交换柱顶部的分液漏斗中,在柱下放一锥形瓶承接流出液。

2　调节分液漏斗活塞和柱下螺旋夹使土浸出液以2 ~3 mL/min流速流入锥形瓶中,待漏斗中土浸出液流尽为止,关闭活塞。

3　加适量水洗涤漏斗后,再打开活塞调节以3 ~5 mL/min的流速进行洗柱,洗液合并于同一锥形瓶中,如此反复洗柱直至流出液呈甲基橙中性为止。

4　取下锥形瓶,加入 2 ~3 滴甲基橙指示剂,然后用氢氧化钠标准溶液滴定至橙黄色为终点。

34.1.11　计算

土浸出液中阳离子总量的计算:

$$Tb(1/zP^{z+}) = \frac{V \times c(NaOH) \times (1 + 0.01W) \times 1\,000}{m \times V_s / V_w} + \sum b(1/2CO_3^{2-} + HCO_3^-) \qquad (34.1.11\text{—}1)$$

式中　$Tb(1/zP^{z+})$——土浸出液中阳离子总量(mmol/kg);

V——滴定消耗氢氧化钠标准溶液体积(mL);

$c(NaOH)$——氢氧化钠标准溶液浓度(mol/L);

V_w——土浸出液用水的总体积(mL);

V_s——吸取土浸出液体积(mL);

m——风干试样质量(g);

W——风干试样含水量(%);

$\sum b(1/2CO_3^{2-} + HCO_3^-)$——土浸出液中 $b(1/2CO_3^{2-})$ 与 $b(HCO_3^-)$ 之和(mmol/kg)。

所得结果表示至两位小数。

易溶盐总量的计算:当阳离子总量 $Tb(1/zP^{z+})$ 与实测阴离子和 $\sum b(1/zN^{z-})$ 之间的允许差满足表 34.1.12 的规定时,易溶盐总量按如下计算:

$$DT = \sum w(P^+N^-)$$

$$\sum w(P^+N^-) = w(CO_3^{2-}) + w(HCO_3^-)/2 + w(Cl^-) + w(SO_4^{2-}) + w(Ca^{2+}) + w(Mg^{2+}) + w(Na^+) + w(K^+) + \cdots\cdots \qquad (34.1.11\text{—}2)$$

式中　DT——易溶盐总量(%);

$\sum w(P^+N^-)$——实测阴阳离子质量分数之和(%)。

所得结果表示至三位小数。

34.1.12　允许差,见表 34.1.12。

表 34. 1. 12　易溶盐含量的允许差

$Tb(1/zP^{z+})$ (mmol/kg)	允许差(%)
$Tb(1/zP^{z+}) \leqslant 10.00$	−25 ~ +20
$10.00 < Tb(1/zP^{z+}) \leqslant 50.00$	−20 ~ +15
$50.00 < Tb(1/zP^{z+}) \leqslant 100.00$	−15 ~ +10
$100.00 < Tb(1/zP^{z+}) \leqslant 350.00$	−10 ~ +5
$350.00 < Tb(1/zP^{z+}) \leqslant 900.00$	−5 ~ +3
$Tb(1/zP^{z+}) > 900.00$	−3 ~ +2

34. 2　碳酸根、碳酸氢根含量的测定

34. 2. 1　本法采用中和法测定碳酸根、碳酸氢根离子的含量。

34. 2. 2　主要仪器和设备

1　滴定管。

2　烘箱、干燥器、称量瓶、容量瓶、移液管、锥形瓶、烧杯等。

34. 2. 3　试剂

1　甲基橙指示剂 1 g/L。

2　酚酞指示剂 5 g/L：参见本规程第 34. 1. 9 条配制。

3　盐酸标准溶液 $c(HCl) = 0.05$ mol/L

1）配制：量取浓盐酸 4. 2 mL 于 500 mL 水中，用水稀释至 1 000 mL，摇匀。

2）标定：称取 0. 100 0 g 经 180 ℃烘干 2 h 的基准无水碳酸钠（Na_2CO_3）三份，分别置于锥形瓶内，加入20 ~ 30 mL 煮沸冷却水使其溶解，加甲基橙指示剂 2 ~ 3 滴，用盐酸标准溶液滴定溶液由橙黄色变为橙红色为止。

3）同时作空白试验。

4）计算：

$$c(HCl) = \frac{m \times 2}{(V - V_0) \times M(Na_2CO_3) \times 10^{-3}} \tag{34. 2. 3}$$

式中　$c(HCl)$——盐酸标准溶液的浓度（mol/L）；

m——称取无水碳酸钠的质量（g）；

V——滴定消耗盐酸标准溶液的体积（mL）；

V_0——滴定空白消耗盐酸标准溶液的体积（mL）；

$M(Na_2CO_3)$——碳酸钠摩尔质量（106 g/mol）。

所得结果表示至两位小数。

34. 2. 4　分析步骤

1　准确吸取按本规程第 4. 4 节提取的土浸出液 25 ~ 100 mL（视其含量而定）于锥形瓶中，加酚酞指示剂 2 ~ 3 滴，摇匀（溶液不显红色，表示无碳酸根存在），溶液呈红色，即用盐酸标准溶液滴定至红色刚褪去为止，记下盐酸标准溶液用量。

2　继续加甲基橙指示剂 1 ~ 2 滴，仍用盐酸标准溶液滴定至土浸出液由橙黄色变为橙红色为终点，记下盐酸标准溶液用量。

34. 2. 5　计算：

碳酸根含量：

$$b(CO_3^{2-})=\frac{V_1\times c(HCl)\times(1+0.01W)\times 1\,000}{m\times V_s/V_w}\times 0.5 \quad (34.2.5—1)$$

$$w(CO_3^{2-})=b(CO_3^{2-})\times 10^{-6}\times 60\times 100 \quad (34.2.5—2)$$

$$w'(CO_3^{2-})=b(CO_3^{2-})\times 60 \quad (34.2.5—3)$$

式中　$b(CO_3^{2-})$——碳酸根摩尔浓度(mmol/kg)；

$w(CO_3^{2-})$——碳酸根的含量(%)；

$w'(CO_3^{2-})$——碳酸根含量(mg/kg)；

V_1——酚酞为指示剂滴定消耗盐酸标准溶液的体积(mL)；

$c(HCl)$——盐酸标准溶液的浓度(mol/L)；

V_w——土浸出液用水的总体积(mL)；

V_s——吸取土浸出液体积(mL)；

W——风干试样含水量(%)；

60——碳酸根的摩尔质量(g/mol)；

m——风干试样质量(g)。

所得结果表示至三位小数。

碳酸氢根含量：

$$b(HCO_3^-)=\frac{(V_2-V_1)\times c(HCl)\times(1+0.01W)\times 1\,000}{m\times V_s/V_w} \quad (34.2.5—4)$$

$$w(HCO_3^-)=b(HCO_3^-)\times 10^{-6}\times 61\times 100 \quad (34.2.5—5)$$

$$w'(HCO_3^-)=b(HCO_3^-)\times 61 \quad (34.2.5—6)$$

式中　$b(HCO_3^-)$——碳酸氢根的摩尔浓度(mmol/kg)；

$w(HCO_3^-)$——碳酸氢根的含量(%)；

$w'(HCO_3^-)$——碳酸氢根的含量(mg/kg)；

V_2——甲基橙为指示剂滴定消耗盐酸标准溶液体积(mL)；

V_1——酚酞为指示剂滴定消耗盐酸标准溶液的体积(mL)；

$c(HCl)$——盐酸标准溶液的浓度(mol/L)；

V_w——土浸出液用水的总体积(mL)；

V_s——吸取土浸出液体积(mL)；

W——风干试样含水量(%)；

61——碳酸氢根的摩尔质量(g/mol)；

m——风干试样质量(g)。

所得结果表示至三位小数。

34.2.6　本试验应采用平行测定，允许差值小于 0.1 mL。

34.3　氯根含量的测定

34.3.1　本法适用于土浸出液中氯根含量的测定。

34.3.2　主要仪器和设备

1　滴定管。

2　烘箱、干燥器、称量瓶、容量瓶、移液管、锥形瓶、烧杯等。

34.3.3　试剂

1　铬酸钾指示剂 50 g/L

称取 5 g 铬酸钾(K_2CrO_4)溶于适量水中，逐滴加入0.05 mol/L的硝酸银溶液至出现砖红色沉淀为止，放置 24 h 后过滤，滤液用水稀释至 100 mL，贮于棕色瓶中。

2　氯化钠(NaCl)标准溶液 $c(\mathrm{NaCl}) = 0.050$ mol/L

称取在 500 ℃灼烧过 30 min 的基准氯化钠(NaCl)2.992 1 g溶于适量水中，全部移入 1 000 mL 容量瓶中，用水稀释至刻度，摇匀。

3　硝酸银($AgNO_3$)标准溶液 $c(\mathrm{AgNO_3}) = 0.050$ mol/L

1)配制：

称取 8.5 g 硝酸银，溶于 1 000 mL 水中，保存于棕色瓶内。

2)标定：

准确吸取 25 mL 0.050 mol/L 氯化钠标准溶液于250 mL锥形瓶中，用水稀释至约75 mL。加入 10 滴50 g/L铬酸钾溶液，用硝酸银标准溶液滴定由黄色变为微砖红色为终点。

3)同时作空白试验。

4)计算：

$$c(\mathrm{AgNO_3}) = \frac{c(\mathrm{NaCl}) \times V}{V_1 - V_0} \qquad (34.3.3)$$

式中　$c(\mathrm{AgNO_3})$——硝酸银标准溶液浓度(mol/L)；

$c(\mathrm{NaCl})$——氯化钠标准溶液浓度(mol/L)；

V——吸取氯化钠标准溶液体积(mL)；

V_1——滴定消耗硝酸银标准溶液体积(mL)；

V_0——空白试验消耗硝酸银标准溶液体积(mL)。

所得结果表示至两位小数。

4　醋酸($HC_2H_3O_2$)溶液：10 g/L。

5　碳酸钠(Na_2CO_3)溶液：5 g/L。

34.3.4　分析步骤

1　吸取按本规程第 4.4 节提取的土浸出液 25 ~ 100 mL(视其含量而定)于锥形瓶中，土浸出液的 pH 值应控制在 6.5 ~ 10.5 之间，超出范围应先用 10 g/L 醋酸溶液或 5 g/L碳酸钠溶液中和，加入 50 g/L 铬酸钾指示剂 10 滴。

2　用 $AgNO_3$ 标准溶液滴定由黄色变为微砖红色为终点，记下 $AgNO_3$ 标准溶液用量。

3　同时作空白试验。

34.3.5　计算

$$b(\mathrm{Cl^{-1}}) = \frac{(V_1 - V_0) \times c(\mathrm{AgNO_3}) \times (1 + 0.01W) \times 1\,000}{m \times V_s / V_w} \qquad (34.3.5\text{—}1)$$

$$w(\mathrm{Cl^-}) = b(\mathrm{Cl^-}) \times 10^{-6} \times 35.5 \times 100 \qquad (34.3.5\text{—}2)$$

$$w'(\mathrm{Cl^-}) = b(\mathrm{Cl^-}) \times 35.5 \qquad (34.3.5\text{—}3)$$

式中　$b(\mathrm{Cl^-})$——氯根的摩尔浓度(mmol/kg)；

$w(Cl^-)$——氯根含量(%);

$w'(Cl^-)$——氯根含量(mg/kg);

V_1——滴定浸出液消耗硝酸银标准溶液的体积(mL);

V_0——空白试验消耗硝酸银标准溶液的体积(mL);

$c(AgNO_3)$——硝酸银标准溶液浓度(mol/L);

35.5——氯根的摩尔质量(g/moL);

V_w——土浸出液用水的总体积(mL);

V_s——吸取土浸出液体积(mL);

W——风干试样含水量(%);

m——风干试样质量(g)。

所得结果表示至三位小数。

34.3.6 本试验应采用平行测定,允许差值小于0.1 mL。

34.4 钙离子含量的测定

34.4.1 本法适用于土浸取液中钙离子含量的测定。

34.4.2 主要仪器和设备

1 滴定管。

2 烘箱、干燥器、容量瓶、移液管、锥形瓶、烧杯等。

34.4.3 试剂

1 氢氧化钠溶液 $c(NaOH)=2$ mol/L

称取8 g NaOH 于烧杯中,用适量水溶解,冷却后,继续用水稀释至100 mL,贮于塑料瓶中。

2 钙指示剂:称取1 g钙指示剂($C_{20}H_{13}N_2NaO_5S$)与99 g干燥的氯化钠(NaCl)于玛瑙研钵中混合研细,贮于棕色广口瓶中。

3 EDTA 标准溶液 $c(EDTA)=0.025\ 0$ mol/L:见本规程第14.1.4条第六款。

4 盐酸溶液1+1。

5 刚果红试纸。

34.4.4 分析步骤

1 吸取按本规程第4.4节提取的土浸出液25~100 mL(视钙子含量而定)于锥形瓶中,投入刚果红试纸一片,滴加1+1盐酸溶液至试纸变为兰色为止。煮沸除去CO_2。冷却后,加2 mol/L氢氧化钠溶液2 mL(此时溶液pH≈12),摇匀,放置1~2 min。加钙指示剂少许,用EDTA标准溶液滴定溶液由酒红色经紫色变为蓝色。

2 同时作空白试验。

34.4.5 计算

$$b(Ca^{2+})=\frac{(V-V_0)\times c(EDTA)\times(1+0.01W)\times 1\ 000}{m\times V_s/V_w} \qquad (34.4.5\text{—}1)$$

$$w(Ca^{2+})=b(Ca^{2+})\times 10^{-6}\times M(Ca)\times 100 \qquad (34.4.5\text{—}2)$$

$$w'(Ca^{2+})=b(Ca^{2+})\times M(Ca) \qquad (34.4.5\text{—}3)$$

式中 $b(Ca^{2+})$——钙离子摩尔浓度(mmol/kg);

$w(Ca^{2+})$——钙离子含量(%)；

$w'(Ca^{2+})$——钙离子含量(mg/kg)；

V——滴定试样溶液消耗 EDTA 标准溶液用量(mL)；

V_0——空白试验消耗 EDTA 标准溶液的体积(mL)；

$c(EDTA)$——EDTA 标准溶液浓度(mol/L)；

V_w——土浸出液用水的总体积(mL)；

V_s——吸取土浸出液体积(mL)；

W——风干试样含水量(%)；

m——风干试样质量(g)；

$M(Ca)$——钙离子的摩尔质量(40 g/mol)。

所得结果表示至三位小数。

34.4.6 本试验应进行平行滴定，平行滴定允许差值小于0.1 mL。

34.5 钙镁离子总量的测定

34.5.1 本法适用于土浸出液中钙镁离子总量的测定。

34.5.2 主要仪器和设备

1 滴定管。

2 烘箱、干燥器、容量瓶、移液管、锥形瓶、烧杯等。

34.5.3 试剂

1 铬黑 T 指示剂：称取 1 g 铬黑 T($C_{20}H_{12}N_3NaO_7S$)与99 g干燥的氯化钠(NaCl)混合研细，贮于棕色瓶中，于干燥器中保存。

2 铵盐缓冲溶液(pH = 10.1)：称取 67.5 g 氯化铵(NH_4Cl)溶于 200 mL 水中，加入 570 mL 浓氨水，用水稀释至1 000 mL。

3 三乙醇胺($N(CH_2CH_2OH)_3$)溶液 1 + 1。

4 EDTA 标准溶液 $c(EDTA) = 0.025\,0$ mol/L：见本规程第 14.1.4 条第六款。

34.5.4 分析步骤

1 吸取按本规程第 4.4 节提取的土浸出液 25 ~ 100 mL(视钙镁离子总含量而定)于锥形瓶中，加入铵盐缓冲溶液 2.5 mL 摇匀后，加入铬黑 T 少许，用 EDTA 标准溶液滴定由酒红色转变为天蓝色为终点。

2 另取土浸出液一份，按本规程第 34.4 节测定钙离子的摩尔浓度。

34.5.5 计算

$$b(Ca^{2+} + Mg^{2+}) = \frac{(V - V_0) \times c(EDTA) \times (1 + 0.01W) \times 1\,000}{m \times V_s / V_w} \qquad (34.5.5\text{—}1)$$

$$b(Mg^{2+}) = b(Ca^{2+} + Mg^{2+}) - b(Ca^{2+}) \qquad (34.5.5\text{—}2)$$

$$w(Mg^{2+}) = b(Mg^{2+}) \times 10^{-6} \times M(Mg) \times 100 \qquad (34.5.5\text{—}3)$$

$$w'(Mg^{2+}) = b(Mg^{2+}) \times 24 \qquad (34.5.5\text{—}4)$$

式中 $b(Ca^{2+} + Mg^{2+})$——钙镁的摩尔浓度(mmol/kg)；

$b(Mg^{2+})$——镁离子摩尔浓度(mmol/kg)；

$w(Mg^{2+})$——镁离子含量(%)；

$w'(Mg^{2+})$——镁离子含量(mg/kg);

V——滴定试样溶液消耗 EDTA 标准溶液用量(mL);

V_0——空白试验消耗 EDTA 标准溶液的体积(mL);

c(EDTA)——EDTA 标准溶液浓度(mol/L);

M(Mg)——镁离子摩尔质量(24.32 g/mol);

V_w——土浸出液用水的总体积(mL);

V_s——吸取土浸出液体积(mL);

W——风干试样含水量(%);

m——风干试样质量(g)。

所得结果表示至三位小数。

34.5.6 本试验应进行平行测定,平行滴定允许差值小于0.1 mL。

34.6 硫酸根含量的测定

(Ⅰ)络合滴定法

34.6.1 EDTA 络合滴定法适用于硫酸根含量大于0.025%或大于50 mg/L 的土。

34.6.2 主要仪器和设备

1 玛瑙研钵、量杯、量筒、试管。

2 滴定管。

3 烘箱、干燥器、称量瓶、容量瓶、移液管、锥形瓶、烧杯等。

34.6.3 试剂

1 盐酸(HCl)溶液 1+1。

2 刚果红试纸。

3 铬黑 T 指示剂:见本规程第34.5.3条第一款。

4 铵盐缓冲溶液:见本规程第34.5.3条第二款。

5 EDTA 标准溶液 c(EDTA) = 0.025 0 mol/L:见本规程第14.1.4条第六款。

6 钡镁混合标准溶液

1)配制:

称取3.05 g 氯化钡($BaCl_2 \cdot 2H_2O$)和2.54 g 氯化镁($MgCl_2 \cdot 6H_2O$)溶于适量的水中,用水稀释至1 000 mL,混匀。

2)标定:

吸取10.00~20.00 mL 钡镁混合标准溶液于250 mL 锥形瓶中,加入50 mL 蒸馏水,2~3 mL铵盐缓冲溶液,调节溶液 pH 值为10±0.1。加入少许铬黑 T 指示剂,用0.025 0 mol/L EDTA 标准溶液滴定溶液由酒红色变为纯蓝色为终点。

3)同时作空白试验。

4)计算:

$$c(Ba^{2+}+Mg^{2+}) = \frac{c(\text{EDTA}) \times (V_1 - V_0)}{V} \qquad (34.6.3)$$

式中 $c(Ba^{2+}+Mg^{2+})$——钡镁混合标准溶液浓度(mol/L);

$c(EDTA)$——EDTA 标准溶液浓度(mol/L)；

V_1——滴定消耗 EDTA 标准溶液体积(mL)；

V_0——滴定空白试验消耗 EDTA 标准溶液体积(mL)；

V——吸取钡镁混合标准溶液体积(mL)。

所得结果表示至两位小数。

7　氯化钡溶液:50 g/L。

34.6.4　分析步骤

1　用移液管吸取土浸出液 25 mL 于锥形瓶中,按本规程第 34.5 节测定钙镁离子浓度,记录滴定消耗的 EDTA 标准溶液体积 V_1。

2　吸取按本规程第 4.4 节提取的土浸出液 5 mL 于锥形瓶中,加 1+1 盐酸溶液 2 滴,再加 50 g/L 氯化钡溶液 5 滴,混匀并观察,按表 34.6.4 估计 SO_4^{2-} 含量,以确定试验方法和取样数量。

表 34.6.4　浑浊程度与取样量

呈现浑浊程度	估计 SO_4^{2-} 含量(mg/L)	采用测定方法	取土浸出液数量(mL)
立即生成大量沉淀	>200	络合滴定法	5~10
立即生成沉淀	100~200	络合滴定法	25~50
立即生成浑浊	50~100	络合滴定法	50~100
浑浊或微浑浊	<50	比浊法	—

3　根据观察呈现浑浊程度,按表 34.6.4 确定吸取一定量土浸出液于锥形瓶中,用水适当稀释后,投入刚果红试纸一片,滴加 1+1 盐酸溶液至试纸呈蓝色,加热煮沸 1~2 min 除去二氧化碳。

4　趁热在不断振荡下逐滴加入 2.5~3.0 倍 V_1 体积的钡镁混合标准溶液,充分振荡,放置 30 min 以上,加入铵盐缓冲溶液 2.5 mL 摇匀后,加入铬黑 T 少许,用 EDTA 标准溶液滴定由酒红色转变为天蓝色为终点。

5　同时作空白试验。

34.6.5　计算

$$b(SO_4^{2-})=\frac{[c(Ba^{2+}+Mg^{2+})V_2-(V_3-V_1)c(EDTA)]\times(1+0.01W)\times1\,000}{m\times V_s/V_w}\tag{34.6.5—1}$$

$$w(SO_4^{2-})=b(SO_4^{2-})\times10^{-6}\times96\times100\tag{34.6.5—2}$$

$$w'(SO_4^{2-})=b(SO_4^{2-})\times96\tag{34.6.5—3}$$

式中　$b(SO_4^{2-})$——硫酸根的摩尔浓度(mmol/kg)；

$w(SO_4^{2-})$——硫酸根含量(%)；

$w'(SO_4^{2-})$——硫酸根含量(mg/kg)；

$c(Ba^{2+}+Mg^{2+})$——钡镁混合标准溶液浓度(mol/L),

V_2——加入钡镁混合标准溶液体积(mL)；

V_3——加钡镁混合标准溶液体积后,滴定土样浸出液消耗 EDTA 标准溶液体积(mL)；

V_1——滴定土样浸出液中钙镁离子浓度消耗 EDTA 体积(mL)；

$c(\mathrm{EDTA})$——EDTA标准溶液浓度(mol/L);

96——硫酸根的摩尔质量(g/mol);

V_w——土浸出液用水的总体积(mL);

V_s——吸取土浸出液体积(mL);

W——风干试样含水量(%);

m——风干试样质量(g)。

所得结果表示至三位小数。

34.6.6　本试验应进行平行测定,平行滴定允许差值小于0.1 mL。

(Ⅱ)比　浊　法

34.6.7　比浊法适用于硫酸根含量小于0.025%的土浸出液的测定。

34.6.8　主要仪器和设备

1　光电比色计或分光光度计。

2　磁力搅拌器。

3　烘箱、干燥器、称量瓶、容量瓶、移液管、锥形瓶、烧杯等。

34.6.9　试剂

1　悬浊液稳定剂

称取75 g氯化钠溶于300 mL水中,加入30 mL浓盐酸、50 mL丙三醇和100 mL 95%的乙醇,用水稀释至500 mL,混匀。

2　氯化钡溶液100 g/L

称取10 g氯化钡溶于适量水中,用水稀释至100 mL,混匀。

3　硫酸根标准溶液 $c(SO_4^{2-})=0.100\ 0$ mg/mL

称取预先在105 ℃~110 ℃烘干2 h的无水硫酸钠(优级纯)0.147 9 g,溶于适量水中,全部转移入1 000 mL容量瓶中,用水稀释至刻度,摇匀。

34.6.10　标准曲线的绘制

1　准确吸取5.0、10.0、20.0、30.0、40.0 mL 0.1000 mg/mL的硫酸根标准溶液于一系列100 mL容量瓶中,然后用水稀释至刻度,摇匀。

2　将标准系列分别依次倒入烧杯中,各加悬浊液稳定剂5.0 mL、100 g/L氯化钡溶液2 mL,依次置于磁力搅拌器上搅拌1 min,以水为参比,在光电比色计上用紫色滤光片(或用分光光度计于波长200~400 nm)进行比浊,在3 min内,每隔30 s测读一次悬液吸光值,取稳定后的吸光值。

3　以测得的吸光值为纵坐标,SO_4^{2-}工作溶液的浓度为横坐标,绘制标准曲线。或用一元回归方程处理计算结果。

34.6.11　分析步骤

1　准确吸取按本规程第4.4节提取的土浸出液100 mL(或减少吸取量稀释成100 mL)倒入烧杯中,按本规程第34.6.10条第一款、第二款测定悬液吸光值。

2　用测得吸光值由标准曲线上查得相对应的(或由回归方程计算)SO_4^{2-}含量。

34.6.12　计算

$$w(SO_4^{2-}) = \frac{c(SO_4^{2-}) \times V \times (1 + 0.01W) \times 100}{m \times V_s / V_w \times 10^3} \qquad (34.6.12—1)$$

$$w'(SO_4^{2-}) = w(SO_4^{2-}) \times 0.01 \times 10^6 \qquad (34.6.12—2)$$

$$b(SO_4^{2-}) = [w(SO_4^{2-}) \times 0.01/0.096] \times 1\,000 \qquad (34.6.12—3)$$

式中　$b(SO_4^{2-})$——硫酸根的摩尔浓度(mmol/kg)；

$w(SO_4^{2-})$——硫酸根含量(%)；

$w'(SO_4^{2-})$——硫酸根含量(mg/kg)；

$c(SO_4^{2-})$——自标准曲线查得土样浸出液中硫酸根的浓度(mg/mL)；

96——硫酸根的摩尔质量(g/mol)；

V_w——土浸出液用水的总体积(mL)；

V_s——分取土浸出液体积(mL)；

V——分取土浸出液稀释后体积(mL)；

W——风干试样含水量(%)；

m——风干试样质量(g)。

所得结果表示至两位小数。

34.6.13　精密度和准确度

标准曲线的线性相关系数 r 应满足于

$$1 > r > 0.999$$

带标准物对照回收值应满足在 0.90～1.10 之间。

34.7　钾钠离子含量的测定

(Ⅰ)原子吸收光谱法

34.7.1　本法适用于土浸出液中钾、钠离子含量的测定。

34.7.2　主要仪器和设备

1　原子吸收光谱仪：备有空气乙炔燃烧器，钾、钠空心阴极灯。

2　分析天平：分度值 0.000 1 g。

3　吸量管、烧杯、量筒、容量瓶、高温炉、蒸发皿、干燥器、玻璃漏斗、洗瓶等。

34.7.3　试剂

1　盐酸(HCl)溶液 1+1。

2　氯化锶($SrCl_2$)溶液 50 g/L。

3　钠标准溶液

1)贮备溶液(1.000 0 mg/mL)：

称取预先在 500 ℃～600 ℃灼烧 1 h 后的高纯氯化钠(NaCl，基准试剂) 2.521 g，溶于适量水中，溶解完全后，全部移入 1 000 mL 容量瓶中，用水稀释至刻度，摇匀。

2)工作溶液(10 μg/mL)：

准确吸取 1.0 mL 钠标准贮备溶液于 100 mL 容量瓶中，用水稀释至刻度，摇匀。

4　钾标准溶液

1)贮备溶液(1.000 0 mg/mL):

称取预先在 500 ℃～600 ℃灼烧 1 h 后的高纯氯化钾(KCl,基准试剂)1.9068 g,溶于适量水中,溶解完全后,全部移入 1 000 mL 容量瓶中,用水稀释至刻度,摇匀。

2)钾工作溶液(10 μg/mL):

准确吸取 1.0 mL 钾标准贮备溶液于 100 mL 容量瓶中,用水稀释至刻度,摇匀。

34.7.4 标准曲线的绘制

1 准确吸取 10 μg/mL 的钠标准溶液和 10 μg/mL 钾标准溶液 0.0、1.0、2.0、3.0、4.0、5.0、6.0、7.0、8.0、9.0 mL 于一系列 100 mL 的容量瓶中,分别加入 50 g/L 氯化锶 1 mL和 1+1 盐酸溶液 4 滴,用蒸馏水稀释至刻度,摇匀。在选定的工作条件下,测定氧化钾、氧化钠的吸光度。

2 以测得的吸光度为纵坐标,氧化钾、氧化钠溶液的浓度为横坐标,绘制标准曲线,或用一元回归方程处理计算结果。

34.7.5 分析步骤

1 根据钾、钠含量,可直接吸取或稀释一定倍数按本规程第 4.4 节提取的土浸出液于 100 mL 容量瓶中,加 50 g/L 氯化锶 1 mL 和 1+1 盐酸溶液 4 滴,用蒸馏水稀释至刻度,摇匀。与标准系列同时测定吸光度。

2 同时作空白试验。

34.7.6 计算

$$w(\mathrm{Na^+}) = \frac{c(\mathrm{Na^+}) \times V_c \times V_w(1+0.01W) \times 100}{V_s \times m_0 \times 10^6} \tag{34.7.6—1}$$

$$w(\mathrm{K^+}) = \frac{c(\mathrm{K^+}) \times V_c \times V_w(1+0.01W) \times 100}{V_s \times m_0 \times 10^6} \tag{34.7.6—2}$$

$$b(\mathrm{Na^+}) = [w(\mathrm{Na^+})0.01/(22.99 \times 10^{-3})] \times 1\,000 \tag{34.7.6—3}$$

$$b(\mathrm{K^+}) = [w(\mathrm{K^+})0.01/(39.01 \times 10^{-3})] \times 1\,000 \tag{34.7.6—4}$$

$$w'(\mathrm{Na^+}) = b(\mathrm{Na^+}) \times 22.00 \tag{34.7.6—5}$$

$$w'(\mathrm{K^+}) = b(\mathrm{K^+}) \times 39.01 \tag{34.7.6—6}$$

式中 $w(\mathrm{Na^+})$、$w(\mathrm{K^+})$——分别为钠、钾含量(%);

$b(\mathrm{K^+})$、$b(\mathrm{Na^+})$——分别为钾、钠摩尔浓度(mmol/kg);

$w'(\mathrm{Na^+})$、$w'(\mathrm{K^+})$——分别为钠、钾含量(mg/kg);

$c(\mathrm{Na^+})$、$c(\mathrm{K^+})$——自标准曲线上查得的钠、钾浓度(μg/mL);

V_c——标准系列定容体积(mL);

22.99——钠摩尔质量(g/mol);

39.01——钾摩尔质量(g/mol);

V_w——土浸出液用水的总体积(mL);

V_s——吸取土浸出液体积(mL);

W——风干试样含水量(%);

m_0——风干试样质量(g)。

所得结果表示至两位小数。

34.7.7 精密度和准确度

1 标准曲线的线性相关系数 r 应满足

$$1 > r > 0.999$$

2 带标准作对照回收试验，回收值应满足在0.95～1.05之间。

（Ⅱ）差减法计算

34.7.8 差减法计算土中钾钠总量，可采用阳离子交换树脂法测得阳离子总量 $Tb(1/zP^{z+})$ 或用实测得到的阴离子之和 $\sum b(1/zN^{z-})$ 进行计算。

34.7.9 钾钠离子质量摩尔浓度

1）阳离子交换树脂法

$$b(K^+ + Na^+) = Tb(1/zP^{z+}) - 2b(Ca^{2+} + Mg^{2+}) \quad (34.7.9—1)$$

2）实测阴离子之和

$$b(K^+ + Na^+) = \sum b(1/zN^{z-}) - 2b(Ca^{2+} + Mg^{2+}) \quad (34.7.9—2)$$

$$\sum b(1/zN^{z-}) = 2b(CO_3^{2-}) + b(HCO_3^-) + b(Cl^-) + b(SO_4^{2-}) + \cdots\cdots$$

34.7.10 钾钠离子总量

$$w(K^+ + Na^+) = b(K^+ + Na^+) \times 10^{-6} \times 25 \times 100 \quad (34.7.10—1)$$

$$w'(K^+ + Na^+) = b(K^+ + Na^+) \times 25 \quad (34.7.10—2)$$

式中 $b(K^+ + Na^+)$——钾钠离子摩尔浓度（mol/kg）；

$w(K^+ + Na^+)$——钾钠离子总量（%）；

$w'(K^+ + Na^+)$——钠钾离子总量（mg/kg）；

25——钾钠离子摩尔质量（g/mol）。

所得结果表示至两位小数。

35 中溶盐含量的测定

35.1 硫酸钡质量法

35.1.1 土的中溶盐是对土中石膏而言。测定结果以干土中含 $CaSO_4 \cdot 2H_2O$ 的质量百分数表示。硫酸钡质量法，适用于各类土中中溶盐含量的测定。

35.1.2 主要仪器和设备

1 分析天平：分度值 0.000 1 g。

2 高温炉、电炉、烘箱、水浴、干燥器。

3 烧杯、洗瓶、量筒、容量瓶、坩埚、漏斗架、玻璃棒、定量滤纸等。

35.1.3 试剂

1 盐酸溶液 $c(HCl) = 0.25$ mol/L

量取浓盐酸 20.8 mL 溶于适量水中，用水稀释至 1 000 mL，混匀。

2 氨水（NH_4OH）溶液 1+9。

3 $BaCl_2$ 溶液 100 g/L。

4 硝酸银溶液 10 g/L：称取 1 g $AgNO_3$ 溶于 100 mL 水中，加 1+1 硝酸溶液数滴酸化，贮于棕色瓶中。

5 盐酸（HCl）溶液 1+1。

6 甲基橙指示剂 1 g/L。

35.1.4 分析步骤

1 称取试样 1.0000～5.0000 g 过 2 mm 筛的土样于 200 mL 烧杯中，缓缓加入 0.25 mol/L盐酸溶液 50 mL 边加边搅拌，如果土中含有较高的碳酸盐，应继续加至无气泡产生为止，放置 12 h。另取此试样 5.00 g 测定其风干含水率。

2 将放置 12 h 后的试样过滤，滤液承接于干燥的烧杯中，用 0.25 mol/L 盐酸溶液淋洗残渣至滤液无 SO_4^{2-} 为止（用100 g/L $BaCl_2$ 溶液检验无白色浑浊生成）。

3 向滤液中加甲基橙指示剂 2 滴，用 1+9NH_4OH 溶液中和至呈现黄色，然后改用 1+1盐酸溶液滴加至滤液刚转变为红色为止，继续滴加，过量 10 滴。

4 置于电炉上加热至沸，在搅拌下缓缓滴加 100 g/L $BaCl_2$ 溶液，直至滤液中 SO_4^{2-} 完全沉淀后，再滴加数滴（是否完全沉淀，可稍等滤液澄清后，用氯化钡溶液检验是否有白色浑浊生成）。

5 将沉淀液移置于水浴内，使在 60 ℃下保温 2 h 或在室温放置 12 h。

6 用滤纸过滤，以热水淋洗沉淀至无氯离子（用 1 g/L 硝酸银溶液检查无白色沉淀）。

7 将沉淀及滤纸移入已恒量的瓷坩埚中，低温灰化，移入高温炉中，控制在 600 ℃灼烧 1 h，取出，稍冷，移入干燥器中继续冷却至室温，称量。再灼烧 30 min，称量，直至恒量。

8　另取一份试样按照本规程第 34.6 节测定易溶盐中 SO_4^{2-} 含量。

35.1.5　计算

$$w(SO_4^{2-})_b=\frac{(m_2-m_1)\times 0.4114\times(1+0.01W)\times 100}{m_0} \quad (35.1.5—1)$$

$$w(CaSO_4\cdot 2H_2O)=[w(SO_4^{2-})_b-w(SO_4^{2-})_w]\times 1.7922 \quad (35.1.5—2)$$

式中　$w(CaSO_4\cdot 2H_2O)$——中溶盐(石膏)含量(%)；

$w(SO_4^{2-})_b$——酸浸出液中硫酸根的含量(%)；

$w(SO_4^{2-})_w$——水浸出液中硫酸根的含量(%)；

m_2——坩埚加沉淀物的质量(g)；

m_1——坩埚的质量(g)；

m_0——风干试样质量(g)；

W——风干试样含水率(%)；

0.4114——($SO_4^{2-}/BaSO_4$)换算因数；

1.7922——($CaSO_4\cdot 2H_2O/SO_4^{2-}$)换算因数。

所得结果表示至两位小数。

35.1.6　允许差,见表 35.1.6。

表 35.1.6　中溶盐含量的允许差

中溶盐 $W(CaSO_4\cdot 2H_2O)$(%)	允许差(%)
<1	<0.1
1～5	<0.2
5～10	<0.3
>10	<0.5

35.2　EDTA 容量法

35.2.1　EDTA 容量法,适用于杂质含量较少的土。

35.2.2　主要仪器和设备

1　分析天平:分度值 0.0001 g。

2　滴定管、移液管、锥形瓶、烧杯、容量瓶、玻璃棒、漏斗及架、滤纸等。

35.2.3　试剂

1　混合碱试剂:称取 13.5 g Na_2CO_3 和 10 g NaOH 分别溶于适量水中,然后将两液混合,并用水稀释至 500 mL,混匀。

2　盐酸溶液 $c(HCl)=0.25$ mol/L:见本规程第 35.1.3 条第一款。

3　氨水(NH_4OH)溶液 1+9。

4　刚果红试纸。

5　铬黑 T 指示剂:见本规程第 34.5.3 条第一款。

6　EDTA 标准溶液 $c(EDTA)=0.0250$ mol/L:见本规程 14.1.4 第六款。

7　铵盐缓冲溶液(pH=10.1):见本规程第 34.6.3 条。

8　氯化钡溶液:50 g/L。

9　三乙醇胺。

10　钡镁混合标准溶液:见本规程第 34.6.3 条第五款。

35.2.4　分析步骤

1　按本规程第 35.1.4 节第一款和第二款处理土样。

2 于滤液中加一片刚果红试纸，用 1 +9NH_4OH 溶液中和至试纸恰转变为红色。

3 将中和后的滤液加入混合碱试剂约 15 mL（视 Ca^{2+}、Mg^{2+} 及其他重金属离子含量而定），摇匀，置于电热板上煮沸10 min，取下冷却后，过滤，滤液盛于 250 mL 容量瓶中，用水洗滤数次，合并滤液，稀释至刻度，摇匀。

4 分别准确吸取此滤液 5.0 mL 于两个锥形瓶中，各加刚果红试纸一片，用 0.25 mol/L盐酸溶液滴加至试纸由红变蓝为止。取其中一瓶按本规程第 34.5 节测定钙镁离子浓度，记下体积 V_1。取另一瓶加热煮沸 1 ~2 min 除去二氧化碳，趁热在不断振荡下逐滴加入 2.5 ~3.0 倍 V_1 体积的钡镁混合标准溶液，充分振荡，放置 30 min 以上，加入铵盐缓冲溶液 2.5 mL 摇匀后，加入铬黑 T 少许，用 EDTA 标准溶液滴定由酒红色转变为天蓝色为终点。

35.2.5 计算：

$$w(CaSO_4 \cdot 2H_2O)(\%) = \frac{[(c(Ba^{2+} + Mg^{2+}) \times V_2 - (V_3 - V_1) \times c(EDTA) \times V \times (1 + 0.01W) \times 96)]}{m_0 \times V_s} - w(SO_4^{2-})_w \times 1.7922 \quad (35.2.5)$$

式中 $wW(CaSO_4 \cdot 2H_2O)$——中溶盐（石膏）含量（%）；

$c(Ba^{2+} + Mg^{2+})$——钡镁混合标准溶液浓度（mol/L）；

V_2——加入钡镁混合标准溶液体积（mL）；

V_3——加钡镁混合标准溶液体积后，滴定土样酸浸出液消耗 EDTA 标准溶液体积（mL）；

V_1——滴定土样酸浸出液中钙镁离子浓度消耗 EDTA 体积（mL）；

$c(EDTA)$——EDTA 标准溶液浓度（mol/L）；

V——土样酸浸出液总体积（mL）；

V_s——测定时吸取酸浸出液体积（mL）；

W——风干试样含水量（%）；

m_0——风干试样质量（g）；

96——硫酸根的摩尔质量（g/mol）；

$w(SO_4^{2-})_w$——水浸出液中硫酸根的含量（%）。

所得结果表示至两位小数。

35.2.6 本试验采用平行测定，平行滴定允许差值小于 0.1 mL。

36　难溶盐含量的测定

36.1　气 量 法

36.1.1　土中难溶盐是指土中钙镁的碳酸盐类。测定结果以干土中含 $CaCO_3$ 的质量百分数表示。气量法适用于难溶盐含量在20%以下的土。

36.1.2　主要仪器和设备

所用仪器设备见本规程第30.2.3条。

36.1.3　试剂

所用试剂见本规程第30.2.4条。

36.1.4　分析步骤

分析步骤见本规程第30.2.5条。

36.1.5　计算

1　当大气压力大于98.925 kPa时

$$CaCO_3(\%)=\frac{V(CO_2)\times\rho(CO_2)\times 2.272}{m_d\times 10^6}\times 100 \qquad (36.1.5\text{—}1)$$

式中　$CaCO_3(\%)$——难溶盐(碳酸钙)含量(%)；

$V(CO_2)$——二氧化碳体积(mL)；

$\rho(CO_2)$——在试验时的水温和大气压力的二氧化碳密度(μg/mL)，由附录E查得；

2.272——$CaCO_3/CO_2$ 换算因素；

m_d——干试样质量(g)。

2　当大气压力小于98.925 kPa时

$$CaCO_3(\%)=\frac{M(CaCO_3)\times n(CO_2)\times 100}{m_d} \qquad (36.1.5\text{—}2)$$

$$n(CO_2)=P\cdot V(CO_2)/(R\cdot T)$$

式中　$MCaCO_3(\%)$——碳酸钙摩尔质量(100.08 g/mol)；

$n(CO_2)$——二氧化碳物质的量(mol)；

P——试验时大气压力(kPa)；

T——试验时水的热力学温度(273+℃)(K)；

R——摩尔气体常数[=8314 kPa·mL/(mol·K)]。

所得结果表示至两位小数。

36.1.6　允许差，见表36.1.6。

表36.1.6　难溶盐含量的允许差

难溶盐 $W(CaCO_3)$(%)	允许差(%)
>10	<1.0
1~10	<0.5
<1	<0.2

36.2　中　和　法

36.2.1　本法适用于难溶盐含量较高、杂质较少的土的测定。

36.2.2　主要仪器和设备

所用仪器设备见本规程第30.1.3条。

36.2.3　试剂

所用试剂见本规程第30.1.4条。

36.2.4　分析步骤

分析步骤见本规程第30.1.5条。

36.2.5　计算

$CaCO_3(\%)=$

$$\frac{c(NaOH)\times(V_0-V)\times M(CaCO_3)\times10^{-3}}{m\times2}\times100 \qquad (36.2.5)$$

式中　$c(NaOH)$——氢氧化钠标准溶液浓度(mol/L)；

V_0——空白消耗氢氧化钠标准溶液体积(mL)；

V——测定试样消耗氢氧化钠标准溶液体积(mL)；

$M(CaCO_3)$——碳酸钙摩尔质量(100.08 g/mol)；

m——试样质量(g)。

结果表示至两位小数。

36.2.6　本试验应采用平行测定，平行滴定允许差值小于0.1 mL。

37　黏土矿物含量的测定

37.1　*X* 射线衍射分析

37.1.1　X 射线衍射分析是利用黏土矿物的 X 射线衍射图谱对黏土矿物进行鉴定分析的一种方法。本方法适用于膨胀岩中黏土矿物成分含量的测定。

37.1.2　主要仪器和设备

1　X 射线衍射仪。

2　载样玻片：平面的或开槽的硬质玻璃片、铝样品片。

3　干燥器两个：一个盛放饱和 $Ca(NO_3)_2$ 溶液；另一个盛放干燥剂 $CaCl_2$ 或硅胶。

4　离心机，4 000 r/min。

5　高温炉、温控烘箱。

6　烧杯、移液管、研钵、玻璃板、塑料片、量筒、容量瓶、瓷板、样品盒、角勺等。

37.1.3　试剂

1　乙二醇。

2　盐酸（HCl）溶液 1 +1。

3　饱和氯化钾（KCl）溶液

将氯化钾（KCl）溶于 100 mL 水中，混匀，直至溶液中出现氯化钾晶体为止。

37.1.4　试样制备

按本规程第 3.2 节提取小于 2 μm 的粘粒，制备 X 衍射的样片。

1　非定向样片的制备

将 20 mm×18 mm 铝样品框，见图 37.1.4—1 放在玻璃片板上，将研细的小于 2 μm 的样品装入样品框的空洞中，填满且稍高些，然后垫一块干净纸，用另一块玻璃板或拇指从上面压实，是样片充满空间。将铝样品框轻轻地竖起来如粉末样品不脱落，此样片即以制好。用此样片衍射，可得到 hkl 射图谱。

2　定向样片的制备

按本规程第 3.2 节提取小于 2 μm 的黏粒，用离心机离去水分后，用调泥板调匀使呈糊状。见图 37.1.4—2 将塑料框 1 放在载玻片 2 上，其间可浸少量水，以使贴紧。然后用厚 0.2 ~ 0.4 mm、长 40 mm、宽 15 mm 的塑料片或用双面刀片做成刮子。

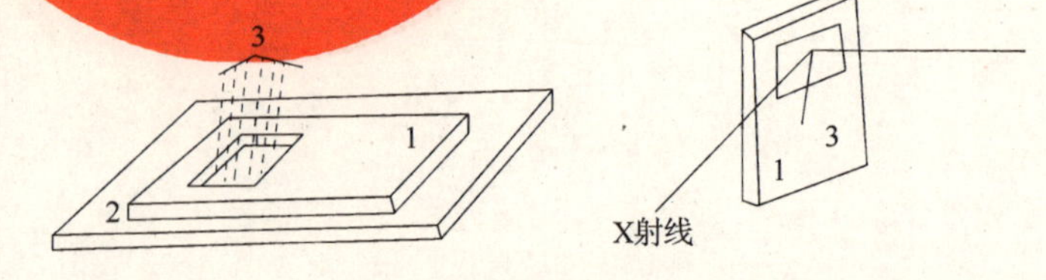

图 37.1.4—1　压片法

1—铝样品框；2—玻璃板；3—铝样品框空洞

用调泥板将糊状样品放入塑料框空洞 3 中，然后用刮子 4 缓慢地均匀用力，使糊状样品从一边均匀地刮向另一边，形成均匀的样品膜，注意不可来回刮。

制好的样片经过编号后，放在水平玻璃板上自然晾干。

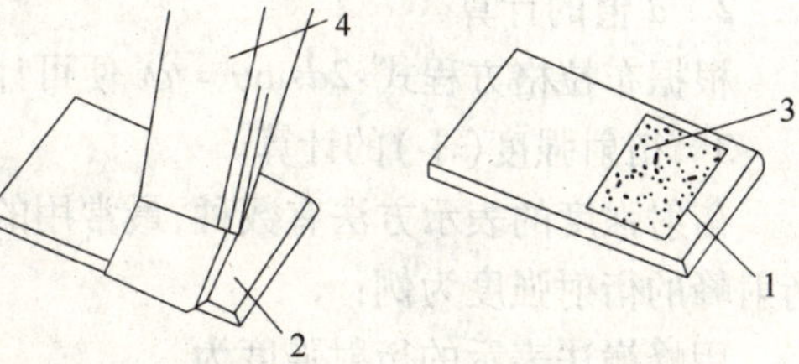

图 37.1.4—2　刮涂法

1—塑料框；2—载玻片；3—塑料框空洞；4—刮子

37.1.5　分析步骤

1　将制好的样片，在试验前三天放入盛有 $Ca(NO_3)_2$ 饱和溶液的干燥器内，使相对湿度保持在 50% 左右。

2　在进行 X 射线上机分析时，应严格按仪器操作说明书进行操作。经常使用的试验条件和参数见表 37.1.5。

表 37.1.5　常用的试验条件和参数

靶	CuK_2	扫描方式	连续或步进	N 片扫描范围 30° ~2.5°(2θ)
滤波片	Ni	扫描速度	2°/ min(2θ)	EG 片扫描范围 30°（或 15°）~2.5°(2θ)
管　压	30 ~35 kV	走纸速度	2°/ min(2θ)	Δ 加热片 15° ~2.5°(2θ)
管　流	15 ~20 mA	时间常数	1 s	盐酸处理片 15° ~2.5°(2θ)
狭　缝	DS,SS 均取 1°或均取 0.5°，RS0.3 mm	满量程	1 ~4 kcps	KCl 饱和片 15° ~2.5°(2θ)

注：表中 DS 发散狭缝，SS 散射狭缝，RS 接受狭缝，Cu 铜，Ni 镍，N 原片，EG 乙二醇饱和片，Δ 加热片 500 ℃保温 3 h 或 550 ℃保温 2 h

3　在盛饱和 $Ca(NO_3)_2$ 溶液的干燥器中取出的样片即 N 片，放入 X 射线衍射仪样品架，按表 37.1.6 选定的条件，开机操作。

4　从 X 射线衍射仪样品架上取出原片，放入密闭良好的玻璃或铝制容器的隔板上，最好立放，见图 37.1.5。

在容器隔板的下面盛有乙二醇溶液。盖严后将此容器放入烘箱，升温至 80 ℃，保持恒温12 ~16 h。古老地层的样品饱和时间要长些，大约需 100 h。饱和乙二醇蒸汽处理后的样片即 EG 片，按表 37.1.6 选定的试验条件开机操作。当有多个样片时，需边取边做，即从密闭容器中取出一个样片上机操作，做完后再从密闭器中取出一个样片，不能全部从容器中取出放在空气中。

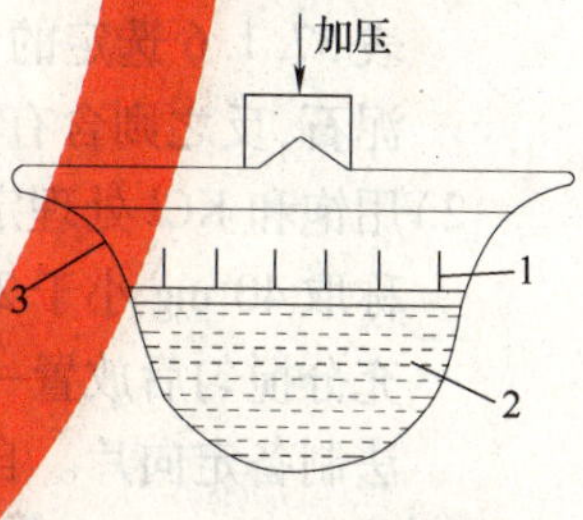

图 37.1.5　乙二醇饱和蒸汽装置

1—样片；2—乙二醇；3—密封干燥器

5　将 EG 片放在铺有 Al_2O_3 粉末的瓷板上，放入高温炉内，升温至 500 ℃保持恒温 3 h或升温 550 ℃保持恒温 2 h，样片在高温炉内要放平。待炉膛内温度降至 80 ℃以下时，取出样片，以防黏粒薄膜剥离。加热片取出高温炉后，应立即上机，或暂放入盛有 $CaCl_2$ 或硅胶的干燥器内，以避免重新吸水。按表 37.1.6 选用的试验条件上机操作。

37.1.6　定性分析

1　衍射图谱的判读

根据衍射的图谱可判定黏土矿物的类型。图谱的判读，主要是对 d 值、强度和峰形的识别。

2　d 值的计算

根据布拉格方程式：$2d\sin\theta = n\lambda$ 便可计算出 d 值；也可按本规程表 D. 1. 1 查出 d 值。

3　衍射强度（Ⅰ）的计算

衍射强度的表示方法有数种，最常用的有峰巅法和衍射峰面积法。以图 37. 1. 6 中 C 衍射峰的衍射强度为例：

用峰巅法表示的衍射强度为

$$I_c = h$$

用峰面积法表示的衍射强度为

$$I_c = h \times \nu$$

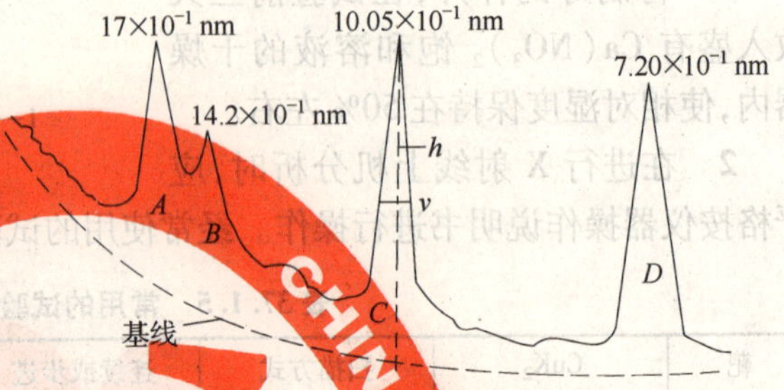

图 37. 1. 6　衍射强度和基线

A、B、C、D—衍射峰；h—C 峰的峰高；ν—C 峰的半高宽

4　峰行的判识

衍射峰行尖锐、对称、半高宽小则黏土矿物的结晶度高，反之结晶度低。

5　通过本规程第 37. 1. 6 条第三款～第五款步骤的操作可得到 3 张衍射图：N、EG、Δ 图。根据各图中衍射峰的 d 值强度及其变化，利用本规程附录表 D. 1. 1 顺序进行黏土矿物的定性分析。

6　当通过分析尚不能确定能否进行特殊处理和特殊分析时，可按本规程附录表 D. 2. 1 和表 D. 2. 2 判别。

试样的特殊处理方法主要用下列两种：

1）用盐酸处理后制成定向片。用此法可以区别高岭石和含铁绿泥石。称取 40 mg 粒径小于 2 μm 粉末试样，放入试管中。加入 5 mL 6 mol/L 盐酸溶液，在 80 ℃ 水浴上加热 15 min，冷却后用蒸馏水调成糊状，用刮涂法制样，天然风干后，按表 37. 1. 6 选定的试验条件上机操作。若 7×10^{-1} nm 衍射峰消失，则含有铁绿泥石，反之则含有高岭石。

2）用饱和 KCl 处理定向片，区别绿泥石、蛭石和蒙脱石。KCl 定向片的制备方法是称取 40 mg 小于 2 μm 的粉末试样放入离心管中，加入饱和 KCl 溶液，用玻璃棒充分搅匀后放置一昼夜，用纯水清洗至无 Cl^- 离子，加蒸馏水调成糊状，用刮涂法制备定向片。自然风干后，在盛有饱和 $Ca(NO_3)_2$ 溶液的干燥器中放置三天后，按表 37. 1. 6 选定的试验条件上机操作。如果 15×10^{-1} nm 左右的衍射峰收缩至 $12 \times 10^{-1} \sim 10 \times 10^{-1}$ nm 为蒙脱石，不变则为绿泥石或蛭石。

37. 1. 7　计算

1　经验公式法（简称 4 · 2 · 1 法）

质量相等的各种纯黏土矿物混合，特征衍射峰的强度有一定的比例关系，这个比例关系称为权重系数。将试样中各种黏土矿物的特征衍射峰强度乘以各自的权重系数后，即可计算出每种矿物的相对百分含量。

当试样经定性分析含有高岭石、绿泥石、蒙脱石、伊利石四组分时，可按以下计算：

$$M(\%) = \frac{I_{17}(EG)}{I_{17}(EG) + 2I_7(EG) + 4I_{10}(EG)} \times 100 \qquad (37. 1. 7—1)$$

$$I(\%) = \frac{4I_{10}(EG)}{I_{17}(EG) + 2I_7(EG) + 4I_{10}(EG)} \times 100 \qquad (37. 1. 7—2)$$

$$(K+Ch)(\%)=\frac{2I_7(EG)}{I_{17}(EG)+2I_7(EG)+4I_{10}(EG)}\times 100 \quad (37.1.7—3)$$

$$K(\%)=\frac{I_{3.58}(N)}{I_{3.58}(N)+I_{3.54}(N)}\times(K+Ch)\% \quad (37.1.7—4)$$

$$Ch(\%)=\frac{I_{3.54}}{I_{3.58}+I_{3.54}}\times(K+Ch)\% \quad (37.1.7—5)$$

或

$$Ch=(K+Ch)\%-K\% \quad (37.1.7—6)$$

式中 M——蒙脱石含量(%)；

I——伊利石含量(%)；

K——高岭石含量(%)；

Ch——绿泥石含量(%)；

4、2、1——权重系数；

I_{17}、I_{10}、I_7、$I_{3.58}$、$I_{3.54}$——分别为 $d(17、10、7、3.58、3.54)\times 10^{-1}$nm 的衍射峰的强度，强度计算方法按本规程第 37.1.6 条第三款进行。

2 修正许尔兹法

1)当试样经定性分析，含有蒙脱石，伊利石，高岭石，绿泥石四组分时可按以下计算：

$$(K+Ch)=\frac{I_7(N)}{I_1(N)+I_{10}(500\ ℃)+1.5}\times 100 \quad (37.1.7—7)$$

$$K=\frac{h_{3.54}}{h_{3.58}\times h_{3.54}}\times 100 \quad (37.1.7—8)$$

$$Ch=(K+Ch)\%-K\% \quad (37.1.7—9)$$

$$I=\frac{I_{10}(EG)}{I_{10}(500\ ℃)}\times[100-(K+Ch)] \quad (37.1.7—10)$$

$$M=100-(K+Ch+I) \quad (37.1.7—11)$$

式中 M——蒙脱石含量(%)；

I——伊利石含量(%)；

K——高岭石含量(%)；

Ch——绿泥石含量(%)；

$h_{3.58}$、$h_{3.54}$——分别为 $d(3.58、3.54)\times 10^{-1}$nm衍射峰的峰高；

I_{17}、I_{10}、I_7、$I_{3.58}$、$I_{3.54}$——分别为 $d(17、10、7、3.58、3.54)\times 10^{-1}$nm 的衍射峰的强度，强度计算方法按本规程第 37.1.6 条第三款进行。

2)当试样经定性分析时，含有伊利石蒙脱石间层，当含有高岭石、绿泥石、伊利石时，计算方法与本款第一项相同，但：

$$I/M(\%)=100-(K+Ch+I) \quad (37.1.7—12)$$

37.2 热 分 析

37.2.1 热分析是利用黏土矿物的热分析曲线对黏土矿物进行鉴定分析的一种方法。

37.2.2 差热分析法(DTA)适用于鉴定膨胀岩中黏土矿物成分。

37.2.3　主要仪器和设备

1　高温型差热分析仪或高温型热重分析仪。

2　盛放饱和 $Ca(NO_3)_2$ 溶液的干燥器，保持湿度在 50% 左右。

3　铝盒。

4　试样容器：铂坩埚、铝坩埚、瓷坩埚等。

5　玛瑙研钵、0.1 mm 孔径筛、角勺、玻璃棒等。

37.2.4　试剂

1　氧化铝（Al_2O_3）中性体

置氧化铝于 1 200 ℃ ~1 350 ℃高温中煅烧，冷却后用玛瑙研钵研细，移入干燥器；此氧化铝在 0 ~1 350 ℃范围内无吸热反应也无放热反应。

2　标准物质

高纯度的硝酸钾（KNO_3）粉末、锡（Sn）、氯化钠（NaCl）等，用于试验前炉温的校正。

37.2.5　试样制备

1　一般试样的制备可先粉碎，再通过玛瑙研钵研细，使试样全部通过 0.1 mm 孔径的筛子，然后将此试样放入铝盒。

2　若需要小于 2 μm 的粘粒进行热分析，可按本规程第 3.2 节提取小于 2 μm 黏粒，并用玛瑙研钵研细呈粉末，再放入铝盒。

37.2.6　试验步骤

1　将铝盒于试验前三天放入盛有 $Ca(NO_3)_2$ 饱和溶液的干燥器内，使相对湿度保持在 50% 左右。

2　差热（DTA）基线校正

在两个铂坩埚中都装入 Al_2O_3 中性体，将坩埚放置在热重分析仪中，开始操作，由室温到达 1 000 ℃或 1 200 ℃时，进行差热分析，得到一条无电位变化的平直零线，即基线。当基线不平直时可通过仪器中的倾斜调整旋钮校正。

3　炉温校正

将标准物质和氧化铝（Al_2O_3）中性体分别装入坩埚中，放入热重分析仪内，从室温升至该标准物所需温度，进行差热分析。标准物质的选择和校正结果，列于本规程附录表 D.2.3。

4　将干燥器中放置三天的铝盒内试样取出装入坩埚中，另一坩埚放 Al_2O_3 中性体。两者的粒径大小和装填密度等应当一致，必须使试样与底部有良好的接触，当样品数量少时，应放在坩埚中央。在基线和炉温校正时也应按此要求装试样。

5　在进行热分析时，应严格按仪器操作说明书进行操作，试验条件和参数的选择见表 37.2.6。

6　当炉温升至所需温度时，结束试验，将电炉盖打开并使冷却水继续流动，待炉温降至室温后，方可进行下一个试样的试验。

表 37.2.6　热分析常用的试验条件和参数

速　率	(10 ~20) ℃/min
加热范围	室温 ~1 200 ℃
试样用量	0.1 ~1.0 g
走纸速度	20 ~40 mm/min

37.2.7　定性分析

根据测得试样的差热曲线的特征，对照矿物标准差热分析曲线峰（谷）值鉴定表，可确定试样中黏土矿物的存在和种类。

37.3 伊利石含量测定

37.3.1 K_2O 含量计算法是通过测定黏粒中含 K_2O 总量乘以适当系数来计算黏粒中伊利石(实际上是黏粒中云母类矿物)的含量。试样全钾量的测定是用酸分解试样,用原子吸收光谱法(或火焰光度法)测定其全钾量,换算为 K_2O 百分含量,即黏粒中的 K_2O 总量。本方法适用于黏粒中伊利石含量的测定。

37.3.2 主要仪器和设备

1 分析天平:分度值 0.000 1 g。

2 铂坩埚(或聚四氟乙烯坩埚)。

3 原子吸收光谱仪(火焰光度计)。

4 干燥箱、干燥器、电热板(或砂浴)、电炉、吸量管、容量瓶。

37.3.3 试剂

1 K_2O 标准溶液

称取预先在 105 ℃~110 ℃烘干 8 h 并在干燥器中冷却至室温的 KCl(基准试剂)1.583 0 g 溶于适量水中,全部移入1 000 mL容量瓶中,用水稀释至刻度,摇匀。

2 高氯酸($HClO_4$)溶液。

3 氢氟酸(HF)溶液。

4 盐酸(HCl)溶液 1 +1。

37.3.4 试样制备

按照本规程第 3.2 节提取小于 2 μm 黏粒为试样。

37.3.5 试验步骤

见本规程第 13.1.6 节。

37.3.6 计算

$$K_2O(\%) = \frac{(c_1 - c_0) \times V_2 \times 10^{-6}}{m \times V_1 / V} \times 100 \quad (37.3.6—1)$$

$$伊利石(\%) = K_2O(\%) \times 10 \quad (37.3.6—2)$$

式中 m_1——自标准曲线查得试样溶液的氧化钾或氧化钠的浓度(μg/ mL);

m_0——自标准曲线查得空白溶液中氧化钾或氧化钠的浓度(μg/ mL);

V——试样溶液总体积(mL);

V_1——分取试样溶液体积(mL);

V_2——分取试样溶液稀释后体积(mL);

m——试样质量(g)。

所得结果表示至三位小数。

37.4 蒙脱石含量的测定

37.4.1 亚甲基蓝—氯化亚锡法适用于各种岩土中蒙脱石含量的测定。

37.4.2 根据蒙脱石定量吸附亚甲基蓝的特性,加入过量的亚甲蓝,然后以氯化亚锡返滴定过量亚甲蓝来计算岩土中蒙脱石含量。

37.4.3　主要仪器和设备

1　天平：分度值 0.000 1 g。

2　微量滴定管：容量 5 ~ 10 mL，分度值 0.01 mL。

3　半微量滴定管：容量 25 ~ 30 mL，分度值 0.1 mL。

4　电炉、烘箱、称量瓶、干燥器、量筒、比色管、移液管、锥形瓶等。

37.4.4　试剂

1　亚甲蓝标准溶液(2.0000 g/L)

称取预先在玛瑙研钵中研细混匀并在(90 ± 5) ℃烘干至恒量的亚甲蓝 2.0000 g，用水通过漏斗将亚甲基蓝冲洗入1 000 mL容量瓶中，稀释至刻度，摇匀。

2　焦磷酸钠($Na_4P_2O_7$)溶液 10 g/L

溶解 1 g 焦磷酸钠于 100 mL 热水中，冷却至室温，混匀。

3　盐酸(HCl)。

4　盐酸(HCl)溶液 1 +1。

5　$SnCl_2$ 贮备液 50 g/L

称取($SnCl_2 \cdot 2H_2O$)29.75 g，用盐酸溶液通过漏斗冲洗入 500 mL 容量瓶中，稀释至刻度，摇匀，贮于棕色试剂瓶中，投入 1 粒锡，再用石蜡封盖液面，存于冰箱内备用。

6　$SnCl_2$ 工作溶液 2 g/L

用移液管吸取 50 g/L $SnCl_2$ 溶液 2 mL 于 50 mL 容量瓶中，用 1 +1 盐酸溶液稀释至刻度(此溶液用时现配)。

37.4.5　分析步骤

1　称取过 0.25 mm 筛孔并在 105 ℃ ~110 ℃烘干 8 h 的试样 0.100 0 g 于 100 mL 比色管中，加 10 g/L 焦磷酸钠 15 mL，水15 mL，于水浴锅中加热煮沸 10 min，取下冷却，同时作空白试验。

2　准确加入 2.0000 g/L 亚甲蓝标准溶液 15.0 mL，边加边振荡，滴加完毕后，放置约 5 ~ 10 min(观察试样悬液管上部清液应呈蓝色，否则应再定量补加亚甲蓝标准溶液，使上部清液保持蓝色)。

3　用水稀释至刻度，摇匀，放置 4 h 以上使彻底分层。如果分层不彻底，应离心分离。

4　准确吸取试样和空白的上部清液各 10 mL，分别放入150 mL锥形瓶中，各加盐酸 10 mL。用 2 g/L $SnCl_2$ 工作溶液，于微量滴定管中，滴定试样溶液和空白溶液由蓝色变为无色或呈微黄色为终点。

37.4.6　计算

$$M = \frac{\left[V(\mathrm{MB})_s - V(\mathrm{SnCl_2})_s \times \dfrac{V(\mathrm{MB})_B}{V(\mathrm{SnCl_2})_B} \times \dfrac{V}{V_s}\right] \times \rho(\mathrm{MB}) \times 100}{m_s \times 0.44} \qquad (37.4.6)$$

式中　M——蒙脱石含量(%)；

$V(\mathrm{MB})_s$——试样中加入亚甲蓝溶液体积(mL)；

$V(\mathrm{SnCl_2})_s$——滴定试样溶液消耗 $SnCl_2$ 溶液的体积(mL)；

$V(\mathrm{MB})_B$——空白试验加入亚甲蓝体积(mL)；

$V(\mathrm{SnCl_2})_B$——滴定空白溶液消耗 $SnCl_2$ 溶液的体积(mL)；

V——试样溶液总体积(mL)；

V_s——滴定时吸取试样清液体积(mL)；

ρ(MB)——亚甲蓝标准溶液浓度(g/mL)；

0.44——亚甲蓝对蒙脱石的换算系数；

m_s——称取试样质量(g)。

所得结果表示至两位小数。

37.4.7　允许差，见表 37.4.7。

表 37.4.7　蒙脱石含量允许差

蒙脱石(M)含量(%)	平行测定允许差值(%)
$M \leqslant 10$	1.0
$10 < M \leqslant 30$	1.5
$30 < M \leqslant 50$	2.0
$M > 50$	2.5

附录 A　铂器皿使用规则

A. 0. 1　铂金属很软,使用时必须小心持取,不得用玻璃棒或金属刮刀等移取坩埚内的熔融物和粘附在坩埚壁上的熔块等,以避免划伤或造成变形。应经常用硬质木材模型修整坩埚,以利使用。

A. 0. 2　铂器皿加热时,不得与其他任何金属接触,以防止生成合金。红热的铂器皿只能用铂头钳持取;低于红热时,可用镍或不锈钢钳。切不可用铁钳夹取。

A. 0. 3　应严格防止在铂器皿中处理或使铂器皿接触某些侵蚀铂的试剂和产生侵蚀铂的物质,包括:

1　发烟或发亮的火焰产生的炭。铂器皿若在火焰上加热时,只能在氧化焰中加热,不得接触焰心;在铂器皿中灰化滤纸时,应在有充分空气供应下缓慢加热。不使滤纸燃着。

2　易还原的金属和非金属及其化合物。如银、汞、铅、锑、铋、锡及其盐类、硫化物、砷和磷的化合物等。它们易还原为金属与铂生成合金。

3　当在铂器皿中加热或熔融碱金属及钡的氧化物、氢氧化物、过氧化物、硝酸盐、亚硝酸盐、氰化物和硫氰酸盐时,铂器皿会受到强烈侵蚀。但过氧化钠与氢氧化钠按 2∶1或5∶2的比例熔融试样时,熔融温度严格控制在(520 ± 10)℃,铂坩埚损耗小于 1 mg。

4　卤族元素及能析出卤族元素的物质,如王水、盐酸与氧化剂(氯酸钾、硝酸盐、高锰酸盐、铬酸盐、二氧化锰、过氧化氢等)、三氯化铁的盐酸溶液对铂有侵蚀作用。

A. 0. 4　不得在铂器皿中加热处理性质不明的物质。

A. 0. 5　应保持铂器皿内外清洁、光亮。长期连续使用时,常会因重结晶作用而发灰。这种作用如发生在器皿表面,有时会延续,严重时会形成裂碎。因此,一经发现有发灰现象,即应用软布蘸少许湿的细砂(最好是海砂,粒度在 75 ~ 100 目)轻摩擦掉。

A. 0. 6　清洗铂器皿一般用纯硝酸(纯盐酸)煮沸清洗,如无效时,可用焦硫酸钾在较低温度熔融,再浸于盐酸中,随后清水洗净。也可用碳酸钠或硼砂熔融清洗。洗铂器皿用的盐酸应注意用纯盐酸。反复使用过程中要防止受氧化剂污染。

附录 B　元素及其化合物换算因数

$A \times A' = B, B \times B' = A$

A、B 为相应化合物重量，A′、B′为因数

A′	A	B	B′
		Ag	
1.328 7	Ag	AgCl	0.752 6
1.574 8	Ag	$AgNO_3$	0.635 0
0.247 4	AgCl	Cl	4.042 6
0.843 7	$AgNO_3$	AgCl	1.185 3
		Al	
1.889 5	Al	Al_2O_3	0.529 3
4.519 8	Al	$AlPO_4$	0.221 3
17.581 6	Al	$KAl(SO_4)_2 \cdot 12H_2O$	0.056 9
17.011 8	Al	$Al(C_9H_6NO)_3$	0.058 7
		As	
1.320 3	As	As_2O_3	0.757 4
1.533 9	As	As_2O_5	0.652 0
1.641 9	As	As_2O_3	0.609 1
2.069 8	As	As_2O_5	0.483 1
2.071 8	As	$Mg_2As_2O_7$	0.482 7
1.161 7	As_2O_3	As_2O_5	0.860 8
1.243 5	As_2O_3	As_2S_2	0.804 2
1.567 6	As_2O_3	As_2S_5	0.637 9
1.569 2	As_2O_3	$Mg_2As_2O_7$	0.637 3
1.350 7	As_2O_5	$Mg_2As_2O_7$	0.740 4
		Au	
1.540 0	Au	$AuCl_3$	0.649 4
2.091 0	Au	$HAuCl_4 \cdot 4H_2O$	0.478 3
		B	
3.220 1	B	B_2O_3	0.310 6
5.719 9	B	H_3BO_3	0.174 8
8.819 8	B	$Na_2B_4O_7 \cdot 10H_2O$	0.113 4
1.776 3	B_2O_3	H_2BO_3	0.563 0
2.739 0	B_2O_3	$Na_2B_4O_7 \cdot 10H_2O$	0.365 1
		Ba	
1.437 0	Ba	$BaCO_3$	0.695 9
1.516 3	Ba	$BaCl_2$	0.659 5
1.844 6	Ba	BaC_2O_4	0.542 1
1.116 5	Ba	BaO	0.895 7
1.699 5	Ba	$BaSO_4$	0.588 4
0.657 0	$BaSO_4$	BaO	1.522 1
0.605 3	BaC_2O_4	BaO	1.652 2
		Be	
2.775 3	Be	BeO	0.360 3
		Bi	
1.114 8	Bi	Bi_2O_3	0.897 0
1.230 1	Bi	Bi_2S_3	0.812 9
		Br	
2.350 0	Br	AgBr	0.425 5
1.350 0	Br	Ag	0.740 8
1.793 7	Br	AgCl	0.557 5
0.100 1	Br	O	9.988 4
		C	
3.664 1	C	CO_2	0.272 9
2.274 3	CO_2	$CaCO_3$	0.439 7
		Ca	
2.497 2	Ca	$CaCO_3$	0.400 4
3.196 1	Ca	CaC_2O_4	0.312 9
1.948 0	Ca	CaF_2	0.513 3
1.399 2	Ca	CaO	0.714 7
0.560 3	$CaCO_3$	CaO	1.784 8

续上表

A′	A	B	B′
		Cd	
1. 142 3	Cd	CdO	0. 875 4
1. 285 2	Cd	CdS	0. 778 1
		Ce	
1. 171 3	Ce	Ce_2O_3	0. 853 8
1. 228 4	Ce	CeO_2	0. 814 1
1. 048 7	Ce_2O_3	CeO_2	0. 953 5
		Cl	
4. 042 6	4. 042 6	4. 042 6	4. 042 6
2. 102 8	2. 102 8	2. 102 8	2. 102 8
1. 648 5	1. 648 5	1. 648 5	1. 648 5
Co	Co	Co	Co
1. 271 5	1. 271 5	1. 271 5	1. 271 5
1. 362 0	Co	Co_3O_4	0. 734 2
1. 071 2	CoO	Co_3O_4	0. 933 6
		Cr	
1. 461 6	Cr	Cr_2O_3	0. 684 2
2. 828 9	Cr	$K_2Cr_2O_7$	0. 353 5
3. 734 7	Cr	K_2CrO_4	0. 267 8
		Cs	
1. 266 8	Cs	CsCl	0. 789 4
1. 060 2	Cs	Cs_2O	0. 943 2
2. 534 2	Cs	Cs_2PtCl_6	0. 394 6
2. 390 0	Cs_2O	Cs_2PtCl_6	0. 418 4
		F	
2. 054 8	F	CaF_2	0. 486 7
1. 053 1	F	HF	0. 949 6
1. 951 3	HF	CaF_2	0. 512 5
13. 772 2	F	PbClF	0. 072 6
2. 2101	F	NaF	0. 452 6
		Fe	
1. 286 5	Fe	FeO	0. 777 3
1. 429 7	Fe	Fe_2O_3	0. 699 4
1. 382 0	Fe	Fe_3O_4	0. 723 6
2. 148 1	Fe	FeS_2	0. 465 5
8. 972 3	Fe_2O_3	$(NH_4)_2Fe(SO_4)_2\cdot 24H_2O$	0. 111 5

A′	A	B	B′
		Ga	
1. 344 2	Ga	Ga_2O_3	0. 743 9
		Ge	
1. 440 8	Ge	GeO_2	0. 694 1
		Hf	
1. 179 3	Hf	HfO_2	0. 848 0
		I	
1. 850 0	I	AgI	0. 540 5
1. 129 4	I	AgCl	0. 885 5
		In	
1. 209 0	In	In_2O_3	0. 827 1
		K	
1. 906 8	K	KCl	0. 524 4
1. 204 6	K	K_2O	0. 830 2
6. 215 2	K	K_2PtCl_6	0. 160 9
	K	$KB(C_6H_5)_4$	0. 109 1
5. 159 5	K_2O	K_2PtCl_6	0. 193 8
		La	
1. 172 8	La	La_2O_3	0. 852 7
		Li	
5. 322 8	Li	Li_2CO_3	0. 187 9
6. 107 8	Li	LiCl	0. 163 7
2. 152 5	Li	Li_2O	0. 464 6
2. 837 5	Li_2O	LiCl	0. 352 4
3. 679 2	Li_2O	Li_2SO_4	0. 271 8
		Mg	
1. 658 3	Mg	MgO	0. 603 0
4. 578 3	Mg	$Mg_2P_2O_7$	0. 218 4
		Mn	
1. 291 2	Mn	MnO	0. 774 5
2. 227 8	MnO	$KMnO_4$	0. 448 9
		Mo	
1. 500 3	Mo	MoO_3	0. 666 5
1. 226 6	MoO_3	$(NH_4)_6Mo_7O_{24}\cdot 4H_2O$	0. 815 3
		Na	
2. 542 1	Na	NaCl	0. 393 4

续上表

A′	A	B	B′
1.348 0	Na	Na_2O	0.741 8
		Nb	
1.430 5	Nb	Nb_2O_5	0.699 0
		Ni	
1.272 6	Ni	NiO	0.785 8
		Os	
1.336 5	Os	OsO_4	0.748 2
		P	
2.291 4	P	P_2O_5	0.436 4
3.592 6	P	$Mg_2P_2O_7$	0.278 3
1.567 9	P_2O_5	$Mg_2P_2O_7$	0.637 8
		Pb	
1.559 8	Pb	$PbCrO_4$	0.641 1
1.154 7	Pb	PbS	0.866 0
		Pt	
2.654 8	Pt	$H_2PtCl_6 \cdot 6H_2O$	0.376 7
		Rb	
1.414 8	Rb	RbCl	0.706 8
3.385 7	Rb	Rb_2PtCl_6	0.295 4
1.293 7	Rb_2O	RbCl	0.773 0
3.096 0	Rb_2O	Rb_2PtCl_6	0.323 0
		Re	
1.553 5	Re	$KreO_4$	0.643 7
		S	
1.998 1	S	SO_2	0.500 5
2.497 1	S	SO_3	0.400 5
7.279 7	S	$BaSO_4$	0.137 4
		Sb	
1.197 1	Sb	Sb_2O_3	0.835 3
1.328 5	Sb	Sb_2O_5	0.752 7
1.395 0	Sb	Sb_2S_3	0.716 9
1.658 3	Sb	Sb_2S_5	0.603 0
1.109 8	Sb_2O_3	Sb_2O_5	0.901 1
1.165 3	Sb_2O_3	Sb_2S_3	0.858 2
1.385 3	Sb_2O_3	Sb_2S_5	0.721 9
1.050 0	Sb_2O_5	Sb_2S_3	0.952 4
1.248 2	Sb_2O_5	Sb_2S_5	0.801 1

A′	A	B	B′
		Se	
1.405 3	Se	SeO_2	0.711 6
		Si	
2.139 3	Si	SiO_2	0.467 4
		Sn	
1.269 6	Sn	SnO_2	0.787 7
		Sr	
1.182 6	Sr	SrO	0.845 6
1.424 7	SrO	$SrCO_3$	0.701 9
		Ta	
1.221 1	Ta	Ta_2O_5	0.819 0
		Te	
1.250 8	Te	TeO_2	0.799 5
		Th	
1.137 9	Th	ThO_2	0.878 8
		Ti	
1.668 0	Ti	TiO_2	0.599 5
3.004 6	TiO_2	K_2TiF_6	0.332 8
		Tl	
1.173 5	Tl	TlCl	0.852 2
1.039 1	Tl	Tl_2O	0.962 3
		U	
1.134 4	U	UO_2	0.881 5
1.201 7	U	UO_3	0.832 2
1.179 2	U	U_3O_8	0.848 0
1.039 5	UO_2	U_3O_8	0.962 0
0.981 4	UO_3	U_3O_8	1.019 0
		V	
1.628 2	V	VO_2	0.614 2
1.785 2	V	V_2O_5	0.560 2
		W	
1.261 1	W	WO_2	0.793 0
		Y	
1.269 9	Y	Y_2O_3	0.787 4
		Zn	
1.244 7	Zn	ZnO	0.803 4
1.490 4	Zn	ZnS	0.671 0
1.197 4	ZnO	ZnS	0.835 2
		Zr	
1.350 8	Zr	ZrO_2	0.740 3

附录 C　各类岩矿样品烘样温度和测试样品粒度要求

岩矿样品种类	碎后粒度（mm）	相当筛号（网目）	烘样温度（℃）	备　注
花岗岩等各种硅酸盐	0.097～0.074	160～200	105	
石灰岩、白云岩、明矾石	0.097	160	105	
石英岩	0.074	200	105	
高岭土、粘土	0.097～0.074	160～200	不烘样，校正水分	
磷灰石	0.125	120	105～110	GB/T 1868—1995
黄铁矿	0.149	100	100～105 或不烘样，校正水分	GB/T 2460—1996
硼矿	0.097	160	60	
石膏	0.125	120	55	
芒硝	0.250～0.177	60～80	不烘样，校正水分	
铁矿	0.097～0.074	160～200	105～110	GB/T 1361—1978
锰矿	0.097	160	不烘样，校正水分	
铬铁矿、钛铁矿	0.074	200	105	
铜矿、铅锌矿	0.097	160	60～80	
铝土矿	0.097～0.074	160～200	105	
钨矿、锡矿	0.097～0.074	160～200	105	
铋矿、锑矿、钼矿、砷矿	0.097	160	60～80	
镍矿、钒矿、钴矿	0.097	160	105	
汞矿	0.149	100	不烘样	
金、银、铂、钯矿	0.074	200	60～80	
铀矿	0.097～0.074	160～200	105	
油页岩	0.250～0.177	60～80	不烘样	
化探样品	0.097～0.074	160～200	不烘样	
物相分析、亚铁测定	0.149	100	不烘样	
稀有元素矿	0.097	160	105	
金红石	0.097	160	105	
蛇纹石、滑石、叶腊石	0.097	160	105	
天青石、重晶石、萤石	0.097	160	105	
岩盐样品	0.149	100	不烘样，校正水分	
单矿物样品	0.074	200	105	
炭质页岩	0.097	160	105	
泥质页岩	0.125	120	105	

附录 D　黏土矿物鉴定使用数据

D.1　粉晶面间距(d 值)与 X 射线分析程序

D.1.1　$2\theta(CuK_2)$与 d 值($\times 10^{-1}$nm)的换算表,列于表 D.1.1。

表 D.1.1　$2\theta(CuK_2)$与 d 值($\times 10^{-1}$nm)的换算

2θ	0	1	2	3	4	5	6	7	8	9
2	44.171	42.068	40.156	38.410	36.180	35.338	33.979	32.721	31.552	30.464
3	29.449	28.499	27.609	26.773	25.985	25.243	24.542	23.897	23.251	22.655
4	22.089	21.550	21.037	20.548	20.082	19.636	19.209	18.800	18.409	18.034
5	17.673	17.327	16.994	16.673	16.365	16.068	15.781	15.504	15.237	14.979
6	14.730	14.488	14.255	14.029	13.810	13.598	13.392	13.192	12.998	12.810
7	12.628	12.450	12.277	12.109	11.946	11.787	11.632	11.482	11.334	11.191
8	11.051	10.915	10.782	10.652	10.526	10.402	10.281	10.163	10.048	9.9355
9	9.8254	9.7176	9.6122	9.5091	9.4082	9.3093	9.2126	9.1178	9.9250	8.9341
10	8.8450	8.7576	8.6720	8.5880	8.5057	8.4249	8.3456	8.2678	8.1915	8.1166
11	8.0430	7.9708	7.8998	7.8302	7.7617	7.6944	7.6283	7.5634	7.4995	7.4367
12	7.3750	7.3142	7.2545	7.1957	7.1379	7.0810	7.0251	6.9699	6.9157	6.8624
13	6.8098	6.7580	6.7071	6.6569	6.6074	6.5587	6.5107	6.4634	6.4168	6.3708
14	6.3256	6.2809	6.2369	6.1935	6.1507	6.1085	6.0669	6.0259	5.9854	5.9454
15	5.9060	5.8671	5.8288	5.7909	5.7585	5.7166	5.6802	5.6442	5.6088	5.5737
16	5.5391	5.5049	5.4711	5.4378	5.4049	5.3723	5.3402	5.3084	5.2771	5.2461
17	5.2154	5.1852	5.1552	5.1257	5.0964	5.0675	5.0390	5.0107	4.9828	4.9552
18	4.9279	4.9009	4.8742	4.8478	4.8216	4.7958	4.7702	4.7450	4.7199	4.6952
19	4.6707	4.6465	4.6225	4.5988	4.5753	4.5521	4.5291	4.5063	4.4838	4.4615
20	4.4394	4.4175	4.3959	4.3744	4.3582	4.3322	4.3114	4.2908	4.2704	4.2502
21	4.2302	4.2104	4.1907	4.1713	4.1520	4.1229	4.1140	4.0953	4.0767	4.0583
22	4.0401	4.0220	4.0042	3.9864	3.9649	3.9515	3.9342	3.9171	3.9001	3.8833
23	3.8667	3.8502	3.8338	3.8176	3.8015	3.7855	3.7679	3.7540	3.7385	3.7231
24	3.7078	3.6926	3.6776	3.6627	3.6479	3.6332	3.6187	3.6043	3.5900	3.5758
25	3.5617	3.5477	3.5339	3.5201	3.5065	3.4930	3.4796	3.4662	3.4530	3.4399
26	3.4269	3.4140	3.4012	3.3885	3.3759	3.3634	3.3510	3.3386	3.3264	3.3143
27	3.3022	3.2903	3.2784	3.2666	3.2549	3.2433	3.2318	3.2203	3.2090	3.1977
28	3.1865	3.1754	3.1644	3.1534	3.1426	3.1318	3.1210	3.1104	3.0998	3.0893
29	3.0789	3.0685	3.0582	3.0480	3.0379	3.0278	3.0178	3.0079	2.9980	2.9882
30	2.9785	2.9688	2.9592	2.9497	2.9402	2.9308	2.9214	2.9122	2.9029	2.8938
31	2.8847	2.8756	2.8666	2.8577	2.8488	2.8400	2.8312	2.8225	2.8139	2.8053
32	2.7968	2.7883	2.7798	2.7713	2.7631	2.7549	2.7466	2.7385	2.7303	2.7223
33	2.7143	2.7063	2.6984	2.6905	2.6827	2.6749	2.6611	2.6595	2.6518	2.6442
34	2.6367	2.6292	2.6217	2.6143	2.6089	2.5996	2.5923	2.5851	2.5779	2.5707
35	2.5636	2.5565	2.5495	2.5425	2.5355	2.5286	2.5218	2.5149	2.5081	2.5014
36	2.4947	2.4880	2.4813	2.4747	2.4682	2.4516	2.4554	2.4487	2.4422	2.4358
37	2.4295	2.4232	2.4169	2.4106	2.4014	2.3982	2.3921	2.3860	2.3799	2.3738
38	2.3678	2.3618	2.3559	2.3500	2.3441	2.3382	2.3324	2.3266	2.3208	2.3151
39	2.3094	2.3037	2.2981	2.2924	2.2869	2.2813	2.2758	2.2703	2.2648	2.2593
40	2.2539	2.2485	2.2432	2.2378	2.2325	2.2273	2.2220	2.2168	2.2116	2.2064
41	2.2012	2.1961	2.1910	2.1859	2.1809	2.1759	2.1709	2.1659	2.1609	2.1560
42	2.1511	2.1462	2.1414	2.1365	2.1317	2.1270	2.1222	2.1175	2.1127	2.1080
43	2.1034	2.0987	2.0941	2.0895	2.0849	2.0804	2.0758	2.0713	2.0668	2.0623
44	2.0579	2.0534	2.0490	2.0446	2.0402	2.0359	2.0316	2.0273	2.0230	2.1087
45	2.0144	2.0102	2.0060	2.0018	1.9976	1.9935	1.9893	1.9852	1.9811	1.9770
46	1.9729	1.9689	1.9649	1.9609	1.9569	1.9259	1.9489	1.9450	1.9400	1.9372

D. 1. 2　主要黏土矿物 X 射线衍射分析程序，按图 D. 1. 2 操作

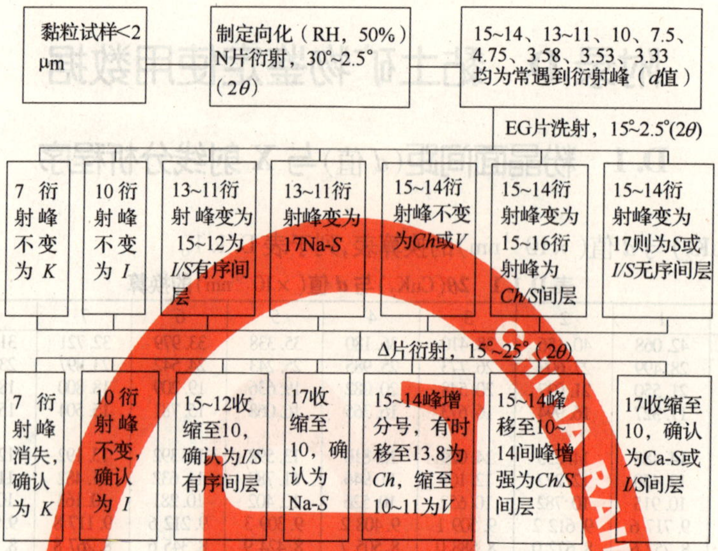

图 D. 1. 2　主要黏土矿物 X 射线分析程序框图

RH 为相对湿度；N 为原片；EG 为乙二醇饱和片；Δ 为加热片；*S* 为蒙脱石；*I* 为伊利石；*K* 为高岭石；*Ch* 为绿泥石；*V* 为蛭石；*I/S* 为伊利石/蒙脱石；*Ch/S* 为绿泥石/蒙脱石；Na－*S* 为钠蒙脱石；Ca－*S* 为钙蒙脱石；衍射峰（*d* 值）单位为 $\times 10^{-1}$ nm。

D. 2　黏土矿物 X 射线衍射特征与差热标准物质

D. 2. 1　主要黏土矿物的 *d*(001) 值和基面衍射强度，列于表 D. 2. 1 中。

表 D. 2. 1　主要黏土矿物的 *d*(001) 值和基面衍射强度

矿　物		*d*(001) $\times 10^{-1}$ nm	(001) 衍射峰强度					*d*(050) $\times 10^{-1}$ nm
			I=2	*I*=2	*I*=3	*I*=4	*I*=5	
高岭石族		7.15～7.20	100	90				41.489
Mg—蛇纹石		7.25～7.35	100	100				1.536～1.540
Fe—蛇纹石		7.04	100	100				1.555
铁铝蛇纹石								
叶蜡石		9.20	80	30	100	5	10	1.493
滑　石		9.35						1.527
蒙皂石	二八面体		不定					1.49～1.50
	三八面体		不定					1.52～1.54

续上表

矿　物	$d(001)$ $\times 10^{-1}$ nm	(001)衍射峰强度					$d(050)$ $\times 10^{-1}$ nm
		I=2	I=2	I=3	I=4	I=5	
砾石	14.3	100	10	15	30	40	1.541
白云母	10.0~10.25	100	55	100	20	75	1.499
金云母	10.0~10.05	100	20	200	30	65	1.538
黑云母	10.0	100	20	90	10	65	1.530
绿鳞石	9.95	50		70		10	1.510
海鳞石	9.95	100		80		20	1.511
钠云母	9.62	30	20	100		30	1.481
绿泥石(Mg)	14.15~14.35	70	100	50	80	30	1.549
绿泥石(富Fe)	14.10~14.25	20	100	20	50	10	1.560
海泡石	.	$d(110)$=12.1~12.3,I=100;$d(131)$=4.30,I=25~40					
坡缕石		$d(110)$=10.4~10.5,I=100;$d(121)$=4.25,I=10~30					

注:νs—很强;s—强;νω—很弱;m—中等;ω—弱。G. Brown 和 G. W. Brndey,1980。

D.2.2　主要黏土矿物部分部分特征处理后的第一级低角度衍射的 d 值,列于表 D.2.2 中。

表 D.2.2　主要黏土矿物部分特征处理后的第一级低角度衍射的 d 值

矿　物	自然风干(RH50%)	乙二醇处理	加热处理		$CaCl_2$-水化-DMSO嵌合处理	反射消失温度(℃)	参考标志
			350 ℃	550 ℃			
伊毛缟石	20~12*B*	20~12*B*	19 或 *D*	*D*	–	300~450	潮湿条件下 19×10^{-1} nm 尖衍射逆转
高岭石	7	7	7	*D*	11	500~550	二级衍射峰在 3.57×10^{-1} mm 左右
迪开石	7	7	7	7 或 *D*	11	500~850	
珍珠石	7	7	7	7 或 *D*	11	550~850	
埃洛石($4H_2O$)	7	7	7	*D*	11	450~520	4.43×10^{-1} nm 衍射呈楔形
蛇纹石	7	7	7	7 或 *D*	7	575~700	
滑　石	9.4	9.4	9.4	9.4	9.4	350~1 000	
叶蜡石	9.2	9.2	9.2	9.2	9.2	600~850	
云母(伊利石)	10	10	10	10	10	300~1 000	
蒙脱石(Mg,Ca)	15	17	10	10	18		700~1 000
蒙脱石(K)	12	12~17	10	10	18		
蛭石(MgCa)	14	14	10	10	18		
蛭石(K)	10	10~14	10	10	18		
绿泥石(富 Mg)	14	14	14	14	14	800	500 ℃量,14×10^{-1} nm 衍射峰强度增加,其他级次的衍射峰或强度降低或消失

续上表

矿　物	自然风干（RH50%）	乙二醇处理	加热处理		CaCl$_2$－水化－DMSO嵌合处理	反射消失温度（℃）	参考标志
			350 ℃	550 ℃			
绿泥石（富 Fe）	14	14	14	14	14	650	（004）衍射峰为 3. 52 ×10^{-1} nm 有时与高岭石的（002）衍射峰分解；富 Mg 绿泥石（001）/I（002）比值比富 Fe 绿泥石大
坡缕石	10. 5	10. 5	0. 5 + 9. 2	9. 2	10. 5	700	150℃ 量 10. 5 × 10^{-1} nm 衍射峰的强度明显增加
海泡石	12. 2	12. 2	12. 2 + 10. 4	10. 4	12. 2	700	

注：RH—相对湿度；数值单位 ×10^{-1} nm；*B*—宽衍射峰；*D*—衍射峰消失，*I*—衍射强度。

表中 *d* 值均为近似值。

D. 2. 3　差热分析标准物质，列于表 D. 2. 3 中。

表 D. 2. 3　差热分析标准物质

物　质	转变类型	温度（℃）	反应热（J/g）	熔融（J/mol）
镓 Ga	熔点	29. 8		5 587. 64
NH_4NO_3	结构转变	32		
$Na_2SO_4 \cdot 10H_2O$	结构转变	32. 38		
萘 $C_{10}H_8$	熔点	80. 1		
NH_4NO_3	结构转变	85		
NH_4NO_3	结构转变	125		
KNO_3	结构转变	127. 8		
Na_2SO_4	结构转变	147		
AgI	结构转变	147		
$AgNO_3$	结构转变	160		
NH_4NO_3	熔点	170		
$AgNO_3$	熔点	212	69. 9	
Na_2SO_4	结构转变	215		
锡 Sn	熔点	213. 9 + 0. 001		7 031. 64
铋 Bi	熔点	271. 0		11 007. 86
AgCl	熔点	307		
$NaNO_3$	熔点	314	189. 6	
铅 Pb	熔点	327. 4（还原气氛）		4 775. 66
KNO_3	熔点	339	105. 89	
AgI	熔点	552		
冰晶石 Na_3AIF_6	结构转变	562. 7		
K_2SO_4	结构转变	583. 5		

续上表

物　质	转变类型	温度(℃)	反应热(J/g)	熔融(J/mol)
Na_2MoO_4	结构转变	642		
Ag_2SO_4	熔点	652		
铝 Al	熔点	660. 0 +0. 2		
Na_2MoO_4	熔点	687		10 756. 74
KCl	熔点	775		
NaCl	熔点	801	104. 71	11 300. 85
银 Ag	熔点	961(还原气氛)		
$BaCO_3$	结构转变	980		
金 Au	熔点	1 062. 4 +0. 8		
$LiSiO_3$	熔点	1 201		
$2CaO \cdot B_2O_3$	熔点	1 304		
镍 Ni	熔点	1 452. 3 +2（在真空）		
钯 Pd	熔点	15. 49 +2		

附录 E　不同温度及大气压力下二氧化碳密度 $\rho(CO_2)$（μg/mL）

温度	大气压力〔kPa(mmHg)〕														
(℃)	98.925 (742)	99.258 (744.5)	99.591 (747)	99.858 (749)	100.125 (751)	100.458 (753.5)	100.791 (756)	101.059 (758)	101.325 (760)	101.658 (762)	101.991 (765)	102.258 (767)	102.525 (769)	102.791 (771)	103.191 (774)
28	1 778	1 784	1 791	1 797	1 804	1 810	1 817	1 823	1 828	1 833	1 837	1 842	1 847	1 852	1 856
27	1 784	1 790	1 707	1 803	1 810	1 816	1 823	1 829	1 834	1 839	1 843	1 848	1 853	1 858	1 863
26	1 791	1 797	1 803	1 809	1 816	1 822	1 829	1 835	1 840	1 845	1 849	1 854	1 859	1 864	1 869
25	1 797	1 803	1 810	1 816	1 823	1 829	1 836	1 842	1 847	1 852	1 856	1 861	1 866	1 871	1 876
24	1 803	1 809	1 816	1 822	1 829	1 835	1 842	1 848	1 853	1 858	1 862	1 867	1 872	1 877	1 882
23	1 809	1 815	1 822	1 825	1 835	1 842	1 848	1 854	1 859	1 864	1 868	1 873	1 878	1 883	1 888
22	1 815	1 821	1 828	1 834	1 841	1 847	1 854	1 860	1 865	1 870	1 875	1 880	1 885	1 890	1 895
21	1 822	1 828	1 835	1 841	1 848	1 854	1 861	1 867	1 872	1 877	1 882	1 887	1 892	1 897	1 902
20	1 828	1 834	1 841	1 847	1 854	1 860	1 867	1 873	1 878	1 883	1 888	1 893	1 898	1 903	1 908
19	1 834	1 840	1 847	1 853	1 860	1 866	1 873	1 879	1 884	1 889	1 894	1 899	1 904	1 909	1 914
18	1 840	1 846	1 853	1 859	1 866	1 872	1 879	1 885	1 890	1 895	1 900	1 905	1 910	1 915	1 920
17	1 846	1 853	1 860	1 866	1 873	1 879	1 885	1 892	1 897	1 902	1 907	1 912	1 917	1 922	1 927
16	1 853	1 860	1 866	1 872	1 879	1 885	1 892	1 898	1 903	1 908	1 913	1 918	1 923	1 928	1 933
15	1 859	1 866	1 872	1 879	1 885	1 892	1 899	1 905	1 910	1 915	1 920	1 925	1 930	1 935	1 940
14	1 865	1 872	1 878	1 885	1 892	1 899	1 906	1 912	1 917	1 922	1 927	1 932	1 937	1 942	1 947
13	1 872	1 878	1 885	1 892	1 899	1 906	1 913	1 919	1 924	1 929	1 934	1 939	1 944	1 949	1 954
12	1 878	1 885	1 892	1 899	1 906	1 913	1 919	1 925	1 930	1 935	1 940	1 945	1 950	1 955	1 960
11	1 885	1 892	1 899	1 906	1 913	1 919	1 926	1 932	1 937	1 942	1 947	1 952	1 957	1962	1 967
10	1 892	1 899	1 906	1 913	1 919	1 926	1 933	1 939	1 944	1 949	1 954	1 959	1 964	1 969	1 974

本规程用词说明

执行本规程条文时,对于要求严格程度的用词说明如下,以便在执行中区别对待:

(1)表示很严格,非这样做不可的用词:

正面词采用"必须";

反面词采用"严禁"。

(2)表示严格,在正常情况下应这样做的用词:

正面词采用"应";

反面词采用"不应"或"不得"。

(3)表示允许稍有选择,在条件许可时首先应这样做的用词:

正面词采用"宜";

反面词采用"不宜"。

表示有选择,在一定条件下可以这样做的,采用"可"。

《铁路工程岩土化学分析规程》条文说明

本条文说明系对重点条文的编制依据、存在问题以及在执行中应注意的事项等予以说明。为了减少篇幅,只列条文号,未抄录原条文。

1.0.7 玻璃容器通常使用硬质玻璃(又名高硼硅玻璃,含 SiO_2 80% 左右,硼酸钠 12%),该玻璃具有耐高温、高压,耐腐蚀,机械强度高,导热性好的优点。硬质玻璃一般呈黄色或白色,颜色越浅质料越硬,重量越轻。

规程定量分析所用的玻璃容器(容量瓶、滴定管、移液管、比色管等)应选用国家标准 A 级(即甲级或一级)产品。

1.0.11 本规程所指的允许差是指在指明的试验条件下获得的两个或多个结果之间的最大差值。

3.1.3 在岩土分析试验工作中,分析样品的粉碎加工是不可或缺的重要组成部分,是第一道工序。化学分析一般所需样品仅几克至几十克,如果样品加工未严格按规程进行,破坏了代表性,即使分析结果的精密度再高,也不能正确反映样品的真实含量。样品的加工要根据一定的原理,分为下列的一些过程:破碎(研磨),辅助过筛和检查过筛(筛分),混匀和缩分。样品加工和缩分通常遵循的原则是,缩分后样品的组成应完全符合原始样品的组成,而加工过程所用工作量应尽可能小。

表 3.1.3 中 K 值要求:

(1)脉金样品由于其特殊性不宜采用表中的 K 值。

(2)K 值的选择原则一般是就高不就低,碎矿的实际质量大于理论计算值。

3.1.4 试样过筛所用为塑料筛,不用金属筛,以避免玷污试样。

4.1.1 碱熔法主要应用于化学系统分析,碱熔法常见的熔剂如下:

(1)无水碳酸钠:碱性试剂,能很好熔融分解硅酸盐岩石试样。试样与碳酸钠按 1∶5 质量比混合在铂坩埚中,于 1 000 ℃熔融 30 ~ 40 min 即可。若是铬铁矿或含铁还原物质,加少许硝酸钾、过氧化钠和氯酸钾共熔融。重金属能与铂生成合金,故先用王水处理,再将其不溶残渣进行碱融。

(2)氢氧化钠(钾):碱性试剂,能很好熔融分解硅酸盐岩石试样,对铂侵蚀性强,只能在银、镍、铁或石墨坩埚中熔融。试样与熔剂的质量比为 1∶8 ~ 1∶10 混合,在 600 ℃ ~ 700 ℃熔融 15 ~ 20 min。由于氢氧化钠(钾)有强烈的吸水性,先低温除去水分,或加几滴无水乙醇使水分随着乙醇挥发而除去。

(3)过氧化钠:强氧化性碱性熔剂,分解硅酸盐岩石试样能力极强,并把其中的元素氧化至高价态。试样与熔剂的质量比为 1∶6 ~ 1∶8质量比混合。在铁、镍、刚玉或高铝坩埚中600 ℃ ~700 ℃熔融 10 ~ 15 min,对坩埚侵蚀严重。但在银坩埚或铂坩埚中低温烧结时,对坩埚侵蚀很微,适用于系统分析熔样。试样与熔剂的质量比为 1∶10 混合熔样,520 ℃烧结 15 ~20 min,试样能分解完全,温度不能超过 540 ℃。对于富含碳、有机质、硫化物等还原性物质的试样,使用过氧化钠时,要先灼烧,以免引起剧烈飞溅和燃烧。过氧化钠与任何材料的坩埚均有强烈侵蚀作用,使试液不可避免受到玷污,所以分析过程中必须慎重加以考虑。

4.2.1 酸溶法主要应用于仪器分析,酸溶法常见溶剂如下:

(1)氢氟酸能有效分解大多数硅酸盐岩石,与二氧化硅作用生成易挥发的四氟化硅,应根据不同目的控制好分解条件。氟化物的存在,会干扰某些元素的测定,所以常用高沸点无机酸加热以破坏氟的络合物。HF—H_2SO_4 体系,冒烟温度高,氟容易除尽,能使易挥发的 Ti、Zr、Cr 和 Mo 的氟化物转化为硫酸盐,避免造成部分挥发,但 Ca、Sr、Ba、Pb 等也转化为难溶于水的硫酸盐;HF—$HClO_4$ 体系分解完全,冒烟温度低,不易溅跳,盐类残渣也易溶解,但氟不容易彻底除尽。使用该法时先加些硝酸除去还原物(如有机质),这样可避免因强烈氧化还原反应而引起的爆炸。

用 HF 溶样,现多使用聚四氟乙烯塑料坩埚。注意控制加热温度不宜过高,以免聚四氟乙烯分解产生有毒气体。所以通常不在聚四氟乙烯坩埚内进行加热硫酸冒烟来驱除氟。

(2)王水是强氧化剂,是一份硝酸和三份盐酸的混合物,二者混合后所产生的氧化亚硝酰和游离氯是溶剂起作用的因素。体积比为 3∶1的浓硝酸和盐酸混合物是逆王水,可在其中加入少量氯酸钾或溴增强其氧化作用。

王水可以分解所有的金属硫化物,硫代酸盐、硒化物、碲化物和砷化物。在多数情况下分解后形成的硝酸盐必须用适量的硫酸和盐酸重复蒸干以转变为硫酸盐和氯化物。王水可用于分解某些硅酸盐:沸石,霞石族硅酸盐,白榴石,有碳酸根或硫酸根阴离子的硅酸盐,大多数铁和过渡金属的硅酸盐,某些含铁的以及一些较少见的含稀土元素、钍、锆的石榴石和云母。王水不分解重晶石,天青石部分分解。样品在分解前必须先用水润湿,否则加酸后析出凝胶状硅酸,妨碍继续分解。许多金属和氧化物溶解时表面发生钝化,个别情况下形成碱式硝酸盐,使溶解变慢。因此通常先用盐酸分解,然后多次加入硝酸直至其比例为 3∶1。

用磷钒钼酸比色法测定磷矿中磷时,用逆王水分解样品优于王水,溶液蒸至黏稠状,残余的氯不干扰,若用王水分解,则需用硝酸蒸发除去氯离子。

4.3.1 微波消解溶矿法主要应用于有机质含量较高的其他项目分析中。

微波是指电磁波谱中位于远红外线与无线电波之间的电磁辐射。其频率范围通常自 300 MHz 开始一直至无线电波的最高极限频率为止(红外线下端)。微波炉使用的频率一般为2 450 MHz,位于分米波段下端,接近厘米波段。它是一种特殊的能源。微波加热是靠频率为 2 450 MHz,具有较强的穿透能力,甚至可以穿透约 1 英寸的厚度的微波,渗入到加热物体的内部。使加热物内部分子间产生剧烈振动和碰撞。由于微波频率相当高,这种碰撞每秒钟发生几十亿次,从而导致加热物体内部的温度激烈升高,即所谓“内加热”,这样,溶样时在样品表面层和内部在不断搅动下破裂、溶解、不断产生新鲜的表面与酸反应,促使样品迅速溶解。

增压微波溶样法一般在 20 min 内即可分解完全试样,减少或避免易挥发元素的损失,减少试剂用量,降低空白值,减少环境污染。将微波溶样技术与 AAS、ICP—AES、

ICP—MS 等分析方法结合使用，样品的分析准确度、精密度、分析速度大大提高，充分显示了微波溶样技术的优越性和强大生命力。

使用微波消解炉的注意事项：

(1)微波炉不能空载或近似空载操作，如此就有大量的微波辐射被反射回波导管，从而可能造成磁控管和传感器的衰坏和损失。在少量样品操作时，可在转盘中心置一盛有 100 mL 水的烧杯。

(2)任何情况下，都不能在开着炉门时或炉壁破损时，试着启动微波炉。这样会有大量微波泄漏，严重损坏人体健康。

(3)严禁使用金属容器进行样品消解，因微波辐射到金属时会迸出火花和反射电磁波，使样品无法加热，也不能使用窄颈的玻璃器皿如容量瓶，以免因气体来不及外溢，内部压力骤增，而使瓶子爆裂。

(4)必须使用微波能穿透的，不吸收或很少吸收微波的，并有一定耐热程度的容器材料，进行样品消解，如玻璃、聚四氟乙烯等材料制成的容器。

(5)进行样品消解时，必须先开启排气设备，消解完毕时，要继续排气几分钟，然后取出样品容器。这样可有效地防止酸雾污染工作环境。

(6)溶剂的选择：消解时 HNO_3、HF、HCl 的使用没有限制，H_2SO_4，H_3PO_4 会产生高温，使用时应该有严格的温控，H_3ClO_4 在密闭的容器中使用有很大的危险性，禁止使用。

4.4 土样水浸出液的制备：用水浸提土壤中易溶盐时，应力求将易溶盐完全溶解出来，同时又须尽可能使难溶盐和中溶盐不溶解或少溶解，并避免溶出的离子与土壤胶粒吸附的离子发生交换反应，因此应选择适当的土水比例和振荡时间；各种盐类的溶解度不同，因此有可能利用控制水土比例的方法将易溶盐与中溶盐和难溶盐分离开，加水量小的土水比例(如 1:1)，给操作带来很多困难，特别难适用于黏重土壤，加水量大的土水比例(如 1:20)，又导致易溶盐总量偏高的结果(特别是硫酸钙和碳酸钙较多的土壤更为显著)，在同一土水比例条件下，浸提时间愈长，中溶盐和难溶盐被浸出的可能性愈大，土粒与水溶液之间的离子交换反应亦愈完全，由此产生的误差也愈大，因此，制备土壤浸出液的土水比例和浸提时间必须统一规定，才能使分析结果可以相互比较，本规程采用国内较通用的 1:5土水比例和振荡3 min的规定。

土浸出液应是澄清过滤液，当土中含盐很少并富含胶粒时，滤液可能出现胶体浑浊而影响盐的测定。如何去除滤液胶体浑浊，目前较有效的方法是采用多层滤纸抽滤，砂滤棒抽滤，或用离心机分离，当土浸出液呈现颜色时，可能是有色无机离子和大量有机质的存在，颜色的存在也影响各种盐的测定，一般常用过氧化氢脱色。

5.0.1 pH 值的测定对膨胀土而言是指膨胀土—水体系所生成的悬浮液中 H^+ 离子活度的负对数。不同属型的膨胀土－水体系悬浮液中的 H^+ 离子数不同，pH 值也相应产生差异，故用 pH 值可作为鉴定膨胀土属型的技术指标。

6.0.2 吸附水通常存在于矿物与岩石的表面和孔隙之中，形成很薄的膜。吸附的程度与矿石的性质、试样的粒度以及空气的湿度有关。

吸附水并非矿物的内在固有组成，因而在计算试样百分总和时，该组分不列入计算之列，但应列入实验报告与 CO_2 测定结果一起，作为样品新鲜程度的参考。

为避免吸附水对样品测定结果的影响，在湿度大的地区或季节，以及对吸湿性强的试样，均应在相同风干的条件下，将测定吸附水和其他项目的试样同时称取。

吸附水数值上与土样的风干含水量相等。

6.0.4 烘箱内不得同时烘有其他湿物。

每次烘干后在干燥器中的冷却时间必须一致。

7.0.1 灼烧失量主要包括二氧化碳和化合水以及少量的硫、氟、氯和有机物质。

硅酸盐全分析,有时可以用灼烧失量代替含水量以计算试样的百分总和。

7.0.2 大量氧化亚铁、二氧化锰的存在,以及大量硫的存在会影响灼烧失量的结果。灼烧过程中,挥发成分的损失与温度及灼烧时间有密切关系。应该把试样的重量的变化看做是相当于各种化学反应重量增加或减少的代数和。

磷精矿的灼烧温度是950 ℃,铝土矿石的灼烧温度是1 050 ℃~1 100 ℃,锂辉石、锂云母的灼烧温度是900 ℃~950 ℃,石灰石、白云石的灼烧温度是1 000 ℃~1 100 ℃。

7.0.5 样品中亚铁含量较高时,灼烧失量结果应进行校正。其方法是将FeO的百分含量乘以0.1113加入灼烧失量的百分数中。

8.1.1 土中有机质含量的测定一般采用如下两种方法:

(1)灼失量法是指土在550 ℃灼烧至恒量时,所失去质量与干试样质量之比以百分数表示。用以估计土中有机质含量,用于有机质含量大于15%土的测定。

(2)重铬酸钾法测定有机质是以碳、氧、氢、氮为主体,还有少量硫、磷以及金属元素组成的有机化合物的通称。试验结果为有机碳乘以1.724换算成有机质。重铬酸钾法不适宜测定含氯化物的土壤,如土样中含氯离子量少,加少许硫酸银可消除部分干扰,但效果不理想。遇含氯离子多的土壤,可考虑用水淋洗的方法来克服。经水淋洗处理后的土壤,测出的有机质总量中不包含水溶性有机质组分,应加以说明。

8.1.4 硫酸银作为催化剂加入,同时起到沉淀Cl^-,防止还原反应的发生,该种方法对直链脂肪烃氧化效果较好,对芳香烃化合物氧化效果欠佳。对于精确度要求不高的试验可省去这步。

8.1.6 重铬酸钾氧化土中有机碳约为土中有机碳总量的90%,故乘以经验系数1.1。

9.0.1 酸不溶物指盐酸不溶物。酸不溶物大于3%时,应将试样用碱熔融后测定二氧化硅,不再测定酸不溶物。

酸不溶物是一个实验值,受粒度、酸的浓度和加热时间等因素影响,可用作检查碳酸盐岩石的质量,故工业分析需作此项测定。

9.0.5 为防止硫酸钙析出,必须趁热过滤,过滤前体积不能小于150 mL,应用热稀盐酸淋洗残渣数次后再用热水洗涤。

煮沸时间和最后剩余体积必须控制,体积小于30 mL应加水补充。

低温灰化时应盖上坩埚盖,不要产生明火,同时灰化产生的灰烬不得损失。

10.1.5

1 碱熔法熔矿

(1)如试样中重金属含量>1 mg时,应先用王水处理。具体操作步骤如下:将试样置于250 mL烧杯中,加15 mL盐酸,于电热板上加热10 min,加5 mL硝酸,继续加热蒸发至干,再加5 mL盐酸,蒸干。加少量1+1盐酸,加水至约50 mL,加热使盐类溶解,取下,用致密定量滤纸过滤,滤液保留。滤纸和残渣置于铂坩埚中,灰化,再用无水碳酸钠按5.1.5条熔融。

(2)铝含量太高,可适当延长熔矿时间至1 h。

(3)除了用水浴低温加热外，也可以用电热板。但是在析出盐类时应严格控制温度，不让其微沸。当蒸至近干时尤应注意小心照料，注意搅拌，尽量使其颗粒细小，至湿盐状取下。蒸干温度一般为 100 ℃～110 ℃，否则易引起跳溅。温度不宜过高，否则易使一部分硅酸与钙、镁形成可溶性硅酸盐而进入滤液使结果偏低，同时析出更多的杂质。蒸样不能蒸得太干，试样中铝钛高时更应注意，也不能蒸得太湿，否则结果偏低。

2　对于硅酸凝聚的温度，一般为 70 ℃左右。大于 80 ℃，动物胶被破坏而降低凝聚作用。小于 60 ℃，动物胶凝聚作用减弱。控制的方法是将盐酸溶液加热到 80 ℃～90 ℃时加入动物凝胶。由于动物凝胶是冷的，因此恰使温度在 70 ℃左右，使硅酸凝聚完全。

动物胶凝聚的酸度为 8 mol/L 以上的盐酸酸度，在强酸介质中，发生如下反应：$Rn(NH_2)(COOH)+H^+ \rightarrow Rn(NH_2H^+)(COOH)$，这样动物胶带正电荷与带负电荷的硅酸胶体发生电中和而凝聚，但由于盐酸易挥发，加热时挥发更快，所以实际达不到 8 mol/L 的酸度。因此在 80 ℃左右加入动物胶，可以防止酸度降低影响硅酸的凝聚。

动物胶用量为 25～100 mg，若过量，会形成保护胶体使动物胶凝聚不全。

动物胶凝聚的原理为电性中和，所以加入动物胶后应充分搅拌，让正负电荷充分接触，作用完全。

为防止洗涤时硅酸复溶，要采用适当浓度的盐酸洗液洗涤，并控制好洗涤次数。

4　可以通过观察沉淀颜色判断杂质含量是否较高，沉淀杂质含量低的，沉淀是白色的，如果沉淀发黄，表明沉淀中含 Fe 杂质，沉淀发灰，表明沉淀中含有 Pb 杂质。

5　滤液的作用：

滤液用于残留二氧化硅、三氧化二铁、三氧化二铝、氧化钙、氧化镁、二氧化钛、氧化锰、五氧化二磷含量的测定。

10.2.2　溶液中含有的磷酸根和砷酸根离子，也可生成相应的杂多酸，均能还原成钼蓝，使测定结果偏高，加入柠檬酸可消除磷酸根的干扰，砷含量一般极微，可不考虑影响。氟化物对测定有干扰，可加入铝盐消除，大量氯离子使钼蓝颜色加深，大量硝酸根使钼蓝颜色变浅。

10.2.5

1　钼蓝法测定硅的关键，在于使溶液中的硅酸全部形成正硅酸。正硅酸的形成与溶液的 pH 变化有关，当碱性溶液迅速倒入稀盐酸溶液中，使溶液中的 pH 迅速越过 pH = 3～7 范围达到pH = 0.5～2 的微酸性溶液，可大大减少偏硅酸及胶质硅酸的形成。

10.2.6　凝聚质量法所得的滤液中还含有微量的二氧化硅，精确分析时，可吸取按本规程第 10.1.5 条第二款所得滤液 10.0 mL，按第 10.2.5 条步骤试验，作为凝聚质量法的补充。注意滤液中残留的多硅酸的解聚，可吸取 10.0 mL 滤液于聚四氟乙烯坩埚中，加 100 g/L 氢氧化钠溶液 10 mL，搅拌，低温加热煮沸数分钟，取下冷却。加 1 滴酚酞指示剂，先用 1 + 1 盐酸中和大量的碱后用 1 + 11 盐酸迅速中和至红色褪去，并过量 6 mL，移入100 mL容量瓶中。

10.3.2　该实验方法可作为仲裁的方法，参考 GB/T 1873—1995。

11.0.4

1　所用的氨水必须加入氢氧化钙蒸馏，以除去沉淀剂中的碳酸盐及其他杂质。否则，试剂中的碳酸盐将与试液中的钙生成碳酸钙而与二、三氧化物一起沉淀，此外，未经蒸馏的氨水可能含有少量硅酸。用氨水沉淀二、三氧化物，须同时加入适量铵盐使成缓冲溶液，将 pH 控制在 7 左右，以阻止氢氧化镁沉淀的生成和氢氧化铝溶解，并降低某些阳离子如钙、镁、锌和镍等的共沉淀。

沉淀二、三氧化物除了氨水外，也可以用其他沉淀剂，如吡啶、苯甲酸铵和六次甲基四胺等。

11.0.5 二、三氧化物主要为铁和铝，其次是钛、磷、锆、钒以及稀土元素的氧化物，锰、镍、锆和铜等也有部分沉淀。

实验对锰的共沉淀有两种处理方法：(1)氢氧化铵沉淀过程中加入适当的氧化剂，如溴水、过氧化氢和过硫酸铵等将锰氧化，使锰同时沉淀。此法适用于小量锰者，尤以溴水法最为方便。(2)不加入任何氧化剂，这样锰将分散在二、三氧化物、钙和镁的沉淀中，而在镁的沉淀中占绝大部分。故通常只作磷酸铵镁中锰的校正。

为了得到较纯净的二、三氧化物，一般进行两次沉淀。

12.1.2 化学反应方程式为：$2H_3PO_4 + 22(NH_4)_2MoO_4 + 2NH_4VO_3 + 46HNO_3 \rightarrow P_2O_5 \cdot V_2O_5 \cdot 22MoO_3 \cdot nH_2O + 46NH_4NO_3 + (26-n)H_2O$

磷钒钼黄络合物的组成为 $P_2O_5.\ V_2O_5.\ 22MoO_3$。$nH_2O$。黄色的磷钒钼络合物最大吸收位于 315 nm 吸光度随波长增大而降低。为将试剂空白的背景吸收和有色离子影响减至最小，通常采用 420 ~ 470 nm 测量。测定较高含量磷，也用此波长。

12.1.5

2

(1)显色时硝酸酸度范围较宽，一般以 5% ~8% 为宜。提高酸度可减小对硅的影响，但酸度超过 10% 则显色缓慢。温度对显色速度也有影响，25 ℃以上 5 min 到最大深度，15 ℃则需放置 30 min，显色才能完全。

(2)硅与钼酸铵生成硅钼黄影响测定。其影响与溶液酸度、温度和放置时间有关。酸度低、温度高、放置时间长会增加硅酸的影响。

(3)大量铁的存在会使测定结果偏高，特别是溶液中有盐酸或氯离子时产生的三氯化铁黄色干扰测定。当待测液中含铁为 15 mg 以上，宜用碱熔水浸取过滤与磷酸根分离。(碳酸钠—硝酸钾半熔，750 ℃保持 45 min，水浸取，干过滤)若同时含有较高钙、镁，部分磷酸根进入沉淀使结果偏低，此时先用氢氧化铵使磷与钙、镁分离后再用碱熔，也可用正戊醇萃取分离。

(4)砷大于 1 mg 可形成类似的钒钼杂多酸或盐干扰测定，可在盐酸溶液中加入溴化物并加热使砷挥发除去。

(5)氟离子延缓发色，10 mg 以下无明显影响，10 mg 以上加硼酸掩蔽。

12.1.10 沉淀可在盐酸或硝酸介质中进行，不宜单独使用硫酸，因为钼酸在硫酸钠溶液中加热会产生沉淀。如溶液中有少量硫酸，则应加入盐酸消除其影响，并且加入盐酸的量要稍大于硫酸，但溶液总酸度不应大于 2 mol/L。最适宜的沉淀酸度为0.9 ~1.6 mol/L 硝酸或盐酸。

12.1.12

2 第二项中柠檬酸能与钼络合，因而可避免溶液煮沸时钼酸钠水解析出三氧化钼沉淀，使结果增高，且能消除可溶性硅酸的干扰，因此沉淀必须在有柠檬酸存在下进行，但其量要适当，过多将导致沉淀不完全，结果偏低。

12.1.13

2　铁、锰、钙、镁、钾、钠、氟对测定无影响。砷生成砷钼酸喹啉沉淀，增高磷的含量。试样中有砷存在时，可在分解试样过程中加入氢氟酸，使其挥发除去。酒石酸可使钼酸盐还原，不能用酒石酸代替柠檬酸。

沉淀磷钼酸喹啉时，溶液中不能有铵盐存在，否则将生成磷钼酸铵沉淀（容易穿滤）结果偏低。同时本法对五氧化二磷大于 30 mg 也存在稍偏低现象，因此应控制取样量，使磷不超过以上范围。

12.2　土壤中有效磷含量是指能为当季作物吸收的磷量，到目前为止，我们还无法真正测定土壤有效磷的数量。通常所谓的土壤有效磷只是指某一特定方法所测出的土壤中的磷量，只有测出的磷量和植物生长状况具有显著相关的情况下，这种测定才具有实际意义。

土壤有效磷并不是指土壤中某一特定形态的磷，应用不同的测定方法在同一土壤上可以得到不同的有效磷数量，因此，土壤有效磷水平只是一个相对指标，而不是土壤中"真正"有效磷的"绝对含量"，不能根据测定结果直接计算施肥量。只有用同一方法在相同条件下测得的结果才有相对比较的意义，在报告有效磷结果时必须同时说明所用的测定方法。

12.2.5

2　紫外—可见分光光度计于波长 880 nm 处比色，由于此波长处浸出的有机质已基本无吸收，浸提时可不加活性炭脱色。如果没有 880 nm 波长的分光光度计，而滤出液的颜色又较深，或滤出液显色后浑浊时，可改在土壤浸提振荡前加入 1 g 活性炭粉，在比色时可用 700 nm 波长比色。

在本规程所规定的酸度和钼酸铵浓度下，钼锑抗法显色以 20 ℃ ~40 ℃为宜，如室温低于 20 ℃，可放置在 30 ℃ ~40 ℃烘箱中保温 30 min，取出冷却后比色。

12.2.13

1　在本规程所规定的酸度和钼酸铵浓度下，钼锑抗法显色以 20 ℃ ~40 ℃为宜，如室温低于 20 ℃，可放置在 30 ℃ ~40 ℃烘箱中保温 30 min，取出冷却后比色。

2　钼蓝显色液比色时用 880 nm 波长比 700 nm 更灵敏。

13.1.1　基本原理：当试液喷入火焰中时，钾、钠的原子受激发，其电子吸收一定能量，由基态跃至较高能级轨道上，当电子从较高能级的轨道上回到基态放出的能量以光辐射的形式显示出来，通过对光能的测量求得钾、钠含量。钾的火焰暗红色，钠的火焰黄色。

13.1.5

1　第一项盐酸、硝酸浓度在 0.4 mol/L、硫酸浓度在0.2 mol/L以下，对钾、钠的测定影响均不大，而在硝酸溶液中测得的结果重现性较好。

13.1.8

（1）原子吸收光谱分析：将试样溶液中的待测元素原子化，同时还要有一定光强稳定的光源，并能给出同种原子特征的光辐射，使之通过一定的待测之原子区域，从而测其吸光度，然后根据吸光度对标准溶液浓度的关系曲线，计算出试样中待测元素的含量。

本方法中所用原子吸收光谱仪均应达到下列指标：

① 最低灵敏度

标准曲线中最高浓度工作溶液的吸光度应在 0.2 ~0.3 之间。

② 标准曲线的线性

五个等间隔浓度标准溶液中，最高与次高浓度标准溶液吸光度的差值应不低于最低浓度标准溶液与零浓度溶液吸光度差值的0.70倍。

③ 最小稳定性

测量最高标准溶液的吸光度10次，并计算吸光度的平均值和标准偏差。其标准偏差不应超过最高工作溶液平均吸光度的1.50%。

测量最低工作溶液（不是“零”工作溶液），并计算其标准偏差。其标准偏差不应超过最高工作溶液平均吸光度的0.50%。

在原子吸收分析中，产生误差的原因有：分析人员的技术熟练程度、样品的制备、仪器的性能、测试参数的选择与调节等。

（2）也可在1%的硝酸或1%的硫酸介质，使用硫酸介质澄清后测定，可消除大量Ca、Sr对低量钾、钠的干扰。

13.1.10 所有玻璃器皿应用1+4稀硝酸浸泡24 h后方可使用。

13.1.12 当试样中钾、钠含量相差超过5倍时，应按试样中钾、钠比例配制相应的K_2O—Na_2O混合工作溶液。

13.1.13 本法仅适用于低含量钾、钠的测定。

1 用氢氟酸熔矿应注意赶尽氟离子，以免侵蚀玻璃，使分析结果偏高。

2 测定钾钠的试样溶液不能放置太久，应尽快测定，最好当天完成。

碳酸盐类样品用H_2SO_4—HF溶样，用1+99的硫酸定容澄清后测定，可消除大量Ca、Sr对低量钠、钾的干扰。

测定K、Na应注意消除电离干扰，对于钾、钠含量低于5 μg/mL的样品，需加入氯化铯或硝酸铯作为消电离剂，最大加入量400 μg/mL可有效除去电离干扰。

13.2 土壤中钾主要成无机形态存在，按其对作物有效程度划分为有效钾（包括水溶性钾和交换性钾）、缓效钾和相对无效性钾三种，它们之间存在着动态平衡，调节着钾对植物的供应。

13.2.4

2 含乙酸铵的钾标准溶液不能久放，以免长霉影响测定结果。

13.2.6

2 当样品含量过高需要稀释时，应采用1 mol/L乙酸铵浸提剂稀释至刻度，以消除基体效应。

14.1.4

2 氯化钠的干燥，可采用电炉炒至无爆裂声或置于高温炉内经500 ℃～600 ℃恒温40～50 min取出，置于干燥器中冷却。

14.1.5

1 第一项直接测定多是针对白云石、石灰石样品测定。

第二项分离干扰中加入六次甲基四胺是用来沉淀Al^{3+}、Zn^{2+}的；加入铜试剂是用于分离众多重金属离子的，包括Cu、Pb、Mn、Fe等遇到铜试剂都要沉淀。

14.2.4

4 加入氯化锶的原因：岩石中存在微量的P，与钙反应生成焦磷酸钙，难于离解，使基态Ca、Mg减少，加入锶盐后，生成$Sr(PO_4)_2$，该物质的热稳定性强于焦磷酸钙，锶盐起释放剂的作用，克服化学干扰，标准试剂中也要同时加入锶盐，消除正效应。

6 第一项氧化镁经过灼烧后，放入干燥器中冷却至室温立即称取，而且应该尽快称量完毕，以免吸水。

14.2.6

1 第一项此处不能使用硫酸赶氢氟酸，硫酸虽然也是高沸点的酸，但是会和氧化钙、氧化镁反应生成 $CaSO_4$、$MgSO_4$，使分析结果偏低。同时建议最好不用碱熔矿因为用 HCl 提取，大量 NaCl、KCl 进入待测溶液，产生物理干扰，甚至堵塞毛细管。

2 锶盐不能过量。锶盐过量，一是浪费试剂，二是反而引起明显的基体干扰。锶盐的加入目的主要是为了克服样品中磷对钙在测定时造成的化学干扰，在一般的各种物料中，磷含量均不等，除非专门的磷矿中测 Ca，则要通过化学前处理分离大量磷。

15.1.5

2 少量三价铁的影响可用抗坏血酸消除。

15.2.2 铝与 EDTA 的络合常数为 15.13，在室温反应速度很慢，只有在沸腾溶液中才能较快络合。

铜、铅、锌、钴、镍、铁均能与 EDTA 络合，但是加入氟化钾后，却不能将这些金属络合物中的 EDTA 取代出来。

氟化物能取代钛、锆、锡和钍的 EDTA 络合物，但一般岩土矿石中他们含量都不高，可以忽略不计。

15.2.5

1 测定铝的溶液中氧化钙大于 20 mg 时，如用二甲酚橙为指示剂，用锌盐回滴法测定铝，会使终点难于判断，影响测定，若改为 pH = 4 左右煮沸，使铝与 EDTA 络合，然后提高到 5.4 到 5.9，用铅盐或锌盐回滴，可消除大量钙的影响。用亚硝基红盐为指示剂，铜盐测定铝的方法，pH = 4.5 煮沸络合滴定，大量钙没有干扰。

锰对铝的测定有干扰，如碱融矿后发现熔融物中有绿色，提取时应加入 2～3 mL 无水乙醇使锰还原与钛铁一起分离。

16.1.6 在不同的 pH 溶液中，Fe^{3+} 与磺基水杨酸生成不同的络合物。当 pH 为 1.8～2.5 时生成 $Fe(SaL)^+$ 络阳离子；当 pH 为 4～8 时，生成含有两个磺基水杨酸配位基的褐色 $Fe(SaL)^{2-}$ 络合物；当 pH 为 8～11.5 时，则生成含有三个磺基水杨酸根的黄色 $Fe(SaL)_3^{3-}$ 络合物；当 pH > 12 时，磺基水杨酸铁则被破坏而生成沉淀。所以用氨水中和时要掌握好所需的 pH 值。

1 操作中需注意：

(1) 滤液中含锰量较高（溶液呈棕色），可在未加入氨水前加 0.2～1.0 g 盐酸羟氨以消除锰的影响。

(2) 加氨水后有氢氧化物析出，表示磺基水杨酸用量不够，应适当补加显色剂。

16.1.12

5 以磺基水杨酸为指示剂，用 EDTA 滴定铁是基于不同 pH 条件下，三价铁离子能与磺基水杨酸生成不同的络合物。在 pH = 1.3～2 的溶液中，磺基水杨酸与三价铁能形成红紫色络合物，但其络合强度远小于 EDTA 与三价铁的络合强度。因此在滴定达到终点时，溶液由红紫色变为 Fe(Ⅲ)—EDTA 络合物的淡黄色。试样含铁量高时终点时亮黄色，含铁量低时终点时淡黄色。

6 第三项注意要严格控制 pH，若 pH < 1，三价铁与磺基水杨酸的络合能力较低，且

EDTA 与三价铁不定量络合，若 pH 太大，铝、铁易水解产生混浊，影响滴定。

16.1.13 本条中也可吸取按本规程第 10.1.5 条制备的脱硅后的滤液 25 mL 于锥形瓶中，用水冲洗瓶壁，加入 1 mL 浓硝酸，置于电热板上加热至沸取下，加水约 20 mL，再按本规程 16.1.12 第六款第三条操作。

试验中注意：

(1) EDTA 对铁的络合反应较慢，滴定温度应控制在50 ℃～70 ℃左右为宜，温度太高，铝将与 EDTA 络合而使结果偏高，太低反应很慢，在整个滴定过程中应多振荡。

(2) 碱金属、碱土金属、锰、银、铝、锌及少量铜、镍不干扰测定，铜镍量高时，使终点不易观察，使结果偏高，可加入邻菲啰啉掩蔽。

16.1.21

1

(1) 谨防器皿和环境对铁的污染。

(2) 铁的测定受磷酸和硅的混合物的影响，应避免磷酸的加入，硅必须用氢氟酸赶尽。

(3) 溶液中的酸度应不小于 1%。

16.2.5

1

(1) 试样在溶解过程中，Fe^{2+} 易被空气氧化。通称利用加热分解试样时所产生的大量蒸汽去驱赶空气的方法防止 Fe^{2+} 的氧化。因此，溶样时微沸不可间断，时间不可太长。

(2) 试样分解完毕后应立即进行滴定，以免空气中氧气对 Fe^{2+} 的氧化。为此，亚铁试样的分解不能按常规溶矿操作成批进行，最好是一个一个分解滴定，连续进行。

(3) 试样中若含硫化物，会导致亚铁结果偏高。本方法不适合含硫化物试样中亚铁的测定。

(4) 为了避免试样在破碎的过程中亚铁受到氧化，试样不宜碎得过细。一般通过 0.1 mm 筛孔，且分析前不宜进行烘样。

16.4.2 其他还原态物质及高价态等氧化态物质对本法存在干扰。

16.4.5

1

(1) 盐酸分解试样时，不要煮沸，以免三氯化铁挥发，使结果偏低。

(2) 还原三价铁时，氯化亚锡不能过量太多，否则，氯化亚锡能将部分氯化汞进一步还原为金属汞，产生黑色和灰色沉淀。金属汞易被重铬酸钾氧化使测定结果偏高，遇此情况，必须重做。

(3) 氯化汞氧化氯化亚锡的作用，应在冷溶液中进行。加氯化汞后必须在 3 min 后才能滴定。

(4) 二苯胺磺酸钠也会消耗重铬酸钾，故应使指示剂的加入量一致，一般加 3 滴为宜，该指示剂配制过久后会变为绿色，不能再使用。

17.0.2 该方法灵敏度比过氧化氢光度法高，其摩尔吸光系数为 1.47×10^4，有色络合物生成速度较慢，加入显色剂 1 h 后发色才能完全，但络合物十分稳定，半个月吸光度不变。

19.1.5

2 试样用硝酸分解，低价氮的氧化物会氧化 I^- 而干扰测定，故需用浓硫酸蒸发将他们除去。

5 I_2 会吸附在 CuI_2 表面，使分析结果偏低，为减少吸附，加入硫氰酸钾，使 CuI_2 转化为溶解度更小的 CuSCN，CuSCN 吸附 I_2 的能力更小。

20.1.5 加热煮沸可赶尽过剩的氨，不使氢氧化锌白色沉淀出现。

在适当条件下，用氯化铵—氢氧化铵使锌与铁、铝、钛、铬（Ⅲ）、铍、铀等元素分离，而铜、镍、钴、锰与锌一起溶入溶液中。溶液中不能有硅酸存在，必要时应重复沉淀。

20.2.6

1

（1）原子吸收法测定锌，灵敏度很高，易被不洁的器皿和输水乳胶管等环境污染，用 HF 溶矿时，一定要把 HF 赶尽。使用的玻璃器皿也要用 20% 的稀硝酸溶液浸泡 24 h。

（2）所制备测锌的溶液，澄清后必须当天测定。

（3）空白和样品操作应严格一致，由于火焰吸收严重，测定时应保持火焰条件稳定；使用连续光源校正背景时，大量的铁共存时产生负值。

22.0.6

（1）因为试样中的铅和盐酸容易产生 $PbCl_2$ 沉淀，所以酸溶解试样时，必须采用高浓度的盐酸提取，使 Pb^{2+} 成为 $PbCl_4{}^{2-}$ 络离子进入溶液。也可使用 2 mL 硝酸和 10 mL 氢氟酸混合溶矿，并反复用硝酸驱尽氢氟酸，再用 2 + 98 硝酸溶液提取溶解物。

（2）原子吸收法测定 Zn 灵敏度很高，易被不洁的器皿和输水乳胶管等环境污染，用 HF 溶矿时，一定要把 HF 赶完，澄清后的溶液必须当天测定。

23.1.5

3 沉淀硫酸钡时，酸度以 100 mL 中含 0.5 ~ 1 mL 盐酸为宜。酸度太大，硫酸钡沉淀不完全，太小，沉淀颗粒太细，易穿滤及吸附杂质。灰化，灼烧滤纸及硫酸钡沉淀时，温度应逐渐升高，并有足够的空气，否则易被还原为硫化钡（沉淀呈黑色或灰色），致使结果偏低。若发生此情况，应取出，冷却后滴加2 ~ 3 滴 1 + 1 硫酸，小心加热，待三氧化硫白烟冒尽后，再重新灼烧至衡量。

23.2.1 原子发射光谱分析法：根据待测物质的气态原子或离子受激发后所发射的特征光谱的波长及其强度来测定物质中元素组成和含量的分析方法。

23.2.3 氩气纯度应不小于 99.9%，以提供稳定清澈的等离子体炬焰。在选择的仪器工作条件下进行测定。符合以下要求者，可以应用于本方法的测定。

（1）仪器的稳定性：仪器的短程稳定性和长期稳定性应符合 JJG 015—1996 的规定要求。

（2）仪器的检出限：仪器的检出限的测定按照 JJG 015—1996 的规定进行，Ba 的检出限为 0.06 mg/kg。

（3）工作曲线：回归曲线的线性相关系数 $r \geq 0.999$。

（4）分析谱线波长：Ba 推荐使用 455.403 nm、493.41 nm、230.424 nm、233.527 nm。

24.0.2 使用 233.0 nm 线作为吸收线，存在波长距离很近的镍三线，应选用较窄的光谱通带予以克服。233.0 nm 线处于紫外区，盐类颗粒物，分子化合物产生的光散射和分子吸收比较严重，会影响测定，使用背景校正可以克服这类干扰。如浓度允许亦可用将试液稀释的方法来减少背景干扰。

25.0.1 汞矿物具有易分解和挥发的特征，使汞矿物在矿床中呈高度分散，一般汞矿石中汞含量为0.02%～0.05%，很少达到百分之几。

分解试样时，必须注意汞的挥发。无论用盐酸和硝酸、硫酸和硝酸钾溶解试样，都要预防汞的挥发，切勿将溶液蒸干。

25.0.2 原子荧光光谱分析法：试样溶液中的待测物质吸收电磁辐射后受到激发，再发射波长与激发辐射相同或不同的荧光，荧光强度与待测元素的含量成正比，采用标准曲线法来测定物质中元素含量的分析方法。

本方法中测汞所用原子荧光光谱仪应达到下列指标：

(1)检出限

不大于0.15 μg/kg。

(2)精密度

用100 ng/mL的汞标准溶液测量荧光强度10次，其标准偏差不应超过平均荧光强度的5.0%。

(3)标准曲线最佳线性范围：0～60 μg/L。

25.0.5 AFS系列原子荧光仪属于全自动或断序流动的仪器，都附有本仪器的操作软件，仪器分析条件应设置本仪器所提示的分析条件，仪器稳定后，测标准系列，至标准曲线的相关系数$r>0.998$后测试样。试样前处理可适用任何型号的原子荧光仪。

仪器参考条件：光电倍增管负高压：240 V；汞空心阴极灯电流：30 mA；原子化器：温度300 ℃；高度8.0 mm；氩气流速；载气500 mL/ min，屏蔽气1 000 mL/min；测量方式：标准曲线法；读数方式：峰面积；读数延迟时间：1.0 s；读数时间：10.0 s；硼氢化钠溶液加液时间：8.0 s；标样或样液加入体积：2 mL。

26.1.3 本方法中测砷所用原子荧光光谱仪应达到下列指标：

(1)检出限

不大于9×10^{-10} g/mL。

(2)精密度

用0.1 μg/mL的砷标准溶液测量荧光强度10次，其标准偏差不应超过平均荧光强度的5.0%。

26.1.5 仪器参考条件：光电倍增管电压：400 V；砷空心阴极灯电流：35 mA；原子化器：温度820 ℃～850 ℃；高度7 mm；氩气流速；载气600 mL/min；测量方式：荧光强度或浓度直读；读数方式：峰面积；读数延迟时间：1 s；读数时间：15 s；硼氢化钠溶液加入时间：5 s；标样或试样加入体积：2 mL。

26.2.4

1 锌粒的纯度，粒度，还原时间均影响砷的回收率。

11 若无商品二乙基二硫代氨基甲酸银试剂，可自行制备。

将硝酸银溶液(17 g/L)在不断搅拌下徐徐倒入等体积的二乙基二硫代氨基甲酸钠溶液(23 g/L)中。此时生成浅黄色的Ag—DDTC沉淀。沉淀用水倾洗三次，用布氏漏斗抽滤，并用水洗涤三次。沉淀风干或置于干燥器中干燥，在玛瑙研钵中研细，贮存于棕色瓶中。有效期限为半年。

26.2.5 砷化氢剧毒，整个反应应在通风橱内进行。

在完全释放砷化氢后，红色生成物在2.5 h内是稳定的，应在此期间内进行分光光度法测定。

27.1.5　在 25 ℃时，氯化银的溶度积为 1.6×10^{-10}，而铬酸银的溶度积为 1.1×10^{-12}。当氯根与铬酸根共存时，用硝酸银溶液滴定，在氯离子完全沉淀后，铬酸银才开始沉淀。铬酸银的生成速度与铬酸钾浓度有关，因此加入铬酸钾的量应控制一致，一般加入 50 g/L 铬酸钾溶液 1 mL 为宜。

滴定溶液 pH 值应控制在 6.3 ~ 10.5 之间，最适宜的 pH 为 8.3 左右。pH < 6.3 时，铬酸银沉淀完全溶解；pH > 10.5 时，则有黑色氧化银析出。因此滤液 pH 值小于 10.5 或大于 6.3，用 1% 醋酸溶液或 5 g/L 碳酸钠溶液调节 pH 值至 7.0 左右，再加入 50 g/L 铬酸钾指示剂 1 mL。

本法测定结果为氯、溴、碘的总量，但溴、碘含量甚微，可以忽略不计。

27.2.2　离子选择性电极法：离子选择性电极所指示的电极电位与溶液中相应离子的活度的对数值呈线性关系，在一定离子强度时，活度又可转换为浓度，而实现定量分析测定。

27.2.5

(1) 以浓度从低到高的顺序，分别插入电极。在每一次测量之前，都要用水冲洗电极，并用滤纸吸干。

(2) 不得用手指触摸电极的膜表面。

(3) 插入电极前不要搅拌溶液，以免在电极表面附着气泡，影响测定的准确度。

(4) 搅拌速度应适中，稳定，不要形成涡流，测定过程中应连续搅拌。

(5) 如果电极的膜表面被有机物等玷污，必须先清洗干净后才能使用。清洗可用甲醇、丙酮等有机试剂，亦可用洗涤剂。

27.3.2　反应方程：$2Cl^- + Hg(CNS)_2 \longrightarrow HgCl_2 + CNS^-$

$$Fe^{3+} + 6CNS^- \longrightarrow [Fe(CNS)_6]^{3-}$$

27.3.6　试验操作环境要求较高，整个操作场地、器皿和滤纸等必须绝对避免氯的任何玷污。为此，所用的器皿要经热的 2 + 98 硝酸洗涤，铂坩埚酸洗后，再用热水洗涤 1 ~ 2 次。表面皿最后专用，否则每次都要用 2 + 98 硝酸溶液浸泡，然后用水洗净。

氢氧化钠的含氯量很高，要选用优级纯，并定量加入。每批次要 2 ~ 3 个空白。

28.1.5

3　应在滤纸完全灰化后，才能高温灼烧沉淀，否则硫酸钡可能部分被还原（沉淀为黄色），造成结果偏低，遇此情况可加入数滴硫酸将沉淀润湿，过剩的硫酸加热除去，然后重新灼烧。

28.2.2　燃烧反应如下：$2CuS + 3O_2 = 2CuO + 2SO_2$

$$4FeS_2 + 11O_2 = 2Fe_2O_3 + 8SO_2$$

$$Fe_2(SO_4)_3 = Fe_2O_3 + 3SO_3 = 2SO_2 + O_2$$

28.2.7

(1) 为防止三氧化硫被载气带出液面，应在通气后立即滴定，使吸收液的液面始终保持蓝色。

(2) 一般试样燃烧 5 ~ 6 min 已足够了，但有些试样需要增加燃烧时间至 10 min，或更长一些，以保证硫从试样中完全释放出来。

29.1.5

2

(1)为了得到准确结果,先快速初测一遍,记下读数,然后由低浓度到高浓度的顺序,标准溶液与试样溶液穿插排列依次进行测量。在每一次测量之前,都要用水冲洗电极,并用滤纸吸干。

(2)插入电极后,溶液搅拌的速度和时间对电极电位有一定影响。搅拌速度不能过大而宜缓慢。否则,电位急剧变化,不易达到平衡。

(3)电极响应时间与氟含量有关,随着浓度减低,响应时间随之增加,当氟的浓度为 1×10^{-3} mol/L,在4 min内可基本稳定。

30.1.2 该方法属于比较粗糙的方法,适宜于较纯的碳酸盐岩石。将与硫酸反应的物质笼统的认为全部是碳酸盐,忽略与其他物质的反应。

30.1.5 用氢氧化钠滴定时,当开始滴入1滴氢氧化钠,溶液就呈现稳定的粉红色,这表明溶解试样所加的酸量不足,应适当增加硫酸溶液的用量,另取试样重做。

30.2.4

3 对二氧化碳大于10.0%的试样,须再次通氧测定系统中残留的二氧化碳量。再次测量的读数之和为试样中二氧化碳量的读数。

5 量气管、吸收器内的溶液与待测混合气体的温度应保持一致,否则将产生正、负空白值,分析前应反复作空白试验直至空白值稳定。由于室温的变化和分析中冷凝管内水温的变化,在测量试样的过程中须经常作空白试验,并从试样的测量值中扣除空白值。

31.1.3 定氮仪通过可编程微处理器电子控制,改变蒸馏时间和蒸汽流量,根据分析的产品,进行快速的或缓慢的蒸馏。使用定氮仪测定土壤中阳离子交换量蒸馏时间可以减少到2~3 min;同时蒸馏过程过程中自动控制冷凝水的进出,节约了时间和资源。在实际操作过程中由于整个定氮仪是密闭装置,气态铵基本不发生泄漏,蒸馏的液体体积稳定,平行试验的差值很小,比使用自装的蒸馏仪大大提高了分析试验的精确度。在此我们推荐各家单位使用定氮仪。

31.1.4 氧化镁灼烧的目的,是使氧化镁中可能存在的碳酸镁转化为氧化镁,以提高纯度,同时防止蒸馏时产生大量气泡。

31.1.5 碳酸盐土应用EDTA铵盐溶液(pH=8.5)提取2~3次。

含有机质较高或较黏的土,蒸馏时常有气泡沫发生,遇此情况除要多加石蜡外,还要控制蒸气流,经常摇动开氏瓶,防止泡沫冲过定氮球。

蒸馏时只能用氧化镁(MgO),不宜用氢氧化钠(NaOH),因为氢氧化钠碱性强,能水解土中部分有机氮生成铵态氮,致使结果偏高。

31.2.13 每次测试完毕后,需用1+99的稀盐酸反复清洗毛细管,燃烧器缝等。

33.0.7 测定条件一:

(1)涂渍固定液的方法:根据担体的重量称取一定量的固定液,溶在三氯甲烷中,待完全溶解后,倒入盛有担体的烧杯中,再向其中加入三氯甲烷至液面高出1~2 cm,摇匀后浸2 h。然后在红外灯下将溶剂挥发干或在旋转蒸发器上慢速蒸干,再置于120 ℃烘箱中,放置4 h后备用。

(2)色谱柱的填充方法:将色谱柱的一端(接检测器)用硅烷化玻璃棉塞住,接真空泵,另一端接漏斗,开动真空泵后将固定相徐徐倾入色谱柱内,并轻轻拍打色谱柱,使固定相在色谱柱内填充紧密,至固定相不再抽入柱内为止,装填完毕后,用硅烷化玻璃棉塞住色谱柱另一端。

(3)色谱柱的老化:将填充好的色谱柱进口按正常接在汽化室上,出口空着不接检测器,先用较低载气流速,在略高于实际使用温度而不超过固定液的使用温度下处理4~6 h。然后逐渐提高温度,载气流速老化24~48 h。再降低至使用温度,接上检测器后,如基线稳定即可使用。

34.1.4

(1)每次加水样于蒸发皿中时,一般加至皿沿下1 cm处即可,水样多时,蒸干后再分次加入。

(2)吸取待测水样的数量,应依残渣的多少而定,如果残渣量大于5 g/L,吸取25 mL;残渣量小于5 g/L,则吸取50 mL或100 mL。保持残渣量在0.2~2.0 g/L之间,过多则因某些盐类吸水,不易称至恒定质量,过少则误差太大。

(3)加过氧化氢去除有机质时,只要达到使残渣润湿即可。这样可以避免由于过氧化氢分解时泡沫过多,使盐分溅失,因而必须少量多次反复处理,直到残渣完全变白为止。但溶液中有铁存在而出现黄色氧化铁时,不可误认为是有机质颜色。

(4)因可溶性残渣组成比较复杂,在105 ℃烘干后,由于钙、镁的氯化物吸湿水解,以及钙、镁的硫酸盐中仍含有水合水,因此不能得出正确的结果。如遇此种情况,可加入10 mL 20 g/L碳酸钠溶液,以便在蒸干过程中,使钙、镁的氯化物及硫酸盐都转变为碳酸盐及氯化钠、硫酸钠等,这样蒸干后在180 ℃下烘干,即可称至恒定质量。

34.1.7　蒸干法操作简便,适合大批量的试验,但影响因素较多。而离子交换法操作不及蒸干法方便,它测定过程需要经过交换、洗柱、滴定等操作,当交换柱老化时,还要进行再生处理,但这个方法干扰少。

34.1.8　阳离子交换树脂的活化与再生:见图34.1.8,先在交换柱下部放入一层厚约20 mm玻璃球,再于玻璃球上铺一层厚约20 mm玻璃棉,然后自上而下装入强酸性阳离子交换树脂至高约310 mm处,将柱垂直固定于支架上,用水通过皮管自下而上冲洗树脂层(使树脂中的粉末、夹杂物溢出并排除干净)。按如下进行树脂活化:先用吸水球通过皮管吸干树脂中滞水,再用1+4HCl溶液自下而上反冲树脂层至柱中气泡排尽并使酸液浸没树脂层,用螺旋夹夹紧柱下皮管,然后装上预先放在1+4HCl溶液的分液漏斗于柱顶部,调节螺旋夹和漏斗活塞,使酸液自上而下控制流速约3 mL/min作动态活化30 min,此后关闭活塞和螺旋夹放置约2~3 h后,排干柱中滞酸改用水自下而上,再自上而下如此反复洗涤柱中树脂层,直至洗出液呈甲基橙中性反应为止,即告活化完毕,可供使用。当树脂经使用后老化时,可重复上述活化步骤进行再生活化。

34.2.4　水样中测定碳酸根、碳酸氢根采用双指示剂—中和滴定法,是目前比较通行的方法,也是比较经典的方法;对于黏度大、碱度较高或有色的水样、终点难以确定,可采用电位滴定法。

34.3.4　硝酸银滴定法测定氯根时,溶液的pH应在6.5~10.5之间,铬酸银能溶于酸,故溶液pH值不低于6.5;若pH大于10.5,则会生成氧化银黑色沉淀。所以在滴定前应用碳酸氢钠将溶液pH调节至pH=7。

待测液如有颜色,可用电位滴定法。

34.5.4　当土浸出液中CO_3^{2-}、HCO_3^-含量很少时,可省去酸化、煮沸步骤。

34.6　测定硫酸根含量也可使用氨镁缓冲溶液,方法如下:

试剂:(1)盐酸(HCl)溶液1+1。

(2)刚果红试纸。

(3)铬黑T指示剂:称取铬黑T($C_{20}H_{12}O_7N_3SNa$)1 g与氯化钠(NaCl)100 g于玛瑙研钵中研磨均匀,贮于棕色磨口瓶中。

(4)氨镁缓冲溶液

① 称取氯化铵(NH_4Cl)17.5 g,加25 mL蒸馏水使其溶解,再加浓氨水450 mL,继续用水稀释至500 mL。

② 称取氯化镁($MgCl_2 \cdot 6H_2O$)10.0 g于烧杯中,加适量水溶解后,再加入18.317 g EDTA($C_{10}H_{14}N_2O_8Na_2$ $2H_2O$),混匀。

③ 在搅拌下将①液缓慢地加入②液中,然后将此溶液移入1 L容量瓶中,用水稀释至刻度,摇匀。

(5)EDTA标准溶液$C(C_{10}H_{14}N_2Na_2O_8)=0.0250$ mol/L

见本规程第14.1.4条第六款。

(6)铵盐缓冲溶液(pH=10.1):见本规程第34.6.3条。

(7)氯化钡标准溶液:称取氯化钡($BaCl_2 \cdot 2H_2O$)12.5 g通过漏斗用水冲洗入1 L容量瓶中,待溶解后,用水稀释至刻度,摇匀,然后用EDTA标准溶液标定:

用移液管吸取氯化钡标准溶液5.0 mL于锥形瓶中,用适量水稀释后,再准确加入氨镁缓冲溶液5.0 mL,摇匀,加入铬黑T指示剂少许,然后用EDTA标准溶液滴定至呈现天蓝色为终点,记下用量,即得:

$$5.0\ \text{mL}(BaCl_2) \approx V_{BE}\ \text{mL}(\text{EDTA})$$

(8)氯化钡溶液:50 g/L。

分析步骤:

(1)吸取按本规程第4.4节提取的土浸出液5 mL于锥形瓶中,加1+1盐酸溶液2滴,再加50 g/L氯化钡溶液5滴,摇匀并观察,按表34.7.4估计SO_4^{2-}含量,以确定试验方法和取样数量。

(2)根据观察呈现浑浊程度,按表34.7.4确定吸取一定量土浸出液于锥形瓶中,用水适当稀释后,投入刚果红试纸一片,滴加1+1盐酸溶液至试纸呈蓝色,再过量2~3滴。

(3)准确加入$BaCl_2$标准溶液5.0 mL($BaCl_2$加入量应过量50%),放置30 min后,准确加入氨镁缓冲溶液5.0 mL和铬黑T指示剂少许,摇匀。

(4)用EDTA标准溶液滴定至呈现天蓝色为终点,记下EDTA标准溶液用量。

(5)另用移液管吸取土浸出液25 mL于锥形瓶中,按本规程第34.5节测定钙镁离子浓度。

34.6.11 在酸性介质中,硫酸根和氯化钡作用即生成溶解度很小的硫酸钡白色沉淀。为了使形成的沉淀能均匀地悬浮在溶液中,需在形成的硫酸钡浊液中加一定量的稳定剂,以利比浊。由于硫酸钡沉淀的颗粒大小与沉淀时的温度、酸度、氯化钡的局部浓度、静置时间长短等条件有关,所以制作标准曲线和水样测定的条件应尽可能一致,以减小误差。硫酸根浓度在2~40 μg/mL范围内,其浑浊度与溶液中硫酸根浓度成正比。为了防止水样待测液中碳酸根与钡作用形成碳酸钡沉淀而影响测定结果,所以在加氯化钡之前必须用盐酸酸化待测液。

34.7.10 在差减法计算中,对M($K^+ + Na^+$)摩尔质量的取值,各行业不尽相同。本规程取值为 25 g/mol，它的依据是在一般情况下，土中钾钠的分布：钠约占土中钾钠总量的 90% ，而钾仅约占 10% 左右，钾钠的摩尔质量就是根据这样的钾钠比例确定的。当然也有个别情况，如对钾盐富集地区的土，用差减法规定的摩尔质量 25 g/ mol 来计算就不大合适，遇此情况应采用原子吸收分光光度法分别实测钾和钠。

36. 1. 5　见说明表 36. 1. 5。

37. 1. 1　黏土矿物是自然界中分布最广的一种天然产物，约占岩石圈和风化壳总量的一半。黏土矿物的鉴定方法有很多种，但 X 射线衍射是最有效的分析方法之一。

37. 1. 5　试样制备

1　非定向粉末压片简称为压片，必须满足以下两条要求：(1)样品颗粒尽量地随机取向；(2)要求样品表面平整、不松、不裂、不掉。

2　定向样片的制备是黏土矿物分析中最常见的方法。制样有：(1)干样法、悬浮液法；(2)素瓷片吸滤法；(3)微孔滤膜抽滤法；(4)挂涂法等。推荐采用挂涂法可解决颗粒分异问题。将调为糊状的样品，在液体表面张力的作用下，层状黏土矿物就会地面平行玻璃样片排列，形成定向的黏土薄膜、产生 001 衍射图谱。所以在制样时应采用其他 手段进一步判定，不能一概而论。如：对于一些含铁高的样品(样品呈红色)用 Cu 靶测定时，

说明表 36. 1. 5　不同温度及大气压力下二氧化碳密度 ρ (CO_2) (μg /mL)

温度 ℃	大　气　压　力　kPa(mmHg)														
	98. 925 (742)	99. 258 (744. 5)	99. 591 (747)	99. 858 (749)	100. 125 (751)	100. 458 (753. 5)	100. 791 (756)	101. 059 (758)	101. 325 (760)	101. 658 (762)	101. 991 (765)	102. 258 (767)	102. 525 (769)	102. 791 (771)	103. 191 (774)
28	1 778	1 784	1 791	1 797	1 804	1 810	1 817	1 823	1 828	1 833	1 837	1 842	1 847	1 852	1 856
27	1 784	1 790	1 707	1 803	1 810	1 816	1 823	1 829	1 834	1 839	1 843	1 848	1 853	1 858	1 863
26	1 791	1 797	1 803	1 809	1 816	1 822	1 829	1 835	1 840	1 845	1 849	1 854	1 859	1 864	1 869
25	1 797	1 803	1 810	1 816	1 823	1 829	1 836	1 842	1 847	1 852	1 856	1 861	1 866	1 871	1 876
24	1 803	1 809	1 816	1 822	1 829	1 835	1 842	1 848	1 853	1 858	1 862	1 867	1 872	1 877	1 882
23	1 809	1 815	1 822	1 825	1 835	1 842	1 848	1 854	1 859	1 864	1 868	1 873	1 878	1 883	1 888
22	1 815	1 821	1 828	1 834	1 841	1 847	1 854	1 860	1 865	1 870	1 875	1 880	1 885	1 890	1 895
21	1 822	1 828	1 835	1 841	1 848	1 854	1 861	1 867	1 872	1 877	1 882	1 887	1 892	1 897	1 902
20	1 828	1 834	1 841	1 847	1 854	1 860	1 867	1 873	1 878	1 883	1 888	1 893	1 898	1 903	1 908
19	1 834	1 840	1 847	1 853	1 860	1 866	1 873	1 879	1 884	1 889	1 894	1 899	1 904	1 909	1 914
18	1 840	1 846	1 853	1 859	1 866	1 872	1 879	1 885	1 890	1 895	1 900	1 905	1 910	1 915	1 920
17	1 846	1 853	1 860	1 866	1 873	1 879	1 885	1 892	1 897	1 902	1 907	1 912	1 917	1 922	1 927
16	1 853	1 860	1 866	1 872	1 879	1 885	1 892	1 898	1 903	1 908	1 913	1 918	1 923	1 928	1 933
15	1 859	1 866	1 872	1 879	1 885	1 892	1 899	1 905	1 910	1 915	1 920	1 925	1 930	1 935	1 940
14	1 865	1 872	1 878	1 885	1 892	1 899	1 906	1 912	1 917	1 922	1 927	1 932	1 937	1 942	1 947
13	1 872	1 878	1 885	1 892	1 899	1 906	1 913	1 919	1 924	1 929	1 934	1 939	1 944	1 949	1 954
12	1 878	1 885	1 892	1 899	1 906	1 913	1 919	1 925	1 930	1 935	1 940	1 945	1 950	1 955	1 960
11	1 885	1 892	1 899	1 906	1 913	1 919	1 926	1 932	1 937	1 942	1 947	1 952	1 957	1 962	1 967
10	1 892	1 899	1 906	1 913	1 919	1 926	1 933	1 939	1 944	1 949	1 954	1 959	1 964	1 969	1 974

应做除 Fe 处理，否则背景高、衍射峰弱、难以确定矿物成分。

37. 1. 7　定性分析

对黏土矿物的定性分析，可根据衍射图谱的特征判定，但往往样品中不是只有一种矿

物存在,而几种矿物共存,某些衍射峰出现叠加,这就增加了定性分析的难度,所以要将矿物的特征衍射峰搞清楚,且通过几种手段处理,来判断何种矿物存在。在试验中最好用同一样片,在相同的试验条件下,光做原片的衍射图、然后做饱和试验,再做加热后的衍射,这样用基本的三张图进行分析鉴定效果好。

在进行黏土矿物的定性分析中,经常碰到间层矿物(混层矿物),近年来对间层矿物的研究已有新的进展。最常见的间层矿物是由两种单位构造层组成的。主要有规则间层矿物、无序间层矿物和有序间层矿物。具体判定可参考有关的手册和卡片。

37.1.8 黏土矿物的X衍射定量分析方法有许多种:经验公式法(4.2.1法)、强度换算法许尔兹法(Schultz)、修正许尔兹法等。本规程中推荐经典的经验公式法和修正许尔兹法。4.2.1法是用质量相等的各种纯黏土矿物混合,经X射线衍射,所得衍射图谱的特征衍射峰强度有一定的比例关系,这个比例关系即称为权重系数。将样品中的各种黏土矿物的特征衍射强度乘以各自的权重系数后,便可计算出每种黏土矿物的相对百分含量。

37.2.7 矿物标准差热分析曲线峰(合)值鉴定表,在国内一半矿物分析的资料中均可查阅,故本规程不再列入。

由说明表37.2.7经数理统计结果得:

$$r = \left(\sum xy - \sum x \cdot \sum y/n\right) \Big/ \sqrt{\left\{\sum x^2 - \left(\sum x\right)^2/n\right\} \cdot \left\{\sum xy - \sum x \cdot \sum y/n\right\}}$$

$$=0.865$$

$$s = \sqrt{\frac{\left\{\sum y^2 - \left(\sum y\right)^2/n\right\} - b \cdot \left\{\sum xy - \left(\sum x \cdot \sum y\right)/n\right\}}{n-2}}$$

$$=1.3\%$$

$B=0.511$　　$a=1.2$

则回归方程式为

$$y_{xR}=0.511x_{MB}-1.2\pm 2s$$

式中 y_{xR}——X射线求得蒙脱石含量(%);

x_{MB}——亚甲蓝法测得蒙脱石含量(%);

s——剩余标准差($s=1.3\%$)。

说明表37.2.7 X射线半定量与亚甲基蓝法测定蒙脱石对照表

试样编号	黏粒X射线半定量(4·2·1法)			原样、亚甲基蓝法
	<2 μm(%)	相对含量 M(%)	绝对含量 M(%)(y)	绝对含量 M(%)(x)
92F-1	14.5	26.0	3.8	13.0
92F-1	14.5	26.0	3.8	11.7
92F-2	8.5	38	3.2	7.8
92F-2	8.5	38	3.2	6.0
92F-19	10.0	12	1.2	6.9
92F-19	10.0	12	1.2	4.5
92F-21	17.5	40	7.0	17.2
92F-25	36.4	19	6.9	12.0
92F-25	36.4	19	6.9	12.1

续上表

试样编号	黏粒 X 射线半定量(4·2·1 法)			原样、亚甲基蓝法
	<2 μm(%)	相对含量 M(%)	绝对含量 M(%)(y)	绝对含量 M(%)(x)
92F-27	11.0	10	1.1	7.5
92F-27	11.0	10	1.1	4.8
92F-4	27.6	21	5.8	7.5
92F-4	27.6	21	5.8	6.3
92F-4	30.5	23	7.0	11.9
92F-4	30.5	23	7.0	9.7

37.3.1　黏粒中伊利石的定量，实际上是对黏粒中云母类矿物的定量。伊利石名称是 Grim Bray 和 Bradley 于 1937 年鉴定美国伊利诺斯州煤层下泥质沉积物时，作为 001 反射为 10×10^{-1} nm 的云母类黏土矿物的通称提出来的，它不是专门指某一特定矿物。根据《土壤胶体》一书有关伊利石样品反复鉴定结果证实，伊利石中的确含有数量不等的膨胀性晶层。K^+ 是伊利石层间的主要平衡离子，随着 K^+ 离子含量的减少，伊利石晶层电荷降低，膨胀性晶层存在的可能性增加。因此，认为在鉴定岩石的膨胀性时，了解伊利石的存在是必要的。

《土壤胶体》一书对土壤胶体研究是把云母类矿物按水白云母和伊利石进行分别定量。但根据伊利石含义又能与 X 射线定性与定量结果取得一致概念，所以本实验以黏粒中的全钾量换算为 K_2O% 含量乘以 10 作为计算黏粒中伊利石的百分含量。

37.3.5　试验步骤

(1)试样必须用提取所得小于 2 μm 的黏粒，因为粗粒中含有大量云母，也含有大量钾，这一部分不属黏粒中组成伊利石的钾，如果采用原样定钾，必将使定测结果偏高，因此仅能用小于 2 μm 的黏粒作为试样。

(2)钾的定量，采用原子吸收分光光度法，由于市售仪器型号各异，不便详述操作过程，因此，本规程提出执行仪器说明书的规定。根据检测能力，如有火焰光度计也可以采用。

37.4.4

4　亚甲基蓝的纯度和吸湿量均对测定有影响，因此亚甲基蓝应选用国家标准试剂。干燥温度应控制在 85 ℃～95 ℃范围，过高温度将会使亚甲基蓝分解失效。亚甲基蓝浓度采用0.002 g/mL是实验选定的浓度，过高浓度可能产生二聚合作用而使测定复杂化。

37.4.5　亚甲基蓝加入量必须准确，而且必须过量，才能使蒙脱石完全吸附，才能被 $SnCl_2$ 溶液返滴定。所以试验过程要注意观察试样上部澄清液层残留亚甲基蓝色剂的状况，以便决定是否补加。

5　操作步骤从 2 g/L$SnCl_2$ 溶液配制至滴定结束应控制在 0.5 h 以内完成。操作环境温度以(5～20)℃为宜。